■ 도서 A/S 안내

성안당에서 발행하는 모든 도서는 저자와 출판사, 그리고 독자가 함께 만들어 나갑니다.

좋은 책을 펴내기 위해 많은 노력을 기울이고 있습니다. 혹시라도 내용상의 오류나 오탈자 등이 발견되면 **"좋은 책은 나라의 보배"**로서 우리 모두가 함께 만들어 간다는 마음으로 연락주시기 바랍니다. 수정 보완하여 더 나은 책이 되도록 최선을 다하겠습니다.

성안당은 늘 독자 여러분들의 소중한 의견을 기다리고 있습니다. 좋은 의견을 보내주시는 분께는 성안당 쇼핑몰의 포인트(3,000포인트)를 적립해 드립니다.

잘못 만들어진 책이나 부록 등이 파손된 경우에는 교환해 드립니다.

저자 문의 : jeon6363@hanmail.net(전수기)
본서 기획자 e-mail : coh@cyber.co.kr(최옥현)
홈페이지 : http://www.cyber.co.kr 전화 : 031) 950-6300

머리말

더 이상의 **전기기사** 책은 없다!

전기는 모든 산업의 기초가 되며 이와 관련한 전기분야 기술자의 수요 또한 꾸준히 증가해왔다. 이에 따라 기사·산업기사 국가기술자격증 취득을 위하여 공부하는 학생은 물론 현장 실무자들도 대단한 열의를 보이고 있다.

이에 본서는 20여 년간의 강단 강의 경험을 토대로 어려운 수식을 가능한 배제하고 최소의 수식을 도입하여 필요한 개념을 보다 쉽게 파악할 수 있도록 하였다.

기사·산업기사 국가기술자격시험은 문제은행 방식으로서, 과년도에 출제된 문제들이 대부분 출제되거나 유사문제가 출제되므로 보다 효율적으로 학습할 수 있도록 본문은 과년도 출제문제를 과목별로 나누어 수록하였다. 특히 중요하고 자주 출제되는 문제와 관련하여 상세한 해설과 함께 '기출문제 관련 이론 바로보기'를 통해 출제문제와 연관된 핵심이론과 공식 또는 Tip을 정리하여 구성하였다.

이 책의 특징은 다음과 같다.

- **01** 과년도 출제문제를 과목별로 정리한 효율적 구성
- **02** '기출문제 관련 이론 바로보기'를 통한 필수이론 학습
- **03** 간결하고 알기 쉬운 설명
- **04** 상세하고 쉬운 해설
- **05** 최근 과년도 출제문제로 마무리할 수 있는 부록 수록

저자는 20여 년간의 강단 강의 경험을 토대로 수험생의 입장에서 쉽고 꼭 필요한 내용을 수록하려고 노력하였다. 여러 가지 미비한 점이 많을 것으로 사료되지만 수험생 여러분의 도움으로 보완 수정해 나아갈 것으로 믿는다.

앞으로 본서가 전기분야 국가기술자격시험, 각종 공무원시험 및 진급시험 등에 지침서로 많은 도움이 되기를 바란다.

끝으로 이 한 권의 책이 만들어지기까지 애써 주신 성안당 출판사 회장님과 직원 여러분께 진심으로 감사드리며, 아무쪼록 많은 수험생들이 이 책을 통하여 합격의 영광을 누리게 되기를 바란다.

저자 씀

| 합격 가이드 |

합격시켜 주는 「핵담」의 강점

1 최근 기출문제를 과목별로 학습할 수 있도록 구성

☑ 최근 기출문제를 과목별로 구분하여 집중해서 그 과목을 마스터할 수 있도록 구성했다.

2 자주 출제되는 기출문제 관련 필수이론의 탁월한 배치

☑ 과목별로 구분한 기출문제 중에서 자주 출제되는 기출문제 옆에 관련 필수이론을 배치하여 바로바로 기출문제에 관련된 이론을 학습할 수 있도록 유기적으로 구성했다.

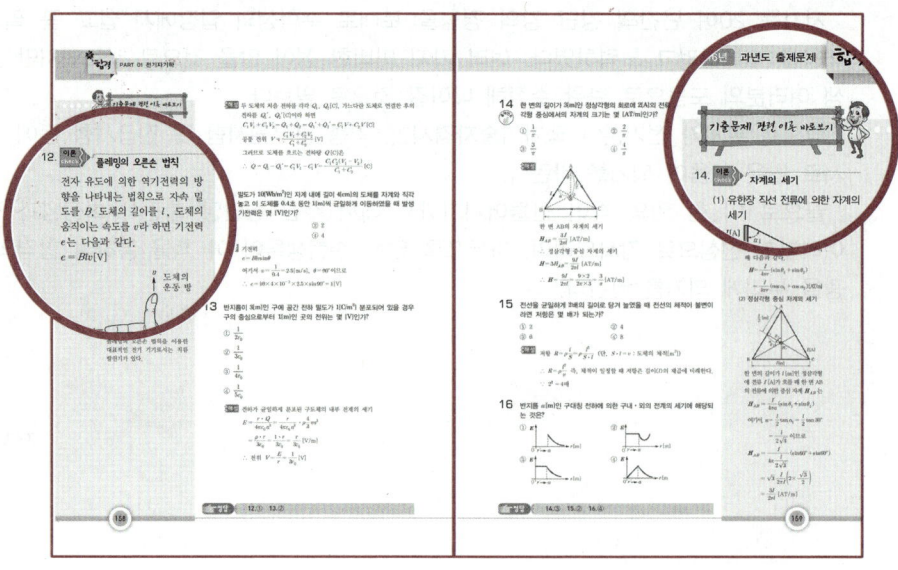

3 기출문제에 중요문제 표시

☑ 자주 출제되는 기출문제 및 출제확률이 높은 문제를 표시하여 어떤 문제를 집중해서 풀어야 할지 제시했다.

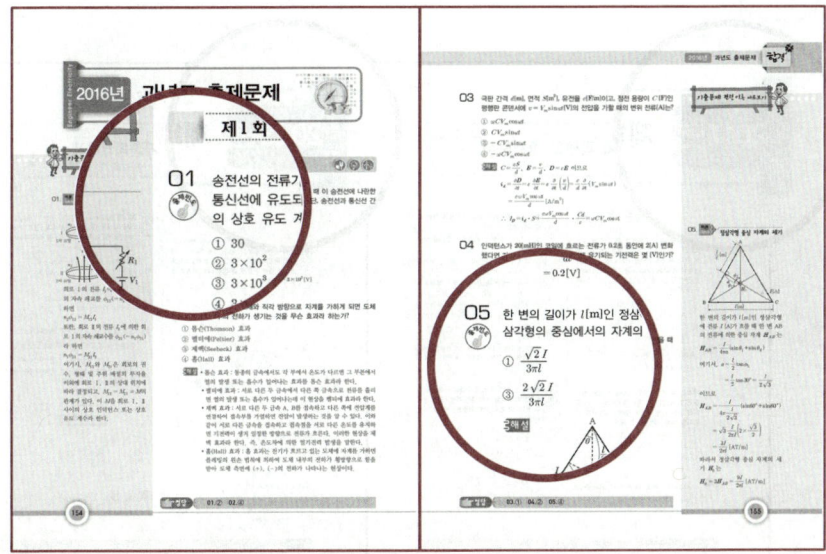

4 기출문제에 저자의 노하우가 담긴 상세한 해설 수록

☑ 기출문제마다 저자의 노하우가 담긴 상세한 해설을 하여 해설만 봐도 기출문제를 이해할 수 있도록 알기 쉽게 정리했다.

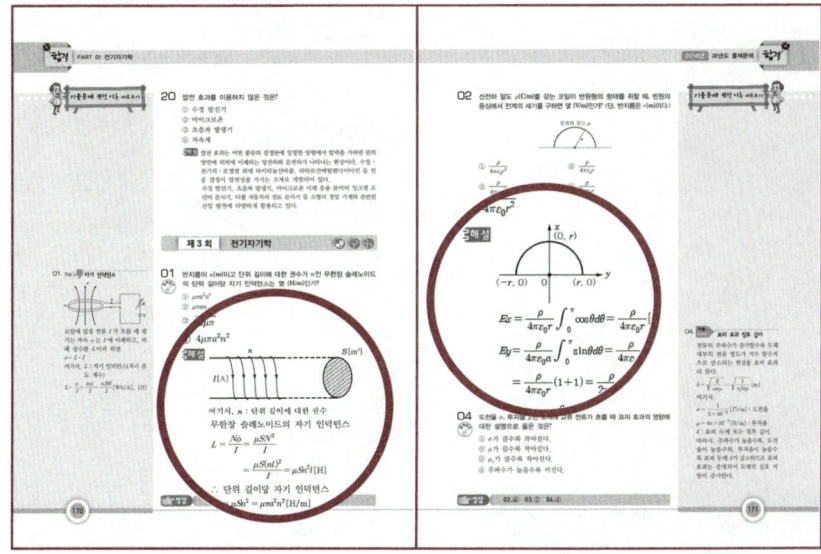

합격 가이드

5 최근 8년간 기출문제는 실전시험처럼 풀어볼 수 있게 구성

☑ 최종으로 학습상태를 점검해볼 수 있도록 최근 8년간 기출문제는 실제시험처럼 풀어볼 수 있게 구성했다.

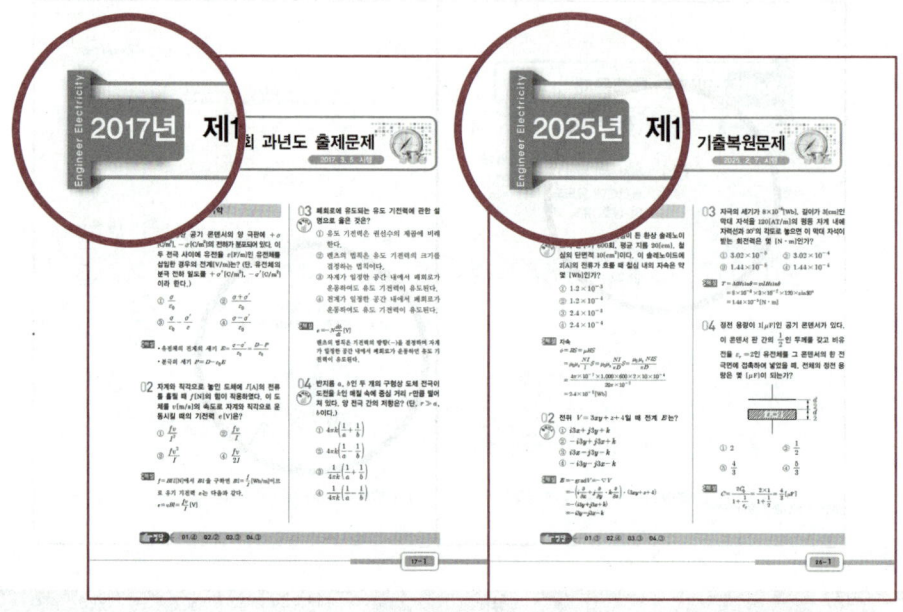

「핵담」을 효과적으로 활용하기 위한
제대로 학습법

01 매일 3시간 학습시간을 정해 놓고 하루 분량의 학습량을 꼭 지킬 수 있도록 학습계획을 세운다.

02 한 페이지에서 문제 옆에 기출문제와 관련된 필수이론으로 구성하였으므로 기출문제를 풀어보고 이해가 안 되면 바로 관련된 필수이론을 익혀 확실하게 그 문제를 숙지한다.

03 기출문제에서 헷갈렸던 문제나 틀린 문제는 문제 번호에 체크표시(☑)를 해 둔 다음 나중에 다시 챙겨 풀어본다.

04 하루 공부가 끝나면 오답노트를 작성한다.

05 그 다음날 공부 시작 전에 어제 공부한 내용을 복습해본다. 복습은 30분 정도로 오답노트를 가지고 어제 틀렸던 문제나 헷갈렸던 부분 위주로 체크해본다.

06 부록에 있는 과년도 출제문제를 시험 직전 모의고사 보듯이 최근 기출문제를 풀어본다.

07 책을 다 끝낸 다음 오답노트를 활용해 나의 취약부분을 한 번 더 체크하고 실전시험에 대비한다.

> 합격 가이드

전기기사 시험안내

01 시행처
한국산업인력공단

02 시험과목

구분	전기기사	전기산업기사	전기공사기사	전기공사산업기사
필기	1. 전기자기학 2. 전력공학 3. 전기기기 4. 회로이론 및 제어공학 5. 전기설비기술기준	1. 전기자기학 2. 전력공학 3. 전기기기 4. 회로이론 5. 전기설비기술기준	1. 전기응용 및 공사재료 2. 전력공학 3. 전기기기 4. 회로이론 및 제어공학 5. 전기설비기술기준	1. 전기응용 2. 전력공학 3. 전기기기 4. 회로이론 5. 전기설비기술기준
실기	전기설비 설계 및 관리	전기설비 설계 및 관리	전기설비 견적 및 시공	전기설비 견적 및 시공

03 검정방법

[기사]
- **필기** : 객관식 4지 택일형, 과목당 20문항(과목당 30분)
- **실기** : 필답형(2시간 30분)

[산업기사]
- **필기** : 객관식 4지 택일형, 과목당 20문항(과목당 30분)
- **실기** : 필답형(2시간)

04 합격기준

- **필기** : 100점을 만점으로 하여 과목당 40점 이상, 전과목 평균 60점 이상
- **실기** : 100점을 만점으로 하여 60점 이상

05 출제기준

필기과목명	문제수	주요항목	세부항목
전기자기학	20	1. 진공 중의 정전계	① 정전기 및 정전유도 ② 전계 ③ 전기력선 ④ 전하 ⑤ 전위 ⑥ 가우스의 정리 ⑦ 전기쌍극자
		2. 진공 중의 도체계	① 도체계의 전하 및 전위분포 ② 전위계수, 용량계수 및 유도계수 ③ 도체계의 정전에너지 ④ 정전용량 ⑤ 도체 간에 작용하는 정전력 ⑥ 정전차폐
		3. 유전체	① 분극도와 전계 ② 전속밀도 ③ 유전체 내의 전계 ④ 경계조건 ⑤ 정전용량 ⑥ 전계의 에너지 ⑦ 유전체 사이의 힘 ⑧ 유전체의 특수현상
		4. 전계의 특수해법 및 전류	① 전기영상법 ② 정전계의 2차원 문제 ③ 전류에 관련된 제현상 ④ 저항률 및 도전율
		5. 자계	① 자석 및 자기유도 ② 자계 및 자위 ③ 자기쌍극자 ④ 자계와 전류 사이의 힘 ⑤ 분포전류에 의한 자계
		6. 자성체와 자기회로	① 자화의 세기 ② 자속밀도 및 자속 ③ 투자율과 자화율 ④ 경계면의 조건 ⑤ 감자력과 자기차폐 ⑥ 자계의 에너지 ⑦ 강자성체의 자화 ⑧ 자기회로 ⑨ 영구자석
		7. 전자유도 및 인덕턴스	① 전자유도 현상 ② 자기 및 상호유도작용 ③ 자계에너지와 전자유도 ④ 도체의 운동에 의한 기전력

합격 가이드

필기과목명	문제수	주요항목	세부항목
전기자기학	20	7. 전자유도 및 인덕턴스	⑤ 전류에 작용하는 힘 ⑥ 전자유도에 의한 전계 ⑦ 도체 내의 전류 분포 ⑧ 전류에 의한 자계에너지 ⑨ 인덕턴스
		8. 전자계	① 변위전류 ② 맥스웰의 방정식 ③ 전자파 및 평면파 ④ 경계조건 ⑤ 전자계에서의 전압 ⑥ 전자와 하전입자의 운동 ⑦ 방전현상
전력공학	20	1. 발·변전 일반	① 수력발전 ② 화력발전 ③ 원자력발전 ④ 신재생에너지발전 ⑤ 변전방식 및 변전설비 ⑥ 소내전원설비 및 보호계전방식
		2. 송·배전선로의 전기적 특성	① 선로정수 ② 전력원선도 ③ 코로나 현상 ④ 단거리 송전선로의 특성 ⑤ 중거리 송전선로의 특성 ⑥ 장거리 송전선로의 특성 ⑦ 분포정전용량의 영향 ⑧ 가공전선로 및 지중전선로
		3. 송·배전방식과 그 설비 및 운용	① 송전방식 ② 배전방식 ③ 중성점접지방식 ④ 전력계통의 구성 및 운용 ⑤ 고장계산과 대책
		4. 계통보호방식 및 설비	① 이상전압과 그 방호 ② 전력계통의 운용과 보호 ③ 전력계통의 안정도 ④ 차단보호방식
		5. 옥내배선	① 저압 옥내배선 ② 고압 옥내배선 ③ 수전설비 ④ 동력설비
		6. 배전반 및 제어기기의 종류와 특성	① 배전반의 종류와 배전반 운용 ② 전력제어와 그 특성 ③ 보호계전기 및 보호계전방식 ④ 조상설비 ⑤ 전압조정 ⑥ 원격조작 및 원격제어

필기과목명	문제수	주요항목	세부항목
전력공학	20	7. 개폐기류의 종류와 특성	① 개폐기 ② 차단기 ③ 퓨즈 ④ 기타 개폐장치
전기기기	20	1. 직류기	① 직류발전기의 구조 및 원리 ② 전기자 권선법 ③ 정류 ④ 직류발전기의 종류와 그 특성 및 운전 ⑤ 직류발전기의 병렬운전 ⑥ 직류전동기의 구조 및 원리 ⑦ 직류전동기의 종류와 특성 ⑧ 직류전동기의 기동, 제동 및 속도제어 ⑨ 직류기의 손실, 효율, 온도상승 및 정격 ⑩ 직류기의 시험
		2. 동기기	① 동기발전기의 구조 및 원리 ② 전기자 권선법 ③ 동기발전기의 특성 ④ 단락현상 ⑤ 여자장치와 전압조정 ⑥ 동기발전기의 병렬운전 ⑦ 동기전동기 특성 및 용도 ⑧ 동기조상기 ⑨ 동기기의 손실, 효율, 온도상승 및 정격 ⑩ 특수 동기기
		3. 전력변환기	① 정류용 반도체 소자 ② 정류회로의 특성 ③ 제어정류기
		4. 변압기	① 변압기의 구조 및 원리 ② 변압기의 등가회로 ③ 전압강하 및 전압변동률 ④ 변압기의 3상 결선 ⑤ 상수의 변환 ⑥ 변압기의 병렬운전 ⑦ 변압기의 종류 및 그 특성 ⑧ 변압기의 손실, 효율, 온도상승 및 정격 ⑨ 변압기의 시험 및 보수 ⑩ 계기용변성기 ⑪ 특수변압기
		5. 유도전동기	① 유도전동기의 구조 및 원리 ② 유도전동기의 등가회로 및 특성 ③ 유도전동기의 기동 및 제동 ④ 유도전동기제어 ⑤ 특수 농형유도전동기 ⑥ 특수유도기 ⑦ 단상유도전동기 ⑧ 유도전동기의 시험 ⑨ 원선도

합격 가이드

필기과목명	문제수	주요항목	세부항목
전기기기	20	6. 교류정류자기	① 교류정류자기의 종류, 구조 및 원리 ② 단상직권 정류자 전동기 ③ 단상반발 전동기 ④ 단상분권 전동기 ⑤ 3상 직권 정류자 전동기 ⑥ 3상 분권 정류자 전동기 ⑦ 정류자형 주파수 변환기
		7. 제어용 기기 및 보호기기	① 제어기기의 종류 ② 제어기기의 구조 및 원리 ③ 제어기기의 특성 및 시험 ④ 보호기기의 종류 ⑤ 보호기기의 구조 및 원리 ⑥ 보호기기의 특성 및 시험 ⑦ 제어장치 및 보호장치
회로이론 및 제어공학	20	1. 회로이론	① 전기회로의 기초 ② 직류회로 ③ 교류회로 ④ 비정현파교류 ⑤ 다상교류 ⑥ 대칭좌표법 ⑦ 4단자 및 2단자 ⑧ 분포정수회로 ⑨ 라플라스변환 ⑩ 회로의 전달함수 ⑪ 과도현상
		2. 제어공학	① 자동제어계의 요소 및 구성 ② 블록선도와 신호흐름선도 ③ 상태공간해석 ④ 정상오차와 주파수응답 ⑤ 안정도판별법 ⑥ 근궤적과 자동제어의 보상 ⑦ 샘플값제어 ⑧ 시퀀스제어
전기설비 기술기준 – 전기설비 기술기준 및 한국전기설비 규정	20	1. 총칙	① 기술기준 총칙 및 KEC 총칙에 관한 사항 ② 일반사항 ③ 전선 ④ 전로의 절연 ⑤ 접지시스템 ⑥ 피뢰시스템
		2. 저압전기설비	① 통칙 ② 안전을 위한 보호 ③ 전선로 ④ 배선 및 조명설비 ⑤ 특수설비

필기과목명	문제수	주요항목	세부항목
전기설비 기술기준 – 전기설비 기술기준 및 한국전기설비 규정	20	3. 고압, 특고압 전기설비	① 통칙 ② 안전을 위한 보호 ③ 접지설비 ④ 전선로 ⑤ 기계, 기구 시설 및 옥내배선 ⑥ 발전소, 변전소, 개폐소 등의 전기설비 ⑦ 전력보안통신설비
		4. 전기철도설비	① 통칙 ② 전기철도의 전기방식 ③ 전기철도의 변전방식 ④ 전기철도의 전차선로 ⑤ 전기철도의 전기철도차량설비 ⑥ 전기철도의 설비를 위한 보호 ⑦ 전기철도의 안전을 위한 보호
		5. 분산형 전원설비	① 통칙 ② 전기저장장치 ③ 태양광발전설비 ④ 풍력발전설비 ⑤ 연료전지설비

「핵담」 과년도 전기기사 완성!

PART 01　전기자기학

2011년 과년도 출제문제 ········· 2
2012년 과년도 출제문제 ········· 22
2013년 과년도 출제문제 ········· 44
2014년 과년도 출제문제 ········· 66
2015년 과년도 출제문제 ········· 87
2016년 과년도 출제문제 ········· 113

PART 02　전력공학

2011년 과년도 출제문제 ········· 140
2012년 과년도 출제문제 ········· 157
2013년 과년도 출제문제 ········· 175
2014년 과년도 출제문제 ········· 192
2015년 과년도 출제문제 ········· 210
2016년 과년도 출제문제 ········· 227

PART 03　전기기기

2011년 과년도 출제문제 ········· 246
2012년 과년도 출제문제 ········· 263
2013년 과년도 출제문제 ········· 281
2014년 과년도 출제문제 ········· 300
2015년 과년도 출제문제 ········· 318
2016년 과년도 출제문제 ········· 337

PART 04 회로이론

- 2011년 과년도 출제문제 ······ 358
- 2012년 과년도 출제문제 ······ 368
- 2013년 과년도 출제문제 ······ 378
- 2014년 과년도 출제문제 ······ 389
- 2015년 과년도 출제문제 ······ 400
- 2016년 과년도 출제문제 ······ 412

PART 05 제어공학

- 2011년 과년도 출제문제 ······ 424
- 2012년 과년도 출제문제 ······ 435
- 2013년 과년도 출제문제 ······ 446
- 2014년 과년도 출제문제 ······ 457
- 2015년 과년도 출제문제 ······ 468
- 2016년 과년도 출제문제 ······ 482

PART 06 전기설비기술기준(한국전기설비규정)

- 2011년 과년도 출제문제 ······ 494
- 2012년 과년도 출제문제 ······ 516
- 2013년 과년도 출제문제 ······ 536
- 2014년 과년도 출제문제 ······ 555
- 2015년 과년도 출제문제 ······ 575
- 2016년 과년도 출제문제 ······ 596

부록 최근 과년도 출제문제

- 2017년 과년도 출제문제 ······ 17-1
- 2018년 과년도 출제문제 ······ 18-1
- 2019년 과년도 출제문제 ······ 19-1
- 2020년 과년도 출제문제 ······ 20-1
- 2021년 과년도 출제문제 ······ 21-1
- 2022년 과년도 출제문제 ······ 22-1
- 2023년 과년도 출제문제 ······ 23-1
- 2024년 과년도 출제문제 ······ 24-1
- 2025년 과년도 출제문제 ······ 25-1

2011년 과년도 출제문제

제1회 전기자기학

01. 전기 쌍극자에서 P점의 전계의 세기

전기 쌍극자는 같은 크기의 정·부의 전하가 미소 길이 l [m] 떨어진 한 쌍의 전하계이다.

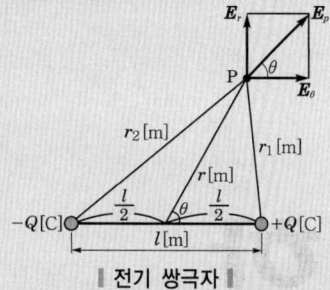

∥ 전기 쌍극자 ∥

$+Q$, $-Q$에서 P점까지의 거리 r_1, r_2 [m]는

$r_1 = r - \dfrac{l}{2}\cos\theta$, $r_2 = r + \dfrac{l}{2}\cos\theta$

P점의 전계의 세기는

$E_P = |E_r + E_\theta| = \sqrt{{E_r}^2 + {E_\theta}^2}$

여기서, E_r과 E_θ는

$E_r = -\dfrac{dV}{dr} = \dfrac{2M}{4\pi\varepsilon_0 r^3}\cos\theta [V/m]$

$E_\theta = -\dfrac{1}{r}\dfrac{dV}{d\theta}$

$= \dfrac{M}{4\pi\varepsilon_0 r^3}\sin\theta [V/m]$

따라서, P점의 합성 전계 E_P는

$E_P = \sqrt{{E_r}^2 + {E_\theta}^2}$

$= \dfrac{M}{4\pi\varepsilon_0 r^3}\sqrt{4\cos^2\theta + \sin^2\theta}$

여기서, $\cos^2\theta + \sin^2\theta = 1$이므로

01 다음 중 전기 쌍극자(electric dipole)의 중점으로부터 거리 r [m] 떨어진 P점에서 전계의 세기는?

① r에 비례한다.
② r^2에 비례한다.
③ r^2에 반비례한다.
④ r^3에 반비례한다.

해설 전기 쌍극자에 의한 전계는

$E = \dfrac{M\sqrt{1+3\cos^2\theta}}{4\pi\varepsilon_0 r^3}$ [V/m] $\propto \dfrac{1}{r^3}$

전기 쌍극자에 의한 전위는

$V = \dfrac{M\cos\theta}{4\pi\varepsilon_0 r^2}$ [V] $\propto \dfrac{1}{r^2}$

02 공기 중에서 5[V], 10[V]로 대전된 반지름 2[cm], 4[cm]의 2개의 구를 가는 철사로 접속했을 때 공통 전위는 몇 [V]인가?

① 6.25
② 7.5
③ 8.33
④ 10

해설 $V = \dfrac{a_1 V_1 + a_2 V_2}{a_1 + a_2}$

$= \dfrac{0.02 \times 5 + 0.04 \times 10}{0.02 + 0.04}$

$= 8.33$[V]

정답 01.④ 02.③

03 공기 중에 그림과 같이 가느다란 전선으로 반경 a인 원형 코일을 만들고, 이것에 전하 Q가 균일하게 분포하고 있을 때 원형 코일의 중심축 상에서 중심으로부터 거리 x만큼 떨어진 P점의 전계 세기는 몇 [V/m]인가?

① $\dfrac{Q}{2\pi\varepsilon_0\sqrt{a+x}}$

② $\dfrac{Q}{4\pi\varepsilon_0\sqrt{a+x}}$

③ $\dfrac{Qx}{2\pi\varepsilon_0(a^2+x^2)^{\frac{3}{2}}}$

④ $\dfrac{Qx}{4\pi\varepsilon_0(a^2+x^2)^{\frac{3}{2}}}$

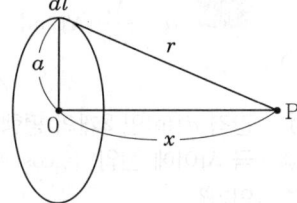

해설 전위 $V = \dfrac{\rho_L}{4\pi\varepsilon_0} \cdot \dfrac{2\pi a}{\sqrt{a^2+x^2}}$

전계의 세기 $E = -\mathrm{grad}\,V = -\nabla \cdot V = -\dfrac{\partial V}{\partial x}$

$= -\dfrac{\partial}{\partial x}\left(\dfrac{\rho_L}{4\pi\varepsilon_0} \cdot \dfrac{2\pi a}{\sqrt{a^2+x^2}}\right)$

$2\pi a \rho_L = Q[C]$ ∴ $E = \dfrac{Q \cdot x}{4\pi\varepsilon_0(a^2+x^2)^{\frac{3}{2}}}$ [V/m]

$E_P = \dfrac{M}{4\pi\varepsilon_0 r^3}\sqrt{4\cos^2\theta + (1-\cos^2\theta)}$

$= \dfrac{M}{4\pi\varepsilon_0 r^3}\sqrt{1+3\cos^2\theta}$ [V/m]

04 유전율이 각각 ε_1, ε_2인 두 유전체가 접한 경계면에서 전하가 존재하지 않는다고 할 때 유전율이 ε_1인 유전체에서 유전율이 ε_2인 유전체로 전계 E_1이 입사각 $\theta_1 = 0°$로 입사할 경우, 성립되는 식은?

① $E_1 = E_2$

② $E_1 = \varepsilon_1\varepsilon_2 E_2$

③ $\dfrac{E_1}{E_2} = \dfrac{\varepsilon_1}{\varepsilon_2}$

④ $\dfrac{E_2}{E_1} = \dfrac{\varepsilon_1}{\varepsilon_2}$

해설 $\theta_1 = \theta_2 = 0$이므로 법선 성분만 존재하므로
$D_1\cos\theta_1 = D_2\cos\theta_2$에서 $D_1 = D_2$가 된다.
$\varepsilon_1 E_1 = \varepsilon_2 E_2$ ∴ $\dfrac{E_1}{E_2} = \dfrac{\varepsilon_2}{\varepsilon_1}$ (불연속)

04. 이론 check 전속과 전기력이 경계면에 수직으로 도달하는 경우

$\theta_1 = 0$이므로 $\theta_2 = 0$

(1) 전속과 전기력선은 굴절하지 않는다.

(2) 전속 밀도는 변화하지 않는다. ($D_1 = D_2$)

(3) 전계의 세기는 $\varepsilon_1 E_1 = \varepsilon_2 E_2$로 되고 경계면에서 불연속적이다.

정답 03.④ 04.④

기출문제 관련 이론 바로보기

05. 이론 check ▶ **환상 솔레노이드의 자계의 세기**

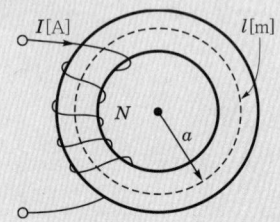

앙페르의 주회 적분 법칙에 의해
$\int H dl = NI$, $Hl = NI$, $H = \dfrac{NI}{l}$

이때 자로의 길이는 $l = 2\pi a$ [m]이 므로 환상 솔레노이드의 내부 자계의 세기는

$H = \dfrac{NI}{2\pi a}$ [AT/m]

06. 이론 check ▶ **변위 전류**

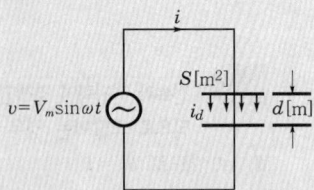

콘덴서를 연결하고, 교류 전압 $v = V_m \sin\omega t$를 인가하면 도선에는 전도 전류 i [A]가 흐르지만 콘덴서 사이에는 이 전류가 흐르지 못한다.
그러나 평행판 사이에 전하가 축적되어 증가하므로 평행판에서 발산하는 전속은 증가하게 된다. 즉, 시간에 대한 전속 밀도의 변화율로 그 크기가 결정되는 가상적인 변위 전류가 흐른다.
따라서 변위 전류 밀도 J_d 는

$J_d = \dfrac{i_d}{S} = \dfrac{1}{S}\dfrac{\partial Q}{\partial t} = \dfrac{\partial}{\partial t}\left(\dfrac{Q}{S}\right)$

$= \dfrac{\partial D}{\partial t}$ [A/m²]

05 철심을 넣은 환상 솔레노이드의 평균 반지름은 20[cm]이다. 코일에 10[A]의 전류를 흘려 내부 자계의 세기를 2,000[AT/m]로 하기 위한 코일의 권수는 약 몇 회인가?

① 200　　② 250
③ 300　　④ 350

해설 $H = \dfrac{NI}{2\pi a}$ [AT/m]　∴ $N = \dfrac{2\pi aH}{I} = \dfrac{2\pi \times 0.2 \times 2,000}{10} ≒ 250$회

06 간격 d [m]인 2개의 평행판 전극 사이에 유전율 ε의 유전체가 있다. 전극 사이에 전압 $V_m \cos\omega t$ [V]를 가했을 때 변위 전류 밀도는 몇 [A/m²]인가?

① $\dfrac{\varepsilon}{d} V_m \cos\omega t$　　② $-\dfrac{\varepsilon}{d}\omega V_m \sin\omega t$
③ $-\dfrac{\varepsilon}{d}\omega V_m \cos\omega t$　　④ $\dfrac{\varepsilon}{d} V_m \sin\omega t$

해설 변위 전류 밀도
$i_d = \dfrac{\partial D}{\partial t} = \varepsilon \dfrac{\partial E}{\partial t}$
$= \varepsilon \dfrac{\partial}{\partial t}\left(\dfrac{v}{d}\right) = \dfrac{\varepsilon}{d}\dfrac{\partial}{\partial t}(V_m \cos\omega t)$
$= -\dfrac{\varepsilon}{d}\omega V_m \sin\omega t$ [A/m²]

07 고유 저항이 1.7×10^{-8} [Ω·m]인 구리의 100[kHz] 주파수에 대한 표피의 두께는 약 몇 [mm]인가?

① 0.21　　② 0.42
③ 2.1　　④ 4.2

해설 $\delta = \sqrt{\dfrac{2}{\omega\mu\sigma}} = \sqrt{\dfrac{1}{\pi f \mu\sigma}} = \sqrt{\dfrac{\rho}{\pi f \mu}}$
$= \sqrt{\dfrac{1.7 \times 10^{-8}}{\omega \times 100 \times 10^3 \times 4\pi \times 10^{-7}}}$
$= 0.21$ [mm]

08 평등 자계를 얻는 방법으로 가장 알맞은 것은?
① 길이에 비하여 단면적이 충분히 큰 솔레노이드에 전류를 흘린다.
② 길이에 비하여 단면적이 충분히 큰 원통형 도선에 전류를 흘린다.
③ 단면적에 비하여 길이가 충분히 긴 솔레노이드에 전류를 흘린다.
④ 단면적에 비하여 길이가 충분히 긴 원통형 도선에 전류를 흘린다.

정답　05.②　06.②　07.①　08.③

해설 평등 자계는 가늘고 길수록, 도선을 촘촘히 감을수록(solenoid) 누설 자속의 발생이 감소하기 때문에 평등 자계가 양호하게 얻어진다.

09 $E = i + 2j + 3k$ [V/cm]로 표시되는 전계가 있다. $0.01[\mu C]$의 전하를 원점으로부터 $3i$ [m]로 움직이는 데 필요한 일은 몇 [J]인가?

① 3×10^{-8}
② 3×10^{-7}
③ 3×10^{-6}
④ 3×10^{-5}

해설 $W = q \cdot Er = 0.01 \times 10^{-6} \times (i+2j+3k) \times 10^2 \cdot (3i)$
($i \cdot j = j \cdot k$는 0이므로)
$= 0.01 \times 10^{-6} \times (i) \cdot (3i) \times 10^2$
$= 3 \times 10^{-6}$ [J]

10 무한 평면 도체 표면에서 수직 거리 d [m] 떨어진 곳에 점전하 $+Q$ [C]이 있을 때, 영상 전하(image charge)와 평면 도체 간에 작용하는 힘 F [N]은?

① $\dfrac{Q}{4\pi\varepsilon_0 d^2}$, 반발력
② $\dfrac{Q^2}{4\pi\varepsilon_0 d^2}$, 흡인력
③ $\dfrac{Q^2}{8\pi\varepsilon_0 d^2}$, 반발력
④ $\dfrac{Q^2}{16\pi\varepsilon_0 d^2}$, 흡인력

해설 점전하 Q [C]과 무한 평면 도체 간의 작용력[N]은 점전하 Q [C]과 영상 전하 $-Q$ [C]과의 작용력이므로

$$F = \dfrac{Q^2}{4\pi\varepsilon_0 (2d)^2} = \dfrac{-Q^2}{16\pi\varepsilon_0 d^2} \text{ [N] (흡인력)}$$

11 자성체에 외부의 자계 H_0를 가하였을 때 자화의 세기 J와의 관계식은? (단, N은 감자율, μ는 투자율이다.)

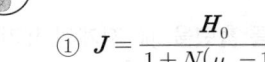

① $J = \dfrac{H_0}{1 + N(\mu_s - 1)}$
② $J = \dfrac{H_0(\mu_s - 1)}{1 + N}$
③ $J = \dfrac{H_0 \mu_0 (\mu_s - 1)}{1 + N(\mu_s - 1)}$
④ $J = \dfrac{H_0(\mu_s - 1)}{1 + N\mu_0(\mu_0 - 1)}$

해설 감자력 $H_0' = H_0 - H$라 하면 자성체의 내부 자계

$H = H_0 - H' = H_0 - \dfrac{N}{\mu_0} J$ [AT/m]

여기서, $J = \chi_m H$, $\chi_m = \mu_0(\mu_s - 1)$ [Wb/m²]이므로

$\therefore J = \dfrac{\chi_m}{1 + \dfrac{\chi_m N}{\mu_0}} H_0 = \dfrac{\mu_0(\mu_s - 1)}{1 + N(\mu_s - 1)} H_0$ [Wb/m²]

11. 이론 check **감자 작용**

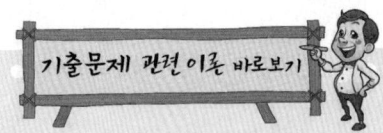

자성체 외부에 자계를 주어 자화할 때 자기 유도에 의해 자석이 된다. 그 결과 자성체 내부에 외부 자계 H_0와 역방향의 H' 자계가 형성되어 본래의 자계를 감소시킨다. 따라서 자성체 내의 자계의 세기는 $H = H_0 - H'$가 되므로

감자력 $H' = H_0 - H = \dfrac{N}{\mu_0} J$ [A/m]

여기서, N은 감자율로, 자성체의 형태에 의해 결정된다.

구자성체의 감자율 $N = \dfrac{1}{3}$이고, 원통 자성체의 감자율 $N = \dfrac{1}{2}$이다.

정답 09. ③ 10. ④ 11. ③

PART 01 전기자기학

기출문제 관련 이론 바로보기

12. **이론 check** 자기 회로

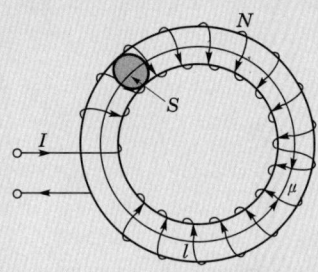

자기 옴의 법칙은 다음과 같다.

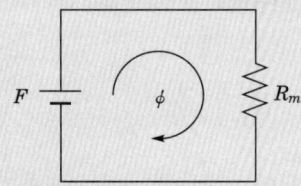

(1) 자속
$$\phi = \frac{F}{R_m} \text{ [Wb]}$$

(2) 기자력
$$F = NI \text{ [AT]}$$

(3) 자기 저항
$$R_m = \frac{l}{\mu S} \text{ [AT/Wb]}$$

12 그림과 같은 유한 길이의 솔레노이드에서 비투자율이 μ_s인 철심의 단면적이 $S[\text{m}^2]$이고 길이가 $l[\text{m}]$인 것에 코일을 N회 감고 $I[\text{A}]$를 흘릴 때, 자기 저항 $R_m[\text{AT/Wb}]$은 어떻게 표현되는가?

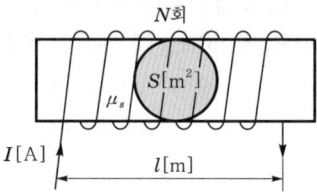

① $R_m = \dfrac{l}{\mu_0 \mu_s}$ ② $R_m = l\mu_0 \mu_s$

③ $R_m = \dfrac{l}{\mu_0 \mu_s S}$ ④ $R_m = lS\mu_0 \mu_s$

해설 자기 회로의 단면적을 $S[\text{m}^2]$, 길이를 $l[\text{m}]$, 투자율을 μ라 하면 자기 저항 R_m은 $R_m = \dfrac{l}{\mu S} = \dfrac{l}{\mu_0 \mu_s S}$ [AT/Wb]

13 자기 인덕턴스와 상호 인덕턴스와의 관계에서 결합 계수 k의 값은?

① $0 \le k \le \dfrac{1}{2}$ ② $0 \le k \le 1$

③ $1 \le k \le 2$ ④ $1 \le k \le 10$

해설 결합 계수는 자기적으로 얼마나 양호한 결합을 했는가를 결정하는 양으로, $k = \dfrac{M}{\sqrt{L_1 L_2}}$으로 된다.

여기서, k의 크기는 $0 \le k \le 1$로, $k=1$은 완전 변압기 조건, 즉 누설 자속이 없는 경우를 의미한다.

14 자기 인덕턴스 $L[\text{H}]$인 코일에 전류 $I[\text{A}]$를 흘렸을 때, 자계의 세기가 $H[\text{AT/m}]$였다. 이 코일을 진공 중에서 자화시키는 데 필요한 에너지 밀도[J/m³]는?

① $\dfrac{1}{2}LI^2$ ② LI^2

③ $\dfrac{1}{2}\mu_0 H^2$ ④ $\mu_0 H^2$

해설 단위 체적당 저장되는 에너지 밀도는 공기 중에서
$$w_m = \dfrac{1}{2}BH = \dfrac{1}{2}\mu_0 H^2 = \dfrac{B^2}{2\mu_0} \text{ [J/m}^3\text{]}$$

정답 12.③ 13.② 14.③

15 다음과 같은 맥스웰(Maxwell)의 미분형 방정식에서 의미하는 법칙은?

$$\nabla \times E = -\frac{\partial B}{\partial t}$$

① 패러데이의 법칙
② 앙페르의 주회 적분 법칙
③ 가우스의 법칙
④ 비오사바르의 법칙

해설 패러데이 법칙의 미분형은
$\text{rot } E = \nabla \times E = -\frac{\partial B}{\partial t} = -\mu \frac{\partial H}{\partial t}$
즉, 자속이 시간에 따라 변화하면 자속이 쇄교하여 그 주위에 역기전력이 발생한다.

16 전류 2π[A]가 흐르고 있는 무한 직선 도체로부터 1[m] 떨어진 P점의 자계 세기[A/m]는?

① 1
② 2
③ 3
④ 4

해설 $H = \frac{I}{2\pi r} = \frac{2\pi}{2\pi \times 1} = 1$[A/m]

17 정전 용량이 1[μF]인 공기 콘덴서가 있다. 이 콘덴서 판 간의 $\frac{1}{2}$인 두께를 갖고 비유전율 $\varepsilon_r = 2$인 유전체를 그 콘덴서의 한 전극면에 접촉하여 넣었을 때, 전체의 정전 용량은 몇 [μF]이 되는가?

① 2
② $\frac{1}{2}$
③ $\frac{4}{3}$
④ $\frac{5}{3}$

해설 $C = \frac{2C_0}{1 + \frac{1}{\varepsilon_r}} = \frac{2 \times 1}{1 + \frac{1}{2}} = \frac{4}{3}$[μF]

16. **이론 check** 무한장 직선 전류에 의한 자계의 세기

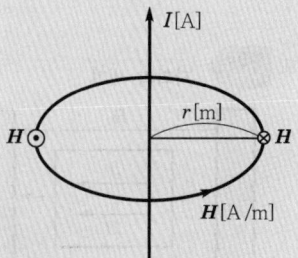

$\oint H \, dl = I$
$H \cdot 2\pi r = I$
$\therefore H = \frac{I}{2\pi r}$ [A/m]

즉, 무한장 직선 전류에 의한 자계의 크기는 직선 전류에서의 거리에 반비례한다.

정답 15.① 16.① 17.③

PART 01 전기자기학

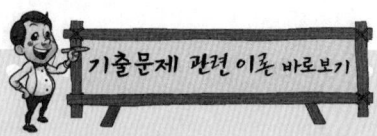

18. 이론 check 동심구 사이의 정전 용량

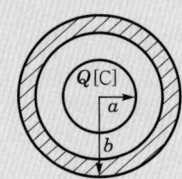

$$V = -\int_b^a \boldsymbol{E} \cdot d\boldsymbol{r}$$
$$= \frac{Q}{4\pi\varepsilon_0}\left(\frac{1}{a}-\frac{1}{b}\right)[\text{V}]$$
$$C = \frac{Q}{\frac{Q}{4\pi\varepsilon_0}\left(\frac{1}{a}-\frac{1}{b}\right)} = \frac{4\pi\varepsilon_0}{\frac{1}{a}-\frac{1}{b}}$$
$$= \frac{4\pi\varepsilon_0 ab}{b-a}[\text{F}]$$

19. 이론 check 자화의 세기

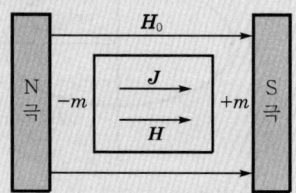

자성체를 자계 내에 놓았을 때 물질이 자화되는 경우 이것을 양적으로 표시하면 단위 체적당 자기 모멘트를 그 점의 자화의 세기라 한다. 이를 식으로 나타내면
$$\boldsymbol{J} = \boldsymbol{B} - \mu_0 \boldsymbol{H} = \mu_0 \mu_s \boldsymbol{H} - \mu_0 \boldsymbol{H}$$
$$= \mu_0(\mu_s - 1)\boldsymbol{H} = \chi_m \boldsymbol{H}[\text{Wb/m}^2]$$

18 진공 중에서 내구의 반지름 $a=3[\text{cm}]$, 외구의 내반지름 $b=9[\text{cm}]$인 두 동심구 사이의 정전 용량은 몇 [pF]인가?

① 0.5
② 5
③ 50
④ 500

해설 $C = \dfrac{4\pi\varepsilon_0 ab}{b-a} = \dfrac{ab}{9\times 10^9(b-a)} = \dfrac{3\times 10^{-2}\times 9\times 10^{-2}}{9\times 10^9\times(9-3)\times 10^{-2}}$
$= 0.5\times 10^{-11}[\text{F}] = 5[\text{pF}]$

19 비투자율 350인 환상 철심 중의 평균 자계 세기가 280[AT/m]일 때, 자화의 세기는 약 몇 [Wb/m²]인가?

① 0.12
② 0.15
③ 0.18
④ 0.21

해설 $\boldsymbol{J} = \chi_m \boldsymbol{H} = \mu_0(\mu_s - 1)\boldsymbol{H}$
$= 4\pi\times 10^{-7}\times(350-1)\times 280 = 0.12[\text{Wb/m}^2]$

20 무한 직선 도선이 $\lambda[\text{C/m}]$의 선밀도 전하를 가질 때 $r[\text{m}]$인 점 P의 전계 $\boldsymbol{E}$는 몇 [V/m]인가?

① $\dfrac{\lambda}{4\pi\varepsilon_0 r^2}$
② $\dfrac{\lambda}{4\pi\varepsilon_0 r}$
③ $\dfrac{\lambda}{2\pi\varepsilon_0 r^2}$
④ $\dfrac{\lambda}{2\pi\varepsilon_0 r}$

해설 가우스 법칙에 의해서
$$\int_s \boldsymbol{E}\cdot \boldsymbol{n}dS = \frac{\lambda l}{\varepsilon_0}$$
$$\boldsymbol{E}\cdot 2\pi r\cdot l = \frac{\lambda l}{\varepsilon_0}$$
$$\therefore \boldsymbol{E} = \frac{\lambda}{2\pi\varepsilon_0 r}[\text{V/m}]$$

정답 18.② 19.① 20.④

제 2 회 전기자기학

01 간격에 비해서 충분히 넓은 평행판 콘덴서의 판 사이에 비유전율 ε_s 인 유전체를 채우고 외부에서 판에 수직 방향으로 전계 E_0 를 가할 때, 분극 전하에 의한 전계의 세기는 몇 [V/m]인가?

① $\dfrac{\varepsilon_s+1}{\varepsilon_s}\times E_0$ ② $\dfrac{\varepsilon_s-1}{\varepsilon_s}\times E_0$

③ $\dfrac{\varepsilon_s}{\varepsilon_s+1}\times E_0$ ④ $\dfrac{\varepsilon_s}{\varepsilon_s-1}\times E_0$

해설 유전체 내의 전계 E는 E_0와 분극 전하에 의한 E'와의 합으로 다음과 같다.

$E = E_0 + E'$ [V/m]

또한, $E = \dfrac{E_0}{\varepsilon_s}$ [V/m]이므로

$\dfrac{E_0}{\varepsilon_s} = E_0 + E'$

$\therefore E' = E_0\left(\dfrac{1}{\varepsilon_s}-1\right) = -E_0\left(\dfrac{\varepsilon_s-1}{\varepsilon_s}\right)$ [V/m]

$\therefore E' = E_0\left(\dfrac{\varepsilon_s-1}{\varepsilon_s}\right)$ [V/m]

02 진공 중에 반지름이 4[cm]인 도체구 A와 내외 반지름이 5[cm] 및 10[cm]인 도체구 B를 동심(同心)으로 놓고, 도체구 A에 $Q_A = 4\times 10^{-10}$[C]의 전하를 대전시키고 도체구 B의 전하를 0으로 했을 때 도체구 A의 전위는 약 몇 [V]인가?

① 15
② 30
③ 46
④ 54

해설 $V_B = \dfrac{Q}{4\pi\varepsilon_0 c}$, $V_A - V_B = \dfrac{Q}{4\pi\varepsilon_0}\left(\dfrac{1}{a}-\dfrac{1}{b}\right)$이 되므로

$V_A = \dfrac{Q}{4\pi\varepsilon_0}\left(\dfrac{1}{a}-\dfrac{1}{b}\right)+\dfrac{Q}{4\pi\varepsilon_0 c}$

$= \dfrac{Q}{4\pi\varepsilon_0}\left(\dfrac{1}{a}-\dfrac{1}{b}+\dfrac{1}{c}\right)$ [V]

$\therefore V_A = \dfrac{Q_A}{4\pi\varepsilon_0}\left(\dfrac{1}{a}-\dfrac{1}{b}+\dfrac{1}{c}\right)$

정답 01.② 02.④

---

01. 이론 Check — 전기 분극

(1) 분극 현상
유전체에 외부 전계를 가하면 전기 쌍극자가 형성되는 현상

① 유전체인 경우

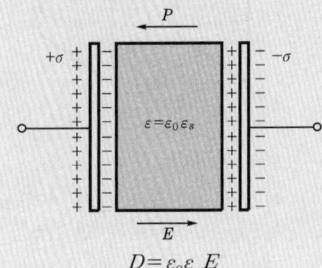

$D = \varepsilon_0\varepsilon_s E$

② 진공인 경우

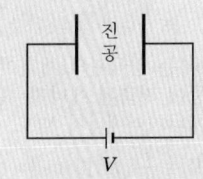

$D_0 = \varepsilon_0 E$

$\therefore D = \varepsilon_0\varepsilon_s E > D_0 = \varepsilon_0 E$

(2) 분극의 세기(P)

$D_0 = \varepsilon_0 E + P$

$P = D - \varepsilon_0 E = \varepsilon_0\varepsilon_s E - \varepsilon_0 E$

$= \varepsilon_0(\varepsilon_s-1)E = \chi_e E$ [C/m²]

여기서, χ(카이) : 분극률($\chi = \varepsilon_0(\varepsilon_s-1)$의 값을 갖는다.)

PART 01 전기자기학

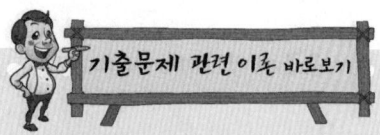

03. 공간 전하계가 갖는 에너지

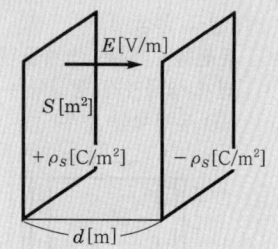

$$C = \frac{\varepsilon_0 S}{d} \, [F]$$

여기서, d : 극판 간의 거리[m]
S : 극판의 면적[m²]

$$W = \frac{1}{2}CV^2 = \frac{1}{2}\frac{\varepsilon_0 S}{d}(Ed)^2$$
$$= \frac{1}{2}\varepsilon_0 E^2 Sd \, [J]$$

Sd는 양극판의 체적이므로 1[m³] 중에 저축된 에너지=단위 체적당 에너지=에너지 밀도

$$W = \frac{1}{2}\varepsilon_0 E^2 \, [J/m^3]$$

04. 평행 전류 도선 간에 작용하는 힘

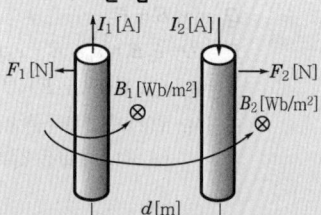

플레밍의 왼손 법칙에 의해 전류 I_2가 흐르는 도체가 받는 힘 F_2는 I_1에 의해 발생되는 자계에 의한 자속 밀도 B_1[Wb/m²]가 영향을 미치므로

$$F_2 = I_2 B_1 l \sin 90° = \frac{\mu_0 I_1 I_2}{2\pi d} l \, [N]$$

이때, 단위 길이당 작용하는 힘은

$$F = \frac{F_2}{l} = \frac{\mu_0 I_1 I_2}{2\pi d} \, [N/m]$$

$\mu_0 = 4\pi \times 10^{-7}$[H/m]를 대입하면

$$F = \frac{2 I_1 I_2}{d} \times 10^{-7} \, [N/m]$$

$$= \frac{4 \times 10^{-10}}{4\pi \times 8.855 \times 10^{-12}}\left(\frac{1}{0.04} - \frac{1}{0.05} + \frac{1}{0.1}\right)$$
$$= 54[V]$$

03 유전율 ε, 전계의 세기 E인 유전체의 단위 체적에 축적되는 에너지 밀도[J/m³]는 얼마인가?

① $\dfrac{E}{2\varepsilon}$ ② $\dfrac{\varepsilon E}{2}$

③ $\dfrac{\varepsilon E^2}{2}$ ④ $\dfrac{\varepsilon^2 E^2}{2}$

해설 $C = \dfrac{\varepsilon S}{d}$, $V = Ed$이므로

$$W = \frac{1}{2}CV^2 = \frac{1}{2} \cdot \left(\frac{\varepsilon S}{d}\right) \cdot (Ed)^2 = \frac{1}{2}\varepsilon E^2 Sd \, [J]$$

단위 체적 $V = S \cdot d$ [m³]당 축적되는 에너지 밀도 w는

$$\therefore w = \frac{1}{2}\varepsilon E^2 = \frac{1}{2}ED = \frac{D^2}{2\varepsilon} \, [J/m^3]$$

04 간격이 1.5[m]이고 평행한 무한히 긴 단상 송전 선로가 가설되었다. 여기에 6,600[V], 3[A]를 송전하면 단위 길이당 작용하는 힘[N/m]은?

① 1.2×10^{-3}, 흡인력
② 5.89×10^{-5}, 흡인력
③ 1.2×10^{-6}, 반발력
④ 6.28×10^{-7}, 반발력

해설 $I_1 = I_2 = I = 3$[A]이므로

$$F = \frac{\mu_0 I_1 I_2}{2\pi r} = \frac{2 I_1 I_2}{r} \times 10^{-7} = \frac{2 \times 3^2}{1.5} \times 10^{-7} = 1.2 \times 10^{-6} \, [N/m]$$

플레밍의 왼손 법칙에서 다른 방향의 전류 간에는 반발력이 작용한다.

05 전계 E[V/m], 자계 H[A/m]의 전자파가 평면파를 이루고 자유 공간으로 전파될 때, 단위 시간당 전력 밀도는 몇 [W/m²]인가?

① $\dfrac{1}{2}EH$ ② $\dfrac{1}{2}E^2 H$

③ $E^2 H$ ④ EH

해설 포인팅 벡터

$$P = w \times v = \sqrt{\varepsilon \mu} \, EH \times \frac{1}{\sqrt{\varepsilon \mu}} = EH \, [W/m^2]$$

정답 03.③　04.③　05.④

2011년 과년도 출제문제

06
자성체에서 자기 감자력은?

① 자화의 세기(J)에 비례한다.
② 감자율(N)에 반비례한다.
③ 자계(H)에 반비례한다.
④ 투자율(μ)에 비례한다.

해설 외부 자계 H_0 중에 자성체를 놓을 때, 자성체 중의 자계를 H라 하면
감자력은 $H' = H_0 - H = \dfrac{N}{\mu_0} J$ [AT/m] $\propto J$

07
공기 콘덴서의 극판 사이에 비유전율 5인 유전체를 넣었을 때, 동일 전위차에 대한 극판의 전하량은 어떻게 되는가?

① $5\varepsilon_0$ 배로 증가한다.   ② 불변이다.
③ 5배로 증가한다.   ④ $\dfrac{1}{5}$로 감소한다.

해설 $Q = CV = \varepsilon_s C_0 V = \varepsilon_s Q_0 = 5Q_0$ [C]

08
한 변이 L[m]되는 정방형의 도선 회로에 전류 I[A]가 흐르고 있을 때, 회로 중심에서의 자속 밀도는 몇 [Wb/m²]인가?

① $\dfrac{2\sqrt{2}}{\pi} \dfrac{I}{L}$
② $\dfrac{2\sqrt{2}}{\pi} \mu_0 \dfrac{I}{L}$
③ $\dfrac{2\sqrt{2}}{\pi} \dfrac{L}{I}$
④ $\dfrac{2\sqrt{2}}{\pi} \mu_0 \dfrac{L}{I}$

해설 한 변이 L[m]되는 정방형 회로의 중심 자계
$H_0 = \dfrac{2\sqrt{2} I}{\pi L}$ [AT/m]
자속 밀도 B는
∴ $B = \mu_0 H_0 = \dfrac{2\sqrt{2}}{\pi} \mu_0 \dfrac{I}{L}$ [Wb/m²]

09
N회 감긴 원통 코일의 단면적이 S[m²]이고 길이가 l[m]이다. 이 코일의 권수를 반으로 줄이고 인덕턴스는 일정하게 유지하려면 어떻게 하면 되는가?

① 길이를 $\dfrac{1}{4}$ 배로 한다.
② 단면적을 2배로 한다.
③ 전류의 세기를 2배로 한다.
④ 전류의 세기를 4배로 한다.

정답   06.①   07.③   08.②   09.①

기출문제 관련 이론 바로보기

06. 이론 check 감자 작용

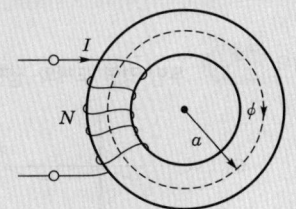

자성체 외부에 자계를 주어 자화할 때 자기 유도에 의해 자석이 된다. 그 결과 자성체 내부에 외부 자계 H_0와 역방향의 H' 자계가 형성되어 본래의 자계를 감소시킨다. 따라서 자성체 내의 자계의 세기는 $H = H_0 - H'$가 되므로

감자력 $H' = H_0 - H = \dfrac{N}{\mu_0} J$ [A/m]

여기서, N은 감자율로, 자성체의 형태에 의해 결정된다.

구자성체의 감자율 $N = \dfrac{1}{3}$이고, 원통 자성체의 감자율 $N = \dfrac{1}{2}$이다.

09. 이론 check 환상 솔레노이드의 인덕턴스

(1) 공극이 없는 경우
$L = \dfrac{N\phi}{I} = \dfrac{N}{I} \cdot \dfrac{NI}{R_m}$
$= \dfrac{N^2}{I} \cdot \dfrac{I \cdot \mu S}{l} = \dfrac{\mu S N^2}{l}$ [H]

(2) 공극이 있는 경우
$L = \dfrac{N\phi}{I} = \dfrac{N}{I} \cdot \dfrac{NI}{R_m}$
$= \dfrac{N^2}{R_m} = \dfrac{N^2}{\dfrac{l}{\mu S} + \dfrac{l_g}{\mu_0 S}}$
$= \dfrac{\mu S N^2}{l + \mu S l_g}$ [H]

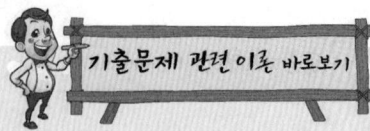

해설 환상 코일의 자기 인덕턴스

$$L = \frac{\mu S N^2}{l} [\text{H}]$$

인덕턴스는 권수 제곱에 비례하므로 단면적은 4배, 길이는 $\frac{1}{4}$배로 하면 권수를 반으로 줄일 때 인덕턴스를 일정하게 유지할 수 있다.

10 다음 그림과 같이 반지름 $a[\text{m}]$인 한 번 감긴 원형 코일이 균일한 자속밀도 $B[\text{Wb/m}^2]$인 자계에 놓여 있다. 지금 코일면을 자계와 나란하게 전류 $I[\text{A}]$를 흘리면 원형 코일이 자계로부터 받는 회전 모멘트는 몇 $[\text{N}\cdot\text{m/rad}]$인가?

① $2\pi a BI$
② $\pi a BI$
③ $2\pi a^2 BI$
④ $\pi a^2 BI$

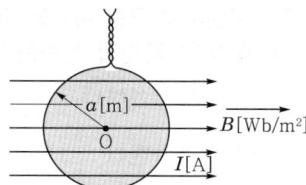

11. **이론 check** **전자파의 전파 속도**

$$v = \frac{1}{\sqrt{\varepsilon\mu}} = \frac{1}{\sqrt{\varepsilon_0\mu_0}} \cdot \frac{1}{\sqrt{\varepsilon_s\mu_s}}$$
$$= 3 \times 10^8 \frac{1}{\sqrt{\varepsilon_s\mu_s}}$$
$$= \frac{C_0}{\sqrt{\varepsilon_s\mu_s}} [\text{m/s}]$$

11 진공 중에서 빛의 속도와 일치하는 전자파의 전파 속도를 얻기 위한 조건은?

① $\varepsilon_s = \mu_s = 0$
② $\varepsilon_s = 0$, $\mu_s = 1$
③ $\varepsilon_s = \mu_s = 1$
④ ε_s와 μ_s는 관계가 없다.

해설
$$v = \frac{1}{\sqrt{\varepsilon\mu}} = \frac{1}{\sqrt{\varepsilon_0\mu_0}} \cdot \frac{1}{\sqrt{\varepsilon_s\mu_s}} = C_0 \frac{1}{\sqrt{\varepsilon_s\mu_s}} = 3 \times 10^8 [\text{m/s}]$$

$\varepsilon_s = \mu_s = 1$일 때, 전파 속도는 빛의 속도와 같다.

12. **이론 check** **무한 평면 도체와 점전하**

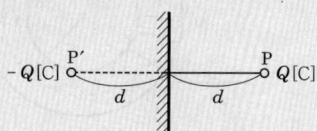

같은 거리에 반대 부호의 전하가 있다고 보면 무한 평면의 전위는
$$V = \frac{Q}{4\pi\varepsilon_0 d} - \frac{Q}{4\pi\varepsilon_0 d} = 0$$
이고 $Q[\text{C}]$과 무한 평면 도체 사이의 전위와 $-Q$, $+Q$의 사이의 전계는 같다.
즉, 무한 평면 도체와 점전하 사이의 정전계 문제를 $+Q$, $-Q$의 점전하 문제로 풀 수 있다.
P′는 P의 영상점이며, $-Q$는 Q의 영상 전하이다.

12 점전하 $Q[\text{C}]$에 의한 무한 평면 도체의 영상 전하는?

① $-Q[\text{C}]$보다 작다.
② $Q[\text{C}]$보다 크다.
③ $-Q[\text{C}]$과 같다.
④ $Q[\text{C}]$과 같다.

해설

무한 평면 도체는 전위가 0이므로 그 조건을 만족하는 영상 전하는 $-Q[\text{C}]$이고, 거리는 $+Q[\text{C}]$과 반대 방향으로 점전하 $Q[\text{C}]$과 무한 평면 도체와의 거리와 같다.

정답 10.④ 11.③ 12.③

13 자기 인덕턴스가 20[mH]인 코일에 0.2[s] 동안 전류가 100[A]로 변할 때, 코일에 유기되는 기전력[V]은 얼마인가?

① 10　　　　② 20
③ 30　　　　④ 40

해설　$e = L\dfrac{di}{dt}[\text{V}] = 20 \times 10^{-3} \times \dfrac{100}{0.2} = 10[\text{V}]$

14 다음 중 도체 표면에서 전계 $\boldsymbol{E} = \boldsymbol{E}_x\boldsymbol{a}_x + \boldsymbol{E}_y\boldsymbol{a}_y + \boldsymbol{E}_z\boldsymbol{a}_z[\text{V/m}]$이고, 도체면과 법선 방향인 미소 길이 $dl = dx\boldsymbol{a}_x + dy\boldsymbol{a}_y + dz\boldsymbol{a}_z[\text{m}]$일 때 성립되는 식은?

① $\boldsymbol{E}_x dx = \boldsymbol{E}_y dy$　　② $\boldsymbol{E}_y dz = \boldsymbol{E}_z dy$
③ $\boldsymbol{E}_x dy = \boldsymbol{E}_y dz$　　④ $\boldsymbol{E}_y dy = \boldsymbol{E}_z dz$

해설　$\dfrac{dy}{\boldsymbol{E}_y} = \dfrac{dz}{\boldsymbol{E}_z}$

∴ $\boldsymbol{E}_y dz = \boldsymbol{E}_z dy$

15 환상 솔레노이드 내의 철심 내부 자계 세기는 몇 [AT/m]인가? (단, N은 코일 권선수, R은 환상 철심의 평균 반지름, I는 코일에 흐르는 전류이다.)

① NI　　　　② $\dfrac{NI}{2\pi R}$
③ $\dfrac{NI}{2R}$　　　　④ $\dfrac{NI}{4\pi R}$

해설　$\oint \boldsymbol{H} \cdot dl = \boldsymbol{H} \cdot 2\pi R = NI$

∴ $H = \dfrac{NI}{2\pi R}[\text{AT/m}]$

16 기자력(magnetomotive force)에 대한 설명으로 옳지 않은 것은?

① 전기 회로의 기전력에 대응한다.
② 코일에 전류를 흘렸을 때 전류 밀도와 코일 권수의 곱의 크기와 같다.
③ 자기 회로의 자기 저항과 자속의 곱과 동일하다.
④ SI 단위는 암페어[A]이다.

해설　$F = NI = R_m \phi [\text{AT}]$

기출문제 관련 이론 바로보기

14. 이론check **전기력선의 방정식**

x, y, z 각 성분은 서로 비례하므로

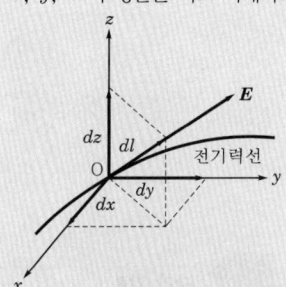

‖ 전기력선 ‖

$\cos\alpha = \dfrac{E_x}{E} = \dfrac{dx}{dl}$　∴ $\dfrac{dl}{E} = \dfrac{dx}{E_x}$

$\cos\beta = \dfrac{E_y}{E} = \dfrac{dy}{dl}$　∴ $\dfrac{dl}{E} = \dfrac{dy}{E_y}$

$\cos\gamma = \dfrac{E_z}{E} = \dfrac{dz}{dl}$　∴ $\dfrac{dl}{E} = \dfrac{dz}{E_z}$

∴ $\dfrac{dx}{E_x} = \dfrac{dy}{E_y} = \dfrac{dz}{E_z}$

15. 이론check **환상 솔레노이드의 자계의 세기**

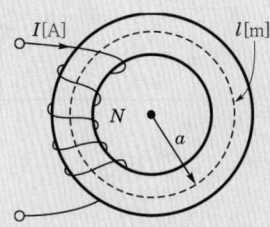

앙페르의 주회 적분 법칙에 의해

$\int H dl = NI$, $Hl = NI$, $H = \dfrac{NI}{l}$

이때 자로의 길이는 $l = 2\pi a[\text{m}]$이므로 환상 솔레노이드의 내부 자계의 세기는

$H = \dfrac{NI}{2\pi a}[\text{AT/m}]$

정답　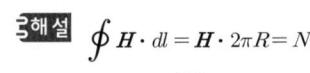　13.①　14.②　15.②　16.②

PART 01 전기자기학

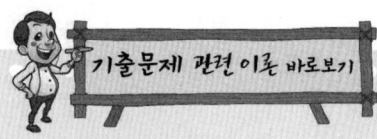

17 철심이 있는 평균 반지름 15[cm]인 환상 솔레노이드 코일에 5[A]가 흐를 때, 내부 자계의 세기가 1,600[AT/m]가 되려면 코일의 권수는 약 몇 회 정도인가?

① 150
② 180
③ 300
④ 360

해설 환상 솔레노이드의 내부 자계의 세기 $H = \dfrac{NI}{2\pi r}$ 에서

$N = \dfrac{2\pi r H}{I}$ 이므로

$\therefore N = \dfrac{2\pi \times 15 \times 10^2 \times 1,600}{5} ≒ 300$ 회

---

18. **이론 check** 자기 회로

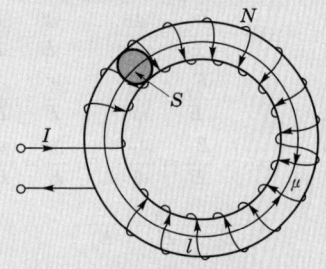

자기 옴의 법칙은 다음과 같다.

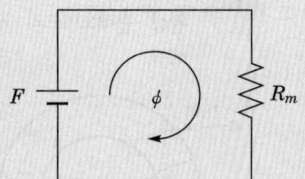

(1) 자속
 $\phi = \dfrac{F}{R_m}$ [Wb]

(2) 기자력
 $F = NI$ [AT]

(3) 자기 저항
 $R_m = \dfrac{l}{\mu S}$ [AT/Wb]

18 그림과 같은 자기 회로에서 A 부분에만 코일을 감아서 전류를 인가할 때의 자기 저항과 B 부분에만 코일을 감아서 전류를 인가할 때의 자기 저항[AT/Wb]을 각각 구하면 어떻게 되는가? (단, 자기 저항 $R_1 = 1$, $R_2 = 0.5$, $R_3 = 0.5$[AT/Wb]이다.)

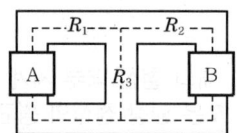

① $R_A = 1.25$, $R_B = 0.83$
② $R_A = 1.25$, $R_B = 1.25$
③ $R_A = 0.83$, $R_B = 0.83$
④ $R_A = 0.83$, $R_B = 1.25$

해설 A 부분에만 코일을 감아서 전류를 인가할 때

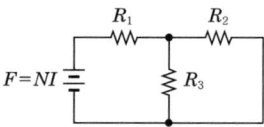

합성 자기 저항 $R_A = R_1 + \dfrac{R_2 \cdot R_3}{R_2 + R_3} = 1.25$ [AT/Wb]

B 부분에만 코일을 감아서 전류를 인가할 때

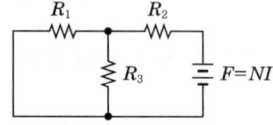

합성 자기 저항 $R_B = R_2 + \dfrac{R_1 R_3}{R_1 + R_3} = 0.83$ [AT/Wb]

정답 17.③ 18.①

19 자석의 세기 0.2[Wb], 길이 10[cm]인 막대 자석의 중심에서 60°의 각을 가지며 40[cm]만큼 떨어진 점 A의 자위는 몇 [A]인가?

① 1.97×10^3
② 3.96×10^3
③ 7.92×10^3
④ 9.58×10^3

해설
$$U = 6.33 \times 10^4 \frac{M\cos\theta}{r^2}$$
$$= 6.33 \times 10^4 \frac{0.2 \times 0.1 \times \cos 60°}{(40 \times 10^{-2})^2}$$
$$= 3.961 \times 10^3 [A]$$

20 내반경 a[m], 외반경 b[m]인 동축 케이블에서 극간 매질의 도전율이 σ[S/m]일 때, 단위 길이당 이 동축 케이블의 컨덕턴스[S/m]는?

① $\dfrac{4\pi\sigma}{\ln\dfrac{b}{a}}$
② $\dfrac{2\pi\sigma}{\ln\dfrac{b}{a}}$
③ $\dfrac{\pi\sigma}{\ln\dfrac{b}{a}}$
④ $\dfrac{6\pi\sigma}{\ln\dfrac{b}{a}}$

해설 동축 케이블의 단위 길이당 정전 용량
$$C = \frac{2\pi\varepsilon}{\ln\dfrac{b}{a}} [F/m] \text{이므로 } RC = \rho\varepsilon \text{에서}$$
$$R = \frac{\rho\varepsilon}{C} = \frac{\rho\varepsilon}{\dfrac{2\pi\varepsilon}{\ln\dfrac{b}{a}}} = \frac{\rho}{2\pi}\ln\frac{b}{a} = \frac{1}{2\pi\sigma}\ln\frac{b}{a} [\Omega/m]$$
$$\therefore G = \frac{1}{R} = \frac{2\pi\sigma}{\ln\dfrac{b}{a}} [S/m]$$

제 3 회 전기자기학

01 접지된 구도체와 점전하 간에 작용하는 힘은?
① 항상 흡인력이다.
② 항상 반발력이다.
③ 조건적 흡인력이다.
④ 조건적 반발력이다.

기출문제 관련 이론 바로보기

19. 이론 check 자기 쌍극자의 자위(U)

(1) 자기 쌍극자

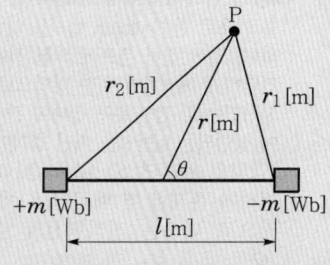

(2) 자위(U)
$$r_1 = r - \frac{l}{2}\cos\theta$$
$$r_2 = r + \frac{l}{2}\cos\theta$$
$$U_P = U_1 + U_2$$
$$U_P = \frac{m}{4\pi\mu_0}\left(\frac{1}{r_1} - \frac{1}{r_2}\right)$$
$$= \frac{m}{4\pi\mu_0}\left(\frac{1}{r - \dfrac{l}{2}\cos\theta} - \frac{1}{r + \dfrac{l}{2}\cos\theta}\right)$$

위 식을 통분하여 정리하면
$$U_P = \frac{m}{4\pi\mu_0}\left\{\frac{l\cos\theta}{r^2 - \left(\dfrac{l}{2}\cos\theta\right)^2}\right\}$$

이때 $r \gg l$의 조건을 만족하면
$$U_P = \frac{ml}{4\pi\mu_0 r^2}\cos\theta$$
$$= \frac{M}{4\pi\mu_0 r^2}\cos\theta [A]$$

여기서, $M = ml$[Wb·m]이며, 자기 쌍극자 모멘트라 한다.

정답 19.② 20.② / 01.①

PART 01 전기자기학

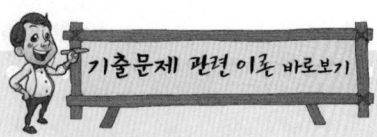

02. **이론 check** **가우스(Gauss)의 법칙**

가우스(K.F. Gauss, 1777~1855, 獨)의 법칙(Gauss's law)은 점전하를 기초로 한 Coulomb 법칙을 일반화하여, 일반 전하 분포에 의한 전계를 간단하게 해석하기 위한 방법으로 제시하였는데, 전하 분포 상태에 관계없이 성립되는 일반성을 지닌 법칙이다.
"임의의 폐곡면(S) 내에 Q[C]의 전하가 존재할 때 폐곡면(S)에 수직으로 나오는 전기력선의 수는 $\dfrac{Q}{\varepsilon_0}$ 개가 된다."

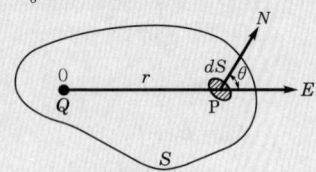

∥ Gauss의 법칙 ∥

미소 면적 dS 부분에서 나오는 전기력선의 수를 dN이라 하면
$E = \dfrac{dN}{dS}$
전기력선의 총수
$N = \int_s E dS = \dfrac{Q}{\varepsilon_0}$[lines]
여기서, 폐곡면 내의 전하 Q는 점·선·면·체적 또는 이들의 조합적인 분포 형태로 존재한다.

04. **이론 check** **도체 표면에서의 전계의 세기**

$\int_s E dS = \dfrac{\rho_s \cdot S}{\varepsilon_0}$
$E \cdot S = \dfrac{\rho_s \cdot S}{\varepsilon_0}$
$\therefore E = \dfrac{\rho_s}{\varepsilon_0}$[V/m]

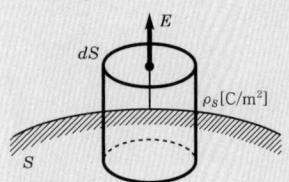

해설 접지 구도체에는 항상 점전하 Q[C]과 반대 극성인 영상 전하 $Q' = -\dfrac{a}{d}Q$[C]이 유도되기 때문에 항상 흡인력이 작용한다.

02 다음 식 중 옳지 않은 것은?

① $V_p = \int_p^\infty E \cdot dr$
② $E = -\operatorname{grad} V$
③ $\operatorname{grad} V = i\dfrac{\partial V}{\partial x} + j\dfrac{\partial V}{\partial y} + k\dfrac{\partial V}{\partial z}$
④ $\oint_s E \cdot ds = Q$

해설
• 전위 $V_p = -\int_\infty^p E \cdot dr = \int_p^\infty E \cdot dr$ [V]
• 전계의 세기와 전위와의 관계식
$E = -\operatorname{grad} V = -\nabla V$
$\operatorname{grad} V = \triangle \cdot V = \left(i\dfrac{\partial}{\partial x} + j\dfrac{\partial}{\partial y} + k\dfrac{\partial}{\partial z}\right)V$
• 가우스의 법칙
전기력선의 총수는
$N = \int_s E \cdot ds = \dfrac{Q}{\varepsilon_0}$[lines]

03 $B-H$ 곡선을 자세히 관찰하면 매끈한 곡선이 아니라 B가 계단적으로 증가 또는 감소함을 알 수 있다. 이러한 현상을 무엇이라 하는가?
① 퀴리점(Curie point)
② 자기 여자 효과(magnetic after effect)
③ 자왜 현상(magneto-striction effect)
④ 바크하우젠 효과(Barkhausen effect)

해설 $B-H$ 곡선을 세밀하게 관찰하면 B가 계단적으로 증가 또는 감소하고 있다. 이것은 자성체 내의 자구의 자축이 서서히 회전하는 것이 아니고, 어떤 순간에 급격히 자계의 방향으로 회전하여 B를 증가시키기 때문이다. 이 현상을 바크하우젠 효과라 한다.

04 유전율이 10인 유전체를 5[V/m]인 전계 내에 놓으면 유전체의 표면 전하 밀도는 몇 [C/m²]인가? (단, 유전체의 표면과 전계는 직각이다.)
① 0.5
② 1.0
③ 50
④ 250

정답 02.④ 03.④ 04.③

해설 전속 밀도 $D = \varepsilon_0 \varepsilon_s E = \varepsilon E [C/m^2]$에서
$$E = \frac{D}{\varepsilon} = \frac{\sigma}{\varepsilon} [V/m]$$
$$\therefore \sigma = \varepsilon E = 10 \times 5 = 50 [C/m^2]$$

05 진공 중에서 빛의 속도와 일치하는 전자파의 전파 속도를 얻기 위한 조건으로 맞는 것은?

① $\varepsilon_s = 0$, $\mu_s = 0$ ② $\varepsilon_s = 0$, $\mu_s = 1$
③ $\varepsilon_s = 1$, $\mu_s = 0$ ④ $\varepsilon_s = 1$, $\mu_s = 1$

해설 전자파의 전파 속도
$$v = \frac{1}{\sqrt{\varepsilon\mu}} = \frac{1}{\sqrt{\varepsilon_0\mu_0}} \cdot \frac{1}{\sqrt{\varepsilon_s\mu_s}} = C_0 \frac{1}{\sqrt{\varepsilon_s\mu_s}} = 3 \times 10^8 [m/s]$$
만족하면 빛의 속도와 일치하는 전자파의 전파 속도가 된다.
$$\therefore \varepsilon_s = 1, \mu_s = 1$$

06 전기력선의 설명 중 틀린 것은?

① 전기력선의 방향은 그 점의 전계의 방향과 일치하며 밀도는 그 점에서의 전계의 크기와 같다.
② 전기력선은 부전하에서 시작하여 정전하에서 그친다.
③ 단위 전하에서는 $\frac{1}{\varepsilon_0}$개의 전기력선이 출입한다.
④ 전기력선은 전위가 높은 점에서 낮은 점으로 향한다.

해설 **전기력선**
정(+)전하에서 시작하고, 부(-)전하에서 끝난다.

07 3개의 콘덴서 $C_1 = 1[\mu F]$, $C_2 = 2[\mu F]$, $C_3 = 3[\mu F]$을 직렬 연결하여 600[V]의 전압을 가할 때, C_1 양단 사이에 걸리는 전압은 약 몇 [V]인가?

① 55   ② 164
③ 327   ④ 382

해설 합성 정전 용량
$$\frac{1}{C_0} = \frac{1}{C_1} + \frac{1}{C_2} + \frac{1}{C_3} = 1 + \frac{1}{2} + \frac{1}{3} = \frac{11}{6}$$
$$\therefore C_0 = \frac{6}{11}[\mu F]$$
C_1 양단의 전압
$$V_1 = \frac{C_0}{C_1}V = \frac{6}{11}V = \frac{6}{11} \times 600 \fallingdotseq 327[V]$$

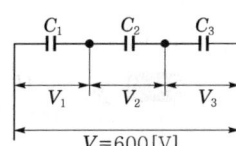

기출문제 관련 이론 바로보기

도체 내부에서는 전기력선이 존재하지 않는다. → 도체 내에서의 전계의 세기는 $E = 0$이다.

06. 이론check **전기력선의 성질**

(1) 전기력선의 방향은 그 점의 전계의 방향과 같으며 전기력선의 밀도는 그 점에서의 전계의 크기와 같다$\left(\frac{개}{m^2} = \frac{N}{C}\right)$.
(2) 전기력선은 정전하(+)에서 시작하여 부전하(-)에서 끝난다.
(3) 전하가 없는 곳에서는 전기력선의 발생, 소멸이 없다. 즉, 연속적이다.
(4) 단위 전하(±1[C])에서는 $\frac{1}{\varepsilon_0}$개의 전기력선이 출입한다.
(5) 전기력선은 그 자신만으로 폐곡선(루프)을 만들지 않는다.
(6) 전기력선은 전위가 높은 점에서 낮은 점으로 향한다.
(7) 전계가 0이 아닌 곳에서 2개의 전기력선은 교차하는 일이 없다.
(8) 전기력선은 등전위면과 직교한다. 단, 전계가 0인 곳에서는 이 조건은 성립되지 않는다.
(9) 전기력선은 도체 표면(등전위면)에 수직으로 출입한다. 단, 전계가 0인 곳에서는 이 조건은 성립하지 않는다.
(10) 도체 내부에서는 전기력선이 존재하지 않는다.
(11) 전기력선 중에는 무한 원점에서 끝나든가, 또는 무한 원점에서 오는 것이 있을 수 있다.
(12) 무한 원점에 있는 전하까지를 고려하면 전하의 총량은 항상 0이다.

정답 05.④ 06.② 07.③

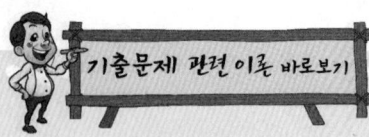

11. 전기 쌍극자에서 P점의 전계의 세기

전기 쌍극자는 같은 크기의 정·부의 전하가 미소 길이 l[m] 떨어진 한 쌍의 전하계이다.

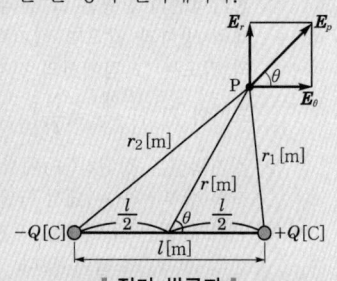

∥ 전기 쌍극자 ∥

$+Q$, $-Q$에서 P점까지의 거리 r_1, r_2[m]는

$r_1 = r - \dfrac{l}{2}\cos\theta$, $r_2 = r + \dfrac{l}{2}\cos\theta$

P점의 전계의 세기는

$E_P = |E_r + E_\theta| = \sqrt{E_r^2 + E_\theta^2}$

여기서, E_r과 E_θ는

$E_r = -\dfrac{dV}{dr} = \dfrac{2M}{4\pi\varepsilon_0 r^3}\cos\theta$[V/m]

$E_\theta = -\dfrac{1}{r}\dfrac{dV}{d\theta}$
$= \dfrac{M}{4\pi\varepsilon_0 r^3}\sin\theta$[V/m]

따라서, P점의 합성 전계 E_P는

$E_P = \sqrt{E_r^2 + E_\theta^2}$
$= \dfrac{M}{4\pi\varepsilon_0 r^3}\sqrt{4\cos^2\theta + \sin^2\theta}$

여기서, $\cos^2\theta + \sin^2\theta = 1$이므로

$E_P = \dfrac{M}{4\pi\varepsilon_0 r^3}\sqrt{4\cos^2\theta + (1-\cos^2\theta)}$
$= \dfrac{M}{4\pi\varepsilon_0 r^3}\sqrt{1+3\cos^2\theta}$ [V/m]

08 어떤 막대꼴 철심이 있다. 단면적이 0.5[m²], 길이가 0.8[m], 비투자율이 20이다. 이 철심의 자기 저항[AT/Wb]은?

① 6.37×10^4
② 4.45×10^4
③ 3.67×10^4
④ 1.76×10^4

해설 자기 저항

$R_m = \dfrac{l}{\mu S} = \dfrac{l}{\mu_0 \mu_s S} = \dfrac{0.8}{4\pi \times 10^{-7} \times 20 \times 0.5}$
$= 6.37 \times 10^4$[AT/Wb]

09 비투자율은? (단, μ_0는 진공의 투자율, χ_m은 자화율이다.)

① $1 + \dfrac{\chi_m}{\mu_0}$
② $\mu_0(1+\chi_m)$
③ $\dfrac{1}{1+\chi_m}$
④ $\dfrac{1}{1-\chi_m}$

해설 자속 밀도

$\boldsymbol{B} = \mu_0 \boldsymbol{H} + \boldsymbol{J} = \mu_0 \boldsymbol{H} + \chi_m \boldsymbol{H}$
$= (\mu_0 + \chi_m)\boldsymbol{H} = \mu_0 \mu_s \boldsymbol{H}$[Wb/m²]

∴ 비투자율 $\mu_s = \dfrac{\mu}{\mu_0} = \dfrac{\mu_0 + \chi_m}{\mu_0} = 1 + \dfrac{\chi_m}{\mu_0}$

10 대전 도체 내부의 전위는?

① 진공 중의 유전율과 같다.
② 항상 0이다.
③ 도체 표면 전위와 동일하다.
④ 대지 전압과 전하의 곱으로 표시한다.

해설 대전 도체의 표면과 내부의 전위는 동일하다.

11 쌍극자의 중심을 좌표 원점으로 하여 쌍극자 모멘트 방향을 x축, 이와 직각 방향을 y축으로 할 때 원점에서 같은 거리 r만큼 떨어진 점의 y방향의 전계 세기가 가장 작은 점은 x축과 몇 도의 각을 이룰 때인가?

① $0°$
② $30°$
③ $60°$
④ $90°$

해설 $E = \dfrac{M}{4\pi\varepsilon_0 r^3}\sqrt{1+3\cos^2\theta}$ [V/m]

전계는 $\theta = 0°$일 때 최대, $\theta = 90°$일 때 최소가 된다.

정답 08.① 09.① 10.③ 11.④

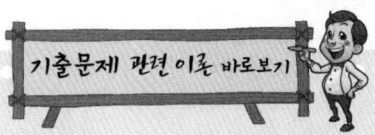

12 지름 10[cm]의 원형 코일에 1[A]의 전류를 흘릴 때 코일 중심의 자계를 1,000[A/m]로 하려면 코일을 몇 회 감으면 되는가?

① 50 ② 100
③ 150 ④ 200

해설 $H_0 = \dfrac{NI}{2a}$ [AT/m]

$$\therefore N = \dfrac{2aH_0}{I} = \dfrac{2\left(\dfrac{d}{2}\right)H_0}{I} = \dfrac{2 \times \dfrac{0.1}{2} \times 1,000}{1}$$
$$= 100회$$

13 간격 d [m]의 평행판 도체에 V[kV]의 전위차를 주었을 때 음극 도체판을 초속도 0으로 출발한 전자 e[C]이 양극 도체판에 도달할 때의 속도는 몇 [m/s]인가? (단, m[kg]은 전자의 질량이다.)

① $\sqrt{\dfrac{eV}{m}}$ ② $\sqrt{\dfrac{2eV}{m}}$
③ $\sqrt{\dfrac{eV}{2m}}$ ④ $\dfrac{2eV}{m}$

해설 전자 볼트(eV)를 운동 에너지로 나타내면 $\dfrac{1}{2}mv^2$[J]이므로

$$eV = \dfrac{1}{2}mv^2 \quad \therefore v = \sqrt{\dfrac{2eV}{m}} \text{ [m/s]}$$

14 다음 중 변위 전류와 관계가 가장 깊은 것은?

① 반도체 ② 유전체
③ 자성체 ④ 도체

해설 변위 전류 밀도 $i_D = \dfrac{\partial D}{\partial t} = \varepsilon \dfrac{\partial E}{\partial t} = \dfrac{I_D}{S}$ [A/m²]는 유전체 내의 전속 밀도의 시간적 변화를 말한다.

15 15[A]의 무한장 직선 전류로부터 50[cm] 떨어진 P점의 자계 세기는 약 몇 [AT/m]인가?

① 1.56
② 2.39
③ 4.78
④ 9.55

해설 $H = \dfrac{I}{2\pi r} = \dfrac{15}{2\pi \times 0.5} = 4.78$ [AT/m]

정답 12.② 13.② 14.② 15.③

기출문제 관련 이론 바로보기

12. 이론 check 원형 전류 중심축상의 자계의 세기

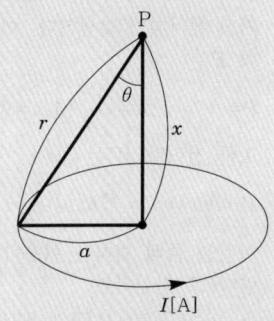

반경 a[m]인 원형 코일의 미소 길이 dl [m]에 의한 중심축상의 한 점 P의 미소 자계의 세기는 비오-사바르의 법칙에 의해

$$d\boldsymbol{H} = \dfrac{Idl}{4\pi r^2} \sin\theta \text{ [AT/m]}$$
$$= \dfrac{I \cdot a\,dl}{4\pi r^3}$$

여기서, $\sin\theta = \dfrac{a}{r}$ 이므로

$$H = \int \dfrac{I \cdot a\,dl}{4\pi r^3} = \dfrac{aI}{4\pi r^3} \int dl$$
$$= \dfrac{a \cdot I}{4\pi r^3} 2\pi a = \dfrac{a^2 I}{2r^3} \text{ [AT/m]}$$

여기서, $r = \sqrt{a^2 + x^2}$ 이므로

$$H = \dfrac{a^2 I}{2(a^2 + x^2)^{\frac{3}{2}}} \text{ [AT/m]}$$

여기서, 원형 중심의 자계의 세기 H_0는 떨어진 거리 $x = 0$인 지점이므로 $H_0 = \dfrac{I}{2a}$

또한, 권수가 N회 감겨 있을 때에는 $H_0 = \dfrac{NI}{2a}$

PART 01 전기자기학

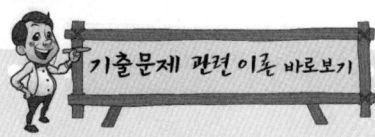

16. 이론check

전력, 전력량 및 열량

임의의 도체에 전류가 흐르면 전기적 에너지가 발생한다. 이때 전력 P는

$$P = VI = I^2R = \frac{V^2}{R}[\text{J/s} = \text{W}]$$

또한 전력량 W는

$$W = Pt = VIt = I^2Rt = \frac{V^2}{R}t\,[\text{Ws}]$$

이것을 줄의 법칙을 이용하여 열량 H로 환산하면

$$H = 0.24Pt = 0.24VIt = 0.24I^2Rt$$
$$= 0.24\frac{V^2}{R}t\,[\text{cal}]$$

---

16 200[V], 30[W]인 백열 전구와 200[V], 60[W]인 백열 전구를 직렬로 접속하고, 200[V]의 전압을 인가하였을 때 어느 전구가 더 어두운가? (단, 전구의 밝기는 소비 전력에 비례한다.)

① 둘 다 같다.
② 30[W] 전구가 60[W] 전구보다 더 어둡다.
③ 60[W] 전구가 30[W] 전구보다 더 어둡다.
④ 비교할 수 없다.

해설 전력 $P = \frac{V^2}{R} = I^2R$에서

$$R_1 = \frac{V^2}{P_1} = \frac{200^2}{30} = 1333.3[\Omega]$$

$$R_2 = \frac{V^2}{P_2} = \frac{200^2}{60} = 666.6[\Omega]$$

직렬로 접속하면 전류가 동일하므로
$P_1' = I^2R_1 = 1333.3I^2[\text{W}]$
$P_2' = I^2R_2 = 666.6I^2[\text{W}]$
∴ 60[W] 전구의 소비 전력이 작으므로 더 어둡다.

17 내부 장치 또는 공간을 물질로 포위시켜 외부 자계의 영향을 차폐시키는 방식을 자기 차폐라 한다. 다음 중 자기 차폐에 가장 좋은 것은?

① 강자성체 중에서 비투자율이 큰 물질
② 강자성체 중에서 비투자율이 작은 물질
③ 비투자율이 1보다 작은 역자성체
④ 비투자율에 관계없이 물질의 두께에만 관계되므로 되도록이면 두꺼운 물질

해설 자기 차폐
비투자율 μ_s가 큰 자성체로 포위시켜 내부 장치를 외부 자계에 대하여 영향을 받지 않도록 차폐한다.

18 변의 길이가 각각 a[m], b[m]인 그림과 같은 직사각형 도체가 X축 방향으로 v[m/s]의 속도로 움직이고 있다. 이때 자속 밀도는 $X-Y$ 평면에 수직이고 어느 곳에서든지 크기가 일정한 B[Wb/m²]이다. 이 도체의 저항을 R[Ω]이라고 할 때, 흐르는 전류는 몇 [A]인가?

① 0
② $\frac{Babv}{R}$
③ $\frac{Bv}{R}$
④ $\frac{2Bav}{R}$

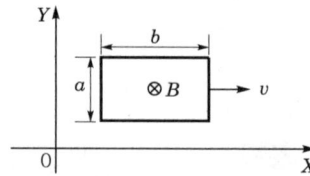

정답 16.③ 17.① 18.①

해설 $e = \dfrac{d\phi}{dt}$에서 $\phi = \int B \cdot dS$는 불변으로
$e = 0[V]$이다.
저항 R에 흐르는 전류 I는
$I = \dfrac{e}{R} = \dfrac{0}{R} = 0[A]$이다.

19 반지름 a, $b\,(a < b)$인 동심원통 전극 사이에 고유 저항 ρ의 물질이 충만되어 있을 때, 단위 길이당의 저항[Ω/m]은?

① $2\pi\rho\ln\dfrac{b}{a}$ ② $2a\rho$

③ $\dfrac{\rho}{2\pi\ln\dfrac{b}{a}}$ ④ $\dfrac{\rho}{2\pi}\ln\dfrac{b}{a}$

해설 동심원통의 단위 길이당 정전 용량은
$C_0 = \dfrac{2\pi\varepsilon}{\ln\dfrac{b}{a}}$[F/m]이므로 $RC = \rho\varepsilon$에서
$R = \dfrac{\rho\varepsilon}{C} = \dfrac{\rho\varepsilon}{\dfrac{2\pi\varepsilon}{\ln\dfrac{b}{a}}} = \dfrac{\rho}{2\pi}\ln\dfrac{b}{a}$[Ω/m]이다.

20 패러데이 법칙에서 유도 기전력 $e\,[V]$를 옳게 표현한 것은?

① $e = -N\dfrac{d\phi}{dt}$ ② $e = N\phi$

③ $e = 2\pi N\phi$ ④ $e = -\dfrac{1}{N}\dfrac{d\phi}{dt}$

해설 N회의 코일에 자속 ϕ이 쇄교할 때에는 쇄교 자속이 $N\phi$이 되므로 이 코일의 유도 기전력 e는 $e = -N\dfrac{d\phi}{dt}$[V]로 표시된다.

정답 19.④ 20.①

기출문제 관련 이론 바로보기

19. 이론check 정전계와 도체계의 관계식 및 동심원통 도체 사이의 정전 용량

전기 저항 R과 정전 용량 C를 곱하면 다음과 같다.
전기 저항 $R = \rho\dfrac{l}{S}$[Ω], 정전 용량 $C = \dfrac{\varepsilon S}{d}$[F]이므로
$R \cdot C = \rho\dfrac{l}{S} \cdot \dfrac{\varepsilon S}{d}$
$\therefore R \cdot C = \rho\varepsilon,\ \dfrac{C}{G} = \dfrac{\varepsilon}{k}$

동축원통 도체 사이는
$C = \dfrac{2\pi\varepsilon_0\varepsilon_s l}{\ln\dfrac{b}{a}}$[F]

단위 길이당 정전 용량은
$C = \dfrac{2\pi\varepsilon_0\varepsilon_s}{\ln\dfrac{b}{a}}$[F/m]
$= \dfrac{24.16\varepsilon_s}{\log\dfrac{b}{a}}$[pF/m]

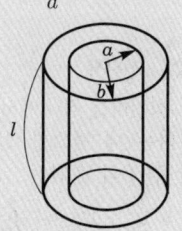

∥동심원통∥

20. 이론check 패러데이 법칙

폐회로와 쇄교하는 자속을 ϕ[Wb]로 하고 이것과 오른 나사의 관계에 있는 방향의 기전력을 정(+)이라 약속하면 유도 기전력 e는 다음과 같다.
$e = -\dfrac{d\phi}{dt}$[V]

여기서, 우변의 (−)부호는 유도 기전력 e의 방향을 표시하는 것이고 자속이 감소할 때에 정(+)의 방향으로 유도 전기력이 생긴다는 것을 의미한다.

2012년 과년도 출제문제

제1회 전기자기학

01 표면 부근에 집중해서 전류가 흐르는 현상을 표피 효과라 하는데 표피 효과에 대한 설명으로 잘못된 것은?

① 도체에 교류가 흐르면 표면에서부터 중심으로 들어갈수록 전류 밀도가 작아진다.
② 표피 효과는 고주파일수록 심하다.
③ 표피 효과는 도체의 전도도가 클수록 심하다.
④ 표피 효과는 도체의 투자율이 작을수록 심하다.

해설 표피 효과 침투 깊이 $\delta = \sqrt{\dfrac{1}{\pi f \mu k}}$

즉, 주파수 f, 투자율 μ, 도전율 k는 침투 깊이에 반비례, 표피 효과에 비례한다.

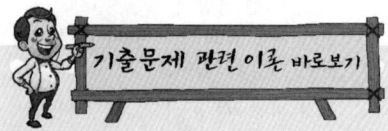

02. 전위차

단위 정전하를 점 A에서 점 B까지 운반하는 데 필요한 일=점 A에 대한 점 B의 전위는

$V_{BA} = V_B - V_A = -\int_A^B \boldsymbol{E} \cdot dr$

$= -\int_{r_1}^{r_2} \dfrac{Q}{4\pi\varepsilon_0 r^2} dr$

$= \dfrac{Q}{4\pi\varepsilon_0}\left[\dfrac{1}{r}\right]_{r_1}^{r_2}$

$= \dfrac{Q}{4\pi\varepsilon_0}\left(\dfrac{1}{r_2} - \dfrac{1}{r_1}\right)$ [V]

02 30[V/m]의 전계 내의 80[V]되는 점에서 1[C]의 전하를 전계 방향으로 80[cm] 이동한 경우, 그 점의 전위[V]는?

① 9   ② 24
③ 30   ④ 56

해설 $V_{BA}[\text{V}] = V_B - V_A = -\int_A^B \boldsymbol{E} \cdot dl = -\int_0^{0.8} \boldsymbol{E} \cdot dl$

$= -[30l]_0^{0.8} = -24$

$\therefore V_B = V_A + V_{BA} = 80 - 24 = 56\,[\text{V}]$

03 최대 전계 $E_m = 6$[V/m]인 평면 전자파가 수중을 전파할 때, 자계의 최대치는 약 몇 [AT/m]인가? (단, 물의 비유전율 $\varepsilon_s = 80$, 비투자율 $\mu_s = 1$이다.)

① 0.071
② 0.142
③ 0.284
④ 0.426

정답 01.④ 02.④ 03.②

해설
$$H = \sqrt{\frac{\varepsilon}{\mu}} \cdot E$$
$$= \sqrt{\frac{\varepsilon_0}{\mu_0}} \cdot \sqrt{\frac{\varepsilon_s}{\mu_s}} \cdot E$$
$$= \frac{1}{120\pi} \times \sqrt{80} \times 6 = 0.142[\text{AT/m}]$$

04 그림과 같이 반지름 $a[\text{m}]$인 원형 단면을 가지고 중심 간격이 $d[\text{m}]$인 평행 왕복 도선의 단위 길이당 자기 인덕턴스[H/m]는? (단, 도체는 공기 중에 있고 $d \gg a$로 한다.)

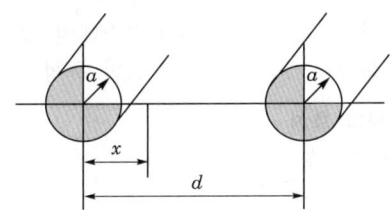

① $L = \frac{\mu_0}{\pi} \ln \frac{a}{d} + \frac{\mu}{4\pi}$
② $L = \frac{\mu_0}{\pi} \ln \frac{a}{d} + \frac{\mu}{2\pi}$
③ $L = \frac{\mu_0}{\pi} \ln \frac{d}{a} + \frac{\mu}{4\pi}$
④ $L = \frac{\mu_0}{\pi} \ln \frac{d}{a} + \frac{\mu}{2\pi}$

해설 $L = \frac{\mu_0}{\pi} \ln \frac{d}{a} + \frac{\mu}{8\pi} \times 2 = \frac{\mu_0}{\pi} \ln \frac{d}{a} + \frac{\mu}{4\pi}$ [H/m]

05 변위 전류에 의하여 전자파가 발생되었을 때, 전자파의 위상은?
① 변위 전류보다 90° 늦다.
② 변위 전류보다 90° 빠르다.
③ 변위 전류보다 30° 빠르다.
④ 변위 전류보다 30° 늦다.

해설 $I_d = \frac{\partial \psi}{\partial t} = \frac{\partial D}{\partial t} S = \varepsilon \frac{\partial E}{\partial t} S = \varepsilon \cdot S \frac{\partial}{\partial t} E_0 \sin \omega t$
$= \omega \varepsilon S E_0 \cos \omega t = \omega \varepsilon S E_0 \sin \left(\omega t + \frac{\pi}{2}\right)$ [A]
이므로 변위 전류가 90° 빠르다.
∴ 전자파의 위상은 변위 전류보다 90° 늦다.

---

04. 이론 check 평행 왕복 도선 사이의 인덕턴스

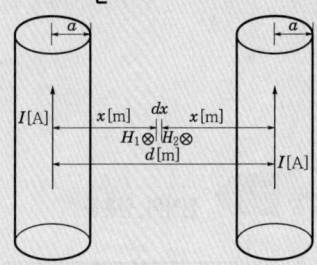

자계의 세기는
$$H = \frac{I}{2\pi x} + \frac{I}{2\pi(d-x)}$$
$$= \frac{I}{2\pi}\left(\frac{1}{x} + \frac{1}{d-x}\right)$$
단위 길이당 자속 ϕ는
$$\phi = \int_a^{d-a} \mu_0 H ds$$
$$= \frac{\mu_0 I}{\pi} \ln \frac{d-a}{a}$$
$$\fallingdotseq \frac{\mu_0 I}{\pi} \ln \frac{d}{a} \quad (d \gg a \text{인 경우})$$
따라서 단위 길이당 자기 인덕턴스는
$$L = \frac{\phi}{I} = \frac{\mu_0}{\pi} \ln \frac{d}{a} [\text{H/m}]$$

정답 04.③ 05.①

PART 01 전기자기학

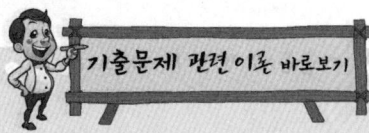

06 비유전율 $\varepsilon_r=6$, 비투자율 $\mu_r=1$, 도전율 $\sigma=0$인 유전체 내에서의 전자파의 전파 속도는 약 몇 [m/s]인가?

① 1.22×10^8
② 1.22×10^7
③ 1.22×10^6
④ 1.22×10^5

해설 $v=\dfrac{1}{\sqrt{\varepsilon\mu}}=\dfrac{1}{\sqrt{\varepsilon_0\mu_0}}\times\dfrac{1}{\sqrt{\varepsilon_s\mu_s}}=3\times10^8\times\dfrac{1}{\sqrt{6}}$
$=1.22\times10^8$ [m/s]

07 강자성체의 세 가지 특성에 포함되지 않는 것은?

① 와전류 특성
② 히스테리시스 특성
③ 고투자율 특성
④ 포화 특성

해설 강자성체의 특성
- 자기포화 특성
- 히스테리시스 특성
- 고투자율 특성
- 자구가 존재한다.

08 이론 check 전자의 원운동

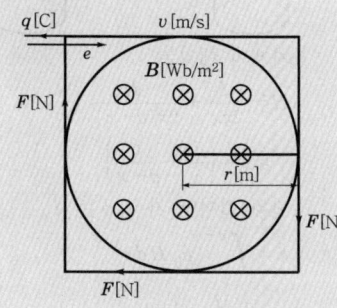

그 자계 내에 전자가 입사할 경우에는 로렌츠의 힘에 의해 원운동을 한다.
전자 e가 자속 밀도 B[Wb/m^2]인 자계 내에 v[m/s]의 속도로 수직으로 입사시 전자는 로렌츠의 힘에 의해 $F=Bev\sin\theta$ [N](수직 입사시 $\sin90°=1$)이고 전자가 로렌츠의 힘에 의해 원운동을 계속할 조건은
$evB=\dfrac{mv^2}{r}$ [N]이다. 따라서 전자의 회전 반경 r은
$r=\dfrac{mv}{Be}$ [m]
각속도 $\omega=\dfrac{v}{r}=2\pi f=\dfrac{2\pi}{T}$
$=\dfrac{Be}{m}$ [rad/s]
주기 $T=\dfrac{2\pi m}{Be}$ [s]

08 평등 자계와 직각 방향으로 일정한 속도로 발사된 전자의 원운동에 관한 설명 중 옳은 것은?

① 플레밍의 오른손 법칙에 의한 로렌츠의 힘과 원심력의 평형 원운동이다.
② 원의 반지름은 전자의 발사 속도와 전계의 세기의 곱에 반비례한다.
③ 전자의 원운동 주기는 전자의 발사 속도와 관계되지 않는다.
④ 전자의 원운동 주파수는 전자의 질량에 비례한다.

해설 주기 $T=\dfrac{2\pi m}{eB}$ [s]
∴ 주기는 속도와 관계없다.

09 매질이 완전 유전체인 경우의 전자 파동 방정식을 표시하는 것은?

① $\nabla^2 E=\varepsilon\mu\dfrac{\partial E}{\partial t}$, $\nabla^2 H=k\mu\dfrac{\partial H}{\partial t}$

② $\nabla^2 E=\varepsilon\mu\dfrac{\partial^2 E}{\partial t^2}$, $\nabla^2 H=\varepsilon\mu\dfrac{\partial^2 H}{\partial t^2}$

③ $\nabla^2 E=\varepsilon\mu\dfrac{\partial^2 E}{\partial t^2}$, $\nabla^2 H=k\mu\dfrac{\partial^2 H}{\partial t^2}$

④ $\nabla^2 E=\varepsilon\mu\dfrac{\partial E}{\partial t}$, $\nabla^2 H=\varepsilon\mu\dfrac{\partial H}{\partial t}$

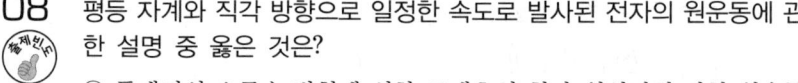 06.① 07.① 08.③ 09.②

해설
- 전계 파동 방정식 : $\nabla^2 E = \varepsilon\mu \dfrac{\partial E}{\partial t^2}$
- 자계 파동 방정식 : $\nabla^2 H = \varepsilon\mu \dfrac{\partial^2 H}{\partial t^2}$

10 내압 1,000[V] 정전 용량 1[μF], 내압 750[V] 정전 용량 2[μF], 내압 500[V] 정전 용량 5[μF]인 콘덴서 3개를 직렬로 접속하고 인가 전압을 서서히 높이면 최초로 파괴되는 콘덴서는?

① 1[μF] ② 2[μF]
③ 5[μF] ④ 동시에 파괴된다.

해설 각 콘덴서의 전하용량이 적을수록 가장 먼저 절연 파괴된다.
$Q_1 = C_1 \times V_{1\max} = 1 \times 10^{-6} \times 1{,}000 = 1 \times 10^{-3}[C]$
$Q_2 = C_2 \times V_{2\max} = 2 \times 10^{-6} \times 750 = 1.5 \times 10^{-3}[C]$
$Q_3 = C_3 \times V_{3\max} = 5 \times 10^{-6} \times 500 = 2.5 \times 10^{-3}[C]$
∴ $Q_{\max}$가 가장 작은 1[μF]가 가장 먼저 절연 파괴된다.

11 동일한 금속 도선의 두 점 간에 온도차를 주고 고온쪽에서 저온쪽으로 전류를 흘리면, 줄열 이외에 도선 속에서 열이 발생하거나 흡수가 일어나는 현상을 지칭하는 것은?

① 제벡 효과 ② 톰슨 효과
③ 펠티에 효과 ④ 볼타 효과

해설
- 제벡 효과 : 두 종류 금속 접속면에 온도차가 있으면 기전력이 발생하는 효과
- 톰슨 효과 : 동일한 금속 도선의 두 점 간에 온도차를 주고, 고온쪽에서 저온쪽으로 전류를 흘리면 도선 속에서 열이 발생되거나 흡수가 일어나는 이러한 현상
- 펠티에 효과 : 두 종류 금속 접속면에 전류를 흘리면 접속점에서 열의 흡수, 발생이 일어나는 효과

12 등자위면의 설명으로 잘못된 것은?

① 등자위면은 자력선과 직교한다.
② 자계 중에서 같은 자위의 점으로 이루어진 면이다.
③ 자계 중에 있는 물체의 표면은 항상 등자위면이다.
④ 서로 다른 등자위면은 교차하지 않는다.

해설 등자위면은 자력선과 직교하지만 자기에는 정전계의 도체에 해당하는 것이 없으므로 어떤 물체를 자계 중에 놓으면 표면이 항상 등자위면이 되지는 않는다.

정답 10.① 11.② 12.③

기출문제 관련 이론 바로보기

11. 이론 check 전기의 여러 가지 현상

(1) 제벡 효과
서로 다른 두 금속 A, B를 접속하고 다른 쪽에 전압계를 연결하여 접속부를 가열하면 전압이 발생하는 것을 알 수 있다. 이와 같이 서로 다른 금속을 접속하고 접속점을 서로 다른 온도를 유지하면 기전력이 생겨 일정한 방향으로 전류가 흐른다. 이러한 현상을 제벡 효과(Seebeck effect)라 한다. 즉, 온도차에 의한 열기전력 발생을 말한다.

(2) 펠티에 효과
서로 다른 두 금속에서 다른 쪽 금속으로 전류를 흘리면 열의 발생 또는 흡수가 일어나는데 이 현상을 펠티에 효과라 한다.

(3) 접촉 전기 현상
온도가 균일한 도체와 도체, 유전체와 유전체 혹은 유전체와 도체를 서로 접촉시키면 한편의 전자가 다른 편으로 이동하여 각각 정, 부로 대전되는 현상을 접촉 전기라 하며, 또한 도체와 도체 간에 접촉 전기가 일어나면 두 도체간에 전위차가 생기는 현상을 볼타(Volta) 효과라 한다.

(4) 파이로(Pyro) 전기
로셀염이나 수정의 결정을 가열하면 한면에 정(正), 반대편에 부(負)의 전기가 분극을 일으키고 반대로 냉각하면 역의 분극이 나타나는 것을 파이로 전기라 한다.

(5) 압전 효과
유전체 결정에 기계적 변형을 가하면, 결정 표면에 양, 음의 전하가 나타나서 대전한다. 또 반대로 이들 결정을 전장 안에 놓으면 결정 속에서 기계적 변형이 생긴다. 이와 같은 현상을 압전기 현상이라 한다.

PART 01 전기자기학

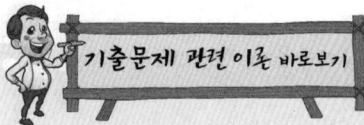

(6) 톰슨 효과

동종의 금속에서도 각 부에서 온도가 다르면 그 부분에서 열의 발생 또는 흡수가 일어나는 효과를 톰슨 효과라 한다.

(7) 홀(Hall) 효과

홀 효과는 전기가 흐르고 있는 도체에 자계를 가하면 플레밍의 왼손 법칙에 의하여 도체 내부의 전하가 횡방향으로 힘을 받아 도체 측면에 (+), (−)의 전하가 나타나는 현상이다.

13. **이론 check** 맥스웰의 전자 방정식

(1) 앙페르의 주회 적분 법칙

$\oint H \cdot dl = I$

$\int_s \mathrm{rot} H dS = \int_s i dS$

$\mathrm{rot} H = i$ (앙페르의 주회 적분 법칙의 미분형)

$\mathrm{rot} H = \nabla \times H = J + J_d$

$= \dfrac{i_c}{S} + \dfrac{\partial D}{\partial t}$

여기서, J : 전도 전류 밀도

J_d : 변위 전류 밀도

따라서 전도 전류뿐만 아니라 변위 전류도 동일한 자계를 만든다.

(2) 패러데이의 법칙

패러데이의 법칙의 미분형은

$\mathrm{rot} E = \nabla \times E$

$= -\dfrac{\partial B}{\partial t} = -\mu \dfrac{\partial H}{\partial t}$

즉, 자속이 시간에 따라 변화하면 자속이 쇄교하여 그 주위에 역기전력이 발생한다.

(3) 가우스의 법칙

① 정전계 : 가우스 법칙의 미분형은 $\mathrm{div} D = \nabla \cdot D = \rho$, 이 식의 물리적 의미는 전기력선은 정전하에서 출발하여 부전하에서 끝난다.

13 미분 방정식의 형태로 나타낸 맥스웰의 전자계 기초 방정식에 해당되는 것은?

① $\mathrm{rot} E = -\dfrac{\partial B}{\partial t}$, $\mathrm{rot} H = \dfrac{\partial D}{\partial t}$, $\mathrm{div} D = 0$, $\mathrm{div} B = 0$

② $\mathrm{rot} E = -\dfrac{\partial B}{\partial t}$, $\mathrm{rot} H = i + \dfrac{\partial D}{\partial t}$, $\mathrm{div} D = \rho$, $\mathrm{div} B = 0$

③ $\mathrm{rot} E = -\dfrac{\partial B}{\partial t}$, $\mathrm{rot} H = i + \dfrac{\partial D}{\partial t}$, $\mathrm{div} D = \rho$, $\mathrm{div} B = H$

④ $\mathrm{rot} E = -\dfrac{\partial B}{\partial t}$, $\mathrm{rot} H = i$, $\mathrm{div} D = 0$, $\mathrm{div} B = 0$

해설 맥스웰의 전자계 기초 방정식

- $\mathrm{rot} E = \nabla \times E = -\dfrac{\partial B}{\partial t} = -\mu \dfrac{\partial H}{\partial t}$ (패러데이 전자 유도 법칙의 미분형)
- $\mathrm{rot} H = \nabla \times H = i + \dfrac{\partial D}{\partial t}$ (앙페르 주회 적분 법칙의 미분형)
- $\mathrm{div} D = \nabla \cdot D = \rho$ (가우스 정리의 미분형)
- $\mathrm{div} B = \nabla \cdot B = 0$ (가우스 정리의 미분형)

14 그림과 같은 회로에서 스위치를 최초 A에 연결하여 일정 전류 I_0[A]를 흘린 다음, 스위치를 급히 B로 전환할 때 저항 $R[\Omega]$에는 1[s] 간에 얼마의 열량[cal]이 발생하는가?

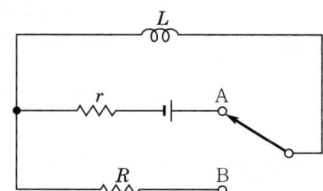

① $\dfrac{1}{8.4} L I_0^2$

② $\dfrac{1}{4.2} L I_0^2$

③ $\dfrac{1}{2} L I_0^2$

④ $L I_0^2$

해설 $W = \dfrac{1}{2} L I^2$ [J]

$= \dfrac{1}{2} L I_0^2 \times \dfrac{1}{4.2}$ [cal]

$= \dfrac{1}{8.4} L I_0^2$ [cal]

정답   13. ②   14. ①

15 비유전율 $\varepsilon_s = 2.2$, 고유 저항 $\rho = 10^{11}[\Omega \cdot m]$인 유전체를 넣은 콘덴서의 용량이 $200[\mu F]$이었다. 여기에 $500[kV]$ 전압을 가하였을 때, 누설 전류는 약 몇 [A]인가?

① 4.2
② 5.1
③ 51.3
④ 61.0

해설 $I = \dfrac{V}{R} = \dfrac{CV}{\varepsilon\varepsilon} = \dfrac{CV}{\varepsilon\varepsilon_0\varepsilon_s}$

$= \dfrac{200 \times 10^{-6} \times 500 \times 10^3}{10^{11} \times 8.855 \times 10^{-12} \times 2.2}$

$= 51.3[A]$

16 자유 공간 중에서 $x = -2$, $y = 4[m]$를 통과하고 z축과 평행인 무한장 직선 도체에 $+z$축 방향으로 직류 전류 $I[A]$가 흐를 때, 점 $(2, 4, 0)[m]$에서의 자계 $H[A/m]$는?

① $\dfrac{I}{4\pi}a_y$
② $-\dfrac{I}{4\pi}a_y$
③ $-\dfrac{I}{8\pi}a_y$
④ $\dfrac{I}{8\pi}a_y$

해설 $H = \dfrac{I}{2\pi r} = \dfrac{I}{2\pi \times 4}a_y = \dfrac{I}{8\pi}a_y[AT/m]$

17 환상 철심에 권수 100회의 A 코일과 권수 N회의 B 코일이 감겨져 있다. A 코일의 자기 인덕턴스가 $100[mH]$이고, 두 코일 사이의 상호 인덕턴스가 $200[mH]$, 결합 계수가 1일 때, B 코일의 권수 N은?

① 100회
② 200회
③ 300회
④ 400회

해설 $M = \dfrac{N_2 \times L_1}{N_1}$, $N_2 = \dfrac{M \times N_1}{L_1}$

$= \dfrac{200 \times 10^{-3} \times 100}{100 \times 10^{-3}} = 200$회

18 반지름 $a[m]$인 원판형 전기 2중층의 중심축상 $x[m]$의 거리에 있는 점 P(+전하측)의 전위는? (단, 2중층의 세기는 $M[C/m]$이다.)

① $\dfrac{M}{\varepsilon_0}\left(1 - \dfrac{x}{\sqrt{x^2+a^2}}\right)[V]$
② $\dfrac{M}{2\varepsilon_0}\left(1 - \dfrac{x}{\sqrt{x^2+a^2}}\right)[V]$
③ $\dfrac{M}{\varepsilon_0}\left(1 - \dfrac{a}{\sqrt{x^2+a^2}}\right)[V]$
④ $\dfrac{M}{2\varepsilon_0}\left(1 - \dfrac{a}{\sqrt{x^2+a^2}}\right)[V]$

정답 15.③ 16.④ 17.② 18.②

기출문제 관련 이론 바로보기

즉, 전기력선은 스스로 폐루프를 이룰 수 없다는 것을 의미한다.

② 정자계 : $\text{div}\boldsymbol{B} = \nabla \cdot \boldsymbol{B} = 0$, 이것에 대한 물리적 의미는 자기력선은 스스로 폐루프를 이루고 있다는 것을 의미하며, N극과 S극이 항상 공존한다는 것을 의미한다.

15. 이론 check 정전계와 도체계의 관계식

전기 저항 R과 정전 용량 C를 곱하면 다음과 같다.

전기 저항 $R = \rho\dfrac{l}{S}[\Omega]$, 정전 용량 $C = \dfrac{\varepsilon S}{d}[F]$이므로

$R \cdot C = \rho\dfrac{l}{S} \cdot \dfrac{\varepsilon S}{d}$

$\therefore R \cdot C = \rho\varepsilon$, $\dfrac{C}{G} = \dfrac{\varepsilon}{k}$

이때, 전기 저항은 $R = \dfrac{\rho\varepsilon}{C}[\Omega]$이 되므로 전류는 다음과 같다.

$I = \dfrac{V}{R} = \dfrac{V}{\dfrac{\rho\varepsilon}{C}} = \dfrac{CV}{\rho\varepsilon}[A]$

16. 이론 check 무한장 직선 전류에 의한 자계의 세기

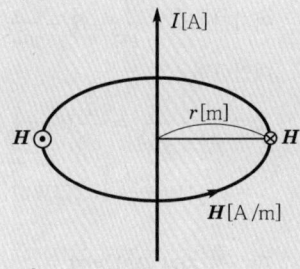

$\oint Hdl = I$

$H \cdot 2\pi r = I$

$\therefore H = \dfrac{I}{2\pi r}[A/m]$

PART 01 전기자기학

기출문제 관련 이론 바로보기

즉, 무한장 직선 전류에 의한 자계의 크기는 직선 전류에서의 거리에 반비례한다.

해설 점 P의 전위 V_P 는
$$V_P = \frac{M}{4\pi\varepsilon_0}\omega [V] \text{이고}$$
점 P에서 원판 도체를 본 입체각 ω 는
$$\omega = 2\pi(1-\cos\theta) = 2\pi\left(1 - \frac{x}{\sqrt{a^2+x^2}}\right) \text{가 되므로}$$
$$\therefore V_P = \frac{M}{4\pi\varepsilon_0} \cdot 2\pi\left(1 - \frac{x}{\sqrt{a^2+x^2}}\right)$$
$$= \frac{M}{2\varepsilon_0}\left(1 - \frac{x}{\sqrt{a^2+x^2}}\right)[V]$$

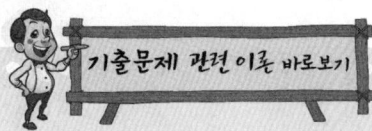

19. **이론 check** 공극을 가진 자기 회로

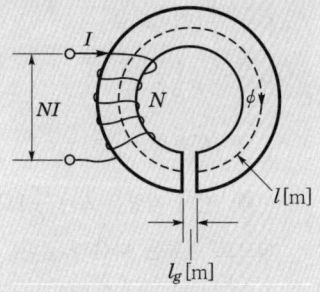

자기 회로에서 철심이 있는 자기 회로의 자기 저항을 R_m, 미소 공극시 자기 저항을 R_g 라 하면, 총 자기 저항 R_0 는
$$R_0 = R_m + R_g$$
여기서, $R_m = \frac{l}{\mu S}$, $R_g = \frac{l_g}{\mu_0 S}$ 을 대입하면
$$R_0 = \frac{l}{\mu S} + \frac{l_g}{\mu_0 S} = \frac{1}{\mu S}(l + \mu_s l_g)$$
$$= \frac{l}{\mu S}\left(1 + \frac{\mu_s l_g}{l}\right)[AT/Wb]$$

Tip 자기 옴의 법칙
$$\phi = \frac{F}{R_m} = \frac{NI}{\frac{l}{\mu S} + \frac{l_g}{\mu_0 S}}[Wb]$$

19 공극(air gap)이 있는 환상 솔레노이드에 권수는 1,000회, 철심의 길이 l 은 10[cm], 공극의 길이 l_g 는 2[mm], 단면적은 3[cm²], 철심의 비투자율은 800, 전류는 10[A]라 했을 때, 이 솔레노이드의 자속은 약 몇 [Wb]인가? (단, 누설 자속은 없다고 한다.)

① 3×10^{-2} ② 1.89×10^{-3}
③ 1.77×10^{-3} ④ 2.89×10^{-3}

해설 공극 발생시 합성 저항 $R = \frac{l + \mu_s l_g}{\mu_s}$
$$\phi = \frac{NI}{R} = \frac{NI}{\frac{l + \mu_s l_g}{\mu_s}} = \frac{\mu_s NI}{l + \mu_s l_g}$$
$$= \frac{800 \times 4\pi \times 10^{-7} \times 3 \times 10^{-4} \times 1,000 \times 10}{10 \times 10^{-2} + 800 \times 2 \times 10^{-3}}$$
$$= 1.77 \times 10^{-3}[Wb]$$

20 자유 공간에서 점 P(5, -2, 4)가 도체면상에 있으며, 이 점에서의 전계 $E = 6a_x - 2a_y + 3a_z$[V/m]이다. 점 P에서의 면전하 밀도 ρ_s[C/m²]은?

① $-2\varepsilon_0$ ② $3\varepsilon_0$
③ $6\varepsilon_0$ ④ $7\varepsilon_0$

해설 $E = \frac{e_s}{\varepsilon_0}$
$$e_s = E \cdot \varepsilon_0 = \sqrt{6^2 + 2^2 + 3^2} \cdot \varepsilon_0 = 7\varepsilon_0$$

정답 19.③ 20.④

제 2 회   전기자기학

01 평균 길이 1[m], 권수 1,000회의 솔레노이드 코일에 비투자율 1,000의 철심을 넣고 자속 밀도 1[Wb/m²]를 얻기 위해 코일에 흘려야 할 전류는 몇 [A]인가?

① $\dfrac{10}{4\pi}$ ② $\dfrac{100}{8\pi}$

③ $\dfrac{6\pi}{100}$ ④ $\dfrac{4\pi}{10}$

해설 자속 밀도 $B = \mu H$

자계 $H = \dfrac{NI}{l} = \dfrac{1{,}000 \times I}{1} = 1{,}000 I$

∴ $B = \mu H = \mu \cdot 1{,}000 I$

$I = \dfrac{B}{\mu \cdot 1{,}000} = \dfrac{1}{4\pi \times 10^{-7} \times 1{,}000 \times 1{,}000}$

$= \dfrac{10}{4\pi}$

02 정전 에너지, 전속 밀도 및 유전 상수 ε_r의 관계에 대한 설명 중 옳지 않은 것은?

① 동일 전속 밀도에서는 ε_r이 클수록 정전 에너지는 작아진다.
② 동일 정전 에너지에서는 ε_r이 클수록 전속 밀도가 커진다.
③ 전속은 매질에 축적되는 에너지가 최대가 되도록 분포한다.
④ 굴절각이 큰 유전체는 ε_r이 크다.

해설 Thomson 정리 정전계는 에너지가 최소한 상태로 분포된다.

03 전기 쌍극자에 의한 등전위면을 극좌표로 나타내면? (단, k는 상수이다.)

① $r^2 = k\sin\theta$ ② $r^2 = \sqrt{k\sin\theta}$
③ $r^2 = k\cos\theta$ ④ $r^2 = \sqrt{k\cos\theta}$

해설 전위 $V = \dfrac{M\cos\theta}{4\pi\varepsilon_0 r^2}$ [V]

전기 쌍극자에 의한 전위 $V = \dfrac{M\cos\theta}{4\pi\varepsilon_0 r^2}$ [V]에서 등전위면이므로 전위[V]는 일정하다.

∴ $r^2 = \dfrac{M\cos\theta}{4\pi\varepsilon_0 V} = k\cos\theta \left(\because k = \dfrac{M}{4\pi\varepsilon_0 V}\right)$

---

03 **이론** **전기 쌍극자에서의 P점의 전위**

전기 쌍극자는 같은 크기의 정·부의 전하가 미소 길이 l [m] 떨어진 한 쌍의 전하계

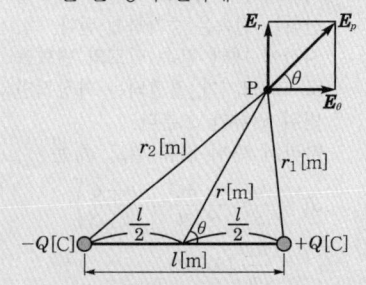

$+Q$, $-Q$에서 P점까지의 거리 r_1, r_2 [m]는

$r_1 = r - \dfrac{l}{2}\cos\theta$

$r_2 = r + \dfrac{l}{2}\cos\theta$

P점의 전위는
$V_P = V_1 + V_2$
$= \dfrac{Q}{4\pi\varepsilon_0}\left(\dfrac{1}{r_1} - \dfrac{1}{r_2}\right)$

따라서

$V_P = \dfrac{Q}{4\pi\varepsilon_0}\left(\dfrac{1}{r - \dfrac{l}{2}\cos\theta} - \dfrac{1}{r + \dfrac{l}{2}\cos\theta}\right)$

$= \dfrac{Q}{4\pi\varepsilon_0}\left(\dfrac{l\cos\theta}{r^2 - \left(\dfrac{l}{2}\cos\theta\right)^2}\right)$

이때 $r \gg l$이므로

$V_P = \dfrac{Ql}{4\pi\varepsilon_0 r^2}\cos\theta = \dfrac{M}{4\pi\varepsilon_0 r^2}\cos\theta$

여기서, $M = Ql$ [C·m]로 전기 쌍극자 모멘트

정답 01.① 02.③ 03.③

PART 01 전기자기학

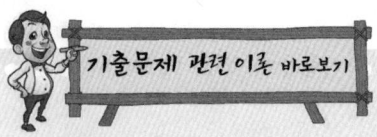

04. 이론check **변위 전류**

콘덴서를 연결하고, 교류 전압 $v = V_m \sin \omega t$를 인가하면 도선에는 전도 전류 i [A]가 흐르지만 콘덴서 사이에는 이 전류가 흐르지 못한다. 그러나 평행판 사이에 전하가 축적되어 증가하므로 평행판에서 발산하는 전속은 증가하게 된다. 즉, 시간에 대한 전속 밀도의 변화율로 그 크기가 결정되는 가상적인 변위 전류가 흐른다.
따라서 변위 전류 밀도 J_d는

$$J_d = \frac{i_d}{S} = \frac{1}{S}\frac{\partial Q}{\partial t} = \frac{\partial}{\partial t}\left(\frac{Q}{S}\right)$$
$$= \frac{\partial D}{\partial t} \text{ [A/m}^2\text{]}$$

05. 이론check **무한 평면 전하**

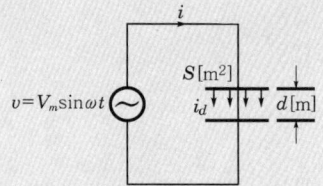

$$\int_s E\,dS = \frac{Q}{\varepsilon_0}$$

$$Q = \rho_s \cdot S, \quad 2ES = \frac{\rho_s S}{\varepsilon_0}$$

$$\therefore E = \frac{\rho_s}{2\varepsilon_0} \text{ [V/m]}$$

06. 이론check **도체에 작용하는 힘(=정전력)**

(1) 전하가 일정한 경우의 x 방향의 힘

04 유전체에서 변위 전류를 발생하는 것은?
① 분극 전하 밀도의 공간적 변화
② 분극 전하 밀도의 시간적 변화
③ 전속 밀도의 공간적 변화
④ 전속 밀도의 시간적 변화

해설 변위 전류 밀도
$$i_d = \frac{\partial D}{\partial t} \text{ [A/m}^3\text{]}$$
즉, 전속 밀도의 시간적 변화를 변위 전류라 한다.

05 면전하 밀도가 ρ_s[C/m²]인 무한히 넓은 도체판에서 R[m]만큼 떨어져 있는 점의 전계 세기[V/m]는?

① $\dfrac{\rho_s}{\varepsilon_0}$ ② $\dfrac{\rho_s}{2\varepsilon_0}$

③ $\dfrac{\rho_s}{4\pi R^2}$ ④ $\dfrac{\rho_s}{2R}$

해설 무한 평면 전하에 의한 전계
$$E = \frac{\rho_s}{2\varepsilon_0} \text{ [V/m]}$$
따라서, 거리와 관계없다.

06 무한히 넓은 두 장의 도체판을 d [m]의 간격으로 평행하게 놓은 후, 두 판 사이에 V [V]의 전압을 가한 경우 도체판의 단위 면적당 작용하는 힘은 몇 [N/m²]인가?

① $f = \varepsilon_0 \dfrac{V^2}{d}$

② $f = \dfrac{1}{2}\varepsilon_0 \dfrac{V^2}{d}$

③ $f = \dfrac{1}{2}\varepsilon_0 \left(\dfrac{V}{d}\right)^2$

④ $f = \dfrac{1}{2}\dfrac{1}{\varepsilon_0}\left(\dfrac{V}{d}\right)^2$

해설 단위 면적당 작용하는 힘
$$f = \frac{1}{2}\varepsilon_0 E^2 = \frac{1}{2}Ed = \frac{d^2}{2\varepsilon_0} \text{ [N/m}^2\text{]}$$
$$f = \frac{1}{2}\varepsilon_0 E^2 = \frac{1}{2}\varepsilon_0 \left(\frac{V}{d}\right)^2$$

정답 04.④ 05.② 06.③

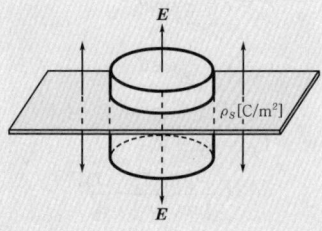

07 일반적으로 자구를 가지는 자성체는?

① 상자성체 ② 강자성체
③ 역자성체 ④ 비자성체

해설 강자성체는 전자의 스핀에 의한 자기 모멘트가 서로 접근하여 원자 전체의 모멘트가 동일 방향으로 정렬된 자구(磁區)를 가지고 있다.

08 그림과 같이 평행판 콘덴서에 교류 전원을 접속할 때, 전류의 연속성에 대해서 성립하는 식은? (단, E : 전계, D : 전속 밀도, ρ : 체적 전하 밀도, i : 전도 전류 밀도, B : 자속 밀도, t : 시간이다.)

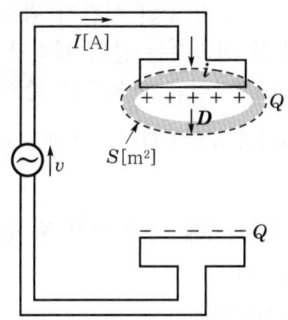

① $\nabla \cdot D = \rho$
② $\nabla \times E = -\dfrac{\partial B}{\partial t}$
③ $\nabla \cdot \left(i + \dfrac{\partial D}{\partial t}\right) = 0$
④ $\nabla \cdot B = 0$

해설 평행판 콘덴서 내의 전류 밀도

$$i = i_c + i_p = i_c + \frac{\partial D}{\partial t}$$

$\mathrm{div}\, i = 0$ 이므로 $\nabla \cdot i = \nabla \cdot \left(i_c + \dfrac{\partial D}{\partial t}\right) = 0$ 이다.

09 그림에서 $l = 100[\mathrm{cm}]$, $S = 10[\mathrm{cm}^2]$, $\mu_s = 100$, $N = 1{,}000$회인 회로에 전류 $I = 10[\mathrm{A}]$를 흘렸을 때, 저축되는 에너지는 몇 [J]인가?

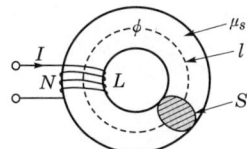

① $2\pi \times 10^{-1}$ ② $2\pi \times 10^{-2}$
③ $2\pi \times 10^{-3}$ ④ 2π

기출문제 관련 이론 바로보기

$$F_x = \frac{\Delta W}{\Delta x} = -\frac{\partial W}{\partial x}$$
$$= -\frac{\partial}{\partial x}\left(\frac{Q^2}{2C}\right)$$
$$= -\frac{\partial}{\partial d}\left(\frac{Q^2 d}{2\varepsilon_0 S}\right)$$
$$= -\frac{Q^2}{2\varepsilon_0 S}[\mathrm{N}]$$

(2) 전위가 일정한 경우의 x 방향의 힘

$$F_x = \frac{-\partial W}{\partial x} = -\frac{\partial}{\partial d}\left(\frac{1}{2}CV^2\right)$$
$$= -\frac{\partial}{\partial d}\left(\frac{1}{2}\cdot\frac{\varepsilon_0 S}{d}\cdot V^2\right)$$
$$= -\frac{\varepsilon_0 S V^2}{2d^2}[\mathrm{N}]$$

09. 이론 check 인덕턴스에 축적되는 에너지

코일이 하는 일 에너지는
$W = \phi I [\mathrm{J}]$
따라서 미소 전류에 대한 미소 에너지는
$dW = \phi\, dI [\mathrm{J}]$
전체적인 에너지를 구하기 위해서 양변을 적분하면
$$W = \int \phi\, dI = \int LI\, dI$$
$$= \frac{1}{2}LI^2 [\mathrm{J}]$$

정답 07.② 08.③ 09.④

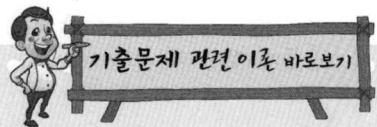

해설
$$L = \frac{N\phi}{I} = \frac{N^2}{R_m} = \frac{\mu S N^2}{l}$$
$$= \frac{4\pi \times 10^{-7} \times 100 \times 10 \times 10^{-4} \times (1,000)^2}{100 \times 10^{-2}}$$
$$= 4\pi \times 10^{-2} [\text{H}]$$
$$\therefore W = \frac{1}{2}LI^2 = \frac{1}{2} \times 4\pi \times 10^{-2} \times 10^2 = 2\pi [\text{J}]$$

10. **이론 check** 정자계

div$\boldsymbol{B} = \nabla \cdot \boldsymbol{B} = 0$

이것에 대한 물리적 의미는 자기력선은 스스로 폐루프를 이루고 있다는 것을 의미하며, N극과 S극이 항상 공존한다는 것을 의미한다.

10 맥스웰의 전자 방정식에 대한 의미를 설명한 것으로 잘못된 것은?

① 자계의 회전은 전류 밀도와 같다.
② 전계의 회전은 자속 밀도의 시간적 감소율과 같다.
③ 단위 체적당 발산 전속수는 단위 체적당 공간 전하 밀도와 같다.
④ 자계는 발산하며, 자극은 단독으로 존재한다.

해설 div$\boldsymbol{B}=0$, N극과 S극이 항상 공존하는 것을 의미한다.

11. **이론 check** 전자파의 전파 속도

$v = \dfrac{1}{\sqrt{\varepsilon\mu}} = \dfrac{1}{\sqrt{\varepsilon_0 \mu_0}} \cdot \dfrac{1}{\sqrt{\varepsilon_s \mu_s}}$

$= 3 \times 10^8 \dfrac{1}{\sqrt{\varepsilon_s \mu_s}}$

$= \dfrac{C_0}{\sqrt{\varepsilon_s \mu_s}} [\text{m/s}]$

11 전자파의 전파 속도[m/s]에 대한 설명 중 옳은 것은?

① 유전율에 비례한다.
② 유전율에 반비례한다.
③ 유전율과 투자율의 곱의 제곱근에 비례한다.
④ 유전율과 투자율의 곱의 제곱근에 반비례한다.

해설 전파 속도 $v = \dfrac{1}{\sqrt{\varepsilon\mu}} [\text{m/s}]$

12. **이론 check** 정전계와 도체계의 관계식

전기 저항 R과 정전 용량 C를 곱하면 다음과 같다.

전기 저항 $R = \rho\dfrac{l}{S}[\Omega]$, 정전 용량 $C = \dfrac{\varepsilon S}{d}[\text{F}]$이므로

$R \cdot C = \rho\dfrac{l}{S} \cdot \dfrac{\varepsilon S}{d}$

$\therefore R \cdot C = \rho\varepsilon, \dfrac{C}{G} = \dfrac{\varepsilon}{k}$

이때, 전기 저항은 $R = \dfrac{\rho\varepsilon}{C}[\Omega]$이 되므로 전류는 다음과 같다.

$I = \dfrac{V}{R} = \dfrac{V}{\frac{\rho\varepsilon}{C}} = \dfrac{CV}{\rho\varepsilon} [\text{A}]$

12 액체 유전체를 포함한 콘덴서 용량이 $C[\text{F}]$인 것에 $V[\text{V}]$의 전압을 가했을 경우에 흐르는 누설 전류는 몇 [A]인가? (단, 유전체의 비유전율은 ε이며, 고유 저항은 $\rho[\Omega \cdot \text{m}]$라 한다.)

① $\dfrac{CV}{\rho\varepsilon}$

② $\dfrac{C}{\rho\varepsilon V}$

③ $\dfrac{\rho\varepsilon V}{C}$

④ $\dfrac{\rho\varepsilon}{CV}$

해설 $RC = \rho\varepsilon$에서 $R = \dfrac{\rho\varepsilon}{C}$이므로

$I = \dfrac{V}{R} = \dfrac{CV}{\rho\varepsilon} = \dfrac{CV}{\rho\varepsilon_0\varepsilon_s} [\text{A}]$

정답 10.④ 11.④ 12.①

13 환상 철심에 권수 3,000회의 A 코일과 권수 200회인 B 코일이 감겨져 있다. A 코일의 자기 인덕턴스가 360[mH]일 때 A, B 두 코일의 상호 인덕턴스[mH]는? (단, 결합 계수는 1이다.)

① 16 ② 24
③ 36 ④ 72

해설 $\therefore M = \dfrac{N_1 N_2}{R_m} = L_1 \dfrac{N_2}{N_1}$

$= 360 \times 10^{-3} \times \dfrac{200}{3,000}$

$= 24 \times 10^{-3}[H]$

$= 24[mH]$

14 강자성체의 자속 밀도 B의 크기와 자화 세기 J의 크기 사이에는 어떤 관계가 있는가?

① J는 B와 같다.
② J는 B보다 약간 작다.
③ J는 B보다 약간 크다.
④ J는 B보다 대단히 크다.

해설 $B = \mu_0 H + J = 4\pi \times 10^{-7} H + J$

$\therefore J = B - \mu_0 H [Wb/m^2]$

따라서, J는 B보다 약간 작다.

15 그림과 같이 비투자율이 μ_{s1}, μ_{s2}인 각각 다른 자성체를 접하여 놓고 θ_1을 입사각이라 하고, θ_2를 굴절각이라 한다. 경계면에 자하가 없는 경우, 미소 폐곡면을 취하여 이곳에 출입하는 자속수를 구하면?

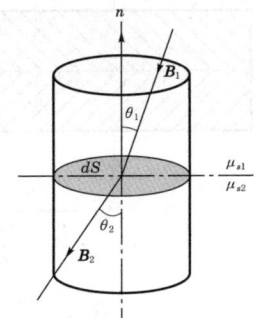

① $\displaystyle\int_l \boldsymbol{B} \cdot \boldsymbol{n} dl = 0$
② $\displaystyle\int_S \boldsymbol{B} \cdot \boldsymbol{n} dS = 0$
③ $\displaystyle\int_S \boldsymbol{B} \cdot dS = 0$
④ $\displaystyle\int_S \boldsymbol{B} \cdot \boldsymbol{n} \sin\theta dS = 0$

---

14. 이론 check 자화의 세기

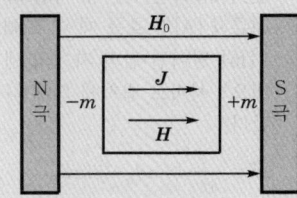

자성체를 자계 내에 놓았을 때 물질이 자화되는 경우 이것을 양적으로 표시하면 단위 체적당 자기 모멘트를 그 점의 자화의 세기라 한다. 이를 식으로 나타내면

$J = B - \mu_0 H = \mu_0 \mu_s H - \mu_0 H$
$= \mu_0(\mu_s - 1)H = \chi_m H [Wb/m^2]$

정답 13.② 14.② 15.②

PART 01 전기자기학

해설 경계면에는 자하가 없으므로 경계면에서의 자속은 연속한다.
$$\text{div}\boldsymbol{A} = \nabla \cdot \boldsymbol{A} = 0$$
$$\therefore \text{div}\boldsymbol{B} = \nabla \cdot \boldsymbol{B} = 0$$
즉, $\int_S \boldsymbol{B} \cdot \boldsymbol{n}dS = 0$

16. **Tip** 비오-사바르 법칙에서 유한장 직선 전류에 의한 자계의 세기

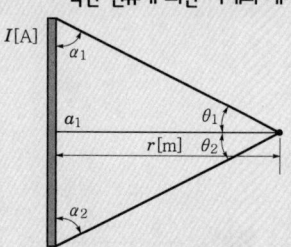

길이 l[m]인 유한장 직선 도체에 전류 I[A]가 흐를 때 이 도체에서 r[m] 떨어진 점의 자계의 세기는 비오-사바르 법칙에 의해 다음과 같다.

$$H = \frac{I}{4\pi r}(\sin\theta_1 + \sin\theta_2)$$
$$= \frac{I}{4\pi r}(\cos\alpha_1 + \cos\alpha_2)[\text{AT/m}]$$

16 그림과 같이 한 변의 길이가 l[m]인 정 6각형 회로에 전류 I[A]가 흐르고 있을 때, 중심 자계의 세기는 몇 [A/m]인가?

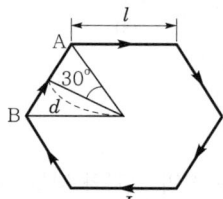

① $\dfrac{1}{2\sqrt{3}\,\pi l} \times I$ ② $\dfrac{2\sqrt{2}}{\pi l} \times I$

③ $\dfrac{\sqrt{3}}{\pi l} \times I$ ④ $\dfrac{\sqrt{3}}{2\pi l} \times I$

해설 정육각형 중심 자계
$$H = \frac{6I}{2\pi l}\tan\frac{\pi}{6} = \frac{6I}{2\pi l} \cdot \frac{\sqrt{3}}{3} = \frac{\sqrt{3}\,I}{\pi l}$$

17. **이론check** 서로 다른 유전체를 극판과 평행하게 채우는 경우

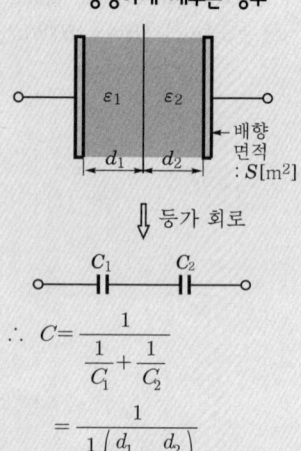

$$\therefore C = \frac{1}{\dfrac{1}{C_1} + \dfrac{1}{C_2}}$$
$$= \frac{1}{\dfrac{1}{S}\left(\dfrac{d_1}{\varepsilon_1} + \dfrac{d_2}{\varepsilon_2}\right)}$$
$$= \frac{S}{\dfrac{d_1}{\varepsilon_1} + \dfrac{d_2}{\varepsilon_2}}$$

17 그림과 같이 면적 S[m²]인 평행판 콘덴서의 극판 간에 판과 평행으로 두께 d_1[m], d_2[m], 유전율 ε_1[F/m], ε_2[F/m]의 유전체를 삽입하면 정전 용량[F]은?

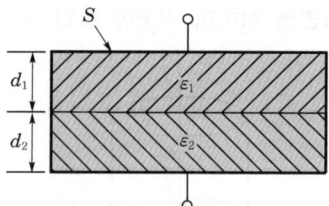

① $\dfrac{S}{\dfrac{d_1}{\varepsilon_1} + \dfrac{d_2}{\varepsilon_2}}$ ② $\dfrac{S}{\dfrac{\varepsilon_1}{d_1} + \dfrac{\varepsilon_2}{d_2}}$

③ $\dfrac{S}{d_1\varepsilon_1 + d_2\varepsilon_2}$ ④ $\dfrac{S}{d_1\varepsilon_2 + d_2\varepsilon_2}$

해설 유전율이 ε_1, ε_2인 유전체의 정전 용량을 C_1, C_2라 하면
$$C_1 = \frac{\varepsilon_1 S}{d_1}[\text{F}],\ C_2 = \frac{\varepsilon_2 S}{d_2}[\text{F}]$$

정답 16.③ 17.①

$$\therefore \text{합성 정전 용량 } C = \cfrac{1}{\cfrac{1}{C_1}+\cfrac{1}{C_2}} = \cfrac{S}{\cfrac{d_1}{\varepsilon_1}+\cfrac{d_2}{\varepsilon_2}} [\text{F}]$$

18 두 개의 길고 직선인 도체가 평행으로 그림과 같이 위치하고 있다. 각 도체에는 10[A]의 전류가 같은 방향으로 흐르고 있으며, 이격 거리는 0.2[m]일 때 오른쪽 도체의 단위 길이당 힘[N/m]은? (단, a_x, a_z는 단위 벡터이다.)

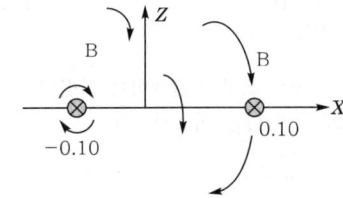

① $10^{-2}(-a_x)$
② $10^{-4}(-a_x)$
③ $10^{-2}(-a_z)$
④ $10^{-4}(-a_z)$

해설 $F = \cfrac{2I_1 I_2}{r} \times 10^{-7} [\text{N/m}]$
$= \cfrac{2 \times 10 \times 10}{0.2} \times 10^{-7}$
$= 10^{-4} [\text{N/m}]$
전류 방향이 같으므로 흡인력 발생은 $-X$축

19 대전된 도체의 특징이 아닌 것은?
① 도체에 인가된 전하는 도체 표면에만 분포한다.
② 가우스 법칙에 의해 내부에는 전하가 존재한다.
③ 전계는 도체 표면에 수직인 방향으로 진행된다.
④ 도체 표면에서의 전하 밀도는 곡률이 클수록 높다.

해설 도체의 성질
• 도체 표면과 내부의 전위는 동일하고(등전위), 표면은 등전위면이다.
• 도체 내부의 전계의 세기는 0이다.
• 전하는 도체 내부에는 존재하지 않고, 도체 표면에만 분포한다.
• 도체면에서의 전계의 세기는 도체 표면에 항상 수직이다.
• 도체 표면에서의 전하 밀도는 곡률이 클수록 높다. 즉, 곡률반경이 작을수록 높다.
• 중공부에 전하가 없고 대전 도체라면, 전하는 도체 외부의 표면에만 분포한다.

정답 18.② 19.②

기출문제 관련 이론 바로보기

18. 이론 check 평행 전류 도선 간에 작용하는 힘

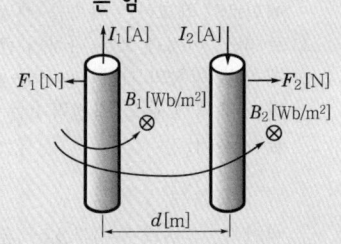

플레밍의 왼손 법칙에 의해 전류 I_2가 흐르는 도체가 받는 힘 F_2는 I_1에 의해 발생되는 자계에 의한 자속 밀도 $B_0 [\text{Wb/m}^2]$가 영향을 미치므로

$F_2 = I_2 B_1 l \sin 90° = \cfrac{\mu_0 I_1 I_2}{2\pi d} l [\text{N}]$

이때, 단위 길이당 작용하는 힘은

$F = \cfrac{F_2}{l} = \cfrac{\mu_0 I_1 I_2}{2\pi d} [\text{N/m}]$

$\mu_0 = 4\pi \times 10^{-7} [\text{H/m}]$를 대입하면

$F = \cfrac{2I_1 I_2}{d} \times 10^{-7} [\text{N/m}]$

PART 01 전기자기학

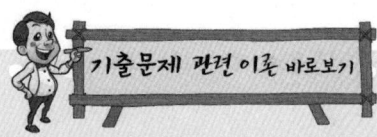

20. **이론 check** 패러데이 법칙

폐회로와 쇄교하는 자속을 ϕ[Wb]로 하고 이것과 오른 나사의 관계에 있는 방향의 기전력을 정(+)이라 약속하면 유도 기전력 e는 다음과 같다.

$$e = -\frac{d\phi}{dt} [V]$$

여기서, 우변의 (−)부호는 유도 기전력 e의 방향을 표시하는 것이고 자속이 감소할 때에 정(+)의 방향으로 유도 전기력이 생긴다는 것을 의미한다.

20 패러데이의 법칙에 대한 설명으로 가장 알맞은 것은?

① 전자 유도에 의하여 회로에 발생되는 기전력은 자속 쇄교수의 시간에 대한 증가율에 반비례한다.
② 전자 유도에 의하여 회로에 발생되는 기전력은 자속의 변화를 방해하는 방향으로 기전력이 유도된다.
③ 정전 유도에 의하여 회로에 발생하는 기자력은 자속의 변화 방향으로 유도된다.
④ 전자 유도에 의하여 회로에 발생하는 기전력은 자속 쇄교수의 시간 변화율에 비례한다.

해설 전자 유도에서 회로에 발생하는 기전력 e[V]는 쇄교 자속 ϕ[Wb]가 시간적으로 변화하는 비율과 같다.

$$\therefore \ e = -\frac{d\phi}{dt} [V]$$

제 3 회 전기자기학

01 그림과 같이 직각 코일이 $B = 0.05\dfrac{a_x + a_y}{\sqrt{2}}$ [T]인 자계에 위치하고 있다. 코일에 5[A] 전류가 흐를 때 z축에서의 토크[N·m]는?

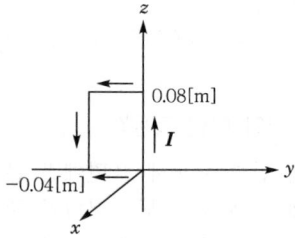

① $2.66 \times 10^{-4} a_x$
② $5.66 \times 10^{-4} a_x$
③ $2.66 \times 10^{-4} a_z$
④ $5.66 \times 10^{-4} a_z$

해설 $I \times B = 5a_z \times \dfrac{0.05}{\sqrt{2}}(a_x + a_y)$
$= 5 \times \dfrac{0.05}{\sqrt{2}}(a_z \times a_x + a_z \times a_y)$
$= 0.177(a_y - a_x)$

정답 20.④ / 01.④

2012년 과년도 출제문제

z축상의 전류 도체가 받는 힘
$$F = (I \times B)l = 0.177(-a_x + a_y) \times 0.08$$
$$= 0.01416(-a_x + a_y)[\text{N}]$$
$$T = r \times F = 0.04a_y \times 0.01416(-a_x + a_y)$$
$$= 5.66 \times 10^{-4}(-a_y \times a_x + a_y \times a_y)$$
$$= 5.66 \times 10^{-4}[-(-a_z)]$$
$$= 5.66 \times 10^{-4} a_z [\text{N} \cdot \text{m}]$$

02 정전계에 주어진 전하 분포에 의하여 발생되는 전계의 세기를 구하려고 할 때 적당하지 않은 방법은?

① 쿨롱의 법칙을 이용하여 구한다.
② 전위를 이용하여 구한다.
③ 가우스 법칙을 이용하여 구한다.
④ 비오-사바르의 법칙에 의하여 구한다.

해설 비오-사바르의 법칙은 전류에 의한 자계의 세기를 구할 때 사용된다.

03 인덕턴스의 단위와 같지 않은 것은?

① $\left[\dfrac{\text{J}}{\text{A}} \cdot \dfrac{1}{\text{s}}\right]$ ② $\left[\dfrac{\text{V}}{\text{A}} \cdot \text{s}\right]$
③ $\left[\dfrac{\text{Wb}}{\text{A}}\right]$ ④ $\left[\dfrac{\text{J}}{\text{A}^2}\right]$

해설 $e = -N\dfrac{d\phi}{dt} = -L\dfrac{di}{dt}$ [V]이므로

$$[\text{V}] = \left[\dfrac{\text{Wb}}{\text{s}}\right] = \left[\text{H} \cdot \dfrac{\text{A}}{\text{s}}\right]$$

$$\therefore [\text{H}] = \left[\dfrac{\text{Wb}}{\text{A}}\right] = \left[\dfrac{\text{V}}{\text{A}} \cdot \text{s}\right] = \left[\dfrac{\text{VAs}}{\text{A}^2}\right] = \left[\dfrac{\text{J}}{\text{A}^2}\right]$$

04 다음 중 공극(air gap)이 δ[m]인 강자성체로 된 환상 영구 자석에서 성립하는 식은? (단, l[m]은 영구 자석의 길이이며 $l \gg \delta$이고, 자속 밀도와 자계의 세기를 각각 B[Wb/m²], H[AT/m]라 한다.)

① $\dfrac{B}{H} = -\dfrac{l\mu_0}{\delta}$ ② $\dfrac{B}{H} = -\dfrac{\delta\mu_0}{l}$
③ $\dfrac{B}{H} = \dfrac{\delta\mu_0}{l}$ ④ $\dfrac{B}{H} = \dfrac{l\mu_0}{\delta}$

해설 영구 자석 외부 자계 $F = 0$, $F = \dfrac{B}{\mu_0}\delta + Hl = 0$

$$\therefore \dfrac{B}{H} = -\dfrac{l\mu_0}{\delta}$$

정답 02.④ 03.① 04.①

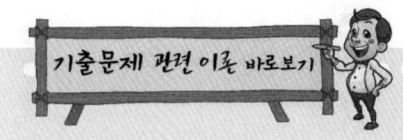

02. 이론 check 비오-사바르(Biot-Savart)의 법칙

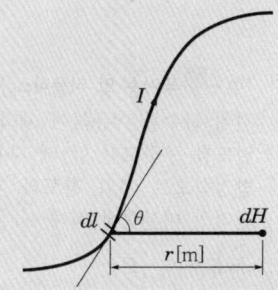

전류 I가 흐르는 도선에 미소 길이 dl[m]와 접선 사이의 각도를 θ라 할 때 이 점에서 거리 r[m]만큼 떨어진 점의 미소 자계의 세기 dH는 비오-사바르 법칙에 의해 다음과 같다.

$$dH = \dfrac{Idl}{4\pi r^2}\sin\theta \,[\text{AT/m}]$$

PART 01 전기자기학

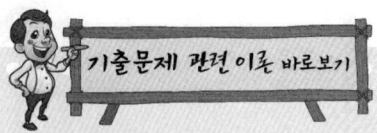

05. **이론check** 하전 입자가 받는 힘

$F = lB\sin\theta$ 에서 Il은 qv와 같으므로
$\therefore F = qvB\sin\theta$ [N]
Vector로 표시하면
$F = q(v \times B)$ [N]

05 자장 $B = 3a_x - 5a_y - 6a_z$ [Wb/m²] 내에서 점전하 0.2[C]이 속도 $v = 4a_x - 2a_y - 3a_z$ [m/s]로 움직일 때 이 점전하에 작용하는 힘의 크기는 몇 [N]이 되는가?

① 4.14 ② 7.98
③ 8.98 ④ 9.98

해설 $F = ev \times B$
$= 0.2(4a_x - 2a_y - 3a_z) \times (3a_x - 5a_y - 6a_z)$
$= 0.2(-3a_x + 15a_y - 14a_z)$
$= -0.6a_x + 3a_y - 2.8a_z$
$= 4.14$ [N]

06. **Tip** 푸아송 및 라플라스 방정식

전위 함수를 이용하여 체적 전하 밀도를 구하고자 할 때 사용하는 방정식으로 전위 경도와 가우스 정리의 미분형에 의해
$\text{div}\boldsymbol{E} = \nabla \cdot \boldsymbol{E} = \dfrac{\rho}{\varepsilon_0}$
여기에 전계의 세기 $\boldsymbol{E} = -\nabla V$ 이므로
$\nabla \cdot \boldsymbol{E} = \nabla \cdot (-\nabla V) = -\nabla^2 V$
$= -\dfrac{\rho}{\varepsilon_0}$
이것을 푸아송의 방정식이라 하며, $\rho = 0$일 때, 즉 $\nabla^2 V = 0$인 경우를 라플라스 방정식이라 한다.

06 그림과 같은 정방형관 단면의 격자점 ⑥의 전위를 반복법으로 구하면 약 몇 [V]가 되는가?

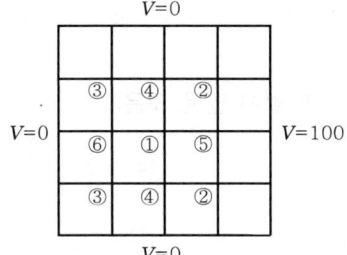

① 6.3 ② 9.4
③ 18.8 ④ 53.2

해설 라플라스 방정식의 반복법

$V_0 = \dfrac{1}{4}(V_1 + V_2 + V_3 + V_4)$

한 점의 전위는 인접한 4개의 등거리점의 전위의 평균값이므로
①의 전위는 $V_1 = \dfrac{100 + 0 + 0 + 0}{4} = 25$ [V]
③의 전위는 $V_3 = \dfrac{25 + 0 + 0 + 0}{4} = 6.2$ [V]
$\therefore$ ⑥의 전위는 $V_6 = \dfrac{25 + 6.2 + 6.2 + 0}{4} = 9.4$ [V]

07. **이론check** 고유 임피던스(파동 임피던스)

전자파는 자계와 전계가 동시에 90°의 위상차로 전파되므로 전자파의 파동 고유 임피던스는 전계와 자계의 비로
$\eta = \dfrac{E}{H} = \sqrt{\dfrac{\mu}{\varepsilon}}$

07 전계 $e = \sqrt{2} E_e \sin\omega\left(t - \dfrac{x}{c}\right)$ [V/m]의 평면 전자파가 있다. 진공 중에서 자계의 실효값은 몇 [A/m]인가?

① $0.707 \times 10^{-3} E_e$ ② $1.44 \times 10^{-3} E_e$
③ $2.65 \times 10^{-3} E_e$ ④ $5.37 \times 10^{-3} E_e$

정답 05.① 06.② 07.③

해설 진공 중의 고유 임피던스는 $\eta_0 = \dfrac{E}{H} = \sqrt{\dfrac{\mu_0}{\varepsilon_0}}$ 이므로

$H_e = \sqrt{\dfrac{\varepsilon_0}{\mu_0}}\, E_e = \dfrac{1}{120\pi} E_e = 2.7 \times 10^{-3}\, E_e$ [A/m]

08 $Q=0.15$[C]으로 대전하고 있는 큰 도체구에 그 반경이 큰 구의 $\dfrac{1}{2}$인 작은 도체구를 접촉했다가 떼면, 작은 도체구가 얻는 전하[C]는 얼마로 되는가?

① 0.01 ② 0.05
③ 0.1   ④ 0.2

해설 큰 구의 전하 Q
접촉시 이동하는 전하 Q'라면
접촉시 큰 구에는 $Q-Q'$
작은 구에는 Q'의 전하가 남는다.

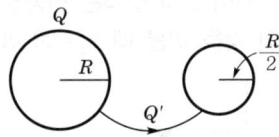

전위는 일정하므로

$V = \dfrac{Q}{C} = \dfrac{Q-Q'}{4\pi\varepsilon_0 R} = \dfrac{Q'}{4\pi\varepsilon_0 \dfrac{R}{2}}$

$2Q' = Q - Q'$

∴ $Q' = \dfrac{1}{3}Q = \dfrac{1}{3} \times 0.15 = 0.05$ [C]

09 반지름 a, b인 두 구상 도체 전극이 도전율 k인 매질 속에 중심 거리 r만큼 떨어져 놓여 있다. 양 전극 간의 저항은? (단, $r \gg a, b$이다.)

① $4\pi k \left(\dfrac{1}{a} + \dfrac{1}{b}\right)$ ② $4\pi k \left(\dfrac{1}{a} - \dfrac{1}{b}\right)$

③ $\dfrac{1}{4\pi k}\left(\dfrac{1}{a} + \dfrac{1}{b}\right)$ ④ $\dfrac{1}{4\pi k}\left(\dfrac{1}{a} - \dfrac{1}{b}\right)$

해설 구도체 a, b 간의 정전 용량 C는

$C = \dfrac{Q}{V_a - V_b} = \dfrac{4\pi\varepsilon}{\dfrac{1}{a} + \dfrac{1}{b} - \dfrac{1}{l-a} - \dfrac{1}{l-b}}$

$\fallingdotseq \dfrac{4\pi\varepsilon}{\dfrac{1}{a} + \dfrac{1}{b}}$ [F]이므로 $RC = \rho\varepsilon$ 에서

09. Tip 정전계와 도체계의 관계식

전기 저항 R과 정전 용량 C를 곱하면 다음과 같다.

전기 저항 $R = \rho \dfrac{l}{S}$ [Ω], 정전 용량 $C = \dfrac{\varepsilon S}{d}$ [F]이므로

$R \cdot C = \rho \dfrac{l}{S} \cdot \dfrac{\varepsilon S}{d}$

∴ $R \cdot C = \rho\varepsilon$, $\dfrac{C}{G} = \dfrac{\varepsilon}{k}$

이때, 전기 저항은 $R = \dfrac{\rho\varepsilon}{C}$ [Ω]이 되므로 전류는 다음과 같다.

$I = \dfrac{V}{R} = \dfrac{V}{\dfrac{\rho\varepsilon}{C}} = \dfrac{CV}{\rho\varepsilon}$ [A]

정답 08. ② 09. ③

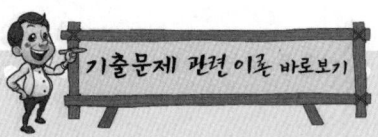

$$\therefore R = \frac{\rho\varepsilon}{C} = \frac{\rho\varepsilon}{4\pi\varepsilon}\left(\frac{1}{a}+\frac{1}{b}\right) = \frac{\rho}{4\pi}\left(\frac{1}{a}+\frac{1}{b}\right) = \frac{1}{4\pi k}\left(\frac{1}{a}+\frac{1}{b}\right)[\Omega]$$

10. 패러데이 법칙

폐회로와 쇄교하는 자속을 ϕ[Wb]로 하고 이것과 오른 나사의 관계에 있는 방향의 기전력을 정(+)이라 약속하면 유도 기전력 e는 다음과 같다.

$$e = -\frac{d\phi}{dt}[V]$$

여기서, 우변의 (−)부호는 유도 기전력 e의 방향을 표시하는 것이고 자속이 감소할 때에 정(+)의 방향으로 유도 전기력이 생긴다는 것을 의미한다.

10 정현파 자속의 주파수를 3배로 높이면 유기 기전력은?

① 2배로 감소 ② 2배로 증가
③ 3배로 감소 ④ 3배로 증가

해설 $\phi = \phi_m \sin 2\pi ft$ [Wb]라 하면 유기 기전력 e는

$$e = -N\frac{d\phi}{dt} = -N\cdot\frac{d}{dt}(\phi_m \sin 2\pi ft)$$
$$= -2\pi fN\phi_m \cos 2\pi ft$$
$$= 2\pi fN\phi_m \sin\left(2\pi ft - \frac{\pi}{2}\right)[V]$$

$\therefore e \propto f$

따라서, 주파수가 3배로 증가하면 유기 기전력도 3배로 증가한다.

11. 전속 밀도가 경계면에서 각을 이루는 경우

전속 밀도가 경계면에서 각을 이루는 경우

$$\frac{E_1 \sin\theta_1}{D_1 \cos\theta_1} = \frac{E_2 \sin\theta_2}{D_2 \cos\theta_2}$$

여기서, $D_1 = \varepsilon_1 E_1$, $D_2 = \varepsilon_2 E_2$
D : 전속밀도

$$\frac{1}{\varepsilon_1}\tan\theta_1 = \frac{1}{\varepsilon_2}\tan\theta_2$$

이를 정리하면

$$\frac{\tan\theta_1}{\tan\theta_2} = \frac{\varepsilon_1}{\varepsilon_2}$$

11 매질 1은 나일론(비유전율 $\varepsilon_s = 4$)이고, 매질 2는 진공일 때 전속 밀도 D가 경계면에서 각각 θ_1, θ_2의 각을 이룰 때 $\theta_2 = 30°$라면 θ_1의 값은?

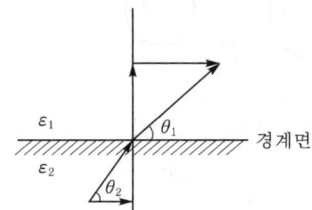

① $\tan^{-1}\frac{4}{\sqrt{3}}$ ② $\tan^{-1}\frac{\sqrt{3}}{4}$
③ $\tan^{-1}\frac{\sqrt{3}}{2}$ ④ $\tan^{-1}\frac{2}{\sqrt{3}}$

12. 무한장 솔레노이드의 자계의 세기

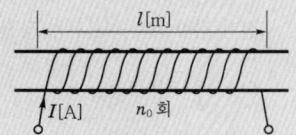

앙페르의 주회 적분 법칙에 의해

$$\oint H dl = n_0 I$$

자로의 길이가 l [m]이므로
$H = n_0 I$ [AT/m]

여기서, n_0[T/m]는 단위 길이당의 권수를 의미한다.

내부의 자계의 세기는 평등 자장이며 균등 자장이다. 또한 외부의 자계의 세기는 0이다.

12 무한장 솔레노이드에 전류가 흐를 때 발생되는 자계에 관한 설명으로 옳은 것은?

① 외부와 내부 자계의 세기는 같다.
② 내부 자계의 세기는 0이다.
③ 외부 자계는 평등 자계이다.
④ 내부 자계는 평등 자계이다.

해설 무한장 솔레노이드의 내부 자계는 평등 자계이며, 그 크기는 $H_i = n_0 I$ [AT/m] ($\because n_0$: 단위 길이당 권수[회/m])이고 외부 자계는 $H_e = 0$ [AT/m]이다.)

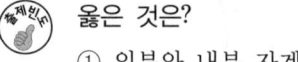 10.④ 11.정답 없음 12.④

13 다음 중 물질의 자화 현상은?

① 전자의 자전   ② 전자의 공전
③ 전자의 이동   ④ 분자의 운동

해설 물체가 자화되는 근원은 전류, 즉 전자의 운동이다. 원자를 구성하는 전자는 원자핵의 주위를 궤도 운동함과 동시에 전자 자신이 자전 운동(spin)하고 있다.

14 두 개의 전기 회로 간의 상호 인덕턴스를 구하는 데 사용하는 방법은?

① 가우스의 법칙
② 플레밍의 오른손 법칙
③ 노이만의 공식
④ 스테판-볼츠만의 법칙

해설 **노이만의 법칙**
두 폐회로 간의 쇄교 자속에 의한 상호 인덕턴스를 구하는 공식

상호 인덕턴스 $M = \dfrac{\mu}{4\pi} \oint_{C_1} \oint_{C_2} \dfrac{dl_1 \cdot dl_2}{r}$

15 공기 중의 두 점전하 사이에 작용하는 힘이 5[N]이었다. 두 전하 간에 유전체를 넣었더니 힘이 2[N]으로 되었다면 유전체의 비유전율[F/m]은 얼마인가?

① 1   ② 2.5
③ 5   ④ 7.5

해설 $F_0 = \dfrac{Q_1 Q_2}{4\pi\varepsilon_0 r^2}$ [N] (공기 중에서)

$F = \dfrac{Q_1 Q_2}{4\pi\varepsilon_0 \varepsilon_s r^2}$ [N] (유전체 중에서)

$\dfrac{F_0}{F} = \dfrac{\dfrac{Q_1 Q_2}{4\pi\varepsilon_0 r^2}}{\dfrac{Q_1 Q_2}{4\pi\varepsilon_0 \varepsilon_s r^2}} = \varepsilon_s$

∴ 비유전율 $\varepsilon_s = \dfrac{F_0}{F} = \dfrac{5}{2} = 2.5$

16 공기 중에 놓인 지름 1[m]의 구도체에 줄 수 있는 최대 전하는 몇 [C]인가? (단, 공기의 절연 내력은 3,000[kV/m]이다.)

① 1.67×10^{-5} ② 2.65×10^{-5}
③ 3.33×10^{-5} ④ 8.33×10^{-5}

---

13. 자화의 본질

어떤 물체에 자계를 인가하면 자기적 성질을 나타내는데 이때 이 물체를 자화되었다고 한다. 외부 자계에 의하여 자화된 물체를 자성체, 자화되지 않는 물체를 비자성체라 한다.
자성체는 자화되는 방향에 따라 상자성체와 역자성체로 나누고 또한, 자성체의 자화의 본질은 전자의 자전 운동(spin)에 의하여 자화된다.

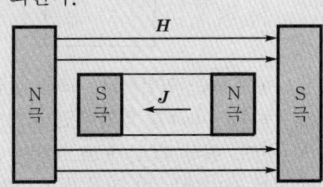

| 성자성체 |

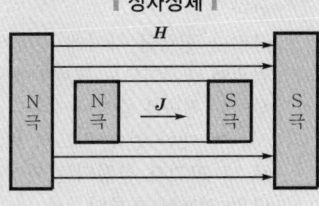

| 역자성체 |

15. 진공과 유전체의 제법칙

진공시	유전체	관계
$F_0 = \dfrac{Q_1 Q_2}{4\pi\varepsilon_0 r^2}$	$F = \dfrac{Q_1 Q_2}{4\pi\varepsilon_0 \varepsilon_s r^2}$	$\dfrac{1}{\varepsilon_s}$ 배 감소
$E_0 = \dfrac{Q}{4\pi\varepsilon_0 r^2}$	$E = \dfrac{Q}{4\pi\varepsilon_0 \varepsilon_s r^2}$	$\dfrac{1}{\varepsilon_s}$ 배 감소
$V_0 = \dfrac{Q}{4\pi\varepsilon_0 r}$	$V = \dfrac{Q}{4\pi\varepsilon_0 \varepsilon_s r}$	$\dfrac{1}{\varepsilon_s}$ 배 감소
(Q 일정) $W_0 = \dfrac{Q^2}{2C_0}$	$W_0 = \dfrac{Q^2}{2\varepsilon_s C_0}$	$\dfrac{1}{\varepsilon_s}$ 배 감소

정답 13.① 14.③ 15.② 16.④

PART 01 전기자기학

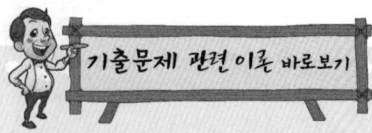

진공시	유전체	관계
V 일정 $W_0 = \frac{1}{2}C_0V^2$	$W_0 = \frac{1}{2}\varepsilon_s C_0 V^2$	ε_s배 감소

17. **이론check** 변위 전류

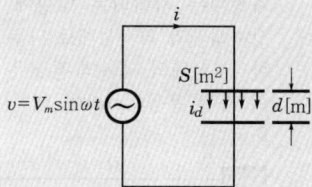

콘덴서를 연결하고, 교류 전압 $v = V_m \sin\omega t$를 인가하면 도선에는 전도 전류 i[A]가 흐르지만 콘덴서 사이에는 이 전류가 흐르지 못한다.
그러나 평행판 사이에 전하가 축적되어 증가하므로 평행판에서 발산하는 전속은 증가하게 된다. 즉, 시간에 대한 전속 밀도의 변화율로 그 크기가 결정되는 가상적인 변위 전류가 흐른다.

18. **이론check** 전계의 세기와 전위의 관계식

$$V = -\int E\,dr$$

이것을 r에 미분하면

$$E = -\frac{dV}{dr}\,[V/m]$$

이것을 직각 좌표계로 표시하면

$$E_x = -\frac{\partial V}{\partial x}i,\ E_y = -\frac{\partial V}{\partial y}j,$$
$$E_z = -\frac{\partial V}{\partial z}k$$

$$\therefore E = -\mathrm{grad}V = -\nabla V$$
$$= -\left(i\frac{\partial}{\partial x}V + j\frac{\partial}{\partial y}V + k\frac{\partial}{\partial z}V\right)[V/m]$$

해설 구도체의 정전 용량 $C = 4\pi\varepsilon_0 a$
구도체의 전위 $V = E \cdot a$
$Q = CV = 4\pi\varepsilon_0 a \cdot E_a = 4\pi\varepsilon a^2 E$
$= \frac{1}{\rho \times 10^9} \times 0.5^2 \times 3 \times 10^6$
$= 8.33 \times 10^{-5}$[C]

17 유전체에서의 변위 전류에 대한 설명으로 옳은 것은?

① 유전체의 굴절률이 2배가 되면 변위 전류의 크기도 2배가 된다.
② 변위 전류의 크기는 투자율의 값에 비례한다.
③ 변위 전류는 자계를 발생시킨다.
④ 전속 밀도의 공간적 변화가 변위 전류를 발생시킨다.

해설 변위 전류는 시간적으로 변화하는 전속 밀도에 의한 전류이므로 전도 전류와 같이 그 주위에 자계를 발생시킨다.

18 진공 중에 있는 대전 도체구의 표면 전하 밀도가 σ[C/m²], 전위가 V[V]일 경우 도체 표면의 법선 방향(바깥쪽)을 n이라 할 때 성립되는 관계식은?

① $\dfrac{\partial V}{\partial n} = -\sigma$ ② $\dfrac{\partial V}{\partial n} = -\dfrac{\sigma}{\varepsilon_0}$

③ $\dfrac{\partial V}{\partial n} = -\dfrac{2\sigma}{\varepsilon_0}$ ④ $\dfrac{\partial V}{\partial n} = -\dfrac{\sigma}{2\varepsilon_0}$

해설 전계의 세기
$$E = -\mathrm{grad}V = -\frac{\partial V}{\partial n}$$
$$\therefore \frac{\partial V}{\partial n} = -E = -\frac{\sigma}{\varepsilon_0}$$

19 자기 모멘트 9.8×10^{-5}[Wb·m]의 막대 자석을 지구 자계의 수평 성분 12.5[AT/m]의 곳에서 지자기 자오면으로부터 90° 회전시키는 데 필요한 일은 약 몇 [J]인가?

① 1.23×10^{-3} ② 1.03×10^{-5}
③ 9.23×10^{-3} ④ 9.03×10^{-5}

해설 $W = MH(1-\cos\theta)$
$= 9.8 \times 10^{-5} \times 12.5(1-\cos 90°)$
$= 1.23 \times 10^{-3}$[J]

정답 17.③ 18.② 19.①

20 그림과 같은 원형 코일이 두 개가 있다. A의 권선수는 1회, 반지름 1[m], B의 권선수는 2회, 반지름은 2[m]이다. A와 B의 코일 중심을 겹쳐 두 면 중심에서의 자속이 A만 있을 때의 2배가 된다. A와 B의 전류 비 $\frac{I_B}{I_A}$는?

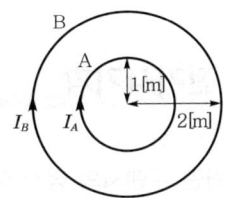

① $\frac{1}{2}$ ② 1
③ 2   ④ 4

해설 코일 중심의 자계는 $\frac{I}{2a}$이므로

$$2 \times \frac{I_A}{2 \times 1} = \frac{I_A}{2 \times 1} + \frac{2I_B}{2 \times 2}$$

$$I_A = \frac{I_A}{2} + \frac{I_B}{2}$$

$$\frac{I_A}{2} = \frac{I_B}{2}$$

$$\therefore I_A = I_B$$

20. Tip 원형 전류 중심축상의 자계의 세기

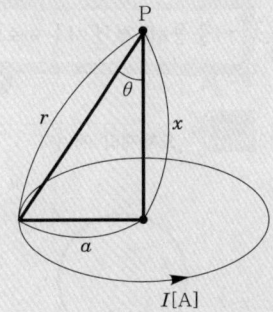

반경 a[m]인 원형 코일의 미소 길이 dl [m]에 의한 중심축상의 한 점 P의 미소 자계의 세기는 비오-사바르의 법칙에 의해

$$dH = \frac{Idl}{4\pi r^2}\sin\theta \text{ [AT/m]}$$

$$= \frac{I \cdot a\,dl}{4\pi r^3}$$

여기서, $\sin\theta = \frac{a}{r}$ 이므로

$$H = \int \frac{I \cdot a\,dl}{4\pi r^3} = \frac{aI}{4\pi r^3}\int dl$$

$$= \frac{a \cdot I}{4\pi r^3}2\pi a = \frac{a^2 I}{2r^3}\text{ [AT/m]}$$

여기서, $r = \sqrt{a^2+x^2}$ 이므로

$$H = \frac{a^2 I}{2(a^2+x^2)^{\frac{3}{2}}}\text{ [AT/m]}$$

여기서, 원형 중심의 자계의 세기 H_0는 떨어진 거리 $x=0$인 지점이므로 $H_0 = \frac{I}{2a}$

또한, 권수가 N회 감겨 있을 때에는 $H_0 = \frac{NI}{2a}$

정답 20.②

2013년 과년도 출제문제

제1회 전기자기학

01. 이론 check 도체계의 에너지

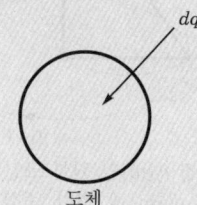

도체에 전하를 준다는 것, 즉, 충전한다는 것은 도체에 전하 $Q[C]$을 운반한다는 것을 의미한다.

$$V = \frac{W}{Q} \quad \therefore \ W = Q \cdot V$$

즉, 도체에 전하 $Q[C]$을 가하기 위해 필요한 일은 미소 전하 dq를 가하기 위한 일

$$dW = V \cdot dq = \frac{q}{C}dq$$

$$\therefore \ W = \int V dq = \int_0^Q \frac{q}{c} dq$$

$$= \frac{1}{C}\left[\frac{1}{2}q^2\right]_0^Q = \frac{Q^2}{2C}[J]$$

이 식은 일반적으로 정전 용량 C를 갖는 모든 도체에 대해서 성립되는 관계식

$$C = \frac{Q}{V}, \ V = \frac{Q}{C}, \ Q = CV$$

(1) 전압 일정시 ($Q = CV$)

$$W = \frac{Q^2}{2C}\bigg|_{Q=CV} = \frac{1}{2}CV^2[J]$$

(2) 전하량 일정시

$$W = \frac{Q^2}{2C}[J]$$

02. 이론 check 무한 직선 전하에 의한 전계의 세기

$$\int_s E ds = \frac{\lambda \cdot l}{\varepsilon_0}$$

01 1[kV]로 충전된 어떤 콘덴서의 정전 에너지가 1[J]일 때, 이 콘덴서의 크기는 몇 [μF]인가?

① 2[μF]
② 4[μF]
③ 6[μF]
④ 8[μF]

해설 정전 에너지 $W = \frac{1}{2}CV^2[J]$

$$\therefore \ C = \frac{2W}{V^2} = \frac{2 \times 1}{(1 \times 10^3)^2} = 2[\mu F]$$

02 진공 중에 선전하 밀도 $+\lambda[C/m]$의 무한장 직선 전하 A와 $-\lambda[C/m]$의 무한장 직선 전하 B가 $d[m]$의 거리에 평행으로 놓여 있을 때, A에서 거리 $\frac{d}{3}[m]$되는 점의 전계의 크기는 몇 [V/m]인가?

① $\frac{3\lambda}{4\pi\varepsilon_0 d}$
② $\frac{9\lambda}{4\pi\varepsilon_0 d}$
③ $\frac{3\lambda}{8\pi\varepsilon_0 d}$
④ $\frac{9\lambda}{8\pi\varepsilon_0 d}$

해설 $E_P = E_A + E_B$

$$= \frac{\lambda}{2\pi\varepsilon_0\left(\frac{d}{3}\right)} + \frac{\lambda}{2\pi\varepsilon_0\left(\frac{2}{3}d\right)} = \frac{3\lambda}{2\pi\varepsilon_0 d} + \frac{3\lambda}{4\pi\varepsilon_0 d}$$

$$= \frac{9\lambda}{4\pi\varepsilon_0 d}[V/m]$$

```
 +λ        P         -λ
A●─────────●─────────●B
  ← 1/3 d →← 2/3 d →
  ←──────── d ────────→
```

정답 01.① 02.②

03 $\nabla \cdot i = 0$에 대한 설명이 아닌 것은?
① 도체 내에 흐르는 전류는 연속이다.
② 도체 내에 흐르는 전류는 일정하다.
③ 단위 시간당 전하의 변화가 없다.
④ 도체 내에 전류가 흐르지 않는다.

해설 $\mathrm{div}\,i = -\dfrac{\partial \rho}{\partial t}$에서 정상 전류가 흐를 때 전하의 축적 또는 소멸이 없으므로 $\dfrac{\partial \rho}{\partial t}=0$, 즉 $\mathrm{div}\,i = \nabla \cdot i = 0$이 된다.

04 환상 철심에 감은 코일에 5[A]의 전류를 흘려 2,000[AT]의 기자력을 생기게 하려면 코일의 권수(회)는 얼마로 하여야 하는가?
① 10,000 ② 500
③ 400   ④ 250

해설 기자력 $F = NI$ [AT]
코일의 권수 $N = \dfrac{F}{I} = \dfrac{2,000}{5} = 400$회

05 압전기 현상에서 분극이 응력에 수직한 방향으로 발생하는 현상은?
① 종효과
② 횡효과
③ 역효과
④ 직접 효과

해설 압전 효과에서 분극 현상이 응력과 같은 방향으로 나타나면 종효과, 수직 방향으로 나타나면 횡효과라 한다.

06 다음 중 금속에서의 침투 깊이(skin depth)에 대한 설명으로 옳은 것은?
① 같은 금속을 사용할 경우 전자파의 주파수를 증가시키면 침투 깊이가 증가한다.
② 같은 주파수의 전자파를 사용할 경우 전도율이 높은 금속을 사용하면 침투 깊이가 감소한다.
③ 같은 주파수의 전자파를 사용할 경우 투자율 값이 작은 금속을 사용하면 침투 깊이가 감소한다.
④ 같은 금속을 사용할 경우 어떤 전자파를 사용하더라도 침투 깊이는 변하지 않는다.

기출문제 관련 이론 바로보기

원통의 표면적 $2\pi r l$

$E 2\pi r \cdot l = \dfrac{\lambda l}{\varepsilon_0}$

$E = \dfrac{\lambda}{2\pi \varepsilon_0 r} = 18 \times 10^9 \dfrac{\lambda}{r}$ [V/m]

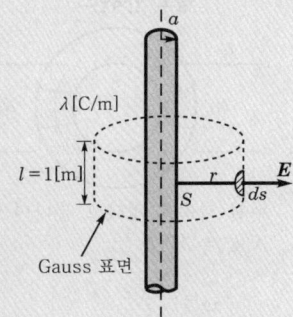

┃ 무한 직선 전하 ┃

04. 이론 check 자기 옴의 법칙

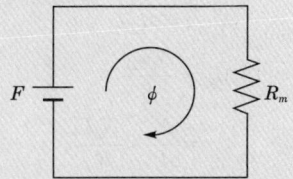

(1) 자속
$\phi = \dfrac{F}{R_m}$ [Wb]

(2) 기자력
$F = NI$ [AT]

(3) 자기 저항
$R_m = \dfrac{l}{\mu S}$ [AT/Wb]

06. 이론 check 표피 효과의 침투 깊이

$\delta = \sqrt{\dfrac{2}{\omega \sigma \mu}} = \sqrt{\dfrac{1}{\pi f \sigma \mu}}$ [m]

여기서, f : 주파수
σ : 도전율
μ : 투자율

정답 03.④ 04.③ 05.② 06.②

해설 표피 효과 침투 길이 $\delta = \sqrt{\dfrac{2}{\omega\sigma\mu}} = \sqrt{\dfrac{1}{\pi f \sigma \mu}}$ [m]

즉, 주파수 f, 도전율 σ, 투자율 μ가 클수록 δ가 작아지므로 표피 효과가 커진다.

07. **이론** 환상 코일에 감긴 2개 코일의 상호 인덕턴스

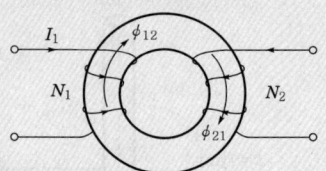

누설 자속은 없다고 본다면
$N_2 \phi_{12} = M_{12} I_1$
$\therefore M_{12} = \dfrac{N_2 \phi_{12}}{I_1}$
$= \dfrac{N_2}{I_1} \cdot \dfrac{N_1 I_1}{R_m}$
$= \dfrac{N_1 N_2}{R_m}$

$N_1 \phi_{21} = M_{21} I_2$
$\therefore M_{21} = \dfrac{N_1 \phi_{21}}{I_2}$
$= \dfrac{N_1}{I_2} \cdot \dfrac{N_2 I_2}{R_m}$
$= \dfrac{N_1 N_2}{R_m}$

$\therefore$ 상호 인덕턴스
$M = M_{12} = M_{21}$
$= \dfrac{N_1 N_2}{R_m}$
$= \dfrac{N_1 N_2}{\dfrac{l}{\mu S}}$
$= \dfrac{\mu S N_1 N_2}{l}$ [H]

07 그림과 같이 단면적이 균일한 환상 철심에 권수 N_1인 A 코일과 권수 N_2인 B 코일이 있을 때 A 코일의 자기 인덕턴스가 L_1[H]라면 두 코일의 상호 인덕턴스 M은 몇 [H]인가? (단, 누설 자속은 0이라고 한다.)

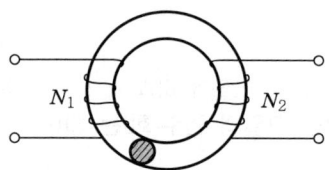

① $\dfrac{L_1 N_1}{N_2}$
② $\dfrac{N_2}{L_1 N_1}$
③ $\dfrac{N_1}{L_1 N_2}$
④ $\dfrac{L_1 N_2}{N_1}$

해설 자기 인덕턴스는
$L_1 = \dfrac{N_1^2}{R_m}$ [H]이고
상호 인덕턴스는
$M = \dfrac{N_1 N_2}{R_m}$ [H]이므로
$R_m = \dfrac{N_1^2}{L_1}$을 M에 대입하면
$\therefore M = \dfrac{N_1 N_2}{R_m} = \dfrac{N_1 N_2}{\dfrac{N_1^2}{L_1}} = \dfrac{L_1 N_2}{N_1}$ [H]

08 단면적 1,000[mm²], 길이 600[mm]인 강자성체의 철심에 자속 밀도 $B = 1$[Wb/m²]를 만들려고 한다. 이 철심에 코일을 감아 전류를 공급하였을 때 발생되는 기자력[AT]은?

① 6×10^{-4}
② 6×10^{-3}
③ 6×10^{-2}
④ 6×10^{-1}

정답 07.④ 08.정답 없음

09 그림과 같은 모양의 자화 곡선을 나타내는 자성체 막대를 충분히 강한 평등 자계 중에서 매분 3,000회 회전시킬 때 자성체는 단위 체적당 매초 약 몇 [kcal/s]의 열이 발생하는가? (단, $B_r=2[\text{Wb/m}^2]$, $H_c=500[\text{AT/m}]$, $B=\mu H$에서 μ는 일정하지 않다.)

① 11.7
② 47.6
③ 70.2
④ 200

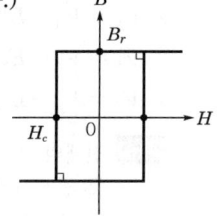

해설 체적당 전력=히스테리시스 곡선의 면적
$$P_h = 4H_c B_r = 4 \times 500 \times 2 = 4,000[\text{W/m}^3]$$
$$\therefore H = 0.24 \times 4,000 \times \frac{3,000}{60} \times 10^{-3} \fallingdotseq 48[\text{kcal/s}]$$

10 자기 유도 계수 L의 계산 방법이 아닌 것은? (단, N : 권수, ϕ : 자속, I : 전류, A : 벡터퍼텐셜, i : 전류 밀도, B : 자속 밀도, H : 자계의 세기이다.)

① $L = \dfrac{N\phi}{I}$
② $L = \dfrac{\int_v Aidv}{I^2}$
③ $L = \dfrac{\int_v BHdv}{I^2}$
④ $L = \dfrac{\int_v Aidv}{I}$

해설 자기 유도 계수 $L = \dfrac{2w}{I^2}$

자계 에너지 $w = \dfrac{1}{2}\int_v BHdv = \dfrac{1}{2}\int_v Aidv$

$\therefore L = \dfrac{\int_v BHdv}{I^2} = \dfrac{\int_v Aidv}{I^2}$

11 반지름 2[mm]의 두 개의 무한히 긴 원통 도체가 중심 간격 2[m]로 진공 중에 평행하게 놓여 있을 때 1[km]당의 정전 용량은 약 몇 [μF]인가?

① $1 \times 10^{-3}[\mu F]$
② $2 \times 10^{-3}[\mu F]$
③ $4 \times 10^{-3}[\mu F]$
④ $6 \times 10^{-3}[\mu F]$

해설 $C = \dfrac{12.08}{\log \dfrac{d}{a}}[\text{pF/m}] = \dfrac{12.08}{\log \dfrac{2}{2 \times 10^{-3}}}[\text{pF/m}]$
$\fallingdotseq 4 \times 10^{-3}[\mu F/\text{km}]$

정답 09.② 10.④ 11.③

---

11. 이론 check 평행 왕복 도선 간의 정전 용량

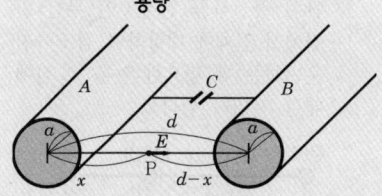

|평행 왕복 도선|

$E_A = \dfrac{\lambda}{2\pi\varepsilon_0 x}$

$E_B = \dfrac{\lambda}{2\pi\varepsilon_0 (d-x)}$

$\therefore E = E_A + E_B = \dfrac{\lambda}{2\pi\varepsilon_0}\left(\dfrac{1}{x} + \dfrac{1}{d-x}\right)$

$V_{AB} = -\int_{d-a}^{a} \mathbf{E} \cdot dx$

$= -\dfrac{\lambda}{2\pi\varepsilon_0}\int_{d-a}^{a} \dfrac{1}{x} + \dfrac{1}{d-x} dx$

$= \dfrac{\lambda}{2\pi\varepsilon_0}\int_{a}^{d-a} \dfrac{1}{x} + \dfrac{1}{d-x} dx$

$= \dfrac{\lambda}{2\pi\varepsilon_0}[\ln x - \ln(d-x)]_{a}^{d-a}$

$= \dfrac{\lambda}{\pi\varepsilon_0}\ln\dfrac{d-a}{a} [V]$

단위 길이당 정전 용량

$C = \dfrac{\lambda}{V_{AB}}$

$= \dfrac{\lambda}{\dfrac{\lambda}{\pi\varepsilon_0}\ln\dfrac{d-a}{a}}$

$= \dfrac{\pi\varepsilon_0}{\ln\dfrac{d-a}{a}}[F/m]$

여기서, $d \gg a$

$C = \dfrac{\pi\varepsilon_0}{\ln\dfrac{d}{a}} = \dfrac{\pi\varepsilon_0}{2 \cdot 3\log\dfrac{d}{a}}$

$= \dfrac{12.08}{\log\dfrac{d}{a}} \times 10^{-12}[F/m]$

$= \dfrac{12.08}{\log\dfrac{d}{a}}[pF/m]$

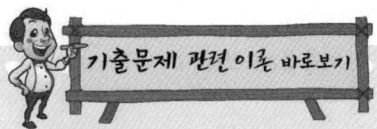

12. **이론** 전위

단위 정전하를 전계 0인 무한 원점에서 전계에 대항하여 점 P까지 운반하는 데 필요한 일을 그 점에 대한 전위라 한다.

$Q[C]$ — 전기력선 — $+1[C]$
$\leftarrow r[m] \rightarrow$ P   무한 원점

(1) 단위 정전하를 미소 운반하는 데 필요한 일
$$dW = -\boldsymbol{F} \cdot dr$$
$$W = -\int_{\infty}^{P} \boldsymbol{F} \cdot dr$$
$$= -\int_{\infty}^{P} Q \cdot \boldsymbol{E} dr$$
$$= \int_{P}^{\infty} Q \cdot \boldsymbol{E} dr$$

(2) 전위
$$V_P = \frac{W}{Q} = -\int_{\infty}^{P} \boldsymbol{E} \cdot dr$$
$$= \int_{P}^{\infty} \boldsymbol{E} \cdot dr [J/C] = [V]$$

(단위 : [J/C]=[Ws/C]=[VAs/As]=[V])

(3) 점전하 $Q[C]$에서 $r[m]$ 떨어진 점 P의 전위
$$V_P = -\int_{\infty}^{P} \boldsymbol{E} \cdot dr$$
$$= -\int_{\infty}^{r} \frac{Q}{4\pi\varepsilon r^2} dr$$
$$= \frac{Q}{4\pi\varepsilon_0} \left[\frac{1}{r} \right]_{\infty}^{r} = \frac{Q}{4\pi\varepsilon_0 r}$$
$$= 9 \times 10^9 \frac{Q}{r} [V]$$

12 전위가 V_A인 A점에서 $Q[C]$의 전하를 전계와 반대 방향으로 $l[m]$ 이동시킨 점 P의 전위[V]는? (단, 전계 E는 일정하다고 가정한다.)

① $V_P = V_A - El$
② $V_P = V_A + El$
③ $V_P = V_A - EQ$
④ $V_P = V_A + EQ$

해설 전계의 세기와 거리와의 관계가 $V = \boldsymbol{E} \cdot l[V]$이며, 전위가 단위 정전하를 전계 0인 무한원점에서 전계에 대항하여 점 P까지 운반하는 데 필요한 일이므로 $V_P = V_A + El$이 된다.

13 정전 용량 $C_0[F]$인 평행판 공기 콘덴서에 전극 간격의 $\frac{1}{2}$ 두께인 유리판을 전극에 평행하게 넣으면 이때의 정전 용량은 몇 [F]인가? (단, 유리의 비유전율은 ε_s라 한다.)

① $\dfrac{2\varepsilon_s C_0}{1+\varepsilon_s}$
② $\dfrac{C_0 \varepsilon_s}{1+\varepsilon_s}$
③ $\dfrac{(1+\varepsilon_s)C_0}{2\varepsilon_s}$
④ $\dfrac{3C_0}{1+\dfrac{1}{\varepsilon_s}}$

해설 평행판 공기 콘덴서의 정전 용량 C_0는
$$C_0 = \frac{\varepsilon_0 S}{d} [F]$$

공기 부분의 정전 용량을 C_1이라 하면
$$C_1 = \frac{\varepsilon_0 S}{\dfrac{d}{2}} = \frac{2\varepsilon_0 S}{d} [F]$$

유리판 부분의 정전 용량을 C_2라 하면
$$C_2 = \frac{\varepsilon S}{\dfrac{d}{2}} = \frac{2\varepsilon S}{d} [F]$$

두 콘덴서 C_1, C_2의 직렬 연결과 같으므로 합성 정전 용량 C는
$$\therefore \frac{1}{\dfrac{1}{C_1}+\dfrac{1}{C_2}} = \frac{1}{\dfrac{d}{2S}\left(\dfrac{1}{\varepsilon_0}+\dfrac{1}{\varepsilon}\right)}$$
$$= \frac{1}{\dfrac{d}{2\varepsilon_0 S}\left(1+\dfrac{\varepsilon_0}{\varepsilon}\right)} = \frac{2C_0}{1+\dfrac{\varepsilon_0}{\varepsilon}}$$
$$= \frac{2C_0}{1+\dfrac{1}{\varepsilon_s}} = \frac{2\varepsilon_s C_0}{1+\varepsilon_s} [F]$$

정답 12.② 13.①

14 자성체 경계면에 전류가 없을 때의 경계 조건으로 틀린 것은?

① 전속 밀도 D의 법선 성분 $D_{1N} = D_{2N} = \dfrac{\mu_2}{\mu_1}$

② 자속 밀도 B의 법선 성분 $B_{1N} = B_{2N}$

③ 자계 H의 접선 성분 $H_{1r} = H_{2r}$

④ 경계면에서의 자력선의 굴절 $\dfrac{\tan\theta_1}{\tan\theta_2} = \dfrac{\mu_1}{\mu_2}$

해설 ①은 유전체의 경계면 조건에 해당한다.

15 z축의 정방향(+방향)으로 $10\pi a_z$[A]가 흐를 때 이 전류로부터 5[m] 지점에 발생되는 자계의 세기 H[A/m]는?

① $H = -a_z$

② $H = a_\phi$

③ $H = \dfrac{1}{2} a_\phi$

④ $H = -a_\phi$

해설 자계의 세기 $H = \dfrac{I}{2\pi r}$ [A/m]

원통 좌표계를 생각하면 자계 방향은 앙페르의 오른 나사 법칙에 의해 a_ϕ 방향이 되므로

$$\therefore H = \dfrac{10\pi}{2\pi \times 5} a_\phi = a_\phi$$

16 다음 중 스토크스(Stokes)의 정리는?

① $\oint H \cdot dS = \iint_s (\nabla H) dS$

② $\int B \cdot dS = \int_s (\nabla \times H) dS$

③ $\oint_c H \cdot dS = \int (\nabla H) dL$

④ $\oint_c H \cdot dL = \int_s (\nabla \times H) dS$

해설 스토크스의 정리는 선적분과 면적분의 변환 관계식이다.

$$\oint_c H \cdot dL = \int_s \text{rot} H \cdot dS$$
$$= \int_s (\nabla \times H) dS$$

기출문제 관련 이론 바로보기

14. 이론 check **자성체의 경계면 조건**

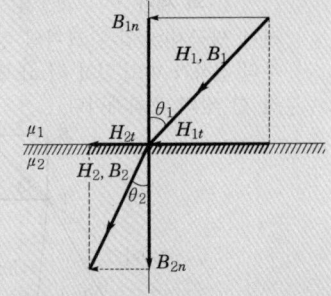

(1) 경계면의 접선(수평) 성분의 자계의 세기는 경계면 양측에서 같다.
$H_{1t} = H_{2t} \Rightarrow H_1 \sin\theta_1 = H_2 \sin\theta_2$

(2) 경계면의 법선(수직) 성분의 자속 밀도는 경계면 양측에서 같다.
$B_{1n} = B_{2n} \Rightarrow B_1 \cos\theta_1 = B_2 \cos\theta_2$

(3) (1), (2)에 의해서

$$\dfrac{H_1 \sin\theta_1}{B_1 \cos\theta_1} = \dfrac{H_2 \sin\theta_2}{B_2 \cos\theta_2}$$

$$\dfrac{H_1 \sin\theta_1}{\mu_1 H_1 \cos\theta_1} = \dfrac{H_2 \sin\theta_2}{\mu_2 H_2 \cos\theta_2}$$

따라서, $\dfrac{\tan\theta_1}{\tan\theta_2} = \dfrac{\mu_1}{\mu_2}$ 이다.

정답 14.① 15.② 16.④

PART 01 전기자기학

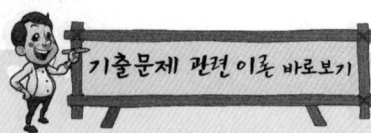

17. 이론check 전기 쌍극자에서 P점의 전계의 세기

전기 쌍극자는 같은 크기의 정·부의 전하가 미소 길이 l [m] 떨어진 한 쌍의 전하계이다.

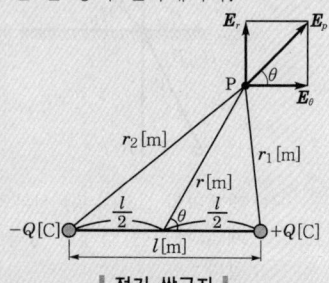

∥ 전기 쌍극자 ∥

$+Q$, $-Q$에서 P점까지의 거리 r_1, r_2[m]는

$r_1 = r - \dfrac{l}{2}\cos\theta$, $r_2 = r + \dfrac{l}{2}\cos\theta$

P점의 전계의 세기는
$E_P = |E_r + E_\theta| = \sqrt{E_r^2 + E_\theta^2}$

여기서, E_r과 E_θ는

$E_r = -\dfrac{dV}{dr} = \dfrac{2M}{4\pi\varepsilon_0 r^3}\cos\theta$ [V/m]

$E_\theta = -\dfrac{1}{r}\dfrac{dV}{d\theta}$
$= \dfrac{M}{4\pi\varepsilon_0 r^3}\sin\theta$ [V/m]

따라서, P점의 합성 전계 E_P는

$E_P = \sqrt{E_r^2 + E_\theta^2}$
$= \dfrac{M}{4\pi\varepsilon_0 r^3}\sqrt{4\cos^2\theta + \sin^2\theta}$

여기서, $\cos^2\theta + \sin^2\theta = 1$이므로

$E_P = \dfrac{M}{4\pi\varepsilon_0 r^3}\sqrt{4\cos^2\theta + (1 - \cos^2\theta)}$
$= \dfrac{M}{4\pi\varepsilon_0 r^3}\sqrt{1 + 3\cos^2\theta}$ [V/m]

17 그림과 같은 전기 쌍극자에서 P점의 전계의 세기는 몇 [V/m]인가?

① $a_r \dfrac{Q\delta}{2\pi\varepsilon_0 r^3}\cos\theta + a_\theta \dfrac{Q\delta}{4\pi\varepsilon_0 r^3}\sin\theta$

② $a_r \dfrac{Q\delta}{4\pi\varepsilon_0 r^3}\sin\theta + a_\theta \dfrac{Q\delta}{4\pi\varepsilon_0 r^3}\cos\theta$

③ $a_r \dfrac{Q\delta}{2\pi\varepsilon_0 r^3}\sin\theta + a_\theta \dfrac{Q\delta}{4\pi\varepsilon_0 r^3}\cos\theta$

④ $a_r \dfrac{Q\delta}{4\pi\varepsilon_0 r^2}\omega + a_\theta \dfrac{Q\delta}{4\pi\varepsilon_0 r^2}(1-\omega)$

해설 전기 쌍극자의 전계의 세기

$E = E_r a_r + E_\theta a_\theta$ [V/m]

전기 쌍극자의 전위

$V = \dfrac{M}{4\pi\varepsilon_0 r^2}\cos\theta$ (단, $M = Q\delta$: 전기 쌍극자 모멘트)

$E_r = \dfrac{d_V}{d_r} = \dfrac{M}{2\pi\varepsilon_0 r^3}\cos\theta$

$E_\theta = \dfrac{-1}{r} \cdot \dfrac{d_V}{d_\theta} = \dfrac{M}{4\pi\varepsilon_0 r^3}\sin\theta$

∴ $E = a_r \dfrac{Q\delta}{2\pi\varepsilon_0 r^3}\cos\theta + a_\theta \dfrac{Q\delta}{4\pi\varepsilon_0 r^3}\sin\theta$ [V/m]

따라서, 점 P의 합성 전계의 세기는

$E = \sqrt{E_r^2 + E_\theta^2} = \dfrac{M}{4\pi\varepsilon_0 r^3}\sqrt{1 + 3\cos^2\theta}$ [V/m]

18 전기 쌍극자에 의한 전계의 세기는 쌍극자로부터의 거리 r에 대해서 어떠한가?

① r에 반비례한다. ② r^2에 반비례한다.
③ r^3에 반비례한다. ④ r^4에 반비례한다.

해설 전기 쌍극자에 의한 전계는

$E = \dfrac{M\sqrt{1 + 3\cos^2\theta}}{4\pi\varepsilon_0 r^3}$ [V/m] $\propto \dfrac{1}{r^3}$

정답 17.① 18.③

전기 쌍극자에 의한 전위는
$$V = \frac{M\cos\theta}{4\pi\varepsilon_0 r^2} [V] \propto \frac{1}{r^2}$$

19 그림과 같은 공심 토로이드 코일의 권선수를 N배 하면 인덕턴스는 몇 배가 되는가?

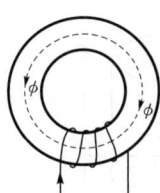

① N^{-2} ② N^{-1}
③ N ④ N^2

해설 $L = \frac{N\phi}{I} = \frac{N}{I} \cdot \frac{NI}{R_m} = \frac{\mu S N^2}{l}$ [H]

∴ 인덕턴스는 권선수 N^2에 비례한다.

20 전위 함수가 $V = 2x + 5yz + 3$일 때, 점 (2, 1, 0)에서의 전계의 세기는?

① $-2i - 5j - 3k$ ② $i + 2j + 3k$
③ $-2i - 5k$ ④ $4i + 3k$

해설 $\boldsymbol{E} = -\text{grad}\,V = -\nabla V$
$= -\left(\frac{\partial}{\partial x}i + \frac{\partial}{\partial y}j + \frac{\partial}{\partial z}k\right)(2x + 5yz + 3)$
$= -(2i + 5zj + 5yk)$ [V/m]
∴ $[\boldsymbol{E}]_{x=2, y=1, z=0} = -2i - 5k$ [V/m]

제2회 전기자기학

01 무한히 넓은 도체 평면판에 면밀도 σ[C/m²]의 전하가 분포되어 있는 경우 전력선은 면(面)에 수직으로 나와 평행하게 발산한다. 이 평면의 전계의 세기는 몇 [V/m]인가?

① $\frac{\sigma}{\varepsilon_0}$ ② $\frac{\sigma}{2\varepsilon_0}$
③ $\frac{\sigma}{2\pi\varepsilon_0}$ ④ $\frac{\sigma}{4\pi\varepsilon_0}$

정답 19.④ 20.③ / 01.②

기출문제 관련 이론 바로보기

19. 이론 check 환상 솔레노이드의 인덕턴스

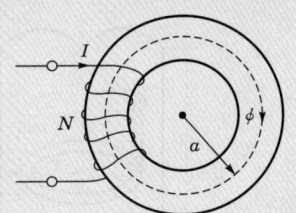

공극이 없는 경우는
$$L = \frac{N\phi}{I} = \frac{N}{I} \cdot \frac{NI}{R_m}$$
$$= \frac{N^2}{I} \cdot \frac{I \cdot \mu S}{l} = \frac{\mu S N^2}{l} [H]$$

20. 이론 check 전계의 세기와 전위의 관계식
$$V = -\int \boldsymbol{E}\,dr$$
이것을 r에 미분하면
$$\boldsymbol{E} = -\frac{dV}{dr} [V/m]$$
이것을 직각 좌표계로 표시하면
$$E_x = -\frac{\partial V}{\partial x}i,\ E_y = -\frac{\partial V}{\partial y}j,$$
$$E_z = -\frac{\partial V}{\partial z}k$$
∴ $\boldsymbol{E} = -\text{grad}\,V = -\nabla V$
$$= -\left(i\frac{\partial}{\partial x}V + j\frac{\partial}{\partial y}V + k\frac{\partial}{\partial z}V\right) [V/m]$$

PART 01 전기자기학

기출문제 관련 이론 바로보기

02. 이론check 원통 도체 내부의 단위 길이 당 인덕턴스

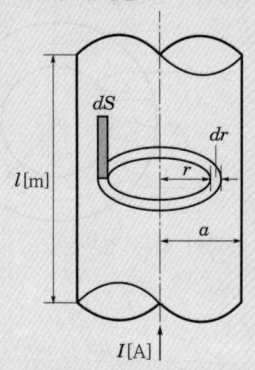

r[m] 떨어진 도체 내부에 축적되는 에너지는

$W = \dfrac{1}{2}LI^2$ [J]

도체 내부의 자계의 세기는

$H_i = \dfrac{Ir}{2\pi a^2}$

전체 에너지는

$W = \displaystyle\int_0^a \dfrac{1}{2}\mu H^2 dv$

$= \displaystyle\int_0^a \dfrac{1}{2}\mu \left(\dfrac{r \cdot I}{2\pi a^2}\right)^2 dv$

$= \displaystyle\int_0^a \dfrac{1}{2}\mu \dfrac{r^2 I^2}{4\pi^2 a^4} 2\pi r \cdot dr$

$= \dfrac{\mu I^2}{4\pi a^4} \displaystyle\int_0^a r^3\, dr$

$= \dfrac{\mu I^2}{4\pi a^4}\left[\dfrac{1}{4}r^4\right]_0^a$

$= \dfrac{\mu I^2}{16\pi}$ [J]

따라서

$\dfrac{\mu I^2}{16\pi} = \dfrac{1}{2}LI^2$

자기 인덕턴스 L은

$L = \dfrac{\mu}{8\pi} \cdot l$ [H]

단위 길이당 자기 인덕턴스는

$L = \dfrac{\mu}{8\pi}$ [H/m]

해설 $\displaystyle\oint_S E \cdot dS = \dfrac{Q}{\varepsilon_0}$

$E \times 2S = \dfrac{\sigma S}{\varepsilon_0}$

$\therefore E = \dfrac{\sigma}{2\varepsilon_0}$ [C/m²]

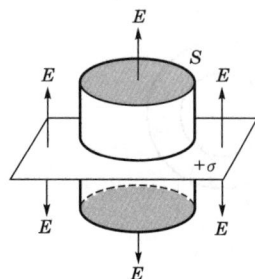

02 균일하게 원형 단면을 흐르는 전류 I [A]에 의한 반지름 a[m], 길이 l [m], 비투자율 μ_s인 원통 도체의 내부 인덕턴스는 몇 [H]인가?

① $\dfrac{1}{2} \times 10^{-7} \mu_s l$

② $10^{-7} \mu_s l$

③ $2 \times 10^{-7} \mu_s l$

④ $\dfrac{1}{2a} \times 10^{-7} \mu_s l$

해설 $L = \dfrac{\mu}{8\pi} \cdot l = \dfrac{\mu_0 \mu_s}{8\pi} \cdot l$

$= \dfrac{4\pi \times 10^{-7}}{8\pi} \mu_s l$

$= \dfrac{1}{2} \times 10^{-7} \mu_s l$ [H]

03 유전체에 대한 경계 조건의 설명으로 옳지 않은 것은?

① 표면 전하 밀도란 구속 전하의 표면 밀도를 말하는 것이다.
② 완전 유전체 내에서는 자유 전하는 존재하지 않는다.
③ 경계면에 외부 전하가 있으면, 유전체의 내부와 외부의 전하는 평형되지 않는다.
④ 특수한 경우를 제외하고 경계면에서 표면 전하 밀도는 영(zero)이다.

해설 표면 전하 밀도란 어떤 양이 어떤 표면에 분포되어 있을 때 그 표면의 단위 면적에 대한 양을 이른다.

정답 02.① 03.①

04 그림과 같이 정전 용량이 C_0[F]가 되는 평행판 공기 콘덴서에 판면적의 $\frac{1}{2}$되는 공간에 비유전율이 ε_s인 유전체를 채웠을 때 정전 용량은 몇 [F]인가?

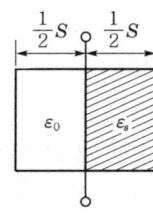

① $\frac{1}{2}(1+\varepsilon_s)C_0$
② $(1+\varepsilon_s)C_0$
③ $\frac{2}{3}(1+\varepsilon_s)C_0$
④ C_0

해설 $C = C_1 + C_2 = \frac{1}{2}C_0 + \frac{1}{2}\varepsilon_s C_0 = \frac{1}{2}(1+\varepsilon_s)C_0$ [F]

05 정전류가 흐르고 있는 무한 직선 도체로부터 수직으로 0.1[m]만큼 떨어진 점의 자계의 크기가 100[A/m]이면 0.4[m]만큼 떨어진 점의 자계의 크기[A/m]는?

① 10
② 25
③ 50
④ 100

해설 $H = \frac{I}{2\pi r}$ [A/m]

$100 = \frac{I}{2\pi \times 0.1}$

$\therefore I = 62.8$ [A]

따라서, 0.4[m]만큼 떨어진 점의 자계의 크기

$H = \frac{I}{2\pi r} = \frac{62.8}{2\pi \times 0.4} = 25$ [A/m]

06 그림과 같이 전류가 흐르는 반원형 도선이 평면 $z=0$상에 놓여 있다. 이 도선이 자속 밀도 $B = 0.8a_x - 0.7a_y + a_z$[Wb/m²]인 균일 자계 내에 놓여 있을 때 도선의 직선 부분에 작용하는 힘은 몇 [N]인가?

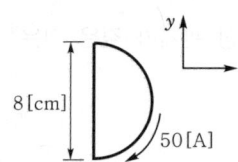

① $4a_x + 3.2a_z$
② $4a_x - 3.2a_z$
③ $5a_x - 3.5a_z$
④ $-5a_x + 3.5a_z$

정답 04.① 05.② 06.②

---

05. 이론 check 무한장 직선 전류에 의한 자계의 세기

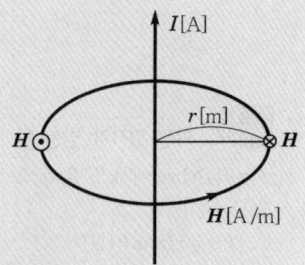

$\oint H dl = I$

$H \cdot 2\pi r = I$

$\therefore H = \frac{I}{2\pi r}$ [A/m]

즉, 무한장 직선 전류에 의한 자계의 크기는 직선 전류에서의 거리에 반비례한다.

06. 이론 check 자계 속의 전류에 작용하는 힘

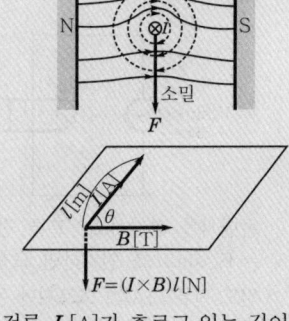

$F = (I \times B) l$ [N]

전류 I [A]가 흐르고 있는 길이가 l [m]인 도체가 자속 밀도 B의 자계 속에 놓여 있을 때 이 도체에 작용하는 힘으로

$F = IlB\sin\theta = Il\mu_0 H\sin\theta$ [N]

Vector로 표시하면

$F = Il \times B$ [N]

PART 01 전기자기학

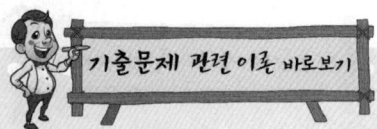

해설 전류가 y축 방향으로 흐르므로 $I = 50a_y$이다.
$$F = I \times Bl$$
$$= \begin{bmatrix} a_x & a_y & a_z \\ 0 & 50 & 0 \\ 0.8 & -0.7 & 1 \end{bmatrix} \times 0.08$$
$$= (50a_x - 40a_z) \times 0.08$$
$$= 4a_x - 3.2a_z \text{[N]}$$

07. 이론check 하전 입자가 받는 힘

$F = Il B\sin\theta$에서 Il은 qv와 같으므로
∴ $F = qvB\sin\theta$ [N]
Vector로 표시하면
$F = q(v \times B)$ [N]

07 전하 q[C]이 공기 중의 자계 H[AT/m]에 수직 방향으로 v[m/s] 속도로 돌입하였을 때 받는 힘은 몇 [N]인가?

① $\dfrac{qH}{\mu_0 v}$

② $\dfrac{1}{\mu_0} qvH$

③ qvH

④ $\mu_0 qvH$

해설 $F = qB\sin 90° = qvB = qv\mu_0 H$ [N]

08 면적이 S[m²]이고 극간의 거리가 d[m]인 평행판 콘덴서에 비유전율 ε_s의 유전체를 채울 때 정전 용량은 몇 [F]인가? (단, 진공의 유전율은 ε_0이다.)

① $\dfrac{2\varepsilon_0 \varepsilon_s S}{d}$

② $\dfrac{\varepsilon_0 \varepsilon_s S}{\pi d}$

③ $\dfrac{\varepsilon_0 \varepsilon_s S}{d}$

④ $\dfrac{2\pi \varepsilon_0 \varepsilon_s S}{d}$

해설 정전 용량 C는
$$C = \dfrac{Q}{V} = \dfrac{Q}{Ed}$$
$$= \dfrac{\sigma S}{\dfrac{\sigma d}{\varepsilon_0 \varepsilon_s}} = \sigma S \times \dfrac{\varepsilon_0 \varepsilon_s}{\sigma d} = \dfrac{\varepsilon_0 \varepsilon_s S}{d} \text{ [F]}$$

09. 이론check 변위 전류

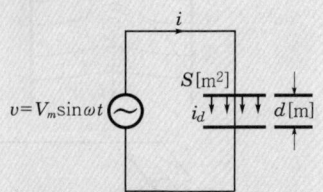

콘덴서를 연결하고, 교류 전압 $v = V_m \sin\omega t$를 인가하면 도선에는 전도 전류 i[A]가 흐르지만 콘덴서 사이에는 이 전류가 흐르지 못한다. 그러나 평행판 사이에 전하가 축적되어 증가하므로 평행판에서 발산하는 전속은 증가하게 된다. 즉, 시간에 대한 전속 밀도의 변화율로 그 크기가 결정되는 가상적인 변위 전류가 흐른다.

09 변위 전류와 가장 관계가 깊은 것은?

① 반도체   ② 유전체
③ 자성체   ④ 도체

해설 변위 전류 밀도 $i_d = \dfrac{\partial D}{\partial t} = \varepsilon \dfrac{\partial E}{\partial t} = \dfrac{I_D}{S}$ [A/m²]는 유전체 내 전속 밀도의 시간적 변화를 말한다.

정답 07.④ 08.③ 09.②

10
압전기 현상에서 분극이 응력과 같은 방향으로 발생하는 현상을 무슨 효과라 하는가?

① 종효과
② 횡효과
③ 역효과
④ 간접 효과

해설 압전 효과에서 분극 현상이 응력과 같은 방향으로 발생하면 종효과, 수직 방향으로 발생하면 횡효과라 한다.

11
자화의 세기로 정의할 수 있는 것은?

① 단위 면적당 자위 밀도
② 단위 체적당 자기 모멘트
③ 자력선 밀도
④ 자화선 밀도

해설 자성체에서 단위 체적당의 자기 모멘트를 자화의 세기 또는 자화도라 한다.
$J = \mu_0(\mu_s - 1)H\,[\text{Wb/m}^2]$

12
전선의 체적을 동일하게 유지하면서 길이를 2배로 늘렸을 때 저항은 어떻게 되는가?

① $\frac{1}{2}$로 줄어든다.
② 동일하다.
③ 2배로 증가한다.
④ 4배로 증가한다.

해설 전기 저항 $R = \rho \frac{l}{S}$

전선의 체적은 불변이므로 길이를 2배로 늘리면 단면적은 $\frac{1}{2}$배가 되므로

$R' = \rho \frac{2l}{\frac{S}{2}} = 4 \cdot \rho \frac{l}{S} = 4 \cdot R\,[\Omega]$

∴ 4배 증가한다.

13
평면 도체로부터 수직 거리 $a[\text{m}]$인 곳에 점전하 $Q[\text{C}]$가 있다. Q와 평면 도체 사이에 작용하는 힘은 몇 $[\text{N}]$인가? (단, 평면 도체 오른편을 유전율 ε의 공간이라 한다.)

① $-\dfrac{Q^2}{16\pi\varepsilon a^2}$
② $-\dfrac{Q^2}{8\pi\varepsilon a^2}$
③ $-\dfrac{Q^2}{4\pi\varepsilon a^2}$
④ $-\dfrac{Q^2}{2\pi\varepsilon a^2}$

정답 10.① 11.② 12.④ 13.①

---

11. 자화의 세기

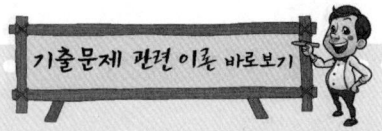

자성체를 자계 내에 놓았을 때 물질이 자화되는 경우 이것을 양적으로 표시하면 단위 체적당 자기 모멘트를 그 점의 자화의 세기라 한다. 이를 식으로 나타내면

$J = B - \mu_0 H = \mu_0 \mu_s H - \mu_0 H$
$= \mu_0(\mu_s - 1)H = \chi_m H\,[\text{Wb/m}^2]$

12. 전기 저항

$R = \dfrac{V_{ab}}{I} = \dfrac{\int E\,dl}{\int J\,dS} = \dfrac{El}{JS} = \dfrac{El}{kES}$
$= \dfrac{l}{kS} = \rho \dfrac{l}{S}\,[\Omega]$

여기서, ρ : 고유 저항$[\Omega \cdot \text{m}]$
k : 도전율$[\mho/\text{m}]$

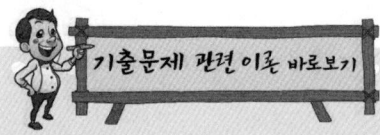 기출문제 관련 이론 바로보기

해설 점전하 $Q[C]$과 무한 평면 도체 간의 작용력[N]은 점전하 $Q[C]$과 영상 전하 $-Q[C]$과의 작용력[N]이므로
$$F = \frac{-Q^2}{4\pi\varepsilon(2a)^2} = -\frac{Q^2}{16\pi\varepsilon a^2}[N] \text{ (흡인력)}$$
매질이 공기 ε_0가 아닌 ε임에 주의한다.

14 무한 평면 도체에서 $d[m]$의 거리에 있는 반경 $a[m]$의 구도체와 평면 도체 사이의 정전 용량은 몇 [F]인가? (단, $a \ll d$이다.)

① $\dfrac{\pi\varepsilon}{\dfrac{1}{a} - \dfrac{1}{2d}}$

② $\dfrac{1}{4\pi\varepsilon}(a - 2d)$

③ $\dfrac{1}{4\pi\varepsilon}\left(\dfrac{1}{a} - \dfrac{1}{2d}\right)$

④ $\dfrac{4\pi\varepsilon}{\dfrac{1}{a} - \dfrac{1}{2d}}$

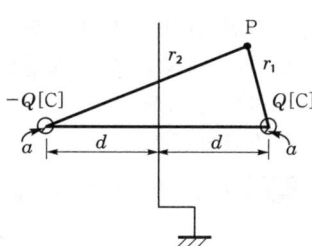

16. 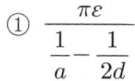 원형 전류 중심축상의 자계의 세기

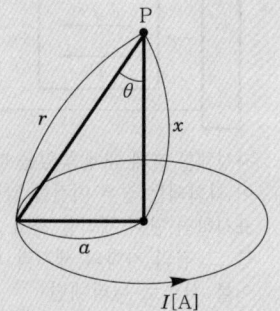

반경 $a[m]$인 원형 코일의 미소 길이 $dl[m]$에 의한 중심축상의 한 점 P의 미소 자계의 세기는 비오-사바르의 법칙에 의해

$dH = \dfrac{I dl}{4\pi r^2}\sin\theta \text{ [AT/m]}$

$= \dfrac{I \cdot a\, dl}{4\pi r^3}$

여기서, $\sin\theta = \dfrac{a}{r}$ 이므로

$H = \int \dfrac{I \cdot a\, dl}{4\pi r^3} = \dfrac{aI}{4\pi r^3}\int dl$

$= \dfrac{a \cdot I}{4\pi r^3} 2\pi a = \dfrac{a^2 I}{2r^3}$ [AT/m]

여기서, $r = \sqrt{a^2 + x^2}$ 이므로

$H = \dfrac{a^2 I}{2(a^2 + x^2)^{\frac{3}{2}}}$ [AT/m]

여기서, 원형 중심의 자계의 세기 H_0는 떨어진 거리 $x = 0$인 지점이므로 $H_0 = \dfrac{I}{2a}$

또한, 권수가 N회 감겨 있을 때에는 $H_0 = \dfrac{NI}{2a}$

15 그림과 같이 권수 50회이고 전류 1[mA]가 흐르고 있는 직사각형 코일을 0.1[Wb/m²]의 평등 자계 내에 자계와 30°로 기울여 놓았을 때 이 코일의 회전력[N·m]은? (단, $a = 10$[cm], $b = 15$[cm]이다.)

① 3.74×10^{-5}
② 6.49×10^{-5}
③ 7.48×10^{-5}
④ 11.22×10^{-5}

해설 $T = NIBS\cos\theta = NIBab\cos\theta$
$= 50 \times 1 \times 10^{-3} \times 0.1 \times 10 \times 10^{-2} \times 15 \times 10^{-2} \times \cos 30°$
$= 6.49 \times 10^{-5}$ [N·m]

16 반지름 $a[m]$이고, $N = 1$회의 원형 코일에 $I[A]$의 전류가 흐를 때, 그 코일의 중심점에서의 자계의 세기[AT/m]는?

① $\dfrac{I}{2\pi a}$ ② $\dfrac{I}{4\pi a}$

③ $\dfrac{I}{2a}$ ④ $\dfrac{I}{4a}$

해설 원형 코일 중심의 자계의 세기 $H = \dfrac{I}{2a}$ [AT/m]

정답 14.④ 15.② 16.③

17 공극을 가진 환상 솔레노이드에서 총 권수 N회, 철심의 투자율 μ [H/m], 단면적 $S[m^2]$, 길이 $l[m]$이고 공극의 길이가 $\delta[m]$일 때 공극부에 자속 밀도 $B[Wb/m^2]$을 얻기 위해서는 몇 [A]의 전류를 흘려야 하는가?

① $\dfrac{N}{B}\left(\dfrac{l}{\mu}+\dfrac{\delta}{\mu_0}\right)$ ② $\dfrac{N}{B}\left(\dfrac{l}{\mu_0}+\dfrac{\delta}{\mu}\right)$

③ $\dfrac{B}{N}\left(\dfrac{l}{\mu}+\dfrac{\delta}{\mu_0}\right)$ ④ $\dfrac{B}{N}\left(\dfrac{l}{\mu_0}+\dfrac{\delta}{\mu}\right)$

해설 공극의 자기 저항을 R_g, 철심부의 자기 저항을 R_c라 하면 합성 자기 저항은

$R = R_g + R_c = \dfrac{\delta}{\mu_0 S} + \dfrac{l}{\mu S}$ [AT/Wb]

자속 $\phi = BS$[Wb], 기자력 $F = NI$[AT]이므로

$\phi = \dfrac{F}{R} = \dfrac{NI}{\dfrac{\delta}{\mu_0 S}+\dfrac{l}{\mu S}} = BS$[Wb]

$\therefore I = \dfrac{BS}{N}\left(\dfrac{\delta}{\mu_0 S}+\dfrac{l}{\mu S}\right) = \dfrac{B}{N}\left(\dfrac{l}{\mu}+\dfrac{\delta}{\mu_0}\right)$[A]

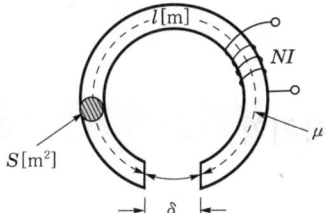

18 자계의 벡터 퍼텐셜을 A[Wb/m]라 할 때 도체 주위에서 자계 B[Wb/m²]가 시간적으로 변화하면 도체에 생기는 전계의 세기 E[V/m]은?

① $E = -\dfrac{\partial A}{\partial t}$ ② $\text{rot}E = -\dfrac{\partial A}{\partial t}$

③ $E = \text{rot}A$ ④ $\text{rot}E = \dfrac{\partial B}{\partial t}$

해설 $B = \nabla \times A$, $\nabla \times E = -\dfrac{\partial B}{\partial t}$

$\nabla \times E = -\dfrac{\partial B}{\partial t} = -\dfrac{\partial}{\partial t}(\nabla \times A)$

$= \nabla \times \left(-\dfrac{\partial A}{\partial t}\right)$

$\therefore E = -\dfrac{\partial A}{\partial t}$ [V/m]

기출문제 관련 이론 바로보기

17. 이론 check **공극을 가진 자기 회로**

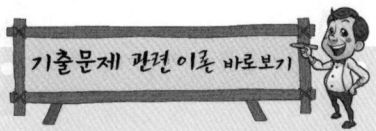

자기 회로에서 철심이 있는 자기 회로의 자기 저항을 R_m, 미소 공극시 자기 저항을 R_g라 하면, 총 자기 저항 R_0는

$R_0 = R_m + R_g$

여기서, $R_m = \dfrac{l}{\mu S}$, $R_g = \dfrac{l_g}{\mu_0 S}$을 대입하면

$R_0 = \dfrac{l}{\mu S} + \dfrac{l_g}{\mu_0 S} = \dfrac{1}{\mu S}(l + \mu_s l_g)$

$= \dfrac{l}{\mu S}\left(1 + \dfrac{\mu_s l_g}{l}\right)$ [AT/Wb]

Tip 자기 옴의 법칙

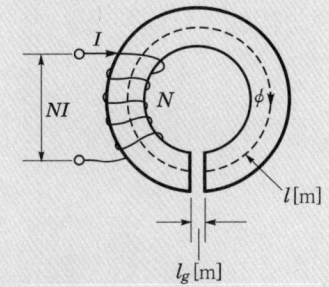

$\phi = \dfrac{F}{R_m} = \dfrac{NI}{\dfrac{l}{\mu S}+\dfrac{l_g}{\mu_0 S}}$ [Wb]

정답 17.③ 18.①

PART 01 전기자기학

19 자화율(magnetic susceptibility) χ는 상자성체에서 일반적으로 어떤 값을 갖는가?

① $\chi = 0$ ② $\chi = 1$
③ $\chi < 0$ ④ $\chi > 0$

해설 상자성체 : 자화율 $\chi > 0$, 비투자율 $\mu_s > 1$

20 비투자율 $\mu_s = 800$, 원형 단면적 $S = 10[\text{cm}^2]$, 평균 자로 길이 $l = 8\pi \times 10^{-2}[\text{m}]$의 환상 철심에 600회의 코일을 감고 이것에 1[A]의 전류를 흘리면 내부의 자속은 몇 [Wb]인가?

① 1.2×10^{-3} ② 1.2×10^{-5}
③ 2.4×10^{-3} ④ 2.4×10^{-5}

해설 자속 $\phi = BS = \mu HS = \mu_0 \mu_s \dfrac{NI}{l} S$

$= \dfrac{4\pi \times 10^{-7} \times 800 \times 10 \times 10^{-4} \times 600 \times 1}{8\pi \times 10^{-2}}$

$= 2.4 \times 10^{-3}[\text{Wb}]$

제 3 회 전기자기학

01. 이론체크 ▶ 변위 전류 밀도(J_d)

$J_d = \dfrac{i_d}{S} = \dfrac{1}{S}\dfrac{\partial Q}{\partial t} = \dfrac{\partial}{\partial t}\left(\dfrac{Q}{S}\right)$

$= \dfrac{\partial D}{\partial t}[\text{A/m}^2]$

여기서, 전속 밀도 $D = \varepsilon E = \varepsilon \dfrac{V}{d} = \varepsilon \dfrac{V_m}{d}\sin\omega t$ 이므로

$J_d = \dfrac{\partial}{\partial t}\left(\varepsilon \dfrac{V_m}{d}\sin\omega t\right) = \omega \dfrac{\varepsilon}{d} V_m \cos\omega t$

따라서, 변위 전류 i_d는

$i_d = J_d \times S = \omega \dfrac{\varepsilon S}{d} V_m \cos\omega t$

$= \omega C V_m \cos\omega t$

$= \omega C V_m \sin\left(\omega t + \dfrac{\pi}{2}\right)[\text{A}]$

01 그림과 같은 콘덴서 $C[\text{F}]$에 교번 전압 $V_s \sin\omega t[\text{V}]$를 가했을 때 콘덴서 내의 변위 전류[A]는?

① $\dfrac{V_s}{\omega C}\cos\omega t$

② $\omega C V_s \tan\omega t$

③ $\omega C V_s \sin\omega t$

④ $\omega C V_s \cos\omega t$

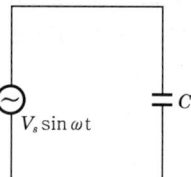

해설 $C = \dfrac{\varepsilon S}{d}$, $E = \dfrac{V}{d}$, $D = \varepsilon E$ 이므로

변위 전류 $i_d = Jd \cdot S = \dfrac{\partial D}{\partial t} \cdot S = \varepsilon S \dfrac{\partial E}{\partial t}$

$= \varepsilon S \dfrac{\partial}{\partial t}\left(\dfrac{V}{d}\right) = \dfrac{\varepsilon S}{d} \cdot \dfrac{\partial}{\partial t} V_s \sin\omega t$

$= \omega C V_s \cos\omega t$

정답 19.④ 20.③ / 01.④

2013년 과년도 출제문제

02 그림에서 $I[A]$의 전류가 반지름 $a[m]$의 무한히 긴 원주 도체를 축에 대하여 대칭으로 흐를 때 원주 외부의 자계 H를 구한 값은?

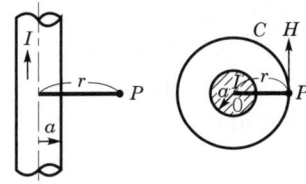

① $H = \dfrac{I}{4\pi r}$ [AT/m]   ② $H = \dfrac{I}{4\pi r^2}$ [AT/m]

③ $H = \dfrac{I}{2\pi r}$ [AT/m]   ④ $H = \dfrac{I}{2\pi r^2}$ [AT/m]

해설
- 외부 자계의 세기($r > a$인 경우) : $H = \dfrac{I}{2\pi r}$ [AT/m]
- 내부 자계의 세기($r < a$인 경우) : $H = \dfrac{rI}{2\pi a^2}$ [AT/m]

03 환상 철심에 권수 100회인 A 코일과 권수 400회인 B 코일이 있을 때 A의 자기 인덕턴스가 4[H]라면 두 코일의 상호 인덕턴스는 몇 [H]인가?

① 16   ② 12
③ 8   ④ 4

해설 상호 인덕턴스 $M = \dfrac{N_1 N_2}{R_m} = L_1 \dfrac{N_2}{N_1} = \dfrac{4 \times 400}{100} = 16[H]$

04 한 변의 길이가 500[mm]인 정사각형 평행 평판 2장이 10[mm] 간격으로 놓여 있고, 그림과 같이 유전율이 다른 2개의 유전체로 채워진 경우 합성 용량은 약 몇 [pF]인가?

① 402
② 922
③ 2,028
④ 4,228

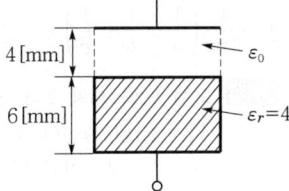

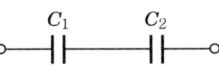

해설
$C_1 = \dfrac{\varepsilon_1 S}{d_1} = \dfrac{\varepsilon_0 S}{d_1}$ [F]

$C_2 = \dfrac{\varepsilon_2 S}{d_2} = \dfrac{\varepsilon_0 \varepsilon_r S}{d_2}$ [F]

$\therefore C = \dfrac{1}{\dfrac{1}{C_1} + \dfrac{1}{C_2}} = \dfrac{1}{\dfrac{d_1}{\varepsilon_0 S} + \dfrac{d_2}{\varepsilon_0 \varepsilon_r S}}$

기출문제 관련 이론 바로보기

02. 이론 check **무한장 원통 전류에 의한 자계의 세기**

외부의 자계의 세기($r > a$인 경우)는 반지름이 $a[m]$인 원통 도체에 전류 I가 흐를 때 이 원통으로부터 $r[m]$ 떨어진 점의 자계의 세기

$H_o = \dfrac{I}{2\pi r}$

즉, r에 반비례한다.

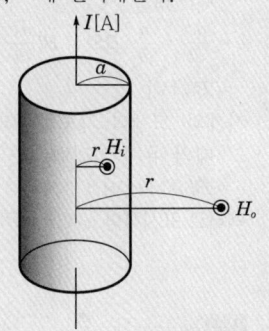

04. 이론 check **서로 다른 유전체를 극판과 평행하게 채우는 경우**

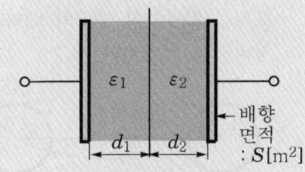

⇩ 등가 회로

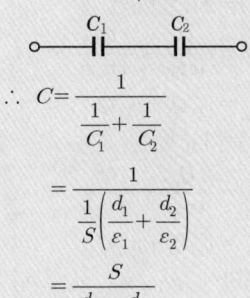

$\therefore C = \dfrac{1}{\dfrac{1}{C_1} + \dfrac{1}{C_2}}$

$= \dfrac{1}{\dfrac{1}{S}\left(\dfrac{d_1}{\varepsilon_1} + \dfrac{d_2}{\varepsilon_2}\right)}$

$= \dfrac{S}{\dfrac{d_1}{\varepsilon_1} + \dfrac{d_2}{\varepsilon_2}}$

정답 02.③ 03.① 04.①

PART 01 전기자기학

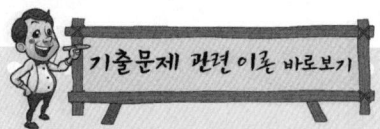

05. 자계 내를 운동하는 도체에 발생하는 기전력

자속 밀도 B[Wb/m^2]인 자계 내에 l[m]인 도체가 v[m/s]의 속도로 x[m] 이동하였을 때 도체에 의해 자속이 끊어지므로 도체에 기전력이 유기된다.
이 유기 기전력 e는 패러데이 법칙에 의해
$$e = \frac{d\phi}{dt} = \frac{d}{dt}(BS) = Bl\frac{dx}{dt}$$
$$= Blv \text{[V]}$$
자계와 도체의 각도를 θ라 하면 그 때의 유기 기전력은
$$e = Blv\sin\theta \text{[V]}$$
벡터로 표시하면 $e = (v \times B) \cdot l$ [V]

06. 전위 계수

진공 중에는 1개 또는 2개의 도체가 존재하는 것이 아니라, n개의 도체가 존재하므로 어느 하나의 도체에 전하를 주면 다른 도체의 전하 분포에 영향을 준다. 이런 n개의 도체를 일괄하여 하나의 도체계로 처리하는 방법이다.

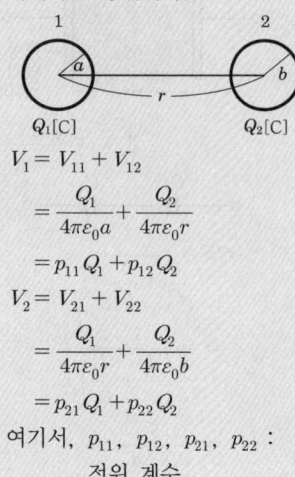

$$V_1 = V_{11} + V_{12}$$
$$= \frac{Q_1}{4\pi\varepsilon_0 a} + \frac{Q_2}{4\pi\varepsilon_0 r}$$
$$= p_{11}Q_1 + p_{12}Q_2$$
$$V_2 = V_{21} + V_{22}$$
$$= \frac{Q_1}{4\pi\varepsilon_0 r} + \frac{Q_2}{4\pi\varepsilon_0 b}$$
$$= p_{21}Q_1 + p_{22}Q_2$$
여기서, $p_{11}, p_{12}, p_{21}, p_{22}$: 전위 계수

$$= \frac{1}{\frac{d_1}{\varepsilon_0 S} + \frac{d_2}{\varepsilon_0 \varepsilon_r S}} = \frac{\varepsilon_0 \varepsilon_r S}{\varepsilon_r d_1 + d_2}$$
$$= \frac{8.855 \times 10^{-12} \times 4 \times (0.5)^2}{4 \times 4 \times 10^{-3} + 6 \times 10^{-3}}$$
$$= 402.5 \times 10^{-12} \text{[F]}$$
$$= 402.5 \text{[pF]}$$

05 철도 궤도 간 거리가 1.5[m]이며 궤도는 서로 절연되어 있다. 열차가 매시 60[km]의 속도로 달리면서 차축이 지구 자계의 수직 분력 $B = 0.15 \times 10^{-4}$[Wb/m^2]를 절단할 때 두 궤도 사이에 발생하는 기전력은 몇 [V]인가?

① 1.75×10^{-4}
② 2.75×10^{-4}
③ 3.75×10^{-4}
④ 4.75×10^{-4}

해설
$v = \frac{60 \times 10^3}{3{,}600} = 16.7$[m/s], $\theta = 90°$이므로
$e = vBl\sin\theta = 16.7 \times 0.15 \times 10^{-4} \times 1.5 \times \sin 90°$
$= 3.75 \times 10^{-4}$[V]

06 그림과 같이 점 0을 중심으로 반지름 a[m]의 도체구 1과 내반지름 b[m], 외반지름 c[m]의 도체구 2가 있다. 이 도체계에서 전위 계수 P_{11} [1/F]에 해당되는 것은?

① $\frac{1}{4\pi\varepsilon}\frac{1}{a}$
② $\frac{1}{4\pi\varepsilon}\left(\frac{1}{a} - \frac{1}{b}\right)$
③ $\frac{1}{4\pi\varepsilon}\left(\frac{1}{b} - \frac{1}{c}\right)$
④ $\frac{1}{4\pi\varepsilon}\left(\frac{1}{a} - \frac{1}{b} + \frac{1}{c}\right)$

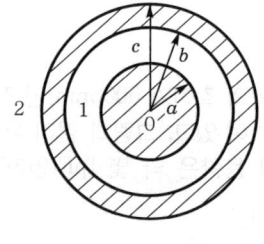

해설 도체 1 및 도체 2의 전위를 V_1, V_2, 전하를 Q_1, Q_2라 하면
$V_1 = p_{11}Q_1 + p_{12}Q_2$[V], $V_2 = p_{21}Q_1 + p_{22}Q_2$[V]
$Q_1 = 1$, $Q_2 = 0$일 때 $V_1 = p_{11}$, $V_2 = p_{21}$
$Q_1 = 0$, $Q_2 = 1$일 때 $V_1 = p_{12}$, $V_2 = p_{22}$
따라서 내구의 전위 V_1은
$$V_1 = \frac{Q_1}{4\pi\varepsilon}\left(\frac{1}{a} - \frac{1}{b} + \frac{1}{c}\right)\text{[V]}$$
$$\therefore p_{11} = \frac{V_1}{Q_1} = \frac{1}{4\pi\varepsilon}\left(\frac{1}{a} - \frac{1}{b} + \frac{1}{c}\right)\text{[1/F]}$$

정답 05.③ 06.④

07 500[AT/m]의 자계 중에 어떤 자극을 놓았을 때 5×10^3[N]의 힘이 작용했을 때 자극의 세기는 몇 [Wb]인가?

① 10　　② 20
③ 30　　④ 40

해설 힘과 자계의 세기와의 관계

$$F = mH [\text{N}]$$

$$\therefore m = \frac{F}{H} = \frac{5 \times 10^3}{500} = 10 [\text{W/b}]$$

08 패러데이 법칙에서 유도 기전력 e[V]를 옳게 표현한 것은?

① $e = -\frac{1}{N}\frac{d\phi}{dt}$　　② $e = -\frac{1}{N^2}\frac{d\phi}{dt}$

③ $e = -N\frac{d\phi}{dt}$　　④ $e = -N^2\frac{d\phi}{dt}$

해설 패러데이 법칙

유도 기전력은 쇄교 자속의 변화를 방해하는 방향으로 생기며, 그 크기는 쇄교 자속의 시간적인 변화율과 같다.

$$e = -N\frac{d\phi}{dt} [\text{V}]$$

09 무한 평면 도체에서 r[m] 떨어진 곳에 ρ[C/m]의 전하 분포를 갖는 직선 도체를 놓았을 때 직선 도체가 받는 힘의 크기[N/m]는? (단, 공간의 유전율은 ε_0이다.)

① $\frac{\rho^2}{\varepsilon_0 r}$　　② $\frac{\rho^2}{\pi\varepsilon_0 r}$

③ $\frac{\rho^2}{2\pi\varepsilon_0 r}$　　④ $\frac{\rho^2}{4\pi\varepsilon_0 r}$

해설 무한 평면 도체와 선전하

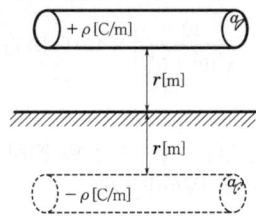

평면 도체와 r[m] 떨어진 평행한 무한장 직선 도체에 $+\rho$[C/m]의 선전하가 주어졌을 때 직선 도체의 단위 길이당 작용하는 힘은 영상법에 의하여 $-\rho$[C/m]인 영상 선전하가 있는 것으로 가정하여 선전하 사이에 작용력을 구하면

$$F = -\rho E = -\rho \frac{\rho}{2\pi\varepsilon_0 (2r)} = \frac{\rho^2}{4\pi\varepsilon_0 r} [\text{N/m}]$$

기출문제 관련 이론 바로보기

(1) 전위 계수의 성질
  ① $p_{11} > 0$ 일반적으로 $p_{rr} > 0$
  ② $p_{12} \leq p_{21}$ 일반적으로 $p_{rr} \geq p_{sr}$
  ③ $p_{21} \geq 0$ 일반적으로 $p_{sr} \geq 0$
  ④ $p_{12} = p_{21}$ 일반적으로 $p_{rs} = p_{sr}$

(2) 단위 [V/C]=[1/F]

Tip 중첩 정리

도체계에 $Q_1, Q_2, \cdots$ 전하를 줄 때의 전위를 각각 $V_1, V_2, \cdots$, Q_1', Q_2'의 전하를 줄 때의 전위를 $V_1', V_2', \cdots$라 하면 $Q_1 + Q_1'$, $Q_2 + Q_2'$의 전하를 줄 때의 전위는 $V_1 + V_1'$, $V_2 + V_2'$가 된다.

08. 이론 check 패러데이 법칙

폐회로와 쇄교하는 자속을 ϕ[Wb]로 하고 이것과 오른 나사의 관계에 있는 방향의 기전력을 정(+)이라 약속하면 유도 기전력 e는 다음과 같다.

$$e = -\frac{d\phi}{dt} [\text{V}]$$

여기서, 우변의 (-)부호는 유도 기전력 e의 방향을 표시하는 것이고 자속이 감소할 때에 정(+)의 방향으로 유도 전기력이 생긴다는 것을 의미한다.

정답 07.① 08.③ 09.④

PART 01 전기자기학

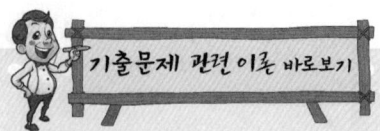

10. 이론 check 원형 전류 중심축상의 자계의 세기

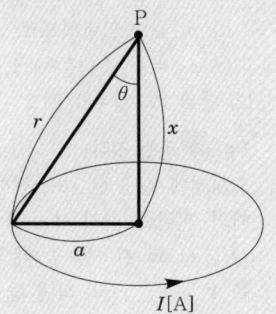

반경 a[m]인 원형 코일의 미소 길이 dl[m]에 의한 중심축상의 한 점 P의 미소 자계의 세기는 비오-사바르의 법칙에 의해

$dH = \dfrac{Idl}{4\pi r^2}\sin\theta$ [AT/m]

$= \dfrac{I \cdot a\, dl}{4\pi r^3}$

여기서, $\sin\theta = \dfrac{a}{r}$ 이므로

$H = \int \dfrac{I \cdot a\, dl}{4\pi r^3} = \dfrac{aI}{4\pi r^3}\int dl$

$= \dfrac{a \cdot I}{4\pi r^3}2\pi a = \dfrac{a^2 I}{2r^3}$ [AT/m]

여기서, $r = \sqrt{a^2 + x^2}$ 이므로

$H = \dfrac{a^2 I}{2(a^2+x^2)^{\frac{3}{2}}}$ [AT/m]

여기서, 원형 중심의 자계의 세기 H_0는 떨어진 거리 $x=0$인 지점이므로 $H_0 = \dfrac{I}{2a}$

또한, 권수가 N회 감겨 있을 때에는 $H_0 = \dfrac{NI}{2a}$

10 반지름 a[m]인 반원형 전류 I[A]에 의한 중심에서의 자계의 세기는 몇 [AT/m]인가?

① $\dfrac{I}{4a}$ ② $\dfrac{I}{a}$

③ $\dfrac{I}{2a}$ ④ $\dfrac{2I}{a}$

해설 원형 전류 중심에서 자계의 세기 $H = \dfrac{I}{2a}$ [AT/m]

∴ 반원형 전류 중심에서 자계의 세기
$H = \dfrac{I}{2a} \times \dfrac{1}{2} = \dfrac{I}{4a}$ [AT/m]

11 전계 E[V/m], 자계 H[AT/m]의 전자계기 평면파를 이루고 자유 공간으로 전파될 때 진행 방향에 수직되는 단위 면적을 단위시간에 통과하는 에너지는 몇 [W/m²]인가?

① EH^2 ② EH

③ $\dfrac{1}{2}EH^2$ ④ $\dfrac{1}{2}EH$

해설 $P = w \times v = \sqrt{\varepsilon\mu}\, EH \times \dfrac{1}{\sqrt{\varepsilon\mu}} = EH$ [W/m²]

12 판자석의 세기가 0.01[Wb/m], 반지름이 5[cm]인 원형 자석판이 있다. 자석의 중심에서 축상 10[cm]인 점에서의 자위의 세기는 몇 [AT]인가?

① 100 ② 175
③ 370 ④ 420

해설 판자석의 자위의 세기

$u = \dfrac{m}{4\pi\mu_0} \cdot \omega = \dfrac{m}{4\pi\mu_0}2\pi(1-\cos\theta)$

$= \dfrac{0.01}{4\pi \times 4\pi \times 10^{-7}} \times 2\pi\left(1 - \dfrac{10}{\sqrt{10^2+5^2}}\right) \fallingdotseq 420.06$ [AT]

13 선전하 밀도가 λ[C/m]로 균일한 무한 직선 도선의 전하로부터 거리가 r[m]인 점의 전계의 세기(E)는 몇 [V/m]인가?

① $E = \dfrac{1}{4\pi\varepsilon_0}\dfrac{\lambda}{r^2}$ ② $E = \dfrac{1}{2\pi\varepsilon_0}\dfrac{\lambda}{r^2}$

③ $E = \dfrac{1}{2\pi\varepsilon_0}\dfrac{\lambda}{r}$ ④ $E = \dfrac{1}{4\pi\varepsilon_0}\dfrac{\lambda}{r}$

정답 10.① 11.② 12.④ 13.③

해설 가우스의 법칙에 의해서

$$\int_s E \cdot ds = \frac{\lambda l}{\varepsilon_0}$$

$$E 2\pi r l = \frac{\lambda l}{\varepsilon_0}$$

$$\therefore E = \frac{\lambda}{2\pi\varepsilon_0 r} \text{ [V/m]}$$

14 2개의 폐회로 C_1, C_2에서 상호 유도 계수를 구하는 노이만(Neumann)의 식으로 옳은 것은? (단, μ : 투자율, ε : 유전율, r_{12} : 두 미소 부분 간의 거리, dl_1, dl_2 : 각 회로상에 취한 미소 부분이다.)

① $\dfrac{\mu}{\pi} \oint_{C_1} \oint_{C_2} \dfrac{dl_1 \times dl_2}{r_{12}}$
② $\dfrac{\mu}{2\pi} \oint_{C_1} \oint_{C_2} \dfrac{dl_1 \times dl_2}{r_{12}}$
③ $\dfrac{\varepsilon\mu}{\pi} \oint_{C_1} \oint_{C_2} \dfrac{dl_1 \times dl_2}{r_{12}}$
④ $\dfrac{\mu}{4\pi} \oint_{C_1} \oint_{C_2} \dfrac{dl_1 \times dl_2}{r_{12}}$

해설 C_1에 전류 I_1이 흐를 때 dl_2 부분에 생기는 벡터 퍼텐셜 A_1은

$$A_1 = \frac{\mu}{4\pi} \oint_{C_1} \frac{I_1}{r_{12}} dl_1$$

C_2와 쇄교하는 자속 ϕ_{21}은

$$\phi_{21} = \int_{C_2}(\text{rot}A_1)\cdot ndS_2 = \oint_{C_2} A_1 \cdot dl_2 = \frac{\mu I_1}{4\pi}\oint_{C_2}\oint_{C_1}\frac{I_1}{r_{12}}dl_1 \cdot dl_2$$

$$\therefore M_{21} = \frac{\phi_{21}}{I_1} = \frac{\mu}{4\pi} \oint_{C_1} \oint_{C_2} \frac{dl_1 \cdot dl_2}{r_{12}}$$

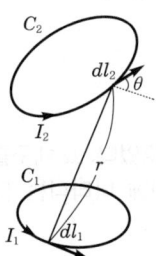

15 같은 길이의 도선으로 M회와 N회 감은 원형 동심 코일에 각각 같은 전류를 흘릴 때 M회 감은 코일의 중심 자계는 N회 감은 코일의 몇 배인가?

① $\dfrac{M}{N}$
② $\dfrac{M^2}{N}$
③ $\dfrac{M}{N^2}$
④ $\dfrac{M^2}{N^2}$

정답 14.④ 15.④

15. Tip 무한장 원통 전류에 의한 자계의 세기

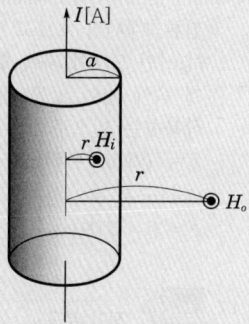

(1) 외부 자계의 세기($r > a$)
반지름이 a[m]인 원통 도체에 전류 I가 흐를 때 이 원통으로부터 r[m] 떨어진 점의 자계의 세기

$$H_o = \frac{I}{2\pi r}$$

즉, r에 반비례한다.

(2) 내부 자계의 세기($r < a$)
원통 내부에 전류 I가 균일하게 흐른다면 원통 내부의 자계의 세기

$$H_i = \frac{I'}{2\pi r}$$

이때, 내부 전류 I'는 원통의 체적에 비례하여 흐르므로
$I : I' = \pi a^2 l : \pi r^2 l$

$\Rightarrow I' = \dfrac{r^2}{a^2} I$ [A]

$$H_i = \frac{\frac{r^2}{a^2}I}{2\pi r} = \frac{rI}{2\pi a^2} \text{ [AT/m]}$$

PART 01 전기자기학

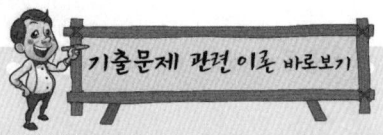

16. 이론check 자계 속의 전류에 작용하는 힘

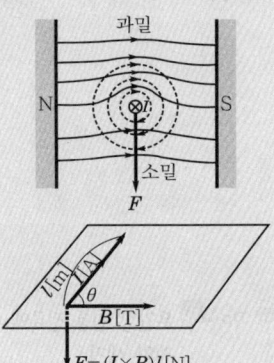

$F = (I \times B)l$ [N]

전류 I[A]가 흐르고 있는 길이가 l[m]인 도체가 자속 밀도 B의 자계 속에 놓여 있을 때 이 도체에 작용하는 힘으로
$F = IlB\sin\theta = Il\mu_0 H\sin\theta$ [N]
Vector로 표시하면
$F = Il \times B$ [N]

17. 이론check 전기 분극

(1) 분극 현상
유전체에 외부 전계를 가하면 전기 쌍극자가 형성되는 현상
① 유전체인 경우

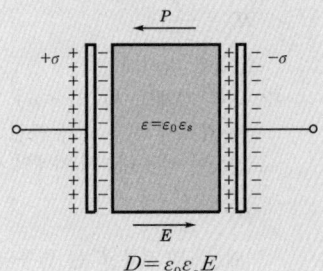

$D = \varepsilon_0 \varepsilon_s E$

② 진공인 경우

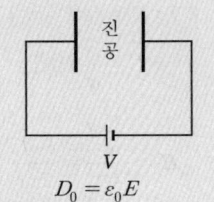

$D_0 = \varepsilon_0 E$

해설 원형 코일의 반지름 r, 권수 N_0, 전류 I라 하면
중심 자계의 세기 H는
$H = \dfrac{N_0 I}{2r}$ [AT/m]
코일의 권수 M일 때 원형 코일의 반지름 r_1은 $2\pi r_1 M = l$ 에서
$r_1 = \dfrac{l}{2\pi M}$ [M]
중심 자장의 세기 H_1은
$H_1 = \dfrac{MI}{\dfrac{2l}{2\pi M}} = \dfrac{\pi M^2 I}{l}$ [AT/m]이고, 같은 방법으로
코일의 권수 N일 때의 중심 자장의 세기 H_2는
$H_2 = \dfrac{\pi N^2 I}{l}$ [AT/m]
$\dfrac{H_1}{H_2} = \dfrac{\dfrac{\pi M^2 I}{l}}{\dfrac{\pi N^2 I}{l}} = \dfrac{M^2}{N^2}$ 배

16 전류가 흐르는 도선을 자계 안에 놓으면, 이 도선에 힘이 작용한다. 평등 자계의 진공 중에 놓여 있는 직선 전류 도선이 받는 힘에 대하여 옳은 것은?

① 전류의 세기에 반비례한다.
② 도선의 길이에 비례한다.
③ 자계의 세기에 반비례한다.
④ 전류와 자계의 방향이 이루는 각 $\tan\theta$에 비례한다.

해설 $F = IlB\sin\theta$ [N]
∴ 힘은 도선의 길이에 비례한다.

17 반지름 a[m]인 도체구에 전하 Q[C]를 주었다. 도체구를 둘러싸고 있는 유전체의 유전율이 ε_s인 경우 경계면에 나타나는 분극 전하는 몇 [C/m²]인가?

① $\dfrac{Q}{4\pi a^2}(1 - \varepsilon_s)$ ② $\dfrac{Q}{4\pi a^2}(\varepsilon_s - 1)$
③ $\dfrac{Q}{4\pi a^2}\left(1 - \dfrac{1}{\varepsilon_s}\right)$ ④ $\dfrac{Q}{4\pi a^2}\left(\dfrac{1}{\varepsilon_s} - 1\right)$

해설 $D = \varepsilon_0 E + P$ [C/m²], $D = \varepsilon_0 \varepsilon_s E = \varepsilon E$ [C/m²]
$P = D\left(1 - \dfrac{1}{\varepsilon_s}\right) = \varepsilon E\left(1 - \dfrac{1}{\varepsilon_s}\right)$
$= \dfrac{Q}{4\pi a^2}\left(1 - \dfrac{1}{\varepsilon_s}\right)$ [C/m²]

정답 16.② 17.③

18 자계의 벡터 퍼텐셜을 A[Wb/m]라 할 때 도체 주위에서 자계 B [Wb/m²]가 시간적으로 변화하면 도체에 생기는 전계의 세기 E[V/m]는?

① $E = -\dfrac{\partial A}{\partial t}$ ② $\text{rot}E = -\dfrac{\partial A}{\partial t}$

③ $E = \text{rot}B$ ④ $\text{rot}E = \dfrac{\partial B}{\partial t}$

해설 $B = \nabla \times A$, $\nabla \times E = -\dfrac{\partial B}{\partial t}$

$\nabla \times E = -\dfrac{\partial B}{\partial t} = -\dfrac{\partial}{\partial t}(\nabla \times A) = \nabla \times \left(-\dfrac{\partial A}{\partial t}\right)$

$\therefore E = -\dfrac{\partial A}{\partial t}$ [V/m]

19 정전 용량(C_i)과 내압($V_{i\max}$)이 다른 콘덴서를 여러 개 직렬로 연결하고 그 직렬 회로 양단에 직류 전압을 인가할 때 가장 먼저 절연이 파괴되는 콘덴서는?

① 정전 용량이 가장 작은 콘덴서
② 최대 충전 전하량이 가장 적은 콘덴서
③ 내압이 가장 작은 콘덴서
④ 배분 전압이 가장 큰 콘덴서

해설 콘덴서의 분담 전압은 정전 용량에 반비례하므로 내압이 다른 경우에는 전하량이 가장 적은 것이 먼저 절연 파괴된다.

20 자기 회로에 대한 설명으로 틀린 것은?

① 전기 회로의 정전 용량에 해당되는 것은 없다.
② 자기 저항에는 전기 저항의 줄손실에 해당되는 손실이 있다.
③ 기자력과 자속은 변화가 비직선성을 갖고 있다.
④ 누설 자속은 전기 회로의 누설 전류에 비하여 대체로 많다.

해설 전기 회로에서는 전류가 흐르므로 I^2R의 줄열이 발생하여 줄손실이 생기지만 자기 회로에서는 자속이 흐르므로 자속에 의한 손실은 발생하지 않고 철손이 생긴다.

$\therefore D = \varepsilon_0 \varepsilon_s E > D_0 = \varepsilon_0 E$

(2) 분극의 세기(P)
$D_0 = \varepsilon_0 E + P$
$P = D - \varepsilon_0 E = \varepsilon_0 \varepsilon_s E - \varepsilon_0 E$
$= \varepsilon_0(\varepsilon_s - 1)E = \chi_e E$ [C/m²]
여기서, χ(카이) : 분극률($\chi = \varepsilon_0 (\varepsilon_s - 1)$의 값을 갖는다.)

20. 이론 check **자기 옴의 법칙**

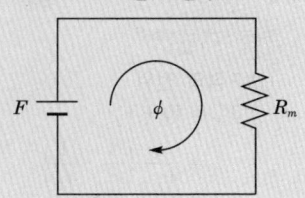

(1) 자속
$\phi = \dfrac{F}{R_m}$ [Wb]

(2) 기자력
$F = NI$ [AT]

(3) 자기 저항
$R_m = \dfrac{l}{\mu S}$ [AT/Wb]

정답 18.① 19.② 20.②

2014년 과년도 출제문제

제1회 전기자기학

01 전기 쌍극자에 대한 설명 중 옳은 것은?

① 반경 방향의 전계 성분은 거리의 제곱에 반비례
② 전체 전계의 세기는 거리의 3승에 반비례
③ 전위는 거리에 반비례
④ 전위는 거리의 3승에 반비례

해설 전기 쌍극자에 의한 전계는
$$E = \frac{M\sqrt{1+3\cos^2\theta}}{4\pi\varepsilon_0 r^3} \text{ [V/m]} \propto \frac{1}{r^3}$$
전기 쌍극자에 의한 전위는
$$V = \frac{M\cos\theta}{4\pi\varepsilon_0 r^2} \text{ [V]} \propto \frac{1}{r^2}$$

02 간격에 비해서 충분히 넓은 평행판 콘덴서의 판 사이에 비유전율 ε_s인 유전체를 채우고 외부에서 판에 수직 방향으로 전계 E_0를 가할 때 분극 전하에 의한 전계의 세기는 몇 [V/m]인가?

① $\dfrac{\varepsilon_s+1}{\varepsilon_s} \times E_0$
② $\dfrac{\varepsilon_s}{\varepsilon_s+1} \times E_0$
③ $\dfrac{\varepsilon_s-1}{\varepsilon_s} \times E_0$
④ $\dfrac{\varepsilon_s}{\varepsilon_s-1} \times E_0$

해설 분극의 세기
$$\sigma = P = D - \varepsilon_0 E$$
$$= D\left(1 - \frac{1}{\varepsilon_s}\right) = \left(\frac{\varepsilon_s-1}{\varepsilon_s}\right)D = \left(\frac{\varepsilon_s-1}{\varepsilon_s}\right)\varepsilon_0 E_0$$
$$\therefore E = \frac{\sigma}{\varepsilon_0} = \left(\frac{\varepsilon_s-1}{\varepsilon_s}\right)E_0$$

기출문제 관련 이론 바로보기

01. 이론check **전기 쌍극자**

전기 쌍극자는 같은 크기의 정·부의 전하가 미소 길이 l [m] 떨어진 한 쌍의 전하계

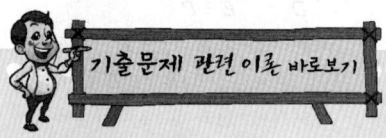

$+Q$, $-Q$에서 P점까지의 거리 r_1, r_2 [m]는
$$r_1 = r - \frac{l}{2}\cos\theta$$
$$r_2 = r + \frac{l}{2}\cos\theta$$

(1) P점의 전위
$$V_P = V_1 + V_2$$
$$= \frac{Q}{4\pi\varepsilon_0}\left(\frac{1}{r_1} - \frac{1}{r_2}\right)$$
따라서
$$V_P = \frac{Q}{4\pi\varepsilon_0}\left(\frac{1}{r-\frac{l}{2}\cos\theta} - \frac{1}{r+\frac{l}{2}\cos\theta}\right)$$
$$= \frac{Q}{4\pi\varepsilon_0}\left(\frac{l\cos\theta}{r^2 - \left(\frac{l}{2}\cos\theta\right)^2}\right)$$
이때 $r \gg l$이므로
$$V_P = \frac{Ql}{4\pi\varepsilon_0 r^2}\cos\theta = \frac{M}{4\pi\varepsilon_0 r^2}\cos\theta$$
여기서, $M = Ql$ [C·m]로 전기 쌍극자 모멘트

정답 01.② 02.③

03 공기 중에 있는 지름 2[m]의 구도체에 줄 수 있는 최대 전하는 약 몇 [C]인가? (단, 공기의 절연 내력은 3,000[kV/m]이다.)

① 5.3×10^{-4}
② 3.33×10^{-4}
③ 2.65×10^{-4}
④ 1.67×10^{-4}

해설 반지름 a인 구도체의 정전 용량 $C = 4\pi\varepsilon_0 a$[F]

전하 $Q = CV$
$= 4\pi\varepsilon_0 aV = 4\pi\varepsilon_0 aE \cdot a$
$= 4\pi \times \dfrac{1}{4\pi \times 9 \times 10^9} \times 1 \times 3,000 \times 10^3 \times 1$
$= 3.33 \times 10^{-4}$[C]

04 와전류손(eddy current loss)에 대한 설명으로 옳은 것은?

① 도전율이 클수록 작다.
② 주파수에 비례한다.
③ 최대 자속 밀도의 1.6승에 비례한다.
④ 주파수의 제곱에 비례한다.

해설 와전류 손실 $P_l = k\sigma f^2 B_m^2$[W/m³] $\propto f^2$
∴ 와전류손은 주파수의 제곱에 비례한다.

05 방송국 안테나 출력이 W[W]이고 이로부터 진공 중에 r[m] 떨어진 점에서 자계의 세기의 실효치 H는 몇 [A/m]인가?

① $\dfrac{1}{r}\sqrt{\dfrac{W}{377\pi}}$
② $\dfrac{1}{2r}\sqrt{\dfrac{W}{377\pi}}$
③ $\dfrac{1}{2r}\sqrt{\dfrac{W}{188\pi}}$
④ $\dfrac{1}{r}\sqrt{\dfrac{2W}{377\pi}}$

해설 $P = \dfrac{W}{S} = \dfrac{W}{4\pi r^2} = EH$[W/m²]

전계와 자계의 관계식

$E = \sqrt{\dfrac{\mu_0}{\varepsilon_0}} H = 377 H$

$\dfrac{W}{4\pi r^2} = 377 H^2$

∴ $H = \sqrt{\dfrac{W}{4\pi r^2 \cdot 377}} = \dfrac{1}{2r}\sqrt{\dfrac{W}{\pi \cdot 377}}$[A/m]

기출문제 관련 이론 바로보기

(2) P점의 전계의 세기

$E_P = |E_r + E_\theta| = \sqrt{E_r^2 + E_\theta^2}$

여기서, E_r과 E_θ는

$E_r = -\dfrac{dV}{dr}$
$= \dfrac{2M}{4\pi\varepsilon_0 r^3}\cos\theta$[V/m]

$E_\theta = -\dfrac{1}{r}\dfrac{dV}{d\theta}$
$= \dfrac{M}{4\pi\varepsilon_0 r^3}\sin\theta$[V/m]

따라서, P점의 합성 전계 E_P는

$E_P = \sqrt{E_r^2 + E_\theta^2}$
$= \dfrac{M}{4\pi\varepsilon_0 r^3}\sqrt{4\cos^2\theta + \sin^2\theta}$

여기서, $\cos^2\theta + \sin^2\theta = 1$

$E_P = \dfrac{M}{4\pi\varepsilon_0 r^3}\sqrt{4\cos^2\theta + (1-\cos^2\theta)}$
$= \dfrac{M}{4\pi\varepsilon_0 r^3}\sqrt{1 + 3\cos^2\theta}$[V/m]

04. Tip 철손

철손은 시간적으로 변화하는 자화력에 의해서 발생하는 철심의 전력 손실로 히스테리시스손과 와전류손으로 구성 된다.

정답 03.② 04.④ 05.②

PART 01 전기자기학

기출문제 관련 이론 바로보기

06. 이론 check **유전체의 경계면 조건**

전속 밀도는 경계면에서 수직 성분(=법선 성분)이 서로 같다.
$D_1 \cos\theta_1 = D_2 \cos\theta_2$
$D_{1n} = D_{2n}$

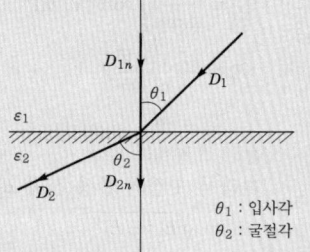

θ_1 : 입사각
θ_2 : 굴절각

Tip 특수한 경우

전속과 전기력이 경계면에 수직으로 도달하는 경우
$\theta_1 = 0$이므로 $\theta_2 = 0$
(1) 전속과 전기력선은 굴절하지 않는다.
(2) 전속 밀도는 변화하지 않는다. ($D_1 = D_2$)
(3) 전계의 세기는 $\varepsilon_1 E_1 = \varepsilon_2 E_2$로 되고 경계면에서 불연속적이다.

07. 이론 check **전기 회로와 자기 회로의 값 비교**

전기 회로	
전기 저항	$R = \rho \dfrac{l}{S} = \dfrac{l}{kS}$ [Ω]
도전율	k [℧/m]
기전력	E [V]
전류	$i = \dfrac{E}{R}$ [V]

자기 회로	
자기 저항	$R_m = \dfrac{l}{\mu S}$ [AT/m]
투자율	μ [H/m]
기자력	$F = NI$ [AT]
자속	$\phi = \dfrac{F}{R_m} = \dfrac{\mu SNI}{l}$ [Wb]

---

06 평행판 콘덴서의 극판 사이에 유전율이 각각 ε_1, ε_2인 두 유전체를 반씩 채우고 극판 사이에 일정한 전압을 걸어줄 때 매질 (1), (2) 내의 전계의 세기 E_1, E_2 사이에 성립하는 관계로 옳은 것은?

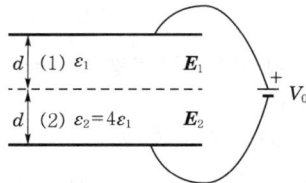

① $E_2 = 4E_1$
② $E_2 = 2E_1$
③ $E_2 = \dfrac{E_1}{4}$
④ $E_2 = E_1$

해설 유전체의 경계면 조건

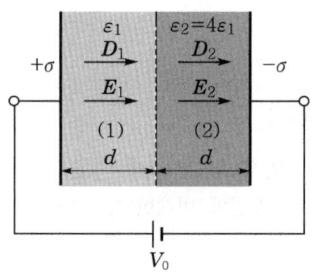

$D_1 \cos\theta_1 = D_2 \cos\theta_2$, $E_1 \sin\theta_1 = E_2 \sin\theta_2$
여기서, E_1, E_2, D_1, D_2는 경계면에 수직이므로
$\theta_1 = \theta_2 = 0$이다.
∴ $D_1 = D_2 = D$ [C/m²]
또한 $D_1 = D_2 = D = \sigma$이므로
$D = \varepsilon_1 E_1 = \varepsilon_2 E_2 = \sigma$이다.
∴ $E_2 = \dfrac{\varepsilon_1}{\varepsilon_2} E_1 = \dfrac{\varepsilon_1}{4\varepsilon_1} E_1 = \dfrac{1}{4} E_1$ [V/m]

07 단면적 S, 길이 l, 투자율 μ인 자성체의 자기 회로에 권선을 N회 감아서 I의 전류를 흐르게 할 때 자속은?

① $\dfrac{\mu SI}{Nl}$
② $\dfrac{\mu NI}{Sl}$
③ $\dfrac{NIl}{\mu S}$
④ $\dfrac{\mu SNI}{l}$

해설 자속에 대한 옴의 법칙
$\phi = \dfrac{F}{R_m} = \dfrac{NI}{\dfrac{l}{\mu S}} = \dfrac{\mu SNI}{l}$ [Wb]

정답 06.③ 07.④

08 손실 유전체(일반 매질)에서의 고유 임피던스는?

① $\sqrt{\dfrac{\dfrac{\sigma}{\omega\varepsilon}}{1-j\dfrac{\sigma}{2\omega\varepsilon}}}$
② $\sqrt{1-j\dfrac{\sigma}{2\omega\varepsilon}}$

③ $\sqrt{\dfrac{\dfrac{\sigma}{\omega\varepsilon}}{1-j\dfrac{\sigma}{\omega\varepsilon}}}$
④ $\sqrt{\dfrac{\dfrac{\mu}{\varepsilon}}{1-j\dfrac{\sigma}{\omega\varepsilon}}}$

09 다음 중 자기 감자율 $N=2.5\times 10^{-3}$, 비투자율 $\mu_s=100$의 막대형 자성체를 자계의 세기 $H=500$[AT/m]의 평등 자계 내에 놓았을 때 자화의 세기는 약 몇 [Wb/m²]인가?

① 4.98×10^{-2}　　② 6.25×10^{-2}
③ 7.82×10^{-2}　　④ 8.72×10^{-2}

해설 자화의 세기

$$J=\dfrac{\mu_0(\mu_s-1)}{1+N(\mu_s-1)}H\,[\text{Wb/m}^2]$$

$$=\dfrac{4\pi\times 10^{-7}(100-1)}{1+2.5\times 10^{-3}(100-1)}\times 500$$

$$=4.98\times 10^{-2}\,[\text{Wb/m}^2]$$

10 다음 설명 중 옳지 않은 것은?

① 전류가 흐르고 있는 금속선에 있어서 임의 두 점 간의 전위차는 전류에 비례한다.
② 저항의 단위는 옴[Ω]을 사용한다.
③ 금속선의 저항 R은 길이 l에 반비례한다.
④ 저항률(ρ)의 역수를 도전율이라고 한다.

해설 저항 $R=\rho\cdot\dfrac{l}{S}[\Omega]$
금속선의 저항 R은 길이 l에 비례한다.

11 다음 중 전속 밀도가 $D=e^{-2y}(a_x\sin 2x+a_y\cos 2x)$[C/m²]일 때 전속의 단위 체적당 발산량[C/m³]은?

① $2e^{-2y}\cos 2x$　　② $4e^{-2y}\cos 2x$
③ 0　　④ $2e^{-2y}(\sin 2x+\cos 2x)$

기출문제 관련 이론 바로보기

09. 이론 check 감자 작용

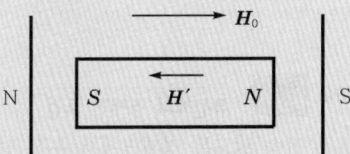

자성체 외부에 자계를 주어 자화할 때 자기 유도에 의해 자석이 된다. 그 결과 자성체 내부에 외부 자계 H_0와 역방향의 H' 자계가 형성되어 본래의 자계를 감소시킨다.
따라서 자성체 내의 자계의 세기는 $H=H_0-H'$가 되므로

감자력 $H'=H_0-H=\dfrac{N}{\mu_0}J$ [A/m]

여기서, N은 감자율로, 자성체의 형태에 의해 결정된다.
구자성체의 감자율 $N=\dfrac{1}{3}$이고, 원통 자성체의 감자율 $N=\dfrac{1}{2}$이다.

10. 이론 check 전기 저항

$$R=\dfrac{V_{ab}}{I}=\dfrac{\int E\,dl}{\int J\,dS}=\dfrac{El}{JS}=\dfrac{El}{kES}$$

$$=\dfrac{l}{kS}=\rho\dfrac{l}{S}\,[\Omega]$$

여기서, ρ : 고유 저항[Ω·m]
　　　　k : 도전율[℧/m]

11. 이론 check 가우스 법칙의 미분형(정전계)

$\text{div}\,D=\nabla\cdot D=\rho$

이 식의 물리적 의미는 전기력선은 정전하에서 출발하여 부전하에서 끝난다.
즉, 전기력선은 스스로 폐루프를 이룰 수 없다는 것을 의미한다.

 정답　08.④　09.①　10.③　11.③

PART 01 전기자기학

해설 $\text{div} \boldsymbol{D} = \rho_v$
$\nabla \cdot \boldsymbol{D} = \rho_v$
$\therefore \rho_v = \left(a_x \dfrac{\partial}{\partial_x} + a_y \dfrac{\partial}{\partial_y} + a_z \dfrac{\partial}{\partial_z} \right) \cdot e^{-2y}(a_x \sin 2x + a_y \cos 2x)$
$= 0 [\text{C/m}^3]$

12. **이론 check** 유전체의 경계면 조건

전속 밀도는 경계면에서 수직 성분(=법선 성분)이 서로 같다.
$\boldsymbol{D}_1 \cos \theta_1 = \boldsymbol{D}_2 \cos \theta_2$
$\boldsymbol{D}_{1n} = \boldsymbol{D}_{2n}$

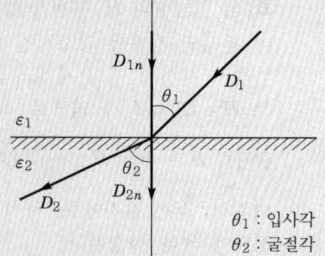

θ_1 : 입사각
θ_2 : 굴절각

Tip 특수한 경우

전속과 전기력이 경계면에 수직으로 도달하는 경우
$\theta_1 = 0$이므로 $\theta_2 = 0$
(1) 전속과 전기력선은 굴절하지 않는다.
(2) 전속 밀도는 변화하지 않는다. ($\boldsymbol{D}_1 = \boldsymbol{D}_2$)
(3) 전계의 세기는 $\varepsilon_1 \boldsymbol{E}_1 = \varepsilon_2 \boldsymbol{E}_2$로 되고 경계면에서 불연속적이다.

12 $x < 0$ 영역에는 자유 공간, $x > 0$ 영역에는 비유전율 $\varepsilon_s = 2$인 유전체가 있다. 자유 공간에서 전계 $\boldsymbol{E} = 10 a_x$가 경계면에 수직으로 입사한 경우 유전체 내의 전속 밀도는?

① $5\varepsilon_0 a_x$ ② $10\varepsilon_0 a_x$
③ $15\varepsilon_0 a_x$ ④ $20\varepsilon_0 a_x$

해설 전속 밀도는 경계면에서 수직 성분(법선 성분)이 서로 같다.
$\boldsymbol{D}_1 = \boldsymbol{D}_2$
$\therefore \boldsymbol{D}_2 = \boldsymbol{D}_1 = \varepsilon_0 \boldsymbol{E} = \varepsilon_0 10 a_x = 10\varepsilon_0 a_x$

13 평면 도체 표면에서 d[m] 거리에 점전하 Q[C]이 있을 때 이 전하를 무한 원점까지 운반하는 데 필요한 일[J]은?

① $\dfrac{Q^2}{4\pi\varepsilon_0 d}$ ② $\dfrac{Q^2}{8\pi\varepsilon_0 d}$
③ $\dfrac{Q^2}{16\pi\varepsilon_0 d}$ ④ $\dfrac{Q^2}{32\pi\varepsilon_0 d}$

해설

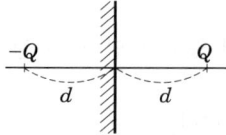

점전하 Q[C]과 무한 평면 도체 간에 작용하는 힘 $\boldsymbol{F}$는
$\boldsymbol{F} = \dfrac{-Q^2}{4\pi\varepsilon_0 (2d)^2} = \dfrac{-Q^2}{16\pi\varepsilon_0 d^2}$ [N] (흡인력)

일 $W = \int_d^\infty \boldsymbol{F} \cdot dr = \dfrac{Q^2}{16\pi\varepsilon_0} \int_d^\infty \dfrac{1}{d^2} dr$ [J]
$= \dfrac{Q^2}{16\pi\varepsilon_0} \left[-\dfrac{1}{d} \right]_d^\infty = \dfrac{Q^2}{16\pi\varepsilon_0 d}$

14 대지면에 높이 h로 평행하게 가설된 매우 긴 선전하가 지면으로부터 받는 힘은?

① h^2에 비례한다.   ② h^2에 반비례한다.
③ h에 비례한다.   ④ h에 반비례한다.

정답 12. ② 13. ③ 14. ④

2014년 과년도 출제문제

해설 지상의 높이 h[m]와 같은 깊이에 선전하 밀도 $-\rho$[C/m]인 영상 전하를 고려하여 선전하 간의 작용력 f를 구하면
$$f = -\rho E = -\rho \cdot \frac{\rho}{2\pi\varepsilon(2h)} = -\frac{\rho^2}{4\pi\varepsilon h} \text{[N/m]}$$

15 그림과 같이 균일하게 도선을 감은 권수 N, 단면적 S[m²], 평균 길이 l[m]인 공심의 환상 솔레노이드에 I[A]의 전류를 흘렸을 때 자기 인덕턴스 L[H]의 값은?

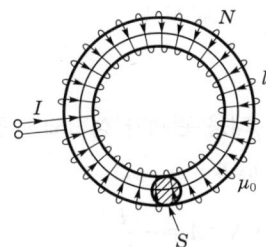

① $L = \dfrac{4\pi N^2 S}{l} \times 10^{-5}$ ② $L = \dfrac{4\pi N^2 S}{l} \times 10^{-6}$

③ $L = \dfrac{4\pi N^2 S}{l} \times 10^{-7}$ ④ $L = \dfrac{4\pi N^2 S}{l} \times 10^{-8}$

해설 자기 인덕턴스 $L = \dfrac{\mu S N^2}{l} = \dfrac{4\pi S N^2}{l} \times 10^{-7}$ [H]

16 다음 ( ) 안에 들어갈 내용으로 옳은 것은?

> 전기 쌍극자에 의해 발생하는 전위의 크기는 전기 쌍극자 중심으로부터 거리의 (㉠)에 반비례하고, 자기 쌍극자에 의해 발생하는 자계의 크기는 자기 쌍극자 중심으로부터 거리의 (㉡)에 반비례한다.

① ㉠ 제곱, ㉡ 제곱
② ㉠ 제곱, ㉡ 세제곱
③ ㉠ 세제곱, ㉡ 제곱
④ ㉠ 세제곱, ㉡ 세제곱

해설 전기 쌍극자의 전위 $V = \dfrac{M}{4\pi\varepsilon_0 r^2} \cos\theta$ [V] $\propto \dfrac{1}{r^2}$

자기 쌍극자의 자계 $H = \dfrac{M}{4\pi\mu_0 r^3} \sqrt{1+3\cos^2\theta}$ [AT/m] $\propto \dfrac{1}{r^3}$

기출문제 관련 이론 바로보기

15. 이론 check 환상 솔레노이드의 인덕턴스

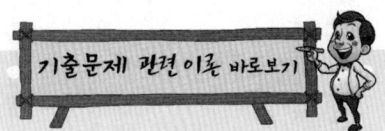

공극이 없는 경우는
$$L = \frac{N\phi}{I} = \frac{N}{I} \cdot \frac{NI}{R_m}$$
$$= \frac{N^2}{I} \cdot \frac{I \cdot \mu S}{l} = \frac{\mu S N^2}{l} \text{[H]}$$

정답 15. ③ 16. ②

PART 01 전기자기학

기출문제 관련 이론 바로보기

17. 이론check **결합 계수**

결합 계수는 자기적으로 얼마나 양호한 결합을 했는가를 결정하는 양으로

$$K = \frac{M}{\sqrt{L_1 L_2}}$$

여기서, K의 크기는 $0 \leq K \leq 1$로, $K=1$은 완전 변압기 조건, 즉 누설 자속이 없는 경우를 의미한다.

17 자기 인덕턴스 L_1, L_2와 상호 인덕턴스 M 사이의 결합 계수는? (단, 단위는 [H]이다.)

① $\dfrac{M}{\sqrt{L_1 L_2}}$ ② $\dfrac{M}{L_1 L_2}$

③ $\dfrac{\sqrt{L_1 L_2}}{M}$ ④ $\dfrac{L_1 L_2}{M}$

해설 결합 계수는 자기적으로 얼마나 양호한 결합을 했는가를 결정하는 양으로 $K = \dfrac{M}{\sqrt{L_1 L_2}}$ 으로 된다.

18 정전계와 정자계의 대응 관계가 성립되는 것은?

① $\text{div}\boldsymbol{D} = \rho_v \rightarrow \text{div}\boldsymbol{B} = \rho_m$

② $\nabla^2 V = -\dfrac{\rho_v}{\varepsilon_0} \rightarrow \nabla^2 \boldsymbol{A} = -\dfrac{i}{\mu_0}$

③ $W = \dfrac{1}{2}CV^2 \rightarrow W = \dfrac{1}{2}LI^2$

④ $\boldsymbol{F} = 9 \times 10^9 \dfrac{Q_1 Q_2}{r^2} a_r \rightarrow \boldsymbol{F} = 6.33 \times 10^{-4} \dfrac{m_1 m_2}{r^2} a_r$

해설 정전계와 정자계의 대응 관계

• $\text{div}\boldsymbol{D} = \rho_v \rightarrow \text{div}\boldsymbol{B} = 0$

• $\nabla^2 V = -\dfrac{\rho_v}{\varepsilon_0} \rightarrow \nabla^2 \boldsymbol{A} = -\mu_0 i$

• $\boldsymbol{F} = 9 \times 10^9 \dfrac{Q_1 Q_2}{r^2} a_r \rightarrow \boldsymbol{F} = 6.33 \times 10^4 \dfrac{m_1 m_2}{r^2} a_r$

∴ 정전 에너지 $W = \dfrac{1}{2}CV^2 \rightarrow$ 자계 에너지 $W = \dfrac{1}{2}LI^2$

19. 이론check **무한장 솔레노이드의 자계의 세기**

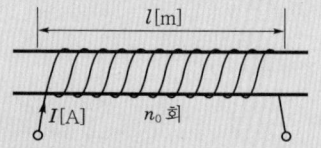

앙페르의 주회 적분 법칙에 의해

$\int \boldsymbol{H} dl = n_0 I$

자로의 길이가 l[m]이므로

$H = n_0 I$ [AT/m]

여기서, n_0 [T/m]는 단위 길이당 의 권수를 의미한다.

내부의 자계의 세기는 평등 자장 이며 균등 자장이다. 또한 외부의 자계의 세기는 0이다.

19 반지름 a[m], 단위 길이당 권수 N, 전류 I[A]인 무한 솔레노이드 내부 자계의 세기[A/m]는?

① NI ② $\dfrac{NI}{2\pi a}$

③ $\dfrac{2\pi NI}{a}$ ④ $\dfrac{aNI}{2\pi}$

해설 외부 자계는 $\boldsymbol{H}_e = 0$ [AT/m]이고, 내부 자계는 $\boldsymbol{H}_i = n_0 I$ [AT/m]이다 (여기서, n_0 [T/m]는 단위 길이당의 권수를 의미한다).

정답 17.① 18.③ 19.①

2014년 과년도 출제문제

20 무한장 직선형 도선에 I[A]의 전류가 흐를 경우 도선으로부터 R[m] 떨어진 점의 자속 밀도 B[Wb/m²]는?

① $B = \dfrac{\mu I}{2\pi R}$ ② $B = \dfrac{I}{2\pi \mu R}$

③ $B = \dfrac{I}{4\pi \mu R}$ ④ $B = \dfrac{\mu I}{4\pi R}$

해설 $H = \dfrac{I}{2\pi R}$ [AT/m]

$\therefore B = \mu H = \dfrac{\mu I}{2\pi R}$ [Wb/m²]

제 2 회 전기자기학

01 반지름이 0.01[m]인 구도체를 접지시키고 중심으로부터 0.1[m]의 거리에 10[μC]의 점전하를 놓았다. 구도체에 유도된 총 전하량은 몇 [μC]인가?

① 0 ② −1
③ −10 ④ 10

해설 영상 전하의 크기 $Q' = -\dfrac{a}{d}Q$[C]

$\therefore Q' = -\dfrac{0.01}{0.1} \times 10 = -1$ [μC]

02 그림과 같은 손실 유전체에서 전원의 양극 사이에 채워진 동축 케이블의 전력 손실은 몇 [W]인가? (단, 모든 단위는 MKS 유리화 단위이며, σ는 매질의 도전율[S/m]이라 한다.)

① $\dfrac{\pi \sigma V^2 L}{2\ln \dfrac{b}{a}}$

② $\dfrac{\pi \sigma V^2 L}{\ln \dfrac{b}{a}}$

③ $\dfrac{2\pi \sigma V^2 L}{\ln \dfrac{b}{a}}$

④ $\dfrac{4\pi \sigma V^2 L}{\ln \dfrac{b}{a}}$

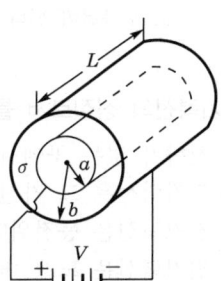

기출문제 관련 이론 바로보기

20. 이론 check 무한장 직선 전류에 의한 자계의 세기와 자속 밀도(B)

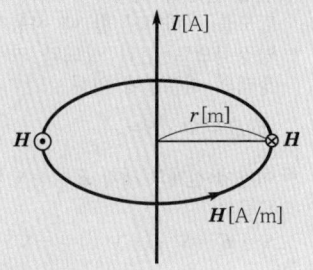

$\oint H dl = I$

$H \cdot 2\pi r = I$

$\therefore H = \dfrac{I}{2\pi r}$ [A/m]

자속 밀도란 단위 면적당 자속 수를 의미하며, B로 표현하고 단위는 [Wb/m²]를 사용한다. 이를 수식으로 표현하면 다음과 같다.

$B = \dfrac{\phi}{S} = \dfrac{m}{S} = \dfrac{m}{4\pi r^2}$

$= \mu_0 H$ [Wb/m²]

01. 이론 check 접지 구도체와 점전하

(1) 영상 전하의 위치

구 중심에서 $\dfrac{a^2}{d}$인 점

(2) 영상 전하의 크기

$Q' = -\dfrac{a}{d}Q$

(3) 구도체와 점전하 사이에 작용하는 힘

$\left(\overline{AA'} = d - \dfrac{a^2}{d} = \dfrac{d^2 - a^2}{d}\right)$

$F = \dfrac{Q\left(-\dfrac{a}{d}Q\right)}{4\pi\varepsilon_0 \left(\dfrac{d^2-a^2}{d}\right)^2}$

$= -\dfrac{adQ^2}{4\pi\varepsilon_0 (d^2-a^2)^2}$ [N]

정답 20.① / 01.② 02.③

PART 01 전기자기학

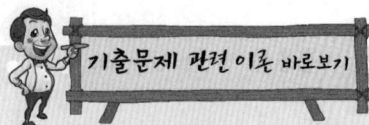

03. 이론 check **푸아송 및 라플라스 방정식**

전위 함수를 이용하여 체적 전하 밀도를 구하고자 할 때 사용하는 방정식으로 전위 경도와 가우스 정리의 미분형에 의해

$$\text{div}\boldsymbol{E} = \nabla \cdot \boldsymbol{E} = \frac{\rho}{\varepsilon_0}$$

여기에 전계의 세기 $\boldsymbol{E} = -\nabla V$이므로

$$\nabla \cdot \boldsymbol{E} = \nabla \cdot (-\nabla V) = -\nabla^2 V$$
$$= -\frac{\rho}{\varepsilon_0}$$

이것을 푸아송의 방정식이라 하며, $\rho = 0$일 때, 즉 $\nabla^2 V = 0$인 경우를 라플라스 방정식이라 한다.

05. 이론 check **전기력선의 성질**

(1) 전기력선의 방향은 그 점의 전계의 방향과 같으며 전기력선의 밀도는 그 점에서의 전계의 크기와 같다 $\left(\dfrac{\text{개}}{\text{m}^2} = \dfrac{\text{N}}{\text{C}}\right)$.
(2) 전기력선은 정전하(+)에서 시작하여 부전하(-)에서 끝난다.
(3) 전하가 없는 곳에서는 전기력선의 발생, 소멸이 없다. 즉, 연속적이다.
(4) 단위 전하(±1[C])에서는 $\dfrac{1}{\varepsilon_0}$개의 전기력선이 출입한다.
(5) 전기력선은 그 자신만으로 폐곡선(루프)을 만들지 않는다.
(6) 전기력선은 전위가 높은 점에서 낮은 점으로 향한다.
(7) 전계가 0이 아닌 곳에서 2개의 전기력선은 교차하는 일이 없다.
(8) 전기력선은 등전위면과 직교한다. 단, 전계가 0인 곳에서는 이 조건은 성립되지 않는다.
(9) 전기력선은 도체 표면(등전위면)에 수직으로 출입한다. 단, 전계가 0인 곳에서는 이 조건은 성립하지 않는다.

해설 전력 손실 $P = \dfrac{V^2}{R}$, 저항 $R = \dfrac{\rho\varepsilon}{C}$

$$\therefore P = \dfrac{V^2}{R} = \dfrac{CV^2}{\rho\varepsilon} = \dfrac{\sigma CV^2}{\varepsilon}[\text{W}]$$

동축 케이블의 정전 용량 $C = \dfrac{2\pi\varepsilon L}{\ln\dfrac{b}{a}}[\text{F}]$

$$\therefore P = \dfrac{\sigma V^2}{\varepsilon} \times \dfrac{2\pi\varepsilon L}{\ln\dfrac{b}{a}} = \dfrac{2\pi\sigma V^2 L}{\ln\dfrac{b}{a}}[\text{W}]$$

03 어떤 공간의 비유전율은 2.0이고, 전위 $V(x,y) = \dfrac{1}{x} + 2xy^2$이라고 할 때 점 $\left(\dfrac{1}{2},\ 2\right)$에서의 전하 밀도 ρ는 약 몇 $[\text{pC/m}^3]$인가?

① -20
② -40
③ -160
④ -320

해설 Poisson의 방정식 $\nabla^2 V = -\dfrac{\rho}{\varepsilon}$에서

$\rho = -\varepsilon(\nabla^2 V) = -\varepsilon(18) = -18\varepsilon = -18\varepsilon_0\varepsilon_s$
$= -18 \times 8.854 \times 10^{-12} \times 2.0$
$\fallingdotseq -320 \times 10^{-12}[\text{C/m}^3]$
$= -320[\text{pC/m}^3]$

04 자기 인덕턴스 $L[\text{H}]$인 코일에 $I[\text{A}]$의 전류를 흘렸을 때 코일에 축적되는 에너지 $W[\text{J}]$와 전류 $I[\text{A}]$ 사이의 관계를 그래프로 표시하면 어떤 모양이 되는가?

① 포물선
② 직선
③ 원
④ 타원

해설 $W = \dfrac{1}{2}LI^2[\text{J}]$에서 축적되는 에너지 W는 전류 I의 제곱에 비례하므로 포물선이 된다.

05 전기력선의 성질로서 틀린 것은?

① 전하가 없는 곳에서 전기력선은 발생, 소멸이 없다.
② 전기력선은 그 자신만으로 폐곡선이 되는 일은 없다.
③ 전기력선은 등전위면과 수직이다.
④ 전기력선은 도체 내부에 존재한다.

해설 전기력선은 도체 내부에 존재하지 않는다.

정답 03.④ 04.① 05.④

2014년 과년도 출제문제

06 구도체에 50[μC]의 전하가 있다. 이때의 전위가 10[V]이면 도체의 정전 용량은 몇 [μF]인가?

① 3
② 4
③ 5
④ 6

해설 정전 용량 $C = \dfrac{Q}{V}$ [F]

$\therefore C = \dfrac{50 \times 10^{-6}}{10} = 5 \times 10^{-6}$ [F] $= 5$ [μF]

07 내부 장치 또는 공간을 물질로 포위시켜 외부 자계의 영향을 차폐시키는 방식을 자기 차폐라 한다. 다음 중 자기 차폐에 가장 좋은 것은?

① 강자성체 중에서 비투자율이 큰 물질
② 강자성체 중에서 비투자율이 작은 물질
③ 비투자율이 1보다 작은 역자성체
④ 비투자율에 관계없이 물질의 두께에만 관계되므로 되도록 두꺼운 물질

해설 자기 차폐는 비투자율 μ_s가 큰 자성체로 포위시켜 내부 장치를 외부 자계에 대하여 영향을 받지 않도록 차폐한다.

08 정전 용량 0.06[μF]의 평행판 공기 콘덴서가 있다. 전극판 간격의 $\dfrac{1}{2}$ 두께의 유리판을 전극에 평행하게 넣으면 공기 부분의 정전 용량과 유리판 부분의 정전 용량을 직렬로 접속한 콘덴서가 된다. 유리의 비유전율을 $\varepsilon_s = 5$라 할 때 새로운 콘덴서의 정전 용량은 몇 [μF]인가?

① 0.01
② 0.05
③ 0.1
④ 0.5

해설 공기 콘덴서의 정전 용량 $C_0 = \dfrac{\varepsilon_0 S}{d}$ [μF]

$C_1 = \dfrac{\varepsilon_0 S}{\dfrac{d}{2}} = 2C_0$ [μF]

$C_2 = \dfrac{\varepsilon_0 \varepsilon_s S}{\dfrac{d}{2}} = 2\varepsilon_s C_0 = 10C_0$ [μF]

$\therefore$ 새로운 콘덴서의 정전 용량

$C = \dfrac{1}{\dfrac{1}{C_1} + \dfrac{1}{C_2}} = \dfrac{C_1 C_2}{C_1 + C_2} = \dfrac{2C_0 \times 10C_0}{2C_0 + 10C_0}$

$= \dfrac{20}{12} C_0 = \dfrac{20}{12} \times 0.06 = 0.1$ [μF]

기출문제 관련 이론 바로보기

(10) 도체 내부에서는 전기력선이 존재하지 않는다.
(11) 전기력선 중에는 무한 원점에서 끝나든가, 또는 무한 원점에서 오는 것이 있을 수 있다.
(12) 무한 원점에 있는 전하까지를 고려하면 전하의 총량은 항상 0이다.

08. 이론 check 서로 다른 유전체를 극판과 평행하게 채우는 경우

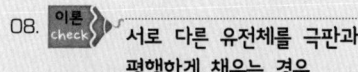

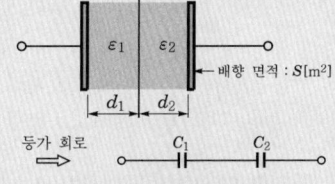

▎서로 다른 유전체가 극판과 평행한 경우 ▎

(1) ε_1 부분의 정전 용량

$C_1 = \dfrac{\varepsilon_1 S}{d_1}$

(2) ε_2 부분의 정전 용량

$C_2 = \dfrac{\varepsilon_2 S}{d_2}$

(3) 전체 정전 용량

$C = \dfrac{1}{\dfrac{1}{C_1} + \dfrac{1}{C_2}} = \dfrac{1}{\dfrac{d_1}{\varepsilon_1 S} + \dfrac{d_2}{\varepsilon_2 S}}$

$= \dfrac{\varepsilon_1 \varepsilon_2 S}{\varepsilon_2 d_1 + \varepsilon_1 d_2}$ [F]

정답 06.③ 07.① 08.③

PART 01 전기자기학

09. 이론check 무한장 솔레노이드의 자계의 세기

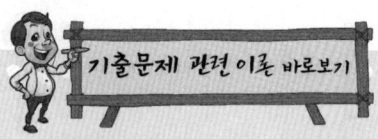

앙페르의 주회 적분 법칙에 의해
$\int H dl = n_0 I$
자로의 길이가 l[m]이므로
$H = n_0 I$ [AT/m]
여기서, n_0 [T/m]는 단위 길이당 의 권수를 의미한다.
내부의 자계의 세기는 평등 자장이며 균등 자장이다. 또한 외부의 자계의 세기는 0이다.

09 무한장 솔레노이드의 외부 자계에 대한 설명 중 옳은 것은?

① 솔레노이드 내부의 자계와 같은 자계가 존재한다.
② $\dfrac{1}{2\pi}$ 의 배수가 되는 자계가 존재한다.
③ 솔레노이드 외부에는 자계가 존재하지 않는다.
④ 권횟수에 비례하는 자계가 존재한다.

해설 무한장 솔레노이드의 내부 자계는 평등 자계이며, 그 크기는 $H_i = n_0 I$ [AT/m] ($\because n_0$: 단위 길이당 권수[회/m])이고 외부 자계는 $H_e = 0$ [AT/m]이다.)

10 공기 콘덴서의 고정 전극판 A와 가동 전극판 B 간의 간격이 $d=1$[mm]이고 전계는 극면 간에서만 균등하다고 하면 정전 용량은 몇 [μF]인가? (단, 전극판의 상대되는 부분의 면적은 S[m^2]라 한다.)

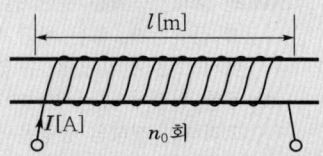

① $\dfrac{S}{9\pi}$ ② $\dfrac{S}{18\pi}$

③ $\dfrac{S}{36\pi}$ ④ $\dfrac{S}{72\pi}$

해설 두 전극판 A·B 간의 정전 용량 $C_1 = \dfrac{\varepsilon_0 S}{d}$ [F]

전체 정전 용량 $C = 2C_1 = 2\dfrac{\varepsilon_0 S}{d}$

여기서, $\varepsilon_0 = \dfrac{1}{4\pi \times 9 \times 10^9}$ 이므로

$\therefore C = \dfrac{2S}{4\pi \times 9 \times 10^9 \times 1 \times 10^{-3}} = \dfrac{S}{18\pi} \times 10^{-6}$ [F] $= \dfrac{S}{18\pi}$ [μF]

11. 이론check 자속 밀도(B)

자속 밀도란 단위 면적당 자속 수를 의미하며, B로 표현하고 단위는 [Wb/m^2]를 사용한다. 이를 수식으로 표현하면 다음과 같다.

$B = \dfrac{\phi}{S} = \dfrac{m}{S} = \dfrac{m}{4\pi r^2}$
$= \mu_0 H$ [Wb/m^2]

11 단면적 4[cm^2]의 철심에 6×10^{-4}[Wb]의 자속을 통하게 하려면 2,800[AT/m]의 자계가 필요하다. 이 철심의 비투자율은?

① 43   ② 75
③ 324   ④ 426

해설 $B = \mu_0 \mu_s H$ [Wb/m^2]

$\therefore \mu_s = \dfrac{B}{\mu_0 H} = \dfrac{\dfrac{\phi}{S}}{\mu_0 H} = \dfrac{\phi}{\mu_0 H S}$

정답 09.③ 10.② 11.④

$$= \frac{6 \times 10^{-4}}{4\pi \times 10^{-7} \times 2,800 \times 4 \times 10^{-4}}$$
$$\fallingdotseq 426 [H/m]$$

12 자속 밀도 10[Wb/m²] 자계 중에 10[cm] 도체를 자계와 30°의 각도로 30[m/s]로 움직일 때, 도체에 유기되는 기전력은 몇 [V]인가?

① 15
② $15\sqrt{3}$
③ 1,500
④ $1,500\sqrt{3}$

해설 $e = vBl\sin\theta = 30 \times 10 \times 0.1 \times \sin 30°$
$= 30 \times 10 \times 0.1 \times \frac{1}{2} = 15 [V]$

13 진공 중에서 e[C]의 전하가 B[Wb/m²]의 자계 안에서 자계와 수직 방향으로 v[m/s]의 속도로 움직일 때 받는 힘[N]은?

① $\frac{evB}{\mu_0}$
② $\mu_0 evB$
③ evB
④ $\frac{eB}{v}$

해설 $F = ev \times B$[N](로렌츠의 힘), $F = evB$[N]

14 두 유전체의 경계면에 대한 설명 중 옳은 것은?

① 두 유전체의 경계면에 전계가 수직으로 입사하면 두 유전체 내의 전계의 세기는 같다.
② 유전율이 작은 쪽에서 큰 쪽으로 전계가 입사할 때 입사각은 굴절각보다 크다.
③ 경계면에서 정전력은 전계가 경계면에 수직으로 입사할 때 유전율이 큰 쪽에서 작은 쪽으로 작용한다.
④ 유전율이 큰 쪽에서 작은 쪽으로 전계가 경계면에 수직으로 입사할 때 유전율이 작은 쪽의 전계의 세기가 작아진다.

해설 경계면상의 작용력은 유전율이 큰 쪽에서 작은 쪽으로 작용한다.

15 규소 강판과 같은 자심 재료의 히스테리시스 곡선의 특징은?

① 히스테리시스 곡선의 면적이 작은 것이 좋다.
② 보자력이 큰 것이 좋다.
③ 보자력과 잔류 자기가 모두 큰 것이 좋다.
④ 히스테리시스 곡선의 면적이 큰 것이 좋다.

12. 이론 check 자계 내를 운동하는 도체에 발생하는 기전력

자속 밀도 B [Wb/m²]인 자계 내에 l [m]인 도체가 v [m/s]의 속도로 x [m] 이동하였을 때 도체에 의해 자속이 끊어지므로 도체에 기전력이 유기된다.
이 유기 기전력 e는 패러데이 법칙에 의해
$e = \frac{d\phi}{dt} = \frac{d}{dt}(BS) = Bl\frac{dx}{dt}$
$= Blv$ [V]
자계와 도체의 각도를 θ라 하면 그 때의 유기 기전력은
$e = Blv\sin\theta$ [V]
벡터로 표시하면,
$e = (v \times B) \cdot l$ [V]

13. 이론 check 하전 입자가 받는 힘

$F = IlB\sin\theta$에서 Il은 qv와 같으므로
∴ $F = qvB\sin\theta$ [N]
Vector로 표시하면
$F = q(v \times B)$ [N]

15. 이론 check 영구 자석 및 전자석의 재료 조건

(1) 영구 자석의 재료 조건은 히스테리시스 곡선의 면적이 크고, 잔류 자기와 보자력이 모두 클 것
(2) 전자석의 재료 조건은 히스테리시스 곡선의 면적이 작고, 잔류 자기는 크고 보자력은 작을 것

정답 12.① 13.③ 14.③ 15.①

PART 01 전기자기학

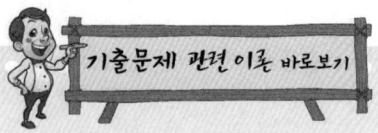

해설 규소 강판은 철에 소량의 규소(Si)를 첨가하여 제조한 강판으로 여러 가지 자기 특성이 뛰어나 전력 기기의 철심에 대량으로 사용된다. 이런 전자석의 재료는 히스테리시스 곡선의 면적이 작고 잔류 자기는 크며 보자력은 작다.

16. 맥스웰의 전자 방정식

(1) 앙페르의 주회 적분 법칙

$$\oint H \cdot dl = I$$

$$\int_s \operatorname{rot} H dS = \int_s i dS$$

$\operatorname{rot} H = i$(앙페르의 주회 적분 법칙의 미분형)

$$\operatorname{rot} H = \nabla \times H = J + J_d$$

$$= \frac{i_c}{S} + \frac{\partial D}{\partial t}$$

여기서, J : 전도 전류 밀도
J_d : 변위 전류 밀도

따라서 전도 전류뿐만 아니라 변위 전류도 동일한 자계를 만든다.

(2) 패러데이의 법칙

패러데이의 법칙의 미분형은
$\operatorname{rot} E = \nabla \times E$

$$= -\frac{\partial B}{\partial t} = -\mu \frac{\partial H}{\partial t}$$

즉, 자속이 시간에 따라 변화하면 자속이 쇄교하여 그 주위에 역기전력이 발생한다.

(3) 가우스의 법칙

① 정전계 : 가우스 법칙의 미분형은 $\operatorname{div} D = \nabla \cdot D = \rho$, 이 식의 물리적 의미는 전기력선은 정전하에서 출발하여 부전하에서 끝난다.
즉, 전기력선은 스스로 폐루프를 이룰 수 없다는 것을 의미한다.

② 정자계 : $\operatorname{div} B = \nabla \cdot B = 0$, 이것에 대한 물리적 의미는 자기력선은 스스로 폐루프를 이루고 있다는 것을 의미하며, N극과 S극이 항상 공존한다는 것을 의미한다.

---

16 전자계에 대한 맥스웰의 기본 이론이 아닌 것은?

① 전하에서 전속선이 발산된다.
② 고립된 자극은 존재하지 않는다.
③ 변위 전류는 자계를 발생하지 않는다.
④ 자계의 시간적 변화에 따라 전계의 회전이 생긴다.

해설 $\operatorname{rot} H = \nabla \times H = i + \frac{\partial D}{\partial t}$

전도 전류뿐만 아니라 변위 전류도 동일한 자계를 만든다.

17 맥스웰의 방정식과 연관이 없는 것은?

① 패러데이의 법칙   ② 쿨롱의 법칙
③ 스토크스의 법칙   ④ 가우스의 정리

해설 맥스웰의 전자계 기초 방정식

• $\operatorname{rot} E = \nabla \times E = -\frac{\partial B}{\partial t} = -\mu \frac{\partial H}{\partial t}$ (패러데이 전자 유도 법칙의 미분형)

• $\operatorname{rot} H = \nabla \times H = i + \frac{\partial D}{\partial t}$ (앙페르 주회 적분 법칙의 미분형)

• $\operatorname{div} D = \nabla \cdot D = \rho$ (가우스 정리의 미분형)

• $\operatorname{div} B = \nabla \cdot B = 0$ (가우스 정리의 미분형)

∴ 맥스웰 방정식은 패러데이 법칙, 앙페르 주회 적분 법칙에서 $\oint A dl = \int_s \operatorname{rot} A ds$, 즉 선적분을 면적분으로 변환하기 위한 스토크스의 정리, 가우스의 정리가 연관된다.

18 전자파가 유전율과 투자율이 각각 ε_1과 μ_1인 매질에서 ε_2와 μ_2인 매질에 수직으로 입사할 경우, 입사 전계 E_1과 입사 자계 H_1에 비하여 투과 전계 E_2와 투과 자계 H_2의 크기는 각각 어떻게 되는가? $\left(\text{단}, \sqrt{\frac{\mu_1}{\varepsilon_1}} > \sqrt{\frac{\mu_2}{\varepsilon_2}} \text{이다.} \right)$

① E_2, H_2 모두 E_1, H_1에 비하여 크다.
② E_2, H_2 모두 E_1, H_1에 비하여 작다.
③ E_2는 E_1에 비하여 크고, H_2는 H_1에 비하여 작다.
④ E_2는 E_1에 비하여 작고, H_2는 H_1에 비하여 크다.

정답 16.③ 17.② 18.④

2014년 과년도 출제문제

해설 경계면의 양쪽에서 전계와 자계와의 접선 성분은 각각 같으므로
$E_1 + E_3 = E_2$, $H_1 - H_3 = H_2$
$\dfrac{E}{H} = \sqrt{\dfrac{\mu}{\varepsilon}}$ 또는 $\sqrt{\mu}\,E = \sqrt{\varepsilon}\,E$이므로
$\sqrt{\varepsilon_1}\,E_1 = \sqrt{\mu_1}\,H_1$, $\sqrt{\varepsilon_2}\,E_2 = \sqrt{\mu_2}\,H_2$
$\sqrt{\varepsilon_1}\,E_3 = \sqrt{\mu_1}\,H_3$

∴ 투과파 $E_2 = \dfrac{2\sqrt{\dfrac{\mu_2}{\varepsilon_2}}}{\sqrt{\dfrac{\mu_1}{\varepsilon_1}}+\sqrt{\dfrac{\mu_2}{\varepsilon_2}}}\,E_1$

$H_2 = \dfrac{2\sqrt{\dfrac{\mu_1}{\varepsilon_1}}}{\sqrt{\dfrac{\mu_1}{\varepsilon_1}}+\sqrt{\dfrac{\mu_2}{\varepsilon_2}}}\,H_1$

∴ E_2는 E_1에 비하여 작고 H_2는 H_1에 비하여 크다.

19 자유 공간에서 정육각형의 꼭지점에 동량, 동질의 점전하 Q가 각각 놓여 있을 때 정육각형 한 변의 길이가 a라 하면 정육각형 중심의 전계의 세기는?

① $\dfrac{Q}{4\pi\varepsilon_0 a^2}$

② $\dfrac{3Q}{2\pi\varepsilon_0 a^2}$

③ $6Q$

④ 0

해설

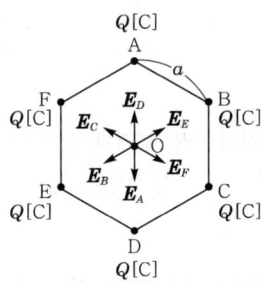

$E_A = E_B = E_C = E_D = E_E = E_F = \dfrac{Q}{4\pi\varepsilon_0 a^2}$ [V/m]

$E_A = -E_D$, $E_B = -E_E$, $E_C = -E_F$

2개의 점전하가 3쌍으로 맞서 있으므로 각 쌍의 중심 전계의 세기는 0이 되어 정육각형의 중심 전계의 세기는 0이 된다.

19. Tip 전계의 세기

전계 내의 임의의 점에 단위 정전하를 놓았을 때 단위 정전하가 받는 힘

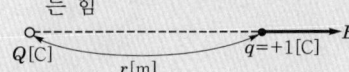

전계의 세기
$E = \dfrac{F}{q} = 9 \times 10^9 \dfrac{Q}{r^2}$
$= \dfrac{1}{4\pi\varepsilon_0} \times \dfrac{Q}{r^2}$ [N/C]

정답 19.④

PART 01 전기자기학

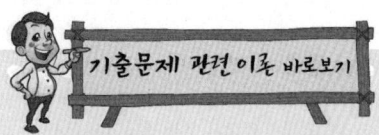

20. 무한장 직선 전류에 의한 자계의 세기

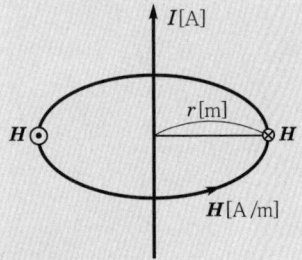

$$\oint H dl = I$$
$$H \cdot 2\pi r = I$$
$$\therefore H = \frac{I}{2\pi r} \text{[A/m]}$$

즉, 무한장 직선 전류에 의한 자계의 크기는 직선 전류에서의 거리에 반비례한다.

20 전류 I[A]가 흐르고 있는 무한 직선 도체로부터 r[m]만큼 떨어진 점의 자계의 크기는 $2r$[m]만큼 떨어진 점의 자계의 크기의 몇 배인가?

① 0.5
② 1
③ 2
④ 4

해설 r[m], $2r$[m]되는 점의 자계의 세기를 H_1, H_2라 하면
$$H_1 = \frac{I}{2\pi r} \text{[AT/m]}, \quad H_2 = \frac{I}{2\pi \cdot 2r} \text{[AT/m]}$$
$$\frac{H_1}{H_2} = \frac{\frac{I}{2\pi r}}{\frac{I}{2\pi \cdot 2r}} = 2 \quad \therefore H_1 = 2H_2 \text{[AT/m]}$$

제 3 회 전기자기학

01 정전 용량이 C_0[μF]인 평행판 공기 콘덴서판의 면적 $\frac{2}{3}S$에 비유전율 ε_s인 에보나이트판을 삽입하면 콘덴서의 정전 용량은 몇 [μF]인가?

① $\frac{1}{2}\varepsilon_s C_0$

② $\frac{3}{1+2\varepsilon_s}C_0$

③ $\frac{1+\varepsilon_s}{3}C_0$

④ $\frac{1+2\varepsilon_s}{3}C_0$

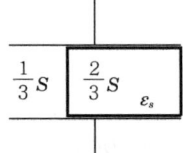

해설 합성 정전 용량은 두 콘덴서의 병렬 연결과 같으므로
$$\therefore C = C_1 + C_2 = \frac{1}{3}C_0 + \frac{2}{3}\varepsilon_s C_0 = \frac{1+2\varepsilon_s}{3}C_0 \text{[}\mu\text{F]}$$

02 내압이 1[kV]이고 용량이 각각 0.01[μF], 0.02[μF], 0.04[μF]인 콘덴서를 직렬로 연결했을 때 전체 콘덴서의 내압은 몇 [V]인가?

① 1,750
② 2,000
③ 3,500
④ 4,000

정답 20.③ / 01.④ 02.①

해설 각 콘덴서에 가해지는 전압을 V_1, V_2, V_3[V]라 하면

$$V_1 : V_2 : V_3 = \frac{1}{0.01} : \frac{1}{0.02} : \frac{1}{0.04} = 4 : 2 : 1$$

$$\therefore V_1 = 1,000[\text{V}]$$

$$V_2 = 1,000 \times \frac{2}{4} = 500[\text{V}]$$

$$V_3 = 1,000 \times \frac{1}{4} = 250[\text{V}]$$

$$\therefore \text{전체 내압} : V = V_1 + V_2 + V_3$$
$$= 1,000 + 500 + 250$$
$$= 1,750[\text{V}]$$

03 자기 인덕턴스 L_1, L_2와 상호 인덕턴스 M일 때, 일반적인 자기 결합 상태에서 결합 계수 k는?

① $k < 0$ 　　② $0 < k < 1$
③ $k > 1$ 　　④ $k = 0$

해설 실제 양 코일 간에는 누설 자속이 존재하므로 결합 계수 k의 값은 $0 < k < 1$이다.
$k = 0$은 자기적 결합이 전혀 없는 상태, $k = 1$은 완전한 자기 결합 상태를 말한다.

04 두 개의 소자석 A, B의 세기가 서로 같고 길이의 비는 1 : 2이다. 그림과 같이 두 자석을 일직선상에 놓고 그 사이에 A, B의 중심으로부터 r_1, r_2 거리에 있는 점 P에 작은 자침을 놓았을 때 자침이 자석의 영향을 받지 않았다고 한다. $r_1 : r_2$는 얼마인가?

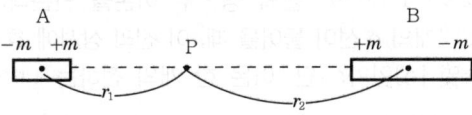

① $1 : \sqrt[3]{2}$ 　　② $\sqrt[3]{2} : 1$
③ $1 : \sqrt[3]{4}$ 　　④ $\sqrt[3]{4} : 1$

해설 자석 A, B에 의한 P점의 자계의 세기

$$H_1 = \frac{2M}{4\pi\mu_0 r_1^3}, \quad H_2 = \frac{2(2M)}{4\pi\mu_0 r_2^3}$$

(여기서, M : 소자석의 자기 모멘트)

$$\frac{1}{r_1^3} = \frac{2}{r_2^3}, \quad \frac{r_1}{r_2} = \frac{1}{\sqrt[3]{2}}$$

$$\therefore r_1 : r_2 = 1 : \sqrt[3]{2}$$

기출문제 관련 이론 바로보기

03. 이론 check 결합 계수

결합 계수는 자기적으로 얼마나 양호한 결합을 했는가를 결정하는 양으로,

$$K = \frac{M}{\sqrt{L_1 L_2}}$$

여기서, K의 크기는 $0 \leq K \leq 1$로, $K = 1$은 완전 변압기 조건, 즉 누설 자속이 없는 경우를 의미한다.

04. 이론 check 자계의 세기

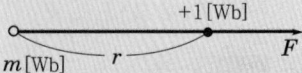

자계 세기의 정의는 자계 중에 단위 점자하를 놓았을 때 작용하는 힘이다.
즉, 두 자하 사이에 작용하는 힘은

$$F = 6.33 \times 10^4 \frac{m_1 \times 1}{r^2}$$

$$= 6.33 \times 10^4 \frac{m}{r^2}[\text{N}]$$

이를 자계의 세기라 한다.

$$H = \frac{1}{4\pi\mu} \frac{m}{r^2}$$

$$= 6.33 \times 10^4 \frac{m}{r^2}[\text{AT/m}], [\text{N/Wb}]$$

또한, 자계 내에 m[Wb]를 놓았을 때 자계에 작용하는 힘은 다음과 같다.

$$F = mH[\text{N}]$$

정답 03.② 04.①

PART 01 전기자기학

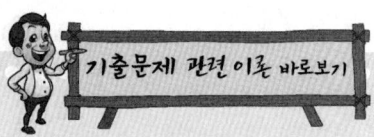

05 한 변의 길이가 l[m]인 정육각형 회로에 I[A]가 흐르고 있을 때 그 정육각형 중심의 자계의 세기는 몇 [A/m]인가?

① $\dfrac{I}{2\pi l}$ ② $\dfrac{2\sqrt{2}\,I}{\pi l}$

③ $\dfrac{\sqrt{3}\,I}{\pi l}$ ④ $\dfrac{\sqrt{2}\,I}{2\pi l}$

해설 정n각형 회로의 중심 자계의 세기

$$H = \dfrac{nI}{2\pi l}\tan\dfrac{\pi}{n}\,[\text{AT/m}]$$

정육각형 회로이므로 $n = 6$

$$\therefore H = \dfrac{6I}{2\pi l}\tan\dfrac{\pi}{6} = \dfrac{\sqrt{3}\,I}{\pi l}\,[\text{A/m}]$$

06. 이론check 환상 솔레노이드의 인덕턴스

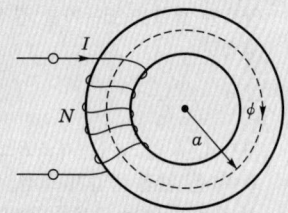

공극이 없는 경우는

$L = \dfrac{N\phi}{I} = \dfrac{N}{I}\cdot\dfrac{NI}{R_m}$

$= \dfrac{N^2}{I}\cdot\dfrac{I\cdot\mu S}{l} = \dfrac{\mu S N^2}{l}\,[\text{H}]$

06 단면적 S, 평균 반지름 r, 권선수 N인 환상 솔레노이드에 누설 자속이 없는 경우, 자기 인덕턴스의 크기는?

① 권선수의 제곱에 비례하고, 단면적에 반비례한다.
② 권선수 및 단면적에 비례한다.
③ 권선수의 제곱 및 단면적에 비례한다.
④ 권선수의 제곱 및 평균 반지름에 비례한다.

해설 환상 솔레노이드의 자기 인덕턴스

$$L = \dfrac{N\phi}{I} = \dfrac{\mu S N^2}{l}\,[\text{H}]$$

∴ 자기 인덕턴스는 투자율, 단면적, 권선수의 제곱에 비례한다.

07. 이론check  전류의 정의

도선에 흐르는 전류 i는 단위 시간당 전하의 이동이므로

$i = \dfrac{Q}{t} = \dfrac{ne}{t}$[C/s=A]이다.

여기서, n : 전하수
   e : 전하량
(단위 : [C/s=A])

또한, 시간에 따라 전하의 이동이 변화하면 $i = \dfrac{dq}{dt}$[A]로 표현한다.

07 공기 중 방사성 원소 플루토늄(Pu)에서 나오는 한 개의 α입자가 정지하기까지 1.5×10^5 쌍의 정·부 이온을 만든다. 전리 상자에 매초 4×10^{10}개의 α선이 들어올 때, 이 전리 상자에 흐르는 포화 전류의 크기는 몇 [A]인가? (단, 이온 한 개의 전하는 1.6×10^{-19}[C]이다.)

① 4.8×10^{-3} ② 4.8×10^{-4}
③ 9.6×10^{-3} ④ 9.6×10^{-4}

해설 전류 $I = \dfrac{Q}{t}$[A]

한 개의 α입자에서 1.5×10^5의 이온이 만들어지므로 4×10^{10}개의 α입자의 이온수는 $1.5\times10^5\times4\times10^{10}$개
총 전하 $Q = 1.5\times10^5\times4\times10^{10}\times1.6\times10^{-19}$[C]

$$\therefore I = \dfrac{1.5\times10^5\times4\times10^{10}\times1.6\times10^{-19}}{1}$$

$$= 9.6\times10^{-4}\,[\text{A}]$$

정답 05.③ 06.③ 07.④

08 대전된 도체의 표면 전하 밀도는 도체 표면의 모양에 따라 어떻게 되는가?

① 곡률 반지름이 크면 커진다.
② 곡률 반지름이 크면 작아진다.
③ 표면 모양에 관계없다.
④ 평면일 때 가장 크다.

해설 곡률이 클 경우, 즉 곡률 반경이 작은 경우에 도체 표면의 전하 밀도는 커진다.

09 정전계에 대한 설명으로 옳은 것은?

① 전계 에너지가 항상 ∞인 전기장을 의미한다.
② 전계 에너지가 항상 0인 전기장을 의미한다.
③ 전계 에너지가 최소로 되는 전하 분포의 전계를 의미한다.
④ 전계 에너지가 최대로 되는 전하 분포의 전계를 의미한다.

해설 전계 내의 전하는 그 자신의 에너지가 최소가 되는 가장 안정된 전하 분포를 가지는 정전계를 형성하려고 한다. 이것을 톰슨의 정리라고 한다.

10 와전류에 대한 설명으로 틀린 것은?

① 도체 내부를 통하는 자속이 없으면 와전류가 생기지 않는다.
② 도체 내부를 통하는 자속이 변화하지 않아도 전류의 회전이 발생하여 전류 밀도가 균일하지 않다.
③ 패러데이의 전자 유도 법칙에 의해 철심이 교번 자속을 통할 때 줄(Joule)열 손실이 크다.
④ 교류 기기는 와전류가 매우 크기 때문에 저감 대책으로 얇은 철판(규소 강판)을 겹쳐서 사용한다.

해설 자성체 중에서 자속이 변화하면 기전력이 발생하고 이 기전력에 의해 자성체 중에 소용돌이 모양의 전류가 흐르는 현상을 와전류라 한다.

11 전속 밀도 D, 전계의 세기 E, 분극의 세기 P 사이의 관계식은?

① $P = D + \varepsilon_0 E$
② $P = D - \varepsilon_0 E$
③ $P = D(1 - \varepsilon_0)E$
④ $P = \varepsilon_0(D - E)$

해설 전속 밀도 $D = \varepsilon_0 E + P$에서
분극의 세기 $P = D - \varepsilon_0 E = \varepsilon_0 \varepsilon_s E - \varepsilon_0 E = \varepsilon_0(\varepsilon_s - 1)E [C/m^2]$

---

11. 이론 check 전기 분극

(1) 분극 현상
유전체에 외부 전계를 가하면 전기 쌍극자가 형성되는 현상
① 유전체인 경우

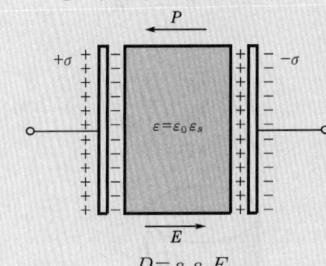

$D = \varepsilon_0 \varepsilon_s E$

② 진공인 경우

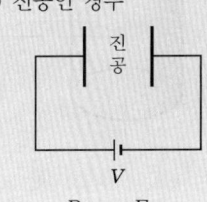

$D_0 = \varepsilon_0 E$
∴ $D = \varepsilon_0 \varepsilon_s E > D_0 = \varepsilon_0 E$

(2) 분극의 세기(P)
$D_0 = \varepsilon_0 E + P$
$P = D - \varepsilon_0 E = \varepsilon_0 \varepsilon_s E - \varepsilon_0 E$
  $= \varepsilon_0(\varepsilon_s - 1)E = \chi_e E [C/m^2]$
여기서, χ(카이) : 분극률($\chi = \varepsilon_0(\varepsilon_s - 1)$의 값을 갖는다.)

정답 08.② 09.③ 10.② 11.②

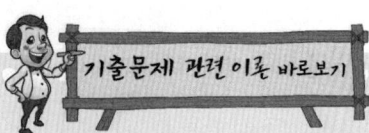

12. 이론check **무한장 원통 전류에 의한 자계의 세기**

(1) 외부 자계의 세기($r > a$)
반지름이 a[m]인 원통 도체에 전류 I가 흐를 때 이 원통으로부터 r[m] 떨어진 점의 자계의 세기
$$H_o = \frac{I}{2\pi r}$$
즉, r에 반비례한다.

(2) 내부 자계의 세기($r < a$)
원통 내부에 전류 I가 균일하게 흐른다면 원통 내부의 자계의 세기
$$H_i = \frac{I'}{2\pi r}$$
이때, 내부 전류 I'는 원통의 체적에 비례하여 흐르므로
$$I : I' = \pi a^2 l : \pi r^2 l$$
$$\Rightarrow I' = \frac{r^2}{a^2} I \text{ [A]}$$
$$H_i = \frac{\frac{r^2}{a^2}I}{2\pi r} = \frac{rI}{2\pi a^2} \text{ [AT/m]}$$

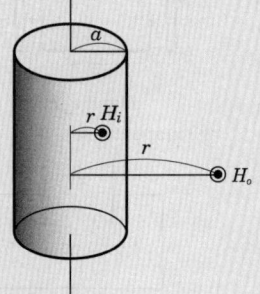

13. 이론check **고유 임피던스(파동 임피던스)**
전자파는 자계와 전계가 동시에 90°의 위상차로 전파되므로 전자파의 파동 고유 임피던스는 전계와 자계의 비이다.
$$\eta = \frac{E}{H} = \sqrt{\frac{\mu}{\varepsilon}}$$

12 반지름 a[m]인 원통 도체에 전류 I[A]가 균일하게 분포되어 흐르고 있을 때의 도체 내부의 자계의 세기는 몇 [A/m]인가? (단, 중심으로부터의 거리는 r[m]라 한다.)

① $\dfrac{Ir}{\pi a^2}$ ② $\dfrac{Ir}{2\pi a}$

③ $\dfrac{Ir}{2\pi a^2}$ ④ $\dfrac{Ir}{4\pi a^2}$

해설 앙페르의 주회 적분 법칙에 의해
$$\oint H dl = I$$
$$H \cdot 2\pi r = \frac{\pi r^2}{\pi a^2} I$$
$$\therefore H = \frac{rI}{2\pi a^2} \text{ [A/m]}$$

13 전자파에서 전계 E와 자계 H의 비$\left(\dfrac{E}{H}\right)$는? (단, μ_s, ε_s는 각각 공간의 비투자율, 비유전율이다.)

① $377\sqrt{\dfrac{\varepsilon_s}{\mu_s}}$ ② $377\sqrt{\dfrac{\mu_s}{\varepsilon_s}}$

③ $\dfrac{1}{377}\sqrt{\dfrac{\varepsilon_s}{\mu_s}}$ ④ $\dfrac{1}{377}\sqrt{\dfrac{\mu_s}{\varepsilon_s}}$

해설 고유 임피던스
$$\eta = \frac{E}{H} = \sqrt{\frac{\mu}{\varepsilon}} = \sqrt{\frac{\mu_0}{\varepsilon_0}} \cdot \sqrt{\frac{\mu_s}{\varepsilon_s}} = 377\sqrt{\frac{\mu_s}{\varepsilon_s}} \text{ [Ω]}$$

14 유전체 내의 전속 밀도를 정하는 원천은?
① 유전체의 유전율이다.
② 분극 전하만이다.
③ 진전하만이다.
④ 진전하와 분극 전하이다.

해설 $D = \varepsilon_0 E + P = \varepsilon_0 E + \sigma_p \text{ [C/m}^2\text{]}$
$$E = \frac{\sigma - \sigma_p}{\varepsilon_0} \text{ [V/m]}$$
$$\therefore D = \varepsilon_0 \cdot \frac{\sigma - \sigma_p}{\varepsilon_0} + \sigma_p = \sigma - \sigma_p + \sigma_p = \sigma$$
여기서, σ_p: 분극 전하 밀도[C/m²]
σ: 진전하 밀도[C/m²]
즉, 전속 밀도 D는 진전하 밀도 σ에 의해 결정된다.

정답 12.③ 13.② 14.③

2014년 과년도 출제문제

15 비투자율 μ_s는 역자성체에서 다음 중 어느 값을 갖는가?

① $\mu_s = 1$ ② $\mu_s < 1$
③ $\mu_s > 1$ ④ $\mu_s = 0$

해설 비투자율 $\mu_s = \dfrac{\mu}{\mu_0} = 1 + \dfrac{\chi_m}{\mu_0}$ 에서
$\mu_s > 1$, 즉 $\chi_m > 0$이면 상자성체
$\mu_s < 1$, 즉 $\chi_m < 0$이면 역자성체

16 히스테리시스 곡선의 기울기는 다음의 어떤 값에 해당하는가?

① 투자율 ② 유전율
③ 자화율 ④ 감자율

해설 $B = \mu H$이므로 히스테리시스 곡선의 기울기는 해당 자성체의 투자율이다.

17 체적 전하 밀도 $\rho[\text{C/m}^3]$로 $V[\text{m}^3]$의 체적에 걸쳐서 분포되어 있는 전하 분포에 의한 전위를 구하는 식은? (단, r은 중심으로부터의 거리이다.)

① $\dfrac{1}{4\pi\varepsilon_0} \iiint_v \dfrac{\rho}{r^2} dv\,[\text{V}]$ ② $\dfrac{1}{4\pi\varepsilon_0} \iiint_v \dfrac{\rho}{r} dv\,[\text{V}]$

③ $\dfrac{1}{2\pi\varepsilon_0} \iiint_v \dfrac{\rho}{r^2}\,[\text{V}]$ ④ $\dfrac{1}{2\pi\varepsilon_0} \iiint_v \dfrac{\rho}{r} dv\,[\text{V}]$

해설 전위 $V = \dfrac{Q}{4\pi\varepsilon_0 r}[\text{V}]$
체적 전하 밀도가 $\rho[\text{C/m}^3]$이므로
총 전하 $Q = \iiint \rho dv\,[\text{C}]$
$\therefore V = \dfrac{1}{4\pi\varepsilon_0 r} \iiint \rho dv = \dfrac{1}{4\pi\varepsilon_0} \iiint \dfrac{\rho}{r} dv$

18 진공 중에서 점 $(0, 1)[\text{m}]$되는 곳에 $-2 \times 10^{-9}[\text{C}]$ 점전하가 있을 때 점 $(2, 0)[\text{m}]$에 있는 $1[\text{C}]$에 작용하는 힘[N]은?

① $-\dfrac{36}{5\sqrt{5}}a_x + \dfrac{18}{5\sqrt{5}}a_y$

② $-\dfrac{18}{5\sqrt{5}}a_x + \dfrac{36}{5\sqrt{5}}a_y$

③ $-\dfrac{36}{3\sqrt{5}}a_x + \dfrac{18}{3\sqrt{5}}a_y$

④ $\dfrac{36}{5\sqrt{5}}a_x + \dfrac{18}{5\sqrt{5}}a_y$

기출문제 관련 이론 바로보기

15. 이론 check **자성체의 종류**

(1) 강자성체($\mu_s > 1$)
  철, 니켈, 코발트 등
(2) 약자성체($\mu_s \cong 1$)
  알루미늄, 공기, 주석 등
(3) 페라이트(ferrite)
  합금, 강자성체의 일부
(4) 반자성체($\mu_s < 1$)
  동선, 납, 게르마늄, 안티몬, 아연, 수소 등

16. 이론 check **히스테리시스 곡선**

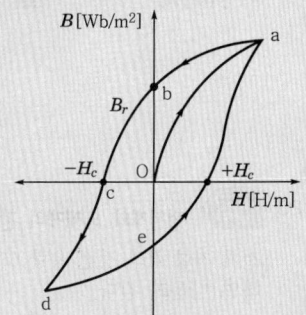

자성체에 정방향으로 외부 자계를 증가시키면 자성체 내에 자속 밀도는 0~a점까지 증가하다가 a점에서 포화 상태가 되어 더 이상 자속 밀도가 증가하지 않는다.
이때 외부 자계를 0으로 하면 자속 밀도는 b점이 된다. 또한 외부 자계의 방향을 반대로 하여 외부 자계를 상승하면 d점에서 자기 포화가 발생한다.
이 외부 자계를 0으로 하면 자속 밀도는 e점이 된다. e점에서 정방향으로 외부 자계를 인가하면 a점에서 자기 포화가 발생한다. 이와 같이 외부 자계의 변화에 따라 자속이 변화하는 특성 곡선을 히스테리시스 곡선이라 한다.
여기서, B_r는 잔류 자기, H_c는 잔류 자기를 제거할 수 있는 자화력으로 보자력이라 한다.

정답 15.② 16.① 17.② 18.①

PART 01 전기자기학

해설
$$r = (2-0)a_x + (0-1)a_y = 2a_x - a_y \,[\text{m}]$$
$$r = \sqrt{2^2 + (-1)^2} = \sqrt{5}\,[\text{m}]$$
$$\therefore r_0 = \frac{1}{\sqrt{5}}(2a_x - a_y)\,[\text{m}]$$
$$\therefore F = 9 \times 10^9 \times \frac{-2 \times 10^{-9} \times 1}{(\sqrt{5})^2} \times \frac{1}{\sqrt{5}}(2a_x - a_y)$$
$$= -\frac{36}{5\sqrt{5}}a_x + \frac{18}{5\sqrt{5}}a_y\,[\text{N}]$$

19. 이론 check — 전자파의 전파 속도
$$v = \frac{1}{\sqrt{\varepsilon\mu}} = \frac{1}{\sqrt{\varepsilon_0\mu_0}} \cdot \frac{1}{\sqrt{\varepsilon_s\mu_s}}$$
$$= 3 \times 10^8 \frac{1}{\sqrt{\varepsilon_s\mu_s}}$$
$$= \frac{C_0}{\sqrt{\varepsilon_s\mu_s}}\,[\text{m/s}]$$

19 유전율 ε, 투자율 μ인 매질 내에서 전자파의 속도[m/s]는?

① $\sqrt{\dfrac{\mu}{\varepsilon}}$
② $\sqrt{\mu\varepsilon}$
③ $\sqrt{\dfrac{\varepsilon}{\mu}}$
④ $\dfrac{3 \times 10^8}{\sqrt{\varepsilon_s\mu_s}}$

해설
$$v = \frac{1}{\sqrt{\varepsilon\mu}} = \frac{1}{\sqrt{\varepsilon_0\mu_0}} \cdot \frac{1}{\sqrt{\varepsilon_s\mu_s}}$$
$$= C_0\frac{1}{\sqrt{\varepsilon_s\mu_s}} = \frac{3\times 10^8}{\sqrt{\varepsilon_s\mu_s}}\,[\text{m/s}]$$

20. 이론 check — 정전계와 도체계의 관계식
전기 저항 R과 정전 용량 C를 곱하면 다음과 같다.
전기 저항 $R = \rho\dfrac{l}{S}[\Omega]$, 정전 용량 $C = \dfrac{\varepsilon S}{d}[\text{F}]$이므로
$$R \cdot C = \rho\frac{l}{S} \cdot \frac{\varepsilon S}{d}$$
$$\therefore R \cdot C = \rho\varepsilon,\ \frac{C}{G} = \frac{\varepsilon}{k}$$
이때, 전기 저항은 $R = \dfrac{\rho\varepsilon}{C}[\Omega]$이 되므로 전류는 다음과 같다.
$$I = \frac{V}{R} = \frac{V}{\frac{\rho\varepsilon}{C}} = \frac{CV}{\rho\varepsilon}\,[\text{A}]$$

20 반지름 $a[\text{m}]$의 반구형 도체를 대지 표면에 그림과 같이 묻었을 때 접지 저항 $R[\Omega]$은? (단, $\rho[\Omega\cdot\text{m}]$는 대지의 고유 저항이다.)

① $\dfrac{\rho}{2\pi a}$
② $\dfrac{\rho}{4\pi a}$
③ $2\pi a\rho$
④ $4\pi a\rho$

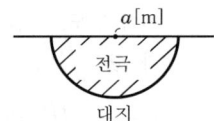

해설 반지름 $a[\text{m}]$인 구의 정전 용량은 $4\pi\varepsilon a[\text{F}]$이므로 반구의 정전 용량 C는 $C = 2\pi\varepsilon a[\text{F}]$이다.
$$RC = \rho\varepsilon$$
$$R = \frac{\rho\varepsilon}{C} = \frac{\rho\varepsilon}{2\pi\varepsilon a} = \frac{\rho}{2\pi a}\,[\Omega]$$

정답 19.④ 20.①

2015년 과년도 출제문제

제1회 전기자기학

01 무한장 선로에 균일하게 전하가 분포된 경우 선로로부터 r[m] 떨어진 P점에서의 전계의 세기 E[V/m]는 얼마인가? (단, 선전하 밀도는 ρ_L [C/m]이다.)

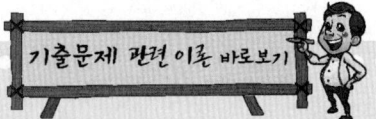

① $E = \dfrac{\rho_L}{4\pi\varepsilon_0 r}$ ② $E = \dfrac{\rho_L}{4\pi\varepsilon_0 r^2}$

③ $E = \dfrac{\rho_L}{2\pi\varepsilon_0 r}$ ④ $E = \dfrac{\rho_L}{2\pi\varepsilon_0 r^2}$

해설 가우스의 법칙에 의해서

$$\int_S \boldsymbol{E} \cdot n dS = \frac{\rho_L \cdot l}{\varepsilon_0}$$

$$E 2\pi r \cdot l = \frac{\rho_L \cdot l}{\varepsilon_0}$$

$$\therefore E = \frac{\rho_L}{2\pi\varepsilon_0 r} [\text{V/m}]$$

02 반지름이 5[mm]인 구리선에 10[A]의 전류가 흐르고 있을 때, 단위 시간당 구리선의 단면을 통과하는 전자의 개수는? (단, 전자의 전하량 $e = 1.602 \times 10^{-19}$[C]이다.)

① 6.24×10^{17}
② 6.24×10^{19}
③ 1.28×10^{21}
④ 1.28×10^{23}

02. Tip 전류 밀도

전계의 세기 $\boldsymbol{E}$와 반대 방향으로 이동하는 전자의 이동 속도 v는
$v \propto \boldsymbol{E} \Rightarrow v = \mu \boldsymbol{E}$이며
μ는 전자의 이동도를 나타낸다.
또한 전류 밀도는

$J = \dfrac{I}{S}$[A/m^2]

$J = Qv = nev$
$= ne\mu \boldsymbol{E} = k\boldsymbol{E} = \dfrac{\boldsymbol{E}}{\rho}$[A/m^2]

여기서, Q : 총 전기량
ne : 총 전자의 개수
k : 도전율
ρ : 고유 저항률

정답 01.③ 02.②

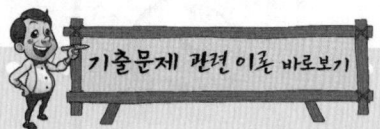

해설 동선 단면을 단위 시간에 통과하는 전하는 10[C]이므로
$$n = \frac{Q}{e} = \frac{10}{1.602 \times 10^{-19}} = 6.24 \times 10^{19} \text{ 개}$$

03 자계의 벡터 퍼텐셜을 A라 할 때, 자계의 변화에 의하여 생기는 전계의 세기 E는?

① $E = \mathrm{rot}A$ ② $\mathrm{rot}E = A$

③ $E = -\dfrac{\partial A}{\partial t}$ ④ $\mathrm{rot}E = -\dfrac{\partial A}{\partial t}$

해설 맥스웰의 전자 방정식 중 패러데이 전자 유도 법칙의 미분형
$$\mathrm{rot}E = \nabla \times E = -\frac{\partial B}{\partial t}$$
자계의 벡터 퍼텐셜 $B = \mathrm{rot}A = \nabla \times A$
$$\therefore \nabla \times E = -\frac{\partial B}{\partial t} = -\frac{\partial}{\partial t}(\nabla \times A) = \nabla \times \left(-\frac{\partial A}{\partial t}\right)$$
$$\therefore E = -\frac{\partial A}{\partial t}$$

04. 이론 check **자성체의 자구(spin) 배열 상태에 따른 분류**

(1) 반(역)자성체
영구 자기 쌍극자는 없는 재질(동선, 납, 게르마늄, 안티몬, 아연, 수소 등)

(2) 상자성체
인접 영구 자기 쌍극자의 방향이 규칙성이 없는 재질(알루미늄, 망간, 백금, 주석 등)

(3) 강자성체
인접 영구 자기 쌍극자의 방향이 동일 방향으로 배열하는 재질(철, 니켈, 코발트 등)

(4) 반(역)강자성체
인접 영구 자기 쌍극자의 배열이 서로 반대인 재질(산화니켈, 황화철, 염화코발트 등)

04 투자율을 μ라 하고 공기 중의 투자율 μ_0와 비투자율 μ_s의 관계에서 $\mu_s = \dfrac{\mu}{\mu_0} = 1 + \dfrac{\chi}{\mu_0}$로 표현된다. 이에 대한 설명으로 알맞은 것은? (단, χ는 자화율이다.)

① $\chi > 0$인 경우 역자성체
② $\chi < 0$인 경우 상자성체
③ $\mu_s > 1$인 경우 비자성체
④ $\mu_s < 1$인 경우 역자성체

해설 비투자율 $\mu_s = \dfrac{\mu}{\mu_0} = 1 + \dfrac{\chi}{\mu_0}$에서
$\mu_s > 1$, 즉 $\chi > 0$이면 상자성체
$\mu_s < 1$, 즉 $\chi < 0$이면 역자성체

05 다음 중 [Ω·s]와 같은 단위는?

① [F]   ② [F/m]
③ [H]   ④ [H/m]

해설 $e = L\dfrac{di}{dt}$에서 $L = e\dfrac{dt}{di}$이므로
$$[V] = \left[\mathrm{H} \cdot \frac{\mathrm{A}}{\mathrm{s}}\right]$$

정답 03.③ 04.④ 05.③

$$\therefore [H] = \left[\dfrac{V}{A} \cdot s\right] = [\Omega \cdot s]$$

$$\therefore [Henry] = [Ohm \cdot s]$$

06 0.2[C]의 점전하가 전계 $E = 5a_y + a_z$[V/m] 및 자속 밀도 $B = 2ba_y + 5a_z$ [Wb/m²] 내로 속도 $v = 2a_x + 3a_y$[m/s]로 이동할 때, 점전하에 작용하는 힘 F[N]은? (단, a_x, a_y, a_z는 단위 벡터이다.)

① $2a_x - a_y + 3a_z$
② $3a_x - a_y + a_z$
③ $a_x + a_y - 2a_z$
④ $5a_x + a_y - 3a_z$

해설 $F = q(E + v \times B)$
$= 0.2(5a_y + a_z) + 0.2(2a_x + 3a_y) \times (2a_y + 5a_z)$
$= 0.2(5a_y + a_z) + 0.2 \begin{vmatrix} a_x & a_y & a_z \\ 2 & 3 & 0 \\ 0 & 2 & 5 \end{vmatrix}$
$= 0.2(5a_y + a_z) + 0.2(15a_x + 4a_z - 10a_y)$
$= 0.2(15a_x - 5a_y + 5a_z) = 3a_x - a_y + a_z$ [N]

07 자계의 세기 $H = xya_y - xza_z$[A/m]일 때, 점 (2, 3, 5)에서 전류 밀도는 몇 [A/m²]인가?

① $3a_x + 5a_y$
② $3a_y + 5a_z$
③ $5a_x + 3a_z$
④ $5a_y + 3a_z$

해설 전류 밀도 $J = rot H = \nabla \times H = \begin{vmatrix} a_x & a_y & a_z \\ \dfrac{\partial}{\partial x} & \dfrac{\partial}{\partial y} & \dfrac{\partial}{\partial z} \\ 0 & xy & -xz \end{vmatrix} = za_y + ya_z$

$x = 2$, $y = 3$, $z = 5$를 대입하면
$\therefore J = 5a_y + 3a_z$ [A/m²]

08 평행판 콘덴서의 극간 전압이 일정한 상태에서 극간에 공기가 있을 때의 흡인력을 F_1, 극판 사이에 극판 간격의 $\dfrac{2}{3}$ 두께의 유리판($\varepsilon_r = 10$)을 삽입할 때의 흡입력을 F_2라 하면 $\dfrac{F_2}{F_1}$는?

① 0.6
② 0.8
③ 1.5
④ 2.5

06. 이론 check 자계 내에서 운동 전하가 받는 힘

전하 q가 자속 밀도 B인 평등 자계 내를 이것과 θ의 방향으로 속도 v를 가지고 이동할 때, 이 전하에는 전자력 F가 작용한다.
$F = q(v \times B)$[N]
$F = Bqv\sin\theta$[N]
여기서, 전하 q가 속도 v로 평등 자계 내를 수직으로 들어가면 운동 방향과 직각으로 힘을 받아 등속 원운동을 하게 된다.
또한 운동 전하 q에 전계 E와 자계 H가 동시에 작용하고 있으면 전체적으로 $F = q(E + v \times B)$[N]의 전자력을 받는다.
이것을 일반적으로 로렌츠의 힘 (Lorentz's force)이라고 한다.

정답 06.② 07.④ 08.④

PART 01 전기자기학

기출문제 관련 이론 바로보기

해설 공기 콘덴서인 경우의 정전 용량 C_1는

$$C_1 = \frac{\varepsilon_0 S}{d}$$

공극에 유리판을 넣은 경우의 정전 용량 C_2는

$$C_2 = \cfrac{1}{\cfrac{1}{\cfrac{\varepsilon_0 S}{d-t}} + \cfrac{1}{\cfrac{\varepsilon_0 \varepsilon_s S}{t}}} = \cfrac{S}{\cfrac{d-t}{\varepsilon_0} + \cfrac{t}{\varepsilon_0 \varepsilon_s}}$$

$$\frac{C_2}{C_1} = \cfrac{\cfrac{S}{\left(\cfrac{d-t}{\varepsilon_0} + \cfrac{t}{\varepsilon_0 \varepsilon_s}\right)}}{\cfrac{\varepsilon_0 S}{d}} = \cfrac{Sd}{\varepsilon_0 S\left(\cfrac{d-t}{\varepsilon_0} + \cfrac{t}{\varepsilon_0 \varepsilon_s}\right)}$$

$$= \cfrac{\varepsilon_s d}{\varepsilon_s(d-t)+t}$$

전압이 일정할 때이므로

$$W_1 = \frac{1}{2}C_1 V^2, \quad W_2 = \frac{1}{2}C_2 V^2$$

$$\frac{F_2}{F_1} = \frac{W_2}{W_1} = \cfrac{\cfrac{1}{2}C_2 V^2}{\cfrac{1}{2}C_1 V^2} = \frac{C_2}{C_1} = \cfrac{\varepsilon_s d}{\varepsilon_s(d-t)+t}$$

$$= \cfrac{10d}{10\left(d-\cfrac{2}{3}d\right)+\cfrac{2}{3}d} = \cfrac{10}{10\times\cfrac{1}{3}+\cfrac{2}{3}} = \cfrac{30}{12} = 2.5 \text{배}$$

09. 쿨롱의 법칙

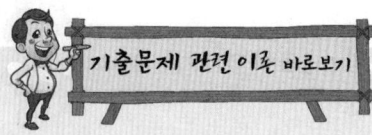

| 동종 전하이면 F는 반발력 |

| 이종 전하이면 F는 흡인력 |

쿨롱(Coulomb)은 1785년에 특수 고안된 비틀림 저울을 사용하여 두 개의 작은 대전체 간에 작용하는 힘에 관해서 실험적으로 다음과 같은 법칙을 얻었다.

(1) 두 전하 사이에 작용하는 힘은 같은 종류의 전하 사이에는 반발력이 작용하고 다른 종류의 전하 사이에는 흡인력이 작용한다.
(2) 두 전하 사이에 작용하는 힘의 크기는 전하의 곱에 비례한다.
(3) 두 전하 사이에 작용하는 힘의 크기는 전하 사이의 거리의 제곱에 반비례한다.
(4) 두 전하 사이에 작용하는 힘의 방향은 두 개의 전하를 연결한 직선상에 존재한다.
(5) 두 전하 사이에 작용하는 힘은 두 전하가 존재하고 있는 매질에 따라 다르다.

09 진공 중에 $+20[\mu C]$과 $-3.2[\mu C]$인 2개의 점전하가 1.2[m] 간격으로 놓여 있을 때 두 전하 사이에 작용하는 힘[N]과 작용력은 어떻게 되는가?

① 0.2[N], 반발력   ② 0.2[N], 흡인력
③ 0.4[N], 반발력   ④ 0.4[N], 흡인력

해설
$$F = \frac{Q_1 Q_2}{4\pi\varepsilon_0 r^2} = 9\times10^9 \times \frac{Q_1 Q_2}{r^2}$$

$$= 9\times10^9 \times \frac{(20\times10^{-6})\times(-3.2\times10^{-6})}{1.2^2}$$

$$= -0.4[N]$$

서로 다른 종류의 전하 사이에는 흡인력이 작용한다. 즉, 쿨롱의 힘이 −로 표시된다.

정답 09. ④

10 내부 도체의 반지름이 a[m]이고, 외부 도체의 내반지름이 b[m], 외반지름이 c[m]인 동축 케이블의 단위 길이당 자기 인덕턴스는 몇 [H/m]인가?

① $\dfrac{\mu_0}{2\pi}\ln\dfrac{b}{a}$

② $\dfrac{\mu_0}{\pi}\ln\dfrac{b}{a}$

③ $\dfrac{2\pi}{\mu_0}\ln\dfrac{b}{a}$

④ $\dfrac{\pi}{\mu_0}\ln\dfrac{b}{a}$

해설

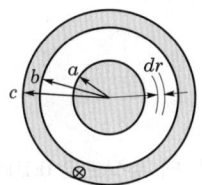

단위 길이당 미소 자속

$d\phi = B \cdot ds = \mu_0 H dr = \dfrac{\mu_0 I}{2\pi r}dr$

$\therefore \phi = \displaystyle\int_a^b d\phi = \dfrac{\mu_0 I}{2\pi}\ln\dfrac{b}{a}$ [Wb]

∵ 단위 길이당 인덕턴스

$L = \dfrac{\phi}{I} = \dfrac{\mu_0}{2\pi}\ln\dfrac{b}{a}$ [H/m]

11 진공 중에 있는 반지름 a[m]인 도체구의 정전 용량[F]은?

① $4\pi\varepsilon_0 a$

② $2\pi\varepsilon_0 a$

③ $8\pi\varepsilon_0 a$

④ a

해설 반지름이 a[m]인 고립 도체구에 Q[C]을 줄 때, 무한대와 도체 사이의 전위차, 즉 도체구의 전위 V는

$V = \dfrac{Q}{4\pi\varepsilon_0 a}$ [V]

$C = \dfrac{Q}{V} = \dfrac{Q}{\dfrac{Q}{4\pi\varepsilon_0 a}}$

$= 4\pi\varepsilon_0 a = \dfrac{1}{9\times 10^9}a$ [F]

---

11. 이론 Check 정전 용량

(1) 정전 용량

전하와 전위의 비율로 도체가 전하를 축적할 수 있는 능력

$Q = CV$

(여기서, C : 정전 용량)

$C = \dfrac{Q}{V}$ [C/V] = [F]

독립 도체의 정전 용량

$C = \dfrac{Q}{V}$ (전위)

두 도체 사이의 정전 용량

$C = \dfrac{Q}{V_{AB}}$ (전위차)

(2) 동심구 사이의 정전 용량

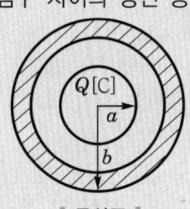

┃동심구┃

$V = -\displaystyle\int_b^a \boldsymbol{E}\cdot d\boldsymbol{r}$

$= \dfrac{Q}{4\pi\varepsilon_0}\left(\dfrac{1}{a}-\dfrac{1}{b}\right)$ [V]

$C = \dfrac{Q}{\dfrac{Q}{4\pi\varepsilon_0}\left(\dfrac{1}{a}-\dfrac{1}{b}\right)} = \dfrac{4\pi\varepsilon_0}{\dfrac{1}{a}-\dfrac{1}{b}}$

$= \dfrac{4\pi\varepsilon_0 ab}{b-a}$ [F]

정답 10.① 11.①

PART 01 전기자기학

14. 포인팅 벡터(P)

전자계 내의 한 점을 통과하는 에너지 흐름의 단위 면적당 전력 또는 전력 밀도를 표시하는 벡터를 말한다.

전계와 자계가 함께 존재하는 경우 에너지 밀도는

$w = \dfrac{1}{2}(\varepsilon E^2 + \mu H^2)[\text{J/m}^3]$ 이고

$H = \sqrt{\dfrac{\varepsilon}{\mu}}\, E,\ E = \sqrt{\dfrac{\mu}{\varepsilon}}\, H$ 이므로 이를 위의 식에 대입하면

$w = \dfrac{1}{2}\left(\varepsilon \sqrt{\dfrac{\mu}{\varepsilon}}\, EH + \mu \sqrt{\dfrac{\varepsilon}{\mu}}\, EH\right)$

$= \sqrt{\varepsilon\mu}\, EH\,[\text{J/m}^3]$

가 된다.

이것이 평면 전자파가 갖는 에너지 밀도[J/m³]가 되는데 평면 전자파는 전계와 자계의 진동 방향에 대하여 수직인 방향으로 속도 $v = \dfrac{1}{\sqrt{\varepsilon\mu}}$ [m/s]로 전파되기 때문에 진행 방향에 수직인 단위 면적을 단위 시간에 통과하는 에너지는

$P = w \cdot v$

$= \sqrt{\varepsilon\mu}\, EH \times \dfrac{1}{\sqrt{\varepsilon\mu}}$

$= EH\,[\text{J/s} \cdot \text{m}^2]$

$= EH\,[\text{W/m}^2]$

평면 전자파는 E와 H가 수직이므로 이것을 벡터로 표시하면

$P = E \times H\,[\text{W/m}^2]$

가 되고 이 벡터를 포인팅(poynting) 벡터, 또는 방사(radiation) 벡터라 하며 이 방향은 진행 방향과 평행이다.

---

12 회로에서 단자 a-b 간에 V의 전위차를 인가할 때 C_1의 에너지는?

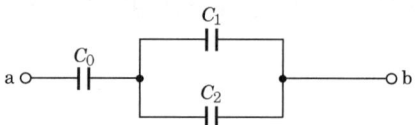

① $\dfrac{C_1^{\,2} V^2}{2}\left(\dfrac{C_1 + C_2}{C_0 + C_1 + C_2}\right)^2$
② $\dfrac{C_1 V^2}{2}\left(\dfrac{C_0}{C_0 + C_1 + C_2}\right)^2$
③ $\dfrac{C_1 V^2}{2} \dfrac{C_0(C_1 + C_2)}{(C_0 + C_1 + C_2)^2}$
④ $\dfrac{C_1 V^2}{2} \dfrac{C_0^{\,2} C_2}{(C_0 + C_1 + C_2)}$

해설

$W = \dfrac{1}{2} C_1 V_1^2 [\text{J}] = \dfrac{1}{2} C_1 \left(\dfrac{C_0}{C_0 + C_1 + C_2} \times V\right)^2$

$= \dfrac{1}{2} C_1 V^2 \left(\dfrac{C_0}{C_0 + C_1 + C_2}\right)^2$

13 무한장 직선 도체가 있다. 이 도체로부터 수직으로 0.1[m] 떨어진 점의 자계의 세기가 180[AT/m]이다. 이 도체로부터 수직으로 0.3[m] 떨어진 점의 자계의 세기[AT/m]는?

① 20
② 60
③ 180
④ 540

해설 무한장 직선 도체로부터 $r_1 = 0.1[\text{m}]$, $r_2 = 0.3[\text{m}]$인 자계의 세기를 H_1, H_2라 하면

$H_1 = \dfrac{I}{2\pi r_1}\,[\text{AT/m}]$

$\therefore I = 2\pi r_1 H_1 = 2\pi \times 0.1 \times 180\,[\text{A}]$

$\therefore H_2 = \dfrac{I}{2\pi r_2} = \dfrac{2\pi \times 0.1 \times 180}{2\pi \times 0.3} = 60\,[\text{AT/m}]$

14 공기 중에서 x방향으로 진행하는 전자파가 있다. $E_y = 3 \times 10^{-2} \sin\omega(x - vt)[\text{V/m}]$, $E_x = 4 \times 10^{-2} \sin\omega(x - vt)[\text{V/m}]$일 때, 포인팅 벡터의 크기[W/m²]는?

① $6.63 \times 10^{-6} \sin^2\omega(x - vt)$
② $6.63 \times 10^{-6} \cos^2\omega(x - vt)$
③ $6.63 \times 10^{-4} \sin\omega(x - vt)$
④ $6.63 \times 10^{-4} \cos^2\omega(x - vt)$

정답 12.② 13.② 14.①

해설 $E = \sqrt{E_y^2 + E_z^2} = \sqrt{3^2 + 4^2} \times 10^{-3} \sin\omega(x-vt)$
$= 5 \times 10^{-2} \sin\omega(x-vt)$

$H = \dfrac{\sqrt{\varepsilon_0} E}{\sqrt{\mu_0}} = \dfrac{E}{C_0 \mu_0}$

$= \dfrac{E}{3 \times 10^8 \times 4\pi \times 10^{-7}} = \dfrac{E}{120\pi}$

$= \dfrac{E}{377} = 0.2653 \times 10^{-2} E$

$H = 0.2653 \times 10^{-2} \times 5 \times 10^{-2} \sin\omega(x-vt)$
$= 1.3265 \times 10^{-4} \sin\omega(x-vt)$

E와 H는 직교하므로
$\therefore P = EH = 6.63 \times 10^{-6} \sin^2\omega(x-vt)\,[\text{W/m}^2]$

15  $Ql = \pm 200\pi\varepsilon_0 \times 10^3\,[\text{C}\cdot\text{m}]$인 전기 쌍극자에서 l과 r의 사이각이 $\dfrac{\pi}{3}$이고, $r=1$인 점의 전위[V]는?

① $50\pi \times 10^4$
② 50×10^3
③ 25×10^3
④ $5\pi \times 10^4$

해설 전기 쌍극자의 전위
$V = \dfrac{M\cos\theta}{4\pi\varepsilon_0 r^2} = 9 \times 10^9 \dfrac{Q \cdot l \cos\theta}{r^2}\,[\text{V}]$

$\therefore V = \dfrac{1}{4\pi\varepsilon_0} \times \dfrac{200\pi\varepsilon_0 \times 10^3}{1^2} \times \cos 60°$
$= 25 \times 10^3\,[\text{V}]$

16 60[Hz]의 교류 발전기의 회전자가 자속 밀도 0.15[Wb/m²]의 자기장 내에서 회전하고 있다. 만일 코일의 면적이 $2 \times 10^{-2}[\text{m}^2]$일 때, 유도 기전력의 최대값 $E_m = 220[\text{V}]$가 되려면 코일을 몇 번 감아야 하는가? (단, $\omega = 2\pi f = 377[\text{rad/s}]$이다.)

① 195회   ② 220회
③ 395회   ④ 440회

해설 유도 기전력의 최대값
$E_m = \omega NBS$
$\therefore N = \dfrac{E_m}{\omega BS} = \dfrac{220}{377 \times 0.15 \times 2 \times 10^{-2}} = 194.5$
$\therefore$ 195회

정답 15. ③   16. ①

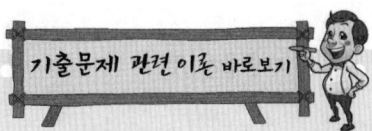

15. **이론** 전기 쌍극자에서의 P점의 전위

전기 쌍극자는 같은 크기의 정·부의 전하가 미소 길이 $l\,[\text{m}]$ 떨어진 한 쌍의 전하계

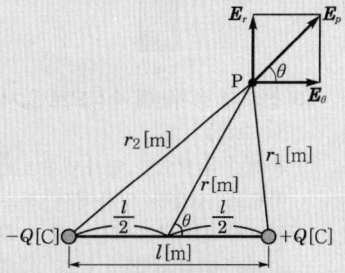

$+Q$, $-Q$에서 P점까지의 거리 r_1, $r_2[\text{m}]$는

$r_1 = r - \dfrac{l}{2}\cos\theta$

$r_2 = r + \dfrac{l}{2}\cos\theta$

P점의 전위는
$V_P = V_1 + V_2$
$= \dfrac{Q}{4\pi\varepsilon_0}\left(\dfrac{1}{r_1} - \dfrac{1}{r_2}\right)$

따라서
$V_P = \dfrac{Q}{4\pi\varepsilon_0}\left(\dfrac{1}{r - \dfrac{l}{2}\cos\theta} - \dfrac{1}{r + \dfrac{l}{2}\cos\theta}\right)$

$= \dfrac{Q}{4\pi\varepsilon_0}\left(\dfrac{l\cos\theta}{r^2 - \left(\dfrac{l}{2}\cos\theta\right)^2}\right)$

이때 $r \gg l$이므로
$V_P = \dfrac{Ql}{4\pi\varepsilon_0 r^2}\cos\theta = \dfrac{M}{4\pi\varepsilon_0 r^2}\cos\theta$

여기서, $M = Ql\,[\text{C}\cdot\text{m}]$로 전기 쌍극자 모멘트

PART 01 전기자기학

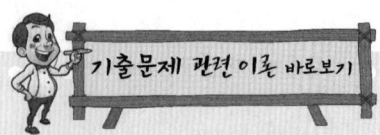

17. **이론 check** 경계면에서 작용하는 힘

(1) 전속선은 유전율이 큰 쪽으로 접속된다.
(2) 정전력은 유전율이 작은 쪽으로 작용한다.

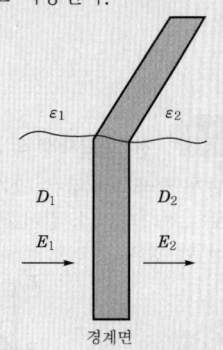

(3) 전계가 경계면에 수직으로 입사 ($\varepsilon_1 > \varepsilon_2$)

전계가 수직으로 입사시 $\theta = 0°$ 이므로 경계면 양측에서 전속 밀도가 같으므로 $D_1 = D_2 = D$ [C/m²]로 표시할 수 있다. 이때 경계면에 작용하는 단위 면적당 작용하는 힘은

$$f = \frac{D^2}{2\varepsilon} \,[\text{N/m}^2]$$

이므로 ε_1 에서의 힘은

$$f_1 = \frac{D^2}{2\varepsilon_1} \,[\text{N/m}^2]$$

ε_2 에서의 힘은

$$f_2 = \frac{D^2}{2\varepsilon_2} \,[\text{N/m}^2]$$

이 된다.
이때 전체적인 힘 f는 $f_2 > f_1$ 이므로 $f = f_2 - f_1$ 만큼 작용한다. 따라서

$$f = \frac{D^2}{2\varepsilon_2} - \frac{D^2}{2\varepsilon_1}$$
$$= \frac{1}{2}\left(\frac{1}{\varepsilon_2} - \frac{1}{\varepsilon_1}\right)D^2 \,[\text{N/m}^2]$$

17 유전율 ε_1, ε_2인 두 유전체 경계면에서 전계가 경계면에 수직일 때, 경계면에 작용하는 힘은 몇 [N/m²]인가? (단, $\varepsilon_1 > \varepsilon_2$이다.)

① $\left(\dfrac{1}{\varepsilon_1} + \dfrac{1}{\varepsilon_2}\right)D$

② $2\left(\dfrac{1}{\varepsilon_1^{\,2}} + \dfrac{1}{\varepsilon_2^{\,2}}\right)D^2$

③ $\dfrac{1}{2}\left(\dfrac{1}{\varepsilon_2} - \dfrac{1}{\varepsilon_1}\right)D$

④ $\dfrac{1}{2}\left(\dfrac{1}{\varepsilon_2} - \dfrac{1}{\varepsilon_1}\right)D^2$

해설 전계가 수직으로 입사시 경계면 양측에서 전속 밀도가 같다.

$D_1 = D_2 = D$

$$\therefore f = \frac{1}{2}E_2 D_2 - \frac{1}{2}E_1 D_1 \,[\text{N/m}]$$

$$= \frac{1}{2}(E_2 - E_1)D$$

$$= \frac{1}{2}\left(\frac{1}{\varepsilon_2} - \frac{1}{\varepsilon_1}\right)D^2 \,[\text{N/m}^2]$$

18 와전류와 관련된 설명으로 틀린 것은?

① 단위 체적당 와류손의 단위는 [W/m²]이다.
② 와전류는 교번 자속의 주파수와 최대 자속 밀도에 비례한다.
③ 와전류손은 히스테리시스손과 함께 철손이다.
④ 와전류손을 감소시키기 위하여 성층 철심을 사용한다.

해설 와전류의 크기는 유기하는 기전력에 비례하고 도체의 저항에 반비례한다. 또 이 기전력은 자속이 시간에 대해 정현적으로 변화한다면 이것은 주파수에 비례한다. 그리고 와전류에 의한 도체 속의 줄열 발생으로 에너지 손실 현상을 일으켜 도체는 가열된다. 이것을 와류손(eddy current loss)라 한다.

와전류 손실 $P_l = k\sigma f^2 B_m^{\,2} \,[\text{W/m}^3]$

∴ 와전류 손실은 주파수 및 최대 자속 밀도 제곱에 비례한다.

19 전속 밀도에 대한 설명으로 가장 옳은 것은?

① 전속은 스칼라량이기 때문에 전속 밀도도 스칼라량이다.
② 전속 밀도는 전계의 세기의 방향과 반대 방향이다.
③ 전속 밀도는 유전체 내에 분극의 세기와 같다.
④ 전속 밀도는 유전체와 관계없이 크기는 일정하다.

해설 전속 밀도는 유전체의 유무, 분극 전하의 유무에 관계없이 전전하에 의해서만 정해진다.

정답 17.④ 18.① 19.④

20 균일한 자속 밀도 B 중에 자기 모멘트 m의 자석(관성 모멘트 I)이 있다. 이 자석을 미소 진동시켰을 때의 주기는?

① $\dfrac{1}{2\pi}\sqrt{\dfrac{I}{mB}}$ ② $\dfrac{1}{2\pi}\sqrt{\dfrac{mB}{I}}$

③ $2\pi\sqrt{\dfrac{I}{mB}}$ ④ $2\pi\sqrt{\dfrac{mB}{I}}$

해설 자속 밀도 B와 θ의 각을 이루고 있는 자석에 작용하는 회전력은
$T = mB\sin\theta [\text{N}\cdot\text{m}]$
θ가 작을 때는 $\sin\theta \fallingdotseq \theta$이므로
∴ $T = mB\theta$
자석의 운동 방정식
$I\dfrac{d^2\theta}{dt^2} + mB = 0$
미분 방정식의 일반해
$\omega = \sqrt{\dfrac{mB}{I}}$
∴ 주기 $T = \dfrac{2\pi}{\omega} = 2\pi\sqrt{\dfrac{I}{mB}}$ [s]

제 2 회 전기자기학

01 유전율 ε, 전계의 세기 E인 유전체의 단위 체적에 축적되는 에너지는?

① $\dfrac{E}{2\varepsilon}$

② $\dfrac{2E}{\varepsilon}$

③ $\dfrac{\varepsilon E^2}{2}$

④ $\dfrac{\varepsilon^2 E^2}{2}$

해설 $C = \dfrac{\varepsilon S}{d}$, $V = Ed$ 이므로
$W = \dfrac{1}{2}CV^2 = \dfrac{1}{2}\cdot\left(\dfrac{\varepsilon S}{d}\right)\cdot(Ed)^2 = \dfrac{1}{2}\varepsilon E^2 Sd [\text{J}]$
단위 체적 $V = S\cdot d [\text{m}^3]$당 축적되는 에너지 밀도 w는
∴ $w = \dfrac{1}{2}\varepsilon E^2 = \dfrac{1}{2}ED = \dfrac{D^2}{2\varepsilon}$ [J/m³]

---

01. 이론 check 정전 에너지 밀도
(1) 평행 평판 콘덴서의 정전 에너지
$W = \dfrac{1}{2}CV^2$
$= \dfrac{1}{2}\cdot\dfrac{\varepsilon_0 S}{d}\cdot(dE)^2$
$= \dfrac{1}{2}\varepsilon_0 E^2 \cdot Sd [\text{J}]$

(2) 단위 체적당 축적되는 정전 에너지
$Sd[\text{m}^3]$는 평행 평판 콘덴서 사이의 체적을 나타내므로 단위 체적당 축적되는 정전 에너지는
$w = \dfrac{W}{Sd} = \dfrac{1}{2}\varepsilon_0 E^2 [\text{J/m}^2]$
이를 정전 에너지 밀도라고 한다.
$D = \varepsilon_0 E$의 관계식에서 정전 에너지 밀도는
$w = \dfrac{1}{2}DE$
$= \dfrac{1}{2}\varepsilon_0 E^2$
$= \dfrac{1}{2}\dfrac{D^2}{\varepsilon_0}$ [J/m³]

정답 20.③ / 01.③

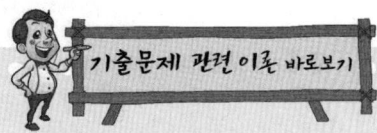

02 반경 a인 구도체에 $-Q$의 전하를 주고 구도체의 중심 O에서 $10a$되는 점 P에 $10Q$의 점전하를 놓았을 때, 직선 OP 위의 점 중에서 전위가 0이 되는 지점과 구도체의 중심 O와의 거리는?

① $\dfrac{a}{5}$

② $\dfrac{a}{2}$

③ a

④ $2a$

해설

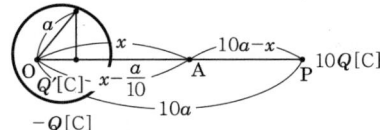

영상 전하 Q'는 구중심에서 $\dfrac{a^2}{10a}$인 점에 위치하므로 전위가 0이 되는 점 A의 $V_A = 0$

$\therefore \dfrac{10Q}{4\pi\varepsilon_0(10a-x)} + \dfrac{-Q}{4\pi\varepsilon_0\left(x-\dfrac{a}{10}\right)} = 0$

$\dfrac{10Q}{4\pi\varepsilon_0(10a-x)} = \dfrac{Q}{4\pi\varepsilon_0\left(x-\dfrac{a}{10}\right)}$

$\therefore 10\left(x-\dfrac{a}{10}\right) = 10a-x$

$x = a$

03. 이론 check — 동심구 사이의 정전 용량

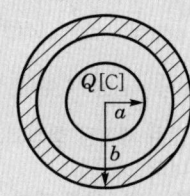

| 동심구 |

$V = -\displaystyle\int_b^a \boldsymbol{E}\cdot d\boldsymbol{r}$

$= \dfrac{Q}{4\pi\varepsilon_0}\left(\dfrac{1}{a}-\dfrac{1}{b}\right)$ [V]

$C = \dfrac{Q}{\dfrac{Q}{4\pi\varepsilon_0}\left(\dfrac{1}{a}-\dfrac{1}{b}\right)}$

$= \dfrac{4\pi\varepsilon_0}{\dfrac{1}{a}-\dfrac{1}{b}}$

$= \dfrac{4\pi\varepsilon_0 ab}{b-a}$ [F]

03 내구의 반지름이 a[m], 외구의 내 반지름이 b[m]인 동심 구형 콘덴서의 내구의 반지름과 외구의 내 반지름을 각각 $2a$, $2b$로 증가시키면, 이 동심 구형 콘덴서의 정전 용량은 몇 배로 되는가?

① 1

② 2

③ 3

④ 4

해설 동심구형 콘덴서의 정전 용량 C는

$C = \dfrac{4\pi\varepsilon_0 ab}{b-a}$ [F]

내·외구의 반지름을 2배로 증가한 후의 정전 용량을 C'라 하면

$C' = \dfrac{4\pi\varepsilon_0(2a \times 2b)}{2b-2a} = \dfrac{4 \times 4\pi\varepsilon_0 ab}{2(b-a)} = 2C$ [F]

정답 02.③ 03.②

04 그림과 같은 동축 원통의 왕복 전류 회로가 있다. 도체 단면에 고르게 퍼진 일정 크기의 전류가 내부 도체로 흘러 들어가고 외부 도체로 흘러 나올 때, 전류에 의해 생기는 자계에 대하여 틀린 것은?

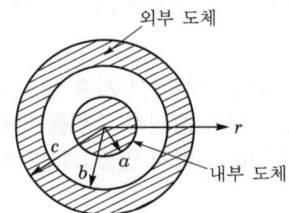

① 외부 공간($r > c$)의 자계는 영(0)이다.
② 내부 도체 내($r < a$)에 생기는 자계의 크기는 중심으로부터 거리에 비례한다.
③ 외부 도체 내($b < r < c$)에 생기는 자계의 크기는 중심으로부터 거리에 관계없이 일정하다.
④ 두 도체 사이(내부 공간, $a < r < b$)에 생기는 자계의 크기는 중심으로부터 거리에 반비례한다.

해설 • 내부 도체의 자계의 세기($r < a$)
$$H_i = \frac{rI}{2\pi a^2} [\text{AT/m}]$$
• 내·외 도체 사이의 자계의 세기($a < r < b$)
$$H = \frac{I}{2\pi r} [\text{AT/m}]$$
• 외부 도체의 자계의 세기($b < r < c$)
$$H = \frac{I}{2\pi r}\left(1 - \frac{r^2 - b^2}{c^2 - b^2}\right) [\text{AT/m}]$$
자계의 크기는 중심으로부터의 거리에 반비례한다.
• 외부 도체와의 공간의 자계의 세기
$$H_o = 0 [\text{AT/m}]$$

05 다음 중 틀린 것은?
① 도체의 전류 밀도 J는 가해진 전기장 E에 비례하여 온도 변화와 무관하게 항상 일정하다.
② 도전율의 변화는 원자 구조, 불순도 및 온도에 의하여 설명이 가능하다.
③ 전기 저항은 도체의 재질, 형상, 온도에 따라 결정되는 상수이다.
④ 고유 저항의 단위는 [Ω·m]이다.

---

04. 이론 check 무한장 원통 전류에 의한 자계의 세기

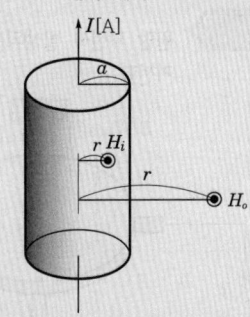

(1) 외부 자계의 세기($r > a$)
반지름이 a[m]인 원통 도체에 전류 I가 흐를 때 이 원통으로부터 r[m] 떨어진 점의 자계의 세기
$$H_o = \frac{I}{2\pi r}$$
즉, r에 반비례한다.

(2) 내부 자계의 세기($r < a$)
원통 내부에 전류 I가 균일하게 흐를 경우 원통 내부의 자계의 세기
$$H_i = \frac{I'}{2\pi r}$$
이때, 내부 전류 I'는 원통의 체적에 비례하여 흐르므로
$I : I' = \pi a^2 l : \pi r^2 l$
$\Rightarrow I' = \frac{r^2}{a^2} I$[A]
$$H_i = \frac{\frac{r^2}{a^2}I}{2\pi r} = \frac{rI}{2\pi a^2} [\text{AT/m}]$$

(3) 자계와 거리와의 관계

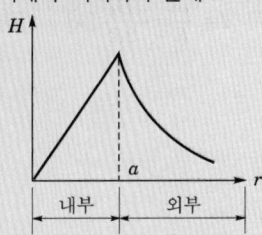

정답 04.③ 05.①

PART 01 전기자기학

기출문제 관련 이론 바로보기

해설 전류 밀도 $J=\dfrac{E}{P}=\sigma E[\text{A/m}^2]$

즉, 전류 밀도는 도전율에 비례하고 고유 저항에 반비례한다.

∴ 전류 밀도는 온도 변화에 따라 변화된다.

06. 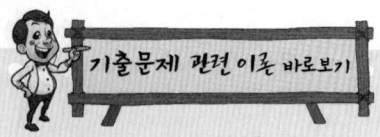 원판 회전시 발생되는 유기 기전력

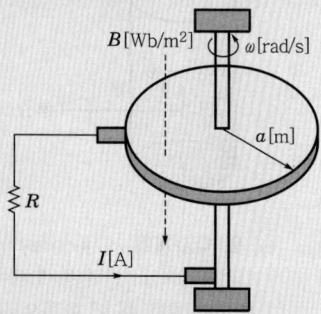

원판을 자속 밀도 B인 자계 내에 두고 원판을 회전할 경우에 자속이 끊어져 원판에 유기 기전력이 발생한다.

중심에서 미소 거리 dr만큼 떨어진 지점의 유기 기전력 de를 구하면
$de = vBdr = \omega rBdr$

이것을 양변 적분하면 원판에 유기되는 총 기전력 e는

$e = \displaystyle\int_0^a \omega rBdr$

$= \dfrac{1}{2}\omega B[r^2]_0^a$

$= \dfrac{1}{2}\omega Ba^2$

$= \dfrac{1}{2}\omega \mu_0 Ha^2[\text{V}]$

이때, 저항 $r[\Omega]$에 흐르는 전류 I는

$I = \dfrac{e}{R} = \dfrac{\omega Ba^2}{2R}[\text{A}]$

06 그림과 같은 단극 유도 장치에서 자속 밀도 $B[\text{T}]$로 균일하게 반지름 $a[\text{m}]$인 원통형 영구 자석 중심축 주위를 각속도 $\omega[\text{rad/s}]$로 회전하고 있다. 이때, 브러시(접촉자)에서 인출되어 저항 $R[\Omega]$에 흐르는 전류는 몇 [A]인가?

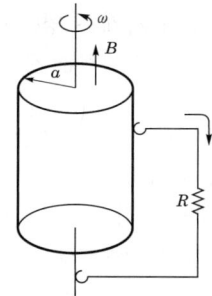

① $\dfrac{aB\omega}{R}$

② $\dfrac{a^2B\omega}{R}$

③ $\dfrac{aB\omega}{2R}$

④ $\dfrac{a^2B\omega}{2R}$

해설 원판 회전시 발생되는 유기 기전력

$e = \dfrac{1}{2}\omega Ba^2[\text{V}]$

저항 $R[\Omega]$에 흐르는 전류

$I = \dfrac{e}{R} = \dfrac{a^2B\omega}{2R}[\text{A}]$

07 다음 중 식이 틀린 것은?

① 발산의 정리 : $\displaystyle\int_s \boldsymbol{E}\cdot dS = \int_v \text{div}\boldsymbol{E}dv$

② Poisson의 방정식 : $\nabla^2 V = \dfrac{\varepsilon}{\rho}$

③ Gauss의 정리 : $\text{div}D = \rho$

④ Laplace의 방정식 : $\nabla^2 V = 0$

정답 06.④ 07.②

해설 푸아송의 방정식

$$\text{div}\boldsymbol{E} = \nabla \cdot \boldsymbol{E} = \nabla \cdot (-\nabla V) = -\nabla^2 V = \frac{\rho}{\varepsilon_0}$$

$$\therefore \nabla^2 V = -\frac{\rho}{\varepsilon_0}$$

08 영구 자석에 관한 설명으로 틀린 것은?

① 한 번 자화된 다음에는 자기를 영구적으로 보존하는 자석이다.
② 보자력이 클수록 자계가 강한 영구 자석이 된다.
③ 잔류 자속 밀도가 클수록 자계가 강한 영구 자석이 된다.
④ 자석 재료로 폐회로를 만들면 강한 영구 자석이 된다.

해설 영구 자석의 재료는 히스테리시스 곡선의 면적이 크고 잔류 자기와 보자력이 모두 커야 하며 자석 재료에 큰 자계를 가해야 자화되어 영구 자석이 된다.

09 원점에서 점 $(-2,\ 1,\ 2)$로 향하는 단위 벡터를 a_1이라 할 때 $y = 0$인 평면에 평행이고, a_1에 수직인 단위 벡터 a_2는?

① $a_2 = \pm\left(\dfrac{1}{\sqrt{2}}a_x + \dfrac{1}{\sqrt{2}}a_z\right)$

② $a_2 = \pm\left(\dfrac{1}{\sqrt{2}}a_x - \dfrac{1}{\sqrt{2}}a_y\right)$

③ $a_2 = \pm\left(\dfrac{1}{\sqrt{2}}a_x + \dfrac{1}{\sqrt{2}}a_y\right)$

④ $a_2 = \pm\left(\dfrac{1}{\sqrt{2}}a_y - \dfrac{1}{\sqrt{2}}a_z\right)$

해설 점 $(-2,\ 1,\ 2)$의 위치 벡터 $A_1 = -2a_x + a_y + 2a_z$

단위 벡터 $a_1 = \dfrac{-2a_x + a_y + 2a_z}{\sqrt{10}}$

$y = 0$인 평면에 평행이고 a_1에 수직인 단위 벡터 a_2는 $x-z$ 평면에 $a_1 \cdot a_2 = 0$을 만족해야 하므로

$$a_2 = \pm \frac{A_x a_x + A_z a_z}{\sqrt{Ax^2 + Az^2}}$$

$$a_1 \cdot a_2 = \left(\frac{-2a_x + a_y + 2a_z}{\sqrt{10}}\right) \cdot \left(\pm \frac{A_x a_x + A_z a_z}{\sqrt{A_x^2 + A_z^2}}\right) = 0$$

$(-2a_x + a_y + 2a_z) \cdot (A_x a_x + A_z a_z) = 0$

$-2A_x + 2A_z = 0$

$\therefore A_x = A_z$

이론 check 08. 히스테리시스 곡선과 영구 자석

(1) 히스테리시스 곡선

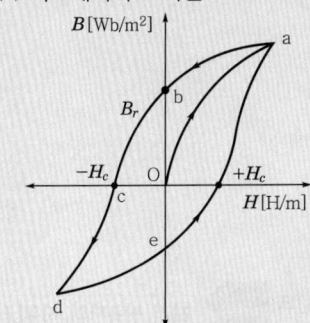

자성체에 정방향으로 외부 자계를 증가시키면 자성체 내에 자속 밀도는 0~a점까지 증가하다가 a점에서 포화 상태가 되어 더 이상 자속 밀도가 증가하지 않는다.
이때 외부 자계를 0으로 하면 자속 밀도는 b점이 된다. 또한 외부 자계의 방향을 반대로 하여 외부 자계를 상승하면 d점에서 자기 포화가 발생한다.
이 외부 자계를 0으로 하면 자속 밀도는 e점이 된다. e점에서 정방향으로 외부 자계를 인가하면 a점에서 자기 포화가 발생한다.
이와 같이 외부 자계의 변화에 따라 자속이 변화하는 특성 곡선을 히스테리시스 곡선이라 한다.
여기서, B_r은 잔류 자기, H_c는 잔류 자기를 제거할 수 있는 자화력으로 보자력이라 한다.

(2) 영구 자석 및 전자석의 재료 조건
 ① 영구 자석의 재료 조건 : 히스테리시스 곡선의 면적이 크고, 잔류 자기와 보자력이 모두 클 것
 ② 전자석의 재료 조건 : 히스테리시스 곡선의 면적이 작고, 잔류 자기는 크고 보자력은 작을 것

정답 08.④ 09.①

PART 01 전기자기학

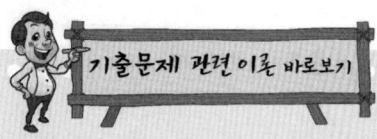

$$\therefore a_2 = \pm \frac{A_x a_x + A_z a_z}{\sqrt{A_x^2 + A_z^2}}$$
$$= \pm \frac{(a_x + a_z)A_x}{\sqrt{2}\,A_n} = \pm\left(\frac{1}{\sqrt{2}}a_x + \frac{1}{\sqrt{2}}a_z\right)$$

10 자극의 세기가 8×10^{-6}[Wb], 길이가 3[cm]인 막대 자석을 120[AT/m]의 평등 자계 내에 자력선과 30°의 각도로 놓으면 이 막대 자석이 받는 회전력은 몇 [N·m]인가?

① 3.02×10^{-5}
② 3.02×10^{-4}
③ 1.44×10^{-5}
④ 1.44×10^{-4}

해설 $T = MH\sin\theta = mlH\sin\theta$
$= 8 \times 10^{-6} \times 3 \times 10^{-2} \times 120 \times \sin 30°$
$= 1.44 \times 10^{-5}$[N·m]

11 수직 편파는 무엇을 말하는 것인가?

① 전계가 대지에 대해서 수직면에 있는 전자파
② 전계가 대지에 대해서 수평면에 있는 전자파
③ 자계가 대지에 대해서 수직면에 있는 전자파
④ 자계가 대지에 대해서 수평면에 있는 전자파

해설 수평 편파는 전계가 대지에 대해서 수평면(입사면에 수직)에 있는 전자파이고, 수직 편파는 전계가 대지에 대해서 수직면(입사면에 수평)에 있는 전자파이다.

12 자기 쌍극자에 의한 자위 U[A]에 해당되는 것은? (단, 자기 쌍극자의 자기 모멘트는 M[Wb·m], 쌍극자의 중심으로부터의 거리는 r[m], 쌍극자의 정방향과의 각도는 θ라 한다.)

① $6.33 \times 10^4 \times \dfrac{M\sin\theta}{r^3}$
② $6.33 \times 10^4 \times \dfrac{M\sin\theta}{r^2}$
③ $6.33 \times 10^4 \times \dfrac{M\cos\theta}{r^3}$
④ $6.33 \times 10^4 \times \dfrac{M\cos\theta}{r^2}$

12. 이론 check ▶ 자기 쌍극자의 자위(U)

(1) 자기 쌍극자

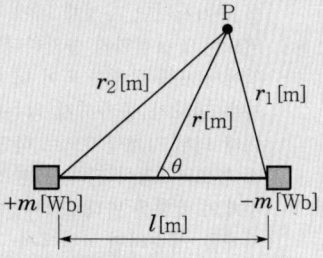

(2) 자위(U)

$r_1 = r - \dfrac{l}{2}\cos\theta$

$r_2 = r + \dfrac{l}{2}\cos\theta$

$U_P = U_1 + U_2$

$U_P = \dfrac{m}{4\pi\mu_0}\left(\dfrac{1}{r_1} - \dfrac{1}{r_2}\right)$

$= \dfrac{m}{4\pi\mu_0}\left(\dfrac{1}{r - \frac{l}{2}\cos\theta} - \dfrac{1}{r + \frac{l}{2}\cos\theta}\right)$

위 식을 통분하여 정리하면

$U_P = \dfrac{m}{4\pi\mu_0}\left\{\dfrac{l\cos\theta}{r^2 - \left(\frac{l}{2}\cos\theta\right)^2}\right\}$

이때 $r \gg l$ 의 조건을 만족하면

$U_P = \dfrac{ml}{4\pi\mu_0 r^2}\cos\theta$

$= \dfrac{M}{4\pi\mu_0 r^2}\cos\theta$[A]

여기서, $M = ml$[Wb·m]이며, 자기 쌍극자 모멘트라 한다.

정답 10.③ 11.① 12.④

해설 자위 $U = \dfrac{M}{4\pi\mu_0 r^2}\cos\theta = 6.33\times 10^4 \dfrac{M\cos\theta}{r^2}$ [A]

13 두 개의 자극판이 놓여 있을 때, 자계의 세기 H [AT/m], 자속 밀도 B [Wb/m²], 투자율 μ [H/m]인 곳의 자계의 에너지 밀도[J/m³]는?

① $\dfrac{H^2}{2\mu}$ ② $\dfrac{1}{2}\mu H^2$

③ $\dfrac{\mu H}{2}$ ④ $\dfrac{1}{2}B^2 H$

해설 $\omega_m = \dfrac{1}{2}\mu H^2 = \dfrac{1}{2}BH = \dfrac{B^2}{2\mu}$ [J/m³]

14 길이 l[m], 단면적의 반지름 a[m]인 원통이 길이 방향으로 균일하게 자화되어 자화의 세기가 J[Wb/m²]인 경우, 원통 양단에서의 전자극의 세기 m[Wb]는?

① j ② $2\pi J$

③ $\pi a^2 J$ ④ $\dfrac{J}{\pi a^2}$

해설 $m = JS = \pi a^2 J$ [C/m²]

15 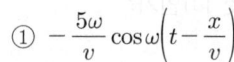 평면 전자파에서 전계의 세기가 $E = 5\sin\omega\left(t - \dfrac{x}{v}\right)$ [μV/m]인 공기 중에서의 자계의 세기는 몇 [μA/m]인가?

① $-\dfrac{5\omega}{v}\cos\omega\left(t - \dfrac{x}{v}\right)$

② $5\omega\cos\omega\left(t - \dfrac{x}{v}\right)$

③ $4.8\times 10^2 \sin\omega\left(t - \dfrac{x}{v}\right)$

④ $1.3\times 10^{-2} \sin\omega\left(t - \dfrac{x}{v}\right)$

해설 $H = \sqrt{\dfrac{\varepsilon_0}{\mu_0}}E = \sqrt{\dfrac{8.854\times 10^{-12}}{4\pi\times 10^{-7}}}E$
$= 2.65\times 10^{-3}E = 2.65\times 10^{-3}\times 5\sin\omega\left(t - \dfrac{x}{v}\right)$
$= 1.3\times 10^{-2} \sin\omega\left(t - \dfrac{x}{v}\right)$ [μA/m]

정답 13.② 14.③ 15.④

---

15. **이론 check** **고유 임피던스(파동 임피던스)**

전자파는 자계와 전계가 동시에 90°의 위상차로 전파되므로 전자파의 파동 고유 임피던스는 전계와 자계의 비이다.

$\eta = \dfrac{E}{H} = \sqrt{\dfrac{\mu}{\varepsilon}}$

이 식을 다시 변형하면
$\sqrt{\varepsilon}E = \sqrt{\mu}H$

또는 $E = \sqrt{\dfrac{\mu}{\varepsilon}}H$, $H = \sqrt{\dfrac{\varepsilon}{\mu}}E$

이때, 진공 중이면

$E = \sqrt{\dfrac{\mu_0}{\varepsilon_0}}H = 377H$

이것을 ε_0, μ_0에 대한 값을 대입하면

$H = \sqrt{\dfrac{\varepsilon_0}{\mu_0}}E$

$= \dfrac{1}{377}E$

$\fallingdotseq 0.27\times 10^{-2}E$

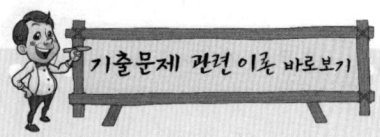

16 비유전율이 10인 유전체를 5[V/m]인 전계 내에 놓으면 유전체의 표면 전하 밀도는 몇 [C/m²]인가? (단, 유전체의 표면과 전계는 직각이다.)

① $35\varepsilon_0$
② $45\varepsilon_0$
③ $55\varepsilon_0$
④ $65\varepsilon_0$

해설 $\sigma = p = \varepsilon_0(\varepsilon_s - 1)E$
$= \varepsilon_0(10-1) \times 5$
$= 45\varepsilon_0 [\text{C/m}^2]$

17 동심원통 사이의 인덕턴스

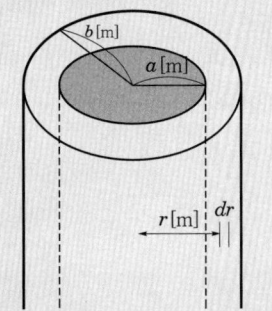

원통 내의 반지름이 r 이고 폭이 dr인 얇은 원통에서 r 위치의 자계의 세기는
$H = \dfrac{I}{2\pi r}$

dr의 미소 원통을 지나는 미소 자속 $d\phi$는
$d\phi = BdS = Bldr = \mu_0 Hldr$
$= \mu_0 \dfrac{Il}{2\pi r}dr$

전체 자속 ϕ는
$\phi = \int_a^b d\phi = \dfrac{\mu_0 Il}{2\pi} \int_a^b \dfrac{1}{r}dr$
$= \dfrac{\mu_0 Il}{2\pi} \ln\dfrac{b}{a} [\text{Wb}]$

그러므로 인덕턴스 L은
$L = \dfrac{\phi}{I} = \dfrac{\mu_0 l}{2\pi} \ln\dfrac{b}{a} [\text{H}]$

단위 길이당 인덕턴스는
$L = \dfrac{\mu_0}{2\pi} \ln\dfrac{b}{a} [\text{H/m}]$

17 내경의 반지름이 1[mm], 외경의 반지름이 3[mm]인 동축 케이블의 단위 길이당 인덕턴스는 약 몇 [μH/m]인가? (단, 이때 $\mu_r = 1$이며, 내부 인덕턴스는 무시한다.)

① 0.12
② 0.22
③ 0.32
④ 0.42

해설 $L = \dfrac{\mu}{2\pi} \ln\dfrac{b}{a} [\text{H/m}]$
$= \dfrac{\mu \cdot \mu_s}{2\pi} \ln\dfrac{b}{a}$
$= \dfrac{4\pi \times 10^{-7} \times 1}{2\pi} \ln\dfrac{(3 \times 10^{-3})}{(1 \times 10^{-3})}$
$= 0.22 \times 10^{-6} [\text{H/m}]$
$= 0.22 [\mu\text{H/m}]$

18 평면 도체 표면에서 d[m]의 거리에 점전하 Q[C]이 있을 때, 이 전하를 무한원까지 운반하는 데 필요한 일은 몇 [J]인가?

① $\dfrac{Q^2}{4\pi\varepsilon_0 d}$
② $\dfrac{Q^2}{8\pi\varepsilon_0 d}$
③ $\dfrac{Q^2}{12\pi\varepsilon_0 d}$
④ $\dfrac{Q^2}{16\pi\varepsilon_0 d}$

해설 점전하 Q[C]과 무한 평면 도체 간에 작용하는 힘 F는

정답 16.② 17.② 18.④

$$F = \frac{-Q^2}{4\pi\varepsilon_0(2d)^2} = \frac{-Q^2}{16\pi\varepsilon_0 d^2} \text{ [N] (흡인력)}$$

일 $W = \int_d^\infty \boldsymbol{F} \cdot dr = \frac{Q^2}{16\pi\varepsilon_0} \int_d^\infty \frac{1}{d^2} dr\,[\text{J}]$

$= \frac{Q^2}{16\pi\varepsilon_0}\left[-\frac{1}{d}\right]_d^\infty = \frac{Q^2}{16\pi\varepsilon_0 d}$

19 반경 r_1, r_2인 동심구가 있다. 반경 r_1, r_2인 구껍질에 각각 $+Q_1$, $+Q_2$의 전하가 분포되어 있는 경우 $r_1 \leq r \leq r_2$에서의 전위는?

① $\frac{1}{4\pi\varepsilon_0}\left(\frac{Q_1+Q_2}{r}\right)$

② $\frac{1}{4\pi\varepsilon_0}\left(\frac{Q_1}{r_1}+\frac{Q_2}{r_2}\right)$

③ $\frac{1}{4\pi\varepsilon_0}\left(\frac{Q_2}{r}+\frac{Q_1}{r_2}\right)$

④ $\frac{1}{4\pi\varepsilon_0}\left(\frac{Q_1}{r}+\frac{Q_2}{r_2}\right)$

해설 반경 r의 전위는 외구 표면 전위(V_2) $r \sim r_2$의 사이의 전위차(Vr_2)의 합이므로

$\therefore V = V_2 + Vr_2$

$= \frac{Q_1+Q_2}{4\pi\varepsilon_0 r_2} + \frac{Q_1}{4\pi\varepsilon_0}\left(\frac{1}{r}-\frac{1}{r_2}\right)$

$= \frac{1}{4\pi\varepsilon_0}\left(\frac{Q_1}{r}+\frac{Q_2}{r_2}\right)\,[\text{V}]$

20 다음 ( ) 안의 ㉠과 ㉡에 들어갈 알맞은 내용은?

| 도체의 전기 전도는 도전율로 나타내는데 이는 도체 내의 자유 전하 밀도에 (㉠)하고, 자유 전하의 이동도에 (㉡)한다. |

① ㉠ 비례 ㉡ 비례
② ㉠ 반비례 ㉡ 반비례
③ ㉠ 비례 ㉡ 반비례
④ ㉠ 반비례 ㉡ 비례

해설 전류 밀도 $\boldsymbol{J} = Qv = ne\mu$

$= ne\mu\boldsymbol{E}$

$= K\boldsymbol{E}$

$= \frac{\boldsymbol{E}}{\rho}\,[\text{A/m}^2]$

20. 이론 check 전류 밀도

전계의 세기 $\boldsymbol{E}$와 반대 방향으로 이동하는 전자의 이동 속도 v는
$v \propto \boldsymbol{E} \Rightarrow v = \mu\boldsymbol{E}$
μ는 전자의 이동도를 나타낸다.
또한 전류 밀도는

$\boldsymbol{J} = \frac{I}{S}\,[\text{A/m}^2]$,

$\boldsymbol{J} = Qv$
$= nev = ne\mu\boldsymbol{E}$
$= k\boldsymbol{E}$
$= \frac{\boldsymbol{E}}{\rho}\,[\text{A/m}^2]$

여기서, Q : 총 전기량
ne : 총 전자의 개수
k : 도전율
ρ : 고유 저항률

정답 19.④ 20.①

PART 01 전기자기학

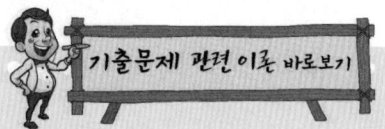

여기서, μ : 전자의 이동도
Q : 총 전기량
ne : 총 전자의 개수
K : 도전율
ρ : 고유 저항률

∴ 도전율 $K = \dfrac{J}{E} = ne\mu$

즉, 도전율은 전류 밀도(J) 전자와 자유 전하 이동도(μ)에 비례한다.

제3회 전기자기학

01. 패러데이(Faraday) 법칙

유도 기전력은 쇄교 자속의 변화를 방해하는 방향으로 생기며, 그 크기는 쇄교 자속의 시간적인 변화율과 같다.

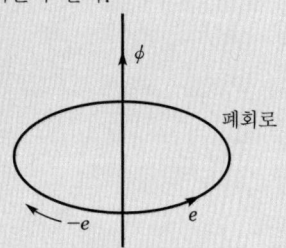

폐회로와 쇄교하는 자속을 ϕ[Wb]로 하고 이것과 오른 나사의 관계에 있는 방향의 기전력을 정(+)이라 약속하면 유도 기전력 e는 다음과 같다.

$e = -\dfrac{d\phi}{dt}$ [V]

여기서, 우변의 (−)부호는 유도 기전력 e의 방향을 표시하는 것이고 자속이 감소할 때에 정(+)의 방향으로 유도 전기력이 생긴다는 것을 의미한다.

01 패러데이의 법칙에 대한 설명으로 가장 적합한 것은?

① 정전 유도에 의해 회로에 발생하는 기자력은 자속의 변화 방향으로 유도된다.
② 정전 유도에 의해 회로에 발생되는 기자력은 자속 쇄교 수의 시간에 대한 증가율에 비례한다.
③ 전자 유도에 의해 회로에 발생되는 기전력은 자속의 변화를 방해하는 반대 방향으로 기전력이 유도된다.
④ 전자 유도에 의해 회로에 발생하는 기전력은 자속 쇄교 수의 시간에 대한 변화율에 비례한다.

해설 전자 유도에서 회로에 발생하는 기전력 e[V]는 쇄교 자속 ϕ[Wb]가 시간적으로 변화하는 비율과 같다.
$e = -\dfrac{d\phi}{dt}$ [V]

02 반지름 a, $b(b > a)$[m]의 동심 구도체 사이에 유전율 ε[F/m] 유전체가 채워졌을 때의 정전 용량은 몇 [F]인가?

① $\dfrac{\pi\varepsilon}{\ln\dfrac{b}{a}}$

② $\dfrac{\ln\dfrac{b}{a}}{\pi\varepsilon}$

③ $\dfrac{4\pi\varepsilon ab}{b-a}$

④ $\dfrac{1}{4\pi\varepsilon}\dfrac{a-b}{ab}$

정답 01.④ 02.③

해설 동심구의 정전 용량

$$C = \frac{Q}{V} = \frac{Q}{\frac{Q}{4\pi\varepsilon}\left(\frac{1}{a} - \frac{1}{b}\right)}$$

$$= \frac{4\pi\varepsilon}{\frac{1}{a} - \frac{1}{b}} = \frac{4\pi\varepsilon ab}{b-a}$$

03 맥스웰의 전자 방정식 중 패러데이의 법칙에서 유도된 식은? (단, D : 전속 밀도, ρ_v : 공간 전하 밀도, B : 자속 밀도, E : 전계의 세기, J : 전류 밀도, H : 자계의 세기)

① $\text{div}D = \rho_v$

② $\text{div}B = 0$

③ $\nabla \times H = J + \frac{\partial D}{\partial t}$

④ $\nabla \times E = -\frac{\partial B}{\partial t}$

해설 패러데이 전자 유도 법칙의 미분형

$$\text{rot}E = \nabla \times E$$
$$= -\frac{\partial B}{\partial t}$$
$$= -\mu \frac{\partial H}{\partial t}$$

04 특성 임피던스가 각각 η_1, η_2인 두 매질의 경계면에 전자파가 수직으로 입사할 때, 전계가 무반사로 되기 위한 가장 알맞은 조건은?

① $\eta_2 = 0$

② $\eta_1 = 0$

③ $\eta_1 = \eta_2$

④ $\eta_1 \cdot \eta_2 = 0$

해설 전계의 반사 계수 $= \dfrac{\eta_2 - \eta_1}{\eta_2 + \eta_1}$

$$= \frac{\sqrt{\dfrac{\mu_2}{\varepsilon_2}} - \sqrt{\dfrac{\mu_1}{\varepsilon_1}}}{\sqrt{\dfrac{\mu_2}{\varepsilon_2}} + \sqrt{\dfrac{\mu_1}{\varepsilon_1}}}$$

∴ 무반사가 되기 위한 조건은 반사 계수가 0이므로
$\eta_1 = \eta_2$

---

03. 이론 check **맥스웰의 전자 방정식**

[패러데이의 법칙]

패러데이의 법칙의 미분형은

$\text{rot}E = \nabla \times E = -\dfrac{\partial B}{\partial t} = -\mu \dfrac{\partial H}{\partial t}$

즉, 자속이 시간에 따라 변화하면 자속이 쇄교하여 그 주위에 역기전력이 발생한다.

Tip 앙페르의 주회 적분 법칙

$\oint H \cdot dl = I$

$\int_s \text{rot}H dS = \int_s i dS$

$\text{rot}H = i$ (앙페르의 주회 적분 법칙의 미분형)

$\text{rot}H = \nabla \times H$
$= \dfrac{J + J_d = i_c}{S} + \dfrac{\partial D}{\partial t}$

여기서, J : 전도 전류 밀도
J_d : 변위 전류 밀도

따라서 전도 전류뿐만 아니라 변위 전류도 동일한 자계를 만든다.

정답 03.④ 04.③

PART 01 전기자기학

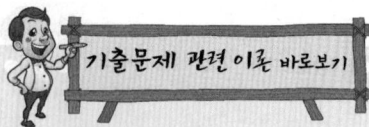

05. 이론 check ▶ **전기력선의 성질**

(1) 전기력선의 방향은 그 점의 전계의 방향과 같으며 전기력선의 밀도는 그 점에서의 전계의 크기와 같다 $\left(\dfrac{[개]}{[m^2]} = \dfrac{[N]}{[C]}\right)$.

(2) 전기력선은 정전하(+)에서 시작하여 부전하(−)에서 끝난다.

(3) 전하가 없는 곳에서는 전기력선의 발생, 소멸이 없다. 즉, 연속적이다.

(4) 단위 전하(±1[C])에서는 $\dfrac{1}{\varepsilon_0}$ 개의 전기력선이 출입한다.

(5) 전기력선은 그 자신만으로 폐곡선(루프)을 만들지 않는다.

(6) 전기력선은 전위가 높은 점에서 낮은 점으로 향한다.

(7) 전계가 0이 아닌 곳에서 2개의 전기력선은 교차하는 일이 없다.

(8) 전기력선은 등전위면과 직교한다. 단, 전계가 0인 곳에서는 이 조건은 성립되지 않는다.

(9) 전기력선은 도체 표면(등전위면)에 수직으로 출입한다. 단, 전계가 0인 곳에서는 이 조건은 성립하지 않는다.

(10) 도체 내부에서는 전기력선이 존재하지 않는다.

(11) 전기력선 중에는 무한 원점에서 끝나든가, 또는 무한 원점에서 오는 것이 있을 수 있다.

(12) 무한 원점에 있는 전하까지를 고려하면 전하의 총량은 항상 0이다.

05 전기력선의 성질에 대한 설명 중 옳은 것은?

① 전기력선은 도체 표면과 직교한다.
② 전기력선은 전위가 낮은 점에서 높은 점으로 향한다.
③ 전기력선은 도체 내부에 존재할 수 있다.
④ 전기력선은 등전위면과 평행하다.

해설
- 전기력선의 방향은 그 점의 전계의 방향과 같으며 전기력선의 밀도는 그 점에서의 전계의 크기와 같다 $\left(\dfrac{[개]}{[m^2]} = \dfrac{[N]}{[C]}\right)$.
- 전기력선은 정전하(+)에서 시작하여 부전하(−)에서 끝난다.
- 전하가 없는 곳에서는 전기력선의 발생, 소멸이 없다. 즉, 연속적이다.
- 단위 전하(±1[C])에서는 $\dfrac{1}{\varepsilon_0}$ 개의 전기력선이 출입한다.
- 전기력선은 전위가 높은 점에서 낮은 점으로 향한다.
- 전기력선은 등전위면과 직교한다. 단, 전계가 0인 곳에서는 이 조건은 성립되지 않는다.
- 전기력선은 도체 표면(등전위면)에 수직으로 출입한다. 단, 전계가 0인 곳에서는 이 조건은 성립하지 않는다.
- 도체 내부에서는 전기력선이 존재하지 않는다.

06 반지름 a[m]의 원형 단면을 가진 도선에 전도 전류 밀도 $i_c = I_c \sin 2\pi ft$ [A]가 흐를 때, 변위 전류 밀도의 최대값 J_d는 몇 [A/m²]가 되는가? (단, 도전율은 σ[S/m]이고, 비유전율은 ε_r이다.)

① $\dfrac{f\varepsilon_r I_c}{18\pi \times 10^9 \sigma a^2}$

② $\dfrac{f\varepsilon_r I_c}{9\pi \times 10^9 \sigma a^2}$

③ $\dfrac{f\varepsilon_r I_c}{4\pi \times 10^9 \sigma a^2}$

④ $\dfrac{\varepsilon_r I_c}{4\pi f \times 10^9 \sigma a^2}$

해설
- 전도 전류 밀도 $i_c = \sigma E$, $E = \dfrac{i_c}{\sigma} = \dfrac{I_c}{\sqrt{2}\,(\pi a^2)\sigma}$
- 변위 전류 밀도의 최대값
$J_d = \omega \varepsilon (\sqrt{2}\,E)$
$= 2\pi f \varepsilon_0 \varepsilon_r \sqrt{2}\, \dfrac{I_c}{\sqrt{2}\,(\pi a^2)\sigma} = 2f\varepsilon_0 \varepsilon_r \dfrac{I_c}{a^2 \sigma}$

여기서, $\varepsilon_0 = \dfrac{1}{4\pi \times 9 \times 10^9}$

$\therefore J_d = \dfrac{f\varepsilon_r I_c}{18\pi \times 10^9 \sigma a^2}$ [A/m²]

정답 05.① 06.①

07 자속 밀도가 0.3[Wb/m²]인 평등 자계 내에 5[A]의 전류가 흐르고 있는 길이 2[m]의 직선 도체를 자계의 방향에 대하여 60°의 각도로 놓았을 때, 이 도체가 받는 힘은 약 몇 [N]인가?

① 1.3   ② 2.6
③ 4.7   ④ 5.2

해설 $F = IlB\sin\theta [\text{N}]$
$= 5 \times 2 \times 0.3 \times \sin 60° = 2.6 [\text{N}]$

08 무한 평면 도체로부터 거리 a[m]인 곳에 점전하 Q[C]이 있을 때, 도체 표면에 유도되는 최대 전하 밀도는 몇 [C/m²]인가?

① $\dfrac{Q}{2\pi\varepsilon_0 a^2}$ ② $\dfrac{Q}{4\pi a^2}$

③ $-\dfrac{Q}{2\pi a^2}$ ④ $\dfrac{Q}{4\pi\varepsilon_0 a^2}$

해설 무한 평면 도체면상 점$(0, y)$의 전계 세기 E는

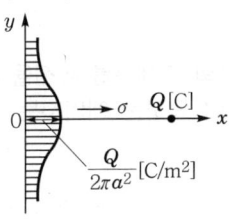

$E = -\dfrac{Qa}{2\pi\varepsilon_0 (a^2 + y^2)^{\frac{3}{2}}} [\text{V/m}]$

도체 표면상의 면전하 밀도 σ는
$\sigma = D = \varepsilon_0 E = -\dfrac{Qa}{2\pi(a^2+y^2)^{\frac{3}{2}}} [\text{C/m}^2]$

최대 면밀도는 $y = 0$인 점이므로
$\therefore \sigma_{\max} = -\dfrac{Q}{2\pi a^2} [\text{C/m}^2]$

09 2[C]의 점전하가 전계 $E = 2a_x + a_y - 4a_z$ [V/m] 및 자계 $B = -2a_x + 2a_y - a_z$ [Wb/m²] 내에서 $v = 4a_x - a_y - 2a_z$ [m/s]의 속도로 운동하고 있을 때, 점전하에 작용하는 힘 F는 몇 [N]인가?

① $-14a_x + 18a_y + 6a_z$
② $14a_x - 18a_y - 6a_z$
③ $-14a_x + 18a_y + 4a_z$
④ $14a_x + 18a_y + 4a_z$

기출문제 관련 이론 바로보기

08. 이론 check 도체 표면상의 전하 밀도

$\rho_0 = \sigma = \varepsilon_0 E \big|_{x=0}$
$= -\dfrac{Q \cdot d}{2\pi(d^2+y^2)^{\frac{3}{2}}} [\text{C/m}^2]$

$y = 0$일 때 ρ_s는 최대
최대 전하 밀도
$\rho_{s\max} = -\dfrac{Q}{2\pi d^2} [\text{C/m}^2]$

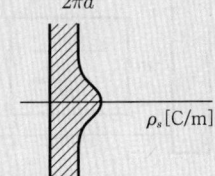

Tip 무한 평면 도체와 점전하

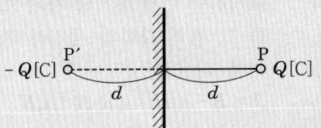

P′는 P의 영상점이며, $-Q$는 Q의 영상 전하이다.

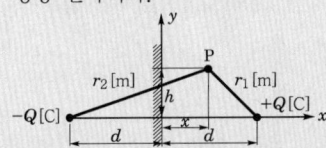

점 P(x, y)의 전계의 세기는
$E = -\text{grad}\,V$
$= -\dfrac{\partial V}{\partial x}$
$= \dfrac{Q}{4\pi\varepsilon_0}\left[\dfrac{x-d}{\{(x-d)^2+y^2\}^{\frac{3}{2}}} - \dfrac{x+d}{\{(x+d)^2+y^2\}^{\frac{3}{2}}}\right]$

도체 표면상의 전계의 세기$(x=0)$
$E\big|_{x=0} = \dfrac{Q}{4\pi\varepsilon_0}\left[\dfrac{-d}{(d^2+y^2)^{\frac{3}{2}}} - \dfrac{d}{(d^2+y^2)^{\frac{3}{2}}}\right]$
$= -\dfrac{2dQ}{4\pi\varepsilon_0(d^2+y^2)^{\frac{3}{2}}}$
$= -\dfrac{Qd}{2\pi\varepsilon_0(d^2+y^2)^{\frac{3}{2}}} [\text{V/m}]$

정답 07.② 08.③ 09.④

PART 01 전기자기학

해설
$$F = q(E + v \times B)$$
$$= 2(2a_x + a_y - 4a_z) + 2(4a_x - a_y - 2a_z) \times (-2a_x + 2a_y - a_z)$$
$$= 2(2a_x + a_y - 4a_z) + 2\begin{vmatrix} a_x & a_y & a_z \\ 4 & -1 & -2 \\ -2 & 2 & -1 \end{vmatrix}$$
$$= 2(2a_x + a_y - 4a_z) + 2(5a_x + 8a_y + 6a_z)$$
$$= 14a_x + 18a_y + 4a_z \text{ [N]}$$

10. 이론 check **자화의 세기**

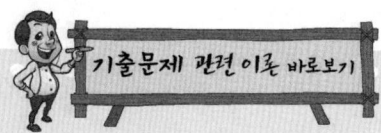

자성체를 자계 내에 놓았을 때 물질이 자화되는 경우 이것을 양적으로 표시하면 단위 체적당 자기 모멘트를 그 점의 자화의 세기라 한다. 이를 식으로 나타내면
$$J = B - \mu_0 H = \mu_0 \mu_s H - \mu_0 H$$
$$= \mu_0 (\mu_s - 1) H = \chi_m H \text{ [Wb/m}^2\text{]}$$

10 비투자율 350인 환상 철심 중의 평균 자계의 세기가 280[AT/m]일 때, 자화의 세기는 약 몇 [Wb/m²]인가?

① 0.12 ② 0.15
③ 0.18 ④ 0.21

해설 자화의 세기
$$J = \mu_0(\mu_s - 1)H$$
$$= 4\pi \times 10^{-7}(350-1) \times 280$$
$$= 0.12 \text{ [Wb/m}^2\text{]}$$

11 Q[C]의 전하를 가진 반지름 a[m]의 도체구를 유전율 ε[F/m]의 기름 탱크로부터 공기 중으로 빼내는 데 요하는 에너지는 몇 [J]인가?

① $\dfrac{Q^2}{8\pi\varepsilon_0 a}\left(1 - \dfrac{1}{\varepsilon_s}\right)$

② $\dfrac{Q^2}{4\pi\varepsilon_0 a}\left(1 - \dfrac{1}{\varepsilon_s}\right)$

③ $\dfrac{Q^2}{8\pi\varepsilon_0 a}(\varepsilon_s - 1)$

④ $\dfrac{Q^2}{4\pi\varepsilon_0 a}(\varepsilon_s - 1)$

해설 기름 중의 에너지 및 정전 용량을 W_1, C_1이라고 하고 공기 중의 에너지 및 정전 용량을 W_2, C_2라 하면
$$W_1 = \frac{Q^2}{2C_1} = \frac{Q^2}{2 \times 4\pi\varepsilon_0 a\varepsilon_s} = \frac{Q^2}{8\pi\varepsilon_0 \varepsilon_s a} \text{ [J]}$$
$$W_2 = \frac{Q^2}{2C_2} = \frac{Q^2}{2 \times 4\pi\varepsilon_0 a} = \frac{Q^2}{8\pi\varepsilon_0 a} \text{ [J]}$$
따라서, 필요한 에너지 W는
$$\therefore W = W_2 - W_1 = \frac{Q^2}{8\pi\varepsilon_0 a} - \frac{Q^2}{8\pi\varepsilon_0 \varepsilon_s a}$$
$$= \frac{Q^2}{8\pi\varepsilon_0 a}\left(1 - \frac{1}{\varepsilon_s}\right) \text{ [J]}$$

정답 10.① 11.①

12 다음 설명 중 옳은 것은?

① 자계 내의 자속 밀도는 벡터 퍼텐셜을 폐로선 적분하여 구할 수 있다.
② 벡터 퍼텐셜은 거리에 반비례하며 전류의 방향과 같다.
③ 자속은 벡터 퍼텐셜의 curl을 취하면 구할 수 있다.
④ 스칼라 퍼텐셜은 정전계와 정자계에서 모두 정의되나 벡터 퍼텐셜은 정전계에서만 정의된다.

해설 전류 I[A]가 단면적 ds[m²]의 도체 속을 균일한 밀도로 흐르고 있을 때, 벡터 퍼텐셜 $A = \dfrac{\mu}{4\pi} \int \dfrac{I}{r} dl$ [Wb/m]이므로 거리에 반비례한다.

13 한 변의 저항이 R_0인 그림과 같은 무한히 긴 회로에서 A, B 간의 합성 저항은 어떻게 되는가?

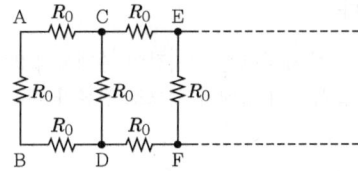

① $(\sqrt{2}-1)R_0$
② $(\sqrt{3}-1)R_0$
③ $\dfrac{2}{3}R_0$
④ $\dfrac{3}{4}R_0$

해설 무한히 긴 회로이므로 A, B 간의 합성 저항은 C, D에서 오른쪽으로 본 합성 저항을 R이라 놓을 수 있다.

$R = \dfrac{R_0(2R_0+R)}{R_0+(2R_0+R)} = \dfrac{2R_0^2+R_0 R}{3R_0+R}$

$R^2 + 2RR_0 - 2R_0 = 0$

$\therefore R = (-1 \pm \sqrt{3})R_0$

$R > 0$이므로

$\therefore R = (\sqrt{3}-1)R_0$

14 평면 전자파가 유전율 ε, 투자율 μ인 유전체 내를 전파한다. 전계의 세기가 $E = E_m \sin\omega\left(t - \dfrac{x}{v}\right)$[V/m²]라면 자계의 세기 H[AT/m]는?

① $\sqrt{\mu\varepsilon}\, E_m \sin\omega\left(t-\dfrac{x}{v}\right)$
② $\sqrt{\dfrac{\varepsilon}{\mu}}\, E_m \cos\omega\left(t-\dfrac{x}{v}\right)$
③ $\sqrt{\dfrac{\varepsilon}{\mu}}\, E_m \sin\omega\left(t-\dfrac{x}{v}\right)$
④ $\sqrt{\dfrac{\mu}{\varepsilon}}\, E_m \cos\omega\left(t-\dfrac{x}{v}\right)$

14. 이론 check — 고유 임피던스(파동 임피던스)

전자파는 자계와 전계가 동시에 90°의 위상차로 전파되므로 전자파의 파동 고유 임피던스는 전계와 자계의 비로

$\eta = \dfrac{E}{H} = \sqrt{\dfrac{\mu}{\varepsilon}}$

이 식을 다시 변형하면

$\sqrt{\varepsilon}\,E = \sqrt{\mu}\,H$ 또는 $E = \sqrt{\dfrac{\mu}{\varepsilon}}H$,

$H = \sqrt{\dfrac{\varepsilon}{\mu}}E$

이때, 진공 중이면

$E = \sqrt{\dfrac{\mu_0}{\varepsilon_0}}H = 377H$

이것을 ε_0, μ_0에 대한 값을 대입하면

$H = \sqrt{\dfrac{\varepsilon_0}{\mu_0}}E = \dfrac{1}{377}E$
$= 0.27 \times 10^{-2} E$

정답 12.② 13.② 14.③

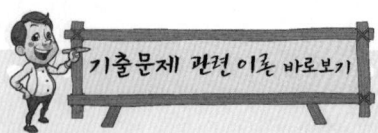

17. **이론 check** 경계면에서 작용하는 힘

(1) 전속선은 유전율이 큰 쪽으로 접속된다.
(2) 정전력은 유전율이 작은 쪽으로 작용한다.

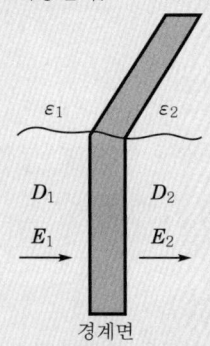

(3) 전계가 경계면에 수평으로 입사 ($\varepsilon_1 > \varepsilon_2$)

전계가 수평으로 입사시 $\theta = 90°$ 이므로 경계면 양측에서 전계가 같으므로 $E_1 = E_2 = E[\text{V/m}]$로 표시할 수 있다. 이때 경계면에 작용하는 단위 면적당 작용하는 힘은

$$f = \frac{1}{2}\varepsilon E^2 [\text{N/m}^2]$$

이므로 ε_1에서의 힘은

$$f_1 = \frac{1}{2}\varepsilon_1 E^2 [\text{N/m}^2]$$

ε_2에서의 힘은

$$f_2 = \frac{1}{2}\varepsilon_2 E^2 [\text{N/m}^2]$$

이 된다.
이때 전체적인 힘 f 는 $f_1 > f_2$이 므로 $f = f_1 - f_2$만큼 작용한다.
따라서,

$$f = \frac{1}{2}\varepsilon_1 E^2 - \frac{1}{2}\varepsilon_2 E^2$$
$$= \frac{1}{2}(\varepsilon_1 - \varepsilon_2)E^2 [\text{N/m}^2]$$

해설 $H = \sqrt{\frac{\varepsilon}{\mu}} E$ 에서

$$H = \sqrt{\frac{\varepsilon}{\mu}} E_m \sin\omega\left(t - \frac{x}{v}\right)$$

15 높은 전압이나, 낙뢰를 맞는 자동차 안에 있는 승객이 안전한 이유가 아닌 것은?

① 도전성 용기 내부의 장은 외부 전하나 자장이 정지 상태에서 영(zero)이다.
② 도전성 내부 벽에는 음(−)전하가 이동하여 외부에 같은 크기의 양(+)전하를 준다.
③ 도전성인 용기라도 속빈 경우에 그 내부에는 전기장이 존재하지 않는다.
④ 표면의 도전성 코팅이나 프레임 사이에 도체의 연결이 필요없기 때문이다.

해설 중공 도체 내부에는 전기장이 존재하지 않고 도전성 내부 벽에 전하가 있어도 등전위 상태가 되므로 전류가 내부로 흐르지 않아 감전되지 않는다.

16 유도 기전력의 크기는 폐회로에 쇄교하는 자속의 시간적인 변화율에 비례하는 정량적인 법칙은?

① 노이만의 법칙
② 가우스의 법칙
③ 앙페르의 주회 적분 법칙
④ 플레밍의 오른손 법칙

해설 유도 기전력의 크기와 방향은 노이만의 법칙과 렌츠의 법칙에 의해서 설명된다.
전자 유도에 의해서 하나의 폐회로에 생기는 유도 기전력의 성질은 "유도 기전력은 쇄교 자속의 변화를 방해하는 방향에 생기고 그 크기는 쇄교 자속의 시간적인 변화의 비율과 같다."

17 전계 $E[\text{V/m}]$가 두 유전체의 경계면에 평행으로 작용하는 경우 경계면의 단위 면적당 작용하는 힘은 몇 $[\text{N/m}^2]$인가? (단, ε_1, ε_2는 두 유전체의 유전율이다.)

① $f = \frac{1}{2}E^2(\varepsilon_1 - \varepsilon_2)$
② $f = E^2(\varepsilon_1 - \varepsilon_2)$
③ $f = \frac{1}{2E^2}(\varepsilon_1 - \varepsilon_2)$
④ $f = \frac{1}{E^2}(\varepsilon_1 - \varepsilon_2)$

정답 15. ④ 16. ① 17. ①

해설 $f = \frac{1}{2}(E_1 D_1 - E_2 D_2) = \frac{1}{2}E^2(\varepsilon_1 - \varepsilon_2)[\text{N/m}^2]$

18 지름 2[mm], 길이 25[m]인 동선의 내부 인덕턴스는 몇 [μH]인가?

① 1.25
② 2.5
③ 5.0
④ 25

해설 $L = \frac{\mu}{8\pi}l$ [H], $\mu \fallingdotseq \mu_0$ (동선의 경우)이므로

$L = \frac{\mu_0}{8\pi}l = \frac{4\pi \times 10^{-7}}{8\pi} \times 25$
$= 12.5 \times 10^{-7}$ [H]
$= 1.25[\mu\text{H}]$

19 아래의 그림과 같은 자기 회로에서 A 부분에만 코일을 감아서 전류를 인가할 때의 자기 저항과 B 부분에만 코일을 감아서 전류를 인가할 때의 자기 저항[AT/Wb]을 각각 구하면 어떻게 되는가? (단, 자기 저항 $R_1 = 3$, $R_2 = 1$, $R_3 = 2$[AT/Wb])

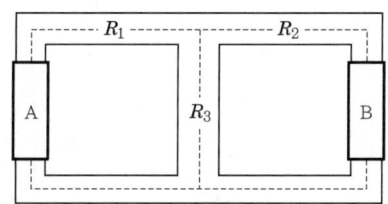

① $R_A = 2.2$, $R_B = 3.67$
② $R_A = 3.67$, $R_B = 2.2$
③ $R_A = 1.43$, $R_B = 2.83$
④ $R_A = 2.2$, $R_B = 1.43$

해설 A 코일 인가시 등가적인 전기 회로로 고쳐 합성 저항을 구하면

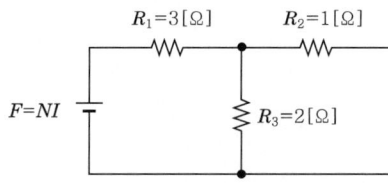

$R_A = 3 + \frac{1 \times 2}{1+2} = 3.666 \fallingdotseq 3.67[\Omega]$

기출문제 관련 이론 바로보기

18. 이론 check 원통 도체 내부의 단위 길이당 인덕턴스

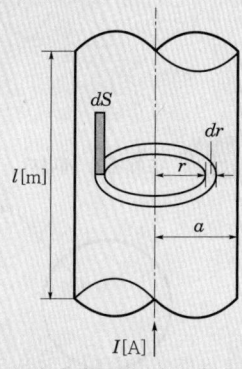

r[m] 떨어진 도체 내부에 축적되는 에너지는

$W = \frac{1}{2}LI^2$ [J]

도체 내부의 자계의 세기는

$H_i = \frac{Ir}{2\pi a^2}$

전체 에너지는

$W = \int_0^a \frac{1}{2}\mu H^2 dv$
$= \int_0^a \frac{1}{2}\mu \left(\frac{r \cdot I}{2\pi a^2}\right)^2 dv$
$= \int_0^a \frac{1}{2}\mu \frac{r^2 I^2}{4\pi^2 a^4} 2\pi r \cdot dr$
$= \frac{\mu I^2}{4\pi a^4} \int_0^a r^3 dr$
$= \frac{\mu I^2}{4\pi a^4} \left[\frac{1}{4}r^4\right]_0^a$
$= \frac{\mu I^2}{16\pi}$ [J]

따라서

$\frac{\mu I^2}{16\pi} = \frac{1}{2}LI^2$

자기 인덕턴스 L은

$L = \frac{\mu}{8\pi} \cdot l$ [H]

단위 길이당 자기 인덕턴스는

$L = \frac{\mu}{8\pi}$ [H/m]

정답 18. ① 19. ②

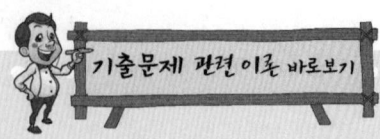

B 코일 인가시 등가적인 전기 회로로 고쳐 합성 저항을 구하면

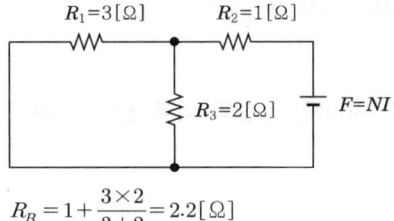

$$R_B = 1 + \frac{3 \times 2}{3+2} = 2.2[\Omega]$$

20. 이론 check **도체계의 에너지**

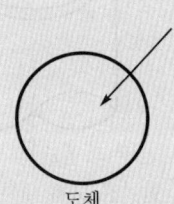

도체

도체에 전하를 준다는 것. 즉 충전한다는 것은 도체에 전하 $Q[C]$을 운반한다는 것을 의미한다.

$V = \dfrac{W}{Q}$ ∴ $W = Q \cdot V$

즉, 도체에 전하 $Q[C]$을 가하기 위해 필요한 일은 미소 전하 dq를 가하기 위한 일

$dW = V \cdot dq = \dfrac{q}{C} dq$

∴ $W = \int V dq = \int_0^Q \dfrac{q}{c} dq$

$\quad = \dfrac{1}{C}\left[\dfrac{1}{2}q^2\right]_0^Q = \dfrac{Q^2}{2C}[J]$

이 식은 일반적으로 정전 용량 C를 갖는 모든 도체에 대해서 성립되는 관계식

$C = \dfrac{Q}{V}, \ V = \dfrac{Q}{C}, \ Q = CV$

(1) 전압 일정시 ($Q = CV$)

$W = \dfrac{Q^2}{2C}\bigg|_{Q=CV} = \dfrac{1}{2}CV^2[J]$

(2) 전하량 일정시

$W = \dfrac{Q^2}{2C}[J]$

20 5,000[μF]의 콘덴서를 60[V]로 충전시켰을 때, 콘덴서에 축적되는 에너지는 몇 [J]인가?

① 5
② 9
③ 45
④ 90

해설 $W = \dfrac{1}{2}CV^2 = \dfrac{1}{2} \times 5,000 \times 10^{-6} \times 60^2 = 9[J]$

정답 20. ②

2016년 과년도 출제문제

제1회 전기자기학

01 송전선의 전류가 0.01초 사이에 10[kA] 변화될 때 이 송전선에 나란한 통신선에 유도되는 유도 전압은 몇 [V]인가? (단, 송전선과 통신선 간의 상호 유도 계수는 0.3[mH]이다.)

① 30
② 3×10^2
③ 3×10^3
④ 3×10^4

해설 유도 전압
$$e = M\frac{di}{dt} = 0.3 \times 10^{-3} \times \frac{10 \times 10^3}{0.01} = 3 \times 10^2 [V]$$

02 전류가 흐르고 있는 도체와 직각 방향으로 자계를 가하게 되면 도체 측면에 정·부의 전하가 생기는 것을 무슨 효과라 하는가?

① 톰슨(Thomson) 효과
② 펠티에(Peltier) 효과
③ 제벡(Seebeck) 효과
④ 홀(Hall) 효과

해설
- 톰슨 효과 : 동종의 금속에서도 각 부에서 온도가 다르면 그 부분에서 열의 발생 또는 흡수가 일어나는 효과를 톰슨 효과라 한다.
- 펠티에 효과 : 서로 다른 두 금속에서 다른 쪽 금속으로 전류를 흘리면 열의 발생 또는 흡수가 일어나는데 이 현상을 펠티에 효과라 한다.
- 제벡 효과 : 서로 다른 두 금속 A, B를 접속하고 다른 쪽에 전압계를 연결하여 접속부를 가열하면 전압이 발생하는 것을 알 수 있다. 이와 같이 서로 다른 금속을 접속하고 접속점을 서로 다른 온도를 유지하면 기전력이 생겨 일정한 방향으로 전류가 흐른다. 이러한 현상을 제벡 효과라 한다. 즉, 온도차에 의한 열기전력 발생을 말한다.
- 홀(Hall) 효과 : 홀 효과는 전기가 흐르고 있는 도체에 자계를 가하면 플레밍의 왼손 법칙에 의하여 도체 내부의 전하가 횡방향으로 힘을 받아 도체 측면에 (+), (−)의 전하가 나타나는 현상이다.

기출문제 관련 이론 바로보기

01. 이론 check 상호 인덕턴스

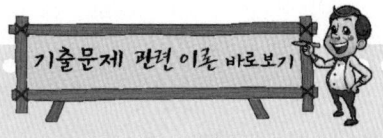

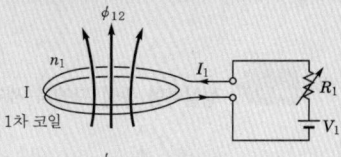

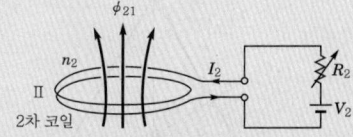

회로 Ⅰ의 전류 I_1에 의한 회로 Ⅱ의 자속 쇄교를 $\phi_{12}(=n_2\phi_{12})$이라 하면
$$n_2\phi_{12} = M_{12}I_1$$
또한, 회로 Ⅱ의 전류 I_2에 의한 회로 Ⅰ의 자속 쇄교수를 $\phi_{21}(=n_1\phi_{21})$라 하면
$$n_1\phi_{21} = M_{21}I_2$$
여기서, M_{12}와 M_{21}은 회로의 권수, 형태 및 주위 매질의 투자율 이외에 회로 Ⅰ, Ⅱ의 상대 위치에 따라 결정되고, $M_{12} = M_{21} \equiv M$의 관계가 있다. 이 M을 회로 Ⅰ, Ⅱ 사이의 상호 인덕턴스 또는 상호 유도 계수라 한다.

정답 01.② 02.④

PART 01 전기자기학

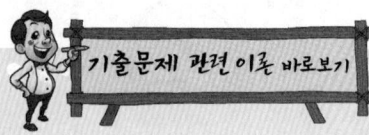

03 극판 간격 d[m], 면적 S[m²], 유전율 ε[F/m]이고, 정전 용량이 C[F]인 평행판 콘덴서에 $v = V_m \sin\omega t$[V]의 전압을 가할 때의 변위 전류[A]는?

① $\omega C V_m \cos\omega t$
② $C V_m \sin\omega t$
③ $- C V_m \sin\omega t$
④ $- \omega C V_m \cos\omega t$

해설 $C = \dfrac{\varepsilon S}{d}$, $E = \dfrac{v}{d}$, $D = \varepsilon E$ 이므로

$$i_d = \dfrac{\partial D}{\partial t} = \varepsilon \dfrac{\partial E}{\partial t} = \varepsilon \dfrac{\partial}{\partial t}\left(\dfrac{v}{d}\right) = \dfrac{\varepsilon}{d}\dfrac{\partial}{\partial t}(V_m \sin\omega t)$$

$$= \dfrac{\varepsilon \omega V_m \cos\omega t}{d}\,[\text{A/m}^2]$$

$$\therefore\ I_D = i_d \cdot S = \dfrac{\varepsilon \omega V_m \cos\omega t}{d} \cdot \dfrac{Cd}{\varepsilon} = \omega C V_m \cos\omega t$$

04 인덕턴스가 20[mH]인 코일에 흐르는 전류가 0.2초 동안에 2[A] 변화했다면 자기 유도 현상에 의해 코일에 유기되는 기전력은 몇 [V]인가?

① 0.1
② 0.2
③ 0.3
④ 0.4

해설 유도 기전력

$$e = L\dfrac{di}{dt} = 20 \times 10^{-3} \times \dfrac{2}{0.2}$$
$$= 0.2[\text{V}]$$

05 한 변의 길이가 l[m]인 정삼각형 회로에 전류 I[A]가 흐르고 있을 때 삼각형의 중심에서의 자계의 세기[AT/m]는?

① $\dfrac{\sqrt{2}\,I}{3\pi l}$
② $\dfrac{9I}{\pi l}$
③ $\dfrac{2\sqrt{2}\,I}{3\pi l}$
④ $\dfrac{9I}{2\pi l}$

해설
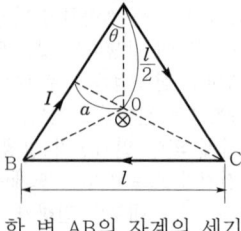

한 변 AB의 자계의 세기

이론 check — 정삼각형 중심 자계의 세기

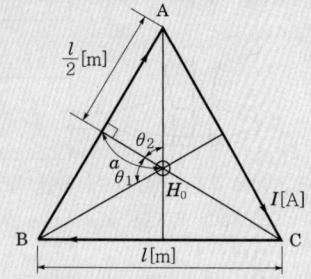

한 변의 길이가 l[m]인 정삼각형에 전류 I[A]가 흐를 때 한 변 AB의 전류에 의한 중심 자계 H_{AB}는

$$H_{AB} = \dfrac{I}{4\pi a}(\sin\theta_1 + \sin\theta_2)$$

여기서, $a = \dfrac{l}{2}\tan\alpha_1$

$$= \dfrac{l}{2}\tan 30° = \dfrac{l}{2\sqrt{3}}$$

이므로

$$H_{AB} = \dfrac{I}{4\pi\dfrac{l}{2\sqrt{3}}}(\sin 60° + \sin 60°)$$

$$= \sqrt{3}\,\dfrac{I}{2\pi l}\left(2 \times \dfrac{\sqrt{3}}{2}\right)$$

$$= \dfrac{3I}{2\pi l}\,[\text{AT/m}]$$

따라서 정삼각형 중심 자계의 세기 H_0는

$$H_0 = 3H_{AB} = \dfrac{9I}{2\pi l}\,[\text{AT/m}]$$

정답 03.① 04.② 05.④

$$H_{AB} = \frac{3I}{2\pi l} \,[\text{AT/m}]$$

∴ 정삼각형 중심 자계의 세기

$$H_0 = 3H_{AB} = \frac{9I}{2\pi l} \,[\text{AT/m}]$$

06 변위 전류 밀도와 관계없는 것은?

① 전계의 세기
② 유전율
③ 자계의 세기
④ 전속 밀도

해설 변위 전류 밀도 $i_d = \frac{\partial D}{\partial t} = \varepsilon \frac{\partial E}{\partial t} \,[\text{A/m}^2]$

∴ 변위 전류 밀도는 전속 밀도(D), 전계의 세기(E), 유전율(ε)과 관계 있다.

07 벡터 $A = 5e^{-r}\cos\phi \, a_r - 5\cos\phi \, a_z$ 가 원통 좌표계로 주어졌다. 점 $\left(2, \frac{3\pi}{2}, 0\right)$에서의 $\nabla \times A$를 구하였다. a_z방향의 계수는?

① 2.5
② -2.5
③ 0.34
④ -0.34

해설

$$\nabla \times A = \frac{1}{r}\begin{vmatrix} a_r & ra_\phi & a_z \\ \frac{\partial}{\partial r} & \frac{\partial}{\partial \phi} & \frac{\partial}{\partial z} \\ 5e^{-r}\cos\phi & 0 & -5\cos\phi \end{vmatrix}$$

$$= \frac{1}{r}(5\sin\phi \, a_r + 5e^{-r}\sin\phi \, a_z)$$

∴ a_z의 계수 $5e^{-r}\sin\phi$

∴ $\left(2, \frac{3\pi}{2}, 0\right)$의 방향 계수 $= \frac{1}{2}5e^{-2}\sin\frac{3}{2}\pi ≒ -0.34$

08 대지면 높이 h[m]로 평행하게 가설된 매우 긴 선전하(선전하 밀도 λ [C/m])가 지면으로부터 받는 힘[N/m]은?

① h에 비례한다.
② h에 반비례한다.
③ h^2에 비례한다.
④ h^2에 반비례한다.

08. 이론 무한 평면 도체와 선전하

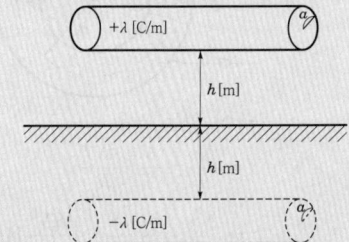

평면 도체와 h[m] 떨어진 평행한 무한장 직선 도체에 $+\lambda$[C/m]의 선전하가 주어졌을 때 직선 도체의 단위 길이당 작용하는 힘은 영상법에 의하여 $-\lambda$[C/m]인 영상 선전하가 있는 것으로 가정하여 선전하 사이에 작용력을 구하면

$$F = -\lambda E$$
$$= -\lambda \frac{\lambda}{2\pi\varepsilon_0(2h)}$$
$$= \frac{\lambda^2}{4\pi\varepsilon_0 h} \,[\text{N/m}]$$

정답 06.③ 07.④ 08.②

PART 01 전기자기학

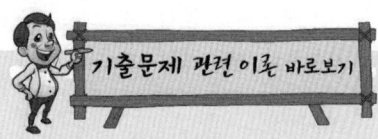

해설 $f = -\lambda E = -\lambda \cdot \dfrac{\lambda}{2\pi\varepsilon_0(2h)}$
$= -\dfrac{\lambda^2}{4\pi\varepsilon_0 h} [\text{N/m}] \propto \dfrac{1}{h}$

09. Tip 인덕턴스

(1) 자기 인덕턴스

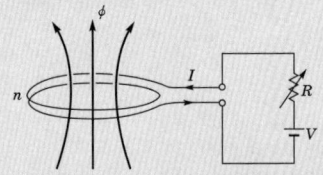

코일에 일정 전류 I가 흐를 때 생기는 자속 ϕ는 I에 비례하고, 비례 상수를 L이라 하면
$\phi = L \cdot I$
여기서, L : 자기 인덕턴스(자기 유도 계수)

$L = \dfrac{\phi}{I} = \dfrac{n\phi}{I} = \dfrac{nBS}{I}$ [Wb/A], [H]

(2) 환상 솔레노이드의 인덕턴스

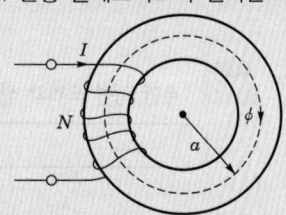

공극이 없는 경우
$L = \dfrac{N\phi}{I} = \dfrac{N}{I} \cdot \dfrac{NI}{R_m}$
$= \dfrac{N^2}{I} \cdot I \cdot \mu S = \dfrac{\mu S N^2}{l}$ [H]

---

09 비투자율 800, 원형 단면적 10[cm²], 평균 자로의 길이 30[cm]인 환상 철심에 600회의 권선을 감은 코일이 있다. 여기에 1[A]의 전류가 흐를 때 코일 내에 생기는 자속은 약 몇 [Wb]인가?

① 1×10^{-3} ② 1×10^{-4}
③ 2×10^{-3} ④ 2×10^{-4}

해설 환상 솔레노이드의 내부 자속
$\phi = B \cdot S = \mu H \cdot S = \mu \dfrac{NI}{l} \cdot S$
$= \dfrac{\mu_0 \mu_s NIS}{l}$ [Wb]
$\therefore \phi = \dfrac{4\pi \times 10^{-7} \times 800 \times 600 \times 1 \times 10 \times 10^{-4}}{30 \times 10^{-2}}$
$= 2 \times 10^{-3}$ [Wb]

10 내부 저항이 $r[\Omega]$인 전지 M개를 병렬로 연결했을 때, 전지로부터 최대 전력을 공급받기 위한 부하 저항[Ω]은?

① $\dfrac{r}{M}$ ② Mr
③ r ④ $M^2 r$

해설 부하에 최대 전력을 공급하기 위한 조건은 합성 전지 내부 저항과 외부 저항이 같을 때이다. 전지 M개를 병렬 연결시에 병렬 합성 내부 저항은 $\dfrac{r}{M}$이다.
$\therefore R = \dfrac{r}{M} [\Omega]$

11 서로 멀리 떨어져 있는 두 도체를 각각 $V_1[\text{V}]$, $V_2[\text{V}]$ ($V_1 > V_2$)의 전위로 충전한 후 가느다란 도선으로 연결하였을 때 그 도선에 흐르는 전하 $Q[\text{C}]$는? (단, C_1, C_2는 두 도체의 정전 용량이다.)

① $\dfrac{C_1 C_2 (V_1 - V_2)}{C_1 + C_2}$ ② $\dfrac{2C_1 C_2 (V_1 - V_2)}{C_1 + C_2}$
③ $\dfrac{C_1 C_2 (V_1 - V_2)}{2(C_1 + C_2)}$ ④ $\dfrac{2(C_1 V_1 - C_2 V_2)}{C_1 C_2}$

정답 09.③ 10.① 11.①

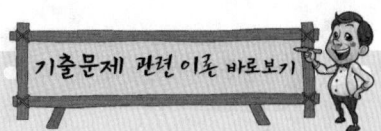

해설 두 도체의 처음 전하를 각각 Q_1, Q_2[C], 가느다란 도체로 연결한 후의 전하를 $Q_1{}'$, $Q_2{}'$[C]이라 하면

$$C_1 V_1 + C_2 V_2 = Q_1 + Q_2 = Q_1{}' + Q_2{}' = C_1 V + C_2 V \text{ [C]}$$

공통 전위 $V = \dfrac{C_1 V_1 + C_2 V_2}{C_1 + C_2}$ [V]

그러므로 도체를 흐르는 전하량 Q[C]은

$$\therefore Q = Q_1 - Q_1{}' = C_1 V_1 - C_1 V = \dfrac{C_1 C_2 (V_1 - V_2)}{C_1 + C_2} \text{ [C]}$$

12 자속 밀도가 10[Wb/m²]인 자계 내에 길이 4[cm]의 도체를 자계와 직각으로 놓고 이 도체를 0.4초 동안 1[m]씩 균일하게 이동하였을 때 발생하는 기전력은 몇 [V]인가?

① 1 ② 2
③ 3 ④ 4

해설 기전력

$e = Blv\sin\theta$

여기서 $v = \dfrac{1}{0.4} = 2.5$[m/s], $\theta = 90°$이므로

$\therefore e = 10 \times 4 \times 10^{-2} \times 2.5 \times \sin 90° = 1$[V]

12. 이론 check **플레밍의 오른손 법칙**

전자 유도에 의한 역기전력의 방향을 나타내는 법칙으로 자속 밀도를 B, 도체의 길이를 l, 도체의 움직이는 속도를 v라 하면 기전력 e는 다음과 같다.

$e = Blv$[V]

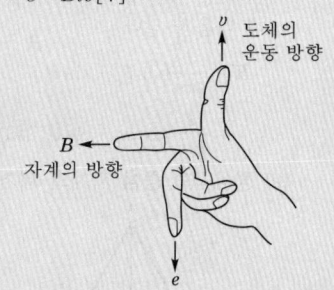

플레밍의 오른손 법칙을 이용한 대표적인 전기 기기로서는 직류 발전기가 있다.

13 반지름이 3[m]인 구에 공간 전하 밀도가 1[C/m³] 분포되어 있을 경우 구의 중심으로부터 1[m]인 곳의 전계는 몇 [V]인가?

① $\dfrac{1}{2\varepsilon_0}$

② $\dfrac{1}{3\varepsilon_0}$

③ $\dfrac{1}{4\varepsilon_0}$

④ $\dfrac{1}{5\varepsilon_0}$

해설 전하가 균일하게 분포된 구도체의 내부 전계의 세기

$$E = \dfrac{r \cdot Q}{4\pi\varepsilon_0 a^3} = \dfrac{r}{4\pi\varepsilon_0 a^3} \cdot \rho \dfrac{4}{3}\pi a^3$$

$$= \dfrac{\rho \cdot r}{3\varepsilon_0} = \dfrac{1 \cdot r}{3\varepsilon_0} = \dfrac{r}{3\varepsilon_0} \text{ [V/m]}$$

$r = 1$[m]인 곳의 전계

$\therefore E_i = \dfrac{1}{3\varepsilon_0}$[V]

정답 12.① 13.②

PART 01 전기자기학

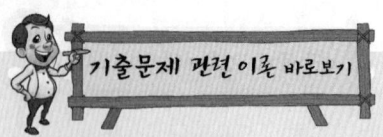

14. 이론 check **자계의 세기**

(1) 유한장 직선 전류에 의한 자계의 세기

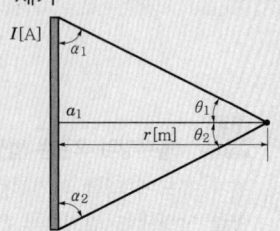

길이 l [m]인 유한장 직선 도체에 전류 I[A]가 흐를 때 이 도체에서 r [m] 떨어진 점의 자계의 세기는 비오-사바르 법칙에 의해 다음과 같다.

$$H = \frac{I}{4\pi r}(\sin\theta_1 + \sin\theta_2)$$
$$= \frac{I}{4\pi r}(\cos\alpha_1 + \cos\alpha_2) [\text{AT/m}]$$

(2) 정삼각형 중심 자계의 세기

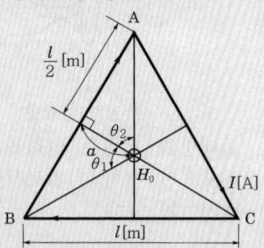

한 변의 길이가 l[m]인 정삼각형에 전류 I[A]가 흐를 때 한 변 AB의 전류에 의한 중심 자계 H_{AB}는

$$H_{AB} = \frac{I}{4\pi a}(\sin\theta_1 + \sin\theta_2)$$

여기서, $a = \frac{l}{2}\tan\alpha_1 = \frac{l}{2}\tan 30°$

$= \frac{l}{2\sqrt{3}}$ 이므로

$$H_{AB} = \frac{I}{4\pi \frac{l}{2\sqrt{3}}}(\sin 60° + \sin 60°)$$

$$= \sqrt{3}\frac{I}{2\pi I}\left(2 \times \frac{\sqrt{3}}{2}\right)$$

$$= \frac{3I}{2\pi l} [\text{AT/m}]$$

14 한 변의 길이가 3[m]인 정삼각형의 회로에 2[A]의 전류가 흐를 때 정삼각형 중심에서의 자계의 크기는 몇 [AT/m]인가?

① $\frac{1}{\pi}$ ② $\frac{2}{\pi}$

③ $\frac{3}{\pi}$ ④ $\frac{4}{\pi}$

해설

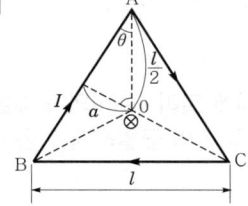

한 변 AB의 자계의 세기

$$H_{AB} = \frac{3I}{2\pi l} [\text{AT/m}]$$

∴ 정삼각형 중심 자계의 세기

$$H = 3H_{AB} = \frac{9I}{2\pi l} [\text{AT/m}]$$

∴ $H = \frac{9I}{2\pi l} = \frac{9 \times 2}{2\pi \times 3} = \frac{3}{\pi} [\text{AT/m}]$

15 전선을 균일하게 2배의 길이로 당겨 늘였을 때 전선의 체적이 불변이라면 저항은 몇 배가 되는가?

① 2   ② 4
③ 6   ④ 8

해설 저항 $R = \rho\frac{l}{S} = \rho\frac{l^2}{S \cdot l}$ (단, $S \cdot l = v$: 도체의 체적[m³])

∴ $R = \rho\frac{l^2}{v}$ 즉, 체적이 일정할 때 저항은 길이(l)의 제곱에 비례한다.

∴ $2^2 = 4$배

16 반지름 a[m]인 구대칭 전하에 의한 구내·외의 전계의 세기에 해당되는 것은?

①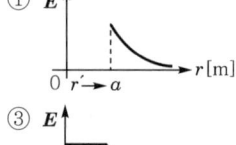
②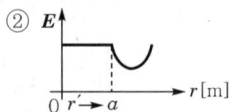
③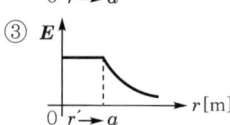
④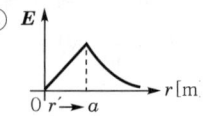

정답   14.③   15.②   16.④

해설 전하가 균일하게 분포된 구도체
- 외부에서의 전계의 세기 $(r>a)$
  $$E = \frac{Q}{4\pi\varepsilon_0 r^2}\,[\text{V/m}]$$
- 표면에서의 전계의 세기 $(r=a)$
  $$E = \frac{Q}{4\pi\varepsilon_0 a^2}\,[\text{V/m}]$$
- 내부에서의 전계의 세기 $(r<a)$
  $$Q : Q' = \frac{4}{3}\pi a^3 : \frac{4}{3}\pi r^3$$
  $$Q' = \frac{r^3}{a^3}Q$$
  $$\therefore E = \frac{\frac{r^3}{a^3}Q}{4\pi\varepsilon_0 r^2} = \frac{r\cdot Q}{4\pi\varepsilon_0 a^3}\,[\text{V/m}]$$

※ 전계의 세기와 거리와의 관계

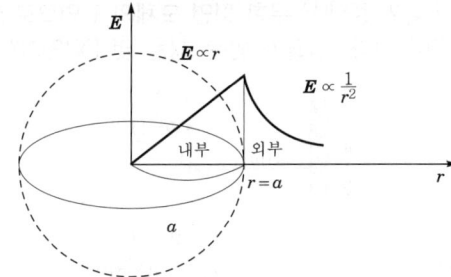

17 무한히 넓은 평면 자성체의 앞 a[m] 거리의 경계면에 평행하게 무한히 긴 직선 전류 I[A]가 흐를 때, 단위 길이당 작용력은 몇 [N/m]인가?

① $\dfrac{\mu_0}{4\pi a}\left(\dfrac{\mu+\mu_0}{\mu-\mu_0}\right)I^2$

② $\dfrac{\mu_0}{2\pi a}\left(\dfrac{\mu+\mu_0}{\mu-\mu_0}\right)I^2$

③ $\dfrac{\mu_0}{4\pi a}\left(\dfrac{\mu-\mu_0}{\mu+\mu_0}\right)I^2$

④ $\dfrac{\mu_0}{2\pi a}\left(\dfrac{\mu-\mu_0}{\mu+\mu_0}\right)I^2$

해설 영상 전류 $I' = \dfrac{\mu-\mu_0}{\mu+\mu_0}I$

$$\therefore F = \frac{\mu_0 I \cdot I'}{2\pi d} = \frac{\mu_0 I}{2\pi \times 2a} \times \frac{\mu-\mu_0}{\mu+\mu_0}I$$
$$= \frac{\mu_0}{4\pi a}\left(\frac{\mu-\mu_0}{\mu+\mu_0}\right)I^2\,[\text{N/m}]$$

2016년 과년도 출제문제

기출문제 관련 이론 바로보기

따라서 정삼각형 중심 자계의 세기 H_0 는

$$H_0 = 3H_{AB} = \frac{9I}{2\pi l}\,[\text{AT/m}]$$

17. 평행 전류 도선 간에 작용하는 힘

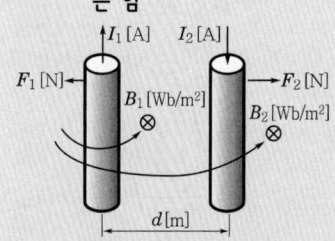

플레밍의 왼손 법칙에 의해 전류 I_2 가 흐르는 도체가 받는 힘 F_2 는 I_1 에 의해 발생되는 자계에 의한 자속 밀도 B_0[Wb/m²]가 영향을 미치므로

$$F_2 = I_2 B_1 l \sin 90° = \frac{\mu_0 I_1 I_2}{2\pi d}l\,[\text{N}]$$

이때, 단위 길이당 작용하는 힘은

$$F = \frac{F_2}{l} = \frac{\mu_0 I_1 I_2}{2\pi d}\,[\text{N/m}]$$

$\mu_0 = 4\pi \times 10^{-7}$[H/m]를 대입하면

$$F = \frac{2I_1 I_2}{d} \times 10^{-7}\,[\text{N/m}]$$

정답 17.③

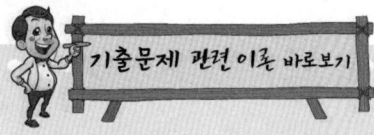

18 전기 쌍극자에 관한 설명으로 틀린 것은?
① 전계의 세기는 거리의 세제곱에 반비례한다.
② 전계의 세기는 주위 매질에 따라 달라진다.
③ 전계의 세기는 쌍극자 모멘트에 비례한다.
④ 쌍극자의 전위는 거리에 반비례한다.

해설 전기 쌍극자에 의한 전계
$$E = \frac{M\sqrt{1+3\cos^2\theta}}{4\pi\varepsilon_0 r^3}\,[\text{V/m}] \propto \frac{1}{r^3}$$
전기 쌍극자에 의한 전위
$$V = \frac{M\cos\theta}{4\pi\varepsilon_0 r^2}\,[\text{V}] \propto \frac{1}{r^2}$$
∴ 전기 쌍극자의 전위는 거리의 제곱에 반비례한다.

19. 이론 check **점전하와 무한 평면 도체**

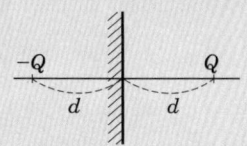

점전하 $Q[\text{C}]$과 무한 평면 도체 간에 작용하는 힘 F는
$$F = \frac{-Q^2}{4\pi\varepsilon_0(2d)^2}$$
$$= \frac{-Q^2}{16\pi\varepsilon_0 d^2}\,[\text{N}]\ (\text{흡인력})$$

일 $W = \int_d^\infty \boldsymbol{F}\cdot d\boldsymbol{r}$
$$= \frac{Q^2}{16\pi\varepsilon_0}\int_d^\infty \frac{1}{d^2}dr\,[\text{J}]$$
$$= \frac{Q^2}{16\pi\varepsilon_0}\left[-\frac{1}{d}\right]_d^\infty$$
$$= \frac{Q^2}{16\pi\varepsilon_0 d}$$

19 그림과 같이 공기 중에서 무한 평면 도체의 표면으로부터 2[m]인 곳에 점전하 4[C]이 있다. 전하가 받는 힘은 몇 [N]인가?

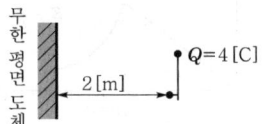

① 3×10^9 ② 9×10^9
③ 1.2×10^{10} ④ 3.6×10^{10}

해설
$$F = \frac{-Q^2}{16\pi\varepsilon_0 a^2}$$
$$= -\frac{4^2}{16\pi\varepsilon_0 \times 2^2}$$
$$= -\frac{1}{4\pi\varepsilon_0}$$
$$= -9\times 10^9\,[\text{N}]\ (\text{흡인력})$$

20 판 간격이 d인 평행판 공기 콘덴서 중에 두께 t이고, 비유전율이 ε_s인 유전체를 삽입하였을 경우에 공기의 절연 파괴를 발생하지 않고 가할 수 있는 판 간의 전위차는? (단, 유전체가 없을 때 가할 수 있는 전압을 V라 하고 공기의 절연 내력은 E_0이라 한다.)

① $V\left(1-\dfrac{t}{\varepsilon_s d}\right)$ ② $\dfrac{Vt}{d}\left(1-\dfrac{1}{\varepsilon_s}\right)$
③ $V\left(1+\dfrac{t}{\varepsilon_s d}\right)$ ④ $V\left[1-\dfrac{t}{d}\left(1-\dfrac{1}{\varepsilon_s}\right)\right]$

정답 18.④ 19.② 20.④

해설

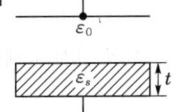

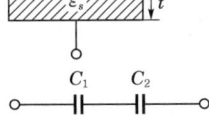

공기 콘덴서의 정전 용량 $C_0 = \dfrac{\varepsilon_0 S}{d}$

유전체가 없는 부분의 정전 용량 $C_1 = \dfrac{\varepsilon_0 S}{d-t}$

유전체의 정전 용량 $C_2 = \dfrac{\varepsilon_0 \varepsilon_s S}{t}$

∴ 합성 정전 용량

$$C = \dfrac{1}{\dfrac{1}{C_1}+\dfrac{1}{C_2}} = \dfrac{1}{\dfrac{1}{\dfrac{\varepsilon_0 S}{d-t}}+\dfrac{1}{\dfrac{\varepsilon_0 \varepsilon_s S}{t}}}$$

$$= \dfrac{\varepsilon_0 \varepsilon_s S}{\varepsilon_s(d-t)-\varepsilon_0 t}$$

∴ 전위차 $V' = \dfrac{C_0}{C}V = \dfrac{\dfrac{\varepsilon_0 S}{d}}{\dfrac{\varepsilon_0 \varepsilon_s S}{\varepsilon_s(d-t)-\varepsilon_0 t}}V$

$$= \left(1 - \dfrac{t}{d} + \dfrac{t}{\varepsilon_s d}\right)V$$

$$= V\left[1 - \dfrac{t}{d}\left(1 - \dfrac{1}{\varepsilon_s}\right)\right]$$

제 2 회 전기자기학

01 자유 공간 중에 $x=2$, $z=4$인 무한장 직선상에 ρ_L[C/m]인 균일한 선전하가 있다. 점 $(0, 0, 4)$의 전계 E[V/m]는?

① $\boldsymbol{E} = \dfrac{-\rho_L}{4\pi\varepsilon_0}a_x$
② $\boldsymbol{E} = \dfrac{\rho_L}{4\pi\varepsilon_0}a_x$
③ $\boldsymbol{E} = \dfrac{-\rho_L}{2\pi\varepsilon_0}a_x$
④ $\boldsymbol{E} = \dfrac{\rho_L}{2\pi\varepsilon_0}a_x$

기출문제 관련 이론 바로보기

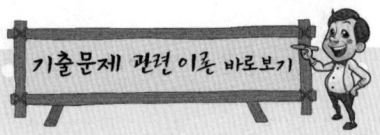

01. 이론 check 무한 직선 전하에 의한 전계의 세기

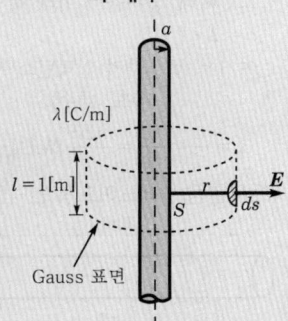

▮ 무한 직선 전하 ▮

$\displaystyle\int_s E ds = \dfrac{\lambda \cdot l}{\varepsilon_0}$

원통의 표면적은 $2\pi r l$이므로

$E 2\pi r \cdot l = \dfrac{\lambda l}{\varepsilon_0}$

$E = \dfrac{\lambda}{2\pi\varepsilon_0 r} = 18\times 10^9 \dfrac{\lambda}{r}$ [V/m]

정답 01. ①

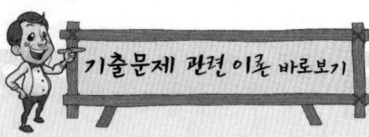

해설 전계의 세기 $E = \dfrac{\rho_L}{2\pi\varepsilon_0 r}$ [V/m]

$x=2$, $z=4$이므로 $r=2$[m] 점 (0, 0, 4)의 전계의 세기 방향은 $-a_x$

$\therefore E = \dfrac{\rho_L}{2\pi\varepsilon_0 \times 2}(-a_x) = -\dfrac{\rho_L}{4\pi\varepsilon_0}a_x$

02 자기 모멘트 9.8×10^{-5}[Wb·m]의 막대 자석을 지구 자계의 수평 성분 10.5[AT/m]인 곳에서 지자기 자오면으로부터 90° 회전시키는 데 필요한 일은 약 몇 [J]인가?

① 1.03×10^{-3}
② 1.03×10^{-5}
③ 9.03×10^{-3}
④ 9.03×10^{-5}

해설 회전력 $T = MH\sin\theta$ [N·m]

이 회전력 T를 이기면서 θ까지 회전시키는 데 필요한 일

$W = -\displaystyle\int_\theta^0 T d\theta = MH(1-\cos\theta)$ [J]

$\therefore W = 9.8 \times 10^{-5} \times 10.5 \times (1-\cos 90°)$
$= 1.03 \times 10^{-3}$ [J]

03. **이론 check** 인덕턴스

(1) 자기 인덕턴스

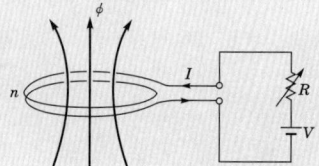

코일에 일정 전류 I가 흐를 때 생기는 자속 ϕ는 I에 비례하고, 비례 상수를 L이라 하면
$\phi = L \cdot I$
여기서, L : 자기 인덕턴스(자기 유도 계수)
$L = \dfrac{\phi}{I} = \dfrac{n\phi}{I} = \dfrac{nBS}{I}$ [Wb/A], [H]

(2) 무한장 솔레노이드의 인덕턴스

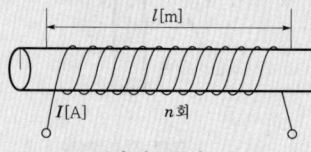

$n\phi = LI$ (단위[m]당 권수 n)
$L = \dfrac{n\phi}{I}$
자속 $\phi = BS = \mu HS = \mu nI\pi a^2$
$\therefore L = \dfrac{n}{I}\mu nI\pi a^2 = \mu\pi a^2 n^2$
$= 4\pi\mu_s\pi a^2 n^2 \times 10^{-7}$ [H/m]

03 단면적 S[m²], 단위 길이당 권수가 n_0[회/m]인 무한히 긴 솔레노이드의 자기 인덕턴스[H/m]를 구하면?

① $\mu S n_0$
② $\mu S n_0^2$
③ $\mu S^2 n_0$
④ $\mu S^2 n_0^2$

해설

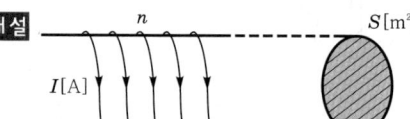

여기서, n : 단위 길이에 대한 권수
무한장 솔레노이드의 자기 인덕턴스
$L = \dfrac{n_0 \phi}{I} = \dfrac{n_0}{I} \mu \cdot n_0 I \pi a^2$
$= \mu\pi a^2 n_0^2$ [H/m] $= \mu S \cdot n_0^2$ [H/m]

04 평행판 콘덴서에 어떤 유전체를 넣었을 때 전속 밀도가 4.8×10^{-7}[C/m²]이고 단위 체적당 정전 에너지가 5.3×10^{-3}[J/m³]이었다. 이 유전체의 유전율은 몇 [F/m]인가?

① 1.15×10^{-11}
② 2.17×10^{-11}
③ 3.19×10^{-11}
④ 4.21×10^{-11}

정답 02.① 03.② 04.②

해설 정전 에너지

$$W = \frac{D^2}{2\varepsilon} [\text{J/m}^3]$$

$$\therefore \varepsilon = \frac{D^2}{2W} = \frac{(4.8 \times 10^{-7})^2}{2 \times 5.3 \times 10^{-3}} = 2.17 \times 10^{-11} [\text{F/m}]$$

05 쌍극자 모멘트가 $M[\text{C} \cdot \text{m}]$인 전기 쌍극자에서 점 P의 전계는 $\theta = \frac{\pi}{2}$에서 어떻게 되는가? (단, θ는 전기 쌍극자의 중심에서 축 방향과 점 P를 잇는 선분의 사이각이다.)

① 0
② 최소
③ 최대
④ $-\infty$

해설 전계의 세기

$$E = \frac{M}{4\pi\varepsilon_0 r^3} \sqrt{1 + 3\cos^2\theta} \, [\text{V/m}]$$

∴ 점 P의 전계는 $\theta = 0°$일 때 최대이고, $\theta = 90°$일 때 최소가 된다.

06 감자력이 0인 것은?

① 구자성체
② 환상 철심
③ 타원 자성체
④ 굵고 짧은 막대 자성체

해설 환상 철심은 무단이므로 감자력이 0이다.

07 그림과 같이 반지름 10[cm]인 반원과 그 양단으로부터 직선으로 된 도선에 10[A]의 전류가 흐를 때, 중심 O에서의 자계의 세기와 방향은?

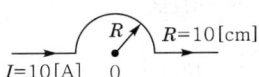

① 2.5[AT/m], 방향 ⊙
② 25[AT/m], 방향 ⊙
③ 2.5[AT/m], 방향 ⊗
④ 25[AT/m], 방향 ⊗

해설 반원의 자계의 세기

$$H = \frac{I}{2R} \times \frac{1}{2} = \frac{I}{4R} [\text{A/m}]$$

앙페르의 오른 나사 법칙에 의해 들어가는 방향(⊗)으로 자계가 형성된다.

$$\therefore H = \frac{10}{4 \times 10 \times 10^{-2}} = 25 [\text{A/m}]$$

06. Tip 감자 작용

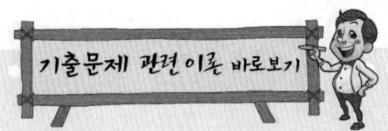

자성체 외부에 자계를 주어 자화할 때 자기 유도에 의해 자석이 된다. 그 결과 자성체 내부에 외부 자계 H_0와 역방향의 H' 자계가 형성되어 본래의 자계를 감소시킨다.
따라서 자성체 내의 자계의 세기는 $H = H_0 - H'$이므로

감자력 $H' = H_0 - H = \frac{N}{\mu_0} J [\text{A/m}]$

여기서, N은 감자율로, 자성체의 형태에 의해 결정된다.

구자성체의 감자율 $N = \frac{1}{3}$이고,

원통 자성체의 감자율 $N = \frac{1}{2}$이다.

정답 05.② 06.② 07.④

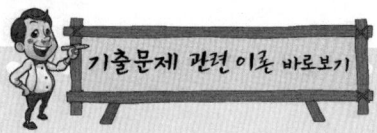

08 패러데이 관에 대한 설명으로 틀린 것은?

① 관 내의 전속수는 일정하다.
② 관의 밀도는 전속 밀도와 같다.
③ 진전하가 없는 점에서 불연속이다.
④ 관 양단에 양(+), 음(−)의 단위 전하가 있다.

해설 패러데이 관의 성질
- 패러데이 관 중에 있는 전속수는 진전하가 없으면 일정하며 연속적이다.
- 패러데이 관의 양단에는 정 또는 부의 단위 진전하가 존재하고 있다.
- 패러데이 관의 밀도는 전속 밀도와 같다.
- 단위 전위차당 패러데이 관의 보유 에너지는 $\frac{1}{2}$[J]이다.

09 그림과 같은 원통상 도선 한 가닥이 유전율 ε[F/m]인 매질 내에 지상 h[m] 높이로 지면과 나란히 가설되어 있을 때 대지와 도선 간의 단위 길이당 정전 용량[F/m]은?

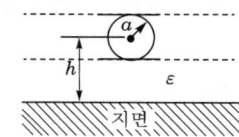

① $\dfrac{2\pi\varepsilon}{\sinh^{-1}\dfrac{h}{a}}$ ② $\dfrac{\pi\varepsilon}{\sinh^{-1}\dfrac{h}{a}}$

③ $\dfrac{2\pi\varepsilon}{\cosh^{-1}\dfrac{h}{a}}$ ④ $\dfrac{\pi\varepsilon}{\cosh^{-1}\dfrac{h}{a}}$

해설 $C = \dfrac{2\pi\varepsilon}{\ln\dfrac{2h}{a}}$ [F/m]

$\ln\dfrac{2h}{a} ≒ \cosh^{-1}\dfrac{h}{a}$ 이므로

∴ $C = \dfrac{2\pi\varepsilon}{\cosh^{-1}\dfrac{h}{a}}$ [F/m]

10 전위 $V = 3xy + z + 4$일 때 전계 E는?

① $i3x + j3y + k$
② $-i3y + j3x + k$
③ $i3x - j3y - k$
④ $-i3y - j3x - k$

10. 전위 경도

전계의 세기와 전위의 관계식

$V = -\int E\,dr$

이것을 r에 미분하면

$E = -\dfrac{dV}{dr}$ [V/m]

이것을 직각 좌표계로 표시하면

$E_x = -\dfrac{\partial V}{\partial x}i$

$E_y = -\dfrac{\partial V}{\partial y}j$

$E_z = -\dfrac{\partial V}{\partial z}k$

∴ $E = -\operatorname{grad} V$
   $= -\nabla V$
   $= -\left(i\dfrac{\partial}{\partial x}V + j\dfrac{\partial}{\partial y}V + k\dfrac{\partial}{\partial z}V\right)$
   [V/m]

정답 08.③ 09.③ 10.④

해설 $E = -\text{grad}V = -\nabla V$
$= -\left(i\dfrac{\partial}{\partial x} + j\dfrac{\partial}{\partial y} \cdot k\dfrac{\partial}{\partial z}\right) \cdot (3xy + z + 4)$
$= -(i3y + j3x + k)$
$= -i3y - j3x - k$

11 한 변이 $L[\text{m}]$되는 정사각형의 도선 회로에 전류 $I[\text{A}]$가 흐르고 있을 때 회로 중심에서의 자속 밀도는 몇 $[\text{Wb/m}^2]$인가?

① $\dfrac{2\sqrt{2}}{\pi}\mu_0\dfrac{L}{I}$

② $\dfrac{\sqrt{2}}{\pi}\mu_0\dfrac{I}{L}$

③ $\dfrac{2\sqrt{2}}{\pi}\mu_0\dfrac{I}{L}$

④ $\dfrac{4\sqrt{2}}{\pi}\mu_0\dfrac{L}{I}$

해설 한 변의 자계의 세기
$$H_{AB} = \dfrac{I}{\pi L\sqrt{2}}[\text{AT/m}]$$
정사각형 중성 자계의 세기
$$H_0 = 4H_{AB} = 4 \cdot \dfrac{I}{\pi L\sqrt{2}} = \dfrac{2\sqrt{2}I}{\pi L}[\text{AT/m}]$$
∴ 자속 밀도
$$B = \mu_0 H = \mu_0 \dfrac{2\sqrt{2}I}{\pi L} = \dfrac{2\sqrt{2}}{\pi}\mu_0 \dfrac{I}{L}[\text{Wb/m}^2]$$

12 다음 식 중에서 틀린 것은?

① 가우스의 정리 : $\text{div}D = \rho$
② 푸아송의 방정식 : $\nabla^2 V = \dfrac{\rho}{\varepsilon}$
③ 라플라스의 방정식 : $\nabla^2 V = 0$
④ 발산의 정리 : $\oint_s A \cdot ds = \int_v \text{div}A\, dv$

해설 **맥스웰의 전자계 기초 방정식**

- $\text{rot}E = \nabla \times E = -\dfrac{\partial B}{\partial t} = -\mu \dfrac{\partial H}{\partial t}$ (패러데이 전자 유도 법칙의 미분형)
- $\text{rot}H = \nabla \times H = i + \dfrac{\partial D}{\partial t}$ (앙페르 주회 적분 법칙의 미분형)
- $\text{div}D = \nabla \cdot D = \rho$ (가우스 정리의 미분형)
- $\text{div}B = \nabla \cdot B = 0$ (가우스 정리의 미분형)

---

11. 이론 check **정사각형의 중심 자계의 세기**

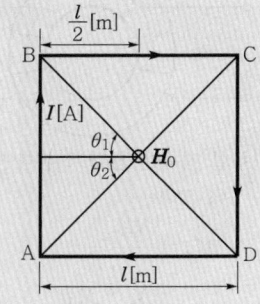

AB에 대한 중심점의 자계 H_{AB}는
$$H_{AB} = \dfrac{I}{4\pi a}(\sin\theta_1 + \sin\theta_2)$$
여기서, $a = \dfrac{l}{2}\sin\theta_1 = \sin\theta_2$
$= \sin 45° = \dfrac{1}{\sqrt{2}}$ 이므로
$$H_{AB} = \dfrac{I}{4\pi\left(\dfrac{l}{\sqrt{2}}\right)}(\sin 45° + \sin 45°)$$
$$= \dfrac{I}{\sqrt{2}\pi l}[\text{AT/m}]$$
따라서 정사각형에 의한 중심 자계의 세기 H_0는
$$H_0 = 4 \times H_{AB} = \dfrac{2\sqrt{2}I}{\pi l}[\text{AT/m}]$$

정답 11.③ 12.②

PART 01 전기자기학

- $\nabla^2 V = -\dfrac{\rho}{\varepsilon_0}$ (푸아송의 방정식)
- $\nabla^2 V = 0$ (라플라스 방정식)

13. 이론 check 환상 코일에 감긴 2개 코일의 상호 인덕턴스

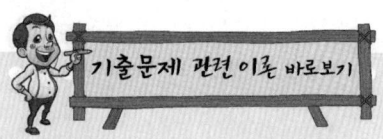

누설 자속은 없다고 본다면
$N_2 \phi_{12} = M_{12} I_1$
$\therefore M_{12} = \dfrac{N_2 \phi_{12}}{I_1}$
$= \dfrac{N_2}{I_1} \cdot \dfrac{N_1 I_1}{R_m}$
$= \dfrac{N_1 N_2}{R_m}$

$N_1 \phi_{21} = M_{21} I_2$
$\therefore M_{21} = \dfrac{N_1 \phi_{21}}{I_2}$
$= \dfrac{N_1}{I_2} \cdot \dfrac{N_2 I_2}{R_m}$
$= \dfrac{N_1 N_2}{R_m}$

$\therefore$ 상호 인덕턴스 $M = M_{12} = M_{21}$
$= \dfrac{N_1 N_2}{R_m}$
$= \dfrac{N_1 N_2}{\dfrac{l}{\mu S}}$
$= \dfrac{\mu S N_1 N_2}{l}$ [H]

13 환상 철심에 권선수 20인 A 코일과 권선수 80인 B 코일이 감겨있을 때, A 코일의 자기 인덕턴스가 5[mH]라면 두 코일의 상호 인덕턴스는 몇 [mH]인가? (단, 누설 자속은 없는 것으로 본다.)

① 20
② 1.25
③ 0.8
④ 0.05

해설 $\therefore M = \dfrac{N_A N_B}{R_m} = L_A \dfrac{N_B}{N_A}$
$= 5 \times \dfrac{80}{20} = 20 \text{[mH]}$

14 표피 효과에 대한 설명으로 옳은 것은?
① 주파수가 높을수록 침투 깊이가 얇아진다.
② 투자율이 크면 표피 효과가 적게 나타난다.
③ 표피 효과에 따른 표피 저항은 단면적에 비례한다.
④ 도전율이 큰 도체에는 표피 효과가 적게 나타난다.

해설 표피 효과 침투 길이
$\delta = \sqrt{\dfrac{2}{\omega \sigma \mu}} = \sqrt{\dfrac{1}{\pi f \sigma \mu}}$ [m]
즉, 주파수 f, 도전율 σ, 투자율 μ가 클수록 δ가 작아지므로 표피 효과가 커진다.

15 자기 회로에서 키르히호프의 법칙에 대한 설명으로 옳은 것은?
① 임의의 결합점으로 유입하는 자속의 대수합은 0이다.
② 임의의 폐자로에서 자속과 기자력의 대수합은 0이다.
③ 임의의 폐자로에서 자기 저항과 기자력의 대수합은 0이다.
④ 임의의 폐자로에서 각 부의 자기 저항과 자속의 대수합은 0이다.

해설 자기 회로의 키르히호프 법칙은 전류에 대한 키르히호프 법칙과 같은 법칙이 성립한다.
- 자기 회로의 임의의 결합점에 유입하는 자속의 대수합은 0이다.
$\sum\limits_{i=1}^{n} \phi_i = 0$

정답 13.① 14.① 15.①

- 임의의 폐자로에서 각 부의 자기 저항과 자속과의 곱의 총합은 그 폐자로에 있는 기자력의 총합과 같다.

$$\sum_{i=1}^{n} R_i \phi_i = \sum_{i=1}^{n} N_i I_i$$

16 W_1과 W_2의 에너지를 갖는 두 콘덴서를 병렬 연결한 경우의 총 에너지 W와의 관계로 옳은 것은? (단, $W_1 \neq W_2$이다.)

① $W_1 + W_2 = W$
② $W_1 + W_2 > W$
③ $W_1 - W_2 = W$
④ $W_1 + W_2 < W$

해설 $W_1 \neq W_2$이므로 콘덴서 병렬 접속시 전하의 이동으로 전력 소모가 발생되어 총 에너지는 각각의 에너지의 합보다 적어진다.
∴ $W_1 + W_2 > W$

17 두 종류의 유전율 (ε_1, ε_2)을 가진 유전체 경계면에 진전하가 존재하지 않을 때 성립하는 경계 조건을 옳게 나타낸 것은? (단, θ_1, θ_2는 각각 유전체 경계면의 법선 벡터와 E_1, E_2가 이루는 각이다.)

① $E_1 \sin\theta_1 = E_2 \sin\theta_2$, $D_1 \sin\theta_1 = D_2 \sin\theta_2$, $\dfrac{\tan\theta_1}{\tan\theta_2} = \dfrac{\varepsilon_2}{\varepsilon_1}$

② $E_1 \cos\theta_1 = E_2 \cos\theta_2$, $D_1 \sin\theta_1 = D_2 \sin\theta_2$, $\dfrac{\tan\theta_1}{\tan\theta_2} = \dfrac{\varepsilon_2}{\varepsilon_1}$

③ $E_1 \sin\theta_1 = E_2 \sin\theta_2$, $D_1 \cos\theta_1 = D_2 \cos\theta_2$, $\dfrac{\tan\theta_1}{\tan\theta_2} = \dfrac{\varepsilon_1}{\varepsilon_2}$

④ $E_1 \cos\theta_1 = E_2 \cos\theta_2$, $D_1 \cos\theta_1 = D_2 \cos\theta_2$, $\dfrac{\tan\theta_1}{\tan\theta_2} = \dfrac{\varepsilon_1}{\varepsilon_2}$

해설 유전체의 경계면 조건
- 전계는 경계면에서 수평 성분이 서로 같다.
  $E_1 \sin\theta_1 = E_2 \sin\theta_2$
- 전속 밀도는 경계면에서 수직 성분이 서로 같다.
  $D_1 \cos\theta_1 = D_2 \cos\theta_2$
- 위의 비를 취하면
  $\dfrac{E_1 \sin\theta_1}{D_1 \cos\theta_1} = \dfrac{E_2 \sin\theta_2}{D_2 \cos\theta_2}$
  여기서, $D_1 = \varepsilon_1 E_1$, $D_2 = \varepsilon_2 E_2$
  ∴ $\dfrac{\tan\theta_1}{\tan\theta_2} = \dfrac{\varepsilon_1}{\varepsilon_2}$

---

17. 이론 check 유전체의 경계면 조건

유전체의 유전율 값이 서로 다른 경우에 전계의 세기와 전속 밀도는 경계면에서 다음과 같은 조건이 성립된다.

(1) 전계는 경계면에서 수평 성분(=접선 성분)이 서로 같다.

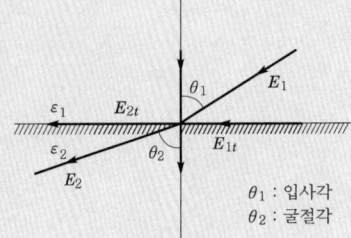

$E_1 \sin\theta_1 = E_2 \sin\theta_2$
$E_{1t} = E_{2t}$

(2) 전속 밀도는 경계면에서 수직 성분(=법선 성분)이 서로 같다.

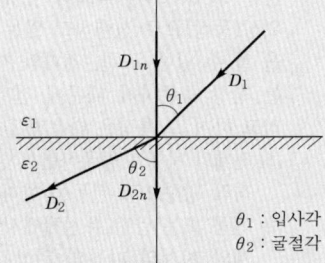

$D_1 \cos\theta_1 = D_2 \cos\theta_2$
$D_{1n} = D_{2n}$

(3) (1)과 (2)의 비를 취하면 다음과 같다.
$\dfrac{E_1 \sin\theta_1}{D_1 \cos\theta_1} = \dfrac{E_2 \sin\theta_2}{D_2 \cos\theta_2}$
여기서, $D_1 = \varepsilon_1 E_1$, $D_2 = \varepsilon_2 E_2$
$\dfrac{1}{\varepsilon_1} \tan\theta_1 = \dfrac{1}{\varepsilon_2} \tan\theta_2$
이를 정리하면
$\dfrac{\tan\theta_1}{\tan\theta_2} = \dfrac{\varepsilon_1}{\varepsilon_2}$

정답 16. ② 17. ③

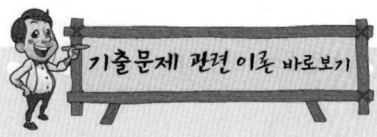

18 무한히 넓은 두 장의 평면판 도체를 간격 $d[\text{m}]$로 평행하게 배치하고 각각의 평면판에 면전하 밀도 $\pm \sigma[\text{C/m}^2]$로 분포되어 있는 경우 전기력선은 면에 수직으로 나와 평행하게 발산한다. 이 평면판 내부의 전계의 세기는 몇 [V/m]인가?

① $\dfrac{\sigma}{\varepsilon_0}$ ② $\dfrac{\sigma}{2\varepsilon_0}$

③ $\dfrac{\sigma}{2\pi\varepsilon_0}$ ④ $\dfrac{\sigma}{4\pi\varepsilon_0}$

해설 무한 평행판에서의 전계의 세기
- 평행판 외부 전계의 세기
  $E = 0$
- 평행판 사이의 전계의 세기
  $E = \dfrac{\sigma}{2\varepsilon_0} + \dfrac{\sigma}{2\varepsilon_0} = \dfrac{\sigma}{\varepsilon_0}$ [V/m]

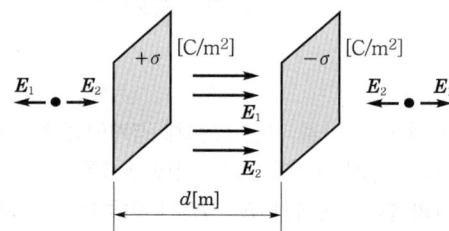

19. 전자파의 특징

전계 E_x(전파, electric wave)와 자계 H_y(자파, magnetic wave)는 서로 90°로서 직교하며, 같은 위상(동상)으로 진행하고 있는 것을 알 수 있다. 또한, 전파와 자파는 항상 공존하기 때문에 전자파라고 하며 그 특징은 다음과 같다.

(1) 전계와 자계는 공존하면서 상호 직각 방향으로 진동을 한다.
(2) 진공 또는 완전 유전체에서 전계와 자계의 파동의 위상차는 없다.
(3) 전자파 전달 방향은 $E \times H$ 방향이다.
(4) 전자파 전달 방향의 E, H 성분은 없다.
(5) 전계 E와 자계 H의 비는 $\dfrac{E_x}{H_y} = \sqrt{\dfrac{\mu}{\varepsilon}}$ 이다.
(6) 자유 공간인 경우 동일 전원에서 나오는 전파는 자파보다 377배$(E = 377H)$로 매우 크기 때문에 전자파를 간단히 전파라고도 한다.

19 전자파의 특성에 대한 설명으로 틀린 것은?

① 전자파의 속도는 주파수와 무관하다.
② 전파 E_x를 고유 임피던스로 나누면 자파 H_y가 된다.
③ 전파 E_x와 자파 H_y의 진동 방향은 진행 방향에 수평인 종파이다.
④ 매질이 도전성을 갖지 않으면 전파 E_x와 자파 H_y는 동위상이 된다.

해설 전자파
- 전자파의 속도
  $v = \dfrac{1}{\sqrt{\varepsilon\mu}}$ [m/s]
  매질의 유전율, 투자율과 관계가 있다.
- 고유 임피던스
  $\mu = \dfrac{E_x}{H_y} = \sqrt{\dfrac{\mu}{\varepsilon}}$
  $\therefore H_y = \dfrac{E_x}{\mu}$
- 전파 E_x와 자파 H_y의 진동 방향은 진행 방향에 수직인 횡파이다.

정답 18. ① 19. ③

20 압전 효과를 이용하지 않은 것은?

① 수정 발진기
② 마이크로폰
③ 초음파 발생기
④ 자속계

해설 압전 효과는 어떤 종류의 결정판에 일정한 방향에서 압력을 가하면 판의 양면에 외력에 비례하는 양전하와 음전하가 나타나는 현상이다. 수정·전기석·로셸염 외에 타이타늄산바륨, 타르타르산에틸렌다이아민 등 인공 결정이 압전성을 가지는 소자로 개발되어 있다.
수정 발진기, 초음파 발생기, 마이크로폰 미래 응용 분야의 잉크젯 프린터 분사기, 디젤 자동차의 연료 분사기 등 소형의 정밀 기계와 관련된 산업 발전에 다양하게 활용되고 있다.

제 3 회 전기자기학

01 반지름이 a[m]이고 단위 길이에 대한 권수가 n인 무한장 솔레노이드의 단위 길이당 자기 인덕턴스는 몇 [H/m]인가?

① $\mu \pi a^2 n^2$
② $\mu \pi a n$
③ $\dfrac{an}{2\mu\pi}$
④ $4\mu \pi a^2 n^2$

해설

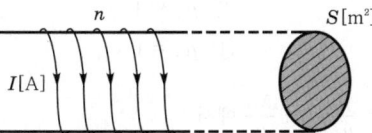

여기서, n : 단위 길이에 대한 권수
무한장 솔레노이드의 자기 인덕턴스

$$L = \frac{N\phi}{I} = \frac{\mu S N^2}{I}$$
$$= \frac{\mu S (nl)^2}{I} = \mu S n^2 l \,[\text{H}]$$

∴ 단위 길이당 자기 인덕턴스
$L_0 = \mu S n^2 = \mu \pi a^2 n^2 \,[\text{H/m}]$

01. Tip 자기 인덕턴스

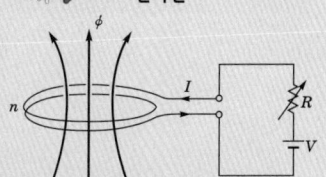

코일에 일정 전류 I가 흐를 때 생기는 자속 ϕ는 I에 비례하고, 비례 상수를 L이라 하면
$\phi = L \cdot I$
여기서, L : 자기 인덕턴스(자기 유도 계수)
$L = \dfrac{\phi}{I} = \dfrac{n\phi}{I} = \dfrac{nBS}{I}$[Wb/A], [H]

정답 20.④ / 01.①

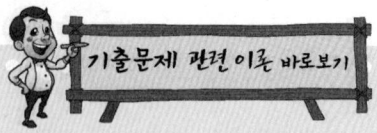

02 선전하 밀도 ρ[C/m]를 갖는 코일이 반원형의 형태를 취할 때, 반원의 중심에서 전계의 세기를 구하면 몇 [V/m]인가? (단, 반지름은 r[m]이다.)

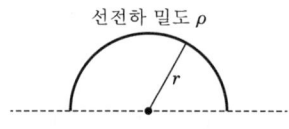

① $\dfrac{\rho}{8\pi\varepsilon_0 r^2}$ ② $\dfrac{\rho}{4\pi\varepsilon_0 r}$

③ $\dfrac{\rho}{4\pi\varepsilon_0 r^2}$ ④ $\dfrac{\rho}{2\pi\varepsilon_0 r}$

해설

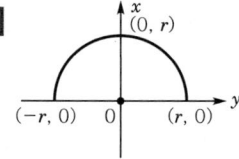

$Ex = \dfrac{\rho}{4\pi\varepsilon_0 r}\int_0^\pi \cos\theta d\theta = \dfrac{\rho}{4\pi\varepsilon_0 r}[\sin\theta]_0^\pi = 0$

$Ey = \dfrac{\rho}{4\pi\varepsilon_0 a}\int_0^\pi \sin\theta d\theta = \dfrac{\rho}{4\pi\varepsilon_0 r}[-\cos\theta]_0^\pi$

$= \dfrac{\rho}{4\pi\varepsilon_0 r}(1+1) = \dfrac{\rho}{2\pi\varepsilon_0 r}$

$\therefore E = -j\dfrac{\rho}{2\pi\varepsilon_0 r}$ [V/m]

03 비투자율 μ_s는 역자성체에서 다음 어느 값을 갖는가?

① $\mu_s = 0$ ② $\mu_s < 1$
③ $\mu_s > 1$ ④ $\mu_s = 1$

해설 비투자율 $\mu_s = \dfrac{\mu}{\mu_0} = 1 + \dfrac{\chi_m}{\mu_0}$ 에서

$\mu_s > 1$, 즉 $\chi_m > 0$이면 상자성체
$\mu_s < 1$, 즉 $\chi_m < 0$이면 역자성체

04 도전율 σ, 투자율 μ인 도체에 교류 전류가 흐를 때 표피 효과의 영향에 대한 설명으로 옳은 것은?

① σ가 클수록 작아진다.
② μ가 클수록 작아진다.
③ μ_s가 클수록 작아진다.
④ 주파수가 높을수록 커진다.

---

04. 표피 효과 침투 깊이

전류의 주파수가 증가할수록 도체 내부의 전류 밀도가 지수 함수적으로 감소되는 현상을 표피 효과라 한다.

$\delta = \sqrt{\dfrac{2}{\omega\sigma\mu}} = \sqrt{\dfrac{1}{\pi f \sigma\mu}}$ [m]

여기서,
$\sigma = \dfrac{1}{2\times 10^{-8}}$ [℧/m] : 도전율

$\mu = 4\pi \times 10^{-7}$ [H/m] : 투자율
δ : 표피 두께 또는 침투 깊이
따라서, 주파수가 높을수록, 도전율이 높을수록, 투자율이 높을수록 표피 두께 δ가 감소하므로 표피 효과는 증대되어 도체의 실효 저항이 증가한다.

정답 02.④ 03.② 04.④

해설 표피 효과 침투 길이 $\delta = \sqrt{\dfrac{2}{\omega\sigma\mu}} = \sqrt{\dfrac{1}{\pi f \sigma \mu}}$ [m]

즉, 주파수 f, 도전율 σ, 투자율 μ가 클수록 δ가 작아지므로 표피 효과가 커진다.

05 자계와 전류계의 대응으로 틀린 것은?

① 자속 ↔ 전류
② 기자력 ↔ 기전력
③ 투자율 ↔ 유전율
④ 자계의 세기 ↔ 전계의 세기

해설 자기 회로와 전기 회로의 대응

자기 회로	전기 회로
자속 ϕ[Wb]	전류 I[A]
자계 H[A/m]	전계 E[V/m]
기자력 F[AT]	기전력 V[V]
자속 밀도 B[Wb/m²]	전류 밀도 i[A/m²]
투자율 μ[H/m]	도전율 k[℧/m]
자기 저항 R_m[AT/Wb]	전기 저항 R[Ω]

06 다음의 관계식 중 성립할 수 없는 것은? (단, μ는 투자율, μ_0는 진공의 투자율, χ는 자화율, J는 자화의 세기이다.)

① $\mu = \mu_0 + \chi$
② $J = \chi B$
③ $\mu_s = 1 + \dfrac{\chi}{\mu_0}$
④ $B = \mu H$

해설 $J = \chi H$[Wb/m²]
$B = \mu_0 H + J = \mu_0 H + \chi H = (\mu_0 + \chi) H$
$\quad = \mu_0 \mu_s H$ [Wb/m²]
$\mu = \mu_0 + \chi$ [H/m], $\mu_s = \mu/\mu_0 = 1 + \chi$
$B = \mu H$ [Wb/m²], $\mu_s = \dfrac{\mu}{\mu_0} = \dfrac{\mu_0 + \chi}{\mu_0} = 1 + \dfrac{\chi}{\mu_0}$

07 베이클라이트 중의 전속 밀도가 D[C/m²]일 때의 분극의 세기는 몇 [C/m²]인가? (단, 베이클라이트의 비유전율은 ε_r이다.)

① $D(\varepsilon_r - 1)$
② $D\left(1 + \dfrac{1}{\varepsilon_r}\right)$
③ $D\left(1 - \dfrac{1}{\varepsilon_r}\right)$
④ $D(\varepsilon_r + 1)$

정답 05.③ 06.② 07.③

---

05. 이론 check 자기 회로

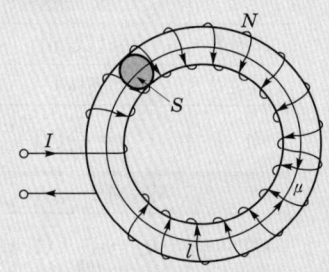

(1) 자기 옴의 법칙

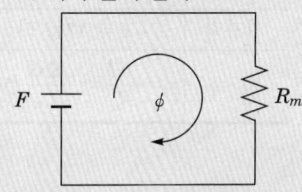

① 자속 : $\phi = \dfrac{F}{R_m}$ [Wb]
② 기자력 : $F = NI$ [AT]
③ 자기 저항 : $R_m = \dfrac{l}{\mu S}$ [AT/Wb]

(2) 전기 회로와 자기 회로
전기 회로와 자기 회로는 등가적으로 해석할 수 있다.

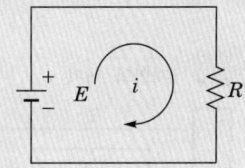

등가 회로

PART 01 전기자기학

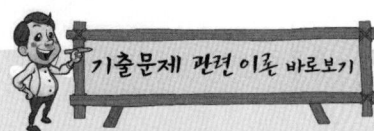

(3) 전기 회로와 자기 회로의 비교

전기 회로	
전기 저항	$R = \rho \dfrac{l}{S} = \dfrac{l}{kS}\,[\Omega]$
도전율	$k\,[\mho/m]$
기전력	$E\,[V]$
전 류	$i = \dfrac{E}{R}\,[V]$

자기 회로	
자기 저항	$R_m = \dfrac{l}{\mu S}\,[AT/m]$
투자율	$\mu\,[H/m]$
기자력	$F = NI\,[AT]$
자 속	$\phi = \dfrac{NI}{R_m} = \dfrac{\mu SNI}{l}\,[Wb]$

해설 분극의 세기

$$P = D - \varepsilon_0 E = D\left(1 - \dfrac{1}{\varepsilon_r}\right)[C/m^2]$$

08 철심부의 평균 길이가 l_2, 공극의 길이가 l_1, 단면적이 S인 자기 회로이다. 자속 밀도를 $B[Wb/m^2]$로 하기 위한 기자력[AT]은?

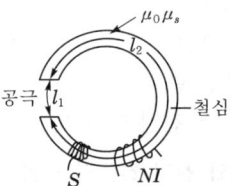

① $\dfrac{\mu_0}{B}\left(l_1 + \dfrac{\mu_s}{l_2}\right)$

② $\dfrac{B}{\mu_0}\left(l_2 + \dfrac{l_1}{\mu_s}\right)$

③ $\dfrac{\mu_0}{B}\left(l_2 + \dfrac{\mu_s}{l_1}\right)$

④ $\dfrac{B}{\mu_0}\left(l_1 + \dfrac{l_2}{\mu_s}\right)$

해설 공극이 있는 경우 합성 자기 저항

$$R = R_g + R_c = \dfrac{l_1}{\mu_0 S} + \dfrac{l_2}{\mu S}\,[AT/Wb]$$

기자력 F는

$F = NI = R\phi = R \cdot BS\,[AT]$

$\therefore\ F = RBS = \left(\dfrac{l_1}{\mu_0 S} + \dfrac{l_2}{\mu S}\right)BS = \dfrac{B}{\mu_0}\left(l_1 + \dfrac{l_2}{\mu_s}\right)[AT]$

09 이론check ▶ 자화의 세기

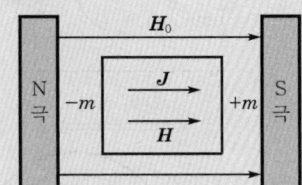

자성체를 자계 내에 놓았을 때 물질이 자화되는 경우 이것을 양적으로 표시하면 단위 체적당 자기 모멘트를 그 점의 자화의 세기라 한다. 이를 식으로 나타내면

$J = B - \mu_0 H = \mu_0 \mu_s H - \mu_0 H$
$\quad = \mu_0(\mu_s - 1)H = \chi_m H\,[Wb/m^2]$

09 자성체의 자화의 세기 $J = 8[kA/m]$, 자화율 $\chi_m = 0.02$일 때 자속 밀도는 약 몇 [T]인가?

① 7,000
② 7,500
③ 8,000
④ 8,500

해설 $B = \mu_0 H + J$

여기서 자화의 세기 $J = \chi_m H$

따라서 $H = \dfrac{J}{\chi_m}$이다.

정답 08.④ 09.③

$$\therefore B = \mu_0 \frac{J}{\chi_m} + J = J\left(1 + \frac{\mu_0}{\chi_m}\right)$$
$$= 8 \times 10^3 \left(1 + \frac{4\pi \times 10^{-7}}{0.02}\right)$$
$$\fallingdotseq 8,000 [\text{Wb/m}^2][\text{T}]$$

10 진공 중의 자계 10[AT/m]인 점에 5×10^{-3}[Wb]의 자극을 놓으면 그 자극에 작용하는 힘[N]은?

① 5×10^{-2}
② 5×10^{-3}
③ 2.5×10^{-2}
④ 2.5×10^{-3}

해설 $F = mH$
$= 5 \times 10^{-3} \times 10$
$= 5 \times 10^{-2}[\text{N}]$

10. 이론 check 자계의 세기

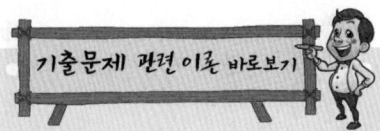

자계 세기의 정의는 자계 중에 단위 점자하를 놓았을 때 작용하는 힘이다.
즉, 두 자하 사이에 작용하는 힘은
$$F = 6.33 \times 10^4 \frac{m_1 \times 1}{r^2}$$
$$= 6.33 \times 10^4 \frac{m}{r^2}[\text{N}]$$
이를 자계의 세기라 한다.
$$H = \frac{1}{4\pi\mu} \frac{m}{r^2}$$
$$= 6.33 \times 10^4 \frac{m}{r^2}[\text{AT/m}], [\text{N/Wb}]$$
또한, 자계 내에 m[Wb]를 놓았을 때 자계에 작용하는 힘은 다음과 같다.
$F = mH[\text{N}]$

11 전계와 자계와의 관계에서 고유 임피던스는?

① $\sqrt{\varepsilon\mu}$
② $\sqrt{\dfrac{\mu}{\varepsilon}}$
③ $\sqrt{\dfrac{\varepsilon}{\mu}}$
④ $\dfrac{1}{\sqrt{\varepsilon\mu}}$

해설 $\eta = \dfrac{E}{H} = \sqrt{\dfrac{\mu}{\varepsilon}}\ [\Omega]$

12 자성체 $3 \times 4 \times 20[\text{cm}^3]$가 자속 밀도 $B = 130[\text{mT}]$로 자화되었을 때 자기 모멘트가 48[A·m²]였다면 자화의 세기(M)는 몇 [A/m]인가?

① 10^4
② 10^5
③ 2×10^4
④ 2×10^5

해설 자화의 세기(M)는 자성체에서 단위 체적당의 자기 모멘트이다.
$$\therefore M = \frac{\text{자기 모멘트}}{\text{단위 체적}}$$
$$= \frac{48}{3 \times 4 \times 20 \times 10^{-6}}$$
$$= 2 \times 10^5 [\text{A/m}]$$

정답 10.① 11.② 12.④

PART 01 전기자기학

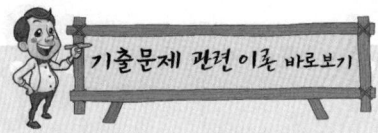

13. 이론 check **유전체의 경계면 조건**

유전체의 유전율 값이 서로 다른 경우에 전계의 세기와 전속 밀도는 경계면에서 다음과 같은 조건이 성립된다.

(1) 전계는 경계면에서 수평 성분 (=접선 성분)이 서로 같다.

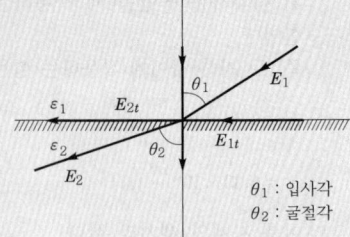

$E_1 \sin\theta_1 = E_2 \sin\theta_2$
$E_{1t} = E_{2t}$

(2) 전속 밀도는 경계면에서 수직 성분(=법선 성분)이 서로 같다.

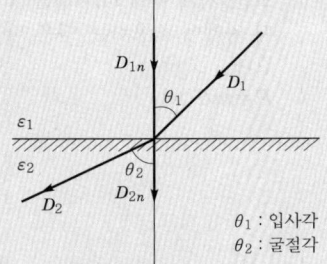

$D_1 \cos\theta_1 = D_2 \cos\theta_2$
$D_{1n} = D_{2n}$

(3) (1)과 (2)의 비를 취하면 다음과 같다.

$\dfrac{E_1 \sin\theta_1}{D_1 \cos\theta_1} = \dfrac{E_2 \sin\theta_2}{D_2 \cos\theta_2}$

여기서, $D_1 = \varepsilon_1 E_1$, $D_2 = \varepsilon_2 E_2$

$\dfrac{1}{\varepsilon_1} \tan\theta_1 = \dfrac{1}{\varepsilon_2} \tan\theta_2$

이를 정리하면

$\dfrac{\tan\theta_1}{\tan\theta_2} = \dfrac{\varepsilon_1}{\varepsilon_2}$

---

13 그림과 같은 평행판 콘덴서에 극판의 면적이 $S\,[\mathrm{m}^2]$, 진전하 밀도를 $\sigma\,[\mathrm{C/m}^2]$, 유전율이 각각 $\varepsilon_1 = 4$, $\varepsilon_2 = 2$인 유전체를 채우고 a, b 양단에 $V\,[\mathrm{V}]$의 전압을 인가할 때, ε_1, ε_2인 유전체 내부의 전계의 세기 E_1, E_2와의 관계식은?

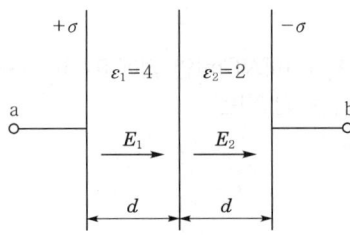

① $E_1 = 2E_2$
② $E_1 = 4E_2$
③ $2E_1 = E_2$
④ $E_1 = E_2$

해설 유전체의 경계면 조건
$D_1 \cos\theta_1 = D_2 \cos\theta_2$
경계면에 수직이므로 $\theta_1 = \theta_2 = 0°$이다.
∴ $D_1 = D_2$, $\varepsilon_1 E_1 = \varepsilon_2 E_2$
∴ $E_1 = \dfrac{\varepsilon_2}{\varepsilon_1} E_2 = \dfrac{2}{4} E_2 = \dfrac{1}{2} E_2$
즉, $2E_1 = E_2$가 된다.

14 쌍극자 모멘트가 $M\,[\mathrm{C\cdot m}]$인 전기 쌍극자에 의한 임의의 점 P에서의 전계의 크기는 전기 쌍극자의 중심에서 축방향과 점 P를 잇는 선분 사이의 각이 얼마일 때 최대가 되는가?

① 0
② $\dfrac{\pi}{2}$
③ $\dfrac{\pi}{3}$
④ $\dfrac{\pi}{4}$

해설 전기 쌍극자의 전계의 세기
$E = \dfrac{M}{4\pi\varepsilon_0 r^3}\sqrt{1+3\cos^2\theta}\,[\mathrm{V/m}]$
점 P의 전계는 $\theta = 0°$일 때 최대이고, $\theta = 90°$일 때 최소가 된다.

15 원점에 $+1[\mathrm{C}]$, 점 $(2, 0)$에 $-2[\mathrm{C}]$의 점전하가 있을 때 전계의 세기가 0인 점은?

① $(-3-2\sqrt{3},\ 0)$
② $(-3+2\sqrt{3},\ 0)$
③ $(-2-2\sqrt{2},\ 0)$
④ $(-2+2\sqrt{2},\ 0)$

정답 **13.** ③ **14.** ① **15.** ③

해설

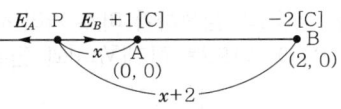

P점에 전계의 세기가 0인 점이 존재한다.

$\therefore E_A = E_B$

$\dfrac{1}{4\pi\varepsilon_0 x^2} = \dfrac{2}{4\pi\varepsilon_0 (x+2)^2}$

즉, $\dfrac{1}{x^2} = \dfrac{2}{(x+2)^2}$

$2x^2 = (x+2)^2$

$\sqrt{2}\,x = x+2$

$(\sqrt{2}-1)x = 2$

$x = \dfrac{2}{\sqrt{2}-1} = 2\sqrt{2}+2$

$\therefore$ 원점에서 $2+2\sqrt{2}$ 떨어진 점의 좌표는 $(-2-2\sqrt{2},\ 0)$가 된다.

16 반지름 2[mm], 간격 1[m]의 평행 왕복 도선이 있다. 도체 간에 전압 6[kV]를 가했을 때 단위 길이당 작용하는 힘은 몇 [N/m]인가?

① 8.06×10^{-5} ② 8.06×10^{-6}
③ 6.87×10^{-5} ④ 6.87×10^{-6}

해설

$f = \dfrac{\lambda^2}{2\pi\varepsilon_o d}$ 에서

$\lambda = CV = \left(\dfrac{\pi\varepsilon_o}{\ln\dfrac{d}{r}}\right)V$

$\therefore f = \dfrac{\pi\varepsilon_o V^2}{2d\left(\ln\dfrac{d}{r}\right)^2} = \dfrac{\pi \times 8.855 \times 10^{-12} \times 6{,}000^2}{2 \times 1 \times \left(\ln\dfrac{1}{0.002}\right)^2} = 1.30 \times 10^{-5}[N/m]$

17 유전율이 ε_1, ε_2인 유전체 경계면에 수직으로 전계가 작용할 때 단위 면적당에 작용하는 수직력은?

① $2\left(\dfrac{1}{\varepsilon_2}-\dfrac{1}{\varepsilon_1}\right)E^2$ ② $2\left(\dfrac{1}{\varepsilon_2}-\dfrac{1}{\varepsilon_1}\right)D^2$
③ $\dfrac{1}{2}\left(\dfrac{1}{\varepsilon_2}-\dfrac{1}{\varepsilon_1}\right)E^2$ ④ $\dfrac{1}{2}\left(\dfrac{1}{\varepsilon_2}-\dfrac{1}{\varepsilon_1}\right)D^2$

해설 전계가 경계면에 수직이므로

$f = \dfrac{1}{2}(E_2 - E_1)D^2$

$= \dfrac{1}{2}\left(\dfrac{1}{\varepsilon_2}-\dfrac{1}{\varepsilon_1}\right)D^2 [N/m^2]$

정답 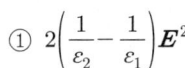 16. 정답 없음   17. ④

Tip 특수한 경우

전속과 전기력이 경계면에 수직으로 도달하는 경우 $\theta_1 = 0$이므로 $\theta_2 = 0$
(1) 전속과 전기력선은 굴절하지 않는다.
(2) 전속 밀도는 변화하지 않는다. ($D_1 = D_2$)
(3) 전계의 세기는 $\varepsilon_1 E_1 = \varepsilon_2 E_2$로 되고 경계면에서 불연속적이다.

17. 이론 전계가 경계면에 수직으로 입사($\varepsilon_1 > \varepsilon_2$)

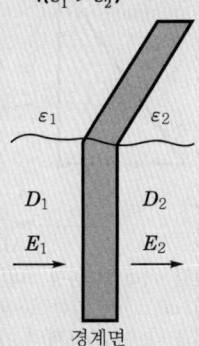

전계가 수직으로 입사시 $\theta = 0°$이므로 경계면 양측에서 전속 밀도가 같으므로 $D_1 = D_2 = D[C/m^2]$로 표시할 수 있다. 이때 경계면에 작용하는 단위 면적당 작용하는 힘은

$f = \dfrac{D^2}{2\varepsilon}[N/m^2]$이므로

ε_1에서의 힘은

$f_1 = \dfrac{D^2}{2\varepsilon_1}[N/m^2]$

ε_2에서의 힘은

$f_2 = \dfrac{D^2}{2\varepsilon_2}[N/m^2]$

이 된다.
이때 전체적인 힘 f는 $f_2 > f_1$이므로 $f = f_2 - f_1$만큼 작용한다.

$\therefore f = \dfrac{D^2}{2\varepsilon_2} - \dfrac{D^2}{2\varepsilon_1}$

$= \dfrac{1}{2}\left(\dfrac{1}{\varepsilon_2}-\dfrac{1}{\varepsilon_1}\right)D^2[N/m^2]$

PART 01 전기자기학

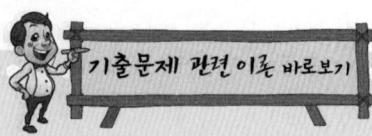

18 진공 중에서 $+q[C]$과 $-q[C]$의 점전하가 미소 거리 $a[m]$만큼 떨어져 있을 때 이 쌍극자가 P점에 만드는 전계[V/m]와 전위[V]의 크기는?

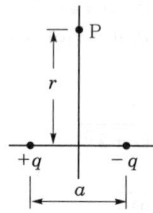

① $E = \dfrac{qa}{4\pi\varepsilon_0 r^2}, \quad V = 0$

② $E = \dfrac{qa}{4\pi\varepsilon_0 r^3}, \quad V = 0$

③ $E = \dfrac{qa}{4\pi\varepsilon_0 r^2}, \quad V = \dfrac{qa}{4\pi\varepsilon_0 r}$

④ $E = \dfrac{qa}{4\pi\varepsilon_0 r^3}, \quad V = \dfrac{qa}{4\pi\varepsilon_0 r^2}$

해설 전기 쌍극자와 전계의 세기

$E = \dfrac{M}{4\pi\varepsilon_0 r^3}\sqrt{1+3\cos\theta^2}$

전기 쌍극자 모멘트 $M = q \cdot a [C \cdot m]$

$\theta = 90°$이므로 $\cos 90° = 0$

$\therefore E = \dfrac{M}{4\pi\varepsilon_0 r^3} = \dfrac{q \cdot a}{4\pi\varepsilon_0 r^3}$ [V/m]

전기 쌍극자의 전위

$V = \dfrac{M}{4\pi\varepsilon_0 r^2}\cos\theta$ [V]

$\theta = 90°$이므로 $\cos 90° = 0$

$\therefore V = 0$ [V]

---

19. 이론 check — 원형 전류 중심축상의 자계의 세기

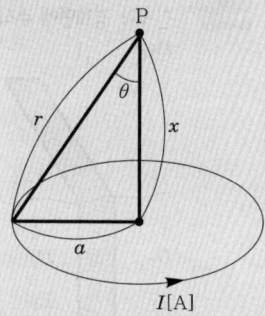

반경 $a[m]$인 원형 코일의 미소 길이 $dl[m]$에 의한 중심축상의 한 점 P의 미소 자계의 세기는 비오-사바르의 법칙에 의해

$dH = \dfrac{Idl}{4\pi r^2}\sin\theta$ [AT/m]

$= \dfrac{I \cdot a\, dl}{4\pi r^3}$

여기서, $\sin\theta = \dfrac{a}{r}$ 이므로

$H = \int \dfrac{I \cdot a\, dl}{4\pi r^3} = \dfrac{aI}{4\pi r^3}\int dl$

$= \dfrac{a \cdot I}{4\pi r^3}2\pi a = \dfrac{a^2 I}{2r^3}$ [AT/m]

여기서, $r = \sqrt{a^2 + x^2}$ 이므로

$H = \dfrac{a^2 I}{2(a^2+x^2)^{\frac{3}{2}}}$ [AT/m]

여기서, 원형 중심의 자계의 세기 H_0는 떨어진 거리 $x = 0$인 지점이므로 $H_0 = \dfrac{I}{2a}$

또한, 권수가 N회 감겨 있을 때에는 $H_0 = \dfrac{NI}{2a}$

19 반지름 $a[m]$인 원형 코일에 전류 $I[A]$가 흘렀을 때 코일 중심에서의 자계의 세기[AT/m]는?

① $\dfrac{I}{4\pi a}$

② $\dfrac{I}{2\pi a}$

③ $\dfrac{I}{4a}$

④ $\dfrac{I}{2a}$

정답 18.② 19.④

해설

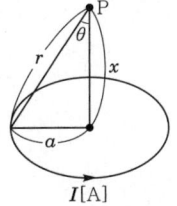

원형 전류 중심축상의 자계의 세기

$$H = \frac{a^2 I}{2(a^2+x^2)^{\frac{3}{2}}} \text{[AT/m]}$$

원형 중심의 자계의 세기는 $x=0$인 지점이므로

$$H_0 = \frac{I}{2a} \text{[AT/m]}$$

20 손실 유전체에서 전자파에 관한 전파 정수 γ로서 옳은 것은?

① $j\omega\sqrt{\mu\varepsilon}\sqrt{j\frac{\sigma}{\omega\varepsilon}}$

② $j\omega\sqrt{\mu\varepsilon}\sqrt{1-j\frac{\sigma}{2\omega\varepsilon}}$

③ $j\omega\sqrt{\mu\varepsilon}\sqrt{1-j\frac{\sigma}{\omega\varepsilon}}$

④ $j\omega\sqrt{\mu\varepsilon}\sqrt{1-j\frac{\omega\varepsilon}{\sigma}}$

해설

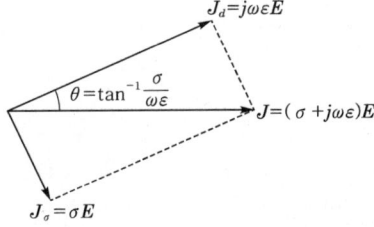

유전체 손실의 크고 작음은 변위 전류 밀도에 대한 전도 전류 밀도의 비 $\frac{\sigma}{\omega\varepsilon}$에 의해 결정되는데, 여기서 $\frac{\sigma}{\omega\varepsilon}$를 손실 탄젠트라 한다. 손실 탄젠트가 적은 경우 전파 정수(γ)는

$$\gamma = \sqrt{j\omega\mu(\sigma+j\omega\varepsilon)} = j\omega\sqrt{\mu\varepsilon}\sqrt{1-j\frac{\sigma}{\omega\varepsilon}}$$

20. 이론 check 손실 탄젠트

(1) 손실 탄젠트의 정의

$$\Delta \times H = (\sigma+j\omega\varepsilon)E = j_\sigma + J_d$$

유전체 손실의 크고 작음은 변위 전류 밀도에 대한 전도 전류 밀도 의 비 $\frac{\sigma}{\omega\varepsilon}$에 의해 결정된다.

$$\tan\theta = \frac{\sigma}{\omega\varepsilon}$$

여기서, $\frac{\sigma}{\omega\varepsilon}$를 손실 탄젠트라 한다.

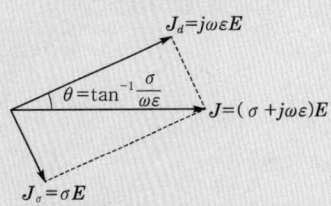

(2) 손실 탄젠트가 적을 경우 감쇠·위상 정수 근사식

$$\gamma = \sqrt{j\omega\mu(\sigma+j\omega\varepsilon)}$$
$$= j\omega\sqrt{\mu\varepsilon}\sqrt{1-j\frac{\sigma}{\omega\varepsilon}}$$
$$= j\omega\sqrt{\mu\varepsilon}\left[1-j\frac{\sigma}{2\omega\varepsilon}+\frac{1}{8}\left(\frac{\sigma}{\omega\varepsilon}\right)^2+\cdots\right]$$
$$= \frac{\sigma}{2}\sqrt{\frac{\mu}{\varepsilon}}+j\omega\sqrt{\mu\varepsilon}\left[1+\frac{1}{8}\left(\frac{\sigma}{\omega\varepsilon}\right)^2\right]$$
$$= \alpha+j\beta$$

$$\therefore \alpha = \frac{\sigma}{2}\sqrt{\frac{\mu}{\varepsilon}}$$
$$\beta = \omega\sqrt{\mu\varepsilon}\left[1+\frac{1}{8}\left(\frac{\sigma}{\omega\varepsilon}\right)^2\right]$$

정답 20. ③

전력공학

과년도 출제문제

2011년 과년도 출제문제

제1회 전력공학

01 회전 속도의 변화에 따라서 자동적으로 유량을 가감하는 것은?
① 예열기
② 급수기
③ 여자기
④ 조속기

해설 부하에 변동이 있을 때, 이 변동에 따르도록 즉시 수차에 흘러 들어가는 유량을 조정하여 수차의 회전수를 일정하게 유지하기 위한 설비를 조속기라 한다.

02 가스 냉각형 원자로에 사용되는 연료 및 냉각재는?
① 천연 우라늄, 수소 가스
② 농축 우라늄, 질소
③ 천연 우라늄, 이산화탄소
④ 농축 우라늄, 흑연

해설 가스 냉각 원자로는 천연 우라늄의 흑연 감속, 탄산 가스 냉각형의 마그녹스형로와 개량형의 AGR, 헬륨 냉각형의 고온 가스 냉각로(HTGR)가 실용화되고 있다.

03 직접 접지 방식에 대한 설명 중 틀린 것은?
① 애자 및 기기의 절연 수준 저감이 가능하다.
② 변압기 및 부속 설비의 중량과 가격을 저하시킬 수 있다.
③ 1상 지락 사고시 지락 전류가 작으므로 보호 계전기 동작이 확실하다.
④ 지락 전류가 저역률 대전류이므로 과도 안정도가 나쁘다.

해설 직접 접지 방식은 1상 지락 사고일 경우 지락 전류가 대단히 크기 때문에 보호 계전기의 동작이 확실하고, 계통에 주는 충격이 커서 과도 안정도가 나쁘다.

이론 03. 직접 접지 방식의 장단점

(1) 장점
① 1선 지락, 단선 사고시 전압 상승이 거의 없어 기기의 절연 레벨 저하
② 피뢰기 책무가 경감되고, 피뢰기 효과 증가
③ 중성점은 거의 영전위 유지로 단절연 변압기 사용 가능
④ 보호 계전기의 신속 확실한 동작

(2) 단점
① 지락 고장 전류가 저역률, 대전류이므로 과도 안정도가 나쁘다.
② 통신선에 대한 유도 장해가 크다.
③ 지락 전류가 커서 기기의 기계적 충격에 의한 손상, 고장점에서 애자 파손, 전선 용단 등의 고장이 우려된다.
④ 직접 접지식에서는 차단기가 큰 고장 전류를 자주 차단하게 되어 대용량의 차단기가 필요하다.

(3) 직접 접지 방식은 154[kV], 345[kV] 등의 고전압에 사용한다.

정답 01.④ 02.③ 03.③

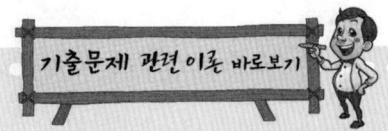

04 페란티(Ferranti) 효과의 발생 원인은?

① 선로의 저항
② 선로의 인덕턴스
③ 선로의 정전 용량
④ 선로의 누설 컨덕턴스

해설 페란티 효과
경부하 또는 무부하인 경우에는 충전 전류의 영향이 크게 작용해서 진상 전류가 흘러 수전단 전압이 송전단 전압보다 높게 되는 것을 페란티 효과(Ferranti effect)라 한다.

05 공장이나 빌딩에서 전압을 220[V]에서 380[V]로 승압하여 사용할 때, 이 승압의 이유로 가장 타당한 것은?

① 아크 발생 억제
② 배전 거리 증가
③ 전력 손실 경감
④ 기준 충격 절연 강도 증대

해설 전력 손실은 전압의 제곱에 반비례하고, 전압 강하는 전압에 반비례하므로 승압하면 전력의 손실을 경감시킨다.

06 이상 전압에 대한 방호 장치로 거리가 먼 것은?

① 피뢰기
② 방전 코일
③ 서지 흡수기
④ 가공 지선

해설 방전 코일은 전력용 콘덴서와 병렬로 연결하여 전원 차단시 콘덴서의 잔류 전하를 방전시킨다.

07 파동 임피던스 Z_1 =400[Ω]인 가공 선로에 파동 임피던스 50[Ω]인 케이블을 접속하였다. 이때 가공 선로에 e_1 =80[kV]인 전압파가 들어왔다면 접속점에서의 전압의 투과파는 약 몇 [kV]가 되겠는가?

① 17.8　　② 35.6
③ 71.1　　④ 142.2

해설 투과파 전압 $e_t = \dfrac{2Z_2}{Z_2+Z_1} \times e_i = \dfrac{2 \times 50}{50+400} \times 80 = 17.8[kV]$

06. Tip 이상 전압

(1) 내부 이상 전압
① 개폐 서지
② 아크 지락
③ 무부하시 전위 상승

(2) 외부 이상 전압
① 직격뢰에 의한 이상 전압 : 송전 선로의 도선, 지지물 또는 가공 지선이 뇌의 직격을 받아 그 뇌격 전압으로 선로의 절연이 위협받게 되는 경우를 직격뢰라 하고, 송전선의 사고 원인의 약 60[%] 정도를 차지한다.
② 유도뢰에 의한 이상 전압 : 뇌운 상호간, 또는 뇌운과 대지와의 사이에서 방전이 일어났을 경우에 뇌운 밑에 있는 송전 선로상에 이상 전압을 발생하는 뇌를 유도뢰라 하며, 직격뢰에 의한 이상 전압보다는 작다.

정답　04.③　05.③　06.②　07.①

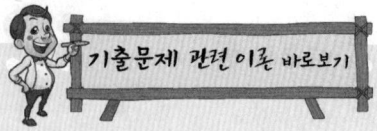

08 전력선과 통신선 사이에 그림과 같이 차폐선을 설치하며, 각 선 사이의 상호 임피던스를 각각 Z_{12}, Z_{1s} 및 Z_{2s}라 하고 차폐선의 자기 임피던스를 Z_s라 할 때 저감 계수를 나타낸 식은?

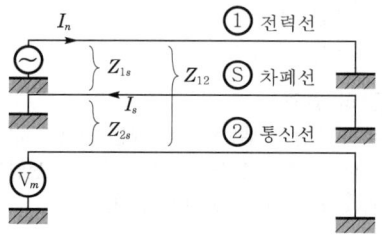

① $\left|1-\dfrac{Z_{1s}Z_{2s}}{Z_sZ_{12}}\right|$
② $\left|1-\dfrac{Z_{12}Z_{1s}}{Z_sZ_{2s}}\right|$
③ $\left|1-\dfrac{Z_sZ_{2s}}{Z_{12}Z_{1s}}\right|$
④ $\left|1-\dfrac{Z_sZ_{12}}{Z_{1s}Z_{2s}}\right|$

해설 통신선 유도 전압 $V_2 = -Z_{12}I_n + Z_{2s}I_s$
$$= -Z_{12}I_n + Z_{2s}\dfrac{Z_{1s}I_n}{Z_s}$$
$$= -Z_{12}I_n\left(1-\dfrac{Z_{1s}Z_{2s}}{Z_sZ_{12}}\right)$$

여기서, $-Z_{12}I_n$: 차폐선이 없을 경우의 유도 전압

그러므로 차폐 계수(저감 계수)는 $\left|1-\dfrac{Z_{1s}Z_{2s}}{Z_sZ_{12}}\right|$이다.

09. **이론 check** 단상 2선식과 3상 3선식의 전력 비교

(1) 단상 2선식
$P_1 = VI_1\cos\theta$

(2) 3상 3선식
$P_3 = \sqrt{3}\,VI_3\cos\theta$
$\dfrac{P_3}{P_1} = \sqrt{3}\,\dfrac{I_3}{I_1} = \sqrt{3}\times\dfrac{2}{3} = \dfrac{2}{\sqrt{3}}$

따라서 3상 3선식 배전으로 하면 송전 전력은 단상 2선식 배전의 경우보다 배(=1.15배) 더 보낼 수 있다.

09 직류 2선식 대비 전선 1가닥당 송전 전력이 최대가 되는 전송 방식은? (단, 선간 전압, 송전 전류, 역률 및 송전 거리가 같고 중성선은 전력선과 동일한 굵기이며, 전선은 같은 재료를 사용하고, 교류 방식에서 $\cos\theta = 1$로 한다.)

① 단상 2선식
② 단상 3선식
③ 3상 3선식
④ 3상 4선식

해설 1선당 전력(선간 전압, 전류, 역률 및 거리 동일)

전기 방식	1선당 전력	비율
단상 2선식	$\dfrac{VI\cos\theta}{2}$	100[%]
단상 3선식	$\dfrac{VI\cos\theta}{3}$	66.6[%]
3상 3선식	$\dfrac{\sqrt{3}\,VI\cos\theta}{3}$	115[%]
3상 4선식	$\dfrac{\sqrt{3}\,VI\cos\theta}{4}$	86.6[%]

정답 08.① 09.③

10 증기압, 증기 온도 및 진공도가 일정할 경우 추기할 때는 추기하지 않을 때보다 단위 발전량당 증기 소비량과 연료 소비량은 어떻게 변하는가?

① 증기 소비량, 연료 소비량은 다 감소한다.
② 증기 소비량은 증가하고, 연료 소비량은 감소한다.
③ 증기 소비량은 감소하고, 연료 소비량은 증가한다.
④ 증기 소비량, 연료 소비량은 다 증가한다.

해설 추기 터빈을 이용하면 단위 발전량당 증기 소비량은 증가하고, 연료 소비량은 감소한다.

11 SF$_6$ 가스 차단기에 대한 설명으로 옳지 않은 것은?

① 공기에 비하여 소호 능력이 약 100배 정도이다.
② 절연 거리를 적게 할 수 있어 차단기 전체를 소형, 경량화할 수 있다.
③ SF$_6$ 가스를 이용한 것으로서 독성이 있으므로 취급에 유의하여야 한다.
④ SF$_6$ 가스 자체는 불활성 기체이다.

해설 육불화황(SF$_6$) 가스는 독성이 없는 무독성이다.

12 전자 계산기에 의한 전력 조류 계산에서 슬랙(slack) 모선의 지정값은? (단, 슬랙 모선을 기준 모선으로 한다.)

① 유효 전력과 무효 전력
② 모선 전압의 크기와 유효 전력
③ 모선 전압의 크기와 무효 전력
④ 모선 전압의 크기와 모선 전압의 위상각

해설 슬랙 모선(slack bus)
조류 계산에서 발전기 모선 중 하나를 유효 전력 조정용 모선으로 남기고 여기서는 유효 전력과 전압의 크기를 지정하는 대신에 전압의 크기와 그 위상각을 지정하고, 유효 전력을 지정하지 않는 모선을 일반적으로 슬랙 모선이라 부르고 있다. 한편 계통 내의 각 모선 전압의 크기와 위상각을 지정한 기준 모선(여기서는 $\delta=0$)이라 부른다. 슬랙 모선과 기준 모선을 2개의 목적에 사용하는 경우가 많으므로 특히 언급하지 않는 한 이 모선을 슬랙 모선이라 부른다.

13 발전기나 변압기의 내부 고장 검출에 가장 많이 사용되는 계전기는?

① 역상 계전기   ② 비율 차동 계전기
③ 과전압 계전기   ④ 과전류 계전기

해설 발전기, 변압기 등의 기기 내부 고장 보호에는 비율 차동 계전기를 사용한다.

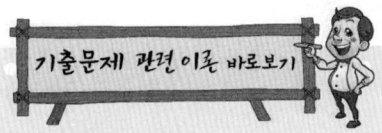

11. Tip ▶ SF$_6$ 가스

SF$_6$ 가스는 무색, 무취, 무미, 불연성, 불활성인 부성 가스이며 상온, 상압하에서는 가스 형태로 존재하나 압력을 가하고 온도를 저하시키면 액화한다. 1[kg/cm^2 · g]에서 SF$_6$ 가스의 절연 내력은 광유의 약 $\frac{1}{3}$배, 공기의 약 2.5∼3.5배 정도로 열적으로 안정성이 뛰어나 약 500[℃]까지 분해되지 않는다. 열전도율은 절연유의 약 $\frac{1}{8}$ 정도이어서 냉각 성능은 절연유보다 뒤떨어지나 강제 통풍에서는 공기의 4배 정도 열전도율을 갖기 때문에 전력 기기의 냉각에도 효과적이다.

13. 이론 check ▶ 계전기 용도에 의한 분류

(1) 과전류 계전기(over current relay 51)
과부하, 단락 보호용
(2) 과전압 계전기(over-voltage relay 59)
저항, 소호 리액터로 중성점을 접지한 전로의 접지 고장 검출용
(3) 차동 계전기(differential relay 87)
보호 구간 내 유입, 유출의 전류 벡터차를 검출
(4) 비율 차동 계전기(ratio differential relay 87)
고장 전류와 평형 전류의 비율에 의해 동작, 변압기 내부 고장 보호용

정답   10.②   11.③   12.④   13.②

14 승압기에 의하여 전압 V_e에서 V_h로 승압할 때, 2차 정격 전압 e, 자기 용량 W인 단상 승압기가 공급할 수 있는 부하 용량은?

① $\dfrac{V_h}{e} \times W$
② $\dfrac{V_e}{e} \times W$
③ $\dfrac{V_e}{V_h - V_e} \times W$
④ $\dfrac{V_h - V_e}{V_e} \times W$

해설 승압기 2차 전압 $V_h = V_e\left(1 + \dfrac{1}{a}\right)$[V] (여기서, a : 승압기 권수비)

승압기의 자기 용량 $W = \dfrac{W_L}{V_h} \times e$[VA]이므로

부하 용량은 $W_L = \dfrac{V_h}{e} \times W$

15 송전단 전압 3,300[V], 길이 3[km]인 고압 3상 배전선에서 수전단 전압을 3,150[V]로 유지하려고 한다. 부하 전력 1,000[kW], 역률 0.8(지상)이며 선로의 리액턴스는 무시한다. 이때 적당한 경동선의 굵기[mm²]는? (단, 경동선의 저항률은 $\dfrac{1}{55}$[Ω·mm²/m]이다.)

① 100
② 115
③ 130
④ 150

해설 전압 강하 $e = \dfrac{P}{V}(R + X\tan\theta)$에서 리액턴스는 무시하므로

$V_s - V_r = \dfrac{P}{V} \times \rho \dfrac{l}{A}$

∴ $3,300 - 3,150 = \dfrac{1,000 \times 10^3}{3,150} \times \dfrac{1}{55} \times \dfrac{3,000}{A}$에서 $A = 115$이다.

16 저압 뱅킹 방식의 장점이 아닌 것은?

① 전압 강하 및 전력 손실이 경감된다.
② 변압기 용량 및 저압선 동량이 절감된다.
③ 부하 변동에 대한 탄력성이 좋다.
④ 경부하시의 변압기 이용 효율이 좋다.

해설 **저압 뱅킹 방식의 특징**
- 전압 강하 및 전력 손실이 줄어든다.
- 변압기의 용량 및 전선량(동량)이 줄어든다.
- 부하 변동에 대하여 탄력적으로 운용된다.
- 플리커 현상이 경감된다.
- 캐스케이딩 현상이 발생할 수 있다.

---

16. **저압 뱅킹 방식의 장단점**

(1) 용도
　수용 밀도가 큰 지역
(2) 장점
　① 수지상식과 비교할 때 전압 강하와 전력 손실이 적다.
　② 플리커(fliker)가 경감된다.
　③ 변압기 용량 및 저압선 동량이 절감된다.
　④ 부하 증가에 대한 탄력성이 향상된다.
　⑤ 고장 보호 방법이 적당할 때 공급 신뢰도는 향상된다.
(3) 단점
　① 보호 방식이 복잡하다.
　② 시설비가 고가이다.

정답 14.① 15.② 16.④

17 피상 전력 $P[kVA]$, 역률 $\cos\theta$인 부하를 역률 100[%]로 개선하기 위한 전력용 콘덴서의 용량은 몇 [kVA]인가?

① $P\sqrt{1-\cos^2\theta}$
② $P\tan\theta$
③ $P\cos\theta$
④ $P\dfrac{\sqrt{1+\cos^2\theta}}{\cos\theta}$

해설 $Q=P(\tan\theta_1-\tan\theta_2)[kVA]$ (여기서, $P[kW]$로 유효 전력)
$Q=P\cos\theta_1\left(\dfrac{\sin\theta_1}{\cos\theta_1}-0\right)[kVA]=P\sin\theta_1=P\sqrt{1-\cos^2\theta_1}$

18 전력선에 영상 전류가 흐를 때 통신 선로에 발생되는 유도 장해는?

① 고조파 유도 장해
② 전력 유도 장해
③ 정전 유도 장해
④ 전자 유도 장해

해설 전자 유도 전압 $E_m=-j\omega Ml(I_a+I_b+I_c)=-j\omega Ml\times 3I_0$
여기서, $3I_0$: $3\times$영상 전류=지락 전류=기유도 전류

19 다중 접지 계통에 사용되는 재폐로 기능을 갖는 일종의 차단기로서 과부하 또는 고장 전류가 흐르면 순시 동작하고, 일정 시간 후에는 자동적으로 재폐로 하는 보호 기기는?

① 리클로저
② 라인 퓨즈
③ 섹셔널라이저
④ 고장 구간 자동 개폐기

해설 다중 접지 계통의 재폐로 장치는 리클로저이며, 섹셔널라이저와 직렬로 설치하여 선로 보호용으로 이용되는 설비이다.

20 3상 154[kV] 송전선의 일반 회로 정수가 $A=0.900$, $B=150$, $C=j\,0.901\times 10^{-3}$, $D=0.930$일 때 무부하시 송전단에 154[kV]를 가했을 때 수전단 전압은 몇 [kV]인가?

① 143
② 154
③ 166
④ 171

해설 무부하에서 $I_r=0$이므로
$\therefore E_s=AE_r+BI_r$에서 $E_r=\dfrac{E_s}{A}=\dfrac{154}{0.9}=171.1[kV]$

기출문제 관련 이론 바로보기

17. 이론 check ▶ **역률 개선**

$P[kW]$, $\cos\theta_1$의 부하 역률을 $\cos\theta_2$로 개선하기 위해 설치하는 콘덴서의 용량 $Q[kVA]$

(1) $Q=P(\tan\theta_1-\tan\theta_2)[kVA]$
(2) 콘덴서에 의한 제5고조파 제거를 위해서 직렬 리액터가 필요하다.
(3) 전원 개로 후 잔류 전압을 방전시키기 위해 방전 장치가 필요하다.
(4) 역률 개선용 콘덴서의 용량 계산

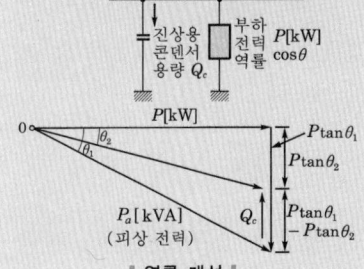

| 역률 개선 |

위의 그림은 역률 $\cos\theta_1$, 피상 전력 $P_a[kVA]$, 유효 전력 $P[kW]$이다. 역률을 $\cos\theta_2$로 개선하기 위해서 필요한 진상 용량 Q_c는 다음 식에 의해 구한다.
$P_a=P-jQ=P(1-j\tan\theta_1)$
$Q_c=P(\tan\theta_1-\tan\theta_2)$
$=P\left(\dfrac{\sqrt{1-\cos^2\theta_1}}{\cos\theta_1}-\dfrac{\sqrt{1-\cos^2\theta_2}}{\cos\theta_2}\right)$
$[kVA]$

18. 이론 check ▶ **3상 3선의 전자 유도 전압**

[통신선 전자 유도 전압]
$E_m=-j\omega Ml(I_a+I_b+I_c)$
$=-j\omega Ml\times 3I_0$
여기서,
I_a, I_b, I_c : 각 상의 불평형 전류
M : 전력선과 통신선과의 상호 인덕턴스
l : 전력선과 통신선의 병행 길이
$3I_0$: $3\times$영상 전류=지락 전류
=기유도 전류

정답 17.① 18.④ 19.① 20.④

PART 02 전력공학

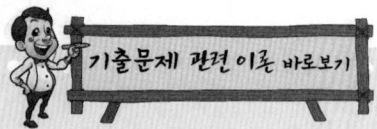

제 2 회 전력공학

01 애자가 갖추어야 할 구비 조건으로 옳은 것은?

① 온도의 급변에 잘 견디고 습기도 잘 흡수하여야 한다.
② 지지물에 전선을 지지할 수 있는 충분한 기계적 강도를 갖추어야 한다.
③ 비, 눈, 안개 등에 대해서도 충분한 절연 저항을 가지며, 누설 전류가 많아야 한다.
④ 선로 전압에는 충분한 절연 내력을 가지며, 이상 전압에는 절연 내력이 매우 적어야 한다.

해설 구비 조건
- 이상 전압에 대한 충분한 절연 강도를 갖고, 전력 주파 및 충격파 시험 전압에 합격한 것일 것
- 기상 조건에 대하여 충분한 전기적 표현 저항을 가져서 누설 전류가 적고, 섬락 방전을 일으키지 않도록 한 것
- 기계적 강도를 갖고 진동, 타격 등의 충격에도 충분히 견디게 한 것
- 내구력이 있을 것
- 자연 현상, 특히 온도나 습도의 급변에 대한 전기적, 기계적 변화가 적게 한 것

02 다음 중 수변전 설비에서 1차측에 설치하는 차단기 용량은 어느 것에 의하여 정해지는가?

① 변압기 용량
② 수전 계약 용량
③ 공급측 단락 용량
④ 부하 설비 용량

해설 차단기 용량의 결정은 전원측의 단락 용량 크기로 결정되므로 1차측 차단기의 용량은 공급측 설비의 최대 용량(단락 용량)을 기준으로 한다.

03 송전 선로의 코로나 임계 전압이 높아지는 경우는?

① 기압이 낮아지는 경우
② 전선의 지름이 큰 경우
③ 온도가 높아지는 경우
④ 상대 공기 밀도가 작은 경우

해설 코로나 임계 전압 $E_0 = 24.3\, m_0 m_1 \delta\, d \log_{10} \dfrac{D}{r}$ [kV]이므로 임계 전압을 높이려면 굵은 전선을 사용한다.

---

03. 이론 check **코로나 현상**

초고압 가공 송전 계통에서 전선 표면 및 근방 부분의 전계가 커서 공기의 전리를 일으켜 낮은 소리와 빛이 나타나는 현상을 말한다. 공기의 절연은 30[kV/cm]에서 (교류 정현파 실효값 21[kV/cm]) 파괴된다.

(1) 임계 전압(E_0)

전위 경도 파괴 극한 전압이라고도 하며 전선로 주변에 공기가 견딜 수 있는 전압을 말한다.

$E_0 = 24.3\, m_0 m_1 \delta\, d \log_{10} \dfrac{D}{r}$ [kV]

(2) 종류

① 기중 코로나 : 전선로의 주변
② 연면 코로나 : 애자 주변, 애자와 전선의 접속 부분

정답 01.② 02.③ 03.②

04 전동기 등 기계 기구류 내의 전로의 절연 불량으로 인한 감전 사고를 방지하기 위한 방법으로 거리가 먼 것은?

① 외함 접지   ② 저전압 사용
③ 퓨즈 설치   ④ 누전 차단기 설치

해설 감전 사고를 방지하려면 전압을 낮추고, 외함 접지를 철저히 하며, 인체 감전 방지용 누전 차단기를 설치한다. 퓨즈는 과전류를 차단하여 기기 손상을 방지한다.

05 고압 배전 계통의 구성 순서로 알맞은 것은?

① 배전 변전소 ⇒ 간선 ⇒ 분기선 ⇒ 급전선
② 배전 변전소 ⇒ 급전선 ⇒ 간선 ⇒ 분기선
③ 배전 변전소 ⇒ 간선 ⇒ 급전선 ⇒ 분기선
④ 배전 변전소 ⇒ 급전선 ⇒ 분기선 ⇒ 간선

해설
- 급전선(feeder) : 배전 변전소에서 배전 간선에 이르기까지의 도중에 부하가 접속되어 있지 않은 선로
- 간선(distributing main line) : 급전선에 접속된 수용 지역에서의 배전 선로 가운데에서 부하의 분포 상태에 따라서 배전하거나 또는 분기선을 내어서 배전하는 주간(主幹) 부분
- 분기선(branch line) : 간선으로부터 분기하여 부하에 이르는 전선

06 송전 선로의 건설비와 전압과의 관계를 나타낸 것은?

① 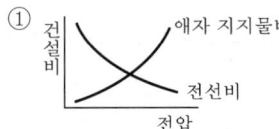   ②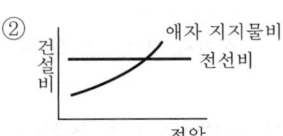
③ 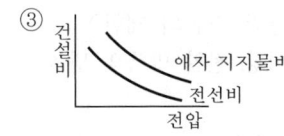   ④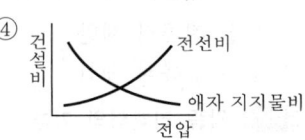

해설 전선로의 건설비에서 전선의 단면적은 전압의 제곱에 반비례하고, 애자 및 지지물 비용은 전압에 비례한다.

07 수전단을 단락한 경우 송전단에서 본 임피던스가 300[Ω]이고, 수전단을 개방한 경우 송전단에서 본 어드미턴스가 1.875×10^{-3}[℧]일 때 송전선의 특성 임피던스[Ω]는?

① 200   ② 300
③ 400   ④ 500

---

07. **이론** 장거리 송전 선로(100[km] 이상)

[특성 임피던스(Z_0)]

$$Z_0 = \sqrt{\frac{Z}{Y}} = \sqrt{\frac{R+j\omega L}{G+j\omega C}}\,[\Omega]$$

무손실 선로인 경우 $R=0$, $G=0$ 이므로

$$Z_0 = \sqrt{\frac{L}{C}}$$

$$= \sqrt{\frac{0.4605\log_{10}\frac{D}{r}\times 10^{-3}}{\frac{0.02413}{\log_{10}\frac{D}{r}}\times 10^{-6}}}$$

$$\fallingdotseq 138\log_{10}\frac{D}{r}\,[\Omega]$$

Tip 장거리 송전 선로(100[km] 이상)

(1) 송전선의 기초 방정식(전파 방정식)

$$\dot{E}_s = \dot{E}_r \cosh\dot{\gamma}l + \dot{I}_r \dot{Z}_0 \sinh\dot{\gamma}l\,[V]$$
$$\dot{I} = \dot{E}_r \dot{Y}_0 \sinh\dot{\gamma}l + \dot{I}_r \cosh\dot{\gamma}l\,[A]$$

여기서, $\dot{Z}_0$: 특성 임피던스
$\dot{\gamma}$: 전파 정수

(2) 전파 정수

$$\dot{\gamma} = \sqrt{ZY}$$
$$= \sqrt{(R+j\omega L)(G+j\omega C)}\,[\text{rad}]$$

무손실 선로인 경우

$$\dot{\gamma} = j\omega\sqrt{LC}\,[\text{rad}]$$

(3) 전파 속도

$$v = \frac{1}{\sqrt{LC}}\,[\text{m/s}]$$

(단, $v=3\times 10^5$[km/s])

정답 04.③ 05.② 06.① 07.③

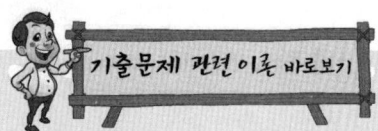

해설 $Z_0 = \sqrt{\dfrac{Z}{Y}} = \sqrt{\dfrac{300}{1.875 \times 10^{-3}}} = 400[\Omega]$

08.  전선 지지점에 고·저차가 없는 경우

이도와 전선의 실제 길이는 다음과 같다.
(1) 이도
$D = \dfrac{WS^2}{8T}[\text{m}]$
(2) 전선의 실제 길이
$L = S + \dfrac{8D^2}{3S}[\text{m}]$

08 전선 지지점에 고·저차가 없을 경우 경간 300[m]에서 이도 9[m]인 송전 선로가 있다. 지금 이도를 11[m]로 증가시키고자 할 경우, 경간에 더 늘려야 할 전선의 길이는 약 몇 [cm]인가?

① 25   ② 30
③ 35   ④ 40

해설 늘려야 할 전선 길이
$\left(300 + \dfrac{8 \times 11^2}{3 \times 300}\right) - \left(300 + \dfrac{8 \times 9^2}{3 \times 300}\right) = 0.35[\text{m}] = 35[\text{cm}]$

09 수차의 특유 속도를 나타내는 식은? (단, N: 정격 회전수[rpm], H: 유효 낙차[m], P: 유효 낙차 H[m]에서의 최대 출력[kW]이다.)

① $N \times \dfrac{\sqrt{P}}{H^{\frac{5}{4}}}$ ② $N \times \dfrac{\sqrt[3]{P}}{H^{\frac{1}{4}}}$

③ $N \times \dfrac{P}{H^{\frac{3}{2}}}$ ④ $N \times \dfrac{P}{H^{\frac{1}{4}}}$

해설 수차의 특유 속도 $N_s = N \times \dfrac{\sqrt{P}}{H^{\frac{5}{4}}}$

여기서, N: 정격 회전수, H: 유효 낙차, P: 낙차 H에서의 최대 출력

10 한류 리액터의 사용 목적은?
① 누설 전류의 제한   ② 단락 전류의 제한
③ 접지 전류의 제한   ④ 이상 전압 발생의 방지

해설 각종 리액터의 기능
- 한류 리액터 : 단락 전류를 제한한다.
- 소호 리액터 : 지락 아크를 소멸시킨다.
- 직렬 리액터 : 제5고조파를 제거하여 파형을 개선한다.

11. Tip 보호 계전기의 구비 조건
(1) 고장 상태를 식별하여 정도를 파악할 수 있을 것
(2) 고장 개소를 정확히 선택할 수 있을 것
(3) 동작이 예민하고 오동작이 없을 것
(4) 적절한 후비 보호 능력이 있을 것
(5) 경제적일 것

11 영상 변류기를 사용하는 계전기는?
① 과전류 계전기   ② 저전압 계전기
③ 지락 과전류 계전기   ④ 과전압 계전기

해설 영상 변류기(ZCT)는 영상 전류를 검출하여 지락 계전기를 작동시킨다.

정답 08.③   09.①   10.②   11.③

2011년 과년도 출제문제

12 켈빈(Kelvin)의 법칙이 적용되는 경우는?
① 전력 손실량을 축소시키고자 하는 경우
② 전압 강하를 감소시키고자 하는 경우
③ 부하 배분의 균형을 얻고자 하는 경우
④ 경제적인 전선의 굵기를 선정하고자 하는 경우

해설 경제적인 전선의 굵기 선정(켈빈의 법칙)
전선 단위 길이당 시설비에 대한 1년간 이자와 감가 상각비 등을 계산한 값과 단위 길이당 1년간 손실 전력량을 요금으로 환산한 금액이 같아질 때 전선의 굵기가 가장 경제적이다.

13 수력 발전소에서 사용되는 수차 중 15[m] 이하의 저낙차에 적합하여 조력 발전용으로 알맞은 수차는?
① 카플란 수차   ② 펠톤 수차
③ 프란시스 수차   ④ 튜블러 수차

해설
• 펠톤 수차 : 고낙차용(약 350[m] 이상)
• 프란시스 수차 : 중낙차용(약 40~350[m])
• 카플란 수차 : 저낙차용(약 40[m] 이하)
• 튜블러 수차 : 저낙차용(15[m] 이하의 조력 발전용)

14 3상 전원에 접속된 △결선의 콘덴서를 Y결선으로 바꾸면 진상 용량은 어떻게 되는가?
① $\sqrt{3}$ 배로 된다.   ② $\frac{1}{3}$ 로 된다.
③ 3배로 된다.   ④ $\frac{1}{\sqrt{3}}$ 로 된다.

해설 $Q_\triangle = 3\omega CE^2 = 3\omega CV^2 \times 10^{-3}\,[\text{kVA}]$

$Q_Y = 3\omega CE^2 = 3\omega C\left(\dfrac{V}{\sqrt{3}}\right)^2 = \omega CV^2 \times 10^{-3}\,[\text{kVA}]$

그러므로 $Q_Y = \dfrac{Q_\triangle}{3}$ 로 된다.

15 송전선 보호 범위 내의 모든 사고에 대하여 고장점의 위치에 관계없이 선로 양단을 쉽고 확실하게 동시에 고속으로 차단하기 위한 계전 방식은?
① 회로 선택 계전 방식
② 과전류 계전 방식
③ 방향 거리(directive distance) 계전 방식
④ 표시선(pilot wire) 계전 방식

기출문제 관련 이론 바로보기

15. 이론 check 송전 선로의 보호 방식

(1) 단락 보호
① 방사상 선로의 단락 보호 : 반한시 특성 또는 순한시성 반한시성 특성을 가진 과전류 계전기 사용
② 환상 선로의 단락 보호 : 방향 단락 계전 방식, 방향 거리 계전 방식

(2) 병행 2회선의 단락 보호
보호 구간 내 1회선 사고가 생기면 고장 회선과 건전 회선의 전류차에 의한 차동 계전 방식(전류 평형 보호 방식)을 사용한다. 즉, 송전단에 과전류 계전기(OCR), 수전단에 단락 방향 계전기(DSR)를 설치하고 DSR은 순시 동작, OCR은 한시 동작으로 하여 선택 차단한다.

(3) 송전선의 지락 보호
① 단일 송전선 지락 보호 : 지락 과전류 계전기(OCGR), 지락 방향 계전기(DGR)
② 병렬 2회선의 지락 보호 : 지락 전류 평형 계전기, 전력 평형 계전기

(4) 파일럿 계전 방식
표시선(pilot wire) 계전 방식으로, 방향 비교 방식, 전압 반향 방식, 전류 순환 방식이 있다.

정답 12.④ 13.④ 14.② 15.④

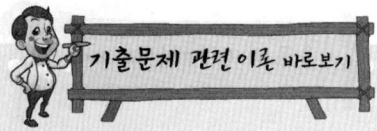

해설 표시선(pilot wire) 계전 방식은 송전선 보호 범위 내의 사고에 대하여 고장점의 위치에 관계없이 선로 양단을 신속하게 차단하는 계전 방식으로 방향 비교 방식, 전압 반향 방식, 전류 순환 방식 등이 있다.

16 30,000[kW]의 전력을 50[km] 떨어진 지점에 송전하는 데 필요한 전압은 약 몇 [kV] 정도인가? (단, A. Still의 식에 의하여 산정한다.)

① 22
② 33
③ 66
④ 100

해설 Still의 식 $V = 5.5\sqrt{0.6l + \dfrac{P}{100}}$ [kV]

$\therefore V = 5.5\sqrt{0.6 \times 50 + \dfrac{30,000}{100}} = 99.9 \fallingdotseq 100$ [kV]

17 가공 송전 선로에서 선간 거리를 도체 반지름으로 나눈 값 $\left(\dfrac{D}{r}\right)$가 클수록 인덕턴스와 정전 용량은 어떻게 되는가?

① 인덕턴스와 정전 용량이 모두 작아진다.
② 인덕턴스와 정전 용량이 모두 커진다.
③ 인덕턴스는 커지나, 정전 용량은 작아진다.
④ 인덕턴스는 작아지나, 정전 용량은 커진다.

해설 인덕턴스 $L = 0.05 + 0.4605 \log_{10} \dfrac{D}{r}$ [mH/km]

정전 용량 $C = \dfrac{0.02413}{\log_{10} \dfrac{D}{r}}$ [μF/km]

$\therefore$ 인덕턴스는 $\dfrac{D}{r}$가 크면 커지고, 정전 용량은 $\dfrac{D}{r}$가 크면 작아진다.

18 탑각과 접지와의 관련이다. 접지봉으로서 희망하는 접지 저항값까지 줄일 수 없을 때 사용하는 것은?

① 가공 지선
② 매설 지선
③ 크로스 본드선
④ 차폐선

해설 철탑의 탑각 접지 저항을 줄이는 데는 매설 지선을 사용한다.

---

18. Tip 역섬락

뇌 전류가 철탑으로부터 대지로 흐를 경우, 철탑 전위의 파고값이 전선을 절연하고 있는 애자련이 절연 파괴 전압 이상으로 될 경우 철탑으로부터 전선을 향해서 거꾸로 철탑측으로부터 도체를 향해서 일어나게 되는데, 이것을 역섬락이라 한다. 역섬락을 방지하기 위해서 될 수 있는 대로 탑각 접지 저항을 작게 해줄 필요가 있다. 보통 이를 위해서 아연 도금의 철연선을 지면 약 30[cm] 밑에 30~50[m]의 길이의 것을 방사상으로 몇 가닥 매설하는데 이것을 매설 지선이라 한다.

정답 16.④ 17.③ 18.②

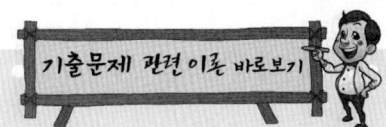

19 직접 접지 방식에서 변압기에 단절연이 가능한 이유는?

① 고장 전류가 크므로
② 지락 전류가 저역률이므로
③ 중성점 전위가 낮으므로
④ 보호 계전기의 동작이 확실하므로

해설 중성점 직접 접지 방식은 중성점의 전위를 대지 전위로 할 수 있으므로 변압기의 저감 절연과 단절연이 가능하다.

20 불평형 부하에서 역률은?

① $\dfrac{\text{유효 전력}}{\text{각 상의 피상 전력의 산술합}}$

② $\dfrac{\text{무효 전력}}{\text{각 상의 피상 전력의 산술합}}$

③ $\dfrac{\text{무효 전력}}{\text{각 상의 피상 전력의 벡터합}}$

④ $\dfrac{\text{유효 전력}}{\text{각 상의 피상 전력의 벡터합}}$

해설 불평형 부하에서 각 부하의 피상 전력의 위상차가 있으므로 각 상의 피상 전력의 벡터합에 대하여 종합 유효 전력의 비로서 나타낸다.

제 3 회 전력공학

01 중거리 및 장거리 송전 선로에서 페란티 효과의 발생 원인으로 볼 수 있는 것은?

① 선로의 누설 컨덕턴스
② 선로의 누설 전류
③ 선로의 정전 용량
④ 선로의 인덕턴스

해설 페란티 효과
경부하 또는 무부하인 경우에는 충전 전류의 영향이 크게 작용해서 진상 전류가 흘러 수전단 전압이 송전단 전압보다 높게 되는 것을 페란티 효과(Ferranti effect)라 한다.

01. 이론 check **페란티 효과**

부하의 역률은 일반적으로 뒤진 역률이므로, 상당히 큰 부하가 걸려 있을 때는 전류는 전압보다 위상이 뒤지는 것이 일반적이다. 그러나 부하가 아주 적은 경우, 특히 무부하인 경우에는 충전 전류의 영향이 크게 작용해서 전류는 진상 전류로 되고, 이때에는 수전단 전압이 도리어 송전단 전압보다 높게 된다. 이 현상을 페란티 현상(Ferranti effect)이라 하는데, 송전선의 단위 길이의 정전 용량이 클수록 또 송전 선로의 긍장이 길수록 현저하게 나타난다.

정답 19.③ 20.④ / 01.③

PART 02 전력공학

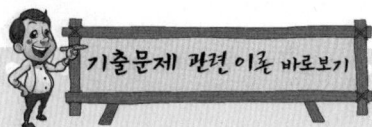

02 단로기에 대한 설명으로 적합하지 않은 것은?
① 소호 장치가 있어 아크를 소멸시킨다.
② 무부하 및 여자 전류의 개폐에 사용된다.
③ 배전용 단로기는 보통 디스커넥팅 바로 개폐한다.
④ 회로의 분리 또는 계통의 접속 변경시 사용한다.

해설 단로기는 소호 장치가 없으므로 부하 전류를 개폐할 수 없다.

03. 이론 check 안정도

계통이 주어진 운전 조건하에서 안정하게 운전을 계속할 수 있는가 하는 여부의 능력을 말한다.
[안정도 향상 대책]
(1) 계통의 직렬 리액턴스의 감소 대책
  ① 발전기나 변압기의 리액턴스를 감소시킨다.
  ② 전선로의 병행 회선을 증가하거나 복도체를 사용한다.
  ③ 직렬 콘덴서를 삽입해서 선로의 리액턴스를 보상해 준다.
(2) 전압 변동의 억제 대책
  ① 속응 여자 방식을 채용한다.
  ② 계통을 연계한다.
  ③ 중간 조상 방식을 채용한다.
(3) 계통에 주는 충격의 경감 대책
  ① 적당한 중성점 접지 방식을 채용한다.
  ② 고속 차단 방식을 채용한다.
  ③ 재폐로 방식을 채용한다.
(4) 고장시의 전력 변동의 억제 대책
  ① 조속기 동작을 신속하게 한다.
  ② 제동 저항기를 설치한다.
(5) 계통 분리 방식의 채용
(6) 전원 제한 방식의 채용

03 송전 계통의 안정도를 향상시키기 위한 방법이 아닌 것은?
① 계통의 직렬 리액턴스를 감소시킨다.
② 속응 여자 방식을 채용한다.
③ 여러 개의 계통으로 계통을 분리시킨다.
④ 중간 조상 방식을 채택한다.

해설 안정도를 향상시키기 위해서는 전력 계통을 연계시켜야 한다.

04 전선에 전류가 흐르면 열이 발생한다. 이 경우 관계되는 법칙은?
① 패러데이 법칙   ② 쿨롱의 법칙
③ 옴의 법칙   ④ 줄의 법칙

해설 전선에서 발생한 열은 전선의 저항에 의한 저항 손실이므로 줄의 법칙에 의하여 적용된다.

05 송전 계통에서 절연 협조의 기본이 되는 사항은?
① 애자의 섬락 전압   ② 권선의 절연 내력
③ 피뢰기의 제한 전압   ④ 변압기 부싱의 섬락 전압

해설 절연 협조는 계통 기기에서 경제성을 유지하고 운용에 지장이 없도록 기준 충격 절연 강도(BIL ; Basic-impulse Insulation Level)를 만들어 기기 절연을 표준화하고 통일된 절연 체계를 구성할 목적으로 절연 계급을 설정한 것이다. 피뢰기 제한 전압(뇌전류 방전시 직렬 갭 양단에 걸린 전압)을 절연 협조에 기본이 되는 전압으로 하고, 피뢰기의 제1보호 대상은 변압기로 한다.

06 단상 2선식 배전 선로의 송전단 전압 및 역률이 각각 400[V], 0.9이고 수전단 전압 및 역률이 각각 380[V], 0.8일 때 전력 손실은 몇 [W]인가? (단, 부하 전류는 10[A]이다.)
① 560   ② 640
③ 820   ④ 2,000

정답 02.① 03.③ 04.④ 05.③ 06.①

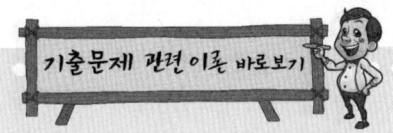

해설 손실 전력 $P_l = P_s - P_r = 400 \times 10 \times 0.9 - 380 \times 10 \times 0.8$
$= 560[W]$

07 동기 조상기와 전력용 콘덴서를 비교할 때, 전력용 콘덴서의 장점으로 맞는 것은?

① 진상과 지상의 전류 공용이다.
② 전압 조정이 연속적이다.
③ 송전선의 시충전에 이용 가능하다.
④ 단락 고장이 일어나도 고장 전류가 흐르지 않는다.

해설

전력용 콘덴서	동기 조상기
지상 부하에 사용	진상·지상 부하 모두 사용
계단적(불연속) 조정	연속적 조정
정지기로 손실이 적음	회전기로 손실이 큼
시충전 불가능	시충전 가능
배전 계통에 주로 사용	송전 계통에 주로 사용

08 유효 낙차 100[m], 최대 사용 수량 20[m³/s], 수차 효율 70[%]인 수력 발전소의 연간 발전 전력량은 몇 [kWh] 정도 되는가? (단, 발전기의 효율은 85[%]라고 한다.)

① 2.5×10^7
② 5×10^7
③ 10×10^7
④ 20×10^7

해설 출력 $P = 9.8 HQ\eta = 9.8 \times 100 \times 20 \times 0.7 \times 0.85 \times 365 \times 24$
$= 10.2 \times 10^7 [kWh]$

09 1상의 대지 정전 용량 $C[F]$, 주파수 $f[Hz]$인 3상 송전선의 소호 리액터 공진 탭의 리액턴스는 몇 [Ω]인가? (단, 소호 리액터를 접속시키는 변압기의 리액턴스는 $X_t[Ω]$이다.)

① $\dfrac{1}{3\omega C} + \dfrac{X_t}{3}$
② $\dfrac{1}{3\omega C} - \dfrac{X_t}{3}$
③ $\dfrac{1}{3\omega C} + 3X_t$
④ $\dfrac{1}{3\omega C} - 3X_t$

해설 소호 리액터의 공진 리액턴스는 3선을 일괄한 대지 정전 용량의 리액턴스에 변압기의 리액턴스를 고려하여야 하므로 $\omega L = \dfrac{1}{3\omega C} - \dfrac{X_t}{3}[Ω]$으로 된다.

09. Tip **소호 리액터 접지 방식의 특징**

유도 장해가 적고, 1선 지락시 계속적인 송전이 가능하며, 고장이 스스로 복구될 수 있으나, 보호 장치의 동작이 불확실하고, 단선 고장시에 직렬 공진 상태가 되어 이상 전압을 발생시킬 수 있으므로 완전 공진을 시키지 않고 소호 리액터에 탭을 설치하여 공진에서 약간 벗어난 상태(과보상)로 한다.

정답 07.④ 08.③ 09.②

PART 02 전력공학

10. Tip 접지 저항 저감 방법

송전 선로의 철탑 기초 자체만의 저항이 설계 목표값을 만족하지 않는 경우 저감 방안이 고려되어야 한다. 송전 선로의 접지 저항 저감 방안으로는 일반적으로 다음과 같은 방안이 고려될 수 있다.
(1) 탑각에 매설 지선을 설치하는 방법
(2) 토양과의 접촉 면적을 크게 하는 방법으로 금속판을 매설
(3) 접지 전극 주변의 토양 저항을 인공적으로 낮추어 등가적으로 전극 규모를 크게 하는 방법으로서 접지 저항 저감제의 사용
(4) 보링(boring)에 의한 심매 전극의 설치

11. 이론check 피뢰기 충격 방전 개시 전압

피뢰기의 단자 간에 충격 전압을 인가하였을 경우 방전을 개시하는 전압(impulse spark over voltage)

$$충격비 = \frac{충격\ 방전\ 개시\ 전압}{상용\ 주파\ 방전\ 개시\ 전압의\ 파고값}$$

진행파가 피뢰기의 설치점에 도달하여 직렬 갭이 충격 방전 개시 전압을 받으면 직렬 갭이 먼저 방전하게 되는데, 이 결과 피뢰기의 특성 요소가 선로에 이어져서 뇌전류를 방류하여 원래의 전압을 제한 전압까지 내린다.

10 철탑의 탑각 접지 저항이 커지면 우려되는 것으로 옳은 것은?
① 뇌의 직격
② 역섬락
③ 가공 지선의 차폐각 증가
④ 코로나의 증가

해설 철탑의 탑각 접지 저항이 커지면 뇌 방전시 철탑의 전위 상승으로 인하여 역섬락이 발생한다. 역섬락을 방지하기 위해서는 접지 저항을 줄일 수 있는 매설 지선을 설치한다.

11 피뢰기의 충격 방전 개시 전압은 무엇으로 표시하는가?
① 직류 전압의 크기
② 충격파의 평균치
③ 충격파의 최대치
④ 충격파의 실효치

해설 충격 방전 개시 전압(impulse spark over voltage)
피뢰기의 단자 간에 충격 전압을 인가하였을 경우 방전을 개시하는 전압으로 충격파의 파고치(최대치)로 나타낸다.

12 배전 계통에서 전력용 콘덴서를 설치하는 목적으로 가장 타당한 것은?
① 전력 손실 감소
② 개폐기의 차단 능력 증대
③ 고장시 영상 전류 감소
④ 변압기 손실 감소

해설 역률 개선의 효과
• 전력 손실 감소
• 전압 강하 감소
• 설비의 여유 증가
• 전력 사업자 공급 설비의 합리적 운용
• 수용가측의 전기 요금 절약

13 부하 역률이 $\cos\theta$인 경우의 배전 선로의 전력 손실은 같은 크기의 부하 전력으로 역률이 1인 경우의 전력 손실에 비하여 몇 배인가?
① $\dfrac{1}{\cos^2\theta}$
② $\dfrac{1}{\cos\theta}$
③ $\cos\theta$
④ $\cos^2\theta$

해설 손실은 역률의 제곱에 반비례하므로 $\dfrac{1}{\cos^2\theta}$ 배가 된다.

정답 10.② 11.③ 12.① 13.①

14 그림과 같은 유황 곡선을 가진 수력 지점에서 최대 사용 수량 OC로 1년간 계속 발전하는 데 필요한 저수지의 용량은?

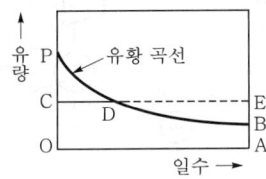

① 면적 OCPBA ② 면적 OCDBA
③ 면적 DEB ④ 면적 PCD

해설 그림에서 유황 곡선이 PDB이고, 1년간 OC의 유량으로 발전하면, D점 이후의 일수는 유량이 DEB에 해당하는 만큼 부족하므로 저수지를 이용하여 필요한 유량을 확보하여야 한다.

15 다음 중 그 값이 1 이상인 것은?

① 부등률 ② 부하율
③ 수용률 ④ 전압 강하율

해설 부등률 = $\dfrac{\text{각 부하의 최대 수요 전력의 합[kW]}}{\text{각 부하를 종합하였을 때의 최대 수요(합성 최대 전력)[kW]}}$

이므로 그 값이 1 이상이 된다.

16 송전선의 중성점을 접지하는 이유가 아닌 것은?

① 코로나를 방지한다.
② 기기의 절연 강도를 낮출 수 있다.
③ 이상 전압을 방지한다.
④ 지락 사고선을 선택 차단한다.

해설 중성점 접지 목적
• 이상 전압의 발생을 억제하여 전위 상승을 방지하고, 전선로 및 기기의 절연 수준을 경감한다.
• 지락 고장 발생시 보호 계전기의 신속하고 정확한 동작을 확보한다.

17 화력 발전소의 기본 사이클의 순서가 옳은 것은?

① 급수 펌프→보일러→과열기→터빈→복수기→다시 급수 펌프로
② 과열기→보일러→복수기→터빈→급수 펌프→축열기→다시 과열기
③ 급수 펌프→보일러→터빈→과열기→복수기→다시 급수 펌프로
④ 보일러→급수 펌프→과열기→복수기→급수 펌프→다시 보일러로

정답 14.③ 15.① 16.① 17.①

기출문제 관련 이론 바로보기

15. 이론 부등률

수용가 상호간, 배전 변압기 상호간, 급전선 상호간 또는 변전소 상호간에서 각개의 최대 부하는 같은 시각에 일어나는 것이 아니고, 그 발생 시각에 약간씩 시각차가 있기 마련이다. 따라서, 각개의 최대 수요의 합계는 그 군의 종합 최대 수요(=합성 최대 전력)보다도 큰 것이 보통이다. 이 최대 전력 발생 시각 또는 발생 시기의 분산을 나타내는 지표가 부등률이다.

부등률 = $\dfrac{\text{각 부하의 최대 수요 전력의 합[kW]}}{\text{각 부하를 종합하였을 때의 최대 수요(합성 최대 전력)[kW]}}$

Tip 수용률과 부하율

(1) 수용률
수용가의 최대 수요 전력[kW]은 부하 설비의 정격 용량의 합계[kW]보다 작은 것이 보통이다. 이들의 관계는 어디까지나 부하의 종류라든가 지역별, 기간별에 따라 일정하지는 않겠지만 대략 어느 일정한 비율 관계를 나타내고 있다고 본다.

수용률 = $\dfrac{\text{최대 수요 전력[kW]}}{\text{부하 설비 용량[kW]}} \times 100[\%]$

(2) 부하율
전력의 사용은 시각 및 계절에 따라 다른데 어느 기간 중의 평균 전력과 그 기간 중에서의 최대 전력과의 비를 백분율로 나타낸 것을 부하율이라 한다.

부하율 = $\dfrac{\text{평균 부하 전력[kW]}}{\text{최대 부하 전력[kW]}} \times 100[\%]$

= $\dfrac{\dfrac{\text{사용 전력량}}{\text{사용 시간}}}{\text{최대 부하}} \times 100[\%]$

부하율은 기간을 얼마로 잡느냐에 따라 일부하율, 월부하율, 연부하율 등으로 나누어지는데, 기간을 길게 잡을수록 부하율의 값은 작아지는 경향이 있다.

PART 02 전력공학

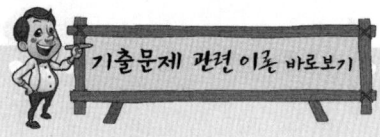

해설 기본 사이클의 순환 순서

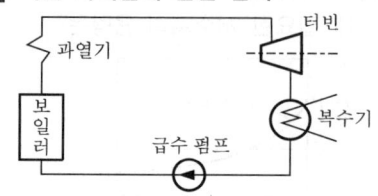

18 그림과 같이 3,300[V], 비접지식 배전 선로에 접속된 주상 변압기의 1차와 2차 간에 고·저압 혼촉 고장이 발생했을 경우, ×표시한 부분의 대지 전위는 몇 [V]인가? (단, 접지 저항은 20[Ω], 접지 저항에 흐르는 지락 전류는 5[A]이다.)

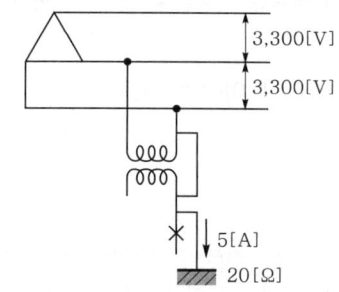

① $\dfrac{3,300}{\sqrt{3}}$ ② $3,300\sqrt{3}$

③ 3,300   ④ 100

해설 대지 전압 $V = 5 \times 20 = 100[V]$

19. Tip 재점호 현상

재점호는 전류가 차단 후, 상용 주파수의 $\dfrac{1}{4}$ 사이클을 초과하여 극 간에 다시 전류가 흐르는 현상, 즉 전류 0점 통과 후 절연을 회복하지 못하고 다시 아크를 발생시키는 현상을 재점호라고 한다.

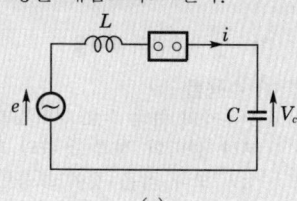

(a)

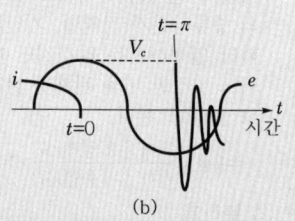

(b)

(a)에 표시된 진상 소전류의 차단 회로에는 $t=0$에서 전류 i가 0점 소호되었을 때 무부하 송전 선로의 정전 용량 C의 V_c가 전원 전압의 양(+)의 최대값으로 된 상태에서, $t=\pi$에서 전원 전압이 음(-)의 최대가 되면, 진폭의 2배의 전압이 차단기의 극 간에 걸리게 된다. 이 전압에 견디지 못하면 재점호가 일어나게 되어 V_c는 그림 (b)와 같이 더욱 음(-)의 방향으로 진동폭이 큰 이상 전압이 발생하게 된다.

19 차단은 쉽게 가능하나 재점호가 발생하기 쉬운 차단은?

① $R-L$ 회로 차단   ② 단락 전류 차단
③ L회로 차단   ④ C회로 차단

해설 재점호 발생이 쉬운 것은 충전 용량(C회로) 차단이다.

20 수전단 전력원의 방정식이 $P_r^2 + (Q_r + 400)^2 = 250,000$으로 표현되는 전력 계통에서 무부하시 수전단 전압을 일정하게 유지하는 데 필요한 조상기의 종류와 조상 용량으로 알맞은 것은?

① 진상 무효 전력, 100   ② 지상 무효 전력, 100
③ 진상 무효 전력, 200   ④ 지상 무효 전력, 200

해설 $P_r^2 + (Q_r + 400)^2 = 250,000$에서 수전단 지상 무효 전력 $Q_r + 400$은 300이므로, 진상 무효 전력 $Q_r = 100$으로 한다.

정답   18.④   19.④   20.①

2012년 과년도 출제문제

제1회 전력공학

01 전압 강하율이 10[%]인 단거리 배전 선로가 있다. 송전단의 전압이 100[V]일 때 수전단의 전압[V]은?

① 82
② 91
③ 98
④ 108

해설 송전단 전압 $V_s = V_r(1+\varepsilon)$

∴ 수전단 전압 $V_r = \dfrac{V_s}{1+\varepsilon} = \dfrac{100}{1+0.1} = 91[\text{V}]$

02 각 수용가의 수용 설비 용량이 50[kW], 100[kW], 80[kW], 60[kW], 150[kW]이며, 각각의 수용률이 0.6, 0.6, 0.5, 0.5, 0.4일 때, 부하의 부등률이 1.3이라면 변압기의 용량은 약 몇 [kVA]가 필요한가? (단, 평균 부하 역률은 80[%]라고 한다.)

① 142
② 165
③ 183
④ 212

해설 변압기 용량 $P_T = \dfrac{\text{최대 수용 전력의 합}}{\text{부등률} \times \text{부하 역률}}[\text{kVA}]$

$= \dfrac{50 \times 0.6 + 100 \times 0.6 + 80 \times 0.5 + 60 \times 0.5 + 150 \times 0.4}{1.3 \times 0.8}$

$= 211.5 ≒ 212[\text{kVA}]$

02 이론 check **변압기의 용량 결정**

일반적으로 배전 변압기의 용량은 다음과 같은 방법으로 결정된다. 그 변압기로부터 공급하고자 하는 수용가군에 대해서 개개의 수용가의 설치 용량의 합계에 수용률을 공급해서 일차적으로 각 수용가의 최대 부하 전력의 합계를 얻은 다음 이것을 수용가 상호간의 부등률로 나누어서 그 변압기로 공급해야 할 최대 전력을 구하게 된다.

합성 최대 부하 $= \dfrac{\text{설비 용량} \times \text{수용률}}{\text{부등률}}$

즉, 이 합성 최대 부하에 응할 수 있는 용량의 것을 가까운 장래의 수요 증가의 예상량까지 감안해서 변압기의 표준 용량 가운데에서 결정하게 된다. 일반적으로 수용가의 수가 많을수록 수용률은 작아지고 반대로 부등률이 커지기 때문에, 비교적 소용량의 것을 가지고도 많은 부하에 공급할 수 있게 된다. 주상용의 소형 변압기에는 KS 규격으로 정해진 표준 용량이 있다.

03 다음 중 개폐 서지의 이상 전압을 감쇄할 목적으로 설치하는 것은?

① 단로기
② 차단기
③ 리액터
④ 개폐 저항기

해설 차단기의 작동으로 인한 개폐 서지에 의한 이상 전압을 억제하기 위한 방법으로 개폐 저항기를 사용한다.

정답 01.② 02.④ 03.④

PART 02 전력공학

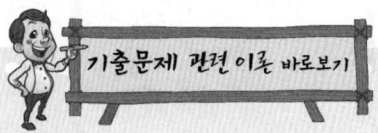

04 단락점까지의 전선 한 줄의 임피던스 $Z=6+j8[\Omega]$, 단락 전의 단락점 전압 $V=22.9[kV]$인 단상 2선식 전선로의 단락 용량[kVA]은? (단, 부하 전류는 무시한다.)

① 13,110
② 26,220
③ 39,330
④ 52,440

해설 단락 용량 $P_s = VI_s = \dfrac{V^2}{Z} = \dfrac{22{,}900^2}{\sqrt{6^2+8^2}\times 2}\times 10^{-3} = 26{,}220[kVA]$

05 전원이 양단에 있는 환상 선로의 단락 보호에 사용하는 계전기는?

① 방향 거리 계전기
② 부족 전압 계전기
③ 선택 접지 계전기
④ 부족 전류 계전기

해설 계전기에서 본 임피던스 크기로 전선로의 단락 여부를 판단하는 계전기로 방향 거리 계전기를 말한다.

06 GIS(Gas Insulated Switch gear)를 채용할 때, 다음 중 옳지 않은 것은?

① 대기 절연을 이용한 것에 비하면 현저하게 소형화할 수 있다.
② 신뢰성이 향상되고, 안전성이 높다.
③ 소음이 적고 환경 조화를 기할 수 있다.
④ 시설 공사 방법은 복잡하나, 장비비가 저렴하다.

해설 GIS의 장단점
- 장점 : 소형화, 고성능, 고신뢰성, 설치 공사 기간 단축, 유지 보수 간편, 무인 운전 등
- 단점 : 육안 검사 불가능, 대형 사고 주의, 고가, 고장시 임시 복구 불가 등

07 이론 check 등가 선간 거리(기하학적 평균 거리)

$D' = \sqrt[n]{D_1 \times D_2 \times D_3 \times \cdots \times D_n}$

(1) 수평 배열일 때

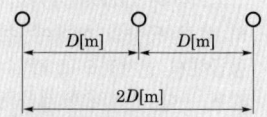

$D' = \sqrt[3]{D \times D \times 2D} = D \cdot \sqrt[3]{2}$

(2) 정삼각 배열일 때

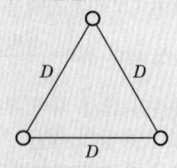

$D' = \sqrt[3]{D \times D \times D} = D$

(3) 4도체일 때

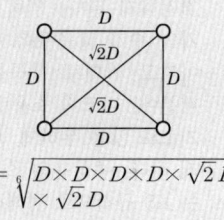

$D' = \sqrt[6]{D\times D\times D\times D\times \sqrt{2}D \times \sqrt{2}D}$
$= D\cdot \sqrt[6]{2}$

07 3상 3선식에서 선간 거리가 각각 50[cm], 60[cm], 70[cm]인 경우 기하 평균 선간 거리는 몇 [cm]인가?

① 50.4
② 59.4
③ 62.8
④ 64.8

해설 등가 선간 거리 $D = \sqrt[3]{D_1 \cdot D_2 \cdot D_3}$
$= \sqrt[3]{50 \times 60 \times 70} = 59.4[cm]$

정답 04.② 05.① 06.④ 07.②

08 직접 접지 방식이 초고압 송전선에 채용되는 이유 중 가장 적당한 것은?
① 지락 고장시 병행 통신선에 유기되는 유도 전압이 적기 때문에
② 지락시 지락 전류가 적으므로
③ 계통의 절연을 낮게 할 수 있으므로
④ 송전선의 안정도가 높으므로

해설 중성점 직접 방식은 중성점의 전위를 대지 전위로 하여 건전상의 전위 상승이 거의 없으므로 절연을 가볍게 하고, 변압기 등은 단절연을 할 수 있다.

09 Recloser(R), Sectionalizer(S), Fuse(F)의 보호 협조에서 보호 협조가 불가능한 배열은? (단, 왼쪽은 후비 보호, 오른쪽은 전위 보호 역할이다.)
① R-R-F ② R-S
③ R-F   ④ S-F-R

해설 리클로저(Recloser)는 선로에 고장이 발생하였을 때 고장 전류를 검출하여 지정된 시간 내에 고속 차단하고 자동 재폐로 동작을 수행하여 고장 구간을 분리하거나 재송전하는 장치이고, 섹셔널라이저(Sectionalizer)는 고장 발생시 신속히 고장 전류를 차단하여 사고를 국부적으로 분리시키는 것으로 후비 보호 장치와 직렬로 설치하여야 한다.
그러므로 리클로저는 전원(변전소)쪽에 시설하고, 섹셔널라이저는 선로쪽에 시설하여야 한다.

10 송전 선로에서 1선 지락의 경우 지락 전류가 가장 적은 중성점 접지 방식은?
① 비접지 방식 ② 직접 접지 방식
③ 저항 접지 방식 ④ 소호 리액터 접지 방식

해설 1선 지락 사고 전류가 가장 큰 접지 방식은 직접 접지 방식이고, 가장 적은 접지 방식은 소호 리액터 접지 방식이다.

11 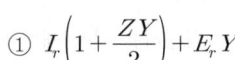 중거리 송전 선로의 T형 회로에서 송전단 전류 I_s는? (단, Z, Y는 선로의 직렬 임피던스와 병렬 어드미턴스이고, E_r은 수전단 전압, I_r은 수전단 전류이다.)

① $I_r\left(1+\dfrac{ZY}{2}\right)+E_r Y$
② $E_r\left(1+\dfrac{ZY}{2}\right)+ZI_r\left(1+\dfrac{ZY}{4}\right)$
③ $E_r\left(1+\dfrac{ZY}{2}\right)+Z_r$
④ $I_r\left(1+\dfrac{ZY}{2}\right)+E_r Y\left(1+\dfrac{ZY}{4}\right)$

11.  **T형 회로**

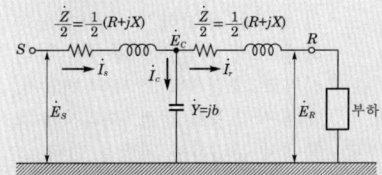

$$E_S = E_C + \dfrac{Z}{2}I_s$$
$$= \left(1+\dfrac{ZY}{2}\right)E_R + Z\left(1+\dfrac{ZY}{4}\right)I_r$$
$$\Rightarrow \dot{E}_S = \dot{A}\dot{E}_R + \dot{B}\dot{I}_r$$
$$I_s = I_r + I_c = YE_R + \left(1+\dfrac{ZY}{2}\right)I_r$$
$$\Rightarrow \dot{I}_s = \dot{C}\dot{E}_R + \dot{D}\dot{I}_r$$

여기서, Z : 송·수전 양단에 $\dfrac{Z}{2}$씩 집중
Y : 선로의 중앙에 집중

정답 08.③ 09.④ 10.④ 11.①

PART 02 전력공학

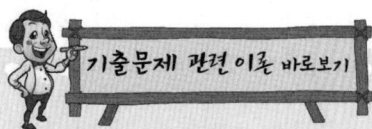

해설 $\dot{I}_s = \dot{CE}_r + \dot{D}\dot{I}_r = I_r\left(1 + \dfrac{ZY}{2}\right) + E_r Y [\mathrm{A}]$

12. 이론 check 단로기(DS)

단로기는 기기 또는 선로의 점검 수리를 위하여 선로를 분리, 구분 및 변경할 때 사용되는 개폐 장치이다. 차단기는 부하 전류 및 고장 전류를 차단하는 기능이 있지만 단로기는 부하 전류의 개폐에는 사용되지 않고, 단순히 충전된 선로를 개폐하기 위해 사용된다. 차단기와 직렬로 단로기를 연결해서 사용하면 전원과의 분리를 확실하게 할 수 있다.
전력 계통에서 사용하는 단로기의 설치 위치는 다음과 같다.
(1) 차단기 전·후단
(2) 접지 개소
(3) 우회 구간(bypass)

Tip 차단기(CB)

차단기는 전력 계통에서 보호 계전 장치로부터 신호를 받아 회로를 차단하거나 투입하는 기능을 가진 설비로서 만일 계통에서 단락, 지락 고장이 일어났을 때 계통의 안정을 확보하기 위하여 신속하게 고장 지점을 계통에서 분리시키고, 또한 변전소 내의 변압기, 개폐 장치 등을 점검, 수리시에 계통에서 분리하는 역할을 한다.

12 무부하시의 충전 전류 차단만이 가능한 것은?
① 진공 차단기 ② 유입 차단기
③ 단로기   ④ 자기 차단기

해설 단로기는 소호 능력이 없으므로 무부하시 전로만 개폐할 수 있다.

13 화력 발전소에서 증기 및 급수가 흐르는 순서는?
① 절탄기 → 보일러 → 과열기 → 터빈 → 복수기
② 보일러 → 절탄기 → 과열기 → 터빈 → 복수기
③ 보일러 → 과열기 → 절탄기 → 터빈 → 복수기
④ 절탄기 → 과열기 → 보일러 → 터빈 → 복수기

해설 급수와 증기 흐름의 기본 순서
급수 펌프 → 절탄기 → 보일러 → 과열기 → 터빈 → 복수기

14 전력 계통의 주파수 변동의 원인 중 가장 큰 영향을 미치는 것은?
① 변압기의 탭 조정
② 스팀 터빈 발전기의 거버너 밸브 열고 닫기
③ 발전기의 자동 전압 조정기(AVR)의 동작
④ 송전 선로에 병렬 콘덴서의 투입

해설 주파수는 발전기의 회전수에 비례하므로 조속기(거버너)의 동작과 연관된다.

15 수차를 돌리고 나온 물이 흡출관을 통과할 때, 흡출관의 중심부에 진공 상태를 형성하는 현상은?
① Racing   ② Jumping
③ Hunting   ④ Cavitation

해설 수차와 흡출관의 중심부에 진공 상태를 형성하는 것을 캐비테이션(공동 현상)이라 하고, 다음과 같은 장해를 발생시킨다.
• 수차의 효율, 출력, 낙차가 저하된다.
• 유수에 접한 러너나 버킷 등에 침식이 일어난다.
• 수차에 진동을 일으켜서 소음을 발생한다.
• 흡출관 입구에서의 수압 변동이 현저해진다.

정답 12.③ 13.① 14.② 15.④

16 고압 배전 선로의 중간에 승압기를 설치하는 주목적은?

① 부하의 불평형 방지
② 말단의 전압 강하의 방지
③ 전력 손실의 감소
④ 역률 개선

해설 승압기는 전압 강하가 큰 배전 선로의 도중에 사용하여 수전단 전압을 조정한다.

17 펌프의 양수량 $Q[\text{m}^3/\text{s}]$, 유효 양정 $H_u[\text{m}]$, 펌프 효율 η_p, 전동기의 효율 η_m일 때 양수 발전기의 출력[kW]은?

① $P = \dfrac{9.8 Q^2 H_u}{\eta_p \eta_m}$
② $P = \dfrac{9.8 Q^2 H_u^2}{\eta_p \eta_m}$
③ $P = \dfrac{9.8 Q H_u}{\eta_p \eta_m}$
④ $P = \dfrac{9.8^2 Q H_u}{\eta_p \eta_m}$

해설 양수량 $Q = \dfrac{P}{9.8H} \cdot \eta[\text{m}^3/\text{s}]$이므로 양수기 출력 $P = \dfrac{9.8QH}{\eta}[\text{kW}]$이다.
여기서, η : 종합 효율

18 변전소에서 비접지 선로의 접지 보호용으로 사용되는 계전기에 영상 전류를 공급하는 계기는?

① CT
② GPT
③ ZCT
④ PT

해설 지락, 결상 등 사고시 영상 전류를 검출하는 것은 영상 변류기(ZCT)이고, 영상 전압을 검출하는 것은 접지형 계기용 변압기(GPT)이다.

19 송전 선로에 복도체를 사용하는 주된 이유는?

① 철탑의 하중을 평형시키기 위해서이다.
② 선로의 진동을 없애기 위해서이다.
③ 선로를 뇌격으로부터 보호하기 위해서이다.
④ 코로나를 방지하고 인덕턴스를 감소하기 위해서이다.

해설 복도체 및 다도체의 특징
- 복도체는 같은 도체 단면적의 단도체보다 인덕턴스와 리액턴스가 감소하고 정전 용량이 증가하여 송전 용량을 크게할 수 있다.
- 전선 표면의 전위 경도를 저감시켜 코로나 임계 전압을 높게 하므로 코로나손을 줄일 수 있다.
- 전력 계통의 안정도를 증대시킨다.

정답 16.② 17.③ 18.③ 19.④

---

16. 이론 check 승압기

(1) 승압 효과
① 공급 용량의 증대
② 전력 손실의 감소
③ 전압 강하율의 개선
④ 지중 배전 방식의 채택 용이
⑤ 고압 배전선 연장의 감소
⑥ 대용량의 전기 기기 사용 용이

(2) 승압의 필요성
전력 사업자측과 수용가측으로 구분할 수 있다.
① 전력 사업자측으로서는 저압 설비의 투자비를 절감하고, 전력 손실을 감소시켜 전력 판매 원가를 절감시키며, 전압 강하 및 전압 변동률을 감소시켜 수용가에게 전압 강하가 작은 양질의 전기를 공급하는 데 있다.
② 수용가측에서는 대용량 기기를 옥내 배선의 증설 없이 사용하고 양질의 전기를 풍족하게 사용하고자 하는 데 있다.

PART 02 전력공학

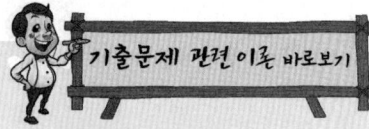

20. 이론 Check **코로나 손실**

코로나가 발생하면 코로나 손실이 발생해서 송전 효율을 저하시킨다. 송전선의 코로나에 관한 연구자로서 유명한 F. W. Peek는 3상 3선식 정삼각형 배치의 송전선에서의 코로나손 계산식으로서 다음과 같은 Peek의 실험식을 제시하였다.

$P = \dfrac{241}{\delta}(f+25)\sqrt{\dfrac{d}{2D}}(E-E_0)^2$
$\times 10^{-5}$ [kW/km/line]

여기서, E : 전선의 대지 전압[kV]
E_0 : 코로나 임계 전압[kV]
f : 주파수
d : 전선의 지름[cm]
D : 선간 거리[cm]
δ : 상대 공기 밀도

전선비를 절약하기 위해서 가는 전선을 사용하면 코로나가 발생해서 항상 코로나 손실이 발생한다. 그렇다고 굵은 전선을 사용하면 건설비가 비싸지므로 보통 이 양자를 고려해서 경제적인 전선의 굵기를 결정하도록 하고 있다.

20 1선 1[km]당의 코로나 손실 P[kW]를 나타내는 Peek식은? (단, δ : 상대 공기 밀도, D : 선간 거리[cm], d : 전선의 지름[cm], f : 주파수[Hz], E : 전선에 걸리는 대지 전압[kV], E_0 : 코로나 임계 전압[kV]이다.)

① $P = \dfrac{241}{\delta}(f+25)\sqrt{\dfrac{d}{2D}}(E-E_0)^2 \times 10^{-5}$

② $P = \dfrac{241}{\delta}(f+25)\sqrt{\dfrac{2D}{d}}(E-E_0)^2 \times 10^{-5}$

③ $P = \dfrac{241}{\delta}(f+25)\sqrt{\dfrac{d}{2D}}(E-E_0)^2 \times 10^{-3}$

④ $P = \dfrac{241}{\delta}(f+25)\sqrt{\dfrac{2D}{d}}(E-E_0)^2 \times 10^{-3}$

해설 코로나 방전의 임계 전압 $E_0 = 24.3\, m_0 m_1 \delta d \log_{10} \dfrac{D}{r}$ [kV]

코로나 손실 $P_1 = \dfrac{241}{\delta}(f+25)\sqrt{\dfrac{r}{D}}(E-E_0)^2 \times 10^{-5}$ [kW/km/선]

여기서, r : 전선의 반지름

제 2 회 전력공학

01 용량 30[MVA], 33/11[kV], △-Y 결선 변압기에 차동 보호 계전기가 설치되어 있다. 이 변압기로 30[MVA] 부하에 전력을 공급할 때 부하측에 설치된 ㉠ CT의 결선 방법과 ㉡ CT 전류로 적합한 것은?

① ㉠ Y결선, ㉡ 3.9[A]
② ㉠ Y결선, ㉡ 6.8[A]
③ ㉠ △결선, ㉡ 3.9[A]
④ ㉠ △결선, ㉡ 6.8[A]

해설
• 변압기 결선이 △-Y이면 비율 차동 계전기용 변류기(CT) 결선을 Y-△로 하여 1, 2차 전류의 위상을 보정하여야 하므로 부하측에 설치된 변류기의 결선은 △결선으로 해야 한다.

• 변류기의 1차 전류 $I_1 = \dfrac{30 \times 10^3}{\sqrt{3} \times 11} \times (1.25 \sim 1.5)$
$= 1,968 \sim 2,361$ [A]이므로

변류비는 $\dfrac{2,000}{5}$ 을 적용한다.

• 변류기 결선이 △결선이므로 비율 차동 계전기에 흐르는 전류는 $\sqrt{3}$ 배만큼 흐른다.

$I_2 = \dfrac{30 \times 10^3}{\sqrt{3} \times 11} \times \dfrac{5}{2,000} \times \sqrt{3} = 6.8$ [A]

정답 20.① / 01.④

02

그림과 같은 전력 계통에서 A점에 설치된 차단기의 단락 용량[MVA]은? (단, 각 기기의 %리액턴스는 발전기 G_1, G_2는 정격 용량 15[MVA] 기준 각각 15[%], 변압기는 정격 용량 20[MVA] 기준 8[%], 송전선은 정격 용량 10[MVA] 기준 11[%]이며, 기타 다른 정수는 무시한다.)

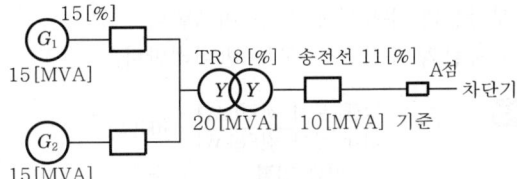

① 5
② 50
③ 500
④ 5,000

해설
• 기준 용량은 20[MVA]로하여 %임피던스를 환산하면

발전기 $\%Z_g = \dfrac{20}{15} \times 15 = 20[\%]$

변압기 $\%Z_t = 8[\%]$

송전선 $\%Z_l = \dfrac{20}{10} \times 11 = 22[\%]$

합성 %임피던스는 발전기는 병렬이고, 변압기와 선로는 직렬이므로 $\%Z = \dfrac{20}{2} + 8 + 22 = 40[\%]$이다.

• 단락 용량 $P_s = \dfrac{100}{\%Z} I_n = \dfrac{100}{40} \times 20 = 50[\text{MVA}]$

03

송전 선로에서 이상 전압이 가장 크게 발생하기 쉬운 경우는?
① 무부하 송전 선로를 폐로하는 경우
② 무부하 송전 선로를 개로하는 경우
③ 부하 송전 선로를 폐로하는 경우
④ 부하 송전 선로를 개로하는 경우

해설 송전 선로의 이상 전압은 무부하시 충전 전류를 차단할 때 가장 크게 된다.

04

3,000[kW], 역률 80[%](뒤짐)의 부하에 전력을 공급하고 있는 변전소에 전력용 콘덴서를 설치하여 역률을 90[%]로 향상시키는 데 필요한 전력용 콘덴서의 용량은?

① 약 600[kVA]
② 약 700[kVA]
③ 약 800[kVA]
④ 약 900[kVA]

해설 $Q_c = P(\tan\theta_1 - \tan\theta_2) = 3,000(\tan\cos^{-1}0.8 - \tan\cos^{-1}0.9) = 800[\text{kVA}]$

---

02. Tip %Z 환산

$P_s = \dfrac{100}{\%Z} \cdot P_n$

$\%Z = \dfrac{P_n}{P_s} \times 100[\%]$

즉, %Z는 기준 용량 P_n과 비례한다.

04. 이론 check 역률 개선용 콘덴서의 용량 계산

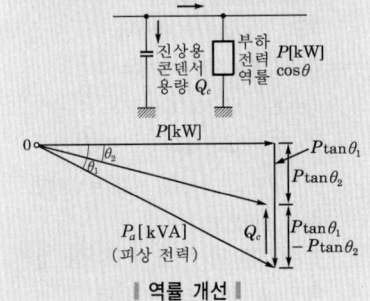

| 역률 개선 |

위의 그림은 역률 $\cos\theta_1$, 피상 전력 P_0[kVA], 유효 전력 P[kW]이다. 역률을 $\cos\theta_2$로 개선하기 위해서 필요한 진상 용량 Q_c는 다음 식에 의해 구한다.

$P_0 = P - jQ = P(1 - j\tan\theta_1)$

$Q_c = P(\tan\theta_1 - \tan\theta_2)$
$= P\left(\dfrac{\sqrt{1-\cos^2\theta_1}}{\cos\theta_1} - \dfrac{\sqrt{1-\cos^2\theta_2}}{\cos\theta_2}\right)$
[kVA]

정답 02.② 03.② 04.③

PART 02 전력공학

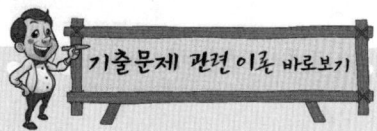

05 각 수용가의 수용률 및 수용가 사이의 부등률이 변화할 때 수용가군 총합의 부하율에 대한 설명으로 옳은 것은?

① 수용률에 비례하고 부등률에 반비례한다.
② 부등률에 비례하고 수용률에 반비례한다.
③ 부등률과 수용률에 모두 비례한다.
④ 부등률과 수용률에 모두 반비례한다.

해설 부하율 = $\dfrac{\text{평균 부하 전력[kW]}}{\text{최대 부하 전력[kW]}} \times 100[\%]$

= $\dfrac{\text{평균 전력}}{\text{설비 용량의 합계}} \times \dfrac{\text{부등률}}{\text{수용률}}$

06 원자로에 사용되는 감속재가 구비하여야 할 조건으로 틀린 것은?

① 중성자 에너지를 빨리 감속시킬 수 있을 것
② 불필요한 중성자 흡수가 적을 것
③ 원자의 질량이 클 것
④ 감속능 및 감속비가 클 것

해설 고속 중성자를 열 중성자까지 감속시키기 위한 것으로 중성자 흡수가 적고 탄성 산란에 의해 감속되는 정도가 큰 것으로 중수, 흑연, 경수, 산화베릴륨 등이 사용되는 것으로 원자의 질량과는 관계가 없다.

08. 이론 check

1선 지락 고장

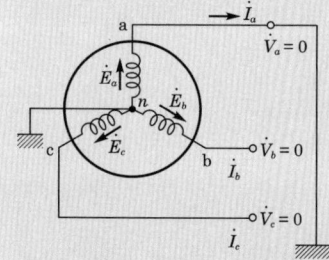

a상 지락, b상 및 c상 단자는 개방이므로 고장 조건은
$V_a = 0$, $I_b = I_c = 0$이다.
$I_b = I_0 + a^2 I_1 + a I_2$이고
$I_c = I_0 + a I_1 + a^2 I_2$이므로
$I_b - I_c = (a^2 - a) I_1 + (a - a^2) I_2$
$= (a^2 - a)(I_1 - I_2) = 0$이면
$a^2 \neq a$이므로
$I_1 = I_2$를 위 식에 대입하여 정리하면 $I_0 = I_1 = I_2$가 된다.
또, $V_a = 0$이므로
$V_a = V_0 + V_1 + V_2 = 0$
이것을 발전기 기본식과 결합하면
$V_a = E_a - (Z_0 I_0 + Z_1 I_1 + Z_2 I_2) = 0$
으로 된다. 그러므로
$I_0 = I_1 = I_2 = \dfrac{E_a}{Z_0 + Z_1 + Z_2}$가 된다.
따라서, 1선 지락 고장 전류는
$I_a = I_0 + I_1 + I_2 = \dfrac{3 E_a}{Z_0 + Z_1 + Z_2} = 3 I_0$
이다.

07 장거리 송전 선로는 일반적으로 어떤 회로로 취급하여 해석하는가?

① 분산 부하 회로
② 집중 정수 회로
③ 분포 정수 회로
④ 특성 임피던스 회로

해설
• 단거리 송전 선로 : R, L 집중 정수 회로
• 중거리 송전 선로 : R, L, C 집중 정수 회로
• 장거리 송전 선로 : 분포 정수 회로

08 송전 선로의 고장 전류 계산에 영상 임피던스가 필요한 경우는?

① 3상 단락
② 3선 단선
③ 1선 지락
④ 선간 단락

해설 1선 지락 사고가 발생하면 정상분, 역상분, 영상분에 의해 계산하고, 선간 단락이나 3상 단락에는 영상분이 존재하지 않는다.

정답 05.② 06.③ 07.③ 08.③

2012년 과년도 출제문제

09 조상 설비에 대한 설명으로 잘못된 것은?

① 송・수전단의 전압이 일정하게 유지되도록 하는 조정 역할을 한다.
② 역률의 개선으로 송전 손실을 경감시키는 역할을 한다.
③ 전력 계통 안정도 향상에 기여한다.
④ 이상 전압으로부터 선로 및 기기의 보호 능력을 가진다.

해설 조상 설비는 무효 전력을 조정하여 전송 효율을 개선하고 계통의 안정도를 증진시키고 손실을 경감하지만, 이상 전압으로부터 보호 능력은 없다. 장치로는 동기 조상기, 전력용 콘덴서, 분리 리액터가 있다.

10 송전 용량이 증가함에 따라 송전선의 단락 및 지락 전류도 증가하여 계통에 여러 가지 장해 요인이 되고 있는데 이들의 경감 대책으로 적합하지 않은 것은?

① 계통의 전압을 높인다.
② 발전기와 변압기의 임피던스를 적게 한다.
③ 송전선 또는 모선 간에 한류 리액터를 삽입한다.
④ 고장시 모선 분리 방식을 채용한다.

해설 단락 및 지락 전류를 경감시키려면 발전기와 변압기 등의 임피던스를 적정하게 유지하여야 한다.

11 비접지 방식에 대한 설명 중 옳은 것은?

① 보호 계전기의 동작이 가장 확실하다.
② 고전압 송전 방식으로 주로 채택되고 있다.
③ 장거리 송전에 적합하다.
④ V-V 결선이 가능하다.

해설 지락 전류는 대지 충전 전류이므로 선로의 길이가 짧으면 값이 적어 계통에 주는 영향도 적고 과도 안정도가 좋으며 유도 장해도 작다. 그리고, V결선으로 급전할 수 있고, 제3고조파가 선로에 나타나지 않는다. 따라서 이 방식은 저전압 단거리 계통에만 사용되고, 지락시 충전 전류가 흐르기 때문에 건전상의 전위를 상승시킨다.

12 1선의 저항은 10[Ω], 리액턴스가 15[Ω]인 3상 송전선이 있다. 수전단 전압 60[kV], 부하 역률 0.8[lag], 부하 전류 100[A]라고 할 때 송전단 전압은?

① 약 61[kV]   ② 약 63[kV]
③ 약 81[kV]   ④ 약 83[kV]

09. Tip 역률 개선의 효과

(1) 변압기, 배전선의 손실 저감
(2) 설비 용량의 여유 증가
(3) 전압 강하의 저감
(4) 전기 요금의 저감

[동기 조상기]
동기 발전기 또는 동기 발전기와 구조 및 원리가 동일한 동기 전동기를 무효 전력 제어에 사용할 때 이를 동기 조상기라고 부른다. 예전에 널리 사용되던 방식으로서 3상 전력과 여자 전류를 인가하여 구동한다. 동기 조상기의 여자 전류가 작은 경우에는 지상 전류를 소비하는 분로 리액터로서 작용하고, 여자 전류를 크게 하면 진상 전류를 소비하여 전압 상승을 일으키는 전력용 커패시터로서 작용한다. 이러한 특성을 이용해서 동기 조상기를 전력 계통의 전압 조정 및 역률 개선에 사용한다.
동기 조상기는 진상에서 지상 무효 전력까지 연속 제어가 가능하고 계통의 안정도를 증진시켜 송전 능력을 증대시키며, 부하의 급변이나 선로에 고장이 발생하였을 경우에 속응 여자 방식으로 여자 전류를 조정하여 전압을 규정값으로 유지하고, 계통의 와란을 회복시켜 과도 안정도를 향상시켜주는 장점이 있다. 그러나 회전 기기이므로 비교적 많은 운영비가 소요되고 유지 보수가 어려워 거의 쓰이지 않고 있다.

정답 09.④ 10.② 11.④ 12.②

PART 02 전력공학

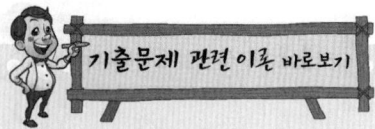

해설 송전단 전압 $V_s = V_r + \sqrt{3}I(R\cos\theta_r + X\sin\theta_r)$
$V_s = \{60 \times 10^3 + \sqrt{3}\,100 \times (10 \times 0.8 + 15 \times 0.6)\} \times 10^{-3} = 63\text{[kV]}$

13 6.6[kV] 고압 배전 선로(비접지 선로)에서 지락 보호를 위하여 특별히 필요치 않은 것은?

① 과전류 계전기(OCR)
② 선택 접지 계전기(SGR)
③ 영상 변류기(ZCT)
④ 접지 변압기(GPT)

해설 과전류 계전기(OCR)는 과부하 및 단락 보호용으로 이용된다.

14 6.6[kV], 60[Hz], 3상 3선식 비접지 방식에서 선로의 길이가 10[km]이고 1선의 대지 정전 용량 0.005[μF/km]일 때 1선 지락 고장 전류 I_g[A]의 범위로 옳은 것은?

① $I_g < 1$
② $1 \leq I_g < 2$
③ $2 \leq I_g < 3$
④ $3 \leq I_g < 4$

해설 지락 전류 $I_g = \omega \cdot 3C_s \cdot \dfrac{V}{\sqrt{3}}$

$I_g = 2\pi \times 60 \times 3 \times 0.005 \times 10^{-6} \times 10 \times \dfrac{6.6 \times 10^3}{\sqrt{3}} = 0.21\text{[A]}$

∴ $I_g < 1$

15 고온·고압을 채용한 기력 발전소에서 채용되는 열 사이클로 그림과 같은 장치 선도의 열 사이클은?

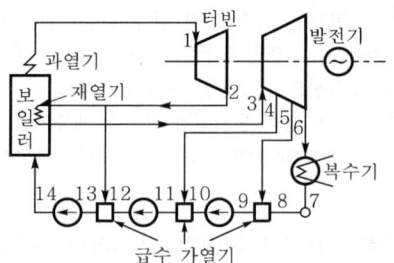

① 랭킨 사이클
② 재생 사이클
③ 재열 사이클
④ 재열 재생 사이클

해설 급수 가열기와 재열기가 있으므로 재열 재생 사이클이다.

---

15. **이론 check** **열 사이클**

(1) 카르노 사이클
① 가장 효율이 좋은 이상적인 열 사이클이다.
② 순환 과정 : 단열 압축-등온 팽창-단열 팽창-등온 압축

(2) 랭킨 사이클
① 기력 발전소의 가장 기본적인 열 사이클로 두 등압 변화와 두 단열 변화로 되어 있다.
② 순환 과정 : 단열 압축(급수 펌프)-등압 가열(보일러 내부)-등온 등압 팽창(보일러 내부)-등온 등압 가열(과열기 내 건조 포화 증기)-단열 팽창(터빈 내부 : 과열 증기가 습증기로 변환)-등온 등압 냉각(복수기)

(3) 재생 사이클
터빈 중간에서 증기의 팽창 도중 증기의 일부를 추기하여 급수 가열에 이용한다.

(4) 재열 사이클
고압 터빈 내에서 습증기가 되기 전에 증기를 모두 추출하여 재열기를 이용하여 재가열시켜 저압 터빈을 돌려 열 효율을 향상시키는 열 사이클이다.

(5) 재생 재열 사이클
재생 및 재열 사이클을 겸용한 열 사이클로 열 효율이 가장 좋은 사이클이다.

정답 13.① 14.① 15.④

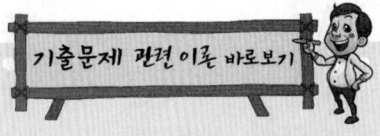

16 유역 면적이 4,000[km²]인 어떤 발전 지점이 있다. 유역 내의 강우량이 1,400[mm]이고 유출 계수가 75[%]라고 하면 그 지점을 통과하는 연평균 유량은?

① 약 121[m³/s]   ② 약 133[m³/s]
③ 약 251[m³/s]   ④ 약 150[m³/s]

해설 유량 $Q = \dfrac{a \cdot b \cdot 10^3}{365 \times 24 \times 60 \times 60} \cdot \eta$

$= \dfrac{4,000 \times 1,400 \times 10^3}{365 \times 24 \times 60 \times 60} \times 0.75 \,[\text{m}^3/\text{s}]$

$\fallingdotseq 133\,[\text{m}^3/\text{s}]$

17 기저(基底) 부하용으로 사용하기 적합한 발전 방식은?

① 석탄 화력   ② 저수지식 수력
③ 양수식 수력   ④ 원자력

해설 기저(基底) 부하(base load)란 주어진 일정 기간 중의 최저 부하를 담당하는 부하로 원자력 발전이 담당한다.

18 다음 중 전력 원선도에서 구할 수 없는 것은?

① 송·수전할 수 있는 최대 전력
② 필요한 전력을 보내기 위한 송·수전단 전압 간의 상차각
③ 선로 손실과 송전 효율
④ 과도 극한 전력

해설 전력 원선도로부터 알 수 있는 사항
- 필요한 전력을 보내기 위한 송·수전단 위상각
- 송·수전할 수 있는 전력 : 유효 전력, 무효 전력, 피상 전력 및 최대 전력
- 선로의 손실과 송전 효율
- 수전단의 역률
- 조상 설비의 용량

19 △결선의 3상 3선식 배전 선로가 있다. 1선이 지락하는 경우 건전상의 전위 상승은 지락 전의 몇 배가 되는가?

① $\sqrt{3}$ ② 3
③ $3\sqrt{2}$ ④ $\dfrac{3}{2}$

해설 △결선의 3상 3선식 배전 선로는 비접지 방식으로 지락 사고 발생시 건전상의 전위 상승은 $\sqrt{3}$ 배가 된다.

정답 16.② 17.④ 18.④ 19.①

---

19. **중성점 비접지 방식**

지락시 고장 전류 I_g는

$I_g = \omega CE = \omega \times 3C_s \times \dfrac{V}{\sqrt{3}}$

$= \sqrt{3}\,\omega C_s V$

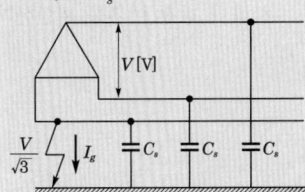

‖ 비접지 방식 ‖

I_g는 대지 충전 전류이므로 선로의 길이가 짧으면 값이 적어 계통에 주는 영향도 적고 과도 안정도가 좋으며 유도 장해도 작다. 그리고 V결선으로 급전할 수 있고, 제3고조파가 선로에 나타나지 않는다. 따라서 이 방식은 저전압 단거리 계통에만 사용되고, 지락시 충전 전류가 흐르기 때문에 건전상의 전위를 상승시킨다.

PART 02 전력공학

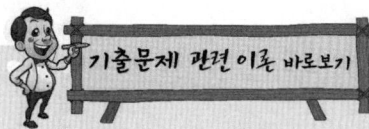

20. 이론 check ▶ **직렬 축전지(콘덴서)**

(1) 선로와 직렬로 설치하여 운전하는 콘덴서
(2) 특징
   ① 장거리 선로의 인덕턴스를 보상하여 전압 강하 감소
   ② 안정도 증대
   ③ 전압 변동 경감
   ④ 송전 전력 증대

Tip ▶ 직렬 리액터

선로에 전력용 커패시터를 직렬로 삽입하여 회로 전압파형의 왜곡을 경감시키고 커패시터 투입시 돌입전류를 억제하는 목적으로 직렬 리액터를 설치한다.
직렬 리액터는 건식과 유입 리액터가 있는데 유입 리액터는 운전할 때에 절연유의 유면 상태를 항상 검사해야 하며 운전 중 소음이 예상된다. 방전 코일 내장형 리액터는 전원 스위치를 차단했을 때 방전 코일이 내장되었지만 필히 점검기로 리액터 단자 부분을 검사하여 방전 여부를 확인한다.

20 직렬 콘덴서를 선로에 삽입할 때의 이점이 아닌 것은?

① 선로의 인덕턴스를 보상한다.
② 수전단의 전압 변동률을 줄인다.
③ 정태 안정도를 증가한다.
④ 수전단의 역률을 개선한다.

해설 직렬 콘덴서는 선로의 유도 리액턴스를 보상하여 전압 강하를 보상하므로 전압 변동률을 개선하고 안정도를 향상시키며, 부하의 기동 정지에 따른 플리커 방지에 좋지만, 역률 개선용으로는 사용하지 않는다.

제 3 회 전력공학

01 전력선 a의 충전 전압을 E, 통신선 b의 대지 정전 용량을 C_b, a-b 사이의 상호 정전 용량을 C_{ab}라고 하면 통신선 b의 정전 유도 전압 E_s는?

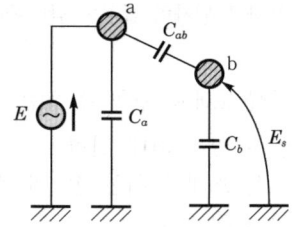

① $\dfrac{C_{ab}+C_b}{C_b} \times E$
② $\dfrac{C_{ab}+C_b}{C_{ab}} \times E$
③ $\dfrac{C_b}{C_{ab}+C_b} \times E$
④ $\dfrac{C_{ab}}{C_{ab}+C_b} \times E$

해설 전력선(a)에서 상호 정전 용량 C_{ab}, 통신선(b)에서 대지 정전 용량 C_b에 이어 대지로 직렬 회로가 성립하므로 정전 유도 전압(분전압) E_s를 구하면 $E_s = \dfrac{C_{ab}}{C_{ab}+C_b} \times E$로 된다.

02 그림과 같은 단거리 배전 선로의 송전단 전압 및 역률은 각각 6,600[V], 0.9이고, 수전단 전압 및 역률은 6,100[V], 0.8일 때 회로에 흐르는 전류 I[A]는? (단, $r=10[\Omega]$, $x=20[\Omega]$이다.)

① 96
② 106
③ 120
④ 126

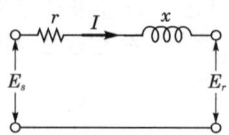

정답 20.④ / 01.④ 02.②

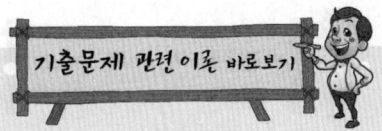

해설 선로 손실 = 송전단 전력 − 수전단 전력
$I^2 r = E_1 I\cos\theta_1 - E_2 I\cos\theta_2$
$Ir = E_1\cos\theta_1 - E_2\cos\theta_2$
$\therefore I = \dfrac{E_1\cos\theta_1 - E_2\cos\theta_2}{r} = \dfrac{6,600\times 0.9 - 6,100\times 0.8}{10} = 106[A]$

03 송전 선로에서 가공 지선을 설치하는 목적이 아닌 것은?
① 뇌(雷)의 직격을 받을 경우 송전선 보호
② 유도에 의한 송전선의 고전위 방지
③ 통신선에 대한 차폐 효과 증진
④ 철탑의 접지 저항 경감

해설 철탑의 접지 저항을 경감시키는 것은 매설 지선으로 한다.

03. Tip ▶ 역섬락

뇌전류가 철탑으로부터 대지로 흐를 때, 철탑 전위의 파고값이 전선을 절연하고 있는 애자련이 절연 파괴 전압 이상으로 될 경우 철탑으로부터 전선을 향해서 거꾸로 철탑측으로부터 도체를 향해서 일어나게 되는데, 이것을 역섬락(reverse flashover phenomenon)이라 한다. 이것을 방지하기 위해서 될 수 있는 대로 탑각 접지 저항을 작게 해줄 필요가 있다. 보통 이를 위해서 아연 도금의 철연선을 지면 약 30[cm] 밑에 30~50[m]의 길이의 것을 방사상으로 몇 가닥 매설하는데 이것을 매설 지선(counter poise)이라 한다.

04 송전선에 직렬 콘덴서를 설치하는 경우 많은 이점이 있는 반면, 이상 현상도 일어날 수 있다. 직렬 콘덴서를 설치하였을 때 타당하지 않은 것은?
① 선로 중에서 일어나는 전압 강하를 감소시킨다.
② 송전 전력의 증가를 꾀할 수 있다.
③ 부하 역률이 좋을수록 설치 효과가 크다.
④ 단락 사고가 발생하는 경우 직렬 공진을 일으킬 우려가 있다.

해설 직렬 콘덴서는 선로의 유도 리액턴스를 보상하여 전압 강하를 보상하므로 전압 변동률 개선, 안정도를 향상시키고, 부하의 기동 정지에 따른 플리커 방지에 좋지만, 단락 사고시 직렬 공진으로 이상 전압이 발생할 수 있다. 또한 부하의 역률이 좋으면 설치 효과가 줄어든다.

05 송전 선로에 매설 지선을 설치하는 목적으로 알맞은 것은?
① 직격뇌로부터 송전선을 차폐 보호하기 위하여
② 철탑 기초의 강도를 보강하기 위하여
③ 현수 애자 1연의 전압 분담을 균일화하기 위하여
④ 철탑으로부터 송전 선로로의 역섬락을 방지하기 위하여

해설 매설 지선이란 철탑의 탑각 저항이 크면 낙뢰 전류가 흐를 때 철탑의 순간 전위가 상승하여 현수 애자련에 역섬락이 생길 수 있으므로 철탑의 기초에서 방사상 모양의 지선을 설치하여 철탑의 탑각 저항을 감소시켜 역섬락을 방지한다.

정답 03.④ 04.③ 05.④

PART 02 전력공학

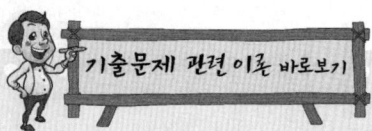

06 유효 낙차 150[m], 출력 20,000[kW], 회전수 375[rpm]인 수차의 특유 속도는 약 몇 [rpm]인가?

① 100 ② 150
③ 200 ④ 250

해설 특유 속도 $N_s = N \dfrac{P^{\frac{1}{2}}}{H^{\frac{5}{4}}} = 375 \times \dfrac{20,000^{\frac{1}{2}}}{150^{\frac{5}{4}}} = 100[\text{rpm}]$

---

07. 이론 check **정전 용량**

[대지 정전 용량(C_s), 선간 상호 정전 용량(C_m)]

(1) 단상 2선식
 $C_2 = C_s + 2C_m$
 여기서, C_s : 대지 정전 용량
   C_m : 선간 정전 용량

(2) 3상 3선식 1회선
 $C_3 = C_s + 3C_m$
 여기서, C_s : 대지 정전 용량
   C_m : 선간 정전 용량

Tip 작용 정전 용량

(1) 단도체
 $C = \dfrac{1}{2\left(\log_e \dfrac{D}{r}\right) \times 9 \times 10^9}[\text{F/m}]$
 $= \dfrac{0.02413}{\log_{10} \dfrac{D}{r}}[\mu\text{F/km}]$

(2) 다도체
 $C = \dfrac{0.02413}{\log_{10} \dfrac{D}{r'}}$
 $= \dfrac{0.02413}{\log_{10} \dfrac{D}{\sqrt[n]{rs^{n-1}}}}[\mu\text{F/km}]$

07 전선의 굵기가 동일하고 완전히 연가되어 있는 3상 1회선 송전선의 대지 정전 용량을 옳게 나타낸 것은? (단, $r[\text{m}]$: 도체의 반지름, $D[\text{m}]$: 도체의 등가 선간 거리, $h[\text{m}]$: 도체의 평균 지상 높이이다.)

① $\dfrac{0.02413}{\log_{10} \dfrac{8h^3}{rD^2}}$ ② $\dfrac{0.2413}{\log_{10} \dfrac{8h^3}{rD^2}}$

③ $\dfrac{0.02413}{\log_{10} \dfrac{4h^3}{rD^2}}$ ④ $\dfrac{0.2413}{\log_{10} \dfrac{4h^3}{rD^2}}$

해설 1선당 작용 정전 용량 $C = C_s + 3C_m = \dfrac{0.02413}{\log_{10} \dfrac{D}{r}}[\mu\text{F/km}]$

대지 정전 용량 $C_s = \dfrac{0.02413}{\log_{10} \dfrac{8h^3}{rD^2}}$

---

08 배전용 변전소의 주변압기로 주로 사용되는 것은?

① 단권 변압기 ② 3권선 변압기
③ 체강 변압기 ④ 체승 변압기

해설 배전용 변전소의 주변압기는 154[kV]를 22.9[kV]로 강압하는 체강 변압기를 사용한다.

---

09 각각 다른 2개의 전력 계통을 연락선(tie line)을 통하여 상호 연계하면 여러 가지 장점이 있는데, 계통 운용상 이득이 아닌 것은?

① 전력의 융통으로 설비 용량이 저감된다.
② 배후 전력이 커져 단락 전류가 감소한다.
③ 경제적인 발전력 배분이 가능하다.
④ 안정된 주파수 유지가 가능하다.

해설 연락선 운영 방식은 배후 전력이 커져 단락 전류가 증가한다.

정답 06.① 07.① 08.③ 09.②

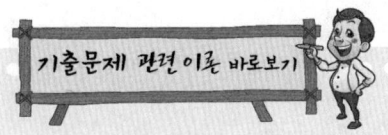

10 수전용 변전 설비의 1차측 차단기의 용량은 주로 어느 것에 의하여 정해지는가?

① 수전 계약 용량
② 부하 설비의 용량
③ 공급측 전원의 단락 용량
④ 수전 전력의 역률과 부하율

해설 차단기 용량은 정상 상태에서 투입·차단과 단락 사고에도 단락 전류를 차단해야 하며, 예상되는 최대 단락 전류에 의해 결정하므로 공급측 단락 용량에 의해 결정된다.

11 500[kVA]의 단상 변압기 상용 3대(결선 △-△), 예비 1대를 갖는 변전소가 있다. 부하의 증가로 인하여 예비 변압기까지 동원해서 사용한다면 응할 수 있는 최대 부하[kVA]는?

① 약 2,000
② 약 1,730
③ 약 1,500
④ 약 830

해설 예비 1대를 포함하여 V결선으로 2회선 운전하도록 한다.
∴ 출력 $P = \sqrt{3}P_1 \times 2 = \sqrt{3} \times 500 \times 2 = 1,730$ [kVA]

12 최소 동작 전류값 이상이면 일정한 시간에 동작하는 한시 특성을 갖는 계전기는?

① 정한시 계전기
② 반한시 계전기
③ 순한시 계전기
④ 반한시성 정한시 계전기

해설 계전기 동작 시간에 의한 분류
• 정한시 계전기 : 정정된 값 이상의 전류가 흐르면 정해진 일정 시간 후에 동작하는 계전기이다.
• 반한시 계전기 : 정정된 값 이상의 전류가 흐를 때 동작 시간이 전류값 크기가 크면 동작시간은 짧아진다.
• 순한시 계전기 : 정정(set)된 최소 동작 전류 이상의 전류가 흐르면 즉시 동작하는 계전기이다.
• 반한시성 정한시 계전기 : 어느 전류값까지는 반한시성이고, 그 이상이면 정한시 특성을 갖는 계전기이다.

13 기력 발전소의 열 사이클 중 가장 기본적인 것으로 두 개의 등압 변화와 두 개의 단열 변화로 되는 열 사이클은?

① 재생 사이클
② 랭킨 사이클
③ 재열 사이클
④ 재생 재열 사이클

---

13. 이론 check 열 사이클

(1) 랭킨 사이클
① 기력 발전소의 가장 기본적인 열 사이클로 두 등압 변화와 두 단열 변화로 되어 있다.
② 순환 과정 : 단열 압축(급수 펌프)-등압 가열(보일러 내부)-등온 등압 팽창(보일러 내부)-등온 등압 가열(과열기 내 건조 포화 증기)-단열 팽창(터빈 내부 : 과열 증기가 습증기로 변환)-등온 등압 냉각(복수기)
③ 랭킨 사이클의 효율(η)
$$\eta = \frac{i_1 - i_2}{i_1 - i_3} \times 100 [\%]$$
여기서,
i_1 : 터빈 입구의 증기 엔탈피
i_2 : 터빈 출구의 증기 엔탈피
i_3 : 보일러 입구의 급수 엔탈피

(2) 재생 사이클
터빈 중간에서 증기의 팽창 도중 증기의 일부를 추기하여 급수 가열에 이용한다.

(3) 재열 사이클
고압 터빈 내에서 습증기가 되기 전에 증기를 모두 추출하여 재열기를 이용하여 재가열시켜 저압 터빈을 돌려 열 효율을 향상시키는 열 사이클이다.

(4) 재생 재열 사이클
재생 및 재열 사이클을 겸용한 열 사이클로 열 효율이 가장 좋은 사이클이다.

정답 10.③ 11.② 12.① 13.②

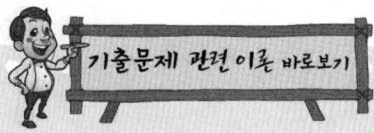 기출문제 관련 이론 바로보기

해설 열 사이클
- 카르노 사이클 : 가장 효율이 좋은 이상적인 열 사이클이다.
- 랭킨 사이클 : 가장 기본적인 열 사이클로 두 등압 변화와 두 단열 변화로 되어 있다.
- 재생 사이클 : 터빈 중간에서 증기의 팽창 도중 증기의 일부를 추기하여 급수 가열에 이용한다.
- 재열 사이클 : 고압 터빈 내에서 습증기가 되기 전에 증기를 모두 추출하여 재열기를 이용하여 재가열시켜 저압 터빈을 돌려 열 효율을 향상시키는 열 사이클이다.

14 그림과 같은 수전단 전력 원선도에서 직선 OL은 지상 역률 $\cos\theta$인 부하 직선을 나타낸다. 다음 설명 중 옳지 않은 것은? (단, C점은 원선도의 중심점이다.)

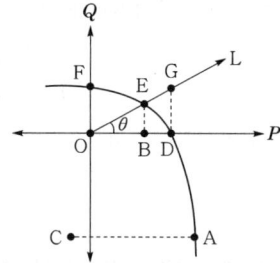

① A점은 이론상의 극한 수전 전력을 표시한다.
② B점은 부하 역률이 1일 때의 수전 전력을 표시한다.
③ G점은 전압 조정을 위하여 진상 무효 전력이 필요하다.
④ F점은 전력이 0이므로 역률 조정이 필요 없다.

해설 F점은 진상 무효 전력만 존재하므로 지상 무효 전력이 필요하다.

15 계통의 안정도 증진 대책이 아닌 것은?
① 발전기나 변압기의 리액턴스를 작게 한다.
② 선로의 회선수를 감소시킨다.
③ 중간 조상 방식을 채용한다.
④ 고속도 재폐로 방식을 채용한다.

해설 안정도 향상 대책
- 계통의 직렬 리액턴스를 적게 한다(발전기나 변압기의 리액턴스 감소, 전선로의 병행 2회선을 증가하거나 복도체 사용, 직렬 콘덴서를 삽입해서 선로의 리액턴스 보상).
- 전압 변동을 적게 한다(속응 여자 방식 채용, 계통의 연계, 중간 조상 방식 채용).

15. 이론 check 안정도

계통이 주어진 운전 조건하에서 안정하게 운전을 계속할 수 있는가 하는 여부의 능력을 말한다.

[안정도 향상 대책]
(1) 계통의 직렬 리액턴스의 감소 대책
  ① 발전기나 변압기의 리액턴스를 감소시킨다.
  ② 전선로의 병행 회선을 증가하거나 복도체를 사용한다.
  ③ 직렬 콘덴서를 삽입해서 선로의 리액턴스를 보상해 준다.
(2) 전압 변동의 억제 대책
  ① 속응 여자 방식을 채용한다.
  ② 계통을 연계한다.
  ③ 중간 조상 방식을 채용한다.
(3) 계통에 주는 충격의 경감 대책
  ① 적당한 중성점 접지 방식을 채용한다.
  ② 고속 차단 방식을 채용한다.
  ③ 재폐로 방식을 채용한다.
(4) 고장시의 전력 변동의 억제 대책
  ① 조속기 동작을 신속하게 한다.
  ② 제동 저항기를 설치한다.
(5) 계통 분리 방식의 채용
(6) 전원 제한 방식의 채용

 정답 14.④ 15.②

- 계통에 주는 충격을 적게 한다(적당한 중성점 접지 방식 채용, 고속 차단 방식 채용, 재폐로 방식 채용).
- 고장시 전력 변동을 억제 한다(조속기 동작을 신속하게, 제동 저항기 설치).

16 송전 전력, 송전 거리, 전선로의 손실 전력이 일정하고 같은 재료의 전선을 사용할 경우 단상 2선식에 대한 3상 3선식의 1선당 전력비는 얼마인가?

① 0.7
② 1.0
③ 1.15
④ 1.33

해설 1선당 전력의 비 $\left(\dfrac{3상}{1상}\right)$

$$\dfrac{\dfrac{\sqrt{3}\,E}{3}}{\dfrac{EI}{2}} = \dfrac{2\sqrt{3}}{3} = \dfrac{2}{\sqrt{3}} = 1.15$$

17 어떤 공장의 수용 설비 용량이 1,800[kW], 수용률은 55[%], 평균 부하 역률은 90[%]라 한다. 이 공장의 수전 설비는 몇 [kVA]로 하면 되는가?

① 900
② 990
③ 1,100
④ 1,800

해설 수전 설비 용량 $P = \dfrac{1,800 \times 0.55}{0.9} = 1,100[\text{kVA}]$

18 부하 전력 및 역률이 같을 때 전압을 n배 승압하면 ㉠ 전압 강하와 ㉡ 전력 손실은 어떻게 되는가?

① ㉠ $\dfrac{1}{n}$, ㉡ $\dfrac{1}{n^2}$
② ㉠ $\dfrac{1}{n^2}$, ㉡ $\dfrac{1}{n}$
③ ㉠ $\dfrac{1}{n}$, ㉡ $\dfrac{1}{n}$
④ ㉠ $\dfrac{1}{n^2}$, ㉡ $\dfrac{1}{n^2}$

해설 전력은 전압의 제곱에 비례하고, 전압 강하는 전압에 반비례하고, 전압 강하율과 전력 손실 및 전선의 단면적은 전압의 제곱에 반비례한다.

19 3상 동기 발전기 단자에서의 고장 전류 계산시 영상 전류 I_0, 정상 전류 I_1 및 역상 전류 I_2가 같은 경우는?

① 1선 지락 고장
② 2선 지락 고장
③ 선간 단락 고장
④ 3상 단락 고장

정답 16.③ 17.③ 18.① 19.①

기출문제 관련 이론 바로보기

16 이론 check ▶ 각 전기 방식의 비교

구 분	전력(P)	1선당 전력(비)
조건	상전압 E, 상전류 I	
단상 2선식	EI	$\dfrac{EI}{2}(1)$
단상 3선식	$2EI$	$\dfrac{2EI}{3}(1.33)$
3상 3선식	$\sqrt{3}\,EI$	$\sqrt{3}\,\dfrac{EI}{3}(1.15)$
3상 4선식	$3EI$	$3\dfrac{EI}{4}(1.50)$

19 이론 check ▶ 1선 지락 고장

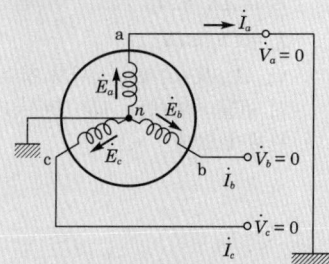

a상 지락, b상 및 c상 단자는 개방이므로 고장 조건은
$V_a = 0$, $I_b = I_c = 0$이다.
$I_b = I_0 + a^2 I_1 + aI_2$이고
$I_c = I_0 + aI_1 + a^2 I_2$이므로
$I_b - I_c = (a^2 - a)I_1 + (a - a^2)I_2$
$\quad = (a^2 - a)(I_1 - I_2) = 0$이면
$a^2 \neq a$이므로
$I_1 = I_2$를 위 식에 대입하여 정리하면 $I_0 = I_1 = I_2$가 된다.
또, $V_a = 0$이므로
$V_a = V_0 + V_1 + V_2 = 0$
이것을 발전기 기본식과 결합하면
$V_a = E_a - (Z_0 I_0 + Z_1 I_1 + Z_2 I_2) = 0$
으로 된다. 그러므로
$I_0 = I_1 = I_2 = \dfrac{E_a}{Z_0 + Z_1 + Z_2}$가 된다.
따라서, 1선 지락 고장 전류는
$I_a = I_0 + I_1 + I_2 = \dfrac{3E_a}{Z_0 + Z_1 + Z_2} = 3I_0$
이다.

PART 02 전력공학

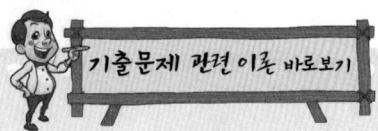

해설 영상 전류, 정상 전류, 역상 전류가 같은 경우의 사고는 1선 지락 고장인 경우이다.

즉, 1선 지락 발생시 $I_0 = I_1 = I_2 = \dfrac{E_a}{Z_0 + Z_1 + Z_2}$

20. 이론 check **4단자 정수**

송·수전단의 전압·전류의 관계는 다음과 같이 표현한다.

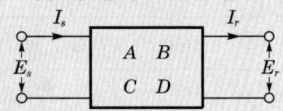

$\begin{bmatrix} E_s \\ I_s \end{bmatrix} = \begin{bmatrix} A & B \\ C & D \end{bmatrix} \begin{bmatrix} E_r \\ I_r \end{bmatrix}$

$E_s = AE_r + BI_r$

$I_s = CE_r + DI_r$

단, A, B, C, D는 4단자 정수이며 이들 사이에는 $AD - BC = 1$의 관계가 있다.

20 일반 회로 정수가 A, B, C, D이고, 송전단 상전압이 E_s인 경우 무부하시 송전단의 충전 전류(송전단 전류)는?

① CE_s
② ACE_s
③ $\dfrac{A}{C}E_s$
④ $\dfrac{C}{A}E_s$

해설 무부하시에는 $I_r = 0$이므로

$E_s = AE_r + BI_r$ 에서 $E_s = AE_r$ ········· ㉠

$I_s = CE_r + DI_r$ 에서 $I_s = CE_r$ ········· ㉡

㉠ 식에서 $E_r = \dfrac{E_s}{A}$를 ㉡ 식에 대입하면 $I_s = \dfrac{C}{A} \cdot E_s$이다.

정답 20.④

2013년 과년도 출제문제

제1회 전력공학

01 연가를 해도 효과가 없는 것은?
① 직렬 공진의 방지
② 통신선의 유도 장해 감소
③ 대지 정전 용량의 감소
④ 선로 정수의 평형

해설 • 연가(trans position) : 전선로 전체 길이를 3의 배수로 등분하여 각 상에 속하는 전선이 전 구간을 통하여 각 위치를 일순하도록 도중의 개폐소나 연가 철탑에서 바꾸어 주는 것이다.
• 연가의 효과 : 선로 정수를 평형시켜 통신선에 대한 유도 장해 및 전 선로의 직렬 공진을 방지한다.

02 단락 보호용 계전기의 범주에 가장 적합한 것은?
① 한시 계전기
② 탈조 보호 계전기
③ 과전류 계전기
④ 주파수 계전기

해설 • 방사상 선로의 단락 보호 : 반한시성 특성 또는 순한시성 특성을 가진 과전류 계전기 사용
• 환상 선로의 단락 보호 : 방향 단락 계전 방식, 방향 거리 계전 방식, 과전류 계전기와 방향 거리 계전기와 조합하는 방식

03 현수 애자 4개를 1련으로 한 66[kV] 송전 선로가 있다. 현수 애자 1개의 절연 저항이 2,000[MΩ]이라면, 표준 경간을 200[m]로 할 때 1[km]당의 누설 컨덕턴스[℧]는?
① 0.63×10^{-9}
② 0.93×10^{-9}
③ 1.23×10^{-9}
④ 1.53×10^{-9}

해설 표준 경간 200[m]로 1[km]의 구간은 5구간이므로
$G_5 = 5G_1 = \frac{1}{2,000 \times 10^6 \times 4} \times 5 = \frac{5}{8} \times 10^{-9} = 0.63 \times 10^{-9}[℧]$

---

01. 이론 check **연가**

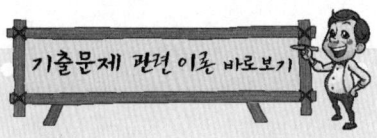

3상 선로에서 각 전선의 지표상 높이가 같고, 전선 간의 거리도 같게 배열되지 않는 한 각 선의 인덕턴스, 정전 용량 등은 불평형으로 되는데, 실제로 전선을 완전 평형이 되도록 배열하는 것은 불가능에 가깝다. 따라서 그대로는 송전단에서 대칭 전압을 가하더라도 수전단에서는 전압이 비대칭으로 된다. 이 것을 막기 위해 송전선에서는 전선의 배치를 도중의 개폐소, 연가용 철탑 등에서 교차시켜 선로 정수가 평형이 되도록 하고 있다. 완전 연가가 되면 각 상전선의 인덕턴스 및 정전 용량은 평형이 되어 같아질 뿐 아니라 영상 전류는 0이 되어 근접 통신선에 대한 유도 작용을 경감시킬 수가 있다.

정답 01.③ 02.③ 03.①

PART 02 전력공학

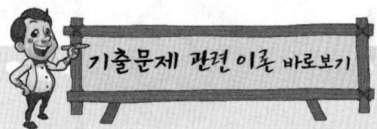

05. 이론 Check **교류 방식의 장점**

(1) 전압의 승압, 강압 변경이 용이하다. 전력 전송을 합리적, 경제적으로 운영해 나가기 위해서는 발전단에서 부하단에 이르는 각 구간에서 전압을 사용하기에 편리한 적당한 값으로 변화시켜 줄 필요가 있다. 교류 방식은 변압기라는 간단한 기기로 이들 전압의 승압과 강압을 용이하게 또한 효율적으로 실시할 수 있다.

(2) 교류 방식으로 회전 자계를 쉽게 얻을 수 있다. 교류 발전기는 직류 발전기보다 구조가 간단하고 효율도 좋으므로 특수한 경우를 제외하고는 모두 교류 발전기를 사용하고 있다. 또한 3상 교류 방식에서는 회전 자계를 쉽게 얻을 수 있다는 장점이 있다.

(3) 교류 방식으로 일관된 운용을 기할 수 있다. 전등, 전동력을 비롯하여 현재 부하의 대부분은 교류 방식으로 되어 있기 때문에 발전에서 배전까지 전 과정을 교류 방식으로 통일해서 보다 합리적이고 경제적으로 운용할 수 있다.

04 배전 선로에서 사고 범위의 확대를 방지하기 위한 대책으로 적당하지 않은 것은?

① 배전 계통의 루프화
② 선택 접지 계전 방식 채택
③ 구분 개폐기 설치
④ 선로용 콘덴서 설치

해설 선로용 콘덴서가 직렬 축전지이면 선로의 유도 리액턴스에 의한 전압 강하를 보상하여 수전단 전압을 조정하는 설비이므로 사고 범위의 확대를 방지하는 대책이라고 볼 수 없다.

05 직류 송전 방식에 비하여 교류 송전 방식의 가장 큰 이점은?

① 선로의 리액턴스에 의한 전압 강하가 없으므로 장거리 송전에 유리하다.
② 변압이 쉬워 고압 송전에 유리하다.
③ 같은 절연에서 송전 전력이 크게 된다.
④ 지중 송전의 경우, 충전 전류와 유전체손을 고려하지 않아도 된다.

해설 교류 송전 방식은 직류 송전 방식에 비하여 변압이 쉬워 고압 송전에 유리하고, 전력 계통의 연계가 용이하다.

06 개폐 장치 중에서 고장 전류의 차단 능력이 없는 것은?

① 진공 차단기 ② 유입 개폐기
③ 리클로저   ④ 전력 퓨즈

해설 유입 개폐기는 부하 전류의 개폐는 가능하지만 고장 전류 차단 기능은 없다.

07 전력 계통의 안정도 향상 대책으로 옳지 않은 것은?

① 전압 변동을 크게 한다.
② 고속도 재폐로 방식을 채용한다.
③ 계통의 직렬 리액턴스를 낮게 한다.
④ 고속도 차단 방식을 채용한다.

해설 **안정도 향상 대책**
- 직렬 리액턴스 감소(발전기, 변압기 리액턴스 감소, 병행 회선, 다(복)도체, 직렬 콘덴서)
- 전압 변동 억제(속응 여자 방식, 계통 연계, 중간 조상 방식)
- 계통 충격 경감(소호 리액터 접지, 고속 차단, 재폐로)
- 전력 변동 억제(조속기 신속 동작, 제동 저항기)

정답 04.④ 05.② 06.② 07.①

2013년 과년도 출제문제

08 부하 전력, 선로 길이 및 선로 손실이 동일할 경우 전선 동량이 가장 적은 방식은?

① 3상 3선식 ② 3상 4선식
③ 단상 3선식 ④ 단상 2선식

해설 전선의 중량(동량)비
단상 2선식 100[%], 단상 3선식 37.5[%], 3상 3선식 75[%], 3상 4선식 33.3[%]

기출문제 관련 이론 바로보기

08. 이론 check 전선 중량의 비

단상 2선식	단상 3선식	3상 3선식	3상 4선식
1	$\frac{3}{8}=0.375$	$\frac{3}{4}=0.75$	$\frac{1}{3}=0.33$

09 다음 중 동작 시간에 따른 보호 계전기의 분류와 그 설명으로 틀린 것은?

① 순한시 계전기는 설정된 최소 작동 전류 이상의 전류가 흐르면 즉시 작동하는 것으로 한도를 넘은 양과는 관계가 없다.
② 정한시 계전기는 설정된 값 이상의 전류가 흘렀을 때 작동 전류의 크기와는 관계없이 항상 일정한 시간 후에 작동하는 계전기이다.
③ 반한시 계전기는 작동 시간이 전류값의 크기에 따라 변하는 것으로 전류값이 클수록 느리게 동작하고 반대로 전류값이 작아질수록 빠르게 작동하는 계전기이다.
④ 반한시성 정한시 계전기는 어느 전류값까지는 반한시성이지만 그 이상이 되면 정한시로 작동하는 계전기이다.

해설 계전기의 시한 동작 특성
• 순한시성 계전기 : 정정치 이상의 전류가 유입하면 크기와 관계없이 바로(고속도) 동작한다.
• 정한시성 계전기 : 정정치 이상의 전류가 유입하면 전류의 크기에 관계없이 일정 시한이 지나야 동작한다.
• 반한시성 계전기 : 정정치 이상의 전류가 유입하면 고장 전류와 계전기의 동작 시한이 반비례하는 특성을 가진다.

10 동기 조상기(A)와 전력용 콘덴서(B)를 비교한 것으로 옳은 것은?

① 조정 : (A)는 계단적, (B)는 연속적
② 전력 손실 : (A)가 (B)보다 적음
③ 무효 전력 : (A)는 진상·지상 양용, (B)는 진상용
④ 시송전 : (A)는 불가능, (B)는 가능

해설

구 분	동기 조상기	전력용 콘덴서
무효 전력	진상·지상 양용	진상용
조정	연속적 조정	계단적(불연속) 조정
손실	회전기로 크다.	정지기로 적다.
시송전	가능	불가능
적용	송전 계통에 주로 사용	배전 계통에 주로 사용

10. 이론 check 동기 조상기

동기 발전기 또는 동기 발전기와 구조 및 원리가 동일한 동기 전동기를 무효 전력 제어에 사용할 때 이를 동기 조상기라고 부른다. 예전에 널리 사용되던 방식으로서 3상 전력과 여자 전류를 인가하여 구동한다. 동기 조상기의 여자 전류가 작은 경우에는 지상 전류를 소비하는 분로 리액터로서 작용하고, 여자 전류를 크게 하면 진상 전류를 소비하여 전압 상승을 일으키는 전력용 커패시터로서 작용한다. 이러한 특성을 이용해서 동기 조상기를 전력 계통의 전압 조정 및 역률 개선에 사용한다.
동기 조상기는 진상에서 지상 무효 전력까지 연속 제어가 가능하고 계통의 안정도를 증진시켜 송전 능력을 증대시키며, 부하의 급변이나 선로에 고장이 발생하였을 경우에 속응 여자 방식으로 여자 전류를 조정하여 전압을 규정값으로 유지하고, 계통의 와란을 회복시켜 과도 안정도를 향상시켜주는 장점이 있다. 그러나 회전 기기이므로 비교적 많은 운영비가 소요되고 유지 보수가 어려워 거의 쓰이지 않고 있다.

정답 08.② 09.③ 10.③

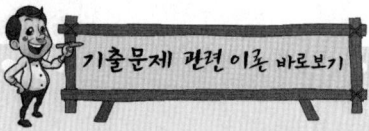

11 발전기 출력 P_G[kWh], 연료 소비량 B[kg], 연료의 발열량 H[kcal/kg]일 때 이 화력 발전의 열 효율은 몇 [%]인가?

① $\dfrac{980P_G}{H \cdot B} \times 100$ ② $\dfrac{980H \cdot B}{P_G} \times 100$

③ $\dfrac{860H \cdot B}{P_G} \times 100$ ④ $\dfrac{860P_G}{H \cdot B} \times 100$

해설 발전소 열 효율 $\eta = \dfrac{860W}{mH} \times 100[\%]$

여기서, W: 발전기 출력(전력량)[kWh]
H: 연료의 평균 발열량[kcal/kg]
m: 연료의 양[kg]

12 그림과 같은 회로에 있어서의 합성 4단자 정수에서 B_0의 값은?

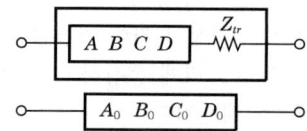

① $B_0 = B + Z_{tr}$ ② $B_0 = A + BZ_{tr}$
③ $B_0 = C + DZ_{tr}$ ④ $B_0 = B + AZ_{tr}$

해설 $\begin{bmatrix} A_0 & B_0 \\ C_0 & D_0 \end{bmatrix} = \begin{bmatrix} A & B \\ C & D \end{bmatrix} \begin{bmatrix} 1 & Z_{tr} \\ 0 & 1 \end{bmatrix} = \begin{bmatrix} A & AZ_{tr}+B \\ C & CZ_{tr}+D \end{bmatrix}$

∴ $B_0 = B + AZ_{tr}$

13. **Tip 감속재**

감속재는 속도를 줄이는 재료로 중성자의 속도를 줄이기 위해 탄성 충돌로 중성자를 산란시켜야 한다.
탄성 산란의 효과가 크려면 원자량이 적고, 중성자 흡수 단면적이 작아야 한다.

13 감속재의 온도 계수란?

① 감속재의 시간에 대한 온도 상승률
② 반응에 아무런 영향을 주지 않는 계수
③ 감속재의 온도 1[℃] 변화에 대한 반응도의 변화
④ 열중성자로에서 양(+)의 값을 갖는 계수

해설 감속재 온도 계수(moderator temperature coefficient)는 단위 온도(1[℃]) 변화에 대한 반응도의 변화를 말한다.

14 반지름이 1.2[cm]인 전선 1선을 왕로로 하고 대지를 귀로로 하는 경우 왕복 회로의 총 인덕턴스는 약 몇 [mH/km]인가? (단, 등가 대지면의 깊이는 600[m]이다.)

① 2.4025[mH/km] ② 2.3525[mH/km]
③ 2.2639[mH/km] ④ 2.2139[mH/km]

정답 11.④ 12.④ 13.③ 14.①

해설 $L_e = 0.1 + 0.4605 \log_{10} \dfrac{2H_e}{r} = 0.1 + 0.4605 \log_{10} \dfrac{2 \times 600}{1.2 \times 10^{-2}}$
$= 2.4025 \,[\text{mH/km}]$

15 전력 계통에서 인터록(interlock)의 설명으로 알맞은 것은?
① 부하 통전시 단로기를 열 수 있다.
② 차단기가 열려 있어야 단로기를 닫을 수 있다.
③ 차단기가 닫혀 있어야 단로기를 열 수 있다.
④ 차단기의 접점과 단로기의 접점이 기계적으로 연결되어 있다.

해설 단로기는 통전 중에 전로를 개폐할 수 없으므로 차단기가 열려 있어야 닫거나 열 수 있다.

16 수전단을 단락한 경우 송전단에서 본 임피던스는 300[Ω]이고 수전단을 개방한 경우에는 1,200[Ω]이었다. 이 선로의 특성 임피던스는?
① 600[Ω]   ② 900[Ω]
③ 1,200[Ω]   ④ 1,500[Ω]

해설 특성 임피던스 $Z_0 = \sqrt{300 \times 1{,}200} = 600\,[\Omega]$

17 연간 전력량이 E[kWh]이고, 연간 최대 전력이 W[kW]인 연부하율은 몇 [%]인가?
① $\dfrac{E}{W} \times 100$ ② $\dfrac{W}{E} \times 100$
③ $\dfrac{8{,}760\,W}{E} \times 100$ ④ $\dfrac{E}{8{,}760\,W} \times 100$

해설 연부하율 $= \dfrac{\frac{E}{365 \times 24}}{W} \times 100 = \dfrac{E}{8{,}760\,W} \times 100\,[\%]$

18 3상용 차단기의 정격 차단 용량은?
① $\sqrt{3} \times$ 정격 전압 $\times$ 정격 차단 전류
② $\sqrt{3} \times$ 정격 전압 $\times$ 정격 전류
③ $3 \times$ 정격 전압 $\times$ 정격 차단 전류
④ $3 \times$ 정격 전압 $\times$ 정격 전류

해설 3상용 차단기 용량 P_s[MVA]$= \sqrt{3} \times$ 정격 전압[kV]$\times$정격 차단 전류[kA]

정답 15.② 16.① 17.④ 18.①

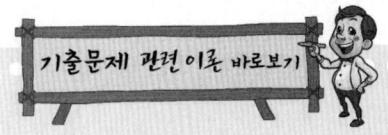

[특성 임피던스]

$Z_0 = \sqrt{\dfrac{Z}{Y}} = \sqrt{\dfrac{R + j\omega L}{G + j\omega C}}$

$\fallingdotseq \sqrt{\dfrac{L}{C}}\,[\Omega]$

Tip 장거리 송전 선로(100[km] 이상)

(1) 송전선의 기초 방정식(전파 방정식)
$E_s = E_r \cosh \gamma l + I_r Z_0 \sinh \gamma l\,[\text{V}]$
$I = E_r Y_0 \sinh \gamma l + I_r \cosh \gamma l\,[\text{A}]$

(2) 전파 정수
$\gamma = \sqrt{ZY}$
$= \sqrt{(R + j\omega L)(G + j\omega C)}\,[\text{rad}]$

(3) 전파 속도
$v = \dfrac{1}{\sqrt{LC}}\,[\text{m/s}]$
(단, $v = 3 \times 10^5\,[\text{km/s}]$)

PART 02 전력공학

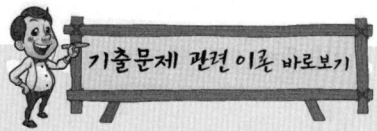

19 수차의 조속기가 너무 예민하면 어떤 현상이 발생되는가?
① 전압 변동이 작게 된다.
② 수압 상승률이 크게 된다.
③ 속도 변동률이 작게 된다.
④ 탈조를 일으키게 된다.

해설 수차의 조속기를 신속하게 작동시키면 전압 변동이 줄어들지만 너무 예민하게 하면 난조가 발생하므로 난조를 방지할 수 있는 제동 권선 등을 시설한다.

01. 이론 check 표피 효과(skin effect)

직류는 전선의 단면 중 어느 부분이나 전류 밀도가 동일하므로 전선의 굵기는 전부 전류의 통로로 이용하지만, 교류는 전선 중심부일수록 자력선 쇄교가 많아서 유도 리액턴스가 크게 되기 때문에 중심부에는 전류가 통하기 어렵게 되고, 전선 표면에 가까울수록 통하기 쉬워, 전선의 유효 단면적이 줄게 되므로 교류의 경우 실효 저항(effective resistance)이 증가하는 것을 말한다. 표피 효과는 전선 단면적이 클수록, 주파수가 높아질수록 크게 되고, 전선의 온도가 높을수록 적어진다.

Tip 근접 효과(proximity effect)

도체가 근접 배치될 경우 각 도체에 흐르는 전류의 크기와 방향, 주파수 등에 따라 각 도체의 단면에 흐르는 전류 밀도가 달라지는 현상을 말한다. 이것은 표피 효과의 일종으로 같은 방향의 전류일 때는 내측에, 반대 방향일 때는 외측에 전류가 집중하는 경향이 있고, 주파수가 높을수록 도체가 근접해 있을수록 심하게 나타난다.
송전선에 쓰여지는 연선은 내측에 있던 소선이 꼬여서 외측으로 되어 순차로 바뀌어지고, 소선의 표면 산화에 의하여 소선 간의 전류 이동이 어렵게 되므로 근접에 의한 효과를 무시한다.

20 송전 선로에서 이상 전압이 가장 크게 발생하기 쉬운 경우는?
① 무부하 송전 선로를 폐로하는 경우
② 무부하 송전 선로를 개로하는 경우
③ 부하 송전 선로를 폐로하는 경우
④ 부하 송전 선로를 개로하는 경우

해설 송전 선로에서 개폐 이상 전압이 가장 크게 되는 경우는 무부하시 충전 전류를 차단하는 경우이다.

제 2 회 전력공학

01 표피 효과에 대한 설명으로 옳은 것은?

① 표피 효과는 주파수에 비례한다.
② 표피 효과는 전선의 단면적에 반비례한다.
③ 표피 효과는 전선의 비투자율에 반비례한다.
④ 표피 효과는 전선의 도전율에 반비례한다.

해설 표피 효과(skin effect)는 전선 단면적이 클수록, 주파수가 높을수록 크게 되고, 전선의 온도가 높을수록 작아진다.

02 보일러에서 흡수 열량이 가장 큰 곳은?
① 절탄기   ② 수냉벽
③ 과열기   ④ 공기 예열기

해설 수냉벽은 보일러 내부의 벽에 설치된 수관으로 보일러에서 발생한 열의 상당 부분은 여기서 흡수된다.

정답 19.① 20.② / 01.① 02.②

03 다음 중 전력 원선도에서 알 수 없는 것은?

① 전력
② 조상기 용량
③ 손실
④ 코로나 손실

해설 전력 원선도로부터 알 수 있는 사항
- 송·수전단 위상각
- 유효 전력, 무효 전력, 피상 전력 및 최대 전력
- 전력 손실과 송전 효율
- 수전단의 역률 및 조상 설비의 용량

04 배전 선로의 주상 변압기에서 고압측 - 저압측에 주로 사용되는 보호 장치의 조합으로 적합한 것은?

① 고압측 : 프라이머리 컷아웃 스위치, 저압측 : 캐치 홀더
② 고압측 : 캐치 홀더, 저압측 : 프라이머리 컷아웃 스위치
③ 고압측 : 리클로저, 저압측 : 라인 퓨즈
④ 고압측 : 라인 퓨즈, 저압측 : 리클로저

해설 주상 변압기 보호 장치
- 1차(고압)측 : 피뢰기와 컷아웃 스위치
- 2차(저압)측 : 제2종 접지 공사와 캐치 홀더

05 송전 계통의 한 부분이 그림에서와 같이 3상 변압기로 1차측은 △로, 2차측은 Y로 중성점이 접지되어 있을 경우 1차측에 흐르는 영상 전류는?

① 1차측 변압기 내부와 1차측 선로에서 반드시 0이다.
② 1차측 선로에서 ∞ 이다.
③ 1차측 변압기 내부에서는 반드시 0이다.
④ 1차측 선로에서 반드시 0이다.

해설 영상 전류는 중성점이 접지되어 있는 2차측의 선로와 변압기 내부 및 중성선과 비접지인 1차측 내부에는 흐르지만 1차측 선로에는 흐르지 않는다.

이론 check 전력 원선도

전선로의 4단자 정수와 복소 전력법을 이용하여 송·수전단의 전력 방정식을 구하면 송전단 전력은

$$W_s = \frac{\dot{D}}{B}E_s^2 - \frac{1}{B}E_s E_r \varepsilon^{j\delta}$$에서

$\frac{\dot{D}}{B} = m + jn$, $\frac{1}{B} = \varepsilon^{j\beta}$ 라 하면

$$W_s = (m+jn)E_s^2 - \frac{E_s E_r}{B}\underline{/\beta+\delta}$$가

된다.

위 식에서 mE_s^2, jnE_s^2을 중심점 좌표, $\frac{E_s E_r}{B}$을 반지름으로 하는 원이 되며 이 전력 원선도로부터 알 수 있는 사항은 다음과 같다.

(1) 필요한 전력을 보내기 위한 송·수전단 위상각
(2) 송·수전할 수 있는 전력 유효 전력, 무효 전력, 피상 전력 및 최대 전력
(3) 선로의 손실과 송전 효율
(4) 수전단의 역률
(5) 조상 설비의 용량

정답 03.④ 04.① 05.④

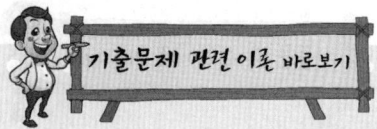

06 조정지 용량 100,000[m³], 유효 낙차 100[m]인 수력 발전소가 있다. 조정지의 전 용량을 사용하여 발생될 수 있는 전력량은 약 몇 [kWh]인가? (단, 수차 및 발전기의 종합 효율을 75[%]로 하고 유효 낙차는 거의 일정하다고 본다.)

① 20,417
② 25,248
③ 30,448
④ 42,540

해설 $P = 9.8 HQ\eta$
$= 9.8 \times 100 \times \dfrac{100,000}{3,600} \times 0.75$
$= 20416.6 ≒ 20,417[\text{kWh}]$

07. **이론 check** 캐스케이딩(cascading) 현상

변압기 또는 선로의 사고에 의해서 뱅킹 내의 건전한 변압기의 일부 또는 전부가 연쇄적으로 회로로부터 차단되는 현상(방지 대책 : 변압기의 1차측에 퓨즈, 저압선의 중간에 구분 퓨즈 설치)

Tip 저압 뱅킹 방식

(1) 용도 : 수용 밀도가 큰 지역
(2) 장점
 ① 수지상식과 비교할 때 전압 강하와 전력 손실이 적다.
 ② 플리커(fliker)가 경감된다.
 ③ 변압기 용량 및 저압선 동량이 절감된다.
 ④ 부하 증가에 대한 탄력성이 향상된다.
 ⑤ 고장 보호 방법이 적당할 때 공급 신뢰도는 향상된다.
(3) 단점
 ① 보호 방식이 복잡하다.
 ② 시설비가 고가이다.

07 저압 뱅킹 배선 방식에서 캐스케이딩이란 무엇인가?

① 변압기의 전압 배분을 자동으로 하는 것
② 수전단 전압이 송전단 전압보다 높아지는 현상
③ 저압선에 고장이 생기면 건전한 변압기의 일부 또는 전부가 차단되는 현상
④ 전압 동요가 일어나면 연쇄적으로 파동치는 현상

해설 캐스케이딩(cascading) 현상
저압 뱅킹 배선 방식에서 저압선에 고장이 발생하면 뱅킹 내의 건전한 변압기의 일부 또는 전부가 연속적으로 차단되는 현상이다. 방지 대책으로는 변압기의 1차측에 퓨즈 또는 저압선의 중간에 구분 퓨즈를 설치한다.

08 공기 차단기(ABB)의 공기 압력은 일반적으로 몇 [kg/cm²] 정도가 되는가?

① 5~10
② 15~30
③ 30~45
④ 45~55

해설 공기 차단기(ABB ; Air Blast circuit Breaker)
수십 기압의 압축 공기(10~30[kg/cm²])를 불어 소호하는 방식으로 30~70[kV] 정도에 사용한다. 소음은 크지만 유지 보수가 용이하며 화재의 위험이 없고, 차단 능력이 뛰어나므로 용량이 크고 개폐 빈도가 심한 장소에 많이 쓰인다.

09 송전 선로의 일반 회로 정수가 $A = 0.7$, $C = j1.95 \times 10^{-3}$, $D = 0.9$라 하면 B의 값은 약 얼마인가?

① $j90$
② $-j90$
③ $j190$
④ $-j190$

정답 06.① 07.③ 08.② 09.③

해설 $AD-BC=1$에서

$$B = \frac{AD-1}{C} = \frac{0.7 \times 0.9 - 1}{j1.95 \times 10^{-3}} = j189.7 ≒ j190$$

10 정격 전압 66[kV]인 3상 3선식 송전 선로에서 1선의 리액턴스가 15[Ω]일 때 이를 100[MVA] 기준으로 환산한 %리액턴스는?

① 17.2
② 34.4
③ 51.6
④ 68.8

해설 $\%Z = \frac{PZ}{10V^2}[\%] = \frac{100 \times 10^3 \times 15}{10 \times 66^2} = 34.43 ≒ 34.4[\%]$

11 공장이나 빌딩에 200[V] 전압을 400[V]로 승압하여 배전을 할 때, 400[V] 배전과 관계없는 것은?

① 전선 등 재료의 절감
② 전압 변동률의 감소
③ 배선의 전력 손실 경감
④ 변압기 용량의 절감

해설 전압을 2배로 승압하면, 전력은 4배로 증가하고, 전선량과 손실 및 전압 강하율은 $\frac{1}{4}$배, 전압 강하는 $\frac{1}{2}$배로 감소한다. 전압이 승압되더라도 변압기 용량은 절감되지 않는다.

12 변압기 보호용 비율 차동 계전기를 사용하여 △-Y 결선의 변압기를 보호하려고 한다. 이때 변압기 1, 2차측에 설치하는 변류기의 결선 방식은? (단, 위상 보정 기능이 없는 경우이다.)

① △-△
② △-Y
③ Y-△
④ Y-Y

해설 비율 차동 계전 방식은 변압기의 내부 고장 보호에 적용하고, 변압기의 변압비와 고·저압 단자의 CT비가 정확하게 역비례하여야 한다. 변압기 결선이 △-Y이면 변류기(CT) 2차 결선은 Y-△로 하여 2차 전류를 동상으로 한다.

13 송전 계통의 안정도 향상 대책이 아닌 것은?

① 계통의 직렬 리액턴스를 증가시킨다.
② 전압 변동을 적게 한다.
③ 고장 시간, 고장 전류를 적게 한다.
④ 고속도 재폐로 방식을 채용한다.

정답 10.② 11.④ 12.③ 13.①

기출문제 관련 이론 바로보기

12. 이론 check **변압기의 보호 계전 방식**

(1) 변압기 사고
권선 단락, 층간 단락, 권선과 철심의 절연 파괴, 혼촉, 단선, 부싱 또는 리드선의 절연 파괴, 철심의 부분적 용단 등이 있다. 이들 중 가장 많은 사고는 층간 단락이나 지락이다. 일반적으로 전기적 보호(비율 차동 계전 방식, 과부하 보호 계전 방식), 기계적 보호(부흐홀츠 계전기 및 압력 계전기)가 있다.

(2) 비율 차동 계전 방식
① 변압기의 변압비와 고·저압 단자의 CT비가 정확하게 역비례하여야 한다(단권 보상 변류기 사용).
② 변압기 결선이 △-Y이면 CT 2차 결선은 Y-△로 하여 2차 전류를 동상으로 한다.

Tip **부흐홀츠 계전기**

(1) 변압기의 주탱크와 콘서베이터(conservator)를 연결하는 관의 도중에 설치한다.
(2) 동작은 변압기 내부 고장에 의해 열 분해된 절연물의 증기나 가스를 상승시켜 동작한다.

PART 02 전력공학

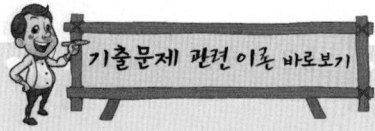

해설 안정도 향상 대책
- 직렬 리액턴스 감소(발전기, 변압기 리액턴스 감소, 병행 회선, 다(복)도체, 직렬 콘덴서)
- 전압 변동 억제(속응 여자 방식, 계통 연계, 중간 조상 방식)
- 계통 충격 경감(소호 리액터 접지, 고속 차단, 재폐로)
- 전력 변동 억제(조속기 신속 동작, 제동 저항기)

14 부하 역률이 0.6인 경우, 전력용 콘덴서를 병렬로 접속하여 합성 역률을 0.9로 개선하면 전원측 선로의 전력 손실은 처음 것의 약 몇 [%]로 감소되는가?

① 38.5
② 44.4
③ 56.6
④ 62.8

해설 손실은 역률의 제곱에 반비례하므로

손실 감소율은 $1-\left(\dfrac{\cos\theta_1}{\cos\theta_2}\right)^2 = 1-\left(\dfrac{0.6}{0.9}\right)^2 = 0.555$

즉, 56[%]이다.

15. [이론 check] 단상 3선식

(1) 전압 강하, 전력 손실이 평형 부하의 경우 $\dfrac{1}{4}$로 감소한다.
(2) 소요 전선량이 적다.
(3) 110[V] 부하와 220[V] 부하의 사용이 가능하다.
(4) 상시의 부하에 불평형이 있으면 부하 전압은 불평형으로 된다.
(5) 중성선이 단선하면 불평형 부하일 경우 부하 전압에 심한 불평형이 발생한다.
(6) 중성점과 전압선(외선)이 단락하면 단락하지 않은 쪽의 부하 전압이 이상 상승한다.

이상과 같이 단상 3선식에서는 양측 부하의 불평형에 의한 부하, 전압의 불평형이 크기 때문에 일반적으로는 이러한 전압 불평형을 줄이기 위한 대책으로서 저압선의 말단에 밸런서(balancer)를 설치하고 있다.

15 부하의 불평형으로 인하여 발생하는 각 상별 불평형 전압을 평형되게 하고 선로 손실을 경감시킬 목적으로 밸런서가 사용된다. 다음 중 이 밸런서의 설치가 가장 필요한 배전 방식은?

① 단상 2선식
② 3상 3선식
③ 단상 3선식
④ 3상 4선식

해설 단상 3선식에서는 양측 부하의 불평형에 의한 전압의 불평형이 크기 때문에 일반적으로는 이러한 전압 불평형을 줄이기 위한 대책으로서 저압선의 말단에 밸런서(balancer)를 설치하고 있다.

16 원자로의 감속재가 구비하여야 할 사항으로 적합하지 않은 것은?

① 원자량이 큰 원소일 것
② 중성자의 흡수 단면적이 적을 것
③ 중성자와의 충돌 확률이 높을 것
④ 감속비가 클 것

해설 감속재는 고속 중성자를 열 중성자까지 감속시키기 위한 것으로 중성자 흡수가 적고 탄성 산란에 의해 감속되는 것으로 경수, 중수, 산화베릴륨, 흑연 등이 사용된다.

정답 14.③ 15.③ 16.①

2013년 과년도 출제문제

17 다음 중 모선 보호용 계전기로 사용하면 가장 유리한 것은?

① 재폐로 계전기 ② 과전류 계전기
③ 역상 계전기 ④ 거리 계전기

해설 모선 보호 계전기에는 후비 보호 계전 방식으로 거리 방향 계전기를 설치하여 신뢰도를 높인다.

18 다음 중 송전선의 전압 변동률을 나타내는 식 $\frac{V_{R1} - V_{R2}}{V_{R2}} \times 100[\%]$에서 V_{R1}은 무엇인가?

① 부하시 수전단 전압
② 무부하시 수전단 전압
③ 부하시 송전단 전압
④ 무부하시 송전단 전압

해설
- V_{R1} : 무부하시 수전단 전압
- V_{R2} : 전부하시 수전단 전압

19 단도체 대신 같은 단면적의 복도체를 사용할 때 옳은 것은?

① 인덕턴스가 증가한다.
② 코로나 개시 전압이 높아진다.
③ 선로의 작용 정전 용량이 감소한다.
④ 전선 표면의 전위 경도를 증가시킨다.

해설 다(복)도체의 특징
- 같은 도체 단면적의 단도체보다 인덕턴스와 리액턴스가 감소하고 정전 용량과 송전 용량이 증가한다.
- 전선 표면의 전위 경도를 저감시켜 코로나 임계 전압을 높게 하므로, 코로나 방전 개시 전압이 높아지고 코로나손을 줄일 수 있다.
- 전력 계통의 안정도를 증대시킨다.
- 초고압 송전 선로에 채용한다.
- 페란티 효과에 의한 수전단 전압 상승의 우려가 있다.
- 강풍, 빙설 등에 의한 전선의 진동 또는 동요가 발생할 수 있다.
- 단락 사고시 소도체가 충돌할 수 있다.

20 송·배전 선로의 고장 전류 계산에서 영상 임피던스가 필요한 경우는?

① 3상 단락 계산 ② 선간 단락 계산
③ 1선 지락 계산 ④ 3선 단선 계산

기출문제 관련 이론 바로보기

17. 모선 보호 계전 방식

(1) 차동 계전 방식
    전류 차동 방식, 전압 차동 방식, 위상 비교 방식
(2) 방향 비교 방식
(3) 차폐 모선 방식

20. 1선 지락 고장

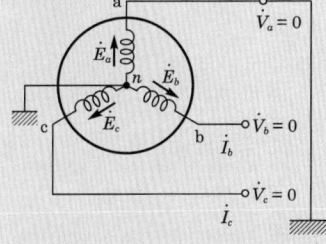

a상 지락, b상 및 c상 단자는 개방이므로 고장 조건은
$V_a = 0$, $I_b = I_c = 0$이다.
$I_b = I_0 + a^2 I_1 + a I_2$이고
$I_c = I_0 + a I_1 + a^2 I_2$이므로
$I_b - I_c = (a^2 - a)I_1 + (a - a^2)I_2$
$= (a^2 - a)(I_1 - I_2) = 0$이면
$a^2 \neq a$이므로
$I_1 = I_2$를 위 식에 대입하여 정리하면 $I_0 = I_1 = I_2$가 된다.
또, $V_a = 0$이므로
$V_a = V_0 + V_1 + V_2 = 0$
이것을 발전기 기본식과 결합하면
$V_a = E_a - (Z_0 I_0 + Z_1 I_1 + Z_2 I_2) = 0$
으로 된다. 그러므로
$I_0 = I_1 = I_2 = \frac{E_a}{Z_0 + Z_1 + Z_2}$ 가 된다.

따라서, 1선 지락 고장 전류는
$I_a = I_0 + I_1 + I_2 = \frac{3E_a}{Z_0 + Z_1 + Z_2} = 3I_0$
이다.

정답 17.④ 18.② 19.② 20.③

PART 02 전력공학

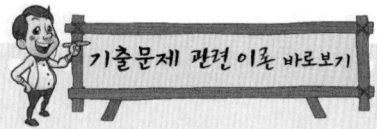

해설 각 사고별 대칭 좌표법 해석

1선 지락	정상분	역상분	영상분	$I_0 = I_1 = I_2 \neq 0$
선간 단락	정상분	역상분	×	$I_1 = -I_2 \neq 0,\ I_0 = 0$
3상 단락	정상분	×	×	$I_1 \neq 0,\ I_2 = I_0 = 0$

제3회 전력공학

01 단도체 방식과 비교하여 복도체 방식의 송전 선로를 설명한 것으로 옳지 않은 것은?

① 전선의 인덕턴스가 감소하고, 정전 용량이 증가한다.
② 선로의 송전 용량이 증가한다.
③ 계통의 안정도를 증진시킨다.
④ 전선 표면의 전위 경도가 저감되어 코로나 임계 전압을 낮출 수 있다.

해설 다(복)도체 방식의 특징
- 복도체는 같은 도체 단면적의 단도체보다 인덕턴스와 리액턴스가 감소하고 정전 용량이 증가하여 송전 용량을 크게 할 수 있다.
- 전선 표면의 전위 경도를 저감시켜 코로나 임계 전압을 높게 하므로 코로나손을 줄일 수 있다.
- 전력 계통의 안정도를 증대시킨다.

02 전력선과 통신선 간의 상호 정전 용량 및 상호 인덕턴스에 의해 발생되는 유도 장해로 옳은 것은?

① 정전 유도 장해 및 전자 유도 장해
② 전력 유도 장해 및 정전 유도 장해
③ 정전 유도 장해 및 고조파 유도 장해
④ 전자 유도 장해 및 고조파 유도 장해

해설 전력선과 통신선 간의 유도 장해에는 정전 유도와 전자 유도가 있다.

03 피뢰기가 구비하여야 할 조건으로 거리가 먼 것은?

① 충격 방전 개시 전압이 낮을 것
② 상용 주파 방전 개시 전압이 낮을 것
③ 제한 전압이 낮을 것
④ 속류의 차단 능력이 클 것

이론 check

03. 피뢰기의 설치 장소 및 구비 조건

(1) 피뢰기의 설치 장소
① 발전소, 변전소에서 가공 전선 인입구, 인출구
② 특고압 옥외 변전용 변압기 고압 및 특고압측
③ 고압 및 특고압 가공 전선로로부터 공급받는 수용가 인입구
④ 가공 전선로와 지중 전선로가 접속되는 곳

(2) 피뢰기의 구비 조건
① 충격 방전 개시 전압이 낮을 것
② 상용 주파 방전 개시 전압이 높을 것
③ 방전 내량이 크면서 제한 전압은 낮을 것
④ 속류 차단 능력이 충분할 것

정답 01.④ 02.① 03.②

2013년 과년도 출제문제

해설 피뢰기는 충격 방전 개시 전압과 제한 전압은 낮아야 하고, 상용 주파 방전 개시 전압과 정격 전압은 높아야 한다.

04 조압 수조(surge tank)의 설치 목적이 아닌 것은?

① 유량을 조절한다.
② 부하의 변동시 생기는 수격 작용을 흡수한다.
③ 수격압이 압력 수로에 미치는 것을 방지한다.
④ 흡출관의 보호를 취한다.

해설 조압 수조의 설치 목적은 수격 작용에 의한 수격압을 흡수하여 수압 철관을 보호하고, 유량의 조절 및 부유물을 제거한다. 흡출관은 반동 수차에서 낙차를 늘리는 설비로 조압 수조와는 관련이 없다.

05 지중 전선로가 가공 전선로에 비해 장점에 해당하는 것이 아닌 것은?

① 경과지 확보가 가공 전선로에 비해 쉽다.
② 다회선 설치가 가공 전선로에 비해 쉽다.
③ 외부 기상 여건 등의 영향을 받지 않는다.
④ 송전 용량이 가공 전선로에 비해 크다.

해설 지중 전선로의 송전 용량은 발생열의 구조적 냉각에 장해를 받으므로, 공간에 설치하여 냉각이 수월한 가공 전선로에 비해 낮다.

06 전력 계통의 전압 조정 설비에 대한 특징으로 옳지 않은 것은?

① 병렬 콘덴서는 진상 능력만을 가지며 병렬 리액터는 진상 능력이 없다.
② 동기 조상기는 조정의 단계가 불연속적이나 직렬 콘덴서 및 병렬 리액터는 연속적이다.
③ 동기 조상기는 무효 전력의 공급과 흡수가 모두 가능하여 진상 및 지상 용량을 갖는다.
④ 병렬 리액터는 장거리 초고압 송전선 또는 지중선 계통의 충전 용량 보상용으로 주요 발·변전소에 설치된다.

해설

구 분	동기 조상기	콘덴서와 리액터
무효 전력	진상·지상 양용	• 콘덴서 : 진상용 • 리액터 : 지상용
조정	연속적 조정	계단적(불연속) 조정
손실	회전기로 크다.	정지기로 작다.
시송전	가능	불가능

05. 이론 check 지중 전선로의 장단점

(1) 장점
① 미관이 좋다.
② 화재 및 폭풍우 등 기상 영향이 적고, 지역 환경과 조화를 이룰 수 있다.
③ 통신선에 대한 유도 장해가 적다.
④ 인축에 대한 안전성이 높다.
⑤ 다회선 설치와 시설 보안이 유리하다.

(2) 단점
① 건설비, 시설비, 유지 보수비 등이 많이 든다.
② 고장 검출이 쉽지 않고, 복구 시 장시간이 소요된다.
③ 송전 용량이 제한적이다.
④ 건설 작업시 교통 장애, 소음, 분진 등이 있다.

정답 04.④ 05.④ 06.②

187

PART 02 전력공학

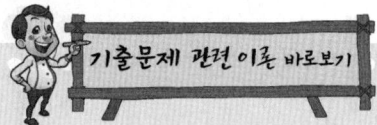

07 화력 발전소에서 절탄기의 용도는?

① 보일러에 공급되는 급수를 예열한다.
② 포화 증기를 과열한다.
③ 연소용 공기를 예열한다.
④ 석탄을 건조한다.

해설 절탄기는 연도 중간에 설치하여 연도로 빠져 나가는 열량으로 보일러용 급수를 데우므로 연료를 절약할 수 있는 설비이다.

08 저압 배전선의 배전 방식 중 배전 설비가 단순하고, 공급 능력이 최대인 경제적 배분 방식이며, 국내에서 220/380[V] 승압 방식으로 채택된 방식은?

① 단상 2선식
② 단상 3선식
③ 3상 3선식
④ 3상 4선식

해설 저압 220/380[V]으로 공급되는 것은 3상 4선식이다.

09. 이론check **직렬 리액터**

정전형 축전지를 송전선에 연결하면 제3고조파는 △결선으로 제거되지만, 제5고조파는 커지므로 선로의 파형이 찌그러지고 통신선에 유도 장해를 일으키므로 이를 제거하기 위해 축전지와 직렬로 리액터를 삽입하여야 한다.
직렬 리액터 용량
$2\pi(5f)L = \dfrac{1}{2\pi(5f)C}$
$\therefore \omega L = \dfrac{1}{25} \times \dfrac{1}{\omega C} = 0.04 \times \dfrac{1}{\omega C}$
그러므로 용량 리액턴스는 4[%]이지만 대지 정전 용량 때문에 일반적으로 5~6[%] 정도의 직렬 리액터를 설치한다.

09 주변압기 등에서 발생하는 제5고조파를 줄이는 방법으로 옳은 것은?

① 전력용 콘덴서에 직렬 리액터를 접속한다.
② 변압기 2차측에 분로 리액터를 연결한다.
③ 모선에 방전 코일을 연결한다.
④ 모선에 공심 리액터를 연결한다.

해설 고조파 중 제3고조파는 △결선으로 제거하고, 제5고조파는 직렬 리액터로 전력용 콘덴서와 직렬 공진을 이용하여 제거한다. 분로 리액터는 페란티 효과 방지에 이용된다.

10 정격 전압이 66[kV]인 3상 3선식 송전 선로에서 1선의 리액턴스가 17[Ω]일 때, 이를 100[MVA] 기준으로 환산한 %리액턴스는 약 얼마인가?

① 35
② 39
③ 45
④ 49

해설 $\%Z = \dfrac{PZ}{10V^2} = \dfrac{100 \times 10^3 \times 17}{10 \times 66^2} = 39[\%]$

정답 07.① 08.④ 09.① 10.②

2013년 과년도 출제문제

11 전등만으로 구성된 수용가를 두 군으로 나누어 각 군에 변압기 1개씩 설치하며 각 군의 수용가의 총 설비 용량을 각각 30[kW], 50[kW]라 한다. 각 수용가의 수용률을 0.6, 수용가간 부등률을 1.2, 변압기군의 부등률을 1.3이라고 하면 고압 간선에 대한 최대 부하는 약 몇 [kW]인가? (단, 간선의 역률은 100[%]이다.)

① 15 ② 22
③ 31 ④ 35

해설
$$P_m = \frac{\frac{30 \times 0.6}{1.2} + \frac{50 \times 0.6}{1.2}}{1.3} = 30.7 \fallingdotseq 31[\text{kW}]$$

12 송전선에 코로나가 발생하면 전선이 부식된다. 무엇에 의하여 부식되는가?

① 산소 ② 오존
③ 수소 ④ 질소

해설 코로나 방전으로 공기 중에 오존(O_3) 및 산화질소(NO)가 생기고 여기에 물이 첨가되면 질산(초산 : NHO_3)이 되어 전선을 부식시킨다.

13 4단자 정수가 A, B, C, D인 송전 선로의 등가 π회로를 그림과 같이 하면 Z_1의 값은?

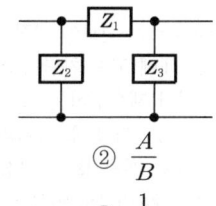

① B ② $\dfrac{A}{B}$
③ $\dfrac{D}{B}$ ④ $\dfrac{1}{B}$

해설
$$\begin{bmatrix} A & B \\ C & D \end{bmatrix} = \begin{bmatrix} 1 & 0 \\ Z_2 & 1 \end{bmatrix} \begin{bmatrix} 1 & Z_1 \\ 0 & 1 \end{bmatrix} \begin{bmatrix} 1 & 0 \\ Z_3 & 1 \end{bmatrix} = \begin{bmatrix} 1 & Z_1 \\ Z_2 & Z_1Z_2+1 \end{bmatrix} \begin{bmatrix} 1 & 0 \\ Z_3 & 1 \end{bmatrix}$$
$$= \begin{bmatrix} 1+Z_1Z_3 & Z_1 \\ Z_2+(Z_1Z_2+1)Z_3 & Z_1Z_2+1 \end{bmatrix}$$

그러므로 Z_1은 B의 값이다.

14 송전 전력, 송전 거리, 전선의 비중 및 전력 손실률이 일정하다고 하면 전선의 단면적 $A[\text{mm}^2]$와 송전 전압 $V[\text{kV}]$와의 관계로 옳은 것은?

① $A \propto V$ ② $A \propto V^2$
③ $A \propto \dfrac{1}{V^2}$ ④ $A \propto \dfrac{1}{\sqrt{V}}$

정답 11.③ 12.② 13.① 14.③

기출문제 관련이론 바로보기

12. 이론 check 코로나 영향

(1) 코로나 손실
$$P_d = \frac{241}{\delta}(f+25)\sqrt{\frac{r}{D}}(E-E_0)^2 \times 10^{-5}[\text{kW/km/선}]$$

여기서, E : 대지 전압[kV]
E_0 : 임계 전압[kV]
f : 주파수[Hz]
δ : 공기 상대 밀도
D : 선간 거리[cm]

(2) 코로나 잡음
코로나 방전은 전선의 표면에서 전위 경도가 30[kV/cm]를 넘을 때에만 일어나는 것으로, 선로에 따라서 전파되어 송전 선로 근방에 있는 라디오라든가 텔레비전의 수신 또는 송전 선로의 보호, 보수용으로 사용되고 있는 반송 계전기나 반송 통신 설비에 잡음 방해를 주게 된다.

(3) 통신선에서의 유도 장해
코로나에 의한 고조파 전류 중 제3고조파 성분은 중성점 전류로서 나타나고 중성점 직접 접지 방식의 송전 선로에서는 부근의 통신선에 유도 장해를 일으킬 우려가 있다.

(4) 소호 리액터의 소호 능력 저하
1선 지락시에 있어서 건전상의 대지 전압 상승에 의한 코로나 발생은 고장점의 잔류 전류의 유효분을 증가해서 소호 능력을 저하시킨다.

(5) 화학 작용
코로나 방전으로 공기 중에 오존(O_3) 및 산화질소(NO)가 생기고 여기에 물이 첨가되면 질산(초산 : NHO_3)이 되어 전선을 부식시킨다. 또 송전선의 애자도 코로나 때문에 절연 내력을 열화시킨다.

(6) 코로나 발생의 이점
송전선에 낙뢰 등으로 이상 전압이 들어올 때 이상 전압 진행파의 파고값을 코로나의 저항 작용으로 빨리 감쇠시킨다.

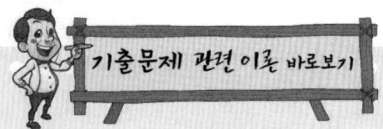

해설 손실 $P_l = \dfrac{\rho l P^2}{A V^2 \cos^2\theta}$ [kW]에서 전선 단면적 $A = \dfrac{\rho l P^2}{P_l V^2 \cos^2\theta}$ [kW]이다.

그러므로 $A \propto \dfrac{1}{V^2}$ 이다.

15. Tip 애자 구비 조건

(1) 상시 규정하는 전압에 견디는 것은 물론, 이상 전압에 대한 충분한 절연 강도를 갖고, 전력 주파 및 충격파 시험 전압에 합격한 것일 것
(2) 기상 조건에 대하여 충분한 전기적 표현 저항을 가져서 누설 전류를 거의 흐르지 못하게 하고, 또한 섬락 방전을 일으키지 않도록 한 것
(3) 전선의 장력, 풍압, 빙설 등의 외력에 의한 하중에 견딜 수 있는 기계적 강도를 갖고, 진동, 타격 등의 충격에도 충분히 견디게 한 것
(4) 오래 사용하여도 코로나에 의한 표면 변화나, 전선의 지속 진동 등에 전기적·기계적으로 열화가 적어 내구력을 크게 한 것
(5) 자연 현상, 특히 온도나 습도의 급변에 대한 전기적·기계적 변화를 적게 한 것
(6) 생산 방법 등이 간단하며, 가격이 저렴한 것

15 다음 중 송전 선로에 사용되는 애자의 특성이 나빠지는 원인으로 볼 수 없는 것은?

① 애자 각 부분의 열팽창의 상이
② 전선 상호간의 유도 장해
③ 누설 전류에 의한 편열
④ 시멘트의 화학 팽창 및 동결 팽창

해설 가공 전선로에 사용하는 애자의 특성이 나빠지는 것은 열화가 원인이므로 유도 장해와는 관계가 없다.

16 공통 중성선 다중 접지 방식의 배전 선로에서 Recloser(R), Sectionalizer(S), Line fuse(F)의 보호 협조가 가장 적합한 배열은? (단, 왼쪽은 후비 보호 역할이다.)

① S-F-R ② S-R-F
③ F-S-R ④ R-S-F

해설 리클로저(Recloser)는 선로에 고장이 발생하였을 때 고장 전류를 검출하여 지정된 시간 내에 고속 차단하고 자동 재폐로 동작을 수행하여 고장 구간을 분리하거나 재송전하는 장치이고, 섹셔널라이저(Sectionalizer)는 선로 고장 발생시 타 보호 기기와의 협조에 의해 고장 구간을 신속히 개방하는 자동 구간 개폐기로서 고장 전류를 차단할 수 없어 차단 기능이 있는 후비 보호 장치(리클로저)와 직렬로 설치되어야 하는 배전용 개폐기이다. 그러므로 변전소-리클로저-섹셔널라이저-라인 퓨즈로 배열한다.

17. 3상 3선의 전자 유도 전압

[통신선 전자 유도 전압]
$E_m = -j\omega M l (I_a + I_b + I_c)$
$= -j\omega M l \times 3I_0$

여기서,
I_a, I_b, I_c : 각 상의 불평형 전류
M : 전력선과 통신선과의 상호 인덕턴스
l : 전력선과 통신선의 병행 길이
$3I_0$: 3×영상 전류=지락 전류 =기유도 전류

17 통신선과 병행인 60[Hz]의 3상 1회선 송전선에서 1선 지락으로 110[A]의 영상 전류가 흐르고 있을 때 통신선에 유기되는 전자 유도 전압은 약 몇 [V]인가? (단, 영상 전류는 송전선 전체에 걸쳐 같은 크기이고, 통신선과 송전선의 상호 인덕턴스는 0.05[mH/km], 양 선로의 평행 길이는 55[km]이다.)

① 252[V] ② 293[V]
③ 342[V] ④ 365[V]

해설 $E_m = -j\omega M l \, 3I_0 = 2\pi \times 60 \times 0.05 \times 10^{-3} \times 55 \times 3 \times 110 = 342$[V]

정답 15.② 16.④ 17.③

18 모선 보호에 사용되는 계전 방식이 아닌 것은?
① 선택 접지 계전 방식
② 방향 거리 계전 방식
③ 위상 비교 방식
④ 전류 차동 보호 방식

해설 모선 보호 계전 방식에는 전류 차동 계전 방식, 전압 차동 계전 방식, 위상 비교 계전 방식, 방향 비교 계전 방식, 방향 거리 계전 방식, 1.5차단 방식 등이 있다.

19 다음 중 부하 전류의 차단에 사용되지 않는 것은?
① ABB   ② OCB
③ VCB   ④ DS

해설 단로기(DS)는 무부하시 전로만 개폐할 수 있으므로 통전 중의 전로나 사고 전류 등을 차단할 수 없다.

20 3상 3선식 선로에 수전단 전압 6,600[V], 역률 80[%](지상), 정격 전류 50[A]의 3상 평형 부하가 연결되어 있다. 선로 임피던스 $R=3[\Omega]$, $X=4[\Omega]$인 경우 이때의 송전단 전압은 약 몇 [V]인가?
① 7,543   ② 7,037
③ 7,016   ④ 6,852

해설 $E_s = E_r + \sqrt{3}\,I(R\cos\theta_r + X\sin\theta_r)$
$= 6,600 + \sqrt{3}\times 50(3\times 0.8 + 4\times 0.6) = 7015.6 ≒ 7,016[V]$

20. 이론 check **단거리 송전 선로(50[km] 이하)**
단거리 송전 선로의 경우에는 저항과 인덕턴스와의 직렬 회로로 나타내며 집중 정수 회로로 해석한다.

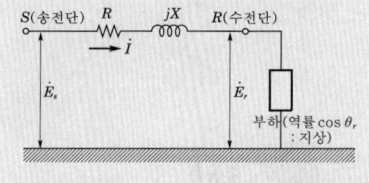

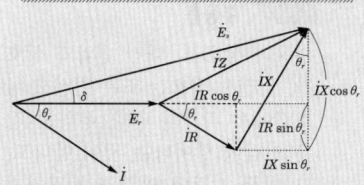

송전단(sending end) 전압 E_s는
$E_s = \sqrt{(E_r + IR\cos\theta_r + IX\sin\theta_r)^2 + (IX\cos\theta_r - IR\sin\theta_r)^2}$
여기서, $IX\cos\theta_r - IR\sin\theta_r$을 무시하면
$≒ E_r + I(R\cos\theta_r + X\sin\theta_r)$

정답 18.① 19.④ 20.③

2014년 과년도 출제문제

제1회 전력공학

01. 이론 check ▶ **단락 전류(차단 전류) 계산**

$I_s = \dfrac{V_n}{Z}$, $\%Z = \dfrac{I_n Z}{V_n} \times 100$

∴ $I_s = \dfrac{100}{\%Z} \times I_n$

02. 이론 check ▶ **부등률**

수용가 상호간, 배전 변압기 상호간, 급전선 상호간 또는 변전소 상호간에서 각개의 최대 부하는 같은 시각에 일어나는 것이 아니고, 그 발생 시각에 약간씩 시각차가 있기 마련이다. 따라서, 각개의 최대 수요의 합계는 그 군의 종합 최대 수요(=합성 최대 전력)보다도 큰 것이 보통이다. 이 최대 전력 발생 시각 또는 발생 시기의 분산을 나타내는 지표가 부등률이다.

부등률 = $\dfrac{\text{각 부하의 최대 수요 전력의 합[kW]}}{\text{각 부하를 종합하였을 때의 최대 수요(합성 최대 전력)[kW]}}$

01 다음 그림의 F점에서 3상 단락 고장이 생겼다. 발전기 쪽에서 본 3상 단락 전류는 몇 [kA]가 되는가? (단, 154[kV] 송전선의 리액턴스는 1,000[MVA]를 기준으로 하여 2[%/km]이다.)

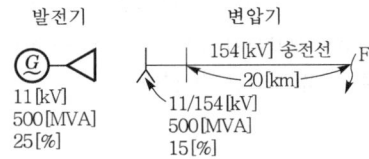

발전기: 11[kV], 500[MVA], 25[%]
변압기: 11/154[kV], 500[MVA], 15[%]
송전선: 154[kV], 20[km]

① 43.7 ② 47.7
③ 53.7 ④ 59.7

해설 F점의 3상 단락 전류(기준 용량 500[MVA])를 구하면

선로의 $\%Z = \dfrac{500}{1{,}000} \times 2 \times 20 = 20[\%]$

$I_F = \dfrac{100}{\%Z} \cdot I_n = \dfrac{100}{25+15+20} \times \dfrac{500}{\sqrt{3} \times 154}$

$= 3.12[\text{kA}]$

발전기 쪽에서 본 3상 단락 전류는

$I_G = I_F \times$ 변압기 권수비 역수

$= 3.12 \times \dfrac{154}{11} = 43.7[\text{kA}]$

02 배전 계통에서 부등률이란?

① $\dfrac{\text{최대 수용 전력}}{\text{부하 설비 용량}}$

② $\dfrac{\text{부하의 평균 전력의 합}}{\text{부하 설비의 최대 전력}}$

③ $\dfrac{\text{최대 부하시의 설비 용량}}{\text{정격 용량}}$

④ $\dfrac{\text{각 수용가의 최대 수용 전력의 합}}{\text{합성 최대 수용 전력}}$

정답 01.① 02.④

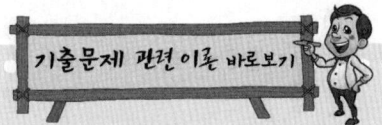

해설 부등률 = 개개의 수용가 최대 수용 전력의 합 / 합성 최대 수용 전력

03 최대 수용 전력이 45×10^3[kW]인 공장의 어느 하루의 소비 전력량이 480×10^3[kWh]라고 한다. 하루의 부하율은 몇 [%]인가?

① 22.2
② 33.3
③ 44.4
④ 66.6

해설 부하율 = $\dfrac{\dfrac{480 \times 10^3}{24}}{45 \times 10^3} \times 100[\%] = 44.4[\%]$

04 각 전력 계통을 연계할 경우의 장점으로 틀린 것은?

① 각 전력 계통의 신뢰도가 증가한다.
② 경제 급전이 용이하다.
③ 단락 용량이 작아진다.
④ 주파수의 변화가 작아진다.

해설 계통을 연계하면 피상분이 증가하므로 단락 용량이 커진다.

05 원자력 발전소에서 비등수형 원자로에 대한 설명으로 틀린 것은?

① 연료로 농축 우라늄을 사용한다.
② 감속재로 헬륨 액체 금속을 사용한다.
③ 냉각재로 경수를 사용한다.
④ 물을 원자로 내에서 직접 비등시킨다.

해설 비등수형 원자로는 원자로 안에서 직접 발생된 증기를 이용하므로 감속재, 반사체, 냉각재로 경수를 이용한다.

06 154[kV] 송전 계통의 뇌에 대한 보호에서 절연 강도의 순서가 가장 경제적이고 합리적인 것은?

① 피뢰기 → 변압기 코일 → 기기 부싱 → 결합 콘덴서 → 선로 애자
② 변압기 코일 → 결합 콘덴서 → 피뢰기 → 선로 애자 → 기기 부싱
③ 결합 콘덴서 → 기기 부싱 → 선로 애자 → 변압기 코일 → 피뢰기
④ 기기 부싱 → 결합 콘덴서 → 변압기 코일 → 피뢰기 → 선로 애자

해설 절연 협조에서 절연 강도가 가장 큰 것은 선로 애자이고, 가장 작은 것은 피뢰기이며, 피뢰기 보호 대상은 변압기이다.

03. **이론 Check** 부하율

전력의 사용은 시각 및 계절에 따라 다른데 어느 기간 중의 평균 전력과 그 기간 중에서의 최대 전력과의 비를 백분율로 나타낸 것을 부하율이라 한다.

부하율 = $\dfrac{\text{평균 부하 전력[kW]}}{\text{최대 부하 전력[kW]}} \times 100[\%]$

= $\dfrac{\dfrac{\text{사용 전력량}}{\text{사용 시간}}}{\text{최대 부하}} \times 100[\%]$

부하율은 기간을 얼마로 잡느냐에 따라 일부하율, 월부하율, 연부하율 등으로 나누어지는데, 기간을 길게 잡을수록 부하율의 값은 작아지는 경향이 있다.

정답 03.③ 04.③ 05.② 06.①

PART 02 전력공학

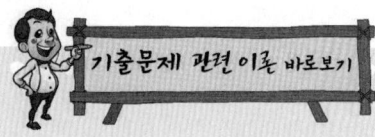

07 1차 변전소에서 가장 유리한 3권선 변압기 결선은?

① △-Y-Y
② Y-△-△
③ Y-Y-△
④ △-Y-△

해설 1차 변전소의 주변압기는 Y-Y-△ 결선의 3권선 변압기를 사용한다.

08 그림과 같은 3상 무부하 교류 발전기에서 a상이 지락된 경우 지락 전류는 어떻게 나타내는가?

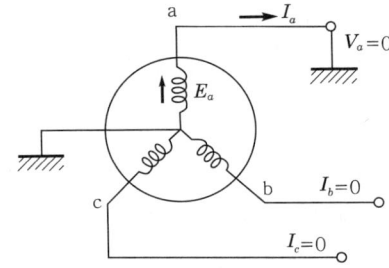

① $\dfrac{E_a}{Z_0+Z_1+Z_2}$
② $\dfrac{2E_a}{Z_0+Z_1+Z_2}$
③ $\dfrac{3E_a}{Z_0+Z_1+Z_2}$
④ $\dfrac{\sqrt{3}\,E_a}{Z_0+Z_1+Z_2}$

해설
- 지락 사고 발생시 $I_0 = I_1 = I_2$이다.
- 지락 전류 $I_g = I_0 + I_1 + I_2 = 3I_0$이다.
- 사고시 $V_a = 0$이므로 대칭 좌표법에 의해 $V_a = V_0 + V_1 + V_2 = 0$이다.
- 발전기 기본식을 적용하면
  $V_a = -Z_0 I_0 + (E_a - Z_1 I_1) - Z_2 I_2 = E_a - (Z_0 + Z_1 + Z_2)I_0 = 0$이므로
  $I_0 = \dfrac{E_a}{Z_0+Z_1+Z_2}$이다.

∴ 지락 전류 $I_g = 3I_0 = \dfrac{3E_a}{Z_0+Z_1+Z_2}$

09 다음 중 가공 송전선에 사용하는 애자련 중 전압 부담이 가장 큰 것은?

① 전선에 가장 가까운 것
② 중앙에 있는 것
③ 철탑에 가장 가까운 것
④ 철탑에서 $\dfrac{1}{3}$ 지점의 것

해설 애자련의 전압 부담은 전선에 가장 가까운 것이 제일 크고, 철탑에서 $\dfrac{1}{3}$ 지점인 것이 가장 작다.

---

09. **이론 check** **애자련의 효율(연능률)**

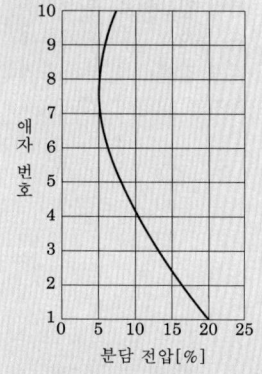

(1) 각 애자의 전압 분담이 다르므로 애자의 수를 늘렸다고 해서 그 개수에 비례하여 애자련의 절연 내력이 증가하지 않는다.
(2) 철탑에서 $\dfrac{1}{3}$ 지점이 가장 적고, 전선에서 제일 가까운 것이 가장 크다.
(3) 애자의 **연능률**(string efficiency)
$\eta = \dfrac{V_n}{n\,V_1} \times 100[\%]$

여기서,
V_n : 애자련의 섬락 전압[kV]
V_1 : 현수 애자 1개의 섬락 전압 [kV]
n : 1연의 애자 개수

정답 07.③ 08.③ 09.①

10 파동 임피던스 $Z_1 = 500[\Omega]$, $Z_2 = 300[\Omega]$인 두 무손실 선로 사이에 그림과 같이 저항 R을 접속하였다. 제1선로에서 구형파가 진행하여 왔을 때 무반사로 하기 위한 R의 값은 몇 $[\Omega]$인가?

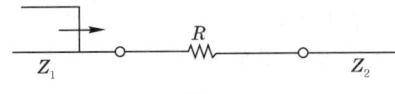

① 100 ② 200
③ 300 ④ 500

해설 무반사로 하기 위해서는 $Z_1 = Z_2$이어야 하므로 저항 $R = 200[\Omega]$으로 하여야 한다.

11 유효 접지 계통에서 피뢰기의 정격 전압을 결정하는 데 가장 중요한 요소는?

① 선로 애자련의 충격 섬락 전압
② 내부 이상 전압 중 과도 이상 전압의 크기
③ 유도뢰의 전압의 크기
④ 1선 지락 고장시 건전상의 대지 전위

해설 일반적으로 피뢰기의 정격 전압은 선로의 대지 전압에 접지 계수와 여유 계수를 곱한 값으로 결정하므로 1선 지락 고장시 건전상의 대지 전위가 중요한 요소이다.

12 부하 전류 차단이 불가능한 전력 개폐 장치는?

① 진공 차단기   ② 유입 차단기
③ 단로기   ④ 가스 차단기

해설 단로기(DS)는 통전 중의 전로를 개폐할 수 없으므로 부하 전류 차단이 불가능하다.

13 송전 선로의 안정도 향상 대책과 관계가 없는 것은?

① 속응 여자 방식 채용
② 재폐로 방식의 채용
③ 리액턴스 감소
④ 역률의 신속한 조정

해설 **안정도 향상 대책**
리액턴스 감소, 복도체 방식 채용, 병행 회선 사용, 속응 여자 방식, 중간 조상 방식, 고장 시간 단축(신속 차단), 재폐로 방식 채용, 소호 리액터 접지 방식, 조속기 신속 작동, 제동 권선 설치

---

13. 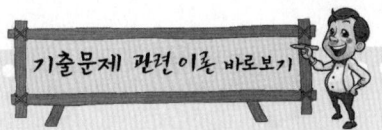 **안정도**

계통이 주어진 운전 조건하에서 안정하게 운전을 계속할 수 있는 가 하는 여부의 능력을 말한다.

[안정도 향상 대책]
(1) 계통의 직렬 리액턴스의 감소 대책
 ① 발전기나 변압기의 리액턴스를 감소시킨다.
 ② 전선로의 병행 회선을 증가하거나 복도체를 사용한다.
 ③ 직렬 콘덴서를 삽입해서 선로의 리액턴스를 보상해 준다.
(2) 전압 변동의 억제 대책
 ① 속응 여자 방식을 채용한다.
 ② 계통을 연계한다.
 ③ 중간 조상 방식을 채용한다.
(3) 계통에 주는 충격의 경감 대책
 ① 적당한 중성점 접지 방식을 채용한다.
 ② 고속 차단 방식을 채용한다.
 ③ 재폐로 방식을 채용한다.
(4) 고장시의 전력 변동의 억제 대책
 ① 조속기 동작을 신속하게 한다.
 ② 제동 저항기를 설치한다.
(5) 계통 분리 방식의 채용
(6) 전원 제한 방식의 채용

정답 10.② 11.④ 12.③ 13.④

PART 02 전력공학

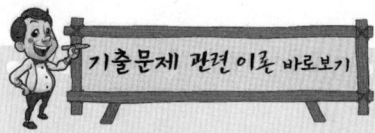

14 다음 중 환상 선로의 단락 보호에 주로 사용하는 계전 방식은?
① 비율 차동 계전 방식
② 방향 거리 계전 방식
③ 과전류 계전 방식
④ 선택 접지 계전 방식

해설
• 방사상 선로의 단락 보호 : 과전류 계전 방식
• 환상 선로의 단락 보호 : 방향 단락 및 방향 거리 계전 방식

15 직렬 콘덴서를 선로에 삽입할 때의 이점이 아닌 것은?
① 선로의 인덕턴스를 보상한다.
② 수전단의 전압 강하를 줄인다.
③ 정태 안정도를 증가한다.
④ 송전단의 역률을 개선한다.

해설 직렬 콘덴서는 선로에 삽입하여 인덕턴스를 보상하고 전압 강하를 보상하며 안정도를 향상시키지만 역률을 개선하는 설비는 아니다.

16 화력 발전소에서 재열기의 사용 목적은?
① 공기를 가열한다.
② 급수를 가열한다.
③ 증기를 가열한다.
④ 석탄을 건조한다.

해설 재열기는 고압 터빈에서 빼낸 증기를 다시 가열하여 저압 터빈으로 보내는 설비이다.

17 송·배전 전선로에서 전선의 진동으로 인하여 전선이 단선되는 것을 방지하기 위한 설비는?
① 오프셋
② 크램프
③ 댐퍼
④ 초호환

해설 댐퍼(damper)
진동 루프 길이의 $\frac{1}{2} \sim \frac{1}{3}$ 인 곳에 설치하여 전선 진동 에너지를 흡수하여 진동으로 인한 전선 단선을 방지한다.

---

17. **이론 check** 전선의 진동과 도약

[전선의 진동 발생]
바람에 일어나는 진동이 경간, 장력 및 하중 등에 의해 정해지는 고유 진동수와 같게 되면 공진을 일으켜서 진동이 지속하여 단선 등 사고가 발생한다.

(1) 진동 주파수

$$f_0 = \frac{1}{2l}\sqrt{\frac{T \cdot g}{W}} \text{ [Hz]}$$

여기서,
l : 진동 루프의 길이[m]
T : 장력[kg]
W : 중량[kg/m]
g : 중력 가속도[g/s²]

※ 비중이 작을수록, 바깥 지름이 클수록, 경간차가 클수록 크게 된다.

(2) 진동 방지 대책
① 댐퍼(damper) : 진동 루프 길이의 $\frac{1}{2} \sim \frac{1}{3}$ 인 곳에 설치하며 진동 에너지를 흡수하여 전선 진동을 방지한다.
② 아머 로드(armour rod) : 전선과 같은 재질로 전선 지지 부분을 감는다.

Tip 전선의 도약
전선 주위의 빙설이나 물이 떨어지면서 반동으로 상하 전선 혼촉 단락 사고 발생 방지책으로 오프셋 (off set)을 한다.

정답 14.② 15.④ 16.③ 17.③

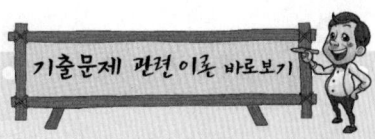

18 배전선의 전력 손실 경감 대책이 아닌 것은?
① 피더(feeder)수를 줄인다.
② 역률을 개선한다.
③ 배전 전압을 높인다.
④ 부하의 불평형을 방지한다.

해설 **손실 감소 대책**
- 굵은 전선을 사용한다.
- 도전율이 높은 전선을 사용한다.
- 부하의 불평형을 방지한다.
- 무효 전력을 흡수하고 역률을 높게 한다.
- 급전선의 수를 늘린다.
- 전선로의 길이를 줄이고 변전소의 수를 늘린다.
- 부하 중심에 배전용 변압기를 설치한다.
- 가능한 높은 전압을 유지한다.

19 3상 3선식 송전 선로가 소도체 2개의 복도체 방식으로 되어 있을 때 소도체의 지름 8[cm], 소도체 간격 36[cm], 등가 선간 거리 120[cm]인 경우에 복도체 1[km]의 인덕턴스는 약 몇 [mH]인가?
① 0.4855
② 0.5255
③ 0.6975
④ 0.9265

해설 $L = \dfrac{0.05}{2} + 0.4605\log_{10}\dfrac{120}{\sqrt{\dfrac{8}{2}\times 36}} = 0.4855[\text{mH/km}]$

19. 이론 check **다도체의 인덕턴스**
$L = \dfrac{0.05}{n} + 0.4605\log_{10}\dfrac{D}{r'}\,[\text{mH/km}]$
여기서,
n : 소도체의 수
r' : 등가반지름
$r' = r^{\frac{1}{n}} \cdot s^{\frac{n-1}{n}} = \sqrt[n]{r \cdot s^{n-1}}$
(s : 소도체 간의 등가 선간 거리)

20 배전 선로의 배전 변압기 탭을 선정함에 있어 틀린 것은?
① 중부하시 탭 변경점 직전의 저압선 말단 수용가의 전압을 허용 전압 변동의 하한보다 저하시키지 않아야 한다.
② 중부하시 탭 변경점 직후 변압기에 접속된 수용가 전압을 허용 전압 변동의 상한보다 초과시키지 않아야 한다.
③ 경부하시 변전소 송전 전압을 저하시 최초의 탭 변경점 직전의 저압선 말단 수용가의 전압을 허용 전압 변동의 하한보다 저하시키지 않아야 한다.
④ 경부하시 탭 변경점 직후의 변압기에 접속된 전압을 허용 전압 변동의 하한보다 초과하지 않아야 한다.

해설 경부하시에는 선로의 전압 강하가 적으므로 탭 변경점 직후의 변압기에 접속된 전압을 허용 전압 변동 상한보다 초과하지 않아야 한다.

정답 18.① 19.① 20.④

PART 02 전력공학

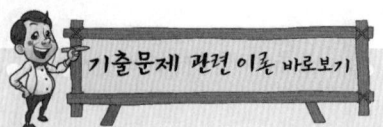

제 2 회 　 전력공학

01 3상용 차단기의 용량은 그 차단기의 정격 전압과 정격 차단 전류와의 곱을 몇 배 한 것인가?

① $\dfrac{1}{\sqrt{2}}$ 　　② $\dfrac{1}{\sqrt{3}}$
③ $\sqrt{2}$ 　　④ $\sqrt{3}$

해설 　정격 차단 용량 $P_s[\text{MVA}] = \sqrt{3} \times$ 정격 전압[kV]$\times$정격 차단 전류[kA]이므로 $\sqrt{3}$ 배이다.

02 ACSR은 동일한 길이에서 동일한 전기 저항을 갖는 경동 연선에 비하여 어떠한가?

① 바깥 지름은 크고 중량은 작다.
② 바깥 지름은 작고 중량은 크다.
③ 바깥 지름과 중량이 모두 크다.
④ 바깥 지름과 중량이 모두 작다.

해설 　강심 알루미늄 연선과 경동선의 비교

구 분	직 경	비 중	기계적 강도	도전율
경동선	1	1	1	97[%]
ACSR	1.4~1.6	0.8	1.5~2.0	61[%]

03 화력 발전소에서 재열기로 가열하는 것은?

① 석탄　　② 급수
③ 공기　　④ 증기

해설 　재열기란 고압 터빈 내에서 습증기가 되기 전에 증기를 모두 추출하여 재열기를 이용하여 재가열시켜 저압 터빈으로 보내 열 효율을 향상시키는 열 사이클에 적용하는 설비이다.

04 보일러에서 절탄기의 용도는?

① 증기를 과열한다.
② 공기를 예열한다.
③ 보일러 급수를 데운다.
④ 석탄을 건조한다.

---

04. 보일러의 구성

[절탄기]
연도에 설치, 급수를 가열하여 연료 소비를 절감

Tip 　보일러의 구성

(1) 화로
　연료를 연소하여 고온의 연소 가스를 발생
(2) 증기 드럼 및 수관
　증기를 발생
(3) 과열기
　과열 증기를 터빈에 공급, 터빈의 열 효율 향상, 마찰 손실 경감
(4) 재열기
　재열 사이클에서 채용하고, 증기를 다시 가열하여 열 효율 향상
(5) 공기 예열기
　절탄기 출구로부터의 열을 회수하여 연소용 공기를 예열
(6) 통풍 장치와 급수 장치
(7) 보일러의 부속 장치
　① 안전 밸브(safety valve)
　② 압력계, 수면계, 원격 측정과 조정

정답　01.④　02.①　03.④　04.③

해설 절탄기란 연도 중간에 설치하여 연도로 빠져나가는 여열로 급수를 가열하여 연료 소비를 절감시키는 설비이다.

05 변전소, 발전소 등에 설치하는 피뢰기에 대한 설명 중 틀린 것은?
① 정격 전압은 상용주파 정현파 전압의 최고 한도를 규정한 순시값이다.
② 피뢰기의 직렬 갭은 일반적으로 저항으로 되어 있다.
③ 방전 전류는 뇌충격 전류의 파고값으로 표시한다.
④ 속류란 방전 현상이 실질적으로 끝난 후에도 전력 계통에서 피뢰기에 공급되어 흐르는 전류를 말한다.

해설 피뢰기는 직렬 갭과 특성 요소로 되어 있다. 직렬 갭이란 통상의 전압은 대지 간에 절연을 유지하지만 이상 전압이 내습하면 갭이 방전을 개시하여 특성 요소를 통해 충격 전류를 대지로 흘려주는 설비이고, 피뢰기의 정격 전압이란 속류를 끊을 수 있는 최고의 교류 실효값 전압을 말한다.

06 전력선과 통신선 사이에 차폐선을 설치하여 각 선 사이의 상호 임피던스를 각각 Z_{12}, Z_{1S}, Z_{2S}라 하고 차폐선 자기 임피던스를 Z_S라 할 때, 차폐선을 설치함으로써 유도 전압이 줄게 됨을 나타내는 차폐선의 차폐 계수는? (단, Z_{12}는 전력선과 통신선과의 상호 임피던스, Z_{1S}는 전력선과 차폐선과의 상호 임피던스, Z_{2S}는 통신선과 차폐선과의 상호 임피던스이다.)

① $\left|1-\dfrac{Z_S Z_{12}}{Z_{1S} Z_{2S}}\right|$ ② $\left|1-\dfrac{Z_{1S} Z_{2S}}{Z_S Z_{12}}\right|$
③ $\left|1-\dfrac{Z_{1S} Z_{12}}{Z_S Z_{2S}}\right|$ ④ $\left|1-\dfrac{Z_S Z_{2S}}{Z_{12} Z_{1S}}\right|$

해설 $V_2 = -I_0 Z_{12} + I_1 Z_{2S}$ 이고, $I_1 = \dfrac{I_0 Z_{1S}}{Z_S}$ 이므로

$$V_2 = -I_0 Z_{12} + \dfrac{I_0 Z_{1S}}{Z_S} \times Z_{2S}$$
$$= -I_0 Z_{12} + \dfrac{I_0 Z_{1S} Z_{2S} Z_{12}}{Z_S Z_{12}}$$
$$= -I_0 Z_{12} \times \left(1 - \dfrac{Z_{1S} Z_{2S}}{Z_S Z_{12}}\right)$$

여기서, $-I_0 Z_{12}$가 차폐선이 없는 경우 유도 전압이므로 $\left|1-\dfrac{Z_{1S} Z_{2S}}{Z_S Z_{12}}\right|$가 차폐선의 차폐 계수로 된다.

---

05. 이론 check **피뢰기의 구성과 종류**

(1) 직렬 갭(series gap)
　방습 애관 내에 밀봉된 평면 구면 전극을 계통 전압에 따라 다수 직렬로 접속한 다극 구조이고, 계통 전압에 의한 속류(follow current)를 차단하고 소호의 역할을 함과 동시에 충격파에 대하여는 방전시키도록 한다.

(2) 특성 요소(characteristic element)
　탄화규소(SiC)를 주성분으로 한 소송물의 저항판을 여러 개 합친 구조이며, 직렬 갭과 더불어 자기 애관에 밀봉시킨다.

(3) 종류
　저항형, 변형(valve type), 비직선 저항형 및 방출형 등이 있다.

정답 05.① 06.②

PART 02 전력공학

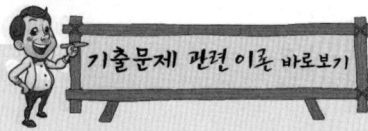

08. 이론 check **수용률·부하율·부등률**

(1) 수용률

수용가의 최대 수요 전력[kW]은 부하 설비의 정격 용량의 합계[kW]보다 작은 것이 보통이다. 이들의 관계는 어디까지나 부하의 종류라든가 지역별, 기간별에 따라 일정하지는 않겠지만 대략 어느 일정한 비율 관계를 나타내고 있다고 본다.

$$수용률 = \frac{최대\ 수요\ 전력[kW]}{부하\ 설비\ 용량[kW]} \times 100[\%]$$

(2) 부하율

전력의 사용은 시각 및 계절에 따라 다른데 어느 기간 중의 평균 전력과 그 기간 중에서의 최대 전력과의 비를 백분율로 나타낸 것을 부하율이라 한다.

$$부하율 = \frac{평균\ 부하\ 전력[kW]}{최대\ 부하\ 전력[kW]} \times 100[\%]$$

$$= \frac{\frac{사용\ 전력량}{사용\ 시간}}{최대\ 부하} \times 100[\%]$$

부하율은 기간을 얼마로 잡느냐에 따라 일부하율, 월부하율, 연부하율 등으로 나누어지는데, 기간을 길게 잡을수록 부하율의 값은 작아지는 경향이 있다.

(3) 부등률

수용가 상호간, 배전 변압기 상호간, 급전선 상호간 또는 변전소 상호간에서 각개의 최대 부하는 같은 시각에 일어나는 것이 아니고, 그 발생 시각에 약간씩 시각차가 있기 마련이다. 따라서, 각개의 최대 수요의 합계는 그 군의 종합 최대 수요(=합성 최대 전력)보다도 큰 것이 보통이다. 이 최대 전력 발생 시각 또는 발생 시기의 분산을 나타내는 지표가 부등률이다.

$$부등률 = \frac{각\ 부하의\ 최대\ 수요\ 전력의\ 합[kW]}{각\ 부하를\ 종합하였을\ 때의\ 최대\ 수요(합성\ 최대\ 전력)[kW]}$$

07 그림과 같은 66[kV] 선로의 송전 전력이 20,000[kW], 역률이 0.8[lag]일 때 a상에 완전 지락 사고가 발생하였다. 지락 계전기 DG에 흐르는 전류는 약 몇 [A]인가? (단, 부하의 정상, 역상 임피던스 및 기타 정수는 무시한다.)

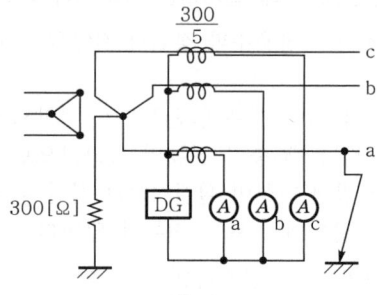

① 2.1
② 2.9
③ 3.7
④ 5.5

해설

계전기에 흐르는 전류 $I_{DG} = \frac{\frac{66,000}{\sqrt{3}}}{300} \times \frac{5}{300} = 2.1[A]$

08 전력 설비의 수용률을 나타낸 것으로 옳은 것은?

① 수용률 = $\frac{평균\ 전력[kW]}{부하\ 설비\ 용량[kW]} \times 100[\%]$

② 수용률 = $\frac{부하\ 설비\ 용량[kW]}{평균\ 전력[kW]} \times 100[\%]$

③ 수용률 = $\frac{최대\ 수용\ 전력[kW]}{부하\ 설비\ 용량[kW]} \times 100[\%]$

④ 수용률 = $\frac{부하\ 설비\ 용량[kW]}{최대\ 수용\ 전력[kW]} \times 100[\%]$

해설

$수용률 = \frac{최대\ 수용\ 전력[kW]}{부하\ 설비\ 용량[kW]} \times 100[\%]$

$부등률 = \frac{각\ 부하의\ 최대\ 수용\ 전력의\ 합[kW]}{각\ 부하를\ 종합하였을\ 때의\ 최대\ 수용\ 전력[kW]}$

$부하율 = \frac{평균\ 수용\ 전력[kW]}{최대\ 설비\ 용량[kW]} \times 100[\%]$

09 직류 송전 방식에 관한 설명 중 잘못된 것은?

① 교류보다 실효값이 작아 절연 계급을 낮출 수 있다.
② 교류 방식보다는 안정도가 떨어진다.
③ 직류 계통과 연계시 교류 계통의 차단 용량이 작아진다.
④ 교류 방식처럼 송전 손실이 없어 송전 효율이 좋아진다.

정답 07.① 08.③ 09.②

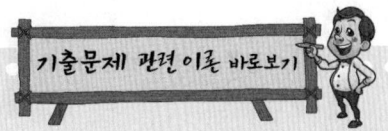

해설 직류 송전 방식의 이점
- 손실이 없고 역률이 항상 1이며 송전 효율이 좋다.
- 파고치가 없으므로 절연 계급을 낮출 수 있다.
- 계통 연계시 차단 용량이 작아진다.
- 전압 강하와 전력 손실이 적고, 안정도가 높아진다.

10 정격 전압 6,600[V], Y결선, 3상 발전기의 중성점을 1선 지락시 지락전류를 100[A]로 제한하는 저항기로 접지하려고 한다. 저항기의 저항값은 약 몇 [Ω]인가?

① 44　　② 41
③ 38　　④ 35

해설 $R = \dfrac{E}{I_g} = \dfrac{\frac{6,600}{\sqrt{3}}}{100} = 38.1[\Omega]$

11 변전소에서 지락 사고의 경우 사용되는 계전기에 영상 전류를 공급하기 위하여 설치하는 것은?

① PT　　② ZCT
③ GPT　　④ CT

해설
- GPT(접지형 계기용 변압기) : 지락 사고시 영상 전압을 검출하는 설비
- ZCT(영상 변류기) : 지락 사고시 영상 전류를 검출하는 설비

12 송·배전 계통에서의 안정도 향상 대책이 아닌 것은?

① 병렬 회선수 증가
② 병렬 콘덴서 설치
③ 속응 여자 방식 채용
④ 기기의 리액턴스 감소

해설 안정도 향상 대책
- 계통의 직렬 리액턴스를 적게 한다(발전기나 변압기의 리액턴스 감소, 전선로의 병행 2회선을 증가하거나 복도체 사용, 직렬 콘덴서를 삽입해서 선로의 리액턴스 보상).
- 전압 변동을 적게 한다(속응 여자 방식 채용, 계통의 연계, 중간 조상 방식 채용).
- 계통에 주는 충격을 적게 한다(적당한 중성점 접지 방식 채용, 고속 차단 방식 채용, 재폐로 방식 채용).
- 고장시 전력 변동을 억제한다(조속기 동작을 신속하게, 제동 저항기의 설치).

11. Tip 변류기와 전압 변성기

(1) 변류기(CT)

변류기는 보호 계전기에 1차 전력 계통으로부터의 고전압을 절연하고, 1차측 큰 전류를 작은 전류(일반적으로 100[A] 이하)로 변환하여 공급하는 역할을 한다.
변류기는 크게 철심, 1차측 권선, 2차측 권선, 외부 절연으로 구성되어 있으며, 1차측 권선이 1차측 도체로 구성된 부싱형 변류기가 많이 사용되고 있다.

(2) 전압 변성기(PT)

전압 변성기(또는 계기용 변압기)는 보호 계전기에 1차 전력 계통으로부터의 고전압을 절연하고, 1차측 큰 전압(kilo-volt)을 작은 전압(일반적으로 110[V] 이하)로 변환하여 공급하는 역할을 한다.
전압 변성기는 전력 계통 고장 발생시에 고장이 발생한 상전압은 떨어지고 건전상은 최고 $\sqrt{3}$ 배 정도의 전압 상승만이 발생하므로, 큰 전압이 유기되지 않아 변류기와 같이 기능상으로 계전기용과 계기용을 구분하여 사용하지 않고, 계기용 변압기를 보호 계전기용과 계기용 모두 사용하며, 형태에 따라 구분하면 전자형 전압 변성기(PT 또는 VT)와 콘덴서형 전압 변성기(CPD)로 나눌 수 있다.

정답　10.③　11.②　12.②

PART 02 전력공학

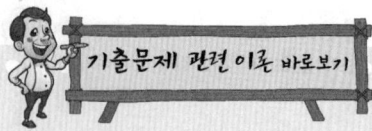

15. **이론check** 장거리 송전 선로

(1) 특성 임피던스(Z_0)

$$Z_0 = \sqrt{\frac{Z}{Y}} = \sqrt{\frac{R+j\omega L}{G+j\omega C}}\,[\Omega]$$

무손실 선로인 경우 $R=0$, $G=0$ 이므로

$$Z_0 = \sqrt{\frac{L}{C}}$$

$$= \sqrt{\frac{0.4605\log_{10}\frac{D}{r}\times 10^{-3}}{\frac{0.02413}{\log_{10}\frac{D}{r}}\times 10^{-6}}}$$

$$\fallingdotseq 138\log_{10}\frac{D}{r}\,[\Omega]$$

(2) 전파 정수

$$\dot{\gamma} = \sqrt{ZY}$$
$$= \sqrt{(R+j\omega L)(G+j\omega C)}\,[\text{rad}]$$

무손실 선로인 경우
$$\dot{\gamma} = j\omega\sqrt{LC}\,[\text{rad}]$$

(3) 전파 속도

$$v = \frac{1}{\sqrt{LC}}\,[\text{m/s}]$$

(단, $v = 3\times 10^5\,[\text{km/s}]$)

(4) 특성 임피던스와 전파 속도의 관계

$$\frac{Z_0}{V} = \frac{\sqrt{\frac{L}{C}}}{\frac{1}{\sqrt{LC}}}$$
$$= \sqrt{\frac{L}{C}}\cdot\sqrt{LC}$$
$$= L$$

13 다중 접지 3상 4선식 배전 선로에서 고압측(1차측) 중성선과 저압측(2차측) 중성선을 전기적으로 연결하는 목적은?

① 저압측의 단락 사고를 검출하기 위하여
② 저압측의 지락 사고를 검출하기 위하여
③ 주상 변압기의 중성선측 부싱을 생략하기 위하여
④ 고·저압 혼촉시 수용가에 침입하는 상승 전압을 억제하기 위하여

해설 3상 4선식 중성선 다중 접지식 선로에서 1차(고압)측 중성선과 2차(저압)측 중성선을 전기적으로 연결하여 고·저압 혼촉 사고가 발생할 경우 저압 수용가에 침입하는 상승 전압을 억제하기 위함이다.

14 전력용 콘덴서와 비교할 때 동기 조상기의 특징에 해당되는 것은?

① 전력 손실이 적다.
② 진상 전류 이외에 지상 전류도 취할 수 있다.
③ 단락 고장이 발생하여도 고장 전류를 공급하지 않는다.
④ 필요에 따라 용량을 계단적으로 변경할 수 있다.

해설

전력용 콘덴서	동기 조상기
지상 부하에 사용(진상용)	진상·지상 부하 모두 사용(진상, 지상 양용)
조정은 불연속적이고, 시충전이 불가능하다.	조정이 연속적이고, 시충전이 가능하다.
정지기로 손실이 적다.	회전기로 손실이 크다.
배전 계통에서 주로 손실 방지에 사용한다.	송전 계통에서 주로 전압 조정용으로 사용한다.

15 파동 임피던스가 300[Ω]인 가공 송전선 1[km]당의 인덕턴스[mH/km]는?

① 1.0   ② 1.2
③ 1.5   ④ 1.8

해설 $L = \dfrac{Z_0}{V} = \dfrac{300}{3\times 10^5}\times 10^3 = 1\,[\text{mH/km}]$

16 전력 계통 설비인 차단기와 단로기는 전기적 및 기계적으로 인터록을 설치하여 연계하여 운전하고 있다. 인터록(interlock)의 설명으로 알맞은 것은?

① 부하 통전시 단로기를 열 수 있다.
② 차단기가 열려 있어야 단로기를 닫을 수 있다.
③ 차단기가 닫혀 있어야 단로기를 열 수 있다.
④ 부하 투입시에는 차단기를 우선 투입한 후 단로기를 투입한다.

정답 13.④ 14.② 15.① 16.②

해설 단로기는 통전 중의 전로를 개폐할 수 없으므로, 차단기가 열려 있어야 단로기를 닫거나 열 수 있다.

17 가공 전선로에 사용되는 전선의 구비 조건으로 틀린 것은?
① 도전율이 높아야 한다.
② 기계적 강도가 커야 한다.
③ 전압 강하가 적어야 한다.
④ 허용 전류가 적어야 한다.

해설 **가공 전선의 구비 조건**
- 도전율이 높고, 허용 전류가 클 것
- 기계적 강도가 크면서 가요성이 있을 것
- 내구성이 크고, 비중이 작고, 가선이 용이할 것
- 전압 강하 및 손실이 적을 것

18 지락 고장시 문제가 되는 유도 장해로서 전력선과 통신선의 상호 인덕턴스에 의해 발생하는 장해 현상은?
① 정전 유도
② 전자 유도
③ 고조파 유도
④ 전파 유도

해설 3상 3선식의 전자 유도 전압
$E_m = -j\omega Ml \times 3I_0$
여기서, M : 전력선과 통신선과의 상호 인덕턴스
l : 전력선과 통신선의 병행 길이
$3I_0$: 3×영상 전류=지락 전류=기유도 전류

19 한류 리액터를 사용하는 가장 큰 목적은?
① 충전 전류의 제한
② 접지 전류의 제한
③ 누설 전류의 제한
④ 단락 전류의 제한

해설 **각 리액터의 기능**
- 한류 리액터 : 단락 전류를 제한한다.
- 소호 리액터 : 지락 아크를 소멸시킨다.
- 직렬 리액터 : 제5고조파를 제거하여 파형을 개선한다.

정답 17.④ 18.② 19.④

---

18. 이론 check **유도 장해**

(1) 정전 유도
송전선과 통신선의 정전 용량을 통해서 통신선에 전압이 생기는 현상을 정전 유도라 한다.
3상 정전 유도 전압은

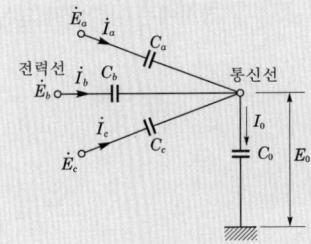

$$|E_0| = \frac{\sqrt{\begin{array}{c}C_a(C_a-C_b)\\+C_b(C_b-C_c)\\+C_c(C_c-C_a)\end{array}}}{C_a+C_b+C_c+C_0} \times \frac{V}{\sqrt{3}}$$

여기서,
C_m : 전력선과 통신선 간의 상호 정전 용량
C_0 : 통신선의 대지 정전 용량
C_a, C_b, C_c : 선간 정전 용량
E_a, E_b, E_c : 각 전선의 전위
V : 송전 선로의 선간 전압
V_0 : 영상 전압

(2) 전자 유도
3상 3선의 전자 유도 전압은

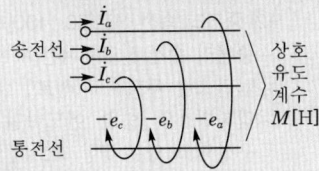

통신선 전자 유도 전압은
$E_m = (-e_a) + (-e_b) + (-e_c)$
$E_m = -j\omega Ml(\dot{I}_a + \dot{I}_b + \dot{I}_c)$
$= -j\omega Ml \times 3I_0$

여기서,
I_a, I_b, I_c : 각 상의 불평형 전류
M : 전력선과 통신선과의 상호 인덕턴스

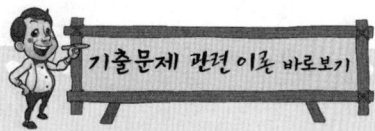

l : 전력선과 통신선의 병행 길이
$3I_0$: 3×영상 전류 ⇒ 지락 전류 ⇒ 기유도 전류

※ 식에서 알 수 있듯이 고장시(1선 지락, 2선 지락)에는 영상 전류가 나타나 전자 유도 현상이 나타나지만, 단락 고장시에는 나타나지 않는다.

20 그림과 같이 각 도체와 연피 간의 정전 용량이 C_0, 각 도체 간의 정전 용량이 C_m인 3심 케이블의 도체 1조당의 작용 정전 용량은?

① $C_0 + C_m$
② $3C_0 + 3C_m$
③ $3C_0 + C_m$
④ $C_0 + 3C_m$

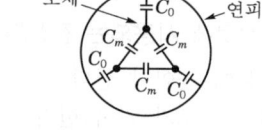

해설 선간 정전 용량 C_m의 △결선을 Y결선으로 변환하고 1상(전선 1조)당 정전 용량을 구하면 $C = C_0 + 3C_m$으로 된다.

제 3 회 전력공학

01 1대의 주상 변압기에 부하 1과 부하 2가 병렬로 접속되어 있을 경우 주상 변압기에 걸리는 피상 전력[kVA]은?

부하 1	유효 전력 P_1[kW], 역률(늦음) $\cos\theta_1$
부하 2	유효 전력 P_2[kW], 역률(늦음) $\cos\theta_2$

① $\dfrac{P_1}{\cos\theta_1} + \dfrac{P_2}{\cos\theta_2}$

② $\sqrt{\left(\dfrac{P_1}{\cos\theta_1}\right)^2 + \left(\dfrac{P_2}{\cos\theta_2}\right)^2}$

③ $\sqrt{(P_1+P_2)^2 + (P_1\tan\theta_1 + P_2\tan\theta_2)^2}$

④ $\sqrt{\left(\dfrac{P_1}{\sin\theta_1}\right) + \left(\dfrac{P_2}{\sin\theta_2}\right)}$

해설 합성 유효 전력 $P_1 + P_2$
합성 무효 전력 $P_1\tan\theta_1 + P_2\tan\theta_2$
그러므로 피상 전력 $P_a = \sqrt{(P_1+P_2)^2 + (P_1\tan\theta_1 + P_2\tan\theta_2)^2}$

02 송전 선로의 송전 특성이 아닌 것은?

① 단거리 송전 선로에서는 누설 컨덕턴스, 정전 용량을 무시해도 된다.
② 중거리 송전 선로는 T회로, π회로 해석을 사용한다.
③ 100[km]가 넘는 송전 선로는 근사 계산식을 사용한다.
④ 장거리 송전 선로의 해석은 특성 임피던스와 전파 정수를 사용한다.

02. **이론** 송전 선로 해석

(1) 단거리 송전 선로(50[km] 이하)
단거리 송전 선로의 경우에는 저항과 인덕턴스와의 직렬 회로로 나타내며 집중 정수 회로로 해석한다.

(2) 중거리 송전 선로(50~100[km])
중거리 송전 선로에서는 누설 컨덕턴스는 무시하고 선로는 직렬 임피던스와 병렬 어드미턴스로 구성되고 있는 T형 회로와 π형 회로의 두 종류의 등가 회로로 해석한다.

(3) 장거리 송전 선로(100[km] 이상)
장거리 송전 선로에서는 선로 정수가 균일하게 분포되어 있기 때문에 집중 정수로 취급한다면 실제의 전압·전류 분포를 정확히 표현할 수 없기 때문에 분포 정수 회로로 취급한다.

정답 20.④ / 01.③ 02.③

해설 100[km]가 넘는 송전 선로는 특성 임피던스와 전파 정수로 계산되는 분포 정수 회로를 이용한다.

03 저압 단상 3선식 배전 방식의 가장 큰 단점은?
① 절연이 곤란하다.
② 전압의 불평형이 생기기 쉽다.
③ 설비 이용률이 나쁘다.
④ 2종류의 전압을 얻을 수 있다.

해설 단상 3선식 배전 방식은 상시의 부하에 불평형이 있으면 부하 전압은 불평형으로 되어 중성선이 단선되면 부하에 걸리는 전압에 심한 불평형이 발생하여 이상 전압이 생길 수 있으므로, 전압 불평형을 줄이기 위한 대책으로 저압선의 말단에 권수비 1 : 1의 밸런서(balancer)를 설치하고 있다.

04 가공 전선로의 경간 200[m], 전선의 자체 무게 2[kg/m], 인장 하중 5,000[kg], 안전율 2인 경우, 전선의 이도는 몇 [m]인가?
① 2 ② 4
③ 6 ④ 8

해설 이도 $D = \dfrac{WS^2}{8T_0} = \dfrac{2 \times 200^2}{8 \times \dfrac{5,000}{2}} = 4[\text{m}]$

05 3상 3선식 송전 선로에서 각 선의 대지 정전 용량이 0.5096[μF]이고, 선간 정전 용량이 0.1295[μF]일 때, 1선의 작용 정전 용량은 약 몇 [μF]인가?
① 0.6 ② 0.9
③ 1.2 ④ 1.8

해설 $C = C_s + 3C_m = 0.5096 + 3 \times 0.1295$
$= 0.898 ≒ 0.9[\mu\text{F}]$

06 전선의 지지점의 높이가 15[m], 이도가 2.7[m], 경간이 300[m]일 때 전선의 지표상으로부터의 평균 높이[m]는?
① 14.2 ② 13.2
③ 12.2 ④ 11.2

해설 전선 평균 높이 $h = H - \dfrac{2D}{3} = 15 - \dfrac{2 \times 2.7}{3} = 13.2[\text{m}]$

05. 이론 check 대지 정전 용량과 선간 상호 정전 용량
(1) 단상 2선식
 $C_2 = C_s + 2C_m$
(2) 3상 3선식 1회선
 $C_3 = C_s + 3C_m$
 여기서, C_s : 대지 정전 용량
  C_m : 선간 정전 용량

PART 02 전력공학

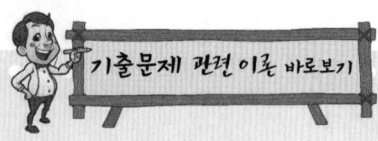

07 수조에 대한 설명 중 틀린 것은?
① 수로 내의 수위의 이상 상승을 방지한다.
② 수로식 발전소의 수로 처음 부분과 수압관 아래 부분에 설치한다.
③ 수로에서 유입하는 물속의 토사를 침전시켜서 배사문으로 배사하고 부유물을 제거한다.
④ 상수조는 최대 사용 수량의 1~2분 정도의 조정 용량을 가질 필요가 있다.

해설 수조는 수로의 끝 부분과 수압관 윗 부분을 연결하는 곳에 설치된다.

08. 이론 check **T형 회로의 4단자 정수**

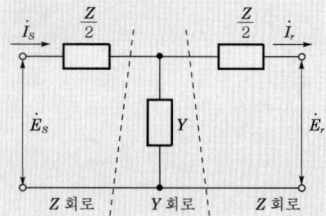

Z 회로   Y 회로   Z 회로

4단자 정수

$$\begin{bmatrix} A & B \\ C & D \end{bmatrix} = \begin{bmatrix} 1 & \frac{Z}{2} \\ 0 & 1 \end{bmatrix} \begin{bmatrix} 1 & 0 \\ Y & 1 \end{bmatrix} \begin{bmatrix} 1 & \frac{Z}{2} \\ 0 & 1 \end{bmatrix}$$

$$= \begin{bmatrix} 1+\frac{ZY}{2} & \frac{Z}{2} \\ Y & 1 \end{bmatrix} \begin{bmatrix} 1 & \frac{Z}{2} \\ 0 & 1 \end{bmatrix}$$

$$= \begin{bmatrix} 1+\frac{ZY}{2} & \left(1+\frac{ZY}{2}\right)\cdot\frac{Z}{2}+\frac{Z}{2} \\ Y & \frac{ZY}{2}+1 \end{bmatrix}$$

$$= \begin{bmatrix} 1+\frac{ZY}{2} & Z\left(1+\frac{ZY}{4}\right) \\ Y & 1+\frac{ZY}{2} \end{bmatrix}$$

여기서,
Z : 송·수전 양단에 $\frac{Z}{2}$씩 집중
Y : 선로의 중앙에 집중

08 중거리 송전 선로의 T형 회로에서 송전단 전류 I_s는? (단, Z, Y는 선로의 직렬 임피던스와 병렬 어드미턴스이고, E_r은 수전단 전압, I_r은 수전단 전류이다.)

① $I_r\left(1+\frac{ZY}{2}\right)+E_rY$

② $E_r\left(1+\frac{ZY}{2}\right)+ZI_r\left(1+\frac{ZY}{4}\right)$

③ $E_r\left(1+\frac{ZY}{2}\right)+ZI_r$

④ $I_r\left(1+\frac{ZY}{2}\right)+E_rY\left(1+\frac{ZY}{4}\right)$

해설 T형 회로의 4단자 정수

$$\begin{bmatrix} A & B \\ C & D \end{bmatrix} = \begin{bmatrix} 1+\frac{ZY}{2} & Z\left(1+\frac{ZY}{4}\right) \\ Y & 1+\frac{ZY}{2} \end{bmatrix}$$ 이므로

송전단 전류 $I_s = CE_r + DI_r = I_r\left(1+\frac{ZY}{2}\right)+E_rY$ 이다.

09 단로기에 대한 설명으로 틀린 것은?
① 소호 장치가 있어 아크를 소멸시킨다.
② 무부하 및 여자 전류의 개폐에 사용된다.
③ 배전용 단로기는 보통 디스커넥팅 바로 개폐한다.
④ 회로의 분리 또는 계통의 접속 변경시 사용한다.

해설 단로기(DS)는 소호 장치가 없으므로 통전 중인 전로를 개폐하여서는 안 된다. 단로기로 개폐 가능한 전류는 무부하시 여자 전류나 충전 전류로 제한한다.

정답 07.② 08.① 09.①

10 차단기에서 고속도 재폐로의 목적은?

① 안정도 향상
② 발전기 보호
③ 변압기 보호
④ 고장 전류 억제

해설 고속도 재폐로 방식은 재폐로 차단기를 이용하여 사고시 고장 구간을 신속하게 분리하고, 건전한 구간은 자동으로 재투입을 시도하는 장치로 전력 계통의 안정도 향상을 목적으로 한다.

11 3상 배전 선로의 말단에 지상 역률 80[%], 160[kW]인 평형 3상 부하가 있다. 부하점에 전력용 콘덴서를 접속하여 선로 손실을 최소가 되게 하려면 전력용 콘덴서의 필요한 용량[kVA]은?

① 100
② 120
③ 160
④ 200

해설 선로의 손실을 최소가 되게 하려면 역률을 100[%]로 개선하여야 하므로 전력용 콘덴서 용량은 개선 전의 지상 무효 전력과 같아야 한다.

그러므로 $Q = P\tan\theta = 160 \times \dfrac{0.6}{0.8} = 120[\text{kVA}]$

11. 이론 check 역률 개선

$P[\text{kW}]$, $\cos\theta_1$의 부하 역률을 $\cos\theta_2$로 개선하기 위해 설치하는 콘덴서의 용량 $Q[\text{kVA}]$

(1) $Q = P(\tan\theta_1 - \tan\theta_2)[\text{kVA}]$
(2) 콘덴서에 의한 제5고조파 제거를 위해서 직렬 리액터가 필요하다.
(3) 전원 개로 후 잔류 전압을 방전시키기 위해 방전 장치가 필요하다.

12 화력 발전소에서 매일 최대 출력 100,000[kW], 부하율 90[%]로 60일간 연속 운전할 때 필요한 석탄량은 약 몇 [t]인가? (단, 사이클 효율은 40[%], 보일러 효율은 85[%], 발전기 효율은 98[%]로 하고, 석탄의 발열량은 5,500[kcal/kg]이라 한다.)

① 60,820
② 61,820
③ 62,820
④ 63,820

해설 발전소 효율 $\eta = \dfrac{860W}{mH} \times 100[\%]$에서

연료량 $m = \dfrac{860W}{H\eta} = \dfrac{860 \times 100,000 \times 0.9 \times 60 \times 24}{5,500 \times 0.4 \times 0.85 \times 0.98} \times 10^{-3} \fallingdotseq 60,820[\text{t}]$

13 부하 설비 용량 600[kW], 부등률 1.2, 수용률 60[%]일 때의 합성 최대 수용 전력은 몇 [kW]인가?

① 240
② 300
③ 432
④ 833

해설 $P_t = \dfrac{\sum(\text{설비 용량} \times \text{수용률})}{\text{부등률}} = \dfrac{600 \times 0.6}{1.2} = 300[\text{kW}]$

정답 10.① 11.② 12.① 13.②

PART 02 전력공학

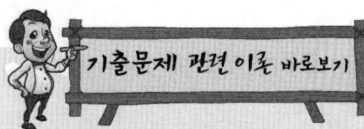

14. **이론 check** 저압 네트워크 방식

(1) 용도
    대도시 부하가 밀집된 도시
(2) 장점
    ① 배전의 신뢰도가 높다.
    ② 전압 변동이 적다.
    ③ 전력 손실이 감소된다.
    ④ 기기의 이용률이 향상된다.
    ⑤ 부하 증가에 대한 적응성이 좋다.
    ⑥ 변전소의 수를 줄일 수 있다.
    ⑦ 공급 신뢰도가 크다.
(3) 단점
    ① 건설비가 고가이다.
    ② 보호 장치를 필요로 한다.

14 저압 네트워크 배전 방식의 장점이 아닌 것은?

① 인축의 접지 사고가 적어진다.
② 부하 증가시 적응성이 양호하다.
③ 무정전 공급이 가능하다.
④ 전압 변동이 적다.

해설 Network system(망상식)의 특징
- 무정전 공급이 가능하다.
- 전압 변동이 적고, 손실이 최소이다.
- 부하 증가에 대한 적응성이 좋다.
- 시설비가 고가이다.
- 인축에 대한 사고가 증가한다.
- 역류 개폐 장치(network protector)가 필요하다.

15 발전기나 주변압기의 내부 고장에 대한 보호용으로 가장 적합한 것은?

① 온도 계전기
② 과전류 계전기
③ 비율 차동 계전기
④ 과전압 계전기

해설 비율 차동 계전기는 발전기나 변압기의 내부 고장에 대한 보호용으로 가장 많이 사용하는 계전 방식이다.

16 송전 선로에 복도체를 사용하는 주된 목적은?

① 코로나 발생을 감소시키기 위하여
② 인덕턴스를 증가시키기 위하여
③ 정전 용량을 감소시키기 위하여
④ 전선 표면의 전위 경도를 증가시키기 위하여

해설 복도체 및 다도체의 특징
- 동일한 단면적의 단도체보다 인덕턴스와 리액턴스가 감소하고 정전 용량이 증가하여 송전 용량을 크게 할 수 있다.
- 전선 표면의 전위 경도를 저감시켜 코로나 임계 전압을 증가시키고, 코로나손을 줄일 수 있다.
- 전력 계통의 안정도를 증대시키고, 초고압 송전 선로에 채용한다.
- 페란티 효과에 의한 수전단 전압 상승 우려가 있다.
- 강풍, 빙설 등에 의한 전선의 진동 또는 동요가 발생할 수 있고, 단락 사고시 소도체가 충돌할 수 있다.

정답 14.① 15.③ 16.①

17 유도 장해를 경감시키기 위한 전력선측의 대책으로 틀린 것은?

① 고저항 접지 방식을 채용한다.
② 송전선과 통신선 사이에 차폐선을 설치한다.
③ 고속도 차단 방식을 채택한다.
④ 중성점 전압을 상승시킨다.

해설 유도 장해를 경감시키기 위한 전력선측의 대책
- 송전 선로는 통신 선로로부터 멀리 떨어져서 건설한다(상호 유도 계수 저감).
- 중성점을 저항 접지할 경우에는 저항값을 가능한 한 큰 값으로 하여 지락 전류를 줄인다.
- 속도 지락 보호 계전 방식을 채용해서 고장선을 신속하게 차단하여 고장 지속 시간을 단축한다.
- 송전선과 통신선 사이에 차폐선을 가설한다.
- 송전선에 충분한 연가를 한다.

18 송전 계통의 안정도 증진 방법으로 틀린 것은?

① 직렬 리액턴스를 작게 한다.
② 중간 조상 방식을 채용한다.
③ 계통을 연계한다.
④ 원동기의 조속기 작동을 느리게 한다.

해설 안정도를 증진시키기 위해서는 원동기의 조속기 작동을 신속하게 하고, 속응 여자 방식을 채용하여야 한다.

19 송전선에의 뇌격에 대한 차폐 등으로 가선하는 가공 지선에 대한 설명 중 옳은 것은?

① 차폐각은 보통 15°~30° 정도로 하고 있다.
② 차폐각이 클수록 벼락에 대한 차폐 효과가 크다.
③ 가공 지선을 2선으로 하면 차폐각이 작아진다.
④ 가공 지선으로는 연동선을 주로 사용한다.

해설 가공 지선의 차폐각은 단독일 경우 35°~40° 정도이고, 2선은 10° 이하이므로, 가공 지선을 2선으로 하면 차폐각이 작아져 차폐 효과가 크다.

20 송전 선로에서 지락 보호 계전기의 동작이 가장 확실한 접지 방식은?

① 직접 접지식
② 저항 접지식
③ 소호 리액터 접지식
④ 리액터 접지식

해설 중성점 직접 접지 방식은 지락 사고시 지락 전류가 크게 되어 지락 보호 계전기의 동작이 가장 확실하다.

18. 이론 check ▶ 안정도의 종류

(1) 정태 안정도
일반적으로 정상적인 운전 상태에서 서서히 부하를 조금씩 증가했을 경우 안정 운전을 지속할 수 있는가 하는 능력을 말하며, 이때의 극한 전력을 정태 안정 극한 전력이라고 한다.

(2) 동태 안정도
고성능의 AVR(자동 전압 조정기 : Automatic Voltage Regulator)에 의해서 계통 안정도를 종전의 정태 안정도의 한계 이상으로 향상시킬 경우이다.

(3) 과도 안정도
부하가 갑자기 크게 변동하거나, 또는 계통에 사고가 발생하여 큰 충격을 주었을 경우에도 계통에 연결된 각 동기기가 동기를 유지해서 계속 운전할 수 있을 것인가의 능력을 말하며, 이때의 극한 전력을 과도 안정 극한 전력이라고 한다.

정답 17.④ 18.④ 19.③ 20.①

2015년 과년도 출제문제

제1회 전력공학

01. 이론 check 피뢰기

(1) 피뢰기의 역할
뇌 및 회로의 개폐 등으로 생기는 충격 과전압의 파고값에 수반하는 전류를 제한하여, 전기 시설의 절연을 보호하고, 또한 속류를 단시간에 차단해서 계통의 정상 상태를 벗어나는 일이 없도록 자동 복귀하는 기능을 가진 장치이다. 즉, 이상 전압 내습시 피뢰기의 단자 전압이 어느 일정 값 이상으로 올라가면 즉시 방전하여 전압 상승을 억제한다. 이상 전압이 없어져서 단자 전압이 일정 값 이하가 되면 즉시 방전을 정지해서 원래의 송전 상태로 되돌아가게 된다.

(2) 피뢰기의 구성
① 직렬 갭(series gap) : 방습 애관 내에 밀봉된 평면 구면 전극을 계통 전압에 따라 다수 직렬로 접속한 다극 구조이고, 계통 전압에 의한 속류(follow current)를 차단하고 소호의 역할을 함과 동시에 충격파에 대하여는 방전시키도록 한다.
② 특성 요소(characteristic element) : 탄화규소(SiC)를 주성분으로 한 소송물의 저항판을 여러 개 합친 구조이며, 직렬 갭과 더불어 자기 애관에 밀봉시킨다.

01 피뢰기의 직렬 갭(gap)의 작용으로 가장 옳은 것은?

① 이상 전압의 진행파를 증가시킨다.
② 상용 주파수의 전류를 방전시킨다.
③ 이상 전압이 내습하면 뇌전류를 방전하고, 상용 주파수의 속류를 차단하는 역할을 한다.
④ 뇌전류 방전시의 전위 상승을 억제하여 절연 파괴를 방지한다.

해설 피뢰기의 직렬 갭은 통상의 전압은 대지 간에 절연을 유지하지만 이상 전압이 내습하면 갭이 방전을 개시하여 특성 요소를 통해 충격 전류를 대지로 흘려주어 전압 상승을 방지하는 설비이다.

02 정전 용량 0.01[μF/km], 길이 173.2[km], 선간 전압 60[kV], 주파수 60[Hz]인 3상 송전 선로의 충전 전류[A]는?

① 6.3
② 12.5
③ 22.6
④ 37.2

해설 충전 전류
$$I_c = \omega C \frac{V}{\sqrt{3}} = 2\pi \times 60 \times 0.01 \times 10^{-6} \times 173.2 \times \frac{60,000}{\sqrt{3}} = 22.6[A]$$

03 다중 접지 3상 4선식 배전 선로에서 고압측(1차측) 중성선과 저압측(2차측) 중성선을 전기적으로 연결하는 목적은?

① 저압측의 단락 사고를 검출하기 위함
② 저압측의 접지 사고를 검출하기 위함
③ 주상 변압기의 중성선측 부싱을 생략하기 위함
④ 고·저압 혼촉시 수용가에 침입하는 상승 전압을 억제하기 위함

해설 3상 4선식 중성선 다중 접지식 선로에서 1차(고압)측 중성선과 2차(저압)측 중성선을 전기적으로 연결하여 고·저압 혼촉 사고가 발생할 경우 저압 수용가에 침입하는 상승 전압을 억제하기 위함이다.

정답 01.③ 02.③ 03.④

04 배전 계통에서 전력용 콘덴서를 설치하는 목적으로 가장 타당한 것은?

① 배전선의 전력 손실 감소
② 전압 강하 증대
③ 고장시 영상 전류 감소
④ 변압기 여유율 감소

해설 배전 계통에서 전력용 콘덴서를 설치하는 것은 부하의 지상 무효 전력을 진상시켜 역률을 개선하여 전력 손실을 줄이는 데 주목적이 있다.

05 66[kV] 송전 선로에서 3상 단락 고장이 발생하였을 경우 고장점에서 본 등가 정상 임피던스가 자기 용량(40[MVA]) 기준으로 20[%]일 경우 고장 전류는 정격 전류의 몇 배가 되는가?

① 2　　② 4
③ 5　　④ 8

해설 $I_s = \dfrac{100}{\%Z} \times I_n = \dfrac{100}{20} \times I_n = 5I_n$

그러므로 5배이다.

06 전력선에 의한 통신 선로의 전자 유도 장해의 발생 요인은 주로 무엇 때문인가?

① 지락 사고시 영상 전류가 커지기 때문에
② 전력선의 전압이 통신 선로보다 높기 때문에
③ 통신선에 피뢰기를 설치하였기 때문에
④ 전력선과 통신 선로 사이의 상호 인덕턴스가 감소하였기 때문에

해설 전자 유도 전압 $E_m = -j\omega Ml(\dot{I_a} + \dot{I_b} + \dot{I_c}) = -j\omega Ml \times 3I_0$

여기서, I_0 : 영상 전류

07 역률 개선용 콘덴서를 부하와 병렬로 연결하고자 한다. △ 결선 방식과 Y결선 방식을 비교하면 콘덴서의 정전 용량[μF]의 크기는 어떠한가?

① △결선 방식과 Y결선 방식은 동일하다.
② Y결선 방식이 △결선 방식의 $\dfrac{1}{2}$이다.
③ △결선 방식이 Y결선 방식의 $\dfrac{1}{3}$이다.
④ Y결선 방식이 △결선 방식의 $\dfrac{1}{\sqrt{3}}$이다.

해설 진상 충전 용량 $\omega C_Y V^2 = 3\omega C_\triangle V^2$

$\therefore C_\triangle = \dfrac{C_Y}{3}$

---

07. 이론 check 콘덴서의 충전 용량

저압용은 [μF], 고압용은 [kVA]의 단위를 사용한다.

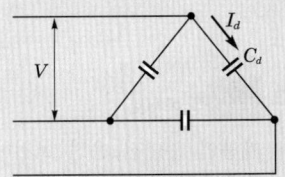
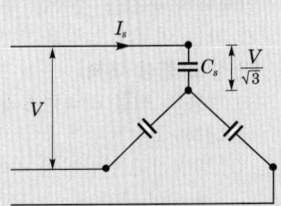

∥ 3상용 콘덴서 ∥

콘덴서의 정격 전압을 V[V], 충전 전류를 △결선에서 I_d, Y결선에서 I_s[A], 정격 주파수를 f[Hz], 정전 용량을 C[μF], 콘덴서 용량을 Q[kVA]라 하면

(1) 3상 Y결선의 경우

$Q_Y = 3 \cdot \omega C_s \left(\dfrac{V}{\sqrt{3}}\right)^2 = \omega C_s V^2$

$= 2\pi f C_s V^2 \times 10^{-3}$ [kVA]

$\therefore C_s = \dfrac{Q}{2\pi f V^2} \times 10^3$ [μF]

(2) 3상 △결선의 경우

$Q_\triangle = 3VI_d$

$= 3 \times 2\pi f C_d V^2 \times 10^{-3}$ [kVA]

$\therefore C_s = \dfrac{Q}{3 \times 2\pi f V^2} \times 10^3$ [μF]

정답　04.①　05.③　06.①　07.③

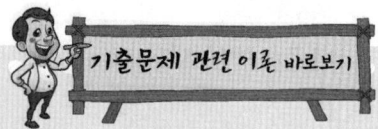

PART 02 전력공학

08 송전단 전압이 66[kV]이고, 수전단 전압이 60[kV]인 송전 선로에서 수전단의 부하를 끊은 경우에 수전단 전압이 63[kV]라면 전압 변동률[%]은?

① 4.5　② 4.8
③ 5.0　④ 10.0

해설 전압 변동률 $\delta = \dfrac{V_{r0} - V_{rn}}{V_{rn}} \times 100[\%] = \dfrac{63-60}{60} \times 100[\%] = 5[\%]$

09 전력 계통의 전압을 조정하는 가장 보편적인 방법은?

① 발전기의 유효 전력 조정
② 부하의 유효 전력 조정
③ 계통의 주파수 조정
④ 계통의 무효 전력 조정

해설 전력 계통의 전압 조정은 계통의 무효 전력을 흡수하는 커패시터나 리액터를 사용하여야 한다.

10. 이론 check 안정도

계통이 주어진 운전 조건하에서 안정하게 운전을 계속할 수 있는가 하는 여부의 능력을 말한다.

[안정도 향상 대책]
(1) 계통의 직렬 리액턴스의 감소 대책
　① 발전기나 변압기의 리액턴스를 감소시킨다.
　② 전선로의 병행 회선을 증가하거나 복도체를 사용한다.
　③ 직렬 콘덴서를 삽입해서 선로의 리액턴스를 보상해 준다.
(2) 전압 변동의 억제 대책
　① 속응 여자 방식을 채용한다.
　② 계통을 연계한다.
　③ 중간 조상 방식을 채용한다.
(3) 계통에 주는 충격의 경감 대책
　① 적당한 중성점 접지 방식을 채용한다.
　② 고속 차단 방식을 채용한다.
　③ 재폐로 방식을 채용한다.
(4) 고장시의 전력 변동의 억제 대책
　① 조속기 동작을 신속하게 한다.
　② 제동 저항기를 설치한다.
(5) 계통 분리 방식의 채용
(6) 전원 제한 방식의 채용

10 송전 계통의 안정도를 향상시키는 방법이 아닌 것은?

① 직렬 리액턴스를 증가시킨다.
② 전압 변동을 적게 한다.
③ 중간 조상 방식을 채용한다.
④ 고장 전류를 줄이고, 고장 구간을 신속히 차단한다.

해설 안정도 향상 대책
- 직렬 리액턴스를 감소한다(발전기, 변압기 리액턴스 감소, 병행 회선, 다도체, 직렬 콘덴서).
- 전압 변동을 억제한다(속응 여자 방식, 계통 연계, 중간 조상 방식).
- 계통 충격을 경감한다(소호 리액터 접지, 고속 차단, 재폐로).
- 전력 변동을 억제한다(조속기 신속 동작, 제동 저항기).

11 %임피던스에 대한 설명으로 틀린 것은?

① 단위를 갖지 않는다.
② 절대량이 아닌 기준량에 대한 비를 나타낸 것이다.
③ 기기 용량의 크기와 관계없이 일정한 범위의 값을 갖는다.
④ 변압기나 동기기의 내부 임피던스만 사용할 수 있다.

해설 %임피던스는 발전기, 변압기 및 선로 등의 임피던스에 적용된다.

정답 08.③　09.④　10.①　11.④

12 3,000[kW], 역률 75[%](늦음)의 부하에 전력을 공급하고 있는 변전소에 콘덴서를 설치하여 역률을 93[%]로 향상시키는 데 필요한 전력용 콘덴서의 용량[kVA]은?

① 1,460 ② 1,540
③ 1,620 ④ 1,730

해설 $Q = P(\tan\theta_1 - \tan\theta_2)$
$= 3,000(\tan\cos^{-1}0.75 - \tan\cos^{-1}0.93)$
$= 1,460 \text{[kVA]}$

13 폐쇄 배전반을 사용하는 주된 이유는 무엇인가?

① 보수의 편리 ② 사람에 대한 안전
③ 기기의 안전 ④ 사고 파급 방지

해설 폐쇄형 배전반은 완전 밀폐형으로 충전 부분의 노출이 없어 사람에 대한 감전의 위험이 적다.

14 3상 송전 선로의 각 상의 대지 정전 용량을 C_a, C_b 및 C_c라 할 때, 중성점 비접지시의 중성점과 대지 간의 전압은? (단, E는 상전압이다.)

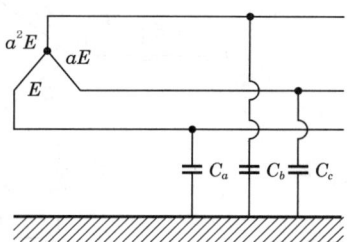

① $(C_a + C_b + C_c)E$

② $\dfrac{\sqrt{C_aC_b + C_bC_c + C_cC_a}}{C_a + C_b + C_c}E$

③ $\dfrac{\sqrt{C_a(C_a - C_b) + C_b(C_b - C_c) + C_c(C_c - C_a)}}{C_a + C_b + C_c}E$

④ $\dfrac{\sqrt{C_a(C_b - C_c) + C_b(C_c - C_a) + C_c(C_a - C_b)}}{C_a + C_b + C_c}E$

해설 3상 대칭 송전선에서는 정상 운전 상태에서 중성점의 전위가 항상 0이어야 하지만 실제에 있어서는 선로 각 선의 대지 정전 용량이 차이가 있으므로 중성점에는 전위가 나타나게 되며 이것을 중성점 잔류 전압이라고 한다.

$E_n = \dfrac{\sqrt{C_a(C_a - C_b) + C_b(C_b - C_c) + C_c(C_c - C_a)}}{C_a + C_b + C_c} \cdot E \text{[V]}$

정답 12.① 13.② 14.③

---

13. 폐쇄 배전반

전기 계통의 중추적 역할을 하며 기기나 회로를 감시 제어하기 위한 계기류, 계전기류를 1개소에 집중하여 시설한 것으로 수전 전압에 따라 저압 폐쇄 배전반 고압·특고압 폐쇄 배전반으로 분류한다.

Tip 차단기 시설

사용 전압별 차단기 구분	고압용 차단기	자기 차단기, 유입 차단기, 진공 차단기
	특고압용 차단기	유입 차단기, 진공 차단기, 공기 차단기, 가스 차단기
	초고압용 차단기	공기 차단기, 가스 차단기
폐쇄 배전반용 차단기 구분	고압 폐쇄 배전반	MBB, 유입 차단기, 진공 차단기 (주로 VCB를 사용)
	특고압 폐쇄 배전반	진공 차단기, 공기 차단기

PART 02 전력공학

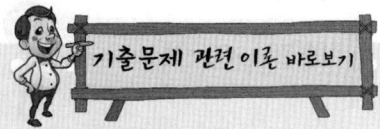

15 조압 수조의 설치 목적은?
① 조속기의 보호 ② 수차의 보호
③ 여수의 처리 ④ 수압관의 보호

해설 조압 수조의 설치 목적은 수격 작용에 의한 수격압을 흡수하여 수압 철관을 보호한다.

16 선로 고장시 고장 전류를 차단할 수 없어 리클로저와 같이 차단 기능이 있는 후비 보호 장치와 직렬로 설치되어야 하는 장치는?
① 배선용 차단기 ② 유입 개폐기
③ 컷 아웃 스위치 ④ 섹셔널라이저

해설 섹셔널라이저(sectionalizer)는 고장 발생시 차단 기능이 없으므로 고장을 차단하는 후비 보호 장치(리클로저)와 직렬로 설치하여 고장 구간을 분리시키는 개폐기이다.

17 임피던스 Z_1, Z_2 및 Z_3을 그림과 같이 접속한 선로의 A쪽에서 전압파 E가 진행해 왔을 때, 접속점 B에서 무반사로 되기 위한 조건은?

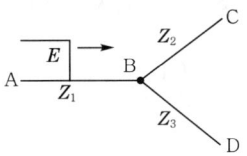

① $Z_1 = Z_2 + Z_3$
② $\dfrac{1}{Z_3} = \dfrac{1}{Z_1} + \dfrac{1}{Z_2}$
③ $\dfrac{1}{Z_1} = \dfrac{1}{Z_2} + \dfrac{1}{Z_3}$
④ $\dfrac{1}{Z_2} = \dfrac{1}{Z_1} + \dfrac{1}{Z_3}$

해설 무반사 조건은 변이점 B에서 입사쪽과 투과쪽의 특성 임피던스가 동일하여야 한다.
즉, $\dfrac{1}{Z_1} = \dfrac{1}{Z_2} + \dfrac{1}{Z_3}$ 로 한다.

18 망상(network) 배전 방식의 장점이 아닌 것은?
① 전압 변동이 적다.
② 인축의 접지 사고가 적어진다.
③ 부하의 증가에 대한 융통성이 크다.
④ 무정전 공급이 가능하다.

18. **저압 네트워크 방식의 장단점**

(1) 용도
　대도시 부하가 밀집된 도시
(2) 장점
　① 배전의 신뢰도가 높다.
　② 전압 변동이 적다.
　③ 전력 손실이 감소된다.
　④ 기기의 이용률이 향상된다.
　⑤ 부하 증가에 대한 적응성이 좋다.
　⑥ 변전소의 수를 줄일 수 있다.
　⑦ 공급 신뢰도가 크다.
(3) 단점
　① 건설비가 고가이다.
　② 보호 장치를 필요로 한다.

정답 15.④ 16.④ 17.③ 18.②

해설 Network system(망상식)의 특징
- 무정전 공급이 가능하다.
- 전압 변동이 적고, 손실이 최소이다.
- 부하 증가에 대한 적응성이 좋다.
- 시설비가 고가이다.
- 인축에 대한 사고가 증가한다.
- 역류 개폐 장치(network protector)가 필요하다.

19 원자로의 냉각재가 갖추어야 할 조건이 아닌 것은?
① 열 용량이 적을 것
② 중성자의 흡수가 적을 것
③ 열 전도율 및 열 전달 계수가 클 것
④ 방사능을 띠기 어려울 것

해설 냉각재는 원자로에서 발생한 열 에너지를 외부로 꺼내기 위한 매개체로 경수, 중수, 탄산 가스, 헬륨, 액체 금속 유체(나트륨) 등으로 열 용량이 커야 한다.

20 접지봉으로 탑각의 접지 저항값을 희망하는 접지 저항값까지 줄일 수 없을 때 사용하는 것은?
① 가공 지선
② 매설 지선
③ 크로스 본드선
④ 차폐선

해설 뇌전류가 철탑으로부터 대지로 흐를 경우, 철탑 전위의 파고값이 전선을 절연하고 있는 애자련의 절연 파괴 전압 이상으로 될 경우 철탑으로부터 전선을 향해 역섬락이 발생하므로 이것을 방지하기 위해서는 매설 지선을 시설하여 철탑의 탑각 접지 저항을 작게 하여야 한다.

제 2 회 전력공학

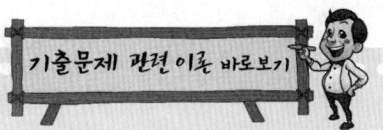

01 수력 발전소를 건설할 때 낙차를 취하는 방법으로 적합하지 않은 것은?
① 수로식
② 댐식
③ 유역 변경식
④ 역조정지식

해설 수력 발전소 분류에서 낙차를 얻는 방식은 댐식, 수로식, 댐수로식, 유역 변경식 등이 있고, 유량 사용 방법은 유입식, 저수지식, 조정지식, 양수식(역조정지식) 등이 있다.

01. 이론 check 낙차를 얻는 방법에 의한 분류
(1) 수로식
하천의 경사에 의한 낙차를 그대로 이용하는 방식으로, 하천의 상·중류부에서 경사가 급하고 굴곡된 곳을 짧은 수로로 유로를 바꾸어서 낙차를 얻는 방식으로 물의 양이 적은 곳에 적합하다.
(2) 댐식
댐 상류측의 수위를 올려서 하류측과의 사이에 낙차를 만들고, 이 낙차를 이용하여 발전하는 방식으로 물의 양이 비교적 많을 때 적합하다.
(3) 댐·수로식
댐식과 수로식을 병용한 것이다.
(4) 유역 변경식
어느 하천에 인접해서 다른 하천이 있고, 이 두 하천 사이에 큰 낙차를 얻을 수 있을 때 두 하천을 수로로 연결하여 그 낙차를 이용하는 방식이다.

정답 19.① 20.② / 01.④

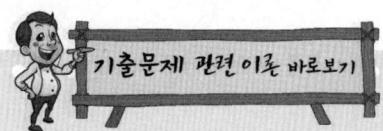

02 경간 200[m]의 지지점이 수평인 가공 전선로가 있다. 전선 1[m]의 하중은 2[kg], 풍압 하중은 없는 것으로 하고 전선의 인장 하중은 4,000[kg], 안전율은 2.2로 하면 이도는 몇 [m]인가?

① 4.7　　　　② 5.0
③ 5.5　　　　④ 6.2

해설 이도 $D = \dfrac{WS^2}{8T_0} = \dfrac{2 \times 200^2}{8 \times \dfrac{4,000}{2.2}} = 5.5[m]$

03 초고압용 차단기에서 개폐 저항기를 사용하는 이유 중 가장 타당한 것은?

① 차단 전류의 역률 개선　② 차단 전류의 감소
③ 차단 속도의 증진　　　④ 개폐 서지 이상 전압 억제

해설 차단기의 작동으로 인한 개폐 서지에 의한 이상 전압을 억제하기 위한 방법으로 개폐 저항기를 사용한다.

04. 3상 단락 고장

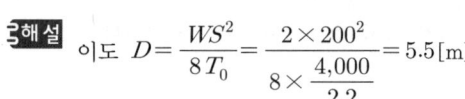

3상 단락인 경우 $V_a = V_b = V_c = 0$
이고 발전기 기본식에서 $V_1 = E_a - I_1 Z_1 = 0$ 이므로

∴ $I_1 = \dfrac{E_a}{Z_1}$, $I_0 = I_2 = 0$

그러므로

$I_a = I_0 + I_1 + I_2 = \dfrac{E_a}{Z_1}$

$I_b = I_0 + a^2 I_1 + a I_2 = a^2 I_1 = \dfrac{a^2 E_a}{Z_1}$

$I_c = I_0 + a I_1 + a^2 I_2 = a I_1 = \dfrac{a E_a}{Z_1}$

04 Y결선된 발전기에서 3상 단락 사고가 발생한 경우 전류에 관한 식 중 옳은 것은? (단, Z_0, Z_1, Z_2는 영상, 정상, 역상 임피던스이다.)

① $I_a + I_b + I_c = I_0$　　② $I_a = \dfrac{E_a}{Z_0}$

③ $I_b = \dfrac{a^2 E_a}{Z_1}$　　　④ $I_c = \dfrac{a E_a}{Z_2}$

해설 3상 단락 사고시 각 상의 전류 $I_a = \dfrac{E_a}{Z_1}$, $I_b = \dfrac{a^2 E_a}{Z_1}$, $I_c = \dfrac{a E_a}{Z_1}$

05 전력용 콘덴서를 변전소에 설치할 때 직렬 리액터를 설치하고자 한다. 직렬 리액터의 용량을 결정하는 식은? (단, f_0는 전원의 기본 주파수, C는 역률 개선용 콘덴서의 용량, L은 직렬 리액터의 용량)

① $2\pi f_0 L = \dfrac{1}{2\pi f_0 C}$　　② $2\pi (3f_0) L = \dfrac{1}{2\pi (3f_0) C}$

③ $2\pi (5f_0) L = \dfrac{1}{2\pi (5f_0) C}$　　④ $2\pi (7f_0) L = \dfrac{1}{2\pi (7f_0) C}$

해설 직렬 리액터의 용량은 제5고조파를 직렬 공진시킬 수 있는 용량이어야 하므로 $5\omega L = \dfrac{1}{5\omega C}$이다.

∴ $2\pi(5f_0)L = \dfrac{1}{2\pi(5f_0)C}$

정답 02.③　03.④　04.③　05.③

06 선로에 따라 균일하게 부하가 분포된 선로의 전력 손실은 이들 부하가 선로의 말단에 집중적으로 접속되어 있을 때보다 어떻게 되는가?

① 2배로 된다.   ② 3배로 된다.
③ $\frac{1}{2}$로 된다.   ④ $\frac{1}{3}$로 된다.

해설

구 분	말단에 집중 부하	균등 부하 분포
전압 강하	IR	$\frac{1}{2}IR$
전력 손실	I^2R	$\frac{1}{3}I^2R$

07 중거리 송전 선로의 π형 회로에서 송전단 전류 I_s는? (단, Z, Y는 선로의 직렬 임피던스와 병렬 어드미턴스이고, E_r, I_r은 수전단 전압과 전류이다.)

① $\left(1+\frac{ZY}{2}\right)E_r + ZI_r$
② $\left(1+\frac{ZY}{2}\right)E_r + Z\left(1+\frac{ZY}{4}\right)I_r$
③ $\left(1+\frac{ZY}{2}\right)I_r + YE_r$
④ $\left(1+\frac{ZY}{2}\right)I_r + Y\left(1+\frac{ZY}{4}\right)E_r$

해설 π형 회로의 4단자 정수

$$\begin{bmatrix} A & B \\ C & D \end{bmatrix} = \begin{bmatrix} 1+\frac{ZY}{2} & Z \\ Y\left(1+\frac{ZY}{4}\right) & 1+\frac{ZY}{2} \end{bmatrix}$$

송전단 전류 $I_s = CE_r + DI_r = Y\left(1+\frac{ZY}{4}\right)\cdot \dot{E_r} + \left(1+\frac{ZY}{2}\right)\cdot \dot{I_r}$

08 고장 즉시 동작하는 특성을 갖는 계전기는?
① 순한시 계전기
② 정한시 계전기
③ 반한시 계전기
④ 반한시성 정한시 계전기

해설 동작 시한에 의한 분류
- 순한시 계전기(instantaneous time-limit relay) : 정정치 이상의 전류는 크기에 관계없이 바로 동작하는 고속도 계전기이다.
- 정한시 계전기(definite time-limit relay) : 정정치 한도를 넘으면, 넘는 양의 크기에 상관없이 일정 시한으로 동작하는 계전기이다.
- 반한시 계전기(inverse time-limit relay) : 동작 전류와 동작 시한이 반비례하는 계전기이다.

정답 06.④ 07.④ 08.①

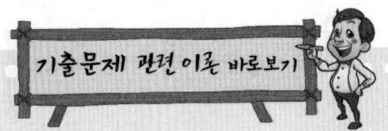

07. 이론 π형 회로의 4단자 정수

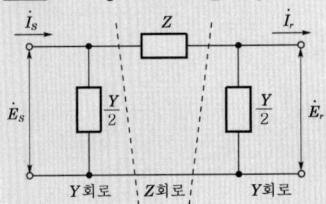

(1) 4단자 정수

$$\begin{bmatrix} A & B \\ C & D \end{bmatrix} = \begin{bmatrix} 1 & 0 \\ \frac{Y}{2} & 1 \end{bmatrix} \cdot \begin{bmatrix} 1 & Z \\ 0 & 1 \end{bmatrix} \cdot \begin{bmatrix} 1 & 0 \\ \frac{Y}{2} & 1 \end{bmatrix}$$

$$= \begin{bmatrix} 1+\frac{ZY}{2} & Z \\ Y\left(1+\frac{ZY}{4}\right) & 1+\frac{ZY}{2} \end{bmatrix}$$

(2) 송전단 전압
$\dot{E_s} = A\dot{E_r} + B\dot{I_r}$
$= \left(1+\frac{ZY}{2}\right)\dot{E_r} + Z \cdot \dot{I_r}$

(3) 송전단 전류
$\dot{I_s} = C\dot{E_r} + D\dot{I_r}$
$= Y\left(1+\frac{ZY}{4}\right)\cdot \dot{E_r}$
$+ \left(1+\frac{ZY}{2}\right)\cdot \dot{I_r}$

여기서, Z : 선로의 중앙에 집중
Y : 송·수전 양단에 $\frac{Y}{2}$씩 집중

PART 02 전력공학

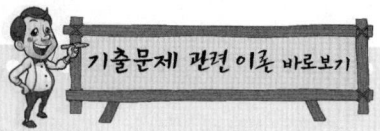

09 일반적인 비접지 3상 송전 선로의 1선 지락 고장 발생시 각 상의 전압은 어떻게 되는가?

① 고장상의 전압은 떨어지고, 나머지 두 상의 전압은 변동하지 않는다.
② 고장상의 전압은 떨어지고, 나머지 두 상의 전압은 상승한다.
③ 고장상의 전압은 떨어지고, 나머지 상의 전압도 떨어진다.
④ 고장상의 전압이 상승한다.

해설 비접지식에서 1선 지락 고장이 발생하면 고장상의 전압은 떨어지고, 지락 전류가 진상 전류이므로 건전상의 전압은 상승한다.

10 선택 지락 계전기의 용도를 옳게 설명한 것은?

① 단일 회선에서 지락 고장 회선의 선택 차단
② 단일 회선에서 지락 전류의 방향 선택 차단
③ 병행 2회선에서 지락 고장 회선의 선택 차단
④ 병행 2회선에서 지락 고장의 지속 시간 선택 차단

해설 병행 2회선 송전 선로의 지락 사고 차단에 사용하는 계전기는 고장난 회선을 선택하는 선택 지락 계전기를 사용한다.

11 같은 선로와 같은 부하에서 교류 단상 3선식은 단상 2선식에 비하여 전압 강하와 배전 효율은 어떻게 되는가?

① 전압 강하는 적고, 배전 효율은 높다.
② 전압 강하는 크고, 배전 효율은 낮다.
③ 전압 강하는 적고, 배전 효율은 낮다.
④ 전압 강하는 크고, 배전 효율은 높다.

해설 단상 3선식은 단상 2선식에 비하여 동일 전력일 경우 전류가 $\frac{1}{2}$이므로 전압 강하는 적어지고, 1선당 전력은 1.33배이므로 배전 효율은 높다.

12 송전 선로에서 고조파 제거 방법이 아닌 것은?

① 변압기를 △결선한다.
② 유도 전압 조정 장치를 설치한다.
③ 무효 전력 보상 장치를 설치한다.
④ 능동형 필터를 설치한다.

해설 제3고조파는 변압기를 △결선으로 제거할 수 있고, 제5고조파는 직렬 리액터를 설치하여 제거한다. 또한 무효 전력을 보상하고, 고성능 필터를 사용할 수 있다. 유도 전압 조정 장치는 고조파 제거와는 관계가 없는 설비이다.

---

12. 이론 check 직렬 리액터

정전형 축전지를 송전선에 연결하면 제3고조파는 △결선으로 제거되지만, 제5고조파는 커지므로 선로의 파형이 찌그러지고 통신선에 유도 장해를 일으키므로 이를 제거하기 위해 축전지와 직렬로 리액터를 삽입하여야 한다.
직렬 리액터 용량

$$2\pi(5f)L = \frac{1}{2\pi(5f)C}$$

$$\therefore \omega L = \frac{1}{25} \times \frac{1}{\omega C} = 0.04 \times \frac{1}{\omega C}$$

그러므로 용량 리액턴스는 4[%]이지만 대지 정전 용량 때문에 일반적으로 5~6[%] 정도의 직렬 리액터를 설치한다.

정답 09.② 10.③ 11.① 12.②

13
서지파가 파동 임피던스 Z_1의 선로측에서 파동 임피던스 Z_2의 선로측으로 진행할 때 반사 계수 β는?

① $\beta = \dfrac{Z_2 - Z_1}{Z_2 + Z_1}$ ② $\beta = \dfrac{2Z_2}{Z_2 + Z_1}$

③ $\beta = \dfrac{Z_1 - Z_2}{Z_2 + Z_1}$ ④ $\beta = \dfrac{2Z_1}{Z_2 + Z_1}$

해설
- 반사 계수(coefficient of reflection) : $\beta = \dfrac{Z_2 - Z_1}{Z_2 + Z_1}$
- 투과 계수(coefficient of transmission) : $\alpha = \dfrac{2Z_2}{Z_2 + Z_1}$

14
그림과 같은 선로의 등가 선간 거리[m]는?

① 5
② $5\sqrt{2}$
③ $5\sqrt[3]{2}$
④ $10\sqrt[3]{2}$

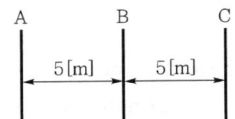

해설 등가 선간 거리 $D_0 = \sqrt[3]{D \cdot D \cdot 2D} = \sqrt[3]{5 \times 5 \times 2 \times 5} = 5\sqrt[3]{2}$

15
발전 전력량 E[kWh], 연료 소비량 W[kg], 연료의 발열량 C[kcal/kg]인 화력 발전소의 열 효율 η[%]는?

① $\dfrac{860E}{WC} \times 100$ ② $\dfrac{E}{WC} \times 100$

③ $\dfrac{E}{860WC} \times 100$ ④ $\dfrac{9.8E}{WC} \times 100$

해설 발전소 열 효율 $\eta = \dfrac{860W}{mH} \times 100$ [%]

여기서, W : 전력량[kWh]
m : 소비된 연료량[kg]
H : 연료의 열량[kcal/kg]

16
보일러 급수 중의 염류 등이 굳어서 내벽에 부착되어 보일러 열 전도와 물의 순환을 방해하며 내면의 수관벽을 과열시켜 파열을 일으키게 하는 원인이 되는 것은?

① 스케일 ② 부식
③ 포밍 ④ 캐리 오버

정답 13.① 14.③ 15.① 16.①

기출문제 관련 이론 바로보기

13. 진행파의 반사와 투과

선로에서 전파하는 진행파는 선로의 종단에서 전력 케이블 또는 전기 기계에 침입하게 되는데 파동 임피던스가 다른 회로에 연결된 점(변이점)까지 진행파가 입사하였을 때 여기서 일부는 반사되고 나머지는 변이점을 통과하여 다음 회로에 침입해 들어간다. 그림에서와 같이 입사쪽의 파동 임피던스 Z_1과 변이점에서 나가는 쪽의 파동 임피던스가 Z_2일 때 다음과 같은 식으로 계산할 수 있다. 여기서, 반사파와 투과파는 같은 파형이다.

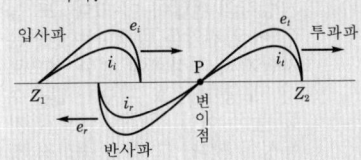

(1) 반사 전압 $e_r = \dfrac{Z_2 - Z_1}{Z_2 + Z_1} \cdot e_i$

반사 전류 $i_r = \dfrac{Z_2 - Z_1}{Z_2 + Z_1} \cdot i_i$

반사 계수 $\beta = \dfrac{Z_2 - Z_1}{Z_2 + Z_1}$

(2) 투과 전압 $e_t = \dfrac{2Z_2}{Z_2 + Z_1} \cdot e_i$

투과 전류 $i_t = \dfrac{2Z_1}{Z_2 + Z_1} \cdot i_i$

투과 계수 $\gamma_e = \dfrac{2Z_2}{Z_2 + Z_1}$,

$\gamma_i = \dfrac{2Z_1}{Z_2 + Z_1}$

(3) 무반사 조건 $Z_1 = Z_2$

※ $Z_2 = \infty$: 선로의 종단 개방
$Z_1 = 0$: 선로의 종단 단락

PART 02 전력공학

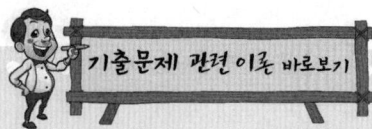

19. **내부 이상 전압**

(1) 개폐 서지
송전 선로의 개폐 조작시에 생기는 이상 전압으로 개폐 서지라 하고, 송전선의 수전단 고압 차단기가 차단되어 송전단에서 90° 가까운 진상 전류만이 흐르고 있을 때 송전단 차단기를 열었을 때, 개폐 이상 전압은 더욱 크다. 이와 반대로 무부하 변압기의 여자 전류나 분로 리액터를 차단할 때와 같이 90° 늦은 전류를 끊는 경우에도 $L\frac{di}{dt}$ 에 의해서 이상 전압이 유기되지만, 무부하 송전선을 차단하는 경우보다 크지 않다. 이상 전압은 투입시의 전압보다 개방시의 전압이 더 크다. 또 높은 이상 전압을 발생하는 원인은 차단기의 재점호에 의한 것으로서, 보통 재점호 횟수가 많을수록 높은 이상 전압을 일으킬 가능성이 많다. 그 밖에 중성점 접지, 전원측 회로, 차단기의 성능, 선로 길이 등의 조건에도 관계가 된다. 개폐 이상 전압은 일반적으로 전원 전압 파고값의 3.5배 이하 정도가 된다.

(2) 아크 지락
3상 송전 계통의 중성점이 비접지식인 경우, 수목 등에 접근 또는 기타의 원인에 의하여 1선이 지락 방전할 때 전선은 아크를 통하여 접지하는데 이것을 아크 지락이라 한다. 비접지식일 때 지락점을 통과한 전류는 건전상의 전선의 대지 정전 용량에 대한 충전 전류이므로 지락상 대지 전압에 대하여 위상은 거의 90° 앞선 전류가 된다.
일단 아크가 소멸되면 지락점의 대지 전압이 회복되어 다시 아크가 발생하게 된다. 중성점은 접지용 변압기의 채용이나 저항 접지 방식 또는 소호 리액터 접지 방식을 채용하며, 154[kV]급 이상의 직접 접지 방식은 아크 지락을 계속하는 일은 없다.

해설 급수 중의 불순물에 의한 현상
- 스케일 : 급수에 포함된 염류가 보일러 물의 증발에 의해 농축되고 가열되어서 용해도가 작은 것부터 순차적으로 침전하여 보일러 벽에 부착하는 현상이다.
- 포밍 : 보일러 속의 염류의 농도가 높아 보일러에 거품이 이는 현상이다.
- 프라이밍 : 부하가 갑자기 증가하여 압력이 떨어지면서 생기는 보일러 물의 비등 현상이다.
- 캐리 오버 : 포밍 및 프라이밍 현상이 있을 때 물방울이 증기와 함께 보일러에서 나가게 되므로 이 물방울과 함께 염류가 밖으로 운반되어 과열 기관에 고착하고 나아가서는 터빈에 장해를 주는 현상이다.

17 이상 전압의 파고치를 저감시켜 기기를 보호하기 위하여 설치하는 것은?
① 리액터
② 피뢰기
③ 아킹혼(arcing horn)
④ 아머 로드(armour rod)

해설 피뢰기의 역할
이상 전압 내습시 피뢰기의 단자 전압이 어느 일정 값 이상으로 올라가면 즉시 방전하여 전압 상승을 억제한다. 이상 전압이 없어져서 단자 전압이 일정 값 이하가 되면 즉시 방전을 정지해서 원래의 송전 상태로 되돌아가게 된다.

18 전기 공급시 사람의 감전, 전기 기계 기구에 손상을 방지하기 위한 시설물이 아닌 것은?
① 보호용 개폐기   ② 축전지
③ 과전류 차단기   ④ 누전 차단기

해설 축전지는 보호 장치가 아니다.

19 송·배전 계통에 발생하는 이상 전압의 내부적 원인이 아닌 것은?

① 선로의 개폐
② 직격뢰
③ 아크 접지
④ 선로의 이상 상태

해설 이상 전압 발생 원인
- 내부적 원인 : 개폐 서지, 아크 지락, 연가 불충분 등
- 외부적 원인 : 뇌(직격뢰 및 유도뢰)

정답 17.② 18.② 19.②

20 3상 송전 선로의 전압이 66,000[V], 주파수가 60[Hz], 길이가 10[km], 1선당의 정전 용량이 0.3464[μF/km]인 무부하 충전 전류[A]는?

① 40　　② 45
③ 50　　④ 55

해설 충전 전류

$$I_c = \omega CE = 2\pi \times 60 \times 0.3464 \times 10^{-6} \times 10 \times \frac{66,000}{\sqrt{3}} \fallingdotseq 50[\text{A}]$$

제 3 회　전력공학

01 기력 발전소 내의 보조기 중 예비기를 가장 필요로 하는 것은?

① 미분탄 송입기
② 급수 펌프
③ 강제 통풍기
④ 급탄기

해설 화력 발전소 설비 중 급수 펌프는 예비기를 포함하여 2대 이상 확보하여야 한다.

02 유량의 크기를 구분할 때 갈수량이란?

① 하천의 수위 중에서 1년을 통하여 355일간 이보다 내려가지 않는 수위
② 하천의 수위 중에서 1년을 통하여 275일간 이보다 내려가지 않는 수위
③ 하천의 수위 중에서 1년을 통하여 185일간 이보다 내려가지 않는 수위
④ 하천의 수위 중에서 1년을 통하여 95일간 이보다 내려가지 않는 수위

해설
• 갈수량 : 1년 365일 중 355일은 이것보다 내려가지 않는 유량과 수위이다.
• 저수량 : 1년 365일 중 275일은 이것보다 내려가지 않는 유량과 수위이다.
• 평수량 : 1년 365일 중 185일은 이것보다 내려가지 않는 유량과 수위이다.
• 풍수량 : 1년 365일 중 95일은 이것보다 내려가지 않는 유량과 수위이다.

기출문제 관련 이론 바로보기

(3) 무부하시 전위 상승
① 페란티 현상(선로) : 분로 리액터 설치
② 자기 여자(발전기) : 발전기 병렬 운전 채용

02. 이론 check 유량

(1) 유량의 종류
① 유량

$$Q = \frac{ab10^3}{365 \times 24 \times 60 \times 60} \cdot \eta \ [\text{m}^3/\text{s}]$$

여기서, a : 강수량[mm]
　　　　b : 유역 면적[km²]
　　　　η : 각종 요율(유출 계수 등)

② 갈수량(갈수위) : 1년 365일 중 355일은 이것보다 내려가지 않는 유량과 수위
③ 저수량(저수위) : 1년 365일 중 275일은 이것보다 내려가지 않는 유량과 수위
④ 평수량(평수위) : 1년 365일 중 185일은 이것보다 내려가지 않는 유량과 수위
⑤ 풍수량(풍수위) : 1년 365일 중 95일은 이것보다 내려가지 않는 유량과 수위
⑥ 고수량 : 매년 1 내지 2회 생기는 유량
⑦ 홍수량 : 3 내지 4년에 한 번 생기는 유량

(2) 유량 조사 도표
① 유량도 : 가로축에 1년 365일 역일 순으로 하고 세로축에 유량을 취하여 매일 또는 매월 하천의 유량을 기입하여 연결한 곡선(하천의 유량 변동 상태와 유출량을 알 수 있다.)

정답　20.③ / 01.② 02.①

PART 02 전력공학

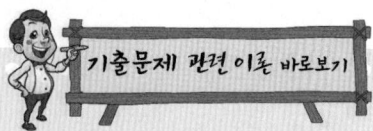

② 유황 곡선 : 유량도를 기초로 하여 가로축에 일수, 세로축에 유량을 취하여 큰 것부터 차례대로 1년분을 배열한 곡선(갈수량, 저수량, 평수량, 풍수량 및 유출량을 알 수 있다.)
③ 적산 유량 곡선 : 저수지 용량을 결정한다.

03 송전 선로에서 변압기의 유기 기전력에 의해 발생하는 고조파 중 제3고조파를 제거하기 위한 방법으로 가장 적당한 것은?

① 변압기를 △결선한다.
② 동기 조상기를 설치한다.
③ 직렬 리액터를 설치한다.
④ 전력용 콘덴서를 설치한다.

해설 고조파 중 제3고조파는 △결선으로 제거하고, 제5고조파는 직렬 리액터로 전력용 콘덴서와 직렬 공진을 이용하여 제거한다.

04 전압 V_1[kV]에 대한 %리액턴스값이 X_{p1}이고, 전압 V_2[kV]에 대한 %리액턴스값이 X_{p2}일 때, 이들 사이의 관계로 옳은 것은?

① $X_{p1} = \dfrac{V_1^2}{V_2^2} X_{p2}$ ② $X_{p1} = \dfrac{V_2}{V_1^2} X_{p2}$

③ $X_{p1} = \left(\dfrac{V_2}{V_1}\right)^2 X_{p2}$ ④ $X_{p1} = \left(\dfrac{V_1}{V_2}\right)^2 X_{p2}$

해설 $\%Z = \dfrac{PZ}{10V^2}$ 에서 $\%Z \propto \dfrac{1}{V^2}$ 이므로 $\dfrac{Z_{p2}}{Z_{p1}} = \dfrac{V_1^2}{V_2^2}$

∴ $X_{p1} = \left(\dfrac{V_2}{V_1}\right)^2 X_{p2}$

05. **코로나 방지 대책**

(1) 전선의 직경을 크게 하여 임계 전압을 크게 한다.
[단도체(경동선)→ACSR, 중공 연선, 복도체 방식 채용]
(2) 가선 금구를 개량한다.
(3) 전선 표면의 금구를 손상하지 않게 한다.

05 송전 선로의 코로나 방지에 가장 효과적인 방법은?

① 전선의 높이를 가급적 낮게 한다.
② 코로나 임계 전압을 낮게 한다.
③ 선로 절연을 강화한다.
④ 복도체를 사용한다.

해설 코로나 방지책
• 전선의 직경을 크게 하여 임계 전압을 높게 한다.
• 단도체(경동선)보다는 중공 연선, 다(복)도체 방식을 채용한다.

06 다음 중 보호 계전기의 반한시·정한시 특성은?

① 동작 전류가 커질수록 동작 시간이 짧게 되는 특성
② 최소 동작 전류 이상의 전류가 흐르면 즉시 동작하는 특성
③ 동작 전류의 크기에 관계없이 일정한 시간에 동작하는 특성
④ 동작 전류가 적은 동안에는 동작 전류가 커질수록 동작 시간이 짧아지고, 어떤 전류 이상이 되면 동작 전류의 크기에 관계없이 일정한 시간에서 동작하는 특성

정답 03.① 04.③ 05.④ 06.④

해설 계전기 동작 시간에 의한 분류
- 정한시 계전기 : 정정된 값 이상의 전류가 흐르면 정해진 일정 시간 후에 동작하는 계전기이다.
- 반한시 계전기 : 정정된 값 이상의 전류가 흐를 때 전류값이 크면 동작 시간은 짧아지고, 전류값이 적으면 동작 시간이 길어진다.
- 순한시 계전기 : 정정된 최소 동작 전류 이상의 전류가 흐르면 즉시 동작하는 계전기이다.
- 반한시 정한시 계전기 : 어느 전류값까지는 반한시성이고, 그 이상이면 정한시 특성을 갖는 계전기이다.

07 송전 계통의 안정도를 증진시키는 방법이 아닌 것은?
① 속응 여자 방식을 채택한다.
② 고속도 재폐로 방식을 채용한다.
③ 발전기나 변압기의 리액턴스를 크게 한다.
④ 고장 전류를 줄이고 고속도 차단 방식을 채용한다.

해설 안정도 향상 대책
- 계통의 직렬 리액턴스를 작게 한다(발전기나 변압기의 리액턴스 감소, 전선로의 병행 2회선을 증가하거나 복도체 사용, 직렬 콘덴서를 삽입해서 선로의 리액턴스 보상).
- 전압 변동을 작게 한다(속응 여자 방식 채용, 계통의 연계, 중간 조상 방식 채용).
- 계통에 주는 충격을 작게 한다(적당한 중성점 접지 방식 채용, 고속 차단 방식 채용, 재폐로 방식 채용).
- 고장시 전력 변동을 억제한다(조속기 동작을 신속하게, 제동 저항기의 설치).

08 송전 계통의 중성점을 직접 접지할 경우 관계가 없는 것은?

① 과도 안정도 증진
② 계전기 동작 확실
③ 기기의 절연 수준 저감
④ 단절연 변압기 사용 가능

해설
직접 접지 방식은 1상 지락 사고일 경우 지락 전류가 대단히 크기 때문에 보호 계전기의 동작이 확실하고, 계통에 주는 충격이 커서 과도 안정도가 나쁘다. 또한 중성점의 전위는 대지 전위이므로 저감 절연 및 변압기 단절연이 가능하다.

---

08. 이론 check 직접 접지 방식의 특징

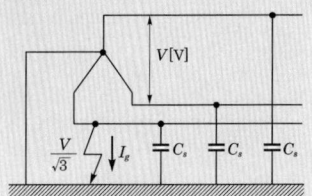

∥ 직접 접지 방식 ∥

(1) 조건
$R_0 \leq X_1$, $X_0 \leq 3X_1$가 되어야 하며, 1선 지락 사고시 건전상의 전위 상승을 1.3배 이하가 되도록 중성점 접지 저항으로 접지하는 것.
여기서, R_0 : 영상 저항, X_0 : 영상 리액턴스, X_1 : 정상 리액턴스를 말한다. 이 계통은 충전 전류는 대단히 작아져 건전상의 전위를 거의 상승시키지 않고 중성점을 통해서 큰 전류가 흐른다.

(2) 장점
① 1선 지락, 단선 사고시 전압 상승이 거의 없어 기기의 절연 레벨 저하
② 피뢰기 책무가 경감되고, 피뢰기 효과 증가
③ 중성점은 거의 영전위 유지로 단절연 변압기 사용 가능
④ 보호 계전기의 신속 확실한 동작

(3) 단점
① 지락 고장 전류가 저역률, 대전류이므로 과도 안정도가 나쁘다.
② 통신선에 대한 유도 장해가 크다.
③ 지락 전류가 커서 기기의 기계적 충격에 의한 손상, 고장점에서 애자 파손, 전선 용단 등의 고장이 우려된다.
④ 직접 접지식에서는 차단기가 큰 고장 전류를 자주 차단하게 되어 대용량의 차단기가 필요하다.

(4) 직접 접지 방식은154[kV], 345[kV] 등의 고전압에 사용한다.

정답 07.③ 08.①

PART 02 전력공학

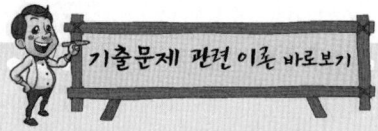

09 송전 선로의 수전단을 단락한 경우 송전단에서 본 임피던스가 300[Ω]이고, 수전단을 개방한 경우에는 900[Ω]일 때, 이 선로의 특성 임피던스 Z_0[Ω]는?

① 490 ② 500
③ 510 ④ 520

해설 특성 임피던스 $Z_0 = \sqrt{Z_{단락} \times Z_{개방}}$
$= \sqrt{300 \times 900} = 520[\Omega]$

10 제5고조파 전류의 억제를 위해 전력용 콘덴서에 직렬로 삽입하는 유도 리액턴스의 값으로 적당한 것은?

① 전력용 콘덴서 용량의 약 6[%] 정도
② 전력용 콘덴서 용량의 약 12[%] 정도
③ 전력용 콘덴서 용량의 약 18[%] 정도
④ 전력용 콘덴서 용량의 약 24[%] 정도

해설 직렬 리액터의 용량은 전력용 콘덴서 용량의 이론상 4[%]이지만, 주파수 변동 등을 고려하여 실제는 5~6[%] 정도 사용한다.

11 각 수용가의 수용률 및 수용가 사이의 부등률이 변화할 때 수용가군 총합의 부하율에 대한 설명으로 옳은 것은?

① 수용률에 비례하고 부등률에 반비례한다.
② 부등률에 비례하고 수용률에 반비례한다.
③ 부등률과 수용률에 모두 비례한다.
④ 부등률과 수용률에 모두 반비례한다.

해설 부하율 $= \dfrac{평균\ 전력}{설비\ 용량의\ 합계} \times \dfrac{부등률}{수용률}$

이론 check 수용률, 부등률 및 부하율의 관계

(1) 합성 최대 전력
$= \dfrac{최대\ 전력의\ 합계}{부등률}$
$= \dfrac{설비\ 용량의\ 합계 \times 수용률}{부등률}$

(2) 부하율
$= \dfrac{평균\ 전력}{설비\ 용량의\ 합계} \times \dfrac{부등률}{수용률}$

12 송전단 전압이 3.4[kV]이고 수전단 전압이 3[kV]인 배전 선로에서 수전단의 부하를 끊은 경우의 수전단 전압이 3.2[kV]로 되었다면 이때의 전압 변동률은 약 몇 [%]인가?

① 5.88 ② 6.25
③ 6.67 ④ 11.76

해설 전압 변동률 $\delta = \dfrac{V_{r0} - V_{rn}}{V_{rn}} \times 100[\%]$
$= \dfrac{3.2 - 3}{3} \times 100[\%] = 6.67[\%]$

정답 09.④ 10.① 11.② 12.③

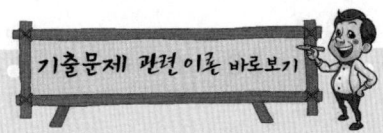

2015년 과년도 출제문제

13 전력 계통에서 무효 전력을 조정하는 조상 설비 중 전력용 콘덴서를 동기 조상기와 비교할 때 옳은 것은?

① 전력 손실이 크다.
② 지상 무효 전력분을 공급할 수 있다.
③ 전압 조정을 계단적으로 밖에 못한다.
④ 송전 선로를 시송전할 때 선로를 충전할 수 있다.

해설 전력용 콘덴서와 동기 조상기의 비교

전력용 콘덴서	동기 조상기
지상 부하에 사용	진상·지상 부하 모두 사용
계단적 조정	연속적 조정
정지기로 손실이 적음	회전기로 손실이 큼
시충전 불가	시충전 가능
배전 계통 주로 사용	송전 계통에 주로 사용

14 22.9[kV-Y] 가공 배전 선로에서 주공급 선로의 정전 사고시 예비 전원 선로로 자동 전환되는 개폐 장치는?

① 기중 부하 개폐기
② 고장 구간 자동 개폐기
③ 자동 선로 구분 개폐기
④ 자동 부하 전환 개폐기

해설 자동 부하 전환 개폐기(ALTS)는 주전원 정전시나 전압이 감소될 때 예비 전원으로 자동 전환되어 무정전 전원 공급을 수행하는 개폐기를 말한다.

15 일반적으로 화력 발전소에서 적용하고 있는 열 사이클 중 가장 열 효율이 좋은 것은?

① 재생 사이클
② 랭킨 사이클
③ 재열 사이클
④ 재생 재열 사이클

해설 화력 발전소에서 열 사이클 중 재생 재열 사이클이 가장 효율이 좋다.

16 한류 리액터의 사용 목적은?

① 충전 전류의 제한
② 접지 전류의 제한
③ 누설 전류의 제한
④ 단락 전류의 제한

해설 한류 리액터는 단락 사고시 발전기가 전기자 반작용이 일어나기 전 커다란 돌발 단락 전류가 흐르므로 이를 제한하기 위해 선로에 직렬로 설치한 리액터이다.

정답 13.③ 14.④ 15.④ 16.④

---

15. 이론 check 열 사이클

(1) 카르노 사이클
① 가장 효율이 좋은 이상적인 열 사이클이다.
② 순환 과정 : 단열 압축−등온 팽창−단열 팽창−등온 압축

(2) 랭킨 사이클
① 기력 발전소의 가장 기본적인 열 사이클로 두 등압 변화와 두 단열 변화로 되어 있다.
② 순환 과정 : 단열 압축(급수 펌프)−등압 가열(보일러 내부)−등온 등압 팽창(보일러 내부)−등온 등압 가열(과열기 내 건조 포화 증기)−단열 팽창(터빈 내부 : 과열 증기가 습증기로 변환)−등온 등압 냉각(복수기)

(3) 재생 사이클
터빈 중간에서 증기의 팽창 도중 증기의 일부를 추기하여 급수 가열에 이용한다.

(4) 재열 사이클
고압 터빈 내에서 습증기가 되기 전에 증기를 모두 추출하여 재열기를 이용하여 재가열시켜 저압 터빈을 돌려 열 효율을 향상시키는 열 사이클이다.

(5) 재생 재열 사이클
재생 및 재열 사이클을 겸용한 열 사이클로 열 효율이 가장 좋은 사이클이다.

PART 02 전력공학

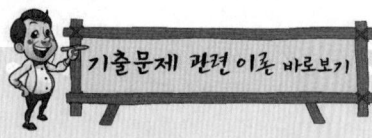

17 송전 계통의 절연 협조에 있어 절연 레벨을 가장 낮게 잡고 있는 기기는?
① 차단기   ② 피뢰기
③ 단로기   ④ 변압기

해설 절연 협조는 계통 기기에서 경제성을 유지하고 운용에 지장이 없도록 기준 충격 절연 강도(BIL ; Basic-impulse Insulation Level)를 만들어 기기 절연을 표준화하고 통일된 절연 체계를 구성할 목적으로 선로 애자가 가장 높고, 피뢰기를 가장 낮게 한다.

18. 이론 check ▶ 절연 협조

계통 내의 각 기계 기구 및 애자 등의 상호간에 적정한 절연 강도를 지니게 함으로써 계통 설계를 합리적·경제적으로 할 수 있게 한 것을 말한다. 즉, 송전 계통 각 기기의 절연 강도를 어디에 기준을 두느냐 하는 것은 기기 사용자나 제작자 다같이 대단히 중요한 사항이므로 계통 기기 채용상 경제성을 유지하고 운용에 지장이 없도록 기준 충격 절연 강도(Basic-impulse Insulation Level)를 만들어 기기 절연을 표준화하고 통일된 절연 체계를 구성할 목적으로 절연 계급을 설정한 것이다.
(1) 가공 지선 설치
  변압기 등 중요한 기기가 있는 발전소, 변전소에서 뇌의 직격을 피하기 위해 발전소, 변전소 구내 및 그 부근 1~2[km] 정도의 송전선에 충분한 차폐 효과를 지닌 가공 지선을 설치한다.
(2) 피뢰기 설치
  발전소, 변전소에 침입하는 이상 전압에 대해서는 피뢰기를 설치하여 이상 전압을 제한 전압까지 저하시키며, 피뢰기는 보호 대상 가까이에 설치하며 피뢰기의 접지 저항값은 5[Ω] 이하로 한다.

18 송전 계통에서 절연 협조의 기본이 되는 것은?
① 애자의 섬락 전압
② 권선의 절연 내력
③ 피뢰기의 제한 전압
④ 변압기 부싱의 섬락 전압

해설 피뢰기 제한 전압(뇌전류 방전시 직렬 갭 양단에 걸린 전압)을 절연 협조에 기본이 되는 전압으로 하고, 피뢰기의 제1보호 대상은 변압기로 한다.

19 다음 154[kV] 송전 선로에서 송전 거리가 154[km]라 할 때 송전 용량 계수법에 의한 송전 용량은 몇 [kW]인가? (단, 송전 용량 계수는 1,200으로 한다.)
① 61,600   ② 92,400
③ 123,200   ④ 184,800

해설 송전 용량
$$P = K\frac{V_r^2}{L} = 1,200 \times \frac{154^2}{154} = 184,800 \, [\text{kW}]$$

20 22.9[kV], Y결선된 자가용 수전 설비의 계기용 변압기의 2차측 정격 전압은 몇 [V]인가?
① 110   ② 190
③ $110\sqrt{3}$ ④ $190\sqrt{3}$

해설 계기용 변압기의 2차측 정격 전압은 상전압으로 표시하므로 110[V]로 한다.

정답 17.② 18.③ 19.④ 20.①

2016년 과년도 출제문제

제1회 전력공학

01 150[kVA] 단상 변압기 3대를 △-△ 결선으로 사용하다가 1대의 고장으로 V-V 결선하여 사용하면 약 몇 [kVA] 부하까지 걸 수 있겠는가?

① 200
② 220
③ 240
④ 260

해설 $P_V = \sqrt{3}\,P_1 = \sqrt{3} \times 150 = 260[\text{kVA}]$

02 송전 계통의 안정도를 증진시키는 방법이 아닌 것은?

① 전압 변동을 적게 한다.
② 제동 저항기를 설치한다.
③ 직렬 리액턴스를 크게 한다.
④ 중간 조상기 방식을 채용한다.

해설 송전 계통의 안정도 향상 대책
- 직렬 리액턴스 감소
- 전압 변동 억제(속응 여자 방식, 계통 연계, 중간 조상 방식)
- 계통 충격 경감(소호 리액터 접지, 고속 차단, 재폐로)
- 전력 변동 억제(조속기 신속 동작, 제동 저항기)

03 연간 전력량이 E[kWh]이고, 연간 최대 전력이 W[kW]인 연부하율은 몇 [%]인가?

① $\dfrac{E}{W} \times 100$
② $\dfrac{\sqrt{3}\,W}{E} \times 100$
③ $\dfrac{8,760\,W}{E} \times 100$
④ $\dfrac{E}{8,760\,W} \times 100$

해설
$$\text{연부하율} = \dfrac{\dfrac{E}{365 \times 24}}{W} \times 100 = \dfrac{E}{8,760\,W} \times 100[\%]$$

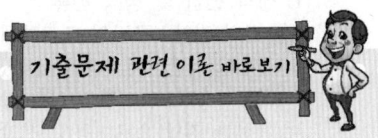

이론 안정도
계통이 주어진 운전 조건하에서 안정하게 운전을 계속할 수 있는가 하는 여부의 능력을 말한다.

[안정도 향상 대책]
(1) 계통의 직렬 리액턴스의 감소 대책
 ① 발전기나 변압기의 리액턴스를 감소시킨다.
 ② 전선로의 병행 회선을 증가하거나 복도체를 사용한다.
 ③ 직렬 콘덴서를 삽입해서 선로의 리액턴스를 보상해 준다.
(2) 전압 변동의 억제 대책
 ① 속응 여자 방식을 채용한다.
 ② 계통을 연계한다.
 ③ 중간 조상 방식을 채용한다.
(3) 계통에 주는 충격의 경감 대책
 ① 적당한 중성점 접지 방식을 채용한다.
 ② 고속 차단 방식을 채용한다.
 ③ 재폐로 방식을 채용한다.
(4) 고장시의 전력 변동의 억제 대책
 ① 조속기 동작을 신속하게 한다.
 ② 제동 저항기를 설치한다.
(5) 계통 분리 방식의 채용
(6) 전원 제한 방식의 채용

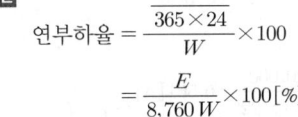 01.④ 02.③ 03.④

PART 02 전력공학

04. 차단기의 정격

(1) 정격 전압 및 정격 전류
① 정격 전압 : 규정의 조건하에서 그 차단기에 부과할 수 있는 사용 회복 전압의 상한 값(선간 전압)으로, 공칭 전압의 $\frac{1.2}{1.1}$ 배 정도이다.

공칭 전압	22.9 [kV]	66 [kV]	154 [kV]	345 [kV]
정격 전압	25.8 [kV]	72.5 [kV]	170 [kV]	362 [kV]

② 정격 전류 : 정격 전압, 주파수에서 연속적으로 흘릴 수 있는 전류의 한도[A]

(2) 정격 차단 전류[kA]
모든 정격 및 규정의 회로 조건하에서 규정된 표준 동작 책무와 동작 상태에 따라서 차단할 수 있는 최대의 차단 전류 한도(실효값)
※ 투입 전류 : 차단기 투입 순간 전류의 한도로서 최초 주차수의 최대치로 표시

(3) 정격 차단 용량
차단 용량 = $\sqrt{3}$×정격 전압×정격 차단 전류 [MVA]

(4) 정격 차단 시간
트립 코일 여자부터 소호까지의 시간으로 약 3~8[Hz] 정도이다.

---

04 차단기의 정격 차단 시간은?
① 고장 발생부터 소호까지의 시간
② 가동 접촉자 시동부터 소호까지의 시간
③ 트립 코일 여자부터 소호까지의 시간
④ 가동 접촉자 개구부터 소호까지의 시간

해설 차단기의 정격 차단 시간은 트립 코일이 여자하는 순간부터 아크가 소멸하는 시간으로 약 3~8[Hz] 정도이다.

05 3상 결선 변압기의 단상 운전에 의한 소손 방지 목적으로 설치하는 계전기는?
① 단락 계전기   ② 결상 계전기
③ 지락 계전기   ④ 과전압 계전기

해설 3상 운전 변압기의 단상 운전 방지를 위한 계전기는 역상(결상) 계전기를 사용한다.

06 인터록(interlock)의 기능에 대한 설명으로 맞는 것은?
① 조작자의 의중에 따라 개폐되어야 한다.
② 차단기가 열려 있어야 단로기를 닫을 수 있다.
③ 차단기가 닫혀 있어야 단로기를 닫을 수 있다.
④ 차단기와 단로기를 별도로 닫고, 열 수 있어야 한다.

해설 인터록(interlock)의 기능
• 회로를 개방시킬 때 차단기를 먼저 열고, 단로기를 열어야 한다.
• 회로를 투입시킬 때 단로기를 먼저 투입하고, 차단기를 투입하여야 한다.

07 그림과 같은 22[kV] 3상 3선식 전선로의 P점에 단락이 발생하였다면 3상 단락 전류는 약 몇 [A]인가? (단, %리액턴스는 8[%]이며 저항분은 무시한다.)

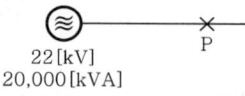

① 6,561   ② 8,560
③ 11,364   ④ 12,684

해설 단락 전류
$$I_s = \frac{100}{\%Z} \cdot I_n = \frac{100}{8} \times \frac{20,000}{\sqrt{3} \times 22} = 6,561[A]$$

정답 04.③ 05.② 06.② 07.①

08 전력 계통에서 내부 이상 전압의 크기가 가장 큰 경우는?

① 유도성 소전류 차단시
② 수차 발전기의 부하 차단시
③ 무부하 선로 충전 전류 차단시
④ 송전 선로의 부하 차단기 투입시

해설 전력 계통에서 가장 큰 내부 이상 전압은 개폐 서지로 무부하일 때 선로의 충전 전류를 차단할 때이다.

09 화력 발전소에서 재열기의 목적은?

① 급수 예열
② 석탄 건조
③ 공기 예열
④ 증기 가열

해설 재열기는 고압 터빈 출구에서 증기를 모두 추출하여 다시 가열하는 장치로서 가열된 증기를 저압 터빈으로 공급하여 열 효율을 향상시킨다.

10 송전 선로의 각 상전압이 평형되어 있을 때 3상 1회선 송전선의 작용 정전 용량[μF/km]을 옳게 나타낸 것은? (단, r은 도체의 반지름[m], D는 도체의 등가 선간 거리[m]이다.)

① $\dfrac{0.02413}{\log_{10}\dfrac{D}{r}}$

② $\dfrac{0.2413}{\log_{10}\dfrac{D}{r}}$

③ $\dfrac{0.02413}{\log_{10}\dfrac{D^2}{r}}$

④ $\dfrac{0.2413}{\log_{10}\dfrac{D^2}{r}}$

해설 송전선의 작용 정전 용량 $C=\dfrac{0.02413}{\log_{10}\dfrac{D}{r}}[\mu\text{F/km}]$

11 플리커 경감을 위한 전력 공급측의 방안이 아닌 것은?

① 공급 전압을 낮춘다.
② 전용 변압기로 공급한다.
③ 단독 공급 계통을 구성한다.
④ 단락 용량이 큰 계통에서 공급한다.

해설 플리커를 경감시키기 위해서는 공급 전압을 증가시켜서 조명 기구의 전압을 상승시킨다.

기출문제 관련 이론 바로보기

10. 이론 정전 용량

(1) 작용 정전 용량

① 단도체

$$C=\dfrac{1}{2\left(\log_e\dfrac{D}{r}\right)\times 9\times 10^9}[\text{F/m}]$$

$$=\dfrac{0.02413}{\log_{10}\dfrac{D}{r}}[\mu\text{F/km}]$$

② 다도체

$$C=\dfrac{0.02413}{\log_{10}\dfrac{D}{r'}}$$

$$=\dfrac{0.02413}{\log_{10}\dfrac{D}{\sqrt[n]{rs^{n-1}}}}[\mu\text{F/km}]$$

(2) 1선당 작용 정전 용량

① 단상 2선식
  $C_2=C_s+2C_m$
  여기서, C_s : 대지 정전 용량
  C_m : 선간 정전 용량

② 3상 3선식 1회선
  $C_3=C_s+3C_m$
  여기서, C_s : 대지 정전 용량
  C_m : 선간 정전 용량

정전 용량의 개략적인 값은 단도체 방식 3상 선로에서의 작용 정전 용량은 회선수에 관계없이 0.009[μF/km]이고, 대지 정전 용량은 1회선 0.005[μF/km], 2회선 0.004[μF/km]이다.

(3) 충전 전류(앞선 전류=진상 전류)

$$\dot{I_c}=\dfrac{\dot{E}}{X_C}=\dfrac{\dot{E}}{\dfrac{1}{j\omega C}}=j\omega C\dot{E}[\text{A}]$$

$$=j\omega C\cdot\dfrac{V}{\sqrt{3}}[\text{A}]$$

여기서, V : 선간 전압[V]
C : 작용 정전 용량[F]
E : 대지 전압[V]

정답 08.③ 09.④ 10.① 11.①

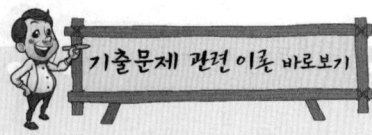

12 송전 선로에서 송전 전력, 거리, 전력 손실률과 전선의 밀도가 일정하다고 할 때, 전선 단면적 $A[\text{mm}^2]$는 전압 $V[\text{V}]$와 어떤 관계에 있는가?

① V에 비례한다.
② V^2에 비례한다.
③ $\dfrac{1}{V}$에 비례한다.
④ $\dfrac{1}{V^2}$에 비례한다.

해설 송전 선로에서 전선의 단면적 $A = \dfrac{\rho \cdot l \cdot P_r^{\,2}}{V^2 \cdot \cos^2\theta \cdot P_l}$

그러므로 $A \propto \dfrac{1}{V^2}$이다.

---

13. **이론check 동기 조상기**

무부하 동기 전동기의 여자를 변화시켜 전동기에서 공급되는 진상 또는 지상 전류를 공급받아 역률을 개선하고 송전 계통 변전소에 시설한다.

전력용 콘덴서	동기 조상기
지상 부하에 사용	진상·지상 부하 모두 사용
계단적 조정	연속적 조정
정지기로 손실이 적음	회전기로 손실이 큼
시충전 불가	시충전 가능
배전 계통에 주로 사용	송전 계통에 주로 사용

13 동기 조상기에 관한 설명으로 틀린 것은?

① 동기 전동기의 V특성을 이용하는 설비이다.
② 동기 전동기를 부족 여자로 하여 컨덕터로 사용한다.
③ 동기 전동기를 과여자로 하여 콘덴서로 사용한다.
④ 송전 계통의 전압을 일정하게 유지하기 위한 설비이다.

해설 동기 조상기는 경부하시 부족 여자로 지상을, 중부하시 과여자로 진상을 조정하므로 부족 여자는 리액터로 사용한다.

14 비등수형 원자로의 특색이 아닌 것은?

① 열 교환기가 필요하다.
② 기포에 의한 자기 제어성이 있다.
③ 방사능 때문에 증기는 완전히 기수 분리를 해야 한다.
④ 순환 펌프로서는 급수 펌프뿐이므로 펌프 동력이 작다.

해설 비등수형 원자로의 특징
• 원자로의 내부 증기를 직접 터빈에서 이용하기 때문에 증기 발생기(열 교환기)가 필요없다.
• 증기가 직접 터빈으로 들어가기 때문에 증기 누출을 철저히 방지해야 한다.
• 순환 펌프로서는 급수 펌프만 있으면 되므로 소내용 동력이 적다.
• 노심의 출력 밀도가 낮기 때문에 같은 노출력의 원자로에서는 노심 및 압력 용기가 커진다.
• 원자력 용기 내에 기수 분리기와 증기 건조기가 설치되므로 용기의 높이가 커진다.
• 연료는 저농축 우라늄(2~3[%])을 사용한다.

정답 12.④ 13.② 14.①

15 그림과 같은 단거리 배전 선로의 송전단 전압 6,600[V], 역률은 0.9이고, 수전단 전압 6,100[V], 역률 0.8일 때 회로에 흐르는 전류 I[A]는? (단, E_s 및 E_r은 송·수전단 대지 전압이며, $r = 20[\Omega]$, $x = 10[\Omega]$이다.)

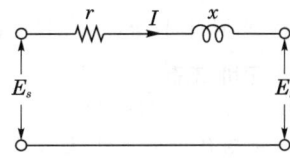

① 20
② 35
③ 53
④ 65

해설 선로 손실=송전단 전력-수전단 전력
$$I^2 r = E_1 I\cos\theta_1 - E_2 I\cos\theta_2$$
$$Ir = E_1 \cos\theta_1 - E_2 \cos\theta_2$$
$$\therefore I = \frac{E_1 \cos\theta_1 - E_2 \cos\theta_2}{r}$$
$$= \frac{6,600 \times 0.9 - 6,100 \times 0.8}{20}$$
$$= 53[A]$$

16 피뢰기의 제한 전압이란?
① 충격파의 방전 개시 전압
② 상용 주파수의 방전 개시 전압
③ 전류가 흐르고 있을 때의 단자 전압
④ 피뢰기 동작 중 단자 전압의 파고값

해설 피뢰기 동작하여 방전 전류가 흐르고 있을 때 피뢰기 양 단자 간 전압의 파고치를 제한 전압이라 한다.

17 단락 용량 5,000[MVA]인 모선의 전압이 154[kV]라면 등가 모선 임피던스는 약 몇 [Ω]인가?
① 2.54
② 4.74
③ 6.34
④ 8.24

해설 단락 용량 $P_s = VI_s = \dfrac{V^2}{Z}$ 에서
임피던스 $Z = \dfrac{V^2}{P_s} = \dfrac{154^2}{5,000} = 4.74[\Omega]$이다.

정답 15.③ 16.④ 17.②

16. 이론 check ▶ 피뢰기의 정격 전압과 제한 전압

(1) **충격 방전 개시 전압**
피뢰기의 단자 간에 충격 전압을 인가하였을 경우 방전을 개시하는 전압이다.

충격비 = $\dfrac{\text{충격 방전 개시 전압}}{\text{상용 주파 방전 개시 전압의 파고값}}$

진행파가 피뢰기의 설치점에 도달하여 직렬 갭이 충격 방전 개시 전압을 받으면 직렬 갭이 먼저 방전하게 되는데, 이 결과 피뢰기의 특성 요소가 선로에 이어져서 뇌전류를 방류하여 원래의 전압을 제한 전압까지 내린다.

(2) **정격 전압**
속류를 끊을 수 있는 최고의 교류 실효값 전압이며 송전선 전압이 같더라도 중성점 접지 방식 여하에 따라서 달라진다.
① 직접 접지 계통 : 선로 공칭 전압의 0.8~1.0배
② 저항 혹은 소호 리액터 접지 계통 : 선로 공칭 전압의 1.4~1.6배

(3) **제한 전압**
진행파가 피뢰기의 설치점에 도달하여 직렬 갭이 충격 방전 개시 전압을 받으면 직렬 갭이 먼저 방전하게 되는데, 이 결과 피뢰기의 특성 요소가 선로에 이어져서 뇌전류를 방류하여 제한 전압까지 내린다. 즉, 피뢰기가 동작 중일 때 단자 간의 전압이라 할 수 있다.

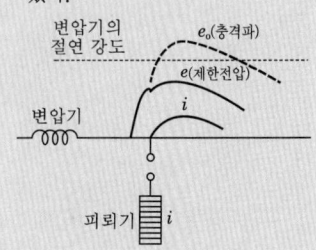

∥ 피뢰기의 제한 전압 ∥

PART 02 전력공학

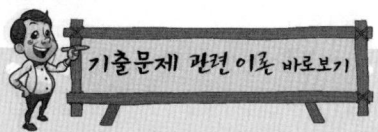

18. 이론 check 피뢰기의 설치 장소 및 구비 조건

(1) 피뢰기의 설치 장소
① 발전소, 변전소에서 가공 전선 인입구, 인출구
② 특고압 옥외 변전용 변압기 고압 및 특고압측
③ 고압 및 특고압 가공 전선로로부터 공급받는 수용가 인입구
④ 가공 전선로와 지중 전선로가 접속되는 곳

(2) 피뢰기의 구비 조건
① 충격 방전 개시 전압이 낮을 것
② 상용 주파 방전 개시 전압이 높을 것
③ 방전 내량이 크면서 제한 전압은 낮을 것
④ 속류 차단 능력이 충분할 것

18 피뢰기가 그 역할을 잘 하기 위하여 구비되어야 할 조건으로 틀린 것은?

① 속류를 차단할 것
② 내구력이 높을 것
③ 충격 방전 개시 전압이 낮을 것
④ 제한 전압은 피뢰기의 정격 전압과 같게 할 것

해설 피뢰기의 구비 조건
• 충격 방전 개시 전압이 낮을 것
• 상용 주파 방전 개시 전압 및 정격 전압이 높을 것
• 방전 내량이 크면서 제한 전압은 낮을 것
• 속류 차단 능력이 충분할 것

19 저압 배전 선로에 대한 설명으로 틀린 것은?

① 저압 뱅킹 방식은 전압 변동을 경감할 수 있다.
② 밸런서(balancer)는 단상 2선식에 필요하다.
③ 배전 선로의 부하율이 F일 때 손실 계수는 F와 F^2의 중간 값이다.
④ 수용률이란 최대 수용 전력을 설비 용량으로 나눈 값을 퍼센트로 나타낸 것이다.

해설 밸런서는 단상 3선식에서 설비의 불평형을 방지하기 위하여 선로 말단에 시설한다.

20 그림과 같은 전력 계통의 154[kV] 송전 선로에서 고장 지락 임피던스 Z_{gf}를 통해서 1선 지락 고장이 발생되었을 때 고장점에서 본 영상 %임피던스는? (단, 그림에 표시한 임피던스는 모두 동일 용량, 100[MVA] 기준으로 환산한 %임피던스이다.)

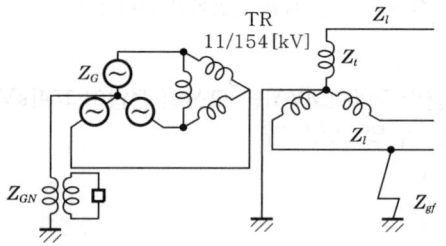

① $Z_0 = Z_l + Z_t + Z_G$
② $Z_0 = Z_l + Z_t + Z_{gf}$
③ $Z_0 = Z_l + Z_t + 3Z_{gf}$
④ $Z_0 = Z_l + Z_t + Z_{gf} + Z_G + Z_{GN}$

해설 영상 임피던스는 변압기 내부 임피던스(Z_t)와 선로 임피던스(Z_l) 그리고 지락 발생한 1상의 임피던스($3Z_{gf}$)의 합계로 된다. 즉, $Z_0 = Z_l + Z_t + 3Z_{gf}$ 이다.

정답 18.④ 19.② 20.③

제 2 회 전력공학

01 송전 선로의 현수 애자련 연면 섬락과 가장 관계가 먼 것은?
① 댐퍼
② 철탑 접지 저항
③ 현수 애자련의 개수
④ 현수 애자련의 소손

해설 댐퍼(damper)는 진동 루프 길이의 $\frac{1}{2} \sim \frac{1}{3}$인 곳에 설치하며 진동 에너지를 흡수하여 전선 진동을 방지하는 것으로 연면 섬락과는 관련이 없다.

02 그림과 같은 주상 변압기 2차측 접지 공사의 목적은?
① 1차측 과전류 억제
② 2차측 과전류 억제
③ 1차측 전압 상승 억제
④ 2차측 전압 상승 억제

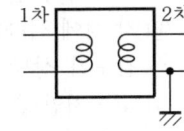

해설 변압기 저·고압 혼촉으로 인한 2차측 전압 상승을 억제하기 위하여 변압기 2차측 중성점 또는 1단자에 제2종 접지 공사를 시행하여야 한다.

03 선로 전압 강하 보상기(LDC)에 대한 설명으로 옳은 것은?
① 승압기로 저하된 전압을 보상하는 것
② 분로 리액터로 전압 상승을 억제하는 것
③ 선로의 전압 강하를 고려하여 모선 전압을 조정하는 것
④ 직렬 콘덴서로 선로의 리액턴스를 보상하는 것

해설 LDC(Line Drop Compensator)는 선로의 전압 강하를 고려하여 모선 전압을 조정하는 것이다.

04 송전 전압 154[kV], 2회선 선로가 있다. 선로 길이가 240[km]이고 선로의 작용 정전 용량이 0.02[μF/km]라고 한다. 이것을 자기 여자를 일으키지 않고 충전하기 위해서는 최소한 몇 [MVA] 이상의 발전기를 이용해야 하는가? (단, 주파수는 60[Hz]이다.)
① 78
② 86
③ 89
④ 95

해설
• 1회선 충전 용량
$P_g = \omega CV^2 = 2\pi \times 60 \times 0.02 \times 240 \times 154^2 \times 10^{-6} = 43$[MVA]
• 2회선 충전 용량
$43 \times 2 = 86$[MVA]

정답 01.① 02.④ 03.③ 04.②

기출문제 관련 이론 바로보기

01. 이론 check **전선의 진동**

가공 송전 선로에 5[m/s] 정도의 미풍이 전선과 직각에 가까운 방향으로 불 때에는 그 전선 주위에 공기의 소용돌이가 생기고 이 때문에 전선의 연직 방향에 교번력이 작용해서 전선은 상하로 진동하게 된다. 이 진동수가 전선의 경간 및 단위 길이당 무게 등에 의해서 정해지는 고유 진동수와 같게 되면 공진을 일으켜서 진동을 유지하게 된다. 이와 같은 현상을 가공 송전 선로에서 전선의 진동이라고 하는데 이 진동이 계속되면 전선은 지지점에서 반복되는 응력을 받아서 피로 현상을 나타내고, 단선 사고나 철탑 같은 지지물에 취부되어 있는 볼트 조임을 이완시켜 본래의 강도를 저하시키게 된다. 여러 가지 방진 장치가 설계 및 이용되고 있는데, 우리가 가장 많이 쓰고 있는 방진 장치로서 Stock-bridge damper를 1개소 또는 수 개소에 일정 거리를 유지하도록 취부하여 진동 에너지를 흡수하게 한다.

04. 이론 check **충전 전류와 충전 용량**

(1) 충전 전류(앞선 전류=진상 전류)
$\dot{I}_c = \frac{\dot{E}}{X_C} = \frac{\dot{E}}{\frac{1}{j\omega C}} = j\omega C\dot{E}$ [A]
$= j\omega C \cdot \frac{V}{\sqrt{3}}$ [A]

여기서, V : 선간 전압[V]
C : 작용 정전 용량[F]
E : 대지 전압[V]

(2) 3상 충전 용량
$Q_c = 3EI_c = 3\omega CE^2 = \omega CV^2$
$= 2\pi fCV^2 \times 10^{-3}$ [kVA]

여기서, V : 선간 전압($\sqrt{3}E$)

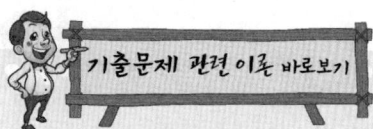

05. 이론 check ▶ **중성점 접지 방식**

(1) 직접 접지 방식
 ① 장점
  ㉠ 1선 지락, 단선 사고시 전압 상승이 거의 없어 기기의 절연 레벨 저하
  ㉡ 피뢰기 책무가 경감되고, 피뢰기 효과 증가
  ㉢ 중성점은 거의 영전위 유지로 단절연 변압기 사용 가능
  ㉣ 보호 계전기의 신속 확실한 동작
 ② 단점
  ㉠ 지락 고장 전류가 저역률, 대전류이므로 과도 안정도가 나쁘다.
  ㉡ 통신선에 대한 유도 장해가 크다.
  ㉢ 지락 전류가 커서 기기의 기계적 충격에 의한 손상, 고장점에서 애자 파손, 전선 용단 등의 고장이 우려된다.
  ㉣ 직접 접지식에서는 차단기가 큰 고장 전류를 자주 차단하게 되어 대용량의 차단기가 필요하다.

(2) 소호 리액터 접지의 특징
유도 장해가 적고, 1선 지락시 계속적인 송전이 가능하고, 고장이 스스로 복구될 수 있으나, 보호 장치의 동작이 불확실하고, 단선 고장시에서는 직렬 공진 상태가 되어 이상 전압을 발생시킬 수 있으므로 완전 공진을 시키지 않고 소호 리액터에 탭을 설치하여 공진에서 약간 벗어난 상태(과보상)로 한다.

05 송전 계통에서 1선 지락시 유도 장해가 가장 작은 중성점 접지 방식은?
 ① 비접지 방식
 ② 저항 접지 방식
 ③ 직접 접지 방식
 ④ 소호 리액터 접지 방식

해설 1선 지락시 유도 장해가 가장 큰 접지 방식은 직접 접지 방식이고, 가장 작은 접지 방식은 소호 리액터 접지 방식이다.

06 22.9[kV-Y] 3상 4선식 중성선 다중 접지 계통의 특성에 대한 내용으로 틀린 것은?
 ① 1선 지락 사고시 1상 단락 전류에 해당하는 큰 전류가 흐른다.
 ② 전원의 중성점과 주상 변압기의 1차 및 2차를 공통의 중성선으로 연결하여 접지한다.
 ③ 각 상에 접속된 부하가 불평형일 때도 불완전 1선 지락 고장의 검출 감도가 상당히 예민하다.
 ④ 고·저압 혼촉 사고시에는 중성선에 막대한 전위 상승을 일으켜 수용가에 위험을 줄 우려가 있다.

해설 다중 접지 계통의 중성점 접지 저항은 대단히 작은 값으로 부하 불평형일 경우 중성선에 흐르는 불평형 전류가 존재하므로 불완전 지락 고장의 검출 감도가 떨어진다.

07 송전 계통에서 자동 재폐로 방식의 장점이 아닌 것은?
 ① 신뢰도 향상
 ② 공급 지장 시간의 단축
 ③ 보호 계전 방식의 단순화
 ④ 고장상의 고속도 차단, 고속도 재투입

해설 고속도 자동 재폐로 방식은 재폐로 차단기를 이용하여 사고시 고장 구간을 신속하게 분리하고, 건전한 구간은 자동으로 재투입을 시도하는 장치로 전력 계통의 안정도 향상을 목적으로 하는 장치이기 때문에 보호 계전기와는 관계가 없다.

08 유효 낙차 100[m], 최대 사용 수량 20[m³/s]인 발전소의 최대 출력은 약 몇 [kW]인가? (단, 수차 및 발전기의 합성 효율은 85[%]라 한다.)
 ① 14,160
 ② 16,660
 ③ 24,990
 ④ 33,320

해설 발전소의 최대 출력
$P = 9.8HQ\eta = 9.8 \times 100 \times 20 \times 0.85 = 16,660 [\text{kW}]$

정답 05.④ 06.③ 07.③ 08.②

09 수력 발전소에서 흡출관을 사용하는 목적은?

① 압력을 줄인다.
② 유효 낙차를 늘린다.
③ 속도 변동률을 작게 한다.
④ 물의 유선을 일정하게 한다.

해설 흡출관은 중낙차 또는 저낙차용으로 적용되는 반동 수차에서 낙차를 증대시킬 목적으로 사용된다.

10 방향성을 갖지 않는 계전기는?

① 전력 계전기
② 과전류 계전기
③ 비율 차동 계전기
④ 선택 지락 계전기

해설 과전류 계전기는 방향성이 없다.

11 송전단 전압이 66[kV]이고, 수전단 전압이 62[kV]로 송전 중이던 선로에서 부하가 급격히 감소하여 수전단 전압이 63.5[kV]가 되었다. 전압 강하율은 약 몇 [%]인가?

① 2.28
② 3.94
③ 6.06
④ 6.45

해설 전압 강하율
$$\varepsilon = \frac{V_s - V_r}{V_r} \times 100[\%] = \frac{66 - 63.5}{63.5} \times 100 = 3.937[\%]$$

12 154[kV] 송전 선로의 전압을 345[kV]로 승압하고 같은 손실률로 송전한다고 가정하면 송전 전력은 승압 전의 약 몇 배 정도인가?

① 2
② 3
③ 4
④ 5

해설 전력 $P \propto V^2$하므로 $\left(\frac{345}{154}\right)^2 = 5$배로 된다.

13 각 전력 계통을 연계선으로 상호 연결하면 여러 가지 장점이 있다. 틀린 것은?

① 경제급전이 용이하다.
② 주파수의 변화가 작아진다.
③ 각 전력 계통의 신뢰도가 증가한다.
④ 배후 전력(back power)이 크기 때문에 고장이 적으며 그 영향의 범위가 작아진다.

---

11. 이론 check 단거리 송전 선로(50[km] 이하)

(1) 단거리 송전 선로의 경우에는 저항과 인덕턴스와의 직렬 회로로 나타내며 집중 정수 회로로 해석한다.

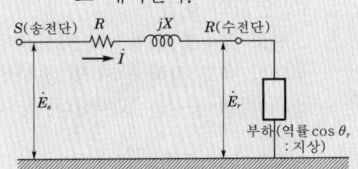

(2) 전압 강하(e)

단상 $e = E_s - E_r$
$= I(R\cos\theta_r + X\sin\theta_r)$

3상 $e = E_s - E_r$
$= \sqrt{3}I(R\cos\theta_r + X\sin\theta_r)$
$= \sqrt{3} \times \frac{P_r}{\sqrt{3}\,V_r\cos\theta_r}$
$\quad \times (R\cos\theta_r + X\sin\theta_r)$
$= \frac{P_r}{V_r}(R + X\tan\theta_r)$

(3) 전압 강하율(ε)

$\varepsilon = \frac{V_s - V_r}{V_r} \times 100[\%]$

$= \frac{e}{V_r} \times 100[\%]$

전압 강하 $e = \frac{P_r}{V_r}(R + X\tan\theta_r)$

이므로

$\varepsilon = \frac{P_r}{V_r^2}(R + X\tan\theta) \times 100[\%]$

로 된다.

여기서, V_s : 송전단 전압
V_r : 수전단 전압
P_r : 수전단 전력
R : 선로의 저항
X : 선로의 리액턴스
θ : 부하의 역률각

정답 09.② 10.② 11.② 12.④ 13.④

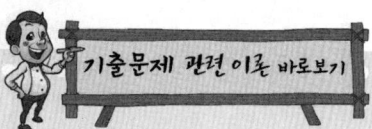

14. 연가

(1) 전선로 각 상의 선로 정수를 평형이 되도록 선로 전체의 길이를 3등분(3의 배수)하여 각 상에 속하는 전선이 전 구간을 통하여 각 위치를 일순하도록 도중의 개폐소나 연가 철탑에서 바꾸어 주는 것이다.

(2) 연가의 효과
선로 정수를 평형시켜 통신선에 대한 유도 장해 방지 및 전선로의 직렬 공진을 방지한다.

해설 배후 전력이 커지면 단락 용량이 증가하므로 고장 용량이 크게 된다.

14 3상 3선식 송전 선로에서 연가의 효과가 아닌 것은?

① 작용 정전 용량의 감소
② 각 상의 임피던스 평형
③ 통신선의 유도 장해 감소
④ 직렬 공진의 방지

해설 연가의 효과는 선로 정수를 평형시켜 통신선에 대한 유도 장해 방지 및 전선로의 직렬 공진을 방지하는 것이므로 정전 용량의 감소와는 관계가 없다.

15 그림과 같이 정수가 서로 같은 평행 2회선 송전 선로의 4단자 정수 중 B에 해당되는 것은?

$$\boxed{\begin{array}{cccc} A_1 & B_1 & C_1 & D_1 \\ A_1 & B_1 & C_1 & D_1 \end{array}}$$

① $4B_1$
② $2B_1$
③ $\dfrac{1}{2}B_1$
④ $\dfrac{1}{4}B_1$

해설 평행 2회선 4단자 정수 $\begin{bmatrix} A & B \\ C & D \end{bmatrix} = \begin{bmatrix} A_1 & \dfrac{1}{2}B_1 \\ 2C_1 & D_1 \end{bmatrix}$

16. 차단기 저항 투입 차단 방식

345[kV] 이상의 계통에서는 차단기의 차단에 의하여 발생하는 과전압보다 재투입에 의한 과전압이 상대적으로 높기 때문에 절연 설계상 서지를 낮은 값으로 억제해야 할 필요가 있다. 따라서 우리나라 345[kV], 765[kV] 계통에서는 제한값 이상의 과전압이 발생하지 않도록 투입 저항을 구비하도록 하고 있다.

16 초고압용 차단기에 개폐 저항기를 사용하는 주된 이유는?

① 차단 속도 증진
② 차단 전류 감소
③ 이상 전압 억제
④ 부하 설비 증대

해설 초고압용 차단기에서 개폐 서지로 인한 이상 전압은 저항을 이용하여 억제한다.

17 3상 3선식 송전 선로의 선간 거리가 각각 50[cm], 60[cm], 70[cm]인 경우 기하학적 평균 선간 거리는 약 몇 [cm]인가?

① 50.4
② 59.4
③ 62.8
④ 64.8

해설 등가 선간 거리
$D_0 = \sqrt[3]{D_1 D_2 D_3} = \sqrt[3]{50 \times 60 \times 70} = 59.4[\text{cm}]$

 정답 14.① 15.③ 16.③ 17.②

18 각 수용가의 수용 설비 용량이 50[kW], 100[kW], 80[kW], 60[kW], 150[kW]이며, 각각의 수용률이 0.6, 0.6, 0.5, 0.5, 0.4일 때 부하의 부등률이 1.3이라면 변압기 용량은 약 몇 [kVA]가 필요한가? (단, 평균 부하 역률은 80[%]라고 한다.)

① 142
② 165
③ 183
④ 212

해설 변압기 용량

$$P_T = \frac{50\times0.6+100\times0.6+80\times0.5+60\times0.5+150\times0.4}{1.3\times0.8}$$

$$=212[\text{kVA}]$$

19 초고압 송전 선로에 단도체 대신 복도체를 사용할 경우 틀린 것은?

출제빈도

① 전선의 작용 인덕턴스를 감소시킨다.
② 선로의 작용 정전 용량을 증가시킨다.
③ 전선 표면의 전위 경도를 저감시킨다.
④ 전선의 코로나 임계 전압을 저감시킨다.

해설 **복도체 및 다도체의 특징**

- 동일한 단면적의 단도체보다 인덕턴스와 리액턴스가 감소하고 정전 용량이 증가하여 송전 용량을 크게 할 수 있다.
- 전선 표면의 전위 경도를 저감시켜 코로나 임계 전압을 증가시키고, 코로나손을 줄일 수 있다.
- 전력 계통의 안정도를 증대시키고, 초고압 송전 선로에 채용한다.
- 페란티 효과에 의한 수전단 전압 상승 우려가 있다.
- 강풍, 빙설 등에 의한 전선의 진동 또는 동요가 발생할 수 있고, 단락 사고시 소도체가 충돌할 수 있다.

20 이상 전압에 대한 방호 장치가 아닌 것은?

① 피뢰기
② 가공 지선
③ 방전 코일
④ 서지 흡수기

해설 방전 코일은 잔류 전하를 방전하여 감전 사고를 예방하고, 재투입시 모선 전압의 과상승을 방지한다.

기출문제 관련 이론 바로보기

19. 이론 check 복도체 장단점

(1) 장점
① 코로나 임계 전압은 15~20[%] 정도 상승한다.
② 선로 리액턴스는 감소한다.
③ 정전 용량은 증가한다.
④ 허용 전류는 증가한다.
⑤ 송전 용량은 20[%] 정도 증가한다.
⑥ 중공 연선과 같은 특수 전선을 필요로 하지 않는다.

(2) 단점
① 정전 용량이 커지기 때문에 페란티 효과에 의한 수전단 전압 상승이 과대하게 될 우려가 있다.
② 강풍이나 부착 빙설에 의한 전선의 진동이라든가 동요가 발생될 수 있으므로 그 대책이 필요하다.
③ 단락 사고시 등에 각 소도체에 같은 방향의 대전류가 흘러서 도체 간에 커다란 흡인력이 발생하여 소도체가 서로 충돌해서 전선 표면을 손상시킨다.

정답 18.④ 19.④ 20.③

PART 02 전력공학

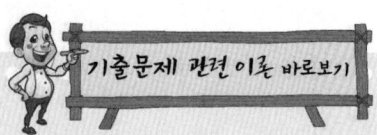

제3회 전력공학

03. 이론 check ▶ **직접 접지 방식의 특징**

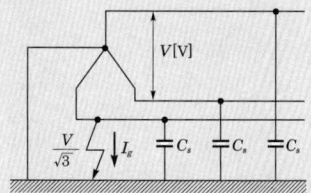

┃ 직접 접지 방식 ┃

(1) 조건
$R_0 \leq X_1$, $X_0 \leq 3X_1$ 가 되어야 하며, 1선 지락 사고시 건전상의 전위 상승을 1.3배 이하가 되도록 중성점 접지 저항으로 접지하는 것. 여기서, R_0 : 영상 저항, X_0 : 영상 리액턴스, X_1 : 정상 리액턴스를 말한다. 이 계통은 충전 전류는 대단히 작아져 건전상의 전위를 거의 상승시키지 않고 중성점을 통해서 큰 전류가 흐른다.

(2) 장점
① 1선 지락, 단선 사고시 전압 상승이 거의 없어 기기의 절연 레벨 저하
② 피뢰기 책무가 경감되고, 피뢰기 효과 증가
③ 중성점은 거의 영전위 유지로 단절연 변압기 사용 가능
④ 보호 계전기의 신속 확실한 동작

(3) 단점
① 지락 고장 전류가 저역률, 대전류이므로 과도 안정도가 나쁘다.
② 통신선에 대한 유도 장해가 크다.
③ 지락 전류가 커서 기기의 기계적 충격에 의한 손상, 고장점에서 애자 파손, 전선 용단 등의 고장이 우려된다.
④ 직접 접지식에서는 차단기가 큰 고장 전류를 자주 차단하게 되어 대용량의 차단기가 필요하다.
(4) 직접 접지 방식은 154[kV], 345[kV] 등의 고전압에 사용한다.

01 송전 거리, 전력, 손실률 및 역률이 일정하다면 전선의 굵기는?
① 전류에 비례한다.
② 전류에 반비례한다.
③ 전압의 제곱에 비례한다.
④ 전압의 제곱에 반비례한다.

해설 선로 손실 $P_l = \dfrac{\rho l P^2}{A V^2 \cos^2\theta}$[kW]에서

$A = \dfrac{\rho l P^2}{P_l V^2 \cos^2\theta}$[mm^2]이므로

전선의 굵기는 전압의 제곱에 반비례한다.

02 보호 계전기의 보호 방식 중 표시선 계전 방식이 아닌 것은?
① 방향 비교 방식
② 위상 비교 방식
③ 전압 반향 방식
④ 전류 순환 방식

해설 표시선(pilot wire) 계전 방식은 송전선 보호 범위 내의 사고에 대하여 고장점의 위치에 관계없이 선로 양단을 신속하게 차단하는 계전 방식으로 방향 비교 방식, 전압 반향 방식, 전류 순환 방식 등이 있다.

03 중성점 직접 접지 방식에 대한 설명으로 틀린 것은?
① 계통의 과도 안정도가 나쁘다.
② 변압기의 단절연(段絕緣)이 가능하다.
③ 1선 지락시 건전상의 전압은 거의 상승하지 않는다.
④ 1선 지락 전류가 적어 차단기의 차단 능력이 감소된다.

해설 중성점 직접 접지 방식은 1상 지락 사고일 경우 지락 전류가 대단히 크기 때문에 보호 계전기의 동작이 확실하고, 계통에 주는 충격이 커서 과도 안정도가 나쁘다. 또한 중성점의 전위는 대지 전위이므로 저감 절연 및 변압기 단절연이 가능하다.

04 단상 변압기 3대를 △결선으로 운전하던 중 1대의 고장으로 V결선한 경우 V결선과 △결선의 출력비는 약 몇 [%]인가?
① 52.2
② 57.7
③ 66.7
④ 86.6

▶정답 01.④ 02.② 03.④ 04.②

2016년 과년도 출제문제

해설 V결선과 △결선의 출력비

$$\frac{P_V}{P_\triangle} = \frac{\sqrt{3}\,P_1}{3P_1} \times 100[\%] = 57.7[\%]$$

05 전력선에 영상 전류가 흐를 때 통신 선로에 발생되는 유도 장해는?

① 고조파 유도 장해 ② 전력 유도 장해
③ 전자 유도 장해 ④ 정전 유도 장해

해설 지락 사고시 영상 전압에 의해 정전 유도가 발생하고, 영상 전류에 의해 전자 유도가 발생한다.

06 변압기의 결선 중에서 1차에 제3고조파가 있을 때 2차에 제3고조파 전압이 외부로 나타나는 결선은?

① Y-Y   ② Y-△
③ △-Y   ④ △-△

해설 △결선은 제3고조파를 제거한다. 그러므로 Y-Y결선은 제3고조파를 제거할 수 없으므로 선로에 제3고조파가 나타난다.

07 3상 3선식의 전선 소요량에 대한 3상 4선식의 전선 소요량의 비는 얼마인가? (단, 배전 거리, 배전 전력 및 전력 손실은 같고, 4선식의 중성선의 굵기는 외선의 굵기와 같으며, 외선과 중성선 간의 전압은 3선식의 선간 전압과 같다.)

① $\frac{4}{9}$ ② $\frac{2}{3}$
③ $\frac{3}{4}$ ④ $\frac{1}{3}$

해설 4선식의 외선과 중성선 간 전압은 3선식의 선간 전압과 같으므로 전류의 비를 구하면

$$\sqrt{3}\,EI_{33} = 3EI_{34} \text{에서 } \frac{I_{34}}{I_{33}} = \frac{\sqrt{3}}{3} = \frac{1}{\sqrt{3}}$$

손실이 동일하므로 $3I_{33}^2 R_{33} = 3I_{34}^2 R_{34}$에서 저항의 비는

$$\frac{R_{34}}{R_{33}} = \frac{I_{33}^2}{I_{34}^2} = \left(\frac{I_{33}}{I_{34}}\right)^2$$

전선 단면적은 저항에 반비례하고 저항은 전류에 반비례하므로

$$\frac{A_{34}}{A_{33}} = \frac{R_{33}}{R_{34}} = \left(\frac{I_{34}}{I_{33}}\right)^2$$

그러므로 전선 중량의 비는 $\frac{4A_{34}\,l}{3A_{33}\,l} = \frac{4}{3} \times \frac{A_{34}}{A_{33}} = \frac{4}{3} \times \left(\frac{1}{\sqrt{3}}\right)^2 = \frac{4}{9}$

기출문제 관련 이론 바로보기

05. 이론 check **유도 장해**

(1) 정전 유도

송전선과 통신선의 정전 용량을 통해서 통신선에 전압이 생기는 현상을 정전 유도라 한다.

① 단상 정전 유도 전압 : 통신선에 유도되는 정전 유도 전압은 그림과 같이 등가 회로에 의하여 다음과 같다.

$$E_0 = \frac{C_m}{C_m + C_0} E_1 [V]$$

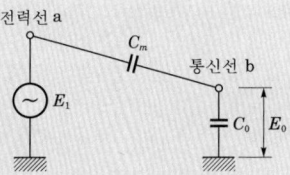

② 3상 정전 유도 전압 :

$$|E_0| = \frac{\sqrt{\begin{array}{c}C_a(C_a-C_b)\\+C_b(C_b-C_c)\\+C_c(C_c-C_a)\end{array}}}{C_a+C_b+C_c+C_0} \times \frac{V}{\sqrt{3}}$$

여기서,
C_m : 전력선과 통신선 간의 상호 정전 용량
C_0 : 통신선의 대지 정전 용량
$C_a,\ C_b,\ C_c$: 선간 정전 용량
$E_a,\ E_b,\ E_c$: 각 전선의 전위
V : 송전 선로의 선간 전압
V_0 : 영상 전압

(2) 전자 유도

3상 3선의 전자 유도 전압은

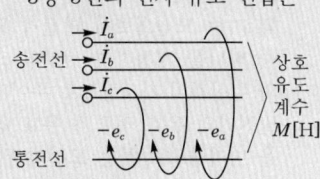

통신선 전자 유도 전압
$E_m = (-e_a) + (-e_b) + (-e_c)$
$E_m = -j\omega Ml(\dot{I_a} + \dot{I_b} + \dot{I_c})$
$= -j\omega Ml \times 3I_0$

정답 05.③ 06.① 07.①

PART 02 전력공학

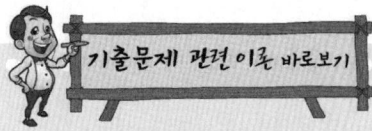

여기서,
I_a, I_b, I_c : 각 상의 불평형 전류
M : 전력선과 통신선과의 상호 인덕턴스
l : 전력선과 통신선의 병행 길이
$3I_0$: 3×영상 전류 ⇒ 지락 전류
⇒ 기유도 전류

10. 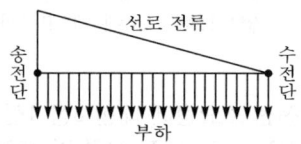 슬랙 모선

슬랙 모선은 전력 조류 계산에서의 기준 모선으로서 발전기 모선 중 하나를 지정하며 전압의 크기와 위상각이 기지량으로 주어지며 발전기의 유효 전력과 무효 전력을 미지량으로 하는 모선이 된다. 즉, 조류 계산시 발전기에 주어지는 출력값은 경제 급전에서 송전 손실을 근사하여 계산한 값이므로 송전 손실만큼의 차이가 나게 되는데 이를 슬랙 모선에서 담당하는 것으로 보는 것이다.

08 수전단의 전력원 방정식이 $P_r^2 + (Q_r + 400)^2 = 250{,}000$으로 표현되는 전력 계통에서 가능한 최대로 공급할 수 있는 부하 전력(P_r)과 이때 전압을 일정하게 유지하는 데 필요한 무효 전력(Q_r)은 각각 얼마인가?

① $P_r = 500$, $Q_r = -400$
② $P_r = 400$, $Q_r = 500$
③ $P_r = 300$, $Q_r = 100$
④ $P_r = 200$, $Q_r = -300$

해설 전압을 일정하게 유지하려면 전부하 상태이므로 무효 전력을 조정하기 위해서는 조상 설비 용량이 -400으로 되어야 한다. 그러므로 부하 전력 $P_r = 500$, 무효 전력 $Q_r = -400$이 되어야 한다.

09 그림과 같이 부하가 균일한 밀도로 도중에서 분기되어 선로 전류가 송전단에 이를수록 직선적으로 증가할 경우 선로의 전압 강하는 이 송전단 전류와 같은 전류의 부하가 선로의 말단에만 집중되어 있을 경우의 전압 강하보다 어떻게 되는가? (단, 부하 역률은 모두 같다고 한다.)

① $\dfrac{1}{3}$ ② $\dfrac{1}{2}$
③ 1 ④ 2

해설 전압 강하 분포

부하 형태	말단에 집중	균등 분포	송전단 증가 분포	수전단 증가 분포	중앙 증가 분포
전류 분포					
전압 강하	1	$\dfrac{1}{2}$	$\dfrac{1}{3}$	$\dfrac{2}{3}$	$\dfrac{1}{2}$

10 컴퓨터에 의한 전력 조류 계산에서 슬랙(slack) 모선의 지정값은? (단, 슬랙 모선을 기준 모선으로 한다.)

① 유효 전력과 무효 전력
② 모선 전압의 크기와 유효 전력
③ 모선 전압의 크기와 무효 전력
④ 모선 전압의 크기와 모선 전압의 위상각

정답 08.① 09.② 10.④

해설 슬랙 모선에서의 전압=1, 위상=0을 기본값[p.u]으로 하여 전력 조류량으로 각 선로의 용량 제한에 걸리는지 여부를 검사하는 것으로 선로용량과 실제 조류량을 비교할 때 사용하고, 모선 전압의 크기와 위상각이 지정값이 된다.

11 동일 모선에 2개 이상의 급전선(feeder)을 가진 비접지 배전 계통에서 지락 사고에 대한 보호 계전기는?

① OCR   ② OVR
③ SGR   ④ DFR

해설 동일 모선에 2개 이상의 급전선을 가진 비접지 배전 계통에서 지락 사고의 보호는 선택 지락 계전기(SGR)가 사용된다.

12 차단기의 차단 능력이 가장 가벼운 것은?

① 중성점 직접 접지 계통의 지락 전류 차단
② 중성점 저항 접지 계통의 지락 전류 차단
③ 송전 선로의 단락 사고시의 단락 사고 차단
④ 중성점을 소호 리액터로 접지한 장거리 송전 선로의 지락 전류 차단

해설 중성점 소호 리액터 접지 방식은 LC 병렬 공진을 이용하므로 차단기의 차단 능력이 가볍다.

13 한류 리액터의 사용 목적은?

① 누설 전류의 제한
② 단락 전류의 제한
③ 접지 전류의 제한
④ 이상 전압 발생의 방지

해설 한류 리액터를 사용하는 이유는 단락 사고로 인한 단락 전류를 제한하여 기기 및 계통을 보호하기 위함이다.

14 통신선과 평행인 주파수 60[Hz]의 3상 1회선 송전선이 있다. 1선 지락 때문에 영상 전류가 100[A] 흐르고 있다면 통신선에 유도되는 전자 유도 전압은 약 몇 [V]인가? (단, 영상 전류는 전 전선에 걸쳐서 같으며, 송전선과 통신선과의 상호 인덕턴스는 0.06[mH/km], 그 평행 길이는 40[km]이다.)

① 156.6   ② 162.8
③ 230.2   ④ 271.4

기출문제 관련 이론 바로보기

11. 이론 보호 계전기

(1) 과전류 계전기(over current relay 51)
 과부하, 단락 보호용
(2) 부족 전류 계전기(under current relay 37)
 계전기의 계자 보호용 또는 전류기 기동용
(3) 과전압 계전기(over-voltage relay 59)
 저항, 소호 리액터로 중성점을 접지한 전로의 접지 고장 검출용
(4) 부족 전압 계전기(under-voltage relay 27)
 단락 고장의 검출용 또는 공급 전압 급감으로 인한 과전류 방지용
(5) 차동 계전기(differential relay 87)
 보호 구간 내 유입, 유출의 전류 벡터차를 검출
(6) 선택 계전기(selective relay 50)
 2회선 간의 전류 또는 전력 조류차에 의해 고장이 발생한 회선 선택 차단
(7) 비율 차동 계전기(ratio differential relay 87)
 고장 전류와 평형 전류의 비율에 의해 동작, 변압기 내부 고장 보호용
(8) 방향 계전기(directional relay 67)
 고장점 방향 결정
(9) 거리 계전기(distance relay 44)
 고장점까지 전기적 거리에 비례하는 계전기
(10) 탈조 계전기(step-out protective relay 56)
 고장에 의한 위상각이 동기 상태를 이탈할 때 검출용으로 계통 분리할 때 사용된다.

정답 11.③ 12.④ 13.② 14.④

PART 02 전력공학

15. 이론 check **중거리 송전선로(50~100[km])**

중거리 송전 선로에서는 누설 컨덕턴스는 무시하고 선로는 직렬 임피던스와 병렬 어드미턴스로 구성되고 있는 T형 회로와 π형 회로의 두 종류의 등가 회로로 해석한다.

(1) T형 회로

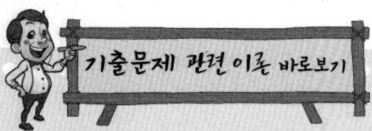

① 송전단 전압
$\dot{E}_s = A\dot{E}_r + B\dot{I}_r$
$= \left(1 + \dfrac{ZY}{2}\right)\dot{E}_r$
$+ Z\left(1 + \dfrac{ZY}{4}\right)\dot{I}_r$

② 송전단 전류
$\dot{I}_s = C\dot{E}_r + D\dot{I}_r$
$= Y\dot{E}_r + \left(1 + \dfrac{ZY}{2}\right)\cdot \dot{I}_r$

여기서, Z : 송·수전 양단에 $\dfrac{Z}{2}$씩 집중

Y : 선로의 중앙에 집중

(2) π형 회로

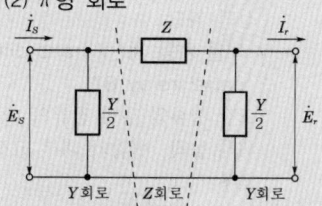

① 송전단 전압
$\dot{E}_s = A\dot{E}_r + B\dot{I}_r$
$= \left(1 + \dfrac{ZY}{2}\right)\dot{E}_r + Z\cdot \dot{I}_r$

② 송전단 전류
$\dot{I}_s = C\dot{E}_r + D\dot{I}_r$
$= Y\left(1 + \dfrac{ZY}{4}\right)\cdot \dot{E}_r$
$+ \left(1 + \dfrac{ZY}{2}\right)\cdot \dot{I}_r$

여기서, Z : 선로의 중앙에 집중
Y : 송·수전 양단에 $\dfrac{Y}{2}$씩 집중

해설 전자 유도 전압
$E_m = -j\omega Ml \times 3I_0$
$= 2\pi \times 60 \times 0.06 \times 10^{-3} \times 40 \times 3 \times 100$
$= 271.4[\text{V}]$

15 중거리 송전 선로의 특성은 무슨 회로로 다루어야 하는가?

① RL 집중 정수 회로
② RLC 집중 정수 회로
③ 분포 정수 회로
④ 특성 임피던스 회로

해설
- 단거리 송전 선로 : RL 집중 정수 회로
- 중거리 송전 선로 : RLC 집중 정수 회로
- 장거리 송전 선로 : $RLCG$ 분포 정수 회로

16 전력용 콘덴서의 사용 전압을 2배로 증가시키고자 한다. 이때 정전 용량을 변화시켜 동일 용량[kVar]으로 유지하려면 승압 전의 정전 용량보다 어떻게 변화하면 되는가?

① 4배로 증가
② 2배로 증가
③ $\dfrac{1}{2}$로 감소
④ $\dfrac{1}{4}$로 감소

해설 콘덴서 저장 용량 $W = QV = CV^2$이므로 전압을 2배로 하면 정전 용량을 $\dfrac{1}{4}$배로 줄이면 된다.

17 발전기의 단락비가 작은 경우의 현상으로 옳은 것은?

① 단락 전류가 커진다.
② 안정도가 높아진다.
③ 전압 변동률이 커진다.
④ 선로를 충전할 수 있는 용량이 증가한다.

해설 발전기의 단락비가 적으면 전압 변동률이 커진다.

18 송전 선로에서 1선 지락시에 건전상의 전압 상승이 가장 적은 접지 방식은?

① 비접지 방식
② 직접 접지 방식
③ 저항 접지 방식
④ 소호 리액터 접지 방식

해설 중성점 직접 접지 방식은 중성점의 전위를 대지 전압으로 하므로 1선 지락 발생시 건전상 전위 상승이 거의 없다.

정답 15.② 16.④ 17.③ 18.②

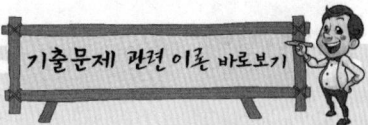

19 배전 선로의 손실을 경감하기 위한 대책으로 적절하지 않은 것은?
① 누전 차단기 설치
② 배전 전압의 승압
③ 전력용 콘덴서 설치
④ 전류 밀도의 감소와 평형

해설 **전력 손실 감소 대책**
- 가능한 높은 전압 사용
- 굵은 전선 사용으로 전류 밀도 감소
- 높은 도전율을 가진 전선 사용
- 송전 거리 단축
- 전력용 콘덴서 설치
- 노후 설비 신속 교체

20 댐의 부속 설비가 아닌 것은?
① 수로
② 수조
③ 취수구
④ 흡출관

해설 흡출관은 반동 수차에서 낙차를 증대시키는 설비이므로 수차의 부속 설비이다.

19. **배전 선로 손실 경감책**

(1) **전류 밀도의 감소와 평형**
배전 선로의 전류 밀도의 감소 내지 평형화는 켈빈의 법칙에 따르며 이에 맞는 값으로 하는 것이 가장 경제적이다.

(2) **전력용 콘덴서의 설치**
선로 손실은 부하 역률의 제곱에 반비례해서 증감하므로 역률 개선은 바로 손실 경감과 직결되는 것이다.

(3) **고압 선로에서의 대책**
급전선의 변경, 증설 선로의 분할은 물론 변전소 증설에 의한 급전선의 단축화가 바람직하다.

(4) **저압 선로에서의 대책**
저압 배전선의 길이를 합리적으로 정비, 변압기 사용 효율 향상, 철손이 적은 권철심형 변압기 사용 등이 있다.

(5) **배전 전압의 승압**
전력 손실과 전압 강하율은 전압의 제곱에 반비례해서 감소되므로 전압을 승압한다는 것은 효과적이다.

정답 19.① 20.④

전기기기

PART 03

과년도 출제문제

2011년 과년도 출제문제

제1회 전기기기

01 유도 전동기 원선도 작성에 필요한 시험과 원선도에서 구할 수 있는 것이 옳게 배열된 것은?
① 무부하 시험, 1차 입력
② 부하 시험, 기동 전류
③ 슬립 측정 시험, 기동 토크
④ 구속 시험, 고정자 권선의 저항

해설 유도 전동기 원선도 작성에 필요한 시험에서 구할 수 있는 것은 다음과 같다.
• 무부하 시험 : 여자 어드미턴스(Y_0), 여자 전류(I_0), 무부하손(무부하 시 1차 입력)
• 단락 시험 : 동손(P_c), 임피던스(Z), 단락 전류(I_s)
• 권선의 저항 측정 : 1 · 2차 저항(r_1, r_2)

02 권선형 유도 전동기의 토크－속도 곡선이 비례 추이한다는 것은 그 곡선이 무엇에 비례해서 이동하는 것을 말하는가?
① 2차 효율
② 출력
③ 2차 회로의 저항
④ 2차 동손

해설 유도 전동기의 비례 추이란 회전자(2차측)에 슬립량을 통하여 저항을 연결하고, 2차 합성 저항($r_2 + R$)을 변화시킬 때 토크, 전류 등이 비례하여 이동하는 것을 말한다.

03 철심의 단면적이 0.085[m²], 최대 자속 밀도가 1.5[Wb/m²]인 변압기가 60[Hz]에서 동작하고 있다. 이 변압기의 1차 및 2차 권수는 120, 60이다. 이 변압기의 1차측에 발생하는 전압의 실효값은 약 몇 [V]인가?
① 4,076
② 2,037
③ 918
④ 496

정답 01.① 02.③ 03.①

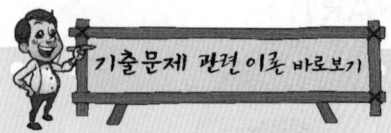

02. **이론 check** **속도-토크 곡선**

(1) 전동기의 발생 토크는 동기 속도에서 0이다.
(2) 속도-토크 곡선은 무부하 속도와 전부하 속도 사이에서 거의 선형적이다.
(3) 최대 토크값을 상회할 수는 없다. 이러한 최대 토크를 이탈 토크라고도 한다.
(4) 기동 토크는 보통 정격 부하 토크보다 어느 정도 크며, 이에 따라 일반적으로 유도 전동기는 정격 부하 이하의 어떠한 부하도 기동이 가능하다.
(5) 특정 슬립에 대한 유도 전동기 발생 토크는 인가 전압의 자승에 비례하며, 이에 따라 유도 전동기의 속도를 전압에 의하여 조정할 수 있다.
(6) 유도 전동기의 회전자 속도가 동기 속도보다 빠르게 되면 발생 토크의 방향이 반대되며, 유도 전동기는 발전기로 동작될 수 있다.
(7) 유도 전동기의 두 고정자 상을 바꾸어 결선하면, 회전자계의 방향이 반대가 되어 역방향 운전이 가능하다. 경우에 따라, 정방향 운전 중 두 상의 결선을 바꾸어 제동을 하는 역상 제동이 적용되기도 한다.

246

해설 1차 유기 기전력(1차 발생 전압)
$E_1 = 4.44 f\, N_1 \phi_m = 4.44 \times 60 \times 120 \times 1.5 \times 0.085 = 4{,}075.9\,[\text{V}]$

04 정류기에 있어 출력측 전압의 리플(맥동)을 줄이기 위한 가장 좋은 방법은?

① 적당한 저항을 직렬로 접속한다.
② 적당한 리액터를 직렬로 접속한다.
③ 커패시터를 직렬로 접속한다.
④ 커패시터를 병렬로 접속한다.

해설 정류 회로에서 출력 전압의 맥동을 줄이려면 출력 단자에 병렬로 커패시터(capacitor)를 연결한다.

05 동기 전동기에 관한 설명 중 옳지 않은 것은?

① 기동 토크가 작다.
② 역률을 조정할 수 없다.
③ 난조가 일어나기 쉽다.
④ 여자기가 필요하다.

해설 동기 전동기의 장단점

장 점	단 점
• 회전 속도가 일정하다.	• 기동 토크가 작다.
• 역률을 항상 1로 할 수 있다.	• 직류 전원이 필요하다.
• 효율이 양호하다.	• 난조가 발생될 수 있다.
	• 구조가 복잡하다.

06 직류 발전기에서 양호한 정류를 얻기 위한 방법이 아닌 것은?

① 보상 권선을 설치한다.
② 보극을 설치한다.
③ 브러시의 접촉 저항을 크게 한다.
④ 리액턴스 전압을 크게 한다.

해설 직류 발전기의 정류 개선책

• 평균 리액턴스 전압 $\left(e = L\dfrac{2I_c}{T_c}[\text{V}]\right)$ 이 작을 것
 - 인덕턴스(L)가 작을 것
 - 정류 주기(T_c)가 클 것
• 보극을 설치한다.
• 브러시의 접촉 저항을 크게 한다.
• 보상 권선을 설치한다.

06. 이론 check 정류 곡선

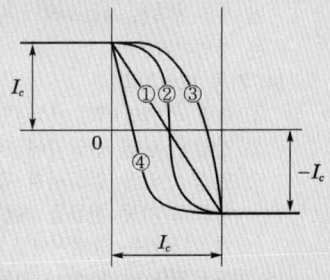

‖ 정류 곡선 ‖

(1) 직선 정류
 가장 이상적인 정류곡선이다.
(2) 정현파 정류
 전류가 정현파로 표시되는 것으로 전류가 완만하므로 브러시 전단과 후단의 불꽃 발생은 방지할 수 있다.
(3) 부족 정류
 정류 말기에 브러시 후단부에서 전류가 급격히 변화하므로 단락되는 코일의 인덕턴스에 의하여 큰 전압이 발생하고 브러시의 뒤쪽에서 불꽃이 발생된다.
(4) 과정류
 정류 초기에 브러시 전단부에서 전류가 지나치게 급히 변화되어 높은 전압이 발생, 브러시 앞부분에 불꽃이 발생한다.

평균 리액턴스 전압은 다음과 같다.
$e = L\dfrac{di}{dt} = L\dfrac{2I_c}{T_c}[\text{V}]$

정답 04.④ 05.② 06.④

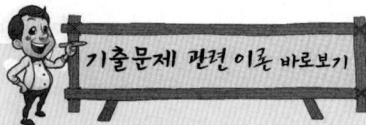

07. 이론 check **농형 유도 전동기 기동법**

(1) 직입 기동법(전전압 기동)
출력 $P=5[\text{HP}]$ 이하(소형)

(2) Y-△ 기동법
출력 $P=5\sim15[\text{kW}]$(중형)
① 기동 전류 $\frac{1}{3}$로 감소한다.
② 기동 토크 $\frac{1}{3}$로 감소한다.

(3) 리액터 기동법
리액터에 의해 전압 강하를 일으켜 기동 전류를 제한하여 기동하는 방법이다.

(4) 기동 보상기법
① 출력 $P=20[\text{kW}]$ 이상(대형)
② 강압용 단권 변압기에 의해 인가 전압을 감소시켜 공급하므로 기동 전류를 제한하여 기동하는 방법이다.

(5) 콘도르퍼(korndorfer) 기동법
기동 보상기법과 리액터 기동을 병행(대형)한다.

10. 이론 check **상수 변환**

(1) 3상 → 2상 변환
대용량 단상 부하 전원 공급시
① 스코트(scott) 결선(T결선)
② 메이어(meyer) 결선
③ 우드 브리지(wood bridge) 결선

(2) 3상 → 6상 변환
정류기 전원 공급시
① 2중 Y결선(성형 결선, star)
② 2중 △결선
③ 환상 결선
④ 대각 결선
⑤ 포크(fork) 결선

07 3상 유도 전동기의 기동법으로 사용되지 않는 것은?

① Y-△ 기동법
② 기동 보상기법
③ 2차 저항에 의한 기동법
④ 극수 변환 기동법

해설 유도 전동기의 기동법은 권선형의 경우 2차 저항 기동법을 사용하여 기동 전류는 제한하고, 기동 토크를 증대할 수 있으며, 농형은 기동 전류 제한하는 Y-△ 기동, 리액터 기동 및 기동 보상기법이 있다.

08 동기 전동기의 기동법 중 자기동법에서 계자 권선을 단락하는 이유는?

① 고전압의 유도를 방지한다.
② 전기자 반작용을 방지한다.
③ 기동 권선으로 이용한다.
④ 기동이 쉽다.

해설 동기 전동기의 자기동시 계자 권선을 단락하는 이유는 개방 상태에서 기동하면 전기자에서 발생하는 회전 자계를 끊게 되어 계자 권선에 고압이 유도되는 것을 방지하기 위해서이다.

09 직류 분권 전동기의 기동시에는 계자 저항기의 저항값을 어떻게 해 두어야 하는가?

① 0(영)으로 해 둔다.
② 최대로 해 둔다.
③ 중위(中位)로 해 둔다.
④ 끊어 놔둔다.

해설 직류 전동기의 기동시 기동 전류는 제한하고, 기동 토크를 크게 하기 위해 기동 저항(R_s)은 최대, 계자 저항(R_F)은 0으로 놓는다.

10 변압기의 3상 전원에서 2상 전원을 얻고자 할 때 사용하는 결선은?

① 스코트 결선
② 포크 결선
③ 2중 델타 결선
④ 대각 결선

해설 변압기의 상(phase)수 변환에서 3상을 2상으로 변환하는 방법은 다음과 같다.
• 스코트(scott) 결선
• 메이어(meyer) 결선
• 우드 브리지(wood bridge) 결선

정답 07.④ 08.① 09.① 10.①

11 1차 전압 6,600[V], 권수비 30인 단상 변압기로 전등 부하에 30[A]를 공급할 때의 입력[kW]은? (단, 변압기의 손실은 무시한다.)

① 4.4
② 5.5
③ 6.6
④ 7.7

해설 권수비 $a = \dfrac{I_2}{I_1}$에서 $I_1 = \dfrac{I_2}{a} = \dfrac{30}{30} = 1[A]$

전등 부하의 역률 $\cos\theta = 1$이므로

입력 $P_1 = V_1 I_1 \cos\theta = 6,600 \times 1 \times 1 \times 10^{-3} = 6.6[kW]$

12 6극 유도 전동기 토크가 τ이다. 극수를 12극으로 변환했다면 변환한 후의 토크는?

① τ
② 2τ
③ $\dfrac{\tau}{2}$
④ $\dfrac{\tau}{4}$

해설 동기 속도 $N_s = \dfrac{120f}{P}$ (여기서, P: 극수)

유도 전동기의 토크 $T = \dfrac{P_2}{2\pi \dfrac{N_s}{60}} = \dfrac{P_2}{2\pi \dfrac{120f}{P} \times \dfrac{1}{60}} = \dfrac{P \cdot P_2}{4\pi f}$

유도 전동기의 토크는 극수에 비례하므로 2배로 증가한다.

13 동기기 전기자 권선에서 슬롯수가 48인 고정자가 있다. 여기에 3상 4극의 2층권을 시행할 때에 매극 매상의 슬롯수와 총 코일수는?

① 4, 48
② 12, 48
③ 12, 24
④ 9, 24

해설 동기기 매극 매상의 홈수 $q = \dfrac{S}{p \times m} = \dfrac{48}{4 \times 3} = 4$개

총 코일수는 2층권의 경우 홈(slot)수와 같다.

14 변압기의 임피던스 전압이란?

① 여자 전류가 흐를 때의 변압기 내부 전압 강하
② 여자 전류가 흐를 때의 2차측 단자 전압
③ 정격 전류가 흐를 때의 2차측 단자 전압
④ 정격 전류가 흐를 때의 변압기 내부 전압 강하

해설 변압기의 임피던스 전압이란 변압기 2차측을 단락하고 단락하였을 때의 전류가 정격 전류와 같은 값이 될 때 1차측의 인가 전압으로 정격 전류에 의한 변압기 내의 전압 강하와 같다.

기출문제 관련 이론 바로보기

11. 이론 check 이상 변압기

(1) 철손(P_i)이 없다.
(2) 권선의 저항(r_1, r_2)과 동손(P_c)이 없다.
(3) 누설 자속(ϕ_l)이 없는 변압기
$E_1 = V_1$, $E_2 = V_2$, $P_1 = P_2$
($V_1 I_1 = V_2 I_2$)
(4) 권수비(전압비)
$a = \dfrac{E_1}{E_2} = \dfrac{N_1}{N_2} = \dfrac{V_1}{V_2} = \dfrac{I_2}{I_1}$

12. 이론 check 유도 전동기의 회전 속도와 토크

(1) 회전 속도(N[rpm])
$N = N_s(1-s)$
$= \dfrac{120f}{P}(1-s)$[rpm]
$\left(s = \dfrac{N_s - N}{N_s}\right)$

(2) 토크(Torque, 회전력)
$T = F \cdot r$ [N·m]
$= \dfrac{P}{\omega} = \dfrac{P_o}{2\pi \dfrac{N}{60}}$
$= \dfrac{P_2}{2\pi \dfrac{N_s}{60}}$ [N·m]

여기서, $P_o = P_2(1-s)$
$N = N_s(1-s)$
$\tau = \dfrac{T}{9.8} = \dfrac{60}{9.8 \times 2\pi} \cdot \dfrac{P_2}{N_s}$
$= 0.975 \dfrac{P_2}{N_s}$ [kg·m]

(3) 동기 와트로 표시한 토크(T_s)
$T = \dfrac{0.975}{N_s} P_2 = KP_2$ (N_s: 일정)
$T_s = P_2$(2차 입력으로 표시한 토크)

정답 11.③ 12.② 13.① 14.④

PART 03 전기기기

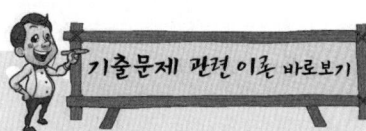

15. **이론check** **3상 변압기의 병렬 운전**

3상 변압기의 병렬 운전을 할 경우에는 각 변위가 같아야 한다. △-Y는 각 변위가 다르므로 병렬 운전이 불가능하다.
3상 변압기 병렬 운전의 결선 조합은 다음과 같다.

병렬 운전 가능	병렬 운전 불가능
• △-△와 △-△	• △-△와 △-Y
• Y-Y와 Y-Y	• △-Y와 Y-Y
• Y-△와 Y-△	
• △-Y와 △-Y	
• △-△와 Y-Y	
• △-Y와 Y-△	

18. **이론check** **2차 입력, 출력, 동손의 관계**

(1) 2차 입력
$P_2 = I_2^2(R+r_2)$
$= I_2^2 \dfrac{r_2}{s}$ [W](1상당)

(2) 기계적 출력
$P_o = I_2^2 \cdot R$
$= I_2^2 \cdot \dfrac{1-s}{s} \cdot r_2$ [W]

(3) 2차 동손
$P_{2c} = I_2^2 \cdot r_2$ [W]

(4) $P_2 : P_o : P_{2c} = 1 : 1-s : s$

15 3상 변압기를 병렬 운전하는 경우, 불가능한 조합은?

① △-△와 Y-Y ② △-Y와 Y-△
③ △-Y와 △-Y ④ △-Y와 △-△

해설 3상 변압기의 △-Y와 △-△ 결선의 경우 각 변위가 다르므로 병렬 운전시 순환 전류가 흘러 소손의 위험이 있어 병렬 운전이 불가능하다.

16 단상 유도 전압 조정기의 양 권선이 일치할 때 직렬 권선의 전압이 150[V], 전원 전압이 220[V]일 경우 1차와 2차 권선의 축 사이의 각도가 30°이면, 양 권선이 일치할 때 2차측 유기 전압이 150[V], 전원 전압이 220[V]일 경우 부하측 전압은 약 몇 [V]인가?

① 370 ② 350
③ 220 ④ 150

해설 단상 유도 전압 조정기의 2차 전압
$V_2 = E_1 + E_2 \cos\alpha = 220 + 150 \times \dfrac{\sqrt{3}}{2} = 350$ [V]

17 다이오드를 이용한 저항 부하의 단상 반파 정류 회로에서 맥동률(리플률)은?

① 0.48 ② 1.11
③ 1.21 ④ 1.41

해설 단상 반파 정류의 맥동률(ν)

$\nu = \dfrac{\text{출력 전압의 교류 성분 실효값}}{\text{출력 전압의 직류 성분}}$

$= \sqrt{\left(\dfrac{E-E_d}{E_d}\right)^2} = \sqrt{\left(\dfrac{E}{E_d}\right)^2 - 1} = \sqrt{\left(\dfrac{\frac{V_m}{2}}{\frac{V_m}{\pi}}\right)^2 - 1}$

$= \sqrt{\dfrac{\pi^2}{4} - 1} = 1.21 = 121[\%]$

18 출력 P_o, 2차 동손 P_{2c}, 2차 입력 P_2 및 슬립 s인 유도 전동기에서의 관계는?

① $P_2 : P_{2c} : P_o = 1 : s : (1-s)$
② $P_2 : P_{2c} : P_o = 1 : (1-s) : s$
③ $P_2 : P_{2c} : P_o = 1 : s^2 : (1-s)$
④ $P_2 : P_{2c} : P_o = 1 : (1-s) : s^2$

정답 15.④ 16.② 17.③ 18.①

해설
- 2차 입력 : $P_2 = I_2^2 \cdot \dfrac{r_2}{s}$
- 2차 동손 : $P_{2c} = I_2^2 \cdot r_2$
- 출력 : $P_o = I_2^2 \cdot R = I_2^2 \dfrac{1-s}{s}$

$\therefore P_2 : P_{2c} : P_o = \dfrac{1}{s} : 1 : \dfrac{1-s}{s} = 1 : s : 1-s$

19 회전자가 슬립 s로 회전하고 있을 때, 고정자와 회전자의 실효 권수비를 α라 하면 고정자 기전력 E_1과 회전자 기전력 E_2와의 비는?

① $\dfrac{\alpha}{s}$ ② $s\alpha$

③ $(1-s)\alpha$ ④ $\dfrac{\alpha}{1-s}$

해설 정지시 권수비 $\alpha = \dfrac{E_1}{E_2}$

회전시 권수비 $\alpha = \dfrac{E_1}{E_2{'}} = \dfrac{E_1}{sE_2} = \dfrac{1}{s}\alpha$

20 60[Hz], 4극의 유도 전동기 슬립이 3[%]인 때의 매분 회전수[rpm]는?

① 1,260 ② 1,440
③ 1,455 ④ 1,746

해설 동기 속도 $N_s = \dfrac{120f}{P} = \dfrac{120 \times 60}{4} = 1,800$[rpm]

회전 속도 $N = N_s(1-s) = 1,800 \times (1-0.03) = 1,746$[rpm]

제2회 전기기기

01 변압기에서 철손을 알 수 있는 시험은?

① 유도 시험 ② 단락 시험
③ 부하 시험 ④ 무부하 시험

해설 변압기의 무부하 시험으로 구할 수 있는 것
- 여자 어드미턴스 $Y_0 = g_0 - jb_0$[Ω]
- 여자 전류 $I_o = I_i + I_\phi$[A]
- 철손 $P_i = V_1 I_i$[W]

기출문제 관련 이론 바로보기

20. 이론 check 동기 속도와 슬립
(1) 동기 속도 $N_s = \dfrac{120f}{P}$[rpm]
(회전 자계의 회전 속도)
(2) 상대 속도 $N_s - N$(회전 자계와 전동기 회전 속도의 차)
(3) 동기 속도와 상대 속도의 비를 슬립(slip)이라 한다.
① 슬립 $s = \dfrac{N_s - N}{N_s}$
② 슬립 s로 운전하는 경우 2차 주파수 $f_2{'} = sf_2$
$= sf_1$[Hz]

01. 이론 check 무부하 시험과 단락 시험
(1) 무부하 시험
고압측을 개방하여 저압측에 정격 전압을 걸어 여자 전류와 철손을 구하고 여자 어드미턴스를 구한다.
(2) 단락 시험
전압 단락, 고압측에 정격 전류를 흘리는 전압이 임피던스 전압이므로 단락 시험이 된다.

정답 19.① 20.④ / 01.④

PART 03 전기기기

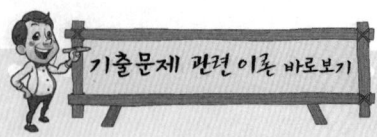

02 보통 농형에 비하여 2중 농형 전동기의 특징인 것은?
① 최대 토크가 크다. ② 손실이 적다.
③ 기동 토크가 크다. ④ 슬립이 크다.

해설 특수 농형 유도 전동기에서 2중 농형 유도 전동기는 회전자의 홈(slot)을 2중으로 제작한 동기로 보통 농형과 비교하여 기동 토크는 크고, 기동 전류가 작다.

05. **동기 발전기의 병렬 운전**

(1) 병렬 운전 조건
① 기전력의 크기가 같을 것
② 기전력의 위상이 같을 것
③ 기전력의 주파수가 같을 것
④ 기전력의 파형이 같을 것
⑤ 기전력의 상회전 방향이 같을 것

(2) 기전력의 크기가 다를 때 무효 순환 전류(I_c)가 흐른다.

$$I_c = \frac{E_a - E_b}{2Z_s}[A]$$

(3) 기전력의 위상차(δ_s)가 있을 때 동기화 전류(I_s)가 흐른다.

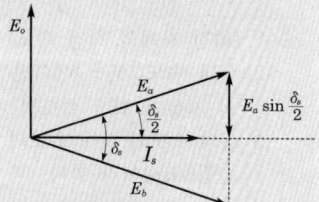

▮ 동기화 전류 벡터도 ▮

$$E_o = \dot{E}_a - \dot{E}_b = 2 \cdot E_a \sin\frac{\delta_s}{2}$$

$$\therefore I_s = \frac{\dot{E}_a - \dot{E}_b}{2Z_s}$$

$$= \frac{2 \cdot E_a}{2 \cdot Z_s}\sin\frac{\delta_s}{2}[A]$$

※ 동기화 전류가 흐르면 수수전력과 동기화력 발생
① 수수전력 : P[W]

$$P = E_a I_s \cos\frac{\delta_s}{2}$$

$$= \frac{E_a^2}{2Z_s}\sin\delta_s[W]$$

② 동기(同期)화력 : P_s[W]

$$P_s = \frac{dP}{d\delta_s} = \frac{E_a^2}{2Z_s}\cos\delta_s[W]$$

03 동기기에서 동기 리액턴스가 커지면 동작 특성이 어떻게 되는가?
① 전압 변동률이 커지고 병렬 운전시 동기화력이 커진다.
② 전압 변동률이 커지고 병렬 운전시 동기화력이 작아진다.
③ 전압 변동률이 작아지고 지속 단락 전류도 감소한다.
④ 전압 변동률이 작아지고 지속 단락 전류는 증가한다.

해설 동기기에서 전압 변동률 $\varepsilon = \frac{E-V}{V}\times 100 = \frac{IZ_s}{V}\times 100 \propto x_s$

동기화력 $P_s = \frac{E_0^2}{2x_s}\cos\delta \propto \frac{1}{x_s}$ 이므로

동기 리액턴스가 증가하면 전압 변동률이 커지고, 동기화력은 감소한다.

04 3상 직권 정류자 전동기에 중간(직렬) 변압기가 쓰이고 있는 이유가 아닌 것은?
① 정류자 전압의 조정
② 회전자 상수의 감소
③ 경부하 때 속도의 이상 상승 방지
④ 실효 권수비 선정 조정

해설 3상 직권 정류자 전동기의 중간 변압기(또는 직렬 변압기)는 고정자 권선과 회전자 권선 사이에 직렬로 접속된다. 중간 변압기의 사용 목적은 다음과 같다.
• 정류자 전압의 조정
• 회전자 상수의 증가
• 경부하시 속도 이상 상승의 방지
• 실효 권수비의 조정

05 병렬 운전 중의 A, B 두 동기 발전기 중에서 A 발전기의 여자를 B 발전기보다 강하게 하면 A 발전기는?
① 90° 앞선 전류가 흐른다.
② 90° 뒤진 전류가 흐른다.
③ 동기화 전류가 흐른다.
④ 부하 전류가 증가한다.

정답 02.③ 03.② 04.② 05.②

해설 동기 발전기의 병렬 운전 중 한쪽의 여자 전류를 증가시키면 그 발전기에 90° 지상 전류가 흘러서 발전기의 역률은 낮아진다.

06 유도 전동기의 제동법 중 유도 전동기를 전원에 접속한 상태에서 동기 속도 이상의 속도로 운전하여 유도 발전기로 동작시킴으로써 그 발생 전력을 전원으로 반환하면서 제동하는 방법은?

① 발전 제동
② 회생 제동
③ 역상 제동
④ 단상 제동

해설 유도 전동기의 제동법 중에서 회생 제동은 부하에 의해 전동기의 회전 속도를 회전 자계의 회전 속도보다 빠르게 하면 유도 발전기를 동작하여 발생 전력을 전원측에 환원하여 제동을 얻는 방법이다.

07 단권 변압기에서 W_2 권선에 흐르는 전류의 크기[A]는?

① 5
② 10
③ 15
④ 20

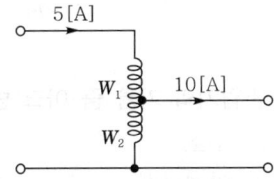

해설 단권 변압기의 병렬 권선(W_2)에 흐르는 전류
$I = I_2 - I_1 = 10 - 5 = 5$[A]

08 4극 3상 유도 전동기가 있다. 총 슬롯수는 48이고 매극 매상 슬롯에 분포하고 코일 간격은 극간격의 75[%]인 단절권으로 하면 권선 계수는?

① 약 0.986
② 약 0.927
③ 약 0.895
④ 약 0.887

해설 권선값 $\beta = \dfrac{코일\ 간격}{극간격} = 75$[%]

단절 계수 $k_p = \sin\dfrac{\beta\pi}{2} = \sin\dfrac{0.75 \times 180}{2} = 0.923$

분포 계수 $k_d = \dfrac{\sin\dfrac{\pi}{2m}}{q\sin\dfrac{\pi}{2mq}} = \dfrac{\sin\dfrac{\pi}{2\times3}}{4\sin\dfrac{\pi}{2\times3\times4}} = \dfrac{1}{8\cdot\sin\dfrac{\pi}{24}} = 0.9577$

∴ 권선 계수 $k_w = k_d \cdot k_p = 0.924 \times 0.958 = 0.885$

기출문제 관련 이론 바로보기

06. 이론 check 제동법(전기적 제동)

(1) 단상 제동
단상 전원을 공급하고, 2차 저항이 증가한다(부(負) 토크에 의한 제동).
(2) 직류 제동
직류 전원을 공급한다(발전 제동).
(3) 회생 제동
전기 에너지 전원측에 환원하여 제동(과속 억제)한다.
(4) 역상 제동
3선 중 2선의 결선을 바꾸어 역회 전력에 의해 급제동(plugging)한다.

$s>1$	$1 \geq s \geq 0$	$0>s$
$s=1$ 제동기	$s=0$ 전동기	← 발전기

07. 이론 check 단권 변압기의 원리

1차 및 2차 권선의 일부분이 공통으로 되어 있는 변압기로 W_2을 분로 권선, W_1를 직렬 권선이라 하며 W_2의 분로 권선에서는 $I_2 - I_1$를 뺀만큼의 전류가 흐르기 때문에 권선 양을 감소시킬 수 있다.

정답 06.② 07.① 08.④

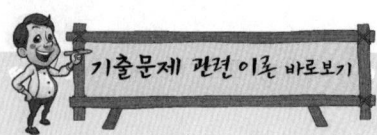

09 자여식 인버터의 출력 전압 제어법에 주로 사용되는 방식은?

① 펄스폭 방식
② 펄스 주파수 변조 방식
③ 펄스폭 변조 방식
④ 혼합 변조 방식

해설 인버터(inverter) 출력 전압 제어법은 전압형 인버터의 펄스폭 변조(pulse width modulation) 방식이 채택된다.

10. 이론 check 직류 발전기의 유기 기전력

$$E = \frac{pZ}{a}\phi n = \frac{pZ}{a}\phi\frac{N}{60}$$
$$= K_1\phi N \,[\text{V}] \left(\because K_1 = \frac{pZ}{60a}\right)$$

여기서, p : 극수
n : 매초 회전수[rps]
Z : 전기자의 도체 총수
ϕ : 매극의 자속수[Wb]
N : 매분 회전수[rpm]
a : 전기자 내부 병렬 회로수(중권: $a=p$, 파권: $a=2$)

10 4극, 중권, 총 도체수 500, 1극의 자속수가 0.01[Wb]인 직류 발전기가 100[V]의 기전력을 발생시키는 데 필요한 회전수는 몇 [rpm]인가?

① 1,000
② 1,200
③ 1,600
④ 2,000

해설 유기 기전력 $E = \frac{Z}{a}p\phi\frac{N}{60}$

회전수 $N = E\frac{60a}{Zp\phi} = 100 \times \frac{60 \times 4}{500 \times 4 \times 0.01} = 1,200\,[\text{rpm}]$

11. 이론 check 변압기유(oil)

냉각 효과와 절연 내력이 증대된다.
(1) 구비 조건
 ① 절연 내력이 클 것
 ② 점도가 낮을 것
 ③ 인화점이 높고, 응고점이 낮을 것
 ④ 화학 작용과 침전물이 없을 것
(2) 열화 방지책
 콘서베이터(conservator)를 설치한다.

11 변압기의 기름 중 아크 방전에 의하여 가장 많이 발생하는 가스는?

① 수소
② 일산화탄소
③ 아세틸렌
④ 산소

해설 변압기의 절연유(oil) 내에서 층간 및 상간 단락시 아크 방전에 의해 발생되는 가스는 수소이다.

12 DC 서보 모터의 기계적 시정수를 나타낸 것은? (단, R은 권선의 저항, J는 관성 모멘트, K_e는 서보 모터의 유기 전압 상수, K_f는 서보 모터의 도체 상수이다.)

① $\dfrac{K_e K_f}{JR}$
② $\dfrac{JR}{K_e K_f}$
③ $\dfrac{K_e R}{JK_f}$
④ $\dfrac{JK_f}{K_e R}$

13 정격 6,600[V]인 3상 동기 발전기가 정격 출력(역률=1)으로 운전할 때 전압 변동률이 12[%]였다. 여자와 회전수를 조정하지 않은 상태로 무부하 운전하는 경우, 단자 전압[V]은?

① 7,842
② 7,392
③ 6,943
④ 6,433

정답 09.③ 10.② 11.① 12.② 13.②

해설 전압 변동률 $\varepsilon = \dfrac{V_0 - V_n}{V_n} \times 100[\%]$

무부하 단자 전압 $V_0 = V_n(1+\varepsilon') = 6,600 \times (1+0.12) = 7,392[V]$

14 1차 전압 100[V], 2차 전압 200[V], 선로 출력 50[kVA]인 단권 변압기의 자기 용량은 몇 [kVA]인가?

① 25　　② 50
③ 250　　④ 500

해설 단권 변압기의 $\dfrac{P(\text{자기 용량, 등가 용량})}{W(\text{선로 용량, 부하 용량})} = \dfrac{V_h - V_l}{V_h}$ 이므로

자기 용량 $P = \dfrac{V_h - V_l}{V_h} W = \dfrac{200-100}{200} \times 50 = 25[\text{kVA}]$

15 다음 전력용 반도체 중에서 가장 높은 전압용으로 개발되어 사용되고 있는 반도체 소자는?

① LASCR　　② IGBT
③ GTO　　④ BJT

16 인가 전압과 여자가 일정한 동기 전동기에서 전기자 저항과 동기 리액턴스가 같으면 최대 출력을 내는 부하각은 몇 도인가?

① 30°　　② 45°
③ 60°　　④ 90°

해설 동기 전동기의 출력

$P = \dfrac{VE}{Z_s}\cos(\alpha-\delta) - \dfrac{E_0^2}{Z_s}\cos\alpha$

최대 출력 조건은 부하각 $\delta = \alpha$이다.

$\therefore \alpha = \tan^{-1}\dfrac{x_s}{r} = \tan^{-1} 1 = 45°$

17 유도 전동기의 여자 전류는 극수가 많아지면 정격 전류에 대한 비율이 어떻게 되는가?

① 적어진다.
② 원칙적으로 변화하지 않는다.
③ 거의 변화하지 않는다.
④ 커진다.

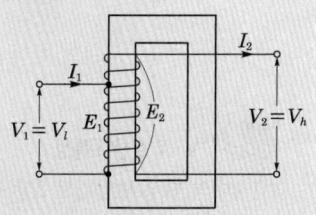

14. 이론 check **단권 변압기**

∥승압용 단권 변압기∥

(1) 권수비
$a = \dfrac{E_1}{E_2} = \dfrac{V_1}{V_2} = \dfrac{I_2}{I_1} = \dfrac{N_1}{N_2}$

(2) $\dfrac{P(\text{자기 용량})}{W(\text{부하 용량})} = \dfrac{V_h - V_l}{V_h}$

15. 이론 check **GTO(Gate Turn Off thyristor)**

게이트 턴 오프 스위치로서 게이트 신호로 턴 오프할 수 있는 단방향성 3단자 사이리스터 소자로서 자기 소호 능력이 이 뛰어나며 직류 및 교류 제어용 소자이다. 즉, 양 게이트에 전전류의 인가로 턴 온할 수 있고 음의 즉, 부의 게이트 전류에 의하여 턴 오프시킬 수 있으며 게이트에 역방향 전류를 흘려서 주전류를 차단한다.

정답 14.① 15.③ 16.② 17.④

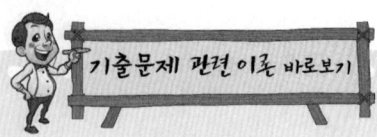

해설 유도 전동기의 여자 전류(I_0)는 철손 전류(I_i)와 자화 전류(I_ϕ)의 합으로 극수가 많아지면 자화 전류가 증가하므로 정격 전류에 대한 비율이 커진다.

18 전부하시 전류가 0.88[A], 역률 89[%], 속도 7,000[rpm], 60[Hz], 115[V]인 2극 단상 직권 전동기가 있다. 회전자와 직권 계자 권선의 실효 저항의 합은 58[Ω]이다. 이 전동기의 기계손을 10[W]라고 하면 전부하시 부하에 전달되는 토크는 약 얼마인가? (단, 여기서 계자의 자속은 정현파 변화를 한다고 하고 브러시는 중성축에 놓여 있다.)

① 49[g·m]　　② 4.9[g·m]
③ 48[N·m]　　④ 4.8[N·m]

19 5[kVA]의 단상 변압기 3대를 △결선하여 급전하고 있는 경우, 1대가 소손되어 나머지 2대로 급전하게 되었다. 2대의 변압기로 과부하를 10[%]까지 견딜 수 있다고 하면 2대가 분담할 수 있는 최대 부하는 약 몇 [kVA]인가?

① 5　　② 8.6
③ 9.5　　④ 15

해설 V결선 출력 $P_V = \sqrt{3}P_1(1+\varepsilon)$
$= \sqrt{3} \times 5 \times (1+0.1) = 9.526$[kVA]

20 직류 분권 전동기가 있다. 그 출력이 9[kW]일 때, 단자 전압은 220[V], 입력 전류는 51.5[A], 계자 전류는 1.5[A], 회전 속도는 1,500[rpm]이었다. 이때 발생 토크[kg·m]와 효율[%]은? (단, 전기자 저항은 0.1[Ω]이다.)

① 5.85, 94.8
② 6.98, 79.4
③ 36.74, 79.4
④ 57.33, 94.8

해설 토크 $\tau = 0.975 \dfrac{EI_a}{N} = 0.975 \dfrac{215 \times 50}{1,500} = 6.9875$[kg·m]

전기자 전류 $I_a = I - I_f = 51.5 - 1.5 = 50$[A]
역기전력 $E = V - I_a R_a = 220 - 50 \times 0.1 = 215$[V]
입력 $P_1 = VI = 220 \times 51.5 = 11,330$[W]
$\eta = \dfrac{출력}{입력} = \dfrac{9,000}{11,330} \times 100 = 79.4$[%]

---

19. **이론 check** V-V 결선의 특성

(1) 2대의 단상 변압기로 3상 부하에 전원을 공급한다.
(2) 부하 증설 예정시, △-△ 결선 운전 중 1대 고장시 V-V 결선이 가능하다.
(3) 이용률

$\dfrac{\sqrt{3}P_1}{2P_1} = \dfrac{\sqrt{3}}{2} = 0.866$

∴ 86.6[%]

(4) 출력비

$\dfrac{P_V}{P_\triangle} = \dfrac{\sqrt{3}P_1}{3P_1} = \dfrac{1}{\sqrt{3}} = 0.577$

∴ 57.7[%]

20. **이론 check** 분권 전동기

(1) 전기자 전류
$I_a = (I - I_f)$

(2) 역기전력
$E = V - I_a R_a = \dfrac{pZ}{60a}\phi N$
$= K\phi N$[V]

(3) 단자 전압
$V = E - I_a R_a$

(4) 회전수
$N = \dfrac{E}{K\phi}$[rmp] $= K\dfrac{E}{\phi}$[rps]

(5) 규약 효율
① 발전기
$\eta_G = \dfrac{출력}{출력+손실} \times 100$

② 전동기
$\eta_M = \dfrac{입력-손실}{입력} \times 100$

정답 18.② 19.③ 20.②

제 3 회   전기기기

01 3상 동기 발전기에서 그림과 같이 1상의 권선을 서로 똑같은 2조로 나누어서 그 1조의 권선 전압을 E[V], 각 권선의 전류를 I[A]라 하고 지그재그 △형으로 결선하는 경우, 선간 전압과 선전류는?

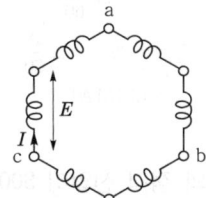

① 선간 전압 : $3E$, 선전류 : I
② 선간 전압 : $\sqrt{3}\,E$, 선전류 : $2I$
③ 선간 전압 : E, 선전류 : $2I$
④ 선간 전압 : $\sqrt{3}\,E$, 선전류 : $\sqrt{3}\,I$

해설
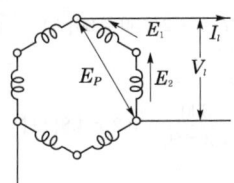

각 상의 1조와 2조 전압의 위상차가 $\dfrac{\pi}{6}$[rad]이므로

$E_P = E_1 + E_2 = 2E_1\cos 30° = 2\times E\times \dfrac{\sqrt{3}}{2} = \sqrt{3}\,E$

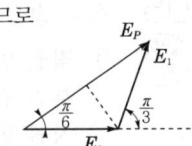

△결선이므로
선간 전압 $V_l = E_P = \sqrt{3}\,E$[V]
선전류 $I_l = \sqrt{3}\,I_P = \sqrt{3}\,I$[A]

02 주파수 50[Hz], 슬립 0.2인 경우의 회전자 속도가 600[rpm]일 때 유도 전동기의 극수는 몇 극인가?

① 6
② 8
③ 12
④ 16

해설 회전 속도 $N = N_s(1-s) = \dfrac{120f}{P}(1-s)$[rpm]

극수 $P = \dfrac{120f}{N}(1-s) = \dfrac{120\times 50}{600}\times(1-0.2) = 8$극

---

01. 이론 check △-△ 결선

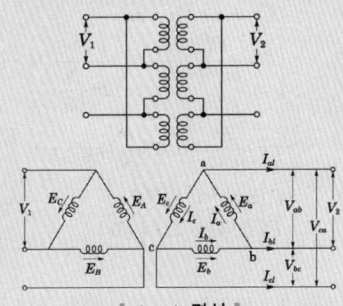

∥△-△ 결선∥

∥벡터도∥

$I_{al} = \dot{I_a} - \dot{I_c} = I_a + (-I_c)$
$= 2\cdot I_a \cdot \cos 30° \angle{-30°}$
$= 2\cdot I_a \cdot \dfrac{\sqrt{3}}{2} \angle{-30°}$
$= \sqrt{3}\,I_a \angle{-30°}$

(1) 선간 전압(V_l) = 상전압(E_p)
(2) 선전류(I_l) = $\sqrt{3}\,I_p \angle{-30°}$

02. 이론 check 회전 속도(N[rpm])

유도 전동기의 회전 속도
$N = N_s(1-s)$
$= \dfrac{120f}{P}(1-s)$[rpm]

$\left(s = \dfrac{N_s - N}{N_s}\right)$

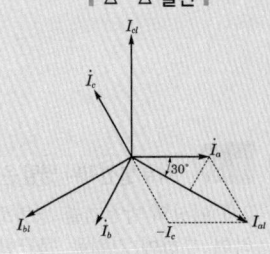

정답 01.④ 02.②

PART 03 전기기기

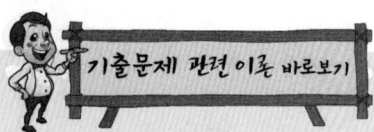

03. **직류 전동기의 토크(Torque : 회전력)**

$T = F \cdot r$ [N·m]

$T = \dfrac{P(출력)}{\omega(각속도)} = \dfrac{P}{2\pi \dfrac{N}{60}}$ [N·m]

$\tau = \dfrac{T}{9.8} = 0.975 \dfrac{P}{N}$ [kg·m]

(1[kg] = 9.8[N])

$P(출력) = E \cdot I_a$ [W]

05. **직류 발전기의 병렬 운전**

2대 이상의 발전기를 병렬로 연결하여 부하에 전원을 공급한다.

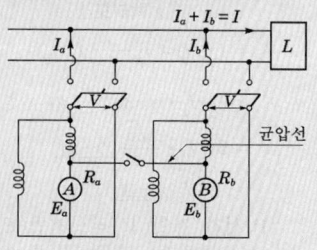

▮ 직류 발전기의 병렬 운전 ▮

(1) 목적
  능률(효율) 증대, 예비기 설치시 경제적이다.

(2) 조건
  ① 극성이 일치할 것
  ② 정격 전압이 같을 것
  ③ 외부 특성 곡선이 일치하고, 약간 수하 특성을 가질 것
  $I = I_a + I_b$
  $V = E_a - I_a R_a = E_b - I_b R_b$

(3) 균압선
  직권 계자 권선이 있는 발전기에서 안정된 병렬 운전을 하기 위하여 반드시 설치한다.

03 역기전력 100[V], 회전수 800[rpm], 토크 1.6[kg·m]인 직류 전동기의 전기자 전류는 약 몇 [A]인가?

① 6.0　　② 9.0
③ 13.0　　④ 15.0

해설 토크 $\tau = \dfrac{T}{9.8} = \dfrac{1}{9.8} \cdot \dfrac{EI_a}{2\pi \dfrac{N}{60}}$ [kg·m]

전기자 전류 $I_a = \tau \times 9.8 \times 2\pi \dfrac{N}{60} \times \dfrac{1}{E} = 1.6 \times 9.8 \times 2\pi \times \dfrac{800}{60} \times \dfrac{1}{100}$
$= 13.13$ [A]

04 직류 분권 전동기의 정격 전압이 300[V], 전부하 전기자 전류 50[A], 전기자 저항 0.2[Ω]이다. 이 전동기의 기동 전류를 전부하 전류의 120[%]로 제한시키기 위한 기동 저항값은 몇 [Ω]인가?

① 3.5　　② 4.8
③ 5.0　　④ 5.5

해설 기동 전류 $I_s = \dfrac{V - E}{R_a + R_s} = 1.2 I_a = 1.2 \times 50 = 60$ [A]

기동시 역기전력 $E = 0$이므로

기동 저항 $R_s = \dfrac{V}{1.2 I_a} - R_a = \dfrac{300}{1.2 \times 50} - 0.2 = 4.8$ [Ω]

05 직류 발전기를 병렬 운전할 때, 균압 모선이 필요한 직류기는?

① 직권 발전기, 분권 발전기
② 분권 발전기, 복권 발전기
③ 직권 발전기, 복권 발전기
④ 분권 발전기, 단극 발전기

해설 직류 발전기의 병렬 운전시 직권 계자 권선이 있는 (직권, 복권) 직류 발전기의 안정된 병렬 운전(부하 분담 균등)을 위한 균압선(균압 모선)을 설치한다.

06 단상 변압기의 병렬 운전 조건에 대한 설명 중 잘못된 것은? (단, r과 x는 각 변압기의 저항과 리액턴스를 나타낸다.)

① 각 변압기의 극성이 일치할 것
② 각 변압기의 권수비가 같고 1차 및 2차 정격 전압이 같을 것
③ 각 변압기의 백분율 임피던스 강하가 같을 것
④ 각 변압기의 저항과 임피던스의 비는 $\dfrac{x}{r}$일 것

정답　03.③　04.②　05.③　06.④

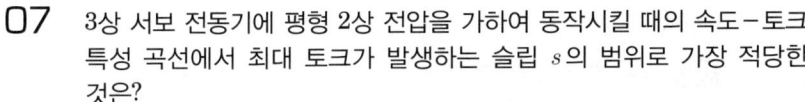

해설 단상 변압기의 병렬 운전 조건
- 변압기의 극성이 같을 것
- 1·2차 정격 전압 및 권수비가 같을 것
- 각 변압기의 저항과 리액턴스의 비가 같고 퍼센트 임피던스 강하가 같을 것

07 3상 서보 전동기에 평형 2상 전압을 가하여 동작시킬 때의 속도-토크 특성 곡선에서 최대 토크가 발생하는 슬립 s의 범위로 가장 적당한 것은?

① $0.05 < s < 0.2$
② $0.2 < s < 0.8$
③ $0.8 < s < 1$
④ $1 < s < 2$

해설 3상 서보 전동기의 최대 토크가 발생하는 슬립 s의 범위
$0.2 < s < 0.8$

08 유도 전동기의 부하를 증가시키면 역률은?

① 좋아진다.
② 나빠진다.
③ 변함이 없다.
④ 1이 된다.

해설 유도 전동기의 무부하 전류 $I_o = I_i + I_\phi ≒ I_\phi$ [A]

유도 전동기의 출력 $P = I_2^2 R = I_2^2 \left(\dfrac{1-s}{s}\right) r_2$ [W]

유도 전동기의 무부하 상태에서는 자화 전류(지상 전류)에 의해 역률이 떨어지나 부하가 증가하면 저항 성분의 유효 전류의 증가로 역률이 좋아진다.

09 3상 유도 전동기의 기계적 출력 P[kW], 회전수 N[rpm]인 전동기의 토크[kg·m]는?

① $716\dfrac{P}{N}$
② $956\dfrac{P}{N}$
③ $975\dfrac{P}{N}$
④ $0.01625\dfrac{P}{N}$

해설 3상 유도 전동기의 토크 $T = \dfrac{P}{2\pi\dfrac{N}{60}}$ [N·m]

토크 $\tau = \dfrac{T}{9.8} = \dfrac{1}{9.8} \times \dfrac{P}{2\pi\dfrac{N}{60}} = 0.975\dfrac{P[W]}{N}$

$= 975\dfrac{P[kW]}{N}$ [kg·m]

---

08. 이론 check 유도 전동기의 역률

(1) 무부하시
여자 전류는 대부분 무효 전류이고 일정하므로, 역률이 매우 낮다.

(2) 부하 증가시
부하가 증가하면 유효(부하) 전류가 증가하므로 역률이 높아지게 된다.

09. 이론 check 유도 전동기의 토크(Torque, 회전력)

$T = F \cdot r$ [N·m]

$T = \dfrac{P}{\omega} = \dfrac{P_o}{2\pi\dfrac{N}{60}} = \dfrac{P_2}{2\pi\dfrac{N_s}{60}}$ [N·m]

여기서, $P_o = P_2(1-s)$
$N = N_s(1-s)$

$\tau = \dfrac{T}{9.8} = \dfrac{60}{9.8 \times 2\pi} \cdot \dfrac{P_2}{N_s}$

$= 0.975\dfrac{P_2}{N_s}$ [kg·m]

정답 07.② 08.① 09.③

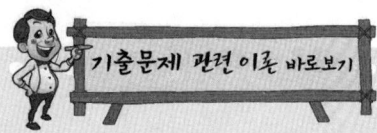

10 부하 전류가 100[A]일 때 회전 속도는 1,000[rpm]으로 10[kg·m]의 토크를 발생하는 직류 직권 전동기가 60[A]의 부하 전류로 감소되었을 때 토크는 몇 [kg·m]인가?

① 3.6
② 5.6
③ 7.6
④ 9.6

해설 직류 직권 전동기의 토크

$$T = \frac{P}{2\pi\frac{N}{60}} = \frac{EI_a}{2\pi\frac{N}{60}} = \frac{EP}{2\pi a}\phi I_a = k\phi I_a = k'I_a^2 \ (\phi \propto I_a)$$

$$T' = T \cdot \left(\frac{I'}{I}\right)^2 = 10 \times \left(\frac{60}{100}\right)^2 = 3.6 [\text{kg} \cdot \text{m}]$$

11 어떤 변압기 1차 환산 임피던스 $Z_{12} = 484[\Omega]$이고, 이것을 2차로 환산하면 $Z_{21} = 1[\Omega]$이다. 2차 전압이 400[V]이면 1차 전압[V]은?

① 8,800
② 6,000
③ 3,000
④ 1,500

해설 2차측 임피던스를 1차측으로 환산하면

$Z_{21} = \dfrac{Z_{12}}{a^2}$ 이므로 $a^2 = \dfrac{Z_{12}}{Z_{21}} = \dfrac{484}{1}$

권수비 $a = \sqrt{484} = 22 = \dfrac{V_1}{V_2}$

∴ $V_1 = aV_2 = 22 \times 400 = 8,800[\text{V}]$

12. **이론 check** **동기 전동기의 위상 특성 곡선 (V곡선)**

공급 전압(V)과 출력(P)이 일정한 상태에서 계자 전류(I_f)의 조정에 따른 전기자 전류(I_a)의 크기와 위상(역률각, θ)의 관계 곡선이다.

(1) 부족 여자
  전기자 전류가 공급 전압보다 위상이 뒤지므로 리액터 작용을 한다.
(2) 과여자
  전기자 전류가 공급 전압보다 위상이 앞서므로 콘덴서 작용을 한다.

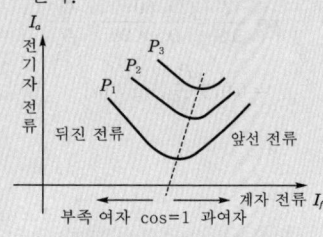

▮ 위상 특성 곡선(V곡선) ▮

12 동기 전동기의 위상 특성 곡선에서 공급 전압 및 부하를 일정하게 유지하면서 여자(계자) 전류(勵磁電流)를 변화시키면?

① 속도가 변한다.
② 토크(torque)가 변한다.
③ 전기자 전류가 변하고 역률이 변한다.
④ 별다른 변화가 없다.

해설 동기 전동기의 출력 $P_3 = \sqrt{3}\ VI\cos\theta = \dfrac{V_0 E}{x_s}\sin\delta[\text{W}]$

공급 전압과 출력(부하)이 일정 상태에서 여자 전류를 변화하면 전기자 전류의 크기와 역률 및 부하각(δ)이 변화한다.

정답 10.① 11.① 12.③

13 유도 전동기가 회전자 속도 n[rpm]으로 회전할 때, 회전자 전류에 의해 생기는 회전 자계는 고정자의 회전 자계 속도 n_s와 어떤 관계인가?

① n_s와 같다. ② n_s보다 작다.
③ n_s보다 크다. ④ n 속도이다.

 해설 3상 유도 전동기의 고정자에 교류 전원을 공급하면, 회전 자계가 발생하고, 전동기의 회전 방향, 회전 자계의 진행 방향으로 회전한다.

14 4극, 60[Hz]인 3상 유도 전동기가 있다. 1,725[rpm]으로 회전하고 있을 때, 2차 기전력의 주파수[Hz]는?

① 10 ② 7.5
③ 5 ④ 2.5

해설
$$N_s = \frac{120f}{P} = \frac{120 \times 60}{4} = 1,800\text{[rpm]}$$
$$s = \frac{N_s - N}{N_s} = \frac{1,800 - 1,725}{1,800} = 0.0417$$
$$\therefore f_2' = sf_1 = 0.0417 \times 60 = 2.5\text{[Hz]}$$

15 동기 발전기를 병렬 운전하는 데 필요하지 않은 조건은?

① 기전력의 용량이 같을 것
② 기전력의 주파수가 같을 것
③ 기전력의 위상이 같을 것
④ 기전력의 크기가 같을 것

해설 동기 발전기의 병렬 운전 조건
• 기전력의 크기가 같을 것
• 기전력의 위상이 같을 것
• 기전력의 주파수가 같을 것
• 기전력의 파형이 같을 것
• 상회전 방향이 같을 것

16 일정 전압 및 일정 파형에서 주파수가 상승하면 변압기 철손은 어떻게 변하는가?

① 증가한다. ② 감소한다.
③ 불변이다. ④ 증가와 감소를 반복한다.

 해설 공급 전압이 일정한 상태에서 와전류손은 주파수와 관계없이 일정하고, 히스테리시스손은 주파수에 반비례하므로 철손의 80[%]가 히스테리시스손인 관계로 철손은 주파수에 반비례한다.

정답 13.① 14.④ 15.① 16.②

기출문제 관련 이론 바로보기

15. 이론 check 동기 발전기의 병렬 운전

(1) 병렬 운전 조건
① 기전력의 크기가 같을 것
② 기전력의 위상이 같을 것
③ 기전력의 주파수가 같을 것
④ 기전력의 파형이 같을 것
⑤ 기전력의 상회전 방향이 같을 것

(2) 기전력의 크기가 다를 때 무효 순환 전류(I_c)가 흐른다.
$$I_c = \frac{E_a - E_b}{2Z_s}\text{[A]}$$

(3) 기전력의 위상차(δ_s)가 있을 때 동기화 전류(I_s)가 흐른다.

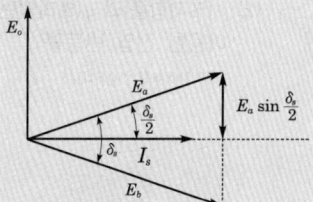

|동기화 전류 벡터도|

$$\dot{E}_o = \dot{E}_a - \dot{E}_b = 2 \cdot E_a \sin\frac{\delta_s}{2}$$
$$\therefore I_s = \frac{\dot{E}_a - \dot{E}_b}{2Z_s}$$
$$= \frac{2 \cdot E_a}{2 \cdot Z_s}\sin\frac{\delta_s}{2}\text{[A]}$$

※ 동기화 전류가 흐르면 수수전력과 동기화력 발생
① 수수전력 : P[W]
$$P = E_a I_s \cos\frac{\delta_s}{2} = \frac{E_a^2}{2Z_s}\sin\delta_s\text{[W]}$$
② 동기(同期)화력 : P_s[W]
$$P_s = \frac{dP}{d\delta_s} = \frac{E_a^2}{2Z_s}\cos\delta_s\text{[W]}$$

16. 이론 check 변압기 손실

(1) 철손
$$P_i = K\frac{V^2}{f}$$

(2) 와류손
전압이 일정하면 주파수와 무관
$$P_e = KV^2$$

(3) 히스테리시스손
$$P_h = K\frac{V^2}{f}$$

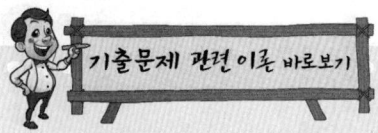

17. 변압기의 %저항 강하와 %누설 리액턴스 강하가 3[%]와 4[%]이다. 부하의 역률이 지상 60[%]일 때, 이 변압기의 전압 변동률[%]은?

① 4.8
② 4
③ 5
④ 1.4

해설 변압기의 전압 변동률 $\varepsilon = p\cos\theta \pm q\sin\theta$에서 지상 역률이므로
$\varepsilon = 3 \times 0.6 + 4 \times 0.8 = 5[\%]$

17. 이론 check ▶ 변압기의 특성

(1) 2차를 기준으로 한 전압 변동률
$$\varepsilon = \frac{V_{20} - V_{2n}}{V_{2n}} \times 100$$
$$= \frac{V_1 - V_2'}{V_2'} \times 100[\%]$$

여기서, V_{20} : 2차 무부하 전압
V_1 : 1차 정격 전압
V_{2n} : 2차 전부하 전압
V_2' : 2차의 1차 환산 전압

(2) p(%저항률)와 q(%리액턴스)를 이용한 전압 변동률
$\varepsilon = p\cos\theta + q\sin\theta$

18. 다음과 같은 반도체 정류기 중에서 역방향 내전압이 가장 큰 것은?

① 실리콘 정류기
② 게르마늄 정류기
③ 셀렌 정류기
④ 아산화동 정류기

해설 실리콘 정류기의 역방향 내전압이 가장 크다.

19. 동기 발전기의 전부하 포화 곡선은 그림 중 어느 것인가? (단, V는 단자 전압, I_f는 여자 전류이다.)

① ㉠
② ㉡
③ ㉢
④ ㉣

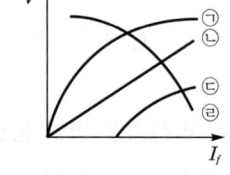

해설 동기 발전기의 전부하 포화 곡선은 여자 전류(I_f)와 단자 전압(V)의 관계 곡선으로, 무부하 포화 곡선에서 동기 임피던스와 전기자 반작용의 전압 강하를 뺀 곡선이다.

20. 반도체 사이리스터에 의한 제어는 어느 것을 변화시키는 것인가?

① 전류
② 주파수
③ 토크
④ 위상각

해설 반도체 사이리스터(thyristor)에 의한 전압을 제어하는 경우 위상각 또는 점호각을 변화시킨다.

정답 17.③ 18.① 19.③ 20.④

2012년 과년도 출제문제

제1회 전기기기

01 반도체 정류기에서 첨두 역방향 내 전압이 가장 큰 것은?
① 셀렌 정류기
② 게르마늄 정류기
③ 실리콘 정류기
④ 아산화동 정류기

해설 반도체 정류 소자의 첨두 역방향 내 전압은 셀렌(Se) 약 40[V], 게르마늄(Ge) 25~400[V], 실리콘(Si) 25~1,200[V]이다.

02 정격이 5[kW], 100[V], 50[A], 1,800[rpm]인 타여자 직류 발전기가 있다. 무부하시의 단자 전압[V]은? (단, 계자 전압 50[V], 계자 전류 5[A], 전기자 저항 0.2[Ω], 브러시의 전압 강하는 2[V]이다.)
① 100
② 112
③ 115
④ 120

해설 직류 발전기의 무부하 단자 전압
$V_0(E) = V + I_a R_a + e_b$
$= 100 + 50 \times 0.2 + 2$
$= 112[V]$

03 대형 직류 전동기의 토크를 측정하는 데 가장 적당한 방법은?
① 전기 동력계
② 와전류 제동기
③ 프로니 브레이크법
④ 앰플리다인

해설 전기 동력계(electric dynamometer)는 특수 직류기로 전기자, 계자 및 계자 프레임에 암(arm)과 스프링 저울이 연결되어 있어 대형 직류 전동기와 원동기의 출력 측정 장치이다.

02. 이론 check ▶ 타여자 발전기

(1) 타여자 발전기의 정의

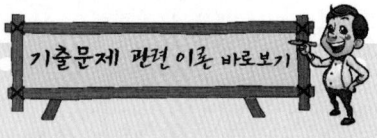

∥ 타여자 발전기 ∥

계자와 전기자가 별개의 독립적으로 되어 있는 발전기로서, 외부에서 별도의 직류 전원에 의한 여자 장치가 필요하다.

(2) 타여자 발전기의 특성
전기자와 계자가 완전히 분리되어 있으므로 부하의 변화에 따라 계자 전류가 영향을 받지 않기 때문에 항상 일정하게 되어 자속 ϕ도 일정하므로 전압 변동이 적다.

① 유기 기전력 $E = \dfrac{Z}{a}p\phi\dfrac{N}{60}[V]$
② 단자 전압 $V = E - I_a R_a [V]$
③ 전기자 전류 $I_a = I[A]$
  여기서, I : 부하 전류
④ 출력 $P = VI[W]$

정답 01.③ 02.② 03.①

PART 03 전기기기

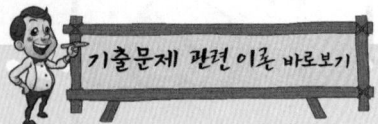

04 전기자 도체의 굵기, 권수가 모두 같을 때 단중 중권에 비해 단중 파권 권선의 이점은?
① 전류는 커지며 저전압이 이루어진다.
② 전류는 적으나 저전압이 이루어진다.
③ 전류는 적으나 고전압이 이루어진다.
④ 전류가 커지며 고전압이 이루어진다.

해설 직류기의 전기자 권선법은 고상권, 폐로권, 2층권을 사용하며 단중 중권과 단중 파권으로 분류된다. 여기서 단중 중권은 병렬권으로 저전압 대전류, 단중 파권은 직렬권으로 고전압 소전류가 얻어진다.

05 A, B 2대의 동기 발전기를 병렬 운전할 때, B 발전기의 여자 전류를 증가시키면?
① B 발전기의 역률 저하
② B 발전기의 전류 감소
③ B 발전기의 무효 전력 감소
④ B 발전기의 전력 증가

해설 A, B 2대의 동기 발전기를 병렬 운전할 때 B 발전기의 여자 전류를 증가하면 유효 전력은 일정하고 전류와 무효 전력이 증가하며 역률이 저하한다.

06 보극이 없는 직류기에서 브러시를 부하에 따라 이동시키는 이유는?

① 공극 자속의 일그러짐을 없애기 위하여
② 유기 기전력을 없애기 위하여
③ 전기자 반작용의 감자 분력을 없애기 위하여
④ 정류 작용을 잘 되게 하기 위하여

해설 보극이 없는 직류기에서는 정류를 잘 되게 하기 위하여 브러시를 이동시켜야 하는데, 발전기의 경우에는 그의 회전 방향으로 브러시를 이동시키고, 전동기에서는 그의 회전과 반대 방향으로 이동시킨다.

07 다음 중 VVVF 제어 방식으로 가장 적당한 전동기는?
① 동기 전동기
② 유도 전동기
③ 직류 직권 전동기
④ 직류 분권 전동기

해설 VVVF 제어 방식은 가변 전압 가변 주파수(Variable Voltage Variable Frequency)의 약어로 유도 전동기의 주파수 변환에 의한 속도 제어법이다.

06. Tip 전기자 반작용의 영향
전기자 권선의 자속이 계자 권선의 자속에 영향을 주는 현상이다.
(1) 발전기
① 주자속이 감소한다. → 유기 기전력이 감소한다.
② 중성축이 이동한다. → 회전 방향과 같다.
③ 정류자편과 브러시 사이에 불꽃이 발생한다. → 정류가 불량이다.
(2) 전동기
① 주자속이 감소한다. → 토크는 감소, 속도는 증가한다.
② 중성축이 이동한다. → 회전 방향과 반대이다.
③ 정류자편과 브러시 사이에 불꽃이 발생한다. → 정류가 불량이다.
(3) 보극이 없는 직류 발전기는 정류를 양호하게 하기 위하여 브러시를 회전 방향으로 이동시킨다.

정답 04.③ 05.① 06.④ 07.②

08 유도 전동기의 2차 여자 제어법에 대한 설명으로 틀린 것은?

① 권선형 전동기에 한하여 이용된다.
② 동기 속도의 이하로 광범위하게 제어할 수 있다.
③ 2차측에 슬립링을 부착하고 속도 제어용 저항을 넣는다.
④ 역률을 개선할 수 있다.

해설 권선형 유도 전동기의 속도 제어에서 2차 여자 제어법은 회전자(2차측)에 슬립링을 통해 슬립 주파수 전압을 인가하여 속도를 제어하는 방법으로 제어 범위가 넓고, 원활하며 역률을 개선할 수 있는 방법이다.

09 1차 전압 2,200[V], 무부하 전류 0.088[A], 철손 110[W]인 단상 변압기의 자화 전류는 약 몇 [A]인가?

① 0.05
② 0.038
③ 0.072
④ 0.088

해설 철손 $P_i = V_1 I_i$ 에서

철손 전류 $I_i = \dfrac{P_i}{V_1} = \dfrac{110}{2,200} = 0.05[A]$

여자 전류 $I_o = \sqrt{I_i^2 + I_\phi^2}$ 에서

자화 전류 $I_\phi = \sqrt{I_o^2 - I_i^2} = \sqrt{0.088^2 - 0.05^2} = 0.0724[A]$

10 75[W] 정도 이하의 소출력 단상 직권 정류자 전동기의 용도로 적합하지 않은 것은?

① 소형 공구
② 치과 의료용
③ 믹서
④ 공작 기계

해설 소출력 단상 직권 정류자 전동기는 직류·교류 양용 전동기로 소형 공구용, 치과 의료용, 가정용 전동기로 유효하다.

11 돌극형 동기 발전기에서 직축 동기 리액턴스를 x_d, 횡축 동기 리액턴스를 x_q라 할 때의 관계는?

① $x_d > x_q$
② $x_d < x_q$
③ $x_d = x_q$
④ $x_d \ll x_q$

해설 돌극형 동기 발전기 반작용 리액턴스는 직축 리액턴스(x_d)가 횡축 리액턴스(x_q)보다 크다.

---

08. 2차 여자 제어법

권선형의 회전자(2차)에 슬립 주파수 전압(E_c)을 인가하여 슬립의 변환에 의한 속도 제어이다.

I_2(2차 전류 일정)$= \dfrac{sE_2 \pm E_c}{r_2}$

여기서, $+E_c$: 속도 상승
$-E_c$: 속도 하강

(1) 세르비어스 방식
  전기적, 정토크 제어
(2) 크레머 방식
  기계적, 정출력 제어

10. 단상 직권 정류자 전동기

(1) 직류 교류 양용 만능 전동기
  가정용 미싱, 소형 공구, 영상기, 믹서기
(2) 직권형, 보상 직권형, 유도 보상 직권형
(3) 보상 권선을 설치하면 역률을 좋게 할 수 있고, 저항 도선은 정류 작용을 좋게 한다.

정답 08.③ 09.③ 10.④ 11.①

PART 03 전기기기

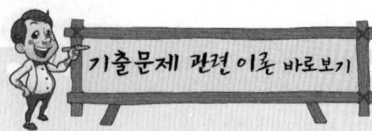

13. **이론 check** 직류기의 전기자 권선법

전기자 권선법은 전기자 철심에 권선을 배열하는 방법으로 고상권, 폐로권, 2층권을 사용하며 중권과 파권으로 분류한다.
(1) 환상권(×), 고상권(○)
(2) 개로권(×), 폐로권(○)
(3) 1층권(×), 2층권(○)
(4) 중권과 파권
① 중권(lap winding, 병렬권) : 병렬 회로수와 브러시 수가 자극의 수와 같으며 저전압, 대전류에 유효하고, 병렬 회로 사이에 전압의 불균일시 순환 전류가 흐를 수 있으므로 균압환이 필요하다.
② 파권(wave winding, 직렬권) : 파권은 병렬 회로수가 극수와 관계없이 항상 2개로 되어 있으므로, 고전압 소전류에 유효하고, 균압환은 불필요하며, 브러시 수는 2 또는 극수와 같게 할 수 있다.

15. **이론 check** 스코트(scott) 결선(T결선)

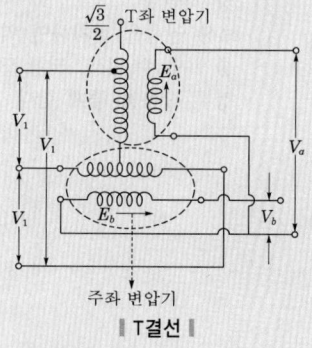

주좌 변압기
┃ T결선 ┃

$a_T = \dfrac{\sqrt{3}}{2} a_{주}$

여기서, a_T : T좌 변압기의 권수비
$a_{주}$: 주좌 변압기의 권수비

12 동기 각속도 ω_0, 회전자 각속도 ω인 유도 전동기의 2차 효율은?

① $\dfrac{\omega_0}{\omega}$ ② $\dfrac{\omega}{\omega_0}$

③ $\dfrac{\omega_0 - \omega}{\omega_0}$ ④ $\dfrac{\omega_0 - \omega}{\omega}$

해설 $\eta_2 = \dfrac{P}{P_2} = (1-s) = \dfrac{N}{N_s} = \dfrac{2\pi\omega}{2\pi\omega_0} = \dfrac{\omega}{\omega_0}$

13 다음 권선법 중 직류기에서 주로 사용되는 것은?

① 폐로권, 환상권, 2층권
② 폐로권, 고상권, 2층권
③ 개로권, 환상권, 단층권
④ 개로권, 고상권, 2층권

해설 직류기의 전기자 권선법

```
        ┌ 환상권
        │         ┌ 개로권
        └ 고상권 ┤         ┌ 단층권         ┌ 중권
                  └ 폐로권 ┤                │
                            └ 2층권 ───────┤
                                            └ 파권
```

14 변압기 1차측 사용 탭이 6,300[V]인 경우, 2차측 전압이 110[V]였다면 2차측 전압을 약 120[V]로 하기 위해서는 1차측의 탭을 몇 [V]로 선택해야 하는가?

① 6,000 ② 6,300
③ 6,600 ④ 6,900

해설 변압기의 2차 전압을 높이려면 권수비는 낮추어야 하므로 탭 전압

$V_T = 6,300 \times \dfrac{110}{120} = 5,775$

∴ $V_T = 5,700[V]$

정격 탭 전압은 5,700, 6,000, 6,300, 6,600, 6,900[V]이다.

15 동일 용량의 변압기 두 대를 사용하여 11,000[V]의 3상식 간선에서 440[V]의 2상 전력을 얻으려면 T좌 변압기의 권수비는 약 얼마로 해야 되는가?

① 28 ② 30
③ 22 ④ 25

정답 12.② 13.② 14.④ 15.③

해설 스코트(scott) 결선(3상→2상 변환)에서 2차측 V_a와 V_b를 같도록 하려면 다음과 같다.

T좌 변압기의 권수비 $a_T = \frac{\sqrt{3}}{2} a_주 = \frac{\sqrt{3}}{2} \times \frac{11,000}{440} = 21.65 ≒ 22$

여기서, $a_주$: 주좌 변압기의 권수비

16 유도 전동기와 직결된 전기 동력계의 부하 전류를 증가하면 유도 전동기의 속도는?

① 증가한다
② 감소한다.
③ 변함이 없다.
④ 동기 속도로 회전한다.

17 동기 전동기에 설치된 제동 권선의 효과로 맞지 않는 것은?

① 송전선 불평형 단락시 이상 전압 방지
② 과부하 내량의 증대
③ 기동 토크의 발생
④ 난조 방지

해설 동기기(동기 발전기, 동기 전동기)에 설치된 제동 권선의 효과는 다음과 같다.
- 난조의 방지
- 기동 토크의 발생
- 불평형 전압, 전류의 파형 개선
- 이상 전압 발생의 억제(방지)

18 반도체 사이리스터로 속도 제어를 할 수 없는 것은?

① 정지형 레오나드 제어
② 일그너 제어
③ 초퍼 제어
④ 인버터 제어

해설 일그너(Illgner) 제어는 직류 전동기의 속도 제어 방식으로 원동기와 직류 발전기의 축 사이에 플라이휠(fly wheel)을 설치하여야 하므로 반도체 사이리스터로는 속도 제어를 할 수 없다.

19 동기 조상기의 회전수는 무엇에 의하여 결정되는가?

① 효율
② 역률
③ 토크 속도
④ $N_s = \frac{120f}{P}$ 의 속도

정답 16.② 17.② 18.② 19.④

기출문제 관련 이론 바로보기

17. 이론 check 제동 권선

(1) 구조
동기기 자극면에 홈을 파고 농형 권선을 설치한다.

(2) 제동 권선의 역할
① 난조 방지 : 동기 속도 전후로 진동하는 것이 난조이므로, 속도가 변화할 때 제동 권선이 자속을 끊어 제동력을 발생시켜 난조를 방지한다.
② 불평형 부하시의 전류 전압 파형을 개선한다.
③ 송전선의 불평형 단락시 이상 전압을 방지한다.

18. 이론 check 직류 전동기의 속도 제어

(1) 계자 제어
(2) 저항 제어
(3) 전압 제어
① 레오나드 제어 :

3상 전원 — 컨버터 — 전역 장치 — 주전동기

|흐름도|

㉠ 제철 공장의 압연용 전동기 제어, 엘리베이터 제어, 공작 기계, 신문 운전기 등에 쓰인다.
㉡ 반도체 전류기를 사용한 정지 레너드 방식은, 소형이고 효율이 높으며 가격도 저렴하다.
② 일그너 제어 : 유도 전동기와 발전기와의 직결축에 큰 플라이휠(FW)을 붙여 부하가 갑자기 변할 때 출력의 변화를 줄이기 위한 방식이다.
③ 초퍼 제어 : 지하철 및 전철의 견인용 전동기의 속도 제어에 저항을 이용한 종래의 방식을 이 초퍼 제어 방식으로 대치함으로써 종래 저항 제어에서 발생하던 열이 없어지고 전력의 손실이 적어진다.

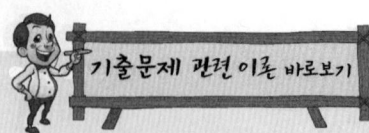

20. 이론 check ▶ **변압기의 병렬 운전**

(1) 병렬 운전 조건
 ① 각 변압기의 극성이 같을 것
 ② 각 변압기의 권수비가 같고, 1차와 2차의 정격 전압이 같을 것
 ③ 각 변압기의 %임피던스 강하가 같을 것
 ※ 3상식에서는 위의 조건 이외에 각 변압기의 상회전 방향 및 변위가 같을 것

(2) 병렬 운전시 부하 분담
$$P_a = \frac{\%Z_b}{\%Z_a + \%Z_b} \times P$$
$$P_b = \frac{\%Z_a}{\%Z_a + \%Z_b} \times P$$

※ 변압기의 부하 분담은 누설 임피던스에 반비례한다.
여기서,
 P_a : A 변압기의 부하분담
 P_b : B 변압기의 부하분담
 P : 전체 부하
 $\%Z_a$, $\%Z_b$: A, B 변압기의 % 임피던스

해설 동기 조상기는 동기 전동기를 무부하로 운전하여 여자 전류의 변화로 역률을 조정하는 장치로 동기 속도로 회전한다.

동기 속도 $N_s = \frac{120f}{P}$ [rpm]

20 정격이 같은 2대의 단상 변압기 1,000[kVA]의 임피던스 전압은 각각 8[%]와 7[%]이다. 이것을 병렬로 하면 몇 [kVA]의 부하를 걸 수 있는가?

① 1,865
② 1,870
③ 1,875
④ 1,880

해설 A, B 단상 변압기의 정격 용량을 P_A, P_B, 임피던스 강하(임피던스 전압)를 $\%Z_a$, $\%Z_b$라 할 때

부하 분담비 $\frac{P_a}{P_b} = \frac{\%Z_b}{\%Z_a} \cdot \frac{P_A}{P_B} = \frac{\%Z_b}{\%Z_a} (P_A = P_B)$이므로 B 변압기가 정격 용량의 부하를 분담할 때 A 변압기의 부하 분담 용량은

$P_a = \frac{\%Z_b}{\%Z_a} P_b = \frac{7}{8} \times 1,000 = 875$ [kVA]

∴ 전체 부하 분담 용량 $P = 875 + 1,000 = 1,875$ [kVA]

제 2 회 전기기기

01. 이론 check ▶ **직류 전동기의 회전 속도**

공급 전압(V), 계자 저항(r_f), 일정 상태에서 부하 전류(I)와 회전 속도(N)의 관계 곡선 $N = K\frac{V - I_a R_a}{\phi}$

(1) 분권 전동기
 경부하 운전 중 계자 권선이 단선될 때 위험 속도에 도달한다.
(2) 직권 전동기
 운전 중 무부하 상태로 되면 무구속 속도(위험 속도)에 도달한다.
(3) 복권 전동기(가동 복권)
 운전 중 계자 권선 단선, 무부하 상태로 되어도 위험 속도에 도달하지 않는다.

01 다음 ( ) 안에 알맞은 내용은?

직류 전동기의 회전 속도가 위험한 상태가 되지 않으려면 직권 전동기는 (㉠) 상태로, 분권 전동기는 (㉡) 상태가 되지 않도록 하여야 한다.

① ㉠ 무부하, ㉡ 무여자
② ㉠ 무여자, ㉡ 무부하
③ ㉠ 무여자, ㉡ 경부하
④ ㉠ 무부하, ㉡ 경부하

해설 직류 전동기의 회전 속도 $N = K\frac{V - I_a R_a}{\phi} \propto \frac{1}{\phi} \propto \frac{1}{I_f}$이므로 직권 전동기의 경우 무부하 상태($I = I_f = 0$), 분권 전동기는 무여자 상태($I_f = 0$)로 되면 위험 속도에 도달할 수 있다.

정답 20.③ / 01.①

02 전기자 반작용에 대한 설명으로 틀린 것은?

① 전기자 중성축이 이동하여 주자속이 증가하고 정류자편 사이의 전압이 상승한다.
② 전기자 권선에 전류가 흘러서 생긴 기자력은 계자 기자력에 영향을 주어서 자속의 분포가 기울어진다.
③ 직류 발전기에 미치는 영향으로는 중성축이 이동되고 정류자 편간의 불꽃 섬락이 일어난다.
④ 전기자 전류에 의한 자속이 계자 자속에 영향을 미치게 하여 자속 분포를 변화시키는 것이다.

해설 전기자 반작용이란 전기자 전류에 의한 자속이 계자 자속의 분포에 영향을 미치는 현상으로 전기적 중성축의 이동, 계자 자속의 감소, 정류자 편간 전압이 국부적으로 높아서 불꽃을 발생하며 정류 불량을 가져온다.

03 정격이 5[kW], 100[V], 50[A], 1,500[rpm]인 타여자 직류 발전기가 있다. 계자 전압 50[V], 계자 전류 5[A], 전기자 저항 0.2[Ω]이고 브러시에서 전압 강하는 2[V]이다. 무부하시와 정격 부하시의 전압차는 몇 [V]인가?

① 12   ② 10
③ 8   ④ 6

해설 무부하 전압 $V_0 = E = V + I_a R_a + e_b = 100 + 50 \times 0.2 + 2 = 112[V]$
정격 전압 $V_n = 100[V]$
전압차 $e = V_0 - V_n = 112 - 100 = 12[V]$

04 유도 전동기의 2차측 저항을 2배로 하면 최대 토크는 몇 배로 되는가?

① 3배로 된다.   ② 2배로 된다.
③ 변하지 않는다. ④ $\frac{1}{2}$로 된다.

해설 유도 전동기의 동기 와트로 표시한 최대 토크
$$\tau_{sm} = \frac{V_1^2}{2\{r_1 + \sqrt{r_1^2 + (x_1 + x_2)^2}\}} \neq r_2$$
따라서, 최대 토크는 2차 저항과 무관하므로 항상 일정하다.

05 변압기의 성층 철심 강판 재료의 규소 함유량은 대략 몇 [%]인가?

① 8   ② 6
③ 4   ④ 2

해설
- 변압기의 철심은 히스테리시스손과 와류손을 줄이기 위하여 얇은 규소 강판을 성층하여 철심을 조립한다.
- 규소의 함유량은 4~4.5[%] 정도이고, 두께가 0.35[mm]인 강판을 절연하여 사용한다.

정답 02.④ 03.① 04.③ 05.③

기출문제 관련 이론 바로보기

04. 이론 check 유도 전동기 슬립 대 토크 특성 곡선

[공급 전압(V_1)의 일정 상태에서 슬립과 토크의 관계]

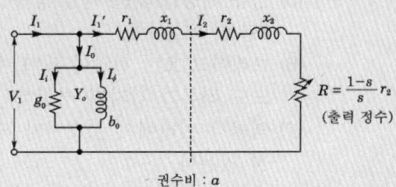

유도 전동기 간이 등가 회로

$$I_1' = \frac{V_1}{\sqrt{\left(r_1 + \frac{r_2}{s}\right)^2 + (x_1 + x_2)^2}}$$

($a = 1$일 때, $r_2' = a^2 \cdot r_2 = r_2$, $x_2' = x_2$)

※ 동기 와트로 표시한 토크

$T_s = P_2 = I_2^2 \frac{r_2}{s} = I_1'^2 \frac{r_2'}{s}$ 에서

$$T_s = \frac{V_1^2 \frac{r_2}{s}}{\left(r_1 + \frac{r_2}{s}\right)^2 + (x_1 + x_2)^2} \propto V_1^2$$

① 기동(시동) 토크: $T_{ss}(s=1)$
$$T_{ss} = \frac{V_1^2 \, r_2}{(r_1 + r_2)^2 + (x_1 + x_2)^2}$$
$\propto r_2$

② 최대(정동) 토크: $T_{sm}(s = s_t)$
최대 토크 발생 슬립(s_t)

$s_t = \frac{dT_s}{ds} = 0$

$= \frac{r_2}{\sqrt{r_1^2 + (x_1 + x_2)^2}} \propto r_2$

$$T_{sm} = \frac{V_1^2}{2\{r_1 + \sqrt{r_1^2 + (x_1 + x_2)^2}\}}$$
$\neq r_2$

(단, 최대 토크는 2차 저항과 무관하다.)

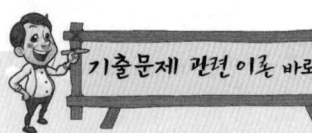

06. **SCR의 특징**

(1) 아크가 생기지 않으므로 열의 발생이 적다.
(2) 과전압에 약하다.
(3) 게이트 신호를 인가할 때부터 도통할 때까지의 시간이 짧다.
(4) 전류가 흐르고 있을 때 양극의 전압 강하가 작다.
(5) 정류 기능을 갖는 단일 방향성 3단자 소자이다.
(6) 브레이크 오버 전압이 되면 애노드 전류가 갑자기 커진다.
(7) 역률각 이하에서는 제어가 되지 않는다.
(8) 사이리스터에서는 게이트 전류가 흐르면 순방향 저지 상태에서 ON 상태로 된다. 게이트 전류를 가하여 도통 완료까지의 시간을 턴온 시간이라고 한다. 시간이 길면 스위칭시의 전력 손실이 많고 사이리스터 소자가 파괴될 수 있다.
(9) 유지 전류는 게이트를 개방한 상태에서 사이리스터 도통 상태를 유지하기 위한 최소의 순전류이다.
(10) 래칭 전류는 사이리스터가 턴온하기 시작하는 순전류이다.

08. **전압 변동률[ε[%]]**

$$\varepsilon = \frac{V_{20} - V_{2n}}{V_{2n}} \times 100$$
$$= \frac{V_1 - V_2'}{V_2'} \times 100 [\%]$$

여기서, V_{20} : 2차 무부하 전압
V_1 : 1차 정격 전압
V_{2n} : 2차 전부하 전압
V_2' : 2차의 1차 환산 전압

06 사이리스터의 래칭(latching) 전류에 관한 설명으로 옳은 것은?

① 게이트를 개방한 상태에서 사이리스터 도통 상태를 유지하기 위한 최소 전류
② 게이트 전압을 인가한 후에 급히 제거한 상태에서 도통 상태가 유지되는 최소의 순전류
③ 사이리스터의 게이트를 개방한 상태에서 전압이 상승하면 급히 증가하게 되는 순전류
④ 사이리스터가 턴온하기 시작하는 전류

해설 게이트 개방 상태에서 SCR이 도통되고 있을 때 그 상태를 유지하기 위한 최소의 순전류를 유지 전류(holding current)라 하고, 턴온되려고 할 때는 이 이상의 순전류가 필요하며, 확실히 턴온시키기 위해서 필요한 최소의 순전류를 래칭 전류라 한다.

07 1차 전압 3,300[V], 권수비가 30인 단상 변압기로 전등 부하에 20[A]를 공급할 때의 입력[kW]은?

① 2.2
② 3.3
③ 6.6
④ 9.9

해설 권수비 $a = \frac{N_1}{N_2} = \frac{I_2}{I_1}$ 에서 $I_1 = \frac{I_2}{a} = \frac{20}{30} = \frac{2}{3}$[A]

전등 부하에서는 역률 $\cos\theta = 1$이므로

입력 $P_i = V_1 I_1 \cos\theta = 3,300 \times \frac{2}{3} \times 1 = 2,200[W] = 2.2[kW]$

08 단상 변압기에서 전부하의 2차 전압은 100[V]이고, 전압 변동률은 3[%]이다. 1차 단자 전압[V]은? (단, 1, 2차 권선비는 20 : 1이다.)

① 1,940
② 2,060
③ 2,260
④ 2,360

해설 전압 변동률 $\varepsilon = \frac{V_{20} - V_{2n}}{V_{2n}} \times 100[\%]$

$V_{20} = V_{2n}(1+\varepsilon')\left(\varepsilon' = \frac{\varepsilon}{100}\right)$

변압기의 권수비 $a = \frac{N_1}{N_2} = \frac{V_1}{V_{20}}$

따라서 1차 단자 전압
$V_1 = aV_{20} = aV_{2n}(1+\varepsilon')$
$= 20 \times 100 \times (1+0.03) = 2,060[V]$

정답 06.④ 07.① 08.②

09 동기 전동기에서 감자 작용을 할 때는 어떤 경우인가?

① 공급 전압보다 앞선 전류가 흐를 때
② 공급 전압보다 뒤진 전류가 흐를 때
③ 공급 전압과 동상 전류가 흐를 때
④ 공급 전압에 상관없이 전류가 흐를 때

해설 동기 전동기는 전기자 전류가 공급 전압과 동상일 때 횡축 반작용, 공급 전압보다 뒤진 전류가 흐를 때 증자 작용, 공급 전압보다 앞선 전류가 흐를 때 감자 작용을 한다.

10 2방향성 3단자 사이리스터는 어느 것인가?

① SCR   ② SSS
③ SCS   ④ TRIAC

해설 사이리스터(thyristor)의 SCR은 단일 방향 2단자 소자, SSS는 쌍방향(2방향성) 2단자 소자, SCS는 단일 방향 4단자 소자이며 TRIAC은 2방향성 3단자 소자이다.

11 3상 분권 정류자 전동기인 시라게 전동기의 특성은?

① 1차 권선을 회전자에 둔 3상 권선형 유도 전동기
② 1차 권선을 고정자에 둔 3상 권선형 유도 전동기
③ 1차 권선을 고정자에 둔 3상 농형 유도 전동기
④ 1차 권선을 회전자에 둔 3상 농형 유도 전동기

해설 시라게(schrage) 전동기는 회전자에 1차 권선, 고정자에 2차 권선을 배치한 3상 권선형 유도 전동기로 브러시의 위치 변화에 의해 속도 제어가 가능한 분권 특성의 전동기이다.

12 3상 유도 전동기가 경부하에서 운전 중 1선의 퓨즈가 잘못되어 용단되었을 때는?

① 속도가 증가하여 다른 선의 퓨즈도 용단된다.
② 속도가 늦어져서 다른 선의 퓨즈도 용단된다.
③ 전류가 감소하여 운전이 얼마 동안 계속된다.
④ 전류가 증가하여 운전이 얼마 동안 계속된다.

해설 3상 유도 전동기의 경부하 운전 중 1선이 단선되면 최대 토크는 감소하고, 슬립이 증가하여 속도가 떨어지며 전류는 $\sqrt{3}$ 배로 증가하여 운전은 계속된다.

---

09. 이론 동기 전동기의 전기자 반작용

동기 전동기는 동기 발전기의 경우에 비해 반대가 된다.
(1) 교차 자화작용
 I와 V가 동상인 경우
(2) 증자 작용
 I가 V보다 $\dfrac{\pi}{2}$ 뒤지는 경우
(3) 감자 작용
 I가 V보다 $\dfrac{\pi}{2}$ 앞서는 경우

Tip 동기 발전기의 전기자 반작용

전기자 전류에 의한 자속이 계자 자속에 영향을 미치는 현상이다.
(1) 횡축 반작용

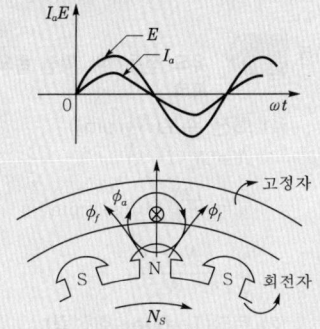

∥ 횡축 반작용 ∥

① 계자 자속 왜형파로 되며, 약간 감소한다.
② 전기자 전류(I_a)와 유기 기전력(E)이 동상일 때($\cos\theta = 1$)

(2) 직축 반작용

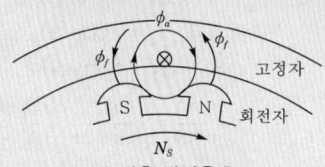

∥ 직축 반작용 ∥

① 감자 작용 : 계자 자속 감소
 I_a가 E보다 위상이 90° 뒤질 때($\cos\theta = 0$, 뒤진 역률)
② 증자 작용 : 계자 자속 증가
 I_a가 E보다 위상이 90° 앞설 때($\cos\theta = 0$, 앞선 역률)

정답 09.① 10.④ 11.① 12.④

PART 03 전기기기

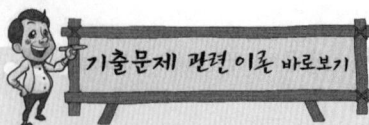

13. 이론 check **유도 전동기의 효율(η [%])**

(1) 1차 효율

$$\eta_1 = \frac{P}{P_1} \times 100$$

$$= \frac{P}{\sqrt{3} \cdot V \cdot I \cdot \cos\theta} \times 100 [\%]$$

(2) 2차 효율

$$\eta_2 = \frac{P}{P_2} \times 100$$

$$= (1-s) \times 100 [\%]$$

(출력 $P = P_o$(기계적 출력) — 기계손 ≒ P_o)

15. 이론 check **유도 전동기의 회전 속도와 토크**

(1) 회전 속도(N[rpm])

$N = N_s(1-s)$

$= \frac{120f}{P}(1-s)$ [rpm]

$\left(s = \frac{N_s - N}{N_s}\right)$

(2) 토크(Torque, 회전력)

$T = F \cdot r$ [N·m]

$= \frac{P}{\omega} = \frac{P_o}{2\pi \frac{N}{60}}$

$= \frac{P_2}{2\pi \frac{N_s}{60}}$ [N·m]

여기서, $P_o = P_2(1-s)$

$N = N_s(1-s)$

$\tau = \frac{T}{9.8} = \frac{60}{9.8 \times 2\pi} \cdot \frac{P_2}{N_s}$

$= 0.975 \frac{P_2}{N_s}$ [kg·m]

(3) 동기 와트로 표시한 토크(T_s)

$T = \frac{0.975}{N_s}P_2 = KP_2$ (N_s: 일정)

$T_s = P_2$(2차 입력으로 표시한 토크)

13 유도 전동기의 2차 효율은? (단, s는 슬립이다.)

① $\frac{1}{s}$ ② s

③ $1-s$ ④ s^2

해설 2차 효율 $\eta_2 = \frac{P_o}{P_2} = \frac{(1-s)P_2}{P_2} = 1-s$

14 15[kW] 3상 유도 전동기의 기계손이 350[W], 전부하시의 슬립이 3[%]이다. 전부하시의 2차 동손은 약 몇 [W]인가?

① 523 ② 475
③ 411 ④ 365

해설 기계적 출력 $P_o = P +$ 기계손 $= 15,000 + 350 = 15,350$[W]

2차 동손 $P_{2c} = \frac{sP_o}{1-s} = \frac{0.03 \times 15,350}{1-0.03} = 474.74$[W]

15 60[Hz] 6극 10[kW]인 유도 전동기가 슬립 5[%]로 운전할 때, 2차의 동손이 500[W]이다. 이 전동기의 전부하시의 토크[kg·m]는?

① 약 4.3 ② 약 8.5
③ 약 41.8 ④ 약 83.5

해설 회전 속도 $N = N_s(1-s) = \frac{120f}{P}(1-s)$

$= \frac{120 \times 6}{6} \times (1-0.05) = 1,140$[rpm]

토크 $\tau = \frac{1}{9.8} \cdot \frac{P}{2\pi \frac{N}{60}}$

$= \frac{1}{9.8} \times \frac{10,000}{2\pi \times \frac{1,140}{60}} = 8.54$[kg·m]

16 동기 발전기의 병렬 운전 중 여자 전류를 증가시키면 그 발전기는?

① 전압이 높아진다.
② 출력이 커진다.
③ 역률이 좋아진다.
④ 역률이 나빠진다.

해설 동기 발전기의 병렬 운전 중 여자 전류를 증가시키면 그 발전기는 무효 전력이 증가하여 역률이 나빠지고, 상대 발전기는 무효 전력이 감소하여 역률이 좋아진다.

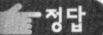 **정답** 13.③ 14.② 15.② 16.④

17 터빈 발전기의 냉각을 수소 냉각 방식으로 하는 이유가 아닌 것은?

① 풍손이 공기 냉각시의 약 $\frac{1}{10}$로 줄어든다.
② 열전도율이 좋고 가스 냉각기의 크기가 작아진다.
③ 절연물의 산화 작용이 없으므로 절연 열화가 작아서 수명이 길다.
④ 반폐형으로 하기 때문에 이물질의 침입이 없고 소음이 감소한다.

18 브러시리스 DC 서보 모터의 특징으로 틀린 것은?

① 단위 전류당 발생 토크가 크고 효율이 좋다.
② 토크 맥동이 작고, 안정된 제어가 용이하다.
③ 기계적 시간 상수가 크고 응답이 느리다.
④ 기계적 접점이 없고 신뢰성이 높다.

해설 DC 서보 모터는 기계적 시간 상수(시정수)가 작고 응답이 빠른 특성을 갖고 있다.

19 변압기 결선 방식 중 3상에서 6상으로 변환할 수 없는 것은?

① 환상 결선 ② 2중 3각 결선
③ 포크 결선 ④ 우드 브리지 결선

해설
• 변압기의 상수 변환에서 3상을 6상으로 변환하는 방법은 다음과 같다.
 - 2중 Y결선
 - 2중 △결선
 - 환상 결선
 - 대각 결선
 - 포크 결선
• 우드 브리지 결선은 3상을 2상으로 변환하는 방식이다.

20 다음 ( ) 안에 알맞은 내용을 순서대로 나열한 것은?

사이리스터(thyristor)에서는 게이트 전류가 흐르면 순방향의 저지 상태에서 ( ) 상태로 된다. 게이트 전류를 가하여 도통 완료까지의 시간을 ( ) 시간이라고 하나 이 시간이 길면 ( )시의 ( )이 많고 사이리스터 소자가 파괴되는 수가 있다.

① 온(on), 턴온(turn on), 스위칭, 전력 손실
② 온(on), 턴온(turn on), 전력 손실, 스위칭
③ 스위칭, 온(on), 턴온(turn on), 전력 손실
④ 턴온(turn on), 스위칭, 온(on), 전력 손실

---

18. Tip DC 서보 전동기(DC servo-motor)
(1) 기동 토크가 크다.
(2) 회전자 관성 모멘트가 작다.
(3) 제어 권선 전압이 0에서는 기동해서는 안 되며, 곧 정지해야 한다.
(4) 직류 서보 모터의 기동 토크가 교류 서보 모터의 기동 토크보다 크다.
(5) 속응성이 좋다. 시정수가 짧다. 기계적 응답이 좋다.
(6) 회전자 팬에 의한 냉각 효과를 기대할 수 없다.

20. 이론 check SCR

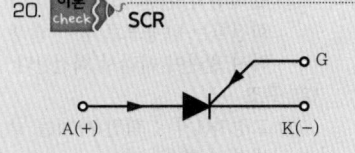

| SCR |

$E_{da} = E_d \cdot \dfrac{1+\cos\alpha}{2} \,[\text{V}]$

여기서, α : 제어각
(1) SCR turn on 조건
 ① 양극과 음극 간에 브레이크 오버 전압 이상의 전압 인가 ($I_g = 0$)
 ② 게이트에 래칭 전류 이상의 전류 인가(펄스 전류)
(2) SCR turn off 조건
 ① 애노드의 극성을 부(-)로 한다.
 ② SCR에 흐르는 전류를 유지 전류 이하로 한다.

정답 17.④ 18.③ 19.④ 20.①

PART 03 전기기기

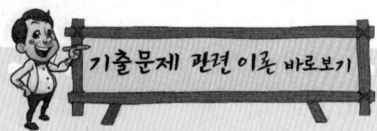

02. 이론 check 유도 전동기 원리

(1) 원리
전자 유도와 플레밍의 왼손 법칙 즉, 아라고(Arago) 원판의 회전 원리에 의해 얻어진다.

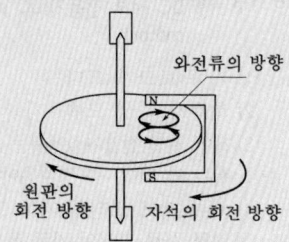

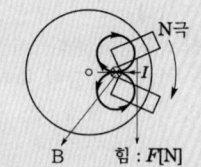

∥아라고(Arago) 원판의 회전 원리∥

① 전자 유도 : 자석을 회전하면 외각에서 중심으로 향하여 전류가 흐른다.
② 플레밍의 왼손 법칙 : 자석이 회전하는 방향으로 힘이 발생하여 원판이 따라서 회전한다.

(2) 구조
① 고정자(1차) : 회전 자계를 발생하는 부분
 ㉠ 철심 : 규소 강판을 성층하여 사용한다.
 ㉡ 권선 : 연동선을 절연하여 홈(slot)에 배열한다. 권선의 수에 따라 단상, 3상 유도 전동기로 분류된다.
② 회전자(2차) : 회전하는 부분(부하에 동력 공급)
 ㉠ 철심 : 연강판 성층
 ㉡ 권선
  • 권선형 : 권선 배열 → 기동 특성 양호
  • 농형 : 동봉, 단락환 배열 → 구조 간결, 조작 용이

해설 사이리스터(SCR)는 단일 방향 3단자 소자로서 게이트에 전류가 흐르면 오프(off) 상태에서 온(on) 상태로 되며, 온 상태로 되기까지의 시간을 턴온 시간이라 한다. 시간이 길어지면 스위칭(턴온)시 전력 손실이 많아진다.

제3회 전기기기

01 변압기 2대를 사용하여 V결선으로 3상 변압하는 경우 변압기 이용률[%]은 얼마인가?

① 47.6　　② 57.8
③ 66.6　　④ 86.6

해설 단상 변압기 2대로 V결선하였을 때 출력 $P_V = \sqrt{3}\,P_1$ 이므로
이용률 $\dfrac{P_V}{2P_1} = \dfrac{\sqrt{3}\,P_1}{2P_1} = \dfrac{\sqrt{3}}{2} = 0.866 = 86.6[\%]$

02 3상 유도 전동기의 회전 방향은 이 전동기에서 발생되는 회전 자계의 회전 방향과 어떤 관계가 있는가?

① 아무 관계도 없다.
② 회전 자계의 회전 방향으로 회전한다.
③ 회전 자계의 반대 방향으로 회전한다.
④ 부하 조건에 따라 정해진다.

해설 3상 유도 전동기의 회전 방향은 고정자에서 발생되는 회전 자계의 회전 방향으로 회전한다.

03 3상 유도 전동기에서 2차측 저항을 2배로 하면 그 최대 토크는 몇 배로 되는가?

① $\dfrac{1}{2}$　　② $\sqrt{2}$
③ 2　　④ 불변

해설 유도 전동기의 동기 와트로 표시한 최대 토크
$$\tau_{sn} = \dfrac{V_1^{\,2}}{2\{r_1 + \sqrt{r_1^{\,2} + (x_1 + x_2')^2}\}} \neq r_2$$
따라서, 최대 토크는 2차 저항과 무관하므로 항상 일정하다.

정답　01.④　02.②　03.④

04 돌극(凸極)형 동기 발전기의 특성이 아닌 것은?

① 직축 리액턴스 및 횡축 리액턴스의 값이 다르다.
② 내부 유기 기전력과 관계없는 토크가 존재한다.
③ 최대 출력의 출력각이 90°이다.
④ 리액션 토크가 존재한다.

해설 돌극형 발전기의 출력식

$$P = \frac{EV}{x_d}\sin\delta + \frac{V^2(x_d - x_q)}{2x_d \cdot x_q}\sin 2\delta \text{ [W]}$$

돌극형 동기 발전기의 최대 출력은 그래프(graph)에서와 같이 부하각(δ)이 60°에서 발생한다.

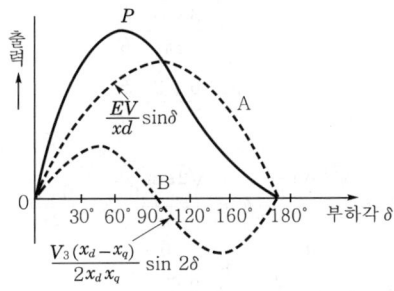

05 실리콘 정류 소자(SCR)와 관계없는 것은?

① 교류 부하에서만 제어가 가능하다.
② 아크가 생기지 않으므로 열의 발생이 적다.
③ 턴온(turn on)시키기 위해서 필요한 최소의 순전류를 래칭(latching) 전류라 한다.
④ 게이트 신호를 인가할 때부터 도통할 때까지의 시간이 짧다.

해설 실리콘 정류 소자(SCR)는 직류와 교류를 모두 제어할 수 있다.

06 동기 발전기의 회전자 둘레를 2배로 하면 회전자 주변 속도는 몇 배가 되는가?

① 1
② 2
③ 4
④ 8

해설 주변 속도 $v = \frac{x}{t} = 2\pi r \cdot n \text{ [m/s]}$에서 회전자 둘레($l = 2\pi r$)를 2배로 하면 주변 속도는 2배로 증가한다.

정답 04.③ 05.① 06.②

---

05. SCR의 특징

(1) 아크가 생기지 않으므로 열의 발생이 적다.
(2) 과전압에 약하다.
(3) 게이트 신호를 인가할 때부터 도통할 때까지의 시간이 짧다.
(4) 전류가 흐르고 있을 때 양극의 전압 강하가 작다.
(5) 정류 기능을 갖는 단일 방향성 3단자 소자이다.
(6) 브레이크 오버 전압이 되면 애노드 전류가 갑자기 커진다.
(7) 역률각 이하에서는 제어가 되지 않는다.
(8) 사이리스터에서는 게이트 전류가 흐르면 순방향 저지 상태에서 ON 상태로 된다. 게이트 전류를 가하여 도통 완료까지의 시간을 턴온 시간이라고 한다. 시간이 길면 스위칭시의 전력 손실이 많고 사이리스터 소자가 파괴될 수 있다.
(9) 유지 전류는 게이트를 개방한 상태에서 사이리스터 도통 상태를 유지하기 위한 최소의 순전류이다.
(10) 래칭 전류는 사이리스터가 턴온하기 시작하는 순전류이다.

PART 03 전기기기

07. Tip: DC 서보 전동기(DC servo-motor)
(1) 기동 토크가 크다.
(2) 회전자 관성 모멘트가 작다.
(3) 제어 권선 전압이 0에서는 기동해서는 안 되며, 곧 정지해야 한다.
(4) 직류 서보 모터의 기동 토크가 교류 서보 모터의 기동 토크보다 크다.
(5) 속응성이 좋다. 시정수가 짧다. 기계적 응답이 좋다.
(6) 회전자 팬에 의한 냉각 효과를 기대할 수 없다.

08. 이론 Check: 3상 반파 및 전파
(1) 3상 반파(다이오드 3개 이용)
$E_d = \dfrac{3\sqrt{6}E}{2\pi} = 1.17E[V]$
(2) 3상 전파(다이오드 6개 이용)
$E_d = \dfrac{3\sqrt{6}E}{2\pi} \times \dfrac{2}{\sqrt{3}}$
$= \dfrac{3\sqrt{2}}{\pi}E = 1.35E[V]$

---

07 다음 중 DC 서보 모터의 제어 기능에 속하지 않는 것은?
① 역률 제어 기능
② 전류 제어 기능
③ 속도 제어 기능
④ 위치 제어 기능

해설 DC 서보 모터의 제어 기능의 종류는 속도 제어, 위치 제어, 전압 제어, 주파수 제어, 전류 제어가 있으며 역률 제어 기능은 없다.

08 Y결선 한 변압기의 2차측에 다이오드 6개로 3상 전파의 정류 회로를 구성하고 저항 R을 걸었을 때의 3상 전파 직류 전류의 평균치 $I[A]$는? (단, E는 교류측의 선간 전압이다.)

① $\dfrac{6\sqrt{2}}{2\pi}\dfrac{E}{R}$
② $\dfrac{3\sqrt{6}}{2\pi}\dfrac{E}{R}$
③ $\dfrac{3\sqrt{6}}{\pi}\dfrac{E}{R}$
④ $\dfrac{6\sqrt{2}}{\pi}\dfrac{E}{R}$

해설 직류 전압 $E_d = \dfrac{\sqrt{2}\sin\frac{\pi}{m}}{\frac{\pi}{m}}E = \dfrac{\sqrt{2}\sin\frac{\pi}{6}}{\frac{\pi}{6}}E = \dfrac{6\sqrt{2}}{2\pi}E[V]$

직류 전류 평균값 $I_d = \dfrac{E_d}{R} = \dfrac{6\sqrt{2}E}{2\pi R}[A]$

(단, m은 상(phase)수로 3상 전파 정류는 6상 반파 정류에 해당하여 $m = 6$이다.)

09 권수가 같은 2대의 단상 변압기로 3상 전압을 2상으로 변압하기 위하여 스코트 결선을 할 때 T좌 변압기의 권수는 전 권수의 어느 점에서 택해야 하는가?

① $\dfrac{1}{\sqrt{2}}$
② $\dfrac{1}{\sqrt{3}}$
③ $\dfrac{\sqrt{3}}{2}$
④ $\dfrac{2}{\sqrt{3}}$

해설 스코트 결선은 2개의 동일한 단상 변압기를 사용하여 그림과 같이 M좌 변압기의 1차 권선 중점과 T좌 변압기의 1단을 잇고 T좌 변압기는 전 권선의 $\dfrac{\sqrt{3}}{2} ≒ 0.866$이 되는 점에서 탭을 내어 M좌 변압기의 양단과 T좌 변압기의 구출선을 3상 전원에 연결한다.

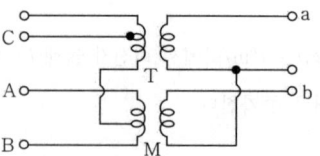

정답 07.① 08.① 09.③

2012년 과년도 출제문제

10 전동기 기동시 1차 각 상의 권선에 정격 전압의 $\frac{1}{\sqrt{3}}$ 전압이 가해지고, 기동 전류는 전전압 기동을 한 경우보다 $\frac{1}{3}$ 이 되는 기동법은?

① 전전압 기동법
② Y-△ 기동법
③ 기동 보상기법
④ 기동 저항기 기동법

해설 Y-△ 기동법은 출력 $P=5\sim15[\mathrm{kW}]$ 정도의 3상 농형 유도 전동기의 기동법으로 상전압이 $\frac{1}{\sqrt{3}}$ 배로 되어 기동 전류가 $\frac{1}{3}$ 로 감소하고, 기동 토크도 $\frac{1}{3}$ 배로 감소한다.

11 어떤 수차용 교류 발전기의 단락비가 1.2이다. 이 발전기의 %동기 임피던스는?

① 0.12
② 0.25
③ 0.52
④ 0.83

해설 교류(동기) 발전기의 단락비 $K_s = \frac{1}{Z_s'}$ 이므로
단위법으로 표시한 퍼센트 동기 임피던스
$$Z_s' = \frac{1}{K_s} = \frac{1}{1.2} = 0.833$$

12 200[kVA]의 단상 변압기가 있다. 철손 1.6[kW], 전부하 동손 3.2[kW]이다. 이 변압기의 최대 효율은 어느 정도의 전부하에서 생기는가?

① $\frac{1}{2}$
② $\frac{1}{4}$
③ $\frac{1}{\sqrt{2}}$
④ 1

해설 $\frac{1}{m}$ 부하시 최대 효율의 조건은 $P_i = \left(\frac{1}{m}\right)^2 P_c$ 이므로
$$\frac{1}{m} = \sqrt{\frac{P_i}{P_c}} = \sqrt{\frac{1.6}{3.2}} = \frac{1}{\sqrt{2}}$$

13 권선형 유도 전동기의 전부하 운전시 슬립이 4[%]이고, 2차 정격 전압이 150[V]이면 2차 유도 기전력은 몇 [V]인가?

① 9
② 8
③ 7
④ 6

기출문제 관련 이론 바로보기

10. 이론check 농형 유도 전동기 기동법
(1) 직입 기동법(전전압 기동)
   출력 $P=5[\mathrm{HP}]$ 이하(소형)
(2) Y-△ 기동법
   출력 $P=5\sim15[\mathrm{kW}]$ (중형)
   ① 기동 전류는 $\frac{1}{3}$ 로 감소한다.
   ② 기동 토크는 $\frac{1}{3}$ 로 감소한다.
(3) 리액터 기동법
   리액터에 의해 전압 강하를 일으켜 기동 전류를 제한하여 기동하는 방법이다.
(4) 기동 보상기법
   ① 출력 $P=20[\mathrm{kW}]$ 이상(대형)
   ② 강압용 단권 변압기에 의해 인가 전압을 감소시켜 공급하므로 기동 전류를 제한하여 기동하는 방법이다.
(5) 콘도르퍼(korndorfer) 기동법
   기동 보상기법과 리액터 기동을 병행(대형)한다.

12. 이론check 효율(efficiency) : η [%]
$$\eta = \frac{출력}{입력} \times 100$$
$$= \frac{출력}{출력+손실} \times 100 \, [\%]$$
(1) 전부하 효율
$$\eta = \frac{VI\cos\theta}{VI\cos\theta + P_i + P_c(I^2r)} \times 100[\%]$$
최대 효율 조건 $P_i = P_c(I^2r)$
(2) $\frac{1}{m}$ 부하시 효율
$$\eta_{\frac{1}{m}} = \frac{\frac{1}{m}VI\cos\theta}{\frac{1}{m}VI\cos\theta + P_i + \left(\frac{1}{m}\right)^2 P_c} \times 100[\%]$$
최대 효율 조건 $P_i = \left(\frac{1}{m}\right)^2 P_c$

정답 10.② 11.④ 12.③ 13.④

해설 슬립 s로 운전시 2차 유도 기전력
$$E_{2s} = sE_2 = 0.04 \times 150 = 6[V]$$

14 3상 유도 전동기의 특성에서 비례 추이하지 않는 것은?
① 출력 ② 1차 전류
③ 역률 ④ 2차 전류

해설 2차 전류 $I_2 = \dfrac{E_2}{\sqrt{\left(\dfrac{r_2}{s}\right)^2 + x_2^{\ 2}}}$

1차 전류 $I_1 = I_1' + I_0 \fallingdotseq I_1'$

$I_1 = \dfrac{1}{\alpha\beta}I_2 = \dfrac{1}{\alpha\beta} \cdot \dfrac{E_2}{\sqrt{\left(\dfrac{r_2}{s}\right)^2 + x_2^{\ 2}}}$

동기 와트(2차 입력) $P_2 = I_2^{\ 2} \cdot \dfrac{r_2}{s}$

2차 역률 $\cos\theta_2 = \dfrac{r_2}{Z_2} = \dfrac{r_2}{\sqrt{r_2^{\ 2}+(sx_2)^2}} = \dfrac{\dfrac{r_2}{s}}{\sqrt{\left(\dfrac{r_2}{s}\right)^2+x_2^{\ 2}}}$

$\left(\dfrac{r_2}{s}\right)$가 들어 있는 함수는 비례 추이를 할 수 있다. 따라서 출력, 효율, 2차 동손 등은 비례 추이가 불가능하다.

15. Tip 직류 전동기의 회전 속도(N [rpm])

(1) 역기전력
$E = \dfrac{Z}{a}p\phi\dfrac{N}{60} = K'\phi N$
$= V - I_a R_a [V]$

(2) 회전 속도
$N = \dfrac{E}{K'\phi}$
$N = K\dfrac{V - I_a R_a}{\phi}$ [rpm]
$\left(K = \dfrac{60a}{Zp}\right)$

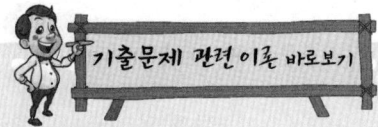

∥분권 전동기∥

15 단자 전압 220[V]에서 전기자 전류 30[A]가 흐르는 직권 전동기의 회전수는 500[rpm]이다. 전기자 전류 20[A]일 때의 회전수는 약 몇 [rpm]인가? (단, 전기자 저항과 계자 권선의 저항의 합은 0.8[Ω]이고 자기 포화와 전기자 반작용은 무시한다.)

① 620 ② 680
③ 720 ④ 780

해설 회전 속도 $N = K\dfrac{V-I_a(R_a+r_f)}{\phi} = K\dfrac{220-30\times 0.8}{30} = 500$[rpm]에서

$K = 500 \times \dfrac{30}{196}$ 이므로

변화 회전 속도 $N' = K\dfrac{220-20\times 0.8}{20}$
$= 500 \times \dfrac{30}{196} \times \dfrac{220-20\times 0.8}{20}$
$= 780.6$[rpm]

정답 14.① 15.④

2012년 과년도 출제문제

16 다음 중 권선형 유도 전동기의 기동법은?
① 분상 기동법
② 2차 저항 기동법
③ 콘덴서 기동법
④ 반발 기동법

해설 3상 권선형 유도 전동기의 기동법
- 2차 저항 기동법
- 게르게스(Gorges) 기동법

17 동기 발전기 단절권의 특징이 아닌 것은?
① 고조파를 제거해서 기전력의 파형이 좋아진다.
② 코일단이 짧게 되므로 재료가 절약된다.
③ 전절권에 비해 합성 유기 기전력이 증가한다.
④ 코일 간격이 극간격보다 작다.

해설 동기 발전기의 전기자 권선법을 단절권으로 하면 고조파를 제거하여 기전력의 파형을 개선하고, 코일 간격과 코일단이 짧게 되므로 동량이 절약되고 기전력은 전절권에 비해 감소한다.

18 1차 전압 2,200[V], 무부하 전류 0.088[A]인 변압기의 철손이 110[W]이었다. 자화 전류는 약 몇 [A]인가?
① 0.055
② 0.038
③ 0.072
④ 0.088

해설 철손 $P_i = V_1 I_i$에서

철손 전류 $I_i = \dfrac{P_i}{V_1} = \dfrac{110}{2,200} = 0.05[\text{A}]$

여자 전류 $I_o = \sqrt{I_i^2 + I_\phi^2}$ 에서

자화 전류 $I_\phi = \sqrt{I_o^2 - I_i^2}$
$= \sqrt{0.088^2 - 0.05^2}$
$= 0.0724[\text{A}]$

19 단상 직권 정류자 전동기에 있어서의 보상 권선의 효과로 틀린 것은?
① 전동기의 역률을 개선하기 위한 것이다.
② 전기자(電機子) 기자력을 상쇄시킨다.
③ 누설(leakage) 리액턴스가 적어진다.
④ 제동 효과가 있다.

정답 16.② 17.③ 18.③ 19.④

---

17. 이론 check 단절권

코일 간격이 극간격보다 짧은 경우

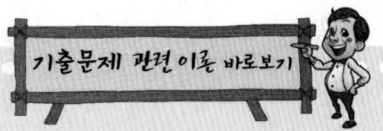

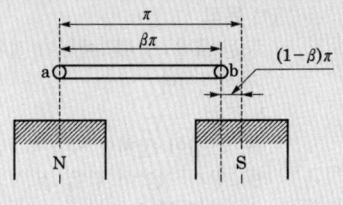

| 단절권 |

(1) 단절권의 장점
 ① 고조파를 제거하여 기전력의 파형을 개선한다.
 ② 동량의 감소, 기계적 치수가 경감한다.
(2) 단절권의 단점
 기전력이 감소한다.
(3) 단절 계수

$K_d = \sin\dfrac{\beta\pi}{2}$

여기서, $\beta = \dfrac{\text{코일 간격}}{\text{극간격}}$

PART 03 전기기기

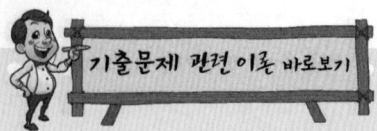

해설 단상 직권 전동기는 약계자, 약전기자형이기 때문에 전기자 반작용 자속이 커진다. 또한 이 자속은 브러시의 축방향으로 발생하여 토크의 발생에는 관계가 없지만 전기자 권선의 리액턴스를 크게 하여 역률을 나쁘게 하는 원인이 된다. 그러므로, 고정자에 보상 권선을 설치하여 전기자 전류를 통해서, 이때 발생하는 기자력이 전기자의 기자력을 상쇄시키게 한다. 따라서, 이와 같이 하면 두 권선의 자기 인덕턴스가 상쇄되어 약간의 누설 리액턴스만이 존재하게 되므로 전동기의 역률이 개선된다.

20. **직류 발전기의 병렬 운전**

2대 이상의 발전기를 병렬로 연결하여 부하에 전원을 공급한다.
(1) 목적
능률(효율) 증대, 예비기 설치시 경제적이다.
(2) 조건
① 극성이 일치할 것
② 정격 전압이 같을 것
③ 외부 특성 곡선이 일치하고, 약간 수하 특성을 가질 것
(3) 균압선
직권 계자 권선이 있는 발전기에서 안정된 병렬 운전을 하기 위하여 반드시 설치한다.

20 직류 발전기를 병렬 운전할 때 균압 모선이 필요한 직류기는?
① 직권 발전기, 분권 발전기
② 직권 발전기, 복권 발전기
③ 복권 발전기, 분권 발전기
④ 분권 발전기, 단극 발전기

해설 직류 발전기의 안정된 병렬 운전을 위해 균압 모선(균압선)을 필요로 하는 경우는 직권 계자 권선이 있는 직권 발전기와 복권 발전기이다.

정답 20.②

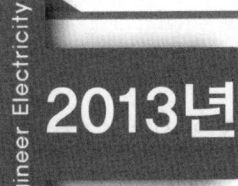
2013년 과년도 출제문제

제1회 전기기기

01 유도 전동기에서 권선형 회전자에 비해 농형 회전자의 특성이 아닌 것은?

① 구조가 간단하고 효율이 좋다.
② 견고하고 보수가 용이하다.
③ 대용량에서 기동이 용이하다.
④ 중·소형 전동기에 사용된다.

해설 유도 전동기는 회전자에 c따라 농형 회전자와 권선형 회전자로 분류된다. 농형은 회전자의 구조가 간단하고 튼튼하며, 취급이 쉽고 운전 중 성능이 좋다. 권선형은 회전자의 구조는 복잡하나 기동 특성이 양호하고 속도 제어를 원활하게 할 수 있다.

02 다음 전동기 중 역률이 가장 좋은 전동기는?

① 동기 전동기
② 반발 기동 전동기
③ 농형 유도 전동기
④ 교류 정류자 전동기

해설 동기 전동기는 계자 전류를 변화하면 역률을 진상 및 지상으로 조정할 수 있으며, 또한 역률을 1로 하여 운전할 수 있다.

03 직류 발전기의 유기 기전력이 230[V], 극수가 4, 정류자 편수가 162인 정류자 편간 평균 전압은 약 몇 [V]인가? (단, 권선법은 중권이다.)

① 5.68
② 6.28
③ 9.42
④ 10.2

해설 정류자 편간 전압 $e_k = \dfrac{aE}{k}$

$= \dfrac{4 \times 230}{162} = 5.679 ≒ 5.68[\text{V}]$

기출문제 관련 이론 바로보기

01. 이론 check 농형 회전자의 특성
(1) 구조가 간단하고 튼튼하다.
(2) 취급이 쉽다.
(3) 효율이 좋다.
(4) 보수도 용이한 이점이 있다.
(5) 속도 조정이 곤란하다.
(6) 기동 토크가 작아 대형이 되면 기동이 곤란하다.

03. 이론 check 정류자
(1) 정류자편수

$k = \dfrac{\text{한 슬롯 내의 코일 변수}}{2} \times \text{슬롯의 개수}$

$= \dfrac{S}{2} \times N_s$

(2) 정류자 편간 전압

$e_k = \dfrac{\text{극수} \times \text{유기 기전력(단자 전압)}}{\text{정류자편수}}$

$= \dfrac{P \cdot E}{k}[\text{V}]$

※ 단, 병렬 회로수 a, 극수가 P일 때
① 중권 : $a = P$이므로
$e = \dfrac{P \cdot E}{k} = \dfrac{a \cdot E}{k}[\text{V}]$
② 파권 : $a = 2$이므로
$e = \dfrac{P \cdot E}{k} = \dfrac{2 \cdot E}{k}[\text{V}]$

(3) 정류자 편간 위상차

$\theta = \dfrac{1주기}{k} = \dfrac{2\pi}{k}$

(단, $\pi = 180°$이다.)

정답 01.③ 02.① 03.①

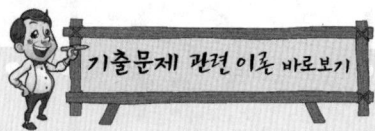

05.
(1) 기동(시동) 토크
$T_{ss}(s=1)$
$T_{ss} = \dfrac{V_1^2 r_2}{(r_1+r_2)^2 + (x_1+x_2)^2} \propto r_2$

(2) 최대(정동) 토크
$T_{sm}(s=s_t)$
최대 토크 발생 슬립(s_t)
$s_t = \dfrac{dT_s}{ds} = 0$
$= \dfrac{r_2}{\sqrt{r_1^2+(x_1+x_2)^2}} \propto r_2$
$T_{sm} = \dfrac{V_1^2}{2\{r_1+\sqrt{r_1^2+(x_1+x_2)^2}\}}$
$\neq r_2$

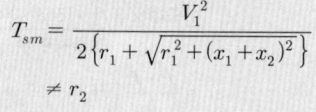

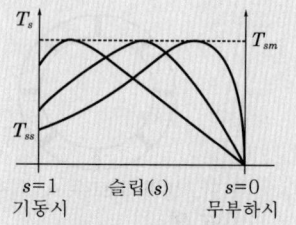

┃ 토크의 비례 추이 곡선 ┃

04 3,150/210[V]의 단상 변압기 고압측에 100[V]의 전압을 가하면 가극성 및 감극성일 때에 전압계 지시는 각각 몇 [V]인가?

① 가극성 : 106.7, 감극성 : 93.3
② 가극성 : 93.3, 감극성 : 106.7
③ 가극성 : 126.7, 감극성 : 96.3
④ 가극성 : 96.3, 감극성 : 126.7

해설 $E_1 = 100$일 때, $E_2 = \dfrac{E_1}{a} = 100 \times \dfrac{210}{3,150} ≒ 6.67[V]$
- 가극성 : $V = E_1 + E_2 = 100 + 6.67 = 106.67 ≒ 106.7[V]$
- 감극성 : $V = E_1 - E_2 = 100 - 6.67 = 93.33 ≒ 93.3[V]$

05 3상 유도 전동기에서 2차측 저항을 2배로 하면 그 최대 토크는 어떻게 되는가?

① 2배로 된다.
② $\dfrac{1}{2}$로 줄어든다.
③ $\sqrt{2}$ 배가 된다.
④ 변하지 않는다.

해설 최대 토크 $T_{sm} = \dfrac{V_1^2}{2\{r_1+\sqrt{r_1^2+(x_1+x_2)^2}\}}$ 이므로 최대 토크는 2차 저항과 무관하다.

06 원통형 회전자(비철극기)를 가진 동기 발전기는 부하각 δ가 몇 도일 때 최대 출력을 낼 수 있는가?

① 0° ② 30°
③ 60° ④ 90°

해설 출력 $P = \dfrac{EV}{x_s}\sin\delta[W]$(비철극기)이므로 최대 출력을 발생하는 부하각(δ)은 90°이다.

07 6,600/210[V]인 단상 변압기 3대를 △-Y로 결선하여 1상 18[kW] 전열기의 전원으로 사용하다가 이것을 △-△로 결선했을 때, 이 전열기의 소비 전력[kW]은 얼마인가?

① 31.2 ② 10.4
③ 2.0 ④ 6.0

정답 04.① 05.④ 06.④ 07.④

해설 변압기 2차측을 Y에서 △결선으로 바꾸면 2차 전압이 $\frac{1}{\sqrt{3}}$로 감소하고, 소비 전력 $P = \frac{V_2^2}{R}$ 이므로 $\frac{1}{3}$ 배로 감소한다.

$$\therefore P' = 18 \times \frac{1}{3} = 6[\text{kW}]$$

08 스테핑 모터의 속도–토크 특성에 관한 설명 중 틀린 것은?

① 무부하 상태에서 이 값보다 빠른 입력 펄스 주파수에서는 기동시킬 수가 없게 되는 주파수를 최대 자기동 주파수라 한다.
② 탈출(풀 아웃) 토크와 인입(풀 인) 토크에 의해 둘러싸인 영역을 슬루(slew) 영역이라 한다.
③ 슬루 영역은 펄스레이트를 변화시켜도 오동작이나 공진을 일으키지 않는 안정한 영역이다.
④ 무부하시 이 주파수 이상의 펄스를 인가하여도 모터가 응답할 수 없는 것을 최대 응답 주파수라 한다.

해설 스테핑 모터는 주파수와 토크 특성의 관계에서 자기동 영역과 슬루 영역으로 구분되고 있으며 자기동 영역은 외부에서 입력되는 펄스 신호에 따라 기동하여 정회전 및 역회전의 제어가 가능한 영역을 의미하며, 슬루 영역은 인입 토크와 탈출 토크로 둘러싸인 영역으로 초기 모터 자기 스스로 기동하여 회전하기 어려운 영역을 의미한다.

09 농형 유도 전동기에 주로 사용되는 속도 제어법은?

① 2차 저항 제어법
② 극수 변환법
③ 종속 접속법
④ 2차 여자 제어법

해설 유도 전동기의 속도 제어법
 • 권선형 유도 전동기 : 2차 저항 제어법, 종속법, 2차 여자 제어법
 • 농형 유도 전동기 : 1차 전압 제어법, 극수 변환법, 주파수 제어법

10 단상 변압기가 전부하시 2차 전압은 115[V]이고, 전압 변동률은 2[%] 일 때 1차 단자 전압은 몇 [V]인가? (단, 권선비는 20 : 1이다.)

① 2,356[V]
② 2,346[V]
③ 2,336[V]
④ 2,326[V]

해설 권수비 $a = \frac{V_1}{V_2}$, 전압 변동률 $\varepsilon' = \frac{V_{20} - V_{2n}}{V_{2n}}$ 에서 $V_{20} = V_{2n}(1+\varepsilon')$

$$V_1 = aV_{20} = aV_{2n}(1+\varepsilon') = 20 \times 115 \times (1+0.02) = 2,346[\text{V}]$$

정답 08.③ 09.② 10.②

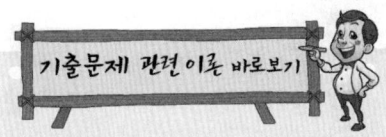

09. 이론 check 속도 제어법

(1) 권선형 유도 전동기
① 권선형의 2차에 저항을 연결하여 슬립 변환에 의한 속도 제어

2차 저항 제어 $T \propto \frac{r_2}{s}$
(비례 추이 원리)

② 극수 변환 : 고정자 권선의 결선 변환(엘리베이터, 환풍기 등의 속도 제어)
③ 종속법 : 2대의 권선형 전동기를 종속으로 접속하여 극수 변환에 의한 속도 제어
④ 2차 여자 제어법 : 권선형의 회전자(2차)에 슬립 주파수 전압(E_c)을 인가하여 슬립의 변환에 의한 속도 제어
 ㉠ 세르비어스 방식 : 전기적, 정토크 제어
 ㉡ 크레머 방식 : 기계적, 정출력 제어

(2) 농형 유도 전동기
① 1차 전압 제어 : $T \propto V_1^2$
② 주파수 제어 : 인견 공장의 포트 모터(pot motor), 선박 추진용 모터(공급 전압 $V_1 \propto f$)
③ 극수 변환 : 고정자 권선의 결선 변환(엘리베이터, 환풍기 등의 속도 제어)

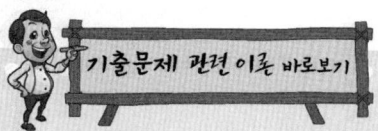

11 제9차 고조파에 의한 기자력의 회전 방향 및 속도를 기본파 회전 자계와 비교할 때 다음 중 적당한 것은?

① 기본파와 역방향이고 9배의 속도
② 기본파와 역방향이고 $\frac{1}{9}$배의 속도
③ 회전 자계가 발생하지 않는다.
④ 기본파와 동방향이고 9배의 속도

해설 고조파에 의한 회전 자계의 방향과 속도는 다음과 같다.
- $h_1 = 2mn+1 = 7, 13, 19, \cdots$
  기본파와 동방향, 속도는 $\frac{1}{h_1}$배
- $h_2 = 2mn-1 = 5, 11, 17, \cdots$
  기본파와 역방향, 속도는 $\frac{1}{h_2}$배
- $h_0 = mn = 3, 9, 15, \cdots$
  회전 자계를 발생시키지 않는다.

12. 이론 check **단상 유도 전동기(2전동기설)**
(1) 특성
 ① 기동 토크가 없다.
 ② 2차 저항 증가시 최대 토크가 감소하며, 권선형도 비례 추이가 불가하다.
 ③ 슬립(s)이 0이 되기 전에 토크가 0이 되고, 슬립이 0일 때 부($負$)토크가 발생된다.
(2) 기동 방법에 따른 분류(기동 토크가 큰 순서로 나열)
 ① 반발 기동형(반발 유도형)
 ② 콘덴서 기동형(콘덴서형)
 ③ 분상 기동형
 ④ 셰이딩(shading) 코일형

12 단상 유도 전동기 중 콘덴서 기동형 전동기의 특성은?

① 회전 자계는 타원형이다.
② 기동 전류가 크다.
③ 기동 회전력이 작다.
④ 분상 기동형의 일종이다.

해설 콘덴서 기동형 단상 유도 전동기는 기동시 기동 권선에 콘덴서를 연결하여 분상 기동하며, 기동이 완료되면 기동 권선을 원심력 스위치에 의해 차단하고 운전한다. 회전 자계는 원형에 가깝고, 기동 토크가 크며, 기동 전류가 작고, 분상 기동형 전동기와 유사하다.

13 단상 변압기에 있어서 부하 역률 80[%]의 지상 역률에서 전압 변동률이 4[%]이고, 부하 역률 100[%]에서 전압 변동률이 3[%]라고 한다. 이 변압기의 %리액턴스는 약 몇 [%]인가?

① 2.7 ② 3.0
③ 3.3 ④ 3.6

해설 역률 $\cos\theta = 1$일 때, $\sin\theta = 0$
전압 변동률 $\varepsilon = p\cos\theta + q\sin\theta$에서 $3 = p \times 1 + q \times 0 = p$
역률 $\cos\theta = 0.8$일 때, $\sin\theta = 0.6$
$\varepsilon = 4$이므로 $4 = 3 \times 0.8 + q \times 0.6$
%리액턴스 강하 $q = \frac{4-2.4}{0.6} = 2.67 ≒ 2.7[\%]$

정답 11.③ 12.④ 13.①

14 직류 발전기를 전동기로 사용하고자 한다. 이 발전기의 정격 전압 120[V], 정격 전류 40[A], 전기자 저항 0.15[Ω]이며, 전부하일 때 발전기와 같은 속도로 회전시키려면 단자 전압은 몇 [V]를 공급하여야 하는가? (단, 전기자 반작용 및 여자 전류는 무시한다.)

① 114[V]　　② 126[V]
③ 132[V]　　④ 138[V]

 해설 직류 발전기를 동일 속도의 전동기로 사용한다면 유기 기전력과 역기전력이 같아야 하므로
발전기의 유기 기전력 $E_G = V + I_a R_a = 120 + 40 \times 0.15 = 126[V]$
전동기의 역기전력 $E_M = V - I_a R_a$ 에서
단자 전압 $V = E_M + I_a R_a = 126 + 40 \times 0.15 = 132[V]$

15 동기기의 권선법 중 기전력의 파형이 좋게 되는 권선법은?

① 단절권, 분포권
② 단절권, 집중권
③ 전절권, 집중권
④ 전절권, 2층권

해설 동기기의 권선법은 중권과 2층권을 사용하며, 기전력의 파형을 개선하기 위해 분포권과 단절권을 사용한다.

16 변압기에 사용하는 절연유가 갖추어야 할 성질이 아닌 것은?

① 절연 내력이 클 것
② 인화점이 높을 것
③ 유동성이 풍부하고 비열이 커서 냉각 효과가 클 것
④ 응고점이 높을 것

해설 **변압기 절연유(oil)의 구비 조건**
- 절연 내력이 클 것
- 점도가 작고 냉각 효과가 클 것
- 인화점이 높고, 응고점은 낮을 것
- 화학 작용 및 침전물이 없을 것

17 동기 전동기에서 전기자 반작용을 설명한 것 중 옳은 것은?

① 공급 전압보다 앞선 전류는 감자 작용을 한다.
② 공급 전압보다 뒤진 전류는 감자 작용을 한다.
③ 공급 전압보다 앞선 전류는 교차 자화 작용을 한다.
④ 공급 전압보다 뒤진 전류는 교차 자화 작용을 한다.

 정답　14.③　15.①　16.④　17.①

---

15. 이론 check 동기기의 전기자 권선법

(1) 분포권
매극 매상의 홈수가 2 이상의 경우
① 분포권의 장점
  ㉠ 기전력의 파형을 개선한다.
  ㉡ 열분산하여 과열을 방지한다.
  ㉢ 누설 리액턴스가 감소한다.
② 분포권의 단점 : 기전력이 감소한다.

(2) 단절권 : 코일 간격이 극간격보다 짧은 경우
① 단절권의 장점
  ㉠ 고조파를 제거하여 기전력의 파형을 개선한다.
  ㉡ 동량의 감소, 기계적 치수가 경감한다.
② 단절권의 단점 : 기전력이 감소한다.

17. 이론 check 동기 발전기의 전기자 반작용

전기자 전류에 의한 자속이 계자 자속에 영향을 미치는 현상이다.
(1) 횡축 반작용

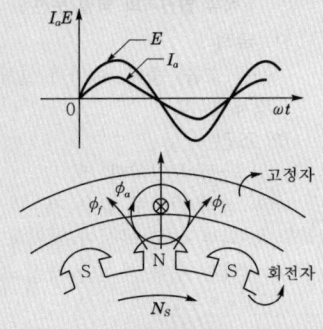

| 횡축 반작용 |

① 계자 자속 왜형파로 되며, 약간 감소한다.
② 전기자 전류(I_a)와 유기 기전력(E)이 동상일 때($\cos\theta = 1$)

PART 03 전기기기

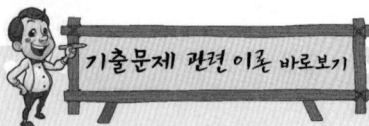

(2) 직축 반작용

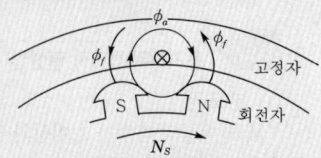

∥ 직축 반작용 ∥

① 감자 작용 : 계자 자속 감소
I_a가 E보다 위상이 90° 뒤질
때($\cos\theta = 0$, 뒤진 역률)
② 증자 작용 : 계자 자속 증가
I_a가 E보다 위상이 90° 앞설
때($\cos\theta = 0$, 앞선 역률)

18. 이론 check ▶ **직류 발전기의 병렬 운전**

2대 이상의 발전기를 병렬로 연결하여 부하에 전원을 공급한다.

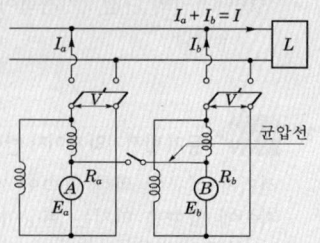

∥ 직류 발전기의 병렬 운전 ∥

(1) 목적
능률(효율) 증대, 예비기 설치시 경제적이다.
(2) 조건
① 극성이 일치할 것
② 정격 전압이 같을 것
③ 외부 특성 곡선이 일치하고, 약간 수하 특성을 가질 것
$I = I_a + I_b$
$V = E_a - I_aR_a = E_b - I_bR_b$
(3) 균압선
직권 계자 권선이 있는 발전기에서 안정된 병렬 운전을 하기 위하여 반드시 설치한다.

해설 동기 전동기의 전기자 반작용
• 공급 전압과 전기자 전류가 동상일 때 횡축 반작용(교차 자화 작용)
• 공급 전압보다 뒤진 전류가 흐를 때 증자 작용
• 공급 전압보다 앞선 전류가 흐를 때 감자 작용

18 직류 발전기의 병렬 운전에서 부하 분담의 방법은?
① 계자 전류와 무관하다.
② 계자 전류를 증가시키면 부하 분담은 증가한다.
③ 계자 전류를 감소시키면 부하 분담은 증가한다.
④ 계자 전류를 증가시키면 부하 분담은 감소한다.

해설 단자 전압 $V = E - I_aR_a$가 일정하여야 하므로 계자 전류를 증가시키면 기전력이 증가하게 되고, 따라서 부하 분담 전류(I)도 증가하게 된다.

19 정류 회로에서 상의 수를 크게 했을 때의 결과로 옳은 것은?
① 맥동 주파수와 맥동률이 증가한다.
② 맥동률과 맥동 주파수가 감소한다.
③ 맥동 주파수는 증가하고 맥동률은 감소한다.
④ 맥동률과 주파수는 감소하나 출력이 증가한다.

해설 정류 회로에서 맥동 주파수는 상(phase)의 수에 비례하고 맥동률은 다음과 같다.

정류	맥동률
단상 반파 정류	121[%]
단상 전파 정류	48[%]
3상 반파 정류	17[%]
3상 전파 정류(6상 반파 정류)	4[%]

20 무부하의 장거리 송전 선로에 동기 발전기를 접속하는 경우, 송전 선로의 자기 여자 현상을 방지하기 위해서 동기 조상기를 사용하였다. 이때 동기 조상기의 계자 전류를 어떻게 하여야 하는가?
① 계자 전류를 0으로 한다.
② 부족 여자로 한다.
③ 과여자로 한다.
④ 역률이 1인 상태에서 일정하게 한다.

해설 동기 발전기의 자기 여자 현상은 진상(충전) 전류에 의해 무부하 단자 전압이 상승하는 작용으로 동기 조상기가 리액터 작용을 할 수 있도록 부족 여자로 운전하여야 한다.

정답 18.② 19.③ 20.②

제 2 회 전기기기

01 3상 동기 발전기의 매극 매상의 슬롯수를 3이라 할 때 분포권 계수는?

① $6\sin\dfrac{\pi}{18}$ ② $3\sin\dfrac{\pi}{36}$

③ $\dfrac{1}{6\sin\dfrac{\pi}{18}}$ ④ $\dfrac{1}{12\sin\dfrac{\pi}{36}}$

해설 분포권 계수는 전기자 권선법에 따른 집중권과 분포권의 기전력의 비(ratio)로서

$$k_d = \dfrac{e_r(\text{분포권})}{e_r{'}(\text{집중권})} = \dfrac{\sin\dfrac{\pi}{2m}}{q\sin\dfrac{\pi}{2mq}} = \dfrac{\sin\dfrac{180°}{2\times 3}}{3\cdot\sin\dfrac{\pi}{2\times 3\times 3}} = \dfrac{1}{6\sin\dfrac{\pi}{18}}$$

02 1차 Y, 2차 △로 결선하고 1차에 선간 전압 3,300[V]를 가했을 때의 무부하 2차 선간 전압은 몇 [V]인가? (단, 전압비는 30 : 1이다.)

① 110   ② 190.5
③ 330.5 ④ 380.5

해설 전압비 $a = \dfrac{E_1}{E_2}$에서 $E_2 = \dfrac{E_1}{a}$

1차 상전압 $E_1 = \dfrac{V_1}{\sqrt{3}}$

2차 선간 전압 $V_2 = E_2 = \dfrac{\dfrac{V_1}{\sqrt{3}}}{a} = \dfrac{\dfrac{3,300}{\sqrt{3}}}{30} = 63.510$[V]

03 권수비 $a = \dfrac{6,600}{220}$, 60[Hz], 변압기의 철심 단면적 0.02[m²], 최대 자속 밀도 1.2[Wb/m²]일 때 1차 유기 기전력은 약 몇 [V]인가?

① 1,407   ② 3,521
③ 42,198 ④ 49,814

해설 1차 유기 기전력 $E_1 = 4.44fN_1\phi_m$
$= 4.44fN_1 B_m \cdot S$
$= 4.44 \times 60 \times 6,600 \times 1.2 \times 0.02$
$= 42197.76$[V]
$\fallingdotseq 42.198$[V]

정답 01.③ 02.정답 없음 03.③

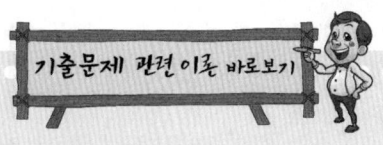

03. 이론 check 변압기의 원리

(1) 전자 유도(Faraday's law)
권수 N회 감긴 코일(coil)에서 쇄교 자속(ϕ)이 변화할 때 자속의 변화를 방해하는 방향으로 기전력이 유도되는 현상이다.

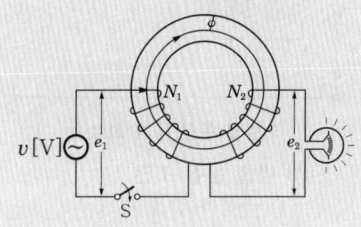

|변압기 원리|

(2) 유기 기전력(E_1, E_2)
1차 공급 전압 $v_1 = \sin\omega t$ [V]

$e_1 = -N_1\dfrac{d\phi}{dt} = -V_m\sin\omega t$

$\phi = \int \dfrac{V_m}{N_1}\sin\omega t\, dt$

$= -\dfrac{V_m}{\omega N_1}\cos\omega t$

$= \phi_m\sin\left(\omega t - \dfrac{\pi}{2}\right)$

$\therefore V_m = \omega N_1 \phi_m$
$e_1 = -\omega N_1 \phi_m \sin\omega t$
$= E_{1m}\sin(\omega t - \pi)$ [V]

① $E_1 = \dfrac{E_{1m}}{\sqrt{2}} = 4.44fN_1\phi_m$ [V]

② $E_2 = \dfrac{E_{2m}}{\sqrt{2}} = 4.44fN_2\phi_m$ [V]

PART 03 전기기기

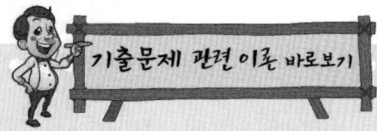

04 단상 유도 전압 조정기에서 1차 전원 전압을 V_1이라 하고, 2차 유도 전압을 E_2라고 할 때 부하 단자 전압을 연속적으로 가변할 수 있는 조정 범위는?

① $0 \sim V_1$까지
② $V_1 + E_2$까지
③ $V_1 - E_2$까지
④ $V_1 + E_2$에서 $V_1 - E_2$까지

해설 유도 전압 조정기의 2차 전압 $V_2 = V_1 + E_2 \cos\alpha$[V]에서 회전각 $\alpha = 0 \sim 180°$로 조정할 수 있으므로 2차 전압의 조정 범위는 $V_1 + E_2$에서 $V_1 - E_2$[V]이다.

05 10[kVA], 2,000/100[V], 변압기에서 1차에 환산한 등가 임피던스가 $6.2 + j7$[Ω]일 때 %리액턴스 강하는?

① 2.75
② 1.75
③ 0.75
④ 0.55

해설 %리액턴스 강하 $q = \dfrac{I_1 x}{V_1} \times 100 = \dfrac{5 \times 7}{2,000} \times 100 = 1.75$[%]

$P = V_1 I_1$에서 $I_1 = \dfrac{P}{V_1} = \dfrac{10 \times 10^3}{2,000} = 5$[A]

06 3상 권선형 유도 전동기의 전부하 슬립이 4[%], 2차 1상의 저항이 0.3[Ω]이다. 이 유도 전동기의 기동 토크를 전부하 토크와 같도록 하기 위해 외부에서 2차에 삽입해야 할 저항의 크기는 몇 [Ω]인가?

① 2.8
② 3.5
③ 4.8
④ 7.2

해설 권선형 유도 전동기의 기동 토크를 전부하 토크와 같도록 하려면 다음과 같다.

$\dfrac{r_2}{s(\text{전부하 슬립})} = \dfrac{r_2 + R}{s'(\text{기동 슬립})}$이므로 $\dfrac{0.3}{0.04} = \dfrac{0.3 + R}{1}$

∴ $R = 7.2$[Ω]

07 1차 및 2차 정격 전압이 같은 2대의 변압기가 있다. 그 용량 및 임피던스 강하가 A 변압기는 5[kVA], 3[%], B 변압기는 20[kVA], 2[%]일 때 이것을 병렬 운전하는 경우 부하를 분담하는 비(A : B)는?

① 1 : 4
② 1 : 6
③ 2 : 3
④ 3 : 2

---

07. 이론 check 변압기의 병렬 운전

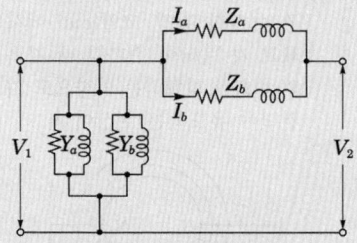

| 병렬 운전 등가 회로 |

(1) 병렬 운전 조건
 ① 극성이 같을 것
 ② 1차, 2차 정격 전압 및 권수비가 같을 것
 ③ 퍼센트 저항, 리액턴스 강하가 같을 것
 ④ 상회전 방향 및 각 변위가 같을 것(3상)

(2) 부하 분담비
$V = I_a Z_a = I_b Z_b$

$\dfrac{I_a}{I_b} = \dfrac{Z_b}{Z_a}$

$= \dfrac{\dfrac{I_B Z_b}{V} \times 100 \times V \cdot I_A}{\dfrac{I_A Z_a}{V} \times 100 \times V \cdot I_B}$

$= \dfrac{\%Z_b}{\%Z_a} \cdot \dfrac{P_A}{P_B}$

∴ 부하 분담비는 누설 임피던스에 역비례하고, 출력에 비례한다.

정답 04.④ 05.② 06.④ 07.②

해설 변압기 병렬 운전시 부하 분담비
$$\frac{P_a}{P_b} = \frac{\%Z_b}{\%Z_a} \times \frac{P_A}{P_B} = \frac{2}{3} \times \frac{5}{20} = \frac{10}{60}$$
$$\therefore P_a : P_b = 1 : 6$$

08 브러시의 위치를 이동시켜 회전 방향을 역회전시킬 수 있는 단상 유도 전동기는?

① 반발 기동형 전동기
② 셰이딩 코일형 전동기
③ 분상 기동형 전동기
④ 콘덴서 전동기

해설 단상 유도 전동기에서 셰이딩 코일형은 회전 방향이 일정하고, 분상 기동형과 콘덴서 전동기는 기동 권선의 결선을 반대로 하면 역회전하며, 반발 기동형은 브러시의 위치를 90° 이동하면 반대 방향으로 회전한다.

09 직류 발전기에서 섬락이 생기는 가장 큰 원인은?

① 장시간 운전
② 부하의 급변
③ 경부하 운전
④ 회전 속도 저하

해설 직류 발전기에서 부하가 급변하면 부하 전류의 변화로 전기적 중성축이 급속하게 변화하여 섬락 발생의 가장 큰 원인이 된다.

10 유도 전동기로 동기 전동기를 기동하는 경우, 유도 전동기의 극수는 동기기의 그것보다 2극 적은 것을 사용하는데 그 이유로 옳은 것은? (단, s는 슬립이며 N_s는 동기 속도이다.)

① 같은 극수로는 유도기는 동기 속도보다 sN_s만큼 느리므로
② 같은 극수로는 유도기는 동기 속도보다 $(1-s)N_s$만큼 느리므로
③ 같은 극수로는 유도기는 동기 속도보다 sN_s만큼 빠르므로
④ 같은 극수로는 유도기는 동기 속도보다 $(1-s)N_s$만큼 빠르므로

해설 극수가 같은 경우 유도 전동기의 회전 속도 $N = N_s(1-s) = N_s - sN_s$이므로 sN_s만큼 느리다.

11 단상 반파 정류 회로에서 실효치 E와 직류 평균치 E_{d0}와의 관계식으로 옳은 것은?

① $E_{d0} = 0.90E$ [V]
② $E_{d0} = 0.81E$ [V]
③ $E_{d0} = 0.67E$ [V]
④ $E_{d0} = 0.45E$ [V]

정답 08.① 09.② 10.① 11.④

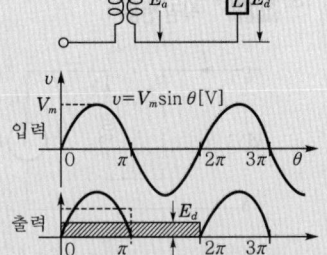

11. 이론 check **단상 반파 정류 회로**

| 단상 반파 정류 |

(1) 직류 전압(평균값, E_d)
$$E_d = \frac{1}{2\pi} \int_0^\pi V_m \sin\theta \, d\theta$$
$$= \frac{V_m}{2\pi} [-\cos\theta]_0^\pi$$
$$= \frac{V_m}{2\pi} [1-(-1)]$$
$$= \frac{\sqrt{2}}{\pi} E_a = 0.45 E_a \text{ [V]}$$

(2) 첨두 역전압(peak inverse voltage, V_{in} [V])
다이오드에 역방향으로 인가되는 전압의 최대치
$$V_{in} = \sqrt{2} E_a = V_m \text{ [V]}$$

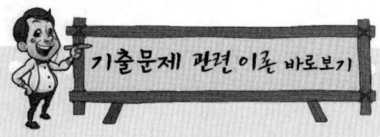

해설 단상 반파 정류에서 직류 전압

$$E_{d0} = \frac{1}{2\pi}\int_0^\pi E_m \sin\theta \cdot d\theta \text{에서}$$

$$E_{d0} = \frac{\sqrt{2}E}{2\pi}[\cos\theta]_\pi^0$$

$$= \frac{\sqrt{2}E}{2\pi}[1-(-1)] = \frac{\sqrt{2}}{\pi}E ≒ 0.45E\,[\text{V}]$$

12 직류 전동기에서 정출력 가변 속도의 용도에 적합한 속도 제어법은?

① 일그너 제어 ② 계자 제어
③ 저항 제어   ④ 전압 제어

해설 회전 속도 $N = k\dfrac{V - I_a R_a}{\phi} \propto \dfrac{1}{\phi}$

출력 $P = E \cdot I_a = \dfrac{Z}{a}P\phi\dfrac{N}{60}I_a \propto \phi N$에서 자속을 변화하여 속도 제어를 하면 출력이 일정하므로 계자 제어를 정출력 제어라 한다.

13. **이론 check** 직권 전동기

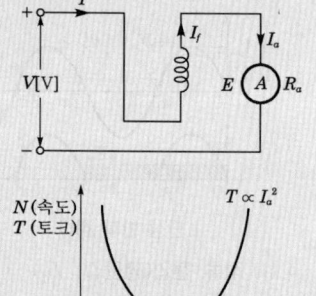

∥ 직권 전동기 ∥

(1) 속도 변동이 매우 크다 $\left(N \propto \dfrac{1}{I_a}\right)$.

(2) 기동 토크가 매우 크다 $(T \propto I_a^2)$.

(3) 운전 중 무부하 상태로 되면 무구속 속도(위험 속도)에 도달한다.

13 속도 특성 곡선 및 토크 특성 곡선을 나타낸 전동기는?

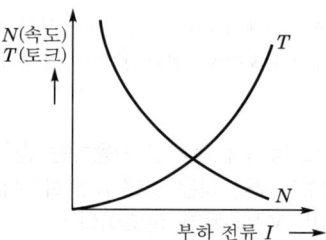

① 직류 분권 전동기 ② 직류 직권 전동기
③ 직류 복권 전동기 ④ 타여자 전동기

해설 직류 직권 전동기의 회전 속도는 부하 전류에 반비례하고, 토크는 부하 전류의 제곱에 비례하므로 속도 및 토크 특성 곡선은 쌍곡선과 포물선이 된다.

14 사이클로컨버터(cycloconverter)란?

① 실리콘 양방향성 소자이다.
② 제어 정류기를 사용한 주파수 변환기이다.
③ 직류 제어 소자이다.
④ 전류 제어 소자이다.

해설 사이클로컨버터란 정지 사이리스터 회로에 의해 전원 주파수와 다른 주파수의 전력으로 변환시키는 직접 회로 장치이다.

정답 12.② 13.② 14.②

2013년 과년도 출제문제

15 포화하고 있지 않은 직류 발전기의 회전수가 4배로 증가되었을 때 기전력을 전과 같은 값으로 하려면 여자를 속도 변화 전에 비해 얼마로 하여야 하는가?

① $\frac{1}{2}$ ② $\frac{1}{3}$
③ $\frac{1}{4}$ ④ $\frac{1}{8}$

해설 유기 기전력 $E = \frac{Z}{a}p\phi\frac{N}{60}$[V]이므로 자속($\phi$)을 $\frac{1}{4}$배로 하여야 한다.

16 다음 중 3상 권선형 유도 전동기의 기동법은?

① 2차 저항법 ② 전전압 기동법
③ 기동 보상기법 ④ Y-△ 기동법

해설 3상 권선형 유도 전동기의 기동법은 2차 저항 기동법과 게르게스 기동법이 있으며, 농형 유도 전동기의 기동법은 전전압(직입) 기동법, Y-△ 기동법, 리액터 기동법이 있다.

17 동기 리액턴스 $x_s = 10$[Ω], 전기자 저항 $r_a = 0.1$[Ω]인 Y결선 3상 동기 발전기가 있다. 1상의 단자 전압 $V = 4,000$[V]이고 유기 기전력 $E = 6,400$[V]이다. 부하각 $\delta = 30°$라고 하면 발전기의 3상 출력[kW]은 약 얼마인가?

① 1,250 ② 2,830
③ 3,840 ④ 4,650

해설 출력 $P_3 = 3\frac{EV}{x_s}\sin\delta$[W] $= 3 \times \frac{6,400 \times 4 \times 10^3}{10} \times \frac{1}{2} \times 10^{-3} = 3,840$[kW]
($Z_s = r + jx_s ≒ x_s$)

18 다음 그림은 어떤 전동기의 1차측 결선도인가?

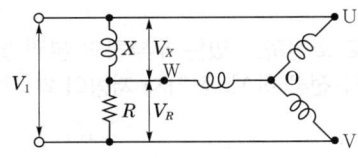

① 모노 사이클릭형 전동기
② 반발 유도 전동기
③ 콘덴서 전동기
④ 반발 기동형 단상 유도 전동기

정답 15.③ 16.① 17.③ 18.①

기출문제 관련 이론 바로보기

15. 직류 발전기의 유기 기전력

$E = \frac{pZ}{a}\phi n = \frac{pZ}{a}\phi\frac{N}{60}$
$= K_1\phi N$[V] $\left(\because K_1 = \frac{pZ}{60a}\right)$

여기서, p : 극수
n : 매초 회전수[rps]
Z : 전기자의 도체 총수
ϕ : 매극의 자속수[Wb]
N : 매분 회전수[rpm]
a : 전기자 내부 병렬 회로수(중권: $a=p$, 파권: $a=2$)

16. 유도 전동기의 기동법

(1) 2차 저항 기동법
  기동 전류가 감소하고, 기동 토크가 증가한다.
(2) 게르게스 기동법
  게르게스 현상을 이용한 기동법이다.

17. 3상 전력의 표시

$P_3 = \sqrt{3}\,V_l I_l\cos\theta = 3VI\cos\theta$
$= 3\frac{EV}{x_s}\sin\delta = \frac{E_l V_l}{x_s}\sin\delta$[W]

여기서, 부하각 $\delta = 90°$에서 최대 전력이며, 실제 δ는 45°보다 작고 20° 부근이다.

$P = P_m = \frac{E_l V_l}{x_s}$[W]

PART 03 전기기기

해설 모노 사이클릭형 전동기의 회전자는 농형이고 1차 전선은 3상의 권선으로 되어 있으며 그림과 같이 U, V 단자에는 단상 전압을 공급하고 나머지 한 단자 W에는 리액턴스 X와 저항 R을 접속하여 각각 U, V 단자에 접속되어 있다.

19. 이론check 직류 직권 전동기의 특성

(1) 변속도 전동기
(2) 부하에 따라 속도가 심하게 변한다.
(3) 운전 중 무부하 상태가 되면 갑자기 고속이 된다.
(4) +, − 극성을 반대로 하면 회전 방향이 불변이다.
(5) 직류 전차용 전동기는 토크가 클 때 속도가 작고 속도가 클 때 토크가 작다.
(6) 벨트 부하를 걸 수 없다. 벨트가 벗겨지면 갑자기 고속이 된다.

19 직류 직권 전동기가 전차용에 사용되는 이유는?

① 속도가 클 때 토크는 크다.
② 토크가 클 때 속도는 작다.
③ 기동 토크가 크고 속도는 불변이다.
④ 토크는 일정하고 속도는 전류에 비례한다.

해설 직류 직권 전동기의 속도-토크 특성은 저속일 때 큰 토크가 발생하고 속도가 상승하면 토크가 작게 되는데 전차의 주행 특성이 이것과 유사하다. 기동시 큰 토크를, 주행시 작은 토크를 발생하여도 된다.

20 10,000[kVA], 6,000[V], 60[Hz], 24극, 단락비 1.2인 3상 동기 발전기의 동기 임피던스[Ω]는?

① 1 ② 3
③ 10 ④ 30

해설 동기 발전기의 단위법 % 동기 임피던스 $Z_s' = \dfrac{PZ_s}{10^3 V^2}$

단락비 $K_s = \dfrac{1}{Z_s'} = \dfrac{10^3 V^2}{PZ_s}$에서

동기 임피던스 $Z_s = \dfrac{10^3 V^2}{PK_s} = \dfrac{10^3 \times 6^2}{10,000 \times 1.2} = 3[\Omega]$

20. 이론check 동기 임피던스와 단락비

(1) 퍼센트 동기 임피던스(%Z_s[%])
전부하시 동기 임피던스에 의한 전압 강하를 백분율로 나타낸 것이다.

$\%Z_s = \dfrac{I \cdot Z_s}{E} \times 100$

$= \dfrac{I_n}{I_s} \times 100$

$= \dfrac{P_n[\text{kVA}] \cdot Z_s}{10 \cdot V^2[\text{kV}]}[\%]$

$Z_s' = \dfrac{\%Z_s}{100} = \dfrac{I_n}{I_s}[\text{p.u}]$

(2) 단락비(K_s)

$K_s = \dfrac{\text{무부하 정격 전압을 유기하는 데 필요한 계자 전류}}{\text{3상 단락 정격 전류를 흘리는 데 필요한 계자 전류}}$

$= \dfrac{I_{fo}}{I_{fs}} = \dfrac{I_s}{I_n} = \dfrac{1}{Z_s'} \propto \dfrac{1}{Z_s}$

제 3 회 전기기기

01 정격 속도로 회전하고 있는 무부하의 분권 발전기가 있다. 계자 저항 40[Ω], 계자 전류 3[A], 전기자 저항이 2[Ω]일 때 유기 기전력[V]은?

① 126 ② 132
③ 156 ④ 185

해설 단자 전압 $V = I_f r_f = 3 \times 40 = 120[V]$
전기자 전류 $I_a = I + I_f = I_f = 3[A]$(무부하 $I=0$)
유기 기전력 $E = V + I_a R_a = 120 + 3 \times 2 = 126[V]$

정답 19.② 20.② / 01.①

02 3상 유도 전동기의 기계적 출력 $P[kW]$, 회전수 $N[rpm]$인 전동기의 토크$[kg \cdot m]$는?

① $0.46 \dfrac{P}{N}$ ② $0.855 \dfrac{P}{N}$
③ $975 \dfrac{P}{N}$ ④ $1,050 \dfrac{P}{N}$

해설 토크 $T = \dfrac{P[W]}{2\pi \dfrac{N}{60}} [N \cdot m]$

$1[N] = \dfrac{1}{9.8} [kg]$

토크 $\tau = \dfrac{T}{9.8} = \dfrac{1}{9.8} \times \dfrac{60 P[kW]}{2\pi N} \times 10^3 = 975 \dfrac{P}{N} [kg \cdot m]$

03 부하 전류가 100[A]일 때 회전 속도 1,000[rpm]으로 10[kg · m]의 토크를 발생하는 직류 직권 전동기가 80[A]의 부하 전류로 감소되었을 때의 토크는 몇 [kg · m]인가?

① 2.5 ② 3.6
③ 4.9 ④ 6.4

해설 직류 직권 전동기의 토크 $\tau \propto I_a^2$이므로

토크 $\tau' = \tau \left(\dfrac{I'}{I}\right)^2 = 10 \times \left(\dfrac{80}{100}\right)^2 = 6.4 [kg \cdot m]$

04 부하 전류가 크지 않을 때 직류 직권 전동기의 발생 토크는? (단, 자기 회로가 불포화인 경우이다.)

① 전류의 제곱에 반비례한다.
② 전류에 반비례한다.
③ 전류에 비례한다.
④ 전류의 제곱에 비례한다.

해설 직류 직권 전동기의 자속 $\phi \propto I_f = I_a = I$

토크 $T = \dfrac{E I_a}{2\pi \dfrac{N}{60}} = \dfrac{\dfrac{Z}{a} P \phi \dfrac{N}{60} I_a}{2\pi \dfrac{N}{60}} = \dfrac{ZP}{2\pi a} \phi I_a = k \phi I_a$

∴ 직류 직권 전동기의 토크 $T \propto I_a^2 (I^2)$

05 변압기의 1차측을 Y결선, 2차측을 △결선으로 한 경우 1차와 2차 간의 전압의 위상 변위는?

① 0° ② 30°
③ 45° ④ 60°

정답 02.③ 03.④ 04.④ 05.②

기출문제 관련 이론 바로보기

02. 이론 check 유도 전동기의 토크(Torque, 회전력)

$T = F \cdot r [N \cdot m]$
$= \dfrac{P(출력)}{\omega(각속도)} = \dfrac{P}{2\pi \dfrac{N}{60}} [N \cdot m]$

$\tau = \dfrac{T}{9.8} = 0.975 \dfrac{P}{N} [kg \cdot m]$

($1[kg] = 9.8[N]$)
$P(출력) = E \cdot I_a [W]$

05. 이론 check 변압기 결선 비교

(1) △-△ 결선
① 단상 변압기 2대 중 1대의 고장이 생겨도, 나머지 2대를 V결선하여 송전할 수 있다.
② 제3고조파 전류는 권선 안에서만 순환되므로, 고조파 전압이 나오지 않는다.
③ 통신 장애의 염려가 없다.
④ 중성점을 접지할 수 없는 결점이 있다.

(2) Y-Y 결선
① 중성점을 접지할 수 있다.
② 권선 전압이 선간 전압의 $\dfrac{1}{\sqrt{3}}$이 되므로 절연이 쉽다.
③ 제3고조파를 주로 하는 고조파 충전 전류가 흘러 통신선에 장애를 준다.
④ 제3차 권선을 감고 Y-Y-△의 3권선 변압기를 만들어 송전 전용으로 사용한다.

(3) △-Y 결선, Y-△ 결선
① △-Y 결선은 낮은 전압을 높은 전압으로 올릴 때 사용한다.
② Y-△ 결선은 높은 전압을 낮은 전압으로 낮추는 데 사용한다.
③ 어느 한쪽이 △결선이어서 여자 전류가 제3고조파 통로가 있으므로, 제3고조파에 의한 장애가 적다.

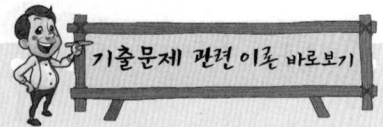

해설 변압기 1차측 상전압(E_1)은 2차측 상전압(선간 전압)과 동상이며 1차측 Y결선이므로 선간 전압(V_1)은 상전압보다 30° 앞선다. 따라서 1차와 2차 전압의 위상 변위는 30°이다.

06 다음은 스텝 모터(step motor)의 장점을 나열한 것이다. 틀린 것은?

① 피드백 루프가 필요 없이 오픈 루프로 손쉽게 속도 및 위치 제어를 할 수 있다.
② 디지털 신호를 직접 제어할 수 있으므로 컴퓨터 등 다른 디지털 기기와 인터페이스가 쉽다.
③ 가속, 감속이 용이하며 정·역전 및 변속이 쉽다.
④ 위치 제어를 할 때 각도 오차가 크고 누적된다.

해설 스테핑 모터는 아주 정밀한 디지털 펄스 구동 방식의 전동기로서 정·역 및 변속이 용이하고 제어 범위가 넓으며 각도의 오차가 적고 축적되지 않으며 정지 위치를 유지하는 힘이 크다. 적용 분야는 타이프 라이터나 프린터의 캐리지(carriage), 리본(ribbon) 프린터 헤드, 용지 공급의 위치 정렬, 로봇 등이 있다.

07. **비례 추이**(比例推移, 3상 권선형 전동기)

회전자(2차)에 슬립링을 통하여 저항을 연결하고, 2차 합성 저항을 변화하면, 같은(동일) 토크에서 슬립이 비례하여 변화한다. 따라서 토크 특성 곡선이 비례하여 이동하는 것을 토크의 비례 추이라 한다.

$T_s \propto \dfrac{r_2}{s}$의 함수이므로

$\dfrac{r_2}{s} = \dfrac{r_2 + R}{s'}$이면, T_s는 동일하다.

07 비례 추이를 하는 전동기는?

① 단상 유도 전동기
② 권선형 유도 전동기
③ 동기 전동기
④ 정류자 전동기

해설 비례 추이는 3상 권선형 유도 전동기의 회전자(2차 권선)에 슬립링을 통하여 저항을 연결하고, 2차 합성 저항을 변화하면 일정(같은) 토크에서 슬립이 비례하여 변화한다. 따라서 토크 특성 곡선이 비례하여 이동하는 것이다.

08 부하 급변시 부하각과 부하 속도가 진동하는 난조 현상을 일으키는 원인이 아닌 것은?

① 원동기의 조속기 감도가 너무 예민한 경우
② 자속의 분포가 기울어져 자속의 크기가 감소한 경우
③ 전기자 회로의 저항이 너무 큰 경우
④ 원동기의 토크에 고조파가 포함된 경우

해설 부하 급변시 부하각과 회전 속도가 진동하는 현상을 난조라 하고, 원인은 다음과 같다.
- 전기자 회로의 저항이 너무 큰 경우
- 원동기의 조속기 감도가 너무 예민한 경우
- 원동기의 토크에 고조파가 포함된 경우

정답 06.④ 07.② 08.②

2013년 과년도 출제문제

09 동기 발전기의 무부하 포화 곡선은 그림 중 어느 것인가? (단, V는 단자 전압, I_f는 여자 전류이다.)

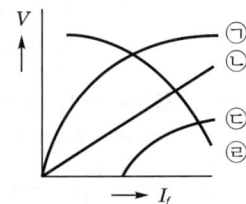

① ㄱ ② ㄴ
③ ㄷ ④ ㄹ

해설 동기 발전기의 무부하 포화 곡선은 여자 전류(I_f)와 유기 기전력($E=V_0$)의 관계 곡선으로
$E(V_0) = 4.44fN\phi K_w \propto \phi \propto I_f$

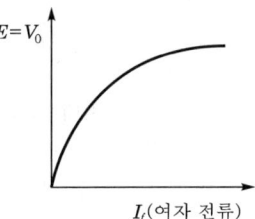

10 직류 분권 전동기의 공급 전압의 극성을 반대로 하면 회전 방향은?

① 변하지 않는다.
② 반대로 된다.
③ 회전하지 않는다.
④ 발전기로 된다.

해설 직류 분권 전동기의 공급 전압의 극성을 반대로 하면 전기자 전류와 계자 전류의 방향이 함께 바뀌므로 플레밍의 왼손 법칙에 의해 회전 방향은 변하지 않는다.

11 3상 동기 발전기의 매극 매상의 슬롯수가 3일 때 분포권 계수는?

① $6\sin\dfrac{\pi}{18}$ ② $3\sin\dfrac{\pi}{9}$
③ $\dfrac{1}{6\sin\dfrac{\pi}{18}}$ ④ $\dfrac{1}{3\sin\dfrac{\pi}{18}}$

해설 분포권 계수는 전기자 권선법에 따른 집중권과 분포권의 기전력의 비 (ratio)로서
$$K_d = \dfrac{e_r(\text{분포권})}{e_r'(\text{집중권})} = \dfrac{\sin\dfrac{\pi}{2m}}{q\sin\dfrac{\pi}{2mq}} = \dfrac{\sin\dfrac{180°}{2\times 3}}{3\cdot\sin\dfrac{\pi}{2\times 3\times 3}} = \dfrac{1}{6\sin\dfrac{\pi}{18}}$$

기출문제 관련 이론 바로보기

10. 직류 분권 전동기의 특성
(1) 정속도 특성의 전동기이다.
(2) 운전 중 계자 회로가 단선이 되면 회전 속도가 갑자기 고속이 된다.
(3) 위험 상태는 정격 전압, 무여자 상태이다.
(4) +, - 극성을 반대로 하면 회전 방향이 불변이다.

11. 분포권
(1) 분포권 계수
$$K_d(\text{기본파}) = \dfrac{\sin\dfrac{\pi}{2m}}{q\sin\dfrac{\pi}{2mq}}$$

$$K_{dn}(n\text{차 고조파}) = \dfrac{\sin\dfrac{n\pi}{2m}}{q\sin\dfrac{n\pi}{2mq}}$$

여기서, q : 매극 매상당 슬롯수
m : 상수

(2) 분포권의 특징
① 기전력의 고조파가 감소하여 파형이 좋아진다.
② 권선의 누설 리액턴스가 감소한다.
③ 전기자 권선에 의한 열을 고르게 분포시켜 과열을 방지할 수 있다.

정답 09.① 10.① 11.③

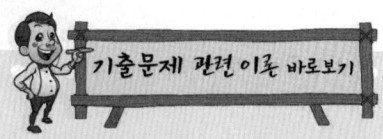

12. 효율(efficiency) : η[%]

$\eta = \dfrac{\text{출력}}{\text{입력}} \times 100$

$= \dfrac{\text{출력}}{\text{출력}+\text{손실}} \times 100\,[\%]$

(1) 전부하 효율

$\eta = \dfrac{VI\cos\theta}{VI\cos\theta + P_i + P_c(I^2 r)} \times 100\,[\%]$

최대 효율 조건 $P_i = P_c(I^2 r)$

(2) $\dfrac{1}{m}$ 부하시 효율

$\eta_{\frac{1}{m}} = \dfrac{\dfrac{1}{m}VI\cos\theta}{\dfrac{1}{m}VI\cos\theta + P_i + \left(\dfrac{1}{m}\right)^2 P_c} \times 100\,[\%]$

최대 효율 조건 $P_i = \left(\dfrac{1}{m}\right)^2 P_c$

---

12 어느 변압기의 무유도 전부하의 효율은 97[%], 전압 변동률은 2[%]라 한다. 최대 효율[%]은?

① 약 93　　② 약 95
③ 약 97　　④ 약 99

해설 무유도 부하시 역률 $\cos\theta = 1$, $\sin\theta = 0$
전압 변동률 $\varepsilon = \%r\cos\theta + \%x\sin\theta = \%r = 2[\%]$
퍼센트 저항 강하 $\%r = \dfrac{I \cdot r}{V} \times 100 = \dfrac{I^2 r}{VI} \times 100 = \dfrac{P_c(\text{동손})}{P(\text{정격 출력})} \times 100$
전부하 동손 $P_c = 0.02P$
전부하 효율 $\eta = \dfrac{P}{P + P_i + P_c} = 0.97$ 이므로
철손 $P_i = \dfrac{0.0194}{0.97}P = 0.0109P$
최대 효율의 조건은 $P_i = \left(\dfrac{1}{m}\right)^2 P_c$
$\dfrac{1}{m} = \sqrt{\dfrac{P_i}{P_c}} = \sqrt{\dfrac{0.0109}{0.02}} \fallingdotseq 0.73824$
따라서, 최대 효율 η_m

$\eta_m = \dfrac{\dfrac{1}{m}P}{\dfrac{1}{m}P + P_i + \left(\dfrac{1}{m}\right)^2 P_c} \times 100$

$= \dfrac{0.738P}{0.738P + 2 \times 0.0109P} \times 100$

$= 97.2 \fallingdotseq 97[\%]$

13 4극, 3상 유도 전동기가 있다. 총 슬롯수는 48이고 매극 매상 슬롯에 분포하며 코일 간격은 극간격의 75[%]인 단절권으로 하면 권선 계수는 얼마인가?

① 약 0.986　　② 약 0.960
③ 약 0.924　　④ 약 0.887

해설 매극 매상 홈수 $q = \dfrac{s}{p \times m} = \dfrac{48}{4 \times 3} = 4$

분포 계수 $K_d = \dfrac{\sin\dfrac{\pi}{2m}}{q\sin\dfrac{\pi}{2mq}} = \dfrac{1}{q\sin 7.5°} = 0.957$

단절 계수 $K_p = \sin\dfrac{\beta\pi}{2} = \sin\dfrac{0.75 \times 180°}{2} = 0.9238$

권선 계수 $K_w = K_d \cdot K_p = 0.957 \times 0.9238 = 0.8847$

정답 12.③　13.④

14 3상 직권 정류자 전동기에 중간 변압기를 사용하는 이유로 적당하지 않은 것은?

① 중간 변압기를 이용하여 속도 상승을 억제할 수 있다.
② 중간 변압기를 사용하여 누설 리액턴스를 감소할 수 있다.
③ 회전자 전압을 정류 작용에 맞는 값으로 선정할 수 있다.
④ 중간 변압기의 권수비를 바꾸어 전동기 특성을 조정할 수 있다.

해설 3상 직권 정류자 전동기의 중간 변압기(또는 직렬 변압기)는 고정자 권선과 회전자 권선 사이에 직렬로 접속된다. 중간 변압기의 사용 목적은 다음과 같다.
- 정류자 전압의 조정
- 회전자 상수의 증가
- 경부하시 속도 이상 상승의 방지
- 실효 권수비의 조정

15 출력 7.5[kW]의 3상 유도 전동기가 전부하 운전에서 2차 저항손이 200[W]일 때, 슬립은 약 몇 [%]인가?

① 8.8 ② 3.8
③ 2.6 ④ 2.2

해설 $P_2 : P_{2c} = 1 : s$

슬립 $s = \dfrac{P_{2c}}{P_2} \times 100 = \dfrac{P_{2c}}{P + P_{2c}} \times 100$

$= \dfrac{200}{7,500 + 200} \times 100$

$= 2.597 ≒ 2.6[\%]$

16 직류 분권 발전기의 전기자 권선을 단중 중권으로 감으면?

① 브러시수는 극수와 같아야 한다.
② 균압선이 필요 없다.
③ 높은 전압, 작은 전류에 적당하다.
④ 병렬 회로수는 항상 2이다.

해설 직류 분권 발전기의 전기자 권선을 단중 중권으로 감으면 병렬 회로수와 브러시수는 극수와 같고, 저전압 대전류에 유효하며 균압환이 필요하다.

17 전력 변환 기기가 아닌 것은?

① 변압기 ② 정류기
③ 유도 전동기 ④ 인버터

정답 14.② 15.③ 16.① 17.③

---

15. 이론 check **2차 입력, 출력, 동손의 관계**

(1) 2차 입력
$P_2 = I_2^2(R + r_2)$
$= I_2^2 \dfrac{r_2}{s}$ [W] (1상당)

(2) 기계적 출력
$P_o = I_2^2 \cdot R$
$= I_2^2 \cdot \dfrac{1-s}{s} \cdot r_2$ [W]

(3) 2차 동손
$P_{2c} = I_2^2 \cdot r_2$ [W]

(4) $P_2 : P_o : P_{2c} = 1 : 1-s : s$

16. 이론 check **중권과 파권**

(1) 중권(lap winding, 병렬권)
병렬 회로수와 브러시수가 자극의 수와 같으며 저전압, 대전류에 유효하고, 병렬 회로 사이에 전압의 불균일시 순환 전류가 흐를 수 있으므로 균압환이 필요하다.

(2) 파권(wave winding, 직렬권)
파권은 병렬 회로수가 극수와 관계없이 항상 2개로 되어 있으므로, 고전압 소전류에 유효하고, 균압환은 불필요하며, 브러시수는 2 또는 극수와 같게 할 수 있다.

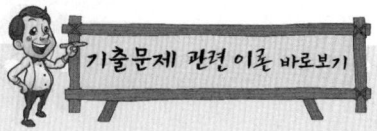

해설 전력 변환 장치(power converter)는 어떤 전력을 전압, 전류, 주파수 등의 다른 전력으로 변환하는 장치로 반도체 소자를 사용한 반도체 전력 변환기를 말하며 넓은 뜻으로는 변압기, 변류기, 정류기 등도 포함된다.

18 유도 전동기의 안정 운전의 조건은? (단, T_m : 전동기 토크, T_L : 부하 토크, n : 회전수)

① $\dfrac{dT_m}{dn} < \dfrac{dT_L}{dn}$ ② $\dfrac{dT_m}{dn} = \dfrac{dT_L^{\,2}}{dn}$

③ $\dfrac{dT_m}{dn} > \dfrac{dT_L}{dn}$ ④ $\dfrac{dT_m}{dn} \neq \dfrac{dT_L^{\,2}}{dn}$

해설

여기서, T_m : 전동기 토크, T_L : 부하의 반항 토크

안정된 운전을 위해서는 $\dfrac{dT_L}{dn} > \dfrac{dT_m}{dn}$

즉, 부하의 반항 토크 기울기가 전동기 토크 기울기보다 큰 점에서 안정 운전을 한다.

19. 이론 check 단권 변압기

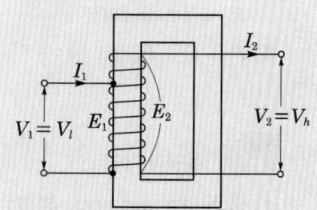

┃승압용 단권 변압기┃

권수비(a)는

$a = \dfrac{E_1}{E_2} = \dfrac{V_1}{V_2} = \dfrac{I_2}{I_1} = \dfrac{N_1}{N_2}$

$\dfrac{P(\text{자기 용량})}{W(\text{부하 용량})} = \dfrac{V_h - V_l}{V_h}$

19 단상 단권 변압기 3대를 Y결선으로 해서 3상 전압 3,000[V]를 300[V] 승압하여 3,300[V]로 하고, 150[kVA]를 송전하려고 한다. 이 경우에 단상 단권 변압기의 저전압측 전압, 승압 전압 및 Y결선의 자기 용량은 얼마인가?

① 3,000[V], 300[V], 13.62[kVA]
② 3,000[V], 300[V], 4.54[kVA]
③ 1,732[V], 173.2[V], 13.62[kVA]
④ 1,732[V], 173.2[V], 4.54[kVA]

해설 저전압측 전압 $E_1 = \dfrac{V_1}{\sqrt{3}} = \dfrac{3,000}{\sqrt{3}} \fallingdotseq 1,732[\text{V}]$

승압 전압 $e = \dfrac{300}{\sqrt{3}} \fallingdotseq 173.2[\text{V}]$

자기 용량 $P = \dfrac{V_h - V_l}{V_h} W$

$= \dfrac{3,300 - 3,000}{3,300} \times 150 \fallingdotseq 13.63[\text{kVA}]$

정답 18.① 19.③

20 단상 반파 정류 회로의 직류 전압이 220[V]일 때 정류기의 역방향 첨두 전압은 약 몇 [V]인가?

① 691
② 628
③ 536
④ 314

 직류 전압 $E_d = \dfrac{\sqrt{2}}{\pi} E$

교류 전압 $E = \dfrac{\pi}{\sqrt{2}} E_d$

첨두 역전압 $V_{in} = \sqrt{2} E = \pi E_d = \pi \times 220 = 690.8[V] \fallingdotseq 691[V]$

기출문제 관련 이론 바로보기

20. 이론 check **단상 반파 정류 회로**

$E_d = \dfrac{1}{2\pi} \displaystyle\int_\alpha^\pi \sqrt{2} E\sin\theta \cdot d\theta$

$= \dfrac{1+\cos\alpha}{\sqrt{2}\,\pi} E\,[V]$

$I_d = \dfrac{E_d}{R_L} = \dfrac{1+\cos\alpha}{\sqrt{2}\,\pi} \cdot \dfrac{E}{R}\,[A]$

여기서, E_d : 직류 전압의 평균값[V]
I_d : 직류 전압의 평균값[A]
$\cos\alpha$: 격자율
$1+\cos\alpha$: 제어율

점호 제어를 일으키지 않을 경우($\alpha = 0$)

$E_d = \dfrac{\sqrt{2}}{\pi} \cdot E = 0.45 E\,[A]$

$I_d = \dfrac{E_d}{R_L} = \dfrac{\sqrt{2}}{\pi R_L} = \dfrac{I_m}{\pi}\,[A]$

rms(root mean square) 전류 I_{rms} 는

$I_{rms} = \sqrt{\dfrac{1}{2\pi}\displaystyle\int_0^\pi i_d^2 d\theta}$

$= \sqrt{\dfrac{1}{2\pi}\displaystyle\int_0^\pi \sin^2\theta\, d\theta} = \dfrac{I_m}{2}\,[A]$

정류 효율 η_R 은

$\eta_R = \dfrac{P_{dc}}{P_{ac}} \times 100 = \dfrac{\left(\dfrac{I_m}{\pi}\right)^2 R_L}{\left(\dfrac{I_m}{2}\right)^2 R_L} \times 100$

$= \dfrac{4}{\pi^2} \times 100 = 40.6[\%]$

맥동률 ν 는

$\nu = \sqrt{\left(\dfrac{I_{rms}}{I_d}\right)^2 - 1} = \sqrt{\dfrac{\left(\dfrac{I_m}{2}\right)^2}{\left(\dfrac{I_m}{\pi}\right)^2} - 1}$

$= \sqrt{\dfrac{\pi^2}{4} - 1} = 1.21$

$PIV = \sqrt{2}\,E\,[V]$

정답 20.①

2014년 과년도 출제문제

제1회 전기기기

01 정류 회로에서 평활 회로를 사용하는 이유는?

① 출력 전압의 맥류분을 감소하기 위해
② 출력 전압의 크기를 증가시키기 위해
③ 정류 전압의 직류분을 감소하기 위해
④ 정류 전압을 2배로 하기 위해

해설 정류 회로에서 평활 회로는 출력 전압의 맥동분을 감소하여 균일한 직류 전압을 얻기 위해 사용하는 직류 필터(D.C. filter)이다.

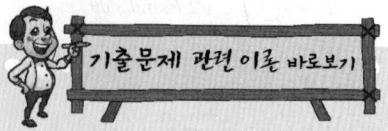

02. 계기용 변성기

(1) 계기용 변압기(PT)

PT비 $\dfrac{V_1}{V_2} = \dfrac{n_1}{n_2}$

(2) 변류기(CT)

CT비 $\dfrac{I_1}{I_2} = \dfrac{n_2}{n_1}$

02 평형 3상 전류를 측정하려고 $\dfrac{60}{5}$[A]의 변류기 2대를 그림과 같이 접속했더니 전류계에 2.5[A]가 흘렀다. 1차 전류는 몇 [A]인가?

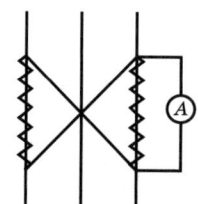

① 5
② $5\sqrt{3}$
③ 10
④ $10\sqrt{3}$

해설 변류비(CT비) $= \dfrac{I_1}{I_2} = \dfrac{60}{5}$[A]

그림에서 변류기가 차동 접속으로 되어 있어 전류계의 지시값은 2차 전류의 $\sqrt{3}$ 배가 된다.

∴ 1차 전류 $I_1 = \dfrac{60}{5} \times 2.5 \times \dfrac{1}{\sqrt{3}}$
$= 10\sqrt{3}$ [A]

정답 01.① 02.④

2014년 과년도 출제문제

03 1차측 권수가 1,500인 변압기의 2차측에 16[Ω]의 저항을 접속하니 1차측에서는 8[kΩ]으로 환산되었다. 2차측 권수는?

① 약 67
② 약 87
③ 약 107
④ 약 207

해설 변압기의 2차 임피던스를 1차측으로 환산하면
$Z_2' = a^2 Z_2$ 이므로 $a = \sqrt{\dfrac{Z_2'}{Z_2}} = \sqrt{\dfrac{8,000}{16}} = 22.36$

권수비 $a = \dfrac{N_1}{N_2}$ 에서 $N_2 = \dfrac{N_1}{a} = \dfrac{1,500}{22.36} = 67$회

04 유도 전동기의 부하를 증가시켰을 때 옳지 않은 것은?

① 속도는 감소한다.
② 1차 부하 전류는 감소한다.
③ 슬립은 증가한다.
④ 2차 유도 기전력은 증가한다.

해설 유도 전동기의 부하가 증가하면 회전 속도는 감소하고, 슬립 $s = \dfrac{N_s - N}{N_s}$ 증가, 2차 유기 기전력 $E_{2s} = sE_2$ 증가, 1차 부하 전류 $I_1 \propto I_2 = \dfrac{E_2}{\dfrac{r_2}{s} + jx_s}$ 는 증가한다.

05 스테핑 모터에 대한 설명 중 틀린 것은?

① 가속과 감속이 용이하다.
② 정·역전 및 변속이 용이하다.
③ 위치 제어시 각도 오차가 작다.
④ 브러시 등 부품수가 많아 유지 보수 필요성이 크다.

해설 스테핑 모터(stepping motor)는 전기 신호를 받아 회전 운동으로 바꾸어 기계의 속도, 위치, 방향 등을 정확하게 제어하며 구조(고정자, 회전자)가 간결하여 정밀한 서보 기구에 많이 사용된다.

06 단권 변압기의 설명으로 틀린 것은?

① 1차 권선과 2차 권선의 일부가 공통으로 사용된다.
② 분로 권선과 직렬 권선으로 구분된다.
③ 누설 자속이 없기 때문에 전압 변동률이 작다.
④ 3상에는 사용할 수 없고 단상으로만 사용한다.

기출문제 관련 이론 바로보기

03. Tip 이상(理想) 변압기

(1) 철손(P_i)이 없다.
(2) 권선의 저항(r_1, r_2)과 동손(P_c)이 없고, 누설 자속(ϕ_l)이 없는 변압기이다.
$e_1 = v_1$, $e_2 = v_2$
$P_1 = P_2 (v_1 i_1 = v_2 i_2)$
(3) 권수비(전압비)
$a = \dfrac{e_1}{e_2} = \dfrac{N_1}{N_2} = \dfrac{v_1}{v_2} = \dfrac{i_2}{i_1}$

06. 이론 check 단권 변압기

(1) 하나의 권선을 1차와 2차로 공용하는 변압기로 권선을 절약할 수 있을 뿐만 아니라 권선의 공용 부분인 분로 권선에는 1차와 2차의 차의 전류가 흐르므로 동손이 적고, 권수비가 1에 가까울수록 경제적으로 된다. 공용 권선이기 때문에 누설 자속이 적고, 전압 변동률이 작아서 효율도 좋으므로 전압 조정용으로서 연속적으로 전압을 조정할 수 있는 접동식 전압 조정기 등에 널리 쓰이고 있다.
(2) 권수비
$a = \dfrac{E_1}{E_2} = \dfrac{V_1}{V_2} = \dfrac{I_2}{I_1} = \dfrac{N_1}{N_2}$
(3) $\dfrac{P(\text{자기 용량})}{W(\text{부하 용량})} = \dfrac{V_h - V_l}{V_h}$

 정답 03.① 04.② 05.④ 06.④

PART 03 전기기기

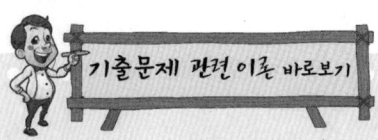

07. **이론check** 유도 전동기의 기동법

(1) 2차 저항 기동법
   기동 전류가 감소하고, 기동 토크가 증가한다.
(2) 게르게스 기동법
   게르게스 현상을 이용한 기동법이다.

Tip 비례 추이 : 3상 권선형 유도 전동기

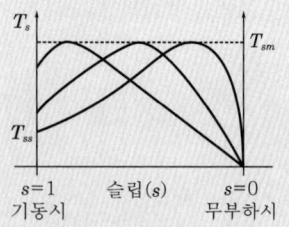

| 토크의 비례 추이 곡선 |

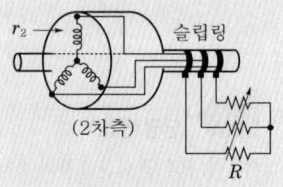

| 2차측 저항 연결 |

회전자(2차)에 슬립링을 통하여 저항을 연결하고, 2차 합성 저항을 변화하면 같은(동일) 토크에서 슬립이 비례하여 변화하고, 따라서 토크 특성 곡선이 비례하여 이동하는 것을 토크의 비례 추이라 한다. 2차측에 저항을 삽입하는 목적은 기동 토크 증대, 기동 전류 제한 및 속도 제어를 위해서이다.

$T_s \propto \dfrac{r_2}{s}$ 의 함수이므로

$\dfrac{r_2}{s} = \dfrac{r_2+R}{s'}$ 이면 T_s는 동일하다.

해설 단권 변압기는 1, 2차 권선이 하나(분포, 직렬 권선)로 되어 있어 누설 자속, 전압 변동률 및 동손이 작고 매우 경제적이며 단상과 3상, 강압 및 승압용 변압기로 다양하게 사용된다.

07 권선형 유도 전동기의 기동법에 대한 설명 중 틀린 것은?

① 기동시 2차 회로의 저항을 크게 하면 기동시에 큰 토크를 얻을 수 있다.
② 기동시 2차 회로의 저항을 크게 하면 기동시에 기동 전류를 억제할 수 있다.
③ 2차 권선 저항을 크게 하면 속도 상승에 따라 외부 저항이 증가한다.
④ 2차 권선 저항을 크게 하면 운전 상태의 특성이 나빠진다.

해설 3상 권선형 유도 전동기의 2차 회로(회전자)에 슬립링을 통하여 외부에서 저항을 연결하고 2차 합성 저항(r_2+R)을 변화하면 기동 토크 증대, 기동 전류를 제한하여 이상적인 기동을 할 수 있으며 운전시에는 손실 증가로 특성이 나빠지므로 저항을 저감한다.

08 다이오드를 사용한 정류 회로에서 다이오드를 여러 개 직렬로 연결하면?

① 고조파 전류를 감소시킬 수 있다.
② 출력 전압의 맥동률을 감소시킬 수 있다.
③ 입력 전압을 증가시킬 수 있다.
④ 부하 전류를 증가시킬 수 있다.

해설 정류 회로에서 다이오드를 여러 개 직렬로 연결하면 공급 전압을 분배하여 입력 전압을 높일 수 있고 과전압으로부터 다이오드를 보호할 수 있다.

09 3상 유도 전동기의 슬립이 $s<0$인 경우를 설명한 것으로 틀린 것은?

① 동기 속도 이상이다.
② 유도 발전기로 사용된다.
③ 유도 전동기 단독으로 동작이 가능하다.
④ 속도를 증가시키면 출력이 증가한다.

해설 슬립 $s = \dfrac{N_s - N}{N_s}$ 이므로 유도 전동기의 회전자 속도(N)가 동기 속도(N_s)보다 빠르면($s<0$) 유도 발전기가 되며 회전자를 회전시키기 위해서는 원동기가 필요하다.

정답 07.③ 08.③ 09.③

10 우리나라 발전소에 설치되어 3상 교류를 발생하는 발전기는?
① 동기 발전기
② 분권 발전기
③ 직권 발전기
④ 복권 발전기

해설 우리나라 발전소의 3상 교류 발전기는 동기 속도 $\left(N_s = \dfrac{120f}{P}[\text{rpm}]\right)$로 회전하는 동기 발전기이다.

11 계자 저항 50[Ω], 계자 전류 2[A], 전기자 저항 3[Ω]인 분권 발전기가 무부하 정격 속도로 회전할 때 유기 기전력[V]은?
① 106
② 112
③ 115
④ 120

해설 단자 전압 $V = E - I_a R_a = I_f r_f = 2 \times 50 = 100[\text{V}]$
전기자 전류 $I_a = I + I_f = I_f = 2[\text{A}] (\because 무부하\ I = 0)$
유기 기전력 $E = V + I_a R_a = 100 + 2 \times 3 = 106[\text{V}]$

12 △결선 변압기의 한 대가 고장으로 제거되어 V결선으로 전력을 공급할 때, 고장 전 전력에 대하여 몇 [%]의 전력을 공급할 수 있는가?
① 81.6
② 75.0
③ 66.7
④ 57.7

해설 △결선 출력 $P_\triangle = 3P_1[\text{W}]$
V결선 출력 $P_V = \sqrt{3} P_1[\text{W}]$
출력비 $\dfrac{P_V}{P_\triangle} = \dfrac{\sqrt{3} P_1}{3 P_1} = \dfrac{1}{\sqrt{3}} = 0.577 = 57.7[\%]$

13 다음 직류 전동기 중에서 속도 변동률이 가장 큰 것은?
① 직권 전동기
② 분권 전동기
③ 차동 복권 전동기
④ 가동 복권 전동기

해설 직류 직권 전동기 $I = I_f = I_a$
회전 속도 $N = K \dfrac{V - I_a(R_a + r_f)}{\phi} \propto \dfrac{1}{\phi} \propto \dfrac{1}{I}$ 이므로 부하가 변화하면 속도 변동률이 가장 크다.

기출문제 관련 이론 바로보기

11. 이론 check **분권 발전기 이론**
(1) 전기자 전류
$I_a = (I_f + I) = \left(\dfrac{P}{R_f} + \dfrac{P}{V}\right)$
(2) 유기 기전력
$E = V + I_a R_a = \dfrac{PZ}{60a} \phi N$
$\quad = K\phi N[\text{V}]$
(3) 단자 전압
$V = E - I_a R_a [\text{V}]$
(4) 부하 전류
$I = \dfrac{P}{V}[\text{A}]$
(5) 분권 계자 걸리는 회로의 전압 강하 $V = I_f R_f$에서 분권 계자 전류 $I_f = \dfrac{V}{R_f}$, 계자 저항 $R_f = \dfrac{V}{I_f}$이다.

12. 이론 check **V-V 결선의 특성**
(1) 2대 단상 변압기로 3상 부하에 전원을 공급한다.
(2) 부하 증설 예정시, △-△ 결선 운전 중 1대 고장시 V-V 결선이 가능하다.
(3) 이용률
$\dfrac{\sqrt{3} P_1}{2 P_1} = \dfrac{\sqrt{3}}{2}$
$\quad = 0.866 = 86.6[\%]$
(4) 출력비
$\dfrac{P_V}{P_\triangle} = \dfrac{\sqrt{3} P_1}{3 P_1} = \dfrac{1}{\sqrt{3}}$
$\quad = 0.577 = 57.7[\%]$

정답 10.① 11.① 12.④ 13.①

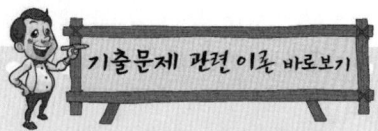

14 동기 전동기에 설치된 제동 권선의 효과는?

① 정지 시간의 단축
② 출력 전압의 증가
③ 기동 토크의 발생
④ 과부하 내량의 증가

해설 동기기에서 제동 권선의 효능
- 난조 방지
- 불평형 전압 전류 파형 개선
- 이상 전압 발생 억제
- 기동 토크 발생

15 동기 조상기의 계자를 과여자로 해서 운전할 경우 틀린 것은?

① 콘덴서로 작용한다.
② 위상이 뒤진 전류가 흐른다.
③ 송전선의 역률을 좋게 한다.
④ 송전선의 전압 강하를 감소시킨다.

해설 동기 조상기를 송전 선로에 연결하고 계자 전류를 증가하여 과여자로 운전하면 진상 전류가 흘러 콘덴서 작용을 하며 선로의 역률 개선 및 전압 강하를 경감시킨다.

16. 동기 전동기의 위상 특성 곡선 (V곡선)

공급 전압(V)과 출력(P)이 일정한 상태에서 계자 전류(I_f)의 조정에 따른 전기자 전류(I_a)의 크기와 위상(역률각 : θ)의 관계 곡선이다.

(1) 부족 여자
 전기자 전류가 공급 전압보다 위상이 뒤지므로 리액터 작용을 한다.
(2) 과여자
 전기자 전류가 공급 전압보다 위상이 앞서므로 콘덴서 작용을 한다.

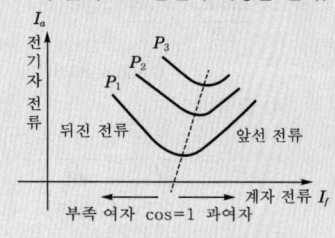

┃위상 특성 곡선(V곡선)┃

16 동기 전동기의 V 특성 곡선(위상 특성 곡선)에서 무부하 곡선은?

① A
② B
③ C
④ D

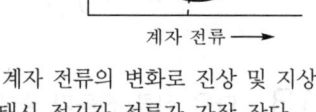

해설 동기 전동기의 위상 특성 곡선에서 계자 전류의 변화로 진상 및 지상 전류를 흘릴 수 있으며, 무부하 상태시 전기자 전류가 가장 작다.

17 직류 분권 전동기의 공급 전압이 V[V], 전기자 전류 I_a[A], 전기자 저항 R_a[Ω], 회전수 N[rpm]일 때 발생 토크는 몇 [kg·m]인가?

① $\dfrac{30}{9.8}\left(\dfrac{VI_a - I_a^2 R_a}{\pi N}\right)$
② $\dfrac{30}{9.8}\left(\dfrac{V - I_a R_a}{\pi N}\right)$
③ $30\left(\dfrac{VI_a - I_a^2 R_a}{\pi N}\right)$
④ $\dfrac{1}{9.8}\left(\dfrac{V - I_a R_a}{2\pi N}\right)$

정답 14.③ 15.② 16.① 17.①

2014년 과년도 출제문제

해설 토크 $\tau = \dfrac{1}{9.8} \cdot \dfrac{E \cdot I_a}{2\pi \dfrac{N}{60}} = \dfrac{30}{9.8} \cdot \dfrac{(V - I_a R_a)I_a}{\pi N}$

$= \dfrac{30}{9.8} \left(\dfrac{VI_a - I_a^2 \cdot R_a}{\pi N} \right) [\text{kg} \cdot \text{m}]$

 18 3상 유도 전동기에서 회전력과 단자 전압의 관계는?
① 단자 전압과 무관하다.
② 단자 전압에 비례한다.
③ 단자 전압의 2승에 비례한다.
④ 단자 전압의 2승에 반비례한다.

해설 동기 와트로 표시한 토크

$T_s = P_2 = \dfrac{V_1^2 \dfrac{r_2}{s}}{\left(r_1 + \dfrac{r_2}{s}\right)^2 + (x_1 + x_2)^2}$

회전력(토크) $T \propto V_1^2$

19 220[V], 10[A], 전기자 저항이 1[Ω], 회전수가 1,800[rpm]인 전동기의 역기전력은 몇 [V]인가?
① 90
② 140
③ 175
④ 210

해설 역기전력 $E = V - I_a R_a = 220 - 10 \times 1 = 210 [\text{V}]$

20 3상 직권 정류자 전동기에서 중간 변압기를 사용하는 주된 이유는?
① 발생 토크를 증가시키기 위해
② 역회전 방지를 위해
③ 직권 특성을 얻기 위해
④ 경부하시 급속한 속도 상승 억제를 위해

해설 3상 직권 정류자 전동기의 중간 변압기(또는 직렬 변압기)는 고정자 권선과 회전자 권선 사이에 직렬로 접속된다. 중간 변압기의 사용 목적은 다음과 같다.
• 정류자 전압의 조정
• 회전자 상수의 증가
• 경부하시 속도 이상 상승의 방지
• 실효 권수비의 조정

---

18. 이론 check 유도 전동기 슬립 대 토크 특성 곡선

[공급 전압(V_1)의 일정 상태에서 슬립과 토크의 관계]

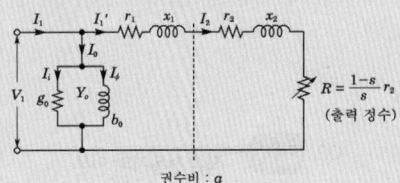

유도 전동기 간이 등가 회로

$I_1' = \dfrac{V_1}{\sqrt{\left(r_1 + \dfrac{r_2}{s}\right)^2 + (x_1 + x_2)^2}}$

($a = 1$일 때, $r_2' = a^2 \cdot r_2 = r_2$, $x_2' = x_2$)

※ 동기 와트로 표시한 토크

$T_s = P_2 = I_2^2 \dfrac{r_2}{s} = I_1'^2 \dfrac{r_2'}{s}$에서

$T_s = \dfrac{V_1^2 \dfrac{r_2}{s}}{\left(r_1 + \dfrac{r_2}{s}\right)^2 + (x_1 + x_2)^2} \propto V_1^2$

① 기동(시동) 토크 : $T_{ss}(s=1)$

$T_{ss} = \dfrac{V_1^2 r_2}{(r_1 + r_2)^2 + (x_1 + x_2)^2}$

$\propto r_2$

② 최대(정동) 토크 : $T_{sm}(s = s_t)$
최대 토크 발생 슬립(s_t)

$s_t = \dfrac{dT_s}{ds} = 0$

$= \dfrac{r_2}{\sqrt{r_1^2 + (x_1 + x_2)^2}} \propto r_2$

$T_{sm} = \dfrac{V_1^2}{2\{r_1 + \sqrt{r_1^2 + (x_1 + x_2)^2}\}}$

$\not\propto r_2$

(단, 최대 토크는 2차 저항과 무관하다.)

정답 18.③ 19.④ 20.④

제 2 회 전기기기

01 1차 전압 V_1, 2차 전압 V_2인 단권 변압기를 Y결선을 했을 때, 등가 용량과 부하 용량의 비는? (단, $V_1 > V_2$이다.)

① $\dfrac{V_1 - V_2}{\sqrt{3}\, V_1}$ ② $\dfrac{V_1 - V_2}{V_1}$

③ $\dfrac{\sqrt{3}\,(V_1 - V_2)}{2 V_1}$ ④ $\dfrac{V_1^{\,2} - V_2^{\,2}}{\sqrt{3}\, V_1 V_2}$

해설

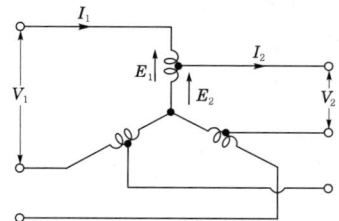

그림의 결선에서
부하 용량 $= \sqrt{3}\, V_1 I_1 = \sqrt{3}\, V_2 I_2$
등가 용량 $= \dfrac{3(V_1 - V_2) I_1}{\sqrt{3}} = \sqrt{3}\,(V_1 - V_2) I_1$

∴ $\dfrac{\text{등가 용량}}{\text{부하 용량}} = \dfrac{3(V_1 - V_2) I_1}{\sqrt{3} \times \sqrt{3}\, V_1 I_1} = \dfrac{V_1 - V_2}{V_1} = 1 - \dfrac{V_2}{V_1}$

02. 직류 전동기의 이론

(1) 역기전력(E)

전동기가 회전하면 도체는 자속을 끊고 있기 때문에 단자 전압 V와 반대 방향의 역기전력이 발생한다.

$E = V - I_a R_a$
$= \dfrac{p}{a} Z\phi \cdot \dfrac{N}{60} = K\phi N\, [\text{V}]$

$\left(K = \dfrac{pZ}{60a} \right)$

여기서, p : 자극수
a : 병렬 회로수
Z : 도체수
ϕ : 1극당 자속[Wb]
N : 회전수[rpm]

(2) 전기자 전류
$I_a = \dfrac{V - E}{R_a}\, [\text{A}]$

(3) 회전 속도
$N = K\dfrac{E}{\phi} = K\dfrac{V - I_a R_a}{\phi}\, [\text{rpm}]$

(4) 토크
$T = K_T \phi I_a\, [\text{N} \cdot \text{m}]$

여기서, $K_T = \dfrac{pZ}{2a\pi}$

(5) 기계적 출력
$P_m = EI_a = \dfrac{p}{a} Z\phi \cdot \dfrac{N}{60} \cdot I_a$
$= \dfrac{2\pi NT}{60}\, [\text{W}]$

02 직류 직권 전동기가 있다. 공급 전압이 100[V], 전기자 전류가 4[A]일 때 회전 속도는 1,500[rpm]이다. 여기서 공급 전압을 80[V]로 낮추었을 때 같은 전기자 전류에 대하여 회전 속도는 얼마로 되는가? (단, 전기자 권선 및 계자 권선의 전저항은 0.5[Ω]이다.)

① 986   ② 1,042
③ 1,125   ④ 1,194

해설 회전 속도 $N = K\dfrac{V - I_a R_a}{\phi}$

$1{,}500 = \dfrac{K}{\phi}(100 - 4 \times 0.5)$

∴ $\dfrac{K}{\phi} = \dfrac{1{,}500}{98}$

단자 전압 $V = 80[\text{V}]$일 때 회전 속도
$N' = \dfrac{K}{\phi}(V' - I_a R_a) = \dfrac{1{,}500}{98} \times (80 - 4 \times 0.5) = 1193.87\,[\text{rpm}]$

정답 01.② 02.④

03 동기 전동기의 위상 특성 곡선(V곡선)에 대한 설명으로 옳은 것은?
① 공급 전압 V와 부하가 일정할 때 계자 전류의 변화에 대한 전기자 전류의 변화를 나타낸 곡선
② 출력을 일정하게 유지할 때 계자 전류와 전기자 전류의 관계
③ 계자 전류를 일정하게 유지할 때 전기자 전류와 출력 사이의 관계
④ 역률을 일정하게 유지할 때 계자 전류와 전기자 전류의 관계

해설 동기 전동기의 위상 특성 곡선(V곡선)은 공급 전압과 부하가 일정한 상태에서 계자 전류의 변화에 대한 전기자 전류의 크기와 위상 관계를 나타낸 곡선이다.

04 교류 태코미터(AC tachometer)의 제어 권선 전압 $e(t)$와 회전각 θ의 관계는?
① $\theta \propto e(t)$
② $\dfrac{d\theta}{dt} \propto e(t)$
③ $\theta \cdot e(t) =$ 일정
④ $\dfrac{d\theta}{dt} \cdot e(t) =$ 일정

해설 교류 태코미터의 제어 권선 전압은 회전 각속도에 비례한다.
$$e(t) = K\dfrac{d\theta(t)}{dt} \propto \dfrac{d\theta(t)}{dt}$$

05 단상 유도 전압 조정기의 2차 전압이 100 ± 30[V]이고, 직렬 권선의 전류가 6[A]인 경우 정격 용량은 몇 [VA]인가?
① 780 ② 420
③ 312 ④ 180

해설 단상 유도 전압 조정기의 2차 전압
$V_2 = E_1 \pm E_2$
정격 용량
$P = E_2 I_2 = 30 \times 6 = 180$[VA]

06 부하의 역률이 0.6일 때 전압 변동률이 최대로 되는 변압기가 있다. 역률 1.0일 때의 전압 변동률이 3[%]라고 하면 역률 0.8에서의 전압 변동률은 몇 [%]인가?
① 4.4 ② 4.6
③ 4.8 ④ 5.0

06. 이론 백분율 강하의 전압 변동률

$\varepsilon = p\cos\theta \pm q\sin\theta$ [%]
(여기서, + : 지역률, - : 진역률)

(1) 퍼센트 저항 강하
$p = \dfrac{I \cdot r}{V} \times 100$[%]

(2) 퍼센트 리액턴스 강하
$q = \dfrac{I \cdot x}{V} \times 100$[%]

(3) 퍼센트 임피던스 강하
$\%Z = \dfrac{I \cdot Z}{V} \times 100$
$= \dfrac{I_n}{I_s} \times 100 = \dfrac{V_s}{V_n} \times 100$
$= \sqrt{p^2 + q^2}$ [%]

(4) 최대 전압 변동률과 조건

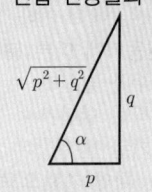

$\varepsilon = p\cos\theta + q\sin\theta$
$= \sqrt{p^2 + q^2} \cos(\alpha - \theta)$
∴ $\alpha = \theta$일 때 전압 변동률이 최대로 된다.
$\varepsilon_{\max} = \sqrt{p^2 + q^2}$ [%]

정답 03.① 04.② 05.④ 06.③

PART 03 전기기기

해설 부하 역률 100[%]일 때
$\varepsilon_{100} = p = 3[\%]$
최대 전압 변동률 ε_{max} 은 부하 역률 $\cos\phi_m$ 일 때이므로
$\cos\phi_m = \dfrac{p}{\sqrt{p^2+q^2}} = 0.6$
$\dfrac{3}{\sqrt{3^2+q^2}} = 0.6$
∴ $q = 4[\%]$
부하 역률이 80[%]일 때
∴ $\varepsilon_{80} = p\cos\phi + q\sin\phi = 3\times0.8 + 4\times0.6 = 4.8[\%]$
또한 최대 전압 변동률(ε_{max})
∴ $\varepsilon_{max} = \sqrt{p^2+q^2} = \sqrt{3^2+4^2} = 5[\%]$

07. 이론 check 동기 발전기의 종류

(1) 회전자형에 따른 분류
 ① 회전계자형
  ㉠ 전기자를 고정자, 계자를 회전자로 하는 일반 전력용 3상 동기 발전기이다.
  ㉡ 전기자가 고정자이므로, 고압 대전류용에 좋고 절연이 쉽다.
  ㉢ 계자가 회전자이지만 저압 소용량의 직류이므로 구조가 간단하다.
 ② 회전전자기형 : 전기자가 회전자, 계자가 고정자이며 특수한 소용량기에만 쓰인다.
 ③ 유도자형 : 계자와 전기자를 고정자로 하고, 유도자를 회전자로 한 것으로 고조파 발전기에 쓰인다.

(2) 원동기에 따른 분류
 ① 수차 발전기
 ② 터빈 발전기
 ③ 기관 발전
  ㉠ 내연 기관으로 운전되며, 1,000[rpm] 이하의 저속도로 운전한다.
  ㉡ 기동, 운전, 보수가 간단하여 비상용, 예비용, 산간벽지의 전등용으로 사용된다.

07 수백~20,000[Hz] 정도의 고주파 발전기에 쓰이는 회전자형은?
① 농형
② 유도자형
③ 회전 전기자형
④ 회전 계자형

해설 동기 발전기는 일반적으로 회전 계자형을 많이 이용하며 회전 유도자형은 계자극과 전기자를 고정시키고 유도자(inductor)인 철심을 고속으로 회전하여 수백~20,000[Hz]의 고주파를 발생하는 교류 발전기이다.

08 단상 직권 정류자 전동기에서 주자속의 최대치를 ϕ_m, 자극수를 P, 전기자 병렬 회로수를 a, 전기자 전 도체수를 Z, 전기자의 속도를 N[rpm]이라 하면 속도 기전력의 실효값 E_r[V]은? (단, 주자속은 정현파이다.)
① $E_r = \sqrt{2}\dfrac{P}{a}Z\dfrac{N}{60}\phi_m$
② $E_r = \dfrac{1}{\sqrt{2}}\dfrac{P}{a}ZN\phi_m$
③ $E_r = \dfrac{P}{a}Z\dfrac{N}{60}\phi_m$
④ $E_r = \dfrac{1}{\sqrt{2}}\dfrac{P}{a}Z\dfrac{N}{60}\phi_m$

해설 단상 직권 정류자 전동기는 직·교 양용 전동기로 속도 기전력의 실효값
$E_r = \dfrac{1}{\sqrt{2}}\dfrac{P}{a}Z\dfrac{N}{60}\phi_m$ [V]
(직류 전동기의 역기전력 $E = \dfrac{P}{a}Z\dfrac{N}{60}\phi$ [V])

정답 07.② 08.④

09 동기 전동기의 위상 특성 곡선을 나타낸 것은? (단, P를 출력, I_f를 계자 전류, I_a를 전기자 전류, $\cos\phi$를 역률로 한다.)

① $I_f - I_a$ 곡선, P는 일정
② $P - I_a$ 곡선, I_f는 일정
③ $P - I_f$ 곡선, I_a는 일정
④ $I_f - I_a$ 곡선, $\cos\phi$는 일정

해설 동기 전동기의 위상 특성 곡선은 공급 전압과 출력(부하)이 일정한 상태에서 계자 전류(I_f : 횡축)와 전기자 전류(I_a : 종축) 및 위상($\cos\theta$)의 관계를 나타낸 곡선이다.

10 600[rpm]으로 회전하는 타여자 발전기가 있다. 이때 유기 기전력은 150[V], 여자 전류는 5[A]이다. 이 발전기를 800[rpm]으로 회전하여 180[V]의 유기 기전력을 얻으려면 여자 전류는 몇 [A]로 하여야 하는가? (단, 자기 회로의 포화 현상은 무시한다.)

① 3.2
② 3.7
③ 4.5
④ 5.2

해설 유기 기전력 $E = \dfrac{Z}{a} p \phi \dfrac{N}{60} = K I_f N$

$150 = K \times 5 \times 600$

$\therefore K = \dfrac{150}{5 \times 600} = 0.05$

여자 전류(계자 전류) $I_f' = \dfrac{E'}{KN'}$

$= \dfrac{180}{0.05 \times 800}$

$= 4.5 [A]$

11 병렬 운전 중인 A, B 두 동기 발전기 중에서 A 발전기의 여자를 B 발전기보다 강하게 하였을 경우 B 발전기는?

① 90° 앞선 전류가 흐른다.
② 90° 뒤진 전류가 흐른다.
③ 동기화 전류가 흐른다.
④ 부하 전류가 증가한다.

해설 동기 발전기의 병렬 운전 중 A 발전기의 여자 전류를 증가하면 기전력의 크기가 다르게 되어 무효 순환 전류가 흐르는데 A 발전기는 90° 뒤진 전류, B 발전기는 90° 앞선 전류가 흐른다.

---

09. 이론 check 동기 전동기의 위상 특성 곡선 (V곡선)

공급 전압(V)과 출력(P)이 일정한 상태에서 계자 전류(I_f)의 조정에 따른 전기자 전류(I_a)의 크기와 위상(역률각 : θ)의 관계 곡선이다.

(1) 부족 여자
전기자 전류가 공급 전압보다 위상이 뒤지므로 리액터 작용을 한다.

(2) 과여자
전기자 전류가 공급 전압보다 위상이 앞서므로 콘덴서 작용을 한다.

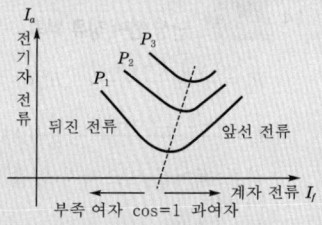

▮위상 특성 곡선(V곡선)▮

정답 09.① 10.③ 11.①

PART 03 전기기기

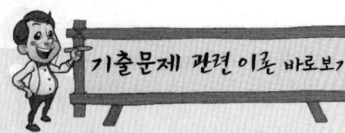

12. **이론** 게르게스 현상과 크로우링 현상

(1) 게르게스 현상
권선형 유도 전동기에서 나타나며 원인은 전류에 고조파가 포함되어 3상 운전 중 1선의 단선 사고가 일어나는 현상이다. 이것의 영향으로 운전은 지속되나 속도가 감소하며 전류가 증가하고 소손의 우려가 있다.

(2) 크로우링 현상
농형 유도 전동기에서 나타나며 원인은 고정자와 회전자 슬롯수가 적당하지 않은 경우 소음이 발생하는 현상이다.

14. **이론** 단상 전파 정류 회로

$E_d = \dfrac{\sqrt{2}(1+\cos\alpha)}{\pi} \cdot E$ [V]

$I_d = \dfrac{\sqrt{2}(1+\cos\alpha)}{\pi} \cdot \dfrac{E}{R_L}$ [A]

점호 제어를 일으키지 않을 경우 ($\alpha = 0$)

$E_d = \dfrac{2\sqrt{2}}{\pi}E = 0.90E$ [V]

$I_d = \dfrac{E_d}{R_L} = \dfrac{2\sqrt{2}}{\pi} \cdot \dfrac{E}{R_L}$ [A]

$I_{rms} = \sqrt{\dfrac{1}{\pi}\int_0^\pi i_d^2 d\theta}$
$= \sqrt{\dfrac{1}{\pi}\int_0^\pi \sqrt{2}I\sin\theta\, d\theta}$
$= \dfrac{I_m}{\sqrt{2}}$ [A]

$\eta_R = \dfrac{P_{dc}}{P_{ac}} \times 100 = \dfrac{I_d^2 R_L}{I_{rms}^2 R_L} \times 100$

$= \dfrac{\left(\dfrac{2}{\pi}I_m\right)^2}{\left(\dfrac{I_m}{\sqrt{2}}\right)^2} \times 100 = \dfrac{8}{\pi^2} \times 100$

$= 81.2 [\%]$

맥동률 $\nu = \dfrac{\sqrt{실효값^2 - 평균값^2}}{평균값^2}$

$= \sqrt{\dfrac{\left(\dfrac{I_m}{\sqrt{2}}\right)^2}{\dfrac{2I_m}{\pi}} - 1}$

$= \sqrt{\dfrac{\pi^2}{8} - 1} = 0.48$

$PIV = 2\sqrt{2}E = 2E_m$ [V]

12 유도 전동기에 게르게스(Gorges) 현상이 생기는 슬립은 대략 얼마인가?

① 0.25
② 0.50
③ 0.70
④ 0.80

해설 3상 권선형 유도 전동기가 운전 중에 회전자의 1상이 단선되면 역방향의 회전 자계가 발생하여 슬립 $s = 0.5$ 정도에서 안정 운전이 되어버리는 것을 게르게스(Gorges) 현상이라고 한다.

13 3상 유도 전동기에서 회전자가 슬립 s로 회전하고 있을 때 2차 유기 전압 E_{2s} 및 2차 주파수 f_{2s}와 s와의 관계는? (단, E_2는 회전자가 정지하고 있을 때 2차 유기 기전력이며 f_1은 1차 주파수이다.)

① $E_{2s} = sE_2$, $f_{2s} = sf_1$

② $E_{2s} = sE_2$, $f_{2s} = \dfrac{f_1}{s}$

③ $E_{2s} = \dfrac{E_2}{s}$, $f_{2s} = \dfrac{f_1}{s}$

④ $E_{2s} = (1-s)E_2$, $f_{2s} = (1-s)f_1$

해설 정지시 2차 주파수 $f_2 = f_1 = \dfrac{P}{120}N_s$

2차 유기 기전력 $E_2 = 4.44 f_2 N_2 \phi_m k_{w2}$

회전시 2차 주파수 $f_{2s} = \dfrac{P}{120}(N_s - N) = s\dfrac{P}{120}N_s = sf_1$ [Hz]

회전시 2차 유기 기전력 $E_{2s} = 4.44 f_{2s} N_2 \phi_m k_{w2} = sE_2$ [V]

14 그림과 같은 단상 브리지 정류 회로(혼합 브리지)에서 직류 평균 전압 [V]은? (단, E는 교류측 실효치 전압, α는 점호 제어각이다.)

① $\dfrac{2\sqrt{2}E}{\pi}\left(\dfrac{1+\cos\alpha}{2}\right)$

② $\dfrac{\sqrt{2}E}{\pi}\left(\dfrac{1+\cos\alpha}{2}\right)$

③ $\dfrac{2\sqrt{2}E}{\pi}\left(\dfrac{1-\cos\alpha}{2}\right)$

④ $\dfrac{\sqrt{2}E}{\pi}\left(\dfrac{1-\cos\alpha}{2}\right)$

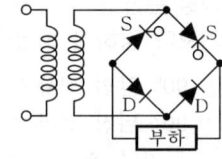

해설 SCR을 사용한 단상 브리지 정류에서 점호 제어각 α일 때 직류 평균 전압($E_{d\alpha}$)

$E_{d\alpha} = \dfrac{1}{\pi}\int_\alpha^\pi \sqrt{2}E\sin\theta \cdot d\theta = \dfrac{\sqrt{2}E}{\pi}(1+\cos\alpha) = \dfrac{2\sqrt{2}E}{\pi}\left(\dfrac{1+\cos\alpha}{2}\right)$ [V]

정답 12.② 13.① 14.①

15 정격 출력 5[kW], 정격 전압 100[V]의 직류 분권 전동기를 전기 동력계로 사용하여 시험하였더니 전기 동력계의 저울이 5[kg]을 나타내었다. 이때 전동기의 출력[kW]은 약 얼마인가? (단, 동력계의 암(arm) 길이는 0.6[m], 전동기의 회전수는 1,500[rpm]으로 한다.)

① 3.69 ② 3.81
③ 4.62 ④ 4.87

해설 토크 $\tau = 0.975 \dfrac{P}{N} = W \cdot L [kg \cdot m]$

출력 $P = W \cdot L \cdot \dfrac{N}{0.975} = 5 \times 0.6 \times \dfrac{1,500}{0.975} = 4,615[W] = 4.62[kW]$

16 변압기의 결선 방식에 대한 설명으로 틀린 것은?

① △-△ 결선에서 1상분의 고장이 나면 나머지 2대로써 V결선 운전이 가능하다.
② Y-Y 결선에서 1차, 2차 모두 중성점을 접지할 수 있으며, 고압의 경우 이상 전압을 감소시킬 수 있다.
③ Y-Y 결선에서 중성점을 접지하면 제5고조파 전류가 흘러 통신선에 유도 장해를 일으킨다.
④ Y-△ 결선에서 1상에 고장이 생기면 전원 공급이 불가능해진다.

해설 변압기의 결선에서 Y-Y 결선을 하면 제3고조파의 통로가 없어 기전력이 왜형파가 되며 중성점을 접지하면 대지를 귀로로 하여 제3고조파 순환 전류가 흘러 통신 유도 장해를 일으킨다.

17 직류기의 정류 작용에 관한 설명으로 틀린 것은?

① 리액턴스 전압을 상쇄시키기 위해 보극을 둔다.
② 정류 작용은 직선 정류가 되도록 한다.
③ 보상 권선은 정류 작용에 큰 도움이 된다.
④ 보상 권선이 있으면 보극은 필요 없다.

해설 보상 권선은 정류 작용에 도움은 되나 전기자 반작용을 방지하는 것이 주 목적이며 양호한 정류(전압 정류)를 위해서는 보극을 설치하여야 한다.

18 어느 변압기의 무유도 전부하의 효율이 96[%], 그 전압 변동률은 3[%]이다. 이 변압기의 최대 효율[%]은?

① 약 96.3 ② 약 97.1
③ 약 98.4 ④ 약 99.2

기출문제 관련 이론 바로보기

16. 변압기 결선 비교

(1) △-△ 결선
① 단상 변압기 2대 중 1대의 고장이 생겨도, 나머지 2대를 V결선하여 송전할 수 있다.
② 제3고조파 전류는 권선 안에서만 순환되므로, 고조파 전압이 나오지 않는다.
③ 통신 장애의 염려가 없다.
④ 중성점을 접지할 수 없는 결점이 있다.

(2) Y-Y 결선
① 중성점을 접지할 수 있다.
② 권선 전압이 선간 전압의 $\dfrac{1}{\sqrt{3}}$ 이 되므로 절연이 쉽다.
③ 제3고조파를 주로 하는 고조파 충전 전류가 흘러 통신선에 장애를 준다.
④ 제3차 권선을 감고 Y-Y-△의 3권선 변압기를 만들어 송전 전용으로 사용한다.

(3) △-Y 결선, Y-△ 결선
① △-Y 결선은 낮은 전압을 높은 전압으로 올릴 때 사용한다.
② Y-△ 결선은 높은 전압을 낮은 전압으로 낮추는 데 사용한다.
③ 어느 한쪽이 △결선이어서 여자 전류가 제3고조파 통로가 있으므로, 제3고조파에 의한 장애가 적다.

17. 정류 개선책

(1) 평균 리액턴스 전압을 작게 한다.
① 인덕턴스(L)가 작을 것
② 정류 주기(T_c)가 클 것
③ 주변 속도(v_c)가 느릴 것
(2) 보극을 설치한다.
평균 리액턴스 전압 상쇄 → 전압 정류
(3) 브러시의 접촉 저항을 크게 한다.
고전압 소전류의 경우 탄소질 브러시(접촉 저항 크게) 사용 → 저항 정류
(4) 보상 권선을 설치한다.

정답 15.③ 16.③ 17.④ 18.①

PART 03 전기기기

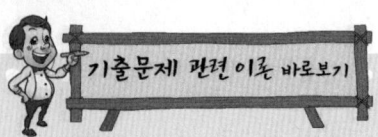

20. 이론 check **유도 전동기의 원리**

전자 유도와 플레밍의 왼손 법칙 즉, 아라고(Arago) 원판의 회전 원리에 의해 얻어진다.

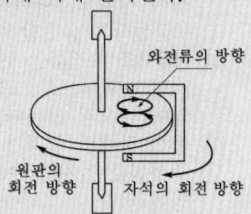

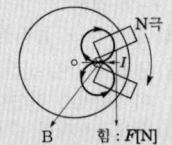

| 아라고(Arago) 원판의 회전 원리 |

(1) 전자 유도
  자석을 회전하면 외각에서 중심으로 향하여 전류가 흐른다.
(2) 플레밍의 왼손 법칙
  자석이 회전하는 방향으로 힘이 발생하여 원판이 따라서 회전한다.

---

01. 이론 check **직류 전동기의 회전 속도와 토크**

(1) 회전 속도(N[rpm])
  ① 역기전력
  $$E = \frac{Z}{a}p\phi\frac{N}{60} = K'\phi N$$
  $$= V - I_a R_a \text{[V]}$$
  ② 회전 속도
  $$N = \frac{E}{K'\phi}$$
  $$N = K\frac{V - I_a R_a}{\phi}\text{[rpm]}$$
  $$\left(K = \frac{60a}{Zp}\right)$$

(2) 토크(회전력, T[N·m])
  $T = F \cdot r$ [N·m]
  $$= \frac{P(\text{출력})}{\omega(\text{각속도})} = \frac{P}{2\pi\frac{N}{60}}\text{[N·m]}$$
  $$\tau = \frac{T}{9.8} = 0.975\frac{P}{N}\text{[kg·m]}$$
  (1[kg] = 9.8[N])
  P(출력) $= E \cdot I_a$ [W]

---

19 1차 전압 6,000[V], 권수비 20인 단상 변압기로 전등 부하에 10[A]를 공급할 때의 입력[kW]은? (단, 변압기의 손실은 무시한다.)

① 2   ② 3
③ 4   ④ 5

해설 권수비 $a = \dfrac{V_1}{V_2} = \dfrac{I_2}{I_1}$

1차 전류 $I_1 = \dfrac{I_2}{a}$

전등 부하 $\cos\theta = 1$

입력 $P = V_1 I_1 \cos\theta$
$$= 6{,}000 \times \frac{10}{20} \times 10^{-3} = 3\text{[kW]}$$

20 유도 전동기의 동작 원리로 옳은 것은?

① 전자 유도와 플레밍의 왼손 법칙
② 전자 유도와 플레밍의 오른손 법칙
③ 정전 유도와 플레밍의 왼손 법칙
④ 정전 유도와 플레밍의 오른손 법칙

해설 유도 전동기의 동작 원리는 전자 유도 현상에 의해 회전자 권선에 전류가 흐르고, 자계 중에서 도체에 전류가 흐르면 플레밍의 왼손 법칙에 의해 힘이 작용하여 회전자가 회전한다.

제 3 회   전기기기

01 다음 중 4극, 중권 직류 전동기의 전기자 전도체수 160, 1극당 자속수 0.01[Wb], 부하 전류 100[A]일 때 발생 토크[N·m]는?

① 36.2   ② 34.8
③ 25.5   ④ 23.4

해설 토크 $T = \dfrac{P}{2\pi\dfrac{N}{60}} = \dfrac{EI_a}{2\pi\dfrac{N}{60}} = \dfrac{\dfrac{Z}{a}P\phi\dfrac{N}{60}I_a}{2\pi\dfrac{N}{60}}$

$$= \frac{ZP}{2\pi a}\phi I_a = \frac{160 \times 4}{2\pi \times 4} \times 0.01 \times 100$$
$$\fallingdotseq 25.47\text{[N·m]}$$

정답 19.② 20.① / 01.③

02 슬립 6[%]인 유도 전동기의 2차측 효율[%]은?

① 94　　　　② 84
③ 90　　　　④ 88

해설 2차 효율 $\eta_2 = \dfrac{P_0}{P_2} \times 100$

$= \dfrac{P_2(1-s)}{P_2} \times 100$

$= (1-s) \times 100$

$= (1-0.06) \times 100 = 94[\%]$

03 SCR에 대한 설명으로 틀린 것은?

① 게이트 전류로 통전 전압을 가변시킨다.
② 주전류를 차단하려면 게이트 전압을 (0) 또는 (-)로 해야 한다.
③ 게이트 전류의 위상각으로 통전 전류의 평균값을 제어시킬 수 있다.
④ 대전류 제어 정류용으로 이용된다.

해설 SCR은 게이트에 (+)의 트리거 펄스가 인가되면 통전 상태로 되어 정류 작용이 개시되고, 일단 통전이 시작되면 게이트 전류를 차단해도 주전류(애노드 전류)는 차단되지 않는다. 이때에 이를 차단하려면 애노드 전압을 (0) 또는 (-)로 해야 한다. 그러므로 DC 회로에서는 일단 흐르기 시작한 전류를 차단시키는 방법이 부과되지 않으면 안 되지만 AC 회로에서는 애노드 전압이 반주기마다 (0) 또는 (-)가 되므로 문제가 되지 않는다.

04 제어 정류기 중 특정 고조파를 제거할 수 있는 방법은?

① 대칭각 제어 기법
② 소호각 제어 기법
③ 대칭 소호각 제어 기법
④ 펄스폭 변조 제어 기법

05 직류 발전기의 특성 곡선 중 상호 관계가 옳지 않은 것은?

① 무부하 포화 곡선 : 계자 전류와 단자 전압
② 외부 특성 곡선 : 부하 전류와 단자 전압
③ 부하 특성 곡선 : 계자 전류와 단자 전압
④ 내부 특성 곡선 : 부하 전류와 단자 전압

해설 무부하 포화(특성) 곡선은 회전 속도(N)를 일정하게 유지하고, 계자 전류(I_f)와 유기 기전력(E)의 관계를 나타낸 곡선이다.

정답 02.① 03.② 04.④ 05.④

기출문제 관련 이론 바로보기

05. 이론 check 특성 곡선

(1) 무부하 특성 곡선

정격 속도, 무부하($I=0$) 상태에서 계자 전류(I_f)와 유기 기전력(E)의 관계 곡선을 말한다(무부하 포화 곡선이라고도 한다).

$E = \dfrac{Z}{a} p\phi \dfrac{N}{60} = K\phi N \propto \phi[V]$

$\phi \propto I_f$ 이므로 $E \propto I_f$ 이다.

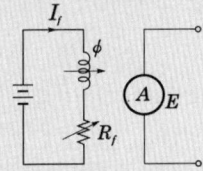

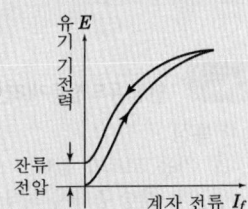

∥무부하 특성 곡선∥

(2) 외부 특성 곡선

회전 속도, 계자 저항이 일정한 상태에서 부하 전류(I)와 단자 전압(V)의 관계 곡선을 말한다.

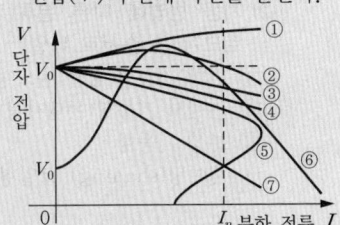

여기서, ① 과복권 발전기
② 평복권 발전기
③ 부족 복권 발전기
④ 타여자 발전기
⑤ 분권 발전기
⑥ 직권 발전기
⑦ 차동 복권 발전기

∥외부 특성 곡선∥

PART 03 전기기기

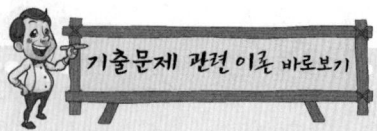

06 2[kVA], 3,000/100[V] 단상 변압기의 철손이 200[W]이면 1차에 환산한 여자 컨덕턴스[℧]는?

① 66.6×10^{-3}
② 22.2×10^{-6}
③ 22×10^{-2}
④ 2×10^{-6}

해설 철손 $P_i = V_1^2 I_i = g_0 V_1^2 [W]$

여자 컨덕턴스 $g_0 = \dfrac{P_i}{V_1^2} = \dfrac{200}{3{,}000^2} = 22.2 \times 10^{-6} [℧]$

07 고주파 발전기의 특징이 아닌 것은?

① 상용 전원보다 낮은 주파수의 회전 발전기이다.
② 극수가 많은 동기 발전기를 고속으로 회전시켜서 고주파 전압을 얻는 구조이다.
③ 유도자형은 회전자 구조가 견고하여 고속에서도 견딘다.
④ 상용 주파수보다 높은 주파수의 전력을 발생하는 동기 발전기이다.

해설 동기 발전기는 일반적으로 회전 계자형을 많이 이용하며 회전 유도자형은 계자극과 전기자를 고정시키고 유도자(inductor)인 철심을 고속으로 회전하여 수백~2,000[Hz]의 고주파를 발생하는 교류 발전기이다.

08. 이론 check 단상 유도 전동기(2전동기설)

(1) 특성
① 기동 토크가 없다.
② 2차 저항 증가시 최대 토크가 감소하며, 권선형도 비례 추이가 불가하다.
③ 슬립(s)이 0이 되기 전에 토크가 0이 되고, 슬립이 0일 때 부(負)토크가 발생된다.

(2) 기동 방법에 따른 분류(기동 토크가 큰 순서로 나열)
① 반발 기동형(반발 유도형)
② 콘덴서 기동형(콘덴서형)
③ 분상 기동형
④ 셰이딩(shading) 코일형

08 단상 유도 전동기의 기동 방법 중 기동 토크가 가장 큰 것은?

① 반발 기동형
② 분상 기동형
③ 셰이딩 코일형
④ 콘덴서 분산 기동형

해설 단상 유도 전동기의 기동 토크가 큰 것부터 차례로 배열하면 다음과 같다.
- 반발 기동형
- 콘덴서 기동형
- 분상 기동형
- 셰이딩(shading) 코일형

09 풍력 발전기로 이용되는 유도 발전기의 단점이 아닌 것은?

① 병렬로 접속되는 동기기에서 여자 전류를 취해야 한다.
② 공극의 치수가 작기 때문에 운전시 주의해야 한다.
③ 효율이 낮다.
④ 역률이 높다.

해설 유도 발전기는 단락 전류가 작고, 구조가 간결하며 동기화할 필요가 없으나, 동기 발전기를 이용하여 여자하며, 공급이 작고 취급이 곤란하며 역률과 효율이 낮은 단점이 있다.

정답 06.② 07.① 08.① 09.④

10 30[kVA], 3,300/200[V], 60[Hz]의 3상 변압기 2차측에 3상 단락이 생겼을 경우 단락 전류는 약 몇 [A]인가? (단, %임피던스 전압은 3[%]이다.)

① 2,250
② 2,620
③ 2,730
④ 2,886

해설 퍼센트 임피던스 강하 $\%Z = \dfrac{I_{1n}}{I_{1s}} \times 100 = \dfrac{I_{2n}}{I_{2s}} \times 100$

단락 2차 전류 $I_{2s} = \dfrac{100}{\%Z} \cdot I_{2n} = \dfrac{100}{3} \times \dfrac{30 \times 10^3}{\sqrt{3} \times 200} = 2,886.8[A]$

11 회전 계자형 동기 발전기에 대한 설명으로 틀린 것은?

① 전기자 권선은 전압이 높고 결선이 복잡하다.
② 대용량의 경우에도 전류는 작다.
③ 계자 회로는 직류의 저압 회로이며 소요 전력도 적다.
④ 계자극은 기계적으로 튼튼하게 만들기 쉽다.

해설 동기 발전기의 전기라는 고전압 대전류를 발생하므로 회전 전기자형으로 하면 대전력 인출이 어렵고, 구조가 복잡한 반면, 계자극은 기계적으로 튼튼하고 직류 저전압 소전류를 필요로 하여 회전 계자형을 채택한다.

12 변압기의 보호에 사용되지 않는 것은?

① 비율 차동 계전기
② 임피던스 계전기
③ 과전류 계전기
④ 온도 계전기

해설 변압기의 보호용 계전기는 비율 차동 계전기, 부흐홀츠 계전기, 과전류 계전기, 압력 계전기 및 온도 계전기 등이 사용된다.

13 10[kVA], 2,000/100[V] 변압기 1차 환산 등가 임피던스가 $6.2+j7[\Omega]$일 때 %임피던스 강하[%]는?

① 약 9.4
② 약 8.35
③ 약 6.75
④ 약 2.3

해설 1차 정격 전류 $I_1 = \dfrac{P}{V_1} = \dfrac{10 \times 10^3}{2,000} = 5[A]$

퍼센트 임피던스 강하 $\%Z = \dfrac{IZ}{V} \times 100$

$= \dfrac{5 \times \sqrt{6.2^2 + 7^2}}{2,000} \times 100$

$\fallingdotseq 2.33[\%]$

정답 10.④ 11.② 12.② 13.④

기출문제 관련 이론 바로보기

11. 이론 check 동기 발전기의 종류

(1) 회전자형에 따른 분류
① 회전계자형
 ㉠ 전기자를 고정자, 계자를 회전자로 하는 일반 전력용 3상 동기 발전기이다.
 ㉡ 전기자가 고정자이므로, 고압 대전류용에 좋고 절연이 쉽다.
 ㉢ 계자가 회전자이지만 저압 소용량의 직류이므로 구조가 간단하다.
② 회전전기자형 : 전기자가 회전자, 계자가 고정자이며 특수한 소용량기에만 쓰인다.
③ 유도자형 : 계자와 전기자를 고정자로 하고, 유도자를 회전자로 한 것으로 고조파 발전기에 쓰인다.

(2) 원동기에 따른 분류
① 수차 발전기
② 터빈 발전기
③ 기관 발전
 ㉠ 내연 기관으로 운전되며, 1,000[rpm] 이하의 저속도로 운전한다.
 ㉡ 기동, 운전, 보수가 간단하여 비상용, 예비용, 산간벽지의 전등용으로 사용된다.

12. 이론 check 임피던스 계전기

일종의 거리 계전기로, 계전기 설치점과 고장점 간의 회로의 임피던스에 따라 동작하는 계전기이다.

PART 03 전기기기

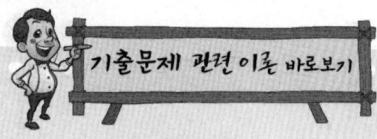

14 정류자형 주파수 변환기의 특성이 아닌 것은?

① 유도 전동기의 2차 여자용 교류 여자기로 사용된다.
② 회전자는 정류자와 3개의 슬립링으로 구성되어 있다.
③ 정류자 위에는 한 개의 자극마다 전기각 $\frac{\pi}{3}$ 간격으로 3조의 브러시로 구성되어 있다.
④ 회전자는 3상 회전 변류기의 전기자와 거의 같은 구조이다.

해설 정류자형 주파수 변환기는 유도 전동기의 2차 교류 여자기로 사용되며, 회전자의 구조는 3상 회전 변류기와 같고 3개의 슬립링과 $\frac{2\pi}{3}$ 간격의 3조 브러시로 구성되어 있다.

15. 이론 check **동기 발전기의 병렬 운전**

(1) 병렬 운전 조건
 ① 기전력의 크기가 같을 것
 ② 기전력의 위상이 같을 것
 ③ 기전력의 주파수가 같을 것
 ④ 기전력의 파형이 같을 것
 ⑤ 기전력의 상회전 방향이 같을 것

(2) 기전력의 크기가 다를 때 무효 순환 전류(I_c)가 흐른다.

$$I_c = \frac{E_a - E_b}{2Z_s}[A]$$

(3) 기전력의 위상차(δ_s)가 있을 때 동기화 전류(I_s)가 흐른다.

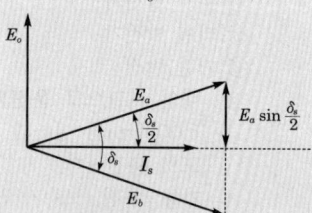

∥동기화 전류 벡터도∥

$$E_o = \dot{E_a} - \dot{E_b} = 2 \cdot E_a \sin\frac{\delta_s}{2}$$

$$\therefore I_s = \frac{\dot{E_a} - \dot{E_b}}{2Z_s}$$

$$= \frac{2 \cdot E_a}{2 \cdot Z_s}\sin\frac{\delta_s}{2}[A]$$

※ 동기화 전류가 흐르면 수수전력과 동기화력 발생
 ① 수수전력 : $P[W]$

$$P = E_a I_s \cos\frac{\delta_s}{2} = \frac{E_a^2}{2Z_s}\sin\delta_s[W]$$

 ② 동기(同期)화력 : $P_s[W]$

$$P_s = \frac{dP}{d\delta_s} = \frac{E_a^2}{2Z_s}\cos\delta_s[W]$$

15 동기 발전기의 병렬 운전에 필요한 조건이 아닌 것은?

① 기전력의 크기가 같을 것
② 기전력의 위상이 같을 것
③ 기전력의 주파수가 같을 것
④ 기전력의 용량이 같을 것

해설 동기 발전기의 병렬 운전 조건
• 기전력의 크기가 같을 것
• 기전력의 위상이 같을 것
• 기전력의 주파수가 같을 것
• 기전력의 파형이 같을 것
• 기전력의 상회전 방향이 같을 것

16 직류 발전기의 단자 전압을 조정하려면 어느 것을 조정하여야 하는가?

① 기동 저항   ② 계자 저항
③ 방전 저항   ④ 전기자 저항

해설 단자 전압 $V = E - I_a R_a$

유기 기전력 $E = \frac{Z}{a}p\phi\frac{N}{60} = K\phi N$

유기 기전력이 자속(ϕ)에 비례하므로 단자 전압은 계자 권선에 저항을 연결하여 조정한다.

17 전력용 변압기에서 1차에 정현파 전압을 인가하였을 때, 2차에 정현파 전압이 유기되기 위해서는 1차에 흘러 들어가는 여자 전류는 기본파 전류 외에 주로 몇 고조파 전류가 포함되는가?

① 제2고조파   ② 제3고조파
③ 제4고조파   ④ 제5고조파

정답 14.③ 15.④ 16.② 17.②

316

해설 변압기의 여자 전류는 제3고조파가 포함된 첨두파가 되어야 히스테리시스 현상에 의해 철심의 자속이 정현파로 되고, 따라서 기전력이 정현파가 된다.

18 변압기 온도 상승 시험을 하는 데 가장 좋은 방법은?
① 충격 전압 시험
② 단락 시험
③ 반환 부하법
④ 무부하 시험

해설 전기기기의 온도 상승 시험은 실제 부하를 연결하고 시험하는 실부하법과 기기 상호간 반환에 의한 반환 부하법이 있으며 대용량 기기와 변압기의 경우 반환 부하법이 가장 유효하다.

19 50[Hz], 6극, 200[V], 10[kW]의 3상 유도 전동기가 960[rpm]으로 회전하고 있을 때의 2차 주파수[Hz]는?
① 2
② 4
③ 6
④ 8

해설 동기 속도 $N_s = \dfrac{120f}{P} = \dfrac{120 \times 50}{6} = 1,000$[rpm]

슬립 $s = \dfrac{N_s - N}{N_s} = \dfrac{1,000 - 960}{1,000} = 0.04$

2차 주파수 $f_{2s} = sf_1 = 0.04 \times 50 = 2$[Hz]

20 부하에 관계없이 변압기에 흐르는 전류로서 자속만을 만드는 전류는?
① 1차 전류
② 철손 전류
③ 여자 전류
④ 자화 전류

해설 변압기의 여자 전류는 철손 전류와 자화 전류를 합산한 값이며 철손 전류는 철손을, 자화 전류는 자속을 만드는 전류이다.

기출문제 관련 이론 바로보기

18. 이론 check 〉 반환 부하법

전기기기의 온도 시험 또는 효율 시험을 하는 경우에 같은 정격의 것이 2개 있을 때는 그것을 적당히 기계적 및 전기적으로 접속하여 그 손실에 상당하는 전력을 전원으로부터 공급하는 방법을 말한다.

19. 이론 check 〉 동기 속도와 슬립

(1) 동기 속도 $N_s = \dfrac{120f}{P}$ [rpm]
(회전 자계의 회전 속도)

(2) 상대 속도 $N_s - N$ (회전 자계와 전동기 회전 속도의 차)

(3) 동기 속도와 상대 속도의 비를 슬립(slip)이라 한다.

① 슬립 $s = \dfrac{N_s - N}{N_s}$

② 슬립 s로 운전하는 경우
2차 주파수 $f_2' = sf_2$
$= sf_1$ [Hz]

정답 18.③ 19.① 20.④

2015년 과년도 출제문제

제1회 전기기기

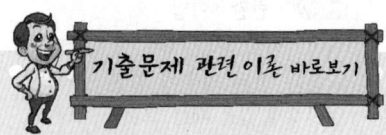

02. 직류기의 효율

(1) 실측 효율
$\eta = \dfrac{출력}{입력} \times 100[\%]$ (발전기)

(2) 규약 효율
$\eta_G = \dfrac{출력}{출력 + 손실} \times 100[\%]$
(발전기)
$\eta_M = \dfrac{입력 - 손실}{입력} \times 100[\%]$
(전동기)

Tip 직류 전동기의 이론

(1) 역기전력(E)
전동기가 회전하면 도체는 자속을 끊고 있기 때문에 단자 전압 V와 반대 방향의 역기전력이 발생한다.
$E = V - I_a R_a$
$= \dfrac{p}{a} Z\phi \cdot \dfrac{N}{60} = K\phi N$ [V]
$\left(K = \dfrac{pZ}{60a}\right)$
여기서, p : 자극수, a : 병렬 회로수, Z : 도체수, ϕ : 1극당 자속[Wb], N : 회전수[rpm]

(2) 전기자 전류
$I_a = \dfrac{V - E}{R_a}$ [A]

(3) 회전 속도
$N = K\dfrac{E}{\phi} = K\dfrac{V - I_a R_a}{\phi}$ [rpm]

(4) 토크
$T = K_T \phi I_a$ [N·m]
여기서, $K_T = \dfrac{pZ}{2a\pi}$

(5) 기계적 출력
$P_m = EI_a = \dfrac{p}{a} Z\phi \cdot \dfrac{N}{60} \cdot I_a$
$= \dfrac{2\pi NT}{60}$ [W]

01 유도 전동기의 2차 여자시에 2차 주파수와 같은 주파수의 전압 E_c를 2차에 가한 경우 옳은 것은? (단, sE_2는 유도기의 2차 유도 기전력이다.)

① E_c를 sE_2와 반대 위상으로 가하면 속도는 증가한다.
② E_c를 sE_2보다 90° 위상을 빠르게 가하면 역률은 개선된다.
③ E_c를 sE_2와 같은 위상으로 $E_c < sE_2$의 크기로 가하면 속도는 증가한다.
④ E_c를 sE_2와 같은 위상으로 $E_c = sE_2$의 크기로 가하면 동기 속도 이상으로 회전한다.

해설 권선형 유도 전동기의 2차 여자법에 의한 속도 제어에서 슬립 주파수의 전압을 2차 유도 전압과 같은 방향으로 가하면 속도가 상승하고, 반대 방향으로 가하면 속도가 감소한다. 또한 전압 E_c를 조정하여 역률을 개선할 수 있다.

02  정격이 10[HP], 200[V]인 직류 분권 전동기가 있다. 전부하 전류는 46[A], 전기자 저항은 0.25[Ω], 계자 저항은 100[Ω]이며, 브러시 접촉에 의한 전압 강하는 2[V], 철손과 마찰손을 합쳐 380[W]이다. 표유 부하손을 충격 출력의 1[%]라 한다면 이 전동기의 효율[%]은? (단, 1[HP] =746[W]이다.)

① 84.5 ② 82.5
③ 80.2 ④ 78.5

해설 효율(η) = $\dfrac{입력 - 손실}{입력} \times 100$

$I_f = \dfrac{V}{r_f} = \dfrac{200}{100} = 2$ [A]

$E = V - I_a r_a - e_b = 200 - 44 \times 0.25 - 2 = 187$ [V]

∴ 출력(P) = $E_1 \cdot I_a = 187 \times 44 = 8,228$ [W]

∴ $\eta = \dfrac{8,228 - (380 + 74.6)}{200 \times 46} \times 100 = 84.49 ≒ 84.5$

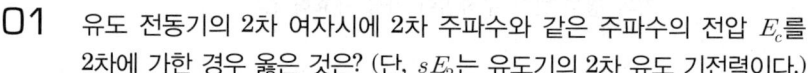

01.② 02.①

03 다음 중 자동 제어 장치에 쓰이는 서보 모터의 특성을 나타내는 것 중 틀린 것은?

① 빈번한 시동, 정지, 역전 등의 가혹한 상태에 견디도록 견고하고 큰 돌입 전류에 견딜 것
② 시동 토크는 크나, 회전부의 관성 모멘트가 작고 전기적 시정수가 짧을 것
③ 발생 토크는 입력 신호에 비례하고 그 비가 클 것
④ 직류 서보 모터에 비하여 교류 서보 모터의 시동 토크가 매우 클 것

해설 기동 토크는 직류식이 교류식보다 월등히 크다.

04 직류 전동기의 제동법 중 동일 제동법이 아닌 것은?

① 회전자의 운동 에너지를 전기 에너지로 변환한다.
② 전기 에너지를 저항에서 열에너지로 소비시켜 제동시킨다.
③ 복권 전동기는 직권 계자 권선의 접속을 반대로 한다.
④ 전원의 극성을 바꾼다.

해설 **직류 전동기의 제동법**
- 역전 제동 : 전기자 권선 및 계자 권선 중 어느 하나에 접속을 반대로 하여 역토크를 발생시켜 급정지시키는 제동법이다.
- 발전 제동 : 전동기를 발전기로 운전시켜 발생된 기전력을 전원측에 저항에서 열에너지로 소비시켜 제동한다.
- 회생 제동 : 전동기를 발전기로 운전시켜 발생된 역기전력을 전원측보다 높게 하여 전원측으로 반환시켜 제동한다.

05 저항 부하인 사이리스터 단상 반파 정류기로 위상 제어를 할 경우 점호각 0°에서 60°로 하면 다른 조건이 동일한 경우 출력 평균 전압은 몇 배가 되는가?

① $\dfrac{3}{4}$ ② $\dfrac{4}{3}$
③ $\dfrac{3}{2}$ ④ $\dfrac{2}{3}$

해설 단상 반파 회로 직류 전압(E_d) = $\dfrac{1+\cos\alpha}{\sqrt{2}\pi}E$[V]

점호각(α)이 0°일 때 $E_d = \dfrac{1+\cos 0°}{\sqrt{2}\pi} \times E = \dfrac{2}{\sqrt{2}\pi}E$[V]

점호각(α)이 60°일 때 $E_d' = \dfrac{1+\cos 60°}{\sqrt{2}\pi} \times E = \dfrac{1.5}{\sqrt{2}\pi}E$[V]

∴ $\dfrac{E_d'}{E_d} = \dfrac{1.5}{2} = \dfrac{3}{4}$

$E_d' = \dfrac{3}{4}E_d$

03. 이론 check **서보 모터의 특성**
(1) 기동 토크가 크다.
(2) 회전자 관성 모멘트가 작다.
(3) 제어 권선 전압이 0에서는 기동해서는 안 되고 곧 정지해야 한다.
(4) 직류 서보 모터의 기동 토크가 교류 서보 모터보다 크다.

05. 이론 check **단상 반파 정류 회로**

$E_d = \dfrac{1}{2\pi}\int_\alpha^\pi \sqrt{2}E\sin\theta \cdot d\theta$
$= \dfrac{1+\cos\alpha}{\sqrt{2}\pi}E$[V]

$I_d = \dfrac{E_d}{R_L} = \dfrac{1+\cos\alpha}{\sqrt{2}\pi} \cdot \dfrac{E}{R}$[A]

여기서, E_d : 직류 전압의 평균값[V]
I_d : 직류 전압의 평균값[A]
$\cos\alpha$: 격자율
$1+\cos\alpha$: 제어율

점호 제어를 일으키지 않을 경우($\alpha=0$)
$E_d = \dfrac{\sqrt{2}}{\pi} \cdot E = 0.45E$[A]

$I_d = \dfrac{E_d}{R_L} = \dfrac{\sqrt{2}}{\pi R_L} = \dfrac{I_m}{\pi}$[A]

rms(root mean square) 전류 I_{rms}는

$I_{rms} = \sqrt{\dfrac{1}{2\pi}\int_0^\pi i_d^2 d\theta}$
$= \sqrt{\dfrac{1}{2\pi}\int_0^\pi \sin^2\theta d\theta} = \dfrac{I_m}{2}$[A]

정류 효율 η_R은

$\eta_R = \dfrac{P_{dc}}{P_{ac}} \times 100 = \dfrac{\left(\dfrac{I_m}{\pi}\right)^2 R_L}{\left(\dfrac{I_m}{2}\right)^2 R_L} \times 100$

$= \dfrac{4}{\pi^2} \times 100 = 40.6$[%]

맥동률 ν는

$\nu = \sqrt{\left(\dfrac{I_{rms}}{I_d}\right)^2 - 1} = \sqrt{\dfrac{\left(\dfrac{I_m}{2}\right)^2}{\left(\dfrac{I_m}{\pi}\right)^2} - 1}$

$= \sqrt{\dfrac{\pi^2}{4} - 1} = 1.21$

$PIV = \sqrt{2}E$[V]

정답 03.④ 04.④ 05.①

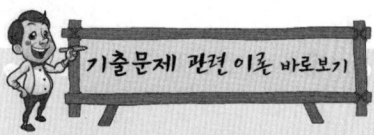

06. 이론 check **동기 발전기의 병렬 운전**

(1) 병렬 운전 조건
  ① 기전력의 크기가 같을 것
  ② 기전력의 위상이 같을 것
  ③ 기전력의 주파수가 같을 것
  ④ 기전력의 파형이 같을 것
(2) 기전력의 크기가 다를 때
무효 순환 전류(I_c)가 흐른다.
$$I_c = \frac{E_a - E_b}{2Z_s}[A]$$
(3) 기전력의 위상차(δ_s)가 있을 때

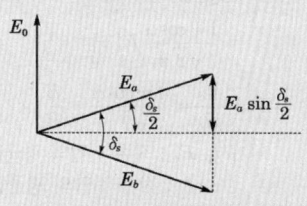

|동기 화력|

동기화 전류(I_s)가 흐른다.
$$\dot{E_0} = \dot{E_a} - \dot{E_b} = 2 \cdot E_a \sin\frac{\delta_s}{2}$$
$$\therefore I_s = \frac{\dot{E_a} - \dot{E_b}}{2Z_s} = \frac{2 \cdot E_a}{2 \cdot Z_s}\sin\frac{\delta_s}{2}[A]$$

※ 동기화 전류가 흐르면 수수 전력과 동기 화력이 발생한다.
① 수수 전력(P[W])
$$P = E_a I_s \cos\frac{\delta}{2} = \frac{E_a^2}{2Z_s}\sin\delta_s[W]$$
② 동기(同期) 화력(P_s[W])
$$P_s = \frac{dP}{d\delta_s} = \frac{E_a^2}{2Z_s}\cos\delta_s[W]$$

06 3상 동기 발전기를 병렬 운전시키는 경우 고려하지 않아도 되는 조건은?
① 기전력의 파형이 같을 것
② 기전력의 주파수가 같을 것
③ 회전수가 같을 것
④ 기전력의 크기가 같을 것

■해설 동기 발전기의 병렬 운전 조건
 • 기전력의 크기가 같을 것
 • 기전력의 위상이 같을 것
 • 기전력의 주파수가 같을 것
 • 기전력의 파형이 같을 것

07 병렬 운전을 하고 있는 두 대의 3상 동기 발전기 사이에 무효 순환 전류가 흐르는 경우는?
① 여자 전류의 변화 ② 부하의 증가
③ 부하의 감소   ④ 원동기 출력 변화

■해설 동기 발전기의 병렬 운전시에 기전력의 크기가 같지 않으면 무효 순환 전류를 발생하여 기전력의 차를 0으로 하는 작용을 한다. 또한 병렬 운전 중 한쪽의 여자 전류를 증가시켜, 즉 유기 기전력을 증가시켜도 단지 무효 순환 전류가 흘러서 여자를 강하게 한 발전기의 역률은 낮아지고 다른 발전기의 역률은 높게 되어 두 발전기의 역률만 변할 뿐 유효 전력의 분담은 바꿀 수 없다.

08 단상 변압기에서 전부하의 2차 전압은 100[V]이고, 전압 변동률은 4[%]이다. 1차 단자 전압[V]은? (단, 1차와 2차 권선비는 20 : 1이다.)
① 1,920   ② 2,080
③ 2,160   ④ 2,260

■해설 $V_{10} = V_{1n}\left(1 + \frac{\varepsilon}{100}\right) = ar_{2n}\left(1 + \frac{\varepsilon}{100}\right)$
$= 20 \times 100 \times \left(1 + \frac{4}{100}\right) = 2,080[V]$

09 유도 전동기의 속도 제어법 중 저항 제어와 관계가 없는 것은?
① 농형 유도 전동기
② 비례 추이
③ 속도 제어가 간단하고 원활함
④ 속도 조정 범위가 작음

정답 06.③ 07.① 08.② 09.①

해설 2차 저항에 정비례하여 이동하는 비례 추이 특성을 이용한 전동기는 권선형 유도 전동기이다.

10 변압기 여자 회로의 어드미턴스 Y_0[℧]를 구하면? (단, I_0는 여자 전류, I_i는 철손 전류, I_ϕ는 자화 전류, g_0는 컨덕턴스, V_1는 인가 전압이다.)

① $\dfrac{I_0}{V_1}$ ② $\dfrac{I_i}{V_1}$

③ $\dfrac{I_\phi}{V_1}$ ④ $\dfrac{g_0}{V_1}$

해설 여자 어드미턴스(Y_0) = $\sqrt{g_0^2 + b_0^2} = \dfrac{I_0}{V_1}$ [℧]

11 다음 전부하 전류 1[A], 역률 85[%], 속도 7,500[rpm]이고 전압과 주파수가 100[V], 60[Hz]인 2극 단상 직권 정류자 전동기가 있다. 전기자와 직권 계자 권선의 실효 저항의 합이 40[Ω]이라 할 때 전부하시 속도 기전력[V]은? (단, 계자 자속은 정현적으로 변하며 브러시는 중성축에 위치하고 철손은 무시한다.)

① 34 ② 45
③ 53 ④ 64

해설 $P_A = VI\cos\theta - I^2(r_a + r_f)$
$= 100 \times 1 \times 0.85 - 1^2 \times 40 = 45$

∴ 속도 기전력(E_s) = $\dfrac{P_A}{I} = \dfrac{45}{1} = 45$[V]

12 10[kVA], 2,000/100[V] 변압기에서 1차에 환산한 등가 임피던스는 6.2 + $j7$[Ω]이다. 이 변압기의 퍼센트 리액턴스 강하는?

① 3.5 ② 0.175
③ 0.35 ④ 1.75

해설 퍼센트 리액턴스 강하(q)

$q = \dfrac{I_{1n} \cdot x_{12}}{V_{1n}} \times 100 = \dfrac{\dfrac{10 \times 10^3}{2,000} \times 7}{2,000} \times 100 = 1.75$[%]

13 농형 유도 전동기에 주로 사용되는 속도 제어법은?

① 극수 제어법 ② 2차 여자 제어법
③ 2차 저항 제어법 ④ 종속 제어법

기출문제 관련 이론 바로보기

13. 이론 check 유도 전동기 속도 제어

(1) 2차 저항 제어법
2차 회로의 저항 변화에 의한 토크 속도 특성의 비례 추이를 응용한 방법이다.

(2) 주파수 제어법
전동기의 회전속도는 $N = N_s(1-s) = \dfrac{120f}{P}(1-s)$이므로, 주파수 f, 극수 P 및 슬립 s를 변경함으로써 속도를 변경시키는 방법이다.

(3) 극수제어법
농형 전동기에 쓰이는 방법으로 비교적 효율이 좋으므로 자주 속도를 바꿀 필요가 있고, 또한 계단적으로 속도 변경이 되어도 좋은 부하, 즉 소형의 권상기, 승강기, 원심 분리기, 공작 기계 등에 많이 쓰인다.

(4) 2차 여자 제어법
권선형 유도 전동기의 2차 회로에 2차 주파수 f_2와 같은 주파수이며, 적당한 크기의 전압을 외부에서 가하는 것을 2차 여자라 한다.

정답 10.① 11.② 12.④ 13.①

PART 03 전기기기

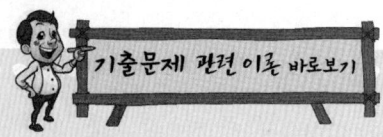

해설 농형 유도 전동기의 극수 제어법은 고정자에 3상의 한 권선을 넣고, 접속할 때 직·병렬로 변경해서 극수를 1 : 2로 변화시키는 것으로 널리 사용되고 있다.

14 역률이 가장 좋은 전동기는?
① 농형 유도 전동기
② 반발 기동 전동기
③ 동기 전동기
④ 교류 정류자 전동기

해설 동기 전동기는 언제나 역률 1로 운전할 수 있다.

15. **이론 check** **분포권**
(1) 분포권의 장단점
① 파형을 개선한다.
② 냉각 효과가 있다.
③ 누설 리액턴스를 감소시킨다.
④ 기전력을 감소시킨다.
(2) 분포권 계수
$$K_d = \frac{\sin\frac{\pi}{2m}}{q\sin\frac{\pi}{2mq}}$$

15 동기기의 전기자 권선이 매극 매상당 슬롯수가 4, 상수가 3인 권선의 분포 계수는? (단, $\sin 7.5° = 0.1305$, $\sin 15° = 0.2588$, $\sin 22.5° = 0.3827$, $\sin 30° = 0.5$)
① 0.487
② 0.844
③ 0.866
④ 0.958

해설 분포 계수$(K_d) = \dfrac{\sin\dfrac{\pi}{2m}}{q\sin\dfrac{\pi}{2mq}} = \dfrac{\sin\dfrac{\pi}{2\times 3}}{4\sin\dfrac{\pi}{2\times 3\times 4}} = 0.958$

17. **이론 check** **농형 유도 전동기의 기동법**
(1) 직입 기동법(전전압 기동)
 출력 $P = 5[HP]$ 이하(소형)
(2) Y-△ 기동법
 출력 $P = 5\sim 15[kW]$(중형)
 ① 기동 전류 $\dfrac{1}{3}$로 감소
 ② 기동 토크 $\dfrac{1}{3}$로 감소
(3) 리액터 기동법
 리액터에 의해 전압 강하를 일으켜 기동 전류를 제한하여 기동하는 방법
(4) 기동 보상기법
 ① 출력 $P = 20[kW]$ 이상(대형)
 ② 강압용 단권 변압기에 의해 인가 전압을 감소시켜 공급하므로 기동 전류를 제한하여 기동하는 방법
(5) 콘도르퍼(Korndorfer) 기동법
 기동 보상기법과 리액터 기동을 병행(대형)

16 전압 변동률이 작은 동기 발전기는?
① 동기 리액턴스가 크다.
② 전기자 반작용이 크다.
③ 단락비가 크다.
④ 자기 여자 작용이 크다.

해설 전압 변동률은 작을수록 좋으며, 전압 변동률이 작은 발전기는 동기 리액턴스가 작다. 즉, 전기자 반작용이 작고 단락비가 큰 기계가 되어 값이 비싸다.

17 3상 농형 유도 전동기를 전전압 기동할 때의 토크는 전부하시의 $\dfrac{1}{\sqrt{2}}$배이다. 기동 보상기로 전전압의 $\dfrac{1}{\sqrt{3}}$로 기동하면 토크는 전부하 토크의 몇 배가 되는가? (단, 주파수는 일정)
① $\dfrac{\sqrt{3}}{2}$
② $\dfrac{1}{\sqrt{3}}$
③ $\dfrac{2}{\sqrt{3}}$
④ $\dfrac{1}{3\sqrt{2}}$

정답 14.③ 15.④ 16.③ 17.④

해설 $T \propto V^2$

$\therefore \dfrac{T_s'}{T_s} = \left(\dfrac{V'}{V}\right)^2$

$\therefore T_s' = T_s \times \left(\dfrac{V'}{V}\right)^2 = \dfrac{1}{\sqrt{2}} \times \left(\dfrac{1}{\sqrt{3}}\right)^2 = \dfrac{1}{3\sqrt{2}}$

18 3상 유도 전동기의 2차 입력 P_2, 슬립이 s일 때의 2차 동손 P_{2c}는?

① $P_{2c} = \dfrac{P_2}{s}$ ② $P_{2c} = sP_2$

③ $P_{2c} = s^2 P_2$ ④ $P_{2c} = (1-s)P_2$

해설 $P_2 : P_{2c} = 1 : s$

$\therefore P_{2c} = sP_2$

19 게이트 조작에 의해 부하 전류 이상으로 유지 전류를 높일 수 있어 게이트 턴온, 턴오프가 가능한 사이리스터는?

① SCR ② GTO
③ LASCR ④ TRIAC

해설 SCR, LASCR, TRIAC의 게이트는 턴온(turn on)을 하고, GTO는 게이트에 흐르는 전류를 점호할 때와 반대로 흐르게 함으로써 소자를 소호시킬 수 있다.

20 다음 그림과 같이 단상 변압기를 단권 변압기로 사용한다면 출력 단자의 전압[V]은? (단, V_{1n}[V]을 1차 정격 전압이라 하고, V_{2n}[V]을 2차 정격 전압이라 한다.)

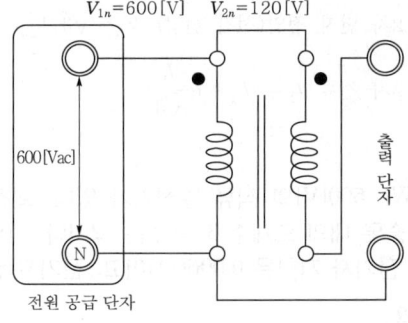

① 600 ② 120
③ 480 ④ 720

해설 단권 변압기 출력 전압(E_2)

$E_2 = E_1\left(1 - \dfrac{V_{2n}}{V_{1n}}\right) = 600 \times \left(1 - \dfrac{120}{600}\right) = 480[\text{V}]$

정답 18.② 19.② 20.③

---

18. 이론 check 2차 입력, 출력, 동손의 관계

(1) 2차 입력
$P_2 = I_2^2(R + r_2)$
$= I_2^2 \dfrac{r_2}{s}[\text{W}](1상당)$

(2) 기계적 출력
$P_o = I_2^2 \cdot R$
$= I_2^2 \cdot \dfrac{1-s}{s} \cdot r_2[\text{W}]$

(3) 2차 동손
$P_{2c} = I_2^2 \cdot r_2[\text{W}]$

(4) $P_2 : P_o : P_{2c} = 1 : 1-s : s$

19. 이론 check GTO(Gate Turn Off thyristor)

게이트 턴 오프 스위치로서 게이트 신호로 턴 오프할 수 있는 단방향성 3단자 사이리스터 소자로서 자기 소호 능력이 이 뛰어나며 직류 및 교류 제어용 소자이다. 즉, 양 게이트에 전전류의 인가로 턴 온할 수 있고 음의 즉, 부의 게이트 전류에 의하여 턴 오프시킬 수 있으며 게이트에 역방향 전류를 흘러서 주전류를 차단한다.

PART 03 전기기기

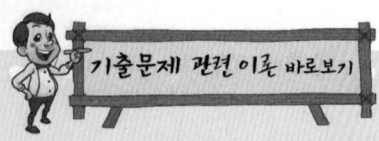

제 2 회   전기기기

02. 이론 check △-△ 결선과 Y-Y 결선

(1) △-△ 결선

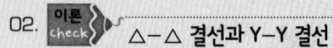

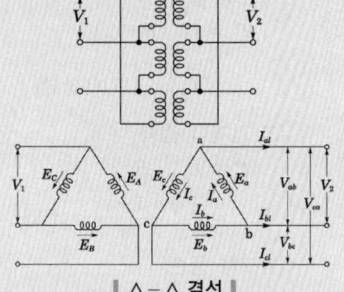

∥ △-△ 결선 ∥

∥ 벡터도 ∥

$I_{al} = \dot{I}_a - \dot{I}_c = I_a + (-I_c)$

$= 2 \cdot I_a \cdot \cos 30° \underline{/-30°}$

$= 2 \cdot I_a \cdot \dfrac{\sqrt{3}}{2} \underline{/-30°}$

$= \sqrt{3} I_a \underline{/-30°}$

① 선간 전압(V_l) = 상전압(E_p)
② 선전류(I_l) = $\sqrt{3} I_p \underline{/-30°}$

(2) Y-Y 결선

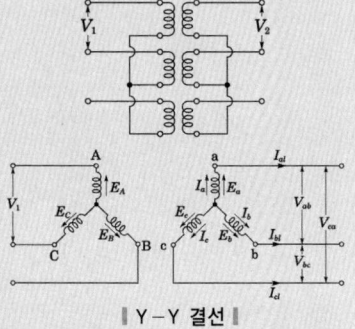

∥ Y-Y 결선 ∥

01 2대의 동기 발전기가 병렬 운전하고 있을 때, 동기화 전류가 흐르는 경우는?

① 기전력의 크기에 차가 있을 때
② 기전력의 위상에 차가 있을 때
③ 기전력의 파형에 차가 있을 때
④ 부하 분담에 차가 있을 때

해설 병렬 운전 중 기전력의 위상차가 생기면 동기화 전류(유효 순환 전류)가 흘러 수수 전력(授受電力)과 동기 화력(同期化力)이 발생하여 동일한 위상이 되도록 작용한다.

02 3대의 단상 변압기를 △-Y로 결선하고 1차 단자 전압 V_1, 1차 전류 I_1이라 하면 2차 단자 전압 V_2와 2차 전류 I_2의 값은? (단, 권수비는 a이고, 저항, 리액턴스, 여자 전류는 무시한다.)

① $V_2 = \sqrt{3} \dfrac{V_1}{a}$, $I_2 = \sqrt{3} a I_1$

② $V_2 = V_1$, $I_2 = \dfrac{a}{\sqrt{3}} I_1$

③ $V_2 = \sqrt{3} \dfrac{V_1}{a}$, $I_2 = \dfrac{a}{\sqrt{3}} I_1$

④ $V_2 = \dfrac{V_1}{a}$, $I_2 = I_1$

해설
• 2차 단자 전압(선간 전압) $V_2 = \sqrt{3} V_{2p} = \sqrt{3} \dfrac{V_1}{a}$
• 2차 전류 $I_2 = a I_{1p} = a \dfrac{I_1}{\sqrt{3}}$

03 1,000[kW], 500[V]의 직류 발전기가 있다. 회전수 246[rpm], 슬롯수 192, 각 슬롯 내의 도체수 6, 극수는 12이다. 전부하에서의 자속수[Wb]는? (단, 전기자 저항은 0.006[Ω]이고, 전기자 권선은 단중 중권이다.)

① 0.502
② 0.305
③ 0.2065
④ 0.1084

정답   01.② 02.③ 03.④

해설 부하 전류$(I) = \dfrac{P}{V} = \dfrac{1,000 \times 10^3}{500} = 2,000$[A] (여기서, P: 전력)

총 도체수(Z) = 슬롯수 × 슬롯당 도체수 = $192 \times 6 = 1,152$

∴ 유도 기전력$(E) = V + I_a r_a = 500 + 2,000 \times 0.006 = 512$

∴ $E = \dfrac{pZ}{60a}\phi N$ 에서 (여기서, p: 극수)

$\phi = \dfrac{60aE}{pZN} = \dfrac{60 \times 12 \times 512}{12 \times 1,152 \times 246} = 0.1084$[Wb] (단, 중권 : $a = p$)

04 유도 전동기에서 크롤링(crawling) 현상으로 맞는 것은?

① 기동시 회전자의 슬롯수 및 권선법이 적당하지 않은 경우 정격 속도보다 낮은 속도에서 안정 운전이 되는 현상
② 기동시 회전자의 슬롯수 및 권선법이 적당하지 않은 경우 정격 속도보다 높은 속도에서 안정 운전이 되는 현상
③ 회전자 3상 중 1상이 단선된 경우 정격 속도의 50[%] 속도에서 안정 운전이 되는 현상
④ 회전자 3상 중 1상이 단락된 경우 정격 속도보다 높은 속도에서 안정 운전이 되는 현상

해설 크롤링 현상은 농형 유도 전동기를 기동할 때 낮은 속도의 어느 점에서 회전자가 걸려 2 이상 가속되지 않고 낮은 속도에서 안정 상태가 되어 더 이상 가속되지 않는 현상이다.

05 직류 전동기를 교류용으로 사용하기 위한 대책이 아닌 것은?

① 자계는 성층 철심, 원통형 고정자 적용
② 계자 권선수 감소, 전기자 권선수 증대
③ 보상 권선 설치, 브러시 접촉 저항 증대
④ 정류자편 감소, 전기자 크기 감소

해설 직류 전동기를 교류용으로 사용시 여러 가지 단점이 있다. 그중에서 역률이 대단히 낮아지므로 계자 권선의 권수를 적게 하고 전기자 권수를 크게 해야 한다. 그러므로 전기자가 커지고 정류자 편수 또한 많아지게 된다.

06 60[kW], 4극, 전기자 도체의 수 300개, 중권으로 결선된 직류 발전기가 있다. 매극당 자속은 0.05[Wb]이고, 회전 속도는 1,200[rpm]이다. 이 직류 발전기가 전부하에 전력을 공급할 때 직렬로 연결된 전기자 도체에 흐르는 전류[A]는?

① 32
② 42
③ 50
④ 57

정답 04.① 05.④ 06.③

기출문제 관련 이론 바로보기

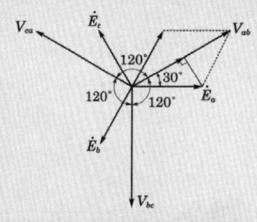

| 벡터도 |

$V_{ab} = \dot{E}_a - \dot{E}_b = \dot{E}_a + (-\dot{E}_b)$

$= 2E_a \cdot \cos 30° = 2E_a \dfrac{\sqrt{3}}{2}$

$= \sqrt{3} E_a \underline{/30°}$

① 선간 전압(V_l)
$= \sqrt{3} \times$ 상전압$(E_p) \underline{/30°}$
② 선전류$(I_l) =$ 상전류(I_p)

06. 이론 check 유기 기전력

직류 발전기의 전기자 권선의 주변 속도를 v[m/s], 평균 자속 밀도를 B[Wb/m²], 도체의 길이를 l[m]라 하면, 전기자 도체 1개의 유도 기전력 $e = vBl$[V]

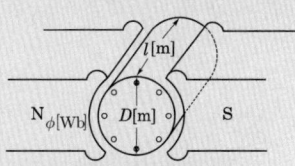

| 유기 기전력 |

여기서, 속도 $v = \pi DN$[m/s]

자속밀도 $B = \dfrac{p\phi}{\pi Dl}$[Wb/m²]이므로

$e = \pi DN \cdot \dfrac{p\phi}{\pi Dl} \cdot l = p\phi N$[V]

전기자 도체의 총수를 Z, 병렬 회로의 수를 a라 하면, 브러시 사이의 전체 유기 기전력은 다음과 같다.

$E = \dfrac{Z}{a} \cdot e = \dfrac{Z}{a} p\phi N = \dfrac{Z}{a} p\phi \dfrac{N}{60}$[V]

여기서, Z: 전기자 도체의 총수[개]
a: 병렬 회로수(중권 : $a = p$, 파권 : $a = 2$)
p: 자극의 수[극]
ϕ: 매극당 자속[Wb]
N: 분당 회전수[rpm]

PART 03 전기기기

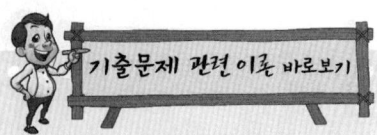

해설 직류 발전기 유도 기전력(E)

$$E = \frac{pZ}{60a}\phi \cdot N[V] = \frac{4 \times 300}{60 \times 4} \times 0.05 \times 1,200 = 300[V]$$

$\therefore$ 부하 전류(I_a) $= \dfrac{p}{E} = \dfrac{60 \times 10^3}{300} = 200[A]$

$\therefore$ 병렬 회로 전류(i_a) $= \dfrac{I_a}{a} = \dfrac{200}{4} = 50[A]$ (단, 중권 : $a = p$)

07. 이론 check 60[Hz]용 전동기를 50[Hz]에 사용할 경우

(1) 속도가 $\dfrac{5}{6}$배로 감소한다.
(2) 여자 전류가 증가하고, 역률이 떨어진다.
(3) 온도가 상승한다.
(4) 최대 토크가 증가한다.
(5) 기동 전류가 증가한다.

07 다음 50[Hz]로 설계된 3상 유도 전동기를 60[Hz]에 사용하는 경우, 단자 전압을 110[%]로 높일 때 일어나는 현상이 아닌 것은?

① 철손 불변
② 여자 전류 감소
③ 출력이 일정하면 유효 전류 감소
④ 온도 상승 증가

해설 주파수가 상승하면 유도 전동기 속도(N) $= (1-s)\dfrac{120f}{P}$[rpm]에서 전동기 속도가 증가하고, 전동기에 부착된 냉각팬의 효과가 커져 온도 상승은 감소한다.

08 다음 직류 전동기의 역기전력이 220[V], 분당 회전수가 1,200[rpm]일 때, 토크가 15[kg·m]가 발생한다면 전기자 전류는 약 몇 [A]인가?

① 54
② 67
③ 84
④ 96

해설 $T = 0.975 \dfrac{E \cdot I_a}{N}$[kg·m]

$\therefore I_a = \dfrac{T \cdot N}{0.975E} = \dfrac{15 \times 1,200}{0.975 \times 220} = 83.9[A]$

09. 이론 check %저항 및 %리액턴스 강하

(1) 퍼센트 저항 강하 $p(\%R)$

$p = \%R = \dfrac{I_{2n} r_2}{V_{2n}} \times 100$

$= \dfrac{I_{1n} r_{12}}{V_{1n}} \times 100$

$= \dfrac{P_v}{P} \times 100$

(2) 퍼센트 리액턴스 강하 $q(\%X)$

$q = \%X = \dfrac{I_{2n} x_2}{V_{2n}} \times 100$

$= \dfrac{I_{1n} x_{12}}{V_{1n}} \times 100$

09 5[kVA] 3,300/210[V], 단상 변압기의 단락 시험에서 임피던스 전압 120[V], 동손 150[W]라 하면 퍼센트 저항 강하는 몇 [%]인가?

① 2
② 3
③ 4
④ 5

해설 퍼센트 저항 강하(p)

$p = \dfrac{I_{1n} \cdot r_{12}}{V_{1n}} \times 100$

$= \dfrac{\text{동손}(P_c)}{\text{정격 용량}(P_n)} \times 100$

$\therefore p = \dfrac{150}{5 \times 10^3} \times 100 = 3$

 정답 07.④ 08.③ 09.②

10 주파수가 일정한 3상 유도 전동기의 전원 전압이 80[%]로 감소하였다면, 토크는? (단, 회전수는 일정하다고 가정한다.)

① 64[%]로 감소
② 80[%]로 감소
③ 89[%]로 감소
④ 변화 없음

해설 $\tau \propto V_1^2$ 이므로
$(0.8)^2 = 0.64$
즉, 64[%]로 감소한다.

11 정류기 설계 조건이 아닌 것은?

① 출력 전압 직류 평활성
② 출력 전압 최소 고조파 함유율
③ 입력 역률 1 유지
④ 전력 계통 연계성

해설 정류기는 교류(AC)를 직류(DC)로 바꾸어 주는 장치이므로 전력 계통의 연계성과는 관계가 없다.

12 2차로 환산한 임피던스가 각각 $0.03+j0.02[\Omega]$, $0.02+j0.03[\Omega]$인 단상 변압기 2대를 병렬로 운전시킬 때 분담 전류는?

① 크기는 같으나 위상이 다르다.
② 크기와 위상이 같다.
③ 크기는 다르나 위상이 같다.
④ 크기와 위상이 다르다.

해설
- $Z_1 = 0.03+j0.02[\Omega]$
  - 크기(Z_1) = $\sqrt{0.03^2+0.02^2} = 0.036$
  - 위상(θ_1) = $\tan^{-1}\dfrac{0.02}{0.03} = 33.69$
- $Z_2 = 0.02+j0.03[\Omega]$
  - 크기(Z_2) = $\sqrt{0.02^2+0.03^2} = 0.036$
  - 위상(θ_2) = $\tan^{-1}\dfrac{0.03}{0.02} = 56.3$

13 히스테리시스손과 관계가 없는 것은?

① 최대 자속 밀도
② 철심의 재료
③ 회전수
④ 철심용 규소 강판의 두께

해설 히스테리시스손(P_h) = $\eta f \cdot B_m^{1.6 \sim 2}$[W/m³]
여기서, f : 주파수, B_m : 최대 자속 밀도[Wb/m²]
규소 강판의 두께는 와류손과 관계가 있다.

---

13. 이론 check 손실(loss, P_l [W])

(1) 무부하손(고정손)
① 철손 : $P_i = P_h + P_e$ [W]
  ㉠ 히스테리시스손 : 히스테리시스손을 감소시키기 위해 철에 규소를 함유한다.
  $P_h = \sigma_h f B_m^{1.6}$ [W]
  여기서, σ_h : 상수
  f : 주파수(회전수)
  B_m : 최대 자속 밀도
  ㉡ 와류손 : 와류손을 감소시키기 위해 강판을 성층하여 사용한다.
  $P_e = \sigma_e (t k_f f B_m)^2$ [W]
  여기서, σ_e : 상수
  f : 주파수(회전수)
  B_m : 최대 자속 밀도
  t : 강판 두께
  k_f : 파형률
② 기계손
  ㉠ 마찰손 : 베어링, 브러시의 마찰손
  ㉡ 풍손

(2) 부하손(가변손)
① 동손 : $P_c = I^2 R$ [W]
② 표류 부하손 : 전기자 반작용, 유전체, 누설 자속 등에 의한 손실

정답 10.① 11.④ 12.① 13.④

PART 03 전기기기

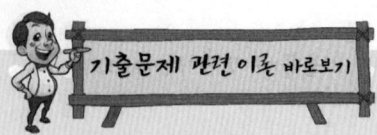

14. 이론 check **동기 전동기의 종류와 특징 및 용도**

(1) 종류
① 철극형 : 보통 동기 전동기
② 원통형 : 고속도 동기 전동기, 유도 동기 전동기
③ 고정자 회전 기동형 : 초동기 전동기

(2) 동기 전동기의 특징
① 장점
 ㉠ 속도가 일정 불변이다.
 ㉡ 항상 역률 1로 운전할 수 있다.
 ㉢ 필요시 앞선 전류를 통할 수 있다.
 ㉣ 유도 전동기에 비하여 효율이 좋다.
 ㉤ 저속도의 전동기는 특히 효율이 좋다.
 ㉥ 공극이 넓으므로 기계적으로 튼튼하다.
② 단점
 ㉠ 기동 토크가 작고, 구조가 복잡하다.
 ㉡ 여자 전류를 흘려주기 위한 직류 전원이 필요하다.
 ㉢ 난조가 일어나기 쉽다.
 ㉣ 속도제어가 곤란하고 가격이 비싸다.

(3) 용도
① 저속도 대용량 : 시멘트 공장의 분쇄기, 각종 압축기, 송풍기
② 소용량 : 전기 시계, 오실로그래프, 전송 사진

14 동기 전동기에 관한 설명 중 틀린 것은?

① 기동 토크가 작다.
② 유도 전동기에 비해 효율이 양호하다.
③ 여자기가 필요하다.
④ 역률을 조정할 수 없다.

해설 동기 전동기의 장단점
• 장점
 - 속도가 일정하다.
 - 항상 역률 1로 운전할 수 있다.
 - 저속도의 것으로 일반적으로 유도 전동기에 비하여 효율이 좋다.
• 단점
 - 보통 구조의 것은 기동 토크가 작다.
 - 난조를 일으킬 염려가 있다.
 - 직류 전원을 필요로 한다.
 - 구조가 복잡하다.
 - 속도 제어가 곤란하다.

15 유도 전동기로 동기 전동기를 기동하는 경우, 유도 전동기의 극수는 동기 전동기의 극수보다 2극 적은 것을 사용한다. 그 이유는? (단, s는 슬립, N_s는 동기 속도이다.)

① 같은 극수일 경우 유도기는 동기 속도보다 sN_s만큼 늦으므로
② 같은 극수일 경우 유도기는 동기 속도보다 $(1-s)$만큼 늦으므로
③ 같은 극수일 경우 유도기는 동기 속도보다 s만큼 빠르므로
④ 같은 극수일 경우 유도기는 동기 속도보다 $(1-s)$만큼 빠르므로

해설 유도 전동기의 회전 속도 $N=N_s(1-s)=N_s-s\cdot N_s$이므로 동기 속도 (N_s)보다 $s\cdot N_s$만큼 속도가 늦다. 그러므로 동기 전동기의 기동을 위한 유도 전동기는 2극 적은 것을 사용한다.

16 특수 전동기에 대한 설명 중 틀린 것은?

① 릴럭턴스 동기 전동기는 릴럭턴스 토크에 의해 동기 속도로 회전한다.
② 히스테리시스 전동기의 고정자는 유도 전동기 고정자와 동일하다.
③ 스테퍼 전동기 또는 스텝 모터는 피드백 없이 정밀 위치 제어가 가능하다.
④ 선형 유도 전동기의 동기 속도는 극수에 비례한다.

해설 선형 유도 전동기는 회전기의 회전자 접속 방향에서 발생되는 전자력을 기계 에너지로 바꾸어 주는 전동기로서 속도는 전압과 제어 전자 장치의 속도에 따라서만 변한다.

정답 14.④ 15.① 16.④

17 동기 발전기의 전기자 권선은 기전력의 파형을 개선하는 방법으로 분포권과 단절권을 쓴다. 분포권 계수를 나타내는 식은? (단, q는 매극 매상당의 슬롯수, m은 상수, α는 슬롯의 간격)

① $\dfrac{\sin q\alpha}{q\sin\dfrac{\alpha}{2}}$ ② $\dfrac{\sin\dfrac{\pi}{2m}}{q\sin\dfrac{\pi}{2mq}}$

③ $\dfrac{\cos\dfrac{\pi}{2mq}}{q\cos\dfrac{\pi}{2mq}}$ ④ $\dfrac{\cos q\alpha}{q\cos\dfrac{\alpha}{2}}$

해설 분포권의 분포 계수$(K_d) = \dfrac{\sin\dfrac{\pi}{2m}}{q\sin\dfrac{\pi}{2mq}}$

여기서, q : 매극 매상당의 슬롯수
m : 상수

17. 이론 check 분포권

(1) 분포권 계수

K_d(기본파) $= \dfrac{\sin\dfrac{\pi}{2m}}{q\sin\dfrac{\pi}{2mq}}$

K_{dn}(n차 고조파) $= \dfrac{\sin\dfrac{n\pi}{2m}}{q\sin\dfrac{n\pi}{2mq}}$

여기서, q : 매극 매상당 슬롯수
m : 상수

(2) 분포권의 특징
① 기전력의 고조파가 감소하여 파형이 좋아진다.
② 권선의 누설 리액턴스가 감소한다.
③ 전기자 권선에 의한 열을 고르게 분포시켜 과열을 방지할 수 있다.

18 와류손이 200[W]인 3,300/210[V], 60[Hz]용 단상 변압기를 50[Hz], 3,000[V]의 전원에 사용하면 이 변압기의 와류손은 약 몇 [W]로 되는가?

① 85.4   ② 124.2
③ 165.3   ④ 248.5

해설 와류손$(P_e) \propto E^2$(주파수(f)는 무관계)

$\dfrac{P_e'}{P_e} = \left(\dfrac{E'}{E}\right)^2$

$\therefore P_e' = 200 \times \left(\dfrac{3,000}{3,300}\right)^2$
$= 165.28 ≒ 165.3$

19 전압이 일정한 모선에 접속되어 역률 100[%]로 운전하고 있는 동기 전동기의 여자 전류를 증가시키면 역률과 전기자 전류는 어떻게 되는가?

① 뒤진 역률이 되고, 전기자 전류는 증가한다.
② 뒤진 역률이 되고, 전기자 전류는 감소한다.
③ 앞선 역률이 되고, 전기자 전류는 증가한다.
④ 앞선 역률이 되고, 전기자 전류는 감소한다.

해설 동기 전동기 운전 중 여자 전류를 증가시키면 앞선 전류가 흘러 역률이 앞서고, 전기자 전류는 증가한다.

정답 17.② 18.③ 19.③

20 반도체 소자 중 3단자 사이리스터가 아닌 것은?
① SCS   ② SCR
③ GTO   ④ TRIAC

해설 SCS(Silicon Controlled Switch)는 1방향성 4단자 사이리스터이다.

제 3 회 전기기기

01 단상 변압기의 1차 전압 E_1, 1차 저항 r_1, 2차 저항 r_2, 1차 누설 리액턴스 x_1, 2차 누설 리액턴스 x_2, 권수비 a라 하면 2차 권선을 단락했을 때의 1차 단락 전류는?

① $I_{1s} = \dfrac{E_1}{\sqrt{(r_1+a^2 r_2)^2+(x_1+a^2 x_2)^2}}$

② $I_{1s} = \dfrac{E_1}{a\sqrt{(r_1+a^2 r_2)^2+(x_1+a^2 x_2)^2}}$

③ $I_{1s} = \dfrac{E_1}{\sqrt{\left(\dfrac{r_1+r_2}{a^2}\right)^2+\left(\dfrac{x_1}{a^2+x_2}\right)^2}}$

④ $I_{1s} = \dfrac{aE_1}{\sqrt{\left(\dfrac{r_1}{a^2+r_2}\right)^2+\left(\dfrac{x_1}{a^2+x_2}\right)^2}}$

해설 $I_{1s} = \dfrac{E_1}{Z_1+a^2 Z_2} = \dfrac{E_1}{\sqrt{(r_1+a^2 r_2)^2+(x_1+a^2 x_2)^2}}$ [A]

$I_{2s} = a I_{1s}$ [A]

02 극수 6, 회전수 1,200[rpm]의 교류 발전기와 병렬 운전하는 극수 8의 교류 발전기의 회전수[rpm]는?
① 600   ② 750
③ 900   ④ 1,200

해설 동기 속도(N_s) = $\dfrac{120f}{P}$ [rpm]

$f = \dfrac{N_s \cdot P}{120} = \dfrac{6 \times 1,200}{120} = 60$ [Hz]

∴ $N_s = \dfrac{120 \times 60}{8} = 900$

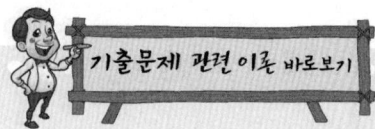

02. 교류 발전기와 동기 속도

(1) 교류 발전기
교류 형태로 역학적 에너지를 전기 에너지로 전환하여 교류 기전력을 일으키는 발전기이다. 전자 감응 작용을 응용한 것으로, 간단히 교류기라고도 한다. 교류 발전기는 단상과 3상이 있으나 발전소에 있는 발전기는 모두 3상이며, 동기 속도라는 일정한 속도로 회전하므로 3상 동기 발전기라 한다.

(2) 동기 속도
① 교류 발전기의 주파수

$f = \dfrac{P}{2} \times \dfrac{N_s}{60} = \dfrac{P}{120} \cdot N_s$ [Hz]

② 동기속도

$N_s = \dfrac{120}{P} \cdot f$ [rpm]

여기서, P : 극수
f : 주파수[Hz]
N : 동기 속도[rpm]

③ 동기 속도로 회전하는 교류 발전기, 전동기를 동기기라 한다.

정답 20.① / 01.① 02.③

03 그림과 같이 180° 도통형 인버터의 상태일 때 u상과 v상의 상전압 및 u−v 선간 전압은?

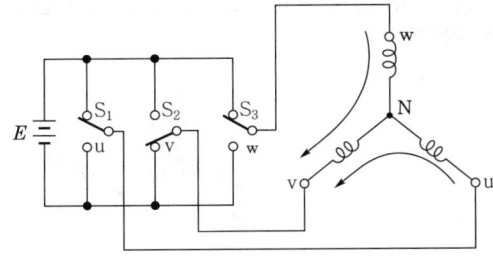

① $\frac{1}{3}E$, $\left(-\frac{2}{3}E\right)$, E

② $\frac{2}{3}E$, $\frac{1}{3}E$, $\frac{1}{3}E$

③ $\frac{1}{2}E$, $\frac{1}{2}E$, E

④ $\frac{1}{3}E$, $\frac{2}{3}E$, $\frac{1}{3}E$

해설 등가 회로

- $Z_{uw} = \dfrac{Z \cdot Z}{Z+Z} = \dfrac{1}{2}Z$

  ∴ 분압 법칙을 이용해서 w와 u의 상전압

  $E_w = E_u = \dfrac{\frac{1}{2}Z}{\frac{1}{2}Z+Z}E = \dfrac{1}{3}E$

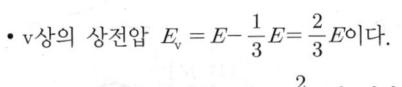

- v상의 상전압 $E_v = E - \dfrac{1}{3}E = \dfrac{2}{3}E$이다.

  이때, 극성이 반대이므로 $-\dfrac{2}{3}E$가 된다.

- u−u의 선간 전압은 전원 전압과 같으므로 E이다.

04 변압기 단락 시험에서 변압기의 임피던스 전압이란?

① 여자 전류가 흐를 때의 2차측 단자 전압
② 정격 전류가 흐를 때의 2차측 단자 전압
③ 2차 단락 전류가 흐를 때의 변압기 내의 전압 강하
④ 정격 전류가 흐를 때의 변압기 내의 전압 강하

해설 임피던스 전압(V_s)이란 정격 전류에 의한 변압기 내의 전압 강하이다.

2015년 과년도 출제문제

기출문제 관련 이론 바로보기

04. 이론 check 임피던스 전압과 임피던스 와트

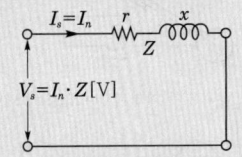

$V_s = I_n \cdot Z[\text{V}]$

(1) 임피던스 전압($V_s[\text{V}]$)

2차 단락 전류가 정격 전류와 같은 값을 가질 때 1차 인가 전압
→ 정격 전류에 의한 변압기 내 전압 강하

$V_s = I_n \cdot Z[\text{V}]$

(2) 임피던스 와트($W_s[\text{W}]$)

임피던스 전압 인가시 입력(임피던스 와트=동손)

$W_s = I_m^2 \cdot r = P_c$

정답 03.① 04.④

PART 03 전기기기

기출문제 관련 이론 바로보기

05 3상 동기 발전기에서 그림과 같이 1상의 권선을 서로 똑같은 2조로 나누어서 그 1조의 권선 전압을 E[V], 각 권선의 전류를 I[A]라 하고, 지그재그 Y형(zigzag star)으로 결선하는 경우 선간 전압, 선전류 및 피상 전력은?

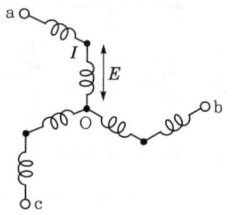

① $3E$, I, $\sqrt{3} \times 3E \times I = 5.2EI$
② $\sqrt{3}E$, $2I$, $\sqrt{3} \times \sqrt{3}E \times 2I = 6EI$
③ E, $2\sqrt{3}I$, $\sqrt{3} \times E \times 2\sqrt{3}I = 6EI$
④ $\sqrt{3}E$, $\sqrt{3}I$, $\sqrt{3} \times \sqrt{3}E \times \sqrt{3}I = 5.2EI$

해설 선간 전압 $V_l = \sqrt{3}E_p$[V]
선전류 $I_l = 2I$[A]
피상 전력 $P_a = \sqrt{3} \times \sqrt{3}E \times 2I = 6EI$[VA]

06. 이론 check 동기 발전기

원동기에 의해 동기 속도로 회전하여 교류 기전력을 유도하는 교류 발전기
(1) 원리
  플레밍의 오른손 법칙(전자 유도)

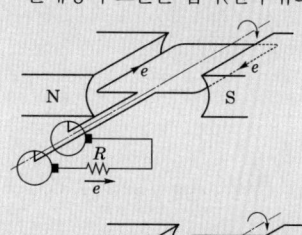

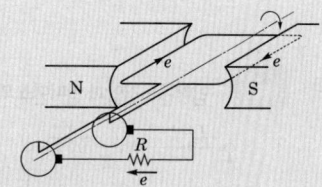

• 유기 기전력 $e = E_m \sin \omega t$[V]

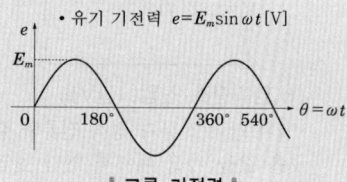

| 교류 기전력 |

(2) 동기 속도
 ① 교류 발전기의 주파수
  $f = \dfrac{P}{2} \times \dfrac{N_s}{60} = \dfrac{P}{120} \cdot N_s$[Hz]
 ② 동기 속도
  $N_s = \dfrac{120}{P} \cdot f$[rpm]

06 동기 발전기에서 동기 속도와 극수와의 관계를 표시한 것은? (단, N : 동기 속도, P : 극수이다.)

① 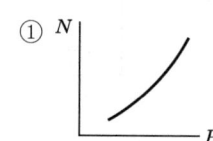 ②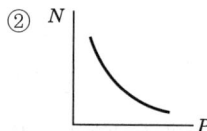

③ 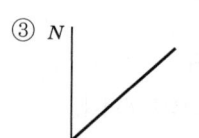 ④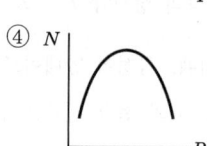

해설 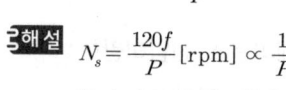 $N_s = \dfrac{120f}{P}$[rpm] $\propto \dfrac{1}{P}$
동기 속도 N_s는 극수 P에 반비례하므로 반비례 곡선이 된다.

07 4극, 60[Hz]의 회전 변류기가 있는데 회전 전기자형이다. 이 회전 변류기의 회전 방향과 회전 속도는 다음 중 어느 것인가?

① 회전 자계의 방향으로 1,800[rpm] 속도로 회전한다.
② 회전 자계의 방향으로 1,800[rpm] 이하의 속도로 회전한다.
③ 회전 자계의 반대 방향으로 1,800[rpm] 속도로 회전한다.
④ 회전 자계의 반대 방향으로 1,800[rpm] 이상의 속도로 회전한다.

정답 05.② 06.② 07.③

해설
- 회전 변류기는 동기 전동기와 직류 발전기를 접속시킨 것과 같은 구조이다.
  ∴ 회전 속도=동기 속도(N_s)=$\frac{120\times 60}{4}$=1,800[rpm]
- 회전 전기자형이므로 회전 방향은 회전 자계와 반대 방향으로 회전한다.

08 정격 전압 100[V], 정격 전류 50[A]인 분권 발전기의 유기 기전력은 몇 [V]인가? (단, 전기자 저항 0.2[Ω], 계자 전류 및 전기자 반작용은 무시한다.)

① 110   ② 120
③ 125   ④ 127.5

해설 $E = V + I_a R_a = 100 + 50 \times 0.2 = 110$[V]

09 그림은 동기 발전기의 구동 개념도이다. 그림에서 2를 발전기라 할 때 3의 명칭으로 적합한 것은?

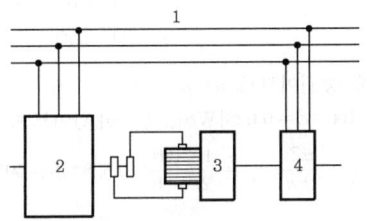

① 전동기   ② 여자기
③ 원동기   ④ 제동기

해설 1 : 모선, 2 : 발전기, 3 : 여자기, 4 : 전동기, 5 : 원동기

10 사이리스터를 이용한 교류 전압의 크기 제어 방식은?
① 정지 레오나드 방식   ② 초퍼 방식
③ 위상 제어 방식   ④ TRC 방식

해설 사이리스터를 이용하여 속도를 제어하는 것은 위상각을 변화시켜 전압 크기를 제어하기 위해서이다.

11 권선형 유도 전동기 2대를 직렬 종속으로 운전하는 경우 그 동기 속도는 어떤 전동기의 속도와 같은가?
① 두 전동기 중 적은 극수를 갖는 전동기
② 두 전동기 중 많은 극수를 갖는 전동기
③ 두 전동기의 극수의 합과 같은 극수를 갖는 전동기
④ 두 전동기의 극수의 차와 같은 극수를 갖는 전동기

정답 08.① 09.② 10.③ 11.③

---

08. 이론 check 분권 발전기

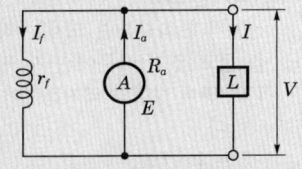

‖분권 발전기‖

(1) 계자 권선과 전기자 병렬로 접속한다.
(2) 유기 기전력
$E = \frac{Z}{a} p\phi \frac{N}{60}$[V]
(3) 전기자 전류
$I_a = I + I_f ≒ I(I \gg I_f)$
(4) 계자 권선의 전압 강하는 단자 전압과 같다.
$V = E - I_a R_a = I_f r_f$[V]

PART 03 전기기기

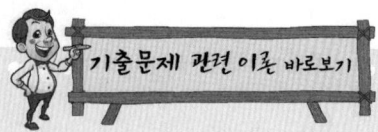

12. 이론 check 직류 전동기의 이론

(1) 역기전력(E)

전동기가 회전하면 도체는 자속을 끊고 있기 때문에 단자 전압 V와 반대 방향의 역기전력이 발생한다.

$$E = V - I_a R_a$$
$$= \frac{p}{a} Z\phi \cdot \frac{N}{60} = K\phi N \text{ [V]}$$
$$\left(K = \frac{pZ}{60a}\right)$$

여기서, p : 자극수
a : 병렬 회로수
Z : 도체수
ϕ : 1극당 자속[Wb]
N : 회전수[rpm]

(2) 전기자 전류

$$I_a = \frac{V-E}{R_a} \text{[A]}$$

(3) 회전 속도

$$N = K\frac{E}{\phi} = K\frac{V - I_a R_a}{\phi} \text{[rpm]}$$

(4) 토크

$$T = K_T \phi I_a \text{[N} \cdot \text{m]}$$

여기서, $K_T = \dfrac{pZ}{2a\pi}$

(5) 기계적 출력

$$P_m = EI_a = \frac{p}{a} Z\phi \cdot \frac{N}{60} \cdot I_a$$
$$= \frac{2\pi NT}{60} \text{[W]}$$

14. 이론 check 농형 유도 전동기 기동법

(1) 직입 기동법(전전압 기동)
 출력 $P = 5$[HP] 이하(소형)

(2) Y-△ 기동법
 출력 $P = 5 \sim 15$[kW](중형)
 ① 기동 전류 $\dfrac{1}{3}$로 감소한다.
 ② 기동 토크 $\dfrac{1}{3}$로 감소한다.

해설 직렬 종속법인 경우 무부하 속도는 다음과 같다.

$$N_0 = \frac{120f}{P_1 + P_2} \text{[rpm]}$$

여기서, P_1 : M_1의 극수, P_2 : M_2의 극수
차동 종속인 경우

$$N_0 = \frac{120f}{P_1 - P_2} \text{[rpm]}$$

병렬 종속인 경우

$$N_0 = \frac{120f}{\frac{P_1 + P_2}{2}} = \frac{2 \times 120f}{P_1 + P_2} \text{[rpm]}$$

12 전체 도체수는 100, 단중 중권이며 자극수는 4, 자속수는 극당 0.628[Wb]인 직류 분권 전동기가 있다. 이 전동기의 부하시 전기자에 5[A]가 흐르고 있었다면 이때의 토크[N·m]는?

① 12.5 ② 25
③ 50   ④ 100

해설 단중 중권이므로 $a = p = 4$이다.
$Z = 100$, $\phi = 0.628$[Wb], $I_a = 5$[A]이므로
$$\therefore \tau = \frac{pZ}{2\pi a}\phi I_a = \frac{4 \times 100}{2\pi \times 4} \times 0.628 \times 5 = 50 \text{[N} \cdot \text{m]}$$

13 변압기에서 콘서베이터의 용도는?

① 통풍 장치   ② 변압유의 열화 방지
③ 강제 순환   ④ 코로나 방지

해설 콘서베이터는 변압기의 기름이 공기와 접촉되면, 불용성 침전물이 생기는 것을 방지하기 위해서 변압기의 상부에 설치된 원통형의 유조(기름통)로서, 그 속에는 $\dfrac{1}{2}$ 정도의 기름이 들어 있고 주변압기 외함 내의 기름과는 가는 파이프로 연결되어 있다. 변압기 부하의 변화에 따르는 호흡 작용에 의한 변압기 기름의 팽창, 수축이 콘서베이터의 상부에서 행하여지게 되므로 높은 온도의 기름이 직접 공기와 접촉하는 것을 방지하여 기름의 열화를 방지하는 것이다.

14 3상 농형 유도 전동기의 기동 방법으로 틀린 것은?

① Y-△ 기동   ② 2차 저항에 의한 기동
③ 전전압 기동   ④ 리액터 기동

 정답 12.③ 13.② 14.②

해설 • 권선형 유도 전동기의 기동법
- 2차 저항 기동법
- 게르게스(Görges) 기동법
• 농형 유도 전동기의 기동법
- 전전압 기동법 : $p=5[\text{HP}]$ 이하
- Y-△ 기동법 : $p=5\sim15[\text{kW}]$
- 기동 보상기법 : $p=20[\text{kW}]$ 이상
- 리액터 기동법

15 스테핑 모터에 대한 설명 중 틀린 것은?
① 회전 속도는 스테핑 주파수에 반비례한다.
② 총 회전 각도는 스텝각과 스텝수의 곱이다.
③ 분해능은 스텝각에 반비례한다.
④ 펄스 구동 방식의 전동기이다.

해설 스테핑 모터는 스텝 상태의 펄스에 순서를 부여하여 주어진 주파수에 비례한 각도만큼 회전하는 모터로 펄스 모터라고 한다. 총 회전각은 입력 펄스의 수로, 회전 속도는 입력 펄스의 속도로 간단하게 제어가 가능하다는 특징이 있는 모터이다.

16 전기 철도에 가장 적합한 직류 전동기는?
① 분권 전동기 ② 직권 전동기
③ 복권 전동기 ④ 자여자 분권 전동기

해설 직류 직권 전동기의 속도-토크 특성은 저속도일 때 큰 토크가 발생하고 속도가 상승하면 토크가 작게 된다. 전차의 주행 특성은 이것과 유사하여 기동시에는 큰 토크를 필요로 하고 주행시의 토크는 작아도 된다.

17 3상 전원을 이용하여 2상 전압을 얻고자 할 때 사용하는 결선 방법은?
① Scott 결선 ② Fork 결선
③ 환상 결선 ④ 2중 3각 결선

해설 Scott 결선, Wood bridge 결선, Meyer 결선은 3상에서 2상을 얻는 결선이다.

18 직류 분권 발전기를 서서히 단락 상태로 하면 어떤 상태로 되는가?
① 과전류로 소손된다. ② 과전압이 된다.
③ 소전류가 흐른다. ④ 운전이 정지된다.

정답 15.① 16.② 17.① 18.③

기출문제 관련 이론 바로보기

(3) 리액터 기동법
리액터에 의해 전압 강하를 일으켜 기동 전류를 제한하여 기동하는 방법이다.
(4) 기동 보상기법
① 출력 $P=20[\text{kW}]$ 이상(대형)
② 강압용 단권 변압기에 의해 인가 전압을 감소시켜 공급하므로 기동 전류를 제한하여 기동하는 방법이다.
(5) 콘도르퍼(korndorfer) 기동법
기동 보상기법과 리액터 기동을 병행(대형)한다.

17. 이론 check ▶ 3상 → 2상 변환
(1) 메이어(meyer) 결선
(2) 우드 브리지(woodbridge) 결선
(3) 스코트(scott) 결선=T결선

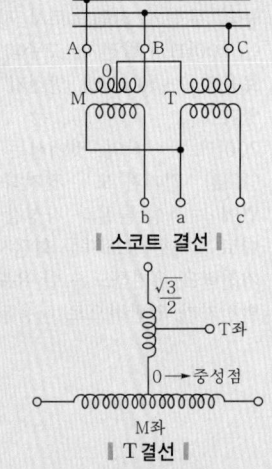

| 스코트 결선 |

| T결선 |

① 변압기 M을 주좌 변압기라 하고, 그 1차 권선의 중점 0에 탭을 설치하여 T좌 변압기의 1차 권선의 단자를 접속한다.
② T좌 변압기의 1차 권선의 $\frac{\sqrt{3}}{2}$되는 점에 탭을 놓으면 2차측 2상 전압을 평형 전압으로 얻을 수 있다.
③ T좌 변압기의 권수비=주좌 변압기의 권수비$\times\frac{\sqrt{3}}{2}$

PART 03 전기기기

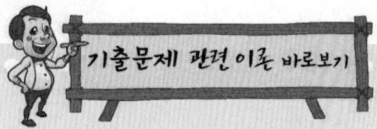

해설 분권 발전기의 부하 전류가 증가하면 전기자 저항 강하와 전기자 반작용에 의한 감자 현상으로 단자 전압이 떨어지고, 단락 상태로 되면 계자 전류(I_f)가 0이 되어 잔류 전압에 의한 단락 전류가 되므로 소전류가 흐른다.

19 권선형 유도 전동기와 직류 분권 전동기와의 유사한 점으로 가장 옳은 것은?

① 정류자가 있고, 저항으로 속도 조정을 할 수 있다.
② 속도 변동률이 크고, 토크가 전류에 비례한다.
③ 속도 가변이 용이하며, 기동 토크가 기동 전류에 비례한다.
④ 속도 변동률이 작고, 저항으로 속도 조정을 할 수 있다.

해설 권선형 유도 전동기와 직류 분권 전동기의 유사한 점은 속도 변동률이 작고, 저항에 의한 속도 제어를 할 수 있다는 점이다.

20. **이론** check **고주파 발전기**

상용 전원보다 높은 주파수의 회전 발전기를 말하며, 항공기나 선박 등의 무선기 전원으로서 사용되는 400[Hz] 발전기, 고주파 전기로용의 1~10[kHz] 발전기 등이 있다.
200[Hz] 이상의 것에서는 계자(界磁), 전기자 모두 정지하고 주변에 비자성 물질과 자성강을 교대로 배치한 유도자를 회전시켜서 기전력을 유기하도록 한 유도자형 발전기가 일반적으로 사용된다.

20 동기 발전기에서 전기자 권선과 계자 권선이 모두 고정되고 유도자가 회전하는 것은?

① 수차 발전기   ② 고주파 발전기
③ 터빈 발전기   ④ 엔진 발전기

해설 유도자형 발전기는 계자와 전기자를 고정자로 하고 유도자를 회전자로 사용하는 발전기로 고주파 발전기에서 많이 사용되고 있다.

정답 19.④ 20.②

2016년 과년도 출제문제

제1회 전기기기

기출문제 관련 이론 바로보기

01 정전압 계통에 접속된 동기 발전기의 여자를 약하게 하면?
① 출력이 감소한다.
② 전압이 강하한다.
③ 앞선 무효 전류가 증가한다.
④ 뒤진 무효 전류가 증가한다.

해설 여자 전류를 약하게 하면 앞선 무효 전류가 흐르고, 증자 작용에 의하여 유도 기전력은 높아진다.

02 다이오드를 사용하는 정류 회로에서 과대한 부하 전류로 인하여 다이오드가 소손될 우려가 있을 때 가장 적절한 조치는 어느 것인가?
① 다이오드를 병렬로 추가한다.
② 다이오드를 직렬로 추가한다.
③ 다이오드 양단에 적당한 값의 저항을 추가한다.
④ 다이오드 양단에 적당한 값의 콘덴서를 추가한다.

해설 다이오드를 병렬로 접속하면 과전류로부터 보호할 수 있다. 즉, 부하 전류가 증가하면 다이오드를 여러 개 병렬로 접속한다.

03 직류 발전기의 외부 특성 곡선에서 나타내는 관계로 옳은 것은?
① 계자 전류와 단자 전압
② 계자 전류와 부하 전류
③ 부하 전류와 단자 전압
④ 부하 전류와 유기 기전력

해설 직류 발전기의 외부 특성 곡선은 부하 전류(I)와 단자 전압(V)의 관계 곡선이다.

03. 이론 특성 곡선

(1) 무부하 특성 곡선
정격 속도, 무부하($I=0$) 상태에서 계자 전류(I_f)와 유기 기전력(E)의 관계 곡선을 말한다(무부하 포화 곡선이라고도 한다).
$$E = \frac{Z}{a} p\phi \frac{N}{60} = K\phi N \propto \phi [\text{V}]$$
$\phi \propto I_f$ 이므로 $E \propto I_f$ 이다.

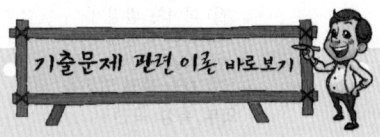

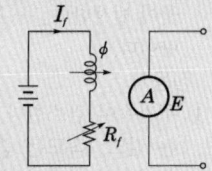

∥ 무부하 특성 곡선 ∥

(2) 외부 특성 곡선
회전 속도, 계자 저항이 일정한 상태에서 부하 전류(I)와 단자 전압(V)의 관계 곡선을 말한다.

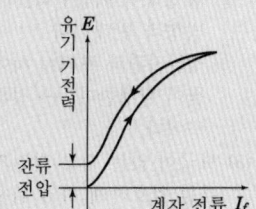

정답 01.③ 02.① 03.③

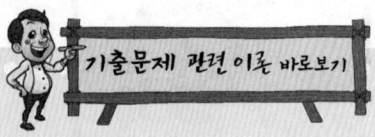

여기서, ① 과복권 발전기
② 평복권 발전기
③ 부족 복권 발전기
④ 타여자 발전기
⑤ 분권 발전기
⑥ 직권 발전기
⑦ 차동 복권 발전기

▌외부 특성 곡선▐

04. **전기자 반작용의 영향**

전기자 권선의 자속이 계자 권선의 자속에 영향을 주는 현상이다.
(1) 발전기
 ① 주자속이 감소한다. → 유기 기전력이 감소한다.
 ② 중성축이 이동한다. → 회전 방향과 같다.
 ③ 정류자편과 브러시 사이에 불꽃이 발생한다. → 정류가 불량이다.
(2) 전동기
 ① 주자속이 감소한다. → 토크는 감소, 속도는 증가한다.
 ② 중성축이 이동한다. → 회전 방향과 반대이다.
 ③ 정류자편과 브러시 사이에 불꽃이 발생한다. → 정류가 불량이다.
(3) 보극이 없는 직류 발전기는 정류를 양호하게 하기 위하여 브러시를 회전 방향으로 이동시킨다.

04 직류기의 전기자 반작용에 의한 영향이 아닌 것은?

① 자속이 감소하므로 유기 기전력이 감소한다.
② 발전기의 경우 회전 방향으로 기하학적 중성축이 형성된다.
③ 전동기의 경우 회전 방향과 반대 방향으로 기하학적 중성축이 형성된다.
④ 브러시에 의해 단락된 코일에는 기전력이 발생하므로 브러시 사이의 유기 기전력이 증가한다.

해설 전기자 반작용의 영향
• 전기적 중성축이 이동한다.
• 주자속(계자 자속)이 감소한다.
• 정류자 편간 전압이 국부적으로 높아져 불꽃이 발생한다. → 정류 불량을 초래한다.

05 어떤 정류기의 부하 전압이 2,000[V]이고 맥동률이 3[%]이면 교류분의 진폭[V]은?

① 20　　　　　　　② 30
③ 50　　　　　　　④ 60

해설 $E_d = 2,000[V]$, $\nu = 3[\%] = 0.03$이므로

$$\nu = \frac{E_{rms}}{E_d} \times 100$$

$\therefore E_{rms} = \nu E_d = 0.03 \times 2,000 = 60[V]$

06 3상 3,300[V], 100[kVA]의 동기 발전기의 정격 전류는 약 몇 [A]인가?

① 17.5　　　　　　② 25
③ 30.3　　　　　　④ 33.3

해설 정격 전류 $I_n = \frac{P \times 10^3}{\sqrt{3}\,V_n} = \frac{100 \times 10^3}{\sqrt{3} \times 3,300} = 17.5[A]$

07 4극 3상 유도 전동기가 있다. 전원 전압 200[V]로 전부하를 걸었을 때 전류는 21.5[A]이다. 이 전동기의 출력은 약 몇 [W]인가? (단, 전부하 역률 86[%], 효율 85[%]이다.)

① 5,029　　　　　　② 5,444
③ 5,820　　　　　　④ 6,103

해설 출력 $P = \sqrt{3}\,VI\cos\theta \cdot \eta$
$= \sqrt{3} \times 200 \times 21.5 \times 0.86 \times 0.85$
$= 5444.2[W]$

정답　04.④　05.④　06.①　07.②

08 변압비 3,000/100[V]인 단상 변압기 2대의 고압측을 그림과 같이 직렬로 3,300[V] 전원에 연결하고, 저압측에 각각 5[Ω], 7[Ω]의 저항을 접속하였을 때, 고압측의 단자 전압 E_1은 약 몇 [V]인가?

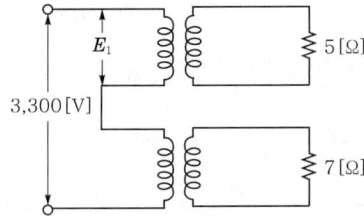

① 471
② 660
③ 1,375
④ 1,925

해설 변압비(권수비) $a = \dfrac{V_1}{V_2}$, $a = \dfrac{3,000}{100} = 30$

저압측 저항을 고압측으로 환산하면 $R = 5 \times 30^2 + 7 \times 30^2 = 10,800[\Omega]$

2개의 고압 권선이 직렬로 3,300[V] 전원에 연결되어 있으므로 고압 권선의 전류 I_1은

$I_1 = \dfrac{3,300}{10,800} ≒ 0.3056[A]$

∴ $E_1' = 9.168 \times 5 ≒ 45.84[V]$
∴ $E_2' = 9.168 \times 7 ≒ 64.18[V]$

또한, 고압측의 전압 E_1과 E_2는
∴ $E_1 = aE_1' = 30 \times 45.84 = 1,375.2[V]$
∴ $E_2 = aE_2' = 30 \times 64.18 = 1,925.4[V]$

09 교류기에서 유기 기전력의 특정 고조파분을 제거하고 또 권선을 절약하기 위하여 자주 사용되는 권선법은?

① 전절권
② 분포권
③ 집중권
④ 단절권

해설 전절권에 비해 단절권은 기전력은 감소하나 고조파를 제거하여 기전력의 파형을 개선하며, 코일단부 축소와 동량을 절약한다.

10 12극의 3상 동기 발전기가 있다. 기계각 15°에 대응하는 전기각은?

① 30°
② 45°
③ 60°
④ 90°

해설 1극당 전기각은 180°이므로 12극의 전기각은 $12 \times 180° = 2,160°$

따라서 기계각 15°의 전기각 $\theta = \dfrac{2,160°}{360°} \times 15° = 90°$

09. 전절권과 단절권

(1) 정의
 ① 전절권(×) : 코일 간격과 극 간격이 같은 경우
 ② 단절권(○) : 코일 간격이 극 간격보다 짧은 경우

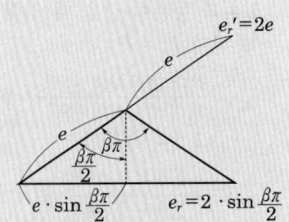

∥ 전절권과 단절권 ∥

(2) 단절권의 장점
 ① 고조파 제거하여 기전력의 파형을 개선
 ② 동량의 감소, 기계적 치수 경감
(3) 단절권의 단점
 기전력 감소
※ 단절 계수

$K_p = \dfrac{e_r (단절권)}{e_r' (전절권)}$

$K_p = \sin\dfrac{\beta\pi}{2}$ (기본파)

$K_{pn} = \sin\dfrac{n\beta\pi}{2}$ (n차 고조파)

여기서, $\beta = \dfrac{코일\ 간격}{극\ 간격}$

정답 08.③ 09.④ 10.④

11 4극, 60[Hz]의 유도 전동기가 슬립 5[%]로 전부하 운전하고 있을 때 2차 권선의 손실이 94.25[W]라고 하면 토크는 약 몇 [N·m]인가?

① 1.02
② 2.04
③ 10.0
④ 20.0

해설
$$N_s = \frac{120f}{P} = \frac{120 \times 60}{4} = 1,800[\text{rpm}]$$
$$P_2 = \frac{P_{2c}}{s} = \frac{94.25}{0.05} = 1,885[\text{W}]$$
$$\therefore \tau = \frac{P_2}{\omega_s} = \frac{P_2}{2\pi \times \frac{N_s}{60}} = \frac{1,885}{2\pi \times \frac{1,800}{60}} \fallingdotseq 10[\text{N} \cdot \text{m}]$$

12 단상 변압기에 정현파 유기 기전력을 유기하기 위한 여자 전류의 파형은?

① 정현파
② 삼각파
③ 왜형파
④ 구형파

해설 전압을 유기하는 자속은 정현파이지만 자속을 만드는 여자 전류는 자로를 구성하는 철심의 포화와 히스테리시스 현상 때문에 일그러져 첨두파(=왜형파)가 된다.

13. 이론 check ▶ **최대 효율**

철손과 동손이 같을 때 최대 효율이 된다($P_i = P_c$).

$$\eta_m = \frac{\text{최대 효율시의 출력}}{\text{최대 효율시의 출력} + 2 \times \text{무부하손}} \times 100[\%]$$

$$= \frac{\sum h\, V_2 I_2 \cos\theta_2}{\sum h\, V_2 I_2 \cos\theta_2 + 24P_i + \sum h P_c} \times 100[\%]$$

Tip ✂ **규약 효율**

(1) 전부하 효율
$$\eta = \frac{\text{출력}}{\text{출력} + \text{손실}} \times 100[\%]$$
$$= \frac{\text{입력} - \text{손실}}{\text{입력}} \times 100[\%]$$
$$= \frac{V_2 I_2 \cos\theta_2}{V_2 I_2 \cos\theta_2 + P_i + I_2^2 r} \times 100[\%]$$

(2) $\frac{1}{m}$ 부하시 효율
$$\eta_{\frac{1}{m}} = \frac{\frac{1}{m} V_2 I_2 \cos\theta_2}{\frac{1}{m} V_2 I_2 \cos\theta_2 + P_i + \left(\frac{1}{m}\right)^2 I_2^2 r} \times 100[\%]$$

13 변압기의 전일 효율이 최대가 되는 조건은?

① 하루 중의 무부하손의 합 = 하루 중의 부하손의 합
② 하루 중의 무부하손의 합 < 하루 중의 부하손의 합
③ 하루 중의 무부하손의 합 > 하루 중의 부하손의 합
④ 하루 중의 무부하손의 합 = 2 × 하루 중의 부하손의 합

해설 하루 중의 출력 전력량과 입력 전력량의 비를 전일 효율 η_d라 하며 다음과 같이 표시한다.
$$\eta_d = \frac{\sum h\, V_2 I_2 \cos\theta_2}{\sum h\, V_2 I_2 \cos\theta_2 + 24P_i + \sum h P_c} \times 100$$
전일 효율을 최대로 하기 위해서는
$24P_i = \sum h P_c$
$$\therefore P_i = \sum \frac{h}{24} P_c$$
즉, 무부하손의 합과 부하손의 합을 같게 하면 된다. 따라서 전부하 시간이 짧을수록 철손을 적게 하지 않으면 안 된다.

정답 11.③ 12.③ 13.①

14 회전형 전동기와 선형 전동기(LInear Motor)를 비교한 설명 중 틀린 것은?

① 선형의 경우 회전형에 비해 공극의 크기가 작다.
② 선형의 경우 직접적으로 직선 운동을 얻을 수 있다.
③ 선형의 경우 회전형에 비해 부하 관성의 영향이 크다.
④ 선형의 경우 전원의 상 순서를 바꾸어 이동 방향을 변경한다.

해설 선형 유도 전동기(LIM)의 렌츠의 법칙에 의해 직접적으로 직선 운동을 얻을 수 있으며, 1차측 전원의 상순을 바꾸어 이동 방향을 바꿀 수 있으며 회전형에 비해 공극의 크기가 크다.

15 유도 전동기를 정격 상태로 사용 중, 전압이 10[%] 상승하면 다음과 같은 특성의 변화가 있다. 틀린 것은? (단, 부하는 일정 토크라고 가정한다.)

① 슬립이 작아진다.
② 효율이 떨어진다.
③ 속도가 감소한다.
④ 히스테리시스손과 와류손이 증가한다.

해설
• 슬립은 전압 제곱에 반비례하므로 전압이 상승하면 슬립이 작아진다.
• 효율 $\eta_2 = 1 - s$ 이므로 슬립이 작아지면 효율은 증가한다.
• 속도는 전압의 제곱에 비례하므로 전압이 상승하면 속도도 상승한다.

16 대칭 3상 권선에 평형 3상 교류가 흐르는 경우 회전 자계의 설명으로 틀린 것은?

① 발생 회전 자계 방향 변경 가능
② 발생 회전 자계는 전류와 같은 주기
③ 발생 회전 자계 속도는 동기 속도보다 늦음
④ 발생 회전 자계 세기는 각 코일 최대 자계의 1.5배

해설 3상 교류 전동기(동기, 유도)의 고정자 권선에 평형 3상 교류 전류가 흐르는 경우 회전 자계 회전 속도는 동기 속도로 회전한다.

17 직류기 권선법에 대한 설명 중 틀린 것은?

① 단중 파권은 균압환이 필요하다.
② 단중 중권의 병렬 회로수는 극수와 같다.
③ 저전류·고전압 출력은 파권이 유리하다.
④ 단중 파권의 유기 전압은 단중 중권의 $\frac{P}{2}$이다.

---

17. 이론 Check 중권과 파권

(1) 중권(lap winding, 병렬권)
병렬 회로수와 브러시수가 자극의 수와 같으며 저전압, 대전류에 유효하고, 병렬 회로 사이에 전압의 불균일시 순환 전류가 흐를 수 있으므로 균압환이 필요하다.

(2) 파권(wave winding, 직렬권)
파권은 병렬 회로수가 극수와 관계없이 항상 2개로 되어 있으므로, 고전압 소전류에 유효하고, 균압환은 불필요하며, 브러시수는 2 또는 극수와 같게 할 수 있다.

구분	전압, 전류	병렬 회로수	브러시수	균압환
중권	저전압, 대전류	$a = p$	$b = p$	필요
파권	고전압, 소전류	$a = 2$	$b = 2$ 또는 $b = p$	불필요

Tip 직류기의 전기자 권선법

제작이 용이하고 기전력이 많이 발생되도록 감는 권선법이다.

(1) 환상권과 고상권
① 환상권(×) : 권선을 링 모양으로 감아주는 권선법
② 고상권(○) : 전기자 표면에만 감아주는 권선법

(2) 개로권과 폐로권
① 개로권(×) : 몇 개의 독립된 전선으로 감는 권선법
② 폐로권(○) : 처음 시작에서 감으면 끝나는 곳이 처음 시작점이 되는 권선법

(3) 단층권과 이층권
① 단층권(×) : 1개의 슬롯에 도체가 1개인 권선법
② 이층권(○) : 1개의 슬롯에 도체가 2개인 권선법

정답 14.① 15.②, ③ 16.③ 17.①

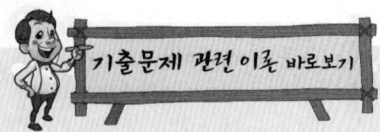

해설 중권으로 하면 병렬 회로 사이에 순환 전류가 흐르지 않도록 균압환을 설치한다.

18 스테핑 모터의 일반적인 특징으로 틀린 것은?

① 기동·정지 특성은 나쁘다.
② 회전각은 입력 펄스수에 비례한다.
③ 회전 속도는 입력 펄스 주파수에 비례한다.
④ 고속 응답이 좋고, 고출력의 운전이 가능하다.

해설 스테핑(스텝) 모터는 아주 정밀한 펄스 구동 방식의 전동기로 회전각은 입력 펄스수에 비례하고 회전 속도는 펄스 주파수에 비례하며 다음과 같은 특징이 있다.
• 기동, 정지 특성과 고속 응답 특성이 우월하다.
• 고정밀 위치 제어가 가능하고 각도 오차가 누적되지 않는다.
• 피드백 루프가 필요 없으며 디지털 신호를 직접 제어할 수 있다.
• 가·감속이 용이하고 정·역 및 변속이 쉽다.

19. **이론 check** 효율(efficiency) : η[%]

$$\eta = \frac{출력}{입력} \times 100$$

$$= \frac{출력}{출력+손실} \times 100 \, [\%]$$

(1) 전부하 효율(η)

$$\eta = \frac{VI \cdot \cos\theta}{VI\cos\theta + P_i + P_c(I^2r)} \times 100 \, [\%]$$

※ 최대 효율 조건

$$P_i = P_c(I^2r)$$

(2) $\frac{1}{m}$ 부하시 효율 $\left(\eta_{\frac{1}{m}}\right)$

$$\eta_{\frac{1}{m}} = \frac{\frac{1}{m} \cdot VI \cdot \cos\theta}{\frac{1}{m} \cdot VI \cdot \cos\theta + P_i + \left(\frac{1}{m}\right)^2 \cdot P_c} \times 100 \, [\%]$$

※ 최대 효율 조건

$$P_i = \left(\frac{1}{m}\right)^2 \cdot P_c$$

19 철손 1.6[kW], 전부하 동손 2.4[kW]인 변압기에는 약 몇 [%] 부하에서 효율이 최대로 되는가?

① 82　　　　　　② 95
③ 97　　　　　　④ 100

해설 변압기의 효율은 $m^2 P_c = P_i$ 일 때 최고 효율이 되므로

$$\therefore \, m = \sqrt{\frac{P_i}{P_c}} = \sqrt{\frac{1.6}{2.4}}$$

$$\fallingdotseq 0.8164 = 81.64 \fallingdotseq 82 \, [\%]$$

20. **이론 check** 난조(hunting)

부하 급변시 부하각과 동기 속도가 진동하는 현상이다.

(1) 난조의 원인
① 조속기 감도가 너무 예민한 경우
② 원동기 토크에 고조파가 포함된 경우
③ 전기자 회로의 저항이 너무 큰 경우

(2) 난조의 방지책
제동 권선을 설치한다.

20 동기 발전기의 제동 권선의 주요 작용은?

① 제동 작용
② 난조 방지 작용
③ 시동 권선 작용
④ 자려 작용(自勵作用)

해설 **제동 권선의 효용**
• 난조 방지
• 기동하는 경우 유도 전동기의 농형 권선으로서 기동 토크를 발생
• 불평형 부하시의 전류 전압 파형의 개선
• 송전선의 불평형 단락시에 이상 전압의 방지

정답　18.①　19.①　20.②

제 2 회 전기기기

01 그림은 단상 직권 정류자 전동기의 개념도이다. C를 무엇이라고 하는가?

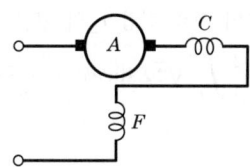

① 제어 권선
② 보상 권선
③ 보극 권선
④ 단층 권선

해설 보상 권선은 전기자 기자력을 상쇄하여 역률 저하를 방지한다.

02 자극수 p, 파권, 전기자 도체수가 Z인 직류 발전기를 N[rpm]의 회전 속도로 무부하 운전할 때 기전력이 E[V]이다. 1극당 주자속[Wb]은?

① $\dfrac{120E}{pZN}$
② $\dfrac{120Z}{pEN}$
③ $\dfrac{120ZN}{pE}$
④ $\dfrac{120pZ}{EN}$

해설 직류 발전기의 유기 기전력 $E = \dfrac{Z}{a}p\phi\dfrac{N}{60}$[V]

병렬 회로수 $a = 2$(파권)이므로

극당 자속 $\phi = \dfrac{120E}{ZpN}$[Wb]

03 3상 권선형 유도 전동기의 토크 속도 곡선이 비례 추이한다는 것은 그 곡선이 무엇에 비례해서 이동하는 것을 말하는가?

① 슬립
② 회전수
③ 2차 저항
④ 공급 전압의 크기

해설 토크의 비례 추이는 토크 특성 곡선이 2차 합성 저항($r_2 + R$)에 정비례 하여 이동하는 것을 말한다.

이론 check 02. 직류 발전기의 유기 기전력

$$E = \dfrac{pZ}{a}\phi n = \dfrac{pZ}{a}\phi\dfrac{N}{60}$$
$$= K_1\phi N \text{[V]} \left(\because K_1 = \dfrac{pZ}{60a}\right)$$

여기서, p : 극수
n : 매초 회전수[rps]
Z : 전기자의 도체 총수
ϕ : 매극의 자속수[Wb]
N : 매분 회전수[rpm]
a : 전기자 내부 병렬 회로수(중권 : $a = p$, 파권 : $a = 2$)

이론 check 03. 비례 추이 : 3상 권선형 유도 전동기

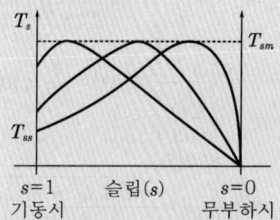

∥ 토크의 비례 추이 곡선 ∥

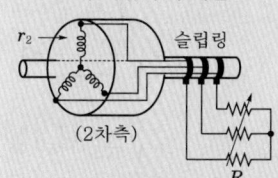

∥ 2차측 저항 연결 ∥

회전자(2차)에 슬립링을 통하여 저항을 연결하고, 2차 합성 저항을 변화하면, 같은(동일) 토크에서 슬립이 비례하여 변화한다. 따라서 토크 특성 곡선이 비례하여 이동하는 것을 토크의 비례 추이라 한다.

$T_s \propto \dfrac{r_2}{s}$의 함수이므로

$\dfrac{r_2}{s} = \dfrac{r_2 + R}{s'}$이면, T_s는 동일하다.

정답 01.② 02.① 03.③

PART 03 전기기기

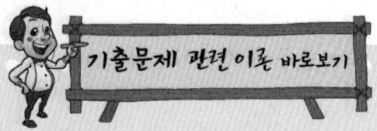

04. 이론check 단상 전파 정류 회로

$E_d = \dfrac{\sqrt{2}\,(1+\cos\alpha)}{\pi} \cdot E\,[\mathrm{V}]$

$I_d = \dfrac{\sqrt{2}\,(1+\cos\alpha)}{\pi} \cdot \dfrac{E}{R_L}\,[\mathrm{A}]$

점호 제어를 일으키지 않을 경우 ($\alpha = 0$)

$E_d = \dfrac{2\sqrt{2}}{\pi}E = 0.90E\,[\mathrm{V}]$

$I_d = \dfrac{E_d}{R_L} = \dfrac{2\sqrt{2}}{\pi} \cdot \dfrac{E}{R_L}\,[\mathrm{A}]$

$I_{\mathrm{rms}} = \sqrt{\dfrac{1}{\pi}\int_0^\pi i_d^{\,2}\,d\theta}$
$= \sqrt{\dfrac{1}{\pi}\int_0^\pi \sqrt{2}\,I\sin\theta\,d\theta}$
$= \dfrac{I_m}{\sqrt{2}}\,[\mathrm{A}]$

$\eta_R = \dfrac{P_{dc}}{P_{ac}} \times 100 = \dfrac{I_d^{\,2}R_L}{I_{\mathrm{rms}}^{\,2}R_L} \times 100$

$= \dfrac{\left(\dfrac{2}{\pi}I_m\right)^2}{\left(\dfrac{I_m}{\sqrt{2}}\right)^2} \times 100 = \dfrac{8}{\pi^2} \times 100$

$= 81.2\,[\%]$

맥동률 $\nu = \dfrac{\sqrt{\text{실효값}^2 - \text{평균값}^2}}{\text{평균값}}$

$= \sqrt{\dfrac{\left(\dfrac{I_m}{\sqrt{2}}\right)^2}{\dfrac{2I_m}{\pi}} - 1}$

$= \sqrt{\dfrac{\pi^2}{8} - 1} = 0.48$

$PIV = 2\sqrt{2}\,E = 2E_m\,[\mathrm{V}]$

06. Tip 전기자 반작용의 영향

전기자 권선의 자속이 계자 권선의 자속에 영향을 주는 현상이다.
(1) 발전기
  ① 주자속이 감소한다. → 유기 기전력이 감소한다.
  ② 중성축이 이동한다. → 회전 방향과 같다.
  ③ 정류자편과 브러시 사이에 불꽃이 발생한다. → 정류가 불량이다.

04 단상 전파 정류에서 공급 전압이 E일 때 무부하 직류 전압의 평균값은? (단, 브리지 다이오드를 사용한 전파 정류 회로이다.)

① $0.90E$ ② $0.45E$
③ $0.75E$ ④ $1.17E$

해설 브리지 정류 회로이므로 단상 정류 회로이다.
부하 양단의 직류 전압 e_d의 평균값 E_{d0}는

$\therefore E_{d0} = \dfrac{2}{\pi}\int_0^\pi \sqrt{2}\,E\sin\theta\,d\theta = \dfrac{2\sqrt{2}}{\pi}E \fallingdotseq 0.90E\,[\mathrm{V}]$

05 3,300/200[V], 10[kVA] 단상 변압기의 2차를 단락하여 1차측에 300[V]를 가하니 2차에 120[A]의 전류가 흘렀다. 이 변압기의 임피던스 전압 및 %임피던스 강하는 약 얼마인가?

① 125[V], 3.8[%]   ② 125[V], 3.5[%]
③ 200[V], 4.0[%]   ④ 200[V], 4.2[%]

해설 1차 정격 전류 $I_{1n} = \dfrac{P}{V_1} = \dfrac{10 \times 10^3}{3,300} \fallingdotseq 3.03\,[\mathrm{A}]$

1차 단락 전류 $I_{1S} = \dfrac{1}{a}I_{2S} = \dfrac{200}{3,300} \times 120 \fallingdotseq 7.27\,[\mathrm{A}]$

2차를 1차로 환산한 등가 누설 임피던스

$Z_{21} = \dfrac{V_S{'}}{I_{1S}} = \dfrac{300}{7.27} \fallingdotseq 41.27\,[\Omega]$

임피던스 전압 V_S는

$\therefore V_S = I_{1n}Z_{21} = 3.03 \times 41.27 \fallingdotseq 125\,[\mathrm{V}]$

백분율 임피던스 강하 z는

$\therefore z = \dfrac{V_S}{V_{1n}} \times 100 = \dfrac{125}{3,300} \times 100 \fallingdotseq 3.8\,[\%]$

06 직류기의 전기자 반작용 결과가 아닌 것은?

① 주자속이 감소한다.
② 전기적 중성축이 이동한다.
③ 주자속에 영향을 미치지 않는다.
④ 정류자편 사이의 전압이 불균일하게 된다.

해설 전기자 반작용의 영향
• 전기적 중성축이 이동한다.
• 주자속(계자 자속)이 감소한다.
• 정류자 편간 전압이 국부적으로 높아져 불꽃이 발생한다. → 정류 불량을 초래한다.

 정답 04.① 05.① 06.③

07 동기 조상기의 구조상 특이점이 아닌 것은?
① 고정자는 수차 발전기와 같다.
② 계자 코일이나 자극이 대단히 크다.
③ 안정 운전용 제동 권선이 설치된다.
④ 전동기 축은 동력을 전달하는 관계로 비교적 굵다.

해설 동기 조상기는 동기 전동기를 무부하 상태에서 계자 전류를 조정함에 따라 진상 또는 지상 전류를 공급하여 송전 계통의 역률 개선과 전압 조정을 하는 기기이므로 회전자 축을 특별히 굵게 할 필요가 없다.

08 VVVF(Variable Voltage Variable Frequency)는 어떤 전동기의 속도 제어에 사용되는가?
① 동기 전동기
② 유도 전동기
③ 직류 복권 전동기
④ 직류 타여자 전동기

해설 VVVF(Variable Voltage Variable Frequency) 제어는 유도 전동기의 주파수 변환에 의한 속도 제어이다.

09 3상 유도 전동기의 기동법 중 Y-△ 기동법으로 기동시 1차 권선의 각 상에 가해지는 전압은 기동시 및 운전시 각각 정격 전압의 몇 배가 가해지는가?
① $1, \dfrac{1}{\sqrt{3}}$
② $\dfrac{1}{\sqrt{3}}, 1$
③ $\sqrt{3}, \dfrac{1}{\sqrt{3}}$
④ $\dfrac{1}{\sqrt{3}}, \sqrt{3}$

해설 기동시 고정자 권선의 결선이 Y결선이므로 상전압은 $\dfrac{1}{\sqrt{3}}V_0$이고, 운전시 △결선이 되어 상전압과 선간 전압은 동일하다.

10 SCR에 관한 설명으로 틀린 것은?
① 3단자 소자이다.
② 스위칭 소자이다.
③ 직류 전압만을 제어한다.
④ 적은 게이트 신호로 대전력을 제어한다.

해설 SCR(Silicon Controlled Rectifier)은 단일 방향 3단자 사이리스터이며 작은 게이트 신호에 의해 직류와 교류의 대전력을 제어하는 스위칭 소자이다.

 정답 07.④ 08.② 09.② 10.③

(2) 전동기
① 주자속이 감소한다. → 토크는 감소, 속도는 증가한다.
② 중성축이 이동한다. → 회전 방향과 반대이다.
③ 정류자편과 브러시 사이에 불꽃이 발생한다. → 정류가 불량이다.
(3) 보극이 없는 직류 발전기는 정류를 양호하게 하기 위하여 브러시를 회전 방향으로 이동시킨다.

09. 유도 전동기 기동법
(1) 기동법
기동 전류를 제한(기동시 정격 전류의 5~7배 정도 증가)하여 기동하는 방법이다.
(2) 권선형 유도 전동기
2차 저항 기동법은 기동 전류가 감소하고, 기동 토크가 증가한다.
(3) 농형 유도 전동기
① 직입 기동법(전전압 기동) : 출력 $P=5[HP]$ 이하(소형)
② Y-△ 기동법 : 출력 $P=5~15[kW]$ (중형)
㉠ 기동 전류가 $\dfrac{1}{3}$로 감소한다.
㉡ 기동 토크가 $\dfrac{1}{3}$로 감소한다.
③ 리액터 기동법 : 리액터에 의해 전압 강하를 일으켜 기동 전류를 제한하여 기동하는 방법이다.
④ 기동 보상기법
㉠ 출력 $P=20[kW]$ 이상(대형)
㉡ 강압용 단권 변압기에 의해 인가 전압을 감소시켜 공급하므로 기동 전류를 제한하여 기동하는 방법이다.
⑤ 콘도르퍼(korndorfer) 기동법 : 기동 보상기법과 리액터 기동을 병행(대형)한다.

10. SCR의 특징
(1) 아크가 생기지 않으므로 열의 발생이 적다.

PART 03 전기기기

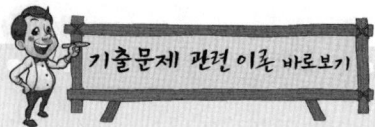

(2) 과전압에 약하다.
(3) 게이트 신호를 인가할 때부터 도통할 때까지의 시간이 짧다.
(4) 전류가 흐르고 있을 때 양극의 전압 강하가 작다.
(5) 정류 기능을 갖는 단일 방향성 3단자 소자이다.
(6) 브레이크 오버 전압이 되면 애노드 전류가 갑자기 커진다.
(7) 역률각 이하에서는 제어가 되지 않는다.
(8) 사이리스터에서는 게이트 전류가 흐르면 순방향 저지 상태에서 ON 상태로 된다. 게이트 전류를 가하여 도통 완료까지의 시간을 턴온 시간이라고 한다. 시간이 길면 스위칭시의 전력 손실이 많고 사이리스터 소자가 파괴될 수 있다.
(9) 유지 전류는 게이트를 개방한 상태에서 사이리스터 도통 상태를 유지하기 위한 최소의 순전류이다.
(10) 래칭 전류는 사이리스터가 턴온하기 시작하는 순전류이다.

11. **이론 check** 계기용 변성기

(1) 계기용 변압기(PT)
PT비 $\dfrac{V_1}{V_2} = \dfrac{n_1}{n_2}$

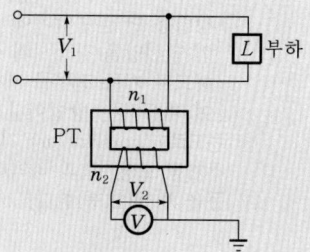

(2) 변류기(CT)
CT비 $\dfrac{I_1}{I_2} = \dfrac{n_2}{n_1}$

11 평형 3상 회로의 전류를 측정하기 위해서 변류비 200 : 5의 변류기를 그림과 같이 접속하였더니 전류계의 지시가 1.5[A]이었다. 1차 전류는 몇 [A]인가?

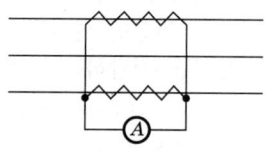

① 60
② $60\sqrt{3}$
③ 30
④ $30\sqrt{3}$

해설 다음 그림 (a)와 같이 각 선전류를 I_U, I_V, I_W, 변류기의 2차 전류를 I_u, I_w라 하면 평형 3상 회로이므로 그림 (b)와 같은 벡터도로 되고 회로도 및 벡터도에서 알 수 있는 바와 같이 전류계 Ⓐ에 흐르는 전류는

$I_u + I_w = I_U \times \dfrac{5}{200} + I_W \times \dfrac{5}{200} = \dfrac{I_U + I_W}{40} = -\dfrac{I_V}{40}$ 가 되고, 그 크기는 1.5[A]이므로 $\dfrac{I_V}{40} = 1.5[A]$

∴ $I_V = 1.5 \times 40 = 60[A]$

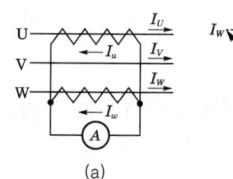 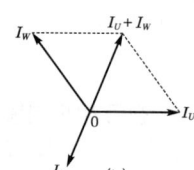

(a)　　　　　(b)

12 유도 전동기의 최대 토크를 발생하는 슬립을 s_t, 최대 출력을 발생하는 슬립을 s_p라 하면 대소 관계는?

① $s_p = s_t$
② $s_p > s_t$
③ $s_p < s_t$
④ 일정치 않다.

해설
$s_t = \dfrac{r_2'}{\sqrt{r_1^2 + (x_1 + x_2')^2}} \fallingdotseq \dfrac{r_2'}{x_2'} = \dfrac{r_2}{x_2}$

$s_p = \dfrac{r_2'}{r_2' + \sqrt{(r_1 + r_2')^2 + (x_1 + x_2')^2}} \fallingdotseq \dfrac{r_2'}{r_2' + Z}$

$\dfrac{r_2'}{x_2'} > \dfrac{r_2'}{r_2' + Z}$

∴ $s_t > s_p$

정답 11.① 12.③

13 정격 200[V], 10[kW] 직류 분권 발전기의 전압 변동률은 몇 [%]인가? (단, 전기자 및 분권 계자 저항은 각각 0.1[Ω], 100[Ω]이다.)

① 2.6　　② 3.0
③ 3.6　　④ 4.5

해설 $P=10[\text{kW}]$, $V=200[\text{V}]$, $R_a=0.1[\Omega]$, $R_f=100[\Omega]$ 이므로

$$I_a = I + I_f = \frac{P}{V} + \frac{V}{R_f} = \frac{10 \times 10^3}{200} + \frac{200}{100} = 52[\text{A}]$$

전압 변동률 ε 은

$$\therefore \varepsilon = \frac{E-V}{V} \times 100 = \frac{I_a R_a}{V} \times 100 = \frac{52 \times 0.1}{200} \times 100 = 2.6[\%]$$

14 동기 발전기의 단락비를 계산하는 데 필요한 시험은?

① 부하 시험과 돌발 단락 시험
② 단상 단락 시험과 3상 단락 시험
③ 무부하 포화 시험과 3상 단락 시험
④ 정상, 역상, 영상 리액턴스의 측정 시험

해설 동기 발전기의 단락비를 산출
• 무부하 포화 특성 시험
• 3상 단락 시험

$$\therefore \text{단락비 } K_s = \frac{I_{f0}}{I_{fs}}$$

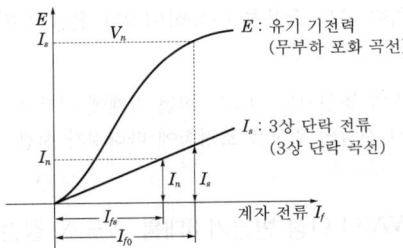

15 직류 분권 발전기에 대한 설명으로 옳은 것은?

① 단자 전압이 강하하면 계자 전류가 증가한다.
② 부하에 의한 전압의 변동이 타여자 발전기에 비하여 크다.
③ 타여자 발전기의 경우보다 외부 특성 곡선이 상향(上向)으로 된다.
④ 분권 권선의 접속 방법에 관계없이 자기 여자로 전압을 올릴 수가 있다.

해설 직류 분권 발전기는 단자 전압이 저하하면 여자 전류도 감소하기 때문에 타여자 발전기보다는 전압 강하가 조금 크게 된다.

기출문제 관련 이론 바로보기

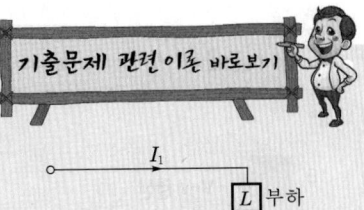

14. 이론check 단락비(K_s)

$$K_s = \frac{I_{f0}}{I_{fs}}$$

$$= \frac{\text{무부하 정격 전압을 유기하는 데 필요한 계자 전류}}{\text{3상 단락 정격 전류를 흘리는 데 필요한 계자 전류}}$$

$$= \frac{I_s}{I_n} = \frac{1}{Z_s'} \propto \frac{1}{Z_s}$$

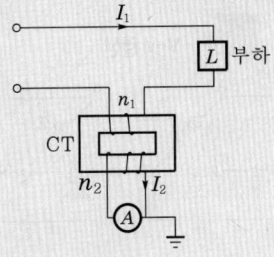

▎무부하 특성 곡선과 3상 단락 곡선▎

(1) 단락비 산출시 필요한 시험
 ① 무부하 시험
 ② 3상 단락 시험

(2) 단락비(K_s) 큰 기계
 ① 동기 임피던스가 작다.
 　$K_s \propto \dfrac{1}{Z_s}$
 ② 전압 변동률이 작다.
 ③ 전기자 반작용 작다.
 　계자 기자력이 크고, 전기자 기자력이 작다(철기계).
 ④ 출력이 크다.
 ⑤ 과부하 내량이 크고, 안정도가 높다.
 ⑥ 자기 여자 현상이 작다.

정답 13.① 14.③ 15.②

18. 이론 check **V-V 결선**

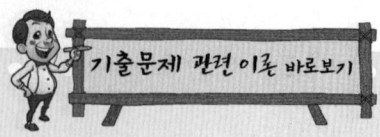

| V-V 결선 |

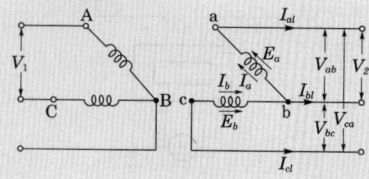

| 전압 벡터도 |

(1) 선간 전압=상전압
 $V_l = E_p$
(2) 선전류=상전류
 $I_l = I_p$
(3) 출력
 $P_1 = E_p I_p \cos\theta$ 에서
 $P_V = \sqrt{3} V_l I_l \cos\theta [\text{W}]$
 $= \sqrt{3} E_p I_p \cos\theta [\text{W}]$
 $= \sqrt{3} P_1$
(4) V-V 결선의 특성
 ① 2대 단상 변압기로 3상 부하에 전원을 공급한다.
 ② 부하 증설 예정시, △-△ 결선 운전 중 1대 고장시 V-V 결선이 가능하다.
 ③ 이용률 : $\dfrac{\sqrt{3}P_1}{2P_1} = \dfrac{\sqrt{3}}{2}$
  $= 0.866$
  $= 86.6[\%]$
 ④ 출력비 : $\dfrac{P_V}{P_\triangle} = \dfrac{\sqrt{3}P_1}{3P_1}$
  $= \dfrac{1}{\sqrt{3}}$
  $= 0.577$
  $= 57.7[\%]$

16 정격 출력 10,000[kVA], 정격 전압 6,600[V], 정격 역률 0.6인 3상 동기 발전기가 있다. 동기 리액턴스 0.6[p.u]인 경우의 전압 변동률[%]은?

① 21 ② 31
③ 40 ④ 52

해설

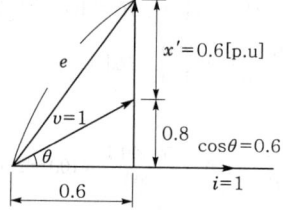

단위법으로 산출한 기전력 e
$e = \sqrt{0.6^2 + (0.6+0.8)^2} = 1.52[\text{p.u}]$
전압변동률 $\varepsilon = \dfrac{V_0 - V_n}{V_n} \times 100 = \dfrac{e-v}{v} \times 100$
$= \dfrac{1.52-1}{1} \times 100 = 52[\%]$

17 3상 유도 전압 조정기의 동작 원리 중 가장 적당한 것은?

① 두 전류 사이에 작용하는 힘이다.
② 교번 자계의 전자 유도 작용을 이용한다.
③ 충전된 두 물체 사이에 작용하는 힘이다.
④ 회전 자계에 의한 유도 작용을 이용하여 2차 전압의 위상 전압 조정에 따라 변화한다.

해설 3상 유도 전압 조정기의 원리는 회전 자계에 의한 유도 작용을 이용하여 2차 권선 전압의 위상을 조정함에 따라 2차 선간 전압이 변화한다.

18 정격 용량 100[kVA]인 단상 변압기 3대를 △-△ 결선하여 300[kVA]의 3상 출력을 얻고 있다. 한 상에 고장이 발생하여 결선을 V결선으로 하는 경우 ㉠ 뱅크 용량[kVA], ㉡ 각 변압기의 출력[kVA]은?

① ㉠ 253, ㉡ 126.5
② ㉠ 200, ㉡ 100
③ ㉠ 173, ㉡ 86.6
④ ㉠ 152, ㉡ 75.6

해설 • 뱅크 용량(V결선 출력)
 $P_V = \sqrt{3} P_1 = \sqrt{3} \times 100 = 173[\text{kVA}]$
• 각 변압기 출력(이용률 86.6[%]이므로)
 $P = 0.866 P_1 = 0.866 \times 100 = 86.6[\text{kVA}]$

정답 16.④ 17.④ 18.③

19 단권 변압기 2대를 V결선하여 선로 전압 3,000[V]를 3,300[V]로 승압하여 300[kVA]의 부하에 전력을 공급하려고 한다. 단권 변압기 1대의 자기 용량은 약 몇 [kVA]인가?

① 9.09　　　　② 15.72
③ 21.72　　　　④ 31.50

해설 단권 변압기 2대를 V결선하여 전력을 공급할 때

$$\frac{\text{단권 변압기 용량}}{\text{부하 용량}} : \frac{P}{W} = \frac{1}{\frac{\sqrt{3}}{2}}\left(\frac{V_1-V_2}{V_1}\right) \text{이므로}$$

단권 변압기 용량 $P = W \cdot \frac{2}{\sqrt{3}}\left(\frac{V_1-V_2}{V_1}\right)$

$= 300 \times \frac{2}{\sqrt{3}} \times \frac{3,300-3,000}{3,300} = 31.49[\text{kVA}]$

단권 변압기 1대 용량 $P_1 = \frac{P}{2} = \frac{31.49}{2} = 15.74[\text{kVA}]$

20 계자 권선이 전기자에 병렬로만 연결된 직류기는?

① 분권기　　　　② 직권기
③ 복권기　　　　④ 타여자기

해설 그림과 같이 계자 권선 F와 전기자 권선 A가 병렬로 접속된 것을 분권(shunt)이라 한다.

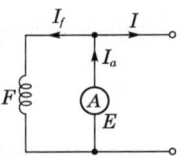

제 3 회　전기기기

01 정격 출력이 7.5[kW]의 3상 유도 전동기가 전부하 운전에서 2차 저항손이 300[W]이다. 슬립은 약 몇 [%]인가?

① 3.85　　　　② 4.61
③ 7.51　　　　④ 9.42

해설 $P = 7.5[\text{kW}]$, $P_{2c} = 300[\text{W}] = 0.3[\text{kW}]$이므로
$P_2 = P + P_{2c} = 7.5 + 0.3 = 7.8[\text{kW}]$
$\therefore s = \frac{P_{2c}}{P_2} = \frac{0.3}{7.8} \fallingdotseq 0.0385 = 3.85[\%]$

정답　19.② 20.① / 01.①

---

20. 이론 check　직류 발전기의 종류

(1) 타여자식(타여자 발전기)
　발전기의 외부로부터 계자 회로의 전원을 공급하여 계자를 여자시켜 발전하는 방식으로 잔류 자기가 필요하다.
(2) 자여자식 발전기
　자기 자신이 여자해서 발전하는 방식으로 잔류 자기가 필요한 발전기이다.
　① 직권 발전기 : 계자 회로와 전기자 회로가 직렬로 연결된다.
　② 분권 발전기 : 계자 회로와 전기자 회로가 병렬로 연결된다.
　③ 복권 발전기 : 내분권 발전기, 외분권 발전기로 나뉜다.

01. 이론 check　2차 입력, 출력, 동손의 관계

(1) 2차 입력
$P_2 = I_2^2(R+r_2)$
$= I_2^2 \frac{r_2}{s}[\text{W}](1상당)$

(2) 기계적 출력
$P_o = I_2^2 \cdot R$
$= I_2^2 \cdot \frac{1-s}{s} \cdot r_2[\text{W}]$

(3) 2차 동손
$P_{2c} = I_2^2 \cdot r_2[\text{W}]$

(4) $P_2 : P_o : P_{2c} = 1 : 1-s : s$

기출문제 관련 이론 바로보기

02. 이론 check — **직류 발전기의 병렬 운전**

2대 이상의 발전기를 병렬로 연결하여 부하에 전원을 공급한다.

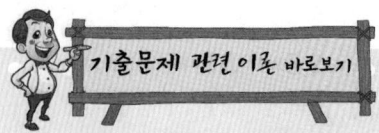

(1) 목적
 능률(효율) 증대, 예비기 설치시 경제적이다.

(2) 조건
 ① 극성이 일치할 것
 ② 정격 전압이 같을 것
 ③ 외부 특성 곡선이 일치하고, 약간 수하 특성을 가질 것
 $I = I_a + I_b$
 $V = E_a - I_a R_a = E_b - I_b R_b$

(3) 균압선
 직권 계자 권선이 있는 발전기에서 안정된 병렬 운전을 하기 위하여 반드시 설치한다.

03. 이론 check — **비례 추이 : 3상 권선형 유도 전동기**

회전자(2차)에 슬립링을 통하여 저항을 연결하고, 2차 합성 저항을 변화하면 같은(동일) 토크에서 슬립이 비례하여 변화하고, 따라서 토크 특성 곡선이 비례하여 이동하는 것을 토크의 비례 추이라 한다. 2차측에 저항을 삽입하는 목적은 기동 토크 증대, 기동 전류 제한 및 속도 제어를 위해서이다.

$T_s \propto \dfrac{r_2}{s}$ 의 함수이므로

$\dfrac{r_2}{s} = \dfrac{r_2 + R}{s'}$ 이면 T_s는 동일하다.

---

02 직류 분권 발전기를 병렬 운전을 하기 위해서는 발전기 용량 P와 정격 전압 V는?

① P와 V 모두 달라도 된다.
② P는 같고, V는 달라도 된다.
③ P와 V가 모두 같아야 한다.
④ P는 달라도 V는 같아야 한다.

해설 정격 전압은 같아야 하고, 용량(출력)이 같을 필요는 없다.

03 권선형 유도 전동기 기동시 2차측에 저항을 넣는 이유는?

① 회전수 감소
② 기동 전류 증대
③ 기동 토크 감소
④ 기동 전류 감소와 기동 토크 증대

해설 2차 회로 저항을 크게 하면 비례 추이의 원리에 의하여 기동시에 큰 토크를 얻을 수 있고, 기동 전류를 억제할 수도 있다.

04 변압기에서 철손을 구할 수 있는 시험은?

① 유도 시험
② 단락 시험
③ 부하 시험
④ 무부하 시험

해설 무부하 시험은 무부하 전류와 전력을 측정하여 여자 어드미턴스와 철손을 알아낸다.

05 권선형 유도 전동기의 2차 권선의 전압 sE_2와 같은 위상의 전압 E_c를 공급하고 있다. E_c를 점점 크게 하면 유도 전동기의 회전 방향과 속도는 어떻게 변하는가?

① 속도는 회전 자계와 같은 방향으로 동기 속도까지만 상승한다.
② 속도는 회전 자계와 반대 방향으로 동기 속도까지만 상승한다.
③ 속도는 회전 자계와 같은 방향으로 동기 속도 이상으로 회전할 수 있다.
④ 속도는 회전 자계와 반대 방향으로 동기 속도 이상으로 회전할 수 있다.

해설 권선형 유도 전동기의 2차 여자 제어에서 슬립 주파수 전압 E_c를 증가하면 슬립 s가 부$(-)$가 되어 회전 속도가 회전 자계와 같은 방향으로 동기 속도보다 빠른 속도로 회전할 수 있다.

정답 02.④ 03.④ 04.④ 05.③

06 주파수 60[Hz], 슬립 0.2인 경우 회전자 속도가 720[rpm]일 때 유도 전동기의 극수는?

① 4 ② 6
③ 8 ④ 12

해설 회전 속도 $N = N_s(1-s)$

동기 속도 $N_s = \dfrac{N}{1-s}$

$= \dfrac{720}{1-0.2} = 900[\text{rpm}]$

$N_s = \dfrac{120f}{P}$ 에서 극수 $P = \dfrac{120f}{N_s} = \dfrac{120 \times 60}{900} = 8$극

07 단락비가 큰 동기기에 대한 설명으로 옳은 것은?

① 안정도가 높다.
② 기계가 소형이다.
③ 전압 변동률이 크다.
④ 전기자 반작용이 크다.

해설 단락비가 큰 동기 발전기의 특성
- 동기 임피던스가 작다.
- 전압 변동률이 작다.
- 전기자 반작용이 작다(계자기 자력은 크고, 전기 자기 자력은 작다).
- 출력이 크다.
- 과부하 내량이 크고, 안정도가 높다.
- 자기 여자 현상이 작다.
- 회전자가 크게 되어 철손이 증가하여 효율이 약간 감소한다.

08 비철극형 3상 동기 발전기의 동기 리액턴스 $X_s = 10[\Omega]$, 유도 기전력 $E = 6,000[\text{V}]$, 단자 전압 $V = 5,000[\text{V}]$, 부하각 $\delta = 30°$일 때 출력은 몇 [kW]인가? (단, 전기자 권선 저항은 무시한다.)

① 1,500
② 3,500
③ 4,500
④ 5,500

해설 출력 $p_3 = 3\dfrac{EV}{x_s}\sin\delta$

$= 3 \times \dfrac{6,000 \times 5,000}{10} \times \dfrac{1}{2} \times 10^{-3}$

$= 4,500[\text{kW}]$

정답 06.③ 07.① 08.③

기출문제 관련 이론 바로보기

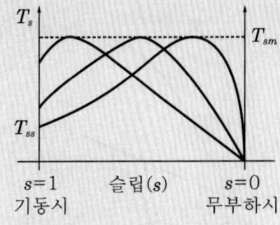

∥토크의 비례 추이 곡선∥

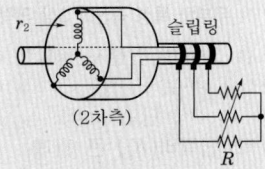

∥2차측 저항 연결∥

06. 이론 check 동기 속도와 슬립

(1) 동기 속도 $N_s = \dfrac{120f}{P}[\text{rpm}]$
(회전 자계의 회전 속도)

(2) 상대 속도 $N_s - N$(회전 자계와 전동기 회전 속도의 차)

(3) 동기 속도와 상대 속도의 비를 슬립(slip)이라 한다.

① 슬립 $s = \dfrac{N_s - N}{N_s}$

② 슬립 s로 운전하는 경우 2차 주파수 $f_2' = sf_2$

$= sf_1[\text{Hz}]$

07. 이론 check 단락비(K_s)

$K_s = \dfrac{I_{fo}}{I_{fs}}$

$= \dfrac{\text{무부하 정격 전압을 유기하는 데 필요한 계자 전류}}{\text{3상 단락 정격 전류를 흘리는 데 필요한 계자 전류}}$

$= \dfrac{I_s}{I_n} = \dfrac{1}{Z_s'} \propto \dfrac{1}{Z_s}$

기출문제 관련 이론 바로보기

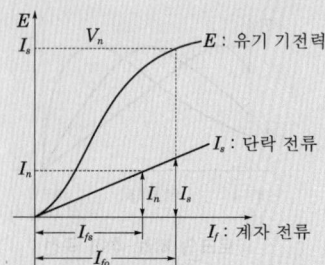

■ 무부하 특성 곡선과 3상 단락 곡선

(1) 단락비 산출시 필요한 시험
 ① 무부하 시험
 ② 3상 단락 시험
(2) 단락비(K_s) 큰 기계
 ① 동기 임피던스가 작다.
  $K_s \propto \dfrac{1}{Z_s}$
 ② 전압 변동률이 작다.
 ③ 전기자 반작용 작다.
  계자 기자력이 크고, 전기자 기자력이 작다(철기계).
 ④ 출력이 크다.
 ⑤ 과부하 내량이 크고, 안정도가 높다.
 ⑥ 자기 여자 현상이 작다.

11. 이론 check **분포권**

(1) 분포권 계수
 K_d(기본파)$=\dfrac{\sin\dfrac{\pi}{2m}}{q\sin\dfrac{\pi}{2mq}}$

 K_{dn}(n차 고조파)$=\dfrac{\sin\dfrac{n\pi}{2m}}{q\sin\dfrac{n\pi}{2mq}}$

 여기서, q : 매극 매상당 슬롯수
     m : 상수
(2) 분포권의 특징
 ① 기전력의 고조파가 감소하여 파형이 좋아진다.
 ② 권선의 누설 리액턴스가 감소한다.
 ③ 전기자 권선에 의한 열을 고르게 분포시켜 과열을 방지할 수 있다.

09 유도 전동기의 1차 전압 변화에 의한 속도 제어시 SCR을 사용하여 변화시키는 것은?

① 토크 ② 전류
③ 주파수 ④ 위상각

해설 유도 전동기의 1차 전압 변화에 의한 속도 제어에는 리액터 제어, 이그나이트론 또는 SCR에 의한 제어가 있으며 SCR은 점호 간의 위상 제어에 의해 도전 시간을 변화시켜 출력 전압의 평균값을 조정할 수 있다.

10 3상 유도 전동기 원선도에서 역률[%]을 표시하는 것은?

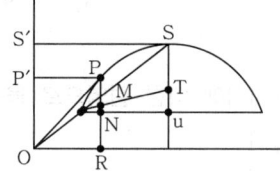

① $\dfrac{\overline{OS'}}{\overline{OS}}\times 100$ ② $\dfrac{\overline{SS'}}{\overline{OS}}\times 100$

③ $\dfrac{\overline{OP'}}{\overline{OP}}\times 100$ ④ $\dfrac{\overline{OS}}{\overline{OP}}\times 100$

해설 원선도에서 선분 $\overline{OP'}$는 전압, 선분 $\overline{OP}$는 전류를 나타내므로

역률 $\cos\theta=\dfrac{\overline{OP'}}{\overline{OP}}\times 100[\%]$

11 상수 m, 매극 매상당 슬롯수 q인 동기 발전기에서 n차 고조파분에 대한 분포 계수는?

① $\dfrac{\left(q\sin\dfrac{n\pi}{mq}\right)}{\left(\sin\dfrac{n\pi}{m}\right)}$ ② $\dfrac{\left(\sin\dfrac{n\pi}{m}\right)}{\left(q\sin\dfrac{n\pi}{mq}\right)}$

③ $\dfrac{\left(\sin\dfrac{\pi}{2m}\right)}{\left(q\sin\dfrac{n\pi}{2mq}\right)}$ ④ $\dfrac{\left(\sin\dfrac{n\pi}{2m}\right)}{\left(q\sin\dfrac{n\pi}{2mq}\right)}$

해설 $K_d=\dfrac{\sin\dfrac{\pi}{2m}}{q\sin\dfrac{\pi}{2mq}}$ (기본파)

$K_{dn}=\dfrac{\sin\dfrac{n\pi}{2m}}{q\sin\dfrac{n\pi}{2mq}}$ (n차 고조파)

정답 09.④ 10.③ 11.④

12 유도 전동기 1극의 자속 및 2차 도체에 흐르는 전류와 토크와의 관계는?

① 토크는 1극의 자속과 2차 유효 전류의 곱에 비례한다.
② 토크는 1극의 자속과 2차 유효 전류의 제곱에 비례한다.
③ 토크는 1극의 자속과 2차 유효 전류의 곱에 반비례한다.
④ 토크는 1극의 자속과 2차 유효 전류의 제곱에 반비례한다.

해설 2차 유기 기전력 $E_2 = 4.44 f_2 N_2 \phi_m K_\omega \propto \phi$

2차 입력 $P_2 = sE_2 I_2 \propto \phi I_2$

토크 $T = \dfrac{P}{\omega} = \dfrac{P_2}{2\pi \dfrac{N_s}{60}} \propto P_2 \propto \phi I_2$

따라서 토크는 1극의 자속과 2차 유효 전류의 곱에 비례한다.

13 동기 전동기의 기동법 중 자기동법(self-starting method)에서 계자 권선을 저항을 통해서 단락시키는 이유는?

① 기동이 쉽다.
② 기동 권선으로 이용한다.
③ 고전압의 유도를 방지한다.
④ 전기자 반작용을 방지한다.

해설 기동기에 계자 회로를 연 채로 고정자에 전압을 가하면 권수가 많은 계자 권선이 고정자 회전 자계를 끊으므로 계자 회로에 매우 높은 전압이 유기될 염려가 있으므로 계자 권선을 여러 개로 분할하여 열어 놓거나 또는 저항을 통하여 단락시켜 놓아야 한다.

14 슬롯수 36의 고정자 철심이 있다. 여기에 3상 4극의 2층권으로 권선할 때 매극 매상의 슬롯수와 코일수는?

① 3과 18   ② 9와 36
③ 3과 36   ④ 8과 18

해설 S : 슬롯수, m : 상수, p : 극수, q : 매극 매상의 슬롯수라 하면

$q = \dfrac{S}{pm} = \dfrac{36}{4 \times 3} = 3$

2층권이므로 총 코일수는 전 슬롯수와 동일하다.

15 3단자 사이리스터가 아닌 것은?

① SCR   ② GTO
③ SCS   ④ TRIAC

해설 SCS(Silicon Controlled Switch)는 1방향성 4단자 사이리스터이다.

기출문제 관련 이론 바로보기

12. 이론 check 유도 전동기의 특성

(1) 1차·2차 유기 기전력 및 권수비
① 1차 유기 기전력
$E_1 = 4.44 f_1 N_1 \phi_m k_{\omega_1}$ [V]
② 2차 유기 기전력
$E_2 = 4.44 f_2 N_2 \phi_m k_{\omega_2}$ [V]
(정지시 : $f_1 = f_2$)
③ 권수비
$a = \dfrac{E_1}{E_2} = \dfrac{N_1 k_{\omega_1}}{N_2 k_{\omega_2}} \fallingdotseq \dfrac{I_2}{I_1}$

(2) 회전 속도와 토크
① 회전 속도 : N[rpm]
유도 전동기의 회전 속도
$N = N_s(1-s)$
$= \dfrac{120 f}{P}(1-s)$ [rpm]
$\left(s = \dfrac{N_s - N}{N_s} \right)$

② 토크(Torque : 회전력)
$T = F \cdot r$ [N·m]
$T = \dfrac{P}{\omega} = \dfrac{P_o}{2\pi \dfrac{N}{60}}$
$= \dfrac{P_2}{2\pi \dfrac{N_s}{60}}$ [N·m]

여기서, $P_o = P_2(1-s)$
$N = N_s(1-s)$

$\tau = \dfrac{T}{9.8} = \dfrac{60}{9.8 \times 2\pi} \cdot \dfrac{P_2}{N_s}$

$= 0.975 \dfrac{P_2}{N_s}$ [kg·m]

※ 동기 와트로 표시한 토크(T_s)
$T = \dfrac{0.975}{N_s} P_2 = K P_2$
(N_s : 일정)
$T_s = P_2$ (2차 입력으로 표시한 토크)

정답 12.① 13.③ 14.③ 15.③

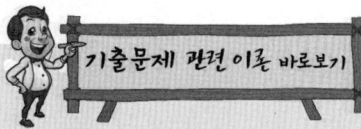

기출문제 관련 이론 바로보기

16. 변압기의 병렬 운전

(1) 병렬 운전 조건
① 각 변압기의 극성이 같을 것
② 각 변압기의 권수비가 같고, 1차와 2차의 정격 전압이 같을 것
③ 각 변압기의 %임피던스 강하가 같을 것
※ 3상식에서는 위의 조건 이외에 각 변압기의 상회전 방향 및 변위가 같을 것

(2) 병렬 운전시 부하 분담
$$P_a = \frac{\%Z_b}{\%Z_a + \%Z_b} \times P$$
$$P_b = \frac{\%Z_a}{\%Z_a + \%Z_b} \times P$$
※ 변압기의 부하 분담은 누설 임피던스에 반비례한다.
여기서,
P_a : A 변압기의 부하 분담
P_b : B 변압기의 부하 분담
P : 전체 부하
$\%Z_a$, $\%Z_b$: A, B 변압기의 % 임피던스

18. 전기자 반작용의 영향

전기자 권선의 자속이 계자 권선의 자속에 영향을 주는 현상이다.
(1) 발전기
① 주자속이 감소한다. → 유기 기전력이 감소한다.
② 중성축이 이동한다. → 회전 방향과 같다.
③ 정류자편과 브러시 사이에 불꽃이 발생한다. → 정류가 불량이다.
(2) 전동기
① 주자속이 감소한다. → 토크는 감소, 속도는 증가한다.
② 중성축이 이동한다. → 회전 방향과 반대이다.
③ 정류자편과 브러시 사이에 불꽃이 발생한다. → 정류가 불량이다.
(3) 보극이 없는 직류 발전기는 정류를 양호하게 하기 위하여 브러시를 회전 방향으로 이동시킨다.

---

16 단상 변압기를 병렬 운전할 경우 부하 전류의 분담은?

① 용량에 비례하고 누설 임피던스에 비례
② 용량에 비례하고 누설 임피던스에 반비례
③ 용량에 반비례하고 누설 리액턴스에 비례
④ 용량에 반비례하고 누설 리액턴스의 제곱에 비례

해설 단상 변압기의 부하 분담은 A, B 2대의 변압기 정격 전류를 I_A, I_B라 하고 정격 전압을 V_n이라 하고 %임피던스를 $z_a = \%I_A Z_a$, $z_b = \%I_B Z_b$로 표시하면

$$z_a = \frac{Z_a I_A}{V_n} \times 100, \ z_b = \frac{Z_b I_B}{V_n} \times 100$$

단, $I_a Z_a = I_b Z_b$이므로

$$\therefore \frac{I_a}{I_b} = \frac{z_b}{z_a} = \frac{Z_b V_n}{I_B} \times \frac{I_A}{Z_a V_n} = \frac{P_A Z_b}{P_B Z_a}$$

여기서, P_A : A 변압기의 정격 용량
P_B : B 변압기의 정격 용량
I_a : A 변압기의 부하 전류
I_b : B 변압기의 부하 전류

17 6극 직류 발전기의 정류자 편수가 132, 유기 기전력이 210[V] 직렬 도체수가 132개이고 중권이다. 정류자 편간 전압은 약 몇 [V]인가?

① 4   ② 9.5
③ 12   ④ 16

해설 정류자 편간 전압 $e = \frac{pE}{k} = \frac{6 \times 210}{132} = 9.54[V]$

여기서, k : 정류자 편수
p : 극수
E : 유기 기전력

18 직류 발전기의 전기자 반작용의 영향이 아닌 것은?

① 주자속이 증가한다.
② 전기적 중성축이 이동한다.
③ 정류 작용에 악영향을 준다.
④ 정류자편 사이의 전압이 불균일하게 된다.

해설 직류기의 전기자 반작용은 편자(偏磁) 작용이 되기 때문에 자로의 포화로 인한 총 자속의 감소(유기 전압, 즉 단자 전압이 저하한다.)와 중성축의 이동 및 정류자편 간의 유기 전압 불균일 등이 일어난다. 전기자 반작용의 방지책으로 보상 권선이나 보극을 설치한다.

정답 16.② 17.② 18.①

19 3,000[V]의 단상 배전선 전압을 3,300[V]로 승압하는 단권 변압기의 자기 용량은 약 몇 [kVA]인가? (단, 여기서 부하 용량은 100[kVA]이다.)

① 2.1 ② 5.3
③ 7.4 ④ 9.1

해설

$$\frac{\text{자기 용량}}{\text{부하 용량}} = \frac{V_h - V_l}{V_h}$$

∴ 자기 용량 = 부하 용량 $\times \frac{V_h - V_l}{V_h}$

$= 100 \times \frac{3,300 - 3,000}{3,300} \fallingdotseq 9.1[\text{kVA}]$

20 변압기 운전에 있어 효율이 최대가 되는 부하는 전부하의 75[%]였다고 하면, 전부하에서의 철손과 동손의 비는?

① 4 : 3 ② 9 : 16
③ 10 : 15 ④ 18 : 30

해설 변압기의 최대 효율 조건 $\left(\frac{1}{m}\right)^2 P_c = P_i$ 이므로

여기서, $\frac{1}{m} = 0.75$ 이므로

$\frac{P_i}{P_c} = \left(\frac{1}{m}\right)^2 = 0.75^2 = \left(\frac{75}{100}\right)^2 = \left(\frac{3}{4}\right)^2 = \frac{9}{16}$

∴ 9 : 16

기출문제 관련 이론 바로보기

19. 이론check 단권 변압기

(1) 하나의 권선을 1차와 2차로 공용하는 변압기로 권선을 절약할 수 있을 뿐만 아니라 권선의 공용 부분인 분로 권선에는 1차와 2차의 차의 전류가 흐르므로 동손이 적고, 권수비가 1에 가까울수록 경제적으로 된다. 공용 권선이기 때문에 누설 자속이 적고, 전압 변동률이 작아서 효율도 좋으므로 전압 조정용으로서 연속적으로 전압을 조정할 수 있는 접동식 전압 조정기 등에 널리 쓰이고 있다.

(2) 권수비

$a = \frac{E_1}{E_2} = \frac{V_1}{V_2} = \frac{I_2}{I_1} = \frac{N_1}{N_2}$

(3) $\frac{P(\text{자기 용량})}{W(\text{부하 용량})} = \frac{V_h - V_l}{V_h}$

20. 이론check 효율(efficiency) : η[%]

$\eta = \frac{\text{출력}}{\text{입력}} \times 100$

$= \frac{\text{출력}}{\text{출력} + \text{손실}} \times 100 [\%]$

(1) 전부하 효율 (η)

$\eta = \frac{VI \cdot \cos\theta}{VI\cos\theta + P_i + P_c(I^2 r)} \times 100[\%]$

※ 최대 효율 조건

$P_i = P_c(I^2 r)$

(2) $\frac{1}{m}$ 부하시 효율 $\left(\eta_{\frac{1}{m}}\right)$

$\eta_{\frac{1}{m}} = \frac{\frac{1}{m} \cdot VI \cdot \cos\theta}{\frac{1}{m} \cdot VI \cdot \cos\theta + P_i + \left(\frac{1}{m}\right)^2 \cdot P_c} \times 100[\%]$

※ 최대 효율 조건

$P_i = \left(\frac{1}{m}\right)^2 \cdot P_c$

정답 19.④ 20.②

회로이론

과년도 출제문제

2011년 과년도 출제문제

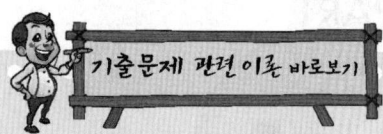

제1회 회로이론

01. Tip 수학적 최대·최소
(1) 두 수 x, y의 합 S가 주어질 때 그 두 수의 곱이 최대가 되는 것은 두 수가 서로 같을 때이다.
(2) 두 수 x, y의 곱 K가 주어질 때 그 두 수의 합이 최소가 되는 것은 두 수가 서로 같을 때이다.

02. 이론 check 비정현파의 실효값과 왜형률
(1) 실효값
전압 $v(t) = V_0 + V_{m1}\sin\omega t$
$\qquad + V_{m2}\sin 2\omega t$
$\qquad + V_{m3}\sin 3\omega t + \cdots$
로 주어진다면 전압의 실효값은
$V = \sqrt{V_0^2 + V_1^2 + V_2^2 + V_3^2 + \cdots}$
$= \sqrt{V_0^2 + \left(\dfrac{V_{m1}}{\sqrt{2}}\right)^2 + \left(\dfrac{V_{m2}}{\sqrt{2}}\right)^2 + \left(\dfrac{V_{m3}}{\sqrt{2}}\right)^2 + \cdots}$

(2) 왜형률
비정현파가 정현파에 대하여 일그러지는 정도를 나타내는 값으로 기본파에 대한 고조파분의 포함 정도를 말한다.
이를 식으로 표현하면
왜형률 = $\dfrac{\text{전 고조파의 실효치}}{\text{기본파의 실효치}}$
비정현파의 전압이
$v = \sqrt{2}\, V_1 \sin(\omega t + \theta_1)$
$\quad + \sqrt{2}\, V_2 \sin(2\omega t + \theta_2)$
$\quad + \sqrt{2}\, V_3 \sin(3\omega t + \theta_3) + \cdots$
라 하면 왜형률 D는
$D = \dfrac{\sqrt{V_2^2 + V_3^2 + V_4^2 + \cdots}}{V_1}$

---

01 기전력 E, 내부 저항 r인 전원으로부터 부하 저항 R_L에 최대 전력을 공급하기 위한 조건과 그때의 최대 전력 P_m[W]은?

① $R_L = r$, $P_m = \dfrac{E^2}{4r}$
② $R_L = r$, $P_m = \dfrac{E^2}{3r}$
③ $R_L = 2r$, $P_m = \dfrac{E^2}{4r}$
④ $R_L = 2r$, $P_m = \dfrac{E^2}{3r}$

해설 최대 전력 공급 조건은 내부 저항과 부하 저항이 같은 경우이다.
$\therefore R_L = r$
최대 전력 $P_{\max} = I^2 R_r \big|_{R_L = r} = \left(\dfrac{E}{r + R_r}\right)^2 \cdot R_L \bigg|_{R_L = r} = \dfrac{E^2}{4r}$ [W]

02 비정현파 전류 $i(t) = 56\sin\omega t + 25\sin 2\omega t + 30\sin(3\omega t + 30°) + 40\sin(4\omega t + 60°)$로 주어질 때 왜형률은 약 얼마인가?

① 1.4   ② 1.0
③ 0.5   ④ 0.1

해설 왜형률 $D = \dfrac{\sqrt{\left(\dfrac{25}{\sqrt{2}}\right)^2 + \left(\dfrac{30}{\sqrt{2}}\right)^2 + \left(\dfrac{40}{\sqrt{2}}\right)^2}}{\dfrac{56}{\sqrt{2}}} \fallingdotseq 1$

03 각 상전압이 $V_a = 40\sin\omega t$ [V], $V_b = 40\sin(\omega t + 90°)$ [V], $V_c = 40\sin(\omega t - 90°)$ [V]라 하면 영상 대칭분 전압[V]은?

① $40\sin\omega t$
② $\dfrac{40}{3}\sin\omega t$
③ $\dfrac{40}{3}\sin(\omega t - 90°)$
④ $\dfrac{40}{3}\sin(\omega t + 90°)$

해설 $V_0 = \dfrac{1}{3}(V_a + V_b + V_c)$
$= \dfrac{1}{3}\{40\sin\omega t + 40\sin(\omega t + 90°) + 40\sin(\omega t - 90°)\}$
$= \dfrac{40}{3}\sin\omega t$ [V]

정답 01.① 02.② 03.②

04 분포 정수 회로에서 선로의 특성 임피던스를 Z_0, 전파 정수를 γ라 할 때 무한장 선로에 있어서 송전단에서 본 직렬 임피던스는?

① γZ_0 ② $\sqrt{\gamma Z_0}$
③ $\dfrac{\gamma}{Z_0}$ ④ $\dfrac{Z_0}{\gamma}$

해설 $Z_0 \cdot \gamma = \sqrt{\dfrac{Z}{Y}} \cdot \sqrt{Z \cdot Y} = Z$

05 라플라스 변환 함수 $F(s) = \dfrac{s+2}{s^2+4s+13}$에 대한 역변환 함수 $f(t)$는?

① $e^{-2t}\cos 3t$ ② $e^{-3t}\cos 2t$
③ $e^{3t}\cos 2t$ ④ $e^{2t}\cos 3t$

해설 $\mathcal{L}[e^{-at}\cos \omega t] = \dfrac{s+a}{(s+a)^2+\omega^2}$

$\therefore \mathcal{L}^{-1}\left[\dfrac{s+2}{s^2+4s+13}\right] = \mathcal{L}^{-1}\left[\dfrac{s+2}{(s+2)^2+9}\right] = e^{-2t}\cos 3t$

06 대칭 6상 성형(star) 결선에서 선간 전압과 상전압의 관계가 바르게 나타낸 것은? (단, E_l : 선간 전압, E_p : 상전압)

① $E_l = \sqrt{3}\,E_p$ ② $E_l = \dfrac{1}{\sqrt{3}}E_p$
③ $E_l = \dfrac{2}{\sqrt{3}}E_p$ ④ $E_l = E_p$

해설 $E_l = 2\sin\dfrac{\pi}{n} \cdot E_p$에서 대칭 6상이므로 $n=6$

$\therefore E_l = 2\sin\dfrac{\pi}{6} \cdot E_p = 2 \cdot \dfrac{1}{2} \cdot E_p = E_p$

07 $R-L-C$ 직렬 회로에서 자체 인덕턴스 $L=0.02[\text{mH}]$와 선택도 $Q=60$일 때 코일의 주파수 $f=2[\text{MHz}]$였다. 이 코일의 저항은 몇 $[\Omega]$인가?

① 2.2 ② 3.2
③ 4.2 ④ 5.2

해설 선택도 $Q=S=\dfrac{\omega L}{R}$

저항 $R=\dfrac{\omega L}{Q} = \dfrac{2\pi \times 2 \times 10^6 \times 0.02 \times 10^{-3}}{60} = 4.18[\Omega]$

---

04. 이론 check 분포 정수 회로

미소 저항 R과 인덕턴스 L이 직렬로 선간에 미소한 정전 용량 C와 누설 컨덕턴스 G가 형성되고 이들이 반복하여 분포되어 있는 회로를 분포 정수 회로라 한다. 단위 길이에 대한 선로의 직렬 임피던스 $Z=R+j\omega L[\Omega/\text{m}]$, 병렬 어드미턴스 $Y=G+j\omega C[\mho/\text{m}]$이다.

(1) 특성 임피던스(파동 임피던스)
$Z_0 = \sqrt{\dfrac{Z}{Y}} = \sqrt{\dfrac{R+j\omega L}{G+j\omega C}}[\Omega]$

(2) 전파 정수
$\gamma = \sqrt{ZY}$
$= \sqrt{(R+j\omega L)\cdot(G+j\omega C)}$
$= \alpha + j\beta$

여기서, α : 감쇠 정수
β : 위상 정수

06. 이론 check 다상 교류 회로

(1) 성형 결선
n을 다상 교류의 상수라 하면
① 선간 전압은 V_l, 상전압은 V_p
$V_l = 2\sin\dfrac{\pi}{n}V_p\Big/\dfrac{\pi}{2}\left(1-\dfrac{2}{n}\right)[\text{V}]$
② 선전류(I_l) = 상전류(I_p)

(2) 환상 결선
n을 다상 교류의 상수라 하면
① 선전류를 I_l, 상전류를 I_p라 하면
$I_l = 2\sin\dfrac{\pi}{n}I_p\Big/-\dfrac{\pi}{2}\left(1-\dfrac{2}{n}\right)[\text{A}]$
② 선간 전압(V_l) = 상전압(V_p)

정답 04.① 05.① 06.④ 07.③

PART 04 회로이론

08. Tip 충전과 방전

(1) 충전
콘덴서에 전원을 연결하면 콘덴서 극판의 전자가 이동하면서 각각의 극판은 +, - 극성을 띠게 된다. 이를 충전이라 하며, 극판 사이의 전압이 전원의 전압과 같아지면 전자의 이동이 멈추게 된다. 즉, 전류가 끊기게 되는 것이다.

(2) 방전
충전된 콘덴서는 전지와 같은 역할을 하게 되며 회로에 연결시 전류가 발생된다. 이를 방전이라 한다. 이때 전압이 낮아지게 되며 극판 사이의 전압이 0[V]가 되면 전류는 끊기게 된다.

09. 이론 check 영상 임피던스

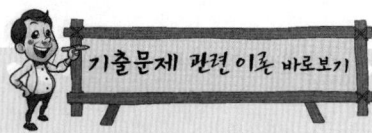

$Z_{01} = \dfrac{V_1}{I_1}$

$= \dfrac{AV_2 + BI_2}{CV_2 + DI_2} = \dfrac{AZ_{02} + B}{CZ_{02} + D}$

$Z_{02} = \dfrac{V_2}{I_2}$

$= \dfrac{DV_1 + BI_1}{CV_1 + AI_1} = \dfrac{DZ_{01} + B}{CZ_{01} + A}$

위의 식에서 다음의 관계식이 얻어진다.

$Z_{01}Z_{02} = \dfrac{B}{C}$, $\dfrac{Z_{01}}{Z_{02}} = \dfrac{A}{D}$

이 식에서 Z_{01}, Z_{02}를 구하면

$Z_{01} = \sqrt{\dfrac{AB}{CD}}$, $Z_{02} = \sqrt{\dfrac{BD}{AC}}$

대칭 회로이면 $A = D$의 관계가 되므로

$Z_{01} = Z_{02} = \sqrt{\dfrac{B}{C}}$

---

08 그림과 같은 회로에 $t=0$에서 S를 닫을 때의 방전 과도 전류 $i(t)$[A]는?

① $\dfrac{Q}{RC}e^{-\frac{t}{RC}}$ ② $-\dfrac{Q}{RC}e^{\frac{t}{RC}}$

③ $\dfrac{Q}{RC}(1+e^{\frac{t}{RC}})$ ④ $-\dfrac{1}{RC}(1-e^{-\frac{t}{RC}})$

해설
$i(t) = -\dfrac{E}{R}e^{-\frac{1}{RC}t} = -\dfrac{Q}{RC}e^{-\frac{1}{RC}t}$

문제에서는 충전 전류의 방향과 방전 전류의 방향이 일치하므로

$\therefore i(t) = \dfrac{Q}{RC}e^{-\frac{1}{RC}t}$ [A]

09 4단자 회로에서 4단자 정수를 A, B, C, D라 하면 영상 임피던스 $\dfrac{Z_{01}}{Z_{02}}$은?

① $\dfrac{D}{A}$ ② $\dfrac{B}{C}$

③ $\dfrac{C}{B}$ ④ $\dfrac{A}{D}$

해설
$Z_{01} \cdot Z_{02} = \dfrac{B}{C}$

$\dfrac{Z_{01}}{Z_{02}} = \dfrac{A}{D}$

10 $R=5[\Omega]$, $L=20$[mH] 및 가변 콘덴서 C로 구성된 $R-L-C$ 직렬 회로에 주파수 1,000[Hz]인 교류를 가한 다음 C를 가변시켜 직렬 공진시킬 때 C의 값은 약 몇 [μF]인가?

① 1.27 ② 2.54
③ 3.52 ④ 4.99

해설 공진 조건 $\omega L = \dfrac{1}{\omega C}$

$\therefore C = \dfrac{1}{\omega^2 L} = \dfrac{1}{(2\pi \times 1,000)^2 \times 20 \times 10^{-3}} = 1.268[\mu F]$

정답 08.① 09.④ 10.①

제 2 회 회로이론

01 평형 3상 회로에서 그림과 같이 변류기를 접속하고 전류계를 연결하였을 때 A_2에 흐르는 전류는 약 몇 [A]인가?

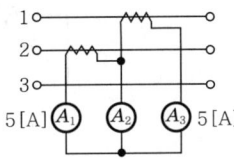

① 0 ② 5
③ 8.66 ④ 10

해설 $I_A = 2I_1 \cos 30° = \sqrt{3} I_1 = \sqrt{3} \times 5 = 8.66[A]$

02 어떤 콘덴서를 300[V]로 충전하는 데 9[J]의 에너지가 필요하였다. 이 콘덴서의 정전 용량은 몇 [μF]인가?

① 100 ② 200
③ 300 ④ 400

해설 $W = \dfrac{1}{2} CV^2$

∴ $C = \dfrac{2W}{V^2} = \dfrac{2 \times 9}{300^2} = 2 \times 10^{-4} = 200[\mu F]$

03 분포 정수 회로에서 선로 정수가 R, L, C, G이고 무왜형 조건이 $RC = GL$과 같은 관계가 성립될 때 선로의 특성 임피던스 $Z_0[\Omega]$는? (단, 선로의 단위 길이당 저항을 R, 인덕턴스를 L, 정전 용량을 C, 누설 컨덕턴스를 G라 한다.)

① $Z_0 = \sqrt{CL}$
② $Z_0 = \dfrac{1}{\sqrt{CL}}$
③ $Z_0 = \sqrt{RG}$
④ $Z_0 = \sqrt{\dfrac{L}{C}}$

해설 $Z_0 = \sqrt{\dfrac{Z}{Y}} = \sqrt{\dfrac{R+j\omega L}{G+j\omega C}} = \sqrt{\dfrac{L}{C}}[\Omega]$

정답 01.③ 02.② 03.④

기출문제 관련 이론 바로보기

01. Tip — 변류기
교류의 큰 전류에서 그것에 비례하는 작은 전류를 얻는 장치

02. 이론check — 정전 에너지와 자기 에너지

(1) 정전 에너지
$W = \dfrac{1}{2} CV^2 [J]$
$W = \dfrac{1}{2} QV = \dfrac{Q^2}{2C} [J]$

(2) 전자 에너지
$W = \dfrac{1}{2} LI^2$

03. 이론check — 분포 정수 회로

[무왜형 선로]
파형의 일그러짐이 없는 선로

(1) 조건
$\dfrac{R}{L} = \dfrac{G}{C}$ 또는 $LG = RC$

(2) 특성 임피던스
$Z_0 = \sqrt{\dfrac{Z}{Y}}$
$= \sqrt{\dfrac{R+j\omega L}{G+j\omega C}}$
$= \sqrt{\dfrac{R+j\omega L}{\dfrac{RC}{L}+j\omega C}}$
$= \sqrt{\dfrac{L}{C}\left(\dfrac{R+j\omega L}{R+j\omega L}\right)}$
$= \sqrt{\dfrac{L}{C}}[\Omega]$

PART 04 회로이론

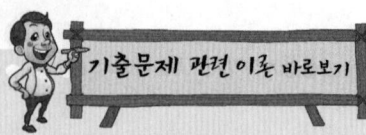

04. Tip **가변 저항기**

전기 회로에서 저항을 높이거나 낮추는 장치로 저항의 크기를 변화시켜 회로에 흐르는 전류의 흐름을 조절한다.

04 다음 그림은 전압이 10[V]인 전원 장치에 가변 저항과 전열기를 연결한 회로이다. 가변 저항이 5[Ω]일 때 회로에 흐르는 전류는 1[A]이다. 가변 저항을 15[Ω]으로 바꾸고 전열기를 4초 동안 사용할 경우 전열기에서 소비되는 전력[W]은? (단, 전원 장치의 전압과 전열기의 저항은 일정하다.)

① 1.25
② 1.5
③ 1.88
④ 2.0

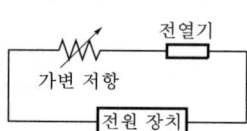

해설

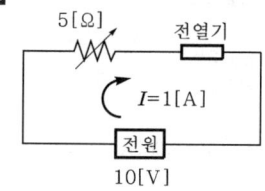

$V=10[V]$, $I=1[A]$이므로
합성 저항 10[Ω]
∴ 전열기 저항 = 5[Ω]

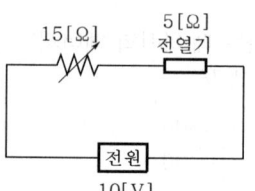

$I = \dfrac{V}{R} = \dfrac{10}{20} = 0.5[A]$

∴ 전열기 소비 전력
$P = I^2 R = 0.5^2 \times 5 = 1.25[W]$

05. **다상 교류 회로의 전압·전류**

(1) 성형 결선
n을 다상 교류의 상수라 하면
① 선간 전압은 V_l, 상전압은 V_p
$V_l = 2\sin\dfrac{\pi}{n} V_p \Big/ \dfrac{\pi}{2}\Big(1-\dfrac{2}{n}\Big)$[V]
② 선전류(I_l) = 상전류(I_p)

(2) 환상 결선
n을 다상 교류의 상수라 하면
① 선전류를 I_l, 상전류를 I_p라 하면
$I_l = 2\sin\dfrac{\pi}{n} I_p \Big/ -\dfrac{\pi}{2}\Big(1-\dfrac{2}{n}\Big)$[A]
② 선간 전압(V_l) = 상전압(V_p)

05 대칭 5상 교류 성형 결선에서 선간 전압과 상전압 사이의 위상차는 몇 도인가?

① 27° ② 36°
③ 54° ④ 72°

해설 위상차 $\theta = \dfrac{\pi}{2}\Big(1-\dfrac{2}{n}\Big) = \dfrac{\pi}{2}\Big(1-\dfrac{2}{5}\Big) = 54°$

06 그림과 같은 파형의 라플라스 변환으로 옳은 것은?

① $1 - 2e^{-s} + e^{-2s}$
② $s(1 - 2e^{-s} + e^{-2s})$
③ $\dfrac{1}{s}(1 - 2e^{-s} + e^{-2s})$
④ $\dfrac{1}{s^2}(1 - 2e^{-s} + e^{-2s})$

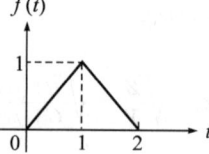

정답 04.① 05.③ 06.④

해설 구간 $0 \leq t \leq 1$에서 $f_1(t) = t$ 이고, 구간 $1 \leq t \leq 2$에서 $f_2(t) = 2-t$ 이므로

$$\mathcal{L}[f(t)] = \int_0^1 te^{-st}dt + \int_1^2 (2-t)e^{-st}dt$$

$$= \left[t \cdot \frac{e^{-st}}{-s}\right]_0^1 + \frac{1}{s}\int_0^1 e^{-st}dt + \left[(2-t)\frac{e^{-st}}{-s}\right]_1^2 - \frac{1}{s}\int_1^2 e^{-st}dt$$

$$= -\frac{e^{-s}}{s} - \frac{e^{-s}}{s^2} + \frac{1}{s^2} + \frac{e^{-s}}{s} + \frac{e^{-2s}}{s^2} - \frac{e^{-s}}{s^2}$$

$$= \frac{1}{s^2}(1 - 2e^{-s} + e^{-2s})$$

07 다음 그림과 같은 회로에서 전달 함수 $\dfrac{V_o(s)}{V_i(s)}$ 는?

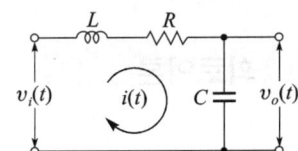

① $\dfrac{s}{LCs^2 + RCs + 1}$
② $\dfrac{1}{LCs^2 + RCs + 1}$
③ $\dfrac{Ls}{LCs^2 + RCs + 1}$
④ $\dfrac{Cs}{LCs^2 + RCs + 1}$

해설
$$G(s) = \frac{V_o(s)}{V_i(s)} = \frac{\frac{1}{Cs}}{Ls + R + \frac{1}{Cs}} = \frac{1}{LCs^2 + RCs + 1}$$

08 직류를 공급하는 $R-C$ 직렬 회로에서 회로의 시정수 값[s]은?

① $\dfrac{R}{C}$
② $\dfrac{C}{R}$
③ $\dfrac{1}{RC}$
④ RC

해설 시정수는 $t=0$에서 $i(t)$ 곡선에 접선을 그어 정상 전류와 만나는 점까지의 시간으로 RC[s]가 된다.

09 전류원의 내부 저항에 관하여 옳은 것은?
① 전류 공급을 받는 회로의 구동점 임피던스와 같아야 한다.
② 클수록 이상적이다.
③ 경우에 따라 다르다.
④ 작을수록 이상적이다.

정답 07.② 08.④ 09.②

기출문제 관련 이론 바로보기

09. 이론 check 능동 소자

(1) 이상 전압원과 실제 전압원
이상적 전압원은 그림 (a)에서 회로 단자가 단락된 상태에서 내부 저항 R_g가 0인 경우를 말한다. 이를 그림으로 표현하면 그림 (b)와 같이 된다. 그러나 실제 전압원은 내부 저항이 존재하므로 전압 강하가 생겨 그림 (c)와 같이 된다.

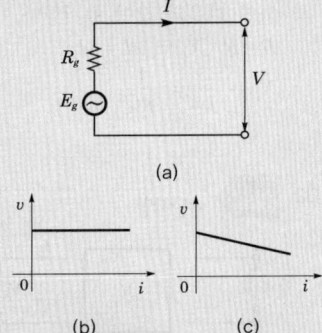

(2) 이상 전류원과 실제 전류원
이상 전류원은 그림 (a)에서 회로 단자가 개방된 상태에서 내부 저항 R_g가 ∞인 경우를 말한다. 이를 그림으로 표현하면 그림 (b)와 같이 된다. 그러나 실제 전류원은 내부 저항이 존재하므로 전류가 감소한다. 이를 그림으로 그리면 그림 (c)와 같다.

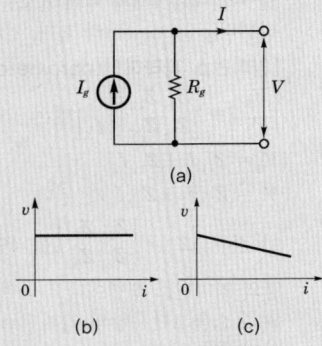

PART 04 회로이론

10. 이론check **2단자망**

[구동점 임피던스($Z(s)$)]

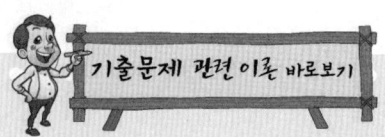

2단자망에 전원을 인가하여 구동 시 회로망 쪽을 바라본 임피던스로 보통 $j\omega$를 s로 또는 λ로 치환하면 다음과 같이 표시한다.
$R = R$, $X_L = j\omega L = sL$
$X_C = \dfrac{1}{j\omega C} = \dfrac{1}{sC}$

02. 이론check **4단자망**

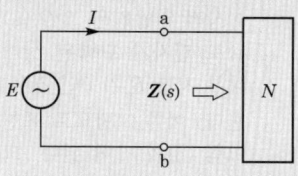

그림의 수동 회로망 N에서 2개의 입력 단자 1, 1'와 2개의 출력 단자 2, 2'의 4개의 단자로 이루어진 회로망으로 4단자망의 내부 구조는 R, L, C 소자가 임의의 형태로 구성되지만 회로 해석은 입력과 출력의 전압, 전류의 관계이다.
4단자망은 V_1, I_1, V_2, I_2 4개의 변수를 사용하며 4개의 변수를 조합하는 방법에 따른 전압, 전류의 관계를 나타내는 4개의 매개 요소를 파라미터(parameter)라 한다.

[임피던스 파라미터(parameter)]

$\begin{bmatrix} V_1 \\ V_2 \end{bmatrix} = \begin{bmatrix} Z_{11} & Z_{12} \\ Z_{21} & Z_{22} \end{bmatrix} \begin{bmatrix} I_1 \\ I_2 \end{bmatrix}$ 에서

$V_1 = Z_{11}I_1 + Z_{12}I_2$
$V_2 = Z_{21}I_1 + Z_{22}I_2$ 가 된다.

이 경우 $[Z] = \begin{bmatrix} Z_{11} & Z_{12} \\ Z_{21} & Z_{22} \end{bmatrix}$를 4단자망의 임피던스 행렬이라고 하며 그의 요소를 4단자망의 임피던스 파라미터라 한다.

해설 전압원은 내부 저항이 작을수록, 전류원은 클수록 이상적이다.

10 임피던스 $Z(s)$가 $Z(s) = \dfrac{s+20}{s^2+5RLs+1}$ [Ω]으로 주어지는 2단자 회로에 직류 전류원 10[A]를 가할 때 이 회로의 단자 전압[V]은?

① 20   ② 40
③ 200 ④ 400

해설 직류 전류원이므로 주파수 $f=0$이므로
$s = j\omega = j2\pi f = 0$
∴ 단자 전압 $V = Z(s) \cdot I$ [V] $= 20 \times 10 = 200$ [V]

제 3 회 회로이론

01 $R=30$[Ω], $L=0.127$[H]의 직렬 회로에 $v=100\sqrt{2}\sin 100\pi t$ [V]의 전압이 인가되었을 때 이 회로의 역률은 약 얼마인가?

① 0.2   ② 0.4
③ 0.6   ④ 0.8

해설 $\cos\theta = \dfrac{R}{Z} = \dfrac{R}{\sqrt{R^2+(\omega L)^2}} = \dfrac{30}{\sqrt{30^2+(100\pi \times 0.127)^2}} = 0.6$

02 다음과 같은 Z-파라미터로 표시되는 4단자망의 1-1' 단자 간에 4[A], 2-2' 단자 간에 1[A]의 정전류원을 연결하였을 때, 1-1' 단자 간의 전압 V_1[V]와 2-2' 단자 간의 전압 V_2[V]가 바르게 구해진 것은? (단, Z-파라미터의 단위는 [Ω]이다.)

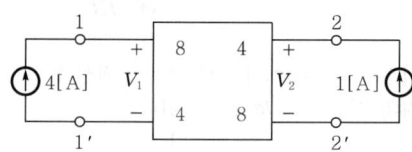

① 18, 12   ② 18, 24
③ 36, 24   ④ 24, 36

해설 $\begin{bmatrix} V_1 \\ V_2 \end{bmatrix} = \begin{bmatrix} 8 & 4 \\ 4 & 8 \end{bmatrix} \begin{bmatrix} 4 \\ 1 \end{bmatrix} = \begin{bmatrix} 36 \\ 24 \end{bmatrix}$
∴ $V_1 = 36$[V], $V_2 = 24$[V]

정답 10.③ / 01.③ 02.③

03 3상 불평형 전압을 V_a, V_b, V_c라고 할 때 역상 전압 V_2는 얼마인가?

① $\frac{1}{3}(V_a + V_b + V_c)$ ② $\frac{1}{3}(V_a + a^2V_b + aV_c)$

③ $\frac{1}{3}(V_a + aV_b + a^2V_c)$ ④ $\frac{1}{3}(V_a + a^2V_b + V_c)$

해설 영상 전압 $V_0 = \frac{1}{3}(V_a + V_b + V_c)$

정상 전압 $V_1 = \frac{1}{3}(V_a + aV_b + a^2V_c)$

역상 전압 $V_2 = \frac{1}{3}(V_a + a^2V_b + aV_c)$

04 그림과 같은 (a), (b) 회로가 서로 역회로의 관계가 있으려면 $C[\mu F]$의 값은?

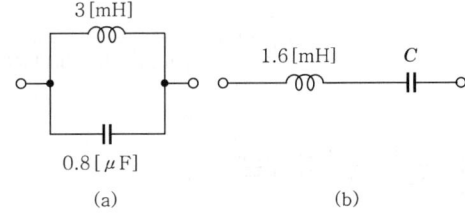

(a) (b)

① 0.9 ② 1.2
③ 1.5 ④ 1.8

해설 $Z_1 \cdot Z_2 = K^2$

$sL \cdot \frac{1}{sC} = K^2$

$\therefore C = \frac{L}{K^2} = \frac{3 \times 10^{-3}}{2 \times 10^3}[F] = 1.5[\mu F]$

04 이론 Check 역회로

구동점 임피던스가 $Z_1 \cdot Z_2$일 때 $Z_1 \cdot Z_2$가 쌍대 관계에 있으면서 $Z_1 \cdot Z_2 = K^2$이 되는 관계에 있을 때 $Z_1 \cdot Z_2$는 K에 대하여 역회로라고 한다.

예를 들면, $Z_1 = j\omega L_1$, $Z_2 = \frac{1}{j\omega C_2}$이라고 하면

$Z_1 \cdot Z_2 = j\omega L_1 \cdot \frac{1}{j\omega C_2} = \frac{L_1}{C_2} = K^2$

이 되고 인덕턴스 L_1과 정전 용량 C_2와는 역회로가 되고 있다.

|| 역회로의 예 ||

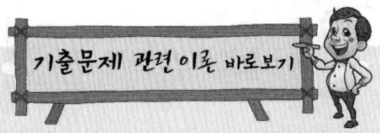

05 삼각파의 최대값이 1이라면 실효값, 평균값은 각각 얼마인가?

① $\frac{1}{\sqrt{2}}$, $\frac{1}{\sqrt{3}}$ ② $\frac{1}{\sqrt{3}}$, $\frac{1}{2}$

③ $\frac{1}{\sqrt{2}}$, $\frac{1}{2}$ ④ $\frac{1}{\sqrt{3}}$, $\frac{1}{\sqrt{3}}$

해설 실효값 $V = \frac{1}{\sqrt{3}} \times 1 = \frac{1}{\sqrt{3}}$

평균값 $V_{av} = \frac{1}{2} \times 1 = \frac{1}{2}$

정답 03.② 04.③ 05.②

06. 교류 전력

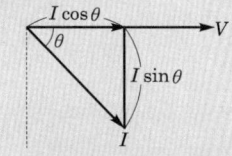

여기서, $I\cos\theta$: 유효 전류
$I\sin\theta$: 무효 전류

전압과 전류가 직각인 $I\sin\theta$ 성분은 전력을 발생시킬 수 없는 성분 즉, 무효 성분의 전류이고, 전압, 전류가 동상인 $I\cos\theta$ 성분은 전력을 발생시킬 수 있는 성분 즉, 유효 성분의 전류가 되어 이에 의해 만들어진 전력을 유효 전력, 무효 전력이라 한다.
이를 식으로 표현하면

(1) 유효 전력
$P = VI\cos\theta$
$= I^2 \cdot R$
$= \dfrac{V^2}{R}$ [W]

(2) 무효 전력
$P_r = VI\sin\theta$
$= I^2 \cdot X$
$= \dfrac{V^2}{X}$ [Var]

(3) 피상 전력
$P_a = V \cdot I$
$= I^2 \cdot Z$
$= \dfrac{V^2}{Z}$ [VA]

---

06 어떤 회로에서 전압과 전류가 각각 $v = 50\sin(\omega t + \theta)$[V], $i = 4\sin(\omega t + \theta - 30°)$[A]일 때 무효 전력[Var]은?

① 100   ② 86.6
③ 70.7 ④ 50

해설 $P_r = \dfrac{V_m}{\sqrt{2}} \cdot \dfrac{I_m}{\sqrt{2}} \sin\phi = \dfrac{50 \times 4}{2} \sin 30° = 50$ [Var]

07 $R = 20[\Omega]$, $L = 0.1$[H]의 직렬 회로에 60[Hz], 115[V]의 교류 전압이 인가되어 있다. 인덕턴스에 축적되는 자기 에너지의 평균값은 약 몇 [J]인가?

① 0.14   ② 0.36
③ 0.75   ④ 1.45

해설 자기 에너지 $W = \dfrac{1}{2}LI^2$
$= \dfrac{1}{2} \times 0.1 \times \left(\dfrac{115}{\sqrt{20^2 + (2 \times 3.14 \times 60 \times 0.1)^2}}\right)^2 = 0.364$ [J]

08 $\mathcal{L}^{-1}\left[\dfrac{1}{s^2 + 2s + 5}\right]$의 값은?

① $e^{-t}\sin 2t$ ② $e^{-t}\sin t$
③ $\dfrac{1}{2}e^{-t}\sin 2t$ ④ $\dfrac{1}{2}e^{-t}\sin t$

해설 $\mathcal{L}^{-1}\left[\dfrac{1}{s^2 + 2s + 5}\right] = \mathcal{L}^{-1}\left[\dfrac{1}{(s+1)^2 + 2^2}\right] = \dfrac{1}{2}e^{-t}\sin 2t$

09 다음 회로에서 입력을 $v(t)$, 출력을 $i(t)$로 했을 때의 입출력 전달 함수는? (단, 스위치 S는 $t = 0$ 순간에 회로 전압을 공급한다.)

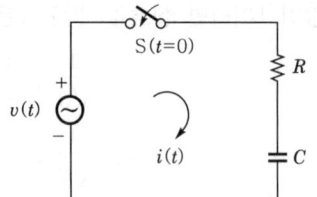

① $\dfrac{I(s)}{V(s)} = \dfrac{s}{R\left(s + \dfrac{1}{RC}\right)}$ ② $\dfrac{I(s)}{V(s)} = \dfrac{1}{RC\left(s + \dfrac{1}{RC}\right)}$

③ $\dfrac{I(s)}{V(s)} = \dfrac{s}{RCs + 1}$ ④ $\dfrac{I(s)}{V(s)} = \dfrac{RCs}{RCs + 1}$

정답 06.④ 07.② 08.③ 09.①

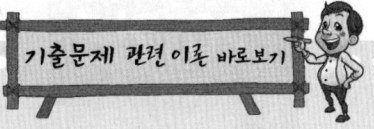

해설
$$\frac{I(s)}{V(s)} = Y(s) = \frac{1}{Z(s)} = \frac{1}{R + \frac{1}{Cs}} = \frac{s}{Rs + \frac{1}{C}} = \frac{s}{R\left(s + \frac{1}{RC}\right)}$$

10 분포 정수 선로에서 무왜형 조건이 성립하면 어떻게 되는가?

① 감쇠량은 주파수에 비례한다.
② 전파 속도가 최대로 된다.
③ 감쇠량이 최소로 된다.
④ 위상 정수가 주파수에 관계없이 일정하다.

해설 무왜형 선로 조건 $\frac{R}{L} = \frac{G}{C}$, $RC = LG$

전파 정수 $r = \sqrt{Z \cdot Y}$
$= \sqrt{(R + j\omega L)(G + j\omega C)}$
$= \sqrt{RG} + j\omega\sqrt{LC}$

감쇠량 $\alpha = \sqrt{RG}$ 로 최소가 된다.

---

10. **이론check** 분포 정수 회로

[무왜형 선로]
(1) 전파 정수
$\gamma = \sqrt{ZY}$
$= \sqrt{(R + j\omega L)(G + j\omega C)}$
$= \sqrt{(R + j\omega L)\left(\frac{RC}{L} + j\omega C\right)}$
$= \sqrt{(R + j\omega L)\frac{C}{L}(R + j\omega L)}$
$= \sqrt{\frac{C}{L}}(R + j\omega L)$
$= \sqrt{\frac{CR^2}{L}} + j\omega L C$
$= \sqrt{RG} + j\omega\sqrt{LC} = \alpha + j\beta$

여기서, 감쇠 정수 $\alpha = \sqrt{RG}$
위상 정수 $\beta = \omega\sqrt{LC}$

(2) 속도
$v = \lambda f$
$= \frac{2\pi f}{\beta} = \frac{\omega}{\beta} = \frac{1}{\sqrt{LC}}$ [m/s]

무왜형 회로에서는 특성 임피던스 Z_0, 감쇠 정수 α 및 전파 속도 v는 어느 것이나 주파수에 관계없이 일정한 값이다.

정답 10.③

2012년 과년도 출제문제

제1회 회로이론

01 그림과 같은 파형의 파고율은?

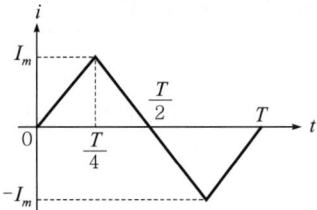

① $\dfrac{1}{\sqrt{3}}$ ② $\dfrac{2}{\sqrt{3}}$
③ $\sqrt{2}$ ④ $\sqrt{3}$

해설 삼각파의 파고율 $=\dfrac{\text{최대값}}{\text{실효값}}=\dfrac{V_m}{\dfrac{1}{\sqrt{3}}V_m}=\sqrt{3}$

02 각 상의 임피던스 $Z = 6 + j8[\Omega]$인 평형 △부하에 선간 전압이 220[V]인 대칭 3상 전압을 가할 때 선전류는 약 몇 [A]인가?

① 11   ② 13.5
③ 22   ④ 38.1

해설 △결선이므로
$I_l = \sqrt{3}\,I_p = \sqrt{3}\,\dfrac{220}{\sqrt{6^2+8^2}} \fallingdotseq 38[\text{A}]$

03 어떤 회로에서 유효 전력 80[W], 무효 전력 60[Var]일 때 역률[%]은?

① 0.8   ② 8
③ 80   ④ 800

정답 01.④ 02.④ 03.③

기출문제 관련 이론 바로보기

03. 이론 Check 유효 전력, 무효 전력, 피상 전력과의 관계

$P^2 + P_r^{\,2} = (VI\cos\theta)^2 + (VI\sin\theta)^2$
$\qquad = (VI)^2 = P_a^{\,2}$
따라서 $P_a = \sqrt{P^2 + P_r^{\,2}}$

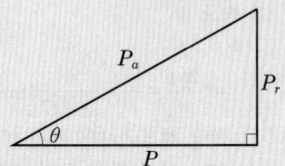

위의 전력 3각형에서 역률 $\cos\theta$와 무효율 $\sin\theta$를 구하면

(1) 역률
$p \cdot f = \dfrac{\text{유효 전력}}{\text{피상 전력}}$
$\qquad = \dfrac{P}{P_a} = \dfrac{P}{\sqrt{P^2+P_r^{\,2}}}$

(2) 무효율
$r \cdot f = \dfrac{\text{무효 전력}}{\text{피상 전력}}$
$\qquad = \dfrac{P_r}{P_a} = \dfrac{P_r}{\sqrt{P^2+P_r^{\,2}}}$

Tip 역률
전압, 전류와 위상차 크기를 나타내는 계수라 말할 수 있으며 인덕터의 경우 전류가 전압에 뒤지므로 지상 역률이라 하고 커패시터의 경우 전류가 전압에 앞서므로 진상 역률이라 한다.

해설 $P_a = \sqrt{P^2 + P_r^2} = \sqrt{80^2 + 60^2} = 100$

$\cos\theta = \dfrac{P}{P_a} = \dfrac{80}{100} = 0.8$

$\therefore 80[\%]$

04 송전 선로가 무손실 선로일 때 $L=96[mH]$이고, $C=0.6[\mu F]$이면 특성 임피던스[Ω]는?

① 100 ② 200
③ 400 ④ 500

해설 무손실 선로 $R=0$, $G=0$

$\therefore Z_0 = \sqrt{\dfrac{Z}{Y}} = \sqrt{\dfrac{R+j\omega L}{G+j\omega C}} = \sqrt{\dfrac{L}{C}} = \sqrt{\dfrac{96 \times 10^{-3}}{0.6 \times 10^{-6}}} = 400[\Omega]$

05 어떤 회로에 $100+j20[V]$인 전압을 가할 때 $4+j3[A]$인 전류가 흐른다면 이 회로의 임피던스[Ω]는?

① $18.4-j8.8$ ② $27.3+j15.2$
③ $48.6+j31.4$ ④ $65.7-j54.3$

해설 임피던스 $Z = \dfrac{100+j20}{4+j3} = \dfrac{(100+j20)(4-j3)}{(4+j3)(4-j3)} = 18.4 - j8.8$

06 그림과 같은 T형 회로의 임피던스 파라미터 Z_{22}는?

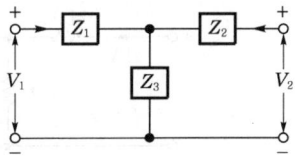

① Z_1 ② Z_3
③ $Z_1 + Z_3$ ④ $Z_2 + Z_3$

해설 $Z_{11} = Z_1 + Z_3$
$Z_{12} = Z_{21} = Z_3$
개방 구동점 임피던스 $Z_{22} = Z_2 + Z_3$

07 불평형 3상 전류가 $I_a = 16+j2[A]$, $I_b = -20-j9[A]$, $I_c = -2+j10[A]$일 때 영상분 전류[A]는?

① $-2+j$ ② $-6+j3$
③ $-9+j6$ ④ $-18+j9$

정답 04.③ 05.① 06.④ 07.①

---

04. 이론 check 분포 정수 회로

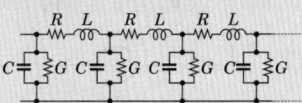

미소 저항 R과 인덕턴스 L이 직렬로 선간에 미소한 정전 용량 C와 누설 컨덕턴스 G가 형성되고 이들이 반복하여 분포되어 있는 회로를 분포 정수 회로라 한다. 단위 길이에 대한 선로의 직렬 임피던스 $Z = R + j\omega L[\Omega/m]$, 병렬 어드미턴스 $Y = G + j\omega C[\mho/m]$이다.

[무손실 선로]
(1) 조건
  $R=0$, $G=0$
(2) 특성 임피던스
  $Z_0 = \sqrt{\dfrac{Z}{Y}} = \sqrt{\dfrac{R+j\omega L}{G+j\omega C}} = \sqrt{\dfrac{L}{C}}$
(3) 전파 정수
  $\gamma = \sqrt{ZY}$
   $= \sqrt{(R+j\omega L)(G+j\omega C)}$
   $= j\omega\sqrt{LC}$
  여기서, 감쇠 정수 $\alpha = 0$
     위상 정수 $\beta = \omega\sqrt{LC}$
(4) 파장
  $\lambda = \dfrac{2\pi}{\beta} = \dfrac{2\pi}{\omega\sqrt{LC}}$
   $= \dfrac{1}{f\sqrt{LC}}[m]$
(5) 전파 속도
  $v = \lambda f = \dfrac{2\pi f}{\beta} = \dfrac{\omega}{\beta}$
   $= \dfrac{1}{\sqrt{LC}}[m/s]$

무손실 회로에서는 감쇠 정수 $\alpha = 0$이므로 감쇠는 없고 전파 속도 v는 주파수에 관계없이 일정한 값으로 된다.

08. **R-L 직렬 회로**

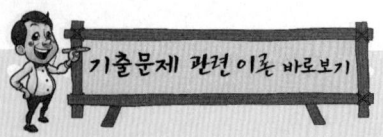

그림과 같이 $R-L$ 직렬 회로의 전압 및 전류 중 하나가 정현파이면 정상 상태에서 회로 내의 모든 전압, 전류가 동일 주파수가 되므로 키르히호프 전압 법칙에 의한 기호법으로 표현시 식은 다음과 같다.

$V = V_R + V_L = RI + jX_L I$
$\quad = (R + jX_L)I = ZI\,[V]$

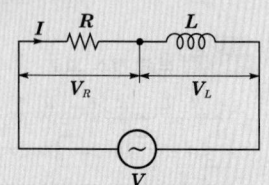

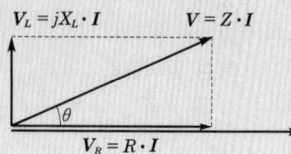

(1) 전압과 전류의 비 임피던스
$Z = R + jX_L = R + j\omega L\,[\Omega]$

(2) 페이저도에서 전류는 전압보다 위상이 θ[rad]만큼 뒤진다.

위상차 $\theta = \tan^{-1}\dfrac{V_L}{V_R}$
$\quad = \tan^{-1}\dfrac{X_L}{R}$ [rad]

(3) 임피던스 3각형에서 역률과 무효율을 구하면 다음과 같다.

역률 $\cos\theta = \dfrac{R}{Z} = \dfrac{R}{\sqrt{R^2 + X_L^2}}$

무효율 $\sin\theta = \dfrac{X_L}{Z}$
$\quad = \dfrac{X_L}{\sqrt{R^2 + X_L^2}}$

해설 영상 전류 $I_0 = \dfrac{1}{3}(I_a + I_b + I_c)$
$\qquad = \dfrac{1}{3}(16 + j2 - 20 - j9 - 2 + j10)$
$\qquad = -2 + j\,[A]$

08 저항이 40[Ω], 인덕턴스가 79.58[mH]인 $R-L$ 직렬 회로에 $311\sin(377t + 30°)$[V]의 전압을 가할 때 전류의 순시값[A]은 약 얼마인가?

① $4.4\,\underline{/-6.87°}$ ② $4.4\,\underline{/36.87°}$
③ $6.2\,\underline{/-6.87°}$ ④ $6.2\,\underline{/36.87°}$

해설 유도 리액턴스
$X_L = \omega L = 2\pi f L = 377 \times 79.58 \times 10^{-3}\,[\Omega] = 30\,[\Omega]$
임피던스 $Z = R + jX_L$
$|Z| = \sqrt{40^2 + 30^2} = 50\,[\Omega]$

전류 $I = \dfrac{V}{Z} = \dfrac{\frac{311}{\sqrt{2}}}{50} = 4.4\,[A]$

위상각 $\theta = \underline{/30° - \tan\dfrac{30}{40}} = -6.87°$

∴ 전류 순시값 $I = 4.4\,\underline{/-6.87°}$

09 단자 a, b 간에 25[V]의 전압을 가할 때 5[A]의 전류가 흐른다. 저항 r_1, r_2에 흐르는 전류비가 1 : 3일 때 r_1, r_2의 값[Ω]은?

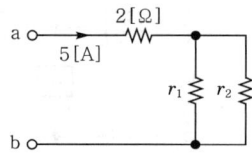

① $r_1 = 12$, $r_2 = 4$ ② $r_1 = 4$, $r_2 = 12$
③ $r_1 = 6$, $r_2 = 2$ ④ $r_1 = 2$, $r_2 = 6$

해설 전체 회로의 합성 저항 $R = \dfrac{V}{I} = \dfrac{25}{5} = 5\,[\Omega]$

$5 = 2 + \dfrac{r_1 r_2}{r_1 + r_2}$ ········· ㉠

$r_1 : r_2 = 3 : 1$이므로 $r_1 = 3r_2$ ······ ㉡

㉡식을 ㉠식에 대입하면
$r_1 = 12\,[\Omega]$, $r_2 = 4\,[\Omega]$

정답 08.① 09.①

10 테브난 정리를 사용하여 그림 (a)의 회로를 그림 (b)와 같은 등가 회로로 만들고자 할 때 E[V]와 R[Ω]의 값은?

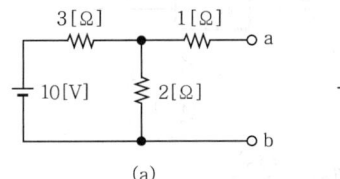

① $E=5$, $R=0.6$
② $E=2$, $R=2$
③ $E=6$, $R=2.2$
④ $E=4$, $R=2.2$

해설
$$E = \frac{2}{3+2} \times 10 = 4[\text{V}]$$
$$R = 1 + \frac{3 \times 2}{3+2} = \frac{11}{5} = 2.2[\Omega]$$

제 2 회 회로이론

01 그림과 같은 회로에서 단자 a, b에 나타나는 전압 V_{ab}[V]는 얼마인가?

① 약 2
② 약 4.3
③ 약 5.6
④ 약 8

해설
밀만의 정리 $V_{ab} = \dfrac{\sum\limits_{k=1}^{n} I_k}{\sum\limits_{k=1}^{n} Y_k} = \dfrac{\dfrac{2}{2} + \dfrac{10}{5}}{\dfrac{1}{2} + \dfrac{1}{5}} ≒ 4.3[\text{V}]$

02 그림과 같은 회로에서 단자 a, b 사이에 교류 전압 200[V]를 가하였을 때 c, d 사이의 전위차[V]는?

① 46
② 96
③ 56
④ 76

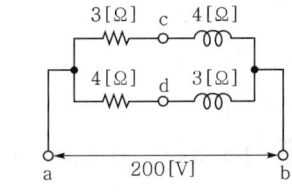

해설
$$V_{cd} = V_d - V_c = \frac{4}{3+j4} \times 200 - \frac{3}{4+j3} \times 200 = 56[\text{V}]$$

기출문제 관련 이론 바로보기

10. 이론 check 테브난의 정리

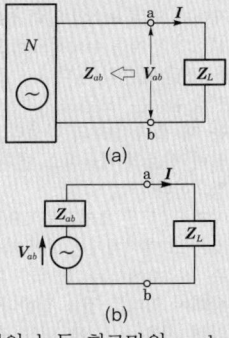

임의의 능동 회로망의 a, b 단자에 부하 임피던스(Z_L)를 연결할 때 부하 임피던스(Z_L)에 흐르는 전류 $I = \dfrac{V_{ab}}{Z_{ab} + Z_L}$[A]가 된다.

이때, Z_{ab}는 a, b 단자에서 모든 전원을 제거하고 능동 회로망을 바라본 임피던스이며, V_{ab}는 a, b 단자의 단자 전압이 된다.

01. 이론 check 밀만의 정리

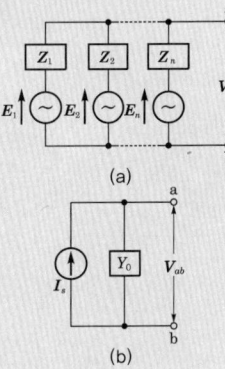

그림 (a)의 회로를 전압원, 전류원 등가 변환하면 그림 (b)와 같이 된다. 즉, 내부 임피던스를 포함하고 전압원이 n개 병렬 연결될 때 a, b 단자의 단자 전압은 다음과 같다.

$$V_{ab} = \frac{\sum\limits_{K=1}^{n} I_K}{\sum\limits_{K=1}^{n} Y_K} [\text{V}]$$

정답 10.④ / 01.② 02.③

기출문제 관련 이론 바로보기

03. 이론 check 전달 함수

제어계 또는 요소의 입력 신호와 출력 신호의 관계를 수식적으로 표현한 것을 전달 함수라 한다.
전달 함수는 "모든 초기치를 0으로 했을 때 출력 신호의 라플라스 변환과 입력 신호의 라플라스 변환의 비"로 정의한다.
여기서, 모든 초기값을 0으로 한다는 것은 그 제어계에 입력이 가해지기 전 즉, $t<0$에서는 그 계가 휴지(休止) 상태에 있다는 것을 말한다.
입력 신호 $r(t)$에 대해 출력 신호 $c(t)$를 발생하는 그림의 전달 함수 $G(s)$는

$$G(s) = \frac{\mathcal{L}[c(t)]}{\mathcal{L}[r(t)]} = \frac{C(s)}{R(s)}$$ 가 된다.

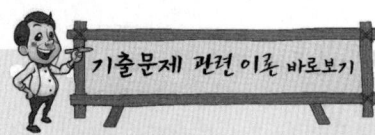

03 그림과 같은 블록 선도에서 $C(s) = R(s)$라면 전달 함수 $G(s)$는?

$R(s) \rightarrow \boxed{G(s)} \rightarrow C(s)$

① 0
② -1
③ ∞
④ 1

해설 전달 함수 $G(s) = \dfrac{C(s)}{R(s)}$

$\therefore G(s) = 1$

04 선로의 임피던스 $Z = R + j\omega L [\Omega]$, 병렬 어드미턴스가 $Y = G + j\omega C [℧]$일 때 선로의 저항 R과 컨덕턴스 G가 동시에 0이 되었을 때 전파 정수는?

① $j\omega\sqrt{LC}$
② $j\omega\sqrt{\dfrac{C}{L}}$
③ $j\omega\sqrt{L^2 C}$
④ $j\omega\sqrt{\dfrac{L}{C^2}}$

해설 전파 정수 $\gamma = \sqrt{Z \cdot Y}$
$= \sqrt{(R + j\omega L)(G + j\omega C)}$
$= j\omega\sqrt{LC}$
감쇠 정수 $\alpha = 0$
위상 정수 $\beta = \omega\sqrt{LC}$

05 그림과 같은 4단자망에서 4단자 정수 행렬은?

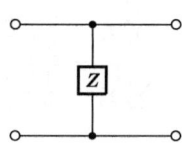

① $\begin{bmatrix} 1 & Z \\ 0 & 1 \end{bmatrix}$
② $\begin{bmatrix} 1 & 0 \\ \dfrac{1}{Z} & 1 \end{bmatrix}$
③ $\begin{bmatrix} 1 & Z \\ \dfrac{1}{Z} & 0 \end{bmatrix}$
④ $\begin{bmatrix} Z & 1 \\ 1 & 0 \end{bmatrix}$

해설 병렬 회로이므로 4단자 정수
$\begin{bmatrix} A & B \\ C & D \end{bmatrix} = \begin{bmatrix} 1 & 0 \\ \dfrac{1}{Z} & 1 \end{bmatrix}$

정답 03.④ 04.① 05.②

06 $R-L$ 직렬 회로에 $e = 20 + 100\sqrt{2}\sin\omega t + 40\sqrt{2}\sin(3\omega t + 60°) + 40\sqrt{2}\sin 5\omega t$[V]인 전압을 가할 때 제5고조파 전류의 실효값[A]은? (단, $R = 4[\Omega]$, $\omega L = 1[\Omega]$이다.)

① 약 6.25 ② 약 8.83
③ 약 12.5 ④ 약 16.0

해설 제5고조파 전류 $I_5 = \dfrac{V_5}{Z_5} = \dfrac{40}{\sqrt{4^2 + 5^2}} \fallingdotseq 6.25[A]$

07 $F(s) = \dfrac{8}{s^3} + \dfrac{3}{s+2}$의 역라플라스 변환은?

① $(3t^2 + 3e^{-3t})u(t)$ ② $(4t^2 + 3e^{-2t})u(t)$
③ $(8t^2 - 3e^{2t})u(t)$ ④ $(8t^2 + 3e^{-2t})u(t)$

해설 $\mathcal{L}[t^2] = \dfrac{2}{s^3}$, $\mathcal{L}[e^{-at}] = \dfrac{1}{s+a}$ 이므로

$F(s) = \dfrac{8}{s^3} + \dfrac{3}{s+2}$의 역라플라스 변환은 $f(t) = 4t^2 + 3e^{-2t}$ 이다.

08 대칭 3상 4선식 전력 계통이 있다. 단상 전력계 2개로 전력을 측정하였더니 각 전력계의 값이 각각 −301[W] 및 1,327[W]이었다. 이때 역률은 약 얼마인가?

① 0.94 ② 0.75
③ 0.62 ④ 0.34

해설 역률 $\cos\theta = \dfrac{P}{P_a} = \dfrac{P_1^2 + P_2^2}{2\sqrt{P_1^2 + P_2^2 - P_1 P_2}}$

$= \dfrac{(-301)^2 + (1,327)^2}{2\sqrt{(-301)^2 + 1,327^2 - (-301)(1,327)}} = 0.34$

09 그림과 같은 회로의 역회로는? (단, $K^2 = 2 \times 10^3$이다.)

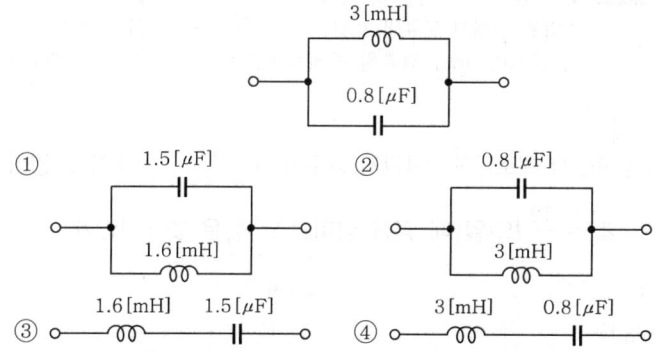

08. 이론 check 2전력계법

전력계 2개의 지시값으로 3상 전력을 측정하는 방법

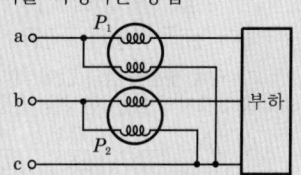

위의 그림에서 전력계의 지시값을 P_1, P_2[W]라 하면

(1) 유효 전력
$P = P_1 + P_2 = \sqrt{3}\, V_l I_l \cos\theta$[W]

(2) 무효 전력
$P_r = \sqrt{3}(P_1 - P_2)$
$= \sqrt{3}\, V_l I_l \sin\theta$[Var]

(3) 피상 전력
$P_a = \sqrt{P^2 + P_r^2}$
$= \sqrt{(P_1 + P_2)^2 + \{\sqrt{3}(P_1 - P_2)\}^2}$
$= 2\sqrt{P_1^2 + P_2^2 - P_1 P_2}$[VA]

(4) 역률
$\cos\theta = \dfrac{P}{P_a}$
$= \dfrac{P_1 + P_2}{2\sqrt{P_1^2 + P_2^2 - P_1 P_2}}$

정답 06.① 07.② 08.④ 09.③

PART 04 회로이론

기출문제 관련 이론 바로보기

10. 이론check **과도 현상**

[R-L-C 직렬 회로에 직류 전압을 인가하는 경우]

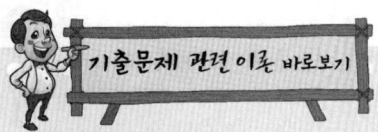

전압 방정식은
$Ri(t) + L\frac{d}{dt}i(t) + \frac{1}{C}\int i(t)dt = E$
가 되고 이를 라플라스 변환하여 전류에 대해 정리하면
$I(s) = \dfrac{E}{Ls^2 + Rs + \dfrac{1}{C}}$ 가 된다.

여기서, 특성 방정식
$Ls^2 + Rs + \dfrac{1}{C} = 0$ 의 근 s를 구하면

$s = \dfrac{-R \pm \sqrt{R^2 - 4\dfrac{L}{C}}}{2L}$

$= -\dfrac{R}{2L} \pm \sqrt{\left(\dfrac{R}{2L}\right)^2 - \dfrac{1}{LC}}$

가 되며 제곱근 안의 값에 의하여 다음 3가지의 다른 현상을 발생한다.

(1) $R^2 - 4\dfrac{L}{C} = \left(\dfrac{R}{2L}\right)^2 - \dfrac{1}{LC} = 0$ 인 경우(임계 진동)

특성 방정식은 중근을 가지며 전류는 임계 상태가 된다.
$i(t) = \dfrac{E}{L} t e^{-\alpha t}$ [A]

(2) $R^2 - 4\dfrac{L}{C} = \left(\dfrac{R}{2L}\right)^2 - \dfrac{1}{LC} > 0$ 인 경우(비진동)

특성 방정식은 서로 다른 두 실근을 가지며 전류는 비진동 상태가 된다.
$i(t) = \dfrac{E}{\beta L} \cdot e^{-\alpha t} \sinh \beta t$ [A]

(3) $R^2 - 4\dfrac{L}{C} = \left(\dfrac{R}{2L}\right)^2 - \dfrac{1}{LC} < 0$ 인 경우(진동)

특성 방정식은 복소근을 가지며 전류는 진동 상태가 된다.
$i(t) = \dfrac{E}{\gamma L} \cdot e^{-\alpha t} \sin \gamma t$ [A]

해설 역회로 조건 $Z_1 \times Z_2 = K^2$ 에서
$L = K^2 C = 2 \times 10^3 \times 0.8 \times 10^{-6} = 1.6$ [mH], $C = \dfrac{L}{K^2} = \dfrac{3 \times 10^{-3}}{2 \times 10^3} = 1.5$ [μF]

∴ 1.6[mH] 1.5[μF]

10 저항 R, 인덕턴스 L, 콘덴서 C의 직렬 회로에서 발생되는 과도 현상이 진동이 되지 않을 조건은?

① $\left(\dfrac{R}{2L}\right)^2 - \dfrac{1}{LC} > 0$ ② $\left(\dfrac{R}{2L}\right)^2 - \dfrac{1}{LC} < 0$

③ $\left(\dfrac{R}{2L}\right)^2 - \dfrac{1}{LC} = 0$ ④ $\dfrac{R}{2L} - \dfrac{1}{LC} = 0$

해설 진동 여부 판별식에서 비진동 조건
$\left(\dfrac{R}{2L}\right)^2 - \dfrac{1}{LC} = R^2 - 4\dfrac{L}{C} > 0$

제3회 회로이론

01 그림과 같은 회로의 a, b 단자 간의 전압[V]은?

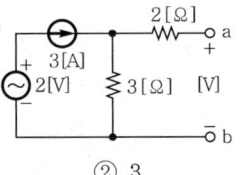

① 2 ② 3
③ 6 ④ 9

해설 a, b 단자 간 전압은 3[Ω] 양단 전압이므로 중첩의 정리에 의해서 2[V] 전압원 존재시 전류원 3[A]을 개방해야 하므로 3[Ω] 양단 전압은 존재치 않으며 3[A] 전류원 존재시에만 9[V]의 전압이 존재하게 된다.

02 L형 4단자 회로망에서 4단자 상수가 $A = \dfrac{15}{4}$, $D = 1$이고, 영상 임피던스 $Z_{02} = \dfrac{12}{5}$ [Ω]일 때 영상 임피던스 Z_{01}은 몇 [Ω]인가?

① 8 ② 9
③ 10 ④ 11

정답 10.① / 01.④ 02.②

해설

$Z_{01} \cdot Z_{02} = \dfrac{B}{C}$, $\dfrac{Z_{01}}{Z_{02}} = \dfrac{A}{D}$ 에서

$Z_{01} = \dfrac{A}{D} Z_{02} = \dfrac{\frac{15}{4}}{1} \times \dfrac{12}{5} = \dfrac{180}{20} = 9[\Omega]$

03 다음 함수의 역라플라스 변환은?

$$I(s) = \dfrac{2s+3}{(s+1)(s+2)}$$

① $e^{-t} + e^{-2t}$　　② $e^{-t} - e^{-2t}$
③ $e^{-t} - 2e^{-2t}$　　④ $e^{-t} + 2e^{-2t}$

해설

$I(s) = \dfrac{2s+3}{s^2+3s+2} = \dfrac{2s+3}{(s+2)(s+1)} = \dfrac{K_1}{s+2} + \dfrac{K_2}{s+1}$

유수 정리를 적용하면

$K_1 = \left. \dfrac{2s+3}{s+1} \right|_{s=-2} = 1$

$K_2 = \left. \dfrac{2s+3}{s+2} \right|_{s=-1} = 1$

$I(s) = \dfrac{1}{s+2} + \dfrac{1}{s+1}$

∴ $i(t) = e^{-2t} + e^{-t}$

04 그림의 회로에서 스위치 S를 닫을 때의 충전 전류 $i(t)$[A]는 얼마인가? (단, 콘덴서에 초기 충전 전하는 없다.)

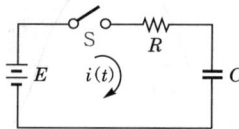

① $\dfrac{E}{R} e^{-\frac{1}{CR}t}$　　② $\dfrac{E}{R} e^{\frac{R}{C}t}$
③ $\dfrac{E}{R} e^{-\frac{C}{R}t}$　　④ $\dfrac{E}{R} e^{\frac{1}{CR}t}$

해설 $R-C$ 직렬 회로

• 직류 인가시 : $i(t) = \dfrac{E}{R} e^{-\frac{1}{CR}t}$ [A]

• 직류 제거시 : $i(t) = -\dfrac{E}{R} e^{-\frac{1}{CR}t}$ [A]

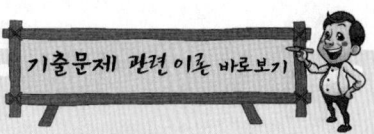

03. 역라플라스 변환

(1) 실수 단근인 경우

$F(s) = \dfrac{Z(s)}{(s-p_1)(s-p_2)\cdots(s-p_n)}$
$= \dfrac{K_1}{(s-p_1)} + \dfrac{K_2}{(s-p_2)} + \cdots$
$+ \dfrac{K_j}{(s-p_j)} + \cdots + \dfrac{K_n}{(s-p_n)}$

의 경우 유수 K_j는 다음과 같이 구한다.

$K_j = \lim_{s \to p_j} (s-p_j) F(s)$

(2) 다중근인 경우

$F(s) = \dfrac{Z(s)}{(s-p_1)(s-p_2)\cdots(s-p_n)(s-p_i)^n}$
$= \dfrac{K_1}{(s-p_1)} + \dfrac{K_2}{(s-p_2)} + \cdots$
$+ \dfrac{K_n}{(s-p_n)} + \dfrac{K_{11}}{(s-p_i)}$
$+ \dfrac{K_{12}}{(s-p_i)^2} + \cdots + \dfrac{K_{1n}}{(s-p_i)^n}$

여기서, $K_1, K_2, \cdots, K_n$은 실수 단근인 경우에 기술한 방법으로 구하고, $K_{11}, K_{12}, \cdots, K_{1n}$은 중근이므로 다음과 같이 구한다.

$K_{11} = \lim_{s \to p_i} \left[(s-p_i)^n F(s) \right]$

⋮

$K_{1n} = \lim_{s \to p_i} \dfrac{1}{(n-1)!} \dfrac{d^{n-1}}{ds^{n-1}} \left[(s-p_i)^n F(s) \right]$

정답 03.① 04.①

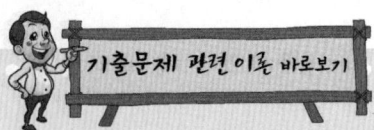

05. 분포 정수 회로

[무왜형 선로]

(1) 전파 정수

$$\gamma = \sqrt{ZY}$$
$$= \sqrt{(R+j\omega L)(G+j\omega C)}$$
$$= \sqrt{(R+j\omega L)\left(\frac{RC}{L}+j\omega C\right)}$$
$$= \sqrt{(R+j\omega L)\frac{C}{L}(R+j\omega L)}$$
$$= \sqrt{\frac{C}{L}}(R+j\omega L)$$
$$= \sqrt{\frac{CR^2}{L}+j\omega LC}$$
$$= \sqrt{RG}+j\omega\sqrt{LC} = \alpha+j\beta$$

여기서, 감쇠 정수 $\alpha = \sqrt{RG}$
위상 정수 $\beta = \omega\sqrt{LC}$

(2) 속도

$$v = \lambda f = \frac{2\pi f}{\beta} = \frac{\omega}{\beta} = \frac{1}{\sqrt{LC}} \, [\text{m/s}]$$

무왜형 회로에서는 특성 임피던스 Z_0, 감쇠 정수 α 및 전파 속도 v는 어느 것이나 주파수에 관계없이 일정한 값이다.

06. 영점 극점

구동점 임피던스 $Z(s)$

$$= \frac{a_0+a_1s+a_2s^2+\cdots+a_{2n}s^{2n}}{b_1s+b_2s^2+b_3s^3+\cdots+b_{2n-1}s^{2n-1}}$$

(1) 영점

$Z(s)$가 0이 되는 s의 값으로 $Z(s)$의 분자가 0이 되는 점, 즉 회로 단락 상태가 된다.

(2) 극점

$Z(s)$가 ∞되는 s의 값으로 $Z(s)$의 분모가 0이 되는 점, 즉 회로 개방 상태가 된다.

---

05 무왜형(無歪形) 선로를 설명한 것 중 옳은 것은?

① 특성 임피던스가 주파수의 함수이다.
② 감쇠 정수는 0이다.
③ $LR = CG$의 관계가 있다.
④ 위상 속도 v는 주파수에 관계가 없다.

해설
• 무왜형 선로 조건 : $\frac{R}{L} = \frac{G}{C}$, $RC = LG$
• 특성 임피던스 : $Z_0 = \sqrt{\frac{L}{C}}$
• 속도 : $v = \frac{1}{\sqrt{LC}}$

06 2단자 임피던스 함수 $Z(s) = \frac{(s+1)(s+2)}{(s+3)(s+4)}$일 때 극점(pole)은?

① $-1, -2$
② $-3, -4$
③ $-1, -2, -3, -4$
④ $-1, -3$

해설 극점은 $Z(s)$의 분모=0의 근
$(s+3)(s+4) = 0$
$\therefore s = -3, -4$

07 그림과 같은 파형의 순시값은?

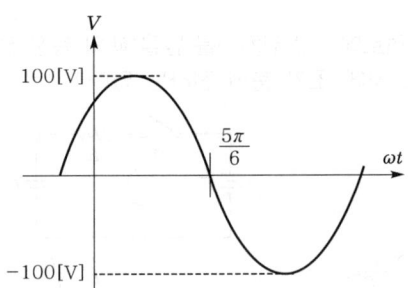

① $v = 100\sqrt{2}\sin\omega t$
② $v = 100\sqrt{2}\cos\omega t$
③ $v = 100\sin\left(\omega t + \frac{\pi}{6}\right)$
④ $v = 100\sin\left(\omega t - \frac{\pi}{6}\right)$

해설 최대값은 100[V]이고 위상이 $\frac{\pi}{6}$만큼 앞선다.
$\therefore v = 100\sin\left(\omega t + \frac{\pi}{6}\right)$

정답 05.④ 06.② 07.③

2012년 과년도 출제문제

08 스위치 S를 열었을 때 전류계의 지시는 10[A]이었다. 스위치 S를 닫았을 때 전류계의 지시는 몇 [A]인가?

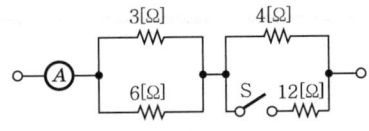

① 8
② 10
③ 12
④ 15

해설
- 스위치 S를 열었을 경우 합성 저항 $R_0 = \dfrac{3 \times 6}{3+6} + 4 = 6[\Omega]$

  ∴ 양단자 전압 $V_0 = 6 \times 10 = 60[V]$

- 스위치 S를 닫았을 경우 합성 저항 $R_C = \dfrac{3 \times 6}{3+6} + \dfrac{4 \times 12}{4+12} = 5[\Omega]$

  ∴ 전류계 지시값 $I_C = \dfrac{60}{5} = 12[A]$

09 내부 임피던스가 $0.3 + j2[\Omega]$인 발전기에 임피던스가 $1.7 + j3[\Omega]$인 선로를 연결하여 전력을 공급한다. 부하 임피던스가 몇 [Ω]일 때 최대 전력이 전달되겠는가?

① 2
② $2 - j5$
③ $\sqrt{29}$
④ $2 + j5$

해설 전원 내부 임피던스
$\boldsymbol{Z}_s = 0.3 + j2 + 1.7 + j3 = 2 + j5[\Omega]$
최대 전력 전달 조건
$\boldsymbol{Z}_0 = \overline{\boldsymbol{Z}_s} = 2 - j5[\Omega]$

10 어떤 함수 $f(t)$를 비정현파의 푸리에 급수에 의한 전개를 옳게 나타낸 것은?

① $\displaystyle\sum_{n=1}^{\infty} a_n \sin n\omega t + \sum_{n=1}^{\infty} b_n \sin n\omega t$

② $\displaystyle\sum_{n=1}^{\infty} a_n \sin n\omega t + \sum_{n=1}^{\infty} b_n \cos n\omega t$

③ $a_0 + \displaystyle\sum_{n=1}^{\infty} \cos n\omega t + \sum_{n=1}^{\infty} b_n \cos n\omega t$

④ $a_0 + \displaystyle\sum_{n=1}^{\infty} a_n \cos n\omega t + \sum_{n=1}^{\infty} b_n \sin n\omega t$

해설 $f(t) = a_0 + \displaystyle\sum_{n=1}^{\infty} a_n \cos n\omega t + \sum_{n=1}^{\infty} b_n \sin n\omega t$

기출문제 관련 이론 바로보기

08. Tip 옴의 법칙

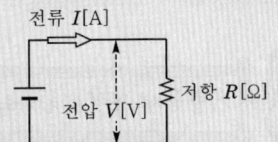

회로를 흐르는 전류의 크기 $I[A]$는 전압의 크기 $V[V]$에 비례하고, 저항의 크기 $R[\Omega]$에 반비례한다. 식으로 표시하면
$V = IR[V]$ (전압에 주목)
$I = \dfrac{V}{R}[A]$ (전류에 주목)
$R = \dfrac{V}{I}[\Omega]$ (저항에 주목)

10. Tip 비정현파

[푸리에 급수 전개]

비정현파(=왜형파)의 한 예를 표시한 것으로 이와 같은 주기 함수를 푸리에 급수에 의해 몇 개의 주파수가 다른 정현파 교류의 합으로 나눌 수 있다. 비정현파를 $y(t)$의 시간의 함수로 나타내면 다음과 같다.

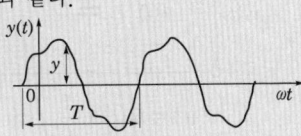

비정현파의 구성은 직류 성분+기본파+고조파로 분해되며 이를 식으로 표시하면
$y(t) = a_0 + a_1 \cos \omega t + a_2 \cos 2\omega t$
$\quad + a_3 \cos 3\omega t + \cdots + b_1 \sin \omega t$
$\quad + b_2 \sin 2\omega t + b_3 \sin 3\omega t + \cdots$

$y(t) = a_0 + \displaystyle\sum_{n=1}^{\infty} a_n \cos n\omega t$
$\quad + \displaystyle\sum_{n=1}^{\infty} b_n \sin n\omega t$

정답 08.③ 09.② 10.④

2013년 과년도 출제문제

제1회 회로이론

01 그림과 같은 π형 회로에서 4단자 정수 B는?

① $\dfrac{1+Z_2}{Z_3}$ ② Z_2

③ $\dfrac{Z_1+Z_2+Z_3}{Z_1 Z_3}$ ④ $1+\dfrac{Z_2}{Z_1}$

해설
$$\begin{bmatrix} A & B \\ C & D \end{bmatrix} = \begin{bmatrix} 1 & 0 \\ \dfrac{1}{Z_1} & 1 \end{bmatrix} \begin{bmatrix} 1 & Z_2 \\ 0 & 1 \end{bmatrix} \begin{bmatrix} 1 & 0 \\ \dfrac{1}{Z_3} & 1 \end{bmatrix}$$
$$= \begin{bmatrix} 1+\dfrac{Z_2}{Z_3} & Z_2 \\ \dfrac{Z_1+Z_2+Z_3}{Z_1 \cdot Z_3} & 1+\dfrac{Z_2}{Z_1} \end{bmatrix}$$

02 그림의 전기 회로에서 전달 함수 $\dfrac{E_2(s)}{E_1(s)}$는?

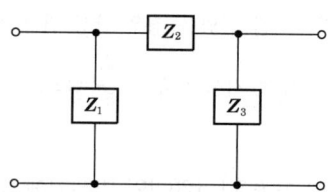

① $\dfrac{LRs}{LCs^2+RCs+1}$ ② $\dfrac{Cs}{LCs^2+RCs+1}$

③ $\dfrac{RCs}{LCs^2+RCs+1}$ ④ $\dfrac{LRCs}{LCs^2+RCs+1}$

기출문제 관련 이론 바로보기

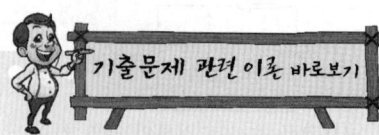

02. Tip 전달 함수

제어계 또는 요소의 입력 신호와 출력 신호의 관계를 수식적으로 표현한 것을 전달 함수라 한다.
전달 함수는 "모든 초기치를 0으로 했을 때 출력 신호의 라플라스 변환과 입력 신호의 라플라스 변환의 비"로 정의한다.
입력 신호 $r(t)$에 대해 출력 신호 $c(t)$를 발생하는 그림의 전달 함수 $G(s)$는
$$G(s) = \dfrac{\mathcal{L}[c(t)]}{\mathcal{L}[r(t)]} = \dfrac{C(s)}{R(s)}$$
가 된다.
(1) 전기회로의 전달함수
(2) $R-C$ 직렬 회로의 전달함수

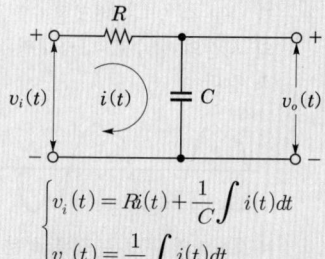

$$\begin{cases} v_i(t) = Ri(t) + \dfrac{1}{C}\int i(t)dt \\ v_o(t) = \dfrac{1}{C}\int i(t)dt \end{cases}$$

위의 식을 초기값 0인 조건에서 라플라스 변환하면
$$\begin{cases} V_i(s) = \left(R+\dfrac{1}{Cs}\right)I(s) \\ V_o(s) = \dfrac{1}{Cs}I(s) \end{cases}$$

$$\therefore G(s) = \dfrac{V_o(s)}{V_i(s)} = \dfrac{1}{RCs+1}$$

정답 01.② 02.③

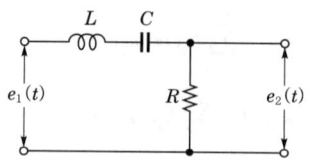

해설 $G(s) = \dfrac{E_2(s)}{E_1(s)} = \dfrac{R}{Ls + \dfrac{1}{Cs} + R} = \dfrac{RCs}{LCs^2 + RCs + 1}$

03 다음 파형의 라플라스 변환은?

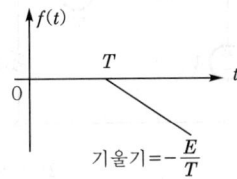

① $\dfrac{E}{Ts}e^{-Ts}$ ② $-\dfrac{E}{Ts}e^{-Ts}$

③ $-\dfrac{E}{Ts^2}e^{-Ts}$ ④ $\dfrac{E}{Ts^2}e^{-Ts}$

해설 $f(t) = -\dfrac{E}{T}(t-T)u(t-T)$

$\therefore F(s) = -\dfrac{E}{Ts^2}e^{-Ts}$

04 파형이 톱니파일 경우 파형률은?

① 1.155 ② 1.732
③ 1.414 ④ 0.577

해설 톱니파의 파형률 $= \dfrac{실효값}{평균값}$

$= \dfrac{\dfrac{1}{\sqrt{3}}V_m}{\dfrac{1}{2}V_m} = \dfrac{2}{\sqrt{3}} = 1.155$

05 $R-L$ 직렬 회로에 직류 전압 5[V]를 $t=0$에서 인가하였더니 $i(t) = 50(1-e^{-20\times 10^{-3}t})$ [mA] $(t \geq 0)$이었다. 이 회로의 저항을 처음 값의 2배로 하면 시정수는 얼마가 되겠는가?

① 10[ms] ② 40[ms]
③ 5[s] ④ 25[s]

해설 $-\dfrac{R}{L} = -20 \times 10^{-3}$, 시정수 $\tau = \dfrac{L}{R} = \dfrac{1,000}{20} = 50$[s]

시정수 τ는 R에 반비례하므로 저항이 2배이면 시정수 τ는 $\dfrac{1}{2}$로 감소한다.

$\therefore$ 시정수 $\tau = 50 \times \dfrac{1}{2} = 25$[s]

---

04. **이론 check** **파고율, 파형률**

(1) 파고율
실효값에 대한 최대값의 비율
즉, 파고율 $= \dfrac{최대값}{실효값}$

(2) 파형률
평균값에 대한 실효값의 비율
즉, 파형률 $= \dfrac{실효값}{평균값}$

Tip 교류의 크기
[삼각파의 평균값과 실효값]
(1) 평균값

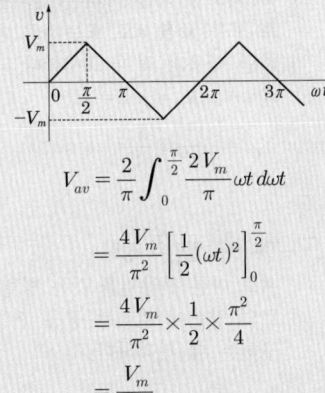

$V_{av} = \dfrac{2}{\pi}\int_0^{\frac{\pi}{2}} \dfrac{2V_m}{\pi}\omega t \, d\omega t$

$= \dfrac{4V_m}{\pi^2}\left[\dfrac{1}{2}(\omega t)^2\right]_0^{\frac{\pi}{2}}$

$= \dfrac{4V_m}{\pi^2} \times \dfrac{1}{2} \times \dfrac{\pi^2}{4}$

$= \dfrac{V_m}{2}$

(2) 실효값

$V = \sqrt{\dfrac{1}{\dfrac{\pi}{2}}\int_0^{\frac{\pi}{2}}\left(\dfrac{2V_m}{\pi}\omega t\right)^2 d\omega t}$

$= \sqrt{\dfrac{2}{\pi}\times\dfrac{4V_m^2}{\pi^2}\int_0^{\frac{\pi}{2}}(\omega t)^2 d\omega t}$

$= \sqrt{\dfrac{8V_m^2}{\pi^3}\left[\dfrac{1}{3}(\omega t)^3\right]_0^{\frac{\pi}{2}}}$

$= \sqrt{\dfrac{8V_m^2}{\pi^3}\times\dfrac{1}{3}\times\left(\dfrac{\pi}{2}\right)^3}$

$= \dfrac{V_m}{\sqrt{3}}$

정답 03.③ 04.① 05.④

PART 04 회로이론

기출문제 관련 이론 바로보기

06. 이론 check ▶ 2단자망의 구동점 임피던스

2개의 단자를 가진 임의의 수동 선형 회로망을 2단자망이라 하며 2단자망의 한 쌍의 단자는 전원 전압이 가해지는 곳이 되며 이 한 쌍의 단자에서 본 임피던스를 구동점 임피던스라 한다.

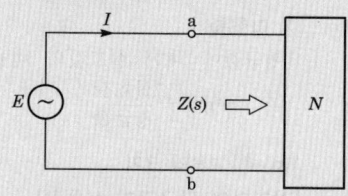

2단자망에 전원을 인가하여 구동 시 회로망 쪽을 바라본 임피던스로 보통 $j\omega$를 s로 또는 λ로 치환하면 다음과 같이 표시한다.
$R = R$, $X_L = j\omega L = sL$,
$X_C = \dfrac{1}{j\omega C} = \dfrac{1}{sC}$

07. Tip ▶ 밀만의 정리

서로 다른 전압원을 갖는 병렬 지로의 양단에 걸리는 공통 전압을 구하는 데 편리하다.

---

06 회로망 출력 단자 a-b에서 바라본 등가 임피던스는? (단, $V_1 = 6$[V], $V_2 = 3$[V], $I_1 = 10$[A], $R_1 = 15$[Ω], $R_2 = 10$[Ω], $L = 2$[H], $j\omega = s$이다.)

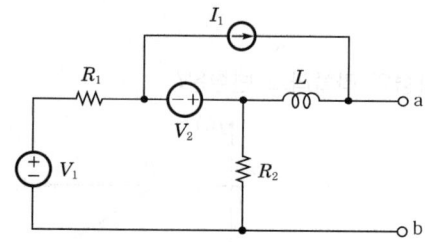

① $\dfrac{1}{s+3}$ ② $s+15$

③ $\dfrac{3}{s+2}$ ④ $2s+6$

해설 $Z_{ab} = j\omega L + \dfrac{R_1 R_2}{R_1 + R_2} = 2s + \dfrac{15 \times 10}{15 + 10} = 2s + 6$[Ω]

07 그림과 같은 회로에서 a-b 사이의 전위차[V]는?

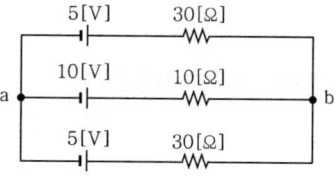

① 10[V] ② 8[V]
③ 6[V] ④ 4[V]

해설 $V_{ab} = \dfrac{\dfrac{5}{30} + \dfrac{10}{10} + \dfrac{5}{30}}{\dfrac{1}{30} + \dfrac{1}{10} + \dfrac{1}{30}} = 8$[V]

08 각 상의 임피던스가 $R + jX$[Ω]인 것을 Y결선으로 한 평형 3상 부하에 선간 전압 E[V]를 가하면 선전류는 몇 [A]가 되는가?

① $\dfrac{E}{\sqrt{2(R^2+X^2)}}$ ② $\dfrac{\sqrt{2}\,E}{\sqrt{R^2+X^2}}$

③ $\dfrac{\sqrt{3}\,E}{\sqrt{R^2+X^2}}$ ④ $\dfrac{E}{\sqrt{3(R^2+X^2)}}$

해설 $I_e = I_p = \dfrac{V_p}{Z} = \dfrac{\dfrac{E}{\sqrt{3}}}{\sqrt{R^2+X^2}} = \dfrac{E}{\sqrt{3(R^2+X^2)}}$ [A]

정답 06.④ 07.② 08.④

09 저항 R과 리액턴스 X를 병렬로 연결할 때의 역률은?

① $\dfrac{X}{\sqrt{R^2+X^2}}$ ② $\dfrac{R}{\sqrt{R^2+X^2}}$
③ $\dfrac{1/X}{\sqrt{R^2+X^2}}$ ④ $\dfrac{1/R}{\sqrt{R^2+X^2}}$

해설 역률 $\cos\theta = \dfrac{I_R}{I} = \dfrac{X}{\sqrt{R^2+X^2}}$

10 다음에서 $f_e(t)$는 우함수, $f_o(t)$는 기함수를 나타낸다. 주기함수 $f(t)=f_e(t)+f_o(t)$에 대한 다음의 서술 중 바르지 못한 것은?

① $f_e(t)=f_e(-t)$ ② $f_o(t)=\dfrac{1}{2}[f(t)-f(-t)]$
③ $f_o(t)=-f_o(-t)$ ④ $f_e(t)=\dfrac{1}{2}[f(t)-f(-t)]$

해설 $f_e(t)=f_e(-t)$, $f_o(t)=-f_o(-t)$는 옳고
$f(t)=f_e(t)+f_o(t)$이므로
$\dfrac{1}{2}[f(t)+f(-t)] = \dfrac{1}{2}[f_e(t)+f_o(t)+f_e(-t)+f_o(-t)]$
$= \dfrac{1}{2}[f_e(t)+f_o(t)+f_e(t)-f_o(t)]$
$= f_e(t)$
$\dfrac{1}{2}[f(t)-f(-t)] = \dfrac{1}{2}[f_e(t)+f_o(t)-f_e(-t)-f_o(-t)]$
$= \dfrac{1}{2}[f_e(t)+f_o(t)-f_e(t)+f_o(t)]$
$= f_o(t)$

제 2 회 회로이론

01 $R-L-C$ 직렬 회로에서 전원 전압을 V라 하고, L, C에 걸리는 전압을 각각 V_L 및 V_C라고 하면 선택도 Q는?

① $\dfrac{CR}{L}$ ② $\dfrac{CL}{R}$
③ $\dfrac{V}{V_L}$ ④ $\dfrac{V_C}{V}$

해설 선택도(S)=전압 확대율(Q)
$Q=S=\dfrac{V_L}{V}=\dfrac{V_C}{V}=\dfrac{\omega L}{R}=\dfrac{1}{R\omega C}=\dfrac{1}{R}\sqrt{\dfrac{L}{C}}$

정답 09.① 10.④ / 01.④

기출문제 관련 이론 바로보기

09. 이론 check **$R-L$ 병렬 회로**

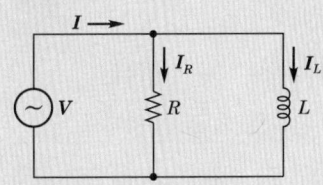

키르히호프 전류 법칙에 의한 기호법 표시식은 다음과 같다.

$I = I_R + I_L = \dfrac{V}{R} - j\dfrac{V}{X_L}$
$= \left(\dfrac{1}{R} - j\dfrac{1}{X_L}\right)V$
$= Y \cdot V$

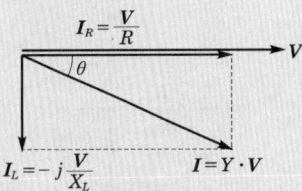

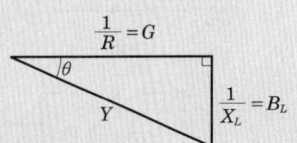

역률과 무효율을 구하면 다음과 같다.

역률 $\cos\theta = \dfrac{I_R}{I}$
$= \dfrac{G}{Y} = \dfrac{X_L}{\sqrt{R^2+X_L^2}}$

무효율 $\sin\theta = \dfrac{I_L}{I}$
$= \dfrac{B}{Y} = \dfrac{R}{\sqrt{R^2+X_L^2}}$

PART 04 회로이론

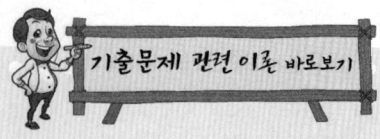 기출문제 관련 이론 바로보기

02 전원의 내부 임피던스가 순저항 R과 리액턴스 X로 구성되고 외부에 부하 저항 R_L을 연결하여 최대 전력을 전달하려면 R_L의 값은?

① $R_L = \sqrt{R^2 + X^2}$
② $R_L = \sqrt{R^2 - X^2}$
③ $R_L = R$
④ $R_L = R + X$

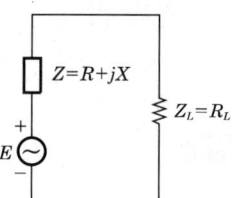

해설 최대 전력 전달 조건 $Z_L = \overline{Z_S}$
$Z_L = R_L = R - jX$
∴ $R_L = \sqrt{R^2 + X^2}$

03 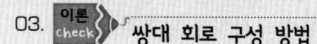 쌍대 회로 구성 방법

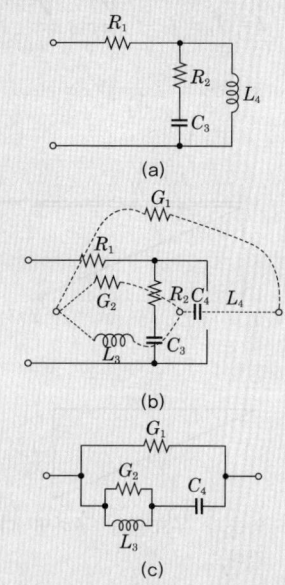

(a)

(b)

(c)

그림 (a)와 같은 회로의 쌍대 회로를 그릴 때 그림 (b)와 같이 된다.
(1) 주어진 회로망에서 각 폐로 안에 점을 하나씩 찍고 또 회로망 밖에 점 O를 찍는다. 이들 각 점은 마디에 해당한다.
(2) 주어진 회로망의 각 점과 사이 및 점과 점 O 사이를 1개의 소자만을 지나도록 하여 점선으로 연결한다.
(3) 점선이 지나간 소자에 그 소자의 쌍대 소자를 마디 사이에 그려 넣으면 그림 (c)와 같은 역회로가 완성된다. 이때 쌍대 소자의 첨자를 같게 부여한다.

03 그림과 같은 회로와 쌍대(dual)가 될 수 있는 회로는?

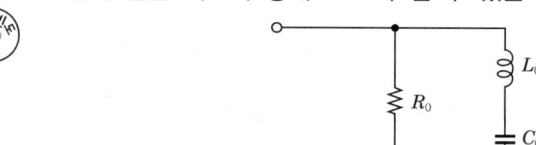

①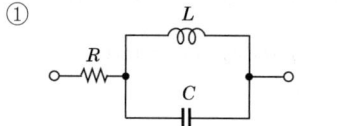
②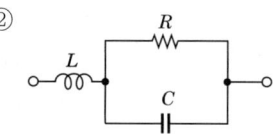
③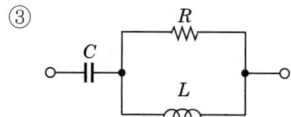
④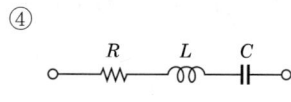

해설 쌍대는 각 소자는 역소자, 각 회로는 역회로, 직렬 회로 쌍대는 병렬 회로, 저항의 쌍대는 컨덕턴스, 인덕턴스의 쌍대는 커패시턴스가 된다.

04 그림과 같은 π형 회로에 있어서 어드미턴스 파라미터 중 Y_{21}은 어느 것인가?

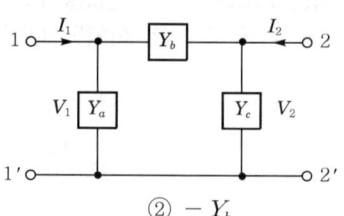

① Y_a
② $-Y_b$
③ $Y_a + Y_b$
④ $Y_b + Y_c$

정답 02.① 03.① 04.②

해설
$Y_{11} = Y_a + Y_b$
$Y_{22} = Y_b + Y_c$
$Y_{12} = Y_{21} = -Y_b$

05 그림의 회로에서 절점 전압 V_a[V]와 지로 전류 I_a[A]의 크기는?

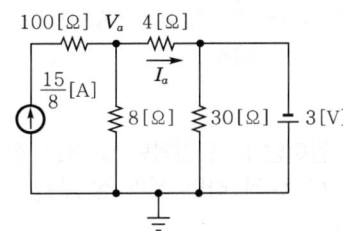

① $V_a = 4$[V], $I_a = \dfrac{11}{8}$[A] ② $V_a = 5$[V], $I_a = \dfrac{5}{4}$[A]

③ $V_a = 2$[V], $I_a = \dfrac{13}{8}$[A] ④ $V_a = 3$[V], $I_a = \dfrac{3}{2}$[A]

해설 키르히호프의 제1법칙에서
$$\frac{15}{8} = \frac{V_a}{8} + \frac{V_a + 3}{4}$$
$15 = V_a + 2(V_a + 3)$
$\therefore V_a = 3$[V]
$$I_a = \frac{V_a + 3}{4} = \frac{3+3}{4} = \frac{3}{2}\text{[A]}$$

05. 이론 check 중첩의 원리

2개 이상의 전원을 포함하는 선형 회로망에서 회로 내의 임의의 점의 전류 또는 두 점 간의 전압은 개개의 전원이 개별적으로 작용할 때에 그 점에 흐르는 전류 또는 두 점 간의 전압을 합한 것과 같다는 것을 중첩의 원리(principle of superposition)라 한다. 여기서, 전원을 개별적으로 작용시킨다는 것은 다른 전원을 제거한다는 것을 말하며, 이때 전압원은 단락하고 전류원은 개방한다는 의미이다.

06 역률각이 45°인 3상 평형 부하에 상순이 a-b-c이고 Y결선된 회로에 $V_a = 220$[V]인 상전압을 가하니 $I_a = 10$[A]의 전류가 흘렀다. 전력계의 지시값[W]은?

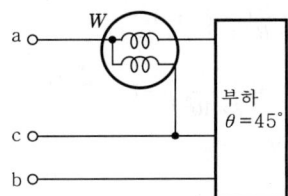

① 1555.63[W] ② 2694.44[W]
③ 3047.19[W] ④ 3680.67[W]

해설 전력계 지시값 $W = V_{ac} I_a \cos(45° - 30°)$
$= \sqrt{3} \times 220 \times 10 \times \cos(45° - 30°)$
$≒ 3680.67$[W]

정답 05.④ 06.④

PART 04 회로이론

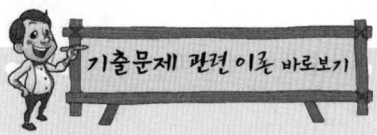

07. 이론 check 임피던스 등가 변환
[Y → △ 등가 변환]

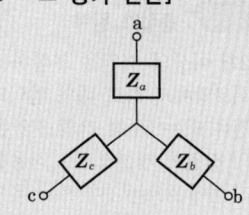

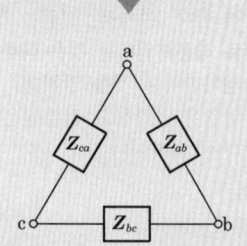

위의 그림에서 Y결선을 △결선으로 변환시에는 다음과 같은 방법에 의해서 구한다.
$Z_Y = Z_aZ_b + Z_bZ_c + Z_cZ_a$라 하면
$Z_{ab} = \dfrac{Z_Y}{Z_c}$, $Z_{bc} = \dfrac{Z_Y}{Z_a}$, $Z_{ca} = \dfrac{Z_Y}{Z_b}$
만일, △결선의 임피던스가 서로 같은 평형 부하일 때
즉, $Z_a = Z_b = Z_c$인 경우 $Z_\triangle = 3Z_Y$

10. 이론 check 3상 교류 발전기의 기본식
$\begin{cases} V_0 = -I_0Z_0 \\ V_1 = E_a - I_1Z_1 \\ V_2 = -I_2Z_2 \end{cases}$
여기서, E_a : a상의 유기 기전력
Z_0 : 영상 임피던스
Z_1 : 정상 임피던스
Z_2 : 역상 임피던스

---

07 저항 $R[\Omega]$ 3개를 Y로 접속한 회로에 전압 200[V]의 3상 교류 전원을 인가시 선전류가 10[A]라면 이 3개의 저항을 △로 접속하고 동일 전원을 인가시 선전류는 몇 [A]인가?

① 10[A]　　② $10\sqrt{3}$ [A]
③ 30[A]　　④ $30\sqrt{3}$ [A]

해설 선전류 크기의 비, 즉 $I_\triangle = 3I_Y$이므로
$I_\triangle = 3 \times 10 = 30[A]$

08 선로의 단위 길이당 분포 인덕턴스, 저항, 정전 용량, 누설 컨덕턴스를 각각 L, R, C, G라 하면 전파 정수는?

① $\dfrac{\sqrt{(R+j\omega L)}}{(G+j\omega C)}$　　② $\sqrt{(R+j\omega L)(G+j\omega C)}$
③ $\sqrt{\dfrac{(R+j\omega L)}{(G+j\omega C)}}$　　④ $\sqrt{\dfrac{(G+j\omega C)}{(R+j\omega L)}}$

해설 $r = \sqrt{Z \cdot Y} = \sqrt{(R+j\omega L)(G+j\omega C)}$

09 그림의 $R-L$ 직렬 회로에서 스위치를 닫은 후 몇 초 후에 회로의 전류가 10[mA]가 되는가?

① 0.011[s]
② 0.016[s]
③ 0.022[s]
④ 0.031[s]

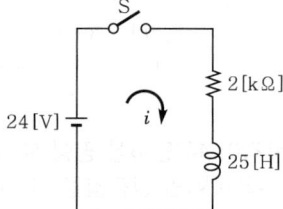

해설 전류 $i = \dfrac{E}{R}(1 - e^{-\frac{R}{L}t})$
$10 \times 10^{-3} = \dfrac{24}{2 \times 10^3}(1 - e^{-\frac{2 \times 10^3}{25}t})$
∴ $t = 0.022[s]$

10 전류의 대칭분을 I_0, I_1, I_2, 유기 기전력 및 단자 전압의 대칭분을 E_a, E_b, E_c 및 V_0, V_1, V_2라 할 때 3상 교류 발전기의 기본식 중 정상분 V_1값은? (단, Z_0, Z_1, Z_2는 영상, 정상, 역상 임피던스이다.)

① $-Z_0I_0$　　② $-Z_2I_2$
③ $E_a - Z_1I_1$　　④ $E_b - Z_2I_2$

정답　07.③　08.②　09.③　10.③

해설 발전기 기본식
$V_0 = -Z_0 I_0$
$V_1 = E_a - Z_1 I_1$
$V_2 = -Z_2 I_2$

제 3 회　회로이론

01 어떤 회로에 $E=100+j50$[V]인 전압을 가했더니 $I=3+j4$[A]인 전류가 흘렀다면 이 회로의 소비 전력[W]은?

① 300
② 500
③ 700
④ 900

해설 복소 전력 $P_a = \overline{E} \cdot I = (100-j50)(3+j4)$
$= 500 + j250$
∴ 유효 전력 $P = 500$[W]
　무효 전력 $P_r = 250$[Var]

02 다음 결합 회로의 4단자 정수 A, B, C, D 파라미터 행렬은?

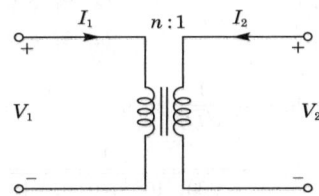

① $\begin{bmatrix} A & B \\ C & D \end{bmatrix} = \begin{bmatrix} n & 0 \\ 0 & \dfrac{1}{n} \end{bmatrix}$
② $\begin{bmatrix} A & B \\ C & D \end{bmatrix} = \begin{bmatrix} 1 & n \\ \dfrac{1}{n} & 0 \end{bmatrix}$
③ $\begin{bmatrix} A & B \\ C & D \end{bmatrix} = \begin{bmatrix} 0 & n \\ \dfrac{1}{n} & 1 \end{bmatrix}$
④ $\begin{bmatrix} A & B \\ C & D \end{bmatrix} = \begin{bmatrix} \dfrac{1}{n} & 0 \\ 0 & n \end{bmatrix}$

해설 권수비 $a = \dfrac{n_1}{n_2}$이라 하면
$\begin{bmatrix} A & B \\ C & D \end{bmatrix} = \begin{bmatrix} a & 0 \\ 0 & \dfrac{1}{a} \end{bmatrix} = \begin{bmatrix} n & 0 \\ 0 & \dfrac{1}{n} \end{bmatrix}$

---

01. 이론 check 복소 전력

전압과 전류가 직각 좌표계로 주어지는 경우의 전력 계산법으로 전압 $V = V_1 + jV_2$[V], 전류 $I = I_1 + jI_2$[A]라 하면 피상 전력은 전압의 공액 복소수와 전류의 곱으로서
$P_a = \overline{V} \cdot I$
$= (V_1 - jV_2)(I_1 + jI_2)$
$= (V_1 I_1 + V_2 I_2) - j(V_2 I_1 - V_1 I_2)$
$= P - jP_r$

이때 허수부가 음(-)일 때 뒤진 전류에 의한 지상 무효 전력, 즉 유도성 부하가 되고, 양(+)일 때 앞선 전류에 의한 진상 무효 전력, 즉 용량성 부하가 된다.

(1) 유효 전력
$P = V_1 I_1 + V_2 I_2$[W]
(2) 무효 전력
$P_r = V_2 I_1 - V_1 I_2$[Var]

정답 01.② 02.①

PART 04 회로이론

기출문제 관련 이론 바로보기

03 △결선된 대칭 3상 부하가 있다. 역률이 0.8(지상)이고, 전 소비 전력이 1,800[W]이다. 한 상의 선로 저항이 0.5[Ω]이고, 발생하는 전선로 손실이 50[W]이면 부하 단자 전압은?

① 440[V] ② 402[V]
③ 324[V] ④ 225[V]

해설 전선로 손실 $P_l = 3I^2R$, $I^2 = \dfrac{P_l}{3R} = \dfrac{50}{3 \times 0.5} = \dfrac{100}{3}$

$\therefore I = \dfrac{10}{\sqrt{3}}$

$V = \dfrac{P}{\sqrt{3} I \cos\theta} = \dfrac{1,800}{\sqrt{3} \times \dfrac{10}{\sqrt{3}} \times 0.8} = 225[\text{V}]$

04. 대칭분

각 상 모두 동상으로 동일한 크기의 영상분 상순이 a→b→c인 정상분 및 상순이 a→c→b인 역상분의 3개의 성분을 벡터적으로 합하면 비대칭 전압이 되며 이 3성분을 총칭하여 대칭분이라 한다. 대칭분을 합성하면 비대칭 전압이 되며 반대로 비대칭 전압을 3개의 대칭분으로 분해할 수 있다.

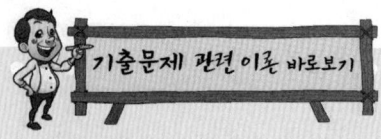

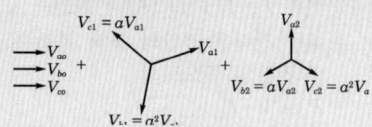

$\therefore$ 영상분+정상분+역상분=비대칭 전압

04 3상 △부하에서 각 선전류를 I_a, I_b, I_c라 하면 전류의 영상분은? (단, 회로는 평형 상태이다.)

① ∞ ② $\dfrac{1}{3}$
③ 1 ④ 0

해설 비접지식에서는 세상 공통 성분인 영상분은 존재하지 않는다.

05 1[km]당의 인덕턴스 30[mH], 정전 용량 0.007[μF]의 선로가 있을 때 무손실 선로라고 가정한 경우의 위상 속도[km/s]는?

① 약 6.9×10^3 ② 약 6.9×10^4
③ 약 6.9×10^2 ④ 약 6.9×10^5

해설 위상 속도 $v = \dfrac{1}{\sqrt{LC}}$ [m/s]

$= \dfrac{1}{\sqrt{30 \times 10^{-3} \times 0.007 \times 10^{-6}}}$

$= 6.9 \times 10^4 [\text{km/s}]$

05. 분포 정수 회로

[무손실 선로의 파장 및 전파 속도]

(1) 파장
$\lambda = \dfrac{2\pi}{\beta}$
$= \dfrac{2\pi}{\omega\sqrt{LC}} = \dfrac{1}{f\sqrt{LC}}$ [m]

(2) 전파 속도
$v = \lambda f = \dfrac{2\pi f}{\beta}$
$= \dfrac{\omega}{\beta} = \dfrac{1}{\sqrt{LC}}$ [m/s]

무손실 회로에서는 감쇠 정수 $\alpha=0$이므로 감쇠는 없고 전파 속도 v는 주파수에 관계없이 일정한 값으로 된다.

06 직렬 저항 2[Ω], 병렬 저항 1.5[Ω]인 무한제형 회로(infinite ladder)의 입력 저항(등가 2단자망의 저항)의 값은 약 얼마인가?

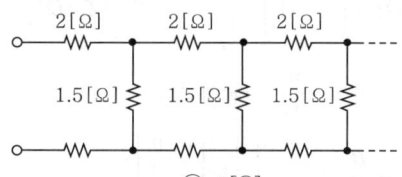

① 6[Ω] ② 5[Ω]
③ 3[Ω] ④ 4[Ω]

정답 03.④ 04.④ 05.② 06.③

해설 유한 회로로 등가 변환하면

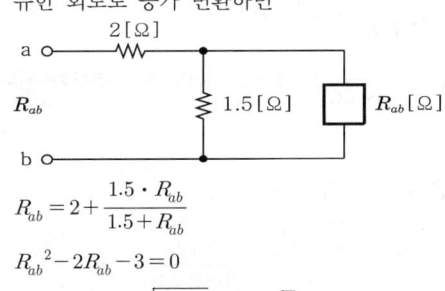

$$R_{ab} = 2 + \frac{1.5 \cdot R_{ab}}{1.5 + R_{ab}}$$

$$R_{ab}^2 - 2R_{ab} - 3 = 0$$

$$\therefore R_{ab} = 1 \pm \sqrt{1^2 + 3} = 1 \pm \sqrt{4}$$

R_{ab}는 0보다 커야 하므로 $R_{ab} = 3[\Omega]$이 된다.

07 $R-L$ 직렬 회로에서 시정수가 0.04[s], 저항이 15.8[Ω]일 때 코일의 인덕턴스[mH]는?

① 395[mH] ② 2.53[mH]
③ 12.6[mH] ④ 632[mH]

해설 $\tau = \dfrac{L}{R}$에서 $L = \tau R = 0.04 \times 15.8 = 0.632[\text{H}]$

$\therefore L = 632[\text{mH}]$

08 $e = 200\sqrt{2}\sin\omega t + 100\sqrt{2}\sin 3\omega t + 50\sqrt{2}\sin 5\omega t[\text{V}]$인 전압을 $R-L$ 직렬 회로에 가할 때 제3고조파 전류의 실효값[A]은? (단, $R=8[\Omega]$, $\omega L = 2[\Omega]$이다.)

① 10[A] ② 14[A]
③ 20[A] ④ 28[A]

해설 제3고조파 전류 $I_3 = \dfrac{V_3}{Z_3} = \dfrac{V_3}{\sqrt{R^2 + (3\omega L)^2}} = \dfrac{100}{\sqrt{8^2 + 6^2}} = 10[\text{A}]$

09 그림의 정전 용량 $C[\text{F}]$를 충전한 후 스위치 S를 닫아 이것을 방전하는 경우의 과도 전류는? (단, 회로에는 저항이 없다.)

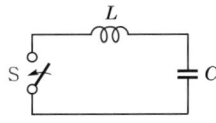

① 불변의 진동 전류
② 감쇠하는 전류
③ 감쇠하는 진동 전류
④ 일정치까지 증가한 후 감쇠하는 전류

08. 이론 check n차 고조파 해석

(1) 임피던스의 변화
① 저항 : 변화 없음
② 유도 리액턴스
 $X_{Ln} = 2\pi nfL = nX_L[\Omega]$
③ 용량 리액턴스
 $X_{cn} = \dfrac{1}{2\pi nfC} = \dfrac{1}{n}\dfrac{1}{2\pi nfC}$
 $= \dfrac{1}{n}X_C[\Omega]$

(2) $R-L$ 직렬 회로 전류 계산
① 기본파 전류
 $I_1 = \dfrac{V_1}{Z_1} = \dfrac{V_1}{\sqrt{R^2 + X_L^2}}$
② 제3고조파 전류
 $I_3 = \dfrac{V_3}{Z_3} = \dfrac{V_3}{\sqrt{R^2 + (3X_L)^2}}$

정답 07.④ 08.① 09.①

PART 04 회로이론

해설
$$i(t) = -V_0 \sqrt{\frac{C}{L}} \sin\frac{1}{\sqrt{LC}}t \,[\text{A}]$$

각주파수 $\omega = \dfrac{1}{\sqrt{LC}}$ [rad/s]로 불변 진동 전류가 된다.

10. 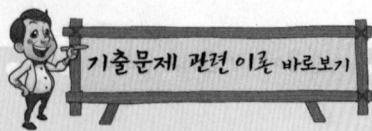 초기값·최종값

(1) 초기값 정리
$$f(0) = \lim_{t \to 0} f(t) = \lim_{s \to \infty} sF(s)$$

(2) 최종값 정리
$$f(\infty) = \lim_{t \to \infty} f(t) = \lim_{s \to 0} sF(s)$$

10 다음과 같은 전류의 초기값 $i(0^+)$는?

$$I(s) = \frac{12}{2s(s+6)}$$

① 6　　　　　　　② 2
③ 1　　　　　　　④ 0

해설 초기값 정리에 의해
$$i(0) = \lim_{s \to \infty} s \cdot I(s) = \lim_{s \to \infty} s \cdot \frac{12}{2s(s+6)} = 0$$

정답 10.④

2014년 과년도 출제문제

제1회 회로이론

01 $R-L-C$ 직렬 공진 회로에서 제3고조파의 공진 주파수 f[Hz]는?

① $\dfrac{1}{2\pi\sqrt{LC}}$ ② $\dfrac{1}{3\pi\sqrt{LC}}$

③ $\dfrac{1}{6\pi\sqrt{LC}}$ ④ $\dfrac{1}{9\pi\sqrt{LC}}$

해설 n고조파의 공진 조건 $n\omega L = \dfrac{1}{n\omega C}$, $n^2\omega^2 LC = 1$

공진 주파수 $f_n = \dfrac{1}{2\pi n\sqrt{LC}}$ [Hz]

∴ $f = \dfrac{1}{2\pi 3\sqrt{LC}} = \dfrac{1}{6\pi\sqrt{LC}}$

02 다음 중 $R-L-C$ 직렬 회로에 $e = 170\cos\left(120t + \dfrac{\pi}{6}\right)$[V]를 인가할 때 $i = 8.5\cos\left(120t - \dfrac{\pi}{6}\right)$[A]가 흐르는 경우 소비되는 전력은 약 몇 [W]인가?

① 361 ② 623
③ 720 ④ 1,445

해설 $P = VI\cos\theta = \dfrac{170}{\sqrt{2}} \times \dfrac{8.5}{\sqrt{2}} \times \cos 60° = 361.25$[W]

03 세 변의 저항 $R_a = R_b = R_c = 15$[Ω]인 Y결선 회로가 있다. 이것과 등가인 △결선 회로의 각 변의 저항[Ω]은?

① 135 ② 45
③ 15   ④ 5

해설 Y결선의 임피던스가 같은 경우 △결선으로 등가 변환하면 $Z_\triangle = 3Z_Y$가 된다.

∴ $Z_\triangle = 3Z_Y = 3 \times 15 = 45$[Ω]

정답 01.③ 02.① 03.②

기출문제 관련 이론 바로보기

01. 이론 n고조파 공진 회로

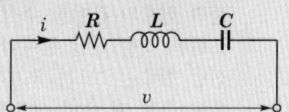

$v = \displaystyle\sum_{n=1}^{\infty} \sqrt{2}\, V_m \sin n\omega t$의 전압을 인가했을 때의 회로의 임피던스 Z는

$Z_n = R + j\left(n\omega L - \dfrac{1}{n\omega C}\right)$

만일, Z_n 중의 리액턴스분이 0이 되었을 때 공진 상태가 되므로

$n\omega L - \dfrac{1}{n\omega C} = 0$

공진 조건 $n\omega L = \dfrac{1}{n\omega C}$이므로

여기서, 제n차 고조파의 공진 각 주파수 ω_n는

$\omega_n = \dfrac{1}{n\sqrt{LC}}$ [rad/s]

제n차 고조파의 공진 주파수 f_n는

$f_n = \dfrac{1}{2\pi n\sqrt{LC}}$ [Hz]이다.

02. Tip 교류 전력

(1) 유효 전력(소비 전력)
   교류의 참의 전력
(2) 피상 전력
   교류의 외견상 전력
(3) 무효 전력
   전력 소비가 없는 가상 전력

PART 04 회로이론

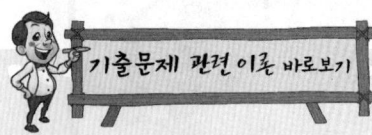

04 $f(t) = 3t^2$의 라플라스 변환은?

① $\dfrac{3}{s^3}$ ② $\dfrac{3}{s^2}$

③ $\dfrac{6}{s^3}$ ④ $\dfrac{6}{s^2}$

해설 $F(s) = \mathcal{L}[t^n] = \dfrac{n!}{s^{n+1}}$

$\mathcal{L}[3t^2] = 3\dfrac{2!}{s^3} = \dfrac{6}{s^3}$

06. **이론 check** 전달 함수

(1) 전달 함수의 정의

제어계 또는 요소의 입력 신호와 출력 신호의 관계를 수식적으로 표현한 것을 전달 함수라 한다. 전달 함수는 "모든 초기치를 0으로 했을 때 출력 신호의 라플라스 변환과 입력 신호의 라플라스 변환의 비"로 정의한다. 여기서, 모든 초기값을 0으로 한다는 것은 그 제어계에 입력이 가해지기 전 즉, $t<0$에서는 그 계가 휴지(休止) 상태에 있다는 것을 말한다.

입력 신호 $r(t)$에 대해 출력 신호 $c(t)$를 발생하는 그림의 전달 함수 $G(s)$는

$G(s) = \dfrac{\mathcal{L}[c(t)]}{\mathcal{L}[r(t)]} = \dfrac{C(s)}{R(s)}$

가 된다.

입력 $r(t)$ → 전달 함수 $G(s)$ (요소) → 출력 $c(t)$
$R(s)$ $C(s)$

(2) 전달 함수의 성질

① 전달 함수는 선형 제어계에서만 정의된다.
② 전달 함수는 임펄스 응답의 라플라스 변환으로 정의되며, 제어계의 입력 및 출력 함수의 라플라스 변환에 대한 비가 된다.
③ 전달 함수를 구할 때 제어계의 모든 초기 조건을 0으로 하므로 정상 상태의 주파수 응답을 나타내며 과도 응답 특성은 알 수 없다.
④ 전달 함수는 제어계의 입력과는 관계없다.

05 다음과 같은 회로에서 $t=0^+$에서 스위치 K를 닫았다. $i_1(0^+)$, $i_2(0^+)$는 얼마인가? (단, C의 초기 전압과 L의 초기 전류는 0이다.)

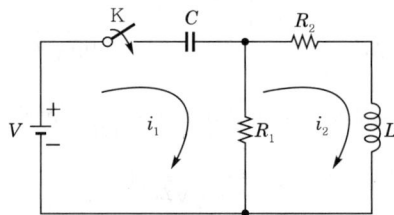

① $i_1(0^+) = 0$, $i_2(0^+) = \dfrac{V}{R_2}$

② $i_1(0^+) = \dfrac{V}{R_1}$, $i_2(0^+) = 0$

③ $i_1(0^+) = 0$, $i_2(0^+) = 0$

④ $i_1(0^+) = \dfrac{V}{R_1}$, $i_2(0^+) = \dfrac{V}{R_2}$

해설 스위치를 닫는 순간 $t=0$에서는 L은 개방 상태, C는 단락 상태가 된다.

$i_1(0^+) = \dfrac{V}{R_1}$, $i_2(0^+) = 0$

06 모든 초기값을 0으로 할 때 입력에 대한 출력의 비는?

① 전달 함수
② 충격 함수
③ 경사 함수
④ 포물선 함수

해설 전달 함수는 모든 초기값을 0으로 했을 때 출력 신호의 라플라스 변환과 입력 신호의 라플라스 변환의 비로 정의한다.

정답 04.③ 05.② 06.①

07 그림과 같은 회로에서 저항 0.2[Ω]에 흐르는 전류는 몇 [A]인가?

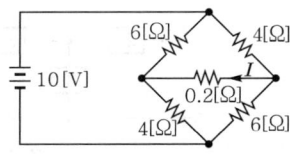

① 0.4
② -0.4
③ 0.2
④ -0.2

해설 테브난의 정리에서 테브난 등가 회로를 만들면

$$I = \frac{V_{ab}}{Z_{ab}+Z_L}[A]$$

$$Z_{ab} = \frac{6\times 4}{6+4} + \frac{4\times 6}{4+6}$$
$$= 4.8[\Omega]$$

$$V_{ab} = 6[V] - 4[V] = 2[V]$$

$$\therefore I = \frac{2}{4.8+0.2} = 0.4[A]$$

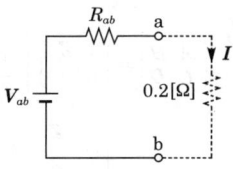

07. 이론 check ▶ 테브난의 정리

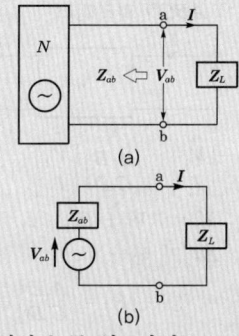

임의의 능동 회로망의 a, b 단자에 부하 임피던스(Z_L)를 연결할 때 부하 임피던스(Z_L)에 흐르는 전류 $I = \frac{V_{ab}}{Z_{ab}+Z_L}[A]$가 된다.

이때, Z_{ab}는 a, b 단자에서 모든 전원을 제거하고 능동 회로망을 바라본 임피던스이며, V_{ab}는 a, b 단자의 단자 전압이 된다.

08 분포 정수 선로에서 위상 정수를 β[rad/m]라 할 때 파장은?

① $2\pi\beta$
② $\frac{2\pi}{\beta}$
③ $4\pi\beta$
④ $\frac{4\pi}{\beta}$

해설 파장 $\lambda = \frac{2\pi}{\beta}$[m]

파장은 위상차가 2π가 되는 거리를 말한다.

09 어떤 2단자 회로에 단위 임펄스 전압을 가할 때 $2e^{-t}+3e^{-2t}$[A]의 전류가 흘렀다. 이를 회로로 구성하면? (단, 각 소자의 단위는 기본 단위로 한다.)

①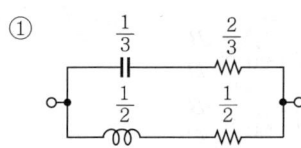
②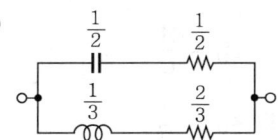
③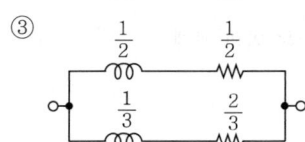
④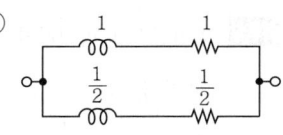

해설 $Y(s) = \frac{I(s)}{V(s)} = \frac{2}{s+1} + \frac{3}{s+2} = \frac{1}{\frac{1}{2}s+\frac{1}{2}} + \frac{1}{\frac{1}{3}s+\frac{2}{3}}$

정답 07.① 08.② 09.③

10. 4단자 정수

(1) $ABCD$ 파라미터

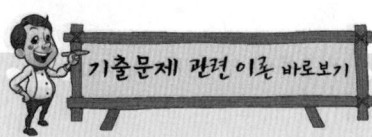

$\begin{bmatrix} V_1 \\ I_1 \end{bmatrix} = \begin{bmatrix} A & B \\ C & D \end{bmatrix} \begin{bmatrix} V_2 \\ I_2 \end{bmatrix}$ 에서

$V_1 = AV_2 + BI_2$, $I_1 = CV_2 + DI_2$ 가 된다.

이 경우 $[F] = \begin{bmatrix} A & B \\ C & D \end{bmatrix}$ 를 4단자망의 기본 행렬 또는 F 행렬이라고 하며 그의 요소 A, B, C, D를 4단자 정수 또는 F 파라미터라 한다.

(2) 4단자 정수를 구하는 방법(물리적 의미)

$A = \dfrac{V_1}{V_2}\bigg|_{I_2=0}$: 출력 단자를 개방했을 때의 전압 이득

$B = \dfrac{V_1}{I_2}\bigg|_{V_2=0}$: 출력 단자를 단락했을 때의 전달 임피던스

$C = \dfrac{I_1}{V_2}\bigg|_{I_2=0}$: 출력 단자를 개방했을 때의 전달 어드미턴스

$D = \dfrac{I_1}{I_2}\bigg|_{V_2=0}$: 출력 단자를 단락했을 때의 전류 이득

10 그림과 같은 T형 회로에서 4단자 정수 중 D값은?

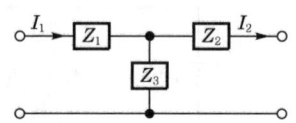

① $1 + \dfrac{Z_1}{Z_3}$
② $\dfrac{Z_1 Z_2}{Z_3} + Z_2 + Z_1$
③ $\dfrac{1}{Z_3}$
④ $1 + \dfrac{Z_2}{Z_3}$

해설

$\begin{bmatrix} A & B \\ C & D \end{bmatrix} = \begin{bmatrix} 1 & Z_1 \\ 0 & 1 \end{bmatrix} \begin{bmatrix} 1 & 0 \\ \frac{1}{Z_3} & 1 \end{bmatrix} \begin{bmatrix} 1 & Z_2 \\ 0 & 1 \end{bmatrix}$

$= \begin{bmatrix} 1 + \dfrac{Z_1}{Z_3} & Z_1 \\ \dfrac{1}{Z_3} & 1 \end{bmatrix} \begin{bmatrix} 1 & Z_2 \\ 1 & 0 \end{bmatrix}$

$= \begin{bmatrix} 1 + \dfrac{Z_1}{Z_3} & Z_2\left(1 + \dfrac{Z_1}{Z_3}\right) + Z_1 \\ \dfrac{1}{Z_3} & \dfrac{Z_2}{Z_3} + 1 \end{bmatrix}$

제 2 회 회로이론

01 4단자 정수 A, B, C, D로 출력측을 개방시켰을 때 입력측에서 본 구동점 임피던스 $Z_{11} = \dfrac{V_1}{I_1}\bigg|_{I_2=0}$ 을 표시한 것 중 옳은 것은?

① $Z_{11} = \dfrac{A}{C}$
② $Z_{11} = \dfrac{B}{D}$
③ $Z_{11} = \dfrac{A}{B}$
④ $Z_{11} = \dfrac{B}{C}$

해설 임피던스 파라미터와 4단자 정수와의 관계

$Z_{11} = \dfrac{A}{C}$

$Z_{12} = Z_{21} = -\dfrac{1}{C}$

$Z_{22} = \dfrac{D}{C}$

정답 10.④ / 01.①

2014년 과년도 출제문제

02 직렬로 유도 결합된 회로이다. 단자 a-b에서 본 등가 임피던스 Z_{ab}를 나타낸 식은?

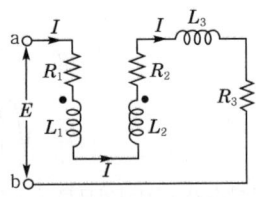

① $R_1 + R_2 + R_3 + j\omega(L_1 + L_2 - 2M)$
② $R_1 + R_2 + j\omega(L_1 + L_2 + 2M)$
③ $R_1 + R_2 + R_3 + j\omega(L_1 + L_2 + L_3 + 2M)$
④ $R_1 + R_2 + R_3 + j\omega(L_1 + L_2 + L_3 - 2M)$

해설 직렬 차동 결합이므로 합성 인덕턴스
$L_0 = L_1 + L_2 - 2M$ [H]
따라서 등가 직렬 임피던스
$Z = R_1 + j\omega(L_1 + L_2 - 2M) + R_2 + j\omega L_3 + R_3$
$ = R_1 + R_2 + R_3 + j\omega(L_1 + L_2 + L_3 - 2M)$

03 RC 저역 여파기 회로의 전달 함수 $G(j\omega)$에서 $\omega = \dfrac{1}{RC}$인 경우 $|G(j\omega)|$의 값은?

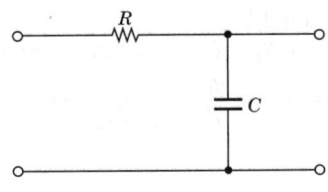

① 1
② $\dfrac{1}{\sqrt{2}}$
③ $\dfrac{1}{\sqrt{3}}$
④ $\dfrac{1}{2}$

해설 $G(s) = \dfrac{\dfrac{1}{sC}}{R + \dfrac{1}{sC}} = \dfrac{1}{sRC + 1}$, $G(j\omega) = \dfrac{1}{j\omega RC + 1}$

$\therefore |G(j\omega)| = \dfrac{1}{\sqrt{(\omega RC)^2 + 1}} \bigg|_{\omega = \frac{1}{RC}} = \dfrac{1}{\sqrt{2}} = 0.707$

기출문제 관련 이론 바로보기

02. 이론 check 인덕턴스 직렬 접속 이론

(1) 가극성(=가동 결합)
다음 그림의 (a)와 같이 전류의 방향이 동일하며 자속이 합하여지는 경우로서 이를 등가적으로 그리면 그림 (b)와 같이 된다.

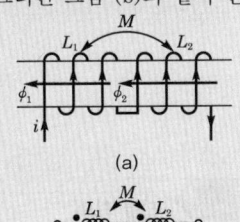
(a)

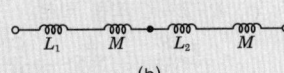
(b)

이때, 합성 인덕턴스는
$L_0 = L_1 + M + L_2 + M$
$ = L_1 + L_2 + 2M$ [H]

(2) 감극성(=차동 결합)
다음 그림의 (a)와 같이 전류의 방향이 반대이며 자속의 방향이 반대인 경우로서 이를 등가적으로 그리면 그림 (b)와 같이 된다.

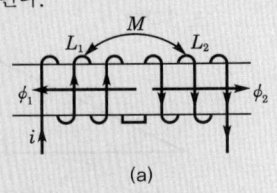
(a)

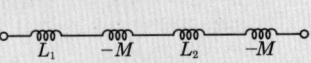
(b)

이때, 합성 인덕턴스는
$L_0 = L_1 - M + L_2 - M$
$ = L_1 + L_2 - 2M$ [H]

정답 02. ④ 03. ②

PART 04 회로이론

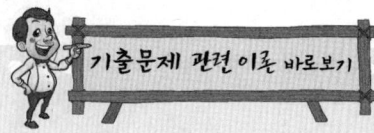

04 분포 정수 회로에 직류를 흘릴 때 특성 임피던스는? (단, 단위 길이당의 직렬 임피던스 $Z=R+j\omega L[\Omega]$, 병렬 어드미턴스 $Y=G+j\omega C[\mho]$이다.)

① $\sqrt{\dfrac{L}{C}}$ ② $\sqrt{\dfrac{L}{R}}$

③ $\sqrt{\dfrac{G}{C}}$ ④ $\sqrt{\dfrac{R}{G}}$

해설 직류는 주파수가 0[Hz]이므로 $\omega=2\pi f=0[\text{rad/s}]$가 된다.

따라서 특성 임피던스 $Z_0=\sqrt{\dfrac{Z}{Y}}=\sqrt{\dfrac{R+j\omega L}{G+j\omega C}}[\Omega]$에서 직류 인가시 특성 임피던스는 $\omega=0$이므로 $Z_0=\sqrt{\dfrac{R}{G}}[\Omega]$이 된다.

05 이론 check **직렬 회로**

(1) $R-L-C$ 직렬 회로

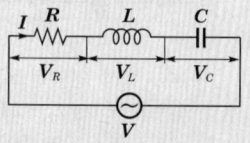

키르히호프 전압 법칙에 의한 기호법 표시식은 다음과 같다.

$V = V_R + V_L + V_C$
$\quad = RI + jX_L I - jX_C I$
$\quad = [R+j(X_L - X_C)]I = ZI$

(2) $R-L-C$ 직렬 회로의 임피던스 3각형

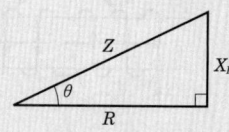

| $X_L > X_C$인 경우 |

임피던스 3각형에서 역률과 무효율을 구하면 다음과 같다.

역률 $\cos\theta = \dfrac{R}{Z}$

$\quad = \dfrac{R}{\sqrt{R^2+(X_L-X_C)^2}}$

무효율 $\sin\theta = \dfrac{X_L-X_C}{Z}$

$\quad = \dfrac{X_L-X_C}{\sqrt{R^2+(X_L-X_C)^2}}$

05 다음 회로에서 전압 V를 가하니 20[A]의 전류가 흘렀다고 한다. 이 회로의 역률은?

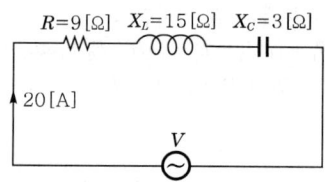

① 0.8 ② 0.6
③ 1.0 ④ 0.9

해설 합성 임피던스

$Z = R+j(X_L-X_C) = 9+j(15-3) = 9+j12$

∴ 역률 $\cos\theta = \dfrac{R}{Z} = \dfrac{9}{\sqrt{9^2+12^2}} = 0.6$

06 대칭 좌표법에서 대칭분을 각 상전압으로 표시한 것 중 틀린 것은?

① $E_0 = \dfrac{1}{3}(E_a+E_b+E_c)$ ② $E_1 = \dfrac{1}{3}(E_a+aE_b+a^2E_c)$

③ $E_2 = \dfrac{1}{3}(E_a+a^2E_b+aE_c)$ ④ $E_3 = \dfrac{1}{3}(E_a^{\ 2}+E_b^{\ 2}+E_c^{\ 2})$

해설 대칭분 전압

- 영상 전압 $E_0 = \dfrac{1}{3}(E_a+E_b+E_c)$
- 정상 전압 $E_1 = \dfrac{1}{3}(E_a+aE_b+a^2E_c)$
- 역상 전압 $E_2 = \dfrac{1}{3}(E_a+a^2E_b+aE_c)$

정답 04.④ 05.② 06.④

07 그림과 같은 π형 4단자 회로의 어드미턴스 파라미터 중 Y_{22}는?

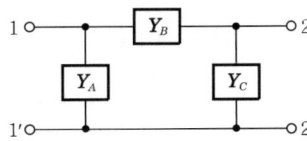

① $Y_{22} = Y_A + Y_C$
② $Y_{22} = Y_B$
③ $Y_{22} = Y_A$
④ $Y_{22} = Y_B + Y_C$

해설 $Y_{22} = \left.\dfrac{I_2}{V_2}\right|_{V_1=0}$

즉, 입력측을 단락하고 출력측에서 본 단락 구동점 어드미턴스가 된다.
∴ $Y_{22} = Y_B + Y_C$

08 $\dfrac{d^2x(t)}{dt^2} + 2\dfrac{dx(t)}{dt} + x(t) = 1$에서 $x(t)$는 얼마인가? (단, $x(0) = x'(0) = 0$이다.)

① $te^{-t} - e^t$
② $t^{-t} + e^{-t}$
③ $1 - te^{-t} - e^{-t}$
④ $1 + te^{-t} + e^{-t}$

해설 $s^2 X(s) + 2sX(s) + X(s) = \dfrac{1}{s}$

$X(s) = \dfrac{1}{s(s^2+2s+1)} = \dfrac{1}{s(s+1)^2}$

$= \dfrac{1}{s} - \dfrac{1}{(s+1)^2} - \dfrac{1}{s+1}$

∴ $x(t) = 1 - te^{-t} - e^{-t}$

09 $\cos t \cdot \sin t$의 라플라스 변환은?

① $\dfrac{1}{2} \cdot \dfrac{2}{s^2 + 2^2}$
② $\dfrac{1}{8s} - \dfrac{1}{8} \cdot \dfrac{4s}{s^2 + 16}$
③ $\dfrac{1}{4s} - \dfrac{1}{4} \cdot \dfrac{s}{s^2 + 4}$
④ $\dfrac{1}{4s} - \dfrac{1}{s} \cdot \dfrac{4s}{s^2 + 4}$

해설 삼각 함수 가법 정리에 의해서
$\sin(t+t) = 2\sin t \cos t$

∴ $\sin t \cos t = \dfrac{1}{2}\sin 2t$

∴ $F(s) = \mathcal{L}[\sin t \cos t] = \mathcal{L}\left[\dfrac{1}{2}\sin 2t\right]$

$= \dfrac{1}{2} \times \dfrac{2}{s^2 + 2^2} = \dfrac{1}{s^2 + 4}$

기출문제 관련 이론 바로보기

07. 이론 check 어드미턴스 파라미터

(1) 어드미턴스 파라미터(parameter)
$\begin{bmatrix} I_1 \\ I_2 \end{bmatrix} = \begin{bmatrix} Y_{11} & Y_{12} \\ Y_{21} & Y_{22} \end{bmatrix} \begin{bmatrix} V_1 \\ V_2 \end{bmatrix}$에서
$I_1 = Y_{11}V_1 + Y_{12}V_2$,
$I_2 = Y_{21}V_1 + Y_{22}V_2$가 된다.

이 경우 $[Y] = \begin{bmatrix} Y_{11} & Y_{12} \\ Y_{21} & Y_{22} \end{bmatrix}$를 4단자망의 어드미턴스 행렬이라고 하며 그의 요소를 4단자망의 어드미턴스 파라미터라 한다.

(2) 어드미턴스 파라미터를 구하는 방법

$Y_{11} = \left.\dfrac{I_1}{V_1}\right|_{V_2=0}$: 출력 단자를 단락하고 입력측에서 본 단락 구동점 어드미턴스

$Y_{22} = \left.\dfrac{I_2}{V_2}\right|_{V_1=0}$: 입력 단자를 단락하고 출력측에서 본 단락 구동점 어드미턴스

$Y_{12} = \left.\dfrac{I_1}{V_2}\right|_{V_1=0}$: 입력 단자를 단락했을 때의 단락 전달 어드미턴스

$Y_{21} = \left.\dfrac{I_2}{V_1}\right|_{V_2=0}$: 출력 단자를 단락했을 때의 단락 전달 어드미턴스

정답 07.④ 08.③ 09.①

PART 04 회로이론

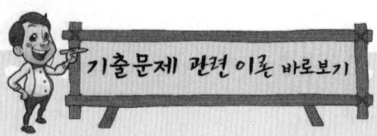

10. 이론check 비정현파

[왜형률]

비정현파가 정현파에 대하여 일그러지는 정도를 나타내는 값으로 기본파에 대한 고조파분의 포함 정도를 말한다.
이를 식으로 표현하면

왜형률 = 전 고조파의 실효치 / 기본파의 실효치

비정현파의 전압이
$v = \sqrt{2}\,V_1\sin(\omega t+\theta_1)$
$\quad + \sqrt{2}\,V_2\sin(2\omega t+\theta_2)$
$\quad + \sqrt{2}\,V_3\sin(3\omega t+\theta_3) + \cdots$
라 하면 왜형률 D는
$D = \dfrac{\sqrt{V_2^2 + V_3^2 + V_4^2 + \cdots}}{V_1}$

---

01. 이론check 과도 현상

[$R-L$ 직렬 회로에 교류 전압을 인가하는 경우]

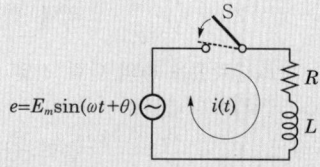

전류 $i = \dfrac{E_m}{Z}\left[\sin(\omega t+\theta-\phi) - e^{-\frac{R}{L}t}\sin(\theta-\phi)\right]$

여기서, $\theta - \phi = \dfrac{\pi}{2}$일 때는 $\sin(\theta-\phi)=1$로서 최대가 되므로 과도해의 절대값은 최대로 되고, $\theta - \phi = 0$일 때는 $\sin(\theta-\phi)=0$이 되므로 과도해는 없어지고 바로 정상 상태로 되어 버린다.
따라서 과도해가 생기지 않을 조건은 $\theta = \phi = \tan^{-1}\dfrac{\omega L}{R}$이다.

---

10 다음 왜형파 전류의 왜형률은 약 얼마인가?

$$i = 30\sin\omega t + 10\cos 3\omega t + 5\sin 5\omega t\,[\text{A}]$$

① 0.46 ② 0.26
③ 0.53 ④ 0.37

해설

왜형률 $D = \dfrac{\sqrt{\left(\dfrac{10}{\sqrt{2}}\right)^2 + \left(\dfrac{5}{\sqrt{2}}\right)^2}}{\dfrac{30}{\sqrt{2}}} \fallingdotseq 0.37$

제 3 회 회로이론

01 $R=30[\Omega]$, $L=79.6[\text{mH}]$의 $R-L$ 직렬 회로에 60[Hz]의 교류를 가할 때 과도 현상이 발생하지 않으려면 전압은 어떤 위상에서 가해야 하는가?

① 23° ② 30°
③ 45° ④ 60°

해설
$\theta = \phi = \tan^{-1}\dfrac{\omega L}{R}$
$\quad = \tan^{-1}\dfrac{377 \times 79.6 \times 10^{-3}}{30}$
$\quad = 45°$

02 계단 함수의 주파수 연속 스펙트럼은?

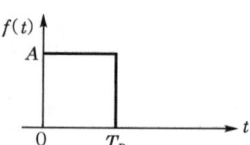

① $AT_P\left|\dfrac{\cos\left(\dfrac{\omega T_P}{2}\right)}{\dfrac{\omega T_P}{2}}\right|$ ② $AT_P\left|\sin\left(\dfrac{\omega T_P}{2}\right)\right|$

③ $AT_P\left|\dfrac{\sin\left(\omega\dfrac{T_P}{2}\right)}{\dfrac{\omega T_P}{2}}\right|$ ④ $\left|\dfrac{\sin\left(\dfrac{\omega T_P}{2}\right)}{\dfrac{\omega T_P}{2}}\right|$

정답 10.④ / 01.③ 02.③

03 $f(t)$와 $\dfrac{df}{dt}$는 라플라스 변환이 가능하며 $\mathcal{L}[f(t)]$를 $F(s)$라고 할 때 최종값 정리는?

① $\lim\limits_{s\to 0} F(s)$ ② $\lim\limits_{s\to \infty} sF(s)$
③ $\lim\limits_{s\to \infty} F(s)$ ④ $\lim\limits_{s\to 0} sF(s)$

해설 $f_{(\infty)} = \lim\limits_{t\to\infty} f(t) = \lim\limits_{s\to 0} s\cdot F(s)$

04 무한장 평행 2선 선로에 주파수 4[MHz]의 전압을 가하였을 때 전압의 위상 정수는 약 몇 [rad/m]인가? (단, 여기서 전파 속도는 3×10^8[m/s]로 한다.)

① 0.0734   ② 0.0838
③ 0.0934   ④ 0.0634

해설 $\beta = \dfrac{\omega}{v} = \dfrac{2\pi\times 4\times 10^6}{3\times 10^8} \fallingdotseq 0.0838$[rad/m]

05 평형 3상 △결선 부하의 각 상의 임피던스가 $Z=8+j6[\Omega]$인 회로에 대칭 3상 전원 전압 100[V]를 가할 때 무효율과 무효 전력[Var]은?

① 무효율 : 0.6, 무효 전력 : 1,800
② 무효율 : 0.6, 무효 전력 : 2,400
③ 무효율 : 0.8, 무효 전력 : 1,800
④ 무효율 : 0.8, 무효 전력 : 2,400

해설 무효율 $\sin\theta = \dfrac{X}{Z} = \dfrac{6}{\sqrt{8^2+6^2}} = 0.6$

무효 전력 $P_r = 3I_p^2 X = 3\times\left(\dfrac{100}{\sqrt{8^2+6^2}}\right)^2\times 6$
$= 1,800$[Var]

06 2개의 교류 전압 $v_1 = 141\sin(120\pi t - 30°)$[V]와 $v_2 = 150\cos(120\pi t - 30°)$[V]의 위상차를 시간으로 표시하면 몇 초인가?

① $\dfrac{1}{60}$ ② $\dfrac{1}{120}$
③ $\dfrac{1}{240}$ ④ $\dfrac{1}{360}$

해설 위상차 $\theta = 90°$
∴ 시간 $t = \dfrac{T}{4} = \dfrac{1}{4f} = \dfrac{1}{4\times 60} = \dfrac{1}{240}$[s]

---

05. 이론 check 대칭 3상의 전력

(1) 유효 전력
$P = 3V_p I_p \cos\theta$
$= \sqrt{3}\,V_l I_l \cos\theta = 3I_p^2 R$[W]

(2) 무효 전력
$P_r = 3V_p I_p \sin\theta$
$= \sqrt{3}\,V_l I_l \sin\theta$
$= 3I_p^2 X$[Var]

(3) 피상 전력
$P_a = 3V_p I_p$
$= \sqrt{3}\,V_l I_l = 3I_p^2 Z$
$= \sqrt{P^2 + P_r^2}$[VA]

06. 이론 check 정현파 교류

(1) 주기(T)
1사이클에 대한 시간을 주기라 하며, 문자로서 T[s]라 한다.

(2) 주파수(f)
1[s] 동안에 반복되는 사이클의 수를 나타내며, 단위로는 [Hz]를 사용한다.

(3) 주기와 주파수와의 관계
$f = \dfrac{1}{T}$[Hz], $T = \dfrac{1}{f}$[s]

(4) 각주파수(ω)
시간에 대한 각도의 변화율
$\omega = \dfrac{\theta}{t} = \dfrac{2\pi}{T} = 2\pi f$[rad/s]

정답 03.④ 04.② 05.① 06.③

PART 04 회로이론

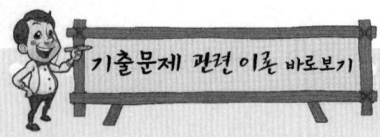 기출문제 관련 이론 바로보기

07 회로에서 스위치 S를 닫을 때, 이 회로의 시정수는?

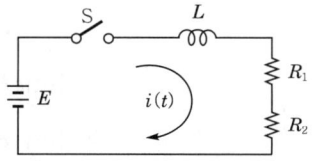

① $\dfrac{L}{R_1+R_2}$ ② $\dfrac{-L}{R_1+R_2}$

③ $\dfrac{R_1+R_2}{L}$ ④ $-\dfrac{R_1+R_2}{L}$

해설 시정수 $\tau = \dfrac{L}{R_1+R_2}$

---

08. 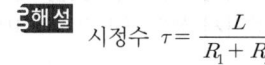 **교류가 만드는 회전 자계**
(1) 단상 교류
 교번 자계
(2) 대칭 3상(n상) 교류
 원형 회전 자계
(3) 비대칭 3상(n상)교류
 타원형 회전 자계

08 공간적으로 서로 $\dfrac{2\pi}{n}$[rad]의 각도를 두고 배치한 n개의 코일에 대칭 n상 교류를 흘리면 그 중심에 생기는 회전 자계의 모양은?

① 원형 회전 자계
② 타원형 회전 자계
③ 원통형 회전 자계
④ 원추형 회전 자계

해설
• 대칭 3상(n상)이 만드는 회전 자계 : 원형 회전 자계
• 비대칭 3상(n상)이 만드는 회전 자계 : 타원형 회전 자계

---

09. 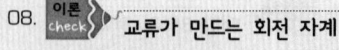 **비정현파의 전력**
(1) 유효 전력
 주파수가 다른 전압과 전류 간의 전력은 0이 되고 같은 주파수의 전압과 전류 간의 전력만 존재한다.
 $P = V_0I_0 + V_1I_1\cos\theta_1 + V_2I_2\cos\theta_2$
 $\qquad + V_3I_3\cos\theta_3 + \cdots$
 $= V_0I_0 + \displaystyle\sum_{n=1}^{\infty} V_nI_n\cos\theta_n$ [W]

(2) 무효 전력
 $P_r = V_1I_1\sin\theta_1 + V_2I_2\sin\theta_2$
 $\qquad + V_3I_3\sin\theta_3 + \cdots$
 $= \displaystyle\sum_{n=1}^{\infty} V_nI_n\sin\theta_n$ [Var]

(3) 피상 전력
 $P_a = VI$
 $= \sqrt{V_0^2 + V_1^2 + V_2^2 + V_3^2 + \cdots}$
 $\quad \times \sqrt{I_0^2 + I_1^2 + I_2^2 + I_3^2 + \cdots}$ [VA]

09 다음 왜형파 전압과 전류에 의한 전력은 몇 [W]인가? (단, 전압의 단위는 [V], 전류의 단위는 [A]이다.)

$v = 100\sin(\omega t + 30°) - 50\sin(3\omega t + 60°) + 25\sin 5\omega t$
$i = 20\sin(\omega t - 30°) + 15\sin(3\omega t + 30°) + 10\cos(5\omega t - 60°)$

① 933.0
② 566.9
③ 420.0
④ 283.5

해설 $P = V_1I_1\cos\theta_1 + V_3I_3\cos\theta_3 + V_5I_5\cos\theta_5$
$= \dfrac{100}{\sqrt{2}} \times \dfrac{20}{\sqrt{2}}\cos 60° - \dfrac{50}{\sqrt{2}} \times \dfrac{15}{\sqrt{2}}\cos 30° + \dfrac{25}{\sqrt{2}} \times \dfrac{10}{\sqrt{2}}\cos 30°$
$= 283.5$[W]

정답 07.①   08.①   09.④

10 구동점 임피던스(driving point impedance) 함수에 있어서 극점(pole)은?

① 단락 회로 상태를 의미한다.
② 개방 회로 상태를 의미한다.
③ 아무런 상태도 아니다.
④ 전류가 많이 흐르는 상태를 의미한다.

해설 극점은 $Z(s) = \infty$가 되는 s의 근으로 회로 개방 상태를 의미한다.

---

10. **이론 check** 2단자망

[영점과 극점]
구동점 임피던스 $Z(s)$
$$= \frac{a_0 + a_1 s + a_2 s^2 + \cdots + a_{2n} s^{2n}}{b_1 s + b_2 s^2 + b_3 s^3 + \cdots + b_{2n-1} s^{2n-1}}$$

(1) 영점
 $Z(s)$가 0이 되는 s의 값으로 $Z(s)$의 분자가 0이 되는 점, 즉 회로 단락 상태가 된다.

(2) 극점
 $Z(s)$가 ∞되는 s의 값으로 $Z(s)$의 분모가 0이 되는 점, 즉 회로 개방 상태가 된다.

Tip 2단자망

2개의 단자를 가진 임의의 수동 선형 회로망을 2단자망이라 하며 2단자망의 한 쌍의 단자는 전원 전압이 가해지는 곳이 되며 이 한 쌍의 단자에서 본 임피던스를 구동점 임피던스라 한다.

정답 10.②

2015년 과년도 출제문제

제1회 회로이론

01. 이론 check 다상 교류 회로

(1) 성형 결선
  n을 다상 교류의 상수라 하면
  ① 선간 전압을 V_l, 상전압을 V_p라 하면
  $V_l = 2\sin\dfrac{\pi}{n}V_p \left/ \dfrac{\pi}{2}\left(1-\dfrac{2}{n}\right)\right.$ [V]
  ② 선전류(I_l)=상전류(I_p)

(2) 환상 결선
  n을 다상 교류의 상수라 하면
  ① 선전류를 I_l, 상전류를 I_p라 하면
  $I_l = 2\sin\dfrac{\pi}{n}I_p \left/ -\dfrac{\pi}{2}\left(1-\dfrac{2}{n}\right)\right.$ [A]
  ② 선간 전압(V_l)=상전압(V_p)

(3) 다상 교류의 전력
  n을 다상 교류의 상수라 하면
  $P = \dfrac{n}{2\sin\dfrac{\pi}{n}} V_l I_l \cos\theta$ [W]

02. 이론 check 정현파 교류의 크기

[실효값(열선형 계기로 측정)]
교류를 직류화시켜 계산한 값으로 이를 대표값으로 한다.
이를 식으로 만들면

(a) 직류 전류
저항 R에 직류 전류 I[A]가 흐를 때 소비 전력 $P_{DC}=I^2R$[W]

(b) 교류 전류
동일한 저항 R에 교류 전류 i[A]가 흐를 때 소비 전력

---

01 대칭 n상에서 선전류와 상전류 사이의 위상차[rad]는?

① $\dfrac{n}{2}\left(1-\dfrac{\pi}{2}\right)$
② $\dfrac{\pi}{2}\left(1-\dfrac{n}{2}\right)$
③ $2\left(1-\dfrac{\pi}{n}\right)$
④ $\dfrac{\pi}{2}\left(1-\dfrac{2}{n}\right)$

해설 대칭 n상 선전류와 상전류와의 위상차
$\theta = -\dfrac{\pi}{2}\left(1-\dfrac{2}{n}\right)$

02 다음과 같은 왜형파의 실효값은?

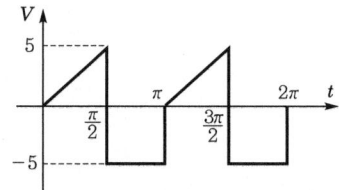

① $5\sqrt{2}$
② $\dfrac{10}{\sqrt{6}}$
③ 15
④ 35

해설 실효값
$V = \sqrt{\dfrac{1}{T}\int_0^T v^2 dt}$

$\therefore V = \sqrt{\dfrac{1}{\pi}\left\{\int_0^{\frac{\pi}{2}}\left(\dfrac{10}{\pi}t\right)^2 dt + \int_{\frac{\pi}{2}}^{\pi}(-5)^2 dt\right\}}$

$= \sqrt{\dfrac{1}{\pi}\left\{\left[\dfrac{100}{\pi^2}\cdot\dfrac{1}{3}t^3\right]_0^{\frac{\pi}{2}} + [25t]_{\frac{\pi}{2}}^{\pi}\right\}}$

$= \sqrt{\dfrac{1}{\pi}\left(\dfrac{100}{24}\pi + \dfrac{25}{2}\pi\right)} = \sqrt{\dfrac{400}{24}} = \sqrt{\dfrac{100}{6}} = \dfrac{10}{\sqrt{6}}$

정답 01.④ 02.②

03 그림과 같은 단위 계단 함수는?

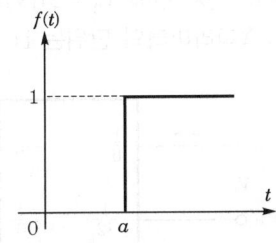

① $u(t)$
② $u(t-a)$
③ $u(a-t)$
④ $-u(t-a)$

해설 $f(t) = u(t-a)$
단위 계단 함수 $u(t)$가 $t=a$만큼 평행 이동된 함수이므로 $u(t-a)$로 나타낸다.

04 권수가 2,000회이고, 저항이 12[Ω]인 솔레노이드에 전류 10[A]를 흘릴 때, 자속이 6×10^{-2}[Wb]가 발생하였다. 이 회로의 시정수[s]는?

① 1
② 0.1
③ 0.01
④ 0.001

해설 코일의 자기 인덕턴스

$L = \dfrac{N\phi}{I} = \dfrac{2,000 \times 6 \times 10^{-2}}{10} = 12$[H]

∴ 시정수 $\tau = \dfrac{L}{R} = \dfrac{12}{12} = 1$[s]

05 어느 소자에 걸리는 전압은 $v = 3\cos 3t$[V]이고, 흐르는 전류 $i = -2\sin(3t+10°)$[A]이다. 전압과 전류 간의 위상차는?

① 10°
② 30°
③ 70°
④ 100°

해설
• 전압 : $v = 3\cos 3t$
  $= 3\sin(3t + 90°)$
• 전류 : $i = -2\sin(3t + 10°)$
  $= 2\sin(3t + 190°)$

∴ 위상차 $\theta = 190° - 90° = 100°$

기출문제 관련 이론 바로보기

$P_{AC} = \dfrac{1}{T}\int_0^T i^2 R \, dt$ [W]

실효값의 정의에 의해 $P_{DC} = P_{AC}$

이므로 $I^2 R = \dfrac{1}{T}\int_0^T i^2 R \, dt$에서

$I^2 = \dfrac{1}{T}\int_0^T i^2 dt$가 되므로

$I = \sqrt{\dfrac{1}{T}\int_0^T i^2 dt}$가 된다.

04. 이론 check ▶ 과도 현상

[R-L 직렬 회로에 직류 전압을 인가하는 경우]

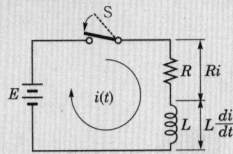

전압 방정식은
$Ri(t) + L\dfrac{di(t)}{dt} = E$가 되고 이를 라플라스 변환을 이용하여 풀면

(1) 전류

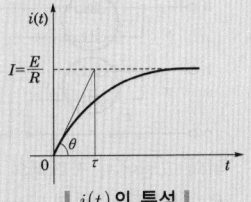

∥ $i(t)$의 특성 ∥

$i(t) = \dfrac{E}{R}(1 - e^{-\frac{R}{L}t})$[A]

(초기 조건은 $t = 0 \to i = 0$)

(2) 시정수(τ)
$t=0$에서 과도 전류에 접선을 그어 접선이 정상 전류와 만날 때까지의 시간

$\tau = \dfrac{L}{R}$[s]

시정수의 값이 클수록 과도 상태는 오랫 동안 계속된다.

(3) 특성근
시정수의 역수로 전류의 변화율을 나타낸다.

특성근 $= -\dfrac{1}{\text{시정수}} = -\dfrac{R}{L}$

정답 03.② 04.① 05.④

PART 04 회로이론

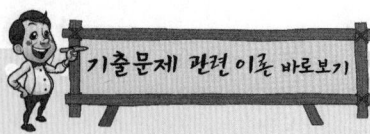

(4) 시정수에서의 전류값
$i(\tau) = 0.632 \dfrac{E}{R}$ [A]
$t = \tau = \dfrac{L}{R}$ [s]로 되었을 때의 과도 전류는 정상값의 0.632배가 된다.

(5) R, L의 단자 전압
$V_R = Ri(t) = E(1 - e^{-\frac{R}{L}t})$ [V]
$V_L = L\dfrac{d}{dt}i(t) = Ee^{-\frac{R}{L}t}$ [V]

08.  3상 전력

[2전력계법]
전력계 2개의 지시값으로 3상 전력을 측정하는 방법

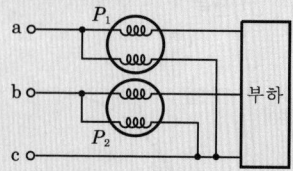

위의 그림에서 전력계의 지시값을 P_1, P_2[W]라 하면
(1) 유효 전력
$P = P_1 + P_2 = \sqrt{3}\, V_l I_l \cos\theta$ [W]
(2) 무효 전력
$P_r = \sqrt{3}\,(P_1 - P_2)$
$\quad = \sqrt{3}\, V_l I_l \sin\theta$ [Var]
(3) 피상 전력
$P_a = \sqrt{P^2 + P_r^{\,2}}$
$\quad = \sqrt{(P_1+P_2)^2 + \{\sqrt{3}(P_1-P_2)\}^2}$
$\quad = 2\sqrt{P_1^{\,2} + P_2^{\,2} - P_1 P_2}$ [VA]
(4) 역률
$\cos\theta = \dfrac{P}{P_a}$
$\quad = \dfrac{P_1 + P_2}{2\sqrt{P_1^{\,2} + P_2^{\,2} - P_1 P_2}}$

06 어떤 2단자쌍 회로망의 Y파라미터가 그림과 같다. a-a′ 단자 간에 $V_1 = 36$[V], b-b′ 단자 간에 $V_2 = 24$[V]의 정전압원을 연결하였을 때 I_1, I_2값은? (단, Y파라미터의 단위는 [℧]이다.)

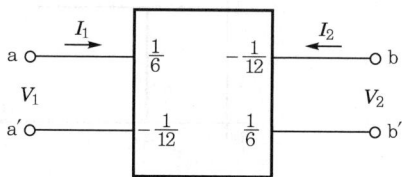

① $I_1 = 4$[A], $I_2 = 5$[A]
② $I_1 = 5$[A], $I_2 = 4$[A]
③ $I_1 = 1$[A], $I_2 = 4$[A]
④ $I_1 = 4$[A], $I_2 = 1$[A]

해설
$\begin{bmatrix} I_1 \\ I_2 \end{bmatrix} = \begin{bmatrix} Y_{11} & Y_{12} \\ Y_{21} & Y_{22} \end{bmatrix} \begin{bmatrix} V_1 \\ V_2 \end{bmatrix}$
$= \begin{bmatrix} \dfrac{1}{6} & -\dfrac{1}{12} \\ -\dfrac{1}{12} & \dfrac{1}{6} \end{bmatrix} \begin{bmatrix} 36 \\ 24 \end{bmatrix} = \begin{bmatrix} 4 \\ 1 \end{bmatrix}$

07 자기 인덕턴스 0.1[H]인 코일에 실효값 100[V], 60[Hz], 위상각 0°인 전압을 가했을 때, 흐르는 전류의 실효값은 약 몇 [A]인가?

① 1.25
② 2.24
③ 2.65
④ 3.41

해설 전류의 실효값
$I = \dfrac{V}{\omega L} = \dfrac{100}{2 \times 3.14 \times 60 \times 0.1} ≒ 2.65$ [A]

08 2전력계법으로 평형 3상 전력을 측정하였더니 한쪽의 지시가 500[W], 다른 한쪽의 지시가 1,500[W]이었다. 피상 전력은 약 몇 [VA]인가?

① 2,000
② 2,310
③ 2,646
④ 2,771

해설 전력계의 지시값을 P_1, P_2라 하면
- 유효 전력 : $P = P_1 + P_2$ [W]
- 무효 전력 : $P_r = \sqrt{3}\,(P_1 - P_2)$ [Var]
- 피상 전력 : $P_a = \sqrt{P + P_r^{\,2}}$ [VA]
$\quad = 2\sqrt{P_1^{\,2} + P_2^{\,2} - P_1 P_2}$
∴ $P_a = 2\sqrt{500^2 + 1{,}500^2 - 500 \times 1{,}500}$
$\quad = 2645.7 ≒ 2{,}646$ [VA]

정답 06.④ 07.③ 08.③

2015년 과년도 출제문제

09 위상 정수가 $\frac{\pi}{8}$[rad/m]인 선로의 1[Mhz]에 대한 전파 속도는 몇 [m/s]인가?

① 1.6×10^7 ② 3.2×10^7
③ 5.0×10^7 ④ 8.0×10^7

해설 전파 속도 $v = \frac{\omega}{\beta} = \frac{2 \times \pi \times 1 \times 10^6}{\frac{\pi}{8}} = 1.6 \times 10^7 \,[\text{m/s}]$

10. 이론 check ▶ 불평형률

불평형 회로의 전압과 전류에는 정상분과 더불어 역상분과 영상분이 반드시 포함된다. 따라서 회로의 불평형 정도를 나타내는 척도로서 불평형률이 사용된다.

$$\text{불평형률} = \frac{\text{역상분}}{\text{정상분}} \times 100[\%]$$

$$= \frac{V_2}{V_1} \times 100[\%] \text{ 또는}$$

$$\frac{I_2}{I_1} \times 100[\%]$$

로 정의한다.

10 3상 불평형 전압에서 역상 전압 50[V], 정상 전압 250[V] 및 영상 전압 20[V]이면, 전압 불평형률은 몇 [%]인가?

① 10 ② 15
③ 20 ④ 25

해설 불평형률 = $\frac{\text{역상 전압}}{\text{정상 전압}} \times 100[\%]$

$\therefore \frac{50}{250} \times 100 = 20[\%]$

제 2 회 회로이론

01 반파 대칭의 왜형파에 포함되는 고조파는?

① 제2고조파 ② 제4고조파
③ 제5고조파 ④ 제6고조파

해설 반파 대칭 왜형파는 직류 성분 $A_0 = 0$이고 홀수항의 $\sin$항과 $\cos$항이 존재하므로 짝수 고조파는 존재하지 않는다.
∴ 제5고조파

01. 이론 check ▶ 반파 대칭

반주기마다 크기는 같고 부호는 반대인 파형으로 π만큼 수평 이동한 후 x축에 대하여 대칭인 파형

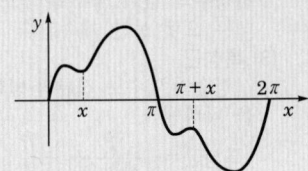

(1) 대칭 조건(=함수식)
$y(x) = -y(\pi + x)$

(2) 특징
직류 성분 $A_0 = 0$이며, $\sin$항과 $\cos$항이 동시에 존재한다.
$y(t) = \sum_{n=1}^{\infty} a_n \cos n\omega t + \sum_{n=1}^{\infty} b_n \sin n\omega t$
$(n = 1, 3, 5, \cdots)$

02 $R[\Omega]$의 저항 3개를 Y로 접속한 것을 선간 전압 200[V]의 3상 교류 전원에 연결할 때 선전류가 10[A] 흐른다면, 이 3개의 저항을 △로 접속하고 동일 전원에 연결하면 선전류는 몇 [A]인가?

① 30 ② 25
③ 20 ④ $\frac{20}{\sqrt{3}}$

해설 Y결선과 △결선 접속시의 선전류 크기의 비
$I_\triangle = 3I_Y$이므로 $I_\triangle = 3 \times 10 = 30[\text{A}]$

정답 09.① 10.③ / 01.③ 02.①

03. **이론 check** 과도 현상

[$R-L$ 직렬 회로에 직류 전압을 인가하는 경우]

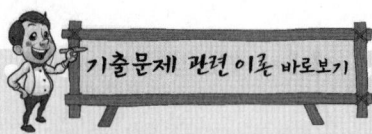

전압 방정식은
$Ri(t)+L\dfrac{di(t)}{dt}=E$ 가 되고 이를 라플라스 변환을 이용하여 풀면

(1) 전류

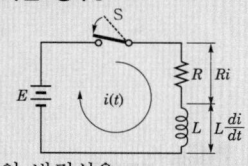

∥ $i(t)$의 특성 ∥

$i(t)=\dfrac{E}{R}(1-e^{-\frac{R}{L}t})$[A]

(초기 조건은 $t=0 \to i=0$)

(2) 시정수(τ)

$t=0$에서 과도 전류에 접선을 그어 접선이 정상 전류와 만날 때까지의 시간

$\tau=\dfrac{L}{R}$[s]

시정수의 값이 클수록 과도 상태는 오랫 동안 계속된다.

(3) 특성근

시정수의 역수로 전류의 변화율을 나타낸다.

특성근 $=-\dfrac{1}{\text{시정수}}=-\dfrac{R}{L}$

(4) 시정수에서의 전류값

$i(\tau)=0.632\dfrac{E}{R}$[A]

$t=\tau=\dfrac{L}{R}$[s]로 되었을 때의 과도 전류는 정상값의 0.632배가 된다.

(5) R, L의 단자 전압

$V_R=Ri(t)=E(1-e^{-\frac{R}{L}t})$[V]

$V_L=L\dfrac{d}{dt}i(t)=Ee^{-\frac{R}{L}t}$[V]

---

03 RL 직렬 회로에서 시정수가 0.03[s], 저항이 14.7[Ω]일 때, 코일의 인덕턴스[mH]는?

① 441 ② 362
③ 17.6 ④ 2.53

해설 시정수 $\tau=\dfrac{L}{R}$[s]

∴ $L=\tau \cdot R = 0.03 \times 14.7 = 441$[mH]

04 전류 $\sqrt{2}\,I\sin(\omega t+\theta)$[A]와 기전력 $\sqrt{2}\,V\cos(\omega t-\phi)$[V] 사이의 위상차는?

① $\dfrac{\pi}{2}-(\phi-\theta)$ ② $\dfrac{\pi}{2}-(\phi+\theta)$
③ $\dfrac{\pi}{2}+(\phi+\theta)$ ④ $\dfrac{\pi}{2}+(\phi-\theta)$

해설 기전력 $v=\sqrt{2}\,V\cos(\omega t-\phi)=\sqrt{2}\,V\sin(\omega t+90°-\phi)$

∴ 위상차 $\theta=(90°-\phi)-\theta=\dfrac{\pi}{2}-(\phi+\theta)$

05 그림과 같은 회로의 전달 함수는? (단, $T_1=R_1C$, $T_2=\dfrac{R_2}{R_1+R_2}$ 이다.)

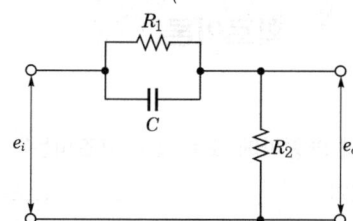

① $\dfrac{1}{1+T_1s}$ ② $\dfrac{T_2(1+T_1s)}{1+T_1T_2s}$
③ $\dfrac{1+T_1s}{1+T_2s}$ ④ $\dfrac{T_2(1+T_1s)}{T_1(1+T_2s)}$

해설 $G(s)=\dfrac{E_o(s)}{E_i(s)}=\dfrac{R_2}{\dfrac{R_1}{1+R_1Cs}+R_2}$

$=\dfrac{R_2}{\dfrac{R_1}{1+T_1s}+R_2}=\dfrac{R_2(1+T_1s)}{R_1+R_2+R_2T_1s}$

$=\dfrac{\dfrac{R_2}{R_1+R_2}(1+T_1s)}{1+\dfrac{R_2}{R_1+R_2}}=\dfrac{T_2(1+T_1s)}{1+T_1T_2s}$

정답 03.① 04.② 05.②

06
전원측 저항 1[kΩ], 부하 저항 10[Ω]일 때, 이것에 변압비 $n:1$의 이상 변압기를 사용하여 정합을 취하려 한다. n의 값으로 옳은 것은?

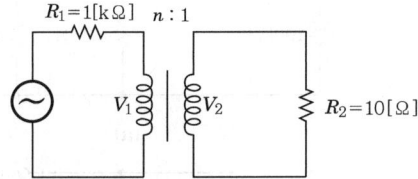

① 1
② 10
③ 100
④ 1,000

해설

권수비 $a = \dfrac{n_1}{n_2} = \dfrac{V_1}{V_2} = \dfrac{I_2}{I_1} = \sqrt{\dfrac{Z_g}{Z_L}}$

여기서, Z_g : 전원 내부 임피던스
Z_L : 부하 임피던스

$\therefore \dfrac{n_1}{n_2} = \sqrt{\dfrac{R_1}{R_2}}$

$\therefore \dfrac{n}{1} = \sqrt{\dfrac{1,000}{10}}$

$n = 10$

07
다음 파형의 라플라스 변환은?

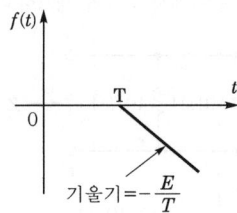

① $-\dfrac{E}{Ts^2}e^{-Ts}$
② $\dfrac{E}{Ts^2}e^{-Ts}$
③ $-\dfrac{E}{Ts^2}e^{Ts}$
④ $\dfrac{E}{Ts^2}e^{Ts}$

해설

$f(t) = -\dfrac{E}{T}(t-T)\mu(t-T)$

시간 추이 정리를 적용하면

$F(s) = -\dfrac{E}{Ts^2}e^{-Ts}$

---

06. 이상 변압기

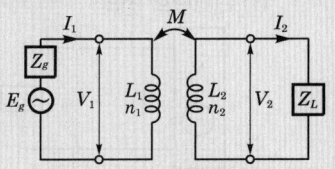

(1) 권선비

$a = \dfrac{n_1}{n_2} = \dfrac{L_1}{M} = \dfrac{M}{L_2}$

$= \sqrt{\dfrac{L_1}{L_2}} = \sqrt{\dfrac{Z_g}{Z_L}}$

(2) 전압비

$\dfrac{V_1}{V_2} = \dfrac{n_1}{n_2} = a$

(3) 전류비

$\dfrac{I_1}{I_2} = \dfrac{n_2}{n_1} = \dfrac{1}{a}$

(4) 입력측 임피던스

$Z_g = a^2 Z_L = \left(\dfrac{n_1}{n_2}\right)^2 Z_L$

정답 06.② 07.①

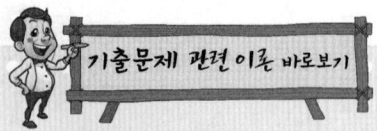

08. **이론 check** 테브난과 노턴의 정리

(1) 테브난의 정리

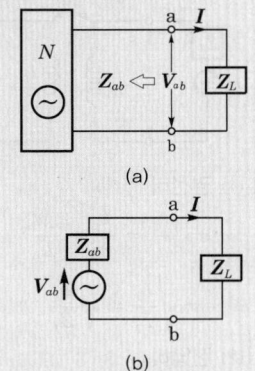

임의의 능동 회로망의 a, b 단자에 부하 임피던스(Z_L)를 연결할 때 부하 임피던스(Z_L)에 흐르는 전류 $I = \dfrac{V_{ab}}{Z_{ab}+Z_L}$[A]가 된다. 이때, Z_{ab}는 a, b 단자에서 모든 전원을 제거하고 능동 회로망을 바라본 임피던스이며, V_{ab}는 a, b 단자의 단자 전압이 된다.

(2) 노턴의 정리

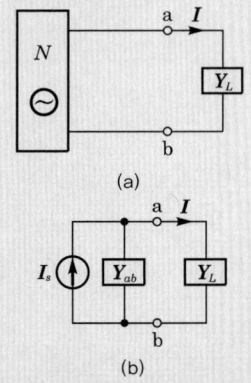

임의의 능동 회로망의 a, b 단자에 부하 어드미턴스(Y_L)를 연결할 때 부하 어드미턴스(Y_L)에 흐르는 전류는 다음과 같다.

$I = \dfrac{Y_L}{Y_{ab}+Y_L} I_s$[A]

08 그림 (a)와 (b)의 회로가 등가 회로가 되기 위한 전류원 I[A]와 임피던스 Z[Ω]의 값은?

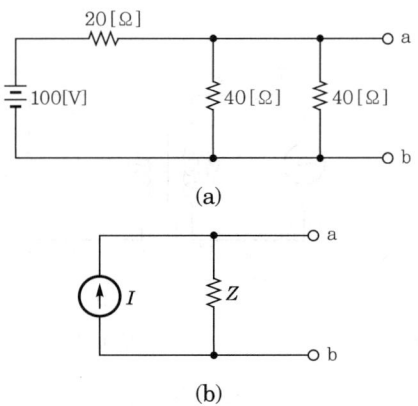

① 5[A], 10[Ω] ② 2.5[A], 10[Ω]
③ 5[A], 20[Ω] ④ 2.5[A], 20[Ω]

해설 노턴의 등가 회로에서
I는 a, b 단자 단락시 단락 전류

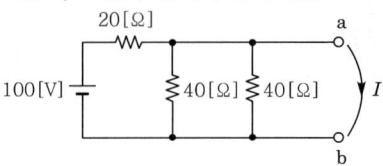

$I = \dfrac{100}{20} = 5$[A]

Z는 a, b 단자에서 전원을 제거하고 바라본 임피던스

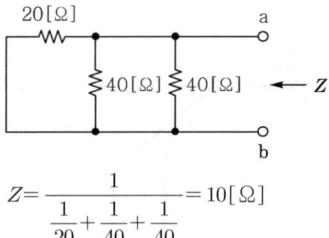

$Z = \dfrac{1}{\dfrac{1}{20}+\dfrac{1}{40}+\dfrac{1}{40}} = 10$[Ω]

09 정현파 교류 전압의 평균값에 어떠한 수를 곱하면 실효값을 얻을 수 있는가?

① $\dfrac{2\sqrt{2}}{\pi}$ ② $\dfrac{\sqrt{3}}{2}$
③ $\dfrac{2}{\sqrt{3}}$ ④ $\dfrac{\pi}{2\sqrt{2}}$

정답 08.① 09.④

해설

$V_{av} = \dfrac{2}{\pi} V_m$ 에서 $V_m = \dfrac{\pi}{2} V_{av}$

따라서, 실효값은

$V = \dfrac{1}{\sqrt{2}} V_m = \dfrac{1}{\sqrt{2}} \cdot \dfrac{\pi}{2} V_{av} = \dfrac{\pi}{2\sqrt{2}} V_{av}$

10 $F(s) = \dfrac{2s+15}{s^3+s^2+3s}$ 일 때, $f(t)$의 최종값은?

① 15 ② 5
③ 3   ④ 2

해설 최종값의 정리

$\lim_{t \to \infty} f(t) = \lim_{s \to 0} sF(s)$

$\therefore \lim_{s \to 0} sF(s) = \lim_{s \to 0} s \dfrac{2s+15}{s(s^2+s+3)} = 5$

이론 check 초기값 · 최종값

(1) 초기값 정리
$f(0) = \lim_{t \to 0} f(t) = \lim_{s \to \infty} sF(s)$

(2) 최종값 정리
$f(\infty) = \lim_{t \to \infty} f(t) = \lim_{s \to 0} sF(s)$

제 3 회 회로이론

01 3상 불평형 전압을 V_a, V_b, V_c라고 할 때, 역상 전압 V_2는?

① $V_2 = \dfrac{1}{3}(V_a + V_b + V_c)$
② $V_2 = \dfrac{1}{3}(V_a + aV_b + a^2 V_c)$
③ $V_2 = \dfrac{1}{3}(V_a + a^2 V_b + V_c)$
④ $V_2 = \dfrac{1}{3}(V_a + a^2 V_b + aV_c)$

해설
- 상순이 $a \to b \to c$인 정상분 전압 $V_1 = \dfrac{1}{3}(V_a + aV_b + a^2 V_c)$
- 상순이 $a \to c \to b$인 역상분 전압 $V_2 = \dfrac{1}{3}(V_a + a^2 V_b + aV_c)$

02 단위 길이당 인덕턴스 및 커패시턴스가 각각 L및 C일 때, 전송 선로의 특성 임피던스는? (단, 무손실 선로이다.)

① $\sqrt{\dfrac{L}{C}}$ ② $\sqrt{\dfrac{C}{L}}$
③ $\dfrac{L}{C}$ ④ $\dfrac{C}{L}$

이론 check 비대칭 전압과 대칭분 전압

비대칭 전압 V_a, V_b, V_c를 대칭분으로 표시하면
$V_a = V_0 + V_1 + V_2$
$V_b = V_0 + a^2 V_1 + a V_2$
$V_c = V_0 + a V_1 + a^2 V_2$

역행렬을 이용하여 대칭분을 계산하면

$\begin{bmatrix} V_0 \\ V_1 \\ V_2 \end{bmatrix} = \begin{bmatrix} 1 & 1 & 1 \\ 1 & a^2 & a \\ 1 & a & a^2 \end{bmatrix}^{-1} \cdot \begin{bmatrix} V_a \\ V_b \\ V_c \end{bmatrix}$

$= \dfrac{1}{3} \begin{bmatrix} 1 & 1 & 1 \\ 1 & a & a^2 \\ 1 & a^2 & a \end{bmatrix} \begin{bmatrix} V_a \\ V_b \\ V_c \end{bmatrix}$

영상분 전압
$V_0 = \dfrac{1}{3}(V_a + V_b + V_c)$

정상분 전압
$V_1 = \dfrac{1}{3}(V_a + aV_b + a^2 V_c)$

역상분 전압
$V_2 = \dfrac{1}{3}(V_a + a^2 V_b + aV_c)$

정답 10.② / 01.④ 02.①

PART 04 회로이론

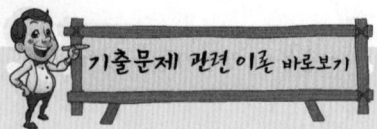

해설 무손실 선로에서는 $R=0$, $G=0$이므로
$$Z_0 = \sqrt{\frac{Z}{Y}} = \sqrt{\frac{R+j\omega L}{G+j\omega C}} = \sqrt{\frac{L}{C}}$$

03 그림과 같은 회로에 주파수 60[Hz], 교류 전압 200[V]의 전원이 인가되었다. R의 전력 손실을 $L=0$인 때의 $\frac{1}{2}$로 하면, L의 크기는 약 몇 [H]인가? (단, $R=600[\Omega]$이다.)

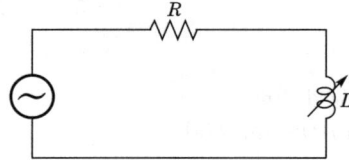

① 0.59 ② 1.59
③ 3.62 ④ 4.62

해설
$$\frac{V^2}{R} \times \frac{1}{2} = \left(\frac{V}{\sqrt{R^2+\omega^2 L^2}}\right)^2 \cdot R$$
$$2R^2 = R^2+\omega^2 L^2$$
$$R^2 = \omega^2 L^2$$
제곱해서 크기가 같으면 제곱하기 전의 크기도 같다.
따라서, $L = \frac{R}{\omega} = \frac{R}{2\pi f} = \frac{600}{2\pi \times 60} \fallingdotseq 1.59[\text{H}]$

04 다음 함수의 라플라스 역변환은?
$$I(s) = \frac{2s+3}{(s+1)(s+2)}$$

① $e^{-t} - e^{-2t}$ ② $e^t - e^{-2t}$
③ $e^{-t} + e^{-2t}$ ④ $e^t + e^{-2t}$

해설 $F(s) = \frac{2s+3}{s^2+3s+2} = \frac{2s+3}{(s+2)(s+1)} = \frac{K_1}{s+2} + \frac{K_2}{s+1}$
유수 정리를 적용하면
$K_1 = \left.\frac{2s+3}{s+1}\right|_{s=-2} = 1$
$K_2 = \left.\frac{2s+3}{s+2}\right|_{s=-1} = 1$
∴ $F(s) = \frac{1}{s+2} + \frac{1}{s+1}$
∴ $f(t) = e^{-t} + e^{-2t}$

04. 이론 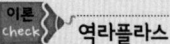 역라플라스 변환

(1) 실수 단근인 경우
$$F(s) = \frac{Z(s)}{(s-p_1)(s-p_2)\cdots(s-p_n)}$$
$$= \frac{K_1}{(s-p_1)} + \frac{K_2}{(s-p_2)} + \cdots$$
$$+ \frac{K_j}{(s-p_j)} + \cdots + \frac{K_n}{(s-p_n)}$$
의 경우 유수 K_j는 다음과 같이 구한다.
$$K_j = \lim_{s \to p_j}(s-p_j)F(s)$$

(2) 다중근인 경우
$$F(s) = \frac{Z(s)}{(s-p_1)(s-p_2)\cdots(s-p_n)(s-p_i)^n}$$
$$= \frac{K_1}{(s-p_1)} + \frac{K_2}{(s-p_2)} + \cdots$$
$$+ \frac{K_n}{(s-p_n)} + \frac{K_{11}}{(s-p_i)}$$
$$+ \frac{K_{12}}{(s-p_i)^2} + \cdots + \frac{K_{1n}}{(s-p_i)^n}$$
여기서, $K_1, K_2, \cdots, K_n$은 실수 단근인 경우에 기술한 방법으로 구하고, $K_{11}, K_{12}, \cdots, K_{1n}$은 중근이므로 다음과 같이 구한다.
$$K_{11} = \lim_{s \to p_i}[(s-p_i)^n F(s)]$$
⋮
$$K_{1n} = \lim_{s \to p_i} \frac{1}{(n-1)!} \frac{d^{n-1}}{ds^{n-1}}[(s-p_i)^n F(s)]$$

정답 03.② 04.③

05
평형 3상 회로에서 그림과 같이 변류기를 접속하고 전류계를 연결하였을 때, A_2에 흐르는 전류[A]는?

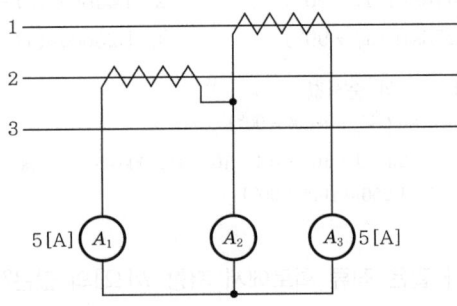

① $5\sqrt{3}$
② $5\sqrt{2}$
③ 5
④ 0

해설 A_2 전류계에 흐르는 전류
$$I_2 = 2I_1\cos 30° = \sqrt{3}\,I_1$$
$$= \sqrt{3} \times 5 = 5\sqrt{3}\,[A]$$

06
그림과 같은 전기 회로의 전달 함수는? (단, $e_i(t)$는 입력 전압, $e_o(t)$는 출력 전압이다.)

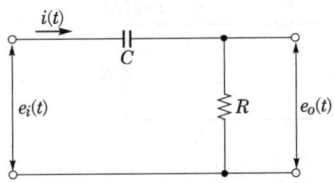

① $\dfrac{1+CRs}{CR}$
② $\dfrac{1+CRs}{CRs}$
③ $\dfrac{CR}{1+CRs}$
④ $\dfrac{CRs}{1+CRs}$

해설 전달 함수
$$G(s) = \frac{E_o(s)}{E_i(s)}$$
$$= \frac{R}{\dfrac{1}{Cs}+R}$$
$$= \frac{CRs}{1+CRs}$$

정답 05.① 06.④

---

05. 변류기
교류의 큰 전류에서 그것에 비례하는 작은 전류를 얻는 장치

06. 전달 함수
제어계 또는 요소의 입력 신호와 출력 신호의 관계를 수식적으로 표현한 것을 전달 함수라 한다.
전달 함수는 "모든 초기치를 0으로 했을 때 출력 신호의 라플라스 변환과 입력 신호의 라플라스 변환의 비"로 정의한다.
여기서, 모든 초기값을 0으로 한다는 것은 그 제어계에 입력이 가해지기 전 즉, $t<0$에서는 그 계가 휴지(休止) 상태에 있다는 것을 말한다.
입력 신호 $r(t)$에 대해 출력 신호 $c(t)$를 발생하는 그림의 전달 함수 $G(s) = \dfrac{\mathcal{L}[c(t)]}{\mathcal{L}[r(t)]} = \dfrac{C(s)}{R(s)}$ 가 된다.

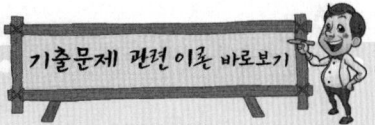

R, L, C 소자의 전압비 전달 함수인 경우 전류값을 상쇄시키면 $R \to R$, $L \to Ls$, $C \to \dfrac{1}{Cs}$ 로 표기된다.

PART 04 회로이론

07. 이론 check ▶ C만의 회로

전원 전압이 $v = V_m \sin\omega t$일 때, 회로에 흐르는 전류
$$i = C\frac{dv}{dt} = C\frac{d}{dt}(V_m \sin\omega t)$$
$$= \omega C V_m \cos\omega t = I_m \sin\left(\omega t + \frac{\pi}{2}\right)$$

따라서, 콘덴서에 흐르는 전류는 전원 전압보다 $\frac{\pi}{2}$[rad]만큼 앞선다고 할 수 있다. 또한, 전류의 크기만을 생각하면
$$V_m = \frac{1}{\omega C}I_m = X_C I_m$$
의 관계를 얻을 수 있다. 이 X_C를 용량성 리액턴스(capacitive reactance)라 하며, 단위는 저항과 같은 옴[Ω]을 사용한다. 또한, 전압과 전류의 비, 즉 $\frac{V_m}{I_m} = X_C = \frac{1}{\omega C}$로 되므로 용량성 리액턴스가 저항과 같은 성질을 나타내고 있는 것을 알 수 있다.

09. 이론 check ▶ 비정현파의 실효값

직류 성분 및 기본파와 각 고조파의 실효값 제곱의 합의 제곱근으로 표시된다.
전류 $i(t) = I_0 + I_{m1}\sin\omega t + I_{m2}\sin 2\omega t + I_{m3}\sin 3\omega t + \cdots$로 주어진다면 전류의 실효값은
$$I = \sqrt{I_0^2 + I_1^2 + I_3^2 + \cdots}$$
$$= \sqrt{I_0^2 + \left(\frac{I_{m1}}{\sqrt{2}}\right)^2 + \left(\frac{I_{m2}}{\sqrt{2}}\right)^2 + \left(\frac{I_{m3}}{\sqrt{2}}\right)^2 + \cdots}$$
전압 $v(t) = V_0 + V_{m1}\sin\omega t + V_{m2}\sin 2\omega t + V_{m3}\sin 3\omega t + \cdots$로 주어진다면 전압의 실효값은
$$V = \sqrt{V_0^2 + V_1^2 + V_2^2 + V_3^2 + \cdots}$$
$$= \sqrt{V_0^2 + \left(\frac{V_{m1}}{\sqrt{2}}\right)^2 + \left(\frac{V_{m2}}{\sqrt{2}}\right)^2 + \left(\frac{V_{m3}}{\sqrt{2}}\right)^2 + \cdots}$$

07 $0.1[\mu F]$의 콘덴서에 주파수 1[kHz], 최대 전압 2,000[V]를 인가할 때, 전류의 순시값[A]은?

① $4.446\sin(\omega t + 90°)$
② $4.446\cos(\omega t - 90°)$
③ $1.256\sin(\omega t + 90°)$
④ $1.256\cos(\omega t - 90°)$

해설 전류의 순시값
$$i = \omega C V_m \sin(\omega t + 90°)$$
$$= 2\pi \times 1 \times 10^3 \times 0.1 \times 10^{-6} \times 2,000 \sin(\omega t + 90°)$$
$$= 1.256 \sin(\omega t + 90°)$$

08 그림과 같은 직류 회로에서 저항 $R[\Omega]$의 값은?

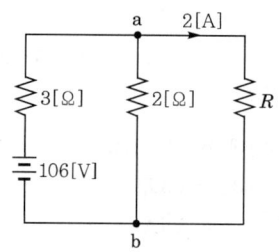

① 10
② 20
③ 30
④ 40

해설 테브난의 등가 회로로 변환하여 저항 R를 구하면

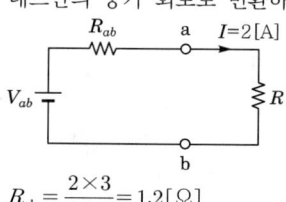

$$R_{ab} = \frac{2 \times 3}{2 + 3} = 1.2[\Omega]$$
$$V_{ab} = \frac{2}{3 + 2} \times 106 = 42.4[V]$$
$$\therefore I = \frac{V_{ab}}{R_{ab} + R} \text{에서 } 2 = \frac{42.4}{1.2 + R}$$
$$\therefore R = 20[\Omega]$$

09 $v = 3 + 5\sqrt{2}\sin\omega t + 10\sqrt{2}\sin\left(3\omega t - \frac{\pi}{3}\right)$[V]의 실효값 [V]은?

① 9.6
② 10.6
③ 11.6
④ 12.6

해설 실효값 $V = \sqrt{V_0^2 + V_1^2 + V_3^2}$
$$= \sqrt{3^2 + 5^2 + 10^2} = 11.6[V]$$

정답 07.③ 08.② 09.③

10 $R-L$ 직렬 회로에서 $R=20[\Omega]$, $L=40[mH]$이다. 이 회로의 시정수[s]는?

① 2
② 2×10^{-3}
③ $\frac{1}{2}$
④ $\frac{1}{2} \times 10^{-3}$

해설 시정수 $\tau = \frac{L}{R} = \frac{40 \times 10^{-3}}{20} = 2 \times 10^{-3}[s]$

---

10. **이론 check** 과도 현상

[$R-L$ 직렬 회로에 직류 전압을 인가하는 경우]

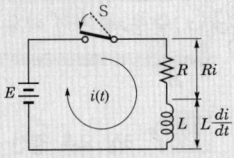

전압 방정식은
$Ri(t) + L\frac{di(t)}{dt} = E$ 가 되고 이를
라플라스 변환을 이용하여 풀면

(1) 전류

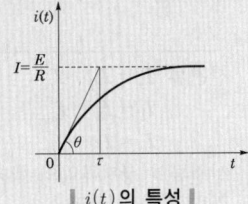

∥ $i(t)$의 특성 ∥

$i(t) = \frac{E}{R}(1 - e^{-\frac{R}{L}t})[A]$

(초기 조건은 $t=0 \to i=0$)

(2) 시정수(τ)

$t=0$에서 과도 전류에 접선을 그어 접선이 정상 전류와 만날 때까지의 시간

$\tau = \frac{L}{R}[s]$

시정수의 값이 클수록 과도 상태는 오랫 동안 계속된다.

(3) 특성근

시정수의 역수로 전류의 변화율을 나타낸다.

특성근 $= -\frac{1}{시정수} = -\frac{R}{L}$

(4) 시정수에서의 전류값

$i(\tau) = 0.632 \frac{E}{R}[A]$

$t = \tau = \frac{L}{R}[s]$로 되었을 때의 과도 전류는 정상값의 0.632배가 된다.

(5) R, L의 단자 전압

$V_R = Ri(t) = E(1 - e^{-\frac{R}{L}t})[V]$

$V_L = L\frac{d}{dt}i(t) = Ee^{-\frac{R}{L}t}[V]$

정답 10.②

2016년 과년도 출제문제

기출문제 관련 이론 바로보기

제1회 회로이론

01. 이론 check 3상 교류 결선

[환상(△) 결선]

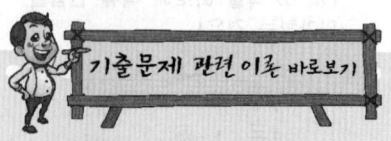

선전류 $I_a = I_{ab} - I_{ca}$
$I_b = I_{bc} - I_{ab}$
$I_c = I_{ca} - I_{bc}$

선전류와 상전류와의 벡터도를 그리면 다음과 같고,

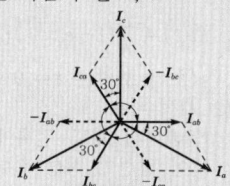

벡터도에서 선전류와 상전류의 크기 및 위상을 구하면 다음과 같다.

$I_a = 2I_{ab}\cos\dfrac{\pi}{6}\left|-\dfrac{\pi}{6}\right. = \sqrt{3}\,I_{ab}\left|-\dfrac{\pi}{6}\right.$

$I_b = 2I_{bc}\cos\dfrac{\pi}{6}\left|-\dfrac{\pi}{6}\right. = \sqrt{3}\,I_{bc}\left|-\dfrac{\pi}{6}\right.$

$I_c = 2I_{ca}\cos\dfrac{\pi}{6}\left|-\dfrac{\pi}{6}\right. = \sqrt{3}\,I_{ca}\left|-\dfrac{\pi}{6}\right.$

이상의 관계에서
선간 전압을 V_l, 선전류를 I_l, 상전압을 V_p, 상전류를 I_p라 하면
$I_l = \sqrt{3}\,I_p\left|-\dfrac{\pi}{6}\right.$ [A], $V_l = V_p$ [V]

Tip △결선의 성질
(1) 각 상의 전력은 같다.
(2) 선간 전압과 상전압은 같다.
(3) 선전류는 상전류 보다 위상은 $\dfrac{\pi}{6}$ [rad] 늦어지고 크기는 $\sqrt{3}$ 배가 된다.

01 평형 3상 △결선 회로에서 선간 전압(E_l)과 상전압(E_p)의 관계로 옳은 것은?

① $E_l = \sqrt{3}\,E_p$ ② $E_l = 3E_p$

③ $E_l = E_p$ ④ $E_l = \dfrac{1}{\sqrt{3}}E_p$

해설 △결선(환상 결선)의 선간 전압, 선전류, 상전압, 상전류의 관계
• 선간 전압(E_l)= 상전압(E_p)[V]
• 선전류(I_l) = $\sqrt{3}$ 상 전류(I_p)$\left/-\dfrac{\pi}{6}\right.$ [A]

02 그림에서 $t=0$에서 스위치 S를 닫았다. 콘덴서에 충전된 초기 전압 $V_C(0)$가 1[V]였다면 전류 $i(t)$를 변환한 값 $I(s)$는?

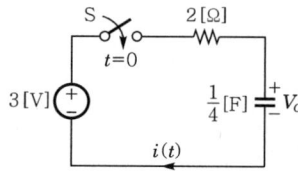

① $\dfrac{3}{2s+4}$ ② $\dfrac{3}{s(2s+4)}$

③ $\dfrac{2}{s(s+2)}$ ④ $\dfrac{1}{s+2}$

해설 콘덴서에 초기 전압 $V_C(0)$가 있는 경우이므로

전류 $i(t) = \dfrac{E - V_C(0)}{R}e^{-\frac{1}{RC}t}$

$\therefore\ i(t) = \dfrac{3-1}{2}e^{-\frac{1}{2\times\frac{1}{4}}t} = e^{-2t}$

$\therefore\ I(s) = \mathcal{L}^{-1}[i(t)] = \dfrac{1}{s+2}$

정답 01.③ 02.④

03 정격 전압에서 1[kW]의 전력을 소비하는 저항에 정격의 80[%] 전압을 가할 때의 전력[W]은?

① 320
② 540
③ 640
④ 860

해설 전력 $P = \dfrac{V^2}{R} = 1[\text{kW}] = 1{,}000[\text{W}]$

$\therefore P' = \dfrac{(0.8V)^2}{R} = 0.64 \times \dfrac{V^2}{R} = 0.64 \times 1{,}000 = 640[\text{W}]$

04 그림과 같은 회로에서 i_x는 몇 [A]인가?

① 3.2
② 2.6
③ 2.0
④ 1.4

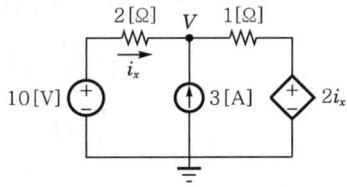

해설 중첩의 정리에 의해 전류원 개방시 2[Ω]에 흐르는 전류(i')

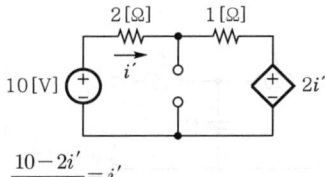

$\dfrac{10 - 2i'}{3} = i'$

$\therefore i' = 2[\text{A}]$

전압원 단락시 각 부의 전류를 정하면

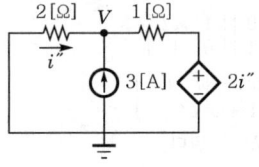

$i'' = -\dfrac{V}{2}$

$V = -2i''$

$i'' + 3 = \dfrac{V - 2i''}{1}$

$i'' = -0.6[\text{A}]$

$\therefore i_x = i' + i'' = 2 - 0.6 = 1.4[\text{A}]$

기출문제 관련 이론 바로보기

03. Tip 전력

전력이란 1초간에 대한 전기적 에너지를 나타내고, 단위는 [W]이다. $R[\Omega]$의 저항에 $V[\text{V}]$의 전압을 가해 $I[\text{A}]$의 전류를 흐르게 했을 때의 전력 $P[\text{W}]$는 다음과 같다.
$P = VI[\text{W}]$ …… 전압과 전류로 나타낸 식
옴의 법칙을 이용하여
$P = RI^2[\text{W}]$ …… 저항과 전류로 나타낸 식
$P = \dfrac{V^2}{R}[\text{W}]$ …… 전압과 저항으로 나타낸 식

04. 이론 check 중첩의 원리

2개 이상의 전원을 포함하는 선형 회로망에서 회로 내의 임의의 점의 전류 또는 두 점 간의 전압은 개개의 전원이 개별적으로 작용할 때에 그 점에 흐르는 전류 또는 두 점 간의 전압을 합한 것과 같다는 것을 중첩의 원리(principle of superposition)라 한다. 여기서, 전원을 개별적으로 작용시킨다는 것은 다른 전원을 제거한다는 것을 말하며, 이때 전압원은 단락하고 전류원은 개방한다는 의미이다.

정답 03.③ 04.④

PART 04 회로이론

05. 이론 check 　**최대 전력 전달**

[최대 전력 전달 조건 및 최대 전력]

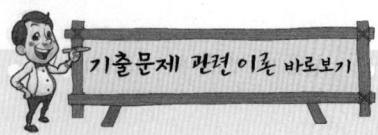

(1) $Z_g = R_g$, $Z_L = R_L$인 경우
  ① 최대 전력 전달 조건
   $R_L = R_g$
  ② 최대 공급 전력
   $P_{max} = \dfrac{E_g^2}{4R_g}$ [W]

(2) $Z_g = R_g + jX_g$, $Z_L = R_L + jX_L$ 인 경우
  ① 최대 전력 전달 조건
   $Z_L = \overline{Z_g} = R_g - jX_g$
  ② 최대 공급 전력
   $P_{max} = \dfrac{E_g^2}{4R_g}$ [W]

07. 이론 check 　**분포 정수 회로**

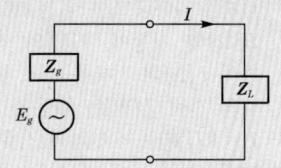

미소 저항 R과 인덕턴스 L이 직렬로 선간에 미소한 정전 용량 C와 누설 컨덕턴스 G가 형성되고 이들이 반복하여 분포되어 있는 회로를 분포 정수 회로라 한다. 단위 길이에 대한 선로의 직렬 임피던스 $Z = R + j\omega L$[Ω/m], 병렬 어드미턴스 $Y = G + j\omega C$[℧/m]이다.

(1) 특성 임피던스(파동 임피던스)
 $Z_0 = \sqrt{\dfrac{Z}{Y}} = \sqrt{\dfrac{R + j\omega L}{G + j\omega C}}$ [Ω]

(2) 전파 정수
 $\gamma = \sqrt{ZY}$
 $= \sqrt{(R + j\omega L)\cdot(G + j\omega C)}$
 $= \alpha + j\beta$
 여기서, α : 감쇠 정수
    β : 위상 정수

05 그림과 같이 전압 V와 저항 R로 구성되는 회로 단자 A-B 간에 적당한 저항 R_L을 접속하여 R_L에서 소비되는 전력을 최대로 하게 했다. 이때 R_L에서 소비되는 전력 P는?

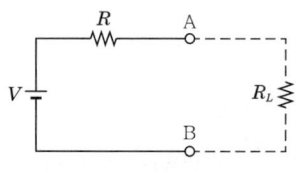

① $\dfrac{V^2}{4R}$　　　② $\dfrac{V^2}{2R}$

③ R　　　　　④ $2R$

해설 최대 전력 전달 조건 $R_L = R$이므로
최대 전력 $P_{max} = I^2 \cdot R_L \big|_{R_L = R}$
$= \left(\dfrac{V}{(R+R_L)}\right)^2 \cdot R_L \bigg|_{R_L = R}$
$= \dfrac{V^2}{4R}$ [W]

06 다음의 T형 4단자망 회로에서 $ABCD$ 파라미터 사이의 성질 중 성립되는 대칭 조건은?

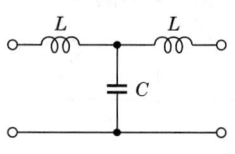

① $A = D$　　　② $A = C$
③ $B = C$　　　④ $B = A$

해설 $\begin{bmatrix} A & B \\ C & D \end{bmatrix} = \begin{bmatrix} 1 & j\omega L \\ 0 & 1 \end{bmatrix}\begin{bmatrix} 1 & 0 \\ j\omega C & 1 \end{bmatrix}\begin{bmatrix} 1 & j\omega L \\ 0 & 1 \end{bmatrix}$
$= \begin{bmatrix} 1 - \omega^2 LC & j\omega L(2 - \omega^2 LC) \\ j\omega C & 1 - \omega^2 LC \end{bmatrix}$
∴ T형 대칭 회로는 $A = D$가 된다.

07 분포 정수 회로에서 선로의 특성 임피던스를 Z_0, 전파 정수를 γ라 할 때 무한장 선로에 있어서 송전단에서 본 직렬 임피던스는?

① $\dfrac{Z_0}{\gamma}$　　　② $\sqrt{\gamma Z_0}$

③ γZ_0　　　　　④ $\dfrac{\gamma}{Z_0}$

정답　05.①　06.①　07.③

해설 특성 임피던스 $Z_0 = \sqrt{\dfrac{Z}{Y}}\,[\Omega]$

전파 정수 $\gamma = \sqrt{Z \cdot Y}$

$\therefore \gamma \cdot Z_0 = \sqrt{Z \cdot Y} \cdot \sqrt{\dfrac{Z}{Y}} = Z$

$\therefore$ 직렬 임피던스 $Z = \gamma \cdot Z_0$

08 그림의 $R-L-C$ 직·병렬 회로를 등가 병렬 회로로 바꿀 경우, 저항과 리액턴스는 각각 몇 $[\Omega]$인가?

① 46.23, $j87.67$
② 46.23, $j107.15$
③ 31.25, $j87.67$
④ 31.25, $j107.15$

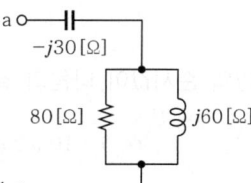

해설 합성 임피던스 $Z = j30 + \dfrac{80 \times j60}{80 + j60} = 28.8 + j8.4\,[\Omega]$

등가 병렬 회로로 바꾸기 위해 어드미턴스를 구하면

$Y = \dfrac{1}{Z} = \dfrac{1}{28.8 + j8.4} = \dfrac{28.8 - j8.4}{(28.8 + j8.4)(28.8 - j8.4)} = \dfrac{4}{125} - j\dfrac{7}{750}\,[\mho]$

$\therefore$ $R-L$ 병렬 회로

컨덕턴스 $G = \dfrac{4}{125}\,[\mho]$

$\therefore$ 저항 $R = \dfrac{1}{G} = \dfrac{125}{4} = 31.25\,[\Omega]$

유도 서셉턴스 $B = -j\dfrac{7}{750}\,[\mho]$

$\therefore$ 리액턴스 $X_L = j\dfrac{1}{B} = j\dfrac{750}{7} \fallingdotseq j107.14\,[\Omega]$

09 $F(s) = \dfrac{5s+3}{s(s+1)}$ 일 때 $f(t)$의 정상값은?

① 5
② 3
③ 1
④ 0

해설 정상값은 최종값과 같으므로 최종값 정리에 의해

$\lim\limits_{s \to 0} s \cdot F(s) = \lim\limits_{s \to 0} s \dfrac{5s+3}{s(s+1)} = 3$

10 선간 전압이 200[V], 선전류가 $10\sqrt{3}$ [A], 부하 역률이 80[%]인 평형 3상 회로의 무효 전력[Var]은?

① 3,600
② 3,000
③ 2,400
④ 1,800

정답 08.④ 09.② 10.①

09. 이론 check 초기값 · 최종값

(1) 초기값 정리
$f(0) = \lim\limits_{t \to 0} f(t) = \lim\limits_{s \to \infty} s F(s)$

(2) 최종값 정리
$f(\infty) = \lim\limits_{t \to \infty} f(t) = \lim\limits_{s \to 0} s F(s)$

10. 이론 check 대칭 3상의 전력

(1) 유효 전력
$P = 3 V_p I_p \cos\theta$
$= \sqrt{3}\, V_l I_l \cos\theta = 3 I_p^{\,2} R\,[W]$

(2) 무효 전력
$P_r = 3 V_p I_p \sin\theta$
$= \sqrt{3}\, V_l I_l \sin\theta$
$= 3 I_p^{\,2} X\,[Var]$

(3) 피상 전력
$P_a = 3 V_p I_p = \sqrt{3}\, V_l I_l$
$= 3 I_p^{\,2} Z = \sqrt{P^2 + P_r^{\,2}}\,[VA]$

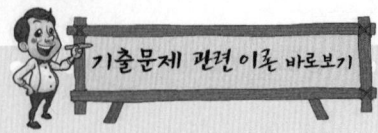

해설 무효 전력 $P_r = \sqrt{3}\,VI\sin\theta\,[\text{Var}]$
여기서, 무효율 $\sin\theta = \sqrt{1-\cos\theta} = \sqrt{1-0.8^2} = 0.6$
이므로
∴ $P_r = \sqrt{3}\times 200\times 10\sqrt{3}\times 0.6 = 3,600\,[\text{Var}]$

제 2 회   회로이론

01. **이론 check**   비정현파의 실효값

직류 성분 및 기본파와 각 고조파의 실효값 제곱의 합의 제곱근으로 표시된다.
전류 $i(t) = I_0 + I_{m1}\sin\omega t + I_{m2}\sin 2\omega t + I_{m3}\sin 3\omega t + \cdots$ 로 주어진다면 전류의 실효값은
$I = \sqrt{I_0^2 + I_1^2 + I_3^2 + \cdots}$
$= \sqrt{I_0^2 + \left(\dfrac{I_{m1}}{\sqrt{2}}\right)^2 + \left(\dfrac{I_{m2}}{\sqrt{2}}\right)^2 + \left(\dfrac{I_{m3}}{\sqrt{2}}\right)^2 + \cdots}$

전압 $v(t) = V_0 + V_{m1}\sin\omega t + V_{m2}\sin 2\omega t + V_{m3}\sin 3\omega t + \cdots$ 로 주어진다면 전압의 실효값은
$V = \sqrt{V_0^2 + V_1^2 + V_2^2 + V_3^2 + \cdots}$
$= \sqrt{V_0^2 + \left(\dfrac{V_{m1}}{\sqrt{2}}\right)^2 + \left(\dfrac{V_{m2}}{\sqrt{2}}\right)^2 + \left(\dfrac{V_{m3}}{\sqrt{2}}\right)^2 + \cdots}$

03. **이론 check**   분포 정수 회로

[무왜형 선로]
파형의 일그러짐이 없는 선로
(1) 조건
$\dfrac{R}{L} = \dfrac{G}{C}$ 또는 $LG = RC$
(2) 특성 임피던스
$Z_0 = \sqrt{\dfrac{Z}{Y}} = \sqrt{\dfrac{L}{C}}\,[\Omega]$
(3) 전파 정수
$\gamma = \sqrt{ZY}$
$= \sqrt{RG} + j\omega\sqrt{LC} = \alpha + j\beta$
여기서, 감쇠 정수 $\alpha = \sqrt{RG}$,
위상 정수 $\beta = \omega\sqrt{LC}$
(4) 속도
$v = \lambda f = \dfrac{2\pi f}{\beta} = \dfrac{\omega}{\beta}$
$= \dfrac{1}{\sqrt{LC}}\,[\text{m/s}]$

01 전압의 순시값이 다음과 같을 때 실효값은 약 몇 [V]인가?

$$v = 3 + 10\sqrt{2}\sin\omega t + 5\sqrt{2}\sin(3\omega t - 30°)\,[\text{V}]$$

① 11.6   ② 13.2
③ 16.4   ④ 20.1

해설 $V = \sqrt{V_0^2 + V_1^2 + V_3^2}$
$= \sqrt{3^2 + 10^2 + 5^2}$
$= 11.6\,[\text{V}]$

02 $v = 100\sqrt{2}\sin\left(\omega t + \dfrac{\pi}{3}\right)[\text{V}]$를 복소수로 나타내면?

① $25 + j25\sqrt{3}$ ② $50 + j25\sqrt{3}$
③ $25 + j50\sqrt{3}$ ④ $50 + j50\sqrt{3}$

해설 $V = 100\underline{/\dfrac{\pi}{3}} = 100(\cos 60° + j\sin 60°) = 100\left(\dfrac{1}{2} + j\dfrac{\sqrt{3}}{2}\right) = 50 + j50\sqrt{3}$

03 분포 정수 회로에서 선로의 단위 길이당 저항을 100[Ω], 인덕턴스를 200[mH], 누설 컨덕턴스를 0.5[℧]라 할 때 일그러짐이 없는 조건을 만족하기 위한 정전 용량은 몇 [μF]인가?

① 0.001   ② 0.1
③ 10   ④ 1,000

해설 일그러짐이 없는 선로, 즉 무왜형 선로의 조건은
$RC = LG$
∴ $C = \dfrac{LG}{R} = \dfrac{200\times 10^{-3}\times 0.5}{100}\times 10^6 = 1,000\,[\mu\text{F}]$

정답   01.①   02.④   03.④

04 그림과 같이 $r=1[\Omega]$인 저항을 무한히 연결할 때 a-b에서의 합성 저항은?

① $1+\sqrt{3}$
② $\sqrt{3}$
③ $1+\sqrt{2}$
④ ∞

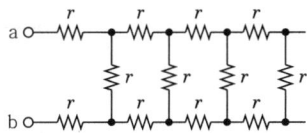

해설 그림의 등가 회로에서

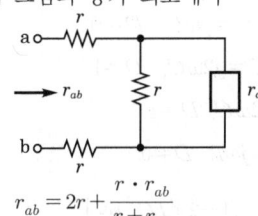

$r_{ab} = 2r + \dfrac{r \cdot r_{ab}}{r + r_{ab}}$

$r \cdot r_{ab} + r_{ab}^2 = 2r^2 + 2r \cdot r_{ab} + r \cdot r_{ab}$

$r_{ab}^2 - 2r \cdot r_{ab} - 2r^2 = 0$

∴ $r_{ab} = r \pm \sqrt{r^2 + 2r^2} = r(1 \pm \sqrt{3})$

여기서, $r_{ab} > 0$이어야 하고 $r=1[\Omega]$인 경우이므로

∴ $r_{ab} = 1 \times (1+\sqrt{3}) = 1+\sqrt{3}\,[\Omega]$

05 3상 불평형 전압에서 역상 전압이 35[V]이고, 정상 전압이 100[V], 영상 전압을 10[V]라 할 때, 전압의 불평형률은?

① 0.10
② 0.25
③ 0.35
④ 0.45

해설 전압 불평형률 $= \dfrac{\text{역상 전압}}{\text{정상 전압}} \times 100[\%]$

∴ $\dfrac{35}{100} = 0.35$

06 4단자 정수 A, B, C, D 중에서 어드미턴스 차원을 가진 정수는?

① A
② B
③ C
④ D

해설 $A = \dfrac{V_1}{V_2}\bigg|_{I_2=0}$: 출력을 개방했을 때 전압 이득

$B = \dfrac{V_1}{I_2}\bigg|_{V_2=0}$: 출력을 단락했을 때 전달 임피던스

$C = \dfrac{I_1}{V_2}\bigg|_{I_2=0}$: 출력을 개방했을 때 전달 어드미턴스

$D = \dfrac{I_1}{I_2}\bigg|_{V_2=0}$: 출력을 단락했을 때의 전류 이득

정답 04.① 05.③ 06.③

기출문제 관련 이론 바로보기

05. 이론 check ▶ 불평형률

불평형 회로의 전압과 전류에는 정상분과 더불어 역상분과 영상분이 반드시 포함된다. 따라서 회로의 불평형 정도를 나타내는 척도로서 불평형률이 사용된다.

불평형률 $= \dfrac{\text{역상분}}{\text{정상분}} \times 100[\%]$

$= \dfrac{V_2}{V_1} \times 100[\%]$ 또는

$\dfrac{I_2}{I_1} \times 100[\%]$

로 정의한다.

06. 이론 check ▶ 4단자 정수

(1) $ABCD$ 파라미터

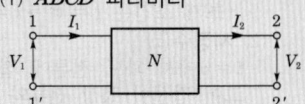

$\begin{bmatrix} V_1 \\ I_1 \end{bmatrix} = \begin{bmatrix} A & B \\ C & D \end{bmatrix} \begin{bmatrix} V_2 \\ I_2 \end{bmatrix}$ 에서

$V_1 = AV_2 + BI_2$, $I_1 = CV_2 + DI_2$가 된다.

이 경우 $[F] = \begin{bmatrix} A & B \\ C & D \end{bmatrix}$를 4단자망의 기본 행렬 또는 F행렬이라고 하며 그의 요소 A, B, C, D를 4단자 정수 또는 F 파라미터라 한다.

(2) 4단자 정수를 구하는 방법(물리적 의미)

$A = \dfrac{V_1}{V_2}\bigg|_{I_2=0}$: 출력 단자를 개방했을 때의 전압 이득

$B = \dfrac{V_1}{I_2}\bigg|_{V_2=0}$: 출력 단자를 단락했을 때의 전달 임피던스

$C = \dfrac{I_1}{V_2}\bigg|_{I_2=0}$: 출력 단자를 개방했을 때의 전달 어드미턴스

$D = \dfrac{I_1}{I_2}\bigg|_{V_2=0}$: 출력 단자를 단락했을 때의 전류 이득

PART 04 회로이론

08. 이론 check **과도 현상**

[$R-L$ 직렬 회로에 직류 전압을 인가하는 경우]
직류 전압을 인가하는 경우는 다음과 같다.

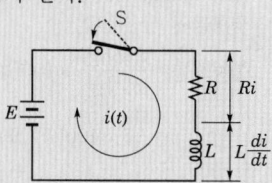

전압 방정식은 $Ri(t) + L\dfrac{di(t)}{dt} = E$
라플라스 변환을 이용하여 풀면
(1) 전류
$$i(t) = \dfrac{E}{R}(1-e^{-\frac{R}{L}t})\,[\text{A}]$$
(초기 조건은 $t=0 \to i=0$)

(2) 시정수(τ)
$t=0$에서 과도 전류에 접선을 그어 접선이 정상 전류와 만날 때까지의 시간
$$\tan\theta = \left[\dfrac{d}{dt}\left(\dfrac{E}{R} - \dfrac{E}{R}e^{-\frac{R}{L}t}\right)\right]_{t=0}$$
$$= \dfrac{E}{L} = \dfrac{\dfrac{E}{R}}{\tau}$$ 이므로 $\tau = \dfrac{L}{R}\,[\text{s}]$

$\tau = \dfrac{L}{R}$의 값이 클수록 과도 상태는 오랫 동안 계속된다.

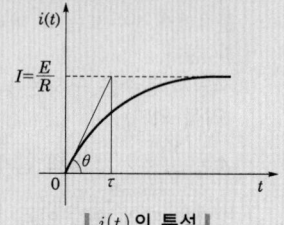

∥ $i(t)$의 특성 ∥

(3) 시정수에서의 전류값
$$i(\tau) = \dfrac{E}{R}(1-e^{-\frac{R}{L}\times\tau})$$
$$= \dfrac{E}{R}(1-e^{-1})$$
$$= 0.632\dfrac{E}{R}\,[\text{A}]$$

$t=\tau = \dfrac{L}{R}\,[\text{s}]$로 되었을 때의 과도 전류는 정상값의 0.632배가 된다.

07 다음 회로의 4단자 정수는?

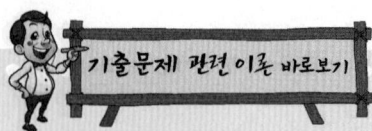

① $A=1+2\omega^2 LC$, $B=j2\omega C$, $C=j\omega L$, $D=0$
② $A=1-2\omega^2 LC$, $B=j\omega L$, $C=j2\omega C$, $D=1$
③ $A=2\omega^2 LC$, $B=j\omega L$, $C=j2\omega C$, $D=1$
④ $A=2\omega^2 LC$, $B=j2\omega C$, $C=j\omega L$, $D=0$

해설 $\begin{bmatrix} A & B \\ C & D \end{bmatrix} = \begin{bmatrix} 1 & j\omega L \\ 0 & 1 \end{bmatrix}\begin{bmatrix} 1 & 0 \\ j2\omega C & 1 \end{bmatrix} = \begin{bmatrix} 1-2\omega^2 LC & j\omega L \\ j2\omega C & 1 \end{bmatrix}$

08 인덕턴스 0.5[H], 저항 2[Ω]의 직렬 회로에 30[V]의 직류 전압을 급히 가했을 때 스위치를 닫은 후 0.1초 후의 전류의 순시값 i[A]와 회로의 시정수 τ[s]는?

① $i=4.95$, $\tau=0.25$
② $i=12.75$, $\tau=0.35$
③ $i=5.95$, $\tau=0.45$
④ $i=13.95$, $\tau=0.25$

해설
• 시정수 $\tau = \dfrac{L}{R} = \dfrac{0.5}{2} = 0.25\,[\text{s}]$

• 전류 $i(t) = \dfrac{E}{R}(1-e^{-\frac{R}{L}t})$에서 $t=0.1$초이므로

∴ $i(t) = \dfrac{30}{2}(1-e^{-\frac{2}{0.5}\times 0.1}) = 4.95\,[\text{A}]$

09 $f(t) = u(t-a) - u(t-b)$의 라플라스 변환 $F(s)$는?

① $\dfrac{1}{s^2}(e^{-as} - e^{-bs})$
② $\dfrac{1}{s}(e^{-as} - e^{-bs})$
③ $\dfrac{1}{s^2}(e^{as} + e^{bs})$
④ $\dfrac{1}{s}(e^{as} + e^{bs})$

해설 $F(s) = \mathcal{L}[f(t)] = \dfrac{e^{-as}}{s} - \dfrac{e^{-bs}}{s} = \dfrac{1}{s}(e^{-as} - e^{-bs})$

정답 07.② 08.① 09.②

10 한 상의 임피던스가 $6+j8[\Omega]$인 △부하에 대칭 선간 전압 200[V]를 인가할 때 3상 전력[W]은?

① 2,400
② 4,160
③ 7,200
④ 10,800

해설 $P = 3I_p^2 \cdot R = 3\left(\dfrac{200}{\sqrt{6^2+8^2}}\right)^2 \times 6 = 7,200[\text{W}]$

제3회 회로이론

01 전하 보존의 법칙(conservation of charge)과 가장 관계가 있는 것은?

① 키르히호프의 전류 법칙
② 키르히호프의 전압 법칙
③ 옴의 법칙
④ 렌츠의 법칙

해설 **키르히호프의 제1법칙(전류에 관한 법칙)**
회로망 중의 임의의 접속점에 유입하는 전류의 총합과 유출하는 전류의 총합은 같다.
즉, 회로에 흐르는 전하량은 항상 일정하다.

02 그림과 같은 직류 전압의 라플라스 변환을 구하면?

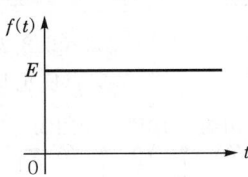

① $\dfrac{E}{s-1}$　　② $\dfrac{E}{s+1}$
③ $\dfrac{E}{s}$　　④ $\dfrac{E}{s^2}$

해설 $f(t) = Eu(t)$
즉 계단 함수의 라플라스 변환 $\mathcal{L}[Eu(t)] = \dfrac{E}{s}$

기출문제 관련 이론 바로보기

10. 이론check **대칭 3상의 전력**

(1) 유효 전력
$P = 3V_p I_p \cos\theta$
$= \sqrt{3} V_l I_l \cos\theta = 3I_p^2 R[\text{W}]$

(2) 무효 전력
$P_r = 3V_p I_p \sin\theta$
$= \sqrt{3} V_l I_l \sin\theta = 3I_p^2 X[\text{Var}]$

(3) 피상 전력
$P_a = 3V_p I_p = \sqrt{3} V_l I_l$
$= 3I_p^2 Z = \sqrt{P^2 + P_r^2}[\text{VA}]$

Tip 3상 전력
3상 전력(P)
$= 3 \times$ 상전력
$= 3 \times$ 상전압 $\times$ 상전류 $\times$ 역률
$= \sqrt{3} \times$ 선간 전압 $\times$ 선전류 $\times$ 역률
$= \sqrt{3} VI\cos\theta[\text{W}]$
각 전압 · 전류의 값은 실효값으로 한다.

02. 이론check **단위 계단 함수의 라플라스 변환**

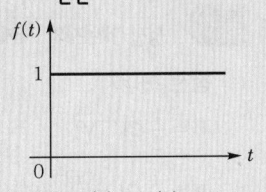

시간 함수 $f(t) = u(t) = 1$로 표현하며
$t > 0$에서 1을 계속 유지하는 함수로 라플라스 변환하면
$F(s) = \mathcal{L}[f(t)]$
$= \displaystyle\int_0^\infty (1)e^{-st}dt$
$= \left[-\dfrac{1}{s}e^{-st}\right]_0^\infty$
$= \dfrac{1}{s}$
이 된다.

정답 10.③ / 01.① 02.③

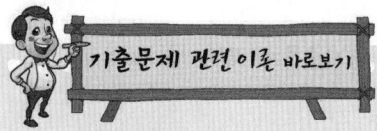

03. 이론 check 전류, 전압의 의미

(1) 전류

금속선을 통하여 전자가 이동하는 현상으로 단위 시간[s] 동안 이동하는 전기량을 말한다.

즉, $\dfrac{Q}{t}$[C/s=A]이며 순간의 전류의 세기를 i 라 하면

$i = \dfrac{dQ}{dt}$[C/s=A]

(2) 전류에 의한 전기량

$Q = \displaystyle\int_0^t i\, dt$ [A·s=C]

(3) 전압

단위 정전하가 두 점 사이를 이동할 때 하는 일의 양

$V = \dfrac{W}{Q}$ [J/C=V]

여기서, 1[V] : 1[C]의 전하가 두 점 사이를 이동할 때 1[J]의 일을 하는 경우 두 점 사이의 전위차

04. 이론 check 정전 에너지와 자기 에너지

(1) 정전 에너지

$W = \dfrac{1}{2}CV^2$ [V]

$W = \dfrac{1}{2}QV = \dfrac{Q^2}{2C}$ [V]

(2) 자기 에너지

$W = \dfrac{1}{2}LI^2$

---

03 $i = 3t^2 + 2t$[A]의 전류가 도선을 30초간 흘렀을 때 통과한 전체 전기량 [Ah]은?

① 4.25
② 6.75
③ 7.75
④ 8.25

해설
$Q = \displaystyle\int_0^{30}(3t^2+2t)\,dt = [t^3+t^2]_0^{30} = 27,900 \, [\text{A}\cdot\text{s}]$
$= \dfrac{27,900}{3,600} = 7.75\,[\text{Ah}]$

04 인덕턴스 $L = 20$[mH]인 코일에 실효값 $E = 50$[V], 주파수 $f = 60$[Hz]인 정현파 전압을 인가했을 때 코일에 축적되는 평균 자기 에너지는 약 몇 [J]인가?

① 6.3
② 4.4
③ 0.63
④ 0.44

해설
$W = \dfrac{1}{2}LI^2 = \dfrac{1}{2}L\left(\dfrac{V}{\omega L}\right)^2$
$= \dfrac{1}{2}\times 20\times 10^{-3}\times\left(\dfrac{50}{377\times 20\times 10^{-3}}\right)^2 = 0.44\,[\text{J}]$

05 그림의 사다리꼴 회로에서 부하 전압 V_L의 크기는 몇 [V]인가?

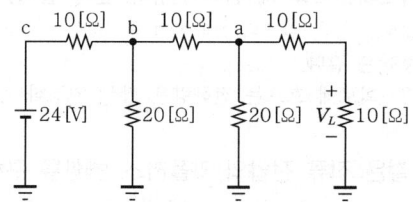

① 3.0
② 3.25
③ 4.0
④ 4.15

해설

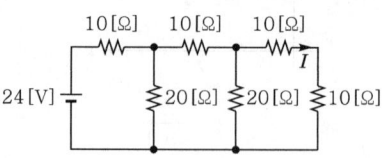

전체 합성 저항을 구하면 20[Ω]이므로 전전류 $I = \dfrac{24}{20} = 1.2$[A]가 된다.
분류 법칙에 의해 전류 I를 구하면 0.3[A]가 된다.
∴ $V_L = 10\times 0.3 = 3$[V]

정답 03.③ 04.④ 05.①

06 전압비 10^6을 데시벨[dB]로 나타내면?

① 20 ② 60
③ 100 ④ 120

해설 이득 $= 20\log_{10}10^6 = 120$[dB]

07 상전압이 120[V]인 평형 3상 Y결선의 전원에 Y결선 부하를 도선으로 연결하였다. 도선의 임피던스는 $1+j$[Ω]이고 부하의 임피던스는 $20+j10$[Ω]이다. 이때 부하에 걸리는 전압은 약 몇 [V]인가?

① $67.18\angle-25.4°$
② $101.62\angle 0°$
③ $113.14\angle-1.1°$
④ $118.42\angle-30°$

해설

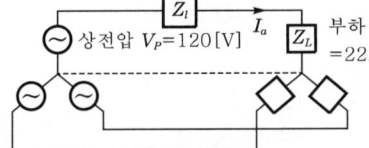

1상의 직렬 임피던스
$Z = Z_l + Z_L = (1+j)+(20+j10)$
$= 21+j11 = 23.71\angle 27.64°$

∴ 선전류 $I_a = \dfrac{E_a}{Z} = \dfrac{120}{23.71\angle 27.64°}$
$= 5.06\angle-27.64°$

∴ 부하 전압 $V_L = Z_L \cdot I_a = 22.36\angle 26.56°$
$\times 5.06\angle-27.64° ≒ 113.14\angle-1.1°$

08 전송 선로의 특성 임피던스가 100[Ω]이고, 부하 저항이 400[Ω]일 때 전압 정재파비 S는 얼마인가?

① 0.25 ② 0.6
③ 1.67 ④ 4.0

해설 전압 정재파비 $S = \dfrac{1+\rho}{1-\rho}$

반사 계수 $\rho = \dfrac{Z_L - Z_0}{Z_L + Z_0}$ 이므로 $\rho = \dfrac{400-100}{400+100} = 0.6$

∴ $S = \dfrac{1+0.6}{1-0.6} = 4$

기출문제 관련 이론 바로보기

07. 이론 check 3상 교류 결선

[성형 결선(Y결선)]

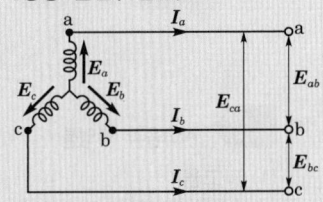

선간 전압 $E_{ab} = E_a - E_b$
$E_{bc} = E_b - E_c$
$E_{ca} = E_c - E_a$

선간 전압과 상전압과의 벡터도를 그리면 다음과 같고,

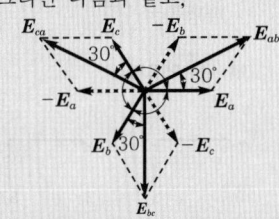

벡터도에서 선간 전압 상전압의 크기 및 위상을 구하면 다음과 같다.

$E_{ab} = 2E_a\cos\dfrac{\pi}{6}\angle\dfrac{\pi}{6} = \sqrt{3}E_a\angle\dfrac{\pi}{6}$

$E_{bc} = 2E_b\cos\dfrac{\pi}{6}\angle\dfrac{\pi}{6} = \sqrt{3}E_b\angle\dfrac{\pi}{6}$

$E_{ca} = 2E_c\cos\dfrac{\pi}{6}\angle\dfrac{\pi}{6} = \sqrt{3}E_c\angle\dfrac{\pi}{6}$

이상의 관계에서
선간 전압을 V_l, 선전류를 I_l, 상전압을 V_p, 상전류를 I_p라 하면

$V_l = \sqrt{3}V_p\angle\dfrac{\pi}{6}$[V], $I_l = I_p$[A]

Tip Y-Y 결선

3상결선의 기본형으로서 Y-Y, △-△, Y-△ 및 △-Y 4종이 있으며 Y-Y 결선은 3차 △결선을 둔 Y-Y-△ 결선으로 사용되는 경우가 많다. Y-Y 결선은 중성점을 접합할 수 있는 이점이 있으며 제3고조파 전류가 선로에 흐르므로 통신선에 유도 장해를 줄 염려가 있다.

정답 06.④ 07.③ 08.④

PART 04 회로이론

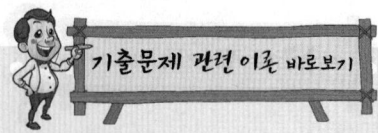

09 구동점 임피던스 함수에 있어서 극점(pole)은?

① 개방 회로 상태를 의미한다.
② 단락 회로 상태를 의미한다.
③ 아무 상태도 아니다.
④ 전류가 많이 흐르는 상태를 의미한다.

해설 극점은 $Z(s) = \infty$가 되는 s의 근으로 회로 개방 상태를 의미한다.

10. 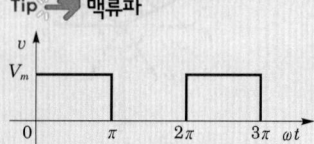 파고율과 파형률

(1) 파고율
 실효값에 대한 최대값의 비율
 $$파고율 = \frac{최대값}{실효값}$$

(2) 파형률
 평균값에 대한 실효값의 비율
 $$파형률 = \frac{실효값}{평균값}$$

Tip 맥류파

구형 반파의 실효값은 구형파의 $\frac{1}{\sqrt{2}}$이고 평균값은 $\frac{1}{2}$이다. 이를 식으로 표현하면

$$V_{av} = \frac{1}{2} \times V_m = \frac{V_m}{2}$$

$$V = \frac{1}{\sqrt{2}} \times V_m = \frac{V_m}{\sqrt{2}}$$

10 그림과 같은 파형의 파고율은?

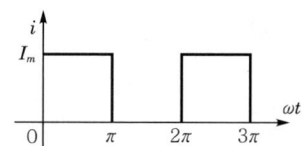

① 0.707   ② 1.414
③ 1.732   ④ 2.000

해설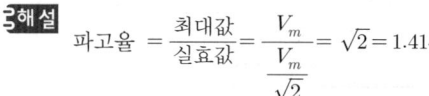

정답 09.① 10.②

PART 05 제어공학

과년도 출제문제

2011년 과년도 출제문제

제1회 제어공학

01. 이론 check ▶ **과도 응답**

(1) 1차계의 과도 응답

$$\frac{C(s)}{R(s)} = \frac{K_c}{Ts+K_c+1} = \frac{K}{\tau s+1}$$

여기서, $K = \dfrac{K_c}{(K_c+1)}$

$\tau = \dfrac{T}{(K_c+1)}$

$R \xrightarrow{+} \bigcirc \longrightarrow \boxed{\dfrac{K_c}{1+Ts}} \longrightarrow C$

1차계의 단위 계단 입력에 대한 응답은

$c(t) = K(1-e^{-\frac{1}{\tau}t})$

여기서, K : 이득

시정수 τ는 $t=0$에서의 단위 계단 응답의 미분값의 역수이다.

$\dfrac{1}{\tau} = \left[\dfrac{dc(t)}{dt}\right]_{t=0}$

(2) 2차계의 과도 응답

$\dfrac{C(s)}{R(s)} = \dfrac{\omega_n^2}{s^2+2\delta\omega_n s+\omega_n^2}$

$s^2+2\delta\omega_n s+\omega_n^2 = 0$

$s_1, s_2 = -\delta\omega_n \pm j\omega_n\sqrt{1-\delta^2}$
$= -\sigma \pm j\omega$

여기서, δ : 제동비 또는 감쇠 계수

ω_n : 자연 주파수 또는 고유 주파수

$\sigma = \delta\omega_n$: 제동 계수, 실제 제동

$\tau = \dfrac{1}{\sigma} = \dfrac{1}{\delta\omega_n}$: 시정수

$\omega = \omega_n\sqrt{1-\delta^2}$: 실제 주파수 또는 감쇠 진동 주파수

01 2차 시스템의 감쇠율 δ가 $\delta > 1$이면 어떤 경우인가?

① 비제동
② 과제동
③ 부족 제동
④ 발산

해설
- $\delta < 1$인 경우 : 부족 제동
  $s_1, s_2 = -\delta\omega_n \pm j\omega_n\sqrt{1-\delta^2}$
  공액 복소수근을 가지므로 감쇠 진동을 한다.
- $\delta = 1$인 경우 : 임계 제동
  $s_1, s_2 = -\omega_n$
  중근(실근)을 가지므로 진동에서 비진동으로 옮겨가는 임계 상태이다.
- $\delta > 1$인 경우 : 과제동
  $s_1, s_2 = -\delta\omega_n \pm \omega_n\sqrt{\delta^2-1}$
  서로 다른 2개의 실근을 가지므로 비진동이다.
- $\delta = 0$인 경우 : 무제동
  $s_1, s_2 = \pm j\omega_n$
  순공액 허근을 가지므로 일정한 진폭으로 무한히 진동한다.

02 다음 중 $\dfrac{1}{s-a}$을 z변환하면?

① $\dfrac{1}{1-z^{-1}e^{aT}}$
② $\dfrac{1}{1-z^{-1}e^{-aT}}$
③ $\dfrac{1}{1-ze^{aT}}$
④ $\dfrac{1}{1+ze^{aT}}$

해설 지수 증가 함수 e^{at}를 z변환하면 $\dfrac{z}{z-e^{aT}}$가 된다.

$\therefore \dfrac{1}{s-a}$은 시간 함수 e^{at}이므로

$\dfrac{z}{z-e^{aT}} = \dfrac{1}{1-\dfrac{e^{aT}}{z}} = \dfrac{1}{1-z^{-1}e^{aT}}$

정답 01.② 02.①

2011년 과년도 출제문제

03 선형 시불변 시스템의 상태 방정식이 $\frac{d}{dt}x(t) = Ax(t) + Bu(t)$로 표시될 때, 상태 천이 방정식(state transition equation)의 식은? (단, $\phi(t)$: 일치하는 상태 천이 행렬)

① $x(t) = \phi(t)x(0) + \int_0^t \phi(t+\tau)u(\tau)d\tau$

② $x(t) = \phi(t)x(0) + \int_0^t \phi(t-\tau)u(t)d\tau$

③ $x(t) = \phi(t)x(0) + \int_0^t \phi(t+\tau)Bu(t)d\tau$

④ $x(t) = \phi(t)x(0) + \int_0^t \phi(t-\tau)Bu(\tau)d\tau$

04 $G(s)H(s) = \dfrac{20}{s(s-1)(s+2)}$ 인 계의 이득 여유[dB]는?

① -20 ② -10
③ 1 ④ 10

해설
$G(j\omega)H(j\omega) = \dfrac{20}{j\omega(j\omega-1)(j\omega+2)} = \dfrac{20}{-\omega^2 + j\omega(-\omega^2-2)}$

위 식의 허수부를 0인 경우 $|G(j\omega)H(j\omega)|$이므로
$\omega(-\omega^2-2) = 0$
$\omega_c \neq 0$
$-\omega^2 - 2 = 0$
$\therefore \omega^2 = -2$
$|G(j\omega)H(j\omega)|_{\omega^2=-2} = \left|\dfrac{20}{-\omega^2}\right|_{\omega^2=-2} = 10$

$\therefore GM = 20\log_{10}\dfrac{1}{|GH|} = 20\log\dfrac{1}{10} = -20$[dB]

05 그림의 신호 흐름 선도에서 $\dfrac{y_2}{y_1}$은?

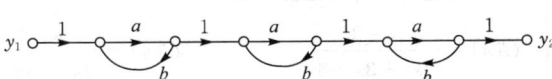

① $\dfrac{a^3}{(1-ab)^3}$ ② $\dfrac{a^3}{1-3ab+a^2b^2}$

③ $\dfrac{a^3}{1-3ab}$ ④ $\dfrac{a^3}{1-3ab+2a^2b^2}$

해설 $G_1 = a \cdot a \cdot a = a^3$, $\Delta_1 = 1$
$\sum L_{n1} = ab + ab + ab = 3ab$

기출문제 관련 이론 바로보기

04. 이론 check 이득 여유(gain margin)

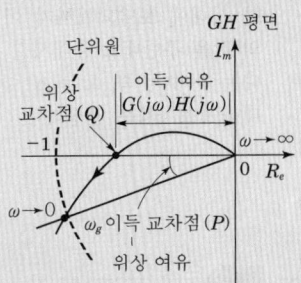

그림에 표시된 나이퀴스트 선도가 부의 실축을 자르는 $G(j\omega)H(j\omega)$의 크기를 $|GH_c|$이 점에 대응하는 주파수를 ω_c라고 할 때 이득 여유는 다음과 같이 정의한다.

이득 여유(GM) = $20\log\dfrac{1}{|GH_c|}$[dB]

만일, 그림의 나이퀴스트 선도에서 이득 K의 값을 증대시켜 가면 GH 선도는 임계점과 교차하게 되며 $|GH_c|=1$이 된다. 따라서 위의 식으로부터 이득 여유는 0[dB]이다. 또한 2차계의 $G(s)H(s)$의 나이퀴스트 선도는 부의 실축과 교차하지 않으므로 $|GH_c|=0$, 따라서 이득 여유는 위의 식으로부터 ∞[dB]임을 알 수 있다.

상기한 사항을 종합하면 이득 여유의 물리적 의의를 다음과 같이 말할 수 있다. "이득 여유라 함은 폐회로계가 불안정한 상태에 도달하기까지 허용할 수 있는 이득 K의 [dB]량이다."

GH 선도가 임계점과 교차할 때에는 이득 여유는 0[dB]이다. 이득 여유가 0[dB]이라 함은 계를 안정한 상태하에서 더이상 이득 K를 증대시킬 수 없다는 뜻이다. 2차계에서는 $G(s)H(s)$의 나이퀴스트 선도가 음의 실축과 교차하지 않으므로 교차량(crossover) $|GH_c|$는 0, 따라서 이득 여유는 ∞

정답 03.④ 04.① 05.①

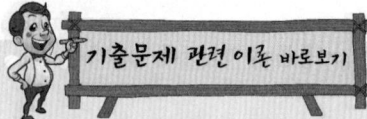

[dB]이다. 이득 여유가 ∞[dB]이라 함은 이론적으로 계가 불안정한 상태에 도달되기까지 이득 K의 값을 무한대로 증대시킬 수 있다는 뜻이다. 즉, 모든 $K(<\infty)$에 대하여 2차계는 안정하다.

07. **이론 check** 나이퀴스트(Nyquist) 안정도 판별법

Routh-Hurwitz법과 근궤적법은 특성 방정식의 근의 위치를 결정하는 방법인 반면 Nyquist 판별법은 준 도시적 방법으로 루프 전달 함수 $G(s)H(s)$의 주파수 영역의 성질을 검토하여 폐루프 제어 시스템의 안정성을 판별하는 방법이다.

Tip Nyquist 판별법의 특징

Nyquist 판별법은 제어 시스템의 해석과 설계에서 다음과 같은 특징을 갖고 있다.
(1) Nyquist 판별법은 제어 시스템의 절대 안정도에 관하여 Routh-Hurwitz 판별법과 똑같은 정보를 제공한다.
(2) Nyquist 판별법은 시스템의 안정도의 정도를 제시하며, 필요할 때에는 시스템의 안정도를 개선할 수 있는 방법을 제시한다.
(3) $G(j\omega)H(j\omega)$의 주파수 영역은 폐루프 시스템의 주파수 영역 응답 특성에 대한 정보를 제공한다.
(4) 시간 지연을 갖는 폐루프 시스템의 안정성을 Nyquist 판별법으로 구할 수 있다.
(5) 비선형 시스템에도 변경해서 사용할 수 있다.

$$\sum L_{n2} = ab \times ab + ab \times ab + ab \times ab = 3a^2b^2$$
$$\sum L_{n3} = ab \times ab \times ab = a^3b^3$$
$$\Delta = 1 - 3ab + 3a^2b^2 - a^3b^3 = (1-ab)^3$$
$$\therefore \text{전달 함수 } G(s) = \frac{y_2}{y_1} = \frac{G_1\Delta_1}{\Delta} = \frac{a^3}{(1-ab)^3}$$

06 특성 방정식 $(s+1)(s+2)(s+3)+K(s+4)=0$의 완전 근궤적상 $K=0$인 점은?

① $s=-4$인 점
② $s=-1$, $s=-2$, $s=-3$인 점
③ $s=1$, $s=2$, $s=3$인 점
④ $s=4$인 점

해설 근궤적의 출발점은 이득정수 $K=0$일 때이므로
$$K = -\frac{(s+1)(s+2)(s+3)}{(s+4)}$$
$$\therefore (s+1)(s+2)(s+3)=0$$
$$s=-1, -2, -3$$

07 Nyquist 판정법의 설명으로 틀린 것은?

① Nyquist 선도는 제어계의 오차 응답에 관한 정보를 준다.
② 계의 안정을 개선하는 방법에 대한 정보를 제시해 준다.
③ 안정성을 판정하는 동시에 안정도를 제시해 준다.
④ Routh-Hurwitz 판정법과 같이 계의 안정 여부를 직접 판정해 준다.

해설 Nyquist 선도는 제어계의 주파수 응답에 관한 정보를 준다.

08 어떤 시스템의 미분 방정식이 $2\dfrac{d^2y(t)}{dt^2}+3\dfrac{dy(t)}{dt}+4y(t)=\dfrac{dx(t)}{dt}+3x(t)$인 경우 $x(t)$를 입력, $y(t)$를 출력이라면 이 시스템의 전달 함수는? (단, 모든 초기 조건은 0이다.)

① $G(s)=\dfrac{s+3}{2s^2+3s+4}$ ② $G(s)=\dfrac{s-3}{2s^2-3s+4}$

③ $G(s)=\dfrac{s+3}{2s^2+3s-4}$ ④ $G(s)=\dfrac{s-3}{2s^2-3s-4}$

해설 초기값=0으로 라플라스 변환하면
$$2s^2Y(s)+3sY(s)+4Y(s)=sX(s)+3X(s)$$
$$(2s^2+3s+4)Y(s)=(s+3)X(s)$$
$$\therefore G(s)=\frac{Y(s)}{X(s)}=\frac{s+3}{2s^2+3s+4}$$

정답 06.② 07.① 08.①

09 보드 선도의 이득 교차점에서 위상각 선도가 $-180°$ 축의 상부에 있을 때, 이 계의 안정 여부는?

① 불안정하다.   ② 판정 불능이다.
③ 임계 안정이다.   ④ 안정하다.

해설

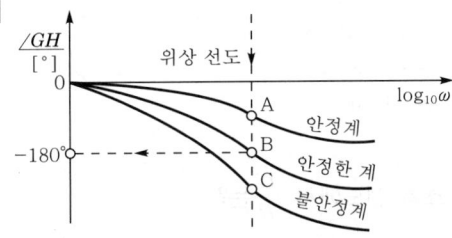

$-180°$축의 상부에 있으면 제어계는 안정하며 180°축에 있으면 안정한 계에 있고, $-180°$축 하부에 있으면 불안정하다.

10 그림과 같은 폐루프 전달 함수 $T=\dfrac{C}{R}$에서 H에 대한 감도 S_H^T는?

① $\dfrac{GH}{1+GH}$

② $\dfrac{-GH}{1+GH}$

③ $\dfrac{GH}{(1-GH)^2}$

④ $\dfrac{-GH}{(1+GH)^2}$

해설 전달 함수 $T=\dfrac{C}{R}=\dfrac{G}{1+GH}$

∴ 감도 $S_H^T = \dfrac{H}{T}\cdot\dfrac{dT}{dH} = \dfrac{H}{\dfrac{G}{1+GH}}\cdot\dfrac{d}{dH}\left(\dfrac{G}{1+GH}\right) = -\dfrac{GH}{1+GH}$

제 2 회 제어공학

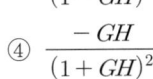

01 $\dfrac{dx(t)}{dt}=Ax(t)+Bu(t)$, $A=\begin{bmatrix}0 & 1\\ -3 & 4\end{bmatrix}$, $B=\begin{bmatrix}1\\1\end{bmatrix}$인 상태 방정식에 대한 특성 방정식을 구하면?

① $s^2-4s-3=0$ ② $s^2-4s+3=0$
③ $s^2+4s+3=0$ ④ $s^2+4s-3=0$

10. 이론 check 감도

감도(sensitivity)는 특수한 요소의 특성에 계통 특성 의전도의 척도이다.
주어진 요소 K의 특성에 대하여 계통의 폐루프 전달 함수 T의 미분 감도는 다음과 같다.

$$S_K^T = \dfrac{d\ln T}{d\ln K} = \dfrac{K}{T}\dfrac{dT}{dK}$$

여기서, $T=\dfrac{C(s)}{R(s)}$

위의 식에서 K에 대한 T의 미분 감도가 T에 변화를 일으켜주는 K에서의 백분율 변화로서 나누어 준 T에서의 백분율 변화이다.
이 정의는 작은 변화에 대해서만 근거 있는 것이다. 감도는 주파수의 함수이며, 이상적인 계에서는 어떤 파라미터의 변화에 대하여도 감도는 0이다.

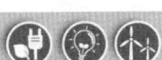 09.④ 10.② / 01.②

PART 05 제어공학

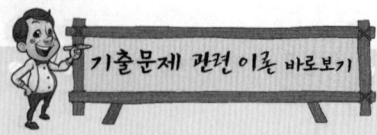

해설
$$\begin{bmatrix} \dot{x}_1 \\ \dot{x}_2 \end{bmatrix} = \begin{bmatrix} 0 & 1 \\ -3 & 4 \end{bmatrix} \begin{bmatrix} x_1 \\ x_2 \end{bmatrix} + \begin{bmatrix} 1 \\ 1 \end{bmatrix} u$$

$$|sI-A| = \left| \begin{bmatrix} s & 0 \\ 0 & s \end{bmatrix} - \begin{bmatrix} 0 & 1 \\ -3 & 4 \end{bmatrix} \right|$$
$$= \begin{vmatrix} s & -1 \\ 3 & s-4 \end{vmatrix}$$
$$= s(s-4)+3$$
$$= s^2-4s+3$$
$$\therefore s^2-4s+3=0$$

02. 신호 흐름 선도

신호 흐름 선도는 계통의 위상 기하적 구성에 대한 상세한 그림을 뜻하는 것으로 메이슨(S.J. Mason)이 처음 개발하였다. 신호 흐름 선도는 다중 루프 귀환계를 해석하고 전체 귀환계의 특정한 요소 또는 파라미터의 효과를 결정하는 데 유용하다.

Tip 신호 흐름 선도의 이득 공식

출력과 입력과의 비, 즉 계통의 이득 또는 전달 함수 T는 다음 메이슨(Mason)의 정리에 의하여 구할 수 있다.

$$T = \frac{\sum_{k=1}^{n} G_k \Delta_k}{\Delta}$$

단, $G_k = k$번째의 전향 경로(forword path) 이득
$\Delta = 1 - \sum L_{n1} + \sum L_{n2} - \sum L_{n3} + \cdots$
$\Delta_k = k$번째의 전향 경로와 접하지 않은 부분에 대한 Δ의 값
여기서, $\sum L_{n1}$: 개개의 폐루프의 이득의 합
$\sum L_{n2}$: 2개 이상 접촉하지 않는 루프 이득의 곱의 합
$\sum L_{n3}$: 3개 이상 접촉하지 않는 루프 이득의 곱의 합

02 그림의 신호 흐름 선도에서 $\dfrac{C}{R}$는?

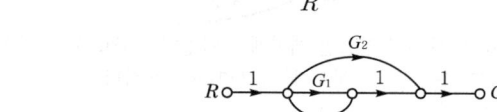

① $\dfrac{G_1+G_2}{1-G_1H_1}$
② $\dfrac{G_1G_2}{1-G_1H_1}$
③ $\dfrac{G_1+G_2}{1+G_1H_1}$
④ $\dfrac{G_1G_2}{1+G_1H_1}$

해설
$G_1 = G_1$, $\Delta_1 = 1$
$G_2 = G_2$, $\Delta_2 = 1$
$L_{11} = G_1H_1$
$\Delta = 1 - L_{11} = 1 - G_1H_1$
$\therefore$ 전달 함수 $G = \dfrac{C}{R} = \dfrac{G_1\Delta_1 + G_2\Delta_2}{\Delta} = \dfrac{G_1+G_2}{1-G_1H_1}$

03 특성 방정식 $s^2+Ks+2K-1=0$인 계가 안정될 K의 범위는?

① $K>0$
② $K>\dfrac{1}{2}$
③ $K<\dfrac{1}{2}$
④ $0<K<\dfrac{1}{2}$

해설 라우스의 표

$$\begin{array}{c|cc} s^2 & 1 & 2K-1 \\ s^1 & K & \\ s^0 & 2K-1 & \end{array}$$

제1열의 부호 변화가 없어야 계가 안정하므로
$K>0$, $2K-1>0$
$\therefore K > \dfrac{1}{2}$

정답 02.① 03.②

04 논리식 $\overline{A} + \overline{B} \cdot \overline{C}$와 같은 논리식은?

① $\overline{A + BC}$
② $\overline{A(B+C)}$
③ $\overline{A \cdot B + C}$
④ $A \cdot B + C$

해설 $\overline{A(B+C)} = \overline{A} + \overline{(B+C)} = \overline{A} + \overline{B} \cdot \overline{C}$

05 기준 입력과 주귀환량과의 차로서, 제어계의 동작을 일으키는 원인이 되는 신호는?

① 조작 신호
② 동작 신호
③ 주귀환 신호
④ 기준 입력 신호

해설 • 주귀환 신호 : 제어량을 목표값과 비교하여 동작 신호를 얻기 위해 피드백되는 신호
• 기준 입력 신호 : 직접 제어계에 가해지는 신호

06 제어계 전달 함수의 극값(pole)이 그림과 같을 때, 이 계의 고유 각주파수 ω_n은?

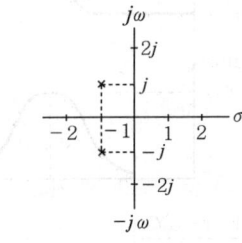

① $\dfrac{1}{\sqrt{2}}$
② $\dfrac{1}{2}$
③ $\sqrt{2}$
④ $\sqrt{3}$

해설 특성근은 $s_1 = -1+j$, $s_2 = -1-j$이므로 특성 방정식은 $(s+1-j)(s+1+j) = 0$이다.

$$G(s) = \dfrac{\omega_n^2}{s^2 + 2\delta\omega_n s + \omega_n^2} = \dfrac{\omega_n^2}{(s+1-j)(s+1+j)}$$
$$= \dfrac{\omega_n^2}{(s+1)^2 + 1} = \dfrac{\omega_n^2}{s^2 + 2s + 2}$$

$\therefore 2\delta\omega_n = 2$
$\omega_n^2 = 2$
$\therefore \omega_n = \sqrt{2}$

기출문제 관련 이론 바로보기

05. 이론 check 귀환 제어계(feed back controlled system)의 기본적 구성과 용어 정의

일반적으로 귀환 제어계는 제어 장치와 제어 대상으로부터 형성되는 폐회계로 구성되며 그 기본적 구성과 용어의 정의는 다음과 같다.

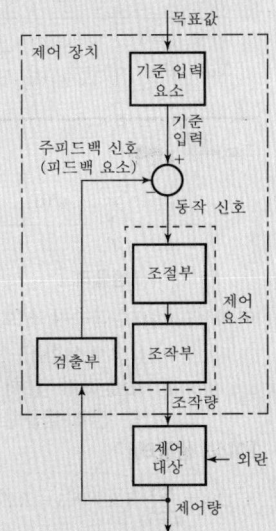

(1) 기준 입력 요소
기준 입력 신호를 발생하는 요소로서 설정부라고도 한다.
(2) 주피드백 신호
제어량을 목표값과 비교하여 동작 신호를 얻기 위해 피드백되는 신호이다.
(3) 동작 신호
기준 입력과 주피드백 신호와의 차로써 제어 동작을 일으키는 신호로 편차라고도 한다.

정답 04.② 05.② 06.③

PART 05 제어공학

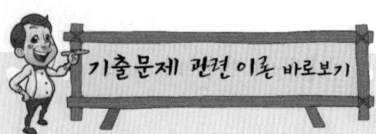

08. 이론 check 기본 함수의 z 변환표

시간 함수	s변환	z변환
단위 임펄스 함수 $\delta(t)$	1	1
단위 계단 함수 $u(t)$	$\dfrac{1}{s}$	$\dfrac{z}{z-1}$
단위 램프 함수 t	$\dfrac{1}{s^2}$	$\dfrac{Tz}{(z-1)^2}$
지수 감쇠 함수 e^{-at}	$\dfrac{1}{s+a}$	$\dfrac{z}{z-e^{-aT}}$
지수 감쇠 램프 함수 te^{-at}	$\dfrac{1}{(s+a)^2}$	$\dfrac{Tze^{-aT}}{(z-e^{-aT})^2}$

Tip z변환

|샘플러|

여기서, $u(t)$: 연속치 신호
$u^*(t)$: 이산화된 신호
T : 샘플러가 닫히는 시간 간격(샘플링 주기)

[이상 샘플러]

$$u^*(t) = \sum_{K=0}^{\infty} u(KT)\delta(1-KT)$$

여기서, $K=0, 1, 2, 3, \cdots$

양변을 라플라스 변환하면

$$u^*(s) = \sum_{K=0}^{\infty} u(KT) e^{-KTs}$$

여기서, $K=0, 1, 2, 3, \cdots$

z변환은 $z = e^{Ts}$, $s = \dfrac{1}{T}\ln z$

따라서

$$u^*\left(s = \dfrac{1}{T}\ln z\right) = u(z)$$

$$= \sum_{K=0}^{\infty} u(KT) z^{-K}$$

$u(z) = u^*(t)$의 z변환 변수를 $z = e^{Ts}$로 바꾸어 주는 것으로 보면 된다.

07 그림과 같은 보드 위상 선도를 갖는 회로망은 어떤 보상기로 사용될 수 있는가?

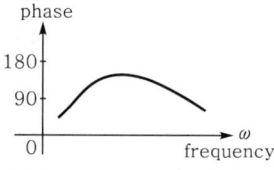

① 진상 보상기　　　　② 지상 보상기
③ 지상 진상 보상기　　④ 지상 지상 보상기

해설 진상 보상기는 출력 위상이 입력 위상보다 앞서도록 제어 신호의 위상을 이상시키는 장치이다.

$$\dfrac{E_{out}(s)}{E_{in}(s)} = \dfrac{1}{\alpha}\left(\dfrac{1+\alpha Ts}{1+Ts}\right), \ (\alpha T > T)$$

$$\phi_{max} = \sin^{-1}\dfrac{\alpha-1}{\alpha+1}$$

$$\omega_{max} = \sin^{-1}\dfrac{\alpha-1}{\alpha+1}$$

진상 보상기의 보드 위상 선도는 그림과 같다.

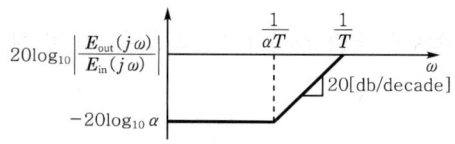

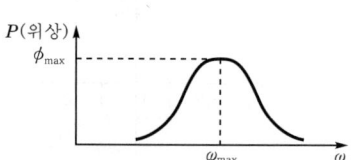

$$\dfrac{E_{out}(s)}{E_{in}(s)} = \dfrac{1}{\alpha}\left(\dfrac{1+\alpha Ts}{1+Ts}\right)$$

여기서, $\alpha T > T$

08 $R(z) = \dfrac{(1-e^{-aT})z}{(z-1)(z-e^{-aT})}$ 의 역변환은?

① $1-e^{-akt}$ 　　　② $1+e^{-akt}$
③ te^{-at} 　　　　④ te^{at}

해설 $1-e^{-akt}$의 z변환은

$$\dfrac{z}{z-1} - \dfrac{z}{z-e^{-aT}} = \dfrac{z(z-e^{-aT})-z(z-1)}{(z-1)(z-e^{-aT})}$$

$$= \dfrac{-ze^{-aT}+z}{(z-1)(z-e^{-aT})} = \dfrac{(1-e^{-aT})z}{(z-1)(z-e^{-aT})}$$

정답 07. ① 08. ①

09
근궤적 $G(s)H(s) = \dfrac{K(s-2)(s-3)}{s^2(s+1)(s+2)(s+4)}$ 에서 점근선의 교차점은?

① -6 ② -4
③ 6 ④ 4

해설
$$\sigma = \dfrac{\sum G(s)H(s)\text{의 극점} - \sum G(s)H(s)\text{의 영점}}{p-z}$$
$$= \dfrac{-1-2-4-(2+3)}{5-2}$$
$$= \dfrac{-12}{3} = -4$$

10
ω가 0에서 ∞까지 변화했을 때, $G(j\omega)$의 크기와 위상각을 극좌표에 그린 것으로 이 궤적을 표시하는 선도는?

① 근궤적도   ② 나이퀴스트 선도
③ 니콜스 선도 ④ 보드 선도

해설 벡터 궤적(vector locus) 또는 나이퀴스트 선도(Nyquist diagram)에 대한 설명이다.

제3회 제어공학

01
그림과 같은 신호 흐름 선도에서 $\dfrac{C}{R}$의 값은?

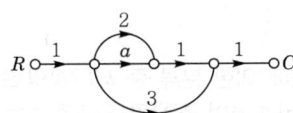

① $a+2$ ② $a+3$
③ $a+5$ ④ $a+6$

해설
$G_1 = a$, $\Delta_1 = 1$
$G_2 = 2$, $\Delta_2 = 1$
$G_3 = 3$, $\Delta_3 = 1$
$\Delta = 1$

∴ 전달 함수 $G = \dfrac{C}{R} = \dfrac{G_1\Delta_1 + G_2\Delta_2 + G_3\Delta_3}{\Delta}$
$= \dfrac{a+2+3}{1}$
$= a+2+3 = a+5$

---

09. 근궤적의 작도법

(1) 근궤적의 출발점($K=0$)
근궤적은 $G(s)H(s)$의 극으로부터 출발한다.

(2) 근궤적의 종착점($K=\infty$)
근궤적은 $G(s)H(s)$의 0점에서 끝난다.

(3) 근궤적의 개수
$z>p$이면 $N=z$, $z<p$이면 $N=p$
근궤적은 $G(s)H(s)$의 극에서 출발하여 영점에서 끝나므로 근궤적의 개수는 z와 p 중 큰 것과 일치한다. 또한 근궤적의 개수는 특성 방정식의 차수와 같다.
여기서, N : 근궤적의 개수
z : $G(s)H(s)$의 유한 영점(finite zero)의 개수
p : $G(s)H(s)$의 유한 극점(finite pole)의 개수

(4) 근궤적의 대칭성
특성 방정식의 근이 실근 또는 공액 복소근을 가지므로 근궤적은 실축에 대하여 대칭이다.

(5) 근궤적의 점근선
큰 s에 대하여 근궤적은 점근선을 가진다. 이때 점근선의 각도는 다음과 같다.
$$a_k = \dfrac{(2K+1)\pi}{p-z}$$
여기서,
$K = 0, 1, 2, \cdots (K = p-z\text{까지})$

(6) 점근선의 교차
① 점근선은 실수축상에서만 교차하고 그 수는 $n = p-z$이다.
② 실수축상에서의 점근선의 교차점은 다음과 같이 주어진다.
$$\sigma = \dfrac{\sum G(s)H(s)\text{의 극점} - \sum G(s)H(s)\text{의 영점}}{p-z}$$

정답 09.② 10.② / 01.③

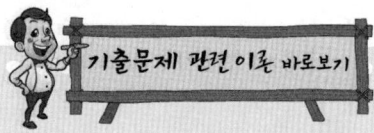

02 $A=\begin{bmatrix} 0 & 1 \\ -3 & -2 \end{bmatrix}$, $B=\begin{bmatrix} 4 \\ 5 \end{bmatrix}$인 상태 방정식 $\dfrac{dx}{dt}=Ax+Br$에서 제어계의 특성 방정식은?

① $s^2+4s+3=0$
② $s^2+3s+2=0$
③ $s^2+3s+4=0$
④ $s^2+2s+3=0$

해설 $\begin{bmatrix} \dot{x_1} \\ \dot{x_2} \end{bmatrix}=\begin{bmatrix} 0 & 1 \\ -3 & -2 \end{bmatrix}\begin{bmatrix} x_1 \\ x_2 \end{bmatrix}+\begin{bmatrix} 4 \\ 5 \end{bmatrix}r$

특성 방정식 $|sI-A|=0$

$|sI-A|=\left|\begin{bmatrix} s & 0 \\ 0 & s \end{bmatrix}-\begin{bmatrix} 0 & 1 \\ -3 & -2 \end{bmatrix}\right|=\left|\begin{matrix} s & -1 \\ 3 & s+2 \end{matrix}\right|$

$=s(s+2)+3=s^2+2s+3=0$

∴ 특성 방정식 $s^2+2s+3=0$

03 z변환 함수 $\dfrac{z}{(z-e^{-aT})}$에 대응되는 라플라스 변환 함수는?

① $\dfrac{1}{(s+a)^2}$
② $\dfrac{1}{(1-e^{-Ts})}$
③ $\dfrac{a}{s(s+a)}$
④ $\dfrac{1}{(s+a)}$

해설 $\mathcal{L}[e^{-at}]=\dfrac{1}{s+a}$

$z[e^{-at}]=\dfrac{z}{z-e^{-aT}}$

04. **이론 check** 자동 제어계의 제어 동작에 의한 분류의 특징

(1) 비례 적분 동작(PI 동작, 비례 reset 동작)
비례 동작에 의해 발생하는 오프셋을 소멸시키기 위해 적분 동작을 부가시킨 제어 동작으로서 제어 결과가 진동적으로 되기 쉽다.

(2) 비례 미분 동작(PD 동작)
제어 결과에 빨리 도달하도록 미분 동작을 부가한 동작이다.

(3) 비례 적분 미분 동작(PID 동작)
허비 시간이 큰 제어 대상인 경우 비례 적분 동작이 제어 결과가 진동적으로 되기 쉬우므로 이 결점을 방지하기 위한 것으로 온도 제어, 농도 제어 등에 사용된다.

04 조절부의 동작에 의한 분류 중 제어계의 오차가 검출될 때 오차가 변화하는 속도에 비례하여 조작량을 조절하는 동작으로 오차가 커지는 것을 미연에 방지하는 제어 동작은 무엇인가?

① 비례 동작 제어
② 미분 동작 제어
③ 적분 동작 제어
④ 온-오프(ON-OFF) 제어

해설
• 비례(P) 동작 : 잔류 편차 발생
• 미분(D) 동작 : 오차가 커지는 것을 미리 방지
• 적분(I) 동작 : 잔류 편차 제거

정답 02.④ 03.④ 04.②

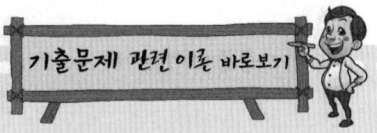

05 s 평면의 우반면에 3개의 극점이 있고, 2개의 영점이 있다. 이때 다음과 같은 설명 중 어느 나이퀴스트 선도일 때 시스템이 안정한가?

① $(-1, j0)$ 점을 반시계 방향으로 1번 감쌌다.
② $(-1, j0)$ 점을 시계 방향으로 1번 감쌌다.
③ $(-1, j0)$ 점을 반시계 방향으로 5번 감쌌다.
④ $(-1, j0)$ 점을 시계 방향으로 5번 감쌌다.

해설 나이퀴스트 선도에서 제어계가 안정하기 위한 조건은 ω가 증가하는 방향으로 $(-1, j0)$점을 포위하지 않고 회전하여야 한다.
여기서, Z : 영점의 개수
p : 극점의 개수
N : GH 평면상의 $(-1, j0)$인 점을 $G(s)H(s)$ 선도가 원점 둘레를 오른쪽으로 일주하는 회전수
$N = Z - p = 2 - 3 = -1$
∴ 왼쪽으로 1회 일주하므로 안정하다.

06 보드 선도에서 이득 여유는 어떻게 구하는가?

① 크기 선도에서 0~20[dB] 사이에 있는 크기 선도의 길이이다.
② 위상 선도가 0° 축과 교차되는 점에 대응하는 [dB]값의 크기이다.
③ 위상 선도가 -180° 축과 교차되는 점에 대응되는 이득의 크기[dB]값이다.
④ 크기 선도에서 -20~20[dB] 사이에 있는 크기[dB]값이다.

해설 위상 여유(θ_m)와 이득 여유(g_m)는 보드 선도에 있어서는 이득 선도 g의 0[dB]선과 위상 선도 θ의 -180°선을 일치시켜 양선도를 그렸을 때 이득 선도가 0[dB]선을 끊는 점의 위상을 -180°로부터 측정한 θ_m이 위상 여유이며 위상 선도가 -180°선을 끊는 점의 이득의 부호를 바꾼 g_m이 이득 여유이다.

07 폐루프 전달 함수 $\dfrac{C(s)}{R(s)}$가 다음과 같은 2차 제어계에 대한 설명 중 잘못된 것은?

$$\frac{C(s)}{R(s)} = \frac{\omega_n^2}{s^2 + 2\delta\omega_n s + \omega_n^2}$$

① 이 폐루프계의 특성 방정식은 $s^2 + 2\omega_n s + \omega_n^2 = 0$이다.
② 이 계는 $\delta = 0.1$일 때 부족 제동된 상태에 있게 된다.
③ 최대 오버슈트는 $e^{\frac{-\pi\delta}{\sqrt{1-\delta^2}}}$이다.
④ δ값을 작게 할수록 제동은 많이 걸리게 되니 비교 안정도는 향상된다.

해설 제동비 δ를 감소시키면 그 응답은 더 큰 오버슈트로 더 많은 진동을 하게 되고, $\delta = 0$이 되면 무제동 상태가 된다.

정답 05.① 06.③ 07.④

---

05. 이론 **나이퀴스트 안정도 판별법**

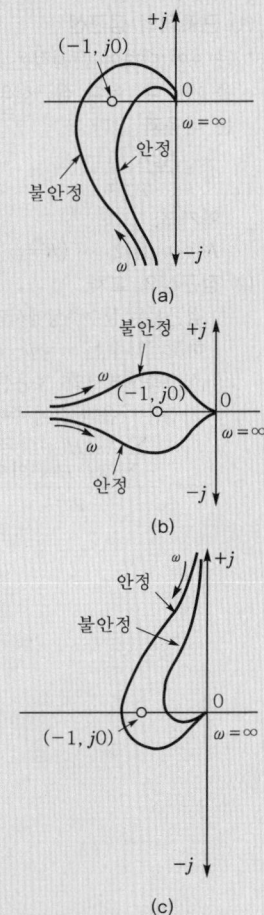

나이퀴스트 안정 판별법에 있어서 궤적의 $(-1, j0)$점이 왼쪽으로 될 때, $(-1, j0)$점에 가까울수록 불안정에 접근하고, $(-1, j0)$의 점을 통과할 때가 안정 한계로서 이득 1, 위상 늦음 180°(정귀환의 의미)가 되며, 이때 주파수 ω_0에서 지속 진동이 발생한다.
따라서, 안정 한계에서 어느 정도 떨어져 있는가에 의해서 안정도를 표시할 수가 있다.

PART 05 제어공학

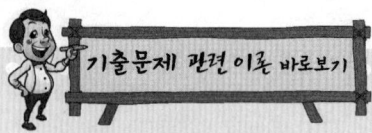

08. 이론check 점근선

(1) 근궤적의 점근선

큰 s에 대하여 근궤적은 점근선을 가진다. 이때 점근선의 각도는 다음과 같다.

$$a_k = \frac{(2K+1)\pi}{p-z}$$

여기서,
$K = 0, 1, 2, \cdots$ ($K = p-z$까지)

(2) 점근선의 교차

① 점근선은 실수축상에서만 교차하고 그 수는 $n = p-z$이다.
② 실수축상에서의 점근선의 교차점은 다음과 같이 주어진다.

$$\sigma = \frac{\sum G(s)H(s)\text{의 극점} - \sum G(s)H(s)\text{의 영점}}{p-z}$$

---

08 $G(s)H(s)$가 다음과 같이 주어지는 계에서 근궤적 점근선의 실수축과의 교차점은?

$$G(s)H(s) = \frac{K(s+1)}{s(s+3)(s-4)}$$

① 0
② 1
③ 3
④ -4

해설
$$\sigma = \frac{\sum G(s)H(s)\text{의 극점} - \sum G(s)H(s)\text{의 영점}}{P-Z}$$
$$= \frac{(0-3+4)-(-1)}{3-1}$$
$$= 1$$

09 다음 연산 증폭기의 출력은?

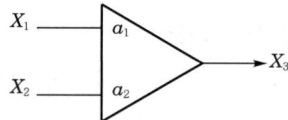

① $X_3 = -a_1 X_1 - a_2 X_2$
② $X_3 = -a_1 X_1 + a_2 X_2$
③ $X_3 = (a_1 + a_2)(X_1 + X_2)$
④ $X_3 = -(a_1 - a_2)(X_1 + X_2)$

해설 $X_3 = -a_1 X_1 - a_2 X_2$

10 특성 방정식이 $s^5 + 3s^4 + 2s^3 + 2s^2 + 3s + 1 = 0$인 경우, 불안정한 근의 수는?

① 0
② 1
③ 2
④ 3

해설 라우스의 표

s^5	1	2	3
s^4	3	2	1
s^3	1.33	2.67	
s^2	-4	1	
s^1	3	1	
s^0	1		

제1열의 부호 변화가 2번 있으므로 계는 불안정하며 불안정근의 수는 2개 있다.

정답 08.② 09.① 10.③

2012년 과년도 출제문제

제1회 제어공학

01 다음 상태 방정식 $\dot{x} = Ax(t) + Bu(t)$에서 $A = \begin{bmatrix} 0 & 1 \\ -2 & -3 \end{bmatrix}$인 시스템의 안정도는 어떠한가?

① 안정하다. ② 불안정하다.
③ 임계 안정하다. ④ 판정 불능이다.

해설 특성 방정식 $|sI - A| = 0$
$\begin{bmatrix} s & 0 \\ 0 & s \end{bmatrix} - \begin{bmatrix} 0 & 1 \\ -2 & -3 \end{bmatrix} = \begin{bmatrix} s & -1 \\ 2 & s+3 \end{bmatrix} = s^2 + 3s + 2$
$\therefore (s+1)(s+2) = 0$
$s = -1, -2$
특성 방정식의 근이 음의 반평면이므로 계는 안정하다.

02 그림과 같은 $R-C$ 회로에서 $RC \ll 1$인 경우, 어떤 요소의 회로인가?

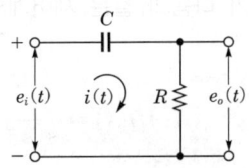

① 비례 요소 ② 미분 요소
③ 적분 요소 ④ 추이 요소

해설 전달 함수 $G(s) = \dfrac{R}{\dfrac{1}{Cs} + R} = \dfrac{RCs}{RCs + 1}$

$RC \ll 1$인 경우 $G(s) \fallingdotseq RCs$
따라서 1차 지연 요소를 포함한 미분 요소의 전달 함수가 된다.

03 서보 모터의 특징으로 틀린 것은?

① 원칙적으로 정·역전 운전이 가능하여야 한다.
② 저속이며 거침없는 운전이 가능하여야 한다.
③ 직류용은 없고 교류용만 있다.
④ 급가속, 급감속이 용이한 것이라야 한다.

---

01. 특성 방정식

(1) 미분 방정식의 관점
$\dddot{c}(t) + a_3 \ddot{c}(t) + a_2 \dot{c}(t) + a_1 c(t) = r(t)$

위와 같은 3차 미분 방정식이 있을 때 특성 방정식은 초기 조건과 제차 부분을 0으로 놓고 양변을 라플라스 변환함으로써 얻는다.
$(s^3 + a_3 s^2 + a_2 s + a_1) c(s) = 0$
$\therefore s^3 + a_3 s^2 + a_2 s + a_1 = 0$

(2) 전달 함수의 관점
$\dfrac{C(s)}{R(s)} = \dfrac{1}{s^3 + a_3 s^2 + a_2 s + a_1}$

특성 방정식은 전달 함수의 분모를 0으로 놓아 얻는다.
$\therefore s^3 + a_3 s^2 + a_2 s + a_1 = 0$

(3) 공간 상태 변수법의 관점
$G(s) = D(sI - A)^{-1}B + E$
$= D \dfrac{adj(sI - A)}{|sI - A|} B + E$
$= \dfrac{D[adj(sI - A)]B + |sI - A|E}{|sI - A|}$

전달 함수의 분모를 0으로 놓아 특성 방정식을 얻으면
$\therefore |sI - A| = 0$

정답 01.① 02.② 03.③

PART 05 제어공학

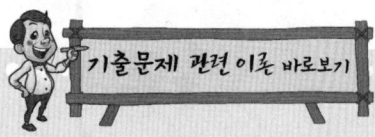

해설 서보 전동기는 직류용, 교류용이 있다.

04 그림과 같은 블록 선도로 표시되는 제어계는?

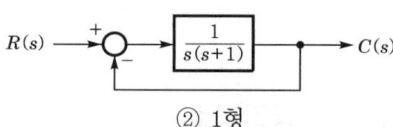

① 0형 ② 1형
③ 2형 ④ 3형

해설 $G(s)H(s) = \dfrac{1}{s(s+1)}$

계의 형은 개루프 전달 함수의 원점에서의 극점의 수이므로 1형 제어계이다.

05 자동 제어계의 기본적 구성에서 제어 요소는 무엇으로 구성되는가?

① 비교부와 검출부
② 검출부와 조작부
③ 검출부와 조절부
④ 조절부와 조작부

해설 제어 요소는 조절부와 조작부로 이루어진다.

06. **이론 check** 실수축상의 근궤적

$G(s)H(s)$의 실극과 실영점으로 실축이 분할될 때 어느 구간에서 오른쪽으로 실축상의 극과 영점을 헤아려 갈 때 만일 총수가 홀수이면 그 구간에 근궤적이 존재하고, 짝수이면 존재하지 않는다.

$G(s)H(s)$의 실극과 실영점으로 실축이 분할될 때 어느 구간에서 오른쪽으로 실축상의 극과 영점을 헤아려 갈 때 만일 총수가 홀수이면 그 구간에 근궤적이 존재하고, 짝수이면 존재하지 않는다.

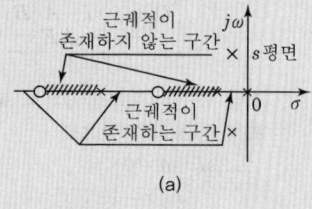

(a)

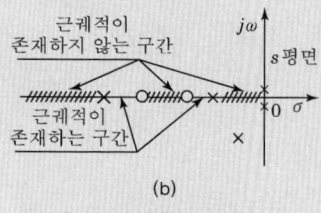

(b)

| 실수축상의 근궤적 |

06 루프 전달 함수가 다음과 같은 제어계의 실수축상의 근궤적 범위는? (단, $K > 0$이다.)

$$G(s)H(s) = \dfrac{K}{s(s+1)(s+2)}$$

① $0 \sim -1$ 사이의 실수축상
② $-1 \sim -2$ 사이의 실수축상
③ $-2 \sim -\infty$ 사이의 실수축상
④ $0 \sim -1$, $-2 \sim -\infty$ 사이의 실수축상

해설 $G(s)H(s)$의 실극과 실영점으로 실축이 분할될 때 어느 구간에서 오른쪽으로 실축상의 극과 영점을 헤아려 갈 때 만일 총수가 홀수이면 그 구간에 근궤적이 존재하고, 짝수이면 존재하지 않는다.

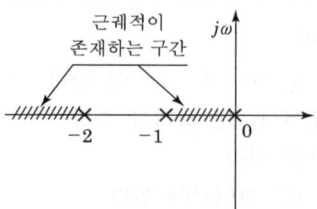

정답 04.② 05.④ 06.④

07 다음 설명 중 틀린 것은?

① 상태 공간 해석법은 비선형·시변 시스템에 대해서도 사용 가능하다.
② 상태 방정식은 입력과 상태 변수의 관계로 표현된다.
③ 상태 변수는 시스템의 과거, 현재 그리고 미래 조건을 나타내는 척도로 이용된다.
④ 상태 방정식의 형태가 다르게 표현되면 시간 응답 또는 주파수 응답이 변한다.

해설 상태 공간 해석법에서 상태 방정식의 형태가 다르게 표현되어도 시간 응답 또는 주파수 응답은 변하지 않는다.

08 $G(j\omega)H(j\omega) = \dfrac{K}{(1+2j\omega)(1+j\omega)}$ 의 이득 여유가 20[dB]일 때, K값을 구하면? (단, $\omega = 0$이다.)

① $K = 0$
② $K = \dfrac{1}{10}$
③ $K = 1$
④ $K = 10$

해설 이득 여유 $GH = 20\log\dfrac{1}{|G(j\omega)H(j\omega)|} = 20\log\dfrac{1}{K}$

$\therefore 20\log_{10}\dfrac{1}{K} = 20,\ 20\log_{10}\dfrac{1}{K} = 20\log_{10}10$

$\therefore \dfrac{1}{K} = 10,\ K = \dfrac{1}{10}$

09 그림과 같은 신호 흐름 선도에서 $\dfrac{C}{R}$ 를 구하면?

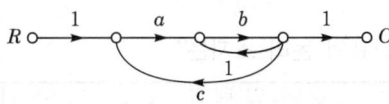

① $\dfrac{ab}{1+b-abc}$
② $\dfrac{ab}{1-b-abc}$
③ $\dfrac{ab}{1-b+abc}$
④ $\dfrac{ab}{1+b+abc}$

해설 $G_1 = ab,\ \Delta_1 = 1,\ L_{11} = b,\ L_{21} = abc$

$\Delta = 1 - (L_{11} + L_{21}) = 1 - (b + abc) = 1 - b - abc$

$\therefore$ 전달 함수 $G = \dfrac{C}{R} = \dfrac{G_1 \Delta_1}{\Delta} = \dfrac{ab}{1-b-abc}$

10 나이퀴스트 선도에서의 임계점 $(-1, j0)$은 보드 선도에서 대응하는 이득[dB]과 위상은?

① 1, 0°
② 0, −90°
③ 0, 180°
④ 0, 90°

정답 07.④ 08.② 09.② 10.③

기출문제 관련 이론 바로보기

08. 이론 check ▶ 이득 여유와 위상 여유

(1) 이득 여유(gain margin)
그림에 표시된 나이퀴스트 선도가 부의 실축을 자르는 $G(j\omega)H(j\omega)$의 크기를 $|GH_c|$이 점에 대응하는 주파수를 ω_c라고 할 때 이득 여유는 다음과 같이 정의한다.

이득 여유(GM)
$= 20\log\dfrac{1}{|GH_c|}$ [dB]

(2) 위상 여유(phase margin)
위상 여유는 $G(s)H(s)$에 영향을 주는 계의 파라미터 변화가 폐회로계의 안정성에 주는 영향을 지시해 주는 항으로서 $G(s)H(s)$의 나이퀴스트 선도상의 단위 크기를 갖는 점을 임계점 $(-1, j0)$과 겹치게 할 때 회전해야 할 각도를 정의한다. 다시 말하면 단위원과 나이퀴스트 선도와의 교점을 표시하는 벡터가 부(−)의 실축과 만드는 각이다.

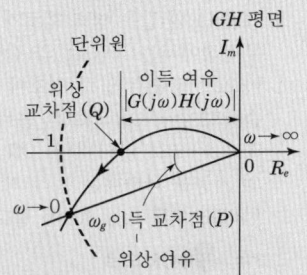

| 위상 여유와 이득 여유 |

Tip ▶ 안정계에 요구되는 여유

이득 여유(GM) = 4~12[dB]
위상 여유(PM) = 30°~60°

PART 05 제어공학

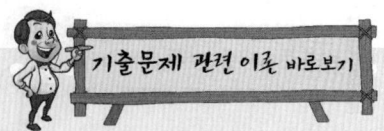

- 이득 : $g = 20\log_{10}|G| = 20\log 1 = 0[\text{dB}]$
- 위상 : $180°$

제 2 회 제어공학

03. **이론 check** OR 회로

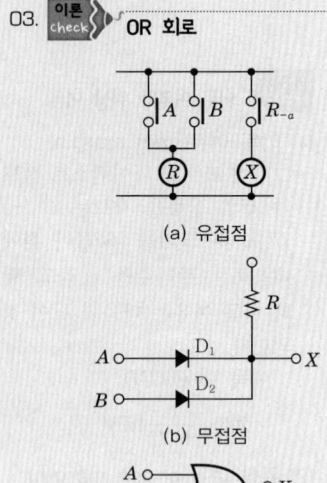

(a) 유접점

(b) 무접점

(c) 논리 기호

A	B	X
0	0	0
0	1	1
1	0	1
1	1	1

(d) 진리표

입력 A 또는(OR) B의 어느 한쪽이나 양자가 "1"인 때 출력이 "1"이 되는 회로이다. 유접점에서는 그림 (a)와 같은 병렬 회로가 되고 무접점에서는 그림 (b)와 같이 다이오드 방향은 입력 신호에 대해 순방향이다. OR 회로의 논리식은 $X = A + B$로 나타내며, OR 회로의 기능을 나타내는 논리 기호 및 진리표 그림 (c), (d)와 같다.

Tip NOR 회로

OR의 부정 회로이고 논리식은 $X = \overline{A \cdot B}$이다.

01 특성 방정식 $s^2 + 2\delta\omega_n s + \omega_n^2 = 0$이 부족 제동을 하기 위한 δ값은?

① $\delta = 1$
② $\delta < 1$
③ $\delta > 1$
④ $\delta = 0$

해설
- $\delta < 1$인 경우 : 부족 제동
- $\delta > 1$인 경우 : 과제동
- $\delta = 1$인 경우 : 임계 제동
- $\delta = 0$인 경우 : 무제동

02 폐루프 전달 함수 $\dfrac{G(s)}{1 + G(s)H(s)}$의 극의 위치를 루프 전달 함수 $G(s)H(s)$의 이득 상수 K의 함수로 나타내는 기법은?

① 근궤적법
② 주파수 응답법
③ 보드 선도법
④ Nyquist 판정법

해설 근궤적법은 K가 변화할 때 특성 방정식 $1 + G(s)H(s) = 0$의 각 K에 대응하는 근을 s평면상에 사상하는 것이다.

03 다음 진리표의 논리 소자는?

입 력		출 력
A	B	C
0	0	1
0	1	0
1	0	0
1	1	0

① NOR
② OR
③ AND
④ NAND

해설 • OR 회로의 진리표

$C = A + B$

A	B	C
0	0	0
0	1	1
1	0	1
1	1	1

정답 01.② 02.① 03.①

- NOR 회로의 진리표

$C = \overline{A+B}$

A	B	C
0	0	1
0	1	0
1	0	0
1	1	0

04 그림과 같은 블록 선도에 대한 등가 종합 전달 함수 $\left(\dfrac{C}{R}\right)$는?

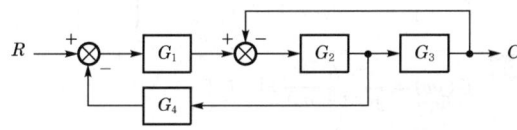

① $\dfrac{G_1 G_2 G_3}{1+G_1 G_2+G_1 G_2 G_3}$
② $\dfrac{G_1 G_2 G_3}{1+G_2 G_3+G_1 G_2 G_3}$
③ $\dfrac{G_1 G_2 G_4}{1+G_1 G_2+G_1 G_2 G_4}$
④ $\dfrac{G_1 G_2 G_3}{1+G_2 G_3+G_1 G_2 G_4}$

해설 G_3 앞의 인출점을 G_3 뒤로 이동하면

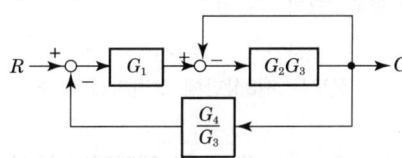

$\left[\left(R-C\dfrac{G_4}{G_3}\right)G_1 - C\right]G_2 G_3 = C$

$RG_1 G_2 G_3 - CG_1 G_2 G_4 - C(G_2 G_3) = C$

$RG_1 G_2 G_3 = C(1+G_2 G_3+G_1 G_2 G_4)$

$\therefore G(s) = \dfrac{C}{R} = \dfrac{G_1 G_2 G_3}{1+G_2 G_3+G_1 G_2 G_4}$

05 $G(s) = \dfrac{s+2}{s^2+1}$의 극점과 영점은?

① $-2, -2$
② $-j, -2$
③ $-2, j$
④ $\pm j, -2$와 ∞

해설 극점은 전달 함수의 분모$=0$의 근
$s^2+1=0$
$\therefore s=\pm j$
영점은 전달 함수의 분자$=0$의 근
$s+2=0$
$\therefore s=-2$

정답 04.④ 05.④

---

04. 인출점의 이동

(1) 인출점을 전달 요소 앞으로 이동

제어계에서 인출점을 전달 요소 앞으로 이동하여도 제어계에는 영향을 주지 않으므로 (a), (b)는 등가 변환이 성립된다.

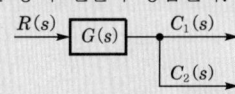

(a) 기본 선도

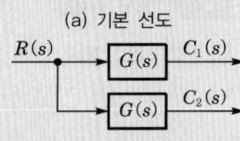

(b) 등가 변환

(2) 인출점을 전달 요소 뒤로 이동

제어계에서 인출점을 전달요소 뒤로 이동하여도 제어계에는 영향을 주지 않으므로 (a), (b)는 등가변환이 성립된다.

(a) 기본 선도

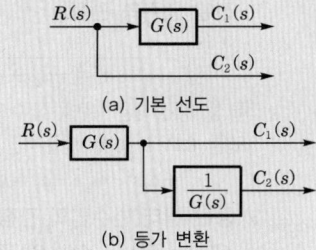

(b) 등가 변환

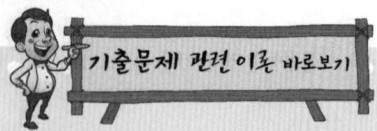

06 $G(j\omega) = \dfrac{K}{j\omega(j\omega+1)}$ 의 나이퀴스트 선도를 도시한 것은? (단, $K>0$이다.)

① 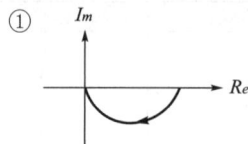   ②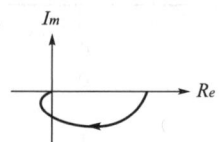

③ 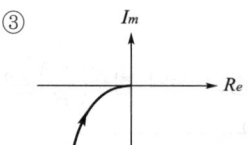   ④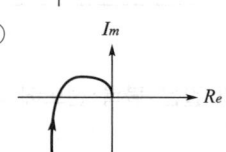

해설 $G(j\omega) = \dfrac{K}{j\omega(1+j\omega)}$ 의 크기

$|G(j\omega)| = \dfrac{1}{\omega\sqrt{1+\omega^2}}$

위상각 $\underline{/\theta} = -(90° + \tan^{-1}\omega)$

- $\omega = 0$인 경우 : 크기 $\dfrac{K}{0} = \infty$

  위상각 $\underline{/\theta} = -90°$

- $\omega = \infty$인 경우 : 크기 $\dfrac{K}{\infty} = 0$

  위상각 $\underline{/\theta} = -180°$

∴ 나이퀴스트 선도는 제3상한에 그려지게 된다.

07 상태 방정식 $x(t) = Ax(t) + Br(t)$인 제어계의 특성 방정식은?

① $|sI - B| = I$　　② $|sI - A| = I$
③ $|sI - B| = 0$　　④ $|sI - A| = 0$

해설 특성 방정식 $|sI - A| = 0$

08 샘플러의 주기를 T라 할 때 s평면상의 모든 점은 식 $z = e^{sT}$에 의하여 z평면상에 사상된다. s평면의 좌반 평면상의 모든 점은 z평면상 단위원의 어느 부분으로 사상되는가?

① 내점　　② 외점
③ 원주상의 점　　④ z평면 전체

해설 s평면의 좌반 평면 : z평면의 단위원 내부에 사상

09 물체의 위치, 각도, 자세, 방향 등을 제어량으로 하고 목표값의 임의의 변화에 추종하는 것과 같이 구성된 제어 장치를 무엇이라고 하는가?

① 프로세스 제어　　② 서보 기구
③ 자동 조정　　④ 추종 제어

07 **특성 방정식**

(1) 미분 방정식의 관점

$\dddot{c}(t) + a_3\ddot{c}(t) + a_2\dot{c}(t) + a_1 c(t) = r(t)$

위와 같은 3차 미분 방정식이 있을 때 특성 방정식은 초기 조건과 제차 부분을 0으로 놓고 양변을 라플라스 변환함으로써 얻는다.

$(s^3 + a_3 s^2 + a_2 s + a_1)c(s) = 0$

∴ $s^3 + a_3 s^2 + a_2 s + a_1 = 0$

(2) 전달 함수의 관점

$\dfrac{C(s)}{R(s)} = \dfrac{1}{s^3 + a_3 s^2 + a_2 s + a_1}$

특성 방정식은 전달 함수의 분모를 0으로 놓아 얻는다.

∴ $s^3 + a_3 s^2 + a_2 s + a_1 = 0$

(3) 공간 상태 변수법의 관점

$G(s) = D(sI-A)^{-1}B + E$

$= D\dfrac{adj(sI-A)}{|sI-A|}B + E$

$= \dfrac{D[adj(sI-A)]B + |sI-A|E}{|sI-A|}$

전달 함수의 분모를 0으로 놓아 특성 방정식을 얻으면

∴ $|sI - A| = 0$

정답　06.③　07.④　08.①　09.②

2012년 과년도 출제문제

해설 서보 기구는 물체의 위치, 방위, 자세 등의 기계적 변위를 제어량으로 해서 목표값의 임의 변화에 추종하도록 구성된 제어계를 말하며, 비행기 및 선박의 방향 제어계, 미사일 발사대의 자동 위치 제어계, 추적용 레이더, 자동 평형 기록계 등이 이에 속한다.

10 어떤 제어계의 전달 함수 공식 $G(s) = \dfrac{s}{(s+2)(s^2+2s+2)}$ 에서 안정성을 판정하면?

① 안정하다. ② 불안정하다.
③ 임계 상태이다. ④ 알 수 없다.

해설 특성 방정식 $(s+2)(s^2+2s+2) = 0$
$s^3 + 4s^2 + 6s + 4 = 0$
라우스의 표

s^3	1	6
s^2	4	4
s^1	5	0
s^0	4	

제1열의 부호 변화가 없으므로 계는 안정하고 우반 평면상에 근이 없다.

제 3 회 제어공학

01 다음 논리 회로의 출력은?

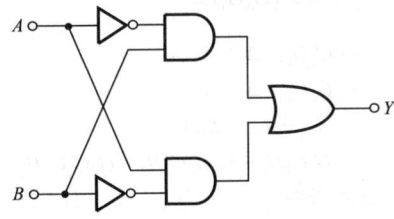

① $Y = A\overline{B} + \overline{A}B$ ② $Y = \overline{AB} + \overline{A}B$
③ $Y = A\overline{B} + \overline{AB}$ ④ $Y = \overline{A} + \overline{B}$

해설 $Y = A\overline{B} + \overline{A}B$: 반일치 회로(exclusive-OR 회로)

02 Routh 안정도 판별법에 의한 방법 중 불안정한 제어계의 특성 방정식은?

① $s^3 + 2s^2 + 3s + 4 = 0$ ② $s^3 + s^2 + 5s + 4 = 0$
③ $s^3 + 4s^2 + 5s + 2 = 0$ ④ $s^3 + 3s^2 + 2s + 8 = 0$

기출문제 관련 이론 바로보기

01. 이론check **Exclusive - NOR 회로**

2개의 입력 AB가 모두 1이나 0일 때 출력이 1이 되는 회로

$X = AB + \overline{A}\,\overline{B} = A \odot B$

(a) 논리식

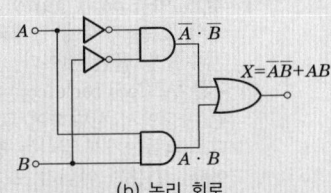

(b) 논리 회로

입력		출력
A	B	X
0	0	1
0	1	0
1	0	0
1	1	1

(c) 진리표

02. 이론check **라우스의 안정도 판별법**

라우스의 표에서 제1열의 원소 부호를 조사한다. 특성 방정식의 모든 근이 부(-)의 실수부를 가지려면 라우스의 표에서 제1열의 원소 부호가 같고 정(+)이라야 한다. 만일, 제1열의 원소 중 부의 값이 존재하면 부호 변화의 개수만큼의 근이 우반 평면에 존재한다.

정답 10.① / 01.① 02.④

PART 05 제어공학

03. 신호 흐름 선도

(1) 신호 흐름 선도의 기초
다음 그림은 신호 흐름 선도의 예이다.

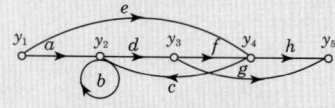

┃ 신호 흐름 선도 ┃

신호 흐름 선도에서 사용되는 몇 가지 용어를 정리하면 다음과 같다.
① 소스(source) : y_1과 같이 밖으로 나가는 방향의 가지만 갖는 마디이다.
② 싱크(sink) : y_5와 같이 들어오는 방향의 가지만 갖는 마디이다.
③ 경로(path) : 동일한 진행 방향을 갖는 연결 가지의 집합을 말한다. 위의 그림에서 eh, $adfh$ 및 adg는 경로들이다.
④ 경로 이득(path gain) : 경로에 있는 가지에 관계되는 계수들을 곱한 것이다.
⑤ 귀환 루프(feed back loop) : 어떤 마디에서 시발하여 그 마디로 되돌아가서 끝나는 경로이다. 그 뿐만 아니라 도중에 한 개를 초과하는 수의 마디는 있지 않다. b와 dfc는 귀환 루프이다.
⑥ 루프 이득(loop gain) : 귀환 루프를 형성하는 가지에 관계되는 계수들의 곱이다.

(2) 신호 흐름 선도의 이득 공식
출력과 입력과의 비, 즉 계통의 이득 또는 전달 함수 T는 다음 메이슨(Mason)의 정리에 의하여 구할 수 있다.

$$T = \frac{\sum_{k=1}^{n} G_k \Delta_k}{\Delta}$$

단, $G_k = k$번째의 전향 경로(forword path) 이득
$\Delta = 1 - \sum L_{n1} + \sum L_{n2} - \sum L_{n3} + \cdots$
$\Delta_k = k$번째의 전향 경로와 접하지 않은 부분에 대한 Δ의 값

해설 Routh의 표에서 제1열 원소의 부호 변화의 개수가 불안정근의 수가 된다.
라우스(Routh)의 표
$s^3 + 3s^2 + 2s + 8 = 0$

s^3	1	2
s^2	3	8
s^1	$-\dfrac{2}{3}$	0
s^0	8	

제1열의 부호 변화가 2번 있으므로 계는 불안정하다.

03 그림과 같은 신호 흐름 선도에서 전달 함수 $\dfrac{C}{R}$는?

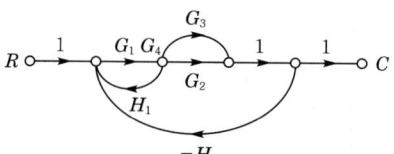

① $\dfrac{G_1 G_4 (G_2 + G_3)}{1 + G_1 G_4 H_1 + G_1 G_4 (G_2 + G_3) H_2}$

② $\dfrac{G_1 G_4 (G_2 + G_3)}{1 - G_1 G_4 H_1 + G_1 G_4 (G_3 + G_2) H_2}$

③ $\dfrac{G_1 G_2 + G_3 G_4}{1 + G_1 G_3 G_4 H_2 + G_1 G_2 H_1}$

④ $\dfrac{G_1 G_2 - G_3 G_4}{1 - G_1 G_2 H_1 + G_1 G_3 G_4 H_2}$

해설 $G_1 = G_1 G_2 G_4$, $\Delta_1 = 1$
$G_2 = G_1 G_4 G_3$, $\Delta_2 = 1$
$\Delta = 1 - (L_{11} + L_{21} + L_{31})$
$= 1 - G_1 G_4 H_1 + G_1 G_2 G_4 H_2 + G_1 G_3 G_4 H_2$
∴ 전달 함수
$G(s) = \dfrac{C}{R}$
$= \dfrac{G_1 \Delta_1 + G_2 \Delta_2}{\Delta}$
$= \dfrac{G_1 G_2 G_4 + G_1 G_3 G_4}{1 - G_1 G_4 H_1 + G_1 G_2 G_4 H_2 + G_1 G_3 G_4 H_2}$
$= \dfrac{G_1 G_4 (G_2 + G_3)}{1 - G_1 G_4 H_1 + G_1 G_4 (G_2 + G_3) H_2}$

정답 03.②

2012년 과년도 출제문제

04 샘플러의 주기를 T라 할 때 s평면상의 모든 점은 식 $z = e^{sT}$에 의하여 z평면상에 사상된다. s평면의 좌반 평면상의 모든 점은 z평면상 단위원의 어느 부분으로 사상되는가?

① 내점
② 외점
③ 원주상의 점
④ z평면 전체

해설 s평면의 좌반 평면
z평면의 단위원 내부에 사상

05 다음 쌍곡선 함수의 라플라스 변환은?

$$f(t) = \sinh at$$

① $\dfrac{s}{s^2 - a}$

② $\dfrac{s}{s^2 + a}$

③ $\dfrac{a}{s^2 + a^2}$

④ $\dfrac{a}{s^2 - a^2}$

해설 $\sinh at = \dfrac{e^{at} - e^{-at}}{2}$

$\therefore F(s) = \int_0^\infty \dfrac{e^{at} - e^{-at}}{2} dt = \dfrac{1}{2}\left(\dfrac{1}{s-a} - \dfrac{1}{s+a}\right) = \dfrac{a}{s^2 - a^2}$

06 다음과 같은 특성 방정식 $s^3 + 34.5s^2 + 7,500s + 7,500K = 0$으로 표시되는 계통이 안정되려면 K의 범위는?

① $0 < K < 34.5$
② $K < 0$
③ $K > 34.5$
④ $0 < K < 69$

해설 라우스의 표

s^3	1	7,500	0
s^2	34.5	7,500K	
s^1	$\dfrac{34.5 \times 7,500 - 7,500K}{34.5}$	0	
s^0	7,500K		

제1열의 부호 변화가 없으려면
$34.5 \times 7,500 - 7,500K > 0, \quad 7,500K > 0$
$\therefore 0 < K < 34.5$

기출문제 관련 이론 바로보기

여기서,
$\sum L_{n1}$: 개개의 폐루프의 이득의 합
$\sum L_{n2}$: 2개 이상 접촉하지 않는 루프 이득의 곱의 합
$\sum L_{n3}$: 3개 이상 접촉하지 않는 루프 이득의 곱의 합

05. 이론 check 라플라스 변환

어떤 시간 함수 $f(t)$가 있을 때 이 함수에 $e^{-st}dt$를 곱하고 그것을 다시 0에서부터 ∞까지 시간에 대하여 적분한 것을 함수 $f(t)$의 라플라스 변환식이라고 말하며, $F(s) = \mathcal{L}[f(t)]$로 표시한다.
$\mathcal{L}[f(t)] = F(s)$
$= \int_0^\infty f(t) \cdot e^{-st} dt$

Tip 쌍곡선 정현파 함수의 라플라스 변환

시간 함수 $f(t) = \sinh \omega t$에 대한 라플라스 변환은 다음과 같다.
$\mathcal{L}[f(t)] = \mathcal{L}(\sinh \omega t)$
$= \int_0^\infty (\sinh \omega t) e^{-st} dt$

해법은 다음과 같이 $\sinh \omega t$의 지수형을 적용하면 간단히 된다.
$\sinh \omega t = \dfrac{e^{\omega t} - e^{-\omega t}}{2}$

이므로
$F(s) = \int_0^\infty (\sinh \omega t) e^{-st} dt$
$= \int_0^\infty \dfrac{e^{\omega t} - e^{-\omega t}}{2} e^{-st} dt$
$= \dfrac{1}{2} \int_0^\infty [e^{-(s-\omega)t} - e^{-(s+\omega)t}] dt$
$= \dfrac{1}{2}\left(\dfrac{1}{s-\omega} - \dfrac{1}{s+\omega}\right)$
$= \dfrac{\omega}{s^2 - \omega^2}$

정답 04.① 05.④ 06.①

PART 05 제어공학

기출문제 관련 이론 바로보기

07. **이론** 근궤적상의 이탈점(분지점)

주어진 계의 특성 방정식을 다음 식과 같이 쓸 수 있다.
$K = f(s)$
여기서, $f(s)$는 K를 포함하지 않는 s의 함수이다.
근궤적상의 분지점(실수와 복소수)은 K를 s에 관하여 미분하고, 이것을 0으로 놓아 얻는 방정식의 근이다.

즉, 분지점은 $\dfrac{dK}{ds}=0$의 근이다.

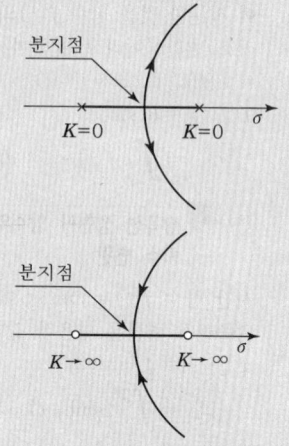

∥ 실수축상의 분지점 ∥

07 개루프 전달 함수 $G(s)H(s) = \dfrac{K}{s(s+3)^2}$의 이탈점에 해당되는 것은?

① -2.5 ② -2
③ -1 ④ -0.5

해설 특성 방정식 $1+G(s)H(s)=0$
$1+\dfrac{K}{s(s+3)^2} = \dfrac{s(s+3)^2+K}{s(s+3)^2}=0$
$s(s+3)^2+K=0$
$\therefore K=-s^3-6s^2-9s$
s에 관하여 미분하면
$\dfrac{dK}{ds}=-3s^2-12s-9=0$
$s^2+4s+3=0$
$\therefore s=-3,\ -1$
$\therefore$ 이탈점은 -1이다.

08 다음의 신호 선도를 메이슨의 공식을 이용하여 전달 함수를 구하고자 한다. 이 신호 선도에서 루프(loop)는 몇 개인가?

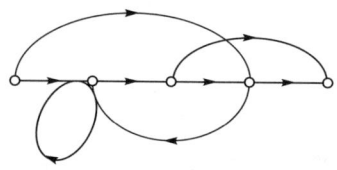

① 1   ② 2
③ 3   ④ 4

해설 루프(loop)는 어떤 마디에서 출발하여 그 마디로 되돌아가서 끝나는 경로이다.

09 $G(j\omega) = \dfrac{K}{j\omega(j\omega+1)}$의 나이퀴스트 선도는? (단, $K>0$이다.)

① 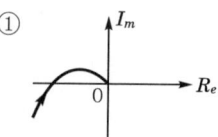   ②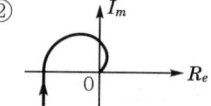

③ 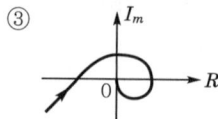   ④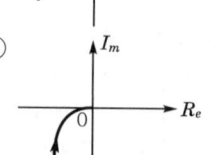

해설 $G(j\omega) = \dfrac{K}{j\omega(1+j\omega)}$의 크기
$|G(j\omega)| = \dfrac{1}{\omega\sqrt{1+\omega^2}}$
위상각 $\underline{/\theta} = -(90°+\tan^{-1}\omega)$

정답 07.③ 08.② 09.④

- $\omega = 0$인 경우 : 크기 $\dfrac{K}{0} = \infty$

  위상각 $\angle \theta = -90°$

- $\omega = \infty$인 경우 : 크기 $\dfrac{K}{\infty} = 0$

  위상각 $\angle \theta = -180°$

∴ 나이퀴스트 선도는 제3상한에 그려지게 된다.

10 다음 전달 함수 중 적분 요소에 해당되는 것은?

① 전위차계
② 인덕턴스 회로
③ $R-C$ 직렬 회로
④ $L-R$ 직렬 회로

해설
- 비례 요소 : 증폭기, 전위차계, 지렛대
- 미분 요소 : 전기 시스템의 인덕터
- 적분 요소 : 전기 시스템의 콘덴서, 기계 시스템의 질량, 관성

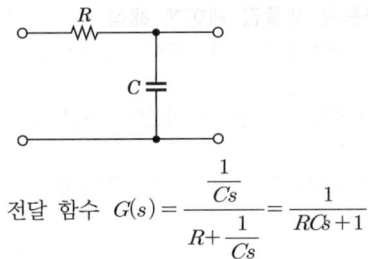

전달 함수 $G(s) = \dfrac{\dfrac{1}{Cs}}{R + \dfrac{1}{Cs}} = \dfrac{1}{RCs + 1}$

$RC \gg 1$인 경우

$G(s) ≒ \dfrac{1}{RCs}$ 로 적분 요소가 된다.

- 1차 지연 요소 : $R-L$ 직렬 회로

10. 이론 check — 제어 요소의 전달 함수

[적분 요소]

$y(t) = K \int x(t) dt$

전달 함수 $G(s) = \dfrac{Y(s)}{X(s)} = \dfrac{K}{s}$

적분 요소의 예로써 그림 (a)와 같은 커패시턴스 회로의 전류와 전압 관계, 그림 (b)의 $R-C$ 직렬 회로의 입력 전압과 출력 전압 관계, 그림 (c)의 열탕기의 물의 온도와 전력 관계 등이 있다.

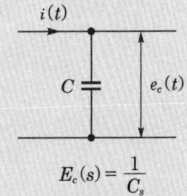

$E_c(s) = \dfrac{1}{Cs}$

(a) 커패시턴스 회로

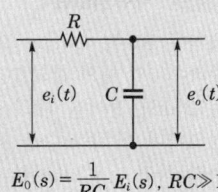

$E_0(s) = \dfrac{1}{RC_s} E_i(s),\ RC \gg 1$

(b) $R-C$ 직렬 회로

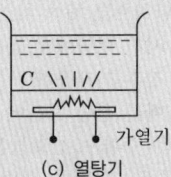

(c) 열탕기

정답 10.③

2013년 과년도 출제문제

제1회 제어공학

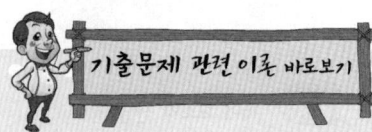

01 z변환법을 사용한 샘플값 제어계가 안정되려면 $1+GH(z)=0$의 근의 위치는?

① z평면의 좌반면에 존재하여야 한다.
② z평면의 우반면에 존재하여야 한다.
③ $|z|=1$인 단위원 내에 존재하여야 한다.
④ $|z|=1$인 단위원 밖에 존재하여야 한다.

해설 z변환법을 사용한 샘플값 제어계 해석
- s평면의 좌반 평면(안정) : 특성근이 z평면의 원점에 중심을 둔 단위원 내부
- s평면의 우반 평면(불안정) : 특성근이 z평면의 원점에 중심을 둔 단위원 외부
- s평면의 허수축상(임계 안정) : 특성근이 z평면의 원점에 중심을 둔 단위원 원주상

02. 이론 check 대역폭(BW)

대역폭 BW는 $|M(j\omega)|$의 크기가 주파수 0일 때의 값의 70.7[%] 또는 3[dB] 떨어질 때의 주파수로 정의하며 이 주파수를 차단 주파수라 하고 ω_c로 표시한다.

$$M(\omega_c) = \left|\frac{G(\omega_c)}{1+G(\omega_c)H(\omega_c)}\right| = \frac{1}{\sqrt{2}}$$

일반적으로 제어 시스템의 대역폭은 시간 영역에서 과도 응답 성질의 징후를 제공한다. 큰 대역폭은 더 빠른 상승 시간에 대응하며 높은 주파수 신호들을 쉽게 통과시킨다. 반대로 대역폭이 작으면 상대적으로 낮은 자파수의 신호를 통과시키고 시간 응답은 늦어지고 완만하게 된다.

02 2차계의 주파수 응답과 시간 응답 간의 관계 중 잘못된 것은?

① 안정된 제어계에서 높은 대역폭은 큰 공진 첨두값과 대응된다.
② 최대 오버슈트와 공진 첨두값은 δ(감쇠율)만의 함수로 나타낼 수 있다.
③ ω_n(고유 주파수) 일정시 δ(감쇠율)가 증가하면 상승 시간과 대역폭은 증가한다.
④ 대역폭은 영 주파수 이득보다 3[dB] 떨어지는 주파수로 정의된다.

해설 δ가 증가하면 대역폭은 감소한다.

03 전달 함수 $G(s)=\dfrac{1}{s(s+10)}$에 $\omega=0.1$인 정현파 입력을 주었을 때 보드 선도의 이득은?

① -40[dB] ② -20[dB]
③ 0[dB]   ④ 20[dB]

 01.③ 02.③ 03.③

해설 이득 $g = 20\log|G(j\omega)| = 20\log\left|\dfrac{1}{j\omega(j\omega+10)}\right| = 20\log\left|\dfrac{1}{\omega\sqrt{\omega^2+10^2}}\right|$

$= 20\log\dfrac{1}{0.1\sqrt{0.1^2+10^2}} ≒ 20\log 1 = 0[\text{dB}]$

04 제어량을 어떤 일정한 목표값으로 유지하는 것을 목적으로 하는 제어법은?

① 추종 제어 ② 비율 제어
③ 프로그램 제어 ④ 정치 제어

해설 자동 제어 목표값의 성질에 의한 분류
- 정치 제어 : 목표값이 시간적으로 변화하지 않고 일정값일 때의 제어이며, 프로세스 제어, 자동 조정의 전부가 이에 해당한다.
- 추종 제어 : 목표값이 시간적으로 임의로 변하는 경우의 제어로서, 서보 기구가 모두 여기에 속한다.
- 프로그램 제어 : 목표값의 변화가 미리 정하여져 있어 그 정하여진 대로 변화하는 것을 말한다.

05 자동 제어의 분류에서 제어량의 종류에 의한 분류가 아닌 것은?

① 서보 기구 ② 추치 제어
③ 프로세스 제어 ④ 자동 조정

해설
- 자동 제어의 제어량 성질에 의한 분류
  - 프로세스 제어
  - 서보 기구
  - 자동 조정
- 자동 제어의 목표값 성질에 의한 분류
  - 정치 제어
  - 추종 제어
  - 프로그램 제어

06 미분 방정식이 $\dfrac{di(t)}{dt} + 2i(t) = 1$일 때 $i(t)$는? (단, $t=0$에서 $i(0)=0$이다.)

① $\dfrac{1}{2}(1+e^{-t})$ ② $\dfrac{1}{2}(1-e^{-2t})$
③ $\dfrac{1}{2}(1+e^{t})$ ④ $\dfrac{1}{2}(1-e^{t})$

해설 $sI(s) + 2I(s) = \dfrac{1}{s}$

$I(s) = \dfrac{1}{s(s+2)} = \dfrac{1}{2s} - \dfrac{1}{2(s+2)} = \dfrac{1}{2}\left(\dfrac{1}{s} - \dfrac{1}{s+2}\right)$

$\therefore i(t) = \mathcal{L}^{-1}[I(s)] = \dfrac{1}{2}(1-e^{-2t})$

---

05. **자동 제어의 제어량 성질에 의한 분류**

(1) 프로세스 제어(pocess control)
제어량인 온도, 유량, 압력, 액위, 농도, 밀도 등이 플랜트나 생산 공정 중의 상태량을 제어량으로 하는 제어로서 프로세스에 가해지는 외란의 억제를 주목적으로 한다. 그 예는 온도, 압력 제어 장치 등이 있다.

(2) 서보 기구(servo mechanism)
물체의 위치, 방위, 자세 등이 기계적 변위를 제어량으로 해서 목표값의 임의의 변화에 추종하도록 구성된 제어계를 말하며, 비행기 및 선박의 방향 제어계, 미사일 발사대의 자동 위치 제어계, 추적용 레이더, 자동 평형 기록계 등이 이에 속한다.

(3) 자동 조정(automatic regulation)
전압, 전류, 주파수, 회전 속도, 힘 등 전기적, 기계적 양을 주로 제어하는 것으로서 응답 속도가 대단히 빠른 것이 특징이며 정전압 장치, 발전기의 조속기 제어 등이 이에 속한다.

정답 04.④ 05.② 06.②

PART 05 제어공학

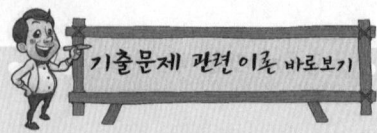

07 $s^3 + 11s^2 + 2s + 40 = 0$에는 양의 실수부를 갖는 근은 몇 개 있는가?
① 0 ② 1
③ 2 ④ 3

해설 라우스의 표

s^3	1	2
s^2	11	40
s^1	$\frac{22-40}{11} = -1.64$	0
s^0	40	

제1열의 부호 변화가 11에서 -1.64, -1.64에서 40으로 2번 있으므로 양의 실수부를 갖는 불안정 근이 2개 있다.

08. 이론 check **블록 선도**

제어계는 여러 가지 요소의 결합에 의해 구성되며, 제어계 내 각 신호 전달의 모양을 표시하는 방법으로서 블록 선도(block diagram)가 사용된다.

블록 선도란 자동 제어계 내에서 신호가 전달되는 모양을 나타내는 선도라고 할 수 있다. 제어계를 블록 선도로 표시하는 것은 각 요소들의 역할에 대한 물리적인 개념이나, 또는 전체 제어계에서 그들의 상호 관련을 파악하는데 미분 방정식보다 훨씬 이해하는 데 효과적이기 때문이다.

Tip 심벌을 이용한 블록 선도

다음 표는 4가지 심벌을 이용한 블록 선도를 사용하여 계통을 표시하고 있다.

명 칭	심 벌	내 용
전달 요소	$\boxed{G}$	입력 신호를 받아서 적당히 변환된 출력 신호를 만드는 부분으로 네모 속에는 전달 함수를 기입한다.
화살표	$A(s) \to \boxed{G} \to B(s)$	신호의 흐르는 방향을 표시하며 $A(s)$는 입력, $B(s)$는 출력이므로 $B(s) = G(s) \cdot A(s)$로 나타낼 수 있다.
가합점(합산점)	$A \to \bigoplus \to B$ ↑ C	두 가지 이상의 신호가 있을 때 이들 신호의 합과 차를 만드는 부분으로 $B = A \pm C$가 된다.
인출점(분기점)	$A \to \bullet \to B$ ↓ C	한 개의 신호를 두 계통으로 분기하기 위한 점으로 $A = B = C$가 된다.

08 다음 블록 선도에서 $\dfrac{C}{R}$는?

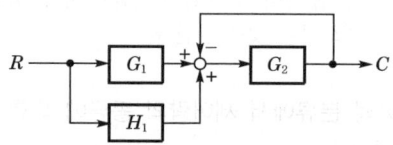

① $\dfrac{H_1}{1+G_1G_2}$
② $\dfrac{G_2(G_1+H_1)}{1+G_2}$
③ $\dfrac{1+G_2}{G_2(G_1+H_1)}$
④ $\dfrac{G_1G_2}{1+G_1G_2H_1}$

해설 $(RG_1 + RH_1 - C)G_2 = C$
$RG_1G_2 + RG_2H_1 - CG_2 = C$
$R(G_1G_2 + G_2H_1) = C(1+G_2)$
$\therefore \dfrac{C}{R} = \dfrac{G_1G_2 + G_2H_1}{1+G_2} = \dfrac{G_2(G_1+H_1)}{1+G_2}$

09 그림과 같은 회로망은 어떤 보상기로 사용될 수 있는가? (단, $1 < R_1C_1$인 경우로 한다.)

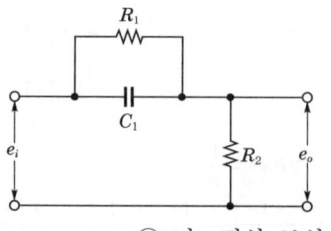

① 지연 보상기
② 지·진상 보상기
③ 지상 보상기
④ 진상 보상기

정답 07.③ 08.② 09.④

해설
$$G(s) = \frac{\frac{1}{R_1}+C_1 s}{\frac{1}{R_1}+\frac{1}{R_2}+C_1 s} = \frac{R_2 + R_1 R_2 C_1 s}{R_1 + R_2 + R_1 R_2 C_1 s}$$
$$= \frac{R_2}{R_1 + R_2} \cdot \frac{1 + R_1 C_1 s}{1 + \frac{R_1 R_2}{R_1 + R_2} C_1 s}$$

$\alpha = \dfrac{R_2}{R_1 + R_2}$, $\alpha < 1$

$T = R_1 C_1$ 이라 놓으면

$\therefore G(s) = \dfrac{\alpha(1 + Ts)}{1 + \alpha Ts}$

여기서, $\alpha Ts \ll 1$ 이라고 하면 전달 함수는 근사적으로 $G(s) \fallingdotseq \alpha(1 + Ts)$로 되어 미분 요소(진상 회로)가 된다.

10 계의 특성상 감쇠 계수가 크면 위상 여유가 크고, 감쇠성이 강하여 (㉠)는(은) 좋으나 (㉡)는(은) 나쁘다. ㉠, ㉡을 바르게 묶은 것은?

① 안정도, 응답성
② 응답성, 이득 여유
③ 오프셋, 안정도
④ 이득 여유, 안정도

해설 계의 감쇠 계수가 크면 이득 여유 및 위상 여유가 크고 큰 이득 여유 및 위상 여유를 가진 계는 적은 이득 여유 및 위상 여유를 가진 계보다 상대적으로 안정도가 좋은 것으로 된다.

제 2 회 제어공학

01 시간 지정이 있는 특수한 시스템이 미분 방정식 $\dfrac{d}{dt}y(t) + y(t) = x(t - T)$로 표시될 때 이 시스템의 전달 함수는?

① $e^{-t} + e$
② $e^{-sT} + \dfrac{1}{s}$
③ $\dfrac{e^{-sT}}{s(s+1)}$
④ $\dfrac{e^{-sT}}{s+1}$

해설 $(s+1)Y(s) = e^{-sT}X(s)$

$\therefore G(s) = \dfrac{Y(s)}{X(s)} = \dfrac{e^{-sT}}{s+1}$

01. 이론 check **전달 함수**

(1) 전달 함수의 정의
제어계 또는 요소의 입력 신호와 출력 신호의 관계를 수식적으로 표현한 것을 전달 함수라 한다.
전달 함수는 "모든 초기치를 0으로 했을 때 출력 신호의 라플라스 변환과 입력 신호의 라플라스 변환의 비"로 정의한다.
여기서, 모든 초기값을 0으로 한다는 것은 그 제어계에 입력이 가해지기 전 즉, $t < 0$에서는 그 계가 휴지(休止) 상태에 있다는 것을 말한다.
입력 신호 $r(t)$에 대해 출력 신호 $c(t)$를 발생하는 그림의 전달 함수 $G(s)$는

$G(s) = \dfrac{\mathcal{L}[c(t)]}{\mathcal{L}[r(t)]} = \dfrac{C(s)}{R(s)}$

(2) 전달 함수의 성질
① 전달 함수는 선형 제어계에만 정의된다.
② 전달 함수는 임펄스 응답의 라플라스 변환으로 정의되며, 제어계의 입력 및 출력 함수의 라플라스 변환에 대한 비가 된다.
③ 전달 함수를 구할 때 제어계의 모든 초기 조건을 0으로 하므로 정상 상태의 주파수 응답을 나타내며 과도 응답 특성은 알 수 없다.
④ 전달 함수는 제어계의 입력과는 관계없다.

정답 10.① / 01.④

PART 05 제어공학

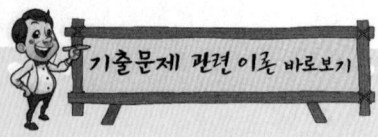

02 일정 입력에 대해 잔류 편차가 있는 제어계는?
① 비례 제어계
② 적분 제어계
③ 비례 적분 제어계
④ 비례 적분 미분 제어계

해설
- 비례 제어(P제어) : 잔류 편차(off-set)를 일으킨다.
- 적분 제어(I제어) : 잔류 편차(off-set)를 소멸시킨다.
- 비례 적분 제어(PI 제어) : 비례 Reset 제어라고도 하며 진동을 일으킨다.

03. 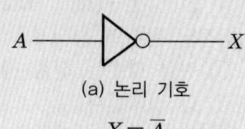 논리 시퀀스 회로

(1) AND GATE(논리곱 회로)

(a) 논리 기호

$X = AB = A \cdot B$
(논리곱)
(b) 논리식

(2) OR GATE(논리합 회로)

(a) 논리 기호

$X = A + B$
(논리합)
(b) 논리식

(3) NOT(부정 회로)

(a) 논리 기호

$X = \overline{A}$
(b) 논리식

03 그림과 같은 논리 회로에서 출력 F의 값은?

① A
② $\overline{A}BC$
③ $AB + \overline{B}C$
④ $(A+B)C$

해설 $F = AB + \overline{B}C$

04 그림과 같은 요소는 제어계의 어떤 요소인가?

① 적분 요소
② 미분 요소
③ 1차 지연 요소
④ 1차 지연 미분 요소

해설 전달 함수 $G(s) = \dfrac{R}{\dfrac{1}{Cs} + R} = \dfrac{RCs}{RCs + 1}$

$RC \ll 1$인 경우
$G(s) \fallingdotseq RCs$
따라서 1차 지연 요소를 포함한 미분 요소의 전달 함수가 된다.

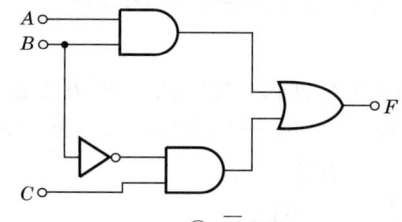

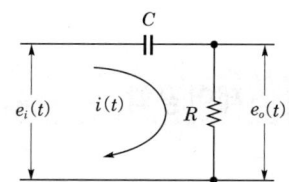

정답 02.① 03.③ 04.④

05 개루프 전달 함수가 다음과 같이 주어지는 계에서 단위 속도 입력에 대한 정상 편차는?

$$G(s) = \frac{10}{s(s+1)(s+2)}$$

① 0.2 ② 0.25
③ 0.33 ④ 0.5

해설 $K_v = \lim_{s \to 0} sG(s) = \lim_{s \to 0} s \cdot \frac{10}{s(s+1)(s+2)} = 5$

∴ 정상 속도 편차 $e_{ssv} = \frac{1}{K_v} = \frac{1}{5} = 0.2$

06 보상기 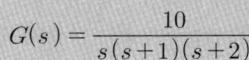가 진상 보상기가 되기 위한 조건은?

① $\alpha = 0$ ② $\alpha = 1$
③ $\alpha < 1$ ④ $\alpha > 1$

해설 $G_c(s) = \frac{1+\alpha Ts}{1+Ts} = \frac{\alpha\left(s+\frac{1}{\alpha T}\right)}{s+\frac{1}{T}}$

진상 보상기가 되기 위한 조건은 $\frac{1}{\alpha T} < \frac{1}{T}$ 이어야 하므로

∴ $\alpha > 1$

07 다음 안정도 판별법 중 $G(s)H(s)$의 극점과 영점이 우반 평면에 있을 경우 판정 불가능한 방법은?

① Routh-Hurwitz 판별법 ② Bode 선도
③ Nyquist 판별법 ④ 근궤적법

해설 보드(bode) 선도에서 안정 여부는 위상 선도가 -180° 축과 교차하는 경우 위상 여유가 0보다 크면 안정하며 0보다 작으면 불안정하다. 따라서 보드 선도는 극점과 영점이 우반 평면에 존재하는 경우 판정이 불가능하다.

08 $G(s)H(s) = \frac{K_1}{(T_1 s + 1)(T_2 s + 1)}$의 개루프 전달 함수에 대한 Nyquist 안정도 판별에 대한 설명으로 옳은 것은?

① K_1, T_1 및 T_2의 값에 대하여 조건부 안정
② K_1, T_1 및 T_2의 값에 관계없이 안정
③ K_1 값에 대하여 조건부 안정
④ K_1, T_1 및 T_2의 모든 양의 값에 대하여 안정

정답 05.① 06.④ 07.② 08.④

---

05. 이론 정상 편차

(1) 정상 위치 편차

단위 피드백 제어계에 단위 계단 입력이 가하여질 경우의 정상 편차를 정상 위치 편차 또는 잔류 편차(off set)라고 하며, 정상 위치 편차 e_{ssp}는 다음과 같이 표시된다.

$$e_{ssp} = \lim_{s \to 0} \frac{s \cdot \frac{1}{s}}{1+G(s)}$$

$$= \frac{1}{1+\lim_{s \to 0}G(s)} = \frac{1}{1+K_p}$$

여기서, $K_p = \lim_{s \to 0}$

(K_p : 위치 편차 상수)

(2) 정상 속도 편차

단위 피드백 제어계에 단위 램프 입력이 가하여질 경우의 정상 편차를 정상 속도 편차라고 하며, 정상 속도 편차 e_{ssv}는 다음과 같이 표시된다.

$$e_{ssv} = \lim_{s \to 0} \frac{s \cdot \frac{1}{s^2}}{1+G(s)}$$

$$= \lim_{s \to 0} \frac{1}{s+sG(s)}$$

$$= \frac{1}{\lim_{s \to 0} sG(s)} = \frac{1}{K_v}$$

여기서, $K_v = \lim_{s \to 0} sG(s)$

(K_v : 속도 편차 상수)

(3) 정상 가속도 편차

단위 피드백 제어계에 단위 포물선 입력이 가하여질 경우의 정상 편차를 정상 가속도 편차라고 하며, 정상 가속도 편차 e_{ssa}는 다음과 같다.

$$e_{ssa} = \lim_{s \to 0} \frac{s \cdot \frac{1}{s^3}}{1+G(s)}$$

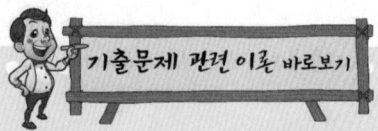

$$= \lim_{s \to 0} \frac{1}{s^2 + s^2 G(s)}$$
$$= \frac{1}{\lim_{s \to 0} s^2 G(s)} = \frac{1}{K_a}$$

여기서, $K_a = \lim_{s \to 0} s^2 G(s)$
(K_a : 가속도 편차 상수)

10. 이론check 실축상에서의 분지점(이탈점)

주어진 계의 특성 방정식을 다음 식과 같이 쓸 수 있다.
$K = f(s)$
여기서, $f(s)$는 K를 포함하지 않는 s의 함수이다.
근궤적상의 분지점(실수와 복소수)은 K를 s에 관하여 미분하고, 이것을 0으로 놓아 얻는 방정식의 근이다.
즉, 분지점은 $\frac{dK}{ds} = 0$

또한 $R_e s = \sigma$인 경우 $\frac{dK(\sigma)}{\sigma} = 0$

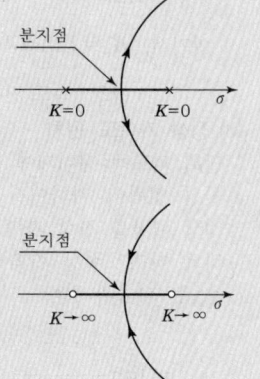

∥ 실수축상의 분지점 ∥

해설

$$G(s)H(s) = 1 + \frac{K_1}{(T_1 s + 1)(T_2 s + 1)} = 0$$
$$(T_1 s + 1)(T_2 s + 1) + K_1 = T_1 T_2 s^2 + (T_1 + T_2)s + K_1 + 1 = 0$$
$T_1 T_2 > 0$, $T_1 + T_2 > 0$, $K_1 + 1 > 0$의 3가지 조건을 만족하기 위해서는 T_1, T_2, K_1 모두 양의 값인 경우 계는 안정하다.

09 그림의 회로에서 출력 전압 V_o는 입력 전압 V_i와 비교할 때 위상 변화는?

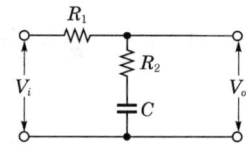

① 위상이 뒤진다.
② 위상이 앞선다.
③ 동상이다.
④ 낮은 주파수에서는 위상이 뒤떨어지고 높은 주파수에서는 앞선다.

해설

• 입력 전압 : $V_i(t) = R_1 i(t) + R_2 i(t) + \frac{1}{C}\int i(t)dt$
$$V_i(s) = R_1 I(s) + R_2 I(s) + \frac{1}{Cs} I(s)$$

• 출력 전압 : $V_o(t) = R_2 i(t) + \frac{1}{C}\int i(t)dt$
$$V_o(s) = R_2 I(s) + \frac{1}{Cs} I(s)$$

∴ 전달 함수 $G(s) = \frac{V_o(s)}{V_i(s)} = \frac{R_2 + \frac{1}{Cs}}{R_1 + R_2 + \frac{1}{Cs}} = \frac{a(s+b)}{b(s+a)}$

$a = \frac{1}{(R_1 + R_2)C}$, $b = \frac{1}{R_2 C}$

이 회로는 $b > a$이므로 지상 보상기로 동작한다.

10 개루프 전달 함수 $G(s)H(s) = \dfrac{k}{s(s+3)^2}$의 이탈점에 해당되는 것은?

① 1 　　　　　　② -1
③ 2 　　　　　　④ -2

해설 특성 방정식 $1 + G(s)H(s) = 0$

$$1 + \frac{K}{s(s+3)^2} = \frac{s(s+3)^2 + K}{s(s+3)^2} = 0$$
$$s(s+3)^2 + K = 0$$
∴ $K = -s^3 - 6s^2 - 9s$

정답 09.① 10.②

s에 관하여 미분하면
$$\frac{dK}{ds} = -3s^2 - 12s - 9 = 0$$
$$s^2 + 4s + 3 = 0$$
$$\therefore s = -3, -1$$
$\therefore$ 이탈점은 -1이다.

제 3 회 제어공학

01 특성 방정식 $s^3 + 9s^2 + 20s + K = 0$에서 허수축과 교차하는 점 s는?

① $s = \pm j\sqrt{20}$
② $s = \pm j\sqrt{30}$
③ $s = \pm j\sqrt{40}$
④ $s = \pm j\sqrt{50}$

해설 특성 방정식 $s^3 + 9s^2 + 20s + K = 0$
라우스의 표

s^3	1	20
s^2	9	K
s^1	$\frac{180-K}{9}$	0
s^0	K	

K의 임계값은 s^1의 제1열 요소를 0으로 놓아 얻을 수 있다.
$$\frac{180-K}{9} = 0 \quad \therefore K = 180$$
허수축($j\omega$)을 끊은 점에서의 주파수 ω는 보조 방정식
$9s^2 + K = 0$에서 $K = 180$을 대입하면 $9s^2 + 180 = 0$
$\therefore s = \pm j\sqrt{20}$

02 제어계의 과도 응답에서 감쇠비란?

① 제2 오버슈트를 최대 오버슈트로 나눈 값이다.
② 최대 오버슈트를 제2 오버슈트로 나눈 값이다.
③ 제2 오버슈트와 최대 오버슈트를 곱한 값이다.
④ 제2 오버슈트와 최대 오버슈트를 더한 값이다.

해설 감쇠비는 과도 응답의 소멸되는 정도를 나타내는 양으로서 최대 오버슈트와 다음 주기에 오는 오버슈트와의 비로 정의된다.
$$감쇠비 = \frac{제2\ 오버슈트}{최대\ 오버슈트}$$

---

02. 이론 check 자동 제어계의 시간 응답

[과도 응답 특성]

(1) 오버슈트(over shoot)
응답 중에 생기는 입력과 출력 사이의 최대 편차량을 말한다.

(2) 지연 시간(time delay)
지연 시간 T_d는 응답이 최초로 목표값의 50[%]가 되는 데 요하는 시간이다.

(3) 감쇠비(decay ratio)
감쇠비는 과도 응답의 소멸되는 속도를 나타내는 양으로서 최대 오버슈트와 다음 주기에 오는 오버슈트와의 비이다.
$$감쇠비 = \frac{제2\ 오버슈트}{최대\ 오버슈트}$$

(4) 상승 시간(rising time)
응답이 처음으로 목표값에 도달하는 데 요하는 시간 T_r로 정의한다.
일반적으로 응답이 목표값의 10[%]로부터 90[%]까지 도달하는 데 요하는 시간이다.

(5) 정정 시간(settling time)
정정 시간 T_s는 응답이 요구되는 오차 이내로 정착되는 데 요하는 시간이다. 일반적으로 응답이 목표값의 ±5[%] 이내에 도달하는 데 요하는 시간이다.

정답 01.① 02.①

기출문제 관련 이론 바로보기

03 $Y(z) = \dfrac{2z}{(z-1)(z-2)}$ 의 함수를 z 역변환 하면?

① $y(t) = -2u(t) - 2u(2t)$
② $y(t) = -2u(t) + 2u(2t)$
③ $y(t) = -3\delta(t) - 3\delta(2t)$
④ $y(t) = -3\delta(t) + 3\delta(2t)$

해설
$$\dfrac{Y(z)}{z} = \dfrac{2}{(z-1)(z-2)} = \dfrac{-2}{z-1} + \dfrac{2}{z-2}$$
$$Y(z) = \dfrac{-2z}{z-1} + \dfrac{2z}{z-2}$$
$$\therefore\ y(t) = -2u(t) + 2u(2t)$$

04. 이론 check 나이퀴스트(Nyquist) 안정도 판별법

라우스-후르비츠의 안정도 판별법은 절대 안정도에 대한 정보만을 얻을 수 있으므로 시스템이 어느 정도 안정한가, 또 시스템을 개선하는 방법에 대한 정보를 얻을 수 없는 반면에, 주파수 응답인 나이퀴스트 안정도 판별법은 절대 안정도와 상대 안정도에 대한 정보를 제시하고, 시스템의 안정도를 개선하는 방법에 대한 정보를 제시해 준다. 또 나이퀴스트 판별법은 실험적인 주파수 응답 자료의 요소나 시스템의 전달 함수에 관한 정보를 얻는 데도 유용하다. 나이퀴스트 판별법은 준 도해적인 방법으로 주파수 영역의 성질, 즉 개루프 전달 함수 $G(s)H(s)$ 나이퀴스트 도면을 조사하여 폐루프계의 안정도를 결정한다.

04 Nyquist 선도에서 얻을 수 있는 자료 중 틀린 것은?

① 계통의 안정도 개선법을 알 수 있다.
② 상태 안정도를 알 수 있다.
③ 정상 오차를 알 수 있다.
④ 절대 안정도를 알 수 있다.

해설 라우스-후르비츠 판별법은 계통의 안정, 불안정을 가려내는 데는 편리하지만 안정성의 양부, 안정도의 평가, 비교 등에 대해서는 전혀 정보를 제공하지 않는다. 그러나 나이퀴스트 판별법은 다음과 같은 특징이 있다.
- 절대 안정도에 관하여 라우스-후르비츠 판별법과 같은 정보를 제공한다.
- 시스템의 안정도를 개선할 수 있는 방법을 제시한다.
- 시스템의 주파수 영역 응답에 대한 정보를 제공한다.

05 시간 영역에서의 제어계 설계에 주로 사용되는 방법은?

① Bode 선도법
② 근궤적법
③ Nyquist 선도법
④ Nichols 선도법

해설 시간 영역에서의 제어계 해석·설계는 근궤적법이 편리하다.

06 상태 방정식이 다음과 같은 계의 천이 행렬 $\Phi(t)$는 어떻게 표시되는가?

$$\dot{x}(t) = Ax(t) + Bu$$

① $\mathcal{L}^{-1}[(sI - A)]$
② $\mathcal{L}^{-1}[(sI - A)^{-1}]$
③ $\mathcal{L}^{-1}[(sI - B)]$
④ $\mathcal{L}^{-1}[(sI - B)^{-1}]$

정답 03.② 04.③ 05.② 06.②

해설 상태 방정식 $\dot{x}(t) = Ax(t) + Bu$의 특성 방정식 $|sI-A|=0$이며 천이 행렬 $\phi(t) = \mathcal{L}^{-1}[(sI-A)^{-1}]$이다.

07 $\overline{A}BC + \overline{A}\,\overline{B}\,\overline{C} + A\overline{B}\,\overline{C} + AB\overline{C} + \overline{A}\,\overline{B}C + \overline{A}B\overline{C}$의 논리식을 간략화 하면?

① $A + AC$
② $A + C$
③ $\overline{A} + A\overline{B}$
④ $\overline{A} + A\overline{C}$

해설 $\overline{A}BC + \overline{A}\,\overline{B}\,\overline{C} + A\overline{B}\,\overline{C} + AB\overline{C} + \overline{A}\,\overline{B}C + \overline{A}B\overline{C}$
$= \overline{A}B(C+\overline{C}) + A\overline{C}(\overline{B}+B) + \overline{A}\,\overline{B}(C+\overline{C})$
$= \overline{A}B + A\overline{C} + \overline{A}\,\overline{B}$
$= \overline{A}(B+\overline{B}) + A\overline{C}$
$= \overline{A} + A\overline{C}$

08 적분 시간 4[s], 비례 감도가 4인 비례 적분 동작을 하는 제어계에 동작 신호 $z(t) = 2t$를 주었을 때 이 시스템의 조작량은?

① $t^2 + 8t$
② $t^2 + 4t$
③ $t^2 - 8t$
④ $t^2 - 4t$

해설 비례 적분 동작(PI 동작)의 동작 신호를 $z(t)$로 주었을 때 이 시스템의 조작량
$x_o = K_p\left[z(t) + \dfrac{1}{T_I}\int z(t)\,dt\right]$
$= 4\left(2t + \dfrac{1}{4}\int 2t\,dt\right)$
$= 4\left(2t + \dfrac{1}{4}t^2\right)$
$= 8t + t^2$

09 다음 시스템의 전달 함수 $\left(\dfrac{C}{R}\right)$는?

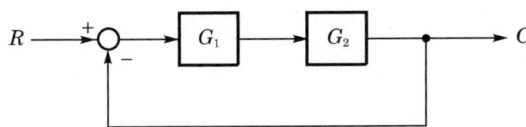

① $\dfrac{C}{R} = \dfrac{G_1 G_2}{1 + G_1 G_2}$
② $\dfrac{C}{R} = \dfrac{G_1 G_2}{1 - G_1 G_2}$
③ $\dfrac{C}{R} = \dfrac{1 + G_1 G_2}{G_1 G_2}$
④ $\dfrac{C}{R} = \dfrac{1 - G_1 G_2}{G_1 G_2}$

---

08. 이론 check 비례+적분 동작(PI 동작)

$x_o = K_P\left(x_i + \dfrac{1}{T_I}\int x_i\,dt\right)$

여기서, K_P : 비례 감도
T_I : 적분 시간

Tip 특징

(1) K_P와 T_I는 모두 조절 가능하다.
(2) K_P는 비례 및 적분 제어 동작 모두에 영향을 주고 T_I는 적분 제어 동작만을 조정한다.
(3) $\dfrac{1}{T_I}$을 Reset rate(리셋률)이라 하며 매분당 비례 제어 동작이 몇 번 반복되는가의 횟수를 나타낸다(분당 반복 횟수).

정답 07.④ 08.① 09.①

PART 05 제어공학

해설
$(R-C)G_1G_2 = C$
$RG_1G_2 - CG_1G_2 = C$
$RG_1G_2 = C(1+G_1G_2)$
$\therefore G(s) = \dfrac{C}{R} = \dfrac{G_1G_2}{1+G_1G_2}$

10. 라우스(Routh)의 안정도 판별법

(1) 제1단계 : 특성 방정식의 계수를 두 줄로 나열한다.
(2) 제2단계 : 라우스 수열을 계산하여 라우스표를 작성한다.
(3) 제3단계 : 라우스의 표에서 제1열 원소의 부호를 조사한다. 부호 변화의 개수만큼의 근이 우반 평면에 존재한다.

10 다음과 같은 궤환 제어계가 안정하기 위한 K의 범위는?

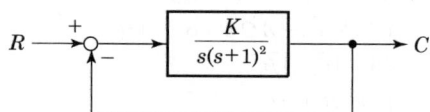

① $K > 0$
② $K > 1$
③ $0 < K < 1$
④ $0 < K < 2$

해설 특성 방정식 $1+G(s)H(s) = 1+\dfrac{K}{s(s+1)^2} = 0$

$s(s+1)^2 + K = s^3 + 2s^2 + s + K = 0$

라우스의 표

s^3	1	1	0
s^2	2	K	
s^1	$\dfrac{2-K}{2}$	0	
s^0	K		

제1열의 부호 변화가 없어야 안정하므로
$\dfrac{2-K}{2} > 0, \ K > 0$
$\therefore 0 < K < 2$

정답 10.④

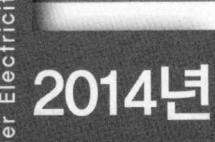

2014년 과년도 출제문제

제1회 제어공학

01 Routh 안정도 판별법에 의한 방법 중 불안정한 제어계의 특성 방정식은?

① $s^3+2s^2+3s+4=0$
② $s^3+s^2+5s+4=0$
③ $s^3+4s^2+5s+2=0$
④ $s^3+3s^2+2s+10=0$

해설 제어계가 안정될 필요 조건은 특성 방정식이 모든 차수가 존재하고 각 계수의 부호가 같아야 한다. 보기의 특성 방정식은 모두 필요 조건을 만족하므로 라우스(Routh)의 표를 작성하여 안정도를 판별할 수 있다.
특성 방정식은 $s^3+3s^2+2s+10=0$
라우스의 표

$$\begin{array}{c|cc} s^3 & 1 & 2 \\ s^2 & 3 & 10 \\ s^1 & \dfrac{6-10}{3} & 0 \\ s^0 & 10 & \end{array}$$

제1열의 부호 변화가 2번 있으므로 불안정근이 2개 있다.

02 어떤 제어계에 단위 계단 입력을 가하였더니 출력이 $1-e^{-2t}$로 나타났다. 이 계의 전달 함수는?

① $\dfrac{1}{s+2}$
② $\dfrac{2}{s+2}$
③ $\dfrac{1}{s(s+2)}$
④ $\dfrac{2}{s(s+2)}$

해설 $R(s) = \mathcal{L}[r(t)] = \mathcal{L}[u(t)] = \dfrac{1}{s}$

$C(s) = \mathcal{L}[C(t)] = \mathcal{L}[1-e^{-2t}] = \dfrac{1}{s} - \dfrac{1}{s+2}$

$\therefore\ G(s) = \dfrac{C(s)}{R(s)} = \dfrac{\dfrac{1}{s} - \dfrac{1}{s+2}}{\dfrac{1}{s}} = 1 - \dfrac{s}{s+2} = \dfrac{2}{s+2}$

기출문제 관련 이론 바로보기

02. 이론 Check ▶ **자동 제어계의 시간 응답**

[과도 응답]

(1) 임펄스 응답

단위 임펄스 입력의 입력 신호에 대한 응답으로 수학적 표현은 $x(t) = \delta(t)$, 라플라스 변환하면 $X(s)=1$, 따라서 전달 함수를 $G(s)$라 하고 입력 신호를 $x(t)$, 출력 신호를 $y(t)$라 하면 임펄스 응답은 다음 식과 같다.

$y(t) = \mathcal{L}^{-1}[Y(s)]$
$\quad = \mathcal{L}^{-1}[G(s) \cdot 1]$

(2) 인디셜 응답

단위 계단 입력의 입력 신호에 대한 응답으로 수학적 표현은 $x(t)=u(t)$, 라플라스 변환하면 $X(s) = \dfrac{1}{s}$, 따라서 전달 함수를 $G(s)$라 하고 입력 신호를 $x(t)$, 출력 신호를 $y(t)$라 하면 임펄스 응답은 다음 식과 같다.

$y(t) = \mathcal{L}^{-1}[Y(s)]$
$\quad = \mathcal{L}^{-1}\left[G(s) \cdot \dfrac{1}{s}\right]$

(3) 경사 응답

단위 램프 입력의 입력 신호에 대한 응답으로 수학적 표현은 $x(t)=tu(t)$, 라플라스 변환하면 $X(s) = \dfrac{1}{s^2}$, 따라서 전달 함수를 $G(s)$라 하고 입력 신호를 $x(t)$, 출력 신호를 $y(t)$라 하면 임펄스 응답은 다음 식과 같다.

$y(t) = \mathcal{L}^{-1}[Y(s)]$
$\quad = \mathcal{L}^{-1}\left[G(s) \cdot \dfrac{1}{s^2}\right]$

정답 01.④ 02.②

PART 05 제어공학

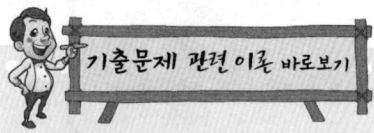

05. **이론 check** 자동 제어계의 시간 응답

[과도 응답 특성]

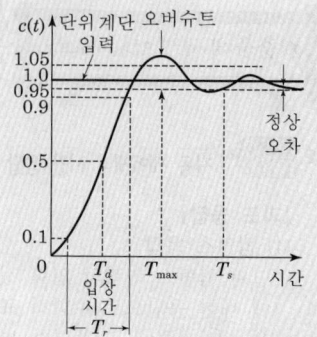

┃단위 계단 입력에 대한 시간 응답┃

(1) 오버슈트(overshoot)
응답 중에 생기는 입력과 출력 사이의 최대 편차량을 말한다. 이 양은 자동 제어계의 안정성의 척도가 되는 양이다.
① 백분율 오버슈트
$= \dfrac{\text{최대 오버슈트}}{\text{최종 목표값}} \times 100[\%]$
② 상대 오버슈트
$= \dfrac{\text{최대 오버슈트}}{\text{최종의 희망값}} \times 100[\%]$

(2) 지연 시간(time delay)
지연 시간 T_d는 응답이 최초로 목표값의 50[%]가 되는 데 요하는 시간이다.

(3) 감쇠비(decay ratio)
감쇠비는 과도 응답의 소멸되는 속도를 나타내는 양으로서 최대 오버슈트와 다음 주기에 오는 오버슈트와의 비이다.
감쇠비$= \dfrac{\text{제2 오버슈트}}{\text{최대 오버슈트}}$

(4) 상승 시간(rising time)
응답이 처음으로 목표값에 도달하는 데 요하는 시간 T_r로 정의한다. 일반적으로 응답이 목표값의 10[%]로부터 90[%]까지 도달하는 데 요하는 시간이다.

03 다음 중 z변환 함수 $\dfrac{3z}{(z-e^{-3T})}$에 대응되는 라플라스 변환 함수는?

① $\dfrac{1}{(s+3)}$ ② $\dfrac{3}{(s-3)}$

③ $\dfrac{1}{(s-3)}$ ④ $\dfrac{3}{(s+3)}$

해설 z변환표

지수 감쇠 함수 $e^{-at} = \dfrac{z}{z-e^{-aT}}$

∴ $3e^{-3t}$의 z변환 $z[3e^{-3t}] = \dfrac{3z}{z-e^{-3T}}$

∴ $\mathcal{L}[3e^{-3t}] = \dfrac{3}{s+3}$

04 그림과 같은 블록 선도에서 $\dfrac{C(s)}{R(s)}$의 값은?

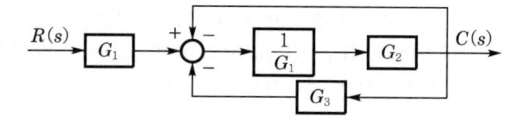

① $\dfrac{G_2}{G_1 - G_2 - G_3}$ ② $\dfrac{G_2}{G_1 - G_2 - G_2 G_3}$

③ $\dfrac{G_1}{G_1 + G_2 + G_2 G_3}$ ④ $\dfrac{G_1 G_2}{G_1 + G_2 + G_2 G_3}$

해설
$[R(s)G_1 - C(s) - G_3 C(s)]\dfrac{G_2}{G_1} = C(s)$

$R(s)G_2 = C(s)\left(1 + \dfrac{G_2}{G_1} + \dfrac{G_2 G_3}{G_1}\right)$

∴ $\dfrac{C(s)}{R(s)} = \dfrac{G_2}{1 + \dfrac{G_2}{G_1} + \dfrac{G_2 G_3}{G_1}} = \dfrac{G_1 G_2}{G_1 + G_1 G_2 + G_1 G_2 G_3}$

05 다음 과도 응답에 관한 설명 중 틀린 것은?

① 지연 시간은 응답이 최초로 목표값의 50[%]가 되는 데 소요되는 시간이다.
② 백분율 오버슈트는 최종 목표값과 최대 오버슈트와의 비를 %로 나타낸 것이다.
③ 감쇠비는 최종 목표값과 최대 오버슈트와의 비를 나타낸 것이다.
④ 응답 시간은 응답이 요구하는 오차 이내로 정착되는 데 걸리는 시간이다.

해설 감쇠비는 최대 오버슈트에 대한 제2의 오버슈트를 나타낸다.

정답 03.④ 04.④ 05.③

2014년 과년도 출제문제

06 이득이 K인 시스템의 근궤적을 그리고자 한다. 다음 중 잘못된 것은?
① 근궤적의 가지수는 극(pole)의 수와 같다.
② 근궤적은 $K=0$일 때 극에서 출발하고 $K=\infty$일 때 영점에 도착한다.
③ 실수축에서 이득 K가 최대가 되게 하는 점이 이탈점이 될 수 있다.
④ 근궤적은 실수축에 대칭이다.

해설 근궤적의 개수는 극점의 수와 영점의 수 중에서 큰 것과 일치한다.

07 단위 계단 입력 신호에 대한 과도 응답은?
① 임펄스 응답   ② 인디셜 응답
③ 노멀 응답   ④ 램프 응답

해설 인디셜 응답
입력에 단위 계단 함수를 가했을 때의 응답

08 그림과 같은 $R-C$ 회로에 단위 계단 전압을 가하면 출력 전압은?

① 아무 전압도 나타나지 않는다.
② 처음부터 계단 전압이 나타난다.
③ 계단 전압에서 지수적으로 감쇠한다.
④ 0부터 상승하여 계단 전압에 이른다.

해설 전달 함수 $\dfrac{V_o(s)}{V_i(s)} = \dfrac{\frac{1}{Cs}}{R+\frac{1}{Cs}} = \dfrac{1}{RCs+1}$

입력에 단위 계단 전압 $V_i(t)=u(t)$

즉, $V_i(s)=\dfrac{1}{s}$ 이므로

$V_o(s) = \dfrac{1}{RCs+1}V_i(s) = \dfrac{1}{s(RCs+1)}$

$= \dfrac{\frac{1}{RC}}{s\left(s+\frac{1}{RC}\right)} = \dfrac{1}{s} - \dfrac{1}{s+\frac{1}{RC}}$

$\therefore V_o(t) = 1 - e^{-\frac{1}{RC}t}$

∵ 출력 전압은 0부터 상승하여 계단 전압에 이른다.

기출문제 관련 이론 바로보기

(5) 정정 시간(settling time)
정정 시간 T_s는 응답이 요구되는 오차 이내로 정착되는 데 요하는 시간이다. 일반적으로 응답이 목표값의 ±5[%] 이내에 도달하는 데 요하는 시간이다.

07.
08. 이론 check ▶ 자동 제어계의 시간 응답

[과도 응답]
(1) 임펄스 응답
단위 임펄스 입력의 입력 신호에 대한 응답으로 수학적 표현은 $x(t)=\delta(t)$, 라플라스 변환하면 $X(s)=1$, 따라서 전달 함수를 $G(s)$라 하고 입력 신호를 $x(t)$, 출력 신호를 $y(t)$라 하면 임펄스 응답은 다음 식과 같다.
$y(t) = \mathcal{L}^{-1}[Y(s)]$
$= \mathcal{L}^{-1}[G(s) \cdot 1]$

(2) 인디셜 응답
단위 계단 입력의 입력 신호에 대한 응답으로 수학적 표현은 $x(t)=u(t)$, 라플라스 변환하면 $X(s)=\dfrac{1}{s}$, 따라서 전달 함수를 $G(s)$라 하고 입력 신호를 $x(t)$, 출력 신호를 $y(t)$라 하면 임펄스 응답은 다음 식과 같다.
$y(t) = \mathcal{L}^{-1}[Y(s)]$
$= \mathcal{L}^{-1}\left[G(s) \cdot \dfrac{1}{s}\right]$

(3) 경사 응답
단위 램프 입력의 입력 신호에 대한 응답으로 수학적 표현은 $x(t)=tu(t)$, 라플라스 변환하면 $X(s)=\dfrac{1}{s^2}$, 따라서 전달 함수를 $G(s)$라 하고 입력 신호를 $x(t)$, 출력 신호를 $y(t)$라 하면 임펄스 응답은 다음 식과 같다.
$y(t) = \mathcal{L}^{-1}[Y(s)]$
$= \mathcal{L}^{-1}\left[G(s) \cdot \dfrac{1}{s^2}\right]$

정답 06.① 07.② 08.④

PART 05 제어공학

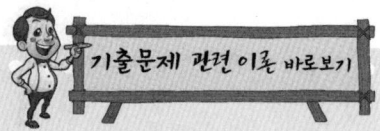

09 다음과 같은 진리표를 갖는 회로의 종류는?

입력		출력
A	B	
0	0	0
0	1	1
1	0	1
1	1	0

① AND
② NAND
③ NOR
④ EX-OR

해설 출력식 $= A\overline{B} + \overline{A}B = A \oplus B$
입력 $A \cdot B$가 서로 다른 조건에서 출력이 1되는 Exclusive-OR 회로이다.

10 자동 제어의 분류에서 엘리베이터의 자동 제어에 해당하는 제어는?

① 추종 제어
② 프로그램 제어
③ 정치 제어
④ 비율 제어

해설 프로그램 제어는 미리 정해진 프로그램에 따라 제어량을 변화시키는 것을 목적으로 하는 제어법이다.

10. 자동제어의 목표값의 성질에 의한 분류

(1) 정치 제어
목표값이 시간적으로 변화하지 않고 일정 값일 때의 제어이며, 프로세스 제어, 자동 조정의 전부가 이에 해당한다.

(2) 추종 제어
목표값이 시간적으로 임의로 변하는 경우의 제어로서, 서보 기구가 모두 여기에 속한다.

(3) 프로그램 제어
목표값의 변화가 미리 정하여져 있어 그 정하여진 대로 변화하는 것을 말한다.

제 2 회 제어공학

01 근궤적이 s평면의 $j\omega$축과 교차할 때 폐루프의 제어계는?

① 안정하다.
② 불안정하다.
③ 임계 상태이다.
④ 알 수 없다.

해설 근궤적이 K의 변화에 따라 허수축을 지나 s의 우반 평면으로 들어가는 순간이 제어계의 안정성이 파괴되는 임계점에 해당한다.

정답 09.④ 10.② / 01.③

02

$G(s)H(s) = \dfrac{K}{s(s+1)(s+4)}$ 의 $K \geq 0$ 에서의 분지점(break away point)은?

① -2.867
② 2.867
③ -0.467
④ 0.467

해설 이 계의 특성 방정식은

$1 + G(s)H(s) = 1 + \dfrac{K}{s(s+1)(s+4)} = 0$

$\dfrac{s(s+1)(s+4) + K}{s(s+1)(s+4)} = 0, \quad s^3 + 5s^2 + 4s + K = 0$

$\therefore K = -(s^3 + 5s^2 + 4s)$

실수축상에서의 근궤적은 $-\infty \sim -4$, $-1 \sim 0$ 사이에 존재하므로

$s = \dfrac{-5 - \sqrt{13}}{3} = -2.86$ 은 근궤적점이 될 수 없으므로

$s = \dfrac{-5 + \sqrt{13}}{3} = -0.467$ 이 분지점이 된다.

03

그림의 회로와 동일한 논리 소자는?

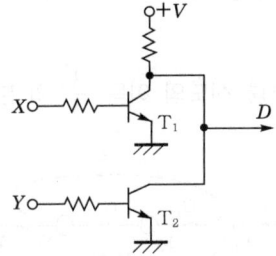

①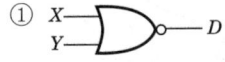
②
③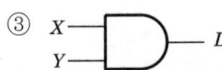
④ (X, Y) → D (OR 게이트)

해설

진리표		
X	Y	D
0	0	1
0	1	0
1	0	0
1	1	0

NOR 회로이므로 논리 기호
X, Y → D 가 된다.

---

02. 이론 check — 실축상에서의 분지점(이탈점)

주어진 계의 특성 방정식을 다음 식과 같이 쓸 수 있다.
$K = f(s)$
여기서, $f(s)$는 K를 포함하지 않는 s의 함수이다.
근궤적상의 분지점(실수와 복소수)은 K를 s에 관하여 미분하고, 이 것을 0으로 놓아 얻는 방정식의 근이다.
즉, 분지점은 $\dfrac{dK}{ds} = 0$
또한 $R_e s = \sigma$ 인 경우 $\dfrac{dK(\sigma)}{\sigma} = 0$

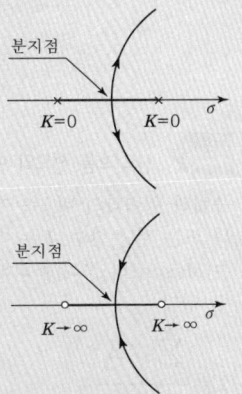

실수축상의 분지점

정답 02.③ 03.①

PART 05 제어공학

04 그림과 같은 $R-L-C$ 회로에서 입력 전압 $e_i(t)$, 출력 전류가 $i(t)$인 경우 이 회로의 전달 함수 $\dfrac{I(s)}{E_i(s)}$는? (단, 모든 초기 조건은 0이다.)

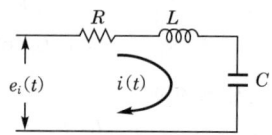

① $\dfrac{Cs}{RCs^2 + LCs + 1}$
② $\dfrac{1}{RCs^2 + LCs + 1}$
③ $\dfrac{Cs}{LCs^2 + RCs + 1}$
④ $\dfrac{1}{LCs^2 + RCs + 1}$

해설
$$\dfrac{I(s)}{E(s)} = Y(s) = \dfrac{1}{Z(s)}$$
$$= \dfrac{1}{R + Ls + \dfrac{1}{Cs}}$$
$$= \dfrac{Cs}{LCs^2 + RCs + 1}$$

05. 이론 check **신호 흐름 선도의 이득 공식**

출력과 입력과의 비, 즉 계통의 이득 또는 전달 함수 T는 다음 메이슨(Mason)의 정리에 의하여 구할 수 있다.

$$T = \dfrac{\sum_{k=1}^{n} G_k \Delta_k}{\Delta}$$

단, $G_k = k$번째의 전향 경로(forword path) 이득
$\Delta = 1 - \sum L_{n1} + \sum L_{n2} - \sum L_{n3} + \cdots$
$\Delta_k = k$번째의 전향 경로와 접하지 않은 부분에 대한 Δ의 값
여기서, $\sum L_{n1}$: 개개의 폐루프의 이득의 합
$\sum L_{n2}$: 2개 이상 접촉하지 않는 루프 이득의 곱의 합
$\sum L_{n3}$: 3개 이상 접촉하지 않는 루프 이득의 곱의 합

05 아래의 신호 흐름 선도의 이득 $\dfrac{Y_6}{Y_1}$의 분자에 해당하는 값은?

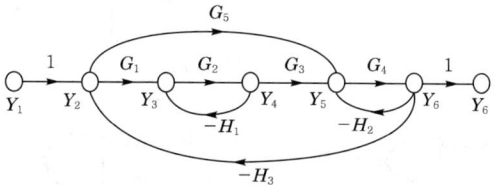

① $G_1G_2G_3G_4 + G_4G_5$
② $G_1G_2G_3G_4 + G_4G_5 + G_2H_1$
③ $G_1G_2G_3G_4H_3 + G_2H_1 + G_4H_2$
④ $G_1G_2G_3G_4 + G_4G_5 + G_2G_4G_5H_1$

해설 분자에 해당되는 메이슨의 정리에서 전향 경로가 2개이므로 $G_1\Delta_1 + G_2\Delta_2$의 값이 된다.
$G_1 = G_1G_2G_3G_4, \ \Delta_1 = 1$
$G_2 = G_4G_5, \ \Delta_2 = 1-(-G_2H_1) = 1+G_2H_1$
$\therefore G_1\Delta_1 + G_2\Delta_2 = G_1G_2G_3G_4 + G_4G_5(1+G_2H_1)$
$= G_1G_2G_3G_4 + G_4G_5 + G_2G_4G_5H_1$

정답 04.③ 05.④

06 2차 제어계에서 공진 주파수(ω_m)와 고유 주파수(ω_n), 감쇠비(α) 사이의 관계로 옳은 것은?

① $\omega_m = \omega_n \sqrt{1-\alpha^2}$
② $\omega_m = \omega_n \sqrt{1+\alpha^2}$
③ $\omega_m = \omega_n \sqrt{1-2\alpha^2}$
④ $\omega_m = \omega_n \sqrt{1+2\alpha^2}$

해설 공진 주파수 $\omega_m = \omega_n \sqrt{1-2\alpha^2}$
$1-2\alpha^2 \geq 0$에 대해서만 유효하다.

07 다음 제어량 중에서 추종 제어와 관계없는 것은?
① 위치
② 방위
③ 유량
④ 자세

해설 추종 제어는 목표값이 시간적으로 임의로 변하는 경우의 제어로서 물체의 위치, 방위, 자세 등이 기계적 변위를 제어량으로 해서 목표값의 임의의 변화에 추종하도록 구성된 서보 기구가 모두 여기에 속한다.

08 보드 선도상의 안정 조건을 옳게 나타낸 것은? (단, g_m은 이득 여유, ϕ_m은 위상 여유)

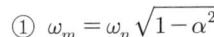

① $g_m > 0$, $\phi_m > 0$
② $g_m < 0$, $\phi_m < 0$
③ $g_m < 0$, $\phi_m > 0$
④ $g_m > 0$, $\phi_m < 0$

해설 위상 여유 $\phi_m > 0$, 이득 여유 $g_m > 0$, 위상 교점 주파수 ω_π > 이득 교점 주파수 ω_1의 조건이 만족되어 있으면 제어계는 안정이다.

09 다음의 미분 방정식으로 표시되는 시스템의 계수 행렬 A는 어떻게 표시되는가?

$$\frac{d^2C(t)}{dt^2}+5\frac{dC(t)}{dt}+3C(t)=r(t)$$

① $\begin{bmatrix} -5 & -3 \\ 0 & 1 \end{bmatrix}$
② $\begin{bmatrix} -3 & -5 \\ 0 & 1 \end{bmatrix}$
③ $\begin{bmatrix} 0 & 1 \\ -3 & -5 \end{bmatrix}$
④ $\begin{bmatrix} 0 & 1 \\ -5 & -3 \end{bmatrix}$

---

08. 이론 check 보드 선도를 이용한 안정도 판별법

선도를 이용하면 절대적 안정도뿐만 아니라 상대적 안정도를 판별할 수 있다. 안정도는 이득 여유와 위상 여유를 구해 판별할 수 있다. 이득 여유와 위상 여유의 값이 0보다 크면 안정이고, 0보다 작으면 불안정으로 판별할 수 있으며, 이들의 절대값이 클수록 상대적으로 더욱 안정 또는 불안정하다고 할 수 있다.
보드 선도에서의 이득 여유는 위상각의 곡선이 -180°를 지날 때, 이득 곡선의 값이 0[dB]보다 작으면 양이 되어 안정이 된다. 이때, 0[dB] 선과의 차가 크면 클수록 이득 여유가 커져 더욱 안정하게 된다.
위상 여유는 이득 곡선이 0[dB] 선을 지날 때 위상값이 -180°보다 크면 위상 여유가 양이 되어 안정이 되며, 이때 -180°와의 차가 위상 여유가 되므로 이 차가 클수록 위상 여유가 커져 더욱 안정되게 된다. 반면에, 위상각 곡선이 -180°선을 지날 때 이득값이 0보다 크거나, 이득 곡선이 0[dB] 선을 지날 때 위상값이 -180°보다 작으면 불안정이 된다.

정답 06.③ 07.③ 08.① 09.③

PART 05 제어공학

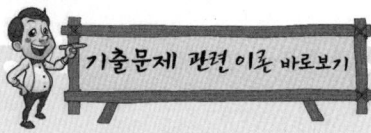

해설 상태 변수 $x_1 = C(t)$
$$x_2 = \frac{dC(t)}{dt}$$
상태 방정식 $\frac{dx_1}{dt} = x_2$
$$\frac{dx_2}{dt} = -3C(t) - 5\frac{dC(t)}{dt} + r(t)$$
$$= -3x_1 - 5x_2 + r(t)$$
$$\begin{bmatrix} \dot{x_1} \\ \dot{x_2} \end{bmatrix} = \begin{bmatrix} 0 & 1 \\ -3 & -5 \end{bmatrix} \begin{bmatrix} x_1 \\ x_2 \end{bmatrix} + \begin{bmatrix} 0 \\ 1 \end{bmatrix} r(t)$$
∴ 계수 행렬 $A = \begin{bmatrix} 0 & 1 \\ -3 & -5 \end{bmatrix}$

10 그림과 같은 $R-C$ 회로에서 $R-C \ll 1$인 경우 어떤 요소의 회로인가?

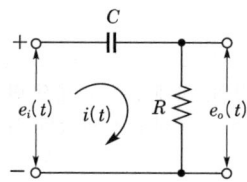

① 비례 요소　　② 미분 요소
③ 적분 요소　　④ 2차 지연 요소

해설 전달 함수 $G(s) = \dfrac{R}{\dfrac{1}{Cs} + R} = \dfrac{RCs}{RCs + 1}$

$RC \ll 1$인 경우 $G(s) ≒ RCs$
따라서 1차 지연 요소를 포함한 미분 요소의 전달 함수가 된다.

제 3 회　제어공학

01 $\dfrac{d^2x}{dt^2} + \dfrac{dx}{dt} + 2x = 2u$의 상태 변수를 $x_1 = x$, $x_2 = \dfrac{dx}{dt}$라 할 때, 시스템 매트릭스(system matrix)는?

① $\begin{bmatrix} 0 & 1 \\ 1 & 1 \end{bmatrix}$　　② $\begin{bmatrix} 0 & 1 \\ 2 & 1 \end{bmatrix}$

③ $\begin{bmatrix} 0 & 1 \\ -2 & -1 \end{bmatrix}$　　④ $\begin{bmatrix} 0 \\ 1 \end{bmatrix}$

---

01. **이론 check** 상태 방정식

계통 방정식이 n차 미분 방정식일 때 이것을 n개의 1차 미분 방정식으로 바꾸어서 행렬을 이용하여 표현한 것을 상태 방정식이라 한다.
상태 방정식은
$\dot{x}(t) = Ax(t) + Br(t)$
여기서, A : 시스템 행렬
　　　　B : 제어 행렬

[예제]
$\dfrac{d^3c(t)}{dt^3} + 3\dfrac{d^2c(t)}{dt^2} + 2\dfrac{dc(t)}{dt} + c(t) = r(t)$
의 미분 방정식은?
상태 변수는
$x_1(t) = C(t)$
$x_2(t) = \dfrac{dC(t)}{dt}$
$x_3(t) = \dfrac{d^2C(t)}{dt^2}$
상태 방정식은
$\dot{x_1}(t) = x_2(t)$
$\dot{x_2}(t) = x_3(t)$
$\dot{x_3}(t) = -x_1(t) - 2x_2(t) - 3x_3(t)$
　　　　$+ r(t)$
∴ $\begin{bmatrix} \dot{x_1}(t) \\ \dot{x_2}(t) \\ \dot{x_3}(t) \end{bmatrix} = \begin{bmatrix} 0 & 1 & 0 \\ 0 & 0 & 1 \\ -1 & -2 & -3 \end{bmatrix} \begin{bmatrix} x_1(t) \\ x_2(t) \\ x_3(t) \end{bmatrix}$
　　　　$+ \begin{bmatrix} 0 \\ 0 \\ 1 \end{bmatrix} r(t)$
$\dot{x}(t) = Ax(t) + Br(t)$

정답 10.② / 01.③

해설 상태 변수 $x_1 = x$
$$x_2 = \frac{dx}{dt}$$
상태 방정식 $\dot{x}_1 = x_2$
$$\dot{x}_2 = -2x - \frac{dx}{dt} + 2u = -2x_1 - x_2 + 2u$$
$$\begin{bmatrix} \dot{x}_1 \\ \dot{x}_2 \end{bmatrix} = \begin{bmatrix} 0 & 1 \\ -2 & -1 \end{bmatrix} \begin{bmatrix} x_1 \\ x_2 \end{bmatrix} + \begin{bmatrix} 0 \\ 1 \end{bmatrix} u$$
∴ 시스템 매트릭스 $A = \begin{bmatrix} 0 & 1 \\ -2 & -1 \end{bmatrix}$

02 단위 계단 함수의 라플라스 변환과 z변환 함수는?

① $\frac{1}{s}$, $\frac{1}{z-1}$ ② s, $\frac{z}{z-1}$

③ $\frac{1}{s}$, $\frac{z-1}{z}$ ④ s, $\frac{z-1}{z}$

해설 $\mathcal{L}[u(t)] = \frac{1}{s}$, $z[u(t)] = \frac{z}{z-1}$

따라서 $\frac{1}{s}$, $\frac{z}{z-1}$가 답이 된다.

03 다음과 같은 블록 선도의 등가 합성 전달 함수는?

① $\frac{G}{1+H}$

② $\frac{G}{1+GH}$

③ $\frac{G}{1-GH}$

④ $\frac{G}{1-H}$

해설 $RG + CH = C$, $RG = C(1-H)$

∴ $G(s) = \frac{C}{R} = \frac{G}{1-H}$

04 Nyquist 선도로부터 결정된 이득 여유는 4~12[dB], 위상 여유가 30°~40°일 때 이 제어계는?

① 불안정
② 임계 안정
③ 인디셜 응답 시간이 지날수록 진동은 확대
④ 안정

해설 나이퀴스트 선도에서 안정계에 요구되는 여유
• 이득 여유(GM) = 4~12[dB]
• 위상 여유(PM) = 30°~60°

정답 02. 정답 없음 03. ④ 04. ④

---

04. 이론 check 이득 여유와 위상 여유

(1) 이득 여유(gain margin)
그림에 표시된 나이퀴스트 선도가 부의 실축을 자르는 $G(j\omega)H(j\omega)$의 크기를 $|GH_c|$이 점에 대응하는 주파수를 ω_c라고 할 때 이득 여유는 다음과 같이 정의한다.

이득 여유(GM)
$= 20\log\frac{1}{|GH_c|}$[dB]

(2) 위상 여유(phase margin)
위상 여유는 $G(s)H(s)$에 영향을 주는 계의 파라미터 변화가 폐회로계의 안정성에 주는 영향을 지시해 주는 항으로서 $G(s)H(s)$의 나이퀴스트 선도상의 단위 크기를 갖는 점을 임계점 $(-1, j0)$과 겹치게 할 때 회전해야 할 각도를 정의한다. 다시 말하면 단위원과 나이퀴스트 선도와의 교점을 표시하는 벡터가 부 $(-)$의 실축과 만드는 각이다.

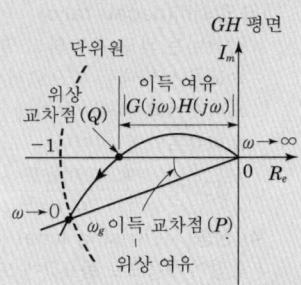

| 위상 여유와 이득 여유

Tip 안정계에 요구되는 여유
이득 여유(GM) = 4~12[dB]
위상 여유(PM) = 30°~60°

PART 05 제어공학

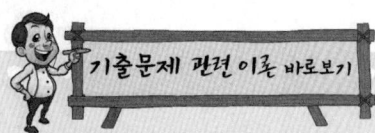

07. 이론 check 자동 제어계의 과도 응답

[과도 응답 특성]

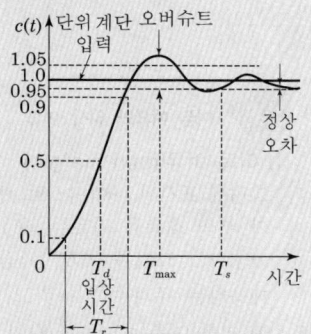

∥ 단위 계단 입력에 대한 시간 응답 ∥

(1) 오버슈트(overshoot)
응답 중에 생기는 입력과 출력 사이의 최대 편차량을 말한다. 이 양은 자동 제어계의 안정성의 척도가 되는 양이다.
① 백분율 오버슈트
$= \dfrac{\text{최대 오버슈트}}{\text{최종 목표값}} \times 100[\%]$
② 상대 오버슈트
$= \dfrac{\text{최대 오버슈트}}{\text{최종의 희망값}} \times 100[\%]$

(2) 지연 시간(time delay)
지연 시간 T_d는 응답이 최초로 목표값의 50[%]가 되는 데 요하는 시간이다.

(3) 감쇠비(decay ratio)
감쇠비는 과도 응답의 소멸되는 속도를 나타내는 양으로서 최대 오버슈트와 다음 주기에 오는 오버슈트와의 비이다.
감쇠비 $= \dfrac{\text{제2 오버슈트}}{\text{최대 오버슈트}}$

(4) 상승 시간(rising time)
응답이 처음으로 목표값에 도달하는 데 요하는 시간 T_r로 정의한다. 일반적으로 응답이 목표값의 10[%]로부터 90[%]까지 도달하는 데 요하는 시간이다.

05 다음과 같은 시스템의 전달 함수를 미분 방정식의 형태로 나타낸 것은?

$$G(s) = \dfrac{Y(s)}{X(s)} = \dfrac{3}{(s+1)(s-2)}$$

① $\dfrac{d^2}{dt^2}x(t) + \dfrac{d}{dt}x(t) - 2x(t) = 3y(t)$

② $\dfrac{d^2}{dt^2}y(t) + \dfrac{d}{dt}y(t) - 2y(t) = 3x(t)$

③ $\dfrac{d^2}{dt^2}y(t) - \dfrac{d}{dt}y(t) - 2y(t) = 3x(t)$

④ $\dfrac{d^2}{dt^2}y(t) + \dfrac{d}{dt}y(t) + 2y(t) = 3x(t)$

해설
$G(s) = \dfrac{Y(s)}{X(s)} = \dfrac{3}{s^2 - s - 2}$
$s^2 Y(s) - s Y(s) - 2 Y(s) = 3X(s)$
$\therefore \dfrac{d^2 y(t)}{dt^2} - \dfrac{dy(t)}{dt} - 2y(t) = 3x(t)$

06 단위 피드백 제어계에서 개루프 전달 함수 $G(s)$가 다음과 같이 주어지는 계의 단위 계단 입력에 대한 정상 편차는?

$$G(s) = \dfrac{6}{(s+1)(s+3)}$$

① $\dfrac{1}{2}$ ② $\dfrac{1}{3}$

③ $\dfrac{1}{4}$ ④ $\dfrac{1}{6}$

해설
$K_p = \lim_{s \to 0} G(s) = \lim_{s \to 0} \dfrac{6}{(s+1)(s+3)} = 2$
$\therefore$ 정상 편차 $e_{ss} = \dfrac{1}{1+K_p} = \dfrac{1}{1+2} = \dfrac{1}{3}$

07 자동 제어계의 2차계 과도 응답에서 응답이 최초로 정상값의 50[%]에 도달하는 데 요하는 시간은 무엇인가?

① 상승 시간 ② 지연 시간
③ 응답 시간 ④ 정정 시간

해설 지연 시간은 응답이 최초로 목표값의 50[%]가 되는 데 소요되는 시간이다.

정답 05.③ 06.② 07.②

08 다음 진리표의 논리 소자는?

입 력		출 력
A	B	C
0	0	1
0	1	0
1	0	0
1	1	0

① OR ② NOR
③ NOT ④ NAND

해설 $C=\overline{A+B}$의 진리표 즉, NOR 회로가 된다.

09 다음과 같은 특성 방정식의 근궤적 가지수는?

$$s(s+1)(s+2)+K(s+3)=0$$

① 6 ② 5
③ 4 ④ 3

해설 근궤적의 가지의 수(개수)는 z와 p 중 큰 것과 일치하며 특성 방정식의 차수와 같다.

10 계통 방정식이 $J\dfrac{d\omega}{dt}+f\omega=\tau(t)$로 표시되는 시스템의 시정수는? (단, J는 관성 모멘트, f는 마찰 제동 계수, ω는 각속도, τ는 회전력이다.)

① $\dfrac{f}{J}$ ② $\dfrac{J}{f}$
③ $-\dfrac{J}{f}$ ④ $-f \cdot J$

해설 모든 초기값을 0으로 하고 라플라스 변환하면
$Js\omega(s)+f\omega(s)=T(s)$, $(Js+f)\omega(s)=T(s)$
∴ 전달 함수 $G(s)=\dfrac{\omega(s)}{T(s)}$
$=\dfrac{1}{Js+f}=\dfrac{\frac{1}{f}}{\frac{J}{f}s+1}=\dfrac{\frac{1}{f}}{Ts+1}$

1차 지연 요소의 전달 함수
$G(s)=\dfrac{K}{Ts+1}$이다.
∴ 시정수 $T=\dfrac{J}{f}$

기출문제 관련 이론 바로보기

(5) 정정 시간(settling time)
정정 시간 T_s는 응답이 요구되는 오차 이내로 정착되는 데 요하는 시간이다. 일반적으로 응답이 목표값의 ±5[%] 이내에 도달하는 데 요하는 시간이다.

08. 이론 check NOR Gate(OR 논리화 부정 회로)

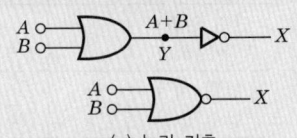

(a) 논리 기호

$Y=A+B$, $X=\overline{Y}$
$X=\overline{A+B}$

(b) 논리식

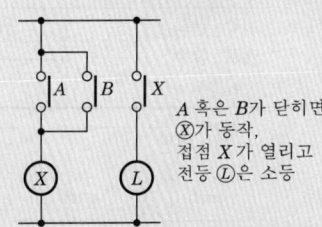

A 혹은 B가 닫히면 X가 동작, 접점 X가 열리고 전등 L은 소등

(c) 릴레이 시퀀스

A	B	X
0	0	1
0	1	0
1	0	0
1	1	0

(d) 진리표

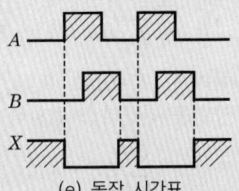

(e) 동작 시간표

정답 08.② 09.④ 10.②

2015년 과년도 출제문제

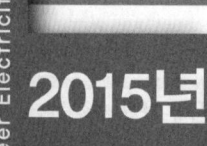

기출문제 관련 이론 바로보기

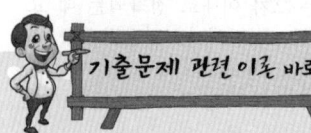

제1회 제어공학

01. 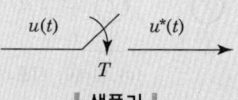 기본 함수의 z변환표

시간 함수	s변환	z변환
단위 임펄스 함수 $\delta(t)$	1	1
단위 계단 함수 $u(t)$	$\frac{1}{s}$	$\frac{z}{z-1}$
단위 램프 함수 t	$\frac{1}{s^2}$	$\frac{Tz}{(z-1)^2}$
지수 감쇠 함수 e^{-at}	$\frac{1}{s+a}$	$\frac{z}{z-e^{-aT}}$
지수 감쇠 램프 함수 te^{-at}	$\frac{1}{(s+a)^2}$	$\frac{Tze^{-aT}}{(z-e^{-aT})^2}$

Tip z변환

```
u(t)  ─╱─→ u*(t)
       T
      │샘플러│
```

여기서, $u(t)$: 연속치 신호
$u^*(t)$: 이산화된 신호
T : 샘플러가 닫히는 시간 간격(샘플링 주기)

[이상 샘플러]
$$u^*(t) = \sum_{K=0}^{\infty} u(KT)\delta(1-KT)$$
여기서, $K=0, 1, 2, 3, \cdots$
양변을 라플라스 변환하면
$$u^*(s) = \sum_{K=0}^{\infty} u(KT)e^{-KTs}$$
여기서, $K=0, 1, 2, 3, \cdots$
z변환은 $z=e^{Ts}$, $s=\frac{1}{T}\ln z$
따라서,

---

01 다음 중 $f(t) = e^{-at}$의 z변환은?

① $\dfrac{1}{z - e^{-aT}}$ ② $\dfrac{1}{z + e^{-aT}}$

③ $\dfrac{z}{z - e^{-aT}}$ ④ $\dfrac{z}{z + e^{-aT}}$

해설 $z[e^{-at}] = \dfrac{z}{z-e^{-aT}}$

02 다음은 시스템의 블록 선도이다. 이 시스템이 안정한 시스템이 되기 위한 K의 범위는?

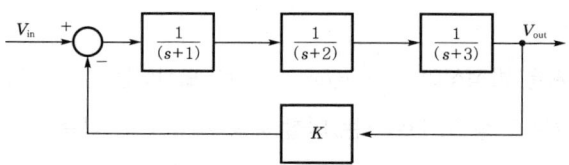

① $-6 < K < 60$ ② $0 < K < 60$
③ $-1 < K < 3$ ④ $0 < K < 3$

해설 특성 방정식 : $1 + G(s)H(s) = 0$

$\therefore 1 + \dfrac{K}{(s+1)(s+2)(s+3)} = 0$

$s^3 + 6s^2 + 11s + 6 + K = 0$

라우스의 표

s^3	1	11
s^2	6	$6+K$
s^1	$\dfrac{66-(6+K)}{6}$	0
s^0	$6+K$	

제1열의 부호 변화가 없어야 안정하므로

$\dfrac{66-(6+K)}{6} > 0$

정답 01.③ 02.①

$$\therefore K < 60$$
$$6 + K > 0$$
$$\therefore K > -6$$
$$\therefore -6 < K < 60$$

03 $f(t) = \sin t \cdot \cos t$ 를 라플라스 변환하면?

① $\dfrac{1}{s^2 + 1^2}$ ② $\dfrac{1}{s^2 + 2^2}$

③ $\dfrac{1}{(s+2)^2}$ ④ $\dfrac{1}{s+4^2}$

해설 $\sin(t+t) = 2\sin t \cos t$

$\sin t \cos t = \dfrac{1}{2}\sin 2t$

$\therefore F(s) = \mathcal{L}[\sin t \cos t] = \mathcal{L}\left[\dfrac{1}{2}\sin 2t\right]$

$= \dfrac{1}{2} \times \dfrac{2}{s^2 + 2^2} = \dfrac{1}{s^2 + 2^2}$

04 다음의 블록 선도와 같은 것은?

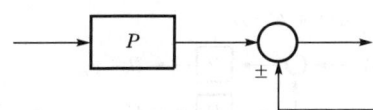

①

②

③

④

기출문제 관련 이론 바로보기

$u^*\left(s = \dfrac{1}{T}\ln z\right) = u(z)$

$= \displaystyle\sum_{K=0}^{\infty} u(KT) z^{-K}$

$u(z) = u^*(t)$의 z변환은 변수를 $z = e^{Ts}$로 바꾸어 주는 것으로 보면 된다.

03. 이론 정현파 함수의 라플라스 변환

시간 함수 $f(t) = \sin \omega t$에 대한 라플라스 변환은 다음과 같다.

$\mathcal{L}[f(t)] = \mathcal{L}(\sin \omega t)$

$= \displaystyle\int_0^{\infty} (\sin \omega t) e^{-st} dt$

해법은 다음과 같이 $\sin \omega t$의 지수형을 적용하면 간단히 된다.

$\sin \omega t = \dfrac{e^{j\omega t} - e^{-j\omega t}}{2j}$ 이므로

$F(s) = \displaystyle\int_0^{\infty} (\sin \omega t) e^{-st} dt$

$= \displaystyle\int_0^{\infty} \dfrac{e^{j\omega t} - e^{-j\omega t}}{2j} e^{-st} dt$

$= \dfrac{1}{2j} \displaystyle\int_0^{\infty} [e^{-(s-j\omega)t} - e^{-(s+j\omega)t}] dt$

$= \dfrac{1}{2j}\left(\dfrac{1}{s-j\omega} - \dfrac{1}{s+j\omega}\right)$

$= \dfrac{\omega}{s^2 + \omega^2}$

정답 03.② 04.①

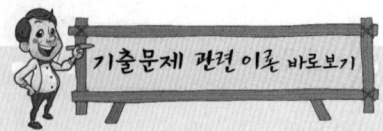

해설

$A \rightarrow \boxed{P} \rightarrow \bigcirc_{\pm} \rightarrow B$
$\qquad \uparrow C$

블록 선도와 같은 것을 찾기 위해 위와 같이 A, B, C로 놓고 해석하면
$AP \pm C = B$

• $A \rightarrow \bigcirc_{\pm} \rightarrow \boxed{P} \rightarrow B$
  $\qquad \uparrow \boxed{\frac{1}{P}} \leftarrow C$

$\left(A \pm \dfrac{C}{P}\right) \cdot P = B$

$\therefore AP \pm C = B$

• $A \rightarrow \bigcirc_{\pm} \rightarrow \boxed{P} \rightarrow B$
  $\qquad \uparrow \boxed{P} \leftarrow C$

$(A \pm P \cdot C)P = B$

$\therefore AP \pm CP^2 = B$

• $A \rightarrow \bigcirc_{\mp} \rightarrow \boxed{P} \rightarrow B$
  $\qquad \uparrow \boxed{\frac{1}{P}} \leftarrow C$

$\left(A \mp \dfrac{C}{P}\right) \cdot P = B$

$\therefore AP \mp C = B$

• $A \rightarrow \bigcirc_{\mp} \rightarrow \boxed{P} \rightarrow B$
  $\qquad \uparrow \boxed{P} \leftarrow C$

$(A \mp PC)P = B$

$\therefore AP \mp CP^2 = B$

즉, 가합점을 전달 요소 앞으로 이동한 등가변환이 ①번이 됨을 알 수 있다.

05. 이론 check 제어 요소

동작 신호를 조작량으로 변환하는 요소로서, 조절부와 조작부로 이루어진다.

(1) 조절부
  기준 입력과 검출부 출력을 조합하여 제어계가 소요의 작용을 하는 데 필요한 신호를 만들어 조작부에 보내는 부분이다.

(2) 조작부
  조절부로부터 받은 신호를 조작량으로 바꾸어 제어 대상에 보내주는 부분이다.

05 자동 제어계의 기본적 구성에서 제어 요소는 무엇으로 구성되는가?

① 비교부와 검출부
② 검출부와 조작부
③ 검출부와 조절부
④ 조절부와 조작부

해설 제어 요소는 동작 신호를 조작량으로 변환하는 요소로 조절부와 조작부로 이루어진다.

정답 05.④

06 다음과 같은 계전기 회로는 어떤 회로인가?

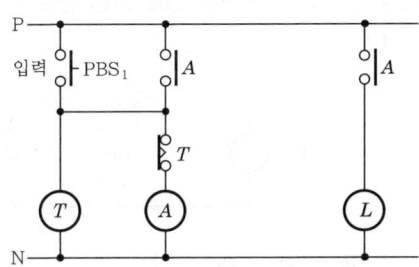

① 쌍안정 회로
② 단안정 회로
③ 인터록 회로
④ 일치 회로

해설 입력 PBS₁을 ON하면 계전기 A가 여자되어 램프가 점등되고 타이머 설정 시간 후 T에 b접점이 개로되어 계전기 A가 소자되고 램프가 소등된다. 즉, 입력으로 정해진 일정 시간만큼 동작(on)시켜주는 단안정 회로가 된다.

07 응답이 최종값의 10[%]에서 90[%]까지 되는 데 요하는 시간은?

① 상승 시간(rising time)
② 지연 시간(delay time)
③ 응답 시간(response time)
④ 정정 시간(setting time)

해설
- 상승 시간(Tr) : 응답이 최종 희망값의 10[%]에서 90[%]까지 도달하는 데 요하는 시간
- 지연 시간(Td) : 응답이 최종 희망값의 50[%]에 도달하는 데 요하는 시간
- 정정 시간(Ts) : 응답이 최종 희망값의 ±5[%] 이내에 도달하는 데 요하는 시간

08 $G(s)H(s) = \dfrac{K}{s(s+4)(s+5)}$ 에서 근궤적의 개수는?

① 1
② 2
③ 3
④ 4

해설
- 영점의 개수 $Z = 0$
- 극점의 개수 $P = 3$
∴ 근궤적의 개수는 Z와 P 중 큰 것과 일치하므로 3개가 된다.

---

07 이론 check ▶ **자동 제어계의 시간 응답 특성**

[과도 응답 특성]

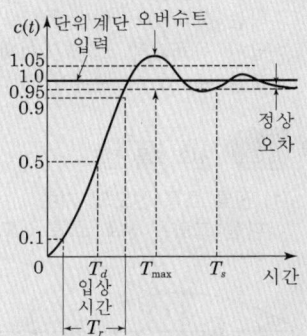

│단위 계단 입력에 대한 시간 응답│

(1) 오버슈트(overshoot)
응답 중에 생기는 입력과 출력 사이의 최대 편차량을 말한다. 이 양은 자동 제어계의 안정성의 척도가 되는 양이다.
① 백분율 오버슈트
$= \dfrac{\text{최대 오버슈트}}{\text{최종 목표값}} \times 100[\%]$
② 상대 오버슈트
$= \dfrac{\text{최대 오버슈트}}{\text{최종의 희망값}} \times 100[\%]$

(2) 지연 시간(time delay)
지연 시간 T_d는 응답이 최초로 목표값의 50[%]가 되는 데 요하는 시간이다.

(3) 감쇠비(decay ratio)
감쇠비는 과도 응답의 소멸되는 속도를 나타내는 양으로서 최대 오버슈트와 다음 주기에 오는 오버슈트와의 비이다.
감쇠비 $= \dfrac{\text{제2 오버슈트}}{\text{최대 오버슈트}}$

(4) 상승 시간(rising time)
응답이 처음으로 목표값에 도달하는 데 요하는 시간 T_r로 정의한다. 일반적으로 응답이 목표값의 10[%]로부터 90[%]까지 도달하는 데 요하는 시간이다.

정답 06.② 07.① 08.③

PART 05 제어공학

(5) 정정 시간(settling time)
정정 시간 T_s는 응답이 요구되는 오차 이내로 정착되는 데 요하는 시간이다. 일반적으로 응답이 목표값의 ±5[%] 이내에 도달하는 데 요하는 시간이다.

09. 신호 흐름 선도

(1) 신호 흐름 선도의 기초
다음 그림은 신호 흐름 선도의 예이다.

‖ 신호 흐름 선도 ‖

신호 흐름 선도에서 사용되는 몇 가지 용어를 정리하면 다음과 같다.
① 소스(source) : y_1과 같이 밖으로 나가는 방향의 가지만 갖는 마디이다.
② 싱크(sink) : y_5와 같이 들어오는 방향의 가지만 갖는 마디이다.
③ 경로(path) : 동일한 진행 방향을 갖는 연결 가지의 집합을 말한다. 위의 그림에서 eh, $adfh$ 및 adg는 경로들이다.
④ 경로 이득(path gain) : 경로에 있는 가지에 관계되는 계수들을 곱한 것이다.
⑤ 귀환 루프(feed back loop) : 어떤 마디에서 시발하여 그 마디로 되돌아가서 끝나는 경로이다. 그 뿐만 아니라 도중에 한 개를 초과하는 수의 마디는 있지 않다. b와 dfc는 귀환 루프이다.
⑥ 루프 이득(loop gain) : 귀환 루프를 형성하는 가지에 관계되는 계수들의 곱이다.

(2) 신호 흐름 선도의 이득 공식
출력과 입력과의 비, 즉 계통의 이득 또는 전달 함수 T는 다음 메이슨(Mason)의 정리에 의하여 구할 수 있다.

$$T = \frac{\sum_{k=1}^{n} G_k \Delta_k}{\Delta}$$

09 그림과 같은 RC 회로에서 전압 $V_i(t)$를 입력으로 하고, 전압 $V_o(t)$를 출력으로 할 때, 이에 맞는 신호 흐름 선도는? (단, 전달 함수의 초기 값은 0이다.)

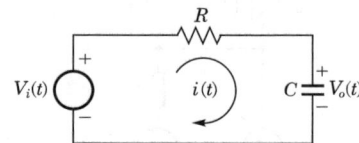

①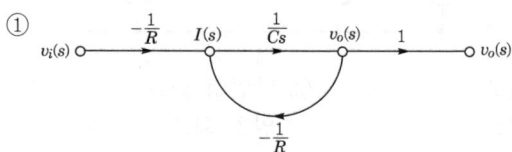

②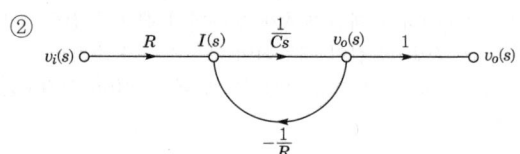

③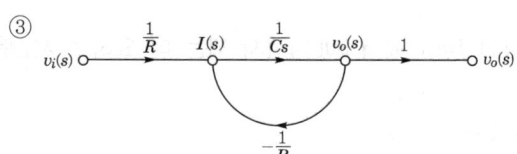

④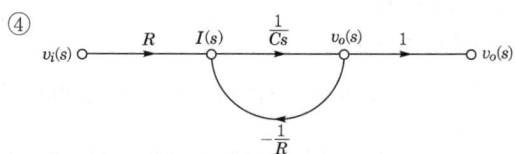

해설

$i(t) = \dfrac{1}{R}[V_i(t) - V_o(t)]$, $V_o(t) = \dfrac{1}{C}\int i(t)dt$

라플라스 변환하면

$I(s) = \dfrac{1}{R}[v_i(s) - v_o(s)]$, $v_o(s) = \dfrac{1}{Cs}I(s)$

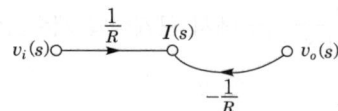

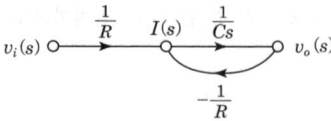

합성하면

정답 09. ③

10 $G(j\omega) = \dfrac{K}{j\omega(j\omega+1)}$ 의 나이퀴스트 선도는? (단, $K > 0$이다.)

① 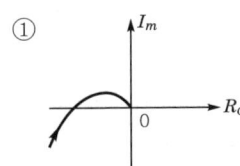 ②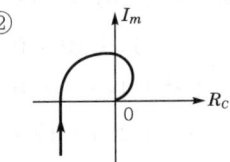

③ 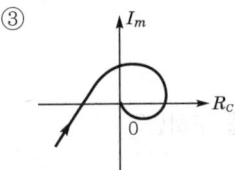 ④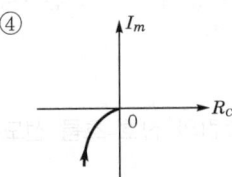

해설 $G(j\omega) = \dfrac{K}{j\omega(1+j\omega)}$ 의 크기 $|G(j\omega)| = \dfrac{1}{\omega\sqrt{1+\omega^2}}$

위상각 $\angle\theta = -(90° + \tan^{-1}\omega)$

- $\omega = 0$인 경우 : 크기 $\dfrac{K}{0} = \infty$

  위상각 $\angle\theta = -90°$

- $\omega = \infty$인 경우 : 크기 $\dfrac{K}{\infty} = 0$

  위상각 $\angle\theta = -180°$

∴ 나이퀴스트 선도는 제3상한에 그려지게 된다.

제2회 제어공학

01 다음의 연산 증폭기 회로에서 출력 전압 V_o를 나타내는 식은? (단, V_i는 입력 신호이다.)

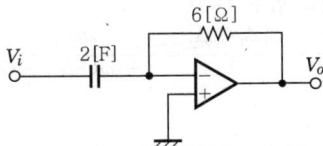

① $V_o = -12\dfrac{dV_i}{dt}$ ② $V_o = -8\dfrac{dV_i}{dt}$

③ $V_o = -0.5\dfrac{dV_i}{dt}$ ④ $V_o = -\dfrac{1}{8}\dfrac{dV_i}{dt}$

해설 출력 전압 $V_o = -RC\dfrac{dV_i}{dt} = -6 \times 2 \dfrac{dV_i}{dt} = -12\dfrac{dV_i}{dt}$

정답 10.④ / 01.①

기출문제 관련 이론 바로보기

단, $G_k = k$번째의 전향 경로(forword path) 이득
$\Delta = 1 - \sum L_{n1} + \sum L_{n2} - \sum L_{n3} + \cdots$
$\Delta_k = k$번째의 전향 경로와 접하지 않은 부분에 대한 Δ의 값
여기서,
$\sum L_{n1}$: 개개의 폐루프 이득의 합
$\sum L_{n2}$: 2개 이상 접촉하지 않는 루프 이득의 곱의 합
$\sum L_{n3}$: 3개 이상 접촉하지 않는 루프 이득의 곱의 합

01. 이론 check **가상 접지와 미분기**

(1) 가상 접지

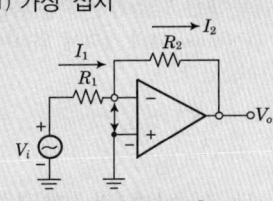

| 가상 접지 |

연산 증폭기의 응용 회로를 해석하는 데는 가상 접지 개념을 쓴다. Op-Amp의 반전과 비반전 입력 단자는 가상적으로 단락(short)되어 있다고 보는 것이다. 왜냐하면 Op-Amp의 입력 저항이 수십 [MΩ] 이상이므로 다른 저항에 비해 거의 무한대로 간주할 수 있으므로, Op-Amp 입력 단자 내부로 유입되는 전류는 0이며, 반면에 두 입력 단자 사이의 전압도 0이 되므로 반전과 비반전 입력 단자는 Short로 볼 수 있다. 이러한 개념이 가상 접지이다.

(2) 미분기

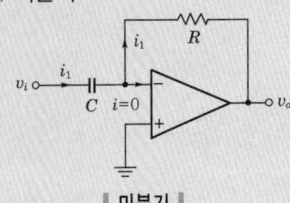

| 미분기 |

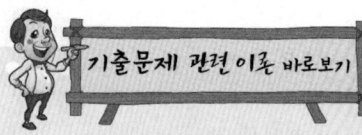

반전 증폭기와 비슷하나 저항 R_1 대신에 콘덴서 C를 쓴 점이 다르다. 이 회로의 출력 전압 v_o는 가상 접지 개념에 의해 $i_1 = C\dfrac{dv_i}{dt} = \dfrac{0-v_o}{R}$ 이므로 $v_o = -RC\dfrac{d}{dt}v_i$ [V]이다.

따라서 결과에서 보듯이 출력 전압 v_o는 입력 전압 v_i의 미분된 형태임을 알 수 있다.

03. **이론 check** 신호 흐름 선도의 이득 공식

출력과 입력과의 비, 즉 계통의 이득 또는 전달 함수 T는 다음 메이슨(Mason)의 정리에 의하여 구할 수 있다.

$$T = \dfrac{\sum_{k=1}^{n} G_k \Delta_k}{\Delta}$$

단, $G_k = k$번째의 전향 경로(forword path) 이득
$\Delta = 1 - \sum L_{n1} + \sum L_{n2} - \sum L_{n3} + \cdots$
$\Delta_k = k$번째의 전향 경로와 접하지 않은 부분에 대한 Δ의 값
여기서, $\sum L_{n1}$: 개개의 폐루프의 이득의 합
$\sum L_{n2}$: 2개 이상 접촉하지 않는 루프 이득의 곱의 합
$\sum L_{n3}$: 3개 이상 접촉하지 않는 루프 이득의 곱의 합

02 특성 방정식 중 안정될 필요 조건을 갖춘 것은?

① $s^4 + 3s^2 + 10s + 10 = 0$
② $s^3 + s^2 - 5s + 10 = 0$
③ $s^3 + 2s^2 + 4s - 1 = 0$
④ $s^3 + 9s^2 + 20s + 12 = 0$

해설 특정 방정식의 모든 차수의 항이 존재하고 각 계수의 부호가 같아야 한다.

03 다음 그림의 신호 흐름 선도에서 $\dfrac{C}{R}$를 구하면?

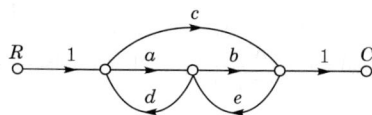

① $\dfrac{ab+c}{1-(ad+be)-cde}$

② $\dfrac{ab+c}{1+(ad+be)-cde}$

③ $\dfrac{ab+c}{1-(ad+be)}$

④ $\dfrac{ab+c}{1+(ad+be)}$

해설 $G_1 = ab$, $\Delta_1 = 1$
$G_2 = c$, $\Delta_2 = 1$
$L_{11} = ad$, $L_{21} = be$, $L_{31} = ced$
$\Delta = 1 - (L_{11} + L_{21} + L_{31})$
$= 1 - (ad + be + ced)$
∴ 전달 함수 $G(s)$
$\dfrac{C}{R} = \dfrac{G_1 \Delta_1 + G_2 \Delta_2}{\Delta} = \dfrac{ab+c}{1-(ad+be)-ced}$

04 z변환법을 사용한 샘플치 제어계가 안정되려면 $1 + G(z)H(z) = 0$의 근의 위치는?

① z평면의 좌반면에 존재하여야 한다.
② z평면의 우반면에 존재하여야 한다.
③ $|z| = 1$인 단위원 안쪽에 존재하여야 한다.
④ $|z| = 1$인 단위원 바깥쪽에 존재하여야 한다.

정답 02.④ 03.① 04.③

해설 z변환법을 사용한 샘플값 제어계 해석
- s평면의 좌반 평면(안정) : 특성근이 z평면의 원점에 중심을 둔 단위원 내부
- s평면의 우반 평면(불안정) : 특성근이 z평면의 원점에 중심을 둔 단위원 외부
- s평면의 허수축상(임계 안정) : 특성근이 z평면의 원점에 중심을 둔 단위원 원주상

05 다음 중 $f(t) = Ke^{-at}$ 의 z변환은?

① $\dfrac{Kz}{z - e^{-aT}}$ ② $\dfrac{Kz}{z + e^{-aT}}$

③ $\dfrac{z}{z - Ke^{-aT}}$ ④ $\dfrac{z}{z + Ke^{-aT}}$

해설 $z[e^{-at}] = \dfrac{z}{z - e^{-aT}}$

여기서, T : 샘플러의 주기

∴ $z[Ke^{-at}] = \dfrac{Kz}{z - e^{-aT}}$

06 제어계의 입력이 단위 계단 신호일 때 출력 응답은?

① 임펄스 응답 ② 인디셜 응답
③ 노멀 응답 ④ 램프 응답

해설
- 임펄스 응답 : 입력에 단위 임펄스 함수 신호를 가했을 때의 응답
- 인디셜 응답 : 입력에 단위 계단 함수 신호를 가했을 때의 응답
- 경사(램프) 응답 : 입력에 단위 램프 함수 신호를 가했을 때의 응답

07 자동 제어계의 과도 응답의 설명으로 틀린 것은?

① 지연 시간은 최종값의 50[%]에 도달하는 시간이다.
② 정정 시간은 응답의 최종값의 허용 범위가 ±5[%] 내에 안정되기까지 요하는 시간이다.
③ 백분율 오버슈트 = $\dfrac{최대\ 오버슈트}{최종\ 목표값} \times 100$
④ 상승 시간은 최종값의 10[%]에서 100[%]까지 도달하는 데 요하는 시간이다.

해설 상승 시간(T_r)은 일반적으로 응답이 목표값의 10[%]로부터 90[%]까지 도달하는 데 요하는 시간을 말한다.

---

06 이론 check **자동 제어계의 시간 응답**

[과도 응답]

(1) 임펄스 응답

단위 임펄스 입력의 입력 신호에 대한 응답으로 수학적 표현은 $x(t) = \delta(t)$, 라플라스 변환하면 $X(s) = 1$, 따라서 전달 함수를 $G(s)$라 하고 입력 신호를 $x(t)$, 출력 신호를 $y(t)$라 하면 임펄스 응답은 다음 식과 같다.

$y(t) = \mathcal{L}^{-1}[Y(s)]$
$= \mathcal{L}^{-1}[G(s) \cdot 1]$

(2) 인디셜 응답

단위 계단 입력의 입력 신호에 대한 응답으로 수학적 표현은 $x(t) = u(t)$, 라플라스 변환하면 $X(s) = \dfrac{1}{s}$, 따라서 전달 함수를 $G(s)$라 하고 입력 신호를 $x(t)$, 출력 신호를 $y(t)$라 하면 임펄스 응답은 다음 식과 같다.

$y(t) = \mathcal{L}^{-1}[Y(s)]$
$= \mathcal{L}^{-1}\left[G(s) \cdot \dfrac{1}{s}\right]$

(3) 경사 응답

단위 램프 입력의 입력 신호에 대한 응답으로 수학적 표현은 $x(t) = tu(t)$, 라플라스 변환하면 $X(s) = \dfrac{1}{s^2}$, 따라서 전달 함수를 $G(s)$라 하고 입력 신호를 $x(t)$, 출력 신호를 $y(t)$라 하면 임펄스 응답은 다음 식과 같다.

$y(t) = \mathcal{L}^{-1}[Y(s)]$
$= \mathcal{L}^{-1}\left[G(s) \cdot \dfrac{1}{s^2}\right]$

정답 05.① 06.② 07.④

PART 05 제어공학

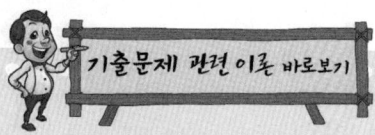

08. Tip ▶ 벡터 궤적

[적분 요소]

$G(s) = \dfrac{1}{s}$

주파수 전달 함수는 $G(j\omega) = \dfrac{1}{j\omega}$

$= -j\dfrac{1}{\omega}$ 로서 순허수부 뿐이므로, $\omega \to 0$에서는 허축상 $-\infty$로, $\omega \to \infty$일 때, 허축상에서 원점에 수렴하므로 다음 그림과 같이 ω가 점점 증가함에 따라 허축상 $-\infty$에서 0으로 올라오는 직선이 된다.

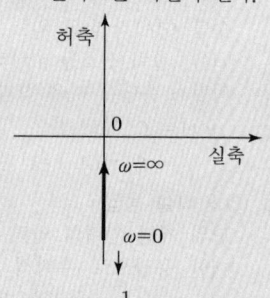

∥ $G(j\omega) = \dfrac{1}{j\omega}$ 의 벡터 궤적 ∥

08 주파수 전달 함수 $G(s) = s$인 미분 요소가 있을 때, 이 시스템의 벡터 궤적은?

①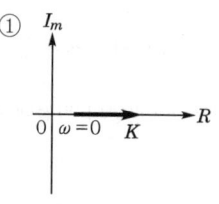
②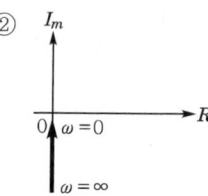
③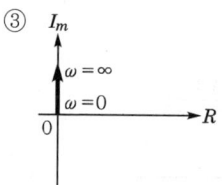
④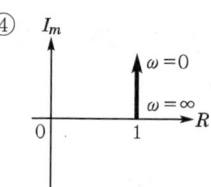

해설 미분 요소 $G(s) = s$

∴ $G(j\omega) = j\omega$

$\omega = 0$에서는 $G(j\omega) = 0$이지만 ω가 점점 증가함에 따라 $j\omega$는 허수축상에서 위로 올라가는 직선이 된다.

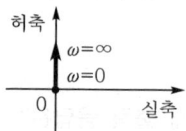

09 2차계의 감쇠비 δ가 $\delta > 1$이면 어떤 경우인가?

① 비제동
② 과제동
③ 부족 제동
④ 발산

해설 2차계의 과도 응답

$$G(s) = \frac{C(s)}{R(s)} = \frac{\omega_n^2}{s^2 + 2\delta\omega_n s + \omega_n^2}$$

특성 방정식 $s^2 + s\delta\omega_n s + \omega_n^2 = 0$

근 $s = -\delta\omega_n \pm j\omega_n\sqrt{1-\delta^2}$

- $\delta = 0$이면 근 $s = \pm j\omega_n$으로 순허근이므로 무한히 진동 무제동이 된다.
- $\delta = 1$이면 근 $s = -\omega_n$으로 중근이므로 진동에서 비진동으로 옮겨가는 임계 진동이 된다.
- $\delta > 1$이면 근 $s = -\delta\omega_n \pm \omega_n\sqrt{\delta^2-1}$으로 서로 다른 2개의 실근을 가지므로 비진동 과제동이 된다.
- $\delta < 1$이면 근 $s = -\delta\omega_n \pm j\omega_n\sqrt{1-\delta^2}$으로 공액 복소수근을 가지므로 감쇠 진동 부족 제동 한다.

정답 08. ③ 09. ②

10 특성 방정식 $P(s)$가 다음과 같이 주어지는 계가 있다. 이 계가 안정되기 위한 K와 T의 관계로 맞는 것은? (단, K와 T는 양의 실수이다.)

$$P(s) = 2s^3 + 3s^2 + (1+5KT)s + 5K = 0$$

① $K > T$
② $15KT > 10K$
③ $3 + 15KT > 10K$
④ $3 - 15KT > 10K$

해설 라우스의 표

s^3	2	$1+5KT$
s^2	3	$5K$
s^1	$\dfrac{3(1+5K)-10K}{3}$	0
s^0	$5K$	

안정하기 위해서는 제1열의 부호변화가 없어야 하므로

$\dfrac{3(1+5K)-10K}{3} > 0, \quad 5K > 0$

$3(1+5KT) - 10K > 0$

$\therefore 3 + 15KT > 10K$

제 3 회 제어공학

01 전달 함수의 크기가 주파수 0에서 최대값을 갖는 저역 통과 필터가 있다. 최대값의 70.7[%] 또는 -3[dB]로 되는 크기까지의 주파수로 정의되는 것은?

① 공진 주파수
② 첨두 공진점
③ 대역폭
④ 분리도

해설 **대역폭(band width)**
대역폭의 크기가 $0.707M_0$ 또는 $20\log M_0 - 3$[dB]에서의 주파수로 정의한다. 물리적 의미는 입력 신호가 30[%]까지 감소되는 주파수 범위이다. 대역폭이 넓으면 넓을수록 응답 속도가 빠르다.

---

01. 이론 check 공진 정점과 공진 주파수

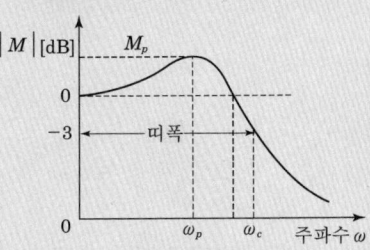

┃자동 제어계의 배율 곡선┃

(1) 공진 정점(M_p)
M의 최대값으로 정의한다. M_p는 계의 안정도의 척도가 된다. M_p가 크면 과도 응답시 Over shoot가 커진다.
제어계에서 최적한 M_p의 값은 대략 1.1과 1.5 사이이다.

(2) 공진 주파수(ω_p)
공진 정점이 일어나는 주파수를 말한다. 일반적으로 ω_p의 값이 높으면 주기는 적다.

정답 10.③ / 01.③

PART 05 제어공학

02. 이론check 라우스(Routh)의 안정도 판별법

(1) 제1단계
특성 방정식의 계수를 두 줄로 나열한다.
(2) 제2단계
라우스 수열을 계산하여 라우스 표를 작성한다.
(3) 제3단계
라우스의 표에서 제1열 원소의 부호를 조사한다. 부호 변화의 개수만큼의 근이 우반 평면에 존재한다.

02 다음의 어떤 제어계의 전달 함수인 $G(s) = \dfrac{s}{(s+2)(s^2+2s+2)}$ 에서 안정성을 판정하면?

① 임계 상태
② 불안정
③ 안정
④ 알 수 없다.

해설 • 특성 방정식
$(s+2)(s^2+2s+2) = 0$
$s^3 + 4s^2 + 6s + 4 = 0$
• 라우스의 표

s^3	1	6
s^2	4	4
s^1	$\dfrac{24-4}{4}$	0
s^0	4	

제1열의 부호변화가 없으므로 제어계는 안정하다.

03 그림과 같은 신호 흐름 선도에서 $\dfrac{C(s)}{R(s)}$의 값은?

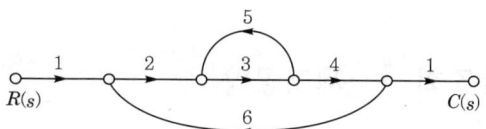

① $-\dfrac{24}{159}$　　　② $-\dfrac{12}{79}$

③ $\dfrac{24}{65}$　　　④ $\dfrac{24}{159}$

해설 메이슨의 식

$G(s) = \dfrac{\sum\limits_{k=1}^{n} G_k \Delta_k}{\Delta}$ 에서

$G_1 = 1 \times 2 \times 3 \times 4 \times 1 = 24$
$\Delta_1 = 1$
$L_{11} = 3 \times 5 = 15$
$L_{21} = 2 \times 3 \times 4 \times 6 = 144$
$\Delta = 1 - (L_{11} + L_{21}) = 1 - (15 + 144) = -158$
∴ 전달 함수 $G(s)$

$\dfrac{G_1 \Delta_1}{\Delta} = -\dfrac{24}{158} = -\dfrac{12}{79}$

정답 02.③　03.②

2015년 과년도 출제문제

04 $G(s) = \dfrac{K}{s}$ 인 적분 요소의 보드 선도에서 이득 곡선의 1[dec]당 기울기는 몇 [dB]인가?

① 10
② 20
③ -10
④ -20

해설

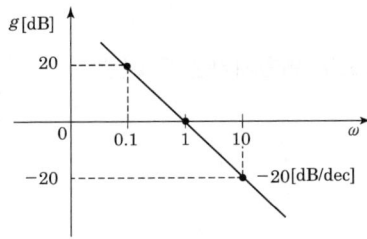

이득 $g = 20\log|G(j\omega)| = 20\log\left|\dfrac{K}{j\omega}\right| = 20\log\dfrac{K}{\omega}$
$= 20\log K - 20\log\omega\,[\text{dB}]$

- $\omega = 0.1$일 때, $g = 20\log K + 20\,[\text{dB}]$
- $\omega = 1$일 때, $g = 20\log K\,[\text{dB}]$
- $\omega = 10$일 때, $g = 20\log K - 20\,[\text{dB}]$

∴ 이득 $-20[\text{dB}]$의 경사를 가지며,

위상각 $\underline{/\theta} = \underline{/G(j\omega)} = \underline{/\dfrac{K}{j\omega}} = -90°$

∴ 1[dec]당 $-20[\text{dB}]$의 경사를 가진다.

05 자동 제어계에서 과도 응답 중 최종값의 10[%]에서 90[%]에 도달하는 데 걸리는 시간은?

① 정정 시간
② 지연 시간
③ 상승 시간
④ 응답 시간

해설
- 정정 시간(T_s) : 응답이 목표값의 ±5[%] 이내에 도달하는 데 요하는 시간
- 지연 시간(T_d) : 응답이 최초로 목표값의 50[%]가 되는 데 요하는 시간
- 상승 시간(T_r) : 응답이 목표값의 10[%]로부터 90[%]까지 도달하는 데 요하는 시간

기출문제 관련 이론 바로보기

04. Tip 보드 선도

[미분 요소]
$G(s) = s$, $G(j\omega) = j\omega$

(1) 이득
$g = 20\log_{10}|G(j\omega)| = 20\log_{10}\omega$

(2) 위상각
$\theta = \underline{/j\omega} = 90°$

보드 선도를 그리면
$\omega = 0.1$인 경우 이득 $g = -20\log_{10}10$
$= -20[\text{dB}]$
$\omega = 1$인 경우 이득 $g = 20\log_{10}1$
$= 0[\text{dB}]$
$\omega = 10$인 경우 이득 $g = 20\log_{10}10$
$= 20[\text{dB}]$

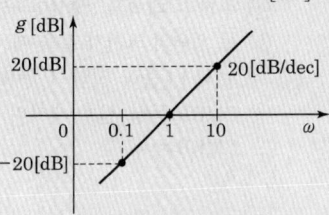

│ 미분 요소의 이득 곡선 │

정답 04.④ 05.③

PART 05 제어공학

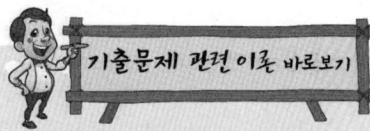

06. **연산 증폭기**

(1) 연산 증폭기는 안정하고 이득이 큰 직류 증폭 회로에 귀환 회로를 연결한 증폭 회로로, 직류에서부터 초고주파까지 증폭할 수 있다. 이 증폭기는 아날로그양의 가산, 감산, 미분, 적분 등의 연산을 행할 수 있으며, Op-Amp라고도 한다.

(2) 이상적인 연산 증폭기의 특성
① 입력 임피던스 : $Z_i = \infty$
② 출력 임피던스 : $Z_o = 0$
③ 전압 이득 : $A_v = \infty$
④ 주파수 대역폭 : $BW = \infty$
⑤ 두 입력의 크기가 같을 때($V_1 = V_2$) : 출력 전압 $V_o = 0$
⑥ CMRR(동상 신호 제거비) : CMRR $= \infty$

06 연산 증폭기의 성질에 관한 설명으로 틀린 것은?

① 전압 이득이 매우 크다.
② 입력 임피던스가 매우 작다.
③ 전력 이득이 매우 크다.
④ 출력 임피던스가 매우 작다.

해설 연산 증폭기의 특징은 입력 임피던스가 매우 크고 출력 임피던스가 작으며 증폭도는 매우 크다.

07 다음 중 온도를 전압으로 변환시키는 요소는?

① 차동 변압기
② 열전대
③ 측온 저항
④ 광전지

해설
- 열전대 : 온도를 전압으로 변환시키는 요소
- 측온 저항 : 온도를 임피던스로 변환시키는 요소
- 광전지 : 광을 전압으로 변환시키는 요소

08 다음 블록 선도의 전달 함수는?

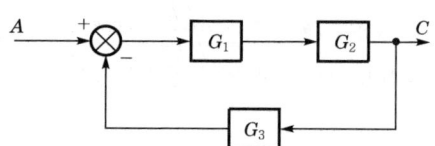

① $\dfrac{G_1 G_2}{1 - G_1 G_2 G_3}$

② $\dfrac{G_1 G_2}{1 + G_1 G_2 G_3}$

③ $\dfrac{G_1}{1 - G_1 G_2 G_3}$

④ $\dfrac{G_2}{1 + G_1 G_2 G_3}$

해설 $(A - CG_3)G_1 G_2 = C$
$AG_1 G_2 = C(1 + G_1 G_2 G_3)$
∴ 전달 함수 $G(s) = \dfrac{C}{A} = \dfrac{G_1 G_2}{1 + G_1 G_2 G_3}$

정답 06.② 07.② 08.②

09 $e(t)$의 z변환을 $E(z)$라 했을 때, $e(t)$의 초기값은?

① $\lim_{z \to 0} zE(z)$
② $\lim_{z \to 0} E(z)$
③ $\lim_{z \to \infty} zE(z)$
④ $\lim_{z \to \infty} E(z)$

해설
- 초기값 정리 $\lim_{t \to 0} e(t) = \lim_{z \to \infty} E(z)$
- 최종값 정리 $\lim_{t \to \infty} e(t) = \lim_{z \to 1}\left(1 - \frac{1}{Z}\right)E(z)$

10 특성 방정식이 $s^4 + s^3 + 2s^2 + 3s + 2 = 0$인 경우 불안정한 근의 수는?

① 0개
② 1개
③ 2개
④ 3개

해설 라우스의 표

s^4	1	2	2
s^3	1	3	0
s^2	$\frac{2-3}{1}$	$\frac{2-0}{1}$	
s^1	$\frac{-3-2}{-1}$	0	
s^0	2		

∴ 제1열의 부호 변화가 2번 있으므로 불안정한 근의 수가 2개 있다.

기출문제 관련 이론 바로보기

09. 이론 check z변환의 중요한 정리

(1) 가감산
$r_1(KT) \pm r_2(KT) = R_1(z) \pm R_2(z)$

(2) 실합성(real convolution)
$f_1(k) \times f_2(k) = F_1(z)F_2(z)$

(3) 복소 추이
$e^{-aKT}r(KT) = R(ze^{aT})$

(4) 초기값 정리
$\lim_{K \to 0} r(KT) = \lim_{z \to \infty} R(z)$

(5) 최종값 정리
$\lim_{K \to \infty} r(KT) = \lim_{z \to 1}(1 - z^{-1})R(z)$

10. 이론 check 라우스(Routh)의 안정도 판별법

(1) 제1단계
특성 방정식의 계수를 두 줄로 나열한다.
(2) 제2단계
라우스 수열을 계산하여 라우스 표를 작성한다.
(3) 제3단계
라우스의 표에서 제1열 원소의 부호를 조사한다. 부호 변화의 개수만큼의 근이 우반 평면에 존재한다.

2016년 과년도 출제문제

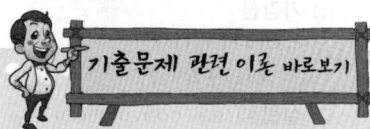

제1회 제어공학

01 제어 오차가 검출될 때 오차가 변화하는 속도에 비례하여 조작량을 조절하는 동작으로 오차가 커지는 것을 사전에 방지하는 제어 동작은?

① 미분 동작 제어
② 비례 동작 제어
③ 적분 동작 제어
④ 온-오프(on-off) 제어

해설 미분 동작 제어

레이트 동작 또는 단순히 D동작이라 하며 단독으로 쓰이지 않고 비례 또는 비례+적분 동작과 함께 쓴다.
미분 동작은 오차(편차)의 증가 속도에 비례하여 제어 신호를 만들어 오차가 커지는 것을 미리 방지하는 효과를 가지고 있다.

02 다음과 같은 상태 방정식으로 표현되는 제어계에 대한 설명으로 틀린 것은?

$$\dot{x} = \begin{bmatrix} 0 & 1 \\ -2 & -3 \end{bmatrix} x + \begin{bmatrix} 1 & 1 \\ 0 & -2 \end{bmatrix} u$$

① 2차 제어계이다.
② x는 (2×1)의 벡터이다.
③ 특성 방정식은 $(s+1)(s+2)=0$이다.
④ 제어계는 부족 제동(under damped)된 상태에 있다.

해설 특성 방정식 $|sI - A| = 0$

$\left| \begin{bmatrix} s & 0 \\ 0 & s \end{bmatrix} - \begin{bmatrix} 0 & 1 \\ -2 & -3 \end{bmatrix} \right| = 0$

$\begin{vmatrix} s & -1 \\ 2 & s+3 \end{vmatrix} = 0$

∴ $s(s+3) + 2 = 0$

$s^2 + 3s + 2 = 0$

$(s+1)(s+2) = 0$

근 $s = -1, -2$로 서로 다른 두 실근이므로 과제동한다.

또는 $2\delta\omega_n = 3$에서 $\delta = \dfrac{3}{2\sqrt{2}} = 1.06$, $\delta > 1$이므로 제어계는 과제동 상태에 있다.

기출문제 관련 이론 바로보기

01. 이론 check **비례 미분 동작(PD 동작)**

$x_o = K_P \left(x_i + T_D \dfrac{dx_i}{dt} \right)$

(1) K_P, T_D 는 모두 조절 가능하다.
(2) 미분 제어 동작은 Rate 제어라고도 하는데 x_o의 크기는 동작 신호 x_i의 변화율에 비례한다.
(3) 미분 시간 T_D는 미분 제어 동작이 비례 제어 동작 효과보다 얼마만큼 시간적으로 앞서가는가의 시간 간격을 나타낸다.
(4) PD 동작은 서보 기구의 진상 요소에 상당하며 속응성 개선에 사용된다.

 01.① 02.④

03 벡터 궤적이 다음과 같이 표시되는 요소는?

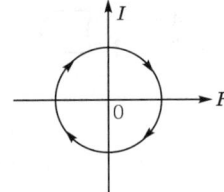

① 비례 요소
② 1차 지연 요소
③ 2차 지연 요소
④ 부동작 시간 요소

해설 부동작 시간 요소의 전달 함수
$G(j\omega) = e^{-j\omega L} = \cos\omega L - j\sin\omega L$
크기 $|G(j\omega)| = \sqrt{(\cos\omega L)^2 + (\sin\omega L)^2} = 1$
∴ 반지름 1인 원

04 그림과 같은 이산치계의 z변환 전달 함수 $\dfrac{C(z)}{R(z)}$를 구하면? $\left(\text{단, } Z\left[\dfrac{1}{s+a}\right] = \dfrac{z}{z-e^{-aT}}\right)$

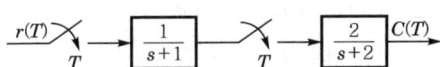

① $\dfrac{2z}{z-e^{-T}} - \dfrac{2z}{z-e^{-2T}}$

② $\dfrac{2z^2}{(z-e^{-T})(z-e^{-2T})}$

③ $\dfrac{2z}{z-e^{-2T}} - \dfrac{2z}{z-e^{-T}}$

④ $\dfrac{2z}{(z-e^{-T})(z-e^{-2T})}$

해설 $C(z) = G_1(z)G_2(z)R(z)$
∴ $G(z) = \dfrac{C(z)}{R(z)}$
$= G_1(z)G_2(z) = Z\left[\dfrac{1}{s+1}\right]Z\left[\dfrac{1}{s+2}\right]$
$= \dfrac{2z^2}{(z-e^{-T})(z-e^{-2T})}$

---

03. **부동작 시간 요소**

$G(s) = e^{-\tau s}$
$G(j\omega) = e^{j\tau\omega} = \cos\omega\tau - j\sin\omega\tau$
$|G(j\omega)| = \cos^2\omega\tau + \sin^2\omega\tau = 1$
$\theta = \angle G(j\omega) = -\tan^{-1}\dfrac{\sin\omega\tau}{\cos\omega\tau}$

따라서, 벡터의 길이=1, θ는 ω의 증가에 따라 (−)방향으로 회전하므로 벡터 궤적은 다음 그림과 같이 된다.

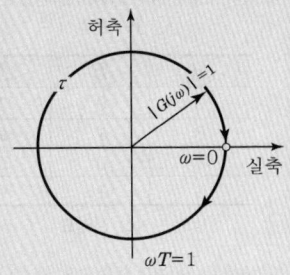

│ $G(j\omega) = e^{-j\omega\tau}$의 벡터 궤적 │

정답 03.④ 04.②

PART 05 제어공학

05. 이론check **NOR 회로**

OR 회로에 NOT 회로를 접속한 OR-NOT 회로

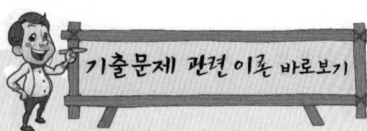

(a) 논리 기호

$Y = A + B$, $X = \overline{Y}$
$X = \overline{A+B}$

(b) 논리식

A	B	X
0	0	1
0	1	0
1	0	0
1	1	0

(c) 진리표

07. 이론check **각종 제어 요소의 전달 함수**

(1) 비례 요소
$y(t) = Kx(t)$를 라플라스 변환하면 $Y(s) = KX(s)$이다.
전달 함수 $G(s) = \dfrac{Y(s)}{X(s)} = K$
여기서, K : 이득 정수

(2) 미분 요소
$y(t) = K\dfrac{dx(t)}{dt}$
전달 함수 $G(s) = \dfrac{Y(s)}{X(s)} = Ks$

(3) 적분 요소
$y(t) = K\int x(t)dt$
전달 함수 $G(s) = \dfrac{Y(s)}{X(s)} = \dfrac{K}{s}$

(4) 1차 지연 요소
$b_1 \dfrac{dy(t)}{dt} + b_0 y(t) = a_0 x(t)$
($b_1,\ b_0 > 0$)

05 다음의 논리 회로를 간단히 하면?

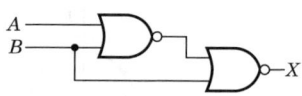

① $X = AB$
② $X = A\overline{B}$
③ $X = \overline{A}B$
④ $X = \overline{AB}$

해설 $X = \overline{\overline{A+B}+B} = \overline{\overline{A+B}} \cdot \overline{B} = (A+B)\overline{B}$
$= A\overline{B} + B\overline{B} = A\overline{B}$

06 그림과 같은 신호 흐름 선도에서 $\dfrac{C(s)}{R(s)}$의 값은?

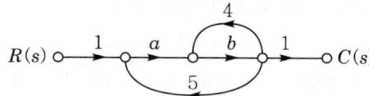

① $\dfrac{ab}{1-4b-5ab}$
② $\dfrac{ab}{1+4b-5ab}$
③ $\dfrac{ab}{1-4b+5ab}$
④ $\dfrac{ab}{1+4b+5ab}$

해설 $G_1 = 1 \cdot a \cdot b \cdot 1 = ab$
$\Delta_1 = 1$
$\Delta = 1 - (L_{11} + L_{21}) = 1 - (4b + 5ab) = 1 - 4b - 5ab$
∴ 전달 함수 $G(s) = \dfrac{C(s)}{R(s)} = \dfrac{G_1 \Delta_1}{\Delta} = \dfrac{ab}{1-4b-5ab}$

07 단위 계단 입력에 대한 응답 특성이 $c(t) = 1 - e^{-\frac{1}{T}t}$로 나타나는 제어계는?

① 비례 제어계
② 적분 제어계
③ 1차 지연 제어계
④ 2차 지연 제어계

해설 단위 계단 입력이므로 $r(t) = u(t)$, $R(s) = \dfrac{1}{s}$
응답, 즉 출력은
$c(t) = 1 - e^{-\frac{1}{T}t}$ 이므로
$C(s) = \dfrac{1}{s} - \dfrac{1}{s + \dfrac{1}{T}}$

∴ 전달 함수 $G(s) = \dfrac{C(s)}{R(s)} = \dfrac{\dfrac{1}{s} - \dfrac{1}{s+\dfrac{1}{T}}}{\dfrac{1}{s}} = \dfrac{1}{Ts+1}$

∴ 1차 지연 제어계이다.

정답 05.② 06.① 07.③

08 $G(s)H(s) = \dfrac{K(s+1)}{s^2(s+2)(s+3)}$ 에서 근궤적의 수는?

① 1
② 2
③ 3
④ 4

해설 근궤적의 개수는 z와 p 중 큰 것과 일치한다.
영점의 개수 $z=1$, 극점의 개수 $p=4$
∴ 근궤적의 개수는 극점의 개수인 4개이다.

09 주파수 응답에 의한 위치 제어계의 설계에서 계통의 안정도 척도와 관계가 적은 것은?

① 공진치
② 위상 여유
③ 이득 여유
④ 고유 주파수

해설 위상 여유 $\phi_m > 0$, 이득 여유 $g_m > 0$, 위상 교점 주파수 $\omega_\pi >$ 이득 교점 주파수 ω_1의 조건이 만족되어 있으면 제어계는 안정이다. 또한, 공진 정점이 너무 커지면 과도 응답시 오버 슈트가 커지므로 불안정하게 된다. 하지만 고유 주파수 $\left(\omega_m = \dfrac{1}{\sqrt{LC}}\right)$는 안정도와는 무관하다.

10 나이퀴스트(nyquist) 선도에서의 임계점 $(-1, j0)$에 대응하는 보드 선도에서의 이득과 위상은?

① 1, 0°
② 0, -90°
③ 0, 90°
④ 0, -180°

해설
- 이득 $g = 20\log_{10}|G| = 20\log 1 = 0[\text{dB}]$
- 위상 : 180° 또는 -180°

제 2 회 제어공학

01 다음의 설명 중 틀린 것은?

① 최소 위상 함수는 양의 위상 여유이면 안정하다.
② 이득 교차 주파수는 진폭비가 1이 되는 주파수이다.
③ 최소 위상 함수는 위상 여유가 0이면 임계 안정하다.
④ 최소 위상 함수의 상대 안정도는 위상각의 증가와 함께 작아진다.

해설 최소 위상 함수의 상대 안정도는 위상각이 증가되면 더욱 커지게 된다.

기출문제 관련 이론 바로보기

전달 함수

$G(s) = \dfrac{Y(s)}{X(s)}$

$= \dfrac{a_0}{b_1 s + b_0} = \dfrac{\dfrac{a_0}{b_0}}{\left(\dfrac{b_1}{b_0}\right)s + 1}$

$= \dfrac{K}{Ts+1}$

단, $\dfrac{a_0}{b_0} = K$, $\dfrac{b_1}{b_0} = T$(시정수)

역라플라스 변환하면

$y(t) = \mathcal{L}^{-1}\left[\dfrac{1}{s}G(s)\right]$

$= \mathcal{L}^{-1}\left[\dfrac{K}{s(Ts+1)}\right]$

$= K(1 - e^{-\frac{1}{T}t})$

08. 이론 check 근궤적의 개수

$z > p$이면 $N = z$, $z < p$이면 $N = p$ 근궤적은 $G(s)H(s)$의 극에서 출발하여 영점에서 끝나므로 근궤적의 개수는 z와 p 중 큰 것과 일치한다. 또한 근궤적의 개수는 특성 방정식의 차수와 같다.

여기서, N : 근궤적의 개수
 z : $G(s)H(s)$의 유한 영점(finite zero)의 개수
 p : $G(s)H(s)$의 유한 극점(finite pole)의 개수

정답 08.④ 09.④ 10.④ / 01.④

PART 05 제어공학

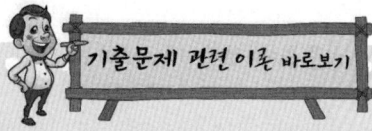

02 2차 제어계 $G(s)H(s)$의 나이퀴스트 선도의 특징이 아닌 것은?

① 이득 여유는 ∞이다.
② 교차량 $|GH|=0$이다.
③ 모두 불안정한 제어계이다.
④ 부의 실축과 교차하지 않는다.

해설 2차계의 $G(s)H(s)$의 나이퀴스트 선도는 음의 실축과 교차하지 않으므로 $|GH|=0$이다.

$$\therefore \text{이득 여유}(GM)=20\log\frac{1}{|GH|}$$
$$=20\log_{10}\frac{1}{0}=\infty[\text{dB}]$$

이득 여유가 ∞[dB]이라 함은 이론적으로 계가 불안정한 상태에 도달되기까지 이득 K의 값을 무한대로 증대시킬 수 있다는 뜻이다.

03. 이론 check **특성 방정식**

(1) 미분 방정식의 관점
$$\dddot{c}(t)+a_3\ddot{c}(t)+a_2\dot{c}(t)+a_1c(t)=r(t)$$

위와 같은 3차 미분 방정식이 있을 때 특성 방정식은 초기 조건과 제차 부분을 0으로 놓고 양변을 라플라스 변환함으로써 얻는다.

$(s^3+a_3s^2+a_2s+a_1)c(s)=0$
$\therefore s^3+a_3s^2+a_2s+a_1=0$

(2) 전달 함수의 관점
$$\frac{C(s)}{R(s)}=\frac{1}{s^3+a_3s^2+a_2s+a_1}$$

특성 방정식은 전달 함수의 분모를 0으로 놓아 얻는다.
$\therefore s^3+a_3s^2+a_2s+a_1=0$

(3) 공간 상태 변수법의 관점
$G(s)=D(sI-A)^{-1}B+E$
$=D\dfrac{adj(sI-A)}{|sI-A|}B+E$
$=\dfrac{D[adj(sI-A)]B+|sI-A|E}{|sI-A|}$

전달 함수의 분모를 0으로 놓아 특성 방정식을 얻으면
$\therefore |sI-A|=0$

03 다음과 같은 상태 방정식의 고유값 λ_1과 λ_2는?

$$\begin{bmatrix}\dot{x}_1\\\dot{x}_2\end{bmatrix}=\begin{bmatrix}1&-2\\-3&2\end{bmatrix}\begin{bmatrix}x_1\\x_2\end{bmatrix}+\begin{bmatrix}2&-3\\-4&3\end{bmatrix}\begin{bmatrix}r_1\\r_2\end{bmatrix}$$

① 4, −1
② −4, 1
③ 6, −1
④ −6, 1

해설 고유값(eigenvalue)은 특성 방정식의 근이므로
$|sI-A|=0$(여기서, $s=\lambda$)
$\left|\begin{bmatrix}\lambda&0\\0&\lambda\end{bmatrix}-\begin{bmatrix}1&-2\\-3&2\end{bmatrix}\right|=0$
$\begin{vmatrix}\lambda-1&2\\3&\lambda-2\end{vmatrix}=0$
$(\lambda-1)(\lambda-2)-6=0$
$\therefore \lambda^2-3\lambda-4=0$
$(\lambda-4)(\lambda+1)=0$
$\therefore \lambda=4,-1$
즉, 고유값 λ_1과 λ_2는 4와 −1이다.

04 제어기에서 미분 제어의 특성으로 가장 적합한 것은?

① 대역폭이 감소한다.
② 제동을 감소시킨다.
③ 작동 오차의 변화율에 반응하여 동작한다.
④ 정상 상태의 오차를 줄이는 효과를 갖는다.

해설 미분 동작은 자동 제어에서 조작부를 편차의 시간 미분값, 즉 편차가 변화하는 빈도에 비례하여 움직이는 작용을 말하며 D동작이라고도 한다.

정답 02.③ 03.① 04.③

05 폐루프 시스템의 특징으로 틀린 것은?

① 정확성이 증가한다.
② 감쇠폭이 증가한다.
③ 발진을 일으키고 불안정한 상태로 되어갈 가능성이 있다.
④ 계의 특성 변화에 대한 입력 대 출력비의 감도가 증가한다.

해설 피드백 제어계의 가장 중요한 특징은 다음과 같다.
- 정확성의 증가
- 제어계의 특성 변화에 대한 입력 대 출력비의 감도 감소
- 비선형성과 왜형에 대한 효과 감소
- 감대폭의 증가
- 발진을 일으키고 불안정한 상태로 되어가는 경향성

06 Nyquist 판정법의 설명으로 틀린 것은?

① 안정성을 판정하는 동시에 안정도를 제시해준다.
② 계의 안정도를 개선하는 방법에 대한 정보를 제시해준다.
③ Nyquist 선도는 제어계의 오차 응답에 관한 정보를 준다.
④ Routh-Hurwitz 판정법과 같이 계의 안정 여부를 직접 판정해준다.

해설 나이퀴스트의 안정도 판별법은 안정성의 양·부, 안정도의 평가, 비교 등에 정보를 제공하여 주므로 제어계의 설계에 많이 이용되며 계의 주파수 응답에 관한 정보를 준다.

07 그림의 신호 흐름 선도에서 $\dfrac{y_2}{y_1}$은?

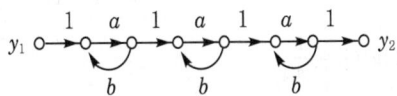

① $\dfrac{a^3}{1-3ab}$
② $\dfrac{a^3}{(1-ab)^3}$
③ $\dfrac{a^3}{1-3ab+ab}$
④ $\dfrac{a^3}{1-3ab+2ab}$

해설 $G_1 = a \cdot a \cdot a = a^3$, $\Delta_1 = 1$

$\sum L_{n1} = ab + ab + ab = 3ab$

$\sum L_{n2} = ab \times ab + ab \times ab + ab \times ab = 3a^2b^2$

$\sum L_{n3} = ab \times ab \times ab = a^3b^3$

$\Delta = 1 - 3ab + 3a^2b^2 - a^3b^3 = (1-ab)^3$

∴ 전달 함수 $G(s) = \dfrac{y_2}{y_1} = \dfrac{G_1 \Delta_1}{\Delta} = \dfrac{a^3}{(1-ab)^3}$

기출문제 관련 이론 바로보기

05. 이론check 제어 시스템 형태의 특징

(1) 개회로 제어계의 특징
① 제어 시스템이 가장 간단하며, 설치비가 싸다.
② 제어 동작이 출력과 관계가 없어 오차가 많이 생길 수 있으며, 이 오차를 교정할 수가 없다.

(2) 폐회로 제어계의 특징
① 장점
 ㉠ 생산 품질 향상이 현저하며 균일한 제품을 얻을 수 있다.
 ㉡ 원료, 연료 및 동력을 절약할 수 있으며 인건비를 줄일 수 있다.
 ㉢ 생산 속도를 상승시키고, 생산량을 크게 증대시킬 수 있다.
 ㉣ 노동 조건의 향상 및 위험 환경의 안정화에 기여한다.
 ㉤ 생산 설비의 수명 연장, 설비 자동화로 원가를 절감할 수 있다.
② 장점
 ㉠ 자동 제어의 설비에 많은 비용이 들고 고도화된 기술이 필요하다.
 ㉡ 제어 장치의 운전, 수리 및 보관에 고도의 지식과 능숙한 기술이 있어야 한다.
 ㉢ 설비의 일부의 고장이 전 생산 라인에 영향을 미친다.

06. 이론check Nyquist 판별법의 특징

(1) Nyquist 판별법은 제어 시스템의 절대 안정도에 관하여 Routh-Hurwitz 판별법과 똑같은 정보를 제공한다.
(2) Nyquist 판별법은 시스템의 안정도의 정도를 제시하며, 필요할 때에는 시스템의 안정도를 개선할 수 있는 방법을 제시한다.
(3) $G(j\omega)H(j\omega)$의 주파수 영역은 폐루프 시스템의 주파수 영역 응답 특성에 대한 정보를 제공한다.

정답 05.④ 06.③ 07.②

PART 05 제어공학

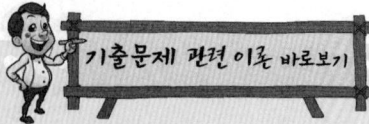

(4) 시간 지연을 갖는 폐루프 시스템의 안정성을 Nyquist 판별법으로 구할 수 있다.
(5) 비선형 시스템에도 변경해서 사용할 수 있다.

10. 이론 check 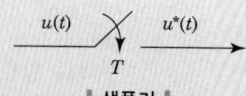 z변환의 예

$r(KT) = 1$

여기서, $K = 0, 1, 2, 3, \cdots$

$R(z) = \sum_{K=0}^{\infty} z^{-K}$

$\quad\quad = 1 + z^{-1} + z^{-2} + \cdots\cdots$

$\therefore R(z) = \dfrac{1}{1-z^{-1}} = \dfrac{z}{z-1}$

Tip z변환

$u(t) \xrightarrow{\ T\ } u^*(t)$

‖샘플러‖

여기서, $u(t)$: 연속치 신호
$\quad\quad u^*(t)$: 이산화된 신호
$\quad\quad T$: 샘플러가 닫히는 시간 간격(샘플링 주기)

[이상 샘플러]

$u^*(t) = \sum_{K=0}^{\infty} u(KT)\delta(1-KT)$

여기서, $K=0, 1, 2, 3, \cdots$

양변을 라플라스 변환하면

$u^*(s) = \sum_{K=0}^{\infty} u(KT)e^{-KTs}$

여기서, $K=0, 1, 2, 3, \cdots$

z변환은 $z = e^{Ts}$, $s = \dfrac{1}{T}\ln z$

따라서,

$u^*\left(s = \dfrac{1}{T}\ln z\right) = u(z)$

$\quad\quad = \sum_{K=0}^{\infty} u(KT)z^{-K}$

$u(z) = u^*(t)$의 z변환은 변수를 $z = e^{Ts}$로 바꾸어 주는 것으로 보면 된다.

08 그림과 같은 블록 선도로 표시되는 제어계는 무슨 형인가?

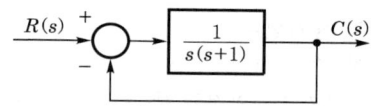

① 0 ② 1
③ 2 ④ 3

해설 $G(s)H(s) = \dfrac{1}{s(s+1)}$

제어계의 형은 개루프 전달 함수의 원점에서 극점의 수이므로 1형 제어계이다.

09 다음 논리 회로의 출력 X는?

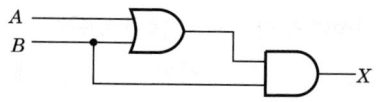

① A ② B
③ $A+B$ ④ $A \cdot B$

해설 $X = (A+B)B = AB + BB = B(A+1) = B$

10 단위 계단 함수 $u(t)$를 z변환하면?

① 1 ② $\dfrac{1}{z}$
③ 0 ④ $\dfrac{z}{z-1}$

해설 $\mathcal{L}[u(t)] = \dfrac{1}{s}$

$z[u(t)] = \dfrac{z}{z-1}$

제 3 회 제어공학

01 단위 피드백 제어계의 개루프 전달 함수가 $G(s) = \dfrac{1}{(s+1)(s+2)}$일 때 단위 계단 입력에 대한 정상 편차는?

① $\dfrac{1}{3}$ ② $\dfrac{2}{3}$
③ 1 ④ $\dfrac{4}{3}$

정답  08.② 09.② 10.④ / 01.②

해설 위치 편차 상수 $K_p = \lim_{s \to 0} G(s)$
$$= \lim_{s \to 0} \frac{1}{(s+1)(s+2)} = \frac{1}{2}$$
∴ 정상 위치 편차 $e_{ssp} = \frac{1}{1+K_p} = \frac{1}{1+\frac{1}{2}} = \frac{2}{3}$

02 $G(s)H(s) = \frac{K(s+1)}{s^2(s+2)(s+3)}$ 에서 점근선의 교차점을 구하면?

① $-\frac{5}{6}$ ② $-\frac{1}{5}$

③ $-\frac{4}{3}$ ④ $-\frac{1}{3}$

해설 $\sigma = \frac{\sum G(s)H(s)\text{의 극점} - \sum G(s)H(s)\text{의 영점}}{p-z}$
$$= \frac{(0-2-3)-(-1)}{4-1} = -\frac{4}{3}$$

03 그림의 블록 선도에서 K에 대한 폐루프 전달 함수 $T = \frac{C(s)}{R(s)}$ 의 감도 S_K^T는?

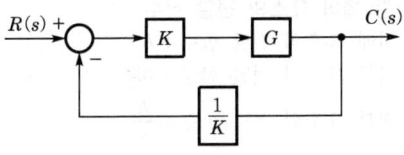

① -1 ② -0.5
③ 0.5 ④ 1

해설 전달 함수 $T = \frac{C(s)}{R(s)} = \frac{KG}{1+KG \cdot \frac{1}{K}} = \frac{KG}{1+G}$

∴ 감도 $S_K^T = \frac{K}{T}\frac{dT}{dK}$
$$= \frac{K}{\frac{KG}{1+G}} \cdot \frac{d}{dK}\left(\frac{KG}{1+G}\right)$$
$$= \frac{1+G}{G} \cdot \frac{G}{1+G} = 1$$

03. 이론 check 감도

감도(sensitivity)는 특수한 요소의 특성에 계통 특성 의전도의 척도이다.
주어진 요소 K의 특성에 대하여 계통의 폐루프 전달 함수 T의 미분 감도는 다음과 같다.
$$S_K^T = \frac{d\ln T}{d\ln K} = \frac{K}{T}\frac{dT}{dK}$$
여기서, $T = \frac{C(s)}{R(s)}$

위의 식에서 K에 대한 T의 미분 감도가 T에 변화를 일으켜주는 K에서의 백분율 변화로서 나누어 준 T에서의 백분율 변화이다.
이 정의는 작은 변화에 대해서만 근거 있는 것이다. 감도는 주파수의 함수이며, 이상적인 계에서는 어떤 파라미터의 변화에 대하여서도 감도는 0이다.

정답 02.③ 03.④

 PART 05 제어공학

04. **영점과 극점**

(1) 영점
전달 함수 $G(s)=0$이 되는 s의 값으로 전달 함수의 분자=0의 근을 나타내고 기호 0으로 표시한다.

(2) 극점
전달 함수 $G(s)=\infty$가 되는 s의 값으로 전달 함수의 분포=0의 근을 나타내고 기호 X로 표시한다.

04 다음의 전달 함수 중에서 극점이 $-1 \pm j2$, 영점이 -2인 것은?

① $\dfrac{s+2}{(s+1)^2+4}$

② $\dfrac{s-2}{(s+1)^2+4}$

③ $\dfrac{s+2}{(s-1)^2+4}$

④ $\dfrac{s-2}{(s-1)^2+4}$

해설 극점 $s=-1 \pm j2$
즉 전달 함수의 분포는
$[(s+1)-j2]\{(s+1)+j2\}=(s+1)^2+4$
영점 $s=-2$
즉 전달 함수의 분자는 $s+2$
$\therefore G(s)=\dfrac{s+2}{(s+1)^2+4}$

05 비례 요소를 나타내는 전달 함수는?

① $G(s)=K$ ② $G(s)=Ks$

③ $G(s)=\dfrac{K}{s}$ ④ $G(s)=\dfrac{K}{Ts+1}$

해설 각종 제어 요소의 전달 함수
- 비례 요소의 전달 함수 : K
- 미분 요소의 전달 함수 : Ks
- 적분 요소의 전달 함수 : $\dfrac{K}{s}$
- 1차 지연 요소의 전달 함수 : $G(s)=\dfrac{K}{1+Ts}$
- 부동작 시간 요소의 전달 함수 : $G(s)=Ke^{-Ls}$

06. **드모르간의 법칙**
$\overline{A \cdot B}=\overline{A}+\overline{B}$, $\overline{A+B}=\overline{A} \cdot \overline{B}$,
$\overline{\overline{A}}=A$

06 다음의 논리 회로를 간단히 하면?

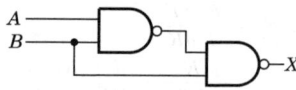

① $\overline{A}+B$ ② $A+\overline{B}$

③ $\overline{A}+\overline{B}$ ④ $A+B$

해설 $X=\overline{\overline{AB} \cdot B}=\overline{\overline{AB}}+\overline{B}=AB+\overline{B}=AB+\overline{B}(1+A)$
$=AB+\overline{B}+A\overline{B}=A(B+\overline{B})+\overline{B}$
$=A+\overline{B}$

정답 04.① 05.① 06.②

07 근궤적에 대한 설명 중 옳은 것은?

① 점근선은 허수축에서만 교차된다.
② 근궤적이 허수축을 끊는 K의 값은 일정하다.
③ 근궤적은 절대 안정도 및 상대 안정도와 관계가 없다.
④ 근궤적의 개수는 극점의 수와 영점의 수 중에서 큰 것과 일치한다.

해설 근궤적의 작도법
- 점근선은 실수축상에서만 교차하고 그 수는 $n = p - z$이다.
- 근궤적이 K의 변화에 따라 허수축을 지나 s평면의 우반 평면으로 들어가는 순간은 계의 안정성이 파괴되는 임계점에 해당된다. 즉, K의 값은 일정하지 않다.
- 근궤적은 절대 안정도와 상대 안정도 모두를 제공해준다.
따라서 보다 안정된 설계를 할 수 있다.

08 $F(s) = s^3 + 4s^2 + 2s + K = 0$에서 시스템이 안정하기 위한 K의 범위는?

① $0 < K < 8$ ② $-8 < K < 0$
③ $1 < K < 8$ ④ $-1 < K < 8$

해설 라우스의 표

$$\begin{array}{c|cc} s^3 & 1 & 2 \\ s^2 & 4 & K \\ s^1 & \dfrac{8-K}{4} & 0 \\ s^0 & K & \end{array}$$

제1열의 부호 변화가 없으려면 $\dfrac{8-K}{4} > 0$, $K > 0$

∴ $0 < K < 8$

09 $\mathcal{L}^{-1}\left[\dfrac{s}{(s+1)^2}\right]$는?

① $e^t - te^{-t}$ ② $e^{-t} - te^{-t}$
③ $e^{-t} + te^{-t}$ ④ $e^{-t} + 2te^{-t}$

해설 $F(s) = \dfrac{k_{11}}{(s+1)^2} + \dfrac{k_{12}}{(s+1)}$

$k_{11} = s\big|_{s=-1} = -1$

$k_{12} = \dfrac{d}{ds}s\Big|_{s=-1} = 1$

∴ $F(s) = \dfrac{-1}{(s+1)^2} + \dfrac{1}{(s+1)}$

∴ $f(t) = e^{-t} - te^{-t}$

08. 이론 check 라우스(Routh)의 안정도 판별법

(1) 제1단계
특성 방정식의 계수를 두 줄로 나열한다.
(2) 제2단계
라우스 수열을 계산하여 라우스 표를 작성한다.
(3) 제3단계
라우스의 표에서 제1열 원소의 부호를 조사한다. 부호 변화의 개수만큼의 근이 우반 평면에 존재한다.

정답 07.④ 08.① 09.②

PART 05 제어공학

10. 이론check ▶ 자동 제어계의 시간 응답

[과도 응답]

(1) 임펄스 응답

단위 임펄스 입력의 입력 신호에 대한 응답으로 수학적 표현은 $x(t)=\delta(t)$, 라플라스 변환하면 $X(s)=1$, 따라서 전달 함수를 $G(s)$라 하고 입력 신호를 $x(t)$, 출력 신호를 $y(t)$라 하면 임펄스 응답은 다음 식과 같다.

$y(t) = \mathcal{L}^{-1}[Y(s)]$
$\quad = \mathcal{L}^{-1}[G(s)\cdot 1]$

(2) 인디셜 응답

단위 계단 입력의 입력 신호에 대한 응답으로 수학적 표현은 $x(t)=u(t)$, 라플라스 변환하면 $X(s)=\dfrac{1}{s}$, 따라서 전달 함수를 $G(s)$라 하고 입력 신호를 $x(t)$, 출력 신호를 $y(t)$라 하면 임펄스 응답은 다음 식과 같다.

$y(t) = \mathcal{L}^{-1}[Y(s)]$
$\quad = \mathcal{L}^{-1}\left[G(s)\cdot \dfrac{1}{s}\right]$

(3) 경사 응답

단위 램프 입력의 입력 신호에 대한 응답으로 수학적 표현은 $x(t)=tu(t)$, 라플라스 변환하면 $X(s)=\dfrac{1}{s^2}$, 따라서 전달 함수를 $G(s)$라 하고 입력 신호를 $x(t)$, 출력 신호를 $y(t)$라 하면 임펄스 응답은 다음 식과 같다.

$y(t) = \mathcal{L}^{-1}[Y(s)]$
$\quad = \mathcal{L}^{-1}\left[G(s)\cdot \dfrac{1}{s^2}\right]$

---

10 전달 함수 $G(s) = \dfrac{C(s)}{R(s)} = \dfrac{1}{(s+a)^2}$ 인 제어계의 임펄스 응답 $c(t)$는?

① e^{-at}
② $1-e^{-at}$
③ te^{-at}
④ $\dfrac{1}{2}t^2$

해설 입력 라플라스 변환 $R(s) = \mathcal{L}[r(t)] = \mathcal{L}[\delta(t)] = 1$

출력 라플라스 변환 $G(s) = \dfrac{C(s)}{R(s)} = \dfrac{1}{(s+a)^2}$

$C(s) = \dfrac{1}{(s+a)^2}R(s) = \dfrac{1}{(s+a)^2}\cdot 1 = \dfrac{1}{(s+a)^2}$

∴ 임펄스 응답 $c(t) = \mathcal{L}^{-1}[C(s)] = te^{-at}$

정답 10. ③

PART 06

전기설비기술기준
(한국전기설비규정)

과년도 출제문제

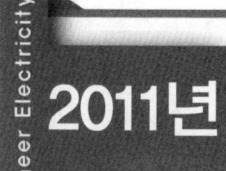

2011년 과년도 출제문제

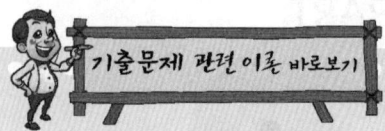

제1회 전기설비기술기준

01 사용 전압 22.9[kV]의 가공 전선이 철도를 횡단하는 경우, 전선의 레일 면상의 높이는 몇 [m] 이상이어야 하는가?

① 5
② 5.5
③ 6
④ 6.5

해설 25[kV] 이하인 특고압 가공 전선로의 시설(한국전기설비규정 333.32)
특고압 가공 전선로의 다중 접지를 한 중성선은 저압 가공 전선의 규정에 준하여 시설하므로 철도 또는 궤도를 횡단하는 경우에는 레일면상 6.5[m] 이상으로 한다.

02 시가지에 시설하는 400[V] 초과 저압 가공 전선으로 경동선을 사용하려면 그 지름은 최소 몇 [mm]이어야 하는가?

① 2.6
② 3.2
③ 4.0
④ 5.0

해설 저압 가공 전선의 굵기 및 종류(한국전기설비규정 222.5)
1. 사용 전압이 400[V] 이하는 인장 강도 3.43[kN] 이상의 것 또는 지름 3.2[mm](절연 전선은 인장 강도 2.3[kN] 이상의 것 또는 지름 2.6[mm] 이상의 경동선) 이상
2. 사용 전압이 400[V] 초과인 저압 가공 전선
 가. 시가지 : 인장 강도 8.01[kN] 이상의 것 또는 지름 5[mm] 이상의 경동선
 나. 시가지 외 : 인장 강도 5.26[kN] 이상의 것 또는 지름 4[mm] 이상의 경동선

03 중량물이 통과하는 장소에 비닐 외장 케이블을 직접 매설식으로 시설하는 경우 매설 깊이는 몇 [m] 이상이어야 하는가?

① 0.8
② 1.0
③ 1.2
④ 1.5

정답 01.④ 02.④ 03.②

해설 지중 전선로의 시설(한국전기설비규정 334.1)
지중 전선로를 직접 매설식에 의하여 시설하는 경우에는 매설 깊이를 차량 기타 중량물의 압력을 받을 우려가 있는 장소에는 1.0[m] 이상, 기타 장소에는 60[cm] 이상으로 하고 또한 지중 전선을 견고한 트로프 기타 방호물에 넣어 시설하여야 한다.

04 특고압 옥내 전기 설비를 시설할 때 특고압 옥내 배선의 사용 전압은 몇 [kV] 이하이어야 하는가? (단, 케이블 트레이 공사에 의하지 않으며, 위험의 우려가 없도록 시설한다.)

① 100 ② 170
③ 220 ④ 350

해설 특고압 옥내 전기 설비의 시설(한국전기설비규정 342.4)
1. 사용 전압은 100[kV] 이하일 것. 다만, 케이블 트레이 공사에 의하여 시설하는 경우에는 35[kV] 이하일 것
2. 전선은 케이블일 것

05 사용 전압이 170[kV]일 때, 울타리·담 등의 높이와 울타리·담 등으로부터 충전 부분까지의 거리[m]의 합계는?

① 5 ② 5.12
③ 6 ④ 6.12

해설 특고압용 기계 기구의 시설(한국전기설비규정 341.4)
울타리의 높이와 울타리로부터 충전 부분까지의 거리의 합계는 160[kV] 초과하는 경우, 6[m]에 160[kV]를 초과하는 10[kV] 단수마다 12[cm]를 더한 값이므로
$$6+0.12\times\frac{170-160}{10}=6.12\,[\text{m}]$$

06 특고압 가공 전선이 교류 전차선과 교차하고 교류 전차선의 위에 시설되는 경우, 지지물로 A종 철근 콘크리트주를 사용한다면 특고압 가공 전선로의 경간(지지물 간 거리)은 몇 [m] 이하로 하여야 하는가?

① 30 ② 40
③ 50 ④ 60

해설 25[kV] 이하인 특고압 가공 전선로의 시설(한국전기설비규정 333.32)

지지물의 종류	경간(지지물 간 거리)
목주·A종 철주·A종 철근 콘크리트주	60[m]
B종 철주·B종 철근 콘크리트주	120[m]

05. 이론 check 특고압용 기계 기구의 시설 (한국전기설비규정 341.4)

① 특고압용 기계 기구는 다음의 어느 하나에 해당하는 경우, 발전소·변전소·개폐소 또는 이에 준하는 곳에 시설하는 경우 이외에는 시설하여서는 아니 된다.
1. 기계 기구의 주위에 규정에 준하여 울타리·담 등을 시설하는 경우
2. 기계 기구를 지표상 5[m] 이상의 높이에 시설하고 충전 부분의 지표상의 높이를 표에서 정한 값 이상으로 하고 또한 사람이 접촉할 우려가 없도록 시설하는 경우

사용 전압의 구분	울타리의 높이와 울타리로부터 충전 부분까지의 거리의 합계 또는 지표상의 높이
35[kV] 이하	5[m]
35[kV] 초과 160[kV] 이하	6[m]
160[kV] 초과	6[m]에 160[kV]를 초과하는 10[kV] 또는 그 단수마다 12[cm]를 더한 값

3. 공장 등의 구내에서 기계 기구를 콘크리트제의 함 또는 접지 공사를 한 금속제의 함에 넣고 또한 충전 부분이 노출하지 아니하도록 시설하는 경우
4. 옥내에 설치한 기계 기구를 취급자 이외의 사람이 출입할 수 없도록 설치한 곳에 시설하는 경우
5. 충전 부분이 노출하지 아니하는 기계 기구를 사람이 쉽게 접촉할 우려가 없도록 시설하는 경우

정답 04.① 05.④ 06.④

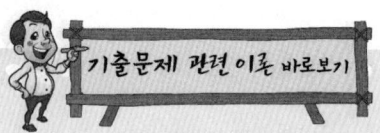

07 관, 암거 기타 지중 전선을 넣은 방호 장치의 금속제 부분 및 지중 전선의 피복으로 사용하는 금속체에는 제 몇 종 접지 공사를 하여야 하는가?

① 제1종 ② 제2종
③ 제3종 ④ 특별 제3종

해설 지중 전선의 피복 금속체 접지(한국전기설비규정 334.4)

관·암거·기타 지중 전선을 넣은 방호 장치의 금속제 부분·금속제의 전선 접속함 및 지중 전선의 피복으로 사용하는 금속체에는 접지 시스템(140) 규정에 준하여 접지 공사를 한다.

※ 이 문제는 출제 당시 규정에는 적합했으나 새로 제정된 한국전기설비규정에는 일부 부적합하므로 문제 유형만 참고하시기 바랍니다.

08. 이론check 변압기 전로의 절연 내력(한국전기설비규정 135)

① 변압기의 전로는 표에서 정하는 시험 전압 및 시험 방법으로 절연 내력을 시험하였을 때에 이에 견디어야 한다.

권선의 종류	시험 전압	시험 방법
1. 최대 사용 전압 7[kV] 이하	최대 사용 전압의 1.5배의 전압(500[V] 미만으로 되는 경우에는 500[V])	
2. 최대 사용 전압 7[kV] 초과 25[kV] 이하의 권선으로서 중성점 접지식 전로(중성선을 가지는 것으로서 그 중성선에 다중 접지를 하는 것에 한한다)에 접속하는 것	최대 사용 전압의 0.92배의 전압	시험되는 권선과 다른 권선, 철심 및 외함 간에 시험 전압을 연속하여 10분간 가한다.

(표 이하 내용 생략)

08 최대 사용 전압이 23[kV]인 권선으로서 중성선 다중 접지 방식의 전로에 접속되는 변압기 권선의 절연 내력 시험 전압은 몇 [kV]인가?

① 21.16 ② 25.3
③ 28.75 ④ 34.5

해설 변압기 전로의 절연 내력(한국전기설비규정 135)

최대 사용 전압 7[kV] 초과 25[kV] 이하의 권선으로서 중성점 접지식 전로(중성선을 가지는 것으로서, 그 중성선에 다중 접지를 하는 것에 한한다)에 접속하는 것은 최대 사용 전압의 0.92배의 전압이므로 23×0.92배=21.16[kV]이다.

09 버스 덕트 공사에 의한 저압 옥내 배선에 대한 시설로 잘못 설명한 것은?

① 환기형을 제외한 덕트의 끝부분은 막을 것
② 사용 전압이 400[V] 이하인 경우에는 덕트에 접지 공사를 하지 않을 것
③ 덕트의 내부에 먼지가 침입하지 아니하도록 할 것
④ 사용 전압이 400[V] 초과인 경우에는 덕트에 접지 공사를 할 것

해설 버스 덕트 공사(한국전기설비규정 232.10)

1. 덕트 상호간 및 전선 상호간은 견고하고 또한 전기적으로 완전하게 접속할 것
2. 덕트를 조영재에 붙이는 경우에는 덕트의 지지점 간의 거리를 3[m] 이하로 하고 또한 견고하게 붙일 것
3. 덕트(환기형의 것을 제외한다)의 끝부분은 막을 것
4. 덕트(환기형의 것을 제외한다)의 내부에 먼지가 침입하지 아니하도록 할 것
5. 저압 옥내 배선을 사용하는 덕트에 접지 공사를 할 것

정답 07.③ 08.① 09.②

10 직류식 전기 철도용 전차 선로의 절연 부분과 대지 간의 절연 저항은 사용 전압에 대한 누설 전류가 궤도의 연장 1[km]마다 가공 직류 전차선(강체 조가식은 제외)에서 몇 [mA]를 넘지 아니하도록 유지하여야 하는가?

① 5 ② 10
③ 50 ④ 100

해설 직류식 전기 철도용 전차 선로의 절연 저항(판단기준 제259조)

직류식 전기 철도용 전차 선로의 절연 부분과 대지 사이의 절연 저항은 사용 전압에 대한 누설 전류가 궤도의 연장 1[km]마다 가공 직류 전차선(강체 조가식을 제외한다)은 10[mA], 기타의 전차선은 100[mA]를 넘지 아니하도록 유지하여야 한다.

※ 이 문제는 출제 당시 규정에는 적합했으나 새로 제정된 한국전기설비규정에는 일부 부적합하므로 문제 유형만 참고하시기 바랍니다.

11 지중 전선로에 사용하는 지중함의 시설 기준으로 옳지 않은 것은?

① 크기가 1[m³] 이상인 것에는 밀폐하도록 할 것
② 뚜껑은 시설자 이외의 자가 쉽게 열 수 없도록 할 것
③ 지중함 안의 고인 물을 제거할 수 있는 구조일 것
④ 견고하고 차량 기타 중량물의 압력에 견딜 수 있을 것

해설 지중함의 시설(한국전기설비규정 334.2)

1. 지중함은 견고하고 차량 기타 중량물의 압력에 견디는 구조일 것
2. 지중함은 그 안의 고인 물을 제거할 수 있는 구조로 되어 있을 것
3. 폭발성 또는 연소성의 가스가 침입할 우려가 있는 것에 시설하는 지중함으로써 그 크기가 1[m³] 이상인 것에는 통풍 장치 기타 가스를 방산시키기 위한 적당한 장치를 시설할 것
4. 지중함의 뚜껑은 시설자 이외의 자가 쉽게 열 수 없도록 시설할 것

12 가공 전선로의 지지물에 시설하는 통신선 또는 이에 직접 접속하는 가공 통신선의 높이에 대한 설명으로 적합한 것은?

① 도로를 횡단하는 경우에는 지표상 5[m] 이상
② 철도 또는 궤도를 횡단하는 경우에는 레일면상 6.5[m] 이상
③ 횡단 보도교 위에 시설하는 경우에는 그 노면상 3.5[m] 이상
④ 도로를 횡단하며 교통에 지장이 없는 경우에는 4.5[m] 이상

해설 전력 보안 통신선의 시설 높이와 이격 거리(간격)(한국전기설비규정 362.2)

가공 전선로의 지지물에 시설하는 통신선의 높이

1. 도로를 횡단하는 경우 6[m] 이상. 다만, 교통에 지장을 줄 우려가 없는 경우에는 지표상 5[m]까지로 감할 수 있다.
2. 철도 또는 궤도를 횡단하는 경우에는 레일면상 6.5[m] 이상
3. 횡단 보도교의 위에 시설하는 경우에는 그 노면상 3[m] 이상

12. 이론 전력 보안 통신선의 시설 높이와 이격 거리(간격)(한국전기설비규정 362.2)

① 전력 보안 가공 통신선의 높이
1. 도로(차도와 도로의 구별이 있는 도로는 차도) 위에 시설하는 경우에는 지표상 5[m] 이상. 다만, 교통에 지장을 줄 우려가 없는 경우에는 지표상 4.5[m]까지로 감할 수 있다.
2. 철도의 궤도를 횡단하는 경우에는 레일면상 6.5[m] 이상
3. 횡단 보도교 위에 시설하는 경우에는 그 노면상 3[m] 이상
4. 1부터 3까지 이외의 경우에는 지표상 3.5[m] 이상

② 가공 전선로의 지지물에 시설하는 통신선 또는 이에 직접 접속하는 가공 통신선의 높이는 다음에 따라야 한다.
1. 도로를 횡단하는 경우에는 지표상 6[m] 이상. 다만, 저압이나 고압의 가공 전선로의 지지물에 시설하는 통신선 또는 이에 직접 접속하는 가공 통신선을 시설하는 경우에 교통에 지장을 줄 우려가 없을 때에는 지표상 5[m]까지로 감할 수 있다.
2. 철도 또는 궤도를 횡단하는 경우에는 레일면상 6.5[m] 이상
3. 횡단 보도교의 위에 시설하는 경우에는 그 노면상 5[m] 이상. 다만, 다음 중 1에 해당하는 경우에는 그러하지 아니하다.
  가. 저압 또는 고압의 가공 전선로의 지지물에 시설하는 통신선 또는 이에 직접 접속하는 가공 통신선을 노면상 3.5[m](통신선이 절연 전선과 동등 이상의 절연 효력이 있는 것인 경우에는 3[m]) 이상으로 하는 경우
  나. 특고압 전선로의 지지물에 시설하는 통신선 또는 이에 직접 접속하는 가공 통신선으로서 광섬유 케이블을 사용하는 것을 그 노면상 4[m] 이상으로 하는 경우

정답 10.② 11.① 12.②

PART 06 전기설비기술기준

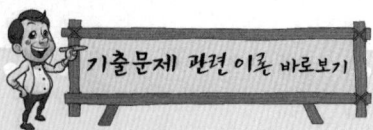

13. **이론** 고압 가공 전선로 경간(지지물 간 거리)의 제한(한국전기설비규정 332.9)

① 고압 가공 전선로의 경간(지지물 간 거리)은 표에서 정한 값 이하이어야 한다.

지지물의 종류	경간(지지물 간 거리)
목주·A종 철주 또는 A종 철근 콘크리트주	150[m]
B종 철주 또는 B종 철근 콘크리트주	250[m]
철탑	600[m]

② 고압 가공 전선로의 경간(지지물 간 거리)이 100[m]를 초과하는 경우에는 그 부분의 전선로는 다음에 따라 시설하여야 한다.
 1. 고압 가공 전선은 인장 강도 8.01[kN] 이상의 것 또는 지름 5[mm] 이상의 경동선의 것
 2. 목주의 풍압 하중에 대한 안전율은 1.5 이상일 것

③ 고압 가공 전선로의 전선에 인장 강도 8.71[kN] 이상의 것 또는 단면적 22[mm²] 이상의 경동 연선의 것을 다음에 따라 지지물을 시설하는 때에는 ①의 규정에 의하지 아니할 수 있다. 이 경우에 그 전선로의 경간(지지물 간 거리)은 그 지지물에 목주·A종 철주 또는 A종 철근 콘크리트주를 사용하는 경우에는 300[m] 이하, B종 철주 또는 B종 철근 콘크리트주를 사용하는 경우에는 500[m] 이하이어야 한다.
 1. 목주·A종 철주 또는 A종 철근 콘크리트주에는 전 가섭선마다 각 가섭선의 상정 최대 장력의 3분의 1에 상당하는 불평균 장력에 의한 수평력에 견디는 지선(지지선)을 그 전선로의 방향으로 양쪽에 시설할 것. 다만, 토지의 상황에 의하여 그 전선로 중의 경간(지지물 간 거리)에 근접하는 곳의 지지물에 그 지선(지지선)을 시설하는 경우에는 그러하지 아니하다.

13 고압 가공 전선로의 지지물로는 A종 철근 콘크리트주를 사용하고, 전선으로는 단면적 22[mm²]의 경동 연선을 사용한다면 경간(지지물 간 거리)은 최대 몇 [m] 이하이어야 하는가?

① 150   ② 250
③ 300   ④ 500

해설 고압 가공 전선로 경간(지지물 간 거리)의 제한(한국전기설비규정 332.9)

고압 가공 전선로의 전선에 인장 강도 8.71[kN] 이상의 것 또는 단면적 22[mm²] 이상의 경동 연선의 것을 사용하는 경우에 그 전선로의 경간(지지물 간 거리)은 그 지지물에 목주·A종 철주 또는 A종 철근 콘크리트주를 사용하는 경우에는 300[m] 이하, B종 철주 또는 B종 철근 콘크리트주를 사용하는 경우에는 500[m] 이하이어야 한다.

14 220[V] 저압 전동기의 절연 내력 시험 전압은 몇 [V]인가?

① 300   ② 400
③ 500   ④ 600

해설 회전기 및 정류기의 절연 내력(한국전기설비규정 133)

$220 \times 1.5 = 330[V]$

500[V] 미만으로 되는 경우에는 500[V]로 시험한다.

15 발전기의 보호 장치로서 사고의 종류에 따라 자동적으로 전로로부터 차단하는 장치를 시설하여야 하는 경우가 아닌 것은?

① 발전기에 과전류나 과전압이 생긴 경우
② 용량이 50[kVA] 이상의 발전기를 구동하는 수차의 압유 장치의 유압이 현저하게 저하한 경우
③ 용량 100[kVA] 이상의 발전기를 구동하는 풍차의 압유 장치의 유압이 현저하게 저하한 경우
④ 용량이 10,000[kVA] 이상인 발전기의 내부에 고장이 생긴 경우

해설 발전기 등의 보호 장치(한국전기설비규정 351.3)

용량이 500[kVA] 이상의 발전기를 구동하는 수차의 압유 장치의 유압 또는 전동식 가이드밴 제어 장치, 전동식 니들 제어 장치 또는 전동식 디플렉터 제어 장치의 전원 전압이 현저히 저하한 경우

16 고압 옥내 배선의 시설로서 알맞은 것은?

① 케이블 트레이 공사   ② 금속관 공사
③ 합성 수지관 공사   ④ 가요 전선관 공사

해설 고압 옥내 배선 등의 시설(한국전기설비규정 342.1)

1. 애자 공사(건조한 장소로서 전개된 장소에 한한다)
2. 케이블 공사
3. 케이블 트레이 공사

정답 13.③ 14.③ 15.② 16.①

17 특고압의 전기 집진 장치, 정전 도장 장치 등에 전기를 공급하는 전기 설비 시설로 적합하지 아니한 것은?

① 전기 집진 응용 장치에 전기를 공급하는 변압기 1차측 전로에는 그 변압기 가까운 곳에 개폐기를 시설할 것
② 케이블을 넣는 방호 장치의 금속체 부분에는 접지 공사를 하면 안 된다.
③ 잔류 전하에 의하여 사람에게 위험을 줄 우려가 있으면 변압기 2차측에 잔류 전하를 방전하기 위한 장치를 할 것
④ 전기 집진 장치는 그 충전부에 사람이 접촉할 우려가 없도록 시설할 것

해설 전기 집진 장치 등의 시설(한국전기설비규정 241.9)

금속제 외함 또는 케이블을 넣는 방호 장치의 금속제 부분 및 방식 케이블 이외의 케이블의 피복에 사용하는 금속체에는 접지 시스템(140)의 규정에 준하여 접지 공사를 한다.

18 비접지식 고압 전로에 시설하는 금속제 외함에 실시하는 접지 공사의 접지극으로 사용할 수 있는 건물의 철골 기타의 금속제는 대지와의 사이에 전기 저항값을 얼마 이하로 유지하여야 하는가?

① 2 ② 3
③ 5 ④ 10

해설 접지극 시설 및 접지 저항(한국전기설비규정 142.2)

대지와의 사이에 전기 저항값이 2[Ω] 이하인 값을 유지하는 건물의 철골 기타의 금속제는 이를 비접지식 고압 전로에 시설하는 기계 기구의 철대(鐵臺) 또는 금속제 외함 접지 공사나 비접지식 고압 전로와 저압 전로를 결합하는 변압기의 저압 전로에 시설하는 접지 공사의 접지극으로 사용할 수 있다.

19 사용 전압 22.9[kV]인 가공 전선과 지지물과의 이격 거리(간격)는 일반적으로 몇 [cm] 이상이어야 하는가?

① 5 ② 10
③ 15 ④ 20

해설 특고압 가공 전선과 지지물 등의 이격 거리(간격)(한국전기설비규정 333.5)

사용 전압	이격 거리(간격)[cm]
15[kV] 미만	15
15[kV] 이상 25[kV] 미만	20
25[kV] 이상 35[kV] 미만	25
35[kV] 이상 50[kV] 미만	30

19 특고압 가공 전선과 지지물 등의 이격 거리(간격)(한국전기설비규정 333.5)

특고압 가공 전선과 그 지지물·완금류·지주 또는 지선(지지선) 사이의 이격 거리(간격)는 표에서 정한 값 이상이어야 한다. 다만, 기술상 부득이한 경우에 위험의 우려가 없도록 시설한 때에는 표에서 정한 값의 0.8배까지 감할 수 있다.

사용 전압	이격 거리(간격)[cm]
15[kV] 미만	15
15[kV] 이상 25[kV] 미만	20
25[kV] 이상 35[kV] 미만	25
35[kV] 이상 50[kV] 미만	30
50[kV] 이상 60[kV] 미만	35
60[kV] 이상 70[kV] 미만	40
70[kV] 이상 80[kV] 미만	45
80[kV] 이상 130[kV] 미만	65
130[kV] 이상 160[kV] 미만	90
160[kV] 이상 200[kV] 미만	110
200[kV] 이상 230[kV] 미만	130
230[kV] 이상	160

정답 17.② 18.① 19.④

PART 06 전기설비기술기준

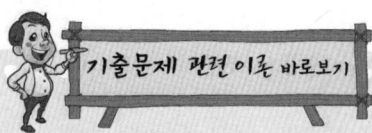

20. 이론 check 전로의 절연 저항 및 절연 내력
[한국전기설비규정 132]

① 전로의 절연 원칙
  1. 전로는 대지로부터 절연한다.
  2. 절연하지 않아도 되는 경우 : 접지점, 시험용 변압기, 전기로
② 전로의 누설 전류 : 1[mA] 이하
  $I_g \leq$ 최대 공급 전류(I_m)의
  $\dfrac{1}{2,000}$ [A]
③ 절연 내력
  1. 정한 시험 전압 10분간
  2. 정한 시험 전압의 2배의 직류 전압을 전로와 대지 사이에 10분간

전로의 종류 및 시험 전압	
전로의 종류 (최대 사용 전압)	시험 전압
7[kV] 이하	1.5배(최저 0.5[kV])
중성선 다중 접지하는 것	0.92배
7[kV] 초과 60[kV] 이하	1.25배(최저 10.5[kV])
60[kV] 초과 중성점 비접지식	1.25배
60[kV] 초과 중성점 접지식	1.1배(최저 75[kV])
60[kV] 초과 중성점 직접 접지식	0.72배
170[kV] 초과 중성점 직접 접지	0.64배

20 특고압 및 고압 전로의 절연 내력 시험을 하는 경우, 시험 전압은 연속으로 몇 분 동안 가하여 시험하여야 하는가?

① 1분
② 2분
③ 5분
④ 10분

해설 전로의 절연 저항 및 절연 내력(한국전기설비규정 132)
고압 및 특고압의 전로는 시험 전압을 전로와 대지 간에 연속하여 10분간 가하여 절연 내력을 시험하였을 때에 이에 견디어야 한다.

제 2 회   전기설비기술기준

01 엘리베이터 등의 승강로 내에 시설되는 저압 옥내 배선에 사용되는 전압의 최대 한도는?

① 250[V] 이하
② 300[V] 이하
③ 400[V] 이하
④ 600[V] 이하

해설 엘리베이터·덤웨이터 등의 승강로 안의 저압 옥내 배선 등의 시설 (한국전기설비규정 232.32)
엘리베이터·덤웨이터 등의 승강로 내에 시설하는 사용 전압이 400[V] 이하인 저압 옥내 배선, 저압의 이동 전선 및 이에 직접 접속하는 리프트 케이블은 이에 적합한 비닐 리프트 케이블 또는 고무 리프트 케이블을 사용하여야 한다.

02 22.9[kV] 중성선 다중 접지한 특고압 가공 전선로의 전로와 저압 전로를 변압기에 의하여 결합하는 경우의 접지 공사에 사용하는 연동 접지선의 굵기는 최소 몇 [mm²] 이상인가?

① 0.75
② 2.5
③ 6
④ 8

해설 접지 도체(한국전기설비규정 142.3.1)
• 변압기 중성점 접지 도체 : 16[mm²] 이상
• 고압 및 중성선 다중 접지 : 6[mm²] 이상

정답   20.④ / 01.③ 02.③

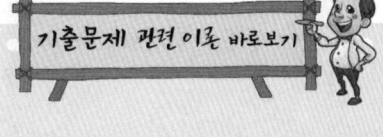

03 합성 수지관 공사에 의한 저압 옥내 배선 시설 방법에 대한 설명 중 틀린 것은?

① 관의 지지점 간의 거리는 1.2[m] 이하로 할 것
② 박스 기타의 부속품을 습기가 많은 장소에 시설하는 경우에는 방습 장치로 할 것
③ 사용 전선은 절연 전선일 것
④ 합성 수지관 안에는 전선의 접속점이 없도록 할 것

해설 합성 수지관 공사(한국전기설비규정 232.11)
1. 전선은 절연 전선(옥외용 비닐 절연 전선을 제외한다)일 것
2. 전선은 연선일 것. 단, 단면적 10[mm²](알루미늄선은 단면적 16[mm²]) 이하 단선 사용
3. 전선은 합성 수지관 안에서 접속점이 없도록 할 것
4. 관의 두께는 2[mm] 이상일 것
5. 관을 삽입하는 깊이를 관의 바깥 지름의 1.2배(접착제 사용 0.8배) 이상
6. 관의 지지점 간의 거리는 1.5[m] 이하
7. 습기가 많은 장소 또는 물기가 있는 장소에 시설하는 경우에는 방습 장치를 할 것

04 과전류 차단기로서 저압 전로에 사용하는 400[A] 퓨즈를 수평으로 붙여서 시험할 때, 정격 전류의 1.6배 및 2배의 전류를 통하는 경우 각각 몇 분 안에 용단되어야 하는가?

① 60분, 4분
② 120분, 6분
③ 120분, 8분
④ 180분, 10분

해설 저압 전로 중의 과전류 차단기의 시설(판단기준 제38조)

정격 전류의 구분	용단 시간	
	정격 전류의 1.6배	정격 전류의 2배
30[A] 이하	60분	2분
30[A] 초과 60[A] 이하	60분	4분
60[A] 초과 100[A] 이하	120분	6분
100[A] 초과 200[A] 이하	120분	8분
200[A] 초과 400[A] 이하	180분	10분

※ 이 문제는 출제 당시 규정에는 적합했으나 새로 제정된 한국전기설비규정에는 일부 부적합하므로 문제 유형만 참고하시기 바랍니다.

05 2차측 개방 전압이 7[kV] 이하인 절연 변압기를 사용하고 절연 변압기의 1차측 전로를 자동적으로 차단하는 보호 장치를 시설한 경우의 전격 살충기는 전격 격자가 지표상 또는 마루 위 몇 [m] 이상의 높이에 설치하여야 하는가?

① 1.5
② 1.8
③ 2.5
④ 3.5

05. 이론 전격 살충기의 시설(한국전기설비규정 241.7)

① 전격 살충기는 다음에 따라 시설하여야 한다.
1. 전격 살충기는 전기용품 및 생활용품 안전관리법의 적용을 받는 것일 것
2. 전격 살충기는 전격 격자가 지표상 또는 마루 위 3.5[m] 이상의 높이가 되도록 시설할 것. 다만, 2차측 개방 전압이 7[kV] 이하인 절연 변압기를 사용하고 또한 보호 격자의 내부에 사람이 손을 넣거나 보호 격자에 사람이 접촉할 때에 절연 변압기의 1차측 전로를 자동적으로 차단하는 보호 장치를 설치한 것은 지표상 또는 마루 위 1.8[m] 높이까지로 감할 수 있다.
3. 전격 살충기의 전격 격자와 다른 시설물(가공 전선을 제외한다) 또는 식물 사이의 이격 거리(간격)는 30[cm] 이상일 것
4. 전격 살충기를 시설한 곳에는 위험 표시를 할 것

② 전격 살충기는 그 장치 및 이에 접속하는 전로에서 생기는 전파 또는 고주파 전류가 무선 설비의 기능에 계속적이고 또한 중대한 장해를 줄 우려가 있는 곳에 시설하여서는 아니 된다.

정답 03.① 04.④ 05.②

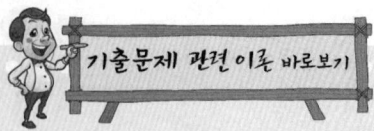

해설 전격 살충기의 시설(한국전기설비규정 241.7.1)

전격 살충기는 전격 격자가 지표상 또는 마루 위 3.5[m] 이상의 높이가 되도록 시설할 것. 다만, 2차측 개방 전압이 7[kV] 이하인 절연 변압기를 사용하고 또한 보호 격자의 내부에 사람이 손을 넣거나 보호 격자에 사람이 접촉할 때에 절연 변압기의 1차측 전로를 자동적으로 차단하는 보호 장치를 설치한 것은 지표상 또는 마루 위 1.8[m] 높이까지로 감할 수 있다.

06 저압 전기 설비용으로 이동하여 사용하는 전기 기계 기구의 금속제 외함 등 접지 공사의 접지선에 다심 코드 또는 다심 캡타이어 케이블의 일심을 사용하는 경우의 접지선의 최소 굵기는 몇 [mm²]인가?

① 0.75
② 1.25
③ 6
④ 8

해설 접지 도체(한국전기설비규정 142.3.1)

종 류	단면적
다심 코드 또는 다심 캡타이어 케이블의 일심	0.75[mm²]
기타 가요성이 있는 연동 연선	1.5[mm²]

07. 이론 check **특고압 가공 전선로의 철주·철근 콘크리트주 또는 철탑의 종류 (한국전기설비규정 333.11)**

특고압 가공 전선로의 지지물로 사용하는 B종 철근·B종 콘크리트주 또는 철탑의 종류는 다음과 같다.
1. 직선형
   전선로의 직선 부분(3도 이하인 수평 각도를 이루는 곳을 포함한다.)에 사용하는 것. 다만, 내장형 및 보강형에 속하는 것을 제외한다.
2. 각도형
   전선로 중 3도를 초과하는 수평 각도를 이루는 곳에 사용하는 것
3. 인류(잡아당김)형
   전가섭선을 인류하는(잡아당기는) 곳에 사용하는 것
4. 내장형
   전선로의 지지물 양쪽의 경간(지지물 간 거리)의 차가 큰 곳에 사용하는 것
5. 보강형
   전선로의 직선 부분에 그 보강을 위하여 사용하는 것

07 특고압 가공 전선로의 지지물 중 전선로의 지지물 양쪽 경간(지지물 간 거리)의 차가 큰 곳에 사용하는 철탑은?

① 내장형 철탑
② 인류(잡아당김)형 철탑
③ 보강형 철탑
④ 각도형 철탑

해설 특고압 가공 전선로의 철주·철근 콘크리트주 또는 철탑의 종류(한국전기설비규정 333.11)

1. 직선형 : 전선로의 직선 부분으로 3도 이하인 수평 각도를 이루는 곳에 사용하는 것
2. 각도형 : 전선로 중 3도를 초과하는 수평 각도를 이루는 곳에 사용하는 것
3. 인류(잡아당김)형 : 전가섭선을 잡아당기는 곳에 사용하는 것
4. 내장형 : 전선로의 지지물 양쪽 경간(지지물 간 거리)의 차가 큰 곳에 사용하는 것
5. 보강형 : 전선로의 직선 부분에 그 보강을 위하여 사용하는 것

정답 06.① 07.①

08 전기 울타리의 시설에 관한 내용 중 틀린 것은?

① 수목과의 이격 거리(간격)는 30[cm] 이상일 것
② 전선은 지름이 2[mm] 이상의 경동선일 것
③ 전선과 이를 지지하는 기둥 사이의 이격 거리(간격)는 2[cm] 이상일 것
④ 전기 울타리용 전원 장치에 전기를 공급하는 전로의 사용 전압은 250[V] 이하일 것

해설 전기 울타리(한국전기설비규정 241.1)

사용 전압은 250[V] 이하이며, 전선은 인장 강도 1.38[kN] 이상의 것 또는 지름 2[mm] 이상 경동선을 사용하고, 지지하는 기둥과의 이격 거리(간격)는 2.5[cm] 이상, 수목과의 거리는 30[cm] 이상을 유지하여야 한다.

09 가공 전선로의 지지물에 시설하는 지선(지지선)의 시설 기준에 대한 설명 중 알맞은 것은?

① 지선(지지선)의 안전율은 3.0 이상이어야 한다.
② 연선을 사용할 경우에는 소선 3가닥 이상이어야 한다.
③ 지중의 부분 및 지표상 20[cm]까지의 부분에는 내식성이 있는 것 또는 아연 도금을 한다.
④ 도로를 횡단하여 시설하는 지선(지지선)의 높이는 지표상 4[m] 이상으로 하여야 한다.

해설 지선(지지선)의 시설(한국전기설비규정 331.11)

1. 지선(지지선)의 안전율은 2.5 이상일 것. 이 경우에 허용 인장 하중의 최저는 4.31[kN]으로 한다.
2. 지선(지지선)에 연선을 사용할 경우에는 다음에 의할 것
   가. 소선(素線) 3가닥 이상의 연선일 것
   나. 소선의 지름이 2.6[mm] 이상의 금속선을 사용한 것일 것. 다만, 소선의 지름이 2[mm] 이상인 아연도강연선(亞鉛鍍鋼然線)으로서 소선의 인장 강도가 0.68[kN/mm²] 이상인 것을 사용하는 경우에는 그러하지 아니하다.
3. 지중 부분 및 지표상 30[cm]까지의 부분에는 내식성이 있는 것 또는 아연 도금을 한 철봉을 사용하고 쉽게 부식되지 아니하는 근가(전주 버팀대)에 견고하게 붙일 것
4. 도로를 횡단하여 시설하는 지선(지지선)의 높이는 지표상 5[m] 이상으로 하여야 한다.

10 저압 전로에서 그 전로에 지락이 생겼을 경우 0.5초 이내에 자동적으로 전로를 차단하는 자동 차단기의 정격 감도 전류를 100[mA]로 하여 설치하고자 하는데, 이때 제3종 접지 공사의 저항값은 몇 [Ω] 이하로 하여야 하는가? (단, 전기적 위험도가 높은 장소이다.)

① 150
② 200
③ 300
④ 500

08. 이론 check — 전기 울타리(한국전기설비규정 241.1)

① 전기 울타리는 다음에 따르고 또한 견고하게 시설하여야 한다.
  1. 전기 울타리는 사람이 쉽게 출입하지 아니하는 곳에 시설할 것
  2. 전기 울타리를 시설한 곳에는 사람이 보기 쉽도록 적당한 간격으로 위험 표시를 할 것
  3. 전선은 인장 강도 1.38[kN] 이상의 것 또는 지름 2[mm] 이상의 경동선일 것
  4. 전선과 이를 지지하는 기둥 사이의 이격 거리(간격)는 2.5[cm] 이상일 것
  5. 전선과 다른 시설물(가공 전선을 제외한다) 또는 수목 사이의 이격 거리(간격)는 30[cm] 이상일 것
② 전기 울타리에 전기를 공급하는 전기 울타리용 전원 장치는 KS C IEC 60335-2-76에 적합한 것을 사용하여야 한다.
③ 전기 울타리용 전원 장치 중 충격 전류가 반복하여 생기는 것은 그 장치 및 이에 접속하는 전로에서 생기는 전파 또는 고주파 전류가 무선 설비의 기능에 계속적이고 또한 중대한 장해를 줄 우려가 있는 곳에는 시설하여서는 아니 된다.
④ 전기 울타리에 전기를 공급하는 전로에는 쉽게 개폐할 수 있는 곳에 전용 개폐기를 시설하여야 한다.
⑤ 전기 울타리용 전원 장치에 전기를 공급하는 전로의 사용 전압은 250[V] 이하이어야 한다.

정답 08.③ 09.② 10.①

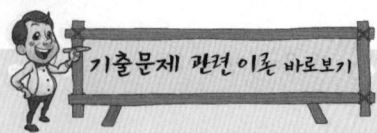

11. 이론 check
특고압 가공 전선과 저·고압 가공 전선 등의 접근 또는 교차
[한국전기설비규정 333.26]

① 특고압 가공 전선이 가공 약전류 전선 등 저압 또는 고압의 가공 전선이나 저압 또는 고압의 전차선(이하 "저·고압 가공 전선 등"이라 한다)과 제1차 접근 상태로 시설되는 경우에는 다음에 따라야 한다.
1. 특고압 가공 전선로는 제3종 특고압 보안 공사에 의할 것
2. 특고압 가공 전선과 저·고압 가공 전선 등 또는 이들의 지지물이나 지주 사이의 이격 거리(간격)는 표에서 정한 값 이상일 것

사용 전압의 구분	이격 거리(간격)
60[kV] 이하	2[m]
60[kV] 초과	2[m]에 사용 전압이 60[kV]를 초과하는 10[kV] 또는 그 단수마다 12[cm]를 더한 값

3. 특고압 절연 전선 또는 케이블을 사용하는 사용 전압이 35[kV] 이하인 특고압 가공 전선과 저·고압 가공 전선 등 또는 이들의 지지물이나 지주 사이의 이격 거리(간격)는 2의 규정에도 불구하고 표에서 정한 값까지로 감할 수 있다.

저·고압 가공 전선 등 또는 이들의 지지물이나 지주의 구분	전선의 종류	이격 거리(간격)
저압 가공 전선 또는 저압이나 고압의 전차선	특고압 절연 전선	1.5[m](저압 가공 전선이 절연 전선 또는 케이블인 경우 1[m])
	케이블	1.2[m](저압 가공 전선이 절연 전선 또는 케이블인 경우는 0.5[m])
고압 가공 전선	특고압 절연 전선	1[m]
	케이블	0.5[m]
가공 약전류 전선 등의 지지물이나 지주	특고압 절연 전선	1[m]
	케이블	0.5[m]

해설 **접지 공사의 종류(판단기준 제18조)**

정격 감도 전류	접지 저항값	
	물기 있는 장소, 전기적 위험도가 높은 장소	그 외 다른 장소
30[mA]	500[Ω]	500[Ω]
50[mA]	300[Ω]	500[Ω]
100[mA]	150[Ω]	500[Ω]
200[mA]	75[Ω]	250[Ω]
300[mA]	50[Ω]	166[Ω]
500[mA]	30[Ω]	100[Ω]

※ 이 문제는 출제 당시 규정에는 적합했으나 새로 제정된 한국전기설비규정에는 일부 부적합하므로 문제 유형만 참고하시기 바랍니다.

11 사용 전압 22.9[kV] 특고압 가공 전선과 저·고압 가공 전선 등 또는 이들의 지지물이나 지주 사이의 이격 거리(간격)는 최소 몇 [m] 이상이어야 하는가? (단, 특고압 가공 전선이 저·고압 가공 전선과 제1차 접근 상태일 경우이다.)

① 1.5 　　② 2
③ 2.5 　　④ 3

해설 **특고압 가공 전선과 저·고압 가공 전선 등의 접근 또는 교차(한국전기설비규정 333.26)**
특고압 가공 전선이 가공 약전류 전선 등 저압 또는 고압의 가공 전선이나 저압 또는 고압의 전차선과 제1차 접근 상태로 시설되는 경우
1. 특고압 가공 전선로는 제3종 특고압 보안 공사에 의할 것
2. 특고압 가공 전선과 저·고압 가공 전선 등 또는 이들의 지지물이나 지주 사이의 이격 거리(간격)는 정한 값 이상일 것

사용 전압의 구분	이격 거리(간격)
60[kV] 이하	2[m]
60[kV] 초과	2[m]에 사용 전압이 60[kV]를 초과하는 10[kV] 또는 그 단수마다 12[cm]를 더한 값

12 전력 보안 가공 통신선을 횡단 보도교의 위에 시설하는 경우에는 그 노면상 몇 [m] 이상의 높이에 시설하여야 하는가?

① 3 　　② 3.5
③ 4 　　④ 4.5

해설 **전력 보안 통신선의 시설 높이와 이격 거리(간격)(한국전기설비규정 362.2)**
전력 보안 가공 통신선의 높이
1. 도로 위에 시설하는 경우에는 지표상 5[m] 이상. 다만, 교통에 지장을 줄 우려가 없는 경우에는 지표상 4.5[m]까지로 감할 수 있다.
2. 철도의 궤도를 횡단하는 경우에는 레일면상 6.5[m] 이상
3. 횡단 보도교 위에 시설하는 경우에는 그 노면상 3[m] 이상

정답　11. ②　12. ①

2011년 과년도 출제문제

13 저압 옥측 전선로의 시설로 잘못된 것은?
① 철골주 조영물에 버스 덕트 공사로 시설
② 합성 수지관 공사로 시설
③ 목조 조영물에 금속관 공사로 시설
④ 전개된 장소에 애자 공사로 시설

해설 저압 옥측 전선로의 시설(한국전기설비규정 221.2)
저압 옥측 전선로는 다음 공사의 어느 하나에 의할 것
1. 애자 공사(전개된 장소에 한한다)
2. 합성 수지관 공사
3. 금속관 공사(목조 이외의 조영물)
4. 버스 덕트 공사(목조 이외의 조영물)
5. 케이블 공사

14 전기 욕기의 시설에서 전기 욕기용 전원 장치로부터 욕탕 안의 전극까지의 전선 상호간 및 전선과 대지 사이의 절연 저항값은 몇 [MΩ] 이상이어야 하는가?
① 0.1   ② 0.2
③ 0.3   ④ 0.4

해설 전기 욕기(한국전기설비규정 241.2)
전기 욕기는 다음에 따라 시설하여야 한다.
1. 전원 변압기의 2차측 전로의 사용 전압이 10[V] 이하
2. 금속제 외함 및 전선을 넣는 금속관에는 접지 공사를 할 것
3. 욕탕 안의 전극 간의 거리는 1[m] 이상일 것
4. 전기 욕기용 전원 장치로부터 욕조 안의 전극까지의 전선 상호간 및 전선과 대지 사이의 절연 저항값은 0.1[MΩ] 이상일 것

15 사용 전압 66[kV] 가공 전선과 6[kV] 가공 전선을 동일 지지물에 시설하는 경우, 특고압 가공 전선은 케이블인 경우를 제외하고는 단면적이 몇 [mm²]인 경동 연선 또는 이와 동등 이상의 세기 및 굵기의 연선이어야 하는가?
① 22   ② 38
③ 50   ④ 100

해설 특고압 가공 전선과 저·고압 가공 전선 등의 병행 설치(한국전기설비규정 333.17)
사용 전압이 35[kV]를 초과하고 100[kV] 미만인 특고압 가공 전선과 저압 또는 고압 가공 전선을 동일 지지물에 시설하는 경우
1. 특고압 가공 전로는 제2종 특고압 보안 공사에 의할 것
2. 특고압 가공 전선과 저압 또는 고압 가공 전선 사이의 이격 거리(간격)는 2[m] 이상일 것

이론 전기 욕기(한국전기설비규정 241.2)

전기 욕기에 전기를 공급하기 위한 전기 욕기용 전원 장치(내장되어 있는 전원 변압기의 2차측 전로의 사용 전압이 10[V] 이하인 것에 한한다)는 전기용품 및 생활용품 안전관리법에 의한 안전 기준에 적합한 것
1. 전기 욕기용 전원 장치의 금속제 외함 및 전선을 넣는 금속관에는 접지 공사를 할 것
2. 전기 욕기용 전원 장치는 욕실 이외의 건조한 곳으로서 취급자 이외의 자가 쉽게 접촉하지 아니하는 곳에 시설할 것
3. 욕탕 안의 전극 간의 거리는 1[m] 이상일 것
4. 욕탕 안의 전극은 사람이 쉽게 접촉할 우려가 없도록 시설할 것
5. 전기 욕기용 전원 장치로부터 욕탕 안의 전극까지의 배선은 단면적 2.5[mm²] 이상의 연동선과 동등 이상의 세기 및 굵기의 절연 전선(옥외용 비닐 절연 전선을 제외한다) 또는 케이블 또는 단면적이 1.5[mm²] 이상의 캡타이어 케이블을 사용하고 합성 수지관 공사, 금속관 공사 또는 케이블 공사에 의하여 시설하거나 또는 단면적이 1.5[mm²] 이상의 캡타이어 코드를 합성 수지관(두께 2[mm] 미만의 합성 수지제 전선관 및 난연성이 없는 콤바인 덕트관을 제외한다) 또는 금속관에 넣고 관을 조영재에 견고하게 붙일 것. 다만, 전기 욕기용 전원 장치로부터 욕탕에 이르는 배선을 건조하고 전개된 장소에 시설하는 경우에는 그러하지 아니하다.
6. 전기 욕기용 전원 장치로부터 욕조 안의 전극까지의 전선 상호간 및 전선과 대지 사이의 절연 저항값은 0.1[MΩ] 이상일 것

정답 13.③ 14.① 15.③

PART 06 전기설비기술기준

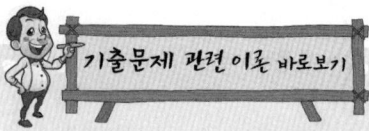

18. 이론 **풍압 하중의 종별과 적용(한국전기설비규정 331.6)**

① 가공 전선로에 사용하는 지지물의 강도 계산에 적용하는 풍압 하중은 다음의 3종으로 한다.
  1. 갑종 풍압 하중
     표에서 정한 구성재의 수직 투영 면적 1[m²]에 대한 풍압을 기초로 하여 계산한 것

풍압을 받는 구분			구성재의 수직 투영 면적 1[m²]에 대한 풍압
지지물	목주		588[Pa]
	철주	원형의 것	588[Pa]
		삼각형 또는 마름모형의 것	1,412[Pa]
		강관에 의하여 구성되는 4각형의 것	1,117[Pa]
		기타의 것	복제(腹材)가 전·후면에 겹치는 경우에는 1,627[Pa], 기타의 경우에는 1,784[Pa]
	철근콘크리트주	원형의 것	588[Pa]
		기타의 것	882[Pa]
	철탑	단주(완철류는 제외함) 원형의 것	588[Pa]
		단주 기타의 것	1,117[Pa]
		강관으로 구성되는 것(단주는 제외함)	1,255[Pa]
		기타의 것	2,157[Pa]
전선 기타 가섭선	다도체(구성하는 전선이 2가닥마다 수평으로 배열되고 또한 그 전선 상호간의 거리가 전선의 바깥 지름의 20배 이하인 것에 한한다. 이하 같다)를 구성하는 전선		666[Pa]
	기타의 것		745[Pa]
애자 장치(특별 전선용의 것에 한한다)			1,039[Pa]
목주·철주(원형의 것에 한한다) 및 철근 콘크리트주의 완금류 (특고압 전선로용의 것에 한한다)			단일재로서 사용하는 경우에는 1,196[Pa], 기타의 경우에는 1,627[Pa]

  2. 을종 풍압 하중
     전선 기타의 가섭선(架涉線) 주위에 두께 6[mm], 비중 0.9의 빙설이 부착된 상태에서 수직 투영 면적 372[Pa](다도체를 구성하는 전선은 333[Pa]), 그 이외의 것은 갑종 풍압 하중의 2분의 1을 기초로 하여 계산한 것
  3. 병종 풍압 하중
     갑종 풍압 하중의 2분의 1을 기초로 하여 계산한 것

3. 특고압 가공 전선은 케이블인 경우를 제외하고는 인장 강도 21.67[kN] 이상의 연선 또는 단면적이 50[mm²] 이상인 경동 연선일 것
4. 특고압 가공 전선로의 지지물은 철주·철근 콘크리트주 또는 철탑일 것

16 특고압 가공 전선로의 전선으로 케이블을 사용하는 경우의 시설로 옳지 않은 방법은?

① 케이블은 조가용선(조가선)에 행거에 의하여 시설한다.
② 케이블은 조가용선(조가선)에 접촉시키고 비닐 테이프 등을 30[cm] 이상의 간격으로 감아 붙인다.
③ 조가용선(조가선)은 단면적 22[mm²] 이상의 아연도강연선 또는 동등 이상의 세기 및 굵기의 연선을 사용한다.
④ 조가용선(조가선) 및 케이블의 피복에 사용한 금속체에는 접지 공사를 한다.

해설 특고압 가공 케이블의 시설(한국전기설비규정 333.3)
  1. 조가용선(조가선)에 행거에 의하여 시설할 것. 이 경우에 행거의 간격은 50[cm] 이하로 하여 시설하여야 한다.
  2. 조가용선(조가선)에 접촉시키고 그 위에 쉽게 부식되지 아니하는 금속 테이프 등을 20[cm] 이하의 간격을 유지시켜 나선형으로 감아 붙일 것

17 직류식 전기 철도에서 배류선은 상승 부분 중 지표상 몇 [m] 미만의 부분에 대하여는 절연 전선·캡타이어 케이블 또는 케이블을 사용하고, 사람이 접촉할 우려가 없고 또한 손상을 받을 우려가 없도록 시설하여야 하는가?

① 2.0　　　　② 2.5
③ 3.0　　　　④ 3.5

해설 배류 접속(판단기준 제265조)
배류선의 상승 부분 중 지표상 2.5[m] 미만의 부분은 절연 전선(옥외용 비닐 절연 전선을 제외한다)·캡타이어 케이블 또는 케이블을 사용하고 사람이 접촉할 우려가 없고 또한 손상을 받을 우려가 없도록 시설할 것

※ 이 문제는 출제 당시 규정에는 적합했으나 새로 제정된 한국전기설비규정에는 일부 부적합하므로 문제 유형만 참고하시기 바랍니다.

18 인가가 많이 연접(이웃 연결)되어 있는 장소에 시설하는 가공 전선로의 구성재 중 고압 가공 전선로의 지지물 또는 가섭선에 적용하는 풍압 하중에 대한 설명으로 옳은 것은?

① 갑종 풍압 하중의 1.5배를 적용시켜야 한다.
② 을종 풍압 하중의 2배를 적용시켜야 한다.
③ 병종 풍압 하중을 적용시킬 수 있다.
④ 갑종 풍압 하중과 을종 풍압 하중 중 큰 것만 적용시킨다.

정답 16.② 17.② 18.③

해설 풍압 하중의 종별과 적용(한국전기설비규정 331.6)

인가가 많이 연접(이웃 연결)되어 있는 장소에 시설하는 가공 전선로의 구성재 중 고압 가공 전선로의 지지물 또는 가섭선에 적용하는 풍압 하중에 대하여는 병종 풍압 하중을 적용시킬 수 있다.

19 뱅크 용량이 10,000[kVA] 이상인 특고압 변압기의 내부 고장이 발생하면 어떤 보호 장치를 설치하여야 하는가?

① 자동 차단 장치
② 경보 장치
③ 표시 장치
④ 경보 및 자동 차단 장치

해설 특고압용 변압기의 보호 장치(한국전기설비규정 351.4)

뱅크 용량의 구분	동작 조건	장치의 종류
5,000[kVA] 이상 10,000[kVA] 미만	변압기 내부 고장	자동 차단 장치 또는 경보 장치
10,000[kVA] 이상	변압기 내부 고장	자동 차단 장치
타냉식 변압기	냉각 장치에 고장이 생긴 경우 또는 변압기의 온도가 현저히 상승한 경우	경보 장치

20 태양 전지 발전소에 시설하는 태양 전지 모듈 시설에 대한 설명 중 틀린 것은?

① 충전 부분은 노출되지 아니하도록 시설할 것
② 태양 전지 모듈에 접속하는 부하측 전로에는 그 접속점에 멀리하여 개폐기를 시설할 것
③ 전선은 공칭 단면적 2.5[mm²] 이상의 연동선 또는 동등 이상의 세기 및 굵기일 것
④ 태양 전지 모듈을 병렬로 접속하는 전로에는 전로를 보호하는 과전류 차단기 등을 시설할 것

해설 태양광 발전 설비(한국전기설비규정 520)

1. 충전 부분은 노출되지 아니하도록 시설할 것
2. 태양 전지 모듈에 접속하는 부하측의 전로에는 그 접속점에 근접하여 개폐기 기타 이와 유사한 기구를 시설할 것
3. 태양 전지 모듈을 병렬로 접속하는 전로에는 그 전로에 단락이 생긴 경우에 전로를 보호하는 과전류 차단기 기타의 기구를 시설할 것
4. 전선은 공칭 단면적 2.5[mm²] 이상의 연동선

기출문제 관련 이론 바로보기

② 생략
③ ①의 풍압 하중의 적용은 다음에 따른다.
1. 빙설이 많은 지방 이외의 지방에서는 고온 계절에는 갑종 풍압 하중, 저온 계절에는 병종 풍압 하중을 적용한다.

19. 이론 check 특고압용 변압기의 보호 장치 (한국전기설비규정 351.4)

특고압용의 변압기에는 그 내부에 고장이 생겼을 경우에 보호하는 장치를 다음 표와 같이 시설하여야 한다. 다만, 변압기의 내부에 고장이 생겼을 경우에 그 변압기의 전원인 발전기를 자동적으로 정지하도록 시설한 경우에는 그 발전기의 전로로부터 차단하는 장치를 하지 아니하여도 된다.

특고압용 변압기의 보호 장치

뱅크 용량의 구분	동작 조건	장치의 종류
5,000[kVA] 이상 10,000[kVA] 미만	변압기 내부 고장	자동 차단 장치 또는 경보 장치
10,000[kVA] 이상	변압기 내부 고장	자동 차단 장치
타냉식 변압기(변압기의 권선 및 철심을 직접 냉각시키기 위하여 봉입한 냉매를 강제 순환시키는 냉각 방식을 말한다)	냉각 장치에 고장이 생긴 경우 또는 변압기의 온도가 현저히 상승한 경우	경보 장치

정답 19.① 20.②

제 3 회 전기설비기술기준

01. 이론 check ▶ 특고압 가공 전선로의 경간 제한(한국전기설비규정 333.21)

① 특고압 가공 전선로의 경간(지지물 간 거리)은 표에서 정한 값 이하이어야 한다.

지지물의 종류	경간(지지물 간 거리)
목주·A종 철주 또는 A종 철근 콘크리트주	150[m]
B종 철주 또는 B종 철근 콘크리트주	250[m]
철탑	600[m](단주인 경우에는 400[m])

② 특고압 가공 전선로의 전선에 인장 강도 21.67[kN] 이상의 것 또는 단면적이 55[mm²] 이상인 경동 연선을 사용하는 경우로서 그 지지물의 경간(지지물 간 거리)은 목주·A종 철주 또는 A종 철근 콘크리트주를 사용하는 경우에는 300[m] 이하, B종 철주 또는 B종 철근 콘크리트주를 사용하는 경우에는 500[m] 이하이어야 한다.

1. 목주·A종 철주 또는 A종 철근 콘크리트주에는 전가섭선에 대하여 각 가섭선의 상정 최대 장력의 3분의 1과 같은 불평균 장력에 의한 수평력에 견디는 지선(지지선)을 그 전선로의 방향으로 그 양쪽에 시설할 것
2. B종 철주 또는 B종 철근 콘크리트주에는 내장(장력에 견디는)형의 철주나 철근 콘크리트주를 사용하거나 1의 규정에 준하여 지선(지지선)을 시설할 것. 다만, 토지의 상황에 의하여 그 전선로 중 그 경간(지지물 간 거리)에 근접하는 곳의 지지물에 그 철주 또는 철근 콘크리트주를 사용하거나 그 지선(지지선)을 시설하는 경우에는 그러하지 아니하다.
3. 철탑에는 내장(장력에 견디는)형의 철탑을 사용할 것. 다만, 토지의 상황에 의하여 그 전선로 중 그 경간(지지물 간 거리)에 근접하는 곳의 지지물에 내장(장력에 견디는)형의 철탑을 사용하는 경우에는 그러하지 아니하다.

---

01 100[kV] 미만의 특고압 가공 전선로의 지지물로 B종 철주를 사용하여 경간(지지물 간 거리)을 300[m]로 하고자 하는 경우, 전선으로 사용되는 경동 연선의 최소 단면적은 몇 [mm²] 이상이어야 하는가?

① 38 ② 55
③ 100 ④ 150

해설 특고압 가공 전선로의 경간(지지물 간 거리) 제한(한국전기설비규정 333.21)

지지물의 종류	경간(지지물 간 거리)
목주·A종 철주 또는 A종 철근 콘크리트주	150[m]
B종 철주 또는 B종 철근 콘크리트주	250[m]
철탑	600[m](단주인 경우에는 400[m])

특고압 가공 전선로의 전선에 인장 강도 21.67[kN] 이상의 것 또는 단면적이 55[mm²] 이상인 경동 연선을 사용하는 경우
1. 목주·A종 철주 또는 A종 철근 콘크리트주를 사용하는 경우에는 300[m] 이하
2. B종 철주 또는 B종 철근 콘크리트주를 사용하는 경우에는 500[m] 이하

02 특고압 가공 전선이 저·고압 가공 전선 등과 제2차 접근 상태로 시설되는 경우에 특고압 가공 전선로는 어떤 보안 공사에 의하여야 하는가?

① 고압 보안 공사 ② 제1종 특고압 보안 공사
③ 제2종 특고압 보안 공사 ④ 제3종 특고압 보안 공사

해설 특고압 가공 전선과 저·고압 가공 전선 등의 접근 또는 교차(한국전기설비규정 333.32)
특고압 가공 전선이 저·고압 가공 전선 등과 제2차 접근 상태로 시설되는 경우, 특고압 가공 전선로는 제2종 특고압 보안 공사에 의할 것

03 특고압 전선로의 철탑의 가장 높은 곳에 220[V]용 항공 장애등을 설치하였다. 이 등기구의 금속제 외함은 몇 종 접지 공사를 하여야 하는가?

① 제1종 접지 공사 ② 제2종 접지 공사
③ 제3종 접지 공사 ④ 특별 제3종 접지 공사

정답 01.② 02.③ 03.①

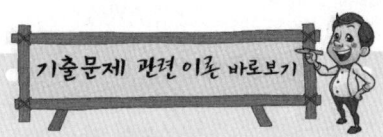

해설 특고압 가공 전선로의 지지물에 시설하는 저압 기계 기구 등의 시설 (판단기준 제123조)
1. 저압의 기계 기구에 접속하는 전로에는 다른 부하를 접속하지 아니할 것
2. 변압기에 의하여 결합하는 경우에는 절연 변압기를 사용할 것
3. 절연 변압기의 부하측의 1단자 또는 중성점 및 기계 기구의 금속제 외함에는 제1종 접지 공사를 하여야 한다.

※ 이 문제는 출제 당시 규정에는 적합했으나 새로 제정된 한국전기설비규정에는 일부 부적합하므로 문제 유형만 참고하시기 바랍니다.

04 옥내에 시설하는 전동기에는 소손될 우려가 있는 과전류가 생겼을 때 자동적으로 이를 저지하거나 경보하는 장치를 시설하여야 하나, 전원측 전로에 시설하는 과전류 차단기의 정격 전류가 몇 [A] 이하이면 생략 가능한가?

① 10
② 16
③ 20
④ 30

해설 저압 전로 중의 전동기 보호용 과전류 보호 장치의 시설(한국전기설비규정 212.6.4)

옥내에 시설하는 전동기의 과부하 보호 장치를 생략하는 경우
1. 전동기를 운전 중 상시 취급자가 감시할 수 있는 위치에 시설하는 경우
2. 전동기의 구조나 부하의 성질로 보아 전동기가 소손할 수 있는 과전류가 생길 우려가 없는 경우
3. 단상 전동기로써 그 전원측 전로에 시설하는 과전류 차단기의 정격 전류가 16[A](배선 차단기는 20[A]) 이하인 경우

04. 이론 check 저압 전로 중의 전동기 보호용 과전류 보호 장치의 시설 (한국전기설비규정 212.6.4)

정격 출력이 0.2[kW]를 초과하는 전동기에는 전동기가 소손할 위험이 있는 과전류를 일으킨 때에 이것을 자동적으로 저지하고 또 이것을 경보하는 장치를 시설해야 한다. 다만, 다음의 경우는 과부하 보호 장치 시설을 생략한다.
① 전동기 운전 중 상시 취급자가 감시할 수 있는 위치에 시설할 경우
② 전동기의 구조상 또는 전동기의 부하 성질상 전동기의 권선에 전동기를 소손할 위험이 있는 과전류가 일어날 위험이 없는 경우
③ 전동기가 단상인 것에 있어서 그 전원측 전로에 시설하는 과전류 차단기의 정격 전류가 16[A](배선 차단기는 20[A]) 이하인 경우

05 가요 전선관 공사에 의한 저압 옥내 배선 시설과 맞지 않는 것은?
① 옥외용 비닐 전선을 제외한 절연 전선을 사용한다.
② 제1종 금속제 가요 전선관의 두께는 0.8[mm] 이상으로 한다.
③ 중량물의 압력 또는 기계적 충격을 받을 우려가 없도록 시설한다.
④ 전선은 연선을 사용하나 단면적 10[mm²] 이상인 경우에는 단선을 사용한다.

해설 가요 전선관 공사(한국전기설비규정 232.13)
1. 전선은 절연 전선(옥외용 전선 제외)일 것
2. 전선은 연선일 것. 다만, 단면적 10[mm²](알루미늄선은 16[mm²]) 이하인 것은 단선을 사용할 수 있다.
3. 가요 전선관 안에는 전선에 접속점이 없도록 할 것

정답 04.② 05.④

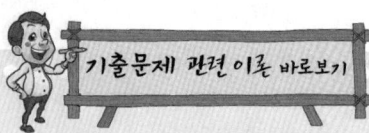

07. **옥내에 시설하는 저압 접촉 전선 공사(한국전기설비규정 232.31)**

① 이동 기중기·자동 청소기 그 밖에 이동하며 사용하는 저압의 전기 기계 기구에 전기를 공급하기 위하여 사용하는 접촉 전선을 옥내에 시설하는 경우에는 기계 기구에 시설하는 경우 이외에는 전개된 장소 또는 점검할 수 있는 은폐된 장소에 애자 공사 또는 버스 덕트 공사 또는 절연 트롤리 공사에 의하여야 한다.

② 저압 접촉 전선을 애자 공사에 의하여 옥내의 전개된 장소에 시설하는 경우에는 기계 기구에 시설하는 경우 이외에는 다음에 따라야 한다.
  1. 전선의 바닥에서의 높이는 3.5[m] 이상으로 하고 또한 사람이 접촉할 우려가 없도록 시설할 것. 다만, 전선의 최대 사용 전압이 60[V] 이하이고 또한 건조한 장소에 시설하는 경우로서 사람이 쉽게 접촉할 우려가 없도록 시설하는 경우에는 그러하지 아니하다.
  2. 전선은 인장 강도 11.2[kN] 이상의 것 또는 지름 6[mm]의 경동선으로 단면적이 28[mm²] 이상인 것일 것. 다만, 사용 전압이 400[V] 이하인 경우에는 인장 강도 3.44[kN] 이상의 것 또는 지름 3.2[mm] 이상의 경동선으로 단면적이 8[mm²] 이상인 것을 사용할 수 있다.
  3. 전선의 지지점 간의 거리는 6[m] 이하일 것. 다만, 전선에 구부리기 어려운 도체를 사용하는 경우 이외에는 전선 상호간의 거리를, 전선을 수평으로 배열하는 경우에는 28[cm] 이상, 기타의 경우에는 40[cm] 이상으로 하는 때에는 12[m] 이하로 할 수 있다.
  4. 전선과 조영재 사이의 이격 거리(간격) 및 그 전선에 접촉하는 집전 장치의 충전 부분과 조영재 사이의 이격 거리(간격)는 습기가 많은 곳 또는 물기가 있는 곳에 시설하는 것은 4.5[cm] 이상, 기타의 곳에 시설하는 것은 2.5[cm] 이상일 것

06 과전류가 생긴 경우 자동적으로 전로로부터 차단하는 장치를 하여야 하는 전력용 커패시터의 뱅크 용량[kVA]은?

① 500[kVA] 초과 15,000[kVA] 미만
② 500[kVA] 초과 20,000[kVA] 미만
③ 50[kVA] 초과 15,000[kVA] 미만
④ 50[kVA] 초과 10,000[kVA] 미만

해설 조상 설비의 보호 장치(한국전기설비규정 351.5)

설비 종별	뱅크 용량의 구분	자동적으로 전로로부터 차단하는 장치
전력용 커패시터 및 분로 리액터	500[kVA] 초과 15,000[kVA] 미만	• 내부에 고장 • 과전류
	15,000[kVA] 이상	• 내부에 고장 • 과전류 • 과전압
조상기 (무효전력 보상장치)	15,000[kVA] 이상	내부에 고장

07 옥내에 시설하는 저압 접촉 전선 공사법이 아닌 것은?

① 점검할 수 있는 은폐된 장소의 애자 공사
② 버스 덕트 공사
③ 금속 몰드 공사
④ 절연 트롤리 공사

해설 **옥내에 시설하는 저압 접촉 전선 공사(한국전기설비규정 232.31)**
이동 기중기·자동 청소기 그 밖에 이동하며 사용하는 저압의 전기 기계 기구에 전기를 공급하기 위하여 사용하는 접촉 전선을 옥내에 시설하는 경우에는 기계 기구에 시설하는 경우 이외에는 전개된 장소 또는 점검할 수 있는 은폐된 장소에 애자 공사 또는 버스 덕트 공사 또는 절연 트롤리 공사에 의하여야 한다.

08 시가지에 시설되어 있는 가공 직류 전차선의 장선에는 가공 직류 전차선 간 및 가공 직류 전차선으로부터 60[cm] 이내의 부분 이외에 접지 공사를 할 때, 몇 종 접지 공사를 하여야 하는가?

① 제1종 접지 공사
② 제2종 접지 공사
③ 제3종 접지 공사
④ 특별 제3종 접지 공사

정답 06.① 07.③ 08.③

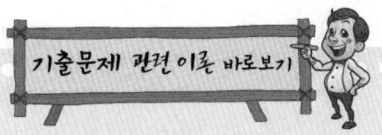

해설 조가용선(조가선) 및 장선의 접지(판단기준 제258조)

직류 전기 철도용 급전선과 가공 직류 전차선을 접속하는 전선을 조가하는 금속선은 그 전선으로부터 애자로 절연하고 또한 이에 제3종 접지 공사를 하여야 한다.

※ 이 문제는 출제 당시 규정에는 적합했으나 새로 제정된 한국전기설비규정에는 일부 부적합하므로 문제 유형만 참고하시기 바랍니다.

09 최대 사용 전압이 1차 22,000[V], 2차 6,600[V]의 권선으로서 중성점 비접지식 전로에 접속하는 변압기의 특고압측 절연 내력 시험 전압은 몇 [V]인가?

① 44,000
② 33,000
③ 27,500
④ 24,000

해설 변압기 전로의 절연 내력(한국전기설비규정 135)

$22,000 \times 1.25 = 27,500[V]$

10 옥내 배선의 사용 전압이 200[V]인 경우에 이를 금속관 공사에 의하여 시설하려고 한다. 다음 중 옥내 배선의 시설로서 옳은 것은?

① 전선은 경동선으로 지름 4[mm]의 단선을 사용하였다.
② 전선은 옥외용 비닐 절연 전선을 사용하였다.
③ 콘크리트에 매설하는 전선관의 두께는 1.0[mm]를 사용하였다.
④ 금속관에는 접지 공사를 하였다.

해설 금속관 공사(한국전기설비규정 232.12)

저압 옥내 배선의 사용 금속관에는 접지 공사를 한다.

11 옥내에 시설하는 고압의 이동 전선의 종류는?

① 150[mm²] 연동선
② 비닐 캡타이어 케이블
③ 고압용 캡타이어 케이블
④ 강심 알루미늄 연선

해설 옥내 고압용 이동 전선의 시설(한국전기설비규정 342.2)

1. 전선은 고압용의 캡타이어 케이블일 것
2. 이동 전선과 전기 사용 기계 기구와는 볼트 조임 기타의 방법에 의하여 견고하게 접속할 것
3. 이동 전선에 전기를 공급하는 전로에는 전용 개폐기 및 과전류 차단기를 각 극에 시설하고, 또한 전로에 지락이 생겼을 때에 자동적으로 전로를 차단하는 장치를 시설할 것

10. 이론 check 금속관 공사(한국전기설비규정 232.12)

① 사용 전선
 1. 전선은 절연 전선(옥외용 비닐 절연 전선은 제외)이며 또한 연선일 것. 다만, 짧고 가는 금속관에 넣은 것 또는 단면적 10[mm²] 이하의 연동선 또는 단면적 16[mm²]인 알루미늄선은 단선으로 사용하여도 된다.
 2. 금속관 내에서는 전선에 접속점을 설치하지 말 것
② 금속관 공사에 사용하는 금속관과 박스 기타의 부속품
 1. 금속관 및 박스는 금속제일 것 또는 황동 혹은 동으로 단단하게 제작한 것일 것
 2. 관의 두께는 콘크리트에 매설하는 것은 1.2[mm] 이상, 기타 1[mm] 이상으로 한다. 다만, 이음매가 없는 길이 4[m] 이하인 것은 건조하고 전개된 곳에 시설하는 경우에는 0.5[mm]까지 감할 수 있다.
 3. 안쪽면 및 끝부분은 전선의 피복을 손상하지 않도록 매끈한 것일 것
 4. 금속관 상호 및 박스는 이것과 동등 이상의 효력이 있는 방법에 의해 견고하게 혹은 전기적으로 안전하게 접속할 것
 5. 습기가 많은 장소 또는 물기가 있는 장소에 시설하는 경우는 방습 장치를 시설할 것
 6. 금속관에는 접지 공사를 할 것

정답 09.③ 10.④ 11.③

PART 06 전기설비기술기준

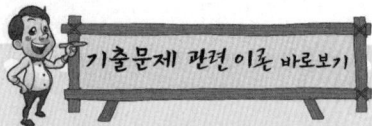

12. 이론 check
풍압 하중의 종별과 적용(한국전기설비규정 331.6)

① 가공 전선로에 사용하는 지지물의 강도 계산에 적용하는 풍압 하중은 다음의 3종으로 한다.
  1. 갑종 풍압 하중
     표(생략)에서 정한 구성재의 수직 투영 면적 $1[m^2]$에 대한 풍압을 기초로 하여 계산한 것
  2. 을종 풍압 하중
     전선 기타의 가섭선(架涉線) 주위에 두께 6[mm], 비중 0.9의 빙설이 부착된 상태에서 수직 투영 면적 372[Pa](다도체를 구성하는 전선은 333[Pa]), 그 이외의 것은 갑종 풍압 하중의 2분의 1을 기초로 하여 계산한 것
  3. 병종 풍압 하중
     갑종 풍압 하중의 2분의 1을 기초로 하여 계산한 것

② 생략

③ ①의 풍압 하중의 적용은 다음에 따른다.
  1. 빙설이 많은 지방 이외의 지방에서는 고온 계절에는 갑종 풍압 하중, 저온 계절에는 병종 풍압 하중을 적용한다.

12 가공 전선로에 사용하는 지지물의 강도 계산에 적용하는 병종 풍압 하중은 갑종 풍압 하중의 몇 [%]를 기초로 하여 계산한 것인가?

① 30
② 50
③ 80
④ 110

해설 풍압 하중의 종별과 적용(한국전기설비규정 331.6)
병종 풍압 하중은 갑종 풍압 하중의 2분의 1을 기초로 하여 계산한 것

13 설계 하중 900[kg]인 철근 콘크리트주의 길이가 16[m]라 한다. 이 지지물을 지반이 연약한 곳 이외의 곳에서 안전율을 고려하지 않고 시설하려고 하면 땅에 묻히는 깊이는 몇 [m] 이상으로 하여야 하는가?

① 2.0
② 2.3
③ 2.5
④ 2.8

해설 가공 전선로 지지물의 기초 안전율(한국전기설비규정 331.7)
철근 콘크리트주로서 전체의 길이가 14[m] 이상 20[m] 이하이고, 설계 하중이 6.8[kN](700[kg]) 초과 9.8[kN](1,000[kg]) 이하의 것을 논이나 그 밖의 지반이 연약한 곳 이외에 시설하는 경우 그 묻히는 깊이는 기준보다 30[cm]를 가산하여야 하므로, 2.5[m]에 30[cm]를 가산한 2.8[m]가 정답이다.

14 고압 가공 인입선이 케이블 이외의 것으로서 그 아래에 위험 표시를 하였다면 전선의 지표상 높이는 몇 [m]까지로 감할 수 있는가?

① 2.5
② 3.5
③ 4.5
④ 5.5

해설 고압 가공 인입선 시설(한국전기설비규정 331.12.1)
고압 가공 인입선의 높이는 지표상 3.5[m]까지로 감할 수 있다. 이 경우에 그 고압 가공 인입선이 케이블 이외의 것인 때에는 그 전선의 아래쪽에 위험 표시를 하여야 한다.

정답 12.② 13.④ 14.②

15 전선 기타의 가섭선(架涉線) 주위에 두께 6[mm], 비중 0.9의 빙설이 부착된 상태에서 을종 풍압 하중은 구성재의 수직 투영 면적 1[m²]당 몇 [Pa]을 기초로 하여 계산하는가? (단, 다도체를 구성하는 전선이 아니라고 한다.)

① 333
② 372
③ 588
④ 666

해설 풍압 하중의 종별과 적용(한국전기설비규정 331.6)

을종 풍압 하중은 전선 기타의 가섭선(架涉線) 주위에 두께 6[mm], 비중 0.9의 빙설이 부착된 상태에서 수직 투영 면적 372[Pa](다도체를 구성하는 전선은 333[Pa]), 그 이외의 것은 갑종 풍압 하중의 2분의 1을 기초로 하여 계산한 것

16 보안상 특히 필요한 경우 선로의 길이가 몇 [km] 이상의 고압 가공 전선로에는 휴대용 또는 이동용의 전력 보안 통신용 전화 설비를 시설하여야 하는가?

① 5
② 10
③ 25
④ 50

해설 전력 보안 통신용 전화 설비의 시설(판단기준 제153조)

특고압 가공 전선로 및 선로 길이 5[km] 이상의 고압 가공 전선로에는 보안상 특히 필요한 경우에 가공 전선로의 적당한 곳에서 통화할 수 있도록 휴대용 또는 이동용의 전력 보안 통신용 전화 설비를 시설하여야 한다.

※ 이 문제는 출제 당시 규정에는 적합했으나 새로 제정된 한국전기설비규정에는 일부 부적합하므로 문제 유형만 참고하시기 바랍니다.

17 관등 회로의 사용 전압이 400[V] 이하 또는 변압기의 2차 단락 전류나 관등 회로의 동작 전류가 몇 [mA] 이하로 방전등을 시설하는 경우에 접지 공사를 생략할 수 있는가?

① 25
② 50
③ 75
④ 100

17. 이론 1[kV] 이하 방전등 접지(한국전기설비규정 234.11.9)

① 방전등용 안정기의 외함 및 등기구의 금속제 부분에는 211과 140의 규정에 준하여 접지 공사를 하여야 한다.
② 상기의 접지 공사는 다음에 해당될 경우는 생략할 수 있다.
  1. 관등 회로의 사용 전압이 대지 전압 150[V] 이하의 것을 건조한 장소에서 시공할 경우
  2. 관등 회로의 사용 전압이 400[V] 이하의 것을 사람이 쉽게 접촉될 우려가 없는 건조한 장소에서 시설할 경우로 그 안정기의 외함 및 등기구의 금속제 부분이 금속제의 조영재와 전기적으로 접속되지 않도록 시설할 경우
  3. 관등 회로의 사용 전압이 400[V] 이하 또는 변압기의 정격 2차 단락 전류 혹은 회로의 동작 전류가 50[mA] 이하의 것으로 안정기를 외함에 넣고, 이것을 등기구와 전기적으로 접속되지 않도록 시설할 경우
  4. 건조한 장소에 시설하는 목제의 진열장 속에 안정기의 외함 및 이것과 전기적으로 접속하는 금속제 부분을 사람이 쉽게 접촉되지 않도록 시설할 경우

정답 15.② 16.① 17.②

해설 1[kV] 이하 방전등 접지(한국전기설비규정 234.11.9)

관등 회로의 사용 전압이 400[V] 이하 또는 변압기의 정격 2차 단락 전류나 관등 회로의 동작 전류가 50[mA] 이하인 방전등을 시설하는 경우에 방전등용 안정기를 외함에 넣고 또한 그 외함과 방전등용 안정기를 넣을 방전등용 전등 기구를 전기적으로 접속하지 아니하도록 시설하면 접지 공사를 생략한다.

18 의료실 내에 시설하는 의료 기기의 보호 접지용 접지 저항값은 몇 [Ω] 이하인가? (단, 등전위 접지 시설 유무는 무시한다.)

① 10
② 20
③ 50
④ 100

해설 의료실의 접지 등의 시설(판단기준 제249조)
1. 접지 간선은 단면적 14[mm²] 이상의 600[V] 비닐 절연 전선 이상의 것일 것
2. 접지 저항값은 10[Ω] 이하로 하여야 한다. 다만, 등전위 접지를 시설하는 경우에는 접지 저항값을 100[Ω] 이하로 할 수 있다.

※ 이 문제는 출제 당시 규정에는 적합했으나 새로 제정된 한국전기설비규정에는 일부 부적합하므로 문제 유형만 참고하시기 바랍니다.

19. **이론 check** 접지극 시설 및 접지 저항(한국전기설비규정 142.2)

① 접지극은 지하 75[cm] 이상으로 하되 동결 깊이를 감안하여 매설할 것
② 접지 도체를 철주 기타 금속체를 따라서 시설하는 경우, 접지극을 철주의 밑면으로부터 30[cm] 이상의 깊이에 매설하는 경우 이외에는 접지극을 지중에서 금속체로부터 1[m] 이상 떼어 매설할 것
③ 접지 도체에는 절연 전선(옥외용 비닐 절연 전선 제외), 캡타이어 케이블 또는 케이블(통신용 케이블 제외)을 사용할 것. 다만, 접지 도체를 철주 기타 금속체를 따라서 시설하는 경우 이외의 경우에는 접지 도체의 지표상 60[cm]를 넘는 부분에 대해서는 그러하지 아니하다.
④ 접지 도체의 지하 75[cm]로부터 지표상 2[m]까지의 부분은 합성수지관(두께 2[mm] 미만 제외) 또는 이것과 동등 이상의 절연 효력 및 강도를 가지는 몰드로 덮을 것

19 접지 공사에 사용되는 접지 도체를 사람이 접촉할 우려가 있으며, 철주 기타의 금속체를 따라서 시설하는 경우에는 접지극을 철주의 밑면으로부터 30[cm] 이상의 깊이에 매설하는 경우 이외에는 접지극을 지중에서 그 금속체로부터 몇 [cm] 이상 떼어 매설하여야 하는가?

① 50
② 75
③ 100
④ 125

해설 접지극의 시설 및 접지 저항(한국전기설비규정 142.2)
1. 접지극은 지하 75[cm] 이상으로 하되 동결 깊이를 감안하여 매설할 것
2. 접지 도체를 철주 기타 금속체를 따라서 시설하는 경우, 접지극을 철주의 밑면으로부터 30[cm] 이상의 깊이에 매설하는 경우 이외에는 접지극을 지중에서 금속체로부터 1[m] 이상 떼어 매설할 것
3. 접지 도체에는 절연 전선(옥외용 비닐 절연 전선 제외), 캡타이어 케이블 또는 케이블(통신용 케이블 제외)을 사용할 것
4. 접지 도체의 지하 75[cm]로부터 지표상 2[m]까지의 부분은 합성수지관(두께 2[mm] 미만 제외) 또는 이것과 동등 이상의 절연 효력 및 강도를 가지는 몰드로 덮을 것

정답 18.① 19.③

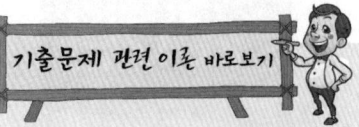

20 154[kV] 특고압 가공 전선로를 시가지에 경동 연선으로 시설할 경우 단면적은 몇 [mm²] 이상을 사용하여야 하는가?

① 100
② 150
③ 200
④ 250

해설 시가지 등에서 특고압 가공 전선로의 시설(한국전기설비규정 333.1)

사용 전압의 구분	전선의 단면적
100[kV] 미만	인장 강도 21.67[kN] 이상의 연선 또는 단면적 55[mm²] 이상의 경동 연선
100[kV] 이상	인장 강도 58.84[kN] 이상의 연선 또는 단면적 150[mm²] 이상의 경동 연선

20. **이론 check** 시가지 등에서 특고압 가공 전선로의 시설(한국전기설비규정 333.1)

① 사용 전압이 170[kV] 이하인 전선로를 다음에 의하여 시설하는 경우

1. 특고압 가공 전선을 지지하는 애자 장치는 다음 중 어느 하나에 의할 것
   가. 50[%] 충격 섬락(불꽃 방전) 전압값이 그 전선의 근접한 다른 부분을 지지하는 애자 장치값의 110[%](사용 전압이 130[kV]를 초과하는 경우는 105[%]) 이상인 것
   나. 아크 혼을 붙인 현수 애자·장간(긴) 애자(長幹碍子) 또는 라인 포스트 애자를 사용하는 것
   다. 2련 이상의 현수 애자 또는 장간(긴) 애자를 사용하는 것
   라. 2개 이상의 핀 애자 또는 라인 포스트 애자를 사용하는 것

2. 특고압 가공 전선로의 경간(지지물 간 거리)

지지물의 종류	경간(지지물 간 거리)
A종	75[m]
B종	150[m]
철탑	400[m] 다만, 전선이 수평으로 2 이상 있는 경우에 전선 상호간의 간격이 4[m] 미만인 때에는 250[m]

3. 전선 단면적

사용 전압의 구분	전선의 단면적
100[kV] 미만	인장 강도 21.67[kN] 이상의 연선 또는 단면적 55[mm²] 이상의 경동 연선
100[kV] 이상	인장 강도 58.84[kN] 이상의 연선 또는 단면적 150[mm²] 이상의 경동 연선

정답 20.②

2012년 과년도 출제문제

제1회 전기설비기술기준

01. 이론 check **풍압 하중의 종별과 적용(한국전기설비규정 331.6)**

① 가공 전선로에 사용하는 지지물의 강도 계산에 적용하는 풍압 하중은 다음의 3종으로 한다.
  1. 갑종 풍압 하중
    표(생략)에서 정한 구성재의 수직 투영 면적 1[m²]에 대한 풍압을 기초로 하여 계산한 것
  2. 을종 풍압 하중
    전선 기타의 가섭선(架涉線) 주위에 두께 6[mm], 비중 0.9의 빙설이 부착된 상태에서 수직 투영 면적 372[Pa](다도체를 구성하는 전선은 333[Pa]), 그 이외의 것은 갑종 풍압 하중의 2분의 1을 기초로 하여 계산한 것
  3. 병종 풍압 하중
    갑종 풍압 하중의 2분의 1을 기초로 하여 계산한 것
② 생략
③ ①의 풍압 하중의 적용은 다음에 따른다.
  1. 빙설이 많은 지방 이외의 지방에서는 고온 계절에는 갑종 풍압 하중, 저온 계절에는 병종 풍압 하중을 적용한다.

01 가공 전선로에 사용하는 지지물의 강도 계산에 적용하는 풍압 하중 중 병종 풍압 하중은 갑종 풍압 하중에 대한 얼마의 풍압을 기초로 하여 계산한 것인가?

① $\frac{1}{2}$
② $\frac{1}{3}$
③ $\frac{2}{3}$
④ $\frac{1}{4}$

해설 풍압 하중의 종별과 적용(한국전기설비규정 331.6)

병종 풍압 하중은 갑종 풍압 하중의 $\frac{1}{2}$을 기초로 하여 계산한 것

02 시가지에 시설하는 154[kV] 가공 전선로에는 지락 또는 단락이 발생한 경우 몇 초 이내에 자동적으로 이를 전로로부터 차단하는 장치를 시설하여야 하는가?

① 1
② 2
③ 3
④ 5

해설 시가지 등에서 특고압 가공 전선로의 시설(한국전기설비규정 333.1)

100[kV]를 초과하는 것에 지락이 생긴 경우 또는 단락한 경우에 1초 안에 이를 전선로로부터 차단하는 자동 차단 장치를 시설할 것

03 혼촉에 의한 위험 방지를 위한 접지 공사를 시설하여야 하는 것은?

① 특고압 계기용 변압기의 외함
② 변압기로 특고압 선로에 결합되는 고압 전로의 방전 장치의 외함
③ 특고압 가공 전선이 도로 등과 교차하는 경우 시설하는 보호망
④ 특고압 전로 또는 고압 전로와 저압 전로를 결합하는 변압기의 저압측 중성점

정답 01.① 02.① 03.④

2012년 과년도 출제문제

해설 고압 또는 특고압과 저압의 혼촉에 의한 위험 방지 시설(한국전기설비규정 322.1)

고압 전로 또는 특고압 전로와 저압 전로를 결합하는 변압기의 저압측의 중성점에는 접지 시스템(140)에 의한 접지 공사를 하여야 한다. 다만, 저압 전로의 사용 전압이 300[V] 이하인 경우에 그 접지 공사를 변압기의 중성점에 하기 어려울 때에는 저압측의 1단자에 시행할 수 있다.

04 최대 사용 전압 15[V]를 넘고 30[V] 이하인 소세력 회로에 사용하는 절연 변압기의 2차 단락 전류값이 제한을 받지 않을 경우는 2차측에 시설하는 과전류 차단기의 용량이 몇 [A] 이하일 경우인가?

① 0.5
② 1.5
③ 3.0
④ 5.0

해설 소세력 회로(한국전기설비규정 241.14)

소세력 회로의 최대 사용 전압의 구분	2차 단락 전류	과전류 차단기의 정격 전류
15[V] 이하	8[A]	5[A]
15[V] 초과 30[V] 이하	5[A]	3[A]
30[V] 초과 60[V] 이하	3[A]	1.5[A]

05 전기 철도용 변전소 이외의 변전소의 주요 변압기에 계측 장치가 꼭 필요하지 않은 것은?

① 전압
② 전류
③ 주파수
④ 전력

해설 계측 장치(한국전기설비규정 351.6)

변전소의 계측하는 장치(전기 철도용 변전소는 주요 변압기의 전압을 계측하는 장치 제외)
1. 주요 변압기의 전압 및 전류 또는 전력
2. 특고압용 변압기의 온도

06 고압 가공 전선이 케이블인 경우 가공 전선과 안테나 사이의 이격 거리(간격)는 몇 [cm] 이상인가?

① 40
② 80
③ 120
④ 160

해설 고압 가공 전선과 안테나의 접근 또는 교차(한국전기설비규정 332.14)

1. 고압 가공 전선로는 고압 보안 공사에 의할 것
2. 가공 전선과 안테나 사이의 이격 거리(간격)는 저압은 60[cm](고압 절연 전선, 특고압 절연 전선 또는 케이블인 경우 30[cm]) 이상, 고압은 80[cm](케이블인 경우 40[cm]) 이상

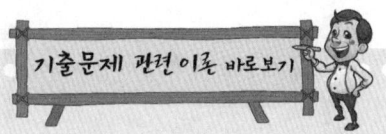

05. 이론 check 계측 장치(한국전기설비규정 351.6)

① 발전소에는 다음의 사항을 계측하는 장치를 시설하여야 한다.
  1. 발전기·연료 전지 또는 태양 전지 모듈(복수의 태양 전지 모듈을 설치하는 경우에는 그 집합체)의 전압 및 전류 또는 전력
  2. 발전기의 베어링(수중 메탈을 제외한다) 및 고정자(固定子)의 온도
  3. 정격 출력이 10,000[kW]를 초과하는 증기 터빈에 접속하는 발전기의 진동의 진폭(정격 출력이 400,000[kW] 이상의 증기 터빈에 접속하는 발전기는 이를 자동적으로 기록하는 것에 한한다)
  4. 주요 변압기의 전압 및 전류 또는 전력
  5. 특고압용 변압기의 온도
② 정격 출력이 10[kW] 미만의 내연력 발전소는 연계하는 전력 계통에 그 발전소 이외의 전원이 없는 것에 대해서는 ①의 1 및 4 중 전류 및 전력을 측정하는 장치를 시설하지 아니할 수 있다.
③ 동기 발전기(同期發電機)를 시설하는 경우에는 동기 검정 장치를 시설하여야 한다. 다만, 동기 발전기를 연계하는 전력 계통에는 그 동기 발전기 이외의 전원이 없는 경우 또는 동기 발전기의 용량이 그 발전기를 연계하는 전력 계통의 용량과 비교하여 현저히 적은 경우에는 그러하지 아니하다.
④ 변전소 또는 이에 준하는 곳에는 다음의 사항을 계측하는 장치를 시설하여야 한다.
  1. 주요 변압기의 전압 및 전류 또는 전력
  2. 특고압용 변압기의 온도

정답 04.③ 05.③ 06.①

517

PART 06 전기설비기술기준

기출문제 관련 이론 바로보기

07 고압 가공 전선로의 지지물에 첨가한 전력 보안 통신 케이블을 횡단 보도교 위에 시설하는 경우 그 노면상의 높이는 몇 [m] 이상으로 하여야 하는가?

① 3 이상
② 3.5 이상
③ 5 이상
④ 5.5 이상

해설 전력 보안 통신선의 시설 높이와 이격 거리(간격)(한국전기설비규정 362.2)
1. 횡단 보도교 위에 시설하는 경우에는 노면상 5[m] 이상
2. 저압 또는 고압의 가공 전선로의 지지물에 시설하는 통신선은 노면상 3.5[m](통신선이 절연 전선 3[m]) 이상
3. 특고압 전선로의 지지물에 시설하는 통신선 또는 광섬유 케이블은 노면상 4[m] 이상

08. 이론 check 고압 또는 특고압과 저압의 혼촉에 의한 위험 방지 시설 (한국전기설비규정 322.1)

① 고압 전로 또는 특고압 전로와 저압 전로를 결합하는 변압기의 저압측의 중성점에는 접지 공사(사용 전압이 35[kV] 이하의 특고압 전로로서 전로에 지락이 생겼을 때에 1초 이내에 자동적으로 이를 차단하는 장치가 되어 있는 것 및 특고압 전로와 저압 전로를 결합하는 경우 규정에 의하여 계산한 값이 10을 넘을 때에는 접지 저항값이 10[Ω] 이하인 것에 한한다)를 하여야 한다. 다만, 저압 전로의 사용 전압이 300[V] 이하인 경우에 그 접지 공사를 변압기의 중성점에 하기 어려울 때에는 저압측의 1단자에 시행할 수 있다.

08 가공 공동 지선에 의한 접지 공사에 있어 가공 공동 지선과 대지 간의 합성 전기 저항값은 몇 [m]를 지름으로 하는 지역마다 규정하는 접지 저항값을 가지는 것으로 하여야 하는가?

① 400
② 600
③ 800
④ 1,000

해설 고압 또는 특고압과 저압의 혼촉에 의한 위험 방지 시설(한국전기설비규정 322.1)
가공 공동 지선과 대지 사이의 합성 전기 저항값은 1[km]를 지름으로 하는 지역 이내마다 규정의 접지 공사의 접지 저항값 이하로 하고 접지선을 가공 공동 지선에서 분리한 경우 각 접지선의 접지 저항값 $R = \dfrac{150}{I} \times n$(300[Ω]을 초과하는 경우 300[Ω]) 이하로 한다.

09 고압 가공 인입선의 높이는 그 아래에 위험 표시를 하였을 경우 지표상 몇 [m]까지로 감할 수 있는가?

① 2.5
② 3
③ 3.5
④ 4

해설 고압 가공 인입선의 시설(한국전기설비규정 331.12)
고압 가공 인입선의 높이는 지표상 3.5[m]까지로 감할 수 있다. 이 경우에 그 고압 가공 인입선이 케이블 이외의 것인 때에는 그 전선의 아래쪽에 위험 표시를 하여야 한다.

10 옥내 전로의 대지 전압 제한에 관한 규정으로 주택의 전로 인입구에 절연 변압기를 사람이 쉽게 접촉할 우려가 없이 시설하는 경우 정격 용량이 몇 [kVA] 이하일 때 인체 보호용 누전 차단기를 시설하지 않아도 되는가?

① 2
② 3
③ 5
④ 10

정답 07.② 08.④ 09.③ 10.②

해설 옥내 전로의 대지 전압의 제한(한국전기설비규정 231.6)
주택의 전로 인입구에는 인체 감전 보호용 누전 차단기를 시설할 것. 다만, 전로의 전원측에 정격 용량이 3[kVA] 이하인 절연 변압기를 사람이 쉽게 접촉할 우려가 없도록 시설하고 또한 그 절연 변압기의 부하측 전로를 접지하지 아니하는 경우에는 그러하지 아니하다.

11 옥내에 시설되는 전동기가 소손될 우려가 있는 경우 과전류가 생겼을 때 자동으로 차단하거나 경보를 발생하는 장치를 시설하여야 한다. 이 규정에 적용되는 전동기 정격 출력의 최소값은?

① 150[W] 초과
② 200[W] 초과
③ 250[W] 초과
④ 300[W] 초과

해설 저압 전로 중의 전동기 보호용 과전류 보호 장치의 시설(한국전기설비규정 212.6.4)
옥내에 시설하는 전동기(정격 출력이 0.2[kW] 이하인 것을 제외)에는 전동기가 소손될 우려가 있는 과전류가 생겼을 때에 자동적으로 이를 저지하거나 이를 경보하는 장치를 하여야 한다.

12 도로에 시설하는 가공 직류 전차 선로의 경간(지지물 간 거리)은 몇 [m] 이하로 하여야 하는가?

① 30
② 40
③ 50
④ 60

해설 도로에 시설하는 가공 직류 전차 선로의 경간(지지물 간 거리)(판단 기준 제255조)
도로에 시설하는 가공 직류 전차 선로의 경간(지지물 간 거리)은 60[m] 이하로 하여야 한다.

※ 이 문제는 출제 당시 규정에는 적합했으나 새로 제정된 한국전기설비규정에는 일부 부적합하므로 문제 유형만 참고하시기 바랍니다.

13 고압 지중 전선이 지중 약전류 전선 등과 접근하거나 교차하는 경우에 상호의 이격 거리(간격)가 몇 [cm] 이하인 때에는 두 전선이 직접 접촉하지 아니하도록 조치하여야 하는가?

① 15
② 20
③ 30
④ 40

해설 지중 전선과 지중 약전류 전선 등 또는 관과의 접근 또는 교차(한국전기설비규정 334.6)
저압 또는 고압의 지중 전선 30[cm] 이하
특고압 지중 전선 60[cm] 이하

14 사용 전압이 35[kV] 이하인 특고압 가공 전선과 가공 약전류 전선 등을 동일 지지물에 시설하는 경우, 특고압 가공 전선로는 어떤 종류의 보안 공사로 하여야 하는가?

① 제1종 특고압 보안 공사
② 제2종 특고압 보안 공사
③ 제3종 특고압 보안 공사
④ 고압 보안 공사

14. 이론 check 특고압 가공 전선과 가공 약전류 전선 등의 공용 설치(한국전기설비규정 333.19)

① 사용 전압이 35[kV] 이하인 특고압 가공 전선과 가공 약전류 전선 등(전력 보안 통신선 및 전기 철도의 전용 부지 안에 시설하는 전기 철도용 통신선을 제외한다)을 동일 지지물에 시설하는 경우에는 다음에 따라야 한다.
1. 특고압 가공 전선로는 제2종 특고압 보안 공사에 의할 것
2. 특고압 가공 전선은 가공 약전류 전선 등의 위로하고 별개의 완금류에 시설할 것
3. 특고압 가공 전선은 케이블인 경우 이외에는 인장 강도 21.67[kN] 이상의 연선 또는 단면적이 50[mm²] 이상인 경동 연선일 것
4. 특고압 가공 전선과 가공 약전류 전선 등 사이의 이격 거리(간격)는 2[m] 이상으로 할 것. 다만, 특고압 가공 전선이 케이블인 경우에는 50[cm] 까지로 감할 수 있다.
5. 가공 약전류 전선을 특고압 가공 전선이 케이블인 경우 이외에는 금속제의 전기적 차폐층이 있는 통신용 케이블일 것
6. 특고압 가공 전선로의 수직 배선은 가공 약전류 전선 등의 시설자가 지지물에 시설한 것의 2[m] 위에서부터 전선로의 수직 배선의 맨 아래까지의 사이는 케이블을 사용할 것
7. 생략
8. 생략

② 사용 전압이 35[kV]를 초과하는 특고압 가공 전선과 가공 약전류 전선 등은 동일 지지물에 시설하여서는 아니 된다.

정답 11.② 12.④ 13.③ 14.②

PART 06 전기설비기술기준

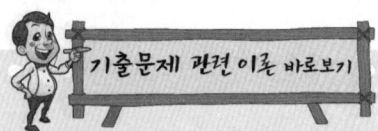

16. 이론 check **특고압 보안 공사**(한국전기설비규정 333.22)

① 제1종 특고압 보안 공사는 다음에 따라야 한다.
   1. 전선은 케이블인 경우 이외에는 단면적이 표에서 정한 값 이상일 것

사용 전압	전 선
100[kV] 미만	인장 강도 21.67[kN] 이상의 연선 또는 단면적 55[mm²] 이상의 경동 연선
100[kV] 이상 300[kV] 미만	인장 강도 58.84[kN] 이상의 연선 또는 단면적 150[mm²] 이상의 경동 연선
300[kV] 이상	인장 강도 77.47[kN] 이상의 연선 또는 단면적 200[mm²] 이상의 경동 연선

   2. 생략
   3. 전선로의 지지물에는 B종 철주·B종 철근 콘크리트주 또는 철탑을 사용할 것
   4. 경간(지지물 간 거리)은 표에서 정한 값 이하일 것. 다만, 전선의 인장 강도 58.84[kN]이상의 연선 또는 단면적이 150 [mm²] 이상인 경동 연선을 사용하는 경우에는 그러하지 아니하다.

지지물의 종류	경간(지지물 간 거리)
B종 철주 또는 B종 철근 콘크리트주	150[m]
철탑	400[m](단주인 경우에는 300[m])

   5. 전선이 다른 시설물과 접근하거나 교차하는 경우에는 그 전선을 지지하는 애자 장치는 다음의 어느 하나에 의할 것
      가. 현수 애자 또는 장간(긴) 애자를 사용하는 경우, 50[%] 충격 섬락(불꽃 방전) 전압(衝擊閃絡電壓) 값이 그 전선의 근접하는 다른 부분을 지지하는 애자 장치의 값의 110[%](사용 전압이 130[kV]를 초과하는 경우는 105[%]) 이상인 것
      나. 아크혼을 붙인 현수 애자·장간(긴) 애자 또는 라인 포스트 애자를 사용한 것
      다. 2련 이상의 현수 애자 또는 장간(긴) 애자를 사용한 것

해설 특고압 가공 전선과 가공 약전류 전선 등의 공용 설치(한국전기설비규정 333.19)
   1. 특고압 가공 전선로는 제2종 특고압 보안 공사에 의할 것
   2. 특고압 가공 전선은 가공 약전류 전선 등의 위로하고 별개의 완금류에 시설할 것
   3. 특고압 가공 전선은 케이블인 경우 이외에는 인장 강도 21.67[kN] 이상의 연선 또는 단면적이 50[mm²] 이상인 경동 연선일 것
   4. 특고압 가공 전선과 가공 약전류 전선 등 사이의 이격 거리(간격)는 2[m] 이상으로 할 것

15 변압기 1차측 3,300[V], 2차측 220[V]의 변압기 전로의 절연 내력 시험 전압은 각각 몇 [V]에서 10분간 견디어야 하는가?

① 1차측 4,950[V], 2차측 500[V]
② 1차측 4,500[V], 2차측 400[V]
③ 1차측 4,125[V], 2차측 500[V]
④ 1차측 3,300[V], 2차측 400[V]

해설 변압기 전로의 절연 내력(한국전기설비규정 135)
1차측은 3,300×1.5=4,950[V]이고
2차측은 220×1.5=330[V]이므로 최저 시험 전압은 500[V]이다.

16 제1종 특고압 보안 공사에 의해서 시설하는 전선로의 지지물로 사용할 수 없는 것은?

① 철탑
② B종 철주
③ B종 철근 콘크리트주
④ A종 철근 콘크리트주

해설 특고압 보안 공사(한국전기설비규정 333.22)
제1종 특고압 보안 공사 전선로의 지지물에는 B종 철주·B종 철근 콘크리트주 또는 철탑을 사용할 것

17 폭연성 분진(먼지) 또는 화약류의 분말이 전기 설비가 발화원이 되어 폭발할 우려가 있는 곳의 저압 옥내 전기 설비는 어느 공사에 의하는가?

① 캡타이어 케이블 공사
② 합성 수지관 공사
③ 애자 공사
④ 금속관 공사

해설 폭연성 분진(먼지) 위험 장소(한국전기설비규정 242.2.1)
폭연성 분진(먼지) 또는 화약류의 분말이 전기 설비가 발화원이 되어 폭발할 우려가 있는 곳에 시설하는 저압 옥내 전기 설비는 금속관 공사 또는 케이블 공사(캡타이어 케이블 제외)에 의할 것

정답 15.① 16.④ 17.④

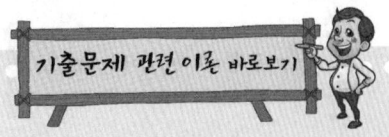

18 철주를 강관에 의하여 구성되는 사각형의 것일 때 갑종 풍압 하중을 계산하려 한다. 수직 투영 면적 1[m²]에 대한 풍압 하중은 몇 [Pa]을 기초하여 계산하는가?

① 588
② 882
③ 1,117
④ 1,255

해설 풍압 하중의 종별과 적용(한국전기설비규정 331.6)

풍압을 받는 구분(갑종 풍압 하중)			1[m²]에 대한 풍압
목주			588[Pa]
지지물	철주	원형의 것	588[Pa]
		삼각형 또는 마름모형의 것	1,412[Pa]
		강관 4각형의 것	1,117[Pa]
	철근 콘크리트주	원형의 것	588[Pa]
		기타의 것	882[Pa]
	철탑	강관으로 구성되는 것	1,255[Pa]
		기타의 것	2,157[Pa]

19 저압 옥내 간선의 전원측 전로에는 그 저압 옥내 간선을 보호할 목적으로 어느 것을 시설하여야 하는가?

① 접지선
② 과전류 차단기
③ 방전 장치
④ 단로기

해설 옥내 저압 간선의 시설(판단기준 제175조)
1. 저압 옥내 간선은 손상을 받을 우려가 없는 곳에 시설할 것
2. 전선은 저압 옥내 간선의 각 부분마다 그 부분을 통하여 공급되는 전기 사용 기계 기구의 정격 전류의 합계 이상인 허용 전류가 있는 것일 것
3. 수용률·역률 등이 명확한 경우에는 이에 따라 적당히 수정된 부하 전류치 이상인 허용 전류의 전선을 사용할 수 있을 것
4. 저압 옥내 간선의 전원측 전로에는 그 저압 옥내 간선을 보호하는 과전류 차단기를 시설할 것

※ 이 문제는 출제 당시 규정에는 적합였으나 새로 제정된 한국전기설비규정에는 일부 부적합하므로 문제 유형만 참고하시기 바랍니다.

20 버스 덕트 공사에 덕트를 조영재에 붙이는 경우 지지점 간의 거리는?

① 2[m] 이하
② 3[m] 이하
③ 4[m] 이하
④ 5[m] 이하

해설 버스 덕트 공사(한국전기설비규정 232.61)
1. 덕트 상호간 및 전선 상호간은 견고하고 또한 전기적으로 완전하게 접속할 것
2. 덕트를 조영재에 붙이는 경우에는 덕트의 지지점 간의 거리를 3[m] 이하로 하고 또한 견고하게 붙일 것

20 이론 check 버스 덕트 공사(한국전기설비규정 232.61)

① 버스 덕트 공사에 의한 저압 옥내 배선은 다음에 따라 시설하여야 한다.
1. 덕트 상호간 및 전선 상호간은 견고하고 또한 전기적으로 완전하게 접속할 것
2. 덕트를 조영재에 붙이는 경우에는 덕트의 지지점 간의 거리를 3[m] (취급자 이외의 자가 출입할 수 없도록 설비한 곳에서 수직으로 붙이는 경우에는 6[m]) 이하로 하고 또한 견고하게 붙일 것
3. 덕트(환기형의 것을 제외한다)의 끝부분은 막을 것
4. 덕트(환기형의 것을 제외한다)의 내부에 먼지가 침입하지 아니하도록 할 것
5. 습기가 많은 장소 또는 물기가 있는 장소에 시설하는 경우에는 옥외용 버스 덕트를 사용하고 버스 덕트 내부에 물이 침입하여 고이지 아니하도록 할 것

정답 18.③ 19.② 20.②

PART 06 전기설비기술기준

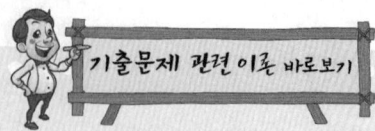

제 2 회 전기설비기술기준

01 철탑의 강도 계산에 사용하는 이상시 상정 하중의 종류가 아닌 것은?

① 수직 하중
② 좌굴 하중
③ 수평 횡하중
④ 수평 종하중

해설 이상시 상정 하중(한국전기설비규정 333.14)

풍압이 전선로에 직각 방향으로 가하여지는 경우의 하중은 각 부재에 대하여 그 부재가 부담하는 다음 하중이 동시에 가하여지는 것으로 하여 계산할 것
1. 수직 하중
2. 수평 횡하중
3. 수평 종하중

02 220[V] 저압 전로의 절연 저항은 몇 [MΩ] 이상이어야 하는가?

① 0.5
② 1.0
③ 1.5
④ 2.0

해설 저압 전로의 절연 성능(기술기준 제52조)

전로의 사용 전압[V]	DC 시험 전압[V]	절연 저항[MΩ]
SELV 및 PELV	250	0.5
FELV, 500[V] 이하	500	1.0
500[V] 초과	1,000	1.0

(주) 특별 저압(extra low voltage : 2차 전압이 AC 50[V], DC 120[V] 이하)으로 SELV(비접지 회로 구성) 및 PELV(접지 회로 구성)은 1차와 2차가 전기적으로 절연된 회로, FELV는 1차와 2차가 전기적으로 절연되지 않은 회로

03 애자 공사에 의한 고압 옥내 배선에 사용되는 연동선의 최소 지름은 몇 [mm²]인가?

① 2.5
② 4
③ 6
④ 8

해설 고압 옥내 배선 등의 시설(한국전기설비규정 342.1)

1. 전선 : 6[mm²]의 연동선
2. 지지점 간의 거리 : 6[m] 이하(조영재의 면을 따라 붙이는 경우에는 2[m] 이하)
3. 전선 상호간의 간격 : 8[cm] 이상, 전선과 조영재 사이의 이격 거리(간격)는 5[cm] 이상
4. 애자는 절연성·난연성 및 내수성
5. 고압 옥내 배선은 저압 옥내 배선과 쉽게 식별되도록 시설할 것

---

03. 이론 check 고압 옥내 배선 등의 시설 (한국전기설비규정 342.1)

① 고압 옥내 배선은 다음에 따라 시설하여야 한다.
 1. 고압 옥내 배선은 다음 중 1에 의하여 시설할 것
  가. 애자 공사(건조한 장소로서 전개된 장소에 한한다)
  나. 케이블 공사
  다. 케이블 트레이 공사
 2. 애자 공사에 의한 고압 옥내 배선은 다음에 의하고, 또한 사람이 접촉할 우려가 없도록 시설할 것
  가. 전선은 공칭 단면적 6[mm²] 이상의 연동선 또는 이와 동등 이상의 세기 및 굵기의 고압 절연 전선이나 특고압 절연 전선 또는 인하용 고압 절연 전선일 것
  나. 전선의 지지점 간의 거리는 6[m] 이하일 것. 다만, 전선을 조영재의 면을 따라 붙이는 경우에는 2[m] 이하이어야 한다.
  다. 전선 상호간의 간격은 8[cm] 이상, 전선과 조영재 사이의 이격 거리(간격)는 5[cm] 이상일 것
  라. 애자 공사에 사용하는 애자는 절연성·난연성 및 내수성의 것일 것
  마. 고압 옥내 배선은 저압 옥내 배선과 쉽게 식별되도록 시설할 것
  바. 전선이 조영재를 관통하는 경우에는 그 관통하는 부분의 전선을 전선마다 각각 별개의 난연성 및 내수성이 있는 견고한 절연관에 넣을 것

정답 01.② 02.② 03.③

2012년 과년도 출제문제

04 옥내 방전등 공사에 대한 설명으로 알맞지 않은 것은?

① 관등 회로의 사용 전압이 400[V] 이상인 경우에는 방전등용 변압기를 사용할 것
② 습기가 많은 곳에 시설하는 경우에는 적절한 방습 장치를 할 것
③ 관등 회로의 사용 전압이 400[V] 이상의 저압인 경우는 특별 제3종 접지 공사를 할 것
④ 관등 회로의 사용 전압이 고압이고 관등 회로의 동작 전류가 10[A]를 넘는 경우는 제1종 접지 공사를 할 것

해설 옥내 방전등 공사(판단기준 제213조)

방전등용 안정기의 외함 및 방전등용 전등 기구의 금속제 부분에는 관등 회로의 사용 전압이 고압이고 또한 방전등용 변압기의 2차 단락 전류 또는 관등 회로의 동작 전류가 1[A]를 초과하는 경우에는 제1종 접지 공사, 관등 회로의 사용 전압이 400[V] 이상의 저압이고 또한 방전등용 변압기의 2차 단락 전류 또는 관등 회로의 동작 전류가 1[A]를 초과하는 경우에는 특별 제3종 접지 공사, 기타의 경우에는 제3종 접지 공사를 할 것 (⇨ '기출문제 관련 이론 바로보기'에서 개정된 규정 참조하세요.)

※ 이 문제는 출제 당시 규정에는 적합했으나 새로 제정된 한국전기설비규정에는 일부 부적합하므로 문제 유형만 참고하시기 바랍니다.

05 저압 옥내 간선에서 분기하여 전기 사용 기계 기구에 이르는 저압 옥내 전로에서 저압 옥내 간선과의 분기점에서 전선의 길이가 몇 [m] 이하인 곳에 과부하 보호 장치를 설치하여야 하는가?

① 3 　　② 4
③ 5 　　④ 6

해설 분기 회로의 시설(한국전기설비규정 212.6.5)

저압 옥내 간선과의 분기점에서 전선의 길이가 3[m] 이하인 곳에 과부하 보호 장치를 시설할 것

06 가공 전선로의 지지물 구성체가 강관으로 구성되는 철탑으로 할 경우 갑종 풍압 하중은 몇 [Pa]의 풍압을 기초로 하여 계산한 것인가? (단, 단주는 제외하며 풍압은 구성재의 수직 투영 면적 1[m²]에 대한 풍압이다.)

① 588 　　② 1,117
③ 1,255 　　④ 2,157

해설 풍압 하중의 종별과 적용(한국전기설비규정 331.6)

풍압을 받는 구분(갑종 풍압 하중)			1[m²]에 대한 풍압
	목주		588[Pa]
지지물	철주	원형의 것	588[Pa]
		강관 4각형의 것	1,117[Pa]
	철근 콘크리트주	원형의 것	588[Pa]
		기타의 것	882[Pa]
	철탑	강관으로 구성되는 것	1,255[Pa]
		기타의 것	2,157[Pa]

기출문제 관련 이론 바로보기

04. 이론 1[kV] 이하 방전등(한국전기설비규정 234.11)

① 옥내에 시설하는 관등 회로의 사용 전압이 1[kV] 이하인 방전등 시설
② 방전등용 안정기는 방전등용 전등 기구에 넣거나 내화성의 외함에 넣고 가연성의 조영재로부터 1[cm] 이상 이격하여 견고하게 붙일 것
③ 관등 회로의 사용 전압이 400[V] 초과인 경우에는 방전등용 변압기를 사용할 것
④ 방전등용 변압기는 절연 변압기일 것
⑤ 방전등용 안정기의 외함 및 방전등용 전등 기구의 금속제 부분에는 접지 공사를 할 것
⑥ 접지 공사를 하지 않아도 되는 경우는 다음과 같다.
　1. 건조한 장소의 관등 회로의 사용 전압이 대지 전압 150[V] 이하
　2. 관등 회로의 사용 전압이 400[V] 이하인 방전등에 사람이 쉽게 접촉할 우려가 없는 건조한 장소에 시설하는 경우
　3. 관등 회로의 사용 전압이 400[V] 이하 또는 방전등용 변압기의 2차 단락 전류나 관등 회로의 동작 전류가 50[mA] 이하인 방전등을 시설하는 경우에 방전등용 안정기를 외함에 넣고 또한 그 외함과 방전등용 안정기를 넣을 방전등용 전등 기구를 전기적으로 접속하지 아니하도록 시설할 때
⑦ 습기가 많은 곳 또는 물기가 있는 곳에 시설하는 방전등에는 적당한 방습 장치를 할 것

정답 04.④　05.①　06.③

PART 06 전기설비기술기준

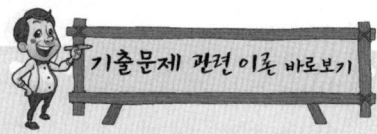

07 태양 전지 발전소에 시설하는 태양 전지 모듈, 전선 및 개폐기, 기타 기구의 시설에 관한 설명 중 틀린 것은?

① 충전 부분은 노출되지 아니하도록 시설할 것
② 태양 전지 모듈에 접속하는 부하측 전로에는 그 접속점에 근접하여 개폐기 또는 부하 전류를 개폐할 수 있는 기구를 시설할 것
③ 전선은 공칭 단면적 1.5[mm²] 이상의 연동선 또는 이와 동등 이상의 세기 및 굵기의 것일 것
④ 태양 전지 모듈을 병렬 접속하는 전로에는 전로를 보호하는 과전류 차단기를 시설할 것

해설 태양 전지 모듈 등의 시설(판단기준 제54조)
  1. 전선은 공칭 단면적 2.5[mm²] 이상의 연동선
  2. 배선은 합성 수지관 공사, 금속관 공사, 가요 전선관 공사 또는 케이블 공사로 시설할 것

※ 이 문제는 출제 당시 규정에는 적합했으나 새로 제정된 한국전기설비규정에는 일부 부적합하므로 문제 유형만 참고하시기 바랍니다.

08. 이론 check 고압 및 특고압 전로 중의 과전류 차단기의 시설(한국전기설비규정 341.10)

① 과전류 차단기로 시설하는 퓨즈 중 고압 전로에 사용하는 포장 퓨즈(퓨즈 이외의 과전류 차단기와 조합하여 하나의 과전류 차단기로 사용하는 것을 제외한다)는 정격 전류의 1.3배의 전류에 견디고 또한 2배의 전류로 120분 안에 용단되는 것 또는 다음에 적합한 고압 전류 제한 퓨즈이어야 한다.
  1. 구조는 KS C 4612(2011)(고압 전류 제한 퓨즈)의 "7. 구조"에 적합한 것일 것
  2. 완성품은 KS C 4612(2011)(고압 전류 제한 퓨즈)의 "8. 시험 방법"에 의해서 시험하였을 때 "6. 성능"에 적합한 것일 것
② 과전류 차단기로 시설하는 퓨즈 중 고압 전로에 사용하는 비포장 퓨즈는 정격 전류의 1.25배의 전류에 견디고 또한 2배의 전류로 2분 안에 용단되는 것이어야 한다.
③ 고압 또는 특고압의 전로에 단락이 생긴 경우에 동작하는 과전류 차단기는 이것을 시설하는 곳을 통과하는 단락 전류를 차단하는 능력을 가지는 것이어야 한다.
④ 고압 또는 특고압의 과전류 차단기는 그 동작에 따라 그 개폐 상태를 표시하는 장치가 되어 있는 것이어야 한다. 다만, 그 개폐 상태가 쉽게 확인될 수 있는 것은 적용하지 않는다.

08 과전류 차단기로 시설하는 퓨즈 중 고압 전로에 사용하는 포장 퓨즈는 2배의 정격 전류 시 몇 분 안에 용단되어야 하는가?

① 2 ② 30
③ 60 ④ 120

해설 고압 및 특고압 전로 중의 과전류 차단기의 시설(한국전기설비규정 341.10)
  1. 과전류 차단기로 시설하는 퓨즈 중 고압 전로에 사용하는 포장 퓨즈는 정격 전류의 1.3배의 전류에 견디고 또한 2배의 전류로 120분 안에 용단되는 것
  2. 과전류 차단기로 시설하는 퓨즈 중 고압 전로에 사용하는 비포장 퓨즈는 정격 전류의 1.25배의 전류에 견디고 또한 2배의 전류로 2분 안에 용단되는 것

09 직류 전기 철도에 선택 배류기를 시설할 때 적합하지 않은 것은?

① 전기적 접점은 선택 배류기 회로를 개폐할 때 생기는 아크에 견디는 구조이어야 한다.
② 선택 배류기를 보호하기 위해 적정한 과전류 차단기를 시설하여야 한다.
③ 금속제 외함에는 제3종 접지 공사를 하여야 한다.
④ 강제 변류기를 설치하여 전식(전기 부식)에 의한 장해를 방지할 수 없는 경우 선택 배류기를 설치하여야 한다.

해설 배류 접속(판단기준 제265조)
  1. 배류 시설은 다른 금속제 지중 관로 및 귀선용 레일에 대한 전식(전기 부식) 작용에 의한 장해를 현저히 증가시킬 우려가 없도록 시설할 것
  2. 배류 시설에는 선택 배류기를 사용할 것. 다만, 선택 배류기를 설치하여도 전식(전기 부식) 작용에 의한 장해를 방지할 수 없을 경우에 한하여 강제 배류기를 설치할 것

정답 07.③ 08.④ 09.④

※ 이 문제는 출제 당시 규정에는 적합했으나 새로 제정된 한국전기설비규정에는 일부 부적합하므로 문제 유형만 참고하시기 바랍니다.

10 제3종 접지 공사의 접지 저항은 몇 [Ω] 이하로 유지하여야 하는가?
① 10
② 50
③ 100
④ 200

해설 접지 공사의 종류(판단기준 제18조)

접지 공사의 종류	접지 저항값
제1종 접지 공사	10[Ω]
제2종 접지 공사	변압기의 고압측 또는 특고압측의 전로의 1선 지락 전류의 암페어 수로 150을 나눈 값과 같은 옴[Ω]수
제3종 접지 공사	100[Ω]
특별 제3종 접지 공사	10[Ω]

※ 이 문제는 출제 당시 규정에는 적합했으나 새로 제정된 한국전기설비규정에는 일부 부적합하므로 문제 유형만 참고하시기 바랍니다.

11 금속 덕트 공사에 의한 저압 옥내 배선 공사 시설에 적합하지 않은 것은?

① 저압 옥내 배선의 사용 전압이 400[V] 이하인 경우에는 덕트에 접지 공사를 한다.
② 금속 덕트에 넣은 전선 단면적의 합계가 덕트의 내부 단면적의 20[%] 이하가 되도록 한다.
③ 금속 덕트는 두께 1.0[mm] 이상인 철판으로 제작하고 덕트 상호 간에 완전하게 접속한다.
④ 덕트를 조영재에 붙이는 경우 덕트 지지점 간의 거리를 3[m] 이하로 견고하게 붙인다.

해설 금속 덕트 공사(한국전기설비규정 232.31)
금속 덕트 공사에 사용하는 금속 덕트
1. 폭이 5[cm]를 초과하고 또한 두께가 1.2[mm] 이상인 철판 사용
2. 덕트를 조영재에 붙이는 경우에는 덕트의 지지점 간의 거리를 3[m] (취급자 이외의 자가 출입할 수 없도록 설비한 곳에서 수직으로 붙이는 경우에는 6[m]) 이하

12 가공 전선로의 지지물에 시설하는 지선(지지선)의 시설 기준에 대한 설명 중 옳은 것은?
① 지선(지지선)의 안전율은 2.5 이상일 것
② 연선을 사용하는 경우 소선 4가닥 이상의 연선일 것
③ 지중 부분 및 지표상 100[cm]까지의 부분은 철봉을 사용할 것
④ 도로를 횡단하여 시설하는 지선(지지선)의 높이는 지표상 4.5[m] 이상으로 할 것

11. 이론 check 금속 덕트 공사(한국전기설비규정 232.31)

① 금속 덕트 공사에 의한 저압 옥내 배선은 다음에 따라 시설하여야 한다.
 1. 전선은 절연 전선(옥외용 비닐 절연 전선을 제외한다)일 것
 2. 금속 덕트에 넣은 전선의 단면적(절연 피복의 단면적을 포함한다)의 합계는 덕트의 내부 단면적의 20[%](전광 표시 장치·출퇴 표시등 기타 이와 유사한 장치 또는 제어 회로 등의 배선만을 넣는 경우에는 50[%]) 이하일 것
 3. 금속 덕트 안에는 전선에 접속점이 없도록 할 것. 다만, 전선을 분기하는 경우에는 그 접속점을 쉽게 점검할 수 있는 때에는 그러하지 아니하다.
 4. 금속 덕트 안의 전선을 외부로 인출하는 부분은 금속 덕트의 관통 부분에서 전선이 손상될 우려가 없도록 시설할 것
 5. 금속 덕트 안에는 전선의 피복을 손상할 우려가 있는 것을 넣지 아니할 것
② 금속 덕트 공사에 사용하는 금속 덕트는 다음에 적합한 것이어야 한다.
 1. 폭이 5[cm]를 초과하고 또한 두께가 1.2[mm] 이상인 철판 또는 동등 이상의 세기를 가지는 금속제의 것으로 견고하게 제작한 것일 것
 2. 안쪽 면은 전선의 피복을 손상시키는 돌기(突起)가 없는 것일 것
 3. 안쪽 면 및 바깥 면에는 산화 방지를 위하여 아연 도금 또는 이와 동등 이상의 효과를 가지는 도장을 한 것일 것
③ 금속 덕트는 다음에 따라 시설하여야 한다.
 1. 덕트 상호간은 견고하고 또한 전기적으로 완전하게 접속할 것
 2. 덕트를 조영재에 붙이는 경우에는 덕트의 지지점 간의 거리를 3[m](취급자 이외의 자가 출입할 수 없도록 설비한 곳에서 수직으로 붙이는 경우에는 6[m]) 이하로 하고 또한 견고하게 붙일 것

정답 10.③ 11.③ 12.①

PART 06 전기설비기술기준

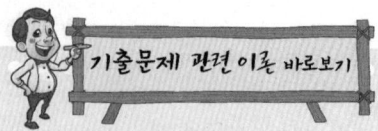

3. 덕트의 뚜껑은 쉽게 열리지 아니하도록 시설할 것
4. 덕트의 끝부분은 막을 것
5. 덕트 안에 먼지가 침입하지 아니하도록 할 것
6. 덕트는 물이 고이는 낮은 부분을 만들지 않도록 시설할 것

해설 **지선(지지선)의 시설(한국전기설비규정 331.11)**
1. 지선(지지선)의 안전율은 2.5 이상. 이 경우에 허용 인장 하중의 최저는 4.31[kN]
2. 지선(지지선)에 연선을 사용할 경우
   가. 소선(素線) 3가닥 이상의 연선일 것
   나. 소선의 지름이 2.6[mm] 이상의 금속선을 사용한 것일 것. 다만, 소선의 지름이 2[mm] 이상인 아연도강연선(亞鉛鍍鋼然線)으로서 소선의 인장 강도가 0.68[kN/mm²] 이상인 것을 사용하는 경우에는 그러하지 아니하다.
3. 지중 부분 및 지표상 30[cm]까지의 부분에는 내식성이 있는 것 또는 아연 도금을 한 철봉을 사용하고 쉽게 부식되지 아니하는 근가(전주 버팀대)에 견고하게 붙일 것
4. 도로를 횡단하여 시설하는 지선(지지선)의 높이는 지표상 5[m] 이상

13 저압 옥내 배선의 사용 전선으로 적합하지 않은 것은?

① 단면적 2.5[mm²] 이상의 연동선
② 전광 표시 장치 또는 제어 회로 등에 사용하는 배선은 단면적 1.5[mm²] 이상의 연동선을 합성수지관에 시설
③ 사용 전압 400[V] 이하인 경우 전광 표시 장치에 사용한 단면적 0.75[mm²] 이상의 연동선
④ 사용 전압 400[V] 이하인 경우 전광 표시 장치에 사용한 단면적 0.75[mm²] 이상의 다심 케이블 사용

해설 **저압 옥내 배선의 사용 전선(한국전기설비규정 231.3)**
1. 저압 옥내 배선의 전선은 단면적 2.5[mm²] 이상의 연동선 또는 이와 동등 이상의 강도 및 굵기의 것
2. 옥내 배선의 사용 전압이 400[V] 이하인 경우로 다음 중 어느 하나에 해당하는 경우에는 1.을 적용하지 않는다.
   가. 전광 표시 장치 기타 이와 유사한 장치 또는 제어 회로 등에 사용하는 배선에 단면적 1.5[mm²] 이상의 연동선을 사용하고 이를 합성수지관 공사·금속관 공사·금속 몰드 공사·금속 덕트 공사·플로어 덕트 공사 또는 셀룰러 덕트 공사에 의하여 시설하는 경우
   나. 전광 표시 장치 기타 이와 유사한 장치 또는 제어 회로 등의 배선에 단면적 0.75[mm²] 이상인 다심 케이블 또는 다심 캡타이어 케이블을 사용하고 또한 과전류가 생겼을 때에 자동적으로 전로에서 차단하는 장치를 시설하는 경우
   다. 단면적 0.75[mm²] 이상인 코드 또는 캡타이어 케이블을 사용하는 경우
   라. 리프트 케이블을 사용하는 경우
   마. 특별 저압 조명용 특수 용도에 대해서는 KS C IEC 60364-7-715(특수 설비 또는 특수 장소에 관한 요구 사항-특별 저전압 조명설비)를 참조한다.

14 [이론 Check] **옥내 전로의 대지 전압의 제한 [한국전기설비규정 231.6]**

① 백열 전등 또는 방전등에 전기를 공급하는 옥내의 대지 전압은 300[V] 이하이어야 하며 다음에 따라 시설하여야 한다. 다만, 대지 전압 150[V] 이하의 전로인 경우에는 다음에 따르지 아니할 수 있다.
  1. 백열 전등 또는 방전등 및 이에 부속하는 전선은 사람이 접촉할 우려가 없도록 시설할 것
  2. 백열 전등(기계 장치에 부속하는 것을 제외한다) 또는 방전등용 안정기는 저압의 옥내 배선과 직접 접속하여 시설할 것
  3. 백열 전등의 전구 소켓은 키나 그 밖의 점멸 기구가 없는 것일 것

14 백열 전등 또는 방전등에 전기를 공급하는 옥내 전로의 대지 전압은 몇 [V] 이하이어야 하는가?

① 440
② 380
③ 300
④ 100

정답 13.③ 14.③

해설 옥내 전로의 대지 전압의 제한(한국전기설비규정 231.6)
백열 전등 또는 방전등에 전기를 공급하는 옥내 전로의 대지 전압은 300[V] 이하이어야 한다.

15 발전소에 시설하여야 하는 계측 장치가 아닌 것은?
① 발전기의 전압 및 전류 ② 주요 변압기의 역률
③ 발전기의 고정자 온도   ④ 특고압용 변압기의 온도

해설 계측 장치(한국전기설비규정 351.6)
발전소 계측 장치
1. 발전기, 연료 전지 또는 태양 전지 모듈의 전압, 전류, 전력
2. 발전기 베어링 및 고정자의 온도
3. 정격 출력 10,000[kW]를 초과하는 증기 터빈에 접속하는 발전기의 진동 진폭
4. 주요 변압기의 전압, 전류, 전력
5. 특고압용 변압기의 유온

16 변전소에서 154[kV]급으로 변압기를 옥외에 시설할 때 취급자 이외의 사람이 들어가지 않도록 시설하는 울타리는 울타리의 높이와 울타리에서 충전 부분까지의 거리의 합계를 몇 [m] 이상으로 하는가?

① 5   ② 5.5
③ 6   ④ 6.5

해설 특고압용 기계 기구 시설(한국전기설비규정 341.4)

사용 전압의 구분	울타리 높이와 울타리로부터 충전 부분까지의 거리의 합계 또는 지표상의 높이
35[kV] 이하	5[m]
35[kV]를 넘고, 160[kV] 이하	6[m]
160[kV]를 초과하는 것	6[m]에 160[kV]를 초과하는 10[kV] 또는 그 단수마다 12[cm]를 더한 값

17 중성선 다중 접지식으로서 전로에 지락이 생겼을 때에 2초 이내에 자동적으로 이를 전로로부터 차단하는 장치가 되어 있는 사용 전압 22,900[V]인 특고압 가공 전선과 식물과의 이격 거리(간격)는 몇 [m] 이상이어야 하는가?
① 1.2   ② 1.5
③ 2   ④ 2.5

해설 25[kV] 이하인 특고압 가공 전선로의 시설(한국전기설비규정 333.32)
특고압 가공 전선과 식물 사이의 이격 거리(간격)는 1.5[m] 이상일 것. 다만, 특고압 가공 전선이 특고압 절연 전선이거나 케이블인 경우로서 특고압 가공 전선을 식물에 접촉하지 아니하도록 시설하는 경우에는 그러하지 아니하다.

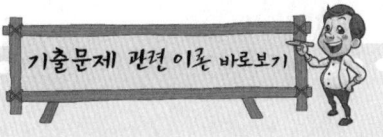

16. **이론 check** 특고압용 기계 기구의 시설 (한국전기설비규정 341.4)

① 특고압용 기계 기구(이에 부속하는 특고압의 전기로 충전하는 전선으로서 케이블 이외의 것을 포함한다)는 다음의 어느 하나에 해당하는 경우, 발전소·변전소·개폐소 또는 이에 준하는 곳에 시설하는 경우, 241.9.1의 1의 "나" 단서 또는 241.6.2, 241.6.3에 의하여 시설하는 경우 이외에는 시설하여서는 아니 된다.
1. 기계 기구의 주위에 351.1의 1, 2, 4 규정에 준하여 울타리·담 등을 시설하는 경우
2. 기계 기구를 지표상 5[m] 이상의 높이에 시설하고 충전 부분의 지표상의 높이를 표에서 정한 값 이상으로 하고 또한 사람이 접촉할 우려가 없도록 시설하는 경우

사용 전압의 구분	울타리의 높이와 울타리로부터 충전 부분까지의 거리의 합계 또는 지표상의 높이
35[kV] 이하	5[m]
35[kV] 초과 160[kV] 이하	6[m]
160[kV] 초과	6[m]에 160[kV]를 초과하는 10[kV] 또는 그 단수마다 12[cm]를 더한 값

정답 15.② 16.③ 17.②

PART 06 전기설비기술기준

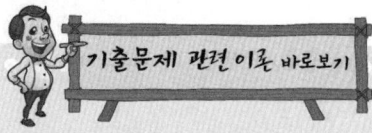

18 차량, 기타 중량물의 압력을 받을 우려가 없는 장소에 지중 전선을 직접 매설식에 의하여 매설하는 경우 매설 깊이를 몇 [cm] 이상으로 하여야 하는가?

① 40 ② 60
③ 80 ④ 100

해설 지중 전선로의 시설(한국전기설비규정 334.1)

지중 전선로를 직접 매설식에 의하여 시설하는 경우에는 매설 깊이를 차량, 기타 중량물의 압력을 받을 우려가 있는 장소에는 1.0[m] 이상, 기타 장소에는 60[cm] 이상으로 하고 또한 지중 전선을 견고한 트로프 기타 방호물에 넣어 시설하여야 한다.

19 계기용 변성기의 2차측 전로에 시설하는 접지 공사는?

① 고압인 경우 제1종 접지 공사
② 고압인 경우 제2종 접지 공사
③ 특고압인 경우 제3종 접지 공사
④ 특고압인 경우 제1종 접지 공사

해설 계기용 변성기의 2차측 전로의 접지(판단기준 제26조)

1. 고압 계기용 변성기에는 제3종 접지 공사
2. 특고압 계기용 변성기에는 제1종 접지 공사

※ 이 문제는 출제 당시 규정에는 적합했으나 새로 제정된 한국전기설비규정에는 일부 부적합하므로 문제 유형만 참고하시기 바랍니다.

20 저압 옥상 전선로의 시설에 대한 설명으로 옳지 않은 것은?

① 전선과 옥상 전선로를 시설하는 조영재와의 이격 거리(간격)를 0.5[m]로 하였다.
② 전선은 상시 부는 바람 등에 의하여 식물에 접촉하지 않도록 시설하였다.
③ 전선은 절연 전선을 사용하였다.
④ 전선은 지름 2.6[mm]의 경동선을 사용하였다.

해설 저압 옥상 전선로의 시설(한국전기설비규정 221.3)

1. 전선은 인장 강도 2.30[kN] 이상의 것 또는 지름 2.6[mm] 이상의 경동선일 것
2. 전선은 절연 전선일 것
3. 전선은 조영재에 견고하게 붙인 지지주 또는 지지대에 절연성·난연성 및 내수성이 있는 애자를 사용하여 지지하고 또한 그 지지점 간의 거리는 15[m] 이하일 것
4. 전선과 그 저압 옥상 전선로를 시설하는 조영재와의 이격 거리(간격)는 2[m](전선이 고압 절연 전선, 특고압 절연 전선 또는 케이블인 경우에는 1[m]) 이상일 것

이론 check **저압 옥상 전선로의 시설 (한국전기설비규정 221.3)**

① 저압 옥상 전선로[저압의 인입선 및 연접(이웃 연결) 인입선의 옥상 부분을 제외한다]는 다음의 어느 하나에 해당하는 경우에 한하여 시설할 수 있다.
 1. 1구내 또는 동일 기초 구조물 및 여기에 구축된 복수의 건물과 구조적으로 일체화된 하나의 건물(이하 여기서 "1구내 등"이라 한다)에 시설하는 전선로의 전부 또는 일부로 시설하는 경우
 2. 1구내 등 전용의 전선로 중 그 구내에 시설하는 부분의 전부 또는 일부로 시설하는 경우
② 저압 옥상 전선로는 전개된 장소에 다음에 따르고 또한 위험의 우려가 없도록 시설하여야 한다.
 1. 전선은 인장 강도 2.30[kN] 이상의 것 또는 지름 2.6[mm] 이상의 경동선의 것
 2. 전선은 절연 전선일 것
 3. 전선은 조영재에 견고하게 붙인 지지주 또는 지지대에 절연성·난연성 및 내수성이 있는 애자를 사용하여 지지하고 또한 그 지지점 간의 거리는 15[m] 이하일 것
 4. 전선과 그 저압 옥상 전선로를 시설하는 조영재와의 이격 거리(간격)는 2[m](전선이 고압 절연 전선, 특고압 절연 전선 또는 케이블인 경우에는 1[m]) 이상일 것

정답 18.④ 19.④ 20.①

제 3 회 전기설비기술기준

01 사용 전압이 440[V]이며 사람이 접촉할 우려가 있는 장소에 옥내 배선을 케이블 공사로 시공하는 경우 전선의 피복에 사용하는 금속체에는 몇 종 접지 공사를 하여야 하는가?

① 특별 제3종 접지 공사 ② 제2종 접지 공사
③ 제3종 접지 공사 ④ 제1종 접지 공사

해설 케이블 공사(판단기준 제193조)

저압 옥내 배선은 사용 전압이 400[V] 이상인 경우에는 관 그 밖에 전선을 넣은 방호 장치의 금속제 부분·금속제의 전선 접속함 및 전선의 피복에 사용하는 금속체에는 특별 제3종 접지 공사를 할 것. 다만, 사람이 접촉할 우려가 없도록 시설하는 경우에는 제3종 접지 공사에 의할 수 있다. (➡ '기출문제 관련 이론 바로보기'에서 개정된 규정 참조하세요.)

※ 이 문제는 출제 당시 규정에는 적합했으나 새로 제정된 한국전기설비규정에는 일부 부적합하므로 문제 유형만 참고하시기 바랍니다.

02 정격 전류가 15[A]를 넘고 20[A] 이하인 배선차단기로 보호되는 저압 옥내 전로의 콘센트는 정격 전류가 몇 [A] 이하인 것을 사용하여야 하는가?

① 15 ② 20
③ 30 ④ 50

해설 분기 회로의 시설(판단기준 제176조)

저압 옥내 전로의 종류	콘센트
정격 전류가 15[A] 이하인 과전류 차단기로 보호되는 것	정격 전류가 15[A] 이하인 것
정격 전류가 15[A]를 초과하고 20[A] 이하인 배선 차단기로 보호되는 것	정격 전류가 20[A] 이하인 것

※ 이 문제는 출제 당시 규정에는 적합했으나 새로 제정된 한국전기설비규정에는 일부 부적합하므로 문제 유형만 참고하시기 바랍니다.

03 욕실 등 인체가 물에 젖어 있는 상태에서 물을 사용하는 장소에 콘센트를 시설하는 경우에 적합한 누전 차단기는?

① 정격 감도 전류 15[mA] 이하, 동작 시간 0.03초 이하의 전압 동작형 누전 차단기
② 정격 감도 전류 15[mA] 이하, 동작 시간 0.03초 이하의 전류 동작형 누전 차단기
③ 정격 감도 전류 15[mA] 이하, 동작 시간 0.3초 이하의 전압 동작형 누전 차단기
④ 정격 감도 전류 15[mA] 이하, 동작 시간 0.3초 이하의 전류 동작형 누전 차단기

기출문제 관련 이론 바로보기

01. 이론check 케이블 배선(한국전기설비규정 232.14)

① 케이블 공사에 의한 저압 옥내 배선은 다음에 따라 시설하여야 한다.
 1. 전선은 케이블 및 캡타이어 케이블일 것
 2. 중량물의 압력 또는 현저한 기계적 충격을 받을 우려가 있는 곳에 시설하는 케이블에는 적당한 방호 장치를 할 것
 3. 전선을 조영재의 아랫면 또는 옆면에 따라 붙이는 경우에는 전선의 지지점 간의 거리를 케이블은 2[m](사람이 접촉할 우려가 없는 곳에서 수직으로 붙이는 경우에는 6[m]) 이하 캡타이어 케이블은 1[m] 이하로 하고 또한 그 피복을 손상하지 아니하도록 붙일 것
 4. 저압 옥내 배선은 사용 전압이 400[V] 미만인 경우에는 관 기타의 전선을 넣는 방호 장치의 금속제 부분·금속제의 전선 접속함 및 전선의 피복에 사용하는 금속체에는 접지 공사를 할 것. 다만, 다음 중 1에 해당할 경우에는 관 기타의 전선을 넣는 방호 장치의 금속제 부분에 대하여는 그러하지 아니하다.
  가. 방호 장치의 금속제 부분의 길이가 4[m] 이하인 것을 건조한 곳에 시설하는 경우
  나. 옥내 배선의 사용 전압이 직류 300[V] 또는 교류 대지 전압이 150[V] 이하인 경우에 방호 장치의 금속제 부분의 길이가 8[m] 이하인 것을 사람이 쉽게 접촉할 우려가 없도록 시설하는 경우 또는 건조한 것에 시설하는 경우

정답 01.① 02.② 03.②

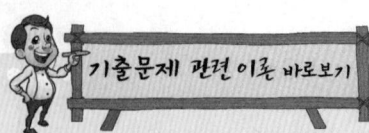

06. 특고압 가공 전선과 저·고압 가공 전선 등의 접근 또는 교차 (한국전기설비규정 333.26)

① 특고압 가공 전선이 가공 약전류 전선 등 저압 또는 고압의 가공 전선이나 저압 또는 고압의 전차선(이하 "저·고압 가공 전선 등"이라 한다)과 제1차 접근 상태로 시설되는 경우에는 다음에 따라야 한다.
  1. 특고압 가공 전선로는 제3종 특고압 보안 공사에 의할 것
  2. 특고압 가공 전선과 저·고압 가공 전선 등 또는 이들의 지지물이나 지주 사이의 이격 거리(간격)는 표에서 정한 값 이상일 것

사용 전압의 구분	이격 거리 (간격)
60[kV] 이하	2[m]
60[kV] 초과	2[m]에 사용 전압이 60[kV]를 초과하는 10[kV] 또는 그 단수마다 12[cm]를 더한 값

  3. 특고압 절연 전선 또는 케이블을 사용하는 사용 전압이 35[kV] 이하인 특고압 가공 전선과 저·고압 가공 전선 등 또는 이들의 지지물이나 지주 사이의 이격 거리(간격)는 위 2의 규정에 불구하고 표에서 정한 값까지로 감할 수 있다.

저·고압 가공 전선 등 또는 이들의 지지물이나 지주의 구분	전선의 종류	이격 거리 (간격)
저압 가공 전선 또는 저압이나 고압의 전차선	특고압 절연 전선	1.5[m](저압 가공 전선이 절연 전선 또는 케이블인 경우는 1[m])
	케이블	1.2[m](저압 가공 전선이 절연 전선 또는 케이블인 경우는 0.5[m])
고압 가공 전선	특고압 절연 전선	1[m]
	케이블	0.5[m]
가공 약전류 전선 등 또는 저·고압 가공 전선 등의 지지물이나 지주	특고압 절연 전선	1[m]
	케이블	0.5[m]

해설 콘센트의 시설(한국전기설비규정 234.5)

욕실 등 인체가 물에 젖어 있는 상태에서 물을 사용하는 장소에 콘센트를 시설하는 경우
전기용품 및 생활용품 안전관리법의 적용을 받는 인체 감전 보호용 누전 차단기의 규정에 적합한 정격 감도 전류 15[mA] 이하, 동작 시간 0.03초 이하의 전류 동작형의 것에 한한다.

04 특고압 가공 전선로의 지지물 양쪽의 경간(지지물 간 거리)의 차가 큰 곳에 사용되는 철탑은?

① 내장형 철탑
② 인류(잡아당김)형 철탑
③ 각도형 철탑
④ 보강형 철탑

해설 특고압 가공 전선로의 철주·철근 콘크리트주 또는 철탑의 종류(한국전기설비규정 333.11)

내장형 철탑은 전선로의 지지물 양쪽의 경간(지지물 간 거리)의 차가 큰 곳에 사용하는 것이다.

05 가공 전선로의 지지물에 하중이 가해지는 경우 그 하중을 받는 지지물의 기초 안전율은 몇 이상이어야 하는가?

① 0.5   ② 1
③ 1.5   ④ 2

해설 가공 전선로 지지물의 기초의 안전율(한국전기설비규정 331.7)

가공 전선로의 지지물에 하중이 가하여지는 경우에 그 하중을 받는 지지물의 기초의 안전율은 2(이상 시 상정 하중에 대한 철탑의 기초에 대하여는 1.33) 이상이어야 한다.

06 특고압 가공 전선과 가공 약전류 전선 사이에 사용하는 보호망에 있어서 보호망을 구성하는 금속선의 상호 간격[m]은 얼마 이하로 시설하여야 하는가?

① 0.5   ② 1.0
③ 1.5   ④ 2.0

해설 특고압 가공 전선과 저·고압 가공 전선 등의 접근 또는 교차(한국전기설비규정 333.26)

1. 보호망을 구성하는 금속선은 인장 강도 8.01[kN] 이상의 것 또는 지름 5[mm] 이상의 경동선을 사용
2. 보호망을 구성하는 금속선 상호간의 간격은 가로 세로 각 1.5[m] 이하

정답 04.① 05.④ 06.③

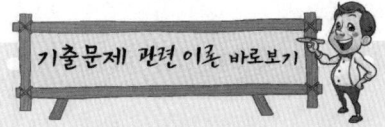

07
접지 공사에 관한 내용 중 옳지 않은 것은?
① 접지극은 지표면으로부터 0.75[m] 이상으로 하되 동결 깊이를 감안하여 매설한다.
② 지중에 매설되어 있고 대지와의 전기 저항값 3[Ω] 이하의 값을 유지하고 있는 금속제 수도 관로는 접지 공사의 접지극으로 사용할 수 있다.
③ 접지선을 철주 기타의 금속체를 따라서 시설하는 경우 접지극을 철주의 밑면으로부터 30[cm] 이상의 깊이에 매설하는 경우 이외에는 접지극을 지중에서 그 금속체로부터 1[m] 이상 떼어 매설한다.
④ 대지와의 사이에 전기 저항값 3[Ω] 이하인 건물의 철골 기타의 금속제는 이를 비접지식 고압 전로에 시설하는 기계 기구의 철대에 실시하는 접지 공사의 접지극으로 사용할 수 있다.

해설 접지극 및 접지 저항(한국전기설비규정 142.2)
대지와의 사이에 전기 저항값이 2[Ω] 이하인 값을 유지하는 건물의 철골 기타의 금속제는 이를 비접지식 고압 전로에 시설하는 기계 기구의 철대(鐵臺) 또는 금속제 외함에 실시하는 접지 공사나 비접지식 고압 전로와 저압 전로를 결합하는 변압기의 저압 전로에 시설하는 접지 공사의 접지극으로 사용할 수 있다.

08
전력 보안 가공 통신선 시설 시 통신선은 조가용선(조가선)으로 조가하여야 하는데 지름 몇 [mm] 경동선을 사용하는 경우에는 그러지 않아도 되는가? (단, 케이블을 제외한다.)
① 1.2　② 2.0
③ 2.6　④ 3.2

해설 통신선의 시설(판단기준 제154조)
통신선을 조가용선(조가선)으로 조가할 것. 다만, 통신선(케이블은 제외한다)을 인장 강도 2.30[kN]의 것 또는 지름 2.6[mm]의 경동선을 사용하는 경우에는 그러하지 아니하다.

※ 이 문제는 출제 당시 규정에는 적합했으나 새로 제정된 한국전기설비규정에는 일부 부적합하므로 문제 유형만 참고하시기 바랍니다.

09
고압 가공 인입선의 전선으로는 지름이 몇 [mm] 이상의 경동선의 고압 절연 전선을 사용하는가?
① 1.6　② 2.6
③ 3.5　④ 5.0

해설 고압 가공 인입선의 시설(한국전기설비규정 331.12.1)
고압 가공 인입선은 인장 강도 8.01[kN] 이상의 고압 절연 전선, 특고압 절연 전선 또는 지름 5[mm] 이상 경동선의 고압 절연 전선, 특고압 절연 전선 또는 인하용 절연 전선을 애자 공사에 의하여 시설하거나 케이블을 시설하여야 한다.

09. 이론 고압 가공 인입선의 시설(한국전기설비규정 331.12.1)
① 전선에는 인장 강도 8.01[kN] 이상의 고압 절연 전선, 특고압 절연 전선 또는 지름 5[mm]의 경동선 또는 케이블로 시설하여야 한다.
② 고압 가공 인입선의 높이는 지표상 5[m] 이상으로 하여야 한다.
③ 고압 가공 인입선이 케이블일 때와 전선의 아래쪽에 위험 표시를 하면 지표상 3.5[m]까지로 감할 수 있다.
④ 고압 연접(이웃 연결) 인입선은 시설하여서는 아니 된다.

정답 07.④　08.③　09.④

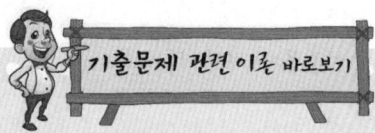

10 의료용 접지 센터, 의료용 콘센트 및 의료용 접지 단자는 특별한 경우 이외에는 의료실 바닥 위 몇 [cm] 이상의 높이에 시설하여야 하는가?

① 30
② 40
③ 60
④ 80

해설 의료실의 접지 등의 시설(판단기준 제249조)
1. 접지 단자는 의료실 바닥 위 80[cm] 이상
2. 의료용 접지선
   가. 접지 간선 : 단면적 16[mm²] 이상
   나. 접지 분기선 : 단면적 6[mm²] 이상
   다. 접지선 절연체 색 : 녹·황 또는 녹색
3. 접지 저항값 10[Ω] 이하
   등전위 접지 100[Ω] 이하
4. 인체 보호용 누전 차단기 시설

※ 이 문제는 출제 당시 규정에는 적합했으나 새로 제정된 한국전기설비규정에는 일부 부적합하므로 문제 유형만 참고하시기 바랍니다.

11 【이론 check】 회전기 및 정류기의 절연 내력(한국전기설비규정 133)

회전기 및 정류기는 표에서 정한 시험 방법으로 절연 내력을 시험하였을 때에 이에 견디어야 한다. 다만, 회전 변류기 이외의 교류의 회전기로 표에서 정한 시험 전압의 1.6배의 직류 전압으로 절연 내력을 시험하였을 때 이에 견디는 것을 시설하는 경우에는 그러하지 아니하다.

① 회전기

종 류		시험 전압	시험 방법
발전기·전동기·조상기·기타 회전기(회전 변류기를 제외한다)	최대 사용 전압 7[kV] 이하	최대 사용 전압의 1.5배의 전압(500[V] 미만으로 되는 경우에는 500[V])	권선과 대지 사이에 연속하여 10분간 가한다.
	최대 사용 전압 7[kV] 초과	최대 사용 전압의 1.25배의 전압(10,500[V] 미만으로 되는 경우에는 10,500[V])	
회전 변류기		직류측의 최대 사용 전압의 1배의 교류 전압(500[V] 미만으로 되는 경우에는 500[V])	

② 정류기

종 류	시험 전압	시험 방법
최대 사용 전압 60[kV] 이하	직류측의 최대 사용 전압의 1배의 교류 전압(500[V] 미만으로 되는 경우에는 500[V])	충전 부분과 외함 간에 연속하여 10분간 가한다.
최대 사용 전압 60[kV] 초과	교류측의 최대 사용 전압의 1.1배의 교류 전압 또는 직류측의 최대 사용 전압의 1.1배의 직류 전압	교류측 및 직류 고전압측 단자와 대지 사이에 연속하여 10분간 가한다.

최대 사용 전압이 6,600[V]인 3상 유도 전동기의 권선과 대지 사이의 절연 내력 시험 전압은 최대 사용 전압의 몇 배인가?

① 1.75
② 1.0
③ 1.25
④ 1.5

해설 회전기 및 정류기의 절연 내력(한국전기설비규정 133)

종 류		시험 전압
발전기·전동기·조상기·기타 회전기	최대 사용 전압 7[kV] 이하	최대 사용 전압의 1.5배의 전압
	최대 사용 전압 7[kV] 초과	최대 사용 전압의 1.25배의 전압

12 가공 전선로의 지지물에 지선(지지선)을 시설하려고 한다. 이 지선(지지선)의 기준으로 옳은 것은?

① 소선 지름 : 2.0[mm], 안전율 : 2.5, 허용 인장 하중 : 2.11[kN]
② 소선 지름 : 2.6[mm], 안전율 : 2.5, 허용 인장 하중 : 4.31[kN]
③ 소선 지름 : 1.6[mm], 안전율 : 2.0, 허용 인장 하중 : 4.31[kN]
④ 소선 지름 : 2.6[mm], 안전율 : 1.5, 허용 인장 하중 : 3.21[kN]

해설 지선(지지선)의 시설(한국전기설비규정 331.11)
1. 지선(지지선)의 안전율은 2.5 이상일 것. 이 경우에 허용 인장 하중의 최저는 4.31[kN]으로 할 것
2. 지선(지지선)에 연선을 사용할 경우에는 다음에 의할 것
   가. 소선(素線) 3가닥 이상의 연선일 것
   나. 소선의 지름이 2.6[mm] 이상의 금속선을 사용한 것일 것
3. 지중 부분 및 지표상 30[cm]까지의 부분에는 내식성이 있는 것 또는 아연 도금을 한 철봉을 사용하고 쉽게 부식되지 아니하는 근가(전주 버팀대)에 견고하게 붙일 것

정답 10.④ 11.④ 12.②

13 가공 전선로의 지지물에 취급자가 오르고 내리는 데 사용하는 발판 볼트 등은 지표상 몇 [m] 미만에 시설하여서는 아니되는가?

① 1.2   ② 1.8
③ 2.2   ④ 2.5

해설 **가공 전선로 지지물의 철탑 오름 및 전주 오름 방지(한국전기설비규정 331.4)**
가공 전선로의 지지물에 취급자가 오르고 내리는 데 사용하는 발판못 등을 지표상 1.8[m] 미만에 시설하여서는 아니 된다.

14 저압 연접(이웃 연결) 인입선은 인입선에서 분기하는 점으로부터 몇 [m]를 초과하는 지역에 미치지 아니하도록 시설하여야 하는가?

① 10   ② 20
③ 100   ④ 200

해설 **저압 연접(이웃 연결) 인입선의 시설(한국전기설비규정 221.1.2)**
1. 인입선에서 분기하는 점으로부터 100[m]를 초과하는 지역에 미치지 아니할 것
2. 폭 5[m]를 초과하는 도로를 횡단하지 아니할 것
3. 옥내를 통과하지 아니할 것

15 전기 철도에서 가공 교류 절연 귀선의 시설은 어느 경우에 준하여 시설하여야 하는가?

① 고압 가공 전선   ② 가공 약전류 전선
③ 저압 가공 전선   ④ 특고압 가공 전선

해설 **가공 교류 절연 귀선의 시설(판단기준 제274조)**
가공 교류 절연 귀선은 고압 가공 전선에 준하여 시설하여야 한다.

※ 이 문제는 출제 당시 규정에는 적합했으나 새로 제정된 한국전기설비규정에는 일부 부적합하므로 문제 유형만 참고하시기 바랍니다.

16 고압 및 특고압의 전로에 절연 내력 시험을 하는 경우 시험 전압을 연속해서 얼마 동안 가하는가?

① 10초   ② 2분
③ 6분   ④ 10분

해설 **전로의 절연 저항 및 절연 내력(한국전기설비규정 132)**
1. 사용 전압이 저압인 전로에서 정전이 어려운 경우 등 절연 저항 측정이 곤란한 경우에는 누설 전류를 1[mA] 이하로 유지하여야 한다.
2. 고압 및 특고압의 전로는 시험 전압을 전로와 대지 간에 연속하여 10분간 가하여 절연 내력을 시험하였을 때에 이에 견디어야 한다.

정답 13.② 14.③ 15.① 16.④

16. 이론 check 전로의 절연 저항 및 절연 내력 (한국전기설비규정 132)

① 사용 전압이 저압인 전로에서 정전이 어려운 경우 등 절연 저항 측정이 곤란한 경우에는 누설 전류를 1[mA] 이하로 유지하여야 한다.
② 고압 및 특고압의 전로는 표에서 정한 시험 전압을 전로와 대지 사이(다심 케이블은 심선 상호간 및 심선과 대지 사이)에 연속하여 10분간 가하여 절연 내력을 시험하였을 때에 이에 견디어야 한다. (이하 생략)(표 생략)
③ 최대 사용 전압이 60[kV]를 초과하는 중성점 직접 접지식 전로에 사용되는 전력 케이블은 정격 전압을 24시간 가하여 절연 내력을 시험하였을 때 이에 견디는 경우, ②의 규정에 의하지 아니할 수 있다.
④ 최대 사용 전압이 170[kV]를 초과하고 양단이 중성점 직접 접지되어 있는 지중 전선로는 최대 사용 전압의 0.64배의 전압을 전로와 대지 사이(다심 케이블에 있어서는 심선 상호간 및 심선과 대지 사이)에 연속 60분간 절연 내력 시험을 했을 때 견디는 것인 경우 ②의 규정에 의하지 아니할 수 있다.

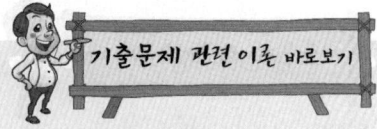

17 수소 냉각식의 발전기·조상기(무효전력 보상장치) 또는 이에 부속하는 수소 냉각 장치에 시설하는 계측 장치에 해당되지 않는 것은?

① 수소의 순도가 85[%] 이하로 저하한 경우의 경보 장치
② 수소의 압력을 계측하는 장치
③ 수소의 도입량과 방출량을 계측하는 장치
④ 수소의 온도를 계측하는 장치

해설 수소 냉각식 발전기 등의 시설(판단기준 제51조)
1. 발전기 안 또는 조상기(무효전력 보상장치) 안의 수소의 순도가 85[%] 이하로 저하한 경우에 이를 경보하는 장치를 시설할 것
2. 발전기 안 또는 조상기(무효전력 보상장치) 안의 수소의 압력을 계측하는 장치 및 그 압력이 현저히 변동한 경우에 이를 경보하는 장치를 시설할 것
3. 발전기 안 또는 조상기(무효전력 보상장치) 안의 수소의 온도를 계측하는 장치를 시설할 것

※ 이 문제는 출제 당시 규정에는 적합했으나 새로 제정된 한국전기설비규정에는 일부 부적합하므로 문제 유형만 참고하시기 바랍니다.

19. 이론 check
고압 또는 특고압과 저압의 혼촉에 의한 위험 방지 시설 (한국전기설비규정 322.1)

① 고압 전로 또는 특고압 전로와 저압 전로를 결합하는 변압기(322.2에 규정하는 것 및 철도 또는 궤도의 신호용 변압기를 제외한다)의 저압측의 중성점에는 접지 공사(사용 전압이 35[kV] 이하의 특고압 전로로서 전로에 지락이 생겼을 때에 1초 이내에 자동적으로 이를 차단하는 장치가 되어 있는 것 및 333.32의 1 및 4에 규정하는 특고압 가공 전선로의 전로 이외의 특고압 전로와 저압 전로를 결합하는 경우에 계산한 값이 10을 넘을 때에는 접지 저항값이 10[Ω] 이하인 것에 한한다)를 하여야 한다. 다만, 저압 전로의 사용 전압이 300[V] 이하인 경우에 그 접지 공사를 변압기의 중성점에 하기 어려울 때에는 저압측의 1단자에 시행할 수 있다.
② 접지 공사는 변압기의 시설 장소마다 시행하여야 한다. 다만, 토지의 상황에 의하여 변압기의 시설 장소에서 규정하는 접지 저항값을 얻기 어려운 경우에 인장 강도 5.26[kN] 이상 또는 지름 4[mm] 이상의 가공 접지선을 저압 가공 전선에 관한 규정에 준하여 시설할 때에는 변압기의 시설 장소로부터 200[m]까지 떼어놓을 수 있다.

18 사용 전압이 300[V]인 지중 전선이 지중 약전류 전선과 접근 또는 교차할 때 상호간에 내화성 격벽을 설치한다면 상호간의 이격 거리(간격)는 몇 [cm] 이하인 경우인가?

① 30
② 50
③ 60
④ 100

해설 지중 전선과 지중 약전류 전선 등 또는 관과의 접근 또는 교차(한국전기설비규정 334.6)

지중 전선이 지중 약전류 전선 등과 접근하거나 교차하는 경우에 상호간의 이격 거리(간격)가 저압 또는 고압의 지중 전선은 30[cm] 이하, 특고압 지중 전선은 60[cm] 이하인 때에는 지중 전선과 지중 약전류 전선 등 사이에 견고한 내화성의 격벽(隔壁)을 설치하는 경우 이외에는 지중 전선을 견고한 불연성(不燃性) 또는 난연성(難燃性)의 관에 넣어 그 관이 지중 약전류 전선 등과 직접 접촉하지 아니하도록 하여야 한다.

19 특고압 전로와 저압 전로를 결합한 변압기에 실시한 접지 공사의 저항값은 몇 [Ω] 이하로 하여야 하는가? (단, 전로에 지락이 생겼을 때 1초 이내에 차단하는 장치가 되어 있으며, 1선 지락 전류는 6[A]이다.)

① 10
② 20
③ 25
④ 30

정답 17.③ 18.① 19.①

해설 고압 또는 특고압과 저압의 혼촉에 의한 위험 방지 시설(한국전기설비규정 322.1)

고압 전로 또는 특고압 전로와 저압 전로를 결합하는 변압기의 저압측의 중성점에는 접지 공사(사용 전압이 35[kV] 이하의 특고압 전로로서 전로에 지락이 생겼을 때 1초 이내에 자동적으로 이를 차단하는 장치가 되어 있는 것 및 333.32의 1 및 4에 규정하는 특고압 가공 전선로의 전로 이외의 특고압 전로와 저압 전로를 결합하는 경우에 계산한 값이 10을 넘을 때에는 접지 저항값이 10[Ω] 이하인 것에 한한다)를 하여야 한다.

20 발전소에서 계측 장치를 시설하지 않아도 되는 것은?
① 발전기 베어링 및 고정자의 온도
② 특고압용 변압기의 온도
③ 증기 터빈에 접속하는 발전기의 역률
④ 주요 변압기의 전압 및 전류 또는 전력

해설 발전소 계측 장치(한국전기설비규정 351.6)
발·변전소에서는 역률계를 시설하지 않아도 된다.

---

20. 발전소 계측 장치(한국전기설비규정 351.6)
① 발전기, 연료 전지 또는 태양 전지 모듈의 전압, 전류, 전력
② 발전기 베어링(수중 메탈은 제외한다) 및 고정자의 온도
③ 정격 출력이 10,000[kW]를 넘는 증기 터빈에 접속하는 발전기의 진동의 진폭
④ 주요 변압기의 전압, 전류, 전력
⑤ 특고압용 변압기의 온도
⑥ 동기 발전기를 시설하는 경우 : 동기 검정 장치 시설(동기 발전기를 연계하는 전력 계통에 동기 발전기 이외의 전원이 없는 경우 또는 전력 계통의 용량에 비해 현저히 작은 경우 제외)

20. ③

2013년 과년도 출제문제

제1회 전기설비기술기준

01. 이론 check
계측 장치(한국전기설비규정 351.6)

① 발전소 계측 장치
  1. 발전기, 연료 전지 또는 태양 전지 모듈의 전압, 전류, 전력
  2. 발전기 베어링(수중 메탈은 제외한다) 및 고정자의 온도
  3. 정격 출력이 10,000[kW]를 넘는 증기 터빈에 접속하는 발전기의 진동의 진폭
  4. 주요 변압기의 전압, 전류, 전력
  5. 특고압용 변압기의 온도
  6. 동기 발전기를 시설하는 경우 : 동기 검정 장치 시설(동기 발전기를 연계하는 전력 계통에 동기 발전기 이외의 전원이 없는 경우 또는 전력 계통의 용량에 비해 현저히 작은 경우 제외)

② 변전소 계측 장치
  1. 주요 변압기의 전압, 전류, 전력
  2. 특고압 변압기의 유온

③ 동기 조상기(무효전력 보상장치) 계측 장치
  1. 동기 검정 장치[동기 조상기(무효전력 보상장치)의 용량이 전력 계통 용량에 비하여 현저하게 작은 경우는 시설하지 아니할 수 있다.]
  2. 동기 조상기(무효전력 보상장치)의 전압, 전류, 전력
  3. 동기 조상기(무효전력 보상장치)의 베어링 및 고정자 온도

01 변전소의 주요 변압기에 시설하지 않아도 되는 계측 장치는?
① 역률 ② 전압
③ 전력 ④ 전류

해설 계측 장치(한국전기설비규정 351.6)
발·변전소에서는 역률계를 시설하지 않는다.

02 정격 전류 35[A]인 과전류 차단기로 보호되는 저압 옥내 전로에 사용되는 연동선의 굵기[mm²]는? (단, 분기점에서 하나의 소켓 또는 하나의 콘센트 등에 이르는 부분의 전선은 제외한다.)
① 2.5 ② 4.0
③ 6.0 ④ 10

해설 분기 회로의 시설(판단기준 제176조)

저압 옥내 전로의 종류	저압 옥내 배선의 굵기	분기 부분 전선
정격 전류 15[A] 이하 과전류 차단기	단면적 2.5[mm²] (MI 케이블 1[mm²])	—
정격 전류 15[A] 초과 20[A] 이하 배선용 차단기	단면적 2.5[mm²] (MI 케이블 1[mm²])	단면적 2.5[mm²] (MI 케이블 1[mm²])
정격 전류 15[A] 초과 20[A] 이하 과전류 차단기 (배선용 차단기 제외)	단면적 4[mm²] (MI 케이블 1.5[mm²])	단면적 2.5[mm²] (MI 케이블 1[mm²])
정격 전류 20[A] 초과 30[A] 이하 과전류 차단기	단면적 6[mm²] (MI 케이블 2.5[mm²])	단면적 2.5[mm²] (MI 케이블 1[mm²])
정격 전류 30[A] 초과 40[A] 이하 과전류 차단기	단면적 10[mm²] (MI 케이블 6[mm²])	단면적 4[mm²] (MI 케이블 1.5[mm²])
정격 전류 40[A] 초과 50[A] 이하 과전류 차단기	단면적 16[mm²] (MI 케이블 10[mm²])	단면적 4[mm²] (MI 케이블 1.5[mm²])

※ 이 문제는 출제 당시 규정에는 적합했으나 새로 제정된 한국전기설비규정에는 일부 부적합하므로 문제 유형만 참고하시기 바랍니다.

정답 01.① 02.④

03 고압 또는 특고압과 저압의 혼촉에 의한 위험 방지 시설로 가공 공동 지선을 설치하여 2 이상의 시설 장소에 접지 공사를 할 때, 가공 공동 지선은 지름 몇 [mm] 이상의 경동선을 사용하여야 하는가?
① 1.5
② 2
③ 3.5
④ 4

해설 고압 또는 특고압과 저압의 혼촉에 의한 위험 방지 시설(한국전기설비규정 322.1)

가공 공동 지선을 설치하여 2 이상의 시설 장소에 공통의 접지 공사를 할 때 인장 강도 5.26[kN] 이상 또는 직경 4[mm] 이상 경동선의 가공 접지선을 저압 가공 전선에 준하여 시설한다.

04 25[kV] 이하의 특고압 가공 전선로가 상호간 접근 또는 교차하는 경우 사용 전선이 양쪽 모두 나전선인 경우 이격 거리(간격)는 얼마 이상이어야 하는가?
① 1.0[m]
② 1.2[m]
③ 1.5[m]
④ 1.75[m]

해설 25[kV] 이하인 특고압 가공 전선로의 시설(한국전기설비규정 333.32)

사용 전선의 종류	이격 거리(간격)
어느 한쪽 또는 양쪽이 나전선인 경우	1.5[m]
양쪽이 특고압 절연 전선인 경우	1.0[m]
한쪽이 케이블이고 다른 한쪽이 케이블이거나 특고압 절연 전선인 경우	0.5[m]

05 옥내에 시설하는 전동기가 과전류로 소손될 우려가 있을 경우 자동적으로 이를 저지하거나 경보하는 장치를 하여야 한다. 정격 출력이 몇 [kW] 이하인 전동기에는 이와 같은 과부하 보호 장치를 시설하지 않아도 되는가?
① 0.2
② 0.75
③ 3
④ 5

해설 저압 전로 중의 전동기 보호용 과부하 보호 장치의 시설(한국전기설비규정 212.6.4)

옥내에 시설하는 전동기(정격 출력 0.2[kW] 이하인 것 제외)에는 전동기가 소손될 우려가 있는 과전류가 생겼을 때에 자동적으로 이를 저지하거나 이를 경보하는 장치를 하여야 한다.

06 154[kV] 가공 전선로를 시가지에 시설하는 경우 특고압 가공 전선에 지락 또는 단락이 생기면 몇 초 이내에 자동적으로 이를 전로로부터 차단하는 장치를 시설하는가?
① 1
② 2
③ 3
④ 5

03. 이론 check 고압 또는 특고압과 저압의 혼촉에 의한 위험 방지 시설 (한국전기설비규정 322.1)

① 고압 전로 또는 특고압 전로와 저압 전로를 결합하는 변압기의 저압 측의 중성점에는 접지 공사(사용 전압이 35[kV] 이하의 특고압 전로로서 전로에 지락이 생겼을 때에 1초 이내에 자동적으로 이를 차단하는 장치가 되어 있는 것 및 333.32의 1 및 4에 규정하는 특고압 가공 전선로의 전로 이외의 특고압 전로와 저압 전로를 결합하는 경우 규정에 의하여 계산한 값이 10을 넘을 때에는 접지 저항 값이 10[Ω] 이하인 것에 한한다)를 하여야 한다. 다만, 저압 전로의 사용 전압이 300[V] 이하인 경우에 그 접지 공사를 변압기의 중성점에 하기 어려울 때에는 저압 측의 1단자에 시행할 수 있다.

정답 03.④ 04.③ 05.① 06.①

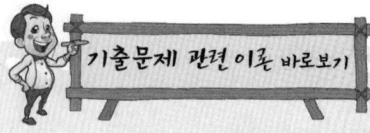

해설 시가지 등에서 특고압 가공 전선로의 시설(한국전기설비규정 333.1)
100[kV]를 초과하는 것에 지락이 생긴 경우 또는 단락한 경우에 1초 안에 이를 전선로부터 차단하는 자동 차단 장치를 시설할 것

07 점검할 수 없는 은폐된 장소로 400[V] 이하의 건조한 장소의 옥내 배선 공사로 알맞은 것은?

① 금속 덕트 공사
② 플로어 덕트 공사
③ 라이팅 덕트 공사
④ 버스 덕트 공사

해설 배선 설비 공사의 종류(한국전기설비규정 232.2)
점검할 수 없는 은폐된 장소의 건조한 장소에서는 플로어 덕트 공사 또는 셀룰러 덕트 공사로 한다.

08 특고압 가공 전선과 지지물 등의 이격 거리(간격)(한국전기설비규정 333.5)

특고압 가공 전선(케이블 및 333.32의 1에 규정하는 특고압 가공 전선로의 전선은 제외한다)과 그 지지물·완금류·지주 또는 지선(지지선) 사이의 이격 거리(간격)는 표에서 정한 값 이상이어야 한다. 다만, 기술상 부득이한 경우에 위험의 우려가 없도록 시설한 때에는 표에서 정한 값의 0.8배까지 감할 수 있다.

사용 전압	이격 거리(간격)[cm]
15[kV] 미만	15
15[kV] 이상 25[kV] 미만	20
25[kV] 이상 35[kV] 미만	25
35[kV] 이상 50[kV] 미만	30
50[kV] 이상 60[kV] 미만	35
60[kV] 이상 70[kV] 미만	40
70[kV] 이상 80[kV] 미만	45
80[kV] 이상 130[kV] 미만	65
130[kV] 이상 160[kV] 미만	90
160[kV] 이상 200[kV] 미만	110
200[kV] 이상 230[kV] 미만	130
230[kV] 이상	160

08 사용 전압이 22.9[kV]인 가공 전선과 그 지지물 사이의 이격 거리(간격)는 일반적으로 몇 [cm] 이상이어야 하는가?

① 5
② 10
③ 15
④ 20

해설 특고압 가공 전선과 지지물 등의 이격 거리(간격)(한국전기설비규정 333.5)

사용 전압	이격 거리(간격)[cm]
15[kV] 미만	15
15[kV] 이상 25[kV] 미만	20
25[kV] 이상 35[kV] 미만	25
35[kV] 이상 50[kV] 미만	30
50[kV] 이상 60[kV] 미만	35
60[kV] 이상 70[kV] 미만	40
70[kV] 이상 80[kV] 미만	45
이하 생략	—

09 특고압 전선로에 사용되는 애자 장치에 대한 갑종 풍압 하중은 그 구성재의 수직 투영 면적 1[m²]에 대한 풍압 하중을 몇 [Pa]을 기초로 하여 계산한 것인가?

① 592
② 668
③ 946
④ 1,039

해설 풍압 하중의 종별과 적용(한국전기설비규정 331.6)
애자 장치(특고압 전선용의 것에 한한다.)의 갑종 풍압 하중은 1,039[Pa]이다.

정답 07.② 08.④ 09.④

2013년 과년도 출제문제

10 저압 가공 인입선 시설 시 사용할 수 없는 전선은?

① 절연 전선, 다심형 전선, 케이블
② 경간(지지물 간 거리) 20[m] 이하인 경우 지름 2[mm] 이상의 인입용 비닐 절연 전선
③ 지름 2.6[mm] 이상의 인입용 비닐 절연 전선
④ 사람이 접촉할 우려가 없도록 시설하는 경우 옥외용 비닐 절연 전선

해설 저압 가공 인입선의 시설(한국전기설비규정 221.1.1)
 1. 케이블 이외에는 인장 강도 2.30[kN] 이상의 것 또는 지름 2.6[mm]의 인입용 비닐 절연 전선일 것. 다만, 지지물 간의 거리가 15[m] 이하인 경우에 한하여 인장 강도 1.25[kN] 이상의 것 또는 지름 2[mm]의 인입용 비닐 절연 전선의 것을 사용할 수 있다.
 2. 전선은 절연 전선 또는 케이블일 것

11 직류 귀선의 궤도 근접 부분이 금속제 지중 관로와 1[km] 안에 접근하는 경우 금속제 지중 관로에 대한 전식(전기 부식) 작용의 장해를 방지하기 위한 귀선의 시설 방법으로 옳은 것은?

① 귀선은 정극성으로 할 것
② 귀선의 궤도 근접 부분에 1년간의 평균 전류가 통할 때에 생기는 전위차는 그 구간 안의 어느 2점 사이에서도 2[V] 이하일 것
③ 귀선용 레일은 특수한 곳 이외에는 길이 50[m] 이상이 되도록 연속하여 용접할 것
④ 귀선용 레일의 이음매의 저항을 합친 값은 그 구간의 레일 자체의 저항의 30[%] 이하로 유지할 것

해설 전기 부식 방지를 위한 귀선의 시설(판단기준 제263조)
 1. 귀선은 부극성(負極性)으로 할 것
 2. 귀선용 레일의 이음매의 저항을 합친 값은 그 구간의 레일 자체의 저항의 20[%] 이하로 유지하고 또한 하나의 이음매의 저항은 그 레일의 길이 5[m]의 저항에 상당한 값 이하일 것
 3. 귀선용 레일은 특수한 곳 이외에는 길이 30[m] 이상이 되도록 연속하여 용접할 것
 4. 귀선의 궤도 근접 부분에 1년간의 평균 전류가 통할 때에 생기는 전위차는 그 구간 안의 어느 2점 사이에서도 2[V] 이하일 것

※ 이 문제는 출제 당시 규정에는 적합했으나 새로 제정된 한국전기설비규정에는 일부 부적합하므로 문제 유형만 참고하시기 바랍니다.

12 옥내에 시설하는 저압 전선으로 나전선을 사용할 수 없는 공사는?
① 전개된 곳의 애자 공사   ② 금속 덕트 공사
③ 버스 덕트 공사   ④ 라이팅 덕트 공사

기출문제 관련 이론 바로보기

10. 이론 check 저압 가공 인입선의 시설(한국전기설비규정 221.1.1)

① 저압 가공 인입선은 222.16, 222.18, 222.19 및 332.11부터 332.15까지의 규정에 준하여 시설하는 이외에 다음에 따라 시설하여야 한다.
 1. 전선이 케이블인 경우 이외에는 인장 강도 2.30[kN] 이상의 것 또는 지름 2.6[mm] 이상의 인입용 비닐 절연 전선일 것. 다만, 경간(지지물 간 거리)이 15[m] 이하인 경우는 인장 강도 1.25[kN] 이상의 것 또는 지름 2[mm] 이상의 인입용 비닐 절연 전선일 것
 2. 전선은 절연 전선 또는 케이블일 것
 3. 전선이 옥외용 비닐 절연 전선인 경우에는 사람이 접촉할 우려가 없도록 시설하고, 옥외용 비닐 절연 전선 이외의 절연 전선인 경우에는 사람이 쉽게 접촉할 우려가 없도록 시설할 것
 4. 전선이 케이블인 경우에는 332.2(1의 "라"는 제외)의 규정에 준하여 시설할 것. 다만, 케이블의 길이가 1[m] 이하인 경우에는 조가하지 아니하여도 된다.
 5. 전선의 높이는 다음에 의할 것
  가. 도로(차도와 보도의 구별이 있는 도로인 경우에는 차도)를 횡단하는 경우에는 노면상 5[m] (기술상 부득이한 경우에 교통에 지장이 없을 때에는 3[m]) 이상
  나. 철도 또는 궤도를 횡단하는 경우에는 레일면상 6.5[m] 이상
  다. 횡단 보도교의 위에 시설하는 경우에는 노면상 3[m] 이상
  라. "가", "나" 및 "다" 이외의 경우에는 지표상 4[m] (기술상 부득이한 경우에 교통에 지장이 없을 때에는 2.5[m]) 이상

정답 10.② 11.② 12.②

PART 06 전기설비기술기준

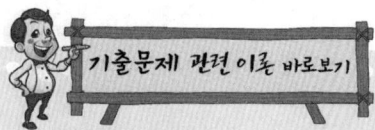

14. 용어 정의(한국전기설비규정 112)

이 규정에서 사용하는 용어의 정의는 다음과 같다.
1. "가공 인입선"이란 가공 전선로의 지지물로부터 다른 지지물을 거치지 아니하고 수용 장소의 붙임점에 이르는 가공 전선을 말한다.
2. "전기 철도용 급전선"이란 전기 철도용 변전소로부터 다른 전기 철도용 변전소 또는 전차선에 이르는 전선을 말한다.
3. "전기 철도용 급전선로"란 전기 철도용 급전선 및 이를 지지하거나 수용하는 시설물을 말한다.
4. "관등 회로"란 방전등용 안정기(방전등용 변압기를 포함한다. 이하 같다)로부터 방전관까지의 전로를 말한다.
5. "지중 관로"란 지중 전선로·지중 약전류 전선로·지중 광섬유 케이블 선로·지중에 시설하는 수관 및 가스관과 이와 유사한 것 및 이들에 부속하는 지중함 등을 말한다.
6. "제1차 접근 상태"란 가공 전선이 다른 시설물과 접근(병행하는 경우를 포함하며 교차하는 경우 및 동일 지지물에 시설하는 경우를 제외한다)하는 경우에 가공 전선이 다른 시설물의 위쪽 또는 옆쪽에서 수평 거리로 가공 전선로의 지지물의 지표상의 높이에 상당하는 거리 안에 시설(수평 거리로 3[m] 미만인 곳에 시설되는 것을 제외한다)됨으로써 가공 전선로의 전선의 절단, 지지물의 도괴 등의 경우에 그 전선이 다른 시설물에 접촉할 우려가 있는 상태를 말한다.
7. "제2차 접근 상태"란 가공 전선이 다른 시설물과 접근하는 경우에 그 가공 전선이 다른 시설물의 위쪽 또는 옆쪽에서 수평 거리로 3[m] 미만인 곳에 시설되는 상태를 말한다.
8. "접근 상태"란 제1차 접근 상태 및 제2차 접근 상태를 말한다.

해설 나전선의 사용 제한(한국전기설비규정 231.4)

옥내에 시설하는 저압 전선에 나전선을 사용하는 경우
1. 애자 공사에 의하여 전개된 곳에 다음의 전선을 시설하는 경우
  가. 전기로용 전선
  나. 전선의 피복 절연물이 부식하는 장소에 시설하는 전선
  다. 취급자 이외의 자가 출입할 수 없도록 설비한 장소에 시설하는 전선
2. 버스 덕트 공사에 의하여 시설하는 경우
3. 라이팅 덕트 공사에 의하여 시설하는 경우
4. 저압 접촉 전선을 시설하는 경우

13 440[V]의 저압 배선을 사람의 접촉 우려가 없는 경우에 금속관 공사를 하였을 때 금속관에는 어떤 접지 공사를 해야 하는가?

① 제1종 ② 제2종
③ 제3종 ④ 특별 제3종

해설 금속관 공사(판단기준 제184조)

사용 전압이 400[V] 이상인 경우 관에는 특별 제3종 접지 공사를 할 것. 다만, 사람이 접촉할 우려가 없도록 시설하는 경우에는 제3종 접지 공사에 의할 수 있다.

※ 이 문제는 출제 당시 규정에는 적합했으나 새로 제정된 한국전기설비규정에는 일부 부적합하므로 문제 유형만 참고하시기 바랍니다.

14 발전소 또는 변전소로부터 다른 발전소 또는 변전소를 거치지 아니하고 전차 선로에 이르는 전선을 무엇이라 하는가?

① 급전선 ② 전기 철도용 급전선
③ 급전 선로 ④ 전기 철도용 급전 선로

해설 용어 정의(한국전기설비규정 112)

1. "전기 철도용 급전선"이란 전기 철도용 변전소로부터 다른 전기 철도용 변전소 또는 전차선에 이르는 전선을 말한다.
2. "전기 철도용 급전 선로"란 전기 철도용 급전선 및 이를 지지하거나 수용하는 시설물을 말한다.

15 가공 케이블 시설 시 고압 가공 전선에 케이블을 사용하는 경우 조가용선(조가선)은 단면적이 몇 [mm²] 이상인 아연도강연선이어야 하는가?

① 9 ② 14
③ 22 ④ 30

해설 가공 케이블의 시설(한국전기설비규정 332.2)

조가용선(조가선)은 인장 강도 5.93[kN] 이상의 것 또는 단면적 22[mm²] 이상인 아연도강연선일 것

정답 13.③ 14.② 15.③

16 3,300[V] 고압 가공 전선을 교통이 번잡한 도로를 횡단하여 시설하는 경우 지표상 높이를 몇 [m] 이상으로 하여야 하는가?

① 5.0
② 5.5
③ 6.0
④ 6.5

해설 고압 가공 전선의 높이(한국전기설비규정 332.5)
1. 도로를 횡단하는 경우에는 지표상 6[m] 이상
2. 철도 또는 궤도를 횡단하는 경우에는 레일면상 6.5[m] 이상

17 특고압 가공 전선로의 경간(지지물 간 거리)은 지지물이 철탑인 경우 몇 [m] 이하이어야 하는가? (단, 단주가 아닌 경우이다.)

① 400
② 500
③ 600
④ 700

해설 특고압 가공 전선로의 경간(지지물 간 거리) 제한(한국전기설비규정 333.21)

지지물의 종류	경간(지지물 간 거리)
목주·A종	150[m]
B종	250[m]
철탑	600[m](단주인 경우에는 400[m])

18 최대 사용 전압이 154[kV]인 중성점 직접 접지식 전로의 절연 내력 시험 전압은 몇 [V]인가?

① 110,880
② 141,680
③ 169,400
④ 192,500

해설 전로의 절연 저항 및 절연 내력(한국전기설비규정 132)
$V = 154 \times 10^3 \times 0.72 = 110,880$[V]

19 특고압 가공 전선로 및 선로 길이 몇 [km] 이상의 고압 가공 전선로에는 보안상 특히 필요한 경우에 가공 전선로의 적당한 곳에서 통화할 수 있도록 휴대용 또는 이동용의 전력 보안 통신용 전화 설비를 시설하여야 하는가?

① 2
② 3
③ 5
④ 7

해설 전력 보안 통신용 전화 설비의 시설(판단기준 제153조)
특고압 가공 전선로 및 선로 길이 5[km] 이상의 고압 가공 전선로에는 보안상 특히 필요한 경우에 전력 보안 통신용 전화 설비를 시설한다.

※ 이 문제는 출제 당시 규정에는 적합했으나 새로 제정된 한국전기설비규정에는 일부 부적합하므로 문제 유형만 참고하시기 바랍니다.

정답 16.③ 17.③ 18.① 19.③

---

16. 이론 check 고압 가공 전선의 높이(한국전기설비규정 332.5)

① 고압 가공 전선 높이는 다음에 따라야 한다.
1. 도로[농로 기타 교통이 번잡하지 아니한 도로 및 횡단 보도교(도로·철도·궤도 등의 위를 횡단하여 시설하는 다리 모양의 시설물로서 보행용으로만 사용되는 것을 말한다)를 제외한다]를 횡단하는 경우에는 지표상 6[m] 이상
2. 철도 또는 궤도를 횡단하는 경우에는 레일면상 6.5[m] 이상
3. 횡단 보도교의 위에 시설하는 경우에는 저압 가공 전선은 그 노면상 3.5[m] 이상

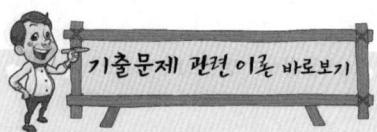

20. 고압 가공 전선과 건조물의 접근(한국전기설비규정 332.11)

① 고압 가공 전선이 건조물(사람이 거주 또는 근무하거나 빈번히 출입하거나 모이는 조영물을 말한다)과 접근 상태로 시설되는 경우에는 다음에 따라야 한다.
  1. 고압 가공 전선로(고압 옥측 전선로 또는 335.9의 2의 규정에 의하여 시설하는 고압 전선로에 인접하는 1경간(지지물 간 거리)의 전선 및 가공 인입선을 제외한다)는 고압 보안 공사에 의할 것
  2. 고압 가공 전선과 건조물의 조영재 사이의 이격 거리(간격)는 표에서 정한 값 이상일 것

건조물 조영재의 구분	접근 형태	이격 거리(간격)
상부 조영재	위쪽	2[m] (전선이 케이블인 경우에는 1[m])
	옆쪽 또는 아래쪽	1.2[m] (전선에 사람이 쉽게 접촉할 우려가 없도록 시설할 경우에는 80[cm], 케이블인 경우에는 40[cm])
기타의 조영재	–	1.2[m] (전선에 사람이 쉽게 접촉할 우려가 없도록 시설한 경우에는 80[cm], 케이블인 경우에는 40[cm])

20 고압 가공 전선이 건조물과 접근 상태로 시설되는 경우 상부 조영재의 옆쪽과의 이격 거리(간격)는 각각 몇 [m]인가?

① 1.2
② 1.5
③ 1.5
④ 2.2

해설 고압 가공 전선과 건조물의 접근(한국전기설비규정 332.11)

건조물 조영재의 구분	접근 형태	이격 거리(간격)
상부 조영재	위쪽	2[m](케이블 1[m])
	옆쪽 또는 아래쪽	1.2[m](사람이 쉽게 접촉할 우려가 없는 경우 80[cm], 케이블 40[cm])

제 2 회   전기설비기술기준

01 시가지 등에 사용 전압 35[kV]인 특고압 가공 전선로에 특고압 절연 전선을 사용한 경우 전선의 지표상 높이는 최소 몇 [m] 이상이어야 하는가?

① 13.72
② 12.04
③ 10
④ 8

해설 시가지 등에서 특고압 가공 전선로의 시설(한국전기설비규정 333.1)

사용 전압의 구분	전선 지표상의 높이
35[kV] 이하	10[m](전선이 특고압 절연 전선인 경우에는 8[m])
35[kV] 초과	10[m]에 35[kV]를 초과하는 10[kV] 또는 그 단수마다 12[cm]를 더한 값

02 전압 구분에서 고압에 해당하는 것은?

① 직류는 1.5[kV]를, 교류는 1[kV]를 초과하고 7[kV] 이하인 것
② 직류는 1[kV]를, 교류는 1.5[kV]를 초과하고 7[kV] 이하인 것
③ 직류는 1.5[kV]를, 교류는 1[kV]를 초과하고 9[kV] 이하인 것
④ 직류는 1[kV]를, 교류는 1.5[kV]를 초과하고 9[kV] 이하인 것

해설 적용 범위(한국전기설비규정 111.1)
  1. 저압 : 직류는 1.5[kV] 이하, 교류는 1[kV] 이하인 것
  2. 고압 : 직류는 1.5[kV]를, 교류는 1[kV]를 초과하고, 7[kV] 이하인 것
  3. 특고압 : 7[kV]를 초과하는 것

정답 20.① / 01.④ 02.①

03 금속 덕트 공사에 의한 저압 옥내 배선에서, 금속 덕트에 넣은 전선의 단면적의 합계는 덕트 내부 단면적의 얼마 이하이어야 하는가?

① 20[%] 이하
② 30[%] 이하
③ 40[%] 이하
④ 50[%] 이하

해설 금속 덕트 공사(한국전기설비규정 232.9)
금속 덕트에 넣은 전선의 단면적(절연 피복 포함)의 총합은 덕트의 내부 단면적의 20[%](전광 표시 장치 또는 제어 회로 등의 배선만을 넣은 경우는 50[%]) 이하이어야 한다.

04 소세력 회로에 전기를 공급하기 위한 변압기는 1차측 전로의 대지 전압과 2차측 전로의 사용 전압이 각각 몇 [V] 이하인 절연 변압기이어야 하는가?

① 대지 전압 : 150[V], 사용 전압 : 30[V]
② 대지 전압 : 150[V], 사용 전압 : 60[V]
③ 대지 전압 : 300[V], 사용 전압 : 30[V]
④ 대지 전압 : 300[V], 사용 전압 : 60[V]

해설 소세력 회로(한국전기설비규정 241.14)
소세력 회로에 전기를 공급하기 위한 변압기는 1차측 전로의 대지 전압이 300[V] 이하, 2차측 전로의 사용 전압이 60[V] 이하인 절연 변압기일 것

05 고압 가공 전선로의 가공 지선으로 나경동선을 사용하는 경우의 지름은 몇 [mm] 이상이어야 하는가?

① 3.2
② 4.0
③ 5.5
④ 6.0

해설 고압 가공 전선로의 가공 지선(한국전기설비규정 332.6)
고압 가공 전선로에 사용하는 가공 지선은 인장 강도 5.26[kN] 이상의 것 또는 지름 4[mm] 이상의 나경동선을 사용한다.

06 최대 사용 전압 154[kV] 중성점 직접 접지식 전로에 시험 전압을 전로와 대지 사이에 몇 [kV]를 연속으로 10분간 가하여 절연 내력을 시험하였을 때 이에 견디어야 하는가?

① 231
② 192.5
③ 141.68
④ 110.88

해설 전로의 절연 저항 및 절연 내력(한국전기설비규정 132)
중성점 직접 접지이므로 $154 \times 0.72 = 110.88$[kV]

기출문제 관련 이론 바로보기

04. 이론 check 저압 옥내 배선의 사용 전선 (한국전기설비규정 231.3.1)

① 저압 옥내 배선의 전선은 단면적 2.5[mm²] 이상의 연동선 또는 이와 동등 이상의 강도 및 굵기의 것

② 옥내 배선의 사용 전압이 400[V] 이하인 경우로 다음 중 어느 하나에 해당하는 경우에는 ①을 적용하지 않는다.

1. 전광 표시 장치 기타 이와 유사한 장치 또는 제어 회로 등에 사용하는 배선에 단면적 1.5[mm²] 이상의 연동선을 사용하고 이를 합성 수지관 공사·금속관 공사·금속 몰드 공사·금속 덕트 공사·플로어 덕트 공사 또는 셀룰러 덕트 공사에 의하여 시설하는 경우

2. 전광 표시 장치 기타 이와 유사한 장치 또는 제어 회로 등의 배선에 단면적 0.75[mm²] 이상인 다심 케이블 또는 다심 캡타이어 케이블을 사용하고 또한 과전류가 생겼을 때에 자동적으로 전로에서 차단하는 장치를 시설하는 경우

3. 234.8 및 234.11.5의 규정에 의하여 단면적 0.75[mm²] 이상인 코드 또는 캡타이어 케이블을 사용하는 경우

4. 242.11의 규정에 의하여 리프트 케이블을 사용하는 경우

5. 특별 저압 조명용 특수 용도에 대해서는 KS C IEC 60364-7-715 (특수 설비 또는 특수 장소에 관한 요구 사항-특별 저압 조명 설비)를 참조한다.

정답 03.① 04.④ 05.② 06.④

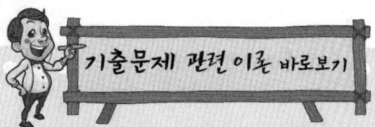

08. 이론 check 보호 도체(한국전기설비규정 142.3.2)

① 보호 도체의 최소 단면적
1. 보호 도체의 최소 단면적

선도체의 단면적 S (mm², 구리)	보호 도체의 최소 단면적(mm², 구리)	
	보호 도체의 재질	
	선도체와 같은 경우	선도체와 다른 경우
$S \leq 16$	S	$\left(\dfrac{k_1}{k_2}\right) \times S$
$16 < S \leq 35$	16	$\left(\dfrac{k_1}{k_2}\right) \times 16$
$S > 35$	$\dfrac{S}{2}$	$\left(\dfrac{k_1}{k_2}\right) \times \left(\dfrac{S}{2}\right)$

2. 차단 시간이 5초 이하인 경우

$$S = \dfrac{\sqrt{I^2 t}}{k}$$

여기서, S : 단면적[mm²]
I : 예상 고장 전류 실효값[A]
t : 보호 장치의 동작 시간[s]
k : 초기 온도와 최종 온도에 따라 정해지는 계수

3. 보호 도체가 케이블의 일부가 아니거나 선도체와 동일 외함에 설치되지 않으면 단면적은 다음의 굵기 이상으로 하여야 한다.
  가. 기계적 손상에 대해 보호가 되는 경우는 구리 2.5[mm²], 알루미늄 16[mm²] 이상
  나. 기계적 손상에 대해 보호가 되지 않는 경우는 구리 4[mm²], 알루미늄 16[mm²] 이상

4. 보호 도체가 두 개 이상의 회로에 공통으로 사용되면 단면적은 다음과 같이 선정하여야 한다.
  가. 회로 중 가장 부담이 큰 것으로 예상되는 고장 전류 및 동작 시간을 고려하여 1 또는 2에 따라 선정한다.
  나. 회로 중 가장 큰 선도체의 단면적을 기준으로 1에 따라 선정한다.

② 보호 도체의 종류
  가. 다심 케이블의 도체
  나. 충전 도체와 같은 트렁킹에 수납된 절연 도체 또는 나도체
  다. 고정된 절연 도체 또는 나도체
  라. 금속 케이블 외장, 케이블 차폐, 케이블 외장, 전선 묶음, 동심 도체, 금속관

07 일정 용량 이상의 특고압용 변압기에 내부 고장이 생겼을 경우, 자동적으로 이를 전로로부터 자동 차단하는 장치 또는 경보 장치를 시설해야 하는 뱅크 용량은?

① 1,000[kVA] 이상, 5,000[kVA] 미만
② 5,000[kVA] 이상, 10,000[kVA] 미만
③ 10,000[kVA] 이상, 15,000[kVA] 미만
④ 15,000[kVA] 이상, 20,000[kVA] 미만

해설 특고압용 변압기의 보호 장치(한국전기설비규정 351.2)

뱅크 용량의 구분	동작 조건	장치의 종류
5,000[kVA] 이상 10,000[kVA] 미만	내부 고장	자동 차단 장치 경보 장치
10,000[kVA] 이상	내부 고장	자동 차단 장치
타냉식 변압기	온도가 현저히 상승한 경우	경보 장치

08 선도체의 단면적 S가 $16 < S \leq 35$인 경우 보호 도체의 굵기는 공칭 단면적 몇 [mm²] 이상의 연동선을 사용하여야 하는가?

① 0.75   ② 2.5
③ 6   ④ 16

해설 보호 도체(한국전기설비규정 142.3.2)

선도체(S)	보호 도체(구리)
$S \leq 16$	S
$16 < S \leq 35$	16
$S > 35$	$\dfrac{S}{2}$

09 시가지에 시설하는 통신선은 특고압 가공 전선로의 지지물에 시설하여서는 아니 된다. 그러나 통신선이 절연 전선과 동등 이상의 절연 효력이 있고 인장 강도 5.26[kN] 이상의 것 또는 지름 몇 [mm] 이상의 절연 전선 또는 광섬유 케이블인 것이면 시설이 가능한가?

① 4   ② 4.5
③ 5   ④ 5.5

해설 특고압 가공 전선로 첨가 통신선의 시가지 인입 제한(판단기준 제159조)

시가지에 시설하는 통신선은 특고압 가공 전선로의 지지물에 시설하여서는 아니 된다. 다만, 통신선이 절연 전선과 동등 이상의 절연 효력이 있고 인장 강도 5.26[kN] 이상의 것 또는 지름 4[mm] 이상의 절연 전선 또는 광섬유 케이블인 경우에는 그러하지 아니하다.

※ 이 문제는 출제 당시 규정에는 적합했으나 새로 제정된 한국전기설비규정에는 일부 부적합하므로 문제 유형만 참고하시기 바랍니다.

정답 07.② 08.④ 09.①

10 무대, 무대 마루 밑, 오케스트라 박스, 영사실, 기타 사람이나 무대 도구가 접촉할 우려가 있는 곳에 시설하는 저압 옥내 배선·전구선 또는 이동 전선은 사용 전압이 몇 [V] 이하이어야 하는가?

① 60　　② 110
③ 220　　④ 400

해설 전시회, 쇼 및 공연장의 전기 설비(한국전기설비규정 242.6)
무대·무대 마루 밑·오케스트라 박스·영사실·기타 사람이나 무대 도구가 접촉할 우려가 있는 곳에 시설하는 저압 옥내 배선·전구선 또는 이동 전선은 사용 전압이 400[V] 이하일 것

11 전기 욕기에 전기를 공급하는 전원 장치는 전기 욕기용으로 내장되어 있는 2차측 전로의 사용 전압을 몇 [V] 이하로 한정하고 있는가?

① 6　　② 10
③ 12　　④ 15

해설 전기 욕기(한국전기설비규정 241.2)
전기 욕기에 전기를 공급하기 위한 전기 욕기용 전원 장치로서 내장되어 있는 전원 변압기의 2차측 전로의 사용 전압이 10[V] 이하인 것을 사용할 것

12 플로어 덕트 공사에 의한 저압 옥내 배선 공사에 적합하지 않은 것은?

① 사용 전압이 400[V] 이하일 것
② 덕트의 끝 부분은 막을 것
③ 접지 공사를 할 것
④ 옥외용 비닐 절연 전선을 사용할 것

해설 플로어 덕트 공사(한국전기설비규정 232.32)
1. 전선은 절연 전선(옥외용 비닐 절연 전선 제외)일 것
2. 전선은 연선일 것. 단면적 10[mm²](알루미늄선 16[mm²]) 이하인 것은 단선을 사용한다.

13 가공 방식에 의하여 시설하는 직류식 전기 철도용 전차 선로는 사용 전압이 직류 고압인 경우 어느 곳에 시설하여야 하는가?

① 전차선 높이가 5[m] 이상인 경우 사람이 쉽게 출입할 수 없는 전용 부지 안에 시설
② 사람이 쉽게 출입할 수 있는 전용 부지 안에 시설
③ 전기 철도의 전용 부지 안에 시설
④ 교통이 빈번하지 않은 시가지 외에 시설

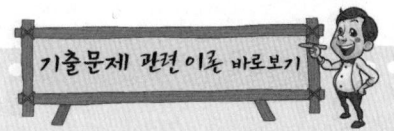

11. 이론 check 전기 욕기(한국전기설비규정 241.2)

전기 욕기는 다음에 따라 시설해야 한다. 전기 욕기에 전기를 공급하기 위한 전기 욕기용 전원 장치(내장되어 있는 전원 변압기의 2차측 전로의 사용 전압이 10[V] 이하인 것에 한한다)는 전기용품 및 생활용품 안전관리법에 의한 안전 기준에 적합한 것
1. 전기 욕기용 전원 장치의 금속제 외함 및 전선을 넣는 금속관에는 접지 공사를 할 것
2. 전기 욕기용 전원 장치는 욕실 이외의 건조한 곳으로서 취급자 이외의 자가 쉽게 접촉하지 아니하는 곳에 시설할 것
3. 욕탕 안의 전극 간의 거리는 1[m] 이상일 것
4. 욕탕 안의 전극은 사람이 쉽게 접촉할 우려가 없도록 시설할 것
5. 전기 욕기용 전원 장치로부터 욕탕 안의 전극까지의 배선은 단면적 2.5[mm²] 이상의 연동선과 동등 이상의 세기 및 굵기의 절연 전선(옥외용 비닐 절연 전선을 제외) 또는 케이블 또는 단면적 1.5[mm²] 이상의 캡타이어 케이블을 사용하고 합성 수지관 공사, 금속관 공사 또는 케이블 공사에 의하여 시설하거나 또는 단면적 1.5[mm²] 이상의 캡타이어 코드를 합성 수지관(두께 2[mm] 미만의 합성 수지제 전선관 및 난연성이 없는 콤바인 덕트관을 제외한다) 또는 금속관에 넣고 관을 조영재에 견고하게 붙일 것. 다만, 전기 욕기용 전원 장치로부터 욕탕에 이르는 배선을 건조하고 전개된 장소에 시설하는 경우에는 그러하지 아니하다.
6. 전기 욕기용 전원 장치로부터 욕조 안의 전극까지의 전선 상호간 및 전선과 대지 사이의 절연 저항 값은 0.1[MΩ] 이상일 것

정답 10.④　11.②　12.④　13.③

PART 06 전기설비기술기준

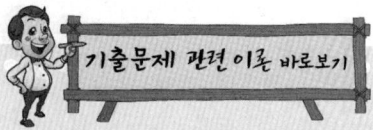

14. 이론 check 고압 가공 전선의 안전율(한국전기설비규정 332.4)

① 고압 가공 전선은 케이블인 경우 이외에는 다음에 규정하는 경우에 그 안전율이 경동선 또는 내열 동합금선은 2.2 이상, 그 밖의 전선은 2.5 이상이 되는 이도(처짐 정도)로 시설하여야 한다.

1. 빙설(氷雪)이 많은 지방 이외의 지방에서는 그 지방의 평균 온도에서 전선의 중량과 그 전선의 수직 투영 면적 1[m²]에 대하여 745[Pa]의 수평 풍압과의 합성 하중을 지지하는 경우 및 그 지방의 최저 온도에서 전선의 중량과 그 전선의 수직 투영 면적 1[m²]에 대하여 372[Pa]의 수평 풍압과의 합성 하중을 지지하는 경우
2. 빙설이 많은 지방에서는 그 지방의 평균 온도에서 전선의 중량과 그 전선의 수직 투영 면적 1[m²]에 대하여 745[Pa]의 수평 풍압과의 합성 하중을 지지하는 경우 및 그 지방의 최저 온도에서 전선의 주위에 두께 6[mm], 비중 0.9의 빙설이 부착한 때의 전선 및 빙설의 중량과 그 피빙 전선의 수직 투영 면적 1[m²]에 대해 372[Pa]의 수평 풍압과의 합성 하중을 지지하는 경우
3. 빙설이 많은 지방 중 해안 지방, 기타 저온 계절에 최대 풍압이 생기는 지방에서는 그 지방의 평균 온도에서 전선의 중량과 그 전선의 수직 투영 면적 1[m²]에 대하여 745[Pa]의 수평 풍압과의 합성 하중을 지지하는 경우 및 그 지방의 최저 온도에서 전선의 중량과 그 전선의 수직 투영 면적 1[m²]에 대하여 745[Pa]의 수평 풍압과의 합성 하중 또는 전선의 주위에 두께 6[mm], 비중 0.9의 빙설이 부착한 때의 전선 및 빙설의 중량과 그 피빙 전선의 수직 투영 면적 1[m²]에 대하여 372[Pa]의 수평 풍압과의 합성 하중 중 어느 것이나 큰 것을 지지하는 경우

해설 직류 전차 선로의 시설 제한(판단기준 제252조)
1. 가공 방식, 강체 방식, 제3레일 방식
2. 가공 방식에 의하여 시설하는 직류식 전기 철도용 전차 선로로서 사용 전압이 직류 고압인 것은 전기 철도의 전용 부지 안에 시설
3. 제3레일 방식에 의하여 시설하는 직류식 전기 철도용 전차 선로는 지하 철도·고가 철도·기타 사람이 쉽게 출입할 수 없는 전기 철도의 전용 부지 안에 시설
4. 강체 방식에 의하여 시설하는 직류식 전기 철도용 전차 선로는 전차 선의 높이가 지표상 5[m] 이상인 경우 사람이 쉽게 출입할 수 없는 전용 부지 안에 시설

※ 이 문제는 출제 당시 규정에는 적합했으나 새로 제정된 한국전기설비규정에는 일부 부적합하므로 문제 유형만 참고하시기 바랍니다.

14 고압 가공 전선으로 경동선 또는 내열 동합금선을 사용할 때 그 안전율은 최소 얼마 이상이 되는 이도로 시설하여야 하는가?

① 2.0 ② 2.2
③ 2.5 ④ 3.3

해설 고압 가공 전선의 안전율(한국전기설비규정 332.4)
1. 경동선 또는 내열 동합금선 : 2.2 이상
2. 기타 전선(ACSR 등) : 2.5 이상

15 철탑의 강도 계산에 사용하는 이상 시 상정 하중이 가하여지는 경우의 그 이상 시 상정 하중에 대한 철탑의 기초에 대한 안전율은 얼마 이상이어야 하는가?

① 1.2 ② 1.33
③ 1.5 ④ 2

해설 가공 전선로 지지물의 기초의 안전율(한국전기설비규정 331.7)
지지물의 하중에 대한 기초의 안전율은 2 이상(이상 시 상정 하중에 대한 철탑의 기초에 대하여서는 1.33 이상)

16 저압 가공 전선이 도로를 횡단할 때 지표상의 높이는 몇 [m] 이상으로 하여야 하는가? (단, 농로 기타 교통이 번잡하지 않은 도로 및 횡단 보도교는 제외한다.)

① 4 ② 5
③ 6 ④ 7

해설 저압 가공 전선의 높이(한국전기설비규정 222.7)
1. 도로를 횡단하는 경우에는 지표상 6[m] 이상
2. 철도 또는 궤도를 횡단하는 경우에는 레일면상 6.5[m] 이상

정답 14.② 15.② 16.③

17 저압 옥측 전선로의 공사에서 목조 조영물에 시설이 가능한 공사는?

① 금속 피복을 한 케이블 공사
② 합성 수지관 공사
③ 금속관 공사
④ 버스 덕트 공사

해설 옥측 전선로의 시설(한국전기설비규정 221.2)
1. 애자 공사(전개된 장소에 한한다)
2. 합성 수지관 공사
3. 금속관 공사(목조 이외의 조영물에 시설하는 경우에 한한다)
4. 버스 덕트 공사(목조 이외의 조영물에 시설하는 경우에 한한다)
5. 케이블 공사(연피 케이블·알루미늄피 케이블 또는 미네랄 인슐레이션 케이블을 사용하는 경우에는 목조 이외의 조영물에 시설하는 경우에 한한다)

18 설비기준 용어에서 "제2차 접근 상태"란 가공 전선이 다른 시설물과 접근하는 경우에 그 가공 전선이 다른 시설물의 위쪽 또는 옆쪽에서 수평 거리로 몇 [m] 미만인 곳에 시설되는 상태를 말하는가?

① 2　　② 3
③ 4　　④ 5

해설 용어 정의(한국전기설비규정 112)
"제2차 접근 상태"란 가공 전선이 다른 시설물과 접근하는 경우에 그 가공 전선이 다른 시설물의 위쪽 또는 옆쪽에서 수평 거리로 3[m] 미만인 곳에 시설되는 상태를 말한다.

19 가공 전선로의 지지물에 취급자가 오르고 내리는 데 사용하는 발판 볼트 등은 원칙적으로 지표상 몇 [m] 미만에 시설하여서는 아니 되는가?

① 1.2　　② 1.5
③ 1.8　　④ 2.0

해설 가공 전선로 지지물의 철탑 오름 및 전주 오름 방지(한국전기설비규정 331.4)
가공 전선로의 지지물에 취급자가 오르고 내리는 데 사용하는 발판 볼트 등을 지표상 1.8[m] 미만에 시설하여서는 아니 된다.

20 다음 전선로에 대한 설명으로 옳은 것은?

① 발전소·변전소·개폐소, 이에 준하는 곳, 전기 사용 장소 상호간의 전선 및 이를 지지하거나 수용하는 시설물
② 발전소·변전소·개폐소, 이에 준하는 곳, 전기 사용 장소 상호간의 전선 및 전차선을 지지하거나 수용하는 시설물
③ 통상의 사용 상태에서 전기가 통하고 있는 전선
④ 통상의 사용 상태에서 전기를 절연한 전선

정답 17.② 18.② 19.③ 20.①

---

17. 이론 check 옥측 전선로의 시설(한국전기설비규정 221.2)

① 저압 옥측 전선로는 다음에 따라 시설하여야 한다.
  1. 1구내 또는 동일 기초 구조물 및 여기에 구축된 복수의 건물과 구조적으로 일체화된 하나의 건물(이하 "1구내 등"이라 한다)에 시설하는 전선로의 전부 또는 일부로 시설하는 경우
  2. 1구내 등 전용의 전선로 중 그 구내에 시설하는 부분의 전부 또는 일부로 시설하는 경우

② 저압 옥측 전선로는 다음의 어느 하나에 의할 것
  가. 애자 공사(전개된 장소에 한한다)
  나. 합성 수지관 공사
  다. 금속관 공사(목조 이외의 조영물에 시설하는 경우에 한한다)
  라. 버스 덕트 공사(목조 이외의 조영물(점검할 수 없는 은폐된 장소를 제외한다)에 시설하는 경우에 한한다)
  마. 케이블 공사(연피 케이블·알루미늄피 케이블 또는 미네랄 인슐레이션 케이블을 사용하는 경우에는 목조 이외의 조영물에 시설하는 경우에 한한다)

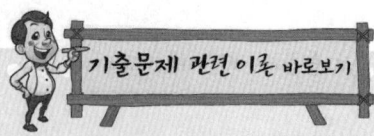

02. 이론 check 가공 통신선의 높이(한국전기설비규정 362.2)

① 전력 보안 가공 통신선의 높이는 다음에 따른다.
1. 도로(차도와 도로의 구별이 있는 도로는 차도) 위에 시설하는 경우에는 지표상 5[m] 이상. 다만, 교통에 지장을 줄 우려가 없는 경우에는 지표상 4.5[m]까지로 감할 수 있다.
2. 철도의 궤도를 횡단하는 경우에는 레일면상 6.5[m] 이상
3. 횡단 보도교 위에 시설하는 경우에는 그 노면상 3[m] 이상
4. 위 1~3 사항 이외의 경우에는 지표상 3.5[m] 이상

② 가공 전선로의 지지물에 시설하는 통신선 또는 이에 직접 접속하는 가공 통신선의 높이는 다음에 따라야 한다.
1. 도로를 횡단하는 경우에는 지표상 6[m] 이상. 다만, 저압이나 고압의 가공 전선로의 지지물에 시설하는 통신선 또는 이에 직접 접속하는 가공 통신선을 시설하는 경우에 교통에 지장을 줄 우려가 없을 때에는 지표상 5[m]까지로 감할 수 있다.
2. 철도 또는 궤도를 횡단하는 경우에는 레일면상 6.5[m] 이상
3. 횡단 보도교의 위에 시설하는 경우에는 그 노면상 5[m] 이상. 다만, 다음 중 1에 해당하는 경우에는 그러하지 아니하다.
   가. 저압 또는 고압의 가공 전선로의 지지물에 시설하는 통신선 또는 이에 직접 접속하는 가공 통신선을 노면상 3.5[m](통신선이 절연 전선과 동등 이상의 절연 효력이 있는 것인 경우에는 3[m]) 이상으로 하는 경우
   나. 특고압 전선로의 지지물에 시설하는 통신선 또는 이에 직접 접속하는 가공 통신선으로서 광섬유 케이블을 사용하는 것을 그 노면상 4[m] 이상으로 하는 경우
4. 위 1~3 사항 이외의 경우에는 지표상 5[m] 이상(이하 생략)

해설 정의(기술기준 제3조)

1. "전선"이란 강전류 전기의 전송에 사용하는 전기 도체, 절연물로 피복한 전기 도체 또는 절연물로 피복한 전기 도체를 다시 보호 피복한 전기 도체를 말한다.
2. "전로"란 통상의 사용 상태에서 전기가 통하고 있는 곳을 말한다.
3. "전선로"란 발전소·변전소·개폐소, 이에 준하는 곳, 전기 사용 장소 상호간의 전선(전차선을 제외) 및 이를 지지하거나 수용하는 시설물을 말한다.

제 3 회 전기설비기술기준

01 발전기의 용량에 관계없이 자동적으로 이를 전로로부터 차단하는 장치를 시설하여야 하는 경우는?
① 베어링의 과열
② 과전류 인입
③ 압유 제어 장치의 전원 전압
④ 발전기 내부 고장

해설 발전기 등의 보호 장치(한국전기설비규정 351.3)

자동 차단 장치를 하는 경우
1. 과전류, 과전압 발생
2. 100[kVA] 이상 : 풍차 압유 장치 유압 저하
3. 500[kVA] 이상 : 수차 압유 장치 유압 저하
4. 2,000[kVA] 이상 : 수차 발전기 베어링 온도 상승
5. 10,000[kVA] 이상 : 발전기 내부 고장
6. 10,000[kW] 초과 : 증기 터빈의 베어링 마모, 온도 상승

02 고압 가공 전선로의 지지물에 시설하는 통신선 또는 이에 직접 접속하는 가공 통신선을 횡단 보도교의 위에 시설하는 경우, 그 노면상 최소 몇 [m] 이상의 높이로 시설하면 되는가?
① 3.5
② 4
③ 4.5
④ 5

해설 전력 보안 통신선의 시설 높이와 이격 거리(간격)(한국전기설비규정 362.2)

횡단 보도교의 위에 시설하는 경우에는 그 노면상 5[m] 이상. 다만, 다음의 경우에는 그러하지 아니하다.
1. 저압 또는 고압의 가공 전선로의 지지물에 시설하는 통신선 또는 이에 직접 접속하는 가공 통신선을 노면상 3.5[m](통신선이 절연 전선인 경우 3[m]) 이상으로 하는 경우
2. 특고압 전선로의 지지물에 시설하는 통신선 또는 이에 직접 접속하는 가공 통신선으로서 광섬유 케이블을 사용하는 것을 그 노면상 4[m] 이상으로 하는 경우

정답 01.② 02.①

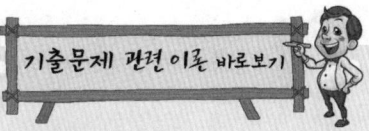

03 사용 전압이 380[V]인 옥내 배선을 애자 공사로 시설할 때 전선과 조영재 사이의 이격 거리(간격)는 몇 [cm] 이상이어야 하는가?

① 2
② 2.5
③ 4.5
④ 6

해설 애자 공사(한국전기설비규정 232.56)
1. 전선은 절연 전선(옥외용 및 인입용 제외)일 것
2. 전선 상호간의 간격은 6[cm] 이상일 것
3. 전선과 조영재 사이의 이격 거리(간격)는 사용 전압이 400[V] 이하인 경우에는 2.5[cm] 이상, 400[V] 초과인 경우에는 4.5[cm](건조한 장소는 2.5[cm]) 이상일 것
4. 전선의 지지점 간의 거리는 2[m] 이하일 것

04 특고압 가공 전선로를 제2종 특고압 보안 공사에 의해서 시설할 수 있는 경우는?

① 특고압 가공 전선이 가공 약전류 전선 등과 제1차 접근 상태로 시설되는 경우
② 특고압 가공 전선이 가공 약전류 전선의 위쪽에서 교차하여 시설되는 경우
③ 특고압 가공 전선이 도로 등과 제1차 접근 상태로 시설되는 경우
④ 특고압 가공 전선이 철도 등과 제1차 접근 상태로 시설되는 경우

해설 특고압 가공 전선과 저·고압 가공 전선 등의 접근 또는 교차(한국전기설비규정 333.26)
특고압 가공 전선이 약전류 전선 또는 저·고압 가공 전선 등의 위에 시설되는 때에는 특고압 가공 전선로는 제2종 특고압 보안 공사를 시행한다.

05 관·암거·기타 지중 전선을 넣은 방호 장치의 금속제 부분 및 지중 전선의 피복으로 사용하는 금속체에는 제 몇 종 접지 공사를 하여야 하는가? (단, 금속제 부분에는 케이블을 지지하는 금구류를 제외한다.)

① 제1종 접지 공사
② 제2종 접지 공사
③ 제3종 접지 공사
④ 특별 제3종 접지 공사

해설 지중 전선의 피복 금속체의 접지(판단기준 제139조)
지중 전선을 넣은 금속성의 암거, 관, 관로, 전선 접속 상자 및 지중 전선의 피복에 사용하는 금속체에는 제3종 접지 공사를 시설해야 한다.

※ 이 문제는 출제 당시 규정에는 적합했으나 새로 제정된 한국전기설비규정에는 일부 부적합하므로 문제 유형만 참고하시기 바랍니다.

이론 애자 공사(한국전기설비규정 232.56)

① 전선은 다음의 경우 이외에는 절연 전선(옥외용 비닐 절연 전선 및 인입용 비닐 절연 전선을 제외한다)일 것
  1. 전기로용 전선
  2. 전선의 피복 절연물이 부식하는 장소에 시설하는 전선
  3. 취급자 이외의 자가 출입할 수 없도록 설비한 장소에 시설하는 전선
② 전선 상호간의 간격은 0.06[m] 이상일 것
③ 전선과 조영재 사이의 이격 거리(간격)는 사용 전압이 400[V] 이하인 경우에는 25[mm] 이상, 400[V] 초과인 경우에는 45[mm](건조한 장소에 시설하는 경우에는 25[mm]) 이상일 것
④ 전선의 지지점 간의 거리는 전선을 조영재의 윗면 또는 옆면에 따라 붙일 경우에는 2[m] 이하일 것
⑤ 사용 전압이 400[V] 초과인 것은 제4의 경우 이외에는 전선의 지지점 간의 거리는 6[m] 이하일 것
⑥ 저압 옥내 배선은 사람이 접촉할 우려가 없도록 시설할 것
⑦ 전선이 조영재를 관통하는 경우에는 그 관통하는 부분의 전선을 전선마다 각각 별개의 난연성 및 내수성이 있는 절연관에 넣을 것
⑧ 사용하는 애자는 절연성·난연성 및 내수성의 것이어야 한다.

정답 03.② 04.② 05.③

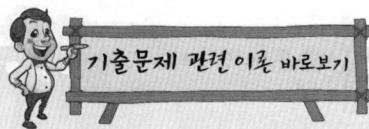

06. 이론 check ▶ 특고압 보안 공사(한국전기설비규정 333.22)

① 제1종 특고압 보안 공사는 다음에 따라야 한다.
 1. 전선은 케이블인 경우 이외에는 단면적이 표에서 정한 값 이상일 것

사용 전압	전 선
100[kV] 미만	인장 강도 21.67[kN] 이상의 연선 또는 단면적 55[mm²] 이상의 경동 연선
100[kV] 이상 300[kV] 미만	인장 강도 58.84[kN] 이상의 연선 또는 단면적 150[mm²] 이상의 경동 연선
300[kV] 이상	인장 강도 77.47[kN] 이상의 연선 또는 단면적 200[mm²] 이상의 경동 연선

 2. 전선에는 압축 접속에 의한 경우 이외에는 경간(지지물 간 거리)의 도중에 접속점을 시설하지 아니할 것
 3. 전선로의 지지물에는 B종 철주·B종 철근 콘크리트주 또는 철탑을 사용할 것
 4. 경간(지지물 간 거리)은 표에서 정한 값 이하일 것. 다만, 전선의 인장 강도 58.84[kN]이상의 연선 또는 단면적이 150[mm²]이상인 경동 연선을 사용하는 경우에는 그러하지 아니하다.

지지물의 종류	경간(지지물 간 거리)
B종 철주 또는 B종 철근 콘크리트주	150[m]
철탑	400[m](단주인 경우에는 300[m])

09. 이론 check ▶ 고압 가공 전선과 가공 약전류 전선 등의 공용 설치(한국전기설비규정 332.21)

고압 가공 전선과 가공 약전류 전선 등을 동일 지지물에 시설하는 경우에는 다음에 따라 시설하여야 한다.
 1. 전선로의 지지물로서 사용하는 목주의 풍압 하중에 대한 안전율은 1.5 이상일 것
 2. 가공 전선을 가공 약전류 전선 등의 위로하고 별개의 완금류에 시설할 것. 다만, 가공 약전류 전선로의 관리자의 승낙을 받은 경우

06 제1종 특고압 보안 공사 전선로의 지지물로 사용하지 않는 것은?
① A종 철근 콘크리트주
② B종 철근 콘크리트주
③ 철탑
④ B종 철주

해설 특고압 보안 공사(한국전기설비규정 333.22)
제1종 특고압 보안 공사 전선로의 지지물에는 B종 철주, B종 철근 콘크리트주 또는 철탑을 사용하고, A종 및 목주는 시설할 수 없다.

07 다음 중 지중 전선로의 전선으로 사용되는 것은?
① 절연 전선
② 강심 알루미늄선
③ 나경동선
④ 케이블

해설 지중 전선로의 시설(한국전기설비규정 334.1)
지중 전선로 전선은 케이블을 사용하고, 관로식·암거식·직접 매설식에 의하여 시설한다.

08 금속관 공사에 의한 저압 옥내 배선 시설에 대한 설명으로 잘못된 것은?
① 인입용 비닐 절연 전선을 사용했다.
② 옥외용 비닐 절연 전선을 사용했다.
③ 짧고 가는 금속관에 연선을 사용했다.
④ 단면적 10[mm²] 이하의 단선을 사용했다.

해설 금속관 공사(한국전기설비규정 232.12)
사용 전선은 절연 전선(옥외용 비닐 절연 전선 제외)일 것

09 고압 가공 전선과 가공 약전류 전선을 동일 지지물에 시설하는 경우에 전선 상호간의 최소 이격 거리(간격)는 일반적으로 몇 [m] 이상이어야 하는가? (단, 고압 가공 전선은 절연 전선이라고 한다.)
① 0.75
② 1.0
③ 1.2
④ 1.5

해설 고압 가공 전선과 가공 약전류 전선 등의 공용 설치(한국전기설비규정 332.21)
가공 전선과 가공 약전류 전선 등 사이의 이격 거리(간격)는 가공 전선에 유선 텔레비전용 급전 겸용 동축 케이블을 사용한 전선으로서 그 가공 전선로의 관리자와 가공 약전류 전선로 등의 관리자가 같을 경우 이외에는 저압은 75[cm] 이상, 고압은 1.5[m] 이상일 것

정답 06.① 07.④ 08.② 09.④

10 154[kV] 변전소의 울타리·담 등의 높이와 울타리·담 등으로부터 충전 부분까지의 거리의 합계는 몇 [m] 이상이어야 하는가?

① 4.5 ② 5
③ 6   ④ 6.2

해설 발전소 등의 울타리·담 등의 시설(한국전기설비규정 351.1)

사용 전압의 구분	울타리 높이와 울타리로부터 충전 부분까지의 거리의 합계 또는 지표상의 높이
35[kV] 이하	5[m]
35[kV] 초과 160[kV] 이하	6[m]
160[kV] 초과	6[m]에 160[kV]를 초과하는 10[kV] 단수마다 12[cm]를 더한 값

11 백열전등 및 방전등에 전기를 공급하는 옥내 전로의 대지 전압 제한값은 몇 [V] 이하인가?

① 100
② 110
③ 220
④ 300

해설 옥내 전로의 대지 전압의 제한(한국전기설비규정 231.6)
백열전등 또는 방전등의 전로의 대지 전압은 300[V] 이하로 한다.

12 중성선 다중 접지식의 것으로서 전로에 지락이 생겼을 때 2초 이내에 자동적으로 이를 전로로부터 차단하는 장치가 되어 있는 22.9[kV] 특고압 가공 전선이 다른 특고압 가공 전선과 접근하는 경우 이격 거리(간격)는 몇 [m] 이상으로 하여야 하는가? (단, 양쪽이 나전선인 경우이다.)

① 0.5 ② 1.0
③ 1.5 ④ 2.0

해설 25[kV] 이하인 특고압 가공 전선로의 시설(한국전기설비규정 333.32)
특고압 가공 전선이 다른 특고압 가공 전선과 접근 또는 교차하는 경우의 이격 거리(간격)

사용 전선의 종류	이격 거리(간격)
어느 한쪽 또는 양쪽이 나전선인 경우	1.5[m]
양쪽이 특고압 절연 전선인 경우	1.0[m]
한쪽이 케이블이고 다른 한쪽이 케이블이거나 특고압 절연 전선인 경우	0.5[m]

에 저압 가공 전선에 고압 절연 전선, 특고압 절연 전선 또는 케이블을 사용하는 때에는 그러하지 아니하다.

3. 가공 전선과 가공 약전류 전선 등 사이의 이격 거리(간격)는 가공 전선에 유선 텔레비전용 급전겸용 동축 케이블을 사용한 전선으로서 그 가공 전선로의 관리자와 가공 약전류 전선로 등의 관리자가 같을 경우 이외에는 저압(다중 접지된 중성선을 제외한다)은 75[cm] 이상, 고압은 1.5[m] 이상일 것. 다만, 가공 약전류 전선 등이 절연 전선과 동등 이상의 절연 효력이 있는 것 또는 통신용 케이블인 경우에 이격 거리(간격)를 저압 가공 전선이 고압 절연 전선, 특고압 절연 전선 또는 케이블인 경우에는 30[cm], 고압 가공 전선이 케이블인 때에는 50[cm] 까지, 가공 약전류 전선로 등의 관리자의 승낙을 얻은 경우에는 이격 거리를 저압은 60[cm], 고압은 1[m] 까지로 각각 감할 수 있다.

정답 10.③ 11.④ 12.③

PART 06 전기설비기술기준

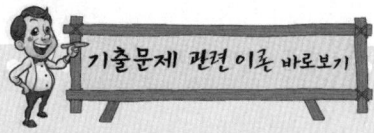

13 직류식 전기 철도에서 배류선의 상승 부분 중 지표상 몇 [m] 미만의 부분에 대하여는 절연 전선, 캡타이어 케이블 또는 케이블을 사용하고 사람이 접촉할 우려가 없도록 시설하여야 하는가?

① 1.5　　　　　② 2.0
③ 2.5　　　　　④ 3.0

해설 배류 접속(판단기준 제265조)

배류선의 상승 부분 중 지표상 2.5[m] 미만의 부분은 절연 전선(옥외용 비닐 절연 전선 제외)·캡타이어 케이블 또는 케이블을 사용하고, 사람이 접촉할 우려가 없고 또한 손상을 받을 우려가 없도록 시설할 것

※ 이 문제는 출제 당시 규정에는 적합했으나 새로 제정된 한국전기설비규정에는 일부 부적합하므로 문제 유형만 참고하시기 바랍니다.

14 전선 기타의 가섭선 주위에 두께 6[mm], 비중 0.9의 빙설이 부착된 상태에서 수직 투영 면적 1[m²]당 다도체를 구성하는 전선의 을종 풍압 하중은 몇 [Pa]을 적용하는가?

① 333　　　　　② 38
③ 60　　　　　④ 68

해설 풍압 하중의 종별과 적용(한국전기설비규정 331.6)

을종 풍압 하중 : 전선 기타의 가섭선 주위에 두께 6[mm], 비중 0.9의 빙설이 부착된 상태에서 수직 투영 면적 372[Pa](다도체를 구성하는 전선은 333[Pa]), 그 이외의 것은 갑종 풍압 하중의 2분의 1을 기초로 하여 계산한 것

15 길이 16[m], 설계 하중 8.2[kN]의 철근 콘크리트주를 지반이 튼튼한 곳에 시설하는 경우 지지물 기초의 안전율과 무관하려면 땅에 묻는 깊이를 몇 [m] 이상으로 하여야 하는가?

① 2.0　　　　　② 2.5
③ 2.8　　　　　④ 3.2

해설 가공 전선로 지지물의 기초의 안전율(한국전기설비규정 331.7)

안전율과 무관하려면 철근 콘크리트주로서 전장이 16[m] 이상 20[m] 이하이고, 설계 하중이 6.8[kN] 초과 9.8[kN] 이하의 것을 논이나 기타의 지반이 연약한 곳 이외에 시설하는 경우 묻히는 깊이는 기준보다 30[cm] 가산하므로 2.5+0.3=2.8[cm]이다.

16 고압 전로의 중성선에 시설하는 접지선의 최소 굵기[mm²]는?

① 10　　　　　② 16
③ 25　　　　　④ 35

이론 Check 가공 전선로 지지물의 기초의 안전율(한국전기설비규정 331.7)

가공 전선로의 지지물에 하중이 가하여지는 경우에 그 하중을 받는 지지물의 기초의 안전율은 2(333.14의 1에 규정하는 이상 시 상정 하중이 가하여지는 경우의 그 이상 시 상정 하중에 대한 철탑의 기초에 대하여는 1.33) 이상이어야 한다. 다만, 다음에 따라 시설하는 경우에는 그러하지 아니하다.

1. 강관을 주체로 하는 철주(이하 "강관주"라 한다) 또는 철근 콘크리트주로서 그 전체 길이가 16[m] 이하, 설계 하중이 6.8[kN] 이하인 것 또는 목주를 다음에 의하여 시설하는 경우
   가. 전체의 길이가 15[m] 이하인 경우는 땅에 묻히는 깊이를 전체 길이의 6분의 1 이상으로 할 것
   나. 전체의 길이가 15[m]를 초과하는 경우는 땅에 묻히는 깊이를 2.5[m] 이상으로 할 것
   다. 논이나 그 밖의 지반이 연약한 곳에서는 견고한 근가(전주 버팀대)(根架)를 시설할 것
2. 철근 콘크리트주로서 그 전체의 길이가 16[m] 초과 20[m] 이하이고, 설계 하중이 6.8[kN] 이하의 것을 논이나 그 밖의 지반이 연약한 곳 이외에 그 묻히는 깊이를 2.8[m] 이상으로 시설하는 경우
3. 철근 콘크리트주로서 전체의 길이가 14[m] 이상 20[m] 이하이고, 설계 하중이 6.8[kN] 초과 9.8[kN] 이하의 것을 논이나 그 밖의 지반이 연약한 곳. 이외에 시설하는 경우 그 묻는 깊이는 1의 가, 나에 의한 기준보다 30[cm]를 가산하여 시설하는 경우

정답　13.③　14.①　15.③　16.②

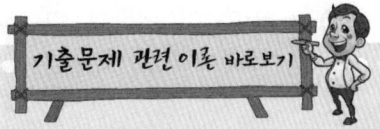

해설 전로의 중성점의 접지(한국전기설비규정 322.5)

접지선은 공칭 단면적 16[mm²] 이상의 연동선 또는 이와 동등 이상의 세기 및 굵기의 쉽게 부식하지 아니하는 금속선으로서, 고장 시 흐르는 전류가 안전하게 통할 수 있는 것을 사용하고 또한 손상을 받을 우려가 없도록 시설할 것

17 사용 전압 480[V]인 저압 옥내 배선으로 절연 전선을 애자 공사에 의해서 점검할 수 있는 은폐 장소에 시설하는 경우, 전선 상호간의 간격은 몇 [cm] 이상이어야 하는가?

① 6 ② 20
③ 40 ④ 60

해설 애자 공사(한국전기설비규정 232.56)

1. 전선은 절연 전선(옥외용 및 인입용 제외)일 것
2. 전선 상호간의 간격은 6[cm] 이상일 것
3. 전선과 조영재 사이의 이격 거리(간격)는 사용 전압이 400[V] 이하인 경우에는 2.5[cm] 이상, 400[V] 초과인 경우에는 4.5[cm](건조한 장소 2.5[cm]) 이상일 것
4. 전선의 지지점 간의 거리는 2[m] 이하일 것

18 수소 냉각식 발전기 안의 수소 순도가 몇 [%] 이하로 저하한 경우에 이를 경보하는 장치를 시설해야 하는가?

① 65 ② 75
③ 85 ④ 95

해설 수소 냉각식 발전기 등의 시설(판단기준 제51조)

1. 기밀 구조(氣密構造)의 것
2. 수소의 순도가 85[%] 이하로 저하한 경우에 경보 장치를 시설한다.

※ 이 문제는 출제 당시 규정에는 적합했으나 새로 제정된 한국전기설비규정에는 일부 부적합하므로 문제 유형만 참고하시기 바랍니다.

19 터널 내에 교류 220[V]의 애자 공사를 시설하려 한다. 노면으로부터 몇 [m] 이상의 높이에 전선을 시설해야 하는가?

① 2 ② 2.5
③ 3 ④ 4

해설 터널 안 전선로의 시설(한국전기설비규정 335.1)

저압 전선은 인장 강도 2.30[kN] 이상의 절연 전선 또는 지름 2.6[mm] 이상의 경동선의 절연 전선을 사용하고 애자 공사에 의하여 시설하여야 하며, 또한 이를 레일면상 또는 노면상 2.5[m] 이상의 높이로 유지한다.

19. 이론 터널 안 전선로의 시설(한국전기설비규정 335.1)

① 철도·궤도 또는 자동차도 전용 터널 안의 전선로는 다음에 따라 시설하여야 한다.
 1. 저압 전선은 다음 중 1에 의하여 시설할 것
  가. 인장 강도 2.30[kN] 이상의 절연 전선 또는 지름 2.6[mm] 이상의 경동선의 절연 전선을 사용하고 232.56(232.56.1의 1·4 및 5 제외)의 규정에 준하는 애자 공사에 의하여 시설하여야 하며 또한 이를 레일면상 또는 노면상 2.5[m] 이상의 높이로 유지할 것
  나. 생략
 2. 고압 전선은 케이블의 규정에 준하여 시설할 것. 다만, 인장 강도 5.26[kN] 이상의 것. 또는 지름 4[mm] 이상의 경동선의 고압 절연 전선 또는 특고압 절연 전선을 사용하여 애자 공사에 의하여 시설하고 또한 이를 레일면상 또는 노면상 3[m] 이상의 높이로 유지하여 시설하는 경우에는 그러하지 아니하다.
 3. 특고압 전선은 케이블의 규정에 준하여 시설할 것
② 사람이 상시 통행하는 터널 안의 전선로 사용 전압은 저압 또는 고압에 한하며, 다음에 따라 시설하여야 한다.
 1. 저압 전선은 다음 중 1에 의하여 시설할 것
  가. 인장 강도 2.30[kN] 이상의 절연 전선 또는 지름 2.6[mm] 이상의 경동선의 절연 전선을 사용하여 애자 공사에 의하여 시설하고 또한 노면상 2.5[m] 이상의 높이로 유지할 것

정답 17.① 18.③ 19.②

PART 06 전기설비기술기준

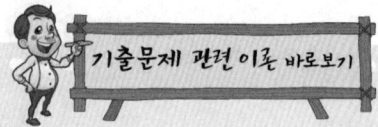

20 태양 전지 발전소에 시설하는 태양 전지 모듈, 전선 및 개폐기의 시설에 대한 설명으로 잘못된 것은?

① 태양 전지 모듈에 접속하는 부하측 전로에는 개폐기를 시설할 것
② 옥측에 시설하는 경우 금속관 공사, 합성 수지관 공사, 애자 공사로 배선할 것
③ 태양 전지 모듈을 병렬로 접속하는 전로에 과전류 차단기를 시설할 것
④ 전선은 공칭 단면적 2.5[mm²] 이상의 연동선을 사용할 것

해설 태양광설비의 시설(한국전기설비규정 522)
1. 태양 전지 모듈에 접속하는 부하측의 전로에는 그 접속점에 근접하여 개폐기를 시설할 것
2. 태양 전지 모듈을 병렬로 접속하는 전로에는 그 전로에 단락이 생긴 경우에 전로를 보호하는 과전류 차단기를 시설할 것
3. 전선은 공칭 단면적 2.5[mm²] 이상의 연동선으로 하고, 배선은 합성 수지관 공사, 금속관 공사, 가요 전선관 공사 또는 케이블 공사로 시설할 것

정답 20.②

2014년 과년도 출제문제

제1회 전기설비기술기준

01 옥내 배선의 사용 전압이 220[V]인 경우 금속관 공사의 기술 기준으로 옳은 것은?

① 금속관과 접속 부분의 나사는 3턱 이상으로 나사 결합을 하였다.
② 전선은 옥외용 비닐 절연 전선을 사용하였다.
③ 콘크리트에 매설하는 전선관의 두께는 1.0[mm]를 사용하였다.
④ 금속관에는 접지 공사를 하였다.

해설 금속관 공사(한국전기설비규정 232.12)
1. 전선은 절연 전선(옥외용 전선 제외)일 것
2. 전선은 연선일 것
3. 금속관 안에는 전선에 접속점이 없도록 할 것
4. 콘크리트에 매설하는 것은 1.2[mm] 이상일 것
5. 전선관과의 접속 부분의 나사는 5턱 이상 완전히 나사 결합이 될 수 있는 길이일 것

02 식물 재배용 전기 온상에 사용하는 전열 장치에 대한 설명으로 틀린 것은?

① 전로의 대지 전압은 300[V] 이하
② 발열선은 90[℃]가 넘지 않도록 시설할 것
③ 발열선의 지지점 간 거리는 1.0[m] 이하일 것
④ 발열선과 조영재 사이의 이격 거리(간격)는 2.5[cm] 이상일 것

해설 전기 온상 등(한국전기설비규정 241.5)
1. 전기 온상 등에 전기를 공급하는 전로의 대지 전압은 300[V] 이하일 것
2. 발열선의 지지점 간의 거리는 1[m] 이하일 것
3. 발열선과 조영재 사이의 이격 거리(간격)는 2.5[cm] 이상일 것
4. 발열선은 그 온도가 80[℃]를 넘지 아니하도록 시설할 것

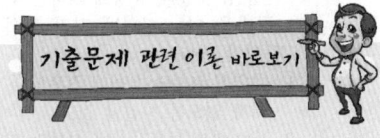

02. 이론 check 전기 온상 등(한국전기설비규정 241.5)

① 전기 온상 등(식물의 재배 또는 양잠·부화·육추 등의 용도로 사용하는 전열 장치를 말하며 전기용품 및 생활용품 안전관리법의 적용을 받는 것을 제외한다)은 규정에 준하여 시설하는 경우 이외에는 다음에 따라 시설하여야 한다.
1. 전기 온상 등에 전기를 공급하는 전로의 대지 전압은 300[V] 이하일 것
2. 발열선 및 발열선에 직접 접속하는 전선은 전기 온상선(電氣溫床線)일 것
3. 발열선 및 발열선에 직접 접속하는 전선은 손상을 받을 우려가 있는 경우에는 적당한 방호 장치를 할 것
4. 발열선은 그 온도가 80[℃]를 넘지 아니하도록 시설할 것
5. 발열선은 다른 전기 설비·약전류 전선 등 또는 수관·가스관이나 이와 유사한 것에 전기적·자기적 또는 열적인 장해를 주지 아니하도록 시설할 것
6. 발열선이나 발열선에 직접 접속하는 전선의 피복에 사용하는 금속체 또는 방호 장치의 금속제 부분에는 접지 공사를 할 것
7. 전기 온상 등에 전기를 공급하는 전로에는 전용 개폐기 및 과전류 차단기를 각 극(과전류 차단기는 다선식 전로의 중성극을 제외한다)에 시설할 것. 다만, 전기 온상 등에 과전류 차단기를 시설하고 또한 전기 온상 등에 부속하는 이동 전선과 옥내 배선·옥측 배선 또는 옥외 배선을 꽂음 접속기 기타 이와 유사한 기구를 사용하여

정답 01.④ 02.②

PART 06 전기설비기술기준

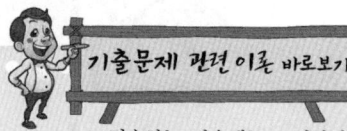

접속하는 경우에는 그러하지 아니하다.
② 발열선을 공중에 시설하는 전기온상 등은 ①의 규정에 의하는 외에 다음 어느 하나에 따라 시설하여야 한다.
  1. 발열선은 사람이 쉽게 접촉할 우려가 없도록 시설할 것
  2. 발열선은 노출장소에 시설할 것
  3. 발열선 상호간의 간격은 3[cm](함 내에 시설하는 경우에는 2[cm]) 이상일 것. 다만, 발열선을 함 내에 시설하는 경우로서 발열선 상호간의 사이에 40[cm] 이하마다 절연성·난연성 및 내수성이 있는 이격물을 설치하는 경우에는 그 간격을 1.5[cm]까지로 감할 수 있다.
  4. 발열선과 조영재 사이의 이격 거리(간격)는 2.5[cm] 이상일 것
  5. 발열선을 함 내에 시설하는 경우에는 발열선과 함의 구성재 사이의 이격 거리(간격)는 1[cm] 이상일 것
  6. 발열선의 지지점 간의 거리는 1[m] 이하일 것. 다만, 발열선 상호간의 간격이 6[cm] 이상인 경우에는 2[m] 이하로 할 수 있다.
  7. 애자는 절연성·난연성 및 내수성이 있는 것일 것

05. 이론check ▶ 저압 옥내 배선의 사용 전선 (한국전기설비규정 231.3)
저압 옥내 배선의 전선
단면적이 2.5[mm²] 이상의 연동선

03 수소 냉각식 발전기 및 이에 부속하는 수소 냉각 장치에 관한 시설이 잘못된 것은?
① 발전기는 기밀구조의 것이고 또한 수소가 대기압에서 폭발하는 경우에 생기는 압력에 견디는 강도를 가지는 것일 것
② 발전기 안의 수소의 순도가 70[%] 이하로 저하한 경우에 이를 경보하는 장치를 시설할 것
③ 발전기 안의 수소의 온도를 계측하는 장치를 시설할 것
④ 발전기 안의 수소의 압력을 계측하는 장치 및 그 압력이 현저히 변동한 경우에 이를 경보하는 장치를 시설할 것

해설 수소 냉각식 발전기 등의 시설(판단기준 제51조)
  1. 기밀 구조(氣密構造)의 것
  2. 수소의 순도가 85[%] 이하로 저하한 경우에 이를 경보하는 장치를 시설할 것
  3. 발전기 안 또는 조상기(무효전력 보상장치) 안의 수소의 압력을 계측하는 장치 및 그 압력이 현저히 변동한 경우에 이를 경보하는 장치를 시설할 것
  4. 발전기 안 또는 조상기(무효전력 보상장치) 안의 수소의 온도를 계측하는 장치를 시설할 것

※ 이 문제는 출제 당시 규정에는 적합했으나 새로 제정된 한국전기설비규정에는 일부 부적합하므로 문제 유형만 참고하시기 바랍니다.

04 최대 사용 전압이 69[kV]인 중성점 비접지식 전로의 절연 내력 시험 전압은 몇 [kV]인가?
① 63.48
② 75.9
③ 86.25
④ 103.5

해설 전로의 절연 저항 및 절연 내력(한국전기설비규정 132)

최대 사용 전압이 60[kV]를 초과	시험 전압
중성점 비접지식 전로	최대 사용 전압의 1.25배의 전압
중성점 접지식 전로	최대 사용 전압의 1.1배의 전압 (최저 시험 전압 75[kV])
중성점 직접 접지식 전로	최대 사용 전압의 0.72배의 전압

∴ 69×1.25 = 86.25[kV]

05 저압 옥내 배선용 전선으로 적합한 것은?
① 단면적이 0.8[mm²] 이상의 미네랄 인슈레이션 케이블
② 단면적이 2.5[mm²] 이상의 연동선
③ 단면적이 1.5[mm²] 이상의 연동선
④ 단면적이 2.0[mm²] 이상의 연동선

해설 저압 옥내 배선의 사용 전선(한국전기설비규정 231.3)
단면적이 2.5[mm²] 이상의 연동선

 정답 03.② 04.③ 05.②

06 백열 전등 또는 방전등에 전기를 공급하는 옥내 전로의 대지 전압은 몇 [V] 이하인가?

① 120
② 150
③ 200
④ 300

해설 옥내 전로의 대지 전압의 제한(한국전기설비규정 231.6)
백열 전등 또는 방전등에 전기를 공급하는 옥내의 전로의 대지 전압은 300[V] 이하이어야 한다.

07 마그네슘 분말이 존재하는 장소에서 전기 설비가 발화원이 되어 폭발할 우려가 있는 곳에서의 저압 옥내 전기 설비 공사는?

① 캡타이어 케이블
② 합성 수지관 공사
③ 애자 공사
④ 금속관 공사

해설 폭연성 분진(먼지) 위험 장소(한국전기설비규정 242.2.1)
폭연성 분진(먼지)(마그네슘·알루미늄·티탄·지르코늄 등) 또는 화약류의 분말이 전기 설비가 발화원이 되어 폭발할 우려가 있는 곳에 시설하는 저압 옥내 전기 설비는 금속관 공사 또는 케이블 공사(캡타이어 케이블 제외)에 의할 것

08 소맥분, 전분, 유황 등의 가연성 분진(먼지)이 존재하는 공장에 전기 설비가 발화원이 되어 폭발할 우려가 있는 곳의 저압 옥내 배선에 적합하지 못한 공사는? (단, 각종 전선관 공사 시 관의 두께는 모두 기준에 적합한 것을 사용한다.)

① 합성 수지관 공사
② 금속관 공사
③ 가요 전선관 공사
④ 케이블 공사

해설 가연성 분진(먼지) 위험 장소(한국전기설비규정 242.2.2)
가연성 분진(먼지)(소맥분·전분·유황 기타 가연성의 먼지)에 전기 설비가 발화원이 되어 폭발할 우려가 있는 곳에 시설하는 저압 옥내 배선 등은 합성 수지관 공사·금속관 공사 또는 케이블 공사에 의할 것

09 가공 전선로의 지지물에 사용하는 지지선(지선)의 시설과 관련하여 다음 중 옳지 않은 것은?

① 지선(지지선)의 안전율은 2.5 이상, 허용 인장 하중의 최저는 3.31[kN]으로 할 것
② 지선(지지선)에 연선을 사용하는 경우 소선(素線) 3가닥 이상의 연선일 것
③ 지선(지지선)에 연선을 사용하는 경우 소선의 지름이 2.6[mm] 이상의 금속선을 사용한 것일 것
④ 가공 전선로의 지지물로 사용하는 철탑은 지선(지지선)을 사용하여 그 강도를 분담시키지 않을 것

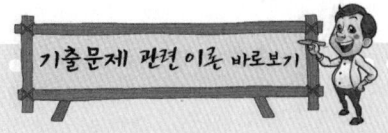

07. 이론 check 분진(먼지) 위험 장소(한국전기설비규정 242.2)

① 폭연성 분진(먼지)(마그네슘·알루미늄·티탄·지르코늄 등의 먼지가 쌓여 있는 상태에서 불이 붙었을 때에 폭발할 우려가 있는 것을 말한다) 또는 화약류의 분말이 전기 설비가 발화원이 되어 폭발할 우려가 있는 곳에 시설하는 저압 옥내 전기 설비는 다음에 따르고 또한 위험의 우려가 없도록 시설하여야 한다.
1. 저압 옥내 배선, 저압 관등 회로 배선, 241.14에 규정하는 소세력 회로의 전선은 금속관 공사 또는 케이블 공사(캡타이어 케이블을 사용하는 것을 제외한다)에 의할 것
2. 금속관 공사에 의하는 때에는 다음에 의하여 시설할 것
   가. 금속관은 박강 전선관 또는 이와 동등 이상의 강도를 가지는 것일 것
   나. 박스 기타의 부속품 및 풀박스는 쉽게 마모·부식 기타의 손상을 일으킬 우려가 없는 패킹을 사용하여 먼지가 내부에 침입하지 아니하도록 시설할 것
   다. 관 상호간 및 관과 박스 기타의 부속품·풀박스 또는 전기 기계 기구와는 5턱 이상 나사 조임으로 접속하는 방법 기타 이와 동등 이상의 효력이 있는 방법에 의하여 견고하게 접속하고 또한 내부에 먼지가 침입하지 아니하도록 접속할 것

정답 06.④ 07.④ 08.③ 09.①

PART 06 전기설비기술기준

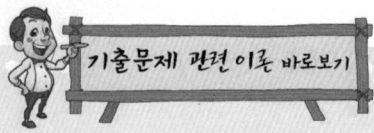

해설 지선(지지선)의 시설(한국전기설비규정 331.11)
1. 지선(지지선)의 안전율은 2.5 이상. 이 경우에 허용 인장 하중의 최저는 4.31[kN]으로 한다.
2. 지선(지지선)에 연선을 사용할 경우
   가. 소선(素線) 3가닥 이상의 연선일 것
   나. 소선의 지름이 2.6[mm] 이상의 금속선을 사용한 것일 것. 다만, 소선의 지름이 2[mm] 이상인 아연도강연선(亞鉛鍍鋼然線)으로서 소선의 인장 강도가 0.68[kN/mm^2] 이상인 것을 사용하는 경우에는 그러하지 아니하다.
3. 지중 부분 및 지표상 30[cm]까지의 부분에는 내식성이 있는 것 또는 아연 도금을 한 철봉을 사용하고 쉽게 부식되지 아니하는 근가(전주 버팀대)에 견고하게 붙일 것
4. 가공 전선로의 지지물로 사용하는 철탑은 지선(지지선)을 사용하여 그 강도를 분담시켜서는 아니 된다.

10 옥내 저압 배선을 가요 전선관 공사에 의해 시공하고자 할 때 전선을 단선으로 사용한다면 그 단면적은 최대 몇 [mm^2] 이하이어야 하는가?
① 2.5 ② 4
③ 6 ④ 10

해설 가요 전선관 공사(한국전기설비규정 232.13)
1. 전선은 절연 전선(옥외용 제외)일 것
2. 전선은 연선일 것. 다만, 단면적 10[mm^2](알루미늄선은 단면적 16[mm^2]) 이하인 것은 그러하지 아니하다.
3. 가요 전선관 안에는 전선에 접속점이 없도록 할 것
4. 가요 전선관은 2종 금속제 가요 전선관일 것
5. 1종 금속제 가요 전선관은 두께 0.8[mm] 이상인 것일 것

11 이론 check 수중 조명등(한국전기설비규정 234.14)
1. 조명등에 전기를 공급하기 위해서는 1차측 전로의 사용 전압 및 2차측 전로의 사용 전압이 각각 400[V] 이하 및 150[V] 이하인 절연 변압기를 사용할 것
2. 절연 변압기는 다음에 의하여 시설할 것
   가. 절연 변압기의 2차측 전로는 접지하지 아니할 것
   나. 절연 변압기는 그 2차측 전로의 사용 전압이 30[V] 이하인 경우에는 1차 권선과 2차 권선 사이에 금속제의 혼촉 방지판을 설치하여야 하며 또한 이를 접지 공사를 할 것
   다. 절연 변압기는 교류 5[kV]의 시험 전압을 하나의 권선과 다른 권선, 철심 및 외함 사이에 연속하여 1분간 가하여 절연 내력을 시험하였을 때에 이에 견디는 것일 것
   라. 절연 변압기의 2차측 전로에는 개폐기 및 과전류 차단기를 각 극에 시설할 것
   마. 절연 변압기의 2차측 전로의 사용 전압이 30[V]를 초과하는 경우에는 그 전로에 지락이 생겼을 때에 자동적으로 전로를 차단하는 장치를 할 것
3. 금속제의 외함에는 접지 공사를 할 것

11 풀용 수중 조명등에서 절연 변압기 2차측 전로의 사용 전압이 30[V] 이하인 경우 접지 공사는?
① 제1종 접지 ② 제2종 접지
③ 제3종 접지 ④ 접지하지 않는다.

해설 수중 조명등(한국전기설비규정 234.14)
1. 조명등에 전기를 공급하기 위해서는 1차 전압 400[V] 이하, 2차 전압 150[V] 이하인 절연 변압기를 사용할 것
2. 절연 변압기의 2차측 전로는 접지하지 아니할 것
3. 절연 변압기 2차 전압이 30[V] 이하는 혼촉 방지판을 사용하고, 30[V]를 초과하는 것은 지락이 발생하면 자동 차단하는 장치를 한다. 이 차단 장치는 금속제 외함에 넣고 접지 공사를 할 것(⇨ '기출문제 관련 이론 바로보기'에서 개정된 규정 참조하세요.)

※ 이 문제는 출제 당시 규정에는 적합했으나 새로 제정된 한국전기설비규정에는 일부 부적합하므로 문제 유형만 참고하시기 바랍니다.

정답 10.④ 11.①

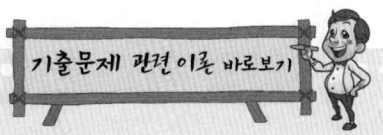

12 저압의 옥측 배선을 시설 장소에 따라 시공할 때 적절하지 못한 것은?

① 버스 덕트 공사를 철골조로 된 공장 건물에 시설
② 합성 수지관 공사를 목조로 된 건축물에 시설
③ 금속 몰드 공사를 목조로 된 건축물에 시설
④ 애자 공사를 전개된 장소에 있는 공장 건물에 시설

해설 옥측 전선로(한국전기설비규정 221.2)

저압의 옥측 배선 또는 옥외 배선은 합성 수지관 공사·금속관 공사·가요 전선관 공사·케이블 공사 또는 표에서 정한 시설 장소 및 사용 전압의 구분에 따른 공사에 의하여 시설할 것

시설 장소의 구분 \ 사용 전압의 구분	400[V] 이하인 것	400[V] 초과인 것
전개된 장소	애자 공사 또는 버스 덕트 공사	애자 공사, 버스 덕트 공사
점검할 수 있는 은폐된 장소	애자 공사 또는 버스 덕트 공사	버스 덕트 공사

13 가공 전선로의 지지물 중 지선(지지선)을 사용하여 그 강도를 분담시켜서는 안 되는 것은?

① 철탑   ② 목주
③ 철주   ④ 철근 콘크리트주

해설 지선(지지선)의 시설(한국전기설비규정 331.11)

가공 전선로의 지지물로 사용하는 철탑은 지선(지지선)을 사용하여 그 강도를 분담시켜서는 아니 된다.

14 고압 지중 케이블로서 직접 매설식에 의하여 콘크리트, 기타 견고한 관 또는 트로프에 넣지 않고 부설할 수 있는 케이블은?

① 고무 외장 케이블   ② 클로로프렌 외장 케이블
③ 콤바인 덕트 케이블   ④ 미네랄 인슐레이션 케이블

해설 지중 전선로의 시설(한국전기설비규정 334.1)

지중 전선로를 직접 매설식에 의하여 시설하는 경우에는 매설 깊이를 차량 기타 중량물의 압력을 받을 우려가 있는 장소에는 1.0[m] 이상, 기타 장소에는 60[cm] 이상으로 하고 또한 지중 전선을 견고한 트로프 기타 방호물에 넣어 시설하여야 한다. 다만, 다음의 어느 하나에 해당하는 경우에는 지중 전선을 견고한 트로프 기타 방호물에 넣지 아니하여도 된다.
1. 저압 또는 고압의 지중 전선을 차량 기타 중량물의 압력을 받을 우려가 없는 경우에 그 위를 견고한 판 또는 몰드로 덮어 시설하는 경우
2. 저압 또는 고압의 지중 전선에 콤바인 덕트 케이블을 사용하여 시설하는 경우

14. **지중 전선로의 시설(한국전기설비규정 334.1)**

① 지중 전선로는 전선에 케이블을 사용하고 또한 관로식·암거식(暗渠式) 또는 직접 매설식에 의하여 시설하여야 한다.
② 지중 전선로를 관로식 또는 암거식에 의하여 시설하는 경우에는 견고하고 차량 기타 중량물의 압력에 견디는 것을 사용하여야 한다.
  1. 생략
  2. 생략
③ 지중 전선을 냉각하기 위하여 케이블을 넣은 관내에 물을 순환시키는 경우에는 지중 전선로는 순환수 압력에 견디고 또한 물이 새지 아니하도록 시설하여야 한다.
④ 지중 전선로를 직접 매설식에 의하여 시설하는 경우에는 매설 깊이를 차량 기타 중량물의 압력을 받을 우려가 있는 장소에는 1.0[m] 이상, 기타 장소에는 60[cm] 이상으로 하고 또한 지중 전선을 견고한 트로프 기타 방호물에 넣어 시설하여야 한다. 다만, 다음 어느 하나에 해당하는 경우에는 지중 전선을 견고한 트로프 기타 방호물에 넣지 아니하여도 된다.
  1. 저압 또는 고압의 지중 전선을 차량 기타 중량물의 압력을 받을 우려가 없는 경우에 그 위를 견고한 판 또는 몰드로 덮어 시설하는 경우
  2. 저압 또는 고압의 지중 전선에 콤바인 덕트 케이블 또는 개장(鎧裝)한 케이블을 사용하여 시설하는 경우
  3. 특고압 지중 전선은 개장한 케이블을 사용하고 또한 견고한 판 또는 몰드로 지중 전선의 위와 옆을 덮어 시설하는 경우
  4. 지중 전선에 파이프형 압력 케이블을 사용하고 또한 지중 전선의 위를 견고한 판 또는 몰드 등으로 덮어 시설하는 경우

정답 12.③ 13.① 14.③

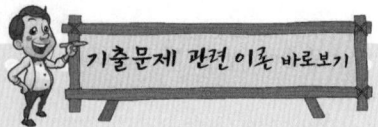

15 특고압 가공 전선로의 지지물로 사용하는 B종 철주, B종 철근 콘크리트주 또는 철탑의 종류에서 전선로 지지물의 양쪽 경간(지지물 간 거리)의 차가 큰 곳에 사용하는 것은?

① 각도형　　② 인류(잡아당김)형
③ 내장형　　④ 보강형

해설 특고압 가공 전선로의 철주·철근 콘크리트주 또는 철탑의 종류(한국전기설비규정 333.11)
1. 직선형 : 전선로의 직선 부분(3도 이하인 수평 각도)에 사용하는 것
2. 각도형 : 전선로 중 3도를 초과하는 수평 각도를 이루는 곳에 사용하는 것
3. 인류(잡아당김)형 : 전가섭선을 잡아당기는 곳에 사용하는 것
4. 내장형 : 전선로의 지지물 양쪽의 경간(지지물 간 거리)의 차가 큰 곳에 사용하는 것
5. 보강형 : 전선로의 직선 부분에 그 보강을 위하여 사용하는 것

16 정격 전류 20[A]인 배선용 차단기로 보호되는 저압 옥내 전로에 접속할 수 있는 콘센트 정격 전류는 최대 몇 [A]인가?

① 15　　② 20
③ 22　　④ 25

해설 분기 회로의 시설(판단기준 제176조)

저압 옥내 전로의 종류	콘센트
정격 전류가 15[A] 이하인 과전류 차단기로 보호되는 것	정격 전류가 15[A] 이하인 것
정격 전류 15[A]를 초과하고 20[A] 이하인 배선용 차단기로 보호되는 것	정격 전류가 20[A] 이하인 것

※ 이 문제는 출제 당시 규정에는 적합했으나 새로 제정된 한국전기설비규정에는 일부 부적합하므로 문제 유형만 참고하시기 바랍니다.

17 과전류 차단기로 저압 전로에 사용하는 퓨즈를 수평으로 붙인 경우 이 퓨즈는 정격 전류의 몇 배의 전류에 견딜 수 있어야 하는가?

① 1.1　　② 1.25
③ 1.6　　④ 2

해설 저압 전로 중의 과전류 차단기의 시설(판단기준 제38조)
과전류 차단기로 저압 전로에 사용하는 퓨즈는 수평으로 붙인 경우에 정격 전류의 1.1배의 전류에 견디고, 정격 전류의 1.6배 및 2배의 전류를 통한 경우에는 정한 시간 내에 용단될 것(⇨ '기출문제 관련 이론 바로보기'에서 개정된 규정 참조하세요.)

※ 이 문제는 출제 당시 규정에는 적합했으나 새로 제정된 한국전기설비규정에는 일부 부적합하므로 문제 유형만 참고하시기 바랍니다.

17. **이론** 보호 장치의 특성(한국전기설비규정 212.3.4)

① 과전류 보호 장치는 KS C 또는 KS C IEC 관련 표준(배선 차단기, 누전 차단기, 퓨즈 등의 표준)의 동작 특성에 적합하여야 한다.
② 과전류 차단기로 저압 전로에 사용하는 범용의 퓨즈(전기용품 및 생활용품 안전관리법에서 규정하는 것을 제외한다)는 다음 표에 적합한 것이어야 한다.

▮퓨즈(gG)의 용단 특성▮

정격 전류의 구분	시 간	정격 전류의 배수	
		불용단 전류	용단 전류
4[A] 이하	60분	1.5배	2.1배
4[A] 초과 16[A] 미만	60분	1.5배	1.9배
16[A] 이상 63[A] 이하	60분	1.25배	1.6배
63[A] 초과 160[A] 이하	120분	1.25배	1.6배
160[A] 초과 400[A] 이하	180분	1.25배	1.6배
400[A] 초과	240분	1.25배	1.6배

정답 15.③ 16.② 17.①

18 고압 가공 인입선을 다음과 같이 시설하였다. 기술 기준에 맞지 않는 것은?

① 고압 가공 인입선 아래에 위험 표시를 하고 지표상의 높이에 설치하였다.
② 1.5[m] 떨어진 다른 수용가에 고압 연접(이웃 연결) 인입선을 사용하였다.
③ 횡단 보도교 위에 시설하는 경우 케이블을 사용해 면상에서 3.5[m]의 높이에 시설하였다.
④ 전선은 5[mm] 경동선과 동등한 세기의 고압 절연 전선을 사용하였다.

해설 **고압 가공 인입선의 시설(한국전기설비규정 331.12.1)**
1. 전선에는 인장 강도 8.01[kN] 이상의 고압 절연 전선, 특고압 절연 전선 또는 지름 5[mm]의 경동선 또는 케이블로 시설하여야 한다.
2. 고압 가공 인입선의 높이는 지표상 5[m] 이상으로 하여야 한다.
3. 고압 가공 인입선이 케이블일 때와 전선의 아래쪽에 위험 표시를 하면 지표상 3.5[m]까지로 감할 수 있다.
4. 고압 연접(이웃 연결) 인입선은 시설하여서는 아니 된다.

19 사용 전압이 60[kV] 이하인 특고압 가공 전선로는 상시 정전 유도 작용(常時靜電誘導作用)에 의한 통신상의 장해가 없도록 시설하기 위하여 전화 선로의 길이 12[km]마다 유도 전류는 몇 [μA]를 넘지 않도록 하여야 하는가?

① 1   ② 2
③ 3   ④ 5

해설 **유도 장해의 방지(한국전기설비규정 333.2)**
1. 사용 전압 60[kV] 이하 : 전화 선로의 길이 12[km]마다 유도 전류가 2[μA] 이하
2. 사용 전압 60[kV] 초과 : 전화 선로의 길이 40[km]마다 유도 전류가 3[μA] 이하

20 대지로부터 절연을 하는 것이 기술상 곤란하여 절연하지 않아도 되는 것은?

① 항공 장애등   ② 전기로
③ 옥외 조명등   ④ 에어컨

해설 **전로의 절연 원칙(한국전기설비규정 131)**
전기 욕기(電氣浴器)·전기로·전기 보일러·전해조 등 대지로부터 절연하는 것이 기술상 곤란한 것은 절연하지 않아도 된다.

---

20. 이론 check ▶ 전로의 절연 원칙(한국전기설비규정 131)

전로는 다음의 부분 이외에는 대지로부터 절연하여야 한다.
1. 저압 전로에 접지 공사를 하는 경우의 접지점
2. 전로의 중성점에 접지 공사를 하는 경우의 접지점
3. 계기용 변성기의 2차측 전로에 접지 공사를 하는 경우의 접지점
4. 저압 가공 전선의 특고압 가공 전선과 동일 지지물에 시설되는 부분에 접지 공사를 하는 경우의 접지점
5. 중성점이 접지된 특고압 가공 선로의 중성선에 다중 접지를 하는 경우의 접지점
6. 소구경관(小口經管)(박스를 포함한다)에 접지 공사를 하는 경우의 접지점
7. 저압 전로와 사용 전압이 300[V] 이하의 저압 전로(자동 제어 회로·원방 조작 회로·원방 감시 장치의 신호 회로 기타 이와 유사한 전기 회로에 전기를 공급하는 전로에 한한다)를 결합하는 변압기의 2차측 전로에 접지 공사를 하는 경우의 접지점

정답 18.② 19.② 20.②

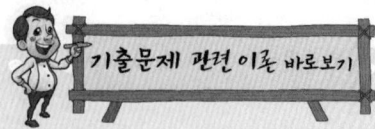

제 2 회 전기설비기술기준

01 특고압 가공 전선로에 사용하는 철탑 중에서 전선로의 지지물 양쪽의 경간(지지물 간 거리)의 차가 큰 곳에 사용하는 철탑의 종류는?

① 각도형
② 인류(잡아당김)형
③ 보강형
④ 내장형

해설 특고압 가공 전선로의 철주·철근 콘크리트주 또는 철탑의 종류(한국전기설비규정 333.11)
1. 직선형 : 전선로의 직선 부분(3도 이하인 수평각도)에 사용하는 것
2. 각도형 : 전선로 중 3도를 초과하는 수평각도를 이루는 곳에 사용하는 것
3. 인류(잡아당김)형 : 전가섭선을 잡아당기는 곳에 사용하는 것
4. 내장형 : 전선로의 지지물 양쪽의 경간(지지물 간 거리)의 차가 큰 곳에 사용하는 것
5. 보강형 : 전선로의 직선 부분에 그 보강을 하여 사용하는 것

02 합성 수지 몰드 공사에 의한 저압 옥내 배선의 시설 방법으로 옳지 않은 것은?

① 합성 수지 몰드는 홈의 폭 및 깊이가 3.5[cm] 이하의 것이어야 한다.
② 전선은 옥외용 비닐 절연 전선을 제외한 절연 전선이어야 한다.
③ 합성 수지 몰드 상호간 및 합성 수지 몰드와 박스 기타의 부속품과는 전선이 노출되지 않도록 접속한다.
④ 합성 수지 몰드 안에는 접속점을 1개소까지 허용한다.

해설 합성 수지 몰드 공사(한국전기설비규정 232.21)
1. 전선은 절연 전선(옥외용 비닐 절연 전선 제외)일 것
2. 합성 수지 몰드 안에는 전선에 접속점이 없도록 할 것
3. 합성 수지 몰드는 홈의 폭 및 깊이가 3.5[cm] 이하. 다만, 사람이 쉽게 접촉할 우려가 없도록 시설하는 경우에는 폭이 5[cm] 이하
4. 합성 수지 몰드 상호간 및 합성 수지 몰드와 박스 기타의 부속품과는 전선이 노출되지 아니하도록 접속할 것

03 전력 보안 통신용 전화 설비의 시설 장소로 틀린 것은?

① 동일 수계에 속하고 보안상 긴급 연락의 필요가 있는 수력 발전소 상호간
② 동일 전력 계통에 속하고 보안상 긴급 연락의 필요가 있는 발전소 및 개폐소 상호간
③ 2 이상의 급전소 상호간과 이들을 총합 운용하는 급전소 간
④ 원격 감시 제어가 되지 않는 발전소와 변전소 간

이론 전력 보안 통신 설비의 요구 사항(한국전기설비규정 362.1)
① 전력 보안 통신용 전화 설비를 시설하는 곳
1. 원격 감시가 되지 아니하는 발전소·변전소·발전 제어소·변전 제어소·개폐소 및 전선로의 기술원 주재소와 급전소 간
2. 2 이상의 급전소 상호간과 이들을 총합 운용하는 급전소 간
3. 수력 설비 중의 필요한 곳으로 수력 설비의 보안상 필요한 양수소 및 강수량 관측소와 수력 발전소 간
4. 동일 수계에 속하고 보안상 긴급 연락의 필요가 있는 수력 발전소 상호간
5. 동일 전력 계통에 속하고 또한 보안상 긴급 연락의 필요가 있는 발전소·변전소·발전 제어소·변전 제어소 및 개폐소 상호간
6. 발전소·변전소·발전 제어소·변전 제어소 및 개폐소와 기술원 주재소 간

정답 01.④ 02.④ 03.④

해설 전력 보안 통신 설비의 시설 요구 사항(한국전기설비규정 362.1)
전력 보안 통신 설비를 시설하는 곳
1. 원격 감시가 되지 아니 하는 발전소·변전소·발전 제어소·변전 제어소·개폐소 및 전선로의 기술원 주재소와 급전소 간
2. 2 이상의 급전소 상호간
3. 수력 설비의 보안상 필요한 양수소 및 강수량 관측소와 수력 발전소 간
4. 동일 수계에 속하고 보안상 긴급 연락의 필요가 있는 수력 발전소 상호간
5. 발전소·변전소 및 개폐소와 기술원 주재소 간

04 교량(다리) 위에 시설하는 조명용 저압 가공 전선로에 사용되는 경동선의 최소 굵기는 몇 [mm]인가?
① 1.6 ② 2.0
③ 2.6 ④ 3.2

해설 교량(다리)에 시설하는 전선로(한국전기설비규정 224.6, 335.6)
1. 교량(다리)에 시설하는 저압 전선은 교량(다리)의 노면상 5[m] 이상
2. 전선은 케이블인 경우 이외에는 인장 강도 2.30[kN] 이상의 것 또는 지름 2.6[mm] 이상의 경동선의 절연 전선일 것

05 다음 중 국내의 전압 종별이 아닌 것은?
① 저압 ② 고압
③ 특고압 ④ 초고압

해설 적용 범위(한국전기설비규정 111.1)
1. 저압 : 직류는 1.5[kV] 이하, 교류는 1[kV] 이하인 것
2. 고압 : 직류는 1.5[kV]를, 교류는 1[kV]를 넘고 7[kV] 이하인 것
3. 특고압 : 7[kV]를 초과하는 것

06 의료 장소의 안전을 위한 비단락 보증 절연 변압기에 대한 다음 설명 중 옳은 것은?
① 2차측 정격 전압은 교류 300[V] 이하이다.
② 2차측 정격 전압은 직류 250[V] 이하이다.
③ 정격 출력은 5[kVA] 이하이다.
④ 정격 출력은 10[kVA] 이하이다.

해설 의료 장소의 안전을 위한 보호 설비(한국전기설비규정 242.10.3)
1. 전원측에 이중 또는 강화 절연을 한 비단락 보증 절연 변압기를 설치하고 그 2차측 전로는 접지하지 말 것
2. 비단락 보증 절연 변압기의 2차측 정격 전압은 교류 250[V] 이하로 하며 공급 방식 및 정격 출력은 단상 2선식, 10[kVA] 이하로 할 것

04. 이론 check 교량(다리)에 시설하는 전선로
[한국전기설비규정 224.6]
교량(다리)에 시설하는 전선로는 335.6에 준하여 시설하여야 한다.

[한국전기설비규정 335.6]
① 저압 전선로
1. 교량(다리)의 윗면 또는 옆면에 노면상 5[m] 이상
2. 전선은 케이블인 경우 이외에는 인장 강도 2.30[kN] 이상의 것 또는 2.6[mm] 이상 경동선의 절연 전선 사용
3. 전선과 조영재 사이의 이격 거리 (간격)는 30[cm](케이블 15[cm]) 이상일 것
4. 교량(다리)의 아랫면에 시설하는 것은 합성 수지관 배선, 금속관 배선, 가요 전선관 배선 또는 케이블 배선에 의하여 시설할 것

② 고압 전선로
1. 교량(다리)의 윗면에 노면상 5[m] 이상
2. 전선은 케이블인 경우 이외에는 4.0[mm] 이상 경동선 사용
3. 전선과 조영재 사이의 이격 거리 (간격)는 30[cm](케이블 15[cm]) 이상일 것

정답 04.③ 05.④ 06.④

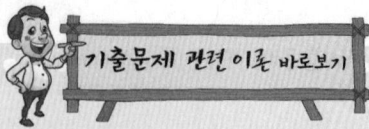

07. 이론 check 접지 도체(한국전기설비규정 142.3.1)

① 접지 도체의 선정
  1. 접지 도체의 단면적은 큰 고장 전류가 접지 도체를 통하여 흐르지 않을 경우 접지 도체의 최소 단면적은 다음과 같다.
    가. 구리는 $6[mm^2]$ 이상
    나. 철제는 $50[mm^2]$ 이상
  2. 접지 도체에 피뢰 시스템이 접속되는 경우, 접지 도체의 단면적은 구리 $16[mm^2]$ 또는 철 $50[mm^2]$ 이상으로 하여야 한다.

② 접지 도체와 접지극의 접속은 다음에 의한다.
  1. 접속은 견고하고 전기적인 연속성이 보장되도록, 접속부는 발열성 용접, 압착(눌러 붙임) 접속, 클램프 또는 그 밖에 적절한 기계적 접속 장치에 의해야 한다. 다만, 기계적인 접속 장치는 제작자의 지침에 따라 설치하여야 한다.
  2. 클램프를 사용하는 경우, 접지극 또는 접지 도체를 손상시키지 않아야 한다. 납땜에만 의존하는 접속은 사용해서는 안 된다.

09. 이론 check 특고압 가공 케이블의 시설 (한국전기설비규정 333.3)

특고압 가공 전선로는 그 전선에 케이블을 사용하는 경우에는 다음에 따라 시설하여야 한다.
  1. 케이블은 다음의 어느 하나에 의하여 시설할 것
    가. 조가용선(조가선)에 행거에 의하여 시설할 것. 이 경우에 행거의 간격은 50[cm] 이하로 하여 시설하여야 한다.
    나. 조가용선(조가선)에 접촉시키고 그 위에 쉽게 부식되지 아니하는 금속 테이프 등을 20[cm] 이하의 간격을 유지시켜 나선형으로 감아 붙일 것
  2. 조가용선(조가선)은 인장 강도 13.93[kN]이상의 연선 또는 단면적 $22[mm^2]$ 이상의 아연도강연선일 것

---

07 접지 공사의 접지 도체에 대한 설명으로 옳은 것은?

① 고장 시 흐르는 전류를 안전하게 통할 수 있는 것을 사용하여야 한다.
② 연동선만을 사용하여야 한다.
③ 피뢰기의 접지선으로는 캡타이어 케이블을 사용한다.
④ 접지선의 단면적은 $16[mm^2]$ 이상이어야 한다.

해설 접지 도체(한국전기설비규정 142.3.1)
접지 도체의 최소 단면적
  1. 구리 : $6[mm^2]$ 이상
  2. 철 : $50[mm^2]$ 이상

08 사용 전압이 35,000[V] 이하인 특고압 가공 전선과 가공 약전류 전선을 동일 지지물에 시설하는 경우 특고압 가공 전선로의 보안 공사로 적합한 것은?

① 고압 보안 공사
② 제1종 특고압 보안 공사
③ 제2종 특고압 보안 공사
④ 제3종 특고압 보안 공사

해설 특고압 가공 전선과 가공 약전류 전선 등의 공용 설치(한국전기설비규정 333.19)
  1. 특고압 가공 전선로는 제2종 특고압 보안 공사에 의할 것
  2. 특고압 가공 전선은 가공 약전류 전선 등의 위로 하고 별개의 완금류에 시설
  3. 특고압 가공 전선은 케이블인 경우 이외에는 인장 강도 21.67[kN] 이상의 연선 또는 단면적이 $50[mm^2]$ 이상인 경동 연선일 것
  4. 이격 거리(간격)는 2[m] 이상

09 특고압 가공 전선로의 전선으로 케이블을 사용하는 경우의 시설로서 옳지 않은 것은?

① 케이블은 조가용선(조가선)에 행거에 의하여 시설한다.
② 케이블은 조가용선(조가선)에 접촉시키고 비닐 테이프 등을 30[cm] 이상의 간격으로 감아 붙인다.
③ 조가용선(조가선)은 단면적 $22[mm^2]$의 아연도강연선 또는 인장 강도 13.93[kN] 이상의 연선을 사용한다.
④ 조가용선(조가선) 및 케이블의 피복에 사용하는 금속체에는 접지 공사를 한다.

해설 특고압 가공 케이블의 시설(한국전기설비규정 333.3)
  1. 케이블은 조가용선(조가선)에 행거에 의하여 시설할 것. 이 경우에 행거의 간격은 50[cm] 이하로 하여 시설하여야 한다.
  2. 케이블을 조가용선(조가선)에 접촉시키고 그 위에 쉽게 부식되지 아니하는 금속 테이프 등을 20[cm] 이하의 간격을 유지시켜 나선형으로 감아 붙일 것

정답 07.① 08.③ 09.②

2014년 과년도 출제문제

3. 조가용선(조가선)은 인장 강도 13.93[kN] 이상의 연선 또는 단면적 22[mm²] 이상의 아연도강연선일 것
4. 조가용선(조가선) 및 케이블의 피복에 사용하는 금속체에는 접지 공사를 할 것

10 고압 옥내 배선을 할 수 있는 공사 방법은?
① 합성 수지관 공사   ② 금속관 공사
③ 금속 몰드 공사   ④ 케이블 공사

해설 고압 옥내 배선 등의 시설(한국전기설비규정 342.1)
1. 애자 공사(건조한 장소로서 전개된 장소에 한한다)
2. 케이블 공사
3. 케이블 트레이 공사

11 가공 전선로의 지지물에 하중이 가하여지는 경우에 그 하중을 받는 지지물의 기초 안전율은 얼마 이상이어야 하는가? (단, 이상 시 상정 하중은 무관)
① 1.5   ② 2.0
③ 2.5   ④ 3.0

해설 가공 전선로 지지물의 기초의 안전율(한국전기설비규정 331.7)
지지물의 하중에 대한 기초의 안전율은 2 이상(이상 시 상정 하중에 대한 철탑의 기초에 대하여서는 1.33 이상)

12 금속제 외함을 갖는 저압의 기계 기구로서 사람이 쉽게 접촉되어 위험의 우려가 있는 곳에 시설하는 전로에 지락이 생겼을 때 자동적으로 전로를 차단하는 장치를 설치하여야 한다. 사용 전압은 몇 [V]인가?
① 30   ② 50
③ 100   ④ 150

해설 누전 차단기의 시설(한국전기설비규정 211.2.4)
금속제 외함을 가지는 사용 전압이 50[V]를 초과하는 저압의 기계 기구로서 사람이 쉽게 접촉할 우려가 있는 곳에 시설하는 것에 전기를 공급하는 전로에는 전로에 지락이 생겼을 때에 자동적으로 전로를 차단하는 장치를 하여야 한다.

13 전극식 온천 온수기 시설에서 적합하지 않은 것은?
① 전극식 온천 온수기의 사용 전압은 400[V] 이하일 것
② 전동기 전원 공급용 변압기는 300[V] 미만의 절연 변압기를 사용할 것
③ 절연 변압기 외함에는 접지 공사를 할 것
④ 전극식 온천 온수기 및 차폐 장치의 외함은 절연성 및 내수성이 있는 견고한 것일 것

정답 10.④ 11.② 12.② 13.②

기출문제 관련 이론 바로보기

3. 조가용선(조가선)은 332.4의 규정에 준하여 시설할 것. 이 경우에 조가용선(조가선)의 중량 및 조가용선(조가선)에 대한 수평 풍압에는 각각 케이블의 중량 및 케이블에 대한 수평 풍압을 가산한 것으로 한다.
4. 조가용선(조가선) 및 케이블의 피복에 사용하는 금속체에는 접지 공사를 할 것

12. **이론 check** 누전 차단기의 시설(한국전기설비규정 211.2.4)

1. 금속제 외함을 갖는 사용 전압이 50[V]를 넘는 저압의 기계 기구로서 사람이 쉽게 접촉할 우려가 있는 곳에 지락이 생긴 경우에는 자동적으로 전로를 차단하는 장치를 하여야 한다.
2. 지락 차단 장치를 생략할 수 있는 경우
  가. 기계 기구를 발·변전소, 개폐소 또는 이에 준하는 곳에 시설한 경우
  나. 기계 기구를 건조한 곳에 시설하는 경우
  다. 대지 전압 150[V] 이하의 것을 물기가 없는 곳에 시설하는 경우
  라. 2중 절연의 기계 기구를 설치하는 장소
  마. 절연 변압기(2차 전압 300[V] 이하)의 부하측 전로가 비접지인 경우
  바. 기계 기구를 고무, 합성 수지 등으로 피복한 경우
  사. 유도 전동기의 2차측 전로에 기계 기구를 접속하는 경우

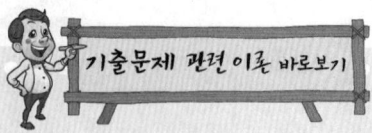

14. 이론 check 전기 부식 방지 회로의 전압 등 (한국전기설비규정 241.16.3)

① 전기 부식 방지 회로(전기 부식 방지용 전원 장치로부터 양극 및 피방식체까지의 전로를 말한다)의 사용 전압은 직류 60[V] 이하일 것
② 양극(陽極)은 지중에 매설하거나 수중에서 쉽게 접촉할 우려가 없는 곳에 시설할 것
③ 지중에 매설하는 양극(양극의 주위에 도전 물질을 채우는 경우에는 이를 포함한다)의 매설 깊이는 0.75[m] 이상일 것
④ 수중에 시설하는 양극과 그 주위 1[m] 이내의 거리에 있는 임의점과의 사이의 전위차는 10[V]를 넘지 아니할 것. 다만, 양극의 주위에 사람이 접촉되는 것을 방지하기 위하여 적당한 울타리를 설치하고 또한 위험 표시를 하는 경우에는 그러하지 아니하다.
⑤ 지표 또는 수중에서 1[m] 간격의 임의의 2점(제4의 양극의 주위 1[m] 이내의 거리에 있는 점 및 울타리의 내부점을 제외한다) 간의 전위차가 5[V]를 넘지 아니할 것

해설 전극식 온천 온수기(한국전기설비규정 241.4)
1. 전극식 온천 온수기의 사용 전압은 400[V] 이하일 것
2. 400[V] 이하인 절연 변압기 시설
   가. 절연 변압기는 교류 2[kV]의 시험 전압을 1분간 가하여 절연 내력을 시험할 것
   나. 온천 온수기의 온천수 유입구 및 유출구에는 차폐 장치를 설치할 것

14 전기 부식 방지 시설에서 전원 장치를 사용하는 경우 적합한 것은?
① 전기 부식 방지 회로의 사용 전압은 교류 60[V] 이하일 것
② 지중에 매설하는 양극(+)의 매설 깊이는 50[cm] 이상일 것
③ 수중에 시설하는 양극(+)과 그 주위 1[m] 이내의 전위차는 10[V]를 넘지 말 것
④ 지표 또는 수중에서 1[m] 간격의 임의의 2점 간의 전위차는 7[V]를 넘지 말 것

해설 전기 부식 방지 회로의 전압 등(한국전기설비규정 241.16.3)
1. 전기 부식 방지 회로의 사용 전압은 직류 60[V] 이하일 것
2. 양극(陽極)은 지중에 매설하거나 수중에서 쉽게 접촉할 우려가 없는 곳에 시설할 것
3. 지중에 매설하는 양극의 매설 깊이는 75[cm] 이상일 것
4. 수중에 시설하는 양극과 그 주위 1[m] 이내의 거리에 있는 임의점과의 사이의 전위차는 10[V]를 넘지 아니할 것
5. 지표 또는 수중에서 1[m] 간격의 임의의 2점 간의 전위차가 5[V]를 넘지 아니할 것

15 사용 전압이 400[V] 미만이고 옥내 배선을 시공한 후 점검할 수 없는 은폐 장소이며, 건조된 장소일 때 공사 방법으로 가장 옳은 것은?
① 플로어 덕트 공사
② 버스 덕트 공사
③ 합성 수지 몰드 공사
④ 금속 덕트 공사

해설 저압 옥내 배선의 시설 장소별 공사의 종류(판단기준 제180조)
점검할 수 없는 은폐된 장소의 건조한 장소에서는 플로어 덕트 공사 또는 셀룰러 덕트 공사로 한다.

※ 이 문제는 출제 당시 규정에는 적합했으나 새로 제정된 한국전기설비규정에는 일부 부적합하므로 문제 유형만 참고하시기 바랍니다.

정답 14.③ 15.①

16 다음 ( ) 안에 들어갈 내용으로 알맞은 것은?

발전기, 변압기, 조상기(무효전력 보상장치), 모선 또는 이를 지지하는 애자는 ( )에 의하여 생기는 기계적 충격에 견디는 것이어야 한다.

① 정격 전류
② 단락 전류
③ 과부하 전류
④ 최대 사용 전류

해설 발전기 등의 기계적 강도(기술기준 제23조)
발전기·변압기·조상기(무효전력 보상장치)·계기용 변성기·모선 및 이를 지지하는 애자는 단락 전류에 의하여 생기는 기계적 충격에 견디는 것이어야 한다.

17 발전소·변전소를 산지에 시설할 경우 절토면 최하단부에서 발전 및 변전 설비까지 최소 이격 거리(간격)는 보안 울타리, 외곽 도로, 수림대를 포함하여 몇 [m] 이상이 되어야 하는가?

① 3
② 4
③ 5
④ 6

해설 발전소 등의 부지 시설 조건(기술기준 제21조의2)
전기 설비 부지의 안정성 확보 및 설비 보호를 위하여 발전소·변전소·개폐소를 산지에 시설할 경우에는 풍수해, 산사태, 낙석 등으로부터 안전을 확보할 수 있도록 산지 전용 후 발생하는 절토면 최하단부에서 발전 및 변전 설비까지의 최소 이격 거리(간격)는 보안 울타리, 외곽 도로, 수림대 등을 포함하여 6[m] 이상이 되어야 한다.

18 345[kV]의 가공 전선과 154[kV] 가공 전선과의 이격 거리(간격)는 최소 몇 [m] 이상이어야 하는가?

① 4.4
② 5
③ 5.48
④ 6

해설 특고압 가공 전선 상호간의 접근 또는 교차(한국전기설비규정 333.27)
(345-60)÷10=28.5이므로 10[kV] 단수는 29이다.
그러므로 이격 거리(간격)는 2+(0.12×29)=5.48[m]이다.

사용 전압 구분	이격 거리(간격)
60[kV] 이하	2[m]
60[kV] 초과	2[m]에 60[kV]를 넘는 10[kV] 단수마다 12[cm]를 더한 값

19 일반 주택의 저압 옥내 배선을 점검한 결과 시공이 잘못된 것은?

① 욕실의 전등으로 방습형 형광등이 시설되어 있다.
② 단상 3선식 인입 개폐기의 중성선에 동판이 접속되어 있다.
③ 합성 수지관의 지지점 간의 거리가 2[m]로 되어 있다.
④ 금속관 공사로 시공된 곳에는 비닐 절연 전선이 사용되었다.

19. 이론 check 합성 수지관 공사(한국전기설비규정 232.11)

① 전선은 절연 전선(옥외용 비닐 절연 전선을 제외)이며 또한 연선일 것. 다만, 짧고 가는 합성 수지관에 넣은 것 또는 단면적 10[mm²] 이하의 연동선 또는 단면적 16[mm²] 이하의 알루미늄선은 단선으로 사용하여도 된다.
② 합성 수지관 내에서는 전선에 접속점이 없도록 할 것
③ 관의 끝 및 안쪽면은 전선의 피복을 손상하지 않도록 매끄러운 것일 것
④ 관 상호 및 관과 박스와는 관을 삽입하는 길이를 관의 외경(바깥 지름) 1.2배(접착제를 사용하는 경우는 0.8배) 이상으로 하고 삽입 접속으로 견고하게 접속할 것
⑤ 관의 지지점 간의 거리는 1.5[m] 이하
⑥ 습기가 많은 장소 또는 물기가 있는 장소에 시설하는 경우는 방습 장치를 설치할 것
⑦ 합성 수지관을 금속제 풀박스에 접속하는 경우는 접지 공사를 시설할 것
⑧ 콤바인 덕트관은 직접 콘크리트에 매입하여 시설하는 경우를 제외하고 전용의 금속제의 관 또는 덕트에 넣어 시설할 것
⑨ 콤바인 덕트관을 박스 또는 풀박스 내에 인입하는 경우에 물이 박스 또는 풀박스 내에 침입하지 않도록 시설할 것. 단, 콘크리트 내에서는 콤바인 덕트관 상호를 직접 접속하지 아니할 것

정답 16.② 17.④ 18.③ 19.③

PART 06 전기설비기술기준

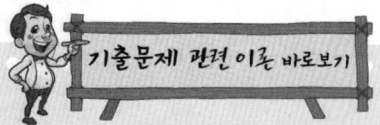

해설 **합성 수지관 공사(한국전기설비규정 232.11)**
합성 수지관의 지지점 간의 거리는 1.5[m] 이하로 시설할 것

20 22,900/220[V], 30[kVA] 변압기로 단상 2선식으로 공급되는 옥내 배선에서 절연 부분의 전선에서 대지로 누설하는 전류의 최대 한도는?

① 약 75[mA]
② 약 68[mA]
③ 약 35[mA]
④ 약 136[mA]

해설 **전선로의 전선 및 절연 성능(기술기준 제27조)**
저압 전선로 중 절연 부분의 전선과 대지 간 및 전선의 심선 상호간의 절연 저항은 사용 전압에 대한 누설 전류가 최대 공급 전류의 $\frac{1}{2,000}$ 을 넘지 않도록 하여야 하므로

$I_g = \frac{30 \times 10^3}{220} \times \frac{1}{2,000} \times 2 \times 10^3 = 136[\text{mA}]$ 이다.

제 3 회 전기설비기술기준

01. 이론 check 고압 가공 인입선의 시설(한국전기설비규정 331.12.1)

① 고압 가공 인입선은 고압 절연 전선, 특고압 절연 전선 또는 지름 5[mm] 이상의 경동선의 고압 절연 전선, 특고압 절연 전선 인하용 절연 전선을 애자 공사에 의하여 시설하거나 케이블을 시설하여야 한다.
② 고압 가공 인입선을 직접 인입한 조영물에 관하여는 위험의 우려가 없는 경우에 한하여 적용하지 아니한다.
③ 고압 가공 인입선의 높이는 지표상 3.5[m]까지로 감할 수 있다. 이 경우에 그 고압 가공 인입선이 케이블 이외의 것인 때에는 그 전선의 아래쪽에 위험 표시를 하여야 한다.
④ 고압 인입선의 옥측 부분 또는 옥상 부분은 331.13.1의 2부터 5까지의 규정에 준하여 시설하여야 한다.
⑤ 고압 연접(이웃 연결) 인입선은 시설하여서는 아니 된다.

01 고압 가공 인입선이 케이블 이외의 것으로서 그 전선의 아래쪽에 위험 표시를 하였다면 전선의 지표상 높이는 몇 [m]까지로 할 수 있는가?

① 2.5
② 3.5
③ 4.5
④ 5.5

해설 **고압 가공 인입선의 시설(한국전기설비규정 331.12.1)**
고압 가공 인입선의 높이는 지표상 3.5[m]까지로 감할 수 있다. 이 경우에 그 고압 가공 인입선이 케이블 이외의 것인 때에는 그 전선의 아래쪽에 위험 표시를 하여야 한다.

02 주택의 전로 인입구에 누전 차단기를 시설하지 않는 경우 옥내 전로의 대지 전압은 최대 몇 [V]까지 가능한가?

① 100
② 150
③ 250
④ 300

해설 **누전 차단기 시설(한국전기설비규정 211.2.4)**
대지 전압이 150[V] 이하인 기계 기구를 물기가 있는 곳 이외의 곳에 시설하는 경우 누전 차단기 시설을 하지 아니할 수 있다.

정답 20.④ / 01.② 02.②

2014년 과년도 출제문제

03 최대 사용 전압이 66[kV]인 중성점 비접지식 전로에 접속하는 유도 전압 조정기의 절연 내력 시험 전압은 몇 [V]인가?

① 47,520
② 72,600
③ 82,500
④ 99,000

해설 기구 등의 전로의 절연 내력(한국전기설비규정 136)

최대 사용 전압이 60[kV]를 초과하는 기구 등의 전로로서 중성점 비접지식 전로인 경우 최대 사용 전압의 1.25배 전압으로 시험하므로 66,000×1.25=82,500[V]이다.

04 뱅크 용량이 20,000[kVA]인 전력용 커패시터에 자동적으로 전로로부터 차단하는 보호 장치를 하려고 한다. 반드시 시설하여야 할 보호 장치가 아닌 것은?

① 내부에 고장이 생긴 경우에 동작하는 장치
② 절연유의 압력이 변화할 때 동작하는 장치
③ 과전류가 생긴 경우에 동작하는 장치
④ 과전압이 생긴 경우에 동작하는 장치

해설 조상 설비의 보호 장치(한국전기설비규정 351.5)

설비 종별	뱅크 용량	자동적으로 전로로부터 차단하는 장치
전력용 커패시터 및 분로 리액터	500[kVA] 이상 15,000[kVA] 미만	• 내부에 고장이 생긴 경우에 동작하는 장치 • 과전류가 생긴 경우에 동작하는 장치
	15,000[kVA] 이상	• 내부에 고장이 생긴 경우에 동작하는 장치 • 과전류가 생긴 경우에 동작하는 장치 • 과전압이 생긴 경우에 동작하는 장치

05 강색 철도의 전차선을 시설할 때 강색 차선이 경동선인 경우 몇 [mm] 이상의 굵기인가?

① 4
② 7
③ 10
④ 12

해설 강색 차선의 시설(판단기준 제275조)

1. 강색 차선은 지름 7[mm]의 경동선 또는 이와 동등 이상의 세기 및 굵기의 것일 것
2. 강색 차선의 레일면상의 높이는 4[m] 이상일 것

※ 이 문제는 출제 당시 규정에는 적합했으나 새로 제정된 한국전기설비규정에는 일부 부적합하므로 문제 유형만 참고하시기 바랍니다.

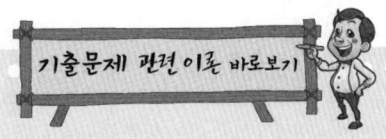

04. 이론 check 조상 설비의 보호 장치(한국전기설비규정 351.5)

조상 설비에는 그 내부에 고장이 생긴 경우에 보호하는 장치를 표과 같이 시설하여야 한다.

설비 종별	뱅크 용량의 구분	자동적으로 전로로부터 차단하는 장치
전력용 커패시터 및 분로 리액터	500[kVA] 초과 15,000[kVA] 미만	내부에 고장이 생긴 경우에 동작하는 장치 또는 과전류가 생긴 경우에 동작하는 장치
	15,000[kVA] 이상	내부에 고장이 생긴 경우에 동작하는 장치 및 과전류가 생긴 경우에 동작하는 장치 또는 과전압이 생긴 경우에 동작하는 장치
조상기 (무효전력 보상장치)	15,000[kVA] 이상	내부에 고장이 생긴 경우에 동작하는 장치

정답 03.③ 04.② 05.②

PART 06 전기설비기술기준

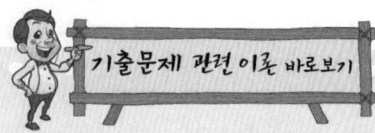

08. 이론 check **특고압 보안 공사(한국전기설비규정 333.22)**

① 제1종 특고압 보안 공사는 다음에 따라야 한다.
   1. 전선은 케이블인 경우 이외에는 단면적이 표에서 정한 값 이상일 것

사용 전압	전 선
100[kV] 미만	인장 강도 21.67[kN] 이상의 연선 또는 단면적 55[mm²] 이상의 경동 연선
100[kV] 이상 300[kV] 미만	인장 강도 58.84[kN] 이상의 연선 또는 단면적 150[mm²] 이상의 경동 연선
300[kV] 이상	인장 강도 77.47[kN] 이상의 연선 또는 단면적 200[mm²] 이상의 경동 연선

   2. 전선에는 압축 접속에 의한 경우 이외에는 경간(지지물 간 거리)의 도중에 접속점을 시설하지 아니할 것
   3. 전로의 지지물에는 B종 철주·B종 철근 콘크리트주 또는 철탑을 사용할 것
   4. 경간(지지물 간 거리)은 표에서 정한 값 이하일 것. 다만, 전선의 인장 강도 58.84[kN] 이상의 연선 또는 단면적이 150[mm²] 이상인 경동 연선을 사용하는 경우에는 그러하지 아니하다.

지지물의 종류	경간(지지물 간 거리)
B종 철주 또는 B종 철근 콘크리트주	150[m]
철탑	400[m](단주인 경우에는 300[m])

06 가반형의 용접 전극을 사용하는 아크 용접 장치의 시설에 대한 설명으로 옳은 것은?

① 용접 변압기의 1차측 전로의 대지 전압은 600[V] 이하일 것
② 용접 변압기의 1차측 전로에는 리액터를 시설할 것
③ 용접 변압기는 절연 변압기일 것
④ 피용접재 또는 이와 전기적으로 접속되는 받침대·정반 등의 금속체에는 접지 공사를 시행하지 않아도 된다.

해설 아크 용접기(한국전기설비규정 241.10)
가반형(可搬型)의 용접 전극을 사용하는 아크 용접 장치의 시설
1. 용접 변압기는 절연 변압기일 것
2. 용접 변압기의 1차측 전로의 대지 전압은 300[V] 이하일 것
3. 용접 변압기의 1차측 전로에는 용접 변압기에 가까운 곳에 쉽게 개폐할 수 있는 개폐기를 시설할 것

07 옥내에 시설하는 전동기가 소손되는 것을 방지하기 위한 과부하 보호 장치를 하지 않아도 되는 것은?

① 정격 출력이 4[kW]이며 취급자가 감시할 수 없는 경우
② 정격 출력이 0.2[kW] 이하인 경우
③ 전동기가 소손할 수 있는 과전류가 생길 우려가 있는 경우
④ 정격 출력이 10[kW] 이상인 경우

해설 저압 전로 중의 전동기 보호용 과전류 보호 장치의 시설(한국전기설비규정 212.6.4)
옥내에 시설하는 전동기(정격 출력 0.2[kW] 이하인 것 제외)에는 전동기가 소손될 우려가 있는 과전류가 생겼을 때에 자동적으로 이를 저지하거나 이를 경보하는 장치를 하여야 한다.

08 제1종 특고압 보안 공사를 필요로 하는 가공 전선로의 지지물로 사용할 수 있는 것은?

① A종 철근 콘크리트주   ② B종 철근 콘크리트주
③ A종 철주   ④ 목주

해설 특고압 보안 공사(한국전기설비규정 333.22)
제1종 특고압 보안 공사 전선로의 지지물에는 B종 철주, B종 철근 콘크리트주 또는 철탑을 사용하고, A종 및 목주는 시설할 수 없다.

09 다음의 옥내 배선에서 나전선을 사용할 수 없는 곳은?

① 접촉 전선의 시설
② 라이팅 덕트 공사에 의한 시설
③ 합성 수지관 공사에 의한 시설
④ 버스 덕트 공사에 의한 시설

정답 06.③ 07.② 08.② 09.③

해설 나전선의 사용 제한(한국전기설비규정 231.4)
옥내에 시설하는 저압 전선에 나전선을 사용하는 경우
1. 애자 공사에 의하여 전개된 곳에 다음의 전선을 시설하는 경우
   가. 전기로용 전선
   나. 전선의 피복 절연물이 부식하는 장소에 시설하는 전선
   다. 취급자 이외의 자가 출입할 수 없도록 설비한 장소에 시설하는 전선
2. 버스 덕트 공사에 의하여 시설하는 경우
3. 라이팅 덕트 공사에 의하여 시설하는 경우
4. 저압 접촉 전선을 시설하는 경우

10 지중 전선로에 사용하는 지중함의 시설 기준으로 옳지 않은 것은?
① 폭발 우려가 있고 크기가 1[m³] 이상인 것에는 밀폐하도록 할 것
② 뚜껑은 시설자 이외의 자가 쉽게 열 수 없도록 할 것
③ 지중함 내부의 고인 물을 제거할 수 있는 구조일 것
④ 견고하여 차량 기타 중량물의 압력에 견딜 수 있을 것

해설 지중함의 시설(한국전기설비규정 334.2)
1. 지중함은 견고하고 차량 기타 중량물의 압력에 견디는 구조일 것
2. 지중함은 그 안의 고인 물을 제거할 수 있는 구조로 되어 있을 것
3. 폭발성 또는 연소성의 가스가 침입할 우려가 있는 것에 시설하는 지중함으로서 그 크기가 1[m³] 이상인 것에는 통풍 장치 기타 가스를 방산시키기 위한 적당한 장치를 시설할 것
4. 지중함의 뚜껑은 시설자 이외의 자가 쉽게 열 수 없도록 시설할 것

11 25[kV] 이하인 특고압 가공 전선로가 상호 접근 또는 교차하는 경우 사용 전선이 양쪽 모두 케이블인 경우 이격 거리(간격)는 몇 [m] 이상인가?
① 0.25　　② 0.5
③ 0.75　　④ 1.0

해설 25[kV] 이하인 특고압 가공 전선로의 시설(한국전기설비규정 333.32)
특고압 가공 전선로가 상호간 접근 또는 교차하는 경우

사용 전선의 종류	이격 거리(간격)
어느 한쪽 또는 양쪽이 나전선인 경우	1.5[m]
양쪽이 특고압 절연 전선인 경우	1.0[m]
한쪽이 케이블이고 다른 한쪽이 케이블이거나 특고압 절연 전선인 경우	0.5[m]

12 22[kV]의 특고압 가공 전선로의 전선을 특고압 절연 전선으로 시가지에 시설할 경우, 전선의 지표상의 높이는 최소 몇 [m] 이상인가?
① 8　　② 10
③ 12　　④ 14

정답 10.①　11.②　12.①

12. 이론 check 시가지 등에서 특고압 가공 전선로의 시설(한국전기설비규정 333.1)

① 특고압 가공 전선로는 전선이 케이블인 경우 또는 전선로를 다음과 같이 시설하는 경우에는 시가지 그 밖에 인가가 밀집한 지역에 시설할 수 있다.
  1. 사용 전압이 170[kV] 이하인 전선로를 다음에 의하여 시설하는 경우
     가. 생략
     나. 특고압 가공 전선로의 경간(지지물 간 거리)은 표에서 정한 값 이하일 것

지지물의 종류	경간(지지물 간 거리)
A종	75[m]
B종	150[m]
철탑	400[m](단주인 경우에는 300[m]) 다만, 전선이 수평으로 2 이상 있는 경우에 전선 상호간의 간격이 4[m] 미만인 때에는 250[m]

     다. 지지물에는 철주·철근 콘크리트주 또는 철탑을 사용할 것
     라. 전선은 단면적이 표에서 정한 값 이상일 것

사용 전압의 구분	전선의 단면적
100[kV] 미만	인장 강도 21.67[kN] 이상의 연선 또는 단면적 55[mm²] 이상의 경동 연선
100[kV] 이상	인장 강도 58.84[kN] 이상의 연선 또는 단면적 150[mm²] 이상의 경동 연선

     마. 전선의 지표상의 높이는 표에서 정한 값 이상일 것(이하 생략)

사용 전압의 구분	지표상의 높이
35[kV] 이하	10[m](전선이 특고압 절연 전선인 경우에는 8[m])
35[kV] 초과	10[m]에 35[kV]를 초과하는 10[kV] 또는 그 단수마다 12[cm]를 더한 값

PART 06 전기설비기술기준

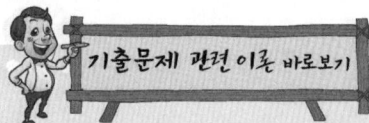

13. 이론 check

발전기 등의 보호 장치(한국전기설비규정 351.3)

① 발전기에는 다음의 경우에 자동적으로 이를 전로로부터 차단하는 장치를 시설하여야 한다.
  1. 발전기에 과전류나 과전압이 생긴 경우
  2. 용량이 500[kVA] 이상의 발전기를 구동하는 수차의 압유 장치의 유압 또는 전동식 가이드밴 제어 장치, 전동식 니들 제어 장치 또는 전동식 디플렉터 제어 장치의 전원 전압이 현저히 저하한 경우
  3. 용량 100[kVA] 이상의 발전기를 구동하는 풍차(風車)의 압유 장치의 유압, 압축 공기 장치의 공기압 또는 전동식 브레이드 제어 장치의 전원 전압이 현저히 저하한 경우
  4. 용량이 2,000[kVA] 이상인 수차 발전기의 스러스트 베어링의 온도가 현저히 상승한 경우
  5. 용량이 10,000[kVA] 이상인 발전기의 내부에 고장이 생긴 경우
  6. 정격 출력이 10,000[kW]를 초과하는 증기 터빈은 그 스러스트 베어링이 현저하게 마모되거나 그의 온도가 현저히 상승한 경우

② 연료 전지는 다음의 경우에 자동적으로 이를 전로에서 차단하고 연료 전지에 연료 가스 공급을 자동적으로 차단하며 연료 전지 내의 연료 가스를 자동적으로 배제하는 장치를 시설하여야 한다.
  1. 연료 전지에 과전류가 생긴 경우
  2. 발전 요소(發電要素)의 발전 전압에 이상이 생겼을 경우 또는 연료 가스 출구에서의 산소 농도 또는 공기 출구에서의 연료 가스 농도가 현저히 상승한 경우
  3. 연료 전지의 온도가 현저하게 상승한 경우

③ 상용 전원으로 쓰이는 축전지에는 이에 과전류가 생겼을 경우에 자동적으로 이를 전로로부터 차단하는 장치를 시설하여야 한다.

해설 시가지 등에서 특고압 가공 전선로의 시설(한국전기설비규정 333.1)

사용 전압의 구분	전선 지표상의 높이
35[kV] 이하	10[m] (전선이 특고압 절연 전선인 경우에는 8[m])
35[kV] 초과	10[m]에 35[kV]를 초과하는 10[kV] 또는 그 단수마다 12[cm]를 더한 값

13 수력 발전소의 발전기 내부에 고장이 발생하였을 때 자동적으로 전로로부터 차단하는 장치를 시설하여야 하는 발전기 용량은 몇 [kVA] 이상인가?

① 3,000 ② 5,000
③ 8,000 ④ 10,000

해설 발전기 등의 보호 장치(한국전기설비규정 351.3)
자동 차단 장치를 하는 경우
1. 과전류, 과전압 발생
2. 100[kVA] 이상 : 풍차 압유 장치 유압 저하
3. 500[kVA] 이상 : 수차 압유 장치 유압 저하
4. 2,000[kVA] 이상 : 수차 발전기 베어링 온도 상승
5. 10,000[kVA] 이상 : 발전기 내부 고장
6. 10,000[kW] 초과 : 증기 터빈의 베어링 마모, 온도 상승

14 지중 전선로를 직접 매설식에 의하여 시설하는 경우에 차량 및 기타 중량물의 압력을 받을 우려가 있는 장소의 매설 깊이는 몇 [m] 이상인가?

① 1.0 ② 1.2
③ 1.5 ④ 1.8

해설 지중 전선로의 시설(한국전기설비규정 334.1)
지중 전선로를 직접 매설식에 의하여 시설하는 경우에는 매설 깊이를 차량 기타 중량물의 압력을 받을 우려가 있는 장소에는 1.0[m] 이상, 기타 장소에는 60[cm] 이상

15 발전소・변전소・개폐소, 이에 준하는 곳, 전기 사용 장소 상호간의 전선 및 이를 지지하거나 수용하는 시설물을 무엇이라 하는가?

① 급전소 ② 송전 선로
③ 전선로 ④ 개폐소

해설 정의(기술기준 제3조)
"전선로"란 발전소・변전소・개폐소, 이에 준하는 곳, 전기 사용 장소 상호간의 전선(전차선을 제외한다) 및 이를 지지하거나 수용하는 시설물을 말한다.

정답 13.④ 14.① 15.③

16 다음 설명의 ( ) 안에 알맞은 내용은?

> 고압 가공 전선이 다른 고압 가공 전선과 접근 상태로 시설되거나 교차하여 시설되는 경우에 고압 가공 전선 상호간의 이격 거리(간격)는 ( ) 이상, 하나의 고압 가공 전선과 다른 고압 가공 전선로의 지지물 사이의 이격 거리(간격)는 ( ) 이상일 것

① 80[cm], 50[cm] ② 80[cm], 60[cm]
③ 60[cm], 30[cm] ④ 40[cm], 30[cm]

해설 고압 가공 전선 상호간의 접근 또는 교차(한국전기설비규정 332.17)
1. 위쪽 또는 옆쪽에 시설되는 고압 가공 전선로는 고압 보안 공사에 의할 것
2. 고압 가공 전선 상호간의 이격 거리(간격)는 80[cm](케이블 40[cm]) 이상, 하나의 고압 가공 전선과 다른 고압 가공 전선로의 지지물 사이의 이격 거리(간격)는 60[cm](케이블 30[cm]) 이상

17 전압을 구분하는 경우 교류에서 저압은 몇 [V] 이하인가?

① 600 ② 750
③ 1,000 ④ 1,500

해설 적용 범위(한국전기설비규정 111.1)
1. 저압 : 직류는 1.5[kV] 이하, 교류는 1[kV] 이하인 것
2. 고압 : 직류는 1.5[kV], 교류는 1[kV]를 초과하고, 7[kV] 이하인 것
3. 특고압 : 7[kV]를 초과하는 것

18 저압 옥내 배선의 플로어 덕트 공사 시 덕트는 제 몇 종 접지 공사를 하여야 하는가?

① 제1종 ② 제2종
③ 제3종 ④ 특별 제3종

해설 플로어 덕트 공사(판단기준 제190조)
1. 전선은 절연 전선이며 또한 연선일 것(단, 지름 3.2[mm] 이하인 동선은 단선)
2. 덕트 내에는 전선에 접속점을 만들지 말 것
3. 덕트 및 박스는 금속제일 것
4. 덕트의 끝부분은 막을 것
5. 덕트에는 제3종 접지 공사를 할 것
(⇨ '기출문제 관련 이론 바로보기'에서 개정된 규정 참조하세요.)

※ 이 문제는 출제 당시 규정에는 적합했으나 새로 제정된 한국전기설비규정에는 일부 부적합하므로 문제 유형만 참고하시기 바랍니다.

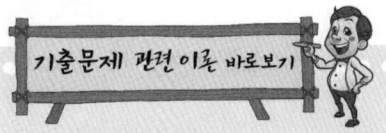

18. 이론 Check 플로어 덕트 공사(한국전기설비규정 232.32)

① 플로어 덕트 공사에 의한 저압 옥내 배선은 다음에 따라 시설하여야 한다.
1. 전선은 절연 전선(옥외용 비닐 절연 전선을 제외한다)일 것
2. 전선은 연선일 것. 다만, 단면적 10[mm²](알루미늄선은 단면적 16[mm²]) 이하인 것은 그러하지 아니하다.
3. 플로어 덕트 안에는 전선에 접속점이 없도록 할 것. 다만, 전선을 분기하는 경우에 접속점을 쉽게 점검할 수 있을 때에는 그러하지 아니하다.

② 플로어 덕트 공사에 사용하는 플로어 덕트 및 박스 기타의 부속품은 KS C 8457에 적합한 것이어야 한다.

③ 플로어 덕트와 박스 기타 부속품은 다음에 따라 시설하여야 한다.
1. 덕트 상호간 및 덕트와 박스 및 인출구와는 견고하고 또한 전기적으로 완전하게 접속할 것
2. 덕트 및 박스 기타의 부속품은 물이 고이는 부분이 있도록 시설하여서는 아니 된다.
3. 박스 및 인출구는 마루 위로 돌출하지 아니하도록 시설하고 또한 물이 스며들지 아니하도록 밀봉할 것
4. 덕트의 끝부분은 막을 것
5. 덕트는 211과 140에 준하여 접지 공사를 할 것

정답 16.② 17.③ 18.③

PART 06 전기설비기술기준

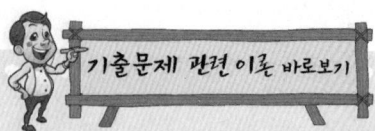

19. 이론 check
지중 전선과 지중 약전류 전선 등 또는 관과의 접근 또는 교차 (한국전기설비규정 334.6)

① 상호간의 이격 거리(간격)
  1. 저압 또는 고압의 지중 전선은 30[m] 이상
  2. 특고압 지중 전선은 60[cm] 이상
② 특고압 지중 전선이 가연성이나 유독성의 유체(流體)를 내포하는 관과 접근하거나 교차하는 경우에 상호간의 이격 거리(간격)는 1[m] 이상

19 저압 또는 고압의 지중 전선이 지중 약전류 전선 등과 교차하는 경우 몇 [cm] 이하일 때에 내화성의 격벽을 설치하여야 하는가?

① 90
② 60
③ 30
④ 10

해설 지중 전선과 지중 약전류 전선 등 또는 관과의 접근 또는 교차(한국전기설비규정 334.6)
  1. 저압 또는 고압의 지중 전선 30[cm] 이하
  2. 특고압 지중 전선 60[cm] 이하

20 154[kV] 특고압 가공 전선로를 시가지에 경동 연선으로 시설할 경우 단면적은 몇 [mm²] 이상인가?

① 100
② 150
③ 200
④ 250

해설 시가지 등에서 특고압 가공 전선로의 시설(한국전기설비규정 333.1)

사용 전압의 구분	전선의 단면적
100[kV] 미만	단면적 55[mm²] 이상의 경동 연선(인장 강도 21.67[kN])
100[kV] 이상	단면적 150[mm²] 이상의 경동 연선(인장 강도 58.84[kN])

정답 19.③ 20.②

2015년 과년도 출제문제

제1회 전기설비기술기준

01 가공 전선로의 지지물에 시설하는 지선(지지선)으로 연선을 사용할 경우 소선은 최소 몇 가닥 이상이어야 하는가?

① 3 ② 5
③ 7 ④ 9

해설 지선(지지선)의 시설(한국전기설비규정 331.11)
1. 지선(지지선)의 안전율은 2.5 이상. 이 경우에 허용 인장 하중의 최저는 4.31[kN]
2. 지선(지지선)에 연선을 사용할 경우
   가. 소선(素線) 3가닥 이상의 연선일 것
   나. 소선의 지름이 2.6[mm] 이상의 금속선을 사용한 것일 것

02 교류 전차선과 식물 사이의 이격 거리(간격)는 몇 [m] 이상인가?

① 1.0 ② 1.5
③ 2.0 ④ 2.5

해설 전차선 등과 식물 사이의 이격 거리(간격)(판단기준 제271조)
교류 전차선 등과 식물 사이의 이격 거리(간격)는 2[m] 이상

※ 이 문제는 출제 당시 규정에는 적합했으나 새로 제정된 한국전기설비규정에는 일부 부적합하므로 문제 유형만 참고하시기 바랍니다.

03 가공 전선로의 지지물에 하중이 가하여지는 경우에 그 하중을 받는 지지물의 기초 안전율은 특별한 경우를 제외하고 최소 얼마 이상인가?

① 1.5
② 2
③ 2.5
④ 3

해설 가공 전선로 지지물의 기초의 안전율(한국전기설비규정 331.7)
지지물의 하중에 대한 기초의 안전율은 2 이상(이상 시 상정 하중에 대한 철탑의 기초에 대하여서는 1.33 이상)

정답 01.① 02.③ 03.②

기출문제 관련 이론 바로보기

01. 이론 Check 지선(지지선)의 시설(한국전기설비규정 331.11)

① 지선(지지선)의 사용
1. 철탑은 지선(지지선)을 이용하여 강도를 분담시켜서는 안 된다.
2. 가공 전선로의 지지물로 사용하는 철주 또는 철근 콘크리트주는 그 철주 또는 철근 콘크리트주가 지선(지지선)을 사용하지 아니하는 상태에서 풍압 하중의 2분의 1 이상의 풍압 하중에 견디는 강도를 가지는 경우 이외에는 지선을 사용하여 그 강도를 분담시켜서는 아니 된다.

② 지선(지지선)의 시설
1. 지선(지지선)의 안전율
   가. 2.5 이상
   나. 목주·A종 철주 또는 A종 철근 콘크리트주 등 : 1.5

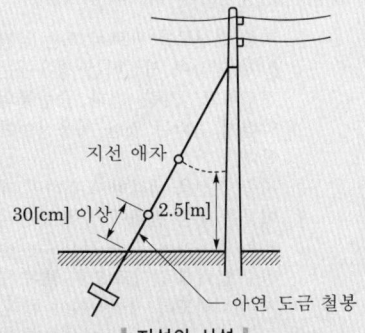

∥ 지선의 시설 ∥

2. 허용 인장 하중 : 4.31[kN] 이상
3. 소선(素線) 3가닥 이상의 연선일 것
4. 소선은 지름 2.6[mm] 이상의 금속선을 사용한 것일 것. 다만, 소선의 지름이 2[mm] 이상인 아연도 강연선(亞鉛鍍鋼撚線)으로서 소선의 인장 강도가 0.68[kN/mm²] 이상인 것을 사용하는 경우에는 그러하지 아니하다.

PART 06 전기설비기술기준

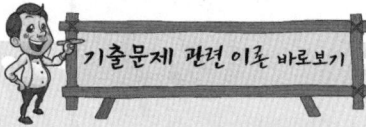

5. 지중의 부분 및 지표상 30[cm]까지의 부분에는 아연 도금을 한 철봉 또는 이와 동등 이상의 세기 및 내식 효력이 있는 것을 사용하고 이를 쉽게 부식하지 아니하는 근가(전주 버팀대)에 견고하게 붙일 것
6. 지선의 근가(전주 버팀대)는 지선(지지선)의 인장 하중에 충분히 견디도록 시설할 것

05. 이론 check **지중 전선로의 시설(한국전기설비규정 334.1)**

① 지중 전선로는 전선에 케이블을 사용하고 또한 관로식·암거식·직접 매설식에 의하여 시설하여야 한다.
② 지중 전선로를 관로식 또는 암거식에 의하여 시설하는 경우에는 견고하고, 차량 기타 중량물의 압력에 견디는 것을 사용하여야 한다.
③ 지중 전선을 냉각하기 위하여 케이블을 넣은 관내에 물을 순환시키는 경우에는 지중 전선로는 순환수 압력에 견디고 또한 물이 새지 아니하도록 시설하여야 한다.
④ 지중 전선로를 직접 매설식에 의하여 시설하는 경우에는 매설 깊이를 차량 기타 중량물의 압력을 받을 우려가 있는 장소에는 1.0[m] 이상, 기타 장소에는 60[cm] 이상으로 하고 또한 지중 전선을 견고한 트로프 기타 방호물에 넣어 시설하여야 한다.

---

04 옥내 저압 전선으로 나전선의 사용이 기본적으로 허용되지 않는 것은?

① 애자 공사의 전기로용 전선
② 유희용 전차에 전기 공급을 위한 접촉 전선
③ 제분 공장의 전선
④ 애자 공사의 전선 피복 절연물이 부식하는 장소에 시설하는 전선

해설 나전선의 사용 제한(한국전기설비규정 231.4)

옥내에 시설하는 저압 전선에 나전선을 사용하는 경우
1. 애자 공사에 의하여 전개된 곳에 다음의 전선을 시설하는 경우
   가. 전기로용 전선
   나. 전선의 피복 절연물이 부식하는 장소에 시설하는 전선
   다. 취급자 이외의 자가 출입할 수 없도록 설비한 장소에 시설하는 전선
2. 버스 덕트 공사에 의하여 시설하는 경우
3. 라이팅 덕트 공사에 의하여 시설하는 경우
4. 저압 접촉 전선을 시설하는 경우

05 지중 전선로를 직접 매설식에 의하여 시설할 때, 중량물의 압력을 받을 우려가 있는 장소에 지중 전선을 견고한 트로프 기타 방호물에 넣지 않고도 부설할 수 있는 케이블은?

① 염화 비닐 절연 케이블
② 폴리 에틸렌 외장 케이블
③ 콤바인 덕트 케이블
④ 알루미늄피 케이블

해설 지중 전선로의 시설(한국전기설비규정 334.1)

지중 전선을 견고한 트로프 기타 방호물에 넣어 시설하여야 한다. 다만, 다음의 어느 하나에 해당하는 경우에는 지중 전선을 견고한 트로프 기타 방호물에 넣지 아니하여도 된다.
1. 저압 또는 고압의 지중 전선을 차량 기타 중량물의 압력을 받을 우려가 없는 경우에 그 위를 견고한 판 또는 몰드로 덮어 시설하는 경우
2. 저압 또는 고압의 지중 전선에 콤바인 덕트 케이블 또는 개장(鎧裝)한 케이블을 사용하여 시설하는 경우

06 광산 기타 갱도 안의 시설에서 고압 배선은 케이블을 사용하고 금속제의 전선 접속함 및 케이블 피복에 사용하는 금속제의 접지 공사는 제 몇 종 접지 공사인가?

① 제1종 접지 공사
② 제2종 접지 공사
③ 제3종 접지 공사
④ 특별 제3종 접지 공사

정답 04.③ 05.③ 06.①

해설 광산 기타 갱도 안의 시설(판단기준 제227조)

고압 배선은 전선에 케이블을 사용하고 또한 관 기타의 케이블을 넣는 방호 장치의 금속제 부분, 금속제의 전선 접속함 및 케이블의 피복에 사용하는 금속체에는 제1종 접지 공사를 할 것. 다만, 사람이 접촉할 우려가 없도록 시설하는 경우에는 제3종 접지 공사에 의할 수 있다.

※ 이 문제는 출제 당시 규정에는 적합했으나 새로 제정된 한국전기설비규정에는 일부 부적합하므로 문제 유형만 참고하시기 바랍니다.

07 22.9[kV]의 가공 전선로를 시가지에 시설하는 경우 전선의 지표상 높이는 최소 몇 [m] 이상인가? (단, 전선은 특고압 절연 전선을 사용한다.)

① 6 ② 7
③ 8 ④ 10

해설 시가지 등에서 특고압 가공 전선로의 시설(한국전기설비규정 333.1)

사용 전압의 구분	전선 지표상의 높이
35[kV] 이하	10[m](전선이 특고압 절연 전선인 경우에는 8[m])
35[kV] 초과	10[m]에 35[kV]를 초과하는 10[kV] 또는 그 단수마다 12[cm]를 더한 값

08 사용 전압 60[kV] 이하의 특고압 가공 전선로에서 유도 장해를 방지하기 위하여 전화 선로의 길이 12[km]마다 유도 전류가 몇 [μA]를 넘지 않아야 하는가?

① 1 ② 2
③ 3 ④ 5

해설 유도 장해의 방지(한국전기설비규정 333.2)

1. 사용 전압 60[kV] 이하 : 전화 선로의 길이 12[km]마다 유도 전류가 2[μA] 이하
2. 사용 전압 60[kV] 초과 : 전화 선로의 길이 40[km]마다 유도 전류가 3[μA] 이하

09 특고압 가공 전선로에서 발생하는 극저주파 전계는 지표상 1[m]에서 전계가 몇 [kV/m] 이하가 되도록 시설하여야 하는가?

① 3.5 ② 2.5
③ 1.5 ④ 0.5

07. 이론 check 시가지 등에서 특고압 가공 전선로의 시설(한국전기설비규정 333.1)

특고압 가공 전선로는 케이블인 경우 시가지 기타 인가가 밀집한 지역에 시설할 수 있다.

① 사용 전압 170[kV] 이하인 전선로
 1. 애자 장치
  가. 50[%]의 충격 섬락(불꽃 방전) 전압의 값이 타 부분의 110[%](130[kV]를 넘는 경우는 105[%]) 이상인 것
  나. 아크 혼을 붙인 현수 애자·장간(긴) 애자 또는 라인 포스트 애자를 사용하는 것
  다. 2련 이상의 현수 애자 또는 장간(긴) 애자를 사용하는 것
  라. 2개 이상의 핀 애자 또는 라인 포스트 애자를 사용하는 것
 2. 지지물의 경간(지지물 간 거리)
  가. 지지물에는 철주, 철근 콘크리트주 또는 철탑을 사용한다.
  나. 경간(지지물 간 거리)

지지물의 종류	경간(지지물 간 거리)
A종	75[m]
B종	150[m]
철탑	400[m] (단주인 경우에는 300[m]). 다만, 전선이 수평으로 2 이상 있는 경우에 전선 상호간의 간격이 4[m] 미만인 때에는 250[m]

 3. 전선의 굵기

사용 전압의 구분	전선의 단면적
100[kV] 미만	인장 강도 21.67[kN] 이상의 연선 또는 단면적 55[mm²] 이상의 경동 연선
100[kV] 이상	인장 강도 58.84[kN] 이상의 연선 또는 단면적 150[mm²] 이상의 경동 연선

정답 07.③ 08.② 09.①

PART 06 전기설비기술기준

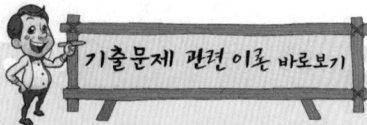

4. 전선의 지표상 높이

사용 전압의 구분	지표상의 높이
35[kV] 이하	10[m] (전선이 특고압 절연 전선인 경우에는 8[m])
35[kV] 초과	10[m]에 35[kV]를 초과하는 10[kV] 또는 그 단수마다 12[cm]를 더한 값

5. 지지물에는 위험 표시를 보기 쉬운 곳에 시설할 것

6. 지락이나 단락이 생긴 경우 : 100[kV]를 넘는 것에 지락이 생긴 경우 또는 단락한 경우에 1초 안에 이를 전선로로부터 차단하는 자동 차단 장치를 시설할 것

10. **이론 check** 특고압용 변압기의 보호 장치 (한국전기설비규정 351.4)

뱅크 용량의 구분	동작 조건	장치의 종류
5,000[kVA] 이상 10,000[kVA] 미만	변압기 내부 고장	자동 차단 장치 또는 경보 장치
10,000[kVA] 이상	변압기 내부 고장	자동 차단 장치
타냉식 변압기(변압기의 권선 및 철심을 직접 냉각시키기 위하여 봉입한 냉매를 강제 순환시키는 냉각 방식을 말한다.)	냉각 장치에 고장이 생긴 경우 또는 변압기의 온도가 현저히 상승한 경우	경보 장치

Tip 발전기 등의 보호 장치(한국전기설비규정 351.3)

① 발전기는 다음의 경우 자동적으로 차단하는 장치를 하여야 한다.
1. 과전류가 생긴 경우
2. 500[kVA] 이상 : 수차의 압유 장치의 유압 또는 전동식 제어 장치(가이드밴, 니들, 디플렉터 등)의 전원 전압이 현저하게 저하한 경우
3. 100[kVA] 이상 : 발전기를 구동하는 풍차의 압유 장치의 유압, 압축 공기 장치의 공기압 또는 전동식 브레이드 제어 장치의 전원 전압이 현저히 저하한 경우
4. 2,000[kVA] 이상 : 수차 발전기의 스러스트 베어링의 온도가 현저하게 상승하는 경우

해설 유도 장해 방지(기술기준 제17조)

특고압 가공 전선로에서 발생하는 극저주파 전자계는 지표상 1[m]에서 전계가 3.5[kV/m] 이하, 자계가 83.3[μT] 이하가 되도록 시설하는 등 상시 정전 유도(靜電誘導) 및 전자 유도(電磁誘導) 작용에 의하여 사람에게 위험을 줄 우려가 없도록 시설하여야 한다.

10 내부 고장이 발생하는 경우를 대비하여 자동 차단 장치 또는 경보 장치를 시설하여야 하는 특고압용 변압기의 뱅크 용량의 구분으로 알맞은 것은?

① 5,000[kVA] 미만
② 5,000[kVA] 이상 10,000[kVA] 미만
③ 10,000[kVA] 이상
④ 10,000[kVA] 이상 15,000[kVA] 미만

해설 특고압용 변압기의 보호 장치(한국전기설비규정 351.4)

뱅크 용량의 구분	동작 조건	장치의 종류
5,000[kVA] 이상 10,000[kVA] 미만	내부 고장	경보 장치
10,000[kVA] 이상	내부 고장	차단 장치
타냉식 변압기	온도 상승	경보 장치

11 가공 전선로의 지지물에 지선(지지선)을 시설하려고 한다. 이 지선(지지선)의 시설 기준으로 옳은 것은?

① 소선 지름 : 2.0[mm], 안전율 : 2.5, 허용 인장 하중 : 2.11[kN]
② 소선 지름 : 2.6[mm], 안전율 : 2.5, 허용 인장 하중 : 4.31[kN]
③ 소선 지름 : 1.6[mm], 안전율 : 2.0, 허용 인장 하중 : 4.31[kN]
④ 소선 지름 : 2.6[mm], 안전율 : 1.5, 허용 인장 하중 : 3.21[kN]

해설 지선(지지선)의 시설(한국전기설비규정 331.11)

1. 지선(지지선)의 안전율은 2.5 이상. 이 경우에 허용 인장 하중의 최저는 4.31[kN]
2. 지선(지지선)에 연선을 사용할 경우
  가. 소선(素線) 3가닥 이상의 연선일 것
  나. 소선의 지름이 2.6[mm] 이상의 금속선을 사용한 것일 것

12 중성점 직접 접지식 전로에 연결되는 최대 사용 전압이 69[kV]인 전로의 절연 내력 시험 전압은 최대 사용 전압의 몇 배인가?

① 1.25
② 0.92
③ 0.72
④ 1.5

정답 10.② 11.② 12.③

해설 **기구 등의 전로의 절연 내력(한국전기설비규정 136)**

최대 사용 전압이 60[kV]를 초과	시험 전압
중성점 비접지식 전로	최대 사용 전압의 1.25배의 전압
중성점 접지식 전로	최대 사용 전압의 1.1배의 전압(최저 시험 전압 75[kV])
중성점 직접 접지식 전로	최대 사용 전압의 0.72배의 전압

13 지지물이 A종 철근 콘크리트주일 때, 고압 가공 전선로의 경간(지지물 간 거리)은 몇 [m] 이하인가?

① 150
② 250
③ 400
④ 600

해설 **고압 가공 전선로 경간의 제한(한국전기설비규정 332.9)**

지지물의 종류	경간(지지물 간 거리)
목주, A종	150[m]
B종	250[m]
철탑	600[m](단주인 경우에는 400[m])

14 저압 옥내 배선 합성 수지관 공사 시 연선이 아닌 경우 사용할 수 있는 전선의 최대 단면적은 몇 [mm²]인가? (단, 알루미늄선은 제외한다.)

① 4 ② 6
③ 10 ④ 16

해설 **합성 수지관 공사(한국전기설비규정 232.4)**
1. 전선은 절연 전선(옥외용 비닐 절연 전선을 제외한다)일 것
2. 전선은 연선일 것. 단, 단면적 10[mm²](알루미늄선은 단면적 16[mm²]) 이하 단선 사용

15 태양 전지 모듈에 사용하는 연동선의 최소 단면적[mm²]은?

① 1.5
② 2.5
③ 4.0
④ 6.0

정답 13.① 14.③ 15.②

기출문제 관련 이론 바로보기

5. 10,000[kVA] 이상 : 발전기 내부 고장이 생긴 경우
6. 출력 10,000[kW] 넘는 증기 터빈의 스러스트 베어링이 현저하게 마모되거나 온도가 현저히 상승하는 경우

② 연료 전지는 다음의 경우 자동 전로 차단, 연료 가스 자동 공급 차단, 전지 내 연료 가스의 자동 배제하는 장치를 하여야 한다.
  1. 연료 전지에 과전류가 생길 때
  2. 발전 요소의 발전 전압에 이상이 생겼을 경우 또는 연료 가스 출구에서의 산소 농도 또는 공기 출구에서 연료 가스 농도가 현저히 상승한 경우
  3. 연료 전기 온도가 현저히 상승한 경우
③ 상용 전원으로 쓰이는 축전지에는 이에 과전류가 생겼을 경우에 자동적으로 이를 전로로부터 차단하는 장치를 시설하여야 한다.

14. 이론 check **합성 수지관 공사(한국전기설비규정 232.4)**

① 전선은 절연 전선(옥외용 비닐 절연 전선을 제외)이며 또한 연선일 것. 다만, 짧고 가는 합성 수지관에 넣은 것 또는 단면적 10[mm²] 이하의 연동선 또는 단면적 16[mm²] 이하의 알루미늄선은 단선으로 사용하여도 된다.
② 합성 수지관 내에서는 전선에 접속점이 없도록 할 것
③ 관의 끝 및 안쪽면은 전선의 피복을 손상하지 않도록 매끄러운 것일 것
④ 관 상호 및 관과 박스와는 관을 삽입하는 길이를 관의 외경(바깥지름) 1.2배(접착제를 사용하는 경우는 0.8배) 이상으로 하고 삽입 접속으로 견고하게 접속할 것
⑤ 관의 지지점 간의 거리는 1.5[m] 이하
⑥ 습기가 많은 장소 또는 물기가 있는 장소에 시설하는 경우는 방습 장치를 설치할 것

PART 06 전기설비기술기준

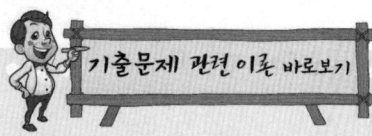

18. **이론 check** 옥내 전로의 대지 전압의 제한
(한국전기설비규정 231.6)

① 백열 전등 또는 방전등에 전기를 공급하는 옥내의 전로의 대지 전압은 300[V] 이하이어야 하며 다음에 따라 시설하여야 한다. 다만, 대지 전압 150[V] 이하의 전로인 경우에는 다음에 따르지 않을 수 있다.
1. 백열 전등 또는 방전등 및 이에 부속하는 전선은 사람이 접촉할 우려가 없도록 시설하여야 한다.
2. 백열 전등 또는 방전등용 안정기는 저압의 옥내 배선과 직접 접속하여 시설하여야 한다.
3. 백열 전등의 전구 소켓은 키나 그 밖의 점멸 기구가 없는 것이어야 한다.

② 주택의 옥내 전로의 대지 전압은 300[V] 이하이어야 하며 다음에 따라 시설하여야 한다. 다만, 대지 전압 150[V] 이하의 전로인 경우에는 다음에 따르지 않을 수 있다.
1. 사용 전압은 400[V] 이하이어야 한다.
2. 주택의 전로 인입구에는 전기용품 및 생활용품 안전관리법에 적용을 받는 감전 보호용 누전 차단기를 시설하여야 한다. 다만, 전로의 전원측에 정격 용량이 3[kVA] 이하인 절연 변압기(1차 전압이 저압이고 2차 전압이 300[V] 이하인 것에 한한다)를 사람이 쉽게 접촉할 우려가 없도록 시설하고 또한 그 절연 변압기의 부하측 전로를 접지하지 않는 경우에는 예외로 한다.
3. 백열 전등의 전구 소켓은 키나 그 밖의 점멸 기구가 없는 것이어야 한다.
4. 정격 소비 전력 3[kW] 이상의 전기 기계 기구에 전기를 공급하기 위한 전로에는 전용의 개폐기 및 과전류 차단기를 시설하고 그 전로의 옥내 배선과 직접 접속하거나 적정 용량의 전용 콘센트를 시설하여야 한다.

해설 전기 배선(한국전기설비규정 512.1.1)

전선은 공칭 단면적 2.5[mm²] 이상의 연동선으로 하고, 배선은 합성 수지관 공사, 금속관 공사, 가요 전선관 공사 또는 케이블 공사로 시설할 것

16 전력 보안 통신 설비 시설 시 가공 전선로로부터 가장 주의하여야 하는 것은?

① 전선의 굵기
② 단락 전류에 의한 기계적 충격
③ 전자 유도 작용
④ 와류손

해설 전자 유도의 방지(한국전기설비규정 362.4)

전력 보안 통신 설비는 가공 전선로로부터 정전 유도 작용 또는 전자 유도 작용을 받지 않아야 한다.

17 접지 공사의 종류가 아닌 것은?

① 특고압 계기용 변성기의 2차측 전로에 제1종 접지 공사를 하였다.
② 특고압 전로와 저압 전로를 결합하는 변압기의 저압측 중성점에 제3종 접지 공사를 하였다.
③ 고압 전로와 저압 전로를 결합하는 변압기의 저압측 중성점에 제2종 접지 공사를 하였다.
④ 고압 계기용 변성기의 2차측 전로에 제3종 접지 공사를 하였다.

해설 고압 또는 특고압과 저압의 혼촉에 의한 위험 방지 시설(판단기준 제23조)

고압 전로 또는 특고압 전로와 저압 전로를 결합하는 변압기의 저압측의 중성점에는 제2종 접지 공사를 한다.

※ 이 문제는 출제 당시 규정에는 적합했으나 새로 제정된 한국전기설비규정에는 일부 부적합하므로 문제 유형만 참고하시기 바랍니다.

18 사무실 건물의 조명 설비에 사용되는 백열 전등 또는 방전등에 전기를 공급하는 옥내 전로의 대지 전압은 몇 [V] 이하인가?

① 250
② 300
③ 350
④ 400

해설 옥내 전로의 대지 전압의 제한(한국전기설비규정 231.6)

백열 전등 또는 방전등에 전기를 공급하는 옥내의 전로의 대지 전압은 300[V] 이하이어야 한다.

정답 16.③ 17.② 18.②

2015년 과년도 출제문제

19 접지 공사에 사용하는 접지 도체를 사람이 접촉할 우려가 있는 곳에 시설하는 기준으로 틀린 것은?

① 접지극은 지하 75[cm] 이상으로 하되 동결 깊이를 감안하여 매설한다.
② 접지 도체의 단면적은 구리인 경우 6[mm^2] 이상으로 한다.
③ 접지 도체는 지하 60[cm]로부터 지표상 2[m]까지의 부분은 합성 수지관 등으로 덮어야 한다.
④ 중성점 접지용 접지 도체는 단면적 16[mm^2] 이상 연동선으로 한다.

해설 접지 도체(한국전기설비규정 142.3.1)
접지 도체는 지하 75[cm]로부터 지표상 2[m]까지의 부분은 합성 수지관(두께 2[mm] 미만 제외) 또는 이것과 동등 이상의 절연 효력 및 강도를 가지는 몰드로 덮을 것

20 고압 및 특고압 전로 중 전로에 지락이 생긴 경우에 자동적으로 전로를 차단하는 장치를 하지 않아도 되는 곳은?

① 발전소, 변전소 또는 이에 준하는 곳의 인출구
② 수전점에서 수전하는 전기를 모두 그 수전점에 속하는 수전 장소에서 변성하여 사용하는 경우
③ 다른 전기 사업자로부터 공급을 받는 수전점
④ 단권 변압기를 제외한 배전용 변압기의 시설 장소

해설 지락 차단 장치 등의 시설(한국전기설비규정 341.13)
1. 발전소·변전소 또는 이에 준하는 곳의 인출구
2. 다른 전기 사업자로부터 공급받는 수전점
3. 배전용 변압기(단권 변압기를 제외한다)의 시설 장소

제 2 회 전기설비기술기준

01 발·변전소의 주요 변압기에 시설하지 않아도 되는 계측 장치는?

① 역률계
② 전압계
③ 전력계
④ 전류계

해설 계측 장치(한국전기설비규정 351.6)
발·변전소에서는 역률계를 시설하지 않는다.

기출문제 관련 이론 바로보기

20. 이론check 지락 차단 장치 등의 시설(한국전기설비규정 341.13)

고압 및 특고압 전로인 경우
1. 발전소 또는 변전소 또는 이에 준하는 장소의 인출구
2. 다른 전기 사업자로부터 공급을 받는 수전점
3. 배전용 변압기(단권 변압기 제외) 시설 장소

01. 이론check 계측 장치(한국전기설비규정 351.6)

① 발전소 계측 장치
1. 발전기, 연료 전지 또는 태양 전지 모듈의 전압, 전류, 전력
2. 발전기 베어링(수중 메탈은 제외한다) 및 고정자의 온도
3. 정격 출력이 10,000[kW]를 넘는 증기 터빈에 접속하는 발전기의 진동의 진폭
4. 주요 변압기의 전압, 전류, 전력
5. 특고압용 변압기의 유온
6. 동기 발전기를 시설하는 경우 : 동기 검정 장치 시설(동기 발전기를 연계하는 전력 계통에 동기 발전기 이외의 전원이 없는 경우, 또는 전력 계통의 용량에 비해 현저히 작은 경우 제외)

② 변전소 계측 장치
1. 주요 변압기의 전압, 전류, 전력
2. 특고압 변압기의 유온

③ 동기 조상기(무효전력 보상장치) 계측 장치
1. 동기 검정 장치[동기 조상기(무효전력 보상장치)의 용량이 전력 계통 용량에 비하여 현저하게 작은 경우는 시설하지 아니할 수 있다.]
2. 동기 조상기(무효전력 보상장치)의 전압, 전류, 전력
3. 동기 조상기(무효전력 보상장치)의 베어링 및 고정자 온도

정답 19.③ 20.② / 01.①

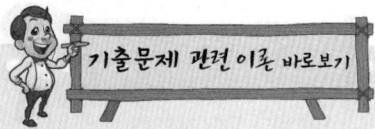

02 전체의 길이가 16[m]이고 설계 하중이 6.8[kN] 초과 9.8[kN] 이하인 철근 콘크리트주를 논, 기타 지반이 연약한 곳 이외의 곳에 시설할 때, 묻히는 깊이를 2.5[m]보다 몇 [cm] 가산하여 시설하는 경우에는 기초의 안전율에 대한 고려없이 시설하여도 되는가?

① 10
② 20
③ 30
④ 40

해설 가공 전선로 지지물의 기초의 안전율(한국전기설비규정 331.7)
철근 콘크리트주로서 전체의 길이가 14[m] 이상 20[m] 이하이고, 설계 하중이 6.8[kN] 초과 9.8[kN] 이하의 것을 논이나 그 밖의 지반이 연약한 곳 이외에 시설하는 경우 그 묻히는 깊이는 기준보다 30[cm]를 가산한다.

03 변압기 중성점 접지 저항값을 $\dfrac{150}{I}[\Omega]$으로 정하고 있는데, 이때 I에 해당되는 것은?

① 변압기의 고압측 또는 특고압측 전로의 1선 지락 전류 암페어 수
② 변압기의 고압측 또는 특고압측 전로의 단락 사고 시 고장 전류의 암페어 수
③ 변압기의 1차측과 2차측의 혼촉에 의한 단락 전류의 암페어 수
④ 변압기의 1차와 2차에 해당하는 전류의 합

해설 변압기 중성점 접지(한국전기설비규정 142.5)
접지 저항은 변압기의 고압측 또는 특고압측의 전로의 1선 지락 전류의 암페어 수로 150을 나눈 값과 같은 [Ω]수

04. **이론 check** 터널 안 전선로 시설(한국전기설비규정 335.1)

구 분	저 압	고 압
전선의 굵기	인장 강도 2.30[kN] 이상의 절연 전선 또는 지름 2.6[mm] 이상의 경동선의 절연 전선	인장 강도 5.26[kN] 이상의 것 또는 지름 4[mm] 이상의 경동선의 고압 및 특고압 절연 전선
노면상 높이	2.5[m] 이상	3[m] 이상
약전선, 수관, 가스관과의 이격 거리 (간격)	10[cm] 이상	15[cm] 이상 (기타 30[cm] 이상)
사용 공사의 종류	케이블, 애자 공사	애자 공사, 케이블 공사

04 사람이 상시 통행하는 터널 안의 배선을 애자 공사에 의하여 시설하는 경우 설치 높이는 노면상 몇 [m] 이상인가?

① 1.5
② 2
③ 2.5
④ 3

해설 터널 안 전선로의 시설(한국전기설비규정 335.1)
저압 전선 시설은 인장 강도 2.3[kN] 이상의 절연 전선 또는 지름 2.6[mm] 이상의 경동선의 절연 전선을 사용하고 애자 공사에 의하여 시설하여야 하며 또한 이를 레일면상 또는 노면상 2.5[m] 이상의 높이로 유지한다.

정답 02.③ 03.① 04.③

05
강관으로 구성된 철탑의 갑종 풍압 하중은 수직 투영 면적 1[m²]에 대한 풍압을 기초로 하여 계산한 값이 몇 [Pa]인가?

① 1,255
② 1,340
③ 1,560
④ 2,060

해설 풍압 하중의 종별과 적용(한국전기설비규정 331.6)

철 탑	강관으로 구성되는 것	1,255[Pa]
	기타의 것	2,157[Pa]

06
케이블 트레이의 시설에 대한 설명으로 틀린 것은?

① 안전율은 1.5 이상으로 하여야 한다.
② 비금속제 케이블 트레이는 난연성 재료의 것이어야 한다.
③ 사다리형, 펀칭형, 메시(그물망)형, 바닥 밀폐형 등이 있다.
④ 저압 옥내 배선의 사용 전압이 400[V] 초과인 경우에는 금속제 트레이에 접지 공사를 하지 않아도 된다.

해설 케이블 트레이 공사(한국전기설비규정 232.41)

금속제 케이블 트레이 계통은 기계적 및 전기적으로 완전하게 접속하여야 하며 금속제 트레이는 접지 시스템(140)에 준하여 접지 공사를 하여야 한다.

07
계통 접지의 방식에서 전원의 한 점을 직접 접지하고, 설비의 노출 도전성 부분을 전원 계통의 접지극과 별도로 전기적으로 독립하여 접지하는 방식은?

① TT 계통
② TN-C 계통
③ TN-S 계통
④ TN-CS 계통

해설 계통 접지의 방식(한국전기설비규정 203)

구 분	전원측의 한 점	노출 도전부	보호선과 중성선
TT 접지	대지에 직접	대지에 직접	별도
TN-C 접지	대지에 직접	전원 계통	결합
TN-S 접지	대지에 직접	전원 계통	별도
TN-CS 접지	대지에 직접	전원 계통	결합 및 별도

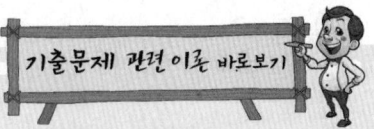

05. 이론 check 풍압 하중의 종별과 적용(한국전기설비규정 331.6)

① 풍압 하중의 종별
1. 갑종 풍압 하중 : 구성재의 수직 투영 면적 1[m²]에 대한 풍압을 기초로 하여 계산한다.

풍압을 받는 구분			구성재의 수직 투영 면적 1[m²]에 대한 풍압
목주			588[Pa]
지지물	철주	원형의 것	588[Pa]
		삼각형 또는 마름모형의 것	1,412[Pa]
		강관에 의하여 구성되는 4각형의 것	1,117[Pa]
		기타의 것	복재가 전·후면에 겹치는 경우에는 1,627[Pa], 기타의 경우에는 1,784[Pa]
	철근 콘크리트주	원형의 것	588[Pa]
		기타의 것	882[Pa]
	철탑	단주(완철류는 제외함) 원형의 것	588[Pa]
		단주 기타의 것	1,117[Pa]
		강관으로 구성되는 것(단주는 제외함)	1,255[Pa]
		기타의 것	2,157[Pa]
전선 기타 가섭선	다도체(구성하는 전선이 2가닥마다 수평으로 배열되고 또한 그 전선 상호간의 거리가 전선의 바깥 지름의 20배 이하인 것)를 구성하는 전선		666[Pa]
	기타의 것		745[Pa]
애자 장치 (특고압 전선용의 것)			1,039[Pa]
목주·철주(원형의 것) 및 철근 콘크리트주의 완금류(특고압 전선로용의 것)			단일재로서 사용하는 경우에는 1,196[Pa], 기타의 경우에는 1,627[Pa]

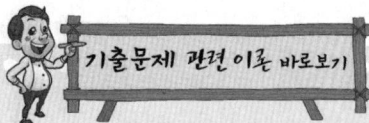

2. 을종 풍압 하중 : 전선 기타의 가섭선 주위에 두께 6[mm], 비중 0.9의 빙설이 부착한 상태로 수직 투영 면적 372[Pa](다도체를 구성하는 전선은 333[Pa]) 그 이외의 것에 있어서는 갑종 풍압의 $\frac{1}{2}$을 기초로 계산한 것

3. 병종 풍압 하중 : 갑종 풍압의 $\frac{1}{2}$을 기초로 하여 계산한 것

10. **이론 check** **발전소 등의 울타리·담 등의 시설(한국전기설비규정 351.1)**
① 출입 금지
발전소·변전소·개폐소 또는 이에 준하는 곳에는 취급자 이외의 자가 들어가지 아니하도록 시설하여야 한다.
1. 울타리·담 등을 시설할 것
2. 출입구에는 출입 금지의 표시를 할 것
3. 출입구에는 자물쇠 장치 기타 적당한 장치를 할 것
② 울타리·담 등의 시설
1. 울타리 담 등의 높이는 2[m] 이상
2. 지표면과 울타리·담 등의 하단 사이의 간격은 15[cm] 이하
3. 울타리·담 등의 높이와 울타리·담 등으로부터 충전 부분까지 거리의 합계는 다음 표에서 정한 값 이상으로 할 것

사용 전압의 구분	울타리 높이와 울타리로부터 충전 부분까지의 거리의 합계 또는 지표상의 높이
35[kV] 이하	5[m]
35[kV]를 넘고, 160[kV] 이하	6[m]
160[kV]를 넘는 것	6[m]에 160[kV]를 넘는 10[kV] 또는 그 단수마다 12[cm]를 더한 값

4. 구내에 취급자 이외의 자가 들어가지 아니하도록 시설한다. 또한 견고한 벽을 시설하고 그 출입구에 출입 금지의 표시와 자물쇠 장치 기타 적당한 장치를 할 것

08 22.9[kV] 3상 4선식 다중 접지 방식의 지중 전선로의 절연 내력 시험을 직류로 할 경우 시험 전압은 몇 [V]인가?
① 16,448
② 21,068
③ 32,796
④ 42,136

해설 전로의 절연 저항 및 절연 내력(한국전기설비규정 132)
시험 전압 $22,900 \times 0.92 \times 2 = 42,136 [kV]$

09 사용 전압 22.9[kV]의 가공 전선이 철도를 횡단하는 경우 전선의 레일 면상 높이는 몇 [m] 이상인가?
① 5
② 5.5
③ 6
④ 6.5

해설 25[kV] 이하인 특고압 가공 전선로의 시설(한국전기설비규정 333.32)
특고압 가공 전선로의 다중 접지를 한 중성선은 저압 가공 전선의 규정에 준하여 시설하므로 철도 또는 궤도를 횡단하는 경우에는 레일면상 6.5[m] 이상으로 한다.

10 "고압 또는 특고압의 기계 기구, 모선 등을 옥외에 시설하는 발전소, 변전소, 개폐소 또는 이에 준하는 곳에 시설하는 울타리, 담 등의 높이는 (㉠)[m] 이상으로 하고, 지표면과 울타리, 담 등의 하단 사이의 간격은 (㉡)[cm] 이하로 하여야 한다."에서 ㉠, ㉡에 알맞은 것은?
① ㉠ 3, ㉡ 15
② ㉠ 2, ㉡ 15
③ ㉠ 3, ㉡ 25
④ ㉠ 2, ㉡ 25

해설 발전소 등의 울타리·담 등의 시설(한국전기설비규정 351.1)
울타리·담 등의 높이는 2[m] 이상으로 하고 지표면과 울타리·담 등의 하단 사이의 간격은 15[cm] 이하로 할 것

11 옥내에 시설하는 관등 회로의 사용 전압이 1[kV]를 초과하는 방전등으로서 방전관에 네온 방전관을 사용한 관등 회로의 배선은?
① MI 케이블 공사
② 금속관 공사
③ 합성 수지관 공사
④ 애자 공사

정답 08.④ 09.④ 10.② 11.④

해설 네온 방전등 공사(한국전기설비규정 234.12)
1. 방전등용 변압기는 네온 변압기일 것
2. 배선은 전개된 장소 또는 점검할 수 있는 은폐된 장소에 시설
3. 관등 회로의 배선은 애자 공사에 의할 것

12 발전소, 변전소, 개폐소 또는 이에 준하는 곳에 설치하는 배전반 시설에 법규상 확보할 사항이 아닌 것은?
① 방호 장치
② 통로를 시설
③ 기기 조작에 필요한 공간
④ 공기 여과 장치

해설 배전반의 시설(한국전기설비규정 351.7)
배전반에 고압용 또는 특고압용의 기구 또는 전선을 시설하는 경우에는 취급자에게 위험이 미치지 아니하도록 적당한 방호 장치 또는 통로를 시설하여야 하며, 기기 조작에 필요한 공간을 확보하여야 한다.

13 사용 전압이 400[V] 이하인 경우의 저압 보안 공사에 전선으로 경동선을 사용할 경우 지름은 몇 [mm] 이상인가?
① 2.6
② 6.5
③ 4.0
④ 5.0

해설 저압 보안 공사(한국전기설비규정 222.10)
인장 강도 8.01[kN] 이상의 것 또는 지름 5[mm](사용 전압이 400[V] 이하인 경우에는 인장 강도 5.26[kN] 이상의 것 또는 지름 4[mm] 이상의 경동선) 이상의 경동선

14 사용 전압이 25[kV] 이하의 특고압 가공 전선로에는 전화 선로의 길이 12[km]마다 유도 전류가 몇 [μA]를 넘지 않아야 하는가?
① 1.5
② 2
③ 2.5
④ 3

해설 유도 장해의 방지(한국전기설비규정 333.2)
1. 사용 전압 60[kV] 이하 : 전화 선로의 길이 12[km]마다 유도 전류가 2[μA] 이하
2. 사용 전압 60[kV] 초과 : 전화 선로의 길이 40[km]마다 유도 전류가 3[μA] 이하

기출문제 관련 이론 바로보기

5. 고압 또는 특고압 가공 전선과 금속제의 울타리·담 등이 교차하는 경우에 금속제의 울타리·담 등에는 교차점 좌, 우로 45[m] 이내의 개소에 접지 공사를 하여야 한다. 또한 울타리·담 등에 문 등이 있는 경우에는 접지 공사를 하거나 울타리·담 등과 전기적으로 접속하여야 한다.

13. 이론 check 저압 보안 공사(한국전기설비규정 222.10)
① 전선은 케이블인 경우 이외에는 인장 강도 8.01[kN] 이상의 것 또는 지름 5[mm](400[V] 이하인 경우에는 인장 강도 5.26[kN] 이상의 것 또는 4[mm])의 경동선일 것
② 목주는 다음에 의할 것
 1. 풍압 하중에 대한 안전율은 1.5 이상일 것
 2. 목주의 굵기는 말구(末口)의 지름 12[cm] 이상일 것
③ 경간(지지물 간 거리)

지지물의 종류	경간 (지지물 간 거리)
목주·A종	100[m]
B종	150[m]
철탑	400[m] (단주인 경우에는 400[m])

정답 12.④ 13.③ 14.②

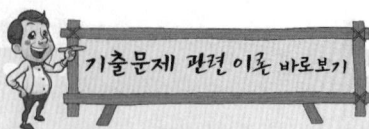

17. 이론 check **저·고압 및 특고압 가공 전선의 병행 설치**

[고압 가공 전선과 저압 가공 전선의 병행 설치(한국전기설비규정 332.8)]
① 저압 가공 전선을 고압 가공 전선의 아래로 하고 별개의 완금을 시설한다.
② 저압 가공 전선과 고압 가공 전선과 이격 거리(간격)는 50[cm] 이상
③ 고압 가공 전선에 케이블을 사용할 경우 저압선과 30[cm] 이상

[특고압 가공 전선과 저·고압 가공 전선과의 병행 설치(한국전기설비규정 333.17)]
① 사용 전압이 35[kV] 이하의 특고압 가공 전선인 경우
  1. 별개의 완금에 시설하고 특고압 가공 전선은 연선일 것
  2. 저압 또는 고압의 가공 전선의 굵기
    가. 인장 강도 8.31[kN] 이상의 것 또는 케이블
    나. 가공 전선로의 경간(지지물 간 거리)이 50[m] 이하인 경우 인장 강도 5.26[kN] 이상 또는 지름 4[mm] 경동선
    다. 가공 전선로의 경간(지지물 간 거리)이 50[m]를 초과하는 경우 인장 강도 8.01[kN] 이상 지름 5[mm] 경동선
  3. 특고압선과 고·저압선의 이격 거리(간격)는 1.2[m] 이상
    단, 특고압 전선이 케이블이면 50[cm]까지 감할 수 있다.
② 사용 전압이 35[kV]를 초과 100[kV] 미만인 경우
  1. 제2종 특고압 보안 공사에 의할 것
  2. 특고압선과 고·저압선의 이격 거리(간격)는 2[m](케이블인 경우 1[m]) 이상
  3. 특고압 가공 전선의 굵기 : 인장 강도 21.67[kN] 이상 연선 또는 50[mm²] 이상 경동선
  4. 특고압 가공 전선로의 지지물은 철주(강판 조립주 제외)·철근 콘크리트주 또는 철탑을 사용하고 사용 전압이 100[kV] 이상인 특고압 가공 전선과 저압 또는 고압 가공 전선은 병가(병행 설치)해서는 안 된다.

15 시가지에서 특고압 가공 전선로의 지지물에 시설할 수 없는 통신선은?
① 지름 4[mm]의 절연 전선
② 첨가 통신용 제1종 케이블
③ 광섬유 케이블
④ CN/CV 케이블

해설 통신선의 시설(판단기준 제154조)
통신선은 통신용 케이블 또는 인장 강도 2.30[kN]의 것 또는 지름 2.6[mm]의 경동선을 사용한다. CN/CV 케이블은 전력 케이블이므로 통신선으로는 사용할 수 없다.

※ 이 문제는 출제 당시 규정에는 적합했으나 새로 제정된 한국전기설비규정에는 일부 부적합하므로 문제 유형만 참고하시기 바랍니다.

16 345[kV] 가공 전선로를 제1종 특고압 보안 공사에 의하여 시설하는 경우 사용하는 전선은 인장 강도 77.47[kN] 이상의 연선 또는 단면적 몇 [mm²] 이상의 경동 연선이어야 하는가?
① 100
② 125
③ 150
④ 200

해설 특고압 보안 공사(한국전기설비규정 333.22)
제1종 특고압 보안 공사의 전선의 굵기

사용 전압	전 선
100[kV] 미만	인장 강도 21.67[kN] 이상, 55[mm²] 이상 경동 연선
100[kV] 이상 300[kV] 미만	인장 강도 58.84[kN] 이상, 150[mm²] 이상 경동 연선
300[kV] 이상	인장 강도 77.47[kN] 이상, 200[mm²] 이상 경동 연선

17 저압 가공 전선과 고압 가공 전선을 동일 지지물에 병가(병행 설치)하는 경우, 고압 가공 전선에 케이블을 사용하면 그 케이블과 저압 가공 전선의 최소 이격 거리(간격)는 몇 [cm]인가?
① 30
② 50
③ 70
④ 90

해설 고압 가공 전선과 저압 가공 전선의 병행 설치(한국전기설비규정 332.8)
1. 저압 가공 전선을 고압 가공 전선의 아래로 하고 별개의 완금을 시설
2. 저압 가공 전선과 고압 가공 전선과 이격 거리(간격)는 50[cm] 이상
3. 고압 가공 전선에 케이블을 사용하는 경우 저압선과 30[cm] 이상

정답 15.④ 16.④ 17.①

18 특별 제3종 접지 공사를 시공한 저압 전로에 지락이 생겼을 때 0.5초 이내에 자동적으로 전로를 차단하는 장치가 설치되었다면 접지 저항값은 몇 [Ω] 이하로 하여야 하는가? (단, 물기가 있는 장소로서 자동 차단기의 정격 감도 전류는 300[mA]이다.)

① 10
② 50
③ 150
④ 500

해설 접지 공사의 종류(판단기준 제18조)

정격 감도 전류	접지 저항값	
	물기 있는 장소, 전기적 위험도가 높은 장소	그 외 다른 장소
30[mA]	500[Ω]	500[Ω]
50[mA]	300[Ω]	500[Ω]
100[mA]	150[Ω]	500[Ω]
200[mA]	75[Ω]	250[Ω]
300[mA]	50[Ω]	166[Ω]
500[mA]	30[Ω]	100[Ω]

※ 이 문제는 출제 당시 규정에는 적합했으나 새로 제정된 한국전기설비규정에는 일부 부적합하므로 문제 유형만 참고하시기 바랍니다.

19 옥내의 저압 전선으로 애자 공사에 의하여 전개된 곳에 나전선의 사용이 허용되지 않는 경우는?

① 전기로용 전선
② 취급자 이외의 자가 출입할 수 없도록 설비한 장소에 시설하는 전선
③ 제분 공장의 전선
④ 전선의 피복 절연물이 부식하는 장소에 시설하는 전선

해설 나전선의 사용 제한(한국전기설비규정 231.4)

옥내에 시설하는 저압 전선에 나전선을 사용하는 경우
1. 애자 공사에 의하여 전개된 곳에 다음의 전선을 시설하는 경우
  가. 전기로용 전선
  나. 전선의 피복 절연물이 부식하는 장소에 시설하는 전선
  다. 취급자 이외의 자가 출입할 수 없도록 설비한 장소에 시설하는 전선
2. 버스 덕트 공사에 의하여 시설하는 경우
3. 라이팅 덕트 공사에 의하여 시설하는 경우
4. 저압 접촉 전선을 시설하는 경우

기출문제 관련 이론 바로보기

⇒ 특고압 가공 전선과 지지물에 시설하는 기계 기구에 접속한 저압 가공 전선을 동일 지지물에 시설하는 경우 이격 거리(간격)

사용 전압 구분	이격 거리(간격)
35[kV] 이하	1.2[m](특고압선이 케이블일 때 50[cm])
35[kV] 초과 60[kV] 이하	2[m](특고압선이 케이블일 때 1[m])
60[kV] 초과	2[m](특고압선이 케이블일 때 1[m])에 60[kV] 초과 10[kV] 또는 그 단수마다 12[cm]씩 가산한 값

19. 이론 check 나전선의 사용 제한(한국전기설비규정 231.4)

① 옥내에 시설하는 저압 전선에는 나전선을 사용하여서는 아니 된다. 다만, 다음 중 어느 하나에 해당하는 경우에는 그러하지 아니하다.
 1. 232.56의 규정에 준하는 애자 공사에 의하여 전개된 곳에 다음의 전선을 시설하는 경우
  가. 전기로용 전선
  나. 전선의 피복 절연물이 부식하는 장소에 시설하는 전선
  다. 취급자 이외의 자가 출입할 수 없도록 설비한 장소에 시설하는 전선
 2. 232.61의 규정에 준하는 버스 덕트 공사에 의하여 시설하는 경우
 3. 232.71의 규정에 준하는 라이팅 덕트 공사에 의하여 시설하는 경우
 4. 232.81의 규정에 준하는 접촉 전선을 시설하는 경우
 5. 241.8.3의 "가" 규정에 준하는 접촉 전선을 시설하는 경우

정답 18.② 19.③

PART 06 전기설비기술기준

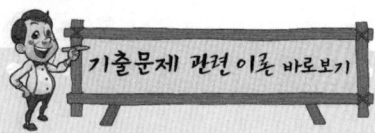

20 교류 전차선과 식물 사이의 이격 거리(간격)는?

① 1[m] 이상
② 2[m] 이상
③ 3[m] 이상
④ 4[m] 이상

해설 전차선 등과 식물 사이의 이격 거리(간격)(판단기준 제271조)

교류 전차선 등과 식물 사이의 이격 거리(간격)는 2[m] 이상

※ 이 문제는 출제 당시 규정에는 적합했으나 새로 제정된 한국전기설비규정에는 일부 부적합하므로 문제 유형만 참고하시기 바랍니다.

02. 이론 check 전로의 절연 저항 및 절연 내력 (한국전기설비규정 132)

고압 및 특고압 전로는 시험 전압을 전로와 대지 사이에 계속하여 10분간을 가하여 절연 내력을 시험하는 경우 이에 견디어야 한다. 다만, 케이블을 사용하는 교류 전로는 시험 전압이 직류이면 다음 표에 정한 시험 전압의 2배의 직류 전압으로 한다.

전로의 종류 (최대 사용 전압)	시험 전압
7[kV] 이하	최대 사용 전압의 1.5배의 전압
7[kV] 초과 25[kV] 이하인 중성점 접지식 전로(중성선을 가지는 것으로서 그 중성선을 다중 접지하는 것에 한한다)	최대 사용 전압의 0.92배의 전압
7[kV] 초과 60[kV] 이하인 전로	최대 사용 전압의 1.25배의 전압(최저 시험 전압 10,500[V])
60[kV] 초과 중성점 비접지식 전로	최대 사용 전압의 1.25배의 전압
60[kV] 초과 중성점 접지식 전로	최대 사용 전압의 1.1배의 전압(최저 시험 전압 75[kV])
60[kV] 초과 중성점 직접 접지식 전로	최대 사용 전압의 0.72배의 전압
170[kV] 초과 중성점 직접 접지되어 있는 발전소 또는 변전소 혹은 이에 준하는 장소에 시설하는 것	최대 사용 전압의 0.64배의 전압
최대 사용 전압이 60[kV]를 초과하는 정류기에 접속되고 있는 전로	교류측 및 직류 고전압측에 접속되고 있는 전로는 교류측의 최대 사용 전압의 1.1배의 직류 전압
	직류측 중성선 또는 귀선이 되는 전로(이하 "직류 저압측 전로"라 한다)는 규정하는 계산식에 의하여 구한 값

제 3 회 전기설비기술기준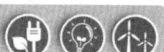

01 시가지에 시설하는 특고압 가공 전선로용 지지물로 사용될 수 없는 것은? (단, 사용 전압이 170[kV] 이하의 전선로인 경우이다.)

① 철근 콘크리트주
② 목주
③ 철탑
④ 철주

해설 시가지 등에서 특고압 가공 전선로의 시설(한국전기설비규정 333.1)

지지물에는 철주, 철근 콘크리트주 또는 철탑을 사용할 것

02 고압 및 특고압 전로의 절연 내력 시험을 하는 경우 시험 전압을 연속해서 몇 분간 가하여 견디어야 하는가?

① 1
② 3
③ 5
④ 10

해설 전로의 절연 저항 및 절연 내력(한국전기설비규정 132)

고압 및 특고압의 전로는 시험 전압을 전로와 대지 간에 연속하여 10분간 가하여 절연 내력을 시험하였을 때에 이에 견디어야 한다.

정답 20.② / 01.② 02.④

03 의료 장소에서 전기 설비 시설로 적합하지 않은 것은?
① 그룹 0 장소는 TN 또는 TT 접지 계통 적용
② 의료 IT 계통의 분전반은 의료 장소의 내부 혹은 가까운 외부에 설치
③ 그룹 1 또는 그룹 2 의료 장소의 수술등, 내시경 조명등은 정전 시 0.5초 이내 비상 전원 공급
④ 의료 IT 계통의 누설 전류 계측 시 10[mA]에 도달하면 표시 및 경보하도록 시설

해설 의료 장소(한국전기설비규정 242.10)
1. 의료 장소별로 다음과 같이 접지 계통을 적용한다.
 가. 그룹 0 : TT 계통 또는 TN 계통
 나. 그룹 1 : TT 계통 또는 TN 계통
 다. 그룹 2 : 의료 IT 계통
2. 의료 IT 계통의 누설 전류를 계측, 지시하는 절연 감시 장치를 설치하는 경우에는 누설 전류가 5[mA]에 도달하면 표시 설비 및 음향 설비로 경보를 발하도록 할 것
3. 의료 IT 계통의 분전반은 의료 장소의 내부 혹은 가까운 외부에 설치할 것
4. 절환 시간 0.5초 이내에 비상 전원을 공급하는 장치 또는 기기
 가. 0.5초 이내에 전력 공급이 필요한 생명 유지 장치
 나. 그룹 1 또는 그룹 2의 의료 장소의 수술등, 내시경, 수술실 테이블, 기타 필수 조명

04 가공 전선로의 지지물로 볼 수 없는 것은?
① 철주
② 지선(지지선)
③ 철탑
④ 철근 콘크리트주

해설 정의(기술기준 제3조)
"지지물"이란 목주, 철주, 철근 콘크리트주 및 철탑과 이와 유사한 시설물로서 전선, 약전류 전선 또는 광섬유 케이블을 지지하는 것을 주된 목적으로 하는 것을 말한다.

05 전력용 커패시터 또는 분로 리액터의 내부에 고장 또는 과전류 및 과전압이 생긴 경우에 자동적으로 동작하여 전로로부터 자동 차단하는 장치를 시설해야 하는 뱅크 용량은?
① 500[kVA]를 넘고 7,500[kVA] 미만
② 7,500[kVA]를 넘고 10,000[kVA] 미만
③ 10,000[kVA]를 넘고 15,000[kVA] 미만
④ 15,000[kVA] 이상

05. 이론 check 조상 설비의 보호 장치(한국전기설비규정 351.5)

설비 종별	뱅크 용량의 구분	자동적으로 전로로부터 차단하는 장치
전력용 커패시터 및 분로 리액터	500[kVA] 초과 15,000[kVA] 미만	내부에 고장이 생긴 경우에 동작하는 장치 또는 과전류가 생긴 경우에 동작하는 장치
	15,000[kVA] 이상	내부에 고장이 생긴 경우에 동작하는 장치 및 과전류가 생긴 경우에 동작하는 장치 또는 과전압이 생긴 경우에 동작하는 장치
조상기 (무효전력 보상장치)	15,000[kVA] 이상	내부에 고장이 생긴 경우에 동작하는 장치

정답 03.④ 04.② 05.④

PART 06 전기설비기술기준

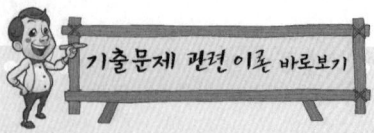

해설 조상 설비의 보호 장치(한국전기설비규정 351.5)

설비 종별	뱅크 용량의 구분	자동적으로 전로로부터 차단하는 장치
전력용 커패시터 및 분로 리액터	500[kVA] 초과 15,000[kVA] 미만	• 내부에 고장이 생긴 경우에 동작하는 장치 • 과전류가 생긴 경우에 동작하는 장치
	15,000[kVA] 이상	• 내부에 고장이 생긴 경우에 동작하는 장치 • 과전류가 생긴 경우에 동작하는 장치 • 과전압이 생긴 경우에 동작하는 장치

06. 이론 check 전로의 절연 저항 및 절연 내력 (한국전기설비규정 132)

전로의 종류 (최대 사용 전압)	시험 전압
7[kV] 이하	최대 사용 전압의 1.5배의 전압
7[kV] 초과 25[kV] 이하인 중성점 접지식 전로(중성선을 가지는 것으로서 그 중성선을 다중 접지하는 것에 한한다)	최대 사용 전압의 0.92배의 전압
7[kV] 초과 60[kV] 이하인 전로	최대 사용 전압의 1.25배의 전압(최저 시험 전압 10,500[V])
60[kV] 초과 중성점 비접지식 전로	최대 사용 전압의 1.25배의 전압
60[kV] 초과 중성점 접지식 전로	최대 사용 전압의 1.1배의 전압(최저 시험 전압 75[kV])
60[kV] 초과 중성점 직접 접지식 전로	최대 사용 전압의 0.72배의 전압
170[kV] 초과 중성점 직접 접지되어 있는 발전소 또는 변전소 혹은 이에 준하는 장소에 시설하는 것	최대 사용 전압의 0.64배의 전압
최대 사용 전압이 60[kV]를 초과하는 정류기에 접속되고 있는 전로	교류측 및 직류 고전압측에 접속되고 있는 전로는 교류측의 최대 사용 전압의 1.1배의 직류 전압 직류측 중성선 또는 귀선이 되는 전로(이하 "직류 저압측 전로"라 한다)는 규정하는 계산식에 의하여 구한 값

06 전로와 대지 간 절연 내력 시험을 하고자 할 때 전로의 종류와 그에 따른 시험 전압의 내용으로 옳은 것은?

① 7,000[V] 이하 - 2배
② 60,000[V] 초과 중성점 비접지 - 1.5배
③ 60,000[V] 초과 중성점 접지 - 1.1배
④ 170,000[V] 초과 중성점 직접 접지 - 0.72배

해설 전로의 절연 저항 및 절연 내력(한국전기설비규정 132)

전로의 종류	시험 전압
최대 사용 전압 7[kV] 이하인 전로	최대 사용 전압의 1.5배의 전압
최대 사용 전압 7[kV] 초과 25[kV] 이하인 중성선 다중 접지식 전로	최대 사용 전압의 0.92배의 전압
최대 사용 전압 7[kV] 초과 60[kV] 이하인 전로	최대 사용 전압의 1.25배의 전압
최대 사용 전압 60[kV] 초과 중성점 비접지식 전로	최대 사용 전압의 1.25배의 전압
최대 사용 전압 60[kV] 초과 중성점 접지식 전로	최대 사용 전압의 1.1배의 전압
최대 사용 전압 60[kV] 초과 중성점 직접 접지식 전로	최대 사용 전압의 0.72배의 전압
최대 사용 전압이 170[kV] 초과	최대 사용 전압의 0.64배의 전압

정답 06.③

07 특고압을 직접 저압으로 변성하는 변압기를 시설하여서는 안 되는 것은?

① 교류식 전기 철도용 신호 회로에 전기를 공급하기 위한 변압기
② 1차 전압이 22.9[kV]이고, 1차측과 2차측 권선이 혼촉한 경우에 자동적으로 전로로부터 차단되는 차단기가 설치된 변압기
③ 1차 전압 66[kV]의 변압기로서 1차측과 2차측 권선 사이에 접지 공사를 한 금속제 혼촉 방지판이 있는 변압기
④ 1차 전압이 22[kV]이고 △결선된 비접지 변압기로서 2차측 부하 설비가 항상 일정하게 유지되는 변압기

해설 특고압을 직접 저압으로 변성하는 변압기의 시설(한국전기설비규정 341.3)

1. 전기로 등 전류가 큰 전기를 소비하기 위한 변압기
2. 발전소・변전소・개폐소 또는 이에 준하는 곳의 소내용 변압기
3. 25[kV] 이하로서 중성선 다중 접지한 특고압 가공 전선로에 접속하는 변압기
4. 사용 전압이 35[kV] 이하인 변압기로서, 그 특고압측 권선과 저압측 권선이 혼촉한 경우에 자동적으로 변압기를 전로로부터 차단하기 위한 장치를 설치할 것
5. 사용 전압이 100[kV] 이하인 변압기로서, 그 특고압측 권선과 저압측 권선 사이에 접지 공사(접지 저항값이 10[Ω] 이하인 것)를 한 금속제의 혼촉 방지판이 있는 것
6. 교류식 전기 철도용 신호 회로에 전기를 공급하기 위한 변압기

08 고압 이상의 전압 조정기 내장 권선을 이상 전압으로부터 보호하기 위하여 특히 필요한 경우에는 그 권선에 제 몇 종 접지 공사를 하여야 하는가?

① 제1종 접지 공사
② 제2종 접지 공사
③ 제3종 접지 공사
④ 특별 제3종 접지 공사

해설 전로의 중성점의 접지(판단기준 제27조)

변압기의 안정 권선(安定卷線)이나 유휴 권선(遊休卷線) 또는 전압 조정기의 내장 권선(內藏卷線)을 이상 전압으로부터 보호하기 위하여 특히 필요할 경우에 그 권선에 접지 공사를 할 때에는 제1종 접지 공사를 하여야 한다.

※ 이 문제는 출제 당시 규정에는 적합했으나 새로 제정된 한국전기설비규정에는 일부 부적합하므로 문제 유형만 참고하시기 바랍니다.

09 제1종 특고압 보안 공사로 시설하는 전선로의 지지물로 사용할 수 없는 것은?

① 철탑
② B종 철주
③ B종 철근 콘크리트주
④ 목주

정답 07.④ 08.① 09.④

기출문제 관련 이론 바로보기

07. 이론 check 특고압을 직접 저압으로 변성하는 변압기의 시설(한국전기설비규정 341.3)

① 전기로 등 전류가 큰 전기를 소비하기 위한 변압기
② 발전소・변전소・개폐소 또는 이에 준하는 곳의 소내용 변압기
③ 25[kV] 이하로서 중성선 다중 접지한 특고압 가공 전선로에 접속하는 변압기
④ 사용 전압이 35[kV] 이하인 변압기로서 그 특고압측 권선과 저압측 권선이 혼촉한 경우에 자동적으로 변압기를 전로로부터 차단하기 위한 장치를 설치할 것
⑤ 사용 전압이 100[kV] 이하인 변압기로서 그 특고압측 권선과 저압측 권선 사이에 접지 공사(접지 저항값이 10[Ω] 이하인 것)를 한 금속제의 혼촉 방지판이 있는 것
⑥ 교류식 전기 철도용 신호 회로에 전기를 공급하기 위한 변압기

Tip 특고압용 배전용 변압기의 시설(한국전기설비규정 341.2)

① 사용 전선 : 특고압 절연 전선 또는 케이블
② 1차 전압은 35[kV] 이하, 2차 전압은 저압 또는 고압일 것
③ 변압기의 특고압측에 개폐기 및 과전류 차단기를 시설할 것. 다만, 변압기를 다음에 의하여 시설하는 경우는 특고압측의 과전류 차단기를 시설하지 아니할 수 있다.
 1. 2 이상의 변압기를 각각 다른 회선의 특고압 전선에 접속할 것
 2. 변압기의 2차측 전로에는 과전류 차단기 및 2차측 전로로부터 1차측 전로에 전류가 흐를 때에 자동적으로 2차측 전로를 차단하는 장치를 시설하고 그 과전류 차단기 및 장치를 통하여 2차측 전로를 접속할 것. 변압기의 2차측이 고압인 경우에는 개폐기를 시설하고 지상에서 쉽게 개폐할 수 있도록 시설할 것

PART 06 전기설비기술기준

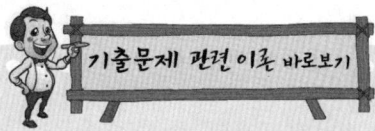

해설 특고압 보안 공사(한국전기설비규정 333.22)
제1종 특고압 보안 공사 전선로의 지지물에는 B종 철주, B종 철근 콘크리트주 또는 철탑을 사용하고, A종 및 목주는 시설할 수 없다.

10 가공 전선로의 지지물에 시설하는 지선(지지선)으로 연선을 사용할 경우, 소선은 몇 가닥 이상이어야 하는가?
① 2 ② 3
③ 5 ④ 9

해설 지선(지지선)의 시설(한국전기설비규정 331.11)
1. 지선(지지선)의 안전율은 2.5 이상. 이 경우에 허용 인장 하중의 최저는 4.31[kN]
2. 지선(지지선)에 연선을 사용할 경우
  가. 소선(素線) 3가닥 이상의 연선일 것
  나. 소선의 지름이 2.6[mm] 이상의 금속선을 사용한 것일 것

11 교류 전기 철도에서는 단상 부하를 사용하기 때문에 전압 불평형이 발생하기 쉽다. 이때 전압 불평형으로 인하여 전력 기계 기구에 장해가 발생하게 되는데 다음 중 장해가 발생하지 않는 기기는?
① 발전기 ② 조상 설비
③ 변압기 ④ 계기용 변성기

해설 전압 불평형에 의한 장해 방지(판단기준 제267조)
교류식 전기 철도는 그 단상 부하에 의한 전압 불평형의 허용 한도는 그 변전소의 수전점에서 3[%] 이하일 것[발전기, 변압기, 조상기(무효 전력 보상장치) 등]

※ 이 문제는 출제 당시 규정에는 적합했으나 새로 제정된 한국전기설비규정에는 일부 부적합하므로 문제 유형만 참고하시기 바랍니다.

12. 이론 check 점멸기의 시설(한국전기설비규정 234.6)
① 조명용 전등의 점멸 장치 시설
  1. 가정용 전등은 등기구마다 점멸 장치를 시설한다.
  2. 국부 조명 설비는 그 조명 대상에 따라 점멸 장치를 시설한다(단, 장식용, 발코니등 제외).
  3. 공장, 사무실, 학교, 병원, 상점 등에 시설하는 전체 조명용 전등은 부분 조명이 가능하도록 전등군으로 구분하여 전등군마다 점멸이 가능하도록 하되, 창과 가장 가까운 전등은 따로 점멸이 가능하도록 할 것
② 조명용 백열 전등의 센서등(타임 스위치) 시설
  1. 관광진흥법과 공중위생법에 의한 관광숙박업 또는 숙박업에 이용되는 객실 입구 등은 1분 이내에 소등되는 것
  2. 일반 주택 및 아파트 각 호실의 현관등은 3분 이내에 소등되는 것

12 가로등, 경기장, 공장 등의 일반 조명을 위하여 시설하는 고압 방전등의 효율은 몇 [lm/W] 이상인가?
① 10 ② 30
③ 50 ④ 70

해설 점멸 장치와 타임 스위치 등의 시설(판단기준 제177조)
가로등, 경기장, 공장, 아파트 단지 등의 일반 조명을 위하여 시설하는 고압 방전등은 그 효율이 70[lm/W] 이상의 것이어야 한다. (⇨ '기출문제 관련 이론 바로보기'에서 개정된 규정 참조하세요.)

※ 이 문제는 출제 당시 규정에는 적합했으나 새로 제정된 한국전기설비규정에는 일부 부적합하므로 문제 유형만 참고하시기 바랍니다.

정답 10.② 11.④ 12.④

13 단상 2선식 220[V]로 공급하는 간선의 굵기를 결정할 때 근거가 되는 전류의 최소값은 몇 [A]인가? (단, 수용률 100[%], 전등 부하의 합계 5[A], 한 대의 정격 전류 10[A]인 전열기 2대, 정격 전류 40[A]인 전동기 1대이다.)

① 55
② 65
③ 75
④ 130

해설 옥내 저압 간선의 시설(판단기준 제175조)
전동기 등의 정격 전류의 합계가 50[A] 이하 1.25배, 초과 1.1배이므로
$I_0 = 40 \times 1.25 + 5 + 20 = 75$[A]이다.

※ 이 문제는 출제 당시 규정에는 적합했으나 새로 제정된 한국전기설비규정에는 일부 부적합하므로 문제 유형만 참고하시기 바랍니다.

14 철재 물탱크에 전기 부식 방지 시설을 하였다. 수중에 시설하는 양극과 그 주위 1[m] 안에 있는 점과의 전위차는 몇 [V] 이하이며, 사용 전압은 직류 몇 [V] 이하이어야 하는가?

① 전위차 : 5, 전압 : 30
② 전위차 : 10, 전압 : 60
③ 전위차 : 15, 전압 : 90
④ 전위차 : 20, 전압 : 120

해설 전기 부식 방지 회로의 전압등(한국전기설비규정 241.16.3)
1. 전기 부식 방지 회로의 사용 전압은 직류 60[V] 이하일 것
2. 양극(陽極)은 지중에 매설하거나 수중에서 쉽게 접촉할 우려가 없는 곳에 시설할 것
3. 지중에 매설하는 양극의 매설 깊이는 75[cm] 이상일 것
4. 수중에 시설하는 양극과 그 주위 1[m] 이내의 거리에 있는 임의점과의 사이의 전위차는 10[V]를 넘지 아니할 것
5. 지표 또는 수중에서 1[m] 간격의 임의의 2점 간의 전위차가 5[V]를 넘지 아니할 것

15 저·고압 가공 전선과 가공 약전류 전선 등을 동일 지지물에 시설하는 경우로 틀린 것은?

① 가공 전선을 가공 약전류 전선 등의 위로 하고 별개의 완금류에 시설할 것
② 전선로의 지지물로 사용하는 목주의 풍압 하중에 대한 안전율은 1.5 이상일 것
③ 가공 전선과 가공 약전류 전선 등 사이의 이격 거리(간격)는 저압과 고압 모두 75[cm] 이상일 것
④ 가공 전선이 가공 약전류 전선에 대하여 유도 작용에 의한 통신상의 장해를 줄 우려가 있는 경우에는 가공 전선을 적당한 거리에서 연가할 것

15. 이론 고압 가공 전선과 가공 약전류 전선 등의 공용 설치 (한국전기설비규정 332.21)

1. 전선로의 지지물로서 사용하는 목주의 풍압 하중에 대한 안전율은 1.5 이상일 것
2. 가공 전선을 가공 약전류 전선 등의 위로하고 별개의 완금류에 시설할 것. 다만, 가공 약전류 전선로의 관리자의 승낙을 받은 경우에 저압 가공 전선에 고압 절연 전선, 특고압 절연 전선 또는 케이블을 사용하는 때에는 그러하지 아니하다.
3. 가공 전선과 가공 약전류 전선 등 사이의 이격 거리(간격)는 가공 전선에 유선 텔레비전용 급전겸용 동축 케이블을 사용한 전선으로서 그 가공 전선로의 관리자와 가공 약전류 전선로 등의 관리자가 같을 경우 이외에는 저압(다중 접지된 중성선을 제외한다)은 0.75[m] 이상, 고압은 1.5[m] 이상일 것. 다만, 가공 약전류 전선 등이 절연 전선과 동등 이상의 절연 성능이 있는 것 또는 통신용 케이블인 경우에 이격 거리(간격)를 저압 가공 전선이 고압 절연 전선, 특고압 절연 전선 또는 케이블인 경우에는 0.3[m], 고압 가공 전선이 케이블인 때에는 0.5[m]까지, 가공 약전류 전선로 등의 관리자의 승낙을 얻은 경우에는 이격 거리(간격)를 저압은 0.6[m], 고압은 1[m]까지로 각각 감할 수 있다.
4. 가공 전선로의 접지 도체에 절연 전선 또는 케이블을 사용하고 또한 가공 전선로의 접지 도체 및 접지극과 가공 약전류 전선로 등의 접지 도체 및 접지극과는 각각 별개로 시설할 것

정답 13.③ 14.② 15.③

PART 06 전기설비기술기준

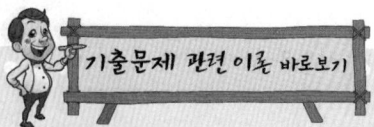

17. **이론 check** 저·고압 및 특고압 가공 전선의 병가(병행 설치)

[고압 가공 전선 등의 병행 설치(한국전기설비규정 332.8)]
① 저압 가공 전선을 고압 가공 전선의 아래로 하고 별개의 완금을 시설한다.
② 저압 가공 전선과 고압 가공 전선과 이격 거리(간격)는 50[cm] 이상
③ 고압 가공 전선에 케이블을 사용할 경우 저압선과 30[cm] 이상

[특고압 가공 전선과 저·고압 가공 전선과의 병행 설치(한국전기설비규정 333.17)]
사용 전압이 35[kV] 이하의 특고압 가공 전선인 경우
① 별개의 완금에 시설하고 특고압 가공 전선은 연선일 것
② 저압 또는 고압의 가공 전선의 굵기
 1. 인장 강도 8.31[kN] 이상의 것 또는 케이블
 2. 가공 전선로의 경간(지지물 간 거리)이 50[m] 이하인 경우 인장 강도 5.26[kN] 이상 또는 지름 4[mm] 경동선
 3. 가공 전선로의 경간(지지물 간 거리)이 50[m]를 초과하는 경우 인장 강도 8.01[kN] 이상 지름 5[mm] 경동선
③ 특고압선과 고·저압선의 이격 거리(간격)는 1.2[m] 이상. 단, 특고압 전선이 케이블이면 50[cm]까지 감할 수 있다.

18. **이론 check** 지중 전선로의 시설(한국전기설비규정 334.1)

① 지중 전선로는 전선에 케이블을 사용하고 또한 관로식·암거식·직접 매설식에 의하여 시설하여야 한다.
② 지중 전선로를 관로식 또는 암거식에 의하여 시설하는 경우에는 견고하고, 차량 기타 중량물의 압력에 견디는 것을 사용하여야 한다.
③ 지중 전선을 냉각하기 위하여 케이블을 넣은 관내에 물을 순환시키는 경우에는 지중 전선로는 순환수 압력에 견디고 또한 물이 새지 아니하도록 시설하여야 한다.

해설 저·고압 가공 전선과 가공 약전류 전선 등의 공용 설치(한국전기설비규정 222.21, 332.21)
가공 전선과 가공 약전류 전선을 동일 지지물에 시설하는 경우 이격 거리(간격)는 저압은 75[cm] 이상, 고압은 1.5[m] 이상으로 한다.

16 가공 전선로의 지지물에 시설하는 통신선 또는 이에 직접 접속하는 가공 통신선의 높이에 대한 설명으로 적합한 것은?
① 도로를 횡단하는 경우에는 지표상 5[m] 이상
② 철도 또는 궤도를 횡단하는 경우에는 레일면상 6.5[m] 이상
③ 횡단 보도교 위에 시설하는 경우에는 그 노면상 3.5[m] 이상
④ 도로를 횡단하며 교통에 지장이 없는 경우에는 4.5[m] 이상

해설 가공 통신선의 높이(한국전기설비규정 362.2)
 1. 도로를 횡단하는 경우 6[m] 이상. 다만, 교통에 지장을 줄 우려가 없는 경우에는 지표상 5[m]까지로 감할 수 있다.
 2. 철도 또는 궤도를 횡단하는 경우에는 레일면상 6.5[m] 이상
 3. 횡단 보도교의 위에 시설하는 경우에는 그 노면상 5[m] 이상

17 동일 지지물에 저압 가공 전선(다중 접지된 중성선은 제외)과 고압 가공 전선을 시설하는 경우 저압 가공 전선은?
① 고압 가공 전선의 위로 시설하고 동일 완금류에 시설
② 고압 가공 전선과 나란하게 하고 동일 완금류에 시설
③ 고압 가공 전선의 아래로 하고 별개의 완금류에 시설
④ 고압 가공 전선과 나란하게 하고 별개의 완금류에 시설

해설 고압 가공 전선 등의 병행 설치(한국전기설비규정 332.8)
 1. 저압 가공 전선을 고압 가공 전선의 아래로 하고 별개의 완금류에 시설할 것
 2. 저압 가공 전선과 고압 가공 전선 사이의 이격 거리(간격)는 50[cm] 이상일 것

18 지중 전선로를 직접 매설식에 의하여 차량 기타 중량물의 압력을 받을 우려가 있는 장소에 시설하는 경우 그 깊이는 몇 [m] 이상인가?
① 1.0 ② 1.2
③ 1.5 ④ 2.0

해설 지중 전선로의 시설(한국전기설비규정 334.1)
지중 전선로를 직접 매설식에 의하여 시설하는 경우에는 매설 깊이를 차량 기타 중량물의 압력을 받을 우려가 있는 장소에는 1.0[m] 이상, 기타 장소에는 60[cm] 이상으로 한다.

정답 16.② 17.③ 18.①

19 440[V]를 사용하는 전로의 절연 저항은 몇 [MΩ] 이상인가?
① 0.1 ② 0.5
③ 0.75 ④ 1.0

해설 저압 전로의 절연 성능(기술기준 제52조)

전로의 사용 전압[V]	DC 시험 전압[V]	절연 저항[MΩ]
SELV 및 PELV	250	0.5
FELV, 500[V] 이하	500	1.0
500[V] 초과	1,000	1.0

(주) 특별 저압(extra low voltage : 2차 전압이 AC 50[V], DC 120[V] 이하)으로 SELV(비접지 회로 구성) 및 PELV(접지 회로 구성)은 1차와 2차가 전기적으로 절연된 회로, FELV는 1차와 2차가 전기적으로 절연되지 않은 회로

20 옥내에 시설하는 전동기에 과부하 보호 장치의 시설을 생략할 수 없는 경우는?
① 정격 출력이 0.75[kW]인 전동기
② 타인이 출입할 수 없고 전동기가 소손할 정도의 과전류가 생길 우려가 없는 경우
③ 전동기가 단상의 것으로 전원측 전로에 시설하는 배선 차단기의 정격 전류가 20[A] 이하인 경우
④ 전동기를 운전 중 상시 취급자가 감시할 수 있는 위치에 시설한 경우

해설 저압 전로 중의 전동기 보호용 과전류 보호 장치의 시설(한국전기설비규정 212.6.4)
1. 정격 출력 0.2[kW] 초과하는 전동기에 과부하 보호 장치를 시설한다.
2. 과부하 보호 장치 시설을 생략하는 경우
  가. 전동기 운전 중 상시 취급자가 감시할 수 있는 위치에 시설하는 경우
  나. 전동기의 구조상 또는 전동기의 부하 성질상 전동기의 권선에 전동기를 소손할 위험이 있는 과전류가 일어날 위험이 없는 경우
  다. 전동기가 단상인 것에 있어서 그 전원측 전로에 시설하는 과전류 차단기의 정격 전류가 15[A](배선 차단기는 20[A]) 이하인 경우

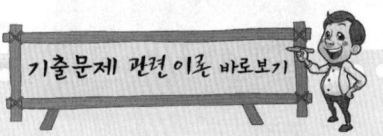

20. **저압 전로 중의 전동기 보호용 과전류 보호 장치의 시설 (한국전기설비규정 212.6.4)**
정격 출력이 0.2[kW]를 초과하는 전동기에는 전동기가 소손할 위험이 있는 과전류를 일으킨 때에 이것을 자동적으로 저지하고 또 이것을 경보하는 장치를 시설해야 한다. 다만, 다음의 경우는 과부하 보호 장치 시설을 생략한다.
① 전동기 운전 중 상시 취급자가 감시할 수 있는 위치에 시설할 경우
② 전동기의 구조상 또는 전동기의 부하 성질상 전동기의 권선에 전동기를 소손할 위험이 있는 과전류가 일어날 위험이 없는 경우
③ 전동기가 단상인 것에 있어서 그 전원측 전로에 시설하는 과전류 차단기의 정격 전류가 15[A](배선 차단기는 20[A]) 이하인 경우

정답 19.④ 20.①

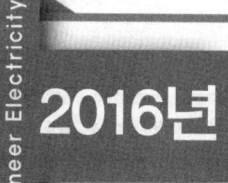 

2016년 과년도 출제문제

제1회 전기설비기술기준

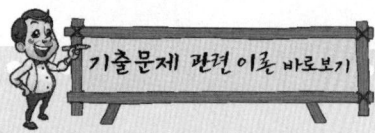

01. 이론 check **고압 가공 전선 등의 병행 설치 (한국전기설비규정 332.8)**

① 저압 가공 전선과 고압 가공 전선을 동일 지지물에 시설하는 경우에는 다음에 따라야 한다.
  1. 저압 가공 전선을 고압 가공 전선의 아래로 하고 별개의 완금류에 시설할 것
  2. 저압 가공 전선과 고압 가공 전선 사이의 이격 거리(간격)는 0.5[m] 이상일 것

② 다음의 어느 하나에 해당하는 경우에는 ①에 의하지 아니할 수 있다.
  1. 고압 가공 전선에 케이블을 사용하고, 또한 그 케이블과 저압 가공 전선 사이의 이격 거리(간격)를 0.3[m] 이상으로 하여 시설하는 경우
  2. 저압 가공 인입선을 분기하기 위하여 저압 가공 전선을 고압용의 완금류에 견고하게 시설하는 경우

③ 저압 또는 고압의 가공 전선과 교류 전차선 또는 이와 전기적으로 접속되는 조가용선(조가선), 브래킷이나 장선을 동일 지지물에 시설하는 경우에는 333.17의 1의 "나"부터 "라"까지의 규정에 준하여 시설하는 이외에 저압 또는 고압의 가공 전선을 지지물이 교류 전차선 등을 지지하는 쪽의 반대쪽에서 수평 거리를 1[m] 이상으로 하여 시설하여야 한다. 이 경우에 저압 또는 고압의 가공 전선을 교류 전차선 등의 위로 할 때에는 수직 거리를 수평 거리의 1.5배 이하로 하여 시설하여야 한다.

④ 저압 또는 고압의 가공 전선과 교류 전차선 등의 수평 거리를 3[m] 이상으로 하여 시설하는 경우 또는 구내 등에서 지지물의 양쪽에 교류

01 동일 지지물에 고압 가공 전선과 저압 가공 전선을 병가(병행 설치)할 경우 일반적으로 양 전선 간의 이격 거리(간격)는 몇 [cm] 이상인가?
① 50
② 60
③ 70
④ 80

해설 고압 가공 전선 등의 병행 설치(한국전기설비규정 332.8)
  1. 저압 가공 전선을 고압 가공 전선의 아래로 하고 별개의 완금류에 시설할 것
  2. 저압 가공 전선과 고압 가공 전선 사이의 이격 거리(간격)는 50[cm] 이상일 것

02 전압의 적용 범위에서 교류 1[kV]는 무엇으로 분류하는가?
① 저압
② 고압
③ 특고압
④ 초고압

해설 적용 범위(한국전기설비규정 111.1)
  1. 저압 : 직류 1.5[kV] 이하, 교류 1[kV] 이하인 것
  2. 고압 : 직류는 1.5[kV]를, 교류는 1[kV]를 넘고 7[kV] 이하인 것
  3. 특고압 : 7[kV]를 초과하는 것

03 전로에 시설하는 고압용 기계 기구의 철대 및 금속제 외함에는 제 몇 종 접지 공사를 하여야 하는가?
① 제1종 접지 공사
② 제2종 접지 공사
③ 제3종 접지 공사
④ 특별 제3종 접지 공사

정답 01.① 02.① 03.①

2016년 과년도 출제문제

해설 기계 기구의 철대 및 외함의 접지(판단기준 제33조)

기계 기구의 구분	접지 공사의 종류
고압 또는 특고압용의 것	제1종 접지 공사
400[V] 미만인 저압용의 것	제3종 접지 공사
400[V] 이상의 저압용의 것	특별 제3종 접지 공사

※ 이 문제는 출제 당시 규정에는 적합했으나 새로 제정된 한국전기설비규정에는 일부 부적합하므로 문제 유형만 참고하시기 바랍니다.

04 저압 옥상 전선로의 시설에 대한 설명으로 틀린 것은?
① 전선은 절연 전선을 사용한다.
② 전선은 지름 2.6[mm] 이상의 경동선을 사용한다.
③ 전선과 옥상 전선로를 시설하는 조영재와의 이격 거리(간격)를 0.5[m]로 한다.
④ 전선은 상시 부는 바람 등에 의하여 식물에 접촉하지 않도록 시설한다.

해설 저압 옥상 전선로의 시설(한국전기설비규정 221.3)
1. 전선은 인장 강도 2.30[kN] 이상의 것 또는 지름 2.6[mm] 이상의 경동선의 것
2. 전선은 절연 전선일 것
3. 전선은 애자를 사용하여 지지하고 또한 그 지지점 간의 거리는 15[m] 이하일 것
4. 전선과 그 저압 옥상 전선로를 시설하는 조영재와의 이격 거리(간격)는 2[m] 이상일 것

05 저압 및 고압 가공 전선의 높이에 대한 기준으로 틀린 것은?
① 철도를 횡단하는 경우는 레일면상 6.5[m] 이상이다.
② 횡단 보도교 위에 시설하는 경우는 저압의 경우는 그 노면상에서 3[m] 이상이다.
③ 횡단 보도교 위에 시설하는 경우는 고압의 경우는 그 노면상에서 3.5[m] 이상이다.
④ 다리의 하부 기타 이와 유사한 장소에 시설하는 저압의 전기 철도용 급전선은 지표상 3.5[m]까지 감할 수 있다.

해설 저압 및 고압 가공 전선의 높이(한국전기설비규정 222.7, 332.5)
횡단 보도교의 위에 시설하는 경우에는 저압 가공전선은 그 노면상 3.5[m](절연 전선 또는 케이블인 경우에는 3[m]) 이상, 고압 가공 전선은 노면상 3.5[m] 이상

정답 04.③ 05.②

기출문제 관련 이론 바로보기

전차선 등을 시설하는 경우에 다음에 따라 시설할 때에는 ③의 규정에 불구하고 저압 또는 고압의 가공 전선을 지지물의 교류 전차선 등을 지지하는 쪽에 시설할 수 있다.
1. 저압 또는 고압의 가공 전선로의 경간(지지물 간 거리)은 60[m] 이하일 것
2. 저압 또는 고압 가공 전선은 인장 강도 8.71[kN] 이상의 것 또는 단면적 22[mm²] 이상의 경동 연선일 것. 다만, 저압 가공 전선을 교류 전차선 등의 아래에 시설할 경우는 저압 가공 전선에 인장 강도 8.01[kN] 이상의 것 또는 지름 5[mm][저압 가공 전선로의 경간(지지물 간 거리)이 30[m] 이하인 경우에는 인장 하중 5.26[kN] 이상의 것 또는 지름 4[mm] 이상의 경동선] 이상의 경동선을 사용할 수 있다.

05. 이론 check 저압 및 고압 가공 전선의 높이(한국전기설비규정 222.7, 332.5)
① 고·저압 가공 전선 : 5[m] 이상(교통에 지장이 없는 경우 4[m] 이상)
② 도로를 횡단하는 경우에는 지표상 6[m] 이상
③ 철도 또는 궤도를 횡단하는 경우에는 레일면상 6.5[m] 이상
④ 횡단 보도교의 위에 시설하는 경우에는 저압 가공 전선은 그 노면상 3.5[m](절연 전선·다심형 전선·고압 절연 전선·특고압 절연 전선 또는 케이블인 경우에는 3[m]) 이상, 고압 가공 전선은 그 노면상 3.5[m] 이상
⑤ 다리의 하부 기타 이와 유사한 장소에 시설하는 저압의 전기 철도용 급전선은 지표상 3.5[m]까지로 감할 수 있다.

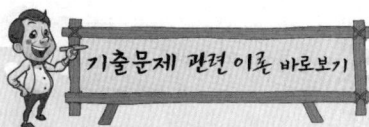

06 이론 check 특고압용 기계·기구 시설(한국전기설비규정 341.4)

① 기계·기구의 주위에 사람이 접촉할 우려가 없도록 적당한 울타리를 설치하여 울타리의 높이와 울타리로부터 충전 부분까지의 거리의 합계를 다음과 같이 정하고 또한 위험하다는 내용의 표시를 한다.

사용 전압의 구분	울타리 높이와 울타리로부터 충전 부분까지의 거리의 합계 또는 지표상의 높이
35[kV] 이하	5[m]
35[kV] 초과 160[kV] 이하	6[m]
160[kV] 초과	6[m]에 160[kV]를 넘는 10[kV] 또는 그 단수마다 12[cm]를 더한 값

② 기계 기구를 지표상 5[m] 이상의 높이에 시설하고 충전 부분의 지표상의 높이를 위의 표에서 정한 값 이상으로 하고 또한 사람이 접촉할 우려가 없도록 시설한다.
③ 공장 등의 구내에서 기계·기구를 콘크리트제의 함 또는 접지 공사를 한 금속제의 함에 넣고 또한 충전 부분이 노출되지 아니하도록 시설한다.
④ 옥내에 설치한 기계 기구를 취급자 이외의 사람이 출입할 수 없도록 설치한다.
⑤ 특고압용의 기계 기구는 노출된 충전 부분에 접지 공사로 한다.

06
35[kV] 기계 기구, 모선 등을 옥외에 시설하는 변전소의 구내에 취급자 이외의 사람이 들어가지 않도록 울타리를 시설하는 경우에 울타리의 높이와 울타리로부터의 충전 부분까지의 거리의 합계는 몇 [m]인가?

① 5
② 6
③ 7
④ 8

해설 특고압용 기계 기구 시설(한국전기설비규정 341.4)

사용 전압의 구분	울타리 높이와 울타리로부터 충전 부분까지의 거리의 합계 또는 지표상의 높이
35[kV] 이하	5[m]
35[kV] 초과 160[kV] 이하	6[m]

07
최대 사용 전압이 22,900[V]인 3상 4선식 중성선 다중 접지식 전로와 대지 사이의 절연 내력 시험 전압은 몇 [V]인가?

① 21,068
② 25,229
③ 28,752
④ 32,510

해설 전로의 절연 저항 및 절연 내력(한국전기설비규정 132)
시험 전압 $22,900 \times 0.92 = 21,068$[V]

08
터널 등에 시설하는 사용 전압이 220[V]인 저압의 전구선으로 편조 고무 코드를 사용하는 경우 단면적은 몇 [mm²] 이상인가?

① 0.5
② 0.75
③ 1.0
④ 1.25

해설 터널 등의 전구선 또는 이동 전선 등의 시설(한국전기설비규정 242.7.4)
터널 등에 시설하는 사용 전압이 400[V] 이하인 저압의 전구선 또는 이동 전선은 단면적 0.75[mm²] 이상의 300/300[V] 편조 고무 코드 또는 0.6/1[kV] EP 고무 절연 클로로프렌 캡타이어 케이블일 것

정답 06.① 07.① 08.②

09 고압 가공 전선과 건조물의 상부 조영재와의 옆쪽 이격 거리(간격)는 몇 [m] 이상인가? (단, 전선에 사람이 쉽게 접촉할 우려가 있고 케이블이 아닌 경우이다.)

① 1.0
② 1.2
③ 1.5
④ 2.0

해설 고압 가공 전선과 건조물의 접근(한국전기설비규정 332.11)

건조물 조영재의 구분	접근 형태	이격 거리(간격)
상부 조영재	위쪽	2[m](케이블 1[m])
	옆쪽 또는 아래쪽	1.2[m](사람이 쉽게 접촉할 우려가 없는 경우 80[cm], 케이블 40[cm])

10 특고압용 제2종 보안 장치 또는 이에 준하는 보안 장치 등이 되어 있지 않은 25[kV] 이하인 특고압 가공 전선로의 지지물에 시설하는 통신선 또는 이에 직접 접속하는 통신선으로 사용할 수 있는 것은?

① 광섬유 케이블
② CN/CV 케이블
③ 캡타이어 케이블
④ 지름 2.6[mm] 이상의 절연 전선

해설 25[kV] 이하인 특고압 가공 전선로 첨가 통신선의 시설에 관한 특례(판단기준 제160조)

통신선은 광섬유 케이블일 것. 다만, 통신선은 광섬유 케이블 이외의 경우에 특고압용 제2종 보안 장치 또는 이에 준하는 보안 장치를 시설할 때에는 그러하지 아니하다.

※ 이 문제는 출제 당시 규정에는 적합했으나 새로 제정된 한국전기설비규정에는 일부 부적합하므로 문제 유형만 참고하시기 바랍니다.

11 765[kV] 가공 전선 시설 시 2차 접근 상태에서 건조물을 시설하는 경우 건조물 상부와 가공 전선 사이의 수직 거리는 몇 [m] 이상인가? (단, 전선의 높이가 최저 상태로 사람이 올라갈 우려가 있는 개소를 말한다.)

① 15
② 20
③ 25
④ 28

해설 특고압 가공 전선과 건조물의 접근 또는 교차(기술기준 제36조)

400[kV] 이상인 경우 수평 이격 거리(간격)는 3[m] 이상, 상부와 수직 거리는 28[m] 이상

09. 이론 check 고압 가공 전선과 건조물 접근 (한국전기설비규정 332.11)

① 고압 가공 전선로 고압 보안 공사에 의할 것
② 저·고압 가공 전선과 건조물의 조영재 사이의 이격 거리(간격)

건조물 조영재의 구분	접근 형태	이격 거리(간격)
상부 조영재 [지붕·챙(차양:遮陽)·옷 말리는 곳 기타 사람이 올라갈 우려가 있는 조영재를 말한다.]	위쪽	2[m](전선이 고압 절연 전선, 특고압 절연 전선 또는 케이블인 경우는 1[m])
	옆쪽 또는 아래쪽	1.2[m] (전선에 사람이 쉽게 접촉할 우려가 없도록 시설한 경우에는 80[cm], 고압 절연 전선, 특고압 절연 전선 또는 케이블인 경우에는 40[cm])
기타의 조영재	–	

③ 저·고압 가공 전선이 건조물의 아래쪽에 시설될 때 이격 거리(간격)

가공 전선의 종류	이격 거리(간격)
저압 가공 전선	60[cm](전선이 고압 절연 전선, 특고압 절연 전선 또는 케이블인 경우에는 30[cm])
고압 가공 전선	80[cm](전선이 케이블인 경우에는 40[cm])

정답 09.② 10.① 11.④

PART 06 전기설비기술기준

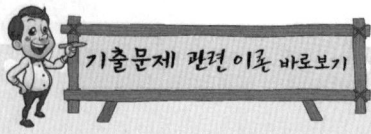

12 정격 전류 20[A]와 40[A]인 전동기와 정격 전류 10[A]인 전열기 5대에 전기를 공급하는 단상 220[V] 저압 옥내 간선이 있다. 몇 [A] 이상의 허용 전류가 있는 전선을 사용하여야 하는가?

① 100　　　　　② 116
③ 125　　　　　④ 132

해설 옥내 저압 간선의 선정(한국전기설비규정 232.18.6)
$I_0 = (20+40) \times 1.1 + 10 \times 5 = 116[A]$

15. 이론 check 지중함의 시설(한국전기설비규정 334.2)

① 지중함은 견고하고, 차량 기타 중량물의 압력에 견디는 구조일 것
② 지중함은 그 안의 고인 물을 제거할 수 있는 구조로 되어 있을 것
③ 폭발성 또는 연소성의 가스가 침입할 우려가 있는 곳에 시설하는 지중함으로서 그 크기가 1[m³] 이상인 것에는 통풍 장치 기타 가스를 방산시키기 위한 적당한 장치를 시설할 것
④ 지중함의 뚜껑은 시설자 이외의 자가 쉽게 열 수 없도록 시설할 것

Tip 지중 전선로의 시설(한국전기설비규정 334.1)

① 지중 전선로는 전선에 케이블을 사용하고 또한 관로식·암거식·직접 매설식에 의하여 시설하여야 한다.
② 지중 전선로를 관로식 또는 암거식에 의하여 시설하는 경우에는 견고하고, 차량 기타 중량물의 압력에 견디는 것을 사용하여야 한다.
③ 지중 전선을 냉각하기 위하여 케이블을 넣은 관내에 물을 순환시키는 경우에는 지중 전선로는 순환수 압력에 견디고 또한 물이 새지 아니하도록 시설하여야 한다.
④ 지중 전선로를 직접 매설식에 의하여 시설하는 경우에는 매설 깊이를 차량 기타 중량물의 압력을 받을 우려가 있는 장소에는 1.0[m] 이상, 기타 장소에는 60[cm] 이상으로 하고 또한 지중 전선을 견고한 트로프 기타 방호물에 넣어 시설하여야 한다.

13 의료 장소에서 인접하는 의료 장소와의 바닥 면적 합계가 몇 [m²] 이하인 경우 기준 접지 바를 공용으로 할 수 있는가?

① 30　　　　　② 50
③ 80　　　　　④ 100

해설 의료 장소 내의 접지 설비(한국전기설비규정 242.10.4)
의료 장소마다 그 내부 또는 근처에 기준 접지 바를 설치할 것. 다만, 인접하는 의료 장소와의 바닥 면적 합계가 50[m²] 이하인 경우에는 기준 접지 바를 공용할 수 있다.

14 배선 공사 중 전선이 반드시 절연 전선이 아니라도 상관없는 공사 방법은?

① 금속관 공사　　　　② 합성 수지관 공사
③ 버스 덕트 공사　　　④ 플로어 덕트 공사

해설 나전선의 사용 제한(한국전기설비규정 231.4)
옥내에 시설하는 저압 전선에 나전선을 사용하는 경우
1. 애자 공사에 의하여 전개된 곳에 시설하는 경우
　가. 전기로용 전선
　나. 전선의 피복 절연물이 부식하는 장소에 시설하는 전선
　다. 취급자 이외의 자가 출입할 수 없도록 설비한 장소에 시설하는 전선
2. 버스 덕트 공사에 의하여 시설하는 경우
3. 라이팅 덕트 공사에 의하여 시설하는 경우
4. 저압 접촉 전선을 시설하는 경우

15 폭발성 또는 연소성의 가스가 침입할 우려가 있는 것에 시설하는 지중 전선로의 지중함은 그 크기가 최소 몇 [m³] 이상인 경우에는 통풍 장치 기타 가스를 방산시키기 위한 적당한 장치를 시설하여야 하는가?

① 1　　　　　② 3
③ 5　　　　　④ 10

 정답　12.②　13.②　14.③　15.①

해설 지중함의 시설(한국전기설비규정 334.2)

폭발성 또는 연소성의 가스가 침입할 우려가 있는 것에 시설하는 지중함으로서 그 크기가 1[m³] 이상인 것에는 통풍 장치 기타 가스를 방산시키기 위한 적당한 장치를 시설할 것

16 사용 전압이 특고압인 전기 집진 장치에 전원을 공급하기 위해 케이블을 사람이 접촉할 우려가 없도록 시설하는 경우 케이블의 피복에 사용하는 금속체는 몇 종 접지 공사로 할 수 있는가?

① 제1종 접지 공사
② 제2종 접지 공사
③ 제3종 접지 공사
④ 특별 제3종 접지 공사

해설 전기 집진 장치 등의 시설(판단기준 제246조)

케이블을 넣는 방호 장치의 금속제 부분 및 방식 케이블 이외의 케이블의 피복에 사용하는 금속체에는 제1종 접지 공사를 할 것. 다만, 사람이 접촉할 우려가 없도록 시설하는 경우에는 제3종 접지 공사에 의할 수 있다.

※ 이 문제는 출제 당시 규정에는 적합했으나 새로 제정된 한국전기설비규정에는 일부 부적합하므로 문제 유형만 참고하시기 바랍니다.

17 가공 전선로의 지지물에 시설하는 지선(지지선)의 안전율은 일반적인 경우 얼마 이상이어야 하는가?

① 2.0
② 2.2
③ 2.5
④ 2.7

해설 지선(지지선)의 시설(한국전기설비규정 331.11)

1. 지선(지지선)의 안전율은 2.5 이상. 이 경우에 허용 인장 하중의 최저는 4.31[kN]
2. 지선(지지선)에 연선을 사용할 경우
   가. 소선(素線) 3가닥 이상의 연선일 것
   나. 소선의 지름이 2.6[mm] 이상의 금속선을 사용한 것일 것

18 저·고압 혼촉에 의한 위험을 방지하려고 시행하는 접지 공사에 대한 기준으로 틀린 것은?

① 접지 공사는 변압기의 시설 장소마다 시행하여야 한다.
② 토지의 상황에 의하여 접지 저항값을 얻기 어려운 경우, 가공 접지선을 사용하여 접지극을 100[m]까지 떼어놓을 수 있다.
③ 가공 공동 지선을 설치하여 접지 공사를 하는 경우, 각 변압기를 중심으로 지름 400[m] 이내의 지역에 접지를 하여야 한다.
④ 저압 전로의 사용 전압이 300[V] 이하인 경우, 그 접지 공사를 중성점에 하기 어려우면 저압측의 1단자에 시행할 수 있다.

정답 16.③ 17.③ 18.②

---

17 이론 check 지선(지지선)의 시설(한국전기설비규정 331.11)

① 지선(지지선)의 사용
1. 철탑은 지선(지지선)을 이용하여 강도를 분담시켜서는 안 된다.
2. 가공 전선로의 지지물로 사용하는 철주 또는 철근 콘크리트주는 그 철주 또는 철근 콘크리트주가 지선(지지선)을 사용하지 아니하는 상태에서 풍압 하중의 2분의 1 이상의 풍압 하중에 견디는 강도를 가지는 경우 이외에는 지선(지지선)을 사용하여 그 강도를 분담시켜서는 아니 된다.

② 지선(지지선)의 시설
1. 지선(지지선)의 안전율
   가. 2.5 이상
   나. 목주·A종 철주 또는 A종 철근 콘크리트주 등 : 1.5

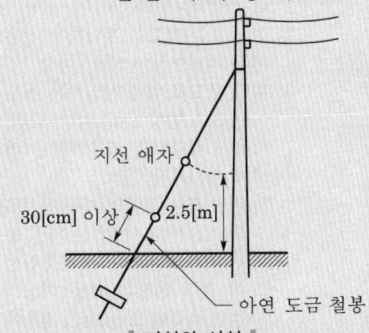

∥지선의 시설∥

2. 허용 인장 하중 : 4.31[kN] 이상
3. 소선(素線) 3가닥 이상의 연선일 것
4. 소선은 지름 2.6[mm] 이상의 금속선을 사용한 것일 것. 다만, 소선의 지름이 2[mm] 이상인 아연도강연선(亞鉛鍍鋼撚線)으로서 소선의 인장 강도가 0.68[kN/mm²] 이상인 것을 사용하는 경우에는 그러하지 아니하다.
5. 지중의 부분 및 지표상 30[cm]까지의 부분에는 아연 도금을 한 철봉 또는 이와 동등 이상의 세기 및 내식 효력이 있는 것을 사용하고 이를 쉽게 부식하지 아니하는 근가(전주 버팀대)에 견고하게 붙일 것
6. 지선(지지선)의 근가(전주 버팀대)는 지선(지지선)의 인장 하중에 충분히 견디도록 시설할 것

PART 06 전기설비기술기준

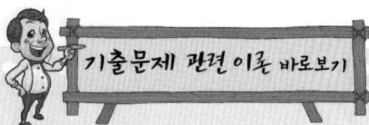

19. **전력 보안 통신선의 시설 높이와 이격 거리(간격)(한국전기설비규정 362.2)**

① 가공 통신선의 높이
  1. 도로 위에 시설하는 경우 지표상 5[m] 이상. 다만, 교통에 지장을 줄 우려가 없는 경우에는 지표상 4.5[m]까지로 감할 수 있다.
  2. 철도 또는 궤도를 횡단하는 경우에는 레일면상 6.5[m] 이상
  3. 횡단 보도교 위에 시설하는 경우에는 그 노면상 3[m] 이상
  4. 기타 지표상 높이는 3.5[m] 이상

② 가공 전선로의 지지물에 시설하는 통신선의 높이
  1. 도로를 횡단하는 경우 6[m] 이상. 다만, 교통에 지장을 줄 우려가 없는 경우에는 지표상 5[m]까지로 감할 수 있다.
  2. 철도 또는 궤도를 횡단하는 경우에는 레일면상 6.5[m] 이상
  3. 횡단 보도교 위에 시설하는 경우에는 그 노면상 5[m] 이상. 다만, 다음에 해당하는 경우에는 그러하지 아니하다.
    가. 저압 또는 고압의 가공 전선로의 지지물에 시설하는 가공 통신선은 노면상 3.5[m](통신선이 절연 전선과 동등 이상의 절연 효력이 있는 것인 경우에는 3[m]) 이상
    나. 특고압 가공 전선로의 지지물에 시설하는 통신선 또는 이에 직접 접속하는 가공 통신선으로서 광섬유 케이블을 사용하는 것은 그 노면상 4[m] 이상으로 하는 경우
  4. 기타의 경우에는 지표상 5[m] 이상. 다만, 저압이나 고압의 가공 전선로의 지지물에 시설하는 통신선 또는 이에 직접 접속하는 가공 통신선의 높이
    가. 횡단 보도교의 하부 기타 이와 유사한 곳(차도를 제외)에 시설하는 경우에 통신선에 절연 전선과 동등 이상의 절연 효력이 있는 것을 사용하고 또한 지표상 4[m] 이상

해설 고압 또는 특고압과 저압의 혼촉에 의한 위험 방지 시설(한국전기설비규정 322.1)
  1. 변압기의 접지 공사는 변압기의 설치 장소마다 시행하여야 한다.
  2. 토지의 상황에 따라서 규정의 저항값을 얻기 어려운 경우에는 인장 강도 5.26[kN] 이상 또는 직경 4[mm] 이상 경동선의 가공 접지선을 저압 가공 전선에 준하여 시설할 때에는 접지점을 변압기 시설 장소에서 200[m]까지 떼어놓을 수 있다.

19 저압 가공 전선로의 지지물에 시설하는 통신선 또는 이에 직접 접속하는 통신 케이블이 도로를 횡단하는 경우, 일반적으로 지표상 몇 [m] 이상의 높이로 시설하여야 하는가?

① 6.0
② 4.0
③ 5.0
④ 3.0

해설 전력 보안 통신선의 시설 높이와 이격 거리(간격)(한국전기설비규정 362.2)
  1. 도로를 횡단하는 경우 6[m] 이상. 교통에 지장을 줄 우려가 없는 경우 5[m]
  2. 철도 또는 궤도를 횡단하는 경우에는 레일면상 6.5[m] 이상

20 사용 전압이 22.9[kV]인 특고압 가공 전선이 도로를 횡단하는 경우, 지표상 높이는 최소 몇 [m] 이상인가?

① 4.5
② 5
③ 5.5
④ 6

해설 특고압 가공 전선의 높이(한국전기설비규정 333.7)

사용 전압의 구분	지표상의 높이
35[kV] 이하	철도 또는 궤도를 횡단하는 경우에는 6.5[m], 도로를 횡단하는 경우에는 6[m]

정답 19.① 20.④

제 2 회 전기설비기술기준

01 특고압 가공 전선이 삭도와 제2차 접근 상태로 시설할 경우에 특고압 가공 전선로의 보안 공사는?

① 고압 보안 공사
② 제1종 특고압 보안 공사
③ 제2종 특고압 보안 공사
④ 제3종 특고압 보안 공사

해설 특고압 가공 전선과 삭도의 접근 또는 교차(한국전기설비규정 333.25)
1. 특고압 가공 전선이 삭도와 제1차 접근 상태로 시설되는 경우 : 제3종 특고압 보안 공사
2. 특고압 가공 전선이 삭도와 제2차 접근 상태로 시설되는 경우 : 제2종 특고압 보안 공사

02 저압 전로 중 전선 상호간 및 전로와 대지 사이의 절연 저항값은 대지 전압이 300[V] 이하인 경우에 몇 [MΩ]이 되어야 하는가?

① 0.1
② 1.0
③ 2.0
④ 3.0

해설 저압 전로의 절연 성능(기술기준 제52조)

전로의 사용 전압[V]	DC 시험 전압[V]	절연 저항[MΩ]
SELV 및 PELV	250	0.5
FELV, 500[V] 이하	500	1.0
500[V] 초과	1,000	1.0

(주) 특별 저압(extra low voltage : 2차 전압이 AC 50[V], DC 120[V] 이하)으로 SELV(비접지 회로 구성) 및 PELV(접지 회로 구성)은 1차와 2차가 전기적으로 절연된 회로, FELV는 1차와 2차가 전기적으로 절연되지 않은 회로

03 철도 또는 궤도를 횡단하는 저압 가공 전선의 높이는 레일면상 몇 [m] 이상인가?

① 5.5
② 6.5
③ 7.5
④ 8.5

해설 저압 가공 전선의 높이(한국전기설비규정 222.7)
1. 도로를 횡단하는 경우에는 지표상 6[m] 이상
2. 철도 또는 궤도를 횡단하는 경우에는 레일면상 6.5[m] 이상

기출문제 관련 이론 바로보기

나. 도로 이외의 곳에 시설하는 경우에 지표상 4[m](통신선이 광섬유 케이블인 경우에는 3.5[m]) 이상으로 할 때나 광섬유 케이블인 경우에는 3.5[m] 이상
5. 가공 통신선을 수면상에 시설하는 경우에는 그 수면상의 높이를 선박의 항해 등에 지장을 줄 우려가 없도록 유지하여야 한다.

01. 이론 check 특고압 가공 전선과 삭도의 접근 또는 교차(한국전기설비규정 333.25)

① 삭도와 제1차 접근 상태로 시설되는 경우
  1. 특고압 가공 전선로는 제3종 특고압 보안 공사에 의할 것
  2. 특고압 가공 전선과 삭도 또는 삭도용 지주 사이의 이격 거리(간격)

사용 전압의 구분	이격 거리(간격)
35[kV] 이하의 것	2[m](특고압 절연 전선 1[m], 케이블 50[cm]) 이상
35[kV] 초과 600[kV] 이하의 것	2[m] 이상
600[kV] 초과	2[m]에 사용 전압이 60[kV]를 넘는 10[kV] 또는 그 단수마다 12[cm]를 더한 값 이상

② 삭도와 제2차 접근 상태로 시설되는 경우
  1. 특고압 가공 전선로는 제2종 특고압 보안 공사에 의할 것
  2. 특고압 가공 전선 중 삭도에서 수평 거리로 3[m] 미만으로 시설되는 부분의 길이가 연속하여 50[m] 이하이고 또한 1경간(지지물 간 거리) 안에서의 그 부분의 길이의 합계가 50[m] 이하일 것. 다만, 사용 전압이 35[kV]를 넘는 특고압 가공 전선로를 제1종 특고압 보안 공사에 의하여 시설하는 경우에는 그러하지 아니하다.

정답 01.③ 02.② 03.②

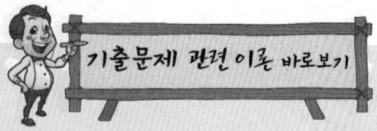

04 갑종 풍압 하중을 계산할 때 강관에 의하여 구성된 철탑에서 구성재의 수직 투영 면적 1[m²]에 대한 풍압 하중은 몇 [Pa]을 기초로 하여 계산한 것인가? (단, 단주는 제외한다.)

① 588　　　　　② 1,117
③ 1,255　　　　④ 2,157

해설 풍압 하중의 종별과 적용(한국전기설비규정 331.6)

철 탑	강관으로 구성되는 것	1,255[Pa]
	기타의 것	2,157[Pa]

05 발전소의 계측 요소가 아닌 것은?
① 발전기의 고정자 온도　② 저압용 변압기의 온도
③ 발전기의 전압 및 전류　④ 주요 변압기의 전류 및 전압

해설 계측 장치(한국전기설비규정 351.6)
발전소 계측 장치
1. 발전기, 연료 전지 또는 태양 전지 모듈의 전압, 전류, 전력
2. 발전기 베어링 및 고정자의 온도
3. 정격 출력이 10,000[kW]를 초과하는 증기 터빈에 접속하는 발전기의 진동의 진폭
4. 주요 변압기의 전압, 전류, 전력
5. 특고압용 변압기의 유온
6. 동기 검정 장치

06 특고압 가공 전선로에서 발생하는 극저주파 전자계는 자계의 경우 지표상 1[m]에서 측정시 몇 [μT] 이하인가?

① 28.0　　　　　② 46.5
③ 70.0　　　　　④ 83.3

해설 유도 장해 방지(기술기준 제17조)
특고압 가공 전선로에서 발생하는 극저주파 전자계는 지표상 1[m]에서 전계가 3.5[kV/m] 이하, 자계가 83.3[μT] 이하가 되도록 시설한다.

07 애자 공사에 의한 저압 옥내 배선 시 전선 상호간의 간격은 몇 [cm] 이상인가?

① 2　　　　　　② 4
③ 6　　　　　　④ 8

해설 애자 공사(한국전기설비규정 232.56)
1. 전선은 절연 전선(옥외용 및 인입용 절연 전선 제외)일 것
2. 전선 상호간의 간격은 6[cm] 이상일 것
3. 전선과 조영재 사이의 이격 거리(간격)
　가. 400[V] 이하인 경우에는 2.5[cm] 이상
　나. 400[V] 초과인 경우에는 4.5[cm](건조한 장소 2.5[cm]) 이상
4. 전선의 지지점 간의 거리는 2[m] 이하일 것

07. **애자 공사(한국전기설비규정 232.56)**
① 전선은 절연 전선(옥외용 및 인입용 비닐 절연 전선을 제외)을 사용할 것
② 전선 상호 간격은 6[cm] 이상일 것
③ 전선과 조영재와의 이격 거리(간격)
　1. 400[V] 이하인 경우 2.5[cm] 이상
　2. 400[V] 초과인 경우 4.5[cm](건조한 장소 2.5[cm]) 이상
④ 전선은 사람이 쉽게 접촉할 위험이 없도록 시설할 것
⑤ 애자는 절연성 난연성 및 내수성이 있는 것일 것
⑥ 전선의 지지점 간 거리
　1. 조영재의 윗면 또는 옆면에 따라 붙일 경우 2[m] 이하
　2. 400[V] 초과인 것은 조영재의 윗면 또는 옆면에 따라 붙이지 않을 경우 6[m] 이하

정답 04.③　05.②　06.④　07.③

08 가공 전선과 첨가 통신선과의 시공 방법으로 틀린 것은?

① 통신선은 가공 전선의 아래에 시설할 것
② 통신선과 고압 가공 전선 사이의 이격 거리(간격)는 60[cm] 이상일 것
③ 통신선과 특고압 가공 전선로의 다중 접지한 중성선 사이의 이격 거리(간격)는 1.2[m] 이상일 것
④ 통신선은 특고압 가공 전선로의 지지물에 시설하는 기계 기구에 부속되는 전선과 접촉할 우려가 없도록 지지물 또는 완금류에 견고하게 시설할 것

해설 가공 전선과 첨가 통신선 사이의 이격 거리(간격)(판단기준 제155조)
1. 통신선은 가공 전선의 아래에 시설할 것
2. 통신선과 저·고압 가공 전선 또는 중성선 사이의 이격 거리(간격)는 60[cm] 이상일 것
3. 통신선과 특고압 가공 전선 사이의 이격 거리(간격)는 1.2[m] 이상일 것

※ 이 문제는 출제 당시 규정에는 적합했으나 새로 제정된 한국전기설비규정에는 일부 부적합하므로 문제 유형만 참고하시기 바랍니다.

09 가공 약전류 전선을 사용 전압이 22.9[kV]인 특고압 가공 전선과 동일 지지물에 공가(공용 설치)하고자 할 때 가공 전선으로 경동 연선을 사용한다면 단면적이 몇 [mm²] 이상인가?

① 22
② 38
③ 50
④ 75

해설 특고압 가공 전선과 가공 약전류 전선 등의 공용 설치(한국전기설비규정 333.19)
1. 특고압 가공 전선로는 제2종 특고압 보안 공사에 의할 것
2. 특고압 가공 전선은 가공 약전류 전선 등의 위로하고 별개의 완금류에 시설
3. 인장 강도 21.67[kN] 이상의 연선 또는 단면적이 50[mm²] 이상인 경동 연선일 것
4. 이격 거리(간격)는 2[m] 이상

10 발전소·변전소 또는 이에 준하는 곳의 특고압 전로에 대한 접속 상태를 모의 모선의 사용 또는 기타의 방법으로 표시하여야 하는데, 그 표시의 의무가 없는 것은?

① 전선로의 회선수가 3회선 이하로서 복모선
② 전선로의 회선수가 2회선 이하로서 복모선
③ 전선로의 회선수가 3회선 이하로서 단일 모선
④ 전선로의 회선수가 2회선 이하로서 단일 모선

정답 08.③ 09.③ 10.④

---

09. 이론 check 특고압 가공 전선의 공용 설치(한국전기설비규정 333.19)

① 35[kV] 초과하면 가공 약전류 전선과 공가(공용 설치)할 수 없다.
② 35[kV] 이하의 특고압 가공 전선의 공가(공용 설치)
1. 제2종 특고압 보안 공사에 의한다.
2. 가공 전선은 케이블을 제외하고 인장 강도 21.67[kN] 이상의 연선 또는 50[mm²] 이상의 경동 연선 사용
3. 이격 거리(간격)는 2[m] 이상(케이블 50[cm])
4. 특고압 가공 전선은 가공 약전류 전선 등의 위로 하고 별개의 완금류에 시설할 것
5. 가공 약전류 전선을 특고압 가공 전선이 케이블인 경우 이외에는 금속제의 전기적 차폐층이 있는 통신용 케이블일 것

Tip 저압 및 고압 가공 전선과 가공 약전류 전선 등의 공용 설치(한국전기설비규정 222.21, 332.21)

① 목주의 풍압 하중에 대한 안전율은 1.5 이상으로 한다.
② 가공 전선을 가공 약전류 전선의 위로 하고 별개의 완금류에 시설한다.
③ 상호 이격 거리(간격)
1. 저압에 있어서는 75[cm] 이상
2. 고압에 있어서는 1.5[m] 이상

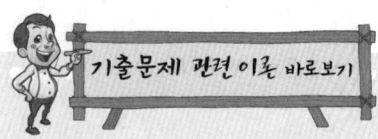

해설 특고압 전로의 상 및 접속 상태의 표시(한국전기설비규정 351.2)

발전소·변전소 또는 이에 준하는 곳의 특고압 전로에 대하여는 그 접속 상태를 모의 모선의 사용 기타의 방법에 의하여 표시하여야 한다. 다만, 이러한 전로에 접속하는 특고압 전선로의 회선수가 2 이하이고 또한 특고압의 모선이 단일 모선인 경우에는 그러하지 아니하다.

11 배류 시설에 대한 설명으로 옳은 것은?

① 배류 시설에는 영상 변류기를 사용하여 전식(전기 부식) 작용에 의한 장해를 방지한다.
② 배류선을 귀선에 접속하는 위치는 귀선용 레일의 저항이 증가되는 곳으로 한다.
③ 배류 회로는 배류선과 금속제 지중 관로 및 귀선과의 접속점을 제외하고 대지와 단락시킨다.
④ 배류 시설은 다른 금속제 지중 관로 및 귀선용 레일에 대한 전식(전기 부식) 작용에 의한 장해를 현저히 증가시킬 우려가 없도록 시설한다.

해설 배류 접속(판단기준 제265조)
1. 배류 시설에는 선택 배류기를 사용할 것
2. 배류 시설은 다른 금속제 지중 관로 및 귀선용 레일에 대한 전식(전기 부식) 작용에 의한 장해를 현저히 증가시킬 우려가 없도록 시설할 것
3. 배류선을 귀선에 접속하는 위치는 귀선용 레일의 전위 분포를 현저히 악화시키지 아니하도록 하고 또한 전기 철도의 자동 신호 장치의 기능에 장해가 생기지 아니하도록 정할 것
4. 배류 회로는 배류선과 금속제 지중 관로 및 귀선과의 접속점을 제외하고 대지로부터 절연할 것

※ 이 문제는 출제 당시 규정에는 적합했으나 새로 제정된 한국전기설비규정에는 일부 부적합하므로 문제 유형만 참고하시기 바랍니다.

12 전기 울타리의 시설에 사용되는 전선은 지름 몇 [mm] 이상의 경동선인가?

① 2.0　　② 2.6
③ 3.2　　④ 4.0

해설 전기 울타리(한국전기설비규정 241.1)

사용 전압은 250[V] 이하이며, 전선은 인장 강도 1.38[kN] 이상의 것 또는 지름 2[mm] 이상 경동선을 사용하고, 지지하는 기둥과 이격 거리(간격)는 2.5[cm] 이상, 수목과의 거리는 30[cm] 이상을 유지하여야 한다.

13 사용 전압이 161[kV]인 가공 전선로를 시가지 내에 시설할 때 전선의 지표상의 높이는 몇 [m] 이상이어야 하는가?

① 8.65　　② 9.56
③ 10.47　　④ 11.56

정답　11.④　12.①　13.④

12 이론 **전기 울타리(한국전기설비규정 241.1)**

전기 울타리는 논, 밭, 목장 등에서 짐승의 침입 또는 가축의 탈출을 방지하는 목적에만 사용할 수 있다.
① 전기 울타리는 사람이 쉽게 출입하지 아니하는 곳에 시설할 것
② 사람이 보기 쉽도록 적당한 간격으로 위험 표시를 할 것
③ 사용 전압은 250[V] 이하이며, 전선은 인장 강도 1.38[kN] 이상의 것 또는 지름 2[mm] 이상 경동선을 사용하고, 지지하는 기둥과의 이격 거리(간격)는 2.5[cm] 이상, 수목과의 거리는 30[cm] 이상을 유지하여야 할 것
④ 전기 울타리에 공급하는 전로는 전용 개폐기 시설을 해야 할 것
⑤ 전기 울타리용 전원 장치에 사용하는 변압기는 절연 변압기일 것

13 이론 **시가지 등에서 특고압 가공 전선로의 시설(한국전기설비규정 333.1)**

특고압 가공 전선로는 케이블인 경우 시가지 기타 인가가 밀집할 지역에 시설할 수 있다.
① 사용 전압 170[kV] 이하인 전선로
1. 애자 장치
　가. 50[%]의 충격 섬락(불꽃 방전) 전압의 값이 타 부분의 110[%] (130[kV]를 넘는 경우는 105[%]) 이상인 것
　나. 아크 혼을 붙인 현수 애자·장간(긴) 애자 또는 라인 포스트 애자를 사용하는 것
　다. 2련 이상의 현수 애자 또는 장간(긴) 애자를 사용하는 것
　라. 2개 이상의 핀 애자 또는 라인 포스트 애자를 사용하는 것
2. 지지물의 경간(지지물 간 거리)
　가. 지지물에는 철주, 철근 콘크리트주 또는 철탑을 사용한다.

해설 시가지 등에서 특고압 가공 전선로의 시설(한국전기설비규정 333.1)

35[kV]를 초과하는 10[kV] 단수는

$$\frac{161-35}{10} = 12.6 = 13$$이므로

지표상 높이 $h = 10 + 0.12 \times 13 = 11.56$[m]

14 지중 전선로는 기설 지중 약전류 전선로에 대하여 다음의 어느 것에 의하여 통신상의 장해를 주지 아니하도록 기설 약전류 전선로로부터 충분히 이격시키는가?

① 충전 전류 또는 표피 작용
② 누설 전류 또는 유도 작용
③ 충전 전류 또는 유도 작용
④ 누설 전류 또는 표피 작용

해설 지중 약전류 전선의 유도 장해 방지(한국전기설비규정 334.5)

지중 전선로는 기설 지중 약전류 전선로에 대하여 누설 전류 또는 유도 작용에 의하여 통신상의 장해를 주지 아니하도록 기설 약전류 전선로로부터 충분히 이격시켜야 한다.

15 ACSR 전선을 사용 전압 직류 1,500[V]의 가공 급전선으로 사용할 경우 안전율은 얼마 이상이 되는 이도로 시설하여야 하는가?

① 2.0   ② 2.1
③ 2.2   ④ 2.5

해설 가공 전선의 안전율(한국전기설비규정 332.4)

1. 경동선 또는 내열 동합금선 → 2.2 이상
2. 기타 전선(ACSR 등) → 2.5 이상

16 154[kV] 가공 전선과 가공 약전류 전선이 교차하는 경우에 시설하는 보호망을 구성하는 금속선 중 가공 전선의 바로 아래에 시설되는 것 이외의 다른 부분에 시설되는 금속선은 지름 몇 [mm] 이상의 아연도 철선이어야 하는가?

① 2.6   ② 3.2
③ 4.0   ④ 5.0

해설 특고압 가공 전선과 저·고압 가공 전선 등의 접근 또는 교차(한국전기설비규정 333.26)

1. 특고압 가공 전선로는 제2종 특고압 보안 공사에 의할 것
2. 보호망을 구성하는 금속선은 그 외주 및 특고압 가공 전선의 바로 아래에 시설하는 금속선에 인장 강도 8.01[kN] 이상의 것 또는 지름 5[mm] 이상의 경동선을 사용하고 기타 부분에 시설하는 금속선에

정답 14.② 15.④ 16.③

기출문제 관련 이론 바로보기

나. 경간(지지물 간 거리)

지지물의 종류	경간(지지물 간 거리)
A종 철주 또는 A종 철근 콘크리트주	75[m]
B종 철주 또는 B종 철근 콘크리트주	150[m]
철탑	400[m] 단주인 경우에는 300[m]. 다만, 전선이 수평으로 2 이상 있는 경우에 전선 상호간의 간격이 4[m] 미만인 때에는 250[m]

3. 전선의 굵기

사용 전압의 구분	전선의 단면적
100[kV] 미만	인장 강도 21.67[kN] 이상의 연선 또는 단면적 55[mm²] 이상의 경동 연선
100[kV] 이상	인장 강도 58.84[kN] 이상의 연선 또는 단면적 150[mm²] 이상의 경동 연선

4. 전선의 지표상 높이

사용 전압의 구분	지표상의 높이
35[kV] 이하	10[m] (전선이 특고압 절연 전선인 경우에는 8[m])
35[kV] 초과	10[m]에 35[kV]를 초과하는 10[kV] 또는 그 단수마다 12[cm]를 더한 값

5. 지지물에는 위험 표시를 보기 쉬운 곳에 시설할 것
6. 지락이나 단락이 생긴 경우 : 100[kV]를 넘는 것에 지락이 생긴 경우 또는 단락한 경우에 1초 안에 이를 전선로로부터 차단하는 자동 차단 장치를 시설할 것

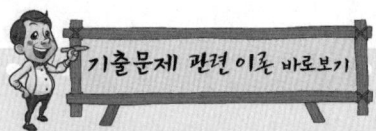

가공 전선로 지지물 기초의 안전율(한국전기설비규정 331.7)

① 지지물 기초의 안전율 : 지지물의 하중에 대한 기초의 안전율은 2 이상(이상 시 상정 하중에 대한 철탑의 기초에 대하여서는 1.33 이상)

② 기초 안전율 2 이상을 고려하지 않는 경우
  1. 강관을 주체로 하는 철주(강관주) 및 철근 콘크리트주로 그 전체의 길이가 16[m] 이하이며 또한 설계 하중이 6.8[kN]인 것 또는 목주인 것
    가. 전체의 길이가 15[m] 이하인 것의 매설 깊이는 전체의 길이의 $\frac{1}{6}$ 이상으로 할 것
    나. 전체의 길이가 15[m]를 초과하는 경우 매설 깊이는 2.5[m] 이상으로 할 것
    다. 논이나 기타 지반이 연약한 곳에는 특히 견고한 근가(전주 버팀대)를 시설할 것
  2. 철근 콘크리트주로서 전장이 16[m] 넘고 20[m] 이하이고 또한 설계 하중이 6.8[kN] 이하인 것을 논이나 기타의 지반이 연약한 곳 이외의 곳에 묻히는 깊이를 2.8[m] 이상
  3. 철근 콘크리트주로서 전체의 길이가 14[m] 이상 20[m] 이하이며 또한 설계 하중이 6.8[kN]을 초과 9.8[kN] 이하인 것을 논이나 기타의 지반이 연약한 곳 이외의 곳에 시설한 경우 "가" 또는 "나"의 기준보다 30[cm]를 더한 값 이상으로 할 것
  4. 철근 콘크리트주로서 전체의 길이가 14[m] 이상 20[m] 이하이며 또한 설계 하중이 9.8[kN] 초과 14.72[kN] 이하인 것을 논이나 기타의 지반이 연약한 곳 이외의 곳인 경우
    가. 전체의 길이가 15[m] 이하인 것의 매설 깊이는 전체 길이의 $\frac{1}{6}$ 에 50[cm]를 더한 값 이상으로 할 것
    나. 전체의 길이가 15[m]를 넘고 18[m] 이하인 것의 묻는 깊이를 3[m] 이상으로 할 것
    다. 전체의 길이가 18[m]를 넘는 것의 묻는 깊이를 3.2[m] 이상으로 할 것

인장 강도 3.64[kN] 이상 또는 지름 4[mm] 이상의 아연도철선을 사용할 것
3. 보호망을 구성하는 금속선 상호간의 간격은 가로 세로 각 1.5[m] 이하일 것

17 설계 하중이 6.8[kN]인 철근 콘크리트주의 길이가 17[m]라 한다. 이 지지물을 지반이 연약한 곳 이외의 곳에서 안전율을 고려하지 않고 시설하려고 하면 땅에 묻히는 깊이는 몇 [m] 이상으로 하여야 하는가?

① 2.0 ② 2.3
③ 2.5 ④ 2.8

해설 가공 전선로 지지물의 기초의 안전율(한국전기설비규정 331.7)
철근 콘크리트주로서 전장이 16[m] 넘고 20[m] 이하이고 또한 설계 하중이 6.8[kN] 이하인 것을 논이나 기타의 지반이 연약한 곳 이외의 곳에 묻히는 깊이를 2.8[m] 이상으로 한다.

18 전로를 대지로부터 반드시 절연하여야 하는 것은?

① 시험용 변압기
② 저압 가공 전선로의 접지측 전선
③ 전로의 중성점에 접지 공사를 하는 경우의 접지점
④ 계기용 변성기의 2차측 전로에 접지 공사를 하는 경우의 접지점

해설 전로의 절연 원칙(한국전기설비규정 131)
전로를 절연하지 않아도 되는 경우
1. 접지 공사를 하는 경우의 접지점
2. 시험용 변압기, 전력선 반송용 결합 리액터, 전기 울타리용 전원 장치, 엑스선 발생 장치, 전기 부식 방지용 양극, 단선식 전기 철도의 귀선
3. 전기 욕기·전기로·전기 보일러·전해조 등

19 고압 계기용 변성기의 2차측 전로의 접지 공사는?

① 제1종 접지 공사
② 제2종 접지 공사
③ 제3종 접지 공사
④ 특별 제3종 접지 공사

해설 계기용 변성기의 2차측 전로의 접지(판단기준 제26조)
1. 고압 계기용 변성기 : 제3종 접지 공사
2. 특고압 계기용 변성기 : 제1종 접지 공사

※ 이 문제는 출제 당시 규정에는 적합했으나 새로 제정된 한국전기설비규정에는 일부 부적합하므로 문제 유형만 참고하시기 바랍니다.

정답 17.④ 18.② 19.③

20 일반 주택 및 아파트 각 호실의 현관등은 몇 분 이내에 소등되도록 타임 스위치를 시설해야 하는가?

① 3　　　　　　　② 4
③ 5　　　　　　　④ 6

해설 점멸기의 시설(한국전기설비규정 234.6)
1. 관광진흥법과 공중위생법에 의한 관광숙박업 또는 숙박업에 이용되는 객실 입구등은 1분 이내에 소등되는 것
2. 일반 주택 및 아파트 각 호실의 현관등은 3분 이내에 소등되는 것

제 3 회　전기설비기술기준

01 태양 전지 발전소에 시설하는 태양 전지 모듈, 전선 및 개폐기의 시설에 대한 설명으로 틀린 것은?

① 전선은 공칭 단면적 2.5[mm²] 이상의 연동선을 사용할 것
② 태양 전지 모듈에 접속하는 부하측 전로에는 개폐기를 시설할 것
③ 태양 전지 모듈을 병렬로 접속하는 전로에 과전류 차단기를 시설할 것
④ 옥측에 시설하는 경우 금속관 공사, 합성 수지관 공사, 애자 공사로 배선할 것

해설 태양광 발전 설비(한국전기설비규정 520)
1. 태양 전지 모듈에 접속하는 부하측의 전로에는 그 접속점에 근접하여 개폐기를 시설할 것
2. 태양 전지 모듈을 병렬로 접속하는 전로에는 그 전로에 단락이 생긴 경우에 전로를 보호하는 과전류 차단기를 시설할 것
3. 전선은 공칭 단면적 2.5[mm²] 이상의 연동선으로 하고, 배선 설비 공사는 합성 수지관 공사, 금속관 공사, 가요 전선관 공사 또는 케이블 공사로 시설할 것

02 가요 전선관 공사에 대한 설명 중 틀린 것은?

① 가요 전선관 안에서는 전선의 접속점이 없어야 한다.
② 1종 금속제 가요 전선관의 두께는 1.2[mm] 이상이어야 한다.
③ 가요 전선관 내에 수용되는 전선은 연선이어야 하며 단면적 10[mm²] 이하는 무방하다.
④ 가요 전선관 내에 수용되는 전선은 옥외용 비닐 절연 전선을 제외하고는 절연 전선이어야 한다.

정답 20.① / 01.④ 02.②

---

20. 이론 check 점멸기의 시설(한국전기설비규정 234.6)

① 조명용 전등의 점멸 장치 시설
1. 가정용 전등은 등기구마다 점멸 장치를 시설한다.
2. 국부 조명 설비는 그 조명 대상에 따라 점멸 장치를 시설한다(단, 장식용, 발코니등 제외).
3. 공장, 사무실, 학교, 병원, 상점 등에 시설하는 전체 조명용 전등은 부분 조명이 가능하도록 전등군으로 구분하여 전등군마다 점멸이 가능하도록 하되, 창과 가장 가까운 전등은 따로 점멸이 가능하도록 할 것

② 조명용 백열 전등의 타임 스위치 시설
1. 관광진흥법과 공중위생법에 의한 관광숙박업 또는 숙박업에 이용되는 객실 입구 등은 1분 이내에 소등되는 것
2. 일반 주택 및 아파트 각 호실의 현관등은 3분 이내에 소등되는 것

02. 이론 check 가요 전선관 공사(한국전기설비규정 232.13)

가요 전선관 공사는 굴곡 장소가 많고 금속관 공사에 의해 시설하기 어려운 경우, 전동기에 배선하는 경우, 엘리베이터 배선 등에 채용된다. 가요 전선관에는 제1종 가요 전선관과 제2종 가요 전선관 2종이 있으며, 제2종 가요 전선관이 기계적 강도가 우수하다. 이 전선관은 중량이 가볍고 굴곡이 자유로우나 습기가 침입하기 쉽기 때문에 습기가 많은 장소에는 사용할 수 없다.

① 전선은 절연 전선(옥외용 비닐 절연 전선 제외)이며 또한 연선일 것. 다만, 단면적 10[mm²] 이하인 동선 또는 단면적 16[mm²] 이하인 알루미늄선을 단선으로 사용할 수 있다.
② 가요 전선관 내에서는 전선에 접속점이 없도록 하고 제2종 금속제 가요 전선관일 것

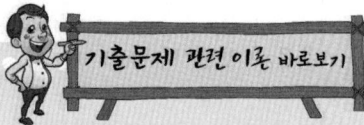

③ 제1종 금속제 가요 전선관은 두께 0.8[mm] 이상일 것
④ 가요 전선관 안쪽면은 전선의 피복을 손상하지 않도록 매끄러운 것일 것
⑤ 가요 전선관과 박스는 견고하게 또는 전기적으로 안전하게 접속할 것
⑥ 제2종 금속제가 가요 전선관을 사용하는 경우는 습기가 많은 장소 또는 물기가 있는 장소에 시설할 때는 방습 장치를 할 것
⑦ 제1종 금속제 가요 전선관에는 단면적 2.5[mm^2] 이상의 나연 동선을 전장에 걸쳐서 삽입 또는 첨가하여 그 나연 동선과 제1종 금속제 가요 전선을 양단에 두고 전기적으로 안전하게 접속할 것. 다만, 관의 길이가 4[m] 이하인 것을 시설할 경우은 이 제한이 없다.

해설 가요 전선관 공사(한국전기설비규정 232.13)
1. 전선은 절연 전선(옥외용 제외)일 것
2. 전선은 연선일 것. 다만, 단면적 10[mm^2] 이하인 것은 그러하지 아니하다.
3. 가요 전선관 안에는 전선에 접속점이 없도록 할 것
4. 가요 전선관은 2종 금속제 가요 전선관일 것
5. 1종 금속제 가요 전선관은 두께 0.8[mm] 이상인 것일 것

03 직류 귀선은 궤도 근접 부분이 금속제 지중 관로와 접근하거나 교차하는 경우에 전기 부식 방지를 위한 상호 이격 거리(간격)는 몇 [m] 이상이어야 하는가?

① 1.0 ② 1.5
③ 2.5 ④ 3.0

해설 전기 부식 방지를 위한 이격 거리(간격)(판단기준 제262조)
직류 귀선은 궤도 근접 부분이 금속제 지중 관로와 접근하거나 교차하는 경우에는 상호간의 이격 거리(간격)는 1[m] 이상이어야 한다.

※ 이 문제는 출제 당시 규정에는 적합했으나 새로 제정된 한국전기설비규정에는 일부 부적합하므로 문제 유형만 참고하시기 바랍니다.

04 가공 전선로의 지지물에 시설하는 지선(지지선)의 시방 세목을 설명한 것 중 옳은 것은?

① 안전율은 1.2 이상일 것
② 허용 인장 하중의 최저는 5.26[kN]으로 할 것
③ 소선은 지름 1.6[mm] 이상인 금속선을 사용할 것
④ 지선(지지선)에 연선을 사용할 경우 소선 3가닥 이상의 연선일 것

해설 지선(지지선)의 시설(한국전기설비규정 331.11)
1. 지선(지지선)의 안전율은 2.5 이상. 이 경우에 허용 인장 하중의 최저는 4.31[kN]
2. 지선(지지선)에 연선을 사용할 경우
   가. 소선 3가닥 이상의 연선일 것
   나. 소선의 지름이 2.6[mm] 이상의 금속선을 사용한 것일 것

05 시가지 내에 시설하는 154[kV] 가공 전선로에 지락 또는 단락이 생겼을 때 몇 초 안에 자동적으로 이를 전로로부터 차단하는 장치를 시설하여야 하는가?

① 1 ② 3
③ 5 ④ 10

정답 03.① 04.④ 05.①

2016년 과년도 출제문제

해설 시가지 등에서 특고압 가공 전선로의 시설(한국전기설비규정 333.1)
100[kV]를 초과하는 것에 지락 또는 단락한 경우에 1초 안에 이를 전선로로부터 차단하는 자동 차단 장치를 시설할 것

06 발전소, 변전소, 개폐소의 시설 부지 조성을 위해 산지를 전용할 경우에 전용하고자 하는 산지의 평균 경사도는 몇 도 이하이어야 하는가?

① 10
② 15
③ 20
④ 25

해설 발전소 등의 부지 시설 조건(기술기준 제21조의2)
전기 설비의 부지의 안정성 확보 및 설비 보호를 위하여 발전소·변전소·개폐소를 산지에 시설할 경우 풍수해, 산사태, 낙석 등으로부터 안전을 확보할 수 있도록 부지 조성을 위해 산지를 전용할 경우에는 전용하고자 하는 산지의 평균 경사도가 25도 이하이어야 하며, 산지 전용 면적 중 산지 전용으로 발생되는 절·성토 경사면의 면적이 100분의 50을 초과해서는 아니 된다.

07 가공 전선로에 사용하는 지지물의 강도 계산에 적용하는 갑종 풍압 하중을 계산할 때 구성재의 수직 투영 면적 1[m²]에 대한 풍압값[Pa]의 기준으로 틀린 것은?

① 목주 : 588
② 원형 철주 : 588
③ 원형 철근 콘크리트주 : 1,038
④ 강관으로 구성된 철탑(단주는 제외) : 1,255

해설 풍압 하중의 종별과 적용(한국전기설비규정 331.6)

풍압을 받는 구분			풍압 하중
지지물	목주		588[Pa]
	철주	원형의 것	
	철근 콘크리트주	원형의 것	
	철탑	강관으로 구성되는 것	1,255[Pa]
전선	다도체		666[Pa]
	기타의 것(단도체 등)		745[Pa]
애자 장치(특고압 전선용)			1,039[Pa]
완금류			단일재 1,196[Pa]

기출문제 관련 이론 바로보기

06. Tip 발전소 등의 울타리·담 등의 시설(기술기준 제21조, 한국전기설비규정 351.1)

① 출입 금지
발전소·변전소·개폐소 또는 이에 준하는 곳에는 취급자 이외의 자가 들어가지 아니하도록 시설하여야 한다.
1. 울타리·담 등을 시설할 것
2. 출입구에는 출입 금지의 표시를 할 것
3. 출입구에는 자물쇠 장치 기타 적당한 장치를 할 것

② 울타리·담 등의 시설
1. 울타리 담 등의 높이는 2[m] 이상
2. 지표면과 울타리·담 등의 하단 사이의 간격은 15[cm] 이하
3. 울타리·담 등의 높이와 울타리·담 등으로부터 충전 부분까지 거리의 합계는 다음 표에서 정한 값 이상으로 할 것

사용 전압의 구분	울타리 높이와 울타리로부터 충전 부분까지의 거리의 합계 또는 지표상의 높이
35[kV] 이하	5[m]
35[kV]를 넘고 160[kV] 이하	6[m]
160[kV]를 넘는 것	6[m]에 160[kV]를 넘는 10[kV] 또는 그 단수마다 12[cm]를 더한 값

4. 구내에 취급자 이외의 자가 들어가지 아니하도록 시설한다. 또한 견고한 벽을 시설하고 그 출입구에 출입 금지의 표시와 자물쇠 장치 기타 적당한 장치를 할 것
5. 고압 또는 특고압 가공 전선과 금속제의 울타리·담 등이 교차하는 경우에 금속제의 울타리·담 등에는 교차점 좌, 우로 45[m] 이내의 개소에 접지 공사를 하여야 한다. 또한 울타리·담 등에 문 등이 있는 경우에는 접지 공사를 하거나 울타리·담 등과 전기적으로 접속하여야 한다.

정답 06.④ 07.③

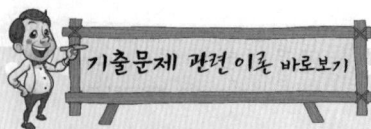

10. 이론 check
가공 전선로 지지물의 기초의 안전율(한국전기설비규정 331.7)

① 지지물 기초의 안전율
지지물의 하중에 대한 기초의 안전율은 2 이상(이상 시 상정 하중에 대한 철탑의 기초에 대하여서는 1.33 이상)

② 기초 안전율 2 이상을 고려하지 않는 경우
1. 강관을 주체로 하는 철주(강관주) 및 철근 콘크리트주로 그 전체의 길이가 16[m] 이하이며 또한 설계 하중이 6.8[kN]인 것 또는 목주인 것
  가. 전체의 길이가 15[m] 이하인 것의 매설 깊이는 전체의 길이의 $\frac{1}{6}$ 이상으로 할 것
  나. 전체의 길이가 15[m]를 초과하는 경우 매설 깊이는 2.5[m] 이상으로 할 것
  다. 논이나 기타 지반이 연약한 곳에는 특히 견고한 근가(전주 버팀대)를 시설할 것
2. 철근 콘크리트주로서 전장이 16[m] 넘고 20[m] 이하이고 또한 설계 하중이 6.8[kN]인 것을 논이나 기타의 지반이 연약한 곳 이외의 곳에 묻히는 깊이를 2.8[m] 이상
3. 철근 콘크리트주로서 전체의 길이가 14[m] 이상 20[m] 이하이며 또한 설계 하중이 6.8[kN]을 초과 9.8[kN] 이하인 것을 논이나 기타의 지반이 연약한 곳 이외의 곳에 시설한 경우 "가" 또는 "나"의 기준보다 30[cm]를 더한 값 이상으로 할 것
4. 철근 콘크리트주로서 전체의 길이가 14[m] 이상 20[m] 이하 또한 설계 하중이 9.8[kN] 초과 14.72[kN] 이하인 것을 논이나 기타의 지반이 연약한 곳 이외의 곳인 경우
  가. 전체의 길이가 15[m] 이하인 것의 매설 깊이는 전체 길이의 $\frac{1}{6}$ 에 50[cm]를 더한 값 이상으로 할 것
  나. 전체의 길이가 15[m]를 넘고 18[m] 이하인 것은 묻는 깊이를 3[m] 이상으로 할 것
  다. 전체의 길이가 18[m]를 넘는 것의 묻는 깊이를 3.2[m] 이상으로 할 것

08 특고압 가공 전선이 도로·횡단 보도교·철도 또는 궤도와 제1차 접근 상태로 시설되는 경우 특고압 가공 전선로는 제 몇 종 보안 공사에 의하여야 하는가?

① 제1종 특고압 보안 공사
② 제2종 특고압 보안 공사
③ 제3종 특고압 보안 공사
④ 제4종 특고압 보안 공사

해설 특고압 가공 전선과 도로 등의 접근 또는 교차(한국전기설비규정 333.24)

특고압 가공 전선이 도로·횡단 보도교·철도 또는 궤도와 제1차 접근 상태로 시설되는 경우에는 특고압 가공 전선로에 제3종 특고압 보안 공사에 의할 것

09 통신선과 저압 가공 전선 또는 특고압 가공 전선로의 다중 접지를 한 중성선 사이의 이격 거리(간격)는 몇 [cm] 이상인가?

① 15   ② 30
③ 60   ④ 90

해설 가공 전선과 첨가 통신선 사이의 이격 거리(간격)(판단기준 제155조)
1. 통신선은 가공 전선의 아래에 시설할 것
2. 통신선과 저·고압 가공 전선 또는 특고압 중성선 사이의 이격 거리(간격)는 60[cm] 이상일 것. 다만, 절연 전선 또는 케이블인 경우 30[cm] 이상일 것
3. 통신선과 특고압 가공 전선 사이의 이격 거리(간격)는 1.2[m] 이상일 것. 다만, 절연 전선 또는 케이블인 경우 30[cm] 이상일 것

※ 이 문제는 출제 당시 규정에는 적합했으나 새로 제정된 한국전기설비규정에는 일부 부적합하므로 문제 유형만 참고하시기 바랍니다.

10 철탑의 강도 계산에 사용하는 이상 시 상정 하중이 가하여지는 경우의 그 이상 시 상정 하중에 대한 철탑의 기초에 대한 안전율은 얼마 이상이어야 하는가?

① 1.2
② 1.33
③ 1.5
④ 2.5

해설 가공 전선로 지지물의 기초의 안전율(한국전기설비규정 331.7)
지지물의 하중에 대한 기초의 안전율은 2 이상(이상 시 상정 하중에 대한 철탑의 기초에 대하여서는 1.33 이상)

정답 08.③ 09.③ 10.②

11 수소 냉각식 발전기 또는 이에 부속하는 수소 냉각 장치에 관한 시설 기준으로 틀린 것은?

① 발전기 안의 수소의 온도를 계측하는 장치를 시설할 것
② 조상기(무효전력 보상장치) 안의 수소의 압력 계측 장치 및 압력 변동에 대한 경보 장치를 시설할 것
③ 발전기 안의 수소의 순도가 70[%] 이하로 저하할 경우에 경보하는 장치를 시설할 것
④ 발전기는 기밀 구조의 것이고 또한 수소가 대기압에서 폭발하는 경우에 생기는 압력에 견디는 강도를 가지는 것일 것

해설 수소 냉각식 발전기 등의 시설(판단기준 제51조)
1. 기밀 구조의 것
2. 수소의 순도가 85[%] 이하로 저하한 경우에 이를 경보하는 장치를 시설할 것

※ 이 문제는 출제 당시 규정에는 적합했으나 새로 제정된 한국전기설비규정에는 일부 부적합하므로 문제 유형만 참고하시기 바랍니다.

12 전기 방식 시설에서 전기 방식 회로의 전선 중 지중에 시설하는 것으로 틀린 것은?

① 전선은 공칭 단면적 4.0[mm²]의 연동선 또는 이와 동등 이상의 세기 및 굵기의 것일 것
② 양극에 부속하는 전선은 공칭 단면적 2.5[mm²] 이상의 연동선 또는 이와 동등 이상의 세기 및 굵기의 것을 사용할 수 있을 것
③ 전선을 직접 매설식에 의하여 시설하는 경우 차량 기타의 중량물의 압력을 받을 우려가 없는 것에 매설 깊이를 1.2[m] 이상으로 할 것
④ 입상 부분의 전선 중 깊이 60[cm] 미만인 부분은 사람이 접촉할 우려가 없고 또한 손상을 받을 우려가 없도록 적당한 방호 장치를 할 것

해설 전기 부식 방지 시설(한국전기설비규정 241.16)
전기 부식 방지 회로의 전선 중 지중에 시설하는 부분
1. 전선은 공칭 단면적 4.0[mm²]의 연동선
2. 양극에 부속하는 전선은 공칭 단면적 2.5[mm²] 이상의 연동선
3. 전선을 직접 매설식에 의하여 시설하는 경우 매설 깊이를 차량 기타의 중량물의 압력을 받을 우려가 있는 곳에서는 1.0[m] 이상, 차량 기타의 중량물의 압력을 받을 우려가 없는 곳에는 매설 깊이 60[cm] 이상
4. 입상(立上) 부분의 전선 중 깊이 60[cm] 미만인 부분은 사람이 접촉할 우려가 없고 또한 손상을 받을 우려가 없도록 적당한 방호 장치를 할 것

12. 이론 Check 전기 부식 방지 시설(한국전기설비규정 241.16)

① 사용 전압
전로의 사용 전압은 저압이어야 한다.
② 전원 장치
전기 부식 방지용 전원 장치는 다음에 적합한 것이어야 한다.
1. 전원 장치는 견고한 금속제의 외함에 넣을 것
2. 변압기는 절연 변압기이고, 또한 교류 1[kV]의 시험 전압을 하나의 권선과 다른 권선·철심 및 외함과의 사이에 연속적으로 1분간 가하여 절연 내력을 시험하였을 때 이에 견디는 것일 것
③ 전기 부식 방지 회로의 전압 등
1. 전기 부식 방지 회로의 사용 전압은 직류 60[V] 이하일 것
2. 지중에 매설하는 양극의 매설 깊이는 0.75[m] 이상일 것
3. 수중에 시설하는 양극과 그 주위 1[m] 이내의 거리에 있는 임의점과의 사이의 전위차는 10[V]를 넘지 아니할 것
4. 지표 또는 수중에서 1[m] 간격의 임의의 2점 간의 전위차가 5[V]를 넘지 아니할 것
④ 2차측 배선
1. 가공으로 시설하는 부분은 저압 가공 전선로 규정에 준하는 이외에 다음에 의하여 시설할 것
  가. 전선은 케이블인 경우 이외에는 지름 2[mm]의 경동선(옥외용 비닐 절연 전선)일 것
  나. 전기 부식 방지 회로의 전선과 저압 가공 전선을 동일 지지물에 시설하는 경우는 전기 부식 방지 회로의 전선을 하단에 별개의 완금류에 의하여 시설하고, 또한 저압 가공 전선과의 이격 거리(간격)는 0.3[m] 이상으로 할 것
2. 전기 부식 방지 회로의 전선 중 지중에 시설하는 부분은 다음에 의하여 시설할 것
  가. 전선은 공칭 단면적 4.0[mm²]의 연동선일 것. 다만, 양극에 부속하는 전선은 공칭 단면적 2.5[mm²] 이상의 연동선을 사용할 수 있다.

정답 11.③ 12.③

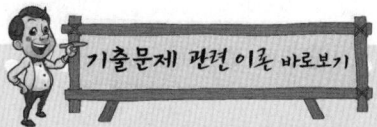

나. 전선을 직접 매설식에 의하여 시설하는 경우에는 매설 깊이를 차량 기타의 중량물의 압력을 받을 우려가 있는 곳에서는 1.0[m] 이상, 기타의 곳에서는 0.3[m] 이상으로 한다.
다. 입상 부분의 전선 중 깊이 0.6[m] 미만인 부분은 사람이 접촉할 우려가 없고 또한 손상을 받을 우려가 없도록 적당한 방호 장치를 할 것

13 사용 전압 22.9[kV]인 가공 전선과 지지물과의 이격 거리(간격)는 일반적으로 몇 [cm] 이상이어야 하는가?

① 5
② 10
③ 15
④ 20

해설 특고압 가공 전선과 지지물 등의 이격 거리(간격)(한국전기설비규정 333.5)

사용 전압	이격 거리(간격)[cm]
15[kV] 미만	15
15[kV] 이상 25[kV] 미만	20
25[kV] 이상 35[kV] 미만	25
35[kV] 이상 50[kV] 미만	30
50[kV] 이상 60[kV] 미만	35
60[kV] 이상 70[kV] 미만	40
70[kV] 이상 80[kV] 미만	45
이하 생략	

14 전동기의 절연 내력 시험은 권선과 대지 간에 계속하여 시험 전압을 가할 경우, 최소 몇 분간은 견디어야 하는가?

① 5
② 10
③ 20
④ 30

해설 회전기 및 정류기의 절연 내력(한국전기설비규정 133)

종류		시험 전압	시험 방법
회전기	발전기, 전동기, 조상기 (무효전력 보상장치)	7[kV] 이하	1.5배(최저 500[V])	권선과 대지 사이 10분간
		7[kV] 초과	1.25배(최저 10,500[V])	

15. 이론 check **고압 가공 전선과 안테나의 접근 또는 교차(한국전기설비규정 332.14)**
① 고압 가공 전선로는 고압 보안 공사에 의할 것
② 가공 약전류 전선과 이격 거리(간격)

가공 전선의 종류	이격 거리(간격)
저압 가공 전선	60[cm](고압 절연 전선 또는 케이블인 경우에는 30[cm])
고압 가공 전선	80[cm](전선이 케이블인 경우에는 40[cm])

③ 저·고압 가공 전선이 안테나와 접근하는 경우 안테나의 아래쪽에서 수평 거리로 안테나 지주의 지표상의 높이에 상당하는 거리 안에 시설하여서는 아니 된다.
④ 저·고압 가공 전선이 안테나와 교차하는 경우 안테나의 아래쪽에 시설하여서는 아니 된다.

15 고압 가공 전선이 안테나와 접근 상태로 시설되는 경우에 가공 전선과 안테나 사이의 수평 이격 거리(간격)는 최소 몇 [cm] 이상이어야 하는가? (단, 가공 전선으로는 케이블을 사용하지 않는다고 한다.)

① 60
② 80
③ 100
④ 120

해설 고압 가공 전선과 안테나의 접근 또는 교차(한국전기설비규정 332.14)
1. 고압 가공 전선로는 고압 보안 공사에 의할 것
2. 가공 전선과 안테나 사이의 이격 거리(간격)는 저압은 60[cm](고압 절연 전선, 특고압 절연 전선 또는 케이블인 경우 30[cm]) 이상, 고압은 80[cm](케이블인 경우 40[cm]) 이상

정답 13.④ 14.② 15.②

16 옥내에 시설하는 관등 회로의 방전등 공사에 사용되는 네온 변압기 시설 중 틀린 것은?

① 사람이 쉽게 접촉될 우려가 없어야 한다.
② 전기용품 및 생활용품 안전관리법을 적용받을 것
③ 2차측을 직렬 또는 병렬로 접속하여 사용하지 말 것
④ 네온 변압기를 우선 외에 시설할 경우 옥외형이 아니어도 된다.

해설 네온 방전등(한국전기설비규정 234.12)
1. 방전등용 변압기는 네온 변압기일 것
2. 배선은 전개된 장소 또는 점검할 수 있는 은폐된 장소에 시설할 것
3. 관등 회로의 배선은 애자 공사에 의할 것
4. 네온 변압기를 우선 외에 시설할 경우 옥외형일 것

17 주택의 옥내를 통과하여 그 주택 이외의 장소에 전기를 공급하기 위한 옥내 배선을 공사하는 방법이다. 사람이 접촉할 우려가 없는 은폐된 장소에서 시행하는 공사 종류가 아닌 것은? (단, 주택의 옥내 전로의 대지 전압은 300[V]이다.)

① 금속관 공사
② 케이블 공사
③ 금속 덕트 공사
④ 합성 수지관 공사

해설 옥내 전로의 대지 전압의 제한(한국전기설비규정 231.6)
주택의 옥내를 통과하여 그 주택 이외의 장소에 전기를 공급하기 위한 옥내 배선은 사람이 접촉할 우려가 없는 은폐된 장소에 합성 수지관 공사·금속관 공사 또는 케이블 공사에 의하여 시설할 것

18 전기 울타리의 시설에 관한 규정 중 틀린 것은?

① 전선과 수목 사이의 이격 거리(간격)는 50[cm] 이상이어야 한다.
② 전기 울타리는 사람이 쉽게 출입하지 아니하는 곳에 시설하여야 한다.
③ 전선은 인장 강도 1.38[kN] 이상의 것 또는 지름 2[mm] 이상의 경동선이어야 한다.
④ 전기 울타리용 전원 장치에 전기를 공급하는 전로의 사용 전압은 250[V] 이하이어야 한다.

해설 전기 울타리(한국전기설비규정 241.1)
사용 전압은 250[V] 이하이며, 전선은 인장 강도 1.38[kN] 이상의 것 또는 지름 2[mm] 이상 경동선을 사용하고, 지지하는 기둥과의 이격 거리(간격)는 2.5[cm] 이상, 수목과의 거리는 30[cm] 이상을 유지하여야 한다.

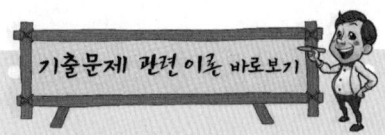

17. **옥내 전로의 대지 전압의 제한 (한국전기설비규정 231.6)**

① 전기 사용 장소
백열 전등 또는 방전등의 전로의 대지 전압은 300[V] 이하이어야 하며 다음에 의하지 아니할 수 있다.
1. 백열 전등 또는 방전등 및 이에 부속하는 전선은 사람이 접촉할 우려가 없도록 시설할 것
2. 백열 전등 또는 방전등용 안정기는 저압의 옥내 배선과 직접 접속하여 시설할 것
3. 백열 전등의 전구 소켓은 키나 그 밖의 점멸 기구가 없는 것일 것

② 주택의 옥내 전로
대지 전압은 300[V] 이하이어야 하며 다음에 의하여 시설하여야 한다 (대지 전압 150[V] 이하의 전로인 경우 예외).
1. 사용 전압은 400[V] 이하일 것
2. 주택의 전로 인입구에는 인체 감전 보호용 누전 차단기를 시설할 것
3. 생략
4. 전기 기계 기구 및 옥내의 전선은 사람이 쉽게 접촉할 우려가 없도록 시설할 것
5. 백열 전등의 전구 소켓은 키나 그 밖의 점멸 기구가 없는 것일 것
6. 생략
7. 주택의 옥내를 통과하여 그 주택 이외의 장소에 전기를 공급하기 위한 옥내 배선은 사람이 접촉할 우려가 없는 은폐된 장소에 합성 수지관 공사·금속관 공사 또는 케이블 공사에 의하여 시설할 것

정답 16.④ 17.③ 18.①

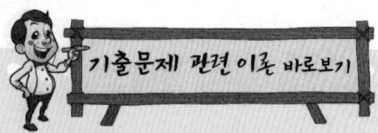

19. 이론 check ▶ 주택 등 저압 수용 장소 접지 (한국전기설비규정 142.4.2)

① 주택 등 저압 수용 장소에서 TN-C-S 접지 방식으로 접지 공사를 하는 경우에 보호 도체는 다음에 따라 시설하여야 한다.
  1. 보호 도체의 최소 단면적

선도체의 단면적 S[mm²]	대응하는 보호 도체의 최소 단면적[mm²] 보호 도체의 재질이 선도체와 같은 경우
$S \leq 16$	S
$16 < S \leq 35$	16^a
$S > 35$	$\dfrac{S^a}{2}$

  2. 중성선 겸용 보호 도체(PEN)는 고정 전기 설비에만 사용할 수 있고, 그 도체의 단면적이 구리는 10[mm²] 이상, 알루미늄은 16[mm²] 이상이어야 하며, 그 계통의 최고 전압에 대하여 절연시켜야 한다.

② 접지 공사를 하는 경우에는 등전위 본딩을 하여야 한다. 다만, 이 조건을 충족시키지 못하는 경우에 접지극의 접지 저항값은 접촉 전압이 허용 접촉 전압 범위 내로 제한하는 값 이하여야 한다.

---

19 주택 등 저압 수용 장소에서 고정 전기 설비에 TN-C-S 접지 방식으로 접지 공사 시 중성선 겸용 보호 도체(PEN)를 알루미늄으로 사용할 경우 단면적은 몇 [mm²] 이상이어야 하는가?

① 2.5　　② 6
③ 10　　　④ 16

해설 **주택 등 저압 수용 장소 접지(한국전기설비규정 142.4.2)**
　주택 등 저압 수용 장소에서 TN-C-S 접지 방식으로 접지 공사를 하는 경우에 중성선 겸용 보호 도체(PEN)는 고정 전기 설비에만 사용할 수 있고, 그 도체의 단면적이 구리는 10[mm²] 이상, 알루미늄은 16[mm²] 이상이어야 하며, 그 계통의 최고 전압에 대하여 절연시켜야 한다.

20 유도 장해의 방지를 위한 규정으로 사용 전압 60[kV] 이하인 가공 전선로의 유도 전류는 전화 선로의 길이 12[km]마다 몇 [μA]를 넘지 않도록 하여야 하는가?

① 1　　② 2
③ 3　　④ 4

해설 **유도 장해의 방지(한국전기설비규정 333.2)**
  1. 사용 전압이 60[kV] 이하인 경우에는 전화 선로의 길이 12[km]마다 유도 전류가 2[μA]를 넘지 아니하도록 할 것
  2. 사용 전압이 60[kV]를 초과하는 경우에는 전화 선로의 길이 40[km]마다 유도 전류가 3[μA]를 넘지 아니하도록 할 것

정답 19. ④　20. ②

부록

최근 과년도 출제문제

부록

체크교부 출제문제

2017년 제1회 과년도 출제문제

2017. 3. 5. 시행

제1과목 전기자기학

01 평행 평판 공기 콘덴서의 양 극판에 $+\sigma$ [C/m^2], $-\sigma$ [C/m^2]의 전하가 분포되어 있다. 이 두 전극 사이에 유전율 ε[F/m]인 유전체를 삽입한 경우의 전계[V/m]는? (단, 유전체의 분극 전하 밀도를 $+\sigma'$ [C/m^2], $-\sigma'$ [C/m^2]이라 한다.)

① $\dfrac{\sigma}{\varepsilon_0}$
② $\dfrac{\sigma+\sigma'}{\varepsilon_0}$
③ $\dfrac{\sigma}{\varepsilon_0} - \dfrac{\sigma'}{\varepsilon}$
④ $\dfrac{\sigma-\sigma'}{\varepsilon_0}$

해설
- 유전체의 전계의 세기 $E = \dfrac{\sigma-\sigma'}{\varepsilon_0} = \dfrac{D-P}{\varepsilon_0}$
- 분극의 세기 $P = D - \varepsilon_0 E$

02 자계와 직각으로 놓인 도체에 I[A]의 전류를 흘릴 때 f[N]의 힘이 작용하였다. 이 도체를 v[m/s]의 속도로 자계와 직각으로 운동시킬 때의 기전력 e[V]은?

① $\dfrac{fv}{I^2}$
② $\dfrac{fv}{I}$
③ $\dfrac{fv^2}{I}$
④ $\dfrac{fv}{2I}$

해설 $f = BIl$[N]에서 Bl을 구하면 $Bl = \dfrac{f}{I}$[Wb/m]이므로 유기 기전력 e는 다음과 같다.
$e = vBl = \dfrac{fv}{I}$ [V]

03 폐회로에 유도되는 유도 기전력에 관한 설명으로 옳은 것은?

① 유도 기전력은 권선수의 제곱에 비례한다.
② 렌츠의 법칙은 유도 기전력의 크기를 결정하는 법칙이다.
③ 자계가 일정한 공간 내에서 폐회로가 운동하여도 유도 기전력이 유도된다.
④ 전계가 일정한 공간 내에서 폐회로가 운동하여도 유도 기전력이 유도된다.

해설 $e = -N\dfrac{d\phi}{dt}$ [V]
렌츠의 법칙은 기전력의 방향(−)을 결정하며 자계가 일정한 공간 내에서 폐회로가 운동하면 유도 기전력이 유도된다.

04 반지름 a, b인 두 개의 구형상 도체 전극이 도전율 k인 매질 속에 중심 거리 r만큼 떨어져 있다. 양 전극 간의 저항은? (단, $r \gg a$, b이다.)

① $4\pi k\left(\dfrac{1}{a}+\dfrac{1}{b}\right)$
② $4\pi k\left(\dfrac{1}{a}-\dfrac{1}{b}\right)$
③ $\dfrac{1}{4\pi k}\left(\dfrac{1}{a}+\dfrac{1}{b}\right)$
④ $\dfrac{1}{4\pi k}\left(\dfrac{1}{a}-\dfrac{1}{b}\right)$

정답 01.④ 02.② 03.③ 04.③

해설 구도체 a, b 간의 정전 용량 C는

$$C = \frac{Q}{V_a - V_b} = \frac{4\pi\varepsilon}{\frac{1}{a} + \frac{1}{b} - \frac{1}{l-a} - \frac{1}{l-b}}$$

$$\fallingdotseq \frac{4\pi\varepsilon}{\frac{1}{a} + \frac{1}{b}}[F]$$이므로 $RC = \rho\varepsilon$에서

$$\therefore R = \frac{\rho\varepsilon}{C} = \frac{\rho\varepsilon}{4\pi\varepsilon}\left(\frac{1}{a} + \frac{1}{b}\right) = \frac{\rho}{4\pi}\left(\frac{1}{a} + \frac{1}{b}\right)$$

$$= \frac{1}{4\pi k}\left(\frac{1}{a} + \frac{1}{b}\right)[\Omega]$$

05 그림과 같이 반지름 a인 무한장 평행 도체 A, B가 간격 d로 놓여 있고, 단위 길이당 각각 $+\lambda$, $-\lambda$의 전하가 균일하게 분포되어 있다. A, B 도체 간의 전위차[V]는? (단, $d \gg a$이다.)

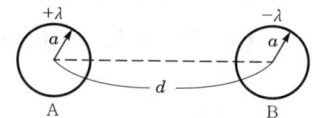

① $\dfrac{\lambda}{\pi\varepsilon_0}\ln\dfrac{d-a}{a}$ ② $\dfrac{\lambda}{2\pi\varepsilon_0}\ln\dfrac{d}{a}$

③ $\dfrac{\lambda}{\pi\varepsilon_0}\ln\dfrac{a}{d}$ ④ $\dfrac{\lambda}{2\pi\varepsilon_0}\ln\dfrac{a}{d}$

해설

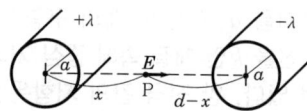

$E_A = \dfrac{\lambda}{2\pi\varepsilon_0 x}$, $E_B = \dfrac{\lambda}{2\pi\varepsilon_0(d-x)}$

$\therefore E = E_A + E_B = \dfrac{\lambda}{2\pi\varepsilon_0}\left(\dfrac{1}{x} + \dfrac{1}{d-x}\right)$

전위차 $V_{AB} = -\displaystyle\int_{d-a}^{a} E \cdot dx$

$= -\dfrac{\lambda}{2\pi\varepsilon_0}\displaystyle\int_{d-a}^{a}\left(\dfrac{1}{x} + \dfrac{1}{d-x}\right)dx$

$= \dfrac{\lambda}{2\pi\varepsilon_0}\displaystyle\int_{a}^{d-a}\left(\dfrac{1}{x} + \dfrac{1}{d-x}\right)dx$

$= \dfrac{\lambda}{2\pi\varepsilon_0}[\ln x - \ln(d-x)]_a^{d-a}$

$= \dfrac{\lambda}{\pi\varepsilon_0}\ln\dfrac{d-a}{a}[V]$

06 매질 1(ε_1)은 나일론(비유전율 $\varepsilon_s = 4$)이고 매질 2(ε_2)는 진공일 때 전속 밀도 D가 경계면에서 각각 θ_1, θ_2의 각을 이룰 때, $\theta_2 = 30°$라면 θ_1의 값은?

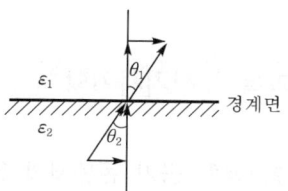

① $\tan^{-1}\dfrac{4}{\sqrt{3}}$ ② $\tan^{-1}\dfrac{\sqrt{3}}{4}$

③ $\tan^{-1}\dfrac{\sqrt{3}}{2}$ ④ $\tan^{-1}\dfrac{2}{\sqrt{3}}$

해설 유전체의 경계면 조건

$\dfrac{\tan\theta_1}{\tan\theta_2} = \dfrac{\varepsilon_1}{\varepsilon_2}$

$\tan\theta_1 \varepsilon_2 = \tan\theta_2 \varepsilon_1$

$\tan\theta_1 = \dfrac{\varepsilon_1}{\varepsilon_2}\tan\theta_2$

$\therefore \theta_1 = \tan^{-1}\left(\dfrac{\varepsilon_1}{\varepsilon_2}\tan\theta_2\right)$

$= \tan^{-1}\left(\dfrac{4}{1}\tan 30°\right)$

$= \tan^{-1}\dfrac{4}{\sqrt{3}}$

07 자기 회로에 관한 설명으로 옳은 것은?

① 자기 회로의 자기 저항은 자기 회로의 단면적에 비례한다.

② 자기 회로의 기자력은 자기 저항과 자속의 곱과 같다.

③ 자기 저항 R_{m1}과 R_{m2}을 직렬 연결 시 합성 자기 저항은 $\dfrac{1}{R_m} = \dfrac{1}{R_{m1}} + \dfrac{1}{R_{m2}}$ 이다.

④ 자기 회로의 자기 저항은 자기 회로의 길이에 반비례한다.

정답 05.① 06.① 07.②

해설 자기 옴의 법칙

- 자속 : $\phi = \dfrac{F}{R_m}$ [Wb]
- 기자력 : $F = R_m \phi = NI$ [AT]
- 자기 저항 : $R_m = \dfrac{l}{\mu S}$ [AT/Wb]

즉, 기자력(F)은 자기 저항(R_m)과 자속(ϕ)의 곱과 같다.
자기 저항은 자기 회로의 단면적에 반비례하고 길이에 비례한다.

08 두 개의 콘덴서를 직렬 접속하고 직류 전압을 인가시 설명으로 옳지 않은 것은?

① 정전 용량이 작은 콘덴서에 전압이 많이 걸린다.
② 합성 정전 용량은 각 콘덴서의 정전 용량의 합과 같다.
③ 합성 정전 용량은 각 콘덴서의 정전 용량보다 작아진다.
④ 각 콘덴서의 두 전극에 정전 유도에 의하여 정·부의 동일한 전하가 나타나고 전하량은 일정하다.

해설 콘덴서 직렬 접속(Q=일정)

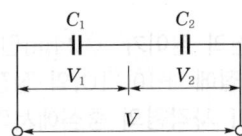

- 합성 정전 용량 : $\dfrac{1}{C_0} = \dfrac{1}{C_1} + \dfrac{1}{C_2}$

  $C_0 = \dfrac{C_1 C_2}{C_1 + C_2}$

- 전압 분배 : $V_1 = \dfrac{Q}{C_1} = \dfrac{C_2}{C_1 + C_2} V$

  $V_2 = \dfrac{Q}{C_2} = \dfrac{C_1}{C_1 + C_2} V$

09 길이가 1[cm], 지름이 5[mm]인 동선에 1[A]의 전류를 흘렸을 때 전자가 동선을 흐르는 데 걸리는 평균 시간은 약 몇 초인가? (단, 동선의 전자 밀도는 1×10^{28}[개/m³]이다.)

① 3
② 31
③ 314
④ 3,147

해설 전류 밀도 $i = \dfrac{\text{전류}(I)}{\text{면적}(S)} = nev = ne\dfrac{l}{t}$

전류 $I = ne\dfrac{l}{t}S = \dfrac{Q}{t}$ [A]

∴ 평균 시간 $t = \dfrac{Q}{I} = \dfrac{\neq lS}{I} = \dfrac{\neq l\left(\dfrac{\pi D^2}{4}\right)}{I}$

$= \dfrac{1 \times 10^{28} \times 1.602 \times 10^{-19} \times 1 \times 10^{-2} \times \left\{\dfrac{\pi (5 \times 10^{-3})^2}{4}\right\}}{1}$

≒ 314[s]

10 일반적인 전자계에서 성립되는 기본 방정식이 아닌 것은? (단, i는 전류 밀도, ρ는 공간 전하 밀도이다.)

① $\nabla \times \boldsymbol{H} = i + \dfrac{\partial \boldsymbol{D}}{\partial t}$

② $\nabla \times \boldsymbol{E} = -\dfrac{\partial \boldsymbol{B}}{\partial t}$

③ $\nabla \cdot \boldsymbol{D} = \rho$

④ $\nabla \cdot \boldsymbol{B} = \mu \boldsymbol{H}$

해설 맥스웰의 전자계 기초 방정식

- rot $\boldsymbol{E} = \nabla \times \boldsymbol{E} = -\dfrac{\partial \boldsymbol{B}}{\partial t} = -\mu\dfrac{\partial \boldsymbol{H}}{\partial t}$ (패러데이 전자 유도 법칙의 미분형)
- rot $\boldsymbol{H} = \nabla \times \boldsymbol{H} = i + \dfrac{\partial \boldsymbol{D}}{\partial t}$ (앙페르 주회 적분 법칙의 미분형)
- div $\boldsymbol{D} = \nabla \cdot \boldsymbol{D} = \rho$ (정전계 가우스 정리의 미분형)
- div $\boldsymbol{B} = \nabla \cdot \boldsymbol{B} = 0$ (정자계 가우스 정리의 미분형)

정답 08.② 09.③ 10.④

11 전계 E[V/m], 자계 H[AT/m]의 전자계가 평면파를 이루고, 자유 공간으로 단위 시간에 전파될 때 단위 면적당 전력 밀도[W/m²]의 크기는?

① EH^2 ② EH
③ $\frac{1}{2}EH^2$ ④ $\frac{1}{2}EH$

해설 $P = w \times v = \sqrt{\varepsilon\mu}\ EH \times \frac{1}{\sqrt{\varepsilon\mu}} = EH$ [W/m²]

12 옴의 법칙을 미분 형태로 표시하면? (단, i는 전류 밀도이고, ρ는 저항률, E는 전계이다.)

① $i = \frac{1}{\rho}E$ ② $i = \rho E$
③ $i = \mathrm{div}\,E$ ④ $i = \nabla \times E$

해설 전류 밀도$(i) = \frac{전류(I)}{면적(S)} = Q \cdot v = nev$
$= ne\mu E = kE = \frac{E}{\rho}$ [A/m²]

여기서, Q : 총 전기량, ne : 총 전자의 개수
k : 도전율, E : 전계, ρ : 저항률

13 0.2[μF]인 평행판 공기 콘덴서가 있다. 전극 간에 그 간격의 절반 두께의 유리판을 넣었다면 콘덴서의 용량은 약 몇 [μF]인가? (단, 유리의 비유전율은 10이다.)

① 0.26 ② 0.36
③ 0.46 ④ 0.56

해설

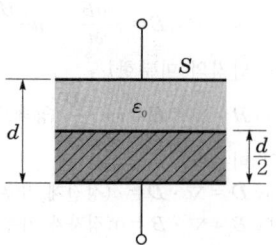

평행판 공기 콘덴서의 정전 용량 C_0는
$C_0 = \frac{\varepsilon_0 S}{d}$ [F]

공기 부분의 정전 용량을 C_1이라 하면
$C_1 = \frac{\varepsilon_0 S}{\frac{d}{2}} = \frac{2\varepsilon_0 S}{d}$ [F]

유리판 부분의 정전 용량을 C_2라 하면
$C_2 = \frac{\varepsilon S}{\frac{d}{2}} = \frac{2\varepsilon S}{d}$ [F]

두 콘덴서 C_1, C_2의 직렬 연결과 같으므로 합성 정전 용량 C는

$\therefore \dfrac{1}{\dfrac{1}{C_1} + \dfrac{1}{C_2}} = \dfrac{1}{\dfrac{d}{2S}\left(\dfrac{1}{\varepsilon_0} + \dfrac{1}{\varepsilon}\right)}$

$= \dfrac{1}{\dfrac{d}{2\varepsilon_0 S}\left(1 + \dfrac{\varepsilon_0}{\varepsilon}\right)}$

$= \dfrac{2C_0}{1 + \dfrac{\varepsilon_0}{\varepsilon}}$

$= \dfrac{2C_0}{1 + \dfrac{1}{\varepsilon_s}}$ [F]

$\therefore C = \dfrac{2C_0}{1 + \dfrac{1}{\varepsilon_s}} = \dfrac{2 \times 0.2}{1 + \dfrac{1}{10}} = 0.36$ [μF]

14 한 변의 길이가 $\sqrt{2}$ [m]인 정사각형의 4개 꼭짓점에 $+10^{-9}$[C]의 점전하가 각각 있을 때 이 사각형의 중심에서의 전위[V]는?

① 0 ② 18
③ 36 ④ 72

해설 $V_1 = \dfrac{Q}{4\pi\varepsilon_0 r} = 9 \times 10^9 \times \dfrac{Q}{r} = 9 \times 10^9 \times \dfrac{10^{-9}}{1} = 9$ [V]

사각형 중심의 합성 전위 V_0는 전하가 4개 존재하므로
$\therefore V_0 = 4V_1 = 4 \times 9 = 36$ [V]

정답 11.② 12.① 13.② 14.③

15 기계적인 변형력을 가할 때, 결정체의 표면에 전위차가 발생되는 현상은?

① 볼타 효과   ② 전계 효과
③ 압전 효과   ④ 파이로 효과

해설 압전 효과
유전체 결정에 기계적 변형을 가하면, 결정 표면에 양, 음의 전하가 나타나서 대전한다. 또 반대로 이들 결정을 전장 안에 놓으면 결정 속에서 기계적 변형이 생긴다. 이와 같은 현상을 압전기 현상이라 한다.

16 면적이 $S[\text{m}^2]$인 금속판 2매를 간격이 $d[\text{m}]$되게 공기 중에 나란하게 놓았을 때 두 도체 사이의 정전 용량[F]은?

① $\dfrac{S}{d}\varepsilon_0$ ② $\dfrac{d}{S}\varepsilon_0$
③ $\dfrac{d}{S^2}\varepsilon_0$ ④ $\dfrac{S^2}{d}\varepsilon_0$

해설 평행 평판 간의 정전 용량

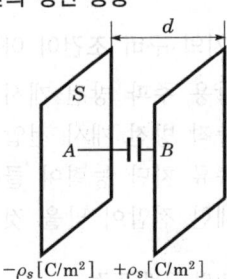

$E = \dfrac{\rho_s}{2\varepsilon_0} + \dfrac{\rho_s}{2\varepsilon_0} = \dfrac{\rho_s}{\varepsilon_0}[\text{V/m}]$

$V_{AB} = -\int_B^A E \cdot dr = -E\int_d^0 dr = E\int_0^d dr[\text{V}]$

$dr = \dfrac{\rho_s \cdot d}{\varepsilon_0}$

$C = \dfrac{Q}{V_{AB}} = \dfrac{\rho_s \cdot S}{\dfrac{\rho_s d}{\varepsilon_0}} = \dfrac{\varepsilon_0 S}{d}[\text{F}]$

17 면전하 밀도가 $\rho_s[\text{C/m}^2]$인 무한히 넓은 도체판에서 $R[\text{m}]$만큼 떨어져 있는 점의 전계의 세기[V/m]는?

① $\dfrac{\rho_s}{\varepsilon_0}$ ② $\dfrac{\rho_s}{2\varepsilon_0}$
③ $\dfrac{\rho_s}{2R}$ ④ $\dfrac{\rho_s}{4\pi R^2}$

해설 무한 평면 전하(전계의 세기)

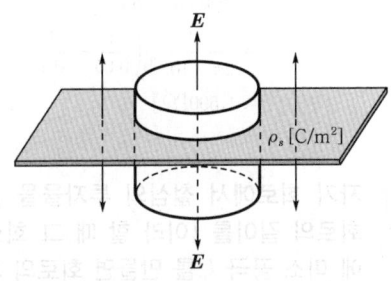

$\int_s E dS = \dfrac{Q}{\varepsilon_0}$

$Q = \rho_s \cdot S$

$2ES = \dfrac{\rho_s S}{\varepsilon_0}$

$\therefore E = \dfrac{\rho_s}{2\varepsilon_0}[\text{V/m}]$

18 300회 감은 코일에 3[A]의 전류가 흐를 때의 기자력[AT]은?

① 10   ② 90
③ 100   ④ 900

해설 기자력 $F = R_m \phi = NI[\text{AT}]$
$\therefore F = 300 \times 3 = 900[\text{AT}]$

19 구리로 만든 지름 20[cm]의 반구에 물을 채우고 그 중에 지름 10[cm]의 구를 띄운다. 이때에 두 개의 구가 동심구라면 두 구 사이의 저항은 약 몇 [Ω]인가? (단, 물의 도전율은 $10^{-3}[\mho/\text{m}]$라 하고, 물이 충만되어 있다고 한다.)

① 1,590   ② 2,590
③ 2,800   ④ 3,180

정답 15.③ 16.① 17.② 18.④ 19.①

해설 $RC = \rho\varepsilon$

반구의 정전 용량 $C = \dfrac{2\pi\varepsilon}{\dfrac{1}{a} - \dfrac{1}{b}}$ [F]

$\therefore$ 저항 $R = \dfrac{\rho\varepsilon}{C} = \dfrac{\rho}{2\pi}\left(\dfrac{1}{a} - \dfrac{1}{b}\right)$

$= \dfrac{1}{2\pi k}\left(\dfrac{1}{a} - \dfrac{1}{b}\right)$

$= \dfrac{1}{2\pi \times 10^{-3}}\left(\dfrac{1}{0.05} - \dfrac{1}{0.1}\right)$

$\fallingdotseq 1,590\,[\Omega]$

20 자기 회로에서 철심의 투자율을 μ라 하고 회로의 길이를 l이라 할 때 그 회로의 일부에 미소 공극 l_g를 만들면 회로의 자기 저항은 처음의 몇 배인가? (단, $l_g \ll l$, 즉 $l - l_g \fallingdotseq l$이다.)

① $1 + \dfrac{\mu l_g}{\mu_0 l}$

② $1 + \dfrac{\mu l}{\mu_0 l_g}$

③ $1 + \dfrac{\mu_0 l_g}{\mu l}$

④ $1 + \dfrac{\mu_0 l}{\mu l_g}$

해설 공극이 없을 때의 자기 저항 R은

$R = \dfrac{l + l_g}{\mu S} \fallingdotseq \dfrac{l}{\mu S}\,[\Omega]\;(\because l \gg l_g)$

미소 공극 l_g가 있을 때의 자기 저항 R'은

$R' = \dfrac{l_g}{\mu_0 S} + \dfrac{l}{\mu S}\,[\Omega]$

$\therefore \dfrac{R'}{R} = 1 + \dfrac{\dfrac{l_g}{\mu_0 S}}{\dfrac{l}{\mu S}}$

$= 1 + \dfrac{\mu l_g}{\mu_0 l}$

$= 1 + \mu_s \dfrac{l_g}{l}$

제2과목 전력공학

21 초고압 송전 계통에 단권 변압기가 사용되는데 그 이유로 볼 수 없는 것은?

① 효율이 높다.
② 단락 전류가 적다.
③ 전압 변동률이 적다.
④ 자로가 단축되어 재료를 절약할 수 있다.

해설 단권 변압기의 특징
- 전압 변동률이 작다.
- 동량이 경감되어 중량이 가볍다.
- 부하 용량은 변압기 고유 용량보다 크다.
- 분로 권선에는 누설 자속이 없어 전압 변동률이 작다.
- 1, 2차 권선이 하나이므로 2차측 절연 강도를 1차측과 동일하게 한다.
- 1차측 이상 전압이 2차측에 미친다.
- 누설 임피던스가 작아 단락 전류가 크다.

22 피뢰기의 구비 조건이 아닌 것은?

① 상용 주파 방전 개시 전압이 낮을 것
② 충격 방전 개시 전압이 낮을 것
③ 속류 차단 능력이 클 것
④ 제한 전압이 낮을 것

해설 피뢰기의 구비 조건
- 충격 방전 개시 전압이 낮을 것
- 상용 주파 방전 개시 전압 및 정격 전압이 높을 것
- 방전 내량이 크면서 제한 전압은 낮을 것
- 속류 차단 능력이 충분할 것

23 어떤 화력 발전소의 증가 조건이 고온원 540[℃], 저온원 30[℃]일 때 이 온도 간에서 움직이는 카르노 사이클의 이론 열 효율[%]은?

① 85.2 ② 80.5
③ 75.3 ④ 62.7

정답 20.① 21.② 22.① 23.④

해설
$$\eta = \left(1 - \frac{273+t_2}{273+t_1}\right) \times 100[\%]$$
$$= \left(1 - \frac{273+30}{273+540}\right) \times 100[\%]$$
$$= 62.7[\%]$$

24 그림과 같은 회로의 영상, 정상, 역상 임피던스 Z_0, Z_1, Z_2는?

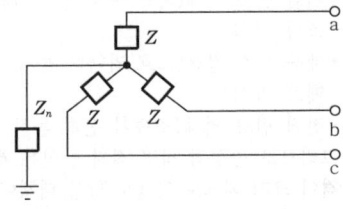

① $Z_0 = Z + 3Z_n$, $Z_1 = Z_2 = Z$
② $Z_0 = 3Z_n$, $Z_1 = Z$, $Z_2 = 3Z$
③ $Z_0 = 3Z + Z_n$, $Z_1 = 3Z$, $Z_2 = Z$
④ $Z_0 = Z + Z_n$, $Z_1 = Z_2 = Z + 3Z_n$

해설 영상 전류는 선로에서 접지선으로 흐르므로 영상 임피던스 $Z_0 = Z + 3Z_n$이고, 정상과 역상 전류는 같고 정상 회로의 임피던스이므로 $Z_1 = Z_2 = Z$이다.

25 비접지식 송전 선로에 있어서 1선 지락 고장이 생겼을 경우 지락점에 흐르는 전류는?
① 직류 전류
② 고장상의 영상 전압과 동상의 전류
③ 고장상의 영상 전압보다 90° 빠른 전류
④ 고장상의 영상 전압보다 90° 늦은 전류

해설 비접지식 송전 선로에서 1선 지락 사고시 고장 전류는 대지 정전 용량에 흐르는 충전 전류 $I = j\omega CE[A]$이므로 고장점의 영상 전압보다 90° 앞선 전류이다.

26 가공 전선로에 사용하는 전선의 굵기를 결정할 때 고려할 사항이 아닌 것은?
① 절연 저항
② 전압 강하
③ 허용 전류
④ 기계적 강도

해설 가공 전선의 굵기 결정시 고려 사항
• 허용 전류
• 전압 강하
• 기계적 강도
• 전력 손실
• 코로나
• 경제성

27 조상 설비가 아닌 것은?
① 정지형 무효 전력 보상 장치
② 자동 고장 구분 개폐기
③ 전력용 콘덴서
④ 분로 리액터

해설 자동 고장 구간 개폐기는 선로의 고장 구간을 자동으로 분리하는 장치로 조상 설비가 아니다.

28 코로나 현상에 대한 설명이 아닌 것은?
① 전선을 부식시킨다.
② 코로나 현상은 전력의 손실을 일으킨다.
③ 코로나 방전에 의하여 전파 장해가 일어난다.
④ 코로나 손실은 전원 주파수의 $\left(\frac{2}{3}\right)^2$에 비례한다.

해설 코로나 손실
$$P_l = \frac{241}{\delta}(f+25)\sqrt{\frac{r}{D}}(E-E_0)^2 \times 10^{-5}[\text{kW/km/선}]$$
코로나 손실은 전원 주파수에 비례한다.

정답 24.① 25.③ 26.① 27.② 28.④

29 다음 (㉠), (㉡), (㉢)에 들어갈 내용으로 옳은 것은?

> 원자력이란 일반적으로 무거운 원자핵이 핵분열하여 가벼운 핵으로 바뀌면서 발생하는 핵분열 에너지를 이용하는 것이고, (㉠) 발전은 가벼운 원자핵을(과) (㉡)하여 무거운 핵으로 바꾸면서 (㉢) 전·후의 질량 결손에 해당하는 방출 에너지를 이용하는 방식이다.

① ㉠ 원자핵 융합, ㉡ 융합, ㉢ 결합
② ㉠ 핵결합, ㉡ 반응, ㉢ 융합
③ ㉠ 핵융합, ㉡ 융합, ㉢ 핵반응
④ ㉠ 핵반응, ㉡ 반응, ㉢ 결합

해설 핵융합 발전은 가벼운 원자핵을 융합하여 무거운 핵으로 바꾸면서 핵반응 전·후의 질량 결손에 해당하는 방출 에너지를 이용한다.

30 경간 200[m], 장력 1,000[kg], 하중 2[kg/m]인 가공 전선의 이도(처짐 정도)는 몇 [m]인가?

① 10 ② 11
③ 12 ④ 13

해설 이도(처짐 정도) $D = \dfrac{WS^2}{8T_0} = \dfrac{2 \times 200^2}{8 \times 1,000} = 10[\text{m}]$

31 영상 변류기를 사용하는 계전기는?

① 과전류 계전기
② 과전압 계전기
③ 부족 전압 계전기
④ 선택 지락 계전기

해설 영상 변류기(ZCT)는 지락 사고 발생시 영상 전류를 검출하여 과전류 지락 계전기(OCGR), 선택 지락 계전기(SGR) 등을 동작시킨다.

32 전력 계통의 안정도 향상 방법이 아닌 것은?

① 선로 및 기기의 리액턴스를 낮게 한다.
② 고속도 재폐로 차단기를 채용한다.
③ 중성점 직접 접지 방식을 채용한다.
④ 고속도 AVR을 채용한다.

해설 안정도 향상 대책
- 직렬 리액턴스 감소
- 전압 변동 억제(속응 여자 방식, 계통 연계, 중간 조상 방식)
- 계통 충격 경감(소호 리액터 접지, 고속 차단, 재폐로 방식)
- 전력 변동 억제(조속기 신속 동작, 제동 저항기)

그러므로 중성점 직접 접지 방식은 계통에 주는 충격이 크게 되므로 안정도 향상 대책이 되지 않는다.

33 증식비가 1보다 큰 원자로는?

① 경수로 ② 흑연로
③ 중수로 ④ 고속 증식로

해설 고속 증식로는 중성자가 고속이므로 증식비가 커진다.

34 송전 용량이 증가함에 따라 송전선의 단락 및 지락 전류도 증가하여 계통에 여러 가지 장해 요인이 되고 있다. 이들의 경감 대책으로 적합하지 않은 것은?

① 계통의 전압을 높인다.
② 고장시 모선 분리 방식을 채용한다.
③ 발전기와 변압기의 임피던스를 작게 한다.
④ 송전선 또는 모선 간에 한류 리액터를 삽입한다.

해설 송전 용량이 증가하면 송전선의 단락 및 지락 전류의 증가로 인한 장해를 방지하기 위해서는 단락 전류를 줄여야 하므로 임피던스를 증가시켜야 한다.

정답 29.③ 30.① 31.④ 32.③ 33.④ 34.③

35 송·배전 선로에서 선택 지락 계전기(SGR)의 용도는?

① 다회선에서 접지 고장 회선의 선택
② 단일 회선에서 접지 전류의 대·소 선택
③ 단일 회선에서 접지 전류의 방향 선택
④ 단일 회선에서 접지 사고의 지속 시간 선택

해설 동일 모선에 2개 이상의 다회선을 가진 비접지 배전 계통에서 지락(접지) 사고의 보호에는 선택 지락 계전기(SGR)가 사용된다.

36 그림과 같은 회로의 일반 회로 정수가 아닌 것은?

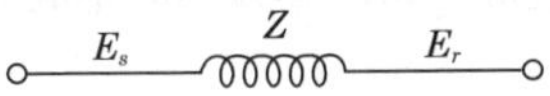

$E_s - Z - E_r$

① $B = Z+1$
② $A = 1$
③ $C = 0$
④ $D = 1$

해설 Z형 회로의 4단자 정수 $\begin{bmatrix} A & B \\ C & D \end{bmatrix} = \begin{bmatrix} 1 & Z \\ 0 & 1 \end{bmatrix}$ 이므로 $B = Z$로 된다.

37 송전 선로의 중성점을 접지하는 목적이 아닌 것은?

① 송전 용량의 증가
② 과도 안정도의 증진
③ 이상 전압 발생의 억제
④ 보호 계전기의 신속, 확실한 동작

해설 중성점 접지 목적
- 이상 전압의 발생을 억제하여 전위 상승을 방지하고, 전선로 및 기기의 절연 수준을 경감시킨다.
- 지락 고장 발생시 보호 계전기의 신속하고 정확한 동작을 확보한다.
- 통신선의 유도 장해를 방지하고, 과도 안정도를 향상시킨다(PC 접지).

38 부하 전류가 흐르는 전로는 개폐할 수 없으나 기기의 점검이나 수리를 위하여 회로를 분리하거나, 계통의 접속을 바꾸는 데 사용하는 것은?

① 차단기
② 단로기
③ 전력용 퓨즈
④ 부하 개폐기

해설 단로기는 무부하 전로를 개폐하고, 차단기는 부하 전류는 물론 단락 전류도 모두 개폐할 수 있다.

39 보호 계전기와 그 사용 목적이 잘못된 것은?

① 비율 차동 계전기 : 발전기 내부 단락 검출용
② 전압 평형 계전기 : 발전기 출력측 PT 퓨즈 단선에 의한 오작동 방지
③ 역상 과전류 계전기 : 발전기 부하 불평형 회전자 과열 소손
④ 과전압 계전기 : 과부하 단락 사고

해설 과전압 계전기는 지락 등 사고시 중성점의 전압을 검출하여 작동하는 계전기이므로 과부하 단락과는 관련이 없다.

40 송전 선로의 정상 임피던스를 Z_1, 역상 임피던스를 Z_2, 영상 임피던스를 Z_0라 할 때 옳은 것은?

① $Z_1 = Z_2 = Z_0$
② $Z_1 = Z_2 < Z_0$
③ $Z_1 > Z_2 = Z_0$
④ $Z_1 < Z_2 = Z_0$

해설 정상 임피던스와 역상 임피던스는 동일한 값으로 영상 임피던스보다는 작다. 그러므로 $Z_1 = Z_2 < Z_0$이다.

정답 35.① 36.① 37.① 38.② 39.④ 40.②

제3과목 전기기기

41 그림과 같은 회로에서 전원 전압의 실효치 200[V], 점호각 30°일 때 출력 전압은 약 몇 [V]인가? (단, 정상 상태이다.)

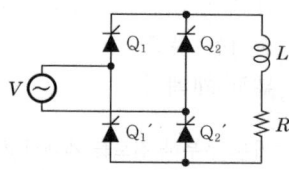

① 157.8 ② 168.0
③ 177.8 ④ 187.8

해설 SCR로 전파 정류 시 출력 전압
$$E_{d\alpha} = \frac{2\sqrt{2}}{\pi} E \left(\frac{1+\cos\alpha}{2} \right)$$
$$= 0.9 \times 200 \times \frac{1+\cos 30°}{2}$$
$$= 168[V]$$

42 분권 발전기의 회전 방향을 반대로 하면 일어나는 현상은?

① 전압이 유기된다.
② 발전기가 소손된다.
③ 잔류 자기가 소멸된다.
④ 높은 전압이 발생한다.

해설 직류 분권 발전기의 회전 방향이 반대로 되면 전기자의 유기 기전력 극성이 반대로 되고, 분권 회로의 여자 전류가 반대로 흘러서 잔류 자기를 소멸시키기 때문에 전압이 유기되지 않으므로 발전되지 않는다.

43 극수가 24일 때, 전기각 180°에 해당되는 기계각은?

① 7.5° ② 15°
③ 22.5° ④ 30°

해설 전기 각도=기계 각도(기하 각도)$\times \frac{P}{2}$

기계각 $\alpha° =$ 전기각 $\times \frac{2}{P} = 180° \times \frac{2}{24} = 15°$

44 단락비가 큰 동기기의 특징으로 옳은 것은?

① 안정도가 떨어진다.
② 전압 변동률이 크다.
③ 선로 충전 용량이 크다.
④ 단자 단락 시 단락 전류가 적게 흐른다.

해설 단락비가 큰 동기기는 동기 임피던스, 전압 변동률, 전기자 반작용이 작고 출력, 과부하 내량이 크고 안정도가 높으며 송전 선로의 충전 용량이 크다. 또한, 계자 기자력은 크고 전기자 기자력은 작으며 철손이 증가하여 효율은 조금 나빠진다.

45 단상 직권 정류자 전동기에서 보상 권선과 저항 도선의 작용을 설명한 것 중 틀린 것은?

① 보상 권선은 역률을 좋게 한다.
② 보상 권선은 변압기의 기전력을 크게 한다.
③ 보상 권선은 전기자 반작용을 제거해 준다.
④ 저항 도선은 변압기 기전력에 의한 단락 전류를 작게 한다.

해설 단상 직권 정류자 전동기는 전기자 반작용과 역률을 개선하기 위하여 보상 권선을 설치하며 변압기 기전력에 의한 단락 전류를 제한하기 위해 고저항 도선을 사용한다.

46 5[kVA], 3,000/200[V]의 변압기의 단락 시험에서 임피던스 전압 120[V], 동손 150[W]라 하면 %저항 강하는 약 몇 [%]인가?

① 2 ② 3
③ 4 ④ 5

정답 41.② 42.③ 43.② 44.③ 45.② 46.②

해설 %저항 강하 $\%r = \dfrac{1 \cdot r}{V} \times 100$

$= \dfrac{1^2 \cdot r}{V1} \times 100$

$= \dfrac{P_c}{P_n} \times 100$

$= \dfrac{150}{5 \times 10^3} \times 100$

$= 3[\%]$

해설 매극 매상의 홈수 $q = \dfrac{48}{4 \times 3} = 4$

분포 계수 $K_d = \dfrac{\sin \dfrac{\pi}{2m}}{q \sin \dfrac{\pi}{2mq}}$

$= \dfrac{\sin \dfrac{180°}{2 \times 3}}{4 \sin \dfrac{180°}{2 \times 3 \times 4}} = 0.957$

47 변압기의 규약 효율 산출에 필요한 기본 요건이 아닌 것은?

① 파형은 정현파를 기준으로 한다.
② 별도의 지정이 없는 경우 역률은 100[%] 기준이다.
③ 부하손은 40[℃]를 기준으로 보정한 값을 사용한다.
④ 손실은 각 권선에 대한 부하손의 합과 무부하손의 합이다.

해설 변압기의 손실이란 각 권선에 대한 부하손과 무부하손의 합계를 말한다. 지정이 없을 때는 역률은 100[%], 파형은 정현파를 기준으로 하고 부하손은 75[℃]로 보정한 값을 사용한다.

50 슬립 s_t에서 최대 토크를 발생하는 3상 유도 전동기에 2차측 한 상의 저항을 r_2라 하면 최대 토크로 기동하기 위한 2차측 한 상에 외부로부터 가해 주어야 할 저항[Ω]은?

① $\dfrac{1-s_t}{s_t} r_2$ ② $\dfrac{1+s_t}{s_t} r_2$

③ $\dfrac{r_2}{1-s_t}$ ④ $\dfrac{r_2}{s_t}$

해설 최대 토크를 발생할 때의 슬립과 2차 저항을 s_t, r_2, 기동시의 슬립과 외부 삽입 저항을 s_s, R_s라 하면

$\dfrac{r_2}{s_t} = \dfrac{r_2 + R_s}{s_s}$

기동시 $s_s = 1$이므로

$\dfrac{r_2}{s_t} = \dfrac{r_2 + R_s}{1}$

$\therefore R_s = \dfrac{r_2}{s_t} - r_2 = \left(\dfrac{1}{s_t} - 1\right) r_2 = \left(\dfrac{1-s_t}{s_t}\right) r_2 \,[\Omega]$

48 직류기에 보극을 설치하는 목적은?

① 정류 개선   ② 토크의 증가
③ 회전수 일정 ④ 기동 토크의 증가

해설 주자극 중간에 보극을 설치하면 평균 리액턴스 전압을 효과적으로 상쇄시킬 수 있으므로 불꽃이 없는 정류를 할 수 있고, 전기적 중성축의 이동을 방지할 수 있다.

51 어떤 단상 변압기의 2차 무부하 전압이 240[V]이고, 정격 부하시의 2차 단자 전압이 230[V]이다. 전압 변동률은 약 몇 [%]인가?

① 4.35   ② 5.15
③ 6.65   ④ 7.35

해설 전압 변동률 $\varepsilon = \dfrac{V_0 - V_n}{V_n} \times 100$

$= \dfrac{240 - 230}{230} \times 100$

$= 4.347[\%]$

49 4극, 3상 동기기가 48개의 슬롯을 가진다. 전기자 권선 분포 계수 K_d를 구하면 약 얼마인가?

① 0.923   ② 0.945
③ 0.957   ④ 0.969

정답 47.③ 48.① 49.③ 50.① 51.①

52 일반적인 농형 유도 전동기에 비하여 2중 농형 유도 전동기의 특징으로 옳은 것은?

① 손실이 적다.
② 슬립이 크다.
③ 최대 토크가 크다.
④ 기동 토크가 크다.

해설 2중 농형 유도 전동기는 저항이 크고, 리액턴스가 작은 기동 권선과 저항이 작고, 리액턴스가 큰 운전용 권선을 갖고 있어 보통 농형에 비하여 기동 전류가 작고, 기동 토크가 큰 특수 농형 유도 전동기이다.

53 유도 전동기의 안정 운전의 조건은? (단, T_m : 전동기 토크, T_L : 부하 토크, n : 회전수)

① $\dfrac{dT_m}{dn} < \dfrac{dT_L}{dn}$

② $\dfrac{dT_m}{dn} = \dfrac{dT_L^2}{dn}$

③ $\dfrac{dT_m}{dn} > \dfrac{dT_L}{dn}$

④ $\dfrac{dT_m}{dn} \neq \dfrac{dT_L^2}{dn}$

해설

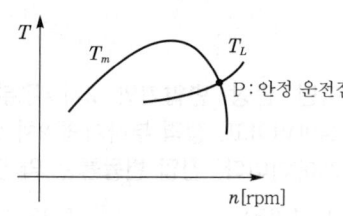

여기서, T_m : 전동기 토크
T_L : 부하의 반항 토크

안정된 운전을 위해서는 $\dfrac{dT_m}{dn} < \dfrac{dT_L}{dn}$ 이어야 한다.
즉, 부하의 반항 토크 기울기가 전동기 토크 기울기보다 큰 점에서 안정 운전을 한다.

54 사이리스터에서 게이트 전류가 증가하면?

① 순방향 저지 전압이 증가한다.
② 순방향 저지 전압이 감소한다.
③ 역방향 저지 전압이 증가한다.
④ 역방향 저지 전압이 감소한다.

해설

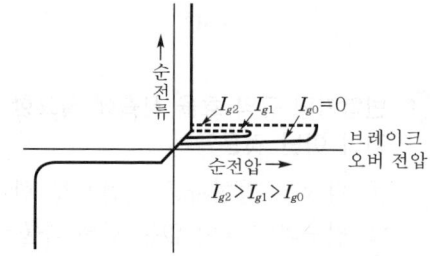

SCR(사이리스터)이 OFF(차단)에서 ON(전도) 상태로 들어가기 위한 전압을 순방향 브레이크 오버 전압이라 하면, 게이트 전류가 증가하면 브레이크 오버 전압은 감소한다.

55 60[Hz]인 3상 8극 및 2극의 유도 전동기를 차동 종속으로 접속하여 운전할 때의 무부하 속도[rpm]는?

① 720　　② 900
③ 1,000　　④ 1,200

해설 2대의 권선형 유도 전동기를 차동 종속으로 접속하여 운전할 때
무부하 속도 $N = \dfrac{120f}{P_1 - P_2} = \dfrac{120 \times 60}{8 - 2} = 1,200$[rpm]

56 원통형 회전자를 가진 동기 발전기는 부하각 δ가 몇 도일 때 최대 출력을 낼 수 있는가?

① 0°　　② 30°
③ 60°　　④ 90°

해설 돌극형은 부하각 $\delta = 60°$ 부근에서 최대 출력을 내고, 비돌극기(원통형 회전자)는 $\delta = 90°$에서 최대가 된다.

정답 52.④　53.①　54.②　55.④　56.④

돌극기 출력 $P = \dfrac{E \cdot V}{x_d \sin\delta} + \dfrac{V^2(x_d - x_q)}{2x_d \cdot x_q} \sin 2\delta [W]$

비돌극기 출력 $P = \dfrac{EV}{x_s} \sin\delta [W]$

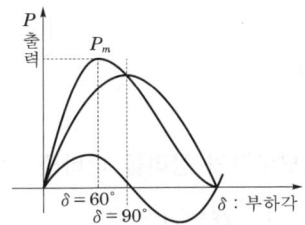

┃돌극기 출력 그래프┃

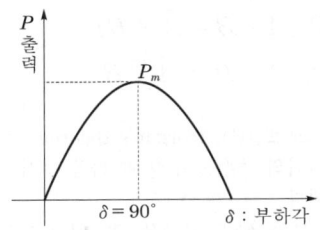

┃비돌극기 출력 그래프┃

57 직류 발전기의 병렬 운전에 있어서 균압선을 붙이는 발전기는?

① 타여자 발전기
② 직권 발전기와 분권 발전기
③ 직권 발전기와 복권 발전기
④ 분권 발전기와 복권 발전기

해설 균압선의 목적은 병렬 운전을 안정하게 하기 위하여 설치하는 것으로 일반적으로 직권 및 복권 발전기에서는 직권 계자 권선에 흐르는 전류에 의하여 병렬 운전이 불안정하게 되므로 균압선을 설치하여 직권 계자 권선에 흐르는 전류를 균등하게 분류하도록 한다.

58 변압기의 절연 내력 시험 방법이 아닌 것은?

① 가압 시험　② 유도 시험
③ 무부하 시험　④ 충격 전압 시험

해설 변압기의 절연 내력 시험은 충전 부분과 대지 사이 또는 충전 부분 상호간의 절연 강도를 보증하기 위한 시험으로 가압 시험, 유도 시험, 충격 전압 시험 등 세 가지 종류로 구별한다.

59 직류 발전기의 유기 기전력이 230[V], 극수가 4, 정류자편수가 162인 정류자편 간 평균 전압은 약 몇 [V]인가? (단, 권선법은 중권이다.)

① 5.68
② 6.28
③ 9.42
④ 10.2

해설 직류 발전기의 정류자편 간 전압(권선법 중권)

$e = \dfrac{P \cdot E}{R}$

$= \dfrac{4 \times 230}{162}$

$= 5.679 [V]$

여기서, P : 극수
　　　　E : 유기 기전력
　　　　R : 정류자편수

60 동기 발전기의 단자 부근에서 단락이 일어났다고 하면 단락 전류는 어떻게 되는가?

① 전류가 계속 증가한다.
② 큰 전류가 증가와 감소를 반복한다.
③ 처음에는 큰 전류이나 점차 감소한다.
④ 일정한 큰 전류가 지속적으로 흐른다.

해설 정격 전압을 유기하는 동기 발전기의 단자를 갑자기 단락하면 초기에는 전기자 반작용이 즉시 나타나지 않으므로 매우 큰 단락 전류(돌발 단락 전류)가 흐르고, 수초 지난 후에는 전기자 반작용이 작용하여 동기 리액턴스에 의해 제한된 영구 단락 전류가 흐른다.

정답 57.③　58.③　59.①　60.③

제4과목 회로이론 및 제어공학

61 다음과 같은 시스템에 단위 계단 입력 신호가 가해졌을 때 지연 시간에 가장 가까운 값[s]은?

$$\frac{C(s)}{R(s)} = \frac{1}{s+1}$$

① 0.5　② 0.7
③ 0.9　④ 1.2

해설 단위 계단 입력 신호 응답

$$C(s) = \frac{1}{s+1} \cdot R(s) = \frac{1}{s(s+1)} = \frac{1}{s} - \frac{1}{s+1}$$

∴ $C(t) = 1 - e^{-t}$

지연 시간 T_d는 응답이 최종값의 50[%]에 도달하는 데 요하는 시간은

$0.5 = 1 - e^{-T_d}$

$\frac{1}{2} = e^{-T_d}$

$\ln \frac{1}{2} = -T_d$

$\ln 1 - \ln 2 = -T_d$

∴ 지연 시간 $T_d = \ln 2 = 0.693[s]$

62 그림에서 ㉠에 알맞은 신호 이름은?

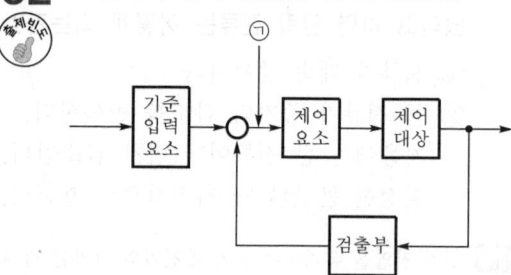

① 조작량　② 제어량
③ 기준 입력　④ 동작 신호

해설 일반적으로 귀환 제어계는 제어 장치와 제어 대상으로부터 형성되는 폐회로로 구성되며 그 기본적 구성은 다음과 같다.

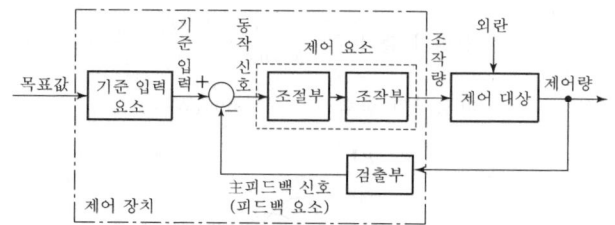

63 드모르간의 정리를 나타낸 식은?

① $\overline{A+B} = A \cdot B$
② $\overline{A+B} = \overline{A} + \overline{B}$
③ $\overline{A \cdot B} = \overline{A} \cdot \overline{B}$
④ $\overline{A+B} = \overline{A} \cdot \overline{B}$

해설 드모르간(De Morgan's theorem) 정리는 임의의 논리식의 보수를 구할 때 다음 순서에 따라 정리하면 된다.
- 모든 AND 연산은 OR 연산으로 바꾼다.
- 모든 OR 연산은 AND 연산으로 바꾼다.
- 모든 상수 1은 0으로 바꾼다.
- 모든 상수 0은 1로 바꾼다.
- 모든 변수는 그의 보수로 나타낸다.
- $\overline{A+B} = \overline{A} \cdot \overline{B}$
- $\overline{A \cdot B} = \overline{A} + \overline{B}$

64 다음 단위 궤환 제어계의 미분 방정식은?

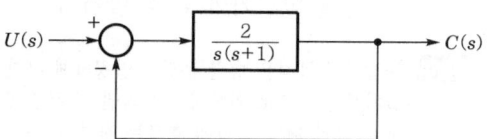

① $\frac{d^2c(t)}{dt^2} + \frac{dc(t)}{dt} + c(t) = 2u(t)$

② $\frac{d^2c(t)}{dt^2} + \frac{dc(t)}{dt} + 2c(t) = u(t)$

③ $\frac{d^2c(t)}{dt^2} + \frac{dc(t)}{dt} + 2c(t) = 5u(t)$

④ $\frac{d^2c(t)}{dt^2} + \frac{dc(t)}{dt} + 2c(t) = 2u(t)$

정답 61.② 62.④ 63.④ 64.④

해설

전달 함수 $G(s) = \dfrac{C(s)}{U(s)} = \dfrac{\dfrac{2}{s(s+1)}}{1+\dfrac{2}{s(s+1)}}$

$= \dfrac{2}{s^2+s+2}$

$\therefore (s^2+s+2)C(s) = 2U(s)$

미분 방정식으로 표시하면

$\dfrac{d^2c(t)}{dt^2} + \dfrac{dc(t)}{dt} + 2c(t) = 2u(t)$

65 특성 방정식이 다음과 같다. 이를 z변환하여 z평면에 도시할 때 단위원 밖에 놓일 근은 몇 개인가?

$$(s+1)(s+2)(s-3) = 0$$

① 0
② 1
③ 2
④ 3

해설 특성 방정식
$(s+1)(s+2)(s-3) = 0$
$s^3 - 7s - 6 = 0$
라우스의 표

s^3	1	-7
s^2	(0)	-6
s^1	$\dfrac{-7\varepsilon+6}{\varepsilon}$	
s^0	-6	

0을 미소 양의 실수 ε으로 대치

제1열의 부호 변화가 한 번 있으므로 불안정근이 1개 있다.
z평면에 도시할 때 단위원 밖에 놓일 근이 s평면의 우반 평면, 즉 불안정근이다.

66 다음 진리표의 논리 소자는?

입력		출력
A	B	C
0	0	1
0	1	0
1	0	0
1	1	0

① OR
② NOR
③ NOT
④ NAND

해설 NOR 회로의 논리식
$C = \overline{A+B}$
OR 회로의 부정 회로 입력 신호 A, B의 값이 모두 0일 때만 출력 신호 C의 값이 1이 되는 회로이다.

67 근궤적이 s평면의 $j\omega$과 교차할 때 폐루프의 제어계는?

① 안정하다.
② 알 수 없다.
③ 불안정하다.
④ 임계 상태이다.

해설 근궤적이 K의 변화에 따라 허수축을 지나 s평면의 우반 평면으로 들어가는 순간은 계의 안정성이 파괴되는 임계점에 해당한다.

68 특성 방정식 $s^3 + 2s^2 + (k+3)s + 10 = 0$에서 Routh 안정도 판별법으로 판별시 안정하기 위한 k의 범위는?

① $k > 2$
② $k < 2$
③ $k > 1$
④ $k < 1$

해설 라우스의 표

s^3	1	$k+3$
s^2	2	10
s^1	$\dfrac{2(k+3)-10}{2}$	0
s^0	10	

제1열의 부호 변화가 없으려면
$\dfrac{2(k+3)-10}{2} > 0$
$\therefore k > 2$

정답 65.② 66.② 67.④ 68.①

69 그림과 같은 신호 흐름 선도에서 전달 함수 $\dfrac{Y(s)}{X(s)}$ 는 무엇인가?

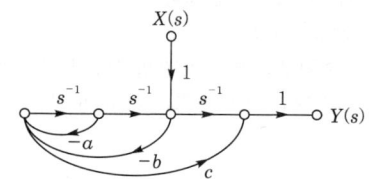

① $\dfrac{s+a}{s^2+as-b^2}$ ② $\dfrac{-bcs^2+s}{s^2+as+b}$

③ $\dfrac{-bcs^2+s+a}{s^2+as}$ ④ $\dfrac{-bcs^2+s+a}{s^2+as+b}$

해설
$G_1 = 1 \cdot s^{-1} \cdot 1 = \dfrac{1}{s}$

$\Delta_1 = 1 - \left(-\dfrac{a}{s}\right) = 1 + \dfrac{a}{s}$

$G_2 = -b \cdot c = -bc$

$\Delta_2 = 1$

$\Delta = 1 - \left(-\dfrac{a}{s} - \dfrac{b}{s^2}\right) = 1 + \dfrac{a}{s} + \dfrac{b}{s^2}$

∴ 전달 함수 $G(s) = \dfrac{Y(s)}{X(s)}$

$= \dfrac{G_1\Delta_1 + G_2\Delta_2}{\Delta}$

$= \dfrac{\dfrac{1}{s}\left(1+\dfrac{a}{s}\right) - bc}{1+\dfrac{a}{s}+\dfrac{b}{s^2}}$

$= \dfrac{-bcs^2+s+a}{s^2+as+b}$

70 $G(s)H(s) = \dfrac{2}{(s+1)(s+2)}$의 이득 여유 [dB]는?

① 20 ② -20
③ 0 ④ ∞

해설 $G(j\omega)H(j\omega) = \dfrac{2}{(j\omega+1)(j\omega+2)} = \dfrac{2}{-\omega^2+2+j3\omega}$

$|G(j\omega)H(j\omega)|_{\omega_c=0} = \left|\dfrac{2}{-\omega^2+2}\right|_{\omega_c=0} = \dfrac{2}{2} = 1$

∴ $GM = 20\log\dfrac{1}{|GH_c|} = 20\log\dfrac{1}{1} = 0[dB]$

71 $R_1 = R_2 = 100[\Omega]$이며 $L_1 = 5[H]$인 회로에서 시정수는 몇 [s]인가?

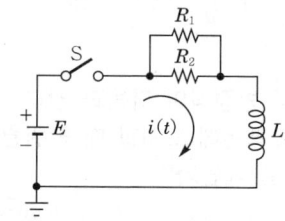

① 0.001 ② 0.01
③ 0.1 ④ 1

해설 $R-L$ 직렬 회로의 시정수(τ)

$\tau = \dfrac{L}{R} = \dfrac{L_1}{\dfrac{R_1R_2}{R_1+R_2}} = \dfrac{5}{\dfrac{100\times100}{100+100}} = \dfrac{5}{50} = 0.1[s]$

72 최대값이 10[V]인 정현파 전압이 있다. $t=0$에서의 순시값이 5[V]이고 이 순간에 전압이 증가하고 있다. 주파수가 60[Hz]일 때, $t=2[m/s]$에서 전압의 순시값[V]은?

① $10\sin30°$ ② $10\sin43.2°$
③ $10\sin73.2°$ ④ $10\sin103.2°$

해설 순시값 $v = V_m\sin(\omega t + \theta)$

• 최대값 $V_m = 10[V]$
• $t=0$에서 순시값이 5[V]이고 전압이 증가하므로 $\theta = 30°$
• 주기 $T = \dfrac{1}{f} = \dfrac{1}{60} = 0.0167[s]$

$t=2[m/s]$에서 주기 $T = \dfrac{0.0167}{0.002} = 8.35$

∴ $\dfrac{360°}{8.35} = 43.11°$

∴ 순시값 $v = 10\sin(43.11° + 30°)$
$= 10\sin73.11°[V]$

정답 69.④ 70.③ 71.③ 72.③

73 비접지 3상 Y회로에서 전류 $I_a = 15 + j2$ [A], $I_b = -20 - j14$ [A]일 경우 I_c [A]는?

① $5 + j12$ ② $-5 + j12$
③ $5 - j12$ ④ $-5 - j12$

해설 영상분 $I_0 = \dfrac{1}{3}(I_a + I_b + I_c)$

3상 공통인 성분 영상분은 접지식 3상에는 존재하나 비접지 3상 Y회로에는 존재하지 않으므로 $I_0 = 0$가 된다. 따라서, 비접지식 3상은 $I_a + I_b + I_c = 0$이다.
∴ $I_c = -(I_a + I_b) = -\{(15 + j2) + (-20 - j14)\}$
    $= 5 + j12$ [A]

74 그림과 같은 회로의 구동점 임피던스 Z_{ab}는?

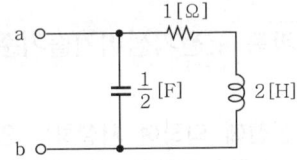

① $\dfrac{2(2s+1)}{2s^2+s+2}$ ② $\dfrac{2s+1}{2s^2+s+2}$

③ $\dfrac{2(2s-1)}{2s^2+s+2}$ ④ $\dfrac{2s^2+s+2}{2(2s+1)}$

해설
$Z(s) = \dfrac{\dfrac{2}{s}(1+2s)}{\dfrac{2}{s}+(1+2s)} = \dfrac{2(2s+1)}{2s^2+s+2}$ [Ω]

75 콘덴서 C [F]에 단위 임펄스의 전류원을 접속하여 동작시키면 콘덴서의 전압 $V_c(t)$는? (단, $u(t)$는 단위 계단 함수이다.)

① $V_c(t) = C$ ② $V_c(t) = Cu(t)$
③ $V_c(t) = \dfrac{1}{C}$ ④ $V_c(t) = \dfrac{1}{C}u(t)$

해설 콘덴서의 전압 $V_c(t) = \dfrac{1}{C}\int i(t)\,dt$

라플라스 변환하면 $V_c(s) = \dfrac{1}{Cs}I(s)$
단위 임펄스 전류원 $i(t) = \delta(t)$
∴ $I(s) = 1$
∴ $V_c(s) = \dfrac{1}{Cs}$

역라플라스 변환하면 $V_c(t) = \dfrac{1}{C}u(t)$가 된다.

76 그림과 같은 구형파의 라플라스 변환은?

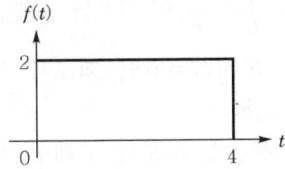

① $\dfrac{2}{s}(1 - e^{4s})$

② $\dfrac{2}{s}(1 - e^{-4s})$

③ $\dfrac{4}{s}(1 - e^{4s})$

④ $\dfrac{4}{s}(1 - e^{-4s})$

해설 $f(t) = 2u(t) - 2u(t-4)$
시간 추이 정리를 적용하면
$F(s) = \dfrac{2}{s} - \dfrac{2}{s}e^{-4s} = \dfrac{2}{s}(1 - e^{-4s})$

77 그림과 같은 회로의 컨덕턴스 G_2에 흐르는 전류 i는 몇 [A]인가?

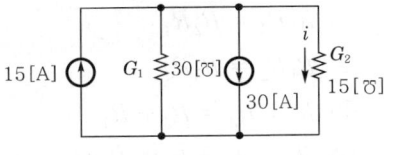

① -5 ② 5
③ -10 ④ 10

정답 73.① 74.① 75.④ 76.② 77.①

해설 분류 법칙에서 G_2에 흐르는 전류

$$i = \frac{G_1}{G_1+G_2}I$$
$$= \frac{15}{30+15}(15-30)$$
$$= -5[A]$$

78 분포 정수 전송 회로에 대한 설명이 아닌 것은?

① $\frac{R}{L} = \frac{G}{C}$인 회로를 무왜형 회로라 한다.
② $R = G = 0$인 회로를 무손실 회로라 한다.
③ 무손실 회로와 무왜형 회로의 감쇠 정수는 $\sqrt{RG}$이다.
④ 무손실 회로와 무왜형 회로에서의 위상 속도는 $\frac{1}{\sqrt{LC}}$이다.

해설 무손실 선로 $\gamma = \sqrt{Z \cdot Y}$
$= \sqrt{(R+j\omega L)(G+j\omega C)}$
$= j\omega\sqrt{LC}$
감쇠 정수 $\alpha = 0$, 위상 정수 $\beta = \omega\sqrt{LC}$

79 다음 회로에서 절점 a와 절점 b의 전압이 같은 조건은?

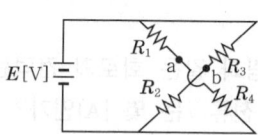

① $R_1 R_3 = R_2 R_4$
② $R_1 R_2 = R_3 R_4$
③ $R_1 + R_3 = R_2 + R_4$
④ $R_1 + R_2 = R_3 + R_4$

해설 브리지 평형 조건에서 $R_1 R_2 = R_3 R_4$

80 그림과 같은 파형의 파고율은?

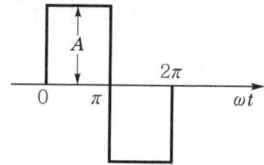

① 1
② 2
③ $\sqrt{2}$
④ $\sqrt{3}$

해설 구형파는 평균값·실효값·최대값이 같으므로 최대값이 A이면 평균값·실효값도 A가 된다.
∴ 파고율 $= \frac{\text{최대값}}{\text{실효값}} = \frac{A}{A} = 1$

제5과목 전기설비기술기준

81 가섭선에 의하여 시설하는 안테나가 있다. 이 안테나 주위에 경동 연선을 사용한 고압 가공 전선이 지나가고 있다면 수평 이격 거리(간격)는 몇 [cm] 이상이어야 하는가?

① 40
② 60
③ 80
④ 100

해설 고압 가공 전선과 안테나의 접근 또는 교차(한국전기설비규정 332.14)
• 고압 가공 전선로는 고압 보안 공사에 의할 것
• 가공 전선과 안테나 사이의 이격 거리(간격)는 저압은 60[cm](고압 절연 전선, 특고압 절연 전선 또는 케이블인 경우 30[cm]) 이상, 고압은 80[cm](케이블인 경우 40[cm]) 이상

82 지중에 매설되어 있는 금속제 수도관로를 각종 접지 공사의 접지극으로 사용하려면 대지와의 전기 저항값이 몇 [Ω] 이하의 값을 유지하여야 하는가?

① 1
② 2
③ 3
④ 5

정답 78.③ 79.② 80.① 81.③ 82.③

해설 접지극의 시설 및 접지 저항(한국전기설비규정 142.2)
지중에 매설되어 있고 대지와의 전기 저항값이 3[Ω] 이하의 값을 유지하고 있는 금속제 수도관로는 각각의 접지 공사 접지극으로 사용할 수 있다.

83 가공 전선로의 지지물에 시설하는 지선(지지선)으로 연선을 사용할 경우에는 소선이 최소 몇 가닥 이상이어야 하는가?

① 3 ② 4
③ 5 ④ 6

해설 지선(지지선)의 시설(한국전기설비규정 331.11)
- 지선(지지선)의 안전율은 2.5 이상. 이 경우에 허용 인장하중의 최저는 4.31[kN]
- 지선(지지선)에 연선을 사용할 경우
  - 소선(素線) 3가닥 이상의 연선일 것
  - 소선의 지름이 2.6[mm] 이상의 금속선을 사용한 것일 것

84 옥내의 저압 전선으로 나전선 사용이 허용되지 않는 경우는?

① 금속관 공사에 의하여 시설하는 경우
② 버스 덕트 공사에 의하여 시설하는 경우
③ 라이팅 덕트 공사에 의하여 시설하는 경우
④ 애자 공사에 의하여 전개된 곳에 전기로용 전선을 시설하는 경우

해설 나전선의 사용 제한(한국전기설비규정 231.4)
옥내에 시설하는 저압 전선에 나전선을 사용하는 경우는 다음과 같다.
- 애자 공사에 의하여 전개된 곳에 시설하는 경우
  - 전기로용 전선
  - 전선의 피복 절연물이 부식하는 장소에 시설하는 전선
  - 취급자 이외의 자가 출입할 수 없도록 설비한 장소에 시설하는 전선

- 버스 덕트 공사에 의하여 시설하는 경우
- 라이팅 덕트 공사에 의하여 시설하는 경우
- 저압 접촉 전선을 시설하는 경우

85 가공 전선로의 지지물에 취급자가 오르고 내리는 데 사용하는 발판 볼트 등은 지표상 몇 [m] 미만에 시설하여서는 아니 되는가?

① 1.2
② 1.5
③ 1.8
④ 2.0

해설 가공 전선로 지지물의 철탑 오름 및 전주 오름 방지(한국전기설비규정 331.4)
가공 전선로의 지지물에 취급자가 오르고 내리는 데 사용하는 발판 못 등을 지표상 1.8[m] 미만에 시설하여서는 아니 된다.

86 철도, 궤도 또는 자동차도의 전용 터널 안의 전선로의 시설 방법으로 틀린 것은?

① 고압 전선은 케이블 공사로 하였다.
② 저압 전선은 가요 전선관 공사에 의하여 시설하였다.
③ 저압 전선으로 지름 2.0[mm]의 경동선을 사용하였다.
④ 저압 전선을 애자 공사에 의하여 시설하고 이를 레일면상 또는 노면상 2.5[m] 이상의 높이로 유지하였다.

해설 터널 안 전선로의 시설(한국전기설비규정 335.1)
철도·궤도 또는 자동차도 전용 터널 안의 저압 전선로
- 인장 강도 2.30[kN] 이상 또는 지름 2.6[mm] 이상의 경동선의 절연 전선
- 레일면상 또는 노면상 2.5[m] 이상의 높이로 유지

정답 83.① 84.① 85.③ 86.③

87 수소 냉각식 발전기 등의 시설 기준으로 틀린 것은?

① 발전기 안의 수소의 온도를 계측하는 장치를 시설할 것
② 수소를 통하는 관은 수소가 대기압에서 폭발하는 경우에 생기는 압력에 견디는 강도를 가질 것
③ 발전기 안의 수소의 순도가 95[%] 이하로 저하한 경우에 이를 경보하는 장치를 시설할 것
④ 발전기 안의 수소의 압력을 계측하는 장치 및 그 압력이 현저히 변동한 경우에 이를 경보하는 장치를 시설할 것

해설 수소 냉각식 발전기 등의 시설(판단기준 제51조)
- 기밀 구조(氣密構造)의 것
- 수소의 순도가 85[%] 이하로 저하한 경우에 이를 경보하는 장치를 시설할 것

※ 이 문제는 출제 당시 규정에는 적합했으나 새로 제정된 한국전기설비규정에는 일부 부적합하므로 문제 유형만 참고하시기 바랍니다.

88 과전류 차단기로 저압 전로에 사용하는 80[A] 퓨즈를 수평으로 붙이고, 정격 전류의 1.6배 전류를 통한 경우에 몇 분 안에 용단되어야 하는가? (단, IEC 표준을 도입한 과전류 차단기로 저압 전로에 사용하는 퓨즈는 제외한다.)

① 30분 ② 60분
③ 120분 ④ 180분

해설 저압 전로 중의 과전류 차단기의 시설(판단기준 제38조)

정격 전류의 구분	시 간	
	정격 전류 1.6배	정격 전류 2배
30[A] 이하	60분	2분
30[A] 초과 60[A] 이하	60분	4분
60[A] 초과 100[A] 이하	120분	6분
100[A] 초과 200[A] 이하	120분	8분
이하 생략	이하 생략	이하 생략

※ 이 문제는 출제 당시 규정에는 적합했으나 새로 제정된 한국전기설비규정에는 일부 부적합하므로 문제 유형만 참고하시기 바랍니다.

89 조상기(무효전력 보상장치)의 내부에 고장이 생긴 경우 자동적으로 전로로부터 차단하는 장치는 조상기(무효전력 보상장치)의 뱅크 용량이 몇 [kVA] 이상이어야 시설하는가?

① 5,000   ② 10,000
③ 15,000   ④ 20,000

해설 조상 설비의 보호 장치(한국전기설비규정 351.5)

설비 종별	뱅크 용량의 구분	자동적으로 전로로부터 차단하는 장치
조상기 (무효전력 보상장치)	15,000[kVA] 이상	내부에 고장이 생긴 경우에 동작하는 장치

90 발열선을 도로, 주차장 또는 조영물의 조영재에 고정시켜 신설하는 경우 발열선에 전기를 공급하는 전로의 대지 전압은 몇 [V] 이하이어야 하는가?

① 100   ② 150
③ 200   ④ 300

해설 도로 등의 전열 장치(한국전기설비규정 241.12)
- 발열선에 전기를 공급하는 전로의 대지 전압은 300[V] 이하
- 발열선은 무기물 절연 케이블 또는 B종 발열선을 사용
- 발열선 온도 80[℃] 이하

91 전로에 400[V]를 넘는 기계 기구를 시설하는 경우 기계 기구의 철대 및 금속제 외함의 접지 저항은 몇 [Ω] 이하인가?

① 10   ② 30
③ 50   ④ 100

정답 87.③ 88.③ 89.③ 90.④ 91.①

[해설] **기계 기구의 철대 및 외함의 접지**(판단기준 제33조)

400[V] 이상의 저압용의 것에는 특별 제3종 접지 공사를 하여야 하므로 10[Ω] 이하로 하여야 한다.

※ 이 문제는 출제 당시 규정에는 적합했으나 새로 제정된 한국전기설비규정에는 일부 부적합하므로 문제 유형만 참고하시기 바랍니다.

92 사람이 접촉할 우려가 있는 경우 고압 가공 전선과 상부 조영재의 옆쪽에서의 이격 거리(간격)는 몇 [m] 이상이어야 하는가? (단, 전선은 경동 연선이라고 한다.)

① 0.6
② 0.8
③ 1.0
④ 1.2

[해설] **고압 가공 전선과 건조물의 접근**(한국전기설비규정 332.11)

조영재의 구분	접근 형태	이격 거리(간격)
상부 조영재	위쪽	2[m](케이블 1[m])
	옆쪽 또는 아래쪽	1.2[m](사람이 쉽게 접촉할 우려가 없는 경우 80[cm], 케이블 40[cm])

93 특고압 가공 전선로에서 사용 전압이 60[kV]를 넘는 경우, 전화 선로의 길이 몇 [km]마다 유도 전류가 3[μA]를 넘지 않도록 하여야 하는가?

① 12
② 40
③ 80
④ 100

[해설] **유도 장해의 방지**(한국전기설비규정 333.2)

• 사용 전압 60[kV] 이하 : 전화 선로의 길이 12[km] 마다 유도 전류가 2[μA] 이하
• 사용 전압 60[kV] 초과 : 전화 선로의 길이 40[km] 마다 유도 전류가 3[μA] 이하

94 고압의 계기용 변성기의 2차측 전로에는 몇 종 접지 공사를 하여야 하는가?

① 제1종 접지 공사
② 제2종 접지 공사
③ 제3종 접지 공사
④ 특별 제3종 접지 공사

[해설] **계기용 변성기의 2차측 전로의 접지**(판단기준 제26조)

• 고압 계기용 변성기에는 제3종 접지 공사
• 특고압 계기용 변성기에는 제1종 접지 공사

※ 이 문제는 출제 당시 규정에는 적합했으나 새로 제정된 한국전기설비규정에는 일부 부적합하므로 문제 유형만 참고하시기 바랍니다.

95 가공 직류 절연 귀선은 특별한 경우를 제외하고 어느 전선에 준하여 시설하여야 하는가?

① 저압 가공 전선
② 고압 가공 전선
③ 특고압 가공 전선
④ 가공 약전류 전선

[해설] **가공 직류 절연 귀선의 시설**(판단기준 제260조, 제274조)

• 가공 직류 절연 귀선은 저압 가공 전선에 준한다.
• 가공 교류 절연 귀선은 고압 가공 전선에 준한다.

※ 이 문제는 출제 당시 규정에는 적합했으나 새로 제정된 한국전기설비규정에는 일부 부적합하므로 문제 유형만 참고하시기 바랍니다.

96 직선형의 철탑을 사용한 특고압 가공 전선로가 연속하여 10기 이상 사용하는 부분에는 몇 기 이하마다 내장(장력에 견디는) 애자 장치가 되어 있는 철탑 1기를 시설하여야 하는가?

① 5
② 10
③ 15
④ 20

정답 92.④ 93.② 94.③ 95.① 96.②

해설 특고압 가공 전선로의 내장(장력에 견디는)형 등의 지지물 시설(한국전기설비규정 333.16)
특고압 가공 전선로 중 지지물로서 직선형의 철탑을 연속하여 10기 이상 사용하는 부분에는 10기 이하마다 내장(장력에 견디는) 애자 장치가 되어 있는 철탑 또는 이와 동등 이상의 강도를 가지는 철탑 1기를 시설 한다.

97 옥외용 비닐 절연 전선을 사용한 저압 가공 전선이 횡단 보도교 위에 시설되는 경우에 그 전선의 노면상 높이는 몇 [m] 이상으로 하여야 하는가?

① 2.5
② 3.0
③ 3.5
④ 4.0

해설 저압 가공 전선의 높이(한국전기설비규정 222.7)
횡단 보도교의 위에 시설하는 경우에는 저압 가공 전선은 그 노면상 3.5[m](절연 전선 또는 케이블인 경우에는 3[m]) 이상, 고압 가공 전선은 노면상 3.5[m] 이상

98 애자 공사를 습기가 많은 장소에 시설하는 경우 전선과 조영재 사이의 이격 거리(간격)는 몇 [cm] 이상이어야 하는가? (단, 사용 전압은 440[V]인 경우이다.)

① 2.0
② 2.5
③ 4.5
④ 6.0

해설 애자 공사(한국전기설비규정 232.3)
전선과 조영재 사이의 이격 거리(간격)
• 400[V] 이하인 경우에는 2.5[cm] 이상
• 400[V] 초과인 경우에는 4.5[cm](건조한 장소 2.5[cm]) 이상

99 저압 옥내 간선 및 분기 회로의 시설 규정 중 틀린 것은?

① 저압 옥내 간선의 전원측 전로에는 간선을 보호하는 과전류 차단기를 시설하여야 한다.
② 간선 보호용 과전류 차단기는 옥내 간선의 허용 전류를 초과하는 정격 전류를 가져야 한다.
③ 간선으로 사용하는 전선은 전기 사용 기계 기구의 정격 전류 합계 이상의 허용 전류를 가져야 한다.
④ 저압 옥내 간선과 분기점에서 전선의 길이가 3[m] 이하인 곳에 개폐기 및 과전류 차단기를 시설하여야 한다.

해설 과부하 전류에 대한 보호(한국전기설비규정 212.4)
간선 보호용 과전류 차단기는 저압 옥내 간선의 허용 전류 이하인 정격 전류일 것

100 터널 등에 시설하는 사용 전압이 220[V]인 전구선이 0.6/1[kV] EP 고무 절연 클로로프렌 캡타이어 케이블일 경우 단면적은 최소 몇 [mm²] 이상이어야 하는가?

① 0.5
② 0.75
③ 1.25
④ 1.4

해설 터널 등의 전구선 또는 이동 전선 등의 시설(한국전기설비규정 242.7.4)
터널 등에 시설하는 사용 전압이 400[V] 이하인 저압의 전구선 또는 이동 전선은 단면적 0.75[mm²] 이상의 300/300[V] 편조 고무 코드 또는 0.6/1[kV] EP 고무 절연 클로로프렌 캡타이어 케이블일 것

정답 97.② 98.③ 99.② 100.②

2017년 제2회 과년도 출제문제
2017. 5. 7. 시행

제1과목 전기자기학

01 원통 좌표계에서 전류 밀도 $j = Kr^2 a_z [\text{A/m}^2]$ 일 때 암페어의 법칙을 사용한 자계의 세기 $H[\text{AT/m}]$는? (단, K는 상수이다.)

① $H = \dfrac{K}{4} r^4 a_\phi$

② $H = \dfrac{K}{4} r^3 a_\phi$

③ $H = \dfrac{K}{4} r^4 a_z$

④ $H = \dfrac{K}{4} r^3 a_z$

해설 $\text{rot} H = j$

$\text{rot} H = \left(\dfrac{1}{r} \dfrac{\partial Hz}{\partial \phi} - \dfrac{\partial H\phi}{\partial z} \right) a_r + \left(\dfrac{\partial Hr}{\partial z} - \dfrac{\partial H\phi}{\partial r} \right) a_\phi$
$\quad + \left(\dfrac{1}{r} \dfrac{\partial (rH\phi)}{\partial r} - \dfrac{1}{r} \dfrac{\partial Hr}{\partial \phi} \right) a_z$

$\therefore \dfrac{1}{r} \dfrac{\partial (rH\phi)}{\partial r} - \dfrac{1}{r} \dfrac{\partial Hr}{\partial \phi} = Kr^2$

$\therefore H = \dfrac{K}{4} r^3 a_\phi$

02 최대 정전 용량 $C_0[\text{F}]$인 그림과 같은 콘덴서의 정전 용량이 각도에 비례하여 변화한다고 한다. 이 콘덴서를 전압 $V[\text{V}]$로 충전했을 때 회전자에 작용하는 토크는?

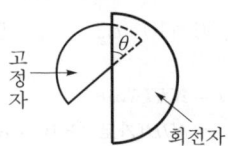

① $\dfrac{C_0 V^2}{2} [\text{N} \cdot \text{m}]$ ② $\dfrac{C_0^2 V}{2} [\text{N} \cdot \text{m}]$

③ $\dfrac{C_0 V^2}{2\pi} [\text{N} \cdot \text{m}]$ ④ $\dfrac{C_0 V^2}{\pi} [\text{N} \cdot \text{m}]$

해설 정전 용량이 회전 각도에 비례하므로 회전 각도 θ일 때 정전 용량을 C_θ라 하면

$C_\theta = C_0 \dfrac{\theta}{\pi} [\text{F}]$

이때의 정전 에너지를 W_θ라 하면

$W_\theta = \dfrac{1}{2} C_\theta V^2 = \dfrac{C_0 V^2}{2\pi} \theta [\text{J}]$

따라서, 회전자에 작용하는 회전력 T는

$\therefore T = \dfrac{\partial W_\theta}{\partial \theta} = \dfrac{\partial}{\partial \theta} \left(\dfrac{C_0 V^2}{2\pi} \theta \right) = \dfrac{C_0 V^2}{2\pi} [\text{N} \cdot \text{m}]$

즉, 회전력 T는 회전 각도 θ의 증가 방향으로 인가 전압의 제곱에 비례한다.

03 내부 도체 반지름이 10[mm], 외부 도체의 내반지름이 20[mm]인 동축 케이블에서 내부 도체 표면에 전류 I가 흐르고, 얇은 외부 도체에 반대 방향인 전류가 흐를 때 단위 길이당 외부 인덕턴스는 약 몇 [H/m]인가?

① 0.28×10^{-7}
② 1.39×10^{-7}
③ 2.03×10^{-7}
④ 2.78×10^{-7}

해설 인덕턴스 $L = \dfrac{\phi}{I} = \dfrac{\mu_0}{2\pi} \ln \dfrac{b}{a}$

$= \dfrac{4\pi \times 10^{-7}}{2\pi} \ln \dfrac{20}{10}$

$= 1.39 \times 10^{-7} [\text{H/m}]$

정답 01.② 02.③ 03.②

04 무한 평면에 일정한 전류가 표면에 한 방향으로 흐르고 있다. 평면으로부터 r만큼 떨어진 점과 $2r$만큼 떨어진 점과의 자계의 비는 얼마인가?

① 1 ② $\sqrt{2}$
③ 2 ④ 4

해설 무한 평면의 자계의 세기는 거리에 관계없이 일정하므로 자계의 비는 1이 된다.

05 어떤 공간의 비유전율은 2이고, 전위 $V(x, y) = \dfrac{1}{x} + 2xy^2$이라고 할 때 점 $\left(\dfrac{1}{2}, 2\right)$에서의 전하 밀도 ρ는 약 몇 $[pC/m^3]$인가?

① -20 ② -40
③ -160 ④ -320

해설 푸아송의 방정식

$\nabla^2 V = -\dfrac{\rho}{\varepsilon}$

$\nabla^2 V = \left(\dfrac{\partial^2}{\partial x^2} + \dfrac{\partial^2}{\partial y^2} + \dfrac{\partial^2}{\partial z^2}\right)\left(\dfrac{1}{x} + 2xy^2\right)$

$= \dfrac{2}{x^3} + 4x$

점 $\left(\dfrac{1}{2}, 2\right)$에서 $\nabla^2 V = \dfrac{2}{x^3} + 4x = 16 + 2 = 18$

$\therefore 18 = -\dfrac{\rho}{\varepsilon} = -\dfrac{\rho}{\varepsilon_0 \varepsilon_s}$

$\therefore \rho = -8.855 \times 10^{-12} \times 2 \times 18$
$= -3.19 \times 10^{-10}$
$\fallingdotseq -319[pC/m^3]$

06 그림과 같은 히스테리시스 루프를 가진 철심이 강한 평등 자계에 의해 매초 60[Hz]로 자화할 경우 히스테리시스 손실은 몇 [W]인가? (단, 철심의 체적은 20[cm³], $B_r = 5[Wb/m^2]$, $H_c = 2[AT/m]$이다.)

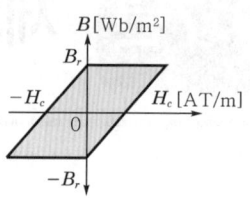

① 1.2×10^{-2} ② 2.4×10^{-2}
③ 3.6×10^{-2} ④ 4.8×10^{-2}

해설 철심이 한 번 자화함에 따라 발생하는 에너지 손실 w_h는 사각형 히스테리시스로 포위된 면적과 동일하게 된다.

$w_h = \oint \boldsymbol{H} \cdot \alpha \boldsymbol{B} = 4H_c B_r[W/m^3]$

따라서, 체적을 $v[m^3]$, 주파수를 $f[Hz]$라 하면 구하는 에너지 P_h는 다음과 같다.

$P_h = f v w_h$
$= 4fv H_c B_r$
$= 4 \times 60 \times 20 \times 10^{-6} \times 2 \times 5$
$= 4.8 \times 10^{-2}[W]$

07 그림과 같이 직각 코일이 $B = 0.05 \dfrac{a_x + a_y}{\sqrt{2}}$ [T]인 자계에 위치하고 있다. 코일에 5[A] 전류가 흐를 때 z축에서의 토크는 약 몇 [N·m]인가?

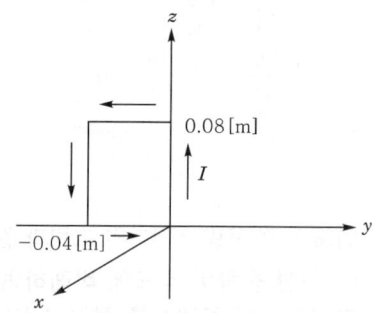

① $2.66 \times 10^{-4} a_x$ ② $5.66 \times 10^{-4} a_x$
③ $2.66 \times 10^{-4} a_z$ ④ $5.66 \times 10^{-4} a_z$

해설 토크 $T = NIBS\cos\theta$
$= NIB(\text{가로} \times \text{세로}) \cdot \cos\theta[N \cdot m]$

정답 04.① 05.④ 06.④ 07.④

$B = 0.05 \dfrac{a_x + a_y}{\sqrt{2}}$ 에서 $a_x + a_y$ 이므로

$\theta = \tan^{-1} \dfrac{1}{1} = 45°$

따라서, $B = 0.05 \dfrac{\sqrt{1^2 + 1^2}}{\sqrt{2}} = 0.05$

∴ 토크 $T = 1 \times 5 \times 0.05 \times 0.04 \times 0.08 \times \cos 45°$
$= 5.66 \times 10^{-4} [\text{N·m}]$

직각 코일이 $x \cdot y$축에 있고 토크는 z축에 발생하므로

∴ 토크 $T = 5.66 \times 10^{-4} a_z [\text{N·m}]$

08 그림과 같이 무한 평면 도체 앞 $a[\text{m}]$ 거리에 점전하 $Q[\text{C}]$가 있다. 점 0에서 $x[\text{m}]$인 P점의 전하 밀도 $\sigma[\text{C/m}^2]$는?

① $\dfrac{Q}{4\pi} \cdot \dfrac{a}{(a^2 + x^2)^{\frac{3}{2}}}$

② $\dfrac{Q}{2\pi} \cdot \dfrac{a}{(a^2 + x^2)^{\frac{3}{2}}}$

③ $\dfrac{Q}{4\pi} \cdot \dfrac{a}{(a^2 + x^2)^{\frac{2}{3}}}$

④ $\dfrac{Q}{2\pi} \cdot \dfrac{a}{(a^2 + x^2)^{\frac{2}{3}}}$

해설

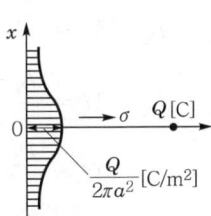

무한 평면 도체면상 점 $(0, x)$의 전계의 세기 E는

$E = -\dfrac{Qa}{2\pi\varepsilon_0 (a^2 + x^2)^{\frac{3}{2}}} [\text{V/m}]$

도체 표면상의 면전하 밀도 σ는

$\sigma = D = \varepsilon_0 E = -\dfrac{Qa}{2\pi(a^2 + x^2)^{\frac{3}{2}}} [\text{C/m}^2]$

09 유전율 $\varepsilon = 8.855 \times 10^{-12} [\text{F/m}]$인 진공 중을 전자파가 전파할 때 진공 중의 투자율[H/m]은?

① 7.58×10^{-5} ② 7.58×10^{-7}
③ 12.56×10^{-5} ④ 12.56×10^{-7}

해설 진공의 투자율

$6.33 \times 10^4 = \dfrac{1}{4\pi\mu_0}$

∴ $\mu_0 = \dfrac{1}{4\pi \times 6.33 \times 10^4}$
$= 4\pi \times 10^{-7}$
$= 12.56 \times 10^{-7} [\text{H/m}]$

10 막대 자석 위쪽에 동축 도체 원판을 놓고 회로의 한 끝은 원판의 주변에 접촉시켜 회전하도록 해놓은 그림과 같은 패러데이 원판 실험을 할 때 검류계에 전류가 흐르지 않는 경우는?

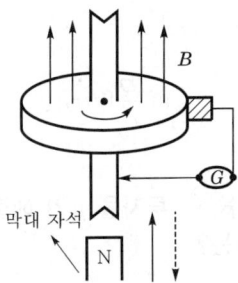

① 자석만을 일정한 방향으로 회전시킬 때
② 원판만을 일정한 방향으로 회전시킬 때
③ 자석을 축 방향으로 전진시킨 후 후퇴시킬 때
④ 원판과 자석을 동시에 같은 방향, 같은 속도로 회전시킬 때

해설 원판과 자석을 동시에 같은 방향, 같은 속도로 회전시키면 유도 기전력이 발생되지 않으므로 검류계의 전류는 0이 된다.

정답 08.② 09.④ 10.④

11 점전하에 의한 전계의 세기[V/m]를 나타내는 식은? (단, r은 거리, Q는 전하량, λ는 선전하 밀도, σ는 표면 전하 밀도이다.)

① $\dfrac{1}{4\pi\varepsilon_0}\dfrac{Q}{r^2}$ ② $\dfrac{1}{4\pi\varepsilon_0}\dfrac{\sigma}{r^2}$

③ $\dfrac{1}{2\pi\varepsilon_0}\dfrac{Q}{r^2}$ ④ $\dfrac{1}{2\pi\varepsilon_0}\dfrac{\sigma}{r^2}$

해설 점전하에 의한 전계의 세기

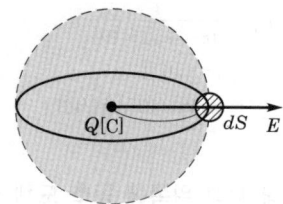

$\int_s E dS = \dfrac{Q}{\varepsilon_0}$

가우스 폐곡면의 면적=구의 표면적=$4\pi r^2$

$E \cdot 4\pi r^2 = \dfrac{Q}{\varepsilon_0}$

$\therefore E = \dfrac{Q}{4\pi\varepsilon_0 r^2}$

$= 9 \times 10^9 \dfrac{Q}{r^2}$ [V/m]

12 유전율 ε, 투자율 μ인 매질에서의 전파 속도 v는?

① $\dfrac{1}{\sqrt{\varepsilon\mu}}$ ② $\sqrt{\varepsilon\mu}$

③ $\sqrt{\dfrac{\varepsilon}{\mu}}$ ④ $\sqrt{\dfrac{\mu}{\varepsilon}}$

해설 $v = \dfrac{1}{\sqrt{\varepsilon\mu}}$

$= \dfrac{1}{\sqrt{\varepsilon_0\mu_0}} \cdot \dfrac{1}{\sqrt{\varepsilon_s\mu_s}}$

$= C_0 \dfrac{1}{\sqrt{\varepsilon_s\mu_s}}$

$= \dfrac{3 \times 10^8}{\sqrt{\varepsilon_s\mu_s}}$ [m/s]

13 전계 E[V/m], 전속 밀도 D[C/m²], 유전율 $\varepsilon = \varepsilon_0\varepsilon_s$[F/m], 분극의 세기 P[C/m²] 사이의 관계는?

① $P = D + \varepsilon_0 E$

② $P = D - \varepsilon_0 E$

③ $P = \dfrac{D + E}{\varepsilon_0}$

④ $P = \dfrac{D - E}{\varepsilon_0}$

해설 $D = \varepsilon_0 E + P$

$\therefore P = D - \varepsilon_0 E$

$= \varepsilon_0\varepsilon_s E - \varepsilon_0 E$

$= \varepsilon_0(\varepsilon_s - 1)E$ [C/m²]

14 서로 결합하고 있는 두 코일 C_1과 C_2의 자기 인덕턴스가 각각 L_{c1}, L_{c2}라고 한다. 이 둘을 직렬로 연결하여 합성 인덕턴스 값을 얻은 후 두 코일 간 상호 인덕턴스의 크기($|M|$)를 얻고자 한다. 직렬로 연결할 때, 두 코일 간 자속이 서로 가해져서 보강되는 방향의 합성 인덕턴스의 값이 L_1, 서로 상쇄되는 방향의 합성 인덕턴스의 값이 L_2일 때, 다음 중 알맞은 식은?

① $L_1 < L_2$, $|M| = \dfrac{L_2 + L_1}{4}$

② $L_1 > L_2$, $|M| = \dfrac{L_1 + L_2}{4}$

③ $L_1 < L_2$, $|M| = \dfrac{L_2 - L_1}{4}$

④ $L_1 > L_2$, $|M| = \dfrac{L_1 - L_2}{4}$

해설 $L_1 = L_{c_1} + L_{c_2} + 2M$

$L_2 = L_{c_1} + L_{c_2} - 2M$

$L_1 - L_2 = 4M$

$\therefore L_1 > L_2$, $|M| = \dfrac{L_1 - L_2}{4}$

정답 11.① 12.① 13.② 14.④

15 정전 용량이 C_0[F]인 평행판 공기 콘덴서가 있다. 이것의 극판에 평행으로 판 간격 d[m]의 $\frac{1}{2}$ 두께인 유리판을 삽입하였을 때의 정전 용량[F]은? (단, 유리판의 유전율은 ε[F/m]이라 한다.)

① $\dfrac{2C_0}{1+\dfrac{1}{\varepsilon}}$ ② $\dfrac{C_0}{1+\dfrac{1}{\varepsilon}}$

③ $\dfrac{2C_0}{1+\dfrac{\varepsilon_0}{\varepsilon}}$ ④ $\dfrac{C_0}{1+\dfrac{\varepsilon}{\varepsilon_0}}$

해설

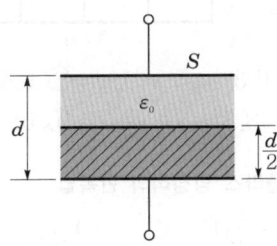

평행판 공기 콘덴서의 정전 용량 C_0는
$C_0 = \dfrac{\varepsilon_0 S}{d}$[F]
공기 부분의 정전 용량을 C_1이라 하면
$C_1 = \dfrac{\varepsilon_0 S}{\dfrac{d}{2}} = \dfrac{2\varepsilon_0 S}{d}$[F]
유리판 부분의 정전 용량을 C_2라 하면
$C_2 = \dfrac{\varepsilon S}{\dfrac{d}{2}} = \dfrac{2\varepsilon S}{d}$[F]
두 콘덴서 C_1, C_2의 직렬 연결과 같으므로 합성 정전 용량 C는
$\therefore \dfrac{1}{\dfrac{1}{C_1}+\dfrac{1}{C_2}} = \dfrac{1}{\dfrac{d}{2S}\left(\dfrac{1}{\varepsilon_0}+\dfrac{1}{\varepsilon}\right)}$
$= \dfrac{1}{\dfrac{d}{2\varepsilon_0 S}\left(1+\dfrac{\varepsilon_0}{\varepsilon}\right)}$
$= \dfrac{2C_0}{1+\dfrac{\varepsilon_0}{\varepsilon}}$

$= \dfrac{2C_0}{1+\dfrac{1}{\varepsilon_s}}$[F]

16 벡터 퍼텐셜 $A = 3x^2 y a_x + 2x a_y - z^3 a_z$[Wb/m]일 때의 자계의 세기 H[A/m]는? (단, μ는 투자율이라 한다.)

① $\dfrac{1}{\mu}(2-3x^2)a_y$

② $\dfrac{1}{\mu}(3-2x^2)a_y$

③ $\dfrac{1}{\mu}(2-3x^2)a_z$

④ $\dfrac{1}{\mu}(3-2x^2)a_z$

해설 $B = \mu H = \mathrm{rot}\,A = \nabla \times A$ (A는 벡터 퍼텐셜, H는 자계의 세기)
$\therefore H = \dfrac{1}{\mu}(\nabla \times A)$
$\nabla \times A = \begin{vmatrix} a_x & a_y & a_z \\ \dfrac{\partial}{\partial x} & \dfrac{\partial}{\partial y} & \dfrac{\partial}{\partial z} \\ 3x^2 y & 2x & -z^3 \end{vmatrix} = (2-3x^2)a_z$

$\therefore$ 자계의 세기 $H = \dfrac{1}{\mu}(2-3x^2)a_z$

17 자기 회로에서 자기 저항의 관계로 옳은 것은?
① 자기 회로의 길이에 비례
② 자기 회로의 단면적에 비례
③ 자성체의 비투자율에 비례
④ 자성체의 비투자율의 제곱에 비례

해설 자기 회로의 단면적을 S[m²], 길이를 l[m], 투자율을 μ라 하면 자기 저항 R_m은
$R_m = \dfrac{l}{\mu S} = \dfrac{l}{\mu_0 \mu_s S}$[AT/Wb]
$\therefore$ 자기 저항(R_m)은 길이(l)에 비례하고 투자율(μ)과 단면적(S)에는 반비례한다.

정답 15.③ 16.③ 17.①

18 그림과 같은 길이가 1[m]인 동축 원통 사이의 정전 용량[F/m]은?

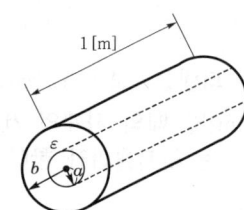

① $C = \dfrac{2\pi}{\varepsilon \ln \dfrac{b}{a}}$ ② $C = \dfrac{\varepsilon}{2\pi \ln \dfrac{b}{a}}$

③ $C = \dfrac{2\pi\varepsilon}{\ln \dfrac{b}{a}}$ ④ $C = \dfrac{2\pi\varepsilon}{\ln \dfrac{a}{b}}$

해설

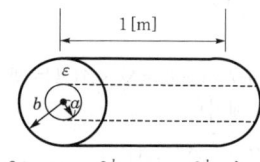

$V_{AB} = -\int_b^a E dr = \int_a^b E dr = \int_a^b \dfrac{\lambda}{2\pi\varepsilon r} dr$

$= \dfrac{\lambda}{2\pi\varepsilon}[\ln]_a^b$

$= \dfrac{\lambda}{2\pi\varepsilon} \ln \dfrac{b}{a}$ [V]

∴ $C = \dfrac{Q}{V_{AB}}$ ($Q = \lambda \cdot L$에서 $L = 1$[m]인 단위 길이이므로 $Q = \lambda$)

∴ $C = \dfrac{\lambda}{\dfrac{\lambda}{2\pi\varepsilon} \ln \dfrac{b}{a}} = \dfrac{2\pi\varepsilon}{\ln \dfrac{b}{a}}$ [F/m]

19 철심이 든 환상 솔레노이드의 권수는 500회, 평균 반지름은 10[cm], 철심의 단면적은 10[cm²], 비투자율 4,000이다. 이 환상 솔레노이드에 2[A]의 전류를 흘릴 때 철심 내의 자속[Wb]은?

① 4×10^{-3} ② 4×10^{-4}
③ 8×10^{-3} ④ 8×10^{-4}

해설 자속 $\phi = \dfrac{F}{R_m} = \dfrac{NI}{R_m} = \dfrac{\mu SNI}{l}$

$= \dfrac{4\pi \times 10^{-7} \times 4,000 \times 10 \times (10^{-2})^2 \times 500 \times 2}{2\pi \times 10 \times 10^{-2}}$

$= 8 \times 10^{-3}$ [Wb]

20 그림과 같은 정방형관 단면의 격자점 ⓕ의 전위를 반복법으로 구하면 약 몇 [V]인가?

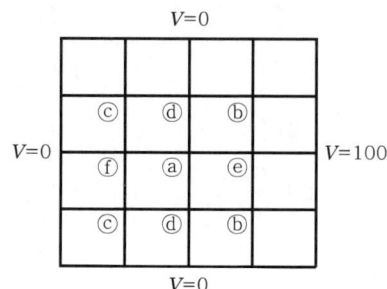

① 6.3   ② 9.4
③ 18.8   ④ 53.2

해설 라플라스 방정식의 반복법

$V_0 = \dfrac{1}{4}(V_a + V_b + V_c + V_d)$

한 점의 전위는 인접한 4개의 등거리점의 전위의 평균값이므로

ⓐ의 전위 $V_a = \dfrac{100 + 0 + 0 + 0}{4} = 25$[V]

ⓒ의 전위 $V_c = \dfrac{25 + 0 + 0 + 0}{4} = 6.2$[V]

∴ ⓕ의 전위 $V_f = \dfrac{25 + 6.2 + 6.2 + 0}{4} = 9.35$[V]

제2과목 전력공학

21 (A) 동기 조상기와 (B) 전력용 콘덴서를 비교한 것으로 옳은 것은?

① 시충전 : (A) 불가능, (B) 가능
② 전력 손실 : (A) 작다, (B) 크다
③ 무효 전력 조정 : (A) 계단적, (B) 연속적
④ 무효 전력 : (A) 진상·지상용, (B) 진상용

정답 18.③ 19.③ 20.② 21.④

해설 전력용 콘덴서와 동기 조상기의 비교

동기 조상기	전력용 콘덴서
진상 및 지상용	진상용
연속적 조정	계단적 조정
회전기로 손실이 큼	정지기로 손실이 작음
시충전 가능	시충전 불가
송전 계통에 주로 사용	배전 계통 주로 사용

22 어떤 공장의 소모 전력이 100[kW]이며, 이 부하의 역률이 0.6일 때, 역률을 0.9로 개선하기 위한 전력용 콘덴서의 용량은 약 몇 [kVA]인가?

① 75
② 80
③ 85
④ 90

해설 역률 개선용 콘덴서 용량 Q[kVA]
$$Q = P(\tan\theta_1 - \tan\theta_2)$$
$$= 100(\tan\cos^{-1}0.6 - \tan\cos^{-1}0.9) ≒ 85[kVA]$$

23 수력 발전소에서 사용되는 수차 중 15[m] 이하의 저낙차에 적합하여 조력 발전용으로 알맞은 수차는?

① 카플란 수차
② 펠톤 수차
③ 프란시스 수차
④ 튜블러 수차

해설 튜블러 수차는 15[m] 이하의 저낙차용으로 조력 발전에 이용한다.

24 어떤 화력 발전소에서 과열기 출구의 증기압이 169[kg/cm²]이다. 이것은 약 몇 [atm]인가?

① 127.1
② 163.6
③ 1,650
④ 12,850

해설 1기압(atm)은 1.033[kg/cm²]이므로
169/1.033=163.6[atm]

25 가공 송전 선로를 가선할 때에는 하중 조건과 온도 조건을 고려하여 적당한 이도(처짐 정도)를 주도록 하여야 한다. 이도(처짐 정도)에 대한 설명으로 옳은 것은?

① 이도(처짐 정도)의 대·소는 지지물의 높이를 좌우한다.
② 전선을 가선할 때 전선을 팽팽하게 하는 것을 이도(처짐 정도)가 크다고 한다.
③ 이도(처짐 정도)가 작으면 전선이 좌우로 크게 흔들려서 다른 상의 전선에 접촉하여 위험하게 된다.
④ 이도(처짐 정도)가 작으면 이에 비례하여 전선의 장력이 증가되며, 너무 작으면 전선 상호간이 꼬이게 된다.

해설 이도(처짐 정도)가 크게 되면 전선이 좌우로 크게 흔들려서 다른 상의 전선과 접촉할 위험이 있고, 전선이 꼬일 수 있다. 또 이도(처짐 정도)가 작으면 전선의 장력이 증가하여 전선의 단선이 우려된다. 이도(처짐 정도)의 대·소는 지지물의 높이에 영향을 준다.

26 승압기에 의하여 전압 V_e에서 V_h로 승압할 때, 2차 정격 전압 e, 자기 용량 W인 단상 승압기가 공급할 수 있는 부하 용량은?

① $\dfrac{V_h}{e} \times W$

② $\dfrac{V_e}{e} \times W$

③ $\dfrac{V_e}{V_h - V_e} \times W$

④ $\dfrac{V_h - V_e}{V_e} \times W$

해설 승압기 자기 용량 $W = \dfrac{e}{V_h} \times$부하 용량이므로, 여기서 부하의 용량을 구하면 $\dfrac{V_h}{e} \times W$이다.

정답 22.③ 23.④ 24.② 25.① 26.①

27 일반적으로 부하의 역률을 저하시키는 원인은?

① 전등의 과부하
② 선로의 충전 전류
③ 유도 전동기의 경부하 운전
④ 동기 전동기의 중부하 운전

해설 부하의 역률을 저하시키는 가장 큰 원인은 유도 전동기의 경부하 운전이다.

28 송전단 전압을 V_s, 수전단 전압을 V_r, 선로의 리액턴스를 X라 할 때 정상 시의 최대 송전 전력의 개략적인 값은?

① $\dfrac{V_s - V_r}{X}$
② $\dfrac{V_s^2 - V_r^2}{X}$
③ $\dfrac{V_s(V_s - V_r)}{X}$
④ $\dfrac{V_s \cdot V_r}{X}$

해설 송전 용량 $P_s = \dfrac{V_s \cdot V_r}{X} \sin\delta$ [MW]

최대 송전 전력 $P_s = \dfrac{V_s \cdot V_r}{X}$ [MW]

29 가공 지선의 설치 목적이 아닌 것은?

① 전압 강하의 방지
② 직격뢰에 대한 차폐
③ 유도뢰에 대한 정전 차폐
④ 통신선에 대한 전자 유도 장해 경감

해설 가공 지선의 설치 목적은 뇌격으로부터 전선과 기기 등을 보호하고, 유도 장해를 경감시킨다.

30 피뢰기가 방전을 개시할 때의 단자 전압의 순시값을 방전 개시 전압이라 한다. 방전 중의 단자 전압의 파고값을 무엇이라 하는가?

① 속류
② 제한 전압
③ 기준 충격 절연 강도
④ 상용 주파 허용 단자 전압

해설 피뢰기가 동작하고 있을 때 단자에 허용하는 파고값은 제한 전압이다.

31 송전 계통의 한 부분이 그림과 같이 3상 변압기로 1차측은 △로, 2차측은 Y로 중성점이 접지되어 있을 경우, 1차측에 흐르는 영상 전류는?

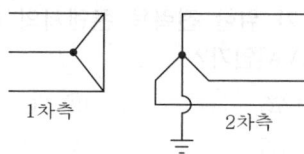

① 1차측 선로에서 ∞이다.
② 1차측 선로에서 반드시 0이다.
③ 1차측 변압기 내부에서는 반드시 0이다.
④ 1차측 변압기 내부와 1차측 선로에서 반드시 0이다.

해설 영상 전류는 중성점이 접지되어 있는 2차측에는 선로와 변압기 내부 및 중성선 비접지인 1차측 내부에는 흐르지만 1차측 선로에는 흐르지 않는다.

32 배전 선로에 관한 설명으로 틀린 것은?

① 밸런서는 단상 2선식에 필요하다.
② 저압 뱅킹 방식은 전압 변동을 경감할 수 있다.
③ 배전 선로의 부하율이 F일 때 손실 계수는 F와 F^2의 사이의 값이다.
④ 수용률이란 최대 수용 전력을 설비 용량으로 나눈 값을 퍼센트로 나타낸다.

해설 밸런서는 단상 3선식에서 설비의 불평형을 방지하기 위하여 선로 말단에 시설한다.

정답 27.③ 28.④ 29.① 30.② 31.② 32.①

33 수차 발전기에 제동 권선을 설치하는 주된 목적은?

① 정지 시간 단축
② 회전력의 증가
③ 과부하 내량의 증대
④ 발전기 안정도의 증진

해설 제동 권선은 조속기의 난조를 방지하여 발전기의 안정도를 향상시킨다.

34 3상 3선식 가공 송전 선로에서 한 선의 저항은 15[Ω], 리액턴스는 20[Ω]이고, 수전단 선간 전압은 30[kV], 부하 역률은 0.8(뒤짐)이다. 전압 강하율을 10[%]라 하면, 이 송전 선로는 몇 [kW]까지 수전할 수 있는가?

① 2,500
② 3,000
③ 3,500
④ 4,000

해설 전압 강하율 $\%e = \dfrac{P}{V^2}(R + X\tan\theta) \times 100[\%]$ 에서

전력 $P = \dfrac{\%e \cdot V^2}{R + X\tan\theta}$

$= \dfrac{0.1 \times (30 \times 10^6)^2}{15 + 20 \times \dfrac{0.6}{0.8}} \times 10^{-3}$

$= 3,000[\text{kW}]$

35 송전 선로에서 사용하는 변압기 결선에 △결선이 포함되어 있는 이유는?

① 직류분의 제거
② 제3고조파의 제거
③ 제5고조파의 제거
④ 제7고조파의 제거

해설 송전 계통의 변전소 주변압기 결선에 △결선이 포함된 이유는 제3고조파를 제거하기 위함이다.

36 교류 송전 방식과 비교하여 직류 송전 방식의 설명이 아닌 것은?

① 전압 변동률이 양호하고 무효 전력에 기인하는 전력 손실이 생기지 않는다.
② 안정도의 한계가 없으므로 송전 용량을 높일 수 있다.
③ 전력 변환기에서 고조파가 발생한다.
④ 고전압, 대전류의 차단이 용이하다.

해설
• 직류 송전 방식의 이점
 - 무효분이 없어 손실이 없고 역률이 항상 1이며 송전 효율이 좋다.
 - 파고치가 없으므로 절연 계급을 낮출 수 있다.
 - 전압 강하와 전력 손실이 적고, 안정도가 높아진다.
• 직류 송전 방식의 단점
 - 직·교 변환 장치가 필요하다.
 - 직류 차단기가 개발되어 있지 않다.

37 전압 66,000[V], 주파수 60[Hz], 길이 15[km], 심선 1선당 작용 정전 용량 0.3587[μF/km]인 한 선당 지중 전선로의 3상 무부하 충전 전류는 약 몇 [A]인가? (단, 정전 용량 이외의 선로 정수는 무시한다.)

① 62.5
② 68.2
③ 73.6
④ 77.3

해설 $I_c = \omega C \dfrac{V}{\sqrt{3}}$

$= 2\pi \times 60 \times 0.3587 \times 10^{-6} \times 15 \times \dfrac{66,000}{\sqrt{3}}$

$= 77.3[\text{A}]$

38 전력 계통에서 사용되고 있는 GCB(Gas Circuit Breaker)용 가스는?

① N_2 가스
② SF_6 가스
③ 아르곤 가스
④ 네온 가스

해설 가스 차단기(GCB)에 사용되는 가스는 육불화황(SF_6)이다.

정답 33.④ 34.② 35.② 36.④ 37.④ 38.②

39 차단기와 아크 소호 원리가 바르지 않은 것은?
① OCB : 절연유에 분해 가스 흡부력 이용
② VCB : 공기 중 냉각에 의한 아크 소호
③ ABB : 압축 공기를 아크에 불어 넣어서 차단
④ MBB : 전자력을 이용하여 아크를 소호 실내로 유도하여 냉각

해설 진공 차단기(VCB)의 소호 원리는 고진공(10^{-4}[mmHg])에서 전자의 고속도 확산을 이용하여 아크를 차단한다.

40 네트워크 배전 방식의 설명으로 옳지 않은 것은?
① 전압 변동이 적다.
② 배전 신뢰도가 높다.
③ 전력 손실이 감소한다.
④ 인축의 접촉 사고가 적어진다.

해설 네트워크 방식(network system)
- 무정전 공급이 가능하다.
- 전압 변동이 적다.
- 손실이 감소된다.
- 부하 증가에 대한 적응성이 좋다.
- 건설비가 비싸다.
- 역류 개폐 장치(network protector)가 필요하다.

제3과목 전기기기

41 정류 회로에 사용되는 환류 다이오드(free wheeling diode)에 대한 설명으로 틀린 것은?
① 순저항 부하의 경우 불필요하게 된다.
② 유도성 부하의 경우 불필요하게 된다.
③ 환류 다이오드 동작시 부하 출력 전압은 0[V]가 된다.
④ 유도성 부하의 경우 부하 전류의 평활화에 유용하다.

해설 환류 다이오드는 정류 회로에서 인덕터 충전 전류로 인한 기기의 손상을 방지하기 위해 유도성 부하에 병렬로 연결한 다이오드이며 동작시 부하 출력 전압은 0[V]이고, 부하 전류의 평활화에 유용하다.

42 3상 변압기를 병렬 운전하는 경우 불가능한 조합은?
① △-Y와 Y-△
② △-△와 Y-Y
③ △-Y와 △-Y
④ △-Y와 △-△

해설 3상 변압기 병렬 운전의 결선 조합은 다음과 같다.

병렬 운전 가능	병렬 운전 불가능
△-△와 △-△	△-△와 △-Y
Y-Y와 Y-Y	△-Y와 Y-Y
Y-△와 Y-△	
△-Y와 △-Y	
△-△와 Y-Y	
△-Y와 Y-△	

43 3상 직권 정류자 전동기에 중간(직렬) 변압기가 쓰이고 있는 이유가 아닌 것은?
① 정류자 전압의 조정
② 회전자 상수의 감소
③ 실효 권수비 선정 조정
④ 경부하 때 속도의 이상 상승 방지

해설 3상 직권 정류자 전동기의 중간 변압기(또는 직렬 변압기)는 고정자 권선과 회전자 권선 사이에 직렬로 접속된다. 중간 변압기의 사용 목적은 다음과 같다.
- 정류자 전압의 조정
- 회전자 상수의 증가
- 경부하시 속도 이상 상승의 방지
- 실효 권수비의 조정

정답 39.② 40.④ 41.② 42.④ 43.②

44 직류 분권 전동기를 무부하로 운전 중 계자 회로에 단선이 생긴 경우 발생하는 현상으로 옳은 것은?

① 역전한다.
② 즉시 정지한다.
③ 과속도로 되어 위험하다.
④ 무부하이므로 서서히 정지한다.

해설 운전 중 벨트(belt)가 벗겨지면 무부하 상태로 되어 부하 전류($I = I_a = I_f$), 즉 계자 전류가 거의 0이 되어 무구속 속도(원심력에 의해 전동기 소손할 수 있는 위험 속도)에 도달할 수 있으므로 부하는 반드시 직결하여야 한다.

45 변압기에 있어서 부하와는 관계없이 자속만을 발생시키는 전류는?

① 1차 전류   ② 자화 전류
③ 여자 전류   ④ 철손 전류

해설 변압기에서 부하와 관계없이 철손을 발생시키는 전류는 철손 전류, 자속을 발생시키는 전류는 자화 전류, 철손 전류와 자화 전류를 합하여 여자 전류 또는 무부하 전류라 한다.

46 직류 전동기의 규약 효율을 나타낸 식으로 옳은 것은?

① $\dfrac{출력}{입력} \times 100[\%]$

② $\dfrac{입력}{입력 + 손실} \times 100[\%]$

③ $\dfrac{출력}{출력 + 손실} \times 100[\%]$

④ $\dfrac{입력 - 손실}{입력} \times 100[\%]$

해설 규약 효율 η는
• $\eta = \dfrac{입력 - 손실}{입력} \times 100$ (전동기)

• $\eta = \dfrac{출력}{출력 + 손실} \times 100$ (발전기)

47 직류 전동기에서 정속도(constant speed) 전동기라고 볼 수 있는 전동기는?

① 직권 전동기
② 타여자 전동기
③ 화동 복권 전동기
④ 차동 복권 전동기

해설 타여자 전동기 및 분권 전동기는 부하 변동에 의한 속도 변화가 작으므로 정속도 전동기로 볼 수 있다.

48 단상 유도 전동기의 기동 방법 중 기동 토크가 가장 큰 것은?

① 반발 기동형
② 분상 기동형
③ 셰이딩 코일형
④ 콘덴서 분상 기동형

해설 단상 유도 전동기의 기동 토크가 큰 순서로 배열하면
• 반발 기동형(반발 유도형)
• 콘덴서 기동형(콘덴서형)
• 분상 기동형
• 셰이딩 코일형

49 부흐홀츠 계전기에 대한 설명으로 틀린 것은?

① 오동작의 가능성이 많다.
② 전기적 신호로 동작한다.
③ 변압기의 보호에 사용된다.
④ 변압기의 주탱크와 콘서베이터를 연결하는 관중에 설치한다.

해설 부흐홀츠 계전기는 변압기 내부 고장시 발생하는 기름의 분해 가스 증기이다. 부자를 움직여 계전기의 접점을 닫는 것으로 오동작 가능성이 있으며 변압기 주탱크와 콘서베이터를 연결하는 관중에 설치한다.

정답 44.③ 45.② 46.④ 47.② 48.① 49.②

50 직류기에서 정류 코일의 자기 인덕턴스를 L이라 할 때 정류 코일의 전류가 정류 주기 T_c 사이에 I_c에서 $-I_c$로 변한다면 정류 코일의 리액턴스 전압[V]의 평균값은?

① $L\dfrac{T_c}{2I_c}$ ② $L\dfrac{I_c}{2T_c}$
③ $L\dfrac{2I_c}{T_c}$ ④ $L\dfrac{I_c}{T_c}$

해설 정류 주기 T_c[초] 동안 전류가 $2I_c$[A] 변화하므로 렌츠의 법칙(Lenz's law) $e = -L\dfrac{di}{dt}$[V]에 의해 평균 리액턴스 전압 $e = L\dfrac{2I_c}{T_c}$[V]이다.

51 일반적인 전동기에 비하여 리니어 전동기(linear motor)의 장점이 아닌 것은?

① 구조가 간단하여 신뢰성이 높다.
② 마찰을 거치지 않고 추진력이 얻어진다.
③ 원심력에 의한 가속 제한이 없고 고속을 쉽게 얻을 수 있다.
④ 기어, 벨트 등 동력 변환 기구가 필요 없고 직접 원운동이 얻어진다.

해설 리니어 모터는 원형 모터를 펼쳐 놓은 형태로 마찰을 거치지 않고 추진력을 얻으며 직접 동력을 전달받아 직선 위를 움직이므로 가·감속이 용이하고 신뢰성이 높아 고속 철도에서 자기 부상차의 추진용으로 개발이 진행되고 있다.

52 직류를 다른 전압의 직류로 변환하는 전력 변환 기기는?

① 초퍼
② 인버터
③ 사이클로 컨버터
④ 브리지형 인버터

해설 초퍼(chopper)는 ON·OFF를 고속으로 반복할 수 있는 스위치로 직류를 다른 전압의 직류로 변환하는 전력 변환 기기이다.

53 와전류 손실을 패러데이 법칙으로 설명한 과정 중 틀린 것은?

① 와전류가 철심으로 흘러 발열
② 유기 전압 발생으로 철심에 와전류가 흐름
③ 시변 자속으로 강자성체 철심에 유기 전압 발생
④ 와전류 에너지 손실량은 전류 경로 크기에 반비례

해설 와전류(eddy current)는 철심에서 자속의 시간적 변화에 의해 발생하는 유도 전압에 의한 맴돌이 전류이며, 와전류 에너지 손실량은 전류 크기의 제곱에 비례한다.

54 주파수가 정격보다 3[%] 감소하고 동시에 전압이 정격보다 3[%] 상승된 전원에서 운전되는 변압기가 있다. 철손이 fB_m^2에 비례한다면 이 변압기 철손은 정격 상태에 비하여 어떻게 달라지는가? (단, f : 주파수, B_m : 자속 밀도 최대치이다.)

① 약 8.7[%] 증가 ② 약 8.7[%] 감소
③ 약 9.4[%] 증가 ④ 약 9.4[%] 감소

해설 변압기 전원 전압 $V = 4.44fN\phi_m \propto fB_m$
$B_m \propto \dfrac{V}{f}$
$P_i \propto fB_m^2 = f\left(\dfrac{V}{f}\right)^2 \propto \dfrac{V^2}{f}$
$= \dfrac{1.03^2}{0.97}$
$= 1.0937$
∴ 철손은 약 9.4[%] 증가한다.

정답 50.③ 51.④ 52.① 53.④ 54.③

55 교류 정류 자기에서 갭의 자속 분포가 정현파로 $\phi_m = 0.14$[Wb], $P=2$, $a=1$, $Z=200$, $N=1,200$[rpm]인 경우 브러시 축이 자극 축과 30°라면 속도 기전력의 실효값 E_s는 약 몇 [V]인가?

① 160　② 400
③ 560　④ 800

해설 속도 기전력의 실효값
$$E_s = \frac{1}{\sqrt{2}} \cdot \frac{P}{a} Z \frac{N}{60} \phi_m \sin\theta$$
$$= \frac{1}{\sqrt{2}} \times \frac{2}{1} \times 200 \times \frac{1,200}{60} \times \sin 30°$$
$$= 396 \fallingdotseq 400 [\text{V}]$$

56 역률 0.85의 부하 350[kW]에 50[kW]를 소비하는 동기 전동기를 병렬로 접속하여 합성 부하의 역률을 0.95로 개선하려면 전동기의 진상 무효 전력은 약 몇 [kVar]인가?

① 68　② 72
③ 80　④ 85

해설

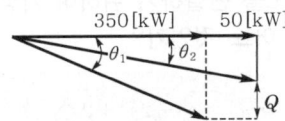

진상 무효 전력 Q[kVar]
$$Q = \frac{P_l}{\cos\theta_1} \cdot \sqrt{1-\cos^2\theta_1} - \frac{(P_l + P_m)}{\cos\theta_2} \cdot \sqrt{1-\cos^2\theta}$$
$$= \frac{350}{0.85} \times \sqrt{1-0.85^2} - \frac{(350+50)}{0.95} \times \sqrt{1-0.95^2}$$
$$= 85.4 [\text{kVar}]$$

57 변압기의 무부하 시험, 단락 시험에서 구할 수 없는 것은?

① 철손　② 동손
③ 절연 내력　④ 전압 변동률

해설 변압기의 무부하 시험에서 무부하 전류(여자 전류), 무부하손(철손), 여자 어드미턴스를 구하고 단락 시험에서 동손과 전압 변동률을 구할 수 있다.

58 3상 동기 발전기의 단락 곡선이 직선으로 되는 이유는?

① 전기자 반작용으로
② 무부하 상태이므로
③ 자기 포화가 있으므로
④ 누설 리액턴스가 크므로

해설 단락시 전기자 회로는 $r_a \ll x_s$이므로 전류는 전압보다 위상이 90° 뒤진 전류가 흐르고 전기자 반작용은 감자 작용이기 때문에 실제로 존재하는 자속은 대단히 적고 불포화 상태이다. 때문에 단락 곡선은 거의 직선이다.

59 정격 출력 5,000[kVA], 정격 전압 3.3[kV], 동기 임피던스가 매상 1.8[Ω]인 3상 동기 발전기의 단락비는 약 얼마인가?

① 1.1　② 1.2
③ 1.3　④ 1.4

해설 퍼센트 동기 임피던스 $\%Z_s = \frac{P_n Z_s}{10 V^2}$[%]

단위법 동기 임피던스 $Z_s' = \frac{\%Z}{100} = \frac{P_n Z_s}{10^3 V^2}$ [p.u]

단락비 $K_s = \frac{1}{Z_s'} = \frac{10^3 V^2}{P_n Z_s} = \frac{10^3 \times 3.3^2}{5,000 \times 1.8} = 1.21$

60 동기기의 회전자에 의한 분류가 아닌 것은?

① 원통형　② 유도자형
③ 회전 계자형　④ 회전 전기자형

해설 동기기의 회전자에 의한 분류
- 회전 계자형 : 계자 회전
- 회전 전기자형 : 전기자 회전
- 회전 유도자형 : 유도자(철심) 회전

정답 55.② 56.④ 57.③ 58.① 59.② 60.①

제4과목 회로이론 및 제어공학

61 기준 입력과 주궤환량과의 차로서, 제어계의 동작을 일으키는 원인이 되는 신호는?

① 조작 신호
② 동작 신호
③ 주궤환 신호
④ 기준 입력 신호

해설 동작 신호란 기준 입력과 주피드백 신호와의 차로서 제어 동작을 일으키는 신호로 편차라고도 한다.

62 폐루프 전달 함수 $\dfrac{C(s)}{R(s)}$가 다음과 같은 2차 제어계에 대한 설명 중 틀린 것은?

$$\frac{C(s)}{R(s)} = \frac{\omega_n^2}{s^2 + 2\delta\omega_n s + \omega_n^2}$$

① 최대 오버 슈트는 $e^{-\pi\delta/\sqrt{1-\delta^2}}$이다.
② 이 폐루프계의 특성 방정식은 $s^2 + s\delta\omega_n s + \omega_n^2 = 0$이다.
③ 이 계는 $\delta = 0.1$일 때 부족 제동된 상태에 있게 된다.
④ δ값을 작게 할수록 제동은 많이 걸리게 되니 비교 안정도는 향상된다.

해설
- $\delta < 1$인 경우 : 부족 제동
  $s_1 \cdot s_2 = -\delta\omega n \pm j\omega n \sqrt{1-\delta^2}$
  공액 복소수근을 가지므로 감쇠 진동한다.
- $\delta > 1$인 경우 : 과제동
  $s_1 \cdot s_2 = -\delta\omega n \pm j\omega n \sqrt{\delta^2 - 1}$
  서로 다른 2개의 실근을 가지므로 비진동한다.
  ∴ 제동비 δ가 클수록 제동이 많이 걸리게 된다.

63 3차인 이산치 시스템의 특성 방정식의 근이 $-0.3, -0.2, +0.5$로 주어져 있다. 이 시스템의 안정도는?

① 이 시스템은 안정한 시스템이다.
② 이 시스템은 불안정한 시스템이다.
③ 이 시스템은 임계 안정한 시스템이다.
④ 위 정보로서는 이 시스템의 안정도를 알 수 없다.

해설 z변환법을 사용한 샘플값 제어계 해석
- s평면의 좌반 평면(안정) : 특성근이 z평면의 원점에 중심을 둔 단위원 내부
- s평면의 우반 평면(불안정) : 특성근이 z평면의 원점에 중심을 둔 단위원 외부
- s평면의 허수축상(임계 안정) : 특성근이 z평면의 원점에 중심을 둔 단위원 원주상
∴ 특성 방정식의 근 $-0.3, -0.2, +0.5$는 모두 $|Z|=1$인 단위원 내에 존재하므로 계는 안정하다.

64 다음의 특성 방정식을 Routh-Hurwitz 방법으로 안정도를 판별하고자 한다. 이때, 안정도를 판별하기 위하여 가장 잘 해석한 것은 어느 것인가?

$$q(s) = s^5 + 2s^4 + 2s^3 + 4s^2 + 11s + 10$$

① s평면의 우반면에 근은 없으나 불안정하다.
② s평면의 우반면에 근이 1개 존재하여 불안정하다.
③ s평면의 우반면에 근이 2개 존재하여 불안정하다.
④ s평면의 우반면에 근이 3개 존재하여 불안정하다.

정답 61.② 62.④ 63.① 64.③

해설 라우스의 표

s^5	1	2	11
s^4	2	4	10
s^3	$0(\varepsilon)$	6	
s^2	$\dfrac{4\varepsilon-12}{\varepsilon}$	10	
s^1	$\dfrac{-10\varepsilon^2+24\varepsilon-72}{4\varepsilon-12}$		
s^0	10		

ε은 미소 양의 실수, $\dfrac{4\varepsilon-12}{\varepsilon}$는 음수 $\dfrac{-10\varepsilon^2+24\varepsilon-72}{4\varepsilon-12}$는 양수이고 제1열의 부호 변화가 2번 있으므로 우반면에 근이 2개 존재하여 불안정하다.

65 전달 함수 $G(s)H(s)=\dfrac{K(s+1)}{s(s+1)(s+2)}$일 때 근궤적의 수는?

① 1 ② 2
③ 3 ④ 4

해설 영점의 개수 $z=1$이고, 극점의 개수 $p=3$이므로 근궤적의 개수는 3개가 된다.

66 다음의 미분 방정식을 신호 흐름 선도에 옳게 나타낸 것은? (단, $c(t)=X_1(t)$, $X_2(t)=\dfrac{d}{dt}X_1(t)$로 표시한다.)

$$2\dfrac{dc(t)}{dt}+5c(t)=r(t)$$

① $R(s)\circ \xrightarrow{\frac{1}{2}} X_2(s) \xrightarrow{s^{-1}} \xrightarrow{s^{-1}} X_1(s) \xrightarrow{1} \circ C(s)$, $X_1(t_0)$, $-\dfrac{5}{2}$

② $R(s)\circ \xrightarrow{\frac{1}{2}} X_2(s) \xrightarrow{s^{-1}} \xrightarrow{s^{-1}} X_1(s) \xrightarrow{1} \circ C(s)$, $X_1(t_0)$, $\dfrac{5}{2}$

③ $R(s)\circ \xrightarrow{\frac{1}{2}} X_2(s) \xrightarrow{s^{-1}} \xrightarrow{s^{-1}} X_1(s) \xrightarrow{1} \circ C(s)$, $X_1(t_0)$, $-\dfrac{5}{2}$

④ $R(s)\circ \xrightarrow{\frac{1}{2}} X_2(s) \xrightarrow{s^{-1}} \xrightarrow{s^{-1}} X_1(s) \xrightarrow{1} \circ C(s)$, $X_1(t_0)$, $\dfrac{5}{2}$

해설 $2\dfrac{dc(t)}{dt}+5c(t)=r(t)$

$\dfrac{dc(t)}{dt}=-\dfrac{5}{2}c(t)+\dfrac{1}{2}r(t)$

$c(t)=X_1(t)$, $X_2(t)=\dfrac{d}{dt}X_1(t)$이므로

$X_1(t)=\int X_2(t)dt$

$X_1(s)=\dfrac{1}{s}\times 2(s)+\dfrac{1}{s}X_1(t_0)$

$X_2(t)=-\dfrac{5}{2}X_1(t)+\dfrac{1}{2}r(t)$

$X_2(s)=-\dfrac{5}{2}X_1(s)+\dfrac{1}{2}R(s)$이므로 신호 흐름 선도는 보기 ①과 같이 그려진다.

67 다음 블록 선도의 전체 전달 함수가 1이 되기 위한 조건은?

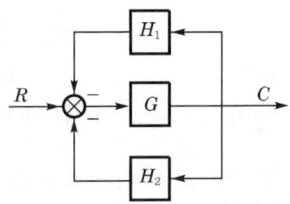

① $G=\dfrac{1}{1-H_1-H_2}$

② $G=\dfrac{1}{1+H_1+H_2}$

③ $G=\dfrac{-1}{1-H_1-H_2}$

④ $G=\dfrac{-1}{1+H_1+H_2}$

해설 $(R-CH_1-CH_2)G=C$

$RG=C(1+H_1G+H_2G)$

∴ 전체 전달 함수 $\dfrac{C}{R}=\dfrac{G}{1+H_1G+H_2G}$

∴ $1=\dfrac{G}{1+H_1G+H_2G}$

$G=1+H_1G+H_2G$

정답 65.③ 66.① 67.①

$$G(1-H_1-H_2)=1$$
$$G=\frac{1}{1-H_1-H_2}$$

68 특성 방정식의 모든 근이 s 복소 평면의 좌반면에 있으면 이 계는 어떠한가?

① 안정 ② 준안정
③ 불안정 ④ 조건부 안정

해설 제어계가 안정하려면 특성 방정식의 근이 s평면상 (복소 평면)의 좌반부에 존재하여야 한다.

69 그림의 회로는 어느 게이트(gate)에 해당되는가?

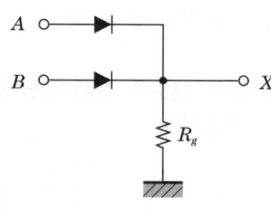

① OR ② AND
③ NOT ④ NOR

해설 그림은 OR gate이며, 논리 심벌과 진리값 표는 다음과 같다.

A	B	X
0	0	0
0	1	1
1	0	1
1	1	1

$X=A+B$

70 전달 함수가 $G(s)=\dfrac{Y(s)}{X(s)}=\dfrac{1}{s^2(s+1)}$ 로 주어진 시스템의 단위 임펄스 응답은?

① $y(t)=1-t+e^{-t}$
② $y(t)=1+t+e^{-t}$
③ $y(t)=t-1+e^{-t}$
④ $y(t)=t-1-e^{-t}$

해설 임펄스 응답은 입력에 단위 임펄스, 즉 $\delta(t)$를 가할 때의 계의 응답이므로 입력에 따라서 $X(t)=\delta(t)$ 이다.
따라서, $X(s)=1$이므로
∴ 전달 함수 $G(s)=Y(s)$
∴ $Y(s)=G(s)=\dfrac{1}{s^2(s+1)}=\dfrac{k_{11}}{s^2}+\dfrac{k_{12}}{s}+\dfrac{k_2}{s+1}$

$k_{11}=\dfrac{1}{s+1}\bigg|_{s=0}=1$
$k_{12}=\dfrac{d}{ds}\dfrac{1}{s+1}\bigg|_{s=0}=-1$
$k_2=\dfrac{1}{s^2}\bigg|_{s=-1}=1$

∴ $Y(s)=\dfrac{1}{s^2}-\dfrac{1}{s}+\dfrac{1}{s+1}$
역라플라스 변환하면
$y(t)=t-1+e^{-t}$

71 다음과 같은 회로망에서 영상 파라미터(영상 전달 정수) θ는?

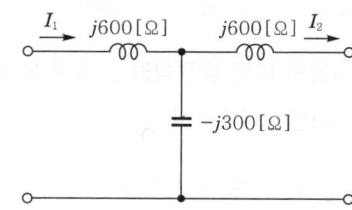

① 10 ② 2
③ 1 ④ 0

해설 $\begin{bmatrix}A & B\\ C & D\end{bmatrix}=\begin{bmatrix}1 & j600\\ 0 & 1\end{bmatrix}\begin{bmatrix}1 & 0\\ \dfrac{1}{j300} & 1\end{bmatrix}\begin{bmatrix}1 & j600\\ 0 & 1\end{bmatrix}$
$=\begin{bmatrix}-1 & 0\\ -\dfrac{1}{j300} & -1\end{bmatrix}$

영상 전달 정수
$\theta=\log_e(\sqrt{AD}+\sqrt{BC})$
$=\log_e\left\{\sqrt{(-1)(-1)}+\sqrt{0\left(-\dfrac{1}{j300}\right)}\right\}$
$=\log_e 1$
$=0$

정답 68.① 69.① 70.③ 71.④

72 △결선된 대칭 3상 부하가 있다. 역률이 0.8(지상)이고 소비 전력이 1,800[W]이다. 선로의 저항 0.5[Ω]에서 발생하는 선로 손실이 50[W]이면 부하 단자 전압[V]은?

① 627 ② 525
③ 326 ④ 225

해설 선로 손실 $P_l = 3I^2R$, $I^2 = \dfrac{P_l}{3R} = \dfrac{50}{3 \times 0.5} = \dfrac{100}{3}$

$\therefore I = \dfrac{10}{\sqrt{3}}$

$V = \dfrac{P}{\sqrt{3}\, I\cos\theta}$

$= \dfrac{1,800}{\sqrt{3} \times \dfrac{10}{\sqrt{3}} \times 0.8}$

$= 225[V]$

73 $E = 40 + j30[V]$의 전압을 가하면 $I = 30 + j10[A]$의 전류가 흐르는 회로의 역률은?

① 0.949 ② 0.831
③ 0.764 ④ 0.651

해설 임피던스 $Z = \dfrac{E}{I} = \dfrac{40+j30}{30+j10} = 1.5 + j0.5$

$\cos\theta = \dfrac{R}{Z} = \dfrac{1.5}{\sqrt{1.5^2 + 0.5^2}} = 0.949$

74 그림과 같은 회로에서 스위치 S를 닫았을 때, 과도분을 포함하지 않기 위한 $R[\Omega]$은?

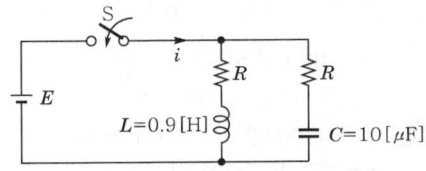

① 100 ② 200
③ 300 ④ 400

해설 $R = \sqrt{\dfrac{L}{C}} = \sqrt{\dfrac{0.9}{10 \times 10^{-6}}} = 300[\Omega]$

75 분포 정수 회로에서 직렬 임피던스를 Z, 병렬 어드미턴스를 Y라 할 때, 선로의 특성 임피던스 Z_0는?

① ZY
② $\sqrt{ZY}$
③ $\sqrt{\dfrac{Y}{Z}}$
④ $\sqrt{\dfrac{Z}{Y}}$

해설 특성 임피던스 $Z_0 = \sqrt{\dfrac{Z}{Y}} = \sqrt{\dfrac{R+j\omega L}{G+j\omega C}}[\Omega]$

76 다음과 같은 회로의 공진시 어드미턴스는?

① $\dfrac{RL}{C}$
② $\dfrac{RC}{L}$
③ $\dfrac{L}{RC}$
④ $\dfrac{R}{LC}$

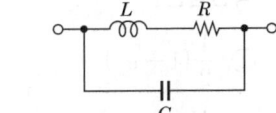

해설 $Y = j\omega C + \dfrac{1}{R+j\omega L}$

$= j\omega C + \dfrac{R - j\omega L}{(R+j\omega L)(R-j\omega L)}$

$= j\omega C + \dfrac{R - j\omega L}{R^2 + \omega^2 L^2}$

$= \dfrac{R}{R^2+\omega^2 L^2} + j\left(\omega C - \dfrac{\omega L}{R^2+\omega^2 L^2}\right)$

• 공진 조건 $\omega C = \dfrac{\omega L}{R^2+\omega^2 L^2}$

• 공진시 공진 어드미턴스
$Y_0 = \dfrac{R}{R^2+\omega^2 L^2} = \dfrac{R}{\dfrac{L}{C}} = \dfrac{RC}{L}[℧]$

정답 72.④ 73.① 74.③ 75.④ 76.②

77 그림과 같은 회로에서 전류 $I[A]$는?

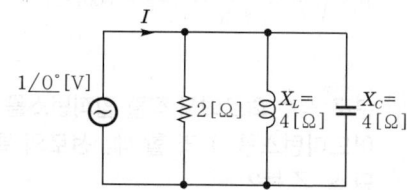

① 0.2 ② 0.5
③ 0.7 ④ 0.9

해설 $\dot{I} = \dot{I}_R + \dot{I}_L + \dot{I}_C$
$= \dfrac{V}{R} - j\dfrac{V}{X_L} + j\dfrac{V}{X_C}$
$= \dfrac{1}{2} - j\dfrac{1}{4} + j\dfrac{1}{4}$
$= \dfrac{1}{2}$
$= 0.5[A]$

78 $F(s) = \dfrac{s+1}{s^2+2s}$ 로 주어졌을 때 $F(s)$의 역변환은?

① $\dfrac{1}{2}(1+e^t)$

② $\dfrac{1}{2}(1+e^{-2t})$

③ $\dfrac{1}{2}(1-e^{-t})$

④ $\dfrac{1}{2}(1-e^{-2t})$

해설 $F(s) = \dfrac{s+1}{s^2+2s}$
$= \dfrac{s+1}{s(s+2)}$
$= \dfrac{K_1}{s} + \dfrac{K_2}{s+2}$
$K_1 = \dfrac{s+1}{s+2}\bigg|_{s=0} = \dfrac{1}{2}$
$K_2 = \dfrac{s+1}{s}\bigg|_{s=-2} = \dfrac{1}{2}$

$\therefore F(s) = \dfrac{1}{2} \cdot \dfrac{1}{s} + \dfrac{1}{2} \cdot \dfrac{1}{s+2}$

$\therefore f(t) = \dfrac{1}{2} + \dfrac{1}{2}e^{-2t} = \dfrac{1}{2}(1+e^{-2t})$

79 $e(t) = 100\sqrt{2}\sin\omega t + 150\sqrt{2}\sin 3\omega t + 260\sqrt{2}\sin 5\omega t[V]$인 전압을 $R-L$ 직렬 회로에 가할 때에 제5고조파 전류의 실효값은 약 몇 [A]인가? (단, $R=12[\Omega]$, $\omega L=1[\Omega]$이다.)

① 10 ② 15
③ 20 ④ 25

해설 $I_5 = \dfrac{V_5}{Z_5}$
$= \dfrac{V_5}{\sqrt{R^2+(5\omega L)^2}} = \dfrac{260}{\sqrt{12^2+5^2}} = 20[A]$

80 그림과 같은 파형의 전압 순시값은?

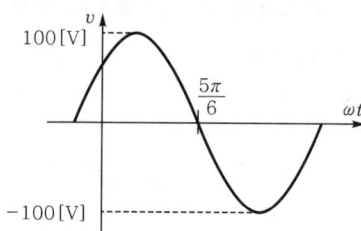

① $100\sin\left(\omega t + \dfrac{\pi}{6}\right)$

② $100\sqrt{2}\sin\left(\omega t + \dfrac{\pi}{6}\right)$

③ $100\sin\left(\omega t - \dfrac{\pi}{6}\right)$

④ $100\sqrt{2}\sin\left(\omega t - \dfrac{\pi}{6}\right)$

해설 전압의 순시값 $v = V_m\sin(\omega t \pm \theta)$
- 최대값 $V_m = 100[V]$
- 파형에서 위상을 계산하면 $\pi - \dfrac{5\pi}{6} = \dfrac{\pi}{6}$ 만큼 앞선다.

$\therefore v = 100\sin\left(\omega t + \dfrac{\pi}{6}\right)$

정답 77.② 78.② 79.③ 80.①

제5과목　전기설비기술기준

81 가공 전선로의 지지물에 시설하는 지선(지지선)에 관한 사항으로 옳은 것은?

① 소선은 지름 2.0[mm] 이상인 금속선을 사용한다.
② 도로를 횡단하여 시설하는 지선(지지선)의 높이는 지표상 6.0[m] 이상이다.
③ 지선(지지선)의 안전율은 1.2 이상이고 허용 인장 하중의 최저는 4.31[kN]으로 한다.
④ 지선(지지선)에 연선을 사용할 경우에는 소선은 3가닥 이상의 연선을 사용한다.

해설 지선(지지선)의 시설(한국전기설비규정 331.11)
- 지선(지지선)의 안전율은 2.5 이상. 이 경우에 허용 인장하중의 최저는 4.31[kN]
- 지선(지지선)에 연선을 사용할 경우
  - 소선(素線) 3가닥 이상의 연선일 것
  - 소선의 지름이 2.6[mm] 이상의 금속선을 사용한 것일 것

82 옥내 배선의 사용 전압이 400[V] 이하일 때 전광 표시 장치 기타 이와 유사한 장치 또는 제어 회로 등의 배선에 다심 케이블을 시설하는 경우 배선의 단면적은 몇 [mm²] 이상인가?

① 0.75　　② 1.5
③ 1　　　④ 2.5

해설 저압 옥내 배선의 사용 전선(한국전기설비규정 231.3)
- 전광 표시 장치 기타 이와 유사한 장치 또는 제어 회로 등에 이용하는 배선에 단면적 1.5[mm²] 이상의 연동선을 사용하고 이것을 합성 수지관 공사, 금속관 공사, 금속 몰드 공사, 금속 덕트 공사 또는 플로어 덕트 공사 또는 셀룰러 덕트 공사에 의해 시설하는 경우
- 진열장 내의 배선 공사에 사용되는 단면적 0.75[mm²] 이상의 코드 또는 캡타이어 케이블을 사용하는 경우
- 리프트 케이블을 사용하는 경우

83 154[kV] 가공 송전 선로를 제1종 특고압 보안 공사로 할 때 사용되는 경동 연선의 굵기는 몇 [mm²] 이상이어야 하는가?

① 100　　② 150
③ 200　　④ 250

해설 특고압 보안 공사(한국전기설비규정 333.22)
제1종 특고압 보안 공사의 전선의 굵기

사용 전압	전선
100[kV] 미만	인장 강도 21.67[kN] 이상, 55[mm²] 이상 경동 연선
100[kV] 이상 300[kV] 미만	인장 강도 58.84[kN] 이상, 150[mm²] 이상 경동 연선
300[kV] 이상	인장 강도 77.47[kN] 이상, 200[mm²] 이상 경동 연선

84 일반적으로 저압 옥내 간선에서 분기하여 전기 사용 기계 기구에 이르는 저압 옥내 전로는 저압 옥내 간선과의 분기점에서 전선의 길이가 몇 [m] 이하인 곳에 과전류 차단기를 시설하여야 하는가?

① 0.5　　② 1.0
③ 2.0　　④ 3.0

해설 과부하 전류에 대한 보호(한국전기설비규정 212.4)
저압 옥내 간선과의 분기점에서 전선의 길이가 3[m] 이하인 곳에 개폐기 및 과전류 차단기를 시설할 것

85 전동기의 과부하 보호 장치의 시설에서 전원측 전로에 시설한 배선 차단기의 정격 전류가 몇 [A] 이하의 것이면 이 전로에 접속하는 단상 전동기에는 과부하 보호 장치를 생략할 수 있는가?

① 16　　② 20
③ 30　　④ 50

해설 저압 전로 중의 전동기 과부하 보호용 과전류 보호 장치(한국전기설비규정 212.6.4)
- 정격 출력 0.2[kW] 초과하는 전동기에 과부하 보호 장치를 시설한다.
- 과부하 보호 장치 시설을 생략하는 경우

정답　81.④　82.①　83.②　84.④　85.②

- 운전 중 상시 취급자가 감시
- 구조상, 부하 성질상 전동기를 소손할 위험이 없는 경우
- 전동기가 단상인 것에 있어서 그 전원측 전로에 시설하는 과전류 차단기의 정격 전류가 16[A](배선 차단기는 20[A]) 이하인 경우

86 사용 전압이 35[kV] 이하인 특고압 가공 전선과 가공 약전류 전선 등을 동일 지지물에 시설하는 경우, 특고압 가공 전선로는 어떤 종류의 보안 공사로 하여야 하는가?

① 고압 보안 공사
② 제1종 특고압 보안 공사
③ 제2종 특고압 보안 공사
④ 제3종 특고압 보안 공사

해설 특고압 가공 전선과 가공 약전류 전선 등의 공용 설치(한국전기설비규정 333.19)

35[kV] 이하인 특고압 가공 전선과 가공 약전류 전선 등을 동일 지지물에 시설하는 경우
- 특고압 가공 전선로는 제2종 특고압 보안 공사에 의할 것
- 특고압 가공 전선은 가공 약전류 전선 등의 위로하고 별개의 완금류에 시설할 것
- 특고압 가공 전선은 케이블인 경우 이외에는 인장 강도 21.67[kN] 이상의 연선 또는 단면적이 50[mm^2] 이상인 경동 연선일 것
- 특고압 가공 전선과 가공 약전류 전선 등 사이의 이격 거리(간격)는 2[m] 이상으로 할 것

87 사용 전압이 고압인 전로의 전선으로 사용할 수 없는 케이블은?

① MI 케이블
② 연피 케이블
③ 비닐 외장 케이블
④ 폴리에틸렌 외장 케이블

해설 고압 옥내 배선 등의 시설(한국전기설비규정 342.1)
- 애자 공사(건조한 장소로서 전개된 장소에 한한다)
- 케이블 공사
- 케이블 트레이 공사

88 가로등, 경기장, 공장, 아파트 단지 등의 일반 조명을 위하여 시설하는 고압 방전등은 그 효율이 몇 [lm/W] 이상의 것이어야 하는가?

① 30
② 50
③ 70
④ 100

해설 점멸기의 시설(판단기준 제177조)

가로등, 경기장, 공장, 아파트 단지 등의 일반 조명을 위하여 시설하는 고압 방전등은 그 효율이 70[lm/W] 이상의 것이어야 한다.

※ 이 문제는 출제 당시 규정에는 적합했으나 새로 제정된 한국전기설비규정에는 일부 부적합하므로 문제 유형만 참고하시기 바랍니다.

89 제1종 접지 공사의 접지선의 굵기는 공칭 단면적 몇 [mm^2] 이상의 연동선이어야 하는가?

① 2.5
② 4.0
③ 6.0
④ 8.0

해설 각종 접지 공사의 세목(판단기준 제19조)

접지 공사의 종류	접지선의 굵기
제1종 접지 공사	공칭 단면적 6[mm^2] 이상의 연동선
제2종 접지 공사	공칭 단면적 16[mm^2] 이상의 연동선
제3종 접지 공사 및 특별 제3종 접지 공사	공칭 단면적 2.5[mm^2] 이상의 연동선

※ 이 문제는 출제 당시 규정에는 적합했으나 새로 제정된 한국전기설비규정에는 일부 부적합하므로 문제 유형만 참고하시기 바랍니다.

90 금속관 공사에서 절연 부싱을 사용하는 가장 주된 목적은?

① 관의 끝이 터지는 것을 방지
② 관 내 해충 및 이물질 출입 방지
③ 관의 단구에서 조영재의 접촉 방지
④ 관의 단구에서 전선 피복의 손상 방지

정답 86.③ 87.① 88.③ 89.③ 90.④

⊃해설 **금속관 공사**(한국전기설비규정 232.12)
절연 부싱은 금속관에 전선을 넣을 때 관의 단구에서 전선의 피복 손상을 방지한다.

91 최대 사용 전압이 3.3[kV]인 차단기 전로의 절연 내력 시험 전압은 몇 [V]인가?

① 3,036 ② 4,125
③ 4,950 ④ 6,600

⊃해설 **기구 등의 전로의 절연 내력**(한국전기설비규정 136)
시험 전압은 $3,300 \times 1.5 = 4,950[V]$

92 관·암거·기타 지중 전선을 넣은 방호 장치의 금속제 부분(케이블을 지지하는 금구류는 제외) 및 지중 전선의 피복으로 사용하는 금속체에는 몇 종 접지 공사를 하여야 하는가?

① 제1종 접지 공사
② 제2종 접지 공사
③ 제3종 접지 공사
④ 특별 제3종 접지 공사

⊃해설 **지중 전선의 피복 금속체 접지**(판단기준 제139조)
관·암거·기타 지중 전선을 넣은 방호 장치의 금속제 부분·금속제의 전선 접속함 및 지중 전선의 피복으로 사용하는 금속체에는 제3종 접지 공사를 하여야 한다.

※ 이 문제는 출제 당시 규정에는 적합했으나 새로 제정된 한국전기설비규정에는 일부 부적합하므로 문제 유형만 참고하시기 바랍니다.

93 가반형(이동형)의 용접 전극을 사용하는 아크 용접 장치를 시설할 때 용접 변압기의 1차측 전로의 대지 전압은 몇 [V] 이하이어야 하는가?

① 200 ② 250
③ 300 ④ 600

⊃해설 **아크 용접기**(한국전기설비규정 241.10)
가반형(可搬型)의 용접 전극을 사용하는 아크 용접 장치는 시설
• 용접 변압기는 절연 변압기일 것
• 용접 변압기의 1차측 전로의 대지 전압은 300[V] 이하일 것

94 지중 전선로를 직접 매설식에 의하여 차량 기타 중량물의 압력을 받을 우려가 있는 장소에 시설할 경우에는 그 매설 깊이를 최소 몇 [m] 이상으로 하여야 하는가?

① 1.0
② 1.2
③ 1.5
④ 1.8

⊃해설 **지중 전선로의 시설**(한국전기설비규정 334.1)
직접 매설식인 경우 매설 깊이
• 차량 기타 중량물의 압력을 받을 우려가 있는 장소 1.0[m] 이상
• 기타 장소 60[cm] 이상

95 사용 전압이 22.9[kV]인 특고압 가공 전선과 그 지지물·완금류·지주(지지 기둥) 또는 지선(지지선) 사이의 이격 거리(간격)는 몇 [cm] 이상이어야 하는가?

① 15 ② 20
③ 25 ④ 30

⊃해설 **특고압 가공 전선과 지지물 등의 이격 거리(간격)**
(한국전기설비규정 333.5)

사용 전압	이격 거리(간격)[cm]
15[kV] 미만	15
15[kV] 이상 25[kV] 미만	20
25[kV] 이상 35[kV] 미만	25
35[kV] 이상 50[kV] 미만	30
50[kV] 이상 60[kV] 미만	35
60[kV] 이상 70[kV] 미만	40
70[kV] 이상 80[kV] 미만	45
이하 생략	

정답 91.③ 92.③ 93.③ 94.① 95.②

96 건조한 장소로서 전개된 장소에 고압 옥내 배선을 시설할 수 있는 공사 방법은?

① 덕트 공사 ② 금속관 공사
③ 애자 공사 ④ 합성 수지관 공사

해설 고압 옥내 배선 등의 시설(한국전기설비규정 342.1)
- 애자 공사(건조한 장소로서 전개된 장소에 한한다)
- 케이블 공사
- 케이블 트레이 공사

97 제3종 접지 공사를 하여야 할 곳은?

① 고압용 변압기의 외함
② 고압의 계기용 변성기의 2차측 전로
③ 특고압 계기용 변성기의 2차측 전로
④ 특고압과 고압의 혼촉 방지를 위한 방전 장치

해설 계기용 변성기의 2차측 전로의 접지(판단기준 제26조)
- 고압의 계기용 변성기의 2차측 전로에는 제3종 접지 공사를 하여야 한다.
- 특고압 계기용 변성기의 2차측 전로에는 제1종 접지 공사를 하여야 한다.

※ 이 문제는 출제 당시 규정에는 적합했으나 새로 제정된 한국전기설비규정에는 일부 부적합하므로 문제 유형만 참고하시기 바랍니다.

98 전기 철도에서 배류 시설에 강제 배류기를 사용할 경우 시설 방법에 대한 설명으로 틀린 것은?

① 강제 배류기용 전원 장치의 변압기는 절연 변압기일 것
② 강제 배류기를 보호하기 위하여 적정한 과전류 차단기를 시설할 것
③ 귀선에서 강제 배류기를 거쳐 금속제 지중 관로로 통하는 전류를 저지하는 구조로 할 것
④ 강제 배류기는 제2종 접지 공사를 한 금속제 외함 기타 견고한 함에 넣어 시설하거나 사람이 접촉할 우려가 없도록 시설할 것

해설 배류 접속(판단기준 제265조)
강제 배류기 시설
- 귀선에서 강제 배류기를 거쳐 금속제 지중 관로로 통하는 전류를 저지하는 구조로 할 것
- 강제 배류기를 보호하기 위하여 적정한 과전류 차단기를 시설할 것
- 강제 배류기는 제3종 접지 공사를 한 금속제 외함 기타 견고한 함에 넣어 시설하거나 사람이 접촉할 우려가 없도록 시설할 것

※ 이 문제는 출제 당시 규정에는 적합했으나 새로 제정된 한국전기설비규정에는 일부 부적합하므로 문제 유형만 참고하시기 바랍니다.

99 고압 가공 전선에 케이블을 사용하는 경우 케이블을 조가용선(조가선)에 행거로 시설하고자 할 때 행거의 간격은 몇 [cm] 이하로 하여야 하는가?

① 30 ② 50
③ 80 ④ 100

해설 가공 케이블의 시설(한국전기설비규정 332.2)
- 케이블은 조가용선(조가선)에 행거의 간격을 50[cm] 이하로 시설
- 조가용선(조가선)은 인장 강도 5.93[kN] 이상 또는 단면적 22[mm^2] 이상인 아연도강연선
- 조가용선(조가선) 및 케이블의 피복에 사용하는 금속체는 접지 공사

100 고압 가공 전선로의 지지물에 시설하는 통신선의 높이는 도로를 횡단하는 경우 교통에 지장을 줄 우려가 없다면 지표상 몇 [m]까지로 감할 수 있는가?

① 4 ② 4.5
③ 5 ④ 6

해설 전력 보안 통신선의 시설 높이와 이격 거리(간격)(한국전기설비규정 362.2)
- 도로를 횡단하는 경우 6[m] 이상. 교통에 지장을 줄 우려가 없는 경우 5[m]
- 철도 또는 궤도를 횡단하는 경우에는 레일면상 6.5[m] 이상

정답 96.③ 97.② 98.④ 99.② 100.③

2017년 제3회 과년도 출제문제
2017. 8. 26. 시행

제1과목 전기자기학

01 점전하에 의한 전위 함수가 $V=\dfrac{1}{x^2+y^2}$ [V] 일 때 grad V는?

① $-\dfrac{ix+jy}{(x^2+y^2)^2}$ ② $-\dfrac{i2x+j2y}{(x^2+y^2)^2}$

③ $-\dfrac{i2x}{(x^2+y^2)^2}$ ④ $-\dfrac{j2y}{(x^2+y^2)^2}$

해설

$\text{grad}\,V = \nabla V \left(\dfrac{\partial}{\partial x}i + \dfrac{\partial}{\partial y}j + \dfrac{\partial}{\partial z}k\right)V$

$= \dfrac{\partial V}{\partial x}i + \dfrac{\partial V}{\partial y}j + \dfrac{\partial V}{\partial z}k$

$\dfrac{\partial V}{\partial x} = \dfrac{\partial}{\partial x}\left(\dfrac{1}{x^2+y^2}\right) = \dfrac{-2x}{(x^2+y^2)^2}$

$\dfrac{\partial V}{\partial y} = \dfrac{\partial}{\partial x}\left(\dfrac{1}{x^2+y^2}\right) = \dfrac{-2y}{(x^2+y^2)^2}$

$\therefore \text{grad}\,V = -\dfrac{2x}{(x^2+y^2)^2}i - \dfrac{2y}{(x^2+y^2)^2}j$

$= -\dfrac{i2x+j2y}{(x^2+y^2)^2}$

02 면적 $S[\text{m}^2]$, 간격 $d[\text{m}]$인 평행판 콘덴서에 전하 $Q[\text{C}]$를 충전하였을 때 정전 에너지 $W[\text{J}]$는?

① $W=\dfrac{dQ^2}{\varepsilon S}$ ② $W=\dfrac{dQ^2}{2\varepsilon S}$

③ $W=\dfrac{dQ^2}{4\varepsilon S}$ ④ $W=\dfrac{dQ^2}{8\varepsilon S}$

해설 평행판 콘덴서의 정전 용량 $C=\dfrac{\varepsilon S}{d}$ [F]

전하 Q[C]을 충전하였을 때, 즉 전하가 일정할 때 정전 에너지 $W = \dfrac{Q^2}{2C} = \dfrac{Q^2}{2\left(\dfrac{\varepsilon S}{d}\right)} = \dfrac{d\cdot Q^2}{2\varepsilon S}$ [J]

03 Poisson 및 Laplace 방정식을 유도하는데 관련이 없는 식은?

① $\text{rot}\,E = -\dfrac{\partial B}{\partial t}$ ② $E=-\text{grad}\,V$

③ $\text{div}\,D = \rho_v$ ④ $D = \varepsilon E$

해설
- 가우스의 미분형 $\text{div}\,E = \nabla \cdot E = \dfrac{\rho}{\varepsilon}$
  전속 밀도 $D = \varepsilon E$
  $\therefore \text{div}\,D = \rho$
- 전계의 세기 $E = -\text{grad}\,V = -\nabla \cdot V$이므로
  $\nabla \cdot E = \nabla \cdot (-\nabla \cdot V) = -\nabla^2 V = -\dfrac{\rho_v}{\varepsilon}$

이것을 Poisson의 방정식이라 하며 $\rho_v=0$일 때, 즉 $\nabla^2 V = 0$인 경우를 Laplace 방정식이라 한다.

04 반지름 1[cm]인 원형 코일에 전류 10[A]가 흐를 때, 코일의 중심에서 코일면에 수직으로 $\sqrt{3}$ [cm] 떨어진 점의 자계에 세기는 몇 [AT/m]인가?

① $\dfrac{1}{16}\times 10^3$ ② $\dfrac{3}{16}\times 10^3$

③ $\dfrac{5}{16}\times 10^3$ ④ $\dfrac{7}{16}\times 10^3$

정답 01.② 02.② 03.① 04.①

해설 판자석의 자위는
$$U = \frac{I}{4\pi}\omega = \frac{I}{4\pi}2\pi(1-\cos\theta) = \frac{I}{2}\left(1 - \frac{x}{\sqrt{a^2+x^2}}\right)$$
자계의 세기는
$$H = -\mathrm{grad}\,U = -\frac{\partial U}{\partial x}$$
$$= -\frac{\partial}{\partial x}\left\{\frac{I}{2}\left(1 - \frac{x}{\sqrt{a^2+x^2}}\right)\right\}$$
$$= \frac{a^2 I}{2(a^2+x^2)^{\frac{3}{2}}}\,[\mathrm{AT/m}]$$
$$\therefore H = \frac{(1\times 10^{-2})^2 \times 10}{2\{(1\times 10^{-2})^2 + (\sqrt{3}+10^{-2})^2\}^{\frac{3}{2}}}$$
$$= \frac{1}{16}\times 10^3\,[\mathrm{A/m}]$$

05 평등 자계 내에 전자가 수직으로 입사하였을 때 전자의 운동을 바르게 나타낸 것은?
① 구심력은 전자 속도에 반비례한다.
② 원심력은 자계의 세기에 반비례한다.
③ 원운동을 하고 반지름은 자계의 세기에 비례한다.
④ 원운동을 하고 반지름은 전자의 회전 속도에 비례한다.

해설 전자의 원운동
- 회전 반경 : $r = \frac{mv}{eB}[\mathrm{m}]$
- 각속도 : $\omega = \frac{eB}{m}[\mathrm{rad/s}]$
- 주기 : $T = \frac{2\pi m}{eB}[\mathrm{s}]$

∴ 전자는 원운동을 하고 반지름 $r = \frac{mv}{eB}[\mathrm{m}]$, 즉 전자의 회전 속도($v$)에 비례한다.

06 액체 유전체를 포함한 콘덴서 용량이 $C[\mathrm{F}]$인 것에 $V[\mathrm{V}]$의 전압을 가했을 경우에 흐르는 누설 전류[A]는? (단, 유전체의 유전율은 $\varepsilon[\mathrm{F/m}]$, 고유 저항은 $\rho[\Omega\cdot\mathrm{m}]$이다.)

① $\frac{\rho\varepsilon}{CV}$
② $\frac{C}{\rho\varepsilon V}$
③ $\frac{CV}{\rho\varepsilon}$
④ $\frac{\rho\varepsilon V}{C}$

해설 $RC = \rho\varepsilon$에서 $R = \frac{\rho\varepsilon}{C}$이므로
$$I = \frac{V}{R} = \frac{CV}{\rho\varepsilon} = \frac{CV}{\rho\varepsilon_0\varepsilon_s}\,[\mathrm{A}]$$

07 다이아몬드와 같은 단결정 물체에 전장을 가할 때 유도되는 분극은?
① 전자 분극
② 이온 분극과 배향 분극
③ 전자 분극과 이온 분극
④ 전자 분극, 이온 분극, 배향 분극

해설 분극이란 유전체에 전계를 가하면 원자를 구성하는 음(-), 양(+) 전하가 서로 반대 방향으로 변위하여 쌍극자 모멘트를 일으키는 현상으로 이온 분극, 전자 분극, 배향 분극 등을 들 수 있다.
전자 분극은 헬륨, 수정, 다이아몬드 등과 같은 단결정 물체에 전계를 가한 경우 어떤 크기의 분극을 일으킴으로써 평형을 이루는 현상이다.

08 다음 설명 중 옳은 것은?
① 무한 직선 도선에 흐르는 전류에 의한 도선 내부에서 자계의 크기는 도선의 반경에 비례한다.
② 무한 직선 도선에 흐르는 전류에 의한 도선 외부에서 자계의 크기는 도선의 중심과의 거리에 무관하다.
③ 무한장 솔레노이드 내부 자계의 크기는 코일에 흐르는 전류의 크기에 비례한다.
④ 무한장 솔레노이드 내부 자계의 크기는 단위 길이당 권수의 제곱에 비례한다.

정답 05.④ 06.③ 07.① 08.③

해설 무한장 솔레노이드
- 외부 자계의 세기 : $H_o = 0$[AT/m]
- 내부 자계의 세기 : $H_i = n_0 I$[AT/m]

여기서, n_0 : 단위 길이당 권수
즉, 내부 자계의 세기는 평등 자계이며 코일의 전류에 비례한다.

09 그림과 같은 유전속 분포가 이루어질 때 ε_1과 ε_2의 크기 관계는?

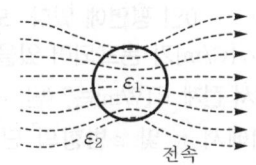

① $\varepsilon_1 > \varepsilon_2$
② $\varepsilon_1 < \varepsilon_2$
③ $\varepsilon_1 = \varepsilon_2$
④ $\varepsilon_1 > 0, \ \varepsilon_2 > 0$

해설 전속은 유전율이 큰쪽에 모인다. 즉, $\varepsilon_1 > \varepsilon_2$이다.

10 인덕턴스의 단위[H]와 같지 않은 것은?

① [J/A·s]
② [Ω·s]
③ [Wb/A]
④ [J/A²]

해설 $e = -N\dfrac{d\phi}{dt} = -L\dfrac{di}{dt}$[V]이므로

$[V] = \left[\dfrac{Wb}{s}\right] = \left[H \cdot \dfrac{A}{s}\right]$

∴ $[H] = \left[\dfrac{Wb}{A}\right] = \left[\dfrac{V}{A} \cdot s\right] = \left[\dfrac{VAs}{A^2}\right] = \left[\dfrac{J}{A^2}\right]$

11 전계 및 자계의 세기가 각각 E, H일 때, 포인팅 벡터 P의 표시로 옳은 것은?

① $P = \dfrac{1}{2} E \times H$
② $P = E \operatorname{rot} H$
③ $P = E \times H$
④ $P = H \operatorname{rot} E$

해설 포인팅 벡터

$P = w \times v = \sqrt{\varepsilon \mu} \ EH \times \dfrac{1}{\sqrt{\varepsilon \mu}} = EH$ [W/m²]

12 규소 강판과 같은 자심 재료의 히스테리시스 곡선의 특징은?

① 보자력이 큰 것이 좋다.
② 보자력과 잔류 자기가 모두 큰 것이 좋다.
③ 히스테리시스 곡선의 면적이 큰 것이 좋다.
④ 히스테리시스 곡선의 면적이 작은 것이 좋다.

해설
- 전자석(일시 자석)의 재료는 잔류 자기가 크고 보자력이 작아야 한다.
- 영구 자석의 재료는 잔류 자기와 보자력이 모두 커야 한다.

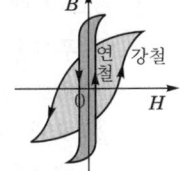

∴ 즉, 자심 재료는 히스테리시스 곡선의 면적이 적은 것이 좋고 영구 자석의 재료는 히스테리시스 곡선의 면적이 큰 것이 좋다.

13 커패시터를 제조하는데 A, B, C, D와 같은 4가지의 유전 재료가 있다. 커패시터 내의 전계를 일정하게 하였을 때, 단위 체적당 가장 큰 에너지 밀도를 나타내는 재료부터 순서대로 나열한 것은? (단, 유전 재료 A, B, C, D의 비유전율은 각각 $\varepsilon_{rA} = 8$, $\varepsilon_{rB} = 10$, $\varepsilon_{rC} = 2$, $\varepsilon_{rD} = 4$이다.)

① $C > D > A > B$
② $B > A > D > C$
③ $D > A > C > B$
④ $A > B > D > C$

해설 유전체에 저장되는 에너지 밀도

$W = \dfrac{1}{2}\varepsilon E^2 = \dfrac{D^2}{2\varepsilon} = \dfrac{1}{2}ED$ [J/m³]

∴ 전계가 일정할 때 에너지 밀도는 비유전율의 크기에 비례한다.
∴ $B > A > D > C$

정답 09.① 10.① 11.③ 12.④ 13.②

14 투자율 μ[H/m], 자계의 세기 H[AT/m], 자속 밀도 B[Wb/m^2]인 곳의 자계 에너지 밀도[J/m^3]는?

① $\dfrac{B^2}{2\mu}$ ② $\dfrac{H^2}{2\mu}$

③ $\dfrac{1}{2}\mu H$ ④ BH

해설 $w_m = \dfrac{1}{2}\mu H^2 = \dfrac{1}{2}BH = \dfrac{B^2}{2\mu}$ [J/m^2]

15 정전계 해석에 관한 설명으로 틀린 것은?

① 푸아송 방정식은 가우스 정리의 미분형으로 구할 수 있다.
② 도체 표면에서의 전계의 세기는 표면에 대해 법선 방향을 갖는다.
③ 라플라스 방정식은 전극이나 도체의 형태에 관계없이 체적 전하 밀도가 0인 모든 점에서 $\nabla^2 V = 0$을 만족한다.
④ 라플라스 방정식은 비선형 방정식이다.

해설
• 가우스의 미분형 $\operatorname{div} E = \nabla \cdot E = \dfrac{\rho}{\varepsilon}$
  전속 밀도 $D = \varepsilon E$
  $\therefore \operatorname{div} D = \rho$
• 전계의 세기 $E = -\operatorname{grad} V = -\nabla \cdot V$이므로
  $\nabla \cdot E = \nabla \cdot (-\nabla \cdot V) = -\nabla^2 V = -\dfrac{\rho_v}{\varepsilon}$
이것을 Poisson의 방정식이라 하며 $\rho_v = 0$일 때, 즉 $\nabla^2 V = 0$인 경우를 Laplace 방정식이라 한다.

16 자화의 세기 단위로 옳은 것은?

① [AT/Wb]   ② [AT/m^2]
③ [Wb·m]   ④ [Wb/m^2]

해설
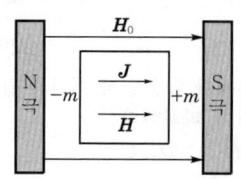

자성체를 자계 내에 놓았을 때 물질이 자화되는 경우 이것을 양적으로 표시하면 단위 체적당 자기 모멘트를 그 점의 자화의 세기라 한다.
이를 식으로 나타내면
$J = B - \mu_0 H$
$ = \mu_0 \mu_s H - \mu_0 H$
$ = \mu_0(\mu_s - 1)H$
$ = \chi_m H$ [Wb/m^2]

17 중심은 원점에 있고 반지름 a[m]인 원형 선도체가 $z = 0$인 평면에 있다. 도체에 선전하 밀도 ρ_L[C/m]가 분포되어 있을 때 $z = b$[m]인 점에서 전계 E[V/m]는? (단, a_r, a_z는 원통 좌표계에서 r 및 z방향의 단위 벡터이다.)

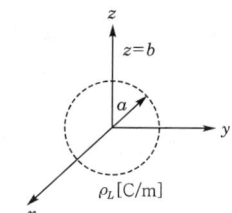

① $\dfrac{ab\rho_L}{2\pi\varepsilon_0(a^2+b^2)}a_r$ ② $\dfrac{ab\rho_L}{4\pi\varepsilon_0(a^2+b^2)}a_z$

③ $\dfrac{ab\rho_L}{2\varepsilon_0(a^2+b^2)^{\frac{3}{2}}}a_z$ ④ $\dfrac{ab\rho_L}{4\varepsilon_0(a^2+b^2)^{\frac{3}{2}}}a_z$

해설 $z = b$인 점의 미소 전위 $dV = \dfrac{\rho_L dl}{4\pi\varepsilon_0\sqrt{a^2+b^2}}$ [V]

$\therefore$ 전위 $V = \displaystyle\int_0^{2\pi a} \dfrac{\rho_L dl}{4\pi\varepsilon_0\sqrt{a^2+b^2}}$

$ = \dfrac{\rho_L \cdot a}{2\varepsilon_0\sqrt{a^2+b^2}}$ [V]

$\therefore$ 전계 $E = -\operatorname{grad} V$
$ = -\nabla V$
$ = -\dfrac{\partial V}{\partial z}a_z$
$ = -\dfrac{\partial}{\partial z}\left(\dfrac{\rho_L \cdot a}{2\varepsilon_0\sqrt{a^2+b^2}}\right)\cdot a_z$
$ = \dfrac{\rho_L ab}{2\varepsilon_0(a^2+b^2)^{\frac{3}{2}}}a_z$

정답 14.①   15.④   16.④   17.③

18 $V = x^2$[V]로 주어지는 전위 분포일 때 $x = 20$[cm]인 점의 전계는?

① $+x$방향으로 40[V/m]
② $-x$방향으로 40[V/m]
③ $+x$방향으로 0.4[V/m]
④ $-x$방향으로 0.4[V/m]

해설 $E = -\operatorname{grad} V$
$= -\nabla V$
$= -\left(\dfrac{\partial}{\partial x}i + \dfrac{\partial}{\partial y}j + \dfrac{\partial}{\partial z}k\right) \cdot x^2$
$= -2xi$ [V/m]
∴ $[E]_{x=0.2} = 0.4i$ [V/m]
∴ 전계는 $-x$방향으로 0.4[V/m]이다.

19 공간 도체 내의 한 점에 있어서 자속이 시간적으로 변화하는 경우에 성립하는 식은?

① $\nabla \times \boldsymbol{E} = \dfrac{\partial \boldsymbol{H}}{\partial t}$
② $\nabla \times \boldsymbol{E} = -\dfrac{\partial \boldsymbol{H}}{\partial t}$
③ $\nabla \times \boldsymbol{E} = \dfrac{\partial \boldsymbol{B}}{\partial t}$
④ $\nabla \times \boldsymbol{E} = -\dfrac{\partial \boldsymbol{B}}{\partial t}$

해설 맥스웰의 전자계 기초 방정식
- rot $\boldsymbol{E} = \nabla \times \boldsymbol{E} = -\dfrac{\partial \boldsymbol{B}}{\partial t} = -\mu \dfrac{\partial \boldsymbol{H}}{\partial t}$ (패러데이 전자 유도 법칙의 미분형)
- rot $\boldsymbol{H} = \nabla \times \boldsymbol{H} = i + \dfrac{\partial \boldsymbol{D}}{\partial t}$ (앙페르 주회 적분 법칙의 미분형)
- div $\boldsymbol{D} = \nabla \cdot \boldsymbol{D} = \rho$ (정전계 가우스 정리의 미분형)
- div $\boldsymbol{B} = \nabla \cdot \boldsymbol{B} = 0$ (정자계 가우스 정리의 미분형)

20 변위 전류와 가장 관계가 깊은 것은?

① 반도체   ② 유전체
③ 자성체   ④ 도체

해설
- 전도 전류 : 도체 내에서 전계의 작용으로 자유 전자의 이동으로 생기는 것
- 대류 전류 : 진공 내에 전자, 전해액 중의 이온 등과 같은 하전 입자의 운동에 의한 것
- 분극 전류 : 분극 전하의 시간적 변화에 의한 것
- 변위 전류 : 진공 또는 유전체 내 전속 밀도의 시간적 변화에 의한 것으로 하전체에 의하지 않는 전류

제2과목 전력공학

21 전력용 콘덴서에 의하여 얻을 수 있는 전류는?

① 지상 전류   ② 진상 전류
③ 동상 전류   ④ 영상 전류

해설 전력용 콘덴서는 부하의 지상 무효 전류를 진상시켜 역률을 개선하는 설비이다.

22 부하 역률이 현저히 낮은 경우 발생하는 현상이 아닌 것은?

① 전기 요금의 증가
② 유효 전력의 증가
③ 전력 손실의 증가
④ 선로의 전압 강하 증가

해설 역률이 저하하면 무효 전력의 증가로 전력 손실과 전압 강하 및 수용가의 전기 요금이 증가한다.

23 배전용 변전소의 주변압기로 주로 사용되는 것은?

① 강압 변압기   ② 체승 변압기
③ 단권 변압기   ④ 3권선 변압기

해설 발전소에 있는 주변압기는 체승용으로 되어 있고, 변전소의 주변압기는 강압용으로 되어 있다.

정답 18.④ 19.④ 20.② 21.② 22.② 23.①

24 초호각(arcing horn)의 역할은?
① 풍압을 조절한다.
② 송전 효율을 높인다.
③ 애자의 파손을 방지한다.
④ 고주파수의 섬락(불꽃 방전) 전압을 높인다.

해설 초호환, 차폐환 등은 송전 선로 애자의 전압 분포를 균등화하고, 섬락(불꽃 방전)이 발생할 때 애자의 파손을 방지한다.

25 △-△ 결선된 3상 변압기를 사용한 비접지 방식의 선로가 있다. 이때, 1선 지락 고장이 발생하면 다른 건전한 2선의 대지 전압은 지락 전의 몇 배까지 상승하는가?
① $\dfrac{\sqrt{3}}{2}$
② $\sqrt{3}$
③ $\sqrt{2}$
④ 1

해설 중성점 비접지 방식에서 1선 지락 전류는 고장상의 전압보다 진상이므로 건전상의 전압이 $\sqrt{3}$ 배로 상승한다.

26 22[kV], 60[Hz] 1회선의 3상 송전선에서 무부하 충전 전류는 약 몇 [A]인가? (단, 송전선의 길이는 20[km]이고, 1선 1[km]당 정전 용량은 0.5[μF]이다.)
① 12   ② 24
③ 36   ④ 48

해설 충전 전류 $I_c = \omega CE$
$= 2\pi \times 60 \times 0.5 \times 10^{-6} \times 20 \times \dfrac{22 \times 10^3}{\sqrt{3}}$
$= 47.88$
$\fallingdotseq 48[A]$

27 개폐 서지의 이상 전압을 감쇄할 목적으로 설치하는 것은?
① 단로기   ② 차단기
③ 리액터   ④ 개폐 저항기

해설 차단기의 작동으로 인한 개폐 서지에 의한 이상 전압을 억제하기 위한 방법으로 개폐 저항기를 사용한다.

28 모선 보호용 계전기로 사용하면 가장 유리한 것은?
① 거리 방향 계전기
② 역상 계전기
③ 재폐로 계전기
④ 과전류 계전기

해설 모선 보호 계전 방식에는 전류 차동 계전 방식, 전압 차동 계전 방식, 위상 비교 계전 방식, 방향 비교 계전 방식, 거리 방향 계전 방식 등이 있다.

29 현수 애자에 대한 설명으로 틀린 것은?
① 애자를 연결하는 방법에 따라 클레비스형과 볼소켓형이 있다.
② 큰 하중에 대하여는 2연 또는 3연으로 하여 사용할 수 있다.
③ 애자의 연결 개수를 가감함으로써 임의의 송전 전압에 사용할 수 있다.
④ 2~4층의 갓 모양의 자기편을 시멘트로 접착하고 그 자기를 주철제 베이스로 지지한다.

해설 ④번은 핀애자를 설명한 것이다.

30 송전 선로의 고장 전류 계산에 영상 임피던스가 필요한 경우는?
① 1선 지락   ② 3상 단락
③ 3선 단선   ④ 선간 단락

정답 24.③ 25.② 26.④ 27.④ 28.① 29.④ 30.①

해설 각 사고별 대칭 좌표법 해석

	정상분	역상분	영상분
1선 지락	정상분	역상분	영상분
선간 단락	정상분	역상분	×
3상 단락	정상분	×	×

그러므로 영상 임피던스가 필요한 경우는 1선 지락이다.

31 그림과 같은 3상 송전 계통에서 송전단 전압은 3,300[V]이다. 점 P에서 3상 단락 사고가 발생했다면 발전기에 흐르는 단락 전류는 약 몇 [A]인가?

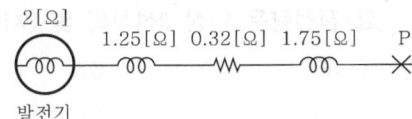

① 320 ② 330
③ 380 ④ 410

해설
$$I_s = \frac{E}{Z} = \frac{\frac{3,300}{\sqrt{3}}}{\sqrt{0.32^2 + (2+1.25+1.75)^2}} = 380.2[A]$$

32 조속기의 폐쇄 시간이 짧을수록 옳은 것은?
① 수격 작용은 작아진다.
② 발전기의 전압 상승률은 커진다.
③ 수차의 속도 변동률은 작아진다.
④ 수압관 내의 수압 상승률은 작아진다.

해설 조속기의 폐쇄 시간이 짧을수록 속도 변동률은 작아지고, 수압 상승률은 커진다.

33 그림과 같은 수전단 전압 3.3[kV], 역률 0.85 (뒤짐)인 부하 300[kW]에 공급하는 선로가 있다. 이때, 송전단 전압은 약 몇 [V]인가?

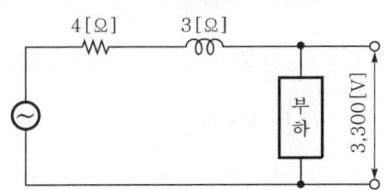

① 3,430
② 3,530
③ 3,730
④ 3,830

해설 송전단 전압
$$V_s = V_r + \frac{P}{V}(R + X\tan\theta)$$
$$= 3.3 \times 10^3 + \frac{300}{3.3}(4 + 3 \times \tan\cos^{-1}0.85)$$
$$≒ 3,830[V]$$

34 증기의 엔탈피란?
① 증기 1[kg]의 잠열
② 증기 1[kg]의 현열
③ 증기 1[kg]의 보유 열량
④ 증기 1[kg]의 증발열을 그 온도로 나눈 것

해설 엔탈피란 증기 또는 물의 단위 질량당 보유하는 전 열량[kcal/kg]을 말한다.

35 장거리 송전 선로는 일반적으로 어떤 회로로 취급하여 회로를 해석하는가?
① 분포 정수 회로
② 분산 부하 회로
③ 집중 정수 회로
④ 특성 임피던스 회로

해설 단거리 및 중거리 송전 선로는 집중 정수 회로로 해석하고, 장거리 송전 선로는 분포 정수 회로로 해석한다.

36 4단자 정수 $A = D = 0.8$, $B = j1.0$인 3상 송전 선로에 송전단 전압 160[kV]를 인가할 때 무부하 시 수전단 전압은 몇 [kV]인가?
① 154 ② 164
③ 180 ④ 200

정답 31.③ 32.③ 33.④ 34.③ 35.① 36.④

해설 무부하 시이므로 수전단 전류 $I_r = 0$이므로
송전단 전압 $E_s = AE_r$에서
수전단 전압 $E_r = \dfrac{E_s}{A} = \dfrac{160}{0.8} = 200[\text{V}]$

37 유도 장해를 방지하기 위한 전력선측의 대책으로 틀린 것은?

① 차폐선을 설치한다.
② 고속도 차단기를 사용한다.
③ 중성점 전압을 가능한 높게 한다.
④ 중성점 접지에 고저항을 넣어서 지락 전류를 줄인다.

해설 중성점 전압이 높게 되면 건전상의 전위가 상승하여 고장 전류가 증가하므로 유도 장해가 커지게 된다.

38 원자로의 감속재에 대한 설명으로 틀린 것은?

① 감속 능력이 클 것
② 원자 질량이 클 것
③ 사용 재료로 경수를 사용
④ 고속 중성자를 열 중성자로 바꾸는 작용

해설 감속재는 고속 중성자를 열 중성자까지 감속시키기 위한 것으로 중성자 흡수가 적고 탄성 산란에 의해 감속이 큰 것으로 중수, 경수, 베릴륨, 흑연 등이 사용된다.

39 송전 선로에 매설 지선을 설치하는 주된 목적은?

① 철탑 기초의 강도를 보강하기 위하여
② 직격뢰로부터 송전선을 차폐 보호하기 위하여
③ 현수 애자 1연의 전압 분담을 균일화하기 위하여
④ 철탑으로부터 송전 선로의 역섬락을 방지하기 위하여

해설 뇌전류가 철탑으로부터 대지로 흐를 경우, 철탑 전위의 파고값이 전선을 절연하고 있는 애자련이 절연 파괴 전압 이상으로 될 경우 철탑으로부터 전선을 향해 역섬락이 발생하므로 이것을 방지하기 위해서는 매설 지선을 시설하여 철탑의 탑각 접지 저항을 작게 하여야 한다.

40 송전 전력, 부하 역률, 송전 거리, 전력 손실, 선간 전압이 동일할 때 3상 3선식에 의한 소요 전선량은 단상 2선식의 몇 [%]인가?

① 50 ② 67
③ 75 ④ 87

해설 소요 전선량은 단상 2선식 기준으로 단상 3선식은 37.5[%], 3상 3선식은 75[%], 3상 4선식은 33.3[%]이다.

제3과목 전기기기

41 3상 유도기에서 출력의 변환식으로 옳은 것은?

① $P_o = P_2 + P_{2c} = \dfrac{N}{N_s}P_2 = (2-s)P_2$

② $(1-s)P_2 = \dfrac{N}{N_s}P_2 = P_o - P_{2c}$
$= P_o - sP_2$

③ $P_o = P_2 - P_{2c} = P_2 - sP_2 = \dfrac{N}{N_s}P_2$
$= (1-s)P_2$

④ $P_o = P_2 + P_{2c} = P_2 + sP_2 = \dfrac{N}{N_s}P_2$
$= (1+s)P_2$

정답 37.③ 38.② 39.④ 40.③ 41.③

해설 2차 입력 : 출력 : 2차 동손비
$P_2 : P_o : P_{2c} = 1 : 1-s : \delta$
출력 $P_o = P_2 - P_{2c}$
$= P_2 - sP_2$
$= \dfrac{N}{N_s}P_2$
$= (1-s)P_2$

42 변압기의 보호 방식 중 비율 차동 계전기를 사용하는 경우는?

① 고조파 발생을 억제하기 위하여
② 과여자 전류를 억제하기 위하여
③ 과전압 발생을 억제하기 위하여
④ 변압기 상간 단락 보호를 위하여

해설 비율 차동 계전기는 입력 전류와 출력 전류 관계비에 의해 동작하는 계전기로서 변압기의 내부 고장(상간 단락, 권선 지락 등)으로부터 보호를 위해 사용한다.

43 다이오드 2개를 이용하여 전파 정류를 하고, 순저항 부하에 전력을 공급하는 회로가 있다. 저항에 걸리는 직류분 전압이 90[V]라면 다이오드에 걸리는 최대 역전압[V]의 크기는?

① 90
② 242.8
③ 254.5
④ 282.8

해설 직류 전압 $E_d = \dfrac{2\sqrt{2}}{\pi}E = 0.9E$

교류 전압 $E = \dfrac{E_d}{0.9} = \dfrac{90}{0.9} = 100[\text{V}]$

최대 역전압(PIV) $V_{in} = 2 \cdot E_m$
$= 2\sqrt{2}\,E$
$= 2\sqrt{2} \times 100$
$= 282.8[\text{V}]$

44 동기 전동기에 대한 설명으로 옳은 것은?

① 기동 토크가 크다.
② 역률 조정을 할 수 있다.
③ 가변속 전동기로서 다양하게 응용된다.
④ 공극이 매우 작아 설치 및 보수가 어렵다.

해설 동기 전동기는 동기 속도 $\left(N_s = \dfrac{120f}{P}[\text{rpm}]\right)$로 회전하는 정속도 전동기이며 유도 전동기와 비교해 공극이 크고, 기동 토크는 작고, 역률을 항상 1로 운전할 수 있는 교류 전동기이다.

45 농형 유도 전동기에 주로 사용되는 속도 제어법은?

① 극수 제어법
② 종속 제어법
③ 2차 여자 제어법
④ 2차 저항 제어법

해설 농형 유도 전동기의 속도 제어법은 주파수 제어, 극수 변환 제어가 있고, 권선형 유도 전동기의 속도 제어법은 2차 저항 제어, 2차 여자 제어, 종속 제어가 있다.

46 3상 권선형 유도 전동기에서 2차측 저항을 2배로 하면 그 최대 토크는 어떻게 되는가?

① 불변이다.
② 2배 증가한다.
③ $\dfrac{1}{2}$로 감소한다.
④ $\sqrt{2}$배 증가한다.

해설 $T_{sm} = \dfrac{V_1^{\,2}}{2\{r_1 + \sqrt{r_1^{\,2} + (x_1 + x_2')^2}\}} \neq r_2$

최대 토크는 일정하다.

정답 42.④ 43.④ 44.② 45.① 46.①

47 직류 전동기의 전기자 전류가 10[A]일 때 5[kg·m]의 토크가 발생하였다. 이 전동기의 계자속이 80[%]로 감소되고, 전기자 전류가 12[A]로 되면 토크는 약 몇 [kg·m]인가?

① 5.2　　② 4.8
③ 4.3　　④ 3.9

해설 직류 전동기의 토크 $T = \dfrac{PZ}{2\pi a}\phi I_a \propto \phi I$ 이므로

변화 토크 $T' = 0.8 \times \dfrac{12}{10} \times 5 = 4.8\,[\text{kg·m}]$

48 일반적인 변압기의 무부하손 중 효율에 가장 큰 영향을 미치는 것은?

① 와전류손
② 유전체손
③ 히스테리시스손
④ 여자 전류 저항손

해설 변압기의 무부하손(철손)은 히스테리시스손과 와전류손의 합이며 히스테리시스손이 약 80[%]를 차지한다.

49 전기자 총 도체수 152, 4극, 파권인 직류발전기가 전기자 전류를 100[A]로 할 때 매극당 감자 기전력[AT/극]은 얼마인가? (단, 브러시의 이동각은 10°이다.)

① 33.6
② 52.8
③ 105.6
④ 211.2

해설 극당 감자 기자력 $AT_d = \dfrac{2\alpha}{180°} \times \dfrac{ZI_a}{2P_a}$

$= \dfrac{2 \times 10°}{180°} \times \dfrac{152 \times 100}{2 \times 4 \times 2}$

$= 105.55\,[\text{AT}/\text{극}]$

50 정격 전압, 정격 주파수가 6,600/220[V], 60[Hz], 와류손이 720[W]인 단상 변압기가 있다. 이 변압기를 3,300[V], 50[Hz]의 전원에 사용하는 경우 와류손은 약 몇 [W]인가?

① 120　　② 150
③ 180　　④ 200

해설 $V = 4.44 f N \phi_m$ 에서 자속 밀도 $B_m \propto \dfrac{V}{f}$ 한다.

$(B_m \propto \phi_m)$

와전류손 $P_e = \sigma_e (tk_f \cdot f B_m)^2 \propto \left(f \cdot \dfrac{V}{f}\right)^2 \propto V^2$

$\therefore P_e' = 720 \times \left(\dfrac{3,300}{6,600}\right)^2 = 180\,[\text{W}]$

51 보극이 없는 직류 발전기에서 부하의 증가에 따라 브러시의 위치를 어떻게 하여야 하는가?

① 그대로 둔다.
② 계자극의 중간에 놓는다.
③ 발전기의 회전 방향으로 이동시킨다.
④ 발전기의 회전 방향과 반대로 이동시킨다.

해설 보극이 없는 발전기는 부하의 증가에 따라서 중성축의 위치가 전기자 반작용 때문에 회전 방향으로 이동하므로, 그 위치에 브러시를 이동시켜야 한다. 즉, 발전기의 경우는 회전 방향으로 브러시를 이동시킨다.

52 반발 기동형 단상 유도 전동기의 회전 방향을 변경하려면?

① 전원의 2선을 바꾼다.
② 주권선의 2선을 바꾼다.
③ 브러시의 접속선을 바꾼다.
④ 브러시의 위치를 조정한다.

정답 47.② 48.③ 49.③ 50.③ 51.③ 52.④

해설 반발 기동형 단상 유도 전동기의 회전 방향을 바꾸려면 고정자 권선축에 대한 브러시 위치를 90° 정도 이동하면 된다.

53 직류 전동기의 속도 제어 방법이 아닌 것은?
① 계자 제어법 ② 전압 제어법
③ 주파수 제어법 ④ 직렬 저항 제어법

해설 직류 전동기의 속도 제어법
- 계자 제어
- 저항 제어
- 전압 제어
- 직·병렬 제어

54 동기 발전기의 단락비가 1.2이면 이 발전기의 %동기 임피던스[p.u]는?
① 0.12 ② 0.25
③ 0.52 ④ 0.83

해설 단락비 $K_s = \dfrac{1}{Z_s'[\text{p.u}]}$ (단위법 퍼센트 동기 임피던스)

단위법 $\%Z_s = \dfrac{1}{K_s} = \dfrac{1}{1.2} = 0.83[\text{p.u}]$

55 다음 ( ) 안에 옳은 내용을 순서대로 나열한 것은?

SCR에서는 게이트 전류가 흐르면 순방향의 저지 상태에서 ( ) 상태로 된다. 게이트 전류를 가하여 도통 완료까지의 시간을 ( ) 시간이라 하고 이 시간이 길면 ( )시의 ( )이 많고 소자가 파괴된다.

① 온(on), 턴온(turn on), 스위칭, 전력 손실
② 온(on), 턴온(turn on), 전력 손실, 스위칭
③ 스위칭, 온(on), 턴온(turn on), 전력 손실
④ 턴온(turn on), 스위칭, 온(on), 전력 손실

해설 SCR은 PNPN 4층 구조의 단일 방향 3단자 사이리스터로 게이트에 전류를 흘려주면 ON 상태로 되어 부하에 전력을 공급하게 되고, 도통 완료까지의 시간을 Turn on 시간이라 한다. 이 시간이 길면 스위칭시 전력 손실이 커 소자가 파괴될 수 있다.

56 동기 발전기의 안정도를 증진시키기 위한 대책이 아닌 것은?
① 속응 여자 방식을 사용한다.
② 정상 임피던스를 작게 한다.
③ 역상·영상 임피던스를 작게 한다.
④ 회전자의 플라이휠 효과를 크게 한다.

해설 동기기의 안정도를 증진시키는 방법
- 정상 리액턴스를 작게 하고 단락비를 크게 할 것
- 영상 및 역상 임피던스를 크게 할 것
- 회전자의 플라이휠 효과를 크게 할 것
- 자동 전압 조정기(AVR)의 속응도를 크게 할 것. 즉, 속응 여자 방식을 채용할 것
- 발전기의 조속기 동작을 신속히 할 것
- 동기 탈조 계전기를 사용할 것

57 비돌극형 동기 발전기 한 상의 단자 전압을 V, 유기 기전력을 E, 동기 리액턴스를 X_s, 부하각이 δ이고 전기자 저항을 무시할 때 한 상의 최대 출력[W]은?

① $\dfrac{EV}{X_s}$

② $\dfrac{3EV}{X_s}$

③ $\dfrac{E^2 V}{X_s}\sin\delta$

④ $\dfrac{EV^2}{X_s}\sin\delta$

해설 동기 발전기 P상 출력 $P_1 = VI\cos\theta = \dfrac{EV}{X_s}\sin\delta[\text{W}]$

부하각 $\delta = 90°$일 때 출력이 최대이므로
$P_m = \dfrac{EV}{X_s}[\text{W}]$

정답 53.③ 54.④ 55.① 56.③ 57.①

58 60[Hz]의 3상 유도 전동기를 동일 전압으로 50[Hz]에 사용할 때 ㉠ 무부하 전류, ㉡ 온도 상승, ㉢ 속도는 어떻게 변하겠는가?

① ㉠ $\frac{60}{50}$으로 증가, ㉡ $\frac{60}{50}$으로 증가, ㉢ $\frac{50}{60}$으로 감소

② ㉠ $\frac{60}{50}$으로 증가, ㉡ $\frac{50}{60}$으로 감소, ㉢ $\frac{50}{60}$으로 감소

③ ㉠ $\frac{50}{60}$으로 감소, ㉡ $\frac{60}{50}$으로 증가, ㉢ $\frac{50}{60}$으로 감소

④ ㉠ $\frac{50}{60}$으로 감소, ㉡ $\frac{60}{50}$으로 증가, ㉢ $\frac{60}{50}$으로 증가

해설 ㉠ 무부하 전류 $\propto$ 철손$(P_i \propto fB_m^{1.6 \sim 2}) \propto \frac{1}{f} = \frac{60}{50}$ 증가

㉡ 온도 상승 $\propto$ 손실 $\propto \frac{1}{f} = \frac{60}{50}$ 증가

㉢ 회전 속도 $= \frac{120f}{P}(1-s) \propto f = \frac{50}{60}$ 감소

59 3,000/200[V] 변압기의 1차 임피던스가 225[Ω]이면 2차 환산 임피던스는 약 몇 [Ω]인가?

① 1.0 ② 1.5
③ 2.1 ④ 2.8

해설 1차측 임피던스를 2차측으로 환산하면
$Z_1' = \frac{1}{a^2}Z_1$
$= \frac{1}{\left(\frac{3,000}{200}\right)^2} \times 225$
$= 1.0\,[\Omega]$

60 60[Hz], 1,328/230[V]의 단상 변압기가 있다. 무부하 전류 $I = 3\sin\omega t + 1.1\sin(3\omega t + \alpha_3)$ [A]이다. 지금 위와 똑같은 변압기 3대로 Y-△ 결선하여 1차에 2,300[V]의 평형 전압을 걸고 2차를 무부하로 하면 △회로를 순환하는 전류(실효치)는 약 몇 [A]인가?

① 0.77 ② 1.10
③ 4.48 ④ 6.35

해설 권수비 $\frac{1,328}{230}$ [V] 단상 변압기 3대를 Y-△ 결선하여 1차에 2,300[V]의 전압을 공급하면

1차 상전압 $E_{1p} = \frac{2,000}{\sqrt{3}} = 1,328$[V]이므로

2차 상전압 $E_{2p} = 230$[V]이다.

따라서, 2차 △회로에는 제3고조파 전류가 순환하므로

실효값 $I_3 = \frac{I_{m3}}{\sqrt{2}} \times \frac{1,328}{230} = \frac{1.1}{\sqrt{2}} \times \frac{1,328}{230}$

$\fallingdotseq 4.48[A]$

제4과목 회로이론 및 제어공학

61 다음 블록 선도의 전달 함수는?

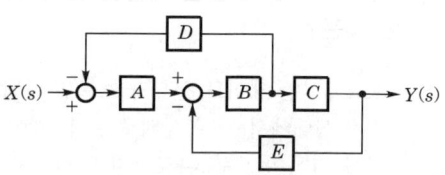

① $\frac{Y(s)}{X(s)} = \frac{ABC}{1+BCD+ABE}$

② $\frac{Y(s)}{X(s)} = \frac{ABC}{1+BCD+ABD}$

③ $\frac{Y(s)}{X(s)} = \frac{ABC}{1+BCE+ABD}$

④ $\frac{Y(s)}{X(s)} = \frac{ABC}{1+BCE+ABE}$

정답 58.① 59.① 60.③ 61.③

해설 블록 선도로 해석하면 C 앞의 인출점을 C 뒤로 이동하여 해석해야 하므로 신호 흐름 선도의 이득 공식인 메이슨의 정리로 구할 수 있다.

$$G(s) = \frac{\sum_{k=1}^{n} G_k \Delta_k}{\Delta}$$

$G_1 = ABC$
$\Delta_1 = 1$
$\Delta = 1 - (-ABD - BCE)$
$\therefore G(s) = \frac{G_1 \Delta_1}{\Delta} = \frac{ABC}{1 + BCE + ABD}$

62 주파수 특성의 정수 중 대역폭이 좁으면 좁을수록 이때의 응답 속도는 어떻게 되는가?

① 빨라진다.
② 늦어진다.
③ 빨라졌다 늦어진다.
④ 늦어졌다 빨라진다.

해설 대역폭이 넓으면 응답은 빨라지고 대역폭이 좁으면 응답은 느려진다.

63 다음 논리 회로가 나타내는 식은?

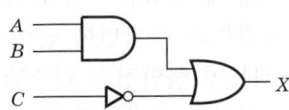

① $X = (A \cdot B) + \overline{C}$
② $X = \overline{(A \cdot B)} + C$
③ $X = \overline{(A + B)} \cdot C$
④ $X = (A + B) \cdot \overline{C}$

해설
• AND 회로 :
• OR 회로 :
$\therefore X = (A \cdot B) + \overline{C}$

64 그림과 같은 요소는 제어계의 어떤 요소인가?

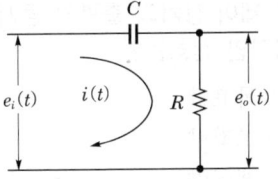

① 적분 요소
② 미분 요소
③ 1차 지연 요소
④ 1차 지연 미분 요소

해설 전달 함수 $G(s) = \dfrac{R}{\dfrac{1}{Cs} + R} = \dfrac{RCs}{RCs + 1}$

$RC \ll 1$인 경우 $G(s) \fallingdotseq RCs$

따라서, 1차 지연 요소를 포함한 미분 요소의 전달 함수가 된다.

65 상태 방정식으로 표시되는 제어계의 천이 행렬 $\phi(t)$는?

$$\dot{X} = \begin{bmatrix} 0 & 1 \\ 0 & 0 \end{bmatrix} X + \begin{bmatrix} 0 \\ 1 \end{bmatrix} U$$

① $\begin{bmatrix} 0 & t \\ 1 & 1 \end{bmatrix}$
② $\begin{bmatrix} 1 & 1 \\ 0 & t \end{bmatrix}$
③ $\begin{bmatrix} 1 & t \\ 0 & 1 \end{bmatrix}$
④ $\begin{bmatrix} 0 & t \\ 1 & 0 \end{bmatrix}$

해설 $[sI - A] = \begin{bmatrix} s & 0 \\ 0 & s \end{bmatrix} - \begin{bmatrix} 0 & 1 \\ 0 & 0 \end{bmatrix} = \begin{bmatrix} s & -1 \\ 0 & s \end{bmatrix}$

$[sI - A]^{-1} \dfrac{1}{\begin{vmatrix} s & -1 \\ 0 & s \end{vmatrix}} \begin{bmatrix} s & 1 \\ 0 & s \end{bmatrix} = \begin{bmatrix} \dfrac{1}{s} & \dfrac{1}{s^2} \\ 0 & \dfrac{1}{s} \end{bmatrix}$

$\therefore$ 상태 천이 행렬 $\phi(t) = \mathcal{L}^{-1}\{[sI - A]^{-1}\}$

$= \mathcal{L}^{-1} \begin{bmatrix} \dfrac{1}{s} & \dfrac{1}{s^2} \\ 0 & \dfrac{1}{s} \end{bmatrix}$

$= \begin{bmatrix} 1 & t \\ 0 & 1 \end{bmatrix}$

정답 62.② 63.① 64.④ 65.③

66 제어 장치가 제어 대상에 가하는 제어 신호로 제어 장치의 출력인 동시에 제어 대상의 입력인 신호는?

① 목표값
② 조작량
③ 제어량
④ 동작 신호

해설 귀환 제어계

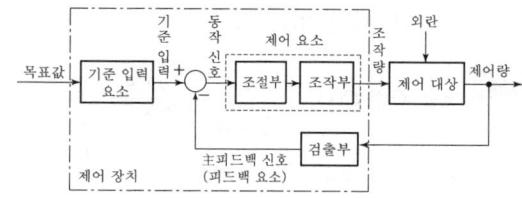

67 제어기에서 적분 제어의 영향으로 가장 적합한 것은?

① 대역폭이 증가한다.
② 응답 속응성을 개선시킨다.
③ 작동 오차의 변화율에 반응하여 동작한다.
④ 정상 상태의 오차를 줄이는 효과를 갖는다.

해설 적분 동작은 잔류 편차(offset)를 없앨 수 있으나 비례 동작보다 안정도가 나쁘므로 단독으로 쓰이는 경우는 없다.

68 $G(j\omega) = \dfrac{1}{j\omega T + 1}$ 의 크기와 위상각은?

① $G(j\omega) = \sqrt{\omega^2 T^2 + 1} \underline{/\tan^{-1}\omega T}$
② $G(j\omega) = \sqrt{\omega^2 T^2 + 1} \underline{/-\tan^{-1}\omega T}$
③ $G(j\omega) = \dfrac{1}{\sqrt{\omega^2 T^2 + 1}} \underline{/\tan^{-1}\omega T}$
④ $G(j\omega) = \dfrac{1}{\sqrt{\omega^2 T^2 + 1}} \underline{/-\tan^{-1}\omega T}$

해설
- 크기 $|G(j\omega)| = \left|\dfrac{1}{1+j\omega T}\right| = \dfrac{1}{\sqrt{1+(\omega T)^2}}$
- 위상각 $\theta = -\tan^{-1}\dfrac{\omega T}{1} = -\tan^{-1}\omega T$

69 Routh 안정 판별표에서 수열의 제1열이 다음과 같을 때 이 계통의 특성 방정식에 양의 실수부를 갖는 근이 몇 개인가?

① 전혀 없다.
② 1개 있다.
③ 2개 있다.
④ 3개 있다.

| 1 |
| 2 |
| -1 |
| 3 |
| 1 |

해설 제1열의 부호 변환의 수가 우반 평면에 존재하는 근의 수, 즉 양의 실수부의 근, 불안정근의 수가 된다. 2에서 -1과 -1에서 3으로 부호 변화가 2번 있으므로 양의 실수부를 갖는 근은 2개 존재한다.

70 특성 방정식 $s^5 + 2s^4 + 2s^3 + 3s^2 + 4s + 1$ 을 Routh-Hurwitz 판별법으로 분석한 결과로 옳은 것은?

① s평면의 우반면에 근이 존재하지 않기 때문에 안정한 시스템이다.
② s평면의 우반면에 근이 1개 존재하기 때문에 불안정한 시스템이다.
③ s평면의 우반면에 근이 2개 존재하기 때문에 불안정한 시스템이다.
④ s평면의 우반면에 근이 3개 존재하기 때문에 불안정한 시스템이다.

해설 라우스의 표

s^5	1	2	4
s^4	2	3	1
s^3	0.5	3.5	
s^2	-11	1	
s^1	3.55	0	
s^0	1		

제1열의 부호 변화가 2번 있으므로 계는 불안정하며 우반면의 근이 2개 존재한다.

정답 66.② 67.④ 68.④ 69.③ 70.③

71 회로에서의 전류 방향을 옳게 나타낸 것은?

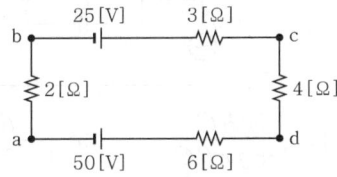

① 알 수 없다.　　② 시계 방향이다.
③ 흐르지 않는다.　④ 반시계 방향이다.

해설

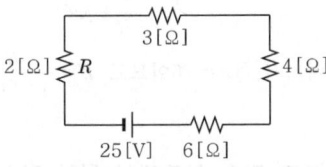

직류 전압원이 직렬로 연결되어 있으므로 합성하면
∴ 전류 방향은 반시계 방향이 된다.

72 입력 신호 $x(t)$와 출력 신호 $y(t)$의 관계가 다음과 같을 때 전달 함수는?

$$\frac{d^2}{dt^2}y(t)+5\frac{d}{dt}y(t)+6y(t)=x(t)$$

① $\dfrac{1}{(s+2)(s+3)}$

② $\dfrac{s+1}{(s+2)(s+3)}$

③ $\dfrac{s+4}{(s+2)(s+3)}$

④ $\dfrac{s}{(s+2)(s+3)}$

해설 $\dfrac{d^2}{dt^2}y(t)+5\dfrac{dy(t)}{dt}+6y(t)=x(t)$
라플라스 변환하면
$s^2Y(s)+5sY(s)+6Y(s)=X(s)$
∴ $G(s)=\dfrac{Y(s)}{X(s)}=\dfrac{1}{s^2+5s^2+6}=\dfrac{1}{(s+2)(s+3)}$

73 회로에서 10[mH]의 인덕턴스에 흐르는 전류는 일반적으로 $i(t)=A+Be^{-at}$로 표시된다. a의 값은?

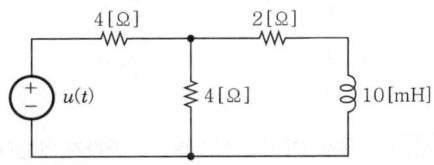

① 100　　② 200
③ 400　　④ 500

해설 테브난의 등가 회로

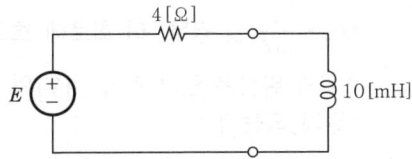

전류 $i(t)=\dfrac{E}{R}(1-e^{-\frac{R}{L}t})$

∴ $\alpha=\dfrac{R}{L}=\dfrac{4}{10\times10^{-3}}=400$

74 $R-L$ 직렬 회로에 $e=100\sin(120\pi t)$[V] 의 전압을 인가하여 $I=2\sin(120\pi t-45°)$ [A]의 전류가 흐르도록 하려면 저항은 몇 [Ω]인가?

① 25.0　　② 35.4
③ 50.0　　④ 70.7

해설 임피던스 $Z=\dfrac{V_m}{I_m}=\dfrac{100}{2}=50$[Ω], 전압 전류의 위상차는 45°이므로

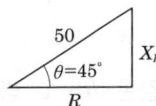

따라서, 임피던스 3각형에서 저항은 다음과 같다.
$R=50\cos45°=\dfrac{50}{\sqrt{2}}=35.4$[Ω]

정답 71.④ 72.① 73.③ 74.②

75 3상 △부하에서 각 선전류를 I_a, I_b, I_c라 하면 전류의 영상분[A]은? (단, 회로는 평형 상태이다.)

① ∞ ② 1
③ $\frac{1}{3}$ ④ 0

해설 비접지식에서는 영상분은 존재하지 않는다. (단, 회로는 평형 상태이다.)

76 정현파 교류 전원 $e = E_m \sin(\omega t + \theta)$[V]가 인가된 $R-L-C$ 직렬 회로에 있어서 $\omega L > \frac{1}{\omega C}$일 경우, 이 회로에 흐르는 전류 I[A]의 위상은 인가 전압 e[V]의 위상보다 어떻게 되는가?

① $\tan^{-1}\dfrac{\omega L - \dfrac{1}{\omega C}}{R}$ 앞선다.

② $\tan^{-1}\dfrac{\omega L - \dfrac{1}{\omega C}}{R}$ 뒤진다.

③ $\tan^{-1} R\left(\dfrac{1}{\omega L} - \omega C\right)$ 앞선다.

④ $\tan^{-1} R\left(\dfrac{1}{\omega L} - \omega C\right)$ 뒤진다.

해설 $\omega L > \dfrac{1}{\omega C}$인 경우이므로 유도성 회로, 따라서 전류 i는 인가 전압 v보다 θ만큼 뒤진다.

이때, $\theta = \tan^{-1}\dfrac{\omega L - \dfrac{1}{\omega C}}{R}$이 된다.

77 그림과 같은 $R-C$ 병렬 회로에서 전원 전압이 $e(t) = 3e^{-5t}$인 경우 이 회로의 임피던스는?

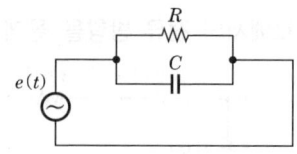

① $\dfrac{j\omega RC}{1+j\omega RC}$ ② $\dfrac{R}{1-5RC}$

③ $\dfrac{R}{1+RCs}$ ④ $\dfrac{1+j\omega RC}{R}$

해설 임피던스 $Z = \dfrac{1}{Y} = \dfrac{1}{\dfrac{1}{R} + j\omega C} = \dfrac{R}{1+j\omega CR}$

여기서, $j\omega = -5$이므로 $Z = \dfrac{R}{1-5CR}$

78 분포 정수 선로에서 위상 정수를 β[rad/m]라 할 때 파장은?

① $2\pi\beta$ ② $\dfrac{2\pi}{\beta}$
③ $4\pi\beta$ ④ $\dfrac{4\pi}{\beta}$

해설 파장 $\lambda = \dfrac{2\pi}{\beta}$[m]

파장은 위상차가 2π가 되는 거리를 말한다.

79 성형(Y) 결선의 부하가 있다. 선간 전압 300[V]의 3상 교류를 가했을 때 선전류가 40[A]이고, 역률이 0.8이라면 리액턴스는 약 몇 [Ω]인가?

① 1.66 ② 2.60
③ 3.56 ④ 4.33

해설 임피던스 $Z = \dfrac{V_P}{I_P} = \dfrac{300\sqrt{3}}{40} = 4.33$[Ω]

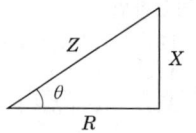

리액턴스 $X = Z\sin\theta = 4.33 \times 0.6 ≒ 2.60$

정답 75.④ 76.② 77.② 78.② 79.②

80 그림의 회로에서 합성 인덕턴스는?

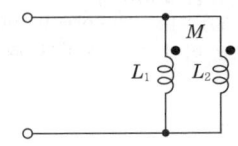

① $\dfrac{L_1L_2 - M^2}{L_1 + L_2 - 2M}$

② $\dfrac{L_1L_2 + M^2}{L_1 + L_2 - 2M}$

③ $\dfrac{L_1L_2 - M^2}{L_1 + L_2 + 2M}$

④ $\dfrac{L_1L_2 + M^2}{L_1 + L_2 + 2M}$

해설 병렬 가동 접속의 등가 회로를 그리면 다음과 같다.

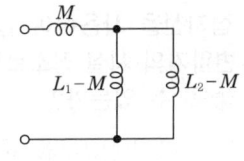

$L = M + \dfrac{(L_1 - M)(L_2 - M)}{(L_1 - M) + (L_2 - M)} = \dfrac{L_1L_2 - M^2}{L_1 + L_2 - 2M}$

제5과목 전기설비기술기준

81 가공 전선로에 사용하는 지지물의 강도 계산 시 구성재의 수직 투영 면적 1[m²]에 대한 풍압을 기초로 적용하는 갑종 풍압 하중 값의 기준으로 틀린 것은?

① 목주 : 588[Pa]
② 원형 철주 : 588[Pa]
③ 철근 콘크리트주 : 1,117[Pa]
④ 강관으로 구성된 철탑(단주는 제외) : 1,255[Pa]

해설 풍압 하중의 종별과 적용(한국전기설비규정 331.6)
원형 철근 콘크리트주의 갑종 풍압 하중은 588[Pa]이다.

82 최대 사용 전압 7[kV] 이하 전로의 절연 내력을 시험할 때 시험 전압을 연속하여 몇 분간 가하였을 때 이에 견디어야 하는가?

① 5분 ② 10분
③ 15분 ④ 30분

해설 전로의 절연 저항 및 절연 내력(한국전기설비규정 132)
고압 및 특고압의 전로는 시험 전압을 전로와 대지 간에 연속하여 10분간 가하여 절연 내력을 시험하였을 때에 이에 견디어야 한다.

83 고압 인입선 시설에 대한 설명으로 틀린 것은?

① 15[m] 떨어진 다른 수용가에 고압 연접(이웃 연결) 인입선을 시설하였다.
② 전선은 5[mm] 경동선과 동등한 세기의 고압 절연 전선을 사용하였다.
③ 고압 가공 인입선 아래에 위험 표시를 하고 지표상 3.5[m]의 높이에 설치하였다.
④ 횡단 보도교 위에 시설하는 경우 케이블을 사용하여 노면상에서 3.5[m]의 높이에 시설하였다.

해설 고압 가공 인입선의 시설(한국전기설비규정 331.12.1)
- 전선에는 인장 강도 8.01[kN] 이상의 고압 절연 전선, 특고압 절연 전선 또는 지름 5[mm]의 경동선 또는 케이블로 시설하여야 한다.
- 고압 가공 인입선의 높이는 지표상 5[m] 이상으로 하여야 한다.
- 고압 가공 인입선이 케이블일 때와 전선의 아래쪽에 위험 표시를 하면 지표상 3.5[m]까지로 감할 수 있다.
- 고압 연접(이웃 연결) 인입선은 시설하여서는 아니 된다.

정답 80.① 81.③ 82.② 83.①

84 공통 접지 공사 적용 시 선도체의 단면적이 16[mm²]인 경우 보호 도체(PE)에 적합한 단면적은? (단, 보호 도체의 재질이 선도체와 같은 경우)

① 4   ② 6   ③ 10   ④ 16

해설 보호 도체(한국전기설비규정 142.3.2)

선도체의 단면적 S[mm²]	대응하는 보호 도체의 최소 단면적[mm²](보호 도체의 재질이 선도체와 같은 경우)
$S \leq 16$	S
$16 < S \leq 35$	16
$S > 35$	$\dfrac{S}{2}$

85 절연유의 구외 유출 방지 설비를 하여야 하는 변압기의 사용 전압은 몇 [kV] 이상인가?

① 10   ② 50   ③ 100   ④ 150

해설 절연유(기술기준 제20조)

사용 전압이 100[kV] 이상의 변압기를 설치하는 곳에는 절연유의 구외 유출 및 지하 침투를 방지하기 위하여 절연유 유출 방지 설비를 하여야 한다.

86 일반 변전소 또는 이에 준하는 곳의 주요 변압기에 반드시 시설하여야 하는 계측 장치가 아닌 것은?

① 주파수   ② 전압
③ 전류   ④ 전력

해설 계측 장치(한국전기설비규정 351.6)

변전소에는 다음의 사항을 계측하는 장치를 시설하여야 한다.
• 주요 변압기의 전압 및 전류 또는 전력
• 특고압용 변압기의 온도

87 345[kV] 가공 전선이 154[kV] 가공 전선과 교차하는 경우 이들 양 전선 상호간의 이격 거리(간격)는 몇 [m] 이상이어야 하는가?

① 4.48   ② 4.96   ③ 5.48   ④ 5.82

해설 특고압 가공 전선 상호간의 접근 또는 교차(한국전기설비규정 333.27)

$(345-60) \div 10 = 28.5$이므로 10[kV] 단수는 29이다. 그러므로 이격 거리(간격)는 $2 + 0.12 \times 29 = 5.48$[m]이다.

88 애자 공사에 의한 저압 옥내 배선을 시설할 때 전선의 지지점 간의 거리는 전선을 조영재의 윗면 또는 옆면에 따라 붙일 경우 몇 [m] 이하인가?

① 1.5   ② 2   ③ 2.5   ④ 3

해설 애자 공사(한국전기설비규정 232.56)
• 전선은 절연 전선(옥외용 및 인입용 제외)
• 전선 상호간의 간격은 6[cm] 이상
• 전선과 조영재 사이의 이격 거리(간격) : 2.5[cm] 이상
• 전선 지지점 간의 거리 : 조영재의 윗면 또는 옆면에 따라 붙일 경우에는 2[m] 이하

89 가공 접지선을 사용하여 접지 공사를 하는 경우 변압기의 시설 장소로부터 몇 [m]까지 떼어 놓을 수 있는가?

① 50   ② 100   ③ 150   ④ 200

해설 고압 또는 특고압과 저압의 혼촉에 의한 위험 방지 시설(한국전기설비규정 322.1)
• 변압기의 접지 공사는 변압기의 설치 장소마다 시행하여야 한다.
• 토지의 상황에 따라서 규정의 저항치를 얻기 어려운 경우에는 인장 강도 5.26[kN] 이상 또는 직경 4[mm] 이상 경동선의 가공 접지선을 저압 가공 전선에 준하여 시설할 때에는 접지점을 변압기 시설 장소에서 200[m]까지 떼어놓을 수 있다.

90 고압 가공 전선으로 경동선을 사용하는 경우 안전율은 얼마 이상이 되는 이도(처짐 정도)로 시설하여야 하는가?

① 2.0   ② 2.2   ③ 2.5   ④ 4.0

해설 가공 전선의 안전율(한국전기설비규정 332.4)
• 경동선 또는 내열 동합금선 → 2.2 이상
• 기타 전선(ACSR 등) → 2.5 이상

정답 84.④ 85.③ 86.① 87.③ 88.② 89.④ 90.②

91 백열 전등 또는 방전등에 전기를 공급하는 옥내 전로의 대지 전압은 몇 [V] 이하인가?

① 120   ② 150   ③ 200   ④ 300

해설 옥내 전로의 대지 전압의 제한(한국전기설비규정 231.6)
백열 전등 또는 방전등에 전기를 공급하는 옥내의 전로의 대지 전압은 300[V] 이하이어야 한다.

92 특수 장소에 시설하는 전선로의 기준으로 틀린 것은?

① 교량의 윗면에 시설하는 저압 전선로는 교량 노면상 5[m] 이상으로 할 것
② 교량에 시설하는 고압 전선로에서 전선과 조영재 사이의 이격 거리(간격)는 20[cm] 이상일 것
③ 저압 전선로와 고압 전선로를 같은 벼랑에 시설하는 경우 고압 전선과 저압 전선 사이의 이격 거리(간격)는 50[cm] 이상일 것
④ 벼랑과 같은 수직 부분에 시설하는 전선로는 부득이한 경우에 시설하며, 이때 전선의 지지점 간의 거리는 15[m] 이하로 할 것

해설 교량에 시설하는 전선로(한국전기설비규정 224.6)
교량에 시설하는 고압 전선로
• 교량의 윗면에 전선의 높이를 교량의 노면상 5[m] 이상으로 할 것
• 케이블일 것. 다만, 철도 또는 궤도 전용의 교량에는 인장 강도 5.26[kN] 이상의 것 또는 지름 4[mm] 이상의 경동선을 사용
• 전선과 조영재 사이의 이격 거리(간격)는 30[cm] 이상일 것

93 고압 옥내 배선의 시설 공사로 할 수 없는 것은?

① 케이블 공사
② 가요 전선관 공사
③ 케이블 트레이 공사
④ 애자 공사(건조한 장소로서 전개된 장소)

해설 고압 옥내 배선 등의 시설(한국전기설비규정 342.1)
• 애자 공사(건조한 장소로서 전개된 장소에 한한다)
• 케이블 공사
• 케이블 트레이 공사

94 사용 전압 154[kV]의 특고압 가공 전선로를 시가지에 시설하는 경우 지표상 몇 [m] 이상에 시설하여야 하는가?

① 7   ② 8   ③ 9.44   ④ 11.44

해설 시가지 등에서 특고압 가공 전선로의 시설(한국전기설비규정 333.1)
35[kV]를 초과하는 10[kV] 단수는
$(154-35) \div 10 = 11.9 ≒ 12$
그러므로 지표상 높이는
$10 + 0.12 \times 12 = 11.44$[m]

95 가공 전선로 지지물 기초의 안전율은 일반적으로 얼마 이상인가?

① 1.5   ② 2   ③ 2.2   ④ 2.5

해설 가공 전선로 지지물의 기초의 안전율(한국전기설비규정 331.7)
지지물의 하중에 대한 기초의 안전율은 2 이상(이상시 상정 하중에 대한 철탑의 기초에 대하여서는 1.33 이상)

96 "지중 관로"에 대한 정의로 가장 옳은 것은?

① 지중 전선로·지중 약전류 전선로와 지중 매설 지선 등을 말한다.
② 지중 전선로·지중 약전류 전선로와 복합 케이블 선로·기타 이와 유사한 것 및 이들에 부속되는 지중함을 말한다.
③ 지중 전선로·지중 약전류 전선로·지중에 시설하는 수관 및 가스관과 지중 매설 지선을 말한다.
④ 지중 전선로·지중 약전류 전선로·지중 광섬유 케이블 선로·지중에 시설하는 수관 및 가스관과 기타 이와 유사한 것 및 이들에 부속하는 지중함 등을 말한다.

정답 91.④ 92.② 93.② 94.④ 95.② 96.④

해설 용어 정의(한국전기설비규정 112)
"지중 관로"란 지중 전선로·지중 약전류 전선로·지중 광섬유 케이블 선로·지중에 시설하는 수관 및 가스관과 이와 유사한 것 및 이들에 부속하는 지중함 등을 말한다.

97 가공 전선로의 지지물에 시설하는 지선(지지선)의 시설 기준으로 옳은 것은?

① 지선(지지선)의 안전율은 1.2 이상일 것
② 소선은 최소 5가닥 이상의 연선일 것
③ 도로를 횡단하여 시설하는 지선(지지선)의 높이는 일반적으로 지표상 5[m] 이상으로 할 것
④ 지중 부분 및 지표상 60[cm]까지의 부분은 아연 도금을 한 철봉 등 부식하기 어려운 재료를 사용할 것

해설 지선(지지선)의 시설(한국전기설비규정 331.11)
• 지선(지지선)의 안전율은 2.5 이상. 이 경우에 허용 인장 하중의 최저는 4.31[kN]
• 지선(지지선)에 연선을 사용할 경우
 − 소선 3가닥 이상의 연선일 것
 − 소선의 지름이 2.6[mm] 이상의 금속선을 사용한 것일 것
• 지중 부분 및 지표상 30[cm]까지의 부분에는 내식성이 있는 것 또는 아연 도금을 한 철봉을 사용하고 쉽게 부식되지 아니하는 근가(전주 버팀대)에 견고하게 붙일 것
• 철탑은 지선(지지선)을 사용하여 그 강도를 분담시켜서는 아니 된다.

98 저압 옥내 배선에 적용하는 사용 전선의 내용 중 틀린 것은?

① 단면적 2.5[mm²] 이상의 연동선이어야 한다.
② 미네랄 인슐레이션 케이블로 옥내 배선을 하려면 케이블 단면적은 2[mm²] 이상이어야 한다.
③ 진열장 등 사용 전압이 400[V] 이하인 경우 0.75[mm²] 이상인 코드 또는 캡타이어 케이블을 사용할 수 있다.
④ 전광 표시 장치 또는 제어 회로에 사용 전압이 400[V] 이하인 경우 사용하는 배선은 단면적 1.5[mm²] 이상의 연동선을 사용하고 합성 수지관 공사로 할 수 있다.

해설 저압 옥내 배선의 사용 전선(한국전기설비규정 231.3)
단면적이 2.5[mm²] 이상의 연동선

99 지중 전선로의 시설에서 관로식에 의하여 시설하는 경우 매설 깊이는 몇 [m] 이상으로 하여야 하는가?

① 0.6 ② 1.0 ③ 1.2 ④ 1.5

해설 지중 전선로의 시설(한국전기설비규정 334.1)
• 직접 매설식에 의하여 시설하는 경우에는 매설 깊이를 1.0[m] 이상
• 관로식에 의하여 시설하는 경우에는 매설 깊이를 1.0[m] 이상

100 케이블 트레이 공사 적용 시 적합한 사항은?

① 난연성 케이블을 사용한다.
② 케이블 트레이의 안전율은 2.0 이상으로 한다.
③ 케이블 트레이 안에서 전선 접속은 허용하지 않는다.
④ 사용 전압이 400[V] 이하인 경우 접지 공사를 적용한다.

해설 케이블 트레이 공사(한국전기설비규정 232.41)
• 전선은 연피 케이블, 알루미늄피 케이블 등 난연성 케이블, 기타 케이블 또는 금속관 혹은 합성 수지관 등에 넣은 절연 전선을 사용하여야 한다.
• 케이블 트레이 안에서 전선을 접속하는 경우에는 전선 접속 부분에 사람이 접근할 수 있고 또한 그 부분이 측면 레일 위로 나오지 않도록 하고 그 부분을 절연 처리하여야 한다.
• 케이블 트레이의 안전율은 1.5 이상이어야 한다.

정답 97.③ 98.② 99.② 100.①

2018년 제1회 과년도 출제문제
2018. 3. 4. 시행

제1과목 전기자기학

01 평면 도체 표면에서 $d[m]$의 거리에 점전하 $Q[C]$이 있을 때 이 전하를 무한원까지 운반하는 데 필요한 일은 몇 $[J]$인가?

① $\dfrac{Q^2}{4\pi\varepsilon_0 d}$ ② $\dfrac{Q^2}{8\pi\varepsilon_0 d}$

③ $\dfrac{Q^2}{16\pi\varepsilon_0 d}$ ④ $\dfrac{Q^2}{32\pi\varepsilon_0 d}$

해설

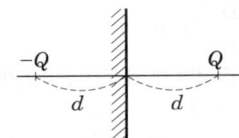

점전하 $Q[C]$과 무한 평면 도체 간에 작용하는 힘 F는

$F = \dfrac{-Q^2}{4\pi\varepsilon_0 (2d)^2} = \dfrac{-Q^2}{16\pi\varepsilon_0} d^2 [N]$ (흡인력)

일 $W = \int_d^\infty F \cdot dr = \dfrac{Q^2}{16\pi\varepsilon_0} \int_d^\infty \dfrac{1}{d^2} dr$

$= \dfrac{Q^2}{16\pi\varepsilon_0} \left[-\dfrac{1}{d}\right]_d^\infty = \dfrac{Q^2}{16\pi\varepsilon_0 d} [J]$

02 역자성체에서 비투자율(μ_s)은 어느 값을 갖는가?

① $\mu_s = 1$ ② $\mu_s < 1$
③ $\mu_s > 1$ ④ $\mu_s = 0$

해설 비투자율 $\mu_s = \dfrac{\mu}{\mu_0} = 1 + \dfrac{x_m}{\mu_0}$

$\mu_s > 1(x_m > 0)$이면 상자성체, $\mu_s < 1(x_m < 0)$이면 역자성체이다.

03 비유전율 ε_{r1}, ε_{r2}인 두 유전체가 나란히 무한 평면으로 접하고 있고, 이 경계면에 평행으로 유전체의 비유전율 ε_{r1} 내에 경계면으로부터 $d[m]$인 위치에 선전하 밀도 $\rho[C/m]$인 선상 전하가 있을 때, 이 선전하와 유전체 ε_{r2} 간의 단위 길이당의 작용력은 몇 $[N/m]$인가?

① $9 \times 10^9 \times \dfrac{\rho^2}{\varepsilon_{r2} d} \times \dfrac{\varepsilon_{r1} + \varepsilon_{r2}}{\varepsilon_{r1} - \varepsilon_{r2}}$

② $2.25 \times 10^9 \times \dfrac{\rho^2}{\varepsilon_{r2} d} \times \dfrac{\varepsilon_{r1} - \varepsilon_{r2}}{\varepsilon_{r1} + \varepsilon_{r2}}$

③ $9 \times 10^9 \times \dfrac{\rho^2}{\varepsilon_{r1} d} \times \dfrac{\varepsilon_{r1} - \varepsilon_{r2}}{\varepsilon_{r1} + \varepsilon_{r2}}$

④ $2.25 \times 10^9 \times \dfrac{\rho^2}{\varepsilon_{r1} d} \times \dfrac{\varepsilon_{r1} - \varepsilon_{r2}}{\varepsilon_{r1} + \varepsilon_{r2}}$

해설 $F = \rho \cdot E' = \dfrac{\rho \cdot \rho'}{2\pi\varepsilon_n (2d)}$

$= \dfrac{\rho}{4\pi\varepsilon_{r1} d} \times \dfrac{\varepsilon_{r1} - \varepsilon_{r2}}{\varepsilon_{r1} + \varepsilon_{r2}} \rho$

$= \dfrac{\rho^2}{4\pi\varepsilon_{r1} d} \times \dfrac{\varepsilon_{r1} - \varepsilon_{r2}}{\varepsilon_{r1} + \varepsilon_{r2}}$

$= 9 \times 10^9 \dfrac{\rho^2}{\varepsilon_{r1} d} \times \dfrac{\varepsilon_{r1} - \varepsilon_{r2}}{\varepsilon_{r1} + \varepsilon_{r2}} [N/m]$

04 점전하에 의한 전계는 쿨롱의 법칙을 사용하면 되지만 분포되어 있는 전하에 의한 전계를 구할 때는 무엇을 이용하는가?

① 렌츠의 법칙
② 가우스의 정리
③ 라플라스 방정식
④ 스토크스의 정리

정답 01.③ 02.② 03.③ 04.②

해설 전하가 임의의 분포, 즉 선, 면적, 체적 분포로 하고 있을 때 폐곡면 내의 전하에 대한 폐곡면을 통과하는 전기력선의 수 또는 전속과의 관계를 수학적으로 표현한 식을 가우스 정리라 한다.

05 패러데이관(Faraday tube)의 성질에 대한 설명으로 틀린 것은?

① 패러데이관 중에 있는 전속수는 그 관 속에 진전하가 없으면 일정하며 연속적이다.
② 패러데이관의 양단에는 양 또는 음의 단위 진전하가 존재하고 있다.
③ 패러데이관 한 개의 단위 전위차당 보유 에너지는 $\frac{1}{2}$[J]이다.
④ 패러데이관의 밀도는 전속 밀도와 같지 않다.

해설 패러데이관의 성질
- 패러데이관 내의 전속선의 수는 일정하다.
- 패러데이관 양단에는 정·부의 단위 전하가 있다.
- 패러데이관의 밀도는 전속 밀도와 같다.
- 단위 전위차당 패러데이관의 보유 에너지는 $\frac{1}{2}$[J]이다.

06 공기 중에 있는 지름 6[cm]인 단일 도체구의 정전 용량은 약 몇 [pF]인가?

① 0.34 ② 0.67
③ 3.34 ④ 6.71

해설 독립 구도체의 정전 용량
$$C = 4\pi\varepsilon_0 a = \frac{1}{9} \times 10^{-9} \times a$$
$$= \frac{1}{9} \times 10^{-9} \times (3 \times 10^{-2})$$
$$= 3.34 \times 10^{-12} [F]$$
$$= 3.34 [pF]$$

07 유전율이 ε_1, ε_2[F/m]인 유전체 경계면에 단위 면적당 작용하는 힘은 몇 [N/m²]인가? (단, 전계가 경계면에 수직인 경우이며, 두 유전체의 전속 밀도 $D_1 = D_2 = D$이다.)

① $2\left(\dfrac{1}{\varepsilon_1} - \dfrac{1}{\varepsilon_2}\right)D^2$ ② $2\left(\dfrac{1}{\varepsilon_1} + \dfrac{1}{\varepsilon_2}\right)D^2$
③ $\dfrac{1}{2}\left(\dfrac{1}{\varepsilon_1} + \dfrac{1}{\varepsilon_2}\right)D^2$ ④ $\dfrac{1}{2}\left(\dfrac{1}{\varepsilon_2} - \dfrac{1}{\varepsilon_1}\right)D^2$

해설 전계가 경계면에 수직으로 입사($\varepsilon_1 > \varepsilon_2$)
전계가 수직으로 입사 시 $\theta = 0°$이므로 경계면 양측에서 전속 밀도가 같으므로 $D_1 = D_2 = D$[C/m²]로 표시할 수 있다. 이때, 경계면에 작용하는 단위 면적당 작용하는 힘은
$f = \dfrac{D^2}{2\varepsilon}$[N/m²]이므로 ε_1에서의 힘은
$f_1 = \dfrac{D^2}{2\varepsilon_1}$[N/m²] ε_2에서의 힘은
$f_2 = \dfrac{D^2}{2\varepsilon_2}$[N/m²]이 된다.
이때, 전체적인 힘 f는 $f_2 > f_1$이므로 $f = f_2 - f_1$만큼 작용한다.
따라서, $f = \dfrac{D^2}{2\varepsilon_2} - \dfrac{D^2}{2\varepsilon_1} = \dfrac{1}{2}\left(\dfrac{1}{\varepsilon_2} - \dfrac{1}{\varepsilon_1}\right)D^2$[N/m²]

08 진공 중에 균일하게 대전된 반지름 a[m]인 선전하 밀도 λ_l[C/m]의 원환이 있을 때, 그 중심으로부터 중심축상 x[m]의 거리에 있는 점의 전계의 세기는 몇 [V/m]인가?

① $\dfrac{a\lambda_l x}{2\varepsilon_0(a^2 + x^2)^{\frac{3}{2}}}$

② $\dfrac{a\lambda_l x}{\varepsilon_0(a^2 + x^2)^{\frac{3}{2}}}$

③ $\dfrac{\lambda_l x}{2\varepsilon_0(a^2 + x^2)}$

④ $\dfrac{\lambda_l x}{\varepsilon_0(a^2 + x^2)}$

정답 05.④ 06.③ 07.④ 08.①

해설

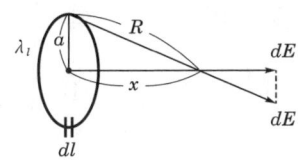

전계의 세기
$$E = \int_0^{2\pi a} dE' = \int_0^{2\pi a} dE\cos\theta = \frac{Q \cdot \cos\theta}{4\pi\varepsilon_0 R^2}$$
$$= \frac{2\pi a\lambda}{4\pi\varepsilon_0 (a^2+x^2)} \cdot \frac{a}{\sqrt{a^2+x^2}} = \frac{a\lambda_l x}{2\varepsilon_0 (a^2+x^2)^{\frac{3}{2}}}$$

09 내압 1,000[V], 정전 용량 1[μF], 내압 750[V], 정전 용량 2[μF], 내압 500[V], 정전 용량 5[μF]인 콘덴서 3개를 직렬로 접속하고 인가 전압을 서서히 높이면 최초로 파괴되는 콘덴서는?

① 1[μF] ② 2[μF]
③ 5[μF] ④ 동시에 파괴된다.

해설 각 콘덴서의 전하량은
$Q_{1\max} = C_1 V_{1\max} = 1\times 10^{-6} \times 1{,}000 = 1\times 10^{-3}$[C]
$Q_{2\max} = C_2 V_{2\max} = 2\times 10^{-6} \times 750 = 1.5\times 10^{-3}$[C]
$Q_{3\max} = C_3 V_{3\max} = 5\times 10^{-6} \times 500 = 2.5\times 10^{-3}$[C]
따라서, $Q_{1\max}$이 제일 작으므로 C_1, 즉 1[μF]이 최초로 파괴된다.

10 내부 장치 또는 공간을 물질로 포위시켜 외부 자계의 영향을 차폐시키는 방식을 자기 차폐라 한다. 다음 중 자기 차폐에 가장 좋은 것은?

① 비투자율이 1보다 작은 역자성체
② 강자성체 중에서 비투자율이 큰 물질
③ 강자성체 중에서 비투자율이 작은 물질
④ 비투자율에 관계없이 물질의 두께에만 관계되므로 되도록 두꺼운 물질

해설 자기 차폐에 가장 좋은 것은 철구를 몇 겹이고 겹치든지 특히 비투자율(μ_r)이 큰 재질을 사용하는 방법을 취한다.

11 40[V/m]인 전계 내의 50[V]가 되는 점에서 1[C]의 전하가 전계 방향으로 80[cm] 이동하였을 때, 그 점의 전위는 몇 [V]인가?

① 18 ② 22
③ 35 ④ 65

해설 전위 $V' = V - Ed = 50 - 40 \times 0.8 = 18$[V]

12 그림과 같이 반지름 a[m]의 한 번 감긴 원형 코일이 균일한 자속 밀도 B[Wb/m²]인 자계에 놓여 있다. 지금 코일면을 자계와 나란하게 전류 I[A]를 흘리면 원형 코일이 자계로부터 받는 회전 모멘트는 몇 [N·m/rad]인가?

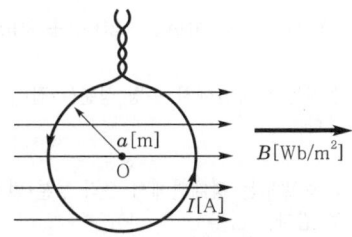

① $\pi a BI$ ② $2\pi a BI$
③ $\pi a^2 BI$ ④ $2\pi a^2 BI$

해설 $T = NBIS\cos\theta$
문제 조건에서 $\theta = 0°$이므로
∴ $T = 1 \times BI \times \pi a^2 \times \cos 0° = \pi a^2 BI$[N·m/rad]

13 다음 조건들 중 초전도체에 부합되는 것은? (단, μ_r은 비투자율, χ_m은 비자화율, B는 자속 밀도이며 작동 온도는 임계 온도 이하라 한다.)

① $\chi_m = -1$, $\mu_r = 0$, $B = 0$
② $\chi_m = 0$, $\mu_r = 0$, $B = 0$
③ $\chi_m = 1$, $\mu_r = 0$, $B = 0$
④ $\chi_m = -1$, $\mu_r = 1$, $B = 0$

정답 09.① 10.② 11.① 12.③ 13.①

해설 초전도체는 저항이 없는 반자성체 물질로 비자화율 $\chi_m = \mu_r - 1$로 표시된다.
초전도체의 비투자율 $\mu_r = 0$, 자속 밀도 $B=0$이므로 비자화율 $\chi_m = 0 - 1 = -1$이 된다.

14 $x=0$인 무한 평면을 경계면으로 하여 $x<0$인 영역에는 비유전율 $\varepsilon_{r1}=2$, $x>0$인 영역에는 $\varepsilon_{r2}=4$인 유전체가 있다. ε_{r1}인 유전체 내에서 전계 $E_1 = 20a_x - 10a_y + 5a_z$ [V/m]일 때 $x>0$인 영역에 있는 ε_{r2}인 유전체 내에서 전속 밀도 $D_2[\text{C/m}^2]$는? (단, 경계면상에는 자유 전하가 없다고 한다.)

① $D_2 = \varepsilon_0(20a_x - 40a_y + 5a_z)$
② $D_2 = \varepsilon_0(40a_x - 40a_y + 20a_z)$
③ $D_2 = \varepsilon_0(80a_x - 20a_y + 10a_z)$
④ $D_2 = \varepsilon_0(40a_x - 20a_y + 20a_z)$

해설 전계는 경계면에서 수평 성분(=접선 부분)이 서로 같다.
$E_1 t = E_2 t$
전속 밀도는 경계면에서 수직 성분(법선 성분)이 서로 같다.
$D_{1n} = D_{2n}$
즉, $D_{1x} = D_{2x} \varepsilon_0 \varepsilon_{r1} E_{1x} = \varepsilon_0 \varepsilon_{r2} E_{2x}$
유전체 ε_2 영역의 전계 E_2의 각 축성분 $E_{2x} \cdot E_{2y} \cdot E_{2z}$는
$E_{2x} = \dfrac{\varepsilon_0 \varepsilon_{r1}}{\varepsilon_0 \varepsilon_{r2}} E_{1x}$, $E_{2y} = E_{1y}$, $E_{2z} = E_{1z}$
$\therefore E_2 = \dfrac{\varepsilon_0 \varepsilon_{r1}}{\varepsilon_0 \varepsilon_{r2}} E_{1x} + E_{1y} + E_{1z}$
$= \dfrac{2}{4} \times 20a_x - 10a_y + 5a_z$
$= 10a_x - 10a_y + 5a_z$
$\therefore D_2 = \varepsilon_2 E_2 = \varepsilon_0 \varepsilon_{r2} E_2$
$= 4\varepsilon_0(10a_x - 10a_y + 5a_z)$
$= \varepsilon_0(40a_x - 40a_y + 20a_z) [\text{C/m}^2]$

15 평면파 전파가 $E = 30\cos(10^9 t + 20z)j$ [V/m]로 주어졌다면 이 전자파의 위상 속도는 몇 [m/s]인가?

① 5×10^7
② $\dfrac{1}{3} \times 10^8$
③ 10^9
④ $\dfrac{2}{3}$

해설 $v = f \cdot \lambda = f \times \dfrac{2\pi}{\beta} = \dfrac{\omega}{\beta} = \dfrac{10^9}{20} = 5 \times 10^7 [\text{m/s}]$

16 자속 밀도 10[Wb/m²] 자계 중에 10[cm] 도체를 자계와 30°의 각도로 30[m/s]로 움직일 때, 도체에 유기되는 기전력은 몇 [V]인가?

① 15
② $15\sqrt{3}$
③ 1,500
④ $1,500\sqrt{3}$

해설 $e = vBl\sin\theta = 30 \times 10 \times 0.1 \sin 30° = 15[\text{V}]$

17 그림과 같이 단면적 $S = 10[\text{cm}^2]$, 자로의 길이 $l = 20\pi[\text{cm}]$, 비유전율 $\mu_s = 1,000$인 철심에 $N_1 = N_2 = 100$인 두 코일을 감았다. 두 코일 사이의 상호 인덕턴스는 몇 [mH]인가?

① 0.1
② 1
③ 2
④ 20

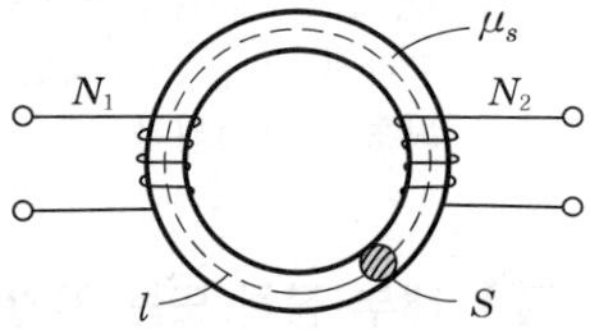

해설 상호 인덕턴스
$M = \dfrac{\mu S N_1 N_2}{l} = \dfrac{\mu_0 \mu_s N_1 N_2}{l}$
$= \dfrac{4\pi \times 10^{-7} \times 1,000 \times (10 \times 10^{-2})^2 \times 100 \times 100}{20\pi \times 10^{-2}}$
$= 20[\text{mH}]$

18 1[μA]의 전류가 흐르고 있을 때, 1초 동안 통과하는 전자수는 약 몇 개인가? (단, 전자 1개의 전하는 1.602×10^{-19}[C]이다.)

① 6.24×10^{10}
② 6.24×10^{11}
③ 6.24×10^{12}
④ 6.24×10^{13}

정답 14.② 15.① 16.① 17.④ 18.③

해설 통과 전자수 $N = \dfrac{Q}{e} = \dfrac{It}{e}$
$= \dfrac{1 \times 10^{-6} \times 1}{1.602 \times 10^{-19}}$
$= 6.24 \times 10^{12}$ 개

19 균일하게 원형 단면을 흐르는 전류 $I[A]$에 의한 반지름 $a[m]$, 길이 $l[m]$, 비투자율 μ_s인 원통 도체의 내부 인덕턴스는 몇 [H]인가?

① $10^{-7} \mu_s l$　　② $3 \times 10^{-7} \mu_s l$
③ $\dfrac{1}{4a} \times 10^{-7} \mu_s l$　　④ $\dfrac{1}{2} \times 10^{-7} \mu_s l$

해설 원통 내부 인덕턴스
$L = \dfrac{\mu}{8\pi} \cdot l$
$= \dfrac{\mu_0}{8\pi} \mu_s l$
$= \dfrac{4\pi \times 10^{-7}}{8\pi} \mu_s l$
$= \dfrac{1}{2} \times 10^{-7} \mu_s l [H]$

20 한 변의 길이가 10[cm]인 정사각형 회로에 직류 전류 10[A]가 흐를 때, 정사각형의 중심에서의 자계의 세기는 몇 [A/m]인가?

① $\dfrac{100\sqrt{2}}{\pi}$　　② $\dfrac{200\sqrt{2}}{\pi}$
③ $\dfrac{300\sqrt{2}}{\pi}$　　④ $\dfrac{400\sqrt{2}}{\pi}$

해설 정사각형 중심 자계의 세기
$H_0 = \dfrac{2\sqrt{2}I}{\pi l} = \dfrac{2\sqrt{2} \times 10}{\pi \times 10 \times 10^{-2}} = \dfrac{200\sqrt{2}}{\pi}$ [A/m]

제2과목　전력공학

21 송전선에서 재폐로 방식을 사용하는 목적은 무엇인가?

① 역률 개선
② 안정도 증진
③ 유도 장해의 경감
④ 코로나 발생 방지

해설 고속도 재폐로 방식은 재폐로 차단기를 이용하여 사고 시 고장 구간을 신속하게 분리하고, 건전한 구간은 자동으로 재투입을 시도하는 장치로 전력 계통의 안정도 향상을 목적으로 한다.

22 설비 용량이 360[kW], 수용률이 0.8, 부등률이 1.2일 때 최대 수용 전력은 몇 [kW]인가?

① 120　　② 240
③ 360　　④ 480

해설 최대 수용 전력
$P_m = \dfrac{360 \times 0.8}{1.2} = 240 [kW]$

23 배전 계통에서 사용하는 고압용 차단기의 종류가 아닌 것은?

① 기중 차단기(ACB)
② 공기 차단기(ABB)
③ 진공 차단기(VCB)
④ 유입 차단기(OCB)

해설 기중 차단기(ACB)는 대기압에서 소호하고, 교류 저압 차단기이다.

24 가스 차단기에 대한 설명으로 틀린 것은?

① SF_6 가스 자체는 불활성 기체이다.
② SF_6 가스는 공기에 비하여 소호 능력이 약 100배 정도이다.
③ 절연 거리를 적게 할 수 있어 차단기 전체를 소형, 경량화할 수 있다.
④ SF_6 가스를 이용한 것으로서 독성이 있으므로 취급에 유의하여야 한다.

정답 19.④　20.②　21.②　22.②　23.①　24.④

해설 육불화황(SF_6) 가스는 분해되어도 유독 가스를 발생하지 않는다.

25 송전 선로의 일반 회로 정수가 $A=0.7$, $B=j190$, $D=0.9$일 때 C의 값은?

① $-j1.95\times10^{-3}$
② $j1.95\times10^{-3}$
③ $-j1.95\times10^{-4}$
④ $j1.95\times10^{-4}$

해설 4단자 정수의 관계 $AD-BC=1$에서
$$C=\frac{AD-1}{B}=\frac{0.7\times0.9-1}{j190}≒j1.95\times10^{-3}$$

26 부하 역률이 0.8인 선로의 저항 손실은 0.9인 선로의 저항 손실에 비해서 약 몇 배 정도 되는가?

① 0.97   ② 1.1
③ 1.27   ④ 1.5

해설 저항 손실 $P_c\propto\dfrac{1}{\cos^2\theta}$이므로
$$\frac{\frac{1}{0.8^2}}{\frac{1}{0.9^2}}=\left(\frac{0.9}{0.8}\right)^2≒1.27$$

27 단상 변압기 3대에 의한 △결선에서 1대를 제거하고 동일 전력을 V결선으로 보낸다면 동손은 약 몇 배가 되는가?

① 0.67   ② 2.0
③ 2.7   ④ 3.0

해설 전력이 동일하므로 $P=\sqrt{3}VI_V=3VI_\triangle$에서 1상의 전류는 $I_V=\sqrt{3}I_\triangle$이다.
동손은 전류의 제곱과 변압기 수량에 비례하므로
$$\frac{I_V^2\times2}{I_\triangle^2\times3}=\frac{(\sqrt{3}I_\triangle)^2\times2}{(I_\triangle)^2\times3}=2배로 된다.$$

28 피뢰기의 충격 방전 개시 전압은 무엇으로 표시하는가?

① 직류 전압의 크기 ② 충격파의 평균치
③ 충격파의 최대치 ④ 충격파의 실효치

해설 피뢰기의 충격 방전 개시 전압은 피뢰기의 단자 간에 충격 전압을 인가하였을 경우 방전을 개시하는 전압으로 파고치(최대값)로 표시한다.

29 단상 2선식 배전 선로의 선로 임피던스가 $2+j5[\Omega]$이고 무유도성 부하 전류가 10[A]일 때 송전단의 역률은? (단, 수전단 전압의 크기는 100[V]이고, 위상각은 0°이다.)

① $\dfrac{5}{12}$ ② $\dfrac{5}{13}$
③ $\dfrac{11}{12}$ ④ $\dfrac{12}{13}$

해설 무유도성 부하 전류이므로 부하 저항은 $\dfrac{100}{10}=10[\Omega]$이다.
그러므로 역률 $\cos\theta=\dfrac{R}{Z}=\dfrac{10+2}{\sqrt{12^2+5^2}}=\dfrac{12}{13}$

30 그림과 같이 전력선과 통신선 사이에 차폐선을 설치하였다. 이 경우에 통신선의 차폐 계수(K)를 구하는 관계식은? (단, 차폐선을 통신선에 근접하여 설치한다.)

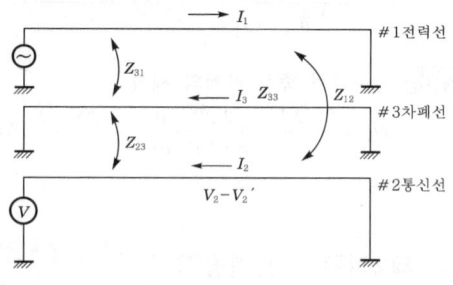

① $K=1+\dfrac{Z_{31}}{Z_{12}}$ ② $K=1-\dfrac{Z_{31}}{Z_{33}}$
③ $K=1-\dfrac{Z_{23}}{Z_{33}}$ ④ $K=1+\dfrac{Z_{23}}{Z_{33}}$

정답 25.② 26.③ 27.② 28.③ 29.④ 30.③

해설 유도 전압 $V_2 = -I_1 Z_{12} + I_3 Z_{23}$ 이고, $I_3 = \dfrac{I_1 Z_{13}}{Z_{33}}$ 이 므로

$$V_2 = -I_1 Z_{12} + \dfrac{I_1 Z_{13}}{Z_{33}} \times Z_{23}$$
$$= -I_1 Z_{12} + \dfrac{I_1 Z_{13} Z_{23}}{Z_{33}} \times \dfrac{Z_{12}}{Z_{12}}$$
$$= -I_1 Z_{12} \times \left(1 - \dfrac{Z_{13} Z_{23}}{Z_{33} Z_{12}}\right)$$

여기서, $-I_1 Z_{12}$가 차폐선이 없는 경우 유도 전압이 므로 $\left(1 - \dfrac{Z_{13} Z_{23}}{Z_{33} Z_{12}}\right)$가 차폐선의 차폐 계수로 되고, 차폐선이 통신선에 근접하여 Z_{13}과 Z_{12}가 거의 동 일하므로 차폐 계수는 $1 - \dfrac{Z_{23}}{Z_{33}}$로 된다.

31 모선 보호에 사용되는 계전 방식이 아닌 것은?

① 위상 비교 방식
② 선택 접지 계전 방식
③ 방향 거리 계전 방식
④ 전류 차동 보호 방식

해설 모선 보호 계전 방식에는 전류 차동 방식, 전압 차동 방식, 위상 비교 방식, 방향 비교 방식, 거리 방향 방식 등이 있다. 선택 접지 계전 방식은 송전 선로 지락 보호 계전 방식이다.

32 %임피던스와 관련된 설명으로 틀린 것은?

① 정격 전류가 증가하면 %임피던스는 감 소한다.
② 직렬 리액터가 감소하면 %임피던스도 감소한다.
③ 전기 기계의 %임피던스가 크면 차단기 의 용량은 작아진다.
④ 송전 계통에서는 임피던스의 크기를 Ω 값 대신에 %값으로 나타내는 경우가 많다.

해설 %임피던스는 정격 전류 및 정격 용량에는 비례하 고, 차단 전류 및 차단 용량에는 반비례하므로 정격 전류가 증가하면 %임피던스는 증가한다.

33 A, B 및 C상 전류를 각각 I_a, I_b 및 I_c라 할 때 $I_x = \dfrac{1}{3}(I_a + a^2 I_b + a I_c)$, $a = -\dfrac{1}{2} + j\dfrac{\sqrt{3}}{2}$으로 표시되는 I_x는 어떤 전류인가?

① 정상 전류
② 역상 전류
③ 영상 전류
④ 역상 전류와 영상 전류의 합

해설 대칭분 전류

영상 전류 $I_0 = \dfrac{1}{3}(I_a + I_b + I_c)$

정상 전류 $I_1 = \dfrac{1}{3}(I_a + a I_b + a^2 I_c)$

역상 전류 $I_2 = \dfrac{1}{3}(I_a + a^2 I_b + a I_c)$

34 그림과 같이 "수류가 고체에 둘러싸여 있고 A로부터 유입되는 수량과 B로부터 유출되 는 수량이 같다."고 하는 이론은?

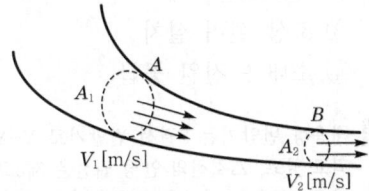

① 수두 이론
② 연속의 원리
③ 베르누이의 정리
④ 토리첼리의 정리

해설 동일 수관 또는 수로에서 유량 $Q = AV[\text{m}^3/\text{s}]$이고, 이 값은 어느 지점에서나 항상 동일하다. 이것을 물 의 연속성 또는 연속의 정리라 한다.

정답 31.② 32.① 33.② 34.②

35 4단자 정수가 A, B, C, D인 선로에 임피던스가 $\frac{1}{Z_T}$인 변압기가 수전단에 접속된 경우 계통의 4단자 정수 중 D_0는?

① $D_0 = \frac{C+DZ_T}{Z_T}$
② $D_0 = \frac{C+AZ_T}{Z_T}$
③ $D_0 = \frac{D+CZ_T}{Z_T}$
④ $D_0 = \frac{B+AZ_T}{Z_T}$

해설

$$\begin{bmatrix} A_0 & B_0 \\ C_0 & D_0 \end{bmatrix} = \begin{bmatrix} A & B \\ C & D \end{bmatrix} \begin{bmatrix} 1 & \frac{1}{Z_T} \\ 0 & 1 \end{bmatrix} = \begin{bmatrix} A & \frac{A}{Z_T}+B \\ C & \frac{C}{Z_T}+D \end{bmatrix}$$

$\therefore D_0 = D + \frac{C}{Z_T} = \frac{C+DZ_T}{Z_T}$

36 대용량 고전압의 안정 권선(△ 권선)이 있다. 이 권선의 설치 목적과 관계가 먼 것은?

① 고장 전류 저감
② 제3고조파 제거
③ 조상 설비 설치
④ 소내용 전원 공급

해설 대용량 변압기는 3권선 변압기로 Y-Y-△로 사용되고 있고, △결선의 안정 권선은 제3고조파를 제거하고, 소내용 전력을 공급하며, 또한 조상 설비를 설치한다.

37 한류 리액터를 사용하는 가장 큰 목적은?

① 충전 전류의 제한
② 접지 전류의 제한
③ 누설 전류의 제한
④ 단락 전류의 제한

해설 한류 리액터를 사용하는 이유는 단락 사고로 인한 단락 전류를 제한하여 기기 및 계통을 보호하기 위함이다.

38 변압기 등 전력 설비 내부 고장 시 변류기에 유입하는 전류와 유출하는 전류의 차로 동작하는 보호 계전기는?

① 차동 계전기   ② 지락 계전기
③ 과전류 계전기   ④ 역상 전류 계전기

해설 유입하는 전류와 유출하는 전류의 차로 동작하는 것은 차동 계전기이다.

39 3상 결선 변압기의 단상 운전에 의한 소손 방지 목적으로 설치하는 계전기는?

① 차동 계전기   ② 역상 계전기
③ 단락 계전기   ④ 과전류 계전기

해설 3상 운전 변압기의 단상 운전을 방지하기 위한 계전기는 역상(결상) 계전기를 사용한다.

40 송전 선로의 정전 용량은 등가 선간 거리 D가 증가하면 어떻게 되는가?

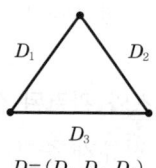

$D = (D_1, D_2, D_3)$

① 증가한다.
② 감소한다.
③ 변하지 않는다.
④ D^2에 반비례하여 감소한다.

해설 정전 용량은 $C = \frac{0.02413}{\log_{10}\frac{D}{r}}[\mu F/km]$이므로 등가 선간 거리 D가 증가하면 감소한다.

정답 35.① 36.① 37.④ 38.① 39.② 40.②

제3과목 전기기기

41 단상 직권 정류자 전동기의 전기자 권선과 계자 권선에 대한 설명으로 틀린 것은?

① 계자 권선의 권수를 적게 한다.
② 전기자 권선의 권수를 크게 한다.
③ 변압기 기전력을 적게 하여 역률 저하를 방지한다.
④ 브러시로 단락되는 코일 중의 단락 전류를 많게 한다.

[해설] 단상 직권 정류자 전동기는 역률 및 정류 개선을 위해 계자 권선의 권수를 적게 하고, 전기자 권선의 권수를 크게 하며 단락 전류를 제한하기 위하여 변압기 기전력을 작게 하고, 고저항 도선을 사용한다.

42 단상 직권 전동기의 종류가 아닌 것은?

① 직권형 ② 아트킨손형
③ 보상 직권형 ④ 유도 보상 직권형

[해설] 단상 직권 정류자 전동기의 종류

직권형	
직권 보상형	
유도 보상 직권형	

43 동기 조상기의 여자 전류를 줄이면?

① 콘덴서로 작용 ② 리액터로 작용
③ 진상 전류로 됨 ④ 저항손의 보상

[해설] 동기 조상기가 역률 1인 상태에서 여자 전류를 감소하면 전압보다 뒤진 전류가 흘러 리액터 작용을 하고, 여자 전류를 증가하면 앞선 전류가 흘러 콘덴서 작용을 한다.

44 권선형 유도 전동기에서 비례 추이에 대한 설명으로 틀린 것은? (단, s_m는 최대 토크시 슬립이다.)

① r_2를 크게 하면 s_m는 커진다.
② r_2를 삽입하면 최대 토크가 변한다.
③ r_2를 크게 하면 기동 토크도 커진다.
④ r_2를 크게 하면 기동 전류는 감소한다.

[해설] 권선형 유도 전동기의 2차측에 슬립링을 통하여 저항을 연결하고 2차 합성 저항을 크게 하면
• 기동 토크 증가
• 기동 전류 감소
• 최대 토크 발생 슬립은 커지고 최대 토크는 불변
• 회전 속도 감소

45 전기자 저항 $r_a = 0.2[\Omega]$, 동기 리액턴스 $X_s = 20[\Omega]$인 Y결선의 3상 동기 발전기가 있다. 3상 중 1상의 단자 전압 $V = 4,400[V]$, 유도 기전력 $E = 6,600[V]$이다. 부하각 $\delta = 30°$라고 하면 발전기의 출력은 약 몇 [kW]인가?

① 2,178 ② 3,251
③ 4,253 ④ 5,532

[해설] 3상 동기 발전기의 출력
$$P = 3\frac{EV}{X_s}\sin\delta$$
$$= 3 \times \frac{6,600 \times 4,400}{20} \times \frac{1}{2} \times 10^{-3}$$
$$= 2,178[kW]$$

정답 41.④ 42.② 43.② 44.② 45.①

46 반도체 정류기에 적용된 소자 중 첨두 역방향 내전압이 가장 큰 것은?

① 셀렌 정류기
② 실리콘 정류기
③ 게르마늄 정류기
④ 아산화동 정류기

해설 반도체 정류기의 첨두역 내전압
- 실리콘 : 25~1,200[V]
- 게르마늄 : 12~400[V]
- 셀렌 : 40[V]

47 동기 전동기에서 전기자 반작용을 설명한 것 중 옳은 것은?

① 공급 전압보다 앞선 전류는 감자 작용을 한다.
② 공급 전압보다 뒤진 전류는 감자 작용을 한다.
③ 공급 전압보다 앞선 전류는 교차 자화 작용을 한다.
④ 공급 전압보다 뒤진 전류는 교차 자화 작용을 한다.

해설 동기 전동기의 전기자 반작용
- **횡축 반작용** : 전기자 전류와 전압이 동위상 일 때
- **직축 반작용** : 직축 반작용은 동기 발전기와 반대 현상
  - 증자 작용 : 전류가 전압보다 뒤질 때
  - 감자 작용 : 전류가 전압보다 앞설 때

48 변압기 결선 방식 중 3상에서 6상으로 변환할 수 없는 것은?

① 2중 성형
② 환상 결선
③ 대각 결선
④ 2중 6각 결선

해설 변압기의 상(phase)수 변환에서 3상을 6상으로 변환하는 결선 방법
- 2중 Y결선
- 2중 △결선
- 환상 결선
- 대각 결선
- 포크(fork) 결선

49 실리콘 제어 정류기(SCR)의 설명 중 틀린 것은?

① P-N-P-N 구조로 되어 있다.
② 인버터 회로에 이용될 수 있다.
③ 고속도의 스위치 작용을 할 수 있다.
④ 게이트에 (+)와 (-)의 특성을 갖는 펄스를 인가하여 제어한다.

해설 SCR(Silicon Controlled Rectifier)은 P-N-P-N 4층 구조의 단일 방향 3단자 사이리스터이며 게이트에 +의 펄스 파형을 인가하면 턴온(turn on)되는 고속 스위칭 소자로 인버터 회로에도 이용된다.

50 직류 발전기가 90[%] 부하에서 최대 효율이 된다면 이 발전기의 전부하에 있어서 고정손과 부하손의 비는?

① 1.1   ② 1.0
③ 0.9   ④ 0.81

해설 직류 발전기의 $\frac{1}{m}$ 부하 시 최대 효율 조건

$P_i = \left(\frac{1}{m}\right)^2 P_c$ 이므로 $\frac{P_i}{P_c} = \left(\frac{1}{m}\right)^2 = 0.9^2 = 0.81$

51 150[kVA]의 변압기의 철손이 1[kW], 전부하 동손이 2.5[kW]이다. 역률 80[%]에 있어서의 최대 효율은 약 몇 [%]인가?

① 95   ② 96
③ 97.4   ④ 98.5

정답 46.② 47.① 48.④ 49.④ 50.④ 51.③

해설 변압기의 최대 효율 조건에서

$$\frac{1}{m} = \sqrt{\frac{P_i}{P_c}} = \frac{1}{\sqrt{2.5}} = 0.632$$

최대 효율 $\eta_m = \dfrac{\frac{1}{m}P \cdot \cos\theta}{\frac{1}{m}P\cdot\cos\theta + P_i + \left(\frac{1}{m}\right)^2 P_c} \times 100$

$= \dfrac{0.632 \times 150 \times 0.8}{0.632 \times 150 \times 0.8 + 1 + 1} \times 100$

$= 97.4[\%]$

52 정격 부하에서 역률 0.8(뒤짐)로 운전될 때, 전압 변동률이 12[%]인 변압기가 있다. 이 변압기에 역률 100[%]의 정격 부하를 걸고 운전할 때의 전압 변동률은 약 몇 [%]인가? (단, %저항 강하는 %리액턴스 강하의 $\frac{1}{12}$이라고 한다.)

① 0.909 ② 1.5
③ 6.85   ④ 16.18

해설 퍼센트 저항 강하 $p = \dfrac{1}{12}q$

전압 변동률 $\varepsilon = p\cos\theta + q\sin\theta$
$12 = p \times 0.8 + 12p \times 0.6 = 8p$

퍼센트 저항 $p = \dfrac{12}{8} = 1.5[\%]$

퍼센트 리액턴스 강하 $q = 12 \times 1.5 = 18[\%]$

역률 $\cos\theta = 1$일 때 전압 변동률
$\varepsilon = 1.5 \times 1 + 18 \times 0 = 1.5[\%]$

53 권선형 유도 전동기 저항 제어법의 단점 중 틀린 것은?

① 운전 효율이 낮다.
② 부하에 대한 속도 변동이 작다.
③ 제어용 저항기는 가격이 비싸다.
④ 부하가 적을 때는 광범위한 속도 조정이 곤란하다.

해설 권선형 유도 전동기의 2차 저항 제어는 구조가 간결하여 조작이 용이하며 기동기로 사용할 수 있는 장점이 있으나, 전류 용량이 큰 저항기로 가격이 비싸고 운전 효율이 낮으며 저속에서 광범위한 속도 조정이 곤란하다.

54 부하 급변 시 부하각과 부하 속도가 진동하는 난조 현상을 일으키는 원인이 아닌 것은?

① 전기자 회로의 저항이 너무 큰 경우
② 원동기의 토크에 고조파가 포함된 경우
③ 원동기의 조속기 감도가 너무 예민한 경우
④ 자속의 분포가 기울어져 자속의 크기가 감소한 경우

해설 동기 발전기의 부하 급변 시 난조의 원인
• 전기자 회로의 저항이 너무 큰 경우
• 원동기 토크에 고조파가 포함된 경우
• 원동기의 조속기 감도가 너무 예민한 경우

55 단상 변압기 3대를 이용하여 3상 △ - Y 결선을 했을 때 1차와 2차 전압의 각 변위(위상차)는?

① 0°   ② 60°
③ 150° ④ 180°

해설 변압기에서 각 변위는 1차, 2차 유기 전압 벡터의 각각의 중성점과 동일 부호(U, u)를 연결한 두 직선 사이의 각도이며 △-Y 결선의 경우 330°와 150° 두 경우가 있다.

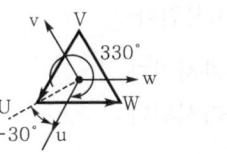

‖ 330°(-30°) ‖   ‖ 150° ‖

56 권선형 유도 전동기의 전부하 운전 시 슬립이 4[%]이고 2차 정격 전압이 150[V]이면 2차 유도 기전력은 몇 [V]인가?

① 9 ② 8
③ 7 ④ 6

해설 유도 전동기의 슬립 s로 운전 시 2차 유도 기전력
$E_{2s} = sE_2 = 0.04 \times 150 = 6$[V]

57 3상 유도 전동기의 슬립이 s일 때 2차 효율[%]은?

① $(1-s) \times 100$
② $(2-s) \times 100$
③ $(3-s) \times 100$
④ $(4-s) \times 100$

해설 유도 전동기의 2차 입력이 P_2일 때 기계적 출력 $P_o = P_2(1-s)$이므로

2차 효율 $\eta_2 = \dfrac{P_o}{P_2} \times 100$
$= \dfrac{P_2(1-s)}{P_2} \times 100$
$= (1-s) \times 100$[%]

58 직류 전동기의 회전수를 $\dfrac{1}{2}$로 하자면 계자 자속을 어떻게 해야 하는가?

① $\dfrac{1}{4}$로 감소시킨다.
② $\dfrac{1}{2}$로 감소시킨다.
③ 2배로 증가시킨다.
④ 4배로 증가시킨다.

해설 직류 전동기의 회전 속도
$v = K\dfrac{V-I_aR_a}{\phi}$이므로 계자 자속($\phi$)을 2배로 증가시키면 속도는 $\dfrac{1}{2}$로 감소한다.

59 사이리스터 2개를 사용한 단상 전파 정류 회로에서 직류 전압 100[V]를 얻으려면 PIV가 약 몇 [V]인 다이오드를 사용하면 되는가?

① 111 ② 141
③ 222 ④ 314

해설 사이리스터 2개를 사용하여 단상 전파 정류 시

직류 전압 $E_d = \dfrac{2\sqrt{2}}{\pi}E$

교류 전압 $E = \dfrac{\pi}{2\sqrt{2}}E_d$

첨두 역전압(peak inverse voltage)
$V_{in} = \sqrt{2}E \times 2 = \sqrt{2} \times \dfrac{\pi}{2\sqrt{2}} \times 100 \times 2 = 314$[V]

60 교류 발전기의 고조파 발생을 방지하는 방법으로 틀린 것은?

① 전기자 반작용을 크게 한다.
② 전기자 권선을 단절권으로 감는다.
③ 전기자 슬롯을 스큐 슬롯으로 한다.
④ 전기자 권선의 결선을 성형으로 한다.

해설 교류 발전기의 고조파 발생을 방지하여 기전력을 정현파로 하려면 전기자 권선을 분포권, 단절권, Y결선 및 경사 슬롯(skew slot)을 채택하고 전기자 반작용을 작게 하여야 한다.

제4과목 회로이론 및 제어공학

61 개루프 전달 함수 $G(s)$가 다음과 같이 주어지는 단위 부궤환계가 있다. 단위 계단 입력이 주어졌을 때, 정상 상태 편차가 0.05가 되기 위해서는 K의 값은 얼마인가?

$$G(s) = \dfrac{6K(s+1)}{(s+2)(s+3)}$$

① 19   ② 20
③ 0.95 ④ 0.05

정답 56.④ 57.① 58.③ 59.④ 60.① 61.①

해설
- 정상 위치 편차
$$e_{ssp} = \frac{1}{1+K_p}$$
- 정상 위치 편차 상수
$$K_p = \lim_{s \to 0} G(s)$$
$$\therefore 0.05 = \frac{1}{1+K_p}$$
$$K_p = \lim_{s \to 0} \frac{6K(s+1)}{(s+2)(s+3)} = K$$
$$\therefore 0.05 = \frac{1}{1+K}$$
$$K = 19$$

62 제어량의 종류에 따른 분류가 아닌 것은?
① 자동 조정 ② 서보 기구
③ 적응 제어 ④ 프로세스 제어

해설
- 자동 제어의 제어량 성질에 의한 분류
  - 프로세스 제어
  - 서보 기구
  - 자동 조정
- 자동 제어의 목표값 성질에 의한 분류
  - 정치 제어
  - 추종 제어
  - 프로그램 제어

63 다음 중 개루프 전달 함수 $G(s)H(s) = \dfrac{K(s-5)}{s(s-1)^2(s+2)^2}$ 일 때 주어지는 계에서 점근선의 교차점은?
① $-\dfrac{3}{2}$ ② $-\dfrac{7}{4}$
③ $\dfrac{5}{3}$ ④ $-\dfrac{1}{5}$

해설
$$\sigma = \frac{\Sigma G(s)H(s)\text{의 극점} - \Sigma G(s)H(s)\text{의 영점}}{p-z}$$
$$= \frac{\{0+1+1+(-2)+(-2)\}-5}{5-1}$$
$$= -\frac{7}{4}$$

64 단위 계단 함수의 라플라스 변환과 z변환 함수는?
① $\dfrac{1}{s}, \dfrac{z}{z-1}$ ② $s, \dfrac{z}{z-1}$
③ $\dfrac{1}{s}, \dfrac{z-1}{z}$ ④ $s, \dfrac{z-1}{z}$

해설
$$\mathcal{L}[u(t)] = \frac{1}{s}$$
$$z[u(t)] = \frac{z}{z-1}$$

65 다음 방정식으로 표시되는 제어계가 있다. 이 계를 상태 방정식 $\dot{x}(t) = Ax(t) + Bu(t)$로 나타내면 계수 행렬 A는?

$$\frac{d^3c(t)}{dt^3} + 5\frac{d^2c(t)}{dt^2} + \frac{dc(t)}{dt} + 2c(t) = r(t)$$

① $\begin{bmatrix} 0 & 1 & 0 \\ 0 & 0 & 1 \\ -2 & -1 & -5 \end{bmatrix}$ ② $\begin{bmatrix} 0 & 1 & 0 \\ 1 & 0 & 0 \\ 5 & 1 & 2 \end{bmatrix}$

③ $\begin{bmatrix} 0 & 0 & 1 \\ 1 & 0 & 0 \\ 0 & 5 & 2 \end{bmatrix}$ ④ $\begin{bmatrix} 0 & 1 & 0 \\ 0 & 0 & 1 \\ -2 & -1 & 0 \end{bmatrix}$

해설 상태 변수 $x_1(t) = c(t)$
$$x_2(t) = \frac{dc(t)}{dt} = \frac{dx_1(t)}{dt} = \dot{x}_1(t)$$
$$x_3(t) = \frac{d^2c(t)}{dt^2} = \frac{dx_2(t)}{dt^2} = \dot{x}_2(t)$$
상태 방정식 $\dot{x}_3(t) = -2x_1(t) - x_2(t) - 5x_3(t) + r$
$$\therefore \begin{bmatrix} \dot{x}_1(t) \\ \dot{x}_2(t) \\ \dot{x}_3(t) \end{bmatrix} = \begin{bmatrix} 0 & 1 & 0 \\ 0 & 0 & 1 \\ -2 & -1 & -5 \end{bmatrix} \begin{bmatrix} x_1(t) \\ x_2(t) \\ x_3(t) \end{bmatrix} + \begin{bmatrix} 0 \\ 0 \\ 1 \end{bmatrix} r(t)$$

66 안정한 제어계에 임펄스 응답을 가했을 때 제어계의 정상 상태 출력은?
① 0 ② $+\infty$ 또는 $-\infty$
③ $+$의 일정한 값 ④ $-$의 일정한 값

정답 62.③ 63.② 64.① 65.① 66.①

해설 임펄스 응답은 0이므로 임펄스 응답을 가했을 때의 정상 상태의 출력은 0이 된다.

67 그림과 같은 블록 선도에서 $\dfrac{C(s)}{R(s)}$의 값은?

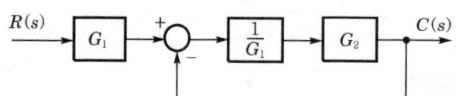

① $\dfrac{G_1}{G_1 - G_2}$ ② $\dfrac{G_2}{G_1 - G_2}$

③ $\dfrac{G_2}{G_1 + G_2}$ ④ $\dfrac{G_1 G_2}{G_1 + G_2}$

해설 $\{R(s)G_1 - C(s)\}\dfrac{1}{G_1} \cdot G_2 = C(s)$

$R(s)G_2 - C(s)\dfrac{G_2}{G_1} = C(s)$

$R(s)G_2 = \left(1 + \dfrac{G_2}{G_1}\right)C(s)$

$\dfrac{C(s)}{R(s)} = \dfrac{G_1 G_2}{G_1 + G_2}$

68 신호 흐름 선도에서 전달 함수 $\dfrac{C}{R}$를 구하면?

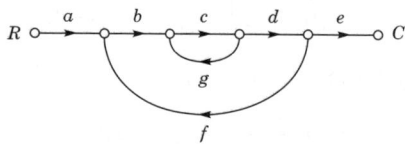

① $\dfrac{abcdg}{1 - abcde}$ ② $\dfrac{abcde}{1 - cg - bcdf}$

③ $\dfrac{abcde}{1 - cg - cgf}$ ④ $\dfrac{abcde}{c + cg + cgf}$

해설 $G_1 = abcde$, $\Delta_1 = 1$, $L_{11} = cg$, $L_{21} = bcdf$
$\Delta = 1 - (L_{11} + L_{21}) = 1 - cg - bcdf$

∴ 전달 함수 $G = \dfrac{C}{R} = \dfrac{G_1 \Delta_1}{\Delta} = \dfrac{abcde}{1 - cg - bcdf}$

69 특성 방정식이 $s^3 + 2s^2 + Ks + 5 = 0$가 안정하기 위한 K의 값은?

① $K > 0$ ② $K < 0$

③ $K > \dfrac{5}{2}$ ④ $K < \dfrac{5}{2}$

해설 라우스의 표

$\begin{array}{c|cc} s^3 & 1 & K \\ s^2 & 2 & 5 \\ s^1 & \dfrac{2K-5}{2} & 0 \\ s^0 & 5 & \end{array}$

제1열의 부호 변화가 없으려면 $\dfrac{2K-5}{2} > 0$

∴ $K > \dfrac{5}{2}$

70 다음과 같은 진리표를 갖는 회로의 종류는?

입력		출력
A	B	
0	0	0
0	1	1
1	0	1
1	1	0

① AND ② NOR
③ NAND ④ EX-OR

해설 출력식 $= \overline{A}B + A\overline{B} = A \oplus B$
입력 $A \cdot B$가 서로 다른 조건식에서 출력이 1이 되는 Exclusive-OR 회로이다.

71 대칭 좌표법에서 대칭분을 각 상전압으로 표시한 것 중 틀린 것은?

① $E_0 = \dfrac{1}{3}(E_a + E_b + E_c)$

② $E_1 = \dfrac{1}{3}(E_a + aE_b + a^2 E_c)$

③ $E_2 = \dfrac{1}{3}(E_a + a^2 E_b + aE_c)$

④ $E_3 = \dfrac{1}{3}(E_a^{\;2} + E_b^{\;2} + E_c^{\;2})$

해설 • 영상분 : 3상 공통인 성분
$E_0 = \dfrac{1}{3}(E_a + E_b + E_c)$

정답 67.④ 68.② 69.③ 70.④ 71.④

- 정상분 : 상순이 $a-b-c$인 성분
  $$E_1 = \frac{1}{3}(E_a + aE_b + a^2E_c)$$
- 역상분 : 상순이 $a-c-b$인 성분
  $$E_2 = \frac{1}{3}(E_a + a^2E_b + aE_c)$$

72 $R-L$ 직렬 회로에서 스위치 S가 1번 위치에 오랫동안 있다가 $t=0^+$에서 위치 2번으로 옮겨진 후, $\frac{L}{R}$[s] 후에 L에 흐르는 전류 [A]는?

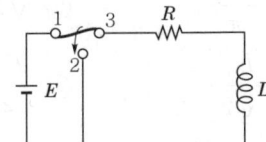

① $\frac{E}{R}$ ② $0.5\frac{E}{R}$
③ $0.368\frac{E}{R}$ ④ $0.632\frac{E}{R}$

해설 $i(t) = \frac{E}{R}e^{-\frac{R}{L}t} = \frac{E}{R}e^{-\frac{1}{\tau}t}$ 에서
$t = \tau$에서의 전류를 구하면
$i(t) = \frac{E}{R}e^{-1} = 0.368\frac{E}{R}$[A]

73 분포 정수 회로에서 선로 정수가 R, L, C, G이고 무왜형 조건이 $RC=GL$과 같은 관계가 성립될 때 선로의 특성 임피던스 Z_0는? (단, 선로의 단위 길이당 저항을 R, 인덕턴스를 L, 정전 용량을 C, 누설 컨덕턴스를 G라 한다.)

① $Z_0 = \frac{1}{\sqrt{CL}}$
② $Z_0 = \sqrt{\frac{L}{C}}$
③ $Z_0 = \sqrt{CL}$
④ $Z_0 = \sqrt{RG}$

해설 $Z_0 = \sqrt{\frac{Z}{Y}} = \sqrt{\frac{R+j\omega L}{G+j\omega C}} = \sqrt{\frac{L}{C}}$ [Ω]

74 그림과 같은 4단자 회로망에서 하이브리드 파라미터 H_{11}은?

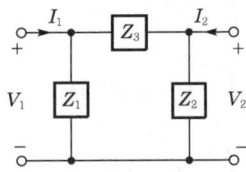

① $\frac{Z_1}{Z_1 + Z_3}$ ② $\frac{Z_1}{Z_1 + Z_2}$
③ $\frac{Z_1 Z_3}{Z_1 + Z_3}$ ④ $\frac{Z_1 Z_2}{Z_1 + Z_2}$

해설 하이브리드 H파라미터
$$\begin{bmatrix} V_1 \\ I_2 \end{bmatrix} = \begin{bmatrix} H_{11} & H_{12} \\ H_{21} & H_{22} \end{bmatrix} \begin{bmatrix} I_1 \\ V_2 \end{bmatrix}$$
$V_1 = H_{11}I_1 + H_{12}V_2$
$I_1 = H_{21}I_1 + H_{22}V_2$
$H_{11} = \left.\frac{V_1}{I_1}\right|_{V_2=0}$

출력 단자를 단락하고 입력측에서 본 단락 구동점 임피던스가 되므로
∴ $H_{11} = \frac{Z_1 Z_3}{Z_1 + Z_3}$

75 내부 저항 0.1[Ω]인 건전지 10개를 직렬로 접속하고 이것을 한 조로 하여 5조 병렬로 접속하면 합성 내부 저항은 몇 [Ω]인가?

① 5 ② 1
③ 0.5 ④ 0.2

해설 합성 저항 $\frac{1}{R_0} = \frac{1}{R_1} + \frac{1}{R_2} + \frac{1}{R_3} + \frac{1}{R_4} + \frac{1}{R_5}$
∴ $\frac{1}{R_0} = \frac{1}{1} + \frac{1}{1} + \frac{1}{1} + \frac{1}{1} + \frac{1}{1}$ [℧]
∴ $R_0 = \frac{1}{5} = 0.2$[Ω]

정답 72.③ 73.② 74.③ 75.④

76 함수 $f(t)$의 라플라스 변환은 어떤 식으로 정의되는가?

① $\int_0^\infty f(t)e^{st}dt$

② $\int_0^\infty f(t)e^{-st}dt$

③ $\int_0^\infty f(-t)e^{st}dt$

④ $\int_{-\infty}^\infty f(-t)e^{-st}dt$

해설 어떤 시간 함수 $f(t)$가 있을 때 이 함수에 $e^{-st}dt$를 곱하고 그것을 다시 0에서부터 ∞까지 시간에 대하여 적분한 것을 함수 $f(t)$의 라플라스 변환식이라고 말하며 $F(s) = \mathcal{L}[f(t)]$로 표시한다.

정의식 $\mathcal{L}[f(t)] = F(s) = \int_0^\infty f(t)e^{-st}dt$

77 대칭 좌표법에서 불평형률을 나타내는 것은?

① $\dfrac{\text{영상분}}{\text{정상분}} \times 100$ ② $\dfrac{\text{정상분}}{\text{역상분}} \times 100$

③ $\dfrac{\text{정상분}}{\text{영상분}} \times 100$ ④ $\dfrac{\text{역상분}}{\text{정상분}} \times 100$

해설 대칭분 중 정상분에 대한 역상분의 비로 비대칭을 나타내는 척도가 된다.

불평형률 $= \dfrac{\text{역상분}}{\text{정상분}} \times 100[\%]$

$= \dfrac{V_2}{V_1} \times 100[\%] = \dfrac{I_2}{I_1} \times 100[\%]$

78 그림의 왜형파를 푸리에 급수로 전개할 때, 옳은 것은?

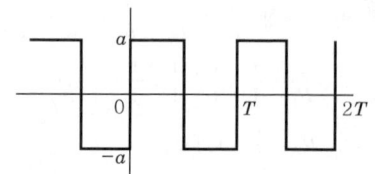

① 우수파만 포함한다.
② 기수파만 포함한다.
③ 우수파·기수파 모두 포함한다.
④ 푸리에 급수로 전개할 수 없다.

해설 반파 및 정현 대칭이므로 홀수항의 정현 성분만 존재한다.

79 최대값이 E_m인 반파 정류 정현파의 실효값은 몇 [V]인가?

① $\dfrac{2E_m}{\pi}$ ② $\sqrt{2}E_m$

③ $\dfrac{E_m}{\sqrt{2}}$ ④ $\dfrac{E_m}{2}$

해설 실효값

$E = \sqrt{\dfrac{1}{2\pi}\int_0^\pi E_m^2 \sin^2\omega t\, d\omega t}$

$= \sqrt{\dfrac{E_m^2}{2\pi}\int_0^\pi \dfrac{1-\cos 2\omega t}{2}d\omega t}$

$= \sqrt{\dfrac{E_m^2}{4\pi}\left[\omega t - \dfrac{1}{2}\sin 2\omega t\right]_0^\pi}$

$= \dfrac{E_m}{2}$ [V]

80 그림과 같이 $R[\Omega]$의 저항을 Y결선으로 하여 단자의 a, b 및 c에 비대칭 3상 전압을 가할 때, a단자의 중성점 N에 대한 전압은 약 몇 [V]인가? (단, $V_{ab}=210$[V], $V_{bc}=-90-j180$[V], $V_{ca}=-120+j180$[V])

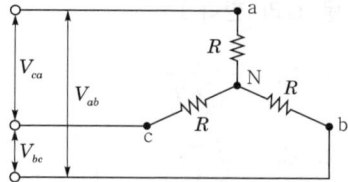

① 100 ② 116
③ 121 ④ 125

해설

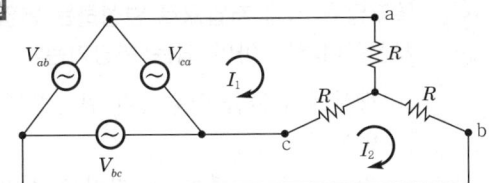

$2RI_1 - RI_2 = V_{ca}$
$-RI_1 + 2RI_2 = V_{bc}$
$I_1 = \dfrac{2V_{ca} + V_{bc}}{3R}$

$\therefore V_{aN} = RI_1 = \dfrac{2V_{ca} + V_{bc}}{3} = -110 + j60$

$\therefore \sqrt{(-110)^2 + 60^2} = 125[V]$

제5과목 전기설비기술기준

81 태양 전지 모듈의 시설에 대한 설명으로 옳은 것은?

① 충전 부분은 노출하여 시설할 것
② 출력 배선은 극성별로 확인 가능하도록 표시할 것
③ 전선은 공칭 단면적 1.5[mm²] 이상의 연동선을 사용할 것
④ 전선을 옥내에 시설할 경우에는 애자 공사에 준하여 시설할 것

해설 전기 저장 장치(한국전기설비규정 512.1.1)
전선은 공칭 단면적 2.5[mm²] 이상의 연동선으로 하고, 배선은 합성 수지관 공사, 금속관 공사, 가요 전선관 공사 또는 케이블 공사로 시설할 것

82 저압 옥상 전선로를 전개된 장소에 시설하는 내용으로 틀린 것은?

① 전선은 절연 전선일 것
② 전선은 지름 2.5[mm²] 이상의 경동선의 것
③ 전선과 그 저압 옥상 전선로를 시설하는 조영재와의 이격 거리(간격)는 2[m] 이상일 것
④ 전선은 조영재에 내수성이 있는 애자를 사용하여 지지하고 그 지지점 간의 거리는 15[m] 이하일 것

해설 저압 옥상 전선로의 시설(한국전기설비규정 221.3)
• 전선은 인장 강도 2.30[kN] 이상의 것 또는 지름 2.6[mm] 이상의 경동선의 것
• 전선은 절연 전선일 것
• 전선은 애자를 사용하여 지지하고 또한 그 지지점 간의 거리는 15[m] 이하일 것
• 전선과 그 저압 옥상 전선로를 시설하는 조영재와의 이격 거리(간격)는 2[m] 이상일 것

83 무대, 무대 마루 밑, 오케스트라 박스, 영사실, 기타 사람이나 무대 도구가 접촉할 우려가 있는 곳에 시설하는 저압 옥내 배선·전구선 또는 이동 전선은 사용 전압이 몇 [V] 이하이어야 하는가?

① 60
② 110
③ 220
④ 400

해설 전시회, 쇼 및 공연장의 전기 설비(한국전기설비규정 242.6)
무대·무대 마루 밑·오케스트라 박스·영사실 기타 사람이나 무대 도구가 접촉할 우려가 있는 곳에 시설하는 저압 옥내 배선·전구선 또는 이동 전선은 사용 전압이 400[V] 이하일 것

84 과전류 차단기로 시설하는 퓨즈 중 고압 전로에 사용하는 포장 퓨즈는 정격 전류의 몇 배의 전류에 견디어야 하는가?

① 1.1   ② 1.25
③ 1.3   ④ 1.6

정답 81.② 82.② 83.④ 84.③

해설 고압 및 특고압 전로 중의 과전류 차단기의 시설
(한국전기설비규정 341.11)
- 포장 퓨즈는 정격 전류의 1.3배의 전류에 견디고 또한 2배의 전류로 120분 안에 용단되는 것
- 비포장 퓨즈는 정격 전류의 1.25배의 전류에 견디고 또한 2배의 전류로 2분 안에 용단되는 것

85 터널 안 전선로의 시설 방법으로 옳은 것은?

① 저압 전선은 지름 2.6[mm]의 경동선의 절연 전선을 사용하였다.
② 고압 전선은 절연 전선을 사용하여 합성 수지관 공사로 하였다.
③ 저압 전선을 애자 공사에 의하여 시설하고 이를 레일면상 또는 노면상 2.2[m]의 높이로 시설하였다.
④ 고압 전선을 금속관 공사에 의하여 시설하고 이를 레일면상 또는 노면상 2.4[m]의 높이로 시설하였다.

해설 터널 안 전선로의 시설(한국전기설비규정 335.1)

구 분	전선의 굵기	노면상 높이	이격 거리 (간격)
저압	2.30[kN], 2.6[mm] 이상 경동선의 절연 전선	2.5[m]	10[cm]
고압	5.26[kN], 4[mm] 이상 경동선의 절연 전선	3[m]	15[cm]

86 저압 옥측 전선로에서 목조의 조영물에 시설할 수 있는 공사 방법은?

① 금속관 공사
② 버스 덕트 공사
③ 합성 수지관 공사
④ 연피 또는 알루미늄 케이블 공사

해설 저압 옥측 전선로의 시설(한국전기설비규정 221.2)
- 애자 공사(전개된 장소에 한한다)
- 합성 수지관 공사
- 금속관 공사(목조 이외의 조영물에 시설하는 경우)
- 버스 덕트 공사(목조 이외의 조영물에 시설하는 경우)
- 케이블 공사(목조 이외의 조영물에 시설하는 경우)

87 특고압을 직접 저압으로 변성하는 변압기를 시설하여서는 아니 되는 변압기는?

① 광산에서 물을 양수하기 위한 양수기용 변압기
② 전기로 등 전류가 큰 전기를 소비하기 위한 변압기
③ 교류식 전기 철도용 신호 회로에 전기를 공급하기 위한 변압기
④ 발전소·변전소·개폐소 또는 이에 준하는 곳의 소내용 변압기

해설 특고압을 직접 저압으로 변성하는 변압기의 시설
(한국전기설비규정 341.3)
- 전기로용 변압기
- 발전소·변전소·개폐소 소내용 변압기
- 25[kV] 이하로서 중성선 다중 접지한 특고압 가공 전선로에 접속하는 변압기
- 사용 전압이 35[kV] 이하인 변압기로서 그 특고압측 권선과 저압측 권선이 혼촉한 경우에 자동적으로 변압기를 전로로부터 차단하기 위한 장치를 설치할 것
- 사용 전압이 100[kV] 이하인 변압기로서 혼촉 방지판의 접지 저항치가 10[Ω] 이하인 것
- 교류식 전기 철도용 신호 회로용 변압기

88 케이블 트레이 공사에 사용하는 케이블 트레이의 시설 기준으로 틀린 것은?

① 케이블 트레이 안전율은 1.3 이상이어야 한다.
② 비금속제 케이블 트레이는 난연성 재료의 것이어야 한다.
③ 전선의 피복 등을 손상시킬 돌기 등이 없이 매끈해야 한다.
④ 저압 옥내 배선의 사용 전압이 400[V] 이하인 경우에는 금속제 트레이에 접지 공사를 하여야 한다.

정답 85.① 86.③ 87.① 88.①

해설 케이블 트레이 공사(한국전기설비규정 232.41)
- 케이블 트레이의 안전율은 1.5 이상이어야 한다.
- 케이블 하중을 충분히 견딜 수 있는 강도를 가져야 한다.
- 전선의 피복 등을 손상시킬 돌기 등이 없이 매끈하여야 한다.
- 금속재의 것은 적절한 방식 처리를 한 것이거나 내식성 재료의 것이어야 한다.
- 비금속제 케이블 트레이는 난연성 재료의 것이어야 한다.

89 전로에 대한 설명 중 옳은 것은?
① 통상의 사용 상태에서 전기를 절연한 곳
② 통상의 사용 상태에서 전기를 접지한 곳
③ 통상의 사용 상태에서 전기가 통하고 있는 곳
④ 통상의 사용 상태에서 전기가 통하고 있지 않은 곳

해설 정의(기술기준 제3조)
- 전선 : 강전류 전기의 전송에 사용하는 전기 도체, 절연물로 피복한 전기 도체 또는 절연물로 피복한 전기 도체를 다시 보호 피복한 전기 도체
- 전로 : 통상의 사용 상태에서 전기가 통하고 있는 곳
- 전선로 : 발전소·변전소·개폐소, 이에 준하는 곳, 전기 사용 장소 상호간의 전선(전차선을 제외) 및 이를 지지하거나 수용하는 시설물

90 최대 사용 전압 23[kV]의 권선으로 중성점 접지식 전로(중성선을 가지는 것으로 그 중성선에 다중 접지를 하는 전로)에 접속되는 변압기는 몇 [V]의 절연 내력 시험 전압에 견디어야 하는가?
① 21,160 ② 25,300
③ 38,750 ④ 34,500

해설 변압기 전로의 절연 내력(한국전기설비규정 135)
중성선에 다중 접지를 하는 것은 최대 사용 전압의 0.92배의 전압이므로 23,000×0.92=21,160[V]이다.

91 고압 가공 전선으로 경동선 또는 내열 동합금선을 사용할 때 그 안전율은 최소 얼마 이상이 되는 이도(처짐 정도)로 시설하여야 하는가?
① 2.0 ② 2.2
③ 2.5 ④ 3.3

해설 고압 가공 전선의 안전율(한국전기설비규정 332.4)
- 경동선 또는 내열 동합금선 → 2.2 이상
- 기타 전선(ACSR, 알루미늄 전선 등) → 2.5 이상

92 제3종 접지 공사에 사용되는 접지선의 굵기는 공칭 단면적 몇 [mm^2] 이상의 연동선을 사용하여야 하는가?
① 0.75 ② 2.5
③ 6 ④ 16

해설 각종 접지 공사의 세목(판단기준 제19조)

접지 공사의 종류	접지선의 굵기
제1종 접지 공사	공칭 단면적 6[mm^2] 이상의 연동선
제2종 접지 공사	공칭 단면적 16[mm^2] 이상의 연동선
제3종 접지 공사 및 특별 제3종 접지 공사	공칭 단면적 2.5[mm^2] 이상의 연동선

※ 이 문제는 출제 당시 규정에는 적합했으나 새로 제정된 한국전기설비규정에는 일부 부적합하므로 문제 유형만 참고하시기 바랍니다.

93 고압 보안 공사에서 지지물이 A종 철주인 경우 경간(지지물 간 거리)은 몇 [m] 이하인가?
① 100 ② 150
③ 250 ④ 400

해설 고압 보안 공사(한국전기설비규정 332.10)

지지물의 종류	경간(지지물 간 거리)
목주 또는 A종	100[m]
B종	150[m]
철탑	400[m]

정답 89.③ 90.① 91.② 92.② 93.①

94 가공 직류 전차선의 레일면상의 높이는 4.8[m] 이상이어야 하나 광산, 기타의 갱도 안의 윗면에 시설하는 경우는 몇 [m] 이상이어야 하는가?

① 1.8 ② 2
③ 2.2 ④ 2.4

해설 가공 직류 전차선의 레일면상의 높이(판단기준 제256조)
- 가공 직류 전차선의 레일면상의 높이는 4.8[m] 이상, 전용의 부지 위에 시설될 때에는 4.4[m] 이상이어야 한다.
- 터널 안의 윗면, 교량의 아랫면 기타 이와 유사한 곳 3.5[m] 이상
- 광산 기타의 갱도 안의 윗면에 시설하는 경우 1.8[m] 이상

※ 이 문제는 출제 당시 규정에는 적합했으나 새로 제정된 한국전기설비규정에는 일부 부적합하므로 문제 유형만 참고하시기 바랍니다.

95 가공 전선로 지지물의 승탑 및 승주 방지를 위한 발판 볼트는 지표상 몇 [m] 미만에 시설하여서는 아니 되는가?

① 1.2 ② 1.5
③ 1.8 ④ 2.0

해설 가공 전선로 지지물의 철탑 오름 및 전주 오름 방지(한국전기설비규정 331.4)
가공 전선로의 지지물에 취급자가 오르고 내리는 데 사용하는 발판못 등을 지표상 1.8[m] 미만에 시설하여서는 아니 된다.

96 저압 옥내 간선에서 분기하여 전기 사용 기계 기구에 이르는 저압 옥내 전로는 분기점에서 전선의 길이가 몇 [m] 이하인 곳에 개폐기 및 과전류 차단기를 시설하여야 하는가?

① 2 ② 3
③ 4 ④ 5

해설 분기 회로의 시설(판단기준 제176조)
저압 옥내 간선과의 분기점에서 전선의 길이가 3[m] 이하인 곳에 개폐기 및 과전류 차단기를 시설할 것

※ 이 문제는 출제 당시 규정에는 적합했으나 새로 제정된 한국전기설비규정에는 일부 부적합하므로 문제 유형만 참고하시기 바랍니다.

97 사용 전압이 60[kV] 이하인 경우 전화 선로의 길이 12[km]마다 유도 전류는 몇 [μA]를 넘지 않도록 하여야 하는가?

① 1 ② 2
③ 3 ④ 5

해설 유도 장해의 방지(한국전기설비규정 333.2)
- 사용 전압이 60[kV] 이하인 경우에는 전화 선로의 길이 12[km]마다 유도 전류가 2[μA]를 넘지 아니하도록 할 것
- 사용 전압이 60[kV]를 초과하는 경우에는 전화 선로의 길이 40[km]마다 유도 전류가 3[μA]를 넘지 아니하도록 할 것

98 발전소·변전소·개폐소 또는 이에 준하는 곳에서 개폐기 또는 차단기에 사용하는 압축 공기 장치의 공기 압축기는 최고 사용 압력의 1.5배의 수압을 연속하여 몇 분간 가하여 시험을 하였을 때에 이에 견디고 또한 새지 아니하여야 하는가?

① 5
② 10
③ 15
④ 20

해설 압력 공기 계통(한국전기설비규정 341.16)
공기 압축기는 최고 사용 압력의 1.5배의 수압(1.25배의 기압)을 연속하여 10분간 가하여 시험을 하였을 때에 이에 견디고 또한 새지 아니할 것

정답 94.① 95.③ 96.② 97.② 98.②

99 금속 덕트 공사에 의한 저압 옥내 배선 공사 시설에 대한 설명으로 틀린 것은?

① 저압 옥내 배선의 사용 전압이 400[V] 이하인 경우에는 덕트에 접지 공사를 한다.
② 금속 덕트는 두께 1.0[mm] 이상인 철판으로 제작하고 덕트 상호간에 완전하게 접속한다.
③ 덕트를 조영재에 붙이는 경우 덕트 지지점 간의 거리를 3[m] 이하로 견고하게 붙인다.
④ 금속 덕트에 넣은 전선의 단면적의 합계가 덕트의 내부 단면적의 20[%] 이하가 되도록 한다.

해설 금속 덕트 공사(한국전기설비규정 232.31)
- 금속 덕트 공사에 의한 저압 옥내 배선
  - 전선은 절연 전선(옥외용 전선 제외)일 것
  - 금속 덕트에 넣은 전선의 단면적(절연 피복 포함)의 합계는 덕트의 내부 단면적의 20[%](제어 회로 등의 배선만을 넣는 경우에는 50[%]) 이하일 것
  - 금속 덕트 안에는 전선에 접속점이 없도록 할 것
- 금속 덕트 공사에 사용하는 금속 덕트의 폭이 5[cm]를 초과하고 또한 두께가 1.2[mm] 이상인 철판 사용

100 그림은 전력선 반송 통신용 결합 장치의 보안 장치를 나타낸 것이다. S의 명칭으로 옳은 것은?

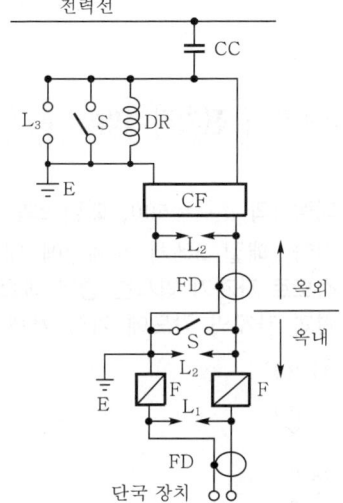

① 동축 케이블   ② 결합 콘덴서
③ 접지용 개폐기   ④ 구상용 방전갭

해설 전력선 반송 통신용 결합 장치의 보안 장치(한국전기설비규정 362.10)
- CC : 결합 커패시터(결합 콘덴서)
- CF : 결합 필터
- DR : 전류 용량 2[A] 이상의 배류 선륜
- F : 정격 전류 10[A] 이하의 포장 퓨즈
- FD : 동축 케이블
- L_1 : 교류 300[V] 이하에서 동작하는 피뢰기
- L_2, L_3 : 방전갭
- S : 접지용 개폐기

정답 99.② 100.③

2018년 제2회 과년도 출제문제

2018. 4. 28. 시행

제1과목 전기자기학

01 매질 1의 $\mu_{s1}=500$, 매질 2의 $\mu_{s2}=1,000$이다. 매질 2에서 경계면에 대하여 45°의 각도로 자계가 입사한 경우 매질 1에서 경계면과 자계의 각도에 가장 가까운 것은?

① 20° ② 30°
③ 60° ④ 80°

해설 $\dfrac{\tan\theta_1}{\tan\theta_2}=\dfrac{\mu_{s1}}{\mu_{s2}}$

$\theta_2=\tan^{-1}\left(\dfrac{\mu_{s2}}{\mu_{s1}}\tan\theta_1\right)=\tan^{-1}\left(\dfrac{1,000}{500}\tan45°\right)=60°$

02 대지의 고유 저항이 $\rho[\Omega\cdot m]$일 때 반지름 $a[m]$인 그림과 같은 반구 접지극의 접지 저항$[\Omega]$은?

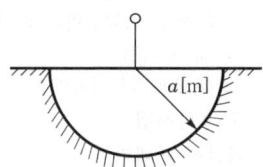

① $\dfrac{\rho}{4\pi a}$ ② $\dfrac{\rho}{2\pi a}$
③ $\dfrac{2\pi\rho}{a}$ ④ $2\pi\rho a$

해설 반지름 $a[m]$인 구의 정전 용량은 $4\pi\varepsilon a[F]$이므로 반구의 정전 용량 C는 $C=2\pi\varepsilon a\,[F]$이다.
$RC=\rho\varepsilon$
$R=\dfrac{\rho\varepsilon}{C}=\dfrac{\rho\varepsilon}{2\pi\varepsilon a}=\dfrac{\rho}{2\pi a}\,[\Omega]$

03 히스테리시스 곡선에서 히스테리시스 손실에 해당하는 것은?

① 보자력의 크기
② 잔류 자기의 크기
③ 보자력과 잔류 자기의 곱
④ 히스테리시스 곡선의 면적

해설 히스테리시스 루프를 일주할 때마다 그 면적에 상당하는 에너지가 열 에너지로 손실되는데, 교류의 경우 단위 체적당 에너지 손실이 되고 이를 히스테리시스 손실이라고 한다.

04 다음 (㉠), (㉡)에 대한 법칙으로 알맞은 것은?

> 전자 유도에 의하여 회로에 발생되는 기전력은 쇄교 자속수의 시간에 대한 감소 비율에 비례한다는 (㉠)에 따르고 특히, 유도된 기전력의 방향은 (㉡)에 따른다.

① ㉠ 패러데이의 법칙
  ㉡ 렌츠의 법칙
② ㉠ 렌츠의 법칙
  ㉡ 패러데이의 법칙
③ ㉠ 플레밍의 왼손 법칙
  ㉡ 패러데이의 법칙
④ ㉠ 패러데이의 법칙
  ㉡ 플레밍의 왼손 법칙

해설 전자 유도에서 회로에 발생하는 기전력 e는 자속 쇄교수의 시간에 대한 감쇠율에 비례한다.
$e=-\dfrac{d\phi}{dt}\,[V]$

정답 01.③ 02.② 03.④ 04.①

이것을 패러데이의 유도 법칙이라 하며, -부호는 자속의 변화를 방해하는 방향으로 기전력이 유도되는 것을 나타내는 렌츠의 법칙이다.

05 N회 감긴 환상 코일의 단면적이 $S[\text{m}^2]$이고 평균 길이가 $l[\text{m}]$이다. 이 코일의 권수를 2배로 늘이고 인덕턴스를 일정하게 하려고 할 때, 다음 중 옳은 것은?

① 길이를 2배로 한다.
② 단면적을 $\frac{1}{4}$로 한다.
③ 비투자율을 $\frac{1}{2}$배로 한다.
④ 전류의 세기를 4배로 한다.

해설 환상 코일의 자기 인덕턴스 $L=\frac{\mu SN^2}{l}$[H]에서 권수를 2배하면 L은 4배가 되므로 인덕턴스를 일정하게 하려면 길이 l을 4배로, 단면적 투자율을 $\frac{1}{4}$배로 하면 된다.

06 무한장 솔레노이드에 전류가 흐를 때 발생되는 자장에 관한 설명으로 옳은 것은?

① 내부 자장은 평등 자장이다.
② 외부 자장은 평등 자장이다.
③ 내부 자장의 세기는 0이다.
④ 외부와 내부의 자장의 세기는 같다.

해설 무한장 솔레노이드의 자계의 세기

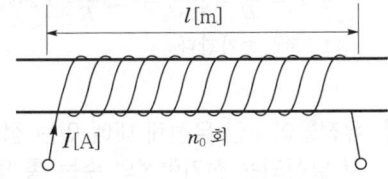

앙페르의 주회 적분 법칙에 의해
$\int Hdl = n_0 I$
자로의 길이가 $l[\text{m}]$이므로
$H = n_0 I$ [AT/m]
여기서, n_0[T/m]는 단위 길이당의 권수를 의미한다.

내부의 자계의 세기는 평등 자장이며 균등 자장이다. 또한, 외부의 자계의 세기는 0이다.

07 자기 회로에서 키르히호프의 법칙으로 알맞은 것은? (단, R : 자기 저항, ϕ : 자속, N : 코일 권수, I : 전류이다.)

① $\sum_{i=1}^{n} \phi_i = \infty$

② $\sum_{i=1}^{n} N_i \phi_i = 0$

③ $\sum_{i=1}^{n} R_i \phi_i = \sum_{i=1}^{n} N_i I_i$

④ $\sum_{i=1}^{n} R_i \phi_i = \sum_{i=1}^{n} N_i L_i$

해설 임의의 폐자기 회로망에서 기자력의 총화는 자기 저항과 자속의 곱의 총화와 같다.
$\sum_{i=1}^{n} N_i I_i = \sum_{i=1}^{n} R_i \phi_i$

08 전하 밀도 ρ_s[C/m²]인 무한판상 전하 분포에 의한 임의 점의 전장에 대하여 틀린 것은?

① 전장의 세기는 매질에 따라 변한다.
② 전장의 세기는 거리 r에 반비례한다.
③ 전장은 판에 수직 방향으로만 존재한다.
④ 전장의 세기는 전하 밀도 ρ_s에 비례한다.

해설 $E = \frac{\rho_s}{2\varepsilon_0}$ [V/m]
전장의 세기는 거리에 관계없이 일정하다.

09 한 변의 길이가 $l[\text{m}]$인 정사각형 도체 회로에 전류 $I[\text{A}]$를 흘릴 때 회로의 중심점에서 자계의 세기는 몇 [AT/m]인가?

① $\frac{2I}{\pi l}$
② $\frac{I}{\sqrt{2}\pi l}$
③ $\frac{\sqrt{2}I}{\pi l}$
④ $\frac{2\sqrt{2}I}{\pi l}$

정답 05.② 06.① 07.③ 08.② 09.④

해설 정사각형의 중심 자계의 세기

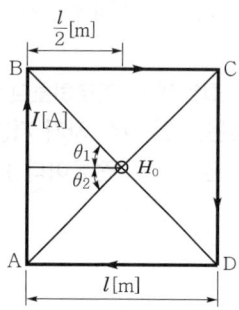

AB에 대한 중심점의 자계 H_{AB}는

$$H_{AB} = \frac{I}{4\pi a}(\sin\theta_1 + \sin\theta_2)$$

여기서, $a = \frac{l}{2}$, $\sin\theta_1 = \sin\theta_2 = \sin 45° = \frac{1}{\sqrt{2}}$ 이므로

$$H_{AB} = \frac{I}{4\pi\left(\frac{l}{\sqrt{2}}\right)}(\sin 45° + \sin 45°)$$

$$= \frac{I}{\sqrt{2}\,\pi l} \text{ [AT/m]}$$

따라서, 정사각형에 의한 중심 자계의 세기 H_0는

$$H_0 = 4 \times H_{AB} = \frac{2\sqrt{2}\,I}{\pi l} \text{ [AT/m]}$$

10 반지름 a[m]의 원형 단면을 가진 도선에 전도 전류 $i_c = I_c \sin 2\pi ft$ [A]가 흐를 때 변위 전류 밀도의 최대값 J_d는 몇 [A/m²]가 되는가? (단, 도전율은 σ[S/m]이고, 비유전율은 ε_r이다.)

① $\dfrac{f\varepsilon_r I_c}{4\pi \times 10^9 \sigma a^2}$ ② $\dfrac{\varepsilon_r I_c}{4\pi f \times 10^9 \sigma a^2}$

③ $\dfrac{f\varepsilon_r I_c}{9\pi \times 10^9 \sigma a^2}$ ④ $\dfrac{f\varepsilon_r I_c}{18\pi \times 10^9 \sigma a^2}$

해설 전도 전류 밀도 $J = \dfrac{I}{S} = \dfrac{I_c}{\sqrt{2}\,S}$ [A/m²]에서

$J = QV = nev = \sigma E$ [A/m²]

즉, $J = \sigma E$에서 $E = \dfrac{J}{\sigma} = \dfrac{I_c}{\sqrt{2}\,S\sigma} = \dfrac{I_c}{\sqrt{2}\,(\pi a^2)\sigma}$ 이다.

변위 전류 밀도 $J_d = \dfrac{\partial D}{\partial t} = \dfrac{\partial(\varepsilon E)}{\partial t} = j\omega\varepsilon E$

변위 전류 밀도의 최대값

$$J_{dm} = \sqrt{2}\,J_d$$
$$= \sqrt{2}\,\omega\varepsilon E$$
$$= \sqrt{2}\,2\pi f\varepsilon_0\varepsilon_r \frac{I_c}{\sqrt{2}\,(\pi a^2)\sigma}$$
$$= 2\varepsilon_0 \frac{f\varepsilon_r I_c}{a^2\sigma} = 2 \times \frac{1}{4\pi \times 9 \times 10^9} \times \frac{f\varepsilon_r I_c}{a^2\sigma}$$
$$= \frac{f\varepsilon_r I_c}{18\pi \times 10^9 \sigma a^2} \text{ [A/m²]}$$

11 대전 도체 표면 전하 밀도는 도체 표면의 모양에 따라 어떻게 분포하는가?

① 표면 전하 밀도는 뾰족할수록 커진다.
② 표면 전하 밀도는 평면일 때 가장 크다.
③ 표면 전하 밀도는 곡률이 크면 작아진다.
④ 표면 전하 밀도는 표면의 모양과 무관하다.

해설 도체 표면의 전하는 뾰족한 부분에 모이는 성질이 있는데, 뾰족한 부분일수록 곡률 반지름이 작으므로 전하 밀도는 곡률이 커질수록 커진다.

12 일정 전압의 직류 전원에 저항을 접속하여 전류를 흘릴 때, 저항값을 20[%] 감소시키면 흐르는 전류는 처음 저항에 흐르는 전류의 몇 배가 되는가?

① 1.0배   ② 1.1배
③ 1.25배   ④ 1.5배

해설 전류 $I = \dfrac{V}{R}$에서 저항값을 20[%] 감소시키면 전류

I'는 $I' = \dfrac{V}{R'} = \dfrac{V}{0.8R} = 1.25\dfrac{V}{R} = 1.25I$ [A]

∴ 1.25배 증가한다.

13 유전율이 ε인 유전체 내에 있는 점전하 Q에서 발산되는 전기력선의 수는 총 몇 개인가?

① Q ② $\dfrac{Q}{\varepsilon_0 \varepsilon_s}$

③ $\dfrac{Q}{\varepsilon_s}$ ④ $\dfrac{Q}{\varepsilon_0}$

정답 10.④ 11.① 12.③ 13.②

해설 진공 상태에서 단위 정전하(+1[C])는 $\frac{1}{\varepsilon_0}$ 개의 전기력선이 출입한다.
유전율이 ε인 유전체 내에 있는 점전하 Q[C]에서는 $\frac{Q}{\varepsilon}\left(=\frac{Q}{\varepsilon_0\varepsilon_s}\right)$ 개의 전기력선이 출입한다.

14 내부 도체의 반지름이 a[m]이고, 외부 도체의 내반지름이 b[m], 외반지름이 c[m]인 동축 케이블의 단위 길이당 자기 인덕턴스는 몇 [H/m]인가?

① $\frac{\mu_0}{2\pi}\ln\frac{b}{a}$ ② $\frac{\mu_0}{\pi}\ln\frac{b}{a}$

③ $\frac{2\pi}{\mu_0}\ln\frac{b}{a}$ ④ $\frac{\pi}{\mu_0}\ln\frac{b}{a}$

해설 동심원통 사이의 인덕턴스

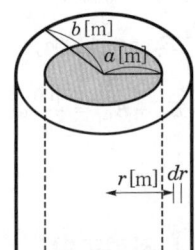

원통 내의 반지름이 r이고 폭이 dr인 얇은 원통에서 r 위치의 자계의 세기는
$H=\frac{I}{2\pi r}$

dr의 미소 원통을 지나는 미소 자속 $d\phi$는
$d\phi = BdS = Bldr = \mu_0 Hldr = \mu_0\frac{Il}{2\pi r}dr$

전체 자속 ϕ는
$\phi = \int_a^b d\phi = \frac{\mu_0 Il}{2\pi}\int_a^b\frac{1}{r}dr = \frac{\mu_0 Il}{2\pi}\ln\frac{b}{a}$ [Wb]

그러므로 인덕턴스 L은
$L=\frac{\phi}{I}=\frac{\mu_0 l}{2\pi}\ln\frac{b}{a}$ [H]

단위 길이당 인덕턴스는
$L=\frac{\mu_0}{2\pi}\ln\frac{b}{a}$ [H/m]

15 공기 중에서 1[m] 간격을 가진 두 개의 평행 도체 전류의 단위 길이에 작용하는 힘은 몇 [N/m]인가? (단, 전류는 1[A]라고 한다.)

① 2×10^{-7}
② 4×10^{-7}
③ $2\pi\times 10^{-7}$
④ $4\pi\times 10^{-7}$

해설 평행 전류 도선 간 단위 길이당 작용하는 힘
$F=\frac{\mu_0 I_1 I_2}{2\pi d}=\frac{2I_1 I_2}{d}\times 10^{-7}$ [N/m]
$I_1 = I_2 = 1$[A]이고 $d = 1$[m]이므로
$\therefore F = 2\times 10^{-7}$ [N/m]

16 공기 중에서 코로나 방전이 3.5[kV/mm] 전계에서 발생한다고 하면, 이때 도체의 표면에 작용하는 힘은 약 몇 [N/m²]인가?

① 27   ② 54
③ 81   ④ 108

해설 $f=\frac{\sigma^2}{2\varepsilon_0}$
$=\frac{1}{2}\varepsilon_0 E^2$
$=\frac{1}{2}\times 8.855\times 10^{-12}\times (3.5\times 10^6)^2 = 54$ [N/m²]

17 무한장 직선 전류에 의한 자계의 세기[AT/m]는?

① 거리 r에 비례한다.
② 거리 r^2에 비례한다.
③ 거리 r에 반비례한다.
④ 거리 r^2에 반비례한다.

해설 무한장 직선 전류에 의한 자계의 세기 $H=\frac{I}{2\pi r}$ [A/m]
즉, 무한장 직선 전류에 의한 자계의 크기는 직선 전류에서의 거리(r)에 반비례한다.

정답 14.① 15.① 16.② 17.③

18 전계 $E = \sqrt{2} E_e \sin\omega\left(t - \dfrac{x}{c}\right)$ [V/m]의 평면 전자파가 있다. 진공 중에서 자계의 실효값은 몇 [A/m]인가?

① $0.707 \times 10^{-3} E_e$ ② $1.44 \times 10^{-3} E_e$
③ $2.65 \times 10^{-3} E_e$ ④ $5.37 \times 10^{-3} E_e$

해설 $H_e = \sqrt{\dfrac{\varepsilon_0}{\mu_0}} E_e = \dfrac{1}{120\pi} E_e = 2.7 \times 10^{-3} E_e$ [A/m]

19 Biot-Savart의 법칙에 의하면, 전류소에 의해서 임의의 한 점(P)에 생기는 자계의 세기를 구할 수 있다. 다음 중 설명으로 틀린 것은?

① 자계의 세기는 전류의 크기에 비례한다.
② MKS 단위계를 사용할 경우 비례 상수는 $\dfrac{1}{4\pi}$이다.
③ 자계의 세기는 전류소와 점 P와의 거리에 반비례한다.
④ 자계의 방향은 전류소 및 이 전류소와 점 P를 연결하는 직선을 포함하는 면에 법선 방향이다.

해설 비오-사바르(Biot-Savart)의 법칙

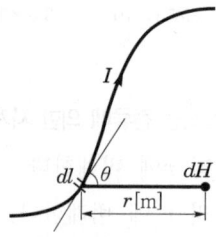

전류 I가 흐르는 도선에 미소 길이 dl[m]와 접선 사이의 각도를 θ라 할 때 이 점에서 거리 r[m]만큼 떨어진 점의 미소 자계의 세기 dH는 비오-사바르 법칙에 의해 다음과 같다.

$dH = \dfrac{Idl}{4\pi r^2} \sin\theta$ [AT/m]

따라서, 자계의 세기는 전류소와 점 P와의 거리 제곱에 반비례한다.

20 $x > 0$인 영역에 $\varepsilon_1 = 3$인 유전체, $x < 0$인 영역에 $\varepsilon_2 = 5$인 유전체가 있다. 유전율 ε_2인 영역에서 전계가 $E_2 = 20 a_x + 30 a_y - 40 a_z$ [V/m]일 때, 유전율 ε_1인 영역에서의 전계 E_1 [V/m]은?

① $\dfrac{100}{3} a_x + 30 a_y - 40 a_z$
② $20 a_x + 90 a_y - 40 a_z$
③ $100 a_x + 10 a_y - 40 a_z$
④ $60 a_x + 30 a_y - 40 a_z$

해설 $D_2 = \varepsilon_0 \varepsilon_{R2} E_2 = \varepsilon_0 \times 5 (20 a_x + 30 a_y - 40 a_z)$
$= \varepsilon_0 (100 a_x + 150 a_y - 200 a_z)$ [C/m²]
전계의 접선 성분은
$E_{2t} = E_{1t} = 30 a_y - 40 a_z$ [V/m]가 되며
법선 성분의 특성에서
$E_{1n} = \dfrac{\varepsilon_2}{\varepsilon_1} E_{2n} = \dfrac{5}{3} \times 20 a_x = \dfrac{100}{3} a_x$ [V/m]
$\therefore E_1 = E_{1t} + E_{1n} = \dfrac{100}{3} a_x + 30 a_y - 40 a_z$ [V/m]

제2과목 전력공학

21 1[kWh]를 열량으로 환산하면 약 몇 [kcal]인가?

① 80 ② 256
③ 539 ④ 860

해설 전력량 1[kWh] = 3.6×10^{-6} [J] = 860 [kcal]

22 22.9[kV], Y결선된 자가용 수전 설비의 계기용 변압기의 2차측 정격 전압은 몇 [V]인가?

① 110 ② 220
③ $110\sqrt{3}$ ④ $220\sqrt{3}$

해설 계기용 변압기(PT)의 2차 정격 전압은 110[V]이다.

정답 18.③ 19.③ 20.① 21.④ 22.①

23 순저항 부하의 부하 전력 P[kW], 전압 E[V], 선로의 길이 l[m], 고유 저항 ρ[Ω·mm²/m]인 단상 2선식 선로에서 선로 손실을 q[W]라 하면, 전선의 단면적[mm²]은 어떻게 표현되는가?

① $\dfrac{\rho l P^2}{qE^2} \times 10^6$ ② $\dfrac{2\rho l P^2}{qE^2} \times 10^6$

③ $\dfrac{\rho l P^2}{2qE^2} \times 10^6$ ④ $\dfrac{2\rho l P^2}{q^2 E} \times 10^6$

해설 선로 손실 $P_l = 2I^2 R = 2 \times \left(\dfrac{P}{V\cos\theta}\right)^2 \times \rho\dfrac{l}{A}$에서

전선 단면적 $A = \dfrac{2\rho l P^2}{V^2 \cos^2\theta P_l}$이므로

$A = \dfrac{2\rho l (P \times 10^3)^2}{E^2 q} = \dfrac{2\rho l P^2}{qE^2} \times 10^6 [\text{mm}^2]$

24 동작 전류의 크기가 커질수록 동작 시간이 짧게 되는 특성을 가진 계전기는?

① 순한시 계전기
② 정한시 계전기
③ 반한시 계전기
④ 반한시성 정한시 계전기

해설 계전기 동작 시간에 의한 분류
• 순한시 계전기 : 정정된 최소 동작 전류 이상의 전류가 흐르면 즉시 동작하는 계전기
• 정한시 계전기 : 정정된 값 이상의 전류가 흐르면 정해진 일정 시간 후에 동작하는 계전기
• 반한시 계전기 : 정정된 값 이상의 전류가 흐를 때 동작 시간은 전류값이 크면 동작 시간이 짧아지고, 전류값이 적으면 동작 시간이 길어진다.

25 소호 리액터를 송전 계통에 사용하면 리액터의 인덕턴스와 선로의 정전 용량이 어떤 상태로 되어 지락 전류를 소멸시키는가?

① 병렬 공진 ② 직렬 공진
③ 고임피던스 ④ 저임피던스

해설 소호 리액터 접지 방식은 L, C 병렬 공진을 이용하여 지락 전류를 소멸시킨다.

26 동기 조상기에 대한 설명으로 틀린 것은?

① 시충전이 불가능하다.
② 전압 조정이 연속적이다.
③ 중부하 시에는 과여자로 운전하여 앞선 전류를 취한다.
④ 경부하 시에는 부족 여자로 운전하여 뒤진 전류를 취한다.

해설 동기 조상기는 경부하시 부족 여자로 지상을, 중부하 시 과여자로 진상을 취하는 것으로, 연속적 조정 및 시충전이 가능하지만, 손실이 크고, 시설비가 고가이므로 송전 계통에서 전압 조정용으로 이용된다.

27 화력 발전소에서 가장 큰 손실은?

① 소내용 동력
② 송풍기 손실
③ 복수기에서의 손실
④ 연도 배출 가스 손실

해설 화력 발전소의 가장 큰 손실은 복수기의 냉각 손실로 전열량의 약 50[%] 정도가 소비된다.

28 정전 용량 $0.01[\mu\text{F/km}]$, 길이 173.2[km], 선간 전압 60[kV], 주파수 60[Hz]인 3상 송전 선로의 충전 전류는 약 몇 [A]인가?

① 6.3 ② 12.5
③ 22.6 ④ 37.2

해설 충전 전류 $I_c = \omega C \dfrac{V}{\sqrt{3}}$

$= 2\pi \times 60 \times 0.01 \times 10^{-6} \times 173.2 \times \dfrac{60 \times 10^3}{\sqrt{3}}$

$= 22.6[\text{A}]$

정답 23.② 24.③ 25.① 26.① 27.③ 28.③

29 발전 용량 9,800[kW]의 수력 발전소 최대 사용 수량이 10[m³/s]일 때, 유효 낙차는 몇 [m]인가?

① 100   ② 125
③ 150   ④ 175

해설 발전소 이론 출력 $P=9.8HQ$[kW]에서
유효 낙차 $H=\dfrac{P}{9.8Q}=\dfrac{8,900}{9.8\times10}=100$[m]

30 차단기의 정격 차단 시간은?

① 고장 발생부터 소호까지의 시간
② 트립 코일 여자부터 소호까지의 시간
③ 가동 접촉자의 개극부터 소호까지의 시간
④ 가동 접촉자의 동작 시간부터 소호까지의 시간

해설 차단기의 정격 차단 시간은 트립 코일이 여자하는 순간부터 아크가 소멸하는 시간으로 약 3~8[Hz] 정도이다.

31 부하 전류의 차단 능력이 없는 것은?

① DS   ② NFB
③ OCB   ④ VCB

해설 단로기(DS)는 소호 장치가 없으므로 통전 중인 전로를 개폐하여서는 안 된다.

32 전선의 굵기가 균일하고 부하가 송전단에서 말단까지 균일하게 분포되어 있을 때 배전선 말단에서 전압 강하는? (단, 배전선 전체 저항 R, 송전단의 부하 전류는 I이다.)

① $\dfrac{1}{2}RI$ ② $\dfrac{1}{\sqrt{2}}RI$
③ $\dfrac{1}{\sqrt{3}}RI$ ④ $\dfrac{1}{3}RI$

해설

구 분	말단에 집중 부하	균등 부하 분포
전압 강하	IR	$\dfrac{1}{2}IR$
전력 손실	I^2R	$\dfrac{1}{3}I^2R$

33 역률 개선용 콘덴서를 부하와 병렬로 연결하고자 한다. △결선 방식과 Y결선 방식을 비교하면 콘덴서의 정전 용량[μF]의 크기는 어떠한가?

① △결선 방식과 Y결선 방식은 동일하다.
② Y결선 방식이 △결선 방식의 $\dfrac{1}{2}$이다.
③ △결선 방식이 Y결선 방식의 $\dfrac{1}{3}$이다.
④ Y결선 방식이 △결선 방식의 $\dfrac{1}{\sqrt{3}}$이다.

해설 동일한 조건에서 정전 용량은 $C_\triangle=C_Y\times\dfrac{1}{3}$이다.

34 송전 선로에서 고조파 제거 방법이 아닌 것은?

① 변압기를 △결선한다.
② 능동형 필터를 설치한다.
③ 유도 전압 조정 장치를 설치한다.
④ 무효 전력 보상 장치를 설치한다.

해설 제3고조파는 △결선으로 제거할 수 있고, 제5고조파는 직렬 리액터를 설치하여 제거한다. 그리고 무효 전력을 보상하고, 고성능 필터를 사용할 수 있다. 유도 전압 조정 장치는 고조파 제거와는 관계가 없는 설비이다.

35 송전 선로에 댐퍼(damper)를 설치하는 주된 이유는?

① 전선의 진동 방지
② 전선의 이탈 방지
③ 코로나 현상의 방지
④ 현수 애자의 경사 방지

정답 29.① 30.② 31.① 32.① 33.③ 34.③ 35.①

해설 가공 전선로의 댐퍼(damper)는 진동 루프 길이의 $\frac{1}{2} \sim \frac{1}{3}$인 곳에 설치하며 진동 에너지를 흡수하여 전선 진동을 방지한다.

36 400[kVA] 단상 변압기 3대를 △-△ 결선으로 사용하다가 1대의 고장으로 V-V 결선을 하여 사용하면 약 몇 [kVA] 부하까지 걸 수 있겠는가?

① 400
② 566
③ 693
④ 800

해설 $P_V = \sqrt{3} P_1 = \sqrt{3} \times 400 = 692.8 [kVA]$

37 직격뢰에 대한 방호 설비로 가장 적당한 것은?

① 복도체
② 가공 지선
③ 서지 흡수기
④ 정전 방전기

해설 가공 지선은 직격뢰로부터 전선로를 보호한다.

38 선로 정수를 평형되게 하고, 근접 통신선에 대한 유도 장해를 줄일 수 있는 방법은?

① 연가를 시행한다.
② 전선으로 복도체를 사용한다.
③ 전선로의 이도를 충분하게 한다.
④ 소호 리액터 접지를 하여 중성점 전위를 줄여준다.

해설 연가의 효과는 선로 정수를 평형시켜 통신선에 대한 유도 장해 방지 및 전선로의 직렬 공진을 방지한다.

39 직류 송전 방식에 대한 설명으로 틀린 것은?

① 선로의 절연이 교류 방식보다 용이하다.
② 리액턴스 또는 위상각에 대해서 고려할 필요가 없다.
③ 케이블 송전일 경우 유전손이 없기 때문에 교류 방식보다 유리하다.
④ 비동기 연계가 불가능하므로 주파수가 다른 계통 간의 연계가 불가능하다.

해설 직류 송전 방식의 이점
- 무효분이 없어 손실이 없고 역률이 항상 1이며 송전 효율이 좋다.
- 파고치가 없으므로 절연 계급을 낮출 수 있다.
- 전압 강하와 전력 손실이 적고, 안정도가 높아진다.

40 저압 배전 계통을 구성하는 방식 중, 캐스케이딩(cascading)을 일으킬 우려가 있는 방식은?

① 방사상 방식
② 저압 뱅킹 방식
③ 저압 네트워크 방식
④ 스포트 네트워크 방식

해설 캐스케이딩(cascading) 현상은 저압 뱅킹 방식에서 변압기 또는 선로의 사고에 의해서 뱅킹 내의 건전한 변압기의 일부 또는 전부가 연쇄적으로 차단되는 현상으로 방지책은 변압기의 1차측에 퓨즈, 저압선의 중간에 구분 퓨즈를 설치한다.

제3과목 전기기기

41 동기 발전기의 전기자 권선을 분포권으로 하면 어떻게 되는가?

① 난조를 방지한다.
② 기전력의 파형이 좋아진다.
③ 권선의 리액턴스가 커진다.
④ 집중권에 비하여 합성 유기 기전력이 증가한다.

정답 36.③ 37.② 38.① 39.④ 40.② 41.②

해설 동기 발전기의 전기자 권선에서 1극 1상의 홈수가 1개인 경우에는 집중권 2개 이상인 것을 분포권이라 하며 분포권으로 하면 기전력의 파형이 좋아지고 누설 리액턴스가 감소하며 열을 분산시켜 과열 방지에 도움을 주는데 기전력은 집중권보다 감소한다.

42 부하 전류가 2배로 증가하면 변압기의 2차측 동손은 어떻게 되는가?

① $\frac{1}{4}$로 감소한다.
② $\frac{1}{2}$로 감소한다.
③ 2배로 증가한다.
④ 4배로 증가한다.

해설 변압기의 동손($P_c = I^2 r$[W])은 전류의 제곱에 비례하므로 부하 전류가 2배로 증가하면 동손은 4배로 증가한다.

43 동기 전동기에서 출력이 100[%]일 때 역률이 1이 되도록 계자 전류를 조정한 다음에 공급 전압 V 및 계자 전류 I_f를 일정하게 하고, 전부하 이하에서 운전하면 동기 전동기의 역률은?

① 뒤진 역률이 되고, 부하가 감소할수록 역률은 낮아진다.
② 뒤진 역률이 되고, 부하가 감소할수록 역률은 좋아진다.
③ 앞선 역률이 되고, 부하가 감소할수록 역률은 낮아진다.
④ 앞선 역률이 되고, 부하가 감소할수록 역률은 좋아진다.

해설 동기 전동기의 공급 전압과 여자 전류가 일정하고 역률이 1인 상태에서 전부하 이하로 운전하면 과여자로 앞선 역률이 되며 부하가 낮을수록 역률이 낮아지고, 전부하 이상으로 운전하면 부족 여자로 늦은 역률이 되며 부하가 커짐에 따라 역률은 낮아진다.

44 유도 기전력의 크기가 서로 같은 A, B 2대의 동기 발전기를 병렬 운전할 때, A 발전기의 유기 기전력 위상이 B보다 앞설 때 발생하는 현상이 아닌 것은?

① 동기화력이 발생한다.
② 고조파 무효 순환 전류가 발생된다.
③ 유효 전류인 동기화 전류가 발생된다.
④ 전기자 동손을 증가시키며 과열의 원인이 된다.

해설 동기 발전기의 병렬 운전 시 유기 기전력의 위상차가 생기면 동기화 전류(유효 순환 전류)가 흘러 동손이 증가하여 과열의 원인이 되고, 수수 전력과 동기화력이 발생하여 기전력의 위상이 일치하게 된다.

45 직류기의 철손에 관한 설명으로 틀린 것은?

① 성층 철심을 사용하면 와전류손이 감소한다.
② 철손에는 풍손과 와전류손 및 저항손이 있다.
③ 철에 규소를 넣게 되면 히스테리시스손이 감소한다.
④ 전기자 철심에는 철손을 작게 하기 위해 규소 강판을 사용한다.

해설 직류기의 철손은 히스테리시스손과 와전류손의 합이며 히스테리시스손을 감소시키기 위해 철에 규소를 함유하고 와전류손을 적게 하기 위하여 얇은 강판을 성층 철심하여 사용한다.

46 직류 분권 발전기의 극수 4, 전기자 총 도체수 600으로 매분 600회전할 때 유기 기전력이 220[V]라 한다. 전기자 권선이 파권일 때 매극당 자속은 약 몇 [Wb]인가?

① 0.0154　② 0.0183
③ 0.0192　④ 0.0199

정답 42.④ 43.③ 44.② 45.② 46.②

해설 직류 발전기의 유기 기전력 $E = \frac{Z}{a}p\phi\frac{N}{60}$[V]에서

자속 $\phi = \frac{60Ea}{pZN} = \frac{60 \times 220 \times 2}{600 \times 4 \times 600} = 0.0183$[Wb]

47 어떤 정류 회로의 부하 전압이 50[V]이고 맥동률 3[%]이면 직류 출력 전압에 포함된 교류분은 몇 [V]인가?

① 1.2　② 1.5
③ 1.8　④ 2.1

해설 정류 회로에서 맥동률
ν(뉴, nu) = $\frac{\text{출력 전압(전류)에 포함된 교류 성분}}{\text{출력 전압(전류)의 직류 성분}}$

교류 성분 전압 $V = V \cdot E_d = 0.03 \times 50 = 1.5$[V]

48 3상 수은 정류기의 직류 평균 부하 전류가 50[A]가 되는 1상 양극 전류 실효값은 약 몇 [A]인가?

① 9.6　② 17
③ 29　④ 87

해설 수은 정류기의 전류비
$\frac{I_d}{I} = \sqrt{m}$
여기서, m : 상(phase)수
$I = \frac{I_d}{\sqrt{m}} = \frac{50}{\sqrt{3}} = 28.86$[A]

49 그림은 동기 발전기의 구동 개념도이다. 그림에서 ㉡를 발전기라 할 때 ㉢의 명칭으로 적합한 것은?

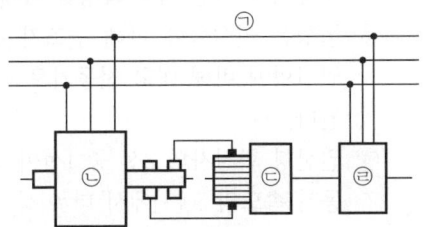

① 전동기　② 여자기
③ 원동기　④ 제동기

해설 동기 발전기의 구동 개념도
- ㉠ : 모선
- ㉡ : 동기 발전기
- ㉢ : 여자기
- ㉣ : 교류 전동기

50 유도 전동기의 2차 회로에 2차 주파수와 같은 주파수로 적당한 크기와 적당한 위상의 전압을 외부에서 가해주는 속도 제어법은?

① 1차 전압 제어　② 2차 저항 제어
③ 2차 여자 제어　④ 극수 변환 제어

해설 권선형 유도 전동기의 2차(회전자) 회로에 2차 주파수(슬립 주파수)와 같은 주파수의 전압을 외부에서 가해주면 회전 속도와 역률을 조정할 수 있는데 이것을 2차 여자 제어법이라 한다.

51 변압기의 1차측을 Y결선, 2차측을 △결선으로 한 경우 1차와 2차 간의 전압의 위상차는?

① 0°　② 30°
③ 45°　④ 60°

해설 변압기의 Y-△ 결선에서 1차와 2차 간의 전압의 위상차는 1차측 전압(Y결선)이 2차측 전압(△결선)보다 위상이 30° 앞선다.

52 이상적인 변압기의 무부하에서 위상 관계로 옳은 것은?

① 자속과 여자 전류는 동위상이다.
② 자속은 인가 전압보다 90° 앞선다.
③ 인가 전압은 1차 유기 기전력보다 90° 앞선다.
④ 1차 유기 기전력과 2차 유기 기전력의 위상은 반대이다.

정답　47.②　48.③　49.②　50.③　51.②　52.①

해설 이상적인 변압기는 철손, 동손 및 누설 자속이 없는 변압기로서, 자화 전류와 여자 전류가 같아져 자속과 여자 전류는 동위상이다.

53 정격 출력 50[kW], 4극 220[V], 60[Hz]인 3상 유도 전동기가 전부하 슬립 0.04, 효율 90[%]로 운전되고 있을 때 다음 중 틀린 것은?

① 2차 효율=96[%]
② 1차 입력=55.56[kW]
③ 회전자 입력=47.9[kW]
④ 회전자 동손=2.08[kW]

해설
2차 효율 $\eta_2 = \dfrac{P_o}{P_2} \times 100$
$= \dfrac{P_2(1-s)}{P_2} \times 100$
$= (1-s) \times 100$
$= (1-0.04) \times 100$
$= 96[\%]$

1차 입력 $P_1 = \dfrac{P}{\eta} = \dfrac{50}{0.9} = 55.56[\text{kW}]$

회전자 입력 $P_2 = \dfrac{P}{1-s} = \dfrac{50}{1-0.04} = 52.08[\text{kW}]$

회전자 동손 $P_{2c} = sP_2 = 0.04 \times 52.08 = 2.08[\text{kW}]$

54 저항 부하를 갖는 정류 회로에서 직류분 전압이 200[V]일 때 다이오드에 가해지는 첨두 역전압(PIV)의 크기는 약 몇 [V]인가?

① 346
② 628
③ 692
④ 1,038

해설 단상 반파 정류에서
직류 전압 $E_d = \dfrac{\sqrt{2}}{\pi} E$에서 교류 전압 $E = E_d \dfrac{\pi}{\sqrt{2}}$
첨두 역전압(PIV)
$V_{in} = \sqrt{2} E = \sqrt{2} E_d \dfrac{\pi}{\sqrt{2}}$
$= \sqrt{2} \times 200 \times \dfrac{\pi}{\sqrt{2}}$
$= 628[\text{V}]$

55 3상 변압기를 1차 Y, 2차 △로 결선하고 1차에 선간 전압 3,300[V]를 가했을 때의 무부하 2차 선간 전압은 몇 [V]인가? (단, 전압비는 30 : 1이다.)

① 63.5
② 110
③ 173
④ 190.5

해설 1차 상전압 $E_1 = \dfrac{V_l}{\sqrt{3}} = \dfrac{3,300}{\sqrt{3}} = 1905.25[\text{V}]$

권수비 $a = \dfrac{E_1}{E_2}$에서 $E_2 = \dfrac{E_1}{a} = \dfrac{1905.25}{30} = 63.5[\text{V}]$

2차 선간 전압 $V_2 = E_2 = 63.5[\text{V}]$

56 직류 발전기를 유기 기전력과 반비례하는 것은?

① 자속
② 회전수
③ 전체 도체수
④ 병렬 회로수

해설 직류 발전기의 유기 기전력
$E = \dfrac{Z}{a} p \phi \dfrac{N}{60} [\text{V}] \propto \dfrac{1}{a}$
여기서, Z : 총 도체수
a : 병렬 회로수(중권 $a=p$, 파권 $a=2$)
p : 극수
ϕ : 극당 자속
N : 분당 회전수

57 일반적인 3상 유도 전동기에 대한 설명 중 틀린 것은?

① 불평형 전압으로 운전하는 경우 전류는 증가하나 토크는 감소한다.
② 원선도 작성을 위해서는 무부하 시험, 구속 시험, 1차 권선 저항 측정을 하여야 한다.
③ 농형은 권선형에 비해 구조가 견고하며 권선형에 비해 대형 전동기로 널리 사용된다.
④ 권선형 회전자의 3선 중 1선이 단선되면 동기 속도의 50[%]에서 더 이상 가속되지 못하는 현상을 게르게스 현상이라 한다.

정답 53.③ 54.② 55.① 56.④ 57.③

해설 3상 유도 전동기에서 농형은 권선형과 비교하여 구조가 간결하고, 견고하지만 기동 전류가 크고, 기동 토크가 작으므로 소형 전동기로 널리 사용한다.

58 변압기 보호 장치의 주된 목적이 아닌 것은?
① 전압 불평형 개선
② 절연 내력 저하 방지
③ 변압기 자체 사고의 최소화
④ 다른 부분으로의 사고 확산 방지

해설 변압기의 보호 장치(퓨즈 계전기 콘서베이터 등)의 주된 목적은 변압기 자체 사고의 최소화, 사고 확대 방지 절연 내력 저하의 억제 등이다.

59 직류기에서 기계각의 극수가 P인 경우 전기각과의 관계는 어떻게 되는가?
① 전기각 $\times 2P$
② 전기각 $\times 3P$
③ 전기각 $\times \dfrac{2}{P}$
④ 전기각 $\times \dfrac{3}{P}$

해설 직류기에서 전기각 $\alpha = \dfrac{P}{2} \times$ 기계각
예 4극의 경우 360°(기계각), 회전 시 전기각은 720°이다.
기계각 $\theta =$ 전기각 $\times \dfrac{2}{P}$

60 3상 권선형 유도 전동기의 전부하 슬립 5[%], 2차 1상의 저항 0.5[Ω]이다. 이 전동기의 기동 토크를 전부하 토크와 같도록 하려면 외부에서 2차에 삽입할 저항[Ω]은?
① 8.5
② 9
③ 9.5
④ 10

해설 유도 전동기의 동기 와트로 표시한 토크
$$T_s = \dfrac{V_1^2 \dfrac{r_2'}{s}}{\left(r_1 + \dfrac{r_2'}{s}\right)^2 + (x_1 + x_2')^2}$$에서 동일 토크 조건
은 $\dfrac{r_2}{s} = \dfrac{r_2 + R}{s'}$ 이다.
$\dfrac{0.5}{0.05} = \dfrac{0.5 + R}{1}$
$\therefore R = 10 - 0.5 = 9.5[\Omega]$

제4과목 회로이론 및 제어공학

61 $G(s) = \dfrac{1}{0.005s(0.1s+1)^2}$에서 $\omega = 10$ [rad/s]일 때의 이득 및 위상각은?
① 20[dB], $-90°$
② 20[dB], $-180°$
③ 40[dB], $-90°$
④ 40[dB], $-180°$

해설 $G(j\omega) = \dfrac{1}{0.005j\omega(0.1j\omega+1)^2}$
이득 $g = 20\log|G(j\omega)|$
$= 20\log\left|\dfrac{1}{0.005\omega(\sqrt{(0.1\omega)^2+1^2})^2}\right|_{\omega=10}$
$= 20\log 10 = 20[\text{dB}]$
위상각 $\theta = \angle G(j\omega) = -180°$

62 그림과 같은 논리 회로는?

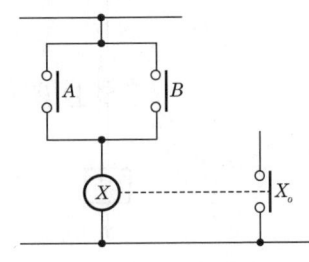

① OR 회로
② AND 회로
③ NOT 회로
④ NOR 회로

해설 $X_o = A + B$이므로 OR 회로이다.

정답 58.① 59.③ 60.③ 61.② 62.①

63 그림은 제어계와 그 제어계의 근궤적을 작도한 것이다. 이것으로부터 결정된 이득 여유값은?

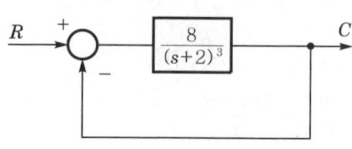

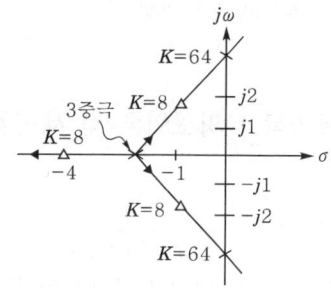

① 2
② 4
③ 8
④ 64

해설 이득 여유$(GM) = \dfrac{\text{허수축과의 교차점에서의 } K\text{의 값}}{K\text{의 설계값}}$

근궤적으로부터 허수축과의 교차점 K값은 64이므로 이득 여유$(GM) = \dfrac{64}{8} = 8$이다.

64 그림과 같은 스프링 시스템을 전기적 시스템으로 변환했을 때 이에 대응하는 회로는?

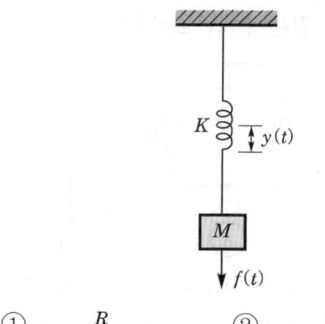

①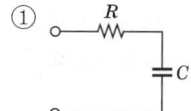
②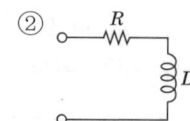
③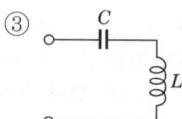
④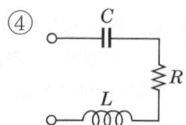

해설 직선 운동계를 전기계로 유추
힘→전압, 속도→전류, 점성 마찰→전기 저항, 기계적 강도→정전 용량, 질량→인덕턴스
힘 $f(t)$와 변위 $y(t)$와의 관계식은
$$f(t) = M\dfrac{d^2 y(t)}{dt^2} + Ky(t)$$
전기 회로로 표시하면

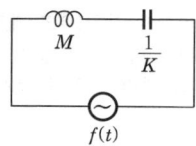

65 $\dfrac{d^2}{dt^2}c(t) + 5\dfrac{d}{dt}c(t) + 4c(t) = r(t)$와 같은 함수를 상태 함수로 변환하였다. 벡터 A, B의 값으로 적당한 것은?

$$\dfrac{d}{dt}X(t) = AX(t) + Br(t)$$

① $A = \begin{bmatrix} 0 & 1 \\ -5 & -4 \end{bmatrix}$, $B = \begin{bmatrix} 0 \\ 1 \end{bmatrix}$

② $A = \begin{bmatrix} 0 & 1 \\ 5 & 4 \end{bmatrix}$, $B = \begin{bmatrix} 0 \\ 1 \end{bmatrix}$

③ $A = \begin{bmatrix} 0 & 1 \\ -4 & -5 \end{bmatrix}$, $B = \begin{bmatrix} 0 \\ 1 \end{bmatrix}$

④ $A = \begin{bmatrix} 0 & 1 \\ 4 & 5 \end{bmatrix}$, $B = \begin{bmatrix} 0 \\ 1 \end{bmatrix}$

해설
- 상태 변수 : $x_1(t) = c(t)$
  $x_2(t) = \dfrac{dc(t)}{dt}$
- 상태 방정식 : $\dot{x}_1(t) = x_2(t)$
  $\dot{x}_2(t) = -4x_1(t) - 5x_2(t) + r(t)$

$$\begin{bmatrix} \dot{x}_1(t) \\ \dot{x}_2(t) \end{bmatrix} = \begin{bmatrix} 0 & 1 \\ -4 & -5 \end{bmatrix} \begin{bmatrix} x_1(t) \\ x_2(t) \end{bmatrix} + \begin{bmatrix} 0 \\ 1 \end{bmatrix} r(t)$$

$\therefore A = \begin{bmatrix} 0 & 1 \\ -4 & -5 \end{bmatrix}$, $B = \begin{bmatrix} 0 \\ 1 \end{bmatrix}$

정답 63.③ 64.③ 65.③

66 전달 함수 $G(s) = \dfrac{1}{s+a}$ 일 때, 이 계의 임펄스 응답 $c(t)$를 나타내는 것은? (단, a는 상수이다.)

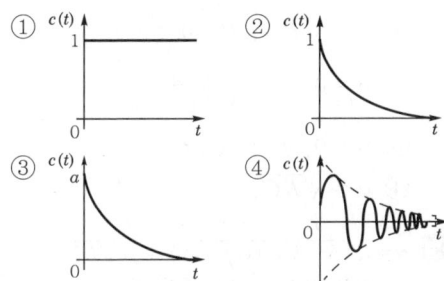

해설 입력 $r(t) = \delta(t)$, $R(s) = 1$

∴ 전달 함수 $G(s) = \dfrac{C(s)}{R(s)} = C(s)$

∴ $c(t) = \mathcal{L}^{-1}[G(s)] e^{-at}$

임펄스 응답 $c(t)$는 지수 감쇠 함수이다.

67 궤환(feedback) 제어계의 특징이 아닌 것은?

① 정확성이 증가한다.
② 대역폭이 증가한다.
③ 구조가 간단하고 설치비가 저렴하다.
④ 계(系)의 특성 변화에 대한 입력 대 출력비의 감도가 감소한다.

해설 피드백 제어계의 특징
• 정확성이 증가한다.
• 계의 특성 변화에 대한 입력 대 출력비의 감도가 감소한다.
• 대역폭이 증가한다.
• 발진을 일으키고 불안정한 상태로 되어가는 경향성이 있다.

68 이산 시스템(discrete data system)에서의 안정도 해석에 대한 설명 중 옳은 것은?
① 특성 방정식의 모든 근이 z평면의 음의 반평면에 있으면 안정하다.
② 특성 방정식의 모든 근이 z평면의 양의 반평면에 있으면 안정하다.
③ 특성 방정식의 모든 근이 z평면의 단위원 내부에 있으면 안정하다.
④ 특성 방정식의 모든 근이 z평면의 단위원 외부에 있으면 안정하다.

해설 z변환법을 사용한 샘플값 제어계 해석
• s평면의 좌반 평면(안정) : 특성근이 z평면의 원점에 중심을 둔 단위원 내부
• s평면의 우반 평면(불안정) : 특성근이 z평면의 원점에 중심을 둔 단위원 외부
• s평면의 허수축상(임계 안정) : 특성근이 z평면의 원점에 중심을 둔 단위원 원주상

69 노내 온도를 제어하는 프로세스 제어계에서 검출부에 해당하는 것은?
① 노
② 밸브
③ 증폭기
④ 열전대

해설 열전대의 지시값으로 노내 온도를 조절하므로 열전대는 검출부에 해당한다.

70 단위 부궤환 제어 시스템의 루프 전달 함수 $G(s)H(s)$가 다음과 같이 주어져 있다. 이득 여유가 20[dB]이면 이때의 K의 값은?

$$G(s)H(s) = \dfrac{K}{(s+1)(s+3)}$$

① $\dfrac{3}{10}$
② $\dfrac{3}{20}$
③ $\dfrac{1}{20}$
④ $\dfrac{1}{40}$

해설 이득 여유 $G \cdot M = 20\log \dfrac{1}{|G(j\omega)H(j\omega)|} = 20\log \dfrac{3}{K}$

∴ $20\log \dfrac{3}{K} = 20$

$20\log \dfrac{3}{K} = 20\log 10^{10}$

$\dfrac{3}{K} = 10$

∴ $K = \dfrac{3}{10}$

정답 66.② 67.③ 68.③ 69.④ 70.①

71 $R=100[\Omega]$, $X_c=100[\Omega]$이고 L만을 가변할 수 있는 RLC 직렬 회로가 있다. 이때, $f=500[\text{Hz}]$, $E=100[\text{V}]$를 인가하여 L을 변화시킬 때 L의 단자 전압 E_L의 최대값은 몇 [V]인가? (단, 공진 회로이다.)

① 50　　② 100
③ 150　　④ 200

해설 $E_L = E_C = X_L I = X_C I = X_C \cdot \dfrac{E}{R}[\text{V}]$

∴ $E_L = 100 \cdot \dfrac{100}{100} = 100[\text{V}]$

72 어떤 회로에 전압을 115[V] 인가하였더니 유효 전력이 230[W], 무효 전력이 345[Var]를 지시한다면 회로에 흐르는 전류는 약 몇 [A]인가?

① 2.5　　② 5.6
③ 3.6　　④ 4.5

해설 피상 전력

$P_a = \sqrt{P^2 + P_r^2} = \sqrt{(230)^2 + (345)^2} = 414.6[\text{VA}]$

$I = \dfrac{P_a}{V} = \dfrac{414.6}{115} = 3.6[\text{A}]$

73 시정수의 의미를 설명한 것 중 틀린 것은?

① 시정수가 작으면 과도 현상이 짧다.
② 시정수가 크면 정상 상태에 늦게 도달한다.
③ 시정수는 τ로 표기하며 단위는 초[s]이다.
④ 시정수는 과도 기간 중 변화해야 할 양의 0.632[%]가 변화하는 데 소요된 시간이다.

해설 시정수 τ값이 커질수록 $e^{-\frac{1}{\tau}t}$의 값이 증가하므로 과도 상태는 길어진다. 즉, 시정수와 과도분은 비례 관계에 있게 된다.

74 무손실 선로에 있어서 감쇠 정수 α, 위상 정수를 β라 하면 α와 β의 값은? (단, R, G, L, C는 선로 단위 길이당의 저항, 컨덕턴스, 인덕턴스, 커패시턴스이다.)

① $\alpha = \sqrt{RG}$, $\beta = 0$
② $\alpha = 0$, $\beta = \dfrac{1}{\sqrt{LC}}$
③ $\alpha = 0$, $\beta = \omega\sqrt{LC}$
④ $\alpha = \sqrt{RG}$, $\beta = \omega\sqrt{LC}$

해설 $\gamma = \sqrt{(R+j\omega L)(G+j\omega C)} = j\omega\sqrt{LC}$

∴ 감쇠 정수 $\alpha = 0$, 위상 정수 $\beta = \omega\sqrt{LC}$

75 어떤 소자에 걸리는 전압과 전류가 아래와 같을 때 이 소자에서 소비되는 전력[W]은 얼마인가?

$$v(t) = 100\sqrt{2}\cos\left(314t - \dfrac{\pi}{6}\right)[\text{V}]$$
$$i(t) = 3\sqrt{2}\cos\left(314t + \dfrac{\pi}{6}\right)[\text{A}]$$

① 100　　② 150
③ 250　　④ 300

해설 $P = VI\cos\theta = 100 \times 3 \times \cos 60° = 150[\text{W}]$

76 그림 (a)와 그림 (b)가 역회로 관계에 있으려면 L의 값은 몇 [mH]인가?

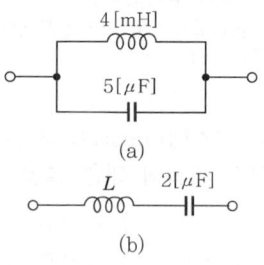

① 1　　② 2
③ 5　　④ 10

정답 71.② 72.③ 73.④ 74.③ 75.② 76.④

해설 역회로 조건 $Z_1 Z_2 = K^2$

$$L = K^2 C = \frac{L_1}{C_1} C = \frac{4 \times 10^{-3}}{2 \times 10^{-6}} \times 5 \times 10^{-6} = 10 [\text{mH}]$$

77 2개의 전력계로 평형 3상 부하의 전력을 측정하였더니 한쪽의 지시가 다른 쪽 전력계 지시의 3배였다면 부하의 역률은 약 얼마인가?

① 0.46　② 0.55
③ 0.65　④ 0.76

해설 역률 $\cos\theta = \dfrac{P}{P_a}$

$$= \frac{P}{\sqrt{P^2 + P_r^2}}$$

$$= \frac{P_1 + P_2}{2\sqrt{P_1^2 + P_2^2 - P_1 P_2}}$$

$P_2 = 3P_1$의 관계이므로

$$\cos\theta = \frac{P_1 + (3P_1)}{2\sqrt{P_1^2 + (3P_1)^2 - P_1(3P_1)}} = 0.75$$

78 $F(s) = \dfrac{1}{s(s+a)}$의 라플라스 역변환은?

① e^{-at}　② $1 - e^{-at}$
③ $a(1 - e^{-at})$　④ $\dfrac{1}{a}(1 - e^{-at})$

해설 $F(s) = \dfrac{1}{s(s+a)} = \dfrac{1}{as} - \dfrac{1}{a(s+a)}$

∴ $f(t) = \dfrac{1}{a}(1 - e^{-at})$

79 선간 전압이 220[V]인 대칭 3상 전원에 평형 3상 부하가 접속되어 있다. 부하 1상의 저항은 10[Ω], 유도 리액턴스 15[Ω], 용량 리액턴스 5[Ω]가 직렬로 접속된 것이다. 부하가 △결선일 경우, 선로 전류[A]와 3상 전력[W]은 약 얼마인가?

① $I_l = 10\sqrt{6}$, $P_3 = 6,000$
② $I_l = 10\sqrt{6}$, $P_3 = 8,000$
③ $I_l = 10\sqrt{3}$, $P_3 = 6,000$
④ $I_l = 10\sqrt{3}$, $P_3 = 8,000$

해설 한 상의 임피던스 $Z = 10 + j15 - j5 = 10 + j10$

• 선전류 $I_l = \sqrt{3} I_p = \sqrt{3}\dfrac{200}{\sqrt{10^2 + 10^2}} = \sqrt{3}\dfrac{20}{\sqrt{2}}$
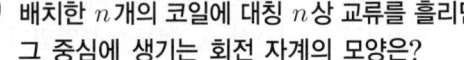
$= 10\sqrt{6}$ [A]

• 3상 전력
$$P = 3 \cdot I_p^2 \cdot R = 3\left(\frac{200}{\sqrt{10^2 + 10^2}}\right)^2 \times 10 ≒ 6,000[\text{W}]$$

80 공간적으로 서로 $\dfrac{2\pi}{n}$[rad]의 각도를 두고 배치한 n개의 코일에 대칭 n상 교류를 흘리면 그 중심에 생기는 회전 자계의 모양은?

① 원형 회전 자계
② 타원형 회전 자계
③ 원통형 회전 자계
④ 원추형 회전 자계

해설
• 원형 회전 자계 : 대칭 3상(n상)이 만드는 회전 자계
• 타원형 회전 자계 : 비대칭 3상(n상)이 만드는 회전 자계

제5과목　전기설비기술기준

81 애자 공사에 의한 저압 옥내 배선 시설 중 틀린 것은?

① 전선은 인입용 비닐 절연 전선일 것
② 전선 상호간의 간격은 6[cm] 이상일 것
③ 전선의 지지점 간의 거리는 전선을 조영재의 윗면에 따라 붙일 경우에는 2[m] 이하일 것
④ 전선과 조영재 사이의 이격 거리(간격)는 사용전압이 400[V] 이하인 경우에는 2.5[cm] 이상일 것

정답　77.④　78.④　79.①　80.①　81.①

해설 **애자 공사**(한국전기설비규정 232.56)
- 전선은 절연 전선(옥외용 및 인입용 제외)
- 전선 상호간의 간격은 6[cm] 이상
- 전선과 조영재 사이의 이격 거리(간격) : 2.5[cm] 이상
- 전선 지지점 간의 거리 : 조영재의 윗면 또는 옆면에 따라 붙일 경우에는 2[m] 이하

82 저압 및 고압 가공 전선의 높이는 도로를 횡단하는 경우와 철도를 횡단하는 경우에 각각 몇 [m] 이상이어야 하는가?

① 도로 : 지표상 5, 철도 : 레일면상 6
② 도로 : 지표상 5, 철도 : 레일면상 6.5
③ 도로 : 지표상 6, 철도 : 레일면상 6
④ 도로 : 지표상 6, 철도 : 레일면상 6.5

해설 **고압 가공 전선의 높이**(한국전기설비규정 332.5)
- 도로를 횡단하는 경우에는 지표상 6[m] 이상
- 철도 또는 궤도를 횡단하는 경우에는 레일면상 6.5[m] 이상

83 사용 전압이 몇 [V] 이상의 중성점 직접 접지식 전로에 접속하는 변압기를 설치하는 곳에는 절연유의 구외 유출 및 지하 침투를 방지하기 위하여 절연유 유출 방지 설비를 하여야 하는가?

① 25,000
② 50,000
③ 75,000
④ 100,000

해설 **절연유**(기술기준 제20조)
사용 전압이 100[kV] 이상의 변압기를 설치하는 곳에는 절연유의 구외 유출 및 지하 침투를 방지하기 위하여 절연유 유출 방지 설비를 하여야 한다.

84 접지 공사의 접지극을 시설할 때 동결 깊이를 감안하여 지하 몇 [cm] 이상의 깊이로 매설하여야 하는가?

① 60
② 75
③ 90
④ 100

해설 **접지 도체**(한국전기설비규정 142.3.1)
- 접지극은 지하 75[cm] 이상으로 하되 동결 깊이를 감안하여 매설할 것
- 접지극을 철주의 밑면으로부터 30[cm] 이상의 깊이에 매설하는 경우 이외에는 접지극을 지중에서 금속체로부터 1[m] 이상 떼어 매설할 것
- 접지 도체에는 절연 전선(옥외용 제외), 케이블(통신용 제외)을 사용할 것
- 지하 75[cm]로부터 지표상 2[m]까지의 부분은 합성 수지관(두께 2[mm] 이상), 몰드로 덮을 것
- 지지물에는 피뢰침용 지선을 시설하여서는 아니 된다.

85 특고압 가공 전선이 도로 등과 교차하여 도로 상부측에 시설할 경우에 보호망도 같이 시설하려고 한다. 보호망은 제 몇 종 접지 공사로 하여야 하는가?

① 제1종 접지 공사
② 제2종 접지 공사
③ 제3종 접지 공사
④ 특별 제3종 접지 공사

해설 **특고압 가공 전선과 도로 등의 접근 또는 교차**(판단기준 제127조)
- 보호망은 제1종 접지 공사를 한 금속제의 망상 장치로 하고 견고하게 지지할 것
- 특고압 가공 전선의 직하에 시설하는 금속선에는 인장 강도 8.01[kN] 이상의 것 또는 지름 5[mm] 이상의 경동선을 사용하고 그 밖의 부분에 시설하는 금속선에는 인장 강도 5.26[kN] 이상의 것 또는 지름 4[mm] 이상의 경동선을 사용할 것
- 보호망을 구성하는 금속선 상호의 간격은 가로, 세로 각 1.5[m] 이하일 것

※ 이 문제는 출제 당시 규정에는 적합했으나 새로 제정된 한국전기설비규정에는 일부 부적합하므로 문제 유형만 참고하시기 바랍니다.

정답 82.④ 83.④ 84.② 85.①

86 발전용 수력 설비에서 필댐의 축제 재료로 필댐의 본체에 사용하는 토질 재료로 적합하지 않은 것은?

① 묽은 진흙으로 되지 않을 것
② 댐의 안정에 필요한 강도 및 수밀성이 있을 것
③ 유기물을 포함하고 있으며 광물 성분은 불용성일 것
④ 댐의 안정에 지장을 줄 수 있는 팽창성 또는 수축성이 없을 것

해설 차수벽에 사용하는 재료(한국전기설비규정 705.19)
골재는 깨끗하고 단단하며 적당한 입도와 내구성을 가지고 가열에 의해 품질 변화를 일으키지 않는 것으로 점토, 실트, 유기물 등의 유해량을 포함하지 않을 것

87 전기 울타리용 전원 장치에 전기를 공급하는 전로의 사용 전압은 몇 [V] 이하이어야 하는가?

① 150   ② 200
③ 250   ④ 300

해설 전기 울타리의 시설(한국전기설비규정 241.1)
사용 전압은 250[V] 이하이며, 전선은 인장 강도 1.38[kN] 이상의 것 또는 지름 2[mm] 이상 경동선을 사용하고, 지지하는 기둥과의 이격 거리(간격)는 2.5[cm] 이상, 수목과의 거리는 30[cm] 이상

88 사용 전압이 22.9[kV]인 특고압 가공 전선로(중성선 다중 접지식의 것으로서 전로에 지락이 생겼을 때에 2초 이내에 자동적으로 이를 전로로부터 차단하는 장치가 되어 있는 것에 한한다.)가 상호간 접근 또는 교차하는 경우 사용 전선이 양쪽 모두 케이블인 경우 이격 거리(간격)는 몇 [m] 이상인가?

① 0.25   ② 0.5
③ 0.75   ④ 1.0

해설 25[kV] 이하인 특고압 가공 전선로의 시설(한국전기설비규정 333.32)
특고압 가공 전선로가 상호간 접근 또는 교차하는 경우

사용 전선의 종류	이격 거리(간격)
어느 한쪽 또는 양쪽이 나전선인 경우	1.5[m]
양쪽이 특고압 절연 전선인 경우	1.0[m]
한쪽이 케이블이고 다른 한쪽이 케이블이거나 특고압 절연 전선인 경우	0.5[m]

89 전력 계통의 일부가 전력 계통의 전원과 전기적으로 분리된 상태에서 분산형 전원에 의해서만 가압되는 상태를 무엇이라 하는가?

① 계통 연계
② 접속 설비
③ 단독 운전
④ 단순 병렬 운전

해설 용어 정의(한국전기설비규정 112)
"단독 운전"이란 전력 계통의 일부가 전력 계통의 전원과 전기적으로 분리된 상태에서 분산형 전원에 의해서만 가압되는 상태를 말한다.

90 고압 가공 인입선이 케이블 이외의 것으로서 그 전선의 아래쪽에 위험 표시를 하였다면 전선의 지표상 높이는 몇 [m]까지로 감할 수 있는가?

① 2.5   ② 3.5
③ 4.5   ④ 5.5

해설 고압 인입선의 시설(한국전기설비규정 331.12.1)
• 전선에는 인장 강도 8.01[kN] 이상의 또는 지름 5[mm]의 경동선 또는 케이블로 시설하여야 한다.
• 고압 가공 인입선의 높이는 지표상 5[m] 이상으로 하여야 한다.
• 고압 가공 인입선이 케이블일 때와 전선의 아래쪽에 위험 표시를 하면 지표상 3.5[m]까지로 감할 수 있다.
• 고압 연접(이웃 연결) 인입선은 시설하여서는 아니 된다.

정답 86.③ 87.③ 88.② 89.③ 90.②

91 특고압의 기계 기구·모선 등을 옥외에 시설하는 변전소의 구내에 취급자 이외의 자가 들어가지 못하도록 시설하는 울타리·담 등의 높이는 몇 [m] 이상으로 하여야 하는가?

① 2 ② 2.2
③ 2.5 ④ 3

해설 발전소 등의 울타리·담 등의 시설(한국전기설비규정 351.1)
울타리·담 등의 높이는 2[m] 이상으로 하고 지표면과 울타리·담 등의 하단 사이의 간격은 15[cm] 이하로 할 것

92 가반형의 용접 전극을 사용하는 아크 용접 장치의 용접 변압기의 1차측 전로의 대지 전압은 몇 [V] 이하이어야 하는가?

① 60 ② 150
③ 300 ④ 400

해설 아크 용접기(한국전기설비규정 241.10)
가반(可搬)형의 용접 전극을 사용하는 아크 용접 장치 시설
- 용접 변압기는 절연 변압기일 것
- 용접 변압기의 1차측 전로의 대지 전압은 300[V] 이하일 것

93 지중 전선로를 직접 매설식에 의하여 시설하는 경우에 차량 기타 중량물의 압력을 받을 우려가 없는 장소의 매설 깊이는 몇 [cm] 이상이어야 하는가?

① 60 ② 100
③ 120 ④ 150

해설 지중 전선로의 시설(한국전기설비규정 334.1)
- 직접 매설식에 의하여 시설하는 경우에는 매설 깊이를 1.0[m] 이상(차량 기타 중량물의 압력을 받을 우려가 없는 장소 60[cm] 이상)
- 관로식에 의하여 시설하는 경우에는 매설 깊이를 1.0[m] 이상

94 특고압을 옥내에 시설하는 경우 그 사용 전압의 최대 한도는 몇 [kV] 이하인가? (단, 케이블 트레이 공사는 제외)

① 25 ② 80
③ 100 ④ 160

해설 특고압 옥내 전기 설비의 시설(한국전기설비규정 342.4)
- 사용 전압은 100[kV] 이하일 것(케이블 트레이 공사 35[kV] 이하)
- 전선은 케이블일 것
- 금속체에는 접지 공사를 할 것
- 특고압 옥내 배선이 저압 옥내 전선·관등 회로의 배선·고압 옥내 전선과의 상호간 이격 거리(간격)는 60[cm] 이상일 것

95 샤워 시설이 있는 욕실 등 인체가 물에 젖어 있는 상태에서 전기를 사용하는 장소에 콘센트를 시설할 경우 인체 감전 보호용 누전 차단기의 정격 감도 전류는 몇 [mA] 이하인가?

① 5 ② 10
③ 15 ④ 30

해설 콘센트의 시설(한국전기설비규정 234.5)
욕조나 샤워 시설이 있는 욕실 또는 화장실 등 인체가 물에 젖어 있는 상태에서 전기를 사용하는 장소에 콘센트를 시설
- 인체 감전 보호용 누전 차단기(정격 감도 전류 15[mA] 이하, 동작 시간 0.03초 이하의 전류 동작형) 또는 절연 변압기(정격 용량 3[kVA] 이하)로 보호된 전로에 접속하거나, 인체 감전 보호용 누전 차단기가 부착된 콘센트를 시설하여야 한다.
- 콘센트는 접지극이 있는 방적형 콘센트를 사용하여 접지하여야 한다.

96 버스 덕트 공사에서 저압 옥내 배선의 사용 전압이 400[V] 미만인 경우에는 덕트에 제 몇 종 접지 공사를 하여야 하는가?

① 제1종 접지 공사
② 제2종 접지 공사
③ 제3종 접지 공사
④ 특별 제3종 접지 공사

정답 91.① 92.③ 93.① 94.③ 95.③ 96.③

해설 버스 덕트 공사(판단기준 제188조)
- 덕트의 지지점 간의 거리를 3[m](수직 6[m]) 이하
- 사용 전압이 400[V] 미만인 경우에는 제3종 접지 공사, 400[V] 이상인 경우에는 특별 제3종 접지 공사

※ 이 문제는 출제 당시 규정에는 적합했으나 새로 제정된 한국전기설비규정에는 일부 부적합하므로 문제 유형만 참고하시기 바랍니다.

97 전로의 사용 전압이 400[V] 이하이고, 대지 전압이 220[V]인 옥내 전로에서 분기 회로의 절연 저항값은 몇 [MΩ] 이상이어야 하는가?

① 0.1 ② 1.0
③ 2.0 ④ 3.0

해설 저압 전로의 절연 성능(기술기준 제52조)

전로의 사용 전압[V]	DC 시험 전압[V]	절연 저항 [MΩ]
SELV 및 PELV	250	0.5
FELV, 500[V] 이하	500	1.0
500[V] 초과	1,000	1.0

(주) 특별 저압(extra low voltage : 2차 전압이 AC 50[V], DC 120[V] 이하)으로 SELV(비접지 회로 구성) 및 PELV(접지 회로 구성)은 1차와 2차가 전기적으로 절연된 회로, FELV는 1차와 2차가 전기적으로 절연되지 않은 회로

98 ( ) 안에 들어갈 내용으로 옳은 것은?

유희용(놀이용) 전차에 전기를 공급하는 전로의 사용 전압은 직류의 경우는 (㉠)[V] 이하, 교류의 경우는 (㉡)[V] 이하이어야 한다.

① ㉠ 60, ㉡ 40 ② ㉠ 40, ㉡ 60
③ ㉠ 30, ㉡ 60 ④ ㉠ 60, ㉡ 30

해설 유희용(놀이용) 전차(한국전기설비규정 241.8)
- 사용 전압은 직류의 경우는 60[V] 이하, 교류의 경우는 40[V] 이하일 것
- 접촉 전선은 제3레일 방식에 의하여 시설할 것
- 레일 및 접촉 전선은 사람이 쉽게 출입할 수 없도록 설비한 곳에 시설할 것

99 철탑의 강도 계산을 할 때 이상 시 상정 하중이 가하여지는 경우 철탑의 기초에 대한 안전율은 얼마 이상이어야 하는가?

① 1.33 ② 1.83
③ 2.25 ④ 2.75

해설 가공 전선로 지지물의 기초의 안전율(한국전기설비규정 331.7)
지지물의 하중에 대한 기초의 안전율은 2 이상(이상 시 상정 하중에 대한 철탑의 기초에 대하여서는 1.33 이상)

100 발전기를 자동적으로 전로로부터 차단하는 장치를 반드시 시설하지 않아도 되는 경우는?

① 발전기에 과전류나 과전압이 생긴 경우
② 용량 5,000[kVA] 이상인 발전기의 내부에 고장이 생긴 경우
③ 용량 500[kVA] 이상의 발전기를 구동하는 수차의 압유 장치의 유압이 현저히 저하한 경우
④ 용량 2,000[kVA] 이상인 수차 발전기의 스러스트 베어링의 온도가 현저히 상승하는 경우

해설 발전기 등의 보호 장치(한국전기설비규정 351.3)
발전기 보호 : 자동 차단 장치 시설
- 과전류, 과전압이 생긴 경우
- 500[kVA] 이상 : 수차 압유 장치 유압
- 100[kVA] 이상 : 풍차 압유 장치 유압
- 2,000[kVA] 이상 : 수차 발전기 베어링 온도
- 10,000[kVA] 이상 : 발전기 내부 고장
- 10,000[kW] 초과 : 증기 터빈의 베어링 마모, 온도 상승

정답 97.② 98.① 99.① 100.②

2018년 제3회 과년도 출제문제

2018. 8. 19. 시행

제1과목 전기자기학

01 전계 E의 x, y, z 성분을 E_x, E_y, E_z라 할 때 $\text{div}\,E$는?

① $\dfrac{\partial E_x}{\partial x}+\dfrac{\partial E_y}{\partial y}+\dfrac{\partial E_z}{\partial z}$

② $i\dfrac{\partial E_x}{\partial x}+j\dfrac{\partial E_y}{\partial y}+k\dfrac{\partial E_z}{\partial z}$

③ $\dfrac{\partial^2 E_x}{\partial x^2}+\dfrac{\partial^2 E_y}{\partial y^2}+\dfrac{\partial^2 E_z}{\partial z^2}$

④ $i\dfrac{\partial^2 E_x}{\partial x^2}+j\dfrac{\partial^2 E_y}{\partial y^2}+k\dfrac{\partial^2 E_z}{\partial z^2}$

해설 $\text{div}\,E = \nabla \cdot E$
$= \left(i\dfrac{\partial}{\partial x}+j\dfrac{\partial}{\partial y}+k\dfrac{\partial}{\partial z}\right)\cdot(iE_x+jE_y+kE_z)$
$= \dfrac{\partial E_x}{\partial x}+\dfrac{\partial E_y}{\partial y}+\dfrac{\partial E_z}{\partial z}$

02 동심구형 콘덴서의 내외 반지름을 각각 5배로 증가시키면 정전 용량은 몇 배로 증가하는가?

① 5   ② 10
③ 15   ④ 20

해설 동심구형 콘덴서의 정전 용량 C는
$C = \dfrac{4\pi\varepsilon_0 ab}{b-a}\,[\text{F}]$
내외구의 반지름을 5배로 증가한 후의 정전 용량을 C'라 하면
$C' = \dfrac{4\pi\varepsilon_0(5a\times 5b)}{5b-5a} = \dfrac{25\times 4\pi\varepsilon_0 ab}{5(b-a)} = 5C\,[\text{F}]$

03 자성체 경계면에 전류가 없을 때의 경계 조건으로 틀린 것은?

① 자계 H의 접선 성분 $H_{1T}=H_{2T}$
② 자속 밀도 B의 법선 성분 $B_{1N}=B_{2N}$
③ 경계면에서의 자력선의 굴절
  $\dfrac{\tan\theta_1}{\tan\theta_2}=\dfrac{\mu_1}{\mu_2}$
④ 전속 밀도 D의 법선 성분 $D_{1N}=D_{2N}$
  $=\dfrac{\mu_2}{\mu_1}$

해설 전속 밀도는 경계면에서 수직 성분(=법선 성분)이 서로 같다.

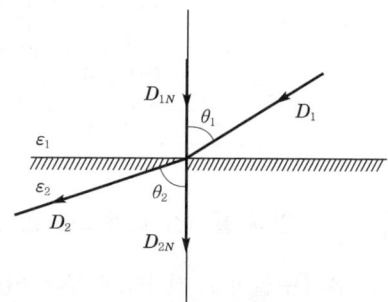

$D_1\cos\theta_1 = D_2\cos\theta_2$
$D_{1N} = D_{2N}$

04 도체나 반도체에 전류를 흘리고 이것과 직각 방향으로 자계를 가하면 이 두 방향과 직각 방향으로 기전력이 생기는 현상을 무엇이라 하는가?

① 홀 효과
② 핀치 효과
③ 볼타 효과
④ 압전 효과

정답 01.① 02.① 03.④ 04.①

해설
- 핀치(pinch) 효과 : DC 전압을 가하면 전류는 도선 중심쪽으로 흐르려는 현상이다.
- 압전기 현상 : 어떤 특수한 결정을 가진 물질은 기계적 왜곡력을 주면 그 물질 속에 전기 분극이 생기는 현상으로, 왜곡력과 분극이 동일 방향에 생기는 경우를 종 효과라고 하고 왜곡력과 분극이 수직으로 되어 있는 경우를 횡 효과라고 한다.

05 판자석의 세기가 0.01[Wb/m], 반지름이 5[cm]인 원형 자석판이 있다. 자석의 중심에서 축상 10[cm]인 점에서의 자위의 세기는 몇 [AT]인가?

① 100　　② 175
③ 370　　④ 420

해설 자위의 세기

$$U = \frac{m\omega}{4\pi\mu_0} = \frac{m \times 2\pi(1-\cos\theta)}{4\pi\mu_0}$$

$$= \frac{m(1-\cos\theta)}{2\mu_0}$$

$$= \frac{m\left(1 - \frac{d}{\sqrt{a^2+d^2}}\right)}{2\mu_0}$$

$$= \frac{0.01\left(1 - \frac{10}{\sqrt{5^2+10^2}}\right)}{2 \times 4\pi \times 10^{-7}}$$

$$= 420 [AT]$$

06 평면 도체 표면에서 d[m] 거리에 점전하 Q[C]이 있을 때 이 전하를 무한 원점까지 운반하는 데 필요한 일[J]은?

① $\dfrac{Q^2}{4\pi\varepsilon_0 d}$　　② $\dfrac{Q^2}{8\pi\varepsilon_0 d}$

③ $\dfrac{Q^2}{16\pi\varepsilon_0 d}$　　④ $\dfrac{Q^2}{32\pi\varepsilon_0 d}$

해설

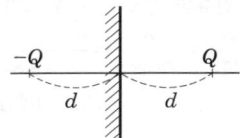

점전하 Q[C]과 무한 평면 도체 간에 작용하는 힘 F는

$$F = \frac{-Q^2}{4\pi\varepsilon_0(2d)^2} = \frac{-Q^2}{16\pi\varepsilon_0 d^2} [N] \text{ (흡인력)}$$

일 $W = \int_d^\infty F \cdot dr = \frac{Q^2}{16\pi\varepsilon_0} \int_d^\infty \frac{1}{d^2} dr$

$$= \frac{Q^2}{16\pi\varepsilon_0}\left[-\frac{1}{d}\right]_d^\infty = \frac{Q^2}{16\pi\varepsilon_0 d} [J]$$

07 유전율 ε, 전계의 세기 E인 유전체의 단위 체적에 축적되는 에너지[J/m³]는?

① $\dfrac{E}{2\varepsilon}$　　② $\dfrac{\varepsilon E}{2}$

③ $\dfrac{\varepsilon E^2}{2}$　　④ $\dfrac{\varepsilon^2 E^2}{2}$

해설 단위 체적당 에너지 밀도
단위 전위차를 가진 부분을 Δl, 단면적을 ΔS라 하면

$$W = \frac{1}{2}\frac{1}{\Delta l \Delta S}$$

$$= \frac{1}{2}E \cdot D (D = \varepsilon E)$$

$$= \frac{1}{2}\frac{D^2}{\varepsilon} = \frac{1}{2}\varepsilon E^2 [J/m^3]$$

여기서, $\dfrac{1}{\Delta l}$: 전위 경도

$\dfrac{1}{\Delta S}$: 패러데이관의 밀도, 즉 전속 밀도

08 길이 l[m], 지름 d[m]인 원통이 길이 방향으로 균일하게 자화되어 자화의 세기가 J[Wb/m²]인 경우 원통 양단에서의 전자극의 세기[Wb]는?

① $\pi d^2 J$　　② $\pi d J$

③ $\dfrac{4J}{\pi d^2}$　　④ $\dfrac{\pi d^2 J}{4}$

해설 자화의 세기(자화도)는 그 체적의 단면에 나타나는 자극의 밀도로 표시된다. 따라서, 원통 양단에 있어서 전자극의 세기 m'는

$$m' = \pi\left(\frac{d}{2}\right)^2 \sigma_j = \frac{1}{4}\pi d^2 J [Wb]$$

정답　05.④　06.③　07.③　08.④

09 자기 인덕턴스 L_1, L_2와 상호 인덕턴스 M 사이의 결합 계수는? (단, 단위는 [H]이다.)

① $\dfrac{M}{L_1 L_2}$ ② $\dfrac{L_1 L_2}{M}$

③ $\dfrac{M}{\sqrt{L_1 L_2}}$ ④ $\dfrac{\sqrt{L_1 L_2}}{M}$

해설 결합 계수는 자기적으로 얼마나 양호한 결합을 했는가를 결정하는 양으로,

$$K = \dfrac{M}{\sqrt{L_1 L_2}}$$

으로 된다. 여기서, K의 크기는 $0 \le K \le 1$로, $K=1$은 완전 변압기 조건, 즉 누설 자속이 없는 경우를 의미한다.

10 진공 중에서 선전하 밀도 $\rho_l = 6 \times 10^{-8}$[C/m]인 무한히 긴 직선상 선전하가 x축과 나란하고 $z=2$[m] 점을 지나고 있다. 이 선전하에 의하여 반지름 5[m]인 원점에 중심을 둔 구표면 S_0를 통과하는 전기력선수는 약 몇 [V/m]인가?

① 3.1×10^4 ② 4.8×10^4
③ 5.5×10^4 ④ 6.2×10^4

해설 전기력선수 $N = \dfrac{Q}{\varepsilon_0}$개이다.

총 전하량 $Q = \rho_l \cdot l$에서 구 내부의 길이 l은

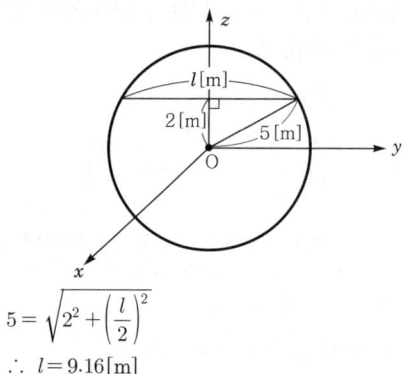

$5 = \sqrt{2^2 + \left(\dfrac{l}{2}\right)^2}$

$\therefore l = 9.16$[m]

$\therefore N = \dfrac{Q}{\varepsilon_0} = \dfrac{\rho_l \cdot l}{\varepsilon_0} = \dfrac{6 \times 10^{-8} \times 9.16}{8.855 \times 10^{-12}}$

$\fallingdotseq 62,066 \fallingdotseq 6.2 \times 10^4$ [lines, V/m]

11 대지면에 높이 h[m]로 평행하게 가설된 매우 긴 선전하가 지면으로부터 받는 힘은?

① h에 비례   ② h에 반비례
③ h^2에 비례 ④ h^2에 반비례

해설 $f = -\rho E = -\rho \cdot \dfrac{\rho}{2\pi\varepsilon(2h)} = -\dfrac{\rho^2}{4\pi\varepsilon h}$ [N/m]

대지면의 높이 h[m]에 반비례한다.

12 정전 에너지, 전속 밀도 및 유전 상수 의 관계에 대한 설명 중 틀린 것은?

① 굴절각이 큰 유전체는 ε_r이 크다.
② 동일 전속 밀도에서는 ε_r이 클수록 정전 에너지는 작아진다.
③ 동일 정전 에너지에서는 ε_r이 클수록 전속 밀도가 커진다.
④ 전속은 매질에 축적되는 에너지가 최대가 되도록 분포된다.

해설 Thomson 정리 정전계는 에너지가 최소한 상태로 분포된다.

13 $\sigma = 1$[℧/m], $\varepsilon_s = 6$, $\mu = \mu_0$인 유전체에 교류 전압을 가할 때 변위 전류와 전도 전류의 크기가 같아지는 주파수는 약 몇 [Hz]인가?

① 3.0×10^9 ② 4.2×10^9
③ 4.7×10^9 ④ 5.1×10^9

해설 변위 전류와 전도 전류의 크기가 같아지는 주파수

$f = \dfrac{\sigma}{2\pi\varepsilon} = \dfrac{\sigma}{2\pi\varepsilon_0 \varepsilon_s} = \dfrac{1}{2\pi \times 8.855 \times 10^{-12} \times 6}$

$\fallingdotseq 3.0 \times 10^9$ [Hz]

정답 09.③ 10.④ 11.② 12.④ 13.①

14 그 양이 증가함에 따라 무한장 솔레노이드의 자기 인덕턴스 값이 증가하지 않는 것은 무엇인가?

① 철심의 반경 ② 철심의 길이
③ 코일의 권수 ④ 철심의 투자율

해설 무한장 솔레노이드의 인덕턴스

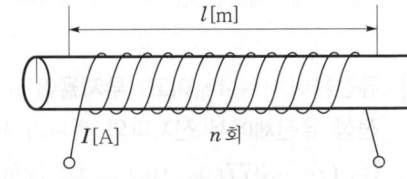

$n\phi = LI$ (단위[m]당 권수 n)

$L = \dfrac{n\phi}{I}$

자속 $\phi = BS = \mu HS = \mu nI\pi a^2$

$\therefore L = \dfrac{n}{I}\mu nI\pi a^2$

$= \mu \pi a^2 n^2$

$= 4\pi\mu_s \pi a^2 n^2 \times 10^{-7}$ [H/m]

∴ 철심의 투자율에 비례하고 철심의 반경(a) 코일의 권수(n)의 제곱에 비례한다.

15 단면적 $S[\text{m}^2]$, 단위 길이당 권수가 n_0[회/m]인 무한히 긴 솔레노이드의 자기 인덕턴스 [H/m]는?

① $\mu S n_0$ ② $\mu S n_0^2$
③ $\mu S^2 n_0$ ④ $\mu S^2 n_0^2$

해설 무한장 솔레노이드의 자기 인덕턴스

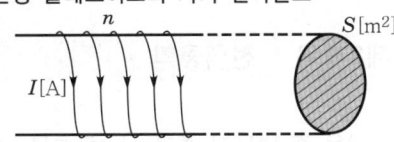

여기서, n : 단위 길이에 대한 권수

$L = \dfrac{n_0\phi}{I} = \dfrac{n_0}{I}\mu \cdot n_0 I \pi a^2 = \mu \pi a^2 n_0^2$

$= \mu S \cdot n_0^2$ [H/m]

16 비투자율 1,000인 철심이 든 환상 솔레노이드의 권수가 600회, 평균 지름 20[cm], 철심의 단면적 10[cm²]이다. 이 솔레노이드에 2[A]의 전류가 흐를 때 철심 내의 자속은 약 몇 [Wb]인가?

① 1.2×10^{-3} ② 1.2×10^{-4}
③ 2.4×10^{-3} ④ 2.4×10^{-4}

해설 자속 $\phi = BS$

$= \mu HS$

$= \mu_0 \mu_s \dfrac{NI}{l}S$

$= \mu_0 \mu_s \dfrac{NI}{\pi D}S$

$= \dfrac{\mu_0 \mu_s NIS}{\pi D}$

$= \dfrac{4\pi \times 10^{-7} \times 1,000 \times 600 \times 2 \times 10^{-4}}{20\pi \times 10^{-2}}$

$= 2.4 \times 10^{-3}$ [Wb]

17 3개의 점전하 $Q_1 = 3$[C], $Q_2 = 1$[C], $Q_3 = -3$[C]을 점 $P_1(1, 0, 0)$, $P_2(2, 0, 0)$, $P_3(3, 0, 0)$에 어떻게 놓으면 원점에서의 전계의 크기가 최대가 되는가?

① P_1에 Q_1, P_2에 Q_2, P_3에 Q_3
② P_1에 Q_2, P_2에 Q_3, P_3에 Q_1
③ P_1에 Q_3, P_2에 Q_1, P_3에 Q_2
④ P_1에 Q_3, P_2에 Q_2, P_3에 Q_1

해설

원점에서의 전계의 세기 $E = \dfrac{Q}{4\pi\varepsilon_0 r}$에서 전계의 세기는 전하($Q$)에 비례하고 거리($r$)에 반비례하므로 최대의 전계의 크기가 되려면 전하의 크기가 $P_1 > P_2 > P_3$의 크기를 만족해야 하므로 P_1에 Q_1, P_2에 Q_2, P_3에 Q_3를 놓아야 한다.

정답 14.② 15.② 16.③ 17.①

18 맥스웰의 전자 방정식에 대한 의미를 설명한 것으로 틀린 것은?

① 자계의 회전은 전류 밀도와 같다.
② 자계는 발산하며, 자극은 단독으로 존재한다.
③ 전계의 회전은 자속 밀도의 시간적 감소율과 같다.
④ 단위 체적당 발산 전속수는 단위 체적당 공간 전하 밀도와 같다.

해설 $\text{div } B = \nabla \cdot B = 0$
즉, 고립된 자극이 존재하지 않으므로 자계의 발산은 없다.

19 전기력선의 설명 중 틀린 것은?

① 전기력선은 부전하에서 시작하여 정전하에서 끝난다.
② 단위 전하에서는 $\frac{1}{\varepsilon_0}$개의 전기력선이 출입한다.
③ 전기력선은 전위가 높은 점에서 낮은 점으로 향한다.
④ 전기력선의 방향은 그 점의 전계의 방향과 일치하며, 밀도는 그 점에서의 전계의 크기와 같다.

해설 전기력선의 성질
- 전기력선의 방향은 그 점의 전계의 방향과 같으며 전기력선의 밀도는 그 점에서의 전계의 크기와 같다 $\left(\frac{\text{개}}{\text{m}^2} = \frac{\text{N}}{\text{C}}\right)$.
- 전기력선은 정전하(+)에서 시작하여 부전하(−)에서 끝난다.
- 전하가 없는 곳에서는 전기력선의 발생, 소멸이 없다. 즉, 연속적이다.
- 단위 전하(±1[C])에서는 $\frac{1}{\varepsilon_0}$개의 전기력선이 출입한다.
- 전기력선은 그 자신만으로 폐곡선(루프)을 만들지 않는다.
- 전기력선은 전위가 높은 점에서 낮은 점으로 향한다.
- 전계가 0이 아닌 곳에서 2개의 전기력선이 교차하는 일이 없다.
- 전기력선은 등전위면과 직교한다. 단, 전계가 0인 곳에서는 이 조건은 성립되지 않는다.
- 전기력선은 도체 표면(등전위면)에 수직으로 출입한다. 단, 전계가 0인 곳에서는 이 조건은 성립하지 않는다.
- 도체 내부에서는 전기력선이 존재하지 않는다.

20 유전율이 $\varepsilon = 4\varepsilon_0$이고, 투자율이 μ_0인 비도전성 유전체에서 전자파의 전계의 세기가 $E(z, t) = a_y 377\cos(10^9 t - \beta Z)$ [V/m]일 때의 자계의 세기[H]는 몇 [A/m]인가?

① $-a_z 2\cos(10^9 t - \beta Z)$
② $-a_x 2\cos(10^9 t - \beta Z)$
③ $-a_z 7.1 \times 10^4 \cos(10^9 t - \beta Z)$
④ $-a_x 7.1 \times 10^4 \cos(10^9 t - \beta Z)$

해설 $H = \sqrt{\dfrac{4\varepsilon_0}{\mu_0}} E$
$= \sqrt{\dfrac{4 \times 8.855 \times 10^{-12}}{4\pi \times 10^{-7}}} \cdot 377\cos(10^9 t - \beta Z)$
$= 2\cos(10^9 t - \beta Z)$

전계와 자계의 세기 E, H의 관계는 직각 관계에 있으며 E에서 H방향으로 오른쪽 나사를 돌렸을 때의 나사가 진행하는 방향으로 전파한다.
∴ 자계의 세기 $H = -a_x 2\cos(10^9 t - \beta Z)$

제2과목 전력공학

21 다음 중 변류기 수리 시 2차측을 단락시키는 이유는?

① 1차측 과전류 방지
② 2차측 과전류 방지
③ 1차측 과전압 방지
④ 2차측 과전압 방지

정답 18.② 19.① 20.② 21.④

해설 운전 중 변류기 2차측이 개방되면 부하 전류가 모두 여자 전류가 되어 2차 권선에 대단히 높은 전압이 인가하여 2차측 절연이 파괴된다. 그러므로 2차측에 전류계 등 기구가 연결되지 않을 때에는 단락을 하여야 한다.

22 1년 365일 중 185일은 이 양 이하로 내려가지 않는 유량은?

① 평수량　② 풍수량
③ 고수량　④ 저수량

해설 유량의 종류
- 갈수량 : 1년 365일 중 355일은 이것보다 내려가지 않는 유량
- 저수량 : 1년 365일 중 275일은 이것보다 내려가지 않는 유량
- 평수량 : 1년 365일 중 185일은 이것보다 내려가지 않는 유량
- 풍수량 : 1년 365일 중 95일은 이것보다 내려가지 않는 유량

23 배전선의 전압 조정 장치가 아닌 것은?

① 승압기
② 리클로저
③ 유도 전압 조정기
④ 주상 변압기 탭 절환 장치

해설 리클로저(recloser)는 선로에 고장이 발생하였을 때 고장 전류를 검출하여 지정된 시간 내에 고속 차단하고 자동 재폐로 동작을 수행하여 고장 구간을 분리하거나 재송전하는 장치이므로 전압 조정 장치가 아니다.

24 발전기 또는 주변압기의 내부 고장 보호용으로 가장 널리 쓰이는 것은?

① 거리 계전기
② 과전류 계전기
③ 비율 차동 계전기
④ 방향 단락 계전기

해설 비율 차동 계전는 발전기나 변압기의 내부 고장 보호에 적용한다.

25 그림과 같은 선로의 등가 선간 거리는 몇 [m]인가?

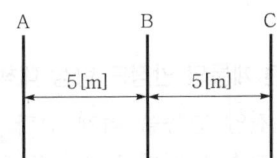

① 5　② $5\sqrt{2}$
③ $5\sqrt[3]{2}$　④ $10\sqrt[3]{2}$

해설 등가 선간 거리 $D_0 = \sqrt[3]{D \cdot D \cdot 2D}$
$= \sqrt[3]{5 \times 5 \times 2 \times 5}$
$= 5\sqrt[3]{2}$

26 서지파(진행파)가 서지 임피던스 Z_1의 선로측에서 서지 임피던스 Z_2의 선로측으로 입사할 때 투과 계수(투과파 전압÷입사파 전압) b를 나타내는 식은?

① $b = \dfrac{Z_2 - Z_1}{Z_1 + Z_2}$　② $b = \dfrac{2Z_2}{Z_1 + Z_2}$
③ $b = \dfrac{Z_1 - Z_2}{Z_1 + Z_2}$　④ $b = \dfrac{2Z_1}{Z_1 + Z_2}$

해설 전압 투과 계수 $\alpha = \dfrac{2Z_2}{Z_1 + Z_2}$, 반사 계수 $\beta = \dfrac{Z_2 - Z_1}{Z_1 + Z_2}$

27 3상 송전 선로에서 선간 단락이 발생하였을 때 다음 중 옳은 것은?

① 역상 전류만 흐른다.
② 정상 전류와 역상 전류가 흐른다.
③ 역상 전류와 영상 전류가 흐른다.
④ 정상 전류와 영상 전류가 흐른다.

정답 22.① 23.② 24.③ 25.③ 26.② 27.②

해설 각 사고별 대칭 좌표법 해석

1선 지락	정상분	역상분	영상분
선간 단락	정상분	역상분	×
3상 단락	정상분	×	×

그러므로 선간 단락 고장 해석은 정상 전류와 역상 전류가 흐른다.

28 송전 계통의 안정도 향상 대책이 아닌 것은?

① 전압 변동을 적게 한다.
② 고속도 재폐로 방식을 채용한다.
③ 고장 시간, 고장 전류를 적게 한다.
④ 계통의 직렬 리액턴스를 증가시킨다.

해설 안정도 향상 대책
- 직렬 리액턴스 감소
- 전압 변동 억제(속응 여자 방식, 계통 연계, 중간 조상 방식)
- 계통 충격 경감(소호 리액터 접지, 고속 차단, 재폐로 방식)
- 전력 변동 억제(조속기 신속 동작, 제동 저항기)

그러므로 중성점 직접 접지 방식은 계통에 주는 충격이 크게 되므로 안정도 향상 대책이 되지 않는다.

29 배전 선로에서 사고 범위의 확대를 방지하기 위한 대책으로 적당하지 않은 것은?

① 선택 접지 계전 방식 채택
② 자동 고장 검출 장치 설치
③ 진상 콘덴서를 설치하여 전압 보상
④ 특고압의 경우 자동 구분 개폐기 설치

해설 진상 콘덴서 설치는 배전 계통의 지상 무효 전력을 진상시켜 전력 손실을 줄이고, 전압 강하를 보상하는 설비로 사고 범위의 확대를 방지하는 목적은 아니다.

30 화력 발전소에서 재열기의 사용 목적은?

① 증기를 가열한다.
② 공기를 가열한다.
③ 급수를 가열한다.
④ 석탄을 건조한다.

해설 재열기는 고압 터빈 출구에서 증기를 모두 추출하여 다시 가열하는 장치로서 가열된 증기를 저압 터빈으로 공급하여 열 효율을 향상시킨다.

31 송전 전력, 송전 거리, 전선의 비중 및 전력 손실률이 일정하다고 하면 전선의 단면적 $A\,[\text{mm}^2]$와 송전 전압 $V\,[\text{kV}]$와의 관계로 옳은 것은?

① $A \propto V$
② $A \propto V^2$
③ $A \propto \dfrac{1}{\sqrt{V}}$
④ $A \propto \dfrac{1}{V^2}$

해설 전선의 단면적 $A = \dfrac{\rho l P_r^{\,2}}{V^2 \cos^2\theta P_l}$

그러므로 $A \propto \dfrac{1}{V^2}$ 이다.

32 선로에 따라 균일하게 부하가 분포된 선로의 전력 손실은 이들 부하가 선로의 말단에 집중적으로 접속되어 있을 때보다 어떻게 되는가?

① $\dfrac{1}{2}$로 된다.
② $\dfrac{1}{3}$로 된다.
③ 2배로 된다.
④ 3배로 된다.

해설

구 분	말단에 집중 부하	균등 부하 분포
전압 강하	IR	$\dfrac{1}{2}IR$
전력 손실	I^2R	$\dfrac{1}{3}I^2R$

정답 28.④ 29.③ 30.① 31.④ 32.②

33
반지름 r[m]이고 소도체 간격 S인 4복도체 송전 선로에서 전선 A, B, C가 수평으로 배열되어 있다. 등가 선간 거리가 D[m]로 배치되고 완전 연가된 경우 송전 선로의 인덕턴스는 몇 [mH/km]인가?

① $0.4605\log_{10}\dfrac{D}{\sqrt{rS^2}}+0.0125$

② $0.4605\log_{10}\dfrac{D}{\sqrt[2]{rS}}+0.025$

③ $0.4605\log_{10}\dfrac{D}{\sqrt[3]{rS^2}}+0.0167$

④ $0.4605\log_{10}\dfrac{D}{\sqrt[4]{rS^3}}+0.0125$

해설 4도체의 등가 반지름 $r' = \sqrt[n]{rS^{n-1}}$
$= \sqrt[4]{rS^{4-1}}$
$= \sqrt[4]{rS^3}$

인덕턴스 $L = \dfrac{0.05}{n} + 0.4605\log_{10}\dfrac{D}{r'}$
$= \dfrac{0.05}{4} + 0.4605\log_{10}\dfrac{D}{\sqrt[4]{rS^3}}$
$= 0.0125 + 0.4605\log_{10}\dfrac{D}{\sqrt[4]{rS^3}}$ [mH/km]

34
최소 동작 전류 이상의 전류가 흐르면 한도를 넘는 양(量)과는 상관없이 즉시 동작하는 계전기는?

① 순한시 계전기
② 반한시 계전기
③ 정한시 계전기
④ 반한시성 정한시 계전기

해설 동작 시한에 의한 분류
- 순한시 계전기 : 정정치 이상의 전류는 크기에 관계없이 바로 동작하는 고속도 계전기
- 정한시 계전기 : 정정치 한도를 넘으면, 넘는 양의 크기에 상관없이 일정 시한으로 동작하는 계전기
- 반한시 계전기 : 동작 전류와 동작 시한이 반비례하는 계전기

35
최근에 우리나라에서 많이 채용되고 있는 가스 절연 개폐 설비(GIS)의 특징으로 틀린 것은?

① 대기 절연을 이용한 것에 비해 현저하게 소형화할 수 있으나 비교적 고가이다.
② 소음이 적고 충전부가 완전한 밀폐형으로 되어 있기 때문에 안정성이 높다.
③ 가스 압력에 대한 엄중 감시가 필요하며 내부 점검 및 부품 교환이 번거롭다.
④ 한랭지, 산악 지방에서도 액화 방지 및 산화 방지 대책이 필요 없다.

해설 가스 절연 개폐 장치(GIS)의 장단점
- 장점 : 소형화, 고성능, 고신뢰성, 설치 공사 기간 단축, 유지 보수 간편, 무인 운전 등
- 단점 : 육안 검사 불가능, 대형 사고 주의, 고가, 고장 시 임시 복구 불가, 액화 및 산화 방지 대책 필요

36
다음 중 송전 선로에 복도체를 사용하는 주된 목적은?

① 인덕턴스를 증가시키기 위하여
② 정전 용량을 감소시키기 위하여
③ 코로나 발생을 감소시키기 위하여
④ 전선 표면의 전위 경도를 증가시키기 위하여

해설 다도체(복도체)의 특징
- 같은 도체 단면적의 단도체보다 인덕턴스와 리액턴스가 감소하고 정전 용량이 증가하여 송전 용량을 크게 할 수 있다.
- 전선 표면의 전위 경도를 저감시켜 코로나 임계 전압을 높게 하므로 코로나손을 줄일 수 있다.
- 전력 계통의 안정도를 증대시킨다.

37
송배전 선로의 전선 굵기를 결정하는 주요 요소가 아닌 것은?

① 전압 강하
② 허용 전류
③ 기계적 강도
④ 부하의 종류

정답 33.④ 34.① 35.④ 36.③ 37.④

해설 전선 굵기 결정 시 고려 사항은 허용 전류, 전압 강하, 기계적 강도이다.

38 기준 선간 전압 23[kV], 기준 3상 용량 5,000[kVA], 1선의 유도 리액턴스가 15[Ω]일 때 %리액턴스는?

① 28.36[%] ② 14.18[%]
③ 7.09[%]   ④ 3.55[%]

해설 $\%Z = \dfrac{PZ}{10 V_n^2} = \dfrac{5,000 \times 15}{10 \times 23^2} = 14.18[\%]$

39 망상(network) 배전 방식에 대한 설명으로 옳은 것은?

① 전압 변동이 대체로 크다.
② 부하 증가에 대한 융통성이 적다.
③ 방사상 방식보다 무정전 공급의 신뢰도가 더 높다.
④ 인축에 대한 감전 사고가 적어서 농촌에 적합하다.

해설 망상식(network system) 배전 방식은 무정전 공급이 가능하며 전압 변동이 적고 손실이 감소되며, 부하 증가에 대한 적응성이 좋으나, 건설비가 비싸고, 인축에 대한 사고가 증가하고, 보호 장치인 네트워크 변압기와 네트워크 변압기의 2차측에 설치하는 계전기와 기중 차단기로 구성되는 역류 개폐 장치 (network protector)가 필요하다.

40 3상용 차단기의 정격 전압은 170[kV]이고 정격 차단 전류가 50[kA]일 때 차단기의 정격 차단 용량은 약 몇 [MVA]인가?

① 5,000   ② 10,000
③ 15,000   ④ 20,000

해설 정격 차단 용량 $P_s[\text{MVA}] = \sqrt{3} \times 170 \times 50$
$= 14,722 ≒ 15,000[\text{MVA}]$

제3과목 전기기기

41 3상 직권 정류자 전동기에 중간 변압기를 사용하는 이유로 적당하지 않은 것은?

① 중간 변압기를 이용하여 속도 상승을 억제할 수 있다.
② 회전자 전압을 정류 작용에 맞는 값으로 선정할 수 있다.
③ 중간 변압기를 사용하여 누설 리액턴스를 감소할 수 있다.
④ 중간 변압기의 권수비를 바꾸어 전동기 특성을 조정할 수 있다.

해설 3상 직권 정류자 전동기의 중간 변압기를 사용하는 목적은 다음과 같다.
• 전원 전압을 정류 작용에 맞는 값으로 선정할 수 있다.
• 중간 변압기의 권수비를 바꾸어 전동기의 특성을 조정할 수 있다.
• 중간 변압기를 사용하여 철심을 포화하여 두면 속도 상승을 억제할 수 있다.

42 변압기의 권수를 N이라고 할 때 누설 리액턴스는?

① N에 비례한다.
② N^2에 비례한다.
③ N에 반비례한다.
④ N^2에 반비례한다.

해설 변압기의 누설 인덕턴스 $L = \dfrac{\mu N^2 S}{l}[\text{H}]$
누설 리액턴스 $x = \omega L = 2\pi f \dfrac{\mu N^2 S}{l} \propto N^2$

43 직류기의 온도 상승 시험 방법 중 반환 부하법의 종류가 아닌 것은?

① 카프법   ② 홉킨슨법
③ 스코트법 ④ 블론델법

정답 38.② 39.③ 40.③ 41.③ 42.② 43.③

해설 온도 상승 시험에서 반환 부하법의 종류는 다음과 같다.
- 카프(Kapp)법
- 홉킨슨(Hopkinson)법
- 블론델(Blondel)법
- 스코트 결선은 3상에서 2상 전원 변환 결선 방법이다.

44 단상 직권 정류자 전동기에서 보상 권선과 저항 도선의 작용을 설명한 것으로 틀린 것은?

① 역률을 좋게 한다.
② 변압기 기전력을 크게 한다.
③ 전기자 반작용을 감소시킨다.
④ 저항 도선은 변압기 기전력에 의한 단락 전류를 적게 한다.

해설 단상 직권 정류자 전동기의 보상 권선은 전기자 반작용을 감소시키고 역률을 좋게 하며 저항 도선은 변압기 기전력에 의한 단락 전류를 적게 한다.

45 일반적인 변압기의 손실 중에서 온도 상승에 관계가 가장 적은 요소는?

① 철손   ② 동손
③ 와류손   ④ 유전체손

해설 변압기 권선의 절연물에 의한 손실을 유전체손이라 하는데 그 크기가 매우 작으므로 온도 상승에 미치는 영향이 현저하게 작다.

46 직류 발전기의 병렬 운전에서 부하 분담의 방법은?

① 계자 전류와 무관하다.
② 계자 전류를 증가하면 부하 분담은 감소한다.
③ 계자 전류를 증가하면 부하 분담은 증가한다.
④ 계자 전류를 감소하면 부하 분담은 증가한다.

해설 직류 발전기의 병렬 운전시 부하 분담은 계자 전류를 증가시키면 유기 기전력이 커지고 일정 전원을 유지하기 위해 부하 분담 전류가 증가하므로 부하 분담이 증가한다.
$V = E_A - I_A R_A = E_B - I_B R_B [V]$
$I = I_A + I_B [A]$

47 1차 전압 6,600[V], 2차 전압 220[V], 주파수 60[Hz], 1차 권수 1,000회의 변압기가 있다. 최대 자속은 약 몇 [Wb]인가?

① 0.020   ② 0.025
③ 0.030   ④ 0.032

해설 1차 전압 $E_1 = 4.44 f N_1 \phi_m$

최대 자속 $\phi_m = \dfrac{E_1}{4.44 f N_1}$

$= \dfrac{6,600}{4.44 \times 60 \times 1,000}$

$= 0.0247 [\text{Wb}]$

48 역률 100[%]일 때의 전압 변동률 ε은 어떻게 표시되는가?

① %저항 강하
② %리액턴스 강하
③ %서셉턴스 강하
④ %임피던스 강하

해설 전압 변동률 $\varepsilon = p\cos\theta + q\sin\theta$
$\cos\theta = 1$, $\sin\theta = 0$이므로
$\varepsilon = p$: %저항 강하

49 3상 농형 유도 전동기의 기동 방법으로 틀린 것은?

① Y-△ 기동
② 전전압 기동
③ 리액터 기동
④ 2차 저항에 의한 기동

정답 44.② 45.④ 46.③ 47.② 48.① 49.④

해설 3상 유도 전동기의 기동법
- 농형
  - 전전압 기동 $P=5[HP]$ 이하
  - Y-△ 기동 $P=5\sim15[kW]$
  - 리액터 기동
  - 기동 보상기 기동법 $P=20[kW]$ 이상
- 권선형
  - 2차 저항 기동
  - 게르게스(Gorges) 기동

50 직류 복권 발전기의 병렬 운전에 있어 균압선을 붙이는 목적은 무엇인가?

① 손실을 경감한다.
② 운전을 안정하게 한다.
③ 고조파의 발생을 방지한다.
④ 직권 계자 간의 전류 증가를 방지한다.

해설 직류 발전기의 병렬 운전 시 직권 계자 권선이 있는 발전기(직권 발전기, 복권 발전기)의 안정된(한쪽 발전기로 부하가 집중되는 현상을 방지) 병렬 운전을 하기 위해 균압선을 설치한다.

51 2방향성 3단자 사이리스터는 어느 것인가?

① SCR   ② SSS
③ SCS   ④ TRIAC

해설 트라이액(TRIAC)은 교류 제어용 쌍방향 3단자 사이리스터(thyristor)이다.

52 15[kVA], 3,000/200[V] 변압기의 1차측 환산 등가 임피던스가 $5.4+j6[\Omega]$일 때, %저항 강하 p와 %리액턴스 강하 q는 각각 약 몇 [%]인가?

① $p=0.9$, $q=1$ ② $p=0.7$, $q=1.2$
③ $p=1.2$, $q=1$ ④ $p=1.3$, $q=0.9$

해설 1차 전류 $I_1 = \dfrac{p}{V_1} = \dfrac{15 \times 10^3}{3,000} = 5[A]$

퍼센트 저항 강하 $p = \dfrac{Ir}{V} \times 100$

$= \dfrac{5 \times 5.4}{3,000} \times 100 = 0.9[\%]$

퍼센트 리액턴스 강하 $q = \dfrac{Ix}{V} \times 100$

$= \dfrac{5 \times 6}{3,000} \times 100 = 1[\%]$

53 유도 전동기의 2차 여자 제어법에 대한 설명으로 틀린 것은?

① 역률을 개선할 수 있다.
② 권선형 전동기에 한하여 이용된다.
③ 동기 속도 이하로 광범위하게 제어할 수 있다.
④ 2차 저항손이 매우 커지며 효율이 저하된다.

해설 유도 전동기의 2차 여자 제어법은 2차(회전자)에 슬립 주파수 전압을 외부에서 공급하여 속도를 제어하는 방법으로 권선형에서만 사용이 가능하며 역률을 개선할 수 있고, 광범위로 원활하게 제어할 수 있으며 효율도 양호하다.

54 직류 발전기를 3상 유도 전동기에서 구동하고 있다. 이 발전기에 55[kW]의 부하를 걸 때 전동기의 전류는 약 몇 [A]인가? (단, 발전기의 효율은 88[%], 전동기의 단자 전압은 400[V], 전동기의 효율은 88[%], 전동기의 역률은 82[%]로 한다.)

① 125   ② 225
③ 325   ④ 425

해설 전동기 출력 P_M는 직류 발전기의 입력과 같으므로

$P_M = \dfrac{P_G}{\eta_G} = \sqrt{3}\,VI\cos\theta \cdot \eta_M$

전류 $I = \dfrac{\dfrac{P_G}{\eta_G}}{\sqrt{3}\,V\cos\theta\,\eta_M}$

$= \dfrac{\dfrac{55 \times 10^3}{0.88}}{\sqrt{3} \times 400 \times 0.82 \times 0.88} = 125[A]$

정답 50.② 51.④ 52.① 53.④ 54.①

55 동기기의 기전력의 파형 개선책이 아닌 것은?
① 단절권   ② 집중권
③ 공극 조정 ④ 자극 모양

해설 동기 발전기 유기 기전력의 파형 개선책으로는 분포권, 단절권을 사용하고 Y결선을 하며 자극의 모양과 공극을 적당히 조정하며 전기자 반작용을 작게 하여야 한다.

56 유도자형 동기 발전기의 설명으로 옳은 것은?
① 전기자만 고정되어 있다.
② 계자극만 고정되어 있다.
③ 회전자가 없는 특수 발전기이다.
④ 계자극과 전기자가 고정되어 있다.

해설 회전 유도자형 동기 발전기는 계자극과 전기자를 고정하고 유도자(철심)를 회전하는 고주파 교류 특수 발전기이다.

57 200[V], 10[kW]의 직류 분권 전동기가 있다. 전기자 저항은 0.2[Ω], 계자 저항은 40[Ω]이고 정격 전압에서 전류가 15[A]인 경우 5[kg·m]의 토크를 발생한다. 부하가 증가하여 전류가 25[A]로 되는 경우 발생 토크[kg·m]는?
① 2.5   ② 5
③ 7.5   ④ 10

해설 계자 전류 $I_f = \dfrac{V}{r_f} = \dfrac{200}{40} = 5[A]$

전기자 전류 $I_a = I - I_f = 15 - 5[A]$

부하 전류 25[A]일 때

전기자 전류 $I_a = 25 - 5 = 20[A]$

분권 전동기의 토크 $T = \dfrac{P}{\omega} = \dfrac{ZP\phi}{2\pi a}I_a \propto I_a$

$\therefore \tau' = 5 \times \dfrac{20}{10} = 10[kg \cdot m]$

58 50[Ω]의 계자 저항을 갖는 직류 분권 발전기가 있다. 이 발전기의 출력이 5.4[kW]일 때 단자 전압은 100[V], 유기 기전력은 115[V]이다. 이 발전기의 출력이 2[kW]일 때 단자 전압이 125[V]라면 유기 기전력은 약 몇 [V]인가?
① 130   ② 145
③ 152   ④ 159

해설 $P = VI$

$I = \dfrac{P}{V} = \dfrac{5,400}{100} = 54[A]$

$I_f = \dfrac{V}{r_f} = \dfrac{100}{50} = 2[A]$

$I_a = I + I_f = 54 + 2 = 56[A]$

$R_a = \dfrac{E - V}{I} = \dfrac{115 - 100}{56} = 0.267[\Omega]$

$I' = \dfrac{P}{V} = \dfrac{2,000}{125} = 16[A]$

$I_f' = \dfrac{125}{50} = 2.5[A]$

$I_a' = I' + I_f' = 16 + 2.5 = 18.5[A]$

$E' = V' + I_a' R_a$
$= 125 + 18.5 \times 0.267$
$= 129.9 = 130[A]$

59 돌극형 동기 발전기에서 직축 동기 리액턴스를 X_d, 횡축 동기리액턴스를 X_q라 할 때의 관계는?
① $X_d < X_q$
② $X_d > X_q$
③ $X_d = X_q$
④ $X_d \ll X_q$

해설 돌극형(철극기) 동기 발전기에서 직축 동기 리액턴스(X_d)는 횡축 동기 리액턴스(X_q)보다 큰 값을 갖는다. 이 철극기에서는 $X_d = X_q = X_s$이다.

정답 55.② 56.④ 57.④ 58.① 59.②

60 10극 50[Hz] 3상 유도 전동기가 있다. 회전자도 3상이고 회전자가 정지할 때 2차 1상 간의 전압이 150[V]이다. 이것을 회전자계와 같은 방향으로 400[rpm]으로 회전시킬 때 2차 전압은 몇 [V]인가?

① 50
② 75
③ 100
④ 150

해설 동기 속도 $N_s = \dfrac{120f}{P} = \dfrac{120 \times 50}{10} = 600[\text{rpm}]$

$s = \dfrac{N_s - N}{N_s} = \dfrac{600 - 400}{600} = \dfrac{1}{3}$

2차 유도 전압 $E_{2s} = sE_2 = \dfrac{1}{3} \times 150 = 50[\text{V}]$

제4과목 회로이론 및 제어공학

61 다음의 회로를 블록 선도로 그린 것 중 옳은 것은?

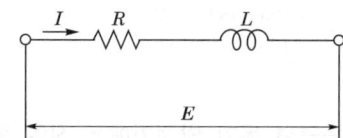

①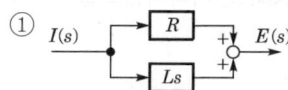

②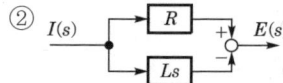

③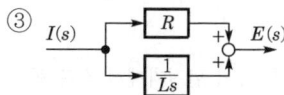

④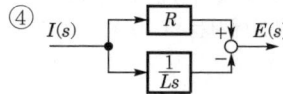

해설 출력 $E = RI + L\dfrac{dI}{dt}$

라플라스 변환하면 $E(s) = RI(s) + LsI(s)$

블록 선도로 나타내면

$I(s) \to \boxed{R}, \boxed{Ls} \to E(s)$

62 특성 방정식 $s^2 + 2\zeta\omega_n s + \omega_n^2 = 0$에서 감쇠 진동을 하는 제동비 ζ의 값은?

① $\zeta > 1$
② $\zeta = 1$
③ $\zeta = 0$
④ $0 < \zeta < 1$

해설 2차계의 과도 응답

$G(s) = \dfrac{C(s)}{R(s)} = \dfrac{\omega_n^2}{s^2 + 2\zeta\omega_n s + \omega_n^2}$

특성 방정식 $s^2 + s\zeta\omega_n s + \omega_n^2 = 0$

근 $s = -\zeta\omega_n \pm j\omega_n\sqrt{1 - \zeta^2}$

- $\zeta = 0$이면 근 $s = \pm j\omega_n$으로 순허근이므로 무한히 진동 무제동이 된다.
- $\zeta = 1$이면 근 $s = -\omega_n$으로 중근이므로 진동에서 비진동으로 옮겨가는 임계 진동이 된다.
- $\zeta > 1$이면 근 $s = -\zeta\omega_n \pm \omega_n\sqrt{\zeta^2 - 1}$으로 서로 다른 2개의 실근을 가지므로 비진동 과제동이 된다.
- $\zeta < 1$이면 근 $s = -\zeta\omega_n \pm j\omega_n\sqrt{1-\zeta^2}$으로 공액 복소수근을 가지므로 감쇠 진동 부족 제동한다.

63 다음 그림의 전달 함수 $\dfrac{Y(z)}{R(z)}$는 다음 중 어느 것인가?

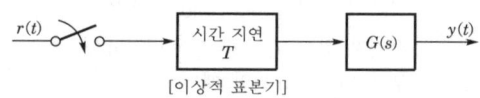

① $G(z)z$
② $G(z)z^{-1}$
③ $G(z)Tz^{-1}$
④ $G(z)Tz$

해설 $\dfrac{Y(z)}{R(z)} = G(z)z^{-1}$

64 일정 입력에 대해 잔류 편차가 있는 제어계는 무엇인가?

① 비례 제어계
② 적분 제어계
③ 비례 적분 제어계
④ 비례 적분 미분 제어계

해설 잔류 편차(offset)는 정상 상태에서의 오차를 뜻하며 비례 제어(P동작)의 경우에 발생한다.

65 일반적인 제어 시스템에서 안정의 조건은?

① 입력이 있는 경우 초기값에 관계없이 출력이 0으로 간다.
② 입력이 없는 경우 초기값에 관계없이 출력이 무한대로 간다.
③ 시스템이 유한한 입력에 대해서 무한한 출력을 얻는 경우
④ 시스템이 유한한 입력에 대해서 유한한 출력을 얻는 경우

해설 일반적인 제어 시스템의 안정도는 입력에 대한 시스템의 응답에 의해 정해지므로 유한한 입력에 대해서 유한한 출력이 얻어지는 경우는 시스템이 안정하다고 한다.

66 개루프 전달 함수 $G(s)H(s)$가 다음과 같이 주어지는 부궤환계에서 근궤적 점근선의 실수축과의 교차점은?

$$G(s)H(s) = \frac{K}{s(s+4)(s+5)}$$

① 0
② -1
③ -2
④ -3

해설 실수축상에서의 점근선의 교차점

$$\sigma = \frac{\Sigma G(s)H(s)\text{의 극점} - \Sigma G(s)H(s)\text{의 영점}}{P-Z}$$

$$= \frac{0-4-5}{3-0}$$

$$= -3$$

67 $s^3 + 11s^2 + 2s + 40 = 0$에는 양의 실수부를 갖는 근은 몇 개 있는가?

① 1
② 2
③ 3
④ 없다.

해설 라우스의 표

s^3	1	2
s^2	11	40
s^1	$\frac{22-40}{11}$	0
s^0	40	

제1열의 부호 변화가 2번 있으므로 양의 실수부를 갖는 불안정근이 2개 있다.

68 논리식 $L = \overline{x} \cdot \overline{y} + \overline{x} \cdot y + x \cdot y$를 간략화한 것은?

① $x + y$
② $\overline{x} + y$
③ $x + \overline{y}$
④ $\overline{x} + \overline{y}$

해설 $L = \overline{x}\overline{y} + \overline{x}y + xy$
$= \overline{x}(\overline{y}+y) + xy$
$= \overline{x} + x \cdot y = \overline{x}(1+y) + xy$
$= (\overline{x}+x) \cdot (\overline{x}+y)$
$= \overline{x} + y$

정답 64.① 65.④ 66.④ 67.② 68.②

69 다음 그림과 같은 블록 선도에서 전달 함수 $\dfrac{C(s)}{R(s)}$를 구하면?

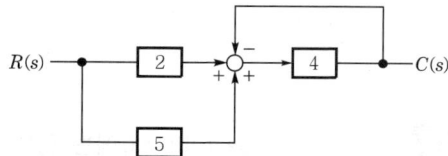

① $\dfrac{1}{8}$ ② $\dfrac{5}{28}$
③ $\dfrac{28}{5}$ ④ 8

해설 $\{R(s)2+R(s)5-C(s)\}4=C(s)$
$R(s)(8+20)=5C(s)$
$\therefore \dfrac{C(s)}{R(s)}=\dfrac{28}{5}$

70 $G(j\omega)=\dfrac{K}{j\omega(j\omega+1)}$에 있어서 진폭 A 및 위상각 θ는?

$$\lim_{\omega\to\infty}G(j\omega)=A\underline{/\theta}$$

① $A=0,\ \theta=-90°$
② $A=0,\ \theta=-180°$
③ $A=\infty,\ \theta=-90°$
④ $A=\infty,\ \theta=-180°$

해설 진폭 A는 $G(j\omega)$의 크기이므로
$A=|G(j\omega)|=\dfrac{K}{\omega\sqrt{\omega^2+1}}$
$\therefore \omega=\infty$인 경우
$A=|G(j\omega)|=\dfrac{K}{\omega\sqrt{\omega^2+1}}\bigg|_{\omega=\infty}=0$
$\underline{/\theta}=-(90°+\tan^{-1}\omega)|_{\omega=\infty}=-180°$

71 $R=100[\Omega]$, $C=30[\mu F]$의 직렬 회로에 $f=60[Hz]$, $V=100[V]$의 교류 전압을 인가할 때 전류는 약 몇 [A]인가?

① 0.42
② 0.64
③ 0.75
④ 0.87

해설 $I=\dfrac{V}{\sqrt{R^2+\left(\dfrac{1}{\omega C}\right)^2}}$
$=\dfrac{100}{\sqrt{100^2+\left(\dfrac{1}{377\times30\times10^{-6}}\right)^2}}$
$=0.75[A]$

72 무손실 선로의 정상 상태에 대한 설명으로 틀린 것은?

① 전파 정수 γ는 $j\omega\sqrt{LC}$이다.
② 특성 임피던스 $Z_0=\sqrt{\dfrac{C}{L}}$이다.
③ 진행파의 전파 속도 $v=\dfrac{1}{\sqrt{LC}}$이다.
④ 감쇠 정수 $\alpha=0$, 위상 정수 $\beta=\omega\sqrt{LC}$이다.

해설 무손실 선로
- $Z_0=\sqrt{\dfrac{Z}{Y}}=\sqrt{\dfrac{L}{C}}[\Omega]$
- $\gamma=\sqrt{Z\cdot Y}$
  $=\sqrt{(R+j\omega L)(G+j\omega C)}$
  $=j\omega\sqrt{LC}$
  $\alpha=0,\ \beta=\omega\sqrt{LC}$
- $v=\dfrac{1}{\sqrt{LC}}[m/s]$

정답 69.③ 70.② 71.③ 72.②

73 그림과 같은 파형의 Laplace 변환은?

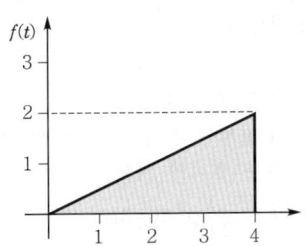

① $\dfrac{1}{2s^2}(1-e^{-4s}-se^{-4s})$

② $\dfrac{1}{2s^2}(1-e^{-4s}-4e^{-4s})$

③ $\dfrac{1}{2s^2}(1-se^{-4s}-4e^{-4s})$

④ $\dfrac{1}{2s^2}(1-e^{-4s}-4se^{-4s})$

해설 $f(t) = \dfrac{2}{4}tu(t) - 2u(t-4) - \dfrac{2}{4}(t-4)u(t-4)$

시간 추이 정리를 이용하면

$F(s) = \dfrac{1}{2}\dfrac{1}{s^2} - 2\dfrac{e^{-4s}}{s} - \dfrac{1}{2}\dfrac{e^{-4s}}{s^2}$

$= \dfrac{1}{2s^2}(1-e^{-4s}-4se^{-4s})$

74 2전력계법으로 평형 3상 전력을 측정하였더니 한쪽의 지시가 700[W], 다른 쪽의 지시가 1,400[W]이었다. 피상 전력은 약 몇 [VA]인가?

① 2,425 ② 2,771
③ 2,873 ④ 2,974

해설 피상 전력 $P_a = \sqrt{P^2+P_r^2}$
$= 2\sqrt{P_1^2+P_2^2-P_1P_2}$
$= 2\sqrt{700^2+1,400^2-700\times1,400}$
$= 2,425[\text{VA}]$

75 최대값이 I_m인 정현파 교류의 반파 정류파형의 실효값은?

① $\dfrac{I_m}{2}$ ② $\dfrac{I_m}{\sqrt{2}}$

③ $\dfrac{2I_m}{\pi}$ ④ $\dfrac{\pi I_m}{2}$

해설 실효값 $I = \sqrt{\dfrac{1}{2\pi}\int_0^\pi I_m^2\sin^2\omega t\ d\omega t}$

$= \sqrt{\dfrac{I_m^2}{2\pi}\int_0^\pi \dfrac{1-\cos 2\omega t}{2}d\omega t}$

$= \sqrt{\dfrac{I_m^2}{4\pi}\left[\omega t - \dfrac{1}{2}\sin 2\omega t\right]_0^\pi}$

$= \dfrac{I_m}{2}$

76 그림과 같은 파형의 파고율은?

① 1 ② $\dfrac{1}{\sqrt{2}}$ ③ $\sqrt{2}$ ④ $\sqrt{3}$

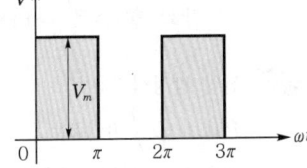

해설 파고율 = $\dfrac{\text{최대값}}{\text{실효값}} = \dfrac{V_m}{\dfrac{V_m}{\sqrt{2}}} = \sqrt{2}$

77 다음 그림과 같이 10[Ω]의 저항에 권수비가 10 : 1의 결합 회로를 연결했을 때 4단자 정수 A, B, C, D는?

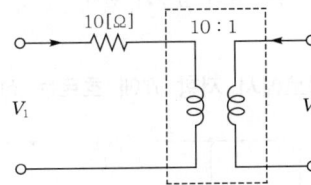

① $A=1$, $B=10$, $C=0$, $D=10$
② $A=10$, $B=1$, $C=0$, $D=10$
③ $A=10$, $B=0$, $C=1$, $D=\dfrac{1}{10}$
④ $A=10$, $B=1$, $C=0$, $D=\dfrac{1}{10}$

정답 73.④ 74.① 75.① 76.③ 77.④

해설
$$\begin{bmatrix} A & B \\ C & D \end{bmatrix} = \begin{bmatrix} 1 & 10 \\ 0 & 1 \end{bmatrix} \begin{bmatrix} 10 & 0 \\ 0 & \frac{1}{10} \end{bmatrix} = \begin{bmatrix} 10 & 1 \\ 0 & \frac{1}{10} \end{bmatrix}$$

78 그림과 같은 RC 회로에서 스위치를 넣는 순간 전류는? (단, 초기 조건은 0이다.)

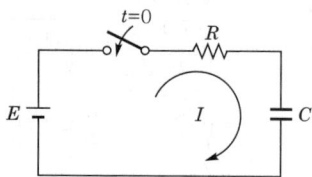

① 불변 전류이다.
② 진동 전류이다.
③ 증가 함수로 나타난다.
④ 감쇠 함수로 나타난다.

해설 전압 방정식
$$Ri(t) + \frac{1}{C}\int i(t)dt = E$$
라플라스 변환을 이용하여 풀면
전류 $i(t) = \frac{E}{R}e^{-\frac{1}{RC}t}$ [A]

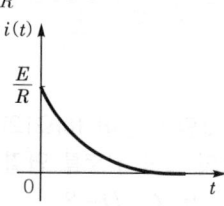

∴ 지수 감쇠 함수가 된다.

79 회로에서 저항 R에 흐르는 전류 I[A]는?

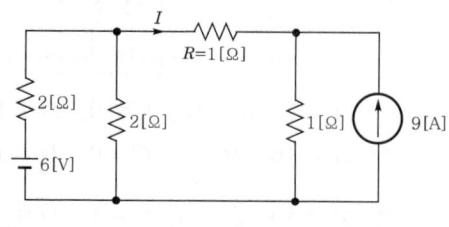

① -1 ② -2
③ 2 ④ 4

해설
• 6[V] 전압원 존재 시 : 전류원 개방
  전전류 $I = \dfrac{6}{2 + \dfrac{2 \times 2}{2+2}} = 2$[A]
  ∴ 1[Ω]에 흐르는 전류 $I_1 = 1$[A]
• 9[A] 전류원 존재 시 : 전압원 단락
  ∴ 분류 법칙에 의해 1[Ω]에 흐르는 전류
  $I_2 = \dfrac{1}{2+1} \times 9 = 3$[A]
∴ 1[Ω]에 흐르는 전전류 I는 I_1과 I_2의 합이므로
$I = I_1 - I_2 = 1 - 3 = -2$[A]
여기서, I_1이 정방향이고 I_2와 반대 방향이므로 −는 방향을 나타낸다.

80 전류의 대칭분을 I_0, I_1, I_2, 유기 기전력을 E_a, E_b, E_c, 단자 전압의 대칭분을 V_0, V_1, V_2라 할 때 3상 교류 발전기의 기본식 중 정상분 V_1값은? (단, Z_0, Z_1, Z_2는 영상, 정상, 역상 임피던스이다.)

① $-Z_0 I_0$
② $-Z_2 I_2$
③ $E_a - Z_1 I_1$
④ $E_b - Z_2 I_2$

해설 $V_0 = -I_0 Z_0$
$V_1 = E_a - I_1 Z_1$
$V_2 = -I_2 Z_2$
여기서, E_a : a상의 유기 기전력
       Z_0 : 영상 임피던스
       Z_1 : 정상 임피던스
       Z_2 : 역상 임피던스

제5과목 전기설비기술기준

81 최대 사용 전압이 220[V]인 전동기의 절연 내력 시험을 하고자 할 때 시험 전압은 몇 [V]인가?

① 300   ② 330
③ 450   ④ 500

정답 78.④ 79.② 80.③ 81.④

해설 회전기 및 정류기의 절연 내력(한국전기설비규정 133)
220×1.5=330[V]
500[V] 미만으로 되는 경우에는 최저 시험 전압 500[V]로 한다.

82 66[kV] 가공 전선과 6[kV] 가공 전선을 동일 지지물에 병가(병행 설치)하는 경우에 특고압 가공 전선은 케이블인 경우를 제외하고는 단면적이 몇 [mm²] 이상인 경동 연선을 사용하여야 하는가?

① 22 ② 38
③ 50 ④ 100

해설 특고압 가공 전선과 저고압 가공 전선의 병행 설치(한국전기설비규정 333.17)
• 사용 전압이 35[kV]을 초과하고 100[kV] 미만
• 이격 거리(간격)는 2[m] 이상
• 인장 강도 21.67[kN] 이상의 연선 또는 단면적이 50[mm²] 이상인 경동 연선

83 발전소의 개폐기 또는 차단기에 사용하는 압축 공기 장치의 주공기 탱크에 시설하는 압력계의 최고 눈금의 범위로 옳은 것은?

① 사용 압력의 1배 이상 2배 이하
② 사용 압력의 1.15배 이상 2배 이하
③ 사용 압력의 1.5배 이상 3배 이하
④ 사용 압력의 2배 이상 3배 이하

해설 압축 공기 계통(한국전기설비규정 341.16)
주공기 탱크 또는 이에 근접한 곳에는 사용 압력의 1.5배 이상 3배 이하의 최고 눈금이 있는 압력계를 시설

84 고압 가공 전선로의 지지물로서 사용하는 목주의 풍압 하중에 대한 안전율은 얼마 이상이어야 하는가?

① 1.2 ② 1.3
③ 2.2 ④ 2.5

해설 저·고압 가공 전선로의 지지물의 강도 등(한국전기설비규정 332.7)
• 저압 가공 전선로의 지지물은 목주인 경우에는 풍압 하중의 1.2배의 하중, 기타의 경우에는 풍압 하중에 견디는 강도를 가지는 것이어야 한다.
• 고압 가공 전선로의 지지물로서 사용하는 목주는 풍압 하중에 대한 안전율은 1.3 이상인 것이어야 한다.

85 다음 그림에서 L_1은 어떤 크기로 동작하는 기기의 명칭인가?

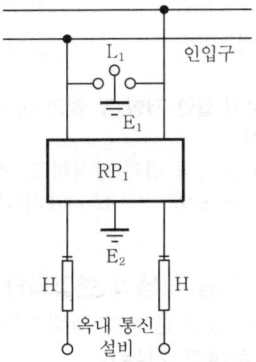

① 교류 1,000[V] 이하에서 동작하는 단로기
② 교류 1,000[V] 이하에서 동작하는 피뢰기
③ 교류 1,500[V] 이하에서 동작하는 단로기
④ 교류 1,500[V] 이하에서 동작하는 피뢰기

해설 특고압 가공 전선로 첨가 통신선의 시가지 인입 제한(한국전기설비규정 362.5)
• RP_1 : 교류 300[V] 이하에서 동작하고, 최소 감도 전류가 3[A] 이하로서 최소 감도 전류 때의 응동 시간이 1사이클 이하이고 또한 전류 용량이 50[A], 20초 이상인 자복성(自復性)이 있는 릴레이 보안기
• L_1 : 교류 1[kV] 이하에서 동작하는 피뢰기

86 지중 전선로에 있어서 폭발성 가스가 침입할 우려가 있는 장소에 시설하는 지중함은 크기가 몇 [m³] 이상일 때 가스를 방산시키기 위한 장치를 시설하여야 하는가?

① 0.25 ② 0.5
③ 0.75 ④ 1.0

정답 82.③ 83.③ 84.② 85.② 86.④

해설 지중함의 시설(한국전기설비규정 334.2)
폭발성 또는 연소성의 가스가 침입할 우려가 있는 것에 시설하는 지중함으로서 그 크기가 1[m³] 이상인 것에는 통풍 장치, 기타 가스를 방산시키기 위한 적당한 장치를 시설할 것

87 최대 사용 전압 22.9[kV]인 3상 4선식 다중 접지 방식의 지중 전선로의 절연 내력 시험을 직류로 할 경우 시험 전압은 몇 [V]인가?
① 16,448 ② 21,068
③ 32,796 ④ 42,136

해설 전로의 절연 저항 및 절연 내력(한국전기설비규정 132)
중성점 다중 접지 방식이고, 직류로 시험하므로 $22,900 \times 0.92 \times 2 = 42,136$[V]이다.

88 특고압용 타냉식 변압기의 냉각 장치에 고장이 생긴 경우를 대비하여 어떤 보호 장치를 하여야 하는가?
① 경보 장치
② 속도 조정 장치
③ 온도 시험 장치
④ 냉매 흐름 장치

해설 특고압용 변압기의 보호 장치(한국전기설비규정 351.4)
타냉식 변압기의 냉각 장치에 고장이 생겨 온도가 현저히 상승할 경우 경보 장치를 하여야 한다.

89 금속 덕트 공사에 적당하지 않은 것은?
① 전선은 절연 전선을 사용한다.
② 덕트의 끝부분은 항시 개방시킨다.
③ 덕트 안에는 전선에 접속점이 없도록 한다.
④ 덕트의 안쪽면 밑 바깥면에는 산화 방지를 위하여 아연 도금을 한다.

해설 금속 덕트 공사(한국전기설비규정 232.31)
- 덕트 상호간은 견고하고 또한 전기적으로 완전하게 접속할 것
- 덕트의 지지점 간의 거리는 3[m] 이하
- 덕트의 뚜껑은 쉽게 열리지 아니하도록 시설할 것
- 덕트의 끝부분은 막을 것
- 덕트 안에 먼지가 침입하지 아니하도록 할 것
- 덕트는 물이 고이는 낮은 부분을 만들지 않도록 시설할 것

90 3.3[kV]용 계기용 변성기의 2차측 전로의 접지 공사는?
① 제1종 접지 공사
② 제2종 접지 공사
③ 제3종 접지 공사
④ 특별 제3종 접지 공사

해설 계기용 변성기의 2차측 전로의 접지(판단기준 제26조)
- 고압 계기용 변성기에는 제3종 접지 공사
- 특고압 계기용 변성기에는 제1종 접지 공사

※ 이 문제는 출제 당시 규정에는 적합했으나 새로 제정된 한국전기설비규정에는 일부 부적합하므로 문제 유형만 참고하시기 바랍니다.

91 특고압 옥외 배전용 변압기가 1대일 경우 특고압측에 일반적으로 시설하여야 하는 것은?
① 방전기
② 계기용 변류기
③ 계기용 변압기
④ 개폐기 및 과전류 차단기

해설 특고압 배전용 변압기의 시설(한국전기설비규정 341.2)
- 변압기의 1차 전압은 35[kV] 이하, 2차 전압은 저압 또는 고압일 것
- 변압기의 특고압측에 개폐기 및 과전류 차단기를 시설할 것

정답 87.④ 88.① 89.② 90.③ 91.④

92 가공 전선로에 사용하는 지지물의 강도 계산에 적용하는 갑종 풍압 하중을 계산할 때 구성재의 수직 투영 면적 1[m²]에 대한 풍압의 기준으로 틀린 것은?

① 목주 : 588[Pa]
② 원형 철주 : 588[Pa]
③ 원형 철근 콘크리트주 : 882[Pa]
④ 강관으로 구성(단주는 제외)된 철탑 : 1,255[Pa]

해설 풍압 하중의 종별과 적용(한국전기설비규정 331.6)

풍압을 받는 구분		풍압 하중
지지물	목주	588[Pa]
	철주 원형의 것	588[Pa]
	철근 콘크리트주 원형의 것	588[Pa]
	철탑 강관으로 구성되는 것	1,255[Pa]

93 3상 4선식 22.9[kV], 중성선 다중 접지 방식의 특고압 가공 전선 아래에 통신선을 첨가하고자 한다. 특고압 가공 전선과 통신선과의 이격 거리(간격)는 몇 [cm] 이상인가?

① 60
② 75
③ 100
④ 120

해설 전력 보안 통신선의 시설 높이와 이격 거리(간격) (한국전기설비규정 362.2)
• 통신선은 가공 전선의 아래에 시설할 것
• 통신선과 저·고압 가공 전선 또는 특고압 중성선 사이의 이격 거리(간격)는 60[cm] 이상일 것. 다만, 절연 전선 또는 케이블인 경우 30[cm] 이상일 것
• 통신선과 특고압 가공 전선 사이의 이격 거리(간격)는 1.2[m] 이상일 것. 다만, 절연 전선 또는 케이블인 경우 30[cm] 이상일 것

94 특고압 가공 전선이 도로 등과 교차하는 경우에 특고압 가공 전선이 도로 등의 위에 시설되는 때에 설치하는 보호망에 대한 설명으로 옳은 것은?

① 보호망은 접지 공사를 하지 않아도 된다.
② 보호망을 구성하는 금속선의 인장 강도는 6[kN] 이상으로 한다.
③ 보호망을 구성하는 금속선은 지름 1.0[mm] 이상의 경동선을 사용한다.
④ 보호망을 구성하는 금속선 상호의 간격은 가로, 세로 각 1.5[m] 이하로 한다.

해설 특고압 가공 전선과 도로 등의 접근 또는 교차(한국전기설비규정 333.24)
• 특고압 가공 전선로는 제2종 특고압 보안 공사에 의할 것
• 보호망은 접지 공사를 한 금속제의 망상(그물형) 장치로 하고 견고하게 지지할 것
• 보호망은 특고압 가공 전선의 직하에 시설하는 금속선에는 인장 강도 8.01[kN] 이상의 것 또는 지름 5[mm] 이상의 경동선을 사용하고 그 밖의 부분에 시설하는 금속선에는 인장 강도 5.26[kN] 이상의 것 또는 지름 4[mm] 이상의 경동선을 사용할 것
• 보호망을 구성하는 금속선 상호의 간격은 가로, 세로 각 1.5[m] 이하일 것

95 옥내에 시설하는 고압용 이동 전선으로 옳은 것은?

① 6[mm] 연동선
② 비닐 외장 케이블
③ 옥외용 비닐 절연 전선
④ 고압용의 캡타이어 케이블

해설 옥내 고압용 이동 전선의 시설(한국전기설비규정 342.2)
• 전선은 고압용의 캡타이어 케이블일 것
• 이동 전선과 전기 사용 기계 기구와는 볼트 조임 방법에 의하여 견고하게 접속할 것

정답 92.③ 93.② 94.④ 95.④

96 교통이 번잡한 도로를 횡단하여 저압 가공 전선을 시설하는 경우 지표상 높이는 몇 [m] 이상으로 하여야 하는가?

① 4.0　　② 5.0
③ 6.0　　④ 6.5

해설 저압 가공 전선의 높이(한국전기설비규정 222.7)
- 도로를 횡단하는 경우에는 지표상 6[m] 이상
- 철도 또는 궤도를 횡단하는 경우에는 레일면상 6.5[m] 이상

97 방전등용 안정기를 저압의 옥내 배선과 직접 접속하여 시설할 경우 옥내 전로의 대지 전압은 최대 몇 [V]인가?

① 100　　② 150
③ 300　　④ 450

해설 옥내 전로의 대지 전압의 제한(한국전기설비규정 231.6)
백열 전등 또는 방전등에 전기를 공급하는 옥내의 전로의 대지 전압은 300[V] 이하
- 백열 전등 또는 방전등 및 이에 부속하는 전선은 사람이 접촉할 우려가 없도록 시설할 것
- 백열 전등 또는 방전등용 안정기는 저압의 옥내 배선과 직접 접속하여 시설할 것
- 백열 전등의 전구 소켓은 키나 그 밖의 점멸 기구가 없는 것일 것

98 사용 전압이 22.9[kV]인 특고압 가공 전선이 도로를 횡단하는 경우, 지표상 높이는 최소 몇 [m] 이상인가?

① 4.5　　② 5
③ 5.5　　④ 6

해설 25[kV] 이하인 특고압 가공 전선로의 시설(한국전기설비규정 333.32)
도로를 횡단하는 경우에는 노면상 6[m] 이상으로 한다.

99 관광 숙박업 또는 숙박업을 하는 객실의 입구등에 조명용 전등을 설치할 때는 몇 분 이내에 소등되는 타임 스위치를 시설하여야 하는가?

① 1　　② 3
③ 5　　④ 10

해설 점멸기의 시설(한국전기설비규정 234.6)
- 관광 숙박업 또는 숙박업에 이용되는 객실 입구 등은 1분 이내에 소등되는 것
- 일반 주택 및 아파트 각 호실의 현관등은 3분 이내에 소등되는 것

100 철근 콘크리트주를 사용하는 25[kV] 교류 전차 선로를 도로 등과 제1차 접근 상태에 시설하는 경우 경간(지지물 간 거리)의 최대 한도는 몇 [m]인가?

① 40　　② 50
③ 60　　④ 70

해설 전차선 등과 건조물 기타의 시설물과의 접근 또는 교차(판단기준 제270조)
교류 전차선의 지지물에는 철주 또는 철근 콘크리트 주를 사용하고 또한 그 경간(지지물 간 거리)을 60[m] 이하로 시설하여야 한다.

※ 이 문제는 출제 당시 규정에는 적합했으나 새로 제정된 한국전기설비규정에는 일부 부적합하므로 문제 유형만 참고하시기 바랍니다.

정답 96.③　97.③　98.④　99.①　100.③

2019년 제1회 과년도 출제문제

2019. 3. 3. 시행

제1과목 전기자기학

01 평행판 콘덴서에 어떤 유전체를 넣었을 때 전속 밀도가 $2.4\times10^{-7}[\text{C/m}^2]$이고, 단위체적 중의 에너지가 $5.3\times10^{-3}[\text{J/m}^3]$이었다. 이 유전체의 유전율은 약 몇 [F/m]인가?

① 2.17×10^{-11} ② 5.43×10^{-11}
③ 5.17×10^{-12} ④ 5.43×10^{-12}

해설 전계 중의 단위 체적당 축적 에너지 $W_E[\text{J/m}^3]$

$$W_E = \frac{D^2}{2\varepsilon}[\text{J/m}^3]$$

유전율 $\varepsilon = \dfrac{D^2}{2W_E} = \dfrac{(2.4\times10^{-7})^2}{2\times5.3\times10^{-3}}$
$\qquad\qquad\quad = 5.43\times10^{-12}[\text{F/m}]$

02 서로 다른 두 유전체 사이의 경계면에 전하 분포가 없다면 경계면 양쪽에서의 전계 및 전속 밀도는?

① 전계 및 전속 밀도의 접선 성분은 서로 같다.
② 전계 및 전속 밀도의 법선 성분은 서로 같다.
③ 전계의 법선 성분이 서로 같고, 전속 밀도의 접선 성분이 서로 같다.
④ 전계의 접선 성분이 서로 같고, 전속 밀도의 법선 성분이 서로 같다.

해설 유전체의 경계면 조건
전계 세기의 접선 성분이 서로 같고, 전속 밀도의 법선 성분이 서로 같다.

03 와류손에 대한 설명으로 틀린 것은? (단, f : 주파수, B_m : 최대 자속 밀도, t : 두께, ρ : 저항률이다.)

① t^2에 비례한다.
② f^2에 비례한다.
③ ρ^2에 비례한다.
④ B_m^2에 비례한다.

해설 와류손 $P_e = \sigma_e(tfB_m)^2[\text{W/m}^3]$
저항률 ρ와 무관하다.

04 $x>0$인 영역에 비유전율 $\varepsilon_{r1}=3$인 유전체, $x<0$인 영역에 비유전율 $\varepsilon_{r2}=5$인 유전체가 있다. $x<0$인 영역에서 전계 $E_2 = 20a_x + 30a_y - 40a_z[\text{V/m}]$일 때 $x>0$인 영역에서의 전속 밀도는 몇 $[\text{C/m}^2]$인가?

① $10(10a_x + 9a_y - 12a_z)\varepsilon_0$
② $20(5a_x - 10a_y + 6a_z)\varepsilon_0$
③ $50(2a_x + 3a_y - 4a_z)\varepsilon_0$
④ $50(2a_x - 3a_y + 4a_z)\varepsilon_0$

해설 전속 밀도 법선 성분이 같고, 전계 세기의 접선 성분이 같으므로
$D_{1x} = D_{2x}$, $\varepsilon_0\varepsilon_{r_1}E_{1x} = \varepsilon_0\varepsilon_{r_2}E_{2x}$

$E_{1x} = \dfrac{\varepsilon_{r_2}}{\varepsilon_{r_1}}E_2 = \dfrac{5}{3}\times 20 = \dfrac{100}{3}$

$x>0$인 영역에서 전계
$E_1 = \dfrac{100}{30}a_x + 30a_y - 40a_z$

정답 01.④ 02.④ 03.③ 04.①

전속 밀도 $D_1 = \varepsilon_0\varepsilon_{r_1}E_1$
$= 3 \times \left(\dfrac{100}{3}a_x + 30a_y - 40a_z\right)\varepsilon_0$
$= 10(10a_x + 9a_y - 12a_z)\varepsilon_0\,[\text{C/m}^2]$

05 $q\,[\text{C}]$의 전하가 진공 중에서 $v\,[\text{m/s}]$의 속도로 운동하고 있을 때, 이 운동 방향과 θ의 각으로 $r\,[\text{m}]$ 떨어진 점의 자계의 세기$[\text{AT/m}]$는?

① $\dfrac{q\sin\theta}{4\pi r^2 v}$ ② $\dfrac{v\sin\theta}{4\pi r^2 q}$

③ $\dfrac{qv\sin\theta}{4\pi r^2}$ ④ $\dfrac{v\sin\theta}{4\pi r^2 q^2}$

해설 비오-사바르의 법칙(Biot-Savart's law)
자계의 세기 $H = \dfrac{Il}{4\pi r^2}\sin\theta$
전류 $I = \dfrac{q}{t}$, 속도 $v = \dfrac{l}{t}$, $l = v \cdot t$이므로
$Il = \dfrac{q}{t}\cdot vt = qv$
따라서, 자계의 세기 $H = \dfrac{qv}{4\pi r^2}\sin\theta\,[\text{AT/m}]$

06 원형 선전류 $I\,[\text{A}]$의 중심축상 점 P의 자위$[\text{A}]$를 나타내는 식은? (단, θ는 점 P에서 원형 전류를 바라보는 평면각이다.)

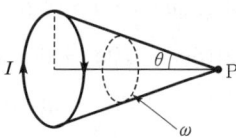

① $\dfrac{I}{2}(1-\cos\theta)$ ② $\dfrac{I}{4}(1-\cos\theta)$

③ $\dfrac{I}{2}(1-\sin\theta)$ ④ $\dfrac{I}{4}(1-\sin\theta)$

해설 판자석의 자위 $U = \dfrac{M}{4\pi\mu_0}\omega\,[\text{A}]$
이중층의 세기 $M = \sigma\delta\,[\text{Wb/m}]$
입체각 $\omega = 2\pi(1-\cos\theta)\,[\text{sterad}]$

전류에 의한 자위 $U = \dfrac{M}{4\pi\mu_0}\omega = \dfrac{I}{4\pi}\omega\left(I = \dfrac{M}{\mu_0}\right)$
$= \dfrac{I}{4\pi}\cdot 2\pi(1-\cos\theta)$
$= \dfrac{I}{2}(1-\cos\theta)\,[\text{A}]$

07 진공 중에서 무한장 직선 도체에 선전하 밀도 $\rho_L = 2\pi \times 10^{-3}\,[\text{C/m}]$가 균일하게 분포된 경우 직선 도체에서 2[m]와 4[m] 떨어진 두 점 사이의 전위차는 몇 [V]인가?

① $\dfrac{10^{-3}}{\pi\varepsilon_0}\ln 2$ ② $\dfrac{10^{-3}}{\varepsilon_0}\ln 2$

③ $\dfrac{1}{\pi\varepsilon_0}\ln 2$ ④ $\dfrac{1}{\varepsilon_0}\ln 2$

해설 전위차 $V = -\displaystyle\int_b^a E\,dl = \dfrac{\rho l}{2\pi\varepsilon_0}\ln\dfrac{b}{a}\,[\text{V}]$
$= \dfrac{2\pi \times 10^{-3}}{2\pi\varepsilon_0}\ln\dfrac{4}{2} = \dfrac{10^{-3}}{\varepsilon_0}\ln 2\,[\text{V}]$

08 균일한 자장 내에 놓여 있는 직선 도선에 전류 및 길이를 각각 2배로 하면 이 도선에 작용하는 힘은 몇 배가 되는가?

① 1 ② 2
③ 4 ④ 8

해설 플레밍의 왼손 법칙
힘 $F = IBl\sin\theta\,[\text{N}]$
$\therefore F' = 2IB2l\sin\theta = 4IBl\sin\theta = 4F$

09 환상 철심에 권수 3,000회 A 코일과 권수 200회 B 코일이 감겨져 있다. A 코일의 자기 인덕턴스가 360[mH]일 때 A, B 두 코일의 상호 인덕턴스는 몇 [mH]인가? (단, 결합 계수는 1이다.)

① 16 ② 24
③ 36 ④ 72

정답 05.③ 06.① 07.② 08.③ 09.②

해설 A 코일의 자기 인덕턴스 $L_A = \dfrac{\mu N_A^2 S}{l}$

상호 인덕턴스 $M = \dfrac{\mu N_A \cdot N_B \cdot S}{l}$

$= \dfrac{\mu N_A^2 S}{l} \cdot \dfrac{N_B}{N_A}$

$= L_A \cdot \dfrac{N_B}{N_A}$

$= 360 \times \dfrac{200}{3,000}$

$= 24[\text{mH}]$

10 맥스웰 방정식 중 틀린 것은?

① $\oint_s B \cdot dS = \rho_s$

② $\oint_s D \cdot dS = \int_v \rho dv$

③ $\oint_c E \cdot dl = -\int_s \dfrac{\partial B}{\partial t} \cdot dS$

④ $\oint_c H \cdot dl = I + \int_s \dfrac{\partial D}{\partial t} \cdot dS$

해설 자속 $\phi = \int_s B \cdot dS = 0$
N, S극은 공존하고, 자속은 연속이다.

11 자기 회로의 자기 저항에 대한 설명으로 옳은 것은?

① 투자율에 반비례한다.
② 자기 회로의 단면적에 비례한다.
③ 자기 회로의 길이에 반비례한다.
④ 단면적에 반비례하고, 길이의 제곱에 비례한다.

해설 자기 저항 $R_m = \dfrac{l}{\mu \cdot S}$
여기서, l : 자기 회로 길이
μ : 투자율
S : 철심의 단면적

12 접지된 구도체와 점전하 간에 작용하는 힘은?

① 항상 흡인력이다.
② 항상 반발력이다.
③ 조건적 흡인력이다.
④ 조건적 반발력이다.

해설 점전하가 $Q[\text{C}]$일 때
접지 구도체의 영상 전하 $Q' = -\dfrac{a}{b}Q[\text{C}]$이므로
항상 흡인력이 작용한다.

13 그림과 같이 전류가 흐르는 반원형 도선이 평면 $Z = 0$ 상에 놓여 있다. 이 도선이 자속 밀도 $B = 0.6a_x - 0.5a_y + a_z[\text{Wb/m}^2]$인 균일 자계 내에 놓여 있을 때 도선의 직선 부분에 작용하는 힘[N]은?

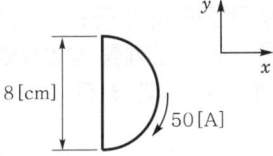

① $4a_x + 2.4a_z$ ② $4a_x - 2.4a_z$
③ $5a_x - 3.5a_z$ ④ $-5a_x + 3.5a_z$

해설 플레밍의 왼손 법칙
힘 $F = BIl\sin\theta$
$F = (\boldsymbol{I} \times \boldsymbol{B})l$
$= \begin{vmatrix} a_x & a_y & a_z \\ 0 & 50 & 0 \\ 0.6 & -0.5 & 1 \end{vmatrix} \times 0.08$
$= (50a_x - 30a_z) \times 0.08$
$= 4a_x - 2.4a_z[\text{N}]$

14 평행한 두 도선 간의 전자력은? (단, 두 도선 간의 거리는 $r[\text{m}]$라 한다.)

① r에 비례   ② r^2에 비례
③ r에 반비례 ④ r^2에 반비례

정답 10.① 11.① 12.① 13.② 14.③

해설 자속 밀도 $B = \mu_0 H = \dfrac{\mu_0 I_1}{2\pi r}$

힘 $F = BIl\sin\theta = I_2 \dfrac{\mu_0 I_1}{2\pi r} l\sin 90° = \dfrac{\mu_0 I_1 I_2 l}{2\pi r} \propto \dfrac{1}{r}$

15 다음의 관계식 중 성립할 수 없는 것은? (단, μ는 투자율, χ는 자화율, μ_0는 진공의 투자율, J는 자화의 세기이다.)

① $J = \chi B$ ② $B = \mu H$
③ $\mu = \mu_0 + \chi$ ④ $\mu_s = 1 + \dfrac{\chi}{\mu_0}$

해설 자화의 세기 $J = \mu_0(\mu_s - 1)H = \chi H$
자속 밀도 $B = \mu_0 H + J = (\mu_0 + \chi)H = \mu_0 \mu_s H = \mu H$
비투자율 $\mu_s = 1 + \dfrac{\chi}{\mu_0}$

16 평행판 콘덴서의 극판 사이에 유전율 ε, 저항률 ρ인 유전체를 삽입하였을 때, 두 전극 간의 저항 R과 정전 용량 C의 관계는?

① $R = \rho\varepsilon C$ ② $RC = \dfrac{\varepsilon}{\rho}$
③ $RC = \rho\varepsilon$ ④ $RC\rho\varepsilon = 1$

해설 저항 $R = \rho\dfrac{l}{S}[\Omega]$, 정전 용량 $C = \dfrac{\varepsilon \cdot S}{l}[F]$
$\therefore RC = \rho\dfrac{l}{S} \cdot \dfrac{\varepsilon S}{l} = \rho\varepsilon$

17 비투자율 $\mu_s = 1$, 비유전율 $\varepsilon_s = 90$인 매질 내의 고유 임피던스는 약 몇 $[\Omega]$인가?

① 32.5 ② 39.7
③ 42.3 ④ 45.6

해설 고유 임피던스 $\eta = \dfrac{E}{H} = \sqrt{\dfrac{\mu}{\varepsilon}} = \sqrt{\dfrac{\mu_0}{\varepsilon_0}}\sqrt{\dfrac{\mu_s}{\varepsilon_s}}$
$= 120\pi \times \dfrac{1}{\sqrt{90}} = 39.7[\Omega]$

18 사이클로트론에서 양자가 매초 3×10^{15}개의 비율로 가속되어 나오고 있다. 양자가 15[MeV]의 에너지를 가지고 있다고 할 때, 이 사이클로트론은 가속용 고주파 전계를 만들기 위해서 150[kW]의 전력을 필요로 한다면 에너지 효율[%]은?

① 2.8 ② 3.8
③ 4.8 ④ 5.8

해설 사이클로트론의 단위 시간당 에너지 P_c
$P_c = neV = 3 \times 10^{15} \times 15 \times 10^6 \times 1.602 \times 10^{-19}$
$= 7.2 \times 10^3 [W]$
에너지 효율 $\eta = \dfrac{P_c}{P(\text{소요 전력})} \times 100$
$= \dfrac{7.2 \times 10^3}{150 \times 10^3} \times 100 = 4.8[\%]$

19 단면적 $4[cm^2]$의 철심에 $6 \times 10^{-4}[Wb]$의 자속을 통하게 하려면 $2,800[AT/m]$의 자계가 필요하다. 이 철심의 비투자율은 약 얼마인가?

① 346 ② 375
③ 407 ④ 426

해설 자속 $\phi = \int_s \vec{B} \cdot \vec{n}dS = B \cdot S = \mu_0 \mu_s H \cdot S$
비투자율 $\mu_s = \dfrac{\phi}{\mu_0 H \cdot S}$
$= \dfrac{6 \times 10^{-4}}{4\pi \times 10^{-7} \times 2,800 \times 4 \times 10^{-4}}$
$= 426.5$

20 대전된 도체의 특징으로 틀린 것은?

① 가우스 정리에 의해 내부에는 전하가 존재한다.
② 전계는 도체 표면에 수직인 방향으로 진행된다.
③ 도체에 인가된 전하는 도체 표면에만 분포한다.
④ 도체 표면에서의 전하 밀도는 곡률이 클수록 높다.

정답 15.① 16.③ 17.② 18.③ 19.④ 20.①

해설 대전 도체의 내부에는 전하가 존재하지 않고 표면에만 분포하여 등전위를 이룬다.
따라서, 전계는 도체 표면과 직교하며 곡률이 클수록 전하 밀도는 높아진다.

제2과목 전력공학

21 송·배전 선로에서 도체의 굵기는 같게 하고 도체 간의 간격을 크게 하면 도체의 인덕턴스는?

① 커진다.
② 작아진다.
③ 변함이 없다.
④ 도체의 굵기 및 도체 간의 간격과는 무관하다.

해설 인덕턴스 $L = 0.05 + 0.4605 \log_{10} \dfrac{D}{r}$ [mH/km]이므로 도체 간격(여기서, D : 등가 선간 거리)을 크게 하면 인덕턴스는 증가한다.

22 동일 전력을 동일 선간 전압, 동일 역률로 동일 거리에 보낼 때 사용하는 전선의 총 중량이 같으면 3상 3선식인 때와 단상 2선식일 때는 전력 손실비는?

① 1
② $\dfrac{3}{4}$
③ $\dfrac{2}{3}$
④ $\dfrac{1}{\sqrt{3}}$

해설
- 동일 전력이므로 $VI_1 = \sqrt{3} \, VI_3$에서 전류비 $\dfrac{I_{33}}{I_{12}} = \dfrac{1}{\sqrt{3}}$이다.
- 총 중량이 동일하므로 $2A_{12}l = 3A_{33}l$이고, 저항은 전선 단면적에 반비례하므로 저항비는 $\dfrac{R_{33}}{R_{12}} = \dfrac{A_{12}}{A_{33}} = \dfrac{3}{2}$이다.

∴ 손실비 $= \dfrac{3I_{33}^2 R_{33}}{2I_{12}^2 R_{12}} = \dfrac{3}{2} \times \left(\dfrac{I_{33}}{I_{12}}\right)^2 \times \dfrac{R_{33}}{R_{12}}$
$= \dfrac{3}{2} \times \left(\dfrac{1}{\sqrt{3}}\right)^2 \times \dfrac{3}{2} = \dfrac{3}{4}$

23 배전반에 접속되어 운전 중인 계기용 변압기(PT) 및 변류기(CT)의 2차측 회로를 점검할 때 조치 사항으로 옳은 것은?

① CT만 단락시킨다.
② PT만 단락시킨다.
③ CT와 PT 모두를 단락시킨다.
④ CT와 PT 모두를 개방시킨다.

해설 변류기(CT)의 2차측은 운전 중 개방되면 고전압에 의해 변류기가 2차측 절연 파괴로 인하여 소손되므로 점검할 경우, 변류기 2차측 단자를 단락시켜야 한다.

24 배전 선로의 역률 개선에 따른 효과로 적합하지 않은 것은?

① 선로의 전력 손실 경감
② 선로의 전압 강하의 감소
③ 전원측 설비의 이용률 향상
④ 선로 절연의 비용 절감

해설 역률 개선 효과
- 전력 손실 감소
- 전압 강하 감소
- 변압기 등 전기 설비 여유 증가, 설비 이용률 향상
- 수용가의 전기 요금 절약

25 총 낙차 300[m], 사용 수량 20[m³/s]인 수력 발전소의 발전기 출력은 약 몇 [kW]인가? (단, 수차 및 발전기 효율은 각각 90[%], 98[%]라 하고, 손실 낙차는 총 낙차의 6[%]라고 한다.)

① 48,750
② 51,860
③ 54,170
④ 54,970

정답 21.① 22.② 23.① 24.④ 25.①

해설 발전기 출력 $P = 9.8 HQ\eta$ [kW]
$P = 9.8 \times 300 \times (1-0.06) \times 20 \times 0.9 \times 0.98$
$= 48,750$ [kW]

26 수전단을 단락한 경우 송전단에서 본 임피던스가 330[Ω]이고, 수전단을 개방한 경우 송전단에서 본 어드미턴스가 1.875×10^{-3}[℧]일 때 송전단의 특성 임피던스는 약 몇 [Ω]인가?

① 120 ② 220
③ 320 ④ 420

해설 특성 임피던스 $Z_0 = \sqrt{\dfrac{Z}{Y}}$
$= \sqrt{\dfrac{330}{1.875 \times 10^{-3}}} = 420$ [Ω]

27 다중 접지 계통에 사용되는 재폐로 기능을 갖는 일종의 차단기로서 과부하 또는 고장 전류가 흐르면 순시 동작하고, 일정 시간 후에는 자동적으로 재폐로하는 보호 기기는?

① 라인 퓨즈
② 리클로저
③ 섹셔널라이저
④ 고장 구간 자동 개폐기

해설
- 리클로저(recloser) : 선로에 고장이 발생하였을 때 고장 전류를 검출하여 지정된 시간 내에 고속 차단하고 자동 재폐로 동작을 수행하여 고장 구간을 분리하거나 재송전하는 장치이다.
- 고장 구간 자동 개폐기(ASS ; Automatic Section Switch) : 수용가 구내에 사고를 자동 분리하고 그 사고의 파급 확대를 방지하기 위하여 수용가 구내 설비의 피해를 최소한으로 억제하기 위하여 개발된 개폐기로 변전소 차단기 또는 배선 선로의 리클로저와 협조하여 사고 발생 시 고장 구간을 자동 분리한다.
- 섹셔널라이저(자동 선로 구분 개폐기, sectionalizer) : 22.9[kV-Y] 배전 선로에서 부하 분기점에 설치되어 고장 발생 시 선로의 타보호 기기(리클로저, 차단기)와 협조하여 고장 구간을 신속·정확히 개방하는 자동 구간 개폐기에 대해 적용한다.

28 송전선 중간에 전원이 없을 경우에 송전단의 전압 $E_s = AE_r + BI_r$이 된다. 수전단의 전압 E_r의 식으로 옳은 것은? (단, I_s, I_r은 송전단 및 수전단의 전류이다.)

① $E_r = AE_s + CI_s$
② $E_r = BE_s + AI_s$
③ $E_r = DE_s - BI_s$
④ $E_r = CE_s - DI_s$

해설 $\begin{bmatrix} E_s \\ I_s \end{bmatrix} = \begin{bmatrix} A & B \\ C & D \end{bmatrix} \begin{bmatrix} E_r \\ I_r \end{bmatrix}$에서

$\begin{bmatrix} E_r \\ I_r \end{bmatrix} = \begin{bmatrix} A & B \\ C & D \end{bmatrix}\begin{bmatrix} E_s \\ I_s \end{bmatrix} = \dfrac{1}{AD-BC}\begin{bmatrix} D & -B \\ -C & A \end{bmatrix}\begin{bmatrix} E_s \\ I_s \end{bmatrix}$

$AD - BC = 1$이므로 $\begin{bmatrix} E_r \\ I_r \end{bmatrix} = \begin{bmatrix} D & -B \\ -C & A \end{bmatrix}\begin{bmatrix} E_s \\ I_s \end{bmatrix}$이다.

그러므로 수전단 전압 $E_r = DE_s - BI_s$, 수전단 전류 $I_r = -CE_s + AI_s$로 된다.

29 비접지식 3상 송·배전 계통에서 1선 지락 고장 시 고장 전류를 계산하는 데 사용되는 정전 용량은?

① 작용 정전 용량 ② 대지 정전 용량
③ 합성 정전 용량 ④ 선간 정전 용량

해설
① 작용 정전 용량 : 정상 운전 중 충전 전류 계산
② 대지 정전 용량 : 1선 지락 전류 계산
④ 선간 정전 용량 : 정전 유도 전압 계산

30 비접지 계통의 지락 사고 시 계전기에 영상 전류를 공급하기 위하여 설치하는 기기는?

① PT ② CT
③ ZCT ④ GPT

해설
- ZCT : 지락 사고가 발생하면 영상 전류를 검출하여 계전기에 공급한다.
- GPT : 지락 사고가 발생하면 영상 전압을 검출하여 계전기에 공급한다.

정답 26.④ 27.② 28.③ 29.② 30.③

31 이상 전압의 파고값을 저감시켜 전력 사용 설비를 보호하기 위하여 설치하는 것은?

① 초호환 ② 피뢰기
③ 계전기 ④ 접지봉

해설 이상 전압 내습 시 피뢰기의 단자 전압이 어느 일정 값 이상으로 올라가면 즉시 방전하여 전압 상승을 억제하여 전력 사용 설비(변압기 등)를 보호하고, 이상 전압이 없어져서 단자 전압이 일정 값 이하가 되면 즉시 방전을 정지해서 원래의 송전 상태로 되돌아가게 된다.

32 임피던스 Z_1, Z_2 및 Z_3을 그림과 같이 접속한 선로의 A쪽에서 전압파 E가 진행해 왔을 때 접속점 B에서 무반사로 되기 위한 조건은?

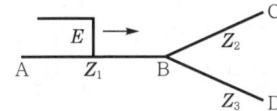

① $Z_1 = Z_2 + Z_3$

② $\dfrac{1}{Z_3} = \dfrac{1}{Z_1} + \dfrac{1}{Z_2}$

③ $\dfrac{1}{Z_1} = \dfrac{1}{Z_2} + \dfrac{1}{Z_3}$

④ $\dfrac{1}{Z_2} = \dfrac{1}{Z_1} + \dfrac{1}{Z_3}$

해설 접속점 B에서 무반사 조건은 입사 선로의 특성 임피던스와 투과 선로의 특성 임피던스가 동일하여야 하므로 $Z_1 = \dfrac{1}{\dfrac{1}{Z_2}+\dfrac{1}{Z_3}}$ 이다. 즉, $\dfrac{1}{Z_1} = \dfrac{1}{Z_2} + \dfrac{1}{Z_3}$ 이 된다.

33 저압 뱅킹 방식에서 저전압의 고장에 의하여 건전한 변압기의 일부 또는 전부가 차단되는 현상은?

① 아킹(arcing)
② 플리커(flicker)
③ 밸런스(balance)
④ 캐스케이딩(cascading)

해설 캐스케이딩(cascading) 현상
저압 뱅킹 방식에서 변압기 또는 선로의 사고에 의해서 뱅킹 내의 건전한 변압기의 일부 또는 전부가 연쇄적으로 차단되는 현상으로 방지책은 변압기의 1차 측에 퓨즈, 저압선의 중간에 구분 퓨즈를 설치한다.

34 변전소의 가스 차단기에 대한 설명으로 틀린 것은?

① 근거리 차단에 유리하지 못하다.
② 불연성이므로 화재의 위험성이 적다.
③ 특고압 계통의 차단기로 많이 사용된다.
④ 이상 전압의 발생이 적고, 절연 회복이 우수하다.

해설 가스 차단기(GCB)는 공기 차단기(ABB)에 비교하면 밀폐된 구조로 소음이 없고, 공기보다 절연 내력(2~3배) 및 소호 능력(100~200배)이 우수하고, 근거리(전류가 흐르는 거리, 즉 임피던스[Ω]가 작아 고장 전류가 크다는 의미) 전류에도 안정적으로 차단되고, 과전압 발생이 적고, 아크 소멸 후 절연 회복이 신속한 특성이 있다.

35 켈빈(Kelvin)의 법칙이 적용되는 경우는?

① 전압 강하를 감소시키고자 하는 경우
② 부하 배분의 균형을 얻고자 하는 경우
③ 전력 손실량을 축소시키고자 하는 경우
④ 경제적인 전선의 굵기를 선정하고자 하는 경우

해설 켈빈의 법칙
전선의 단위 길이 내에서 연간 손실되는 전력량에 대한 전기 요금과 단위 길이의 전선값에 대한 금리, 감가 상각비 등의 연간 경비의 합계가 같게 되는 전선 단면적이 가장 경제적인 전선의 단면적이다.

정답 31.② 32.③ 33.④ 34.① 35.④

36 보호 계전기의 반한시 · 정한시 특성은?

① 동작 전류가 커질수록 동작 시간이 짧게 되는 특성
② 최소 동작 전류 이상의 전류가 흐르면 즉시 동작하는 특성
③ 동작 전류의 크기에 관계없이 일정한 시간에 동작하는 특성
④ 동작 전류가 커질수록 동작 시간이 짧아지며, 어떤 전류 이상이 되면 동작 전류의 크기에 관계없이 일정한 시간에서 동작하는 특성

해설 계전기 동작 시간에 의한 분류
- 순한시 계전기 : 정정된 최소 동작 전류 이상의 전류가 흐르면 즉시 동작하는 계전기
- 정한시 계전기 : 정정된 값 이상의 전류가 흐르면 정해진 일정 시간 후에 동작하는 계전기
- 반한시 계전기 : 정정된 값 이상의 전류가 흐를 때 전류값이 크면 동작 시간은 짧아지고, 전류값이 작으면 동작 시간이 길어진다.
- 반한시 정한시 계전기 : 어느 전류값까지는 반한시 특성이고, 그 이상이면 정한시 특성을 갖는 계전기

37 단도체 방식과 비교할 때 복도체 방식의 특징이 아닌 것은?

① 안정도가 증가된다.
② 인덕턴스가 감소된다.
③ 송전 용량이 증가된다.
④ 코로나 임계 전압이 감소된다.

해설 복도체 및 다도체의 특징
- 같은 도체 단면적의 단도체보다 인덕턴스와 리액턴스가 감소하고 정전 용량이 증가하여 송전 용량을 크게 할 수 있다.
- 전선 표면의 전위 경도를 저감시켜 코로나 임계 전압을 높게 하므로 코로나 발생을 방지한다.
- 전력 계통의 안정도를 증대시킨다.

38 1선 지락 시에 지락 전류가 가장 작은 송전 계통은?

① 비접지식
② 직접 접지식
③ 저항 접지식
④ 소호 리액터 접지식

해설 소호 리액터 접지식은 $L-C$ 병렬 공진을 이용하므로 지락 전류가 최소로 되어 유도 장해가 적고, 고장 중에도 계속적인 송전이 가능하고, 고장이 스스로 복구될 수 있어 과도 안정도가 좋지만 보호 장치의 동작이 불확실하다.

39 수차의 캐비테이션 방지책으로 틀린 것은?

① 흡출 수두를 증대시킨다.
② 과부하 운전을 가능한 한 피한다.
③ 수차의 비속도를 너무 크게 잡지 않는다.
④ 침식에 강한 금속 재료로 러너를 제작한다.

해설 흡출 수두는 반동 수차에서 낙차를 증대시킬 목적으로 이용되므로 흡출 수두가 커지면 수차의 난조가 발생하고, 캐비테이션(공동 현상)이 커진다.

40 선간 전압이 154[kV]이고, 1상당의 임피던스가 $j8[\Omega]$인 기기가 있을 때, 기준 용량을 100[MVA]로 하면 %임피던스는 약 몇 [%]인가?

① 2.75
② 3.15
③ 3.37
④ 4.25

해설 $\%Z = \dfrac{PZ}{10V_n^2} = \dfrac{100 \times 10^3 \times 8}{10 \times 154^2} = 3.37[\%]$

정답 36.④ 37.④ 38.④ 39.① 40.③

제3과목 전기기기

41 3상 비돌극형 동기 발전기가 있다. 정격 출력 5,000[kVA], 정격 전압 6,000[V], 정격 역률 0.8이다. 여자를 정격 상태로 유지할 때 이 발전기의 최대 출력은 약 몇 [kW]인가? (단, 1상의 동기 리액턴스는 0.8[p.u]이며 저항은 무시한다.)

① 7,500 ② 10,000
③ 11,500 ④ 12,500

해설 단위법 전압 $v=1$, 전류 $i=1$
단위법 유기 기전력 e

$$e = \sqrt{(v\cos\theta)^2 + (v\sin\theta + ix_s')^2}$$
$$= \sqrt{0.8^2 + (0.6+0.8)^2}$$
$$= 1.612$$

최대 출력 P_{max}

$$P_m = \frac{ev}{x_s'}\sin 90° \cdot P_n$$
$$= \frac{1.612 \times 1}{0.8} \times 1 \times 5,000$$
$$= 10,075[kW]$$

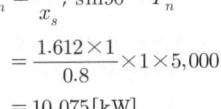

42 직류기의 손실 중에서 기계손으로 옳은 것은?

① 풍손
② 와류손
③ 표유 부하손
④ 브러시의 전기손

해설 직류기에서 기계손은 풍손과 마찰손의 합을 말한다.

43 다음 ( )에 알맞은 것은?

직류 발전기에서 계자 권선이 전기자에 병렬로 연결된 직류기는 (㉠) 발전기라 하며, 전기자 권선과 계자 권선이 직렬로 접속된 직류기는 (㉡) 발전기라 한다.

① ㉠ 분권, ㉡ 직권
② ㉠ 직권, ㉡ 분권
③ ㉠ 복권, ㉡ 분권
④ ㉠ 자여자, ㉡ 타여자

해설 직류 발전기에서 계자 권선이 전기자에 병렬로 연결하면 분권 발전기, 직렬로 접속하면 직권 발전기라 한다.

44 1차 전압 6,600[V], 2차 전압 220[V], 주파수 60[Hz], 1차 권수 1,200회인 경우 변압기의 최대 자속[Wb]은?

① 0.36 ② 0.63
③ 0.012 ④ 0.021

해설 1차 전압 $V_1 = 4.44fN_1\phi_m$

최대 자속 $\phi_m = \dfrac{V_1}{4.44fN_1}$

$$= \frac{6,600}{4.44 \times 60 \times 1,200}$$
$$= 0.0206[Wb]$$

45 직류 발전기의 정류 초기에 전류 변화가 크며 이때 발생되는 불꽃 정류로 옳은 것은?

① 과정류
② 직선 정류
③ 부족 정류
④ 정현파 정류

해설 직류 발전기의 정류 곡선에서 정류 초기에 전류 변화가 큰 곡선을 과정류라 하며 초기에 불꽃이 발생한다.

46 3상 유도 전동기의 속도 제어법으로 틀린 것은?

① 1차 저항법
② 극수 제어법
③ 전압 제어법
④ 주파수 제어법

정답 41.② 42.① 43.① 44.④ 45.① 46.①

해설 3상 유도 전동기의 속도 제어법

속도 $N = N_s(1-s) = \dfrac{120f}{P}(1-s)$

- 주파수 제어
- 극수 변환 제어
- 1차 전압 제어
- 2차 저항 제어
- 2차 여자 제어
- 종속법

47 60[Hz]의 변압기에 50[Hz]의 동일 전압을 가했을 때의 자속 밀도는 60[Hz]일 때와 비교하였을 경우 어떻게 되는가?

① $\dfrac{5}{6}$로 감소

② $\dfrac{6}{5}$으로 증가

③ $\left(\dfrac{5}{6}\right)^{1.6}$으로 감소

④ $\left(\dfrac{6}{5}\right)^2$으로 증가

해설 1차 전압 $V_1 = 4.44fNB_mS$

자속 밀도 $B_m = \dfrac{V_1}{4.44fNS} \propto \dfrac{1}{f}$ 이므로 $\dfrac{6}{5}$배로 증가한다.

48 2대의 변압기로 V결선하여 3상 변압하는 경우 변압기 이용률은 약 몇 [%]인가?

① 57.8
② 66.6
③ 86.6
④ 100

해설 V결선 출력 $P_V = \sqrt{3}P_1$

이용률 $= \dfrac{\sqrt{3}P_1}{2P_1} = 0.866 = 86.6[\%]$

49 3상 유도 전동기의 기동법 중 전전압 기동에 대한 설명으로 틀린 것은?

① 기동 시에 역률이 좋지 않다.
② 소용량으로 기동 시간이 길다.
③ 소용량 농형 전동기의 기동법이다.
④ 전동기 단자에 직접 정격 전압을 가한다.

해설 3상 유도 전동기의 기동법은 전전압 기동과 감전압 기동이 있으며, 전전압 기동법은 소용량 전동기의 기동법으로 기동 시간이 짧다.

50 동기 발전기의 전기자 권선법 중 집중권인 경우 매극 매상의 홈(slot)수는?

① 1개
② 2개
③ 3개
④ 4개

해설 전기자 권선법의 집중권은 매극 매상의 홈수가 1인 경우이고, 분포권은 2 이상인 경우이며, 기전력의 파형을 개선하기 위해 분포권을 사용한다.

51 유도 전동기의 속도 제어를 인버터 방식으로 사용하는 경우 1차 주파수에 비례하여 1차 전압을 공급하는 이유는?

① 역률을 제어하기 위해
② 슬립을 증가시키기 위해
③ 자속을 일정하게 하기 위해
④ 발생 토크를 증가시키기 위해

해설 1차 전압 $V_1 = 4.44fN\phi_m k_w$

유도 전동기의 토크는 자속에 비례하고 속도 제어 시 일정한 토크를 얻기 위해서는 자속이 일정하여야 한다.
그러므로 주파수 제어를 할 경우 자속을 일정하게 하기 위해서 1차 공급 전압을 주파수에 비례하여 변화한다.

정답 47.② 48.③ 49.② 50.① 51.③

52. 3상 유도 전압 조정기의 원리를 응용한 것은?

① 3상 변압기
② 3상 유도 전동기
③ 3상 동기 발전기
④ 3상 교류자 전동기

해설 3상 유도 전압 조정기의 원리와 구조는 3상 유도 전동기와 같이 회전 자계를 이용하며, 1차 권선과 2차 권선으로 되어 있다.

53. 정류 회로에서 상의 수를 크게 했을 경우 옳은 것은?

① 맥동 주파수와 맥동률이 증가한다.
② 맥동률과 맥동 주파수가 감소한다.
③ 맥동 주파수는 증가하고 맥동률은 감소한다.
④ 맥동률과 주파수는 감소하나 출력이 증가한다.

해설 정류 회로에서 상(phase)수를 크게 하면 맥동 주파수는 증가하고 맥동률은 감소한다.

54. 동기 전동기의 위상 특성 곡선(V곡선)에 대한 설명으로 옳은 것은?

① 출력을 일정하게 유지할 때 부하 전류와 전기자 전류의 관계를 나타낸 곡선
② 역률을 일정하게 유지할 때 계자 전류와 전기자 전류의 관계를 나타낸 곡선
③ 계자 전류를 일정하게 유지할 때 전기자 전류와 출력 사이의 관계를 나타낸 곡선
④ 공급 전압 V와 부하가 일정할 때 계자 전류의 변화에 대한 전기자 전류의 변화를 나타낸 곡선

해설 동기 전동기의 위상 특성 곡선(V곡선)은 공급 전압과 부하가 일정한 상태에서 계자 전류(여자 전류)의 변화에 대한 전기자 전류의 크기와 위상 관계를 나타낸 곡선이다.

55. 유도 전동기의 기동 시 공급하는 전압을 단권 변압기에 의해서 일시 강하시켜서 기동 전류를 제한하는 기동 방법은?

① Y-△ 기동
② 저항 기동
③ 직접 기동
④ 기동 보상기에 의한 기동

해설 농형 유도 전동기의 기동에서 소형은 전전압 기동, 중형은 Y-△ 기동, 대용량은 강압용 단권 변압기를 이용한 기동 보상기법을 사용한다.

56. 그림과 같은 회로에서 V(전원 전압의 실효치)=100[V], 점호각 $\alpha=30°$인 때의 부하 시의 직류 전압 $E_{d\alpha}$[V]는 약 얼마인가? (단, 전류가 연속하는 경우이다.)

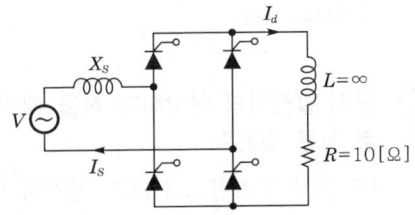

① 90
② 86
③ 77.9
④ 100

해설 유도성 부하($L=\infty$), 점호각 $\alpha=30°$일 때

직류 전압 $E_{d\alpha} = \dfrac{2\sqrt{2}}{\pi}V\cos\alpha$

$= \dfrac{2\sqrt{2}}{\pi} \times 100 \times \dfrac{\sqrt{3}}{2}$

$= 77.9[V]$

정답 52.② 53.③ 54.④ 55.④ 56.③

57 직류 분권 전동기가 전기자 전류 100[A]일 때 50[kg·m]의 토크를 발생하고 있다. 부하가 증가하여 전기자 전류가 120[A]로 되었다면 발생 토크[kg·m]는 얼마인가?

① 60 ② 67
③ 88 ④ 160

해설 토크 $\tau = \dfrac{1}{9.8} \cdot \dfrac{P}{2\pi \dfrac{N}{60}} = 0.975 \dfrac{EI_a}{N} \propto I_a$

$\tau' = \tau \cdot \dfrac{I_a'}{I_a} = 50 \times \dfrac{120}{100} = 60 [\text{kg} \cdot \text{m}]$

58 비례 추이와 관계있는 전동기로 옳은 것은?

① 동기 전동기
② 농형 유도 전동기
③ 단상 정류자 전동기
④ 권선형 유도 전동기

해설 3상 권선형 유도 전동기의 2차측에 외부에서 저항을 연결하고, 2차 합성 저항을 변화하면 토크, 전류, 역률 등이 2차 저항에 비례하여 이동하는 것을 비례 추이라고 한다.

59 동기 발전기의 단락비가 작을 때의 설명으로 옳은 것은?

① 동기 임피던스가 크고 전기자 반작용이 작다.
② 동기 임피던스가 크고 전기자 반작용이 크다.
③ 동기 임피던스가 작고 전기자 반작용이 작다.
④ 동기 임피던스가 작고 전기자 반작용이 크다.

해설 동기 발전기의 단락비가 적을 경우 동기 임피던스, 전기자 반작용, 전압 변동률이 커진다.

60 $\dfrac{3}{4}$ 부하에서 효율이 최대인 주상 변압기의 전부하 시 철손과 동손의 비는?

① 8 : 4 ② 4 : 8
③ 9 : 16 ④ 16 : 9

해설 최대 효율의 조건

$P_i = \left(\dfrac{1}{m}\right)^2 P_c$ 이므로

손실이 $\dfrac{P_i}{P_c} = \left(\dfrac{1}{m}\right)^2 = \left(\dfrac{3}{4}\right)^2 = \dfrac{9}{16}$

$\therefore P_i : P_c = 9 : 16$

제4과목 **회로이론 및 제어공학**

61 다음의 신호 흐름 선도를 메이슨의 공식을 이용하여 전달 함수를 구하고자 한다. 이 신호 흐름 선도에서 루프(loop)는 몇 개인가?

① 0
② 1
③ 2
④ 3

해설 루프(loop)는 다음과 같다.

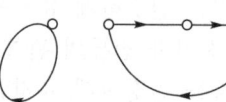

∴ 루프(loop) 2개

62 특성 방정식 중에서 안정된 시스템인 것은?

① $2s^3 + 3s^2 + 4s + 5 = 0$
② $s^4 + 3s^3 - s^2 + s + 10 = 0$
③ $s^5 + s^3 + 2s^2 + 4s + 3 = 0$
④ $s^4 - 2s^3 - 3s^2 + 4s + 5 = 0$

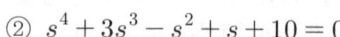

해설 제어계가 안정될 때 필요 조건
특성 방정식이 모든 차수가 존재하고 각 계수의 부호가 같아야 한다.

63 타이머에서 입력 신호가 주어지면 바로 동작하고, 입력 신호가 차단된 후에는 일정 시간이 지난 후에 출력이 소멸되는 동작 형태는?

① 한시 동작 순시 복귀
② 순시 동작 순시 복귀
③ 한시 동작 한시 복귀
④ 순시 동작 한시 복귀

해설 순시는 입력 신호와 동시에 출력이 나오는 것이고, 한시는 입력 신호를 준 후 설정 시간이 경과한 후 출력이 나오는 것이므로 순시 동작 한시 복귀이다.

64 단위 궤환 제어 시스템의 전향 경로 전달 함수가 $G(s) = \dfrac{K}{s(s^2+5s+4)}$ 일 때, 이 시스템이 안정하기 위한 K의 범위는?

① $K < -20$
② $-20 < K < 0$
③ $0 < K < 20$
④ $20 < K$

해설 특성 방정식 $1+G(s)H(s)=0$
단위 궤환 제어이므로 $H(s)=1$
$\therefore 1+\dfrac{K}{s(s^2+5s+4)}=0$
$s(s^2+5s+4)+K=0$
$s^3+5s^2+4s+K=0$
라우스의 표

s^3	1	4
s^2	5	K
s^1	$\dfrac{20-K}{5}$	0
s^0	K	

제1열의 부호 변화가 없어야 안정하므로
$\dfrac{20-K}{5} > 0$, $K > 0$
$\therefore 0 < K < 20$

65 $R(z) = \dfrac{(1-e^{-aT})z}{(z-1)(z-e^{-aT})}$ 의 역변환은?

① te^{at}
② te^{-at}
③ $1-e^{-at}$
④ $1+e^{-at}$

해설 $R(z) = \dfrac{(1-e^{-aT})z}{(z-1)(z-e^{-aT})}$
$= \dfrac{z(z-e^{-aT})-z(z-1)}{(z-1)(z-e^{-aT})}$
$= \dfrac{z}{z-1} - \dfrac{z}{z-e^{-aT}}$
$\therefore r(t) = 1-e^{-at}$

66 시간 영역에서 자동 제어계를 해석할 때 기본 시험 입력에 보통 사용되지 않는 입력은?

① 정속도 입력
② 정현파 입력
③ 단위 계단 입력
④ 정가속도 입력

해설 과도 응답에 사용하는 기준 입력
• 계단 입력 : 시간에 따라 일정한 상태로 유지되는 입력
• 정속도 입력 : 시간에 따라 일정한 비율로 변하는 경우의 입력
• 정가속도 입력 : 시간에 따라 시간의 제곱에 비례하는 입력

67 $G(s)H(s) = \dfrac{K(s-1)}{s(s+1)(s-4)}$ 에서 점근선의 교차점을 구하면?

① -1
② 0
③ 1
④ 2

해설 실수축상에서의 점근선의 교차점
$\sigma = \dfrac{\sum G(s)H(s)\text{의 극점} - \sum G(s)H(s)\text{의 영점}}{P-Z}$
$= \dfrac{(0-1+4)-(1)}{3-1}$
$= 1$

정답 63.④ 64.③ 65.③ 66.② 67.③

68 n차 선형 시불변 시스템의 상태 방정식을 $\dfrac{d}{dt}X(t) = AX(t) + Br(t)$로 표시할 때 상태 천이 행렬 $\phi(t)(n \times n$ 행렬$)$에 관하여 틀린 것은?

① $\phi(t) = e^{At}$
② $\dfrac{d\phi(t)}{dt} = A \cdot \phi(t)$
③ $\phi(t) = \mathcal{L}^{-1}[(sI-A)^{-1}]$
④ $\phi(t)$는 시스템의 정상 상태 응답을 나타낸다.

해설 $\phi(t) = \mathcal{L}^{-1}[(s\boldsymbol{I}-\boldsymbol{A})^{-1}]$이며 상태 천이 행렬은 다음과 같은 성질을 가진다.
- $\phi(0) = I$(여기서, i : 단위 행렬)
- $\phi^{-1}(t) = \phi(-t) = e^{-At}$
- $\phi(t_2 - t_1)\phi(t_1 - t_0) = \phi(t_2 - t_0)$(모든 값에 대하여)
- $[\phi(t)]^K = \phi(Kt)$, 여기서, $K = $정수이다.

69 다음의 신호 흐름 선도에서 $\dfrac{C}{R}$는?

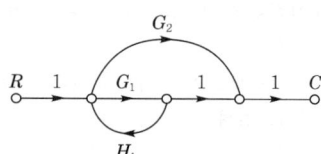

① $\dfrac{G_1 + G_2}{1 - G_1H_1}$
② $\dfrac{G_1G_2}{1 - G_1H_1}$
③ $\dfrac{G_1 + G_2}{1 + G_1H_1}$
④ $\dfrac{G_1G_2}{1 + G_1H_1}$

해설 $G_1 = G_1$, $\Delta_1 = 1$
$G_2 = G_2$, $\Delta_2 = 1$
$L_{11} = G_1H_1$
$\Delta = 1 - L_{11} = 1 - G_1H_1$
∴ 전달 함수 $G = \dfrac{C}{R} = \dfrac{G_1\Delta_1 + G_2\Delta_2}{\Delta}$
$= \dfrac{G_1 + G_2}{1 - G_1H_1}$

70 PD 조절기와 전달 함수 $G(s) = 1.2 + 0.02s$의 영점은?

① -60
② -50
③ 50
④ 60

해설 영점은 전달 함수가 0이 되는 s의 근이다.
∴ $s = -\dfrac{1.2}{0.02} = -60$

71 $e = 100\sqrt{2}\sin\omega t + 75\sqrt{2}\sin3\omega t + 20\sqrt{2}\sin5\omega t$[V]인 전압을 RL 직렬 회로에 가할 때 제3고조파 전류의 실효값은 몇 [A]인가? (단, $R = 4[\Omega]$, $\omega L = 1[\Omega]$이다.)

① 15
② $15\sqrt{2}$
③ 20
④ $20\sqrt{2}$

해설 제3고조파 전류 $I_3 = \dfrac{V_3}{Z_3} = \dfrac{V_3}{\sqrt{R^2 + (3\omega L)^2}}$
$= \dfrac{75}{\sqrt{4^2 + 3^2}}$
$= 15$[A]

72 전원과 부하가 △결선된 3상 평형 회로가 있다. 전원 전압이 200[V], 부하 1상의 임피던스가 $6 + j8[\Omega]$일 때 선전류[A]는?

① 20
② $20\sqrt{3}$
③ $\dfrac{20}{\sqrt{3}}$
④ $\dfrac{\sqrt{3}}{20}$

해설 선전류 $I_l = \sqrt{3}I_p = \sqrt{3}\dfrac{V_p}{Z}$
$= \dfrac{\sqrt{3} \cdot 200}{\sqrt{6^2 + 8^2}}$
$= 20\sqrt{3}$ [A]

정답 68.④ 69.① 70.① 71.① 72.②

73 분포 정수 선로에서 무왜형 조건이 성립하면 어떻게 되는가?

① 감쇠량이 최소로 된다.
② 전파 속도가 최대로 된다.
③ 감쇠량은 주파수에 비례한다.
④ 위상 정수가 주파수에 관계없이 일정하다.

해설 무왜형 선로 조건 $\frac{R}{L} = \frac{G}{C}$, $RC = LG$

전파 정수 $r = \sqrt{Z \cdot Y}$
$= \sqrt{(R+j\omega L)(G+j\omega C)}$
$= \sqrt{RG} + j\omega\sqrt{LC}$

감쇠량 $\alpha = \sqrt{RG}$로 최소가 된다.

74 회로에서 $E = 10[V]$, $R = 10[\Omega]$, $L = 1[H]$, $C = 10[\mu F]$ 그리고 $V_C(0) = 0$일 때 스위치 K를 닫은 직후 전류의 변화율 $\frac{di}{dt}(0^+)$의 값[A/s]은?

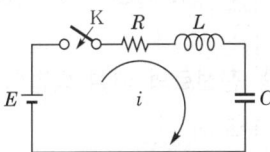

① 0 ② 1
③ 5 ④ 10

해설 진동 여부 판별식
$R^2 - 4\frac{L}{C} = 10^2 - 4\frac{1}{10 \times 10^{-6}} < 0$

따라서, 진동인 경우이므로
$i = \frac{E}{\beta L}e^{-at}\sin\beta t$

$\therefore \frac{di}{dt}\Big|_{t=0} = \frac{E}{\beta L}[-ae^{-at}\sin\beta t + \beta e^{-at}\cos\beta t]_{t=0}$
$= \frac{E}{\beta L} \cdot \beta = \frac{E}{L} = \frac{10}{1} = 10[A/s]$

75 $F(s) = \frac{2s+15}{s^3+s^2+3s}$일 때 $f(t)$의 최종값은?

① 2 ② 3
③ 5 ④ 15

해설 최종값 정리에 의해
$\lim_{s \to 0} s \cdot F(s) = \lim_{s \to 0} s \cdot \frac{2s+15}{s(s^2+s+3)} = 5$

76 대칭 5상 교류 성형 결선에서 선간 전압과 상전압 간의 위상차는 몇 도인가?

① 27° ② 36°
③ 54° ④ 72°

해설 위상차 $\theta = \frac{\pi}{2}\left(1 - \frac{2}{n}\right) = \frac{\pi}{2}\left(1 - \frac{2}{5}\right) = 54°$

77 정현파 교류 $V = V_m\sin\omega t$의 전압을 반파 정류하였을 때의 실효값은 몇 [V]인가?

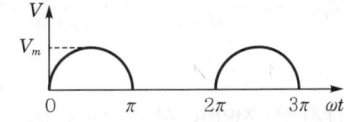

① $\frac{V_m}{\sqrt{2}}$ ② $\frac{V_m}{2}$
③ $\frac{V_m}{2\sqrt{2}}$ ④ $\sqrt{2}V_m$

해설 실효값 $V = \sqrt{\frac{1}{2\pi}\int_0^\pi V_m^2\sin^2\omega t\, d\omega t}$
$= \sqrt{\frac{V_m^2}{2\pi}\int_0^\pi \frac{1-\cos 2\omega t}{2}d\omega t}$
$= \sqrt{\frac{V_m^2}{4\pi}\left[\omega t - \frac{1}{2}\sin 2\omega t\right]_0^\pi}$
$= \frac{V_m}{2}[V]$

정답 73.① 74.④ 75.③ 76.③ 77.②

〈별해〉 반파 정류파의 실효값 및 평균값
$V = \frac{1}{2}V_m, \ V_{av} = \frac{1}{\pi}V_m$ 에서
실효값 $V = \frac{1}{2}V_m$

78 회로망 출력 단자 a-b에서 바라본 등가 임피던스는? (단, $V_1 = 6[V]$, $V_2 = 3[V]$, $I_1 = 10[A]$, $R_1 = 15[\Omega]$, $R_2 = 10[\Omega]$, $L = 2[H]$, $j\omega = s$ 이다.)

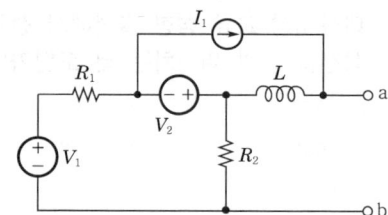

① $s + 15$ ② $2s + 6$
③ $\frac{3}{s+2}$ ④ $\frac{1}{s+3}$

해설 $Z_{ab} = j\omega L + \frac{R_1 R_2}{R_1 + R_2} = 2s + \frac{15 \times 10}{15 + 10} = 2s + 6[\Omega]$

79 대칭 3상 전압이 a상 V_a, b상 $V_b = a^2 V_a$, c상 $V_c = a V_a$일 때 a상을 기준으로 한 대칭분 전압 중 정상분 $V_1[V]$은 어떻게 표시되는가?

① $\frac{1}{3}V_a$ ② V_a
③ aV_a ④ $a^2 V_a$

해설 대칭 3상의 대칭분 전압
$V_1 = \frac{1}{3}(V_a + aV_b + a^2 V_c)$
$= \frac{1}{3}(V_a + a \cdot a^2 V_a + a^2 \cdot aV_a)$
$= \frac{1}{3}(V_a + a^3 V_a + a^3 V_a)$
$a^3 = 1$이므로
$= V_a$

80 다음과 같은 비정현파 기전력 및 전류에 의한 평균 전력을 구하면 몇 [W]인가?

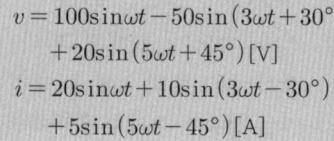

① 825   ② 875
③ 925   ④ 1,175

해설 평균 전력
$P = V_1 I_1 \cos\theta_1 + V_3 I_3 \cos\theta_3 + V_5 I_5 \cos\theta_5$
$= \frac{100}{\sqrt{2}} \cdot \frac{20}{\sqrt{2}}\cos 0° - \frac{50}{\sqrt{2}} \cdot \frac{10}{\sqrt{2}}\cos 60°$
$+ \frac{20}{\sqrt{2}} \cdot \frac{5}{\sqrt{2}}\cos 90°$
$= 875[W]$

제5과목 전기설비기술기준

81 지중 전선로의 매설 방법이 아닌 것은?
① 관로식
② 인입식
③ 암거식
④ 직접 매설식

해설 지중 전선로의 시설(한국전기설비규정 334.1)
• 지중 전선로는 전선에 케이블을 사용
• 관로식·암거식·직접 매설식에 의하여 시설

82 특고압용 변압기로서 그 내부에 고장이 생긴 경우에 반드시 자동 차단되어야 하는 변압기의 뱅크 용량은 몇 [kVA] 이상인가?
① 5,000   ② 10,000
③ 50,000   ④ 100,000

정답 78.② 79.② 80.② 81.② 82.②

해설 특고압용 변압기의 보호 장치(한국전기설비규정 351.4)

뱅크 용량의 구분	동작 조건	장치의 종류
5,000[kVA] 이상 10,000[kVA] 미만	변압기 내부 고장	자동 차단 장치 또는 경보 장치
10,000[kVA] 이상	변압기 내부 고장	자동 차단 장치
타냉식 변압기	냉각 장치에 고장이 생긴 경우 또는 변압기의 온도가 현저히 상승한 경우	경보 장치

83 옥내에 시설하는 관등 회로의 사용 전압이 12,000[V]인 방전등 공사 시의 네온 변압기 외함에는 몇 종 접지 공사를 해야 하는가?

① 제1종 접지 공사
② 제2종 접지 공사
③ 제3종 접지 공사
④ 특별 제3종 접지 공사

해설 옥내의 네온 방전등 공사(판단기준 제215조)
• 방전등용 변압기는 네온 변압기일 것
• 배선은 전개된 장소 또는 점검할 수 있는 은폐된 장소에 시설
• 관등 회로의 배선은 애자 공사에 의할 것
 – 전선은 네온 전선일 것
 – 전선은 조영재의 옆면 또는 아랫면에 붙일 것
 – 전선의 지지점 간의 거리는 1[m] 이하일 것
 – 전선 상호간의 간격은 6[cm] 이상일 것
• 네온 변압기의 외함에는 제3종 접지 공사를 할 것

※ 이 문제는 출제 당시 규정에는 적합했으나 새로 제정된 한국전기설비규정에는 일부 부적합하므로 문제 유형만 참고하시기 바랍니다.

84 전력 보안 가공 통신선(광섬유 케이블은 제외)을 조가할 경우 조가용선(조가선)은?

① 금속으로 된 단선
② 강심 알루미늄 연선
③ 금속선으로 된 연선
④ 알루미늄으로 된 단선

해설 통신선의 시설(판단기준 제154조)
• 전력 보안 통신선에는 적당한 방호 장치를 한다.
• 통신선을 조가용선(조가선)으로 조가할 것. 다만, 통신선(케이블은 제외)을 인장 강도 2.30[kN]의 것 또는 2.6[mm]의 경동선은 그러하지 아니하다.
• 조가용선(조가선)은 금속선으로 된 연선일 것

※ 이 문제는 출제 당시 규정에는 적합했으나 새로 제정된 한국전기설비규정에는 일부 부적합하므로 문제 유형만 참고하시기 바랍니다.

85 특고압 전선로의 철탑의 가장 높은 곳에 220[V]용 항공 장애등을 설치하였다. 이 등 기구의 금속제 외함은 몇 종 접지 공사를 하여야 하는가?

① 제1종 접지 공사
② 제2종 접지 공사
③ 제3종 접지 공사
④ 특별 제3종 접지 공사

해설 특고압 가공 전선로의 지지물에 시설하는 저압 기계 기구 등의 시설(판단기준 제123조)
• 저압의 기계 기구에 접속하는 전로에는 다른 부하를 접속하지 아니할 것
• 변압기에 의하여 결합하는 경우에는 절연 변압기를 사용할 것
• 절연 변압기의 부하측의 1단자 또는 중성점 및 기계 기구(항공 장애등)의 금속제 외함에는 제1종 접지 공사를 한다.

※ 이 문제는 출제 당시 규정에는 적합했으나 새로 제정된 한국전기설비규정에는 일부 부적합하므로 문제 유형만 참고하시기 바랍니다.

정답 83.③ 84.③ 85.①

부록

86 저·고압 가공 전선과 가공 약전류 전선 등을 동일 지지물에 시설하는 기준으로 틀린 것은?
① 가공 전선을 가공 약전류 전선 등의 위로하고 별개의 완금류에 시설할 것
② 전선로의 지지물로서 사용하는 목주의 풍압 하중에 대한 안전율은 1.5 이상일 것
③ 가공 전선과 가공 약전류 전선 등 사이의 이격 거리(간격)는 저압과 고압 모두 75[cm] 이상일 것
④ 가공 전선이 가공 약전류 전선에 대하여 유도 작용에 의한 통신상의 장해를 줄 우려가 있는 경우에는 가공 전선을 적당한 거리에서 연가할 것

해설 저·고압 가공 전선과 가공 약전류 전선 등의 공용 설치(한국전기설비규정 222.21, 332.21)
- 목주의 풍압 하중에 대한 안전율은 1.5 이상
- 가공 전선을 가공 약전류 전선 등의 위로하고 별개의 완금류에 시설
- 가공 전선과 가공 약전류 전선 등 사이의 이격 거리(간격)는 저압은 75[cm] 이상, 고압은 1.5[m] 이상일 것

87 풀용 수중 조명등에 사용되는 절연 변압기의 2차측 전로의 사용 전압이 몇 [V]를 초과하는 경우에는 그 전로에 지락이 생겼을 때에 자동적으로 전로를 차단하는 장치를 하여야 하는가?
① 30   ② 60
③ 150 ④ 300

해설 풀용 수중 조명등의 시설(한국전기설비규정 234.14)
- 대지 전압 1차 전압 400[V] 미만, 2차 전압 150[V] 이하인 절연 변압기를 사용
- 절연 변압기의 2차측 전로는 접지하지 아니할 것
- 절연 변압기 2차 전압이 30[V] 이하는 혼촉 방지판을 사용하고, 30[V]를 초과하는 것은 지락이 발생하면 자동 차단하는 장치를 한다. 이 차단 장치는 금속제 외함에 넣고 접지 공사를 한다.

88 석유류를 저장하는 장소의 전등 배선에 사용하지 않는 공사 방법은?
① 케이블 공사
② 금속관 공사
③ 애자 공사
④ 합성 수지관 공사

해설 위험물 등이 존재하는 장소(한국전기설비규정 242.4)
- 저압 옥내 배선은 금속관 공사, 케이블 공사, 합성 수지관 공사에 의한다.
- 이동 전선은 접속점이 없는 0.6/1[kV] EP 고무 절연 클로로프렌 캡타이어 케이블 또는 0.6/1[kV] 비닐 절연 비닐 캡타이어 케이블을 사용한다.

89 사용 전압이 154[kV]인 가공 송전선의 시설에서 전선과 식물과의 이격 거리(간격)는 일반적인 경우에 몇 [m] 이상으로 하여야 하는가?
① 2.8   ② 3.2
③ 3.6   ④ 4.2

해설 특고압 가공 전선과 식물의 이격 거리(간격)(한국전기설비규정 333.30)
60[kV] 넘는 10[kV] 단수는 $(154-60) \div 10 = 9.4$이므로 10단수이다.
그러므로 $2 + 0.12 \times 10 = 3.2[m]$이다.

90 과전류 차단기로 저압 전로에 사용하는 퓨즈를 수평으로 붙인 경우 이 퓨즈는 정격 전류의 몇 배의 전류에 견딜 수 있어야 하는가?
① 1.1   ② 1.25
③ 1.6   ④ 2

해설 저압 전로 중의 과전류 차단기의 시설(판단기준 제38조)
과전류 차단기로 저압 전로에 사용하는 퓨즈는 수평으로 붙인 경우에 정격 전류의 1.1배의 전류에 견디고, 정격 전류의 1.6배 및 2배의 전류를 통한 경우에는 정한 시간 내에 용단될 것

※ 이 문제는 출제 당시 규정에는 적합했으나 새로 제정된 한국전기설비규정에는 일부 부적합하므로 문제 유형만 참고하시기 바랍니다.

정답 86.③ 87.① 88.③ 89.② 90.①

91 농사용 저압 가공 전선로의 시설 기준으로 틀린 것은?

① 사용 전압이 저압일 것
② 전선로의 경간(지지물 간 거리)은 40[m] 이하일 것
③ 저압 가공 전선의 인장 강도는 1.38[kN] 이상일 것
④ 저압 가공 전선의 지표상 높이는 3.5[m] 이상일 것

해설 농사용 저압 가공 전선로의 시설(한국전기설비규정 222.22)
- 사용 전압은 저압일 것
- 저압 가공 전선은 인장 강도 1.38[kN] 이상의 것 또는 지름 2[mm] 이상의 경동선일 것
- 저압 가공 전선의 지표상의 높이는 3.5[m] 이상일 것
- 목주의 굵기는 말구 지름이 9[cm] 이상일 것
- 전선로의 경간(지지물 간 거리)은 30[m] 이하일 것

92 고압 가공 전선로에 시설하는 피뢰기의 접지 공사의 접지 도체가 접지 공사 전용의 것인 경우에 접지 저항값은 몇 [Ω]까지 허용되는가?

① 20   ② 30
③ 50   ④ 75

해설 피뢰기의 접지(한국전기설비규정 341.15)
고압 가공 전선로에 시설하는 피뢰기를 접지 공사를 한 변압기에 근접하여 시설하는 경우 또는 고압 가공 전선로에 시설하는 피뢰기의 접지 공사의 접지 도체가 접지 공사 전용의 것인 경우에 접지 저항값을 30[Ω] 이하로 할 수 있다.

93 고압 옥측 전선로에 사용할 수 있는 전선은?

① 케이블
② 나경동선
③ 절연 전선
④ 다심형 전선

해설 고압 옥측 전선로의 시설(한국전기설비규정 331.13.1)
고압 옥측 전선로의 전선은 케이블일 것

94 발전기를 전로로부터 자동적으로 차단하는 장치를 시설하여야 하는 경우에 해당되지 않는 것은?

① 발전기에 과전류가 생긴 경우
② 용량이 5,000[kVA] 이상인 발전기의 내부에 고장이 생긴 경우
③ 용량이 500[kVA] 이상의 발전기를 구동하는 수차의 압유 장치의 유압이 현저히 저하한 경우
④ 용량이 100[kVA] 이상의 발전기를 구동하는 풍차의 압유 장치의 유압, 압축 공기 장치의 공기압이 현저히 저하한 경우

해설 발전기 등의 보호 장치(한국전기설비규정 351.3)
발전기 보호 : 자동 차단 장치를 한다.
- 과전류, 과전압이 생긴 경우
- 500[kVA] 이상 : 수차 압유 장치 유압 저하
- 100[kVA] 이상 : 풍차 압유 장치 유압 저하
- 2,000[kVA] 이상 : 수차 발전기 베어링 온도 상승
- 10,000[kVA] 이상 : 발전기 내부 고장
- 10,000[kW] 초과 : 증기 터빈의 베어링 마모, 온도 상승

95 고압 옥내 배선이 수관과 접근하여 시설되는 경우에는 몇 [cm] 이상 이격시켜야 하는가?

① 15   ② 30
③ 45   ④ 60

해설 고압 옥내 배선 등의 시설(한국전기설비규정 342.1)
고압 옥내 배선이 다른 고압 옥내 배선·저압 옥내 전선·관등 회로의 배선·약전류 전선 등 또는 수관·가스관이나 이와 유사한 것과 접근하거나 교차하는 경우에 이격 거리(간격)는 15[cm] 이상이어야 한다.

정답 91.② 92.② 93.① 94.② 95.①

96 최대 사용 전압이 22,900[V]인 3상 4선식 중성선 다중 접지식 전로와 대지 사이의 절연 내력 시험 전압은 몇 [V]인가?

① 32,510 ② 28,752
③ 25,229 ④ 21,068

해설 전로의 절연 저항 및 절연 내력(한국전기설비규정 132)
중성점 다중 접지 방식이므로 22,900×0.92 = 21,068[V]이다.

97 라이팅 덕트 공사에 의한 저압 옥내 배선 공사 시설 기준으로 틀린 것은?

① 덕트의 끝부분은 막을 것
② 덕트는 조영재에 견고하게 붙일 것
③ 덕트는 조영재를 관통하여 시설할 것
④ 덕트의 지지점 간의 거리는 2[m] 이하로 할 것

해설 라이팅 덕트 공사(한국전기설비규정 232.71)
- 덕트 상호간 및 전선 상호간은 견고하게 또한 전기적으로 완전히 접속할 것
- 덕트는 조영재에 견고하게 붙일 것
- 덕트의 지지점 간의 거리는 2[m] 이하로 할 것
- 덕트의 끝부분은 막을 것
- 덕트의 개구부(開口部)는 아래로 향하여 시설할 것
- 덕트는 조영재를 관통하여 시설하지 아니할 것

98 금속 덕트 공사에 의한 저압 옥내 배선에서 금속 덕트에 넣은 전선의 단면적의 합계는 일반적으로 덕트 내부 단면적의 몇 [%] 이하이어야 하는가? (단, 전광 표시 장치, 기타 이와 유사한 장치 또는 제어 회로 등의 배선만을 넣는 경우에는 50[%]이다.)

① 20 ② 30
③ 40 ④ 50

해설 금속 덕트 공사(한국전기설비규정 232.9)
금속 덕트에 넣은 전선은 단면적(절연 피복 포함)의 총합은 덕트의 내부 단면적의 20[%](전광 표시 장치 또는 제어 회로 등의 배선만을 넣은 경우 50[%]) 이하

99 지중 전선로에 사용하는 지중함의 시설 기준으로 틀린 것은?

① 조명 및 세척이 가능한 적당한 장치를 시설할 것
② 견고하고 차량, 기타 중량물의 압력에 견디는 구조일 것
③ 그 안의 고인 물을 제거할 수 있는 구조로 되어 있을 것
④ 뚜껑은 시설자 이외의 자가 쉽게 열 수 없도록 시설할 것

해설 지중함의 시설(한국전기설비규정 334.2)
- 지중함은 견고하고 차량 기타 중량물의 압력에 견디는 구조일 것
- 지중함은 그 안의 고인 물을 제거할 수 있는 구조로 되어 있을 것
- 폭발성 또는 연소성의 가스가 침입할 우려가 있는 것에 시설하는 지중함으로서 그 크기가 $1[m^3]$ 이상인 것에는 통풍 장치 기타 가스를 방산시키기 위한 장치를 시설할 것
- 지중함의 뚜껑은 시설자 이외의 자가 쉽게 열 수 없도록 시설할 것

100 철탑의 강도 계산에 사용하는 이상 시 상정 하중을 계산하는 데 사용되는 것은?

① 미진에 의한 요동과 철구조물의 인장 하중
② 뇌가 철탑에 가하여졌을 경우의 충격 하중
③ 이상 전압이 전선로에 내습하였을 때 생기는 충격 하중
④ 풍압이 전선로에 직각 방향으로 가하여지는 경우의 하중

해설 이상 시 상정 하중(한국전기설비규정 333.14)
풍압이 전선로에 직각 방향으로 가하여지는 경우의 하중은 각 부재에 대하여 그 부재가 부담하는 수직 하중, 수평 횡하중, 수평 종하중으로 한다.

정답 96.④ 97.③ 98.① 99.① 100.④

2019년 제2회 과년도 출제문제

2019. 4. 27. 시행

제1과목 전기자기학

01 진공 중에서 한 변이 a[m]인 정사각형 단일 코일이 있다. 코일에 I[A]의 전류를 흘릴 때 정사각형 중심에서 자계의 세기는 몇 [AT/m]인가?

① $\dfrac{2\sqrt{2}\,I}{\pi a}$ ② $\dfrac{I}{\sqrt{2}\,a}$

③ $\dfrac{I}{2a}$ ④ $\dfrac{4I}{a}$

해설 자계의 세기 H

$H = \dfrac{1}{4\pi r}(\sin\theta_1 + \sin\theta_2) \times 4$

$= \dfrac{I}{4\pi \dfrac{a}{2}}\left(\dfrac{\sqrt{2}}{2} + \dfrac{\sqrt{2}}{2}\right) \times 4$

$= \dfrac{2\sqrt{2}\,I}{\pi a}$

여기서, $r = \dfrac{a}{2}$

$\theta_1 = \theta_2 = 45°$

02 단면적 S, 길이 l, 투자율 μ인 자성체의 자기 회로에 권선을 N회 감아서 I의 전류를 흐르게 할 때 자속은?

① $\dfrac{\mu SI}{Nl}$ ② $\dfrac{\mu NI}{Sl}$

③ $\dfrac{NIl}{\mu S}$ ④ $\dfrac{\mu SNI}{l}$

해설 기자력 $F = NI$[AT]

자기 저항 $R_m = \dfrac{l}{\mu S}$

자속 $\phi = \dfrac{F}{R_m} = \dfrac{NI}{\dfrac{l}{\mu S}} = \dfrac{\mu SNI}{l}$[Wb]

03 자속 밀도가 0.3[Wb/m²]인 평등 자계 내에 5[A]의 전류가 흐르는 길이 2[m]인 직선 도체가 있다. 이 도체를 자계 방향에 대하여 60°의 각도로 놓았을 때 이 도체가 받는 힘은 약 몇 [N]인가?

① 1.3 ② 2.6
③ 4.7 ④ 5.2

해설 플레밍의 왼손 법칙

힘 $F = IBl\sin\theta = 5 \times 0.3 \times 2 \times \sin 60° = 2.59$[N]

04 어떤 대전체가 진공 중에서 전속이 Q[C]이었다. 이 대전체를 비유전율 10인 유전체 속으로 가져갈 경우에 전속[C]은?

① Q ② $10Q$
③ $\dfrac{Q}{10}$ ④ $10\varepsilon_0 Q$

해설 전속은 주위의 매질과 관계없이 일정하므로 유전체 중에서의 전속은 공기 중의 Q[C]과 같다.

05 30[V/m]의 전계 내의 80[V] 되는 점에서 1[C]의 전하를 전계 방향으로 80[cm] 이동한 경우, 그 점의 전위[V]는?

① 9 ② 24
③ 30 ④ 56

정답 01.① 02.④ 03.② 04.① 05.④

해설 전위차 $V_{AB} = -\int_b^a E dl = E \cdot l = 30 \times 0.8 = 24[V]$
B점의 전위 $V_B = V_A - V_{AB} = 80 - 24 = 56[V]$

06 다음 중 스토크스(Stokes)의 정리는?

① $\oint H \cdot dS = \iint_s (\nabla \cdot H) \cdot dS$
② $\int B \cdot dS = \int_s (\nabla \times H) \cdot dS$
③ $\oint_c H \cdot dS = \int_s (\nabla \cdot H) \cdot dl$
④ $\oint_c H \cdot dl = \int_s (\nabla \times H) \cdot dS$

해설 스토크스(Stokes)의 정리
$\oint_c H \cdot dl = \int_s \text{rot} H n dS = \int_s (\nabla \times H) n dS$

07 그림과 같이 평행한 무한장 직선 도선에 $I[A]$, $4I[A]$인 전류가 흐른다. 두 선 사이의 점 P에서 자계의 세기가 0이라고 하면 $\frac{a}{b}$는?

① 2
② 4
③ $\frac{1}{2}$
④ $\frac{1}{4}$

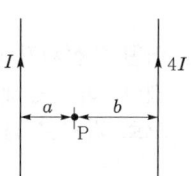

해설 $H_1 = \frac{I}{2\pi a}$, $H_2 = \frac{4I}{2\pi b}$
자계의 세기가 0일 때 $H_1 = H_2$
$\frac{I}{2\pi a} = \frac{4I}{2\pi b}$
$\frac{1}{a} = \frac{4}{b}$
$\therefore \frac{a}{b} = \frac{1}{4}$

08 정상 전류계에서 옴의 법칙에 대한 미분형은? (단, i는 전류 밀도, k는 도전율, ρ는 고유 저항, E는 전계의 세기이다.)

① $i = kE$
② $i = \frac{E}{k}$
③ $i = \rho E$
④ $i = -kE$

해설 전류 $I = \frac{V}{R} = \frac{E \cdot l}{\frac{l}{kS}} = kES[A]$

전류 밀도 $i = \frac{I}{S} = kE[A/m^2]$

09 진공 내의 점 $(3, 0, 0)[m]$에 $4 \times 10^{-9}[C]$의 전하가 있다. 이때, 점 $(6, 4, 0)[m]$의 전계의 크기는 약 몇 $[V/m]$이며, 전계의 방향을 표시하는 단위 벡터는 어떻게 표시되는가?

① 전계의 크기 : $\frac{36}{25}$
  단위 벡터 : $\frac{1}{5}(3a_x + 4a_y)$
② 전계의 크기 : $\frac{36}{125}$
  단위 벡터 : $3a_x + 4a_y$
③ 전계의 크기 : $\frac{36}{25}$
  단위 벡터 : $a_x + a_y$
④ 전계의 크기 : $\frac{36}{125}$
  단위 벡터 : $\frac{1}{5}(a_x + a_y)$

해설 거리 벡터 $\vec{r} = Q점 - P점$
$= (6-3)a_x + (4-0)a_y$
$= 3a_x + 4a_y$
$|r| = \sqrt{3^2 + 4^2} = 5[m]$

단위 벡터 $r_0 = \frac{r}{|r|} = \frac{1}{5}(3a_x + 4a_y)$

전계의 크기 $E = \frac{1}{4\pi\varepsilon_0} \frac{Q}{r^2}$
$= 9 \times 10^9 \times \frac{4 \times 10^{-9}}{5^2}$
$= \frac{36}{25}[V/m]$

정답 06.④ 07.④ 08.① 09.①

10 전속 밀도 $D = X^2 i + Y^2 j + Z^2 k [\text{C/m}^2]$를 발생시키는 점 (1, 2, 3)에서의 체적 전하 밀도는 몇 $[\text{C/m}^3]$인가?

① 12 ② 13
③ 14 ④ 15

해설 전속 $\psi = \int_s DndS = \int_v \text{div} D\, dv = Q[\text{C}]$
$\psi = Q = \int_v \rho dv$
∴ 체적 전하 밀도 $\rho = \text{div}D = \nabla \cdot D$
$= \left(i\dfrac{\partial}{\partial x} + j\dfrac{\partial}{\partial y} + k\dfrac{\partial}{\partial z}\right) \cdot (iD_x + jD_y + kD_z)$
$= \dfrac{\partial D_x}{\partial x} + \dfrac{\partial D_y}{\partial y} + \dfrac{\partial D_z}{\partial z}$
$= 2x + 2y + 2z$
$= 2 + 4 + 6 = 12 [\text{C/m}^3]$

11 다음 식 중에서 틀린 것은?

① $E = -\text{grad} V$
② $\int_s E \cdot ndS = \dfrac{Q}{\varepsilon_0}$
③ $\text{grad} V = i\dfrac{\partial^2 V}{\partial x^2} + j\dfrac{\partial^2 V}{\partial y^2} + k\dfrac{\partial^2 V}{\partial z^2}$
④ $V = \int_p^\infty E \cdot dl$

해설 전위 기울기(gradient)
$\text{grad} V = \nabla V = i\dfrac{\partial V}{\partial x} + j\dfrac{\partial V}{\partial y} + k\dfrac{\partial V}{\partial z}$

12 도전율 σ인 도체에서 전장 E에 의해 전류 밀도 J가 흘렀을 때 이 도체에서 소비되는 전력을 표시한 식은?

① $\int_v E \cdot J dv$
② $\int_v E \times J dv$
③ $\dfrac{1}{\sigma}\int_v E \cdot J dv$
④ $\dfrac{1}{\sigma}\int_v E \times J dv$

해설 전위 $V = \int_l Edl$, 전류 $I = \int_s JndS$
전력 $P = VI = \int_l Edl \cdot \int_s JndS = \int_v E \cdot J dv [\text{W}]$

13 자극의 세기가 8×10^{-6}[Wb], 길이가 3[cm]인 막대 자석을 120[AT/m]의 평등 자계 내에 자력선과 30°의 각도로 놓으면 이 막대 자석이 받는 회전력은 몇 [N·m]인가?

① 1.44×10^{-4} ② 1.44×10^{-5}
③ 3.02×10^{-4} ④ 3.02×10^{-5}

해설 회전력 $T = mHl\sin\theta$
$= 8 \times 10^{-6} \times 120 \times 3 \times 10^{-2} \sin 30°$
$= 1.44 \times 10^{-5} [\text{N·m}]$

14 자기 회로와 전기 회로의 대응으로 틀린 것은?

① 자속 ↔ 전류
② 기자력 ↔ 기전력
③ 투자율 ↔ 유전율
④ 자계의 세기 ↔ 전계의 세기

해설

자기 회로	전기 회로
기자력 $F = NI$	기전력 E
자기 저항 $R_m = \dfrac{l}{\mu S}$	저항 $R = \dfrac{l}{kS}$
자속 $\phi = \dfrac{F}{R_m}$	전류 $I = \dfrac{E}{R}$
투자율 μ	도전율 k
자계의 세기 H	전계의 세기 E

15 자기 인덕턴스의 성질을 옳게 표현한 것은?

① 항상 0이다.
② 항상 정(正)이다.
③ 항상 부(負)이다.
④ 유도되는 기전력에 따라 정(正)도 되고 부(負)도 된다.

해설 자기 인덕턴스 L은 항상 정(正)이다.

정답 10.① 11.③ 12.① 13.② 14.③ 15.②

16 진공 중에서 빛의 속도와 일치하는 전자파의 전파 속도를 얻기 위한 조건으로 옳은 것은?

① $\varepsilon_r = 0$, $\mu_r = 0$
② $\varepsilon_r = 1$, $\mu_r = 1$
③ $\varepsilon_r = 0$, $\mu_r = 1$
④ $\varepsilon_r = 1$, $\mu_r = 0$

해설 빛의 속도 $c = \dfrac{1}{\sqrt{\varepsilon_0 \mu_0}}$ [m/s]

전파 속도 $v = \dfrac{1}{\sqrt{\varepsilon \mu}} = \dfrac{1}{\sqrt{\varepsilon_0 \mu_0}} \cdot \dfrac{1}{\sqrt{\varepsilon_r \mu_r}}$

$c = v$의 조건 $\varepsilon_r = 1$, $\mu_r = 1$

17 4[A] 전류가 흐르는 코일과 쇄교하는 자속수가 4[Wb]이다. 이 전류 회로에 축적되어 있는 자기 에너지[J]는?

① 4 ② 2
③ 8 ④ 16

해설 인덕턴스의 축적 에너지
$W_L = \dfrac{1}{2}\phi I = \dfrac{1}{2} \times 4 \times 4 = 8$[J]

18 유전율이 ε, 도전율이 σ, 반경이 r_1, r_2 ($r_1 < r_2$), 길이가 l인 동축 케이블에서 저항 R은 얼마인가?

① $\dfrac{2\pi r l}{\ln \dfrac{r_2}{r_1}}$ ② $\dfrac{2\pi \varepsilon l}{\dfrac{1}{r_1} - \dfrac{1}{r_2}}$

③ $\dfrac{1}{2\pi \sigma l} \ln \dfrac{r_2}{r_1}$ ④ $\dfrac{1}{2\pi r l} \ln \dfrac{r_2}{r_1}$

해설 동축 케이블의 정전 용량 $C = \dfrac{2\pi \varepsilon l}{\ln \dfrac{r_2}{r_1}}$

$RC = \rho \varepsilon$ 관계에서

저항 $R = \dfrac{\rho \varepsilon}{C} = \dfrac{\rho \varepsilon}{\dfrac{2\pi \varepsilon l}{\ln \dfrac{r_2}{r_1}}}$

$= \dfrac{\rho}{2\pi l} \ln \dfrac{r_2}{r_1} = \dfrac{1}{2\pi \sigma l} \ln \dfrac{r_2}{r_1}$ [Ω]

19 어떤 환상 솔레노이드의 단면적이 S이고, 자로의 길이가 l, 투자율이 μ라고 한다. 이 철심에 균등하게 코일을 N회 감고 전류를 흘렸을 때 자기 인덕턴스에 대한 설명으로 옳은 것은?

① 투자율 μ에 반비례한다.
② 권선수 N^2에 비례한다.
③ 자로의 길이 l에 비례한다.
④ 단면적 S에 반비례한다.

해설 자속 $\phi = \dfrac{F}{R_m} = \dfrac{NI}{\dfrac{l}{\mu S}} = \dfrac{\mu S N I}{l}$

자기 인덕턴스 $L = \dfrac{N}{I}\phi = \dfrac{N}{I} \cdot \dfrac{\mu S N I}{l} = \dfrac{\mu N^2 S}{l}$

20 상이한 매질의 경계면에서 전자파가 만족해야 할 조건이 아닌 것은? (단, 경계면은 두 개의 무손실 매질 사이이다.)

① 경계면의 양측에서 전계의 접선 성분은 서로 같다.
② 경계면의 양측에서 자계의 접선 성분은 서로 같다.
③ 경계면의 양측에서 자속 밀도의 접선 성분은 서로 같다.
④ 경계면의 양측에서 전속 밀도의 법선 성분은 서로 같다.

해설 경계면의 조건
전자파의 전계와 자계는 접선 성분이 서로 같고, 전속 밀도와 자속 밀도는 법선 성분이 서로 같다.

정답 16.② 17.③ 18.③ 19.② 20.③

제2과목　전력공학

21 단도체 방식과 비교하여 복도체 방식의 송전 선로를 설명한 것으로 틀린 것은?
① 선로의 송전 용량이 증가된다.
② 계통의 안정도를 증진시킨다.
③ 전선의 인덕턴스가 감소하고, 정전 용량이 증가된다.
④ 전선 표면의 전위 경도가 저감되어 코로나 임계 전압을 낮출 수 있다.

해설 복도체 및 다도체의 특징
- 복도체는 같은 도체 단면적의 단도체보다 인덕턴스와 리액턴스가 감소하고 정전 용량이 증가하여 송전 용량을 크게 할 수 있다.
- 전선 표면의 전위 경도를 저감시켜 코로나 임계 전압을 높게 하므로 코로나 발생을 방지한다.
- 전력 계통의 안정도를 증대시킨다.

22 유효 낙차 100[m], 최대 사용 수량 20[m³/s], 수차 효율 70[%]인 수력 발전소의 연간 발전 전력량은 약 몇 [kWh]인가? (단, 발전기의 효율은 85[%]라고 한다.)
① 2.5×10^7
② 5×10^7
③ 10×10^7
④ 20×10^7

해설 연간 발전 전력량 $W = P \cdot T$ [kWh]
$W = P \cdot T$
$= 9.8 HQ\eta \cdot T$
$= 9.8 \times 100 \times 20 \times 0.7 \times 0.85 \times 365 \times 24$
$= 10.2 \times 10^7$ [kWh]

23 부하 역률이 $\cos\theta$인 경우 배전 선로의 전력 손실은 같은 크기의 부하 전력으로 역률이 1인 경우의 전력 손실에 비하여 어떻게 되는가?
① $\dfrac{1}{\cos\theta}$
② $\dfrac{1}{\cos^2\theta}$
③ $\cos\theta$
④ $\cos^2\theta$

해설 전력 손실은 역률의 제곱에 반비례하므로 $\dfrac{1}{\cos^2\theta}$배가 된다.

24 선택 지락 계전기의 용도를 옳게 설명한 것은?
① 단일 회선에서 지락 고장 회선의 선택 차단
② 단일 회선에서 지락 전류의 방향 선택 차단
③ 병행 2회선에서 지락 고장 회선의 선택 차단
④ 병행 2회선에서 지락 고장의 지속 시간 선택 차단

해설 병행 2회선 송전 선로의 지락 사고 차단에 사용하는 계전기는 고장난 회선을 선택하는 선택 접지 계전기를 사용한다.

25 직류 송전 방식에 관한 설명으로 틀린 것은?
① 교류 송전 방식보다 안정도가 낮다.
② 직류 계통과 연계 운전 시 교류 계통의 차단 용량은 작아진다.
③ 교류 송전 방식에 비해 절연 계급을 낮출 수 있다.
④ 비동기 연계가 가능하다.

해설 직류 송전 방식
- 무효분이 없어 손실이 없고 역률이 항상 1이며 송전 효율이 좋다.
- 파고치가 없으므로 절연 계급을 낮출 수 있다.
- 전압 강하와 전력 손실이 적고, 안정도가 높아진다.
- 비동기 연계가 가능하다.

26 터빈(turbine)의 임계 속도란?
① 비상 조속기를 동작시키는 회전수
② 회전자의 고유 진동수와 일치하는 위험 회전수
③ 부하를 급히 차단하였을 때의 순간 최대 회전수
④ 부하 차단 후 자동적으로 정정된 회전수

정답 21.④　22.③　23.②　24.③　25.①　26.②

해설 터빈 임계 속도란 회전 날개를 포함한 모터 전체의 고유 진동수와 회전 속도에 따른 진동수가 일치하여 공진이 발생되는 지점의 회전 속도를 임계 속도라 한다. 터빈 속도가 변화될 때 임계 속도에 도달하면 공진의 발생으로 진동이 급격히 증가한다.

27 변전소, 발전소 등에 설치하는 피뢰기에 대한 설명 중 틀린 것은?

① 방전 전류는 뇌충격 전류의 파고값으로 표시한다.
② 피뢰기의 직렬 갭은 속류를 차단 및 소호하는 역할을 한다.
③ 정격 전압은 상용 주파수 정현파 전압의 최고 한도를 규정한 순시값이다.
④ 속류란 방전 현상이 실질적으로 끝난 후에도 전력 계통에서 피뢰기에 공급되어 흐르는 전류를 말한다.

해설 피뢰기의 충격 방전 개시 전압은 피뢰기의 단자 간에 충격 전압을 인가하였을 경우 방전을 개시하는 전압으로 파고값(최대값)으로 표시하고, 정격 전압은 속류를 차단하는 최고의 전압으로 실효값으로 나타낸다.

28 아킹혼(arcing horn)의 설치 목적은?

① 이상 전압 소멸
② 전선의 진동 방지
③ 코로나 손실 방지
④ 섬락(불꽃 방전) 사고에 대한 애자 보호

해설 아킹혼, 소호각(환)의 역할
• 이상 전압으로부터 애자련의 보호
• 애자 전압 분담의 균등화
• 애자의 열적 파괴[섬락(불꽃 방전) 포함] 방지

29 일반 회로 정수가 A, B, C, D이고 송전단 전압이 E_s인 경우 무부하 시 수전단 전압은?

① $\dfrac{E_s}{A}$
② $\dfrac{E_s}{B}$
③ $\dfrac{A}{C}E_s$
④ $\dfrac{C}{A}E_s$

해설 무부하 시 수전단 전류 $I_r = 0$이므로 송전단 전압 $E_s = AE_r$로 되어 수전단 전압 $E_r = \dfrac{E_s}{A}$가 된다.

30 10,000[kVA] 기준으로 등가 임피던스가 0.4[%]인 발전소에 설치될 차단기의 차단 용량은 몇 [MVA]인가?

① 1,000
② 1,500
③ 2,000
④ 2,500

해설 차단 용량 $P_s = \dfrac{100}{\%Z}P_n$
$= \dfrac{100}{0.4} \times 10,000 \times 10^{-3}$
$= 2,500 [\text{MVA}]$

31 변전소에서 접지를 하는 목적으로 적절하지 않은 것은?

① 기기의 보호
② 근무자의 안전
③ 차단 시 아크의 소호
④ 송전 시스템의 중성점 접지

해설 변전소 접지 목적에서는 차단 시 아크의 소호와는 관계가 없다.

정답 27.③ 28.④ 29.① 30.④ 31.③

32 중거리 송전 선로의 T형 회로에서 송전단 전류 I_s는? (단, Z, Y는 선로의 직렬 임피던스와 병렬 어드미턴스이고, E_r은 수전단 전압, I_r은 수전단 전류이다.)

① $E_r\left(1+\dfrac{ZY}{2}\right)+ZI_r$

② $I_r\left(1+\dfrac{ZY}{2}\right)+E_rY$

③ $E_r\left(1+\dfrac{ZY}{2}\right)+ZI_r\left(1+\dfrac{ZY}{4}\right)$

④ $I_r\left(1+\dfrac{ZY}{2}\right)+E_rY\left(1+\dfrac{ZY}{4}\right)$

해설 T형 회로의 4단자 정수

$\begin{bmatrix}A & B \\ C & D\end{bmatrix}=\begin{bmatrix}1+\dfrac{ZY}{2} & Z\left(1+\dfrac{ZY}{4}\right) \\ Y & 1+\dfrac{ZY}{2}\end{bmatrix}$ 이므로

송전단 전류 $I_s=CE_r+DI_r=E_rY+I_r\left(1+\dfrac{ZY}{2}\right)$ 이다.

33 한 대의 주상 변압기에 역률(뒤짐) $\cos\theta_1$, 유효 전력 P_1[kW]의 부하와 역률(뒤짐) $\cos\theta_2$, 유효 전력 P_2[kW]의 부하가 병렬로 접속되어 있을 때 주상 변압기 2차측에서 본 부하의 종합 역률은 어떻게 되는가?

① $\dfrac{P_1+P_2}{\dfrac{P_1}{\cos\theta_1}+\dfrac{P_2}{\cos\theta_2}}$

② $\dfrac{P_1+P_2}{\dfrac{P_1}{\sin\theta_1}+\dfrac{P_2}{\sin\theta_2}}$

③ $\dfrac{P_1+P_2}{\sqrt{(P_1+P_2)^2+(P_1\tan\theta_1+P_2\tan\theta_2)^2}}$

④ $\dfrac{P_1+P_2}{\sqrt{(P_1+P_2)^2+(P_1\sin\theta_1+P_2\sin\theta_2)^2}}$

해설
- 합성 유효 전력 : P_1+P_2
- 합성 무효 전력 : $P_1\tan\theta_1+P_2\tan\theta_2$
- 합성 피상 전력 : $\sqrt{(P_1+P_2)^2+(P_1\tan\theta_1+P_2\tan\theta_2)^2}$
- 합성(종합) 역률 : $\dfrac{P_1+P_2}{\sqrt{(P_1+P_2)^2+(P_1\tan\theta_1+P_2\tan\theta_2)^2}}$

34 33[kV] 이하의 단거리 송·배전 선로에 적용되는 비접지 방식에서 지락 전류는 다음 중 어느 것을 말하는가?

① 누설 전류 ② 충전 전류
③ 뒤진 전류 ④ 단락 전류

해설 비접지 방식의 지락 전류 $I_g=j\omega 3C_sE$[A]이므로 진상(충전) 전류이다.

35 옥내 배선의 전선 굵기를 결정할 때 고려해야 할 사항으로 틀린 것은?

① 허용 전류 ② 전압 강하
③ 배선 방식 ④ 기계적 강도

해설 전선 굵기 결정 시 고려 사항은 허용 전류, 전압 강하, 기계적 강도이다.

36 고압 배전 선로 구성 방식 중 고장 시 자동적으로 고장 개소의 분리 및 건전 선로에 폐로하여 전력을 공급하는 개폐기를 가지며, 수요 분포에 따라 임의의 분기선으로부터 전력을 공급하는 방식은?

① 환상식 ② 망상식
③ 뱅킹식 ④ 가지식(수지식)

해설 환상식(loop system)
배전 간선을 환상(loop)선으로 구성하고, 분기선을 연결하는 방식으로 한쪽의 공급선에 이상이 생기더라도, 다른 한쪽에 의해 공급이 가능하고 손실과 전압 강하가 적고, 수요 분포에 따라 임의의 분기선을 내어 전력을 공급하는 방식으로 부하가 밀집된 도시에서 적합하다.

정답 32.② 33.③ 34.② 35.③ 36.①

37 그림과 같은 2기 계통에 있어서 발전기에서 전동기로 전달되는 전력 P는? (단, $X = X_G + X_L + X_M$이고 E_G, E_M은 각각 발전기 및 전동기의 유기 기전력, δ는 E_G와 E_M 간의 상차각이다.)

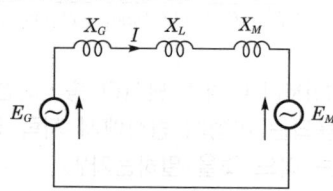

① $P = \dfrac{E_G}{XE_M}\sin\delta$

② $P = \dfrac{E_G E_M}{X}\sin\delta$

③ $P = \dfrac{E_G E_M}{X}\cos\delta$

④ $P = XE_G E_M \cos\delta$

해설 선로의 전송 전력 $P = \dfrac{E_s E_r}{X} \times \sin\delta$

$= \dfrac{E_G E_M}{X} \times \sin\delta \, [\text{MW}]$

38 전력 계통 연계 시의 특징으로 틀린 것은?
① 단락 전류가 감소한다.
② 경제 급전이 용이하다.
③ 공급 신뢰도가 향상된다.
④ 사고 시 다른 계통으로의 영향이 파급될 수 있다.

해설 계통 연계 시 계통 임피던스가 감소하므로 단락 사고 발생 시 단락 전류 증대로 차단 용량이 증가한다.

39 공통 중성선 다중 접지 방식의 배전 선로에서 Recloser(R), Sectionalizer(S), Line Fuse(F)의 보호 협조가 가장 적합한 배열은? (단, 보호 협조는 변전소를 기준으로 한다.)

① S - F - R
② S - R - F
③ F - S - R
④ R - S - F

해설 리클로저(recloser)는 선로에 고장이 발생하였을 때 고장 전류를 검출하여 지정된 시간 내에 고속 차단하고 자동 재폐로 동작을 수행하여 고장 구간을 분리하거나 재송전하는 장치이다.
섹셔널라이저(sectionalizer)는 부하 전류는 개폐할 수 있지만 고장 전류를 차단할 수 없으므로 리클로저와 직렬로 설치하여야 한다.
그러므로 변전소 차단기 → 리클로저 → 섹셔널라이저 → 라인 퓨즈로 구성한다.

40 송전선의 특성 임피던스와 전파 정수는 어떤 시험으로 구할 수 있는가?
① 뇌파 시험
② 정격 부하 시험
③ 절연 강도 측정 시험
④ 무부하 시험과 단락 시험

해설 특성 임피던스 $Z_0 = \sqrt{\dfrac{Z}{Y}} \, [\Omega]$

전파 정수 $\dot{r} = \sqrt{ZY} \, [\text{rad}]$

그러므로 단락 임피던스와 개방 어드미턴스가 필요하므로 단락 시험과 무부하 시험을 한다.

제3과목　전기기기

41 단상 변압기의 병렬 운전 시 요구 사항으로 틀린 것은?
① 극성이 같을 것
② 정격 출력이 같을 것
③ 정격 전압과 권수비가 같을 것
④ 저항과 리액턴스의 비가 같을 것

정답 37.② 38.① 39.④ 40.④ 41.②

해설 단상 변압기 병렬 운전의 조건은 다음과 같다.
- 극성이 같을 것
- 1·2차 정격 전압과 권수비가 같을 것
- 퍼센트 임피던스가 같을 것
- 저항과 리액턴스의 비가 같을 것

42 유도 전동기로 동기 전동기를 기동하는 경우, 유도 전동기의 극수는 동기 전동기의 극수보다 2극 적은 것을 사용하는 이유로 옳은 것은? (단, s는 슬립이며 N_s는 동기 속도이다.)

① 같은 극수의 유도 전동기는 동기 속도보다 sN_s만큼 늦으므로
② 같은 극수의 유도 전동기는 동기 속도보다 sN_s만큼 빠르므로
③ 같은 극수의 유도 전동기는 동기 속도보다 $(1-s)N_s$만큼 늦으므로
④ 같은 극수의 유도 전동기는 동기 속도보다 $(1-s)N_s$만큼 빠르므로

해설 동기 전동기의 회전 속도 $N_s = \dfrac{120f}{P}$ [rpm]
유도 전동기의 회전 속도 $N = N_s(1-s) = N_s - s \cdot N_s$
이므로 같은 극수의 유도 전동기는 동기 전동기의 속도보다 sN_s만큼 늦다.

43 동기 발전기에 회전 계자형을 사용하는 경우에 대한 이유로 틀린 것은?

① 기전력의 파형을 개선한다.
② 전기자가 고정자이므로 고압 대전류용에 좋고, 절연하기 쉽다.
③ 계자가 회전자이지만 저압 소용량의 직류이므로 구조가 간단하다.
④ 전기자보다 계자극을 회전자로 하는 것이 기계적으로 튼튼하다.

해설 동기 발전기의 회전자에 따른 분류에서 회전 계자형은 유도 기전력에 고조파가 포함되어 왜형파가 되므로 전기자 권선을 분포권과 단절권으로 하여 기전력의 파형을 개선한다.

44 3상 동기 발전기의 매극 매상의 슬롯수를 3이라 할 때, 분포권 계수는?

① $6\sin\dfrac{\pi}{18}$
② $3\sin\dfrac{\pi}{36}$
③ $\dfrac{1}{6\sin\dfrac{\pi}{18}}$
④ $\dfrac{1}{12\sin\dfrac{\pi}{36}}$

해설 분포 계수 $K_d = \dfrac{\sin\dfrac{\pi}{2m}}{g\sin\dfrac{\pi}{2mq}} = \dfrac{\sin\dfrac{180°}{2\times 3}}{3\sin\dfrac{\pi}{2\times 3\times 3}}$
$= \dfrac{1}{6\sin\dfrac{\pi}{18}}$

45 변압기의 누설 리액턴스를 나타낸 것은? (단, N은 권수이다.)

① N에 비례
② N^2에 반비례
③ N^2에 비례
④ N에 반비례

해설 변압기의 인덕턴스 $L = \dfrac{\mu N^2 S}{l}$ [H]
누설 리액턴스 $x = \omega L = 2\pi f \dfrac{\mu N^2 S}{l} \propto N^2$

46 가정용 재봉틀, 소형 공구, 영사기, 치과 의료용, 엔진 등에 사용하고 있으며 교류, 직류 양쪽 모두에 사용되는 만능 전동기는?

① 전기 동력계
② 3상 유도 전동기
③ 차동 복권 전동기
④ 단상 직권 정류자 전동기

정답 42.① 43.① 44.③ 45.③ 46.④

해설 단상 직권 정류자 전동기는 교류, 직류 양쪽에 사용되는 만능 전동기이다.

47 정격 전압 220[V], 무부하 단자 전압 230[V], 정격 출력이 40[kW]인 직류 분권 발전기의 계자 저항이 22[Ω], 전기자 반작용에 의한 전압 강하가 5[V]라면 전기자 회로의 저항[Ω]은 약 얼마인가?

① 0.026 ② 0.028
③ 0.035 ④ 0.042

해설
부하 전류 $I = \dfrac{P}{V} = \dfrac{40 \times 10^3}{220} = 181.18$[A]

계자 전류 $I_f = \dfrac{V}{r_f} = \dfrac{220}{22} = 10$[A]

전기자 전류 $I_a = I + I_f = 181.18 + 10 = 191.18$[V]

단자 전압 $V = E - I_a R_a - e_a$

$I_a R_a = E - V - e_a$

전기자 저항 $R_a = \dfrac{E - V - e_a}{I_a}$

$= \dfrac{230 - 220 - 5}{191.18}$

$= 0.026$[Ω]

48 전력용 변압기에서 1차에 정현파 전압을 인가하였을 때, 2차에 정현파 전압이 유기되기 위해서는 1차에 흘러들어가는 여자 전류는 기본파 전류 외에 주로 몇 고조파 전류가 포함되는가?

① 제2고조파 ② 제3고조파
③ 제4고조파 ④ 제5고조파

해설 변압기의 철심에는 자속이 변화하는 경우 히스테리시스 현상이 있으므로 정현파 전압을 유도하려면 여자 전류에는 기본파 전류 외에 제3고조파 전류가 포함된 첨두파가 되어야 한다.

49 스텝각이 2°, 스테핑 주파수(pulse rate)가 1,800[pps]인 스테핑 모터의 축속도[rps]는?

① 8   ② 10
③ 12 ④ 14

해설 스테핑 모터의 축속도 $n = \dfrac{\beta \times f_p}{360}$

$= \dfrac{2 \times 1,800}{360°}$

$= 10$[rps]

50 변압기에서 사용되는 변압기유의 구비 조건으로 틀린 것은?

① 점도가 높을 것
② 응고점이 낮을 것
③ 인화점이 높을 것
④ 절연 내력이 클 것

해설 변압기의 구비 조건은 절연 내력의 증대와 냉각 효과를 높이기 위해서는 다음과 같이 한다.
- 절연 내력이 클 것
- 인화점이 높고 응고점이 낮을 것
- 점도가 낮고 냉각 효과가 좋을 것
- 화학 작용이 없을 것

51 동기 발전기의 병렬 운전 중 위상차가 생기면 어떤 현상이 발생하는가?

① 무효 횡류가 흐른다.
② 무효 전력이 생긴다.
③ 유효 횡류가 흐른다.
④ 출력이 요동하고 권선이 가열된다.

해설 동기 발전기의 병렬 운전 시 유기 기전력에 위상차가 생기면 유효 횡류(동기화 전류)가 흐른다.

52 단상 유도 전동기의 토크에 대한 2차 저항을 어느 정도 이상으로 증가시킬 때 나타나는 현상으로 옳은 것은?

① 역회전 가능   ② 최대 토크 일정
③ 기동 토크 증가 ④ 토크는 항상 (+)

정답 47.① 48.② 49.② 50.① 51.③ 52.①

해설 단상 유도 전동기의 2차 저항을 증가하면 최대 토크가 감소하고 어느 정도 이상이 되면 역토크가 발생하여 역회전이 가능하다.

53 직류기에 관련된 사항으로 잘못 짝지어진 것은?
① 보극 – 리액턴스 전압 감소
② 보상 권선 – 전기자 반작용 감소
③ 전기자 반작용 – 직류 전동기 속도 감소
④ 정류 기간 – 전기자 코일이 단락되는 기간

해설 전기자 반작용으로 주자속이 감소하면 직류 발전기는 유기 기전력이 감소하고, 직류 전동기는 회전 속도가 상승한다.

54 그림은 전원 전압 및 주파수가 일정할 때의 다상 유도 전동기의 특성을 표시하는 곡선이다. 1차 전류를 나타내는 곡선은 몇 번 곡선인가?

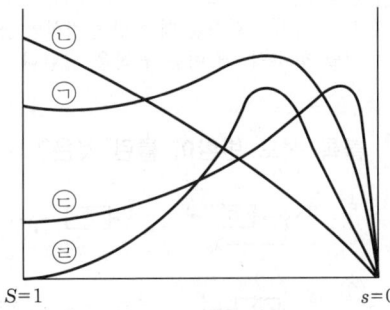

① ㉠ ② ㉡
③ ㉢ ④ ㉣

해설 유도 전동기의 기동 시에는 큰 전류가 흐르며 점차 감소하여 정상 운전 시에는 정격 전류가 흐른다.

55 직류 발전기의 외부 특성 곡선에서 나타내는 관계로 옳은 것은?
① 계자 전류와 단자 전압
② 계자 전류와 부하 전류
③ 부하 전류와 단자 전압
④ 부하 전류와 유기 기전력

해설 직류 발전기의 외부 특성 곡선은 정격 상태에서 부하 전류(I)와 단자 전압(V)의 관계를 나타낸 곡선이다.

56 동기 전동기가 무부하 운전 중에 부하가 걸리면 동기 전동기의 속도는?
① 정지한다.
② 동기 속도와 같다.
③ 동기 속도보다 빨라진다.
④ 동기 속도 이하로 떨어진다.

해설 동기 전동기는 정속도 전동기로 부하의 크기와 관계없이 항상 동기 속도로 회전한다.

57 100[V], 10[A], 1,500[rpm]인 직류 분권 발전기의 정격 시 계자 전류는 2[A]이다. 이때, 계자 회로에는 10[Ω]의 외부 저항이 삽입되어 있다. 계자 권선의 저항[Ω]은?
① 20 ② 40
③ 80 ④ 100

해설 계자 전류 $I_f = \dfrac{V}{r_f + R_F}$

계자 권선 저항 $r_f = \dfrac{V}{I_f} - R_F$

$= \dfrac{100}{2} - 10$

$= 40[Ω]$

58 50[Hz]로 설계된 3상 유도 전동기를 60[Hz]에 사용하는 경우 단자 전압을 110[%]로 높일 때 일어나는 현상으로 틀린 것은?

① 철손 불변
② 여자 전류 감소
③ 온도 상승 증가
④ 출력이 일정하면 유효 전류 감소

해설
- 철손 $P_i \propto \dfrac{V_1^2}{f}$: 불변
- 여자 전류 $I_0 \propto \dfrac{V_1}{x} \propto \dfrac{V_1}{f}$: 감소
- 유효 전류 $I = \dfrac{P}{\sqrt{3}\,V\cos\theta} \propto \dfrac{1}{V}$: 감소

온도는 전류가 감소하면 동손이 감소하여 떨어진다.

59 직류기 발전기에서 양호한 정류(整流)를 얻는 조건으로 틀린 것은?

① 정류 주기를 크게 할 것
② 리액턴스 전압을 크게 할 것
③ 브러시의 접촉 저항을 크게 할 것
④ 전기자 코일의 인덕턴스를 작게 할 것

해설 직류 발전기의 정류 개선책
- 평균 리액턴스 전압이 작을 것 $\left(e = L\dfrac{2I_c}{T_c}[\text{V}]\right)$
- 정류 주기(T_c)가 클 것
- 인덕턴스(L)가 작을 것
- 브러시의 접촉 저항이 클 것

60 상전압 200[V]의 3상 반파 정류 회로의 각 상에 SCR을 사용하여 정류 제어할 때 위상각을 $\dfrac{\pi}{6}$로 하면 순저항 부하에서 얻을 수 있는 직류 전압[V]은?

① 90　　② 180
③ 203　　④ 234

해설 3상 반파 정류에서 위상각 $\alpha = 0°$일 때

직류 전압 $E_{d0} = \dfrac{3\sqrt{3}}{\sqrt{2}\,\pi}E = 1.17E$

위상각 $\alpha = \dfrac{\pi}{6}$일 때

직류 전압 $E_{d\alpha} = E_{d0} \cdot \dfrac{1+\cos\alpha}{2}$

$= 1.17 \times 200 \times \dfrac{1+\cos\dfrac{\pi}{6}}{2}$

$= 218.3[\text{V}]$

제4과목　회로이론 및 제어공학

61 폐루프 전달 함수 $\dfrac{G(s)}{1+G(s)H(s)}$의 극의 위치를 개루프 전달 함수 $G(s)H(s)$의 이득 상수 K의 함수로 나타내는 기법은?

① 근궤적법　　② 보드 선도법
③ 이득 선도법　　④ Nyquist 판정법

해설 근궤적법은 개루프 전달 함수의 이득 정수 K를 0에서 ∞까지 변화시킬 때 특성 방정식의 근, 즉 개루프 전달 함수의 극 이동 궤적을 말한다.

62 블록 선도 변환이 틀린 것은?

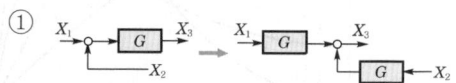

해설 각 블록 선도의 출력을 구하면
① $(X_1+X_2)G=X_3$
② $X_1G=X_2$
③ $X_1G=X_2$
④ $X_1G+X_2=X_3$

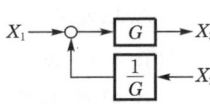

|④의 등가 변환|

63 다음 회로망에서 입력 전압을 $V_1(t)$, 출력 전압을 $V_2(t)$라 할 때, $\dfrac{V_2(s)}{V_1(s)}$에 대한 고유 주파수 ω_n과 제동비 ζ의 값은? (단, $R=100[\Omega]$, $L=2[H]$, $C=200[\mu F]$이고, 모든 초기 전하는 0이다.)

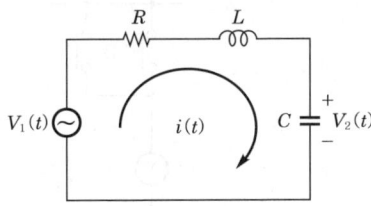

① $\omega_n=50$, $\zeta=0.5$
② $\omega_n=50$, $\zeta=0.7$
③ $\omega_n=250$, $\zeta=0.5$
④ $\omega_n=250$, $\zeta=0.7$

해설
$$\dfrac{V_2(s)}{V_1(s)}=\dfrac{\dfrac{1}{Cs}}{R+Ls+\dfrac{1}{Cs}}$$

$$=\dfrac{\left(\dfrac{1}{\sqrt{LC}}\right)^2}{s^2+\dfrac{R}{L}s+\left(\dfrac{1}{\sqrt{LC}}\right)^2}$$

$$=\dfrac{\left(\dfrac{1}{\sqrt{2\times200\times10^{-6}}}\right)^2}{s^2+\dfrac{100}{2}s+\left(\dfrac{1}{\sqrt{2\times200\times10^{-6}}}\right)^2}$$

$$=\dfrac{50^2}{s^2+50s+50^2}$$

따라서, $\omega_n=50$이고 $2\zeta\omega_n=50$이므로
$\zeta=\dfrac{50}{2\times50}=0.5$이다.

64 다음 신호 흐름 선도의 일반식은?

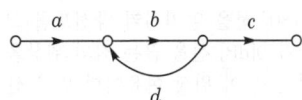

① $G=\dfrac{1-bd}{abc}$
② $G=\dfrac{1+bd}{abc}$
③ $G=\dfrac{abc}{1+bd}$
④ $G=\dfrac{abc}{1-bd}$

해설 $G_1=abc$, $\Delta_1=1$
$\Delta=1-bd$
전달 함수 $G(s)=\dfrac{G_1\Delta_1}{\Delta}=\dfrac{abc}{1-bd}$

65 다음 중 이진값 신호가 아닌 것은?
① 디지털 신호
② 아날로그 신호
③ 스위치의 ON-OFF 신호
④ 반도체 소자의 동작·부동작 상태

해설 이진 신호는 신호를 보내는 매체가 0과 1 또는 ON과 OFF와 같이 두 가지 상태만 표현되는 신호를 말한다.

66 보드 선도에서 이득 여유에 대한 정보를 얻을 수 있는 것은?
① 위상 곡선 0°에서의 이득과 0[dB]과의 차이
② 위상 곡선 180°에서의 이득과 0[dB]과의 차이
③ 위상 곡선 -90°에서의 이득과 0[dB]과의 차이
④ 위상 곡선 -180°에서의 이득과 0[dB]과의 차이

정답 63.① 64.④ 65.② 66.④

해설 위상 여유(θ_m)와 이득 여유(g_m)는 보드 선도에 있어서는 이득 선도 g의 0[dB] 선과 위상 선도 θ의 $-180°$ 선을 일치시켜 양선도를 그렸을 때 이득 선도가 0[dB] 선을 끊는 점의 위상을 $-180°$로부터 측정한 θ_m이 위상 여유이며 위상 선도가 $-180°$ 선을 끊는 점의 이득의 부호를 바꾼 g_m이 이득 여유이다.

67 단위 궤환 제어계의 개루프 전달 함수가 $G(s) = \dfrac{K}{s(s+2)}$ 일 때, K가 $-\infty$로부터 $+\infty$까지 변하는 경우 특성 방정식의 근에 대한 설명으로 틀린 것은?

① $-\infty < K < 0$에 대하여 근은 모두 실근이다.
② $0 < K < 1$에 대하여 2개의 근은 모두 음의 실근이다.
③ $K = 0$에 대하여 $s_1 = 0$, $s_2 = -2$의 근은 $G(s)$의 극점과 일치한다.
④ $1 < K < \infty$에 대하여 2개의 근은 음의 실수부 중근이다.

해설 특성 방정식
$1 + G(s)H(s) = 0$
$1 + \dfrac{K}{s(s+2)} = 0$
$s^2 + 2s + K = 0$
라우스의 표
$\begin{array}{c|cc} s^2 & 1 & K \\ s^1 & 2 & 0 \\ s^0 & K & \end{array}$

$K > 0$이면 특성 방정식의 근이 s평면의 좌반부에 존재하며 제어계는 안정하다.
$K < 0$이면 특성 방정식의 근이 s평면의 우반부에 존재하고 제어계는 불안정하다.

68 2차계 과도 응답에 대한 특성 방정식의 근은 $s_1, s_2 = -\zeta\omega_n \pm j\omega_n\sqrt{1-\zeta^2}$ 이다. 감쇠비 ζ가 $0 < \zeta < 1$ 사이에 존재할 때 나타나는 현상은?

① 과제동
② 무제동
③ 부족 제동
④ 임계 제동

해설 감쇠비 ζ가 $0 < \zeta < 1$이면
$s_1 \cdot s_2 = -\zeta\omega_n \pm j\omega_n\sqrt{1-\zeta^2}$
공액 복소수근을 가지므로 감쇠 진동, 부족 제동한다.

69 그림의 시퀀스 회로에서 전자 접촉기 X에 의한 A접점(normal open contact)의 사용 목적은?

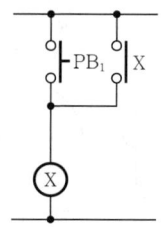

① 자기 유지 회로
② 지연 회로
③ 우선 선택 회로
④ 인터록(interlock) 회로

해설 누름 단추 스위치(PB₁)를 온(on)했을 때 스위치가 닫혀 계전기가 여자되고 그것의 A접점이 닫히기 때문에 누름 단추 스위치(PB₁)를 오프(off)해도 계전기는 계속 여자 상태를 유지한다. 이것을 자기 유지 회로라고 한다.

70 다음의 블록 선도에서 특성 방정식의 근은?

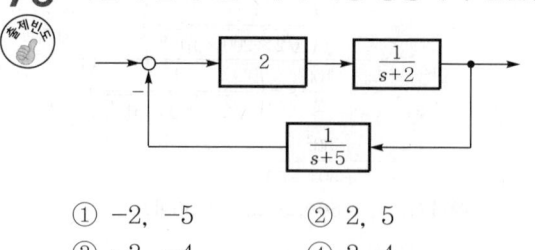

① -2, -5
② 2, 5
③ -3, -4
④ 3, 4

정답 67.④ 68.③ 69.① 70.③

해설 특성 방정식 $1+G(s)H(s)=0$

$\therefore 1+\dfrac{2}{s+2}\cdot\dfrac{1}{s+5}=0$

$s^2+7s+12=0$

$(s+3)(s+4)=0$

$\therefore s=-3,\ -4$

71 평형 3상 3선식 회로에서 부하는 Y결선이고, 선간 전압이 $173.2\underline{/0°}$[V]일 때 선전류는 $20\underline{/-120°}$[A]이었다면, Y결선된 부하 한 상의 임피던스는 약 몇 [Ω]인가?

① $5\underline{/60°}$
② $5\underline{/90°}$
③ $5\sqrt{3}\underline{/60°}$
④ $5\sqrt{3}\underline{/90°}$

해설 Y결선 시에는 $V_l=\sqrt{3}\,V_p\underline{/30°}$, $I_l=I_p$ 이므로

임피던스 $Z=\dfrac{V_p}{I_p}=\dfrac{\dfrac{173.2}{\sqrt{3}}\underline{/0°-30°}}{20\underline{/-120°}}=5\underline{/90°}$

72 그림과 같은 RC 저역 통과 필터 회로에 단위 임펄스를 입력으로 가했을 때 응답 $h(t)$는?

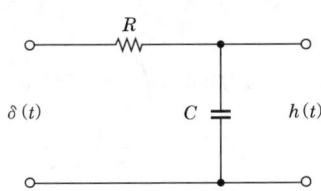

① $h(t)=RCe^{-\frac{t}{RC}}$
② $h(t)=\dfrac{1}{RC}e^{-\frac{t}{RC}}$
③ $h(t)=\dfrac{R}{1+j\omega RC}$
④ $h(t)=\dfrac{1}{RC}e^{-\frac{C}{R}t}$

해설 전달 함수 $G(s)=\dfrac{H(s)}{\delta(s)}$

$=\dfrac{\dfrac{1}{Cs}}{R+\dfrac{1}{Cs}}$

$=\dfrac{1}{RCs+1}$

$=\dfrac{\dfrac{1}{RC}}{s+\dfrac{1}{RC}}$

임펄스 입력이므로 $\delta(s)=1$

$\therefore H(s)=\dfrac{\dfrac{1}{RC}}{s+\dfrac{1}{RC}}$

$\therefore h(t)=\dfrac{1}{RC}e^{-\frac{1}{RC}t}$

73 2전력계법으로 평형 3상 전력을 측정하였더니 한쪽의 지시가 500[W], 다른 한쪽의 지시가 1,500[W]이었다. 피상 전력은 약 몇 [VA]인가?

① 2,000
② 2,310
③ 2,646
④ 2,771

해설 2전력계법에서 전력계의 지시값을 P_1, P_2라 하면

- 유효 전력: $P=P_1+P_2$[W]
- 무효 전력: $P_r=\sqrt{3}(P_1-P_2)$[Var]
- 피상 전력: $P_a=\sqrt{P^2+P_r^2}$
  $=2\sqrt{P_1^2+P_2^2-P_1P_2}$ [VA]

$\therefore P_a=2\sqrt{500^2+1,500^2-500\times 1,500}$
$=2,646$[VA]

정답 71.② 72.② 73.③

74 회로에서 4단자 정수 A, B, C, D의 값은?

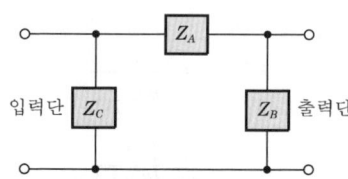

① $A = 1 + \dfrac{Z_A}{Z_B}$, $B = Z_A$,
   $C = \dfrac{1}{Z_A}$, $D = 1 + \dfrac{Z_B}{Z_A}$

② $A = 1 + \dfrac{Z_A}{Z_B}$, $B = Z_A$,
   $C = \dfrac{1}{Z_B}$, $D = 1 + \dfrac{Z_A}{Z_B}$

③ $A = 1 + \dfrac{Z_A}{Z_B}$, $B = Z_A$,
   $C = \dfrac{Z_A + Z_B + Z_C}{Z_B Z_C}$, $D = \dfrac{1}{Z_B Z_C}$

④ $A = 1 + \dfrac{Z_A}{Z_B}$, $B = Z_A$,
   $C = \dfrac{Z_A + Z_B + Z_C}{Z_B Z_C}$, $D = 1 + \dfrac{Z_A}{Z_C}$

해설
$$\begin{bmatrix} A & B \\ C & D \end{bmatrix} = \begin{bmatrix} 1 & 0 \\ \frac{1}{Z_C} & 1 \end{bmatrix} \begin{bmatrix} 1 & Z_A \\ 0 & 1 \end{bmatrix} \begin{bmatrix} 1 & 0 \\ \frac{1}{Z_B} & 1 \end{bmatrix}$$
$$= \begin{bmatrix} 1 + \dfrac{Z_A}{Z_B} & Z_A \\ \dfrac{Z_A + Z_B + Z_C}{Z_B Z_C} & 1 + \dfrac{Z_A}{Z_C} \end{bmatrix}$$

75 길이에 따라 비례하는 저항값을 가진 어떤 전열선에 E_0[V]의 전압을 인가하면 P_0[W]의 전력이 소비된다. 이 전열선을 잘라 원래 길이의 $\dfrac{2}{3}$로 만들고 E[V]의 전압을 가한다면 소비 전력 P[W]는?

① $P = \dfrac{P_0}{2} \left(\dfrac{E}{E_0} \right)^2$

② $P = \dfrac{3P_0}{2} \left(\dfrac{E}{E_0} \right)^2$

③ $P = \dfrac{2P_0}{3} \left(\dfrac{E}{E_0} \right)^2$

④ $P = \dfrac{\sqrt{3} P_0}{2} \left(\dfrac{E}{E_0} \right)^2$

해설 전기 저항 $R = \rho \dfrac{l}{s}$로 전선의 길이에 비례하므로
$$\dfrac{P}{P_0} = \dfrac{\dfrac{E^2}{\dfrac{2}{3} R}}{\dfrac{E_0^2}{R}}$$
$$\therefore P = \dfrac{3P_0}{2} \left(\dfrac{E}{E_0} \right)^2$$

76 $f(t) = e^{j\omega t}$의 라플라스 변환은?

① $\dfrac{1}{s - j\omega}$ ② $\dfrac{1}{s + j\omega}$

③ $\dfrac{1}{s^2 + \omega^2}$ ④ $\dfrac{\omega}{s^2 + \omega^2}$

해설
$$F(s) = \mathcal{L}[f(t)] = \int_0^\infty e^{-(s-j\omega)t} dt$$
$$= \left[-\dfrac{1}{s - j\omega} e^{-(s-j\omega)t} \right]_0^\infty$$
$$= \dfrac{1}{s - j\omega}$$

77 1[km]당 인덕턴스 25[mH], 정전 용량 0.005[μF]의 선로가 있다. 무손실 선로라고 가정한 경우 진행파의 위상(전파) 속도는 약 몇 [km/s]인가?

① 8.95×10^4 ② 9.95×10^4
③ 89.5×10^4 ④ 99.5×10^4

정답 74.④ 75.② 76.① 77.①

해설 위상 속도 $v = \dfrac{\omega}{\beta} = \dfrac{1}{\sqrt{LC}}$

$= \dfrac{1}{\sqrt{25 \times 10^{-3} \times 0.005 \times 10^{-6}}}$

$= 8.95 \times 10^4 \, [\text{km/s}]$

78 그림과 같은 순저항 회로에서 대칭 3상 전압을 가할 때 각 선에 흐르는 전류가 같으려면 R의 값은 몇 [Ω]인가?

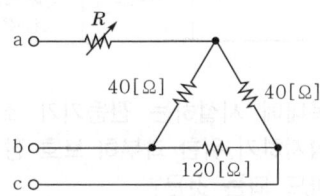

① 8 ② 12
③ 16 ④ 20

해설 △결선을 Y결선으로 등가 변환하면

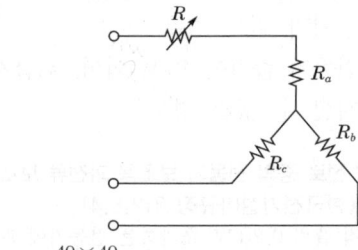

$R_a = \dfrac{40 \times 40}{200} = 8[\Omega]$

$R_b = \dfrac{40 \times 120}{200} = 24[\Omega]$

$R_c = \dfrac{40 \times 120}{200} = 24[\Omega]$

각 선에 흐르는 전류가 같으려면 각 상의 저항이 같아야 하므로 16[Ω]이다.

79 전류 $I = 30\sin\omega t + 40\sin(3\omega t + 45°)[\text{A}]$의 실효값[A]은?

① 25 ② $25\sqrt{2}$
③ 50 ④ $50\sqrt{2}$

해설 비정현파 실효값 $I = \sqrt{I_1{}^2 + I_3{}^2}$

$= \sqrt{\left(\dfrac{I_{m1}}{\sqrt{2}}\right)^2 + \left(\dfrac{I_{m3}}{\sqrt{2}}\right)^2}$

$= \sqrt{\left(\dfrac{30}{\sqrt{2}}\right)^2 + \left(\dfrac{40}{\sqrt{2}}\right)^2}$

$= 25\sqrt{2} \, [\text{A}]$

80 어떤 콘덴서를 300[V]로 충전하는 데 9[J]의 에너지가 필요하였다. 이 콘덴서의 정전 용량은 몇 [μF]인가?

① 100 ② 200
③ 300 ④ 400

해설 정전 에너지 $W = \dfrac{1}{2}CV^2$

$\therefore C = \dfrac{2W}{V^2} = \dfrac{2 \times 9}{300^2} \times 10^6 = 200[\mu\text{F}]$

제5과목 전기설비기술기준

81 전기 집진 장치에 특고압을 공급하기 위한 전기 설비로서 변압기로부터 정류기에 이르는 케이블을 넣는 방호 장치의 금속제 부분에 사람이 접촉할 우려가 없도록 시설하는 경우 제 몇 종 접지 공사로 할 수 있는가?

① 제1종 접지 공사
② 제2종 접지 공사
③ 제3종 접지 공사
④ 특별 제3종 접지 공사

해설 전기 집진 장치 등의 시설(판단기준 제246조)
케이블을 넣는 방호 장치의 금속제 부분 및 방식 케이블 이외의 케이블의 피복에 사용하는 금속체에는 제1종 접지 공사를 할 것. 다만, 사람이 접촉할 우려가 없도록 시설하는 경우에는 제3종 접지 공사에 의할 수 있다.

※ 이 문제는 출제 당시 규정에는 적합했으나 새로 제정된 한국전기설비규정에는 일부 부적합하므로 문제 유형만 참고하시기 바랍니다.

정답 78.③ 79.② 80.② 81.③

82. 고압용 기계 기구를 시설하여서는 안 되는 경우는?

① 시가지 외로서 지표상 3[m]인 경우
② 발전소, 변전소, 개폐소 또는 이에 준하는 곳에 시설하는 경우
③ 옥내에 설치한 기계 기구를 취급자 이외의 사람이 출입할 수 없도록 설치한 곳에 시설하는 경우
④ 공장 등의 구내에서 기계 기구의 주위에 사람이 쉽게 접촉할 우려가 없도록 적당한 울타리를 설치하는 경우

해설 고압용 기계 기구의 시설(한국전기설비규정 341.9)
기계 기구를 지표상 4.5[m](시가지 외에는 4[m]) 이상의 높이에 시설하고 또한 사람이 쉽게 접촉할 우려가 없도록 시설하는 경우

83. 440[V]용 전동기의 외함을 접지할 때 접지 저항값은 몇 [Ω] 이하로 유지하여야 하는가?

① 10 ② 20
③ 30 ④ 100

해설 기계 기구의 철대 및 외함의 접지(판단기준 제33조)
400[V] 이상의 저압용의 것은 특별 제3종 접지 공사를 하여야 하므로 접지 저항은 10[Ω] 이하로 유지하여야 한다.

※ 이 문제는 출제 당시 규정에는 적합했으나 새로 제정된 한국전기설비규정에는 일부 부적합하므로 문제 유형만 참고하시기 바랍니다.

84. 어떤 공장에서 케이블을 사용하는 사용 전압이 22[kV]인 가공 전선을 건물 옆쪽에서 1차 접근 상태로 시설하는 경우, 케이블과 건물의 조영재 이격 거리(간격)는 몇 [cm] 이상이어야 하는가?

① 50 ② 80
③ 100 ④ 120

해설 특고압 가공 전선과 건조물과 접근 교차(한국전기설비규정 333.23)
사용 전압이 35[kV] 이하인 특고압 가공 전선과 건조물의 조영재 이격 거리(간격)

건조물과 조영재의 구분	전선 종류	접근 형태	이격 거리(간격)
상부 조영재	특고압 절연 전선	위쪽	2.5[m]
		옆쪽 또는 아래쪽	1.5[m]
	케이블	위쪽	1.2[m]
		옆쪽 또는 아래쪽	0.5[m]

85. 옥내에 시설하는 전동기가 소손되는 것을 방지하기 위한 과부하 보호 장치를 하지 않아도 되는 것은?

① 정격 출력이 7.5[kW] 이상인 경우
② 정격 출력이 0.2[kW] 이하인 경우
③ 정격 출력이 2.5[kW]이며, 과전류 차단기가 없는 경우
④ 전동기 출력이 4[kW]이며, 취급자가 감시할 수 없는 경우

해설 저압 전로 중의 전동기 보호용 과전류 보호 장치의 시설(한국전기설비규정 212.6.4)
• 정격 출력 0.2[kW] 초과하는 전동기에 과부하 보호 장치를 시설한다.
• 과부하 보호 장치 시설을 생략하는 경우
 - 운전 중 상시 취급자가 감시
 - 구조상, 부하 성질상 전동기를 소손할 위험이 없는 경우
 - 전동기가 단상인 것에 있어서 그 전원측 전로에 시설하는 과전류 차단기의 정격 전류가 16[A](배선 차단기는 20[A]) 이하인 경우

86. 사용 전압 66[kV]의 가공 전선로를 시가지에 시설할 경우 전선의 지표상 최소 높이는 몇 [m]인가?

① 6.48 ② 8.36
③ 10.48 ④ 12.36

정답 82.① 83.① 84.① 85.② 86.③

해설 시가지 등에서 특고압 가공 전선로의 시설(한국전기설비규정 333.1)

사용 전압의 구분	전선 지표상의 높이
35[kV] 이하	10[m](전선이 특고압 절연 전선인 경우에는 8[m])
35[kV] 초과	10[m]에 35[kV]를 초과하는 10[kV] 또는 그 단수마다 12[cm]를 더한 값

35[kV] 넘는 10[kV] 단수는 $(66-35) \div 10 = 3.1$이므로 4단수이다.
그러므로 $10 + 0.12 \times 4 = 10.48[m]$이다.

87 차량, 기타 중량물의 압력을 받을 우려가 있는 장소에 지중 전선로를 직접 매설식으로 시설하는 경우 매설 깊이는 몇 [m] 이상이어야 하는가?

① 0.8
② 1.0
③ 1.2
④ 1.5

해설 지중 전선로의 시설(한국전기설비규정 334.1)
- 직접 매설식에 의하여 시설하는 경우에는 매설 깊이를 1.0[m] 이상(차량 기타 중량물의 압력을 받을 우려가 없는 장소 60[cm] 이상)
- 관로식에 의하여 시설하는 경우에는 매설 깊이를 1.0[m] 이상

88 가공 직류 전차선의 레일면상의 높이는 일반적인 경우 몇 [m] 이상이어야 하는가?

① 4.3
② 4.8
③ 5.2
④ 5.8

해설 가공 직류 전차선의 레일면상의 높이(판단기준 제256조)
- 가공 직류 전차선의 레일면상의 높이는 4.8[m] 이상, 전용의 부지 위에 시설될 때에는 4.4[m] 이상이어야 한다.
- 터널 안의 윗면, 교량(다리)의 아랫면 기타 이와 유사한 곳 3.5[m] 이상
- 광산 기타의 갱도 안의 윗면에 시설하는 경우 1.8[m] 이상

※ 이 문제는 출제 당시 규정에는 적합했으나 새로 제정된 한국전기설비규정에는 일부 부적합하므로 문제 유형만 참고하시기 바랍니다.

89 전로에 시설하는 고압용 기계 기구의 철대 및 금속제 외함에는 제 몇 종 접지 공사를 하여야 하는가?

① 제1종 접지 공사
② 제2종 접지 공사
③ 제3종 접지 공사
④ 특별 제3종 접지 공사

해설 기계 기구의 철대 및 외함의 접지(판단기준 제33조)

기계 기구의 구분	접지 공사의 종류
고압 또는 특고압용의 것	제1종 접지 공사
400[V] 미만인 저압용의 것	제3종 접지 공사
400[V] 이상의 저압용의 것	특별 제3종 접지 공사

※ 이 문제는 출제 당시 규정에는 적합했으나 새로 제정된 한국전기설비규정에는 일부 부적합하므로 문제 유형만 참고하시기 바랍니다.

90 저압 옥상 전선로의 시설에 대한 설명으로 틀린 것은?

① 전선은 절연 전선을 사용한다.
② 전선은 지름 2.6[mm] 이상의 경동선을 사용한다.
③ 전선은 상시 부는 바람 등에 의하여 식물에 접촉하지 않도록 시설한다.
④ 전선과 옥상 전선로를 시설하는 조영재와의 이격 거리(간격)를 0.5[m]로 한다.

해설 저압 옥상 전선로의 시설(한국전기설비규정 221.3)
- 전선은 인장 강도 2.30[kN] 이상의 것 또는 지름 2.6[mm] 이상의 경동선의 것
- 전선은 절연 전선일 것
- 전선은 애자를 사용하여 지지하고 또한 그 지지점 간의 거리는 15[m] 이하일 것
- 전선과 그 저압 옥상 전선로를 시설하는 조영재와의 이격 거리(간격)는 2[m] 이상일 것
- 저압 옥상 전선로의 전선은 상시 부는 바람 등에 의하여 식물에 접촉하지 아니하도록 시설하여야 한다.

정답 87.② 88.② 89.① 90.④

91 가공 전선로의 지지물에 취급자가 오르고 내리는 데 사용하는 발판 볼트 등은 지표상 몇 [m] 미만에 시설하여서는 아니 되는가?

① 1.2   ② 1.8
③ 2.2   ④ 2.5

해설 가공 전선로 지지물의 철탑 오름 및 전주 오름 방지 (한국전기설비규정 331.4)
가공 전선로의 지지물에 취급자가 오르고 내리는 데 사용하는 발판못 등을 지표상 1.8[m] 미만에 시설하여서는 아니 된다.

92 저압 옥내 배선의 사용 전압이 400[V] 미만인 경우 버스 덕트 공사는 몇 종 접지 공사를 하여야 하는가?

① 제1종 접지 공사
② 제2종 접지 공사
③ 제3종 접지 공사
④ 특별 제3종 접지 공사

해설 버스 덕트 공사(판단기준 제188조)
- 덕트의 지지점 간의 거리를 3[m](수직 6[m]) 이하
- 사용 전압이 400[V] 미만인 경우에는 제3종 접지 공사, 400[V] 이상인 경우에는 특별 제3종 접지 공사

※ 이 문제는 출제 당시 규정에는 적합했으나 새로 제정된 한국전기설비규정에는 일부 부적합하므로 문제 유형만 참고하시기 바랍니다.

93 저압 전로에서 그 전로에 지락이 생겼을 경우에 0.5초 이내에 자동적으로 전로를 차단하는 장치를 시설 시 자동 차단기의 정격 감도 전류가 100[mA]이면 제3종 접지 공사의 접지 저항값은 몇 [Ω] 이하로 하여야 하는가? (단, 전기적 위험도가 높은 장소인 경우이다.)

① 50   ② 100
③ 150   ④ 200

해설 접지 공사의 종류(판단기준 제18조)

정격 감도 전류	접지 저항치	
	물기 있는 장소, 전기적 위험도가 높은 장소	그 외 다른 장소
30[mA]	500[Ω]	500[Ω]
50[mA]	300[Ω]	500[Ω]
100[mA]	150[Ω]	500[Ω]
200[mA]	75[Ω]	250[Ω]
300[mA]	50[Ω]	166[Ω]
500[mA]	30[Ω]	100[Ω]

※ 이 문제는 출제 당시 규정에는 적합했으나 새로 제정된 한국전기설비규정에는 일부 부적합하므로 문제 유형만 참고하시기 바랍니다.

94 고압 가공 전선로에 사용하는 가공 지선으로 나경동선을 사용할 때의 최소 굵기[mm]는?

① 3.2   ② 3.5
③ 4.0   ④ 5.0

해설 고압 가공 전선로의 가공 지선(한국전기설비규정 332.6)
고압 가공 전선로에 사용하는 가공 지선은 인장 강도 5.26[kN] 이상의 것 또는 지름 4[mm] 이상의 나경동선을 사용한다.

95 특고압용 변압기의 보호 장치인 냉각 장치에 고장이 생긴 경우 변압기의 온도가 현저하게 상승한 경우에 이를 경보하는 장치를 반드시 하지 않아도 되는 경우는?

① 유입풍냉식
② 유입자냉식
③ 송유풍냉식
④ 송유수냉식

해설 특고압용 변압기의 보호 장치(한국전기설비규정 351.4)
타냉식 변압기의 냉각 장치에 고장이 생겨 온도가 현저히 상승할 경우 경보 장치를 하여야 한다.

정답 91.② 92.③ 93.③ 94.③ 95.②

96 빙설의 정도에 따라 풍압 하중을 적용하도록 규정하고 있는 내용 중 옳은 것은? (단, 빙설이 많은 지방 중 해안 지방, 기타 저온 계절에 최대 풍압이 생기는 지방은 제외한다.)

① 빙설이 많은 지방에서는 고온 계절에는 갑종 풍압 하중, 저온 계절에는 을종 풍압 하중을 적용한다.
② 빙설이 많은 지방에서는 고온 계절에는 을종 풍압 하중, 저온 계절에는 갑종 풍압 하중을 적용한다.
③ 빙설이 적은 지방에서는 고온 계절에는 갑종 풍압 하중, 저온 계절에는 을종 풍압 하중을 적용한다.
④ 빙설이 적은 지방에서는 고온 계절에는 을종 풍압 하중, 저온 계절에는 갑종 풍압 하중을 적용한다.

해설 풍압 하중의 종별과 적용(한국전기설비규정 331.6)
- 빙설이 많은 지방 이외의 지방 : 고온 계절에는 갑종 풍압 하중, 저온 계절에는 병종 풍압 하중
- 빙설이 많은 지방 : 고온 계절에는 갑종 풍압 하중, 저온 계절에는 을종 풍압 하중

97 가공 전선로의 지지물에 시설하는 지선(지지선)의 시설 기준으로 옳은 것은?

① 지선(지지선)의 안전율은 2.2 이상이어야 한다.
② 연선을 사용할 경우에는 소선(素線) 3가닥 이상이어야 한다.
③ 도로를 횡단하여 시설하는 지선(지지선)의 높이는 지표상 4[m] 이상으로 하여야 한다.
④ 지중 부분 및 지표상 20[cm]까지의 부분에는 내식성이 있는 것 또는 아연 도금을 한다.

해설 지선(지지선)의 시설(한국전기설비규정 331.11)
- 지선(지지선)의 안전율은 2.5 이상. 이 경우에 허용 인장 하중의 최저는 4.31[kN]
- 지선(지지선)에 연선을 사용할 경우
  – 소선(素線) 3가닥 이상의 연선일 것
  – 소선의 지름이 2.6[mm] 이상의 금속선을 사용한 것일 것
- 지중 부분 및 지표상 30[cm]까지의 부분에는 내식성이 있는 것 또는 아연 도금을 한 철봉을 사용하고 쉽게 부식되지 아니하는 근가(전주 버팀대)에 견고하게 붙일 것
- 철탑은 지선(지지선)을 사용하여 그 강도를 분담시켜서는 아니 된다.

98 무선용 안테나 등을 지지하는 철탑의 기초 안전율은 얼마 이상이어야 하는가?

① 1.0   ② 1.5
③ 2.0   ④ 2.5

해설 무선용 안테나 등을 지지하는 철탑 등의 시설(한국전기설비규정 364.1)
- 목주는 풍압 하중에 대한 안전율은 1.5 이상
- 철주·철근 콘크리트주 또는 철탑의 기초의 안전율은 1.5 이상

99 조상 설비의 조상기(무효전력 보상장치) 내부에 고장이 생긴 경우에 자동적으로 전로로부터 차단하는 장치를 시설해야 하는 뱅크 용량[kVA]으로 옳은 것은?

① 1,000
② 1,500
③ 10,000
④ 15,000

해설 조상 설비의 보호 장치(한국전기설비규정 351.5)

설비 종별	뱅크 용량	자동 차단 장치
조상기 (무효전력 보상장치)	15,000[kVA] 이상	내부에 고장이 생긴 경우

정답 96.① 97.② 98.② 99.④

100 특고압 가공 전선로의 지지물로 사용하는 B종 철주에서 각도형은 전선로 중 몇 도를 넘는 수평 각도를 이루는 곳에 사용되는가?

① 1
② 2
③ 3
④ 5

해설 특고압 가공 전선로의 철주·철근 콘크리트주 또는 철탑의 종류(한국전기설비규정 333.11)
- 직선형 : 3도 이하인 수평 각도
- 각도형 : 3도를 초과하는 수평 각도를 이루는 곳
- 인류(잡아당김)형 : 전가섭선을 잡아당기는 곳에 사용하는 것
- 내장형 : 전선로의 지지물 양쪽의 경간(지지물 간 거리)의 차가 큰 곳

100.③

2019년 제3회 과년도 출제문제

2019. 8. 4. 시행

제1과목 전기자기학

01 도전도 $k = 6 \times 10^{17}$ [℧/m], 투자율 $\mu = \dfrac{6}{\pi} \times 10^{-7}$ [H/m]인 평면 도체 표면에 10[kHz]의 전류가 흐를 때, 침투 깊이 δ[m]는?

① $\dfrac{1}{6} \times 10^{-7}$
② $\dfrac{1}{8.5} \times 10^{-7}$
③ $\dfrac{36}{\pi} \times 10^{-6}$
④ $\dfrac{36}{\pi} \times 10^{-10}$

해설 침투 깊이 $\delta = \dfrac{1}{\sqrt{\pi f k \mu}}$

$= \dfrac{1}{\sqrt{\pi \times 10 \times 10^3 \times 6 \times 10^7 \times \dfrac{6}{\pi} \times 10^{-7}}}$

$= \dfrac{1}{6} \times 10^{-7}$ [m]

02 강자성체의 세 가지 특성에 포함되지 않는 것은?

① 자기 포화 특성
② 와전류 특성
③ 고투자율 특성
④ 히스테리시스 특성

해설 강자성체의 세 가지 특성
- 고투자율 특성
- 자기 포화 특성
- 히스테리시스 특성

03 송전선의 전류가 0.01초 사이에 10[kA] 변화될 때 이 송전선에 나란한 통신선에 유도되는 유도 전압은 몇 [V]인가? (단, 송전선과 통신선 간의 상호 유도 계수는 0.3[mH]이다.)

① 30
② 300
③ 3,000
④ 30,000

해설 유도 전압

$V = M \dfrac{dI}{dt} = 0.3 \times 10^{-3} \times \dfrac{10 \times 10^3}{0.01} = 300$ [V]

$e = -M \dfrac{di}{dt} = -0.3 \times 10^{-3} \times \dfrac{10 \times 10^3}{0.01} = -300$ [V]

여기서, $-$: 역방향

04 단면적 15[cm²]의 자석 근처에 같은 단면적을 가진 철편을 놓을 때 그곳을 통하는 자속이 3×10^{-4}[Wb]이면 철편에 작용하는 흡인력은 약 몇 [N]인가?

① 12.2
② 23.9
③ 36.6
④ 48.8

해설 단위 면적당 작용력 $f = \dfrac{F}{S} = \dfrac{B}{2\mu_0}$

자속 밀도 $B = \dfrac{\phi}{S}$ [Wb/m²]

자석 표면에서 작용력 F

$F = fS = \dfrac{B^2}{2\mu_0} \cdot S = \dfrac{\left(\dfrac{\phi}{S}\right)^2}{2\mu_0} S = \dfrac{\phi^2}{2\mu_0 S}$

$= \dfrac{(3 \times 10^{-4})^2}{2 \times 4\pi \times 10^{-7} \times 15 \times 10^{-4}}$

$= 23.87 ≒ 23.9$ [N]

정답 01.① 02.② 03.② 04.②

05 단면적이 $S[\text{m}^2]$, 단위 길이에 대한 권수가 $n[\text{회/m}]$인 무한히 긴 솔레노이드의 단위 길이당 자기 인덕턴스[H/m]는?

① $\mu \cdot S \cdot n$
② $\mu \cdot S \cdot n^2$
③ $\mu \cdot S^2 \cdot n$
④ $\mu \cdot S^2 \cdot n^2$

해설 단위 길이의 권수 $n = \dfrac{N}{l}[\text{T/m}]$, 전체 권수 $N = nl$

- 인덕턴스 $L = \dfrac{\mu S N^2}{l} = \dfrac{\mu S n^2 l^2}{l} = \mu S n^2 l [\text{H}]$
- 단위 길이당 자기 인덕턴스 $L_1 = \mu S n^2 [\text{H/m}]$

06 다음 금속 중 저항률이 가장 작은 것은?

① 은 ② 철
③ 백금 ④ 알루미늄

해설 금속 도체의 고유 저항(저항률) $\rho(10^{-8}[\Omega \cdot \text{m}])$
- 은 : 1.62
- 동 : 1.69
- 알루미늄 : 2.83
- 철 : 10.0
- 백금 : 10.5

07 무한장 직선형 도선에 $I[\text{A}]$의 전류가 흐를 경우 도선으로부터 $R[\text{m}]$ 떨어진 점의 자속 밀도 $B[\text{Wb/m}^2]$는?

① $B = \dfrac{\mu I}{2\pi R}$
② $B = \dfrac{I}{2\pi \mu R}$
③ $B = \dfrac{\mu I}{4\pi R}$
④ $B = \dfrac{I}{4\pi \mu R}$

해설 자계의 세기 $H = \dfrac{I}{2\pi R}[\text{AT/m}]$

자속 밀도 $B = \mu H = \dfrac{\mu I}{2\pi R}[\text{Wb/m}^2]$

08 전하 $q[\text{C}]$이 진공 중의 자계 $H[\text{AT/m}]$에 수직 방향으로 $v[\text{m/s}]$의 속도로 움직일 때 받는 힘은 몇 [N]인가? (단, 진공 중의 투자율은 μ_0이다.)

① qvH
② $\mu_0 qH$
③ πqvH
④ $\mu_0 qvH$

해설 로렌츠의 힘(Lorentz's force)
$F = qvB\sin\theta \ (B = \mu_0 H)$
$= qv\mu_0 H \sin 90°$
$= \mu_0 qvH [\text{N}]$

09 원통 좌표계에서 일반적으로 벡터가 $A = 5r\sin\phi a_z$로 표현될 때 점 $\left(2, \dfrac{\pi}{2}, 0\right)$에서 $\text{curl}A$를 구하면?

① $5a_r$
② $5\pi a_\phi$
③ $-5a_\phi$
④ $-5\pi a_\phi$

해설 원통 좌표계에서

$\text{curl}\vec{A} = \begin{vmatrix} \dfrac{\vec{a_r}}{r} & \vec{a_\phi} & \dfrac{\vec{a_z}}{r} \\ \dfrac{\partial}{\partial r} & \dfrac{\partial}{\partial \phi} & \dfrac{\partial}{\partial z} \\ A_r & rA_\phi & A_z \end{vmatrix} = \begin{vmatrix} \dfrac{\vec{a_r}}{r} & \vec{a_\phi} & \dfrac{\vec{a_z}}{r} \\ \dfrac{\partial}{\partial r} & \dfrac{\partial}{\partial \phi} & \dfrac{\partial}{\partial z} \\ 0 & 0 & 5r\sin\phi \end{vmatrix}$

$= \vec{a_r} \dfrac{1}{r} \dfrac{\partial}{\partial \phi} 5r\sin\phi - a_\phi \dfrac{\partial}{\partial r} 5r\sin\phi$
$= \vec{a_r} 5\cos\phi - a_\phi \cdot 5\sin\phi$
$= -5\vec{a_\phi}$

10 전기 저항에 대한 설명으로 틀린 것은?

① 저항의 단위는 옴[Ω]을 사용한다.
② 저항률(ρ)의 역수를 도전율이라고 한다.
③ 금속선의 저항 R은 길이 l에 반비례한다.
④ 전류가 흐르고 있는 금속선에 있어서 임의의 두 점 간의 전위차는 전류에 비례한다.

해설
- 전위차 $V = IR[\text{V} = \text{A} \cdot \Omega]$
- 저항 $R = \rho \dfrac{l}{A} = \dfrac{l}{kA}[\Omega]$

여기서, ρ : 저항률, k : 도전율

정답 05.② 06.① 07.① 08.④ 09.③ 10.③

11 자계의 벡터 퍼텐셜을 A라 할 때 자계의 시간적 변화에 의하여 생기는 전계의 세기 E는?

① $E = \text{rot} A$
② $\text{rot} E = A$
③ $E = -\dfrac{\partial A}{\partial t}$
④ $\text{rot} E = -\dfrac{\partial A}{\partial t}$

해설 자속 밀도 $B = \text{rot} A$

패러데이 법칙 미분형 $\text{rot} E = -\dfrac{\partial B}{\partial t} = -\dfrac{\partial}{\partial t} \text{rot} A$

∴ 전계의 세기 $E = -\dfrac{\partial A}{\partial t}$

12 환상 철심의 평균 자계의 세기가 3,000[AT/m]이고, 비투자율이 600인 철심 중의 자화의 세기는 약 몇 [Wb/m²]인가?

① 0.75
② 2.26
③ 4.52
④ 9.04

해설 자화의 세기 J[Wb/m²]

$J = \mu_0(\mu_s - 1)H$
  $= 4\pi \times 10^{-7} \times (600 - 1) \times 3,000$
  $= 2.26$[Wb/m²]

13 평행판 콘덴서의 극간 전압이 일정한 상태에서 극간에 공기가 있을 때의 흡인력을 F_1, 극판 사이에 극판 간격의 $\dfrac{2}{3}$ 두께의 유리판($\varepsilon_r = 10$)을 삽입할 때의 흡인력을 F_2라 하면 $\dfrac{F_2}{F_1}$는?

① 0.6
② 0.8
③ 1.5
④ 2.5

해설 흡인력 $F = \dfrac{\partial W}{\partial x}(dW = Fdx$에서$) \propto W$

콘덴서의 축적 에너지 $W = \dfrac{1}{2}CV^2$

전압이 일정하면 에너지 $W \propto C$(정전 용량)
따라서, 흡인력은 정전 용량에 비례한다.

• 공기 중의 정전 용량 $C_0 = \dfrac{\varepsilon_0 S}{d}$

• 유전체의 정전 용량 C

$C_1 = \dfrac{\varepsilon_0 S}{\dfrac{d}{3}} = 3\dfrac{\varepsilon_0 S}{d} = 3C_0$

$C_2 = \dfrac{\varepsilon_0 \varepsilon_s S}{\dfrac{2d}{3}} = \dfrac{3\varepsilon_0 \cdot 10S}{2d} = 15C_0$

$C = \dfrac{C_1 C_2}{C_1 + C_2} = \dfrac{3C_0 \cdot 15C_0}{3C_0 + 15C_0} = \dfrac{45}{18}C_0 = \dfrac{5}{2}C_0$

∴ $\dfrac{F_2}{F_1} = \dfrac{C}{C_0} = \dfrac{5}{2} = 2.5$

14 전자파의 특성에 대한 설명으로 틀린 것은?

① 전자파의 속도는 주파수와 무관하다.
② 전파 E_x를 고유 임피던스로 나누면 자파 H_y가 된다.
③ 전파 E_x와 자파 H_y의 진동 방향은 진행 방향에 수평인 종파이다.
④ 매질이 도전성을 갖지 않으면 전파 E_x와 자파 H_y는 동위상이 된다.

해설 매질 중에서 전자파의 전계와 자계는 동위상이고 진행 방향에 대하여 직각 방향으로 진동하는 횡파(TEM파)이다.

15 진공 중에서 점 P (1, 2, 3) 및 점 Q (2, 0, 5)에 각각 300[μC], -100[μC]인 점전하가 놓여 있을 때 점전하 -100[μC]에 작용하는 힘은 몇 [N]인가?

① $10i - 20j + 20k$
② $10i + 20j - 20k$
③ $-10i + 20j + 20k$
④ $-10i + 20j - 20k$

해설 거리 $r = Q - P = (2-1)i + (0-2)j + (5-3)k$
  $= i - 2j + 2k$

$|r| = \sqrt{1^2 + 2^2 + 2^2} = 3$

정답 11.③ 12.② 13.④ 14.③ 15.④

단위 벡터 $r_0 = \dfrac{r}{|r|} = \dfrac{i-2j+2k}{3}$

힘 $F = r_0 \dfrac{1}{4\pi\varepsilon_0} \dfrac{Q_1 \cdot Q_2}{r^2}$

$= \dfrac{i-2j+2k}{3} \times 9 \times 10^9 \times \dfrac{300 \times 10^{-6} \times (-100) \times 10^{-6}}{3^2}$

$= -10i + 20j - 20k \,[N]$

16 반지름 $a[m]$의 구도체에 전하 $Q[C]$이 주어질 때 구도체 표면에 작용하는 정전 응력은 몇 $[N/m^2]$인가?

① $\dfrac{9Q^2}{16\pi^2\varepsilon_0 a^6}$ ② $\dfrac{9Q^2}{32\pi^2\varepsilon_0 a^6}$

③ $\dfrac{Q^2}{16\pi^2\varepsilon_0 a^4}$ ④ $\dfrac{Q^2}{32\pi^2\varepsilon_0 a^4}$

해설 정전 응력 $f = \dfrac{\sigma^2}{2\varepsilon_0} = \dfrac{\left(\dfrac{Q}{S}\right)^2}{2\varepsilon_0} = \dfrac{Q^2}{2\varepsilon_0 S^2}$

$= \dfrac{Q^2}{2\varepsilon_0 (4\pi a^2)^2} = \dfrac{Q^2}{32\pi^2\varepsilon_0 a^4} \,[N/m^2]$

17 정전 용량이 각각 C_1, C_2, 그 사이의 상호 유도 계수가 M인 절연된 두 도체가 있다. 두 도체를 가는 선으로 연결할 경우, 정전 용량은 어떻게 표현되는가?

① $C_1 + C_2 - M$ ② $C_1 + C_2 + M$
③ $C_1 + C_2 + 2M$ ④ $2C_1 + 2C_2 + M$

해설 • 전하 $Q_1 = q_{11}V_1 + q_{12}V_2 = C_1 V + MV$
       $Q_2 = q_{21}V_1 + q_{22}V_2 = C_2 V + MV$
• 전체 전하 $Q = Q_1 + Q_2 = (C_1 + C_2 + 2M)V$
• 정전 용량 $C = \dfrac{Q}{V} = C_1 + C_2 + 2M \,[F]$

18 길이 $l[m]$인 동축 원통 도체의 내·외 원통에 각각 $+\lambda$, $-\lambda[C/m]$의 전하가 분포되어 있다. 내·외 원통 사이에 유전율 ε인 유전체가 채워져 있을 때, 전계의 세기$[V/m]$는? (단, V는 내·외 원통 간의 전위차, D는 전속 밀도이고, a, b는 내·외 원통의 반지름이며, 원통 중심에서의 거리 r은 $a < r < b$인 경우이다.)

① $\dfrac{V}{r \cdot \ln\dfrac{b}{a}}$ ② $\dfrac{V}{\varepsilon \cdot \ln\dfrac{b}{a}}$

③ $\dfrac{D}{r \cdot \ln\dfrac{b}{a}}$ ④ $\dfrac{D}{\varepsilon \cdot \ln\dfrac{b}{a}}$

해설 전위차 $V = -\int_b^a E dr = \dfrac{\lambda}{2\pi\varepsilon_0} \ln\dfrac{b}{a}$

선전하 $\lambda = \dfrac{2\pi\varepsilon_0 V}{\ln\dfrac{b}{a}}$

∴ 전계의 세기 $E = \dfrac{\lambda}{2\pi\varepsilon_0 r}$

$= \dfrac{1}{2\pi\varepsilon_0 r} \cdot \dfrac{2\pi\varepsilon_0 V}{\ln\dfrac{b}{a}}$

$= \dfrac{V}{r \cdot \ln\dfrac{b}{a}} \,[V/m]$

19 정전 용량이 $1[\mu F]$이고 판의 간격이 d인 공기 콘덴서가 있다. 두께 $\dfrac{1}{2}d$, 비유전율 $\varepsilon_r = 2$ 유전체를 그 콘덴서의 한 전극면에 접촉하여 넣었을 때 전체의 정전 용량$[\mu F]$은?

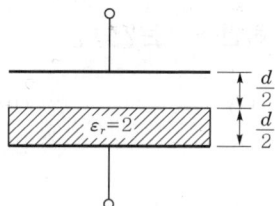

① 2 ② $\dfrac{1}{2}$

③ $\dfrac{4}{3}$ ④ $\dfrac{5}{3}$

정답 16.④ 17.③ 18.① 19.③

해설 공기 중의 정전 용량 $C_0 = \dfrac{\varepsilon_0 S}{d} = 1[\mu F]$
유전체의 정전 용량
$C_1 = \dfrac{\varepsilon_0 S}{\frac{d}{2}} = 2\dfrac{\varepsilon_0 S}{d} = 2$

$C_2 = \dfrac{\varepsilon_0 \varepsilon_s S}{\frac{d}{2}} = \dfrac{2 \times 2\varepsilon_0 S}{d} = 4$

$C = \dfrac{C_1 C_2}{C_1 + C_2} = \dfrac{2 \times 4}{2+4} = \dfrac{8}{6} = \dfrac{4}{3}[\mu F]$

20 변위 전류와 가장 관계가 깊은 것은?

① 도체   ② 반도체
③ 유전체   ④ 자성체

해설 변위 전류는 유전체 중의 속박 전자의 위치 변화에 의한 전류, 즉 전속 밀도의 시간적 변화이다.

변위 전류 $I = \dfrac{\partial Q}{\partial t} = \dfrac{\partial \psi}{\partial t} = \dfrac{\partial D}{\partial t}S[A]$

제2과목 전력공학

21 역률 80[%], 500[kVA]의 부하 설비에 100[kVA]의 진상용 콘덴서를 설치하여 역률을 개선하면 수전점에서의 부하는 약 몇 [kVA]가 되는가?

① 400   ② 425
③ 450   ④ 475

해설 역률 개선 후 수전점의 부하(개선 후 피상 전력)
$P_a' = \sqrt{\text{유효 전력}^2 + (\text{무효 전력} - \text{진상 용량})^2}$
$= \sqrt{(500 \times 0.8)^2 + (500 \times 0.6 - 100)^2}$
$= 447.2 ≒ 450[kVA]$

22 가공 지선에 대한 설명 중 틀린 것은?

① 유도뢰 서지에 대하여도 그 가설 구간 전체에 사고 방지의 효과가 있다.

② 직격뢰에 대하여 특히 유효하며 탑 상부에 시설하므로 뇌는 주로 가공 지선에 내습한다.
③ 송전선의 1선 지락 시 지락 전류의 일부가 가공 지선에 흘러 차폐 작용을 하므로 전자 유도 장해를 적게 할 수 있다.
④ 가공 지선 때문에 송전 선로의 대지 정전 용량이 감소하므로 대지 사이에 방전할 때 유도 전압이 특히 커서 차폐 효과가 좋다.

해설 가공 지선의 설치로 송전 선로의 대지 정전 용량이 증가하므로 유도 전압이 적게 되어 차폐 효과가 있다.

23 부하 전류의 차단에 사용되지 않는 것은?

① DS   ② ACB
③ OCB   ④ VCB

해설 단로기(DS)는 소호 능력이 없으므로 통전 중의 전로를 개폐할 수 없다. 그러므로 무부하 선로의 개폐에 이용하여야 한다.

24 플리커 경감을 위한 전력 공급측의 방안이 아닌 것은?

① 공급 전압을 낮춘다.
② 전용 변압기로 공급한다.
③ 단독 공급 계통을 구성한다.
④ 단락 용량이 큰 계통에서 공급한다.

해설 플리커 경감 대책
• 공급측 대책
  - 전용 계통으로 공급
  - 전용 변압기로 공급
  - 단락 용량이 큰 계통에서 공급
  - 공급 전압을 승압
• 수용가측 대책
  - 전원 계통에 리액터분 보상(직렬 콘덴서, 3권선 보상 변압기 등)
  - 전압 강하 보상(승압기, 상호 보상 리액터)
  - 부하의 무효 전력 변동분 흡수(조상 설비 설치)

정답 20.③ 21.③ 22.④ 23.① 24.①

25 3상 무부하 발전기의 1선 지락 고장 시에 흐르는 지락 전류는? (단, E는 접지된 상의 무부하 기전력이고 Z_0, Z_1, Z_2는 발전기의 영상, 정상, 역상 임피던스이다.)

① $\dfrac{E}{Z_0+Z_1+Z_2}$ ② $\dfrac{\sqrt{3}\,E}{Z_0+Z_1+Z_2}$
③ $\dfrac{3E}{Z_0+Z_1+Z_2}$ ④ $\dfrac{E^2}{Z_0+Z_1+Z_2}$

해설 1선 지락 시에는 $I_0 = I_1 = I_2$이므로
지락 고장 전류 $I_g = I_0 + I_1 + I_2 = \dfrac{3E}{Z_0+Z_1+Z_2}$

26 수력 발전소의 분류 중 낙차를 얻는 방법에 의한 분류 방법이 아닌 것은?

① 댐식 발전소
② 수로식 발전소
③ 양수식 발전소
④ 유역 변경식 발전소

해설 수력 발전소 분류에서 낙차를 얻는 방식(취수 방법)은 댐식, 수로식, 댐수로식, 유역 변경식 등이 있고, 유량 사용 방법은 유입식, 저수지식, 조정지식, 양수식(역조정지식) 등이 있다.

27 변성기의 정격 부담을 표시하는 단위는?

① [W]   ② [S]
③ [dyne]   ④ [VA]

해설 변성기의 부담이란 변성기 2차 계기 및 계전기의 임피던스에 의한 전기 용량을 말하는 것으로 단위는 [VA]이다.

28 원자로에서 중성자가 원자로 외부로 유출되어 인체에 위험을 주는 것을 방지하고 방열의 효과를 주기 위한 것은?

① 제어재   ② 차폐재
③ 반사체   ④ 구조재

해설 원자로 구성재
- 감속재 : 고속 중성자를 열 중성자까지 감속시키기 위한 것으로 중성자 흡수가 적고 탄성 산란에 의해 감속이 큰 것으로 중수, 경수, 베릴륨, 흑연 등이 사용된다.
- 냉각재 : 원자로에서 발생한 열 에너지를 외부로 꺼내기 위한 매개체로 물, 탄산 가스, 헬륨 가스, 액체 금속(나트륨 합금)이 사용된다.
- 제어재 : 원자로 내에서 중성자를 흡수하여 연쇄 반응을 제어하는 재료로 붕소(B), 카드뮴(Cd), 하프늄(Hf)이 사용된다.
- 반사체 : 중성자를 반사하여 이용률을 크게 하는 것으로 감속재와 동일한 것을 사용한다.
- 차폐재 : 원자로 내의 열이나 방사능이 외부로 투과되어 나오는 것을 방지하는 재료로, 스테인리스, 카드뮴(열차폐), 납, 콘크리트(생체차폐)가 사용된다.

29 연가(전선 위치 바꿈)에 의한 효과가 아닌 것은?

① 직렬 공진의 방지
② 대지 정전 용량의 감소
③ 통신선의 유도 장해 감소
④ 선로 정수의 평형

해설 연가(전선 위치 바꿈)의 효과는 선로 정수를 평형시켜 통신선에 대한 유도 장해 방지 및 전선로의 직렬 공진을 방지한다.

30 각 전력 계통을 연계선으로 상호 연결하였을 때 장점으로 틀린 것은?

① 건설비 및 운전 경비를 절감하므로 경제 급전이 용이하다.
② 주파수의 변화가 작아진다.
③ 각 전력 계통의 신뢰도가 증가된다.
④ 선로 임피던스가 증가되어 단락 전류가 감소된다.

해설 계통 연계 시 계통 임피던스가 감소하므로 단락 사고 발생 시 단락 전류가 증가한다.

정답 25.③ 26.③ 27.④ 28.② 29.② 30.④

31 전압 요소가 필요한 계전기가 아닌 것은?
① 주파수 계전기
② 동기 탈조 계전기
③ 지락 과전류 계전기
④ 방향성 지락 과전류 계전기

해설 전압 요소가 필요한 계전기는 전력 계전기, 지락 계전기, 선택 계전기, 탈조 계전기 등이다.

32 수력 발전 설비에서 흡출관을 사용하는 목적으로 옳은 것은?
① 압력을 줄이기 위하여
② 유효 낙차를 늘리기 위하여
③ 속도 변동률을 적게 하기 위하여
④ 물의 유선을 일정하게 하기 위하여

해설 흡출관은 중낙차 또는 저낙차용으로 적용되는 반동 수차에서 낙차를 증대시킬 목적으로 사용된다.

33 인터록(interlock)의 기능에 대한 설명으로 옳은 것은?
① 조작자의 의중에 따라 개폐되어야 한다.
② 차단기가 열려 있어야 단로기를 닫을 수 있다.
③ 차단기가 닫혀 있어야 단로기를 닫을 수 있다.
④ 차단기와 단로기를 별도로 닫고, 열 수 있어야 한다.

해설 단로기는 소호 능력이 없으므로 조작할 때에는 다음과 같이 하여야 한다.
• 회로를 개방시킬 때 : 차단기를 먼저 열고, 단로기를 열어야 한다.
• 회로를 투입시킬 때 : 단로기를 먼저 투입하고, 차단기를 투입하여야 한다.

34 같은 선로와 같은 부하에서 교류 단상 3선식은 단상 2선식에 비하여 전압 강하와 배전 효율이 어떻게 되는가?
① 전압 강하는 적고, 배전 효율은 높다.
② 전압 강하는 크고, 배전 효율은 낮다.
③ 전압 강하는 적고, 배전 효율은 낮다.
④ 전압 강하는 크고, 배전 효율은 높다.

해설 단상 3선식의 특징
• 단상 2선식보다 전력은 2배 증가, 전압 강하율과 전력 손실이 $\frac{1}{4}$로 감소하고, 소요 전선량은 $\frac{3}{8}$으로 적어 배전 효율이 높다.
• 110[V] 부하와 220[V] 부하의 사용이 가능하다.
• 상시의 부하에 불평형이 있으면 부하 전압은 불평형으로 된다.
• 전압 불평형을 줄이기 위한 대책 : 저압선의 말단에 밸런서(balancer)를 설치한다.

35 전력 원선도에서는 알 수 없는 것은?
① 송 · 수전할 수 있는 최대 전력
② 선로 손실
③ 수전단 역률
④ 코로나손

해설 전력 원선도로부터 알 수 있는 사항
• 송 · 수전단 위상각
• 유효 전력, 무효 전력, 피상 전력 및 최대 전력
• 전력 손실과 송전 효율
• 수전단의 역률 및 조상 설비의 용량

36 가공선 계통은 지중선 계통보다 인덕턴스 및 정전 용량이 어떠한가?
① 인덕턴스, 정전 용량이 모두 작다.
② 인덕턴스, 정전 용량이 모두 크다.
③ 인덕턴스는 크고, 정전 용량은 작다.
④ 인덕턴스는 작고, 정전 용량은 크다.

정답 31.③ 32.② 33.② 34.① 35.④ 36.③

해설 가공선 계통은 지중선 계통보다 인덕턴스는 6배 정도로 크고, 정전 용량은 $\frac{1}{100}$배 정도로 적다.

37 송전선의 특성 임피던스는 저항과 누설 컨덕턴스를 무시하면 어떻게 표현되는가? (단, L은 선로의 인덕턴스, C는 선로의 정전 용량이다.)

① $\sqrt{\frac{L}{C}}$ ② $\sqrt{\frac{C}{L}}$

③ $\frac{L}{C}$ ④ $\frac{C}{L}$

해설 선로의 특성 임피던스 $Z_0 = \sqrt{\frac{Z}{Y}} \fallingdotseq \sqrt{\frac{L}{C}}$ [Ω]

38 다음 중 송전 선로의 코로나 임계 전압이 높아지는 경우가 아닌 것은?

① 날씨가 맑다.
② 기압이 높다.
③ 상대 공기 밀도가 낮다.
④ 전선의 반지름과 선간 거리가 크다.

해설 코로나 임계 전압 $E_0 = 24.3\, m_0 m_1 \delta d \log_{10} \frac{D}{r}$ [kV] 이므로 상대 공기 밀도(δ)가 높아야 한다.
코로나를 방지하려면 임계 전압을 높여야 하므로 전선 굵기를 크게 하고, 전선 간 거리를 증가시켜야 한다.

39 어느 수용가의 부하 설비는 전등 설비가 500[W], 전열 설비가 600[W], 전동기 설비가 400[W], 기타 설비가 100[W]이다. 이 수용가의 최대 수용 전력이 1,200[W]이면 수용률은 몇 [%]인가?

① 55 ② 65
③ 75 ④ 85

해설 수용률 $= \frac{\text{최대 수용 전력[kW]}}{\text{부하 설비 용량[kW]}} \times 100$[%]
$= \frac{1,200}{500+600+400+100} \times 100 = 75$[%]

40 케이블의 전력 손실과 관계가 없는 것은?

① 철손 ② 유전체손
③ 시스손 ④ 도체의 저항손

해설 전력 케이블의 손실은 저항손, 유전체손, 연피손(시스손)이 있다.

제3과목 전기기기

41 동기 발전기의 돌발 단락 시 발생되는 현상으로 틀린 것은?

① 큰 과도 전류가 흘러 권선 소손
② 단락 전류는 전기자 저항으로 제한
③ 코일 상호간 큰 전자력에 의한 코일 파손
④ 큰 단락 전류 후 점차 감소하여 지속 단락 전류 유지

해설
• 돌발 단락 전류 $I_S = \frac{E}{r_a + jx_l} \fallingdotseq \frac{E}{jx_l}$
• 영구 단락 전류 $I_S = \frac{E}{r_a + j(x_a + x_l)} = \frac{E}{jx_s}$ ($r_a \ll x_s = x_a + x_l$)
• 돌발 단락 시 초기에는 단락 전류를 제한하는 것이 누설 리액턴스(x_l)뿐이므로 큰 단락 전류가 흐르다가 수초 후 반작용 리액턴스(x_a)가 발생되어 작은 영구(지속) 단락 전류가 흐른다.

42 SCR의 특징으로 틀린 것은?

① 과전압에 약하다.
② 열용량이 적어 고온에 약하다.
③ 전류가 흐르고 있을 때의 양극 전압 강하가 크다.
④ 게이트에 신호를 인가할 때부터 도통할 때까지의 시간이 짧다.

해설 SCR에 순방향 전류가 흐를 때 전압 강하는 보통 1.5[V] 이하로 작다.

정답 37.① 38.③ 39.③ 40.① 41.② 42.③

43 터빈 발전기의 냉각을 수소 냉각 방식으로 하는 이유로 틀린 것은?

① 풍손이 공기 냉각 시의 약 $\frac{1}{10}$로 줄어든다.
② 열전도율이 좋고 가스 냉각기의 크기가 작아진다.
③ 절연물의 산화 작용이 없으므로 절연 열화가 작아서 수명이 길다.
④ 반폐형으로 하기 때문에 이물질의 침입이 없고 소음이 감소한다.

해설 수소 냉각 방식은 전폐형으로 하기 때문에 이물질 침입이 없고, 소음이 현저하게 감소한다.

44 단상 유도 전동기의 특징을 설명한 것으로 옳은 것은?

① 기동 토크가 없으므로 기동 장치가 필요하다.
② 기계손이 있어도 무부하 속도는 동기 속도보다 크다.
③ 권선형은 비례 추이가 불가능하며, 최대 토크는 불변이다.
④ 슬립은 $0 > s > -1$이고 2보다 작으며 0이 되기 전에 토크가 0이 된다.

해설 단상 유도 전동기는 기동 장치를 설치하지 않으면 기동 토크가 없다. 따라서, 기동 장치가 필요하며 기동 장치의 종류에 따라 단상 유도 전동기가 분류된다.

45 몰드 변압기의 특징으로 틀린 것은?

① 자기 소화성이 우수하다.
② 소형 경량화가 가능하다.
③ 건식 변압기에 비해 소음이 적다.
④ 유입 변압기에 비해 절연 레벨이 낮다.

해설 몰드 변압기는 철심에 감겨진 권선에 절연 특성이 좋은 에폭시 수지를 고진공에서 몰딩하여 만든 변압기로서 건식 변압기의 단점을 보완하고, 유입 변압기의 장점을 갖고 있으며 유입 변압기에 비해 절연 레벨이 높다.

46 유도 전동기의 회전 속도를 N[rpm], 동기 속도를 N_s[rpm]이라 하고 순방향 회전 자계의 슬립은 s라고 하면, 역방향 회전 자계에 대한 회전자 슬립은?

① $s - 1$
② $1 - s$
③ $s - 2$
④ $2 - s$

해설 역회전 시 슬립 $s' = \dfrac{N_s - (-N)}{N_s} = \dfrac{N_s + N}{N_s}$
$= \dfrac{N_s + N_s}{N_s} - \dfrac{N_s - N}{N_s} = 2 - s$

47 직류 발전기에 직결한 3상 유도 전동기가 있다. 발전기의 부하 100[kW], 효율 90[%]이며 전동기 단자 전압 3,300[V], 효율 90[%], 역률 90[%]이다. 전동기에 흘러들어가는 전류는 약 몇 [A]인가?

① 2.4
② 4.8
③ 19
④ 24

해설 3상 유도 전동기의 출력
$P = $ 발전기의 입력 $= \dfrac{P_L}{\eta_G} = \sqrt{3}\, VI\cos\theta\eta_M$

전동기의 전류 $I = \dfrac{\dfrac{P_L}{\eta_G}}{\sqrt{3}\, V \cdot \cos\theta \cdot \eta_M}$

$= \dfrac{\dfrac{100 \times 10^3}{0.9}}{\sqrt{3} \times 3,300 \times 0.9 \times 0.9}$
$= 24$[A]

정답 43.④ 44.① 45.④ 46.④ 47.④

48 유도 발전기의 동작 특성에 관한 설명 중 틀린 것은?

① 병렬로 접속된 동기 발전기에서 여자를 취해야 한다.
② 효율과 역률이 낮으며 소출력의 자력 수력 발전기와 같은 용도에 사용된다.
③ 유도 발전기의 주파수를 증가하려면 회전 속도를 동기 속도 이상으로 회전시켜야 한다.
④ 선로에 단락이 생긴 경우에는 여자가 상실되므로 단락 전류는 동기 발전기에 비해 적고 지속 시간도 짧다.

해설 유도 발전기의 주파수는 전원의 주파수로 정하고 회전 속도와는 관계가 없다.

49 단상 변압기를 병렬 운전하는 경우 각 변압기의 부하 분담이 변압기의 용량에 비례하려면 각각의 변압기의 %임피던스는 어느 것에 해당되는가?

① 어떠한 값이라도 좋다.
② 변압기 용량에 비례하여야 한다.
③ 변압기 용량에 반비례하여야 한다.
④ 변압기 용량에 관계없이 같아야 한다.

해설 단상 변압기 병렬 운전 시 부하 분담 $\dfrac{P_a}{P_b}=\dfrac{\%Z_b}{\%Z_a}\cdot\dfrac{[\text{kVA}]_a}{[\text{kVA}]_b}$ 에서 부하 분담이 변압기의 용량 [kVA]에 비례하려면 변압기 용량에 관계없이 %임피던스는 같아야 한다.

50 그림은 여러 직류 전동기의 속도 특성 곡선을 나타낸 것이다. ㉠부터 ㉣까지 차례로 옳은 것은?

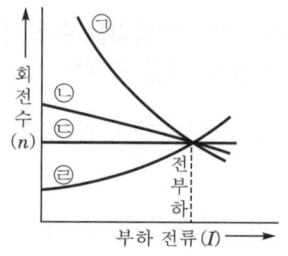

① 차동 복권, 분권, 가동 복권, 직권
② 직권, 가동 복권, 분권, 차동 복권
③ 가동 복권, 차동 복권, 직권, 분권
④ 분권, 직권, 가동 복권, 차동 복권

해설 속도 특성 곡선은 ㉠ 직권, ㉡ 가동 복권, ㉢ 분권, ㉣ 차동 복권 순이다.

51 전력 변환 기기로 틀린 것은?
① 컨버터   ② 정류기
③ 인버터   ④ 유도 전동기

해설 유도 전동기는 전기 에너지를 기계적 에너지로 전달하는 기계이다.

52 농형 유도 전동기에 주로 사용되는 속도 제어법은?
① 극수 변환법   ② 종속 접속법
③ 2차 저항 제어법   ④ 2차 여자 제어법

해설 농형 유도 전동기의 속도 제어는 주파수 제어법과 극수 변환법을 주로 사용한다.

53 정격 전압 100[V], 정격 전류 50[A]인 분권 발전기의 유기 기전력은 몇 [V]인가? (단, 전기자 저항 0.2[Ω], 계자 전류 및 전기자 반작용은 무시한다.)
① 110   ② 120
③ 125   ④ 127.5

정답 48.③ 49.④ 50.② 51.④ 52.① 53.①

해설 유기 기전력 $E = V + I_a R_a$
$= 100 + 50 \times 0.2$
$= 110[V]$

54 그림과 같은 변압기 회로에서 부하 R_2에 공급되는 전력이 최대로 되는 변압기의 권수비 a는?

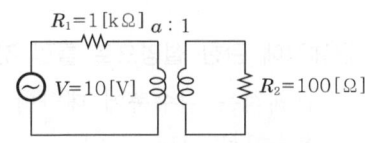

① $\sqrt{5}$ ② $\sqrt{10}$
③ 5 ④ 10

해설 최대 전력 발생 조건은 내부 저항(R_1)과 1차로 환산한 부하 저항($a^2 R_2$)이 같을 때이다.
즉, $R_1 = a^2 R_2$
권수비 $a = \sqrt{\dfrac{R_1}{R_2}} = \sqrt{\dfrac{10^3}{100}} = \sqrt{10}$

55 변압기의 백분율 저항 강하가 3[%], 백분율 리액턴스 강하가 4[%]일 때 뒤진 역률 80[%]인 경우의 전압 변동률[%]은?

① 2.5 ② 3.4
③ 4.8 ④ −3.6

해설 전압 변동률 $\varepsilon = p\cos\theta + q\sin\theta$
$= 3 \times 0.8 + 4 \times 0.6$
$= 4.8[\%]$

56 정류자형 주파수 변환기의 회전자에 주파수 f_1의 교류를 가할 때 시계 방향으로 회전 자계가 발생하였다. 정류자 위의 브러시 사이에 나타나는 주파수 f_c를 설명한 것 중 틀린 것은? (단, n : 회전자의 속도, n_s : 회전 자계의 속도, s : 슬립이다.)

① 회전자를 정지시키면 $f_c = f_1$인 주파수가 된다.
② 회전자를 반시계 방향으로 $n = n_s$의 속도로 회전시키면, $f_c = 0[Hz]$가 된다.
③ 회전자를 반시계 방향으로 $n < n_s$의 속도로 회전시키면, $f_c = sf_1[Hz]$가 된다.
④ 회전자를 시계 방향으로 $n < n_s$의 속도로 회전시키면, $f_c < f_1$인 주파수가 된다.

해설 회전자를 시계 방향으로 $n < n_s$의 속도로 회전시키면 $f_c = (n_s + n)\dfrac{p}{2} = \dfrac{p}{2}n_s + \dfrac{p}{s}n = f_1 + f[Hz]$이다.
즉, 전원 주파수 f_1을 임의의 주파수 $f_1 + f$로 변환할 수 있다.

57 동기 발전기의 3상 단락 곡선에서 단락 전류가 계자 전류에 비례하여 거의 직선이 되는 이유로 가장 옳은 것은?

① 무부하 상태이므로
② 전기자 반작용이므로
③ 자기 포화가 있으므로
④ 누설 리액턴스가 크므로

해설 단락하였을 때 전기자 권선의 전류는 리액턴스 ($x_s \gg r_a$)만의 회로가 되어 기전력보다 90° 뒤진 전류가 흐른다.
따라서, 감자 작용에 의해 자속은 대단히 적고 불포화 상태가 되어 단락 곡선은 거의 직선이 된다.

58 1차 전압 V_1, 2차 전압 V_2인 단권 변압기를 Y결선했을 때, 등가 용량과 부하 용량의 비는? (단, $V_1 > V_2$이다.)

① $\dfrac{V_1 - V_2}{\sqrt{3} V_1}$ ② $\dfrac{V_1 - V_2}{V_1}$
③ $\dfrac{V_1^2 - V_2^2}{\sqrt{3} V_1 V_2}$ ④ $\dfrac{\sqrt{3}(V_1 - V_2)}{2 V_1}$

정답 54.② 55.③ 56.④ 57.② 58.②

해설 단권 변압기를 Y결선했을 때 부하 용량(W)에 대한 등가 용량(P)의 비는 다음과 같다.
$$\frac{P(\text{등가 용량})}{W(\text{부하 용량})} = \frac{V_h - V_l}{V_h} = \frac{V_1 - V_2}{V_1}$$

59 변압기의 보호에 사용되지 않는 것은?
① 온도 계전기 ② 과전류 계전기
③ 임피던스 계전기 ④ 비율 차동 계전기

해설 임피던스 계전기는 전압과 전류$\left(\dfrac{V}{I}\right)$비가 일정 값 이하가 되었을 때 동작하는 거리 계전의 한 분야로 송전 선로 보호용으로 사용한다.

60 E를 전압, r을 1차로 환산한 저항, x를 1차로 환산한 리액턴스라고 할 때 유도 전동기의 원선도에서 원의 지름을 나타내는 것은?
① $E \cdot r$ ② $E \cdot x$
③ $\dfrac{E}{x}$ ④ $\dfrac{E}{r}$

해설 유도 전동기의 원선도에서 원의 지름 D는 저항 $R=0$일 때의 전류$\left(I=\dfrac{E}{R+jx}\right)$이므로 $D \propto \dfrac{E}{x}$로 나타낸다.

제4과목 회로이론 및 제어공학

61 그림의 벡터 궤적을 갖는 계의 주파수 전달 함수는?

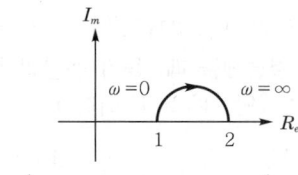

① $\dfrac{1}{j\omega + 1}$ ② $\dfrac{1}{j2\omega + 1}$
③ $\dfrac{j\omega + 1}{j2\omega + 1}$ ④ $\dfrac{j2\omega + 1}{j\omega + 1}$

해설 $G(j\omega) = \dfrac{1 + j\omega T_2}{1 + j\omega T_1}$에서
$\omega = 0$인 경우 $|G(j\omega)| = 1$, $\omega = \infty$인 경우
$|G(j\omega)| = \dfrac{T_2}{T_1} = 2$이므로
$T_1 < T_2$이고, 위상각은 $(+)$값으로 되어
$G(j\omega) = \dfrac{j2\omega + 1}{j\omega + 1}$이다.

62 근궤적에 관한 설명으로 틀린 것은?
① 근궤적은 실수축에 대하여 상하 대칭으로 나타난다.
② 근궤적의 출발점은 극점이고 근궤적의 도착점은 영점이다.
③ 근궤적의 가지수는 극점의 수와 영점의 수 중에서 큰 수와 같다.
④ 근궤적이 s평면의 우반면에 위치하는 K의 범위는 시스템이 안정하기 위한 조건이다.

해설 근궤적이 K의 변화에 따라 허축을 지나 s평면의 우반 평면으로 들어가는 순간은 계의 안정성이 파괴되는 임계점에 해당한다.

63 제어 시스템에서 출력이 얼마나 목표값을 잘 추종하는지를 알아볼 때, 시험용으로 많이 사용되는 신호로 다음 식의 조건을 만족하는 것은?

$$u(t-a) = \begin{cases} 0, t < a \\ 1, t \geq a \end{cases}$$

① 사인 함수 ② 임펄스 함수
③ 램프 함수 ④ 단위 계단 함수

해설 단위 계단 함수는 $f(t) = u(t) = 1$로 표현하며 $t > 0$에서 1을 계속 유지하는 함수이다.
$u(t-a)$의 함수는 $u(t)$가 $t=a$만큼 평행 이동된 함수를 말한다.

64 특성 방정식 $s^2 + Ks + 2K - 1 = 0$인 계가 안정하기 위한 K의 범위는?

① $K > 0$ ② $K > \dfrac{1}{2}$

③ $K < \dfrac{1}{2}$ ④ $0 < K < \dfrac{1}{2}$

해설 라우스의 표

$$\begin{array}{c|cc} s^2 & 1 & 2K-1 \\ s^1 & K & 0 \\ s^0 & 2K-1 & \end{array}$$

제1열의 부호 변화가 없어야 계가 안정하므로
$K > 0$, $2K - 1 > 0$ $\therefore K > \dfrac{1}{2}$

65 상태 공간 표현식 $\begin{cases} \dot{x} = Ax + Bu \\ y = Cx \end{cases}$로 표현되는 선형 시스템에서 $A = \begin{bmatrix} 0 & 1 & 0 \\ 0 & 0 & 1 \\ -2 & -9 & -8 \end{bmatrix}$, $B = \begin{bmatrix} 0 \\ 0 \\ 5 \end{bmatrix}$, $C = [1\ 0\ 0]$, $D = 0$, $x = \begin{bmatrix} x_1 \\ x_2 \\ x_3 \end{bmatrix}$ 이면 시스템 전달 함수 $\dfrac{Y(s)}{U(s)}$는?

① $\dfrac{1}{s^3 + 8s^2 + 9s + 2}$

② $\dfrac{1}{s^3 + 2s^2 + 9s + 8}$

③ $\dfrac{5}{s^3 + 8s^2 + 9s + 2}$

④ $\dfrac{5}{s^3 + 2s^2 + 9s + 8}$

해설 $\begin{bmatrix} \dot{x}_1(t) \\ \dot{x}_2(t) \\ \dot{x}_3(t) \end{bmatrix} = \begin{bmatrix} 0 & 1 & 0 \\ 0 & 0 & 1 \\ -2 & -9 & -8 \end{bmatrix} \begin{bmatrix} x_1(t) \\ x_2(t) \\ x_3(t) \end{bmatrix} + \begin{bmatrix} 0 \\ 0 \\ 5 \end{bmatrix} u(t)$

$\dfrac{d^3 x(t)}{dt^3} + 8\dfrac{d^2 x(t)}{dt^2} + 9\dfrac{dx(t)}{dt} + 2x(t) = 5u(t)$

$(s^3 + 8s^2 + 9s + 2)X(s) = 5U(s)$

$\therefore$ 전달 함수 $\dfrac{Y(s)}{U(s)} = \dfrac{X(s)}{U(s)} = \dfrac{5}{s^3 + 8s^2 + 9s + 2}$

66 Routh-Hurwitz 표에서 제1열의 부호가 변하는 횟수로부터 알 수 있는 것은?

① s 평면의 좌반면에 존재하는 근의 수
② s 평면의 우반면에 존재하는 근의 수
③ s 평면의 허수축에 존재하는 근의 수
④ s 평면의 원점에 존재하는 근의 수

해설 제1열의 요소 중에 부호의 변화가 있으면 부호의 변화만큼 s 평면의 우반부에 불안정 근이 존재한다.

67 그림의 블록 선도에 대한 전달 함수 $\dfrac{C}{R}$는?

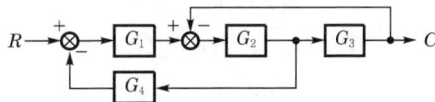

① $\dfrac{G_1 G_2 G_3}{1 + G_1 G_2 + G_1 G_2 G_4}$

② $\dfrac{G_1 G_2 G_4}{1 + G_1 G_2 + G_1 G_2 G_3}$

③ $\dfrac{G_1 G_2 G_3}{1 + G_2 G_3 + G_1 G_2 G_4}$

④ $\dfrac{G_1 G_2 G_4}{1 + G_2 G_3 + G_1 G_2 G_3}$

해설 G_3 앞의 인출점을 G_3 뒤로 이동하면

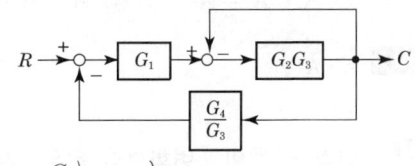

$\left\{ \left(R - C\dfrac{G_4}{G_3}\right)G_1 - C \right\} G_2 G_3 = C$

$RG_1 G_2 G_3 - CG_1 G_2 G_4 - C(G_2 G_3) = C$

$RG_1 G_2 G_3 = C(1 + G_2 G_3 + G_1 G_2 G_4)$

$\therefore G(s) = \dfrac{C}{R} = \dfrac{G_1 G_2 G_3}{1 + G_2 G_3 + G_1 G_2 G_4}$

정답 64.② 65.③ 66.② 67.③

68 신호 흐름 선도의 전달 함수 $T(s) = \dfrac{C(s)}{R(s)}$ 로 옳은 것은?

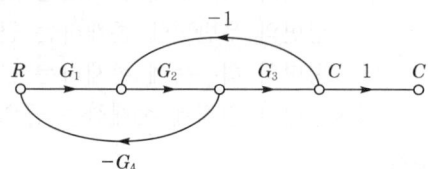

① $\dfrac{G_1 G_2 G_3}{1 - G_2 G_3 + G_1 G_2 G_4}$

② $\dfrac{G_1 G_2 G_3}{1 + G_1 G_2 G_4 + G_2 G_3}$

③ $\dfrac{G_1 G_2 G_3}{1 + G_1 G_3 - G_1 G_2 G_4}$

④ $\dfrac{G_1 G_2 G_3}{1 - G_1 G_3 - G_1 G_2 G_4}$

해설 $G_1 = G_1 G_2 G_3$, $\Delta_1 = 1$
$\Delta = 1 - (-G_1 G_2 G_4 - G_2 G_3) = 1 + G_1 G_2 G_4 + G_2 G_3$
∴ 전달 함수 $T(s) = \dfrac{C(s)}{R(s)} = \dfrac{G_1 \Delta_1}{\Delta}$
$= \dfrac{G_1 G_2 G_3}{1 + G_1 G_2 G_4 + G_2 G_3}$

69 불대수식 중 틀린 것은?
① $A \cdot \overline{A} = 1$ ② $A + 1 = 1$
③ $A + A = A$ ④ $A \cdot A = A$

해설 $A \cdot \overline{A} = 0$

70 함수 e^{-at}의 z변환으로 옳은 것은?
① $\dfrac{z}{z - e^{-aT}}$ ② $\dfrac{z}{z - a}$
③ $\dfrac{1}{z - e^{-aT}}$ ④ $\dfrac{1}{z - a}$

해설 e^{-at}의 Laplace 변환
$\mathcal{L}[e^{-at}] = \dfrac{1}{s+a}$
e^{-at}의 z변환
$z[e^{-at}] = \dfrac{z}{z - e^{-aT}}$

71 4단자 회로망에서 4단자 정수가 A, B, C, D일 때, 영상 임피던스 $\dfrac{Z_{01}}{Z_{02}}$은?
① $\dfrac{D}{A}$ ② $\dfrac{B}{C}$
③ $\dfrac{C}{B}$ ④ $\dfrac{A}{D}$

해설 영상 임피던스
$Z_{01} = \sqrt{\dfrac{AB}{CD}}$, $Z_{02} = \sqrt{\dfrac{BD}{AC}}$
$Z_{01} \cdot Z_{02} = \dfrac{B}{C}$, $\dfrac{Z_{01}}{Z_{02}} = \dfrac{A}{D}$

72 RL 직렬 회로에서 $R = 20[\Omega]$, $L = 40[mH]$일 때, 이 회로의 시정수[s]는?
① 2×10^3 ② 2×10^{-3}
③ $\dfrac{1}{2} \times 10^3$ ④ $\dfrac{1}{2} \times 10^{-3}$

해설 시정수 $\tau = \dfrac{L}{R}[s]$
∴ $\tau = \dfrac{40 \times 10^{-3}}{20} = 2 \times 10^{-3}[s]$

73 비정현파 전류가 $i(t) = 56\sin\omega t + 20\sin 2\omega t + 30\sin(3\omega t + 30°) + 40\sin(4\omega t + 60°)$로 표현될 때, 왜형률은 약 얼마인가?
① 1.0 ② 0.96
③ 0.55 ④ 0.11

정답 68.② 69.① 70.① 71.④ 72.② 73.②

해설 왜형률 = $\dfrac{\text{전 고조파의 실효값}}{\text{기본파의 실효값}}$

$\therefore D = \dfrac{\sqrt{\left(\dfrac{20}{\sqrt{2}}\right)^2 + \left(\dfrac{30}{\sqrt{2}}\right)^2 + \left(\dfrac{40}{\sqrt{2}}\right)^2}}{\dfrac{56}{\sqrt{2}}} = 0.96$

74 대칭 6상 성형(star)결선에서 선간 전압 크기와 상전압 크기의 관계로 옳은 것은? (단, V_l : 선간 전압 크기, V_p : 상전압 크기)

① $V_l = V_p$ ② $V_l = \sqrt{3}\,V_p$
③ $V_l = \dfrac{1}{\sqrt{3}}V_p$ ④ $V_l = \dfrac{2}{\sqrt{3}}V_p$

해설 다상 성형 결선 시 n을 상수라 하면
$V_l = 2\sin\dfrac{\pi}{n}V_p$
대칭 6상이므로 $n=6$
$\therefore V_l = 2\sin\dfrac{\pi}{6}V_p = V_p$

75 3상 불평형 전압 V_a, V_b, V_c가 주어진다면, 정상분 전압은? (단, $a = e^{\dfrac{j2\pi}{3}} = 1\angle 120°$ 이다.)

① $V_a + a^2 V_b + a V_c$
② $V_a + a V_b + a^2 V_c$
③ $\dfrac{1}{3}(V_a + a^2 V_b + a V_c)$
④ $\dfrac{1}{3}(V_a + a V_b + a^2 V_c)$

해설 대칭분 전압
• 영상 전압 : $V_0 = \dfrac{1}{3}(V_a + V_b + V_c)$
• 정상 전압 : $V_1 = \dfrac{1}{3}(V_a + a V_b + a^2 V_c)$
• 역상 전압 : $V_2 = \dfrac{1}{3}(V_a + a^2 V_b + a V_c)$

76 송전 선로가 무손실 선로일 때, $L = 96$[mH]이고, $C = 0.6$[μF]이면 특성 임피던스[Ω]는?

① 100
② 200
③ 400
④ 600

해설 무손실 선로 $R=0$, $G=0$
$\therefore Z_0 = \sqrt{\dfrac{Z}{Y}} = \sqrt{\dfrac{R+j\omega L}{G+j\omega C}}$
$= \sqrt{\dfrac{L}{C}} = \sqrt{\dfrac{96 \times 10^{-3}}{0.6 \times 10^{-6}}}$
$= 400[\Omega]$

77 커패시터와 인덕터에서 물리적으로 급격히 변화할 수 없는 것은?

① 커패시터와 인덕터에서 모두 전압
② 커패시터와 인덕터에서 모두 전류
③ 커패시터에서 전류, 인덕터에서 전압
④ 커패시터에서 전압, 인덕터에서 전류

해설 $V_L = L\dfrac{di}{dt}$ 이므로 L에서 전류가 급격히 변하면 전압이 ∞가 되어야 하므로 모순이 생긴다.
따라서, L에서는 전류가 급격히 변할 수 없다.

78 2전력계법을 이용한 평형 3상 회로의 전력이 각각 500[W] 및 300[W]로 측정되었을 때, 부하의 역률은 약 몇 [%]인가?

① 70.7   ② 87.7
③ 89.2   ④ 91.8

해설 역률 $\cos\theta = \dfrac{P}{P_a} = \dfrac{P_1 + P_2}{2\sqrt{P_1^2 + P_2^2 - P_1 P_2}}$
$= \dfrac{500 + 300}{2\sqrt{500^2 + 300^2 - 500 \times 300}} \times 100$
$= 91.8[\%]$

정답 74.① 75.④ 76.③ 77.④ 78.④

79 인덕턴스가 0.1[H]인 코일에 실효값 100[V], 60[Hz], 위상 30도인 전압을 가했을 때 흐르는 전류의 실효값 크기는 약 몇 [A]인가?

① 43.7 ② 37.7
③ 5.46 ④ 2.65

해설 전류의 실효값 $I = \dfrac{V}{\omega L}$

$$= \dfrac{100}{2 \times 3.14 \times 60 \times 0.1}$$
$$= 2.653 [A]$$

80 $f(t) = \delta(t - T)$의 라플라스 변환 $F(s)$는?

① e^{Ts} ② e^{-Ts}
③ $\dfrac{1}{s} e^{Ts}$ ④ $\dfrac{1}{s} e^{-Ts}$

해설 시간 추이 정리 $\mathcal{L}[f(t-a)] = e^{-as} \cdot F(s)$

$\therefore \mathcal{L}[\delta(t-T)] = e^{-Ts} 1 = e^{-Ts}$

제5과목 전기설비기술기준

81 고압 가공 전선로의 지지물로 철탑을 사용한 경우 최대 경간(지지물 간 거리)은 몇 [m] 이하이어야 하는가?

① 300 ② 400
③ 500 ④ 600

해설 고압 가공 전선로 경간(지지물 간 거리)의 제한(한국전기설비규정 332.9)

지지물의 종류	경간(지지물 간 거리)
목주 · A종	150[m]
B종	250[m]
철탑	600[m]

82 폭발성 또는 연소성의 가스가 침입할 우려가 있는 것에 시설하는 지중함으로서 그 크기가 몇 [m³] 이상의 것은 통풍 장치 기타 가스를 방산시키기 위한 적당한 장치를 시설하여야 하는가?

① 0.9 ② 1.0
③ 1.5 ④ 2.0

해설 지중함의 시설(한국전기설비규정 334.2)
- 지중함은 견고하고 차량 기타 중량물의 압력에 견디는 구조일 것
- 지중함은 그 안의 고인 물을 제거할 수 있는 구조로 되어 있을 것
- 폭발성 또는 연소성의 가스가 침입할 우려가 있는 것에 시설하는 지중함으로서 그 크기가 1[m³] 이상인 것에는 통풍 장치 기타 가스를 방산시키기 위한 적당한 장치를 시설할 것
- 지중함의 뚜껑은 시설자 이외의 자가 쉽게 열 수 없도록 시설할 것

83 사용 전압 35,000[V]인 기계 기구를 옥외에 시설하는 개폐소의 구내에 취급자 이외의 자가 들어가지 않도록 울타리를 설치할 때 울타리와 특고압의 충전 부분이 접근하는 경우에는 울타리의 높이와 울타리로부터 충전 부분까지의 거리의 합은 최소 몇 [m] 이상이어야 하는가?

① 4 ② 5
③ 6 ④ 7

해설 특고압용 기계 기구 시설(한국전기설비규정 341.4)

사용 전압의 구분	울타리 높이와 울타리로부터 충전 부분까지의 거리의 합계 또는 지표상의 높이
35[kV] 이하	5[m]
35[kV]를 넘고, 160[kV] 이하	6[m]

정답 79.④ 80.② 81.④ 82.② 83.②

84 다음의 ㉠, ㉡에 들어갈 내용으로 옳은 것은?

> 과전류 차단기로 시설하는 퓨즈 중 고압 전로에 사용하는 비포장 퓨즈는 정격 전류의 (㉠)배의 전류에 견디고 또한 2배의 전류로 (㉡)분 안에 용단되는 것이어야 한다.

① ㉠ 1.1, ㉡ 1   ② ㉠ 1.2, ㉡ 1
③ ㉠ 1.25, ㉡ 2 ④ ㉠ 1.3, ㉡ 2

해설 고압 및 특고압 전로 중의 과전류 차단기의 시설(한국전기설비규정 341.11)
- 포장 퓨즈는 정격 전류의 1.3배의 전류에 견디고 또한 2배의 전류로 120분 안에 용단되는 것
- 비포장 퓨즈는 정격 전류의 1.25배의 전류에 견디고 또한 2배의 전류로 2분 안에 용단되는 것

85 지중 전선로를 직접 매설식에 의하여 시설하는 경우에는 매설 깊이를 차량, 기타 중량물의 압력을 받을 우려가 있는 장소에서는 몇 [cm] 이상으로 하면 되는가?

① 40   ② 60
③ 80   ④ 100

해설 지중 전선로의 시설(한국전기설비규정 334.1)
- 직접 매설식에 의하여 시설하는 경우에는 매설 깊이를 1.0[m] 이상(차량 기타 중량물의 압력을 받을 우려가 없는 장소 60[cm] 이상)
- 관로식에 의하여 시설하는 경우에는 매설 깊이를 1.0[m] 이상

86 저압 가공 전선이 건조물의 상부 조영재 옆쪽으로 접근하는 경우 저압 가공 전선과 건조물의 조영재 사이의 이격 거리(간격)는 몇 [m] 이상이어야 하는가? (단, 전선에 사람이 쉽게 접촉할 우려가 없도록 시설한 경우와 전선이 고압 절연 전선, 특고압 절연 전선 또는 케이블인 경우는 제외한다.)

① 0.6   ② 0.8
③ 1.2   ④ 2.0

해설 저압 가공 전선과 건조물의 접근(한국전기설비규정 222.11)

조영재의 구분	접근 형태	이격 거리(간격)
상부 조영재	위쪽	2[m](케이블 1[m])
	옆쪽 또는 아래쪽	1.2[m](사람이 쉽게 접촉할 우려가 없는 경우 80[cm], 케이블 40[cm])

87 변압기의 고압측 전로와의 혼촉에 의하여 저압측 전로의 대지 전압이 150[V]를 넘는 경우에 2초 이내에 고압 전로를 자동 차단하는 장치가 되어 있는 6,600/220[V] 배전 선로에 있어서 1선 지락 전류가 2[A]이면 제2종 접지 저항값의 최대는 몇 [Ω]인가?

① 50   ② 75
③ 150 ④ 300

해설 혼촉에 의한 위험 방지 시설(한국전기설비규정 322)
지락 전류가 2[A]이고, 150[V]를 넘고, 2초 이내에 차단하는 장치가 있으므로
접지 저항 $R = \dfrac{300}{I} = \dfrac{300}{2} = 150[Ω]$이다.

88 저압 옥내 간선은 특별한 경우를 제외하고 다음 중 어느 것에 의하여 그 굵기가 결정되는가?

① 전기 방식
② 허용 전류
③ 수전 방식
④ 계약 전력

해설 저압 옥내 간선의 시설(한국전기설비규정 232.18.6)
전선은 저압 옥내 간선의 각 부분마다 그 부분을 통하여 공급되는 전기 사용 기계 기구의 정격 전류의 합계 이상인 허용 전류가 있는 것일 것

정답 84.③ 85.④ 86.③ 87.③ 88.②

89 휴대용 또는 이동용의 전력 보안 통신용 전화 설비를 시설하는 곳은 특고압 가공 전선로 및 선로 길이가 몇 [km] 이상의 고압 가공 전선로인가?

① 2 ② 5
③ 10 ④ 15

해설 전력 보안 통신용 전화 설비의 시설(판단기준 제153조)
특고압 가공 전선로 및 선로 길이 5[km] 이상의 고압 가공 전선로에는 보안상 특히 필요한 경우에 가공 전선로의 적당한 곳에서 통화할 수 있도록 휴대용 또는 이동용의 전력 보안 통신용 전화 설비를 시설하여야 한다.

※ 이 문제는 출제 당시 규정에는 적합했으나 새로 제정된 한국전기설비규정에는 일부 부적합하므로 문제 유형만 참고하시기 바랍니다.

90 폭연성 분진(먼지) 또는 화약류의 분말이 존재하는 곳의 저압 옥내 배선은 어느 공사에 의하는가?

① 금속관 공사
② 애자 공사
③ 합성 수지관 공사
④ 캡타이어 케이블 공사

해설 폭연성 분진(먼지) 위험 장소(한국전기설비규정 242.2.1)
폭연성 분진(먼지) 또는 화약류의 분말이 전기 설비가 발화원이 되어 폭발할 우려가 있는 곳에 시설하는 저압 옥내 전기 설비는 금속관 공사 또는 케이블 공사(캡타이어 케이블 제외)에 의할 것

91 강체 방식에 의하여 시설하는 직류식 전기 철도용 전차 선로는 전차선의 높이가 지표상 몇 [m] 이상인가?

① 3 ② 4
③ 5 ④ 7

해설 직류 전차 선로의 시설 제한(판단기준 제252조)
강체 방식에 의하여 시설하는 직류식 전기 철도용 전차 선로는 전차선의 높이가 지표상 5[m](도로 이외의 곳에 시설하는 경우로서 아랫면에 방호판을 시설할 때에는 3.5[m]) 이상

※ 이 문제는 출제 당시 규정에는 적합했으나 새로 제정된 한국전기설비규정에는 일부 부적합하므로 문제 유형만 참고하시기 바랍니다.

92 저압 옥내 전로의 인입구에 가까운 곳으로서 쉽게 개폐할 수 있는 곳에 개폐기를 시설하여야 한다. 그러나 사용 전압이 400[V] 이하인 옥내 전로로서 다른 옥내 전로에 접속하는 길이가 몇 [m] 이하인 경우는 개폐기를 생략할 수 있는가? (단, 정격 전류가 16[A] 이하인 과전류 차단기 또는 정격 전류가 16[A]를 초과하고 20[A] 이하인 배선 차단기로 보호되고 있는 것에 한한다.)

① 15 ② 20
③ 25 ④ 30

해설 저압 옥내 전로 인입구에서의 개폐기의 시설(한국전기설비규정 212.6.2)
• 저압 옥내 전로에는 인입구에 가까운 곳으로서 쉽게 개폐할 수 있는 곳에 개폐기를 시설하여야 한다.
• 사용 전압이 400[V] 이하인 옥내 전로로서 다른 옥내 전로(정격 전류가 16[A] 이하인 과전류 차단기 또는 정격 전류가 16[A]를 초과하고 20[A] 이하인 배선 차단기로 보호되고 있는 것에 한한다)에 접속하는 길이 15[m] 이하의 전로에서 전기의 공급을 받는 것은 개폐기를 생략할 수 있다.

93 지중 전선로는 기설 지중 약전류 전선로에 대하여 다음의 어느 것에 의하여 통신상의 장해를 주지 아니하도록 기설 약전류 전선로로부터 충분히 이격시키는가?

① 충전 전류 또는 표피 작용
② 충전 전류 또는 유도 작용
③ 누설 전류 또는 표피 작용
④ 누설 전류 또는 유도 작용

정답 89.② 90.① 91.③ 92.① 93.④

해설 지중 약전류 전선에의 유도 장해의 방지(한국전기설비규정 332.1)
지중 전선로는 기설 지중 약전류 전선로에 대하여 누설 전류 또는 유도 작용에 의하여 통신상의 장해를 주지 아니하도록 기설 약전류 전선로로부터 충분히 이격시켜야 한다.

94 특고압 전로에 사용하는 수밀형(수분침투방지형) 케이블에 대한 설명으로 틀린 것은?

① 사용 전압이 25[kV] 이하일 것
② 도체는 경알루미늄선을 소선으로 구성한 원형 압축 연선일 것
③ 내부 반도전층은 절연층과 완전 밀착되는 압출 반도전층으로 두께의 최소값은 0.5[mm] 이상일 것
④ 외부 반도전층은 절연층과 밀착되어야 하고, 또한 절연층과 쉽게 분리되어야 하며, 두께의 최소값은 1[mm] 이상일 것

해설 고압 케이블 및 특고압 케이블(판단기준 제9조)
특고압 전로에 사용하는 수밀형(수분침투방지형) 케이블 시설
• 사용 전압은 25[kV] 이하일 것
• 도체는 경알루미늄선을 소선으로 구성한 원형 압축 연선으로 할 것
• 내부 반도전층은 절연층과 완전 밀착되는 압출 반도전층으로 두께의 최소값은 0.5[mm] 이상일 것
• 절연층은 가교 폴리에틸렌을 동심원상으로 피복하며, 절연층 두께의 최소값은 규정치의 90[%] 이상일 것
• 외부 반도전층은 절연층과 밀착되어야 하고, 또한 절연층과 쉽게 분리되어야 하며, 두께의 최소값은 0.5[mm] 이상일 것
• 시스는 절연층 위에 흑색 반도전성 고밀도 폴리에틸렌을 동심 원상으로 압출 피복하여야 하며, 시스 두께의 최소값은 규정치의 90[%] 이상일 것

※ 이 문제는 출제 당시 규정에는 적합했으나 새로 제정된 한국전기설비규정에는 일부 부적합하므로 문제 유형만 참고하시기 바랍니다.

95 일반 주택 및 아파트 각 호실의 현관등은 몇 분 이내에 소등되는 타임 스위치를 시설하여야 하는가?

① 1분 ② 3분
③ 5분 ④ 10분

해설 점멸기의 시설(한국전기설비규정 234.6)
• 관광 숙박업 또는 숙박업에 이용되는 객실 입구등은 1분 이내에 소등되는 것
• 일반 주택 및 아파트 각 호실의 현관등은 3분 이내에 소등되는 것

96 발전소에서 장치를 시설하여 계측하지 않아도 되는 것은?

① 발전기의 회전자 온도
② 특고압용 변압기의 온도
③ 발전기의 전압 및 전류 또는 전력
④ 주요 변압기의 전압 및 전류 또는 전력

해설 계측 장치(한국전기설비규정 351.6)
• 발전기, 연료 전지 또는 태양 전지 모듈의 전압, 전류, 전력
• 발전기 베어링 및 고정자의 온도
• 정격 출력 10,000[kW]를 초과하는 증기 터빈에 접속하는 발전기의 진동 진폭
• 주요 변압기의 전압, 전류, 전력
• 특고압용 변압기의 유온
• 동기 발전기 : 동기 검정 장치

97 백열 전등 또는 방전등에 전기를 공급하는 옥내 전로의 대지 전압은 몇 [V] 이하이어야 하는가?

① 440 ② 380
③ 300 ④ 100

해설 옥내 전로의 대지 전압의 제한(한국전기설비규정 231.6)
백열 전등 또는 방전등에 전기를 공급하는 옥내 전로의 대지 전압은 300[V] 이하이어야 한다.

정답 94.④ 95.② 96.① 97.③

98 66,000[V] 가공 전선과 6,000[V] 가공 전선을 동일 지지물에 병가(병행 설치)하는 경우, 특고압 가공 전선으로 사용하는 경동 연선의 굵기는 몇 [mm²] 이상이어야 하는가?

① 22
② 38
③ 50
④ 100

해설 특고압 가공 전선과 저·고압 가공 전선의 병행 설치(한국전기설비규정 333.17)
- 사용 전압이 35[kV]을 초과하고 100[kV] 미만
- 이격 거리(간격)는 2[m] 이상
- 인장 강도 21.67[kN] 이상의 연선 또는 단면적이 50[mm²] 이상인 경동 연선

99 저압 또는 고압의 가공 전선로와 기설 가공 약전류 전선로가 병행할 때 유도 작용에 의한 통신상의 장해가 생기지 않도록 전선과 기설 약전류 전선 간의 이격 거리(간격)는 몇 [m] 이상이어야 하는가? (단, 전기 철도용 급전 선로는 제외한다.)

① 2
② 3
③ 4
④ 6

해설 가공 약전류 전선로의 유도 장해 방지(한국전기설비규정 332.1)
저압 가공 전선로 또는 고압 가공 전선로와 기설 가공 약전류 전선로가 병행하는 경우에는 유도 작용에 의하여 통신상의 장해가 생기지 아니하도록 전선과 기설 약전류 전선 간의 이격 거리(간격)는 2[m] 이상이어야 한다.

100 가공 전선로의 지지물에 하중이 가하여지는 경우에 그 하중을 받는 지지물의 기초 안전율은 특별한 경우를 제외하고 최소 얼마 이상인가?

① 1.5
② 2
③ 2.5
④ 3

해설 가공 전선로 지지물의 기초의 안전율(한국전기설비규정 331.7)
지지물의 하중에 대한 기초의 안전율은 2 이상 (이상 시 상정 하중에 대한 철탑의 기초에 대하여서는 1.33 이상)

정답 98.③ 99.① 100.②

2020년 제1·2회 통합 과년도 출제문제

2020. 6. 6. 시행

제1과목 : 전기자기학

01 면적이 매우 넓은 두 개의 도체판을 d[m] 간격으로 수평하게 평행 배치하고, 이 평행 도체판 사이에 놓인 전자가 정지하고 있기 위해서 그 도체판 사이에 가하여야 할 전위차[V]는? (단, g는 중력 가속도이고, m은 전자의 질량이고, e는 전자의 전하량이다.)

① $mged$ ② $\dfrac{ed}{mg}$

③ $\dfrac{mgd}{e}$ ④ $\dfrac{mge}{d}$

해설 힘 $F = mg$[H](중력)
$$= q \cdot E = eE = e\dfrac{v}{d} \text{[H]}$$
$mg = e\dfrac{V}{d}$

전위차 $V = \dfrac{mgd}{e}$[V]

02 자기 회로에서 자기 저항의 크기에 대한 설명으로 옳은 것은?

① 자기 회로의 길이에 비례
② 자기 회로의 단면적에 비례
③ 자성체의 비투자율에 비례
④ 자성체의 비투자율의 제곱에 비례

해설 자기 저항 $R_m = \dfrac{l}{\mu s}$
$$= \dfrac{l}{\mu_0 \mu_s s} \text{[AT/Wb]}$$

03 전위 함수 $V = x^2 + y^2$[V]일 때 점 (3, 4)[m]에서 등전위선의 반지름은 몇 [m]이며 전기력선 방정식은 어떻게 되는가?

① 등전위선의 반지름 : 3
   전기력선 방정식 : $y = \dfrac{3}{4}x$

② 등전위선의 반지름 : 4
   전기력선 방정식 : $y = \dfrac{4}{3}x$

③ 등전위선의 반지름 : 5
   전기력선 방정식 : $x = \dfrac{4}{3}y$

④ 등전위선의 반지름 : 5
   전기력선 방정식 : $x = \dfrac{3}{4}y$

해설
• 등전위선의 반지름
  $r = \sqrt{x^2 + y^2} = \sqrt{3^2 + 4^2} = 5$[m]
• 전기력선 방정식
  $E = -\text{grad}\,V = -2xi - 2yj$[V/m]
  $\dfrac{dx}{Ex} = \dfrac{dy}{Ey}$에서 $\dfrac{1}{-2x}dx = \dfrac{1}{-2y}dy$
  $\ln x = \ln y + \ln c$
  $x = cy$, $c = \dfrac{x}{y} = \dfrac{3}{4}$
  $\therefore x = \dfrac{3}{4}y$

04 자기 인덕턴스와 상호 인덕턴스와의 관계에서 결합 계수 k의 범위는?

① $0 \leq k \leq \dfrac{1}{2}$ ② $0 \leq k \leq 1$

③ $0 \leq k \leq 2$ ④ $0 \leq k \leq 10$

정답 01.③ 02.① 03.④ 04.②

해설 결합 계수 k

$$0 \leq k = \frac{M}{\sqrt{L_1 L_2}} \leq 1$$

05 10[mm]의 지름을 가진 동선에 50[A]의 전류가 흐르고 있을 때 단위시간 동안 동선의 단면을 통과하는 전자의 수는 약 몇 개인가?

① 7.85×10^{16} ② 20.45×10^{15}
③ 31.21×10^{19} ④ 50×10^{19}

해설 전류 $I = \dfrac{Q}{t} = \dfrac{n \cdot e}{1}$

전자 개수 $n = \dfrac{I}{e} = \dfrac{50}{1.602 \times 10^{-19}} = 31.21 \times 10^{19}$ 개

06 면적이 $S[m^2]$이고, 극간의 거리가 $d[m]$인 평행판 콘덴서에 비유전율이 ε_r인 유전체를 채울 때 정전 용량[F]은? (단, ε_0는 진공의 유전율이다.)

① $\dfrac{2\varepsilon_0 \varepsilon_r S}{d}$ ② $\dfrac{\varepsilon_0 \varepsilon_r S}{\pi d}$
③ $\dfrac{\varepsilon_0 \varepsilon_r S}{d}$ ④ $\dfrac{2\pi \varepsilon_0 \varepsilon_r S}{d}$

해설 전위차 $V = Ed = \dfrac{\sigma d}{\varepsilon}$ [V]

정전 용량 $C = \dfrac{Q}{V} = \dfrac{\sigma \cdot S}{\dfrac{\sigma d}{\varepsilon}} = \dfrac{\varepsilon S}{d} = \dfrac{\varepsilon_0 \varepsilon_r S}{d}$ [F]

07 반자성체의 비투자율(μ_r)값의 범위는?

① $\mu_r = 1$ ② $\mu_r < 1$
③ $\mu_r > 1$ ④ $\mu_r = 0$

해설 자성체의 비투자율 μ_r
- 상자성체 : $\mu_r > 1$
- 강자성체 : $\mu_r \gg 1$
- 반자성체 : $\mu_r < 1$

08 반지름 r[m]인 무한장 원통형 도체에 전류가 균일하게 흐를 때 도체 내부에서 자계의 세기[AT/m]는?

① 원통 중심축으로부터 거리에 비례한다.
② 원통 중심축으로부터 거리에 반비례한다.
③ 원통 중심축으로부터 거리의 제곱에 비례한다.
④ 원통 중심축으로부터 거리의 제곱에 반비례한다.

해설 원통 도체 내부의 자계의 세기 H'

$$H' = \dfrac{I \cdot r}{2\pi a^2} \propto r$$

09 비유전율 ε_r이 4인 유전체의 분극률은 진공의 유전율 ε_0의 몇 배인가?

① 1 ② 3
③ 9 ④ 12

해설 분극률 $\chi = \varepsilon_0 (\varepsilon_s - 1)$
$= \varepsilon_0 (4 - 1)$
$= 3\varepsilon_0$ [F/m]

10 그림에서 $N = 1,000$회, $l = 100$[cm], $S = 10[cm^2]$인 환상 철심의 자기 회로에 전류 $I = 10$[A]를 흘렸을 때 축적되는 자계 에너지는 몇 [J]인가? (단, 비투자율 $\mu_r = 100$)

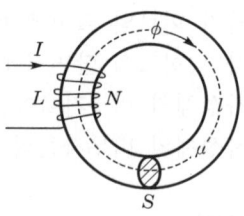

① $2\pi \times 10^{-3}$ ② $2\pi \times 10^{-2}$
③ $2\pi \times 10^{-1}$ ④ 2π

정답 05.③ 06.③ 07.② 08.① 09.② 10.④

해설 인덕턴스 $L = \dfrac{\mu_0 \mu_s N^2 s}{l}$

$= \dfrac{4\pi \times 10^{-7} \times 100 \times 1{,}000^2 \times 10 \times 10^{-4}}{1}$

$= 4\pi \times 10^{-2}\,[H]$

축적 에너지 $W_H = \dfrac{1}{2} L I^2$

$= \dfrac{1}{2} \times 4\pi \times 10^{-2} \times 10^2$

$= 2\pi\,[J]$

11 정전계 해석에 관한 설명으로 틀린 것은?
① 푸아송 방정식은 가우스 정리의 미분형으로 구할 수 있다.
② 도체 표면에서 전계의 세기는 표면에 대해 법선 방향을 갖는다.
③ 라플라스 방정식은 전극이나 도체의 형태에 관계없이 체적 전하 밀도가 0인 모든 점에서 $\nabla^2 V = 0$을 만족한다.
④ 라플라스 방정식은 비선형 방정식이다.

해설 라플라스(Laplace) 방정식은 체적 전하 밀도 $\rho = 0$인 모든 점에서 $\nabla^2 V = 0$이며 선형 방정식이다.

12 자기 유도 계수 L의 계산 방법이 아닌 것은?
(단, N : 권수, ϕ : 자속[Wb], I : 전류[A], A : 벡터 퍼텐셜[Wb/m], i : 전류 밀도[A/m²], B : 자속 밀도[Wb/m²], H : 자계의 세기 [AT/m])

① $L = \dfrac{N\phi}{I}$

② $L = \dfrac{\int_v A \cdot i\,dv}{I^2}$

③ $L = \dfrac{\int_v B \cdot H\,dv}{I^2}$

④ $L = \dfrac{\int_v A \cdot i\,dv}{I}$

해설 쇄교 자속 $N\phi = LI$

인덕턴스 $L = \dfrac{N\phi}{I}$

자속 $\phi = \int_s \vec{B}\vec{n}\,ds = \int_s \mathrm{rot}\vec{A}\,\vec{n}\,ds = \oint_c A\,dl$

전류 $I = \oint_c H \cdot dl = \int_s \vec{i}\vec{n}\,ds$

$L = \dfrac{N\phi}{I} = \dfrac{\phi I}{I^2} = \dfrac{\oint_c A\,dl \cdot \int_s \vec{i}\vec{n}\,ds}{I^2} = \dfrac{\int_v A \cdot i\,dV}{I^2}$

13 20[℃]에서 저항의 온도 계수가 0.002인 니크롬선의 저항이 100[Ω]이다. 온도가 60[℃]로 상승되면 저항은 몇 [Ω]이 되겠는가?
① 108 ② 112
③ 115 ④ 120

해설 온도에 따른 저항 R_T
$R_T = R_t\{1 + \alpha_t(T - t)\}$
$= 100 \times \{1 + 0.002 \times (60 - 20)\}$
$= 108\,[\Omega]$

14 공기 중에 있는 무한히 긴 직선 도선에 10[A]의 전류가 흐르고 있을 때 도선으로부터 2[m] 떨어진 점에서의 자속 밀도는 몇 [Wb/m²]인가?
① 10^{-5} ② 0.5×10^{-6}
③ 10^{-6} ④ 2×10^{-6}

해설 자계의 세기 $H = \dfrac{I}{2\pi r}\,[AT/m]$

자속 밀도 $B = \mu_0 H = \dfrac{\mu_0 I}{2\pi r}$

$= \dfrac{4\pi \times 10^{-7} \times 10}{2\pi \times 2}$

$= 10^{-6}\,[Wb/m^2]$

정답 11.④ 12.④ 13.① 14.③

15 전계 및 자계의 세기가 각각 E[V/m], H[AT/m]일 때 포인팅 벡터 P[W/m²]의 표현으로 옳은 것은?

① $P = \frac{1}{2} E \times H$
② $P = E \operatorname{rot} H$
③ $P = E \times H$
④ $P = H \operatorname{rot} E$

해설 포인팅 벡터(poynting vector)는 평면 전자파의 E와 H가 단위 시간에 대한 단위 면적을 통과하는 에너지 흐름을 벡터로 표현 것으로 아래와 같이 표시한다.
$P = E \times H$[W/m²]

16 평등 자계 내에 전자가 수직으로 입사하였을 때 전자의 운동에 대한 설명으로 옳은 것은?

① 원심력은 전자 속도에 반비례한다.
② 구심력은 자계의 세기에 반비례한다.
③ 원운동을 하고, 반지름은 자계의 세기에 비례한다.
④ 원운동을 하고, 반지름은 전자의 회전 속도에 비례한다.

해설 원심력 $F = \frac{mv^2}{r}$[H]
구심력 $F = evB = \mu_0 evH$
$F_{원} = F_{구}$ 상태에서 원운동을 하므로
$\frac{mv^2}{r} = evB$에서 반지름 $r = \frac{mv}{eB} \propto v$

17 진공 중 3[m] 간격으로 2개의 평행한 무한 평판 도체에 각각 $+4$[C/m²], -4[C/m²]의 전하를 주었을 때 두 도체 간의 전위차는 약 몇 [V]인가?

① 1.5×10^{11}
② 1.5×10^{12}
③ 1.36×10^{11}
④ 1.36×10^{12}

해설 전계의 세기 $E = \frac{\sigma}{\varepsilon_0}$[V/m]

전위차 $V = Ed = \frac{\sigma d}{\varepsilon_0}$
$= \frac{4 \times 3}{8.855 \times 10^{-12}}$
$= 1.355 \times 10^{12} ≒ 1.36 \times 10^{12}$[V]

18 자속 밀도 B[Wb/m²]의 평등 자계 내에서 길이 l[m]인 도체 ab가 속도 v[m/s]로 그림과 같이 도선을 따라서 자계와 수직으로 이동할 때 도체 ab에 의해 유기된 기전력의 크기 e[V]와 폐회로 abcd 내 저항 R에 흐르는 전류의 방향은? (단, 폐회로 abcd 내 도선 및 도체의 저항은 무시한다.)

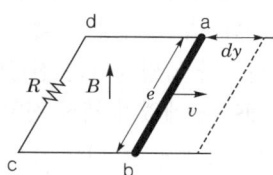

① $e = Blv$, 전류 방향 : c → d
② $e = Blv$, 전류 방향 : d → c
③ $e = Blv^2$, 전류 방향 : c → d
④ $e = Blv^2$, 전류 방향 : d → c

해설 플레밍의 오른손 법칙
유기 기전력 $e = vBl\sin\theta = Blv$[V]
방향 a → b → c → d

19 유전율이 ε_1, ε_2[F/m]인 유전체 경계면에 단위 면적당 작용하는 힘의 크기는 몇 [N/m²]인가? (단, 전계가 경계면에 수직인 경우이며, 두 유전체에서의 전속 밀도는 $D_1 = D_2 = D$[C/m²] 이다.)

① $2\left(\frac{1}{\varepsilon_1} - \frac{1}{\varepsilon_2}\right)D^2$
② $2\left(\frac{1}{\varepsilon_1} + \frac{1}{\varepsilon_2}\right)D^2$
③ $\frac{1}{2}\left(\frac{1}{\varepsilon_1} + \frac{1}{\varepsilon_2}\right)D^2$
④ $\frac{1}{2}\left(\frac{1}{\varepsilon_2} - \frac{1}{\varepsilon_1}\right)D^2$

정답 15.③ 16.④ 17.④ 18.① 19.④

해설

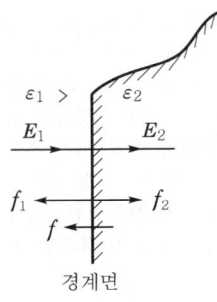

경계면에 전계가 수직으로 입사하는 경우 $D_1 = D_2 = D$, 인장 응력이 작용한다.

$f_1 = \dfrac{1}{2}\dfrac{D_1^{\,2}}{\varepsilon_1}$, $f_2 = \dfrac{1D_2^{\,2}}{2\varepsilon_2}$

$\varepsilon_1 > \varepsilon_2$일 때

$f = f_2 - f_1 = \dfrac{1}{2}\left(\dfrac{1}{\varepsilon_2} - \dfrac{1}{\varepsilon_1}\right)D^2\,[\text{N/m}^2]$

단위 면적당 작용하는 힘은 유전율이 큰 쪽에서 작은 쪽으로 작용한다.

20
그림과 같이 내부 도체구 A에 $+Q[\text{C}]$, 외부 도체구 B에 $-Q[\text{C}]$를 부여한 동심 도체구 사이의 정전 용량 $C[\text{F}]$는?

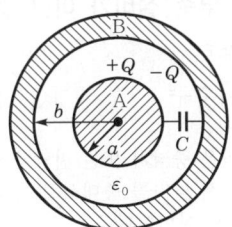

① $4\pi\varepsilon_0(b-a)$
② $\dfrac{4\pi\varepsilon_0 ab}{b-a}$
③ $\dfrac{ab}{4\pi\varepsilon_0(b-a)}$
④ $4\pi\varepsilon_0\left(\dfrac{1}{a}-\dfrac{1}{b}\right)$

해설
전위차 $V = \dfrac{Q}{4\pi\varepsilon_0}\left(\dfrac{1}{a}-\dfrac{1}{b}\right)[\text{V}]$

정전 용량 $C = \dfrac{Q}{V} = \dfrac{4\pi\varepsilon_0}{\dfrac{1}{a}-\dfrac{1}{b}} = 4\pi\varepsilon_0\dfrac{ab}{b-a}\,[\text{F}]$

제2과목 전력공학

21
중성점 직접 접지 방식의 발전기가 있다. 1선 지락 사고 시 지락 전류는? (단, Z_1, Z_2, Z_0는 각각 정상, 역상, 영상 임피던스이며, E_a는 지락된 상의 무부하 기전력이다.)

① $\dfrac{E_a}{Z_0+Z_1+Z_2}$
② $\dfrac{Z_1 E_a}{Z_0+Z_1+Z_2}$
③ $\dfrac{3E_a}{Z_0+Z_1+Z_2}$
④ $\dfrac{Z_0 E_a}{Z_0+Z_1+Z_2}$

해설
1선 지락 시 대칭분의 전류

$I_0 = I_1 = I_2 = \dfrac{E_a}{Z_0+Z_1+Z_2}$

1선 지락 시 지락 전류 $I_g = 3I_0 = \dfrac{3E_a}{Z_0+Z_1+Z_2}$

22
다음 중 송전 계통의 절연 협조에 있어서 절연 레벨이 가장 낮은 기기는?

① 피뢰기
② 단로기
③ 변압기
④ 차단기

해설
절연 협조 순서
선로 애자 > 기타 설비 > 변압기 > 피뢰기

23
화력 발전소에서 절탄기의 용도는?

① 보일러에 공급되는 급수를 예열한다.
② 포화 증기를 과열한다.
③ 연소용 공기를 예열한다.
④ 석탄을 건조한다.

해설
절탄기
연도 중간에 설치하여 연도로 빠져나가는 여열로 급수를 예열하여 연료 소비를 절감시키는 설비이다.

정답 20.② 21.③ 22.① 23.①

24 3상 배전 선로의 말단에 역률 60[%](늦음), 60[kW]의 평형 3상 부하가 있다. 부하점에 부하와 병렬로 전력용 콘덴서를 접속하여 선로 손실을 최소로 하고자 할 때 콘덴서 용량 [kVA]은? (단, 부하의 전압은 일정하다.)

① 40　　② 60
③ 80　　④ 100

해설 선로 손실을 최소로 하려면 역률을 100[%]로 개선하여야 하므로 전력용 콘덴서 용량은 개선 전의 지상 무효 전력과 같아야 한다.

$$\therefore Q = P\tan\theta = 60 \times \frac{0.8}{0.6} = 80[\text{kVA}]$$

25 송·배전 선로에서 선택 지락 계전기(SGR)의 용도는?

① 다회선에서 접지 고장 회선의 선택
② 단일 회선에서 접지 전류의 대·소 선택
③ 단일 회선에서 접지 전류의 방향 선택
④ 단일 회선에서 접지 사고의 지속 시간 선택

해설 다회선 송전 선로의 지락 사고 차단에 사용하는 계전기는 고장난 회선을 선택하는 선택 접지 계전기를 사용한다.

26 정격 전압 7.2[kV], 정격 차단 용량 100[MVA]인 3상 차단기의 정격 차단 전류는 약 몇 [kA]인가?

① 4　　② 6
③ 7　　④ 8

해설 정격 차단 전류
$$I_s = \frac{P_s}{\sqrt{3}\,V_n} = \frac{100 \times 10^3}{\sqrt{3} \times 7.2} = 8018.52[\text{A}] \fallingdotseq 8[\text{kA}]$$

27 고장 즉시 동작하는 특성을 갖는 계전기는?

① 순시 계전기
② 정한시 계전기
③ 반한시 계전기
④ 반한시성 정한시 계전기

해설 계전기 동작 시간에 의한 분류
• 순한시 계전기 : 정정된 최소 동작 전류 이상의 전류가 흐르면 즉시 동작하는 계전기
• 정한시 계전기 : 정정된 값 이상의 전류가 흐르면 정해진 일정 시간 후에 동작하는 계전기
• 반한시 계전기 : 정정된 값 이상의 전류가 흐를 때 동작 시간이 전류값이 크면 동작 시간은 짧아지고, 전류값이 작으면 동작 시간이 길어진다.

28 30,000[kW]의 전력을 51[km] 떨어진 지점에 송전하는 데 필요한 전압은 약 몇 [kV]인가? (단, Still의 식에 의하여 산정한다.)

① 22　　② 33
③ 66　　④ 100

해설 Still의 식

송전 전압 $V_s = 5.5\sqrt{0.6l + \frac{P}{100}}\;[\text{kV}]$

$$= 5.5\sqrt{0.6 \times 51 + \frac{30,000}{100}}$$
$$= 100[\text{kV}]$$

29 댐의 부속 설비가 아닌 것은?

① 수로　　② 수조
③ 취수구　　④ 흡출관

해설 흡출관은 중낙차 또는 저낙차용으로 적용되는 반동 수차에서 낙차를 증대시킬 목적으로 사용되는 수차의 부속 설비이다.

30 3상 3선식에서 전선 한 가닥에 흐르는 전류는 단상 2선식의 경우의 몇 배가 되는가? (단, 송전 전력, 부하 역률, 송전 거리, 전력 손실 및 선간 전압이 같다.)

① $\frac{1}{\sqrt{3}}$　　② $\frac{2}{3}$
③ $\frac{3}{4}$　　④ $\frac{4}{9}$

정답　24.③　25.①　26.④　27.①　28.④　29.④　30.①

해설 동일 전력이므로 $VI_1 = \sqrt{3}\,VI_3$에서

전류비 $\dfrac{I_3}{I_1} = \dfrac{1}{\sqrt{3}}$

31. 사고, 정전 등의 중대한 영향을 받는 지역에서 정전과 동시에 자동적으로 예비 전원용 배전 선로로 전환하는 장치는?

① 차단기
② 리클로저(recloser)
③ 섹셔널라이저(sectionalizer)
④ 자동 부하 전환 개폐기(auto load transfer switch)

해설 자동 부하 전환 개폐기(ALTS : Automatic Load Transfer Switch)
22.9[kV-Y] 접지 계통의 지중 배전 선로에 사용되는 개폐기로, 정전 시에 큰 피해가 예상되는 수용가에 이중 전원을 확보하여 주전원의 정전 시나 정격 전압 이하로 떨어지는 경우 예비 전원으로 자동 전환되어 무정전 전원 공급을 수행하는 개폐기이다.

32. 전선의 표피 효과에 대한 설명으로 알맞은 것은?

① 전선이 굵을수록, 주파수가 높을수록 커진다.
② 전선이 굵을수록, 주파수가 낮을수록 커진다.
③ 전선이 가늘수록, 주파수가 높을수록 커진다.
④ 전선이 가늘수록, 주파수가 낮을수록 커진다.

해설 표피 효과
전류의 밀도가 도선 중심으로 들어갈수록 줄어드는 현상으로, 전선이 굵을수록, 주파수가 높을수록 커진다.

33. 일반 회로 정수가 같은 평행 2회선에서 A, B, C, D는 각각 1회선의 경우의 몇 배로 되는가?

① $A : 2$배, $B : 2$배, $C : \dfrac{1}{2}$배, $D : 1$배
② $A : 1$배, $B : 2$배, $C : \dfrac{1}{2}$배, $D : 1$배
③ $A : 1$배, $B : \dfrac{1}{2}$배, $C : 2$배, $D : 1$배
④ $A : 1$배, $B : \dfrac{1}{2}$배, $C : 2$배, $D : 2$배

해설 평행 2회선 4단자 정수

$$\begin{bmatrix} A_0 & B_0 \\ C_0 & D_0 \end{bmatrix} = \begin{bmatrix} A_1 & \dfrac{1}{2}B_1 \\ 2C_1 & D_1 \end{bmatrix}$$

34. 변전소에서 비접지 선로의 접지 보호용으로 사용되는 계전기에 영상 전류를 공급하는 것은?

① CT
② GPT
③ ZCT
④ PT

해설
• ZCT : 지락 사고가 발생하면 영상 전류를 검출하여 계전기에 공급한다.
• GPT : 지락 사고가 발생하면 영상 전압을 검출하여 계전기에 공급한다.

35. 단로기에 대한 설명으로 틀린 것은?

① 소호 장치가 있어 아크를 소멸시킨다.
② 무부하 및 여자 전류 개폐에 사용된다.
③ 사용 회로수에 의해 분류하면 단투형과 쌍투형이 있다.
④ 회로의 분리 또는 계통의 접속 변경 시 사용한다.

해설 단로기는 소호 능력이 없으므로 통전 중의 전로를 개폐할 수 없다. 그러므로 무부하 선로의 개폐에 이용하여야 한다.

정답 31.④ 32.① 33.③ 34.③ 35.①

36 4단자 정수 $A = 0.9918 + j0.0042$, $B = 34.17 + j50.38$, $C = (-0.006 + j3.247) \times 10^{-4}$인 송전 선로의 송전단에 66[kV]를 인가하고 수전단을 개방하였을 때 수전단 선간 전압은 약 몇 [kV]인가?

① $\dfrac{66.55}{\sqrt{3}}$ ② 62.5

③ $\dfrac{62.5}{\sqrt{3}}$ ④ 66.55

해설 수전단을 개방하였으므로 수전단 전류 $I_r = 0$으로 된다.

$\begin{cases} E_s = AE_r + BI_r \\ I_s = CE_r + DI_r \end{cases}$ 에서

수전단 전압 $E_r = \dfrac{E_s}{A}$

$= \dfrac{66}{0.9918 + j0.0042}$

$= \dfrac{66}{\sqrt{0.9918^2 + 0.0042^2}}$

$\fallingdotseq 66.55 [\text{kV}]$

37 증기 터빈 출력을 P[kW], 증기량을 W[t/h], 초압 및 배기의 증기 엔탈피를 각각 i_0, i_1 [kcal/kg]이라 하면 터빈의 효율 η_t[%]는?

① $\dfrac{860P \times 10^3}{W(i_0 - i_1)} \times 100$

② $\dfrac{860P \times 10^3}{W(i_1 - i_0)} \times 100$

③ $\dfrac{860P}{W(i_0 - i_1) \times 10^3} \times 100$

④ $\dfrac{860P}{W(i_1 - i_0) \times 10^3} \times 100$

해설 터빈의 효율 $= \dfrac{출력}{입력} \times 100 [\%]$이므로

$\eta_t = \dfrac{860P}{W(i_0 - i_1) \times 10^3} \times 100 [\%]$이다.

38 송전 선로에서 가공 지선을 설치하는 목적이 아닌 것은?

① 뇌(雷)의 직격을 받을 경우 송전선 보호
② 유도뢰에 의한 송전선의 고전위 방지
③ 통신선에 대한 전자 유도 장해 경감
④ 철탑의 접지 저항 경감

해설 가공지선은 뇌격(직격뢰, 유도뢰)으로부터 전선로를 보호하고, 통신선에 대한 전자 유도 장해를 경감시킨다. 철탑의 접지 저항 경감은 매설 지선으로 한다.

39 수전단의 전력원 방정식이 $P_r^2 + (Q_r + 400)^2 = 250,000$으로 표현되는 전력 계통에서 조상 설비 없이 전압을 일정하게 유지하면서 공급할 수 있는 부하 전력[kW]은? (단, 부하는 무유도성이다.)

① 200 ② 250
③ 300 ④ 350

해설 조상 설비가 없어 $Q_r = 0$이므로 $P_r^2 + (Q_r + 400)^2 = 250,000$에서 피상 전력 500[kVA], 유효 전력 300[kW], 무효 전력 400[kVar]이고, 부하는 무유도성이므로 최대 부하 전력은 300[kW]로 한다.

40 전력 설비의 수용률[%]을 나타낸 것은?

① 수용률 $= \dfrac{평균 전력[\text{kW}]}{부하 설비 용량[\text{kW}]} \times 100$

② 수용률 $= \dfrac{부하 설비 용량[\text{kW}]}{평균 전력[\text{kW}]} \times 100$

③ 수용률 $= \dfrac{최대 수용 전력[\text{kW}]}{부하 설비 용량[\text{kW}]} \times 100$

④ 수용률 $= \dfrac{부하 설비 용량[\text{kW}]}{최대 수용 전력[\text{kW}]} \times 100$

해설
- 수용률 $= \dfrac{최대 수용 전력[\text{kW}]}{부하 설비 용량[\text{kW}]} \times 100 [\%]$
- 부하율 $= \dfrac{평균 부하 전력[\text{kW}]}{최대 수용 전력[\text{kW}]} \times 100 [\%]$
- 부등률 $= \dfrac{개개의 최대 수용 전력의 합[\text{kW}]}{합성 최대 수용 전력[\text{kW}]}$

정답 36.④ 37.③ 38.④ 39.③ 40.③

제3과목　전기기기

41 전원 전압이 100[V]인 단상 전파 정류 제어에서 점호각이 30°일 때 직류 평균 전압은 약 몇 [V]인가?

① 54　　② 64
③ 84　　④ 94

해설 직류 전압(평균값) $E_{d\alpha}$

$$E_{d\alpha} = E_{do} \cdot \frac{1+\cos\alpha}{2}$$

$$= \frac{2\sqrt{2}\,E}{\pi}\left(\frac{1+\cos 30°}{2}\right)$$

$$= \frac{2\sqrt{2}\times 100}{\pi}\left(\frac{1+\frac{\sqrt{3}}{2}}{2}\right)$$

$$= 83.97[V]$$

42 단상 유도 전동기의 기동 시 브러시를 필요로 하는 것은?

① 분상 기동형
② 반발 기동형
③ 콘덴서 분상 기동형
④ 셰이딩 코일 기동형

해설 반발 기동형 단상 유도 전동기는 직류 전동기 전기자와 같은 모양의 권선과 정류자를 갖고 있으며 기동 시 브러시를 통하여 외부에서 단락하여 반발 전동기 특유의 큰 기동 토크에 의해 기동한다.

43 3선 중 2선의 전원 단자를 서로 바꾸어서 결선하면 회전 방향이 바뀌는 기기가 아닌 것은?

① 회전 변류기
② 유도 전동기
③ 동기 전동기
④ 정류자형 주파수 변환기

해설 정류자형 주파수 변환기는 유도 전동기의 2차 여자를 하기 위한 교류 여자기로서, 외부에서 원동기에 의해 회전하는 기기이다.

44 단상 유도 전동기의 분상 기동형에 대한 설명으로 틀린 것은?

① 보조 권선은 높은 저항과 낮은 리액턴스를 갖는다.
② 주권선은 비교적 낮은 저항과 높은 리액턴스를 갖는다.
③ 높은 토크를 발생시키려면 보조 권선에 병렬로 저항을 삽입한다.
④ 전동기가 가동하여 속도가 어느 정도 상승하면 보조 권선을 전원에서 분리해야 한다.

해설 분상 기동형 단상 유도 전동기는 낮은 저항의 주권선과 높은 저항의 보조 권선(기동 권선)을 병렬로 전원에 접속하고, 높은 토크를 발생시키려면 보조 권선에 직렬로 저항을 삽입한다.

45 변압기의 %Z가 커지면 단락 전류는 어떻게 변화하는가?

① 커진다.　　② 변동없다.
③ 작아진다.　　④ 무한대로 커진다.

해설 퍼센트 임피던스 강하 %Z

$$\%Z = \frac{IZ}{V}\times 100 = \frac{I}{\frac{V}{Z}}\times 100 = \frac{I_n}{I_s}\times 100[\%]$$

단락 전류 $I_s = \frac{100}{\%Z}I_n[A]$

46 계자 권선이 전기자에 병렬로만 연결된 직류기는?

① 분권기　　② 직권기
③ 복권기　　④ 타여자기

정답 41.③　42.②　43.④　44.③　45.③　46.①

해설 계자 권선이 전기자에 병렬로만 연결된 직류기를 분권기라고 한다.

47 정격 전압 6,600[V]인 3상 동기 발전기가 정격 출력(역률=1)으로 운전할 때 전압 변동률이 12[%]이었다. 여자 전류와 회전수를 조정하지 않은 상태로 무부하 운전하는 경우 단자 전압[V]은?

① 6,433 ② 6,943
③ 7,392 ④ 7,842

해설 전압 변동률 $\varepsilon = \dfrac{V_0 - V_n}{V_n} \times 100[\%]$

무부하 전압 $V_0 = V_n(1+\varepsilon')$
$= 6,600 \times (1+0.12)$
$= 7,392[V]$

48 3상 20,000[kVA]인 동기 발전기가 있다. 이 발전기는 60[Hz]일 때는 200[rpm], 50[Hz]일 때는 약 167[rpm]으로 회전한다. 이 동기 발전기의 극수는?

① 18극 ② 36극
③ 54극 ④ 72극

해설 동기 속도 $N_s = \dfrac{120f}{P}$[rpm]

극수 $P = \dfrac{120f}{N_s} = \dfrac{120 \times 60}{200} = 36$극

49 1차 전압 6,600[V], 권수비 30인 단상 변압기로 전등 부하에 30[A]를 공급할 때의 입력[kW]은? (단, 변압기의 손실은 무시한다.)

① 4.4 ② 5.5
③ 6.6 ④ 7.7

해설 권수비 $a = \dfrac{N_1}{N_2} = \dfrac{I_2}{I_1}$, $I_1 = \dfrac{I_2}{a}$

전등 부하 역률 $\cos\theta = 1$

입력 $P = V_1 I_1 \cos\theta \times 10^{-3}$
$= 6,600 \times \dfrac{30}{30} \times 1 \times 10^{-3} = 6.6[kW]$

50 스텝 모터에 대한 설명으로 틀린 것은?
① 가속과 감속이 용이하다.
② 정·역 및 변속이 용이하다.
③ 위치 제어 시 각도 오차가 작다.
④ 브러시 등 부품수가 많아 유지 보수 필요성이 크다.

해설 스텝 모터(step motor)는 펄스 구동 방식의 전동기로 피드백(feed back)이 없이 아주 정밀한 위치 제어와 정·역 및 변속이 용이한 전동기이다.

51 출력 20[kW]인 직류 발전기의 효율이 80[%]이면 전 손실은 약 몇 [kW]인가?

① 0.8 ② 1.25
③ 5   ④ 45

해설 효율 $\eta = \dfrac{출력}{출력 + 손실} \times 100[\%]$

$\dfrac{\eta}{100} = \eta' = \dfrac{P}{P + P_l}$

손실 $P_l = \dfrac{P - \eta' P}{\eta'} = \dfrac{20 - 0.8 \times 20}{0.8} = 5[kW]$

52 동기 전동기의 공급 전압과 부하를 일정하게 유지하면서 역률을 1로 운전하고 있는 상태에서 여자 전류를 증가시키면 전기자 전류는?
① 앞선 무효 전류가 증가
② 앞선 무효 전류가 감소
③ 뒤진 무효 전류가 증가
④ 뒤진 무효 전류가 감소

해설 동기 전동기를 역률 1인 상태에서 여자 전류를 감소(부족 여자)하면 전기자 전류는 뒤진 무효 전류가 증가하고, 여자 전류를 증가(과여자)하면 앞선 무효 전류가 증가한다.

정답 47.③ 48.② 49.③ 50.④ 51.③ 52.①

53 전압 변동률이 작은 동기 발전기의 특성으로 옳은 것은?

① 단락비가 크다.
② 속도 변동률이 크다.
③ 동기 리액턴스가 크다.
④ 전기자 반작용이 크다.

해설 단락비가 큰 기계의 특성 $\left(\text{단락비 } K_s = \dfrac{I_{f0}}{I_{fs}} \propto \dfrac{1}{Z_s}\right)$

- 동기 임피던스(동기 리액턴스)가 작다.
- 전압 변동률 및 속도 변동률이 작다.
- 전기자 반작용이 작다.
- 출력이 크다.
- 과부하 내량이 크고 안정도가 높다.

54 직류 발전기에 P[N·m/s]의 기계적 동력을 주면 전력은 몇 [W]로 변환되는가? (단, 손실은 없으며, i_a는 전기자 도체의 전류, e는 전기자 도체의 유도 기전력, Z는 총 도체수이다.)

① $P = i_a e Z$
② $P = \dfrac{i_a e}{Z}$
③ $P = \dfrac{i_a Z}{e}$
④ $P = \dfrac{eZ}{i_a}$

해설 유기 기전력 $E = e\dfrac{Z}{a}$[V]

여기서, a : 병렬 회로수
전기자 전류 $I_a = i_a \cdot a$[A]
전력 $P = E \cdot I_a = e\dfrac{Z}{a} \cdot i_a \cdot a = eZi_a$[W]

55 도통(on) 상태에 있는 SCR을 차단(off) 상태로 만들기 위해서는 어떻게 하여야 하는가?

① 게이트 펄스 전압을 가한다.
② 게이트 전류를 증가시킨다.
③ 게이트 전압이 부(-)가 되도록 한다.
④ 전원 전압의 극성이 반대가 되도록 한다.

해설 SCR을 차단(off) 상태에서 도통(on) 상태로 하려면 게이트에 펄스 전압을 인가하고, 도통(on) 상태에서 차단(off) 상태로 만들려면 전원 전압을 0 또는 부(-)로 해준다.

56 직류 전동기의 워드레오나드 속도 제어 방식으로 옳은 것은?

① 전압 제어 ② 저항 제어
③ 계자 제어 ④ 직·병렬 제어

해설 직류 전동기의 속도 제어 방식

- 계자 제어
- 저항 제어
- 직·병렬 제어
- 전압 제어
  - 워드레오나드(Ward leonard) 방식
  - 일그너(Illgner) 방식

57 단권 변압기의 설명으로 틀린 것은?

① 분로 권선과 직렬 권선으로 구분된다.
② 1차 권선과 2차 권선의 일부가 공통으로 사용된다.
③ 3상에는 사용할 수 없고 단상으로만 사용한다.
④ 분로 권선에서 누설 자속이 없기 때문에 전압 변동률이 작다.

해설 단권 변압기는 1차 권선과 2차 권선의 일부가 공통으로 사용되는 분포 권선과 직렬 권선으로 구분되며 단상과 3상 모두 사용된다.

58 유도 전동기를 정격 상태로 사용 중 전압이 10[%] 상승할 때 특성 변화로 틀린 것은? (단, 부하는 일정 토크라고 가정한다.)

① 슬립이 작아진다.
② 역률이 떨어진다.
③ 속도가 감소한다.
④ 히스테리시스손과 와류손이 증가한다.

정답 53.① 54.① 55.④ 56.① 57.③ 58.③

해설
- 슬립 $s \propto \dfrac{1}{V_1^2}$: 슬립이 감소한다.
- 회전 속도 $N = N_s(1-s)$: 회전 속도가 상승한다.
- 최대 자속 $\phi_m = \dfrac{V_1}{4.44fN_1}$: 최대 자속이 증가하여 역률이 저하, 철손이 증가한다.

59 단자 전압 110[V], 전기자 전류 15[A], 전기자 회로의 저항 2[Ω], 정격 속도 1,800[rpm]으로 전부하에서 운전하고 있는 직류 분권 전동기의 토크는 약 몇 [N·m]인가?

① 6.0 ② 6.4
③ 10.08 ④ 11.14

해설 역기전력 $E = V - I_a R_a$
$= 110 - 15 \times 2 = 80[V]$

토크 $T = \dfrac{P}{2\pi\dfrac{N}{60}} = \dfrac{EI_a}{2\pi\dfrac{N}{60}}$

$= \dfrac{80 \times 15}{2\pi\dfrac{1,800}{60}}$

$= 6.369 ≒ 6.4[N \cdot m]$

60 용량 1[kVA], 3,000/200[V]의 단상 변압기를 단권 변압기로 결선해서 3,000/3,200[V]의 승압기로 사용할 때 그 부하 용량[kVA]은?

① $\dfrac{1}{16}$ ② 1
③ 15 ④ 16

해설 $\dfrac{\text{자기 용량}}{\text{부하 용량}} \dfrac{P}{W} = \dfrac{V_h - V_l}{V_h}$

부하 용량 $W = P\dfrac{V_h}{V_h - V_l}$

$= 1 \times \dfrac{3,200}{3,200 - 3,000}$

$= 16[kVA]$

제4과목 회로이론 및 제어공학

61 특성 방정식이 $s^3 + 2s^2 + Ks + 10 = 0$으로 주어지는 제어 시스템이 안정하기 위한 K의 범위는?

① $K > 0$ ② $K > 5$
③ $K < 0$ ④ $0 < K < 5$

해설 라우스표

s^3	1	K
s^2	2	10
s^1	$\dfrac{2K-10}{2}$	0
s^0	10	

제어 시스템이 안정하기 위해서는 라우스표의 제1열의 부호 변화가 없어야 한다.

$\dfrac{2K-10}{2} > 0$

$\therefore K > 5$

62 제어 시스템의 개루프 전달 함수가 다음과 같을 때, 다음 중 $K > 0$인 경우 근궤적의 점근선이 실수축과 이루는 각[°]은?

$$G(s)H(s) = \dfrac{K(s+30)}{s^4 + s^3 + 2s^2 + s + 7}$$

① 20° ② 60°
③ 90° ④ 120°

해설 점근선의 각도 $\alpha_k = \dfrac{(2K+1)\pi}{P-Z}$ ($K = 0, 1, 2, \cdots$)

점근선의 수 $K = P - Z = 4 - 1 = 3$이므로
$K = 0, 1, 2$이다.

$K = 0 : \dfrac{(2 \times 0 + 1)\pi}{4-1} = 60°$

$K = 1 : \dfrac{(2 \times 1 + 1)\pi}{4-1} = 180°$

$K = 2 : \dfrac{(2 \times 2 + 1)\pi}{4-1} = 300°$

$\therefore 60°$

정답 59.② 60.④ 61.② 62.②

63 z 변환된 함수 $F(z) = \dfrac{3z}{z - e^{-3t}}$에 대응되는 라플라스 변환 함수는?

① $\dfrac{1}{s+3}$ ② $\dfrac{3}{s-3}$

③ $\dfrac{1}{s-3}$ ④ $\dfrac{3}{s+3}$

해설 $f(t) = e^{-at}$의 z변환 $F(z) = \dfrac{z}{z - e^{-at}}$이므로

$F(z) = \dfrac{3z}{z - e^{-3t}}$의 역 z변환 $f(t) = 3e^{-3t}$

$3e^{-3t}$의 라플라스 변환 $f(t) = \dfrac{3}{s+3}$

64 다음 그림과 같은 제어 시스템의 전달 함수 $\dfrac{C(s)}{R(s)}$는?

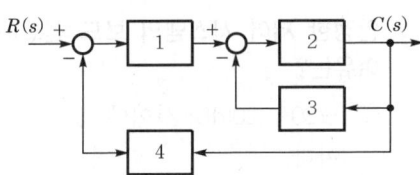

① $\dfrac{1}{15}$ ② $\dfrac{2}{15}$

③ $\dfrac{3}{15}$ ④ $\dfrac{4}{15}$

해설 전달 함수 $\dfrac{C(s)}{R(s)} = \dfrac{\text{전향 경로 이득}}{1 - \sum \text{루프 이득}}$

$= \dfrac{1 \times 2}{1 - \{-(2 \times 3) - (1 \times 2 \times 4)\}}$

$= \dfrac{2}{15}$

65 전달 함수가 $G_C(s) = \dfrac{2s+5}{7s}$인 제어기가 있다. 이 제어기는 어떤 제어기인가?

① 비례 미분 제어기
② 적분 제어기
③ 비례 적분 제어기
④ 비례 적분 미분 제어기

해설 $G_c(s) = \dfrac{2s+5}{7s} = \dfrac{2}{7} + \dfrac{5}{7s} = \dfrac{2}{7}\left(1 + \dfrac{1}{\dfrac{2}{5}s}\right)$

비례 감도 $K_p = \dfrac{2}{7}$

적분 시간 $T_i = \dfrac{2}{5}s$인 비례 적분 제어기이다.

66 단위 피드백 제어계에서 개루프 전달 함수 $G(s)$가 다음과 같이 주어졌을 때 단위 계단 입력에 대한 정상 상태 편차는?

$$G(s) = \dfrac{5}{s(s+1)(s+2)}$$

① 0 ② 1
③ 2 ④ 3

해설 단위 계단 입력이므로 정상 위치 편차이다.
- 정상 위치 편차 상수
$K_p = \lim\limits_{s \to 0} \dfrac{5}{s(s+1)(s+2)} = \infty$
- 정상 상태 편차
$e_{ssp} = \dfrac{1}{1+K_p} = \dfrac{1}{1+\infty} = 0$

67 그림과 같은 논리 회로의 출력 Y는?

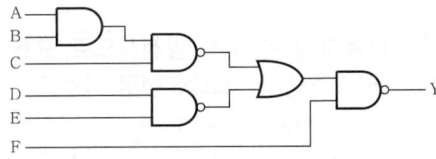

① $ABCDE + \overline{F}$
② $\overline{A}\,\overline{B}\,\overline{C}\,\overline{D}\,\overline{E} + F$
③ $\overline{A} + \overline{B} + \overline{C} + \overline{D} + \overline{E} + F$
④ $A + B + C + D + E + \overline{F}$

정답 63.④ 64.② 65.③ 66.① 67.①

해설 Y = $\overline{(\overline{ABC} + \overline{DE})F}$
   = $\overline{(\overline{ABC} + \overline{DE})} + \overline{F}$
   = $ABC \cdot DE + \overline{F}$

68 그림의 신호 흐름 선도에서 전달 함수 $\dfrac{C(s)}{R(s)}$는 어느 것인가?

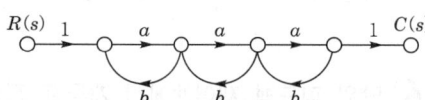

① $\dfrac{a^3}{(1-ab)^3}$ ② $\dfrac{a^3}{1-3ab+a^2b^2}$

③ $\dfrac{a^3}{1-3ab}$ ④ $\dfrac{a^3}{1-3ab+2a^2b^2}$

해설 메이슨 공식

$\dfrac{C(s)}{R(s)} = \dfrac{\sum\limits_{k=1}^{n} G_k \Delta k}{\Delta}$

- 전향 경로 $k=1$
- 전향 경로 이득 $G_1 = a \times a \times a = a^3$
- $\Delta_1 = 1$
- $\Delta = 1 - \sum L_{n1} + \sum L_{n2}$
- $\sum L_{n1} = ab + ab + ab = 3ab$
  $\sum L_{n2} = ab \times ab = a^2b^2$

∴ $\dfrac{C(s)}{R(s)} = \dfrac{a^3}{1-3ab+a^2b^2}$

69 다음과 같은 미분 방정식으로 표현되는 제어 시스템의 시스템 행렬 A는?

$\dfrac{d^2c(t)}{dt^2} + 5\dfrac{dc(t)}{dt} + 3c(t) = r(t)$

① $\begin{bmatrix} -5 & -3 \\ 0 & 1 \end{bmatrix}$ ② $\begin{bmatrix} -3 & -5 \\ 0 & 1 \end{bmatrix}$

③ $\begin{bmatrix} 0 & 1 \\ -3 & -5 \end{bmatrix}$ ④ $\begin{bmatrix} 0 & 1 \\ -5 & -3 \end{bmatrix}$

해설 상태 변수 $x_1(t) = c(t)$, $x_2(t) = \dfrac{dc(t)}{dt}$

상태 방정식
$\dot{x}_1(t) = x_2(t)$
$\dot{x}_2(t) = -3x_1(t) - 5x_2(t) + r(t)$

$\begin{bmatrix} \dot{x}_1(t) \\ \dot{x}_2(t) \end{bmatrix} = \begin{bmatrix} 0 & 1 \\ -3 & -5 \end{bmatrix} \begin{bmatrix} x_1(t) \\ x_2(t) \end{bmatrix} + \begin{bmatrix} 0 \\ 1 \end{bmatrix} r(t)$

시스템 행렬 $A = \begin{bmatrix} 0 & 1 \\ -3 & -5 \end{bmatrix}$

[별해] 시스템 행렬 A
- 미분 방정식의 차수가 2차 미분 방정식이므로 2×2 행렬이다.
- $\begin{bmatrix} 0 & 1 \end{bmatrix}$ 1행은 고정값이다.
- 최고차항을 남기고 이항하여 계수를 역순으로 배치한다.

$\begin{bmatrix} 0 & 1 \\ -3 & -5 \end{bmatrix}$

70 안정한 제어 시스템의 보드 선도에서 이득 여유는?

① $-20 \sim 20[\text{dB}]$ 사이에 있는 크기[dB] 값이다.
② $0 \sim 20[\text{dB}]$ 사이에 있는 크기 선도의 길이이다.
③ 위상이 $0°$가 되는 주파수에서 이득의 크기[dB]이다.
④ 위상이 $-180°$가 되는 주파수에서 이득의 크기[dB]이다.

해설 보드 선도에서의 이득 여유는 위상 곡선 $-180°$에서의 이득과 0[dB]과의 차이이다.

71 3상 전류가 $I_a = 10 + j3$[A], $I_b = -5 - j2$[A], $I_c = -3 + j4$[A]일 때 정상분 전류의 크기는 약 몇 [A]인가?

① 5   ② 6.4
③ 10.5   ④ 13.34

정답 68.② 69.③ 70.④ 71.②

해설 정상 전류

$$I_1 = \frac{1}{3}(I_a + aI_b + a^2 I_c)$$
$$= \frac{1}{3}\left\{(10+j3) + \left(-\frac{1}{2}+j\frac{\sqrt{3}}{2}\right)(-5-j2)\right.$$
$$\left. + \left(-\frac{1}{2}-j\frac{\sqrt{3}}{2}\right)(-3+j4)\right\}$$
$$\approx 6.39 + j0.09$$
$$\therefore I_1 = \sqrt{(6.39)^2 + (0.09)^2} \approx 6.4[A]$$

72 그림의 회로에서 영상 임피던스 Z_{01}이 $6[\Omega]$일 때 저항 R의 값은 몇 $[\Omega]$인가?

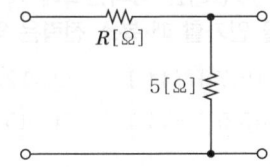

① 2 ② 4
③ 6 ④ 9

해설 영상 임피던스 $Z_{01} = 6[\Omega] = \sqrt{\dfrac{AB}{CD}}\,[\Omega]$

$$\begin{bmatrix} A & B \\ C & D \end{bmatrix} = \begin{bmatrix} 1 & R \\ 0 & 1 \end{bmatrix}\begin{bmatrix} 1 & 0 \\ \frac{1}{5} & 1 \end{bmatrix} = \begin{bmatrix} 1+\frac{R}{5} & R \\ \frac{1}{5} & 1 \end{bmatrix}$$

$$6 = \sqrt{\dfrac{\frac{5+R}{5} \times R}{\frac{1}{5} \times 1}}$$

$36 = (5+R)R$
$R^2 + 5R - 36 = 0$
$(R-4)(R+9) = 0$
$\therefore R = 4,\ R = -9$
저항값이므로 $R = 4[\Omega]$

73 Y결선의 평형 3상 회로에서 선간 전압 V_{ab}와 상전압 V_{an}의 관계로 옳은 것은? (단, $V_{bn} = V_{an}e^{-j(2\pi/3)}$, $V_{cn} = V_{bn}e^{-j(2\pi/3)}$)

① $V_{ab} = \dfrac{1}{\sqrt{3}} e^{j(\pi/6)} V_{an}$

② $V_{ab} = \sqrt{3}\, e^{j(\pi/6)} V_{an}$

③ $V_{ab} = \dfrac{1}{\sqrt{3}} e^{-j(\pi/6)} V_{an}$

④ $V_{ab} = \sqrt{3}\, e^{-j(\pi/6)} V_{an}$

해설 성결 결선(Y결선)
선간 전압(V_l)과 상전압(V_p)의 관계
$$V_l = \sqrt{3}\, V_p \underline{/\frac{\pi}{6}}$$
$$\therefore V_{ab} = \sqrt{3}\, e^{j\frac{\pi}{6}} V_{an}$$
지수 함수 표시식

74 $f(t) = t^2 e^{-at}$를 라플라스 변환하면?

① $\dfrac{2}{(s+a)^2}$ ② $\dfrac{3}{(s+a)^2}$

③ $\dfrac{2}{(s+a)^3}$ ④ $\dfrac{3}{(s+a)^3}$

해설 $\mathcal{L}[t^n e^{-at}] = \dfrac{n!}{(s+a)^{n+1}}$

$\mathcal{L}[t^2 e^{-at}] = \dfrac{2!}{(s+a)^{2+1}} = \dfrac{2}{(s+a)^3}$

75 선로의 단위 길이당 인덕턴스, 저항, 정전 용량, 누설 컨덕턴스를 각각 L, R, C, G라 하면 전파 정수는?

① $\dfrac{\sqrt{R+j\omega L}}{G+j\omega C}$

② $\sqrt{(R+j\omega L)(G+j\omega C)}$

③ $\sqrt{\dfrac{R+j\omega L}{G+j\omega C}}$

④ $\sqrt{\dfrac{G+j\omega C}{R+j\omega L}}$

해설 직렬 임피던스 $Z = R + j\omega L\,[\Omega/m]$
병렬 어드미턴스 $Y = G + j\omega C\,[\mho/m]$
전파 정수 $r = \sqrt{ZY} = \sqrt{(R+j\omega L)(G+j\omega C)}$

정답 72.② 73.② 74.③ 75.②

76 다음 회로에서 0.5[Ω] 양단 전압은 약 몇 [V]인가?

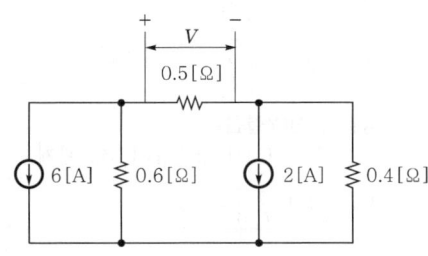

① 0.6
② 0.93
③ 1.47
④ 1.5

해설 전류원을 전압원으로 등가 변환하면 다음과 같다.

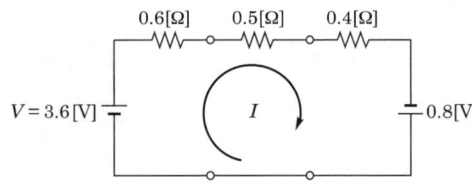

전류 $I = \dfrac{3.6+0.8}{0.6+0.5+0.4} = 2.93[A]$

∴ $V = 0.5 \times 2.93 = 1.47[V]$

77 RLC 직렬 회로의 파라미터가 $R^2 = \dfrac{4L}{C}$의 관계를 가진다면, 이 회로에 직류 전압을 인가하는 경우 과도 응답 특성은?

① 무제동
② 과제동
③ 부족 제동
④ 임계 제동

해설 진동 여부 판별식
- $R^2 - 4\dfrac{L}{C} = 0$: 임계 진동(임계 제동)
- $R^2 - 4\dfrac{L}{C} > 0$: 비진동(과제동)
- $R^2 - 4\dfrac{L}{C} < 0$: 진동(감쇠 진동, 부족 제동)

78 $v(t) = 3 + 5\sqrt{2}\sin\omega t + 10\sqrt{2}\sin\left(3\omega t - \dfrac{\pi}{3}\right)$[V]의 실효값 크기는 약 몇 [V]인가?

① 9.6
② 10.6
③ 11.6
④ 12.6

해설 실효값
각 고조파의 실효값의 제곱 합의 제곱근
$V = \sqrt{{V_0}^2 + {V_1}^2 + {V_3}^2} = \sqrt{3^2 + 5^2 + 10^2} = 11.6[V]$

79 $8 + j6$[Ω]인 임피던스에 $13 + j20$[V]의 전압을 인가할 때 복소 전력은 약 몇 [VA]인가?

① $12.7 + j34.1$
② $12.7 + j55.5$
③ $45.5 + j34.1$
④ $45.5 + j55.5$

해설 복소 전력 $P_a = \overline{V}I = P \pm jP_r$

전류 $I = \dfrac{V}{Z} = \dfrac{13+j20}{8+j6} = \dfrac{(13+j20)(8-j6)}{(8+j6)(8-j6)}$
$= 2.24 + j0.82$

$P_a = \overline{V}I = (13-j20)(2.24+j0.82)$
$\fallingdotseq 45.5 + j34.1[VA]$

80 그림과 같이 결선된 회로의 단자(a, b, c)에 선간 전압이 V[V]인 평형 3상 전압을 인가할 때 상전류 I[A]의 크기는?

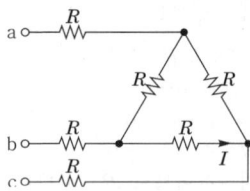

① $\dfrac{V}{4R}$
② $\dfrac{3V}{4R}$
③ $\dfrac{\sqrt{3}\,V}{4R}$
④ $\dfrac{V}{4\sqrt{3}\,R}$

해설 △결선의 선전류와 상전류와의 관계
선전류$(I_l) = \sqrt{3}$ 상전류$(I_p)\angle{-30°}$

정답 76.③ 77.④ 78.③ 79.③ 80.①

△결선을 Y결선으로 등가 변환하면

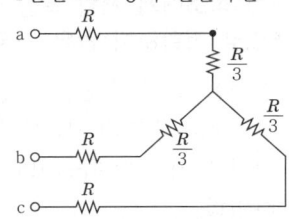

한 상의 저항 $R_0 = R + \dfrac{R}{3} = \dfrac{4R}{3}$ [Ω]

Y결선에서

$I_p = I_l = \dfrac{\dfrac{V}{\sqrt{3}}}{\dfrac{4R}{3}} = \dfrac{3V}{4\sqrt{3}R} = \dfrac{\sqrt{3}\,V}{4R}$ [A]

∴ △결선의 상전류 $I_p = \dfrac{I_l}{\sqrt{3}} = \dfrac{V}{4R}$ [A]

제5과목 전기설비기술기준

81 지중 전선로를 직접 매설식에 의하여 시설할 때 중량물의 압력을 받을 우려가 있는 장소에 저압 또는 고압의 지중 전선을 견고한 트로프, 기타 방호물에 넣지 않고도 부설할 수 있는 케이블은?

① PVC 외장 케이블
② 콤바인덕트 케이블
③ 염화비닐 절연 케이블
④ 폴리에틸렌 외장 케이블

해설 지중 전선로(한국전기설비규정 334.1)
지중 전선을 견고한 트로프, 기타 방호물에 넣어 시설하여야 한다. 단, 다음의 어느 하나에 해당하는 경우에는 지중 전선을 견고한 트로프, 기타 방호물에 넣지 아니하여도 된다.
• 저압 또는 고압의 지중 전선을 차량, 기타 중량물의 압력을 받을 우려가 없는 경우에 그 위를 견고한 판 또는 몰드로 덮어 시설하는 경우
• 저압 또는 고압의 지중 전선에 콤바인덕트 케이블 또는 개장(鎧裝)한 케이블을 사용해 시설하는 경우
• 파이프형 압력 케이블, 연피 케이블, 알루미늄피 케이블

82 수소 냉각식 발전기 등의 시설 기준으로 틀린 것은?

① 발전기 안 또는 조상기(무효전력 보상장치) 안의 수소의 온도를 계측하는 장치를 시설할 것
② 발전기 축의 밀봉부로부터 수소가 누설될 때 누설된 수소를 외부로 방출하지 않을 것
③ 발전기 안 또는 조상기(무효전력 보상장치) 안의 수소의 순도가 85[%] 이하로 저하한 경우에 이를 경보하는 장치를 시설할 것
④ 발전기 또는 조상기(무효전력 보상장치)는 수소가 대기압에서 폭발하는 경우에 생기는 압력에 견디는 강도를 가지는 것일 것

해설 수소 냉각식 발전기 등의 시설
발전기 축의 밀봉부에는 질소 가스를 봉입할 수 있는 장치 또는 발전기 축의 밀봉부로부터 누설된 수소 가스를 안전하게 외부에 방출할 수 있는 장치를 설치한다.

※ 이 문제는 출제 당시 규정에는 적합했으나 새로 제정된 한국전기설비규정에는 일부 부적합하므로 문제 유형만 참고하시기 바랍니다.

83 저압 전로에서 그 전로에 지락이 생긴 경우 0.5초 이내에 자동적으로 전로를 차단하는 장치를 시설하는 경우에는 특별 제3종 접지 공사의 접지 저항값은 자동 차단기의 정격 감도 전류가 30[mA] 이하일 때 몇 [Ω] 이하로 하여야 하는가?

① 75
② 150
③ 300
④ 500

해설 접지 공사의 종류

정격 감도 전류	접지 저항값	
	물기 있는 장소, 전기적 위험도가 높은 장소	그 외 다른 장소
30[mA]	500[Ω]	500[Ω]
50[mA]	300[Ω]	500[Ω]
100[mA]	150[Ω]	500[Ω]
이하 생략	이하 생략	이하 생략

정답 81.② 82.② 83.④

※ 이 문제는 출제 당시 규정에는 적합했으나 새로 제정된 한국전기설비규정에는 일부 부적합하므로 문제 유형만 참고하시기 바랍니다.

84 어느 유원지의 어린이 놀이기구인 유희용(놀이용) 전차에 전기를 공급하는 전로의 사용 전압은 교류인 경우 몇 [V] 이하이어야 하는가?

① 20
② 40
③ 60
④ 100

해설 유희용(놀이용) 전차(한국전기설비규정 241.8)
- 전원 장치 2차측 단자 전압은 직류 60[V] 이하, 교류 40[V] 이하
- 접촉 전선은 제3레일 방식에 의하여 시설할 것
- 전원 장치의 변압기는 절연 변압기일 것

85 연료 전지 및 태양 전지 모듈의 절연 내력 시험을 하는 경우 충전 부분과 대지 사이에 인가하는 시험 전압은 얼마인가? (단, 연속하여 10분간 가하여 견디는 것이어야 한다.)

① 최대 사용 전압의 1.25배의 직류 전압 또는 1배의 교류 전압(500[V] 미만으로 되는 경우에는 500[V])
② 최대 사용 전압의 1.25배의 직류 전압 또는 1.25배의 교류 전압(500[V] 미만으로 되는 경우에는 500[V])
③ 최대 사용 전압의 1.5배의 직류 전압 또는 1배의 교류 전압(500[V] 미만으로 되는 경우에는 500[V])
④ 최대 사용 전압의 1.5배의 직류 전압 또는 1.25배의 교류 전압(500[V] 미만으로 되는 경우에는 500[V])

해설 연료 전지 및 태양 전지 모듈의 절연 내력(한국전기설비규정 134)
연료 전지 및 태양 전지 모듈은 최대 사용 전압의 1.5배 직류 전압 또는 1배 교류 전압(최저 0.5[kV])을 충전 부분과 대지 사이에 연속하여 10분간 인가한다.

86 전개된 장소에서 저압 옥상 전선로의 시설 기준으로 적합하지 않은 것은?

① 전선은 절연 전선을 사용하였다.
② 전선 지지점 간의 거리를 20[m]로 하였다.
③ 전선은 지름 2.6[mm]의 경동선을 사용하였다.
④ 저압 절연 전선과 그 저압 옥상 전선로를 시설하는 조영재와의 이격 거리(간격)를 2[m]로 하였다.

해설 저압 옥상 전선로의 시설(한국전기설비규정 221.3)
- 인장 강도 2.30[kN] 이상 또는 2.6[mm]의 경동선
- 전선은 절연 전선일 것
- 절연성·난연성 및 내수성이 있는 애자 사용
- 지지점 간의 거리 : 15[m] 이하
- 전선과 저압 옥상 전선로를 시설하는 조영재와의 이격 거리(간격) 2[m]
- 저압 옥상 전선로의 전선은 바람 등에 의하여 식물에 접촉하지 않도록 할 것

87 교류 전차선 등과 삭도 또는 그 지주 사이의 이격 거리(간격)를 몇 [m] 이상 이격하여야 하는가?

① 1
② 2
③ 3
④ 4

해설 전차선 등과 건조물, 기타의 시설물과의 접근 또는 교차(판단기준 제270조)
- 교류 전차선 등과 건조물과의 이격 거리(간격)는 3[m] 이상일 것
- 교류 전차선 등과 삭도 또는 그 지주 사이의 이격 거리(간격)는 2[m] 이상일 것

※ 이 문제는 출제 당시 규정에는 적합했으나 새로 제정된 한국전기설비규정에는 일부 부적합하므로 문제 유형만 참고하시기 바랍니다.

88 고압 가공 전선을 시가지 외에 시설할 때 사용되는 경동선의 굵기는 지름 몇 [mm] 이상인가?

① 2.6
② 3.2
③ 4.0
④ 5.0

정답 84.② 85.③ 86.② 87.② 88.③

해설 저압 가공 전선의 굵기 및 종류(한국전기설비규정 222.5)
사용 전압이 400[V] 초과인 저압 가공 전선
- 시가지 : 인장 강도 8.01[kN] 이상의 것 또는 지름 5[mm] 이상의 경동선
- 시가지 외 : 인장 강도 5.26[kN] 이상의 것 또는 지름 4[mm] 이상의 경동선

89 저압 수상 전선로에 사용되는 전선은?

① 옥외 비닐 케이블
② 600[V] 비닐 절연 전선
③ 600[V] 고무 절연 전선
④ 클로로프렌 캡타이어 케이블

해설 수상 전선로의 시설(한국전기설비규정 224.3)
- 사용 전압 : 저압 또는 고압
- 사용하는 전선
  - 저압 : 클로로프렌 캡타이어 케이블
  - 고압 : 캡타이어 케이블
- 전선 접속점 높이
  - 육상 : 5[m] 이상(도로상 이외 저압 4[m])
  - 수면상 : 고압 5[m], 저압 4[m] 이상
- 전용 개폐기 및 과전류 차단기를 각 극에 시설

90 440[V] 옥내 배선에 연결된 전동기 회로의 절연 저항 최소값은 몇 [MΩ]인가?

① 0.1   ② 0.5
③ 1.0   ④ 2.0

해설 저압 전로의 절연 성능(기술기준 제52조)

전로의 사용 전압[V]	DC 시험 전압[V]	절연 저항 [MΩ]
SELV 및 PELV	250	0.5
FELV, 500[V] 이하	500	1.0
500[V] 초과	1,000	1.0

(주) 특별 저압(extra low voltage : 2차 전압이 AC 50[V], DC 120[V] 이하)으로 SELV(비접지 회로 구성) 및 PELV(접지 회로 구성)은 1차와 2차가 전기적으로 절연된 회로, FELV는 1차와 2차가 전기적으로 절연되지 않은 회로

91 케이블 트레이 공사에 사용하는 케이블 트레이에 적합하지 않은 것은?

① 비금속제 케이블 트레이는 난연성 재료가 아니어도 된다.
② 금속재의 것은 적절한 방식 처리를 한 것이거나 내식성 재료의 것이어야 한다.
③ 금속제 케이블 트레이 계통은 기계적 및 전기적으로 완전하게 접속해야 한다.
④ 케이블 트레이가 방화 구획의 벽 등을 관통하는 경우에 관통부는 불연성의 물질로 충전하여야 한다.

해설 케이블 트레이 공사(한국전기설비규정 232.41)
- 케이블 트레이의 안전율 : 1.5 이상
- 케이블 트레이 종류 : 사다리형, 펀칭형, 메시(그물망)형, 바닥 밀폐형
- 전선의 피복 등을 손상시킬 돌기 등이 없이 매끈하여야 한다.
- 금속재의 것은 적절한 방식 처리를 한 것이거나 내식성 재료의 것이어야 한다.
- 비금속제 케이블 트레이는 난연성 재료의 것이어야 한다.
- 케이블 트레이가 방화 구획의 벽, 마루, 천장 등을 관통하는 경우 관통부는 불연성의 물질로 충전(充塡)하여야 한다.

92 전개된 건조한 장소에서 400[V] 초과의 저압 옥내 배선을 할 때 특별히 정해진 경우를 제외하고는 시공할 수 없는 공사는?

① 애자 공사
② 금속 덕트 공사
③ 버스 덕트 공사
④ 합성 수지 몰드 공사

해설 저압 옥내 배선의 시설 장소별 공사의 종류
금속 몰드, 합성 수지 몰드, 플로어 덕트, 셀룰라 덕트, 라이팅 덕트는 사용 전압 400[V] 초과에서는 시설할 수 없다.

정답 89.④ 90.③ 91.① 92.④

93 가공 전선로의 지지물의 강도 계산에 적용하는 풍압 하중은 빙설이 많은 지방 이외의 지방에서 저온 계절에는 어떤 풍압 하중을 적용하는가? [단, 인가가 연접(이웃 연결)되어 있지 않다고 한다.]

① 갑종 풍압 하중
② 을종 풍압 하중
③ 병종 풍압 하중
④ 을종과 병종 풍압 하중을 혼용

해설 풍압 하중의 종별과 적용(한국전기설비규정 331.6)
• 빙설이 많은 지방
 - 고온 계절 : 갑종 풍압 하중
 - 저온 계절 : 을종 풍압 하중
• 빙설이 적은 지방
 - 고온 계절 : 갑종 풍압 하중
 - 저온 계절 : 병종 풍압 하중

94 백열전등 또는 방전등에 전기를 공급하는 옥내 전로의 대지 전압은 몇 [V] 이하이어야 하는가? (단, 백열전등 또는 방전등 및 이에 부속하는 전선은 사람이 접촉할 우려가 없도록 시설한 경우이다.)

① 60
② 110
③ 220
④ 300

해설 옥내 전로의 대지 전압의 제한(한국전기설비규정 231.6)
백열전등 또는 방전등에 전기를 공급하는 옥내의 전로의 대지 전압은 300[V] 이하이어야 한다.

95 특고압 가공 전선로의 지지물에 첨가하는 통신선 보안 장치에 사용되는 피뢰기의 동작 전압은 교류 몇 [V] 이하인가?

① 300
② 600
③ 1,000
④ 1,500

해설 특고압 가공 전선로 첨가 설치 통신선의 시가지 인입 제한(한국전기설비규정 362.5)
통신선 보안 장치에는 교류 1[kV] 이하에서 동작하는 피뢰기를 설치한다.

96 태양 전지 발전소에 시설하는 태양 전지 모듈, 전선 및 개폐기, 기타 기구의 시설 기준에 대한 내용으로 틀린 것은?

① 충전 부분은 노출되지 아니하도록 시설할 것
② 옥내에 시설하는 경우에는 전선을 케이블 공사로 시설할 수 있다.
③ 태양 전지 모듈의 프레임은 지지물과 전기적으로 완전하게 접속하여야 한다.
④ 태양 전지 모듈을 병렬로 접속하는 전로에는 과전류 차단기를 시설하지 않아도 된다.

해설 태양 전지 모듈 등의 시설(한국전기설비규정 – 과전류 및 지락 보호장치 522.3.2)
태양 전지 모듈을 병렬로 접속하는 전로에는 그 전로에 단락이 생긴 경우에 전로를 보호하는 과전류 차단기를 시설할 것

97 저압 가공 전선로 또는 고압 가공 전선로와 기설 가공 약전류 전선로가 병행하는 경우에는 유도 작용에 의한 통신상의 장해가 생기지 아니하도록 전선과 기설 약전류 전선 간의 이격 거리(간격)는 몇 [m] 이상이어야 하는가? (단, 전기 철도용 급전선로는 제외한다.)

① 2
② 4
③ 6
④ 8

해설 고·저압 가공 전선의 유도 장해 방지(한국전기설비규정 332.1)
고·저압 가공 전선로와 병행하는 경우 전선과 약전류 전선과의 간격은 2[m] 이상이어야 한다.

정답 93.③ 94.④ 95.③ 96.④ 97.①

98 가공 전선로의 지지물에 시설하는 지선(지지선)으로 연선을 사용할 경우 소선은 최소 몇 가닥 이상이어야 하는가?

① 3 ② 5
③ 7 ④ 9

해설 지선(지지선)의 시설(한국전기설비규정 331.11)
- 지선(지지선)의 안전율은 2.5 이상. 이 경우에 허용 인장하중의 최저는 4.31[kN]
- 지선(지지선)에 연선을 사용할 경우
  - 소선(素線) 3가닥 이상의 연선일 것
  - 소선의 지름이 2.6[mm] 이상의 금속선을 사용한 것일 것

99 소세력 회로에 전기를 공급하기 위한 변압기는 1차측 전로의 대지 전압이 300[V] 이하, 2차측 전로의 사용 전압은 몇 [V] 이하인 절연 변압기이어야 하는가?

① 60 ② 80
③ 100 ④ 150

해설 소세력 회로(한국전기설비규정 241.14)
소세력 회로에 전기를 공급하기 위한 변압기는 1차측 전로의 대지 전압이 300[V] 이하, 2차측 전로의 사용 전압이 60[V] 이하인 절연 변압기일 것

100 중성점 직접 접지식 전로에 접속되는 최대 사용 전압 161[kV]인 3상 변압기 권선(성형 결선)의 절연 내력 시험을 할 때 접지시켜서는 안 되는 것은?

① 철심 및 외함
② 시험되는 변압기의 부싱
③ 시험되는 권선의 중성점 단자
④ 시험되지 않는 각 권선(다른 권선이 2개 이상 있는 경우에는 각 권선)의 임의의 1단자

해설 변압기 전로의 절연 내력(한국전기설비규정 135)
접지하는 곳은 다음과 같다.
- 시험되는 권선의 중성점 단자
- 다른 권선의 임의의 1단자
- 철심 및 외함

정답 98.① 99.① 100.②

2020년 제3회 과년도 출제문제

2020. 8. 22. 시행

제1과목 전기자기학

01 정전 용량이 0.03[μF]인 평행판 공기 콘덴서의 두 극판 사이에 절반 두께의 비유전율 10인 유리판을 극판과 평행하게 넣었다면 이 콘덴서의 정전 용량은 약 몇 [μF]이 되는가?

① 1.83
② 18.3
③ 0.055
④ 0.55

해설 공기 콘덴서의 정전 용량 $C_0 = \dfrac{\varepsilon_0 s}{d} = 0.03[\mu F]$

$C_1 = \dfrac{\varepsilon_0 s}{\dfrac{d}{2}} = 2C_0$, $C_2 = \dfrac{\varepsilon_0 \varepsilon_s s}{\dfrac{d}{2}} = 2\varepsilon_s c_0 = 20C_0$

$C = \dfrac{C_1 C_2}{C_1 + C_2} = \dfrac{2C_0 \times 20C_0}{2C_0 + 20C_0} = \dfrac{40}{22} C_0$

$= \dfrac{40}{22} \times 0.03 = 0.0545 ≒ 0.055[\mu F]$

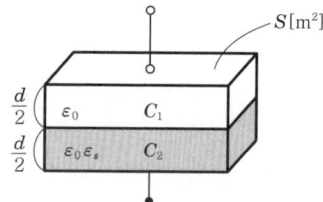

02 평행 도선에 같은 크기의 왕복 전류가 흐를 때 두 도선 사이에 작용하는 힘에 대한 설명으로 옳은 것은?

① 흡인력이다.
② 전류의 제곱에 비례한다.
③ 주위 매질의 투자율에 반비례한다.
④ 두 도선 사이 간격의 제곱에 반비례한다.

해설 평행 도체에 왕복 전류가 흐를 때 작용하는 힘(F)

$F = \dfrac{\mu_0 I^2 l}{2\pi d}[N]$

반발력이 작용한다.

03 내부 장치 또는 공간을 물질로 포위시켜 외부 자계의 영향을 차폐시키는 방식을 자기 차폐라 한다. 다음 중 자기 차폐에 가장 적합한 것은?

① 비투자율이 1보다 작은 역자성체
② 강자성체 중에서 비투자율이 큰 물질
③ 강자성체 중에서 비투자율이 작은 물질
④ 비투자율에 관계없이 물질의 두께에만 관계되므로 되도록 두꺼운 물질

해설 완전한 자기 차폐는 불가능하지만 비투자율이 큰 강자성체인 중공 철구를 겹겹으로 감싸놓으면 외부 자계의 영향을 효과적으로 줄일 수 있다.

04 공기 중에서 2[V/m]의 전계의 세기에 의한 변위 전류 밀도 크기를 2[A/m²]로 흐르게 하려면 전계의 주파수는 약 몇 [MHz]가 되어야 하는가?

① 9,000
② 18,000
③ 36,000
④ 72,000

해설 변위 전류 밀도 $J_d = \dfrac{\partial D}{\partial t} = \varepsilon_0 \dfrac{\partial E}{\partial t}$

$= \omega \varepsilon_0 E = 2\pi f \varepsilon_0 E$

전계의 주파수 $f = \dfrac{J_d}{2\pi \varepsilon_0 E} = \dfrac{2}{2\pi \times \dfrac{10^{-9}}{36\pi} \times 2}$

$= 18 \times 10^9 = 18,000[MHz]$

정답 01.③ 02.② 03.② 04.②

05 압전기 현상에서 전기 분극이 기계적 응력에 수직한 방향으로 발생하는 현상은?

① 종효과　　② 횡효과
③ 역효과　　④ 직접 효과

해설 전기석이나 티탄산바륨(BaTiO₃)의 결정에 응력을 가하면 전기 분극이 일어나고 그 단면에 분극 전하가 나타나는 현상을 압전 효과라 하며 응력과 동일 방향으로 분극이 일어나는 압전 효과를 종효과, 분극이 응력에 수직 방향일 때 횡효과라 한다.

06 정전계에서 도체에 정(+)의 전하를 주었을 때의 설명으로 틀린 것은?

① 도체 표면의 곡률 반지름이 작은 곳에 전하가 많이 분포한다.
② 도체 외측의 표면에만 전하가 분포한다.
③ 도체 표면에서 수직으로 전기력선이 출입한다.
④ 도체 내에 있는 공동면에도 전하가 골고루 분포한다.

해설 정전계에서 도체에 정전하를 주면 전하는 도체 외측 표면에만 분포하고 곡률 반지름이 작은 곳에 전하 밀도가 높으며 전기력선은 도체 표면(등전위면)과 수직으로 유출한다.

07 비유전율 3, 비투자율 3인 매질에서 전자기파의 진행 속도 v[m/s]와 진공에서의 속도 v_0[m/s]의 관계는?

① $v = \dfrac{1}{9}v_0$　　② $v = \dfrac{1}{3}v_0$
③ $v = 3v_0$　　④ $v = 9v_0$

해설 진공에서 전파 속도 $v_0 = \dfrac{1}{\sqrt{\varepsilon_0 \mu_0}}$ [m/s]

매질에서 전파 속도 $v = \dfrac{1}{\sqrt{\varepsilon\mu}} = \dfrac{1}{\sqrt{\varepsilon_0\mu_0}} \cdot \dfrac{1}{\sqrt{\varepsilon_s\mu_s}}$

$= v_0 \dfrac{1}{\sqrt{3 \times 3}} = \dfrac{1}{3}v_0$ [m/s]

08 주파수가 100[MHz]일 때 구리의 표피 두께(skin depth)는 약 몇 [mm]인가? (단, 구리의 도전율은 5.9×10^7[℧/m]이고, 비투자율은 0.99이다.)

① 3.3×10^{-2}　　② 6.6×10^{-2}
③ 3.3×10^{-3}　　④ 6.6×10^{-3}

해설 표피 두께

$\delta = \dfrac{L}{\sqrt{\pi f \sigma \mu}}$ [m]

$= \dfrac{1}{\sqrt{\pi \times 100 \times 10^6 \times 5.9 \times 10^7 \times 4\pi \times 10^{-7} \times 0.99}} \times 10^3$

$= 6.58 \times 10^{-3} \fallingdotseq 6.6 \times 10^{-3}$ [mm]

09 전위 경도 V와 전계 E의 관계식은?

① $E = \text{grad}\, V$
② $E = \text{div}\, V$
③ $E = -\text{grad}\, V$
④ $E = -\text{div}\, V$

해설 전계의 세기 $E = -\text{grad}\, V = -\nabla V$ [V/m]
전위 경도는 전계의 세기와 크기는 같고, 방향은 반대이다.

10 구리의 고유 저항은 20[℃]에서 1.69×10^{-8} [Ω·m]이고 온도 계수는 0.00393이다. 단면적이 2[mm²]이고 100[m]인 구리선의 저항값은 40[℃]에서 약 몇 [Ω]인가?

① 0.91×10^{-3}　　② 1.89×10^{-3}
③ 0.91　　④ 1.89

해설 20[℃] 저항 $R_t = \rho \dfrac{l}{s}$

$= 1.69 \times 10^{-8} \times \dfrac{100}{2 \times 10^{-6}}$

$= 0.845$ [Ω]

40[℃] 저항 $R_T = R_t \{1 + \alpha_t(T - t)\}$

$= 0.845 \times \{1 + 0.00393 \times (40 - 20)\}$

$= 0.91$ [Ω]

정답 05.② 06.④ 07.② 08.④ 09.③ 10.③

11 대지의 고유 저항이 $\rho\,[\Omega\cdot m]$일 때 반지름이 $a\,[m]$인 그림과 같은 반구 접지극의 접지 저항$[\Omega]$은?

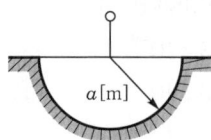

① $\dfrac{\rho}{4\pi a}$ ② $\dfrac{\rho}{2\pi a}$

③ $\dfrac{2\pi\rho}{a}$ ④ $2\pi\rho a$

해설 저항과 정전 용량 $RC=\rho\varepsilon$
반구도체의 정전 용량 $C=2\pi\varepsilon a\,[F]$
접지 저항 $R=\dfrac{\rho\varepsilon}{C}=\dfrac{\rho\varepsilon}{2\pi\varepsilon a}=\dfrac{\rho}{2\pi a}\,[\Omega]$

12 정전 용량이 각각 $C_1=1[\mu F]$, $C_2=2[\mu F]$인 도체에 전하 $Q_1=-5[\mu C]$, $Q_2=2[\mu C]$을 각각 주고 각 도체를 가는 철사로 연결하였을 때 C_1에서 C_2로 이동하는 전하는 몇 $[\mu C]$인가?

① -4 ② -3.5
③ -3 ④ -1.5

해설 합성 전하 $Q_0=Q_1+Q_2=-5+2=-3[\mu C]$
연결하였을 때 C_2가 분배받는 전하 Q_2'
$Q_2'=Q_0\dfrac{C_2}{C_1+C_2}=-3\times\dfrac{2}{1+2}=-2[\mu C]$
이동한 전하 $Q=Q_2'-Q_2=-2-2=-4[\mu C]$

13 임의의 방향으로 배열되었던 강자성체의 자구가 외부 자기장의 힘이 일정치 이상이 되는 순간에 급격히 회전하여 자기장의 방향으로 배열되고 자속 밀도가 증가하는 현상을 무엇이라 하는가?

① 자기 여효(magnetic after effect)
② 바크하우젠 효과(Barkhausen effect)
③ 자기 왜현상(magneto-striction effect)
④ 핀치 효과(pinch effect)

해설 강자성체의 히스테리시스 곡선을 자세히 관찰하면 자계가 증가할 때 자속 밀도가 매끈한 곡선이 아니고 계단상의 불연속적으로 변화하고 있는 것을 알 수 있다. 이것은 자구가 어떤 순간에 급격하게 회전하기 때문인데 이러한 현상을 바크하우젠 효과라고 한다.

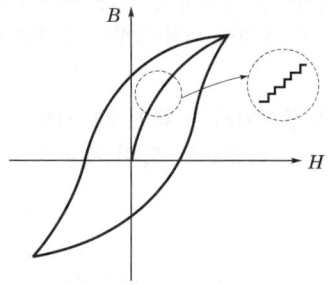

14 다음 그림과 같은 직사각형의 평면 코일이 $B=\dfrac{0.05}{\sqrt{2}}(a_x+a_y)\,[Wb/m^2]$인 자계에 위치하고 있다. 이 코일에 흐르는 전류가 5[A]일 때 z축에 있는 코일에서의 토크는 약 몇 $[N\cdot m]$인가?

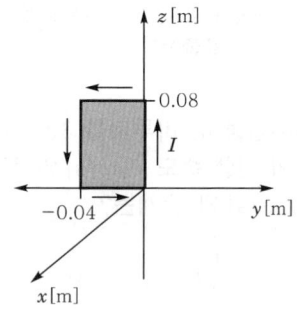

① $2.66\times10^{-4}a_x$ ② $5.66\times10^{-4}a_x$
③ $2.66\times10^{-4}a_z$ ④ $5.66\times10^{-4}a_z$

해설 자속 밀도 $B=\dfrac{0.05}{\sqrt{2}}(a_x+a_y)$
$=0.035a_x+0.035a_y\,[Wb/m^2]$
면 벡터 $S=0.04\times0.08a_x=0.0032a_x\,[m^2]$

정답 11.② 12.① 13.② 14.④

해설 토크 $T = (S \times B)I$

$$= 5 \times \begin{vmatrix} a_x & a_y & a_z \\ 0.0032 & 0 & 0 \\ 0.035 & 0.035 & 0 \end{vmatrix}$$

$= 5 \times (0.035 \times 0.0032) a_z$

$= 5.66 \times 10^{-4} a_z [\text{N} \cdot \text{m}]$

해설 정전 용량 $C = \dfrac{\varepsilon_0 \varepsilon_s s}{d}$ [F]

$= \dfrac{8.855 \times 10^{-12} \times 4 \times 0.3^2 \pi}{0.1 \times 10^{-2}} \times 10^6$

$= 0.01 [\mu\text{F}]$

15 자성체 내 자계의 세기가 H [AT/m]이고 자속 밀도가 B [Wb/m²]일 때 자계 에너지 밀도 [J/m³]는?

① HB ② $\dfrac{1}{2\mu}H^2$

③ $\dfrac{\mu}{2}B^2$ ④ $\dfrac{1}{2\mu}B^2$

해설 자계 에너지 밀도 $w_H = \dfrac{W_H}{V}$ [J/m³]

$= \dfrac{1}{2}BH = \dfrac{1}{2}\mu H^2$

$= \dfrac{B^2}{2\mu}$ [J/m³]

16 분극의 세기 P, 전계 E, 전속 밀도 D의 관계를 나타낸 것으로 옳은 것은? (단, ε_0는 진공의 유전율이고, ε_r은 유전체의 비유전율이고, ε은 유전체의 유전율이다.)

① $P = \varepsilon_0(\varepsilon+1)E$ ② $E = \dfrac{D+P}{\varepsilon_0}$

③ $P = D - \varepsilon_0 E$ ④ $\varepsilon_0 = D - E$

해설 전속 밀도 $D = \varepsilon_0 E + P = \varepsilon_0 \varepsilon_s E = \varepsilon E$ [C/m²]
분극의 세기 $P = D - \varepsilon_0 E = \varepsilon_0 (\varepsilon_s - 1) E$ [C/m²]

17 반지름이 30 [cm]인 원판 전극의 평행판 콘덴서가 있다. 전극이 간격이 0.1 [cm]이며 전극 사이 유전체의 비유전율이 4.0이라 한다. 이 콘덴서의 정전 용량은 약 몇 [µF]인가?

① 0.01 ② 0.02
③ 0.03 ④ 0.04

18 반지름이 5 [mm], 길이가 15 [mm], 비투자율이 50인 자성체 막대에 코일을 감고 전류를 흘려서 자성체 내의 자속 밀도를 50 [Wb/m²]으로 하였을 때 자성체 내에서 자계의 세기는 몇 [A/m]인가?

① $\dfrac{10^7}{\pi}$ ② $\dfrac{10^7}{2\pi}$

③ $\dfrac{10^7}{4\pi}$ ④ $\dfrac{10^7}{8\pi}$

해설 자속 밀도 $B = \mu_0 \mu_s H$ [Wb/m²]

자계의 세기 $H = \dfrac{B}{\mu_0 \mu_s}$

$= \dfrac{50}{4\pi \times 10^{-7} \times 50} = \dfrac{10^7}{4\pi}$ [A/m]

19 한 변의 길이가 l [m]인 정사각형 도체 회로에 전류 I [A]를 흘릴 때 회로의 중심점에서 자계의 세기는 몇 [AT/m]인가?

① $\dfrac{2I}{\pi l}$ ② $\dfrac{I}{\sqrt{2}\pi l}$

③ $\dfrac{\sqrt{2}I}{\pi l}$ ④ $\dfrac{2\sqrt{2}I}{\pi l}$

해설 $H = \dfrac{I}{4\pi r}(\sin\theta_1 + \sin\theta_2) \times 4$

$= \dfrac{I}{4\pi \dfrac{l}{2}} \left(\dfrac{\sqrt{2}}{2} + \dfrac{\sqrt{2}}{2} \right) \times 4 = \dfrac{2\sqrt{2}I}{\pi l}$ [AT/m]

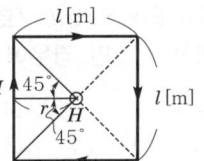

정답 15.④ 16.③ 17.① 18.③ 19.④

20
2장의 무한 평판 도체를 4[cm]의 간격으로 놓은 후 평판 도체 간에 일정한 전계를 인가하였더니 평판 도체 표면에 2[μC/m²]의 전하 밀도가 생겼다. 이때 평행 도체 표면에 작용하는 정전 응력은 약 몇 [N/m²]인가?

① 0.057 ② 0.226
③ 0.57   ④ 2.26

해설 정전 응력 $f = \dfrac{1}{2}\varepsilon_0 E^2 = \dfrac{\sigma^2}{2\varepsilon_0}$

$= \dfrac{(2\times 10^{-6})^2}{2\times \dfrac{10^{-9}}{36\pi}} = 0.226[\text{N/m}^2]$

제2과목 전력공학

21
3상 전원에 접속된 △ 결선의 커패시터를 Y결선으로 바꾸면 진상 용량 Q_Y[kVA]는? (단, $Q_\triangle$는 △ 결선된 커패시터의 진상 용량이고, Q_Y는 Y결선된 커패시터의 진상 용량이다.)

① $Q_Y = \sqrt{3}\,Q_\triangle$ ② $Q_Y = \dfrac{1}{3}Q_\triangle$
③ $Q_Y = 3Q_\triangle$ ④ $Q_Y = \dfrac{1}{\sqrt{3}}Q_\triangle$

해설 충전 용량 $Q_\triangle = 3\omega CE^2 = 3\omega CV^2 \times 10^{-3}$[kVA]

충전 용량 $Q_Y = 3\omega CE^2 = 3\omega C\left(\dfrac{V}{\sqrt{3}}\right)^2$
$= \omega CV^2 \times 10^{-3}$[kVA]

∴ $Q_Y = \dfrac{Q_\triangle}{3}$

22
교류 배전 선로에서 전압 강하 계산식은 $V_d = k(R\cos\theta + X\sin\theta)I$로 표현된다. 3상 3선식 배전 선로인 경우에 k는?

① $\sqrt{3}$ ② $\sqrt{2}$
③ 3   ④ 2

해설 전압 강하 $e = \sqrt{3}\,I(R\cos\theta + X\sin\theta)$
∴ $k = \sqrt{3}$

23
송전선에서 뇌격에 대한 차폐 등을 위해 가선하는 가공 지선에 대한 설명으로 옳은 것은?

① 차폐각은 보통 15~30° 정도로 하고 있다.
② 차폐각이 클수록 벼락에 대한 차폐 효과가 크다.
③ 가공 지선을 2선으로 하면 차폐각이 작아진다.
④ 가공 지선으로는 연동선을 주로 사용한다.

해설 가공 지선의 차폐각은 단독일 경우 35~40° 정도이고, 2선이면 10° 이하이므로, 가공 지선을 2선으로 하면 차폐각이 작아져 차폐 효과가 크다.

24
배전선의 전력 손실 경감 대책이 아닌 것은?

① 다중 접지 방식을 채용한다.
② 역률을 개선한다.
③ 배전 전압을 높인다.
④ 부하의 불평형을 방지한다.

해설 배전 선로의 손실 경감 대책
• 전류 밀도의 감소와 평형(켈빈의 법칙)
• 전력용 커패시터 설치
• 급전선의 변경, 증설, 선로의 분할은 물론 변전소의 증설에 의한 급전선의 단축화
• 변압기의 배치와 용량을 적절하게 정하고 저압 배전선의 길이를 합리적으로 정비
• 배전 전압을 높임

25
그림과 같은 이상 변압기에서 2차측에 5[Ω]의 저항 부하를 연결하였을 때 1차측에 흐르는 전류(I)는 약 몇 [A]인가?

① 0.6
② 1.8
③ 20
④ 660

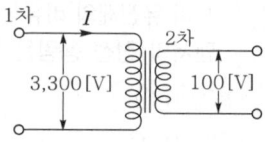

정답 20.② 21.② 22.① 23.③ 24.① 25.①

해설 $I_1 = \dfrac{V_2}{V_1} I_2 = \dfrac{100}{3,300} \times \dfrac{100}{5} ≒ 0.6[A]$

26 전압과 유효 전력이 일정할 경우 부하 역률이 70[%]인 선로에서 저항 손실($P_{70[\%]}$)은 역률이 90[%]인 선로에서의 저항 손실($P_{90[\%]}$)과 비교하면 약 얼마인가?

① $P_{70[\%]} = 0.6 P_{90[\%]}$
② $P_{70[\%]} = 1.7 P_{90[\%]}$
③ $P_{70[\%]} = 0.3 P_{90[\%]}$
④ $P_{70[\%]} = 2.7 P_{90[\%]}$

해설 전력 손실은 역률의 제곱에 반비례하므로
$\dfrac{P_{70[\%]}}{P_{90[\%]}} = \left(\dfrac{0.9}{0.7}\right)^2 ≒ 1.7$
∴ $P_{70[\%]} ≒ 1.7 P_{90[\%]}$

27 3상 3선식 송전선에서 L을 작용 인덕턴스라 하고, L_e 및 L_m은 대지를 귀로로 하는 1선의 자기 인덕턴스 및 상호 인덕턴스라고 할 때 이들 사이의 관계식은?

① $L = L_m - L_e$ ② $L = L_e - L_m$
③ $L = L_m + L_e$ ④ $L = \dfrac{L_m}{L_e}$

해설 작용 인덕턴스 L, 대지를 귀로로 하는 1선의 자기 인덕턴스 L_e, 상호 인덕턴스 L_m의 관계는 $L = L_e - L_m$으로 되고, 실측 평균값은 대략 L_e는 2.4[mH/km], L_m은 1.1[mH/km] 정도로 된다.

28 표피 효과에 대한 설명으로 옳은 것은?
① 표피 효과는 주파수에 비례한다.
② 표피 효과는 전선의 단면적에 반비례한다.
③ 표피 효과는 전선의 비투자율에 반비례한다.
④ 표피 효과는 전선의 도전율에 반비례한다.

해설 표피 효과란 전류의 밀도가 도선 중심으로 들어갈수록 줄어드는 현상으로, 전선 단면적, 주파수, 투자율 및 도전율에 비례한다.

29 배전 선로의 전압을 3[kV]에서 6[kV]로 승압하면 전압 강하율(δ)은 어떻게 되는가? (단, $\delta_{3[kV]}$는 전압이 3[kV]일 때 전압 강하율이고, $\delta_{6[kV]}$는 전압이 6[kV]일 때 전압 강하율이며, 부하는 일정하다고 한다.)

① $\delta_{6[kV]} = \dfrac{1}{2}\delta_{3[kV]}$ ② $\delta_{6[kV]} = \dfrac{1}{4}\delta_{3[kV]}$
③ $\delta_{6[kV]} = 2\delta_{3[kV]}$ ④ $\delta_{6[kV]} = 4\delta_{3[kV]}$

해설 전압 강하율은 전압의 제곱에 반비례하므로 전압이 2배로 되면 전압 강하율은 $\dfrac{1}{4}$배로 된다.

30 계통의 안정도 증진 대책이 아닌 것은?

① 발전기나 변압기의 리액턴스를 작게 한다.
② 선로의 회선수를 감소시킨다.
③ 중간 조상 방식을 채용한다.
④ 고속도 재폐로 방식을 채용한다.

해설 **안정도 향상 대책**
• 직렬 리액턴스 감소
• 전압 변동 억제(속응 여자 방식, 계통 연계, 중간 조상 방식)
• 계통 충격 경감(소호 리액터 접지, 고속 차단, 재폐로 방식)
• 전력 변동 억제(조속기 신속 동작, 제동 저항기)

31 1상의 대지 정전 용량이 0.5[μF], 주파수가 60[Hz]인 3상 송전선이 있다. 이 선로에 소호 리액터를 설치한다면, 소호 리액터의 공진 리액턴스는 약 몇 [Ω]이면 되는가?
① 970 ② 1,370
③ 1,770 ④ 3,570

정답 26.② 27.② 28.① 29.② 30.② 31.③

해설 공진 리액턴스 $\omega L = \dfrac{1}{3\omega C}$
$= \dfrac{1}{3 \times 2\pi \times 60 \times 0.5 \times 10^{-6}}$
$\fallingdotseq 1,770[\Omega]$

32 배전 선로의 고장 또는 보수 점검 시 정전 구간을 축소하기 위하여 사용되는 것은?
① 단로기 ② 컷아웃 스위치
③ 계자 저항기 ④ 구분 개폐기

해설 배전 선로의 고장, 보수 점검 시 정전 구간을 축소하기 위해 구분 개폐기를 설치한다.

33 수전단 전력 원선도의 전력 방정식이 $P_r^2 + (Q_r + 400)^2 = 250,000$으로 표현되는 전력 계통에서 가능한 최대로 공급할 수 있는 부하 전력(P_r)과 이때 전압을 일정하게 유지하는 데 필요한 무효 전력(Q_r)은 각각 얼마인가?
① $P_r = 500$, $Q_r = -400$
② $P_r = 400$, $Q_r = 500$
③ $P_r = 300$, $Q_r = 100$
④ $P_r = 200$, $Q_r = -300$

해설 $P_r^2 + (Q_r + 400)^2 = 250,000$에서 무효 전력을 없애면 최대 공급 전력이 $500[kW]$이므로 무효 전력 $Q_r + 400 = 0$이어야 한다. 그러므로 $Q_r = -400$이다.

34 수전용 변전 설비의 1차측 차단기의 차단 용량은 주로 어느 것에 의하여 정해지는가?
① 수전 계약 용량
② 부하 설비의 단락 용량
③ 공급측 전원의 단락 용량
④ 수전 전력의 역률과 부하율

해설 차단기의 차단 용량은 공급측 전원의 단락 용량을 기준으로 정해진다.

35 프란시스 수차의 특유 속도[m·kW]의 한계를 나타내는 식은? (단, $H[m]$는 유효 낙차이다.)
① $\dfrac{13,000}{H+50} + 10$
② $\dfrac{13,000}{H+50} + 30$
③ $\dfrac{20,000}{H+20} + 10$
④ $\dfrac{20,000}{H+20} + 30$

해설 프란시스 수차의 특유 속도 범위는 $\dfrac{13,000}{H+20} + 50$ 또는 $\dfrac{20,000}{H+20} + 30 [m \cdot kW]$으로 한다.

36 정격 전압 $6,600[V]$, Y결선, 3상 발전기의 중성점을 1선 지락 시 지락 전류를 $100[A]$로 제한하는 저항기로 접지하려고 한다. 저항기의 저항값은 약 몇 $[\Omega]$인가?
① 44 ② 41
③ 38 ④ 35

해설 $R = \dfrac{6,600}{\sqrt{3}} \times \dfrac{1}{100} = 38.1 \fallingdotseq 38[\Omega]$

37 주변압기 등에서 발생하는 제5고조파를 줄이는 방법으로 옳은 것은?
① 전력용 콘덴서에 직렬 리액터를 연결한다.
② 변압기 2차측에 분로 리액터를 연결한다.
③ 모선에 방전 코일을 연결한다.
④ 모선에 공심 리액터를 연결한다.

해설 제3고조파는 △결선으로 제거하고, 제5고조파는 직렬 리액터로 전력용 콘덴서와 직렬 공진을 이용하여 제거한다.

정답 32.④ 33.① 34.③ 35.④ 36.③ 37.①

38 송전 철탑에서 역섬락을 방지하기 위한 대책은?
① 가공 지선의 설치
② 탑각 접지 저항의 감소
③ 전력선의 연가
④ 아크혼의 설치

해설 역섬락을 방지하기 위해서는 매설 지선을 사용하여 철탑의 탑각 저항을 줄여야 한다.

39 조속기의 폐쇄 시간이 짧을수록 나타나는 현상으로 옳은 것은?
① 수격 작용은 작아진다.
② 발전기의 전압 상승률은 커진다.
③ 수차의 속도 변동률은 작아진다.
④ 수압관 내의 수압 상승률은 작아진다.

해설 조속기의 폐쇄 시간이 짧을수록 속도 변동률은 작아지고, 폐쇄 시간을 길게 하면 속도 상승률이 증가하여 수추(수격) 작용이 감소한다.

40 복도체에서 2본의 전선이 서로 충돌하는 것을 방지하기 위하여 2본의 전선 사이에 적당한 간격을 두어 설치하는 것은?
① 아머로드 ② 댐퍼
③ 아킹혼   ④ 스페이서

해설 다(복)도체 방식에서 소도체의 충돌을 방지하기 위해 스페이서를 적당한 간격으로 설치하여야 한다.

제3과목　전기기기

41 정격 전압 120[V], 60[Hz]인 변압기의 무부하 입력 80[W], 무부하 전류 1.4[A]이다. 이 변압기의 여자 리액턴스는 약 몇 [Ω]인가?
① 97.6   ② 103.7
③ 124.7 ④ 180

해설 철손 전류 $I_i = \dfrac{P_i}{V_1} = \dfrac{80}{120} = 0.66[A]$

자화 전류 $I_\phi = \sqrt{I_0^{\,2} - I_i^{\,2}} = \sqrt{1.4^2 - 0.66^2} = 1.23[A]$

여자 리액턴스 $x_0 = \dfrac{V_1}{I_\phi} = \dfrac{120}{1.23} = 97.6[\Omega]$

42 서보 모터의 특징에 대한 설명으로 틀린 것은?
① 발생 토크는 입력 신호에 비례하고, 그 비가 클 것
② 직류 서보 모터에 비하여 교류 서보 모터의 시동 토크가 매우 클 것
③ 시동 토크는 크나 회전부의 관성 모멘트가 작고, 전기적 시정수가 짧을 것
④ 빈번한 시동, 정지, 역전 등의 가혹한 상태에 견디도록 견고하고, 큰 돌입 전류에 견딜 것

해설
• 제어용 서보 모터(servo motor)는 시동 토크가 크고 관성 모멘트가 작으며 속응성이 좋고 시정수가 짧아야 한다.
• 시동 토크는 교류 서보 모터보다 직류 서보 모터가 크다.

43 3상 변압기 2차측의 E_W 상만을 반대로 하고 Y-Y 결선을 한 경우 2차 상전압이 $E_U = 70[V]$, $E_V = 70[V]$, $E_W = 70[V]$라면 2차 선간 전압은 약 몇 [V]인가?
① $V_{U-V} = 121.2[V]$, $V_{V-W} = 70[V]$, $V_{W-U} = 70[V]$
② $V_{U-V} = 121.2[V]$, $V_{V-W} = 210[V]$, $V_{W-U} = 70[V]$
③ $V_{U-V} = 121.2[V]$, $V_{V-W} = 121.2[V]$, $V_{W-U} = 70[V]$
④ $V_{U-V} = 121.2[V]$, $V_{V-W} = 121.2[V]$, $V_{W-U} = 121.2[V]$

정답 38.② 39.③ 40.④ 41.① 42.② 43.①

해설

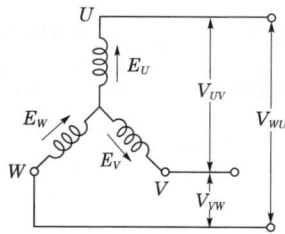

- $V_{U-V} = \dot{E}_U + (-\dot{E}_V)$
  $= \sqrt{3}\,E_U = \sqrt{3} \times 70 = 121.2[V]$
- $V_{V-W} = E_V + E_W = E_V = 70[V]$
- $V_{W-U} = E_W + E_U = E_W = 70[V]$

44 극수 8, 중권 직류기의 전기자 총 도체수 960, 매극 자속 0.04[Wb], 회전수 400[rpm]이라 면 유기 기전력은 몇 [V]인가?

① 256 ② 327
③ 425 ④ 625

해설
유기 기전력
$E = \dfrac{z}{a} P\phi \dfrac{N}{60} = \dfrac{960}{8} \times 8 \times 0.04 \times \dfrac{400}{60} = 256[V]$

45 3상 유도 전동기에서 2차측 저항을 2배로 하면 그 최대 토크는 어떻게 변하는가?

① 2배로 커진다. ② 3배로 커진다.
③ 변하지 않는다. ④ $\sqrt{2}$ 배로 커진다.

해설
최대 토크 $T_m = \dfrac{V_1^{\,2}}{2\{r_1 + \sqrt{r_1^{\,2} + (x_1 + x_2')^2}\}} \ne r_2$
3상 유도 전동기의 최대 토크는 2차측 저항과 무관하므로 변하지 않는다.

46 동기 전동기에 일정한 부하를 걸고 계자 전류를 0[A]에서부터 계속 증가시킬 때 관련 설명으로 옳은 것은? (단, I_a는 전기자 전류이다.)

① I_a는 증가하다가 감소한다.
② I_a가 최소일 때 역률이 1이다.
③ I_a가 감소 상태일 때 앞선 역률이다.
④ I_a가 증가 상태일 때 뒤진 역률이다.

해설
동기 전동기의 공급 전압과 부하가 일정 상태에서 계자 전류를 변화하면 전기자 전류와 역률이 변화한다. 역률 $\cos\theta = 1$일 때 전기자 전류는 최소이고, 역률 1을 기준으로 하여 계자 전류를 감소하면 뒤진 역률, 증가하면 앞선 역률이 되며 전기자 전류는 증가한다.

47 3[kVA], 3,000/200[V]의 변압기의 단락 시험에서 임피던스 전압 120[V], 동손 150[W]라 하면 %저항 강하는 몇 [%]인가?

① 1 ② 3
③ 5 ④ 7

해설
퍼센트 저항 강하
$P = \dfrac{I \cdot r}{V} \times 100 = \dfrac{I^2 r}{VI} \times 100 = \dfrac{150}{3 \times 10^3} \times 100 = 5[\%]$

48 정격 출력 50[kW], 4극 220[V], 60[Hz]인 3상 유도 전동기가 전부하 슬립 0.04, 효율 90[%]로 운전되고 있을 때 다음 중 틀린 것은?

① 2차 효율 = 92[%]
② 1차 입력 = 55.56[kW]
③ 회전자 동손 = 2.08[kW]
④ 회전자 입력 = 52.08[kW]

해설
2차 입력 : 기계적 출력 : 2차 동손
$P_2 : P_o(P) : P_{2c} = 1 : 1-s : s$
(기계손 무시하면 기계적 출력 P_o = 정격 출력 P)

① 2차 효율 $\eta_2 = \dfrac{P_o}{P_2} \times 100 = \dfrac{P_2(1-s)}{P_2} \times 100$
$= (1-s) \times 100$
$= (1-0.04) \times 100 = 96[\%]$

② 1차 입력 $P_1 = \dfrac{P}{\eta} = \dfrac{50}{0.9} = 55.555 ≒ 55.56[kW]$

③ 회전자 동손 $P_{2c} = \dfrac{s}{1-s} P = \dfrac{0.04}{1-0.04} \times 50$
$= 2.083 ≒ 2.08[kW]$

④ 회전자 입력 $P_2 = \dfrac{P}{1-s} = \dfrac{50}{1-0.04} = 52.08[kW]$

정답 44.① 45.③ 46.② 47.③ 48.①

49 단상 유도 전동기를 2전동기설로 설명하는 경우 정방향 회전 자계의 슬립이 0.2이면, 역방향 회전 자계의 슬립은 얼마인가?

① 0.2
② 0.8
③ 1.8
④ 2.0

해설 슬립 $s = \dfrac{N_s - N}{N_s} = 0.2$

역회전 시 슬립 $s' = \dfrac{N_s - (-N)}{N_s}$

$= \dfrac{N_s + N}{N_s} = \dfrac{2N_s - (N_s - N)}{N_s}$

$= 2 - \dfrac{N_s - N}{N_s} = 2 - s$

$= 2 - 0.2 = 1.8$

50 직류 가동 복권 발전기를 전동기로 사용하면 어느 전동기가 되는가?

① 직류 직권 전동기
② 직류 분권 전동기
③ 직류 가동 복권 전동기
④ 직류 차동 복권 전동기

해설 직류 가동 복권 발전기를 전동기로 사용하면 전기자 전류의 방향이 반대로 바뀌어 차동 복권 전동기가 된다.

51 동기 발전기를 병렬 운전하는 데 필요하지 않은 조건은?

① 기전력의 용량이 같을 것
② 기전력의 파형이 같을 것
③ 기전력의 크기가 같을 것
④ 기전력의 주파수가 같을 것

해설 동기 발전기의 병렬 운전 조건
- 기전력의 크기가 같을 것
- 기전력의 위상이 같을 것
- 기전력의 주파수가 같을 것
- 기전력의 파형이 같을 것

52 IGBT(Insulated Gate Bipolar Transistor)에 대한 설명으로 틀린 것은?

① MOSFET와 같이 전압 제어 소자이다.
② GTO 사이리스터와 같이 역방향 전압 저지 특성을 갖는다.
③ 게이트와 이미터 사이의 입력 임피던스가 매우 낮아 BJT보다 구동하기 쉽다.
④ BJT처럼 On-drop이 전류에 관계없이 낮고 거의 일정하며, MOSFET보다 훨씬 큰 전류를 흘릴 수 있다.

해설 IGBT는 MOSFET의 고속 스위칭과 BJT의 고전압, 대전류 처리 능력을 겸비한 역전압 제어용 소자로서, 게이트와 이미터 사이의 임피던스가 크다.

53 유도 전동기에서 공급 전압의 크기가 일정하고 전원 주파수만 낮아질 때 일어나는 현상으로 옳은 것은?

① 철손이 감소한다.
② 온도 상승이 커진다.
③ 여자 전류가 감소한다.
④ 회전 속도가 증가한다.

해설 유도 전동기의 공급 전압 일정 상태에서의 현상
- 철손 $P_i \propto \dfrac{1}{f}$
- 여자 전류 $I_0 \propto \dfrac{1}{f}$
- 회전 속도 $N = N_s(1-s) = \dfrac{120f}{P}(1-s) \propto f$
- 손실이 증가하면 온도는 상승한다.

54 용접용으로 사용되는 직류 발전기의 특성 중에서 가장 중요한 것은?

① 과부하에 견딜 것
② 전압 변동률이 작을 것
③ 경부하일 때 효율이 좋을 것
④ 전류에 대한 전압 특성이 수하 특성일 것

정답 49.③ 50.④ 51.① 52.③ 53.② 54.④

해설 직류 전기 용접용 발전기는 부하의 증가에 따라 전압이 현저하게 떨어지는 수하 특성의 차동 복권 발전기가 유효하다.

55 동기 발전기에 설치된 제동 권선의 효과로 틀린 것은?

① 난조 방지
② 과부하 내량의 증대
③ 송전선의 불평형 단락 시 이상 전압 방지
④ 불평형 부하 시 전류·전압 파형의 개선

해설 제동 권선의 효능
- 난조 방지
- 단락 사고 시 이상 전압 발생 억제
- 불평형 부하 시 전압 파형 개선
- 기동 토크 발생

56 3,300/220[V] 변압기 A, B의 정격 용량이 각각 400[kVA], 300[kVA]이고, %임피던스 강하가 각각 2.4[%]와 3.6[%]일 때 그 2대의 변압기에 걸 수 있는 합성 부하 용량은 몇 [kVA]인가?

① 550
② 600
③ 650
④ 700

해설 부하 분담비 $\dfrac{P_a}{P_b} = \dfrac{\%Z_b}{\%Z_a} \cdot \dfrac{P_A}{P_B} = \dfrac{3.6}{2.4} \times \dfrac{400}{300} = 2$

B변압기 부하 분담 용량 $P_b = \dfrac{P_A}{2} = \dfrac{400}{2} = 200[kVA]$

합성 부하 분담 용량 $P = P_a + P_b = 400 + 200 = 600[kVA]$

57 동작 모드가 그림과 같이 나타나는 혼합 브리지는?

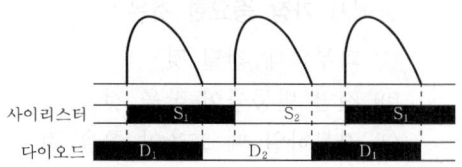

①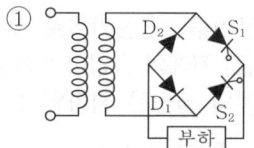

②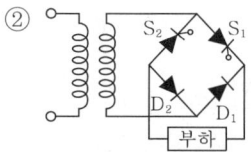

③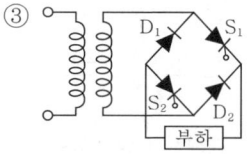

④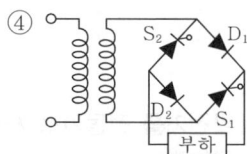

해설 보기 ①번의 혼합 브리지는 S_1D_1이 도통 상태일 때 교류 전압의 극성이 바뀌면 D_2S_1이 직렬로 환류 다이오드 역할을 한다. 따라서, 전류는 연속하고 e_d는 동작 모드가 문제의 그림과 같은 파형이 된다.

58 단상 유도 전동기에 대한 설명으로 틀린 것은?

① 반발 기동형 : 직류 전동기와 같이 정류자와 브러시를 이용하여 기동한다.
② 분상 기동형 : 별도의 보조 권선을 사용하여 회전 자계를 발생시켜 기동한다.
③ 커패시터 기동형 : 기동 전류에 비해 기동 토크가 크지만, 커패시터를 설치해야 한다.
④ 반발 유도형 : 기동 시 농형 권선과 반발 전동기의 회전자 권선을 함께 이용하나 운전 중에는 농형 권선만을 이용한다.

해설 반발 유도형 전동기의 회전자는 정류자가 접속되어 있는 전기자 권선과 농형 권선 2개의 권선이 있으며 전기자 권선은 반발 기동 시에 동작하고 농형 권선은 운전 시에 사용된다.

정답 55.② 56.② 57.① 58.④

59 동기기의 전기자 저항을 r, 전기자 반작용 리액턴스를 X_a, 누설 리액턴스를 X_l이라고 하면 동기 임피던스를 표시하는 식은?

① $\sqrt{r^2 + \left(\dfrac{X_a}{X_l}\right)^2}$

② $\sqrt{r^2 + X_l^2}$

③ $\sqrt{r^2 + X_a^2}$

④ $\sqrt{r^2 + (X_a + X_l)^2}$

해설 동기 임피던스 $Z_s = r + j(x_a + x_l)$
$|\dot{Z_s}| = \sqrt{r^2 + (x_a + x_l)^2}\,[\Omega]$

60 직류 전동기의 속도 제어법이 아닌 것은?

① 계자 제어법 ② 전력 제어법
③ 전압 제어법 ④ 저항 제어법

해설 회전 속도 $N = K\dfrac{V - I_a R_a}{\phi}$

직류 전동기의 속도 제어법은 계자 제어, 저항 제어, 전압 제어 및 직·병렬 제어가 있다.

제4과목 회로이론 및 제어공학

61 그림과 같은 피드백 제어 시스템에서 입력이 단위 계단 함수일 때 정상 상태 오차 상수인 위치 상수(K_p)는?

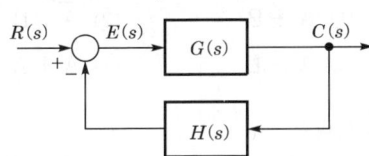

① $K_p = \lim\limits_{s \to 0} G(s)H(s)$

② $K_p = \lim\limits_{s \to 0} \dfrac{G(s)}{H(s)}$

③ $K_p = \lim\limits_{s \to \infty} G(s)H(s)$

④ $K_p = \lim\limits_{s \to \infty} \dfrac{G(s)}{H(s)}$

해설 편차 $E(s) = R(s) - H(s)C(s) = \dfrac{R(s)}{1 + G(s)H(s)}$

정상 편차 $e_{ss} = \lim\limits_{s \to 0} s\dfrac{R(s)}{1 + G(s)H(s)}$

정상 위치 편차 $e_{ssp} = \lim\limits_{s \to 0}\dfrac{s\dfrac{1}{s}}{1 + G(s)H(s)}$
$= \dfrac{1}{1 + \lim\limits_{s \to 0} G(s)H(s)} = \dfrac{1}{1 + K_p}$

위치 편차 상수 $K_p = \lim\limits_{s \to 0} G(s)H(s)$

62 적분 시간이 4[s], 비례 감도가 4인 비례 적분 동작을 하는 제어 요소에 동작 신호 $z(t) = 2t$를 주었을 때 이 제어 요소의 조작량은? (단, 조작량의 초기값은 0이다.)

① $t^2 + 8t$ ② $t^2 + 2t$
③ $t^2 - 8t$ ④ $t^2 - 2t$

해설 비례 적분 동작(PI 동작)

조작량 $z_o = K_p\left(z(t) + \dfrac{1}{T_i}\int z(t)dt\right)$
$= 4\left(2t + \dfrac{1}{4}\int 2t\,dt\right) = 8t + t^2$

63 시간 함수 $f(t) = \sin \omega t$의 z 변환은? (단, T는 샘플링 주기이다.)

① $\dfrac{z \sin \omega T}{z^2 + 2z \cos \omega T + 1}$

② $\dfrac{z \sin \omega T}{z^2 - 2z \cos \omega T + 1}$

③ $\dfrac{z \cos \omega T}{z^2 - 2z \sin \omega T + 1}$

④ $\dfrac{z \cos \omega T}{z^2 + 2z \sin \omega T + 1}$

정답 59.④ 60.② 61.① 62.① 63.②

해설 z변환

$f(t) = \sin\omega t$

$F(z) = \dfrac{z\sin\omega T}{z^2 - 2z\cos\omega T + 1}$

$f(t) = \cos\omega t$

$F(z) = \dfrac{z(z - \cos\omega T)}{z^2 - 2z\cos\omega T + 1}$

64 다음과 같은 신호 흐름 선도에서 $\dfrac{C(s)}{R(s)}$의 값은?

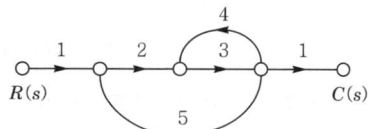

① $-\dfrac{1}{41}$ ② $-\dfrac{3}{41}$
③ $-\dfrac{6}{41}$ ④ $-\dfrac{8}{41}$

해설 $G_1 = 1 \times 2 \times 3 \times 1 = 6$
$\Delta_1 = 1$
$L_{11} = 3 \times 4 = 12$
$L_{21} = 2 \times 3 \times 5 = 30$
$\Delta = 1 - (L_{11} + L_{21}) = 1 - (12 + 30) = -41$
$\therefore G = \dfrac{C}{R} = \dfrac{G_1\Delta_1}{\Delta} = \dfrac{6 \times 1}{-41} = -\dfrac{6}{41}$

65 제어 시스템의 상태 방정식이 $\dfrac{dx(t)}{dt} = Ax(t) + Bu(t)$, $A = \begin{bmatrix} 0 & 1 \\ -3 & 4 \end{bmatrix}$, $B = \begin{bmatrix} 1 \\ 1 \end{bmatrix}$일 때 특성 방정식을 구하면?

① $s^2 - 4s - 3 = 0$ ② $s^2 - 4s + 3 = 0$
③ $s^2 + 4s + 3 = 0$ ④ $s^2 + 4s - 3 = 0$

해설 특성 방정식 $|SI - A| = 0$

$\left| s\begin{bmatrix} 1 & 0 \\ 0 & 1 \end{bmatrix} - \begin{bmatrix} 0 & 1 \\ -3 & 4 \end{bmatrix} \right| = 0$

$\begin{vmatrix} s & -1 \\ 3 & s-4 \end{vmatrix} = 0$

$s(s-4) + 3 = s^2 - 4s + 3 = 0$

66 Routh-Hurwitz 방법으로 특성 방정식이 $s^4 + 2s^3 + s^2 + 4s + 2 = 0$인 시스템의 안정도를 판별하면?

① 안정   ② 불안정
③ 임계 안정   ④ 조건부 안정

해설 라우스의 표

$\begin{array}{c|ccc} s^4 & 1 & 1 & 2 \\ s^3 & 2 & 4 & \\ s^2 & -1 & 2 & \\ s^1 & 8 & 0 & \\ s^0 & 2 & & \end{array}$

제1열의 부호 변화가 2번 있으므로 양의 실수부를 갖는 불안정근이 2개 있다.

67 특성 방정식의 모든 근이 s평면(복소 평면)의 $j\omega$축(허수축)에 있을 때 이 제어 시스템의 안정도는?

① 알 수 없다.   ② 안정하다.
③ 불안정하다.   ④ 임계 안정이다.

해설 특성 방정식의 근이 s평면의 좌반부에 존재하면 제어계가 안정하고 특성 방정식의 근이 s평면의 우반부에 존재하면 제어계는 불안정하다. 또한, 특성 방정식의 근이 s평면의 허수축에 존재하면 제어계는 임계 안정 상태가 된다.

68 다음 논리식을 간단히 하면?

$[(AB + A\overline{B}) + AB] + \overline{A}B$

① $A + B$ ② $\overline{A} + B$
③ $A + \overline{B}$ ④ $A + A \cdot B$

해설 논리식
$AB + A\overline{B} + AB + \overline{A}B = AB + A\overline{B} + \overline{A}B$
$= A(B + \overline{B}) + \overline{A}B$
$= A + \overline{A}B = A(1+B) + \overline{A}B$
$= A + AB + \overline{A}B$
$= A + B(A + \overline{A}) = A + B$

정답 64.③ 65.② 66.② 67.④ 68.①

69 다음 회로에서 입력 전압 $v_1(t)$에 대한 출력 전압 $v_2(t)$의 전달 함수 $G(s)$는?

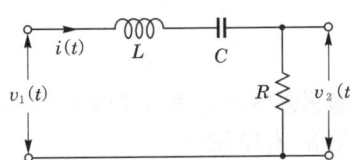

① $\dfrac{RCs}{LCs^2 + RCs + 1}$

② $\dfrac{RCs}{LCs^2 - RCs - 1}$

③ $\dfrac{Cs}{LCs^2 + RCs + 1}$

④ $\dfrac{Cs}{LCs^2 - RCs - 1}$

해설 전달 함수 $G(s) = \dfrac{V_2(s)}{V_1(s)}$

$= \dfrac{R}{Ls + \dfrac{1}{Cs} + R}$

$= \dfrac{RCs}{LCs^2 + RCs + 1}$

70 어떤 제어 시스템의 개루프 이득이 다음과 같을 때 이 시스템이 가지는 근궤적의 가지 (branch)수는?

$$G(s)H(s) = \dfrac{K(s+2)}{s(s+1)(s+3)(s+4)}$$

① 1 ② 3
③ 4 ④ 5

해설 근궤적의 개수는 Z와 P 중 큰 것과 일치한다.
영점의 개수 $Z = 1$
극점의 개수 $P = 4$
∴ 근궤적의 개수(가지수)는 4개이다.

71 RC 직렬 회로에 직류 전압 $V[\text{V}]$가 인가되었을 때 전류 $i(t)$에 대한 전압 방정식 (KVL)이 $V = Ri(t) + \dfrac{1}{C}\int i(t)\,dt\,[\text{V}]$이다. 전류 $i(t)$의 라플라스 변환인 $I(s)$는? (단, C에는 초기 전하가 없다.)

① $I(s) = \dfrac{V}{R}\dfrac{1}{s - \dfrac{1}{RC}}$

② $I(s) = \dfrac{C}{R}\dfrac{1}{s + \dfrac{1}{RC}}$

③ $I(s) = \dfrac{V}{R}\dfrac{1}{s + \dfrac{1}{RC}}$

④ $I(s) = \dfrac{R}{C}\dfrac{1}{s - \dfrac{1}{RC}}$

해설 전압 방정식을 라플라스 변환하면 아래와 같다.
$\dfrac{V}{s} = RI(s) + \dfrac{1}{Cs}I(s)$

$I(s) = \dfrac{V}{s\left(R + \dfrac{1}{Cs}\right)} = \dfrac{V}{Rs + \dfrac{1}{C}} = \dfrac{V}{R\left(s + \dfrac{1}{RC}\right)}$

$= \dfrac{V}{R}\dfrac{1}{s + \dfrac{1}{RC}}$

72 어떤 회로의 유효 전력이 300[W], 무효 전력이 400[Var]이다. 이 회로의 복소 전력의 크기[VA]는?

① 350 ② 500
③ 600 ④ 700

해설 복소 전력 $P_a = \overline{V} \cdot I = P \pm jP_r\,[\text{VA}]$
$P = 300[\text{W}]$, $P_r = 400[\text{Var}]$
$P_a = 300 \pm j400$
$P_a = \sqrt{300^2 + 400^2} = 500[\text{VA}]$

정답 69.① 70.③ 71.③ 72.②

73 회로에서 20[Ω]의 저항이 소비하는 전력은 몇 [W]인가?

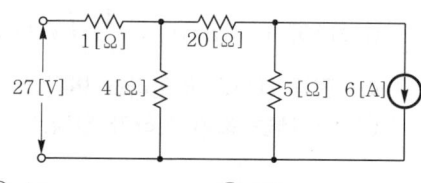

① 14
② 27
③ 40
④ 80

해설 • 27[V]에 의한 전류
$$I_1 = \frac{27}{1+\frac{4\times(20+5)}{4+(20+5)}} \times \frac{4}{4+(20+5)} = \frac{108}{129}[A]$$

• 6[A]에 의한 전류
$$I_2 = \frac{5}{5+\left(20+\frac{4\times1}{4+1}\right)} \times 6 = \frac{150}{129}[A]$$

• 20[Ω]에 흐르는 전전류
$$I = I_1 + I_2 = \frac{108}{129} + \frac{150}{129} = 2[A]$$
$$\therefore P = I^2 R = 2^2 \times 20 = 80[W]$$

74 선간 전압이 V_{ab}[V]인 3상 평형 전원에 대칭 부하 R[Ω]이 그림과 같이 접속되어 있을 때 a, b 두 상 간에 접속된 전력계의 지시값이 W[W]라면 c상 전류의 크기[A]는?

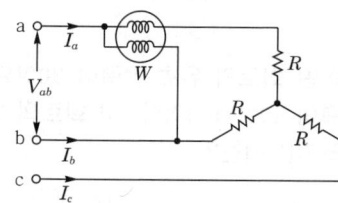

① $\dfrac{W}{3V_{ab}}$
② $\dfrac{2W}{3V_{ab}}$
③ $\dfrac{2W}{\sqrt{3}\,V_{ab}}$
④ $\dfrac{\sqrt{3}\,W}{V_{ab}}$

해설 3상 전력 $P = 2W$[W]
평형 3상 전원이므로 $I_a = I_b = I_c$, $V_{ab} = V_{bc} = V_{ca}$이다.

$2W = \sqrt{3}\,V_{ab}I_a\cos\theta$에서 R만의 부하이므로 역률 $\cos\theta = 1$
$$\therefore I_c = \frac{2W}{\sqrt{3}\,V_{ab}} = I_a[A]$$

75 불평형 3상 전류가 다음과 같을 때 역상분 전류 I_2[A]는?

$$I_a = 15 + j2[A]$$
$$I_b = -20 - j14[A]$$
$$I_c = -3 + j10[A]$$

① $1.91 + j6.24$
② $15.74 - j3.57$
③ $-2.67 - j0.67$
④ $-8 - j2$

해설 역상 전류
$$I_2 = \frac{1}{3}(I_a + a^2 I_b + a I_c)$$
$$= \frac{1}{3}\left\{(15+j2) + \left(-\frac{1}{2} - j\frac{\sqrt{3}}{2}\right)(-20-j14) \right.$$
$$\left. + \left(-\frac{1}{2} + j\frac{\sqrt{3}}{2}\right)(-3+j10)\right\}$$
$$\fallingdotseq 1.91 + j6.24[A]$$

76 $R = 4[\Omega]$, $\omega L = 3[\Omega]$의 직렬 회로에 $e = 100\sqrt{2}\sin\omega t + 50\sqrt{2}\sin 3\omega t$를 인가할 때 이 회로의 소비 전력은 약 몇 [W]인가?

① 1,000
② 1,414
③ 1,560
④ 1,703

해설
$$I_1 = \frac{V_1}{Z_1} = \frac{V_1}{\sqrt{R^2+(\omega L)^2}} = \frac{100}{\sqrt{4^2+3^2}} = 20[A]$$
$$I_3 = \frac{V_3}{Z_3} = \frac{V_3}{\sqrt{R^2+(3\omega L)^2}} = \frac{50}{\sqrt{4^2+9^2}} = 5.07[A]$$
$$\therefore P = I_1^2 R + I_3^2 R$$
$$= 20^2 \times 4 + 5.07^2 \times 4$$
$$= 1703.06 \fallingdotseq 1,703[W]$$

정답 73.④ 74.③ 75.① 76.④

77 그림과 같은 T형 4단자 회로망에서 4단자 정수 A와 C는? (단, $Z_1 = \frac{1}{Y_1}$, $Z_2 = \frac{1}{Y_2}$, $Z_3 = \frac{1}{Y_3}$)

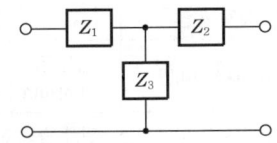

① $A = 1 + \frac{Y_3}{Y_1}$, $C = Y_2$

② $A = 1 + \frac{Y_3}{Y_1}$, $C = \frac{1}{Y_3}$

③ $A = 1 + \frac{Y_3}{Y_1}$, $C = Y_3$

④ $A = 1 + \frac{Y_1}{Y_3}$, $C = \left(1 + \frac{Y_1}{Y_3}\right)\frac{1}{Y_3} + \frac{1}{Y_2}$

해설 $A = 1 + \frac{Z_1}{Z_3} = 1 + \frac{Y_3}{Y_1}$, $C = \frac{1}{Z_3} = Y_3$

78 $t = 0$에서 스위치(S)를 닫았을 때 $t = 0^+$에서의 $i(t)$는 몇 [A]인가? (단, 커패시터에 초기 전하는 없다.)

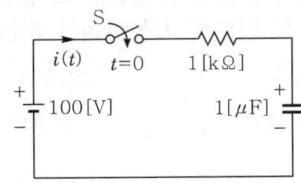

① 0.1   ② 0.2
③ 0.4   ④ 1.0

해설 $i(t) = \frac{E}{R} e^{-\frac{1}{RC}t}$

$= \frac{100}{10^3} e^{-\frac{1}{10^3 \times 10^{-6}} \cdot 0} = 0.1 [\text{A}]$

79 선간 전압이 100[V]이고, 역률이 0.6인 평형 3상 부하에서 무효 전력이 $Q = 10[\text{kVar}]$일 때 선전류의 크기는 약 몇 [A]인가?

① 57.7   ② 72.2
③ 96.2   ④ 125

해설 무효 전력 $Q = \sqrt{3} \, VI \sin\theta$

선전류 $I = \frac{Q}{\sqrt{3} \, V \sin\theta}$

$= \frac{10 \times 10^3}{\sqrt{3} \times 100 \times 0.8} ≒ 72.2[\text{A}]$

80 단위 길이당 인덕턴스가 $L[\text{H/m}]$이고, 단위 길이당 정전 용량이 $C[\text{F/m}]$인 무손실 선로에서의 진행파 속도[m/s]는?

① $\sqrt{LC}$ ② $\frac{1}{\sqrt{LC}}$

③ $\sqrt{\frac{C}{L}}$ ④ $\sqrt{\frac{L}{C}}$

해설 위상 속도(전파 속도)

$v = f \cdot \lambda = \frac{\omega}{\beta} = \frac{\omega}{\omega\sqrt{LC}} = \frac{1}{\sqrt{LC}} [\text{m/s}]$

제5과목 전기설비기술기준

81 345[kV] 송전선을 사람이 쉽게 들어가지 않는 산지에 시설할 때 전선의 지표상 높이는 몇 [m] 이상으로 하여야 하는가?

① 7.28   ② 7.56
③ 8.28   ④ 8.56

해설 특고압 가공 전선의 높이(한국전기설비규정 333.7)
$(345 - 165) ÷ 10 = 18.5$이므로 10[kV] 단수는 19이다. 산지(山地) 등에서 사람이 쉽게 들어갈 수 없는 장소에 시설하는 경우이므로 전선의 지표상 높이는 $5 + 0.12 \times 19 = 7.28[\text{m}]$이다.

정답 77.③ 78.① 79.② 80.② 81.①

82 변전소에서 오접속을 방지하기 위하여 특고압 전로의 보기 쉬운 곳에 반드시 표시해야 하는 것은?

① 상별 표시 ② 위험 표시
③ 최대 전류 ④ 정격 전압

해설 특고압 전로의 상 및 접속 상태의 표시(한국전기설비규정 351.2)
발전소·변전소 또는 이에 준하는 곳의 특고압 전로에 대하여는 그 접속 상태를 모의 모선의 사용, 기타의 방법에 의하여 표시하여야 한다.

83 전력 보안 가공 통신선의 시설 높이에 대한 기준으로 옳은 것은?

① 철도의 궤도를 횡단하는 경우에는 레일면상 5[m] 이상
② 횡단보도교 위에 시설하는 경우에는 그 노면상 3[m] 이상
③ 도로(차도와 도로의 구별이 있는 도로는 차도) 위에 시설하는 경우에는 지표상 2[m] 이상
④ 교통에 지장을 줄 우려가 없도록 도로(차도와 도로의 구별이 있는 도로는 차도) 위에 시설하는 경우에는 지표상 2[m]까지로 감할 수 있다.

해설 전력 보안 통신선의 시설 높이와 이격 거리(간격)(한국전기설비규정 362.2)
- 도로 위에 시설하는 경우에는 지표상 5[m] 이상
- 철도의 궤도를 횡단하는 경우에는 레일면상 6.5[m] 이상
- 횡단보도교 위에 시설하는 경우에는 그 노면상 3[m] 이상

84 사용 전압이 154[kV]인 가공 전선로를 제1종 특고압 보안 공사로 시설할 때 사용되는 경동 연선의 단면적은 몇 [mm²] 이상이어야 하는가?

① 55 ② 100
③ 150 ④ 200

해설 특고압 보안공사(한국전기설비규정 333.22)
제1종 특고압 보안 공사의 전선의 굵기는 다음과 같다.

사용 전압	전 선
100[kV] 미만	인장 강도 21.67[kN] 이상, 55[mm²] 이상 경동 연선
100[kV] 이상 300[kV] 미만	인장 강도 58.84[kN] 이상, 150[mm²] 이상 경동 연선
300[kV] 이상	인장 강도 77.47[kN] 이상, 200[mm²] 이상 경동 연선

85 가반형의 용접 전극을 사용하는 아크 용접 장치의 용접 변압기의 1차측 전로의 대지 전압은 몇 [V] 이하이어야 하는가?

① 60 ② 150
③ 300 ④ 400

해설 아크 용접기(한국전기설비규정 241.10)
- 용접 변압기는 절연 변압기일 것
- 용접 변압기의 1차측 전로의 대지 전압은 300[V] 이하일 것

86 전기 온상용 발열선은 그 온도가 몇 [℃]를 넘지 않도록 시설하여야 하는가?

① 50 ② 60
③ 80 ④ 100

해설 전기 온상 등(한국전기설비규정 241.5)
- 전기 온상 등에 전기를 공급하는 전로의 대지 전압은 300[V] 이하일 것
- 발열선의 지지점 간의 거리는 1[m] 이하일 것
- 발열선과 조영재 사이의 이격 거리(간격)는 2.5[cm] 이상일 것
- 발열선은 그 온도가 80[℃]를 넘지 아니하도록 시설할 것

정답 82.① 83.② 84.③ 85.③ 86.③

87 고압용 기계 기구를 시가지에 시설할 때 지표상 몇 [m] 이상의 높이에 시설하고, 또한 사람이 쉽게 접촉할 우려가 없도록 하여야 하는가?

① 4.0　　② 4.5
③ 5.0　　④ 5.5

해설 고압용 기계 기구의 시설(한국전기설비규정 341.8)
기계 기구를 지표상 4.5[m](시가지 외에는 4[m]) 이상의 높이에 시설하고 또한 사람이 쉽게 접촉할 우려가 없도록 시설하는 경우

88 발전기, 전동기, 조상기(무효전력 보상장치), 기타 회전기(회전변류기 제외)의 절연 내력 시험 전압은 어느 곳에 가하는가?

① 권선과 대지 사이
② 외함과 권선 사이
③ 외함과 대지 사이
④ 회전자와 고정자 사이

해설 회전기 및 정류기의 절연 내력(한국전기설비규정 133)

종류		시험 전압	시험 방법
발전기, 전동기, 조상기 (무효전력 보상장치)	7[kV] 이하	1.5배 (최저 500[V])	권선과 대지 사이 10분간
	7[kV] 초과	1.25배 (최저 10,500[V])	

89 특고압 지중 전선이 지중 약전류 전선 등과 접근하거나 교차하는 경우에 상호 간의 이격 거리(간격)가 몇 [cm] 이하인 때에는 두 전선이 직접 접촉하지 아니하도록 하여야 하는가?

① 15　　② 20
③ 30　　④ 60

해설 지중 전선과 지중 약전류 전선 등 또는 관과의 접근 또는 교차(한국전기설비규정 223.6)
저압 또는 고압의 지중 전선은 30[cm] 이하, 특고압 지중 전선은 60[cm] 이하이어야 한다.

90 고압 옥내 배선의 공사 방법으로 틀린 것은?

① 케이블 공사
② 합성 수지관 공사
③ 케이블 트레이 공사
④ 애자 공사(건조한 장소로서 전개된 장소에 한함)

해설 고압 옥내 배선 등의 시설(한국전기설비규정 342.1)
• 애자 공사(건조한 장소로서 전개된 장소에 한함)
• 케이블 공사
• 케이블 트레이 공사

91 무효전력 보상장치에 내부 고장, 과전류 또는 과전압이 생긴 경우 자동적으로 차단되는 장치를 해야 하는 전력용 커패시터의 최소 뱅크 용량은 몇 [kVA]인가?

① 10,000　　② 12,000
③ 13,000　　④ 15,000

해설 조상 설비의 보호 장치(한국전기설비규정 351.5)

설비 종별	뱅크 용량의 구분	자동적으로 전로로부터 차단하는 장치
전력용 커패시터 및 분로 리액터	500[kVA] 초과 15,000[kVA] 미만	• 내부에 고장이 생긴 경우에 동작하는 장치 • 과전류가 생긴 경우에 동작하는 장치
	15,000[kVA] 이상	• 내부에 고장이 생긴 경우에 동작하는 장치 • 과전류가 생긴 경우에 동작하는 장치 • 과전압이 생긴 경우에 동작하는 장치

92 가공 직류 절연 귀선은 특별한 경우를 제외하고 어느 전선에 준하여 시설하여야 하는가?

① 저압 가공 전선
② 고압 가공 전선
③ 특고압 가공 전선
④ 가공 약전류 전선

정답 87.② 88.① 89.④ 90.② 91.④ 92.①

해설 **가공 직류 절연 귀선의 시설(판단기준 제260조)**
가공 직류 절연 귀선은 저압 가공 전선에 준한다.

※ 이 문제는 출제 당시 규정에는 적합했으나 새로 제정된 한국전기설비규정에는 일부 부적합하므로 문제 유형만 참고하시기 바랍니다.

93 사용 전압이 440[V]인 이동 기중기용 접촉 전선을 애자 공사에 의하여 옥내의 전개된 장소에 시설하는 경우 사용하는 전선으로 옳은 것은?

① 인장 강도가 3.44[kN] 이상인 것 또는 지름 2.6[mm]의 경동선으로 단면적이 8[mm²] 이상인 것
② 인장 강도가 3.44[kN] 이상인 것 또는 지름 3.2[mm]의 경동선으로 단면적이 18[mm²] 이상인 것
③ 인장 강도가 11.2[kN] 이상인 것 또는 지름 6[mm]의 경동선으로 단면적이 28[mm²] 이상인 것
④ 인장 강도가 11.2[kN] 이상인 것 또는 지름 8[mm]의 경동선으로 단면적이 18[mm²] 이상인 것

해설 **옥내에 시설하는 저압 접촉 전선 배선(한국전기설비규정 232.81)**
전선은 인장 강도 11.2[kN] 이상의 것 또는 지름 6[mm]의 경동선으로 단면적이 28[mm²] 이상인 것이어야 한다. 단, 사용 전압이 400[V] 이하인 경우에는 인장 강도 3.44[kN] 이상의 것 또는 지름 3.2[mm] 이상의 경동선으로 단면적이 8[mm²] 이상인 것을 사용할 수 있다.

94 옥내에 시설하는 사용 전압이 400[V] 초과 1,000[V] 이하인 전개된 장소로서, 건조한 장소가 아닌 기타의 장소의 관등 회로 배선 공사로서 적합한 것은?

① 애자 공사
② 금속 몰드 공사
③ 금속 덕트 공사
④ 합성 수지 몰드 공사

해설 **옥내 방전등 배선(한국전기설비규정 234.11.4)**

시설 장소의 구분		공사 방법
전개된 장소	건조한 장소	애자 공사 · 합성 수지 몰드 공사 또는 금속 몰드 공사
	기타의 장소	애자 공사
점검할 수 있는 은폐된 장소	건조한 장소	애자 공사

95 저압 가공 전선으로 사용할 수 없는 것은?
① 케이블
② 절연 전선
③ 다심형 전선
④ 나동복 강선

해설 **저압 가공 전선의 굵기 및 종류(한국전기설비규정 222.5)**
저압 가공 전선은 나전선(중성선에 한함), 절연 전선, 다심형 전선 또는 케이블을 사용해야 한다.

96 가공 전선로의 지지물에 시설하는 지선(지지선)의 시설 기준으로 틀린 것은?

① 지선(지지선)의 안전율을 2.5 이상으로 할 것
② 소선은 최소 5가닥 이상의 강심 알루미늄 연선을 사용할 것
③ 도로를 횡단하여 시설하는 지선(지지선)의 높이는 지표상 5[m] 이상으로 할 것
④ 지중 부분 및 지표상 30[cm]까지의 부분에는 내식성이 있는 것을 사용할 것

해설 **지선(지지선)의 시설(한국전기설비규정 331.11)**
• 지선(지지선)의 안전율은 2.5 이상일 것. 이 경우에 허용 인장 하중의 최저는 4.31[kN]
• 지선(지지선)에 연선을 사용할 경우
 − 소선 3가닥 이상의 연선일 것
 − 소선의 지름이 2.6[mm] 이상의 금속선을 사용한 것일 것

정답 93.③ 94.① 95.④ 96.②

- 지중 부분 및 지표상 30[cm]까지의 부분에는 내식성이 있는 것 또는 아연 도금을 한 철봉을 사용하고 쉽게 부식되지 아니하는 근가(전주 버팀대)에 견고하게 붙일 것
- 철탑은 지선(지지선)을 사용하여 그 강도를 분담시켜서는 안 됨
- 도로를 횡단하여 시설하는 지선(지지선)의 높이는 지표상 5[m] 이상

97 특고압 가공 전선로 중 지지물로서 직선형의 철탑을 연속하여 10기 이상 사용하는 부분에는 몇 기 이하마다 내장(장력이 견디는) 애자 장치가 되어 있는 철탑 또는 이와 동등 이상의 강도를 가지는 철탑 1기를 시설하여야 하는가?

① 3　　② 5
③ 7　　④ 10

해설 특고압 가공 전선로의 내장형 등의 지지물 시설(한국전기설비규정 333.16)

특고압 가공 전선로 중 지지물로서 직선형의 철탑을 연속하여 10기 이상 사용하는 부분에는 10기 이하마다 내장(장력이 견디는) 애자 장치가 되어 있는 철탑 또는 이와 동등 이상의 강도를 가지는 철탑 1기를 시설한다.

98 접지 공사에 사용하는 접지 도체를 사람이 접촉할 우려가 있는 곳에 시설하는 경우 「전기용품 및 생활용품 안전관리법」을 적용받는 합성 수지관(두께 2[mm] 미만의 합성 수지제 전선관 및 난연성이 없는 콤바인덕트관을 제외한다)으로 덮어야 하는 범위로 옳은 것은?

① 접지 도체의 지하 30[cm]로부터 지표상 1[m]까지의 부분
② 접지 도체의 지하 50[cm]로부터 지표상 1.2[m]까지의 부분
③ 접지 도체의 지하 60[cm]로부터 지표상 1.8[m]까지의 부분
④ 접지 도체의 지하 75[cm]로부터 지표상 2[m]까지의 부분

해설 접지 도체(한국전기설비규정 142.3.1)

접지 도체는 지하 75[cm]부터 지표상 2[m]까지의 부분은 합성 수지관(두께 2[mm] 미만 제외) 또는 이것과 동등 이상의 절연 효력 및 강도를 가지는 몰드로 덮을 것

99 사용 전압이 400[V] 이하인 저압 가공 전선은 케이블인 경우를 제외하고는 지름이 몇 [mm] 이상이어야 하는가? (단, 절연 전선은 제외한다.)

① 3.2　　② 3.6
③ 4.0　　④ 5.0

해설 저압 가공 전선의 굵기 및 종류(한국전기설비규정 222.5)

사용 전압이 400[V] 이하는 인장 강도 3.43[kN] 이상의 것 또는 지름 3.2[mm](절연 전선은 인장 강도 2.3[kN] 이상의 것 또는 지름 2.6[mm] 이상의 경동선) 이상

100 수용 장소의 인입구 부근에 대지 사이의 전기 저항값이 3[Ω] 이하인 값을 유지하는 건물의 철골을 접지극으로 사용하여 접지 공사를 한 저압 전로의 접지측 전선에 추가 접지 시 사용하는 접지 도체를 사람이 접촉할 우려가 있는 곳에 시설할 때는 어떤 공사방법으로 시설하는가?

① 금속관 공사
② 케이블 공사
③ 금속 몰드 공사
④ 합성 수지관 공사

해설 저압 수용 장소의 인입구의 접지(한국전기설비규정 142.4.1)

접지 도체를 사람이 접촉할 우려가 있는 곳에 시설할 때에는 접지 도체는 케이블 공사에 준하여 시설하여야 한다.

정답 97.④　98.④　99.①　100.②

2020년 제4회 과년도 출제문제

2020. 9. 26. 시행

제1과목 전기자기학

01 환상 솔레노이드 철심 내부에서 자계의 세기[AT/m]는? (단, N은 코일 권선수, r은 환상 철심의 평균 반지름, I는 코일에 흐르는 전류이다.)

① NI
② $\dfrac{NI}{2\pi r}$
③ $\dfrac{NI}{2r}$
④ $\dfrac{NI}{4\pi r}$

해설
- 앙페르의 주회 적분 법칙 $NI = \oint_c H dl = Hl$
- 자계의 세기 $H = \dfrac{NI}{l} = \dfrac{NI}{2\pi r}$ [AT/m]

02 전류 I가 흐르는 무한 직선 도체가 있다. 이 도체로부터 수직으로 0.1[m] 떨어진 점에서 자계의 세기가 180[AT/m]이다. 도체로부터 수직으로 0.3[m] 떨어진 점에서 자계의 세기[AT/m]는?

① 20
② 60
③ 180
④ 540

해설 자계의 세기 $H = \dfrac{I}{2\pi r}$ [AT/m]

$H_1 = \dfrac{I}{2\pi \times 0.1} = 180$ [AT/m]

$H_2 = \dfrac{I}{2\pi \times 0.3} = \dfrac{I}{2\pi \times 0.1 \times 3}$

$= 180 \times \dfrac{1}{3} = 60$ [AT/m]

03 길이가 l[m], 단면적의 반지름이 a[m]인 원통이 길이 방향으로 균일하게 자화되어 자화의 세기가 J[Wb/m²]인 경우 원통 양단에서의 자극의 세기 m[Wb]은?

① alJ
② $2\pi alJ$
③ $\pi a^2 J$
④ $\dfrac{J}{\pi a^2}$

해설 자화의 세기 $J = \dfrac{m}{s}$ [Wb/m²]

자성체 양단 자극의 세기 $m = sJ = \pi a^2 J$ [Wb]

04 임의 형상의 도선에 전류 I[A]가 흐를 때 거리 r[m]만큼 떨어진 점에서 자계의 세기 H[AT/m]를 구하는 비오-사바르의 법칙에서 자계의 세기 H[AT/m]와 거리 r[m]의 관계로 옳은 것은?

① r에 반비례
② r에 비례
③ r^2에 반비례
④ r^2에 비례

해설 비오-사바르(Biot-Savart) 법칙

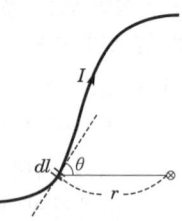

$dH = \dfrac{Idl}{4\pi r^2} \sin\theta$ [AT/m]

자계의 세기 $H = \dfrac{I}{4\pi} \int \dfrac{dl}{r^2} \sin\theta \propto \dfrac{1}{r^2}$

정답 01.② 02.② 03.③ 04.③

05 진공 중에서 전자파의 전파 속도[m/s]는?

① $C_0 = \dfrac{1}{\sqrt{\varepsilon_0 \mu_0}}$

② $C_0 = \sqrt{\varepsilon_0 \mu_0}$

③ $C_0 = \dfrac{1}{\sqrt{\varepsilon_0}}$

④ $C_0 = \dfrac{1}{\sqrt{\mu_0}}$

해설 전파 속도 $v = \dfrac{1}{\sqrt{\varepsilon\mu}} = \dfrac{1}{\sqrt{\varepsilon_0\mu_0}} \dfrac{1}{\sqrt{\varepsilon_s\mu_s}}$ [m/s]

진공 중에서 $v_0 = \dfrac{1}{\sqrt{\varepsilon_0\mu_0}} = C_0$(광속도)

06 다음 중 영구 자석 재료로 사용하기에 적합한 특성은?

① 잔류 자기와 보자력이 모두 큰 것이 적합하다.
② 잔류 자기는 크고 보자력은 작은 것이 적합하다.
③ 잔류 자기는 작고 보자력은 큰 것이 적합하다.
④ 잔류 자기와 보자력이 모두 작은 것이 적합하다.

해설 영구 자석의 재료로는 잔류 자기(B_r)와 보자력(H_c)이 모두 큰 것이 적합하고, 전자석의 재료는 잔류 자기와 보자력 모두 작은 것이 적합하다.

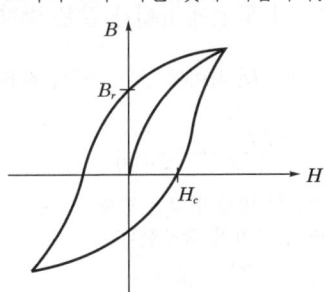

‖ 히스테리시스 곡선 ‖

07 변위 전류와 관계가 가장 깊은 것은?

① 도체 ② 반도체
③ 자성체 ④ 유전체

해설 변위 전류는 유전체 내의 속박 전자의 위치 변화에 따른 전류로, 전속 밀도의 시간적 변화이다.

변위 전류 $I_d = \dfrac{\partial Q}{\partial t} = \dfrac{\partial \psi}{\partial t} = \dfrac{\partial D}{\partial t} S$[A]

여기서, 전속 $\psi = Q = D \cdot S$[C]

08 자속 밀도가 10[Wb/m²]인 자계 내에 길이 4[cm]의 도체를 자계와 직각으로 놓고 이 도체를 0.4초 동안 1[m]씩 균일하게 이동하였을 때 발생하는 기전력은 몇 [V]인가?

① 1 ② 2
③ 3 ④ 4

해설 기전력 $e = v\beta l \sin\theta = \dfrac{x}{t}\beta l \sin\theta$

$= \dfrac{1}{0.4} \times 10 \times 0.04 \times 1 = 1$[V]

09 내부 원통의 반지름이 a, 외부 원통의 반지름이 b인 동축 원통 콘덴서의 내외 원통 사이에 공기를 넣었을 때 정전 용량이 C_1이었다. 내외 반지름을 모두 3배로 증가시키고 공기 대신 비유전율이 3인 유전체를 넣었을 경우의 정전 용량 C_2는?

① $C_2 = \dfrac{C_1}{9}$ ② $C_2 = \dfrac{C_1}{3}$

③ $C_2 = 3C_1$ ④ $C_2 = 9C_1$

해설 동축 원통 도체(calle)의 정전 용량 C

$C_1 = \dfrac{2\pi\varepsilon_0}{\ln\dfrac{b}{a}}$ [F/m]

$C_2 = \dfrac{2\pi\varepsilon_0\varepsilon_s}{\ln\dfrac{3b}{3a}} = 3\dfrac{2\pi\varepsilon_0}{\ln\dfrac{b}{a}} = 3C_1$ [F/m]

정답 05.① 06.① 07.④ 08.① 09.③

10 다음 정전계에 관한 식 중에서 틀린 것은? (단, D는 전속 밀도, V는 전위, ρ는 공간(체적) 전하 밀도, ε은 유전율이다.)

① 가우스의 정리 : $\operatorname{div} D = \rho$

② 푸아송의 방정식 : $\nabla^2 V = \dfrac{\rho}{\varepsilon}$

③ 라플라스의 방정식 : $\nabla^2 V = 0$

④ 발산의 정리 : $\oint_s D \cdot ds = \int_v \operatorname{div} D dv$

해설
- 전위 기울기 $E = -\operatorname{grad} V = -\nabla V$
- 가우스 정리 미분형 $\operatorname{div} E = \nabla \cdot E = \dfrac{\rho}{\varepsilon}$
  $= \nabla \cdot D = \rho \; (D = \varepsilon E)$
- 푸아송의 방정식 $\nabla \cdot (-\nabla V) = \dfrac{\rho}{\varepsilon}$
  $\nabla^2 V = -\dfrac{\rho}{\varepsilon}$

11 유전율이 ε_1, ε_2인 유전체 경계면에 수직으로 전계가 작용할 때 단위 면적당 수직으로 작용하는 힘[N/m²]은? (단, E는 전계[V/m]이고, D는 전속 밀도[C/m²]이다.)

① $2\left(\dfrac{1}{\varepsilon_2} - \dfrac{1}{\varepsilon_1}\right)E^2$ ② $2\left(\dfrac{1}{\varepsilon_2} - \dfrac{1}{\varepsilon_1}\right)D^2$

③ $\dfrac{1}{2}\left(\dfrac{1}{\varepsilon_2} - \dfrac{1}{\varepsilon_1}\right)E^2$ ④ $\dfrac{1}{2}\left(\dfrac{1}{\varepsilon_2} - \dfrac{1}{\varepsilon_1}\right)D^2$

해설 유전체 경계면에 전계가 수직으로 입사하면 전속 밀도 $D_1 = D_2$이고, 인장 응력이 작용한다.

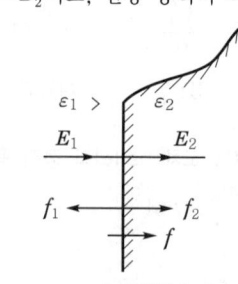

| 경계면 |

$f_1 = \dfrac{D_1^2}{2\varepsilon_1}$, $f_2 = \dfrac{D_2^2}{2\varepsilon_2}$ [N/m²]

$\varepsilon_1 > \varepsilon_2$일 때

$f = f_2 - f_1 = \dfrac{1}{2}\left(\dfrac{1}{\varepsilon_2} - \dfrac{1}{\varepsilon_1}\right)D^2$ [N/m²]

힘은 유전율이 큰 쪽에서 작은 쪽으로 작용한다.

12 질량(m)이 10^{-10}[kg]이고, 전하량(Q)이 10^{-8}[C]인 전하가 전기장에 의해 가속되어 운동하고 있다. 가속도가 $a = 10^2 i + 10^2 j$[m/s²]일 때 전기장의 세기 E[V/m]는?

① $E = 10^4 i + 10^5 j$

② $E = i + 10j$

③ $E = i + j$

④ $E = 10^{-6} i + 10^{-4} j$

해설 전기장에 의해 전하량 Q에 작용하는 힘과 가속에 의한 질량 m의 작용하는 힘이 동일하므로
$F = QE = ma$

전기장의 세기 $E = \dfrac{m}{Q}a = \dfrac{10^{-10}}{10^{-8}} \times (10^2 i + 10^2 j)$
$= i + j$ [V/m]

13 진공 중에서 2[m] 떨어진 두 개의 무한 평행 도선에 단위 길이당 10^{-7}[N]의 반발력이 작용할 때 각 도선에 흐르는 전류의 크기와 방향은? (단, 각 도선에 흐르는 전류의 크기는 같다.)

① 각 도선에 2[A]가 반대 방향으로 흐른다.
② 각 도선에 2[A]가 같은 방향으로 흐른다.
③ 각 도선에 1[A]가 반대 방향으로 흐른다.
④ 각 도선에 1[A]가 같은 방향으로 흐른다.

해설 평행 도선 사이에 단위 길이당 작용하는 힘 f는 다음과 같다.

$f = \dfrac{2I_1 I_2}{d} \times 10^{-7}$ [N/m]

전류의 방향이 같은 방향이면 흡인력, 반대 방향이면 반발력이 작용한다.

$10^{-7} = \dfrac{2I^2}{2} \times 10^{-7}$

전류 $I = 1$[A]가 반대 방향으로 흐른다.

정답 10.② 11.④ 12.③ 13.③

14 자기 인덕턴스(self inductance) $L[H]$을 나타낸 식은? (단, N은 권선수, I는 전류[A], ϕ는 자속[Wb], B는 자속 밀도[Wb/m²], H는 자계의 세기[AT/m], A는 벡터 퍼텐셜[Wb/m], J는 전류 밀도[A/m²]이다.)

① $L = \dfrac{N\phi}{I^2}$

② $L = \dfrac{1}{2I^2}\int B \cdot H dv$

③ $L = \dfrac{1}{I^2}\int A \cdot J dv$

④ $L = \dfrac{1}{I}\int B \cdot H dv$

해설 쇄교 자속 $N\phi = LI$

자기 인덕턴스 $L = \dfrac{N\phi}{I}$

자속 $N\phi = \int_s \vec{B}nds = \int_s \text{rot}\vec{A}nds = \oint_c \vec{A}dl$ [Wb]

전류 $I = \int_s \vec{J}nds$ [A]

인덕턴스 $L = \dfrac{N\phi I}{I^2} = \dfrac{1}{I^2}\oint_c \vec{A}dl \int_s \vec{J}nds$

$= \dfrac{1}{I^2}\int_v \vec{A} \cdot \vec{J}dv$ [H]

15 반지름이 $a[m]$, $b[m]$인 두 개의 구 형상 도체 전극이 도전율 k인 매질 속에 거리 $r[m]$만큼 떨어져 있다. 양 전극 간의 저항[Ω]은? (단, $r \gg a$, $r \gg b$이다.)

① $4\pi k\left(\dfrac{1}{a} + \dfrac{1}{b}\right)$ ② $4\pi k\left(\dfrac{1}{a} - \dfrac{1}{b}\right)$

③ $\dfrac{1}{4\pi k}\left(\dfrac{1}{a} + \dfrac{1}{b}\right)$ ④ $\dfrac{1}{4\pi k}\left(\dfrac{1}{a} - \dfrac{1}{b}\right)$

해설

전위 $V_1 = P_{11}Q_1 + P_{12}Q_2 = \dfrac{1}{4\pi\varepsilon a}Q - \dfrac{1}{4\pi\varepsilon r}Q$

전위 $V_2 = P_{21}Q_1 + P_{22}Q_2 = \dfrac{1}{4\pi\varepsilon r}Q - \dfrac{1}{4\pi\varepsilon b}Q$

전위차 $V_{12} = V_1 - V_2 = \dfrac{Q}{4\pi\varepsilon}\left(\dfrac{1}{a} + \dfrac{1}{b} - \dfrac{2}{r}\right)$

$\fallingdotseq \dfrac{Q}{4\pi\varepsilon}\left(\dfrac{1}{a} + \dfrac{1}{b}\right)$ $(r \gg a, b)$

정전 용량 $C = \dfrac{Q}{V_{12}} = \dfrac{4\pi\varepsilon}{\dfrac{1}{a} + \dfrac{1}{b}}$ [F]

저항과 정전 용량 $RC = \rho\varepsilon = \dfrac{\varepsilon}{k}$

양 전극 간의 저항 $R = \dfrac{\varepsilon}{kC} = \dfrac{\varepsilon}{k}\dfrac{1}{4\pi\varepsilon}\left(\dfrac{1}{a} + \dfrac{1}{b}\right)$

$= \dfrac{1}{4\pi k}\left(\dfrac{1}{a} + \dfrac{1}{b}\right)$ [Ω]

16 정전계 내 도체 표면에서 전계의 세기가 $E = \dfrac{a_x - 2a_y + 2a_z}{\varepsilon_0}$ [V/m]일 때 도체 표면상의 전하 밀도 ρ_s [C/m²]를 구하면? (단, 자유 공간이다.)

① 1   ② 2
③ 3   ④ 5

해설 전계의 세기 $E = \dfrac{\rho_s}{\varepsilon_0}$ [V/m]

면 전하 밀도 $\rho_s = \varepsilon_0 E$

$= a_x - 2a_y + 2a_z$

$= \sqrt{1^2 + 2^2 + 2^2} = 3$ [C/m²]

17 반지름이 3[cm]인 원형 단면을 가지고 있는 환상 연철심에 코일을 감고 여기에 전류를 흘려서 철심 중의 자계 세기가 400[AT/m]가 되도록 여자할 때 철심 중의 자속 밀도는 약 몇 [Wb/m²]인가? (단, 철심의 비투자율은 400이라고 한다.)

① 0.2   ② 0.8
③ 1.6   ④ 2.0

해설 자속 밀도 $B = \mu H = \mu_0 \mu_s H$

$= 4\pi \times 10^{-7} \times 400 \times 400$

$= 0.2$ [Wb/m²]

정답 14.③ 15.③ 16.③ 17.①

18 저항의 크기가 1[Ω]인 전선이 있다. 전선의 체적을 동일하게 유지하면서 길이를 2배로 늘였을 때 전선의 저항[Ω]은?

① 0.5 ② 1
③ 2   ④ 4

해설) 저항 $R = \rho \dfrac{l}{A} = 1[\Omega]$

$R' = \rho \dfrac{2l}{\frac{A}{2}} = 4 \cdot \rho \dfrac{l}{A} = 4[\Omega]$

19 자기 회로와 전기 회로에 대한 설명으로 틀린 것은?

① 자기 저항의 역수를 컨덕턴스라 한다.
② 자기 회로의 투자율은 전기 회로의 도전율에 대응된다.
③ 전기 회로의 전류는 자기 회로의 자속에 대응된다.
④ 자기 저항의 단위는 [AT/Wb]이다.

해설) 자기 저항 $R_m = \dfrac{l}{\mu S} = \dfrac{NI}{\phi}$ [AT/Wb]

전기 저항의 역수는 컨덕턴스이고, 자기 저항의 역수는 퍼미언스(permeance)라 한다.

20 서로 같은 2개의 구 도체에 동일 양의 전하로 대전시킨 후 20[cm] 떨어뜨린 결과 구 도체에 서로 8.6×10^{-4}[N]의 반발력이 작용하였다. 구 도체에 주어진 전하는 약 몇 [C]인가?

① 5.2×10^{-8} ② 6.2×10^{-8}
③ 7.2×10^{-8} ④ 8.2×10^{-8}

해설) 힘 $F = \dfrac{1}{4\pi\varepsilon_0} \dfrac{Q_1 Q_2}{r^2}$ [N]

$8.6 \times 10^{-4} = 9 \times 10^9 \dfrac{Q^2}{0.2^2}$

전하 $Q = \sqrt{\dfrac{8.6 \times 10^{-4}}{9 \times 10^9} \times 0.2^2} = 6.18 \times 10^{-8}$ [C]

제2과목 전력공학

21 전력 원선도에서 구할 수 없는 것은?

① 송·수전할 수 있는 최대 전력
② 필요한 전력을 보내기 위한 송·수전단 전압 간의 상차각
③ 선로 손실과 송전 효율
④ 과도 극한 전력

해설) 전력 원선도로부터 알 수 있는 사항
• 송·수전단 위상각
• 유효 전력, 무효 전력, 피상 전력 및 최대 전력
• 전력 손실과 송전 효율
• 수전단의 역률 및 조상 설비의 용량
• 정태 안정 극한 전력

22 다음 중 그 값이 항상 1 이상인 것은?

① 부등률   ② 부하율
③ 수용률   ④ 전압 강하율

해설) 부등률 = $\dfrac{\text{각 부하의 최대 수용 전력의 합[kW]}}{\text{합성 최대 전력[kW]}}$ 으로

이 값은 항상 1 이상이다.

23 송전 전력, 송전 거리, 전선로의 전력 손실이 일정하고, 같은 재료의 전선을 사용한 경우 단상 2선식에 대한 3상 4선식의 1선당 전력비는 약 얼마인가? (단, 중성선은 외선과 같은 굵기이다.)

① 0.7   ② 0.87
③ 0.94   ④ 1.15

해설) 1선당 전력의 비(3상/단상)는 다음과 같다.

$\dfrac{\frac{\sqrt{3}\,VI}{4}}{\frac{VI}{2}} = \dfrac{\sqrt{3}}{2} = 0.866$

정답 18.④ 19.① 20.② 21.④ 22.① 23.②

24 3상용 차단기의 정격 차단 용량은?

① $\sqrt{3}$ ×정격 전압×정격 차단 전류
② $\sqrt{3}$ ×정격 전압×정격 전류
③ 3×정격 전압×정격 차단 전류
④ 3×정격 전압×정격 전류

해설 차단기의 정격 차단 용량
P_s[MVA]= $\sqrt{3}$ ×정격 전압[kV]×정격 차단 전류[kA]

25 개폐 서지의 이상 전압을 감쇄할 목적으로 설치하는 것은?

① 단로기 ② 차단기
③ 리액터 ④ 개폐 저항기

해설 차단기의 개폐 서지에 의한 이상 전압을 억제하기 위한 방법으로 개폐 저항기를 사용한다.

26 부하의 역률을 개선할 경우 배전 선로에 대한 설명으로 틀린 것은? (단, 다른 조건은 동일하다.)

① 설비 용량의 여유 증가
② 전압 강하의 감소
③ 선로 전류의 증가
④ 전력 손실의 감소

해설 역률 개선의 효과
- 선로 전류가 감소하므로 전력 손실 감소, 전압 강하 감소
- 설비의 여유 증가
- 전력 사업자 공급 설비의 합리적 운용

27 수력 발전소의 형식을 취수 방법, 운용 방법에 따라 분류할 수 있다. 다음 중 취수 방법에 따른 분류가 아닌 것은?

① 댐식 ② 수로식
③ 조정지식 ④ 유역 변경식

해설 수력 발전소 분류에서 낙차를 얻는 방식(취수 방법)은 댐식, 수로식, 댐·수로식, 유역 변경식 등이 있고, 유량 사용 방법은 유입식, 저수지식, 조정지식, 양수식(역조정지식) 등이 있다.

28 한류 리액터를 사용하는 가장 큰 목적은?

① 충전 전류의 제한
② 접지 전류의 제한
③ 누설 전류의 제한
④ 단락 전류의 제한

해설 한류 리액터는 단락 사고 시 발전기가 전기자 반작용이 일어나기 전 커다란 돌발 단락 전류가 흐르므로 이를 제한하기 위해 선로에 직렬로 설치한 리액터이다.

29 66/22[kV], 2,000[kVA] 단상 변압기 3대를 1뱅크로 운전하는 변전소로부터 전력을 공급받는 어떤 수전점에서의 3상 단락 전류는 약 몇 [A]인가? (단, 변압기의 %리액턴스는 7이고 선로의 임피던스는 0이다.)

① 750 ② 1,570
③ 1,900 ④ 2,250

해설 단락 전류 $I_s = \dfrac{100}{\%Z} \cdot I_n$

$= \dfrac{100}{7} \times \dfrac{2,000 \times 3}{\sqrt{3} \times 22} = 2,250$[A]

30 반지름 0.6[cm]인 경동선을 사용하는 3상 1회선 송전선에서 선간 거리를 2[m]로 정삼각형 배치할 경우 각 선의 인덕턴스[mH/km]는 약 얼마인가?

① 0.81 ② 1.21
③ 1.51 ④ 1.81

해설 $L = 0.05 + 0.4605\log_{10} \dfrac{D}{r}$ [mH/km]

$= 0.05 + 0.4605\log_{10} \dfrac{2}{0.6 \times 10^{-2}} = 1.21$[mH/km]

정답 24.① 25.④ 26.③ 27.③ 28.④ 29.④ 30.②

31 파동 임피던스 $Z_1 = 500[\Omega]$인 선로에 파동 임피던스 $Z_2 = 1,500[\Omega]$인 변압기가 접속되어 있다. 선로로부터 600[kV]의 전압파가 들어왔을 때 접속점에서 투과파 전압[kV]은?

① 300 ② 600
③ 900 ④ 1,200

해설 투과파 전압 $e_t = \dfrac{2Z_2}{Z_1 + Z_2} \cdot e_i$
$= \dfrac{2 \times 1,500}{500 + 1,500} \times 600$
$= 900[kV]$

32 원자력 발전소에서 비등수형 원자로에 대한 설명으로 틀린 것은?

① 연료로 농축 우라늄을 사용한다.
② 냉각재로 경수를 사용한다.
③ 물을 원자로 내에서 직접 비등시킨다.
④ 가압수형 원자로에 비해 노심의 출력 밀도가 높다.

해설 비등수형 원자로의 특징
- 원자로의 내부 증기를 직접 터빈에서 이용하기 때문에 증기 발생기(열 교환기)가 필요 없다.
- 증기가 직접 터빈으로 들어가기 때문에 증기 누출을 철저히 방지해야 한다.
- 순환 펌프로 급수 펌프만 있으면 되므로 소내용 동력이 작다.
- 노심의 출력 밀도가 낮기 때문에 같은 노출력의 원자로에서는 노심 및 압력 용기가 커진다.
- 원자력 용기 내에 기수 분리기와 증기 건조기가 설치되므로 용기의 높이가 커진다.
- 연료는 저농축 우라늄(2~3[%])을 사용한다.

33 송·배전 선로의 고장 전류 계산에서 영상 임피던스가 필요한 경우는?

① 3상 단락 계산 ② 선간 단락 계산
③ 1선 지락 계산 ④ 3선 단선 계산

해설 각 사고별 대칭 좌표법 해석

	정상분	역상분	영상분
1선 지락	정상분	역상분	영상분
선간 단락	정상분	역상분	×
3상 단락	정상분	×	×

표에서 보면 영상 임피던스가 필요한 경우는 1선 지락 사고이다.

34 증기 사이클에 대한 설명 중 틀린 것은?

① 랭킨 사이클의 열효율은 초기 온도 및 초기 압력이 높을수록 효율이 크다.
② 재열 사이클은 저압 터빈에서 증기가 포화 상태에 가까워졌을 때 증기를 다시 가열하여 고압 터빈으로 보낸다.
③ 재생 사이클은 증기 원동기 내에서 증기의 팽창 도중에서 증기를 추출하여 급수를 예열한다.
④ 재열 재생 사이클은 재생 사이클과 재열 사이클을 조합해 병용하는 방식이다.

해설 재열 사이클이란 고압 터빈 내에서 습증기가 되기 전에 증기를 모두 추출해 재열기를 이용하여 재가열시켜 저압 터빈을 돌려 열효율을 향상시키는 열 사이클이다.

35 다음 중 송전 선로의 역섬락을 방지하기 위한 대책으로 가장 알맞은 방법은?

① 가공 지선 설치
② 피뢰기 설치
③ 매설 지선 설치
④ 소호각 설치

해설 철탑의 대지 전기 저항이 크게 되면 뇌전류가 흐를 때 철탑의 전위가 상승하여 역섬락이 생길 수 있으므로 매설 지선을 사용하여 철탑의 탑각 저항을 저감시켜야 한다.

정답 31.③ 32.④ 33.③ 34.② 35.③

36 전원이 양단에 있는 환상 선로의 단락 보호에 사용되는 계전기는?

① 방향 거리 계전기
② 부족 전압 계전기
③ 선택 접지 계전기
④ 부족 전류 계전기

해설 송전 선로 단락 보호
- 방사상 선로 : 과전류 계전기 사용
- 환상 선로 : 방향 단락 계전 방식, 방향 거리 계전 방식, 과전류 계전기와 방향 거리 계전기와 조합하는 방식

37 전력 계통을 연계시켜서 얻는 이득이 아닌 것은?

① 배후 전력이 커져서 단락 용량이 작아진다.
② 부하 증가 시 종합 첨두 부하가 저감된다.
③ 공급 예비력이 절감된다.
④ 공급 신뢰도가 향상된다.

해설 배후 전력이 커지면 단락 용량이 증가하므로 고장 용량이 크게 된다.

38 배전 선로에 3상 3선식 비접지 방식을 채용할 경우 나타나는 현상은?

① 1선 지락 고장 시 고장 전류가 크다.
② 1선 지락 고장 시 인접 통신선의 유도 장해가 크다.
③ 고·저압 혼촉 고장 시 저압선의 전위 상승이 크다.
④ 1선 지락 고장 시 건전상의 대지 전위 상승이 크다.

해설 중성점 비접지 방식
1선 지락 전류가 작아 계통에 주는 영향도 작고 과도 안정도가 좋으며 유도 장해도 작지만, 지락 시 충전 전류가 흐르기 때문에 건전상의 전위를 상승시키고, 보호 계전기의 동작이 확실하지 않다.

39 선간 전압이 V[kV]이고 3상 정격 용량이 P[kVA]인 전력 계통에서 리액턴스가 X[Ω]라고 할 때 이 리액턴스를 %리액턴스로 나타내면?

① $\dfrac{XP}{10V}$
② $\dfrac{XP}{10V^2}$
③ $\dfrac{XP}{V^2}$
④ $\dfrac{10V^2}{XP}$

해설 % 임피던스 $\%Z = \dfrac{PZ}{10V^2}$[%]에서 리액턴스가 주어졌으므로 % 리액턴스 $\%X = \dfrac{PX}{10V^2}$[%]로 나타낸다.

40 전력용 콘덴서를 변전소에 설치할 때 직렬 리액터를 설치하고자 한다. 직렬 리액터의 용량을 결정하는 계산식은? (단, f_0는 전원의 기본 주파수, C는 역률 개선용 콘덴서의 용량, L은 직렬 리액터의 용량이다.)

① $L = \dfrac{1}{(2\pi f_0)^2 C}$
② $L = \dfrac{1}{(5\pi f_0)^2 C}$
③ $L = \dfrac{1}{(6\pi f_0)^2 C}$
④ $L = \dfrac{1}{(10\pi f_0)^2 C}$

해설 직렬 리액터를 이용하여 제5고조파를 제거하므로
$5\omega L = \dfrac{1}{5\omega C}$
$\therefore L = \dfrac{1}{(5\omega)^2 C} = \dfrac{1}{(10\pi f_0)^2 C}$

정답 36.① 37.① 38.④ 39.② 40.④

제3과목 | 전기기기

41 동기 발전기 단절권의 특징이 아닌 것은?
① 코일 간격이 극 간격보다 작다.
② 전절권에 비해 합성 유기 기전력이 증가한다.
③ 전절권에 비해 코일 단이 짧게 되므로 재료가 절약된다.
④ 고조파를 제거해서 전절권에 비해 기전력의 파형이 좋아진다.

해설 동기 발전기의 전기자 권선법
• 전절권(×) : 코일 간격과 극 간격이 같은 경우
• 단절권(○) : 코일 간격이 극 간격보다 짧은 경우
 - 고조파를 제거하여 기전력의 파형을 개선한다.
 - 동선량 및 기계 치수가 경감된다.
 - 합성 기전력이 감소한다.

42 3상 변압기의 병렬 운전 조건으로 틀린 것은?
① 각 군의 임피던스가 용량에 비례할 것
② 각 변압기의 백분율 임피던스 강하가 같을 것
③ 각 변압기의 권수비가 같고 1차와 2차의 정격 전압이 같을 것
④ 각 변압기의 상회전 방향 및 1차와 2차 선간 전압의 위상 변위가 같을 것

해설 3상 변압기의 병렬 운전 조건
• 1차, 2차의 정격 전압과 권수비가 같을 것
• 퍼센트 임피던스 강하가 같을 것
• 변압기의 저항과 리액턴스 비가 같을 것
• 상회전 방향과 위상 변위가 같을 것

43 직류기의 권선을 단중 파권으로 감으면 어떻게 되는가?
① 저압 대전류용 권선이다.
② 균압환을 연결해야 한다.
③ 내부 병렬 회로수가 극수만큼 생긴다.
④ 전기자 병렬 회로수가 극수에 관계없이 언제나 2이다.

해설 직류기의 전기자 권선법을 단중 파권으로 하면 전기자의 병렬 회로는 언제나 2이고, 고전압 소전류에 유효하며 균압환은 불필요하다.

44 210/105[V]의 변압기를 그림과 같이 결선하고 고압측에 200[V]의 전압을 가하면 전압계의 지시는 몇 [V]인가? (단, 변압기는 가극성이다.)

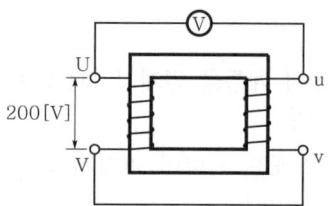

① 100
② 200
③ 300
④ 400

해설 권수비 $a = \dfrac{E_1}{E_2} = \dfrac{V_1}{V_2} = \dfrac{210}{105} = 2$

$E_1 = V_1 = 200[V]$, $E_2 = \dfrac{E_1}{a} = \dfrac{200}{2} = 100[V]$

• 감극성 : $V = E_1 - E_2 = 200 - 100 = 100[V]$
• 가극성 : $V = E_1 + E_2 = 200 + 100 = 300[V]$

45 2상 교류 서보 모터를 구동하는 데 필요한 2상 전압을 얻는 방법으로 널리 쓰이는 방법은?
① 2상 전원을 직접 이용하는 방법
② 환상 결선 변압기를 이용하는 방법
③ 여자 권선에 리액터를 삽입하는 방법
④ 증폭기 내에서 위상을 조정하는 방법

해설 제어용 서보 모터(servo motor)는 2상 교류 서보 모터 또는 직류 서보 모터가 있으며 2상 교류 서보 모터의 주권선에는 상용 주파의 교류 전압 E_r, 제어 권선에는 증폭기 내에서 위상을 조정하는 입력 신호 E_c가 공급된다.

정답 41.② 42.① 43.④ 44.③ 45.④

46 4극, 중권, 총 도체수 500, 극당 자속이 0.01[Wb]인 직류 발전기가 100[V]의 기전력을 발생시키는 데 필요한 회전수는 몇 [rpm]인가?

① 800
② 1,000
③ 1,200
④ 1,600

해설 기전력 $E = \dfrac{Z}{a} P\phi \dfrac{N}{60}$ [V]

회전수 $N = E \cdot \dfrac{60a}{PZ\phi}$

$= 100 \times \dfrac{60 \times 4}{4 \times 500 \times 0.01} = 1,200$ [rpm]

47 3상 분권 정류자 전동기에 속하는 것은?

① 톰슨 전동기
② 데리 전동기
③ 시라게 전동기
④ 애트킨슨 전동기

해설 시라게 전동기(schrage motor)는 권선형 유도 전동기의 회전자에 정류자를 부착시킨 구조로, 3상 분권 정류자 전동기 중에서 특성이 가장 우수한 전동기이다.

48 동기기의 안정도를 증진시키는 방법이 아닌 것은?

① 단락비를 크게 할 것
② 속응 여자 방식을 채용할 것
③ 정상 리액턴스를 크게 할 것
④ 영상 및 역상 임피던스를 크게 할 것

해설 동기기의 안정도 향상책
- 단락비가 클 것
- 동기 임피던스(리액턴스)가 작을 것
- 속응 여자 방식을 채택할 것
- 관성 모멘트가 클 것
- 조속기 동작이 신속할 것
- 영상 및 역상 임피던스가 클 것

49 3상 유도 전동기의 기계적 출력 P[kW], 회전수 N[rpm]인 전동기의 토크[N·m]는?

① $0.46 \dfrac{P}{N}$
② $0.855 \dfrac{P}{N}$
③ $975 \dfrac{P}{N}$
④ $9549.3 \dfrac{P}{N}$

해설 전동기의 토크 $T = \dfrac{P}{\omega} = \dfrac{P}{2\pi \dfrac{N}{60}}$

$= \dfrac{60 \times 10^3}{2\pi} \dfrac{P}{N}$

$= 9549.3 \dfrac{P}{N}$ [N·m]

50 취급이 간단하고 기동 시간이 짧아서 섬과 같이 전력 계통에서 고립된 지역, 선박 등에 사용되는 소용량 전원용 발전기는?

① 터빈 발전기
② 엔진 발전기
③ 수차 발전기
④ 초전도 발전기

해설 엔진 발전기는 제한된 지역에서 쉽고 편리하게 사용할 수 있는 소용량 전원 공급용 발전기이다.

51 평형 6상 반파 정류 회로에서 297[V]의 직류 전압을 얻기 위한 입력측 각 상전압은 약 몇 [V]인가? (단, 부하는 순수 저항 부하이다.)

① 110
② 220
③ 380
④ 440

해설 6상 반파 정류 회로 = 3상 전파 정류 회로

직류 전압 $E_d = \dfrac{6\sqrt{2}}{2\pi} E = 1.35E$

교류 전압 $E = \dfrac{E_d}{1.35}$

$= \dfrac{297}{1.35} = 220$ [V]

정답 46.③ 47.③ 48.③ 49.④ 50.② 51.②

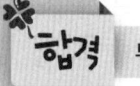

52 단면적 10[cm²]인 철심에 200회의 권선을 감고, 이 권선에 60[Hz], 60[V]의 교류 전압을 인가하였을 때 철심의 최대 자속 밀도는 약 몇 [Wb/m²]인가?

① 1.126×10^{-3}
② 1.126
③ 2.252×10^{-3}
④ 2.252

해설 전압 $V = 4.44f N \phi_m = 4.44f N B_m \cdot S[V]$

최대 자속 밀도 $B_m = \dfrac{V}{4.44f N S}$

$= \dfrac{60}{4.44 \times 60 \times 200 \times 10 \times 10^{-4}}$

$= 1.126 [\text{Wb/m}^2]$

53 전력의 일부를 전원측에 반환할 수 있는 유도 전동기의 속도 제어법은?

① 극수 변환법
② 크레머 방식
③ 2차 저항 가감법
④ 세르비우스 방식

해설 권선형 유도 전동기의 속도 제어에서 2차 여자 제어법은 세르비우스 방식과 크레머 방식이 있으며 세르비우스 방식은 전동기의 2차 기전력 SE_2를 인버터에 의해 상용 주파 교류 전압으로 변환하고 전원측에 반환하여 속도를 제어하는 방식이다.

54 직류 발전기를 병렬 운전할 때 균압 모선이 필요한 직류기는?

① 직권 발전기, 분권 발전기
② 복권 발전기, 직권 발전기
③ 복권 발전기, 분권 발전기
④ 분권 발전기, 단극 발전기

해설 직류 발전기의 안정된 병렬 운전을 위하여 균압 모선(균압선)을 필요로 하는 직류기는 직권 계자 권선이 있는 복권 발전기와 직권 발전기이다.

55 전부하로 운전하고 있는 50[Hz], 4극의 권선형 유도 전동기가 있다. 전부하에서 속도를 1,440[rpm]에서 1,000[rpm]으로 변화시키자면 2차에 약 몇 [Ω]의 저항을 넣어야 하는가? (단, 2차 저항은 0.02[Ω]이다.)

① 0.147
② 0.18
③ 0.02
④ 0.024

해설 동기 속도 $N_s = \dfrac{120f}{P} = \dfrac{120 \times 50}{4} = 1,500 [\text{rpm}]$

슬립 $s = \dfrac{N_s - N}{N_s} = \dfrac{1,500 - 1,440}{1,500} = 0.04$

$s' = \dfrac{N_s - N'}{N_s} = \dfrac{1,500 - 1,000}{1,500} = \dfrac{1}{3}$

동일 토크 조건 : $\dfrac{r_2}{s} = \dfrac{r_2 + R}{s'}$

$\dfrac{0.02}{0.04} = \dfrac{0.02 + R}{\dfrac{1}{3}}$에서

$R = 0.167 - 0.02 = 0.147 [\Omega]$

56 권선형 유도 전동기 2대를 직렬 종속으로 운전하는 경우 그 동기 속도는 어떤 전동기의 속도와 같은가?

① 두 전동기 중 적은 극수를 갖는 전동기
② 두 전동기 중 많은 극수를 갖는 전동기
③ 두 전동기의 극수의 합과 같은 극수를 갖는 전동기
④ 두 전동기의 극수의 합의 평균과 같은 극수를 갖는 전동기

해설 종속 접속의 속도 제어법

• 직렬 종속 : $N = \dfrac{120f}{P_1 + P_2} [\text{rpm}]$

• 차동 종속 : $N = \dfrac{120f}{P_1 - P_2} [\text{rpm}]$

• 병렬 종속 : $N = \dfrac{120f}{\dfrac{P_1 + P_2}{2}} [\text{rpm}]$

정답 52.② 53.④ 54.② 55.① 56.③

57 다음 중 GTO 사이리스터의 특징으로 틀린 것은?

① 각 단자의 명칭은 SCR 사이리스터와 같다.
② 온(on) 상태에서는 양 방향 전류 특성을 보인다.
③ 온(on) 드롭(drop)은 약 2 ~ 4[V]가 되어 SCR 사이리스터보다 약간 크다.
④ 오프(off) 상태에서는 SCR 사이리스터처럼 양 방향 전압 저지 능력을 갖고 있다.

해설 GTO(Gate Turn Off) 사이리스터는 단일 방향(역저지) 3단자 소자이며 (-) 신호를 게이트에 가하면 온 상태에서 오프 상태로 턴오프시키는 기능을 가지고 있다.

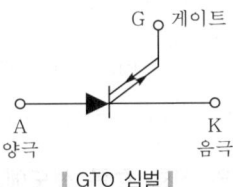

| GTO 심벌 |

58 포화되지 않은 직류 발전기의 회전수가 4배로 증가되었을 때 기전력을 전과 같은 값으로 하려면 자속을 속도 변화 전에 비해 얼마로 하여야 하는가?

① $\frac{1}{2}$ ② $\frac{1}{3}$
③ $\frac{1}{4}$ ④ $\frac{1}{8}$

해설 기전력 $E = \frac{Z}{a}P\phi\frac{N}{60} = K\phi N$

회전수 N을 4배로 하고 기전력을 같은 값으로 하려면 자속 ϕ는 $\frac{1}{4}$배로 하여야 한다.

59 동기 발전기의 단자 부근에서 단락 시 단락 전류는?

① 서서히 증가하여 큰 전류가 흐른다.
② 처음부터 일정한 큰 전류가 흐른다.
③ 무시할 정도의 작은 전류가 흐른다.
④ 단락된 순간은 크나 점차 감소한다.

해설 단락 전류 $I_s = \frac{E}{j(x_l + x_a)}$[A]

단락 초기에는 누설 리액턴스 x_l만에 의해 단락 전류가 제한되어 큰 전류가 흐르다가 수초 후 반작용 리액턴스 x_a가 발생하여 점차 감소한다.

60 단권 변압기에서 1차 전압 100[V], 2차 전압 110[V]인 단권 변압기의 자기 용량과 부하 용량의 비는?

① $\frac{1}{10}$ ② $\frac{1}{11}$
③ 10 ④ 11

해설 단권 변압기의 $\frac{\text{자기 용량}}{\text{부하 용량}} \frac{P}{W} = \frac{V_h - V_l}{V_h}$

$\frac{P}{W} = \frac{V_2 - V_1}{V_2} = \frac{110 - 100}{110} = \frac{1}{11}$

제4과목 회로이론 및 제어공학

61 그림과 같은 블록 선도의 제어 시스템에서 속도 편차 상수 K_v는 얼마인가?

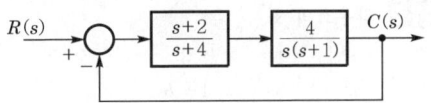

① 0 ② 0.5
③ 2 ④ ∞

해설

정상 속도 편차 $e_{ssv} = \lim_{s\to 0} \dfrac{s\dfrac{1}{s^2}}{1+G(s)}$

$= \lim_{s\to 0} \dfrac{1}{s+sG(s)}$

$= \dfrac{1}{\lim_{s\to 0} sG(s)} = \dfrac{1}{K_v}$

속도 편차 상수 $K_v = \lim_{s\to 0} sG(s)$

$\therefore K_v = \lim_{s\to 0} s\dfrac{4(s+2)}{s(s+1)(s+4)} = 2$

62 근궤적의 성질 중 틀린 것은?

① 근궤적은 실수축을 기준으로 대칭이다.
② 점근선은 허수축 상에서 교차한다.
③ 근궤적의 가지수는 특성 방정식의 차수와 같다.
④ 근궤적은 개루프 전달 함수의 극점으로부터 출발한다.

해설 점근선은 실수축 상에서만 교차하고 그 수는 $n = P - z$이다.

63 Routh-Hurwitz 안정도 판별법을 이용하여 특성 방정식이 $s^3 + 3s^2 + 3s + 1 + K = 0$으로 주어진 제어 시스템이 안정하기 위한 K의 범위를 구하면?

① $-1 \leq K < 8$
② $-1 < K \leq 8$
③ $-1 < K < 8$
④ $K < -1$ 또는 $K > 8$

해설 라우스의 표

s^3	1	3
s^2	3	$1+K$
s^1	$\dfrac{8-K}{3}$	0
s^0	$1+K$	

제1열의 부호 변화가 없으려면 $\dfrac{8-K}{3} > 0$,
$1 + K > 0$
$\therefore -1 < K < 8$

64 $e(t)$의 z변환을 $E(z)$라고 했을 때 $e(t)$의 초기값 $e(0)$는?

① $\lim_{z\to 1} E(z)$
② $\lim_{z\to \infty} E(z)$
③ $\lim_{z\to 1}(1-z^{-1})E(z)$
④ $\lim_{z\to \infty}(1-z^{-1})E(z)$

해설
• 초기값 정리
$\lim_{k\to 0} e(KT) = \lim_{z\to \infty} E(z)$
• 최종값 정리
$\lim_{k\to 0} e(KT) = \lim_{z\to 1}(1-z^{-1})E(z)$

65 그림의 신호 흐름 선도에서 $\dfrac{C(s)}{R(s)}$는?

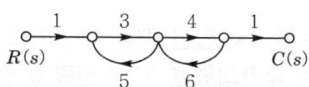

① $-\dfrac{2}{5}$
② $-\dfrac{6}{19}$
③ $-\dfrac{12}{29}$
④ $-\dfrac{12}{37}$

해설 전향 경로 $n = 1$
$G_1 = 1 \times 3 \times 4 \times 1 = 12$, $\Delta_1 = 1$
$\sum L_{n1} = L_{11} + L_{21} = (3 \times 5) + (4 \times 6) = 39$
$\Delta = 1 - \sum L_{n1} = 1 - 39 = -38$
전달 함수 $\dfrac{C(s)}{R(s)} = \dfrac{G_1 \Delta_1}{\Delta}$
$= \dfrac{12}{-38} = -\dfrac{6}{19}$

정답 62.② 63.③ 64.② 65.②

66 전달 함수가 $G(s) = \dfrac{10}{s^2+3s+2}$으로 표현되는 제어 시스템에서 직류 이득은 얼마인가?

① 1 ② 2
③ 3 ④ 5

해설 직류는 주파수 $f=0$이므로 $\omega=2\pi f=0$이다.
∴ 직류 이득은 $\omega=0$일 때 전달 함수의 크기를 의미하므로
$$G_{(j\omega)} = \dfrac{10}{(j\omega)^2+j3\omega+2}\bigg|_{\omega=0} = \dfrac{10}{2} = 5$$

67 전달 함수가 $\dfrac{C(s)}{R(s)} = \dfrac{25}{s^2+6s+25}$인 2차 제어 시스템의 감쇠 진동 주파수($\omega_d$)는 몇 [rad/s]인가?

① 3 ② 4
③ 5 ④ 6

해설 2차 제어 시스템의 감쇠 진동 주파수
$\omega_d = \omega_n\sqrt{1-\delta^2}$ [rad/s]이므로
특성 방정식 $s^2+6s+25 = s^2+2\times 3s+5^2 = 0$
고유 주파수 : $\omega_n = 5$, $\delta\omega_n = 3$, $\delta = \dfrac{3}{5}$
∴ $\omega_d = 5\sqrt{1-\left(\dfrac{3}{5}\right)^2} = 4$[rad/s]

68 다음 논리식을 간단히 한 것은?

$$Y = \overline{A}BC\overline{D} + \overline{A}BCD + \overline{A}\overline{B}C\overline{D} + \overline{A}\overline{B}CD$$

① $Y = \overline{A}C$ ② $Y = A\overline{C}$
③ $Y = AB$ ④ $Y = BC$

해설 $Y = \overline{A}BC\overline{D} + \overline{A}BCD + \overline{A}\overline{B}C\overline{D} + \overline{A}\overline{B}CD$
$= \overline{A}BC(\overline{D}+D) + \overline{A}\overline{B}C(\overline{D}+D)$
$= \overline{A}BC + \overline{A}\overline{B}C$
$= \overline{A}C(B+\overline{B})$
$= \overline{A}C$

69 폐루프 시스템에서 응답의 잔류 편차 또는 정상 상태 오차를 제거하기 위한 제어 기법은?

① 비례 제어
② 적분 제어
③ 미분 제어
④ On-Off 제어

해설 적분 제어 동작은 잔류 편차(off-set)를 제거할 수 있다.

70 시스템 행렬 A가 다음과 같을 때 상태 천이 행렬을 구하면?

$$A = \begin{bmatrix} 0 & 1 \\ -2 & -3 \end{bmatrix}$$

① $\begin{bmatrix} 2e^t - e^{2t} & -e^t + e^{2t} \\ 2e^t - 2e^{2t} & -e^t - 2e^{2t} \end{bmatrix}$

② $\begin{bmatrix} 2e^{-t} - e^{-2t} & e^t - e^{-2t} \\ -2e^{-t} + 2e^{-2t} & -e^{-t} - 2e^{2t} \end{bmatrix}$

③ $\begin{bmatrix} 2e^{-t} - e^{-2t} & -e^{-t} + e^{-2t} \\ 2e^{-t} - 2e^{-2t} & -e^{-t} - 2e^{-2t} \end{bmatrix}$

④ $\begin{bmatrix} 2e^{-t} - e^{-2t} & e^{-t} - e^{-2t} \\ -2e^{-t} + 2e^{-2t} & -e^{-t} + 2e^{-2t} \end{bmatrix}$

해설 $\phi(t) = \mathcal{L}^{-1}[sI-A]^{-1}$
$[sI-A] = \begin{bmatrix} s & 0 \\ 0 & s \end{bmatrix} - \begin{bmatrix} 0 & 1 \\ -2 & -3 \end{bmatrix} = \begin{bmatrix} s & -1 \\ 2 & s+3 \end{bmatrix}$

$[sI-A]^{-1} = \dfrac{1}{\begin{vmatrix} s & -1 \\ 2 & s+3 \end{vmatrix}} \begin{bmatrix} s+3 & 1 \\ -2 & s \end{bmatrix}$

$= \dfrac{1}{s^2+3s+2} \begin{bmatrix} s+3 & 1 \\ -2 & s \end{bmatrix}$

$= \begin{bmatrix} \dfrac{s+3}{(s+1)(s+2)} & \dfrac{1}{(s+1)(s+2)} \\ \dfrac{-2}{(s+1)(s+2)} & \dfrac{s}{(s+1)(s+2)} \end{bmatrix}$

∴ $\phi(t) = \mathcal{L}^{-1}\{[sI-A]^{-1}\}$
$= \begin{bmatrix} 2e^{-t} - e^{-2t} & e^{-t} - e^{-2t} \\ -2e^{-t} + 2e^{-2t} & -e^{-t} + 2e^{-2t} \end{bmatrix}$

정답 66.④ 67.② 68.① 69.② 70.④

71 대칭 3상 전압이 공급되는 3상 유도 전동기에서 각 계기의 지시는 다음과 같다. 유도 전동기의 역률은 약 얼마인가?

- ㉠ 전력계(W_1) : 2.84[kW]
- ㉡ 전력계(W_2) : 6.00[kW]
- ㉢ 전압계(V) : 200[V]
- ㉣ 전류계(A) : 30[A]

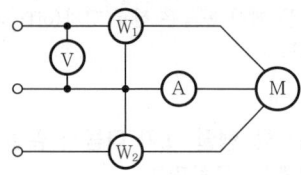

① 0.70   ② 0.75
③ 0.80   ④ 0.85

해설 유효 전력 $P = W_1 + W_2 = 2,840 + 6,000 = 8,840$[W]
피상 전력 $P_a = \sqrt{3}\,VI = \sqrt{3} \times 200 \times 30 = 10,392$[VA]
∴ 역률 $\cos\theta = \dfrac{P}{P_a} = \dfrac{8,840}{10,392} ≒ 0.85$

72 불평형 3상 전류 $I_a = 25 + j4$[A], $I_b = -18 - j16$[A], $I_c = 7 + j15$[A]일 때 영상 전류 I_0[A]는?

① $2.67 + j$ ② $2.67 + j2$
③ $4.67 + j$ ④ $4.67 + j2$

해설 영상 전류 $I_0 = \dfrac{1}{3}(I_a + I_b + I_c)$
$= \dfrac{1}{3}\{(25+j4)+(-18-j16)+(7+j15)\}$
$= 4.67 + j$

73 4단자 정수 A, B, C, D 중에서 전압 이득의 차원을 가진 정수는?

① A   ② B
③ C   ④ D

해설 4단자 정수의 물리적 의미

- $A = \left.\dfrac{V_1}{V_2}\right|_{I_2=0}$: 전압 이득
- $B = \left.\dfrac{V_1}{I_2}\right|_{V_2=0}$: 전달 임피던스
- $C = \left.\dfrac{I_1}{V_2}\right|_{I_2=0}$: 전달 어드미턴스
- $D = \left.\dfrac{I_1}{I_2}\right|_{V_2=0}$: 전류 이득

74 △결선으로 운전 중인 3상 변압기에서 하나의 변압기 고장에 의해 V결선으로 운전하는 경우 V결선으로 공급할 수 있는 전력은 고장 전 △결선으로 공급할 수 있는 전력에 비해 약 몇 [%]인가?

① 86.6   ② 75.0
③ 66.7   ④ 57.7

해설 △결선 시 전력 : $P_\triangle = 3VI\cos\theta$
V결선 시 전력 : $P_V = \sqrt{3}\,VI\cos\theta$
$\dfrac{P_V}{P_\triangle} = \dfrac{\sqrt{3}\,VI\cos\theta}{3VI\cos\theta}$
$= \dfrac{\sqrt{3}}{3} = \dfrac{1}{\sqrt{3}} = 0.577$
∴ 57.7[%]

75 분포 정수 회로에서 직렬 임피던스를 Z, 병렬 어드미턴스를 Y라 할 때 선로의 특성 임피던스 Z_0는?

① ZY ② $\sqrt{ZY}$
③ $\sqrt{\dfrac{Y}{Z}}$ ④ $\sqrt{\dfrac{Z}{Y}}$

해설 특성(파동) 임피던스 $Z_0 = \sqrt{\dfrac{Z}{Y}}$
$= \sqrt{\dfrac{R+j\omega L}{G+j\omega C}}\,[\Omega]$

정답 71.④ 72.③ 73.① 74.④ 75.④

76 그림과 같은 회로의 구동점 임피던스[Ω]는?

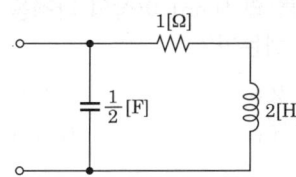

① $\dfrac{2(2s+1)}{2s^2+s+2}$ ② $\dfrac{2s^2+s-2}{-2(2s+1)}$

③ $\dfrac{-2(2s+1)}{2s^2+s-2}$ ④ $\dfrac{2s^2+s+2}{2(2s+1)}$

해설
$$Z(s) = \dfrac{\dfrac{2}{s}(1+2s)}{\dfrac{2}{s}+(1+2s)} = \dfrac{2(2s+1)}{2s^2+s+2}[\Omega]$$

77 회로의 단자 a와 b 사이에 나타나는 전압 V_{ab}는 몇 [V]인가?

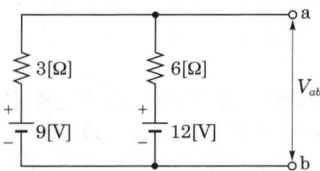

① 3 ② 9
③ 10 ④ 12

해설 밀만의 정리에 의해서
$$V_{ab} = \dfrac{\dfrac{9}{3}+\dfrac{12}{6}}{\dfrac{1}{3}+\dfrac{1}{6}} = 10[V]$$

78 RL 직렬 회로에 순시치 전압 $v(t)=20+100\sin\omega t+40\sin(3\omega t+60°)+40\sin 5\omega t[V]$를 가할 때 제5고조파 전류의 실효값 크기는 약 몇 [A]인가? (단, $R=4[\Omega]$, $\omega L=1[\Omega]$)

① 4.4 ② 5.66
③ 6.25 ④ 8.0

해설 제5고조파 전류 $I_5 = \dfrac{V_5}{Z_5} = \dfrac{V_5}{\sqrt{R^2+(5\omega L)^2}}$

$$= \dfrac{\dfrac{40}{\sqrt{2}}}{\sqrt{4^2+5^2}} ≒ 4.4[A]$$

79 아래 그림의 교류 브리지 회로가 평형이 되는 조건은?

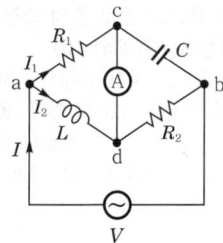

① $L=\dfrac{R_1R_2}{C}$ ② $L=\dfrac{C}{R_1R_2}$

③ $L=R_1R_2C$ ④ $L=\dfrac{R_2}{R_1}C$

해설 브리지 평형 조건
$R_1R_2 = j\omega L\dfrac{1}{j\omega C}$
$R_1R_2 = \dfrac{L}{C}$
$\therefore L = R_1R_2C$

80 $f(t)=t^n$의 라플라스 변환식은?

① $\dfrac{n}{s^n}$ ② $\dfrac{n+1}{s^{n+1}}$

③ $\dfrac{n!}{s^{n+1}}$ ④ $\dfrac{n+1}{s^{n!}}$

해설 $F(s) = \mathcal{L}[t^n] = \dfrac{n!}{s^{n+1}}$

정답 76.① 77.③ 78.① 79.③ 80.③

제5과목 | 전기설비기술기준

81 과전류 차단기로 시설하는 퓨즈 중 고압 전로에 사용하는 비포장 퓨즈는 정격 전류 2배 전류 시 몇 분 안에 용단되어야 하는가?

① 1분
② 2분
③ 5분
④ 10분

해설 고압 및 특고압 전로 중의 과전류 차단기의 시설(한국전기설비규정 341.10)
- 포장 퓨즈는 정격 전류의 1.3배의 전류에 견디고, 2배의 전류로 120분 안에 용단
- 비포장 퓨즈는 정격 전류의 1.25배의 전류에 견디고, 2배의 전류로 2분 안에 용단

82 옥내에 시설하는 저압 전선에 나전선을 사용할 수 있는 경우는?

① 버스 덕트 공사에 의해 시설하는 경우
② 금속 덕트 공사에 의해 시설하는 경우
③ 합성 수지관 공사에 의해 시설하는 경우
④ 후강 전선관 공사에 의해 시설하는 경우

해설 나전선의 사용 제한(한국전기설비규정 231.4)
옥내에 시설하는 저압 전선에 나전선을 사용하는 경우
- 애자 공사에 의하여 전개된 곳에 시설하는 경우
  - 전기로용 전선
  - 전선의 피복 절연물이 부식하는 장소에 시설하는 전선
  - 취급자 이외의 자가 출입할 수 없도록 설비한 장소에 시설하는 전선
- 버스 덕트 공사에 의하여 시설하는 경우
- 라이팅 덕트 공사에 의하여 시설하는 경우
- 저압 접촉 전선을 시설하는 경우

83 고압 가공 전선로에 사용하는 가공 지선은 지름 몇 [mm] 이상의 나경동선을 사용하여야 하는가?

① 2.6
② 3.0
③ 4.0
④ 5.0

해설 고압 가공 전선로의 가공 지선(한국전기설비규정 332.6)
고압 가공 전선로에 사용하는 가공 지선은 인장 강도 5.26[kN] 이상의 것 또는 지름 4[mm] 이상의 나경동선을 사용한다.

84 사용 전압이 35,000[V] 이하인 특고압 가공 전선과 가공 약전류 전선을 동일 지지물에 시설하는 경우 특고압 가공 전선로의 보안 공사로 적합한 것은?

① 고압 보안 공사
② 제1종 특고압 보안 공사
③ 제2종 특고압 보안 공사
④ 제3종 특고압 보안 공사

해설 특고압 가공 전선과 가공 약전류 전선 등의 공용 설치(한국전기설비규정 333.19)
- 특고압 가공 전선로는 제2종 특고압 보안 공사에 의할 것
- 특고압 가공 전선은 가공 약전류 전선 등의 위로 하고 별개의 완금류에 시설할 것
- 특고압 가공 전선은 케이블인 경우 이외에는 인장 강도 21.67[kN] 이상의 연선 또는 단면적이 50[mm^2] 이상인 경동 연선일 것
- 특고압 가공 전선과 가공 약전류 전선 등 사이의 이격 거리(간격)는 2[m] 이상으로 할 것

85 제2종 특고압 보안 공사 시 지지물로 사용하는 철탑의 경간(지지물 간 거리)을 400[m] 초과로 하려면 몇 [mm^2] 이상의 경동 연선을 사용해야 하는가?

① 38
② 55
③ 82
④ 95

정답 81.② 82.① 83.③ 84.③ 85.④

해설 특고압 보안 공사(한국전기설비규정 333.22)
제2종 특고압 보안 공사 경간(지지물 간 거리)은 표에서 정한 값 이하일 것. 단, 전선에 인장 강도 38.05[kN] 이상의 연선 또는 단면적이 95[mm²] 이상인 경동 연선을 사용하고 지지물에 B종 철주·B종 철근 콘크리트주 또는 철탑을 사용하는 경우에는 그러하지 아니하다.

지지물의 종류	경간(지지물 간 거리)
목주·A종	100[m]
B종	200[m]
철탑	400[m]

86 그림은 전력선 반송 통신용 결합 장치의 보안 장치이다. 여기에서 CC는 어떤 커패시터인가?

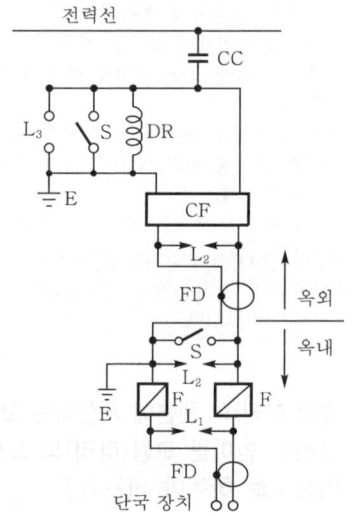

① 결합 커패시터
② 전력용 커패시터
③ 정류용 커패시터
④ 축전용 커패시터

해설 전력선 반송 통신용 결합 장치의 보안 장치(한국전기설비규정 362.11)
• FD : 동축 케이블
• F : 정격 전류 10[A] 이하의 포장 퓨즈
• DR : 전류 용량 2[A] 이상의 배류 선륜

• L_1 : 교류 300[V] 이하에서 동작하는 피뢰기
• L_2, L_3 : 방전 갭
• S : 접지용 개폐기
• CF : 결합 필터
• CC : 결합 커패시터(결합 안테나 포함)

87 수소 냉각식 발전기 및 이에 부속하는 수소 냉각 장치 시설에 대한 설명으로 틀린 것은?

① 발전기 안의 수소의 밀도를 계측하는 장치를 시설할 것
② 발전기 안의 수소의 순도가 85[%] 이하로 저하한 경우에 이를 경보하는 장치를 시설할 것
③ 발전기 안의 수소의 압력을 계측하는 장치 및 그 압력이 현저히 변동한 경우에 이를 경보하는 장치를 시설할 것
④ 발전기는 기밀 구조의 것이고 또한 수소가 대기압에서 폭발하는 경우에 생기는 압력에 견디는 강도를 가지는 것일 것

해설 수소 냉각식 발전기 등의 시설(판단기준 제51조)
• 기밀 구조(氣密構造)의 것
• 수소의 순도가 85[%] 이하로 저하한 경우에 이를 경보하는 장치를 시설할 것
• 발전기 내부 또는 조상기(무효전력 보상장치) 내부의 수소의 압력을 계측하는 장치 및 그 압력이 현저히 변동한 경우에 이를 경보하는 장치를 시설할 것
• 발전기 내부 또는 조상기(무효전력 보상장치) 내부의 수소의 온도를 계측하는 장치를 시설할 것

※ 이 문제는 출제 당시 규정에는 적합했으나 새로 제정된 한국전기설비규정에는 일부 부적합하므로 문제 유형만 참고하시기 바랍니다.

88 목장에서 가축의 탈출을 방지하기 위하여 전기 울타리를 시설하는 경우 전선은 인장 강도가 몇 [kN] 이상의 것이어야 하는가?

① 1.38 ② 2.78
③ 4.43 ④ 5.93

정답 86.① 87.① 88.①

해설 전기 울타리의 시설(한국전기설비규정 241.1)
사용 전압은 250[V] 이하이며, 전선은 인장 강도 1.38[kN] 이상의 것 또는 지름 2[mm] 이상 경동선을 사용하고, 지지하는 기둥과의 이격 거리(간격)는 2.5[cm] 이상, 수목과의 간격은 30[cm] 이상으로 한다.

89 다음 ( )에 들어갈 내용으로 옳은 것은?

> 가공전선로는 무선 설비의 기능에 계속적이고 또한 중대한 장해를 주는 ( )가 생길 우려가 있는 경우에는 이를 방지하도록 시설하여야 한다.

① 전파　　② 혼촉
③ 단락　　④ 정전기

해설 전파 장해의 방지(한국전기설비규정 331.1)
가공전선로는 무선 설비의 기능에 계속적이고 또한 중대한 장해를 주는 전파가 생길 우려가 있는 경우는 이를 방지하도록 시설하여야 한다.

90 최대 사용 전압이 7[kV]를 초과하는 회전기의 절연 내력 시험은 최대 사용 전압의 몇 배의 전압(10,500[V] 미만으로 되는 경우에는 10,500[V])에서 10분간 견디어야 하는가?

① 0.92
② 1
③ 1.1
④ 1.25

해설 회전기 및 정류기의 절연 내력(한국전기설비규정 133)

종류		시험 전압	시험 방법
발전기 전동기 조상기 (무효전력 보상장치)	7[kV] 이하	1.5배 (최저 500[V])	권선과 대지 사이 10분간
	7[kV] 초과	1.25배 (최저 10,500[V])	

91 버스 덕트 공사에 의한 저압 옥내 배선 시설 공사에 대한 설명으로 틀린 것은?

① 덕트(환기형의 것을 제외)의 끝부분은 막지 말 것
② 사용 전압이 400[V] 이하인 경우에는 덕트에 제3종 접지 공사를 할 것
③ 덕트(환기형의 것을 제외)의 내부에 먼지가 침입하지 아니하도록 할 것
④ 사람이 접촉할 우려가 있고, 사용 전압이 400[V] 초과인 경우에는 덕트에 특별 제3종 접지 공사를 할 것

해설 버스 덕트 공사(한국전기설비규정 232.61)
- 덕트 상호간 및 전선 상호간은 견고하고 또한 전기적으로 완전하게 접속할 것
- 덕트를 조영재에 붙이는 경우에는 덕트의 지지점 간의 거리를 3[m] 이하로 하고 또한 견고하게 붙일 것
- 덕트(환기형 제외)의 끝부분은 막을 것
- 덕트(환기형 제외)의 내부에 먼지가 침입하지 아니하도록 할 것
(⇨ 접지 공사 종별은 개정되어 삭제되었음)

※ 이 문제는 출제 당시 규정에는 적합했으나 새로 제정된 한국전기설비규정에는 일부 부적합하므로 문제 유형만 참고하시기 바랍니다.

92 교량(다리)의 윗면에 시설하는 고압 전선로는 전선의 높이를 교량(다리)의 노면상 몇 [m] 이상으로 하여야 하는가?

① 3　　② 4
③ 5　　④ 6

해설 교량(다리)에 시설하는 전선로(한국전기설비규정 335.6)
교량(다리)에 시설하는 고압 전선로
- 교량(다리)의 윗면에 전선의 높이를 교량(다리)의 노면상 5[m] 이상으로 할 것
- 케이블일 것. 단, 철도 또는 궤도 전용의 교량(다리)에는 인장 강도 5.26[kN] 이상의 것 또는 지름 4[mm] 이상의 경동선을 사용
- 전선과 조영재 사이의 이격 거리(간격)는 30[cm] 이상일 것

정답 89.① 90.④ 91.① 92.③

93 저압의 전선로 중 절연 부분의 전선과 대지 간의 절연 저항은 사용 전압에 대한 누설 전류가 최대 공급 전류의 얼마를 넘지 않도록 유지하여야 하는가?

① $\dfrac{1}{1,000}$
② $\dfrac{1}{2,000}$
③ $\dfrac{1}{3,000}$
④ $\dfrac{1}{4,000}$

해설 전선로의 전선 및 절연 성능(기술기준 제27조)
저압 전선로 중 절연 부분의 전선과 대지 간 및 전선의 심선 상호 간의 절연 저항은 사용 전압에 대한 누설 전류가 최대 공급 전류의 $\dfrac{1}{2,000}$을 넘지 않도록 하여야 한다.

94 사용 전압이 특고압인 전기 집진 장치에 전원을 공급하기 위해 케이블을 사람이 접촉할 우려가 없도록 시설하는 경우 방식 케이블 이외의 케이블의 피복에 사용하는 금속체에는 몇 종 접지 공사로 할 수 있는가?

① 제1종 접지 공사
② 제2종 접지 공사
③ 제3종 접지 공사
④ 특별 제3종 접지 공사

해설 전기 집진 장치 등의 시설(한국전기설비규정 241.9)
전기 집진 응용 장치의 금속제 외함 또한 케이블을 넣은 방호 장치의 금속제 부분 및 방식 케이블 이외의 케이블의 피복에 사용하는 금속체에는 접지 시스템의 규정에 준하여 접지 공사를 하여야 한다.
(⇨ 접지 공사 종별은 개정되어 삭제되었음)

※ 이 문제는 출제 당시 규정에는 적합했으나 새로 제정된 한국전기설비규정에는 일부 부적합하므로 문제 유형만 참고하시기 바랍니다.

95 지중 전선로에 사용하는 지중함의 시설 기준으로 틀린 것은?

① 지중함은 견고하고 차량, 기타 중량물의 압력에 견디는 구조일 것
② 지중함은 그 안의 고인 물을 제거할 수 있는 구조로 되어 있을 것
③ 지중함의 뚜껑은 시설자 이외의 자가 쉽게 열 수 없도록 시설할 것
④ 폭발성의 가스가 침입할 우려가 있는 것에 시설하는 지중함으로서, 그 크기가 $0.5[m^3]$ 이상인 것에는 통풍 장치, 기타 가스를 방산시키기 위한 적당한 장치를 시설할 것

해설 지중함의 시설(한국전기설비규정 334.2)
• 지중함은 견고하고 차량, 기타 중량물의 압력에 견디는 구조일 것
• 지중함은 그 안의 고인 물을 제거할 수 있는 구조로 되어 있을 것
• 폭발성 또는 연소성의 가스가 침입할 우려가 있는 것에 시설하는 지중함으로서, 그 크기가 $1[m^3]$ 이상인 것에는 통풍 장치, 기타 가스를 방산시키기 위한 장치를 시설할 것
• 지중함의 뚜껑은 시설자 이외의 자가 쉽게 열 수 없도록 시설할 것

96 사람이 상시 통행하는 터널 안의 배선(전기 기계 기구 안의 배선, 관등 회로의 배선, 소세력 회로의 전선은 제외)의 시설 기준에 적합하지 않은 것은? (단, 사용 전압이 저압의 것에 한한다.)

① 합성 수지관 공사로 시설하였다.
② 공칭 단면적 $2.5[mm^2]$의 연동선을 사용하였다.
③ 애자 공사 시 전선의 높이는 노면상 $2[m]$로 시설하였다.
④ 전로에는 터널의 입구 가까운 곳에 전용 개폐기를 시설하였다.

정답 93.② 94.③ 95.④ 96.③

해설 사람이 상시 통행하는 터널 안의 배선 시설(한국전기설비규정 242.7.1)
- 전선은 공칭 단면적 2.5[mm²]의 연동선과 동등 이상의 세기 및 굵기의 절연 전선(옥외용 제외)을 사용하여 애자 공사에 의하여 시설하고 또한 이를 노면상 2.5[m] 이상의 높이로 할 것
- 전로에는 터널의 입구에 가까운 곳에 전용 개폐기를 시설할 것

97 가공 전선로의 지지물에 하중이 가하여지는 경우에 그 하중을 받는 지지물의 기초 안전율은 얼마 이상이어야 하는가? (단, 이상 시 상정 하중은 무관)

① 1.5 ② 2.0
③ 2.5 ④ 3.0

해설 가공 전선로 지지물의 기초 안전율(한국전기설비규정 331.7)
지지물의 하중에 대한 기초 안전율은 2 이상(이상 시 상정 하중에 대한 철탑의 기초에 대해서는 1.33 이상)

98 발전소에서 계측하는 장치를 시설하여야 하는 사항에 해당하지 않는 것은?

① 특고압용 변압기의 온도
② 발전기의 회전수 및 주파수
③ 발전기의 전압 및 전류 또는 전력
④ 발전기의 베어링(수중 메탈을 제외한다) 및 고정자의 온도

해설 발전소 계측 장치(한국전기설비규정 351.6)
- 발전기, 연료 전지 또는 태양 전지 모듈의 전압, 전류, 전력
- 발전기 베어링 및 고정자의 온도
- 정격 출력 10,000[kW]를 초과하는 증기 터빈에 접속하는 발전기의 진동 진폭
- 주요 변압기의 전압, 전류, 전력
- 특고압용 변압기의 온도
- 동기 발전기 : 동기 검정 장치

99 금속제 외함을 가진 저압의 기계 기구로서, 사람이 쉽게 접촉될 우려가 있는 곳에 시설하는 경우 전기를 공급받는 전로에 지락이 생겼을 때 자동적으로 전로를 차단하는 장치를 설치하여야 하는 기계 기구의 사용 전압이 몇 [V]를 초과하는 경우인가?

① 30 ② 50
③ 100 ④ 150

해설 누전 차단기의 시설(한국전기설비규정 211.2.4)
금속제 외함을 가지는 사용 전압이 50[V]를 초과하는 저압의 기계 기구로서, 사람이 쉽게 접촉할 우려가 있는 곳에 시설하는 것에 전기를 공급하는 전로에는 전로에 지락이 생겼을 때에 자동적으로 전로를 차단하는 장치를 하여야 한다.

100 케이블 트레이 공사에 사용하는 케이블 트레이에 대한 기준으로 틀린 것은?

① 안전율은 1.5 이상으로 하여야 한다.
② 비금속제 케이블 트레이는 수밀성 재료의 것이어야 한다.
③ 금속제 케이블 트레이 계통은 기계적 및 전기적으로 완전하게 접속하여야 한다.
④ 저압 옥내 배선의 사용 전압이 400[V] 초과인 경우에는 금속제 트레이에 접지 공사를 하여야 한다.

해설 케이블 트레이 공사(한국전기설비규정 232.41)
- 케이블 트레이의 안전율은 1.5 이상
- 케이블 트레이 종류 : 사다리형, 펀칭형, 메시(그물망)형, 바닥 밀폐형
- 전선의 피복 등을 손상시킬 돌기 등이 없이 매끈하여야 한다.
- 금속재의 것은 방식 처리를 한 것이거나 내식성 재료의 것이어야 한다.
- 비금속제 케이블 트레이는 난연성 재료의 것이어야 한다.
- 케이블 트레이가 방화 구획의 벽, 마루, 천장 등을 관통하는 경우에 관통부는 불연성의 물질로 충전(充塡)하여야 한다.

정답 97.② 98.② 99.② 100.②

2021년 제1회 과년도 출제문제

2021. 3. 7. 시행

제1과목 전기자기학

01 비투자율 $\mu_r = 800$, 원형 단면적이 $S = 10[\text{cm}^2]$, 평균 자로 길이 $l = 16\pi \times 10^{-2}[\text{m}]$의 환상 철심에 600회의 코일을 감고 이 코일에 1[A]의 전류를 흘리면 환상 철심 내부의 자속은 몇 [Wb]인가?

① 1.2×10^{-3} ② 1.2×10^{-5}
③ 2.4×10^{-3} ④ 2.4×10^{-5}

해설 자속 $\phi = \dfrac{F}{R_m} = \dfrac{NI}{\dfrac{l}{\mu S}} = \dfrac{\mu_0 \mu_r NIS}{l}$

$= \dfrac{4\pi \times 10^{-7} \times 800 \times 600 \times 1 \times 10 \times 10^{-4}}{16\pi \times 10^{-2}}$

$= 1.2 \times 10^{-3}[\text{Wb}]$

02 정상 전류계에서 $\nabla \cdot i = 0$에 대한 설명으로 틀린 것은?

① 도체 내에 흐르는 전류는 연속이다.
② 도체 내에 흐르는 전류는 일정하다.
③ 단위 시간당 전하의 변화가 없다.
④ 도체 내에 전류가 흐르지 않는다.

해설 전류 $I = \int_s i\, n\, ds = \int_v \text{div}\, i\, dv = 0$
$\text{div}\, i = \nabla \cdot i = 0$
전류는 발생과 소멸이 없고 연속, 일정하다는 의미이다.

03 동일한 금속 도선의 두 점 사이에 온도차를 주고 전류를 흘렸을 때 열의 발생 또는 흡수가 일어나는 현상은?

① 펠티에(Peltier) 효과
② 볼타(Volta) 효과
③ 제백(Seebeck) 효과
④ 톰슨(Thomson) 효과

해설 톰슨(Thomson) 효과는 동일 금속선의 두 점 사이에 온도차를 주고 전류를 흘리면 열의 발생과 흡수가 일어나는 현상을 말한다.

04 비유전율이 2이고, 비투자율이 2인 매질 내에서의 전자파의 전파 속도 $v[\text{m/s}]$와 진공 중의 빛의 속도 $v_0[\text{m/s}]$ 사이 관계는?

① $v = \dfrac{1}{2}v_0$ ② $v = \dfrac{1}{4}v_0$
③ $v = \dfrac{1}{6}v_0$ ④ $v = \dfrac{1}{8}v_0$

해설 빛의 속도 $v_0 = \dfrac{1}{\sqrt{\varepsilon_0 \mu_0}}[\text{m/s}]$

전파 속도 $v = \dfrac{1}{\sqrt{\varepsilon\mu}} = \dfrac{1}{\sqrt{\varepsilon_0 \mu_0}} \cdot \dfrac{1}{\sqrt{\varepsilon_r \mu_r}}$

$= \dfrac{1}{\sqrt{\varepsilon_0 \mu_0}} \cdot \dfrac{1}{\sqrt{2 \times 2}}$

$= \dfrac{1}{2}v_0[\text{m/s}]$

05 진공 내의 점 (2, 2, 2)에 $10^{-9}[\text{C}]$의 전하가 놓여 있다. 점 (2, 5, 6)에서의 전계 E는 약 몇 [V/m]인가? (단, a_y, a_z는 단위 벡터이다.)

① $0.278 a_y + 2.888 a_z$
② $0.216 a_y + 0.288 a_z$
③ $0.288 a_y + 0.216 a_z$
④ $0.291 a_y + 0.288 a_z$

정답 01.① 02.④ 03.④ 04.① 05.②

해설 거리 벡터 $r = Q - P$
$= å_x(2-2) + å_y(5-2) + å_z(6-2)$
$= 3a_y + 4a_z \, [\text{m}]$
$|r| = \sqrt{3^2 + 4^2} = 5 \, [\text{m}]$
단위 벡터 $r_0 = \dfrac{r}{|r|} = \dfrac{3a_y + 4a_z}{5} = 0.6a_y + 0.8a_z$
전계의 세기 $E = r_0 \dfrac{Q}{4\pi\varepsilon_0 r^2}$
$= (0.6a_y + 0.8a_z) \times 9 \times 10^9 \times \dfrac{10^{-9}}{5^2}$
$= 0.216a_y + 0.288a_z \, [\text{V/m}]$

06 한 변의 길이가 $l\,[\text{m}]$인 정사각형 도체에 전류 $I[\text{A}]$가 흐르고 있을 때 중심점 P에서의 자계의 세기는 몇 $[\text{A/m}]$인가?

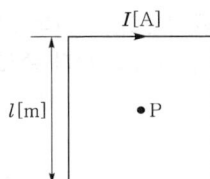

① $16\pi l I$ ② $4\pi l I$
③ $\dfrac{\sqrt{3}\,\pi}{2l}I$ ④ $\dfrac{2\sqrt{2}}{\pi l}I$

해설 자계의 세기 $H = \dfrac{I}{4\pi r}(\sin\theta_1 + \sin\theta_2) \times 4$
$= \dfrac{I}{4\pi \dfrac{l}{2}} \times (\sin 45° + \sin 45°) \times 4$
$= \dfrac{2\sqrt{2}}{\pi l}I \, [\text{AT/m}](=[\text{A/m}])$

07 간격이 3[cm]이고 면적이 30[cm²]인 평판의 공기 콘덴서에 220[V]의 전압을 가하면 두 판 사이에 작용하는 힘은 약 몇 [N]인가?
① 6.3×10^{-6} ② 7.14×10^{-7}
③ 8×10^{-5} ④ 5.75×10^{-4}

해설 정전 응력 $f = \dfrac{1}{2}\varepsilon_0 E^2 = \dfrac{1}{2}\varepsilon_0 \left(\dfrac{v}{d}\right)^2 [\text{N/m}]$
힘 $F = fs$
$= \dfrac{1}{2} \times 8.855 \times 10^{-12} \times \left(\dfrac{220}{3 \times 10^{-2}}\right)^2 \times 30 \times 10^{-4}$
$= 7.14 \times 10^{-7} \, [\text{N}]$

08 전계 $E[\text{V/m}]$, 전속 밀도 $D[\text{C/m}^2]$, 유전율 $\varepsilon = \varepsilon_0 \varepsilon_r [\text{F/m}]$, 분극의 세기 $P[\text{C/m}^2]$ 사이의 관계를 나타낸 것으로 옳은 것은?
① $P = D + \varepsilon_0 E$
② $P = D - \varepsilon_0 E$
③ $P = \dfrac{D + E}{\varepsilon_0}$
④ $P = \dfrac{D - E}{\varepsilon_0}$

해설 유전체 중의 전속 밀도 $D = \varepsilon_0 E + P \, [\text{C/m}^2]$
분극의 세기 $P = D - \varepsilon_0 E \, [\text{C/m}^2]$

09 커패시터를 제조하는데 4가지(A, B, C, D)의 유전 재료가 있다. 커패시터 내의 전계를 일정하게 하였을 때, 단위 체적당 가장 큰 에너지 밀도를 나타내는 재료부터 순서대로 나열한 것은? (단, 유전 재료 A, B, C, D의 비유전율은 각각 $\varepsilon_{rA} = 8$, $\varepsilon_{rB} = 10$, $\varepsilon_{rC} = 2$, $\varepsilon_{rD} = 4$이다.)
① $C > D > A > B$
② $B > A > D > C$
③ $D > A > C > B$
④ $A > B > D > C$

해설 에너지 밀도 $w_E = \dfrac{1}{2}\varepsilon_0\varepsilon_r E^2 \, [\text{J/m}^3]$
에너지 밀도는 비유전율 ε_r에 비례하므로
$B > A > D > C$

정답 06.④ 07.② 08.② 09.②

10 내구의 반지름이 2[cm], 외구의 반지름이 3[cm]인 동심 구도체 간에 고유 저항이 1.884×10^2 [Ω·m]인 저항 물질로 채워져 있을 때, 내외구 간의 합성 저항은 약 몇 [Ω]인가?

① 2.5　　② 5.0
③ 250　　④ 500

해설 정전 용량 $C = \dfrac{4\pi\varepsilon}{\dfrac{1}{a} - \dfrac{1}{b}}$ [F]

저항 $R = \dfrac{e\varepsilon}{C} = \dfrac{e}{4\pi}\left(\dfrac{1}{a} - \dfrac{1}{b}\right)$

$= \dfrac{1.884 \times 10^2}{4\pi}\left(\dfrac{1}{2} - \dfrac{1}{3}\right) \times 10^2$

$= 249.9 ≒ 250$ [Ω]

11 영구 자석의 재료로 적합한 것은?

① 잔류 자속 밀도(B_r)는 크고, 보자력(H_c)은 작아야 한다.
② 잔류 자속 밀도(B_r)는 작고, 보자력(H_c)은 커야 한다.
③ 잔류 자속 밀도(B_r)와 보자력(H_c) 모두 작아야 한다.
④ 잔류 자속 밀도(B_r)와 보자력(H_c) 모두 커야 한다.

해설 영구 자석의 재료로 적합한 것은 히스테리시스 곡선(hysteresis loop)에서 잔류 자속 밀도(B_r)와 보자력(H_c) 모두 커야 한다.

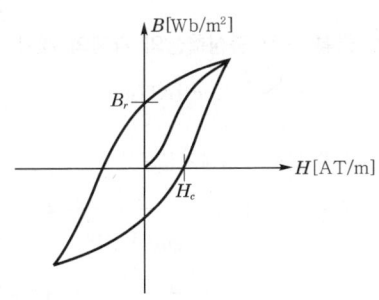

‖ 히스테리시스 곡선 ‖

12 평등 전계 중에 유전체구에 의한 전속 분포가 그림과 같이 되었을 때 ε_1과 ε_2의 크기 관계는?

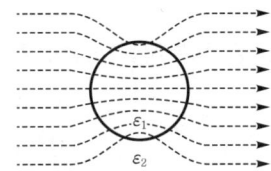

① $\varepsilon_1 > \varepsilon_2$　　② $\varepsilon_1 < \varepsilon_2$
③ $\varepsilon_1 = \varepsilon_2$　　④ $\varepsilon_1 \leq \varepsilon_2$

해설 유전체의 경계면 조건에서 전속은 유전율이 큰 쪽으로 모이려는 성질이 있으므로 $\varepsilon_1 > \varepsilon_2$의 관계가 있다.

13 환상 솔레노이드의 단면적이 S, 평균 반지름이 r, 권선수가 N이고 누설 자속이 없는 경우 자기 인덕턴스의 크기는?

① 권선수 및 단면적에 비례한다.
② 권선수의 제곱 및 단면적에 비례한다.
③ 권선수의 제곱 및 평균 반지름에 비례한다.
④ 권선수의 제곱에 비례하고 단면적에 반비례한다.

해설 자속 $\phi = \dfrac{\mu NIS}{l}$ [Wb]

자기 인덕턴스 $L = \dfrac{N\phi}{I} = \dfrac{\mu N^2 S}{l}$ [H]

14 전하 e[C], 질량 m[kg]인 전자가 전계 E [V/m] 내에 놓여 있을 때 최초에 정지하고 있었다면 t초 후에 전자의 속도[m/s]는?

① $\dfrac{meE}{t}$　　② $\dfrac{me}{E}t$
③ $\dfrac{mE}{e}t$　　④ $\dfrac{Ee}{m}t$

정답 10.③　11.④　12.①　13.②　14.④

해설 힘 $F=eE=ma=m\dfrac{dv}{dt}$[N]

속도 $v=\int \dfrac{eE}{m}dt=\dfrac{eE}{m}t$[m/s]

15 다음 중 비투자율(μ_r)이 가장 큰 것은?
① 금 ② 은
③ 구리 ④ 니켈

해설
- 강자성체 : 철, 니켈, 코발트 ($\mu_r \gg 1$)
- 상자성체 : 공기, 알루미늄, 백금 ($\mu_r > 1$)
- 반자성체 : 금, 은, 동 ($\mu_r < 1$)

16 그림과 같은 환상 솔레노이드 내의 철심 중심에서의 자계의 세기 H[AT/m]는? (단, 환상 철심의 평균 반지름은 r[m], 코일의 권수는 N회, 코일에 흐르는 전류는 I[A]이다.)

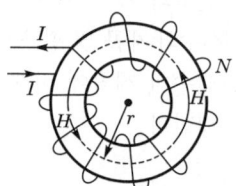

① $\dfrac{NI}{\pi r}$ ② $\dfrac{NI}{2\pi r}$
③ $\dfrac{NI}{4\pi r}$ ④ $\dfrac{NI}{2r}$

해설 앙페르의 주회 적분 법칙
$NI=\oint_c H\cdot dl$에서
$NI=H\cdot l=H\cdot 2\pi r$[AT]
자계의 세기 $H=\dfrac{NI}{2\pi r}$[AT/m]

17 강자성체가 아닌 것은?
① 코발트 ② 니켈
③ 철 ④ 구리

해설 구리(동)는 반자성체이다.

18 반지름이 a[m]인 원형 도선 2개의 루프가 z축상에 그림과 같이 놓인 경우 I[A]의 전류가 흐를 때 원형 전류 중심축상의 자계 H[A/m]는? (단, a_z, a_ϕ는 단위 벡터이다.)

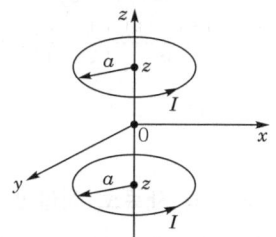

① $H=\dfrac{a^2 I}{(a^2+z^2)^{\frac{3}{2}}}a_\phi$

② $H=\dfrac{a^2 I}{(a^2+z^2)^{\frac{3}{2}}}a_z$

③ $H=\dfrac{a^2 I}{2(a^2+z^2)^{\frac{3}{2}}}a_\phi$

④ $H=\dfrac{a^2 I}{2(a^2+z^2)^{\frac{3}{2}}}a_z$

해설 원형 도선 중심축상의 자계의 세기
$H=\dfrac{a^2 I}{2(a^2+z^2)^{\frac{3}{2}}}a_z$[AT/m]

원형 도선이 2개이므로
자계의 세기 $H=\dfrac{a^2 I}{2(a^2+z^2)^{\frac{3}{2}}}\times 2\cdot a_z$

$=\dfrac{a^2 I}{(a^2+z^2)^{\frac{3}{2}}}a_z$[AT/m](=[A/m])

정답 15.④ 16.② 17.④ 18.②

19 방송국 안테나 출력이 W[W]이고 이로부터 진공 중에 r[m] 떨어진 점에서 자계의 세기의 실효치는 약 몇 [A/m]인가?

① $\dfrac{1}{r}\sqrt{\dfrac{W}{377\pi}}$ ② $\dfrac{1}{2r}\sqrt{\dfrac{W}{377\pi}}$

③ $\dfrac{1}{2r}\sqrt{\dfrac{W}{188\pi}}$ ④ $\dfrac{1}{r}\sqrt{\dfrac{2W}{377\pi}}$

해설 단위 면적당 전력 $P = EH$ [W/m²]

고유 임피던스 $\eta = \dfrac{E}{H} = \dfrac{\sqrt{\mu_0}}{\sqrt{\varepsilon_0}} = 120\pi = 377$ [Ω]

출력 $W = P \cdot S = EHS = 377H^2 \cdot 4\pi r^2$ [W]

자계의 세기 $H = \sqrt{\dfrac{W}{377 \times 4\pi r^2}} = \dfrac{1}{2r}\sqrt{\dfrac{W}{377\pi}}$ [A/m]

20 직교하는 무한 평판 도체와 점전하에 의한 영상 전하는 몇 개 존재하는가?

① 2 ② 3
③ 4 ④ 5

해설 영상 전하의 개수 $n = \dfrac{360°}{\theta} - 1 = \dfrac{360°}{90°} - 1 = 3$개

여기서, θ : 무한 평면 도체 사이의 각

제2과목 전력공학

21 그림과 같은 유황 곡선을 가진 수력 지점에서 최대 사용 수량 OC로 1년간 계속 발전하는 데 필요한 저수지의 용량은?

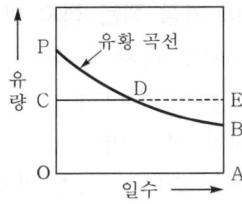

① 면적 OCPBA ② 면적 OCDBA
③ 면적 DEB   ④ 면적 PCD

해설 그림에서 유황 곡선이 PDB이고 1년간 OC의 유량으로 발전하면, D점 이후의 일수는 유량이 DEB에 해당하는 만큼 부족하므로 저수지를 이용하여 필요한 유량을 확보하여야 한다.

22 통신선과 평행인 주파수 60[Hz]의 3상 1회선 송전선이 있다. 1선 지락 때문에 영상 전류가 100[A] 흐르고 있다면 통신선에 유도되는 전자 유도 전압[V]은 약 얼마인가? (단, 영상 전류는 전 전선에 걸쳐서 같으며, 송전선과 통신선과의 상호 인덕턴스는 0.06[mH/km], 그 평행 길이는 40[km]이다.)

① 156.6   ② 162.8
③ 230.2   ④ 271.4

해설 전자 유도 전압 $E_m = -j\omega Ml \times 3I_0$
$= 2\pi \times 60 \times 0.06 \times 40 \times 10^{-3}$
$\times 3 \times 100$
$= 271.44$ [V]

23 고장 전류의 크기가 커질수록 동작 시간이 짧게 되는 특성을 가진 계전기는?

① 순한시 계전기
② 정한시 계전기
③ 반한시 계전기
④ 반한시·정한시 계전기

해설 계전기 동작 시간에 의한 분류
- 순한시 계전기 : 정정된 최소 동작 전류 이상의 전류가 흐르면 즉시 동작하는 계전기
- 정한시 계전기 : 정정된 값 이상의 전류가 흐르면 정해진 일정 시간 후에 동작하는 계전기
- 반한시 계전기 : 정정된 값 이상의 전류가 흐를 때 전류값이 크면 동작 시간은 짧아지고, 전류값이 작으면 동작 시간이 길어진다.

정답 19.② 20.② 21.③ 22.④ 23.③

24 3상 3선식 송전선에서 한 선의 저항이 10[Ω], 리액턴스가 20[Ω]이며, 수전단의 선간 전압이 60[kV], 부하 역률이 0.8인 경우에 전압 강하율이 10[%]라 하면 이 송전 선로로는 약 몇 [kW]까지 수전할 수 있는가?

① 10,000　② 12,000
③ 14,400　④ 18,000

해설 전압 강하율 $\%e = \dfrac{P}{V^2}(R + X\tan\theta) \times 100[\%]$ 에서

전력 $P = \dfrac{\%e \cdot V^2}{R + X\tan\theta}$

$= \dfrac{0.1 \times (60 \times 10^6)^2}{10 + 20 \times \dfrac{0.6}{0.8}} \times 10^{-3}$

$= 14,400[kW]$

25 기준 선간 전압 23[kV], 기준 3상 용량 5,000[kVA], 1선의 유도 리액턴스가 15[Ω]일 때 %리액턴스는?

① 28.36[%]
② 14.18[%]
③ 7.09[%]
④ 3.55[%]

해설 $\%X = \dfrac{P \cdot X}{10 V^2} = \dfrac{5,000 \times 15}{10 \times 23^2} = 14.18[\%]$

26 전력 원선도의 가로축과 세로축을 나타내는 것은?

① 전압과 전류
② 전압과 전력
③ 전류와 전력
④ 유효 전력과 무효 전력

해설 전력 원선도는 복소 전력과 4단자 정수를 이용한 송·수전단의 전력을 원선도로 나타낸 것이므로 가로축에는 유효 전력을, 세로축에는 무효 전력을 표시한다.

27 화력 발전소에서 증기 및 급수가 흐르는 순서는?

① 절탄기 → 보일러 → 과열기 → 터빈 → 복수기
② 보일러 → 절탄기 → 과열기 → 터빈 → 복수기
③ 보일러 → 과열기 → 절탄기 → 터빈 → 복수기
④ 절탄기 → 과열기 → 보일러 → 터빈 → 복수기

해설 급수와 증기 흐름의 기본 순서는 다음과 같다.
급수 펌프 → 절탄기 → 보일러 → 과열기 → 터빈 → 복수기

28 연료의 발열량이 430[kcal/kg]일 때, 화력 발전소의 열효율[%]은? (단, 발전기 출력은 P_G[kW], 시간당 연료의 소비량은 B[kg/h]이다.)

① $\dfrac{P_G}{B} \times 100$　② $\sqrt{2} \times \dfrac{P_G}{B} \times 100$
③ $\sqrt{3} \times \dfrac{P_G}{B} \times 100$　④ $2 \times \dfrac{P_G}{B} \times 100$

해설 화력 발전소 열효율 $\eta = \dfrac{860 W}{mH} \times 100$

$= \dfrac{860 P_G}{B \times 430} \times 100$

$= 2 \times \dfrac{P_G}{B} \times 100[\%]$

29 송전 선로에서 1선 지락 시에 건전상의 전압 상승이 가장 적은 접지 방식은?

① 비접지 방식
② 직접 접지 방식
③ 저항 접지 방식
④ 소호 리액터 접지 방식

정답 24.③　25.②　26.④　27.①　28.④　29.②

해설 중성점 직접 접지 방식은 중성점의 전위를 대지 전압으로 하므로 1선 지락 발생 시 건전상 전위 상승이 거의 없다.

30 접지봉으로 탑각의 접지 저항값을 희망하는 접지 저항값까지 줄일 수 없을 때 사용하는 것은?

① 가공 지선   ② 매설 지선
③ 크로스 본드선   ④ 차폐선

해설 철탑의 대지 전기 저항이 크게 되면 뇌전류가 흐를 때 철탑의 전위가 상승하여 역섬락이 생길 수 있으므로 매설 지선을 사용하여 철탑의 탑각 저항을 저감시켜야 한다.

31 전력 퓨즈(power fuse)는 고압, 특고압 기기의 주로 어떤 전류의 차단을 목적으로 설치하는가?

① 충전 전류   ② 부하 전류
③ 단락 전류   ④ 영상 전류

해설 전력 퓨즈(PF)는 단락 전류의 차단을 목적으로 한다.

32 정전 용량이 C_1이고, V_1의 전압에서 Q_r의 무효 전력을 발생하는 콘덴서가 있다. 정전 용량을 변화시켜 2배로 승압된 전압($2V_1$)에서도 동일한 무효 전력 Q_r을 발생시키고자 할 때, 필요한 콘덴서의 정전 용량 C_2는?

① $C_2 = 4C_1$ ② $C_2 = 2C_1$
③ $C_2 = \dfrac{1}{2}C_1$ ④ $C_2 = \dfrac{1}{4}C_1$

해설 동일한 무효 전력(충전 용량)이므로
$\omega C_1 V_1^2 = \omega C_2 (2V_1)^2$에서
$C_1 = 4C_2$으로 $C_2 = \dfrac{1}{4}C_1$이다.

33 송전 선로에서의 고장 또는 발전기 탈락과 같은 큰 외란에 대하여 계통에 연결된 각 동기기가 동기를 유지하면서 계속 안정적으로 운전할 수 있는지를 판별하는 안정도는?

① 동태 안정도(dynamic stability)
② 정태 안정도(steady-state stability)
③ 전압 안정도(voltage stability)
④ 과도 안정도(transient stability)

해설 과도 안정도(transient stability)
부하가 갑자기 크게 변동하거나, 또는 계통에 사고가 발생하여 큰 충격을 주었을 경우에도 계통에 연결된 각 동기기가 동기를 유지해서 계속 운전할 수 있을 것인가의 능력을 말하며, 이때의 극한 전력을 과도 안정 극한 전력(transient stability power limit)이라고 한다.

34 송전 선로의 고장 전류 계산에 영상 임피던스가 필요한 경우는?

① 1선 지락   ② 3상 단락
③ 3선 단선   ④ 선간 단락

해설 각 사고별 대칭 좌표법 해석

1선 지락	정상분	역상분	영상분
선간 단락	정상분	역상분	×
3상 단락	정상분	×	×

그러므로 영상 임피던스가 필요한 경우는 1선 지락 사고이다.

35 배전 선로의 주상 변압기에서 고압측-저압측에 주로 사용되는 보호 장치의 조합으로 적합한 것은?

① 고압측 : 컷아웃 스위치, 저압측 : 캐치 홀더
② 고압측 : 캐치 홀더, 저압측 : 컷아웃 스위치
③ 고압측 : 리클로저, 저압측 : 라인 퓨즈
④ 고압측 : 라인 퓨즈, 저압측 : 리클로저

정답 30.② 31.③ 32.④ 33.④ 34.① 35.①

해설 주상 변압기 보호 장치
- 1차(고압)측 : 피뢰기, 컷아웃 스위치
- 2차(저압)측 : 캐치 홀더, 중성점 접지

36 용량 20[kVA]인 단상 주상 변압기에 걸리는 하루 동안의 부하가 처음 14시간 동안은 20[kW], 다음 10시간 동안은 10[kW]일 때, 이 변압기에 의한 하루 동안의 손실량[Wh]은? (단, 부하의 역률은 1로 가정하고, 변압기의 전부하 동손은 300[W], 철손은 100[W]이다.)

① 6,850
② 7,200
③ 7,350
④ 7,800

해설
- 동손 : $\left(\dfrac{20}{20}\right)^2 \times 14 \times 300 + \left(\dfrac{10}{20}\right)^2 \times 10 \times 300$
  $= 4,950$[Wh]
- 철손 : $100 \times 24 = 2,400$[Wh]
- ∴ 손실 합계 $4,950 + 2,400 = 7,350$[Wh]

37 케이블 단선 사고에 의한 고장점까지의 거리를 정전 용량 측정법으로 구하는 경우, 건전상의 정전 용량이 C, 고장점까지의 정전 용량이 C_x, 케이블의 길이가 l일 때 고장점까지의 거리를 나타내는 식으로 알맞은 것은?

① $\dfrac{C}{C_x}l$ ② $\dfrac{2C_x}{C}l$
③ $\dfrac{C_x}{C}l$ ④ $\dfrac{C_x}{2C}l$

해설
- 정전 용량법 : 건전상의 정전 용량과 사고상의 정전 용량을 비교하여 사고점을 산출한다.
- 고장점까지 거리 $L = $ 선로 길이 $\times \dfrac{C_x}{C}$
- ∴ $L = \dfrac{C_x}{C}l$

38 수용가의 수용률을 나타낸 식은?

① $\dfrac{\text{합성 최대 수용 전력[kW]}}{\text{평균 전력[kW]}} \times 100[\%]$
② $\dfrac{\text{평균 전력[kW]}}{\text{합성 최대 수용 전력[kW]}} \times 100[\%]$
③ $\dfrac{\text{부하 설비 합계[kW]}}{\text{최대 수용 전력[kW]}} \times 100[\%]$
④ $\dfrac{\text{최대 수용 전력[kW]}}{\text{부하 설비 합계[kW]}} \times 100[\%]$

해설
- 수용률 $= \dfrac{\text{최대 수용 전력[kW]}}{\text{부하 설비 합계[kW]}} \times 100[\%]$
- 부하율 $= \dfrac{\text{평균 부하 전력[kW]}}{\text{최대 부하 전력[kW]}} \times 100[\%]$
- 부등률 $= \dfrac{\text{개개의 최대 수용 전력의 합[kW]}}{\text{합성 최대 수용 전력[kW]}}$

39 %임피던스에 대한 설명으로 틀린 것은?

① 단위를 갖지 않는다.
② 절대량이 아닌 기준량에 대한 비를 나타낸 것이다.
③ 기기 용량의 크기와 관계없이 일정한 범위의 값을 갖는다.
④ 변압기나 동기기의 내부 임피던스에만 사용할 수 있다.

해설 %임피던스는 발전기, 변압기 및 선로 등의 임피던스에 적용된다.

40 역률 0.8, 출력 320[kW]인 부하에 전력을 공급하는 변전소에 역률 개선을 위해 전력용 콘덴서 140[kVA]를 설치했을 때 합성 역률은?

① 0.93 ② 0.95
③ 0.97 ④ 0.99

정답 36.③ 37.③ 38.④ 39.④ 40.②

해설 개선 후 합성 역률

$$\cos\theta_2 = \frac{P}{\sqrt{P^2+(P\tan\theta_1-Q_c)^2}}$$
$$= \frac{320}{\sqrt{320^2+(320\tan\cos^{-1}0.8-140)^2}} = 0.95$$

제3과목 전기기기

41 전류계를 교체하기 위해 우선 변류기 2차측을 단락시켜야 하는 이유는?

① 측정 오차 방지
② 2차측 절연 보호
③ 2차측 과전류 보호
④ 1차측 과전류 방지

해설 변류기 2차측을 개방하면 1차측의 부하 전류가 모두 여자 전류가 되어 큰 자속의 변화로 고전압이 유도되며 2차측 절연 파괴의 위험이 있다.

42 BJT에 대한 설명으로 틀린 것은?

① Bipolar Junction Thyristor의 약자이다.
② 베이스 전류로 컬렉터 전류를 제어하는 전류 제어 스위치이다.
③ MOSFET, IGBT 등의 전압 제어 스위치보다 훨씬 큰 구동 전력이 필요하다.
④ 회로 기호 B, E, C는 각각 베이스(Base), 이미터(Emitter), 컬렉터(Collector)이다.

해설 BJT는 Bipolar Junction Transistor의 약자이며, 베이스 전류로 컬렉터 전류를 제어하는 스위칭 소자이다.

43 단상 변압기 2대를 병렬 운전할 경우, 각 변압기의 부하 전류를 I_a, I_b, 1차측으로 환산한 임피던스를 Z_a, Z_b, 백분율 임피던스 강하를 z_a, z_b, 정격 용량을 P_{an}, P_{bn}이라 한다. 이때 부하 분담에 대한 관계로 옳은 것은?

① $\dfrac{I_a}{I_b} = \dfrac{Z_a}{Z_b}$

② $\dfrac{I_a}{I_b} = \dfrac{P_{bn}}{P_{an}}$

③ $\dfrac{I_a}{I_b} = \dfrac{z_b}{z_a} \times \dfrac{P_{an}}{P_{bn}}$

④ $\dfrac{I_a}{I_b} = \dfrac{Z_a}{Z_b} \times \dfrac{P_{an}}{P_{bn}}$

해설 부하 분담비 $\dfrac{I_a}{I_b}$

$$\dfrac{I_a}{I_b} = \dfrac{Z_b}{Z_a} = \dfrac{\dfrac{I_B Z_b}{V}\times 100}{\dfrac{I_A Z_a}{V}\times 100} \times \dfrac{VI_A}{VI_B}$$

$$= \dfrac{\%Z_b}{\%Z_a} \cdot \dfrac{P_{an}}{P_{bn}} = \dfrac{z_b}{z_a} \times \dfrac{P_{an}}{P_{bn}}$$

44 사이클로 컨버터(cyclo converter)에 대한 설명으로 틀린 것은?

① DC-DC buck 컨버터와 동일한 구조이다.
② 출력 주파수가 낮은 영역에서 많은 장점이 있다.
③ 시멘트 공장의 분쇄기 등과 같이 대용량 저속 교류 전동기 구동에 주로 사용된다.
④ 교류를 교류로 직접 변환하면서 전압과 주파수를 동시에 가변하는 전력 변환기이다.

해설 사이클로 컨버터는 교류를 직접 다른 주파수의 교류로 전압과 주파수를 동시에 가변하는 전력 변환기이고, DC-DC buck 컨버터는 직류를 직류로 변환하는 직류 변압기이다.

정답 41.② 42.① 43.③ 44.①

45 극수 4이며 전기자 권선은 파권, 전기자 도체 수가 250인 직류 발전기가 있다. 이 발전기가 1,200[rpm]으로 회전할 때 600[V]의 기전력을 유기하려면 1극당 자속은 몇 [Wb]인가?

① 0.04
② 0.05
③ 0.06
④ 0.07

해설 유기 기전력 $E = \dfrac{Z}{a} p \phi \dfrac{N}{60}$ [V]

자속 $\phi = E \cdot \dfrac{60a}{pZN}$

$= 600 \times \dfrac{60 \times 2}{4 \times 250 \times 1,200}$

$= 0.06$ [Wb]

46 직류 발전기의 전기자 반작용에 대한 설명으로 틀린 것은?

① 전기자 반작용으로 인하여 전기적 중성 축을 이동시킨다.
② 정류자편 간 전압이 불균일하게 되어 섬락의 원인이 된다.
③ 전기자 반작용이 생기면 주자속이 왜곡 되고 증가하게 된다.
④ 전기자 반작용이란, 전기자 전류에 의하여 생긴 자속이 계자에 의해 발생되는 주자속에 영향을 주는 현상을 말한다.

해설 전기자 반작용은 전기자 전류에 의한 자속이 계자 자속의 분포에 영향을 주는 것으로 다음과 같은 영향이 있다.
- 전기적 중성축의 이동
  - 발전기 : 회전 방향으로 이동
  - 전동기 : 회전 반대 방향으로 이동
- 주자속이 감소한다.
- 정류자편 간 전압이 국부적으로 높아져 섬락을 일으킨다.

47 기전력(1상)이 E_0이고 동기 임피던스(1상) 가 Z_s인 2대의 3상 동기 발전기를 무부하로 병렬 운전시킬 때 각 발전기의 기전력 사이에 δ_s의 위상차가 있으면 한쪽 발전기에서 다른 쪽 발전기로 공급되는 1상당의 전력 [W]은?

① $\dfrac{E_0}{Z_s} \sin \delta_s$ ② $\dfrac{E_0}{Z_s} \cos \delta_s$

③ $\dfrac{E_0^2}{2Z_s} \sin \delta_s$ ④ $\dfrac{E_0^2}{2Z_s} \cos \delta_s$

해설 동기화 전류 $I_s = \dfrac{2E_0}{2Z_s} \sin \dfrac{\delta_s}{2}$ [A]

수수 전력 $P = E_0 I_s \cos \dfrac{\delta_s}{2} = \dfrac{2E_0^2}{2Z_s} \sin \dfrac{\delta_s}{2} \cdot \cos \dfrac{\delta_s}{2}$

$= \dfrac{E_0^2}{2Z_s} \sin \delta_s$ [W]

가법 정리 $\sin \left(\dfrac{\delta_s}{2} + \dfrac{\delta_s}{2} \right) = 2 \sin \dfrac{\delta_s}{2} \cdot \cos \dfrac{\delta_s}{2}$

48 60[Hz], 6극의 3상 권선형 유도 전동기가 있다. 이 전동기의 정격 부하 시 회전수는 1,140[rpm] 이다. 이 전동기를 같은 공급 전압에서 전부하 토크로 기동하기 위한 외부 저항은 몇 [Ω]인 가? (단, 회전자 권선은 Y결선이며 슬립링 간 의 저항은 0.1[Ω]이다.)

① 0.5   ② 0.85
③ 0.95   ④ 1

해설 동기 속도 $N_s = \dfrac{120f}{P} = \dfrac{120 \times 60}{6} = 1,200$ [rpm]

슬립 $s = \dfrac{N_s - N}{N_s} = \dfrac{1,200 - 1,140}{1,200} = 0.05$

2차 1상 저항 $r_2 = \dfrac{\text{슬립링 간의 저항}}{2} = \dfrac{0.1}{2} = 0.05$ [Ω]

동일 토크의 조건

$\dfrac{r_2}{s} = \dfrac{r_2 + R}{s'}$ 에서 $\dfrac{0.05}{0.05} = \dfrac{0.05 + R}{1}$

∴ $R = 0.95$ [Ω]

정답 45.③ 46.③ 47.③ 48.③

49 발전기 회전자에 유도자를 주로 사용하는 발전기는?

① 수차 발전기
② 엔진 발전기
③ 터빈 발전기
④ 고주파 발전기

해설 회전 유도자형은 전기자와 계자극을 모두 고정시키고 유도자(inductor)라고 하는 권선이 없는 철심을 회전자로하여 수백~20,000[Hz] 정도의 높은 주파수를 발생시키는 고주파 발전기이다.

50 3상 권선형 유도 전동기 기동 시 2차측에 외부 가변 저항을 넣는 이유는?

① 회전수 감소
② 기동 전류 증가
③ 기동 토크 감소
④ 기동 전류 감소와 기동 토크 증가

해설 3상 권선형 유도 전동기의 기동 시 2차측의 외부에서 가변 저항을 연결하는 목적은 비례 추이 원리를 이용하여 기동 전류를 감소하고 기동 토크를 증가시키기 위해서이다.

51 1차 전압은 3,300[V]이고 1차측 무부하 전류는 0.15[A], 철손은 330[W]인 단상 변압기의 자화 전류는 약 몇 [A]인가?

① 0.112
② 0.145
③ 0.181
④ 0.231

해설 무부하 전류 $I_0 = \dot{I}_i + \dot{I}_\phi = \sqrt{I_i^2 + I_\phi^2}$ [A]
철손 전류 $I_i = \dfrac{P_i}{V_1} = \dfrac{330}{3,300} = 0.1$ [A]
∴ 자화 전류 $I_\phi = \sqrt{I_0^2 - I_i^2} = \sqrt{0.15^2 - 0.1^2}$
$= 0.112$ [A]

52 유도 전동기의 안정 운전의 조건은? (단, T_m : 전동기 토크, T_L : 부하 토크, n : 회전수)

① $\dfrac{dT_m}{dn} < \dfrac{dT_L}{dn}$
② $\dfrac{dT_m}{dn} = \dfrac{dT_L^2}{dn}$
③ $\dfrac{dT_m}{dn} > \dfrac{dT_L}{dn}$
④ $\dfrac{dT_m}{dn} \neq \dfrac{dT_L^2}{dn}$

해설

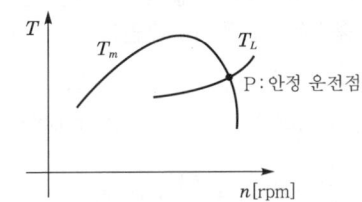

여기서, T_m : 전동기 토크
T_L : 부하의 반항 토크

안정된 운전을 위해서는 $\dfrac{dT_m}{dn} < \dfrac{dT_L}{dn}$ 이어야 한다.
즉, 부하의 반항 토크 기울기가 전동기 토크 기울기보다 큰 점에서 안정 운전을 한다.

53 전압이 일정한 모선에 접속되어 역률 1로 운전하고 있는 동기 전동기를 동기 조상기로 사용하는 경우 여자 전류를 증가시키면 이 전동기는 어떻게 되는가?

① 역률은 앞서고, 전기자 전류는 증가한다.
② 역률은 앞서고, 전기자 전류는 감소한다.
③ 역률은 뒤지고, 전기자 전류는 증가한다.
④ 역률은 뒤지고, 전기자 전류는 감소한다.

해설 동기 전동기를 동기 조상기로 사용하여 역률 1로 운전 중 여자 전류를 증가시키면 전기자 전류는 전압보다 앞선 전류가 흘러 콘덴서 작용을 하며 증가한다.

54 직류기에서 계자 자속을 만들기 위하여 전자석의 권선에 전류를 흘리는 것을 무엇이라 하는가?

① 보극
② 여자
③ 보상 권선
④ 자화 작용

정답 49.④ 50.④ 51.① 52.① 53.① 54.②

해설 직류기에서 계자 자속을 만들기 위하여 전자석의 권선에 전류를 흘려서 자화하는 것을 여자(excited)라고 한다.

55 동기 리액턴스 $X_s = 10[\Omega]$, 전기자 권선 저항 $r_a = 0.1[\Omega]$, 3상 중 1상의 유도 기전력 $E = 6,400[V]$, 단자 전압 $V = 4,000[V]$, 부하각 $\delta = 30°$이다. 비철극기인 3상 동기 발전기의 출력은 약 몇 [kW]인가?

① 1,280 ② 3,840
③ 5,560 ④ 6,650

해설 1상 출력 $P_1 = \dfrac{EV}{Z_s}\sin\delta[W]$

3상 출력 $P_3 = 3P_1 = 3 \times \dfrac{6,400 \times 4,000}{10} \times \dfrac{1}{2} \times 10^{-3}$
$= 3,840[kW]$

56 히스테리시스 전동기에 대한 설명으로 틀린 것은?

① 유도 전동기와 거의 같은 고정자이다.
② 회전자극은 고정자극에 비하여 항상 각도 δ_h만큼 앞선다.
③ 회전자가 부드러운 외면을 가지므로 소음이 적으며, 순조롭게 회전시킬 수 있다.
④ 구속 시부터 동기 속도만을 제외한 모든 속도 범위에서 일정한 히스테리시스 토크를 발생한다.

해설 히스테리시스 전동기는 동기 속도를 제외한 모든 속도 범위에서 일정한 히스테리시스 토크를 발생하며 회전자극은 고정자극에 비하여 항상 각도 δ_h만큼 뒤진다.

57 단자 전압 220[V], 부하 전류 50[A]인 분권 발전기의 유도 기전력은 몇 [V]인가? (단, 여기서 전기자 저항은 0.2[Ω]이며, 계자 전류 및 전기자 반작용은 무시한다.)

① 200 ② 210
③ 220 ④ 230

해설 유기 기전력 $E = V + I_a R_a$
$= 220 + 50 \times 0.2 = 230[V]$

58 단상 유도 전압 조정기에서 단락 권선의 역할은?

① 철손 경감 ② 절연 보호
③ 전압 강하 경감 ④ 전압 조정 용이

해설 단상 유도 전압 조정기의 단락 권선은 누설 리액턴스를 감소하여 전압 강하를 적게 한다.

59 3상 유도 전동기에서 회전자가 슬립 s로 회전하고 있을 때 2차 유기 전압 E_{2s} 및 2차 주파수 f_{2s}와 s와의 관계는? (단, E_2는 회전자가 정지하고 있을 때 2차 유기 기전력이며 f_1은 1차 주파수이다.)

① $E_{2s} = sE_2$, $f_{2s} = sf_1$
② $E_{2s} = sE_2$, $f_{2s} = \dfrac{f_1}{s}$
③ $E_{2s} = \dfrac{E_2}{s}$, $f_{2s} = \dfrac{f_1}{s}$
④ $E_{2s} = (1-s)E_2$, $f_{2s} = (1-s)f_1$

해설 3상 유도 전동기가 슬립 s로 회전 시
2차 유기 전압 $E_{2s} = sE_2[V]$
2차 주파수 $f_{2s} = sf_1[Hz]$

60 3,300/220[V]의 단상 변압기 3대를 △-Y 결선하고 2차측 선간에 15[kW]의 단상 전열기를 접속하여 사용하고 있다. 결선을 △-△로 변경하는 경우 이 전열기의 소비 전력은 몇 [kW]로 되는가?

① 5 ② 12
③ 15 ④ 21

정답 55.② 56.② 57.④ 58.③ 59.① 60.①

해설 변압기를 △-Y결선에서 △-△결선으로 변경하면 부하의 공급 전압이 $\frac{1}{\sqrt{3}}$로 감소하고 소비 전력은 전압의 제곱에 비례하므로 다음과 같다.

$$P' = P \times \left(\frac{1}{\sqrt{3}}\right)^2 = 15 \times \left(\frac{1}{\sqrt{3}}\right)^2 = 5[\text{kW}]$$

제4과목 회로이론 및 제어공학

61 블록 선도와 같은 단위 피드백 제어 시스템의 상태 방정식은? (단, 상태 변수는 $x_1(t) = c(t)$, $x_2(t) = \frac{d}{dt}c(t)$로 한다.)

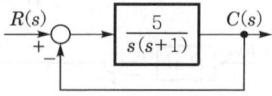

① $\dot{x}_1(t) = x_2(t)$
   $\dot{x}_2(t) = -5x_1(t) - x_2(t) + 5r(t)$

② $\dot{x}_1(t) = x_2(t)$
   $\dot{x}_2(t) = -5x_1(t) - x_2(t) - 5r(t)$

③ $\dot{x}_1(t) = -x_2(t)$
   $\dot{x}_2(t) = 5x_1(t) + x_2(t) - 5r(t)$

④ $\dot{x}_1(t) = -x_2(t)$
   $\dot{x}_2(t) = -5x_1(t) - x_2(t) + 5r(t)$

해설
전달 함수 $\frac{C(s)}{R(s)} = \frac{\frac{5}{s(s+1)}}{1 + \frac{5}{s(s+1)}} = \frac{5}{s^2 + s + 5}$

$s^2 C(s) + sC(s) + 5C(s) = 5R(s)$

미분 방정식 $\frac{d^2c(t)}{dt^2} + \frac{dc(t)}{dt} + 5c(t) = 5r(t)$

상태 변수 $x_1(t) = c(t)$
$x_2(t) = \frac{dc(t)}{dt}$

상태 방정식 $\dot{x}_1(t) = \frac{dc(t)}{dt} = x_2(t)$
$\dot{x}_2(t) = \frac{d^2c(t)}{dt^2} = -5x_1(t) - x_2(t) + 5r(t)$

62 적분 시간 3[s], 비례 감도가 3인 비례 적분 동작을 하는 제어 요소가 있다. 이 제어 요소에 동작 신호 $x(t) = 2t$를 주었을 때 조작량은 얼마인가? (단, 초기 조작량 $y(t)$는 0으로 한다.)

① $t^2 + 2t$
② $t^2 + 4t$
③ $t^2 + 6t$
④ $t^2 + 8t$

해설 동작 신호를 $x(t)$, 조작량을 $y(t)$라 하면 비례 적분 동작(PI 동작)은
$y(t) = K_p \left[x(t) + \frac{1}{T_i} \int x(t) dt \right]$
비례 감도 $K_p = 3$, 적분 시간 $T_i = 3[s]$
동작 신호 $x(t) = 2t$이므로
$y(t) = 3 \left(2t + \frac{1}{3} \int 2t \, dt \right) = 6t + t^2$
∴ 조작량 $y(t) = t^2 + 6t$

63 블록 선도의 제어 시스템은 단위 램프 입력에 대한 정상 상태 오차(정상 편차)가 0.01이다. 이 제어 시스템의 제어 요소인 $G_{C1}(s)$의 k는?

$G_{C1}(s) = k$, $G_{C2}(s) = \frac{1 + 0.1s}{1 + 0.2s}$

$G_P(s) = \frac{200}{s(s+1)(s+2)}$

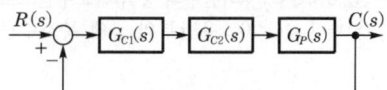

① 0.1
② 1
③ 10
④ 100

정답 61.① 62.③ 63.②

해설 정상 속도 편차 $e_{ssv} = \dfrac{1}{K_v}$

속도 편차 상수 $K_v = \lim\limits_{s \to 0} s \cdot G(s)$

$K_v = \lim\limits_{s \to 0} s \dfrac{k \cdot (1+0.1s) \cdot 200}{(1+0.2s)s(s+1)(s+2)} = \dfrac{200k}{2} = 100k$

$\therefore\ 0.01 = \dfrac{1}{100k}$

$\therefore\ k = 1$

64 개루프 전달 함수 $G(s)H(s)$로부터 근궤적을 작성할 때 실수축에서의 점근선의 교차점은?

$$G(s)H(s) = \dfrac{K(s-2)(s-3)}{s(s+1)(s+2)(s+4)}$$

① 2 ② 5
③ -4 ④ -6

해설 $\delta = \dfrac{\sum G(s)H(s)\text{의 극점} - \sum G(s)H(s)\text{의 영점}}{P-Z}$

$= \dfrac{(0-1-2-4)-(2+3)}{4-2}$

$= -6$

65 2차 제어 시스템의 감쇠율(damping ratio, ζ)이 $\zeta < 0$인 경우 제어 시스템의 과도 응답 특성은?

① 발산 ② 무제동
③ 임계 제동 ④ 과제동

해설 2차 제어 시스템의 감쇠비(율) ζ에 따른 과도 응답 특성
① $\zeta = 0$: 순허근으로 무제동
② $\zeta = 1$: 중근으로 임계 제동
③ $\zeta > 1$: 서로 다른 두 실근으로 과제동
④ $0 < \zeta < 1$: 좌반부의 공액 복소수근으로 부족 제동
⑤ $-1 < \zeta < 0$: 우반부의 공액 복소수근으로 발산

66 특성 방정식이 $2s^4 + 10s^3 + 11s^2 + 5s + K = 0$으로 주어진 제어 시스템이 안정하기 위한 조건은?

① $0 < K < 2$ ② $0 < K < 5$
③ $0 < K < 6$ ④ $0 < K < 10$

해설 라우스의 표

s^4	2	11	K
s^3	10	5	
s^2	10	K	
s^1	$\dfrac{50-10K}{10}$		
s^0	K		

제어 시스템이 안정하기 위해서는 제1열의 부호 변화가 없어야 하므로 $\dfrac{50-10K}{10} > 0,\ K > 0$

$\therefore\ 0 < K < 5$

67 블록 선도의 전달 함수 $\left(\dfrac{C(s)}{R(s)}\right)$는?

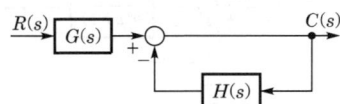

① $\dfrac{G(s)}{1+H(s)}$ ② $\dfrac{G(s)}{1+G(s)H(s)}$
③ $\dfrac{1}{1+H(s)}$ ④ $\dfrac{1}{1+G(s)H(s)}$

해설 $\{R(s)G(s) - C(s)H(s)\} = C(s)$
$R(s)G(s) = C(s)\{1+H(s)\}$
$\therefore$ 전달 함수 $\dfrac{C(s)}{R(s)} = \dfrac{G(s)}{1+H(s)}$

68 신호 흐름 선도에서 전달 함수 $\left(\dfrac{C(s)}{R(s)}\right)$는?

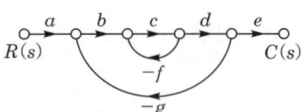

① $\dfrac{abcde}{1-cg-bcdg}$ ② $\dfrac{abcde}{1-cf+bcdg}$
③ $\dfrac{abcde}{1+cf-bcdg}$ ④ $\dfrac{abcde}{1+cf+bcdg}$

정답 64.④ 65.① 66.② 67.① 68.④

해설 전향 경로 $n = 1$
$G_1 = abcde$, $\Delta_1 = 1$
$L_{11} = -cf$, $L_{21} = -bcdg$
$\Delta = 1 - (L_{11} + L_{21}) = 1 + cf + bcdg$
$\therefore$ 전달 함수 $M(s) = \dfrac{C(s)}{R(s)} = \dfrac{abcde}{1 + cf + bcdg}$

69 $e(t)$의 z변환율 $E(z)$라고 했을 때 $e(t)$의 최종값 $e(\infty)$은?

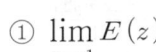

① $\lim\limits_{z \to 1} E(z)$
② $\lim\limits_{z \to \infty} E(z)$
③ $\lim\limits_{z \to 1}(1 - z^{-1})E(z)$
④ $\lim\limits_{z \to \infty}(1 - z^{-1})E(z)$

해설
- 초기값 정리 : $e(0) = \lim\limits_{t \to 0} e(t) = \lim\limits_{z \to \infty} E(z)$
- 최종값 정리 : $e(\infty) = \lim\limits_{t \to \infty} e(t) = \lim\limits_{z \to 1}(1 - z^{-1})E(z)$

70 $\overline{A} + \overline{B} \cdot \overline{C}$와 등가인 논리식은?

① $\overline{A \cdot (B + C)}$ ② $\overline{A + B \cdot C}$
③ $\overline{A \cdot B + C}$ ④ $\overline{A \cdot B} + C$

해설 드모르간의 정리
$\overline{A + B} = \overline{A} \cdot \overline{B}$
$\overline{A \cdot B} = \overline{A} + \overline{B}$
$\therefore \overline{A} + \overline{B} \cdot \overline{C} = \overline{A} + \overline{(B + C)} = \overline{A \cdot (B + C)}$

71 $F(s) = \dfrac{2s^2 + s - 3}{s(s^2 + 4s + 3)}$의 라플라스 역변환은?

① $1 - e^{-t} + 2e^{-3t}$
② $1 - e^{-t} - 2e^{-3t}$
③ $-1 - e^{-t} - 2e^{-3t}$
④ $-1 + e^{-t} + 2e^{-3t}$

해설 $F(s) = \dfrac{2s^2 + s - 3}{s(s^2 + 4s + 3)} = \dfrac{2s^2 + s - 3}{s(s+1)(s+3)}$
$= \dfrac{K_1}{s} + \dfrac{K_2}{s+1} + \dfrac{K_3}{s+3}$

- $K_1 = \dfrac{2s^2 + s - 3}{(s+1)(s+3)}\bigg|_{s=0} = -1$
- $K_2 = \dfrac{2s^2 + s - 3}{s(s+3)}\bigg|_{s=-1} = 1$
- $K_3 = \dfrac{2s^2 + s - 3}{s(s+1)}\bigg|_{s=-3} = 2$

$= \dfrac{-1}{s} + \dfrac{1}{s+1} + \dfrac{2}{s+3}$
$\therefore f(t) = -1 + e^{-t} + 2e^{-3t}$

72 전압 및 전류가 다음과 같을 때 유효 전력[W] 및 역률[%]은 각각 약 얼마인가?

$v(t) = 100\sin\omega t - 50\sin(3\omega t + 30°)$
$\quad\quad + 20\sin(5\omega t + 45°)\,[\text{V}]$
$i(t) = 20\sin(\omega t + 30°) + 10\sin(3\omega t - 30°)$
$\quad\quad + 5\cos 5\omega t\,[\text{A}]$

① 825[W], 48.6[%]
② 776.4[W], 59.7[%]
③ 1,120[W], 77.4[%]
④ 1,850[W], 89.6[%]

해설
- 유효 전력 $P = \dfrac{100}{\sqrt{2}}\dfrac{20}{\sqrt{2}}\cos 30° - \dfrac{50}{\sqrt{2}}\dfrac{10}{\sqrt{2}}\cos 60°$
$\quad\quad + \dfrac{20}{\sqrt{2}}\dfrac{5}{\sqrt{2}}\cos 45° = 776.4\,[\text{W}]$

- 피상 전력 $P_a = VI = \sqrt{\dfrac{100^2 + (-50)^2 + 20^2}{2}}$
$\quad\quad \times \sqrt{\dfrac{20^2 + 10^2 + 5^2}{2}}$
$\quad\quad = 1,300.86\,[\text{VA}]$

- 역률 $\cos\theta = \dfrac{P}{P_a} = \dfrac{776.4}{1,300.86} \times 100 = 59.7\,[\%]$

정답 69.③ 70.① 71.④ 72.②

73 회로에서 $t=0$초일 때 닫혀 있는 스위치 S를 열었다. 이때 $\dfrac{dv(0^+)}{dt}$의 값은? (단, C의 초기 전압은 0[V]이다.)

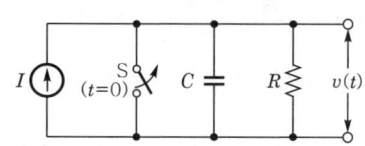

① $\dfrac{1}{RI}$ ② $\dfrac{C}{I}$

③ RI ④ $\dfrac{I}{C}$

해설 C에서의 전류 $i_c = C\dfrac{dv(t)}{dt}$에서

$\therefore I = C\dfrac{dv(0^+)}{dt}$

$\therefore \dfrac{dv(0^+)}{dt} = \dfrac{I}{C}$

74 △결선된 대칭 3상 부하가 0.5[Ω]인 저항만의 선로를 통해 평형 3상 전압원에 연결되어 있다. 이 부하의 소비 전력이 1,800[W]이고 역률이 0.8(지상)일 때, 선로에서 발생하는 손실이 50[W]이면 부하의 단자 전압[V]의 크기는?

① 627 ② 525
③ 326 ④ 225

해설 • 선로 손실 $P_l = 3I^2R$

$I = \sqrt{\dfrac{P_l}{3R}} = \sqrt{\dfrac{50}{3 \times 0.5}} = \sqrt{\dfrac{100}{3}}$ [A]

• 소비 전력 $P = \sqrt{3}\,VI\cos\theta$

$\therefore V = \dfrac{P}{\sqrt{3}\,I\cos\theta} = \dfrac{1,800}{\sqrt{3} \times \sqrt{\dfrac{100}{3}} \times 0.8} = 225$ [V]

75 그림과 같이 △ 회로를 Y회로로 등가 변환하였을 때 임피던스 Z_a[Ω]는?

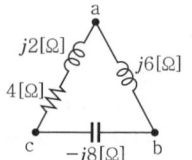 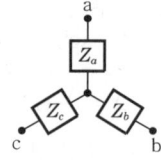

① 12 ② $-3 + j6$
③ $4 - j8$ ④ $6 + j8$

해설 $Z_a = \dfrac{j6(4+j2)}{j6+(-j8)+(4+j2)} = \dfrac{-12+j24}{4}$
$= -3 + j6$ [Ω]

76 그림과 같은 H형의 4단자 회로망에서 4단자 정수(전송 파라미터) A는? (단, V_1은 입력 전압이고, V_2는 출력 전압이고, A는 출력 개방 시 회로망의 전압 이득 $\left(\dfrac{V_1}{V_2}\right)$이다.)

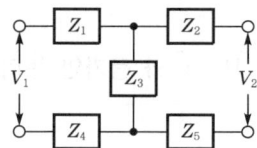

① $\dfrac{Z_1+Z_2+Z_3}{Z_3}$ ② $\dfrac{Z_1+Z_3+Z_4}{Z_3}$

③ $\dfrac{Z_2+Z_3+Z_5}{Z_3}$ ④ $\dfrac{Z_3+Z_4+Z_5}{Z_3}$

해설 H형 회로를 T형 회로로 등가 변환

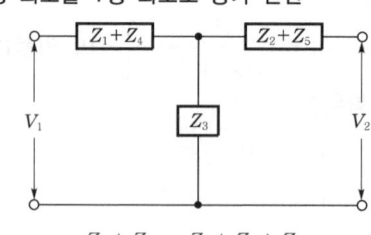

$\therefore A = 1 + \dfrac{Z_1+Z_4}{Z_3} = \dfrac{Z_1+Z_3+Z_4}{Z_3}$

정답 73.④ 74.④ 75.② 76.②

77 특성 임피던스가 400[Ω]인 회로 말단에 1,200[Ω]의 부하가 연결되어 있다. 전원측에 20[kV]의 전압을 인가할 때 반사파의 크기[kV]는? (단, 선로에서의 전압 감쇠는 없는 것으로 간주한다.)

① 3.3 ② 5
③ 10 ④ 33

해설 반사 계수 $\beta = \dfrac{Z_L - Z_0}{Z_L + Z_0} = \dfrac{1,200 - 400}{1,200 + 400} = 0.5$

∴ 반사파 전압 = 반사 계수(β) × 입사 전압
= 0.5 × 20 = 10[kV]

78 회로에서 전압 V_{ab}[V]는?

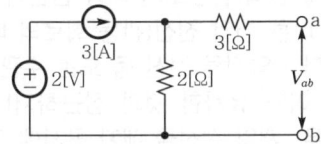

① 2 ② 3
③ 6 ④ 9

해설 V_{ab}는 2[Ω]의 단자 전압이므로 중첩의 정리에 의해 2[Ω]에 흐르는 전류를 구한다.
- 3[A]의 전류원 존재 시 : 전압원 2[V] 단락
  $I_1 = 3$[A]
- 2[V]의 전압원 존재 시 : 전류원 3[A] 개방
  $I_2 = 0$[A]

∴ $V_{ab} = 2 \times 3 = 6$[V]

79 △결선된 평형 3상 부하로 흐르는 선전류가 I_a, I_b, I_c일 때, 이 부하로 흐르는 영상분 전류 I_0[A]는?

① $3I_a$ ② I_a
③ $\dfrac{1}{3}I_a$ ④ 0

해설 영상 전류
$I_0 = \dfrac{1}{3}(I_a + I_b + I_c)$

평형(대칭) 3상 전류의 합
$I_a + I_b + I_c = 0$이므로
∴ 영상 전류 $I_0 = 0$[A]

80 저항 $R = 15$[Ω]과 인덕턴스 $L = 3$[mH]를 병렬로 접속한 회로의 서셉턴스의 크기는 약 몇 [℧]인가? (단, $\omega = 2\pi \times 10^5$)

① 3.2×10^{-2}
② 8.6×10^{-3}
③ 5.3×10^{-4}
④ 4.9×10^{-5}

해설 임피던스 $Z = \sqrt{R^2 + (\omega L)^2}$ [Ω]
$= \sqrt{15^2 + (2\pi \times 10^5 \times 3 \times 10^{-3})^2}$
$\fallingdotseq 1,885$[Ω]

∴ 서셉턴스 $B = \dfrac{1}{Z} = \dfrac{1}{1,885} \fallingdotseq 5.3 \times 10^{-4}$[℧]

제5과목 전기설비기술기준

81 전기 철도 차량에 전력을 공급하는 전차선의 가선(전선 설치) 방식에 포함되지 않는 것은?

① 가공 방식
② 강체 방식
③ 제3레일 방식
④ 지중 조가선 방식

해설 전차선 가선(전선 설치) 방식(한국전기설비규정 431.1)

전차선의 가선(전선 설치) 방식은 열차의 속도 및 노반의 형태, 부하 전류 특성에 따라 적합한 방식을 채택하여야 하며, 가공 방식, 강체 방식, 제3레일 방식을 표준으로 한다.

정답 77.③ 78.③ 79.④ 80.③ 81.④

82 수소 냉각식 발전기 및 이에 부속하는 수소 냉각 장치에 대한 시설 기준으로 틀린 것은?

① 발전기 내부의 수소의 온도를 계측하는 장치를 시설할 것
② 발전기 내부의 수소의 순도가 70[%] 이하로 저하한 경우에 경보를 하는 장치를 시설할 것
③ 발전기는 기밀 구조의 것이고 또한 수소가 대기압에서 폭발하는 경우에 생기는 압력에 견디는 강도를 가지는 것일 것
④ 발전기 내부의 수소의 압력을 계측하는 장치 및 그 압력이 현저히 변동한 경우에 이를 경보하는 장치를 시설할 것

해설 수소 냉각식 발전기 등의 시설(한국전기설비규정 351.10)
- 기밀 구조(氣密構造)의 것이고 또한 수소가 대기압에서 폭발하는 경우에 생기는 압력에 견디는 강도를 가지는 것일 것
- 발전기축의 밀봉부에는 질소 가스를 봉입할 수 있는 장치 또는 발전기축의 밀봉부로부터 누설된 수소 가스를 안전하게 외부에 방출할 수 있는 장치를 시설할 것
- 수소의 순도가 85[%] 이하로 저하한 경우에 이를 경보하는 장치를 시설할 것
- 수소의 압력을 계측하는 장치 및 그 압력이 현저히 변동한 경우에 이를 경보하는 장치를 시설할 것
- 수소의 온도를 계측하는 장치를 시설할 것

83 저압 전로의 보호 도체 및 중성선의 접속 방식에 따른 접지 계통의 분류가 아닌 것은?

① IT 계통   ② TN 계통
③ TT 계통   ④ TC 계통

해설 계통 접지 구성(한국전기설비규정 203.1)
저압 전로의 보호 도체 및 중성선의 접속 방식에 따라 접지 계통은 다음과 같이 분류한다.
- TN 계통
- TT 계통
- IT 계통

84 교통 신호등 회로의 사용 전압이 몇 [V]를 넘는 경우는 전로에 지락이 생겼을 경우 자동적으로 전로를 차단하는 누전 차단기를 시설하는가?

① 60
② 150
③ 300
④ 450

해설 누전 차단기(한국전기설비규정 234.15.6)
교통 신호등 회로의 사용 전압이 150[V]를 넘는 경우는 전로에 지락이 생겼을 경우 자동적으로 전로를 차단하는 누전 차단기를 시설할 것

85 터널 안의 전선로의 저압 전선이 그 터널 안의 다른 저압 전선(관등 회로의 배선은 제외한다.) 약전류 전선 등 또는 수관·가스관이나 이와 유사한 것과 접근하거나 교차하는 경우, 저압 전선을 애자 공사에 의하여 시설하는 때에는 이격 거리(간격)가 몇 [cm] 이상이어야 하는가? (단, 전선이 나전선이 아닌 경우이다.)

① 10   ② 15
③ 20   ④ 25

해설
- 터널 안 전선로의 전선과 약전류 전선 등 또는 관 사이의 이격 거리(간격)(한국전기설비규정 335.2)
  터널 안의 전선로의 저압 전선이 그 터널 안의 다른 저압 전선·약전류 전선 등 또는 수관·가스관이나 이와 유사한 것과 접근하거나 교차하는 경우에는 232.3.7의 규정에 준하여 시설하여야 한다.
- 배선 설비와 다른 공급 설비와의 접근(한국전기설비규정 232.3.7)
  저압 옥내 배선이 다른 저압 옥내 배선 또는 관등 회로의 배선과 접근하거나 교차하는 경우에 애자 공사에 의하여 시설하는 저압 옥내 배선과 다른 저압 옥내 배선 또는 관등 회로의 배선 사이의 이격 거리(간격)는 0.1[m](나전선인 경우에는 0.3[m]) 이상이어야 한다.

정답 82.② 83.④ 84.② 85.①

86 저압 절연 전선으로 「전기용품 및 생활용품 안전관리법」의 적용을 받는 것 이외에 KS에 적합한 것으로서 사용할 수 없는 것은?

① 450/750[V] 고무 절연 전선
② 450/750[V] 비닐 절연 전선
③ 450/750[V] 알루미늄 절연 전선
④ 450/750[V] 저독성 난연 폴리올레핀 절연 전선

해설 절연 전선(한국전기설비규정 122.1)
저압 절연 전선은 「전기용품 및 생활용품 안전관리법」의 적용을 받는 것 이외에는 KS에 적합한 것으로서 450/750[V] 비닐 절연 전선 · 450/750[V] 저독성 난연 폴리올레핀 절연 전선 · 450/750[V] 저독성 난연 가교폴리올레핀 절연 전선 · 450/750[V] 고무 절연 전선을 사용하여야 한다.

87 사용 전압이 154[kV]인 모선에 접속되는 전력용 커패시터에 울타리를 시설하는 경우 울타리의 높이와 울타리로부터 충전 부분까지 거리의 합계는 몇 [m] 이상되어야 하는가?

① 2   ② 3
③ 5   ④ 6

해설 특고압용 기계 기구의 시설(한국전기설비규정 341.4)

사용 전압의 구분	울타리의 높이와 울타리로부터 충전 부분까지의 거리의 합계 또는 지표상의 높이
35[kV] 이하	5[m]
35[kV] 초과 160[kV] 이하	6[m]
160[kV] 초과	6[m]에 160[kV]를 초과하는 10[kV] 또는 그 단수마다 0.12[m]를 더한 값

88 태양광 설비에 시설하여야 하는 계측기의 계측 대상에 해당하는 것은?

① 전압과 전류   ② 전력과 역률
③ 전류와 역률   ④ 역률과 주파수

해설 태양광 설비의 계측 장치(한국전기설비규정 522.3.6)
태양광 설비에는 전압과 전류 또는 전압과 전력을 계측하는 장치를 시설하여야 한다.

89 전선의 단면적이 38[mm^2]인 경동 연선을 사용하고 지지물로는 B종 철주 또는 B종 철근 콘크리트주를 사용하는 특고압 가공 전선로를 제3종 특고압 보안 공사에 의하여 시설하는 경우 경간(지지물 간 거리)은 몇 [m] 이하이어야 하는가?

① 100   ② 150
③ 200   ④ 250

해설 특고압 보안 공사(한국전기설비규정 333.22)

제3종 특고압 보안 공사 시 경간(지지물 간 거리) 제한

지지물 종류	경간(지지물 간 거리)
목주 · A종	100[m] (인장 강도 14.51[kN] 이상의 연선 또는 단면적이 38[mm^2] 이상인 경동 연선을 사용하는 경우에는 150[m])
B종	200[m] (인장 강도 21.67[kN] 이상의 연선 또는 단면적이 55[mm^2] 이상인 경동 연선을 사용하는 경우에는 250[m])
철탑	400[m] (인장 강도 21.67[kN] 이상의 연선 또는 단면적이 55[mm^2] 이상인 경동 연선을 사용하는 경우에는 600[m])

90 저압 전로에서 정전이 어려운 경우 등 절연 저항 측정이 곤란한 경우 저항 성분의 누설 전류가 몇 [mA] 이하이면 그 전로의 절연 성능은 적합한 것으로 보는가?

① 1   ② 2
③ 3   ④ 4

해설 전로의 절연 저항 및 절연 내력(한국전기설비규정 132)
사용 전압이 저압인 전로의 절연 성능은 「전기설비기술기준」 제52조를 충족하여야 한다. 다만, 저압 전로에서 정전이 어려운 경우 등 절연 저항 측정이 곤란한 경우 저항 성분의 누설 전류가 1[mA] 이하이면 그 전로의 절연 성능은 적합한 것으로 본다.

정답 86.③ 87.④ 88.① 89.③ 90.①

91 금속제 가요 전선관 공사에 의한 저압 옥내 배선의 시설기준으로 틀린 것은?

① 가요 전선관 안에는 전선에 접속점이 없도록 한다.
② 옥외용 비닐 절연 전선을 제외한 절연 전선을 사용한다.
③ 점검할 수 없는 은폐된 장소에는 1종 가요 전선관을 사용할 수 있다.
④ 2종 금속제 가요 전선관을 사용하는 경우에 습기 많은 장소에 시설하는 때에는 비닐 피복 2종 가요 전선관으로 한다.

해설 금속제 가요 전선관 공사(한국전기설비규정 232.13)
- 전선은 절연 전선(옥외용 비닐 절연 전선을 제외한다)일 것
- 전선은 연선일 것. 다만, 단면적 10mm²(알루미늄 선은 단면적 16mm²) 이하인 것은 그러하지 아니하다.
- 가요 전선관 안에는 전선에 접속점이 없도록 할 것
- 가요 전선관은 2종 금속제 가요 전선관일 것. 다만, 전개된 장소 또는 점검할 수 있는 은폐된 장소에는 1종 가요 전선관(습기가 많은 장소 또는 물기가 있는 장소에는 비닐 피복 1종 가요 전선관에 한한다)을 사용할 수 있다.

92 "리플 프리(ripple-free) 직류"란 교류를 직류로 변환할 때 리플 성분의 실효값이 몇 [%] 이하로 포함된 직류를 말하는가?

① 3   ② 5
③ 10 ④ 15

해설 용어 정의(한국전기설비규정 112)
"리플 프리(ripple-free) 직류"란 교류를 직류로 변환할 때 리플 성분의 실효값이 10[%] 이하로 포함된 직류를 말한다.

93 사용 전압이 22.9[kV]인 가공 전선로를 시가지에 시설하는 경우 전선의 지표상 높이는 몇 [m] 이상인가? (단, 전선은 특고압 절연 전선을 사용한다.)

① 6   ② 7
③ 8   ④ 10

해설 시가지 등에서 특고압 가공 전선로의 시설(한국전기설비규정 333.1)

사용 전압의 구분	지표상의 높이
35[kV] 이하	10[m] (전선이 특고압 절연 전선인 경우에는 8[m])
35[kV] 초과	10[m]에 35[kV]를 초과하는 10[kV] 또는 그 단수마다 0.12[m]를 더한 값

94 가공 전선로의 지지물에 시설하는 지선(지지선)으로 연선을 사용할 경우, 소선(素線)은 몇 가닥 이상이어야 하는가?

① 2   ② 3
③ 5   ④ 9

해설 지선(지지선)의 시설(한국전기설비규정 331.11)
- 지선(지지선)의 안전율은 2.5 이상일 것. 이 경우에 허용 인장 하중의 최저는 4.31[kN]으로 한다.
- 소선 3가닥 이상의 연선일 것
- 소선의 지름이 2.6[mm] 이상의 금속선을 사용한 것일 것

95 다음 ( )에 들어갈 내용으로 옳은 것은?

> 지중 전선로는 기설 지중 약전류 전선로에 대하여 (㉠) 또는 (㉡)에 의하여 통신상의 장해를 주지 않도록 기설 약전류 전선로로부터 이격시키거나 기타 보호장치를 시설하여야 한다.

① ㉠ 누설 전류, ㉡ 유도 작용
② ㉠ 단락 전류, ㉡ 유도 작용
③ ㉠ 단락 전류, ㉡ 정전 작용
④ ㉠ 누설 전류, ㉡ 정전 작용

정답 91.③ 92.③ 93.③ 94.② 95.①

해설 지중 약전류 전선의 유도 장해 방지(한국전기설비규정 334.5)
지중 전선로는 기설 지중 약전류 전선로에 대하여 누설 전류 또는 유도 작용에 의하여 통신상의 장해를 주지 않도록 기설 약전류 전선로로부터 이격시키거나 기타 보호장치를 시설하여야 한다.

96 사용 전압이 22.9[kV]인 가공 전선로의 다중 접지한 중성선과 첨가 통신선 사이의 이격 거리(간격)는 몇 [cm] 이상이어야 하는가? (단, 특고압 가공 전선로는 중성선 다중 접지식의 것으로 전로에 지락이 생긴 경우 2초 이내에 자동적으로 이를 전로로부터 차단하는 장치가 되어 있는 것으로 한다.)

① 60 ② 75
③ 100 ④ 120

해설 전력 보안 통신선의 시설 높이와 이격 거리(간격)(한국전기설비 362.2)
통신선과 저압 가공 전선 또는 25[kV] 이하 특고압 가공 전선로의 다중 접지를 한 중성선 사이의 이격 거리(간격)는 0.6[m] 이상일 것. 다만, 저압 가공 전선이 절연 전선 또는 케이블인 경우에 통신선이 절연 전선과 동등 이상의 절연 성능이 있는 것인 경우에는 0.3[m](저압 가공 전선이 인입선이고 또한 통신선이 첨가 통신용 제2종 케이블 또는 광섬유 케이블일 경우에는 0.15[m]) 이상으로 할 수 있다.

97 사용 전압이 22.9[kV]인 가공 전선이 삭도와 제1차 접근 상태로 시설되는 경우, 가공 전선과 삭도 또는 삭도용 지주 사이의 이격 거리(간격)는 몇 [m] 이상으로 하여야 하는가? (단, 전선으로는 특고압 절연 전선을 사용한다.)

① 0.5 ② 1
③ 2 ④ 2.12

해설 25[kV] 이하인 특고압 가공 전선로의 시설(한국전기설비규정 333.32)
특고압 가공 전선이 삭도와 접근 상태로 시설되는 경우에 삭도 또는 그 지주(지지기둥) 사이의 이격 거리(간격)

전선의 종류	이격 거리(간격)
나전선	2.0 [m]
특고압 절연 전선	1.0 [m]
케이블	0.5 [m]

98 저압 옥내 배선에 사용하는 연동선의 최소 굵기는 몇 [mm²]인가?

① 1.5 ② 2.5
③ 4.0 ④ 6.0

해설 저압 옥내 배선의 사용 전선(한국전기설비규정 231.3.1)
• 저압 옥내 배선의 전선은 단면적 2.5[mm²] 이상의 연동선
• 옥내 배선의 사용 전압이 400[V] 이하인 경우
 – 전광 표시 장치 또는 제어 회로 등에 사용하는 배선에 단면적 1.5[mm²] 이상의 연동선을 사용하고 이를 합성 수지관 공사·금속관 공사·금속 몰드 공사·금속 덕트 공사·플로어 덕트 공사 또는 셀룰러 덕트 공사에 의하여 시설
 – 전광 표시 장치 또는 제어 회로 등의 배선에 단면적 0.75[mm²] 이상인 다심 케이블 또는 다심 캡타이어 케이블을 사용하고 또한 과전류가 생겼을 때에 자동적으로 전로에서 차단하는 장치를 시설

99 전격 살충기의 전격 격자는 지표 또는 바닥에서 몇 [m] 이상의 높은 곳에 시설하여야 하는가?

① 1.5
② 2
③ 2.8
④ 3.5

해설 전격 살충기의 시설(한국전기설비규정 241.7.1)
• 전격 격자는 지표 또는 바닥에서 3.5[m] 이상의 높은 곳에 시설할 것. 다만, 2차측 개방 전압이 7[kV] 이하의 절연 변압기를 사용하고 또한 보호 격자의 내부에 사람의 손이 들어갔을 경우 또는 보호 격자에 사람이 접촉될 경우 절연 변압기의 1차측 전로를 자동적으로 차단하는 보호 장치를 시설한 것은 지표 또는 바닥에서 1.8[m]까지 감할 수 있다.
• 전격 격자와 다른 시설물(가공 전선 제외) 또는 식물과의 이격 거리(간격)는 0.3[m] 이상

정답 96.① 97.② 98.② 99.④

100 전기 철도의 설비를 보호하기 위해 시설하는 피뢰기의 시설 기준으로 틀린 것은?

① 피뢰기는 변전소 인입측 및 급전선 인출측에 설치하여야 한다.
② 피뢰기는 가능한 한 보호하는 기기와 가깝게 시설하되 누설 전류 측정이 용이하도록 지지대와 절연하여 설치한다.
③ 피뢰기는 개방형을 사용하고 유효 보호 거리를 증가시키기 위하여 방전 개시 전압 및 제한 전압이 낮은 것을 사용한다.
④ 피뢰기는 가공 전선과 직접 접속하는 지중 케이블에서 낙뢰에 의해 절연 파괴의 우려가 있는 케이블 단말에 설치하여야 한다.

해설
- 피뢰기 설치 장소(한국전기설비규정 451.3)
  - 변전소 인입측 및 급전선 인출측
  - 가공 전선과 직접 접속하는 지중 케이블에서 낙뢰에 의해 절연 파괴의 우려가 있는 케이블 단말
  - 피뢰기는 가능한 한 보호하는 기기와 가깝게 시설하되 누설 전류 측정이 용이하도록 지지대와 절연하여 설치
- 피뢰기의 선정(한국전기설비규정 451.4)
  피뢰기는 밀봉형을 사용하고 유효 보호 거리를 증가시키기 위하여 방전 개시 전압 및 제한 전압이 낮은 것을 사용한다.

정답 100.③

2021년 제2회 과년도 출제문제

2021. 5. 15. 시행

제1과목 전기자기학

01 두 종류의 유전율(ε_1, ε_2)을 가진 유전체가 서로 접하고 있는 경계면에 진전하가 존재하지 않을 때 성립하는 경계 조건으로 옳은 것은? (단, E_1, E_2는 각 유전체에서의 전계이고, D_1, D_2는 각 유전체에서의 전속 밀도이고, θ_1, θ_2는 각각 경계면의 법선 벡터와 E_1, E_2가 이루는 각이다.)

① $E_1\cos\theta_1 = E_2\cos\theta_2$, $D_1\sin\theta_1 = D_2\sin\theta_2$, $\dfrac{\tan\theta_1}{\tan\theta_2} = \dfrac{\varepsilon_2}{\varepsilon_1}$

② $E_1\cos\theta_1 = E_2\cos\theta_2$, $D_1\sin\theta_1 = D_2\sin\theta_2$, $\dfrac{\tan\theta_1}{\tan\theta_2} = \dfrac{\varepsilon_1}{\varepsilon_2}$

③ $E_1\sin\theta_1 = E_2\sin\theta_2$, $D_1\cos\theta_1 = D_2\cos\theta_2$, $\dfrac{\tan\theta_1}{\tan\theta_2} = \dfrac{\varepsilon_2}{\varepsilon_1}$

④ $E_1\sin\theta_1 = E_2\sin\theta_2$, $D_1\cos\theta_1 = D_2\cos\theta_2$, $\dfrac{\tan\theta_1}{\tan\theta_2} = \dfrac{\varepsilon_1}{\varepsilon_2}$

해설 유전체의 경계면에서 경계 조건
- 전계 E의 접선 성분은 경계면의 양측에서 같다.
  $E_1\sin\theta_1 = E_2\sin\theta_2$
- 전속 밀도 D의 법선 성분은 경계면 양측에서 같다.
  $D_1\cos\theta_1 = D_2\cos\theta_2$
- 굴절각은 유전율에 비례한다.
  $\dfrac{\tan\theta_1}{\tan\theta_2} = \dfrac{\varepsilon_1}{\varepsilon_2} \propto \dfrac{\theta_1}{\theta_2}$

02 공기 중에서 반지름 0.03[m]의 구도체에 줄 수 있는 최대 전하는 약 몇 [C]인가? (단, 이 구도체의 주위 공기에 대한 절연 내력은 5×10^6[V/m]이다.)

① 5×10^{-7} ② 2×10^{-6}
③ 5×10^{-5} ④ 2×10^{-4}

해설 구도체의 절연 내력은 구도체 표면의 전계의 세기와 같다.

$E = \dfrac{Q}{4\pi\varepsilon_0 r^2}$ [V/m]

전하 $Q = E \times 4\pi\varepsilon_0 r^2 = 5 \times 10^6 \times \dfrac{1}{9 \times 10^9} \times 0.03^2$
$= 5 \times 10^{-7}$ [C]

03 진공 중의 평등 자계 H_0 중에 반지름이 a[m] 이고, 투자율이 μ인 구자성체가 있다. 이 구자 성체의 감자율은? (단, 구자성체 내부의 자계는 $H = \dfrac{3\mu_0}{2\mu_0 + \mu}H_0$이다.)

① 1 ② $\dfrac{1}{2}$
③ $\dfrac{1}{3}$ ④ $\dfrac{1}{4}$

해설 자화의 세기 $J = \dfrac{\mu_0(\mu_s - 1)}{1 + N(\mu_s - 1)}H_0$

감자력 $H' = H_0 - H = \dfrac{N}{\mu_0}J$

$H_0 - H = H_0 - \dfrac{3\mu_0}{2\mu_0 + \mu}H_0 = \left(1 - \dfrac{3}{2 + \mu_s}\right)H_0$
$= \dfrac{\mu_s - 1}{2 + \mu_s}H_0$

정답 01.④ 02.① 03.③

$$\frac{N}{\mu_0}J = \frac{N}{\mu_0}\frac{\mu_0(\mu_s-1)}{1+N(\mu_s-1)}H_0 = \frac{N(\mu_s-1)}{1+N(\mu_s-1)}H_0$$

$$\frac{\mu_s-1}{2+\mu_s}H_0 = \frac{N(\mu_s-1)}{1+N(\mu_s-1)}H_0$$

$$\frac{1}{2+\mu_s} = \frac{N}{1+N(\mu_s-1)}$$

따라서, 구자성체의 감자율 $N = \frac{1}{3}$

04 유전율 ε, 전계의 세기 E인 유전체의 단위 체적당 축적되는 정전 에너지는?

① $\frac{E}{2\varepsilon}$ ② $\frac{\varepsilon E}{2}$

③ $\frac{\varepsilon E^2}{2}$ ④ $\frac{\varepsilon^2 E^2}{2}$

해설 정전 에너지 $w_E = \frac{W_E}{V}$ [J/m³]

(전계 중의 단위 체적당 축적 에너지)

$w_E = \frac{1}{2}DE = \frac{1}{2}\varepsilon E^2 = \frac{D^2}{2\varepsilon}$ [J/m³]

05 단면적이 균일한 환상 철심에 권수 N_A인 A 코일과 권수 N_B인 B 코일이 있을 때, B 코일의 자기 인덕턴스가 L_A[H]라면 두 코일의 상호 인덕턴스[H]는? (단, 누설 자속은 0이다.)

① $\frac{L_A N_A}{N_B}$ ② $\frac{L_A N_B}{N_A}$

③ $\frac{N_A}{L_A N_B}$ ④ $\frac{N_B}{L_A N_A}$

해설 B 코일의 자기 인덕턴스 $L_A = \frac{\mu N_B^2 \cdot S}{l}$ [H]

상호 인덕턴스 $M = \frac{\mu N_A N_B S}{l} = \frac{\mu N_A N_B S}{l} \cdot \frac{N_B}{N_B}$

$= \frac{\mu N_B^2 S}{l} \cdot \frac{N_A}{N_B} = \frac{L_A N_A}{N_B}$ [H]

06 비투자율이 350인 환상 철심 내부의 평균 자계의 세기가 342[AT/m]일 때 자화의 세기는 약 몇 [Wb/m²]인가?

① 0.12
② 0.15
③ 0.18
④ 0.21

해설 자화의 세기 $J = \mu_0(\mu_s-1)H$
$= 4\pi \times 10^{-7} \times (350-1) \times 342$
$= 0.15$ [Wb/m²]

07 진공 중에 놓인 Q[C]의 전하에서 발산되는 전기력선의 수는?

① Q ② ε_0

③ $\frac{Q}{\varepsilon_0}$ ④ $\frac{\varepsilon_0}{Q}$

해설 진공 중에 놓인 Q[C]의 전하에서 발산하는 전기력선의 수 $N = \frac{Q}{\varepsilon_0}$ [lines]이다.

08 비투자율이 50인 환상 철심을 이용하여 100[cm] 길이의 자기 회로를 구성할 때 자기 저항을 2.0×10^7[AT/Wb] 이하로 하기 위해서는 철심의 단면적을 약 몇 [m²] 이상으로 하여야 하는가?

① 3.6×10^{-4}
② 6.4×10^{-4}
③ 8.0×10^{-4}
④ 9.2×10^{-4}

해설 자기 저항 $R_m = \frac{l}{\mu_0 \mu_s \cdot S}$

철심의 단면적 $S = \frac{l}{\mu_0 \mu_s R_m}$

$= \frac{1}{4\pi \times 10^{-7} \times 50 \times 2.0 \times 10^7}$

$= 7.957 \times 10^{-4}$

$\fallingdotseq 8 \times 10^{-4}$ [m²]

정답 04.③ 05.① 06.② 07.③ 08.③

09 자속 밀도가 10[Wb/m²]인 자계 중에 10[cm] 도체를 자계와 60°의 각도로 30[m/s]로 움직일 때, 이 도체에 유기되는 기전력은 몇 [V]인가?

① 15
② $15\sqrt{3}$
③ 1,500
④ $1,500\sqrt{3}$

해설 플레밍의 오른손 법칙에서

기전력 $e = v\beta l \sin\theta = 30 \times 10 \times 0.1 \times \dfrac{\sqrt{3}}{2} = 15\sqrt{3}$ [V]

10 다음 중 전기력선의 성질에 대한 설명으로 옳은 것은?

① 전기력선은 등전위면과 평행하다.
② 전기력선은 도체 표면과 직교한다.
③ 전기력선은 도체 내부에 존재할 수 있다.
④ 전기력선은 전위가 낮은 점에서 높은 점으로 향한다.

해설 전기력선의 성질
- 전기력선은 등전위면과 직교한다.
- 전기력선은 도체 내부에는 존재하지 않으며, 도체 표면과 직교한다.
- 전기력선은 전위가 높은 점에서 낮은 점으로 향한다.

11 평등 자계와 직각 방향으로 일정한 속도로 발사된 전자의 원운동에 관한 설명으로 옳은 것은?

① 플레밍의 오른손 법칙에 의한 로렌츠의 힘과 원심력의 평형 원운동이다.
② 원의 반지름은 전자의 발사 속도와 전계의 세기의 곱에 반비례한다.
③ 전자의 원운동 주기는 전자의 발사 속도와 무관하다.
④ 전자의 원운동 주파수는 전자의 질량에 비례한다.

해설 전자의 원운동은 힘의 평형에서

로렌츠의 힘=원심력 $eBv = \dfrac{mv^2}{r}$ 일 때

- 반경 $r = \dfrac{mv}{eB}$ [m]
- 각속도 $\omega = \dfrac{eB}{m}$ [rad/s] $= 2\pi f(2\pi n)$
- 주기 $T = \dfrac{1}{f} = \dfrac{2\pi m}{eB}$ [s]

따라서, 원운동의 주기는 발사 속도와 무관하고 로렌츠의 힘은 플레밍의 왼손 법칙에 의한다.

12 전계 E[V/m]가 두 유전체의 경계면에 평행으로 작용하는 경우 경계면에 단위 면적당 작용하는 힘의 크기는 몇 [N/m²]인가? (단, ε_1, ε_2는 각 유전체의 유전율이다.)

① $f = E^2(\varepsilon_1 - \varepsilon_2)$
② $f = \dfrac{1}{E^2}(\varepsilon_1 - \varepsilon_2)$
③ $f = \dfrac{1}{2}E^2(\varepsilon_1 - \varepsilon_2)$
④ $f = \dfrac{1}{2E^2}(\varepsilon_1 - \varepsilon_2)$

해설 전계가 경계면에 평행으로 입사하면 $E_1 = E_2 = E$이고, 전계의 수직 방향으로 압축 응력이 작용한다.

힘 $f = f_1 - f_2$
$= \dfrac{1}{2}\varepsilon_1 E_1^2 - \dfrac{1}{2}\varepsilon_2 E_2^2$
$= \dfrac{1}{2}E^2(\varepsilon_1 - \varepsilon_2)$ [N/m²]

힘은 유전율이 큰 쪽에서 작은 쪽으로 작용한다.

13 공기 중에 있는 반지름 a[m]의 독립 금속구의 정전 용량은 몇 [F]인가?

① $2\pi\varepsilon_0 a$
② $4\pi\varepsilon_0 a$
③ $\dfrac{1}{2\pi\varepsilon_0 a}$
④ $\dfrac{1}{4\pi\varepsilon_0 a}$

정답 09.② 10.② 11.③ 12.③ 13.②

해설 금속구의 전위 $V = \dfrac{1}{4\pi\varepsilon_0}\dfrac{Q}{a}$ [V]

구도체의 정전 용량 $C = \dfrac{Q}{V} = \dfrac{Q}{\dfrac{Q}{4\pi\varepsilon_0 a}} = 4\pi\varepsilon_0 a$ [F]

14 와전류가 이용되고 있는 것은?
① 수중 음파 탐지기
② 레이더
③ 자기 브레이크(magnetic brake)
④ 사이클로트론(cyclotron)

해설 자기장과 와전류의 상호 작용으로 힘이 발생하는데 이것을 이용한 제동 장치를 자기 브레이크라 한다.

15 전계 $E = \dfrac{2}{x}\hat{x} + \dfrac{2}{y}\hat{y}$ [V/m]에서 점 (3, 5)[m]를 통과하는 전기력선의 방정식은? (단, $\hat{x}$, $\hat{y}$는 단위 벡터이다.)
① $x^2 + y^2 = 12$
② $y^2 - x^2 = 12$
③ $x^2 + y^2 = 16$
④ $y^2 - x^2 = 16$

해설 전기력선의 방정식 $\dfrac{dx}{E_x} = \dfrac{dy}{E_y} = \dfrac{dz}{E_z}$ 에서

$\dfrac{1}{\dfrac{2}{x}}dx = \dfrac{1}{\dfrac{2}{y}}dy$ 양변을 적분하면

$\dfrac{1}{4}x^2 + c_1 = \dfrac{1}{4}y^2 + c_2$ (여기서, c_1, c_2 : 적분 상수)

$y^2 - x^2 = 4(c_1 - c_2) = k$ (여기서, k : 임의의 상수)

점 (3, 5)를 통과하는 전기력선의 방정식은
$5^2 - 3^2 = 16$
$\therefore y^2 - x^2 = 16$

16 전계 $E = \sqrt{2} E_e \sin\omega\left(t - \dfrac{x}{c}\right)$ [V/m]의 평면 전자파가 있다. 진공 중에서 자계의 실효값은 몇 [A/m]인가?

① $\dfrac{1}{4\pi}E_e$
② $\dfrac{1}{36\pi}E_e$
③ $\dfrac{1}{120\pi}E_e$
④ $\dfrac{1}{360\pi}E_e$

해설 진공 중에서 고유 임피던스 η_0

$\eta_0 = \dfrac{E_e}{H_e} = \dfrac{\sqrt{\mu_0}}{\sqrt{\varepsilon_0}} = 120\pi$ [Ω]

자계의 실효값 $H_e = \dfrac{1}{120\pi}E_e$ [A/m]

17 진공 중에 서로 떨어져 있는 두 도체 A, B가 있다. 도체 A에만 1[C]의 전하를 줄 때, 도체 A, B의 전위가 각각 3[V], 2[V]이었다. 지금 도체 A, B에 각각 1[C]과 2[C]의 전하를 주면 도체 A의 전위는 몇 [V]인가?
① 6
② 7
③ 8
④ 9

해설 각 도체의 전위
$V_1 = P_{11}Q_1 + P_{12}Q_2$, $V_2 = P_{21}Q_1 + P_{22}Q_2$에서
A 도체에만 1[C]의 전하를 주면
$V_1 = P_{11} \times 1 + P_{12} \times 0 = 3$
$\therefore P_{11} = 3$
$V_2 = P_{21} \times 1 + P_{22} \times 0 = 2$
$\therefore P_{21} (= P_{12}) = 2$
A, B에 각각 1[C], 2[C]을 주면 A 도체의 전위는
$V_1 = 3 \times 1 + 2 \times 2 = 7$ [V]

18 한 변의 길이가 4[m]인 정사각형의 루프에 1[A]의 전류가 흐를 때, 중심점에서의 자속 밀도 B는 약 몇 [Wb/m²]인가?
① 2.83×10^{-7}
② 5.65×10^{-7}
③ 11.31×10^{-7}
④ 14.14×10^{-7}

해설 정사각형 중심점의 자계의 세기 H
$H = \dfrac{2\sqrt{2}I}{\pi l}$ [AT/m]

자속 밀도 $B = \mu_0 H = 4\pi \times 10^{-7} \times \dfrac{2\sqrt{2} \times 1}{4\pi}$
$= 2.828 \times 10^{-7}$
$\fallingdotseq 2.83 \times 10^{-7}$ [Wb/m²]

정답 14.③ 15.④ 16.③ 17.② 18.①

19 원점에 1[μC]의 점전하가 있을 때 점 P(2, -2, 4)[m]에서의 전계의 세기에 대한 단위 벡터는 약 얼마인가?

① $0.41a_x - 0.41a_y + 0.82a_z$
② $-0.33a_x + 0.33a_y - 0.66a_z$
③ $-0.41a_x + 0.41a_y - 0.82a_z$
④ $0.33a_x - 0.33a_y + 0.66a_z$

해설 거리의 벡터 $r = 2a_x - 2a_y + 4a_z$[m]
거리 $|r| = \sqrt{2^2 + 2^2 + 4^2} = \sqrt{24}$ [m]
단위 벡터 $r_0 = \dfrac{r}{|r|} = \dfrac{2a_x - 2a_y + 4a_z}{\sqrt{24}}$
$= 0.41a_x - 0.41a_y + 0.82a_z$

20 공기 중에서 전자기파의 파장이 3[m]라면 그 주파수는 몇 [MHz]인가?

① 100 ② 300
③ 1,000 ④ 3,000

해설 공기 중의 전자기파의 속도 v_0
$v_0 = \dfrac{1}{\sqrt{\varepsilon_0 \mu_0}} = \lambda \cdot f = 3 \times 10^8$ [m/s]
주파수 $f = \dfrac{v_0}{\lambda} = \dfrac{3 \times 10^8}{3} = 10^8 = 100$[MHz]

제2과목 전력공학

21 비등수형 원자로의 특징에 대한 설명으로 틀린 것은?

① 증기 발생기가 필요하다.
② 저농축 우라늄을 연료로 사용한다.
③ 노심에서 비등을 일으킨 증기가 직접 터빈에 공급되는 방식이다.
④ 가압수형 원자로에 비해 출력 밀도가 낮다.

해설 비등수형 원자로의 특징
- 원자로의 내부 증기를 직접 터빈에서 이용하기 때문에 증기 발생기(열교환기)가 필요 없다.
- 증기가 직접 터빈으로 들어가기 때문에 증기 누출을 철저히 방지해야 한다.
- 순환 펌프로서는 급수 펌프만 있으면 되므로 소내용 동력이 적다.
- 노심의 출력 밀도가 낮기 때문에 같은 노출력의 원자로에서는 노심 및 압력 용기가 커진다.
- 원자력 용기 내에 기수 분리기와 증기 건조기가 설치되므로 용기의 높이가 커진다.
- 연료는 저농축 우라늄(2~3[%])을 사용한다.

22 전력 계통에서 내부 이상 전압의 크기가 가장 큰 경우는?

① 유도성 소전류 차단 시
② 수차 발전기의 부하 차단 시
③ 무부하 선로 충전 전류 차단 시
④ 송전 선로의 부하 차단기 투입 시

해설 전력 계통에서 가장 큰 내부 이상 전압은 개폐 서지로, 무부하일 때 선로의 충전 전류를 차단할 때이다.

23 송전단 전압을 V_s, 수전단 전압을 V_r, 선로의 리액턴스를 X라 할 때, 정상 시의 최대 송전 전력의 개략적인 값은?

① $\dfrac{V_s - V_r}{X}$

② $\dfrac{V_s^2 - V_r^2}{X}$

③ $\dfrac{V_s(V_s - V_r)}{X}$

④ $\dfrac{V_s V_r}{X}$

해설 송전 용량 $P_s = \dfrac{V_s V_r}{X} \sin\delta$[MW]이므로 최대 송전 전력은 $P_s = \dfrac{V_s V_r}{X}$ [MW]이다.

정답 19.① 20.① 21.① 22.③ 23.④

24 다음 중 망상(network) 배전 방식의 장점이 아닌 것은?

① 전압 변동이 적다.
② 인축의 접지 사고가 적어진다.
③ 부하의 증가에 대한 융통성이 크다.
④ 무정전 공급이 가능하다.

해설 망상식(nerwork system) 배전 방식
- 무정전 공급이 가능하다.
- 전압 변동이 적고, 손실이 감소된다.
- 부하 증가에 대한 융통성이 크다.
- 건설비가 비싸다.
- 인축에 대한 사고가 증가한다.
- 역류 개폐 장치(network protector)가 필요하다.

25 500[kVA]의 단상 변압기 상용 3대(결선 △-△), 예비 1대를 갖는 변전소가 있다. 부하의 증가로 인하여 예비 변압기까지 동원해서 사용한다면 응할 수 있는 최대 부하[kVA]는 약 얼마인가?

① 2,000
② 1,730
③ 1,500
④ 830

해설 예비 1대를 포함하여 V결선으로 2뱅크 운전하여야 하므로 다음과 같다.
$P_m = \sqrt{3}\,P_1 \times 2 = \sqrt{3} \times 500 \times 2 = 1,730 [kVA]$

26 배전용 변전소의 주변압기로 주로 사용되는 것은?

① 강압 변압기
② 체승 변압기
③ 단권 변압기
④ 3권선 변압기

해설 발전소에 있는 주변압기는 체승용으로 되어 있고, 변전소의 주변압기는 강압용으로 되어 있다.

27 3상용 차단기의 정격 차단 용량은?

① $\sqrt{3} \times$정격 전압$\times$정격 차단 전류
② $3\sqrt{3} \times$정격 전압$\times$정격 전류
③ $3\times$정격 전압$\times$정격 차단 전류
④ $\sqrt{3} \times$정격 전압$\times$정격 전류

해설 3상용 차단기 용량 P_s[MVA]
$P_s = \sqrt{3} \times$정격 전압[kV]$\times$정격 차단 전류[kA]

28 3상 3선식 송전 선로에서 각 선의 대지 정전 용량이 0.5096[μF]이고, 선간 정전 용량이 0.1295[μF]일 때, 1선의 작용 정전 용량은 약 몇 [μF]인가?

① 0.6
② 0.9
③ 1.2
④ 1.8

해설 작용 정전 용량 C[μF]
$C = C_s + 3C_m = 0.5096 + 3 \times 0.1295 ≒ 0.9[\mu F]$

29 그림과 같은 송전 계통에서 S점에 3상 단락 사고가 발생했을 때 단락 전류[A]는 약 얼마인가? (단, 선로의 길이와 리액턴스는 각각 50[km], 0.6[Ω/km]이다.)

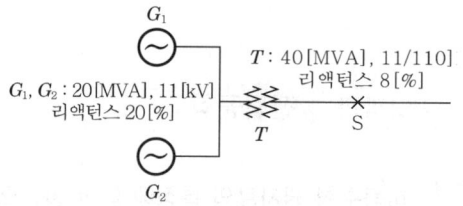

① 224
② 324
③ 454
④ 554

해설 기준 용량 40[MVA] %임피던스를 환산하면
발전기 $\%Z_g = \dfrac{40}{20} \times 20 = 40[\%]$
변압기 $\%Z_t = 8[\%]$

정답 24.② 25.② 26.① 27.① 28.② 29.④

송전선 %$Z_l = \dfrac{P \cdot Z}{10 V_n^2} = \dfrac{40 \times 10^3 \times 0.6 \times 50}{10 \times 110^2} = 9.91[\%]$

합성 %임피던스는 발전기는 병렬이고, 변압기와 선로는 직렬이므로 %$Z = \dfrac{40}{2} + 8 + 9.91 = 37.91[\%]$이다.

∴ 단락 전류 $I_s = \dfrac{100}{\%Z} I_n = \dfrac{100}{37.91} \times \dfrac{40 \times 10^6}{\sqrt{3} \times 110 \times 10^3}$
$\fallingdotseq 554[A]$

30 전력 계통의 전압을 조정하는 가장 보편적인 방법은?

① 발전기의 유효 전력 조정
② 부하의 유효 전력 조정
③ 계통의 주파수 조정
④ 계통의 무효 전력 조정

해설 전력 계통의 가장 보편적인 전압 조정은 계통의 조상 설비를 이용하여 무효 전력을 조정한다.

31 역률 0.8(지상)의 2,800[kW] 부하에 전력용 콘덴서를 병렬로 접속하여 합성 역률을 0.9로 개선하고자 할 경우, 필요한 전력용 콘덴서의 용량[kVA]은 약 얼마인가?

① 372   ② 558
③ 744   ④ 1,116

해설 역률 개선용 콘덴서 용량 $Q[kVA]$
$Q = P(\tan\theta_1 - \tan\theta_2)$
$= 2,800(\tan\cos^{-1}0.8 - \tan\cos^{-1}0.9)$
$\fallingdotseq 744[kVA]$

32 컴퓨터에 의한 전력 조류 계산에서 슬랙(slack) 모선의 초기치로 지정하는 값은? (단, 슬랙 모선을 기준 모선으로 한다.)

① 유효 전력과 무효 전력
② 전압 크기와 유효 전력
③ 전압 크기와 위상각
④ 전압 크기와 무효 전력

해설 슬랙 모선에서 전압=1, 위상=0을 기본값[p.u]으로 하여 전력 조류량이 각 선로의 용량 제한에 걸리는지 여부를 검사하는 것으로 선로 용량과 실제 조류량을 비교할 때 사용한다.

33 다음 중 직격뢰에 대한 방호 설비로 가장 적당한 것은?

① 복도체
② 가공 지선
③ 서지 흡수기
④ 정전 방전기

해설 가공 지선은 뇌격(직격뢰, 유도뢰)으로부터 전선로를 보호하고, 통신선에 대한 전자 유도 장해를 경감시킨다.

34 저압 배전 선로에 대한 설명으로 틀린 것은?

① 저압 뱅킹 방식은 전압 변동을 경감할 수 있다.
② 밸런서(balancer)는 단상 2선식에 필요하다.
③ 부하율(F)과 손실 계수(H) 사이에는 $1 \geq F \geq H \geq F^2 \geq 0$의 관계가 있다.
④ 수용률이란 최대 수용 전력을 설비 용량으로 나눈 값을 퍼센트로 나타낸 것이다.

해설 밸런서는 단상 3선식에서 설비의 불평형을 방지하기 위하여 선로 말단에 시설한다.

35 증기 터빈 내에서 팽창 도중에 있는 증기를 일부 추기하여 그것이 갖는 열을 급수 가열에 이용하는 열사이클은?

① 랭킨 사이클
② 카르노 사이클
③ 재생 사이클
④ 재열 사이클

정답 30.④ 31.③ 32.③ 33.② 34.② 35.③

해설 열 사이클
- 카르노 사이클 : 가장 효율이 좋은 이상적인 열 사이클이다.
- 랭킨 사이클 : 가장 기본적인 열 사이클로 두 등압 변화와 두 단열 변화로 되어 있다.
- 재생 사이클 : 터빈 중간에서 증기의 팽창 도중 증기의 일부를 추출하여 급수 가열에 이용한다.
- 재열 사이클 : 고압 터빈 내에서 습증기가 되기 전에 증기를 모두 추출하여 재열기를 이용하여 재가열시켜 저압 터빈을 돌려 열효율을 향상시키는 열 사이클이다.

36 단상 2선식 배전 선로의 말단에 지상 역률 $\cos\theta$인 부하 P[kW]가 접속되어 있고 선로 말단의 전압은 V[V]이다. 선로 한 가닥의 저항을 R[Ω]이라 할 때 송전단의 공급전력 [kW]은?

① $P + \dfrac{P^2 R}{V\cos\theta} \times 10^3$

② $P + \dfrac{2P^2 R}{V\cos\theta} \times 10^3$

③ $P + \dfrac{P^2 R}{V^2 \cos^2\theta} \times 10^3$

④ $P + \dfrac{2P^2 R}{V^2 \cos^2\theta} \times 10^3$

해설 선로의 손실 $P_l = 2I^2 R = 2 \times \left(\dfrac{P}{V\cos\theta}\right)^2 R$[W]

송전단 전력은 수전단 전력과 선로의 손실 전력이고, 문제의 단위가 전력 P[kW], 전압 V[V]이므로
$P_s = P_r + P_l = P + 2 \times \dfrac{P^2 R}{V^2 \cos^2\theta} \times 10^3$[kW]

37 선로, 기기 등의 절연 수준 저감 및 전력용 변압기의 단절연을 모두 행할 수 있는 중성점 접지 방식은?

① 직접 접지 방식
② 소호 리액터 접지 방식
③ 고저항 접지 방식
④ 비접지 방식

해설 중성점 직접 접지 방식은 1상 지락 사고일 경우 지락 전류가 대단히 크기 때문에 보호 계전기의 동작이 확실하고, 중성점의 전위는 대지 전위이므로 저감 절연 및 변압기 단절연이 가능하지만, 계통에 주는 충격이 크고 과도 안정도가 나쁘다.

38 최대 수용 전력이 3[kW]인 수용가가 3세대, 5[kW]인 수용가가 6세대라고 할 때, 이 수용가군에 전력을 공급할 수 있는 주상 변압기의 최소 용량[kVA]은? (단, 역률은 1, 수용가 간의 부등률은 1.3이다.)

① 25   ② 30
③ 35   ④ 40

해설 변압기의 용량 $P_t = \dfrac{3 \times 3 + 5 \times 6}{1.3 \times 1} = 30$[kVA]

39 부하 전류 차단이 불가능한 전력 개폐 장치는?

① 진공 차단기   ② 유입 차단기
③ 단로기   ④ 가스 차단기

해설 단로기는 소호 능력이 없으므로 통전 중의 전로를 개폐할 수 없다. 그러므로 무부하 선로의 개폐에 이용하여야 한다.

40 가공 송전 선로에서 총 단면적이 같은 경우 단도체와 비교하여 복도체의 장점이 아닌 것은?

① 안정도를 증대시킬 수 있다.
② 공사비가 저렴하고 시공이 간편하다.
③ 전선 표면의 전위 경도를 감소시켜 코로나 임계 전압이 높아진다.
④ 선로의 인덕턴스가 감소되고 정전 용량이 증가해서 송전 용량이 증대된다.

정답 36.④ 37.① 38.② 39.③ 40.②

해설 복도체 및 다도체의 특징
- 같은 도체 단면적인 경우 단도체보다 인덕턴스와 리액턴스가 감소하고 정전 용량이 증가하여 송전 용량을 크게 할 수 있다.
- 전선 표면의 전위 경도를 저감시켜 코로나 임계 전압을 높게 하므로 코로나 발생을 방지한다.
- 전력 계통의 안정도를 증대시킨다.

제3과목 전기기기

41 부하 전류가 크지 않을 때 직류 직권 전동기 발생 토크는? (단, 자기 회로가 불포화인 경우이다.)

① 전류에 비례한다.
② 전류에 반비례한다.
③ 전류의 제곱에 비례한다.
④ 전류의 제곱에 반비례한다.

해설 역기전력 $E = \frac{Z}{a}p\phi\frac{N}{60}$ [V]

부하 전류 $I = I_a = I_f$ [A]

출력 $P = EI_a$ [W]

자속 $\phi \propto I_f = I$

토크 $T = \frac{P}{\omega} = \frac{EI_a}{2\pi\frac{N}{60}} = \frac{pZ}{2\pi a}\phi I_a = KI^2$

42 동기 전동기에 대한 설명으로 틀린 것은?
① 동기 전동기는 주로 회전 계자형이다.
② 동기 전동기는 무효 전력을 공급할 수 있다.
③ 동기 전동기는 제동 권선을 이용한 기동법이 일반적으로 많이 사용된다.
④ 3상 동기 전동기의 회전 방향을 바꾸려면 계자 권선 전류의 방향을 반대로 한다.

해설 3상 동기 전동기의 회전 방향을 바꾸려면 전기자(고정자) 권선의 3선 중 2선의 결선을 반대로 한다.

43 동기 발전기에서 동기 속도와 극수와의 관계를 옳게 표시한 것은? (단, N : 동기 속도, P : 극수이다.)

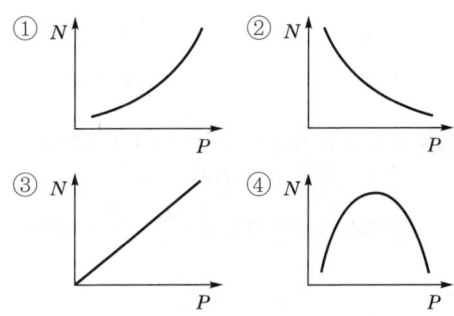

해설 동기 발전기의 동기 속도 $N = \frac{120}{P}f$ [rpm]

동기 속도 N은 극수 P와 반비례 관계가 있으므로 그래프는 쌍곡선이 된다.

44 어떤 직류 전동기가 역기전력 200[V], 매분 1,200회전으로 토크 158.76[N·m]를 발생하고 있을 때의 전기자 전류는 약 몇 [A]인가? (단, 기계손 및 철손은 무시한다.)

① 90
② 95
③ 100
④ 105

해설 토크 $T = \frac{P}{\omega} = \frac{EI_a}{2\pi\frac{N}{60}}$ [N·m]

전기자 전류 $I_a = T \cdot \frac{2\pi\frac{N}{60}}{E} = 158.76 \times \frac{2\pi\frac{1,200}{60}}{200}$

$= 99.75 ≒ 100$ [A]

45 일반적인 DC 서보 모터의 제어에 속하지 않는 것은?
① 역률 제어
② 토크 제어
③ 속도 제어
④ 위치 제어

정답 41.③ 42.④ 43.② 44.③ 45.①

해설 DC 서보 모터(servo motor)는 위치 제어, 속도 제어 및 토크 제어에 광범위하게 사용된다.

46 극수가 4극이고 전기자 권선이 단중 중권인 직류 발전기의 전기자 전류가 40[A]이면 전기자 권선의 각 병렬 회로에 흐르는 전류[A]는?

① 4
② 6
③ 8
④ 10

해설 단중 중권 직류 발전기의 병렬 회로수 $a = P$(극수)
전기자 전류 $I_a = aI$ [A]
전기자 권선의 전류 $I = \dfrac{I_a}{a} = \dfrac{40}{4} = 10$ [A]

47 부스트(boost) 컨버터의 입력 전압이 45[V]로 일정하고, 스위칭 주기가 20[kHz], 듀티비(duty ratio)가 0.6, 부하 저항이 10[Ω]일 때 출력 전압은 몇 [V]인가? (단, 인덕터에는 일정한 전류가 흐르고 커패시터 출력 전압의 리플 성분은 무시한다.)

① 27
② 67.5
③ 75
④ 112.5

해설 부스트(boost) 컨버터의 출력 전압 V_o
$V_o = \dfrac{1}{1-D}V_i = \dfrac{1}{1-0.6} \times 45 = 112.5$ [V]
여기서, D : 듀티비(Duty ratio)
부스트 컨버터 : 직류 → 직류로 승압하는 변환기

48 8극, 900[rpm] 동기 발전기와 병렬 운전하는 6극 동기 발전기의 회전수는 몇 [rpm]인가?

① 900
② 1,000
③ 1,200
④ 1,400

해설 동기 속도 $N_s = \dfrac{120f}{P}$ 에서
주파수 $f = N_s \dfrac{P}{120} = 900 \times \dfrac{8}{120} = 60$ [Hz]
동기 발전기의 병렬 운전 시 주파수가 같아야 하므로
$P = 6$극의 회전수 $N_s = \dfrac{120f}{P}$
$= \dfrac{120 \times 60}{6} = 1,200$ [rpm]

49 변압기 단락 시험에서 변압기의 임피던스 전압이란?

① 1차 전류가 여자 전류에 도달했을 때의 2차측 단자전압
② 1차 전류가 정격 전류에 도달했을 때의 2차측 단자전압
③ 1차 전류가 정격 전류에 도달했을 때의 변압기 내의 전압 강하
④ 1차 전류가 2차 단락 전류에 도달했을 때의 변압기 내의 전압 강하

해설 변압기의 임피던스 전압이란, 변압기 2차측을 단락하고 1차 공급 전압을 서서히 증가시켜 단락 전류가 1차 정격 전류에 도달했을 때의 변압기 내의 전압 강하이다.

50 단상 정류자 전동기의 일종인 단상 반발 전동기에 해당되는 것은?

① 시라게 전동기
② 반발 유도 전동기
③ 아트킨손형 전동기
④ 단상 직권 정류자 전동기

해설 직권 정류자 전동기에서 분화된 단상 반발 전동기의 종류는 아트킨손형(Atkinson type), 톰슨형(Thomson type) 및 데리형(Deri type)이 있다.

정답 46.④ 47.④ 48.③ 49.③ 50.③

51 와전류 손실을 패러데이 법칙으로 설명한 과정 중 틀린 것은?

① 와전류가 철심 내에 흘러 발열 발생
② 유도 기전력 발생으로 철심에 와전류가 흐름
③ 와전류 에너지 손실량은 전류 밀도에 반비례
④ 시변 자속으로 강자성체 철심에 유도 기전력 발생

해설 패러데이 법칙

기전력 $e = -\dfrac{d\phi}{dt}$ [V]

시변 자속에 의해 철심에서 기전력이 유도되고 와전류가 흘러 발열이 발생하며 와전류 에너지 손실량은 전류 밀도의 제곱에 비례한다.

52 10[kW], 3상, 380[V] 유도 전동기의 전부하 전류는 약 몇 [A]인가? (단, 전동기의 효율은 85[%], 역률은 85[%]이다.)

① 15 ② 21
③ 26 ④ 36

해설 출력 $P = \sqrt{3}\,VI\cos\theta \cdot \eta \times 10^{-3}$ [kW]

전부하 전류 $I = \dfrac{P}{\sqrt{3}\,V\cos\theta \cdot \eta \times 10^{-3}}$

$= \dfrac{10 \times 10^3}{\sqrt{3} \times 380 \times 0.85 \times 0.85}$

$= 21$ [A]

53 변압기의 주요 시험 항목 중 전압 변동률 계산에 필요한 수치를 얻기 위한 필수적인 시험은?

① 단락 시험 ② 내전압 시험
③ 변압비 시험 ④ 온도 상승 시험

해설 변압기의 전압 변동률 계산에 필요한 수치인 임피던스 전압과 임피던스 와트를 얻기 위한 시험은 단락 시험이다.

54 2전동기설에 의하여 단상 유도 전동기의 가상적 2개의 회전자 중 정방향에 회전하는 회전자 슬립이 s이면 역방향에 회전하는 가상적 회전자의 슬립은 어떻게 표시되는가?

① $1+s$ ② $1-s$
③ $2-s$ ④ $3-s$

해설 2전동기설에 의해

정방향 회전자 슬립 $s = \dfrac{N_s - N}{N_s}$

역방향 회전자 슬립 $s' = \dfrac{N_s + N}{N_s}$

$= \dfrac{2N_s - (N_s - N)}{N_s}$

$= \dfrac{2N_s}{N_s} - \dfrac{N_s - N}{N_s} = 2 - s$

55 3상 농형 유도 전동기의 전전압 기동 토크는 전부하 토크의 1.8배이다. 이 전동기에 기동 보상기를 사용하여 기동 전압을 전전압의 $\dfrac{2}{3}$로 낮추어 기동하면, 기동 토크는 전부하 토크 T와 어떤 관계인가?

① $3.0T$ ② $0.8T$
③ $0.6T$ ④ $0.3T$

해설 3상 유도 전동기의 토크 $T \propto V_1^2$이므로 기동 전압을 전전압의 $\dfrac{2}{3}$로 낮추어 기동하면

기동 토크 $T_s' = 1.8T \times \left(\dfrac{2}{3}\right)^2 = 0.8T$

56 변압기에서 생기는 철손 중 와류손(eddy current loss)은 철심의 규소 강판 두께와 어떤 관계에 있는가?

① 두께에 비례
② 두께의 2승에 비례
③ 두께의 3승에 비례
④ 두께의 $\dfrac{1}{2}$승에 비례

정답 51.③ 52.② 53.① 54.③ 55.② 56.②

해설 와류손 $P_e = \sigma_e k(tfB_m)^2 [W/m^3]$
여기서, σ_e : 와류 상수
k : 도전율
t : 강판의 두께
f : 주파수
B_m : 최대 자속 밀도

57 50[Hz], 12극의 3상 유도 전동기가 10[HP]의 정격 출력을 내고 있을 때, 회전수는 약 몇 [rpm]인가? (단, 회전자 동손은 350[W]이고, 회전자 입력은 회전자 동손과 정격 출력의 합이다.)

① 468 ② 478
③ 488 ④ 500

해설 2차 압력 $P_2 = P + P_{2c}$
$= 746 \times 10 + 350$
$= 7,810[W]$

슬립 $s = \dfrac{P_{2c}}{P_2} = \dfrac{350}{7,810} = 0.0448$

회전수 $N = N_s(1-s) = \dfrac{120f}{P}(1-s)$
$= \dfrac{120 \times 50}{12} \times (1-0.0448)$
$= 477.6 \fallingdotseq 478[rpm]$

58 변압기의 권수를 N이라고 할 때, 누설 리액턴스는?

① N에 비례한다.
② N^2에 비례한다.
③ N에 반비례한다.
④ N^2에 반비례한다.

해설 누설 인덕턴스 $L = \dfrac{\mu N^2 S}{l} [H]$

누설 리액턴스 $x = \omega L = \omega \cdot \dfrac{\mu N^2 S}{l} \propto N^2$

59 동기 발전기의 병렬 운전 조건에서 같지 않아도 되는 것은?

① 기전력의 용량 ② 기전력의 위상
③ 기전력의 크기 ④ 기전력의 주파수

해설 동기 발전기의 병렬 운전 조건
• 기전력의 크기가 같을 것
• 기전력의 위상이 같을 것
• 기전력의 주파수가 같을 것
• 기전력의 파형이 같을 것

60 다이오드를 사용하는 정류 회로에서 과대한 부하 전류로 인하여 다이오드가 소손될 우려가 있을 때 가장 적절한 조치는 어느 것인가?

① 다이오드를 병렬로 추가한다.
② 다이오드를 직렬로 추가한다.
③ 다이오드 양단에 적당한 값의 저항을 추가한다.
④ 다이오드 양단에 적당한 값의 커패시터를 추가한다.

해설 과전류로부터 보호를 위해서는 다이오드를 병렬로 추가 접속하고, 과전압으로부터 보호를 위해서는 다이오드를 직렬로 추가 접속한다.

제4과목 회로이론 및 제어공학

61 전달 함수가 $G_C(s) = \dfrac{s^2 + 3s + 5}{2s}$인 제어기가 있다. 이 제어기는 어떤 제어기인가?

① 비례 미분 제어기
② 적분 제어기
③ 비례 적분 제어기
④ 비례 미분 적분 제어기

정답 57.② 58.② 59.① 60.① 61.④

해설
$$G_C(s) = \frac{s^2+3s+5}{2s} = \frac{1}{2}s + \frac{3}{2} + \frac{5}{2s}$$
$$= \frac{3}{2}\left(1 + \frac{1}{3}s + \frac{1}{\frac{3}{5}s}\right)$$

비례 감도 $K_p = \frac{3}{2}$, 미분 시간 $T_D = \frac{1}{3}$, 적분 시간 $T_i = \frac{3}{5}$인 비례 미분 적분 제어기이다.

62 다음 논리 회로의 출력 Y는?

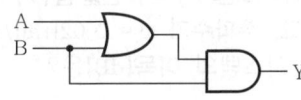

① A
② B
③ A+B
④ A·B

해설 Y=(A+B)B=AB+BB
=AB+B=B(A+1)=B

63 그림과 같은 제어 시스템이 안정하기 위한 k의 범위는?

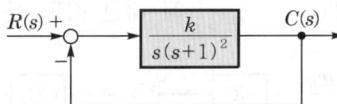

① $k > 0$
② $k > 1$
③ $0 < k < 1$
④ $0 < k < 2$

해설 특성 방정식은 $1+G(s)H(s)=0$
$$1 + \frac{k}{s(s+1)^2} = 0$$
$s^3 + 2s^2 + s + k = 0$
라우스의 표

s^3	1	1
s^2	2	k
s^1	$\frac{2-k}{2}$	0
s^0	k	

제1열의 부호 변화가 없어야 하므로
$\frac{2-k}{2} > 0$, $k > 0$
$\therefore\ 0 < k < 2$

64 다음과 같은 상태 방정식으로 표현되는 제어 시스템의 특성 방정식의 근(s_1, s_2)은?

$$\begin{bmatrix} \dot{x_1} \\ \dot{x_2} \end{bmatrix} = \begin{bmatrix} 0 & 1 \\ -2 & -3 \end{bmatrix} \begin{bmatrix} x_1 \\ x_2 \end{bmatrix} + \begin{bmatrix} 1 \\ 0 \end{bmatrix} u$$

① 1, -3
② -1, -2
③ -2, -3
④ -1, -3

해설 특성 방정식은 $|sI-A|=0$
$$\left| \begin{bmatrix} s & 0 \\ 0 & s \end{bmatrix} - \begin{bmatrix} 0 & 1 \\ -2 & -3 \end{bmatrix} \right| = 0$$
$$\begin{vmatrix} s & -1 \\ 2 & s+3 \end{vmatrix} = 0$$
$s(s+3) + 2 = 0$
$s^2 + 3s + 2 = 0$
$(s+1)(s+2) = 0$
특성 방정식의 근 $s = -1, -2$

65 그림의 블록 선도와 같이 표현되는 제어 시스템에서 $A=1$, $B=1$일 때, 블록 선도의 출력 C는 약 얼마인가?

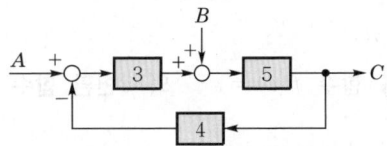

① 0.22
② 0.33
③ 1.22
④ 3.1

해설 $A=1$, $B=1$일 때의 출력을 구하면
$\{(1-4C)3+1\}5 = C$
$15 - 60C + 5 = C$
$\therefore\ C = \frac{20}{61} \fallingdotseq 0.33$

66 제어 요소가 제어 대상에 주는 양은?
① 동작 신호   ② 조작량
③ 제어량   ④ 궤환량

해설 조작량은 제어 장치가 제어 대상에 가하는 제어 신호이다.

67 전달 함수 $\dfrac{C(s)}{R(s)} = \dfrac{1}{3s^2+4s+1}$ 인 제어 시스템의 과도 응답 특성은?
① 무제동
② 부족 제동
③ 임계 제동
④ 과제동

해설
전달 함수 $\dfrac{C(s)}{R(s)} = \dfrac{1}{3s^2+4s+1} = \dfrac{\frac{1}{3}}{s^2+\frac{4}{3}s+\frac{1}{3}}$

고유 주파수 $\omega_n = \dfrac{1}{\sqrt{3}}$ 이므로, $2\delta\omega_n = \dfrac{4}{3}$

∴ 제동비 $\delta = \dfrac{\frac{4}{3}}{2\times\frac{1}{\sqrt{3}}} = 1.155$

∴ $\delta > 1$ 인 경우이므로 서로 다른 2개의 실근을 가지므로 과제동한다.

68 함수 $f(t) = e^{-at}$ 의 z 변환 함수 $F(z)$ 는?
① $\dfrac{2z}{z-e^{aT}}$
② $\dfrac{1}{z+e^{aT}}$
③ $\dfrac{z}{z+e^{-aT}}$
④ $\dfrac{z}{z-e^{-aT}}$

해설
$F(z) = \sum_{k=0}^{\infty} f(kT)z^{-k}$
$= \sum_{k=0}^{\infty} e^{-akT}z^{-k}$ (여기서, $k=0, 1, 2, 3, \cdots$)
$= 1 + e^{-aT}z^{-1} + e^{-2aT}z^{-2} + e^{-3aT}z^{-3} + \cdots$
$= \dfrac{1}{1-e^{-aT}z^{-1}}$
$= \dfrac{z}{z-e^{-aT}}$

69 제어 시스템의 주파수 전달 함수가 $G(j\omega) = j5\omega$ 이고, 주파수가 $\omega = 0.02\,[\text{rad/s}]$ 일 때 이 제어 시스템의 이득[dB]은?
① 20   ② 10
③ -10 ④ -20

해설 이득 $g = 20\log|G(j\omega)| = 20\log|5\omega|\big|_{\omega=0.02}$
$= 20\log|5\times 0.02|$
$= 20\log 0.1$
$= -20\,[\text{dB}]$

70 그림과 같은 제어 시스템의 폐루프 전달 함수 $T(s) = \dfrac{C(s)}{R(s)}$ 에 대한 감도 S_K^T 는?

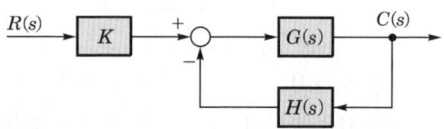

① 0.5   ② 1
③ $\dfrac{G}{1+GH}$ ④ $\dfrac{-GH}{1+GH}$

해설 전달 함수 $T = \dfrac{C(s)}{R(s)} = \dfrac{KG(s)}{1+G(s)H(s)}$

감도 $S_K^T = \dfrac{K}{T}\dfrac{dT}{dK}$
$= \dfrac{K}{\frac{KG(s)}{1+G(s)H(s)}}\dfrac{d}{dK}\dfrac{KG(s)}{1+G(s)H(s)}$
$= \dfrac{1+G(s)H(s)}{G(s)}\times\dfrac{G(s)}{1+G(s)H(s)}$
$= 1$

정답 66.② 67.④ 68.④ 69.④ 70.②

71 그림 (a)와 같은 회로에 대한 구동점 임피던스의 극점과 영점이 각각 그림 (b)에 나타낸 것과 같고 $Z(0)=1$일 때, 이 회로에서 R [Ω], L[H], C[F]의 값은?

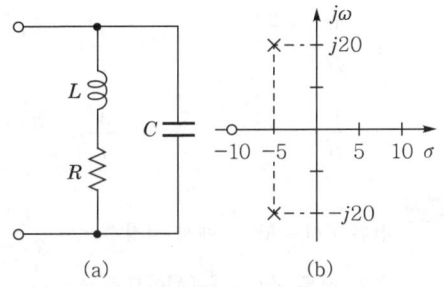

① $R=1.0[Ω]$, $L=0.1[H]$, $C=0.0235[F]$
② $R=1.0[Ω]$, $L=0.2[H]$, $C=1.0[F]$
③ $R=2.0[Ω]$, $L=0.1[H]$, $C=0.0235[F]$
④ $R=2.0[Ω]$, $L=0.2[H]$, $C=1.0[F]$

해설 • 구동점 임피던스

$$Z(s)=\frac{(Ls+R)\cdot\frac{1}{Cs}}{(Ls+R)+\frac{1}{Cs}}=\frac{Ls+R}{LCs^2+RCs+1}$$

$$=\frac{\frac{1}{C}s+\frac{R}{LC}}{s^2+\frac{R}{L}s+\frac{1}{LC}}[Ω]$$

• 영점과 극점의 임피던스

$$Z(s)=\frac{s+10}{\{(s+5)-j20\}\{(s+5)+j20\}}$$

$$=\frac{s+10}{s^2+10s+425}$$

$Z(0)=1$일 때이므로 $R=1[Ω]$이고 구동점 임피던스 $Z(s)$와 영점과 극점의 임피던스 $Z(s)$를 비교하면
$\frac{R}{L}=10$, $\frac{1}{LC}=425$

∴ $L=0.1[H]$, $C=0.0235[F]$

72 다음 중 회로에서 저항 1[Ω]에 흐르는 전류 I[A]는?

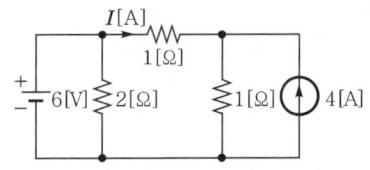

① 3 ② 2
③ 1 ④ -1

해설 중첩의 정리
• 6[V] 전압원에 의한 전류(전류원 개방)
 전전류 $I=\frac{6}{\frac{2\times2}{2+2}}=6[A]$
 ∴ $R=1[Ω]$에 흐르는 전류 $I_1=3[A]$
• 4[A] 전류원에 의한 전류(전압원 단락)

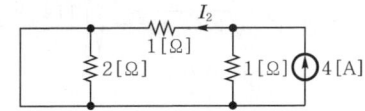

∴ $R=1[Ω]$에 흐르는 전류 $I_2=2[A]$
∴ $I=I_1-I_2=3-2=1[A]$

73 파형이 톱니파인 경우 파형률은 약 얼마인가?

① 1.155 ② 1.732
③ 1.414 ④ 0.577

해설 파형률 = $\frac{실효값}{평균값}$

$$=\frac{\frac{1}{\sqrt{3}}V_m}{\frac{1}{2}V_m}=\frac{2}{\sqrt{3}}≒1.155$$

74 무한장 무손실 전송 선로의 임의의 위치에서 전압이 100[V]이었다. 이 선로의 인덕턴스가 7.5[μH/m]이고, 커패시턴스가 0.012 [μF/m]일 때 이 위치에서 전류[A]는?

① 2 ② 4
③ 6 ④ 8

정답 71.① 72.③ 73.① 74.②

해설 전류 $I = \dfrac{V}{Z_0} = \dfrac{V}{\sqrt{\dfrac{R+j\omega L}{G+j\omega C}}}$ [A]

무손실 전송 선로이므로 $R=0$, $G=0$이므로

∴ $I = \dfrac{V}{\sqrt{\dfrac{L}{C}}} = \dfrac{100}{\sqrt{\dfrac{7.5 \times 10^{-6}}{0.012 \times 10^{-6}}}} = 4$ [A]

75 전압 $v(t) = 14.14\sin\omega t + 7.07\sin\left(3\omega t + \dfrac{\pi}{6}\right)$ [V]의 실효값은 약 몇 [V]인가?

① 3.87 ② 11.2
③ 15.8 ④ 21.2

해설 실효값 $V = \sqrt{V_1^2 + V_3^2} = \sqrt{\left(\dfrac{14.14}{\sqrt{2}}\right)^2 + \left(\dfrac{7.07}{\sqrt{2}}\right)^2}$
$= 11.2$ [V]

76 그림과 같은 평형 3상 회로에서 전원 전압이 $V_{ab} = 200$ [V]이고 부하 한 상의 임피던스가 $Z = 4+j3$ [Ω]인 경우 전원과 부하 사이 선전류 I_a는 약 몇 [A]인가?

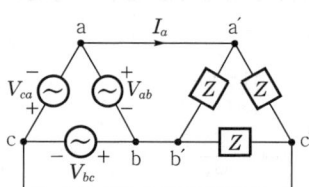

① $40\sqrt{3}\,\underline{/36.87°}$ ② $40\sqrt{3}\,\underline{/-36.87°}$
③ $40\sqrt{3}\,\underline{/66.87°}$ ④ $40\sqrt{3}\,\underline{/-66.87°}$

해설 선전류 $I_a = \sqrt{3}\,$상 전류$(I_{ab})\,\underline{/-30°}$
$= \sqrt{3}\,\dfrac{200}{4+j3}\,\underline{/-30°}$
$= \sqrt{3}\,\dfrac{200}{5}\,\underline{/-30° - \tan^{-1}\dfrac{3}{4}}$
$= 40\sqrt{3}\,\underline{/-66.87°}$

77 정상 상태에서 $t=0$초인 순간에 스위치 S를 열었다. 이때 흐르는 전류 $i(t)$는?

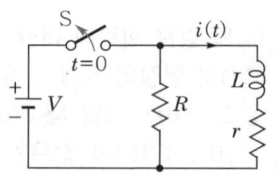

① $\dfrac{V}{R}e^{-\dfrac{R+r}{L}t}$ ② $\dfrac{V}{r}e^{-\dfrac{R+r}{L}t}$

③ $\dfrac{V}{R}e^{-\dfrac{L}{R+r}t}$ ④ $\dfrac{V}{r}e^{-\dfrac{L}{R+r}t}$

해설 전류 $i(t) = Ke^{-\dfrac{1}{\tau}t}$에서 시정수 $\tau = \dfrac{L}{R+r}$ [s],

초기 전류 $i(0) = \dfrac{V}{r}$ [A]이므로 $K = \dfrac{V}{r}$

∴ $i(t) = \dfrac{V}{r}e^{-\dfrac{R+r}{L}t}$ [A]

78 선간 전압이 150[V], 선전류가 $10\sqrt{3}$ [A], 역률이 80[%]인 평형 3상 유도성 부하로 공급되는 무효 전력[Var]은?

① 3,600 ② 3,000
③ 2,700 ④ 1,800

해설 무효 전력 $P_r = \sqrt{3}\,VI\sin\theta$
$= \sqrt{3} \times 150 \times 10\sqrt{3} \times \sqrt{1-(0.8)^2}$
$= 2,700$ [Var]

79 그림과 같은 함수의 라플라스 변환은?

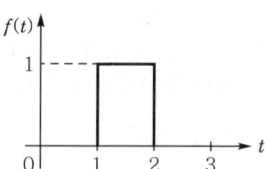

① $\dfrac{1}{s}(e^s - e^{2s})$ ② $\dfrac{1}{s}(e^{-s} - e^{-2s})$

③ $\dfrac{1}{s}(e^{-2s} - e^{-s})$ ④ $\dfrac{1}{s}(e^{-s} + e^{-2s})$

정답 75.② 76.④ 77.② 78.③ 79.②

해설 $f(t) = u(t-1) - u(t-2)$
시간 추이 정리에 의해
$$F(s) = e^{-s}\frac{1}{s} - e^{-2s}\frac{1}{s} = \frac{1}{s}(e^{-s} - e^{-2s})$$

80 상의 순서가 a-b-c인 불평형 3상 전류가 $I_a = 15 + j2[A]$, $I_b = -20 - j14[A]$, $I_c = -3 + j10[A]$일 때 영상분 전류 I_0는 약 몇 [A]인가?

① $2.67 + j0.38$
② $2.02 + j6.98$
③ $15.5 - j3.56$
④ $-2.67 - j0.67$

해설 영상분 전류
$$I_0 = \frac{1}{3}(I_a + I_b + I_c)$$
$$= \frac{1}{3}\{(15+j2)+(-20-j14)+(-3+j10)\}$$
$$= -2.67 - j0.67[A]$$

제5과목 전기설비기술기준

81 지중 전선로를 직접 매설식에 의하여 차량 기타 중량물의 압력을 받을 우려가 있는 장소에 시설하는 경우 매설 깊이는 몇 [m] 이상으로 하여야 하는가?

① 0.6 ② 1
③ 1.5 ④ 2

해설 지중 전선로의 시설(한국전기설비규정 334.1)
- 케이블 사용
- 관로식, 암거식, 직접 매설식
- 매설 깊이
  - 관로식, 직매식 : 1[m] 이상
  - 중량물의 압력을 받을 우려가 없는 곳 : 0.6[m] 이상

82 돌침, 수평 도체, 메시(그물망) 도체의 요소 중에 한 가지 또는 이를 조합한 형식으로 시설하는 것은?

① 접지극 시스템 ② 수뢰부 시스템
③ 내부 피뢰 시스템 ④ 인하도선 시스템

해설 수뢰부 시스템(한국전기설비규정 152.1)
수뢰부 시스템의 선정은 돌침, 수평 도체, 메시(그물망) 도체의 요소 중에 한 가지 또는 이를 조합한 형식으로 시설하여야 한다.

83 지중 전선로에 사용하는 지중함의 시설 기준으로 틀린 것은?

① 조명 및 세척이 가능한 장치를 하도록 할 것
② 견고하고 차량 기타 중량물의 압력에 견디는 구조일 것
③ 그 안의 고인 물을 제거할 수 있는 구조로 되어 있을 것
④ 뚜껑은 시설자 이외의 자가 쉽게 열 수 없도록 시설할 것

해설 지중함 시설(한국전기설비규정 334.2)
- 견고하고, 차량 기타 중량물의 압력에 견디는 구조
- 지중함은 고인 물을 제거할 수 있는 구조
- 지중함 크기 1[m³] 이상
- 지중함의 뚜껑은 시설자 이외의 자가 쉽게 열 수 없도록 시설

84 전식(전기부식) 방지 대책에서 매설 금속체 측의 누설 전류에 의한 전식(전기부식)의 피해가 예상되는 곳에 고려하여야 하는 방법으로 틀린 것은?

① 절연 코팅
② 배류 장치 설치
③ 변전소 간 간격 축소
④ 저준위 금속체를 접속

정답 80.④ 81.② 82.② 83.① 84.③

해설 전식(전기부식) 방지(한국전기설비규정 461.4)
- 전기 철도측의 전기부식 방지를 위해서는 다음 방법을 고려한다.
  - 변전소 간 간격 축소
  - 레일 본드의 양호한 시공
  - 장대 레일 채택
  - 절연 도상 및 레일과 침목 사이에 절연층의 설치
- 매설 금속체측의 누설 전류에 의한 전식(전기부식)의 피해가 예상되는 곳은 다음 방법을 고려한다.
  - 배류 장치 설치
  - 절연 코팅
  - 매설 금속체 접속부 절연
  - 저준위 금속체를 접속
  - 궤도와의 이격 거리(간격) 증대
  - 금속판 등의 도체로 차폐

85 일반 주택의 저압 옥내 배선을 점검하였더니 다음과 같이 시설되어 있었을 경우 시설 기준에 적합하지 않은 것은?

① 합성 수지관의 지지점 간의 거리를 2[m]로 하였다.
② 합성 수지관 안에서 전선의 접속점이 없도록 하였다.
③ 금속관 공사에 옥외용 비닐 절연 전선을 제외한 절연 전선을 사용하였다.
④ 인입구에 가까운 곳으로서 쉽게 개폐할 수 있는 곳에 개폐기를 각 극에 시설하였다.

해설 합성 수지관 공사(한국전기설비규정 232.11)
- 전선은 연선(옥외용 제외) 사용. 연동선 10[mm^2], 알루미늄선 16[mm^2] 이하 단선 사용
- 전선관 내 전선 접속점이 없도록 함
- 관을 삽입하는 길이 : 관 외경(바깥지름) 1.2배(접착제 사용 0.8배)
- 관 지지점 간 거리 : 1.5[m] 이하

86 하나 또는 복합하여 시설하여야 하는 접지극의 방법으로 틀린 것은?

① 지중 금속 구조물
② 토양에 매설된 기초 접지극
③ 케이블의 금속 외장 및 그 밖에 금속 피복
④ 대지에 매설된 강화 콘크리트의 용접된 금속 보강재

해설 접지극의 시설 및 접지 저항(한국전기설비규정 142.2)
- 접지극은 다음의 방법 중 하나 또는 복합하여 시설
  - 콘크리트에 매입된 기초 접지극
  - 토양에 매설된 기초 접지극
  - 토양에 수직 또는 수평으로 직접 매설된 금속 전극
  - 케이블의 금속 외장 및 그 밖에 금속 피복
  - 지중 금속 구조물(배관 등)
  - 대지에 매설된 철근 콘크리트의 용접된 금속 보강재
- 접지극의 매설
  - 토양을 오염시키지 않아야 하며, 가능한 다습한 부분에 설치
  - 지하 0.75[m] 이상 매설
  - 철주의 밑면으로부터 0.3[m] 이상 또는 금속체로부터 1[m] 이상

87 사용 전압이 154[kV]인 전선로를 제1종 특고압 보안 공사로 시설할 때 경동 연선의 굵기는 몇 [mm^2] 이상이어야 하는가?

① 55
② 100
③ 150
④ 200

해설 제1종 특고압 보안 공사 시 전선의 단면적(한국전기설비규정 333.22)
- 100[kV] 미만 : 55[mm^2](인장 강도 21.67[kN]) 이상 경동 연선
- 100[kV] 이상 300[kV] 미만 : 150[mm^2](인장 강도 58.84[kN]) 이상 경동 연선
- 300[kV] 이상 : 200[mm^2](인장 강도 77.47[kN]) 이상 경동 연선

정답 85.① 86.④ 87.③

88 다음 ( )에 들어갈 내용으로 옳은 것은?

> 동일 지지물에 저압 가공전선(다중접지된 중성선은 제외한다)과 고압 가공전선을 시설하는 경우 고압 가공전선을 저압 가공전선의 (㉠)로 하고, 별개의 완금류에 시설해야 하며, 고압 가공전선과 저압 가공전선 사이의 이격거리(간격)는 (㉡)[m] 이상으로 한다.

① ㉠ 아래, ㉡ 0.5　② ㉠ 아래, ㉡ 1
③ ㉠ 위, ㉡ 0.5　④ ㉠ 위, ㉡ 1

해설 고압 가공 전선 등의 병행 설치(한국전기설비규정 332.8)
저압 가공 전선(다중 접지된 중성선은 제외한다)과 고압 가공 전선을 동일 지지물에 시설하는 경우에는 다음에 따라야 한다.
- 저압 가공 전선을 고압 가공 전선의 아래로 하고 별개의 완금류에 시설할 것
- 저압 가공 전선과 고압 가공전선 사이의 이격 거리(간격)는 0.5[m] 이상일 것

89 전기설비기술기준에서 정하는 안전 원칙에 대한 내용으로 틀린 것은?

① 전기 설비는 감전, 화재 그 밖에 사람에게 위해를 주거나 물건에 손상을 줄 우려가 없도록 시설하여야 한다.
② 전기 설비는 다른 전기 설비, 그 밖의 물건의 기능에 전기적 또는 자기적인 장해를 주지 않도록 시설하여야 한다.
③ 전기 설비는 경쟁과 새로운 기술 및 사업의 도입을 촉진함으로써 전기 사업의 건전한 발전을 도모하도록 시설하여야 한다.
④ 전기 설비는 사용 목적에 적절하고 안전하게 작동하여야 하며, 그 손상으로 인하여 전기 공급에 지장을 주지 않도록 시설하여야 한다.

해설 안전 원칙(전기설비기술기준 제2조)
- 전기 설비는 감전, 화재 그 밖에 사람에게 위해(危害)를 주거나 물건에 손상을 줄 우려가 없도록 시설하여야 한다.
- 전기 설비는 사용 목적에 적절하고 안전하게 작동하여야 하며, 그 손상으로 인하여 전기 공급에 지장을 주지 않도록 시설하여야 한다.
- 전기 설비는 다른 전기 설비, 그 밖의 물건의 기능에 전기적 또는 자기적인 장해를 주지 않도록 시설하여야 한다.

90 플로어 덕트 공사에 의한 저압 옥내 배선에서 연선을 사용하지 않아도 되는 전선(구리선)의 단면적은 최대 몇 [mm²]인가?

① 2　② 4
③ 6　④ 10

해설 플로어 덕트 공사(한국전기설비규정 232.32)
- 전선은 절연 전선(옥외용 비닐 절연 전선 제외)일 것
- 전선은 연선일 것. 다만, 단면적 10[mm²](알루미늄선 16[mm²]) 이하인 것은 그러하지 아니하다.
- 플로어 덕트 안에는 전선에 접속점이 없도록 할 것

91 풍력 터빈에 설비의 손상을 방지하기 위하여 시설하는 운전 상태를 계측하는 계측 장치로 틀린 것은?

① 조도계
② 압력계
③ 온도계
④ 풍속계

해설 계측 장치의 시설(한국전기설비규정 532.3.7)
풍력 터빈에는 설비의 손상을 방지하기 위하여 운전 상태를 계측하는 다음의 계측 장치를 시설하여야 한다.
- 회전 속도계
- 나셀(nacelle) 내의 진동을 감시하기 위한 진동계
- 풍속계
- 압력계
- 온도계

정답　88.③　89.③　90.④　91.①

92. 전압의 종별에서 교류 600[V]는 무엇으로 분류하는가?

① 저압
② 고압
③ 특고압
④ 초고압

해설 적용범위(한국전기설비규정 111.1)
전압의 구분
- 저압 : 교류는 1[kV] 이하, 직류는 1.5[kV] 이하인 것
- 고압 : 교류는 1[kV]를, 직류는 1.5[kV]를 초과하고, 7[kV] 이하인 것
- 특고압 : 7[kV]를 초과하는 것

93. 옥내 배선 공사 중 반드시 절연 전선을 사용하지 않아도 되는 공사 방법은? (단, 옥외용 비닐 절연 전선은 제외한다.)

① 금속관 공사
② 버스 덕트 공사
③ 합성 수지관 공사
④ 플로어 덕트 공사

해설 나전선의 사용 제한(한국전기설비규정 231.4)
㉠ 옥내에 시설하는 저압 전선에는 나전선을 사용하여서는 아니 된다.
㉡ 나전선의 사용이 가능한 경우
- 애자 공사
  - 전기로용 전선
  - 전선의 피복 절연물이 부식하는 장소
  - 취급자 이외의 자가 출입할 수 없도록 설비한 장소
- 버스 덕트 공사 및 라이팅 덕트 공사
- 접촉 전선

94. 시가지에 시설하는 사용 전압 170[kV] 이하인 특고압 가공 전선로의 지지물이 철탑이고 전선이 수평으로 2 이상 있는 경우에 전선 상호간의 간격이 4[m] 미만인 때에는 특고압 가공 전선로의 경간(지지물 간 거리)은 몇 [m] 이하이어야 하는가?

① 100
② 150
③ 200
④ 250

해설 시가지 등에서 특고압 가공 전선로의 시설(한국전기설비규정 333.1)
철탑의 경간(지지물 간 거리) 400[m] 이하(다만, 전선이 수평으로 2 이상 있는 경우에 전선 상호간의 간격이 4[m] 미만인 때에는 250[m] 이하)

95. 사용 전압이 170[kV] 이하의 변압기를 시설하는 변전소로서 기술원이 상주하여 감시하지는 않으나 수시로 순회하는 경우, 기술원이 상주하는 장소에 경보 장치를 시설하지 않아도 되는 경우는?

① 옥내 변전소에 화재가 발생한 경우
② 제어 회로의 전압이 현저히 저하한 경우
③ 운전 조작에 필요한 차단기가 자동적으로 차단한 후 재폐로한 경우
④ 수소 냉각식 조상기(무효전력 보상장치)는 그 조상기(무효전력 보상장치) 안의 수소의 순도가 90[%] 이하로 저하한 경우

해설 상주 감시를 하지 아니하는 변전소의 시설(한국전기설비규정 351.9)
사용 전압이 170[kV] 이하의 변압기를 시설하는 변전소
- 경보 장치 시설
  - 운전 조작에 필요한 차단기가 자동적으로 차단한 경우
  - 주요 변압기의 전원측 전로가 무전압으로 된 경우
  - 제어 회로의 전압이 현저히 저하한 경우
  - 옥내 및 옥외 및 옥외 변전소에 화재가 발생한 경우
  - 출력 3,000[kVA]를 초과하는 특고압용 변압기는 그 온도가 현저히 상승한 경우
  - 특고압용 타냉식 변압기는 그 냉각 장치가 고장난 경우
  - 조상기(무효전력 보상장치)는 내부에 고장이 생긴 경우
  - 수소 냉각식 조상기(무효전력 보상장치)는 그 조상기(무효전력 보상장치) 안의 수소의 순도가 90[%] 이하로 저하한 경우, 수소의 압력이 현저히 변동한 경우 또는 수소의 온도가 현저히 상승한 경우
  - 가스 절연 기기의 절연 가스의 압력이 현저히 저하한 경우
- 수소의 순도가 85[%] 이하로 저하한 경우에 그 조상기(무효전력 보상장치)를 전로로부터 자동적으로 차단하는 장치 시설
- 전기 철도용 변전소는 주요 변성 기기에 고장이 생긴 경우 또는 전원측 전로의 전압이 현저히 저하한 경우에 그 변성 기기를 자동적으로 전로로부터 차단하는 장치를 할 것

정답 92.① 93.② 94.④ 95.③

96 특고압용 타냉식 변압기의 냉각 장치에 고장이 생긴 경우를 대비하여 어떤 보호 장치를 하여야 하는가?

① 경보 장치
② 속도 조정 장치
③ 온도 시험 장치
④ 냉매 흐름 장치

해설 특고압용 변압기의 보호 장치(한국전기설비규정 351.4)

뱅크 용량	동작조건	장치의 종류
5,000[kVA] 이상 10,000[kVA] 미만	내부 고장	자동 차단 장치, 경보 장치
10,000[kVA] 이상	내부 고장	자동 차단 장치
타냉식 변압기	온도 상승	경보 장치

97 특고압 가공 전선로의 지지물로 사용하는 B종 철주, B종 철근 콘크리트주 또는 철탑의 종류에서 전선로의 지지물 양쪽의 경간(지지물 간 거리)의 차가 큰 곳에 사용하는 것은?

① 각도형   ② 인류(잡아당김)형
③ 내장형   ④ 보강형

해설 특고압 가공 전선로의 철주·철근 콘크리트주 또는 철탑의 종류(한국전기설비규정 333.11)
- 직선형 : 3도 이하
- 각도형 : 3도 초과
- 인류(잡아당김)형 : 전가섭선을 잡아당기는 곳
- 내장형 : 경간 차 큰 곳

98 아파트 세대 욕실에 "비데용 콘센트"를 시설하고자 한다. 다음의 시설 방법 중 적합하지 않은 것은?

① 콘센트는 접지극이 없는 것을 사용한다.
② 습기가 많은 장소에 시설하는 콘센트는 방습 장치를 하여야 한다.
③ 콘센트를 시설하는 경우에는 절연 변압기(정격 용량 3[kVA] 이하인 것에 한한다)로 보호된 전로에 접속하여야 한다.
④ 콘센트를 시설하는 경우에는 인체 감전 보호용 누전 차단기(정격 감도 전류 15[mA] 이하, 동작 시간 0.03초 이하의 전류 동작형의 것에 한한다)로 보호된 전로에 접속하여야 한다.

해설 콘센트의 시설(한국전기설비규정 234.5)
욕조나 샤워 시설이 있는 욕실 또는 화장실 등 인체가 물에 젖어 있는 상태에서 전기를 사용하는 장소에 콘센트를 시설
- 「전기용품 및 생활용품 안전관리법」의 적용을 받는 인체 감전 보호용 누전 차단기(정격 감도 전류 15[mA] 이하, 동작 시간 0.03초 이하의 전류 동작형) 또는 절연 변압기(정격 용량 3[kVA] 이하)로 보호된 전로에 접속하거나, 인체 감전 보호용 누전 차단기가 부착된 콘센트를 시설한다.
- 콘센트는 접지극이 있는 방적형 콘센트를 사용하고 규정에 준하여 접지한다.
- 습기가 많은 장소 또는 수분이 있는 장소에 시설하는 콘센트 및 기계 기구용 콘센트는 접지용 단자가 있는 것을 사용하여 접지하고, 방습 장치를 한다.

99 고압 가공 전선로의 가공 지선에 나경동선을 사용하려면 지름 몇 [mm] 이상의 것을 사용하여야 하는가?

① 2.0   ② 3.0
③ 4.0   ④ 5.0

해설 고압 가공 전선로의 가공 지선(한국전기설비규정 332.6)
인장 강도 5.26[kN] 이상의 것 또는 지름 4[mm] 이상의 나경동선을 사용

100 변전소의 주요 변압기에 계측 장치를 시설하여 측정하여야 하는 것이 아닌 것은?

① 역률   ② 전압
③ 전력   ④ 전류

해설 계측 장치(한국전기설비규정 351.6)
변전소에 계측 장치를 시설하여 측정하는 사항
- 주요 변압기의 전압 및 전류 또는 전력
- 특고압용 변압기의 온도

정답 96.① 97.③ 98.① 99.③ 100.①

2021년 제3회 과년도 출제문제

2021. 8. 14. 시행

제1과목 전기자기학

01 그림과 같이 단면적 $S[\text{m}^2]$가 균일한 환상 철심에 권수 N_1인 A 코일과 권수 N_2인 B 코일이 있을 때, A 코일의 자기 인덕턴스가 $L_1[\text{H}]$라면 두 코일의 상호 인덕턴스 $M[\text{H}]$는? (단, 누설 자속은 0이다.)

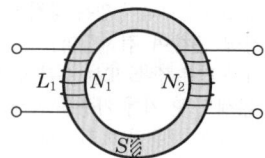

① $\dfrac{L_1 N_2}{N_1}$ ② $\dfrac{N_2}{L_1 N_1}$

③ $\dfrac{L_1 N_1}{N_2}$ ④ $\dfrac{N_1}{L_1 N_2}$

해설

A 코일의 자기 인덕턴스 $L_1 = \dfrac{\mu N_1^2 S}{l}[\text{H}]$

상호 인덕턴스 $M = \dfrac{\mu N_1 N_2 S}{l} = \dfrac{\mu N_1 N_2 S}{l} \cdot \dfrac{N_1}{N_1}$

$= L_1 \cdot \dfrac{N_2}{N_1}[\text{H}]$

02 평행판 커패시터에 어떤 유전체를 넣었을 때 전속 밀도가 $4.8 \times 10^{-7}[\text{C/m}^2]$이고 단위 체적당 정전 에너지가 $5.3 \times 10^{-3}[\text{J/m}^3]$이었다. 이 유전체의 유전율은 약 몇 $[\text{F/m}]$인가?

① 1.15×10^{-11} ② 2.17×10^{-11}
③ 3.19×10^{-11} ④ 4.21×10^{-11}

해설

정전 에너지 $w_E = \dfrac{D^2}{2\varepsilon}[\text{J/m}^3]$

유전율 $\varepsilon = \dfrac{D^2}{2w_E} = \dfrac{(4.8 \times 10^{-7})^2}{2 \times 5.3 \times 10^{-3}}$

$= 2.17 \times 10^{-11}[\text{F/m}]$

03 진공 중에서 점$(0, 1)[\text{m}]$의 위치에 $-2 \times 10^{-9}[\text{C}]$의 점전하가 있을 때, 점$(2, 0)[\text{m}]$에 있는 $1[\text{C}]$의 점전하에 작용하는 힘은 몇 $[\text{N}]$인가? (단, $\hat{x}$, $\hat{y}$는 단위 벡터이다.)

① $-\dfrac{18}{3\sqrt{5}}\hat{x} + \dfrac{36}{3\sqrt{5}}\hat{y}$

② $-\dfrac{36}{5\sqrt{5}}\hat{x} + \dfrac{18}{5\sqrt{5}}\hat{y}$

③ $-\dfrac{36}{3\sqrt{5}}\hat{x} + \dfrac{18}{3\sqrt{5}}\hat{y}$

④ $\dfrac{36}{5\sqrt{5}}\hat{x} + \dfrac{18}{5\sqrt{5}}\hat{y}$

해설

거리 벡터 $\boldsymbol{r} = -2\hat{x} + \hat{y}[\text{m}]$

거리 벡터의 절대값 $|\boldsymbol{r}| = \sqrt{2^2 + 1^2} = \sqrt{5}[\text{m}]$

단위 벡터 $\boldsymbol{r}_0 = \dfrac{\boldsymbol{r}}{|\boldsymbol{r}|} = \dfrac{-2\hat{x} + \hat{y}}{\sqrt{5}}$

힘 $\boldsymbol{F} = \boldsymbol{r}_0 \dfrac{1}{4\pi\varepsilon_0} \cdot \dfrac{Q_1 Q_2}{r^2}$

$= \dfrac{-2\hat{x} + \hat{y}}{\sqrt{5}} \times 9 \times 10^9 \times \dfrac{-2 \times 10^{-9} \times 1}{(\sqrt{5})^2}$

$= \dfrac{-36}{5\sqrt{5}}\hat{x} + \dfrac{18}{5\sqrt{5}}\hat{y}[\text{N}]$

정답 01.① 02.② 03.②

04 다음 중 기자력(magnetomotive force)에 대한 설명으로 틀린 것은?

① SI 단위는 암페어[A]이다.
② 전기 회로의 기전력에 대응한다.
③ 자기 회로의 자기 저항과 자속의 곱과 동일하다.
④ 코일에 전류를 흘렸을 때 전류 밀도와 코일의 권수의 곱의 크기와 같다.

해설 기자력 $F = NI$ [A]
기자력은 전기 회로의 기전력과 대응되며 자기 저항 R_m과 자속 ϕ의 곱의 크기와 같다.
자기 회로 옴의 법칙 $\phi = \dfrac{F}{R_m}$ [Wb]

05 쌍극자 모멘트가 M [C·m]인 전기 쌍극자에 의한 임의의 점 P에서의 전계의 크기는 전기 쌍극자의 중심에서 축 방향과 점 P를 잇는 선분 사이의 각이 얼마일 때 최대가 되는가?

① 0
② $\dfrac{\pi}{2}$
③ $\dfrac{\pi}{3}$
④ $\dfrac{\pi}{4}$

해설 전기 쌍극자에 의한 전계의 세기
$E = \sqrt{E_r^2 + E_\theta^2} = \dfrac{M}{4\pi\varepsilon_0 r^3}\sqrt{1 + 3\cos^2\theta}$ [V/m]
$\theta = 0$일 때 전계의 크기는 최대이다.

06 정상 전류계에서 J는 전류 밀도, σ는 도전율, ρ는 고유 저항, E는 전계의 세기일 때, 옴의 법칙의 미분형은?

① $J = \sigma E$
② $J = \dfrac{E}{\sigma}$
③ $J = \rho E$
④ $J = \rho \sigma E$

해설 전류 $I = \dfrac{V}{R} = \dfrac{El}{\rho \dfrac{l}{S}} = \dfrac{E}{\rho} S$ [A]

전류 밀도 $J = \dfrac{I}{S} = \dfrac{E}{\rho} = \sigma E$ [A/m²]

07 그림과 같이 극판의 면적이 S [m²]인 평행판 커패시터에 유전율이 각각 $\varepsilon_1 = 4$, $\varepsilon_2 = 2$인 유전체를 채우고, a, b 양단에 V [V]의 전압을 인가했을 때, ε_1, ε_2인 유전체 내부의 전계의 세기 E_1과 E_2의 관계식은? (단, σ [C/m²]는 면전하 밀도이다.)

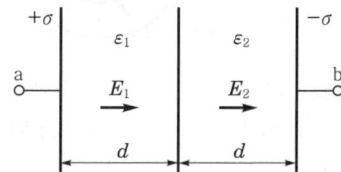

① $E_1 = 2E_2$
② $E_1 = 4E_2$
③ $2E_1 = E_2$
④ $E_1 = E_2$

해설 유전체의 경계면 조건에서 전속 밀도의 법선 성분은 서로 같으므로
$D_{1n} = D_{2n}$, $\varepsilon_1 E_1 = \varepsilon_2 E_2$, $4E_1 = 2E_2$
$\therefore 2E_1 = E_2$

08 반지름이 r [m]인 반원형 전류 I [A]에 의한 반원의 중심(O)에서 자계의 세기[AT/m]는?

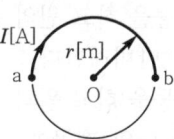

① $\dfrac{2I}{r}$
② $\dfrac{I}{r}$
③ $\dfrac{I}{2r}$
④ $\dfrac{I}{4r}$

해설 원형 코일 중심점의 자계의 세기

$$H = \frac{NI}{2a} = \frac{\frac{1}{2}I}{2r} = \frac{I}{4r} \text{ [AT/m]}$$

09 평균 반지름(r)이 20[cm], 단면적(S)이 6[cm²]인 환상 철심에서 권선수(N)가 500회인 코일에 흐르는 전류(I)가 4[A]일 때 철심 내부에서의 자계의 세기(H)는 약 몇 [AT/m]인가?

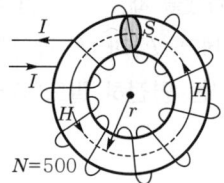

① 1,590　② 1,700
③ 1,870　④ 2,120

해설 솔레노이드 내부의 자계의 세기

$$H = \frac{NI}{l} = \frac{NI}{2\pi r} = \frac{500 \times 4}{2\pi \times 0.2} = 1591.5 ≒ 1,590 \text{[AT/m]}$$

10 속도 v의 전자가 평등 자계 내에 수직으로 들어갈 때, 이 전자에 대한 설명으로 옳은 것은?

① 구면 위에서 회전하고 구의 반지름은 자계의 세기에 비례한다.
② 원운동을 하고 원의 반지름은 자계의 세기에 비례한다.
③ 원운동을 하고 원의 반지름은 자계의 세기에 반비례한다.
④ 원운동을 하고 원의 반지름은 전자의 처음 속도의 제곱에 비례한다.

해설 전자가 자계 중에 수직으로 들어갈 때 구심력과 원심력이 같은 상태에서 원운동을 하므로 $evB = \frac{mv^2}{r}$이며, 반경 $r = \frac{mv}{eB} \text{[m]} \propto \frac{1}{B}$ 이다.

11 길이가 10[cm]이고 단면의 반지름이 1[cm]인 원통형 자성체가 길이 방향으로 균일하게 자화되어 있을 때 자화의 세기가 0.5[Wb/m²]이라면 이 자성체의 자기 모멘트[Wb·m]는?

① 1.57×10^{-5}
② 1.57×10^{-4}
③ 1.57×10^{-3}
④ 1.57×10^{-2}

해설 자화의 세기 $J = \frac{m}{S} = \frac{ml}{Sl}$
$= \frac{M(\text{자기 모멘트})}{V(\text{체적})}$ [Wb/m²]

자기 모멘트 $M = vJ = \pi a^2 \cdot lJ$
$= \pi \times (0.01)^2 \times 0.1 \times 0.5$
$= 1.57 \times 10^{-5}$ [Wb·m]

12 자기 인덕턴스가 각각 L_1, L_2인 두 코일의 상호 인덕턴스가 M일 때 결합 계수는?

① $\dfrac{M}{L_1 L_2}$　② $\dfrac{L_1 L_2}{M}$

③ $\dfrac{M}{\sqrt{L_1 L_2}}$　④ $\dfrac{\sqrt{L_1 L_2}}{M}$

해설 누설 자속이 있는 솔레노이드에서
$M^2 \leq L_1 L_2$, $M \leq \sqrt{L_1 L_2}$
$M = K\sqrt{L_1 L_2}$
결합 계수 $K = \dfrac{M}{\sqrt{L_1 L_2}}$

13 간격 d[m], 면적 S[m²]의 평행판 전극 사이에 유전율이 ε인 유전체가 있다. 전극 간에 $v(t) = V_m \sin\omega t$의 전압을 가했을 때, 유전체 속의 변위 전류 밀도[A/m²]는?

① $\dfrac{\varepsilon\omega V_m}{d}\cos\omega t$　② $\dfrac{\varepsilon\omega V_m}{d}\sin\omega t$

③ $\dfrac{\varepsilon V_m}{\omega d}\cos\omega t$　④ $\dfrac{\varepsilon V_m}{\omega d}\sin\omega t$

정답 09.① 10.③ 11.① 12.③ 13.①

해설 변위 전류 $I_d = \dfrac{\partial D}{\partial t}S[A]$

변위 전류 밀도 $J_d = \dfrac{I_d}{S} = \dfrac{\partial D}{\partial t} = \varepsilon\dfrac{\partial E}{\partial t} = \dfrac{\varepsilon}{d}\dfrac{\partial v}{\partial t}$

$= \dfrac{\varepsilon}{d}\dfrac{\partial}{\partial t}V_m \sin\omega t$

$= \dfrac{\varepsilon}{d}\omega V_m \cos\omega t\,[A/m^2]$

14 그림과 같이 공기 중 2개의 동심 구도체에서 내구(A)에만 전하 Q를 주고 외구(B)를 접지하였을 때 내구(A)의 전위는?

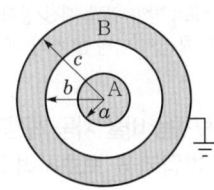

① $\dfrac{Q}{4\pi\varepsilon_0}\left(\dfrac{1}{a} - \dfrac{1}{b} + \dfrac{1}{c}\right)$

② $\dfrac{Q}{4\pi\varepsilon_0}\left(\dfrac{1}{a} - \dfrac{1}{b}\right)$

③ $\dfrac{Q}{4\pi\varepsilon_0} \cdot \dfrac{1}{c}$

④ 0

해설 외구를 접지하면 B 도체의 전위는 0[V]이므로 a, b 두 점 사이의 전위차가 내구(A)의 전위이다.

전위 $Va = -\displaystyle\int_b^a E dl = \dfrac{Q}{4\pi\varepsilon_0}\left(\dfrac{1}{a} - \dfrac{1}{b}\right)[V]$

15 간격이 $d[m]$이고 면적이 $S[m^2]$인 평행판 커패시터의 전극 사이에 유전율이 ε인 유전체를 넣고 전극 간에 $V[V]$의 전압을 가했을 때, 이 커패시터의 전극판을 떼어내는 데 필요한 힘의 크기[N]는?

① $\dfrac{1}{2\varepsilon}\dfrac{V^2}{d^2}S$

② $\dfrac{1}{2\varepsilon}\dfrac{dV^2}{S}$

③ $\dfrac{1}{2}\varepsilon\dfrac{V}{d}S$

④ $\dfrac{1}{2}\varepsilon\dfrac{V^2}{d^2}S$

해설 전극판을 떼어내는 데 필요한 힘은 정전 응력과 같으므로

힘 $F = fs = \dfrac{1}{2}\varepsilon E^2 S = \dfrac{1}{2}\varepsilon\dfrac{V^2}{d^2}S[N]$

16 패러데이관(Faraday tube)의 성질에 대한 설명으로 틀린 것은?

① 패러데이관 중에 있는 전속수는 그 관 속에 진전하가 없으면 일정하며 연속적이다.
② 패러데이관의 양단에는 양 또는 음의 단위 진전하가 존재하고 있다.
③ 패러데이관 한 개의 단위 전위차당 보유 에너지는 $\dfrac{1}{2}$[J]이다.
④ 패러데이관의 밀도는 전속 밀도와 같지 않다.

해설 패러데이관(Faraday tube)은 단위 정·부하 전하를 연결한 전기력 관으로 진전하가 없는 곳에서 연속이며, 보유 에너지는 $\dfrac{1}{2}$[J]이고 전속수와 같다.

17 유전율 ε, 투자율 μ인 매질 내에서 전자파의 전파 속도는?

① $\sqrt{\dfrac{\mu}{\varepsilon}}$

② $\sqrt{\mu\varepsilon}$

③ $\sqrt{\dfrac{\varepsilon}{\mu}}$

④ $\dfrac{1}{\sqrt{\mu\varepsilon}}$

해설 전자파의 전파 속도 $v = \dfrac{1}{\sqrt{\mu\varepsilon}}$[m/s]

18 히스테리시스 곡선에서 히스테리시스 손실에 해당하는 것은?

① 보자력의 크기
② 잔류 자기의 크기
③ 보자력과 잔류 자기의 곱
④ 히스테리시스 곡선의 면적

정답 14.② 15.④ 16.④ 17.④ 18.④

해설 히스테리시스 손실(Hysteresis loss)은 자장에 의한 자성체 내 전자의 자전 운동에 의한 손실로 히스테리시스 곡선의 면적과 같다.

19 공기 중 무한 평면 도체의 표면으로부터 2[m] 떨어진 곳에 4[C]의 점전하가 있다. 이 점전하가 받는 힘은 몇 [N]인가?

① $\dfrac{1}{\pi\varepsilon_0}$ ② $\dfrac{1}{4\pi\varepsilon_0}$

③ $\dfrac{1}{8\pi\varepsilon_0}$ ④ $\dfrac{1}{16\pi\varepsilon_0}$

해설 전기 영상법에 의한 힘

$$F = \dfrac{1}{4\pi\varepsilon_0} \dfrac{Q_1 Q_2}{(2r)^2} = \dfrac{Q^2}{16\pi\varepsilon_0 r^2}$$

$$= \dfrac{4^2}{16\pi\varepsilon_0 \cdot 2^2} = \dfrac{1}{4\pi\varepsilon_0} [N]$$

20 내압이 2.0[kV]이고 정전 용량이 각각 0.01[μF], 0.02[μF], 0.04[μF]인 3개의 커패시터를 직렬로 연결했을 때 전체 내압은 몇 [V]인가?

① 1,750
② 2,000
③ 3,500
④ 4,000

해설 각 커패시터의 전압비는 정전 용량 C에 반비례하므로

$V_1 : V_2 : V_3 = \dfrac{1}{0.01} : \dfrac{1}{0.02} : \dfrac{1}{0.04}$

$= 100 : 50 : 25$

C_1 커패시터에 전압이 제일 많이 걸리므로 전체 내압 V와 V_1(C_1의 내압 2[kV])의 비는

$V : V_1 = 175(V_1 + V_2 + V_3) : 100$

$\therefore V = \dfrac{175}{100} V_1$

$= \dfrac{175}{100} \times 2,000$

$= 3,500 [V]$

제2과목 전력공학

21 환상 선로의 단락 보호에 주로 사용하는 계전 방식은?

① 비율 차동 계전 방식
② 방향 거리 계전 방식
③ 과전류 계전 방식
④ 선택 접지 계전 방식

해설 송전 선로 단락 보호
- 방사상 선로 : 과전류 계전기 사용
- 환상 선로 : 방향 단락 계전 방식, 방향 거리 계전 방식, 과전류 계전기와 방향 거리 계전기를 조합하는 방식

22 변압기 보호용 비율 차동 계전기를 사용하여 △-Y 결선의 변압기를 보호하려고 한다. 이때 변압기 1, 2차측에 설치하는 변류기의 결선 방식은? (단, 위상 보정 기능이 없는 경우이다.)

① △-△ ② △-Y
③ Y-△ ④ Y-Y

해설 비율 차동 계전 방식
변압기의 내부 고장 보호에 적용하고, 변압기의 변압비와 고·저압 단자의 CT비가 정확하게 역비례하여야 하며, 변압기 결선이 △-Y이면 변류기(CT) 2차 결선은 Y-△로 하여 2차 전류를 동상으로 한다.

23 전력 계통의 전압 조정 설비에 대한 특징으로 틀린 것은?

① 병렬 콘덴서는 진상 능력만을 가지며 병렬 리액터는 진상능력이 없다.
② 동기 조상기는 조정의 단계가 불연속적이나 직렬 콘덴서 및 병렬 리액터는 연속적이다.
③ 동기 조상기는 무효 전력의 공급과 흡수가 모두 가능하여 진상 및 지상 용량을 갖는다.
④ 병렬 리액터는 경부하 시에 계통 전압이 상승하는 것을 억제하기 위하여 초고압 송전선 등에 설치된다.

정답 19.② 20.③ 21.② 22.③ 23.②

해설 동기 조상기는 무부하로 운전되는 동기 전동기로 전력 계통의 진상 및 지상의 무효 전력을 공급 및 흡수하여 연속적으로 조정하는 조상 설비이다.

24 전력 계통의 중성점 다중 접지 방식의 특징으로 옳은 것은?

① 통신선의 유도 장해가 적다.
② 합성 접지 저항이 매우 높다.
③ 건전상의 전위 상승이 매우 높다.
④ 지락 보호 계전기의 동작이 확실하다.

해설 중성선 다중 접지 방식의 특징
- 접지 저항이 매우 적어 지락 사고 시 건전상 전위 상승이 거의 없다.
- 보호 계전기의 신속한 동작 확보로 고장 선택 차단이 확실하다.
- 피뢰기의 동작 채무가 경감된다.
- 통신선에 대한 유도 장해가 크고, 과도 안정도가 나쁘다.
- 대용량 차단기가 필요하다.

25 경간이 200[m]인 가공 전선로가 있다. 사용 전선의 길이는 경간보다 약 몇 [m] 더 길어야 하는가? (단, 전선의 1[m]당 하중은 2[kg], 인장 하중은 4,000[kg]이고, 풍압 하중은 무시하며, 전선의 안전율은 2이다.)

① 0.33
② 0.61
③ 1.41
④ 1.73

해설 이도 $D = \dfrac{WS^2}{8T} = \dfrac{2 \times 200^2}{8 \times \left(\dfrac{4,000}{2}\right)} = 5[m]$

실제 전선 길이 $L = S + \dfrac{8D^2}{3S}$ 이므로

늘어난 길이 $\dfrac{8D^2}{3S} = \dfrac{8 \times 5^2}{3 \times 200} = 0.33[m]$

26 송전 선로에 단도체 대신 복도체를 사용하는 경우에 나타나는 현상으로 틀린 것은?

① 전선의 작용 인덕턴스를 감소시킨다.
② 선로의 작용 정전 용량을 증가시킨다.
③ 전선 표면의 전위 경도를 저감시킨다.
④ 전선의 코로나 임계 전압을 저감시킨다.

해설 복도체 및 다도체의 특징
- 같은 도체 단면적의 단도체보다 인덕턴스와 리액턴스가 감소하고 정전 용량이 증가하여 송전 용량을 크게 할 수 있다.
- 전선 표면의 전위 경도를 저감시켜 코로나 임계 전압을 높게 하므로 코로나 발생을 방지한다.
- 전력 계통의 안정도를 증대시킨다.

27 옥내 배선을 단상 2선식에서 단상 3선식으로 변경하였을 때, 전선 1선당 공급 전력은 약 몇 배 증가하는가? [단, 선간 전압(단상 3선식의 경우는 중성선과 타선 간의 전압), 선로 전류(중성선의 전류 제외) 및 역률은 같다.]

① 0.71
② 1.33
③ 1.41
④ 1.73

해설 1선당 전력의 비

$\dfrac{\text{단상 3선식}}{\text{단상 2선식}} = \dfrac{\dfrac{2EI}{3}}{\dfrac{EI}{2}} = \dfrac{4}{3} = 1.33$

∴ 약 1.33배 증가한다.

28 3상용 차단기의 정격 차단 용량은 그 차단기의 정격 전압과 정격 차단 전류와의 곱을 몇 배한 것인가?

① $\dfrac{1}{\sqrt{2}}$
② $\dfrac{1}{\sqrt{3}}$
③ $\sqrt{2}$
④ $\sqrt{3}$

해설 차단기의 정격 차단 용량 $P_s[MVA] = \sqrt{3} \times$ 정격 전압[kV] × 정격 차단 전류[kA]이므로 3상 계수 $\sqrt{3}$을 적용한다.

정답 24.④ 25.① 26.④ 27.② 28.④

29 송전선에 직렬 콘덴서를 설치하였을 때의 특징으로 틀린 것은?

① 선로 중에서 일어나는 전압 강하를 감소시킨다.
② 송전 전력의 증가를 꾀할 수 있다.
③ 부하 역률이 좋을수록 설치 효과가 크다.
④ 단락 사고가 발생하는 경우 사고 전류에 의하여 과전압이 발생한다.

해설 직렬 축전지(직렬 콘덴서)
- 선로의 유도 리액턴스를 보상하여 전압 강하를 감소시키기 위하여 사용되며, 수전단의 전압 변동률을 줄이고 정태 안정도가 증가하여 최대 송전 전력이 커진다.
- 정지기로서 가격이 싸고 전력 손실이 적으며, 소음이 없고 보수가 용이하다.
- 부하의 역률이 나쁠수록 효과가 크게 된다.

30 송전선의 특성 임피던스의 특징으로 옳은 것은?

① 선로의 길이가 길어질수록 값이 커진다.
② 선로의 길이가 길어질수록 값이 작아진다.
③ 선로의 길이에 따라 값이 변하지 않는다.
④ 부하 용량에 따라 값이 변한다.

해설 특성 임피던스 $Z_0 = \sqrt{\dfrac{L}{C}} = 138\log_{10}\dfrac{D}{r}$ 으로 거리에 관계없이 일정하다.

31 어느 화력 발전소에서 40,000[kWh]를 발전하는 데 발열량 860[kcal/kg]의 석탄이 60톤 사용된다. 이 발전소의 열효율[%]은 약 얼마인가?

① 56.7
② 66.7
③ 76.7
④ 86.7

해설 열효율 $\eta = \dfrac{860\,W}{mH}\times 100$

$= \dfrac{860\times 40,000}{60\times 10^3 \times 860}\times 100 = 66.7[\%]$

32 유효 낙차 100[m], 최대 유량 20[m³/s]의 수차가 있다. 낙차가 81[m]로 감소하면 유량 [m³/s]은? (단, 수차에서 발생되는 손실 등은 무시하며 수차 효율은 일정하다.)

① 15
② 18
③ 24
④ 30

해설 수차의 특성

유량은 낙차의 $\dfrac{1}{2}$ 승에 비례하므로

$Q' = \left(\dfrac{H'}{H}\right)^{\frac{1}{2}} Q = \left(\dfrac{81}{100}\right)^{\frac{1}{2}} \times 20 = 18[\text{m}^3/\text{s}]$

33 단락 용량 3,000[MVA]인 모선의 전압이 154[kV]라면 등가 모선 임피던스[Ω]는 약 얼마인가?

① 5.81
② 6.21
③ 7.91
④ 8.71

해설 용량 $P = \dfrac{V_r^{\,2}}{Z}$ [MVA]에서

$Z = \dfrac{V_r^{\,2}}{P} = \dfrac{154^2}{3,000} ≒ 7.91[\Omega]$

34 중성점 접지 방식 중 직접 접지 송전 방식에 대한 설명으로 틀린 것은?

① 1선 지락 사고 시 지락 전류는 타 접지 방식에 비하여 최대로 된다.
② 1선 지락 사고 시 지락 계전기의 동작이 확실하고 선택 차단이 가능하다.
③ 통신선에서의 유도 장해는 비접지 방식에 비하여 크다.
④ 기기의 절연 레벨을 상승시킬 수 있다.

정답 29.③ 30.③ 31.② 32.② 33.③ 34.④

해설 중성점 직접 접지 방식은 1상 지락 사고일 경우 지락 전류가 대단히 크기 때문에 보호 계전기의 동작이 확실하고, 중성점의 전위는 대지 전위이므로 저감 절연 및 변압기 단절연이 가능하지만, 계통에 주는 충격이 크고 과도 안정도가 나쁘다.

35 선로 고장 발생 시 고장 전류를 차단할 수 없어 리클로저와 같이 차단 기능이 있는 후비 보호 장치와 함께 설치되어야 하는 장치는?

① 배선용 차단기 ② 유입 개폐기
③ 컷 아웃 스위치 ④ 섹셔널라이저

해설 섹셔널라이저(sectionalizer)는 고장 발생 시 차단 기능이 없으므로 고장을 차단하는 후비 보호 장치(리클로저)와 직렬로 설치하여 고장 구간을 분리시키는 개폐기이다.

36 송전 선로의 보호 계전 방식이 아닌 것은?

① 전류 위상 비교 방식
② 전류 차동 보호 계전 방식
③ 방향 비교 방식
④ 전압 균형 방식

해설 송전 선로 보호 계전 방식의 종류
과전류 계전 방식, 방향 단락 계전 방식, 방향 거리 계전 방식, 과전류 계전기와 방향 거리 계전기와 조합하는 방식, 전류 차동 보호 방식, 표시선 계전 방식, 전력선 반송 계전 방식 등이 있다.

37 가공 송전선의 코로나 임계 전압에 영향을 미치는 여러 가지 인자에 대한 설명 중 틀린 것은?

① 전선 표면이 매끈할수록 임계 전압이 낮아진다.
② 날씨가 흐릴수록 임계 전압은 낮아진다.
③ 기압이 낮을수록, 온도가 높을수록 임계 전압은 낮아진다.
④ 전선의 반지름이 클수록 임계 전압은 높아진다.

해설 코로나 임계 전압

$$E_0 = 24.3\, m_0\, m_1\, \delta\, d \log_{10} \frac{D}{r} [\text{kV}]$$

여기서, m_0 : 전선 표면 계수
m_1 : 날씨 계수
δ : 상대 공기 밀도
d : 전선의 직경[cm]
D : 선간 거리[cm]

그러므로 전선 표면이 매끈할수록, 날씨가 청명할수록, 기압이 높고 온도가 낮을수록, 전선의 반지름이 클수록 임계 전압은 높아진다.

38 동작 시간에 따른 보호 계전기의 분류와 이에 대한 설명으로 틀린 것은?

① 순한시 계전기는 설정된 최소 동작 전류 이상의 전류가 흐르면 즉시 동작한다.
② 반한시 계전기는 동작 시간이 전류값의 크기에 따라 변하는 것으로 전류값이 클수록 느리게 동작하고 반대로 전류값이 작아질수록 빠르게 동작하는 계전기이다.
③ 정한시 계전기는 설정된 값 이상의 전류가 흘렀을 때 동작 전류의 크기와는 관계없이 항상 일정한 시간 후에 동작하는 계전기이다.
④ 반한시·정한시 계전기는 어느 전류값까지는 반한시성이지만 그 이상이 되면 정한시로 동작하는 계전기이다.

해설 계전기 동작 시간에 의한 분류
• 순한시 계전기 : 정정된 최소 동작 전류 이상의 전류가 흐르면 즉시 동작하는 계전기
• 정한시 계전기 : 정정된 값 이상의 전류가 흐르면 정해진 일정 시간 후에 동작하는 계전기
• 반한시 계전기 : 정정된 값 이상의 전류가 흐를 때 동작 시간이 전류값이 크면 동작 시간은 짧아지고, 전류값이 적으면 동작 시간이 길어진다.

정답 35.④ 36.④ 37.① 38.②

39 송전 선로에서 현수 애자련의 연면 섬락과 가장 관계가 먼 것은?

① 댐퍼
② 철탑 접지 저항
③ 현수 애자련의 개수
④ 현수 애자련의 소손

해설 댐퍼(damper)는 진동 루프 길이의 $\frac{1}{2} \sim \frac{1}{3}$인 곳에 설치하며 진동 에너지를 흡수하여 전선 진동을 방지하는 것으로 연면 섬락과는 관련이 없다.

40 수압철관의 안지름이 4[m]인 곳에서의 유속이 4[m/s]이다. 안지름이 3.5[m]인 곳에서의 유속[m/s]은 약 얼마인가?

① 4.2　② 5.2
③ 6.2　④ 7.2

해설 수압관의 유량은 $A_1 V_1 = A_2 V_2$ 이므로

$\frac{\pi}{4} \times D_1^2 \times V_1 = \frac{\pi}{4} \times D_2^2 \times V_2$

$\frac{\pi}{4} \times 4^2 \times 4 = \frac{\pi}{4} \times 3.5^2 \times V_2$

∴ $V_2 = 5.2 [\text{m/s}]$

제3과목　전기기기

41 4극, 60[Hz]인 3상 유도 전동기가 있다. 1,725[rpm]으로 회전하고 있을 때, 2차 기전력의 주파수[Hz]는?

① 2.5　② 5
③ 7.5　④ 10

해설 동기 속도 $N_s = \frac{120f}{P} = \frac{120 \times 60}{4} = 1,800 [\text{rpm}]$

슬립 $s = \frac{N_s - N}{N_s} = \frac{1,800 - 1,725}{1,800} = 0.0416[\%]$

2차 주파수 $f_{2s} = sf_1 = 0.0416 \times 60 = 2.5 [\text{Hz}]$

42 변압기 내부 고장 검출을 위해 사용하는 계전기가 아닌 것은?

① 과전압 계전기
② 비율 차동 계전기
③ 부흐홀츠 계전기
④ 충격 압력 계전기

해설 변압기의 내부 고장 검출 계전기는 비율 차동 계전기, 부흐홀츠 계전기 및 충격 압력 계전기 등이 있다.

43 단상 반파 정류 회로에서 직류 전압의 평균값 210[V]를 얻는데 필요한 변압기 2차 전압의 실효값은 약 몇 [V]인가? (단, 부하는 순저항이고, 정류기의 전압 강하 평균값은 15[V]로 한다.)

① 400
② 433
③ 500
④ 566

해설 단상 반파 정류 회로에서

직류 전압 평균값 $E_d = \frac{\sqrt{2}E}{\pi} - e = 0.45E - e$

전압의 실효값 $E = \frac{(E_d + e)}{0.45}$

$= \frac{210 + 15}{0.45} = 500 [\text{V}]$

44 동기 조상기의 구조상 특징으로 틀린 것은?

① 고정자는 수차 발전기와 같다.
② 안전 운전용 제동 권선이 설치된다.
③ 계자 코일이나 자극이 대단히 크다.
④ 전동기 축은 동력을 전달하는 관계로 비교적 굵다.

해설 동기 조상기는 전압 조정과 역률 개선을 위하여 송전 계통에 접속한 무부하 동기 전동기로 동력을 전달하기 위한 기계가 아니므로 축은 굵게 할 필요가 없다.

정답　39.①　40.②　41.①　42.①　43.③　44.④

45 정격 출력 10,000[kVA], 정격 전압 6,600[V], 정격 역률 0.8인 3상 비돌극 동기 발전기가 있다. 여자를 정격 상태로 유지할 때 이 발전기의 최대 출력은 약 몇 [kW]인가? (단, 1상의 동기 리액턴스를 0.9[p.u]라 하고 저항은 무시한다.)

① 17,089　② 18,889
③ 21,259　④ 23,619

해설 동기 발전기의 단위법
유기 기전력 $e = \sqrt{0.8^2 + (0.6+0.9)^2} = 1.7$
최대 출력 $P_m = \dfrac{ev}{x'}P_n = \dfrac{1.7 \times 1}{0.9} \times 10,000 = 18,889[kW]$

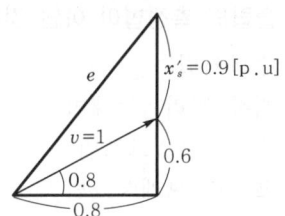

46 75[W] 이하의 소출력 단상 직권 정류자 전동기의 용도로 적합하지 않은 것은?

① 믹서　② 소형 공구
③ 공작 기계　④ 치과 의료용

해설 단상 직권 정류가 전동기는 직류·교류 양용 전동기(만능 전동기)로 75[W] 정도 이하의 소출력은 소형 공구, 믹서(mixer), 치과 의료용 및 가정용 재봉틀 등에 사용되고 있다.

47 권선형 유도 전동기의 2차 여자법 중 2차 단자에서 나오는 전력을 동력으로 바꿔서 직류 전동기에 가하는 방식은?

① 회생 방식
② 크레머 방식
③ 플러깅 방식
④ 세르비우스 방식

해설 권선형 유도 전동기의 속도 제어에서 2차 여자 제어법은 크레머 방식과 세르비우스 방식이 있으며, 크레머 방식은 2차 단자에서 나오는 전력을 동력으로 바꾸어 제어하는 방식이고, 세르비우스 방식은 2차 전력을 전원측에 반환하여 제어하는 방식이다.

48 직류 발전기의 특성 곡선에서 각 축에 해당하는 항목으로 틀린 것은?

① 외부 특성 곡선 : 부하 전류와 단자 전압
② 부하 특성 곡선 : 계자 전류와 단자 전압
③ 내부 특성 곡선 : 무부하 전류와 단자 전압
④ 무부하 특성 곡선 : 계자 전류와 유도 기전력

해설 직류 발전기는 여러 종류가 있으며 서로 다른 특성이 있다. 그 특성을 쉽게 이해하도록 나타낸 것을 특성 곡선이라 하고 다음과 같이 구분한다.
- 무부하 특성 곡선 : 계자 전류와 유도 기전력
- 부하 특성 곡선 : 계자 전류와 단자 전압
- 외부 특성 곡선 : 부하 전류와 단자 전압

49 변압기의 전압 변동률에 대한 설명으로 틀린 것은?

① 일반적으로 부하 변동에 대하여 2차 단자 전압의 변동이 작을수록 좋다.
② 전부하 시와 무부하 시의 2차 단자 전압이 서로 다른 정도를 표시하는 것이다.
③ 인가 전압이 일정한 상태에서 무부하 2차 단자 전압에 반비례한다.
④ 전압 변동률은 전등의 광도, 수명, 전동기의 출력 등에 영향을 미친다.

해설 전압 변동률 $\varepsilon = \dfrac{V_{20} - V_{2n}}{V_{2n}} \times 100[\%]$

전압 변동률은 작을수록 좋고, 전기 기계 기구의 출력과 수명 등에 영향을 주며, 2차 정격 전압(전부하 전압)에 반비례한다.

정답 45.② 46.③ 47.② 48.③ 49.③

50 3상 유도 전동기에서 고조파 회전 자계가 기본파 회전 방향과 역방향인 고조파는?

① 제3고조파
② 제5고조파
③ 제7고조파
④ 제13고조파

해설 3상 유도 전동기의 고조파에 의한 회전 자계의 방향과 속도는 다음과 같다.
- $h_1 = 2mn+1 = 7,\ 13,\ 19,\ \cdots$
  기본파와 같은 방향, $\dfrac{1}{h_1}$ 배로 회전
- $h_2 = 2mn-1 = 5,\ 11,\ 17,\ \cdots$
  기본파와 반대 방향, $\dfrac{1}{h_2}$ 배로 회전
- $h_0 = mn\pm 0 = 3,\ 9,\ 15,\ \cdots$
  회전 자계가 발생하지 않는다.

51 직류 직권 전동기에서 분류 저항기를 직권 권선에 병렬로 접속해 여자 전류를 가감시켜 속도를 제어하는 방법은?

① 저항 제어
② 전압 제어
③ 계자 제어
④ 직·병렬 제어

해설 직류 직권 전동기에서 직권 계자 권선에 병렬로 분류 저항기를 접속하여 여자 전류의 가감으로 자속 ϕ를 변화시켜 속도를 제어하는 방법을 계자 제어라고 한다.

52 100[kVA], 2,300/115[V], 철손 1[kW], 전부하 동손 1.25[kW]의 변압기가 있다. 이 변압기는 매일 무부하로 10시간, $\dfrac{1}{2}$ 정격 부하 역률 1에서 8시간, 전부하 역률 0.8(지상)에서 6시간 운전하고 있다면 전일 효율은 약 몇 [%]인가?

① 93.3
② 94.3
③ 95.3
④ 96.3

해설 변압기의 전일 효율 $\eta_d[\%]$

$$\eta_d = \dfrac{\dfrac{1}{m}P\cos\theta \cdot h}{\dfrac{1}{m}P\cos\theta \cdot h + 24P_i + \left(\dfrac{1}{m}\right)^2 P_c \cdot h} \times 100$$

$$= \dfrac{\dfrac{1}{2}\times 100\times 1\times 8 + 100\times 0.8\times 6}{\dfrac{1}{2}\times 100\times 1\times 8 + 100\times 0.8\times 6 + 24\times 1 + \left(\dfrac{1}{2}\right)^2\times 1.25\times 8 + 1.25\times 6} \times 100$$

$$= \dfrac{880}{880+24+10}\times 100 = 96.28 \fallingdotseq 96.3[\%]$$

53 유도 전동기의 슬립을 측정하려고 한다. 다음 중 슬립의 측정법이 아닌 것은?

① 수화기법
② 직류 밀리볼트계법
③ 스트로보스코프법
④ 프로니 브레이크법

해설 유도 전동기의 슬립 측정법
- 수화기법
- 직류 밀리볼트계법
- 스트로보스코프법

54 60[Hz], 600[rpm]의 동기 전동기에 직결된 기동용 유도 전동기의 극수는?

① 6
② 8
③ 10
④ 12

해설 동기 전동기의 극수 $P = \dfrac{120f}{N_s} = \dfrac{120\times 60}{600} = 12[극]$

기동용 유도 전동기는 동기 속도보다 sN_s 만큼 속도가 늦으므로 동기 전동기의 극수에서 2극 적은 10극을 사용해야 한다.

정답 50.② 51.③ 52.④ 53.④ 54.③

55 1상의 유도 기전력이 6,000[V]인 동기 발전기에서 1분간 회전수를 900[rpm]에서 1,800[rpm]으로 하면 유도 기전력은 약 몇 [V]인가?

① 6,000
② 12,000
③ 24,000
④ 36,000

해설 동기 발전기의 유도 기전력 $E = 4.44 f N \phi k_\omega$[V]

주파수 $f = \dfrac{P}{120} N_s$[Hz]

극수가 일정한 상태에서 속도를 2배 높이면 주파수가 2배 증가하고 기전력도 2배 상승한다.
유도 기전력 $E' = 2E = 2 \times 6,000 = 12,000$[V]

56 3상 변압기를 병렬 운전하는 조건으로 틀린 것은?

① 각 변압기의 극성이 같을 것
② 각 변압기의 %임피던스 강하가 같을 것
③ 각 변압기의 1차 및 2차 정격 전압과 변압비가 같을 것
④ 각 변압기의 1차와 2차 선간 전압의 위상 변위가 다를 것

해설 3상 변압기의 병렬 운전 조건
• 각 변압기의 극성이 같을 것
• 1차, 2차 정격 전압과 변압비(권수비)가 같을 것
• %임피던스 강하가 같을 것
• 변압기의 저항과 리액턴스 비가 같을 것
• 상회전 방향과 위상 변위(각 변위)가 같을 것

57 직류 분권 전동기의 전압이 일정할 때 부하 토크가 2배로 증가하면 부하 전류는 약 몇 배가 되는가?

① 1
② 2
③ 3
④ 4

해설 직류 전동기의 토크 $T = \dfrac{PZ}{2\pi a} \phi I_a$에서 분권 전동기의 토크는 부하 전류에 비례하며 또한 부하 전류도 토크에 비례한다.

58 변압기유에 요구되는 특성으로 틀린 것은?

① 점도가 클 것
② 응고점이 낮을 것
③ 인화점이 높을 것
④ 절연 내력이 클 것

해설 변압기유(oil)의 구비 조건
• 절연 내력이 클 것
• 점도가 낮을 것
• 인화점이 높고, 응고점이 낮을 것
• 화학 작용과 침전물이 없을 것

59 다이오드를 사용한 정류 회로에서 다이오드를 여러 개 직렬로 연결하면 어떻게 되는가?

① 전력 공급의 증대
② 출력 전압의 맥동률을 감소
③ 다이오드를 과전류로부터 보호
④ 다이오드를 과전압으로부터 보호

해설 정류 회로에서 다이오드를 여러 개 직렬로 접속하면 다이오드를 과전압으로부터 보호하며, 여러 개 병렬로 접속하면 과전류로부터 보호한다.

60 직류 분권 전동기의 기동 시에 정격 전압을 공급하면 전기자 전류가 많이 흐르다가 회전 속도가 점점 증가함에 따라 전기자 전류가 감소하는 원인은?

① 전기자 반작용의 증가
② 전기자 권선의 저항 증가
③ 브러시의 접촉 저항 증가
④ 전동기의 역기전력 상승

해설 전기자 전류 $I_a = \dfrac{V - E}{R_a}$[A]

역기전력 $E = \dfrac{Z}{a} P \phi \dfrac{N}{60}$[V]이므로 기동 시에는 큰 전류가 흐르다가 속도가 증가함에 따라 역기전력 E가 상승하여 전기자 전류는 감소한다.

정답 55.② 56.④ 57.② 58.① 59.④ 60.④

제4과목 | 회로이론 및 제어공학

61 블록 선도의 전달 함수가 $\dfrac{C(s)}{R(s)}=10$과 같이 되기 위한 조건은?

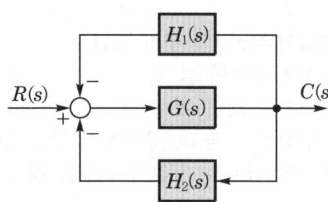

① $G(s) = \dfrac{1}{1-H_1(s)-H_2(s)}$

② $G(s) = \dfrac{10}{1-H_1(s)-H_2(s)}$

③ $G(s) = \dfrac{1}{1-10H_1(s)-10H_2(s)}$

④ $G(s) = \dfrac{10}{1-10H_1(s)-10H_2(s)}$

해설 $\dfrac{C(s)}{R(s)} = \dfrac{G(s)}{1+H_1(s)G(s)+H_2(s)G(s)}$

∴ $10 = \dfrac{G(s)}{1+H_1(s)G(s)+H_2(s)G(s)}$

$10 + 10H_1(s)G(s) + 10H_2(s)G(s) = G(s)$

$10 = G(s)(1-10H_1(s)-10H_2(s))$

∴ $G(s) = \dfrac{10}{1-10H_1(s)-10H_2(s)}$

62 그림의 제어 시스템이 안정하기 위한 K의 범위는?

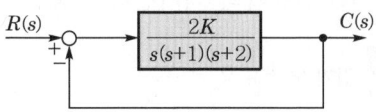

① $0 < K < 3$ ② $0 < K < 4$
③ $0 < K < 5$ ④ $0 < K < 6$

해설 특성 방정식 $1+G(s)H(s) = 1 + \dfrac{2K}{s(s+1)(s+2)} = 0$

$s(s+1)(s+2) + 2K = s^3 + 3s^2 + 2s + 2K = 0$

라우스의 표(행렬)

s^3	1	2
s^2	3	$2K$
s^1	$\dfrac{6-2K}{3}$	0
s^0	$2K$	

제1열의 부호 변화가 없어야 안정하므로

$\dfrac{6-2K}{3} > 0,\ 2K > 0$

∴ $0 < K < 3$

63 개루프 전달 함수가 다음과 같은 제어 시스템의 근궤적이 $j\omega$(허수)축과 교차할 때 K는 얼마인가?

$$G(s)H(s) = \dfrac{K}{s(s+3)(s+4)}$$

① 30
② 48
③ 84
④ 180

해설 특성 방정식 $1+G(s)H(s) = 1 + \dfrac{K}{s(s+3)(s+4)} = 0$

$s(s+3)(s+4) + K = s^3 + 7s^2 + 12s + K = 0$

라우스의 표

s^3	1	12
s^2	7	K
s^1	$\dfrac{84-K}{7}$	0
s^0	K	

K의 임계값은 s^1의 제1열 요소를 0으로 놓아 얻을 수 있다.

그러므로 $\dfrac{84-K}{7} = 0$, $K=84$일 때 근궤적은 허수축과 만난다.

정답 61.④ 62.① 63.③

64 제어 요소의 표준 형식인 적분 요소에 대한 전달 함수는? (단, K는 상수이다.)

① Ks ② $\dfrac{K}{s}$

③ K ④ $\dfrac{K}{1+Ts}$

해설 $y(t) = K\int x(t)dt$

전달 함수 $G(s) = \dfrac{Y(s)}{X(s)} = \dfrac{K}{s}$

65 블록 선도의 제어 시스템은 단위 램프 입력에 대한 정상 상태 오차(정상 편차)가 0.01이다. 이 제어 시스템의 제어 요소인 $G_{C1}(s)$의 k는?

$$G_{C1}(s) = k, \ G_{C2}(s) = \dfrac{1+0.1s}{1+0.2s}$$

$$G_P(s) = \dfrac{20}{s(s+1)(s+2)}$$

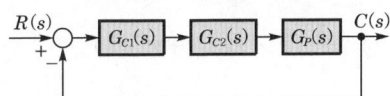

① 0.1   ② 1
③ 10   ④ 100

해설 정상 속도 편차 $e_{ssv} = \dfrac{1}{K_v}$

정상 속도 편차 상수
$K_v = \lim_{s \to 0} sG(s)H(s)$
$= \lim_{s \to 0} s \dfrac{20k(1+0.1s)}{s(1+0.2s)(s+1)(s+2)} = 10k$

∴ 정상 속도 편차 $e_{ssv} = \dfrac{1}{10k}$

∴ 정상 상태 오차가 0.01인 경우의 k의 값은
$0.01 = \dfrac{1}{10k}$
$k = 10$

66 그림과 같은 신호 흐름 선도에서 $\dfrac{C(s)}{R(s)}$는?

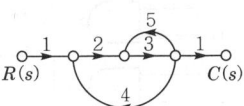

① $-\dfrac{6}{38}$ ② $\dfrac{6}{38}$

③ $-\dfrac{6}{41}$ ④ $\dfrac{6}{41}$

해설 전향 경로 $n=1$

메이슨의 정리 $M(s) = \dfrac{G_1\Delta_1}{\Delta}$

$G_1 = 1 \times 2 \times 3 \times 1 = 6$
$\Delta_1 = 1$
$\Delta = 1 - \sum L_{n1} = 1 - (L_{11} + L_{21})$
$= 1 - (15 + 24) = -38$

∴ $M(s) = -\dfrac{6}{38}$

67 단위 계단 함수 $u(t)$를 z변환하면?

① $\dfrac{1}{z-1}$

② $\dfrac{z}{z-1}$

③ $\dfrac{1}{Tz-1}$

④ $\dfrac{Tz}{Tz-1}$

해설 $r(KT) = u(t) = 1$

$R(z) = \sum_{K=0}^{\infty} r(KT)z^{-K}$ (여기서, $K=0, 1, 2, 3 \cdots$)

$= \sum_{K=0}^{\infty} 1 \cdot z^{-K} = 1 + z^{-1} + z^{-2} + \cdots$

∴ $R(z) = \dfrac{1}{1-z^{-1}} = \dfrac{z}{z-1}$

정답 64.② 65.③ 66.① 67.②

68 그림의 논리 회로와 등가인 논리식은?

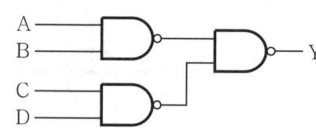

① $Y = A \cdot B \cdot C \cdot D$
② $Y = A \cdot B + C \cdot D$
③ $Y = \overline{A \cdot B} + \overline{C \cdot D}$
④ $Y = (\overline{A} + \overline{B}) \cdot (\overline{C} + \overline{D})$

해설 $Y = \overline{\overline{AB} \cdot \overline{CD}} = \overline{\overline{AB}} + \overline{\overline{CD}} = A \cdot B + C \cdot D$

69 다음과 같은 상태 방정식으로 표현되는 제어 시스템에 대한 특성 방정식의 근(s_1, s_2)은?

$$\begin{bmatrix} \dot{x_1} \\ \dot{x_2} \end{bmatrix} = \begin{bmatrix} 0 & -3 \\ 2 & -5 \end{bmatrix} \begin{bmatrix} x_1 \\ x_2 \end{bmatrix} + \begin{bmatrix} 1 \\ 0 \end{bmatrix} u$$

① 1, −3
② −1, −2
③ −2, −3
④ −1, −3

해설 특성 방정식 $|sI - A| = 0$

$\left| s \begin{bmatrix} 1 & 0 \\ 0 & 1 \end{bmatrix} - \begin{bmatrix} 0 & -3 \\ 2 & -5 \end{bmatrix} \right| = 0$

$\begin{vmatrix} s & 3 \\ -2 & s+5 \end{vmatrix} = 0$

$s(s+5) + 6 = 0$
$s^2 + 5s + 6 = 0$
$(s+2)(s+3) = 0$
$\therefore s = -2, -3$

70 주파수 전달 함수가 $G(j\omega) = \dfrac{1}{j100\omega}$인 제어 시스템에서 $\omega = 1.0 [\text{rad/s}]$일 때의 이득 [dB]과 위상각[°]은 각각 얼마인가?

① 20[dB], 90°
② 40[dB], 90°
③ −20[dB], −90°
④ −40[dB], −90°

해설 $G(j\omega) = \dfrac{1}{j100\omega}$, $\omega = 1.0 [\text{rad/s}]$일 때 $G(j\omega) = \dfrac{1}{j100}$

$|G(j\omega)| = \dfrac{1}{100} = 10^{-2}$

$\therefore$ 이득 $g = 20\log|G(j\omega)| = 20\log 10^{-2} = -40[\text{dB}]$

위상각 $\underline{/\theta} = \underline{/G(j\omega)} = \underline{/\dfrac{1}{j100}} = -90°$

71 그림과 같은 파형의 라플라스 변환은?

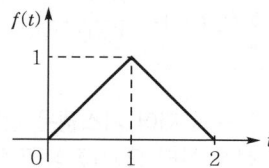

① $\dfrac{1}{s^2}(1 - 2e^s)$
② $\dfrac{1}{s^2}(1 - 2e^{-s})$
③ $\dfrac{1}{s^2}(1 - 2e^s + e^{2s})$
④ $\dfrac{1}{s^2}(1 - 2e^{-s} + e^{-2s})$

해설 구간 $0 \leq t \leq 1$에서 $f_1(t) = t$ 이고, 구간 $1 \leq t \leq 2$에서 $f_2(t) = 2 - t$ 이므로

$\mathcal{L}[f(t)] = \displaystyle\int_0^1 t e^{-st} dt + \int_1^2 (2-t) e^{-st} dt$

$= \left[t \cdot \dfrac{e^{-st}}{-s} \right]_0^1 + \dfrac{1}{s} \int_0^1 e^{-st} dt$

$\quad + \left[(2-t) \dfrac{e^{-st}}{-s} \right]_1^2 - \dfrac{1}{s} \int_1^2 e^{-st} dt$

$= -\dfrac{e^{-s}}{s} - \dfrac{e^{-s}}{s^2} + \dfrac{1}{s^2} + \dfrac{e^{-s}}{s}$

$\quad + \dfrac{e^{-2s}}{s^2} - \dfrac{e^{-s}}{s^2}$

$= \dfrac{1}{s^2}(1 - 2e^{-s} + e^{-2s})$

정답 68.② 69.③ 70.④ 71.④

72 단위 길이당 인덕턴스 및 커패시턴스가 각각 L 및 C일 때 전송 선로의 특성 임피던스는? (단, 전송 선로는 무손실 선로이다.)

① $\sqrt{\dfrac{L}{C}}$ ② $\sqrt{\dfrac{C}{L}}$

③ $\dfrac{L}{C}$ ④ $\dfrac{C}{L}$

해설 특성 임피던스 $Z_0 = \sqrt{\dfrac{Z}{Y}} = \sqrt{\dfrac{R+j\omega L}{G+j\omega C}}\,[\Omega]$

무손실 선로 조건 $R=0$, $G=0$

∴ $Z_0 = \sqrt{\dfrac{L}{C}}$

73 다음 전압 $v(t)$를 RL 직렬 회로에 인가했을 때 제3고조파 전류의 실효값[A]의 크기는? (단, $R=8[\Omega]$, $\omega L=2[\Omega]$, $v(t)=100\sqrt{2}\sin\omega t+200\sqrt{2}\sin 3\omega t+50\sqrt{2}\sin 5\omega t$ [V]이다.)

① 10 ② 14
③ 20 ④ 28

해설 제3고조파 전류의 실효값

$I_3 = \dfrac{V_3}{Z_3} = \dfrac{V_3}{\sqrt{R^2+(3\omega L)^2}}$

$= \dfrac{200}{\sqrt{8^2+(3\times 2)^2}} = 20[\text{A}]$

74 내부 임피던스가 $0.3+j2[\Omega]$인 발전기에 임피던스가 $1.1+j3[\Omega]$인 선로를 연결하여 어떤 부하에 전력을 공급하고 있다. 이 부하의 임피던스가 몇 $[\Omega]$일 때 발전기로부터 부하로 전달되는 전력이 최대가 되는가?

① $1.4-j5$ ② $1.4+j5$
③ 1.4 ④ $j5$

해설 전원 내부 임피던스
$Z_s = Z_g + Z_L = (0.3+j2)+(1.1+j3) = 1.4+j5[\Omega]$
최대 전력 전달 조건
$Z_L = \overline{Z_s} = 1.4-j5[\Omega]$

75 회로에서 $t=0$초에 전압 $v_1(t)=e^{-4t}$ [V]를 인가하였을 때 $v_2(t)$는 몇 [V]인가? (단, $R=2[\Omega]$, $L=1[\text{H}]$이다.)

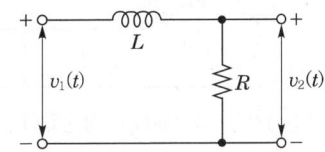

① $e^{-2t}-e^{-4t}$
② $2e^{-2t}-2e^{-4t}$
③ $-2e^{-2t}+2e^{-4t}$
④ $-2e^{-2t}-2e^{-4t}$

해설 전달 함수 $\dfrac{v_2(s)}{v_1(s)} = \dfrac{R}{R+Ls} = \dfrac{2}{s+2}$

∴ $v_2(s) = \dfrac{2}{s+2}v_1(s) = \dfrac{2}{s+2}\cdot\dfrac{1}{s+4}$

$= \dfrac{2}{(s+2)(s+4)} = \dfrac{K_1}{s+2}+\dfrac{K_2}{s+4}$

유수 정리에 의해

$K_1 = \left.\dfrac{2}{s+4}\right|_{s=-2} = 1$, $K_2 = \left.\dfrac{2}{s+2}\right|_{s=-4} = -1$

$= \dfrac{1}{s+2} - \dfrac{1}{s+4}$

∴ $v_2(t) = e^{-2t}-e^{-4t}$

76 동일한 저항 $R[\Omega]$ 6개를 그림과 같이 결선하고 대칭 3상 전압 $V[\text{V}]$를 가하였을 때 전류 $I[\text{A}]$의 크기는?

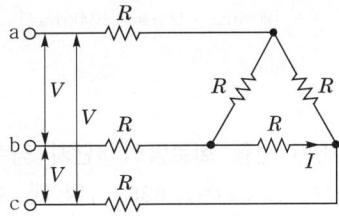

① $\dfrac{V}{R}$ ② $\dfrac{V}{2R}$
③ $\dfrac{V}{4R}$ ④ $\dfrac{V}{5R}$

정답 72.① 73.③ 74.① 75.① 76.③

해설 △→Y로 등가 변환하면

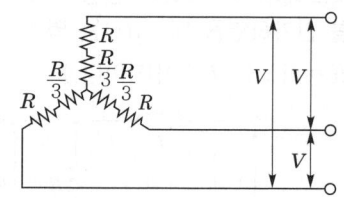

Y결선에서는 선전류(I_l)=상전류(I_p)

$$\therefore I_l = I_p = \frac{V_p}{Z} = \frac{\frac{V}{\sqrt{3}}}{R+\frac{R}{3}} = \frac{\sqrt{3}\,V}{4R}\,[\text{A}]$$

I는 △결선의 상전류이므로

$$\therefore I = \frac{I_l}{\sqrt{3}} = \frac{1}{\sqrt{3}} \cdot \frac{\sqrt{3}\,V}{4R} = \frac{V}{4R}\,[\text{A}]$$

77 각 상의 전류가 $i_a(t) = 90\sin\omega t\,[\text{A}]$, $i_b(t) = 90\sin(\omega t - 90°)\,[\text{A}]$, $i_c(t) = 90\sin(\omega t + 90°)\,[\text{A}]$일 때 영상분 전류[A]의 순시치는?

① $30\cos\omega t$
② $30\sin\omega t$
③ $90\sin\omega t$
④ $90\cos\omega t$

해설 영상 전류

$$I_0 = \frac{1}{3}(i_a + i_b + i_c)$$
$$= \frac{1}{3}\{90\sin\omega t + 90\sin(\omega t - 90°) + 90\sin(\omega t + 90°)\}$$
$$= \frac{1}{3}\{90\sin\omega t - 90\cos\omega t + 90\cos\omega t\}$$
$$= 30\sin\omega t$$

78 어떤 선형 회로망의 4단자 정수가 $A=8$, $B=j2$, $D=1.625+j$일 때, 이 회로망의 4단자 정수 C는?

① $24-j14$
② $8-j11.5$
③ $4-j6$
④ $3-j4$

해설 4단자 정수의 성질 $AD - BC = 1$

$$C = \frac{AD-1}{B}$$
$$= \frac{8(1.625+j)-1}{j2}$$
$$= 4-j6$$

79 평형 3상 부하에 선간 전압의 크기가 200[V]인 평형 3상 전압을 인가했을 때 흐르는 선전류의 크기가 8.6[A]이고 무효 전력이 1,298[Var]이었다. 이때 이 부하의 역률은 약 얼마인가?

① 0.6
② 0.7
③ 0.8
④ 0.9

해설
· 피상 전력 : $P_a = \sqrt{3}\,VI = \sqrt{3}\times 200 \times 8.6$
  $\fallingdotseq 2,979\,[\text{VA}]$
· 무효 전력 : $P_r = 1,298\,[\text{Var}]$
· 유효 전력 : $P = \sqrt{P_a^2 - P_r^2}$
  $= \sqrt{(2,979)^2 - (1,298)^2}$
  $= 2681.3\,[\text{W}]$

$\therefore$ 역률 $\cos\theta = \dfrac{P}{P_a} = \dfrac{2681.3}{2,979} = 0.9$

80 어떤 회로에서 $t=0$초에 스위치를 닫은 후 $i = 2t + 3t^2\,[\text{A}]$의 전류가 흘렀다. 30초까지 스위치를 통과한 총 전기량[Ah]은?

① 4.25
② 6.75
③ 7.75
④ 8.25

해설 총 전기량 $Q = \int_0^t i\,dt\,[\text{As=C}]$

$$= \int_0^{30}(2t+3t^2)dt = [t^2+t^3]_0^{30}$$
$$= 27,900\,[\text{As}]$$

1시간은 60분, 1분은 60초이므로
$1[\text{Ah}] = 1 \times 60 \times 60 = 3,600\,[\text{As}]$

$\therefore Q = \dfrac{27,900}{3,600} = 7.75\,[\text{Ah}]$

정답 77.② 78.③ 79.④ 80.③

제5과목 전기설비기술기준

81 뱅크 용량이 몇 [kVA] 이상인 조상기(무효전력 보상장치)에는 그 내부에 고장이 생긴 경우에 자동적으로 이를 전로로부터 차단하는 보호 장치를 하여야 하는가?

① 10,000 ② 15,000
③ 20,000 ④ 25,000

해설 조상 설비의 보호 장치(한국전기설비규정 351.5)

설비 종별	뱅크 용량	자동차단
전력용 커패시터 및 분로 리액터	500[kVA] 초과 15,000[kVA] 미만	• 내부 고장 • 과전류
	15,000[kVA] 이상	• 내부 고장 • 과전류 • 과전압
조상기 (무효전력 보상장치)	15,000[kVA] 이상	• 내부 고장

82 시가지에 시설하는 154[kV] 가공 전선로를 도로와 제1차 접근 상태로 시설하는 경우, 전선과 도로와의 이격 거리(간격)는 몇 [m] 이상이어야 하는가?

① 4.4 ② 4.8
③ 5.2 ④ 5.6

해설 특고압 가공 전선과 도로 등의 접근 또는 교차(한국전기설비규정 333.24)
35[kV]를 초과하는 경우 3[m]에 10[kV] 단수마다 15[cm]를 가산하므로 10[kV] 단수는 $(154-35)/10 = 11.9 = 12$
∴ $3 + (0.15 \times 12) = 4.8$[m]

83 가공 전선로의 지지물로 볼 수 없는 것은?

① 철주 ② 지선(지지선)
③ 철탑 ④ 철근 콘크리트주

해설 정의(전기설비기술기준 제3조)
"지지물"이란 목주·철주·철근 콘크리트주 및 철탑과 이와 유사한 시설물로서 전선·약전류 전선 또는 광섬유 케이블을 지지하는 것을 주된 목적으로 하는 것을 말한다.

84 전주외등의 시설 시 사용하는 공사 방법으로 틀린 것은?

① 애자 공사
② 케이블 공사
③ 금속관 공사
④ 합성 수지관 공사

해설 전주외등 배선(한국전기설비규정 234.10.3)
배선은 단면적 $2.5[\text{mm}^2]$ 이상의 절연 전선 시설
• 케이블 공사
• 합성 수지관 공사
• 금속관 공사

85 점멸기의 시설에서 센서등(타임 스위치 포함)을 시설하여야 하는 곳은?

① 공장 ② 상점
③ 사무실 ④ 아파트 현관

해설 점멸기의 시설(한국전기설비규정 234.6)
센서등(타임 스위치 포함) 시설
• 「관광진흥법」과 「공중위생관리법」에 의한 관광 숙박업 또는 숙박업(여인숙업은 제외)에 이용되는 객실의 입구등은 1분 이내에 소등되는 것
• 일반 주택 및 아파트 각 호실의 현관등은 3분 이내에 소등되는 것

86 최대 사용 전압이 1차 22,000[V], 2차 6,600[V]의 권선으로 중성점 비접지식 전로에 접속하는 변압기의 특고압측 절연 내력 시험 전압은?

① 24,000[V] ② 27,500[V]
③ 33,000[V] ④ 44,000[V]

해설 변압기 전로의 절연 내력(한국전기설비규정 135)
변압기 특고압측이므로 $22,000 \times 1.25 = 27,500$[V]

정답 81.② 82.② 83.② 84.① 85.④ 86.②

87 순시 조건($t \leq 0.5$초)에서 교류 전기 철도 급전 시스템에서의 레일 전위의 최대 허용 접촉 전압(실효값)으로 옳은 것은?

① 60[V]
② 65[V]
③ 440[V]
④ 670[V]

해설 레일 전위의 위험에 대한 보호(한국전기설비규정 461.2)

시간 조건	최대 허용 접촉 전압(실효값)
순시 조건($t \leq 0.5$초)	670[V]
일시적 조건(0.5초 < $t \leq 300$초)	65[V]
영구적 조건($t > 300$초)	60[V]

교류 전기 철도 급전 시스템의 최대 허용 접촉 전압

88 전기 저장 장치에 자동으로 전로로부터 차단하는 장치를 시설하여야 하는 경우로 틀린 것은?

① 과저항이 발생한 경우
② 과전압이 발생한 경우
③ 제어 장치에 이상이 발생한 경우
④ 이차 전지 모듈의 내부 온도가 상승할 경우

해설 제어 및 보호 장치(한국전기설비규정 511.2.7)
전기 저장 장치의 자동 차단 장치
• 과전압, 저전압, 과전류가 발생한 경우
• 제어 장치에 이상이 발생한 경우
• 이차 전지 모듈의 내부 온도가 상승할 경우

89 이동형의 용접 전극을 사용하는 아크 용접 장치의 시설 기준으로 틀린 것은?

① 용접 변압기는 절연 변압기일 것
② 용접 변압기의 1차측 전로의 대지 전압은 300[V] 이하일 것
③ 용접 변압기의 2차측 전로에는 용접 변압기에 가까운 곳에 쉽게 개폐할 수 있는 개폐기를 시설할 것
④ 용접 변압기의 2차측 전로 중 용접 변압기로부터 용접 전극에 이르는 부분의 전로는 용접 시 흐르는 전류를 안전하게 통할 수 있는 것일 것

해설 아크 용접기(한국전기설비규정 241.10)
• 용접 변압기는 절연 변압기일 것
• 용접 변압기 1차측 전로의 대지 전압 300[V] 이하
• 용접 변압기 1차측 전로에는 용접 변압기에 가까운 곳에 쉽게 개폐할 수 있는 개폐기를 시설
• 2차측 전로 중 용접 변압기로부터 용접 전극에 이르는 부분
 – 용접용 케이블 또는 캡타이어 케이블일 것
 – 전로는 용접 시 흐르는 전류를 안전하게 통할 수 있는 것
 – 전선에는 적당한 방호 장치를 할 것

90 귀선로에 대한 설명으로 틀린 것은?

① 나전선을 적용하여 가공식으로 가설을 원칙으로 한다.
② 사고 및 지락 시에도 충분한 허용 전류 용량을 갖도록 하여야 한다.
③ 비절연 보호 도체, 매설 접지 도체, 레일 등으로 구성하여 단권 변압기 중성점과 공통 접지에 접속한다.
④ 비절연 보호 도체의 위치는 통신 유도 장해 및 레일 전위의 상승의 경감을 고려하여 결정하여야 한다.

해설 귀선로(한국전기설비규정 431.5)
• 귀선로는 비절연 보호 도체, 매설 접지 도체, 레일 등으로 구성하여 단권 변압기 중성점과 공통 접지에 접속한다.
• 비절연 보호 도체의 위치는 통신 유도 장해 및 레일 전위의 상승의 경감을 고려하여 결정하여야 한다.
• 귀선로는 사고 및 지락 시에도 충분한 허용 전류 용량을 갖도록 하여야 한다.

정답 87.④ 88.① 89.③ 90.①

91 단면적 55[mm²]인 경동 연선을 사용하는 특고압 가공 전선로의 지지물로 장력에 견디는 형태의 B종 철근 콘크리트주를 사용하는 경우, 허용 최대 경간(지지물 간 거리)은 몇 [m]인가?

① 150　　② 250
③ 300　　④ 500

해설 특고압 가공 전선로의 경간(지지물 간 거리) 제한 (한국전기설비규정 333.21)
특고압 가공 전선로의 전선에 인장 강도 21.67[kN] 이상의 것 또는 단면적이 50[mm²] 이상인 경동 연선을 사용하는 경우로서 그 지지물을 다음에 따라 시설할 때에는 목주·A종은 300[m] 이하, B종은 500[m] 이하이어야 한다.

92 저압 옥상 전선로의 시설 기준으로 틀린 것은?

① 전개된 장소에 위험의 우려가 없도록 시설할 것
② 전선은 지름 2.6[mm] 이상의 경동선을 사용할 것
③ 전선은 절연 전선(옥외용 비닐 절연 전선은 제외)을 사용할 것
④ 전선은 상시 부는 바람 등에 의하여 식물에 접촉하지 아니하도록 시설하여야 한다.

해설 옥상 전선로(한국전기설비규정 221.3)
• 전선은 인장 강도 2.30[kN] 이상의 것 또는 지름 2.6[mm] 이상의 경동선을 사용할 것
• 전선은 절연 전선(옥외용 비닐 절연 전선 포함)을 사용할 것
• 전선은 조영재에 견고하게 붙인 지지기둥 또는 지지대에 절연성·난연성 및 내수성를 사용하여 지지하고 또한 그 지지점 간의 거리는 15[m] 이하일 것
• 전선과 그 저압 옥상 전선로를 시설하는 조영재와의 이격 거리(간격)는 2[m](전선이 고압 절연 전선, 특고압 절연 전선 또는 케이블인 경우에는 1[m]) 이상일 것
• 저압 옥상 전선로의 전선은 상시 부는 바람 등에 의하여 식물에 접촉하지 아니하도록 시설하여야 한다.

93 저압 옥측 전선로에서 목조의 조영물에 시설할 수 있는 공사 방법은?

① 금속관 공사
② 버스 덕트 공사
③ 합성 수지관 공사
④ 케이블 공사(무기물 절연(MI) 케이블을 사용하는 경우)

해설 옥측 전선로(한국전기설비규정 221.2)
저압 옥측 전선로 공사 방법
• 애자 공사(전개된 장소에 한한다)
• 합성 수지관 공사
• 금속관 공사(목조 이외의 조영물에 시설하는 경우에 한한다)
• 버스 덕트 공사(목조 이외의 조영물(점검할 수 없는 은폐된 장소는 제외한다)에 시설하는 경우에 한한다)
• 케이블 공사(연피 케이블, 알루미늄피 케이블 또는 무기물 절연(MI) 케이블을 사용하는 경우에는 목조 이외의 조영물에 시설하는 경우에 한한다)

94 특고압 가공 전선로에서 발생하는 극저주파 전계는 지표상 1[m]에서 몇 [kV/m] 이하이어야 하는가?

① 2.0　　② 2.5
③ 3.0　　④ 3.5

해설 유도 장해 방지(전기설비기술기준 제17조)
교류 특고압 가공 전선로에서 발생하는 극저주파 전자계는 지표상 1[m]에서 전계가 3.5[kV/m] 이하, 자계가 83.3[μT] 이하가 되도록 시설하고, 직류 특고압 가공 전선로에서 발생하는 직류 전계는 지표면에서 25[kV/m] 이하, 직류 자계는 지표상 1[m]에서 400,000[μT] 이하가 되도록 시설하는 등 상시 정전 유도 및 전자 유도 작용에 의하여 사람에게 위험을 줄 우려가 없도록 시설하여야 한다.

95 케이블 트레이 공사에 사용할 수 없는 케이블은?

① 연피 케이블　　② 난연성 케이블
③ 캡타이어 케이블　④ 알루미늄피 케이블

해설 케이블 트레이 공사(한국전기설비규정 232.41)
전선은 연피 케이블, 알루미늄피 케이블 등 난연성 케이블 또는 기타 케이블(적당한 간격으로 연소 방지 조치를 하여야 한다) 또는 금속관 혹은 합성 수지관 등에 넣은 절연 전선을 사용하여야 한다.

정답 91.④　92.③　93.③　94.④　95.③

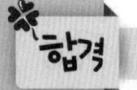

96 농사용 저압 가공 전선로의 지지점 간 거리는 몇 [m] 이하이어야 하는가?

① 30　　② 50
③ 60　　④ 100

해설 농사용 저압 가공 전선로의 시설(한국전기설비규정 222.22)
- 사용 전압이 저압일 것
- 전선은 인장 강도 1.38[kN] 이상, 지름 2[mm] 이상 경동선
- 지표상 3.5[m] 이상(사람이 쉽게 출입하지 않으면 3[m])
- 경간(지지점 간 거리)은 30[m] 이하

97 변전소에 울타리·담 등을 시설할 때, 사용전압이 345[kV]이면 울타리·담 등의 높이와 울타리·담 등으로부터 충전 부분까지의 거리의 합계는 몇 [m] 이상으로 하여야 하는가?

① 8.16　　② 8.28
③ 8.40　　④ 9.72

해설 발전소 등의 울타리·담 등의 시설(한국전기설비규정 351.1)
160[kV]를 넘는 10[kV] 단수는 (345−160)÷10 =18.5이므로 19이다.
울타리까지의 거리와 높이의 합계는 다음과 같다.
6+0.12×19=8.28[m]

98 전력 보안 가공 통신선을 횡단 보도교 위에 시설하는 경우 그 노면상 높이는 몇 [m] 이상인가? (단, 가공 전선로의 지지물에 시설하는 통신선 또는 이에 직접 접속하는 가공 통신선은 제외한다.)

① 3　　② 4
③ 5　　④ 6

해설 전력 보안 통신선의 시설 높이와 이격 거리(간격)(한국전기설비규정 362.2)
전력 보안 가공 통신선의 높이
- 도로 위에 시설 : 지표상 5[m](교통에 지장이 없는 경우 4.5[m])
- 철도 횡단 : 레일면상 6.5[m]
- 횡단 보도교 : 노면상 3[m]

99 큰 고장 전류가 구리 소재의 접지 도체를 통하여 흐르지 않을 경우 접지 도체의 최소 단면적은 몇 [mm²] 이상이어야 하는가? (단, 접지 도체에 피뢰 시스템이 접속되지 않는 경우이다.)

① 0.75　　② 2.5
③ 6　　④ 16

해설 접지 도체(한국전기설비규정 142.3.1)
- 접지 도체의 단면적은 142.3.2(보호 도체)의 1에 의하며 큰 고장 전류가 접지 도체를 통하여 흐르지 않을 경우 접지 도체의 최소 단면적은 구리 6[mm²] 이상, 철제 50[mm²] 이상
- 접지 도체에 피뢰 시스템이 접속되는 경우 접지 도체의 단면적은 구리 16[mm²], 철 50[mm²] 이상

100 사용 전압이 15[kV] 초과 25[kV] 이하인 특고압 가공 전선로가 상호 간 접근 또는 교차하는 경우 사용 전선이 양쪽 모두 나전선이라면 이격 거리(간격)는 몇 [m] 이상이어야 하는가? (단, 중성선 다중 접지 방식의 것으로서 전로에 지락이 생겼을 때에 2초 이내에 자동적으로 이를 전로로부터 차단하는 장치가 되어 있다.)

① 1.0　　② 1.2
③ 1.5　　④ 1.75

해설 25[kV] 이하인 특고압 가공 전선로의 시설(한국전기설비규정 333.32)

사용 전선의 종류	이격 거리(간격)
어느 한쪽 또는 양쪽이 나전선인 경우	1.5[m]
양쪽이 특고압 절연 전선인 경우	1.0[m]
한쪽이 케이블이고 다른 한쪽이 케이블이거나 특고압 절연 전선인 경우	0.5[m]

정답 96.①　97.②　98.①　99.③　100.③

2022년 제1회 과년도 출제문제
2022. 3. 5. 시행

제1과목　전기자기학

01 면적이 0.02[m²], 간격이 0.03[m]이고, 공기로 채워진 평행 평판의 커패시터에 1.0×10^{-6}[C]의 전하를 충전시킬 때, 두 판 사이에 작용하는 힘의 크기는 약 몇 [N]인가?

① 1.13　　② 1.41
③ 1.89　　④ 2.83

해설 힘 $F = f \cdot s = \dfrac{\sigma^2}{2\varepsilon_0} \cdot s = \dfrac{\left(\dfrac{Q}{s}\right)^2}{2\varepsilon_0} \cdot s = \dfrac{Q^2}{2\varepsilon_0 s}$

$= \dfrac{(1 \times 10^{-6})^2}{2 \times 8.855 \times 10^{-12} \times 0.02} = 2.83$[N]

02 자극의 세기가 7.4×10^{-5}[Wb], 길이가 10[cm]인 막대 자석이 100[AT/m]의 평등 자계 내에 자계의 방향과 30°로 놓여 있을 때 이 자석에 작용하는 회전력[N·m]은?

① 2.5×10^{-3}　　② 3.7×10^{-4}
③ 5.3×10^{-5}　　④ 6.2×10^{-6}

해설 토크 $T = mHl\sin\theta$
$= 7.4 \times 10^{-5} \times 100 \times 0.1 \times \dfrac{1}{2}$
$= 3.7 \times 10^{-4}$[N·m]

03 유전율이 $\varepsilon = 2\varepsilon_0$이고 투자율이 μ_0인 비도전성 유전체에서 전자파의 전계의 세기가 $E(z, t) = 120\pi\cos(10^9 t - \beta z)\hat{y}$ [V/m]일 때, 자계의 세기 H[A/m]는? (단, $\hat{x}$, $\hat{y}$는 단위 벡터이다.)

① $-\sqrt{2}\cos(10^9 t - \beta z)\hat{x}$
② $\sqrt{2}\cos(10^9 t - \beta z)\hat{x}$
③ $-2\cos(10^9 t - \beta z)\hat{x}$
④ $2\cos(10^9 t - \beta z)\hat{x}$

해설 고유 임피던스
$\eta = \dfrac{E}{H} = \sqrt{\dfrac{\mu_0}{\varepsilon_0}}\sqrt{\dfrac{\mu_s}{\varepsilon_s}} = 120\pi \cdot \dfrac{1}{\sqrt{2}}$[Ω]

전계는 y축이고 진행 방향은 z축이므로 자계의 방향은 $-x$축 방향이 된다.
$H_x = -\dfrac{\sqrt{2}}{120\pi}E_y\hat{x}$
$= -\sqrt{2} \cdot \cos(10^9 t - \beta z)\hat{x}$ [A/m]

04 자기 회로에서 전기 회로의 도전율 σ[℧/m]에 대응되는 것은?

① 자속　　② 기자력
③ 투자율　　④ 자기 저항

해설 자기 저항 $R_m = \dfrac{l}{\mu S}$, 전기 저항 $R = \dfrac{l}{\sigma A}$이므로 전기 회로의 도전율 σ[℧/m]는 자기 회로의 투자율 μ[H/m]에 대응된다.

05 단면적이 균일한 환상 철심에 권수 1,000회인 A 코일과 권수 N_B회인 B 코일이 감겨져 있다. A 코일의 자기 인덕턴스가 100[mH]이고, 두 코일 사이의 상호 인덕턴스가 20[mH]이고, 결합 계수가 1일 때, B 코일의 권수 (N_B)는 몇 회인가?

① 100　　② 200
③ 300　　④ 400

정답 01.④　02.②　03.①　04.③　05.②

해설 상호 인덕턴스 $M = \dfrac{\mu N_A N_B \cdot S}{l} = L_A \dfrac{N_B}{N_A}$ 에서

$N_B = \dfrac{M}{L_A} N_A = \dfrac{20}{100} \times 1{,}000 = 200$회

06 공기 중에서 1[V/m]의 전계의 세기에 의한 변위 전류 밀도의 크기를 2[A/m²]으로 흐르게 하려면 전계의 주파수는 몇 [MHz]가 되어야 하는가?

① 9,000
② 18,000
③ 36,000
④ 72,000

해설 변위 전류 밀도 $i_d = \dfrac{\partial D}{\partial t} = \varepsilon_0 \dfrac{\partial E}{\partial t}$
$= \omega \varepsilon_0 E_0 \sin \omega t [\text{A/m}^2]$

주파수 $f = \dfrac{i_d}{2\pi \varepsilon_0 E} = \dfrac{2}{2\pi \times 8.855 \times 10^{-12} \times 1}$
$= 35.947 \times 10^6 [\text{Hz}]$
$\fallingdotseq 36{,}000 [\text{MHz}]$

07 내부 원통 도체의 반지름이 a[m], 외부 원통 도체의 반지름이 b[m]인 동축 원통 도체에서 내외 도체 간 물질의 도전율이 σ[℧/m]일 때 내외 도체 간의 단위 길이당 컨덕턴스 [℧/m]는?

① $\dfrac{2\pi\sigma}{\ln \dfrac{b}{a}}$
② $\dfrac{2\pi\sigma}{\ln \dfrac{a}{b}}$
③ $\dfrac{4\pi\sigma}{\ln \dfrac{b}{a}}$
④ $\dfrac{4\pi\sigma}{\ln \dfrac{a}{b}}$

해설 동축 원통 도체의 단위 길이당 정전 용량
$C = \dfrac{2\pi\varepsilon}{\ln \dfrac{b}{a}} [\text{F/m}]$

저항 $R = \dfrac{\rho \varepsilon}{C} = \dfrac{\varepsilon}{\sigma C} [\Omega]$

컨덕턴스 $G = \dfrac{1}{R} = \dfrac{\sigma}{\varepsilon} C = \dfrac{\sigma}{\varepsilon} \cdot \dfrac{2\pi\varepsilon}{\ln \dfrac{b}{a}} = \dfrac{2\pi\sigma}{\ln \dfrac{b}{a}} [\text{℧/m}]$

08 z축 상에 놓인 길이가 긴 직선 도체에 10[A]의 전류가 $+z$ 방향으로 흐르고 있다. 이 도체 주위의 자속 밀도가 $3\hat{x} - 4\hat{y}$[Wb/m²]일 때 도체가 받는 단위 길이당 힘[N/m]은? (단, $\hat{x}$, $\hat{y}$는 단위 벡터이다.)

① $-40\hat{x} + 30\hat{y}$
② $-30\hat{x} + 40\hat{y}$
③ $30\hat{x} + 40\hat{y}$
④ $40\hat{x} + 30\hat{y}$

해설 힘 $\vec{F} = (\vec{I} \times \vec{B})l$ [N]
단위 길이당 힘
$\vec{f} = \vec{I} \times \vec{B} = \begin{vmatrix} \hat{x} & \hat{y} & \hat{z} \\ 0 & 0 & 10 \\ 3 & -4 & 0 \end{vmatrix}$
$= \hat{x}(0+40) + \hat{y}(30-0) + \hat{z}(0-0)$
$= 40\hat{x} + 30\hat{y} [\text{N/m}]$

09 진공 중 한 변의 길이가 0.1[m]인 정삼각형의 3정점 A, B, C에 각각 2.0×10^{-6}[C]의 점전하가 있을 때, 점 A의 전하에 작용하는 힘은 몇 [N]인가?

① $1.8\sqrt{2}$
② $1.8\sqrt{3}$
③ $3.6\sqrt{2}$
④ $3.6\sqrt{3}$

해설 $F_{BA} = F_{CA} = \dfrac{1}{4\pi\varepsilon_0} \cdot \dfrac{Q_1 Q_2}{r^2}$
$= 9 \times 10^9 \cdot \dfrac{(2.0 \times 10^{-6})^2}{(0.1)^2} = 3.6$[N]

$F = 2F_{BA} \cdot \cos 30° = 2 \times 3.6 \times \dfrac{\sqrt{3}}{2} = 3.6\sqrt{3}$ [N]

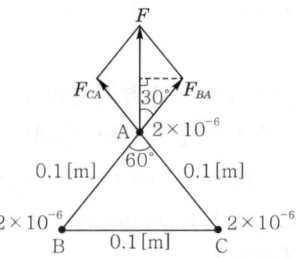

정답 06.③ 07.① 08.④ 09.④

10 투자율이 μ[H/m], 자계의 세기가 H[AT/m], 자속 밀도가 B[Wb/m²]인 곳에서의 자계 에너지 밀도[J/m³]는?

① $\dfrac{B^2}{2\mu}$ ② $\dfrac{H^2}{2\mu}$

③ $\dfrac{1}{2}\mu H$ ④ BH

해설 자계 중의 축적 에너지 W_H[J]

$$W_H = W_L = \frac{1}{2}\phi I = \frac{1}{2}B \cdot SHl = \frac{1}{2}BHV[\text{J}]$$

자계 에너지 밀도 $w_H = \dfrac{W_H}{V} = \dfrac{1}{2}BH = \dfrac{B^2}{2\mu}$ [J/m³]

11 진공 내 전위 함수가 $V = x^2 + y^2$ [V]로 주어졌을 때, $0 \le x \le 1$, $0 \le y \le 1$, $0 \le z \le 1$인 공간에 저장되는 정전 에너지[J]는?

① $\dfrac{4}{3}\varepsilon_0$ ② $\dfrac{2}{3}\varepsilon_0$

③ $4\varepsilon_0$ ④ $2\varepsilon_0$

해설 $W = \int_v \dfrac{1}{2}\varepsilon_0 E^2 dv$

전계의 세기
$E = -\text{grad}\,V = -\nabla \cdot V$
$= -\left(i\dfrac{\partial}{\partial x} + j\dfrac{\partial}{\partial y} + k\dfrac{\partial}{\partial z}\right) \cdot (x^2+y^2)$
$= -i2x - j2y$

$\therefore W = \dfrac{1}{2}\varepsilon_0 \int_0^1\int_0^1\int_0^1 (-i2x-j2y)^2 dxdydz$
$= \dfrac{1}{2}\varepsilon_0 \int_0^1\int_0^1\int_0^1 (4x^2+4y^2) dxdydz$
$= \dfrac{1}{2}\varepsilon_0 \int_0^1\int_0^1 \left[\dfrac{4}{3}x^3 + 4y^2 x\right]_0^1 dydz$
$= \dfrac{1}{2}\varepsilon_0 \int_0^1 \left[\dfrac{4}{3}y + \dfrac{4}{3}y^3\right]_0^1 dz$
$= \dfrac{1}{2}\varepsilon_0 \left[\dfrac{8}{3}z\right]_0^1$
$= \dfrac{4}{3}\varepsilon_0$

12 전계가 유리에서 공기로 입사할 때 입사각 θ_1과 굴절각 θ_2의 관계와 유리에서의 전계 E_1과 공기에서의 전계 E_2의 관계는?

① $\theta_1 > \theta_2$, $E_1 > E_2$
② $\theta_1 < \theta_2$, $E_1 > E_2$
③ $\theta_1 > \theta_2$, $E_1 < E_2$
④ $\theta_1 < \theta_2$, $E_1 < E_2$

해설 유리의 유전율 $\varepsilon_1 = \varepsilon_0 \varepsilon_s$ $(\varepsilon_s > 1)$
공기의 유전율
$\varepsilon_2 = \varepsilon_0$ (공기의 비유전율 $\varepsilon_s = 1.000586 ≒ 1$)
$\varepsilon_1 > \varepsilon_2$이므로 유전체의 경계면 조건에서
$\varepsilon_1 > \varepsilon_2$이면 $\theta_1 > \theta_2$이며, 전계는 경계면에서 수평 성분이 서로 같으므로 $E_1 \sin\theta_1 = E_2 \sin\theta_2$이다.
$\therefore \varepsilon_1 > \varepsilon_2$이면 $\theta_1 > \theta_2$이고, $E_1 < E_2$이다.

13 진공 중 4[m] 간격으로 평행한 두 개의 무한 평판 도체에 각각 +4[C/m²], -4[C/m²]의 전하를 주었을 때, 두 도체 간의 전위차는 약 몇 [V]인가?

① 1.36×10^{11} ② 1.36×10^{12}
③ 1.8×10^{11} ④ 1.8×10^{12}

해설 전위차 $V = Ed = \dfrac{\sigma}{\varepsilon_0}d$

$= \dfrac{4}{8.855 \times 10^{-12}} \times 4 = 1.8 \times 10^{12}$ [V]

14 인덕턴스(H)의 단위를 나타낸 것으로 틀린 것은?

① [Ω · s] ② [Wb/A]
③ [J/A²] ④ [N/(A · m)]

해설 자속 $\phi = LI$ [Wb=V · s]
인덕턴스 $L = \dfrac{\phi}{I}$ [H]

$[H] = \left[\dfrac{\text{Wb}}{\text{A}}\right] = \left[\dfrac{\text{V} \cdot \text{s}}{\text{A}}\right] = [\Omega \cdot \text{s}] = \left[\dfrac{\text{VAs}}{\text{A}^2}\right] = \left[\dfrac{\text{J}}{\text{A}^2}\right]$

정답 10.① 11.① 12.③ 13.④ 14.④

15 진공 중 반지름이 a[m]인 무한 길이의 원통 도체 2개가 간격 d[m]로 평행하게 배치되어 있다. 두 도체 사이의 정전 용량(C)을 나타낸 것으로 옳은 것은?

① $\pi\varepsilon_0 \ln\dfrac{d-a}{a}$

② $\dfrac{\pi\varepsilon_0}{\ln\dfrac{d-a}{a}}$

③ $\pi\varepsilon_0 \ln\dfrac{a}{d-a}$

④ $\dfrac{\pi\varepsilon_0}{\ln\dfrac{a}{d-a}}$

해설 평행 도체 사이의 전위차 V[V]

$$V = -\int_{d-a}^{a} E dx = \dfrac{\lambda}{\pi\varepsilon_0}\ln\dfrac{d-a}{a}\text{[V]}$$

정전 용량 $C = \dfrac{Q}{V} = \dfrac{\lambda l}{\dfrac{\lambda}{\pi\varepsilon_0}\ln\dfrac{d-a}{a}} = \dfrac{\pi\varepsilon_0 l}{\ln\dfrac{d-a}{a}}$[F]

단위 길이에 대한 정전 용량 C[F/m]

$$C = \dfrac{\pi\varepsilon_0}{\ln\dfrac{d-a}{a}}\text{[F/m]}$$

16 진공 중에 4[m]의 간격으로 놓여진 평행 도선에 같은 크기의 왕복전류가 흐를 때 단위 길이당 2.0×10^{-7}[N]의 힘이 작용하였다. 이때 평행 도선에 흐르는 전류는 몇 [A]인가?

① 1 ② 2
③ 4 ④ 8

해설 평행 도체 사이에 단위 길이당 작용하는 힘

$F = \dfrac{2I^2}{d} \times 10^{-7}$[N/m]

전류 $I = \sqrt{\dfrac{F \cdot d}{2 \times 10^{-7}}} = \sqrt{\dfrac{2 \times 10^{-7} \times 4}{2 \times 10^{-7}}} = 2$[A]

17 평행 극판 사이 간격이 d[m]이고 정전 용량이 0.3[μF]인 공기 커패시터가 있다. 그림과 같이 두 극판 사이에 비유전율이 5인 유전체를 절반 두께 만큼 넣었을 때 이 커패시터의 정전 용량은 몇 [μF]이 되는가?

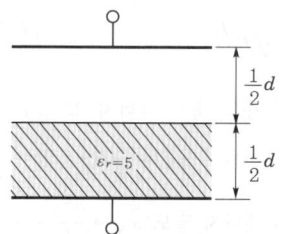

① 0.01   ② 0.05
③ 0.1   ④ 0.5

해설 유전체를 절반만 평행하게 채운 경우

정전 용량 : $C = \dfrac{2C_0}{1 + \dfrac{1}{\varepsilon_r}} = \dfrac{2 \times 0.3}{1 + \dfrac{1}{5}} = 0.5$[$\mu$F]

18 반지름이 a[m]인 접지된 구도체와 구도체의 중심에서 거리 d[m] 떨어진 곳에 점전하가 존재할 때, 점전하에 의한 접지된 구도체에서의 영상 전하에 대한 설명으로 틀린 것은?

① 영상 전하는 구도체 내부에 존재한다.
② 영상 전하는 점전하와 구도체 중심을 이은 직선상에 존재한다.
③ 영상 전하의 전하량과 점전하의 전하량은 크기는 같고 부호는 반대이다.
④ 영상 전하의 위치는 구도체의 중심과 점전하 사이 거리(d[m])와 구도체의 반지름(a[m])에 의해 결정된다.

정답 15.② 16.② 17.④ 18.③

해설 구도체의 영상 전하는 점전하와 구도체 중심을 이은 직선상의 구도체 내부에 존재하며

영상 전하 $Q' = -\frac{a}{d}Q[C]$

위치는 구도체 중심에서 $x = \frac{a^2}{d}[m]$에 존재한다.

19 평등 전계 중에 유전체 구에 의한 전계 분포가 그림과 같이 되었을 때 ε_1과 ε_2의 크기 관계는?

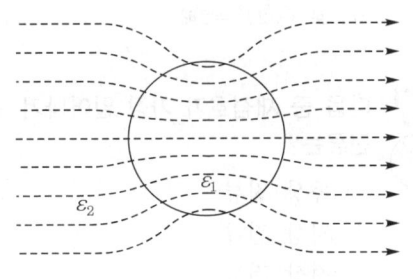

① $\varepsilon_1 > \varepsilon_2$　　② $\varepsilon_1 < \varepsilon_2$
③ $\varepsilon_1 = \varepsilon_2$　　④ 무관하다.

해설 임의의 점에서의 전계의 세기는 전기력선의 밀도와 같다. 즉 전기력선은 유전율이 작은 쪽으로 모이므로 $\varepsilon_1 < \varepsilon_2$이 된다.

20 어떤 도체에 교류 전류가 흐를 때 도체에서 나타나는 표피 효과에 대한 설명으로 틀린 것은?

① 도체 중심부보다 도체 표면부에 더 많은 전류가 흐르는 것을 표피 효과라 한다.
② 전류의 주파수가 높을수록 표피 효과는 작아진다.
③ 도체의 도전율이 클수록 표피 효과는 커진다.
④ 도체의 투자율이 클수록 표피 효과는 커진다.

해설 도체에 교류 전류가 흐를 때 도체 표면으로 갈수록 전류 밀도가 높아지는 현상을 표피 효과라 하며 침투 깊이(표피 두께) $\delta = \frac{1}{\sqrt{\pi f \sigma \mu}}[m]$에서 전류의 주파수가 높을수록 침투 깊이가 작아져 표피 효과는 커진다.

제2과목　전력공학

21 소호 리액터를 송전 계통에 사용하면 리액터의 인덕턴스와 선로의 정전 용량이 어떤 상태로 되어 지락 전류를 소멸시키는가?

① 병렬 공진
② 직렬 공진
③ 고임피던스
④ 저임피던스

해설 소호 리액터 접지식은 $L-C$ 병렬 공진을 이용하므로 지락 전류가 최소로 되어 유도 장해가 적고, 고장 중에도 계속적인 송전이 가능하며 고장이 스스로 복구될 수 있어 과도 안정도가 좋지만, 보호 장치의 동작이 불확실하다.

22 어느 발전소에서 40,000[kWh]를 발전하는데 발열량 5,000[kcal/kg]의 석탄을 20톤 사용하였다. 이 화력 발전소의 열효율[%]은 약 얼마인가?

① 27.5
② 30.4
③ 34.4
④ 38.5

해설 열효율 $\eta = \frac{860W}{mH} \times 100[\%]$

$= \frac{860 \times 40,000}{20 \times 10^3 \times 5,000} \times 100[\%]$

$= 34.4[\%]$

정답　19.②　20.②　21.①　22.③

23 송전 전력, 선간 전압, 부하 역률, 전력 손실 및 송전 거리를 동일하게 하였을 경우 단상 2선식에 대한 3상 3선식의 총 전선량(중량)비는 얼마인가? (단, 전선은 동일한 전선이다.)

① 0.75 ② 0.94
③ 1.15 ④ 1.33

해설 동일 전력 $VI_{12} = \sqrt{3}\, VI_{33}$에서

전류비 $\dfrac{I_{33}}{I_{12}} = \dfrac{1}{\sqrt{3}}$ 이다.

전력 손실 $2I_{12}^2 R_{12} = 3I_{33}^2 R_{33}$에서 저항의 비를 구하면 $\dfrac{R_{12}}{R_{33}} = \dfrac{3}{2} \cdot \left(\dfrac{I_{33}}{I_{12}}\right)^2 = \dfrac{1}{2}$

전선 단면적은 저항에 반비례하므로 전선 중량비 $\dfrac{W_{33}}{W_{12}} = \dfrac{3A_{33}l}{2A_{12}l} = \dfrac{3}{2} \times \dfrac{R_{12}}{R_{33}} = \dfrac{3}{2} \times \dfrac{1}{2} = \dfrac{3}{4}$

24 3상 송전선로가 선간 단락(2선 단락)이 되었을 때 나타나는 현상으로 옳은 것은?

① 역상 전류만 흐른다.
② 정상 전류와 역상 전류가 흐른다.
③ 역상 전류와 영상 전류가 흐른다.
④ 정상 전류와 영상 전류가 흐른다.

해설 각 사고별 대칭 좌표법 해석

	정상분	역상분	영상분	
1선 지락	정상분	역상분	영상분	$I_0 = I_1 = I_2 \neq 0$
선간 단락	정상분	역상분	×	$I_1 = -I_2 \neq 0,\ I_0 = 0$
3상 단락	정상분	×	×	$I_1 \neq 0,\ I_2 = I_0 = 0$

25 중거리 송전선로의 4단자 정수가 $A=1.0$, $B=j190$, $D=1.0$일 때 C의 값은 얼마인가?

① 0 ② $-j120$
③ j ④ $j190$

해설 4단자 정수의 관계 $AD-BC=1$에서
$C = \dfrac{AD-1}{B} = \dfrac{1 \times 1 - 1}{j190} = 0$

26 배전 전압을 $\sqrt{2}$ 배로 하였을 때 같은 손실률로 보낼 수 있는 전력은 몇 배가 되는가?

① $\sqrt{2}$ ② $\sqrt{3}$
③ 2 ④ 3

해설 전력 손실률이 일정하면 전력은 전압의 제곱에 비례하므로 $(\sqrt{2})^2 = 2$배

27 다음 중 재점호가 가장 일어나기 쉬운 차단 전류는?

① 동상 전류
② 지상 전류
③ 진상 전류
④ 단락 전류

해설 차단기의 재점호는 선로 등의 충전 전류(진상 전류)에 의해 발생한다.

28 현수 애자에 대한 설명이 아닌 것은?

① 애자를 연결하는 방법에 따라 클레비스(Clevis)형과 볼 소켓형이 있다.
② 애자를 표시하는 기호는 P이며 구조는 2~5층의 갓 모양의 자기편을 시멘트로 접착하고 그 자기를 주철재 base로 지지한다.
③ 애자의 연결 개수를 가감함으로써 임의의 송전 전압에 사용할 수 있다.
④ 큰 하중에 대하여는 2련 또는 3련으로 하여 사용할 수 있다.

해설 ② 핀애자에 대한 설명이다.

정답 23.① 24.② 25.① 26.③ 27.③ 28.②

29 교류 발전기의 전압 조정 장치로 속응 여자 방식을 채택하는 이유로 틀린 것은?

① 전력 계통에 고장이 발생할 때 발전기의 동기 화력을 증가시킨다.
② 송전 계통의 안정도를 높인다.
③ 여자기의 전압 상승률을 크게 한다.
④ 전압조정용 탭의 수동 변환을 원활히 하기 위함이다.

해설 속응 여자 방식은 전력 계통에 고장이 발생할 경우 발전기의 동기 화력을 신속하게 확립하여 계통의 안정도를 높인다.

30 차단기의 정격 차단 시간에 대한 설명으로 옳은 것은?

① 고장 발생부터 소호까지의 시간
② 트립 코일 여자로부터 소호까지의 시간
③ 가동 접촉자의 개극부터 소호까지의 시간
④ 가동 접촉자의 동작 시간부터 소호까지의 시간

해설 차단기의 정격 차단 시간은 트립 코일이 여자하여 가동 접촉자가 시동하는 순간(개극 시간)부터 아크가 소멸하는 시간(소호 시간)으로 약 3~8[Hz] 정도이다.

31 3상 1회선 송전선을 정삼각형으로 배치한 3상 선로의 자기 인덕턴스를 구하는 식은? (단, D는 전선의 선간 거리[m], r은 전선의 반지름[m]이다.)

① $L = 0.5 + 0.4605 \log_{10} \dfrac{D}{r}$

② $L = 0.5 + 0.4605 \log_{10} \dfrac{D}{r^2}$

③ $L = 0.05 + 0.4605 \log_{10} \dfrac{D}{r}$

④ $L = 0.05 + 0.4605 \log_{10} \dfrac{D}{r^2}$

해설 정삼각형 배치이며, 등가 선간 거리 $D_e = D$이므로 인덕턴스 $L = 0.05 + 0.4605 \log_{10} \dfrac{D}{r}$ [mH/km]

32 불평형 부하에서 역률[%]은?

① $\dfrac{\text{유효 전력}}{\text{각 상의 피상 전력의 산술합}} \times 100$

② $\dfrac{\text{무효 전력}}{\text{각 상의 피상 전력의 산술합}} \times 100$

③ $\dfrac{\text{무효 전력}}{\text{각 상의 피상 전력의 벡터합}} \times 100$

④ $\dfrac{\text{유효 전력}}{\text{각 상의 피상 전력의 벡터합}} \times 100$

해설 불평형 부하의 역률

$\dfrac{\text{유효 전력}}{\text{각 상의 피상 전력의 벡터합}} \times 100 [\%]$

33 다음 중 동작 속도가 가장 느린 계전 방식은?

① 전류 차동 보호 계전 방식
② 거리 보호 계전 방식
③ 전류 위상 비교 보호 계전 방식
④ 방향 비교 보호 계전 방식

해설 거리 계전 방식은 송전 계통에서 전압과 전류의 비로 동작하는 임피던스에 의해 작동하므로 임피던스(전기적 거리)가 클수록 동작속도가 느려진다.

34 부하 회로에서 공진 현상으로 발생하는 고조파 장해가 있을 경우 공진 현상을 회피하기 위하여 설치하는 것은?

① 진상용 콘덴서
② 직렬 리액터
③ 방전 코일
④ 진공 차단기

해설 고조파를 제거하기 위해서는 직렬 리액터를 이용하여 제5고조파를 제거한다.

정답 29.④ 30.② 31.③ 32.④ 33.② 34.②

35 경간(지지물 간 거리)이 200[m]인 가공 전선로가 있다. 사용전선의 길이는 경간(지지물 간 거리)보다 몇 [m] 더 길게 하면 되는가? (단, 사용 전선의 1[m]당 무게는 2[kg], 인장하중은 4,000[kg], 전선의 안전율은 2로 하고 풍압 하중은 무시한다.)

① $\frac{1}{2}$ ② $\sqrt{2}$
③ $\frac{1}{3}$ ④ $\sqrt{3}$

해설 이도(처짐 정도) $D = \frac{WS^2}{8T} = \frac{2 \times 200^2}{8 \times \left(\frac{4,000}{2}\right)} = 5[m]$

실제 전선 길이 $L = S + \frac{8D^2}{3S}$ 이므로

$\frac{8D^2}{3S} = \frac{8 \times 5^2}{3 \times 200} = \frac{1}{3}$

36 송전단 전압이 100[V], 수전단 전압이 90[V]인 단거리 배전 선로의 전압 강하율[%]은 약 얼마인가?

① 5 ② 11
③ 15 ④ 20

해설 전압 강하율 $\varepsilon = \frac{V_s - V_r}{V_r} \times 100[\%]$

$= \frac{100 - 90}{90} \times 100$

$\fallingdotseq 11[\%]$

37 다음 중 환상(루프) 방식과 비교할 때 방사상 배전 선로 구성 방식에 해당되는 사항은?

① 전력 수요 증가 시 간선이나 분기선을 연장하여 쉽게 공급이 가능하다.
② 전압 변동 및 전력 손실이 작다.
③ 사고 발생 시 다른 간선으로의 전환이 쉽다.
④ 환상 방식보다 신뢰도가 높은 방식이다.

해설 방사상식(Tree system)
농어촌에 적합하고, 수요 증가에 쉽게 응할 수 있으며 시설비가 저렴하다. 하지만 전압 강하나 전력 손실 등이 많아 공급 신뢰도가 떨어지고 정전 범위가 넓어진다.

38 초호각(Arcing horn)의 역할은?

① 풍압을 조절한다.
② 송전 효율을 높인다.
③ 선로의 섬락(불꽃 방전) 시 애자의 파손을 방지한다.
④ 고주파수의 섬락전압을 높인다.

해설 아킹혼, 소호각(환)의 역할
• 이상 전압으로부터 애자련의 보호
• 애자 전압 분담의 균등화
• 애자의 열적 파괴 방지

39 유효 낙차 90[m], 출력 104,500[kW], 비속도(특유 속도) 210[m·kW]인 수차의 회전 속도는 약 몇 [rpm]인가?

① 150 ② 180
③ 210 ④ 240

해설 특유 속도 $N_s = N \cdot \frac{P^{\frac{1}{2}}}{H^{\frac{5}{4}}}$ 에서 정격 속도

$N = N_s \cdot \frac{H^{\frac{5}{4}}}{P^{\frac{1}{2}}} = 210 \times \frac{90^{\frac{5}{4}}}{104,500^{\frac{1}{2}}} \fallingdotseq 180[rpm]$

40 발전기 또는 주변압기의 내부 고장 보호용으로 가장 널리 쓰이는 것은?

① 거리 계전기 ② 과전류 계전기
③ 비율 차동 계전기 ④ 방향 단락 계전기

해설 비율 차동 계전기는 발전기나 변압기의 내부 고장에 대한 보호용으로 가장 많이 사용한다.

정답 35.③ 36.② 37.① 38.③ 39.② 40.③

제3과목　전기기기

41 SCR을 이용한 단상 전파 위상 제어 정류 회로에서 전원 전압은 실효값이 220[V], 60[Hz]인 정현파이며, 부하는 순저항으로 10[Ω]이다. SCR의 점호각 α를 60°라 할 때 출력 전류의 평균값[A]은?

① 7.54　② 9.73
③ 11.43　④ 14.86

해설 직류 전압(평균값) $E_{d\alpha}$

$$E_{d\alpha} = E_{do} \cdot \frac{1+\cos\alpha}{2} = \frac{2\sqrt{2}}{\pi} E \cdot \frac{1+\cos 60°}{2}$$

$$= 0.9 \times 220 \times \frac{1+\frac{1}{2}}{2} = 148.6 [V]$$

출력 전류(직류 전류) I_d

$$I_d = \frac{E_{d\alpha}}{R} = \frac{148.6}{10} = 14.86 [A]$$

42 직류 발전기가 90[%] 부하에서 최대 효율이 된다면 이 발전기의 전부하에 있어서 고정손과 부하손의 비는?

① 0.81　② 0.9
③ 1.0　④ 1.1

해설 최대 효율의 조건 $P_i = \left(\frac{1}{m}\right)^2 P_c$에서

$$\frac{P_i}{P_c} = \left(\frac{1}{m}\right)^2 = 0.9^2 = 0.81$$

43 정류기의 직류측 평균 전압이 2,000[V]이고 리플률이 3[%]일 경우, 리플 전압의 실효값[V]은?

① 20　② 30
③ 50　④ 60

해설 맥동률(리플률) ν[%]

$$\nu = \frac{\text{출력 전압의 교류 성분 실효값}}{\text{출력 전압의 직류 성분}} \times 100[\%]$$

리플 전압(교류 성분 전압) 실효값 E

$$E = \nu \cdot E_d = 0.03 \times 2,000 = 60[V]$$

44 단상 직권 정류자 전동기에서 보상 권선과 저항 도선의 작용에 대한 설명으로 틀린 것은 어느 것인가?

① 보상 권선은 역률을 좋게 한다.
② 보상 권선은 변압기의 기전력을 크게 한다.
③ 보상 권선은 전기자 반작용을 제거해 준다.
④ 저항 도선은 변압기 기전력에 의한 단락 전류를 작게 한다.

해설 단상 직권 정류자 전동기에서 보상 권선은 전기자 반작용의 방지, 역률 개선 및 변압기 기전력을 작게 하며 저항 도선은 저항이 큰 도체를 선택하여 단락 전류를 경감시킨다.

45 비돌극형 동기 발전기 한 상의 단자 전압을 V, 유도 기전력을 E, 동기 리액턴스를 X_s, 부하각이 δ이고, 전기자 저항을 무시할 때 한 상의 최대 출력[W]은?

① $\dfrac{EV}{X_s}$　② $\dfrac{3EV}{X_s}$
③ $\dfrac{E^2 V}{X_s}$　④ $\dfrac{EV^2}{X_s}$

해설 비돌극형 동기 발전기
- 1상 출력 $P_1 = \dfrac{EV}{X_s}\sin\delta$[W]
- 최대 출력 $P_m = \dfrac{EV}{X_s}\sin 90° = \dfrac{EV}{X_s}$[W]

정답 41.④　42.①　43.④　44.②　45.①

46 3상 동기 발전기에서 그림과 같이 1상의 권선을 서로 똑같은 2조로 나누어 그 1조의 권선 전압을 E[V], 각 권선의 전류를 I[A]라 하고 지그재그 Y형(Zigzag Star)으로 결선하는 경우 선간 전압[V], 선전류[A] 및 피상 전력[VA]은?

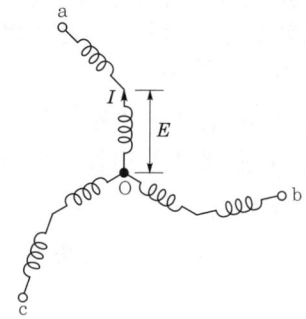

① $3E$, I, $\sqrt{3} \times 3E \times I = 5.2EI$
② $\sqrt{3}E$, $2I$, $\sqrt{3} \times \sqrt{3}E \times 2I = 6EI$
③ E, $2\sqrt{3}I$, $\sqrt{3} \times E \times 2\sqrt{3}I = 6EI$
④ $\sqrt{3}E$, $\sqrt{3}I$, $\sqrt{3} \times \sqrt{3}E \times \sqrt{3}I = 5.2EI$

해설 1상의 선간 전압 $V_p = \sqrt{3}E$
ab 선간 전압 $V_l = \sqrt{3}V_p = \sqrt{3} \times \sqrt{3}E = 3E$
선전력 $I_l = I$
피상 전력 $P_a = \sqrt{3}V_lI_l = \sqrt{3} \times 3EI = 5.2EI$[VA]

47 다음 중 비례 추이를 하는 전동기는?

① 동기 전동기
② 정류자 전동기
③ 단상 유도 전동기
④ 권선형 유도 전동기

해설 3상 권선형 유도 전동기의 2차측(회전자)에 외부에서 저항을 접속하고 2차 합성 저항을 변화하면 토크, 입력 및 전류 등이 비례하여 이동하는 데 이것을 비례 추이라 한다.

48 단자 전압 200[V], 계자 저항 50[Ω], 부하 전류 50[A], 전기자 저항 0.15[Ω], 전기자 반작용에 의한 전압 강하 3[V]인 직류 분권 발전기가 정격 속도로 회전하고 있다. 이때 발전기의 유도 기전력은 약 몇 [V]인가?

① 211.1   ② 215.1
③ 225.1   ④ 230.1

해설 계자 전류 $I_f = \dfrac{V}{r_f} = \dfrac{200}{50} = 4$[A]
전기자 전류 $I_a = I + I_f = 50 + 4 = 54$[A]
유기 기전력 $E = V + I_aR_a + e_a$
$= 200 + 54 \times 0.15 + 3 = 211.1$[V]

49 동기기의 권선법 중 기전력의 파형을 좋게 하는 권선법은?

① 전절권, 2층권   ② 단절권, 집중권
③ 단절권, 분포권   ④ 전절권, 집중권

해설 동기기의 전기자 권선법은 집중권과 분포권, 전절권과 단절권이 있으며 기전력의 파형을 개선하기 위해 분포권과 단절권을 사용한다.

50 변압기에 임피던스 전압을 인가할 때의 입력은?

① 철손   ② 와류손
③ 정격 용량   ④ 임피던스 와트

해설 변압기의 단락 시험에서 임피던스 전압(정격 전류에 의한 변압기 내의 전압 강하)을 인가할 때 변압기의 입력을 임피던스 와트(동손)라 한다.
임피던스 와트 $W_s = I^2r = P_c$(동손)[W]

51 불꽃 없는 정류를 하기 위해 평균 리액턴스 전압(A)과 브러시 접촉면 전압 강하(B) 사이에 필요한 조건은?

① $A > B$ ② $A < B$
③ $A = B$ ④ A, B에 관계없다.

정답 46.① 47.④ 48.① 49.③ 50.④ 51.②

해설 평균 리액턴스 전압 $\left(e = L\dfrac{2I_c}{T_c}\right)$이 정류 코일의 전류 (I_c)의 변화를 방해하여 정류 불량의 원인이 되므로 브러시 접촉면 전압 강하보다 작아야 한다.

52 유도 전동기 1극의 자속 Φ, 2차 유효 전류 $I_2\cos\theta_2$, 토크 τ의 관계로 옳은 것은?

① $\tau \propto \Phi \times I_2\cos\theta_2$
② $\tau \propto \Phi \times (I_2\cos\theta_2)^2$
③ $\tau \propto \dfrac{1}{\Phi \times I_2\cos\theta_2}$
④ $\tau \propto \dfrac{1}{\Phi \times (I_2\cos\theta_2)^2}$

해설 2차 유기 기전력 $E_2 = 4.44f_2N_2\Phi_mK_{w_2} \propto \Phi$
2차 입력 $P_2 = E_2I_2\cos\theta_2$
토크 $T = \dfrac{P_2}{2\pi\dfrac{N_s}{60}} \propto \Phi I_2\cos\theta_2$

53 회전자가 슬립 s로 회전하고 있을 때 고정자와 회전자의 실효 권수비를 α라 하면 고정자 기전력 E_1과 회전자 기전력 E_{2s}의 비는?

① $s\alpha$
② $(1-s)\alpha$
③ $\dfrac{\alpha}{s}$
④ $\dfrac{\alpha}{1-s}$

해설 실효 권수비 $\alpha = \dfrac{E_1}{E_2}$
슬립 s로 회전 시 $E_{2s} = sE_2$
회전 시 권수비 $\alpha_s = \dfrac{E_1}{E_{2s}} = \dfrac{E_1}{sE_2} = \dfrac{\alpha}{s}$

54 직류 직권 전동기의 발생 토크는 전기자 전류를 변화시킬 때 어떻게 변하는가? (단, 자기 포화는 무시한다.)

① 전류에 비례한다.
② 전류에 반비례한다.
③ 전류의 제곱에 비례한다.
④ 전류의 제곱에 반비례한다.

해설 직류 전동기의 역기전력 $E = \dfrac{Z}{a}P\phi\dfrac{N}{60}$
토크 $T = \dfrac{P}{2\pi\dfrac{N}{60}} = \dfrac{EI_a}{2\pi\dfrac{N}{60}} = \dfrac{PZ}{2\pi a}\phi I_a$
직류 직권 전동기의 자속 $\phi \propto I_f(=I=I_a)$
직류 직권 전동기의 토크 $T = K\phi I_a \propto I^2$

55 동기 발전기의 병렬 운전 중 유도 기전력의 위상차로 인하여 발생하는 현상으로 옳은 것은?

① 무효 전력이 생긴다.
② 동기화 전류가 흐른다.
③ 고조파 무효 순환 전류가 흐른다.
④ 출력이 요동하고 권선이 가열된다.

해설 동기 발전기의 병렬 운전에서 유기 기전력의 크기가 같지 않으면 무효 순환 전류가 흐르고, 유기 기전력의 위상차가 발생하면 동기화 전류가 흐른다.

56 3상 유도기의 기계적 출력(P_o)에 대한 변환식으로 옳은 것은? (단, 2차 입력은 P_2, 2차 동손은 P_{2c}, 동기 속도는 N_s, 회전자 속도는 N, 슬립은 s이다.)

① $P_o = P_2 + P_{2c} = \dfrac{N}{N_s}P_2 = (2-s)P_2$
② $(1-s)P_2 = \dfrac{N}{N_s}P_2 = P_o - P_{2c} = P_o - sP_2$
③ $P_o = P_2 - P_{2c} = P_2 - sP_2 = \dfrac{N}{N_s}P_2$
$= (1-s)P_2$
④ $P_o = P_2 + P_{2c} = P_2 + sP_2 = \dfrac{N}{N_s}P_2$
$= (1+s)P_2$

정답 52.① 53.③ 54.③ 55.② 56.③

해설 유도 전동기의 2차 입력(P_2), 기계적 출력(P_o) 및 2차 동손(P_{2c})의 비
$P_2 : P_o : P_{2c} = 1 : 1-s : s$ 이므로
기계적 출력 $P_o = P_2 - P_{2c} = P_2 - sP_2$
$= P_2(1-s) = P_2 \dfrac{N}{N_s}$

57 변압기의 등가 회로 구성에 필요한 시험이 아닌 것은?

① 단락 시험
② 부하 시험
③ 무부하 시험
④ 권선 저항 측정

해설 변압기의 등가 회로 작성에 필요한 시험
• 무부하 시험
• 단락 시험
• 권선 저항 측정

58 단권 변압기 두 대를 V결선하여 전압을 2,000[V]에서 2,200[V]로 승압한 후 200[kVA]의 3상 부하에 전력을 공급하려고 한다. 이때 단권 변압기 1대의 용량은 약 몇 [kVA]인가?

① 4.2
② 10.5
③ 18.2
④ 21

해설 단권 변압기의 V결선에서
$\dfrac{\text{자기 용량(단권 변압기 용량)}}{\text{부하 용량}} \dfrac{P}{W}$
$= \dfrac{1}{\dfrac{\sqrt{3}}{2}} \cdot \dfrac{V_h - V_l}{V_h}$
($V_h = 2,200$, $V_l = 2,000$)
자기 용량(단권 변압기 2대 용량) P
$P = W \cdot \dfrac{2}{\sqrt{3}} \cdot \dfrac{V_h - V_l}{V_h}$
$= 200 \times \dfrac{2}{\sqrt{3}} \times \dfrac{2,200-2,000}{2,200} = 21[\text{kVA}]$
단권 변압기 1대의 용량 $P_1 = \dfrac{P}{2} = \dfrac{21}{2} = 10.5[\text{kVA}]$

59 권수비 $a = \dfrac{6,600}{220}$, 주파수 60[Hz], 변압기의 철심 단면적 0.02[m²], 최대 자속 밀도 1.2[Wb/m²]일 때 변압기의 1차측 유도 기전력은 약 몇 [V]인가?

① 1,407
② 3,521
③ 42,198
④ 49,814

해설 1차 유기 기전력 E_1
$E_1 = 4.44 f N_1 \phi_m = 4.44 f N_1 B_m S$
$= 4.44 \times 60 \times 6,600 \times 1.2 \times 0.02 = 42,198[\text{V}]$

60 회전형 전동기와 선형 전동기(Linear Motor)를 비교한 설명으로 틀린 것은?

① 선형의 경우 회전형에 비해 공극의 크기가 작다.
② 선형의 경우 직접적으로 직선 운동을 얻을 수 있다.
③ 선형의 경우 회전형에 비해 부하 관성의 영향이 크다.
④ 선형의 경우 전원의 상 순서를 바꾸어 이동 방향을 변경한다.

해설 선형 전동기(Linear Motor)는 회전형 전동기의 고정자와 회전자를 축 방향으로 잘라서 펼쳐 놓은 것으로 직접 직선 운동을 하므로 부하 탄성의 영향이 크고, 회전형에 비해 공극을 크게 할 수 있고 상순을 바꾸어 이동 방향을 변경하는 전동기로 컨베이어(conveyer), 자기 부상식 철도 등에 이용할 수 있다.

제4과목 회로이론 및 제어공학

61 $F(z) = \dfrac{(1-e^{-aT})z}{(z-1)(z-e^{-aT})}$ 의 역 z 변환은?

① $1 - e^{-at}$
② $1 + e^{-at}$
③ $t \cdot e^{-at}$
④ $t \cdot e^{at}$

정답 57.② 58.② 59.③ 60.① 61.①

해설 $\dfrac{F(z)}{z}$ 형태로 부분 분수 전개하면

$$\dfrac{F(z)}{z} = \dfrac{(1-e^{-aT})}{(z-1)(z-e^{-aT})}$$

$$= \dfrac{k_1}{z-1} + \dfrac{k_2}{z-e^{-aT}}$$

$$k_1 = \lim_{z \to 1} \dfrac{1-e^{-aT}}{z-e^{-aT}} = 1$$

$$k_2 = \lim_{z \to e^{-aT}} \dfrac{1-e^{-aT}}{z-1} = -1$$

$$\dfrac{F(z)}{z} = \dfrac{1}{z-1} - \dfrac{1}{z-e^{-aT}}$$

$$F(z) = \dfrac{z}{z-1} - \dfrac{z}{z-e^{-aT}}$$

$$\therefore r(t) = 1 - e^{-at}$$

62 다음의 특성 방정식 중 안정한 제어 시스템은?

① $s^3 + 3s^2 + 4s + 5 = 0$
② $s^4 + 3s^3 - s^2 + s + 10 = 0$
③ $s^5 + s^3 + 2s^2 + 4s + 3 = 0$
④ $s^4 - 2s^3 - 3s^2 + 4s + 5 = 0$

해설 제어계가 안정될 때 필요 조건
특성 방정식의 모든 차수가 존재하고 각 계수의 부호가 같아야 한다.

63 그림의 신호 흐름 선도에서 전달 함수 $\dfrac{C(s)}{R(s)}$ 는?

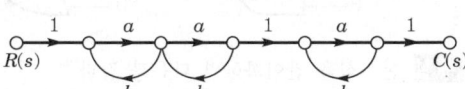

① $\dfrac{a^3}{(1-ab)^3}$
② $\dfrac{a^3}{1-3ab+a^2b^2}$
③ $\dfrac{a^3}{1-3ab}$
④ $\dfrac{a^3}{1-3ab+2a^2b^2}$

해설 전향 경로 $n=1$
$G_1 = 1 \times a \times a \times 1 \times a \times 1 = a^3$, $\Delta_1 = 1$
$\Sigma L_{n_1} = ab + ab + ab = 3ab$
$\Sigma L_{n_2} = (ab \times ab) + (ab \times ab) = 2a^2b^2$
$\Delta = 1 - \Sigma L_{n_1} + \Sigma L_{n_2} = 1 - 3ab + 2a^2b^2$
$\therefore$ 전달 함수 $\dfrac{C_{(s)}}{R_{(s)}} = \dfrac{G_1 \Delta_1}{\Delta}$
$$= \dfrac{a^3}{1-3ab+2a^2b^2}$$

64 그림과 같은 블록 선도에서 제어 시스템에 단위 계단 함수가 입력되었을 때 정상 상태 오차가 0.01이 되는 a의 값은?

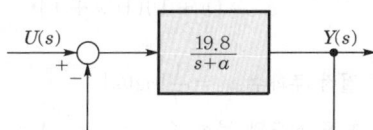

① 0.2
② 0.6
③ 0.8
④ 1.0

해설 정상 위치 편차 $e_{ssp} = \dfrac{1}{1+k_p}$

위치 편차 상수 $k_p = \lim_{s \to 0} G_{(s)} = \lim_{s \to 0} \dfrac{19.8}{s+a} = \dfrac{19.8}{a}$

$\therefore 0.01 = \dfrac{1}{1+\dfrac{19.8}{a}}$

$\therefore a = 0.2$

정답 62.① 63.④ 64.①

65 그림과 같은 보드 선도의 이득 선도를 갖는 제어 시스템의 전달 함수는?

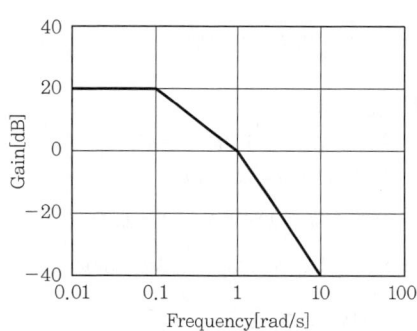

① $G(s) = \dfrac{10}{(s+1)(s+10)}$

② $G(s) = \dfrac{10}{(s+1)(10s+1)}$

③ $G(s) = \dfrac{20}{(s+1)(s+10)}$

④ $G(s) = \dfrac{20}{(s+1)(10s+1)}$

해설 절점 주파수 $\omega_c = \dfrac{1}{T}[\text{rad/s}]$

보드 선도의 절점 주파수 $\omega_1 = 0.1,\ \omega_2 = 1$ 이므로

$G(j\omega) = \dfrac{K}{(1+j10\omega_1)(1+j\omega_2)}$

$\therefore\ G(s) = \dfrac{K}{(1+10s)(1+s)} = \dfrac{K}{(s+1)(10s+1)}$

보드 선도 이득 근사값에 의해

$G(s) = \dfrac{10}{(s+1)(10s+1)}$

66 그림과 같은 블록 선도의 전달 함수 $\dfrac{C(s)}{R(s)}$ 는?

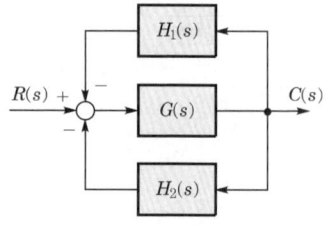

① $\dfrac{G(s)H_1(s)H_2(s)}{1+G(s)H_1(s)H_2(s)}$

② $\dfrac{G(s)}{1+G(s)H_1(s)H_2(s)}$

③ $\dfrac{G(s)}{1-G(s)[H_1(s)+H_2(s)]}$

④ $\dfrac{G(s)}{1+G(s)[H_1(s)+H_2(s)]}$

해설 $\{R(s) - C(s)H_1(s) - C(s)H_2(s)\}G(s) = C(s)$

$R(s)G(s) = C(s)(1+G(s)H_1(s)+G(s)H_2(s))$

$\therefore\ \dfrac{C(s)}{R(s)} = \dfrac{G(s)}{1+G(s)H_1(s)+G(s)H_2(s)}$

$= \dfrac{G(s)}{1+G(s)[H_1(s)+H_2(s)]}$

67 그림과 같은 논리 회로와 등가인 것은?

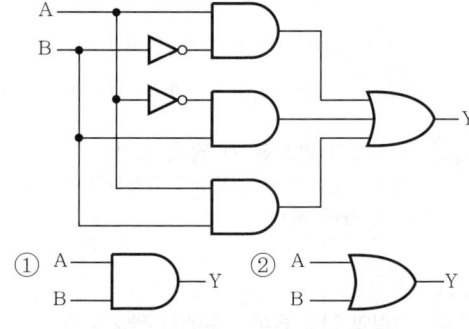

해설 논리식을 간이화하면 다음과 같다.

$Y = A\overline{B} + \overline{A}B + AB$
$= A(\overline{B}+B) + \overline{A}B$
$= A + \overline{A}B$
$= A(1+B) + \overline{A}B$
$= A + AB + \overline{A}B$
$= A + B(A+\overline{A})$
$= A + B$

$\therefore$ A ─┐
   B ─┘⊃─ Y (OR)

정답 65.② 66.④ 67.②

68 다음의 개루프 전달 함수에 대한 근궤적의 점근선이 실수축과 만나는 교차점은?

$$G(s)H(s) = \frac{K(s+3)}{s^2(s+1)(s+3)(s+4)}$$

① $\dfrac{5}{3}$ ② $-\dfrac{5}{3}$

③ $\dfrac{5}{4}$ ④ $-\dfrac{5}{4}$

해설 점근선의 교차점

$\sigma = \dfrac{\Sigma G(s)H(s)\text{의 극점} - \Sigma G(s)H(s)\text{의 영점}}{P - Z}$

영점의 개수 $Z=1$이고
극점의 개수 $P=5$이므로

$\therefore \sigma = \dfrac{(0-1-3-4)-(-3)}{5-1} = -\dfrac{5}{4}$

69 블록 선도에서 ⓐ에 해당하는 신호는?

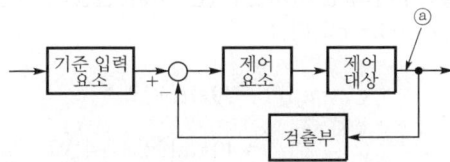

① 조작량 ② 제어량
③ 기준 입력 ④ 동작 신호

해설 제어량 : 제어를 받는 제어계의 출력량으로 제어 대상에 속하는 양이다.

70 다음의 미분 방정식과 같이 표현되는 제어 시스템이 있다. 이 제어 시스템을 상태 방정식 $\dot{x} = Ax + Bu$로 나타내었을 때 시스템 행렬 A는?

$$\frac{d^3c(t)}{dt^3} + 5\frac{d^2c(t)}{dt^2} + \frac{dc(t)}{dt} + 2c(t) = r(t)$$

① $\begin{bmatrix} 0 & 1 & 0 \\ 0 & 0 & 1 \\ -2 & -1 & -5 \end{bmatrix}$ ② $\begin{bmatrix} 1 & 0 & 0 \\ 0 & 1 & 0 \\ -2 & -1 & -5 \end{bmatrix}$

③ $\begin{bmatrix} 0 & 1 & 0 \\ 0 & 0 & 1 \\ 2 & 1 & 5 \end{bmatrix}$ ④ $\begin{bmatrix} 1 & 0 & 0 \\ 0 & 1 & 0 \\ 2 & 1 & 5 \end{bmatrix}$

해설
- 상태 변수
  $x_1(t) = c(t)$
  $x_2(t) = \dfrac{dc(t)}{dt} = \dfrac{dx_1(t)}{dt} = \dot{x}_1(t)$
  $x_3(t) = \dfrac{d^2c(t)}{dt^2} = \dfrac{dx_2(t)}{dt} = \dot{x}_2(t)$

- 상태 방정식
  $\dot{x}_3(t) = -2x_1(t) - x_2(t) - 5x_3(t) + r(t)$

$\begin{bmatrix} \dot{x}_1(t) \\ \dot{x}_2(t) \\ \dot{x}_3(t) \end{bmatrix} = \begin{bmatrix} 0 & 1 & 0 \\ 0 & 0 & 1 \\ -2 & -1 & -5 \end{bmatrix} \begin{bmatrix} x_1(t) \\ x_2(t) \\ x_3(t) \end{bmatrix} + \begin{bmatrix} 0 \\ 0 \\ 1 \end{bmatrix} r(t)$

71 $f_e(t)$가 우함수이고 $f_o(t)$가 기함수일 때 주기함수 $f(t) = f_e(t) + f_o(t)$에 대한 다음 식 중 틀린 것은?

① $f_e(t) = f_e(-t)$

② $f_o(t) = -f_o(-t)$

③ $f_o(t) = \dfrac{1}{2}[f(t) - f(-t)]$

④ $f_e(t) = \dfrac{1}{2}[f(t) - f(-t)]$

해설
- 우함수 : $f_e(t) = f_e(-t)$
- 기함수 : $f_o(t) = -f_o(-t)$
$f(t) = f_e(t) + f_o(t)$이므로
$\dfrac{1}{2}[f(t) - f(-t)]$
$= \dfrac{1}{2}[f_e(t) + f_o(t) - f_e(-t) - f_o(-t)]$
$= \dfrac{1}{2}[f_e(t) + f_o(t) - f_e(t) + f_o(t)]$
$= f_o(t)$

정답 68.④ 69.② 70.① 71.④

72 3상 평형 회로에 Y결선의 부하가 연결되어 있고, 부하에서의 선간 전압이 $V_{ab} = 100\sqrt{3}\angle 0°$ [V]일 때 선전류가 $I_a = 20\angle -60°$ [A]이었다. 이 부하의 한 상의 임피던스[Ω]는? (단, 3상 전압의 상순은 a-b-c이다.)

① $5\angle 30°$ ② $5\sqrt{3}\angle 30°$
③ $5\angle 60°$ ④ $5\sqrt{3}\angle 60°$

해설
$$Z = \frac{V_P}{I_P} = \frac{\frac{100\sqrt{3}}{\sqrt{3}}\angle 0° - 30°}{20\angle -60°} = \frac{100\angle -30°}{20\angle -60°}$$
$$= 5\angle 30°$$

73 그림의 회로에서 120[V]와 30[V]의 전압원(능동 소자)에서의 전력은 각각 몇 [W]인가? [단, 전압원(능동 소자)에서 공급 또는 발생하는 전력은 양수(+)이고, 소비 또는 흡수하는 전력은 음수(-)이다.]

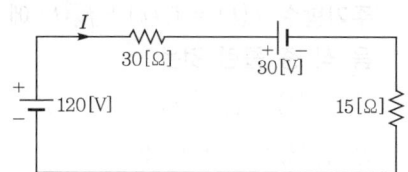

① 240[W], 60[W]   ② 240[W], -60[W]
③ -240[W], 60[W] ④ -240[W], -60[W]

해설 전압원의 극성이 반대로 직렬로 연결되어 있으므로 폐회로 전류 $I = \frac{120-30}{30+15} = 2$[A]

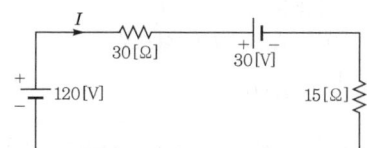

∴ 120[V] 전압원은 전류 방향과 동일하므로
공급 전력 $P = VI = 120 \times 2 = 240$[W]
30[V] 전압원은 전류 방향이 반대이므로
소비 전력 $P = VI = -30 \times 2 = -60$[W]

74 정전 용량이 C[F]인 커패시터에 단위 임펄스의 전류원이 연결되어 있다. 이 커패시터의 전압 $v_C(t)$는? (단, $u(t)$는 단위 계단 함수이다.)

① $v_C(t) = C$ ② $v_C(t) = Cu(t)$
③ $v_C(t) = \frac{1}{C}$ ④ $v_C(t) = \frac{1}{C}u(t)$

해설
$v_C(t) = \frac{1}{C}\int i(t)\,dt$

단위 임펄스 전류원이 연결되어 있으므로
∴ $v_C(t) = \frac{1}{C}\int \delta(t)\,dt$

라플라스 변환하면 $v_C(s) = \frac{1}{Cs}$

역라플라스 변환하면 $v_C(t) = \frac{1}{C}u(t)$

75 각 상의 전압이 다음과 같을 때 영상분 전압 [V]의 순시치는? (단, 3상 전압의 상순은 a-b-c이다.)

$$v_a(t) = 40\sin\omega t\,[V]$$
$$v_b(t) = 40\sin\left(\omega t - \frac{\pi}{2}\right)[V]$$
$$v_c(t) = 40\sin\left(\omega t + \frac{\pi}{2}\right)[V]$$

① $40\sin\omega t$ ② $\frac{40}{3}\sin\omega t$
③ $\frac{40}{3}\sin\left(\omega t - \frac{\pi}{2}\right)$ ④ $\frac{40}{3}\sin\left(\omega t + \frac{\pi}{2}\right)$

해설 영상 대칭분 전압
$V_0 = \frac{1}{3}(v_a + v_b + v_c)$
$= \frac{1}{3}\left\{40\sin\omega t + 40\sin\left(\omega t - \frac{\pi}{2}\right) + 40\sin\left(\omega t + \frac{\pi}{2}\right)\right\}$
$= \frac{1}{3}\{40\sin\omega t - 40\cos\omega t + 40\cos\omega t\}$
$= \frac{40}{3}\sin\omega t\,[V]$

정답 72.① 73.② 74.④ 75.②

76 그림과 같이 3상 평형의 순저항 부하에 단상 전력계를 연결하였을 때 전력계가 W[W]를 지시하였다. 이 3상 부하에서 소모하는 전체 전력[W]은?

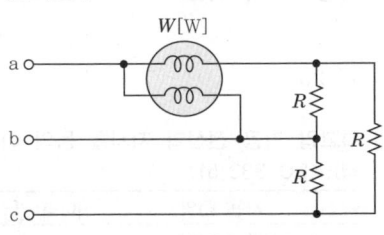

① $2W$ ② $3W$
③ $\sqrt{2}\,W$ ④ $\sqrt{3}\,W$

해설 전력계 W의 전압은 ab의 선간 전압 V_{ab}, 전류는 I_a의 선전류이므로 $V_{ab} = V_a + (-V_b)$

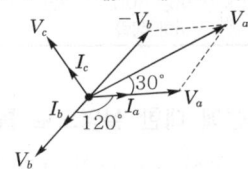

$\therefore W = V_{ab}I_a \cos 30° = \dfrac{\sqrt{3}}{2} V_{ab}I_a$ [W]

$\therefore$ 3상 부하 전력 : $P = \sqrt{3}\,V_{ab}I_a = 2W$ [W]

77 그림의 회로에서 $t = 0$[s]에 스위치(S)를 닫은 후 $t = 1$[s]일 때 이 회로에 흐르는 전류는 약 몇 [A]인가?

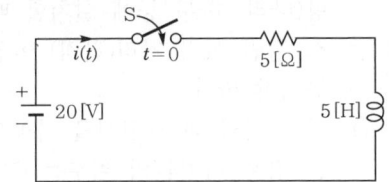

① 2.52   ② 3.16
③ 4.21   ④ 6.32

해설 시정수 $\tau = \dfrac{L}{R} = \dfrac{5}{5} = 1$ [s]

$\therefore t = \tau$인 경우이므로

전류 $i(t) = 0.632 \dfrac{E}{R} = 0.632 \times \dfrac{20}{5} = 2.52$ [A]

78 순시치 전류 $i(t) = I_m \sin(\omega t + \theta_I)$ [A]의 파고율은 약 얼마인가?

① 0.577   ② 0.707
③ 1.414   ④ 1.732

해설
• 정현파 전류의 평균값 : $I_{av} = \dfrac{2}{\pi} I_m$ [A]
• 정현파 전류의 실효값 : $I = \dfrac{1}{\sqrt{2}} I_m$ [A]

$\therefore$ 파고율 $= \dfrac{\text{최대값}}{\text{실효값}} = \dfrac{I_m}{\dfrac{1}{\sqrt{2}} I_m} = \sqrt{2} = 1.414$

79 그림의 회로가 정저항 회로로 되기 위한 L[mH]은? (단, $R = 10$[Ω], $C = 1{,}000$[μF]이다.)

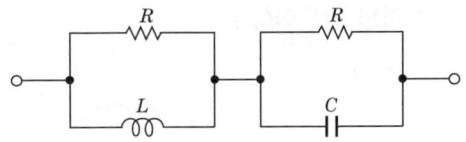

① 1   ② 10
③ 100   ④ 1,000

해설 정저항 조건

$Z_1 \cdot Z_2 = R^2$ 에서 $sL \cdot \dfrac{1}{sC} = R^2$

$\therefore R^2 = \dfrac{L}{C}$

$\therefore L = R^2 C = 10^2 \times 1{,}000 \times 10^{-6}$ [H]
$= 10^2 \times 1{,}000 \times 10^{-6} \times 10^3$ [mH]
$= 100$ [mH]

80 분포 정수 회로에 있어서 선로의 단위 길이당 저항이 100[Ω/m], 인덕턴스가 200[mH/m], 누설 컨덕턴스가 0.5[℧/m]일 때 일그러짐이 없는 조건(무왜형 조건)을 만족하기 위한 단위 길이당 커패시턴스는 몇 [μF/m]인가?

① 0.001   ② 0.1
③ 10   ④ 1,000

정답 76.① 77.① 78.③ 79.③ 80.④

해설 무왜형 조건 $RC = LG$

$$\therefore C = \frac{LG}{R}$$

$$= \frac{200 \times 10^{-3} \times 0.5}{100} [\text{F/m}]$$

$$= \frac{200 \times 10^{-3} \times 0.5 \times 10^6}{100} [\mu\text{F/m}]$$

$$= 1,000 [\mu\text{F/m}]$$

제5과목 전기설비기술기준

81 저압 가공 전선이 안테나와 접근 상태로 시설될 때 상호 간의 이격 거리(간격)는 몇 [cm] 이상이어야 하는가? (단, 전선이 고압 절연 전선, 특고압 절연 전선 또는 케이블이 아닌 경우이다.)

① 60
② 80
③ 100
④ 120

해설 저압 가공 전선과 안테나의 접근 또는 교차(KEC 222.14)
가공 전선과 안테나 사이의 이격 거리(간격)는 저압은 60[cm] (고압 절연 전선, 특고압 절연 전선 또는 케이블인 경우 30[cm]) 이상

82 고압 가공 전선으로 사용한 경동선은 안전율이 얼마 이상인 이도(처짐 정도)로 시설하여야 하는가?

① 2.0
② 2.2
③ 2.5
④ 3.0

해설 고압 가공 전선의 안전율(KEC 332.4)
• 경동선 또는 내열 동합금선 : 2.2 이상
• 기타 전선(ACSR, 알루미늄 전선 등) : 2.5 이상

83 사용 전압이 22.9[kV]인 특고압 가공 전선과 그 지지물·완금류·지주(지지기둥) 또는 지선(지지선) 사이의 이격 거리(간격)는 몇 [cm] 이상이어야 하는가?

① 15
② 20
③ 25
④ 30

해설 특고압 가공 전선과 지지물 등의 이격 거리(간격)(KEC 333.5)

사용 전압	이격 거리(간격)[cm]
15[kV] 미만	15
15[kV] 이상 25[kV] 미만	20
25[kV] 이상 35[kV] 미만	25
35[kV] 이상 50[kV] 미만	30
50[kV] 이상 60[kV] 미만	35
60[kV] 이상 70[kV] 미만	40
70[kV] 이상 80[kV] 미만	45
이하 생략	이하 생략

84 급전선에 대한 설명으로 틀린 것은?

① 급전선은 비절연 보호 도체, 매설 접지 도체, 레일 등으로 구성하여 단권 변압기 중성점과 공통접지에 접속한다.
② 가공식은 전차선의 높이 이상으로 전차선로 지지물에 병가(병행 설치)하며, 나전선의 접속은 직선 접속을 원칙으로 한다.
③ 선상 승강장, 인도교, 과선교 또는 교량(다리) 하부 등에 설치할 때에는 최소 절연 이격 거리(간격) 이상을 확보하여야 한다.
④ 신설 터널 내 급전선을 가공으로 설계할 경우 지지물의 취부는 C찬넬 또는 매입전을 이용하여 고정하여야 한다.

해설 급전선로(KEC 431.4)
급전선은 나전선을 적용하여 가공식으로 가설을 원칙으로 한다. 다만, 전기적 영향에 대한 최소 간격이 보장되지 않거나 지락, 섬락(불꽃 방전) 등의 우려가 있을 경우에는 급전선을 케이블로 하여 안전하게 시공하여야 한다.

정답 81.① 82.② 83.② 84.①

85 진열장 내의 배선으로 사용 전압 400[V] 이하에 사용하는 코드 또는 캡타이어 케이블의 최소 단면적은 몇 [mm²]인가?

① 1.25 ② 1.0
③ 0.75 ④ 0.5

해설 진열장 안의 배선(KEC 234.8)
- 건조한 장소에 시설하고 또한 내부를 건조한 상태로 사용하는 진열장 또는 이와 유사한 것의 내부에 사용 전압이 400[V] 이하의 배선을 외부에서 잘 보이는 장소에 한하여 코드 또는 캡타이어 케이블로 직접 조영재에 밀착하여 배선할 수 있다.
- 배선은 단면적이 0.75[mm²] 이상의 코드 또는 캡타이어 케이블일 것

86 최대 사용 전압이 23,000[V]인 중성점 비접지식 전로의 절연 내력 시험 전압은 몇 [V]인가?

① 16,560 ② 21,160
③ 25,300 ④ 28,750

해설 기구 등의 전로의 절연 내력(KEC 136)
최대 사용 전압이 7[kV]를 초과하고 60[kV] 이하인 기구 등의 전로의 절연 내력 시험 전압은 최대 사용 전압의 1.25배이므로
$V = 23,000 \times 1.25 = 28,750[V]$

87 지중 전선로를 직접 매설식에 의하여 시설할 때, 차량 기타 중량물의 압력을 받을 우려가 있는 장소인 경우 매설 깊이는 몇 [m] 이상으로 시설하여야 하는가?

① 0.6 ② 1.0
③ 1.2 ④ 1.5

해설 지중 전선로의 시설(KEC 334.1)
- 케이블을 사용하고 관로식, 암거식, 직접 매설식에 의해 시설
- 매설 깊이
 - 관로식, 직접 매설식 : 1[m] 이상
 - 중량물의 압력을 받을 우려가 없는 곳 : 0.6[m] 이상

88 플로어 덕트 공사에 의한 저압 옥내 배선 공사 시 시설 기준으로 틀린 것은?

① 덕트의 끝부분은 막을 것
② 옥외용 비닐 절연 전선을 사용할 것
③ 덕트 안에는 전선에 접속점이 없도록 할 것
④ 덕트 및 박스 기타의 부속품은 물이 고이는 부분이 없도록 시설하여야 한다.

해설 플로어 덕트 공사(KEC 232.32)
- 전선은 절연 전선(옥외용 비닐 절연 전선 제외)일 것
- 전선은 연선일 것. 다만, 단면적 10[mm²](알루미늄선 16[mm²]) 이하인 것은 그러하지 아니하다.
- 플로어 덕트 안에는 전선에 접속점이 없도록 할 것

89 중앙 급전 전원과 구분되는 것으로서 전력 소비 지역 부근에 분산하여 배치 가능한 신·재생 에너지 발전 설비 등의 전원으로 정의되는 용어는?

① 임시 전력원 ② 분전반 전원
③ 분산형 전원 ④ 계통 연계 전원

해설 용어 정의(KEC 112)
"분산형 전원"이란 중앙 급전 전원과 구분되는 것으로서 전력 소비 지역 부근에 분산하여 배치 가능한 전원을 말한다. 상용 전원의 정전 시에만 사용하는 비상용 예비전원은 제외하며, 신·재생 에너지 발전설비, 전기 저장 장치 등을 포함한다.

90 애자 공사에 의한 저압 옥측 전선로는 사람이 쉽게 접촉될 우려가 없도록 시설하고, 전선의 지지점 간의 거리는 몇 [m] 이하이어야 하는가?

① 1 ② 1.5
③ 2 ④ 3

해설 옥측 전선로(KEC 221.2) - 애자 공사
- 단면적 4[mm²] 이상의 연동 절연 전선
- 전선 지지점 간의 거리 : 2[m] 이하

정답 85.③ 86.④ 87.② 88.② 89.③ 90.③

91 저압 가공 전선로의 지지물이 목주인 경우 풍압 하중의 몇 배의 하중에 견디는 강도를 가지는 것이어야 하는가?

① 1.2 ② 1.5
③ 2   ④ 3

해설 저압 가공 전선로의 지지물의 강도(KEC 222.8)
저압 가공 전선로의 지지물은 목주인 경우에는 풍압 하중의 1.2배의 하중, 기타의 경우에는 풍압 하중에 견디는 강도를 가지는 것이어야 한다.

92 교류 전차선 등 충전부와 식물 사이의 이격 거리(간격)는 몇 [m] 이상이어야 하는가? (단, 현장 여건을 고려한 방호벽 등의 안전 조치를 하지 않은 경우이다.)

① 1   ② 3
③ 5   ④ 10

해설 전차선 등과 식물 사이의 이격 거리(간격)(KEC 431.11)
교류 전차선 등 충전부와 식물 사이의 이격 거리(간격)는 5[m] 이상으로 한다.

93 조상기(무효전력 보상장치)에 내부 고장이 생긴 경우, 조상기(무효전력 보상장치)의 뱅크 용량이 몇 [kVA] 이상일 때 전로로부터 자동 차단하는 장치를 시설하여야 하는가?

① 5,000   ② 10,000
③ 15,000   ④ 20,000

해설 조상 설비의 보호 장치(KEC 351.5)

설비 종별	뱅크 용량의 구분	자동 차단하는 장치
전력용 커패시터 및 분로 리액터	500[kVA] 초과 15,000[kVA] 미만	내부 고장, 과전류
	15,000[kVA] 이상	내부 고장, 과전류, 과전압
조상기 (무효전력 보상장치)	15,000[kVA] 이상	내부 고장

94 고장 보호에 대한 설명으로 틀린 것은?

① 고장 보호는 일반적으로 직접 접촉을 방지하는 것이다.
② 고장 보호는 인축의 몸을 통해 고장 전류가 흐르는 것을 방지하여야 한다.
③ 고장 보호는 인축의 몸에 흐르는 고장 전류를 위험하지 않는 값 이하로 제한하여야 한다.
④ 고장 보호는 인축의 몸에 흐르는 고장 전류의 지속 시간을 위험하지 않은 시간까지로 제한하여야 한다.

해설 감전에 대한 보호(KEC 113.2)
• 기본 보호
 기본 보호는 일반적으로 직접 접촉을 방지하는 것
 – 인축의 몸을 통해 전류가 흐르는 것을 방지
 – 인축의 몸에 흐르는 전류를 위험하지 않는 값 이하로 제한
• 고장 보호
 고장 보호는 일반적으로 기본 절연의 고장에 의한 간접 접촉을 방지하는 것
 – 인축의 몸을 통해 고장 전류가 흐르는 것을 방지
 – 인축의 몸에 흐르는 고장 전류를 위험하지 않는 값 이하로 제한
 – 인축의 몸에 흐르는 고장 전류의 지속 시간을 위험하지 않은 시간까지로 제한

95 네온 방전등의 관등 회로의 전선을 애자 공사에 의해 자기 또는 유리제 등의 애자로 견고하게 지지하여 조영재의 아랫면 또는 옆면에 부착한 경우 전선 상호 간의 이격 거리(간격)는 몇 [mm] 이상이어야 하는가?

① 30   ② 60
③ 80   ④ 100

해설 네온 방전등(KEC 234.12)
• 전선 지지점 간의 거리는 1[m] 이하
• 전선 상호 간의 이격 거리(간격)는 60[mm] 이상

정답 91.① 92.③ 93.③ 94.① 95.②

96 수소 냉각식 발전기에서 사용하는 수소 냉각 장치에 대한 시설기준으로 틀린 것은?

① 수소를 통하는 관으로 동관을 사용할 수 있다.
② 수소를 통하는 관은 이음매가 있는 강판이어야 한다.
③ 발전기 내부의 수소의 온도를 계측하는 장치를 시설하여야 한다.
④ 발전기 내부의 수소의 순도가 85[%] 이하로 저하한 경우에 이를 경보하는 장치를 시설하여야 한다.

해설 수소 냉각식 발전기 등의 시설(KEC 351.10)
수소를 통하는 관은 동관 또는 이음매 없는 강판이어야 하며 또한 수소가 대기압에서 폭발하는 경우에 생기는 압력에 견디는 강도의 것일 것

97 전력 보안 통신 설비인 무선 통신용 안테나 등을 지지하는 철주의 기초 안전율은 얼마 이상이어야 하는가? (단, 무선용 안테나 등이 전선로의 주위 상태를 감시할 목적으로 시설되는 것이 아닌 경우이다.)

① 1.3   ② 1.5
③ 1.8   ④ 2.0

해설 무선용 안테나 등을 지지하는 철탑 등의 시설(KEC 364.1)
• 목주의 풍압 하중에 대한 안전율은 1.5 이상
• 철주·철근 콘크리트주 또는 철탑의 기초 안전율은 1.5 이상

98 특고압 가공 전선로의 지지물 양측의 경간(지지물 간 거리)의 차가 큰 곳에 사용하는 철탑의 종류는?

① 내장형   ② 보강형
③ 직선형   ④ 인류(잡아당김)형

해설 특고압 가공 전선로의 철주·철근 콘크리트주 또는 철탑의 종류(KEC 333.11)
• 직선형 : 3도 이하
• 각도형 : 3도 초과
• 인류(잡아당김)형 : 잡아당기는 곳
• 내장형 : 경간(지지물 간 거리) 차 큰 곳

99 사무실 건물의 조명 설비에 사용되는 백열 전등 또는 방전등에 전기를 공급하는 옥내 전로의 대지 전압은 몇 [V] 이하인가?

① 250   ② 300
③ 350   ④ 400

해설 옥내 전로의 대지 전압의 제한(KEC 231.6)
백열 전등 또는 방전등에 전기를 공급하는 옥내의 전로의 대지 전압은 300[V] 이하이어야 한다.

100 전기 저장 장치를 전용 건물에 시설하는 경우에 대한 설명이다. 다음 ( )에 들어갈 내용으로 옳은 것은?

> 전기 저장 장치 시설 장소는 주변 시설(도로, 건물, 가연 물질 등)로부터 (㉠)[m] 이상 이격하고 다른 건물의 출입구나 피난 계단 등 이와 유사한 장소로부터는 (㉡)[m] 이상 이격하여야 한다.

① ㉠ 3, ㉡ 1   ② ㉠ 2, ㉡ 1.5
③ ㉠ 1, ㉡ 2   ④ ㉠ 1.5, ㉡ 3

해설 전용 건물에 시설하는 경우(KEC 512.1.5)
전기 저장 장치 시설 장소는 주변 시설(도로, 건물, 가연 물질 등)로부터 1.5[m] 이상 이격하고 다른 건물의 출입구나 피난 계단 등 이와 유사한 장소로부터는 3[m] 이상 이격하여야 한다.

정답 96.② 97.② 98.① 99.② 100.④

2022년 제2회 과년도 출제문제

2022. 4. 24. 시행

제1과목 전기자기학

01 $\varepsilon_r = 81$, $\mu_r = 1$인 매질의 고유 임피던스는 약 몇 [Ω]인가? (단, ε_r은 비유전율이고, μ_r은 비투자율이다.)

① 13.9 ② 21.9
③ 33.9 ④ 41.9

해설 고유 임피던스 $\eta[\Omega]$

$\eta = \dfrac{E}{H} = \sqrt{\dfrac{\mu}{\varepsilon}} = \sqrt{\dfrac{\mu_0}{\varepsilon_0}} \cdot \sqrt{\dfrac{\mu_r}{\varepsilon_r}}$

$= 120\pi \dfrac{1}{\sqrt{81}} = \dfrac{120\pi}{9} \fallingdotseq 41.9[\Omega]$

02 강자성체의 $B-H$ 곡선을 자세히 관찰하면 매끈한 곡선이 아니라 자속 밀도가 어느 순간 급격히 계단적으로 증가 또는 감소하는 것을 알 수 있다. 이러한 현상을 무엇이라 하는가?

① 퀴리점(Curie point)
② 자왜 현상(Magneto-Striction)
③ 바크하우젠 효과(Barkhausen effect)
④ 자기여자 효과(Magnetic after effect)

해설 히스테리시스 곡선($B-H$ 곡선)

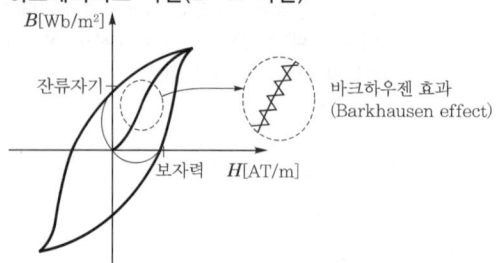

03 진공 중에 무한 평면 도체와 d[m] 만큼 떨어진 곳에 선전하 밀도 λ[C/m]의 무한 직선 도체가 평행하게 놓여 있는 경우 직선 도체의 단위 길이당 받는 힘은 몇 [N/m]인가?

① $\dfrac{\lambda^2}{\pi\varepsilon_0 d}$ ② $\dfrac{\lambda^2}{2\pi\varepsilon_0 d}$
③ $\dfrac{\lambda^2}{4\pi\varepsilon_0 d}$ ④ $\dfrac{\lambda^2}{16\pi\varepsilon_0 d}$

해설 무한 평면 도체와 선전하에서

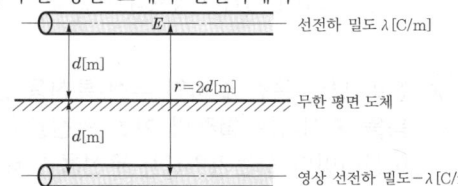

영상 전하 밀도에 의한 직선 도체에서의 전계의 세기 E

$E = \dfrac{\lambda}{2\pi\varepsilon_0(2d)}$ [V/m]

직선 도체가 단위 길이당 받는 힘 f[N/m]

$f = -\lambda \cdot E = -\dfrac{\lambda^2}{4\pi\varepsilon_0 d}$ [N/m] (- : 흡인력)

04 평행 극판 사이에 유전율이 각각 ε_1, ε_2인 유전체를 그림과 같이 채우고, 극판 사이에 일정한 전압을 걸었을 때 두 유전체 사이에 작용하는 힘은? (단, $\varepsilon_1 > \varepsilon_2$)

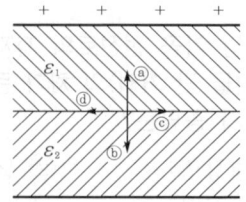

① ⓐ의 방향 ② ⓑ의 방향
③ ⓒ의 방향 ④ ⓓ의 방향

정답 01.④ 02.③ 03.③ 04.②

해설 경계면에서 작용하는 힘 $f[N/m^2]$
$f = \dfrac{1}{2}\left(\dfrac{1}{\varepsilon_2} - \dfrac{1}{\varepsilon_1}\right)D^2 [N/m^2]$ 이고
힘은 유전율이 큰 쪽에서 작은 쪽으로 작용한다.

05 정전 용량이 20[μF]인 공기의 평행판 커패시터에 0.1[C]의 전하량을 충전하였다. 두 평행판 사이에 비유전율이 10인 유전체를 채웠을 때 유전체 표면에 나타나는 분극전하량[C]은?

① 0.009　② 0.01
③ 0.09　④ 0.1

해설 분극의 세기 $P[C/m^2]$
$P = \dfrac{Q'}{S} = \varepsilon_0(\varepsilon_r - 1)E = \varepsilon_0\varepsilon_r E - \varepsilon_0 E [C/m^2]$
분극 전하량 $Q'[C]$
$Q' = \varepsilon_0\varepsilon_r ES - \varepsilon_0 ES = Q - \dfrac{Q}{\varepsilon_r}$
$= Q\left(1 - \dfrac{1}{\varepsilon_r}\right) = 0.1 \times \left(1 - \dfrac{1}{10}\right) = 0.09[C]$

06 유전율이 ε_1과 ε_2인 두 유전체가 경계를 이루어 평행하게 접하고 있는 경우 유전율이 ε_1인 영역에 전하 Q가 존재할 때 이 전하와 ε_2인 유전체 사이에 작용하는 힘에 대한 설명으로 옳은 것은?

① $\varepsilon_1 > \varepsilon_2$인 경우 반발력이 작용한다.
② $\varepsilon_1 > \varepsilon_2$인 경우 흡인력이 작용한다.
③ ε_1과 ε_2에 상관없이 반발력이 작용한다.
④ ε_1과 ε_2에 상관없이 흡인력이 작용한다.

해설 전하와 ε_2인 유전체 사이에 작용하는 힘 $F[N]$
$F = \dfrac{1}{4\pi\varepsilon_1} \dfrac{Q \cdot Q'}{(2d)^2} = \dfrac{Q \cdot \dfrac{\varepsilon_1 - \varepsilon_2}{\varepsilon_1 + \varepsilon_2}Q}{16\pi\varepsilon_1 d^2}$
$= \dfrac{1}{16\pi\varepsilon_1} \dfrac{\varepsilon_1 - \varepsilon_2}{\varepsilon_1 + \varepsilon_2} \dfrac{Q^2}{d^2} [N]$

$\varepsilon_1 > \varepsilon_2$일 때 반발력이 작용한다. ($+F$: 반발력, $-F$: 흡인력)

07 단면적이 균일한 환상 철심에 권수 100회인 A 코일과 권수 400회인 B 코일이 있을 때 A 코일의 자기 인덕턴스가 4[H]라면 두 코일의 상호 인덕턴스는 몇 [H]인가? (단, 누설자속은 0이다.)

① 4　② 8
③ 12　④ 16

해설 자기 인덕턴스 $L_1 = \dfrac{\mu N_1^2 S}{l}$ [H]
상호 인덕턴스 $M = \dfrac{\mu N_1 N_2 S}{l} = \dfrac{\mu N_1^2 S}{l} \cdot \dfrac{N_2}{N_1}$
$= L_1 \cdot \dfrac{N_2}{N_1} = 4 \times \dfrac{400}{100} = 16[H]$

08 평균 자로의 길이가 10[cm], 평균 단면적이 2[cm^2]인 환상 솔레노이드의 자기 인덕턴스를 5.4[mH] 정도로 하고자 한다. 이때 필요한 코일의 권선수는 약 몇 회인가? (단, 철심의 비투자율은 15,000이다.)

① 6
② 12
③ 24
④ 29

해설 자기 인덕턴스 $L[H]$
$L = \dfrac{\mu_0 \mu_r N^2 S}{l}$ 에서
권선수 N
$= \sqrt{L \cdot \dfrac{l}{\mu_0 \mu_r S}}$
$= \sqrt{5.4 \times 10^{-3} \times \dfrac{10 \times 10^{-2}}{4\pi \times 10^{-7} \times 15,000 \times 2 \times 10^{-4}}}$
$= 11.96 ≒ 12[회]$

정답 05.③　06.①　07.④　08.②

09 투자율이 μ[H/m], 단면적이 S[m^2], 길이가 l[m]인 자성체에 권선을 N회 감아서 I[A]의 전류를 흘렸을 때 이 자성체의 단면적 S[m^2]를 통과하는 자속[Wb]은?

① $\mu \dfrac{I}{Nl} S$ ② $\mu \dfrac{NI}{Sl}$
③ $\dfrac{NI}{\mu S} l$ ④ $\mu \dfrac{NI}{l} S$

해설 자속 ϕ[Wb]
$\phi = \dfrac{F}{R_m} = \dfrac{NI}{\dfrac{l}{\mu S}} = \dfrac{\mu NIS}{l}$ [Wb]

10 그림은 커패시터의 유전체 내에 흐르는 변위 전류를 보여준다. 커패시터의 전극 면적을 S[m^2], 전극에 축적된 전하를 q[C], 전극의 표면 전하 밀도를 σ[C/m^2], 전극 사이의 전속 밀도를 D[C/m^2]라 하면 변위 전류 밀도 i_d[A/m^2]는?

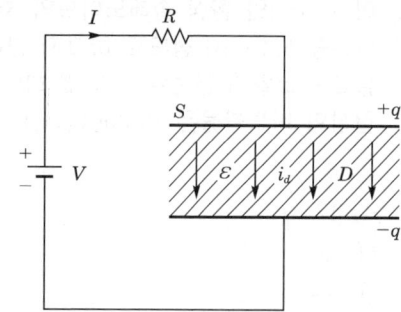

① $\dfrac{\partial D}{\partial t}$ ② $\dfrac{\partial q}{\partial t}$
③ $S \dfrac{\partial D}{\partial t}$ ④ $\dfrac{1}{S} \dfrac{\partial D}{\partial t}$

해설 변위 전류 I_d[A]
$I_d = \dfrac{\partial Q}{\partial t} = \dfrac{\partial \psi}{\partial t} = \dfrac{\partial D}{\partial t} S$ (전속 $\psi = Q = DS$)[A]
변위 전류 밀도 i_d[A/m^2]
$i_d = \dfrac{I_d}{S} = \dfrac{\partial D}{\partial t}$ [A/m^2]

11 진공 중에서 점(1, 3)[m]의 위치에 -2×10^{-9}[C]의 점전하가 있을 때 점(2, 1)[m]에 있는 1[C]의 점전하에 작용하는 힘은 몇 [N]인가? (단, $\hat{x}$, $\hat{y}$는 단위 벡터이다.)

① $-\dfrac{18}{5\sqrt{5}}\hat{x} + \dfrac{36}{5\sqrt{5}}\hat{y}$
② $-\dfrac{36}{5\sqrt{5}}\hat{x} + \dfrac{18}{5\sqrt{5}}\hat{y}$
③ $-\dfrac{36}{5\sqrt{5}}\hat{x} - \dfrac{18}{5\sqrt{5}}\hat{y}$
④ $\dfrac{18}{5\sqrt{5}}\hat{x} + \dfrac{36}{5\sqrt{5}}\hat{y}$

해설 거리 벡터 $\vec{r} = \overrightarrow{P-Q}$
$= (2-1)\hat{x} + (1-3)\hat{y}$
$= \hat{x} - 2\hat{y}$[m]
$|\vec{r}|$ 단위 벡터 $\vec{r_0} = \dfrac{\vec{r}}{|\vec{r}|} = \dfrac{\hat{x}-2\hat{y}}{\sqrt{1^2+2^2}} = \dfrac{\hat{x}-2\hat{y}}{\sqrt{5}}$
힘 $F = \vec{r_0} \dfrac{1}{4\pi\varepsilon_0} \dfrac{Q_1 \cdot Q_2}{r^2}$
$= \dfrac{\hat{x}-2\hat{y}}{\sqrt{5}} \times 9 \times 10^9 \times \dfrac{-2 \times 10^{-9} \times 1}{(\sqrt{5})^2}$
$= -\dfrac{18}{5\sqrt{5}}\hat{x} + \dfrac{36}{5\sqrt{5}}\hat{y}$ [N]

12 정전 용량이 C_0[μF]인 평행판의 공기 커패시터가 있다. 두 극판 사이에 극판과 평행하게 절반을 비유전율이 ε_r인 유전체로 채우면 커패시터의 정전 용량[μF]은?

① $\dfrac{C_0}{2\left(1+\dfrac{1}{\varepsilon_r}\right)}$ ② $\dfrac{C_0}{1+\dfrac{1}{\varepsilon_r}}$
③ $\dfrac{2C_0}{1+\dfrac{1}{\varepsilon_r}}$ ④ $\dfrac{4C_0}{1+\dfrac{1}{\varepsilon_r}}$

정답 09.④ 10.① 11.① 12.③

해설 공기 콘덴서의 정전 용량 $C_0 = \dfrac{\varepsilon_0 S}{d}[\mu F]$

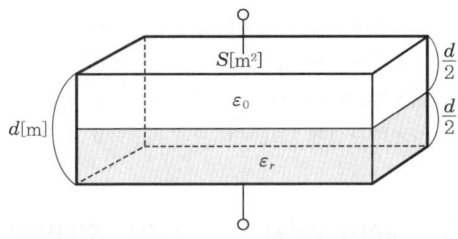

$C_1 = \dfrac{\varepsilon_0 S}{\dfrac{d}{2}} = 2C_0$

$C_2 = \dfrac{\varepsilon_0 \varepsilon_r S}{\dfrac{d}{2}} = 2\varepsilon_r C_0$

정전 용량 $C = \dfrac{C_1 \cdot C_2}{C_1 + C_2} = \dfrac{2C_0 \times 2\varepsilon_r C_0}{2C_0 + 2\varepsilon_r C_0}$

$= \dfrac{2\varepsilon_r C_0}{1 + \varepsilon_r} = \dfrac{2C_0}{1 + \dfrac{1}{\varepsilon_r}}[\mu F]$

13 그림과 같이 점 O를 중심으로 반지름이 a[m]인 구도체 1과 안쪽 반지름이 b[m]이고 바깥쪽 반지름이 c[m]인 구도체 2가 있다. 이 도체계에서 전위 계수 P_{11}[1/F]에 해당되는 것은?

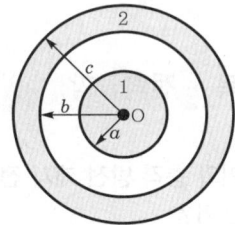

① $\dfrac{1}{4\pi\varepsilon} \dfrac{1}{a}$

② $\dfrac{1}{4\pi\varepsilon}\left(\dfrac{1}{a} - \dfrac{1}{b}\right)$

③ $\dfrac{1}{4\pi\varepsilon}\left(\dfrac{1}{b} - \dfrac{1}{c}\right)$

④ $\dfrac{1}{4\pi\varepsilon}\left(\dfrac{1}{a} - \dfrac{1}{b} + \dfrac{1}{c}\right)$

해설 도체 1의 전위 V_1[V]
$V_1 = P_{11}Q_1 + P_{12}Q_2$ 에서 $Q_1 = 1$, $Q_2 = 0$일 때
$V_1 = P_{11} = V_{ab} + V_c = \dfrac{1}{4\pi\varepsilon}\left(\dfrac{1}{a} - \dfrac{1}{b}\right) + \dfrac{1}{4\pi\varepsilon c}$
$= \dfrac{1}{4\pi\varepsilon}\left(\dfrac{1}{a} - \dfrac{1}{b} + \dfrac{1}{c}\right)$[1/F]

14 자계의 세기를 나타내는 단위가 아닌 것은?
① [A/m]
② [N/Wb]
③ [(H · A)/m²]
④ [Wb/(H · m)]

해설 자계의 세기 H[A/m]
$H = \dfrac{F}{m}\left(\left[\dfrac{N}{Wb}\right] = \left[\dfrac{N \cdot m}{Wb} \cdot \dfrac{1}{m}\right] = \left[\dfrac{J \cdot 1}{Wb \cdot m}\right]\right.$
$\left. = \left[\dfrac{A}{m}\right] = \left[\dfrac{A \cdot H}{m \cdot H}\right] = \left[\dfrac{Wb}{H \cdot m}\right]\right)$

15 반지름이 2[m]이고 권수가 120회인 원형 코일 중심에서의 자계의 세기를 30[AT/m]로 하려면 원형 코일에 몇 [A]의 전류를 흘려야 하는가?
① 1
② 2
③ 3
④ 4

해설 원형 코일 중심에서의 자계의 세기 H[A/m]
$H = \dfrac{NI}{2a}$ 에서
전류 $I = H \cdot \dfrac{2a}{N} = 30 \times \dfrac{2 \times 2}{120} = 1$[A]

16 그림과 같이 평행한 무한장 직선의 두 도선에 I[A], $4I$[A]인 전류가 각각 흐른다. 두 도선 사이 점 P에서의 자계의 세기가 0이라면 $\dfrac{a}{b}$는?

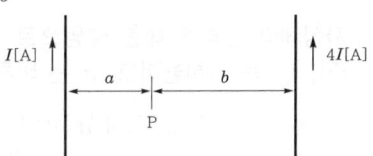

① 2
② 4
③ $\dfrac{1}{2}$
④ $\dfrac{1}{4}$

정답 13.④ 14.③ 15.① 16.④

해설 자계의 세기 $H_1 = \dfrac{I}{2\pi a}$ [A/m], $H_2 = \dfrac{4I}{2\pi b}$ [A/m]
$H_1 = H_2$일 때 P점의 자계의 세기가 0이므로
$\dfrac{I}{2\pi a} = \dfrac{4I}{2\pi b}$
$\therefore \dfrac{a}{b} = \dfrac{1}{4}$

17 내압 및 정전 용량이 각각 1,000[V]-2[μF], 700[V]-3[μF], 600[V]-4[μF], 300[V]-8[μF]인 4개의 커패시터가 있다. 이 커패시터들을 직렬로 연결하여 양단에 전압을 인가한 후 전압을 상승시키면 가장 먼저 절연이 파괴되는 커패시터는? (단, 커패시터의 재질이나 형태는 동일하다.)

① 1,000[V]-2[μF] ② 700[V]-3[μF]
③ 600[V]-4[μF]   ④ 300[V]-8[μF]

해설 커패시터를 직렬로 접속하고 전압을 인가하면 각 콘덴서의 전기량은 동일하므로 내압과 정전 용량의 곱한 값이 가장 작은 커패시터가 제일 먼저 파괴된다.

18 내구의 반지름이 $a = 5$[cm], 외구의 반지름이 $b = 10$[cm]이고, 공기로 채워진 동심구형 커패시터의 정전 용량은 약 몇 [pF]인가?

① 11.1   ② 22.2
③ 33.3   ④ 44.4

해설 동심구형 커패시터의 정전 용량 C[F]
$C = \dfrac{4\pi\varepsilon_0}{\dfrac{1}{a} - \dfrac{1}{b}} = 4\pi\varepsilon_0 \dfrac{ab}{b-a} = \dfrac{1}{9 \times 10^9} \times \dfrac{0.05 \times 0.1}{0.1 - 0.05}$
$= 11.1 \times 10^{-12} ≒ 11.1$[pF]

19 자성체의 종류에 대한 설명으로 옳은 것은? (단, χ_m는 자화율이고, μ_r는 비투자율이다.)

① $\chi_m > 0$이면, 역자성체이다.
② $\chi_m < 0$이면, 상자성체이다.
③ $\mu_r > 1$이면, 비자성체이다.
④ $\mu_r < 1$이면, 역자성체이다.

해설 자성체의 종류에 따른 비투자율과 자화율
[$\chi_m = \mu_0(\mu_r - 1)$]
• 상자성체 : $\mu_r > 1$ $\chi_m > 0$
• 강자성체 : $\mu_r \gg 1$ $\chi_m > 0$
• 역(반)자성체 : $\mu_r < 1$ $\chi_m < 0$
• 비자성체 : $\mu_r = 1$ $\chi_m = 0$

20 구좌표계에서 $\nabla^2 r$의 값은 얼마인가? (단, $r = \sqrt{x^2 + y^2 + z^2}$)

① $\dfrac{1}{r}$ ② $\dfrac{2}{r}$
③ r ④ $2r$

해설 구좌표계의 변수(r, θ, ϕ)
$\nabla^2 r = \dfrac{1}{r^2}\dfrac{\partial}{\partial r}\left(r^2 \dfrac{\partial r}{\partial r}\right) + \dfrac{1}{r^2 \sin\theta}\dfrac{\partial}{\partial \theta}\left(\sin\theta \dfrac{\partial r}{\partial \theta}\right)$
$\quad + \dfrac{1}{r^2 \sin^2\theta}\dfrac{\partial^2 r}{\partial \phi^2}$
$= \dfrac{1}{r^2}\dfrac{\partial}{\partial r}r^2$
$= \dfrac{1}{r^2} 2r$
$= \dfrac{2}{r}$

제2과목 전력공학

21 피뢰기의 충격 방전 개시 전압은 무엇으로 표시하는가?

① 직류 전압의 크기
② 충격파의 평균치
③ 충격파의 최대치
④ 충격파의 실효치

해설 피뢰기의 충격 방전 개시 전압은 피뢰기의 단자 간에 충격 전압을 인가하였을 경우 방전을 개시하는 전압으로 파고치(최댓값)로 표시한다.

정답 17.① 18.① 19.④ 20.② 21.③

22 전력용 콘덴서에 비해 동기 조상기의 이점으로 옳은 것은?

① 소음이 적다.
② 진상 전류 이외에 지상 전류를 취할 수 있다.
③ 전력 손실이 적다.
④ 유지 보수가 쉽다.

해설 전력용 콘덴서와 동기 조상기의 비교

동기 조상기	전력용 콘덴서
진상 및 지상용	진상용
연속적 조정	계단적 조정
회전기로 손실이 크다	정지기로 손실이 적다
시충전 가능	시충전 불가
송전 계통에 주로 사용	배전 계통에 주로 사용

23 부하 전류가 흐르는 전로는 개폐할 수 없으나 기기의 점검이나 수리를 위하여 회로를 분리하거나, 계통의 접속을 바꾸는데 사용하는 것은?

① 차단기
② 단로기
③ 전력용 퓨즈
④ 부하 개폐기

해설 단로기는 소호 능력이 없으므로 통전 중의 전로를 개폐할 수 없다. 그러므로 부하 전류의 차단에 사용할 수 없고, 기기의 점검 및 수리 등을 위한 회로 분리 또는 계통의 접속을 바꾸는 데 사용된다.

24 단락 보호 방식에 관한 설명으로 틀린 것은?

① 방사상 선로의 단락 보호 방식에서 전원이 양단에 있을 경우 방향 단락 계전기와 과전류 계전기를 조합시켜서 사용한다.
② 전원이 1단에만 있는 방사상 송전 선로에서의 고장 전류는 모두 발전소로부터 방사상으로 흘러나간다.
③ 환상 선로의 단락 보호 방식에서 전원이 두 군데 이상 있는 경우에는 방향 거리 계전기를 사용한다.
④ 환상 선로의 단락 보호 방식에서 전원이 1단에만 있을 경우 선택 단락 계전기를 사용한다.

해설 환상 선로는 전원이 2단 이상으로 방향 단락 계전 방식, 방향 거리 계전 방식 또는 이들과 과전류 계전 방식의 조합으로 사용한다.

25 밸런서의 설치가 가장 필요한 배전 방식은?

① 단상 2선식
② 단상 3선식
③ 3상 3선식
④ 3상 4선식

해설 단상 3선식에서는 양측 부하의 불평형에 의한 부하, 전압의 불평형이 크기 때문에 일반적으로는 이러한 전압 불평형을 줄이기 위한 대책으로서 저압선의 말단에 밸런서(Balancer)를 설치하고 있다.

26 정전 용량 0.01[μF/km], 길이 173.2[km], 선간 전압 60[kV], 주파수 60[Hz]인 3상 송전 선로의 충전 전류는 약 몇 [A]인가?

① 6.3
② 12.5
③ 22.6
④ 37.2

해설 충전 전류

$I_c = \omega C \dfrac{V}{\sqrt{3}}$

$= 2\pi \times 60 \times 0.01 \times 10^{-6} \times 173.2 \times \dfrac{60,000}{\sqrt{3}}$

$= 22.6[A]$

27 보호 계전기의 반한시·정한시 특성은?

① 동작 전류가 커질수록 동작 시간이 짧게 되는 특성
② 최소 동작 전류 이상의 전류가 흐르면 즉시 동작하는 특성
③ 동작 전류의 크기에 관계없이 일정한 시간에 동작하는 특성
④ 동작 전류가 커질수록 동작 시간이 짧아지며, 어떤 전류 이상이 되면 동작 전류의 크기에 관계없이 일정한 시간에서 동작하는 특성

정답 22.② 23.② 24.④ 25.② 26.③ 27.④

해설 반한시 · 정한시 계전기
어느 전류값까지는 반한시성이고, 그 이상이면 정한시 특성을 갖는 계전기

28 전력 계통의 안정도에서 안정도의 종류에 해당하지 않는 것은?

① 정태 안정도 ② 상태 안정도
③ 과도 안정도 ④ 동태 안정도

해설 안정도
계통이 주어진 운전 조건 아래에서 안정하게 운전을 계속할 수 있는가 하는 여부의 능력을 말하는 것으로 정태 안정도, 동태 안정도, 과도 안정도 등으로 구분된다.

29 배전 선로의 역률 개선에 따른 효과로 적합하지 않은 것은?

① 선로의 전력 손실 경감
② 선로의 전압 강하의 감소
③ 전원측 설비의 이용률 향상
④ 선로 절연의 비용 절감

해설 역률 개선 효과
• 전력 손실 감소
• 전압 강하 감소
• 변압기 등 전기 설비 여유 증가
• 전원측 설비 이용률 향상

30 저압 뱅킹 배전 방식에서 캐스케이딩 현상을 방지하기 위하여 인접 변압기를 연락하는 저압선의 중간에 설치하는 것으로 알맞은 것은?

① 구분 퓨즈   ② 리클로저
③ 섹셔널라이저 ④ 구분 개폐기

해설 캐스케이딩(Cascading) 현상
저압 뱅킹 방식에서 변압기 또는 선로의 사고에 의해서 뱅킹 내의 건전한 변압기의 일부 또는 전부가 연쇄적으로 차단되는 현상으로 방지책은 변압기의 1차측에 퓨즈, 저압선의 중간에 구분 퓨즈를 설치한다.

31 승압기에 의하여 전압 V_e에서 V_h로 승압할 때, 2차 정격 전압 e, 자기 용량 W인 단상 승압기가 공급할 수 있는 부하 용량은?

① $\dfrac{V_h}{e} \times W$ ② $\dfrac{V_e}{e} \times W$

③ $\dfrac{V_e}{V_h - V_e} \times W$ ④ $\dfrac{V_h - V_e}{V_e} \times W$

해설 승압기의 자기 용량 $W = \dfrac{W_L}{V_h} \times e$ [VA] 이므로

부하 용량 $W_L = \dfrac{V_h}{e} \times W$

32 배기 가스의 여열을 이용해서 보일러에 공급되는 급수를 예열함으로써 연료 소비량을 줄이거나 증발량을 증가시키기 위해서 설치하는 여열 회수 장치는?

① 과열기
② 공기 예열기
③ 절탄기
④ 재열기

해설 절탄기는 연도 중간에 설치하여 연도로 빠져 나가는 열량으로 보일러용 급수를 데우므로 연료의 소비를 절약할 수 있는 설비이다.

33 직렬 콘덴서를 선로에 삽입할 때의 이점이 아닌 것은?

① 선로의 인덕턴스를 보상한다.
② 수전단의 전압강하를 줄인다.
③ 정태 안정도를 증가한다.
④ 송전단의 역률을 개선한다.

해설 직렬 콘덴서는 선로의 유도 리액턴스를 보상하여 전압 강하를 보상하므로 전압 변동율을 개선하고 안정도를 향상시키며, 부하의 기동 정지에 따른 플리커 방지에 좋지만, 역률 개선용으로는 사용하지 않는다.

정답 28.② 29.④ 30.① 31.① 32.③ 33.④

34 전선의 굵기가 균일하고 부하가 균등하게 분산되어 있는 배전 선로의 전력 손실은 전체 부하가 선로 말단에 집중되어 있는 경우에 비하여 어느 정도가 되는가?

① $\frac{1}{2}$ ② $\frac{1}{3}$
③ $\frac{2}{3}$ ④ $\frac{3}{4}$

해설

구분	말단에 집중 부하	균등 부하
전압 강하	1	$\frac{1}{2}$
전력 손실	1	$\frac{1}{3}$

35 송전단 전압 161[kV], 수전단 전압 154[kV], 상차각 35°, 리액턴스 60[Ω]일 때 선로 손실을 무시하면 전송 전력[MW]은 약 얼마인가?

① 356   ② 307
③ 237   ④ 161

해설 전송 전력
$P_s = \dfrac{E_s E_r}{X} \times \sin\delta = \dfrac{161 \times 154}{60} \times \sin 35° = 237[\text{MW}]$

36 직접 접지 방식에 대한 설명으로 틀린 것은?

① 1선 지락 사고 시 건전상의 대지 전압이 거의 상승하지 않는다.
② 계통의 절연 수준이 낮아지므로 경제적이다.
③ 변압기의 단절연이 가능하다.
④ 보호 계전기가 신속히 동작하므로 과도 안정도가 좋다.

해설 직접 접지 방식은 1상 지락 사고일 경우 지락 전류가 대단히 크기 때문에 보호 계전기의 동작이 확실하고, 계통에 주는 충격이 커서 과도 안정도가 나쁘다.

37 그림과 같이 지지점 A, B, C에는 고저차가 없으며, 경간(지지물 간 거리) AB와 BC 사이에 전선이 가설되어 그 이도(처짐 정도)가 각각 12[cm]이다. 지지점 B에서 전선이 떨어져 전선의 이도(처짐 정도)가 D로 되었다면 D의 길이[cm]는? (단, 지지점 B는 A와 C의 중점이며 지지점 B에서 전선이 떨어지기 전, 후의 길이는 같다.)

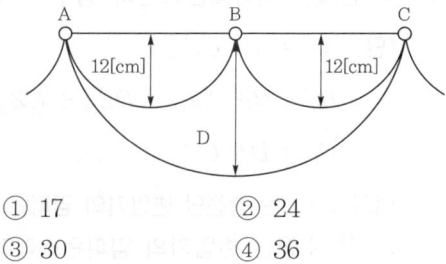

① 17   ② 24
③ 30   ④ 36

해설 $D_2 = 2D_1 = 2 \times 12 = 24[\text{cm}]$

38 수차의 캐비테이션 방지책으로 틀린 것은?

① 흡출 수두를 증대시킨다.
② 과부하 운전을 가능한 한 피한다.
③ 수차의 비속도를 너무 크게 잡지 않는다.
④ 침식에 강한 금속 재료로 러너를 제작한다.

해설 흡출 수두는 반동 수차에서 낙차를 증대시킬 목적으로 이용되므로 흡출 수두가 커지면 수차의 난조가 발생하고, 캐비테이션(공동 현상)이 커진다.

39 송전선로에 매설 지선을 설치하는 목적은?

① 철탑 기초의 강도를 보강하기 위하여
② 직격뇌로부터 송전선을 차폐 보호하기 위하여
③ 현수 애자 1연의 전압 분담을 균일화하기 위하여
④ 철탑으로부터 송전 선로로의 역섬락을 방지하기 위하여

정답 34.② 35.③ 36.④ 37.② 38.① 39.④

해설 매설 지선이란 철탑의 탑각 저항이 크면 낙뢰 전류가 흐를 때 철탑의 순간 전위가 상승하여 현수 애자련에 역섬락이 생길 수 있으므로 철탑의 기초에서 방사상 모양의 지선을 설치하여 철탑의 탑각 저항을 감소시켜 역섬락을 방지한다.

40 1회선 송전선과 변압기의 조합에서 변압기의 여자 어드미턴스를 무시하였을 경우 송수전단의 관계를 나타내는 4단자 정수 C_0는?

(단, $A_0 = A + CZ_{ts}$
$B_0 = B + AZ_{tr} + DZ_{ts} + CZ_{tr}Z_{ts}$
$D_0 = D + CZ_{tr}$

여기서 Z_{ts}는 송전단 변압기의 임피던스이며, Z_{tr}은 수전단 변압기의 임피던스이다.)

① C
② $C + DZ_{ts}$
③ $C + AZ_{ts}$
④ $CD + CA$

해설
$\begin{bmatrix} A_0 & B_0 \\ C_0 & D_0 \end{bmatrix} = \begin{bmatrix} 1 & Z_{ts} \\ 0 & 1 \end{bmatrix} \begin{bmatrix} A & B \\ C & D \end{bmatrix} \begin{bmatrix} 1 & Z_{tr} \\ 0 & 1 \end{bmatrix}$
$= \begin{bmatrix} A + CZ_{ts} & B + DZ_{ts} \\ C & D \end{bmatrix} \begin{bmatrix} 1 & Z_{tr} \\ 0 & 1 \end{bmatrix}$
$= \begin{bmatrix} A + CZ_{ts} & Z_{tr}(A + CZ_{ts}) + B + DZ_{ts} \\ C & D + CZ_{tr} \end{bmatrix}$

제3과목 전기기기

41 단상 변압기의 무부하 상태에서 $V_1 = 200\sin(\omega t + 30°)$[V]의 전압이 인가되었을 때 $I_0 = 3\sin(\omega t + 60°) + 0.7\sin(3\omega t + 180°)$[A]의 전류가 흘렀다. 이때 무부하손은 약 몇 [W]인가?

① 150
② 259.8
③ 415.2
④ 512

해설 무부하손 P_i[W]
$P_i = V_1 I_0 \cos\theta$
$= \dfrac{200}{\sqrt{2}} \times \dfrac{3}{\sqrt{2}} \times \dfrac{\sqrt{3}}{2} = 259.8$[W]

42 단상 직권 정류자 전동기의 전기자 권선과 계자 권선에 대한 설명으로 틀린 것은?

① 계자 권선의 권수를 적게 한다.
② 전기자 권선의 권수를 크게 한다.
③ 변압기 기전력을 적게 하여 역률 저하를 방지한다.
④ 브러시로 단락되는 코일 중의 단락 전류를 크게 한다.

해설 단상 직권 정류자 전동기의 구조는 역률과 정류 개선을 위해 약계자 강전기자형으로 하며 변압기 기전력을 적게 하여 단락된 코일의 단락 전류를 작게 한다.

43 전부하 시의 단자 전압이 무부하 시의 단자 전압보다 높은 직류 발전기는?

① 분권 발전기
② 평복권 발전기
③ 과복권 발전기
④ 차동 복권 발전기

해설
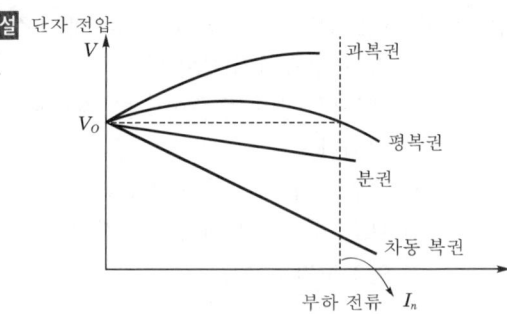
직류 발전기의 외부 특성 곡선에서 전부하 시 전압이 무부하 전압보다 높은 것은 과복권 발전기와 직권 발전기이다.

정답 40.① 41.② 42.④ 43.③

44 직류기의 다중 중권 권선법에서 전기자 병렬 회로수 a와 극수 P 사이의 관계로 옳은 것은? (단, m은 다중도이다.)

① $a = 2$ ② $a = 2m$
③ $a = P$ ④ $a = mP$

해설 직류 발전기의 권선법에서
• 단중 중권의 병렬 회로수 $a = P$
• 다중 중권의 병렬 회로수 $a = mP$
여기서, m : 다중도

45 슬립 s_t에서 최대 토크를 발생하는 3상 유도 전동기에 2차측 한 상의 저항을 r_2라 하면 최대 토크로 기동하기 위한 2차측 한 상에 외부로부터 가해 주어야 할 저항[Ω]은?

① $\dfrac{1-s_t}{s_t}r_2$ ② $\dfrac{1+s_t}{s_t}r_2$

③ $\dfrac{r_2}{1-s_t}$ ④ $\dfrac{r_2}{s_t}$

해설 유도 전동기의 비례 추이에서 최대 토크와 기동 토크를 같게 하려면 $\dfrac{r_2}{s_t} = \dfrac{r_2+R}{1}$ 이므로

외부에서의 저항 $R = \dfrac{r_2}{s_t} - r_2 = \dfrac{1-s_t}{s_t}r_2$ [Ω]

46 단상 변압기를 병렬 운전할 경우 부하 전류의 분담은?

① 용량에 비례하고 누설 임피던스에 비례
② 용량에 비례하고 누설 임피던스에 반비례
③ 용량에 반비례하고 누설 리액턴스에 비례
④ 용량에 반비례하고 누설 리액턴스의 제곱에 비례

해설 부하 전류의 분담비

$\dfrac{I_a}{I_b} = \dfrac{\%Z_b}{\%Z_a} \cdot \dfrac{P_A}{P_B}$ 이므로 부하 전류 분담비는 누설 임피던스에 반비례하고, 정격 용량에는 비례한다.

47 스텝 모터(step motor)의 장점으로 틀린 것은?

① 회전각과 속도는 펄스수에 비례한다.
② 위치 제어를 할 때 각도 오차가 적고 누적된다.
③ 가속, 감속이 용이하며 정·역전 및 변속이 쉽다.
④ 피드백 없이 오픈 루프로 손쉽게 속도 및 위치 제어를 할 수 있다.

해설 스텝 모터(step motor)는 피드백 회로가 없음에도 속도 및 정확한 위치 제어를 할 수 있으며 가·감속과 정·역 변속이 쉽고 오차의 누적이 없다.

48 380[V], 60[Hz], 4극, 10[kW]인 3상 유도 전동기의 전부하 슬립이 4[%]이다. 전원 전압을 10[%] 낮추는 경우 전부하 슬립은 약 몇 [%]인가?

① 3.3 ② 3.6
③ 4.4 ④ 4.9

해설 전부하 슬립 $s \propto \dfrac{1}{V_1^2}$

$s' = s\dfrac{1}{V'^2} = 4 \times \dfrac{1}{0.9^2} = 4.93[\%]$

49 3상 권선형 유도 전동기의 기동 시 2차측 저항을 2배로 하면 최대 토크값은 어떻게 되는가?

① 3배로 된다.
② 2배로 된다.
③ 1/2로 된다.
④ 변하지 않는다.

해설 최대 토크 T_{sm}

$T_{sm} = \dfrac{V_1^2}{2\{(r_1+r_2')^2 + (x_1+x_2')^2\}} \neq r_2$

최대 토크는 2차 저항과 무관하다.

정답 44.④ 45.① 46.② 47.② 48.④ 49.④

50 직류 분권 전동기에서 정출력 가변 속도의 용도에 적합한 속도 제어법은?

① 계자 제어
② 저항 제어
③ 전압 제어
④ 극수 제어

해설 직류 전동기의 출력 $P \propto TN$이며, 토크 $T \propto \phi$, 속도 $N \propto \dfrac{1}{\phi}$이므로 자속을 변화해도 출력이 일정하므로 계자 제어를 정출력 제어법이라고 한다.

51 권수비가 a인 단상 변압기 3대가 있다. 이것을 1차에 △, 2차에 Y로 결선하여 3상 교류 평형 회로에 접속할 때 2차측의 단자 전압을 $V[V]$, 전류를 $I[A]$라고 하면 1차측 단자 전압 및 선전류는 얼마인가? (단, 변압기의 저항, 누설 리액턴스, 여자 전류는 무시한다.)

① $\dfrac{aV}{\sqrt{3}}[V]$, $\dfrac{\sqrt{3}I}{a}[A]$

② $\sqrt{3}\,aV[V]$, $\dfrac{I}{\sqrt{3}\,a}[A]$

③ $\dfrac{\sqrt{3}\,V}{a}[V]$, $\dfrac{aI}{\sqrt{3}}[A]$

④ $\dfrac{V}{\sqrt{3}\,a}[V]$, $\sqrt{3}\,aI[A]$

해설 권수비 $a = \dfrac{E_1}{E_2} = \dfrac{V_1}{\dfrac{V}{\sqrt{3}}}$

$\therefore V_1 = \dfrac{aV}{\sqrt{3}}[V]$

$a = \dfrac{I_{2p}}{I_{1p}} = \dfrac{I}{\dfrac{I_1}{\sqrt{3}}}$

$\therefore I_1 = \dfrac{\sqrt{3}\,I}{a}[A]$

52 직류 분권 전동기의 전기자 전류가 10[A]일 때 5[N·m]의 토크가 발생하였다. 이 전동기의 계자의 자속이 80[%]로 감소되고, 전기자 전류가 12[A]로 되면 토크는 약 몇 [N·m]인가?

① 3.9
② 4.3
③ 4.8
④ 5.2

해설 토크 $T = \dfrac{PZ}{2\pi a}\phi I_a \propto \phi I_a$이므로

$T' = 5 \times 0.8 \times \dfrac{12}{10} = 4.8[N\cdot m]$

53 3상 전원 전압 220[V]를 3상 반파 정류 회로의 각 상에 SCR을 사용하여 정류 제어할 때 위상각을 60°로 하면 순저항 부하에서 얻을 수 있는 출력 전압 평균값은 약 몇 [V]인가?

① 128.65
② 148.55
③ 257.3
④ 297.1

해설 출력 전압 평균값 $E_{d\alpha}$

$E_{d\alpha} = E_{do}\dfrac{1+\cos\alpha}{2} = 1.17E \times \dfrac{1+\cos 60°}{2}$

$= 1.17 \times 220 \times \dfrac{1+\dfrac{1}{2}}{2} = 193.05[V]$

54 동기 발전기에서 무부하 정격 전압일 때의 여자 전류를 I_{fo}, 정격 부하 정격 전압일 때의 여자 전류를 I_{f1}, 3상 단락 정격 전류에 대한 여자 전류를 I_{fs}라 하면 정격 속도에서의 단락비 K는?

① $K = \dfrac{I_{fs}}{I_{fo}}$
② $K = \dfrac{I_{fo}}{I_{fs}}$
③ $K = \dfrac{I_{fs}}{I_{f1}}$
④ $K = \dfrac{I_{f1}}{I_{fs}}$

정답 50.① 51.① 52.③ 53.정답 없음 54.②

해설 단락비 K_s

$$K_s = \frac{\text{무부하 정격 전압을 유도하는데 필요한 여자 전류}}{\text{3상 단락 정격 전류를 흘리는데 필요한 여자 전류}}$$

$$= \frac{I_{fo}}{I_{fs}} = \frac{1}{Z_s'} = \frac{I_s}{I_n}$$

55 유도자형 동기 발전기의 설명으로 옳은 것은?
① 전기자만 고정되어 있다.
② 계자극만 고정되어 있다.
③ 회전자가 없는 특수 발전기이다.
④ 계자극과 전기자가 고정되어 있다.

해설 유도자형 발전기는 계자극과 전기자를 고정하고 계자극과 전기자 사이에서 유도자(철심)를 회전하여 수백~20,000[Hz]의 고주파를 발생하는 특수 교류 발전기이다.

56 3상 동기 발전기의 여자 전류 10[A]에 대한 단자 전압이 $1,000\sqrt{3}$ [V], 3상 단락 전류가 50[A]인 경우 동기 임피던스는 몇 [Ω]인가?
① 5 ② 11
③ 20 ④ 34

해설 동기 임피던스 Z_s[Ω]

$$Z_s = \frac{E}{I} = \frac{\frac{1,000\sqrt{3}}{\sqrt{3}}}{50} = 20[\Omega]$$

57 변압기의 습기는 제거하여 절연을 향상시키는 건조법이 아닌 것은?
① 열풍법 ② 단락법
③ 진공법 ④ 건식법

해설 변압기의 건조법
• 열풍법
• 단락법
• 진공법

58 극수 20, 주파수 60[Hz]인 3상 동기 발전기의 전기자 권선이 2층 중권, 전기자 전 슬롯수 180, 각 슬롯 내의 도체수 10, 코일 피치 7 슬롯인 2중 성형 결선으로 되어 있다. 선간 전압 3,300[V]를 유도하는데 필요한 기본파 유효 자속은 약 몇 [Wb]인가? (단, 코일 피치와 자극 피치의 비 $\beta = \frac{7}{9}$이다.)
① 0.004 ② 0.062
③ 0.053 ④ 0.07

해설 분포 계수

$$K_d = \frac{\sin\frac{\pi}{2m}}{g\sin\frac{\pi}{2mq}} = \frac{\sin\frac{180°}{2\times 3}}{3\sin\frac{180°}{2\times 3\times 3}} = 0.96$$

단절 계수

$$K_p = \sin\frac{B\pi}{2} = \sin\frac{\frac{7}{9}\times 180°}{2} = 0.94$$

권선 계수 $K_w = K_d \cdot K_p = 0.96 \times 0.94 = 0.902$

1상의 권수 $N = \frac{180\times 10}{3\times 2\times 2}$

선간 전압 $V = \sqrt{3}\cdot E = \sqrt{3}\times 4.44 fN\phi K_w$에서

자속 $\phi = \dfrac{3,300}{\sqrt{3}\times 4.44\times 60\times \frac{180\times 10}{3\times 2\times 2}\times 0.902}$

$= 0.0528$[Wb]

59 2방향성 3단자 사이리스터는 어느 것인가?
① SCR ② SSS
③ SCS ④ TRIAC

해설 TRIAC은 SCR 2개를 역 병렬로 접속한 것과 같은 기능을 가지며, 게이트에 전류를 흘리면 전압이 높은 쪽에서 낮은 쪽으로 도통되는 2방향성 3단자 사이리스터이다.

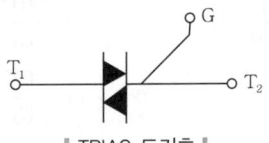

| TRIAC 도기호 |

60 일반적인 3상 유도 전동기에 대한 설명으로 틀린 것은?

① 불평형 전압으로 운전하는 경우 전류는 증가하나 토크는 감소한다.
② 원선도 작성을 위해서는 무부하 시험, 구속 시험, 1차 권선 저항 측정을 하여야 한다.
③ 농형은 권선형에 비해 구조가 견고하며 권선형에 비해 대형 전동기로 널리 사용된다.
④ 권선형 회전자의 3선 중 1선이 단선되면 동기 속도의 50[%]에서 더 이상 가속되지 못하는 현상을 게르게스 현상이라 한다.

해설 3상 유도 전동기에서 농형은 권선형에 비해 구조가 간결, 견고하며 권선형에 비해 소형 전동기로 널리 사용된다.

제4과목 회로이론 및 제어공학

61 다음 블록 선도의 전달 함수 $\left(\dfrac{C(s)}{R(s)}\right)$는?

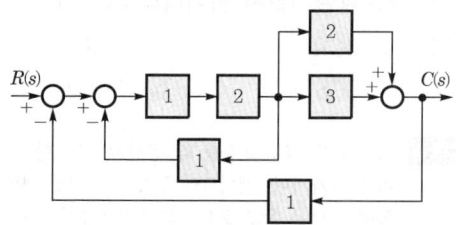

① $\dfrac{10}{9}$ ② $\dfrac{10}{13}$
③ $\dfrac{12}{9}$ ④ $\dfrac{12}{13}$

해설 전달 함수 $\dfrac{C(s)}{R(s)} = \dfrac{\text{전향 경로 이득의 합}}{1 - \text{loop 이득의 합}}$

- 전향 경로 이득의 합 : $\{(1\times2\times3)+(1\times2\times2)\}=10$
- $1-\text{loop}$ 이득의 합 : $1-\{-(1\times2\times1)$
  $-(1\times2\times3\times1)$
  $-(1\times2\times2\times1)\}=13$

∴ 전달 함수 $\dfrac{C(s)}{R(s)} = \dfrac{10}{13}$

62 다음의 논리식과 등가인 것은?

$$Y=(A+B)(\overline{A}+B)$$

① $Y=A$ ② $Y=B$
③ $Y=\overline{A}$ ④ $Y=\overline{B}$

해설 $Y=(A+B)(\overline{A}+B)$
$=A\overline{A}+AB+\overline{A}B+BB$
$=AB+\overline{A}B+B$
$=B(A+\overline{A}+1)$
$=B$

63 전달 함수가 $G(s)=\dfrac{1}{0.1s(0.01s+1)}$과 같은 제어 시스템에서 $\omega=0.1[\text{rad/s}]$일 때의 이득[dB]과 위상각[°]은 약 얼마인가?

① 40[dB], $-90°$ ② -40[dB], $90°$
③ 40[dB], $-180°$ ④ -40[dB], $-180°$

해설 $G(j\omega)=\dfrac{1}{j0.1\omega(j0.01\omega+1)}$

$\omega=0.1[\text{rad/s}]$일 때

$G(j\omega)=\dfrac{1}{j0.1\omega(j0.01\omega+1)}\bigg|_{\omega=0.1}$

$=\dfrac{1}{j0.01(j0.001+1)}$

$|G(j\omega)|=\dfrac{1}{0.01\sqrt{1+(0.001)^2}}\fallingdotseq\dfrac{1}{0.01}\fallingdotseq 100$

∴ 이득 $g \fallingdotseq 20\log|G(j\omega)|=20\log 100$
$=20\log 10^2=40[\text{dB}]$

위상각 $\theta=-\left(90°+\tan^{-1}\dfrac{0.001}{1}\right)\fallingdotseq -90°$

정답 60.③ 61.② 62.② 63.①

64 기본 제어 요소인 비례 요소의 전달 함수는? (단, K는 상수이다.)

① $G(s) = K$
② $G(s) = Ks$
③ $G(s) = \dfrac{K}{s}$
④ $G(s) = \dfrac{K}{s+K}$

해설 기본 제어 요소의 전달 함수
- 비례 요소의 전달 함수 $G(s) = K$
- 미분 요소의 전달 함수 $G(s) = Ks$
- 적분 요소의 전달 함수 $G(s) = \dfrac{K}{s}$
- 1차 지연 요소의 전달 함수 $G(s) = \dfrac{K}{Ts+1}$

65 다음의 개루프 전달 함수에 대한 근궤적이 실수축에서 이탈하게 되는 분리점은 약 얼마인가?

$$G(s)H(s) = \dfrac{K}{s(s+3)(s+8)},\ K \geq 0$$

① -0.93
② -5.74
③ -6.0
④ -1.33

해설 특성 방정식
$1 + G(s)H(s) = 1 + \dfrac{K}{s(s+3)(s+8)} = 0$
$s(s+3)(s+8) + K = 0$
$s^3 + 11s^2 + 24s + K = 0$
∴ $K = -(s^3 + 11s^2 + 24s)$
s에 관하여 미분하면 $\dfrac{dK}{ds} = -(3s^2 + 22s + 24)$
분리점(분지점, 이탈점)은 $\dfrac{dK}{ds}$인 조건을 만족하는 s의 근을 의미하므로
$3s^2 + 22s + 24 = 0$의 근
$s = \dfrac{-11 \pm \sqrt{11^2 - 3 \times 24}}{3} = \dfrac{-11 \pm \sqrt{49}}{3}$
$= \dfrac{-11 \pm 7}{3}$

∴ $s = -1.33,\ -6$
실수축상의 근궤적 존재 구간

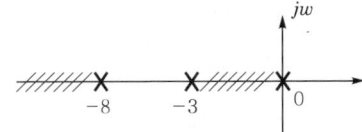

0과 -3, -8과 $-\infty$ 사이의 실수축상에 있으므로 분리점(분지점, 이탈점) $s = -1.33$이 된다.

66 $F(z) = \dfrac{(1 - e^{-aT})z}{(z-1)(z - e^{-aT})}$ 의 역 z변환은?

① $t \cdot e^{-at}$
② $a^t \cdot e^{-at}$
③ $1 + e^{-at}$
④ $1 - e^{-at}$

해설 $\dfrac{F(z)}{z}$ 형태로 부분 분수 전개하면

$\dfrac{F(z)}{z} = \dfrac{(1 - e^{-aT})}{(z-1)(z - e^{-aT})} = \dfrac{k_1}{z-1} + \dfrac{k_2}{z - e^{-aT}}$

$k_1 = \lim\limits_{z \to 1} \dfrac{1 - e^{-aT}}{z - e^{-aT}} = 1$

$k_2 = \lim\limits_{z \to e^{-aT}} \dfrac{1 - e^{-aT}}{z - 1} = -1$

$\dfrac{F(z)}{z} = \dfrac{1}{z-1} - \dfrac{1}{z - e^{-aT}}$

$F(z) = \dfrac{z}{z-1} - \dfrac{z}{z - e^{-aT}}$

∴ $f(t) = 1 - e^{-at}$

67 제어 시스템의 전달 함수가 $T(s) = \dfrac{1}{4s^2 + s + 1}$ 과 같이 표현될 때 이 시스템의 고유 주파수(ω_n [rad/s])와 감쇠율(ζ)은?

① $\omega_n = 0.25,\ \zeta = 1.0$
② $\omega_n = 0.5,\ \zeta = 0.25$
③ $\omega_n = 0.5,\ \zeta = 0.5$
④ $\omega_n = 1.0,\ \zeta = 0.5$

정답 64.① 65.④ 66.④ 67.②

해설 전달 함수

$$T(s) = \frac{1}{4s^2+s+1} = \frac{4}{s^2+\frac{1}{4}s+\frac{1}{4}}$$

$$= \frac{2^2}{s^2+\frac{1}{4}s+\left(\frac{1}{2}\right)^2}$$

∴ 고유 주파수 $\omega_n = \frac{1}{2} = 0.5\,[\text{rad/s}]$

$2\zeta\omega_n = \frac{1}{4}$, 감쇠율 $\zeta = \dfrac{\frac{1}{4}}{2\times 0.5} = \frac{1}{4} = 0.25$

68 다음의 상태 방정식으로 표현되는 시스템의 상태 천이 행렬은?

$$\begin{bmatrix}\dfrac{d}{dt}x_1\\ \dfrac{d}{dt}x_2\end{bmatrix} = \begin{bmatrix}0 & 1\\ -3 & -4\end{bmatrix}\begin{bmatrix}x_1\\ x_2\end{bmatrix}$$

① $\begin{bmatrix}1.5e^{-t}-0.5e^{-3t} & -1.5e^{-t}+1.5e^{-3t}\\ 0.5e^{-t}-0.5e^{-3t} & -0.5e^{-t}+1.5e^{-3t}\end{bmatrix}$

② $\begin{bmatrix}1.5e^{-t}-0.5e^{-3t} & 0.5e^{-t}-0.5e^{-3t}\\ -1.5e^{-t}+1.5e^{-3t} & -0.5e^{-t}+1.5e^{-3t}\end{bmatrix}$

③ $\begin{bmatrix}1.5e^{-t}-0.5e^{-4t} & 0.5e^{-t}-0.5e^{-4t}\\ -1.5e^{-t}+1.5e^{-4t} & -0.5e^{-t}+1.5e^{-4t}\end{bmatrix}$

④ $\begin{bmatrix}1.5e^{-t}-0.5e^{-4t} & -1.5e^{-t}+1.5e^{-4t}\\ 0.5e^{-t}-0.5e^{-4t} & -0.5e^{-t}+1.5e^{-4t}\end{bmatrix}$

해설 상태 천이 행렬 $\Phi(t) = \mathcal{L}^{-1}[sI-A]^{-1}$

$[sI-A] = \begin{bmatrix}s & 0\\ 0 & s\end{bmatrix} - \begin{bmatrix}0 & 1\\ -3 & -4\end{bmatrix} = \begin{bmatrix}s & -1\\ 3 & s+4\end{bmatrix}$

$[sI-A]^{-1} = \dfrac{1}{\begin{vmatrix}s & -1\\ 3 & s+4\end{vmatrix}}\begin{bmatrix}s+4 & 1\\ -3 & s\end{bmatrix}$

$= \dfrac{1}{s^2+4s+3}\begin{bmatrix}s+4 & 1\\ -3 & s\end{bmatrix}$

$= \begin{bmatrix}\dfrac{s+4}{(s+1)(s+3)} & \dfrac{1}{(s+1)(s+3)}\\ \dfrac{-3}{(s+1)(s+3)} & \dfrac{s}{(s+1)(s+3)}\end{bmatrix}$

$\mathcal{L}^{-1}[sI-A]^{-1}$

$= \mathcal{L}^{-1}\begin{bmatrix}\dfrac{s+4}{(s+1)(s+3)} & \dfrac{1}{(s+1)(s+3)}\\ \dfrac{-3}{(s+1)(s+3)} & \dfrac{s}{(s+1)(s+3)}\end{bmatrix}$

$= \begin{bmatrix}1.5e^{-t}-0.5e^{-3t} & 0.5e^{-t}-0.5e^{-3t}\\ -1.5e^{-t}+1.5e^{-3t} & -0.5e^{-t}+1.5e^{-3t}\end{bmatrix}$

69 제어 시스템의 특성 방정식이 $s^4+s^3-3s^2-s+2=0$와 같을 때, 이 특성 방정식에서 s평면의 오른쪽에 위치하는 근은 몇 개인가?

① 0
② 1
③ 2
④ 3

해설 라우스의 안정도 판별법에서 제1열의 원소 중 부호 변화의 개수 만큼의 근이 우반평면(s평면의 오른쪽)에 존재하므로

라우스표(수열)

s^4	1	-3	2
s^3	1	-1	0
s^2	-2	2	
s^1	0	0	

보조 방정식 $f(s) = -2s^2+2$

보조 방정식을 s에 관해서 미분하면 $\dfrac{df(s)}{ds} = -4s$

라우스의 표에서 0인 행에 $\dfrac{df(s)}{ds}$의 계수로 대치하면

s^4	1	-3	2
s^3	1	-1	0
s^2	-2	2	
s^1	-4	0	
s^0	2	0	

제1열 부호 변화가 2번 있으므로 s평면의 오른쪽에 위치하는 근, 즉 불안정근이 2개 있다.

정답 68.② 69.③

70
그림의 신호 흐름 선도를 미분 방정식으로 표현한 것으로 옳은 것은? (단, 모든 초기값은 0이다.)

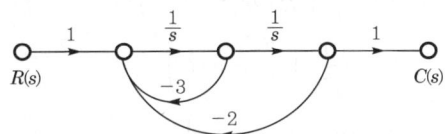

① $\dfrac{d^2c(t)}{dt^2}+3\dfrac{dc(t)}{dt}+2c(t)=r(t)$

② $\dfrac{d^2c(t)}{dt^2}+2\dfrac{dc(t)}{dt}+3c(t)=r(t)$

③ $\dfrac{d^2c(t)}{dt^2}-3\dfrac{dc(t)}{dt}-2c(t)=r(t)$

④ $\dfrac{d^2c(t)}{dt^2}-2\dfrac{dc(t)}{dt}-3c(t)=r(t)$

해설

전달 함수 $\dfrac{C(s)}{R(s)}=\dfrac{\sum_{k=1}^{n}G_k\Delta_k}{\Delta}=\dfrac{G_1\Delta_1}{\Delta}$

전향 경로 $n=1$

$G_1=1\times\dfrac{1}{s}\times\dfrac{1}{s}\times 1=\dfrac{1}{s^2}$

$\Delta_1=1$

$\Delta=1-\left(-\dfrac{3}{s}-\dfrac{2}{s^2}\right)=1+\dfrac{3}{s}+\dfrac{2}{s^2}$

$\therefore \dfrac{C(s)}{R(s)}=\dfrac{\dfrac{1}{s^2}}{1+\dfrac{3}{s}+\dfrac{2}{s^2}}=\dfrac{1}{s^2+3s+2}$

$(s^2+3s+2)C(s)=R(s)$

역라플라스 변환으로 미분 방정식을 구하면

$\dfrac{d^2c(t)}{dt^2}+3\dfrac{dc(t)}{dt}+2c(t)=r(t)$

71
회로에서 6[Ω]에 흐르는 전류[A]는?

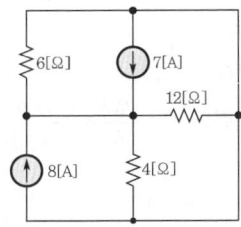

① 2.5   ② 5
③ 7.5   ④ 10

해설

• 8[A] 전류원 존재 시 : 7[A] 전류원은 개방
  6[Ω]에 흐르는 전류

$I_1=\dfrac{\dfrac{4\times 12}{4+12}}{6+\dfrac{4\times 12}{4+12}}\times 8=\dfrac{3}{6+3}\times 8\fallingdotseq 2.67[A]$

• 7[A] 전류원 존재 시 : 8[A] 전류원은 개방
  6[Ω]에 흐르는 전류

$I_2=\dfrac{\dfrac{4\times 12}{4+12}}{6+\dfrac{4\times 12}{4+12}}\times 7=\dfrac{3}{6+3}\times 7\fallingdotseq 2.33[A]$

∴ 6[Ω]에 흐르는 전류
$I=I_1+I_2=2.67+2.33=5[A]$

72
RL 직렬 회로에서 시정수가 0.03[s], 저항이 14.7[Ω]일 때 이 회로의 인덕턴스[mH]는?

① 441
② 362
③ 17.6
④ 2.53

해설

시정수 $\tau=\dfrac{L}{R}[\sec]$

인덕턴스 $L=\tau\cdot R=0.03\times 14.7\times 10^3=441[mH]$

73
상의 순서가 $a-b-c$인 불평형 3상 교류회로에서 각 상의 전류가 $I_a=7.28\underline{/15.95°}$[A], $I_b=12.81\underline{/-128.66°}$[A], $I_c=7.21\underline{/123.69°}$[A]일 때 역상분 전류는 약 몇 [A]인가?

① $8.95\underline{/-1.14°}$
② $8.95\underline{/1.14°}$
③ $2.51\underline{/-96.55°}$
④ $2.51\underline{/96.55°}$

정답 70.① 71.② 72.① 73.④

해설 역상 전류 $I_2 = \frac{1}{3}(I_a + a^2 I_b + a I_c)$

$a^2 = 1\underline{/-120°} = -\frac{1}{2} - j\frac{\sqrt{3}}{2}$

$a = 1\underline{/-240°} = 1\underline{/120°} = -\frac{1}{2} + j\frac{\sqrt{3}}{2}$

$\therefore I_2 = \frac{1}{3}(7.28\underline{/15.95°} + 1\underline{/-120°} \times 12.81$
$\underline{/-128.66°} + 1\underline{/120°} \times 7.21\underline{/123.69°})$
$= 2.51\underline{/96.55°}[A]$

74 그림과 같은 T형 4단자 회로의 임피던스 파라미터 Z_{22}는?

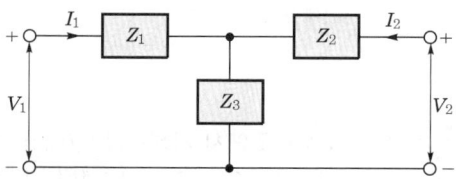

① Z_3 ② $Z_1 + Z_2$
③ $Z_1 + Z_3$ ④ $Z_2 + Z_3$

해설 $Z_{22} = \frac{V_2}{I_2}\Big|_{I_1=0}$: 입력 단자를 개방하고 출력 측에서 본 개방 구동점 임피던스

$\therefore Z_{22} = Z_2 + Z_3$

75 그림과 같은 부하에 선간 전압이 $V_{ab} = 100\underline{/30°}[V]$인 평형 3상 전압을 가했을 때 선전류 $I_a[A]$는?

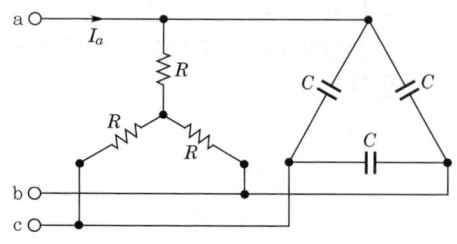

① $\frac{100}{\sqrt{3}}\left(\frac{1}{R} + j3\omega C\right)$

② $100\left(\frac{1}{R} + j\sqrt{3}\omega C\right)$

③ $\frac{100}{\sqrt{3}}\left(\frac{1}{R} + j\omega C\right)$

④ $100\left(\frac{1}{R} + j\omega C\right)$

해설 △결선은 Y결선으로 등가 변환하면 $Z_Y = \frac{1}{3}Z_\triangle$이므로 한 상의 임피던스는 그림과 같다.

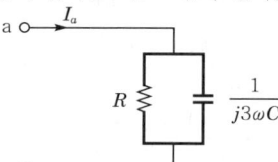

한 상이 $R-C$ 병렬 회로이므로
한 상의 어드미턴스 $Y_P = \frac{1}{R} + j3\omega C [\mho]$

$\therefore$ 선전류 $I_a = Y_P V_P = \left(\frac{1}{R} + j3\omega C\right) \cdot \frac{100}{\sqrt{3}}[A]$

76 분포 정수로 표현된 선로의 단위 길이당 저항이 $0.5[\Omega/\text{km}]$, 인덕턴스가 $1[\mu H/\text{km}]$, 커패시턴스가 $6[\mu F/\text{km}]$일 때 일그러짐이 없는 조건(무왜형 조건)을 만족하기 위한 단위 길이당 컨덕턴스$[\mho/\text{m}]$는?

① 1
② 2
③ 3
④ 4

해설 일그러짐이 없는 선로, 즉 무왜형 선로 조건
$\frac{R}{L} = \frac{G}{C}$
$RC = LG$
$\therefore$ 컨덕턴스 $G = \frac{RC}{L} = \frac{0.5 \times 6 \times 10^{-6}}{1 \times 10^{-6}} = 3[\mho/\text{m}]$

정답 74.④ 75.① 76.③

77 그림 (a)의 Y결선 회로를 그림 (b)의 △결선 회로로 등가 변환했을 때 R_{ab}, R_{bc}, R_{ca}는 각각 몇 [Ω]인가? (단, $R_a = 2[\Omega]$, $R_b = 3[\Omega]$, $R_c = 4[\Omega]$)

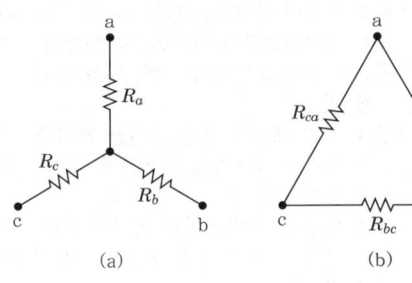

(a)   (b)

① $R_{ab} = \dfrac{6}{9}$, $R_{bc} = \dfrac{12}{9}$, $R_{ca} = \dfrac{8}{9}$

② $R_{ab} = \dfrac{1}{3}$, $R_{bc} = 1$, $R_{ca} = \dfrac{1}{2}$

③ $R_{ab} = \dfrac{13}{2}$, $R_{bc} = 13$, $R_{ca} = \dfrac{26}{3}$

④ $R_{ab} = \dfrac{11}{3}$, $R_{bc} = 11$, $R_{ca} = \dfrac{11}{2}$

해설
$$R_{ab} = \dfrac{R_aR_b + R_bR_c + R_cR_a}{R_c}$$
$$= \dfrac{2\times3+3\times4+4\times2}{4} = \dfrac{13}{2}[\Omega]$$

$$R_{bc} = \dfrac{R_aR_b + R_bR_c + R_cR_a}{R_a}$$
$$= \dfrac{2\times3+3\times4+4\times2}{2} = 13[\Omega]$$

$$R_{ca} = \dfrac{R_aR_b + R_bR_c + R_cR_a}{R_b}$$
$$= \dfrac{2\times3+3\times4+4\times2}{3} = \dfrac{26}{3}[\Omega]$$

78 다음과 같은 비정현파 교류 전압 $v(t)$와 전류 $i(t)$에 의한 평균 전력은 약 몇 [W]인가?

- $v(t) = 200\sin 100\pi t + 80\sin\left(300\pi t - \dfrac{\pi}{2}\right)$[V]
- $i(t) = \dfrac{1}{5}\sin\left(100\pi t - \dfrac{\pi}{3}\right) + \dfrac{1}{10}\sin\left(300\pi t - \dfrac{\pi}{4}\right)$[A]

① 6.414 ② 8.586
③ 12.828 ④ 24.212

해설
$$P = V_1 I_1 \cos\theta_1 + V_3 I_3 \cos\theta_3$$
$$= \dfrac{200}{\sqrt{2}} \times \dfrac{0.2}{\sqrt{2}}\cos 60° + \dfrac{80}{\sqrt{2}} \times \dfrac{0.1}{\sqrt{2}}\cos 45°$$
$$= 12.828[W]$$

79 회로에서 $I_1 = 2e^{-j\frac{\pi}{6}}$[A], $I_2 = 5e^{j\frac{\pi}{6}}$[A], $I_3 = 5.0$[A], $Z_3 = 1.0$[Ω]일 때 부하(Z_1, Z_2, Z_3) 전체에 대한 복소 전력은 약 몇 [VA]인가?

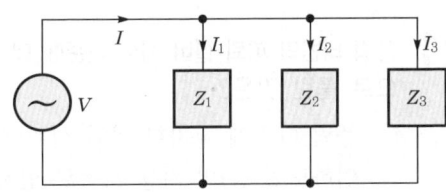

① $55.3 - j7.5$ ② $55.3 + j7.5$
③ $45 - j26$ ④ $45 + j26$

해설
- 전전류 $I = I_1 + I_2 + I_3$
 $= 2\underline{/-30°} + 5\underline{/30°} + 5$
 $= (\sqrt{3} - j) + (2.5\sqrt{3} + j2.5) + 5$
 $= 11.06 + j1.5$[A]
- 전압 $V = Z_3 I_3 = 1.0 \times 5.0 = 5$[V]
- 복소 전력 $P = V\overline{I} = 5(11.06 - j1.5)$
 $= 55.3 - j7.5$[VA]
 $P = \overline{V} \cdot I = 5(11.06 + j1.5)$
 $= 55.3 + j7.5$[VA]

정답 77.③ 78.③ 79. 모두 정답

80 $f(t) = \mathcal{L}^{-1}\left[\dfrac{s^2+3s+2}{s^2+2s+5}\right]$ 는?

① $\delta(t) + e^{-t}(\cos 2t - \sin 2t)$
② $\delta(t) + e^{-t}(\cos 2t + 2\sin 2t)$
③ $\delta(t) + e^{-t}(\cos 2t - 2\sin 2t)$
④ $\delta(t) + e^{-t}(\cos 2t + \sin 2t)$

해설
$F(s) = \dfrac{s^2+3s+2}{s^2+2s+5} = \dfrac{(s^2+2s+5)+(s-3)}{s^2+2s+5}$
$= 1 + \dfrac{s-3}{s^2+2s+5} = 1 + \dfrac{(s+1)-4}{(s+1)^2+2^2}$
$= 1 + \dfrac{s+1}{(s+1)^2+2^2} - 2\dfrac{2}{(s+1)^2+2^2}$

$\therefore f(t) = \mathcal{L}^{-1}[F(s)]$
$= \delta(t) + e^{-t}\cos 2t - 2e^{-t}\sin 2t$
$= \delta(t) + e^{-t}(\cos 2t - 2\sin 2t)$

제5과목 전기설비기술기준

81 풍력 터빈의 피뢰 설비 시설 기준에 대한 설명으로 틀린 것은?

① 풍력 터빈에 설치한 피뢰 설비(리셉터, 인하도선 등)의 기능 저하로 인해 다른 기능에 영향을 미치지 않을 것
② 풍력 터빈 내부의 계측 센서용 케이블은 금속관 또는 차폐 케이블 등을 사용하여 뇌유도 과전압으로부터 보호할 것
③ 풍력 터빈에 설치하는 인하도선은 쉽게 부식되지 않는 금속선으로서 뇌격전류를 안전하게 흘릴 수 있는 충분한 굵기여야 하며, 가능한 직선으로 시설할 것
④ 수뢰부를 풍력 터빈 중앙 부분에 배치하되 뇌격전류에 의한 발열에 의해 녹아서 손상되지 않도록 재질, 크기, 두께 및 형상 등을 고려할 것

해설 풍력 터빈의 피뢰 설비(KEC 532.3.5)
• 수뢰부를 풍력 터빈 선단 부분 및 가장자리 부분에 배치하되 뇌격전류에 의한 발열에 의해 녹아서 손상되지 않도록 재질, 크기, 두께 및 형상 등을 고려할 것
• 풍력 터빈에 설치하는 인하도선은 쉽게 부식되지 않는 금속선으로서 뇌격전류를 안전하게 흘릴 수 있는 충분한 굵기여야 하며, 가능한 직선으로 시설할 것
• 풍력 터빈 내부의 계측 센서용 케이블은 금속관 또는 차폐 케이블 등을 사용하여 뇌유도 과전압으로부터 보호할 것
• 풍력 터빈에 설치한 피뢰 설비(리셉터, 인하도선 등)의 기능 저하로 인해 다른 기능에 영향을 미치지 않을 것

82 샤워 시설이 있는 욕실 등 인체가 물에 젖어있는 상태에서 전기를 사용하는 장소에 콘센트를 시설할 경우 인체 감전 보호용 누전 차단기의 정격 감도 전류는 몇 [mA] 이하인가?

① 5   ② 10
③ 15 ④ 30

해설 콘센트의 시설(KEC 234.5)
욕조나 샤워 시설이 있는 욕실 또는 화장실 등 인체가 물에 젖어 있는 상태에서 전기를 사용하는 장소에 콘센트를 시설하는 경우
• 인체 감전 보호용 누전 차단기(정격 감도 전류 15[mA] 이하, 동작 시간 0.03초 이하의 전류 동작형) 또는 절연 변압기(정격 용량 3[kVA] 이하)로 보호된 전로에 접속하거나, 인체 감전 보호용 누전 차단기가 부착된 콘센트를 시설
• 콘센트는 접지극이 있는 방적형 콘센트를 사용하여 접지

83 강관으로 구성된 철탑의 갑종 풍압 하중은 수직 투영 면적 1[m²]에 대한 풍압을 기초로 하여 계산한 값이 몇 [Pa]인가? (단, 단주는 제외한다.)

① 1,255 ② 1,412
③ 1,627 ④ 2,157

정답 80.③ 81.④ 82.③ 83.①

해설 **풍압 하중의 종별과 적용(KEC 331.6)**

풍압을 받는 구분(갑종 풍압 하중)			1[m²]에 대한 풍압
목주			588[Pa]
지지물	철주	원형의 것	588[Pa]
		강관 4각형의 것	1,117[Pa]
	철근 콘크리트주	원형의 것	588[Pa]
		기타의 것	882[Pa]
	철탑	강관으로 구성되는 것	1,255[Pa]
		기타의 것	2,157[Pa]

84 한국전기설비규정에 따른 용어의 정의에서 감전에 대한 보호 등 안전을 위해 제공되는 도체를 말하는 것은?

① 접지 도체 ② 보호 도체
③ 수평 도체 ④ 접지극 도체

해설 **용어의 정의(KEC 112)**
- "보호 도체"란 감전에 대한 보호 등 안전을 위해 제공되는 도체를 말한다.
- "접지 도체"란 계통, 설비 또는 기기의 한 점과 접지극 사이의 도전성 경로 또는 그 경로의 일부가 되는 도체를 말한다.

85 통신상의 유도 장해 방지 시설에 대한 설명이다. 다음 ( )에 들어갈 내용으로 옳은 것은?

> 교류식 전기 철도용 전차 선로는 기설 가공 약전류 전선로에 대하여 ( )에 의한 통신상의 장해가 생기지 않도록 시설하여야 한다.

① 정전 작용 ② 유도 작용
③ 가열 작용 ④ 산화 작용

해설 **통신상의 유도 장해 방지 시설(KEC 461.7)**
교류식 전기 철도용 전차 선로는 기설 가공 약전류 전선로에 대하여 유도 작용에 의한 통신상의 장해가 생기지 않도록 시설하여야 한다.

86 주택의 전기 저장 장치의 축전지에 접속하는 부하측 옥내 배선을 사람이 접촉할 우려가 없도록 케이블 배선에 의하여 시설하고 전선에 적당한 방호 장치를 시설한 경우 주택의 옥내 전로의 대지 전압은 직류 몇 [V]까지 적용할 수 있는가? (단, 전로에 지락이 생겼을 때 자동적으로 전로를 차단하는 장치를 시설한 경우이다.)

① 150 ② 300
③ 400 ④ 600

해설 **옥내 전로의 대지 전압 제한(KEC 511.3)**
주택의 전기 저장 장치의 축전지에 접속하는 부하측 옥내 배선을 다음에 따라 시설하는 경우에 주택의 옥내 전로의 대지 전압은 직류 600[V]까지 적용할 수 있다.
- 전로에 지락이 생겼을 때 자동적으로 전로를 차단하는 장치를 시설할 것
- 사람이 접촉할 우려가 없는 은폐된 장소에 합성수지관 배선, 금속관 배선 및 케이블 배선에 의하여 시설하거나, 사람이 접촉할 우려가 없도록 케이블 배선에 의하여 시설하고 전선에 적당한 방호 장치를 시설할 것

87 전압의 구분에 대한 설명으로 옳은 것은?

① 직류에서의 저압은 1,000[V] 이하의 전압을 말한다.
② 교류에서의 저압은 1,500[V] 이하의 전압을 말한다.
③ 직류에서의 고압은 3,500[V]를 초과하고 7,000[V] 이하인 전압을 말한다.
④ 특고압은 7,000[V]를 초과하는 전압을 말한다.

해설 **적용 범위(KEC 111.1)**
전압의 구분은 다음과 같다.
- 저압 : 교류는 1[kV] 이하, 직류는 1.5[kV] 이하인 것
- 고압 : 교류는 1[kV]를, 직류는 1.5[kV]를 초과하고, 7[kV] 이하인 것
- 특고압 : 7[kV]를 초과하는 것

정답 84.② 85.② 86.④ 87.④

88 고압 가공 전선로의 가공 지선으로 나경동선을 사용할 때의 최소 굵기는 지름 몇 [mm] 이상인가?

① 3.2 ② 3.5
③ 4.0 ④ 5.0

해설 고압 가공 전선로의 가공 지선(KEC 332.6)
고압 가공 전선로에 사용하는 가공 지선은 인장 강도 5.26[kN] 이상의 것 또는 지름 4[mm] 이상의 나경동선을 사용한다.

89 특고압용 변압기의 내부에 고장이 생겼을 경우에 자동 차단 장치 또는 경보 장치를 하여야 하는 최소 뱅크 용량은 몇 [kVA]인가?

① 1,000 ② 3,000
③ 5,000 ④ 10,000

해설 특고압용 변압기의 보호 장치(KEC 351.4)

뱅크 용량의 구분	동작 조건	장치의 종류
5,000[kVA] 이상 10,000[kVA] 미만	내부 고장	자동 차단 장치 경보 장치
10,000[kVA] 이상	내부 고장	자동 차단 장치
타냉식 변압기	냉각 장치에 고장이 생긴 경우 또는 온도가 현저히 상승한 경우	경보 장치

90 합성 수지관 및 부속품의 시설에 대한 설명으로 틀린 것은?

① 관의 지지점 간의 거리는 1.5[m] 이하로 할 것
② 합성 수지제 가요 전선관 상호 간은 직접 접속할 것
③ 접착제를 사용하여 관 상호 간을 삽입하는 깊이는 관의 바깥 지름의 0.8배 이상으로 할 것
④ 접착제를 사용하지 않고 관 상호 간을 삽입하는 깊이는 관의 바깥 지름의 1.2배 이상으로 할 것

해설 합성 수지관 공사(KEC 232.11)
- 전선은 연선(옥외용 제외) 사용, 연동선 10[mm²], 알루미늄선 16[mm²] 이하는 단선 사용
- 전선관 내 전선 접속점이 없도록 함
- 관을 삽입하는 길이 : 관 외경(바깥지름) 1.2배(접착제 사용 0.8배)
- 관 지지점 간 거리 : 1.5[m] 이하

91 사용 전압이 22.9[kV]인 가공 전선이 철도를 횡단하는 경우, 전선의 레일면상의 높이는 몇 [m] 이상인가?

① 5   ② 5.5
③ 6   ④ 6.5

해설 25[kV] 이하인 특고압 가공 전선로의 시설(KEC 333.32)
특고압 가공 전선로의 다중 접지를 한 중성선은 저압 가공 전선의 규정에 준하여 시설하므로 철도 또는 궤도를 횡단하는 경우에는 레일면상 6.5[m] 이상으로 한다.

92 가공 전선로의 지지물에 시설하는 통신선 또는 이에 직접 접속하는 가공 통신선이 철도 또는 궤도를 횡단하는 경우 그 높이는 레일면상 몇 [m] 이상으로 하여야 하는가?

① 3   ② 3.5
③ 5   ④ 6.5

해설 전력 보안 통신선의 시설 높이와 이격 거리(간격)(KEC 362.2)
가공 전선로의 지지물에 시설하는 통신선 또는 이에 직접 접속하는 가공 통신선의 높이
- 도로를 횡단하는 경우에는 지표상 6[m] 이상 다만, 저압이나 고압의 가공 전선로의 지지물에 시설하는 통신선 또는 이에 직접 접속하는 가공 통신선을 시설하는 경우에 교통에 지장을 줄 우려가 없을 때에는 지표상 5[m]까지로 감할 수 있다.
- 철도 또는 궤도를 횡단하는 경우에는 레일면상 6.5[m] 이상
- 횡단보도교의 위에 시설하는 경우에는 그 노면상 5[m] 이상

정답 88.③ 89.③ 90.② 91.④ 92.④

93 전력 보안 통신 설비의 조가선은 단면적 몇 [mm²] 이상의 아연도강연선을 사용하여야 하는가?

① 16 ② 38
③ 50 ④ 55

해설 조가선 시설기준(KEC 362.3)
조가선은 단면적 38[mm²] 이상의 아연도강연선을 사용할 것

94 가요 전선관 및 부속품의 시설에 대한 내용이다. 다음 ( )에 들어갈 내용으로 옳은 것은?

> 1종 금속제 가요 전선관에는 단면적 ( )[mm²] 이상의 나연동선을 전체 길이에 걸쳐 삽입 또는 첨가하여 그 나연동선과 1종 금속제 가요 전선관을 양쪽 끝에서 전기적으로 완전하게 접속할 것. 다만, 관의 길이가 4[m] 이하인 것을 시설하는 경우에는 그러하지 아니하다.

① 0.75
② 1.5
③ 2.5
④ 4

해설 가요 전선관 및 부속품의 시설(KEC 232.13.3)
- 관 상호 간 및 관과 박스 기타의 부속품과는 견고하고 또한 전기적으로 완전하게 접속할 것
- 가요 전선관의 끝부분은 피복을 손상하지 아니하는 구조로 되어 있을 것
- 습기 많은 장소 또는 물기가 있는 장소에 시설하는 때에는 비닐 피복 가요 전선관일 것
- 1종 금속제 가요 전선관에는 단면적 2.5[mm²] 이상의 나연동선을 전체 길이에 걸쳐 삽입 또는 첨가하여 그 나연동선과 1종 금속제 가요 전선관을 양쪽 끝에서 전기적으로 완전하게 접속할 것. 다만, 관의 길이가 4[m] 이하인 것을 시설하는 경우에는 그러하지 아니하다.

95 사용 전압이 154[kV]인 전선로를 제1종 특고압 보안공사로 시설할 경우, 여기에 사용되는 경동 연선의 단면적은 몇 [mm²] 이상이어야 하는가?

① 100 ② 125
③ 150 ④ 200

해설 제1종 특고압 보안 공사 시 전선의 단면적(KEC 333.22)

사용전압	전선
100[kV] 미만	인장 강도 21.67[kN] 이상, 단면적 55[mm²] 이상 경동 연선
100[kV] 이상 300[kV] 미만	인장 강도 58.84[kN] 이상, 단면적 150[mm²] 이상 경동 연선
300[kV] 이상	인장 강도 77.47[kN] 이상, 단면적 200[mm²] 이상 경동 연선

96 사용 전압이 400[V] 이하인 저압 옥측 전선로를 애자 공사에 의해 시설하는 경우 전선 상호 간의 간격은 몇 [m] 이상이어야 하는가? (단, 비나 이슬에 젖지 않는 장소에 사람이 쉽게 접촉될 우려가 없도록 시설한 경우이다.)

① 0.025 ② 0.045
③ 0.06   ④ 0.12

해설 옥측 전선로(KEC 221.2) - 시설 장소별 조영재 사이의 이격 거리(간격)

시설 장소	전선 상호 간의 간격		전선과 조영재 사이의 이격 거리(간격)	
	사용 전압 400[V] 이하	사용 전압 400[V] 초과	사용 전압 400[V] 이하	사용 전압 400[V] 초과
비나 이슬에 젖지 않는 장소	0.06[m]	0.06[m]	0.025[m]	0.025[m]
비나 이슬에 젖는 장소	0.06[m]	0.12[m]	0.025[m]	0.045[m]

정답 93.② 94.③ 95.③ 96.③

97 지중 전선로는 기설 지중 약전류 전선로에 대하여 통신상의 장해를 주지 않도록 기설 약전류 전선로로부터 충분히 이격시키거나 기타 적당한 방법으로 시설하여야 한다. 이때 통신상의 장해가 발생하는 원인으로 옳은 것은?

① 충전 전류 또는 표피 작용
② 충전 전류 또는 유도 작용
③ 누설 전류 또는 표피 작용
④ 누설 전류 또는 유도 작용

해설 지중 약전류 전선의 유도 장해 방지(KEC 334.5)
지중 전선로는 기설 지중 약전류 전선로에 대하여 누설 전류 또는 유도 작용에 의하여 통신상의 장해를 주지 않도록 기설 약전류 전선로로부터 충분히 이격시키거나 기타 적당한 방법으로 시설하여야 한다.

98 최대 사용 전압이 10.5[kV]를 초과하는 교류의 회전기 절연 내력을 시험하고자 한다. 이때 시험 전압은 최대 사용 전압의 몇 배의 전압으로 하여야 하는가? (단, 회전 변류기는 제외한다.)

① 1
② 1.1
③ 1.25
④ 1.5

해설 회전기 및 정류기의 절연 내력(KEC 133)

회전기 종류		시험 전압
발전기·전동기·조상기 (무효전력 보상장치)	최대 사용 전압 7[kV] 이하	최대 사용 전압의 1.5배의 전압
	최대 사용 전압 7[kV] 초과	최대 사용 전압의 1.25배의 전압

99 폭연성 분진(먼지) 또는 화약류의 분말에 전기 설비가 발화원이 되어 폭발할 우려가 있는 곳에 시설하는 저압 옥내 배선의 공사 방법으로 옳은 것은? (단, 사용 전압이 400[V] 초과인 방전등을 제외한 경우이다.)

① 금속관 공사
② 애자 사용 공사
③ 합성 수지관 공사
④ 캡타이어 케이블 공사

해설 폭연성 분진(먼지) 위험 장소(KEC 242.2.1)
폭연성 분진(먼지) 또는 화약류의 분말이 전기 설비가 발화원이 되어 폭발할 우려가 있는 곳에 시설하는 저압 옥내 전기 설비는 금속관 공사 또는 케이블 공사(캡타이어 케이블 제외)에 의할 것

100 과전류 차단기로 저압 전로에 사용하는 범용의 퓨즈(「전기 용품 및 생활 용품 안전관리법」에서 규정하는 것을 제외한다)의 정격 전류가 16[A]인 경우 용단 전류는 정격 전류의 몇 배인가? [단, 퓨즈(gG)인 경우이다.]

① 1.25
② 1.5
③ 1.6
④ 1.9

해설 보호 장치의 특성(KEC 212.3.4)–퓨즈의 용단 특성

정격 전류의 구분	시간	정격 전류의 배수	
		불용단 전류	용단 전류
4[A] 이하	60분	1.5배	2.1배
4[A] 초과 16[A] 미만	60분	1.5배	1.9배
16[A] 이상 63[A] 이하	60분	1.25배	1.6배
63[A] 초과 160[A] 이하	120분	1.25배	1.6배
160[A] 초과 400[A] 이하	180분	1.25배	1.6배
400[A] 초과	240분	1.25배	1.6배

정답 97.④ 98.③ 99.① 100.③

2022년 제3회 CBT 기출복원문제

2022. 8. 14. 시행

제1과목 전기자기학

01 내압이 1[kV]이고 용량이 각각 0.01[μF], 0.02[μF], 0.04[μF]인 콘덴서를 직렬로 연결했을 때 전체 콘덴서의 내압은 몇 [V]인가?

① 1,750　　② 2,000
③ 3,500　　④ 4,000

해설 각 콘덴서에 가해지는 전압을 V_1, V_2, V_3[V]라 하면
$$V_1 : V_2 : V_3 = \frac{1}{0.01} : \frac{1}{0.02} : \frac{1}{0.04} = 4 : 2 : 1$$
∴ $V_1 = 1{,}000$ [V]
$V_2 = 1{,}000 \times \frac{2}{4} = 500$ [V]
$V_3 = 1{,}000 \times \frac{1}{4} = 250$ [V]
∴ 전체 내압 : $V = V_1 + V_2 + V_3$
$= 1{,}000 + 500 + 250$
$= 1{,}750$ [V]

02 두 개의 길고 직선인 도체가 평행으로 그림과 같이 위치하고 있다. 각 도체에는 10[A]의 전류가 같은 방향으로 흐르고 있으며, 이격 거리는 0.2[m]일 때 오른쪽 도체의 단위 길이당 힘[N/m]은? (단, a_x, a_z는 단위 벡터이다.)

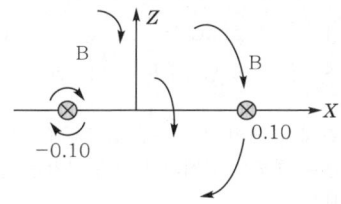

① $10^{-2}(-a_x)$　　② $10^{-4}(-a_x)$
③ $10^{-2}(-a_z)$　　④ $10^{-4}(-a_z)$

해설 $F = \frac{2I_1 I_2}{r} \times 10^{-7}$ [N/m]
$= \frac{2 \times 10 \times 10}{0.2} \times 10^{-7}$
$= 10^{-4}$ [N/m]
전류 방향이 같으므로 흡인력 발생은 $-X$축

03 간격에 비해서 충분히 넓은 평행판 콘덴서의 판 사이에 비유전율 ε_s인 유전체를 채우고 외부에서 판에 수직 방향으로 전계 E_0를 가할 때, 분극 전하에 의한 전계의 세기는 몇 [V/m]인가?

① $\dfrac{\varepsilon_s + 1}{\varepsilon_s} \times E_0$　　② $\dfrac{\varepsilon_s - 1}{\varepsilon_s} \times E_0$

③ $\dfrac{\varepsilon_s}{\varepsilon_s + 1} \times E_0$　　④ $\dfrac{\varepsilon_s}{\varepsilon_s - 1} \times E_0$

해설 유전체 내의 전계 E는 E_0와 분극 전하에 의한 E'와의 합으로 다음과 같다.
$E = E_0 + E'$ [V/m]
또한, $E = \dfrac{E_0}{\varepsilon_s}$ [V/m]이므로
$\dfrac{E_0}{\varepsilon_s} = E_0 + E'$
∴ $E' = E_0\left(\dfrac{1}{\varepsilon_s} - 1\right) = -E_0\left(\dfrac{\varepsilon_s - 1}{\varepsilon_s}\right)$ [V/m]
∴ $E' = E_0\left(\dfrac{\varepsilon_s - 1}{\varepsilon_s}\right)$ [V/m]

정답 01.① 02.② 03.②

04 유전율 ε, 투자율 μ인 매질 내에서 전자파의 속도[m/s]는?

① $\sqrt{\dfrac{\mu}{\varepsilon}}$ ② $\sqrt{\mu\varepsilon}$

③ $\sqrt{\dfrac{\varepsilon}{\mu}}$ ④ $\dfrac{3\times10^8}{\sqrt{\varepsilon_s\mu_s}}$

해설
$v = \dfrac{1}{\sqrt{\varepsilon\mu}}$
$= \dfrac{1}{\sqrt{\varepsilon_0\mu_0}} \cdot \dfrac{1}{\sqrt{\varepsilon_s\mu_s}}$
$= C_0 \dfrac{1}{\sqrt{\varepsilon_s\mu_s}} = \dfrac{3\times10^8}{\sqrt{\varepsilon_s\mu_s}}$ [m/s]

05 내반경 a[m], 외반경 b[m]인 동축 케이블에서 극간 매질의 도전율이 σ[S/m]일 때, 단위 길이당 이 동축 케이블의 컨덕턴스[S/m]는?

① $\dfrac{4\pi\sigma}{\ln\dfrac{b}{a}}$ ② $\dfrac{2\pi\sigma}{\ln\dfrac{b}{a}}$

③ $\dfrac{\pi\sigma}{\ln\dfrac{b}{a}}$ ④ $\dfrac{6\pi\sigma}{\ln\dfrac{b}{a}}$

해설 동축 케이블의 단위 길이당 정전용량
$C = \dfrac{2\pi\varepsilon}{\ln\dfrac{b}{a}}$ [F/m]이므로 $RC = \rho\varepsilon$에서
$R = \dfrac{\rho\varepsilon}{C} = \dfrac{\rho\varepsilon}{\dfrac{2\pi\varepsilon}{\ln\dfrac{b}{a}}} = \dfrac{\rho}{2\pi}\ln\dfrac{b}{a} = \dfrac{1}{2\pi\sigma}\ln\dfrac{b}{a}$ [Ω/m]
$\therefore G = \dfrac{1}{R} = \dfrac{2\pi\sigma}{\ln\dfrac{b}{a}}$ [S/m]

06 유전율 ε_1, ε_2인 두 유전체 경계면에서 전계가 경계면에 수직일 때, 경계면에 작용하는 힘은 몇 [N/m²]인가? (단, $\varepsilon_1 > \varepsilon_2$이다.)

① $\left(\dfrac{1}{\varepsilon_1} + \dfrac{1}{\varepsilon_2}\right)D$ ② $2\left(\dfrac{1}{\varepsilon_1^2} + \dfrac{1}{\varepsilon_2^2}\right)D^2$

③ $\dfrac{1}{2}\left(\dfrac{1}{\varepsilon_2} - \dfrac{1}{\varepsilon_1}\right)D$ ④ $\dfrac{1}{2}\left(\dfrac{1}{\varepsilon_2} - \dfrac{1}{\varepsilon_1}\right)D^2$

해설 전계가 수직으로 입사 시 경계면 양측에서 전속 밀도가 같다.
$D_1 = D_2 = D$
$\therefore f = \dfrac{1}{2}E_2D_2 - \dfrac{1}{2}E_1D_1$ [N/m]
$= \dfrac{1}{2}(E_2 - E_1)D$
$= \dfrac{1}{2}\left(\dfrac{1}{\varepsilon_2} - \dfrac{1}{\varepsilon_1}\right)D^2$ [N/m²]

07 벡터 퍼텐셜 $A = 3x^2ya_x + 2xa_y - z^3a_z$ [Wb/m]일 때의 자계의 세기 H[A/m]는? (단, μ는 투자율이라 한다.)

① $\dfrac{1}{\mu}(2 - 3x^2)a_y$ ② $\dfrac{1}{\mu}(3 - 2x^2)a_y$

③ $\dfrac{1}{\mu}(2 - 3x^2)a_z$ ④ $\dfrac{1}{\mu}(3 - 2x^2)a_z$

해설 $B = \mu H = \operatorname{rot} A = \nabla \times A$ (A는 벡터 퍼텐셜, H는 자계의 세기)
$\therefore H = \dfrac{1}{\mu}(\nabla \times A)$
$\nabla \times A = \begin{vmatrix} a_x & a_y & a_z \\ \dfrac{\partial}{\partial x} & \dfrac{\partial}{\partial y} & \dfrac{\partial}{\partial z} \\ 3x^2y & 2x & -z^3 \end{vmatrix} = (2 - 3x^2)a_z$
$\therefore$ 자계의 세기 $H = \dfrac{1}{\mu}(2 - 3x^2)a_z$

08 전위 경도 V와 전계 E의 관계식은?

① $E = \operatorname{grad} V$ ② $E = \operatorname{div} V$
③ $E = -\operatorname{grad} V$ ④ $E = -\operatorname{div} V$

해설 전계의 세기 $E = -\operatorname{grad} V = -\nabla V$ [V/m]
전위 경도는 전계의 세기와 크기는 같고, 방향은 반대이다.

정답 04.④ 05.② 06.④ 07.③ 08.③

09 2[C]의 점전하가 전계 $E = 2a_x + a_y - 4a_z$ [V/m] 및 자계 $B = -2a_x + 2a_y - a_z$ [Wb/m²] 내에서 $v = 4a_x - a_y - 2a_z$ [m/s]의 속도로 운동하고 있을 때, 점전하에 작용하는 힘 F는 몇 [N]인가?

① $-14a_x + 18a_y + 6a_z$
② $14a_x - 18a_y - 6a_z$
③ $-14a_x + 18a_y + 4a_z$
④ $14a_x + 18a_y + 4a_z$

해설
$F = q\{E + (v \times B)\}$
$= 2(2a_x + a_y - 4a_z) + 2(4a_x - a_y - 2a_z)$
$\times (-2a_x + 2a_y - a_z)$
$= 2(2a_x + a_y - 4a_z) + 2\begin{vmatrix} a_x & a_y & a_z \\ 4 & -1 & -2 \\ -2 & 2 & -1 \end{vmatrix}$
$= 2(2a_x + a_y - 4a_z) + 2(5a_x + 8a_y + 6a_z)$
$= 14a_x + 18a_y + 4a_z$ [N]

10 그림과 같이 반지름 10[cm]인 반원과 그 양 단으로부터 직선으로 된 도선에 10[A]의 전류가 흐를 때, 중심 0에서의 자계의 세기와 방향은?

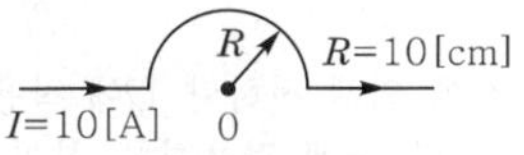

$I=10[A]$ R $R=10$[cm] 0

① 2.5[AT/m], 방향 ⊙
② 25[AT/m], 방향 ⊙
③ 2.5[AT/m], 방향 ⊗
④ 25[AT/m], 방향 ⊗

해설 반원의 자계의 세기
$H = \frac{I}{2R} \times \frac{1}{2} = \frac{I}{4R}$ [AT/m]
앙페르의 오른 나사 법칙에 의해 들어가는 방향(⊗)으로 자계가 형성된다.
$\therefore H = \frac{10}{4 \times 10 \times 10^{-2}} = 25$ [AT/m]

11 일반적인 전자계에서 성립되는 기본 방정식이 아닌 것은? (단, i는 전류 밀도, ρ는 공간 전하 밀도이다.)

① $\nabla \times H = i + \frac{\partial D}{\partial t}$
② $\nabla \times E = -\frac{\partial B}{\partial t}$
③ $\nabla \cdot D = \rho$
④ $\nabla \cdot B = \mu H$

해설 맥스웰의 전자계 기초 방정식
- $\text{rot } E = \nabla \times E = -\frac{\partial B}{\partial t} = -\mu \frac{\partial H}{\partial t}$ (패러데이 전자 유도 법칙의 미분형)
- $\text{rot } H = \nabla \times H = i + \frac{\partial D}{\partial t}$ (앙페르 주회 적분 법칙의 미분형)
- $\text{div } D = \nabla \cdot D = \rho$ (정전계 가우스 정리의 미분형)
- $\text{div } B = \nabla \cdot B = 0$ (정자계 가우스 정리의 미분형)

12 자성체 $3 \times 4 \times 20$[cm³]가 자속 밀도 $B = 130$[mT]로 자화되었을 때 자기 모멘트가 48[A·m²]였다면 자화의 세기(M)는 몇 [A/m]인가?

① 10^4
② 10^5
③ 2×10^4
④ 2×10^5

해설 자화의 세기(M)는 자성체에서 단위 체적당의 자기 모멘트이다.
$\therefore M = \frac{\text{자기 모멘트}}{\text{단위 체적}}$
$= \frac{48}{3 \times 4 \times 20 \times 10^{-6}}$
$= 2 \times 10^5$ [A/m]

정답 09.④ 10.④ 11.④ 12.④

13 그림과 같은 모양의 자화 곡선을 나타내는 자성체 막대를 충분히 강한 평등 자계 중에서 매분 3,000회 회전시킬 때 자성체는 단위 체적당 매초 약 몇 [kcal/s]의 열이 발생하는가? (단, $B_r=2$[Wb/m²], $H_c=500$[AT/m], $B=\mu H$에서 μ는 일정하지 않다.)

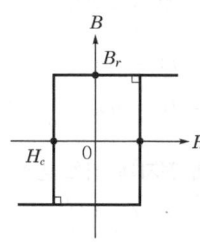

① 11.7 ② 47.6
③ 70.2 ④ 200

해설 체적당 전력=히스테리시스 곡선의 면적
$P_h = 4H_cB_r = 4 \times 500 \times 2 = 4,000$[W/m³]
$\therefore H = 0.24 \times 4,000 \times \dfrac{3,000}{60} \times 10^{-3}$
$= 48$[kcal/s]

14 접지된 구도체와 점전하 간에 작용하는 힘은?
① 항상 흡인력이다.
② 항상 반발력이다.
③ 조건적 흡인력이다.
④ 조건적 반발력이다.

해설 점전하가 Q[C]일 때
접지 구도체의 영상 전하 $Q' = -\dfrac{a}{d}Q$[C]이므로 항상 흡인력이 작용한다.

15 자속 밀도 B[Wb/m²]의 평등 자계 내에서 길이 l[m]인 도체 ab가 속도 v[m/s]로 그림과 같이 도선을 따라서 자계와 수직으로 이동할 때 도체 ab에 의해 유기된 기전력의 크기 e[V]와 폐회로 abcd 내 저항 R에 흐르는 전류의 방향은? (단, 폐회로 abcd 내 도선 및 도체의 저항은 무시한다.)

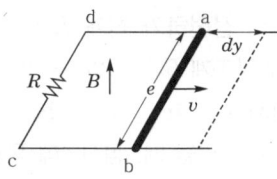

① $e=Blv$, 전류 방향 : c → d
② $e=Blv$, 전류 방향 : d → c
③ $e=Blv^2$, 전류 방향 : c → d
④ $e=Blv^2$, 전류 방향 : d → c

해설 플레밍의 오른손 법칙
유기 기전력 $e = vBl\sin\theta = Blv$[V]
방향 a → b → c → d

16 질량(m)이 10^{-10}[kg]이고, 전하량(Q)이 10^{-8}[C]인 전하가 전기장에 의해 가속되어 운동하고 있다. 가속도가 $a = 10^2i + 10^2j$[m/s²]일 때 전기장의 세기 E[V/m]는?

① $E = 10^4i + 10^5j$
② $E = i + 10j$
③ $E = i + j$
④ $E = 10^{-6}i + 10^{-4}j$

해설 전기장에 의해 전하량 Q에 작용하는 힘과 가속에 의한 질량 m에 작용하는 힘이 동일하므로
$F = QE = ma$
전기장의 세기 $E = \dfrac{m}{Q}a$
$= \dfrac{10^{-10}}{10^{-8}} \times (10^2i + 10^2j)$
$= i + j$[V/m]

17 유전율 ε, 전계의 세기 E인 유전체의 단위 체적에 축적되는 에너지[J/m³]는?

① $\dfrac{E}{2\varepsilon}$ ② $\dfrac{\varepsilon E}{2}$
③ $\dfrac{\varepsilon E^2}{2}$ ④ $\dfrac{\varepsilon^2 E^2}{2}$

정답 13.② 14.① 15.① 16.③ 17.③

해설 단위 체적당 에너지 밀도
단위 전위차를 가진 부분을 Δl, 단면적을 ΔS라 하면
$$W = \frac{1}{2}\frac{1}{\Delta l \Delta S}$$
$$= \frac{1}{2}E \cdot D \ (D = \varepsilon E)$$
$$= \frac{1}{2}\frac{D^2}{\varepsilon} = \frac{1}{2}\varepsilon E^2 \ [\text{J/m}^3]$$
여기서, $\frac{1}{\Delta l}$: 전위 경도
$\frac{1}{\Delta S}$: 패러데이관의 밀도, 즉 전속 밀도

18 다음 그림과 같은 직사각형의 평면 코일이 $B = \frac{0.05}{\sqrt{2}}(a_x + a_y)$ [Wb/m²]인 자계에 위치하고 있다. 이 코일에 흐르는 전류가 5[A]일 때 z축에 있는 코일에서의 토크는 약 몇 [N·m]인가?

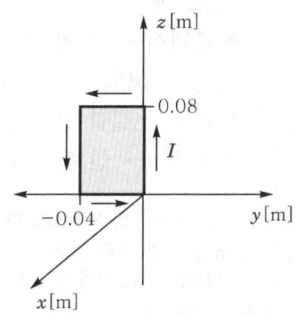

① $2.66 \times 10^{-4} a_x$ ② $5.66 \times 10^{-4} a_x$
③ $2.66 \times 10^{-4} a_z$ ④ $5.66 \times 10^{-4} a_z$

해설 자속 밀도 $B = \frac{0.05}{\sqrt{2}}(a_x + a_y)$
$= 0.035 a_x + 0.035 a_y$ [Wb/m²]
면 벡터 $S = 0.04 \times 0.08 a_x = 0.0032 a_x$ [m²]
토크 $T = (S \times B)I$
$= 5 \times \begin{vmatrix} a_x & a_y & a_z \\ 0.0032 & 0 & 0 \\ 0.035 & 0.035 & 0 \end{vmatrix}$
$= 5 \times (0.035 \times 0.0032) a_z$
$= 5.66 \times 10^{-4} a_z$ [N·m]

19 그림과 같이 균일하게 도선을 감은 권수 N, 단면적 S [m²], 평균 길이 l [m]인 공심의 환상 솔레노이드에 I [A]의 전류를 흘렸을 때 자기 인덕턴스 L [H]의 값은?

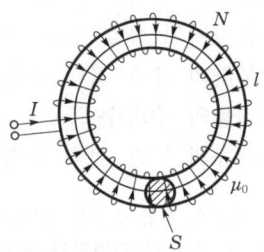

① $L = \frac{4\pi N^2 S}{l} \times 10^{-5}$

② $L = \frac{4\pi N^2 S}{l} \times 10^{-6}$

③ $L = \frac{4\pi N^2 S}{l} \times 10^{-7}$

④ $L = \frac{4\pi N^2 S}{l} \times 10^{-8}$

해설 자기 인덕턴스 $L = \frac{\mu_0 N^2 S}{l} = \frac{4\pi \times 10^{-7} N^2 S}{l}$ [H]

20 간격이 3[cm]이고 면적이 30[cm²]인 평판의 공기 콘덴서에 220[V]의 전압을 가하면 두 판 사이에 작용하는 힘은 약 몇 [N]인가?

① 6.3×10^{-6}
② 7.14×10^{-7}
③ 8×10^{-5}
④ 5.75×10^{-4}

해설 정전 응력 $f = \frac{1}{2}\varepsilon_0 E^2 = \frac{1}{2}\varepsilon_0 \left(\frac{v}{d}\right)^2$ [N/m]
힘 $F = fs$
$= \frac{1}{2} \times 8.855 \times 10^{-12} \times \left(\frac{220}{3 \times 10^{-2}}\right)^2 \times 30 \times 10^{-4}$
$= 7.14 \times 10^{-7}$ [N]

정답 18.④ 19.③ 20.②

제2과목 전력공학

21 전력 계통의 전압을 조정하는 가장 보편적인 방법은?

① 발전기의 유효 전력 조정
② 부하의 유효 전력 조정
③ 계통의 주파수 조정
④ 계통의 무효 전력 조정

해설 전력 계통의 전압 조정은 계통의 무효 전력을 흡수하는 커패시터나 리액터를 사용하여야 한다.

22 가공 지선의 설치 목적이 아닌 것은?

① 전압 강하의 방지
② 직격뢰에 대한 차폐
③ 유도뢰에 대한 정전 차폐
④ 통신선에 대한 전자 유도 장해 경감

해설 가공 지선의 설치 목적은 뇌격으로부터 전선과 기기 등을 보호하고, 유도 장해를 경감시킨다.

23 수력 발전소에서 사용되고, 횡축에 1년 365일을, 종축에 유량을 표시하는 유황 곡선이란 어떤 것인가?

① 유량이 적은 것부터 순차적으로 배열하여 이들 점을 연결한 것이다.
② 유량이 큰 것부터 순차적으로 배열하여 이들 점을 연결한 것이다.
③ 유량의 월별 평균값을 구하여 선으로 연결한 것이다.
④ 각 월에 가장 큰 유량만을 선으로 연결한 것이다.

해설 유황 곡선
유량도를 기초로 하여 가로축에 일수, 세로축에 유량을 취하여 큰 것부터 차례대로 1년분을 배열한 곡선으로 갈수량, 저수량, 평수량, 풍수량 및 유출량과 특정 유량으로 발전 가능 일수를 알 수 있다.

24 정전 용량이 $0.5[\mu F/km]$, 선로 길이 20[km], 전압 20[kV], 주파수 60[Hz]인 1회선의 3상 송전 선로의 무부하 충전 용량은 약 몇 [kVA]인가?

① 1,412
② 1,508
③ 1,725
④ 1,904

해설 충전 용량 $Q_c = \omega CV^2$
$Q_c = 2\pi \times 60 \times 0.5 \times 10^{-6} \times 20 \times (20 \times 10^3)^2 \times 10^{-3}$
$= 1,508[kVA]$

25 154[kV] 송전 계통의 뇌에 대한 보호에서 절연 강도의 순서가 가장 경제적이고 합리적인 것은?

① 피뢰기 → 변압기 코일 → 기기 부싱 → 결합 콘덴서 → 선로 애자
② 변압기 코일 → 결합 콘덴서 → 피뢰기 → 선로 애자 → 기기 부싱
③ 결합 콘덴서 → 기기 부싱 → 선로 애자 → 변압기 코일 → 피뢰기
④ 기기 부싱 → 결합 콘덴서 → 변압기 코일 → 피뢰기 → 선로 애자

해설 절연 협조는 피뢰기의 제1보호 대상을 변압기로 하고, 가장 높은 기준 충격 절연 강도(BIL)는 선로 애자이다. 그러므로 선로 애자 > 기타 설비 > 변압기 > 피뢰기 순으로 한다.

26 송전단 전압을 V_s, 수전단 전압을 V_r, 선로의 리액턴스를 X라 할 때 정상 시의 최대 송전 전력의 개략적인 값은?

① $\dfrac{V_s - V_r}{X}$
② $\dfrac{V_s^2 - V_r^2}{X}$
③ $\dfrac{V_s(V_s - V_r)}{X}$
④ $\dfrac{V_s \cdot V_r}{X}$

해설 송전 용량 $P_s = \dfrac{V_s \cdot V_r}{X} \sin\delta [MW]$
최대 송전 전력 $P_s = \dfrac{V_s \cdot V_r}{X} [MW]$

정답 21.④ 22.① 23.② 24.② 25.① 26.④

27 유효 낙차 100[m], 최대 사용 수량 20[m³/s], 수차 효율 70[%]인 수력 발전소의 연간 발전 전력량은 약 몇 [kWh]인가? (단, 발전기의 효율은 85[%]라고 한다.)

① 2.5×10^7
② 5×10^7
③ 10×10^7
④ 20×10^7

해설 연간 발전 전력량 $W = P \cdot T$ [kWh]
$W = P \cdot T = 9.8 HQ\eta \cdot T$
$= 9.8 \times 100 \times 20 \times 0.7 \times 0.85 \times 365 \times 24$
$= 10.2 \times 10^7$ [kWh]

28 동기 조상기에 대한 설명으로 틀린 것은?

① 시송전이 불가능하다.
② 전압조정이 연속적이다.
③ 중부하 시에는 과여자로 운전하여 앞선 전류를 취한다.
④ 경부하 시에는 부족 여자로 운전하여 뒤진 전류를 취한다.

해설 동기 조상기는 경부하 시 부족 여자로 지상을, 중부하 시 과여자로 진상을 취하는 것으로, 연속적 조정 및 시송전이 가능하지만 손실이 크고, 시설비가 고가이므로 송전 계통에서 전압 조정용으로 이용된다.

29 송전 계통의 안정도를 향상시키는 방법이 아닌 것은?

① 직렬 리액턴스를 증가시킨다.
② 전압 변동률을 적게 한다.
③ 고장 시간, 고장 전류를 적게 한다.
④ 동기 기간의 임피던스를 감소시킨다.

해설 계통 안정도 향상 대책 중에서 직렬 리액턴스는 송·수전 전력과 반비례하므로 크게 하면 안 된다.

30 3상용 차단기의 정격 전압은 170[kV]이고, 정격 차단 전류가 50[kA]일 때 차단기의 정격 차단 용량은 약 몇 [MVA]인가?

① 5,000
② 10,000
③ 15,000
④ 20,000

해설 정격 차단 용량
P_s [MVA] $= \sqrt{3} \times 170 \times 50 = 14,722 ≒ 15,000$ [MVA]

31 3상 동기 발전기 단자에서의 고장 전류 계산 시 영상 전류 I_0, 정상 전류 I_1과 역상 전류 I_2가 같은 경우는?

① 1선 지락 고장
② 2선 지락 고장
③ 선간 단락 고장
④ 3상 단락 고장

해설 영상 전류, 정상 전류, 역상 전류가 같은 경우의 사고는 1선 지락 고장인 경우이다.

32 비접지 계통의 지락 사고 시 계전기에 영상 전류를 공급하기 위하여 설치하는 기기는?

① PT
② CT
③ ZCT
④ GPT

해설
• ZCT : 지락 사고가 발생하면 영상 전류를 검출하여 계전기에 공급한다.
• GPT : 지락 사고가 발생하면 영상 전압을 검출하여 계전기에 공급한다.

33 비접지 방식을 직접 접지 방식과 비교한 것 중 옳지 않은 것은?

① 전자 유도 장해가 경감된다.
② 지락 전류가 작다.
③ 보호 계전기의 동작이 확실하다.
④ △결선을 하여 영상 전류를 흘릴 수 있다.

해설 비접지 방식은 직접 접지 방식에 비해 보호 계전기 동작이 확실하지 않다.

정답 27.③ 28.① 29.① 30.③ 31.① 32.③ 33.③

34 송전 선로에서 역섬락을 방지하기 위하여 가장 필요한 것은?

① 피뢰기를 설치한다.
② 소호각을 설치한다.
③ 가공 지선을 설치한다.
④ 탑각 접지 저항을 적게 한다.

해설 철탑의 전위=탑각 접지 저항×뇌전류이므로 역섬락을 방지하려면 탑각 접지 저항을 줄여 뇌전류에 의한 철탑의 전위를 낮추어야 한다.

35 전력 원선도에서 알 수 없는 것은?

① 전력
② 손실
③ 역률
④ 코로나 손실

해설 사고 시의 과도 안정 극한 전력, 코로나 손실은 전력 원선도에서는 알 수 없다.

36 가공 전선로에 사용되는 애자련 중 전압 부담이 최소인 것은?

① 철탑에 가까운 곳
② 전선에 가까운 곳
③ 철탑으로부터 $\frac{1}{3}$ 길이에 있는 것
④ 중앙에 있는 것

해설 철탑에 사용하는 현수 애자의 전압 부담은 전선 쪽에 가까운 것이 제일 크고, 철탑 쪽에서 $\frac{1}{3}$ 정도 길이에 있는 현수 애자의 전압 부담이 제일 작다.

37 파동 임피던스가 300[Ω]인 가공 송전선 1[km]당의 인덕턴스는 몇 [mH/km]인가? (단, 저항과 누설 컨덕턴스는 무시한다.)

① 0.5
② 1
③ 1.5
④ 2

해설 파동 임피던스

$Z_0 = \sqrt{\dfrac{L}{C}} = 138\log\dfrac{D}{r}$ 이므로

$\log\dfrac{D}{r} = \dfrac{Z_0}{138} = \dfrac{300}{138}$

$\therefore L = 0.4605\log\dfrac{D}{r}\,[\text{mH/km}] = 0.4605 \times \dfrac{300}{138}$

$\fallingdotseq 1\,[\text{mH/km}]$

38 1선 지락 시에 지락 전류가 가장 작은 송전 계통은?

① 비접지식
② 직접 접지식
③ 저항 접지식
④ 소호 리액터 접지식

해설 소호 리액터 접지식은 $L-C$ 병렬 공진을 이용하므로 지락 전류가 최소로 되어 유도 장해가 적고, 고장 중에도 계속적인 송전이 가능하고, 고장이 스스로 복구될 수 있어 과도 안정도가 좋지만 보호 장치의 동작이 불확실하다.

39 일반적으로 화력 발전소에서 적용하고 있는 열 사이클 중 가장 열효율이 좋은 것은?

① 재생 사이클
② 랭킨 사이클
③ 재열 사이클
④ 재생·재열 사이클

해설 화력 발전소에서 열 사이클 중 재생·재열 사이클이 가장 효율이 좋다.

40 SF_6 가스 차단기에 대한 설명으로 옳지 않은 것은?

① 공기에 비하여 소호 능력이 약 100배 정도 된다.
② 절연 거리를 적게 할 수 있어 차단기 전체를 소형, 경량화할 수 있다.
③ SF_6 가스를 이용한 것으로서 독성이 있으므로 취급에 유의하여야 한다.
④ SF_6 가스 자체는 불활성 기체이다.

해설 SF_6 가스는 유독 가스가 발생하지 않는다.

정답 34.④ 35.④ 36.③ 37.② 38.④ 39.④ 40.③

제3과목 전기기기

41 일정 전압 및 일정 파형에서 주파수가 상승하면 변압기 철손은 어떻게 변하는가?

① 증가한다.
② 감소한다.
③ 불변이다.
④ 증가와 감소를 반복한다.

해설 공급 전압이 일정한 상태에서 와전류손은 주파수와 관계없이 일정하고, 히스테리시스손은 주파수에 반비례하므로 철손의 80[%]가 히스테리시스손인 관계로 철손은 주파수에 반비례한다.

42 3상 동기기에서 단자 전압 V, 내부 유기 전압 E, 부하각이 δ일 때, 한 상의 출력은 어떻게 표시하는가? (단, 전기자 저항은 무시하며, 누설 리액턴스는 x_s이다.)

① $\dfrac{EV}{x_s^2}\sin\delta$
② $\dfrac{EV}{x_s}\cos\delta$
③ $\dfrac{EV}{x_s}\sin\delta$
④ $\dfrac{EV^2}{x_s}\cos\delta$

해설

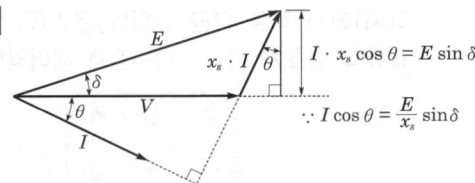

1상 출력 $P_1 = VI\cos\theta = \dfrac{EV}{x_s}\sin\delta$ [W]

43 30[kVA], 3,300/200[V], 60[Hz]의 3상 변압기 2차측에 3상 단락이 생겼을 경우 단락 전류는 약 몇 [A]인가? (단, %임피던스 전압은 3[%]이다.)

① 2,250
② 2,620
③ 2,730
④ 2,886

해설 퍼센트 임피던스 강하 $\%Z = \dfrac{I_{1n}}{I_{1s}} \times 100 = \dfrac{I_{2n}}{I_{2s}} \times 100$

단락 2차 전류 $I_{2s} = \dfrac{100}{\%Z} \cdot I_{2n} = \dfrac{100}{3} \times \dfrac{30 \times 10^3}{\sqrt{3} \times 200}$
$= 2,886.8$ [A]

44 자극수 p, 파권, 전기자 도체수가 Z인 직류 발전기를 N [rpm]의 회전 속도로 무부하 운전할 때 기전력이 E[V]이다. 1극당 주자속[Wb]은?

① $\dfrac{120E}{pZN}$
② $\dfrac{120Z}{pEN}$
③ $\dfrac{120ZN}{pE}$
④ $\dfrac{120pZ}{EN}$

해설 직류 발전기의 유기 기전력 $E = \dfrac{Z}{a}p\phi\dfrac{N}{60}$ [V]

병렬 회로수 $a = 2$(파권)이므로

극당 자속 $\phi = \dfrac{120E}{ZpN}$ [Wb]

45 슬립 s_t에서 최대 토크를 발생하는 3상 유도 전동기에 2차측 한 상의 저항을 r_2라 하면 최대 토크로 기동하기 위한 2차측 한 상에 외부로부터 가해 주어야 할 저항[Ω]은?

① $\dfrac{1-s_t}{s_t}r_2$
② $\dfrac{1+s_t}{s_t}r_2$
③ $\dfrac{r_2}{1-s_t}$
④ $\dfrac{r_2}{s_t}$

해설 최대 토크를 발생할 때의 슬립과 2차 저항을 s_t, r_2, 기동 시의 슬립과 외부에서 연결 저항을 s_s, R이라 하면

$\dfrac{r_2}{s_t} = \dfrac{r_2 + R}{s_s}$

기동 시 $s_s = 1$ 이므로 $\dfrac{r_2}{s_t} = \dfrac{r_2 + R}{1}$

∴ $R = \dfrac{r_2}{s_t} - r_2 = \left(\dfrac{1}{s_t} - 1\right)r_2 = \left(\dfrac{1-s_t}{s_t}\right)r_2$ [Ω]

정답 41.② 42.③ 43.④ 44.① 45.①

46 단상 변압기에 정현파 유기 기전력을 유기하기 위한 여자 전류의 파형은?

① 정현파 ② 삼각파
③ 왜형파 ④ 구형파

해설 전압을 유기하는 자속은 정현파이지만 자속을 만드는 여자 전류는 자로를 구성하는 철심의 포화와 히스테리시스 현상 때문에 일그러진 첨두파(=왜형파)가 된다.

47 10,000[kVA], 6,000[V], 60[Hz], 24극, 단락비 1.2인 3상 동기 발전기의 동기 임피던스[Ω]는?

① 1 ② 3
③ 10 ④ 30

해설 동기 발전기의 단위법 % 동기 임피던스

$$Z_s' = \frac{PZ_s}{10^3 V^2}$$

단락비 $K_s = \frac{1}{Z_s'} = \frac{10^3 V^2}{PZ_s}$ 에서

동기 임피던스 $Z_s = \frac{10^3 V^2}{PK_s}$

$$= \frac{10^3 \times 6^2}{10,000 \times 1.2} = 3 [\Omega]$$

48 권선형 유도 전동기의 전부하 운전 시 슬립이 4[%]이고 2차 정격 전압이 150[V]이면 2차 유도 기전력은 몇 [V]인가?

① 9 ② 8
③ 7 ④ 6

해설 유도 전동기의 슬립 s로 운전 시 2차 유도 기전력 $E_{2s} = sE_2 = 0.04 \times 150 = 6[V]$

49 스테핑 모터에 대한 설명 중 틀린 것은?

① 회전 속도는 스테핑 주파수에 반비례한다.
② 총 회전 각도는 스텝각과 스텝수의 곱이다.
③ 분해능은 스텝각에 반비례한다.
④ 펄스 구동 방식의 전동기이다.

해설 스테핑 모터(stepping motor)
아주 정밀한 펄스 구동 방식의 전동기
- 분해능(resolution) : $\frac{360°}{\beta}$
- 총 회전 각도 : $\theta = \beta \times$ 스텝수
- 회전 속도(축속도) : $n = \frac{\beta \times f_p}{360°}$

여기서, β : 스텝각(deg/pulse)
f_p : 스테핑 주파수(pulse/s)

50 극수 6, 회전수 1,200[rpm]의 교류 발전기와 병렬 운전하는 극수 8의 교류 발전기의 회전수[rpm]는?

① 600 ② 750
③ 900 ④ 1,200

해설 동기 속도(N_s) $= \frac{120f}{P}$ [rpm]

$f = \frac{N_s \cdot P}{120} = \frac{6 \times 1,200}{120} = 60[Hz]$

$\therefore N_s = \frac{120 \times 60}{8} = 900$

51 그림과 같은 단상 브리지 정류 회로(혼합 브리지)에서 직류 평균 전압[V]은? (단, E는 교류측 실효치 전압, α는 점호 제어각이다.)

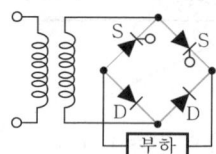

① $\frac{2\sqrt{2}E}{\pi}\left(\frac{1+\cos\alpha}{2}\right)$

② $\frac{\sqrt{2}E}{\pi}\left(\frac{1+\cos\alpha}{2}\right)$

③ $\frac{2\sqrt{2}E}{\pi}\left(\frac{1-\cos\alpha}{2}\right)$

④ $\frac{\sqrt{2}E}{\pi}\left(\frac{1-\cos\alpha}{2}\right)$

정답 46.③ 47.② 48.④ 49.① 50.③ 51.①

해설 SCR을 사용한 단상 브리지 정류에서 점호 제어각이 α일 때 직류 평균 전압($E_{d\alpha}$)

$$E_{d\alpha} = \frac{1}{\pi}\int_\alpha^\pi \sqrt{2}\,E\sin\theta \cdot d\theta = \frac{\sqrt{2}\,E}{\pi}(1+\cos\alpha)$$
$$= \frac{2\sqrt{2}\,E}{\pi}\left(\frac{1+\cos\alpha}{2}\right)[\text{V}]$$

52 3상 유도 전동기의 출력 15[kW], 60[Hz], 4극, 전부하 운전 시 슬립(slip)이 4[%]라면 이때의 2차(회전자)측 동손[kW] 및 2차 입력[kW]은?

① 0.4, 136
② 0.625, 15.6
③ 0.06, 156
④ 0.8, 13.6

해설 2차 입력 $P_2 = \dfrac{P}{1-s}$[kW], 2차 동손 $P_{c2} = sP_2$[kW]

$P_2 : P_o : P_{c2} = 1 : 1-s : s$에서 $P_o = (1-s)P_2$

$\therefore P_2 = \dfrac{P_o}{1-s} = \dfrac{15}{1-0.04} = 15.625$[kW]

[기계적 출력 $P_o = P$(정격 출력)+기계손 ≒ P]

$\therefore P_{2c} = s \cdot P_2$
$= 0.04 \times 15.625 = 0.625$[kW]

53 변압기의 3상 전원에서 2상 전원을 얻고자 할 때 사용하는 결선은?

① 스코트 결선
② 포크 결선
③ 2중 델타 결선
④ 대각 결선

해설 변압기의 상(phase)수 변환에서 3상을 2상으로 변환하는 방법은 다음과 같다.
- 스코트(scott) 결선
- 메이어(meyer) 결선
- 우드 브리지(wood bridge) 결선

54 다음 직류 전동기 중에서 속도 변동률이 가장 큰 것은?

① 직권 전동기
② 분권 전동기
③ 차동 복권 전동기
④ 가동 복권 전동기

해설 직류 직권 전동기 $I = I_f = I_a$
회전 속도 $N = K\dfrac{V-I_a(R_a+r_f)}{\phi} \propto \dfrac{1}{\phi} \propto \dfrac{1}{I}$이므로 부하가 변화하면 속도 변동률이 가장 크다.

55 2방향성 3단자 사이리스터는 어느 것인가?

① SCR
② SSS
③ SCS
④ TRIAC

해설 사이리스터(thyristor)의 SCR은 단일 방향 3단자 소자, SSS는 쌍방향(2방향성) 2단자 소자, SCS는 단일 방향 4단자 소자이며 TRIAC은 2방향성 3단자 소자이다.

56 직류 발전기의 병렬 운전에서 부하 분담의 방법은?

① 계자 전류와 무관하다.
② 계자 전류를 증가시키면 부하 분담은 증가한다.
③ 계자 전류를 감소시키면 부하 분담은 증가한다.
④ 계자 전류를 증가시키면 부하 분담은 감소한다.

해설 단자 전압 $V = E - I_a R_a$가 일정하여야 하므로 계자 전류를 증가시키면 기전력이 증가하게 되고, 따라서 부하 분담 전류(I)도 증가하게 된다.

정답 52.② 53.① 54.① 55.④ 56.②

57 주파수가 일정한 3상 유도 전동기의 전원 전압이 80[%]로 감소하였다면 토크는? (단, 회전수는 일정하다고 가정한다.)

① 64[%]로 감소
② 80[%]로 감소
③ 89[%]로 감소
④ 변화 없음

해설 유도 전동기 토크 $T \propto V_1^2$ 이므로
$T' = 0.8^2 T = 0.64T$
즉, 64[%]로 감소한다.

58 3상 직권 정류자 전동기에 중간(직렬) 변압기가 쓰이고 있는 이유가 아닌 것은?

① 정류자 전압의 조정
② 회전자 상수의 감소
③ 경부하 때 속도의 이상 상승 방지
④ 실효 권수비 선정 조정

해설 3상 직권 정류자 전동기의 중간 변압기(또는 직렬 변압기)는 고정자 권선과 회전자 권선 사이에 직렬로 접속된다. 중간 변압기의 사용 목적은 다음과 같다.
• 정류자 전압의 조정
• 회전자 상수의 증가
• 경부하시 속도 이상 상승의 방지
• 실효 권수비의 조정

59 정격 출력이 7.5[kW]의 3상 유도 전동기가 전부하 운전에서 2차 저항손이 300[W]이다. 슬립은 약 몇 [%]인가?

① 3.85
② 4.61
③ 7.51
④ 9.42

해설 $P = 7.5$ [kW], $P_{2c} = 300$ [W] $= 0.3$ [kW]이므로
$P_2 = P + P_{2c} = 7.5 + 0.3 = 7.8$ [kW]
$\therefore s = \dfrac{P_{2c}}{P_2} = \dfrac{0.3}{7.8} \fallingdotseq 0.0385 = 3.85$ [%]

60 직류 분권 전동기의 정격 전압이 300[V], 전부하 전기자 전류가 50[A], 전기자 저항이 0.2[Ω]이다. 이 전동기의 기동 전류를 전부하 전류의 120[%]로 제한시키기 위한 기동 저항값은 몇 [Ω]인가?

① 3.5
② 4.8
③ 5.0
④ 5.5

해설 $V = 300$ [V], $I_a = 50$ [A], $R_a = 0.2$ [Ω]이므로
$V = E + I_a R_a$ [V]
$R = \dfrac{V-E}{I_a} = \dfrac{300-0}{50 \times 1.2} = 5$ [Ω]
$\therefore R_{st} = R - R_a = 5 - 0.2 = 4.8$ [Ω]

제4과목 회로이론 및 제어공학

61 다음 그림과 같은 제어계가 안정하기 위한 K의 범위는?

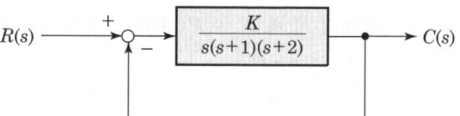

① $K > 0$
② $K > 6$
③ $0 < K < 6$
④ $1 < K < 8$

해설 특성 방정식은
$1 + G(s)H(s) = 1 + \dfrac{K}{s(s+1)(s+2)} = 0$
$s(s+1)(s+2) + K = s^3 + 3s^2 + 2s + K = 0$
라우스의 표

s^3	1	2
s^2	3	K
s^1	$\dfrac{6-K}{3}$	0
s^0	K	

제1열의 부호 변화가 없어야 안정
$\dfrac{6-K}{3} > 0, \ K > 0$
$\therefore 0 < K < 6$

정답 57.① 58.② 59.① 60.② 61.③

62 다음 블록 선도의 전체 전달 함수가 1이 되기 위한 조건은?

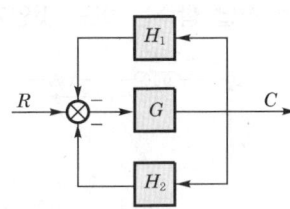

① $G = \dfrac{1}{1 - H_1 - H_2}$

② $G = \dfrac{1}{1 + H_1 + H_2}$

③ $G = \dfrac{-1}{1 - H_1 - H_2}$

④ $G = \dfrac{-1}{1 + H_1 + H_2}$

해설 $(R - CH_1 - CH_2)G = C$
$RG = C(1 + H_1G + H_2G)$
전체 전달 함수 $\dfrac{C}{R} = \dfrac{G}{1 + H_1G + H_2G}$
$\therefore 1 = \dfrac{G}{1 + H_1G + H_2G}$
$G = 1 + H_1G + H_2G$
$G(1 - H_1 - H_2) = 1$
$G = \dfrac{1}{1 - H_1 - H_2}$

63 다음 계통의 상태 천이 행렬 $\Phi(t)$를 구하면?

$$\begin{bmatrix} \dot{x}_1 \\ \dot{x}_2 \end{bmatrix} = \begin{bmatrix} 0 & 1 \\ -2 & -3 \end{bmatrix} \begin{bmatrix} x_1 \\ x_2 \end{bmatrix}$$

① $\begin{bmatrix} 2e^{-t} - e^{2t} & -e^{-t} - e^{-2t} \\ -2e^{-t} + 2e^{2t} & -e^t + 2e^{2t} \end{bmatrix}$

② $\begin{bmatrix} 2e^{-t} - e^{2t} & -e^{-t} + e^{-2t} \\ 2e^t - 2e^{2t} & e^{-t} + 2e^{-2t} \end{bmatrix}$

③ $\begin{bmatrix} -2e^{-t} - e^{-2t} & -e^{-t} - e^{-2t} \\ -2e^{-t} + 2e^{-2t} & -e^{-t} + 2e^{-2t} \end{bmatrix}$

④ $\begin{bmatrix} 2e^{-t} - e^{2t} & e^{-t} - e^{-2t} \\ -2e^{-t} + 2e^{-2t} & -e^{-t} + 2e^{-2t} \end{bmatrix}$

해설 $\Phi(t) = \mathcal{L}^{-1}[sI - A]^{-1}$
$[sI - A] = \begin{bmatrix} s & 0 \\ 0 & s \end{bmatrix} - \begin{bmatrix} 0 & 1 \\ -2 & -3 \end{bmatrix} = \begin{bmatrix} s & -1 \\ 2 & (s+3) \end{bmatrix}$
$[sI - A]^{-1} = \dfrac{1}{\begin{vmatrix} s & -1 \\ 2 & s+3 \end{vmatrix}} \begin{bmatrix} s+3 & 1 \\ -2 & s \end{bmatrix}$
$= \dfrac{1}{s^2 + 3s + 2} \begin{bmatrix} s+3 & 1 \\ -2 & s \end{bmatrix}$
$= \begin{bmatrix} \dfrac{s+3}{(s+1)(s+2)} & \dfrac{1}{(s+1)(s+2)} \\ \dfrac{-2}{(s+1)(s+2)} & \dfrac{s}{(s+1)(s+2)} \end{bmatrix}$
$\therefore \Phi(t) = \mathcal{L}^{-1}\{[sI - A]^{-1}\}$
$= \begin{bmatrix} 2e^{-t} - e^{-2t} & e^{-t} - e^{-2t} \\ -2e^{-t} + 2e^{-2t} & -e^{-t} + 2e^{-2t} \end{bmatrix}$

64 $G(s)H(s) = \dfrac{K(s+1)}{s(s+2)(s+3)}$ 에서 근궤적의 수는?

① 1 ② 2
③ 3 ④ 4

해설 영점의 개수 $z = 1$이고, 극점의 개수 $p = 3$이므로 근궤적의 개수는 3개가 된다.

65 $\overline{A}BC + \overline{A}B\overline{C} + A\overline{B}\overline{C} + AB\overline{C} + \overline{A}\,\overline{B}C$
$+ \overline{A}\,\overline{B}\,\overline{C}$의 논리식을 간략화하면?

① $A + AC$ ② $A + C$
③ $\overline{A} + A\overline{B}$ ④ $\overline{A} + A\overline{C}$

해설 $\overline{A}BC + \overline{A}B\overline{C} + A\overline{B}\overline{C} + AB\overline{C} + \overline{A}\,\overline{B}C + \overline{A}\,\overline{B}\,\overline{C}$
$= \overline{A}B(C + \overline{C}) + A\overline{C}(\overline{B} + B) + \overline{A}\,\overline{B}(C + \overline{C})$
$= \overline{A}B + A\overline{C} + \overline{A}\,\overline{B}$
$= \overline{A}(B + \overline{B}) + A\overline{C}$
$= \overline{A} + A\overline{C}$

정답 62.① 63.④ 64.③ 65.④

66. 다음과 같은 시스템에 단위 계단 입력 신호가 가해졌을 때 지연 시간에 가장 가까운 값 [sec]은?

$$\frac{C(s)}{R(s)} = \frac{1}{s+1}$$

① 0.5   ② 0.7
③ 0.9   ④ 1.2

해설

$C(s) = \frac{1}{s+1} \cdot R(s) = \frac{1}{s(s+1)}$

$\therefore c(t) = \mathcal{L}^{-1} C(s)$
$= \mathcal{L}^{-1}\left(\frac{1}{s} - \frac{1}{s+1}\right) = 1 - e^{-t}$

지연 시간 T_d는 응답이 최종값의 50[%]에 도달하는 데 요하는 시간

$0.5 = 1 - e^{-T_d}$, $\frac{1}{2} = e^{-T_d}$

$\ln 1 - \ln 2 = -T_d$

$\therefore$ 지연 시간 $T_d = \ln 2 = 0.693 ≒ 0.7[\text{sec}]$

67. $G_{c1}(s) = K$, $G_{c2}(s) = \frac{1+0.1s}{1+0.2s}$, $G_p(s) = \frac{200}{s(s+1)(s+2)}$ 인 그림과 같은 제어계에 단위 램프 입력을 가할 때, 정상 편차가 0.01이라면 K의 값은?

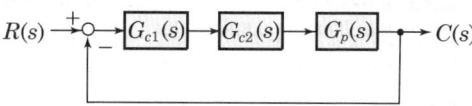

① 0.1   ② 1
③ 10   ④ 100

해설

$e_{ssv} = \frac{1}{\lim\limits_{s\to 0} s G(s)} = \frac{1}{K_v}$

$K_v = \lim\limits_{s\to 0} s G(s)$

$= \lim\limits_{s\to 0} s \cdot \frac{200K(1+0.1s)}{s(1+0.2s)(s+1)(s+2)} = 100K$

정상 편차가 0.01인 경우 K의 값은
$\frac{1}{100K} = 0.01$
$\therefore K = 1$

68. 그림과 같은 $R-L-C$ 회로망에서 입력 전압을 $e_i(t)$, 출력량을 $i(t)$로 할 때, 이 요소의 전달 함수는 어느 것인가?

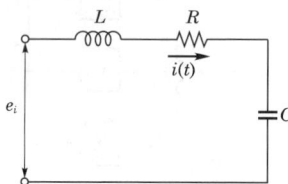

① $\frac{Rs}{LCs^2 + RCs + 1}$ ② $\frac{RLs}{LCs^2 + RCs + 1}$

③ $\frac{Ls}{LCs^2 + RCs + 1}$ ④ $\frac{Cs}{LCs^2 + RCs + 1}$

해설

$\frac{I(s)}{E(s)} = Y(s) = \frac{1}{Z(s)} = \frac{1}{R + Ls + \frac{1}{Cs}}$

$= \frac{Cs}{LCs^2 + RCs + 1}$

(전압에 대한 전류의 비이므로 어드미턴스를 구한다.)

69. 다음 신호 흐름 선도에서 특성 방정식의 근은 얼마인가? (단, $G_1 = s+2$, $G_2 = 1$, $H_1 = H_2 = -(s+1)$이다.)

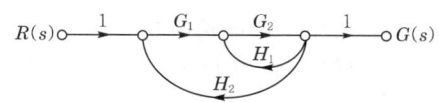

① $-2, -2$ ② $-1, -2$
③ $-1, 2$ ④ $1, 2$

해설

메이슨 공식 $\frac{C(s)}{R(s)} = \frac{\sum\limits_{k=1}^{n} G_k \Delta k}{\Delta}$

전향 경로 $n = 1$
전향 경로 이득 $G_1 = G_1 G_2 = s+2$, $\Delta_1 = 1$
$\Delta = 1 - \Sigma L_{n_2} = 1 - G_2 H_1 - G_1 G_2 H_2$
$= 1 + (s+1) + (s+2)(s+1) = s^2 + 4s + 4$

$\therefore$ 전달 함수 $\frac{C(s)}{R(s)} = \frac{s+2}{s^2 + 4s + 4}$

특성 방정식은 $s^2 + 4s + 4 = 0$, $(s+2)(s+2) = 0$
$\therefore$ 특성 방정식의 근 $s = -2, -2$

정답 66.② 67.② 68.④ 69.①

70 다음 그림에 대한 논리 게이트는?

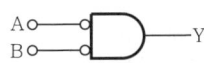

① NOT ② NAND
③ OR   ④ NOR

해설 주어진 회로의 논리식 $Y = \overline{A} \cdot \overline{B}$이다.
드모르간의 정리에서 $\overline{A+B} = \overline{A} \cdot \overline{B}$이므로 논리합 부정 회로인 NOR GATE가 된다.

71 다음과 같은 비정현파 기전력 및 전류에 의한 평균 전력을 구하면 몇 [W]인가?

- $v = 100\sin\omega t - 50\sin(3\omega t + 30°)$
  $+ 20\sin(5\omega t + 45°)$ [V]
- $i = 20\sin\omega t + 10\sin(3\omega t - 30°)$
  $+ 5\sin(5\omega t - 45°)$ [A]

① 825
② 875
③ 925
④ 1,175

해설 평균 전력
$P = V_1 I_1 \cos\theta_1 + V_3 I_3 \cos\theta_3 + V_5 I_5 \cos\theta_5$
$= \dfrac{100}{\sqrt{2}} \cdot \dfrac{20}{\sqrt{2}} \cos 0° - \dfrac{50}{\sqrt{2}} \cdot \dfrac{10}{\sqrt{2}} \cos 60°$
$+ \dfrac{20}{\sqrt{2}} \cdot \dfrac{5}{\sqrt{2}} \cos 90°$
$= 875 [W]$

72 불평형 전류 $I_a = 400 - j650$ [A], $I_b = -230 - j700$ [A], $I_c = -150 + j600$ [A]일 때 정상분 I_1 [A]은?

① $6.66 - j250$
② $-179 - j177$
③ $572 - j223$
④ $223 - j572$

해설 정상 전류
$I_1 = \dfrac{1}{3}(I_a + aI_b + a^2 I_c)$
$= \dfrac{1}{3}\left\{(400 - j650) + \left(-\dfrac{1}{2} + j\dfrac{\sqrt{3}}{2}\right)\right.$
$(-230 - j700) + \left(-\dfrac{1}{2} - j\dfrac{\sqrt{3}}{2}\right)$
$\left.(-150 + j600)\right\}$
$= 572 - j223$ [A]

73 특성 임피던스 400[Ω]의 회로 말단에 1,200[Ω]의 부하가 연결되어 있다. 전원측에 100[kV]의 전압을 인가할 때 전압 반사파의 크기 [kV]는? (단, 선로에서의 전압 감쇠는 없는 것으로 간주한다.)

① 50   ② 1
③ 10   ④ 5

해설 반사 전압 $e_2 = \beta e_1$
전압 반사 계수 $\beta = \dfrac{Z_L - Z_0}{Z_L + Z_0} = \dfrac{1,200 - 400}{1,200 + 400} = \dfrac{1}{2}$
$= 0.5$
$\therefore e_2 = 0.5 \times 100 = 50$ [kV]

74 그림과 같은 평형 3상 회로에서 전원 전압이 $V_{ab} = 200$ [V]이고 부하 한 상의 임피던스가 $Z = 4 + j3$ [Ω]인 경우 전원과 부하 사이의 선전류 I_a는 약 몇 [A]인가?

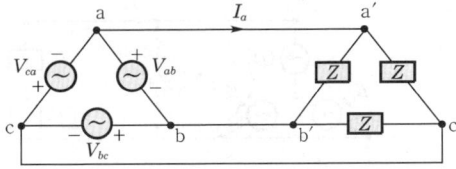

① $40\sqrt{3}\angle 36.87°$
② $40\sqrt{3}\angle -36.87°$
③ $40\sqrt{3}\angle 66.87°$
④ $40\sqrt{3}\angle -66.87°$

해설 △결선이므로 선전류 $I_l = \sqrt{3}\,I_p \underline{/-30°}$,
선간 전압(V_l)=상전압(V_p)

$$\therefore I_l = I_a = \sqrt{3}\,I_p\underline{/-30°}$$
$$= \sqrt{3}\,\frac{V_p}{Z}\underline{/-30°}$$
$$= \sqrt{3}\,\frac{200}{\sqrt{4^2+3^2}}\underline{/-30° - \tan^{-1}\frac{3}{4}}$$
$$= 40\sqrt{3}\,\underline{/-66.87°}\,[\text{A}]$$

75 $e^{-2t}\cos 3t$ 의 라플라스 변환은?

① $\dfrac{s+2}{(s+2)^2+3^2}$

② $\dfrac{s-2}{(s-2)^2+3^2}$

③ $\dfrac{s}{(s+2)^2+3^2}$

④ $\dfrac{s}{(s-2)^2+3^2}$

해설 $\mathcal{L}[e^{-2t}\cos 3t] = \mathcal{L}[\cos 3t]\big|_{s=s+2}$
$= \dfrac{s}{s^2+3^2}\big|_{s=s+2} = \dfrac{s+2}{(s+2)^2+3^2}$

76 그림과 같은 평형 3상 회로에서 선간 전압 $V_{ab}=300\underline{/0°}\,[\text{V}]$일 때 $I_a=20\underline{/-60°}\,[\text{A}]$이었다. 부하 한 상의 임피던스는 몇 $[\Omega]$인가?

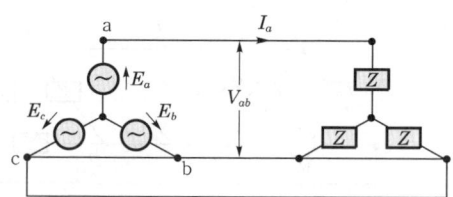

① $5\sqrt{3}\underline{/30°}$ ② $5\underline{/30°}$
③ $5\sqrt{3}\underline{/60°}$ ④ $5\underline{/60°}$

해설 $Z = \dfrac{V_p}{I_p}$

Y결선이므로 선간 전압$(V_l) = \sqrt{3}$ 상전압$(V_p)\underline{/30°}$,
선전류(I_l)=상전류(I_p)

$$\therefore Z = \dfrac{\frac{300}{\sqrt{3}}\underline{/-30°}}{20\underline{/-60°}} = \dfrac{15}{\sqrt{3}}\underline{/30°} = 5\sqrt{3}\underline{/30°}\,[\Omega]$$

77 다음 왜형파 전류의 왜형률을 구하면 얼마인가?

$$i = 30\sin\omega t + 10\cos 3\omega t + 5\sin 5\omega t\,[\text{A}]$$

① 약 0.46 ② 약 0.26
③ 약 0.53 ④ 약 0.37

해설 왜형률 $D = \dfrac{\sqrt{\left(\frac{10}{\sqrt{2}}\right)^2 + \left(\frac{5}{\sqrt{2}}\right)^2}}{\frac{30}{\sqrt{2}}} \fallingdotseq 0.37$

78 그림과 같은 4단자 회로망에서 하이브리드 파라미터 H_{11}은?

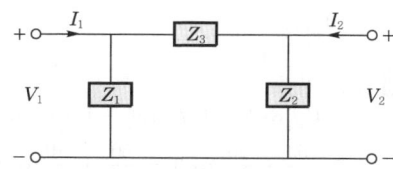

① $\dfrac{Z_1}{Z_1+Z_3}$ ② $\dfrac{Z_1}{Z_1+Z_2}$

③ $\dfrac{Z_1 Z_3}{Z_1+Z_3}$ ④ $\dfrac{Z_1 Z_2}{Z_1+Z_2}$

해설 $H_{11} = \dfrac{V_1}{I_1}\bigg|_{V_2=0}$: 출력 단자를 단락하고 입력측에서 본 단락 구동점 임피던스

$$\therefore H_{11} = \dfrac{Z_1 Z_3}{Z_1+Z_3}$$

정답 75.① 76.① 77.④ 78.③

79 그림과 같은 회로에서 스위치 S를 닫았을 때 과도분을 포함하지 않기 위한 R의 값 [Ω]은?

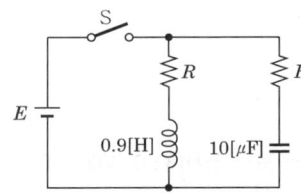

① 100 ② 200
③ 300 ④ 400

해설 과도분을 포함하지 않기 위해서는 정저항 회로가 되면 된다.

$$\therefore R = \sqrt{\frac{L}{C}} = \sqrt{\frac{0.9}{10 \times 10^{-6}}} = 300[\Omega]$$

80 $F(s) = \dfrac{2s+3}{s^2+3s+2}$ 의 시간 함수는?

① $e^{-t} - e^{-2t}$
② $e^{-t} + e^{-2t}$
③ $e^{-t} + 2e^{-2t}$
④ $e^{-t} - 2e^{-2t}$

해설 $F(s) = \dfrac{2s+3}{s^2+3s+2} = \dfrac{2s+3}{(s+2)(s+1)}$

$= \dfrac{K_1}{s+2} + \dfrac{K_2}{s+1}$

유수 정리를 적용하면

$K_1 = \dfrac{2s+3}{s+1}\bigg|_{s=-2} = 1$

$K_2 = \dfrac{2s+3}{s+2}\bigg|_{s=-1} = 1$

$\therefore F(s) = \dfrac{1}{s+2} + \dfrac{1}{s+1}$

$\therefore f(t) = e^{-2t} + e^{-t}$

제5과목 전기설비기술기준

81 전로에 대한 설명 중 옳은 것은?
① 통상의 사용 상태에서 전기를 절연한 곳
② 통상의 사용 상태에서 전기를 접지한 곳
③ 통상의 사용 상태에서 전기가 통하고 있는 곳
④ 통상의 사용 상태에서 전기가 통하고 있지 않은 곳

해설 정의(기술기준 제3조)
• 전선 : 강전류 전기의 전송에 사용하는 전기 도체, 절연물로 피복한 전기 도체 또는 절연물로 피복한 전기 도체를 다시 보호 피복한 전기 도체
• 전로 : 통상의 사용 상태에서 전기가 통하고 있는 곳
• 전선로 : 발전소·변전소·개폐소, 이에 준하는 곳, 전기 사용 장소 상호 간의 전선(전차선을 제외) 및 이를 지지하거나 수용하는 시설물

82 가공 공동 지선과 대지 사이의 합성 전기저항 값은 몇 [km]를 지름으로 하는 지역 안마다 규정의 합성 접지 저항값을 가지는 것으로 하여야 하는가?
① 0.4
② 0.6
③ 0.8
④ 1.0

해설 고압 또는 특고압과 저압의 혼촉에 의한 위험 방지 (KEC 322.1)-가공 공동 지선
가공 공동 지선과 대지 사이의 합성 전기 저항값은 1[km]를 지름으로 하는 지역 안마다 합성 접지 저항 값을 가지는 것으로 하고 또한 각 접지 도체를 가공 공동 지선으로부터 분리하였을 경우의 각 접지 도체와 대지 사이의 전기 저항값은 300[Ω] 이하로 할 것

정답 79.③ 80.② 81.③ 82.④

83
저압으로 수전하는 경우 수용가 설비의 인입구로부터 조명까지의 전압 강하는 몇 [%] 이하이어야 하는가?

① 3
② 5
③ 6
④ 7

해설 배선 설비 적용 시 고려 사항(KEC 232.3) – 수용가 설비에서의 전압 강하

설비의 유형	조명[%]	기타[%]
A – 저압으로 수전하는 경우	3	5
B – 고압 이상으로 수전하는 경우	6	8

84
고·저압 혼촉 사고 시에 1초를 초과하고 2초 이내에 자동 차단되는 6.6[kV] 전로에 결합된 변압기 저압측의 전압이 150[V]를 넘는 경우 저압측의 중성점 접지 저항값은 몇 [Ω] 이하로 유지하여야 하는가? (단, 고압측 1선 지락전류는 30[A]라 한다.)

① 10
② 50
③ 100
④ 200

해설 고압 또는 특고압과 저압의 혼촉에 의한 위험 방지 시설(KEC 322.1)

$R = \dfrac{300}{I} = \dfrac{300}{30} = 10[\Omega]$

85
무대, 무대마루 밑, 오케스트라 박스, 영사실, 기타 사람이나 무대 도구가 접촉할 우려가 있는 곳에 시설하는 저압 옥내 배선·전구선 또는 이동 전선은 사용 전압이 몇 [V] 이하이어야 하는가?

① 60
② 110
③ 220
④ 400

해설 전시회, 쇼 및 공연장의 전기 설비(KEC 242.6)
저압 옥내 배선·전구선 또는 이동 전선은 사용 전압이 400[V] 이하일 것

86
고압 보안 공사에서 지지물이 A종 철주인 경우 경간(지지물 간 거리)은 몇 [m] 이하인가?

① 100
② 150
③ 250
④ 400

해설 고압 보안 공사(KEC 332.10) – 경간(지지물 간 거리) 제한

지지물의 종류	경간(지지물 간 거리)
목주·A종	100[m]
B종	150[m]
철탑	400[m]

87
시가지 또는 그 밖에 인가가 밀집한 지역에 154[kV] 가공 전선로의 전선을 케이블로 시설하고자 한다. 이때, 가공 전선을 지지하는 애자 장치의 50[%] 충격 섬락(불꽃 방전) 전압값이 그 전선의 근접한 다른 부분을 지지하는 애자 장치값의 몇 [%] 이상이어야 하는가?

① 75
② 100
③ 105
④ 110

해설 시가지 등에서 특고압 가공 전선로의 시설(KEC 333.1)
50[%] 충격 섬락(불꽃 방전) 전압값이 그 전선의 근접한 다른 부분을 지지하는 애자 장치값의 110[%] (사용 전압이 130[kV]를 초과하는 경우는 105[%]) 이상인 것

88
분산형 전원 설비 사업자의 한 사업장의 설비 용량 합계가 몇 [kVA] 이상일 경우에는 송·배전 계통과 연계 지점의 연결 상태를 감시 또는 유효 전력, 무효 전력 및 전압을 측정할 수 있는 장치를 시설하여야 하는가?

① 100
② 150
③ 200
④ 250

정답 83.① 84.① 85.④ 86.① 87.③ 88.④

해설 전기 공급 방식 등(KEC 503.2.1)
분산형 전원 설비의 전기 공급 방식, 측정 장치 등은 다음에 따른다.
- 분산형 전원 설비의 전기 공급 방식은 전력 계통과 연계되는 전기 공급 방식과 동일할 것
- 분산형 전원 설비 사업자의 한 사업장의 설비 용량 합계가 250[kVA] 이상일 경우에는 송·배전 계통과 연계 지점의 연결 상태를 감시 또는 유효 전력, 무효 전력 및 전압을 측정할 수 있는 장치를 시설할 것

89. 특별 저압 SELV와 PELV에서 특별 저압 계통의 전압 한계는 KS C IEC 60449(건축 전기 설비의 전압 밴드)에 의한 전압 밴드 I의 상한값인 공칭 전압의 얼마 이하이어야 하는가?

① 교류 30[V], 직류 80[V] 이하
② 교류 40[V], 직류 100[V] 이하
③ 교류 50[V], 직류 120[V] 이하
④ 교류 75[V], 직류 150[V] 이하

해설 SELV와 PELV를 적용한 특별 저압에 의한 보호 (KEC 211.5)
특별 저압 계통의 전압 한계는 건축 전기 설비의 전압 밴드에 의한 전압 밴드 I의 상한값인 교류 50[V] 이하, 직류 120[V] 이하이어야 한다.

90. 시스템 종류는 단상 교류이고, 전차선과 급전선이 동적일 경우 최소 높이는 몇 [mm] 이상이어야 하는가?

① 4,100
② 4,300
③ 4,500
④ 4,800

해설 전차선 및 급전선의 높이(KEC 431.6)

시스템 종류	공칭 전압[V]	동적[mm]	정적[mm]
직류	750	4,800	4,400
	1,500	4,800	4,400
단상 교류	25,000	4,800	4,570

91. 지중 전선로에 있어서 폭발성 가스가 침입할 우려가 있는 장소에 시설하는 지중함은 크기가 몇 [m³] 이상일 때 가스를 방산시키기 위한 장치를 시설하여야 하는가?

① 0.25
② 0.5
③ 0.75
④ 1.0

해설 지중함의 시설(KEC 334.2)
폭발성 또는 연소성의 가스가 침입할 우려가 있는 것에 시설하는 지중함으로서 그 크기가 1[m³] 이상인 것에는 통풍 장치, 기타 가스를 방산시키기 위한 적당한 장치를 시설할 것

92. 매설 금속체측의 누설 전류에 의한 전식(전기 부식)의 피해가 예상되는 곳에서 고려하여야 하는 방법으로 틀린 것은?

① 배류 장치 설치
② 절연 코팅
③ 변전소 간 간격 축소
④ 저준위 금속체를 접속

해설 전식(전기 부식) 방지(KEC 461.4)
- 전기 철도측의 전기 부식 방지를 위해서는 다음 방법을 고려하여야 한다.
  - 변전소 간 간격 축소
  - 레일본드의 양호한 시공
  - 장대 레일 채택
  - 절연도상 및 레일과 침목 사이에 절연층의 설치
- 매설 금속체측의 누설전류에 의한 전식(전기 부식)의 피해가 예상되는 곳은 다음 방법을 고려하여야 한다.
  - 배류 장치 설치
  - 절연 코팅
  - 매설 금속체 접속부 절연
  - 저준위 금속체를 접속
  - 궤도와의 이격 거리 증대
  - 금속판 등의 도체로 차폐

정답 89.③ 90.④ 91.④ 92.③

93 사용 전압이 400[V] 이하인 저압 옥측 전선로를 애자 공사에 의해 시설하는 경우 전선 상호 간의 간격은 몇 [m] 이상이어야 하는가? (단, 비나 이슬에 젖지 않는 장소에 사람이 쉽게 접촉할 우려가 없도록 시설한 경우이다.)

① 0.025   ② 0.045
③ 0.06   ④ 0.12

해설 옥측 전선로(KEC 221.2) – 시설 장소별 조영재 사이의 이격 거리(간격)

시설 장소	전선 상호 간의 간격		전선과 조영재 사이의 이격 거리(간격)	
	사용 전압 400[V] 이하	사용 전압 400[V] 초과	사용 전압 400[V] 이하	사용 전압 400[V] 초과
비나 이슬에 젖지 않는 장소	0.06[m]	0.06[m]	0.025[m]	0.025[m]
비나 이슬에 젖는 장소	0.06[m]	0.12[m]	0.025[m]	0.045[m]

94 금속 덕트 공사에 의한 저압 옥내 배선에서 절연 피복을 포함한 전선의 총 단면적은 덕트 내부 단면적의 몇 [%]까지 할 수 있는가?

① 20   ② 30
③ 40   ④ 50

해설 금속 덕트 공사(KEC 232.31)
전선 단면적의 총합은 덕트의 내부 단면적의 20[%](제어회로 배선 50[%]) 이하

95 고압 가공 전선로의 지지물에 시설하는 통신선의 높이는 도로를 횡단하는 경우 교통에 지장을 줄 우려가 없다면 지표상 몇 [m] 까지로 감할 수 있는가?

① 4   ② 4.5
③ 5   ④ 6

해설 전력 보안 통신선의 시설 높이와 이격 거리(간격)(KEC 362.2)
- 도로를 횡단하는 경우 6[m] 이상. 교통에 지장을 줄 우려가 없는 경우 5[m]
- 철도 또는 궤도를 횡단하는 경우에는 레일면상 6.5[m] 이상

96 애자 공사에 의한 저압 옥내 배선 시설 중 틀린 것은?

① 전선은 인입용 비닐 절연 전선일 것
② 전선 상호 간의 간격은 6[cm] 이상일 것
③ 전선의 지지점 간의 거리는 전선을 조영재의 윗면에 따라 붙일 경우에는 2[m] 이하일 것
④ 전선과 조영재 사이의 이격 거리(간격)는 사용전압이 400[V] 이하인 경우에는 2.5[cm] 이상일 것

해설 애자 공사(KEC 232.56)
전선은 절연 전선(옥외용 및 인입용 절연 전선을 제외)을 사용할 것

97 특고압용 타냉식 변압기의 냉각 장치에 고장이 생긴 경우를 대비하여 어떤 보호 장치를 하여야 하는가?

① 경보 장치   ② 속도 조정 장치
③ 온도 시험 장치   ④ 냉매 흐름 장치

해설 특고압용 변압기의 보호 장치(KEC 351.4)
타냉식 변압기의 냉각 장치에 고장이 생겨 온도가 현저히 상승할 경우 경보 장치를 하여야 한다.

98 조상 설비의 조상기(무효전력 보상장치) 내부에 고장이 생긴 경우에 자동적으로 전로로부터 차단하는 장치를 시설해야 하는 뱅크 용량 [kVA]으로 옳은 것은?

① 1,000   ② 1,500
③ 10,000   ④ 15,000

정답 93.③ 94.① 95.③ 96.① 97.① 98.④

해설 조상 설비의 보호 장치(KEC 351.5)

설비 종별	뱅크 용량	자동 차단 장치
조상기 (무효전력 보상장치)	15,000[kVA] 이상	내부에 고장이 생긴 경우

99 전력 보안 통신 설비인 무선통신용 안테나를 지지하는 철탑의 풍압 하중에 대한 기초 안전율은 얼마 이상으로 해야 하는가?

① 1.0
② 1.5
③ 2.0
④ 2.5

해설 무선용 안테나 등을 지지하는 철탑 등의 시설(KEC 364.1)
- 목주의 풍압 하중에 대한 안전율은 1.5 이상
- 철주·철근 콘크리트주 또는 철탑의 기초 안전율은 1.5 이상

100 가공 전선로의 지지물에 시설하는 지선(지지선)의 시설기준으로 옳은 것은?

① 지선(지지선)의 안전율은 2.2 이상이어야 한다.
② 연선을 사용할 경우에는 소선(素線) 3가닥 이상이어야 한다.
③ 도로를 횡단하여 시설하는 지선(지지선)의 높이는 지표상 4[m] 이상으로 하여야 한다.
④ 지중 부분 및 지표상 20[cm]까지의 부분에는 내식성이 있는 것 또는 아연도금을 한다.

해설 지선(지지선)의 시설(KEC 331.11)
- 지선(지지선)의 안전율은 2.5 이상. 이 경우에 허용 인장 하중의 최저는 4.31[kN]
- 지선(지지선)에 연선을 사용할 경우
  - 소선(素線) 3가닥 이상의 연선일 것
  - 소선의 지름이 2.6[mm] 이상의 금속선을 사용한 것일 것
- 지중 부분 및 지표상 30[cm]까지의 부분에는 내식성이 있는 것 또는 아연도금을 한 철봉을 사용하고 쉽게 부식되지 아니하는 근가(전주 버팀대)에 견고하게 붙일 것
- 철탑은 지선(지지선)을 사용하여 그 강도를 분담시켜서는 아니 된다.
- 도로를 횡단하여 시설하는 지선(지지선)의 높이는 지표상 5[m] 이상으로 하여야 한다.

정답 99.② 100.②

2023년 제1회 CBT 기출복원문제

2023. 2. 14. 시행

제1과목 전기자기학

01 $Ql = \pm 200\pi\varepsilon_0 \times 10^3 [\text{C}\cdot\text{m}]$인 전기 쌍극자에서 l과 r의 사이각이 $\frac{\pi}{3}$이고, $r=1$인 점의 전위[V]는?

① $50\pi \times 10^4$ ② 50×10^3
③ 25×10^3 ④ $5\pi \times 10^4$

해설 전기 쌍극자의 전위
$V = \frac{M\cos\theta}{4\pi\varepsilon_0 r^2} = 9 \times 10^9 \frac{Q\cdot l\cos\theta}{r^2}[\text{V}]$

$\therefore V = \frac{1}{4\pi\varepsilon_0} \times \frac{200\pi\varepsilon_0 \times 10^3}{1^2} \times \cos 60° = 25 \times 10^3 [\text{V}]$

02 비투자율 $\mu_s = 800$, 원형 단면적 $S=10[\text{cm}^2]$, 평균 자로 길이 $l = 8\pi \times 10^{-2}[\text{m}]$의 환상 철심에 600회의 코일을 감고 이것에 1[A]의 전류를 흘리면 내부의 자속은 몇 [Wb]인가?

① 1.2×10^{-3} ② 1.2×10^{-5}
③ 2.4×10^{-3} ④ 2.4×10^{-5}

해설 자속
$\phi = BS = \mu HS = \mu_0\mu_s \frac{NI}{l} S$
$= \frac{4\pi \times 10^{-7} \times 800 \times 10 \times 10^{-4} \times 600 \times 1}{8\pi \times 10^{-2}}$
$= 2.4 \times 10^{-3}[\text{Wb}]$

03 다음의 관계식 중 성립할 수 없는 것은? (단, μ는 투자율, μ_0는 진공의 투자율, χ는 자화율, J는 자화의 세기이다.)

① $\mu = \mu_0 + \chi$ ② $J = \chi B$
③ $\mu_s = 1 + \frac{\chi}{\mu_0}$ ④ $B = \mu H$

해설 $J = \chi H[\text{Wb/m}^2]$
$B = \mu_0 H + J = \mu_0 H + \chi H = (\mu_0 + \chi)H$
$= \mu_0\mu_s H[\text{Wb/m}^2]$

$\mu = \mu_0 + \chi [\text{H/m}], \mu_s = \frac{\mu}{\mu_0} = 1 + \chi$

$B = \mu H[\text{Wb/m}^2], \mu_s = \frac{\mu}{\mu_0} = \frac{\mu_0 + \chi}{\mu_0} = 1 + \frac{\chi}{\mu_0}$

04 전자파에서 전계 E와 자계 H의 비 $\left(\frac{E}{H}\right)$는? (단, μ_s, ε_s는 각각 공간의 비투자율, 비유전율이다.)

① $377\sqrt{\frac{\varepsilon_s}{\mu_s}}$ ② $377\sqrt{\frac{\mu_s}{\varepsilon_s}}$
③ $\frac{1}{377}\sqrt{\frac{\varepsilon_s}{\mu_s}}$ ④ $\frac{1}{377}\sqrt{\frac{\mu_s}{\varepsilon_s}}$

해설 고유 임피던스
$\eta = \frac{E}{H} = \sqrt{\frac{\mu}{\varepsilon}} = \sqrt{\frac{\mu_0}{\varepsilon_0}} \cdot \sqrt{\frac{\mu_s}{\varepsilon_s}}$
$= 377\sqrt{\frac{\mu_s}{\varepsilon_s}}[\Omega]$

정답 01.③ 02.③ 03.② 04.②

05 정상 전류계에서 J는 전류 밀도, σ는 도전율, ρ는 고유 저항, E는 전계의 세기일 때, 옴의 법칙의 미분형은?

① $J = \sigma E$ ② $J = \dfrac{E}{\sigma}$
③ $J = \rho E$ ④ $J = \rho \sigma E$

해설 전류 $I = \dfrac{V}{R} = \dfrac{El}{\rho \dfrac{l}{S}} = \dfrac{E}{\rho} S [\text{A}]$

전류 밀도 $J = \dfrac{I}{S} = \dfrac{E}{\rho} = \sigma E [\text{A/m}^2]$

06 도전율 σ인 도체에서 전장 E에 의해 전류 밀도 J가 흘렀을 때 이 도체에서 소비되는 전력을 표시한 식은?

① $\displaystyle\int_v E \cdot J dv$ ② $\displaystyle\int_v E \times J dv$
③ $\dfrac{1}{\sigma}\displaystyle\int_v E \cdot J dv$ ④ $\dfrac{1}{\sigma}\displaystyle\int_v E \times J dv$

해설 전위 $V = \displaystyle\int_l E dl$, 전류 $I = \displaystyle\int_s J n dS$

전력 $P = VI = \displaystyle\int_l E dl \cdot \displaystyle\int_s J n dS$
$= \displaystyle\int_v E \cdot J dv [\text{W}]$

07 비투자율 350인 환상 철심 중의 평균 자계의 세기가 280[AT/m]일 때, 자화의 세기는 약 몇 [Wb/m²]인가?

① 0.12 ② 0.15
③ 0.18 ④ 0.21

해설 자화의 세기
$J = \mu_0(\mu_s - 1)H$
$= 4\pi \times 10^{-7}(350-1) \times 280$
$= 0.12 [\text{Wb/m}^2]$

08 자속 밀도 B[Wb/m²]의 평등 자계 내에서 길이 l[m]인 도체 ab가 속도 v[m/s]로 그림과 같이 도선을 따라서 자계와 수직으로 이동할 때 도체 ab에 의해 유기된 기전력의 크기 e[V]와 폐회로 abcd 내 저항 R에 흐르는 전류의 방향은? (단, 폐회로 abcd 내 도선 및 도체의 저항은 무시한다.)

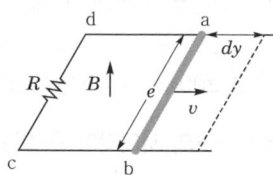

① $e = Blv$, 전류 방향 : c → d
② $e = Blv$, 전류 방향 : d → c
③ $e = Blv^2$, 전류 방향 : c → d
④ $e = Blv^2$, 전류 방향 : d → c

해설 플레밍의 오른손 법칙
유기 기전력 $e = vBl\sin\theta = Blv$[V]
방향 a → b → c → d

09 유전율이 ε_1, ε_2인 유전체 경계면에 수직으로 전계가 작용할 때 단위 면적당에 작용하는 수직력은?

① $2\left(\dfrac{1}{\varepsilon_2} - \dfrac{1}{\varepsilon_1}\right)E^2$
② $2\left(\dfrac{1}{\varepsilon_2} - \dfrac{1}{\varepsilon_1}\right)D^2$
③ $\dfrac{1}{2}\left(\dfrac{1}{\varepsilon_2} - \dfrac{1}{\varepsilon_1}\right)E^2$
④ $\dfrac{1}{2}\left(\dfrac{1}{\varepsilon_2} - \dfrac{1}{\varepsilon_1}\right)D^2$

해설 전계가 경계면에 수직이므로
$f = \dfrac{1}{2}(E_2 - E_1)D^2 = \dfrac{1}{2}\left(\dfrac{1}{\varepsilon_2} - \dfrac{1}{\varepsilon_1}\right)D^2 [\text{N/m}^2]$

정답 05.① 06.① 07.① 08.① 09.④

10 환상 철심에 권선수 20인 A 코일과 권선수 80인 B 코일이 감겨있을 때, A 코일의 자기 인덕턴스가 5[mH]라면 두 코일의 상호 인덕턴스는 몇 [mH]인가? (단, 누설 자속은 없는 것으로 본다.)

① 20　　② 1.25
③ 0.8　　④ 0.05

해설 $M = \dfrac{N_A N_B}{R_m} = L_A \dfrac{N_B}{N_A} = 5 \times \dfrac{80}{20} = 20[\text{mH}]$

11 0.2[C]의 점전하가 전계 $E = 5a_y + a_z$[V/m] 및 자속 밀도 $B = 2a_y + 5a_z$[Wb/m²] 내로 속도 $v = 2a_x + 3a_y$[m/s]로 이동할 때, 점전하에 작용하는 힘 F[N]은? (단, a_x, a_y, a_z는 단위 벡터이다.)

① $2a_x - a_y + 3a_z$　　② $3a_x - a_y + a_z$
③ $a_x + a_y - 2a_z$　　④ $5a_x + a_y - 3a_z$

해설 $F = q(E + v \times B)$
$= 0.2(5a_y + a_z) + 0.2(2a_x + 3a_y) \times (2a_y + 5a_z)$
$= 0.2(5a_y + a_z) + 0.2 \begin{vmatrix} a_x & a_y & a_z \\ 2 & 3 & 0 \\ 0 & 2 & 5 \end{vmatrix}$
$= 0.2(5a_y + a_z) + 0.2(15a_x + 4a_z - 10a_y)$
$= 0.2(15a_x - 5a_y + 5a_z) = 3a_x - a_y + a_z$[N]

12 그림과 같이 평행한 무한장 직선 도선에 I[A], $4I$[A]인 전류가 흐른다. 두 선 사이의 점 P에서 자계의 세기가 0이라고 하면 $\dfrac{a}{b}$는?

① 2
② 4
③ $\dfrac{1}{2}$
④ $\dfrac{1}{4}$

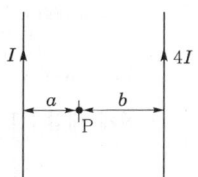

해설 $H_1 = \dfrac{I}{2\pi a}$, $H_2 = \dfrac{4I}{2\pi b}$
자계의 세기가 0일 때 $H_1 = H_2$
$\dfrac{I}{2\pi a} = \dfrac{4I}{2\pi b}$
$\dfrac{1}{a} = \dfrac{4}{b}$
∴ $\dfrac{a}{b} = \dfrac{1}{4}$

13 반지름이 0.01[m]인 구도체를 접지시키고 중심으로부터 0.1[m]의 거리에 10[μC]의 점전하를 놓았다. 구도체에 유도된 총 전하량은 몇 [μC]인가?

① 0　　② -1
③ -10　　④ 10

해설 영상 전하의 크기 $Q' = -\dfrac{a}{d}Q$[C]
∴ $Q' = -\dfrac{0.01}{0.1} \times 10 = -1[\mu\text{C}]$

14 두 개의 자극판이 놓여 있을 때, 자계의 세기 H[AT/m], 자속 밀도 B[Wb/m²], 투자율 μ[H/m]인 곳의 자계의 에너지 밀도 [J/m³]는?

① $\dfrac{H^2}{2\mu}$
② $\dfrac{1}{2}\mu H^2$
③ $\dfrac{\mu H}{2}$
④ $\dfrac{1}{2}B^2 H$

해설 $\omega_m = \dfrac{1}{2}\mu H^2 = \dfrac{1}{2}BH = \dfrac{B^2}{2\mu}$[J/m³]

정답 10.① 11.② 12.④ 13.② 14.②

15 진공 중에서 점 (0, 1)[m]되는 곳에 -2×10^{-9}[C] 점전하가 있을 때 점 (2, 0)[m]에 있는 1[C]에 작용하는 힘[N]은?

① $-\dfrac{36}{5\sqrt{5}}a_x + \dfrac{18}{5\sqrt{5}}a_y$

② $-\dfrac{18}{5\sqrt{5}}a_x + \dfrac{36}{5\sqrt{5}}a_y$

③ $-\dfrac{36}{3\sqrt{5}}a_x + \dfrac{18}{3\sqrt{5}}a_y$

④ $\dfrac{36}{5\sqrt{5}}a_x + \dfrac{18}{5\sqrt{5}}a_y$

해설
$r = (2-0)a_x + (0-1)a_y$
$\quad = 2a_x - a_y$ [m]
$r = \sqrt{2^2 + (-1)^2} = \sqrt{5}$ [m]
$\therefore r_0 = \dfrac{1}{\sqrt{5}}(2a_x - a_y)$ [m]
$\therefore F = 9\times10^9 \times \dfrac{-2\times10^{-9}\times1}{(\sqrt{5})^2} \times \dfrac{1}{\sqrt{5}}(2a_x - a_y)$
$\quad = -\dfrac{36}{5\sqrt{5}}a_x + \dfrac{18}{5\sqrt{5}}a_y$ [N]

16 유전율 ε_1, ε_2인 두 유전체 경계면에서 전계가 경계면에 수직일 때, 경계면에 작용하는 힘은 몇 [N/m²]인가? (단, $\varepsilon_1 > \varepsilon_2$이다.)

① $\left(\dfrac{1}{\varepsilon_1} + \dfrac{1}{\varepsilon_2}\right)D$

② $2\left(\dfrac{1}{\varepsilon_1^2} + \dfrac{1}{\varepsilon_2^2}\right)D^2$

③ $\dfrac{1}{2}\left(\dfrac{1}{\varepsilon_2} - \dfrac{1}{\varepsilon_1}\right)D$

④ $\dfrac{1}{2}\left(\dfrac{1}{\varepsilon_2} - \dfrac{1}{\varepsilon_1}\right)D^2$

해설 전계가 수직으로 입사시 경계면 양측에서 전속 밀도가 같다.
$D_1 = D_2 = D$
$\therefore f = \dfrac{1}{2}E_2 D_2 - \dfrac{1}{2}E_1 D_1$ [N/m]
$\quad = \dfrac{1}{2}(E_2 - E_1)D$
$\quad = \dfrac{1}{2}\left(\dfrac{1}{\varepsilon_2} - \dfrac{1}{\varepsilon_1}\right)D^2$ [N/m²]

17 q[C]의 전하가 진공 중에서 v[m/s]의 속도로 운동하고 있을 때, 이 운동 방향과 θ의 각으로 r[m] 떨어진 점의 자계의 세기[AT/m]는?

① $\dfrac{q\sin\theta}{4\pi r^2 v}$

② $\dfrac{v\sin\theta}{4\pi r^2 q}$

③ $\dfrac{qv\sin\theta}{4\pi r^2}$

④ $\dfrac{v\sin\theta}{4\pi r^2 q^2}$

해설 비오-사바르의 법칙(Biot-Savart's law)
자계의 세기 $H = \dfrac{Il}{4\pi r^2}\sin\theta$
전류 $I = \dfrac{q}{t}$, 속도 $v = \dfrac{l}{t}$, $l = v\cdot t$이므로
$Il = \dfrac{q}{t}\cdot vt = qv$
따라서, 자계의 세기 $H = \dfrac{qv}{4\pi r^2}\sin\theta$ [AT/m]

18 내압이 1[kV]이고 용량이 각각 $0.01[\mu F]$, $0.02[\mu F]$, $0.04[\mu F]$인 콘덴서를 직렬로 연결했을 때 전체 콘덴서의 내압은 몇 [V]인가?

① 1,750 ② 2,000
③ 3,500 ④ 4,000

해설 각 콘덴서에 가해지는 전압을 V_1, V_2, V_3[V]라 하면
$V_1 : V_2 : V_3 = \dfrac{1}{0.01} : \dfrac{1}{0.02} : \dfrac{1}{0.04} = 4 : 2 : 1$
$\therefore V_1 = 1,000$ [V]
$V_2 = 1,000 \times \dfrac{2}{4} = 500$ [V]
$V_3 = 1,000 \times \dfrac{1}{4} = 250$ [V]
$\therefore$ 전체 내압 : $V = V_1 + V_2 + V_3$
$\quad = 1,000 + 500 + 250$
$\quad = 1,750$ [V]

정답 15.① 16.④ 17.③ 18.①

19 정전계와 정자계의 대응 관계가 성립되는 것은?

① $\text{div}\boldsymbol{D} = \rho_v \rightarrow \text{div}\boldsymbol{B} = \rho_m$

② $\nabla^2 V = -\dfrac{\rho_v}{\varepsilon_0} \rightarrow \nabla^2 \boldsymbol{A} = -\dfrac{i}{\mu_0}$

③ $W = \dfrac{1}{2}CV^2 \rightarrow W = \dfrac{1}{2}LI^2$

④ $F = 9 \times 10^9 \dfrac{Q_1 Q_2}{r^2} a_r$
$\rightarrow F = 6.33 \times 10^{-4} \dfrac{m_1 m_2}{r^2} a_r$

해설 정전계와 정자계의 대응 관계
- $\text{div}\boldsymbol{D} = \rho_v \rightarrow \text{div}\boldsymbol{B} = 0$
- $\nabla^2 V = -\dfrac{\rho_v}{\varepsilon_0} \rightarrow \nabla^2 \boldsymbol{A} = -\mu_0 i$
- $F = 9 \times 10^9 \dfrac{Q_1 Q_2}{r^2} a_r \rightarrow F = 6.33 \times 10^4 \dfrac{m_1 m_2}{r^2} a_r$

∴ 정전 에너지 $W = \dfrac{1}{2}CV^2$
$\rightarrow$ 자계 에너지 $W = \dfrac{1}{2}LI^2$

20 유전율 ε, 투자율 μ인 매질 내에서 전자파의 속도[m/s]는?

① $\sqrt{\dfrac{\mu}{\varepsilon}}$ ② $\sqrt{\mu\varepsilon}$

③ $\sqrt{\dfrac{\varepsilon}{\mu}}$ ④ $\dfrac{3 \times 10^8}{\sqrt{\varepsilon_s \mu_s}}$

해설 $v = \dfrac{1}{\sqrt{\varepsilon\mu}} = \dfrac{1}{\sqrt{\varepsilon_0 \mu_0}} \cdot \dfrac{1}{\sqrt{\varepsilon_s \mu_s}}$
$= C_0 \dfrac{1}{\sqrt{\varepsilon_s \mu_s}} = \dfrac{3 \times 10^8}{\sqrt{\varepsilon_s \mu_s}}$ [m/s]

제2과목 전력공학

21 다음 중 켈빈(Kelvin) 법칙이 적용되는 것은?

① 경제적인 송전 전압을 결정하고자 할 때
② 일정한 부하에 대한 계통 손실을 최소화하고자 할 때
③ 경제적 송전선의 전선의 굵기를 결정하고자 할 때
④ 화력발전소군의 총 연료비가 최소가 되도록 각 발전기의 경제 부하 배분을 하고자 할 때

해설 전선 단위 길이의 시설비에 대한 1년간 이자와 감가상각비 등을 계산한 값과 단위 길이의 1년간 손실 전력량을 요금으로 환산한 금액이 같아질 때 전선의 굵기가 가장 경제적이다.

$\sigma = \sqrt{\dfrac{WMP}{\rho N}} = \sqrt{\dfrac{8.89 \times 55 MP}{N}}$ [A/mm²]

여기서, σ : 경제적인 전류 밀도[A/mm²]
W : 전선 중량 8.89×10^{-3}[kg/mm²·m]
M : 전선 가격[원/kg]
P : 전선비에 대한 연경비 비율
ρ : 저항률 $\dfrac{1}{55}$[Ω·mm²/m]
N : 전력량의 가격[원/kW/년]

22 송·배전 선로는 저항 R, 인덕턴스 L, 정전 용량(커패시턴스) C, 누설 컨덕턴스 G라는 4개의 정수로 이루어진 연속된 전기 회로이다. 이들 정수를 선로 정수(line constant)라고 부르는 데 이것은 (㉠), (㉡) 등에 따라 정해진다. 다음 중 (㉠), (㉡)에 알맞은 내용은?

① ㉠ 전압·전선의 종류, ㉡ 역률
② ㉠ 전선의 굵기·전압, ㉡ 전류
③ ㉠ 전선의 배치·전선의 종류, ㉡ 전류
④ ㉠ 전선의 종류·전선의 굵기, ㉡ 전선의 배치

정답 19.③ 20.④ 21.③ 22.④

[해설] 선로 정수는 전선의 배치, 종류, 굵기 등에 따라 정해지고 전선의 배치에 가장 많은 영향을 받는다.

23 정전 용량 0.01[μF/km], 길이 173.2[km], 선간 전압 60,000[V], 주파수 60[Hz]인 송전 선로의 충전 전류[A]는 얼마인가?

① 6.3
② 12.5
③ 22.6
④ 37.2

[해설] 충전 전류

$$I_c = \frac{E}{Z} = \omega CE = 2\pi fCE$$
$$= 2\pi \times 60 \times 0.01 \times 10^{-6} \times 173.2 \times \frac{60,000}{\sqrt{3}}$$
$$= 22.6[A]$$

24 송전선 중간에 전원이 없을 경우에 송전단의 전압 $E_s = AE_r + BI_r$이 된다. 수전단의 전압 E_r의 식으로 옳은 것은? (단, I_s, I_r은 송전단 및 수전단의 전류이다.)

① $E_r = AE_s + CI_s$
② $E_r = BE_s + AI_s$
③ $E_r = DE_s - BI_s$
④ $E_r = CE_s - DI_s$

[해설] $\begin{bmatrix} E_s \\ I_s \end{bmatrix} = \begin{bmatrix} A & B \\ C & D \end{bmatrix} \begin{bmatrix} E_r \\ I_r \end{bmatrix}$에서

$\begin{bmatrix} E_r \\ I_r \end{bmatrix} = \begin{bmatrix} A & B \\ C & D \end{bmatrix}^{-1} \begin{bmatrix} E_s \\ I_s \end{bmatrix}$

$= \frac{1}{AD-BC} \begin{bmatrix} D & -B \\ -C & A \end{bmatrix} \begin{bmatrix} E_s \\ I_s \end{bmatrix}$

$AD-BC=1$이므로 $\begin{bmatrix} E_r \\ I_r \end{bmatrix} = \begin{bmatrix} D & -B \\ -C & A \end{bmatrix} \begin{bmatrix} E_s \\ I_s \end{bmatrix}$

수전단 전압 $E_r = DE_s - BI_s$
수전단 전류 $I_r = -CE_s + AI_s$

25 그림과 같이 정수가 서로 같은 평행 2회선 송전 선로의 4단자 정수 중 B에 해당되는 것은?

① $4B_1$
② $2B_1$
③ $\frac{1}{2}B_1$
④ $\frac{1}{4}B_1$

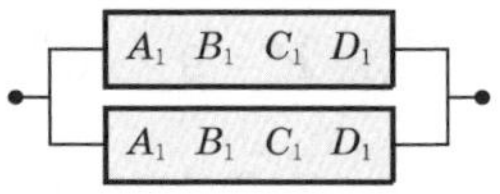

[해설] 평행 2회선 4단자 정수

$\begin{bmatrix} A & B \\ C & D \end{bmatrix} = \begin{bmatrix} A_1 & \frac{1}{2}B_1 \\ 2C_1 & D_1 \end{bmatrix}$

26 어떤 공장의 소모 전력이 100[kW]이며, 이 부하의 역률이 0.6일 때, 역률을 0.9로 개선하기 위한 전력용 콘덴서의 용량은 약 몇 [kVA]인가?

① 75
② 80
③ 85
④ 90

[해설] 역률 개선용 콘덴서 용량 Q_c[kVA]

$Q_c = P(\tan\theta_1 - \tan\theta_2)$

$= P\left(\frac{\sqrt{1-\cos^2\theta_1}}{\cos\theta_1} - \frac{\sqrt{1-\cos^2\theta_2}}{\cos\theta_2}\right)$

$= 100\left(\frac{0.8}{0.6} - \frac{\sqrt{1-0.9^2}}{0.9}\right)$

$\fallingdotseq 85[kVA]$

정답 23.③ 24.③ 25.③ 26.③

27 송전 계통의 접지에 대하여 기술하였다. 다음 중 옳은 것은?

① 소호 리액터 접지 방식은 선로의 정전 용량과 직렬 공진을 이용한 것으로 지락 전류가 타 방식에 비해 좀 큰 편이다.
② 고저항 접지 방식은 이중 고장을 발생시킬 확률이 거의 없으며 비접지 방식보다는 많은 편이다.
③ 직접 접지 방식을 채용하는 경우 이상 전압이 낮기 때문에 변압기 선정 시 단절연이 가능하다.
④ 비접지 방식을 택하는 경우 지락 전류 차단이 용이하고 장거리 송전을 할 경우 이중 고장의 발생을 예방하기 좋다.

해설 직접 접지 방식은 중성점 전위가 낮아 변압기 단절연에 유리하다. 그러나 사고 시 큰 전류에 의한 통신선에 대한 유도 장해가 발생한다.

28 그림과 같은 3상 송전 계통에서 송전단 전압은 3,300[V]이다. 점 P에서 3상 단락 사고가 발생했다면 발전기에 흐르는 단락 전류는 약 몇 [A]인가?

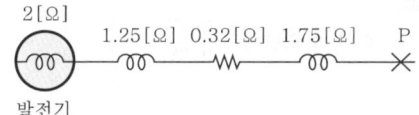

① 320   ② 330
③ 380   ④ 410

해설 $I_s = \dfrac{E}{Z}$

$= \dfrac{\dfrac{3,300}{\sqrt{3}}}{\sqrt{0.32^2 + (2+1.25+1.75)^2}}$

$= 380.2[A]$

29 그림에서 A점의 차단기 용량으로 가장 적당한 것은?

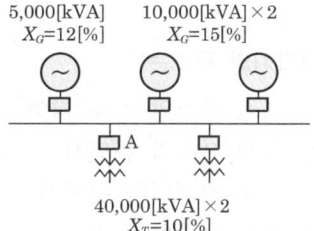

① 50[MVA]   ② 100[MVA]
③ 150[MVA]   ④ 200[MVA]

해설 기준 용량을 10,000[kVA]로 설정하면

5,000[kVA] 발전기 $\%X_G \times \dfrac{10,000}{5,000} \times 12 = 24[\%]$

A 차단기 전원측에는 발전기가 병렬 접속이므로 합성

$\%Z_g = \dfrac{1}{\dfrac{1}{24}+\dfrac{1}{15}+\dfrac{1}{15}} = 5.71[\%]$

$\therefore P_s = \dfrac{100}{5.71} \times 10,000 \times 10^{-3} = 175[MVA]$

차단기 용량은 단락 용량을 기준 이상으로 한 값으로 200[MVA]이다.

30 송전 계통의 한 부분이 그림과 같이 3상 변압기로 1차측은 △로, 2차측은 Y로 중성점이 접지되어 있을 경우, 1차측에 흐르는 영상전류는?

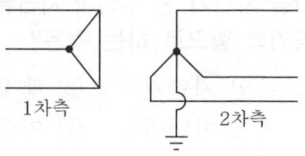

① 1차측 선로에서 ∞이다.
② 1차측 선로에서 반드시 0이다.
③ 1차측 변압기 내부에서는 반드시 0이다.
④ 1차측 변압기 내부와 1차측 선로에서 반드시 0이다.

정답 27.③ 28.③ 29.④ 30.②

해설 영상 전류는 중성점이 접지되어 있는 2차측에는 선로와 변압기 내부 및 중성선과 비접지인 1차측 내부에는 흐르지만 1차측 선로에는 흐르지 않는다.

31 피뢰기의 구조는?

① 특성 요소와 소호 리액터
② 특성 요소와 콘덴서
③ 소호 리액터와 콘덴서
④ 특성 요소와 직렬 갭

해설
- 직렬 갭 : 평상시에는 개방 상태이고, 과전압(이상 충격파)이 인가되면 도통된다.
- 특성 요소 : 비직선 전압 전류 특성에 따라 방전 시에는 대전류를 통과시키고, 방전 후에는 속류를 저지 또는 직렬 갭으로 차단할 수 있는 정도로 제한하는 특성을 가진다.

32 발전기 또는 주변압기의 내부 고장 보호용으로 가장 널리 쓰이는 것은?
① 거리 계전기
② 과전류 계전기
③ 비율 차동 계전기
④ 방향 단락 계전기

해설 비율 차동 계전기는 발전기나 변압기의 내부 고장 보호에 적용한다.

33 다음 차단기 중 투입과 차단을 다같이 압축 공기의 힘으로 하는 것은?

① 유입 차단기 ② 팽창 차단기
③ 제호 차단기 ④ 임펄스 차단기

해설 **차단기 소호 매질**
유입 차단기(OCB)-절연유, 공기 차단기(ABB)-압축 공기, 자기 차단기(MBB)-차단 전류에 의한 자계, 진공 차단기(VCB)-고진공 상태, 가스 차단기(GCB)-SF_6(육불화황)
공기 차단기를 임펄스 차단기라고도 한다.

34 저압 배전 계통을 구성하는 방식 중 캐스케이딩(cascading)을 일으킬 우려가 있는 방식은?
① 방사상 방식
② 저압 뱅킹 방식
③ 저압 네트워크 방식
④ 스포트 네트워크 방식

해설 캐스케이딩(cascading) 현상은 저압 뱅킹 방식에서 변압기 또는 선로의 사고에 의해서 뱅킹 내의 건전한 변압기의 일부 또는 전부가 연쇄적으로 차단되는 현상으로, 방지책은 변압기의 1차측에 퓨즈, 저압선의 중간에 구분 퓨즈를 설치한다.

35 3상 3선식의 전선 소요량에 대한 3상 4선식의 전선 소요량의 비는 얼마인가? (단, 배전 거리, 배전 전력 및 전력 손실은 같고, 4선식의 중성선의 굵기는 외선의 굵기와 같으며, 외선과 중성선 간의 전압은 3선식의 선간 전압과 같다.)

① $\dfrac{4}{9}$ ② $\dfrac{2}{3}$
③ $\dfrac{3}{4}$ ④ $\dfrac{1}{3}$

해설
전선 소요량비 $=\dfrac{3\phi 4W}{3\phi 3W}=\dfrac{\frac{1}{3}}{\frac{3}{4}}=\dfrac{4}{9}$

36 연간 전력량이 E[kWh]이고, 연간 최대 전력이 W[kW]인 연부하율은 몇 [%]인가?

① $\dfrac{E}{W}\times 100$ ② $\dfrac{\sqrt{3}\,W}{E}\times 100$
③ $\dfrac{8,760\,W}{E}\times 100$ ④ $\dfrac{E}{8,760\,W}\times 100$

해설
연부하율 $=\dfrac{\frac{E}{365\times 24}}{W}\times 100=\dfrac{E}{8,760\,W}\times 100$[%]

정답 31.④ 32.③ 33.④ 34.② 35.① 36.④

37 배전 선로의 주상 변압기에서 고압측-저압측에 주로 사용되는 보호 장치의 조합으로 적합한 것은?

① 고압측 : 컷 아웃 스위치, 저압측 : 캐치 홀더
② 고압측 : 캐치 홀더, 저압측 : 컷 아웃 스위치
③ 고압측 : 리클로저, 저압측 : 라인 퓨즈
④ 고압측 : 라인 퓨즈, 저압측 : 리클로저

해설 주상 변압기 보호 장치
- 1차(고압)측 : 피뢰기, 컷 아웃 스위치
- 2차(저압)측 : 캐치 홀더, 중성점 접지

38 전력 계통의 경부하 시나 또는 다른 발전소의 발전 전력에 여유가 있을 때 이 잉여 전력을 이용하여 전동기로 펌프를 돌려서 물을 상부의 저수지에 저장하였다가 필요에 따라 이 물을 이용해서 발전하는 발전소는?

① 조력 발전소
② 양수식 발전소
③ 유역 변경식 발전소
④ 수로식 발전소

해설 양수식 발전소
잉여 전력을 이용하여 하부 저수지의 물을 상부 저수지로 양수하여 저장하였다가 첨두 부하 등에 이용하는 발전소이다.

39 수력 발전소에서 흡출관을 사용하는 목적은?

① 압력을 줄인다.
② 유효 낙차를 늘린다.
③ 속도 변동률을 작게 한다.
④ 물의 유선을 일정하게 한다.

해설 흡출관은 중낙차 또는 저낙차용으로 적용되는 반동 수차에서 낙차를 증대시킬 목적으로 사용된다.

40 어느 화력 발전소에서 40,000[kWh]를 발전하는 데 발열량 860[kcal/kg]의 석탄이 60톤 사용된다. 이 발전소의 열효율[%]은 약 얼마인가?

① 56.7
② 66.7
③ 76.7
④ 86.7

해설 열효율 $\eta = \dfrac{860W}{mH} \times 100 = \dfrac{860 \times 40,000}{60 \times 10^3 \times 860} \times 100 = 66.7[\%]$

제3과목 전기기기

41 정격 전압, 정격 주파수가 6,600/220[V], 60[Hz], 와류손이 720[W]인 단상 변압기가 있다. 이 변압기를 3,300[V], 50[Hz]의 전원에 사용하는 경우 와류손은 약 몇 [W]인가?

① 120
② 150
③ 180
④ 200

해설 $V = 4.44fN\phi_m$에서 자속 밀도 $B_m \propto \dfrac{V}{f}$ ($B_m \propto \phi_m$)

와전류손 $P_e = \sigma_e(tk_f \cdot fB_m)^2 \propto \left(f \cdot \dfrac{V}{f}\right)^2 \propto V^2$

$\therefore P_e' = 720 \times \left(\dfrac{3,300}{6,600}\right)^2 = 180[W]$

42 4극, 60[Hz]인 3상 유도 전동기가 있다. 1,725[rpm]으로 회전하고 있을 때, 2차 기전력의 주파수[Hz]는?

① 10
② 7.5
③ 5
④ 2.5

해설 $N_s = \dfrac{120f}{P} = \dfrac{120 \times 60}{4} = 1,800[rpm]$

$s = \dfrac{N_s - N}{N_s} = \dfrac{1,800 - 1,725}{1,800} = 0.0417$

$\therefore f_2' = sf_1 = 0.0417 \times 60 = 2.5[Hz]$

정답 37.① 38.② 39.② 40.② 41.③ 42.④

43 다음 직류 전동기 중에서 속도 변동률이 가장 큰 것은?

① 직권 전동기
② 분권 전동기
③ 차동 복권 전동기
④ 가동 복권 전동기

해설 직류 직권 전동기 $I = I_f = I_a$
회전 속도 $N = K\dfrac{V - I_a(R_a + r_f)}{\phi} \propto \dfrac{1}{\phi} \propto \dfrac{1}{I}$ 이므로 부하가 변화하면 속도 변동률이 가장 크다.

44 돌극(凸極)형 동기 발전기의 특성이 아닌 것은?

① 직축 리액턴스 및 횡축 리액턴스의 값이 다르다.
② 내부 유기 기전력과 관계없는 토크가 존재한다.
③ 최대 출력의 출력각이 90°이다.
④ 리액션 토크가 존재한다.

해설 돌극형 발전기의 출력식
$P = \dfrac{EV}{x_d}\sin\delta + \dfrac{V^2(x_d - x_q)}{2x_d \cdot x_q}\sin 2\delta \,[\text{W}]$

돌극형 동기 발전기의 최대 출력은 그래프(graph)에서와 같이 부하각(δ)이 60°에서 발생한다.

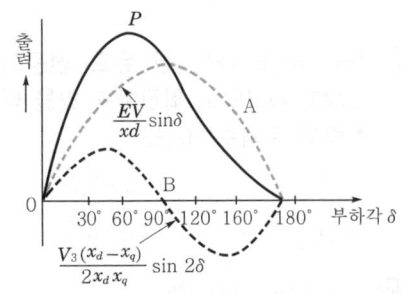

45 동기기의 안정도를 증진시키는 방법이 아닌 것은?

① 단락비를 크게 할 것
② 속응 여자 방식을 채용할 것
③ 정상 리액턴스를 크게 할 것
④ 영상 및 역상 임피던스를 크게 할 것

해설 동기기의 안정도 향상책
- 단락비가 클 것
- 동기 임피던스(리액턴스)가 작을 것
- 속응 여자 방식을 채택할 것
- 관성 모멘트가 클 것
- 조속기 동작이 신속할 것
- 영상 및 역상 임피던스가 클 것

46 브러시리스 DC 서보 모터의 특징으로 틀린 것은?

① 단위 전류당 발생 토크가 크고 효율이 좋다.
② 토크 맥동이 작고, 안정된 제어가 용이하다.
③ 기계적 시간 상수가 크고 응답이 느리다.
④ 기계적 접점이 없고 신뢰성이 높다.

해설 DC 서보 모터는 기계적 시간 상수(시정수)가 작고 응답이 빠른 특성을 갖고 있다.

47 상전압 200[V]의 3상 반파 정류 회로의 각 상에 SCR을 사용하여 정류 제어할 때 위상각을 $\dfrac{\pi}{6}$로 하면 순저항 부하에서 얻을 수 있는 직류 전압[V]은?

① 90
② 180
③ 203
④ 234

정답 43.① 44.③ 45.③ 46.③ 47.③

해설 3상 반파 정류에서 위상각 $\alpha = 0°$일 때
직류 전압(평균값)

$E_{d0} = \dfrac{3\sqrt{3}}{\sqrt{2}\,\pi} E = 1.17 E$

위상각 $\alpha = \dfrac{\pi}{6}$일 때

직류 전압 $E_{d\alpha} = E_{d0} \cdot \cos\alpha = 1.17 \times 200 \times \cos\dfrac{\pi}{6}$
$= 202.6 [\text{V}]$

48 유도 전동기의 안정 운전의 조건은? (단, T_m : 전동기 토크, T_L : 부하 토크, n : 회전수)

① $\dfrac{dT_m}{dn} < \dfrac{dT_L}{dn}$ ② $\dfrac{dT_m}{dn} = \dfrac{dT_L{}^2}{dn}$

③ $\dfrac{dT_m}{dn} > \dfrac{dT_L}{dn}$ ④ $\dfrac{dT_m}{dn} \ne \dfrac{dT_L{}^2}{dn}$

해설

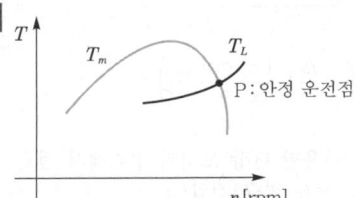

여기서, T_m : 전동기 토크, T_L : 부하의 반항 토크
안정된 운전을 위해서는 $\dfrac{dT_m}{dn} < \dfrac{dT_L}{dn}$ 이어야 한다.
즉, 부하의 반항 토크 기울기가 전동기 토크 기울기보다 큰 점에서 안정 운전을 한다.

49 동기 각속도 ω_0, 회전자 각속도 ω인 유도 전동기의 2차 효율은?

① $\dfrac{\omega_0}{\omega}$ ② $\dfrac{\omega}{\omega_0}$

③ $\dfrac{\omega_0 - \omega}{\omega_0}$ ④ $\dfrac{\omega_0 - \omega}{\omega}$

해설 $\eta_2 = \dfrac{P}{P_2} = (1-s) = \dfrac{N}{N_s} = \dfrac{2\pi\omega}{2\pi\omega_0} = \dfrac{\omega}{\omega_0}$

50 직류기에 관련된 사항으로 잘못 짝지어진 것은?

① 보극 - 리액턴스 전압 감소
② 보상 권선 - 전기자 반작용 감소
③ 전기자 반작용 - 직류 전동기 속도 감소
④ 정류 기간 - 전기자 코일이 단락되는 기간

해설 전기자 반작용으로 주자속이 감소하면 직류 발전기는 유기 기전력이 감소하고, 직류 전동기는 회전 속도가 상승한다.

51 동기 발전기의 단락비를 계산하는 데 필요한 시험은?

① 부하 시험과 돌발 단락 시험
② 단상 단락 시험과 3상 단락 시험
③ 무부하 포화 시험과 3상 단락 시험
④ 정상, 역상, 영상 리액턴스의 측정 시험

해설 동기 발전기의 단락비를 산출
• 무부하 포화 특성 시험
• 3상 단락 시험

∴ 단락비 $K_s = \dfrac{I_{f0}}{I_{fs}}$

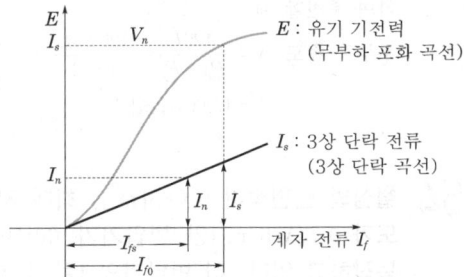

52 단상 직권 전동기의 종류가 아닌 것은?

① 직권형 ② 아트킨손형
③ 보상 직권형 ④ 유도 보상 직권형

정답 48.① 49.② 50.③ 51.③ 52.②

해설 단상 직권 정류자 전동기의 종류

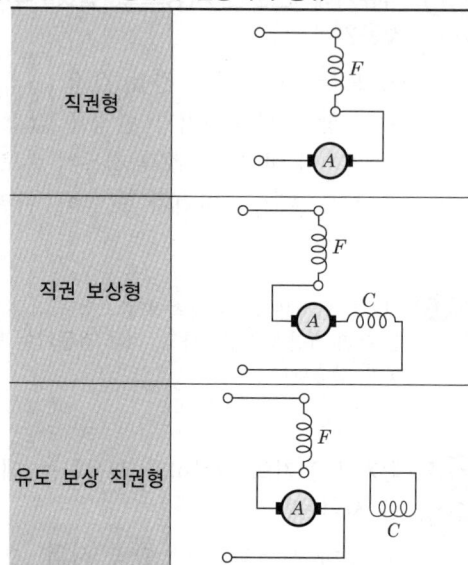

53 60[Hz]인 3상 8극 및 2극의 유도 전동기를 차동 종속으로 접속하여 운전할 때의 무부하 속도[rpm]는?

① 720　　② 900
③ 1,000　④ 1,200

해설 2대의 권선형 유도 전동기를 차동 종속으로 접속하여 운전할 때

무부하 속도 $N = \dfrac{120f}{P_1 - P_2} = \dfrac{120 \times 60}{8-2}$
$= 1{,}200 \text{[rpm]}$

54 철심의 단면적이 $0.085[\text{m}^2]$, 최대 자속 밀도가 $1.5[\text{Wb/m}^2]$인 변압기가 60[Hz]에서 동작하고 있다. 이 변압기의 1차 및 2차 권수는 120, 60이다. 이 변압기의 1차측에 발생하는 전압의 실효값은 약 몇 [V]인가?

① 4,076　② 2,037
③ 918　　④ 496

해설 1차 유기 기전력(1차 발생 전압)
$E_1 = 4.44 f\, N_1 \phi_m$
$= 4.44 \times 60 \times 120 \times 1.5 \times 0.085$
$= 4{,}075.9\text{[V]}$

55 그림과 같은 단상 브리지 정류 회로(혼합 브리지)에서 직류 평균 전압[V]은? (단, E는 교류측 실효치 전압, α는 점호 제어각이다.)

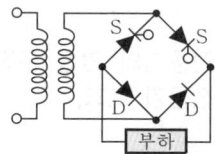

① $\dfrac{2\sqrt{2}\,E}{\pi}\left(\dfrac{1+\cos\alpha}{2}\right)$

② $\dfrac{\sqrt{2}\,E}{\pi}\left(\dfrac{1+\cos\alpha}{2}\right)$

③ $\dfrac{2\sqrt{2}\,E}{\pi}\left(\dfrac{1-\cos\alpha}{2}\right)$

④ $\dfrac{\sqrt{2}\,E}{\pi}\left(\dfrac{1-\cos\alpha}{2}\right)$

해설 SCR을 사용한 단상 브리지 정류에서 점호 제어각 α일 때 직류 평균 전압($E_{d\alpha}$)

$E_{d\alpha} = \dfrac{1}{\pi}\int_\alpha^\pi \sqrt{2}\,E\sin\theta \cdot d\theta = \dfrac{\sqrt{2}\,E}{\pi}(1+\cos\alpha)$
$= \dfrac{2\sqrt{2}\,E}{\pi}\left(\dfrac{1+\cos\alpha}{2}\right)\text{[V]}$

56 직류기에서 기계각의 극수가 P인 경우 전기각과의 관계는 어떻게 되는가?

① 전기각 $\times 2P$　　② 전기각 $\times 3P$
③ 전기각 $\times \dfrac{2}{P}$　　④ 전기각 $\times \dfrac{3}{P}$

해설 직류기에서 전기각 $\alpha = \dfrac{P}{2} \times$ 기계각

예) 4극의 경우 360°(기계각), 회전 시 전기각은 720°이다.

기계각 $\theta = $ 전기각 $\times \dfrac{2}{P}$

정답 53.④　54.①　55.①　56.③

57 단상 변압기의 병렬 운전 조건에 대한 설명 중 잘못된 것은? (단, r과 x는 각 변압기의 저항과 리액턴스를 나타낸다.)

① 각 변압기의 극성이 일치할 것
② 각 변압기의 권수비가 같고 1차 및 2차 정격 전압이 같을 것
③ 각 변압기의 백분율 임피던스 강하가 같을 것
④ 각 변압기의 저항과 임피던스의 비는 $\frac{x}{r}$일 것

해설 단상 변압기의 병렬 운전 조건
- 변압기의 극성이 같을 것
- 1·2차 정격 전압 및 권수비가 같을 것
- 각 변압기의 저항과 리액턴스의 비가 같고 퍼센트 임피던스 강하가 같을 것

58 변압기 단락 시험에서 변압기의 임피던스 전압이란?

① 1차 전류가 여자 전류에 도달했을 때의 2차측 단자 전압
② 1차 전류가 정격 전류에 도달했을 때의 2차측 단자 전압
③ 1차 전류가 정격 전류에 도달했을 때의 변압기 내의 전압 강하
④ 1차 전류가 2차 단락 전류에 도달했을 때의 변압기 내의 전압 강하

해설 변압기의 임피던스 전압이란, 변압기 2차측을 단락하고 1차 공급 전압을 서서히 증가시켜 단락 전류가 1차 정격 전류에 도달했을 때의 변압기 내의 전압 강하이다.

59 3상 동기 발전기의 매극 매상의 슬롯수를 3이라 할 때 분포권 계수는?

① $6\sin\frac{\pi}{18}$
② $3\sin\frac{\pi}{36}$
③ $\frac{1}{6\sin\frac{\pi}{18}}$
④ $\frac{1}{12\sin\frac{\pi}{36}}$

해설 분포권 계수는 전기자 권선법에 따른 집중권과 분포권의 기전력의 비(ratio)로서

$$k_d = \frac{e_r(분포권)}{e_r{}'(집중권)} = \frac{\sin\frac{\pi}{2m}}{q\sin\frac{\pi}{2mq}}$$

$$= \frac{\sin\frac{180°}{2\times 3}}{3\cdot\sin\frac{\pi}{2\times 3\times 3}} = \frac{1}{6\sin\frac{\pi}{18}}$$

60 다음 중 4극, 중권 직류 전동기의 전기자 전도체수 160, 1극당 자속수 0.01[Wb], 부하 전류 100[A]일 때 발생 토크[N·m]는?

① 36.2   ② 34.8
③ 25.5   ④ 23.4

해설 토크 $T = \dfrac{P}{2\pi\frac{N}{60}} = \dfrac{EI_a}{2\pi\frac{N}{60}} = \dfrac{\frac{Z}{a}P\phi\frac{N}{60}I_a}{2\pi\frac{N}{60}}$

$= \dfrac{ZP}{2\pi a}\phi I_a = \dfrac{160\times 4}{2\pi\times 4}\times 0.01\times 100$

$≒ 25.47[\text{N}\cdot\text{m}]$

정답 57.④ 58.③ 59.③ 60.③

제4과목 | 회로이론 및 제어공학

61 다음 상태 방정식 $\dot{x} = Ax + Bu$에서 $A = \begin{bmatrix} 0 & 1 \\ -2 & -3 \end{bmatrix}$일 때, 특성 방정식의 근은?

① $-2, -3$ ② $-1, -2$
③ $-1, -3$ ④ $1, -3$

해설 특성 방정식 $|sI - A| = 0$
$|sI - A| = \begin{vmatrix} s & -1 \\ 2 & s+3 \end{vmatrix} = s(s+3) + 2 = s^2 + 3s + 2 = 0$
$(s+1)(s+2) = 0$
$\therefore s = -1, -2$

62 개루프 전달 함수 $G(s)$가 다음과 같이 주어지는 단위 부궤환계가 있다. 단위 계단 입력이 주어졌을 때, 정상 상태 편차가 0.05가 되기 위해서는 K의 값은 얼마인가?

$$G(s) = \frac{6K(s+1)}{(s+2)(s+3)}$$

① 19   ② 20
③ 0.95   ④ 0.05

해설
- 정상 위치 편차 $e_{ssp} = \dfrac{1}{1 + K_p}$
- 정상 위치 편차 상수 $K_p = \lim\limits_{s \to 0} G(s)$

$0.05 = \dfrac{1}{1 + K_p}$

$K_p = \lim\limits_{s \to 0} \dfrac{6K(s+1)}{(s+2)(s+3)} = K$

$0.05 = \dfrac{1}{1 + K}$

$\therefore K = 19$

63 전달 함수가 $G_c(s) = \dfrac{2s+5}{7s}$인 제어기가 있다. 이 제어기는 어떤 제어기인가?

① 비례 미분 제어기
② 적분 제어기
③ 비례 적분 제어기
④ 비례 적분 미분 제어기

해설 $G_c(s) = \dfrac{2s+5}{7s} = \dfrac{2}{7} + \dfrac{5}{7s} = \dfrac{2}{7}\left(1 + \dfrac{1}{\frac{2}{5}s}\right)$

비례 감도 $K_p = \dfrac{2}{7}$

적분 시간 $T_i = \dfrac{2}{5}s$인 비례 적분 제어기이다.

64 단위 궤환 제어 시스템의 전향 경로 전달 함수가 $G(s) = \dfrac{K}{s(s^2 + 5s + 4)}$일 때, 이 시스템이 안정하기 위한 K의 범위는?

① $K < -20$ ② $-20 < K < 0$
③ $0 < K < 20$ ④ $20 < K$

해설 단위 궤환 제어이므로 $H(s) = 1$이므로
특성 방정식은 $1 + \dfrac{K}{s(s^2 + 5s + 4)} = 0$
$s(s^2 + 5s + 4) + K = 0$
$s^3 + 5s^2 + 4s + K = 0$
라우스의 표

s^3	1	4
s^2	5	K
s^1	$\dfrac{20-K}{5}$	0
s^0	K	

제1열의 부호 변화가 없어야 안정하므로
$\dfrac{20-K}{5} > 0, \; K > 0$
$\therefore 0 < K < 20$

65 $\overline{A} + \overline{B} \cdot \overline{C}$ 와 동일한 것은?

① $\overline{A + BC}$ ② $\overline{A(B+C)}$
③ $\overline{A \cdot B + C}$ ④ $\overline{A \cdot B} + C$

해설 $\overline{A(B+C)} = \overline{A} + \overline{(B+C)} = \overline{A} + \overline{B} \cdot \overline{C}$

정답 61.② 62.① 63.③ 64.③ 65.②

66 $G(s)H(s) = \dfrac{K(s+1)}{s^2(s+2)(s+3)}$ 에서 점근선의 교차점을 구하면?

① $-\dfrac{5}{6}$　　② $-\dfrac{1}{5}$

③ $-\dfrac{4}{3}$　　④ $-\dfrac{1}{3}$

해설 $\sigma = \dfrac{\sum G(s)H(s)\text{의 극점} - \sum G(s)H(s)\text{의 영점}}{p-z}$

$= \dfrac{(0-2-3)-(-1)}{4-1} = -\dfrac{4}{3}$

67 $G(s) = \dfrac{1}{1+5s}$ 일 때, 절점에서 절점주파수 $\omega_c[\text{rad/s}]$를 구하면?

① 0.1　　② 0.5

③ 0.2　　④ 5

해설 $G(j\omega) = \dfrac{1}{1+j5\omega}$

$5\omega_c = 1$

$\therefore \omega_c = \dfrac{1}{5} = 0.2[\text{rad/s}]$

68 개루프 전달 함수가 $\dfrac{(s+2)}{(s+1)(s+3)}$ 인 부귀환 제어계의 특성 방정식은?

① $s^2+5s+5=0$　② $s^2+5s+6=0$

③ $s^2+6s+5=0$　④ $s^2+4s-3=0$

해설 부귀환 제어계의 폐루프 전달 함수는

$\dfrac{C(s)}{R(s)} = \dfrac{G(s)}{1+G(s)H(s)}$

여기서, $G(s)$: 전향 전달 함수
　　　　$H(s)$: 피드백 전달 함수

전달 함수의 분모 $1+G(s)H(s) = 0$: 특성 방정식

$1+\dfrac{(s+2)}{(s+1)(s+3)} = 0$

$(s+1)(s+3)+(s+2) = 0$

$\therefore s^2+5s+5 = 0$

69 그림과 같은 블록 선도에 대한 등가 전달 함수를 구하면?

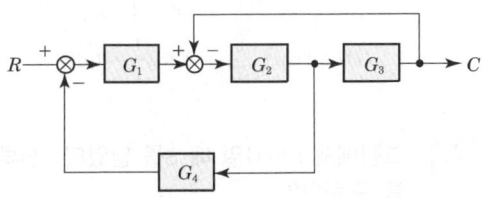

① $\dfrac{G_1 G_2 G_3}{1+G_2 G_3 + G_1 G_2 G_4}$

② $\dfrac{G_1 G_2 G_3}{1+G_1 G_2 + G_1 G_2 G_3}$

③ $\dfrac{G_1 G_2 G_3}{1+G_1 G_2 + G_1 G_2 G_4}$

④ $\dfrac{G_1 G_2 G_3}{1+G_2 G_3 + G_1 G_2 G_3}$

해설 G_3 앞의 인출점을 G_3 뒤로 이동하면 다음과 같다.

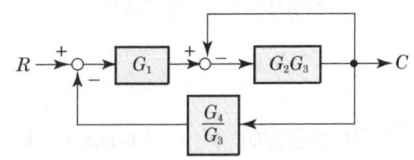

$\left\{\left(R - C\dfrac{G_4}{G_3}\right)G_1 - C\right\}G_2 G_3 = C$

$RG_1 G_2 G_3 - CG_1 G_2 G_4 - C(G_2 G_3) = C$

$RG_1 G_2 G_3 = C(1+G_2 G_3 + G_1 G_2 G_4)$

$\therefore G(s) = \dfrac{C}{R} = \dfrac{G_1 G_2 G_3}{1+G_2 G_3 + G_1 G_2 G_4}$

70 $G(s)H(s) = \dfrac{2}{(s+1)(s+2)}$ 의 이득 여유 [dB]를 구하면?

① 20

② -20

③ 0

④ 무한대

정답 66.③　67.③　68.①　69.①　70.③

해설
$$G(j\omega)H(j\omega) = \frac{2}{(j\omega+1)(j\omega+2)} = \frac{2}{-\omega^2+2+j3\omega}$$
$$|G(j\omega)H(j\omega)|_{\omega_c=0} = \left|\frac{2}{-\omega^2+2}\right|_{\omega_c=0} = \frac{2}{2} = 1$$
$$\therefore GM = 20\log\frac{1}{|GH_c|} = 20\log\frac{1}{1} = 0[\text{dB}]$$

71 그림에서 $t=0$일 때 S를 닫았다. 전류 $i(t)$를 구하면?

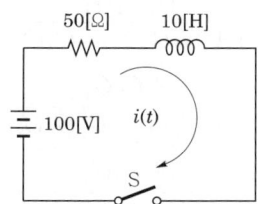

① $2(1+e^{-5t})$ ② $2(1-e^{5t})$
③ $2(1-e^{-5t})$ ④ $2(1+e^{5t})$

해설
$$i(t) = \frac{E}{R}\left(1-e^{-\frac{R}{L}t}\right) = \frac{100}{50}\left(1-e^{-\frac{50}{10}t}\right)$$
$$= 2(1-e^{-5t})$$

72 각 상전압이 $V_a = 40\sin\omega t$, $V_b = 40\sin(\omega t+90°)$, $V_c = 40\sin(\omega t-90°)$라 하면 영상 대칭분의 전압[V]은?

① $40\sin\omega t$
② $\frac{40}{3}\sin\omega t$
③ $\frac{40}{3}\sin(\omega t-90°)$
④ $\frac{40}{3}\sin(\omega t+90°)$

해설
$$V_o = \frac{1}{3}(V_a + V_b + V_c)$$
$$= \frac{1}{3}\{40\sin\omega t + 40\sin(\omega t+90°) + 40\sin(\omega t-90°)\}$$
$$= \frac{40}{3}\sin\omega t [\text{V}]$$

73 다음에서 $f_e(t)$는 우함수, $f_o(t)$는 기함수를 나타낸다. 주기 함수 $f(t) = f_e(t) + f_o(t)$에 대한 다음의 서술 중 바르지 못한 것은?

① $f_e(t) = f_e(-t)$
② $f_o(t) = \frac{1}{2}[f(t)-f(-t)]$
③ $f_o(t) = -f_o(-t)$
④ $f_e(t) = \frac{1}{2}[f(t)-f(-t)]$

해설 $f_e(t) = f_e(-t)$, $f_o(t) = -f_o(-t)$는 옳고
$f(t) = f_e(t) + f_o(t)$이므로
$$\frac{1}{2}[f(t)+f(-t)]$$
$$= \frac{1}{2}[f_e(t)+f_o(t)+f_e(-t)+f_o(-t)]$$
$$= \frac{1}{2}[f_e(t)+f_o(t)+f_e(t)-f_o(t)]$$
$$= f_e(t)$$
$$\frac{1}{2}[f(t)-f(-t)]$$
$$= \frac{1}{2}[f_e(t)+f_o(t)-f_e(-t)-f_o(-t)]$$
$$= \frac{1}{2}[f_e(t)+f_o(t)-f_e(t)+f_o(t)]$$
$$= f_o(t)$$

74 그림이 정저항 회로로 되려면 $C[\mu F]$는?

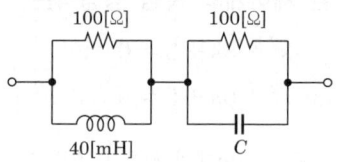

① 4   ② 6
③ 8   ④ 10

해설 정저항 조건 $Z_1 \cdot Z_2 = R^2$, $sL \cdot \frac{1}{sC} = R^2$
$$\therefore R^2 = \frac{L}{C}$$
$$\therefore C = \frac{L}{R^2} = \frac{40\times 10^{-3}}{100^2} = 4\times 10^{-6} = 4[\mu F]$$

정답 71.③ 72.② 73.④ 74.①

75 평형 3상 3선식 회로가 있다. 부하는 Y결선이고 $V_{ab} = 100\sqrt{3}\underline{/0°}$ [V]일 때 $I_a = 20\underline{/-120°}$ [A]이었다. Y결선된 부하 한 상의 임피던스는 몇 [Ω]인가?

① $5\underline{/60°}$ ② $5\sqrt{3}\underline{/60°}$
③ $5\underline{/90°}$ ④ $5\sqrt{3}\underline{/90°}$

해설 $Z = \dfrac{V_p}{I_p}$

$= \dfrac{\dfrac{100\sqrt{3}}{\sqrt{3}}\underline{/0°-30°}}{20\underline{/-120°}} = \dfrac{100\underline{/-30°}}{20\underline{/-120°}}$

$= 5\underline{/90°}$ [Ω]

76 분포 정수 회로에서 선로 정수가 R, L, C, G이고 무왜 조건이 $RC = GL$과 같은 관계가 성립될 때 선로의 특성 임피던스 Z_0 [Ω]는?

① $\sqrt{CL}$ ② $\dfrac{1}{\sqrt{CL}}$
③ $\sqrt{RG}$ ④ $\sqrt{\dfrac{L}{C}}$

해설 $Z_0 = \sqrt{\dfrac{Z}{Y}} = \sqrt{\dfrac{R+j\omega L}{G+j\omega C}} = \sqrt{\dfrac{L}{C}}$ [Ω]

77 그림과 같은 파형의 파고율은?

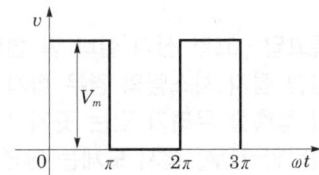

① $\sqrt{2}$ ② $\sqrt{3}$
③ 2 ④ 3

해설 파고율 $= \dfrac{\text{최대값}}{\text{실효값}} = \dfrac{V_m}{\dfrac{V_m}{\sqrt{2}}} = \sqrt{2}$

78 길이에 따라 비례하는 저항값을 가진 어떤 전열선에 E_0 [V]의 전압을 인가하면 P_0 [W]의 전력이 소비된다. 이 전열선을 잘라 원래 길이의 $\dfrac{2}{3}$로 만들고 E [V]의 전압을 가한다면 소비 전력 P [W]는?

① $P = \dfrac{P_0}{2}\left(\dfrac{E}{E_0}\right)^2$

② $P = \dfrac{3P_0}{2}\left(\dfrac{E}{E_0}\right)^2$

③ $P = \dfrac{2P_0}{3}\left(\dfrac{E}{E_0}\right)^2$

④ $P = \dfrac{\sqrt{3}P_0}{2}\left(\dfrac{E}{E_0}\right)^2$

해설 전기저항 $R = \rho\dfrac{l}{s}$로 전선의 길이에 비례하므로

$\dfrac{P}{P_0} = \dfrac{\dfrac{E^2}{\dfrac{2}{3}R}}{\dfrac{E_0^2}{R}}$ ∴ $P = \dfrac{3P_0}{2}\left(\dfrac{E}{E_0}\right)^2$

79 선간 전압 V_l [V]의 3상 평형 전원에 대칭 3상 저항 부하 R [Ω]이 그림과 같이 접속되었을 때 a, b 두 상 간에 접속된 전력계의 지시값이 W [W]라 하면 c상의 전류[A]는?

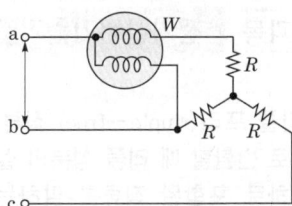

① $\dfrac{\sqrt{3}W}{V_l}$ ② $\dfrac{3W}{V_l}$
③ $\dfrac{W}{\sqrt{3}V_l}$ ④ $\dfrac{2W}{\sqrt{3}V_l}$

정답 75.③ 76.④ 77.① 78.② 79.④

해설 3상 전력 : $P = 2W[W]$
대칭 3상이므로 $I_a = I_b = I_c$ 이다.
따라서 $2W = \sqrt{3}\,V_l I_l \cos\theta$ 에서 R만의 부하이므로
역률 $\cos\theta = 1$
$\therefore I = \dfrac{2W}{\sqrt{3}\,V_l}\,[A]$

80 콘덴서 $C[F]$에 단위 임펄스의 전류원을 접속하여 동작시키면 콘덴서의 전압 $V_C(t)$는? (단, $u(t)$는 단위 계단 함수이다.)

① $V_C(t) = C$
② $V_C(t) = Cu(t)$
③ $V_C(t) = \dfrac{1}{C}$
④ $V_C(t) = \dfrac{1}{C}u(t)$

해설 콘덴서의 전압 $V_C(t) = \dfrac{1}{C}\int i(t)\,dt$
라플라스 변환하면 $V_C(s) = \dfrac{1}{Cs}I(s)$
단위 임펄스 전류원 $i(t) = \delta(t)$
$\therefore I(s) = 1$
$\therefore V_C(s) = \dfrac{1}{Cs}$
역라플라스 변환하면 $V_C(t) = \dfrac{1}{C}u(t)$가 된다.

제5과목 전기설비기술기준

81 "리플 프리(ripple-free) 직류"란 교류를 직류로 변환할 때 리플 성분의 실효값이 몇 [%] 이하로 포함된 직류를 말하는가?

① 3   ② 5
③ 10   ④ 15

해설 용어 정의(KEC 112)
"리플 프리(ripple-free) 직류"란 교류를 직류로 변환할 때 리플 성분의 실효값이 10[%] 이하로 포함된 직류를 말한다.

82 사용 전압이 저압인 전로에서 정전이 어려운 경우 등 절연 저항 측정이 곤란한 경우에 누설 전류는 몇 [mA] 이하로 유지하여야 하는가?

① 1   ② 2
③ 3   ④ 4

해설 전로의 절연 저항 및 절연 내력(KEC 132)
저압 전로에서 정전이 어려운 경우 등 절연 저항 측정이 곤란한 경우 저항 성분의 누설 전류를 1[mA] 이하로 유지한다.

83 최대 사용 전압 22.9[kV]인 3상 4선식 다중 접지 방식의 지중 전선로의 절연 내력 시험을 직류로 할 경우 시험 전압은 몇 [V]인가?

① 16,448   ② 21,068
③ 32,796   ④ 42,136

해설 전로의 절연 저항 및 절연 내력(KEC 132)
중성점 다중 접지 방식이고, 직류로 시험하므로
$22,900 \times 0.92 \times 2 = 42,136[V]$이다.

84 특고압·고압 전기 설비 및 변압기 중성점 접지 시스템의 경우 접지 도체가 사람이 접촉할 우려가 있는 곳에 시설되는 고정 설비인 경우, 접지 도체는 단면적 몇 [mm²] 이상의 연동선 또는 동등 이상의 단면적 및 강도를 가져야 하는가?

① 2.5   ② 6
③ 10   ④ 16

정답 80.④ 81.③ 82.① 83.④ 84.②

해설 접지 도체(KEC 142.3.1)
특고압·고압 전기 설비용 접지 도체는 단면적 6[mm²] 이상의 연동선 또는 동등 이상의 단면적 및 강도를 가져야 한다.

85 혼촉 방지판이 설치된 변압기로써 고압 전로 또는 특고압 전로와 저압 전로를 결합하는 변압기 2차측 저압 전로를 옥외에 시설하는 경우 기술 규정에 부합되지 않는 것은 다음 중 어느 것인가?

① 저압선 가공 전선로 또는 저압 옥상 전선로의 전선은 케이블일 것
② 저압 전선은 1구내에만 시설할 것
③ 저압 전선의 구외로의 연장 범위는 200[m] 이하일 것
④ 저압 가공 전선과 또는 특고압의 가공 전선은 동일 지지물에 시설하지 말 것

해설 혼촉 방지판이 있는 변압기에 접속하는 저압 옥외 전선의 시설 등(KEC 322.2)
저압 전선은 1구내에만 시설하므로 구외로 연장할 수 없다.

86 애자 공사에 의한 저압 옥내 배선 시설 중 틀린 것은?

① 전선은 인입용 비닐 절연 전선일 것
② 전선 상호 간의 간격은 6[cm] 이상일 것
③ 전선의 지지점 간의 거리는 전선을 조영재의 윗면에 따라 붙일 경우에는 2[m] 이하일 것
④ 전선과 조영재 사이의 이격 거리(간격)는 사용전압이 400[V] 이하인 경우에는 2.5[cm] 이상일 것

해설 애자 공사의 시설 조건(KEC 232.56.1)
전선은 절연 전선(옥외용 및 인입용 절연 전선을 제외)을 사용할 것

87 풀용 수중 조명등에 전기를 공급하기 위하여 사용되는 절연 변압기에 대한 설명으로 틀린 것은?

① 절연 변압기 2차측 전로의 사용 전압은 150[V] 이하이어야 한다.
② 절연 변압기의 2차측 전로에는 반드시 접지 공사를 하며, 그 저항값은 5[Ω] 이하가 되도록 하여야 한다.
③ 절연 변압기 2차측 전로의 사용 전압이 30[V] 이하인 경우에는 1차 권선과 2차 권선 사이에 금속제의 혼촉 방지판이 있어야 한다.
④ 절연 변압기 2차측 전로의 사용 전압이 30[V]를 초과하는 경우에는 그 전로에 지락이 생겼을 때 자동적으로 전로를 차단하는 장치가 있어야 한다.

해설 수중 조명등(KEC 234.14)
절연 변압기의 2차측 전로는 접지하지 아니할 것

88 특고압 전선로에 사용되는 애자 장치에 대한 갑종 풍압 하중은 그 구성재의 수직 투영 면적 1[m²]에 대한 풍압 하중을 몇 [Pa]을 기초로 하여 계산한 것인가?

① 588　　② 666
③ 946　　④ 1,039

해설 풍압 하중의 종별과 적용(KEC 331.6)

풍압을 받는 구분		갑종 풍압 하중
지지물	원형	588[Pa]
	강관 철주	1,117[Pa]
	강관 철탑	1,255[Pa]
전선 가섭선	다도체	666[Pa]
	기타의 것(단도체 등)	745[Pa]
애자 장치(특고압 전선용)		1,039[Pa]
완금류		1,196[Pa]

정답 85.③　86.①　87.②　88.④

89 다음 ( ) 안에 들어갈 내용으로 옳은 것은?

> 유희용(놀이용) 전차에 전기를 공급하는 전원 장치의 2차측 단자의 최대 사용 전압은 직류의 경우는 (㉠)[V] 이하, 교류의 경우는 (㉡)[V] 이하이어야 한다.

① ㉠ 60, ㉡ 40   ② ㉠ 40, ㉡ 60
③ ㉠ 30, ㉡ 60   ④ ㉠ 60, ㉡ 30

해설 유희용(놀이용) 전차(KEC 241.8)
사용 전압 직류 60[V] 이하, 교류 40[V] 이하

90 시가지에 시설하는 440[V] 가공 전선으로 경동선을 사용하려면 그 지름은 최소 몇 [mm]이어야 하는가?

① 2.6   ② 3.2
③ 4.0   ④ 5.0

해설 저압 가공 전선의 굵기 및 종류(KEC 222.5)
- 사용 전압이 400[V] 이하인 인장 강도 3.43[kN] 이상의 것 또는 지름 3.2[mm](절연 전선은 인장 강도 2.3[kN] 이상의 것 또는 지름 2.6[mm] 의 경동선) 이상
- 사용 전압이 400[V] 초과인 저압 가공 전선
  - 시가지 : 인장 강도 8.01[kN] 이상의 것 또는 지름 5[mm] 이상의 경동선
  - 시가지 외 : 인장 강도 5.26[kN] 이상의 것 또는 지름 4[mm] 이상의 경동선

91 단면적 55[mm²]인 경동 연선을 사용하는 특고압 가공 전선로의 지지물로 장력에 견디는 형태의 B종 철근 콘크리트주를 사용하는 경우, 허용 최대 경간(지지물 간 거리)은 몇 [m]인가?

① 150   ② 250
③ 300   ④ 500

해설 특고압 가공 전선로 경간(지지물 간 거리)의 제한 (KEC 333.21)
특고압 가공 전선로의 전선에 인장 강도 21.67[kN] 이상의 것 또는 단면적이 50[mm²] 이상인 경동 연선을 사용하는 경우 전선로의 경간(지지물 간 거리)은 목주·A종 = 300[m] 이하, B종은 500[m] 이하이어야 한다.

92 고압 가공 전선이 상호 간의 접근 또는 교차하여 시설되는 경우, 고압 가공 전선 상호 간의 이격 거리(간격)는 몇 [cm] 이상이어야 하는가? (단, 고압 가공 전선은 모두 케이블이 아니라고 한다.)

① 50   ② 60
③ 70   ④ 80

해설 고압 가공 전선 상호 간의 접근 또는 교차(KEC 332.17)
- 위쪽 또는 옆쪽에 시설되는 고압 가공 전선로는 고압 보안 공사에 의할 것
- 고압 가공 전선 상호 간의 이격 거리(간격)는 80[cm] (어느 한 쪽의 전선이 케이블인 경우에는 40[cm]) 이상일 것

93 특고압 가공 전선과 약전류 전선 사이에 시설하는 보호망에서 보호망을 구성하는 금속선 상호 간의 간격은 가로 및 세로 각각 몇 [m] 이하이어야 하는가?

① 0.5   ② 1
③ 1.5   ④ 2

해설 특고압 가공 전선과 도로 등의 접근 또는 교차(KEC 333.24)
보호망을 구성하는 금속선 상호의 간격은 가로, 세로 각 1.5[m] 이하이다.

94 시가지 또는 그 밖에 인가가 밀집한 지역에 154[kV] 가공 전선로의 전선을 케이블로 시설하고자 한다. 이때, 가공 전선을 지지하는 애자 장치의 50[%] 충격 섬락(불꽃 방전) 전압값이 그 전선의 근접한 다른 부분을 지지하는 애자 장치값의 몇 [%] 이상이어야 하는가?

① 75   ② 100
③ 105   ④ 110

정답 89.① 90.④ 91.④ 92.④ 93.③ 94.③

해설 특고압 보안 공사(KEC 333.22)
특고압 가공 전선을 지지하는 애자 장치는 다음 중 어느 하나에 의할 것
- 50[%] 충격 섬락(불꽃 방전) 전압값이 그 전선의 근접한 다른 부분을 지지하는 애자 장치값의 110[%](사용 전압이 130[kV]를 초과하는 경우는 105[%]) 이상인 것
- 아킹혼을 붙인 현수 애자·장간(긴) 애자 또는 라인 포스트 애자를 사용하는 것
- 2련 이상의 현수 애자 또는 장간(긴) 애자를 사용하는 것
- 2개 이상의 핀 애자 또는 라인 포스트 애자를 사용하는 것

95 지중 전선로를 직접 매설식에 의하여 시설할 때 중량물의 압력을 받을 우려가 있는 장소에 저압 또는 고압의 지중 전선을 견고한 트로프, 기타 방호물에 넣지 않고도 부설할 수 있는 케이블은?

① PVC 외장 케이블
② 콤바인덕트 케이블
③ 염화비닐 절연 케이블
④ 폴리에틸렌 외장 케이블

해설 지중 전선로(KEC 334.1)
지중 전선을 견고한 트로프, 기타 방호물에 넣어 시설하여야 한다. 단, 다음의 어느 하나에 해당하는 경우에는 지중 전선을 견고한 트로프, 기타 방호물에 넣지 아니하여도 된다.
- 저압 또는 고압의 지중 전선을 차량, 기타 중량물의 압력을 받을 우려가 없는 경우에 그 위를 견고한 판 또는 몰드로 덮어 시설하는 경우
- 저압 또는 고압의 지중 전선에 콤바인덕트 케이블 또는 개장(鎧裝)한 케이블을 사용해 시설하는 경우
- 파이프형 압력 케이블, 연피 케이블, 알루미늄피 케이블을 사용하여 시설하는 경우

96 고압용의 개폐기, 차단기, 피뢰기, 기타 이와 유사한 기구로서 동작 시에 아크가 생기는 것은 목재의 벽 또는 천장 기타의 가연성 물체로부터 몇 [m] 이상 떼어 놓아야 하는가?

① 1
② 0.8
③ 0.5
④ 0.3

해설 아크를 발생하는 기구의 시설(KEC 341.7) – 이격 거리(간격)
- 고압용의 것 : 1[m] 이상
- 특고압용의 것 : 2[m] 이상

97 다음 ( ) 안에 들어가는 내용으로 옳은 것은?

> 고압 또는 특고압의 기계 기구·모선 등을 옥외에 시설하는 발전소, 변전소, 개폐소 또는 이에 준하는 곳에 시설하는 울타리, 담 등의 높이는 (㉠)[m] 이상으로 하고, 지표면과 울타리, 담 등의 하단 사이의 간격은 (㉡)[cm] 이하로 하여야 한다.

① ㉠ 3, ㉡ 15
② ㉠ 2, ㉡ 15
③ ㉠ 3, ㉡ 25
④ ㉠ 2, ㉡ 25

해설 발전소 등의 울타리·담 등의 시설(KEC 351.1)
- 울타리·담 등의 높이는 2[m] 이상
- 담 등의 하단 사이의 간격은 0.15[m] 이하

98 특고압 가공 전선로의 지지물에 첨가하는 통신선 보안 장치에 사용되는 피뢰기의 동작 전압은 교류 몇 [V] 이하인가?

① 300
② 600
③ 1,000
④ 1,500

해설 특고압 가공 전선로 첨가 설치 통신선의 시가지 인입제한(KEC 362.5)
통신선 보안 장치에는 교류 1[kV] 이하에서 동작하는 피뢰기를 설치한다.

정답 95.② 96.① 97.② 98.③

99 사용 전압이 22.9[kV]인 가공 전선로의 다중 접지한 중성선과 첨가 통신선의 이격 거리(간격)는 몇 [cm] 이상이어야 하는가? (단, 특고압 가공 전선로는 중성선 다중 접지식의 것으로 전로에 지락이 생긴 경우 2초 이내에 자동적으로 이를 전로로부터 차단하는 장치가 되어 있는 것으로 한다.)

① 60
② 75
③ 100
④ 120

해설 전력 보안 통신선의 시설 높이와 이격 거리(간격) (KEC 362.2)
통신선과 저압 가공 전선 또는 25[kV] 이하 특고압 가공 전선로의 다중 접지를 한 중성선 사이의 이격 거리(간격)는 0.6[m] 이상이어야 한다.

100 전기 철도 차량이 전차 선로와 접촉한 상태에서 견인력을 끄고 보조 전력을 가동한 상태로 정지해 있는 경우, 가공 전차 선로의 유효 전력이 200[kW] 이상일 경우 총 역률은 몇 보다는 작아서는 안 되는가?

① 0.9
② 0.8
③ 0.7
④ 0.6

해설 전기 철도 차량의 역률(KEC 441.4)
규정된 최저 비영구 전압에서 최고 비영구 전압까지의 전압 범위에서 유도성 역률 및 전력 소비에 대해서만 적용되며, 회생 제동 중에는 전압을 제한범위 내로 유지시키기 위하여 유도성 역률을 낮출 수 있다. 다만, 전기 철도 차량이 전차 선로와 접촉한 상태에서 견인력을 끄고 보조 전력을 가동한 상태로 정지해 있는 경우, 가공 전차 선로의 유효 전력이 200[kW] 이상일 경우 총 역률은 0.8보다는 작아서는 안 된다.

정답 99.① 100.②

2023년 제2회 CBT 기출복원문제

2023. 5. 14. 시행

제1과목 전기자기학

01 그림과 같은 환상 솔레노이드 내의 철심 중심에서의 자계의 세기 H[AT/m]는? (단, 환상 철심의 평균 반지름은 r[m], 코일의 권수는 N회, 코일에 흐르는 전류는 I[A]이다.)

① $\dfrac{NI}{\pi r}$
② $\dfrac{NI}{2\pi r}$
③ $\dfrac{NI}{4\pi r}$
④ $\dfrac{NI}{2r}$

해설 앙페르의 주회 적분 법칙
$NI = \oint_c H \cdot dl$ 에서 $NI = H \cdot l = H \cdot 2\pi r$ [AT]
자계의 세기 $H = \dfrac{NI}{2\pi r}$ [AT/m]

02 그림과 같이 비투자율이 μ_{s1}, μ_{s2}인 각각 다른 자성체를 접하여 놓고 θ_1을 입사각이라 하고, θ_2를 굴절각이라 한다. 경계면에 자하가 없는 경우, 미소 폐곡면을 취하여 이곳에 출입하는 자속수를 구하면?

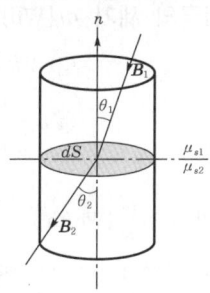

① $\displaystyle\int_l \boldsymbol{B} \cdot n\, dl = 0$
② $\displaystyle\int_S \boldsymbol{B} \cdot n\, dS = 0$
③ $\displaystyle\int_S \boldsymbol{B} \cdot dS = 0$
④ $\displaystyle\int_S \boldsymbol{B} \cdot n\sin\theta\, dS = 0$

해설 경계면에는 자하가 없으므로 경계면에서의 자속은 연속한다.
$\mathrm{div}\,\boldsymbol{A} = \nabla \cdot \boldsymbol{A} = 0$
∴ $\mathrm{div}\,\boldsymbol{B} = \nabla \cdot \boldsymbol{B} = 0$
즉, $\displaystyle\int_S \boldsymbol{B} \cdot n\, dS = 0$

03 다음 식 중에서 틀린 것은?

① 가우스의 정리 : $\mathrm{div}\,D = \rho$
② 푸아송의 방정식 : $\nabla^2 V = \dfrac{\rho}{\varepsilon}$
③ 라플라스의 방정식 : $\nabla^2 V = 0$
④ 발산의 정리 : $\displaystyle\oint_s A \cdot ds = \int_v \mathrm{div}\,A\,dv$

해설 맥스웰의 전자계 기초 방정식
- $\mathrm{rot}\,\boldsymbol{E} = \nabla \times \boldsymbol{E} = -\dfrac{\partial \boldsymbol{B}}{\partial t} = -\mu \dfrac{\partial \boldsymbol{H}}{\partial t}$
  (패러데이 전자 유도 법칙의 미분형)
- $\mathrm{rot}\,\boldsymbol{H} = \nabla \times \boldsymbol{H} = i + \dfrac{\partial \boldsymbol{D}}{\partial t}$
  (앙페르 주회 적분 법칙의 미분형)
- $\mathrm{div}\,\boldsymbol{D} = \nabla \cdot \boldsymbol{D} = \rho$ (가우스 정리의 미분형)
- $\mathrm{div}\,\boldsymbol{B} = \nabla \cdot \boldsymbol{B} = 0$ (가우스 정리의 미분형)
- $\nabla^2 V = -\dfrac{\rho}{\varepsilon_0}$ (푸아송의 방정식)
- $\nabla^2 V = 0$ (라플라스 방정식)

정답 01.② 02.② 03.②

04 자속 밀도가 10[Wb/m²]인 자계 내에 길이 4[cm]의 도체를 자계와 직각으로 놓고 이 도체를 0.4초 동안 1[m]씩 균일하게 이동하였을 때 발생하는 기전력은 몇 [V]인가?

① 1 ② 2
③ 3 ④ 4

해설 기전력
$e = Blv\sin\theta$

여기서 $v = \dfrac{1}{0.4} = 2.5$[m/s], $\theta = 90°$이므로

∴ $e = 10 \times 4 \times 10^{-2} \times 2.5 \times \sin 90° = 1$[V]

05 패러데이관(Faraday tube)의 성질에 대한 설명으로 틀린 것은?

① 패러데이관 중에 있는 전속수는 그 관 속에 진전하가 없으면 일정하며 연속적이다.
② 패러데이관의 양단에는 양 또는 음의 단위 진전하가 존재하고 있다.
③ 패러데이관 한 개의 단위 전위차당 보유 에너지는 $\dfrac{1}{2}$[J]이다.
④ 패러데이관의 밀도는 전속 밀도와 같지 않다.

해설 패러데이관(Faraday tube)은 단위 정·부하 전하를 연결한 전기력 관으로 진전하가 없는 곳에서 연속이며, 보유 에너지는 $\dfrac{1}{2}$[J]이고 전속수와 같다.

06 간격 d [m]의 평행판 도체에 V [kV]의 전위차를 주었을 때 음극 도체판을 초속도 0으로 출발한 전자 e [C]이 양극 도체판에 도달할 때의 속도는 몇 [m/s]인가? (단, m[kg] 은 전자의 질량이다.)

① $\sqrt{\dfrac{eV}{m}}$ ② $\sqrt{\dfrac{2eV}{m}}$
③ $\sqrt{\dfrac{eV}{2m}}$ ④ $\dfrac{2eV}{m}$

해설 전자 볼트(eV)를 운동 에너지로 나타내면 $\dfrac{1}{2}mv^2$[J]이므로

$eV = \dfrac{1}{2}mv^2$

∴ $v = \sqrt{\dfrac{2eV}{m}}$ [m/s]

07 반경 r_1, r_2인 동심구가 있다. 반경 r_1, r_2인 구껍질에 각각 $+Q_1$, $+Q_2$의 전하가 분포되어 있는 경우 $r_1 \le r \le r_2$에서의 전위는?

① $\dfrac{1}{4\pi\varepsilon_0}\left(\dfrac{Q_1 + Q_2}{r}\right)$

② $\dfrac{1}{4\pi\varepsilon_0}\left(\dfrac{Q_1}{r_1} + \dfrac{Q_2}{r_2}\right)$

③ $\dfrac{1}{4\pi\varepsilon_0}\left(\dfrac{Q_2}{r} + \dfrac{Q_1}{r_2}\right)$

④ $\dfrac{1}{4\pi\varepsilon_0}\left(\dfrac{Q_1}{r} + \dfrac{Q_2}{r_2}\right)$

해설 반경 r의 전위는 외구 표면 전위(V_2) $r \sim r_2$의 사이의 전위차(Vr_2)의 합이므로

∴ $V = V_2 + Vr_2 = \dfrac{Q_1 + Q_2}{4\pi\varepsilon_0 r_2} + \dfrac{Q_1}{4\pi\varepsilon_0}\left(\dfrac{1}{r} - \dfrac{1}{r_2}\right)$

$= \dfrac{1}{4\pi\varepsilon_0}\left(\dfrac{Q_1}{r} + \dfrac{Q_2}{r_2}\right)$[V]

08 길이가 l[m], 단면적의 반지름이 a[m]인 원통이 길이 방향으로 균일하게 자화되어 자화의 세기가 J[Wb/m²]인 경우 원통 양단에서의 자극의 세기 m[Wb]은?

① alJ ② $2\pi alJ$
③ $\pi a^2 J$ ④ $\dfrac{J}{\pi a^2}$

해설 자화의 세기 $J = \dfrac{m}{s}$ [Wb/m²]

자성체 양단 자극의 세기 $m = sJ = \pi a^2 J$ [Wb]

정답 04.① 05.④ 06.② 07.④ 08.③

09 맥스웰의 방정식과 연관이 없는 것은?

① 패러데이의 법칙
② 쿨롱의 법칙
③ 스토크스의 법칙
④ 가우스의 정리

해설 맥스웰의 전자계 기초 방정식

- $\text{rot}\,E = \nabla \times E = -\dfrac{\partial B}{\partial t} = -\mu\dfrac{\partial H}{\partial t}$
  (패러데이 전자 유도 법칙의 미분형)
- $\text{rot}\,H = \nabla \times H = i + \dfrac{\partial D}{\partial t}$
  (앙페르 주회 적분 법칙의 미분형)
- $\text{div}\,D = \nabla \cdot D = \rho$ (가우스 정리의 미분형)
- $\text{div}\,B = \nabla \cdot B = 0$ (가우스 정리의 미분형)

∴ 맥스웰 방정식은 패러데이 법칙, 앙페르 주회 적분 법칙에서 $\oint_s A dl = \int_s \text{rot}\,A ds$, 즉 선적분을 면적분으로 변환하기 위한 스토크스의 정리, 가우스의 정리가 연관된다.

10 자화의 세기 단위로 옳은 것은?

① [AT/Wb]
② [AT/m²]
③ [Wb·m]
④ [Wb/m²]

해설

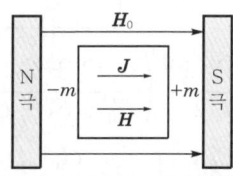

자성체를 자계 내에 놓았을 때 물질이 자화되는 경우 이것을 양적으로 표시하면 단위 체적당 자기 모멘트를 그 점의 자화의 세기라 한다.
이를 식으로 나타내면
$J = B - \mu_0 H = \mu_0 \mu_s H - \mu_0 H = \mu_0(\mu_s - 1)H$
$= \chi_m H\,[\text{Wb/m}^2]$

11 두 종류의 유전율(ε_1, ε_2)을 가진 유전체가 서로 접하고 있는 경계면에 진전하가 존재하지 않을 때 성립하는 경계 조건으로 옳은 것은? (단, E_1, E_2는 각 유전체에서의 전계이고, D_1, D_2는 각 유전체에서의 전속 밀도이고, θ_1, θ_2는 각각 경계면의 법선 벡터와 E_1, E_2가 이루는 각이다.)

① $E_1\cos\theta_1 = E_2\cos\theta_2$,
$D_1\sin\theta_1 = D_2\sin\theta_2$, $\dfrac{\tan\theta_1}{\tan\theta_2} = \dfrac{\varepsilon_2}{\varepsilon_1}$

② $E_1\cos\theta_1 = E_2\cos\theta_2$,
$D_1\sin\theta_1 = D_2\sin\theta_2$, $\dfrac{\tan\theta_1}{\tan\theta_2} = \dfrac{\varepsilon_1}{\varepsilon_2}$

③ $E_1\sin\theta_1 = E_2\sin\theta_2$,
$D_1\cos\theta_1 = D_2\cos\theta_2$, $\dfrac{\tan\theta_1}{\tan\theta_2} = \dfrac{\varepsilon_2}{\varepsilon_1}$

④ $E_1\sin\theta_1 = E_2\sin\theta_2$,
$D_1\cos\theta_1 = D_2\cos\theta_2$, $\dfrac{\tan\theta_1}{\tan\theta_2} = \dfrac{\varepsilon_1}{\varepsilon_2}$

해설 유전체의 경계면에서 경계 조건
- 전계 E의 접선 성분은 경계면의 양측에서 같다.
  $E_1\sin\theta_1 = E_2\sin\theta_2$
- 전속 밀도 D의 법선 성분은 경계면 양측에서 같다.
  $D_1\cos\theta_1 = D_2\cos\theta_2$
- 굴절각은 유전율에 비례한다.
  $\dfrac{\tan\theta_1}{\tan\theta_2} = \dfrac{\varepsilon_1}{\varepsilon_2} \propto \dfrac{\theta_1}{\theta_2}$

12 자극의 세기가 8×10^{-6}[Wb], 길이가 3[cm]인 막대 자석을 120[AT/m]의 평등 자계 내에 자력선과 30°의 각도로 놓으면 이 막대 자석이 받는 회전력은 몇 [N·m]인가?

① 3.02×10^{-5}
② 3.02×10^{-4}
③ 1.44×10^{-5}
④ 1.44×10^{-4}

해설 $T = MH\sin\theta = mlH\sin\theta$
$= 8 \times 10^{-6} \times 3 \times 10^{-2} \times 120 \times \sin 30°$
$= 1.44 \times 10^{-5}\,[\text{N·m}]$

정답 09.② 10.④ 11.④ 12.③

13 전자파의 특성에 대한 설명으로 틀린 것은?
① 전자파의 속도는 주파수와 무관하다.
② 전파 E_x를 고유 임피던스로 나누면 자파 H_y가 된다.
③ 전파 E_x와 자파 H_y의 진동 방향은 진행 방향에 수평인 종파이다.
④ 매질이 도전성을 갖지 않으면 전파 E_x와 자파 H_y는 동위상이 된다.

해설 전자파
- 전자파의 속도
  $v = \dfrac{1}{\sqrt{\varepsilon\mu}}$ [m/s]
  매질의 유전율, 투자율과 관계가 있다.
- 고유 임피던스
  $\eta = \dfrac{E_x}{H_y} = \sqrt{\dfrac{\mu}{\varepsilon}}$
- 전파 E_x와 자파 H_y의 진동 방향은 진행 방향에 수직인 횡파이다.

14 균일하게 원형 단면을 흐르는 전류 I[A]에 의한 반지름 a[m], 길이 l[m], 비투자율 μ_s인 원통 도체의 내부 인덕턴스는 몇 [H]인가?
① $10^{-7}\mu_s l$
② $3 \times 10^{-7}\mu_s l$
③ $\dfrac{1}{4a} \times 10^{-7}\mu_s l$
④ $\dfrac{1}{2} \times 10^{-7}\mu_s l$

해설 원통 내부 인덕턴스
$L = \dfrac{\mu}{8\pi} \cdot l = \dfrac{\mu_0}{8\pi}\mu_s l = \dfrac{4\pi \times 10^{-7}}{8\pi}\mu_s l$
$= \dfrac{1}{2} \times 10^{-7}\mu_s l$ [H]

15 다음 식 중 옳지 않은 것은?
① $V_p = \int_p^\infty \boldsymbol{E} \cdot dr$
② $\boldsymbol{E} = -\operatorname{grad} V$
③ $\operatorname{grad} V = i\dfrac{\partial V}{\partial x} + j\dfrac{\partial V}{\partial y} + k\dfrac{\partial V}{\partial z}$
④ $\oint_s \boldsymbol{E} \cdot ds = Q$

해설
- 전위 $V_p = -\int_\infty^p \boldsymbol{E} \cdot dr = \int_p^\infty \boldsymbol{E} \cdot dr$ [V]
- 전계의 세기와 전위와의 관계식
  $\boldsymbol{E} = -\operatorname{grad} V = -\nabla V$
  $\operatorname{grad} V = \triangle \cdot V = \left(i\dfrac{\partial}{\partial x} + j\dfrac{\partial}{\partial y} + k\dfrac{\partial}{\partial z}\right)V$
- 가우스의 법칙
  전기력선의 총수는
  $N = \int_s \boldsymbol{E} \cdot ds = \dfrac{Q}{\varepsilon_0}$ [lines]

16 회로에서 단자 a-b 간에 V의 전위차를 인가할 때 C_1의 에너지는?

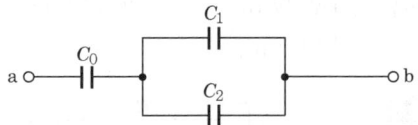

① $\dfrac{C_1^2 V^2}{2}\left(\dfrac{C_1 + C_2}{C_0 + C_1 + C_2}\right)^2$
② $\dfrac{C_1 V^2}{2}\left(\dfrac{C_0}{C_0 + C_1 + C_2}\right)^2$
③ $\dfrac{C_1 V^2}{2}\dfrac{C_0(C_1 + C_2)}{(C_0 + C_1 + C_2)^2}$
④ $\dfrac{C_1 V^2}{2}\dfrac{C_0^2 C_2}{(C_0 + C_1 + C_2)}$

해설 $W = \dfrac{1}{2}C_1 V_1^2 [J] = \dfrac{1}{2}C_1\left(\dfrac{C_0}{C_0 + C_1 + C_2} \times V\right)^2$
$= \dfrac{1}{2}C_1 V^2\left(\dfrac{C_0}{C_0 + C_1 + C_2}\right)^2$

정답 13.③ 14.④ 15.④ 16.②

17 압전기 현상에서 전기 분극이 기계적 응력에 수직한 방향으로 발생하는 현상은?

① 종효과
② 횡효과
③ 역효과
④ 직접 효과

해설 전기석이나 티탄산바륨($BaTiO_3$)의 결정에 응력을 가하면 전기 분극이 일어나고 그 단면에 분극 전하가 나타나는 현상을 압전 효과라 하며 응력과 동일 방향으로 분극이 일어나는 압전 효과를 종효과, 분극이 응력에 수직 방향일 때 횡효과라 한다.

18 그림과 같이 전류가 흐르는 반원형 도선이 평면 $Z=0$상에 놓여 있다. 이 도선이 자속 밀도 $B = 0.6a_x - 0.5a_y + a_z [Wb/m^2]$인 균일 자계 내에 놓여 있을 때 도선의 직선 부분에 작용하는 힘[N]은?

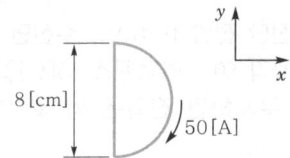

① $4a_x + 2.4a_z$
② $4a_x - 2.4a_z$
③ $5a_x - 3.5a_z$
④ $-5a_x + 3.5a_z$

해설 플레밍의 왼손 법칙
힘 $F = IBl \sin\theta$
$F = (I \times B)l = \begin{vmatrix} a_x & a_y & a_z \\ 0 & 50 & 0 \\ 0.6 & -0.5 & 1 \end{vmatrix} \times 0.08$
$= (50a_x - 30a_z) \times 0.08$
$= 4a_x - 2.4a_z [N]$

19 진공 중에 서로 떨어져 있는 두 도체 A, B가 있다. 도체 A에만 1[C]의 전하를 줄 때, 도체 A, B의 전위가 각각 3[V], 2[V]이었다. 지금 도체 A, B에 각각 1[C]과 2[C]의 전하를 주면 도체 A의 전위는 몇 [V]인가?

① 6
② 7
③ 8
④ 9

해설 각 도체의 전위
$V_1 = P_{11}Q_1 + P_{12}Q_2$, $V_2 = P_{21}Q_1 + P_{22}Q_2$에서
A 도체에만 1[C]의 전하를 주면
$V_1 = P_{11} \times 1 + P_{12} \times 0 = 3$
∴ $P_{11} = 3$
$V_2 = P_{21} \times 1 + P_{22} \times 0 = 2$
∴ $P_{21}(=P_{12}) = 2$
A, B에 각각 1[C], 2[C]을 주면 A 도체의 전위는
$V_1 = 3 \times 1 + 2 \times 2 = 7[V]$

20 2[C]의 점전하가 전계 $E = 2a_x + a_y - 4a_z [V/m]$ 및 자계 $B = -2a_x + 2a_y - a_z [Wb/m^2]$ 내에서 $v = 4a_x - a_y - 2a_z [m/s]$의 속도로 운동하고 있을 때, 점전하에 작용하는 힘 F는 몇 [N]인가?

① $-14a_x + 18a_y + 6a_z$
② $14a_x - 18a_y - 6a_z$
③ $-14a_x + 18a_y + 4a_z$
④ $14a_x + 18a_y + 4a_z$

해설 $F = q\{E + (v \times B)\}$
$= 2(2a_x + a_y - 4a_z) + 2(4a_x - a_y - 2a_z)$
  $\times (-2a_x + 2a_y - a_z)$
$= 2(2a_x + a_y - 4a_z) + 2\begin{vmatrix} a_x & a_y & a_z \\ 4 & -1 & -2 \\ -2 & 2 & -1 \end{vmatrix}$
$= 2(2a_x + a_y - 4a_z) + 2(5a_x + 8a_y + 6a_z)$
$= 14a_x + 18a_y + 4a_z [N]$

제2과목 전력공학

21 ACSR은 동일한 길이에서 동일한 전기 저항을 갖는 경동 연선에 비하여 어떠한가?

① 바깥 지름은 크고, 중량은 크다.
② 바깥 지름은 크고, 중량은 작다.
③ 바깥 지름은 작고, 중량은 크다.
④ 바깥 지름은 작고, 중량은 작다.

정답 17.② 18.② 19.② 20.④ 21.②

해설 강심 알루미늄 연선(ACSR)은 경동 연선에 비해 직경은 1.4~1.6배, 비중은 0.8배, 기계적 강도는 1.5~2배 정도이다. 그러므로 ACSR은 동일한 길이, 동일한 저항을 갖는 경동 연선에 비해 바깥 지름은 크고 중량은 작다.

22 케이블의 전력 손실과 관계가 없는 것은?
① 철손 ② 유전체손
③ 시스손 ④ 도체의 저항손

해설 전력 케이블의 손실은 저항손, 유전체손, 연피손(시스손)이 있다.

23 초고압 송전 선로에 단도체 대신 복도체를 사용할 경우 틀린 것은?
① 전선의 작용 인덕턴스를 감소시킨다.
② 선로의 작용 정전 용량을 증가시킨다.
③ 전선 표면의 전위 경도를 저감시킨다.
④ 전선의 코로나 임계 전압을 저감시킨다.

해설 복도체 및 다도체의 특징
- 동일한 단면적의 단도체보다 인덕턴스와 리액턴스가 감소하고 정전 용량이 증가하여 송전 용량을 크게 할 수 있다.
- 전선 표면의 전위 경도를 저감시켜 코로나 임계 전압을 증가시키고, 코로나손을 줄일 수 있다.
- 전력 계통의 안정도를 증대시키고, 초고압 송전 선로에 채용한다.
- 페란티 효과에 의한 수전단 전압 상승 우려가 있다.
- 강풍, 빙설 등에 의한 전선의 진동 또는 동요가 발생할 수 있고, 단락 사고 시 소도체가 충돌할 수 있다.

24 중거리 송전 선로의 π형 회로에서 송전단 전류 I_s는? (단, Z, Y는 선로의 직렬 임피던스와 병렬 어드미턴스이고, E_r, I_r은 수전단 전압과 전류이다.)

① $\left(1+\dfrac{ZY}{2}\right)E_r + Z I_r$
② $\left(1+\dfrac{ZY}{2}\right)E_r + Z\left(1+\dfrac{ZY}{4}\right)I_r$
③ $\left(1+\dfrac{ZY}{2}\right)I_r + Y E_r$
④ $\left(1+\dfrac{ZY}{2}\right)I_r + Y\left(1+\dfrac{ZY}{4}\right)E_r$

해설 π형 회로의 4단자 정수
$$\begin{bmatrix} A & B \\ C & D \end{bmatrix} = \begin{bmatrix} 1+\dfrac{ZY}{2} & Z \\ Y\left(1+\dfrac{ZY}{4}\right) & 1+\dfrac{ZY}{2} \end{bmatrix}$$
송전단 전류
$$I_s = CE_r + DI_r = Y\left(1+\dfrac{ZY}{4}\right)E_r + \left(1+\dfrac{ZY}{2}\right)I_r$$

25 송전단 전압 161[kV], 수전단 전압 154[kV], 상차각 60°, 리액턴스 65[Ω]일 때 선로 손실을 무시하면 전력은 약 몇 [MW]인가?
① 330
② 322
③ 279
④ 161

해설 $P = \dfrac{161 \times 154}{65} \times \sin 60° = 330 [\text{MW}]$

26 송전 계통의 안정도를 향상시키는 방법이 아닌 것은?
① 직렬 리액턴스를 증가시킨다.
② 전압 변동률을 적게 한다.
③ 고장 시간, 고장 전류를 적게 한다.
④ 동기기 간의 임피던스를 감소시킨다.

해설 계통 안정도 향상 대책 중에서 직렬 리액턴스는 송·수전 전력과 반비례하므로 크게 하면 안 된다.

정답 22.① 23.④ 24.④ 25.① 26.①

27 소호 리액터 접지 계통에서 리액터의 탭을 완전 공진 상태에서 약간 벗어나도록 조설하는 이유는?

① 접지 계전기의 동작을 확실하게 하기 위하여
② 전력 손실을 줄이기 위하여
③ 통신선에 대한 유도 장해를 줄이기 위하여
④ 직렬 공진에 의한 이상 전압의 발생을 방지하기 위하여

해설 유도 장해가 적고, 1선 지락 시 계속적인 송전이 가능하고, 고장이 스스로 복구될 수 있으나, 보호 장치의 동작이 불확실하고, 단선 고장 시에는 직렬 공진 상태가 되어 이상 전압을 발생시킬 수 있으므로 완전 공진을 시키지 않고 소호 리액터에 탭을 설치하여 공진에서 약간 벗어난 상태(과보상)로 한다.

28 3상 송전 선로의 선간 전압을 100[kV], 3상 기준 용량을 10,000[kVA]로 할 때, 선로 리액턴스(1선당) 100[Ω]을 %임피던스로 환산하면 얼마인가?

① 1   ② 10
③ 0.33   ④ 3.33

해설 $\%Z = \dfrac{P \cdot Z}{10 V^2} = \dfrac{10,000 \times 100}{10 \times 100^2} = 10[\%]$

29 1선 접지 고장을 대칭 좌표법으로 해석할 경우 필요한 것은?

① 정상 임피던스도(Diagram) 및 역상 임피던스도
② 정상 임피던스도
③ 정상 임피던스도 및 역상 임피던스도
④ 정상 임피던스도, 역상 임피던스도 및 영상 임피던스도

해설 지락전류 $I_g = \dfrac{3E_a}{Z_0 + Z_1 + Z_2}$[A]이므로 영상·정상·역상 임피던스가 모두 필요하다.

30 파동 임피던스 $Z_1 = 400[\Omega]$인 선로 종단에 파동 임피던스 $Z_2 = 1,200[\Omega]$의 변압기가 접속되어 있다. 지금 선로에서 파고 $e_1 = 800[kV]$인 전압이 입사했다면, 접속점에서 전압의 반사파의 파고값[kV]은?

① 400   ② 800
③ 1,200   ④ 1,600

해설 $e_2 = \dfrac{1,200 - 400}{1,200 + 400} \times 800 = 400[kV]$

31 접지봉으로 탑각의 접지 저항값을 희망하는 접지 저항값까지 줄일 수 없을 때 사용하는 것은?

① 가공 지선   ② 매설 지선
③ 크로스 본드선   ④ 차폐선

해설 뇌전류가 철탑으로부터 대지로 흐를 경우, 철탑 전위의 파고값이 전선을 절연하고 있는 애자련의 절연 파괴 전압 이상으로 될 경우 철탑으로부터 전선을 향해 역섬락이 발생하므로 이것을 방지하기 위해서는 매설 지선을 시설하여 철탑의 탑각 접지 저항을 작게 하여야 한다.

32 송전 계통의 절연 협조에 있어 절연 레벨을 가장 낮게 잡고 있는 기기는?

① 차단기   ② 피뢰기
③ 단로기   ④ 변압기

해설 절연 협조는 계통 기기에서 경제성을 유지하고 운용에 지장이 없도록 기준 충격 절연 강도(BIL ; Basic-impulse Insulation Level)를 만들어 기기 절연을 표준화하고 통일된 절연 체계를 구성할 목적으로 선로 애자가 가장 높고, 피뢰기를 가장 낮게 한다.

정답 27.④ 28.② 29.④ 30.① 31.② 32.②

33 송·배전 선로에서 선택 지락 계전기(SGR)의 용도는?

① 다회선에서 접지 고장 회선의 선택
② 단일 회선에서 접지 전류의 대·소 선택
③ 단일 회선에서 접지 전류의 방향 선택
④ 단일 회선에서 접지 사고의 지속 시간 선택

해설 동일 모선에 2개 이상의 다회선을 가진 비접지 배전 계통에서 지락(접지) 사고의 보호에는 선택 지락 계전기(SGR)가 사용된다.

34 인터록(interlock)의 기능에 대한 설명으로 옳은 것은?

① 조작자의 의중에 따라 개폐되어야 한다.
② 차단기가 열려 있어야 단로기를 닫을 수 있다.
③ 차단기가 닫혀 있어야 단로기를 닫을 수 있다.
④ 차단기와 단로기를 별도로 닫고, 열 수 있어야 한다.

해설 단로기는 소호 능력이 없으므로 조작할 때에는 다음과 같이 하여야 한다.
• 회로를 개방시킬 때 : 차단기를 먼저 열고, 단로기를 열어야 한다.
• 회로를 투입시킬 때 : 단로기를 먼저 투입하고, 차단기를 투입하여야 한다.

35 직류 송전 방식이 교류 송전 방식에 비하여 유리한 점이 아닌 것은?

① 표피 효과에 의한 송전 손실이 없다.
② 통신선에 대한 유도 잡음이 적다.
③ 선로의 절연이 용이하다.
④ 정류가 필요없고 승압 및 강압이 쉽다.

해설 부하와 발전 부분은 교류 방식이고, 송전 부분에서만 직류 방식이기 때문에 정류 장치가 필요하고, 직류에서는 직접 승압, 강압이 불가능하므로 교류로 변환 후 변압을 할 수 있다.

36 전선의 굵기가 균일하고 부하가 송전단에서 말단까지 균일하게 분포되어 있을 때 배전선 말단에서 전압 강하는? (단, 배전선 전체 저항 R, 송전단의 부하 전류는 I이다.)

① $\dfrac{1}{2}RI$　　② $\dfrac{1}{\sqrt{2}}RI$

③ $\dfrac{1}{\sqrt{3}}RI$　　④ $\dfrac{1}{3}RI$

해설

구분	말단에 집중 부하	균등 부하 분포
전압 강하	IR	$\dfrac{1}{2}IR$
전력 손실	I^2R	$\dfrac{1}{3}I^2R$

37 정격 10[kVA]의 주상 변압기가 있다. 이것의 2차측 일부하 곡선이 다음 그림과 같을 때 1일의 부하율은 몇 [%]인가?

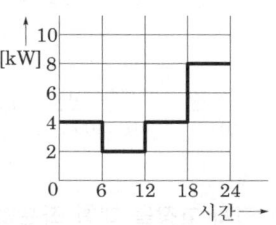

① 52.3　　② 54.3
③ 56.3　　④ 58.3

해설 부하율 = $\dfrac{\text{평균수용전력}}{\text{최대수용전력}} \times 100$

$= \dfrac{(4\times12 + 2\times6 + 8\times6) \div 24}{8} \times 100$

$= 56.25[\%]$

정답 33.① 34.② 35.④ 36.① 37.③

38 단상 승압기 1대를 사용하여 승압할 경우 승압 전의 전압을 E_1이라 하면, 승압 후의 전압 E_2는 어떻게 되는가? (단, 승압기의 변압비는 $\dfrac{\text{전원측 전압}}{\text{부하측 전압}} = \dfrac{e_1}{e_2}$이다.)

① $E_2 = E_1 + e_1$
② $E_2 = E_1 + e_2$
③ $E_2 = E_1 + \dfrac{e_2}{e_1}E_1$
④ $E_2 = E_1 + \dfrac{e_1}{e_2}E_1$

해설 승압 후 전압
$E_2 = E_1\left(1 + \dfrac{e_2}{e_1}\right) = E_1 + \dfrac{e_2}{e_1}E_1$

39 총 낙차 300[m], 사용 수량 20[m³/s]인 수력 발전소의 발전기 출력은 약 몇 [kW]인가? (단, 수차 및 발전기 효율은 각각 90[%], 98[%]라 하고, 손실 낙차는 총 낙차의 6[%]라고 한다.)

① 48,750   ② 51,860
③ 54,170   ④ 54,970

해설 발전기 출력 $P = 9.8HQ\eta$[kW]
$P = 9.8 \times 300 \times (1-0.06) \times 20 \times 0.9 \times 0.98$
$= 48,750$[kW]

40 캐비테이션(Cavitation) 현상에 의한 결과로 적당하지 않은 것은?

① 수차 러너의 부식
② 수차 레버 부분의 진동
③ 흡출관의 진동
④ 수차 효율의 증가

해설 공동 현상(캐비테이션) 장해
- 수차의 효율, 출력 등 저하
- 유수에 접한 러너 버킷 등에 침식 작용 발생
- 소음 발생
- 흡출관 입구에서 수압의 변동이 심함

제3과목 전기기기

41 유도 전동기의 기동 시 공급하는 전압을 단권 변압기에 의해서 일시 강하시켜서 기동 전류를 제한하는 기동 방법은?

① Y-△ 기동
② 저항 기동
③ 직접 기동
④ 기동 보상기에 의한 기동

해설 농형 유도 전동기의 기동에서 소형은 전전압 기동, 중형은 Y-△ 기동, 대용량은 강압용 단권 변압기를 이용한 기동 보상기법을 사용한다.

42 직류 발전기의 단자 전압을 조정하려면 어느 것을 조정하여야 하는가?

① 기동 저항   ② 계자 저항
③ 방전 저항   ④ 전기자 저항

해설 단자 전압 $V = E - I_a R_a$
유기 기전력 $E = \dfrac{Z}{a}p\phi\dfrac{N}{60} = K\phi N$

유기 기전력이 자속(ϕ)에 비례하므로 단자 전압은 계자 권선에 저항을 연결하여 조정한다.

43 변압기 1차측 사용 탭이 6,300[V]인 경우, 2차측 전압이 110[V]였다면 2차측 전압을 약 120[V]로 하기 위해서는 1차측의 탭을 몇 [V]로 선택해야 하는가?

① 5,700   ② 6,000
③ 6,600   ④ 6,900

정답 38.③ 39.① 40.④ 41.④ 42.② 43.①

해설 변압기의 2차 전압을 높이려면 권수비는 낮추어야 하므로 탭 전압 $V_T = 6,300 \times \dfrac{110}{120} = 5,775$

∴ $V_T = 5,700[V]$

정격 탭 전압은 5,700, 6,000, 6,300, 6,600, 6,900[V]이다.

44 6극 유도 전동기 토크가 τ이다. 극수를 12극으로 변환했다면 변환한 후의 토크는?

① τ ② 2τ
③ $\dfrac{\tau}{2}$ ④ $\dfrac{\tau}{4}$

해설 동기 속도 $N_s = \dfrac{120f}{P}$ (여기서, P : 극수)

유도 전동기의 토크

$\tau = \dfrac{P_2}{2\pi \dfrac{N_s}{60}} = \dfrac{P_2}{2\pi \dfrac{120f}{P} \times \dfrac{1}{60}} = \dfrac{P \cdot P_2}{4\pi f}$

유도 전동기의 토크는 극수에 비례하므로 2배로 증가한다.

45 2방향성 3단자 사이리스터는 어느 것인가?

① SCR   ② SSS
③ SCS   ④ TRIAC

해설 사이리스터(thyristor)의 SCR은 단일 방향 2단자 소자, SSS는 쌍방향(2방향성) 2단자 소자, SCS는 단일 방향 4단자 소자이며 TRIAC은 2방향성 3단자 소자이다.

46 3상 3,300[V], 100[kVA]의 동기 발전기의 정격 전류는 약 몇 [A]인가?

① 17.5   ② 25
③ 30.3   ④ 33.3

해설 정격 전류 $I_m = \dfrac{P \times 10^3}{\sqrt{3}\, V_m} = \dfrac{100 \times 10^3}{\sqrt{3} \times 3,300}$
$= 17.5[A]$

47 단상 변압기 3대를 이용하여 3상 △-Y 결선을 했을 때 1차와 2차 전압의 각 변위(위상차)는?

① 0°   ② 60°
③ 150°   ④ 180°

해설 변압기에서 각 변위는 1차, 2차 유기 전압 벡터의 각각의 중성점과 동일 부호(U, u)를 연결한 두 직선 사이의 각도이며 △-Y 결선의 경우 330°와 150° 두 경우가 있다.

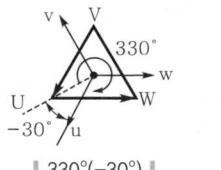
| 330°(-30°) |

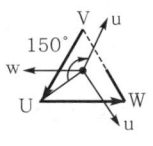
| 150° |

48 직류 전동기의 워드레오나드 속도 제어 방식으로 옳은 것은?

① 전압 제어   ② 저항 제어
③ 계자 제어   ④ 직·병렬 제어

해설 직류 전동기의 속도 제어 방식
• 계자 제어
• 저항 제어
• 직·병렬 제어
• 전압 제어
 – 워드레오나드(Ward leonard) 방식
 – 일그너(Illgner) 방식

49 1차 전압 V_1, 2차 전압 V_2인 단권 변압기를 Y결선을 했을 때, 등가 용량과 부하 용량의 비는? (단, $V_1 > V_2$이다.)

① $\dfrac{V_1 - V_2}{\sqrt{3}\, V_1}$ ② $\dfrac{V_1 - V_2}{V_1}$
③ $\dfrac{\sqrt{3}\,(V_1 - V_2)}{2\, V_1}$ ④ $\dfrac{V_1^{\,2} - V_2^{\,2}}{\sqrt{3}\, V_1 V_2}$

정답 44.② 45.④ 46.① 47.③ 48.① 49.②

해설

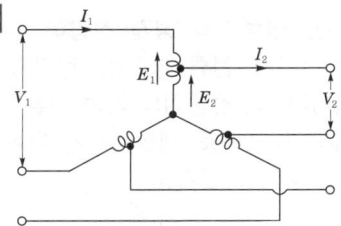

그림의 결선에서
부하 용량 $= \sqrt{3}\,V_1 I_1 = \sqrt{3}\,V_2 I_2$
등가 용량 $= \dfrac{3(V_1 - V_2)I_1}{\sqrt{3}} = \sqrt{3}(V_1 - V_2)I_1$

$\therefore \dfrac{\text{등가 용량}}{\text{부하 용량}} = \dfrac{3(V_1 - V_2)I_1}{\sqrt{3} \times \sqrt{3}\,V_1 I_1} = \dfrac{V_1 - V_2}{V_1}$
$= 1 - \dfrac{V_2}{V_1}$

50 풍력 발전기로 이용되는 유도 발전기의 단점이 아닌 것은?

① 병렬로 접속되는 동기기에서 여자 전류를 취해야 한다.
② 공극의 치수가 작기 때문에 운전시 주의해야 한다.
③ 효율이 낮다.
④ 역률이 높다.

해설 유도 발전기는 단락 전류가 작고, 구조가 간결하며 동기화할 필요가 없으나, 동기 발전기를 이용하여 여자하며, 공급이 작고 취급이 곤란하며 역률과 효율이 낮은 단점이 있다.

51 직류를 다른 전압의 직류로 변환하는 전력 변환 기기는?

① 초퍼   ② 인버터
③ 사이클로 컨버터   ④ 브리지형 인버터

해설 초퍼(chopper)는 ON·OFF를 고속으로 반복할 수 있는 스위치로 직류를 다른 전압의 직류로 변환하는 전력 변환 기기이다.

52 다음은 스텝 모터(step motor)의 장점을 나열한 것이다. 틀린 것은?

① 피드백 루프가 필요 없이 오픈 루프로 손쉽게 속도 및 위치 제어를 할 수 있다.
② 디지털 신호를 직접 제어할 수 있으므로 컴퓨터 등 다른 디지털 기기와 인터페이스가 쉽다.
③ 가속, 감속이 용이하며 정·역전 및 변속이 쉽다.
④ 위치 제어를 할 때 각도 오차가 크고 누적된다.

해설 스테핑 모터는 아주 정밀한 디지털 펄스 구동 방식의 전동기로서 정·역 및 변속이 용이하고 제어 범위가 넓으며 각도의 오차가 적고 축적되지 않으며 정지 위치를 유지하는 힘이 크다. 적용 분야는 타이프 라이터나 프린터의 캐리지(carriage), 리본(ribbon) 프린터 헤드, 용지 공급의 위치 정렬, 로봇 등이 있다.

53 기전력(1상)이 E_0이고 동기 임피던스(1상)가 Z_s인 2대의 3상 동기 발전기를 무부하로 병렬 운전시킬 때 각 발전기의 기전력 사이에 δ_s의 위상차가 있으면 한쪽 발전기에서 다른 쪽 발전기로 공급되는 1상당의 전력 [W]은?

① $\dfrac{E_0}{Z_s}\sin\delta_s$

② $\dfrac{E_0}{Z_s}\cos\delta_s$

③ $\dfrac{E_0^{\,2}}{2Z_s}\sin\delta_s$

④ $\dfrac{E_0^{\,2}}{2Z_s}\cos\delta_s$

정답 50.④ 51.① 52.④ 53.③

해설 동기화 전류 $I_s = \dfrac{2E_0}{2Z_s}\sin\dfrac{\delta_s}{2}$ [A]

수수 전력 $P = E_0 I_s \cos\dfrac{\delta_s}{2}$

$\qquad = \dfrac{2E_0^{\,2}}{2Z_s}\sin\dfrac{\delta_s}{2}\cdot\cos\dfrac{\delta_s}{2}$

$\qquad = \dfrac{E_0^{\,2}}{2Z_s}\sin\delta_s$ [W]

가법 정리 $\sin\left(\dfrac{\delta_s}{2}+\dfrac{\delta_s}{2}\right) = 2\sin\dfrac{\delta_s}{2}\cdot\cos\dfrac{\delta_s}{2}$

54 4극, 3상 유도 전동기가 있다. 총 슬롯수는 48이고 매극 매상 슬롯에 분포하며 코일 간격은 극간격의 75[%]인 단절권으로 하면 권선 계수는 얼마인가?

① 약 0.986 ② 약 0.960
③ 약 0.924 ④ 약 0.884

해설 매극 매상 홈수 $q = \dfrac{s}{p\times m} = \dfrac{48}{4\times 3} = 4$

분포 계수 $K_d = \dfrac{\sin\dfrac{\pi}{2m}}{q\sin\dfrac{\pi}{2mq}} = \dfrac{1}{q\sin 7.5°} = 0.957$

단절 계수 $K_p = \sin\dfrac{\beta\pi}{2} = \sin\dfrac{0.75\times 180°}{2} = 0.9238$

권선 계수 $K_w = K_d \cdot K_p = 0.957 \times 0.9238 = 0.884$

55 직류 복권 발전기의 병렬 운전에 있어 균압선을 붙이는 목적은 무엇인가?

① 손실을 경감한다.
② 운전을 안정하게 한다.
③ 고조파의 발생을 방지한다.
④ 직권 계자 간의 전류 증가를 방지한다.

해설 직류 발전기의 병렬 운전 시 직권 계자 권선이 있는 발전기(직권 발전기, 복권 발전기)의 안정된(한쪽 발전기로 부하가 집중되는 현상을 방지) 병렬 운전을 하기 위해 균압선을 설치한다.

56 직류 분권 전동기의 정격 전압이 300[V], 전부하 전기자 전류 50[A], 전기자 저항 0.2[Ω]이다. 이 전동기의 기동 전류를 전부하 전류의 120[%]로 제한시키기 위한 기동 저항값은 몇 [Ω]인가?

① 3.5 ② 4.8
③ 5.0 ④ 5.5

해설 기동 전류 $I_s = \dfrac{V-E}{R_a+R_s}$

$\qquad = 1.2 I_a = 1.2 \times 50$
$\qquad = 60$ [A]

기동시 역기전력 $E = 0$이므로

기동 저항 $R_s = \dfrac{V}{1.2 I_a} - R_a = \dfrac{300}{1.2\times 50} - 0.2$
$\qquad = 4.8$ [Ω]

57 단상 직권 정류자 전동기에서 주자속의 최대치를 ϕ_m, 자극수를 P, 전기자 병렬 회로수를 a, 전기자 전 도체수를 Z, 전기자의 속도를 N[rpm]이라 하면 속도 기전력의 실효값 E_r [V]은? (단, 주자속은 정현파이다.)

① $E_r = \sqrt{2}\,\dfrac{P}{a}Z\dfrac{N}{60}\phi_m$

② $E_r = \dfrac{1}{\sqrt{2}}\dfrac{P}{a}ZN\phi_m$

③ $E_r = \dfrac{P}{a}Z\dfrac{N}{60}\phi_m$

④ $E_r = \dfrac{1}{\sqrt{2}}\dfrac{P}{a}Z\dfrac{N}{60}\phi_m$

해설 단상 직권 정류자 전동기는 직·교 양용 전동기로 속도 기전력의 실효값

$E_r = \dfrac{1}{\sqrt{2}}\dfrac{P}{a}Z\dfrac{N}{60}\phi_m$ [V]

(직류 전동기의 역기전력 $E = \dfrac{P}{a}Z\dfrac{N}{60}\phi$ [V])

정답 54.④ 55.② 56.② 57.④

58 단상 유도 전압 조정기에서 단락 권선의 역할은?

① 철손 경감
② 절연 보호
③ 전압 강하 경감
④ 전압 조정 용이

해설 단상 유도 전압 조정기의 단락 권선은 누설 리액턴스를 감소하여 전압 강하를 적게 한다.

59 전기자 저항 $r_a = 0.2[\Omega]$, 동기 리액턴스 $X_s = 20[\Omega]$인 Y결선의 3상 동기 발전기가 있다. 3상 중 1상의 단자 전압 $V = 4,400[V]$, 유도 기전력 $E = 6,600[V]$이다. 부하각 $\delta = 30°$라고 하면 발전기의 출력은 약 몇 [kW]인가?

① 2,178
② 3,251
③ 4,253
④ 5,532

해설 3상 동기 발전기의 출력

$P = 3\dfrac{EV}{X_s}\sin\delta$

$= 3 \times \dfrac{6,600 \times 4,400}{20} \times \dfrac{1}{2} \times 10^{-3}$

$= 2,178[kW]$

60 전류계를 교체하기 위해 우선 변류기 2차측을 단락시켜야 하는 이유는?

① 측정 오차 방지
② 2차측 절연 보호
③ 2차측 과전류 보호
④ 1차측 과전류 방지

해설 변류기 2차측을 개방하면 1차측의 부하 전류가 모두 여자 전류가 되어 큰 자속의 변화로 고전압이 유도되며 2차측 절연 파괴의 위험이 있다.

제4과목 회로이론 및 제어공학

61 다음 운동 방정식으로 표시되는 계의 계수 행렬 A는 어떻게 표시되는가?

$$\dfrac{d^2c(t)}{dt^2} + 3\dfrac{dc(t)}{dt} + 2c(t) = r(t)$$

① $\begin{bmatrix} -2 & -3 \\ 0 & 1 \end{bmatrix}$ ② $\begin{bmatrix} 1 & 0 \\ -3 & -2 \end{bmatrix}$

③ $\begin{bmatrix} 0 & 1 \\ -2 & -3 \end{bmatrix}$ ④ $\begin{bmatrix} -3 & -2 \\ 1 & 0 \end{bmatrix}$

해설 상태 변수 $x_1(t) = c(t)$

$x_2(t) = \dfrac{dc(t)}{dt}$

상태 방정식 $\dot{x}_1(t) = x_2(t)$

$\dot{x}_2(t) = -2x_1(t) - 3x_2(t) + r(t)$

$\begin{bmatrix} \dot{x}_1(t) \\ \dot{x}_2(t) \end{bmatrix} = \begin{bmatrix} 0 & 1 \\ -2 & -3 \end{bmatrix} \begin{bmatrix} x_1(t) \\ x_2(t) \end{bmatrix} + \begin{bmatrix} 0 \\ 1 \end{bmatrix} r(t)$

∴ 계수 행렬(시스템 매트릭스)

$A = \begin{bmatrix} 0 & 1 \\ -2 & -3 \end{bmatrix}$

62 그림과 같이 2중 입력으로 된 블록 선도의 출력 C는?

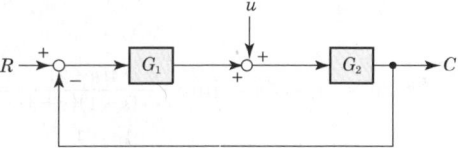

① $\left(\dfrac{G_2}{1 - G_1 G_2}\right)(G_1 R + u)$

② $\left(\dfrac{G_2}{1 + G_1 G_2}\right)(G_1 R + u)$

③ $\left(\dfrac{G_2}{1 - G_1 G_2}\right)(G_1 R - u)$

④ $\left(\dfrac{G_2}{1 + G_1 G_2}\right)(G_1 R - u)$

정답 58.③ 59.① 60.② 61.③ 62.②

해설 외란이 있는 경우이므로 입력에서부터 해석해 간다.
$\{(R-C)G_1+u\}G_2 = C$
$RG_1G_2 - CG_1G_2 + uG_2 = C$
$RG_1G_2 + uG_2 = C(1+G_1G_2)$
$\therefore C = \dfrac{G_1G_2}{1+G_1G_2}R + \dfrac{G_2}{1+G_1G_2}u$
$= \dfrac{G_2}{1+G_1G_2}(G_1R+u)$

63 자동 제어의 추치 제어 3종이 아닌 것은?
① 프로세스 제어 ② 추종 제어
③ 비율 제어   ④ 프로그램 제어

해설 추치 제어에는 추종 제어, 프로그램 제어, 비율 제어가 있다.

64 그림에서 블록 선도로 보인 안정한 제어계의 단위 경사 입력에 대한 정상 상태 오차는?

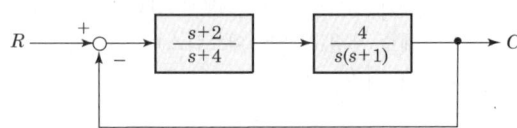

① 0   ② $\dfrac{1}{4}$
③ $\dfrac{1}{2}$ ④ ∞

해설 $K_v = \lim_{s \to 0} sG(s) = \lim_{s \to 0} s \cdot \dfrac{4(s+2)}{s(s+1)(s+4)} = 2$
$\therefore$ 정상 속도 편차 $e_{ssv} = \dfrac{1}{K_v} = \dfrac{1}{2}$

65 $G(j\omega) = \dfrac{1}{1+j\omega T}$ 인 제어계에서 절점 주파수일 때의 이득[dB]은?
① 약 -1 ② 약 -2
③ 약 -3 ④ 약 -4

해설 절점 주파수 $\omega_o = \dfrac{1}{T}$
$\therefore G(j\omega) = \dfrac{1}{1+j}$
이득 $g = 20\log_{10}\left|\dfrac{1}{1+j}\right| = 20\log_{10}\dfrac{1}{\sqrt{2}} = -3[\text{dB}]$

66 어떤 제어계의 전달 함수가 다음과 같이 표시될 때, 이 계에 입력 $x(t)$를 가했을 경우 출력 $y(t)$를 구하는 미분 방정식은?

$$G(s) = \dfrac{2s+1}{s^2+s+1}$$

① $\dfrac{d^2y}{dt^2} + \dfrac{dy}{dt} + y = 2\dfrac{dx}{dt} + x$
② $\dfrac{d^2y}{dt^2} - 2\dfrac{dy}{dt} + y = \dfrac{dx}{dt} + x$
③ $\dfrac{d^2y}{dt^2} + 2\dfrac{dy}{dt} + y = -\dfrac{dx}{dt} + x$
④ $\dfrac{d^2y}{dt^2} + \dfrac{dy}{dt} + y^2 = \dfrac{dx}{dt} + x$

해설 $G(s) = \dfrac{Y(s)}{X(s)} = \dfrac{2s+1}{s^2+s+1}$
$(s^2+s+1)Y(s) = (2s+1)X(s)$
$\therefore \dfrac{d^2}{dt^2}y(t) + \dfrac{d}{dt}y(t) + y(t) = 2\dfrac{d}{dt}x(t) + x(t)$

67 $G(s)H(s) = \dfrac{K}{s^2(s+1)^2}$ 에서 근궤적의 수는 몇 개인가?
① 4   ② 2
③ 1   ④ 없다.

해설 근궤적의 개수는 z와 p 중 큰 것과 일치한다.
여기서, z : $G(s)H(s)$의 유한 영점(finite zero)의 개수
p : $G(s)H(s)$의 유한 극점(finite pole)의 개수
영점의 개수 $z=0$, 극점의 개수 $p=4$이므로 근궤적의 수는 4개이다.

정답 63.① 64.③ 65.③ 66.① 67.①

68 단위 부궤환 계통에서 $G(s)$가 다음과 같을 때, $K=2$이면 무슨 제동인가?

$$G(s) = \frac{K}{s(s+2)}$$

① 무제동 ② 임계 제동
③ 과제동 ④ 부족 제동

해설 $K=2$일 때, 특성 방정식은
$1 + G(s) = 0$
$1 + \dfrac{K}{s(s+2)} = 0$
$s(s+2) + K = s^2 + 2s + 2 = 0$
2차계의 특성 방정식 $s^2 + 2\delta\omega_n s + \omega_n^2 = 0$
$\omega_n = \sqrt{2}$
$2\delta\omega_n = 2$
∴ 제동비 $\delta = \dfrac{2}{2\sqrt{2}} = \dfrac{1}{\sqrt{2}} = 0.707$
∴ $0 < \delta < 1$인 경우이므로 부족 제동, 감쇠 진동 한다.

69 그림과 같은 신호 흐름 선도에서 $\dfrac{C}{R}$ 값은?

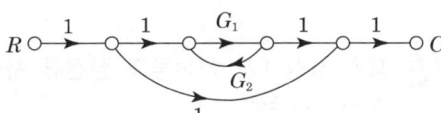

① $\dfrac{1 + G_1 + G_1 G_2}{1 + G_1 G_2}$

② $\dfrac{1 + G_1 - G_1 G_2}{1 - G_1 G_2}$

③ $\dfrac{1 + G_1 G_2}{1 + G_1 + G_1 G_2}$

④ $\dfrac{1 - G_1 G_2}{1 + G_1 - G_1 G_2}$

해설 $G_1 = G_1,\ \Delta_1 = 1$
$G_2 = 1,\ \Delta_2 = 1 - G_1 G_2$
$\Delta = 1 - L_{11} = 1 - G_1 G_2$

∴ 전달 함수 $\dfrac{C}{R} = \dfrac{G_1 \Delta_1 + G_2 \Delta_2}{\Delta}$
$= \dfrac{G_1 + (1 - G_1 G_2)}{1 - G_1 G_2}$
$= \dfrac{1 + G_1 - G_1 G_2}{1 - G_1 G_2}$

70 다음 그림과 같은 회로는 어떤 논리 회로인가?

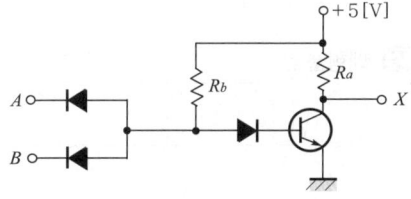

① AND 회로 ② NAND 회로
③ OR 회로   ④ NOR 회로

해설 그림은 NAND 회로이며, 논리 기호와 진리값 표는 다음과 같다.

$X = \overline{A \cdot B}$

A	B	X
0	0	1
0	1	1
1	0	1
1	1	0

71 2단자 임피던스 함수 $Z(s)$가 다음과 같을 때 영점은?

$$Z(s) = \frac{s+3}{(s+4)(s+5)}$$

① 4, 5   ② −4, −5
③ 3   ④ −3

해설 영점은 $Z(s)$의 분자=0의 근
$s + 3 = 0,\ s = -3$

정답 68.④ 69.② 70.② 71.④

72 비정현파 전류 $i(t) = 56\sin\omega t + 25\sin 2\omega t + 30\sin(3\omega t + 30°) + 40\sin(4\omega t + 60°)$로 주어질 때 왜형률은 어느 것으로 표시되는가?

① 약 0.8
② 약 1
③ 약 0.5
④ 약 1.414

해설 왜형률

$$D = \frac{\sqrt{\left(\frac{25}{\sqrt{2}}\right)^2 + \left(\frac{30}{\sqrt{2}}\right)^2 + \left(\frac{40}{\sqrt{2}}\right)^2}}{\frac{56}{\sqrt{2}}} \fallingdotseq 1$$

73 3상 불평형 전압에서 역상 전압이 50[V]이고, 정상 전압이 250[V], 영상 전압이 20[V]이면 전압의 불평형률은 몇 [%]인가?

① 10   ② 15
③ 20   ④ 25

해설 불평형률 $= \dfrac{\text{역상 전압}}{\text{정상 전압}} \times 100[\%]$

$\therefore \dfrac{50}{250} \times 100 = 20[\%]$

74 그림과 같은 회로에서 입력을 $v(t)$, 출력을 $i(t)$로 했을 때의 입·출력 전달 함수는?

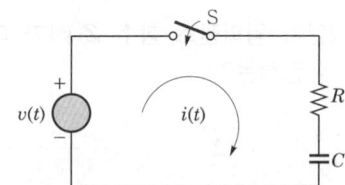

① $\dfrac{s}{R\left(s + \dfrac{1}{RC}\right)}$ ② $\dfrac{1}{RC\left(s + \dfrac{1}{RC}\right)}$

③ $\dfrac{s}{RCs + 1}$ ④ $\dfrac{RCs}{RCs + 1}$

해설

$\dfrac{I(s)}{V(s)} = Y(s) = \dfrac{1}{Z(s)}$

$= \dfrac{1}{R + \dfrac{1}{Cs}}$

$= \dfrac{s}{Rs + \dfrac{1}{C}}$

$= \dfrac{s}{R\left(s + \dfrac{1}{RC}\right)}$

75 2전력계법을 이용한 평형 3상 회로의 전력이 각각 500[W] 및 300[W]로 측정되었을 때, 부하의 역률은 약 몇 [%]인가?

① 70.7   ② 87.7
③ 89.2   ④ 91.8

해설 역률

$\cos\theta = \dfrac{P}{P_a} = \dfrac{P_1 + P_2}{2\sqrt{P_1^2 + P_2^2 - P_1 P_2}}$

$= \dfrac{500 + 300}{2\sqrt{500^2 + 300^2 - 500 \times 300}} \times 100[\%]$

$\fallingdotseq 91.8[\%]$

76 대칭 n상에서 선전류와 상전류 사이의 위상차[rad]는?

① $\dfrac{\pi}{2}\left(1 - \dfrac{2}{n}\right)$

② $2\left(1 - \dfrac{2}{n}\right)$

③ $\dfrac{n}{2}\left(1 - \dfrac{2}{\pi}\right)$

④ $\dfrac{\pi}{2}\left(1 - \dfrac{n}{2}\right)$

해설 대칭 n상 선전류와 상전류와의 위상차

$\theta = -\dfrac{\pi}{2}\left(1 - \dfrac{2}{n}\right)$

정답 72.② 73.③ 74.① 75.④ 76.①

77 선로의 저항 R과 컨덕턴스 G가 동시에 0이 되었을 때 전파 정수 γ와 관계 있는 것은?

① $\gamma = j\omega\sqrt{LC}$ ② $\gamma = j\omega\sqrt{\dfrac{C}{L}}$

③ $C = \dfrac{Y^2}{(j\omega)^2 L}$ ④ $\beta = j\omega Y\sqrt{LC}$

해설 $\gamma = \sqrt{Z \cdot Y} = \sqrt{(R+j\omega L)(G+j\omega C)} = j\omega\sqrt{LC}$
감쇠 정수 $\alpha = 0$, 위상 정수 $\beta = \omega\sqrt{LC}$

78 $R-L$ 직렬 회로가 있어서 직류 전압 5[V]를 $t=0$에서 인가하였더니 $i(t) = 50(1-e^{-20\times 10^{-3}t})$[mA] $(t \geq 0)$이었다. 이 회로의 저항을 처음 값의 2배로 하면 시정수는 얼마가 되겠는가?

① 10[msec] ② 40[msec]
③ 5[sec] ④ 25[sec]

해설 시정수 $\tau = \dfrac{L}{R} = \dfrac{1}{20\times 10^{-2}} = 50$[sec]

저항을 2배하면 시정수는 $\dfrac{1}{2}$배로 감소된다.

∴ 시정수 $\tau = 50 \times \dfrac{1}{2} = 25$[sec]

79 그림과 같은 회로에서 저항 15[Ω]에 흐르는 전류[A]는?

① 8
② 5.5
③ 2
④ 0.5

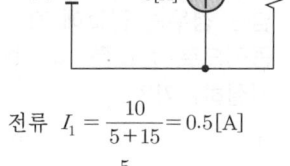

해설 10[V]에 의한 전류 $I_1 = \dfrac{10}{5+15} = 0.5$[A]

6[A]에 의한 전류 $I_2 = \dfrac{5}{5+15}\times 6 = 1.5$[A]

∴ $I = I_1 + I_2 = 0.5 + 1.5 = 2$[A]

80 그림과 같은 회로의 역률은 얼마인가?

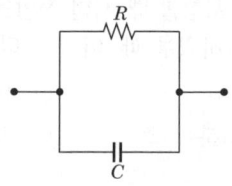

① $1 + (\omega RC)^2$ ② $\sqrt{1+(\omega RC)^2}$

③ $\dfrac{1}{\sqrt{1+(\omega RC)^2}}$ ④ $\dfrac{1}{1+(\omega RC)^2}$

해설 역률

$\cos\theta = \dfrac{G}{Y} = \dfrac{\dfrac{1}{R}}{\sqrt{\dfrac{1}{R^2}+\dfrac{1}{X_C^2}}} = \dfrac{X_C}{\sqrt{R^2+X_C^2}}$

∴ $\dfrac{\dfrac{1}{\omega C}}{\sqrt{R^2+\dfrac{1}{\omega^2 C^2}}} = \dfrac{1}{\sqrt{1+\omega^2 C^2 R^2}}$

제5과목 전기설비기술기준

81 발전소 또는 변전소로부터 다른 발전소 또는 변전소를 거치지 아니하고 전차 선로에 이르는 전선을 무엇이라 하는가?

① 급전선
② 전기 철도용 급전선
③ 급전선로
④ 전기 철도용 급전선로

해설 용어 정의(KEC 112)
- "전기 철도용 급전선"이란 전기 철도용 변전소로부터 다른 전기 철도용 변전소 또는 전차선에 이르는 전선을 말한다.
- "전기 철도용 급전선로"란 전기 철도용 급전선 및 이를 지지하거나 수용하는 시설물을 말한다.

정답 77.① 78.④ 79.③ 80.③ 81.②

82 최대 사용 전압 7[kV] 이하 전로의 절연 내력을 시험할 때 시험 전압을 연속하여 몇 분간 가하였을 때 이에 견디어야 하는가?

① 5분　② 10분
③ 15분　④ 30분

해설 전로의 절연 저항 및 절연 내력(KEC 132)
고압 및 특고압의 전로는 시험 전압을 전로와 대지 간에 연속하여 10분간 가하여 절연 내력을 시험하였을 때에 이에 견디어야 한다.

83 접지극을 시설할 때 동결 깊이를 감안하여 지하 몇 [cm] 이상의 깊이로 매설하여야 하는가?

① 60　② 75
③ 90　④ 100

해설 접지극의 시설 및 접지 저항(KEC 142.2)
접지극은 지표면으로부터 지하 0.75[m] 이상, 동결 깊이를 감안하여 매설 깊이를 정해야 한다.

84 변압기의 고압측 전로와의 혼촉에 의하여 저압측 전로의 대지 전압이 150[V]를 넘는 경우에 2초 이내에 고압 전로를 자동 차단하는 장치가 되어 있는 6,600/220[V] 배전 선로에 있어서 1선 지락 전류가 2[A]이면 접지 저항값의 최대는 몇 [Ω]인가?

① 50　② 75
③ 150　④ 300

해설 고압 또는 특고압과 저압의 혼촉에 의한 위험 방지 시설(KEC 322.1)
1선 지락 전류가 2[A]이고, 150[V]를 넘고, 2초 이내에 차단하는 장치가 있으므로
접지 저항 $R = \dfrac{300}{I} = \dfrac{300}{2} = 150[\Omega]$

85 피뢰 시스템은 전기 전자 설비가 설치된 건축물, 구조물로서 낙뢰로부터 보호가 필요한 곳 또는 지상으로부터 높이가 몇 [m] 이상인 곳에 설치해야 하는가?

① 10　② 20
③ 30　④ 45

해설 피뢰 시스템의 적용 범위(KEC 151.1)
• 전기 전자 설비가 설치된 건축물·구조물로서 낙뢰로부터 보호가 필요한 것 또는 지상으로부터 높이가 20[m] 이상인 것
• 전기 설비 및 전자 설비 중 낙뢰로부터 보호가 필요한 설비

86 금속관 공사에 의한 저압 옥내 배선 시설에 대한 설명으로 틀린 것은?

① 인입용 비닐 절연 전선을 사용했다.
② 옥외용 비닐 절연 전선을 사용했다.
③ 짧고 가는 금속관에 연선을 사용했다.
④ 단면적 10[mm²] 이하의 단선을 사용했다.

해설 금속관 공사(KEC 232.12)
• 전선은 절연 전선(옥외용 비닐 절연 전선 제외)일 것
• 전선은 연선일 것(다음의 것은 적용하지 않음)
 – 짧고 가는 금속관에 넣은 것
 – 단면적 10[mm²] 이하의 것
• 금속관 안에는 전선에 접속점이 없도록 할 것
• 콘크리트에 매설하는 것은 두께 1.2[mm] 이상을 사용할 것

87 교통 신호등 회로의 사용 전압이 몇 [V]를 넘는 경우는 전로에 지락이 생겼을 경우 자동적으로 전로를 차단하는 누전 차단기를 시설하는가?

① 60　② 150
③ 300　④ 450

정답 82.② 83.② 84.③ 85.② 86.② 87.②

해설 **누전 차단기(KEC 234.15.6)**
교통 신호등 회로의 사용 전압이 150[V]를 넘는 경우는 전로에 지락이 생겼을 경우 자동적으로 전로를 차단하는 누전 차단기를 시설할 것

88 사람이 상시 통행하는 터널 안의 배선(전기 기계 기구 안의 배선, 관등 회로의 배선, 소세력 회로의 전선은 제외)의 시설 기준에 적합하지 않은 것은? (단, 사용 전압이 저압의 것에 한한다.)

① 애자 공사로 시설하였다.
② 공칭 단면적 2.5[mm²]의 연동선을 사용하였다.
③ 애자 공사 시 전선의 높이는 노면상 2[m]로 시설하였다.
④ 전로에는 터널의 입구 가까운 곳에 전용 개폐기를 시설하였다.

해설 **사람이 상시 통행하는 터널 안의 배선 시설(KEC 242.7.1)**
• 전선은 공칭 단면적 2.5[mm²]의 연동선과 동등 이상의 세기 및 굵기의 절연 전선(옥외용 제외)을 사용하여 애자 공사에 의하여 시설하고 또한 이를 노면상 2.5[m] 이상의 높이로 할 것
• 전로에는 터널의 입구에 가까운 곳에 전용 개폐기를 시설할 것

89 가공 전선로 지지물 기초의 안전율은 일반적으로 얼마 이상인가?

① 1.5   ② 2
③ 2.2   ④ 2.5

해설 **가공 전선로 지지물의 기초의 안전율(KEC 331.7)**
지지물의 하중에 대한 기초의 안전율은 2 이상(이상 시 상정 하중에 대한 철탑의 기초에 대하여서는 1.33 이상)

90 저압 가공 전선의 높이에 대한 기준으로 틀린 것은?

① 철도를 횡단하는 경우는 레일면상 6.5[m] 이상이다.
② 횡단 보도교 위에 시설하는 경우 저압 가공 전선은 노면상에서 3[m] 이상이다.
③ 횡단 보도교 위에 시설하는 경우 고압 가공 전선은 그 노면상에서 3.5[m] 이상이다.
④ 다리의 하부, 기타 이와 유사한 장소에 시설하는 저압의 전기 철도용 급전선은 지표상 3.5[m]까지로 감할 수 있다.

해설 **저압 가공 전선의 높이(KEC 222.7)**
횡단 보도교의 위에 시설하는 경우 저압 가공 전선은 그 노면상 3.5[m](전선이 절연 전선·다심형 전선·케이블인 경우 3[m]) 이상, 고압 가공 전선은 그 노면상 3.5[m] 이상으로 하여야 한다.

91 사용 전압이 35[kV] 이하인 특고압 가공 전선과 가공 약전류 전선 등을 동일 지지물에 시설하는 경우, 특고압 가공 전선로는 어떤 종류의 보안 공사로 하여야 하는가?

① 고압 보안 공사
② 제1종 특고압 보안 공사
③ 제2종 특고압 보안 공사
④ 제3종 특고압 보안 공사

해설 **특고압 가공 전선과 가공 약전류 전선 등의 공용 설치 (KEC 333.19)**
35[kV] 이하인 특고압 가공 전선과 가공 약전류 전선 등을 동일 지지물에 시설하는 경우에는 다음에 따라야 한다.
• 특고압 가공 전선로는 제2종 특고압 보안 공사에 의할 것
• 특고압 가공 전선은 가공 약전류 전선 등의 위로 하고 별개의 완금류에 시설할 것
• 특고압 가공 전선은 케이블인 경우 이외에는 인장 강도 21.67[kN] 이상의 연선 또는 단면적이 50[mm²] 이상인 경동 연선일 것
• 특고압 가공 전선과 가공 약전류 전선 등 사이의 이격 거리(간격)는 2[m] 이상으로 할 것

정답 88.③ 89.② 90.② 91.③

92 어떤 공장에서 케이블을 사용하는 사용 전압이 22[kV]인 가공 전선을 건물 옆쪽에서 1차 접근 상태로 시설하는 경우, 케이블과 건물의 조영재 이격 거리(간격)는 몇 [cm] 이상이어야 하는가?

① 50　　② 80
③ 100　④ 120

해설 특고압 가공 전선과 건조물과 접근(KEC 333.23)
사용 전압이 35[kV] 이하인 특고압 가공 전선과 건조물의 조영재 이격 거리(간격)

건조물과 조영재의 구분	전선 종류	접근 형태	이격 거리 (간격)
상부 조영재	특고압 절연 전선	위쪽	2.5[m]
		옆쪽 또는 아래쪽	1.5[m]
	케이블	위쪽	1.2[m]
		옆쪽 또는 아래쪽	0.5[m]

93 특고압 가공 전선이 도로 등과 교차하는 경우에 특고압 가공 전선이 도로 등의 위에 시설되는 때에 설치하는 보호망에 대한 설명으로 옳은 것은?

① 보호망은 접지 공사를 하지 않아도 된다.
② 보호망을 구성하는 금속선의 인장 강도는 6[kN] 이상으로 한다.
③ 보호망을 구성하는 금속선은 지름 1.0[mm] 이상의 경동선을 사용한다.
④ 보호망을 구성하는 금속선 상호의 간격은 가로, 세로 각 1.5[m] 이하로 한다.

해설 특고압 가공 전선과 도로 등의 접근 또는 교차(KEC 333.24)
• 특고압 가공 전선로는 제2종 특고압 보안 공사에 의할 것
• 보호망은 접지 공사를 한 금속제의 망상(그물형) 장치로 하고 견고하게 지지할 것
• 보호망은 특고압 가공 전선의 바로 아래에 시설하는 금속선에는 인장 강도 8.01[kN] 이상의 것 또는 지름 5[mm] 이상의 경동선을 사용하고 그 밖의 부분에 시설하는 금속선에는 인장 강도 5.26[kN] 이상의 것 또는 지름 4[mm] 이상의 경동선을 사용할 것
• 보호망을 구성하는 금속선 상호의 간격은 가로, 세로 각 1.5[m] 이하일 것

94 22.9[kV] 특고압 가공 전선로의 중성선은 다중 접지를 하여야 한다. 1[km]마다 중성선과 대지 사이의 합성 전기 저항값은 몇 [Ω] 이하인가? (단, 전로에 지락이 생겼을 때에 2초 이내에 자동적으로 이를 전로로부터 차단하는 장치가 되어 있다.)

① 5　　② 10
③ 15　④ 20

해설 25[kV] 이하인 특고압 가공 전선로의 시설(KEC 333.32)

구 분	각 접지점의 대지 전기 저항치	1[km]마다의 합성 전기 저항치
15[kV] 이하	300[Ω]	30[Ω]
15[kV] 초과 25[kV] 이하	300[Ω]	15[Ω]

95 다음 ( )에 들어갈 내용으로 옳은 것은?

지중 전선로는 기설 지중 약전류 전선로에 대하여 (㉠) 또는 (㉡)에 의하여 통신상의 장해를 주지 않도록 기설 약전류 전선로부터 이격시키거나 기타 보호장치를 시설하여야 한다.

① ㉠ 누설 전류, ㉡ 유도 작용
② ㉠ 단락 전류, ㉡ 유도 작용
③ ㉠ 단락 전류, ㉡ 정전 작용
④ ㉠ 누설 전류, ㉡ 정전 작용

정답 92.① 93.④ 94.③ 95.①

해설 **지중 약전류 전선의 유도 장해 방지(KEC 334.5)**
지중 전선로는 기설 지중 약전류 전선로에 대하여 누설 전류 또는 유도 작용에 의하여 통신상의 장해를 주지 않도록 기설 약전류 전선로로부터 이격시키거나 기타 보호장치를 시설하여야 한다.

96 고압 옥내 배선의 공사 방법으로 틀린 것은?

① 케이블 공사
② 합성 수지관 공사
③ 케이블 트레이 공사
④ 애자 공사(건조한 장소로서 전개된 장소에 한함)

해설 **고압 옥내 배선 등의 시설(KEC 342.1)**
• 애자 공사(건조한 장소로서 전개된 장소에 한함)
• 케이블 공사
• 케이블 트레이 공사

97 고압 또는 특고압 가공 전선과 금속제의 울타리가 교차하는 경우 교차점과 좌우로 몇 [m] 이내의 개소에 접지 공사를 하여야 하는가? (단, 전선에 케이블을 사용하는 경우는 제외한다.)

① 25   ② 35
③ 45   ④ 55

해설 **발전소 등의 울타리·담 등의 시설(KEC 351.1)**
고압 또는 특고압 가공 전선(전선에 케이블을 사용하는 경우는 제외함)과 금속제의 울타리·담 등이 교차하는 경우에 금속제의 울타리·담 등에는 교차점과 좌·우로 45[m] 이내의 개소에 접지 공사를 해야 한다.

98 고압 가공 전선로의 지지물에 시설하는 통신선의 높이는 도로를 횡단하는 경우 교통에 지장을 줄 우려가 없다면 지표상 몇 [m] 까지로 감할 수 있는가?

① 4   ② 4.5
③ 5   ④ 6

해설 **전력 보안 통신선의 시설 높이와 이격 거리(간격)(KEC 362.2)**
• 도로를 횡단하는 경우 6[m] 이상. 교통에 지장을 줄 우려가 없는 경우 5[m]
• 철도 또는 궤도를 횡단하는 경우에는 레일면상 6.5[m] 이상

99 다음 급전선로에 대한 설명으로 옳지 않은 것은?

① 급전선은 나전선을 적용하여 가공식으로 가설을 원칙으로 한다.
② 가공식은 전차선의 높이 이상으로 전차선로 지지물에 병가(병행 설치)하며, 나전선의 접속은 직선 접속을 사용할 수 없다.
③ 신설 터널 내 급전선을 가공으로 설계할 경우 지지물의 취부는 C찬넬 또는 매입전을 이용하여 고정하여야 한다.
④ 교량(다리) 하부 등에 설치할 때에는 최소 절연 이격 거리(간격) 이상을 확보하여야 한다.

해설 **급전선로(KEC 431.4)**
• 급전선은 나전선을 적용하여 가공식으로 가설을 원칙으로 한다. 다만, 전기적 영향에 대한 최소 간격이 보장되지 않거나 지락, 섬락(불꽃 방전) 등의 우려가 있을 경우에는 급전선을 케이블로 하여 안전하게 시공하여야 한다.
• 가공식은 전차선의 높이 이상으로 전차 선로 지지물에 병가(병행 설치)하며, 나전선의 접속은 직선 접속을 원칙으로 한다.
• 신설 터널 내 급전선을 가공으로 설계할 경우 지지물의 취부는 C찬넬 또는 매입전을 이용하여 고정하여야 한다.
• 선상 승강장, 인도교, 과선교 또는 교량(다리) 하부 등에 설치할 때에는 최소 절연 이격 거리(간격) 이상을 확보하여야 한다.

정답 96.② 97.③ 98.③ 99.②

100 전기 저장 장치에 자동으로 전로로부터 차단하는 보호장치를 시설하여야 하는 경우로 틀린 것은?

① 과저항이 발생한 경우
② 과전압이 발생한 경우
③ 제어 장치에 이상이 발생한 경우
④ 이차 전지 모듈의 내부 온도가 상승할 경우

해설 제어 및 보호 장치(KEC 512.2.2) – 전기 저장 장치에 자동 차단 장치 설치하는 경우
• 과전압, 저전압, 과전류가 발생한 경우
• 제어 장치에 이상이 발생한 경우
• 이차 전지 모듈의 내부 온도가 상승할 경우

정답 100.①

2023년 제3회 CBT 기출복원문제
2023. 7. 10. 시행

제1과목 전기자기학

01 대지의 고유 저항이 $\rho\,[\Omega\cdot m]$일 때 반지름이 $a\,[m]$인 그림과 같은 반구 접지극의 접지 저항$[\Omega]$은?

① $\dfrac{\rho}{4\pi a}$

② $\dfrac{\rho}{2\pi a}$

③ $\dfrac{2\pi\rho}{a}$

④ $2\pi\rho a$

해설
- 저항과 정전 용량 $RC = \rho\varepsilon$
- 반구도체의 정전 용량 $C = 2\pi\varepsilon a\,[F]$
- 접지 저항 $R = \dfrac{\rho\varepsilon}{C} = \dfrac{\rho\varepsilon}{2\pi\varepsilon a} = \dfrac{\rho}{2\pi a}\,[\Omega]$

02 자기 유도 계수 L의 계산 방법이 아닌 것은? (단, N : 권수, ϕ : 자속, I : 전류, A : 벡터 퍼텐셜, i : 전류 밀도, B : 자속 밀도, H : 자계의 세기이다.)

① $L = \dfrac{N\phi}{I}$

② $L = \dfrac{\int_v Aidv}{I^2}$

③ $L = \dfrac{\int_v BHdv}{I^2}$

④ $L = \dfrac{\int_v Aidv}{I}$

해설 자기 유도 계수 $L = \dfrac{2w}{I^2}$

자계 에너지 $w = \dfrac{1}{2}\int_v BHdv = \dfrac{1}{2}\int_v Aidv$

$\therefore L = \dfrac{\int_v BHdv}{I^2} = \dfrac{\int_v Aidv}{I^2}$

03 내부 도체의 반지름이 $a\,[m]$이고, 외부 도체의 내반지름이 $b\,[m]$, 외반지름이 $c\,[m]$인 동축 케이블의 단위 길이당 자기 인덕턴스는 몇 [H/m]인가?

① $\dfrac{\mu_0}{2\pi}\ln\dfrac{b}{a}$

② $\dfrac{\mu_0}{\pi}\ln\dfrac{b}{a}$

③ $\dfrac{2\pi}{\mu_0}\ln\dfrac{b}{a}$

④ $\dfrac{\pi}{\mu_0}\ln\dfrac{b}{a}$

해설

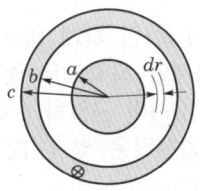

단위 길이당 미소 자속
$d\phi = B\cdot ds = \mu_0 H dr = \dfrac{\mu_0 I}{2\pi r}dr$

$\therefore \phi = \int_a^b d\phi = \dfrac{\mu_0 I}{2\pi}\ln\dfrac{b}{a}\,[Wb]$

∴ 단위 길이당 인덕턴스
$L = \dfrac{\phi}{I} = \dfrac{\mu_0}{2\pi}\ln\dfrac{b}{a}\,[H/m]$

정답 01.② 02.④ 03.①

04 $V = x^2$[V]로 주어지는 전위 분포일 때 $x = 20$[cm]인 점의 전계는?

① $+x$방향으로 40[V/m]
② $-x$방향으로 40[V/m]
③ $+x$방향으로 0.4[V/m]
④ $-x$방향으로 0.4[V/m]

해설 $E = -\text{grad}\,V = -\nabla V = -\left(\dfrac{\partial}{\partial x}i + \dfrac{\partial}{\partial y}j + \dfrac{\partial}{\partial z}k\right) \cdot x^2$
$= -2xi$[V/m]
$\therefore [E]_{x=0.2} = 0.4i$[V/m]
$\therefore$ 전계는 $-x$방향으로 0.4[V/m]이다.

05 비투자율 μ_s는 역자성체에서 다음 중 어느 값을 갖는가?

① $\mu_s = 1$　② $\mu_s < 1$
③ $\mu_s > 1$　④ $\mu_s = 0$

해설 비투자율 $\mu_s = \dfrac{\mu}{\mu_0} = 1 + \dfrac{\chi_m}{\mu_0}$에서
$\mu_s > 1$, 즉 $\chi_m > 0$이면 상자성체
$\mu_s < 1$, 즉 $\chi_m < 0$이면 역자성체

06 자속 밀도가 10[Wb/m²]인 자계 내에 길이 4[cm]의 도체를 자계와 직각으로 놓고 이 도체를 0.4초 동안 1[m]씩 균일하게 이동하였을 때 발생하는 기전력은 몇 [V]인가?

① 1　② 2
③ 3　④ 4

해설 기전력 $e = vBl\sin\theta = \dfrac{x}{t}Bl\sin\theta$
$= \dfrac{1}{0.4} \times 10 \times 0.04 \times 1 = 1$[V]

07 전위 경도 V와 전계 E의 관계식은?

① $E = \text{grad}\,V$　② $E = \text{div}\,V$
③ $E = -\text{grad}\,V$　④ $E = -\text{div}\,V$

해설 전계의 세기 $E = -\text{grad}\,V = -\nabla V$[V/m]
전위 경도는 전계의 세기와 크기는 같고, 방향은 반대이다.

08 평면 전자파에서 전계의 세기가 $E = 5\sin\omega\left(t - \dfrac{x}{v}\right)$[μV/m]인 공기 중에서의 자계의 세기는 몇 [μA/m]인가?

① $-\dfrac{5\omega}{v}\cos\omega\left(t - \dfrac{x}{v}\right)$
② $5\omega\cos\omega\left(t - \dfrac{x}{v}\right)$
③ $4.8 \times 10^2 \sin\omega\left(t - \dfrac{x}{v}\right)$
④ $1.3 \times 10^{-2}\sin\omega\left(t - \dfrac{x}{v}\right)$

해설 $H = \sqrt{\dfrac{\varepsilon_0}{\mu_0}}\,E$
$= \sqrt{\dfrac{8.854 \times 10^{-12}}{4\pi \times 10^{-7}}}\,E$
$= 2.65 \times 10^{-3}E$
$= 2.65 \times 10^{-3} \times 5\sin\omega\left(t - \dfrac{x}{v}\right)$
$= 1.3 \times 10^{-2}\sin\omega\left(t - \dfrac{x}{v}\right)$[μA/m]

09 정전 용량 0.06[μF]의 평행판 공기 콘덴서가 있다. 전극판 간격의 $\dfrac{1}{2}$ 두께의 유리판을 전극에 평행하게 넣으면 공기 부분의 정전 용량과 유리판 부분의 정전 용량을 직렬로 접속한 콘덴서가 된다. 유리의 비유전율을 $\varepsilon_s = 5$라 할 때 새로운 콘덴서의 정전 용량은 몇 [μF]인가?

① 0.01　② 0.05
③ 0.1　④ 0.5

정답 04.④　05.②　06.①　07.③　08.④　09.③

해설 공기 콘덴서의 정전 용량 $C_0 = \dfrac{\varepsilon_0 S}{d}[\mu\text{F}]$

$C_1 = \dfrac{\varepsilon_0 S}{\dfrac{d}{2}} = 2C_0[\mu\text{F}]$

$C_2 = \dfrac{\varepsilon_0 \varepsilon_s S}{\dfrac{d}{2}} = 2\varepsilon_s C_0 = 10 C_0[\mu\text{F}]$

∴ 새로운 콘덴서의 정전 용량
$C = \dfrac{1}{\dfrac{1}{C_1}+\dfrac{1}{C_2}} = \dfrac{C_1 C_2}{C_1+C_2} = \dfrac{2C_0 \times 10C_0}{2C_0+10C_0}$
$= \dfrac{20}{12}C_0 = \dfrac{20}{12}\times 0.06 = 0.1[\mu\text{F}]$

10 환상 솔레노이드 철심 내부에서 자계의 세기[AT/m]는? (단, N은 코일 권선수, r은 환상 철심의 평균 반지름, I는 코일에 흐르는 전류이다.)

① NI ② $\dfrac{NI}{2\pi r}$

③ $\dfrac{NI}{2r}$ ④ $\dfrac{NI}{4\pi r}$

해설 • 앙페르의 주회 적분 법칙 $NI = \oint_c Hdl = Hl$
• 자계의 세기 $H = \dfrac{NI}{l} = \dfrac{NI}{2\pi r}[\text{AT/m}]$

11 그림과 같이 공기 중에서 무한 평면 도체의 표면으로부터 2[m]인 곳에 점전하 4[C]이 있다. 전하가 받는 힘은 몇 [N]인가?

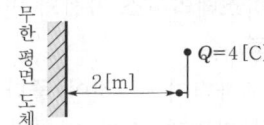

① 3×10^9 ② 9×10^9
③ 1.2×10^{10} ④ 3.6×10^{10}

해설 $F = \dfrac{-Q^2}{16\pi\varepsilon_0 a^2} = -\dfrac{4^2}{16\pi\varepsilon_0 \times 2^2} = -\dfrac{1}{4\pi\varepsilon_0}$
$= -9\times 10^9[\text{N}]$ (흡인력)

12 자기 인덕턴스(self inductance) L[H]을 나타낸 식은? (단, N은 권선수, I는 전류[A], ϕ는 자속[Wb], B는 자속 밀도[Wb/m^2], H는 자계의 세기[AT/m], A는 벡터 퍼텐셜[Wb/m], J는 전류 밀도[A/m^2]이다.)

① $L = \dfrac{N\phi}{I^2}$

② $L = \dfrac{1}{2I^2}\int B\cdot Hdv$

③ $L = \dfrac{1}{I^2}\int A\cdot Jdv$

④ $L = \dfrac{1}{I}\int B\cdot Hdv$

해설 • 쇄교 자속 $N\phi = LI$
• 자기 인덕턴스 $L = \dfrac{N\phi}{I}$
• 자속 $N\phi = \int_s \vec{B}nds = \int_s \text{rot}\vec{A}nds$
$= \oint_c Adl[\text{Wb}]$
• 전류 $I = \int_s \vec{J}nds[\text{A}]$
• 인덕턴스 $L = \dfrac{N\phi I}{I^2} = \dfrac{1}{I^2}\oint Adl\int_s \vec{J}nds$
$= \dfrac{1}{I^2}\int_v A\cdot Jdv[\text{H}]$

13 극판 간격 d[m], 면적 S[m^2], 유전율 ε[F/m]이고, 정전 용량이 C[F]인 평행판 콘덴서에 $v = V_m \sin\omega t$[V]의 전압을 가할 때의 변위 전류[A]는?

① $\omega CV_m\cos\omega t$ ② $CV_m\sin\omega t$
③ $-CV_m\sin\omega t$ ④ $-\omega CV_m\cos\omega t$

해설 $C = \dfrac{\varepsilon S}{d}$, $E = \dfrac{v}{d}$, $D = \varepsilon E$이므로
$i_d = \dfrac{\partial D}{\partial t} = \varepsilon\dfrac{\partial E}{\partial t} = \varepsilon\dfrac{\partial}{\partial t}\left(\dfrac{v}{d}\right)$
$= \dfrac{\varepsilon}{d}\dfrac{\partial}{\partial t}(V_m\sin\omega t) = \dfrac{\varepsilon\omega V_m\cos\omega t}{d}[\text{A/m}^2]$
∴ $I_D = i_d\cdot S = \dfrac{\varepsilon\omega V_m\cos\omega t}{d}\cdot\dfrac{Cd}{\varepsilon} = \omega CV_m\cos\omega t$

정답 10.② 11.② 12.③ 13.①

14 $x=0$인 무한 평면을 경계면으로 하여 $x<0$인 영역에는 비유전율 $\varepsilon_{r1}=2$, $x>0$인 영역에는 $\varepsilon_{r2}=4$인 유전체가 있다. ε_{r1}인 유전체 내에서 전계 $E_1 = 20a_x - 10a_y + 5a_z$[V/m]일 때 $x>0$인 영역에 있는 ε_{r2}인 유전체 내에서 전속 밀도 D_2[C/m²]는? (단, 경계면상에는 자유 전하가 없다고 한다.)

① $D_2 = \varepsilon_0(20a_x - 40a_y + 5a_z)$
② $D_2 = \varepsilon_0(40a_x - 40a_y + 20a_z)$
③ $D_2 = \varepsilon_0(80a_x - 20a_y + 10a_z)$
④ $D_2 = \varepsilon_0(40a_x - 20a_y + 20a_z)$

해설 전계는 경계면에서 수평 성분(=접선 부분)이 서로 같다.
$E_1 t = E_2 t$
전속 밀도는 경계면에서 수직 성분(법선 성분)이 서로 같다.
$D_{1n} = D_{2n}$
즉, $D_{1x} = D_{2x} \varepsilon_0 \varepsilon_{r1} E_{1x} = \varepsilon_0 \varepsilon_{r2} E_{2x}$
유전체 ε_2영역의 전계 E_2의 각 축성분 $E_{2x} \cdot E_{2y} \cdot E_{2z}$는 $E_{2x} = \frac{\varepsilon_0 \varepsilon_{r1}}{\varepsilon_0 \varepsilon_{r2}} E_{1x}$, $E_{2y} = E_{1y}$, $E_{2z} = E_{1z}$

∴ $E_2 = \frac{\varepsilon_0 \varepsilon_{r1}}{\varepsilon_0 \varepsilon_{r2}} E_{1x} + E_{1y} + E_{1z}$
$= \frac{2}{4} \times 20 a_x - 10 a_y + 5 a_z$
$= 10 a_x - 10 a_y + 5 a_z$

∴ $D_2 = \varepsilon_2 E_2 = \varepsilon_0 \varepsilon_{r2} E_2$
$= 4\varepsilon_0 (10a_x - 10a_y + 5a_z)$
$= \varepsilon_0 (40a_x - 40a_y + 20a_z)$[C/m²]

15 전류 I[A]가 흐르고 있는 무한 직선 도체로부터 r[m]만큼 떨어진 점의 자계의 크기는 $2r$[m]만큼 떨어진 점의 자계의 크기의 몇 배인가?

① 0.5   ② 1
③ 2   ④ 4

해설 r[m], $2r$[m]되는 점의 자계의 세기를 H_1, H_2라 하면
$H_1 = \frac{I}{2\pi r}$ [AT/m]
$H_2 = \frac{I}{2\pi \cdot 2r}$ [AT/m]
$\frac{H_1}{H_2} = \frac{\frac{I}{2\pi r}}{\frac{I}{2\pi \cdot 2r}} = 2$
∴ $H_1 = 2H_2$[AT/m]

16 반지름이 r[m]인 반원형 전류 I[A]에 의한 반원의 중심(O)에서 자계의 세기[AT/m]는?

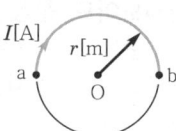

① $\frac{2I}{r}$ ② $\frac{I}{r}$
③ $\frac{I}{2r}$ ④ $\frac{I}{4r}$

해설 원형 코일 중심점의 자계의 세기
$H = \frac{NI}{2a} = \frac{\frac{1}{2}I}{2r} = \frac{I}{4r}$ [AT/m]

17 규소 강판과 같은 자심 재료의 히스테리시스 곡선의 특징은?

① 히스테리시스 곡선의 면적이 작은 것이 좋다.
② 보자력이 큰 것이 좋다.
③ 보자력과 잔류 자기가 모두 큰 것이 좋다.
④ 히스테리시스 곡선의 면적이 큰 것이 좋다.

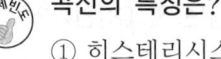 14.② 15.③ 16.④ 17.①

해설 규소 강판은 철에 소량의 규소(Si)를 첨가하여 제조한 강판으로 여러 가지 자기 특성이 뛰어나 전력기기의 철심에 대량으로 사용된다. 이런 전자석의 재료는 히스테리시스 곡선의 면적이 작고 잔류 자기는 크며 보자력은 작다.

18 전속 밀도 $D = X^2 i + Y^2 j + Z^2 k [C/m^2]$를 발생시키는 점 (1, 2, 3)에서의 체적 전하 밀도는 몇 $[C/m^3]$인가?

① 12 ② 13
③ 14 ④ 15

해설 전속 $\psi = \int_s D n\, dS = \int_v \text{div} D\, dv = Q[C]$
$\psi = Q = \int_v \rho dv$
∴ 체적 전하 밀도 $\rho = \text{div} D = \nabla \cdot D$
$= \left(i\frac{\partial}{\partial x} + j\frac{\partial}{\partial y} + k\frac{\partial}{\partial z} \right)$
$\cdot (iD_x + jD_y + kD_z)$
$= \frac{\partial D_x}{\partial x} + \frac{\partial D_y}{\partial y} + \frac{\partial D_z}{\partial z}$
$= 2x + 2y + 2z$
$= 2 + 4 + 6 = 12[C/m^3]$

19 전속 밀도 D, 전계의 세기 E, 분극의 세기 P 사이의 관계식은?

① $P = D + \varepsilon_0 E$
② $P = D - \varepsilon_0 E$
③ $P = D(1 - \varepsilon_0)E$
④ $P = \varepsilon_0(D - E)$

해설 전속 밀도 $D = \varepsilon_0 E + P$에서
분극의 세기 $P = D - \varepsilon_0 E$
$= \varepsilon_0 \varepsilon_s E - \varepsilon_0 E$
$= \varepsilon_0(\varepsilon_s - 1)E[C/m^2]$

20 유전율이 ε_1, ε_2인 유전체 경계면에 수직으로 전계가 작용할 때 단위 면적당 수직으로 작용하는 힘$[N/m^2]$은? (단, E는 전계$[V/m]$이고, D는 전속 밀도$[C/m^2]$이다.)

① $2\left(\frac{1}{\varepsilon_2} - \frac{1}{\varepsilon_1}\right)E^2$
② $2\left(\frac{1}{\varepsilon_2} - \frac{1}{\varepsilon_1}\right)D^2$
③ $\frac{1}{2}\left(\frac{1}{\varepsilon_2} - \frac{1}{\varepsilon_1}\right)E^2$
④ $\frac{1}{2}\left(\frac{1}{\varepsilon_2} - \frac{1}{\varepsilon_1}\right)D^2$

해설 유전체 경계면에 전계가 수직으로 입사하면 전속 밀도 $D_1 = D_2$이고, 인장 응력이 작용한다.

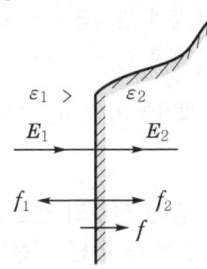

|경계면|

$f_1 = \frac{D_1^2}{2\varepsilon_1}$, $f_2 = \frac{D_2^2}{2\varepsilon_2} [N/m^2]$
$\varepsilon_1 > \varepsilon_2$ 일 때
$f = f_2 - f_1 = \frac{1}{2}\left(\frac{1}{\varepsilon_2} - \frac{1}{\varepsilon_1}\right)D^2 [N/m^2]$
힘은 유전율이 큰 쪽에서 작은 쪽으로 작용한다.

제2과목 전력공학

21 빙설이 많은 지방에서 특고압 가공 전선의 이도(dip)를 계산할 때 전선 주위에 부착하는 빙설의 두께와 비중은 일반적인 경우 각각 얼마로 상정하는가?

① 두께 : 10[mm], 비중 : 0.9
② 두께 : 6[mm], 비중 : 0.9
③ 두께 : 10[mm], 비중 : 1
④ 두께 : 6[mm], 비중 : 1

정답 18.① 19.② 20.④ 21.②

해설 빙설(눈과 얼음)은 전선이나 가섭선에 온도가 낮은 저온계인 경우 부착하게 되는데 두께를 6[mm], 비중을 0.9로 하여 빙설 하중이나 풍압 하중 등을 계산하도록 되어 있다.

22 복도체 선로가 있다. 소도체의 지름이 8[mm], 소도체 사이의 간격이 40[cm]일 때, 등가 반지름[cm]은?

① 2.8　　② 3.6
③ 4.0　　④ 5.7

해설 복도체의 등가 반지름 $r_e = \sqrt[n]{r \cdot s^{n-1}}$ 이므로 복도체인 경우 $r_e = \sqrt{r \cdot s}$

∴ 등가 반지름 $r_e = \sqrt{\frac{8}{2} \times 10^{-1} \times 40} = 4[cm]$

23 다음 중 송전 선로의 코로나 임계 전압이 높아지는 경우가 아닌 것은?

① 날씨가 맑다.
② 기압이 높다.
③ 상대 공기 밀도가 낮다.
④ 전선의 반지름과 선간 거리가 크다.

해설 코로나 임계 전압 $E_0 = 24.3\, m_0 m_1 \delta d \log_{10} \frac{D}{r}$ [kV]이므로 상대 공기 밀도(δ)가 높아야 한다.
코로나를 방지하려면 임계 전압을 높여야 하므로 전선 굵기를 크게 하고, 전선 간 거리를 증가시켜야 한다.

24 중거리 송전 선로의 특성은 무슨 회로로 다루어야 하는가?

① RL 집중 정수 회로
② RLC 집중 정수 회로
③ 분포 정수 회로
④ 특성 임피던스 회로

해설
- 단거리 송전 선로 : RL 집중 정수 회로
- 중거리 송전 선로 : RLC 집중 정수 회로
- 장거리 송전 선로 : $RLCG$ 분포 정수 회로

25 파동 임피던스가 500[Ω]인 가공 송전선 1[km]당의 인덕턴스 L과 정전용량 C는 얼마인가?

① $L=1.67[mH/km]$, $C=0.0067[\mu F/km]$
② $L=2.12[mH/km]$, $C=0.167[\mu F/km]$
③ $L=1.67[mH/km]$, $C=0.0167[\mu F/km]$
④ $L=0.0067[mH/km]$, $C=1.67[\mu F/km]$

해설 특성 임피던스 $Z_0 = \sqrt{\frac{L}{C}} ≒ 138\log_{10}\frac{D}{r}$ [Ω]이므로
$Z_0 = 138\log_{10}\frac{D}{r} = 500[\Omega]$에서 $\log_{10}\frac{D}{r} = \frac{500}{138}$ 이다.

∴ $L = 0.05 + 0.4605\log_{10}\frac{D}{r}$
$= 0.05 + 0.4605 \times \frac{500}{138} = 1.67[mH/km]$

∴ $C = \frac{0.02413}{\log_{10}\frac{D}{r}} = \frac{0.02413}{\frac{500}{138}} = 6.67 \times 10^{-3}[\mu F/km]$

26 조상 설비가 아닌 것은?

① 정지형 무효 전력 보상 장치
② 자동 고장 구간 개폐기
③ 전력용 콘덴서
④ 분로 리액터

해설 자동 고장 구간 개폐기는 선로의 고장 구간을 자동으로 분리하는 장치로 조상 설비가 아니다.

27 비접지식 송전 선로에 있어서 1선 지락 고장이 생겼을 경우 지락점에 흐르는 전류는?

① 직류 전류
② 고장상의 영상 전압과 동상의 전류
③ 고장상의 영상 전압보다 90° 빠른 전류
④ 고장상의 영상 전압보다 90° 늦은 전류

정답 22.③　23.③　24.②　25.①　26.②　27.③

해설 비접지식 송전 선로에서 1선 지락 사고 시 고장 전류는 대지 정전 용량에 흐르는 충전 전류 $I=j\omega CE$[A]이므로 고장점의 영상 전압보다 90° 앞선 전류이다.

28 통신선과 평행인 주파수 60[Hz]의 3상 1회선 송전선에서 1선 지락으로(영상 전류가 100[A] 흐르고) 있을 때 통신선에 유기되는 전자 유도 전압[V]은? (단, 영상 전류는 송전선 전체에 걸쳐 같으며, 통신선과 송전선의 상호 인덕턴스는 0.05[mH/km]이고, 그 평행 길이는 50[km]이다.)

① 162　　② 192
③ 242　　④ 283

해설 $E_m = j\omega M \cdot 3I_0$
50[km]의 상호 인덕턴스 = 0.05×50
∴ $E_m = 2\pi \times 60 \times 0.05 \times 10^{-3} \times 50 \times 3 \times 100$
$= 282.7$[V]

29 10,000[kVA] 기준으로 등가 임피던스가 0.4[%]인 발전소에 설치될 차단기의 차단 용량은 몇 [MVA]인가?

① 1,000　　② 1,500
③ 2,000　　④ 2,500

해설 차단 용량
$P_s = \dfrac{100}{\%Z}P_n = \dfrac{100}{0.4} \times 10,000 \times 10^{-3} = 2,500$[MVA]

30 임피던스 Z_1, Z_2 및 Z_3를 그림과 같이 접속한 선로의 A쪽에서 전압파 E가 진행해 왔을 때, 접속점 B에서 무반사로 되기 위한 조건은?

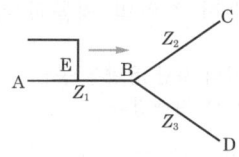

① $Z_1 = Z_2 + Z_3$

② $\dfrac{1}{Z_3} = \dfrac{1}{Z_1} + \dfrac{1}{Z_2}$

③ $\dfrac{1}{Z_1} = \dfrac{1}{Z_2} + \dfrac{1}{Z_3}$

④ $\dfrac{1}{Z_2} = \dfrac{1}{Z_1} + \dfrac{1}{Z_3}$

해설 무반사 조건은 변이점 B에서 입사쪽과 투과쪽의 특성 임피던스가 동일하여야 한다.
즉, $\dfrac{1}{Z_1} = \dfrac{1}{Z_2} + \dfrac{1}{Z_3}$로 한다.

31 피뢰기의 제한 전압이란?

① 충격파의 방전 개시 전압
② 상용 주파수의 방전 개시 전압
③ 전류가 흐르고 있을 때의 단자 전압
④ 피뢰기 동작 중 단자 전압의 파고값

해설 피뢰기 시 동작하여 방전 전류가 흐르고 있을 때 피뢰기 양단자 간 전압의 파고값을 제한 전압이라 한다.

32 최소 동작 전류 이상의 전류가 흐르면 한도를 넘는 양(量)과는 상관없이 즉시 동작하는 계전기는?

① 순한시 계전기
② 반한시 계전기
③ 정한시 계전기
④ 반한시성 정한시 계전기

해설 순한시 계전기
정정값 이상의 전류는 크기에 관계없이 바로 동작하는 고속도 계전기이다.

33 차단기의 차단 시간은?

① 개극 시간을 말하며 대개 3~8사이클이다.
② 개극 시간과 아크 시간을 합친 것을 말하며 3~8사이클이다.
③ 아크 시간을 말하며 8사이클 이하이다.
④ 개극과 아크 시간에 따라 3사이클 이하이다.

해설 차단 시간은 트립 코일의 여자 순간부터 아크가 접촉자에서 완전 소멸하여 절연을 회복할 때까지의 시간으로 3~8사이클이지만 특고압설비에는 3~5사이클이다.

34 전력용 퓨즈는 주로 어떤 전류의 차단을 목적으로 사용하는가?

① 충전 전류   ② 과부하 전류
③ 단락 전류   ④ 과도 전류

해설 전력 퓨즈(Power fuse)는 변압기, 전동기, PT 및 배전 선로 등의 보호 차단기로 사용되고 동작 원리에 따라 한류형(current limiting fuse)과 방출 퓨즈(expulsion)로 구별한다.
전력 퓨즈는 차단기와 같이 회로 및 기기의 단락 보호용으로 사용한다.

35 같은 선로와 같은 부하에서 교류 단상 3선식은 단상 2선식에 비하여 전압 강하와 배전효율은 어떻게 되는가?

① 전압 강하는 적고, 배전 효율은 높다.
② 전압 강하는 크고, 배전 효율은 낮다.
③ 전압 강하는 적고, 배전 효율은 낮다.
④ 전압 강하는 크고, 배전 효율은 높다.

해설 단상 3선식은 단상 2선식에 비하여 동일 전력일 경우 전류가 $\frac{1}{2}$이므로 전압 강하는 적어지고, 1선당 전력은 1.33배이므로 배전 효율은 높다.

36 최대 수용 전력이 3[kW]인 수용가가 3세대, 5[kW]인 수용가가 6세대라고 할 때, 이 수용가군에 전력을 공급할 수 있는 주상 변압기의 최소 용량[kVA]은? (단, 역률은 1, 수용가 간의 부등률은 1.3이다.)

① 25   ② 30
③ 35   ④ 40

해설 변압기의 용량 $P_t = \dfrac{3 \times 3 + 5 \times 6}{1.3 \times 1} = 30[\text{kVA}]$

37 3상 배전 선로의 말단에 역률 80[%](뒤짐), 160[kW]의 평형 3상 부하가 있다. 부하점에 부하와 병렬로 전력용 콘덴서를 접속하여 선로 손실을 최소로 하기 위해 필요한 콘덴서 용량[kVA]은? (단, 여기서 부하단 전압은 변하지 않는 것으로 한다.)

① 96   ② 120
③ 128   ④ 200

해설 선로 손실을 최소로 하려면 역률을 1로 개선해야 한다.
∴ $Q_c = P(\tan\theta_1 - \tan\theta_2)$
$= P(\tan\theta - 0) = P\dfrac{\sin\theta}{\cos\theta}$
$= 160 \times \dfrac{0.6}{0.8} = 120[\text{kVA}]$

38 수전용 변전 설비의 1차측 차단기의 차단 용량은 주로 어느 것에 의하여 정해지는가?

① 수전 계약 용량
② 부하 설비의 단락 용량
③ 공급측 전원의 단락 용량
④ 수전 전력의 역률과 부하율

해설 차단기의 차단 용량은 공급측 전원의 단락 용량을 기준으로 정해진다.

정답 33.② 34.③ 35.① 36.② 37.② 38.③

39 갈수량이란 어떤 유량을 말하는가?

① 1년 365일 중 95일간은 이보다 낮아지지 않는 유량
② 1년 365일 중 185일간은 이보다 낮아지지 않는 유량
③ 1년 365일 중 275일간은 이보다 낮아지지 않는 유량
④ 1년 365일 중 355일간은 이보다 낮아지지 않는 유량

해설 갈수량
1년 365일 중 355일은 이것보다 내려가지 않는 유량과 수위

40 원자로의 감속재에 대한 설명으로 틀린 것은?

① 감속 능력이 클 것
② 원자 질량이 클 것
③ 사용 재료로 경수를 사용
④ 고속 중성자를 열 중성자로 바꾸는 작용

해설 감속재는 고속 중성자를 열 중성자까지 감속시키기 위한 것으로, 중성자 흡수가 적고 탄성 산란에 의해 감속이 크다. 중수, 경수, 베릴륨, 흑연 등이 사용된다.

제3과목 전기기기

41 50[Ω]의 계자 저항을 갖는 직류 분권 발전기가 있다. 이 발전기의 출력이 5.4[kW]일 때 단자 전압은 100[V], 유기 기전력은 115[V]이다. 이 발전기의 출력이 2[kW]일 때 단자 전압이 125[V]라면 유기 기전력은 약 몇 [V]인가?

① 130   ② 145
③ 152   ④ 159

해설 $P = VI$

$I = \dfrac{P}{V} = \dfrac{5{,}400}{100} = 54[A]$

$I_f = \dfrac{V}{r_f} = \dfrac{100}{50} = 2[A]$

$I_a = I + I_f = 54 + 2 = 56[A]$

$R_a = \dfrac{E - V}{I} = \dfrac{115 - 100}{56} = 0.267[\Omega]$

$I' = \dfrac{P}{V} = \dfrac{2{,}000}{125} = 16[A]$

$I_f' = \dfrac{125}{50} = 2.5[A]$

$I_a' = I' + I_f' = 16 + 2.5 = 18.5[A]$

$E' = V' + I_a' R_a$
$\quad = 125 + 18.5 \times 0.267$
$\quad = 129.9 ≒ 130[V]$

42 1차 전압 100[V], 2차 전압 200[V], 선로 출력 50[kVA]인 단권 변압기의 자기 용량은 몇 [kVA]인가?

① 25   ② 50
③ 250   ④ 500

해설 단권 변압기의 $\dfrac{P(\text{자기 용량, 등가 용량})}{W(\text{선로 용량, 부하 용량})} = \dfrac{V_h - V_l}{V_h}$ 이므로

자기 용량 $P = \dfrac{V_h - V_l}{V_h} W$
$= \dfrac{200 - 100}{200} \times 50$
$= 25[kVA]$

43 동기 발전기를 병렬 운전하는 데 필요하지 않은 조건은?

① 기전력의 용량이 같을 것
② 기전력의 파형이 같을 것
③ 기전력의 크기가 같을 것
④ 기전력의 주파수가 같을 것

정답 39.④ 40.② 41.① 42.① 43.①

해설 동기 발전기의 병렬 운전 조건
 • 기전력의 크기가 같을 것
 • 기전력의 위상이 같을 것
 • 기전력의 주파수가 같을 것
 • 기전력의 파형이 같을 것

44 반도체 사이리스터에 의한 제어는 어느 것을 변화시키는 것인가?
① 전류　　② 주파수
③ 토크　　④ 위상각

해설 반도체 사이리스터(thyristor)에 의한 전압을 제어하는 경우 위상각 또는 점호각을 변화시킨다.

45 권선형 유도 전동기의 2차 여자법 중 2차 단자에서 나오는 전력을 동력으로 바꿔서 직류 전동기에 가하는 방식은?
① 회생 방식　　② 크레머 방식
③ 플러깅 방식　　④ 세르비우스 방식

해설 권선형 유도 전동기의 속도 제어에서 2차 여자 제어법은 크레머 방식과 세르비우스 방식이 있으며, 크레머 방식은 2차 단자에서 나오는 전력을 동력으로 바꾸어 제어하는 방식이고, 세르비우스 방식은 2차 전력을 전원측에 반환하여 제어하는 방식이다.

46 출력 P_o, 2차 동손 P_{2c}, 2차 입력 P_2 및 슬립 s인 유도 전동기에서의 관계는?
① $P_2 : P_{2c} : P_o = 1 : s : (1-s)$
② $P_2 : P_{2c} : P_o = 1 : (1-s) : s$
③ $P_2 : P_{2c} : P_o = 1 : s^2 : (1-s)$
④ $P_2 : P_{2c} : P_o = 1 : (1-s) : s^2$

해설
• 2차 입력 : $P_2 = I_2^2 \cdot \dfrac{r_2}{s}$
• 2차 동손 : $P_{2c} = I_2^2 \cdot r_2$
• 출력 : $P_o = I_2^2 \cdot R = I_2^2 \dfrac{1-s}{s}$
∴ $P_2 : P_{2c} : P_o = \dfrac{1}{s} : 1 : \dfrac{1-s}{s} = 1 : s : 1-s$

47 변압기의 규약 효율 산출에 필요한 기본 요건이 아닌 것은?
① 파형은 정현파를 기준으로 한다.
② 별도의 지정이 없는 경우 역률은 100[%] 기준이다.
③ 부하손은 40[℃]를 기준으로 보정한 값을 사용한다.
④ 손실은 각 권선에 대한 부하손의 합과 무부하손의 합이다.

해설 변압기의 손실이란 각 권선에 대한 부하손의 합과 무부하손의 합계를 말한다. 지정이 없을 때는 역률은 100[%], 파형은 정현파를 기준으로 하고 부하손은 75[℃]로 보정한 값을 사용한다.

48 3상 직권 정류자 전동기에 중간(직렬) 변압기가 쓰이고 있는 이유가 아닌 것은?
① 정류자 전압의 조정
② 회전자 상수의 감소
③ 경부하 때 속도의 이상 상승 방지
④ 실효 권수비 선정 조정

해설 3상 직권 정류자 전동기의 중간 변압기(또는 직렬 변압기)는 고정자 권선과 회전자 권선 사이에 직렬로 접속된다. 중간 변압기의 사용 목적은 다음과 같다.
• 정류자 전압의 조정
• 회전자 상수의 증가
• 경부하 시 속도 이상 상승의 방지
• 실효 권수비의 조정

49 정격이 5[kW], 100[V], 50[A], 1,500[rpm]인 타여자 직류 발전기가 있다. 계자 전압 50[V], 계자 전류 5[A], 전기자 저항 0.2[Ω]이고 브러시에서 전압 강하는 2[V]이다. 무부하 시와 정격 부하 시의 전압차는 몇 [V]인가?
① 12　　② 10
③ 8　　④ 6

정답 44.④　45.②　46.①　47.③　48.②　49.①

해설 무부하 전압 $V_0 = E = V + I_a R_a + e_b$
$= 100 + 50 \times 0.2 + 2 = 112[V]$
정격 전압 $V_n = 100[V]$
전압차 $e = V_0 - V_n = 112 - 100 = 12[V]$

50 정격 출력 5,000[kVA], 정격 전압 3.3[kV], 동기 임피던스가 매상 1.8[Ω]인 3상 동기 발전기의 단락비는 약 얼마인가?

① 1.1　② 1.2
③ 1.3　④ 1.4

해설 퍼센트 동기 임피던스 $\%Z_s = \dfrac{P_n Z_s}{10 V^2}[\%]$

단위법 동기 임피던스 $Z_s' = \dfrac{\%Z}{100} = \dfrac{P_n Z_s}{10^3 V^2}[p.u]$

단락비 $K_s = \dfrac{1}{Z_s'} = \dfrac{10^3 V^2}{P_n Z_s} = \dfrac{10^3 \times 3.3^2}{5,000 \times 1.8} = 1.21$

51 3상 유도 전동기의 기계적 출력 P [kW], 회전수 N [rpm]인 전동기의 토크[kg·m]는?

① $716\dfrac{P}{N}$　② $956\dfrac{P}{N}$
③ $975\dfrac{P}{N}$　④ $0.01625\dfrac{P}{N}$

해설 3상 유도 전동기의 토크 $T = \dfrac{P}{2\pi\dfrac{N}{60}}[N \cdot m]$

토크 $\tau = \dfrac{T}{9.8} = \dfrac{1}{9.8} \times \dfrac{P}{2\pi\dfrac{N}{60}} = 0.975\dfrac{P[W]}{N}$

$= 975\dfrac{P[kW]}{N}[kg \cdot m]$

52 직류 전동기를 교류용으로 사용하기 위한 대책이 아닌 것은?

① 자계는 성층 철심, 원통형 고정자 적용
② 계자 권선수 감소, 전기자 권선수 증대
③ 보상 권선 설치, 브러시 접촉 저항 증대
④ 정류자편 감소, 전기자 크기 감소

해설 직류 전동기를 교류용으로 사용 시 여러 가지 단점이 있다. 그 중에서 역률이 대단히 낮아지므로 계자 권선의 권수를 적게 하고 전기자 권수를 크게 해야 한다. 그러므로 전기자가 커지고 정류자 편수 또한 많아지게 된다.

53 2상 교류 서보 모터를 구동하는 데 필요한 2상 전압을 얻는 방법으로 널리 쓰이는 방법은?

① 2상 전원을 직접 이용하는 방법
② 환상 결선 변압기를 이용하는 방법
③ 여자 권선에 리액터를 삽입하는 방법
④ 증폭기 내에서 위상을 조정하는 방법

해설 제어용 서보 모터(servo motor)는 2상 교류 서보 모터 또는 직류 서보 모터가 있으며 2상 교류 서보 모터의 주권선에는 상용 주파의 교류 전압 E_r, 제어 권선에는 증폭기 내에서 위상을 조정하는 입력 신호 E_c가 공급된다.

54 Y결선 한 변압기의 2차측에 다이오드 6개로 3상 전파의 정류 회로를 구성하고 저항 R을 걸었을 때의 3상 전파 직류 전류의 평균치 $I[A]$는? (단, E는 교류측의 선간 전압이다.)

① $\dfrac{6\sqrt{2}}{2\pi}\dfrac{E}{R}$　② $\dfrac{3\sqrt{6}}{2\pi}\dfrac{E}{R}$
③ $\dfrac{3\sqrt{6}}{\pi}\dfrac{E}{R}$　④ $\dfrac{6\sqrt{2}}{\pi}\dfrac{E}{R}$

해설 직류 전압 $E_d = \dfrac{\sqrt{2}\sin\dfrac{\pi}{m}}{\dfrac{\pi}{m}}E$

$= \dfrac{\sqrt{2}\sin\dfrac{\pi}{6}}{\dfrac{\pi}{6}}E = \dfrac{6\sqrt{2}}{2\pi}E[V]$

직류 전류 평균값 $I_d = \dfrac{E_d}{R} = \dfrac{6\sqrt{2}E}{2\pi R}[A]$

[단, m은 상(phase)수로 3상 전파 정류는 6상 반파 정류에 해당하여 $m = 6$이다.]

정답 50.② 51.③ 52.④ 53.④ 54.①

55 단상 변압기에서 전부하의 2차 전압은 100[V]이고, 전압 변동률은 4[%]이다. 1차 단자 전압[V]은? (단, 1차와 2차 권선비는 20 : 1이다.)

① 1,920　　② 2,080
③ 2,160　　④ 2,260

해설
$V_{10} = V_{1n}\left(1 + \dfrac{\varepsilon}{100}\right) = ar_{2n}\left(1 + \dfrac{\varepsilon}{100}\right)$
$= 20 \times 100 \times \left(1 + \dfrac{4}{100}\right)$
$= 2,080[V]$

56 동기 전동기의 공급 전압과 부하를 일정하게 유지하면서 역률을 1로 운전하고 있는 상태에서 여자 전류를 증가시키면 전기자 전류는?

① 앞선 무효 전류가 증가
② 앞선 무효 전류가 감소
③ 뒤진 무효 전류가 증가
④ 뒤진 무효 전류가 감소

해설 동기 전동기를 역률 1인 상태에서 여자 전류를 감소(부족 여자)하면 전기자 전류는 뒤진 무효 전류가 증가하고, 여자 전류를 증가(과여자)하면 앞선 무효 전류가 증가한다.

57 직류 발전기의 정류 초기에 전류 변화가 크며 이때 발생되는 불꽃 정류로 옳은 것은?

① 과정류　　② 직선 정류
③ 부족 정류　　④ 정현파 정류

해설 직류 발전기의 정류 곡선에서 정류 초기에 전류 변화가 큰 곡선을 과정류라 하며 초기에 불꽃이 발생한다.

58 정격 출력 10,000[kVA], 정격 전압 6,600[V], 정격 역률 0.6인 3상 동기 발전기가 있다. 동기 리액턴스 0.6[p.u]인 경우의 전압 변동률[%]은?

① 21　　② 31
③ 40　　④ 52

해설
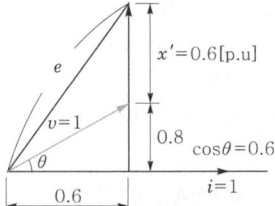

단위법으로 산출한 기전력 e
$e = \sqrt{0.6^2 + (0.6 + 0.8)^2} = 1.52[\text{p.u}]$
전압 변동률 $\varepsilon = \dfrac{V_0 - V_n}{V_n} \times 100 = \dfrac{e - v}{v} \times 100$
$= \dfrac{1.52 - 1}{1} \times 100 = 52[\%]$

59 이상적인 변압기의 무부하에서 위상 관계로 옳은 것은?

① 자속과 여자 전류는 동위상이다.
② 자속은 인가 전압보다 90° 앞선다.
③ 인가 전압은 1차 유기 기전력보다 90° 앞선다.
④ 1차 유기 기전력과 2차 유기 기전력의 위상은 반대이다.

해설 이상적인 변압기는 철손, 동손 및 누설 자속이 없는 변압기로서, 자화 전류와 여자 전류가 같아져 자속과 여자 전류는 동위상이다.

60 유도 전동기의 회전 속도를 $N[\text{rpm}]$, 동기 속도를 $N_s[\text{rpm}]$이라 하고 순방향 회전 자계의 슬립은 s라고 하면, 역방향 회전 자계에 대한 회전자 슬립은?

① $s - 1$　　② $1 - s$
③ $s - 2$　　④ $2 - s$

해설 역회전 시 슬립 $s' = \dfrac{N_s - (-N)}{N_s} = \dfrac{N_s + N}{N_s}$
$= \dfrac{N_s + N_s}{N_s} - \dfrac{N_s - N}{N_s}$
$= 2 - s$

정답 55.②　56.①　57.①　58.④　59.①　60.④

제4과목 | 회로이론 및 제어공학

61 다음 시퀀스 회로는 어떤 회로의 동작을 하는가?

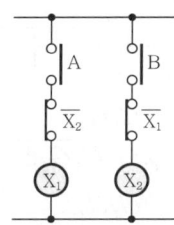

① 자기 유지 회로   ② 인터록 회로
③ 순차 제어 회로   ④ 단안정 회로

해설 인터록 회로는 한쪽 기기가 동작하면 다른 쪽 기기는 동작할 수 없는 회로로 X_1 여자 시 X_2는 여자될 수 없고, X_2 여자 시 X_1은 여자될 수 없다.

62 자동 제어계가 미분 동작을 하는 경우 보상 회로는 어떤 보상 회로에 속하는가?

① 진지상 보상   ② 진상 보상
③ 지상 보상   ④ 동상 보상

해설 진상 보상법은 출력 위상이 입력 위상보다 앞서도록 제어 신호의 위상을 조정하는 보상법으로 미분 회로는 진상 보상 회로이다.

63 $G(s) = \dfrac{\omega_n^2}{s^2 + 2\delta\omega_n s + \omega_n^2}$ 인 제어계에서 $\omega_n = 2$, $\delta = 0$으로 할 때의 단위 임펄스 응답은?

① $2\sin 2t$ ② $2\cos 2t$
③ $\sin 4t$ ④ $\cos \dfrac{1}{4}t$

해설 임펄스 응답이므로 입력
$R(s) = \mathcal{L}[r(t)] = \mathcal{L}[\delta(t)] = 1$

전달 함수 $G(s) = \dfrac{C(s)}{R(s)}$
$= \dfrac{\omega_n^2}{s^2 + 2\delta\omega_n s + \omega_n^2} = \dfrac{2^2}{s^2 + 2^2}$

$C(s) = \dfrac{2^2}{s^2 + 2^2} R(s) = \dfrac{2^2}{s^2 + 2^2} \cdot 1 = 2 \cdot \dfrac{2}{s^2 + 2^2}$

단위 임펄스 응답 $c(t) = \mathcal{L}^{-1}[C(s)] = 2\sin 2t$

64 다음 상태 방정식 $\dot{x} = Ax + Bu$에서 $A = \begin{bmatrix} 0 & 1 \\ -2 & -3 \end{bmatrix}$일 때, 특성 방정식의 근은?

① $-2, -3$ ② $-1, -2$
③ $-1, -3$ ④ $1, -3$

해설 특성 방정식 $|sI - A| = 0$
$|sI - A| = \begin{vmatrix} s & -1 \\ 2 & s+3 \end{vmatrix} = s(s+3) + 2 = s^2 + 3s + 2 = 0$
$(s+1)(s+2) = 0$
$\therefore s = -1, -2$

65 다음 특성 방정식 중에서 안정된 시스템인 것은?

① $2s^3 + 3s^2 + 4s + 5 = 0$
② $s^4 + 3s^3 - s^2 + s + 10 = 0$
③ $s^5 + s^3 + 2s^2 + 4s + 3 = 0$
④ $s^4 - 2s^3 - 3s^2 + 4s + 5 = 0$

해설 제어계가 안정될 때 필요 조건
특성 방정식의 모든 차수가 존재하고 각 계수의 부호가 같아야 한다.

66 일정 입력에 대해 잔류 편차가 있는 제어계는 무엇인가?

① 비례 제어계
② 적분 제어계
③ 비례 적분 제어계
④ 비례 적분 미분 제어계

해설 잔류 편차(offset)는 정상 상태에서의 오차를 뜻하며 비례 제어(P동작)의 경우에 발생한다.

정답 61.② 62.② 63.① 64.② 65.① 66.①

67 그림의 두 블록 선도가 등가인 경우, A 요소의 전달 함수는?

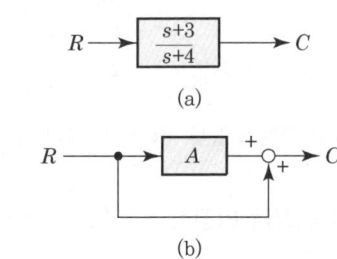

① $\dfrac{-1}{s+4}$ ② $\dfrac{-2}{s+4}$

③ $\dfrac{-3}{s+4}$ ④ $\dfrac{-4}{s+4}$

해설 그림 (a)에서 $R \cdot \dfrac{s+3}{s+4} = C$

$\therefore \dfrac{C}{R} = \dfrac{s+3}{s+4}$

그림 (b)에서 $RA + R = C$, $R(A+1) = C$

$\therefore \dfrac{C}{R} = A+1$

$\dfrac{s+3}{s+4} = A+1$

$\therefore A = \dfrac{s+3}{s+4} - 1 = \dfrac{-1}{s+4}$

68 과도 응답이 소멸되는 정도를 나타내는 감쇠비(decay ratio)는?

① $\dfrac{\text{최대 오버 슈트}}{\text{제2오버 슈트}}$

② $\dfrac{\text{제3오버 슈트}}{\text{제2오버 슈트}}$

③ $\dfrac{\text{제2오버 슈트}}{\text{최대 오버 슈트}}$

④ $\dfrac{\text{제2오버 슈트}}{\text{제3오버 슈트}}$

해설 감쇠비는 과도 응답이 소멸되는 속도를 나타내는 양으로 최대 오버 슈트와 다음 주기에 오는 오버 슈트의 비이다.

69 그림의 블록 선도에서 등가 전달 함수는?

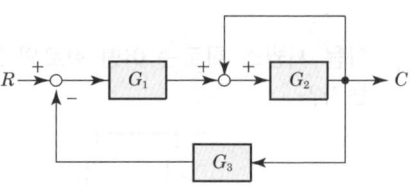

① $\dfrac{G_1 G_2}{1 + G_2 + G_1 G_2 G_3}$

② $\dfrac{G_1 G_2}{1 - G_2 + G_1 G_2 G_3}$

③ $\dfrac{G_1 G_3}{1 - G_2 + G_1 G_2 G_3}$

④ $\dfrac{G_1 G_3}{1 + G_2 + G_1 G_2 G_3}$

해설 $\{(R - CG_3)G_1 + C\}G_2 = C$

$RG_1 G_2 - CG_1 G_2 G_3 + CG_2 = C$

$RG_1 G_2 = C(1 - G_2 + G_1 G_2 G_3)$

$\therefore$ 전달 함수 $G(s) = \dfrac{C}{R} = \dfrac{G_1 G_2}{1 - G_2 + G_1 G_2 G_3}$

70 다음 그림에 있는 폐루프 샘플값 제어계의 전달 함수는?

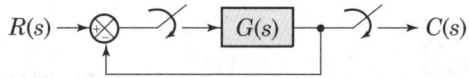

① $\dfrac{1}{1+G(z)}$ ② $\dfrac{1}{1-G(z)}$

③ $\dfrac{G(z)}{1+G(z)}$ ④ $\dfrac{G(z)}{1-G(z)}$

해설 연속치를 샘플링한 것은 이산치로 볼 수 있으며 따라서 Z변환에서의 전달 함수는 다음과 같다.

$T(z) = \dfrac{C(z)}{R(z)} = \dfrac{G(z)}{1+G(z)}$

정답 67.① 68.③ 69.② 70.③

71 그림의 대칭 T회로의 일반 4단자 정수가 다음과 같다. $A=D=1.2$, $B=44[\Omega]$, $C=0.01[\mho]$일 때 임피던스 $Z[\Omega]$의 값은?

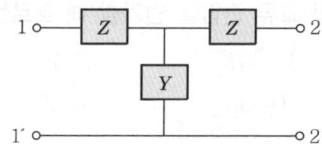

① 1.2
② 12
③ 20
④ 44

해설 T형 대칭 회로이므로
$A=D=1+ZY$, $C=Y$
$\therefore 1.2=1+0.01Z$
$Z=\dfrac{0.2}{0.01}=20[\Omega]$

72 1상의 임피던스가 $14+j48[\Omega]$인 △부하에 대칭 선간 전압 200[V]를 가한 경우의 3상 전력은 몇 [W]인가?

① 672
② 692
③ 712
④ 732

해설 $P=3I_p^2 \cdot R$
$=3\left(\dfrac{200}{50}\right)^2 \times 14$
$=672[W]$

73 RL 직렬 회로에서 시정수가 0.03[s], 저항이 14.7[Ω]일 때, 코일의 인덕턴스[mH]는?

① 441
② 362
③ 17.6
④ 2.53

해설 시정수 $\tau=\dfrac{L}{R}[s]$
$\therefore L=\tau \cdot R$
$=0.03 \times 14.7$
$=0.441[H]$
$=441[mH]$

74 선간 전압 $V_l[V]$의 3상 평형 전원에 대칭 3상 저항 부하 $R[\Omega]$이 그림과 같이 접속되었을 때 a, b 두 상 간에 접속된 전력계의 지시값이 $W[W]$라 하면 c상의 전류[A]는?

① $\dfrac{\sqrt{3}\,W}{V_l}$

② $\dfrac{3W}{V_l}$

③ $\dfrac{W}{\sqrt{3}\,V_l}$

④ $\dfrac{2W}{\sqrt{3}\,V_l}$

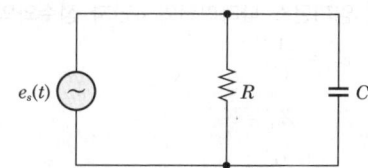

해설 3상 전력 : $P=2W[W]$
대칭 3상이므로 $I_a=I_b=I_c$이다.
따라서 $2W=\sqrt{3}\,V_l I_l \cos\theta$에서 R만의 부하므로 역률 $\cos\theta=1$
$\therefore I=\dfrac{2W}{\sqrt{3}\,V_l}[A]$

75 $e_s(t)=3e^{-5t}$인 경우 그림과 같은 회로의 임피던스는?

① $\dfrac{j\omega RC}{1+j\omega RC}$
② $\dfrac{1}{1+RC}$
③ $\dfrac{R}{1-5RC}$
④ $\dfrac{1+j\omega RC}{R}$

해설 임피던스 $Z=\dfrac{1}{Y}$, $e_s(t)=3e^{-5t}$인 경우이므로 $j\omega=-5$이다.
임피던스 $Z=\dfrac{1}{Y}=\dfrac{1}{\dfrac{1}{R}+j\omega C}=\dfrac{R}{1+j\omega CR}$
여기서, $j\omega=-5$이므로 $Z=\dfrac{R}{1-5CR}$

정답 71.③ 72.① 73.① 74.④ 75.③

76 그림과 같은 회로에서 2[Ω]의 단자 전압[V]은?

① 3
② 4
③ 6
④ 8

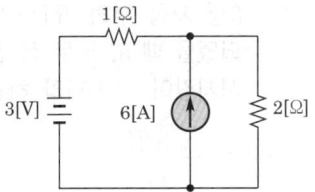

해설 3[V]에 의한 전류 $I_1 = \dfrac{3}{1+2} = 1[A]$

6[A]에 의한 전류 $I_2 = \dfrac{1}{1+2} \times 6 = 2[A]$

2[Ω]에 흐르는 전전류 $I = I_1 + I_2 = 1 + 2 = 3[A]$

∴ $V = IR = 3 \times 2 = 6[V]$

77 4단자 정수 A, B, C, D로 출력측을 개방시켰을 때 입력측에서 본 구동점 임피던스 $Z_{11} = \dfrac{V_1}{I_1}\bigg|_{I_2=0}$ 을 표시한 것 중 옳은 것은?

① $Z_{11} = \dfrac{A}{C}$ ② $Z_{11} = \dfrac{B}{D}$
③ $Z_{11} = \dfrac{A}{B}$ ④ $Z_{11} = \dfrac{B}{C}$

해설 임피던스 파라미터와 4단자 정수와의 관계

$Z_{11} = \dfrac{A}{C}$

$Z_{12} = Z_{21} = \dfrac{1}{C}$

$Z_{22} = \dfrac{D}{C}$

78 위상 정수가 $\dfrac{\pi}{8}$[rad/m]인 선로의 1[MHz]에 대한 전파 속도[m/s]는?

① 1.6×10^7 ② 9×10^7
③ 10×10^7 ④ 11×10^7

해설 전파 속도 $v = \dfrac{\omega}{\beta} = \dfrac{2 \times \pi \times 1 \times 10^6}{\dfrac{\pi}{8}} = 1.6 \times 10^7$[m/s]

79 a, b 2개의 코일이 있다. a, b 코일의 저항과 유도 리액턴스는 각각 3[Ω], 5[Ω]과 5[Ω], 1[Ω]이다. 두 코일을 직렬 접속하고 100[V]의 교류 전압을 인가할 때 흐르는 전류[A]는?

① $10\angle 37°$ ② $10\angle -37°$
③ $10\angle 53°$ ④ $10\angle -53°$

해설 $I = \dfrac{100}{8+j6} = \dfrac{100(8-j6)}{(8+j6)(8-j6)} = \dfrac{800-j600}{100} = 8-j6$

∴ $I = 10\angle \tan^{-1}\dfrac{3}{4} = 10\angle -37°$ [A]

80 3상 회로에서 각 상의 전류는 다음과 같다. 전류의 영상분 I_0는 얼마인가? (단, b상을 기준으로 한다.)

$I_a = 400 - j650$[A]
$I_b = -230 - j700$[A]
$I_c = -150 + j600$[A]

① $20 - j750$ ② $6.66 - j250$
③ $572 - j223$ ④ $-179 - j177$

해설 영상 전류는 a상을 기준으로 하는 경우와 b상을 기준으로 하는 경우가 같으므로

$I_0 = \dfrac{1}{3}(I_a + I_b + I_c) = 6.66 - j250$

제5과목 전기설비기술기준

81 전로를 대지로부터 반드시 절연하여야 하는 것은?

① 전로의 중성점에 접지 공사를 하는 경우의 접지점
② 계기용 변성기 2차측 전로에 접지 공사를 하는 경우의 접지점
③ 시험용 변압기
④ 저압 가공 전선로 접지측 전선

정답 76.③ 77.① 78.① 79.② 80.② 81.④

해설 절연을 생략하는 경우(KEC 131)
- 접지 공사의 접지점
- 시험용 변압기 등
- 전기로 등

82
최대 사용 전압이 22,900[V]인 3상 4선식 중성선 다중 접지식 전로와 대지 사이의 절연 내력 시험 전압은 몇 [V]인가?

① 32,510　② 28,752
③ 25,229　④ 21,068

해설 전로의 절연 저항 및 절연 내력(KEC 132)
중성점 다중 접지 방식이므로 22,900×0.92 = 21,068[V] 이다.

83
이동하여 사용하는 저압 설비에 1개의 접지 도체로 연동 연선을 사용할 때 최소 단면적은 몇 [mm²]인가?

① 0.75　② 1.5
③ 6　④ 10

해설 이동하여 사용하는 전기 기계 기구의 금속제 외함 등의 접지 시스템의 경우(KEC 142.3.1)
- 특고압·고압 전기 설비용 접지 도체 및 중성점 접지용 접지 도체 : 단면적 10[mm²] 이상
- 저압 전기 설비용 접지 도체
 - 다심 코드 또는 캡타이어 케이블의 1개 도체의 단면적이 0.75[mm²] 이상
 - 연동 연선은 1개 도체의 단면적이 1.5[mm²] 이상

84
접지 공사를 가공 공동 지선으로 하여 4개소에서 접지하여 1선 지락 전류는 5[A]로 되었다. 이 경우에 각 접지선을 가공 공동 지선으로부터 분리하였다면 각 접지선과 대지 사이의 전기 저항은 몇 [Ω] 이하로 하여야 하는가?

① 37.5　② 75
③ 120　④ 300

해설 $R = \frac{150}{I} \times n = \frac{150}{5} \times 4 = 120[\Omega]$

85
저압 전로의 보호 도체 및 중성선의 접속 방식에 따른 접지 계통의 분류가 아닌 것은?

① IT 계통
② TN 계통
③ TT 계통
④ TC 계통

해설 계통 접지 구성(KEC 203.1)
저압 전로의 보호 도체 및 중성선의 접속 방식에 따라 접지 계통은 다음과 같이 분류한다.
- TN 계통
- TT 계통
- IT 계통

86
라이팅 덕트 공사에 의한 저압 옥내 배선 공사 시설 기준으로 틀린 것은?

① 덕트의 끝부분은 막을 것
② 덕트는 조영재에 견고하게 붙일 것
③ 덕트는 조영재를 관통하여 시설할 것
④ 덕트의 지지점 간의 거리는 2[m] 이하로 할 것

해설 라이팅 덕트 공사(KEC 232.71)
- 덕트의 개구부(開口部)는 아래로 향하여 시설할 것
- 덕트는 조영재를 관통하여 시설하지 아니할 것

87
전기 울타리용 전원 장치에 전기를 공급하는 전로의 사용 전압은 몇 [V] 이하이어야 하는가?

① 150　② 200
③ 250　④ 300

해설 전기 울타리의 시설(KEC 241.1)
사용 전압은 250[V] 이하이며, 전선은 인장 강도 1.38[kN] 이상의 것 또는 지름 2[mm] 이상 경동선을 사용하고, 지지하는 기둥과의 이격 거리(간격)는 2.5[cm] 이상, 수목과의 이격 거리(간격)는 30[cm] 이상으로 한다.

정답　82.④　83.②　84.③　85.④　86.③　87.③

88 의료 장소의 안전을 위한 비단락 보증 절연 변압기에 대한 설명으로 옳은 것은?

① 정격 출력은 5[kVA] 이하로 할 것
② 정격 출력은 10[kVA] 이하로 할 것
③ 2차측 정격 전압은 직류 25[V] 이하이다.
④ 2차측 정격 전압은 교류 300[V] 이하이다.

해설 의료 장소의 안전을 위한 보호 설비(KEC 242.10.3)
비단락 보증 절연 변압기의 2차측 정격 전압은 교류 250[V] 이하로 하며 공급 방식은 단상 2선식, 정격 출력은 10[kVA] 이하로 할 것

89 고압 가공 전선로의 지지물로서 사용하는 목주의 풍압 하중에 대한 안전율은 얼마 이상이어야 하는가?

① 1.2   ② 1.3
③ 2.2   ④ 2.5

해설 저·고압 가공 전선로의 지지물의 강도(KEC 222.8, 332.7)
- 저압 가공 전선로의 지지물은 목주인 경우에는 풍압 하중의 1.2배의 하중, 기타의 경우에는 풍압 하중에 견디는 강도를 가지는 것이어야 한다.
- 고압 가공 전선로의 지지물로서 사용하는 목주의 풍압 하중에 대한 안전율은 1.3 이상인 것이어야 한다.

90 특고압 345[kV]의 가공 송전 선로를 평지에 건설하는 경우 전선의 지표상 높이는 최소 몇 [m] 이상이어야 하는가?

① 7.5
② 7.95
③ 8.28
④ 8.85

해설 $h = 6 + 0.12 \times \dfrac{345-160}{10} \fallingdotseq 8.28[\text{m}]$

91 특고압 가공 전선이 도로, 횡단 보도교, 철도 또는 궤도와 제1차 접근 상태로 시설되는 경우 특고압 가공 전선로는 제 몇 종 보안 공사에 의하여야 하는가?

① 제1종 특고압 보안 공사
② 제2종 특고압 보안 공사
③ 제3종 특고압 보안 공사
④ 제4종 특고압 보안 공사

해설 특고압 가공 전선과 도로 등의 접근 또는 교차(KEC 333.24)
특고압 가공 전선이 도로·횡단 보도교·철도 또는 궤도와 제1차 접근 상태로 시설되는 경우 특고압 가공 전선로는 제3종 특고압 보안 공사에 의할 것

92 특고압 가공 전선이 가공 약전류 전선 등 저압 또는 고압의 가공 전선이나 저압 또는 고압의 전차선과 제1차 접근상태로 시설되는 경우 60[kV] 이하 가공 전선과 저·고압 가공 전선 등 또는 이들의 지지물이나 지주 사이의 이격 거리(간격)는 몇 [m] 이상인가?

① 1.2   ② 2
③ 2.6   ④ 3.2

해설 특고압 가공 전선과 저·고압 가공 전선 등의 접근 또는 교차(KEC 333.26)

사용 전압의 구분	이격 거리(간격)
60[kV] 이하	2[m]
60[kV] 초과	2[m]에 사용 전압이 60[kV]를 초과하는 10[kV] 또는 그 단수마다 0.12[m]를 더한 값

93 사용 전압이 66[kV]인 특고압 가공 전선로를 시가지에 위험의 우려가 없도록 시설한다면 전선의 단면적은 몇 [mm^2] 이상의 경동 연선 및 알루미늄 전선이나 절연 전선을 사용하여야 하는가?

① 38[mm^2]   ② 55[mm^2]
③ 80[mm^2]   ④ 100[mm^2]

정답 88.② 89.② 90.③ 91.③ 92.② 93.②

해설 시가지 등에서 170[kV] 이하 특고압 가공 전선로 전선의 단면적(KEC 333.1-2)

사용 전압의 구분	전선의 단면적
100[kV] 미만	인장 강도 21.67[kN] 이상, 단면적 55[mm²] 이상의 경동 연선 및 알루미늄 전선이나 절연 전선
100[kV] 이상	인장 강도 58.84[kN] 이상, 단면적 150[mm²] 이상의 경동 연선 및 알루미늄 전선이나 절연 전선

94 특고압 지중 전선이 지중 약전류 전선 등과 접근하거나 교차하는 경우에 상호 간의 이격 거리(간격)가 몇 [cm] 이하인 때에는 두 전선이 직접 접촉하지 아니하도록 하여야 하는가?

① 15 ② 20
③ 30 ④ 60

해설 지중 전선과 지중 약전류 전선 등 또는 관과의 접근 또는 교차(KEC 223.6)
저압 또는 고압의 지중 전선은 30[cm] 이하, 특고압 지중 전선은 60[cm] 이하이어야 한다.

95 사용 전압이 22.9[kV]인 특고압 가공 전선로(중성선 다중 접지식의 것으로서 전로에 지락이 생겼을 때에 2초 이내에 자동적으로 이를 전로로부터 차단하는 장치가 되어 있는 것에 한한다.)가 상호 간 접근 또는 교차하는 경우 사용 전선이 양쪽 모두 케이블인 경우 이격 거리(간격)는 몇 [m] 이상인가?

① 0.25 ② 0.5
③ 0.75 ④ 1.0

해설 25[kV] 이하인 특고압 가공 전선로의 시설(KEC 333.32)
15[kV] 초과 25[kV] 이하 특고압 가공전선로 간격

사용 전선의 종류	이격 거리(간격)
어느 한쪽 또는 양쪽이 나전선인 경우	1.5[m]
양쪽이 특고압 절연 전선인 경우	1.0[m]
한쪽이 케이블이고 다른 한쪽이 케이블이거나 특고압 절연 전선인 경우	0.5[m]

96 고압 옥내 배선이 수관과 접근하여 시설되는 경우에는 몇 [cm] 이상 이격시켜야 하는가?

① 15 ② 30
③ 45 ④ 60

해설 고압 옥내 배선 등의 시설(KEC 342.1)
고압 옥내 배선이 다른 고압 옥내 배선·저압 옥내 전선·관등 회로의 배선·약전류 전선 등 또는 수관·가스관이나 이와 유사한 것과 접근하거나 교차하는 경우에 이격 거리(간격)는 15[cm] 이상이어야 한다.

97 특고압용 타냉식 변압기의 냉각 장치에 고장이 생긴 경우를 대비하여 어떤 보호 장치를 하여야 하는가?

① 경보 장치 ② 속도 조정 장치
③ 온도 시험 장치 ④ 냉매 흐름 장치

해설 특고압용 변압기의 보호 장치(KEC 351.4)
타냉식 변압기의 냉각 장치에 고장이 생긴 경우 또는 변압기의 온도가 현저히 상승한 경우 동작하는 경보 장치를 시설하여야 한다.

98 다음 그림에서 L_1은 어떤 크기로 동작하는 기기의 명칭인가?

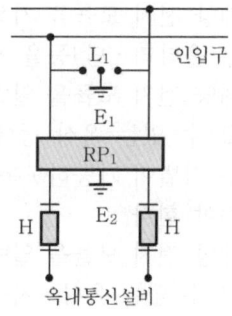

① 교류 1,000[V] 이하에서 동작하는 단로기
② 교류 1,000[V] 이하에서 동작하는 피뢰기
③ 교류 1,500[V] 이하에서 동작하는 단로기
④ 교류 1,500[V] 이하에서 동작하는 피뢰기

정답 94.④ 95.② 96.① 97.① 98.②

해설 저압용 보안 장치(KEC 362.5-2)
- RP₁ : 교류 300[V] 이하에서 동작하고, 최소 감도 전류가 3[A] 이하로서 최소 감도 전류 때의 응동 시간이 1사이클 이하이고 또한 전류 용량이 50[A], 20초 이상인 자동복구성이 있는 릴레이 보안기
- L₁ : 교류 1[kV] 이하에서 동작하는 피뢰기
- E₁ 및 E₂ : 접지

99 직류 750[V]의 전차선과 차량 간의 최소 절연 이격 거리(간격)는 동적일 경우 몇 [mm]인가?

① 25
② 100
③ 150
④ 170

해설 전차 선로의 충전부와 차량 간의 절연 이격 거리(간격)(KEC 431.3)

시스템 종류	공칭 전압[V]	동적[mm]	정적[mm]
직류	750	25	25
	1,500	100	150
단상 교류	25,000	170	270

100 태양 전지 모듈의 직렬군 최대 개방 전압이 직류 750[V] 초과 1,500[V] 이하인 시설 장소에서 하여야 할 울타리 등의 안전 조치로 알맞지 않은 것은?

① 태양 전지 모듈을 지상에 설치하는 경우 울타리·담 등을 시설하여야 한다.
② 태양 전지 모듈을 일반인이 쉽게 출입할 수 있는 옥상 등에 시설하는 경우는 식별이 가능하도록 위험 표시를 하여야 한다.
③ 태양 전지 모듈을 일반인이 쉽게 출입할 수 없는 옥상·지붕에 설치하는 경우는 모듈 프레임 등 쉽게 식별할 수 있는 위치에 위험 표시를 하여야 한다.
④ 태양 전지 모듈을 주차장 상부에 시설하는 경우는 위험 표시를 하지 않아도 된다.

해설 설치 장소의 요구 사항(KEC 521.1)
태양 전지 모듈의 직렬군 최대 개방 전압이 직류 750[V] 초과 1,500[V] 이하인 시설 장소는 다음에 따라 울타리 등의 안전 조치를 하여야 한다.
- 태양 전지 모듈을 지상에 설치하는 경우는 울타리·담 등을 시설하여야 한다.
- 태양 전지 모듈을 일반인이 쉽게 출입할 수 있는 옥상 등에 시설하는 경우는 충전 부분이 노출하지 아니하는 기계 기구를 사람이 쉽게 접촉할 우려가 없도록 시설하여야 하고 식별이 가능하도록 위험 표시를 하여야 한다.
- 태양 전지 모듈을 일반인이 쉽게 출입할 수 없는 옥상·지붕에 설치하는 경우는 모듈 프레임 등 쉽게 식별할 수 있는 위치에 위험 표시를 하여야 한다.
- 태양 전지 모듈을 주차장 상부에 시설하는 경우는 차량의 출입 등에 의한 구조물, 모듈 등의 손상이 없도록 하여야 한다.

정답 99.① 100.④

2024년 제1회 CBT 기출복원문제

2024. 2. 15. 시행

제1과목 전기자기학

01 어느 철심에 도선을 250회 감고 여기에 4[A]의 전류를 흘릴 때 발생하는 자속이 0.02[Wb]이었다. 이 코일의 자기 인덕턴스는 몇 [H]인가?

① 1.05
② 1.25
③ 2.5
④ $\sqrt{2}\pi$

해설 $N\phi = LI$, $L = \dfrac{N\phi}{I} = \dfrac{250 \times 0.02}{4} = 1.25[\text{H}]$

02 도전율 σ, 투자율 μ인 도체에 교류 전류가 흐를 때 표피효과의 영향에 대한 설명으로 옳은 것은?

① σ가 클수록 작아진다.
② μ가 클수록 작아진다.
③ μ_s가 클수록 작아진다.
④ 주파수가 높을수록 커진다.

해설 표피효과 침투깊이 $\delta = \sqrt{\dfrac{1}{\pi f \mu \sigma}} [\text{m}] = \sqrt{\dfrac{\rho}{\pi f \mu}}$

즉, 주파수 f, 도전율 σ, 투자율 μ가 클수록 δ가 작아지므로 표피효과가 커진다.

03 벡터 퍼텐셜 $A = 3x^2 y a_x + 2x a_y - z^3 a_z$ [Wb/m]일 때의 자계의 세기 H[A/m]는? (단, μ는 투자율이라 한다.)

① $\dfrac{1}{\mu}(2-3x^2)a_y$
② $\dfrac{1}{\mu}(3-2x^2)a_y$
③ $\dfrac{1}{\mu}(2-3x^2)a_z$
④ $\dfrac{1}{\mu}(3-2x^2)a_z$

해설 $B = \mu H = \text{rot } A = \nabla \times A$ (A는 벡터 퍼텐셜, H는 자계의 세기)

$\therefore H = \dfrac{1}{\mu}(\nabla \times A)$

$\nabla \times A = \begin{vmatrix} a_x & a_y & a_z \\ \dfrac{\partial}{\partial x} & \dfrac{\partial}{\partial y} & \dfrac{\partial}{\partial z} \\ 3x^2 y & 2x & -z^3 \end{vmatrix} = (2-3x^2)a_z$

$\therefore$ 자계의 세기 $H = \dfrac{1}{\mu}(2-3x^2)a_z$

04 그림과 같이 단면적 $S = 10[\text{cm}^2]$, 자로의 길이 $l = 20\pi[\text{cm}]$, 비유전율 $\mu_s = 1,000$인 철심에 $N_1 = N_2 = 100$인 두 코일을 감았다. 두 코일 사이의 상호 인덕턴스는 몇 [mH]인가?

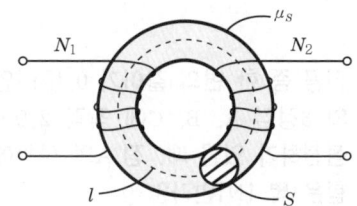

① 0.1
② 1
③ 2
④ 20

해설 상호 인덕턴스

$M = \dfrac{\mu S N_1 N_2}{l}$

$= \dfrac{\mu_0 \mu_s S N_1 N_2}{l}$

$= \dfrac{4\pi \times 10^{-7} \times 1,000 \times (10 \times 10^{-2})^2 \times 100 \times 100}{20\pi \times 10^{-2}}$

$= 20[\text{mH}]$

정답 01.② 02.④ 03.③ 04.④

05 한 변이 L[m] 되는 정사각형의 도선 회로에 전류 I[A]가 흐르고 있을 때 회로 중심에서의 자속밀도는 몇 [Wb/m²]인가?

① $\dfrac{2\sqrt{2}}{\pi}\mu_0 \dfrac{L}{I}$ ② $\dfrac{\sqrt{2}}{\pi}\mu_0 \dfrac{I}{L}$

③ $\dfrac{2\sqrt{2}}{\pi}\mu_0 \dfrac{I}{L}$ ④ $\dfrac{4\sqrt{2}}{\pi}\mu_0 \dfrac{L}{I}$

해설 한 변의 길이가 L[m]인 경우
- 한 변의 자계의 세기
$$H_1 = \dfrac{I}{\pi L \sqrt{2}}\,[\text{AT/m}]$$
- 정사각형 중심 자계의 세기
$$H = 4H_1 = 4 \cdot \dfrac{I}{\pi L \sqrt{2}} = \dfrac{2\sqrt{2}\,I}{\pi L}\,[\text{AT/m}]$$
∴ 자속밀도 $B = \mu_0 H = \mu_0 \dfrac{2\sqrt{2}\,I}{\pi L} = \dfrac{2\sqrt{2}}{\pi}\mu_0 \dfrac{I}{L}\,[\text{Wb/m}^2]$

06 진공 중 한 변의 길이가 0.1[m]인 정삼각형의 3정점 A, B, C에 각각 2.0×10^{-6}[C]의 점전하가 있을 때, 점 A의 전하에 작용하는 힘은 몇 [N]인가?

① $1.8\sqrt{2}$ ② $1.8\sqrt{3}$
③ $3.6\sqrt{2}$ ④ $3.6\sqrt{3}$

해설

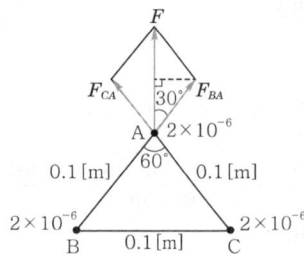

$$F_{BA} = F_{CA} = \dfrac{1}{4\pi\varepsilon_0} \cdot \dfrac{Q_1 Q_2}{r^2}$$
$$= 9 \times 10^9 \cdot \dfrac{(2.0 \times 10^{-6})^2}{(0.1)^2}$$
$$= 3.6\,[\text{N}]$$
$$F = 2F_{BA} \cdot \cos 30°$$
$$= 2 \times 3.6 \times \dfrac{\sqrt{3}}{2}$$
$$= 3.6\sqrt{3}\,[\text{N}]$$

07 자기회로에서 키르히호프의 법칙으로 알맞은 것은? (단, R : 자기저항, ϕ : 자속, N : 코일 권수, I : 전류이다.)

① $\sum\limits_{i=1}^{n} \phi_i = \infty$

② $\sum\limits_{i=1}^{n} N_i \phi_i = 0$

③ $\sum\limits_{i=1}^{n} R_i \phi_i = \sum\limits_{i=1}^{n} N_i I_i$

④ $\sum\limits_{i=1}^{n} R_i \phi_i = \sum\limits_{i=1}^{n} N_i L_i$

해설 임의의 폐자기 회로망에서 기자력의 총화는 자기저항과 자속의 곱의 총화와 같다.
$$\sum_{i=1}^{n} N_i I_i = \sum_{i=1}^{n} R_i \phi_i$$

08 반지름이 a[m]인 접지된 구도체와 구도체의 중심에서 거리 d[m] 떨어진 곳에 점전하가 존재할 때, 점전하에 의한 접지된 구도체에서의 영상전하에 대한 설명으로 틀린 것은?

① 영상전하는 구도체 내부에 존재한다.
② 영상전하는 점전하와 구도체 중심을 이은 직선상에 존재한다.
③ 영상전하의 전하량과 점전하의 전하량은 크기는 같고 부호는 반대이다.
④ 영상전하의 위치는 구도체의 중심과 점전하 사이 거리(d[m])와 구도체의 반지름(a[m])에 의해 결정된다.

정답 05.③ 06.④ 07.③ 08.③

해설 구도체의 영상전하는 점전하와 구도체 중심을 이은 직선상의 구도체 내부에 존재하며

영상전하 $Q' = -\dfrac{a}{d}Q[\text{C}]$

위치는 구도체 중심에서 $x = \dfrac{a^2}{d}[\text{m}]$에 존재한다.

09 내압이 1[kV]이고 용량이 각각 0.01[μF], 0.02[μF], 0.04[μF]인 콘덴서를 직렬로 연결했을 때의 전체 내압[V]은?

① 3,000 ② 1,750
③ 1,700 ④ 1,500

해설 각 콘덴서에 가해지는 전압을 V_1, V_2, V_3[V]라 하면
$V_1 : V_2 : V_3 = \dfrac{1}{0.01} : \dfrac{1}{0.02} : \dfrac{1}{0.04} = 4 : 2 : 1$
∴ $V_1 = 1,000[\text{V}]$
$V_2 = 1,000 \times \dfrac{2}{4} = 500[\text{V}]$
$V_3 = 1,000 \times \dfrac{1}{4} = 250[\text{V}]$
∴ 전체 내압 : $V = V_1 + V_2 + V_3$
$= 1,000 + 500 + 250$
$= 1,750[\text{V}]$

10 투자율을 μ라 하고, 공기 중의 투자율 μ_0와 비투자율 μ_s의 관계에서 $\mu_s = \dfrac{\mu}{\mu_0} = 1 + \dfrac{\chi}{\mu_0}$로 표현된다. 이에 대한 설명으로 알맞은 것은? (단, χ는 자화율이다.)

① $\chi > 0$인 경우 역자성체
② $\chi < 0$인 경우 상자성체
③ $\mu_s > 1$인 경우 비자성체
④ $\mu_s < 1$인 경우 역자성체

해설 비투자율 $\mu_s = \dfrac{\mu}{\mu_0} = 1 + \dfrac{\chi}{\mu_0}$에서
• $\mu_s > 1$, 즉 $\chi > 0$이면 상자성체
• $\mu_s < 1$, 즉 $\chi < 0$이면 역자성체

11 베이클라이트 중의 전속밀도가 $D[\text{C/m}^2]$일 때의 분극의 세기는 몇 [C/m^2]인가? (단, 베이클라이트의 비유전율은 ε_r이다.)

① $D(\varepsilon_r - 1)$ ② $D\left(1 + \dfrac{1}{\varepsilon_r}\right)$
③ $D\left(1 - \dfrac{1}{\varepsilon_r}\right)$ ④ $D(\varepsilon_r + 1)$

해설 분극의 세기
$P = D - \varepsilon_0 E = D\left(1 - \dfrac{1}{\varepsilon_r}\right)[\text{C/m}^2]$

12 한 변의 길이가 3[m]인 정삼각형의 회로에 2[A]의 전류가 흐를 때 정삼각형 중심에서의 자계의 크기는 몇 [AT/m]인가?

① $\dfrac{1}{\pi}$ ② $\dfrac{2}{\pi}$
③ $\dfrac{3}{\pi}$ ④ $\dfrac{4}{\pi}$

해설 정삼각형 중심 자계의 세기
$H = \dfrac{9I}{2\pi l} = \dfrac{9 \times 2}{2\pi \times 3} = \dfrac{3}{\pi}[\text{AT/m}]$

13 2개의 도체를 $+Q[\text{C}]$과 $-Q[\text{C}]$으로 대전했을 때, 이 두 도체 간의 정전용량을 전위계수로 표시하면 어떻게 되는가?

① $\dfrac{p_{11}p_{22} - p_{12}^2}{p_{11} + 2p_{12} + p_{22}}$

② $\dfrac{p_{11}p_{22} + p_{12}^2}{p_{11} + 2p_{12} + p_{22}}$

③ $\dfrac{1}{p_{11} + 2p_{12} + p_{22}}$

④ $\dfrac{1}{p_{11} - 2p_{12} + p_{22}}$

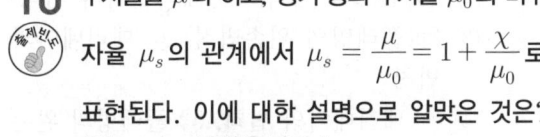

정답 09.② 10.④ 11.③ 12.③ 13.④

해설 $Q_1 = Q[C]$, $Q_2 = -Q[C]$이므로
$V_1 = p_{11}Q_1 + p_{12}Q_2 = p_{11}Q - p_{12}Q[V]$
$V_2 = p_{21}Q_1 + p_{22}Q_2 = p_{21}Q - p_{22}Q[V]$
∴ $V = V_1 - V_2 = (p_{11} - 2p_{12} + p_{22})Q[V]$
전위계수로 표시한 정전용량 C
∴ $C = \dfrac{Q}{V} = \dfrac{Q}{V_1 - V_2} = \dfrac{1}{p_{11} - 2p_{12} + p_{22}}$ [F]

14 다음 설명 중 옳은 것은?
① 무한 직선 도선에 흐르는 전류에 의한 도선 내부에서 자계의 크기는 도선의 반경에 비례한다.
② 무한 직선 도선에 흐르는 전류에 의한 도선 외부에서 자계의 크기는 도선의 중심과의 거리에 무관하다.
③ 무한장 솔레노이드 내부 자계의 크기는 코일에 흐르는 전류의 크기에 비례한다.
④ 무한장 솔레노이드 내부 자계의 크기는 단위길이당 권수의 제곱에 비례한다.

해설 무한장 솔레노이드
• 외부 자계의 세기 : $H_o = 0$[AT/m]
• 내부 자계의 세기 : $H_i = nI$[AT/m]
여기서, n : 단위길이당 권수
즉, 내부 자계의 세기는 평등자계이며, 코일의 전류에 비례한다.

15 $\varepsilon_1 > \varepsilon_2$의 유전체 경계면에 전계가 수직으로 입사할 때, 경계면에 작용하는 힘과 방향에 대한 설명이 옳은 것은?
① $f = \dfrac{1}{2}\left(\dfrac{1}{\varepsilon_2} - \dfrac{1}{\varepsilon_1}\right)D^2$의 힘이 ε_1에서 ε_2로 작용
② $f = \dfrac{1}{2}\left(\dfrac{1}{\varepsilon_1} - \dfrac{1}{\varepsilon_2}\right)E^2$의 힘이 ε_2에서 ε_1으로 작용
③ $f = \dfrac{1}{2}(\varepsilon_2 - \varepsilon_1)D^2$의 힘이 ε_1에서 ε_2로 작용
④ $f = \dfrac{1}{2}(\varepsilon_1 - \varepsilon_2)D^2$의 힘이 ε_2에서 ε_1으로 작용

해설 전계가 경계면에 수직이므로 $f = \dfrac{1}{2}(E_2 - E_1)D = \dfrac{1}{2}\left(\dfrac{1}{\varepsilon_2} - \dfrac{1}{\varepsilon_1}\right)D^2$[N/m²]인 인장응력이 작용한다.
$\varepsilon_1 > \varepsilon_2$이므로 ε_1에서 ε_2로 작용한다.

16 다음 (㉠), (㉡)에 대한 법칙으로 알맞은 것은?

> 전자유도에 의하여 회로에 발생되는 기전력은 쇄교 자속수의 시간에 대한 감소 비율에 비례한다는 (㉠)에 따르고 특히, 유도된 기전력의 방향은 (㉡)에 따른다.

① ㉠ 패러데이의 법칙, ㉡ 렌츠의 법칙
② ㉠ 렌츠의 법칙, ㉡ 패러데이의 법칙
③ ㉠ 플레밍의 왼손법칙, ㉡ 패러데이의 법칙
④ ㉠ 패러데이의 법칙, ㉡ 플레밍의 왼손법칙

해설 • 패러데이의 법칙 – 유도기전력의 크기
$e = -N\dfrac{d\phi}{dt}$ [V]
• 렌츠의 법칙 – 유도기전력의 방향
전자유도에 의해 발생하는 기전력은 자속의 증감을 방해하는 방향으로 발생된다.

정답 14.③ 15.① 16.①

17 다음 식들 중에 옳지 못한 것은?

① 라플라스(Laplace)의 방정식 : $\nabla^2 V = 0$

② 발산(divergence) 정리 :
$$\int_s \boldsymbol{E} \cdot \boldsymbol{n} dS = \int_v \text{div } \boldsymbol{E} dv$$

③ 푸아송(Poisson)의 방정식 : $\nabla^2 V = \dfrac{\rho}{\varepsilon_0}$

④ 가우스(Gauss)의 정리 : $\text{div } \boldsymbol{D} = \rho$

해설 푸아송의 방정식

$$\text{div } \boldsymbol{E} = \nabla \cdot \boldsymbol{E} = \nabla \cdot (-\nabla V) = -\nabla^2 V = \dfrac{\rho}{\varepsilon_0}$$

$$\therefore \nabla^2 V = -\dfrac{\rho}{\varepsilon_0}$$

18 압전기 현상에서 분극이 응력과 같은 방향으로 발생하는 현상을 무슨 효과라 하는가?

① 종효과 ② 횡효과
③ 역효과 ④ 간접 효과

해설 압전효과에서 분극 현상이 응력과 같은 방향으로 발생하면 종효과, 수직 방향으로 나타나면 횡효과라 한다.

19 $\varepsilon_r = 80$, $\mu_r = 1$인 매질의 전자파의 고유 임피던스(intrinsic impedance)[Ω]는 얼마인가?

① 41.9
② 33.9
③ 21.9
④ 13.9

해설 $\eta = \dfrac{E}{H} = \sqrt{\dfrac{\mu}{\varepsilon}} = \sqrt{\dfrac{\mu_0}{\varepsilon_0}} \cdot \sqrt{\dfrac{\mu_r}{\varepsilon_r}}$

$= 120\pi \sqrt{\dfrac{\mu_r}{\varepsilon_r}} = 377 \sqrt{\dfrac{\mu_r}{\varepsilon_r}} = 377 \times \sqrt{\dfrac{1}{80}}$

$= 41.9 [\Omega]$

20 평행 극판 사이 간격이 $d[\text{m}]$이고 정전용량이 $0.3[\mu\text{F}]$인 공기 커패시터가 있다. 그림과 같이 두 극판 사이에 비유전율이 5인 유전체를 절반 두께 만큼 넣었을 때 이 커패시터의 정전용량은 몇 $[\mu\text{F}]$이 되는가?

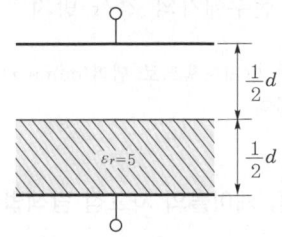

① 0.01 ② 0.05
③ 0.1   ④ 0.5

해설 유전체를 절반만 평행하게 채운 경우

정전용량 : $C = \dfrac{2C_0}{1 + \dfrac{1}{\varepsilon_r}} = \dfrac{2 \times 0.3}{1 + \dfrac{1}{5}} = 0.5 [\mu\text{F}]$

제2과목 전력공학

21 다음은 누구의 법칙인가?

> 전선의 단위길이 내에서 연간에 손실되는 전력량에 대한 전기요금과 단위길이의 전선값에 대한 금리, 감가상각비 등의 연간 경비의 합계가 같게 되는 전선 단면적이 가장 경제적인 전선의 단면적이다.

① 뉴크의 법칙   ② 켈빈의 법칙
③ 플레밍의 법칙 ④ 스틸의 법칙

해설 경제적인 전선 단면적을 구하는 데에는 켈빈의 법칙(Kelvin's law)이 있다. 즉, 전선의 단위길이 내에서 연간 손실 전력량에 대한 요금과 단위길이의 전선비에 대한 금리(interest) 및 감가상각비가 같게 되는 전선의 굵기가 가장 경제적이라는 법칙이다.

정답 17.③ 18.① 19.① 20.④ 21.②

22 송전선에 댐퍼(damper)를 다는 이유는?

① 전선의 진동 방지
② 전선의 이탈 방지
③ 코로나의 방지
④ 현수애자의 경사 방지

해설 진동 방지대책으로 댐퍼(damper), 아머로드를 설치한다.

23 지중 케이블의 사고점 탐색법이 아닌 것은?

① 머레이 루프법(muray loop method)
② 펄스로 하는 방법
③ 탐색 코일로 하는 방법
④ 등면적법

해설 등면적법은 안정도를 계산하는 데 사용하는 방법이다.

24 반지름 r[m]이고 소도체 간격 s인 4복도체 송전선로에서 전선 A, B, C가 수평으로 배열되어 있다. 등가선간거리가 D[m]로 배치되고 완전 연가(전선 위치 바꿈)된 경우 송전선로의 인덕턴스는 몇 [mH/km]인가?

① $0.4605\log_{10}\dfrac{D}{\sqrt{rs^2}}+0.0125$

② $0.4605\log_{10}\dfrac{D}{\sqrt{rs}}+0.025$

③ $0.4605\log_{10}\dfrac{D}{\sqrt[3]{rs^2}}+0.0167$

④ $0.4605\log_{10}\dfrac{D}{\sqrt[4]{rs^3}}+0.0125$

해설
• 4도체의 등가 반지름
$r'=\sqrt[n]{rs^{n-1}}=\sqrt[4]{rs^{4-1}}=\sqrt[4]{rs^3}$

• 인덕턴스
$L=\dfrac{0.05}{n}+0.4605\log_{10}\dfrac{D}{r'}$
$=\dfrac{0.05}{4}+0.4605\log_{10}\dfrac{D}{\sqrt[4]{rs^3}}$
$=0.0125+0.4605\log_{10}\dfrac{D}{\sqrt[4]{rs^3}}$ [mH/km]

25 송·배전 계통에 발생하는 이상전압의 내부적 원인이 아닌 것은?

① 선로의 개폐
② 직격뢰
③ 아크 접지
④ 선로의 이상상태

해설 이상전압 발생 원인
• 내부적 원인 : 개폐 서지, 아크 지락, 연가 불충분 등
• 외부적 원인 : 뇌(직격뢰 및 유도뢰)

26 공통 중성선 다중접지 3상 4선식 배전선로에서 고압측(1차측) 중성선과 저압측(2차측) 중성선을 전기적으로 연결하는 목적은?

① 저압측의 단락사고를 검출하기 위함
② 저압측의 접지사고를 검출하기 위함
③ 주상 변압기의 중성선측 부싱(bushing)을 생략하기 위함
④ 고·저압 혼촉 시 수용가에 침입하는 상승 전압을 억제하기 위함

해설 3상 4선식 중성선 다중접지식 선로에서 1차(고압)측 중성선과 2차(저압)측 중성선을 전기적으로 연결하는 이유는 저·고압 혼촉사고가 발생할 경우 저압 수용가에 침입하는 상승 전압을 억제하기 위함이다.

27 송전선의 특성 임피던스와 전파정수는 어떤 시험으로 구할 수 있는가?

① 뇌파시험
② 정격 부하시험
③ 절연강도 측정시험
④ 무부하 시험과 단락시험

정답 22.① 23.④ 24.④ 25.② 26.④ 27.④

해설 특성 임피던스 $Z_0 = \sqrt{\dfrac{Z}{Y}}\,[\Omega]$

전파정수 $\dot{\gamma} = \sqrt{ZY}\,[\text{rad}]$

단락 임피던스와 개방 어드미턴스가 필요하므로 단락시험과 무부하 시험을 한다.

28 150[kVA] 단상 변압기 3대를 △-△ 결선으로 사용하다가 1대의 고장으로 V-V 결선하여 사용하면 약 몇 [kVA] 부하까지 걸 수 있겠는가?

① 200　② 220　③ 240　④ 260

해설 $P_V = \sqrt{3}\,P_1 = \sqrt{3} \times 150 = 260\,[\text{kVA}]$

29 유효낙차 75[m], 최대사용수량 200[m³/s], 수차 및 발전기의 합성 효율이 70[%]인 수력발전소의 최대 출력은 약 몇 [MW]인가?

① 102.9　② 157.3　③ 167.5　④ 177.8

해설 출력
$P = 9.8 H Q \eta$
$= 9.8 \times 75 \times 200 \times 0.7 \times 10^{-3}$
$= 102.9\,[\text{MW}]$

30 전력선에 의한 통신선로의 전자유도장해의 발생 요인은 주로 무엇 때문인가?

① 영상전류가 흘러서
② 부하전류가 크므로
③ 상호정전용량이 크므로
④ 전력선의 교차가 불충분하여

해설 전자유도전압
$E_m = j\omega Ml(I_a + I_b + I_c) = j\omega Ml \times 3I_0$
여기서, $3I_0$: 3×영상전류=지락전류=기유도전류

31 A, B 및 C상 전류를 각각 I_a, I_b 및 I_c라 할 때, $I_x = \dfrac{1}{3}(I_a + a^2 I_b + a I_c)$, $a = -\dfrac{1}{2} + j\dfrac{\sqrt{3}}{2}$으로 표시되는 I_x는 어떤 전류인가?

① 정상전류
② 역상전류
③ 영상전류
④ 역상전류와 영상전류의 합계

해설 역상전류 $I_2 = \dfrac{1}{3}(I_a + a^2 I_b + a I_c)$
$= \dfrac{1}{3}(I_a + I_b\,\underline{/-120°} + I_c\,\underline{/-240°})$

32 연가(전선 위치 바꿈)의 효과로 볼 수 없는 것은?

① 선로정수의 평형
② 대지정전용량의 감소
③ 통신선의 유도장해의 감소
④ 직렬 공진의 방지

해설 연가(전선 위치 바꿈)는 전선로 각 상의 선로정수를 평형이 되도록 선로 전체의 길이를 3의 배수 등분하여 각 상의 전선 위치를 바꾸어 주는 것으로 통신선에 대한 유도장해 방지 및 직렬 공진에 의한 이상전압 발생을 방지한다.

33 가공지선에 대한 다음 설명 중 옳은 것은?

① 차폐각은 보통 15~30° 정도로 하고 있다.
② 차폐각이 클수록 벼락에 대한 차폐효과가 크다.
③ 가공지선을 2선으로 하면 차폐각이 작아진다.
④ 가공지선으로는 연동선을 주로 사용한다.

해설 가공지선의 차폐각은 30~45° 정도이고, 차폐각은 작을수록 보호효율이 크며, 사용 전선은 주로 ACSR을 사용한다.

정답 28.④　29.①　30.①　31.②　32.②　33.③

34 고장 즉시 동작하는 특성을 갖는 계전기는?

① 순한시 계전기
② 정한시 계전기
③ 반한시 계전기
④ 반한시성 정한시 계전기

해설 순한시 계전기(instantaneous time-limit relay)
정정값 이상의 전류는 크기에 관계없이 바로 동작하는 고속도 계전기이다.
- 정한시 계전기 : 정정값 이상의 전류가 흐르면 정해진 일정 시간 후에 동작하는 계전기
- 반한시 계전기 : 정정값 이상의 전류가 흐를 때 전류값이 크면 동작시간이 짧아지고, 전류값이 작으면 동작시간이 길어지는 계전기

35 그림과 같은 배전선이 있다. 부하에 급전 및 정전할 때 조작방법으로 옳은 것은?

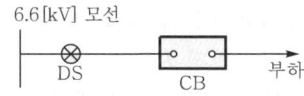

① 급전 및 정전할 때는 항상 DS, CB 순으로 한다.
② 급전 및 정전할 때는 항상 CB, DS 순으로 한다.
③ 급전 시는 DS, CB 순이고, 정전 시는 CB, DS 순이다.
④ 급전 시는 CB, DS 순이고, 정전 시는 DS, CB 순이다.

해설 단로기(DS)는 통전 중의 전로를 개폐할 수 없으므로 차단기(CB)가 열려 있을 때만 조작할 수 있다. 그러므로 급전 시에는 DS, CB 순으로 하고, 차단 시에는 CB, DS 순으로 하여야 한다.

36 고압 배전선로 구성방식 중 고장 시 자동적으로 고장 개소의 분리 및 건전선로에 폐로하여 전력을 공급하는 개폐기를 가지며, 수요분포에 따라 임의의 분기선으로부터 전력을 공급하는 방식은?

① 환상식
② 망상식
③ 뱅킹식
④ 가지식(수지식)

해설 환상식(loop system)
배전 간선을 환상(loop)선으로 구성하고, 분기선을 연결하는 방식으로 한쪽의 공급선에 이상이 생기더라도, 다른 한쪽에 의해 공급이 가능하고 손실과 전압강하가 적고, 수요분포에 따라 임의의 분기선을 내어 전력을 공급하는 방식으로 부하가 밀집된 도시에서 적합하다.

37 3상 3선식 송전선이 있다. 1선당의 저항은 8[Ω], 리액턴스는 12[Ω]이며, 수전단의 전력이 1,000[kW], 전압이 10[kV], 역률이 0.8일 때, 이 송전선의 전압강하율[%]은?

① 14
② 15
③ 17
④ 19

해설 부하전력 $P=\sqrt{3}\,VI\cos\theta$에서
$I=\dfrac{P}{\sqrt{3}\,V\cos\theta}=\dfrac{10^6}{\sqrt{3}\times 10^4\times 0.8}=72.17[A]$

전압강하율 $\varepsilon=\dfrac{\sqrt{3}\,I(R\cos\theta+X\sin\theta)}{V_R}\times 100$

$=\dfrac{\sqrt{3}\times 72.17\times(8\times 0.8+12\times 0.6)}{10\times 10^3}\times 100$

$=17[\%]$

38 선로에 따라 균일하게 부하가 분포된 선로의 전력손실은 이들 부하가 선로의 말단에 집중적으로 접속되어 있을 때보다 어떻게 되는가?

① 2배로 된다.
② 3배로 된다.
③ $\dfrac{1}{2}$로 된다.
④ $\dfrac{1}{3}$로 된다.

해설

구 분	말단에 집중부하	균등부하분포
전압강하	IR	$\dfrac{1}{2}IR$
전력손실	I^2R	$\dfrac{1}{3}I^2R$

정답 34.① 35.③ 36.① 37.③ 38.④

39 1상의 대지정전용량 0.53[μF], 주파수 60[Hz]인 3상 송전선의 소호 리액터의 공진 탭[Ω]은 얼마인가? (단, 소호 리액터를 접속시키는 변압기의 1상당의 리액턴스는 9[Ω]이다.)

① 1,665 ② 1,668
③ 1,671 ④ 1,674

해설 소호 리액터
$$\omega L = \frac{1}{3\omega C} - \frac{X_t}{3}$$
$$= \frac{1}{3 \times 2\pi \times 60 \times 0.53 \times 10^{-6}} - \frac{9}{3}$$
$$= 1,665.2[\Omega]$$

40 화력발전소에서 가장 큰 손실은?

① 소내용 동력
② 송풍기 손실
③ 복수기에서의 손실
④ 연돌 배출가스 손실

해설 화력발전소의 가장 큰 손실은 복수기의 냉각 손실로 전열량의 약 50[%] 정도가 소비된다.

제3과목 전기기기

41 직류 발전기에 $P[N \cdot m/s]$의 기계적 동력을 주면 전력은 몇 [W]로 변환되는가? (단, 손실은 없으며, i_a는 전기자 도체의 전류, e는 전기자 도체의 유도기전력, Z는 총 도체수이다.)

① $P = i_a e Z$ ② $P = \dfrac{i_a e}{Z}$
③ $P = \dfrac{i_a Z}{e}$ ④ $P = \dfrac{eZ}{i_a}$

해설 유기기전력 $E = e\dfrac{Z}{a}[V]$
여기서, a : 병렬 회로수

전기자 전류 $I_a = i_a \cdot a [A]$
전력 $P = E \cdot I_a = e\dfrac{Z}{a} \cdot i_a \cdot a = eZi_a[W]$

42 1차 전압 6,600[V], 권수비 30인 단상 변압기로 전등 부하에 30[A]를 공급할 때의 입력 [kW]은? (단, 변압기의 손실은 무시한다.)

① 4.4   ② 5.5
③ 6.6   ④ 7.7

해설 권수비 $a = \dfrac{I_2}{I_1}$에서 $I_1 = \dfrac{I_2}{a} = \dfrac{30}{30} = 1[A]$
전등 부하의 역률 $\cos\theta = 1$이므로
입력 $P_1 = V_1 I_1 \cos\theta$
$= 6,600 \times 1 \times 1 \times 10^{-3}$
$= 6.6[kW]$

43 돌극(凸極)형 동기 발전기의 특성이 아닌 것은?

① 직축 리액턴스 및 횡축 리액턴스의 값이 다르다.
② 내부 유기기전력과 관계없는 토크가 존재한다.
③ 최대 출력의 출력각이 90°이다.
④ 리액션 토크가 존재한다.

해설 돌극형 발전기의 출력식
$$P = \frac{EV}{x_d}\sin\delta + \frac{V^2(x_d - x_q)}{2x_d \cdot x_q}\sin 2\delta [W]$$
돌극형 동기 발전기의 최대 출력은 그래프(graph)에서와 같이 부하각(δ)이 60°에서 발생한다.

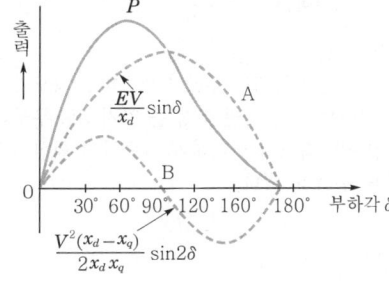

정답 39.① 40.③ 41.① 42.③ 43.③

44 3상 유도 전동기에서 회전자가 슬립 s로 회전하고 있을 때 2차 유기 전압 E_{2s} 및 2차 주파수 f_{2s}와 s와의 관계는? (단, E_2는 회전자가 정지하고 있을 때 2차 유기기전력이며 f_1은 1차 주파수이다.)

① $E_{2s}=sE_2$, $f_{2s}=sf_1$
② $E_{2s}=sE_2$, $f_{2s}=\dfrac{f_1}{s}$
③ $E_{2s}=\dfrac{E_2}{s}$, $f_{2s}=\dfrac{f_1}{s}$
④ $E_{2s}=(1-s)E_2$, $f_{2s}=(1-s)f_1$

해설 3상 유도 전동기가 슬립 s로 회전 시
2차 유기 전압 $E_{2s}=sE_2$[V]
2차 주파수 $f_{2s}=sf_1$[Hz]

45 직류 직권 전동기에서 위험한 상태로 놓인 것은?

① 정격전압, 무여자
② 저전압, 과여자
③ 전기자에 고저항이 접속
④ 계자에 저저항 접속

해설 직권 전동기의 회전 속도 $N=K\dfrac{V-I_a(R_a+r_f)}{\phi}$
$\propto \dfrac{1}{\phi} \propto \dfrac{1}{I_f}$이고 정격전압, 무부하(무여자) 상태에서
$I=I_f \fallingdotseq 0$이므로 $N \propto \dfrac{1}{0}=\infty$로 되어 위험 속도에 도달한다.
직류 직권 전동기는 부하가 변화하면 속도가 현저하게 변하는 특성(직권 특성)을 가지므로 무부하에 가까워지면 속도가 급격하게 상승하여 원심력으로 파괴될 우려가 있다.

46 3상 권선형 유도 전동기 기동 시 2차측에 외부 가변 저항을 넣는 이유는?

① 회전수 감소
② 기동 전류 증가
③ 기동 토크 감소
④ 기동 전류 감소와 기동 토크 증가

해설 3상 권선형 유도 전동기의 기동 시 2차측의 외부에서 가변 저항을 연결하는 목적은 비례 추이 원리를 이용하여 기동 전류를 감소하고 기동 토크를 증가시키기 위해서이다.

47 일반적인 DC 서보 모터의 제어에 속하지 않는 것은?

① 역률 제어   ② 토크 제어
③ 속도 제어   ④ 위치 제어

해설 DC 서보 모터(servo motor)는 위치 제어, 속도 제어 및 토크 제어에 광범위하게 사용된다.

48 역률 100[%]일 때의 전압변동률 ε은 어떻게 표시되는가?

① %저항 강하   ② %리액턴스 강하
③ %서셉턴스 강하 ④ %임피던스 강하

해설 전압변동률 $\varepsilon = p\cos\theta + q\sin\theta$
$\cos\theta = 1$, $\sin\theta = 0$이므로
$\varepsilon = p$: %저항 강하

49 게이트 조작에 의해 부하 전류 이상으로 유지 전류를 높일 수 있어 게이트 턴온, 턴오프가 가능한 사이리스터는?

① SCR   ② GTO
③ LASCR   ④ TRIAC

해설 SCR, LASCR, TRIAC의 게이트는 턴온(turn on)을 하고, GTO는 게이트에 흐르는 전류를 점호할 때와 반대로 흐르게 함으로써 소자를 소호시킬 수 있다.

정답 44.① 45.① 46.④ 47.① 48.① 49.②

50 유도기전력의 크기가 서로 같은 A, B 2대의 동기 발전기를 병렬 운전할 때, A 발전기의 유기기전력 위상이 B보다 앞설 때 발생하는 현상이 아닌 것은?

① 동기화력이 발생한다.
② 고조파 무효 순환 전류가 발생된다.
③ 유효 전류인 동기화 전류가 발생된다.
④ 전기자 동손을 증가시키며 과열의 원인이 된다.

해설 동기 발전기의 병렬 운전 시 유기기전력의 위상차가 생기면 동기화 전류(유효 순환 전류)가 흘러 동손이 증가하여 과열의 원인이 되고, 수수 전력과 동기화력이 발생하여 기전력의 위상이 일치하게 된다.

51 동기 조상기의 계자를 과여자로 해서 운전할 경우 틀린 것은?

① 콘덴서로 작용한다.
② 위상이 뒤진 전류가 흐른다.
③ 송전선의 역률을 좋게 한다.
④ 송전선의 전압강하를 감소시킨다.

해설 동기 조상기를 송전 선로에 연결하고 계자 전류를 증가하여 과여자로 운전하면 진상 전류가 흘러 콘덴서 작용을 하며 선로의 역률 개선 및 전압강하를 경감시킨다.

52 3대의 단상 변압기를 △-Y로 결선하고 1차 단자 전압 V_1, 1차 전류 I_1이라 하면 2차 단자 전압 V_2와 2차 전류 I_2의 값은? (단, 권수비는 a이고, 저항, 리액턴스, 여자 전류는 무시한다.)

① $V_2 = \sqrt{3}\dfrac{V_1}{a}$, $I_2 = \sqrt{3}\,aI_1$

② $V_2 = V_1$, $I_2 = \dfrac{a}{\sqrt{3}}I_1$

③ $V_2 = \sqrt{3}\dfrac{V_1}{a}$, $I_2 = \dfrac{a}{\sqrt{3}}I_1$

④ $V_2 = \dfrac{V_1}{a}$, $I_2 = I_1$

해설
- 2차 단자 전압(선간전압) $V_2 = \sqrt{3}\,V_{2p} = \sqrt{3}\,\dfrac{V_1}{a}$
- 2차 전류 $I_2 = aI_{1p} = a\dfrac{I_1}{\sqrt{3}}$

53 Y결선 한 변압기의 2차측에 다이오드 6개로 3상 전파의 정류 회로를 구성하고 저항 R을 걸었을 때의 3상 전파 직류 전류의 평균치 I[A]는? (단, E는 교류측의 선간전압이다.)

① $\dfrac{6\sqrt{2}}{2\pi}\dfrac{E}{R}$ ② $\dfrac{3\sqrt{6}}{2\pi}\dfrac{E}{R}$

③ $\dfrac{3\sqrt{6}}{\pi}\dfrac{E}{R}$ ④ $\dfrac{6\sqrt{2}}{\pi}\dfrac{E}{R}$

해설

직류 전압 $E_d = \dfrac{\sqrt{2}\sin\dfrac{\pi}{m}}{\dfrac{\pi}{m}}E$

$= \dfrac{\sqrt{2}\sin\dfrac{\pi}{6}}{\dfrac{\pi}{6}}E = \dfrac{6\sqrt{2}}{2\pi}E$ [V]

직류 전류 평균값 $I_d = \dfrac{E_d}{R} = \dfrac{6\sqrt{2}\,E}{2\pi R}$ [A]

[단, m은 상(phase)수로 3상 전파 정류는 6상 반파 정류에 해당하여 $m=6$이다.]

54 전체 도체수는 100, 단중 중권이며 자극수는 4, 자속수는 극당 0.628[Wb]인 직류 분권 전동기가 있다. 이 전동기의 부하 시 전기자에 5[A]가 흐르고 있었다면 이때의 토크[N·m]는?

① 12.5
② 25
③ 50
④ 100

정답 50.② 51.② 52.③ 53.① 54.③

해설 단중 중권이므로 $a=p=4$이다.
$Z=100$, $\phi=0.628[\text{Wb}]$, $I_a=5[\text{A}]$이므로

$$\therefore \tau = \frac{pZ}{2\pi a}\phi I_a$$
$$= \frac{4\times 100}{2\pi \times 4}\times 0.628\times 5$$
$$= 50[\text{N}\cdot\text{m}]$$

55 3상 유도 전동기의 특성에서 비례 추이하지 않는 것은?

① 출력　　② 1차 전류
③ 역률　　④ 2차 전류

해설 2차 전류 $I_2 = \dfrac{E_2}{\sqrt{\left(\dfrac{r_2}{s}\right)^2 + x_2^{\,2}}}$

1차 전류 $I_1 = I_1' + I_0 \fallingdotseq I_1'$

$I_1 = \dfrac{1}{\alpha\beta}I_2 = \dfrac{1}{\alpha\beta}\cdot \dfrac{E_2}{\sqrt{\left(\dfrac{r_2}{s}\right)^2 + x_2^{\,2}}}$

동기 와트(2차 입력) $P_2 = I_2^{\,2}\cdot\dfrac{r_2}{s}$

2차 역률 $\cos\theta_2 = \dfrac{r_2}{Z_2} = \dfrac{r_2}{\sqrt{r_2^{\,2}+(sx_2)^2}}$

$= \dfrac{\dfrac{r_2}{s}}{\sqrt{\left(\dfrac{r_2}{s}\right)^2 + x_2^{\,2}}}$

$\left(\dfrac{r_2}{s}\right)$가 들어 있는 함수는 비례 추이를 할 수 있다. 따라서 출력, 효율, 2차 동손 등은 비례 추이가 불가능하다.

56 동기 발전기의 단락비가 1.2이면 이 발전기의 %동기 임피던스[p.u]는?

① 0.12　　② 0.25
③ 0.52　　④ 0.83

해설 단락비 $K_s = \dfrac{1}{Z_s'[\text{p.u}]}$ (단위법 퍼센트 동기 임피던스)

단위법 $\%Z_s = \dfrac{1}{K_s} = \dfrac{1}{1.2} = 0.83[\text{p.u}]$

57 3상 직권 정류자 전동기에 중간 변압기를 사용하는 이유로 적당하지 않은 것은?

① 중간 변압기를 이용하여 속도 상승을 억제할 수 있다.
② 회전자 전압을 정류 작용에 맞는 값으로 선정할 수 있다.
③ 중간 변압기를 사용하여 누설 리액턴스를 감소할 수 있다.
④ 중간 변압기의 권수비를 바꾸어 전동기 특성을 조정할 수 있다.

해설 3상 직권 정류자 전동기의 중간 변압기를 사용하는 목적은 다음과 같다.
• 전원 전압을 정류 작용에 맞는 값으로 선정할 수 있다.
• 중간 변압기의 권수비를 바꾸어 전동기의 특성을 조정할 수 있다.
• 중간 변압기를 사용하여 철심을 포화하여 두면 속도 상승을 억제할 수 있다.

58 유도 전동기로 동기 전동기를 기동하는 경우, 유도 전동기의 극수는 동기기의 그것보다 2극 적은 것을 사용하는데 그 이유로 옳은 것은? (단, s는 슬립이며 N_s는 동기 속도이다.)

① 같은 극수로는 유도기는 동기 속도보다 sN_s만큼 느리므로
② 같은 극수로는 유도기는 동기 속도보다 $(1-s)N_s$만큼 느리므로
③ 같은 극수로는 유도기는 동기 속도보다 sN_s만큼 빠르므로
④ 같은 극수로는 유도기는 동기 속도보다 $(1-s)N_s$만큼 빠르므로

해설 극수가 같은 경우 유도 전동기의 회전 속도 $N = N_s(1-s) = N_s - sN_s$이므로 sN_s만큼 느리다.

정답 55.① 56.④ 57.③ 58.①

59 직류기의 정류 작용에 관한 설명으로 틀린 것은?

① 리액턴스 전압을 상쇄시키기 위해 보극을 둔다.
② 정류 작용은 직선 정류가 되도록 한다.
③ 보상 권선은 정류 작용에 큰 도움이 된다.
④ 보상 권선이 있으면 보극은 필요 없다.

해설 보상 권선은 정류 작용에 도움이 되나 전기자 반작용을 방지하는 것이 주 목적이며 양호한 정류(전압 정류)를 위해서는 보극을 설치하여야 한다.

60 5[kVA] 3,300/210[V], 단상 변압기의 단락 시험에서 임피던스 전압 120[V], 동손 150[W]라 하면 퍼센트 저항 강하는 몇 [%]인가?

① 2   ② 3
③ 4   ④ 5

해설 퍼센트 저항 강하(p)

$$p = \frac{I_{1n} \cdot r_{12}}{V_{1n}} \times 100 = \frac{동손(P_c)}{정격용량(P_n)} \times 100$$

$$\therefore p = \frac{150}{5 \times 10^3} \times 100 = 3[\%]$$

제4과목 | 회로이론 및 제어공학

61 다음 운동방정식으로 표시되는 계의 계수 행렬 A는 어떻게 표시되는가?

$$\frac{d^2 c(t)}{dt^2} + 3\frac{dc(t)}{dt} + 2c(t) = r(t)$$

① $\begin{bmatrix} -2 & -3 \\ 0 & 1 \end{bmatrix}$ ② $\begin{bmatrix} 1 & 0 \\ -3 & -2 \end{bmatrix}$
③ $\begin{bmatrix} 0 & 1 \\ -2 & -3 \end{bmatrix}$ ④ $\begin{bmatrix} -3 & -2 \\ 1 & 0 \end{bmatrix}$

해설 상태변수 $x_1(t) = c(t)$
$x_2(t) = \frac{dc(t)}{dt}$
상태방정식 $\dot{x}_1(t) = x_2(t)$
$\dot{x}_2(t) = -2x_1(t) - 3x_2(t) + r(t)$

$\begin{bmatrix} \dot{x}_1(t) \\ \dot{x}_2(t) \end{bmatrix} = \begin{bmatrix} 0 & 1 \\ -2 & -3 \end{bmatrix} \begin{bmatrix} x_1(t) \\ x_2(t) \end{bmatrix} + \begin{bmatrix} 0 \\ 1 \end{bmatrix} r(t)$

$\therefore$ 계수 행렬(시스템 매트릭스) $A = \begin{bmatrix} 0 & 1 \\ -2 & -3 \end{bmatrix}$

62 그림의 전체 전달함수는?

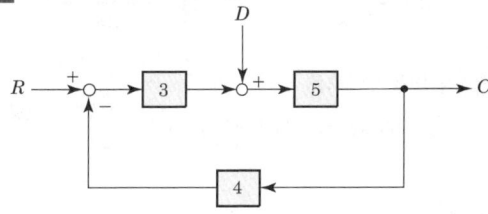

① 0.22   ② 0.33
③ 1.22   ④ 3.1

해설 그림에서 $3 = G_1$, $5 = G_2$, $4 = H_1$이라 하면
$\{(R - CH_1)G_1 + D\}G_2 = C$
$RG_1 G_2 - CH_1 G_2 G_1 + DG_2 = C$
$RG_1 G_2 + DG_2 = C(1 + H_1 G_1 G_2)$

$\therefore$ 출력 $C = \frac{G_1 G_2 + G_2}{1 + H_1 G_1 G_2} R$

$G_1 = 3$, $G_2 = 5$, $H_1 = 4$를 대입하면

$\therefore$ 출력 $C = \frac{3 \cdot 5 + 5}{1 + 4 \cdot 3 \cdot 5} = \frac{20}{61} = 0.33$

63 그림에서 블록선도로 보인 안정한 제어계의 단위 경사 입력에 대한 정상상태오차는?

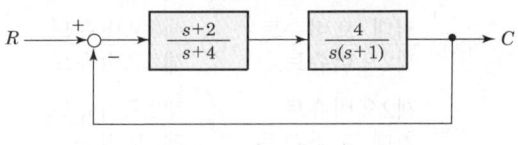

① 0   ② $\frac{1}{4}$
③ $\frac{1}{2}$ ④ ∞

정답 59.④ 60.② 61.③ 62.② 63.③

해설
$$K_v = \lim_{s \to 0} sG(s) = \lim_{s \to 0} s \cdot \frac{4(s+2)}{s(s+1)(s+4)} = 2$$
∴ 정상속도편차 $e_{ssv} = \dfrac{1}{K_v} = \dfrac{1}{2}$

64 적분시간이 2분, 비례감도가 5인 PI 조절계의 전달함수는?

① $\dfrac{1+5s}{0.4s}$ ② $\dfrac{1+2s}{0.4s}$
③ $\dfrac{1+5s}{2s}$ ④ $\dfrac{1+0.4s}{2s}$

해설 PI동작이므로
∴ $G(s) = K_P\left(1 + \dfrac{1}{T_I s}\right) = 5\left(1 + \dfrac{1}{2s}\right) = \dfrac{1+2s}{0.4s}$

65 다음 중 z변환함수 $\dfrac{3z}{(z-e^{-3T})}$ 에 대응되는 라플라스 변환함수는?

① $\dfrac{1}{(s+3)}$ ② $\dfrac{3}{(s-3)}$
③ $\dfrac{1}{(s-3)}$ ④ $\dfrac{3}{(s+3)}$

해설 $3e^{-3t}$의 z변환 : $z[3e^{-3t}] = \dfrac{3z}{z-e^{-3T}}$
∴ $\mathcal{L}[3e^{-3t}] = \dfrac{3}{s+3}$

66 과도응답이 소멸되는 정도를 나타내는 감쇠비(decay ratio)는?

① $\dfrac{\text{최대 오버슈트}}{\text{제2오버슈트}}$ ② $\dfrac{\text{제3오버슈트}}{\text{제2오버슈트}}$
③ $\dfrac{\text{제2오버슈트}}{\text{최대 오버슈트}}$ ④ $\dfrac{\text{제2오버슈트}}{\text{제3오버슈트}}$

해설 감쇠비는 과도응답이 소멸되는 속도를 나타내는 양으로 최대 오버슈트와 다음 주기에 오는 오버슈트의 비이다.

67 피드백제어에서 반드시 필요한 장치는 어느 것인가?

① 구동장치
② 응답속도를 빠르게 하는 장치
③ 안정도를 좋게 하는 장치
④ 입력과 출력을 비교하는 장치

해설 피드백제어에서는 입력(목표값)과 출력(제어량)을 비교하여 제어동작을 일으키는 데 필요한 신호를 만드는 비교부가 반드시 필요하다.

68 $G(s)H(s) = \dfrac{K}{s^2(s+1)^2}$ 에서 근궤적의 수는 몇 개인가?

① 4 ② 2
③ 1 ④ 없다.

해설 근궤적의 개수는 z와 p 중 큰 것과 일치한다.
여기서, z : $G(s)H(s)$의 유한 영점(finite zero)의 개수
p : $G(s)H(s)$의 유한 극점(finite pole)의 개수
영점의 개수 $z=0$, 극점의 개수 $p=4$이므로 근궤적의 수는 4개이다.

69 다음 신호흐름선도의 전달함수는?

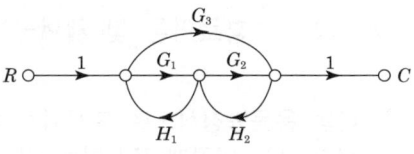

① $\dfrac{G_1 G_2 + G_3}{1-(G_1 H_1 + G_2 H_2)-(G_3 H_1 H_2)}$
② $\dfrac{G_1 G_2 + G_3}{1-(G_2 H_1 - G_2 H_2)}$
③ $\dfrac{G_1 G_2 - G_3}{1-(G_2 H_1 - G_2 H_2)}$
④ $\dfrac{G_1 G_2 - G_3}{1-(G_2 H_1 + G_2 H_2)}$

정답 64.② 65.④ 66.③ 67.④ 68.① 69.①

해설
$G_1 = G_1G_2, \ \Delta_1 = 1$
$G_2 = G_3, \ \Delta_2 = 1$
$L_{11} = G_1H_1, \ L_{21} = G_2H_2, \ L_{31} = G_3H_1H_2$
$\Delta = 1 - (L_{11} + L_{21} + L_{31})$
$= 1 - (G_1H_1 + G_2H_2 + G_3H_1H_2)$
∴ 전달함수 $G = \dfrac{C}{R} = \dfrac{G_1\Delta_1 + G_2\Delta_2}{\Delta}$
$= \dfrac{G_1G_2 + G_3}{1 - (G_1H_1 + G_2H_2 + G_3H_1H_2)}$
$= \dfrac{G_1G_2 + G_3}{1 - (G_1H_1 + G_2H_2) - (G_3H_1H_2)}$

70 특성방정식이 $s^4 + s^3 + 2s^2 + 3s + 2 = 0$인 경우 불안정한 근의 수는?

① 0개 ② 1개
③ 2개 ④ 3개

해설 라우스(Routh)의 표

s^4	1	2	2
s^3	1	3	0
s^2	$\dfrac{2-3}{1}$	$\dfrac{2-0}{1}$	
s^1	$\dfrac{-3-2}{-1}$	0	
s^0	2		

∴ 제1열의 부호 변화가 2번 있으므로 불안정한 근의 수가 2개 있다.

71 그림과 같은 회로에서 $t=0$인 순간에 전압 E를 인가한 경우 인덕턴스 L에 걸리는 전압[V]은?

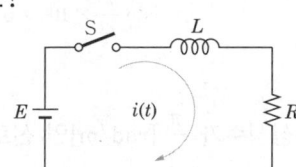

① 0 ② E
③ $\dfrac{LE}{R}$ ④ $\dfrac{E}{R}$

해설
$e_L = L\dfrac{di}{dt} = L\dfrac{d}{dt}\dfrac{E}{R}(1 - e^{-\frac{R}{L}t}) = Ee^{-\frac{R}{L}t}\Big|_{t=0}$
$= E[\text{V}]$

72 어떤 회로의 단자 전압 $v = 100\sin\omega t + 40\sin 2\omega t + 30\sin(3\omega t + 60°)$[V]이고 전압강하의 방향으로 흐르는 전류가 $i = 10\sin(\omega t - 60°) + 2\sin(3\omega t + 105°)$[A]일 때 회로에 공급되는 평균 전력[W]은?

① 530 ② 630
③ 371.2 ④ 271.2

해설
$P = V_1I\cos\theta_1 + V_3I_3\cos\theta_3$
$= \dfrac{100}{\sqrt{2}} \times \dfrac{10}{\sqrt{2}}\cos 60° + \dfrac{30}{\sqrt{2}} \times \dfrac{2}{\sqrt{2}}\cos 45°$
$= 271.2[\text{W}]$

73 각 상의 임피던스가 $Z = 16 + j12$[Ω]인 평형 3상 Y부하에 정현파 상전류 10[A]가 흐를 때 이 부하의 선간전압의 크기[V]는?

① 200
② 600
③ 220
④ 346

해설 선간전압 $V_l = \sqrt{3}\,V_p = \sqrt{3}\,I_pZ$
$= \sqrt{3} \times 10 \times \sqrt{16^2 + 12^2} = 346[\text{V}]$

74 서로 결합하고 있는 두 코일 A와 B를 같은 방향으로 감아서 직렬로 접속하면 합성 인덕턴스가 10[mH]가 되고, 반대로 연결하면 합성 인덕턴스가 40[%] 감소한다. A코일의 자기 인덕턴스가 5[mH]라면 B코일의 자기 인덕턴스는 몇 [mH]인가?

① 10 ② 8
③ 5 ④ 3

정답 70.③ 71.② 72.④ 73.④ 74.④

해설 인덕턴스 직렬접속의 합성 인덕턴스
① 가동결합(가극성) : $L_o = L_1 + L_2 + 2M$[H]
② 차동결합(감극성) : $L_o = L_1 + L_2 - 2M$[H]
합성 인덕턴스 10[mH]는 직렬 가동결합이므로
$10 = L_A + L_B + 2M$[H] ················ ㉠
반대로 연결하면 차동결합이 되고 합성 인덕턴스가 40[%] 감소하면 6[mH]가 된다.
$6 = L_A + L_B - 2M$[H] ················ ㉡
㉠ - ㉡ 식에서
$M = 1$[mH]
$\therefore L_B = 10 - L_A - 2M = 10 - 5 - 2 = 3$[mH]

75 4단자망의 파라미터 정수에 관한 설명 중 옳지 않은 것은?
① A, B, C, D 파라미터 중 A 및 D는 차원(dimension)이 없다.
② h 파라미터 중 h_{12} 및 h_{21}은 차원이 없다.
③ A, B, C, D 파라미터 중 B는 어드미턴스, C는 임피던스의 차원을 갖는다.
④ h 파라미터 중 h_{11}은 임피던스, h_{22}는 어드미턴스의 차원을 갖는다.

해설 B는 전달 임피던스, C는 전달 어드미턴스의 차원을 갖는다.

76 1상의 임피던스가 $14 + j48$[Ω]인 △부하에 대칭 선간전압 200[V]를 가한 경우의 3상 전력은 몇 [W]인가?
① 672
② 692
③ 712
④ 732

해설 $P = 3I_p^2 \cdot R = 3\left(\dfrac{200}{50}\right)^2 \times 14 = 672$[W]

77 그림과 같이 높이가 1인 펄스의 라플라스 변환은?

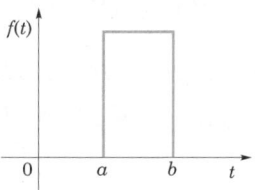

① $\dfrac{1}{s}(e^{-as} + e^{-bs})$
② $\dfrac{1}{s}(e^{-as} - e^{-bs})$
③ $\dfrac{1}{a-b}\left(\dfrac{e^{-as} + e^{-bs}}{s}\right)$
④ $\dfrac{1}{a-b}\left(\dfrac{e^{-as} - e^{-bs}}{s}\right)$

해설 $f(t) = u(t-a) - u(t-b)$
시간추이 정리를 적용하면
$F(s) = \dfrac{e^{-as}}{s} - \dfrac{e^{-bs}}{s} = \dfrac{1}{s}(e^{-as} - e^{-bs})$

78 12상 Y결선 상전압이 100[V]일 때 단자 전압[V]은?
① 75.88
② 25.88
③ 100
④ 51.76

해설 단자 전압 $V_l = 2\sin\dfrac{\pi}{n} \cdot V_p$
$= 2\sin\dfrac{\pi}{12} \times 100 = 51.76$[V]

79 위상정수가 $\dfrac{\pi}{8}$[rad/m]인 선로의 1[MHz]에 대한 전파속도[m/s]는?
① 1.6×10^7
② 9×10^7
③ 10×10^7
④ 11×10^7

정답 75.③ 76.① 77.② 78.④ 79.①

해설 전파속도 $v = \dfrac{\omega}{\beta}$

$= \dfrac{2 \times \pi \times 1 \times 10^6}{\dfrac{\pi}{8}}$

$= 1.6 \times 10^7 \,[\text{m/s}]$

80 대칭 좌표법에 관한 설명 중 잘못된 것은?

① 불평형 3상 회로의 비접지식 회로에서는 영상분이 존재한다.
② 대칭 3상 전압에서 영상분은 0이 된다.
③ 대칭 3상 전압은 정상분만 존재한다.
④ 불평형 3상 회로의 접지식 회로에서는 영상분이 존재한다.

해설 비접지식 회로에서는 영상분이 존재하지 않는다. 대칭 3상 전압의 대칭분은 영상분·역상분은 0이고, 정상분만 V_a로 존재한다.

제5과목 전기설비기술기준

81 전기설비기술기준에서 정하는 안전원칙에 대한 내용으로 틀린 것은?

① 전기설비는 감전, 화재 그 밖에 사람에게 위해를 주거나 물건에 손상을 줄 우려가 없도록 시설하여야 한다.
② 전기설비는 다른 전기설비, 그 밖의 물건의 기능에 전기적 또는 자기적인 장해를 주지 않도록 시설하여야 한다.
③ 전기설비는 경쟁과 새로운 기술 및 사업의 도입을 촉진함으로써 전기사업의 건전한 발전을 도모하도록 시설하여야 한다.
④ 전기설비는 사용목적에 적절하고 안전하게 작동하여야 하며, 그 손상으로 인하여 전기공급에 지장을 주지 않도록 시설하여야 한다.

해설 ③ "경쟁과 새로운 기술 및 사업의 도입을 촉진함으로써 전기사업의 건전한 발전을 도모하도록 시설하여야 한다."의 내용은 안전원칙이 아니고 전기사업법의 목적에 관한 내용이다.

82 1차 전압 22.9[kV], 2차 전압 100[V], 용량 15[kVA]인 변압기에서 저압측의 허용누설전류는 몇 [mA]를 넘지 않도록 유지하여야 하는가?

① 35
② 50
③ 75
④ 100

해설 $I_g = \dfrac{15 \times 10^3}{100} \times \dfrac{1}{2{,}000} \times 10^3$

$= 75 \,[\text{mA}]$

83 최대사용전압이 7[kV]를 초과하는 회전기의 절연내력시험은 최대사용전압의 몇 배의 전압(10,500[V] 미만으로 되는 경우에는 10,500[V])에서 10분간 견디어야 하는가?

① 0.92 ② 1
③ 1.1   ④ 1.25

해설 회전기 및 정류기의 절연내력(KEC 133)

종류	시험전압	시험방법
발전기, 전동기, 조상기 (무효전력 보상장치)	7[kV] 이하	1.5배 (최저 500[V])	권선과 대지 사이 10분간
	7[kV] 초과	1.25배 (최저 10,500[V])	

정답 80.① 81.③ 82.③ 83.④

84 전로의 중성점을 접지하는 목적에 해당되지 않는 것은?

① 보호장치의 확실한 동작의 확보
② 이상전압의 억제
③ 대지전압의 저하
④ 부하전류의 일부를 대지로 흐르게 함으로써 전선을 절약

해설 전로의 중성점의 접지(KEC 322.5)
전로의 중성점의 접지는 전로의 보호장치의 확실한 동작의 확보, 이상전압의 억제 및 대지전압의 저하를 위하여 시설한다.

85 돌침, 수평도체, 메시(그물망)도체의 요소 중에 한 가지 또는 이를 조합한 형식으로 시설하는 것은?

① 접지극시스템
② 수뢰부시스템
③ 내부 피뢰시스템
④ 인하도선시스템

해설 수뢰부시스템(KEC 152.1)
수뢰부시스템의 선정은 돌침, 수평도체, 메시(그물망)도체의 요소 중에 한 가지 또는 이를 조합한 형식으로 시설하여야 한다.

86 백열전등 또는 방전등에 전기를 공급하는 옥내전로의 대지전압은 몇 [V] 이하이어야 하는가? (단, 백열전등 또는 방전등 및 이에 부속하는 전선은 사람이 접촉할 우려가 없도록 시설한 경우이다.)

① 60   ② 110
③ 220 ④ 300

해설 옥내전로의 대지전압의 제한(KEC 231.6)
백열전등 또는 방전등에 전기를 공급하는 옥내의 전로의 대지전압은 300[V] 이하이어야 한다.

87 케이블트레이공사에 사용하는 케이블트레이에 대한 기준으로 틀린 것은?

① 안전율은 1.5 이상으로 하여야 한다.
② 비금속제 케이블트레이는 수밀(수분침투방지)성 재료의 것이어야 한다.
③ 금속제 케이블트레이계통은 기계적 및 전기적으로 완전하게 접속하여야 한다.
④ 금속제 트레이는 접지공사를 하여야 한다.

해설 케이블트레이공사(KEC 232.41)
- 금속제의 것은 적절한 방식처리를 한 것이거나 내식성 재료의 것이어야 한다.
- 비금속제 케이블트레이는 난연성 재료의 것이어야 한다.

88 터널 안의 전선로의 저압 전선이 그 터널 안의 다른 저압 전선(관등회로의 배선은 제외)·약전류전선 등 또는 수관·가스관이나 이와 유사한 것과 접근하거나 교차하는 경우, 저압 전선을 애자공사에 의하여 시설하는 때에는 이격 거리(간격)가 몇 [cm] 이상이어야 하는가? (단, 전선이 나전선이 아닌 경우이다.)

① 10   ② 15
③ 20   ④ 25

해설
- 터널 안 전선로의 전선과 약전류전선 등 또는 관 사이의 이격 거리(간격)(KEC 335.2)
  터널 안의 전선로의 저압 전선이 그 터널 안의 다른 저압 전선·약전류전선 등 또는 수관·가스관이나 이와 유사한 것과 접근하거나 교차하는 경우에는 배선설비와 다른 공급설비와의 접근규정에 준하여 시설하여야 한다.
- 배선설비와 다른 공급설비와의 접근(KEC 232.3.7)
  저압 옥내배선이 다른 저압 옥내배선 또는 관등회로의 배선과 접근하거나 교차하는 경우에 애자공사에 의하여 시설하는 저압 옥내배선과 다른 저압 옥내배선 또는 관등회로의 배선 사이의 이격 거리(간격)는 0.1[m](나전선인 경우에는 0.3[m]) 이상이어야 한다.

정답 84.④ 85.② 86.④ 87.② 88.①

89 고·저압 가공전선로의 지지물을 인가가 많이 연접(이웃 연결)된 장소에 시설할 때 적용하는 적합한 풍압하중은?

① 갑종 풍압하중값의 30[%]
② 을종 풍압하중값의 1.1배
③ 갑종 풍압하중값의 50[%]
④ 병종 풍압하중값의 1.13배

해설 병종 풍압하중
- 갑종 풍압의 $\frac{1}{2}$을 기초로 하여 계산한 것
- 인가가 많이 연접(이웃 연결)되어 있는 장소

90 전력보안통신설비는 가공전선로로부터의 어떤 작용에 의하여 사람에게 위험을 줄 우려가 없도록 시설하여야 하는가?

① 정전유도작용 또는 전자유도작용
② 표피작용 또는 부식작용
③ 부식작용 또는 정전유도작용
④ 전압강하작용 또는 전자유도작용

해설 전력유도의 방지(KEC 362.4)
전력보안통신설비는 가공전선로로부터의 정전유도작용 또는 전자유도작용에 의하여 사람에게 위험을 줄 우려가 없도록 시설하여야 한다.

91 66[kV] 가공전선로에 6[kV] 가공전선을 동일 지지물에 시설하는 경우 특고압 가공전선은 케이블인 경우를 제외하고 인장강도가 몇 [kN] 이상의 연선이어야 하는가?

① 5.26
② 8.31
③ 14.5
④ 21.67

해설 특고압 가공전선과 저고압 가공전선 등의 병행설치(KEC 333.17) – 사용전압이 35[kV] 초과 100[kV] 미만인 경우
- 제2종 특고압 보안공사에 의할 것
- 특고압선과 고·저압선 사이의 이격 거리(간격)는 2[m](케이블인 경우 1[m]) 이상으로 할 것
- 특고압 가공전선의 굵기 : 인장강도 21.67[kN] 이상 연선 또는 단면적 50[mm²] 이상 경동연선으로 할 것

92 가섭선에 의하여 시설하는 안테나가 있다. 이 안테나 주위에 경동연선을 사용한 고압 가공전선이 지나가고 있다면 수평 이격 거리(간격)는 몇 [cm] 이상이어야 하는가?

① 40
② 60
③ 80
④ 100

해설 고압 가공전선과 안테나의 접근 또는 교차(KEC 332.14)
- 고압 가공전선로는 고압 보안공사에 의할 것
- 가공전선과 안테나 사이의 이격 거리(간격)는 저압은 60[cm](고압 절연전선, 특고압 절연전선 또는 케이블인 경우 30[cm]) 이상, 고압은 80[cm](케이블인 경우 40[cm]) 이상

93 시가지에 시설하는 154[kV] 가공전선로를 도로와 제1차 접근상태로 시설하는 경우, 전선과 도로 사이의 이격 거리(간격)는 몇 [m] 이상이어야 하는가?

① 4.4
② 4.8
③ 5.2
④ 5.6

해설 특고압 가공전선과 도로 등의 접근 또는 교차(KEC 333.24)
35[kV]를 초과하는 경우 3[m]에 10[kV] 단수마다 15[cm]를 가산하므로
10[kV] 단수는 (154−35)÷10 = 11.9 = 12
∴ 3 + (0.15×12) = 4.8[m]

정답 89.③ 90.① 91.④ 92.③ 93.②

94 특고압 가공전선로 중 지지물로서 직선형의 철탑을 연속하여 10기 이상 사용하는 부분에는 몇 기 이하마다 내장(장력에 견디는) 애자장치가 되어 있는 철탑 또는 이와 동등 이상의 강도를 가지는 철탑 1기를 시설하여야 하는가?

① 3
② 5
③ 7
④ 10

해설 특고압 가공전선로의 내장형 등의 지지물 시설(KEC 333.16)
특고압 가공전선로 중 지지물로서 직선형의 철탑을 연속하여 10기 이상 사용하는 부분에는 10기 이하마다 내장(장력에 견디는) 애자장치가 되어 있는 철탑 또는 이와 동등 이상의 강도를 가지는 철탑 1기를 시설하여야 한다.

95 지중전선로에 사용하는 지중함의 시설기준으로 틀린 것은?

① 조명 및 세척이 가능한 적당한 장치를 시설할 것
② 견고하고 차량, 기타 중량물의 압력에 견디는 구조일 것
③ 그 안의 고인 물을 제거할 수 있는 구조로 되어 있을 것
④ 뚜껑은 시설자 이외의 자가 쉽게 열 수 없도록 시설할 것

해설 지중함의 시설(KEC 334.2)
• 지중함은 견고하고 차량, 기타 중량물의 압력에 견디는 구조일 것
• 지중함은 그 안의 고인 물을 제거할 수 있는 구조로 되어 있을 것
• 폭발성 또는 연소성의 가스가 침입할 우려가 있는 것에 시설하는 지중함으로서 그 크기가 $1[m^3]$ 이상인 것에는 통풍장치 기타 가스를 방산시키기 위한 장치를 시설할 것
• 지중함의 뚜껑은 시설자 이외의 자가 쉽게 열 수 없도록 시설할 것

96 발전소의 개폐기 또는 차단기에 사용하는 압축공기장치의 주공기탱크에 시설하는 압력계의 최고눈금의 범위로 옳은 것은?

① 사용압력의 1배 이상 2배 이하
② 사용압력의 1.15배 이상 2배 이하
③ 사용압력의 1.5배 이상 3배 이하
④ 사용압력의 2배 이상 3배 이하

해설 압축공기계통(KEC 341.15)
주공기탱크 또는 이에 근접한 곳에는 사용압력의 1.5배 이상 3배 이하의 최고눈금이 있는 압력계를 시설하여야 한다.

97 특고압을 옥내에 시설하는 경우 그 사용전압의 최대 한도는 몇 [kV] 이하인가? (단, 케이블트레이공사는 제외)

① 25
② 80
③ 100
④ 160

해설 특고압 옥내전기설비의 시설(KEC 342.4)
사용전압은 100[kV] 이하일 것(케이블트레이공사 35[kV] 이하)

98 변전소의 주요 변압기에 계측장치를 시설하여 측정하여야 하는 것이 아닌 것은?

① 역률
② 전압
③ 전력
④ 전류

해설 계측장치(KEC 351.6) – 변전소에 계측장치를 시설하여 측정하는 사항
• 주요 변압기의 전압 및 전류 또는 전력
• 특고압용 변압기의 온도

정답 94.④ 95.① 96.③ 97.③ 98.①

99 특고압 가공전선로의 지지물에 시설하는 통신선 또는 이에 직접 접속하는 통신선이 도로·횡단보도교·철도의 레일·삭도·가공전선·다른 가공약전류전선 등 또는 교류전차선 등과 교차하는 경우에는 통신선은 지름 몇 [mm]의 경동선이나 이와 동등 이상의 세기의 것이어야 하는가?

① 4   ② 4.5
③ 5   ④ 5.5

해설 전력보안통신선의 시설높이와 이격 거리(간격) (KEC 362.2)
특고압 가공전선로의 지지물에 시설하는 통신선 또는 이에 직접 접속하는 통신선이 도로·횡단보도교·철도의 레일 또는 삭도와 교차하는 경우 통신선
- 절연전선 : 연선의 경우 단면적 16[mm²](단선의 경우 지름 4[mm])
- 경동선 : 인장강도 8.01[kN] 이상의 것 또는 연선의 경우 단면적 25[mm²](단선의 경우 지름 5[mm])

100 급전용 변압기는 교류 전기철도의 경우 어떤 변압기의 적용을 원칙으로 하고, 급전계통에 적합하게 선정하여야 하는가?

① 3상 정류기용 변압기
② 단상 정류기용 변압기
③ 3상 스코트결선 변압기
④ 단상 스코트결선 변압기

해설 변전소의 설비(KEC 421.4)
급전용 변압기는 직류 전기철도의 경우 3상 정류기용 변압기, 교류 전기철도의 경우 3상 스코트결선 변압기의 적용을 원칙으로 하고, 급전계통에 적합하게 선정하여야 한다.

정답 99. ③ 100. ③

2024년 제2회 CBT 기출복원문제

2024. 5. 14. 시행

제1과목 전기자기학

01 단면적이 $S[\text{m}^2]$, 단위길이에 대한 권수가 $n[\text{회/m}]$인 무한히 긴 솔레노이드의 단위길이당 자기 인덕턴스[H/m]는?

① $\mu \cdot S \cdot n$
② $\mu \cdot S \cdot n^2$
③ $\mu \cdot S^2 \cdot n$
④ $\mu \cdot S^2 \cdot n^2$

해설
- 내부 자계의 세기 : $H = nI$ [AT/m]
- 내부 자속 : $\phi = B \cdot S = \mu HS = \mu nIS$ [Wb]
- 자기 인덕턴스 : $L = \dfrac{n\phi}{I} = \mu S n^2$ [H/m]

투자율 μ, 단위 [m]당 권수 n^2, 면적 S에 비례한다.

02 반지름 $a[\text{m}]$의 반구형 도체를 대지 표면에 그림과 같이 묻었을 때 접지저항 $R[\Omega]$은? (단, $\rho[\Omega \cdot \text{m}]$는 대지의 고유저항이다.)

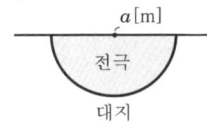

① $\dfrac{\rho}{2\pi a}$
② $\dfrac{\rho}{4\pi a}$
③ $2\pi a \rho$
④ $4\pi a \rho$

해설 반지름 $a[\text{m}]$인 구의 정전용량은 $4\pi\varepsilon a$ [F]이므로 반구의 정전용량 C는 $C = 2\pi\varepsilon a$ [F]이다.
$RC = \rho\varepsilon$
$R = \dfrac{\rho\varepsilon}{C} = \dfrac{\rho\varepsilon}{2\pi\varepsilon a} = \dfrac{\rho}{2\pi a}$ [Ω]

03 그림과 같이 $d[\text{m}]$ 떨어진 두 평형 도선에 I [A]의 전류가 흐를 때, 도선 단위길이당 작용하는 힘 F [N/m]는?

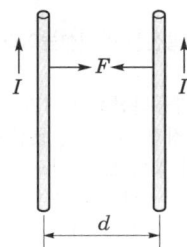

① $\dfrac{\mu_0 I}{2\pi d}$
② $\dfrac{\mu_0 I^2}{2\pi d^2}$
③ $\dfrac{\mu_0 I^2}{2\pi d}$
④ $\dfrac{\mu_0 I^2}{2d}$

해설 $I_1 = I_2 = I$이므로 단위길이당 작용하는 힘
$F = \dfrac{\mu_0 I_1 I_2}{2\pi d} = \dfrac{\mu_0 I^2}{2\pi d}$ [N/m]
같은 방향의 전류이므로 흡인력이 작용한다.

04 전위함수가 $V = 2x + 5yz + 3$일 때, 점 (2, 1, 0)에서의 전계 세기[V/m]는?

① $-i - j5 - k3$
② $i - j2 + k3$
③ $-i2 - k5$
④ $j4 + k3$

해설 전위 경도
$\boldsymbol{E} = -\text{grad}\,V$
$= -\nabla V = -\left(i\dfrac{\partial}{\partial x} + j\dfrac{\partial}{\partial y} + k\dfrac{\partial}{\partial z}\right) \cdot V$
$= -\left(\dfrac{\partial}{\partial x}i + \dfrac{\partial}{\partial y}j + \dfrac{\partial}{\partial z}k\right)(2x + 5yz + 3)$
$= -(2\boldsymbol{i} + 5z\boldsymbol{j} + 5y\boldsymbol{k})$ [V/m]
$\therefore [\boldsymbol{E}]_{x=2, y=1, z=0} = -2\boldsymbol{i} - 5\boldsymbol{k}$ [V/m]

정답 01.② 02.① 03.③ 04.③

05 전류 I[A]가 흐르는 반지름 a[m]인 원형 코일의 중심선상 x[m]인 점 P의 자계 세기 [AT/m]는?

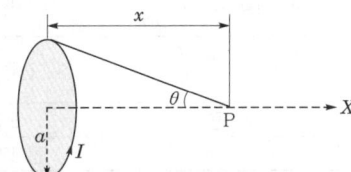

① $\dfrac{a^2 I}{2(a^2+x^2)}$ ② $\dfrac{a^2 I}{2(a^2+x^2)^{1/2}}$

③ $\dfrac{a^2 I}{2(a^2+x^2)^2}$ ④ $\dfrac{a^2 I}{2(a^2+x^2)^{3/2}}$

해설
- 원형 전류 중심축상 자계의 세기
$$H = \dfrac{a^2 I}{2(a^2+x^2)^{\frac{3}{2}}} [\text{AT/m}]$$
- 원형 전류 중심에서의 자계의 세기
$$H_0 = \dfrac{I}{2a} [\text{AT/m}]$$

06 스토크스(Stokes) 정리를 표시하는 식은?

① $\int_s \boldsymbol{A} \cdot ds = \int_v \text{div } \boldsymbol{A} \cdot dv$

② $\oint_c \boldsymbol{A} \cdot dl = \int_v \text{div } \boldsymbol{A} dv$

③ $\oint_c \boldsymbol{A} \cdot dl = \int_s (\text{rot } \boldsymbol{A})_n \cdot ds$

④ $\int_s \boldsymbol{A} \cdot ds = \int_s \text{rot } \boldsymbol{A} \cdot ds$

해설 스토크스의 정리는 선적분을 면적분으로 변환하는 정리로 선적분을 면적분으로 변환 시 rot를 붙여 간다.
$$\oint_c \boldsymbol{A} \cdot dl = \int_s \text{rot } \boldsymbol{A} \cdot ds$$
$$= \int_s \text{curl } \boldsymbol{A} \cdot ds$$
$$= \int_s \nabla \times \boldsymbol{A} \cdot ds$$

07 권선수가 N회인 코일에 전류 I[A]를 흘릴 경우, 코일에 ϕ[Wb]의 자속이 지나간다면 이 코일에 저장된 자계에너지[J]는?

① $\dfrac{1}{2} N\phi^2 I$

② $\dfrac{1}{2} N\phi I$

③ $\dfrac{1}{2} N^2 \phi I$

④ $\dfrac{1}{2} N\phi I^2$

해설 코일에 저장되는 에너지는 인덕턴스의 축적에너지이므로 $N\phi = LI$에서 $L = \dfrac{N\phi}{I}$이다.
$$\therefore W_L = \dfrac{1}{2} LI^2 = \dfrac{1}{2} \dfrac{N\phi}{I} I^2 = \dfrac{1}{2} N\phi I [\text{J}]$$

08 그림과 같이 평행한 무한장 직선 도선에 I[A], $4I$[A]인 전류가 흐른다. 두 선 사이의 점 P에서 자계의 세기가 0이라고 하면 $\dfrac{a}{b}$는?

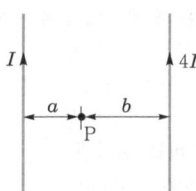

① 2   ② 4

③ $\dfrac{1}{2}$ ④ $\dfrac{1}{4}$

해설 $H_1 = \dfrac{I}{2\pi a}$, $H_2 = \dfrac{4I}{2\pi b}$

자계의 세기가 0일 때 $H_1 = H_2$

$$\dfrac{I}{2\pi a} = \dfrac{4I}{2\pi b}$$

$$\dfrac{1}{a} = \dfrac{4}{b}$$

$$\therefore \dfrac{a}{b} = \dfrac{1}{4}$$

정답 05.④ 06.③ 07.② 08.④

09 두 종류의 유전율(ε_1, ε_2)을 가진 유전체 경계면에 진전하가 존재하지 않을 때 성립하는 경계조건을 옳게 나타낸 것은? (단, θ_1, θ_2는 각각 유전체 경계면의 법선 벡터와 E_1, E_2가 이루는 각이다.)

① $E_1\sin\theta_1 = E_2\sin\theta_2$,
   $D_1\sin\theta_1 = D_2\sin\theta_2$, $\dfrac{\tan\theta_1}{\tan\theta_2}=\dfrac{\varepsilon_2}{\varepsilon_1}$

② $E_1\cos\theta_1 = E_2\cos\theta_2$,
   $D_1\sin\theta_1 = D_2\sin\theta_2$, $\dfrac{\tan\theta_1}{\tan\theta_2}=\dfrac{\varepsilon_2}{\varepsilon_1}$

③ $E_1\sin\theta_1 = E_2\sin\theta_2$,
   $D_1\cos\theta_1 = D_2\cos\theta_2$, $\dfrac{\tan\theta_1}{\tan\theta_2}=\dfrac{\varepsilon_1}{\varepsilon_2}$

④ $E_1\cos\theta_1 = E_2\cos\theta_2$,
   $D_1\cos\theta_1 = D_2\cos\theta_2$, $\dfrac{\tan\theta_1}{\tan\theta_2}=\dfrac{\varepsilon_2}{\varepsilon_1}$

해설 유전체의 경계면 조건
- 전계는 경계면에서 수평성분이 서로 같다.
  $E_1\sin\theta_1 = E_2\sin\theta_2$
- 전속밀도는 경계면에서 수직성분이 서로 같다.
  $D_1\cos\theta_1 = D_2\cos\theta_2$
- 위의 비를 취하면
  $\dfrac{E_1\sin\theta_1}{D_1\cos\theta_1} = \dfrac{E_2\sin\theta_2}{D_2\cos\theta_2}$
  여기서, $D_1 = \varepsilon_1 E_1$, $D_2 = \varepsilon_2 E_2$
  $\therefore \dfrac{\tan\theta_1}{\tan\theta_2} = \dfrac{\varepsilon_1}{\varepsilon_2}$

10 자기회로와 전기회로의 대응으로 틀린 것은?
① 자속 ↔ 전류
② 기자력 ↔ 기전력
③ 투자율 ↔ 유전율
④ 자계의 세기 ↔ 전계의 세기

해설 자기회로와 전기회로의 대응

자기회로	전기회로
기자력 $F=NI$	기전력 E
자기저항 $R_m=\dfrac{l}{\mu S}$	전기저항 $R=\dfrac{l}{kS}$
자속 $\phi=\dfrac{F}{R_m}$	전류 $I=\dfrac{E}{R}$
투자율 μ	도전율 k
자계의 세기 H	전계의 세기 E

11 동심구형 콘덴서의 내외 반지름을 각각 5배로 증가시키면 정전용량은 몇 배로 증가하는가?
① 5   ② 10
③ 15   ④ 20

해설 동심구형 콘덴서의 정전용량 $C=\dfrac{4\pi\varepsilon_0 ab}{b-a}$ [F]
내외구의 반지름을 5배로 증가한 후의 정전용량을 C'라 하면
$C' = \dfrac{4\pi\varepsilon_0(5a\times 5b)}{5b-5a} = \dfrac{25\times 4\pi\varepsilon_0 ab}{5(b-a)} = 5C$ [F]

12 다음의 관계식 중 성립할 수 없는 것은? (단, μ는 투자율, χ는 자화율, μ_0는 진공의 투자율, J는 자화의 세기이다.)
① $J = \chi B$
② $B = \mu H$
③ $\mu = \mu_0 + \chi$
④ $\mu_s = 1 + \dfrac{\chi}{\mu_0}$

해설
- 자화의 세기 : $J = \mu_0(\mu_s-1)H = \chi H$
- 자속밀도 :
  $B = \mu_0 H + J = (\mu_0 + \chi)H = \mu_0\mu_s H = \mu H$
- 비투자율 : $\mu_s = 1 + \dfrac{\chi}{\mu_0}$

정답 09.③ 10.③ 11.① 12.①

13 환상 솔레노이드(solenoid) 내의 자계 세기 [AT/m]는? (단, N은 코일의 감긴 수, a는 환상 솔레노이드의 평균 반지름이다.)

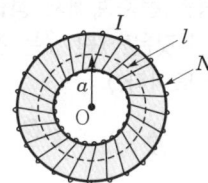

① $\dfrac{2\pi a}{NI}$ ② $\dfrac{NI}{2\pi a}$

③ $\dfrac{NI}{\pi a}$ ④ $\dfrac{NI}{4\pi a}$

해설 위 그림과 같이 반지름 a[m]인 적분으로 잡고 앙페르의 주회적분법칙을 적용하면

$$\oint H \cdot dl = H \cdot 2\pi a = NI$$

$$\therefore H = \dfrac{NI}{2\pi a} = \dfrac{NI}{l} = n_0 I \text{ [AT/m]}$$

여기서, N은 환상 솔레노이드의 권수이고, n_0는 단위길이당의 권수이다.

14 정전용량이 6[μF]인 평행 평판 콘덴서의 극판 면적의 $\dfrac{2}{3}$에 비유전율 3인 운모를 그림과 같이 삽입했을 때, 콘덴서의 정전용량은 몇 [μF]가 되는가?

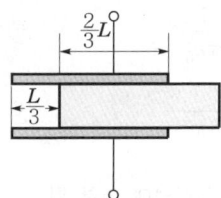

① 14   ② 45

③ $\dfrac{10}{3}$ ④ $\dfrac{12}{7}$

해설 $C = C_1 + C_2$

$= \dfrac{1}{3}C_0 + \dfrac{2}{3}\varepsilon_s C_0$

$= \dfrac{(1+2\varepsilon_s)}{3}C_0 = \dfrac{(1+2\times 3)}{3}\times 6$

$= 14\,[\mu F]$

15 정현파 자속으로 하여 기전력이 유기될 때 자속의 주파수가 3배로 증가하면 유기기전력은 어떻게 되는가?

① 3배 증가   ② 3배 감소
③ 9배 증가   ④ 9배 감소

해설 $\phi = \phi_m \sin 2\pi ft$ [Wb]라 하면 유기기전력 e는

$e = -N\dfrac{d\phi}{dt} = -N\dfrac{d}{dt}(\phi_m \sin 2\pi ft)$

$= -2\pi f N \phi_m \cos 2\pi ft$

$= 2\pi f N \phi_m \sin\left(2\pi ft - \dfrac{\pi}{2}\right)$ [V]

$\therefore e \propto f$

따라서, 주파수가 3배로 증가하면 유기기전력도 3배로 증가한다.

16 반지름 a[m]인 접지 도체구 중심으로부터 d[m] ($>a$)인 곳에 점전하 Q[C]이 있으면 구도체에 유기되는 전하량[C]은?

① $-\dfrac{a}{d}Q$ ② $\dfrac{a}{d}Q$

③ $-\dfrac{d}{a}Q$ ④ $\dfrac{d}{a}Q$

해설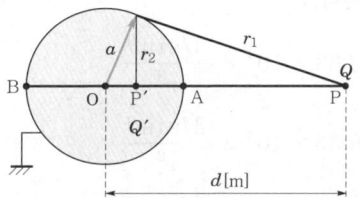

영상점 P'의 위치는 $\overline{OP'} = \dfrac{a^2}{d}$ [m]

영상전하의 크기는 $\therefore Q' = -\dfrac{a}{d}Q$ [C]

정답 13.② 14.① 15.① 16.①

17 전위함수 $V = x^2 + y^2$[V]일 때 점 (3, 4)[m]에서의 등전위선의 반지름은 몇 [m]이며 전기력선 방정식은 어떻게 되는가?

① 등전위선의 반지름 : 3
   전기력선 방정식 : $y = \dfrac{3}{4}x$

② 등전위선의 반지름 : 4
   전기력선 방정식 : $y = \dfrac{4}{3}x$

③ 등전위선의 반지름 : 5
   전기력선 방정식 : $x = \dfrac{4}{3}y$

④ 등전위선의 반지름 : 5
   전기력선 방정식 : $x = \dfrac{3}{4}y$

해설 • 등전위선의 반지름
$r = \sqrt{x^2 + y^2} = \sqrt{3^2 + 4^2} = 5$[m]
• 전기력선 방정식 $E = -\text{grad}\,V = -2xi - 2yj$[V/m]
$\dfrac{dx}{Ex} = \dfrac{dy}{Ey}$ 에서 $\dfrac{1}{-2x}dx = \dfrac{1}{-2y}dy$
$1nx = 1ny + 1nc, \;\; x = cy$
$c = \dfrac{x}{y} = \dfrac{3}{4} \quad \therefore \; x = \dfrac{3}{4}y$

18 자기 쌍극자에 의한 자위 U[A]에 해당되는 것은? (단, 자기 쌍극자의 자기 모멘트는 M[Wb·m], 쌍극자의 중심으로부터의 거리는 r[m], 쌍극자의 정방향과의 각도는 θ라 한다.)

① $6.33 \times 10^4 \times \dfrac{M\sin\theta}{r^3}$

② $6.33 \times 10^4 \times \dfrac{M\sin\theta}{r^2}$

③ $6.33 \times 10^4 \times \dfrac{M\cos\theta}{r^3}$

④ $6.33 \times 10^4 \times \dfrac{M\cos\theta}{r^2}$

해설 자위 $U = \dfrac{M}{4\pi\mu_0 r^2}\cos\theta = 6.33 \times 10^4 \dfrac{M\cos\theta}{r^2}$[A]

19 일반적인 전자계에서 성립되는 기본 방정식이 아닌 것은? (단, i는 전류밀도, ρ는 공간 전하밀도이다.)

① $\nabla \times \boldsymbol{H} = i + \dfrac{\partial \boldsymbol{D}}{\partial t}$

② $\nabla \times \boldsymbol{E} = -\dfrac{\partial \boldsymbol{B}}{\partial t}$

③ $\nabla \cdot \boldsymbol{D} = \rho$

④ $\nabla \cdot \boldsymbol{B} = \mu \boldsymbol{H}$

해설 맥스웰의 전자계 기초 방정식
• $\text{rot } \boldsymbol{E} = \nabla \times \boldsymbol{E} = -\dfrac{\partial \boldsymbol{B}}{\partial t} = -\mu\dfrac{\partial \boldsymbol{H}}{\partial t}$
  (패러데이 전자유도법칙의 미분형)
• $\text{rot } \boldsymbol{H} = \nabla \times \boldsymbol{H} = i + \dfrac{\partial \boldsymbol{D}}{\partial t}$
  (앙페르 주회적분법칙의 미분형)
• $\text{div } \boldsymbol{D} = \nabla \cdot \boldsymbol{D} = \rho$
  (정전계 가우스 정리의 미분형)
• $\text{div } \boldsymbol{B} = \nabla \cdot \boldsymbol{B} = 0$
  (정자계 가우스 정리의 미분형)

20 공기 중 무한 평면 도체의 표면으로부터 2[m] 떨어진 곳에 4[C]의 점전하가 있다. 이 점전하가 받는 힘은 몇 [N]인가?

① $\dfrac{1}{\pi\varepsilon_0}$ ② $\dfrac{1}{4\pi\varepsilon_0}$

③ $\dfrac{1}{8\pi\varepsilon_0}$ ④ $\dfrac{1}{16\pi\varepsilon_0}$

해설 전기 영상법에 의한 힘
$F = \dfrac{1}{4\pi\varepsilon_0}\dfrac{Q_1 Q_2}{(2r)^2} = \dfrac{Q^2}{16\pi\varepsilon_0 r^2}$
$= \dfrac{4^2}{16\pi\varepsilon_0 \cdot 2^2} = \dfrac{1}{4\pi\varepsilon_0}$[N]

정답 17.④ 18.④ 19.④ 20.②

제2과목 전력공학

21 옥내 배선의 전선 굵기를 결정할 때 고려해야 할 사항으로 틀린 것은?

① 허용전류   ② 전압강하
③ 배선방식   ④ 기계적 강도

해설 전선 굵기 결정 시 고려사항은 허용전류, 전압강하, 기계적 강도이다.

22 코로나 현상에 대한 설명이 아닌 것은?

① 전선을 부식시킨다.
② 코로나 현상은 전력의 손실을 일으킨다.
③ 코로나 방전에 의하여 전파 장해가 일어난다.
④ 코로나 손실은 전원 주파수의 $\left(\dfrac{2}{3}\right)^2$에 비례한다.

해설 코로나 손실
$$P_l = \dfrac{241}{\delta}(f+25)\sqrt{\dfrac{d}{2D}}\,(E-E_0)^2 \times 10^{-5}$$
[kW/km/선]
코로나 손실은 전원 주파수에 비례한다.

23 그림과 같은 회로의 일반 회로정수로서 옳지 않은 것은?

$\dot{E}_S$ —— $\dot{Z}$ —— $\dot{E}_R$

① $\dot{A} = 1$
② $\dot{B} = Z+1$
③ $\dot{C} = 0$
④ $\dot{D} = 1$

해설 직렬 임피던스 회로의 4단자 정수
$\begin{bmatrix} A & B \\ C & D \end{bmatrix} = \begin{bmatrix} 1 & Z \\ 0 & 1 \end{bmatrix}$

24 그림과 같이 송전선이 4도체인 경우 소선 상호 간의 등가 평균거리는?

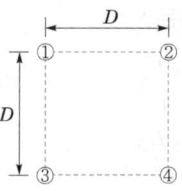

① $\sqrt[3]{2}\,D$ ② $\sqrt[4]{2}\,D$
③ $\sqrt[6]{2}\,D$ ④ $\sqrt[8]{2}\,D$

해설 등가 평균거리 $D_o = \sqrt[n]{D_1 \cdot D_2 \cdot D_3 \cdots D_n}$
대각선의 길이는 $\sqrt{2}D$이므로
$D_o = \sqrt[6]{D_{12} \cdot D_{24} \cdot D_{34} \cdot D_{13} \cdot D_{23} \cdot D_{14}}$
$= \sqrt[6]{D \cdot D \cdot D \cdot D \cdot \sqrt{2}D \cdot \sqrt{2}D}$
$= D \cdot \sqrt[6]{2}$

25 송전선로에 사용되는 애자의 특성이 나빠지는 원인으로 볼 수 없는 것은?

① 애자 각 부분의 열팽창 상이
② 전선 상호 간의 유도장해
③ 누설전류에 의한 편열
④ 시멘트의 화학 팽창 및 동결 팽창

해설 애자의 열화 원인
- 제조상의 결함
- 애자 각 부분의 열팽창 및 온도 상이
- 시멘트의 화학 팽창 및 동결 팽창
- 전기적인 스트레스
- 누설전류에 의한 편열
- 코로나

26 전선에서 전류의 밀도가 도선의 중심으로 들어갈수록 작아지는 현상은?

① 페란티 효과   ② 접지효과
③ 표피효과   ④ 근접효과

해설 표피효과란 전류의 밀도가 도선 중심으로 들어갈수록 줄어드는 현상으로, 전선이 굵을수록, 주파수가 높을수록 커진다.

정답 21.③ 22.④ 23.② 24.③ 25.② 26.③

27 송수 양단의 전압을 E_S, E_R라 하고 4단자 정수를 A, B, C, D라 할 때 전력원선도의 반지름은?

① $\dfrac{E_S E_R}{A}$ ② $\dfrac{E_S E_R}{B}$
③ $\dfrac{E_S E_R}{C}$ ④ $\dfrac{E_S E_R}{D}$

해설 전력원선도의 가로축에는 유효전력, 세로축에는 무효전력을 나타내고, 그 반지름은 다음과 같다.
$r = \dfrac{E_S E_R}{B}$

28 송전선의 안정도를 증진시키는 방법으로 맞는 것은?

① 발전기의 단락비를 작게 한다.
② 선로의 회선수를 감소시킨다.
③ 전압 변동을 작게 한다.
④ 리액턴스가 큰 변압기를 사용한다.

해설 안정도 증진방법으로는 발전기의 단락비를 크게 하여야 하고, 선로 회선수는 다회선 방식을 채용하거나 복도체 방식을 사용하고, 선로의 리액턴스를 작게 하여야 한다.

29 중성점 직접접지방식에 대한 설명으로 틀린 것은?

① 계통의 과도 안정도가 나쁘다.
② 변압기의 단절연(段絶緣)이 가능하다.
③ 1선 지락 시 건전상의 전압은 거의 상승하지 않는다.
④ 1선 지락전류가 적어 차단기의 차단 능력이 감소된다.

해설 중성점 직접접지방식은 1상 지락사고일 경우 지락 전류가 대단히 크기 때문에 보호계전기의 동작이 확실하고, 계통에 주는 충격이 커서 과도 안정도가 나쁘다. 또한 중성점의 전위는 대지전위이므로 저감 절연 및 변압기 단절연이 가능하다.

30 배전선로의 손실을 경감하기 위한 대책으로 적절하지 않은 것은?

① 누전차단기 설치
② 배전전압의 승압
③ 전력용 콘덴서 설치
④ 전류밀도의 감소와 평형

해설 전력손실 감소대책
• 가능한 높은 전압 사용
• 굵은 전선 사용으로 전류밀도 감소
• 높은 도전율을 가진 전선 사용
• 송전거리 단축
• 전력용 콘덴서 설치
• 노후설비 신속 교체

31 송전선로의 고장전류 계산에 영상 임피던스가 필요한 경우는?

① 1선 지락   ② 3상 단락
③ 3선 단선   ④ 선간단락

해설 각 사고별 대칭좌표법 해석

1선 지락	정상분	역상분	영상분
선간단락	정상분	역상분	×
3상 단락	정상분	×	×

그러므로 영상 임피던스가 필요한 경우는 1선 지락이다.

32 전력 계통에서 내부 이상전압의 크기가 가장 큰 경우는?

① 유도성 소전류 차단 시
② 수차 발전기의 부하 차단 시
③ 무부하 선로 충전전류 차단 시
④ 송전선로의 부하 차단기 투입 시

해설 전력 계통에서 가장 큰 내부 이상전압은 개폐 서지로 무부하일 때 선로의 충전전류를 차단할 때이다.

정답 27.② 28.③ 29.④ 30.① 31.① 32.③

33 피뢰기를 가장 적절하게 설명한 것은?
① 동요 전압의 파두, 파미의 파형의 준도를 저감하는 것
② 이상전압이 내습하였을 때 방전하고 기류를 차단하는 것
③ 뇌동요 전압의 파고를 저감하는 것
④ 1선이 지락할 때 아크를 소멸시키는 것

해설 충격파 전압의 파고치를 저감시키고 속류를 차단한다.

34 단상 2선식의 교류 배전선이 있다. 전선 한 줄의 저항은 0.15[Ω], 리액턴스는 0.25[Ω]이다. 부하는 무유도성으로 100[V], 3[kW]일 때 급전점의 전압은 약 몇 [V]인가?
① 100 ② 110
③ 120 ④ 130

해설 급전점 전압 $V_s = V_r + I(R\cos\theta_r + X\sin\theta_r)$
$= 100 + \frac{3,000}{100} \times 0.15 \times 2$
$= 109 ≒ 110[V]$

35 배전 계통에서 사용하는 고압용 차단기의 종류가 아닌 것은?
① 기중차단기(ACB)
② 공기차단기(ABB)
③ 진공차단기(VCB)
④ 유입차단기(OCB)

해설 기중차단기(ACB)는 대기압에서 소호하고, 교류 저압 차단기이다.

36 선택지락계전기의 용도를 옳게 설명한 것은?
① 단일 회선에서 지락 고장 회선의 선택 차단
② 단일 회선에서 지락전류의 방향 선택 차단
③ 병행 2회선에서 지락 고장 회선의 선택 차단
④ 병행 2회선에서 지락 고장의 지속시간 선택 차단

해설 병행 2회선 송전선로의 지락사고 차단에 사용하는 계전기는 고장난 회선을 선택하는 선택지락계전기를 사용한다.

37 망상(network) 배전방식에 대한 설명으로 옳은 것은?
① 전압 변동이 대체로 크다.
② 부하 증가에 대한 융통성이 적다.
③ 방사상 방식보다 무정전 공급의 신뢰도가 더 높다.
④ 인축에 대한 감전사고가 적어서 농촌에 적합하다.

해설 망상식(network system) 배전방식은 무정전 공급이 가능하며 전압 변동이 적고 손실이 감소되며, 부하 증가에 대한 적응성이 좋으나, 건설비가 비싸고, 인축에 대한 사고가 증가하고, 보호장치인 네트워크 변압기와 네트워크 변압기의 2차측에 설치하는 계전기와 기중차단기로 구성되는 역류개폐장치(network protector)가 필요하다.

38 %임피던스와 관련된 설명으로 틀린 것은?
① 정격전류가 증가하면 %임피던스는 감소한다.
② 직렬 리액터가 감소하면 %임피던스도 감소한다.
③ 전기 기계의 %임피던스가 크면 차단기의 용량은 작아진다.
④ 송전 계통에서는 임피던스의 크기를 [Ω]값 대신에 [%]값으로 나타내는 경우가 많다.

정답 33.② 34.② 35.① 36.③ 37.③ 38.①

해설 %임피던스는 정격전류 및 정격용량에는 비례하고, 차단전류 및 차단용량에는 반비례하므로 정격전류가 증가하면 %임피던스는 증가한다.

39 그림과 같은 유황 곡선을 가진 수력 지점에서 최대 사용수량 OC로 1년간 계속 발전하는 데 필요한 저수지의 용량은?

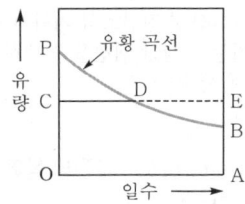

① 면적 OCPBA ② 면적 OCDBA
③ 면적 DEB ④ 면적 PCD

해설 그림에서 유황 곡선이 PDB이고 1년간 OC의 유량으로 발전하면, D점 이후의 일수는 유량이 DEB에 해당하는 만큼 부족하므로 저수지를 이용하여 필요한 유량을 확보하여야 한다.

40 다음 (㉠), (㉡), (㉢)에 들어갈 내용으로 옳은 것은?

> 원자력이란 일반적으로 무거운 원자핵이 핵분열하여 가벼운 핵으로 바뀌면서 발생하는 핵분열에너지를 이용하는 것이고, (㉠) 발전은 가벼운 원자핵을(과) (㉡)하여 무거운 핵으로 바꾸면서 (㉢) 전·후의 질량 결손에 해당하는 방출에너지를 이용하는 방식이다.

① ㉠ 원자핵 융합, ㉡ 융합, ㉢ 결합
② ㉠ 핵결합, ㉡ 반응, ㉢ 융합
③ ㉠ 핵융합, ㉡ 융합, ㉢ 핵반응
④ ㉠ 핵반응, ㉡ 반응, ㉢ 결합

해설 핵융합 발전은 가벼운 원자핵을 융합하여 무거운 핵으로 바꾸면서 핵반응 전·후의 질량 결손에 해당하는 방출에너지를 이용한다.

제3과목 전기기기

41 동기 전동기의 기동법 중 자기동법(self-starting method)에서 계자 권선을 저항을 통해서 단락시키는 이유는?

① 기동이 쉽다.
② 기동 권선으로 이용한다.
③ 고전압의 유도를 방지한다.
④ 전기자 반작용을 방지한다.

해설 기동기에 계자 회로를 연 채로 고정자에 전압을 가하면 권수가 많은 계자 권선이 고정자 회전 자계를 끊으므로 계자 회로에 매우 높은 전압이 유기될 염려가 있으므로 계자 권선을 여러 개로 분할하여 열어놓거나 또는 저항을 통하여 단락시켜 놓아야 한다.

42 전력용 변압기에서 1차에 정현파 전압을 인가하였을 때, 2차에 정현파 전압이 유기되기 위해서는 1차에 흘러들어가는 여자 전류는 기본파 전류 외에 주로 몇 고조파 전류가 포함되는가?

① 제2고조파 ② 제3고조파
③ 제4고조파 ④ 제5고조파

해설 변압기의 철심에는 자속이 변화하는 경우 히스테리시스 현상이 있으므로 정현파 전압을 유도하려면 여자 전류에는 기본파 전류 외에 제3고조파 전류가 포함된 첨두파가 되어야 한다.

43 직류 전동기에서 정출력 가변 속도의 용도에 적합한 속도 제어법은?

① 일그너 제어 ② 계자 제어
③ 저항 제어 ④ 전압 제어

해설 회전 속도 $N = k\dfrac{V - I_a R_a}{\phi} \propto \dfrac{1}{\phi}$

출력 $P = E \cdot I_a = \dfrac{Z}{a} P \phi \dfrac{N}{60} I_a \propto \phi N$에서 자속을 변화하여 속도 제어를 하면 출력이 일정하므로 계자 제어를 정출력 제어라 한다.

정답 39.③ 40.③ 41.③ 42.② 43.②

44 다이오드 2개를 이용하여 전파 정류를 하고, 순저항 부하에 전력을 공급하는 회로가 있다. 저항에 걸리는 직류분 전압이 90[V]라면 다이오드에 걸리는 최대 역전압[V]의 크기는?

① 90 ② 242.8
③ 254.5 ④ 282.8

해설 직류 전압 $E_d = \frac{2\sqrt{2}}{\pi}E = 0.9E$

교류 전압 $E = \frac{E_d}{0.9} = \frac{90}{0.9} = 100[V]$

최대 역전압(ΠV) $V_\in = 2 \cdot E_m = 2\sqrt{2}E$
$= 2\sqrt{2} \times 100$
$= 282.8[V]$

45 동기 발전기의 자기 여자 현상 방지법이 아닌 것은?

① 수전단에 리액턴스를 병렬로 접속한다.
② 발전기 2대 또는 3대를 병렬로 모선에 접속한다.
③ 송전 선로의 수전단에 변압기를 접속한다.
④ 단락비가 작은 발전기로 충전한다.

해설 자기 여자 현상의 방지책
- 발전기 2대 또는 3대를 병렬로 모선에 접속한다.
- 수전단에 동기 조상기를 접속하고 이것을 부족 여자로 운전한다.
- 송전 선로의 수전단에 변압기를 접속한다.
- 수전단에 리액턴스를 병렬로 접속한다.
- 전기자 반작용은 적고, 단락비를 크게 한다.

46 극수 8, 중권 직류기의 전기자 총 도체수 960, 매극 자속 0.04[Wb], 회전수 400[rpm]이라면 유기기전력은 몇 [V]인가?

① 256 ② 327
③ 425 ④ 625

해설 유기기전력 $E = \frac{Z}{a}p\phi\frac{N}{60}$
$= \frac{960}{8} \times 8 \times 0.04 \times \frac{400}{60}$
$= 256[V]$

47 출력 P_o, 2차 동손 P_{2c}, 2차 입력 P_2 및 슬립 s인 유도 전동기에서의 관계는?

① $P_2 : P_{2c} : P_o = 1 : s : (1-s)$
② $P_2 : P_{2c} : P_o = 1 : (1-s) : s$
③ $P_2 : P_{2c} : P_o = 1 : s^2 : (1-s)$
④ $P_2 : P_{2c} : P_o = 1 : (1-s) : s^2$

해설
- 2차 입력 : $P_2 = I_2^2 \cdot \frac{r_2}{s}$
- 2차 동손 : $P_{2c} = I_2^2 \cdot r_2$
- 출력 : $P_o = I_2^2 \cdot R = I_2^2 \frac{1-s}{s}$

$\therefore P_2 : P_{2c} : P_o = \frac{1}{s} : 1 : \frac{1-s}{s} = 1 : s : 1-s$

48 스텝각이 2°, 스테핑 주파수(pulse rate)가 1,800[pps]인 스테핑 모터의 축속도[rps]는?

① 8 ② 10
③ 12 ④ 14

해설 스테핑 모터의 축속도 $n = \frac{\beta \times f_p}{360} = \frac{2 \times 1,800}{360°}$
$= 10[rps]$

49 동기기의 안정도를 증진시키는 방법이 아닌 것은?

① 단락비를 크게 할 것
② 속응 여자 방식을 채용할 것
③ 정상 리액턴스를 크게 할 것
④ 영상 및 역상 임피던스를 크게 할 것

정답 44.④ 45.④ 46.① 47.① 48.② 49.③

해설 동기기의 안정도 향상책
- 단락비가 클 것
- 동기 임피던스(리액턴스)가 작을 것
- 속응 여자 방식을 채택할 것
- 관성 모멘트가 클 것
- 조속기 동작이 신속할 것
- 영상 및 역상 임피던스가 클 것

50 유도 전동기의 최대 토크를 발생하는 슬립을 s_t, 최대 출력을 발생하는 슬립을 s_p라 하면 대소 관계는?

① $s_p = s_t$
② $s_p > s_t$
③ $s_p < s_t$
④ 일정치 않다.

해설
$$s_t = \frac{r_2'}{\sqrt{r_1^2 + (x_1+x_2')^2}} \fallingdotseq \frac{r_2'}{x_2'} = \frac{r_2}{x_2}$$
$$s_p = \frac{r_2'}{r_2' + \sqrt{(r_1+r_2')^2 + (x_1+x_2')^2}}$$
$$\fallingdotseq \frac{r_2'}{r_2' + Z}$$
$$\frac{r_2'}{x_2'} > \frac{r_2'}{r_2' + Z}$$
$$\therefore s_t > s_p$$

51 3상 동기 발전기에서 그림과 같이 1상의 권선을 서로 똑같은 2조로 나누어서 그 1조의 권선 전압을 E[V], 각 권선의 전류를 I[A]라 하고, 지그재그 Y형(zigzag star)으로 결선하는 경우 선간전압, 선전류 및 피상 전력은?

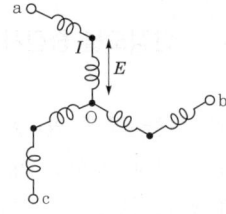

① $3E$, I, $\sqrt{3} \times 3E \times I = 5.2EI$
② $\sqrt{3}E$, $2I$, $\sqrt{3} \times \sqrt{3}E \times 2I = 6EI$
③ E, $2\sqrt{3}I$, $\sqrt{3} \times E \times 2\sqrt{3}I = 6EI$
④ $\sqrt{3}E$, $\sqrt{3}I$,
$\sqrt{3} \times \sqrt{3}E \times \sqrt{3}I = 5.2EI$

해설 선간전압 $V_l = \sqrt{3}V_p = \sqrt{3} \times \sqrt{3}E_p = 3E$[V]
선전류 $I_l = I_p = I$[A]
피상 전력 $P_a = \sqrt{3}V_l I_l$
$= \sqrt{3} \times 3E \times I$
$= 5.2EI$ [VA]

52 사이리스터(thyristor) 단상 전파 정류 파형에서의 저항 부하 시 맥동률[%]은?

① 17 ② 48
③ 52 ④ 83

해설
$$\nu = \frac{\sqrt{E^2 - E_d^2}}{E_d} \times 100 = \sqrt{\left(\frac{E}{E_d}\right)^2 - 1} \times 100$$
$$= \sqrt{\left(\frac{\frac{E_m}{\sqrt{2}}}{\frac{2E_m}{\pi}}\right)^2 - 1} \times 100$$
$$= \sqrt{\left(\frac{\pi}{2\sqrt{2}}\right)^2 - 1} \times 100$$
$$= \sqrt{\frac{\pi^2}{8} - 1} \times 100$$
$$\fallingdotseq 0.48 \times 100 = 48[\%]$$

53 3상 유도 전동기의 기동법 중 Y-△ 기동법으로 기동 시 1차 권선의 각 상에 가해지는 전압은 기동 시 및 운전 시 각각 정격전압의 몇 배가 가해지는가?

① 1, $\frac{1}{\sqrt{3}}$
② $\frac{1}{\sqrt{3}}$, 1
③ $\sqrt{3}$, $\frac{1}{\sqrt{3}}$
④ $\frac{1}{\sqrt{3}}$, $\sqrt{3}$

해설 기동 시 고정자 권선의 결선이 Y결선이므로 상전압은 $\frac{1}{\sqrt{3}}V_0$이고, 운전 시 △결선이 되어 상전압과 선간전압은 동일하다.

정답 50.③ 51.① 52.② 53.②

54 분권 발전기의 회전 방향을 반대로 하면 일어나는 현상은?

① 전압이 유기된다.
② 발전기가 소손된다.
③ 잔류 자기가 소멸된다.
④ 높은 전압이 발생한다.

해설 직류 분권 발전기의 회전 방향이 반대로 되면 전기자의 유기기전력 극성이 반대로 되고, 분권 회로의 여자 전류가 반대로 흘러서 잔류 자기를 소멸시키기 때문에 전압이 유기되지 않으므로 발전되지 않는다.

55 다이오드를 사용하는 정류 회로에서 과대한 부하 전류로 인하여 다이오드가 소손될 우려가 있을 때 가장 적절한 조치는 어느 것인가?

① 다이오드를 병렬로 추가한다.
② 다이오드를 직렬로 추가한다.
③ 다이오드 양단에 적당한 값의 저항을 추가한다.
④ 다이오드 양단에 적당한 값의 콘덴서를 추가한다.

해설 다이오드를 병렬로 접속하면 과전류로부터 보호할 수 있다. 즉, 부하 전류가 증가하면 다이오드를 여러 개 병렬로 접속한다.

56 변압기 단락 시험에서 변압기의 임피던스 전압이란?

① 1차 전류가 여자 전류에 도달했을 때의 2차측 단자 전압
② 1차 전류가 정격전류에 도달했을 때의 2차측 단자 전압
③ 1차 전류가 정격전류에 도달했을 때의 변압기 내의 전압강하
④ 1차 전류가 2차 단락 전류에 도달했을 때의 변압기 내의 전압강하

해설 변압기의 임피던스 전압이란, 변압기 2차측을 단락하고 1차 공급 전압을 서서히 증가시켜 단락 전류가 1차 정격전류에 도달했을 때의 변압기 내의 전압강하이다.

57 슬립 5[%]인 유도 전동기의 등가 부하 저항은 2차 저항의 몇 배인가?

① 19   ② 20
③ 29   ④ 40

해설 등가 저항(기계적 출력 정수) R

$$R = \frac{r_2}{s} - r_2 = \left(\frac{1}{s} - 1\right)r_2 = \frac{1-s}{s}r_2$$
$$= \frac{1-0.05}{0.05} \cdot r_2 = 19r_2$$

58 권수비 60인 단상 변압기의 전부하 2차 전압 200[V], 전압변동률 3[%]일 때 1차 단자 전압[V]은?

① 12,180   ② 12,360
③ 12,720   ④ 12,930

해설 전압변동률 $\varepsilon = \frac{V_{20} - V_{2n}}{V_{2n}} \times 100$, $\dot{\varepsilon} = \frac{\varepsilon}{100} = 0.03$

$V_{20} = V_{2n}(1+\dot{\varepsilon})$

1차 단자 전압 $V_1 = a \cdot V_{20} = a \cdot V_{2n}(1+\dot{\varepsilon})$
$= 60 \times 200 \times (1+0.03)$
$= 12,360[V]$

59 단상 변압기를 병렬 운전할 경우 부하 전류의 분담은?

① 용량에 비례하고 누설 임피던스에 비례
② 용량에 비례하고 누설 임피던스에 반비례
③ 용량에 반비례하고 누설 리액턴스에 비례
④ 용량에 반비례하고 누설 리액턴스의 제곱에 비례

정답 54.③ 55.① 56.③ 57.① 58.② 59.②

해설 단상 변압기의 부하 분담은 A, B 2대의 변압기 정격전류를 I_A, I_B라 하고 정격전압을 V_n이라 하고 %임피던스를 $z_a = \%I_A Z_a$, $z_b = \%I_B Z_b$로 표시하면

$$z_a = \frac{Z_a I_A}{V_n} \times 100, \quad z_b = \frac{Z_b I_B}{V_n} \times 100$$

단, $I_a Z_a = I_b Z_b$이므로

$$\therefore \frac{I_a}{I_b} = \frac{z_b}{z_a} = \frac{Z_b V_n}{V_n} \times \frac{I_A}{Z_a V_n} = \frac{P_A Z_b}{P_B Z_a}$$

여기서, P_A : A변압기의 정격용량
P_B : B변압기의 정격용량
I_a : A변압기의 부하 전류
I_b : B변압기의 부하 전류

60 직류 분권 전동기의 정격전압이 300[V], 전부하 전기자 전류 50[A], 전기자 저항 0.2[Ω]이다. 이 전동기의 기동 전류를 전부하 전류의 120[%]로 제한시키기 위한 기동 저항값은 몇 [Ω]인가?

① 3.5 ② 4.8
③ 5.0 ④ 5.5

해설 기동 전류 $I_s = \dfrac{V-E}{R_a + R_s}$
$= 1.2 I_a = 1.2 \times 50 = 60$[A]
기동시 역기전력 $E = 0$이므로
기동 저항 $R_s = \dfrac{V}{1.2 I_a} - R_a$
$= \dfrac{300}{1.2 \times 50} - 0.2$
$= 4.8$[Ω]

제4과목 회로이론 및 제어공학

61 다음의 논리회로를 간단히 하면?

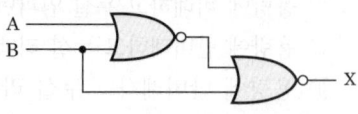

① $\overline{AB}$ ② $\overline{A}B$
③ $A\overline{B}$ ④ AB

해설 $X = \overline{\overline{A+B}+B} = \overline{\overline{A+B}} \cdot \overline{B} = (A+B)\overline{B}$
$= A\overline{B} + B\overline{B} = A\overline{B}$

62 그림과 같은 블록선도에서 등가합성전달함수 $\dfrac{C}{R}$는?

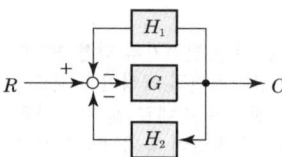

① $\dfrac{H_1 + H_2}{1+G}$ ② $\dfrac{H_1}{1+H_1 H_2 G}$
③ $\dfrac{G}{1+H_1+H_2}$ ④ $\dfrac{G}{1+H_1 G + H_2 G}$

해설 $(R - CH_1 - CH_2)G = C$
$RG = C(1 + H_1 G + H_2 G)$
합성전달함수 $G(s) = \dfrac{C}{R} = \dfrac{G}{1+H_1 G + H_2 G}$

63 $R(z) = \dfrac{(1-e^{-aT})z}{(z-1)(z-e^{-aT})}$의 역변환은?

① te^{at} ② te^{-at}
③ $1 - e^{-at}$ ④ $1 + e^{-at}$

해설 $\dfrac{R(z)}{z}$ 형태로 부분 분수 전개하면
$\dfrac{R(z)}{z} = \dfrac{(1-e^{-aT})}{(z-1)(z-e^{-aT})} = \dfrac{k_1}{z-1} + \dfrac{k_2}{z-e^{-aT}}$
$k_1 = \lim_{z \to 1} \dfrac{1-e^{-aT}}{z - e^{-aT}} = 1$
$k_2 = \lim_{z \to e^{-aT}} \dfrac{1-e^{-aT}}{z-1} = -1$
$\dfrac{R(z)}{z} = \dfrac{1}{z-1} - \dfrac{1}{z - e^{-aT}}$
$R(z) = \dfrac{z}{z-1} - \dfrac{z}{z-e^{-aT}}$
$\therefore r(t) = 1 - e^{-at}$

정답 60.② 61.③ 62.④ 63.③

64 단위부궤환 계통에서 $G(s)$가 다음과 같을 때, $K=2$이면 무슨 제동인가?

$$G(s) = \frac{K}{s(s+2)}$$

① 무제동 ② 임계제동
③ 과제동 ④ 부족제동

해설 $K=2$일 때, 특성방정식은 $1+G(s)=0$,
$1+\frac{K}{s(s+2)}=0$
$s(s+2)+K = s^2+2s+2 = 0$
2차계의 특성방정식 $s^2+2\delta\omega_n s+\omega_n^2=0$
$\omega_n = \sqrt{2}$, $2\delta\omega_n = 2$
∴ 제동비 $\delta = \frac{2}{2\sqrt{2}} = \frac{1}{\sqrt{2}} = 0.707$
∵ $0 < \delta < 1$인 경우이므로 부족제동 감쇠진동한다.

65 제어장치가 제어대상에 가하는 제어신호로 제어장치의 출력인 동시에 제어대상의 입력인 신호는?

① 목표값 ② 조작량
③ 제어량 ④ 동작신호

해설 궤환제어계

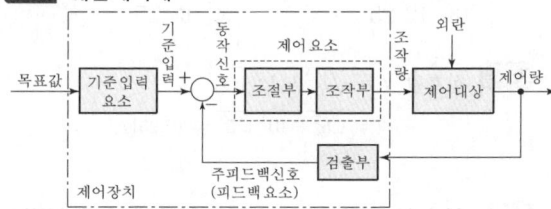

66 $G(s)H(s) = \frac{K(s+1)}{s^2(s+2)(s+3)}$에서 점근선의 교차점을 구하면?

① $-\frac{5}{6}$ ② $-\frac{1}{5}$
③ $-\frac{4}{3}$ ④ $-\frac{1}{3}$

해설 $\sigma = \frac{\sum G(s)H(s)\text{의 극점}-\sum G(s)H(s)\text{의 영점}}{p-z}$
$= \frac{(0-2-3)-(-1)}{4-1}$
$= -\frac{4}{3}$

67 $G(j\omega) = K(j\omega)^2$의 보드선도는?

① $-40[dB/dec]$의 경사를 가지며 위상각 $-180°$
② $40[dB/dec]$의 경사를 가지며 위상각 $180°$
③ $-20[dB/dec]$의 경사를 가지며 위상각 $-90°$
④ $20[dB/dec]$의 경사를 가지며 위상각 $90°$

해설

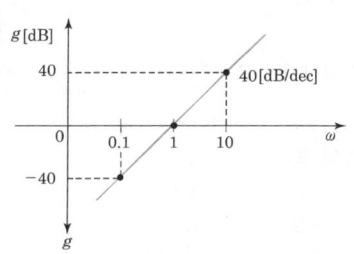

이득 $g = 20\log|G(j\omega)| = 20\log|K(j\omega)^2|$
$= 20\log K\omega^2 = 20\log K + 40\log\omega [dB]$
- $\omega = 0.1$일 때 $g = 20\log K - 40 [dB]$
- $\omega = 1$일 때 $g = 20\log K [dB]$
- $\omega = 10$일 때 $g = 20\log K + 40 [dB]$

∴ 이득 $40[dB/dec]$의 경사를 가지며,
위상각 $\angle\theta = \angle G(j\omega) = \angle(j\omega)^2 = 180°$

68 제어오차가 검출될 때 오차가 변화하는 속도에 비례하여 조작량을 조절하는 동작으로 오차가 커지는 것을 사전에 방지하는 제어동작은?

① 미분동작제어
② 비례동작제어
③ 적분동작제어
④ 온-오프(on-off)제어

정답 64.④ 65.② 66.③ 67.② 68.①

해설 미분동작제어

레이트동작 또는 단순히 D동작이라 하며 단독으로 쓰이지 않고 비례 또는 비례+적분동작과 함께 쓰인다.

미분동작은 오차(편차)의 증가속도에 비례하여 제어신호를 만들어 오차가 커지는 것을 미리 방지하는 효과를 가지고 있다.

69 다음과 같은 단위궤환제어계가 안정하기 위한 K의 범위를 구하면?

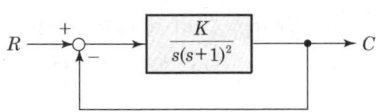

① $K > 0$ ② $K < 1$
③ $0 < K < 1$ ④ $0 < K < 2$

해설 특성방정식 $1 + G(s)H(s) = 1 + \dfrac{K}{s(s+1)^2} = 0$

$s(s+1)^2 + K = s^3 + 2s^2 + s + K = 0$

라우스의 표

s^3	1	1	0
s^2	2	K	
s^1	$\dfrac{2-K}{2}$	0	
s^0	K		

제1열의 부호 변화가 없어야 안정하므로
$\dfrac{2-K}{2} > 0, \; K > 0$

∴ $0 < K < 2$

70 그림의 신호흐름선도에서 $\dfrac{y_2}{y_1}$의 값은?

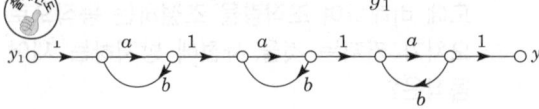

① $\dfrac{a^3}{(1-ab)^3}$ ② $\dfrac{a^3}{(1-3ab+a^2b^2)}$
③ $\dfrac{a^3}{1-3ab}$ ④ $\dfrac{a^3}{1-3ab+2a^2b^2}$

해설 $G_1 = a \cdot a \cdot a = a^3, \; \Delta_1 = 1$

$\sum L_{n1} = ab + ab + ab = 3ab$
$\sum L_{n2} = ab \times ab + ab \times ab + ab \times ab = 3a^2b^2$
$\sum L_{n3} = ab \times ab \times ab = a^3b^3$
$\Delta = 1 - 3ab + 3a^2b^2 - a^3b^3 = (1-ab)^3$

∴ 전달함수 $G(s) = \dfrac{y_2}{y_1} = \dfrac{G_1\Delta_1}{\Delta} = \dfrac{a^3}{(1-ab)^3}$

71 각 상의 임피던스 $Z = 6 + j8[\Omega]$인 평형 △부하에 선간전압이 220[V]인 대칭 3상 전압을 가할 때의 선전류[A]를 구하면?

① 22 ② 13
③ 11 ④ 38

해설 △결선이므로 $I_l = \sqrt{3} I_p$
$= \sqrt{3} \dfrac{220}{\sqrt{6^2+8^2}} ≒ 38[A]$

72 어떤 회로에 흐르는 전류가 $i = 5 + 10\sqrt{2}\sin\omega t + 5\sqrt{2}\sin\left(3\omega t + \dfrac{\pi}{3}\right)$[A]인 경우 실효값[A]은?

① 10.25 ② 11.25
③ 12.25 ④ 13.25

해설 실효값 $I = \sqrt{I_0^2 + I_1^2 + I_2^2}$
$= \sqrt{5^2 + 10^2 + 5^2} = 12.25[A]$

73 무손실 선로의 분포정수회로에서 감쇠정수 α와 위상정수 β의 값은?

① $\alpha = \sqrt{RG}, \; \beta = \omega\sqrt{LC}$
② $\alpha = 0, \; \beta = \omega\sqrt{LC}$
③ $\alpha = \sqrt{RG}, \; \beta = 0$
④ $\alpha = 0, \; \beta = \dfrac{1}{\sqrt{LC}}$

정답 69.④ 70.① 71.④ 72.③ 73.②

해설 $\gamma = \sqrt{(R+j\omega L)(G+j\omega C)}$
$= j\omega\sqrt{LC}$
∴ 감쇠정수 $\alpha = 0$
　위상정수 $\beta = \omega\sqrt{LC}$

74 대칭 3상 전압 V_a, V_b, V_c를 a상을 기준으로 한 대칭분은?

① $V_0 = 0$, $V_1 = V_a$, $V_2 = aV_a$
② $V_0 = V_a$, $V_1 = V_a$, $V_2 = V_a$
③ $V_0 = 0$, $V_1 = 0$, $V_2 = a^2V_a$
④ $V_0 = 0$, $V_1 = V_a$, $V_2 = 0$

해설 대칭 3상 전압을 a상 기준으로 한 대칭분

$V_0 = \frac{1}{3}(V_a + V_b + V_c)$
$= \frac{1}{3}(V_a + a^2V_a + aV_a)$
$= \frac{V_a}{3}(1 + a^2 + a) = 0$

$V_1 = \frac{1}{3}(V_a + aV_b + a^2V_c)$
$= \frac{1}{3}(V_a + a^3V_a + a^3V_a)$
$= \frac{V_a}{3}(1 + a^3 + a^3) = V_a$

$V_2 = \frac{1}{3}(V_a + a^2V_b + aV_c)$
$= \frac{1}{3}(V_a + a^4V_a + a^2V_a)$
$= \frac{V_a}{3}(1 + a^4 + a^2) = 0$

75 $R-L$ 직렬회로에 $v = 100\sin(120\pi t)$[V]의 전원을 연결하여 $i = 2\sin(120\pi t - 45°)$[A]의 전류가 흐르도록 하려면 저항 R[Ω]의 값은?

① 50　　　② $\frac{50}{\sqrt{2}}$
③ $50\sqrt{2}$　　④ 100

해설 임피던스 $Z = \frac{V_m}{I_m} = \frac{100}{2} = 50$[Ω], 전압 전류의 위상차 45°이므로

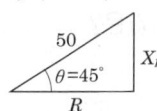

따라서 임피던스 삼각형에서
∴ $R = 50\cos 45° = \frac{50}{\sqrt{2}}$[Ω]

76 그림과 같은 회로의 단자 a, b, c에 대칭 3상 전압을 가하여 각 선전류를 같게 하려면 R의 값[Ω]을 얼마로 하면 되는가?

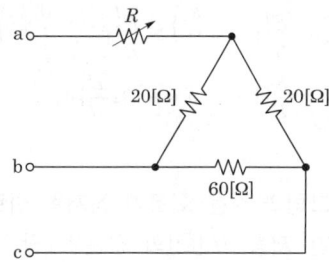

① 2　　　② 8
③ 16　　④ 24

해설 △ → Y로 등가 변환하면

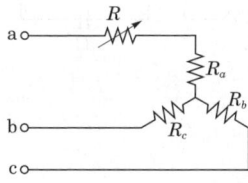

$R_a = \frac{400}{100} = 4$[Ω]

$R_b = \frac{1,200}{100} = 12$[Ω]

$R_c = \frac{1,200}{100} = 12$[Ω]

∴ 각 선에 흐르는 전류가 같으려면 각 상의 저항이 같아야 하므로 $R = 8$[Ω]

정답 74.④　75.②　76.②

77 $R-L$ 직렬회로에서 스위치 S를 닫아 직류 전압 $E[\text{V}]$를 회로 양단에 급히 가한 다음 $\dfrac{L}{R}[\text{s}]$ 후의 전류 $I[\text{A}]$값은?

① $0.632\dfrac{E}{R}$
② $0.5\dfrac{E}{R}$
③ $0.368\dfrac{E}{R}$
④ $\dfrac{E}{R}$

해설
$i = \dfrac{E}{R}\left(1 - e^{-\frac{R}{L}t}\right) = \dfrac{E}{R}\left(1 - e^{-\frac{R}{L}\cdot\frac{L}{R}t}\right)$
$= \dfrac{E}{R}(1 - e^{-1}) = 0.632\dfrac{E}{R}[\text{A}]$

78 그림과 같은 회로가 정저항 회로가 되기 위한 저항 $R[\Omega]$의 값은? (단, $L = 2[\text{mH}]$, $C = 10[\mu\text{F}]$이다.)

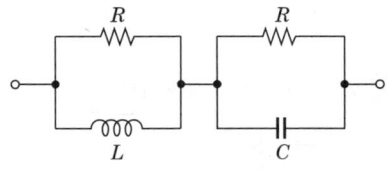

① 8
② 14
③ 20
④ 28

해설
$Z_1 \cdot Z_2 = R^2$에서 $sL \cdot \dfrac{1}{sC} = R^2$, $R^2 = \dfrac{L}{C}$
$\therefore R = \sqrt{\dfrac{L}{C}} = \sqrt{\dfrac{2 \times 10^{-3}}{10 \times 10^{-6}}} = 14.14[\Omega]$

79 그림과 같은 H형 회로의 4단자 정수 중 A의 값은?

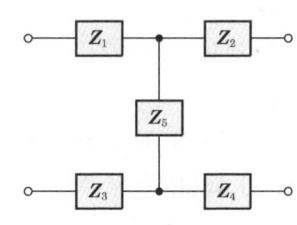

① Z_5
② $\dfrac{Z_5}{Z_2 + Z_4 + Z_5}$
③ $\dfrac{1}{Z_5}$
④ $\dfrac{Z_1 + Z_3 + Z_5}{Z_5}$

해설
$\begin{bmatrix} A & B \\ C & D \end{bmatrix} = \begin{bmatrix} 1 & Z_1 + Z_3 \\ 0 & 1 \end{bmatrix} \begin{bmatrix} 1 & 0 \\ \dfrac{1}{Z_5} & 1 \end{bmatrix} \begin{bmatrix} 1 & Z_2 + Z_4 \\ 0 & 1 \end{bmatrix}$

$= \begin{bmatrix} \dfrac{Z_1 + Z_3 + Z_5}{Z_5} & Z_1 + Z_3 + \dfrac{(Z_2 + Z_4)(Z_1 + Z_3 + Z_5)}{Z_5} \\ \dfrac{1}{Z_5} & \dfrac{Z_2 + Z_4 + Z_5}{Z_5} \end{bmatrix}$

80 대칭 3상 전압을 공급한 유도 전동기가 있다. 전동기에 그림과 같이 2개의 전력계 W_1 및 W_2, 전압계 V, 전류계 A를 접속하니 각 계기의 지시가 $W_1 = 5.96[\text{kW}]$, $W_2 = 1.31[\text{kW}]$, $V = 200[\text{V}]$, $A = 30[\text{A}]$이었다. 이 전동기의 역률은 몇 [%]인가?

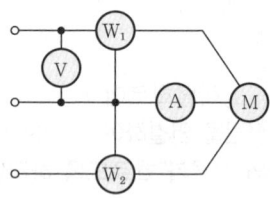

① 60
② 70
③ 80
④ 90

정답 77.① 78.② 79.④ 80.②

해설 역률 $\cos\theta = \dfrac{P}{P_a} = \dfrac{P}{\sqrt{P^2 + P_r^2}} = \dfrac{P}{\sqrt{3}\,VI}$

전력계의 지시값이 W_1, W_2이므로

역률 $\cos\theta = \dfrac{W_1 + W_2}{\sqrt{3}\,VI}$

$= \dfrac{5,960 + 1,310}{\sqrt{3}\times 200\times 30} = 0.7$

∴ 70[%]

제5과목 전기설비기술기준

81 직류회로에서 선도체 겸용 보호도체를 말하는 것은?

① PEM ② PEL
③ PEN ④ PET

해설 용어정의(KEC 112)
- "PEN 도체"란 교류회로에서 중성선 겸용 보호도체를 말한다.
- "PEM 도체"란 직류회로에서 중간도체 겸용 보호도체를 말한다.
- "PEL 도체"란 직류회로에서 선도체 겸용 보호도체를 말한다.

82 최대사용전압 440[V]인 전동기의 절연내력 시험전압은 몇 [V]인가?

① 330 ② 440
③ 500 ④ 660

해설 회전기 및 정류기의 절연내력(KEC 133)

종 류	시험전압	시험방법
발전기, 전동기, 조상기 (무효전력 보상장치)	7[kV] 이하	1.5배 (최저 500[V])	권선과 대지 사이 10분간
	7[kV] 초과	1.25배 (최저 10,500[V])	

∴ $440 \times 1.5 = 660$[V]

83 접지공사에 사용하는 접지도체를 시설하는 경우 접지극을 그 금속체로부터 지중에서 몇 [m] 이상 이격시켜야 하는가? (단, 접지극을 철주의 밑면으로부터 30[cm] 이상의 깊이에 매설하는 경우는 제외한다.)

① 1 ② 2
③ 3 ④ 4

해설 접지극의 시설 및 접지저항(KEC 142.2)
- 접지극은 지하 75[cm] 이상으로 하되 동결깊이를 감안하여 매설할 것
- 접지극을 철주의 밑면으로부터 30[cm] 이상의 깊이에 매설하는 경우 이외에는 접지극을 지중에서 금속체로부터 1[m] 이상 떼어 매설할 것

84 혼촉사고 시에 1초를 초과하고 2초 이내에 자동 차단되는 6.6[kV] 전로에 결합된 변압기 저압측의 전압이 220[V]인 경우 접지저항값 [Ω]은? (단, 고압측 1선 지락전류는 30[A]라 한다.)

① 5 ② 10
③ 20 ④ 30

해설 변압기 중성점 접지저항값(KEC 142.5)
- 일반적으로 변압기의 고압·특고압측 전로 1선 지락전류로 150을 나눈 값과 같은 저항값 이하
- 변압기의 고압·특고압 전로 또는 사용전압이 35[kV] 이하의 특고압 전로가 저압측 전로와 혼촉하고 저압전로의 대지전압이 150[V]를 초과하는 경우는 저항값은 다음에 의한다.
  - 1초 초과 2초 이내에 고압·특고압 전로를 자동으로 차단하는 장치를 설치할 때는 300을 나눈 값 이하
  - 1초 이내에 고압·특고압 전로를 자동으로 차단하는 장치를 설치할 때는 600을 나눈 값 이하

∴ $R = \dfrac{300}{I} = \dfrac{300}{30} = 10$[Ω]

정답 81.② 82.④ 83.① 84.②

85 피뢰설비 중 인하도선시스템의 건축물·구조물과 분리되지 않은 수뢰부시스템인 경우에 대한 설명으로 틀린 것은?

① 인하도선의 수는 1가닥 이상으로 한다.
② 벽이 불연성 재료로 된 경우에는 벽의 표면 또는 내부에 시설할 수 있다.
③ 병렬인하도선의 최대간격은 피뢰시스템등급에 따라 Ⅳ 등급은 20[m]로 한다.
④ 벽이 가연성 재료인 경우에는 0.1[m] 이상 이격하고, 이격이 불가능한 경우에는 도체의 단면적을 100[mm²] 이상으로 한다.

해설 인하도선시스템(KEC 152.2)
- 건축물·구조물과 분리되는 피뢰시스템인 경우 : 인하도선의 수는 1가닥 이상
- 건축물·구조물과 분리되지 않은 피뢰시스템인 경우 : 인하도선의 수는 2가닥 이상

86 일반주택의 저압 옥내배선을 점검하였더니 다음과 같이 시설되어 있었을 경우 시설기준에 적합하지 않은 것은?

① 합성수지관의 지지점 간의 거리를 2[m]로 하였다.
② 합성수지관 안에서 전선의 접속점이 없도록 하였다.
③ 금속관공사에 옥외용 비닐절연전선을 제외한 절연전선을 사용하였다.
④ 인입구에 가까운 곳으로서 쉽게 개폐할 수 있는 곳에 개폐기를 각 극에 시설하였다.

해설 합성수지관공사(KEC 232.11)
- 전선은 연선(옥외용 제외) 사용. 연동선 10[mm²], 알루미늄선 16[mm²] 이하 단선 사용할 것
- 전선관 내 전선 접속점이 없도록 할 것
- 관을 삽입하는 깊이 : 관 외경(바깥지름)의 1.2배 (접착제 사용 0.8배) 이상
- 관 지지점 간 거리 : 1.5[m] 이하

87 욕탕의 양단에 판상의 전극을 설치하고 그 전극 상호 간에 교류전압을 가하는 전기욕기의 전원변압기 2차 전압은 몇 [V] 이하인 것을 사용하여야 하는가?

① 5   ② 10
③ 12 ④ 15

해설 전기욕기(KEC 241.2)
1차 대지전압 300[V] 이하, 2차 사용전압 10[V] 이하인 것을 사용해야 한다.

88 무대, 무대마루 밑, 오케스트라 박스, 영사실, 기타 사람이나 무대 도구가 접촉할 우려가 있는 곳에 시설하는 저압 옥내배선·전구선 또는 이동전선은 사용전압이 몇 [V] 이하이어야 하는가?

① 60   ② 110
③ 220 ④ 400

해설 전시회, 쇼 및 공연장의 전기설비(KEC 242.6)
저압 옥내배선·전구선 또는 이동전선은 사용전압이 400[V] 이하일 것

89 전체의 길이가 18[m]이고, 설계하중이 6.8[kN]인 철근콘크리트주를 지반이 튼튼한 곳에 시설하려고 한다. 기초 안전율을 고려하지 않기 위해서는 묻히는 깊이를 몇 [m] 이상으로 시설하여야 하는가?

① 2.5 ② 2.8
③ 3   ④ 3.2

해설 가공전선로 지지물의 기초의 안전율(KEC 331.7)
철근콘크리트주로서 그 전체의 길이가 16[m] 초과 20[m] 이하이고, 설계하중이 6.8[kN] 이하의 것을 논이나 그 밖의 지반이 연약한 곳 이외에 그 묻히는 깊이는 2.8[m] 이상

정답 85.① 86.① 87.② 88.④ 89.②

90 345[kV] 송전선을 사람이 쉽게 들어가지 않는 산지에 시설할 때 전선의 지표상 높이는 몇 [m] 이상으로 하여야 하는가?

① 7.28
② 7.56
③ 8.28
④ 8.56

해설 특고압 가공전선의 높이(KEC 333.7)
$(345-160) \div 10 = 18.5$이므로 10[kV] 단수는 19이다. 산지(山地) 등에서 사람이 쉽게 들어갈 수 없는 장소에 시설하는 경우이므로 전선의 지표상 높이는 $5 + 0.12 \times 19 = 7.28$[m]이다.

91 고압 가공전선로의 지지물로 철탑을 사용한 경우 최대 경간(지지물 간 거리)은 몇 [m] 이하이어야 하는가?

① 300   ② 400
③ 500   ④ 600

해설 고압 가공전선로 경간(지지물 간 거리)의 제한(KEC 332.9)

지지물의 종류	경간(지지물 간 거리)
목주 · A종	150[m] 이하
B종	250[m] 이하
철탑	600[m] 이하

92 345[kV] 가공전선이 건조물과 제1차 접근상태로 시설되는 경우 양자 간의 최소 이격거리(간격)는 얼마이어야 하는가?

① 6.75[m]   ② 7.65[m]
③ 7.8[m]   ④ 9.48[m]

해설 $L = 3 + 0.15 \times \dfrac{345-35}{10} = 7.65$[m]

93 사용전압이 22.9[kV]인 가공전선로를 시가지에 시설하는 경우 전선의 지표상 높이는 몇 [m] 이상인가? (단, 전선은 특고압 절연전선을 사용한다.)

① 6   ② 7
③ 8   ④ 10

해설 시가지 등에서 170[kV] 이하 특고압 가공전선로 높이(KEC 333.1-3)

사용전압의 구분	지표상의 높이
35[kV] 이하	10[m](전선이 특고압 절연전선인 경우에는 8[m])
35[kV] 초과	10[m]에 35[kV]를 초과하는 10[kV] 또는 그 단수마다 0.12[m]를 더한 값

94 사용전압이 15[kV] 초과 25[kV] 이하인 특고압 가공전선로가 상호 간 접근 또는 교차하는 경우 사용전선이 양쪽 모두 나전선이라면 이격거리(간격)는 몇 [m] 이상이어야 하는가? (단, 중성선 다중 접지방식의 것으로서 전로에 지락이 생겼을 때에 2초 이내에 자동적으로 이를 전로로부터 차단하는 장치가 되어 있다.)

① 1.0
② 1.2
③ 1.5
④ 1.75

해설 25[kV] 이하인 특고압 가공전선로의 시설(KEC 333.32)
특고압 가공전선로가 상호 간 접근 또는 교차하는 경우

사용 전선의 종류	이격거리(간격)
어느 한쪽 또는 양쪽이 나전선인 경우	1.5[m]
양쪽이 특고압 절연 전선인 경우	1.0[m]
한쪽이 케이블이고 다른 한쪽이 케이블이거나 특고압 절연 전선인 경우	0.5[m]

정답 90.① 91.④ 92.② 93.③ 94.③

95 교량(다리)의 윗면에 시설하는 고압 전선로는 전선의 높이를 교량(다리)의 노면상 몇 [m] 이상으로 하여야 하는가?

① 3 ② 4
③ 5 ④ 6

해설 교량(다리)에 시설하는 전선로(KEC 335.6) – 고압 전선로
- 교량(다리)의 윗면에 시설하는 전선의 높이를 교량(다리)의 노면상 5[m] 이상으로 할 것
- 전선은 케이블일 것. 단, 철도 또는 궤도 전용의 교량(다리)에는 인장강도 5.26[kN] 이상의 것 또는 지름 4[mm] 이상의 경동선을 사용
- 전선과 조영재 사이의 이격거리(간격)는 30[cm] 이상일 것

96 수소냉각식 발전기 및 이에 부속하는 수소 냉각장치에 대한 시설기준으로 틀린 것은?

① 발전기 내부의 수소의 온도를 계측하는 장치를 시설할 것
② 발전기 내부의 수소의 순도가 70[%] 이하로 저하한 경우에 경보를 하는 장치를 시설할 것
③ 발전기는 기밀구조의 것이고 또한 수소가 대기압에서 폭발하는 경우에 생기는 압력에 견디는 강도를 가지는 것일 것
④ 발전기 내부의 수소의 압력을 계측하는 장치 및 그 압력이 현저히 변동한 경우에 이를 경보하는 장치를 시설할 것

해설 수소냉각식 발전기 등의 시설(KEC 351.10)
- 수소의 순도가 85[%] 이하로 저하한 경우에 이를 경보하는 장치를 시설할 것
- 수소의 압력을 계측하는 장치 및 그 압력이 변동한 경우에 이를 경보하는 장치를 시설할 것
- 수소의 온도를 계측하는 장치를 시설할 것

97 발전기의 용량에 관계없이 자동적으로 이를 전로로부터 차단하는 장치를 시설하여야 하는 경우는?

① 베어링 과열   ② 과전류 인입
③ 유압의 과팽창 ④ 발전기 내부고장

해설 발전기 등의 보호장치(KEC 351.3)
발전기의 용량에 관계없이 자동적으로 이를 전로로부터 차단하는 장치를 시설하는 경우는 발전기에 과전류나 과전압이 생긴 경우이다.

98 사용전압이 170[kV] 이하의 변압기를 시설하는 변전소로서 기술원이 상주하여 감시하지는 않으나 수시로 순회하는 경우, 기술원이 상주하는 장소에 경보장치를 시설하지 않아도 되는 경우는?

① 옥내변전소에 화재가 발생한 경우
② 제어회로의 전압이 현저히 저하한 경우
③ 운전조작에 필요한 차단기가 자동적으로 차단한 후 재폐로한 경우
④ 수소냉각식 조상기(무효전력 보상장치)는 그 조상기(무효전력 보상장치) 안의 수소의 순도가 90[%] 이하로 저하한 경우

해설 상주 감시를 하지 아니하는 변전소의 시설(KEC 351.9)
- 사용전압이 170[kV] 이하의 변압기를 시설하는 변전소
- 경보장치 시설
 - 운전조작에 필요한 차단기가 자동적으로 차단한 경우
 - 주요 변압기의 전원측 전로가 무전압으로 된 경우
 - 제어회로의 전압이 현저히 저하한 경우
 - 옥내변전소에 화재가 발생한 경우
 - 출력 3,000[kVA]를 초과하는 특고압용 변압기는 그 온도가 현저히 상승한 경우
 - 특고압용 타냉식 변압기는 그 냉각장치가 고장난 경우
 - 조상기(무효전력 보상장치)는 내부에 고장이 생긴 경우

정답 95.③ 96.② 97.② 98.③

- 수소냉각식 조상기(무효전력 보상장치)는 그 조상기(무효전력 보상장치) 안의 수소의 순도가 90[%] 이하로 저하한 경우, 수소의 압력이 현저히 변동한 경우 또는 수소의 온도가 현저히 상승한 경우
- 가스절연기기의 절연가스의 압력이 현저히 저하한 경우

99 특고압 가공전선로의 지지물에 시설하는 통신선 또는 이에 직접 접속하는 통신선 중 옥내에 시설하는 부분은 몇 [V] 초과의 저압 옥내배선의 규정에 준하여 시설하도록 하고 있는가?

① 150
② 300
③ 380
④ 400

해설 특고압 가공전선로 전선 첨가 설치 통신선에 직접 접속하는 옥내통신선의 시설(KEC 362.7)
400[V] 초과의 저압 옥내배선의 규정에 준하여 시설하여야 한다.

100 순시조건($t \leq 0.5$초)에서 교류 전기철도 급전시스템에서의 레일 전위의 최대 허용 접촉전압(실효값)으로 옳은 것은?

① 60[V]
② 65[V]
③ 440[V]
④ 670[V]

해설 레일 전위의 위험에 대한 보호(KEC 461.2) - 교류 전기철도 급전시스템의 최대 허용 접촉전압

시간조건	최대 허용 접촉전압(실효값)
순시조건($t \leq 0.5$초)	670[V]
일시적 조건(0.5초 < $t \leq 300$초)	65[V]
영구적 조건($t > 300$초)	60[V]

정답 99.④ 100.④

2024년 제3회 CBT 기출복원문제
2024. 7. 10. 시행

제1과목 전기자기학

01 액체 유전체를 포함한 콘덴서 용량이 $C[F]$인 것에 $V[V]$의 전압을 가했을 경우에 흐르는 누설전류[A]는? (단, 유전체의 유전율은 $\varepsilon[F/m]$, 고유저항은 $\rho[\Omega \cdot m]$이다.)

① $\dfrac{\rho\varepsilon}{CV}$ ② $\dfrac{C}{\rho\varepsilon V}$

③ $\dfrac{CV}{\rho\varepsilon}$ ④ $\dfrac{\rho\varepsilon V}{C}$

해설 $RC = \rho\varepsilon$ 에서 $R = \dfrac{\rho\varepsilon}{C}$ 이므로

$I = \dfrac{V}{R} = \dfrac{CV}{\rho\varepsilon} = \dfrac{CV}{\rho\varepsilon_0\varepsilon_s}$ [A]

02 다음의 관계식 중 성립할 수 없는 것은? (단, μ는 투자율, χ는 자화율, μ_0는 진공의 투자율, J는 자화의 세기이다.)

① $J = \chi B$ ② $B = \mu H$

③ $\mu = \mu_0 + \chi$ ④ $\mu_s = 1 + \dfrac{\chi}{\mu_0}$

해설
• 자화의 세기 : $J = \mu_0(\mu_s - 1)H = \chi H$
• 자속밀도 : $B = \mu_0 H + J = (\mu_0 + \chi)H$
  $\qquad\qquad = \mu_0\mu_s H = \mu H$
• 비투자율 : $\mu_s = 1 + \dfrac{\chi}{\mu_0}$

03 2[C]의 점전하가 전계 $E = 2a_x + a_y - 4a_z$ [V/m] 및 자계 $B = -2a_x + 2a_y - a_z$ [Wb/m²] 내에서 $v = 4a_x - a_y - 2a_z$ [m/s]의 속도로 운동하고 있을 때, 점전하에 작용하는 힘 F는 몇 [N]인가?

① $-14a_x + 18a_y + 6a_z$
② $14a_x - 18a_y - 6a_z$
③ $-14a_x + 18a_y + 4a_z$
④ $14a_x + 18a_y + 4a_z$

해설 로렌츠의 힘
$F = q(E + v \times B)$
$= 2(2a_x + a_y - 4a_z) + 2\{(4a_x - a_y - 2a_z) \times (-2a_x + 2a_y - a_z)\}$
$= 2(2a_x + a_y - 4a_z) + 2\begin{vmatrix} a_x & a_y & a_z \\ 4 & -1 & -2 \\ -2 & 2 & -1 \end{vmatrix}$
$= 2(2a_x + a_y - 4a_z) + 2(5a_x + 8a_y + 6a_z)$
$= 14a_x + 18a_y + 4a_z$ [N]

04 자속밀도 10[Wb/m²] 자계 중에 10[cm] 도체를 자계와 30°의 각도로 30[m/s]로 움직일 때, 도체에 유기되는 기전력은 몇 [V]인가?

① 15 ② $15\sqrt{3}$
③ 1,500 ④ $1,500\sqrt{3}$

해설 $e = vBl\sin\theta$
$= 30 \times 10 \times 0.1 \sin 30°$
$= 15$ [V]

정답 01.③ 02.① 03.④ 04.①

05 5,000[μF]의 콘덴서를 60[V]로 충전시켰을 때, 콘덴서에 축적되는 에너지는 몇 [J]인가?

① 5   ② 9
③ 45   ④ 90

해설 $W = \dfrac{1}{2}CV^2 = \dfrac{1}{2} \times 5,000 \times 10^{-6} \times 60^2 = 9[J]$

06 원형 단면의 비자성 재료에 권수 $N_1 = 1,000$의 코일이 균일하게 감긴 환상 솔레노이드의 자기 인덕턴스가 $L_1 = 1[mH]$이다. 그 위에 권수 $N_2 = 1,200$의 코일이 감겨져 있다면 이때의 상호 인덕턴스는 몇 [mH]인가? (단, 결합계수 $k = 1$이다.)

① 1.20   ② 1.44
③ 1.62   ④ 1.82

해설 $\therefore M = \dfrac{N_1 N_2}{R_m}$
$= L_1 \dfrac{N_2}{N_1} = 1 \times 10^{-3} \times \dfrac{1,200}{1,000}$
$= 1.2 \times 10^{-3}[H]$
$= 1.2[mH]$

07 전류 $I[A]$가 흐르는 반지름 $a[m]$인 원형 코일의 중심선상 $x[m]$인 점 P의 자계 세기 [AT/m]는?

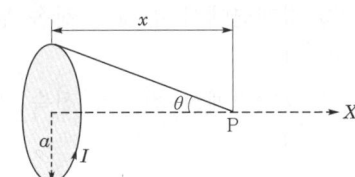

① $\dfrac{a^2 I}{2(a^2+x^2)}$ ② $\dfrac{a^2 I}{2(a^2+x^2)^{1/2}}$
③ $\dfrac{a^2 I}{2(a^2+x^2)^2}$ ④ $\dfrac{a^2 I}{2(a^2+x^2)^{3/2}}$

해설
- 원형 전류 중심축상 자계의 세기 :
$H = \dfrac{a^2 I}{2(a^2+x^2)^{\frac{3}{2}}}[AT/m]$

- 원형 전류 중심에서의 자계의 세기 :
$H_0 = \dfrac{I}{2a}[AT/m]$

08 진공 중 한 변의 길이가 0.1[m]인 정삼각형의 3정점 A, B, C에 각각 $2.0 \times 10^{-6}[C]$의 점전하가 있을 때, 점 A의 전하에 작용하는 힘은 몇 [N]인가?

① $1.8\sqrt{2}$ ② $1.8\sqrt{3}$
③ $3.6\sqrt{2}$ ④ $3.6\sqrt{3}$

해설
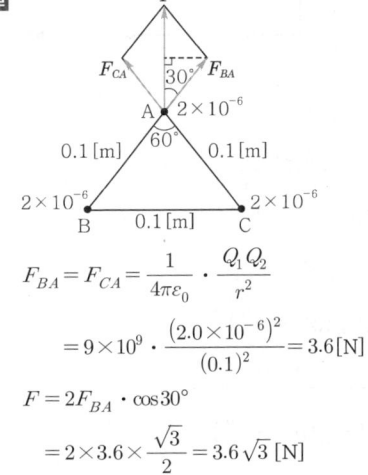

$F_{BA} = F_{CA} = \dfrac{1}{4\pi\varepsilon_0} \cdot \dfrac{Q_1 Q_2}{r^2}$
$= 9 \times 10^9 \cdot \dfrac{(2.0 \times 10^{-6})^2}{(0.1)^2} = 3.6[N]$

$F = 2F_{BA} \cdot \cos 30°$
$= 2 \times 3.6 \times \dfrac{\sqrt{3}}{2} = 3.6\sqrt{3}[N]$

09 자성체의 자화의 세기 $J = 8[kA/m]$, 자화율 $\chi = 0.02$일 때 자속밀도는 약 몇 [T]인가?

① 7,000
② 7,500
③ 8,000
④ 8,500

정답 05.② 06.① 07.④ 08.④ 09.③

해설 $B = \mu_0 H + J$
자화의 세기 $J = B - \mu_0 H = \chi H [\text{Wb/m}^2]$
$H = \dfrac{J}{\chi} [\text{A/m}]$
$\therefore B = \mu_0 \dfrac{J}{\chi} + J = J\left(1 + \dfrac{\mu_0}{\chi}\right)$
$\quad = 8 \times 10^3 \left(1 + \dfrac{4\pi \times 10^{-7}}{0.02}\right)$
$\quad \fallingdotseq 8,000 [\text{Wb/m}^2]$
$\quad = 8,000 [\text{T}]$

10 그림과 같이 반지름 $a[\text{m}]$인 원형 도선에 전하가 선밀도 $\lambda[\text{C/m}]$로 균일하게 분포되어 있다. 그 중심에 수직인 z축상에 있는 점 P의 전계 세기$[\text{V/m}]$는?

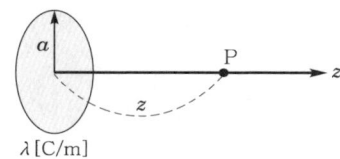

① $\dfrac{\pi z a}{2\varepsilon_0 (a^2 + z^2)^{\frac{3}{2}}}$

② $\dfrac{\lambda z a}{2\varepsilon_0 (a^2 + z^2)^{\frac{3}{2}}}$

③ $\dfrac{\lambda z a}{4\pi\varepsilon_0 (a^2 + z^2)^{\frac{3}{2}}}$

④ $\dfrac{\lambda z a}{4\varepsilon_0 (a^2 + z^2)^{\frac{3}{2}}}$

해설 $E = E_z = -\dfrac{\partial V}{\partial z}$
$\quad = -\dfrac{\partial}{\partial z}\left(\dfrac{a\lambda}{2\varepsilon_0 \sqrt{a^2 + z^2}}\right)$
$\quad = \dfrac{a\lambda z}{2\varepsilon_0 (a^2 + z^2)^{\frac{3}{2}}} [\text{V/m}]$

11 평행판 콘덴서에 어떤 유전체를 넣었을 때 전속밀도가 $4.8 \times 10^{-7}[\text{C/m}^2]$이고, 단위체적당 정전에너지가 $5.3 \times 10^{-3}[\text{J/m}^3]$이었다. 이 유전체의 유전율은 몇 $[\text{F/m}]$인가?

① 1.15×10^{-11}
② 2.17×10^{-11}
③ 3.19×10^{-11}
④ 4.21×10^{-11}

해설 정전에너지
$W = \dfrac{D^2}{2\varepsilon} [\text{J/m}^3]$
$\therefore \varepsilon = \dfrac{D^2}{2W}$
$\quad = \dfrac{(4.8 \times 10^{-7})^2}{2 \times 5.3 \times 10^{-3}}$
$\quad = 2.17 \times 10^{-11} [\text{F/m}]$

12 유전율이 각각 다른 두 유전체가 서로 경계를 이루며 접해 있다. 다음 중 옳지 않은 것은? (단, 이 경계면에는 진전하 분포가 없다고 한다.)

① 경계면에서 전계의 접선 성분은 연속이다.
② 경계면에서 전속 밀도의 법선 성분은 연속이다.
③ 경계면에서 전계와 전속 밀도는 굴절한다.
④ 경계면에서 전계와 전속 밀도는 불변이다.

해설 경계면에서 전계의 접선 성분과 전속 밀도의 법선 성분은 불연속이다.

정답 10.② 11.② 12.④

13 그림과 같은 평행판 콘덴서의 극판 사이에 유전율이 각각 ε_1, ε_2인 두 유전체를 반반씩 채우고 극판 사이에 일정한 전압을 걸어 준다. 이때 매질 (Ⅰ), (Ⅱ) 내의 전계 세기 E_1, E_2 사이에 어떤 관계가 성립하는가?

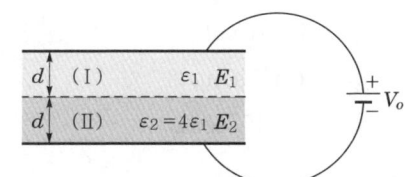

① $E_2 = 4E_1$　② $E_2 = 2E_1$
③ $E_2 = \dfrac{1}{4}E_1$　④ $E_2 = E_1$

해설

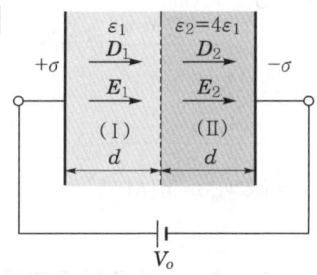

유전체의 경계면 조건은
$D_1 \cos\theta_1 = D_2 \cos\theta_2$, $E_1 \sin\theta_1 = E_2 \sin\theta_2$
여기서, E_1, E_2, D_1, D_2는 경계면에 수직이므로 $\theta_1 = \theta_2 = 0$이다.
∴ $D_1 = D_2 = D$ [C/m²]
또한 $D_1 = D_2 = D = \sigma$이므로
$D = \varepsilon_1 E_1 = \varepsilon_2 E_2 = \sigma$이다.
∴ $E_2 = \dfrac{\varepsilon_1}{\varepsilon_2} E_1 = \dfrac{\varepsilon_1}{4\varepsilon_1} E_1 = \dfrac{1}{4} E_1$ [V/m]

14 진공 중에서 2[m] 떨어진 2개의 무한 평행 도선에 단위길이당 10^{-7}[N]의 반발력이 작용할 때, 그 도선들에 흐르는 전류는?

① 각 도선에 2[A]가 반대 방향으로 흐른다.
② 각 도선에 2[A]가 같은 방향으로 흐른다.
③ 각 도선에 1[A]가 반대 방향으로 흐른다.
④ 각 도선에 1[A]가 같은 방향으로 흐른다.

해설 $F = \dfrac{\mu_0 I_1 I_2}{2\pi r} = \dfrac{2I^2}{r} \times 10^{-7}$ [N/m]에서
$F = 10^{-7}$ [N/m], $r = 2$[m]이므로
$I = \sqrt{\dfrac{Fr}{2 \times 10^{-7}}} = \sqrt{\dfrac{10^{-7} \times 2}{2 \times 10^{-7}}} = \sqrt{1} = 1$ [A]
반발력이므로 각 도선에 전류는 반대 방향으로 흐른다.

15 단위길이당 권수가 n인 무한장 솔레노이드에 I[A]의 전류가 흐를 때, 다음 설명 중 옳은 것은?

① 솔레노이드 내부는 평등 자계이다.
② 외부와 내부의 자계 세기는 같다.
③ 외부 자계의 세기는 nI[AT/m]이다.
④ 내부 자계의 세기는 nI^2[AT/m]이다.

해설 무한장 솔레노이드 내부 자계는 평등 자계이며, 그 크기는 $H_i = n_0 I$[AT/m]이다.

16 내압과 용량이 각각 200[V] 5[μF], 300[V] 4[μF], 500[V] 3[μF]인 3개의 콘덴서를 직렬 연결하고 양단에 직류 전압을 가하여 서서히 상승시키면 최초로 파괴되는 콘덴서는 어느 것이며, 이때 양단에 가해진 전압은 몇 [V]인가? (단, 3개의 콘덴서의 재질이나 형태는 동일한 것으로 간주한다. $C_1 = 5$[μF], $C_2 = 4$[μF], $C_3 = 3$[μF]이다.)

① C_2, 468　② C_3, 533
③ C_1, 783　④ C_2, 1,050

해설 각 콘덴서의 전하량은
$Q_{1\max} = C_1 V_{1\max}$
$\quad = 5 \times 10^{-6} \times 200 = 1 \times 10^{-3}$ [C]
$Q_{2\max} = C_2 V_{2\max}$
$\quad = 4 \times 10^{-6} \times 300 = 1.2 \times 10^{-3}$ [C]

정답 13.③　14.③　15.①　16.③

$Q_{3\max} = C_3 V_{3\max}$
$= 3 \times 10^{-6} \times 500 = 1.5 \times 10^{-3} [C]$

따라서, $Q_{1\max}$ 이 제일 작으므로 $C_1(5[\mu F])$ 이 최초로 파괴된다.

$V_1 = 200[V]$

$V_2 = \dfrac{Q_{1\max}}{C_2} = \dfrac{1 \times 10^{-3}}{4 \times 10^{-6}} = 250[V]$

$V_3 = \dfrac{Q_{1\max}}{C_3} = \dfrac{1 \times 10^{-3}}{3 \times 10^{-6}} = 333[V]$

∴ $V = V_1 + V_2 + V_3$
$= 200 + 250 + 333 ≒ 783[V]$

17 철심이 든 환상 솔레노이드에서 1,000[AT]의 기자력에 의해서 철심 내에 5×10^{-5}[Wb]의 자속이 통하면 이 철심 내의 자기 저항은 몇 [AT/Wb]인가?

① 5×10^2 ② 2×10^7
③ 5×10^{-2} ④ 2×10^{-7}

해설 $\phi = \dfrac{F}{R_m}$ [Wb]

∴ $R_m = \dfrac{F}{\phi} = \dfrac{1,000}{5 \times 10^{-5}} = 2 \times 10^7$ [AT/Wb]

18 공기 중에서 1[V/m]의 전계의 세기에 의한 변위전류밀도의 크기를 2[A/m²]로 흐르게 하려면 전계의 주파수는 몇 [MHz]가 되어야 하는가?

① 900   ② 18,000
③ 36,000   ④ 72,000

해설 변위전류 $i_D = \omega \varepsilon_0 E = 2\pi f \varepsilon_0 E$ [A/m²]

∴ $f = \dfrac{i_D}{2\pi \varepsilon_0 E}$ [Hz]
$= \dfrac{2}{2\pi \times 8.855 \times 10^{-12} \times 1} \times 10^{-6}$ [MHz]
$= 36,000$ [MHz]

19 극판 간격 d[m], 면적 S[m²], 유전율 ε [F/m]이고, 정전용량이 C[F]인 평행판 콘덴서에 $v = V_m \sin\omega t$[V]의 전압을 가할 때의 변위전류[A]는?

① $\omega C V_m \cos\omega t$
② $C V_m \sin\omega t$
③ $-C V_m \sin\omega t$
④ $-\omega C V_m \cos\omega t$

해설 변위전류밀도 $i_d = \dfrac{\partial \boldsymbol{D}}{\partial t}$

$= \varepsilon \dfrac{\partial \boldsymbol{E}}{\partial t} = \varepsilon \dfrac{\partial}{\partial t}\left(\dfrac{v}{d}\right)$

$= \dfrac{\varepsilon}{d} \dfrac{\partial}{\partial t}(V_m \sin\omega t)$

$= \dfrac{\varepsilon \omega V_m \cos\omega t}{d}$ [A/m²]

변위전류 $I_d = i_d \cdot S$
$= \dfrac{\varepsilon \omega V_m \cos\omega t}{d} \cdot \dfrac{Cd}{\varepsilon}$
$= \omega C V_m \cos\omega t$ [A]

20 투자율을 μ라 하고, 공기 중의 투자율 μ_0와 비투자율 μ_s의 관계에서 $\mu_s = \dfrac{\mu}{\mu_0} = 1 + \dfrac{\chi}{\mu_0}$로 표현된다. 이에 대한 설명으로 알맞은 것은? (단, χ는 자화율이다.)

① $\chi > 0$인 경우 역자성체
② $\chi < 0$인 경우 상자성체
③ $\mu_s > 1$인 경우 비자성체
④ $\mu_s < 1$인 경우 역자성체

해설 비투자율 $\mu_s = \dfrac{\mu}{\mu_0} = 1 + \dfrac{\chi}{\mu_0}$ 에서
- $\mu_s > 1$, 즉 $\chi > 0$이면 상자성체
- $\mu_s < 1$, 즉 $\chi < 0$이면 역자성체

정답 17.② 18.③ 19.① 20.④

제2과목 전력공학

21 그림과 같이 지지점 A, B, C에는 고저차가 없으며, 경간(지지물 간 거리) AB와 BC 사이에 전선이 가설되어 그 이도(처짐 정도)가 12[cm]이었다고 한다. 지금 지지점 B에서 전선이 떨어져 전선의 이도(처짐 정도)가 D 로 되었다면 D 는 몇 [cm]가 되겠는가?

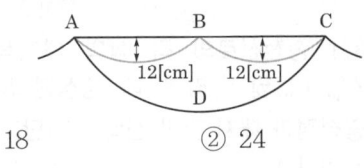

① 18 ② 24
③ 30 ④ 36

해설 전선의 실제 길이는 같으므로 떨어지기 전의 실제 길이와 떨어진 후의 실제 길이를 계산한다.
즉, 경간(지지물 간 거리) AB와 BC를 S 라 하면,
$L = \left(S + \dfrac{8D_1^2}{3S}\right) \times 2 = 2S + \dfrac{8D_2^2}{3 \times 2S}$ 에서
$4D_1^2 = D_2^2$ ∴ $D_2 = 2D_1$
$D_2 = 2D_1 = 2 \times 12 = 24$ [cm]

22 비접지방식을 직접접지방식과 비교한 것 중 옳지 않은 것은?
① 전자유도장해가 경감된다.
② 지락전류가 작다.
③ 보호계전기의 동작이 확실하다.
④ △결선을 하여 영상전류를 흘릴 수 있다.

해설 비접지방식은 직접접지방식에 비해 보호계전기 동작이 확실하지 않다.

23 반지름 r[m]인 전선 A, B, C가 그림과 같이 수평으로 D[m] 간격으로 배치되고 3선이 완전 연가(전선위치 바꿈)된 경우 각 선의 인덕턴스는?

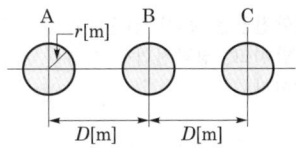

① $L = 0.05 + 0.4605\log_{10} \dfrac{D}{r}$

② $L = 0.05 + 0.4605\log_{10} \dfrac{\sqrt{2}\, D}{r}$

③ $L = 0.05 + 0.4605\log_{10} \dfrac{\sqrt{3}\, D}{r}$

④ $L = 0.05 + 0.4605\log_{10} \dfrac{\sqrt[3]{2}\, D}{r}$

해설 등가선간거리 $D_e = \sqrt[3]{D \cdot D \cdot 2D} = \sqrt[3]{2} \cdot D$
∴ 인덕턴스 L
$= 0.05 + 0.4605\log_{10} \dfrac{\sqrt[3]{2} \cdot D}{r}$ [mH/km]

24 가공 송전선로에서 선간거리를 도체 반지름으로 나눈 값($D \div r$)이 클수록 어떠한가?
① 인덕턴스 L 과 정전용량 C 는 둘 다 커진다.
② 인덕턴스는 커지나 정전용량은 작아진다.
③ 인덕턴스와 정전용량은 둘 다 작아진다.
④ 인덕턴스는 작아지나 정전용량은 커진다.

해설 $L = 0.05 + 0.4605\log_{10} \dfrac{D}{r}$ ∴ $L \propto \log_{10} \dfrac{D}{r}$
$C = \dfrac{0.02413}{\log_{10} \dfrac{D}{r}}$ ∴ $C \propto \dfrac{1}{\log_{10} \dfrac{D}{r}}$

25 피뢰기에서 속류를 끊을 수 있는 최고의 교류전압은?
① 정격전압
② 제한전압
③ 차단전압
④ 방전개시전압

정답 21.② 22.③ 23.④ 24.② 25.①

해설 제한전압은 충격방전전류를 통하고 있을 때의 단자전압이고, 정격전압은 속류를 차단하는 최고의 전압이다.

26 장거리 송전선로의 특성을 표현한 회로로 옳은 것은?

① 분산부하회로
② 분포정수회로
③ 집중정수회로
④ 특성 임피던스 회로

해설 장거리 송전선로의 송전 특성은 분포정수회로로 해석한다.

27 선간전압, 배전거리, 선로 손실 및 전력 공급을 같게 할 경우 단상 2선식과 3상 3선식에서 전선 한 가닥의 저항비(단상/3상)는?

① $\dfrac{1}{\sqrt{2}}$
② $\dfrac{1}{\sqrt{3}}$
③ $\dfrac{1}{3}$
④ $\dfrac{1}{2}$

해설 $\sqrt{3}\,VI_3\cos\theta = VI_1\cos\theta$에서 $\sqrt{3}\,I_3 = I_1$
동일한 손실이므로 $3I_3^2 R_3 = 2I_1^2 R_1$
$\therefore\ 3I_3^2 R_3 = 2(\sqrt{3}\,I_3)^2 R_1$ 이므로 $R_3 = 2R_1$,
즉 $\dfrac{R_1}{R_3} = \dfrac{1}{2}$ 이다.

28 초호각(arcing horn)의 역할은?

① 풍압을 조절한다.
② 송전효율을 높인다.
③ 애자의 파손을 방지한다.
④ 고주파수의 섬락전압을 높인다.

해설 초호환, 차폐환 등은 송전선로 애자의 전압 분포를 균등화하고, 섬락(불꽃방전)이 발생할 때 애자의 파손을 방지한다.

29 소호 리액터를 송전 계통에 사용하면 리액터의 인덕턴스와 선로의 정전용량이 어떤 상태로 되어 지락전류를 소멸시키는가?

① 병렬 공진
② 직렬 공진
③ 고임피던스
④ 저임피던스

해설 소호 리액터 접지방식은 L, C 병렬 공진을 이용하여 지락전류를 소멸시킨다.

30 3상 송전선로의 각 상의 대지정전용량을 C_a, C_b 및 C_c라 할 때, 중성점 비접지 시의 중성점과 대지 간의 전압은? (단, E는 상전압이다.)

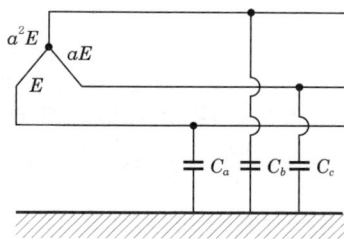

① $(C_a + C_b + C_c)E$

② $\dfrac{\sqrt{C_a C_b + C_b C_c + C_c C_a}}{C_a + C_b + C_c}E$

③ $\dfrac{\sqrt{C_a(C_a - C_b) + C_b(C_b - C_c) + C_c(C_c - C_a)}}{C_a + C_b + C_c}E$

④ $\dfrac{\sqrt{C_a(C_b - C_c) + C_b(C_c - C_a) + C_c(C_a - C_b)}}{C_a + C_b + C_c}E$

해설 3상 대칭 송전선에서는 정상운전 상태에서 중성점의 전위가 항상 0이어야 하지만 실제에 있어서는 선로 각 선의 대지정전용량이 차이가 있으므로 중성점에는 전위가 나타나게 되며 이것을 중성점 잔류전압이라고 한다.

$E_n = \dfrac{\sqrt{C_a(C_a - C_b) + C_b(C_b - C_c) + C_c(C_c - C_a)}}{C_a + C_b + C_c} \cdot E\,[\text{V}]$

정답 26.② 27.④ 28.③ 29.① 30.③

31 송전선로의 정상, 역상 및 영상 임피던스를 각각 Z_1, Z_2 및 Z_0라 하면, 다음 어떤 관계가 성립되는가?

① $Z_1 = Z_2 = Z_0$
② $Z_1 = Z_2 > Z_0$
③ $Z_1 > Z_2 = Z_0$
④ $Z_1 = Z_2 < Z_0$

해설 송전선로는 $Z_1 = Z_2$이고, Z_0는 Z_1보다 크다.

32 직격뢰에 대한 방호설비로 가장 적당한 것은?

① 복도체 ② 가공지선
③ 서지 흡수기 ④ 정전 방전기

해설 가공지선은 직격뢰로부터 전선로를 보호한다.

33 복도체에서 2본의 전선이 서로 충돌하는 것을 방지하기 위하여 2본의 전선 사이에 적당한 간격을 두어 설치하는 것은?

① 아머로드 ② 댐퍼
③ 아킹 혼 ④ 스페이서

해설 복도체에서 도체 간 흡인력에 의한 충돌 발생을 방지하기 위해 스페이서를 설치한다.

34 보호계전기의 보호방식 중 표시선 계전방식이 아닌 것은?

① 방향비교방식 ② 위상비교방식
③ 전압반향방식 ④ 전류순환방식

해설 표시선(pilot wire) 계전방식은 송전선 보호범위 내의 사고에 대하여 고장점의 위치에 관계없이 선로 양단을 신속하게 차단하는 계전방식으로 방향비교방식, 전압반향방식, 전류순환방식 등이 있다.

35 변전소의 가스차단기에 대한 설명으로 틀린 것은?

① 근거리 차단에 유리하지 못하다.
② 불연성이므로 화재의 위험성이 적다.
③ 특고압 계통의 차단기로 많이 사용된다.
④ 이상전압의 발생이 적고, 절연 회복이 우수하다.

해설 가스차단기(GCB)는 공기차단기(ABB)에 비교하면 밀폐된 구조로 소음이 없고, 공기보다 절연내력(2~3배) 및 소호능력(100~200배)이 우수하고, 근거리(전류가 흐르는 거리, 즉 임피던스[Ω]가 작아 고장전류가 크다는 의미) 전류에도 안정적으로 차단되고, 과전압 발생이 적고, 아크 소멸 후 절연 회복이 신속한 특성이 있다.

36 비접지 계통의 지락사고 시 계전기에 영상전류를 공급하기 위하여 설치하는 기기는?

① PT ② CT
③ ZCT ④ GPT

해설
- ZCT : 지락사고가 발생하면 영상전류를 검출하여 계전기에 공급한다.
- GPT : 지락사고가 발생하면 영상전압을 검출하여 계전기에 공급한다.

37 ㉠ 동기조상기와 ㉡ 전력용 콘덴서를 비교한 것으로 옳은 것은?

① 시송전 : ㉠ 불가능, ㉡ 가능
② 전력손실 : ㉠ 작다, ㉡ 크다
③ 무효전력 조정 : ㉠ 계단적, ㉡ 연속적
④ 무효전력 : ㉠ 진상·지상용, ㉡ 진상용

해설 전력용 콘덴서와 동기조상기의 비교

동기조상기	전력용 콘덴서
진상 및 지상용	진상용
연속적 조정	계단적 조정
회전기로 손실이 큼	정지기로 손실이 작음
시송전 가능	시송전 불가
송전 계통 주로 사용	배전 계통 주로 사용

정답 31.④ 32.② 33.④ 34.② 35.① 36.③ 37.④

38 수전단의 전력원 방정식이 $P_r^2 + (Q_r + 400)^2 = 250,000$으로 표현되는 전력 계통에서 가능한 최대로 공급할 수 있는 부하전력(P_r)과 이때 전압을 일정하게 유지하는 데 필요한 무효전력(Q_r)은 각각 얼마인가?

① $P_r = 500$, $Q_r = -400$
② $P_r = 400$, $Q_r = 500$
③ $P_r = 300$, $Q_r = 100$
④ $P_r = 200$, $Q_r = -300$

해설 전압을 일정하게 유지하려면 전부하 상태이므로 무효전력을 조정하기 위해서는 조상설비용량이 −400으로 되어야 한다. 그러므로 부하전력 $P_r = 500$, 무효전력 $Q_r = -400$이 되어야 한다.

39 수차 발전기에 제동권선을 설치하는 주된 목적은?

① 정지시간 단축
② 회전력의 증가
③ 과부하 내량의 증대
④ 발전기 안정도의 증진

해설 제동권선은 조속기의 난조를 방지하여 발전기의 안정도를 향상시킨다.

40 원자력발전소에서 비등수형 원자로에 대한 설명으로 틀린 것은?

① 연료로 농축 우라늄을 사용한다.
② 냉각재로 경수를 사용한다.
③ 물을 원자로 내에서 직접 비등시킨다.
④ 가압수형 원자로에 비해 노심의 출력밀도가 높다.

해설 비등수형 원자로의 특징
- 원자로의 내부 증기를 직접 터빈에서 이용하기 때문에 증기발생기(열교환기)가 필요 없다.
- 증기가 직접 터빈으로 들어가기 때문에 증기 누출을 철저히 방지해야 한다.
- 순환 펌프로 급수 펌프만 있으면 되므로 소내용 동력이 작다.
- 노심의 출력밀도가 낮기 때문에 같은 노출력의 원자로에서는 노심 및 압력용기가 커진다.
- 원자력 용기 내에 기수분리기와 증기건조기가 설치되므로 용기의 높이가 커진다.
- 연료는 저농축 우라늄(2 ~ 3[%])을 사용한다.

제3과목 전기기기

41 원통형 회전자를 가진 동기 발전기는 부하각 δ가 몇 도일 때 최대 출력을 낼 수 있는가?

① 0°
② 30°
③ 60°
④ 90°

해설 돌극형은 부하각 $\delta = 60°$ 부근에서 최대 출력을 내고, 비돌극기(원통형 회전자)는 $\delta = 90°$에서 최대가 된다.

돌극기 출력 $P = \dfrac{E \cdot V}{x_d \sin\delta} + \dfrac{V^2(x_d - x_q)}{2x_d \cdot x_q}\sin 2\delta \,[\text{W}]$

비돌극기 출력 $P = \dfrac{EV}{x_s}\sin\delta \,[\text{W}]$

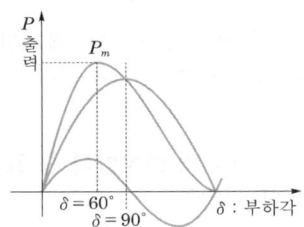

▮돌극기 출력 그래프▮

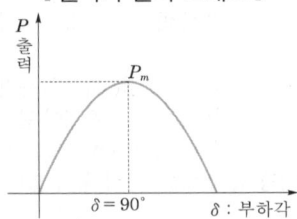

▮비돌극기 출력 그래프▮

정답 38.① 39.④ 40.④ 41.④

42 정격이 5[kW], 100[V], 50[A], 1,800[rpm]인 타여자 직류 발전기가 있다. 무부하 시의 단자 전압[V]은? (단, 계자 전압 50[V], 계자 전류 5[A], 전기자 저항 0.2[Ω], 브러시의 전압강하는 2[V]이다.)

① 100
② 112
③ 115
④ 120

해설 직류 발전기의 무부하 단자 전압
$$V_0(E) = V + I_a R_a + e_b = 100 + 50 \times 0.2 + 2 = 112[V]$$

43 유도 전동기의 2차 여자 제어법에 대한 설명으로 틀린 것은?

① 역률을 개선할 수 있다.
② 권선형 전동기에 한하여 이용된다.
③ 동기 속도 이하로 광범위하게 제어할 수 있다.
④ 2차 저항손이 매우 커지며 효율이 저하된다.

해설 유도 전동기의 2차 여자 제어법은 2차(회전자)에 슬립 주파수 전압을 외부에서 공급하여 속도를 제어하는 방법으로 권선형에서만 사용이 가능하며 역률을 개선할 수 있고, 광범위로 원활하게 제어할 수 있으며 효율도 양호하다.

44 3상 유도 전동기의 기계적 출력 P[kW], 회전수 N[rpm]인 전동기의 토크[N·m]는?

① $0.46 \dfrac{P}{N}$
② $0.855 \dfrac{P}{N}$
③ $975 \dfrac{P}{N}$
④ $9,549.3 \dfrac{P}{N}$

해설 전동기의 토크 $T = \dfrac{P}{\omega} = \dfrac{P}{2\pi \dfrac{N}{60}}$
$= \dfrac{60 \times 10^3}{2\pi} \dfrac{P}{N}$
$= 9,549.3 \dfrac{P}{N}$[N·m]

45 일정 전압 및 일정 파형에서 주파수가 상승하면 변압기 철손은 어떻게 변하는가?

① 증가한다.
② 감소한다.
③ 불변이다.
④ 증가와 감소를 반복한다.

해설 공급 전압이 일정한 상태에서 와전류손은 주파수와 관계없이 일정하며, 히스테리시스손은 주파수에 반비례하고 철손의 80[%]가 히스테리시스손인 관계로 철손은 주파수에 반비례한다.

46 변압기 여자 회로의 어드미턴스 Y_0[℧]를 구하면? (단, I_0는 여자 전류, I_i는 철손 전류, I_ϕ는 자화 전류, g_0는 컨덕턴스, V_1는 인가 전압이다.)

① $\dfrac{I_0}{V_1}$
② $\dfrac{I_i}{V_1}$
③ $\dfrac{I_\phi}{V_1}$
④ $\dfrac{g_0}{V_1}$

해설 여자 어드미턴스$(Y_0) = \sqrt{g_0^2 + b_0^2} = \dfrac{I_0}{V_1}$[℧]

47 부스트(boost) 컨버터의 입력 전압이 45[V]로 일정하고, 스위칭 주기가 20[kHz], 듀티비(duty ratio)가 0.6, 부하 저항이 10[Ω]일 때 출력 전압은 몇 [V]인가? (단, 인덕터에는 일정한 전류가 흐르고 커패시터 출력 전압의 리플 성분은 무시한다.)

① 27
② 67.5
③ 75
④ 112.5

해설 부스트(boost) 컨버터의 출력 전압 V_o
$$V_o = \dfrac{1}{1-D} V_i = \dfrac{1}{1-0.6} \times 45 = 112.5[V]$$
여기서, D : 듀티비(Duty ratio)
부스트 컨버터 : 직류 → 직류로 승압하는 변환기

정답 42.② 43.④ 44.④ 45.② 46.① 47.④

48 무부하의 장거리 송전 선로에 동기 발전기를 접속하는 경우, 송전 선로의 자기 여자 현상을 방지하기 위해서 동기 조상기를 사용하였다. 이때 동기 조상기의 계자 전류를 어떻게 하여야 하는가?

① 계자 전류를 0으로 한다.
② 부족 여자로 한다.
③ 과여자로 한다.
④ 역률이 1인 상태에서 일정하게 한다.

해설 동기 발전기의 자기 여자 현상은 진상(충전) 전류에 의해 무부하 단자 전압이 상승하는 작용으로 동기 조상기가 리액터 작용을 할 수 있도록 부족 여자로 운전하여야 한다.

49 직류 직권 전동기에서 위험한 상태로 놓인 것은?

① 정격전압, 무여자
② 저전압, 과여자
③ 전기자에 고저항이 접속
④ 계자에 저저항 접속

해설 직권 전동기의 회전 속도 $N = K\dfrac{V - I_a(R_a + r_f)}{\phi}$ $\propto \dfrac{1}{\phi} \propto \dfrac{1}{I_f}$ 이고 정격전압, 무부하(무여자) 상태에서 $I = I_f \fallingdotseq 0$ 이므로 $N \propto \dfrac{1}{0} = \infty$ 로 되어 위험 속도에 도달한다.
직류 직권 전동기는 부하가 변화하면 속도가 현저하게 변하는 특성(직권 특성)을 가지므로 무부하에 가까워지면 속도가 급격하게 상승하여 원심력으로 파괴될 우려가 있다.

50 3상 유도 전동기의 2차 입력 P_2, 슬립이 s 일 때의 2차 동손 P_{2c}는?

① $P_{2c} = \dfrac{P_2}{s}$
② $P_{2c} = sP_2$
③ $P_{2c} = s^2 P_2$
④ $P_{2c} = (1-s)P_2$

해설 $P_2 : P_{2c} = 1 : s$
∴ $P_{2c} = sP_2$

51 일반적인 DC 서보 모터의 제어에 속하지 않는 것은?

① 역률 제어
② 토크 제어
③ 속도 제어
④ 위치 제어

해설 DC 서보 모터(servo motor)는 위치 제어, 속도 제어 및 토크 제어에 광범위하게 사용된다.

52 3상 유도 전동기의 원선도를 그리려면 등가 회로의 상수를 구할 때에 몇 가지 실험이 필요하다. 시험이 아닌 것은?

① 무부하 시험
② 구속 시험
③ 고정자 권선의 저항 측정
④ 슬립 측정

해설 원선도 작성 시 필요한 시험
• 무부하 시험
• 구속 시험
• 권선의 저항 측정

53 부하의 역률이 0.6일 때 전압변동률이 최대로 되는 변압기가 있다. 역률 1.0일 때의 전압변동률이 3[%]라고 하면 역률 0.8에서의 전압변동률은 몇 [%]인가?

① 4.4
② 4.6
③ 4.8
④ 5.0

정답 48.② 49.① 50.② 51.① 52.④ 53.③

해설 부하 역률 100[%]일 때 $\varepsilon_{100} = p = 3[\%]$
최대 전압변동률 $\varepsilon_{\max}$은 부하 역률 $\cos\phi_m$ 일 때이므로

$$\cos\phi_m = \frac{p}{\sqrt{p^2+q^2}} = 0.6$$

$$\frac{3}{\sqrt{3^2+q^2}} = 0.6$$

∴ $q = 4[\%]$

부하 역률이 80[%]일 때

∴ $\varepsilon_{80} = p\cos\phi + q\sin\phi$
$= 3 \times 0.8 + 4 \times 0.6 = 4.8[\%]$

또한 최대 전압변동률($\varepsilon_{\max}$)

∴ $\varepsilon_{\max} = \sqrt{p^2+q^2} = \sqrt{3^2+4^2} = 5[\%]$

54 동기 전동기에서 전기자 반작용을 설명한 것 중 옳은 것은?

① 공급 전압보다 앞선 전류는 감자 작용을 한다.
② 공급 전압보다 뒤진 전류는 감자 작용을 한다.
③ 공급 전압보다 앞선 전류는 교차 자화 작용을 한다.
④ 공급 전압보다 뒤진 전류는 교차 자화 작용을 한다.

해설 동기 전동기의 전기자 반작용
• 횡축 반작용 : 전기자 전류와 전압이 동위상일 때
• 직축 반작용 : 직축 반작용은 동기 발전기와 반대 현상
  – 증자 작용 : 전류가 전압보다 뒤질 때
  – 감자 작용 : 전류가 전압보다 앞설 때

55 어느 분권 전동기의 정격 회전수가 1,500[rpm]이다. 속도 변동률이 5[%]라 하면 공급 전압과 계자 저항의 값을 변화시키지 않고 이것을 무부하로 하였을 때의 회전수[rpm]는?

① 1,265
② 1,365
③ 1,436
④ 1,575

해설 $\varepsilon = 5[\%]$, $N = 1,500[rpm]$이므로

$$\varepsilon = \frac{N_0 - N}{N} \times 100$$

∴ $N = N_n\left(1 + \frac{\varepsilon}{100}\right)$
$= 1,500 \times \left(1 + \frac{5}{100}\right) = 1,575[rpm]$

56 변압기의 보호 방식 중 비율 차동 계전기를 사용하는 경우는?

① 고조파 발생을 억제하기 위하여
② 과여자 전류를 억제하기 위하여
③ 과전압 발생을 억제하기 위하여
④ 변압기 상간 단락 보호를 위하여

해설 비율 차동 계전기는 입력 전류와 출력 전류 관계비에 의해 동작하는 계전기로서 변압기의 내부 고장(상간 단락, 권선 지락 등)으로부터 보호를 위해 사용한다.

57 실리콘 정류 소자(SCR)와 관계없는 것은?

① 교류 부하에서만 제어가 가능하다.
② 아크가 생기지 않으므로 열의 발생이 적다.
③ 턴온(turn on)시키기 위해서 필요한 최소의 순전류를 래칭(latching) 전류라 한다.
④ 게이트 신호를 인가할 때부터 도통할 때까지의 시간이 짧다.

해설 실리콘 정류 소자(SCR)는 직류와 교류를 모두 제어할 수 있다.

정답 54.① 55.④ 56.④ 57.①

58 직류 발전기의 단자 전압을 조정하려면 어느 것을 조정하여야 하는가?

① 기동 저항
② 계자 저항
③ 방전 저항
④ 전기자 저항

해설 단자 전압 $V = E - I_a R_a$

유기기전력 $E = \frac{Z}{a} p\phi \frac{N}{60} = K\phi N$

유기기전력이 자속(ϕ)에 비례하므로 단자 전압은 계자 권선에 저항을 연결하여 조정한다.

59 동기 발전기의 병렬 운전 중 여자 전류를 증가시키면 그 발전기는?

① 전압이 높아진다.
② 출력이 커진다.
③ 역률이 좋아진다.
④ 역률이 나빠진다.

해설 동기 발전기의 병렬 운전 중 여자 전류를 증가시키면 그 발전기는 무효 전력이 증가하여 역률이 나빠지고, 상대 발전기는 무효 전력이 감소하여 역률이 좋아진다.

60 단상 정류자 전동기의 일종인 단상 반발 전동기에 해당되는 것은?

① 시라게 전동기
② 반발 유도 전동기
③ 아트킨손형 전동기
④ 단상 직권 정류자 전동기

해설 직권 정류자 전동기에서 분화된 단상 반발 전동기의 종류는 아트킨손형(Atkinson type), 톰슨형(Thomson type) 및 데리형(Deri type)이 있다.

제4과목 회로이론 및 제어공학

61 단위부궤환 계통에서 $G(s)$가 다음과 같을 때, $K = 2$이면 무슨 제동인가?

$$G(s) = \frac{K}{s(s+2)}$$

① 무제동
② 임계제동
③ 과제동
④ 부족제동

해설 $K = 2$일 때, 특성방정식은 $1 + G(s) = 0$,

$1 + \frac{K}{s(s+2)} = 0$

$s(s+2) + K = s^2 + 2s + 2 = 0$

2차계의 특성방정식 $s^2 + 2\delta\omega_n s + \omega_n^2 = 0$

$\omega_n = \sqrt{2}$, $2\delta\omega_n = 2$

∴ 제동비 $\delta = \frac{2}{2\sqrt{2}} = \frac{1}{\sqrt{2}} = 0.707$

∵ $0 < \delta < 1$인 경우이므로 부족제동 감쇠진동한다.

62 그림의 신호흐름선도에서 전달함수 $\frac{C(s)}{R(s)}$는?

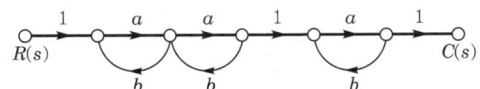

① $\frac{a^3}{(1-ab)^3}$
② $\frac{a^3}{1-3ab+a^2b^2}$
③ $\frac{a^3}{1-3ab}$
④ $\frac{a^3}{1-3ab+2a^2b^2}$

해설 전향경로 $n = 1$

$G_1 = 1 \times a \times a \times 1 \times a \times 1 = a^3$, $\Delta_1 = 1$

$\Sigma L_{n_1} = ab + ab + ab = 3ab$

$\Sigma L_{n_2} = (ab \times ab) + (ab \times ab) = 2a^2b^2$

$\Delta = 1 - \Sigma L_{n_1} + \Sigma L_{n_2} = 1 - 3ab + 2a^2b^2$

∴ 전달함수 $\frac{C_{(s)}}{R_{(s)}} = \frac{G_1 \Delta_1}{\Delta} = \frac{a^3}{1-3ab+2a^2b^2}$

정답 58.② 59.④ 60.③ 61.④ 62.④

63 $s^3 + 11s^2 + 2s + 40 = 0$에는 양의 실수부를 갖는 근은 몇 개 있는가?

① 1   ② 2
③ 3   ④ 없다.

해설 라우스의 표

s^3	1	2
s^2	11	40
s^1	$\frac{22-40}{11}$	0
s^0	40	

제1열의 부호 변화가 2번 있으므로 양의 실수부를 갖는 불안정근이 2개가 있다.

64 다음 블록선도의 전달함수는?

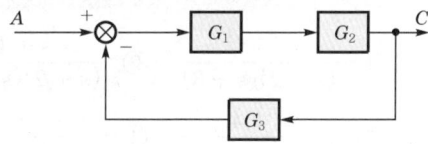

① $\dfrac{G_1 G_2}{1 - G_1 G_2 G_3}$ ② $\dfrac{G_1 G_2}{1 + G_1 G_2 G_3}$

③ $\dfrac{G_1}{1 - G_1 G_2 G_3}$ ④ $\dfrac{G_2}{1 + G_1 G_2 G_3}$

해설 $(A - CG_3)G_1 G_2 = C$
$A G_1 G_2 = C(1 + G_1 G_2 G_3)$
∴ 전달함수 $G(s) = \dfrac{C}{A} = \dfrac{G_1 G_2}{1 + G_1 G_2 G_3}$

65 어떤 계의 단위 임펄스 입력이 가하여질 경우, 출력이 te^{-3t}로 나타났다. 이 계의 전달함수는?

① $\dfrac{t}{(s+1)(s+2)}$ ② $t(s+2)$

③ $\dfrac{1}{(s+3)^2}$ ④ $\dfrac{1}{(s-3)^2}$

해설 입력 라플라스 변환
$R(s) = \mathcal{L}[r(t)] = \mathcal{L}[\delta(t)] = 1$
출력 라플라스 변환
$C(s) = \mathcal{L}[c(t)] = \mathcal{L}[e^{-3t}] = \dfrac{1}{(s+3)^2}$
전달함수 $G(s) = \dfrac{C(s)}{R(s)} = C(s) = \dfrac{1}{(s+3)^2}$

66 개루프 전달함수가 $G(s) = \dfrac{s+2}{s(s+1)}$일 때, 폐루프 전달함수는?

① $\dfrac{s+2}{s^2 + s}$

② $\dfrac{s+2}{s^2 + 2s + 2}$

③ $\dfrac{s+2}{s^2 + s + 2}$

④ $\dfrac{s+2}{s^2 + 2s + 4}$

해설 폐루프 전달함수

$G(s) = \dfrac{C(s)}{R(s)} = \dfrac{G(s)}{1 + G(s)} = \dfrac{\frac{s+2}{s(s+1)}}{1 + \frac{s+2}{s(s+1)}}$

$= \dfrac{\frac{s+2}{s(s+1)}}{\frac{s(s+1) + s + 2}{s(s+1)}} = \dfrac{s+2}{s^2 + 2s + 2}$

67 다음 운동방정식으로 표시되는 계의 계수 행렬 A는 어떻게 표시되는가?

$$\dfrac{d^2 c(t)}{dt^2} + 3\dfrac{dc(t)}{dt} + 2c(t) = r(t)$$

① $\begin{bmatrix} -2 & -3 \\ 0 & 1 \end{bmatrix}$ ② $\begin{bmatrix} 1 & 0 \\ -3 & -2 \end{bmatrix}$

③ $\begin{bmatrix} 0 & 1 \\ -2 & -3 \end{bmatrix}$ ④ $\begin{bmatrix} -3 & -2 \\ 1 & 0 \end{bmatrix}$

정답 63.② 64.② 65.③ 66.② 67.③

해설 상태변수 $x_1(t) = c(t)$
$$x_2(t) = \frac{dc(t)}{dt}$$
상태방정식 $\dot{x}_1(t) = x_2(t)$
$$\dot{x}_2(t) = -2x_1(t) - 3x_2(t) + r(t)$$
$$\begin{bmatrix} \dot{x}_1(t) \\ \dot{x}_2(t) \end{bmatrix} = \begin{bmatrix} 0 & 1 \\ -2 & -3 \end{bmatrix} \begin{bmatrix} x_1(t) \\ x_2(t) \end{bmatrix} + \begin{bmatrix} 0 \\ 1 \end{bmatrix} r(t)$$
∴ 계수 행렬(시스템 매트릭스) $A = \begin{bmatrix} 0 & 1 \\ -2 & -3 \end{bmatrix}$

68 $\overline{A} + \overline{B} \cdot \overline{C}$ 와 동일한 것은?
① $\overline{A + BC}$
② $\overline{A(B+C)}$
③ $\overline{A \cdot B + C}$
④ $\overline{A \cdot B} + C$

해설 $\overline{A(B+C)} = \overline{A} + \overline{(B+C)} = \overline{A} + \overline{B} \cdot \overline{C}$

69 특성방정식이 다음과 같다. 이를 z 변환하여 z 평면에 도시할 때 단위원 밖에 놓일 근은 몇 개인가?

$$(s+1)(s+2)(s-3) = 0$$

① 0
② 1
③ 2
④ 3

해설 특성방정식
$(s+1)(s+2)(s-3) = 0$
$s^3 - 7s - 6 = 0$
라우스의 표

s^3	1	-7
s^2	$(0)\varepsilon$	-6
s^1	$\dfrac{-7\varepsilon + 6}{\varepsilon}$	
s^0	-6	

0을 미소 양의 실수 ε 으로 대치
제1열의 부호 변화가 한 번 있으므로 불안정근이 1개 있다.
z 평면에 도시할 때 단위원 밖에 놓일 근이 s 평면의 우반평면, 즉 불안정근이다.

70 $G(s)H(s) = \dfrac{K(s+1)}{s^2(s+2)(s+3)}$ 에서 근궤적의 수는?
① 1
② 2
③ 3
④ 4

해설
• 근궤적의 개수는 z 와 p 중 큰 것과 일치한다.
• 영점의 개수 $z = 1$, 극점의 개수 $p = 4$
∴ 근궤적의 개수는 극점의 개수인 4개이다.

71 입력신호 $x(t)$ 와 출력신호 $y(t)$ 의 관계가 다음과 같을 때 전달함수는?

$$\frac{d^2}{dt^2}y(t) + 5\frac{d}{dt}y(t) + 6y(t) = x(t)$$

① $\dfrac{1}{(s+2)(s+3)}$
② $\dfrac{s+1}{(s+2)(s+3)}$
③ $\dfrac{s+4}{(s+2)(s+3)}$
④ $\dfrac{s}{(s+2)(s+3)}$

해설 $\dfrac{d^2}{dt^2}y(t) + 5\dfrac{dy(t)}{dt} + 6y(t) = x(t)$
라플라스 변환하면
$s^2 Y(s) + 5s Y(s) + 6Y(s) = X(s)$
∴ $G(s) = \dfrac{Y(s)}{X(s)} = \dfrac{1}{s^2 + 5s^2 + 6}$
$= \dfrac{1}{(s+2)(s+3)}$

72 4단자 정수 A, B, C, D 로 출력측을 개방시켰을 때 입력측에서 본 구동점 임피던스 $Z_{11} = \dfrac{V_1}{I_1}\bigg|_{I_2 = 0}$ 을 표시한 것 중 옳은 것은?
① $Z_{11} = \dfrac{A}{C}$
② $Z_{11} = \dfrac{B}{D}$
③ $Z_{11} = \dfrac{A}{B}$
④ $Z_{11} = \dfrac{B}{C}$

정답 68.② 69.② 70.④ 71.① 72.①

해설 임피던스 파라미터와 4단자 정수와의 관계

$$Z_{11} = \frac{A}{C}$$
$$Z_{12} = Z_{21} = \frac{1}{C}$$
$$Z_{22} = \frac{D}{C}$$

73 불평형 전류 $I_a = 400 - j650$[A], $I_b = -230 - j700$[A], $I_c = -150 + j600$[A]일 때 정상분 I_1[A]은?

① $6.66 - j250$ ② $-179 - j177$
③ $572 - j223$ ④ $223 - j572$

해설 정상 전류 $I_1 = \frac{1}{3}(I_a + aI_b + a^2 I_c)$

$= \frac{1}{3}\{(400 - j650) + \left(-\frac{1}{2} + j\frac{\sqrt{3}}{2}\right)(-230 - j700) + \left(-\frac{1}{2} - j\frac{\sqrt{3}}{2}\right)(-150 + j600)\}$

$= 572 - j223$[A]

74 다음 회로의 단자 a, b에 나타나는 전압[V]은 얼마인가?

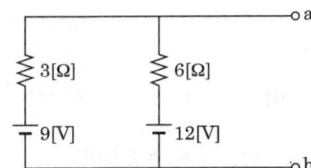

① 9 ② 10
③ 12 ④ 3

해설 밀만의 정리

$$V_{ab} = \frac{\sum\limits_{k=1}^{n} I_k}{\sum\limits_{k=1}^{n} Y_k} [V]$$

$$V_{ab} = \frac{\frac{9}{3} + \frac{12}{6}}{\frac{1}{3} + \frac{1}{6}} = 10 [V]$$

75 $e^{j\omega t}$의 라플라스 변환은?

① $\dfrac{1}{s - j\omega}$

② $\dfrac{1}{s + j\omega}$

③ $\dfrac{1}{s^2 + \omega^2}$

④ $\dfrac{\omega}{s^2 + \omega^2}$

해설 $F(s) = \mathcal{L}[e^{j\omega t}] = \dfrac{1}{s - j\omega}$

76 두 대의 전력계를 사용하여 평형 부하의 3상 부하의 3상 회로의 역률을 측정하려고 한다. 전력계의 지시가 각각 P_1, P_2라 할 때 이 회로의 역률은?

① $\dfrac{\sqrt{P_1 + P_2}}{P_1 + P_2}$

② $\dfrac{P_1 + P_2}{P_1^2 + P_2^2 - 2P_1 P_2}$

③ $\dfrac{P_1 + P_2}{2\sqrt{P_1^2 + P_2^2 - P_1 P_2}}$

④ $\dfrac{2P_1 P_2}{\sqrt{P_1^2 + P_2^2 - P_1 P_2}}$

해설 역률 $\cos\theta = \dfrac{P}{P_a}$

$= \dfrac{P}{\sqrt{P^2 + P_r^2}}$

$= \dfrac{P_1 + P_2}{2\sqrt{P_1^2 + P_2^2 - P_1 P_2}}$

정답 73.③ 74.② 75.① 76.③

77 $v = 100\sin(\omega t+30°)-50\sin(3\omega t+60°)+25\sin 5\omega t$ [V], $i = 20\sin(\omega t-30°)+15\sin(3\omega t+30°)+10\cos(5\omega t-60°)$ [A]인 식의 비정현파 전압 전류로부터 전력[W]과 피상전력[VA]은 얼마인가?

① $P=283.5$, $P_a=1,542$
② $P=385.2$, $P_a=2,021$
③ $P=404.9$, $P_a=3,284$
④ $P=491.3$, $P_a=4,141$

해설 $P = V_1 I_1 \cos\theta_1 + V_3 I_3 \cos\theta_3 + V_5 I_5 \cos\theta_5$
$= \dfrac{100}{\sqrt{2}} \cdot \dfrac{20}{\sqrt{2}} \cos 60° - \dfrac{50}{\sqrt{2}} \cdot \dfrac{15}{\sqrt{2}} \cos 30°$
$+ \dfrac{25}{\sqrt{2}} \cdot \dfrac{10}{\sqrt{2}} \cos 30° \fallingdotseq 283.5$[W]

$P_a = V \cdot I$
$= \sqrt{\dfrac{100^2+50^2+25^2}{2}} \times \sqrt{\dfrac{20^2+15^2+10^2}{2}}$
$= 1,542$[VA]

78 2단자 임피던스 함수 $Z(s)$가 $Z(s)=\dfrac{(s+1)(s+2)}{(s+3)(s+4)}$일 때 영점(zero)과 극점을 옳게 표시한 것은?

	영점	극점
①	$-1, -2$	$-3, -4$
②	$1, 2$	$3, 4$
③	없다.	$-1, -2, -3, -4$
④	$-1, -2, -3, -4$	없다.

해설 극점은 $Z(s)$의 분모=0의 근
$(s+3)(s+4)=0 \quad \therefore s=-3, -4$
영점은 $Z(s)$의 분자=0의 근
$(s+1)(s+2)=0 \quad \therefore s=-1, -2$

79 $R=20$[Ω], $L=0.1$[H]의 직렬회로에 60[Hz], 115[V]의 교류전압이 인가되어 있다. 인덕턴스에 축적되는 자기 에너지의 평균값은 몇 [J]인가?

① 0.364
② 3.64
③ 0.752
④ 4.52

해설 자기 에너지 W
$= \dfrac{1}{2}LI^2$
$= \dfrac{1}{2}\times 0.1 \times \left(\dfrac{115}{\sqrt{20^2+(2\times3.14\times60\times0.1)^2}}\right)^2$
$= 0.364$[J]

80 그림과 같은 회로의 단자 a, b, c에 대칭 3상 전압을 가하여 각 선전류를 같게 하려면 R의 값[Ω]을 얼마로 하면 되는가?

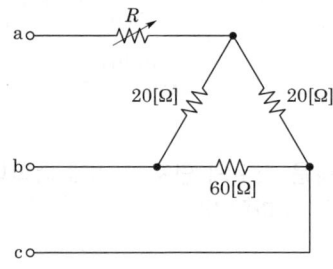

① 2
② 8
③ 16
④ 24

해설 △ → Y로 등가 변환하면

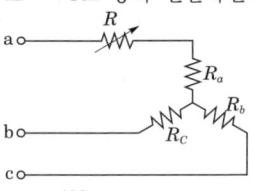

$R_a = \dfrac{400}{100} = 4$[Ω]
$R_b = \dfrac{1,200}{100} = 12$[Ω]
$R_c = \dfrac{1,200}{100} = 12$[Ω]
∴ 각 선에 흐르는 전류가 같으려면 각 상의 저항이 같아야 하므로 $R=8$[Ω]

정답 77.① 78.① 79.① 80.②

제5과목 전기설비기술기준

81 전선을 접속하는 경우 전선의 세기(인장하중)는 몇 [%] 이상 감소되지 않아야 하는가?

① 10 ② 15
③ 20 ④ 25

해설 전선의 접속(KEC 123)
- 전기저항을 증가시키지 말 것
- 전선의 세기는 20[%] 이상 감소시키지 아니할 것
- 전선절연물과 동등 이상 절연효력이 있는 것으로 충분히 피복
- 코드 상호, 캡타이어 케이블 상호, 케이블 상호 코드 접속기·접속함 사용

82 6.6[kV] 지중전선로의 케이블을 직류전원으로 절연내력시험을 하자면 시험전압은 직류 몇 [V]인가?

① 9,900 ② 14,420
③ 16,500 ④ 19,800

해설 전로의 절연저항 및 절연내력(KEC 132)
7[kV] 이하이고, 직류로 시험하므로 $6,600 \times 1.5 \times 2 = 19,800$[V]이다.

83 주택 등 저압 수용장소에서 고정 전기설비에 TN-C-S 접지방식으로 접지공사 시 중성선 겸용 보호도체(PEN)를 알루미늄으로 사용할 경우 단면적은 몇 [mm²] 이상이어야 하는가?

① 2.5 ② 6
③ 10 ④ 16

해설 보호도체와 계통도체 겸용(KEC 142.3.4)
겸용도체는 고정된 전기설비에서만 사용할 수 있고, 단면적은 구리 10[mm²] 또는 알루미늄 16[mm²] 이상이어야 한다.

84 가공공동지선에 의한 접지공사에 있어 가공공동지선과 대지 간의 합성 전기저항값은 몇 [m]를 지름으로 하는 지역마다 규정하는 접지저항값을 가지는 것으로 하여야 하는가?

① 400 ② 600
③ 800 ④ 1,000

해설 고압 또는 특고압과 저압의 혼촉에 의한 위험방지시설(KEC 322.1)
가공공동지선과 대지 사이의 합성 전기저항값은 1[km]를 지름으로 하는 지역 이내마다 규정의 접지저항값 이하로 한다.

85 금속제외함을 가진 저압의 기계기구로서, 사람이 쉽게 접촉될 우려가 있는 곳에 시설하는 경우 전기를 공급받는 전로에 지락이 생겼을 때 자동적으로 전로를 차단하는 장치를 설치하여야 하는 기계기구의 사용전압은 몇 [V]를 초과하는 경우인가?

① 30 ② 50
③ 100 ④ 150

해설 누전차단기의 시설(KEC 211.2.4)
금속제외함을 가지는 사용전압이 50[V]를 초과하는 저압의 기계기구로서, 사람이 쉽게 접촉할 우려가 있는 곳에 시설하는 것에 전기를 공급하는 전로에는 전로에 지락이 생겼을 때에 자동적으로 전로를 차단하는 장치를 하여야 한다.

86 케이블공사에 의한 저압 옥내배선의 시설 방법에 대한 설명으로 틀린 것은?

① 전선은 케이블 및 캡타이어 케이블로 한다.
② 콘크리트 안에는 전선에 접속점을 만들지 아니한다.
③ 전선을 넣는 방호장치의 금속제 부분에는 접지공사를 한다.
④ 전선을 조영재의 옆면에 따라 붙이는 경우 전선의 지지점 간의 거리를 케이블은 3[m] 이하로 한다.

정답 81.③ 82.④ 83.④ 84.④ 85.② 86.④

해설 케이블공사(KEC 232.51)
- 전선은 케이블 및 캡타이어 케이블일 것
- 조영재의 아랫면 또는 옆면에 따라 붙이는 경우 지지점 간의 거리를 케이블은 2[m](수직 6[m]) 이하, 캡타이어 케이블은 1[m] 이하로 할 것

87 발열선을 도로, 주차장 또는 조영물의 조영재에 고정시켜 신설하는 경우 발열선에 전기를 공급하는 전로의 대지전압은 몇 [V] 이하이어야 하는가?

① 100　　② 150
③ 200　　④ 300

해설 도로 등의 전열장치(KEC 241.12)
- 발열선에 전기를 공급하는 전로의 대지전압은 300[V] 이하
- 발열선은 미네랄 인슐레이션 케이블 또는 제2종 발열선을 사용
- 발열선 온도 80[℃] 이하

88 가공전선로의 지지물에 취급자가 오르고 내리는 데 사용하는 발판 볼트 등은 지표상 몇 [m] 미만에 시설하여서는 아니 되는가?

① 1.2　　② 1.8
③ 2.2　　④ 2.5

해설 가공전선로 지지물의 철탑오름 및 전주오름 방지 (KEC 331.4)
가공전선로의 지지물에 취급자가 오르고 내리는 데 사용하는 발판 볼트 등을 지표상 1.8[m] 미만에 시설하여서는 아니 된다.

89 저압 가공인입선 시설 시 도로를 횡단하여 시설하는 경우 노면상 높이는 몇 [m] 이상으로 하여야 하는가?

① 4　　② 4.5
③ 5　　④ 5.5

해설 저압 인입선의 시설(KEC 221.1.1)
저압 가공인입선의 높이는 다음과 같다.
- 도로를 횡단하는 경우에는 노면상 5[m] 이상
- 철도 또는 궤도를 횡단하는 경우에는 레일면상 6.5[m] 이상
- 횡단보도교의 위에 시설하는 경우에는 노면상 3[m] 이상

90 특고압 가공전선로에 사용하는 가공지선에는 지름 몇 [mm] 이상의 나경동선을 사용하여야 하는가?

① 2.6
② 3.5
③ 4
④ 5

해설 특고압 가공전선로의 가공지선(KEC 333.8)
가공지선에는 인장강도 8.01[kN] 이상의 나선 또는 지름 5[mm] 이상의 나경동선을 사용할 것

91 154[kV] 가공 송전선로를 제1종 특고압 보안공사로 할 때 사용되는 경동연선의 굵기는 몇 [mm²] 이상이어야 하는가?

① 100　　② 150
③ 200　　④ 250

해설 특고압 보안공사(KEC 333.22) – 제1종 특고압 보안공사 시 전선의 단면적

사용전압	전 선
100[kV] 미만	인장강도 21.67[kN] 이상, 단면적 55[mm²] 이상 경동연선
100[kV] 이상 300[kV] 미만	인장강도 58.84[kN] 이상, 단면적 150[mm²] 이상 경동연선
300[kV] 이상	인장강도 77.47[kN] 이상, 단면적 200[mm²] 이상 경동연선

정답 87.④　88.②　89.③　90.④　91.②

92 60[kV] 이하의 특고압 가공전선과 식물과의 간격은 몇 [m] 이상이어야 하는가?
① 2
② 2.12
③ 2.24
④ 2.36

해설 특고압 가공전선과 식물의 간격(KEC 333.30)
- 60[kV] 이하 : 2[m] 이상
- 60[kV] 초과 : 2[m]에 10[kV] 단수마다 12[cm]씩 가산

93 특고압 가공전선로의 지지물로 사용하는 B종 철주에서 각도형은 전선로 중 몇 도를 넘는 수평 각도를 이루는 곳에 사용되는가?
① 1
② 2
③ 3
④ 5

해설 특고압 가공전선로의 철주·철근콘크리트주 또는 철탑의 종류(KEC 333.11)
- 직선형 : 3도 이하인 수평 각도
- 각도형 : 3도를 초과하는 수평 각도를 이루는 곳
- 인류(잡아당김)형 : 전가섭선을 잡아당기는 곳에 사용하는 것
- 내장형 : 전선로의 지지물 양쪽의 경간(지지물 간 거리)의 차가 큰 곳
- 보강형 : 전선로의 직선부분에 그 보강을 위해 사용하는 것

94 3상 4선식 22.9[kV] 중성점 다중 접지식 가공전선로에 저압 가공전선을 병가(병행 설치)하는 경우 상호 간의 간격은 몇 [m]이어야 하는가? (단, 특고압 가공전선으로 케이블을 사용하지 않는 것으로 한다.)
① 1.0
② 1.3
③ 1.7
④ 2.0

해설 25[kV] 이하인 특고압 가공전선로의 시설(KEC 333.32)
특고압 가공전선과 저압 또는 고압의 가공전선 사이의 간격은 1[m] 이상일 것. 케이블인 때에는 50[cm]까지 감할 수 있다.

95 피뢰기를 반드시 시설하지 않아도 되는 곳은?
① 발전소·변전소의 가공전선의 인출구
② 가공전선로와 지중전선로가 접속되는 곳
③ 고압 가공전선로로부터 수전하는 차단기 2차측
④ 특고압 가공전선로로부터 공급을 받는 수용장소의 인입구

해설 피뢰기의 시설(KEC 341.13)
- 발·변전소 혹은 이것에 준하는 장소의 가공전선 인입구 및 인출구
- 특고압 가공전선로에 접속하는 배전용 변압기의 고압측 및 특고압측
- 고압 및 특고압 가공전선로에서 공급을 받는 수용장소의 인입구
- 가공전선로와 지중전선로가 접속되는 곳

96 변전소에 울타리·담 등을 시설할 때, 사용전압이 345[kV]이면 울타리·담 등의 높이와 울타리·담 등으로부터 충전부분까지의 거리의 합계는 몇 [m] 이상으로 하여야 하는가?
① 8.16
② 8.28
③ 8.40
④ 9.72

해설 발전소 등의 울타리·담 등의 시설(KEC 351.1)
160[kV]를 초과하는 경우 6[m]에 160[kV]를 초과하는 10[kV] 또는 그 단수마다 0.12[m]를 더한 값으로 간격을 구하므로 단수는 (345−160)÷10=18.5 이므로 19이다.
그러므로 울타리까지의 거리와 높이의 합계는 다음과 같다.
6+0.12×19=8.28[m]

정답 92.① 93.③ 94.① 95.③ 96.②

97 내부에 고장이 생긴 경우에 자동적으로 전로로부터 차단하는 장치가 반드시 필요한 것은?

① 뱅크용량 1,000[kVA]인 변압기
② 뱅크용량 10,000[kVA]인 조상기
③ 뱅크용량 300[kVA]인 분로리액터
④ 뱅크용량 1,000[kVA]인 전력용 커패시터

해설 조상설비의 보호장치(KEC 351.5)

설비종별	뱅크용량의 구분	자동차단하는 장치
전력용 커패시터 및 분로리액터	500[kVA] 초과 15,000[kVA] 미만	내부에 고장, 과전류
	15,000[kVA] 이상	내부에 고장, 과전류, 과전압
조상기 (무효전력 보상장치)	15,000[kVA] 이상	내부에 고장

전력용 커패시터는 뱅크용량 500[kVA]를 초과하여야 내부 고장 시 차단장치를 한다.

98 특고압 가공전선로의 지지물에 시설하는 통신선 또는 이에 직접 접속하는 통신선이 도로·횡단보도교·철도의 레일 등 또는 교류 전차선 등과 교차하는 경우의 시설기준으로 옳은 것은?

① 인장강도 8.01[kN] 이상의 것 또는 지름 5[mm] 경동선일 것
② 통신선이 케이블 또는 광섬유케이블일 때는 이격 거리(간격)의 제한이 없다.
③ 통신선과 삭도 또는 다른 가공약전류 전선 등 사이의 간격은 20[cm] 이상으로 할 것
④ 통신선이 도로·횡단보도교·철도의 레일과 교차하는 경우에는 통신선은 지름 4[mm]의 절연전선과 동등 이상의 절연효력이 있을 것

해설 전력보안통신선의 시설높이와 간격(KEC 362.2)
- 절연전선 : 연선은 단면적 16[mm^2], 단선은 지름 4[mm]
- 경동선 : 연선은 단면적 25[mm^2], 단선은 지름 5[mm]
- 인장강도 8.01[kN] 이상의 것

99 전력보안통신설비인 무선통신용 안테나를 지지하는 목주의 풍압하중에 대한 안전율은 얼마 이상으로 해야 하는가?

① 0.5
② 0.9
③ 1.2
④ 1.5

해설 무선용 안테나 등을 지지하는 철탑 등의 시설(KEC 364.1)
- 목주의 풍압하중에 대한 안전율은 1.5 이상
- 철주·철근콘크리트주 또는 철탑의 기초안전율은 1.5 이상

100 태양전지발전소에 태양전지 모듈 등을 시설할 경우 사용전선(연동선)의 공칭단면적은 몇 [mm^2] 이상인가?

① 1.6
② 2.5
③ 5
④ 10

해설 전기저장장치의 시설(KEC 512.1.1)
전선은 공칭단면적 2.5[mm^2] 이상의 연동선으로 하고, 배선은 합성수지관공사, 금속관공사, 가요전선관공사 또는 케이블공사로 시설할 것

정답 97.④ 98.① 99.④ 100.②

2025년 제1회 CBT 기출복원문제

2025. 2. 7. 시행

제1과목　전기자기학

01 비투자율 1,000인 철심이 든 환상 솔레노이드의 권수가 600회, 평균 지름 20[cm], 철심의 단면적 10[cm²]이다. 이 솔레노이드에 2[A]의 전류가 흐를 때 철심 내의 자속은 약 몇 [Wb]인가?

① 1.2×10^{-3}
② 1.2×10^{-4}
③ 2.4×10^{-3}
④ 2.4×10^{-4}

해설 자속

$$\phi = BS = \mu HS$$
$$= \mu_0 \mu_s \frac{NI}{l} S = \mu_0 \mu_s \frac{NI}{\pi D} S = \frac{\mu_0 \mu_s NIS}{\pi D}$$
$$= \frac{4\pi \times 10^{-7} \times 1{,}000 \times 600 \times 2 \times 10 \times 10^{-4}}{20\pi \times 10^{-2}}$$
$$= 2.4 \times 10^{-3} [\text{Wb}]$$

02 전위 $V = 3xy + z + 4$일 때 전계 E는?

① $i3x + j3y + k$
② $-i3y + j3x + k$
③ $i3x - j3y - k$
④ $-i3y - j3x - k$

해설 $E = -\text{grad}\, V = -\nabla V$
$= -\left(i\frac{\partial}{\partial x} + j\frac{\partial}{\partial y} \cdot k\frac{\partial}{\partial z}\right) \cdot (3xy + z + 4)$
$= -(i3y + j3x + k)$
$= -i3y - j3x - k$

03 자극의 세기가 8×10^{-6}[Wb], 길이가 3[cm]인 막대 자석을 120[AT/m]의 평등 자계 내에 자력선과 30°의 각도로 놓으면 이 막대 자석이 받는 회전력은 몇 [N·m]인가?

① 3.02×10^{-5}
② 3.02×10^{-4}
③ 1.44×10^{-5}
④ 1.44×10^{-4}

해설 $T = MH\sin\theta = mlH\sin\theta$
$= 8 \times 10^{-6} \times 3 \times 10^{-2} \times 120 \times \sin 30°$
$= 1.44 \times 10^{-5} [\text{N·m}]$

04 정전 용량이 1[μF]인 공기 콘덴서가 있다. 이 콘덴서 판 간의 $\frac{1}{2}$인 두께를 갖고 비유전율 $\varepsilon_r = 2$인 유전체를 그 콘덴서의 한 전극면에 접촉하여 넣었을 때, 전체의 정전 용량은 몇 [μF]이 되는가?

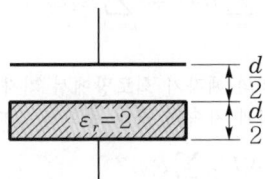

① 2
② $\frac{1}{2}$
③ $\frac{4}{3}$
④ $\frac{5}{3}$

해설 $C = \dfrac{2C_0}{1 + \dfrac{1}{\varepsilon_r}} = \dfrac{2 \times 1}{1 + \dfrac{1}{2}} = \dfrac{4}{3} [\mu\text{F}]$

정답　01.③　02.④　03.③　04.③

05 자계의 세기 $H = xya_y - xza_z$ [A/m]일 때, 점 (2, 3, 5)에서 전류 밀도는 몇 [A/m²]인가?

① $3a_x + 5a_y$ ② $3a_y + 5a_z$
③ $5a_x + 3a_z$ ④ $5a_y + 3a_z$

해설 전류 밀도

$$J = \text{rot} H = \nabla \times H = \begin{vmatrix} a_x & a_y & a_z \\ \frac{\partial}{\partial x} & \frac{\partial}{\partial y} & \frac{\partial}{\partial z} \\ 0 & xy & -xz \end{vmatrix} = za_y + ya_z$$

$x = 2$, $y = 3$, $z = 5$를 대입하면

∴ $J = 5a_y + 3a_z$ [A/m²]

06 자기 회로에서 키르히호프의 법칙으로 알맞은 것은? (단, R : 자기 저항, ϕ : 자속, N : 코일 권수, I : 전류이다.)

① $\sum_{i=1}^{n} \phi_i = \infty$

② $\sum_{i=1}^{n} N_i \phi_i = 0$

③ $\sum_{i=1}^{n} R_i \phi_i = \sum_{i=1}^{n} N_i I_i$

④ $\sum_{i=1}^{n} R_i \phi_i = \sum_{i=1}^{n} N_i L_i$

해설 임의의 폐자기 회로망에서 기자력의 총화는 자기 저항과 자속의 곱의 총화와 같다.

$$\sum_{i=1}^{n} N_i I_i = \sum_{i=1}^{n} R_i \phi_i$$

07 Biot-Savart의 법칙에 의하면, 전류소에 의해서 임의의 한 점(P)에 생기는 자계의 세기를 구할 수 있다. 다음 중 설명으로 틀린 것은?

① 자계의 세기는 전류의 크기에 비례한다.
② MKS 단위계를 사용할 경우 비례 상수는 $\frac{1}{4\pi}$ 이다.
③ 자계의 세기는 전류소와 점 P와의 거리에 반비례한다.
④ 자계의 방향은 전류소 및 이 전류소와 점 P를 연결하는 직선을 포함하는 면에 법선 방향이다.

해설 비오-사바르(Biot-Savart)의 법칙

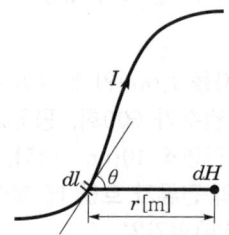

전류 I가 흐르는 도선에 미소 길이 dl [m]와 접선 사이의 각도를 θ라 할 때 이 점에서 거리 r [m]만큼 떨어진 점의 미소 자계의 세기 dH는 비오-사바르 법칙에 의해 다음과 같다.

$$d\boldsymbol{H} = \frac{Idl}{4\pi r^2} \sin\theta \, [\text{AT/m}]$$

따라서, 자계의 세기는 전류소와 점 P와의 거리 제곱에 반비례한다.

08 체적 전하 밀도 ρ [C/m³]로 V [m³]의 체적에 걸쳐서 분포되어 있는 전하 분포에 의한 전위를 구하는 식은? (단, r은 중심으로부터의 거리이다.)

① $\frac{1}{4\pi\varepsilon_0} \iiint_v \frac{\rho}{r^2} dv$ [V]

② $\frac{1}{4\pi\varepsilon_0} \iiint_v \frac{\rho}{r} dv$ [V]

③ $\frac{1}{2\pi\varepsilon_0} \iiint_v \frac{\rho}{r^2}$ [V]

④ $\frac{1}{2\pi\varepsilon_0} \iiint_v \frac{\rho}{r} dv$ [V]

해설 전위 $V = \frac{Q}{4\pi\varepsilon_0 r}$ [V]

체적 전하 밀도가 ρ [C/m³]이므로

총 전하 $Q = \iiint \rho dv [C]$

$\therefore V = \dfrac{1}{4\pi\varepsilon_0 r} \iiint \rho dv = \dfrac{1}{4\pi\varepsilon_0} \iiint \dfrac{\rho}{r} dv [V]$

09 베이클라이트 중의 전속 밀도가 $D[C/m^2]$ 일 때의 분극의 세기는 몇 $[C/m^2]$인가? (단, 베이클라이트의 비유전율은 ε_r 이다.)

① $D(\varepsilon_r - 1)$ ② $D\left(1 + \dfrac{1}{\varepsilon_r}\right)$

③ $D\left(1 - \dfrac{1}{\varepsilon_r}\right)$ ④ $D(\varepsilon_r + 1)$

해설 분극의 세기

$P = D - \varepsilon_0 E = D\left(1 - \dfrac{1}{\varepsilon_r}\right) [C/m^2]$

10 진공 중에 선전하 밀도 $+\lambda[C/m]$의 무한장 직선 전하 A와 $-\lambda[C/m]$의 무한장 직선 전하 B가 $d[m]$의 거리에 평행으로 놓여 있을 때, A에서 거리 $\dfrac{d}{3}[m]$되는 점의 전계의 크기는 몇 $[V/m]$인가?

① $\dfrac{3\lambda}{4\pi\varepsilon_0 d}$ ② $\dfrac{9\lambda}{4\pi\varepsilon_0 d}$

③ $\dfrac{3\lambda}{8\pi\varepsilon_0 d}$ ④ $\dfrac{9\lambda}{8\pi\varepsilon_0 d}$

해설 $E_P = E_A + E_B$

$= \dfrac{\lambda}{2\pi\varepsilon_0\left(\dfrac{d}{3}\right)} + \dfrac{\lambda}{2\pi\varepsilon_0\left(\dfrac{2}{3}d\right)}$

$= \dfrac{3\lambda}{2\pi\varepsilon_0 d} + \dfrac{3\lambda}{4\pi\varepsilon_0 d}$

$= \dfrac{9\lambda}{4\pi\varepsilon_0 d} [V/m]$

```
        +λ     P              -λ
      A ●──────┼──────────────● B
        │ ⅓d  │      ⅔d       │
        │←───→│←─────────────→│
        │←──────── d ────────→│
```

11 특성 임피던스가 각각 η_1, η_2인 두 매질의 경계면에 전자파가 수직으로 입사할 때, 전계가 무반사로 되기 위한 가장 알맞은 조건은?

① $\eta_2 = 0$ ② $\eta_1 = 0$
③ $\eta_1 = \eta_2$ ④ $\eta_1 \cdot \eta_2 = 0$

해설 전계의 반사 계수 $= \dfrac{\eta_2 - \eta_1}{\eta_2 + \eta_1}$

$= \dfrac{\sqrt{\dfrac{\mu_2}{\varepsilon_2}} - \sqrt{\dfrac{\mu_1}{\varepsilon_1}}}{\sqrt{\dfrac{\mu_2}{\varepsilon_2}} + \sqrt{\dfrac{\mu_1}{\varepsilon_1}}}$

$\therefore$ 무반사가 되기 위한 조건은 반사 계수가 0이므로 $\eta_1 = \eta_2$

12 그림과 같이 비투자율이 μ_{s1}, μ_{s2}인 각각 다른 자성체를 접하여 놓고 θ_1을 입사각이라 하고, θ_2를 굴절각이라 한다. 경계면에 자하가 없는 경우, 미소 폐곡면을 취하여 이 곳에 출입하는 자속수를 구하면?

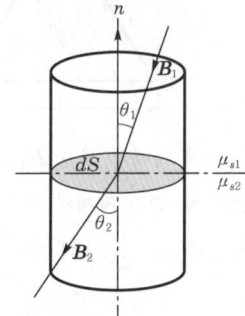

① $\int_l \mathbf{B} \cdot \mathbf{n} dl = 0$

② $\int_S \mathbf{B} \cdot \mathbf{n} dS = 0$

③ $\int_S \mathbf{B} \cdot dS = 0$

④ $\int_S \mathbf{B} \cdot \mathbf{n} \sin\theta dS = 0$

정답 09.③ 10.② 11.③ 12.②

해설 경계면에는 자하가 없으므로 경계면에서의 자속은 연속한다.
$$\text{div}\,\boldsymbol{A} = \nabla \cdot \boldsymbol{A} = 0$$
$$\therefore \text{div}\,\boldsymbol{B} = \nabla \cdot \boldsymbol{B} = 0$$
즉, $\int_S \boldsymbol{B} \cdot n\,dS = 0$

13 한 변의 길이가 l[m]인 정삼각형 회로에 전류 I[A]가 흐르고 있을 때 삼각형의 중심에서의 자계의 세기[AT/m]는?

① $\dfrac{\sqrt{2}\,I}{3\pi l}$

② $\dfrac{9I}{\pi l}$

③ $\dfrac{2\sqrt{2}\,I}{3\pi l}$

④ $\dfrac{9I}{2\pi l}$

해설

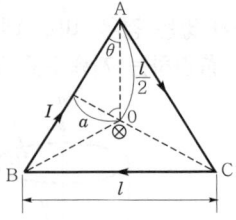

한 변 AB의 자계의 세기 $H_{AB} = \dfrac{3I}{2\pi l}$ [AT/m]

∴ 정삼각형 중심 자계의 세기
$$H_0 = 3H_{AB} = \dfrac{9I}{2\pi l} \text{ [AT/m]}$$

14 변위 전류에 의하여 전자파가 발생되었을 때, 전자파의 위상은?

① 변위 전류보다 90° 늦다.
② 변위 전류보다 90° 빠르다.
③ 변위 전류보다 30° 빠르다.
④ 변위 전류보다 30° 늦다.

해설
$$I_d = \frac{\partial \psi}{\partial t} = \frac{\partial D}{\partial t}S = \varepsilon \frac{\partial E}{\partial t}S = \varepsilon \cdot S \frac{\partial}{\partial t} E_0 \sin\omega t$$
$$= \omega \varepsilon S E_0 \cos\omega t$$
$$= \omega \varepsilon S E_0 \sin\left(\omega t + \frac{\pi}{2}\right) [\text{A}]$$

이므로 변위 전류가 90° 빠르다.
∴ 전자파의 위상은 변위 전류보다 90° 늦다.

15 진공 내 전위 함수가 $V = x^2 + y^2$ [V]로 주어졌을 때, $0 \le x \le 1$, $0 \le y \le 1$, $0 \le z \le 1$ 인 공간에 저장되는 정전 에너지[J]는?

① $\dfrac{4}{3}\varepsilon_0$

② $\dfrac{2}{3}\varepsilon_0$

③ $4\varepsilon_0$

④ $2\varepsilon_0$

해설 $W = \int_v \dfrac{1}{2}\varepsilon_0 E^2 dv$

전계의 세기
$$E = -\text{grad}\,V$$
$$= -\nabla \cdot V$$
$$= -\left(i\frac{\partial}{\partial x} + j\frac{\partial}{\partial y} + k\frac{\partial}{\partial z}\right) \cdot (x^2 + y^2)$$
$$= -i2x - j2y$$

$$\therefore W = \frac{1}{2}\varepsilon_0 \int_0^1 \int_0^1 \int_0^1 (-i2x - j2y)^2 dxdydz$$
$$= \frac{1}{2}\varepsilon_0 \int_0^1 \int_0^1 \int_0^1 (4x^2 + 4y^2) dxdydz$$
$$= \frac{1}{2}\varepsilon_0 \int_0^1 \int_0^1 \left[\frac{4}{3}x^3 + 4y^2 x\right]_0^1 dydz$$
$$= \frac{1}{2}\varepsilon_0 \int_0^1 \left[\frac{4}{3}y + \frac{4}{3}y^3\right]_0^1 dz$$
$$= \frac{1}{2}\varepsilon_0 \left[\frac{8}{3}z\right]_0^1$$
$$= \frac{4}{3}\varepsilon_0 \text{ [J]}$$

정답 13. ④ 14. ① 15. ①

16 그림과 같이 반지름 a[m]인 원형 단면을 가지고 중심 간격이 d[m]인 평행 왕복 도선의 단위 길이당 자기 인덕턴스[H/m]는? (단, 도체는 공기 중에 있고 $d \gg a$로 한다.)

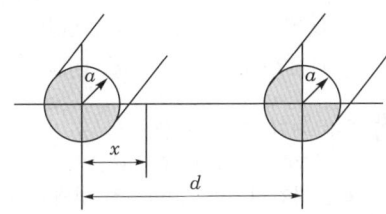

① $L = \dfrac{\mu_0}{\pi} \ln \dfrac{a}{d} + \dfrac{\mu}{4\pi}$

② $L = \dfrac{\mu_0}{\pi} \ln \dfrac{a}{d} + \dfrac{\mu}{2\pi}$

③ $L = \dfrac{\mu_0}{\pi} \ln \dfrac{d}{a} + \dfrac{\mu}{4\pi}$

④ $L = \dfrac{\mu_0}{\pi} \ln \dfrac{d}{a} + \dfrac{\mu}{2\pi}$

해설 $L = \dfrac{\mu_0}{\pi} \ln \dfrac{d}{a} + \dfrac{\mu}{8\pi} \times 2 = \dfrac{\mu_0}{\pi} \ln \dfrac{d}{a} + \dfrac{\mu}{4\pi}$ [H/m]

17 평면 도체 표면에서 d[m] 거리에 점전하 Q[C]이 있을 때 이 전하를 무한 원점까지 운반하는 데 필요한 일[J]은?

① $\dfrac{Q^2}{4\pi\varepsilon_0 d}$ ② $\dfrac{Q^2}{8\pi\varepsilon_0 d}$

③ $\dfrac{Q^2}{16\pi\varepsilon_0 d}$ ④ $\dfrac{Q^2}{32\pi\varepsilon_0 d}$

해설

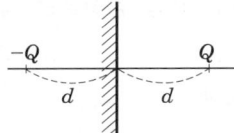

점전하 Q[C]과 무한 평면 도체 간에 작용하는 힘
$F = \dfrac{-Q^2}{4\pi\varepsilon_0 (2d)^2} = \dfrac{-Q^2}{16\pi\varepsilon_0 d^2}$ [N] (흡인력)

일 $W = \int_d^\infty \mathbf{F} \cdot dr = \dfrac{Q^2}{16\pi\varepsilon_0} \int_d^\infty \dfrac{1}{d^2} dr$ [J]

$= \dfrac{Q^2}{16\pi\varepsilon_0} \left[-\dfrac{1}{d} \right]_d^\infty = \dfrac{Q^2}{16\pi\varepsilon_0 d}$ [J]

18 공기 중에서 전자기파의 파장이 3[m]라면 그 주파수는 몇 [MHz]인가?

① 100 ② 300
③ 1,000 ④ 3,000

해설 공기 중의 전자기파의 속도 v_0

$v_0 = \dfrac{1}{\sqrt{\varepsilon_0 \mu_0}} = \lambda \cdot f = 3 \times 10^8$ [m/s]

주파수 $f = \dfrac{v_0}{\lambda} = \dfrac{3 \times 10^8}{3} = 10^8$

$= 100$ [MHz]

19 자속 밀도 B[Wb/m²]의 평등 자계 내에서 길이 l[m]인 도체 ab가 속도 v[m/s]로 그림과 같이 도선을 따라서 자계와 수직으로 이동할 때 도체 ab에 의해 유기된 기전력의 크기 e[V]와 폐회로 abcd 내 저항 R에 흐르는 전류의 방향은? (단, 폐회로 abcd 내 도선 및 도체의 저항은 무시한다.)

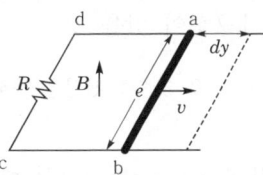

① $e = Blv$, 전류 방향 : c → d
② $e = Blv$, 전류 방향 : d → c
③ $e = Blv^2$, 전류 방향 : c → d
④ $e = Blv^2$, 전류 방향 : d → c

해설 플레밍의 오른손 법칙
유기 기전력 $e = vBl\sin\theta = Blv$ [V]
방향 a → b → c → d

정답 16.③ 17.③ 18.① 19.①

20 대전된 도체의 특징으로 틀린 것은?

① 가우스 정리에 의해 내부에는 전하가 존재한다.
② 전계는 도체 표면에 수직인 방향으로 진행된다.
③ 도체에 인가된 전하는 도체 표면에만 분포한다.
④ 도체 표면에서의 전하 밀도는 곡률이 클수록 높다.

해설 대전 도체의 내부에는 전하가 존재하지 않고 표면에만 분포하여 등전위를 이룬다.
따라서, 전계는 도체 표면과 직교하며 곡률이 클수록 전하 밀도는 높아진다.

제2과목 전력공학

21 가공 전선로에 사용하는 전선의 구비 조건으로 옳지 않은 것은?

① 비중(밀도)이 클 것
② 도전율이 높을 것
③ 기계적인 강도가 클 것
④ 내구성이 있을 것

해설 비중이 적을 것, 즉 전선은 가벼울수록 좋다.

22 아킹 혼(arcing horn)의 설치 목적은?

① 이상 전압 소멸
② 전선의 진동 방지
③ 코로나 손실 방지
④ 섬락 사고에 대한 애자 보호

해설 아킹 혼, 소호각(환)의 역할
• 이상 전압으로부터 애자련의 보호
• 애자 전압 부담의 균등화
• 애자의 열적 파괴(섬락 포함) 방지

23 현수 애자 4개를 1련으로 한 66[kV] 송전 선로가 있다. 현수 애자 1개의 절연 저항이 1,500[MΩ]이라면 표준 경간을 200[m]로 할 때 1[km]당의 누설 컨덕턴스[℧]는?

① 0.83×10^{-9} ② 0.83×10^{-6}
③ 0.83×10^{-3} ④ 0.83×10

해설 현수 애자 1련의 저항
$r = 1,500 \times 10^6 \times 4 = 6 \times 10^9 [\Omega]$
표준 경간이 200[m]이므로 병렬로 5련이 설치되므로
∴ $G = \dfrac{1}{R} = \dfrac{1}{\dfrac{r}{5}} = \dfrac{1}{\dfrac{6}{5} \times 10^9} = \dfrac{5}{6} \times 10^{-9}$
$= 0.83 \times 10^{-9} [℧]$

24 다음 중 송전 선로의 코로나 임계 전압이 높아지는 경우가 아닌 것은?

① 상대 공기 밀도가 작다.
② 전선의 반경과 선간 거리가 크다.
③ 날씨가 맑다.
④ 낡은 전선을 새 전선으로 교체했다.

해설 임계 전압 $E_0 = 24.3 m_0 m_1 \delta d \log_{10} \dfrac{D}{r}$ [kV]
임계 전압은 도체 표면 계수(m_0), 날씨 계수(m_1), 도체 굵기(d), 선간 거리(D), 상대 공기 밀도(δ) 등이 크면 높아진다.

25 송전단 전압이 66[kV]이고, 수전단 전압이 62[kV]로 송전 중이던 선로에서 부하가 급격히 감소하여 수전단 전압이 63.5[kV]가 되었다. 전압 강하율은 약 몇 [%]인가?

① 2.28 ② 3.94
③ 6.06 ④ 6.45

해설 전압 강하율
$\varepsilon = \dfrac{V_s - V_r}{V_r} \times 100 [\%] = \dfrac{66 - 63.5}{63.5} \times 100$
$= 3.937 [\%]$

정답 20.① 21.① 22.④ 23.① 24.① 25.②

26 송전 선로에 충전 전류가 흐르면 수전단 전압이 송전단 전압보다 높아지는 현상과 이 현상의 발생 원인으로 가장 옳은 것은?

① 페란티 효과, 선로의 인덕턴스 때문
② 페란티 효과, 선로의 정전 용량 때문
③ 근접 효과, 선로의 인덕턴스 때문
④ 근접 효과, 선로의 정전 용량 때문

해설 경부하 또는 무부하인 경우에는 선로의 정전 용량에 의한 충전 전류의 영향이 크게 작용해서 진상 전류가 흘러 수전단 전압이 송전단 전압보다 높게 되는 것을 페란티 효과(Ferranti effect)라 하고, 이것의 방지 대책으로는 분로(병렬) 리액터를 설치한다.

27 전력 계통에서 무효 전력을 조정하는 조상 설비 중 전력용 콘덴서를 동기 조상기와 비교할 때 옳은 것은?

① 전력 손실이 크다.
② 지상 무효 전력분을 공급할 수 있다.
③ 전압 조정을 계단적으로 밖에 못한다.
④ 송전 선로를 시송전할 때 선로를 충전할 수 있다.

해설 전력용 콘덴서와 동기 조상기의 비교

전력용 콘덴서	동기 조상기
지상 부하에 사용	진상·지상 부하 모두 사용
계단적 조정	연속적 조정
정지기로 손실이 적음	회전기로 손실이 큼
시송전 가능	시송전 불가
배전 계통 주로 사용	송전 계통 주로 사용

28 송전 선로의 중성점을 접지하는 목적이 아닌 것은?

① 송전 용량의 증가
② 과도 안정도의 증진
③ 이상 전압 발생의 억제
④ 보호 계전기의 신속, 확실한 동작

해설 중성점 접지 목적
• 이상 전압의 발생을 억제하여 전위 상승을 방지하고, 전선로 및 기기의 절연 수준을 경감시킨다.
• 지락 고장 발생 시 보호 계전기의 신속하고 정확한 동작을 확보한다.
• 통신선의 유도 장해를 방지하고, 과도 안정도를 향상시킨다(PC 접지).

29 3상 송전 선로와 통신선이 병행되어 있는 경우에 통신 유도 장해로서 통신선에 유도되는 정전 유도 전압은?

① 통신선의 길이에 비례한다.
② 통신선의 길이의 자승에 비례한다.
③ 통신선의 길이에 반비례한다.
④ 통신선의 길이에 관계없다.

해설 3상 정전 유도 전압

$$E_0 = \frac{\sqrt{C_a(C_a-C_b)+C_b(C_b-C_c)+C_c(C_c-C_a)}}{C_a+C_b+C_c+C_0} \times \frac{V}{\sqrt{3}}$$

정전 유도 전압은 통신선의 병행 길이와는 관계가 없다.

30 불평형 3상 전압을 V_a, V_b, V_c라 하고 $a = \varepsilon^{j\frac{2\pi}{3}}$라 할 때, $V_x = \frac{1}{3}(V_a + aV_b + a^2V_c)$이다. 여기에서 V_x는?

① 정상 전압
② 단락 전압
③ 영상 전압
④ 지락 전압

해설 대칭분 전압
• 영상 전압 $V_0 = \frac{1}{3}(V_a + V_b + V_c)$
• 정상 전압 $V_1 = \frac{1}{3}(V_a + aV_b + a^2V_c)$
• 역상 전압 $V_2 = \frac{1}{3}(V_a + a^2V_b + aV_c)$

정답 26.② 27.③ 28.① 29.④ 30.①

31 파동 임피던스 $Z_1 = 500[\Omega]$, $Z_2 = 300[\Omega]$인 두 무손실 선로 사이에 그림과 같이 저항 R을 접속한다. 제1선로에서 구형파가 진행하여 왔을 때 무반사로 하기 위한 R의 값은 몇 $[\Omega]$인가?

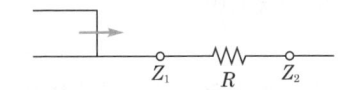

① 100 ② 200
③ 300 ④ 500

해설 Z_1과 $(R+Z_2)$가 접속된 점에

반사율 $\beta = \dfrac{(R+Z_2) - Z_1}{Z_1 + (R+Z_2)}$에서 무반사($\beta = 0$)이려면 $Z_1 = (R+Z_2)$이어야 하므로

$R = Z_1 - Z_2 = 500 - 300 = 200[\Omega]$이다.

32 피뢰기의 구비 조건이 아닌 것은?
① 상용 주파 방전 개시 전압이 낮을 것
② 충격 방전 개시 전압이 낮을 것
③ 속류 차단 능력이 클 것
④ 제한 전압이 낮을 것

해설 피뢰기의 구비 조건
• 충격 방전 개시 전압이 낮을 것
• 상용 주파 방전 개시 전압 및 정격 전압이 높을 것
• 방전 내량이 크면서 제한 전압은 낮을 것
• 속류 차단 능력이 충분할 것

33 모선 보호에 사용되는 계전 방식이 아닌 것은?
① 위상 비교 방식
② 선택 접지 계전 방식
③ 방향 거리 계전 방식
④ 전류 차동 보호 방식

해설 모선 보호 계전 방식에는 전류 차동 방식, 전압 차동 방식, 위상 비교 방식, 방향 비교 방식, 거리 방향 방식 등이 있다. 선택 접지 계전 방식은 송전 선로 지락 보호 계전 방식이다.

34 직류 송전 방식에 관한 설명으로 틀린 것은?
① 교류 송전 방식보다 안정도가 낮다.
② 직류 계통과 연계 운전 시 교류 계통의 차단 용량은 작아진다.
③ 교류 송전 방식에 비해 절연 계급을 낮출 수 있다.
④ 비동기 연계가 가능하다.

해설 직류 송전 방식
• 무효분이 없어 손실이 없고 역률이 항상 1이며 송전 효율이 좋다.
• 파고치가 없으므로 절연 계급을 낮출 수 있다.
• 전압 강하와 전력 손실이 적고, 안정도가 높아진다.
• 비동기 연계가 가능하다.

35 SF_6 가스 차단기에 대한 설명으로 옳지 않은 것은?
① 공기에 비하여 소호 능력이 약 100배 정도 된다.
② 절연 거리를 적게 할 수 있어 차단기 전체를 소형, 경량화 할 수 있다.
③ SF_6 가스를 이용한 것으로서 독성이 있으므로 취급에 유의하여야 한다.
④ SF_6 가스 자체는 불활성 기체이다.

해설 SF_6 가스는 유독 가스가 발생하지 않는다.

36 배전 전압, 배전 거리 및 전력 손실이 같다는 조건에서 단상 2선식 전기 방식의 전선 총 중량을 100[%]라 할 때 3상 3선식 전기 방식은 몇 [%]인가?
① 33.3 ② 37.5
③ 75.0 ④ 100.0

해설 전선 총 중량은 단상 2선식을 기준으로 단상 3선식은 $\dfrac{3}{8}$, 3상 3선식은 $\dfrac{3}{4}$, 3상 4선식은 $\dfrac{1}{3}$이다.

정답 31.② 32.① 33.② 34.① 35.③ 36.③

37 수용가군 총합의 부하율은 각 수용가의 수용분 및 수용가 사이의 부등률이 변화할 때 어떻게 되는가?

① 부등률과 수용률에 비례한다.
② 부등률에 비례하고, 수용률에 반비례한다.
③ 수용률에 비례하고, 부등률에 반비례한다.
④ 부등률과 수용률에 반비례한다.

해설 부하율 = $\dfrac{평균 전력}{설비 용량의 합계} \times \dfrac{부등률}{수용률}$이므로 부등률에 비례하고, 수용률에 반비례한다.

38 부하 전력 및 역률이 같을 때 전압을 n 배 승압하면 전압 강하와 전력 손실은 어떻게 되는가?

① 전압 강하 : $\dfrac{1}{n}$, 전력 손실 : $\dfrac{1}{n^2}$
② 전압 강하 : $\dfrac{1}{n^2}$, 전력 손실 : $\dfrac{1}{n}$
③ 전압 강하 : $\dfrac{1}{n}$, 전력 손실 : $\dfrac{1}{n}$
④ 전압 강하 : $\dfrac{1}{n^2}$, 전력 손실 : $\dfrac{1}{n^2}$

해설
• 전압 강하
$e = \sqrt{3}\,I(R\cos\theta + X\sin\theta)$
$= \sqrt{3} \times \dfrac{P}{\sqrt{3}\,V\cos\theta}(R\cos\theta + X\sin\theta)$
$= \dfrac{P}{V}(R + X\tan\theta) \propto \dfrac{1}{V}$

• 전력 손실
$P_c = 3I^2 R$
$= 3 \times \left(\dfrac{P}{\sqrt{3}\,V\cos\theta}\right)^2 \times \rho\dfrac{l}{A}$
$= \dfrac{P^2}{V^2\cos^2\theta} \times \rho\dfrac{l}{A} \propto \dfrac{1}{V^2}$

39 공통 중성선 다중 접지 방식의 배전 선로에서 recloser(R), sectionalizer(S), line fuse(F)의 보호 협조가 가장 적합한 배열은? (단, 보호 협조는 변전소를 기준으로 한다.)

① S - F - R
② S - R - F
③ F - S - R
④ R - S - F

해설 리클로저(recloser)는 선로에 고장이 발생하였을 때 고장 전류를 검출하여 지정된 시간 내에 고속 차단하고 자동 재폐로 동작을 수행하여 고장 구간을 분리하거나 재송전하는 장치이다.
섹셔널라이저(sectionalizer)는 부하 전류는 개폐할 수 있지만 고장 전류를 차단할 수 없으므로 리클로저와 직렬로 설치하여야 한다.
그러므로 변전소 차단기 → 리클로저 → 섹셔널라이저 → 라인 퓨즈로 구성한다.

40 다음 그림과 같은 열 사이클은?

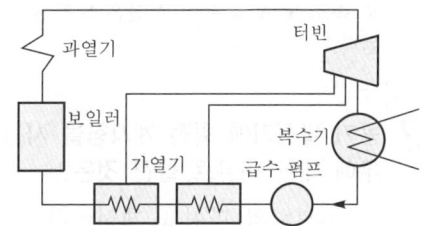

① 재열 사이클
② 재생 사이클
③ 재생 재열 사이클
④ 기본 사이클

해설 그림은 보일러 입구에 급수 가열기가 터빈 중간에 추기하는 설비가 있으므로 재생 사이클이다.
• 재생 사이클 : 터빈 중간에 증기를 추기하여 보일러용 급수를 가열하는 사이클
• 재열 사이클 : 고압 터빈 출구에서 증기를 모두 추출하여 재열기로 가열시킨 다음 저압 터빈으로 공급하는 열 사이클

정답 37.② 38.① 39.④ 40.②

제3과목 전기기기

41 다음과 같은 속도 특성 곡선 및 토크 특성 곡선을 나타내는 전동기는?

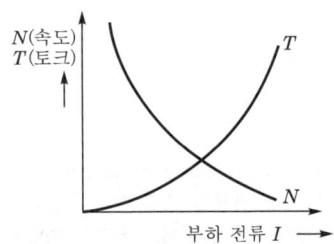

① 직류 분권 전동기
② 직류 직권 전동기
③ 직류 복권 전동기
④ 타여자 전동기

해설 직류 직권 전동기의 회전 속도는 부하 전류에 반비례하고, 토크는 부하 전류의 제곱에 비례하므로 속도 및 토크 특성 곡선은 쌍곡선과 포물선이 된다.

42 동기 발전기에 회전 계자형을 사용하는 경우에 대한 이유로 틀린 것은?

① 기전력의 파형을 개선한다.
② 전기자가 고정자이므로 고압 대전류용에 좋고, 절연하기 쉽다.
③ 계자가 회전자이지만 저압 소용량의 직류이므로 구조가 간단하다.
④ 전기자보다 계자극을 회전자로 하는 것이 기계적으로 튼튼하다.

해설 동기 발전기의 회전자에 따른 분류에서 회전 계자형은 유도 기전력에 고조파가 포함되어 왜형파가 되므로 전기자 권선을 분포권과 단절권으로 하여 기전력의 파형을 개선한다.

43 사이클로 컨버터(cyclo converter)에 대한 설명으로 틀린 것은?

① DC-DC buck 컨버터와 동일한 구조이다.
② 출력 주파수가 낮은 영역에서 많은 장점이 있다.
③ 시멘트 공장의 분쇄기 등과 같이 대용량 저속 교류 전동기 구동에 주로 사용된다.
④ 교류를 교류로 직접 변환하면서 전압과 주파수를 동시에 가변하는 전력 변환기이다.

해설 사이클로 컨버터는 교류를 직접 다른 주파수의 교류로 전압과 주파수를 동시에 가변하는 전력 변환기이고, DC-DC buck 컨버터는 직류를 직류로 변환하는 직류 변압기이다.

44 브러시리스 DC 서보 모터의 특징으로 틀린 것은?

① 단위 전류당 발생 토크가 크고 효율이 좋다.
② 토크 맥동이 작고, 안정된 제어가 용이하다.
③ 기계적 시간 상수가 크고 응답이 느리다.
④ 기계적 접점이 없고 신뢰성이 높다.

해설 DC 서보 모터는 기계적 시간 상수(시정수)가 작고 응답이 빠른 특성을 갖고 있다.

45 동기 전동기의 위상 특성 곡선에서 공급 전압 및 부하를 일정하게 유지하면서 여자(계자) 전류(勵磁電流)를 변화시키면?

① 속도가 변한다.
② 토크(torque)가 변한다.
③ 전기자 전류가 변하고 역률이 변한다.
④ 별다른 변화가 없다.

정답 41.② 42.① 43.① 44.③ 45.③

해설 동기 전동기의 출력

$$P_3 = \sqrt{3}\,VI\cos\theta = \frac{V_0 E}{x_s}\sin\delta\,[W]$$

공급 전압과 출력(부하)이 일정 상태에서 여자 전류를 변화하면 전기자 전류의 크기와 역률 및 부하각(δ)이 변화한다.

46 동기 각속도 ω_0, 회전자 각속도 ω인 유도 전동기의 2차 효율은?

① $\dfrac{\omega_0}{\omega}$ ② $\dfrac{\omega}{\omega_0}$

③ $\dfrac{\omega_0 - \omega}{\omega_0}$ ④ $\dfrac{\omega_0 - \omega}{\omega}$

해설 $\eta_2 = \dfrac{P}{P_2} = (1-s) = \dfrac{N}{N_s} = \dfrac{2\pi\omega}{2\pi\omega_0} = \dfrac{\omega}{\omega_0}$

47 1차 전압 6,600[V], 권수비 30인 단상 변압기로 전등 부하에 30[A]를 공급할 때의 입력 [kW]은? (단, 변압기의 손실은 무시한다.)

① 4.4 ② 5.5
③ 6.6 ④ 7.7

해설 권수비 $a = \dfrac{I_2}{I_1}$에서 $I_1 = \dfrac{I_2}{a} = \dfrac{30}{30} = 1[A]$

전등 부하의 역률 $\cos\theta = 1$이므로
입력 $P_1 = V_1 I_1 \cos\theta$
$= 6,600 \times 1 \times 1 \times 10^{-3}$
$= 6.6[kW]$

48 5[kVA], 3,300/210[V] 단상 변압기의 단락시험에서 임피던스 전압 120[V], 동손 150[W]라 하면 퍼센트 저항 강하는 몇 [%]인가?

① 2 ② 3
③ 4 ④ 5

해설 퍼센트 저항 강하(p)

$$p = \dfrac{I_{1n} \cdot r_{12}}{V_{1n}} \times 100 = \dfrac{동손(P_c)}{정격\ 용량(P_n)} \times 100$$

$\therefore p = \dfrac{150}{5 \times 10^3} \times 100 = 3[\%]$

49 4극, 중권, 총 도체수 500, 1극의 자속수가 0.01[Wb]인 직류 발전기가 100[V]의 기전력을 발생시키는 데 필요한 회전수는 몇 [rpm]인가?

① 1,000 ② 1,200
③ 1,600 ④ 2,000

해설 유기 기전력 $E = \dfrac{Z}{a}p\phi\dfrac{N}{60}$

회전수 $N = E\dfrac{60a}{Zp\phi}$
$= 100 \times \dfrac{60 \times 4}{500 \times 4 \times 0.01}$
$= 1,200[rpm]$

50 3상 직권 정류자 전동기에 중간 변압기를 사용하는 이유로 적당하지 않은 것은?

① 중간 변압기를 이용하여 속도 상승을 억제할 수 있다.
② 중간 변압기를 사용하여 누설 리액턴스를 감소할 수 있다.
③ 회전자 전압을 정류 작용에 맞는 값으로 선정할 수 있다.
④ 중간 변압기의 권수비를 바꾸어 전동기 특성을 조정할 수 있다.

해설 3상 직권 정류자 전동기의 중간 변압기(또는 직렬 변압기)는 고정자 권선과 회전자 권선 사이에 직렬로 접속된다. 중간 변압기의 사용 목적은 다음과 같다.
- 정류자 전압의 조정
- 회전자 상수의 증가
- 경부하시 속도 이상 상승의 방지
- 실효 권수비의 조정

정답 46.② 47.③ 48.② 49.② 50.②

51 3상 유도 전동기에서 회전력과 단자 전압의 관계는?

① 단자 전압과 무관하다.
② 단자 전압에 비례한다.
③ 단자 전압의 2승에 비례한다.
④ 단자 전압의 2승에 반비례한다.

해설 동기 와트로 표시한 토크

$$T_s = P_2 = \frac{V_1^2 \frac{r_2}{s}}{\left(r_1 + \frac{r_2}{s}\right)^2 + (x_1 + x_2)^2}$$

회전력(토크) $T \propto V_1^2$

52 어떤 수차용 교류 발전기의 단락비가 1.2이다. 이 발전기의 %동기 임피던스는?

① 0.12　　② 0.25
③ 0.52　　④ 0.83

해설 교류(동기) 발전기의 단락비 $K_s = \frac{1}{Z_s'}$ 이므로 단위법으로 표시한 퍼센트 동기 임피던스

$$Z_s' = \frac{1}{K_s} = \frac{1}{1.2} = 0.833$$

53 직류 발전기의 병렬 운전에서 부하 분담의 방법은?

① 계자 전류와 무관하다.
② 계자 전류를 증가시키면 부하 분담은 증가한다.
③ 계자 전류를 감소시키면 부하 분담은 증가한다.
④ 계자 전류를 증가시키면 부하 분담은 감소한다.

해설 단자 전압 $V = E - I_a R_a$ 가 일정하여야 하므로 계자 전류를 증가시키면 기전력이 증가하게 되고, 따라서 부하 분담 전류(I)도 증가하게 된다.

54 직류 분권 전동기의 전압이 일정할 때 부하 토크가 2배로 증가하면 부하 전류는 약 몇 배가 되는가?

① 1　　② 2
③ 3　　④ 4

해설 직류 전동기의 토크 $T = \frac{PZ}{2\pi a}\phi I_a$ 에서 분권 전동기의 토크는 부하 전류에 비례하며 또한 부하 전류도 토크에 비례한다.

55 다이오드를 사용하는 정류 회로에서 과대한 부하 전류로 인하여 다이오드가 소손될 우려가 있을 때 가장 적절한 조치는 어느 것인가?

① 다이오드를 병렬로 추가한다.
② 다이오드를 직렬로 추가한다.
③ 다이오드 양단에 적당한 값의 저항을 추가한다.
④ 다이오드 양단에 적당한 값의 커패시터를 추가한다.

해설 과전류로부터 보호를 위해서는 다이오드를 병렬로 추가 접속하고, 과전압으로부터 보호를 위해서는 다이오드를 직렬로 추가 접속한다.

56 출력 7.5[kW]의 3상 유도 전동기가 전부하 운전에서 2차 저항손이 200[W]일 때, 슬립은 약 몇 [%]인가?

① 8.8　　② 3.8
③ 2.6　　④ 2.2

해설 $P_2 : P_{2c} = 1 : s$

슬립 $s = \frac{P_{2c}}{P_2} \times 100 = \frac{P_{2c}}{P + P_{2c}} \times 100$
$= \frac{200}{7,500 + 200} \times 100$
$= 2.597 ≒ 2.6[\%]$

정답 51.③　52.④　53.②　54.②　55.①　56.③

57 6,600/210[V]인 단상 변압기 3대를 △-Y로 결선하여 1상 18[kW] 전열기의 전원으로 사용하다가 이것을 △-△로 결선했을 때, 이 전열기의 소비 전력[kW]은 얼마인가?

① 31.2
② 10.4
③ 2.0
④ 6.0

해설 변압기 2차측을 Y에서 △결선으로 바꾸면 2차 전압이 $\frac{1}{\sqrt{3}}$로 감소하고, 소비 전력 $P = \frac{V_2^2}{R}$이므로 $\frac{1}{3}$배로 감소한다.

∴ $P' = 18 \times \frac{1}{3} = 6[\text{kW}]$

58 돌극(凸極)형 동기 발전기의 특성이 아닌 것은?

① 직축 리액턴스 및 횡축 리액턴스의 값이 다르다.
② 내부 유기 기전력과 관계없는 토크가 존재한다.
③ 최대 출력의 출력각이 90°이다.
④ 리액션 토크가 존재한다.

해설 돌극형 발전기의 출력식

$P = \frac{EV}{x_d}\sin\delta + \frac{V^2(x_d - x_q)}{2x_d \cdot x_q}\sin 2\delta[\text{W}]$

돌극형 동기 발전기의 최대 출력은 그래프(graph)에서와 같이 부하각(δ)이 60°에서 발생한다.

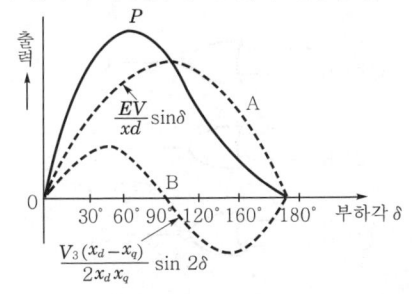

59 유도 전동기에서 권선형 회전자에 비해 농형 회전자의 특성이 아닌 것은?

① 구조가 간단하고 효율이 좋다.
② 견고하고 보수가 용이하다.
③ 대용량에서 기동이 용이하다.
④ 중·소형 전동기에 사용된다.

해설 유도 전동기는 회전자에 따라 농형 회전자와 권선형 회전자로 분류된다. 농형은 회전자의 구조가 간단하고 튼튼하며, 취급이 쉽고 운전 중 성능이 좋다. 권선형은 회전자의 구조는 복잡하나 기동 특성이 양호하고 속도 제어를 원활하게 할 수 있다.

60 1차 전압 2,200[V], 무부하 전류 0.088[A], 철손 110[W]인 단상 변압기의 자화 전류는 약 몇 [A]인가?

① 0.05   ② 0.038
③ 0.072   ④ 0.088

해설 철손 $P_i = V_1 I_i$에서

철손 전류 $I_i = \frac{P_i}{V_1} = \frac{110}{2,200} = 0.05[\text{A}]$

여자 전류 $I_0 = \sqrt{I_i^2 + I_\phi^2}$ 에서

자화 전류 $I_\phi = \sqrt{I_0^2 - I_i^2}$
$= \sqrt{0.088^2 - 0.05^2} = 0.0724[\text{A}]$

제4과목 회로이론 및 제어공학

61 선형 자동 제어계에서 특성 방정식이란?

① 폐루프 전달 함수의 분자를 0으로 놓은 방정식
② 폐루프 전달 함수의 절대치를 1로 놓은 방정식
③ 개루프 전달 함수의 절대치를 1로 놓은 방정식
④ 폐루프 전달 함수의 분모를 0으로 놓은 방정식

정답 57.④ 58.③ 59.③ 60.③ 61.④

해설 선형 자동 제어계에서 특성 방정식은 시스템의 안정성과 응답 특성을 결정하는 방정식으로 폐루프 전달 함수의 분모를 0으로 놓은 방정식이다.

62 다음과 같은 신호 흐름 선도에서 $\dfrac{C(s)}{R(s)}$의 값은?

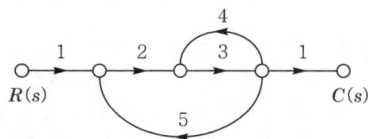

① $-\dfrac{1}{41}$ ② $-\dfrac{3}{41}$
③ $-\dfrac{6}{41}$ ④ $-\dfrac{8}{41}$

해설 $G_1 = 1 \times 2 \times 3 \times 1 = 6$
$\Delta_1 = 1$
$L_{11} = 3 \times 4 = 12$
$L_{21} = 2 \times 3 \times 5 = 30$
$\Delta = 1 - (L_{11} + L_{21}) = 1 - (12 + 30) = -41$
$\therefore G = \dfrac{C}{R} = \dfrac{G_1 \Delta_1}{\Delta} = \dfrac{6 \times 1}{-41} = -\dfrac{6}{41}$

63 그림과 같은 $R-L-C$ 회로망에서 입력 전압을 $e_i(t)$, 출력량을 $i(t)$로 할 때, 이 요소의 전달 함수는 어느 것인가?

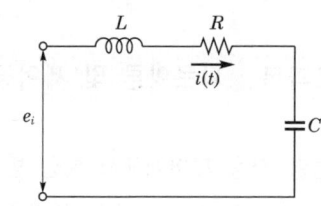

① $\dfrac{Rs}{LCs^2 + RCs + 1}$

② $\dfrac{RLs}{LCs^2 + RCs + 1}$

③ $\dfrac{Ls}{LCs^2 + RCs + 1}$

④ $\dfrac{Cs}{LCs^2 + RCs + 1}$

해설 $\dfrac{I(s)}{E(s)} = Y(s) = \dfrac{1}{Z(s)} = \dfrac{1}{R + Ls + \dfrac{1}{Cs}}$
$= \dfrac{Cs}{LCs^2 + RCs + 1}$
(전압에 대한 전류의 비이므로 어드미턴스를 구한다.)

64 개루프 전달 함수 $G(s)$가 다음과 같이 주어지는 단위 피드백계에서 단위 속도 입력에 대한 정상 편차는?

$$G(s) = \dfrac{10}{s(s+1)(s+2)}$$

① 0.5 ② 0.33
③ 0.25 ④ 0.2

해설 $K_v = \lim_{s \to 0} sG(s) = \lim_{s \to 0} s \cdot \dfrac{10}{s(s+1)(s+2)} = 5$
$\therefore$ 정상 속도 편차 $e_{ssv} = \dfrac{1}{K_v} = \dfrac{1}{5} = 0.2$

65 다음 시퀀스 회로를 논리 회로로 옳게 표시한 것은?

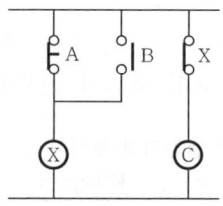

① A, B → (AND gate) → C
② A, B → (NOR/NAND gate) → C
③ A, B → (OR gate) → C
④ A, B → (NAND gate) → C

정답 62.③ 63.④ 64.④ 65.②

해설 논리식 X = $\overline{A}$+B
C = $\overline{X}$ = $\overline{\overline{A}+B}$

66 특성 방정식 $s^3 + 2s^2 + Ks + 5 = 0$이 안정하기 위한 K의 값은?

① $K > 0$
② $K < 0$
③ $K > \dfrac{5}{2}$
④ $K < \dfrac{5}{2}$

해설 라우스의 표

s^3	1	K
s^2	2	5
s^1	$\dfrac{2K-5}{2}$	0
s^0	5	

제1열의 부호 변화가 없으려면 $\dfrac{2K-5}{2} > 0$

∴ $K > \dfrac{5}{2}$

67 다음과 같이 단위 부궤환 제어 시스템의 루프 전달 함수 $G(s)H(s)$가 주어져 있다. 이득 여유가 20[dB]이면 이때의 K의 값은?

$$G(s)H(s) = \dfrac{K}{(s+1)(s+3)}$$

① $\dfrac{3}{10}$
② $\dfrac{3}{20}$
③ $\dfrac{1}{20}$
④ $\dfrac{1}{40}$

해설 이득 여유 $GM = 20\log\dfrac{1}{|G(j\omega)H(j\omega)|} = 20\log\dfrac{3}{K}$

$20\log\dfrac{3}{K} = 20\log 10$

∴ $K = \dfrac{3}{10}$

68 z변환에서 최종치 정리를 나타낸 것은?

① $x(0) = \lim\limits_{z \to \infty} X(z)$
② $x(0) = \lim\limits_{z \to 0} X(z)$
③ $x(\infty) = \lim\limits_{z \to 1} (1-z)X(z)$
④ $x(\infty) = \lim\limits_{z \to 1} (1-z^{-1})X(z)$

해설 최종치 정리 $\lim\limits_{k \to \infty} x(kT) = \lim\limits_{z \to 1}(1-z^{-1})X(z)$

69 $G(s)H(s) = \dfrac{K(s+1)}{s^2(s+2)(s+3)}$에서 점근선의 교차점을 구하면?

① $-\dfrac{5}{6}$
② $-\dfrac{1}{5}$
③ $-\dfrac{4}{3}$
④ $-\dfrac{1}{3}$

해설 $\sigma = \dfrac{\sum G(s)H(s)\text{의 극점} - \sum G(s)H(s)\text{의 영점}}{p-z}$

$= \dfrac{(0-2-3)-(-1)}{4-1} = -\dfrac{4}{3}$

70 전달 함수가 $G_C(s) = \dfrac{s^2+3s+5}{2s}$인 제어기가 있다. 이 제어기는 어떤 제어기인가?

① 비례 미분 제어기
② 적분 제어기
③ 비례 적분 제어기
④ 비례 적분 미분 제어기

해설 $G_C(s) = \dfrac{s^2+3s+5}{2s} = \dfrac{1}{2}s + \dfrac{3}{2} + \dfrac{5}{2s}$

$= \dfrac{3}{2}\left(1 + \dfrac{1}{3}s + \dfrac{1}{\dfrac{3}{5}s}\right)$

비례 감도 $K_p = \dfrac{3}{2}$, 미분 시간 $T_D = \dfrac{1}{3}$, 적분 시간 $T_i = \dfrac{3}{5}$인 비례 적분 미분 제어기이다.

정답 66.③ 67.① 68.④ 69.③ 70.④

71 그림과 같이 3상 평형의 순저항 부하에 단상 전력계를 연결하였을 때 전력계가 $W[W]$를 지시하였다. 이 3상 부하에서 소모하는 전체 전력[W]은?

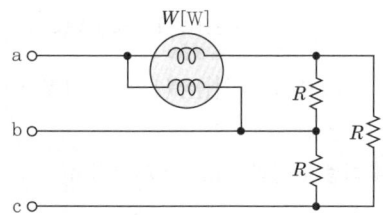

① $2W$ ② $3W$
③ $\sqrt{2}\,W$ ④ $\sqrt{3}\,W$

해설 전력계 W의 전압은 ab의 선간 전압 V_{ab}, 전류는 I_a의 선전류이므로 $V_{ab} = V_a + (-V_b)$

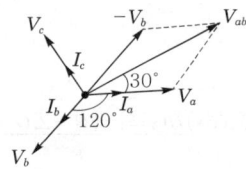

$\therefore W = V_{ab} I_a \cos 30° = \dfrac{\sqrt{3}}{2} V_{ab} I_a [W]$

$\therefore$ 3상 부하전력 : $P = \sqrt{3}\, V_{ab} I_a = 2W[W]$

72 상의 순서가 $a-b-c$인 불평형 3상 전류가 $I_a = 15 + j2[A]$, $I_b = -20 - j14[A]$, $I_c = -3 + j10[A]$일 때 영상분 전류 I_0는 약 몇 [A]인가?

① $2.67 + j0.38$ ② $2.02 + j6.98$
③ $15.5 - j3.56$ ④ $-2.67 - j0.67$

해설 영상분 전류

$I_0 = \dfrac{1}{3}(I_a + I_b + I_c)$

$= \dfrac{1}{3}\{(15+j2)+(-20-j14)+(-3+j10)\}$

$= -2.67 - j0.67[A]$

73 왜형파 전압 $v = 100\sqrt{2}\sin\omega t + 75\sqrt{2}\sin 3\omega t + 20\sqrt{2}\sin 5\omega t$ [V]를 $R-L$ 직렬 회로에 인가할 때에 제3고조파 전류의 실효값[A]은? (단, $R = 4[\Omega]$, $\omega L = 1[\Omega]$이다.)

① 75 ② 20
③ 4 ④ 15

해설 제3고조파 전류

$I_3 = \dfrac{V_3}{Z_3} = \dfrac{V_3}{\sqrt{R^2 + (3\omega L)^2}} = \dfrac{75}{\sqrt{4^2 + 3^2}} = 15[A]$

74 그림의 회로에서 정전 용량 C는 초기 전하가 없었다. 지금 $t=0$에서 스위치 S를 닫았을 때, $t=0^+$에서 $i(t)$값[A]을 구하면?

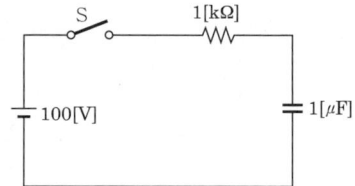

① 0.1 ② 0.2
③ 0.4 ④ 1

해설 $i(t) = \dfrac{E}{R}e^{-\frac{1}{RC}t} = \dfrac{100}{10^3}e^{-\frac{1}{10^3 \times 10^{-6}} \cdot 0} = 0.1[A]$

75 4단자 회로망에서 4단자 정수가 A, B, C, D일 때, 영상 임피던스 $\dfrac{Z_{01}}{Z_{02}}$은?

① $\dfrac{D}{A}$ ② $\dfrac{B}{C}$
③ $\dfrac{C}{B}$ ④ $\dfrac{A}{D}$

해설 영상 임피던스

$Z_{01} = \sqrt{\dfrac{AB}{CD}}$, $Z_{02} = \sqrt{\dfrac{BD}{AC}}$

$Z_{01} \cdot Z_{02} = \dfrac{B}{C}$, $\dfrac{Z_{01}}{Z_{02}} = \dfrac{A}{D}$

정답 71.① 72.④ 73.④ 74.① 75.④

76 △결선된 대칭 3상 부하가 있다. 역률이 0.8 (지상)이고, 소비 전력이 1,800[W]이다. 선로의 저항 0.5[Ω]에서 발생하는 선로 손실이 50[W]이면 부하 단자 전압[V]은?

① 627 ② 876
③ 302 ④ 225

해설 선로 손실 $P_l = 3I^2 R$

$$I^2 = \frac{P_l}{3R} = \frac{50}{3 \times 0.5} = \frac{100}{3}$$

$$\therefore I = \frac{10}{\sqrt{3}}$$

$$V = \frac{P}{\sqrt{3} I \cos\theta} = \frac{1,800}{\sqrt{3} \times \frac{10}{\sqrt{3}} \times 0.8} = 225[V]$$

77 1[km]당 인덕턴스 25[mH], 정전 용량 0.005[μF]의 선로가 있다. 무손실 선로라고 가정한 경우 진행파의 위상(전파) 속도는 약 몇 [km/s]인가?

① 8.95×10^4
② 9.95×10^4
③ 89.5×10^4
④ 99.5×10^4

해설 위상(전파) 속도 $v = \frac{\omega}{\beta}$ [m/s]

• 무손실 선로의 조건 $R = G = 0$
• 전파 정수 $r = \sqrt{Z \cdot Y}$
$= \sqrt{(R+j\omega L)(G+j\omega C)}$
$= j\omega\sqrt{LC}$

(감쇠 정수 : $\alpha = 0$, 위상 정수 : $\beta = \omega\sqrt{LC}$)

∴ 위상(전파) 속도

$$v = \frac{\omega}{\beta} = \frac{\omega}{\omega\sqrt{LC}}$$

$$= \frac{1}{\sqrt{LC}}$$

$$= \frac{1}{\sqrt{25 \times 10^{-3} \times 0.005 \times 10^{-6}}} \times 10^{-3}$$

$$= 89.44 \times 10^4 [km/s]$$

78 그림과 같은 2단자 회로의 구동점 임피던스가 순저항 회로가 되기 위한 Z_1, Z_2 및 R의 관계식으로 옳은 것은?

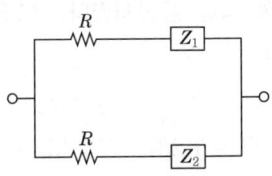

① $Z_1 Z_2 = R$ ② $Z_1 Z_2 = R^2$
③ $\frac{Z_2}{Z_1} = R$ ④ $\frac{Z_2}{Z_1} = R^2$

해설 $Z = \frac{(R+Z_1)(R+Z_2)}{(R+Z_1)+(R+Z_2)}$

$= \frac{R^2 + RZ_2 + RZ_1 + Z_1Z_2}{(R+Z_1)+(R+Z_2)}$

$= \frac{R\left(R+Z_2+Z_1+\frac{Z_1Z_2}{R}\right)}{(R+Z_1)+(R+Z_2)}$

순저항 회로가 되기 위해서는

$R + Z_2 + Z_1 + \frac{Z_1Z_2}{R} = (R+Z_1)+(R+Z_2)$

$\therefore \frac{Z_1Z_2}{R} = R$ $\therefore Z_1Z_2 = R^2$

79 그림과 같은 회로에서 테브난 정리를 이용하기 위해 단자 a, b에서 본 저항 R_{ab}[Ω]은?

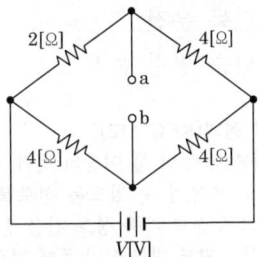

① $\frac{24}{7}$ ② $\frac{10}{3}$
③ 14   ④ 24

해설 $R_{ab} = \frac{2 \times 4}{2+4} + \frac{4 \times 4}{4+4} = \frac{10}{3}[\Omega]$

정답 76.④ 77.③ 78.② 79.②

80 $R=5[\Omega]$, $L=20[\text{mH}]$ 및 가변 용량 C로 구성된 $R-L-C$ 직렬 회로에 주파수 1,000[Hz]인 교류를 가한 다음, C를 가변하여 직렬 공진시켰다. C_r의 값[μF]과 선택도 Q는?

① $C_r=2.277$, $Q=15.49$
② $C_r=1.267$, $Q=15.49$
③ $C_r=2.277$, $Q=25.12$
④ $C_r=1.267$, $Q=25.12$

해설
- $C_r = \dfrac{1}{\omega_r^2 L} = \dfrac{1}{(2\pi \times 1,000)^2 \times 20 \times 10^{-3}}$
  $\fallingdotseq 1.267[\mu\text{F}]$
- $Q = \dfrac{1}{R}\sqrt{\dfrac{L}{C}} = \dfrac{1}{5}\sqrt{\dfrac{20 \times 10^{-3}}{1.267 \times 10^{-6}}} \fallingdotseq 25.12$

제5과목 전기설비기술기준

81 전력 계통의 일부가 전력 계통의 전원과 전기적으로 분리된 상태에서 분산형 전원에 의해서만 운전되는 상태를 무엇이라 하는가?

① 계통 연계
② 접속 설비
③ 단독 운전
④ 단순 병렬 운전

해설 용어 정의(KEC 112)
- "계통 연계"란 둘 이상의 전력 계통 사이를 전력이 상호 융통될 수 있도록 선로를 통하여 연결하는 것으로 전력 계통 상호 간을 송전선, 변압기 또는 직류-교류 변환 설비 등에 연결하는 것을 말한다. 계통 연락이라고도 한다.
- "접속 설비"란 공용 전력 계통으로부터 특정 분산형 전원 전기 설비에 이르기까지의 전선로와 이에 부속하는 개폐 장치, 모선 및 기타 관련 설비를 말한다.

- "단순 병렬 운전"이란 자가용 발전 설비 또는 저압 소용량 일반용 발전 설비를 배전 계통에 연계하여 운전하되, 생산된 전력의 전부를 자체적으로 소비하기 위한 것으로서 생산한 전력이 연계 계통으로 송전되지 않는 병렬 형태를 말한다.

82 최대 사용 전압이 220[V]인 전동기의 절연 내력 시험을 하고자 할 때 시험 전압은 몇 [V]인가?

① 300
② 330
③ 450
④ 500

해설 회전기 및 정류기의 절연 내력(KEC 133)
$220 \times 1.5 = 330[\text{V}]$
500[V] 미만으로 되는 경우에는 최저 시험 전압을 500[V]로 한다.

83 하나 또는 복합하여 시설하여야 하는 접지극으로 틀린 것은?

① 지중 금속 구조물
② 토양에 매설된 기초 접지극
③ 케이블의 금속 외장 및 그 밖에 금속 피복
④ 대지에 매설된 강화 콘크리트의 용접된 금속 보강재

해설 접지극의 시설 및 접지 저항(KEC 142.2)
접지극은 다음의 방법 중 하나 또는 복합하여 시설
- 콘크리트에 매입된 기초 접지극
- 토양에 매설된 기초 접지극
- 토양에 수직 또는 수평으로 직접 매설된 금속 전극(봉, 전선, 테이프, 배관, 판 등)
- 케이블의 금속 외장 및 그 밖에 금속 피복
- 지중 금속 구조물(배관 등)
- 대지에 매설된 철근 콘크리트의 용접된 금속 보강재. 다만, 강화 콘크리트는 제외

정답 80.④ 81.③ 82.④ 83.④

84 고·저압 혼촉에 의한 위험을 방지하려고 시행하는 접지 공사에 대한 기준으로 틀린 것은?

① 접지 공사는 변압기의 시설 장소마다 시행하여야 한다.
② 토지의 상황에 의하여 접지 저항값을 얻기 어려운 경우, 가공 접지선을 사용하여 접지극을 400[m]까지 떼어놓을 수 있다.
③ 가공 공동 지선을 설치하여 접지 공사를 하는 경우, 각 변압기를 중심으로 지름 400[m] 이내의 지역에 접지를 하여야 한다.
④ 저압 전로의 사용 전압이 300[V] 이하인 경우, 그 접지 공사를 중성점에 하기 어려우면 저압측의 1단자에 시행할 수 있다.

해설 고압 또는 특고압과 저압의 혼촉에 의한 위험 방지 시설(KEC 322.1)
- 변압기의 접지 공사는 변압기의 시설 장소마다 시행하여야 한다.
- 토지의 상황에 따라서 규정의 저항치를 얻기 어려운 경우에는 인장 강도 5.26[kN] 이상 또는 직경 4[mm] 이상 경동선의 가공 접지선을 저압 가공 전선에 준하여 시설할 때에는 접지점을 변압기 시설장소에서 200[m]까지 떼어놓을 수 있다.

85 접지 도체에 피뢰 시스템이 접속되는 경우 접지 도체로 동선을 사용할 때 공칭 단면적은 몇 [mm²] 이상 사용하여야 하는가?

① 4   ② 6
③ 10   ④ 16

해설 접지 도체에 피뢰 시스템이 접속되는 경우(KEC 142.3.1)
- 구리 : 16[mm²] 이상
- 철제 : 50[mm²] 이상

86 정격 전류 63[A] 이하인 산업용 배선 차단기의 과전류 트립 동작 시간 60분에 동작하는 전류는 정격 전류의 몇 배의 전류가 흘렀을 경우 동작하여야 하는가?

① 1.05배   ② 1.3배
③ 1.5배   ④ 2배

해설 보호 장치의 특성(KEC 212.3.4) - 과전류 트립 동작 시간 및 특성(산업용 배선 차단기)
- 부동작 전류 : 1.05배
- 동작 전류 : 1.3배

87 저압 옥내 배선과 옥내 저압용의 전구선의 시설 방법으로 틀린 것은?

① 쇼케이스 내의 배선에 0.75[mm²]의 캡타이어 케이블을 사용하였다.
② 전광 표시 장치의 전선으로 1.0[mm²]의 연동선을 사용하여 금속관에 넣어 시설하였다.
③ 전광 표시 장치의 배선으로 1.5[mm²]의 연동선을 사용하고 합성 수지관에 넣어 시설하였다.
④ 조영물에 고정시키지 아니하고 백열 전등에 이르는 전구선으로 0.75[mm²]의 케이블을 사용하였다.

해설 저압 옥내 배선의 사용 전선(KEC 231.3.1)
전광 표시 장치 또는 제어 회로 등에 사용하는 배선에 단면적 1.5[mm²] 이상의 연동선을 사용할 것

88 저압 옥내 배선 버스 덕트 공사에서 지지점 간의 거리는 몇 [m] 이하이어야 하는가? (단, 취급자만이 출입하는 곳에서 수직으로 붙이는 경우이다.)

① 3   ② 5
③ 6   ④ 8

해설 버스 덕트 공사(KEC 232.61)
지지점 간 거리 3[m](수직 6[m]) 이하로 할 것

정답 84.② 85.④ 86.② 87.② 88.③

89 목장에서 가축의 탈출을 방지하기 위하여 전기 울타리를 시설하는 경우 전선은 인장 강도가 몇 [kN] 이상의 것이어야 하는가?

① 1.38
② 2.78
③ 4.43
④ 5.93

해설 전기 울타리의 시설(KEC 241.1)
사용 전압은 250[V] 이하이며, 전선은 인장 강도 1.38[kN] 이상의 것 또는 지름 2[mm] 이상 경동선을 사용하고, 지지하는 기둥과의 간격은 2.5[cm] 이상, 수목과의 간격은 30[cm] 이상으로 한다.

90 특고압 가공 전선로에서 발생하는 극저주파 전계는 지표상 1[m]에서 전계가 몇 [kV/m] 이하가 되도록 시설하여야 하는가?

① 3.5
② 2.5
③ 1.5
④ 0.5

해설 유도 장해 방지(기술기준 제17조)
특고압 가공 전선로에서 발생하는 극저주파 전자계는 지표상 1[m]에서 전계가 3.5[kV/m] 이하, 자계가 83.3[μT] 이하가 되도록 시설하는 등 상시 정전 유도 및 전자 유도 작용에 의하여 사람에게 위험을 줄 우려가 없도록 시설하여야 한다.

91 터널 안 전선로의 시설 방법으로 옳은 것은?

① 저압 전선은 지름 2.6[mm]의 경동선의 절연 전선을 사용하였다.
② 고압 전선은 절연 전선을 사용하여 합성 수지관 공사로 하였다.
③ 저압 전선을 애자 공사에 의하여 시설하고 이를 레일면상 또는 노면상 2.2[m]의 높이로 시설하였다.
④ 고압 전선을 금속관 공사에 의하여 시설하고 이를 레일면상 또는 노면상 2.4[m]의 높이로 시설하였다.

해설 터널 안 전선로의 시설(KEC 335.1)

구분	전선의 굵기	노면상 높이	간격
저압	2.30[kN], 2.6[mm] 이상 경동선의 절연 전선	2.5[m]	10[cm]
고압	5.26[kN], 4[mm] 이상 경동선의 절연 전선	3[m]	15[cm]

92 가공 전선로의 지지물에 시설하는 지지선의 시설 기준으로 옳은 것은?

① 지지선의 안전율은 2.2 이상이어야 한다.
② 연선을 사용할 경우에는 소선(素線) 3가닥 이상이어야 한다.
③ 도로를 횡단하여 시설하는 지지선의 높이는 지표상 4[m] 이상으로 하여야 한다.
④ 지중 부분 및 지표상 20[cm]까지의 부분에는 내식성이 있는 것 또는 아연 도금을 한다.

해설 지지선의 시설(KEC 331.11)
• 지지선의 안전율은 2.5 이상. 이 경우에 허용 인장 하중의 최저는 4.31[kN]
• 지지선에 연선을 사용할 경우
  – 소선(素線) 3가닥 이상의 연선일 것
  – 소선의 지름이 2.6[mm] 이상의 금속선을 사용한 것일 것
• 지중 부분 및 지표상 30[cm]까지의 부분에는 내식성이 있는 것 또는 아연 도금을 한 철봉을 사용하고 쉽게 부식되지 아니하는 전주 버팀대에 견고하게 붙일 것
• 도로를 횡단하여 시설하는 지지선의 높이는 지표상 5[m] 이상으로 할 것

93 교통이 번잡한 도로를 횡단하여 저압 가공 전선을 시설하는 경우 지표상 높이는 몇 [m] 이상으로 하여야 하는가?

① 4.0
② 5.0
③ 6.0
④ 6.5

정답 89.① 90.① 91.① 92.② 93.③

해설 저압 가공 전선의 높이(KEC 222.7)
- 도로를 횡단하는 경우에는 지표상 6[m] 이상
- 철도 또는 궤도를 횡단하는 경우에는 레일면상 6.5[m] 이상

94 고압 가공 전선로의 지지물로서 B종 철주, 철근 콘크리트주를 시설하는 경우의 최대 지지물 간 거리는 몇 [m]인가?

① 100
② 150
③ 200
④ 250

해설 고압 가공 전선로 지지물 간 거리의 제한(KEC 332.9)

지지물의 종류	지지물 간 거리
목주·A종	150[m] 이하
B종	250[m] 이하
철탑	600[m] 이하

95 농사용 저압 가공 전선로의 시설 기준으로 틀린 것은?

① 사용 전압이 저압일 것
② 전선로의 지지점 간 거리는 40[m] 이하일 것
③ 저압 가공 전선의 인장 강도는 1.38[kN] 이상일 것
④ 저압 가공 전선의 지표상 높이는 3.5[m] 이상일 것

해설 농사용 저압 가공 전선로의 시설(KEC 222.22)
- 사용 전압이 저압일 것
- 전선은 인장 강도 1.38[kN] 이상, 지름 2[mm] 이상 경동선
- 지표상 3.5[m] 이상(사람이 쉽게 출입하지 않으면 3[m])
- 지지점 간 거리는 30[m] 이하

96 사용 전압이 22.9[kV]인 가공 전선이 삭도와 제1차 접근 상태로 시설되는 경우, 가공 전선과 삭도 또는 삭도용 지지 기둥 사이의 간격은 몇 [m] 이상으로 하여야 하는가? (단, 전선으로는 특고압 절연 전선을 사용한다.)

① 0.5
② 1
③ 2
④ 2.12

해설 25[kV] 이하인 특고압 가공 전선로의 시설(KEC 333.32)
특고압 가공 전선이 삭도와 접근 상태로 시설되는 경우에 삭도 또는 그 지지 기둥 사이의 간격

전선의 종류	간격
나전선	2.0[m]
특고압 절연 전선	1.0[m]
케이블	0.5[m]

97 발전소나 변전소의 차단기에 사용하는 압축 공기 장치에 대한 설명 중 틀린 것은?

① 압축 공기를 통하는 관은 용접에 의한 잔류 응력이 생기지 않도록 할 것
② 주공기 탱크에 설치하는 압력계는 사용 압력의 1.5배 이상 3배 이하의 최고 눈금이 있는 것일 것
③ 공기 압축기는 최소 사용 압력의 1.25배의 수압으로 10분간 시험하여 견딜 것
④ 주공기 탱크의 압력이 저하한 경우에 자동적으로 압력을 회복하는 장치를 할 것

해설 압축 공기 계통(KEC 341.15)
최고 사용 압력의 1.5배의 수압(1.25배의 기압)을 연속하여 10분간 가하여 시험한다.

정답 94.④ 95.② 96.② 97.③

98 발전소·변전소 또는 이에 준하는 곳의 특고압 전로에는 그의 보기 쉬운 곳에 어떤 표시를 반드시 하여야 하는가?

① 모선(母線) 표시
② 상별(相別) 표시
③ 차단(遮斷) 위험 표시
④ 수전(受電) 위험 표시

해설 특고압 전로의 상 및 접속 상태의 표시(KEC 351.2)
발전소·변전소 또는 이에 준하는 곳의 특고압 전로에는 그의 보기 쉬운 곳에 상별(相別) 표시를 하여야 한다.

99 변전소를 관리하는 기술원이 상주하는 장소에 경보 장치를 시설하지 아니하여도 되는 것은?

① 조상기 내부에 고장이 생긴 경우
② 주요 변압기의 전원측 전로가 무전압으로 된 경우
③ 특고압용 타냉식 변압기의 냉각 장치가 고장난 경우
④ 출력 2,000[kVA] 특고압용 변압기의 온도가 현저히 상승한 경우

해설 출력 3,000[kVA]를 초과하는 특고압용 변압기는 그 온도가 현저히 상승한 경우 경보 장치를 시설하여야 한다.

100 그림은 전력선 반송 통신용 결합 장치의 보안 장치를 나타낸 것이다. S의 명칭으로 옳은 것은?

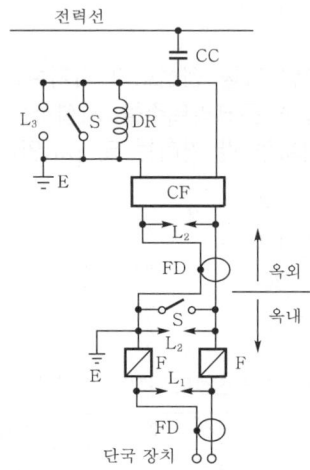

① 동축 케이블
② 결합 콘덴서
③ 접지용 개폐기
④ 구상용 방전 갭

해설 전력선 반송 통신용 결합 장치의 보안장치(KEC 362.11)
- CC : 결합 커패시터(결합 콘덴서)
- CF : 결합 필터
- DR : 전류 용량 2[A] 이상의 배류 선륜
- F : 정격 전류 10[A] 이하의 포장 퓨즈
- FD : 동축 케이블
- L_1 : 교류 300[V] 이하에서 동작하는 피뢰기
- L_2, L_3 : 방전 갭
- S : 접지용 개폐기

2025년 제2회 CBT 기출복원문제

2025. 5. 10. 시행

제1과목 전기자기학

01 다음 식 중 옳지 않은 것은?

① $V_p = \int_p^\infty \boldsymbol{E} \cdot dr$

② $\boldsymbol{E} = -\operatorname{grad} V$

③ $\operatorname{grad} V = i\dfrac{\partial V}{\partial x} + j\dfrac{\partial V}{\partial y} + k\dfrac{\partial V}{\partial z}$

④ $\oint_s \boldsymbol{E} \cdot ds = Q$

해설 • 전위

$$V_p = -\int_\infty^p \boldsymbol{E} \cdot dr = \int_p^\infty \boldsymbol{E} \cdot dr\,[\mathrm{V}]$$

• 전계의 세기와 전위와의 관계식

$\boldsymbol{E} = -\operatorname{grad} V = -\nabla V$

$\operatorname{grad} V = \triangle \cdot V = \left(i\dfrac{\partial}{\partial x} + j\dfrac{\partial}{\partial y} + k\dfrac{\partial}{\partial z}\right)V$

• 가우스의 법칙
전기력선의 총수는

$N = \int_s \boldsymbol{E} \cdot ds = \dfrac{Q}{\varepsilon_0}\,[\mathrm{lines}]$

02 그림과 같이 단면적이 균일한 환상 철심에 권수 N_1인 A 코일과 권수 N_2인 B 코일이 있을 때 A 코일의 자기 인덕턴스가 $L_1[\mathrm{H}]$라면 두 코일의 상호 인덕턴스 M은 몇 [H]인가? (단, 누설 자속은 0이라고 한다.)

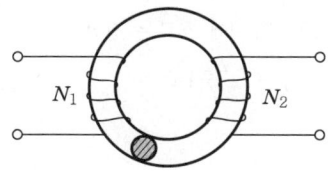

① $\dfrac{L_1 N_1}{N_2}$

② $\dfrac{N_2}{L_1 N_1}$

③ $\dfrac{N_1}{L_1 N_2}$

④ $\dfrac{L_1 N_2}{N_1}$

해설 자기 인덕턴스는 $L_1 = \dfrac{N_1^2}{R_m}\,[\mathrm{H}]$이고

상호 인덕턴스는 $M = \dfrac{N_1 N_2}{R_m}\,[\mathrm{H}]$이므로

$R_m = \dfrac{N_1^2}{L_1}$을 M에 대입하면

$\therefore M = \dfrac{N_1 N_2}{R_m} = \dfrac{N_1 N_2}{\dfrac{N_1^2}{L_1}} = \dfrac{L_1 N_2}{N_1}\,[\mathrm{H}]$

03 같은 길이의 도선으로 M회와 N회 감은 원형 동심 코일에 각각 같은 전류를 흘릴 때 M회 감은 코일의 중심 자계는 N회 감은 코일의 몇 배인가?

① $\dfrac{M}{N}$

② $\dfrac{M^2}{N}$

③ $\dfrac{M}{N^2}$

④ $\dfrac{M^2}{N^2}$

해설 원형 코일의 반지름 r, 권수 N_0, 전류 I라 하면 중심 자계의 세기 H는

$H = \dfrac{N_0 I}{2r}\,[\mathrm{AT/m}]$

코일의 권수 M일 때 원형 코일의 반지름 r_1은

$2\pi r_1 M = l$에서 $r_1 = \dfrac{l}{2\pi M}\,[\mathrm{M}]$

중심 자장의 세기 H_1은

정답 01.④ 02.④ 03.④

$H_1 = \dfrac{MI}{\dfrac{2l}{2\pi M}} = \dfrac{\pi M^2 I}{l}$ [AT/m]이고,

같은 방법으로 코일의 권수 N일 때의 중심 자장의 세기 H_2는 $H_2 = \dfrac{\pi N^2 I}{l}$ [AT/m]

$\dfrac{H_1}{H_2} = \dfrac{\dfrac{\pi M^2 I}{l}}{\dfrac{\pi N^2 I}{l}} = \dfrac{M^2}{N^2}$ 배

04 면적이 매우 넓은 두 개의 도체판을 d[m] 간격으로 수평하게 평행 배치하고, 이 평행 도체판 사이에 놓인 전자가 정지하고 있기 위해서 그 도체판 사이에 가하여야 할 전위차[V]는? (단, g는 중력 가속도이고, m은 전자의 질량이고, e는 전자의 전하량이다.)

① $mged$ ② $\dfrac{ed}{mg}$

③ $\dfrac{mgd}{e}$ ④ $\dfrac{mge}{d}$

해설 힘 $F = mg$[H](중력)
$= q \cdot E = eE = e\dfrac{v}{d}$ [H]

$mg = e\dfrac{V}{d}$

전위차 $V = \dfrac{mgd}{e}$ [V]

05 방송국 안테나 출력이 W[W]이고 이로부터 진공 중에 r[m] 떨어진 점에서 자계의 세기의 실효치 H는 몇 [A/m]인가?

① $\dfrac{1}{r}\sqrt{\dfrac{W}{377\pi}}$

② $\dfrac{1}{2r}\sqrt{\dfrac{W}{377\pi}}$

③ $\dfrac{1}{2r}\sqrt{\dfrac{W}{188\pi}}$

④ $\dfrac{1}{r}\sqrt{\dfrac{2W}{377\pi}}$

해설 $P = \dfrac{W}{S} = \dfrac{W}{4\pi r^2} = EH$ [W/m²]

전계와 자계의 관계식

$E = \sqrt{\dfrac{\mu_0}{\varepsilon_0}} H = 377H$

$\dfrac{W}{4\pi r^2} = 377H^2$

∴ $H = \sqrt{\dfrac{W}{4\pi r^2 \cdot 377}}$

$= \dfrac{1}{2r}\sqrt{\dfrac{W}{\pi \cdot 377}}$ [A/m]

06 그림과 같은 단극 유도 장치에서 자속 밀도 B[T]로 균일하게 반지름 a[m]인 원통형 영구 자석 중심축 주위를 각속도 ω[rad/s]로 회전하고 있다. 이때, 브러시(접촉자)에서 인출되어 저항 R[Ω]에 흐르는 전류는 몇 [A]인가?

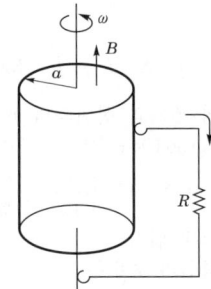

① $\dfrac{aB\omega}{R}$ ② $\dfrac{a^2 B\omega}{R}$

③ $\dfrac{aB\omega}{2R}$ ④ $\dfrac{a^2 B\omega}{2R}$

해설 원판 회전시 발생되는 유기 기전력
$e = \dfrac{1}{2}\omega B a^2$ [V]

저항 R[Ω]에 흐르는 전류
$I = \dfrac{e}{R} = \dfrac{a^2 B\omega}{2R}$ [A]

정답 04.③ 05.② 06.④

07 그림과 같이 전류가 흐르는 반원형 도선이 평면 $Z=0$상에 놓여 있다. 이 도선이 자속 밀도 $B=0.6a_x-0.5a_y+a_z[\text{Wb/m}^2]$인 균일 자계 내에 놓여 있을 때 도선의 직선 부분에 작용하는 힘[N]은?

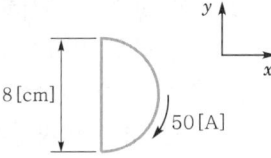

① $4a_x+2.4a_z$　② $4a_x-2.4a_z$
③ $5a_x-3.5a_z$　④ $-5a_x+3.5a_z$

해설 플레밍의 왼손 법칙
힘 $F=IBl\sin\theta$
$F=(\boldsymbol{I}\times\boldsymbol{B})l$
$=\begin{vmatrix} a_x & a_y & a_z \\ 0 & 50 & 0 \\ 0.6 & -0.5 & 1 \end{vmatrix}\times 0.08$
$=(50a_x-30a_z)\times 0.08$
$=4a_x-2.4a_z[\text{N}]$

08 매질이 완전 유전체인 경우의 전자 파동 방정식을 표시하는 것은?

① $\nabla^2 E=\varepsilon\mu\dfrac{\partial E}{\partial t}$, $\nabla^2 H=k\mu\dfrac{\partial H}{\partial t}$

② $\nabla^2 E=\varepsilon\mu\dfrac{\partial^2 E}{\partial t^2}$, $\nabla^2 H=\varepsilon\mu\dfrac{\partial^2 H}{\partial t^2}$

③ $\nabla^2 E=\varepsilon\mu\dfrac{\partial^2 E}{\partial t^2}$, $\nabla^2 H=k\mu\dfrac{\partial^2 H}{\partial t^2}$

④ $\nabla^2 E=\varepsilon\mu\dfrac{\partial E}{\partial t}$, $\nabla^2 H=\varepsilon\mu\dfrac{\partial H}{\partial t}$

해설
- 전계 파동 방정식 : $\nabla^2 \boldsymbol{E}=\varepsilon\mu\dfrac{\partial^2 \boldsymbol{E}}{\partial t^2}$
- 자계 파동 방정식 : $\nabla^2 \boldsymbol{H}=\varepsilon\mu\dfrac{\partial^2 \boldsymbol{H}}{\partial t^2}$

09 그림과 같은 히스테리시스 루프를 가진 철심이 강한 평등 자계에 의해 매초 60[Hz]로 자화할 경우 히스테리시스 손실은 몇 [W]인가? (단, 철심의 체적은 20[cm³], $B_r=5[\text{Wb/m}^2]$, $H_c=2[\text{AT/m}]$이다.)

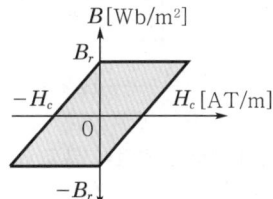

① 1.2×10^{-2}　② 2.4×10^{-2}
③ 3.6×10^{-2}　④ 4.8×10^{-2}

해설 철심이 한 번 자화함에 따라 발생하는 에너지 손실 w_h는 사각형 히스테리시스로 포위된 면적과 동일하게 된다.
$w_h=\oint \boldsymbol{H}\cdot\partial\boldsymbol{B}=4H_cB_r[\text{W/m}^3]$
따라서, 체적을 $v[\text{m}^3]$, 주파수를 $f[\text{Hz}]$라 하면 구하는 에너지 P_h는 다음과 같다.
$P_h=fvw_h$
$=4fv\,H_cB_r$
$=4\times 60\times 20\times 10^{-6}\times 2\times 5$
$=4.8\times 10^{-2}[\text{W}]$

10 무한 평면 도체로부터 거리 $a[\text{m}]$인 곳에 점전하 $Q[\text{C}]$이 있을 때, 도체 표면에 유도되는 최대 전하 밀도는 몇 [C/m²]인가?

① $\dfrac{Q}{2\pi\varepsilon_0 a^2}$

② $\dfrac{Q}{4\pi a^2}$

③ $-\dfrac{Q}{2\pi a^2}$

④ $\dfrac{Q}{4\pi\varepsilon_0 a^2}$

정답 07.② 08.② 09.④ 10.③

해설 무한 평면 도체면상 점 $(0, y)$의 전계 세기 E는

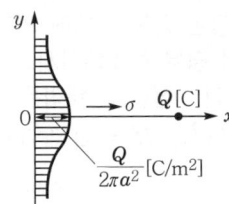

$$E = -\frac{Qa}{2\pi\varepsilon_0(a^2+y^2)^{\frac{3}{2}}} \text{ [V/m]}$$

도체 표면상의 면전하 밀도 σ는

$$\sigma = D = \varepsilon_0 E = -\frac{Qa}{2\pi(a^2+y^2)^{\frac{3}{2}}} \text{ [C/m}^2\text{]}$$

최대 면밀도는 $y=0$인 점이므로

$$\therefore \sigma_{\max} = -\frac{Q}{2\pi a^2} \text{ [C/m}^2\text{]}$$

11 무한히 넓은 두 장의 도체판을 d [m]의 간격으로 평행하게 놓은 후, 두 판 사이에 V [V]의 전압을 가한 경우 도체판의 단위 면적당 작용하는 힘은 몇 [N/m²]인가?

① $f = \varepsilon_0 \dfrac{V^2}{d}$

② $f = \dfrac{1}{2}\varepsilon_0 \dfrac{V^2}{d}$

③ $f = \dfrac{1}{2}\varepsilon_0 \left(\dfrac{V}{d}\right)^2$

④ $f = \dfrac{1}{2}\dfrac{1}{\varepsilon_0}\left(\dfrac{V}{d}\right)^2$

해설 단위 면적당 작용하는 힘

$$f = \frac{1}{2}\varepsilon_0 E^2 = \frac{1}{2}Ed = \frac{d^2}{2\varepsilon_0} \text{ [N/m}^2\text{]}$$

$$f = \frac{1}{2}\varepsilon_0 E^2 = \frac{1}{2}\varepsilon_0\left(\frac{V}{d}\right)^2 \text{ [N/m}^2\text{]}$$

12 투자율을 μ라 하고 공기 중의 투자율 μ_0와 비투자율 μ_s의 관계에서 $\mu_s = \dfrac{\mu}{\mu_0} = 1 + \dfrac{\chi}{\mu_0}$로 표현된다. 이에 대한 설명으로 알맞은 것은? (단, χ는 자화율이다.)

① $\chi > 0$인 경우 역자성체
② $\chi < 0$인 경우 상자성체
③ $\mu_s > 1$인 경우 비자성체
④ $\mu_s < 1$인 경우 역자성체

해설 비투자율 $\mu_s = \dfrac{\mu}{\mu_0} = 1 + \dfrac{\chi}{\mu_0}$에서

$\mu_s > 1$, 즉 $\chi > 0$이면 상자성체
$\mu_s < 1$, 즉 $\chi < 0$이면 역자성체

13 반지름 a, b $(a < b)$인 동심원통 전극 사이에 고유 저항 ρ의 물질이 충만되어 있을 때, 단위 길이당의 저항[Ω/m]은?

① $2\pi\rho\ln\dfrac{b}{a}$

② $2a\rho$

③ $\dfrac{\rho}{2\pi\ln\dfrac{b}{a}}$

④ $\dfrac{\rho}{2\pi}\ln\dfrac{b}{a}$

해설 동심원통의 단위 길이당 정전 용량은

$C_0 = \dfrac{2\pi\varepsilon}{\ln\dfrac{b}{a}}$ [F/m]이므로 $RC = \rho\varepsilon$에서

$R = \dfrac{\rho\varepsilon}{C} = \dfrac{\rho\varepsilon}{\dfrac{2\pi\varepsilon}{\ln\dfrac{b}{a}}} = \dfrac{\rho}{2\pi}\ln\dfrac{b}{a}$ [Ω/m]이다.

14 한 변이 L [m]되는 정방형의 도선 회로에 전류 I [A]가 흐르고 있을 때, 회로 중심에서의 자속 밀도는 몇 [Wb/m²]인가?

① $\dfrac{2\sqrt{2}}{\pi}\dfrac{I}{L}$

② $\dfrac{2\sqrt{2}}{\pi}\mu_0\dfrac{I}{L}$

③ $\dfrac{2\sqrt{2}}{\pi}\dfrac{L}{I}$

④ $\dfrac{2\sqrt{2}}{\pi}\mu_0\dfrac{L}{I}$

정답 11.③ 12.④ 13.④ 14.②

해설 한 변이 L[m]되는 정방형 회로의 중심 자계
$$H_0 = \frac{2\sqrt{2}\,I}{\pi L}\,[\text{AT/m}]$$
자속 밀도 B는
$$\therefore B = \mu_0 H_0 = \frac{2\sqrt{2}}{\pi}\mu_0 \frac{I}{L}\,[\text{Wb/m}^2]$$

15 그림과 같이 반지름 a[m]의 한 번 감긴 원형 코일이 균일한 자속 밀도 B[Wb/m²]인 자계에 놓여 있다. 지금 코일면을 자계와 나란하게 전류 I[A]를 흘리면 원형 코일이 자계로부터 받는 회전 모멘트는 몇 [N·m/rad]인가?

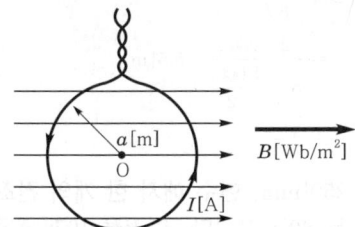

① $\pi a BI$ ② $2\pi a BI$
③ $\pi a^2 BI$ ④ $2\pi a^2 BI$

해설 $T = NBIS\cos\theta$
문제 조건에서 $\theta = 0°$이므로
$\therefore T = 1 \times BI \times \pi a^2 \times \cos 0° = \pi a^2 BI\,[\text{N}\cdot\text{m/rad}]$

16 쌍극자 모멘트가 M[C·m]인 전기 쌍극자에서 점 P의 전계는 $\theta = \dfrac{\pi}{2}$에서 어떻게 되는가? (단, θ는 전기 쌍극자의 중심에서 축 방향과 점 P를 잇는 선분의 사이각이다.)

① 0 ② 최소
③ 최대 ④ $-\infty$

해설 전계의 세기
$$E = \frac{M}{4\pi\varepsilon_0 r^3}\sqrt{1+3\cos^2\theta}\,[\text{V/m}]$$
∴ 점 P의 전계는 $\theta = 0°$일 때 최대이고, $\theta = 90°$일 때 최소가 된다.

17 회로에서 단자 a–b 간에 V의 전위차를 인가할 때 C_1의 에너지는?

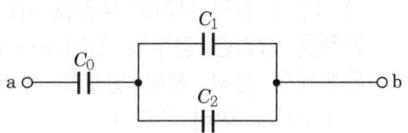

① $\dfrac{C_1^{\,2}V^2}{2}\left(\dfrac{C_1+C_2}{C_0+C_1+C_2}\right)^2$

② $\dfrac{C_1 V^2}{2}\left(\dfrac{C_0}{C_0+C_1+C_2}\right)^2$

③ $\dfrac{C_1 V^2}{2}\dfrac{C_0(C_1+C_2)}{(C_0+C_1+C_2)^2}$

④ $\dfrac{C_1 V^2}{2}\dfrac{C_0^{\,2}C_2}{(C_0+C_1+C_2)}$

해설
$$W = \frac{1}{2}C_1 V_1^{\,2}\,[\text{J}] = \frac{1}{2}C_1\left(\frac{C_0}{C_0+C_1+C_2}\times V\right)^2$$
$$= \frac{1}{2}C_1 V^2\left(\frac{C_0}{C_0+C_1+C_2}\right)^2$$

18 단면적 15[cm²]의 자석 근처에 같은 단면적을 가진 철편을 놓을 때 그곳을 통하는 자속이 3×10^{-4}[Wb]이면 철편에 작용하는 흡인력은 약 몇 [N]인가?

① 12.2 ② 23.9
③ 36.6 ④ 48.8

해설 단위 면적당 작용력 $f = \dfrac{F}{S} = \dfrac{B^2}{2\mu_0}$

자속 밀도 $B = \dfrac{\phi}{S}\,[\text{Wb/m}^2]$

자석 표면에서 작용력 F
$$F = fS = \frac{B^2}{2\mu_0}\cdot S = \frac{\left(\frac{\phi}{S}\right)^2}{2\mu_0}S = \frac{\phi^2}{2\mu_0 S}$$
$$= \frac{(3\times10^{-4})^2}{2\times4\pi\times10^{-7}\times15\times10^{-4}}$$
$$= 23.87 \fallingdotseq 23.9\,[\text{N}]$$

정답 15.③ 16.② 17.② 18.②

19 평행 평판 공기 콘덴서의 양 극판에 $+\sigma$ [C/m²], $-\sigma$[C/m²]의 전하가 분포되어 있다. 이 두 전극 사이에 유전율 ε[F/m]인 유전체를 삽입한 경우의 전계[V/m]는? (단, 유전체의 분극 전하 밀도를 $+\sigma'$[C/m²], $-\sigma'$[C/m²]이라 한다.)

① $\dfrac{\sigma}{\varepsilon_0}$

② $\dfrac{\sigma+\sigma'}{\varepsilon_0}$

③ $\dfrac{\sigma}{\varepsilon_0}-\dfrac{\sigma'}{\varepsilon}$

④ $\dfrac{\sigma-\sigma'}{\varepsilon_0}$

해설
- 유전체의 전계의 세기 $E=\dfrac{\sigma-\sigma'}{\varepsilon_0}=\dfrac{D-P}{\varepsilon_0}$
- 분극의 세기 $P=D-\varepsilon_0 E$

20 2[C]의 점전하가 전계 $E=2a_x+a_y-4a_z$ [V/m] 및 자계 $B=-2a_x+2a_y-a_z$[Wb/m²] 내에서 $v=4a_x-a_y-2a_z$[m/s]의 속도로 운동하고 있을 때, 점전하에 작용하는 힘 F는 몇 [N]인가?

① $-14a_x+18a_y+6a_z$

② $14a_x-18a_y-6a_z$

③ $-14a_x+18a_y+4a_z$

④ $14a_x+18a_y+4a_z$

해설 $F=q(E+v\times B)$
$=2(2a_x+a_y-4a_z)+2(4a_x-a_y-2a_z)$
$\quad\times(-2a_x+2a_y-a_z)$
$=2(2a_x+a_y-4a_z)+2\begin{vmatrix}a_x&a_y&a_z\\4&-1&-2\\-2&2&-1\end{vmatrix}$
$=2(2a_x+a_y-4a_z)+2(5a_x+8a_y+6a_z)$
$=14a_x+18a_y+4a_z$ [N]

제2과목 전력공학

21 경간 200[m]의 지지점이 수평인 가공 전선로가 있다. 전선 1[m]의 하중은 2[kg], 풍압 하중은 없는 것으로 하고 전선의 인장 하중은 4,000[kg], 안전율을 2.2로 하면 이도[m]는?

① 4.7 ② 5
③ 5.5 ④ 6

해설 $D=\dfrac{WS^2}{8T}$
$=\dfrac{2\times 200^2}{8\times\dfrac{4,000}{2.2}}=5.5$[m]

22 250[mm] 현수 애자 한 개의 건조 섬락 전압은 80[kV]이다. 이것을 10개 직렬로 접속한 애자련의 건조 섬락 전압이 590[kV]일 때 연능률(string efficiency)은?

① 1.35 ② 13.5
③ 0.74 ④ 7.4

해설 $\eta=\dfrac{V_n}{nV_1}=\dfrac{590}{10\times 80}=0.74$

23 3선식 3각형 배치의 송전 선로가 있다. 선로가 연가되어 각 선간의 정전 용량은 0.009[μF/km], 각 선의 대지 정전 용량은 0.003[μF/km]라고 하면 1선의 작용 정전 용량[μF/km]은?

① 0.03 ② 0.018
③ 0.012 ④ 0.006

해설 $C=C_s+3C_m$
$=0.003+3\times 0.009$
$=0.03$[μF/km]

정답 19.④ 20.④ 21.③ 22.③ 23.①

24 다음 중 송전 선로에 복도체를 사용하는 주된 목적은?

① 인덕턴스를 증가시키기 위하여
② 정전 용량을 감소시키기 위하여
③ 코로나 발생을 감소시키기 위하여
④ 전선 표면의 전위 경도를 증가시키기 위하여

해설 다도체(복도체)의 특징
- 같은 도체 단면적의 단도체보다 인덕턴스와 리액턴스가 감소하고 정전 용량이 증가하여 송전 용량을 크게 할 수 있다.
- 전선 표면의 전위 경도를 저감시켜 코로나 임계전압을 높게 하므로 코로나손을 줄일 수 있다.
- 전력 계통의 안정도를 증대시킨다.

25 송전 선로의 일반 회로 정수가 $A=0.7$, $B=j190$, $D=0.9$라 하면 C의 값은?

① $-j1.95\times10^{-3}$
② $j1.95\times10^{-3}$
③ $-j1.95\times10^{-4}$
④ $j1.95\times10^{-4}$

해설 $AD-BC=1$에서
$$C=\frac{AD-1}{B}=\frac{0.7\times0.9-1}{j190}$$
$$=j0.00195=j1.95\times10^{-3}$$

26 송전선의 특성 임피던스와 전파 정수는 어떤 시험으로 구할 수 있는가?

① 뇌파 시험
② 정격 부하 시험
③ 절연 강도 측정 시험
④ 무부하 시험과 단락 시험

해설 특성 임피던스 $Z_0=\sqrt{\dfrac{Z}{Y}}\,[\Omega]$
전파 정수 $\dot{\gamma}=\sqrt{ZY}\,[\text{rad}]$
단락 임피던스와 개방 어드미턴스가 필요하므로 단락 시험과 무부하 시험을 한다.

27 전력용 콘덴서 회로에 직렬 리액터를 접속시키는 목적은 무엇인가?

① 콘덴서 개방 시의 방전 촉진
② 콘덴서에 걸리는 전압의 저하
③ 제3고조파의 침입 방지
④ 제5고조파 이상의 고조파의 침입 방지

해설 송전선에 콘덴서를 연결하면 제3고조파는 △결선으로 제거되지만 제5고조파가 발생되므로 제5고조파 제거를 위해 직렬 리액터를 삽입한다.

28 송전 선로에서 1선 지락 시에 건전상의 전압 상승이 가장 적은 접지 방식은?

① 비접지 방식
② 직접 접지 방식
③ 저항 접지 방식
④ 소호 리액터 접지 방식

해설 중성점 직접 접지 방식은 중성점의 전위를 대지 전압으로 하므로 1선 지락 발생 시 건전상 전위 상승이 거의 없다.

29 그림과 같은 회로의 영상, 정상, 역상 임피던스 Z_0, Z_1, Z_2는?

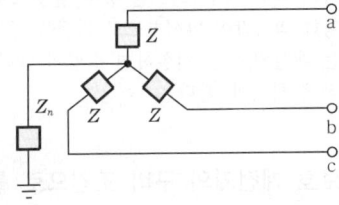

① $Z_0=Z+3Z_n$, $Z_1=Z_2=Z$
② $Z_0=3Z_n$, $Z_1=Z$, $Z_2=3Z$
③ $Z_0=3Z+Z_n$, $Z_1=3Z$, $Z_2=Z$
④ $Z_0=Z+Z_n$, $Z_1=Z_2=Z+3Z_n$

해설 영상 임피던스 $Z_0=Z+3Z_n$(중성점 임피던스 3배)
정상 임피던스(Z_1)=역상 임피던스(Z_2)
$=Z$(중성점 임피던스 무시)

정답 24.③ 25.② 26.④ 27.④ 28.② 29.①

30 전력선측의 유도 장해 방지 대책이 아닌 것은?
① 전력선과 통신선의 이격 거리를 증대한다.
② 전력선의 연가를 충분히 한다.
③ 배류 코일을 사용한다.
④ 차폐선을 설치한다.

해설 배류 코일로 통신선을 접지해서 유도 전류를 대지로 흘려준다. 따라서 배류 코일은 통신선측 유도 장해 방지 대책이다.

31 송전 선로에 매설 지선을 설치하는 주된 목적은?
① 철탑 기초의 강도를 보강하기 위하여
② 직격뢰로부터 송전선을 차폐 보호하기 위하여
③ 현수애자 1련의 전압 부담을 균일화하기 위하여
④ 철탑으로부터 송전 선로의 역섬락을 방지하기 위하여

해설 뇌전류가 철탑으로부터 대지로 흐를 경우, 철탑 전위의 파고값이 전선을 절연하고 있는 애자련의 절연 파괴 전압 이상으로 될 경우 철탑으로부터 전선을 향해 역섬락이 발생하므로 이것을 방지하기 위해서는 매설 지선을 시설하여 철탑의 탑각 접지 저항을 작게 하여야 한다.

32 보호 계전기의 구비 조건으로 틀린 것은?
① 고장 상태를 신속하게 선택할 것
② 조정 범위가 넓고 조정이 쉬울 것
③ 보호 동작이 정확하고 감도가 예민할 것
④ 접점의 소모가 크고, 열적·기계적 강도가 클 것

해설 보호 계전기의 접점은 다빈도의 동작에도 소모가 적어야 한다.

33 3상 결선 변압기의 단상 운전에 의한 소손 방지 목적으로 설치하는 계전기는?
① 차동 계전기 ② 역상 계전기
③ 단락 계전기 ④ 과전류 계전기

해설 3상 운전 변압기의 단상 운전을 방지하기 위한 계전기는 역상(결상) 계전기를 사용한다.

34 가스 절연 장치(GIS)의 특징이 아닌 것은?
① 감전 사고 위험 감소
② 밀폐형이므로 배기 및 소음이 없음
③ 신뢰도가 높음
④ 변성기와 변류기는 따로 설치

해설 가스 절연 개폐 장치(Gas Insulation Switch : GIS)
금속 용기 안에 모선, 변성기, 피뢰기, 개폐 장치 등을 내장하고 불활성 가스인 SF_6으로 충전 밀폐하여 절연을 향상시켜 사용하는 종합 개폐 장치로 좁은 면적, 절연 신뢰도 향상, 저소음, 감전 위험 감소 등이 특징이다.
GIS는 모선, 변성기, 피뢰기, 개폐 장치를 따로 설치하지 않는다.

35 고압 배전 선로 구성 방식 중 고장 시 자동적으로 고장 개소의 분리 및 건전 선로에 폐로하여 전력을 공급하는 개폐기를 가지며, 수요 분포에 따라 임의의 분기선으로부터 전력을 공급하는 방식은?
① 환상식 ② 망상식
③ 뱅킹식 ④ 가지식(수지식)

해설 환상식(loop system)
배전 간선을 환상(loop)선으로 구성하고, 분기선을 연결하는 방식으로 한쪽의 공급선에 이상이 생기더라도, 다른 한쪽에 의해 공급이 가능하고 손실과 전압 강하가 적고, 수요 분포에 따라 임의의 분기선을 내어 전력을 공급하는 방식으로 부하가 밀집된 도시에 적합하다.

정답 30.③ 31.④ 32.④ 33.② 34.④ 35.①

36 밸런서의 설치가 가장 필요한 배전 방식은?
① 단상 2선식 ② 단상 3선식
③ 3상 3선식 ④ 3상 4선식

해설 단상 3선식에서는 양측 부하의 불평형에 의한 부하, 전압의 불평형이 크기 때문에 일반적으로는 이러한 전압 불평형을 줄이기 위한 대책으로서 저압선의 말단에 밸런서(Balancer)를 설치하고 있다.

37 왕복선의 저항 2[Ω], 유도 리액턴스 8[Ω]의 단상 2선식 배전 선로의 전압 강하를 보상하기 위하여 용량 리액턴스 6[Ω]의 콘덴서를 선로에 직렬로 삽입하였을 때 부하단 전압은 몇 [V]인가? [단, 전원은 6,900[V], 부하 전류는 200[A], 역률은 80[%](뒤짐)라 한다.]
① 6,340 ② 6,600
③ 5,430 ④ 5,050

해설 수전단 전압
$V_R = V_S - I(R\cos\theta + X\sin\theta)$
$= V_S - I\{R\cos\theta + (X_L - X_C)\sin\theta\}$
$= 6,900 - 200\{2 \times 0.8 + (8-6) \times 0.6\}$
$= 6,340[V]$

38 전력 계통의 전압을 조정하는 가장 보편적인 방법은?
① 발전기의 유효 전력 조정
② 부하의 유효 전력 조정
③ 계통의 주파수 조정
④ 계통의 무효 전력 조정

해설 전력 계통의 전압 조정은 계통의 무효 전력을 흡수하는 커패시터나 리액터를 사용하여야 한다.

39 수력 발전소를 건설할 때 낙차를 취하는 방법으로 적합하지 않은 것은?

① 수로식 ② 댐식
③ 유역 변경식 ④ 역조정지식

해설 수력 발전소 분류에서 낙차를 얻는 방식은 댐식, 수로식, 댐수로식, 유역 변경식 등이 있고, 유량 사용 방법은 유입식, 저수지식, 조정지식, 양수식(역조정지식) 등이 있다.

40 보일러 급수 중의 염류 등이 굳어서 내벽에 부착되어 보일러 열 전도와 물의 순환을 방해하며 내면의 수관벽을 과열시켜 파열을 일으키게 하는 원인이 되는 것은?
① 스케일 ② 부식
③ 포밍 ④ 캐리오버

해설 스케일
급수에 포함된 염류가 보일러 물의 증발에 의해 농축되고 가열되어서 용해도가 작은 것부터 순차적으로 침전하여 보일러 벽에 부착하는 현상이다.

제3과목 | 전기기기

41 단락비가 큰 동기기에 대한 설명으로 옳은 것은?
① 안정도가 높다.
② 기계가 소형이다.
③ 전압 변동률이 크다.
④ 전기자 반작용이 크다.

해설 단락비가 큰 동기 발전기의 특성
• 동기 임피던스가 작다.
• 전압 변동률이 작다.
• 전기자 반작용이 작다(계자 기자력은 크고, 전기자 기자력은 작다).
• 출력이 크다.
• 과부하 내량이 크고, 안정도가 높다.
• 자기 여자 현상이 작다.
• 회전자가 크게 되어 철손이 증가하여 효율이 약간 감소한다.

정답 36.② 37.① 38.④ 39.④ 40.① 41.①

42
정격이 같은 2대의 단상 변압기 1,000[kVA]의 임피던스 전압은 각각 8[%]와 7[%]이다. 이것을 병렬로 하면 몇 [kVA]의 부하를 걸 수 있는가?

① 1,865　　② 1,870
③ 1,875　　④ 1,880

해설 A, B 단상 변압기의 정격 용량을 P_A, P_B, 임피던스 강하(임피던스 전압)를 $\%Z_a$, $\%Z_b$라 할 때
부하 분담비 $\dfrac{P_a}{P_b} = \dfrac{\%Z_b}{\%Z_a} \cdot \dfrac{P_A}{P_B} = \dfrac{\%Z_b}{\%Z_a}$ ($P_A = P_B$)이므로 B 변압기가 정격 용량의 부하를 분담할 때 A 변압기의 부하 분담 용량은
$P_a = \dfrac{\%Z_b}{\%Z_a} P_b = \dfrac{7}{8} \times 1,000 = 875 \text{[kVA]}$
∴ 전체 부하 분담 용량
$P = 875 + 1,000 = 1,875 \text{[kVA]}$

43
다음 중 4극, 중권 직류 전동기의 전기자 전도체수 160, 1극당 자속수 0.01[Wb], 부하 전류 100[A]일 때 발생 토크[N·m]는?

① 36.2　　② 34.8
③ 25.5　　④ 23.4

해설
토크 $T = \dfrac{P}{2\pi \dfrac{N}{60}} = \dfrac{EI_a}{2\pi \dfrac{N}{60}} = \dfrac{\dfrac{Z}{a} P\phi \dfrac{N}{60} I_a}{2\pi \dfrac{N}{60}}$
$= \dfrac{ZP}{2\pi a} \phi I_a = \dfrac{160 \times 4}{2\pi \times 4} \times 0.01 \times 100$
$\fallingdotseq 25.47 \text{[N·m]}$

44
BJT에 대한 설명으로 틀린 것은?

① Bipolar Junction Thyristor의 약자이다.
② 베이스 전류로 컬렉터 전류를 제어하는 전류 제어 스위치이다.
③ MOSFET, IGBT 등의 전압 제어 스위치 보다 훨씬 큰 구동 전력이 필요하다.
④ 회로 기호 B, E, C는 각각 베이스(Base), 이미터(Emitter), 컬렉터(Collector)이다.

해설 BJT는 Bipolar Junction Transistor의 약자이며, 베이스 전류로 컬렉터 전류를 제어하는 스위칭 소자이다.

45
스텝각이 2°, 스테핑 주파수(pulse rate)가 1,800[pps]인 스테핑 모터의 축속도[rps]는?

① 8　　② 10
③ 12　　④ 14

해설 스테핑 모터의 축속도
$n = \dfrac{\beta \times f_p}{360} = \dfrac{2° \times 1,800}{360} = 10 \text{[rps]}$

46
3상 유도 전동기 원선도에서 역률[%]을 표시하는 것은?

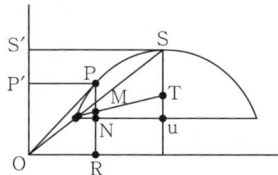

① $\dfrac{\overline{OS'}}{\overline{OS}} \times 100$　　② $\dfrac{\overline{SS'}}{\overline{OS}} \times 100$
③ $\dfrac{\overline{OP'}}{\overline{OP}} \times 100$　　④ $\dfrac{\overline{OS}}{\overline{OP}} \times 100$

해설 원선도에서 선분 $\overline{OP'}$는 전압, 선분 $\overline{OP}$는 전류를 나타내므로
역률 $\cos\theta = \dfrac{\overline{OP'}}{\overline{OP}} \times 100 [\%]$

47
30[kVA], 3,300/200[V], 60[Hz]의 3상 변압기 2차측에 3상 단락이 생겼을 경우 단락 전류는 약 몇 [A]인가? (단, %임피던스 전압은 3[%]이다.)

① 2,250　　② 2,620
③ 2,730　　④ 2,886

정답 42.③　43.③　44.①　45.②　46.③　47.④

해설 퍼센트 임피던스 강하

$$\%Z = \frac{I_{1n}}{I_{1s}} \times 100 = \frac{I_{2n}}{I_{2s}} \times 100$$

단락 2차 전류 $I_{2s} = \frac{100}{\%Z} \cdot I_{2n}$

$$= \frac{100}{3} \times \frac{30 \times 10^3}{\sqrt{3} \times 200}$$

$$= 2,886.8 [A]$$

48 직류기의 전기자 반작용에 의한 영향이 아닌 것은?

① 자속이 감소하므로 유기 기전력이 감소한다.
② 발전기의 경우 회전 방향으로 기하학적 중성축이 형성된다.
③ 전동기의 경우 회전 방향과 반대 방향으로 기하학적 중성축이 형성된다.
④ 브러시에 의해 단락된 코일에는 기전력이 발생하므로 브러시 사이의 유기 기전력이 증가한다.

해설 전기자 반작용의 영향
• 전기적 중성축이 이동한다.
• 주자속(계자 자속)이 감소한다.
• 정류자 편간 전압이 국부적으로 높아져 불꽃이 발생한다. → 정류 불량을 초래한다.

49 직류 발전기의 외부 특성 곡선에서 나타내는 관계로 옳은 것은?

① 계자 전류와 단자 전압
② 계자 전류와 부하 전류
③ 부하 전류와 단자 전압
④ 부하 전류와 유기 기전력

해설 직류 발전기의 외부 특성 곡선은 정격 상태에서 부하 전류(I)와 단자 전압(V)의 관계를 나타낸 곡선이다.

50 부스트(boost) 컨버터의 입력 전압이 45[V]로 일정하고, 스위칭 주기가 20[kHz], 듀티비(duty ratio)가 0.6, 부하 저항이 10[Ω]일 때 출력 전압은 몇 [V]인가? (단, 인덕터에는 일정한 전류가 흐르고 커패시터 출력 전압의 리플 성분은 무시한다.)

① 27
② 67.5
③ 75
④ 112.5

해설 부스트(boost) 컨버터의 출력 전압 V_o

$$V_o = \frac{1}{1-D} V_i = \frac{1}{1-0.6} \times 45 = 112.5 [V]$$

여기서, D : 듀티비(Duty ratio)
부스트 컨버터 : 직류 → 직류로 승압하는 변환기

51 단상 직권 정류자 전동기에서 주자속의 최대치를 ϕ_m, 자극수를 P, 전기자 병렬 회로수를 a, 전기자 전 도체수를 Z, 전기자의 속도를 N[rpm]이라 하면 속도 기전력의 실효값 E_r[V]은? (단, 주자속은 정현파이다.)

① $E_r = \sqrt{2} \frac{P}{a} Z \frac{N}{60} \phi_m$

② $E_r = \frac{1}{\sqrt{2}} \frac{P}{a} ZN \phi_m$

③ $E_r = \frac{P}{a} Z \frac{N}{60} \phi_m$

④ $E_r = \frac{1}{\sqrt{2}} \frac{P}{a} Z \frac{N}{60} \phi_m$

해설 단상 직권 정류자 전동기는 직·교 양용 전동기로 속도 기전력의 실효값은 다음과 같다.

$$E_r = \frac{1}{\sqrt{2}} \frac{P}{a} Z \frac{N}{60} \phi_m [V]$$

(직류 전동기의 역기전력 $E = \frac{P}{a} Z \frac{N}{60} \phi [V]$)

정답 48.④ 49.③ 50.④ 51.④

52 15[kW] 3상 유도 전동기의 기계손이 350[W], 전부하시의 슬립이 3[%]이다. 전부하시의 2차 동손은 약 몇 [W]인가?

① 523　　② 475
③ 411　　④ 365

해설 기계적 출력 $P_o = P + $ 기계손
$= 15,000 + 350 = 15,350[W]$

2차 동손 $P_{2c} = \dfrac{sP_o}{1-s}$
$= \dfrac{0.03 \times 15,350}{1-0.03} = 474.74[W]$

53 권수비 $a = \dfrac{6,600}{220}$, 60[Hz], 변압기의 철심 단면적 0.02[m²], 최대 자속 밀도 1.2[Wb/m²]일 때 1차 유기 기전력은 약 몇 [V]인가?

① 1,407　　② 3,521
③ 42,198　　④ 49,814

해설 1차 유기 기전력
$E_1 = 4.44fN_1\phi_m$
$= 4.44fN_1B_m \cdot S$
$= 4.44 \times 60 \times 6,600 \times 1.2 \times 0.02$
$= 42,197.76[V]$
$\fallingdotseq 42,198[V]$

54 4극 3상 유도 전동기가 있다. 총 슬롯수는 48이고 매극 매상 슬롯에 분포하고 코일 간격은 극간격의 75[%]인 단절권으로 하면 권선 계수는?

① 약 0.986　　② 약 0.927
③ 약 0.895　　④ 약 0.887

해설 권선값 $\beta = \dfrac{\text{코일 간격}}{\text{극간격}} = 75[\%]$

단절 계수 $k_p = \sin\dfrac{\beta\pi}{2} = \sin\dfrac{0.75 \times 180°}{2}$
$= 0.924$

분포 계수 $k_d = \dfrac{\sin\dfrac{\pi}{2m}}{q\sin\dfrac{\pi}{2mq}} = \dfrac{\sin\dfrac{\pi}{2\times3}}{4\sin\dfrac{\pi}{2\times3\times4}}$
$= \dfrac{1}{8 \cdot \sin\dfrac{\pi}{24}} = 0.958$

∴ 권선 계수 $k_w = k_d \cdot k_p = 0.924 \times 0.958 = 0.885$

55 직류 분권 전동기의 정격 전압이 300[V], 전부하 전기자 전류가 50[A], 전기자 저항이 0.2[Ω]이다. 이 전동기의 기동 전류를 전부하 전류의 120[%]로 제한시키기 위한 기동 저항값은 몇 [Ω]인가?

① 3.5　　② 4.8
③ 5.0　　④ 5.5

해설 $V = 300[V]$, $I_a = 50[A]$, $R_a = 0.2[Ω]$이므로
$V = E + I_a R_a [V]$
$R = \dfrac{V-E}{I_a} = \dfrac{300-0}{50 \times 1.2} = 5[Ω]$
∴ $R_{st} = R - R_a = 5 - 0.2 = 4.8[Ω]$

56 3상 유도 전동기에서 회전자가 슬립 s로 회전하고 있을 때 2차 유기 전압 E_{2s} 및 2차 주파수 f_{2s}와 s와의 관계는? (단, E_2는 회전자가 정지하고 있을 때 2차 유기 기전력이며 f_1은 1차 주파수이다.)

① $E_{2s} = sE_2$, $f_{2s} = sf_1$
② $E_{2s} = sE_2$, $f_{2s} = \dfrac{f_1}{s}$
③ $E_{2s} = \dfrac{E_2}{s}$, $f_{2s} = \dfrac{f_1}{s}$
④ $E_{2s} = (1-s)E_2$, $f_{2s} = (1-s)f_1$

해설 정지시 2차 주파수 $f_2 = f_1 = \dfrac{P}{120}N_s$
2차 유기 기전력 $E_2 = 4.44f_2N_2\phi_m k_{w2}$

정답 52.② 53.③ 54.④ 55.② 56.①

회전시 2차 주파수 $f_{2s} = \dfrac{P}{120}(N_s - N)$
$= s\dfrac{P}{120}N_s = sf_1[\text{Hz}]$

회전시 2차 유기 기전력 $E_{2s} = 4.44f_{2s}N_2\phi_m k_{w2}$
$= sE_2[\text{V}]$

57 5[kVA]의 단상 변압기 3대를 △ 결선하여 급전하고 있는 경우, 1대가 소손되어 나머지 2대로 급전하게 되었다. 2대의 변압기로 과부하를 10[%]까지 견딜 수 있다고 하면 2대가 분담할 수 있는 최대 부하는 약 몇 [kVA]인가?

① 5
② 8.6
③ 9.5
④ 15

해설 V결선 출력 $P_V = \sqrt{3}\,P_1(1+\varepsilon) = \sqrt{3}\times 5\times(1+0.1)$
$= 9.526[\text{kVA}]$

58 동기 발전기를 병렬 운전하는 데 필요하지 않은 조건은?

① 기전력의 용량이 같을 것
② 기전력의 주파수가 같을 것
③ 기전력의 위상이 같을 것
④ 기전력의 크기가 같을 것

해설 동기 발전기의 병렬 운전 조건
• 기전력의 크기가 같을 것
• 기전력의 위상이 같을 것
• 기전력의 주파수가 같을 것
• 기전력의 파형이 같을 것
• 상회전 방향이 같을 것

59 권선형 유도 전동기의 토크-속도 곡선이 비례 추이한다는 것은 그 곡선이 무엇에 비례해서 이동하는 것을 말하는가?

① 2차 효율
② 출력
③ 2차 회로의 저항
④ 2차 동손

해설 유도 전동기의 비례 추이란 회전자(2차측)에 슬립량을 통하여 저항을 연결하고, 2차 합성 저항 $(r_2 + R)$을 변화시킬 때 토크, 전류 등이 비례하여 이동하는 것을 말한다.

60 3상 비돌극형 동기 발전기가 있다. 정격 출력 5,000[kVA], 정격 전압 6,000[V], 정격 역률 0.8이다. 여자를 정격 상태로 유지할 때 이 발전기의 최대 출력은 약 몇 [kW]인가? (단, 1상의 동기 리액턴스는 0.8[p.u]이며 저항은 무시한다.)

① 7,500
② 10,000
③ 11,500
④ 12,500

해설 단위법 전압 $v = 1$, 전류 $i = 1$
단위법 유기 기전력 e
$e = \sqrt{(v\cos\theta)^2 + (v\sin\theta + ix_s')^2}$
$= \sqrt{0.8^2 + (0.6 + 0.8)^2}$
$= 1.612$
최대 출력 $P_{\max}$
$P_m = \dfrac{ev}{x_s'}\sin 90°\cdot P_n$
$= \dfrac{1.612\times 1}{0.8}\times 1\times 5,000$
$= 10,075[\text{kW}]$

제4과목 회로이론 및 제어공학

61 $f(t)$의 z변환이 $F(z)$일 때 $f(t)$의 최종값은 얼마인가?

$$F(z) = \dfrac{9z}{(z-1)(z+0.5)}$$

① 6
② 0
③ ∞
④ −6

정답 57.③ 58.① 59.③ 60.② 61.①

해설 z변환의 최종값 정리

$$\lim_{K \to \infty} f(KT) = \lim_{z \to 1}(1-z^{-1})F(z)$$
$$= \lim_{z \to 1}(1-z^{-1}) \frac{9z}{(z-1)(z+0.5)}$$
$$= \lim_{z \to 1} \frac{z-1}{z} \frac{9z}{(z-1)(z+0.5)}$$
$$= \lim_{z \to 1} \frac{9z}{z+0.5}$$
$$= \frac{9}{1.5} = 6$$

62 z변환법을 사용한 샘플값 제어계가 안정하려면 $1+GH(z)=0$의 근의 위치는?

① z평면의 좌반면에 존재하여야 한다.
② z평면의 우반면에 존재하여야 한다.
③ $|z|=1$인 단위원 내에 존재하여야 한다.
④ $|z|=1$인 단위원 밖에 존재하여야 한다.

해설 z변환법을 사용한 샘플값 제어계 해석
- s평면의 좌반 평면(안정) : 특성근이 z평면의 원점에 중심을 둔 단위원 내부
- s평면의 우반 평면(불안정) : 특성근이 z평면의 원점에 중심을 둔 단위원 외부
- s평면의 허수축상(임계안정) : 특성근이 z평면의 원점에 중심을 둔 단위원 원주상

63 그림의 블록 선도에서 K에 대한 폐루프 전달 함수 $T = \frac{C(s)}{R(s)}$의 감도 S_K^T는?

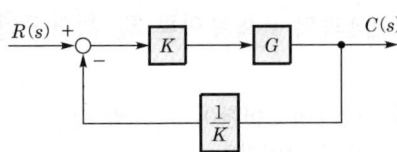

① -1
② -0.5
③ 0.5
④ 1

해설 전달 함수 $T = \frac{C(s)}{R(s)} = \frac{KG}{1+KG \cdot \frac{1}{K}} = \frac{KG}{1+G}$

$\therefore$ 감도 $S_K^T = \frac{K}{T} \frac{dT}{dK}$
$= \frac{K}{\frac{KG}{1+G}} \cdot \frac{d}{dK}\left(\frac{KG}{1+G}\right)$
$= \frac{1+G}{G} \cdot \frac{G}{1+G}$
$= 1$

64 그림과 같은 블록 선도에서 등가 합성 전달 함수 $\frac{C}{R}$는?

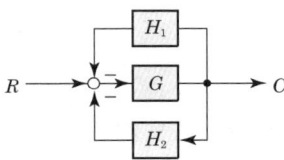

① $\frac{H_1 + H_2}{1+G}$
② $\frac{H_1}{1+H_1 H_2 G}$
③ $\frac{G}{1+H_1+H_2}$
④ $\frac{G}{1+H_1 G + H_2 G}$

해설 $(R - CH_1 - CH_2)G = C$
$RG = C(1+H_1 G + H_2 G)$
합성 전달 함수 $G(s) = \frac{C}{R} = \frac{G}{1+H_1 G + H_2 G}$

65 특성 방정식 $s^5 + 2s^4 + 2s^3 + 3s^2 + 4s + 1$을 Routh-Hurwitz 판별법으로 분석한 결과로 옳은 것은?

① s평면의 우반면에 근이 존재하지 않기 때문에 안정한 시스템이다.
② s평면의 우반면에 근이 1개 존재하기 때문에 불안정한 시스템이다.
③ s평면의 우반면에 근이 2개 존재하기 때문에 불안정한 시스템이다.
④ s평면의 우반면에 근이 3개 존재하기 때문에 불안정한 시스템이다.

정답 62.③ 63.④ 64.④ 65.③

해설 라우스의 표

s^5	1	2	4
s^4	2	3	1
s^3	0.5	3.5	
s^2	-11	1	
s^1	3.55	0	
s^0	1		

제1열의 부호 변화가 2번 있으므로 계는 불안정하며 우반면의 근이 2개 존재한다.

66 일정 입력에 대해 잔류 편차가 있는 제어계는 무엇인가?

① 비례 제어계
② 적분 제어계
③ 비례 적분 제어계
④ 비례 적분 미분 제어계

해설 잔류 편차(offset)는 정상 상태에서의 오차를 뜻하며 비례 제어(P동작)의 경우에 발생한다.

67 $G(s)H(s) = \dfrac{K(s+1)}{s^2(s+2)(s+3)}$ 에서 근궤적의 수는?

① 1
② 2
③ 3
④ 4

해설
- 근궤적의 개수는 z와 p 중 큰 것과 일치한다.
- 영점의 개수 $z=1$, 극점의 개수 $p=4$
∴ 근궤적의 개수는 극점의 개수인 4개이다.

68 $A = \begin{bmatrix} 0 & 1 \\ -3 & -2 \end{bmatrix}$, $B = \begin{bmatrix} 4 \\ 5 \end{bmatrix}$ 인 상태 방정식 $\dfrac{dx}{dt} = Ax + Br$ 에서 제어계의 특성 방정식은?

① $s^2 + 4s + 3 = 0$
② $s^2 + 3s + 2 = 0$
③ $s^2 + 3s + 4 = 0$
④ $s^2 + 2s + 3 = 0$

해설
$$\begin{bmatrix} \dot{x_1} \\ \dot{x_2} \end{bmatrix} = \begin{bmatrix} 0 & 1 \\ -3 & -2 \end{bmatrix} \begin{bmatrix} x_1 \\ x_2 \end{bmatrix} + \begin{bmatrix} 4 \\ 5 \end{bmatrix} r$$

$$|sI - A| = \begin{bmatrix} s & 0 \\ 0 & s \end{bmatrix} - \begin{bmatrix} 0 & 1 \\ -3 & -2 \end{bmatrix}$$
$$= \begin{bmatrix} s & -1 \\ 3 & s+2 \end{bmatrix}$$
$$= s(s+2) + 3$$
$$= s^2 + 2s + 3$$
$$= 0$$

∴ 특성 방정식 $s^2 + 2s + 3 = 0$

69 논리식 $L = \overline{X} \cdot \overline{Y} + \overline{X} \cdot Y + X \cdot Y$ 를 간단히 한 것은?

① $X + Y$
② $\overline{X} + Y$
③ $X + \overline{Y}$
④ $\overline{X} + \overline{Y}$

해설 $A + 0 = A$, $A \cdot 1 = A$, $A + \overline{A} = 1$, $A \cdot 0 = 0$, $A \cdot \overline{A} = 0$

$L = \overline{X} \cdot \overline{Y} + \overline{X} \cdot Y + X \cdot Y$
$= \overline{X}(\overline{Y} + Y) + X \cdot Y$
$= \overline{X} + X \cdot Y$
$= (\overline{X} + X) \cdot (\overline{X} + Y)$
$= \overline{X} + Y$

70 전달 함수가 $G(s) = \dfrac{10}{s^2 + 3s + 2}$ 으로 표현되는 제어 시스템에서 직류 이득은 얼마인가?

① 1
② 2
③ 3
④ 5

해설 직류는 주파수 $f = 0$이므로 $\omega = 2\pi f = 0$이다.
∴ 직류 이득은 $\omega = 0$일 때 전달 함수의 크기를 의미하므로

$$G_{(j\omega)} = \dfrac{10}{(j\omega)^2 + j3\omega + 2}\bigg|_{\omega=0}$$
$$= \dfrac{10}{2}$$
$$= 5$$

정답 66.① 67.④ 68.④ 69.② 70.④

71 그림의 회로에서 $t=0[s]$에 스위치(s)를 닫은 후 $t=3[s]$일 때 이 회로에 흐르는 전류는 약 몇 [A]인가?

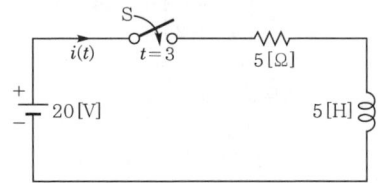

① 1.52   ② 2.02
③ 2.52   ④ 3.80

해설 $R-L$ 직렬 회로 직류 인가 시 전류
$i = \dfrac{E}{R}\left(1 - e^{-\frac{R}{L}t}\right)$
$= \dfrac{20}{5}\left(1 - e^{-\frac{5}{5}\times 3}\right)$
$= 4(1 - e^{-3}) = 3.80[A]$

72 분포 정수 회로가 무왜 선로로 되는 조건은? (단, 선로의 단위 길이당 저항을 R, 인덕턴스를 L, 정전 용량을 C, 누설 컨덕턴스를 G라 한다.)

① $RC = LG$
② $RL = CG$
③ $R = \sqrt{\dfrac{L}{C}}$
④ $R = \sqrt{LC}$

해설 일그러짐이 없는 선로 즉, 무왜형 선로 조건
$RC = LG$

73 4단자 정수 A, B, C, D 중에서 어드미턴스의 차원을 가진 정수는 어느 것인가?

① A ② B
③ C ④ D

해설
$A = \dfrac{V_1}{V_2}\bigg|_{I_2=0}$: 출력을 개방했을 때 전압 이득

$B = \dfrac{V_1}{I_2}\bigg|_{V_2=0}$: 출력을 단락했을 때 전달 임피던스

$C = \dfrac{I_1}{V_2}\bigg|_{I_2=0}$: 출력을 개방했을 때 전달 어드미턴스

$D = \dfrac{I_1}{I_2}\bigg|_{V_2=0}$: 출력 단자를 단락했을 때의 전류 이득

74 어떤 회로의 단자 전압 $v = 100\sin\omega t + 40\sin 2\omega t + 30\sin(3\omega t + 60°)[V]$이고 전압 강하의 방향으로 흐르는 전류가 $i = 10\sin(\omega t - 60°) + 2\sin(3\omega t + 105°)[A]$일 때 회로에 공급되는 평균 전력[W]은?

① 530   ② 630
③ 371.2 ④ 271.2

해설 $P = V_1 I \cos\theta_1 + V_3 I_3 \cos\theta^3$
$= \dfrac{100}{\sqrt{2}} \times \dfrac{10}{\sqrt{2}} \cos 60° + \dfrac{30}{\sqrt{2}} \times \dfrac{2}{\sqrt{2}} \cos 45°$
$= 271.2[W]$

75 다음 그림과 같은 회로의 a, b단자 간의 전압 [V]은?

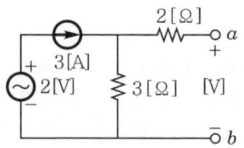

① 2   ② 3
③ 6   ④ 9

해설 a, b단자 간 전압은 3[Ω] 양단 전압이므로 중첩의 정리에 의해서 2[V] 전압원 존재 시 전류원 3[A]을 개방해야 하므로 3[Ω] 양단 전압은 존재치 않으며 3[A] 전류원 존재 시에만 9[V]의 전압이 존재하게 된다.

정답 71.④ 72.① 73.③ 74.④ 75.④

76 그림의 성형 불평형 회로에 각 상전압이 E_a, E_b, E_c[V]이고, 부하는 Z_a, Z_b, Z_c[Ω]이라면 중성선 임피던스가 Z_n[Ω]일 때 중성점 간의 전위는 어떻게 되는가?

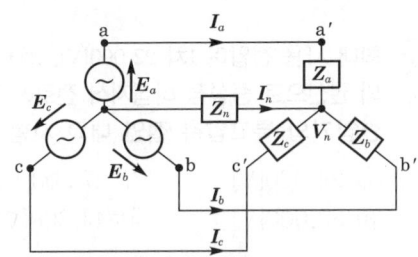

① $V_n = \dfrac{E_a + E_b + E_c}{Z_a + Z_b + Z_c}$

② $V_n = \dfrac{E_a + E_b + E_c}{Z_a + Z_b + Z_c + Z_n}$

③ $V_n = \dfrac{\dfrac{E_a}{Z_a} + \dfrac{E_b}{Z_b} + \dfrac{E_c}{Z_c}}{\dfrac{1}{Z_a} + \dfrac{1}{Z_b} + \dfrac{1}{Z_c} + \dfrac{1}{Z_n}}$

④ $V_n = \dfrac{\dfrac{E_a}{Z_a} + \dfrac{E_b}{Z_b} + \dfrac{E_c}{Z_c}}{\dfrac{1}{Z_a} + \dfrac{1}{Z_b} + \dfrac{1}{Z_c}}$

해설 중성점 간의 전위

$$V_n = \dfrac{\sum_{k=1}^{n} I_k}{\sum_{k=1}^{n} Y_k} = \dfrac{\dfrac{E_a}{Z_a} + \dfrac{E_b}{Z_b} + \dfrac{E_c}{Z_c}}{\dfrac{1}{Z_a} + \dfrac{1}{Z_b} + \dfrac{1}{Z_c} + \dfrac{1}{Z_n}}$$

77 내부 임피던스 $Z_g = 0.3 + j2$[Ω]인 발전기에 임피던스 $Z_l = 1.7 + j3$[Ω]인 선로를 연결하여 부하에 전력을 공급한다. 부하 임피던스 Z_0[Ω]가 어떤 값을 취할 때 부하에 최대 전력이 전송되는가?

① $2 - j5$ ② $2 + j5$
③ 2 ④ $\sqrt{2^2 + 5^2}$

해설
- 전원 내부 임피던스
  $Z_s = Z_g + Z_l = 0.3 + j2 + 1.7 + j3 = 2 + j5$[Ω]
- 최대 전력 전달 조건
  $Z_0 = \overline{Z_s} = 2 - j5$[Ω]

78 다음 그림의 교류 브리지 회로가 평형이 되는 조건은?

① $L = \dfrac{R_1 R_2}{C}$

② $L = \dfrac{C}{R_1 R_2}$

③ $L = R_1 R_2 C$

④ $L = \dfrac{R_2}{R_1} C$

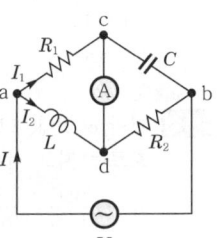

해설 브리지 평형 조건

$R_1 R_2 = j\omega L \dfrac{1}{j\omega C}$

$R_1 R_2 = \dfrac{L}{C}$

$\therefore L = R_1 R_2 C$

79 단상 전력계 2개로써 평형 3상 부하의 전력을 측정하였더니 각각 300[W]와 600[W]를 나타내었다면 부하 역률은? (단, 전압과 전류는 정현파이다.)

① 0.5   ② 0.577
③ 0.637   ④ 0.867

해설 역률 $\cos\theta = \dfrac{P}{P_a} = \dfrac{P}{\sqrt{P^2 + P_r^2}}$

$= \dfrac{P_1 + P_2}{2\sqrt{P_1^2 + P_2^2 - P_1 P_2}}$

$= \dfrac{300 + 600}{2\sqrt{300^2 + 600^2 - 300 \times 600}}$

$= 0.867$

※ 하나의 전력계가 다른 전력계 지시값의 배인 경우. 즉, $P_2 = 2P_1$인 경우

역률 $\cos\theta = \dfrac{\sqrt{3}}{2} = 0.867$이 된다.

80 회로에서 노드 a와 b 사이에 나타나는 전압 [V]의 크기는?

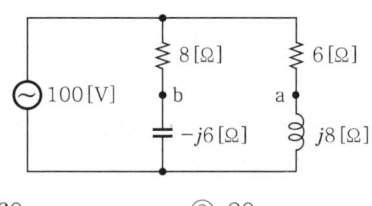

① 60　　② 20
③ 80　　④ 100

해설 저항 8[Ω]에 흐르는 지로 전류를 I_1, 저항 6[Ω]에 흐르는 지로 전류를 I_2라 하면
$I_1 = \dfrac{100}{8-j6} = \dfrac{100(8+j6)}{(8-j6)(8+j6)} = 8+j6$
$I_2 = \dfrac{100}{6+j8} = \dfrac{100(6-j8)}{(6+j8)(6-j8)} = 6-j8$
∴ a와 b 사이의 전압
$V_{ab} = 8(8+j6) - 6(6-j8) = 28+j96$
∴ $V_{ab} = \sqrt{28^2+96^2} = 100[V]$

제5과목 전기설비기술기준

81 "지중 관로"에 대한 정의로 가장 옳은 것은?

① 지중 전선로·지중 약전류 전선로와 지중 매설 지선 등을 말한다.
② 지중 전선로·지중 약전류 전선로와 복합 케이블 선로·기타 이와 유사한 것 및 이들에 부속되는 지중함을 말한다.
③ 지중 전선로·지중 약전류 전선로·지중에 시설하는 수관 및 가스관과 지중 매설 지선을 말한다.
④ 지중 전선로·지중 약전류 전선로·지중 광섬유 케이블 선로·지중에 시설하는 수관 및 가스관과 기타 이와 유사한 것 및 이들에 부속하는 지중함 등을 말한다.

해설 용어 정의(KEC 112)
"지중 관로"란 지중 전선로·지중 약전류 전선로·지중 광섬유 케이블 선로·지중에 시설하는 수관 및 가스관과 이와 유사한 것 및 이들에 부속하는 지중함 등을 말한다.

82 최대 사용 전압이 1차 22,000[V], 2차 6,600[V]의 권선으로 중성점 비접지식 전로에 접속하는 변압기의 특고압측 절연 내력 시험 전압은?

① 24,000[V]　　② 27,500[V]
③ 33,000[V]　　④ 44,000[V]

해설 변압기 전로의 절연 내력(KEC 135)
변압기 특고압측이므로
$22,000 \times 1.25 = 27,500[V]$

83 공통 접지에서 선도체의 단면적이 16[mm²]인 경우 보호 도체(PE)에 적합한 단면적은? (단, 보호 도체의 재질이 선도체와 같은 경우)

① 4　　② 6
③ 10　　④ 16

해설 보호 도체(KEC 142.3.2)

선도체의 단면적 S[mm²]	대응하는 보호 도체의 최소 단면적 [mm²](보호 도체의 재질이 선도체와 같은 경우)
$S \leq 16$	S
$16 < S \leq 35$	16
$S > 35$	$\dfrac{S}{2}$

84 고압 또는 특고압과 저압의 혼촉에 의한 위험 방지 시설로 가공 공동 지선을 설치하여 2 이상의 시설 장소에 접지 공사를 할 때, 가공 공동 지선은 지름 몇 [mm] 이상의 경동선을 사용하여야 하는가?

① 1.5　　② 2
③ 3.5　　④ 4

정답 80.④　81.④　82.②　83.④　84.④

해설 고압 또는 특고압과 저압의 혼촉에 의한 위험 방지 시설(KEC 322.1)
가공 공동 지선을 설치하여 2 이상의 시설 장소에 공통의 접지 공사를 할 때 인장 강도 5.26[kN] 이상 또는 직경 4[mm] 이상 경동선의 가공 접지선을 저압 가공 전선에 준하여 시설한다.

85 과전류 차단기를 설치하지 않아야 할 곳은?

① 수용가의 인입선 부분
② 고압 배전 선로의 인출 장소
③ 직접 접지 계통에 설치한 변압기의 접지 도체
④ 역률 조정용 고압 병렬 콘덴서 뱅크의 분기선

해설 과전류 차단기의 시설 제한(KEC 341.11)
• 각종 접지 공사의 접지 도체
• 다선식 전로의 중성선
• 접지 공사를 한 저압 가공 전선로의 접지측 전선

86 내부 피뢰 시스템 중 금속제 설비의 등전위 본딩에 대한 설명이다. 다음 ( )에 들어갈 내용으로 옳은 것은?

> 건축물·구조물에는 지하 (㉠)[m]와 높이 (㉡)[m]마다 환상 도체를 설치한다. 다만 철근 콘크리트, 철골 구조물의 구조체에 인하도선을 등전위본딩하는 경우 환상도체는 설치하지 않아도 된다.

① ㉠ 0.5, ㉡ 15
② ㉠ 0.5, ㉡ 20
③ ㉠ 1.0, ㉡ 15
④ ㉠ 1.0, ㉡ 20

해설 금속제 설비의 등전위본딩(KEC 153.2.2)
건축물·구조물에는 지하 0.5[m]와 높이 20[m]마다 환상 도체를 설치한다. 다만 철근 콘크리트, 철골 구조물의 구조체에 인하도선을 등전위본딩하는 경우 환상 도체는 설치하지 않아도 된다.

87 금속관 공사에 관한 사항이다. 일반적으로 콘크리트에 매설하는 금속관의 두께는 몇 [mm] 이상 되는 것을 사용하여야 하는가?
① 1.0[mm] ② 1.2[mm]
③ 2.0[mm] ④ 2.5[mm]

해설 금속관 및 부속품의 선정(KEC 232.12.2)
관의 두께는 콘크리트에 매설하는 경우 1.2[mm] 이상을 사용할 것

88 케이블 트레이 공사에 사용되는 케이블 트레이가 수용된 모든 전선을 지지할 수 있는 적합한 강도의 것일 경우 케이블 트레이의 안전율은 얼마 이상으로 하여야 하는가?
① 1.1 ② 1.2
③ 1.3 ④ 1.5

해설 케이블 트레이 공사(KEC 232.41)
케이블 트레이의 안전율은 1.5 이상이어야 한다.

89 전기 온상용 발열선은 그 온도가 몇 [℃]를 넘지 않도록 시설하여야 하는가?
① 50 ② 60
③ 80 ④ 100

해설 전기 온상 등(KEC 241.5)
발열선은 그 온도가 80[℃]를 넘지 아니하도록 시설할 것

90 건조한 곳에 시설하고 또한 내부를 건조한 상태로 사용하는 진열장 안의 사용 전압이 400[V] 이하인 저압 옥내 배선은 외부에서 보기 쉬운 곳에 한하여 코드 또는 캡타이어 케이블을 조영재에 접촉하여 시설할 수 있다. 이때, 전선의 붙임점 간의 거리는 몇 [m] 이하로 시설하여야 하는가?
① 0.5 ② 1.0
③ 1.5 ④ 2.0

정답 85.③ 86.② 87.② 88.④ 89.③ 90.②

해설 진열장 또는 이와 유사한 것의 내부 관등 회로 배선 (KEC 234.11.5)
전선의 부착점 간의 거리는 1[m] 이하로 하고 배선에는 전구 또는 기구의 중량을 지지시키지 아니할 것

91 가공 전선로에 사용하는 지지물의 강도 계산에 적용하는 갑종 풍압 하중을 계산할 때 구성재의 수직 투영 면적 1[m²]에 대한 풍압의 기준으로 틀린 것은?

① 목주 : 588[Pa]
② 원형 철주 : 588[Pa]
③ 원형 철근 콘크리트주 : 882[Pa]
④ 강관으로 구성(단주는 제외)된 철탑 : 1,255[Pa]

해설 풍압 하중의 종별과 적용(KEC 331.6)

풍압을 받는 구분			풍압 하중
지지물	목주		588[Pa]
	철주	원형의 것	588[Pa]
	철근 콘크리트주	원형의 것	588[Pa]
	철탑	강관으로 구성되는 것	1,255[Pa]

92 다음 ( ) 안에 알맞은 것은?

애자 공사에 의한 저압 옥측 전선로에 사용하는 전선은 공칭 단면적 ( )[mm²] 이상의 연동선을 사용하고 또한 사람이 쉽게 접속할 우려가 없도록 시설하여야 한다.

① 2.5   ② 4
③ 6   ④ 10

해설 옥측 전선로(KEC 221.2)
전선은 공칭 단면적 4[mm²] 이상의 연동 절연 전선 (OW, DV 제외)일 것

93 동일 지지물에 저압 가공 전선(다중 접지된 중성선은 제외)과 고압 가공 전선을 시설하는 경우 저압 가공 전선은?

① 고압 가공 전선의 위로 하고 동일 완금류에 시설
② 고압 가공 전선과 나란하게 하고 동일 완금류에 시설
③ 고압 가공 전선의 아래로 하고 별개의 완금류에 시설
④ 고압 가공 전선과 나란하게 하고 별개의 완금류에 시설

해설 고압 가공 전선 등의 병행 설치(KEC 332.8)
• 저압 가공 전선을 고압 가공 전선의 아래로 하고 별개의 완금류에 시설할 것
• 저압 가공 전선과 고압 가공 전선 사이의 간격은 50[cm] 이상일 것

94 사람이 접촉할 우려가 있는 경우 고압 가공 전선과 상부 조영재의 옆쪽에서의 간격은 몇 [m] 이상이어야 하는가? (단, 전선은 경동 연선이라고 한다.)

① 0.6
② 0.8
③ 1.0
④ 1.2

해설 고압 가공 전선과 건조물의 접근(KEC 332.11)

조영재의 구분	접근 형태	간격
상부 조영재	위쪽	2[m] (케이블 1[m])
	옆쪽 또는 아래쪽	1.2[m] (사람이 쉽게 접촉할 우려가 없는 경우 80[cm], 케이블 40[cm])

정답 91.③ 92.② 93.③ 94.④

95 사용 전압 154[kVA]의 가공 전선을 시가지에 시설하는 경우 전선의 지표상의 높이는 최소 몇 [m] 이상이어야 하는가? (단, 발전소·변전소 또는 이에 준하는 곳의 구내와 구외를 연결하는 첫 번째 지지물까지의 가공 전선은 제외한다.)

① 7.44　② 9.44
③ 11.44　④ 13.44

해설 시가지 등에서 특고압 가공 전선로의 시설(KEC 333.1)
35[kV]를 초과하는 10[kV] 단수는
(154−35)÷10=11.9이므로 12이다.
그러므로 지표상 높이는
10+0.12×12=11.44[m]이다.

96 지중 전선로를 직접 매설식에 의하여 시설하는 경우에는 매설 깊이를 차량 기타의 중량물의 압력을 받을 우려가 있는 장소에는 몇 [m] 이상 시설하여야 하는가?

① 0.45[m]　② 0.6[m]
③ 1.0[m]　④ 1.5[m]

해설 지중 전선로의 시설(KEC 334.1)
- 직접 매설식 및 관로식의 매설 깊이 : 1[m] 이상
- 중량물의 압력을 받을 우려가 없는 곳 : 0.6[m] 이상

97 사용 전압 35,000[V]인 기계 기구를 옥외에 시설하는 개폐소의 구내에 취급자 이외의 자가 들어가지 않도록 울타리를 설치할 때 울타리와 특고압의 충전 부분이 접근하는 경우에는 울타리의 높이와 울타리로부터 충전부분까지의 거리의 합은 최소 몇 [m] 이상이어야 하는가?

① 4　② 5
③ 6　④ 7

해설 특고압용 기계 기구의 시설(KEC 341.4)

사용 전압의 구분	울타리 높이와 울타리로부터 충전 부분까지의 거리의 합계 또는 지표상의 높이
35[kV] 이하	5[m]
35[kV] 초과 160[kV] 이하	6[m]

98 발전기를 구동하는 풍차의 압유 장치의 유압, 압축 공기 장치의 공기압 또는 전동식 브레이드 제어 장치의 전원 전압이 현저히 저하한 경우 발전기를 자동적으로 전로로부터 차단하는 장치를 시설하여야 하는 발전기 용량은 몇 [kVA] 이상인가?

① 100　② 300
③ 500　④ 1,000

해설 발전기 등의 보호 장치(KEC 351.3)
발전기에는 다음의 경우 자동적으로 이를 전로로부터 차단하는 장치를 시설하여야 한다.
- 과전류, 과전압이 생긴 경우
- 500[kVA] 이상 : 수차 압유 장치 유압 저하
- 100[kVA] 이상 : 풍차 압유 장치 유압 저하
- 2,000[kVA] 이상 : 수차 발전기 베어링 온도 상승
- 10,000[kVA] 이상 : 발전기 내부 고장
- 10,000[kW] 초과 : 증기 터빈의 베어링 마모, 온도 상승

99 횡단 보도교 위에 시설하는 경우 그 노면상 전력 보안 가공 통신선의 높이는 몇 [m] 이상인가?

① 3　② 4
③ 5　④ 6

해설 전력 보안 통신선의 시설 높이와 간격(KEC 362.2)
- 도로 위에 시설하는 경우에는 지표상 5[m] 이상
- 철도 또는 궤도를 횡단하는 경우에는 레일면상 6.5[m] 이상
- 횡단 보도교 위에 시설하는 경우에는 그 노면상 3[m] 이상

정답 95.③　96.③　97.②　98.①　99.①

100 전식 방지 대책에서 매설 금속체측의 누설 전류에 의한 전식의 피해가 예상되는 곳에 고려하여야 하는 방법으로 틀린 것은?
① 절연 코팅
② 배류 장치 설치
③ 변전소 간 간격 축소
④ 저준위 금속체를 접속

해설 전식 방지 대책(KEC 461.4)
• 전기 철도측의 전기 부식 방지를 위해서는 다음 방법을 고려한다.
 - 변전소 간 간격 축소
 - 레일본드의 양호한 시공
 - 장대 레일 채택
 - 절연도상 및 레일과 침목 사이에 절연층의 설치
• 매설 금속체측의 누설 전류에 의한 전기 부식의 피해가 예상되는 곳은 다음 방법을 고려한다.
 - 배류 장치 설치
 - 절연 코팅
 - 매설 금속체 접속부 절연
 - 저준위 금속체를 접속
 - 궤도와의 간격 증대
 - 금속판 등의 도체로 차폐

정답 100.③

2025년 제3회 CBT 기출복원문제

2025. 8. 9. 시행

제1과목 전기자기학

01 유전체 내의 전속 밀도를 정하는 원천은?

① 유전체의 유전율이다.
② 분극 전하만이다.
③ 진전하만이다.
④ 진전하와 분극 전하이다.

해설 $D = \varepsilon_0 E + P = \varepsilon_0 E + \sigma_p [\text{C/m}^2]$

$E = \dfrac{\sigma - \sigma_p}{\varepsilon_0} [\text{V/m}]$

$\therefore D = \varepsilon_0 \cdot \dfrac{\sigma - \sigma_p}{\varepsilon_0} + \sigma_p = \sigma - \sigma_p + \sigma_p = \sigma$

여기서, σ_p : 분극 전하 밀도[C/m²]
σ : 진전하 밀도[C/m²]

즉, 전속 밀도 D는 진전하 밀도 σ에 의해 결정된다.

02 역자성체에서 비투자율(μ_s)은 어느 값을 갖는가?

① $\mu_s = 1$
② $\mu_s < 1$
③ $\mu_s > 1$
④ $\mu_s = 0$

해설 비투자율 $\mu_s = \dfrac{\mu}{\mu_0} = 1 + \dfrac{x_m}{\mu_0}$

$\mu_s > 1 (x_m > 0)$이면 상자성체,
$\mu_s < 1 (x_m < 0)$이면 역자성체이다.

03 내부 도체 반지름이 10[mm], 외부 도체의 내반지름이 20[mm]인 동축 케이블에서 내부 도체 표면에 전류 I가 흐르고, 얇은 외부 도체에 반대 방향인 전류가 흐를 때 단위 길이당 외부 인덕턴스는 약 몇 [H/m]인가?

① 0.28×10^{-7}
② 1.39×10^{-7}
③ 2.03×10^{-7}
④ 2.78×10^{-7}

해설 인덕턴스 $L = \dfrac{\phi}{I} = \dfrac{\mu_0}{2\pi} \ln \dfrac{b}{a} = \dfrac{4\pi \times 10^{-7}}{2\pi} \ln \dfrac{20}{10}$
$= 1.39 \times 10^{-7} [\text{H/m}]$

04 패러데이관(Faraday tube)의 성질에 대한 설명으로 틀린 것은?

① 패러데이관 중에 있는 전속수는 그 관 속에 진전하가 없으면 일정하며 연속적이다.
② 패러데이관의 양단에는 양 또는 음의 단위 진전하가 존재하고 있다.
③ 패러데이관 한 개의 단위 전위차당 보유 에너지는 $\dfrac{1}{2}$[J]이다.
④ 패러데이관의 밀도는 전속 밀도와 같지 않다.

해설 패러데이관의 성질
- 패러데이관 내의 전속선의 수는 일정하다.
- 패러데이관 양단에는 정·부의 단위 전하가 있다.
- 패러데이관의 밀도는 전속 밀도와 같다.
- 단위 전위차당 패러데이관의 보유 에너지는 $\dfrac{1}{2}$[J]이다.

정답 01.③ 02.② 03.② 04.④

05 전계 E의 x, y, z 성분을 E_x, E_y, E_z라 할 때 div E는?

① $\dfrac{\partial E_x}{\partial x} + \dfrac{\partial E_y}{\partial y} + \dfrac{\partial E_z}{\partial z}$

② $i\dfrac{\partial E_x}{\partial x} + j\dfrac{\partial E_y}{\partial y} + k\dfrac{\partial E_z}{\partial z}$

③ $\dfrac{\partial^2 E_x}{\partial x^2} + \dfrac{\partial^2 E_y}{\partial y^2} + \dfrac{\partial^2 E_z}{\partial z^2}$

④ $i\dfrac{\partial^2 E_x}{\partial x^2} + j\dfrac{\partial^2 E_y}{\partial y^2} + k\dfrac{\partial^2 E_z}{\partial z^2}$

해설 $\text{div } E = \nabla \cdot E$
$= \left(i\dfrac{\partial}{\partial x} + j\dfrac{\partial}{\partial y} + k\dfrac{\partial}{\partial z}\right) \cdot (iE_x + jE_y + kE_z)$
$= \dfrac{\partial E_x}{\partial x} + \dfrac{\partial E_y}{\partial y} + \dfrac{\partial E_z}{\partial z}$

06 직교하는 무한 평판 도체와 점전하에 의한 영상 전하는 몇 개 존재하는가?

① 2 ② 3
③ 4 ④ 5

해설 영상 전하의 개수 $n = \dfrac{360°}{\theta} - 1 = \dfrac{360°}{90°} - 1 = 3$개
여기서, θ : 무한 평면 도체 사이의 각

07 다음의 관계식 중 성립할 수 없는 것은? (단, μ는 투자율, χ는 자화율, μ_0는 진공의 투자율, J는 자화의 세기이다.)

① $J = \chi B$
② $B = \mu H$
③ $\mu = \mu_0 + \chi$
④ $\mu_s = 1 + \dfrac{\chi}{\mu_0}$

해설
- 자화의 세기 $J = \mu_0(\mu_s - 1)H = \chi H$
- 자속 밀도 $B = \mu_0 H + J$
  $= (\mu_0 + \chi)H = \mu_0\mu_s H = \mu H$
- 비투자율 $\mu_s = 1 + \dfrac{\chi}{\mu_0}$

08 자유 공간 중에서 $x = -2$, $y = 4$[m]를 통과하고 z축과 평행인 무한장 직선 도체에 $+z$축 방향으로 직류 전류 I[A]가 흐를 때, 점 (2, 4, 0)[m]에서의 자계 H[A/m]는?

① $\dfrac{I}{4\pi}a_y$

② $-\dfrac{I}{4\pi}a_y$

③ $-\dfrac{I}{8\pi}a_y$

④ $\dfrac{I}{8\pi}a_y$

해설 $H = \dfrac{I}{2\pi r} = \dfrac{I}{2\pi \times 4}a_y = \dfrac{I}{8\pi}a_y$ [A/m]

09 진공 중에 서로 떨어져 있는 두 도체 A, B가 있다. 도체 A에만 1[C]의 전하를 줄 때, 도체 A, B의 전위가 각각 3[V], 2[V]이었다. 지금 도체 A, B에 각각 1[C]과 2[C]의 전하를 주면 도체 A의 전위는 몇 [V]인가?

① 6 ② 7
③ 8 ④ 9

해설 각 도체의 전위
$V_1 = P_{11}Q_1 + P_{12}Q_2$, $V_2 = P_{21}Q_1 + P_{22}Q_2$에서
A 도체에만 1[C]의 전하를 주면
$V_1 = P_{11} \times 1 + P_{12} \times 0 = 3$ ∴ $P_{11} = 3$
$V_2 = P_{21} \times 1 + P_{22} \times 0 = 2$ ∴ $P_{21}(=P_{12}) = 2$
A, B에 각각 1[C], 2[C]을 주면 A 도체의 전위는
$V_1 = 3 \times 1 + 2 \times 2 = 7$[V]

정답 05.① 06.② 07.① 08.④ 09.②

10 미분 방정식의 형태로 나타낸 맥스웰의 전자계 기초 방정식에 해당되는 것은?

① $\text{rot}\,E = -\dfrac{\partial B}{\partial t}$, $\text{rot}\,H = \dfrac{\partial D}{\partial t}$,
   $\text{div}\,D = 0$, $\text{div}\,B = 0$

② $\text{rot}\,E = -\dfrac{\partial B}{\partial t}$, $\text{rot}\,H = i + \dfrac{\partial D}{\partial t}$,
   $\text{div}\,D = \rho$, $\text{div}\,B = 0$

③ $\text{rot}\,E = -\dfrac{\partial B}{\partial t}$, $\text{rot}\,H = i + \dfrac{\partial D}{\partial t}$,
   $\text{div}\,D = \rho$, $\text{div}\,B = H$

④ $\text{rot}\,E = -\dfrac{\partial B}{\partial t}$, $\text{rot}\,H = i$,
   $\text{div}\,D = 0$, $\text{div}\,B = 0$

해설 맥스웰의 전자계 기초 방정식

- $\text{rot}\,E = \nabla \times E = -\dfrac{\partial B}{\partial t} = -\mu \dfrac{\partial H}{\partial t}$ (패러데이 전자 유도 법칙의 미분형)
- $\text{rot}\,H = \nabla \times H = i + \dfrac{\partial D}{\partial t}$ (앙페르 주회 적분 법칙의 미분형)
- $\text{div}\,D = \nabla \cdot D = \rho$ (가우스 정리의 미분형)
- $\text{div}\,B = \nabla \cdot B = 0$ (가우스 정리의 미분형)

11 3개의 콘덴서 $C_1 = 1[\mu F]$, $C_2 = 2[\mu F]$, $C_3 = 3[\mu F]$을 직렬 연결하여 600[V]의 전압을 가할 때, C_1 양단 사이에 걸리는 전압은 약 몇 [V]인가?

① 55   ② 164
③ 327   ④ 382

해설 합성 정전 용량

$V = 600[V]$

$\dfrac{1}{C_0} = \dfrac{1}{C_1} + \dfrac{1}{C_2} + \dfrac{1}{C_3} = 1 + \dfrac{1}{2} + \dfrac{1}{3} = \dfrac{11}{6}$

$\therefore C_0 = \dfrac{6}{11}[\mu F]$

C_1 양단의 전압

$V_1 = \dfrac{C_0}{C_1} V = \dfrac{6}{11} V = \dfrac{6}{11} \times 600 \fallingdotseq 327[V]$

12 전자파의 특성에 대한 설명으로 틀린 것은?

① 전자파의 속도는 주파수와 무관하다.
② 전파 E_x를 고유 임피던스로 나누면 자파 H_y가 된다.
③ 전파 E_x와 자파 H_y의 진동 방향은 진행 방향에 수평인 종파이다.
④ 매질이 도전성을 갖지 않으면 전파 E_x와 자파 H_y는 동위상이 된다.

해설 전자파

- 전자파의 속도 $v = \dfrac{1}{\sqrt{\varepsilon \mu}}$ [m/s]
  매질의 유전율, 투자율과 관계가 있다.
- 고유 임피던스 $\mu = \dfrac{E_x}{H_y} = \sqrt{\dfrac{\mu}{\varepsilon}}$
  $\therefore H_y = \dfrac{E_x}{\mu}$
- 전파 E_x와 자파 H_y의 진동 방향은 진행 방향에 수직인 횡파이다.

13 $q[C]$의 전하가 진공 중에서 $v[m/s]$의 속도로 운동하고 있을 때, 이 운동 방향과 θ의 각으로 $r[m]$ 떨어진 점의 자계의 세기 [AT/m]는?

① $\dfrac{q\sin\theta}{4\pi r^2 v}$

② $\dfrac{v\sin\theta}{4\pi r^2 q}$

③ $\dfrac{qv\sin\theta}{4\pi r^2}$

④ $\dfrac{v\sin\theta}{4\pi r^2 q^2}$

정답 10.② 11.③ 12.③ 13.③

해설 비오-사바르의 법칙(Biot-Savart's law)

자계의 세기 $H = \dfrac{Il}{4\pi r^2}\sin\theta$

전류 $I = \dfrac{q}{t}$, 속도 $v = \dfrac{l}{t}$, $l = v\cdot t$ 이므로

$Il = \dfrac{q}{t}\cdot vt = qv$

따라서, 자계의 세기 $H = \dfrac{qv}{4\pi r^2}\sin\theta\,[\text{AT/m}]$

14 유전율 ε, 전계의 세기 E인 유전체의 단위 체적에 축적되는 에너지[J/m^3]는?

① $\dfrac{E}{2\varepsilon}$ ② $\dfrac{\varepsilon E}{2}$

③ $\dfrac{\varepsilon E^2}{2}$ ④ $\dfrac{\varepsilon^2 E^2}{2}$

해설 단위 체적당 에너지 밀도

단위 전위차를 가진 부분을 Δl, 단면적을 ΔS라 하면

$W = \dfrac{1}{2}\dfrac{1}{\Delta l \Delta S} = \dfrac{1}{2}E\cdot D\,(D = \varepsilon E)$

$= \dfrac{1}{2}\dfrac{D^2}{\varepsilon} = \dfrac{1}{2}\varepsilon E^2\,[\text{J/m}^3]$

여기서, $\dfrac{1}{\Delta l}$: 전위 경도

$\dfrac{1}{\Delta S}$: 패러데이관의 밀도, 즉 전속 밀도

15 전위 함수가 $V = 2x + 5yz + 3$일 때, 점 $(2, 1, 0)$에서의 전계의 세기[V/m]는?

① $-2i - 5j - 3k$
② $i + 2j + 3k$
③ $-2i - 5k$
④ $4i + 3k$

해설 $\boldsymbol{E} = -\operatorname{grad} V = -\nabla V$

$= -\left(\dfrac{\partial}{\partial x}i + \dfrac{\partial}{\partial y}j + \dfrac{\partial}{\partial z}k\right)(2x + 5yz + 3)$

$= -(2i + 5zj + 5yk)\,[\text{V/m}]$

$\therefore [\boldsymbol{E}]_{x=2,\,y=1,\,z=0} = -2i - 5k\,[\text{V/m}]$

16 자기 회로와 전기 회로의 대응으로 틀린 것은?
① 자속 ↔ 전류
② 기자력 ↔ 기전력
③ 투자율 ↔ 유전율
④ 자계의 세기 ↔ 전계의 세기

해설

자기 회로	전기 회로
기자력 $F = NI$	기전력 E
자기 저항 $R_m = \dfrac{l}{\mu S}$	저항 $R = \dfrac{l}{kS}$
자속 $\phi = \dfrac{F}{R_m}$	전류 $I = \dfrac{E}{R}$
투자율 μ	도전율 k
자계의 세기 H	전계의 세기 E

17 송전선의 전류가 0.01초 사이에 10[kA] 변화될 때 이 송전선에 나란한 통신선에 유도되는 유도 전압은 몇 [V]인가? (단, 송전선과 통신선 간의 상호 유도 계수는 0.3[mH]이다.)

① 30
② 300
③ 3,000
④ 30,000

해설 유도 전압

$V = M\dfrac{dI}{dt}$

$= 0.3 \times 10^{-3} \times \dfrac{10 \times 10^3}{0.01}$

$= 300\,[\text{V}]$

$e = -M\dfrac{di}{dt}$

$= -0.3 \times 10^{-3} \times \dfrac{10 \times 10^3}{0.01}$

$= -300\,[\text{V}]$

여기서, $-$: 역방향

정답 14.③ 15.③ 16.③ 17.②

18 반경 r_1, r_2인 동심구가 있다. 반경 r_1, r_2인 구껍질에 각각 $+Q_1$, $+Q_2$의 전하가 분포되어 있는 경우 $r_1 \leq r \leq r_2$에서의 전위[V]는?

① $\dfrac{1}{4\pi\varepsilon_0}\left(\dfrac{Q_1+Q_2}{r}\right)$

② $\dfrac{1}{4\pi\varepsilon_0}\left(\dfrac{Q_1}{r_1}+\dfrac{Q_2}{r_2}\right)$

③ $\dfrac{1}{4\pi\varepsilon_0}\left(\dfrac{Q_2}{r}+\dfrac{Q_1}{r_2}\right)$

④ $\dfrac{1}{4\pi\varepsilon_0}\left(\dfrac{Q_1}{r}+\dfrac{Q_2}{r_2}\right)$

해설 반경 r의 전위는 외구 표면 전위(V_2) $r \sim r_2$의 사이의 전위차(Vr_2)의 합이므로

∴ $V = V_2 + Vr_2$

$= \dfrac{Q_1+Q_2}{4\pi\varepsilon_0 r_2} + \dfrac{Q_1}{4\pi\varepsilon_0}\left(\dfrac{1}{r}-\dfrac{1}{r_2}\right)$

$= \dfrac{1}{4\pi\varepsilon_0}\left(\dfrac{Q_1}{r}+\dfrac{Q_2}{r_2}\right)$ [V]

19 진공 중에서 $+q$[C]과 $-q$[C]의 점전하가 미소 거리 a[m]만큼 떨어져 있을 때 이 쌍극자가 P점에 만드는 전계[V/m]와 전위[V]의 크기는?

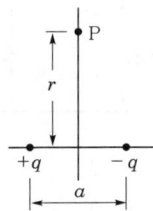

① $E = \dfrac{qa}{4\pi\varepsilon_0 r^2}$, $V = 0$

② $E = \dfrac{qa}{4\pi\varepsilon_0 r^3}$, $V = 0$

③ $E = \dfrac{qa}{4\pi\varepsilon_0 r^2}$, $V = \dfrac{qa}{4\pi\varepsilon_0 r}$

④ $E = \dfrac{qa}{4\pi\varepsilon_0 r^3}$, $V = \dfrac{qa}{4\pi\varepsilon_0 r^2}$

해설 전기 쌍극자와 전계의 세기

$E = \dfrac{M}{4\pi\varepsilon_0 r^3}\sqrt{1+3\cos\theta^2}$

전기 쌍극자 모멘트 $M = q \cdot a$[C·m]

$\theta = 90°$이므로 $\cos 90° = 0$

∴ $E = \dfrac{M}{4\pi\varepsilon_0 r^3} = \dfrac{q \cdot a}{4\pi\varepsilon_0 r^3}$ [V/m]

전기 쌍극자의 전위

$V = \dfrac{M}{4\pi\varepsilon_0 r^2}\cos\theta$ [V]

$\theta = 90°$이므로 $\cos 90° = 0$

∴ $V = 0$ [V]

20 평등 자계와 직각 방향으로 일정한 속도로 발사된 전자의 원운동에 관한 설명으로 옳은 것은?

① 플레밍의 오른손 법칙에 의한 로렌츠의 힘과 원심력의 평형 원운동이다.
② 원의 반지름은 전자의 발사 속도와 전계의 세기의 곱에 반비례한다.
③ 전자의 원운동 주기는 전자의 발사 속도와 무관하다.
④ 전자의 원운동 주파수는 전자의 질량에 비례한다.

해설 전자의 원운동은 힘의 평형에서

로렌츠의 힘=원심력 $eBv = \dfrac{mv^2}{r}$ 일 때

• 반경 $r = \dfrac{mv}{eB}$ [m]

• 각속도 $\omega = \dfrac{eB}{m}$ [rad/s] $= 2\pi f(2\pi n)$

• 주기 $T = \dfrac{1}{f} = \dfrac{2\pi m}{eB}$ [s]

따라서, 원운동의 주기는 발사 속도와 무관하고 로렌츠의 힘은 플레밍의 왼손 법칙에 의한다.

정답 18.④ 19.② 20.③

제2과목 전력공학

21 현수 애자에 대한 설명으로 틀린 것은?
① 애자를 연결하는 방법에 따라 클레비스형과 볼소켓형이 있다.
② 큰 하중에 대하여는 2연 또는 3연으로 하여 사용할 수 있다.
③ 애자의 연결 개수를 가감함으로써 임의의 송전 전압에 사용할 수 있다.
④ 2~4층의 갓 모양의 자기편을 시멘트로 접착하고 그 자기를 주철제 베이스로 지지한다.

해설 ④번은 핀 애자를 설명한 것이다.

22 지중선 계통은 가공선 계통에 비하여 인덕턴스와 정전 용량은 어떠한가?
① 인덕턴스, 정전 용량이 모두 크다.
② 인덕턴스, 정전 용량이 모두 작다.
③ 인덕턴스는 크고, 정전 용량은 작다.
④ 인덕턴스는 작고, 정전 용량은 크다.

해설 지중 전선로는 가공 전선로보다 인덕턴스는 약 $\dfrac{1}{6}$ 정도이고, 정전 용량은 100배 정도이다.

23 3상 전원에 접속된 △ 결선의 콘덴서를 Y결선으로 바꾸면 진상 용량은 몇 배로 되는가?
① $\sqrt{3}$
② $\dfrac{1}{3}$
③ 3
④ $\dfrac{1}{\sqrt{3}}$

해설 $Q_\triangle = 3\omega CE^2 = 3\omega CV^2$
$Q_Y = 3\omega CE^2 = 3\omega C\left(\dfrac{V}{\sqrt{3}}\right)^2 = \omega CV^2$
∴ $\dfrac{Q_Y}{Q_\triangle} = \dfrac{\omega CV^2}{3\omega CV^2} = \dfrac{1}{3}$ 배

24 수전단 전압 3.3[kV], 역률 0.85(lag)인 부하 300[kW]에 공급하는 선로가 있다. 이때 송전단 전압은 약 몇 [V]인가?

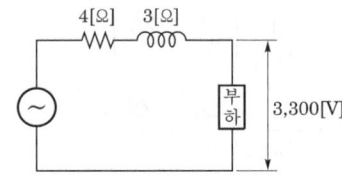

① 약 3,420
② 약 3,560
③ 약 3,680
④ 약 3,830

해설 부하 전력 $P = VI\cos\theta$에서
$I = \dfrac{P}{V\cos\theta} = \dfrac{3\times 10^5}{3,300\times 0.85} = 107[A]$
송전단 전압
$V_s = V_R + I(R\cos\theta + X\sin\theta)$
$= 3,300 + 107(4\times 0.85 + 3\times\sqrt{1-0.85^2})$
$= 3,832.9$
$≒ 3,830[V]$

25 그림 중 4단자 정수 A, B, C, D는? (여기서, E_S, I_S는 송전단 전압 및 전류, E_R, I_R은 수전단 전압 및 전류이고, Y는 병렬 어드미턴스이다.)

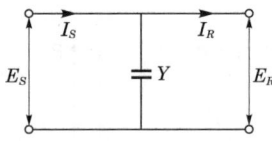

① 1, 0, Y, 1
② 1, Y, 0, 1
③ 1, Y, 1, 0
④ 1, 0, 0, 1

해설 병렬 어드미턴스 회로의 4단자 정수
$\begin{bmatrix} A & B \\ C & D \end{bmatrix} = \begin{bmatrix} 1 & 0 \\ Y & 1 \end{bmatrix}$

정답 21.④ 22.④ 23.② 24.④ 25.①

26 62,000[kW]의 전력을 60[km] 떨어진 지점에 송전하려면 전압은 몇 [kV]로 하면 좋은가?

① 66　　② 110
③ 140　　④ 154

해설 송전 전압[kV] $= 5.5\sqrt{0.6l + \dfrac{P}{100}}$
$= 5.5\sqrt{0.6 \times 60 + \dfrac{62,000}{100}}$
$= 140[\text{kV}]$

27 제5고조파 전류의 억제를 위해 전력용 콘덴서에 직렬로 삽입하는 유도 리액턴스의 값으로 적당한 것은?

① 전력용 콘덴서 용량의 약 6[%] 정도
② 전력용 콘덴서 용량의 약 12[%] 정도
③ 전력용 콘덴서 용량의 약 18[%] 정도
④ 전력용 콘덴서 용량의 약 24[%] 정도

해설 직렬 리액터의 용량은 전력용 콘덴서 용량의 이론상 4[%]이지만, 주파수 변동 등을 고려하여 실제는 5~6[%] 정도 사용한다.

28 1상의 대지 정전 용량 0.5[μF], 주파수 60[Hz]인 3상 송전선이 있다. 이 선로에 소호 리액터를 설치하려 한다. 소호 리액터의 공진 리액턴스[Ω]값은?

① 약 565
② 약 1,370
③ 약 1,770
④ 약 3,570

해설 $\omega L = \dfrac{1}{3\omega C}$
$= \dfrac{1}{3 \times 2\pi \times 60 \times 0.5 \times 10^{-6}}$
$= 1,768.3[\Omega]$

29 66[kV] 송전 선로에서 3상 단락 고장이 발생하였을 경우 고장점에서 본 등가 정상 임피던스가 자기 용량(40[MVA]) 기준으로 20[%]일 경우 고장 전류는 정격 전류의 몇 배가 되는가?

① 2　　② 4
③ 5　　④ 8

해설 $I_s = \dfrac{100}{\%Z} \times I_n = \dfrac{100}{20} \times I_n = 5I_n$
∴ 5배이다.

30 파동 임피던스 $Z_1 = 400[\Omega]$인 선로 종단에 파동 임피던스 $Z_2 = 1,200[\Omega]$의 변압기가 접속되어 있다. 지금 선로에서 파고 $e_1 = 800[\text{kV}]$인 전압이 입사했다면, 접속점에서 전압의 반사파의 파고값[kV]은?

① 400
② 800
③ 1,200
④ 1,600

해설 $e_2 = \dfrac{1,200 - 400}{1,200 + 400} \times 800 = 400[\text{kV}]$

31 피뢰기의 구조는?

① 특성 요소와 소호 리액터
② 특성 요소와 콘덴서
③ 소호 리액터와 콘덴서
④ 특성 요소와 직렬 갭

해설
• **직렬 갭** : 평상시에는 개방 상태이고, 과전압(이상 충격파)이 인가되면 도통된다.
• **특성 요소** : 비직선 전압 전류 특성에 따라 방전 시에는 대전류를 통과시키고, 방전 후에는 속류를 저지 또는 직렬 갭으로 차단할 수 있는 정도로 제한하는 특성을 가진다.

정답 26.③　27.①　28.③　29.③　30.①　31.④

32 동작 전류의 크기가 커질수록 동작 시간이 짧게 되는 특성을 가진 계전기는?
① 순한시 계전기
② 정한시 계전기
③ 반한시 계전기
④ 반한시성 정한시 계전기

해설 반한시 계전기
정정된 값 이상의 전류가 흐를 때 동작 시간은 전류값이 크면 짧아지고, 전류값이 적으면 느리게 동작하는 계전기

33 차단기의 정격 차단 시간은?
① 고장 발생부터 소호까지의 시간
② 가동 접촉자 시동부터 소호까지의 시간
③ 트립 코일 여자부터 소호까지의 시간
④ 가동 접촉자 개구부터 소호까지의 시간

해설 차단기의 정격 차단 시간은 트립 코일이 여자하는 순간부터 아크가 소멸하는 시간으로 약 3~8[Hz] 정도이다.

34 3상으로 표준 전압 3[kV], 800[kW]를 역률 0.9로 수전하는 공장의 수전 회로에 시설할 계기용 변류기의 변류비로 적당한 것은? (단, 변류기의 2차 전류는 5[A]이며, 여유율은 1.2로 한다.)
① 10
② 20
③ 30
④ 40

해설 변류기 1차 전류
$I_1 = \dfrac{800}{\sqrt{3}\times 3\times 0.9}\times 1.2 = 205[A]$
∴ 200[A]를 적용하므로 변류비는 $\dfrac{200}{5} = 40$

35 저압 뱅킹(banking) 방식에 대한 설명으로 옳은 것은?
① 깜박임(light flicker) 현상이 심하게 나타난다.
② 저압 간선의 전압 강하는 줄여지나 전력 손실은 줄일 수 없다.
③ 캐스케이딩(cascading) 현상의 염려가 있다.
④ 부하의 증가에 대한 융통성이 없다.

해설 저압 뱅킹 방식(Banking System)
㉠ 용도 : 수용 밀도가 큰 지역
㉡ 장점
• 수지상식과 비교할 때 전압 강하와 전력 손실이 적다.
• 플리커(Fliker)가 경감된다.
• 변압기 용량 및 저압선 동량이 절감된다.
• 부하 증가에 대한 탄력성이 향상된다.
• 고장 보호 방법이 적당할 때 공급 신뢰도는 향상된다.
㉢ 단점
• 보호 방식이 복잡하다.
• 시설비가 비싸다.
• 캐스케이딩(Cascading) 현상이 생긴다.

36 송전 전력, 부하 역률, 송전 거리, 전력 손실 및 선간 전압을 동일하게 하였을 경우 3상 3선식에 요하는 전선 총량은 단상 2선식에 필요로 하는 전선량의 몇 배인가?
① $\dfrac{1}{2}$
② $\dfrac{2}{3}$
③ $\dfrac{3}{4}$
④ 1

해설 전선의 중량은 전선의 저항에 반비례하므로, 저항의 비 $\dfrac{R_1}{R_3} = \dfrac{1}{2}$이다.
따라서 $\dfrac{3W_3}{2W_1} = \dfrac{3}{2}\times\dfrac{R_1}{R_3} = \dfrac{3}{2}\times\dfrac{1}{2} = \dfrac{3}{4}$배

정답 32.③ 33.③ 34.④ 35.③ 36.③

37 어느 수용가의 부하 설비는 전등 설비가 500[W], 전열 설비가 600[W], 전동기 설비가 400[W], 기타 설비가 100[W]이다. 이 수용가의 최대 수용 전력이 1,200[W]이면 수용률은 몇 [%]인가?

① 55 ② 65
③ 75 ④ 85

해설 수용률 = $\dfrac{\text{최대 수용 전력[kW]}}{\text{부하 설비 용량[kW]}} \times 100[\%]$

$= \dfrac{1,200}{500+600+400+100} \times 100$

$= 75[\%]$

38 다중 접지 계통에 사용되는 재폐로 기능을 갖는 일종의 차단기로서 과부하 또는 고장 전류가 흐르면 순시 동작하고, 일정시간 후에는 자동적으로 재폐로하는 보호 기기는?

① 라인 퓨즈
② 리클로저
③ 섹셔널라이저
④ 고장 구간 자동 개폐기

해설 리클로저(recloser)
선로에 고장이 발생하였을 때 고장 전류를 검출하여 지정된 시간 내에 고속 차단하고 자동 재폐로 동작을 수행하여 고장 구간을 분리하거나 재송전하는 장치이다.

39 유효 낙차 400[m]의 수력 발전소에서 펠톤 수차의 노즐에서 분출하는 물의 속도를 이론값의 0.95배로 한다면 물의 분출 속도는 약 몇 [m/s]인가?

① 42.3 ② 59.5
③ 62.6 ④ 84.1

해설 물의 분출 속도
$v = k\sqrt{2gH}$
$= 0.95 \times \sqrt{2 \times 9.8 \times 400}$
$\fallingdotseq 84.1[\text{m/s}]$

40 원자로의 냉각재가 갖추어야 할 조건이 아닌 것은?

① 열용량이 적을 것
② 중성자의 흡수가 적을 것
③ 열전도율 및 열전달 계수가 클 것
④ 방사능을 띠기 어려울 것

해설 냉각재는 원자로에서 발생한 열 에너지를 외부로 꺼내기 위한 매개체로 경수, 중수, 탄산 가스, 헬륨, 액체 금속 유체(나트륨) 등으로 열용량이 커야 한다.

제3과목 전기기기

41 A, B 2대의 동기 발전기를 병렬 운전할 때, B 발전기의 여자 전류를 증가시키면?

① B 발전기의 역률 저하
② B 발전기의 전류 감소
③ B 발전기의 무효 전력 감소
④ B 발전기의 전력 증가

해설 A, B 2대의 동기 발전기를 병렬 운전할 때 B 발전기의 여자 전류를 증가하면 유효 전력은 일정하고 전류와 무효 전력이 증가하며 역률이 저하한다.

42 다음 중 자동 제어 장치에 쓰이는 서보 모터의 특성을 나타내는 것 중 틀린 것은?

① 빈번한 시동, 정지, 역전 등의 가혹한 상태에 견디도록 견고하고 큰 돌입 전류에 견딜 것
② 시동 토크는 크나, 회전부의 관성 모멘트가 작고 전기적 시정수가 짧을 것
③ 발생 토크는 입력 신호에 비례하고 그 비가 클 것
④ 직류 서보 모터에 비하여 교류 서보 모터의 시동 토크가 매우 클 것

해설 기동 토크는 직류식이 교류식보다 월등히 크다.

정답 37.③ 38.② 39.④ 40.① 41.① 42.④

43 200[kVA]의 단상 변압기가 있다. 철손 1.6[kW], 전부하 동손 3.2[kW]이다. 이 변압기의 최대 효율은 어느 정도의 전부하에서 생기는가?

① $\frac{1}{2}$ ② $\frac{1}{4}$
③ $\frac{1}{\sqrt{2}}$ ④ 1

해설 $\frac{1}{m}$ 부하시 최대 효율의 조건은

$P_i = \left(\frac{1}{m}\right)^2 P_c$ 이므로

$\frac{1}{m} = \sqrt{\frac{P_i}{P_c}} = \sqrt{\frac{1.6}{3.2}} = \frac{1}{\sqrt{2}}$

44 3상 유도 전동기의 기동법으로 사용되지 않는 것은?

① Y-△ 기동법
② 기동 보상기법
③ 2차 저항에 의한 기동법
④ 극수 변환 기동법

해설 유도 전동기의 기동법은 권선형의 경우 2차 저항 기동법을 사용하여 기동 전류는 제한하고, 기동 토크를 증대할 수 있으며, 농형은 기동 전류를 제한하는 Y-△ 기동, 리액터 기동 및 기동 보상기법이 있다.

45 직류 분권 전동기의 정격 전압이 300[V], 전부하 전기자 전류 50[A], 전기자 저항 0.2[Ω]이다. 이 전동기의 기동 전류를 전부하 전류의 120[%]로 제한시키기 위한 기동 저항값은 몇 [Ω]인가?

① 3.5 ② 4.8
③ 5.0 ④ 5.5

해설 기동 전류 $I_s = \frac{V-E}{R_a + R_s} = 1.2 I_a$
$= 1.2 \times 50 = 60[A]$

기동시 역기전력 $E = 0$이므로

기동 저항 $R_s = \frac{V}{1.2 I_a} - R_a = \frac{300}{1.2 \times 50} - 0.2$
$= 4.8[Ω]$

46 10,000[kVA], 6,000[V], 60[Hz], 24극, 단락비 1.2인 3상 동기 발전기의 동기 임피던스[Ω]는?

① 1 ② 3
③ 10 ④ 30

해설 동기 발전기의 단위법 %동기 임피던스

$Z_s' = \frac{P Z_s}{10^3 V^2}$

단락비 $K_s = \frac{1}{Z_s'} = \frac{10^3 V^2}{P Z_s}$ 에서

동기 임피던스 $Z_s = \frac{10^3 V^2}{P K_s} = \frac{10^3 \times 6^2}{10,000 \times 1.2} = 3[Ω]$

47 동기 전동기에서 출력이 100[%]일 때 역률이 1이 되도록 계자 전류를 조정한 다음에 공급 전압 V 및 계자 전류 I_f를 일정하게 하고, 전부하 이하에서 운전하면 동기 전동기의 역률은?

① 뒤진 역률이 되고, 부하가 감소할수록 역률은 낮아진다.
② 뒤진 역률이 되고, 부하가 감소할수록 역률은 좋아진다.
③ 앞선 역률이 되고, 부하가 감소할수록 역률은 낮아진다.
④ 앞선 역률이 되고, 부하가 감소할수록 역률은 좋아진다.

해설 동기 전동기의 공급 전압과 여자 전류가 일정하고 역률이 1인 상태에서 전부하 이하로 운전하면 과여자로 앞선 역률이 되며 부하가 낮을수록 역률이 낮아지고, 전부하 이상으로 운전하면 부족 여자로 늦은 역률이 되며 부하가 커짐에 따라 역률은 낮아진다.

정답 43.③ 44.④ 45.② 46.② 47.③

48 일정 전압 및 일정 파형에서 주파수가 상승하면 변압기 철손은 어떻게 변하는가?

① 증가한다.
② 감소한다.
③ 불변이다.
④ 증가와 감소를 반복한다.

해설 공급 전압이 일정한 상태에서 와전류손은 주파수와 관계없이 일정하고, 히스테리시스손은 주파수에 반비례하므로 철손의 80[%]가 히스테리시스손인 관계로 철손은 주파수에 반비례한다.

49 3상 유도 전동기의 기계적 출력 P[kW], 회전수 N[rpm]인 전동기의 토크[kg·m]는?

① $716\dfrac{P}{N}$
② $956\dfrac{P}{N}$
③ $975\dfrac{P}{N}$
④ $0.01625\dfrac{P}{N}$

해설 3상 유도 전동기의 토크 $T=\dfrac{P}{2\pi\dfrac{N}{60}}$ [N·m]

토크 $\tau=\dfrac{T}{9.8}=\dfrac{1}{9.8}\times\dfrac{P}{2\pi\dfrac{N}{60}}$

$=0.975\dfrac{P[\text{W}]}{N}$

$=975\dfrac{P[\text{kW}]}{N}$ [kg·m]

50 단상 변압기가 전부하시 2차 전압은 115[V]이고, 전압 변동률은 2[%]일 때 1차 단자 전압은 몇 [V]인가? (단, 권선비는 20:1이다.)

① 2,356[V]
② 2,346[V]
③ 2,336[V]
④ 2,326[V]

해설 권수비 $a=\dfrac{V_1}{V_{20}}$, 전압 변동률 $\varepsilon'=\dfrac{V_{20}-V_{2n}}{V_{2n}}$에서

$V_{20}=V_{2n}(1+\varepsilon')$
$V_1=aV_{20}=aV_{2n}(1+\varepsilon')=20\times115\times(1+0.02)$
$=2,346[\text{V}]$

51 다이오드 2개를 이용하여 전파 정류를 하고, 순저항 부하에 전력을 공급하는 회로가 있다. 저항에 걸리는 직류분 전압이 90[V]라면 다이오드에 걸리는 최대 역전압[V]의 크기는?

① 90
② 242.8
③ 254.5
④ 282.8

해설 직류 전압 $E_d=\dfrac{2\sqrt{2}}{\pi}E=0.9E$

교류 전압 $E=\dfrac{E_d}{0.9}=\dfrac{90}{0.9}=100[\text{V}]$

최대 역전압(PIV) $V_{\text{in}}=2\cdot E_m=2\sqrt{2}\,E$
$=2\sqrt{2}\times100$
$=282.8[\text{V}]$

52 3상 변압기 2차측의 E_W상만을 반대로 하고 Y-Y 결선을 한 경우 2차 상전압이 $E_U=70$[V], $E_V=70$[V], $E_W=70$[V]라면 2차 선간 전압은 약 몇 [V]인가?

① $V_{U-V}=121.2$[V], $V_{V-W}=70$[V], $V_{W-U}=70$[V]
② $V_{U-V}=121.2$[V], $V_{V-W}=210$[V], $V_{W-U}=70$[V]
③ $V_{U-V}=121.2$[V], $V_{V-W}=121.2$[V], $V_{W-U}=70$[V]
④ $V_{U-V}=121.2$[V], $V_{V-W}=121.2$[V], $V_{W-U}=121.2$[V]

해설

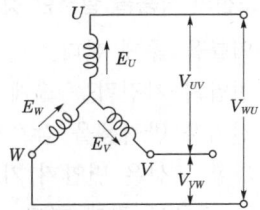

- $V_{U-V}=\dot{E}_U+(-\dot{E}_V)$
  $=\sqrt{3}\,E_U=\sqrt{3}\times70=121.2$[V]
- $V_{V-W}=E_V+E_W=E_V=70$[V]
- $V_{W-U}=E_W+E_U=E_W=70$[V]

정답 48.② 49.③ 50.② 51.④ 52.①

53 3상 권선형 유도 전동기의 전부하 슬립이 4[%], 2차 1상의 저항이 0.3[Ω]이다. 이 유도 전동기의 기동 토크를 전부하 토크와 같도록 하기 위해 외부에서 2차에 삽입해야 할 저항의 크기는 몇 [Ω]인가?

① 2.8 ② 3.5
③ 4.8 ④ 7.2

해설 권선형 유도 전동기의 기동 토크를 전부하 토크와 같도록 하려면 다음과 같다.

$$\frac{r_2}{s(\text{전부하 슬립})} = \frac{r_2+R}{s'(\text{기동 슬립})}$$ 이므로

$$\frac{0.3}{0.04} = \frac{0.3+R}{1}$$

$$\therefore R = 7.2[\Omega]$$

54 E를 전압, r을 1차로 환산한 저항, x를 1차로 환산한 리액턴스라고 할 때 유도 전동기의 원선도에서 원의 지름을 나타내는 것은?

① $E \cdot r$ ② $E \cdot x$
③ $\dfrac{E}{x}$ ④ $\dfrac{E}{r}$

해설 유도 전동기의 원선도에서 원의 지름 D는 저항 $R=0$일 때의 전류 $\left(I = \dfrac{E}{R+jx}\right)$이므로 $D \propto \dfrac{E}{x}$로 나타낸다.

55 단상 직권 정류자 전동기에서 보상 권선과 저항 도선의 작용을 설명한 것으로 틀린 것은?

① 역률을 좋게 한다.
② 변압기 기전력을 크게 한다.
③ 전기자 반작용을 감소시킨다.
④ 저항 도선은 변압기 기전력에 의한 단락 전류를 적게 한다.

해설 단상 직권 정류자 전동기의 보상 권선은 전기자 반작용을 감소시키고 역률을 좋게 하며 저항 도선은 변압기 기전력에 의한 단락 전류를 적게 한다.

56 정격이 5[kW], 100[V], 50[A], 1,800[rpm]인 타여자 직류 발전기가 있다. 무부하시의 단자 전압[V]은? (단, 계자 전압 50[V], 계자 전류 5[A], 전기자 저항 0.2[Ω], 브러시의 전압 강하는 2[V]이다.)

① 100
② 112
③ 115
④ 120

해설 직류 발전기의 무부하 단자 전압
$$V_0(E) = V + I_a R_a + e_b$$
$$= 100 + 50 \times 0.2 + 2$$
$$= 112[V]$$

57 정류기에 있어 출력측 전압의 리플(맥동)을 줄이기 위한 가장 좋은 방법은?

① 적당한 저항을 직렬로 접속한다.
② 적당한 리액터를 직렬로 접속한다.
③ 커패시터를 직렬로 접속한다.
④ 커패시터를 병렬로 접속한다.

해설 정류 회로에서 출력 전압의 맥동을 줄이려면 출력 단자에 병렬로 커패시터(capacitor)를 연결한다.

58 자극수 p, 파권, 전기자 도체수가 Z인 직류 발전기를 N[rpm]의 회전 속도로 무부하 운전할 때 기전력이 E[V]이다. 1극당 주자속[Wb]은?

① $\dfrac{120E}{pZN}$ ② $\dfrac{120Z}{pEN}$
③ $\dfrac{120ZN}{pE}$ ④ $\dfrac{120pZ}{EN}$

해설 직류 발전기의 유기 기전력 $E = \dfrac{Z}{a}p\phi\dfrac{N}{60}$[V]

병렬 회로수 $a=2$(파권)이므로

극당 자속 $\phi = \dfrac{120E}{ZpN}$[Wb]

정답 53.④ 54.③ 55.② 56.② 57.④ 58.①

59 다음과 같은 속도 특성 곡선 및 토크 특성 곡선을 나타내는 전동기는?

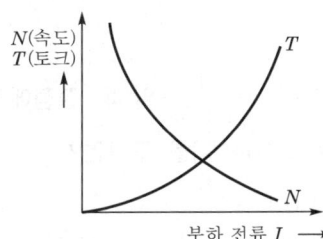

① 직류 분권 전동기
② 직류 직권 전동기
③ 직류 복권 전동기
④ 타여자 전동기

해설 직류 직권 전동기의 회전 속도는 부하 전류에 반비례하고, 토크는 부하 전류의 제곱에 비례하므로 속도 및 토크 특성 곡선은 쌍곡선과 포물선이 된다.

60 직류기 권선법에 대한 설명 중 틀린 것은?
① 단중 파권은 균압환이 필요하다.
② 단중 중권의 병렬 회로수는 극수와 같다.
③ 저전류·고전압 출력은 파권이 유리하다.
④ 단중 파권의 유기 전압은 단중 중권의 $\frac{P}{2}$ 이다.

해설 중권으로 하면 병렬 회로 사이에 순환 전류가 흐르지 않도록 균압환을 설치한다.

제4과목 회로이론 및 제어공학

61 과도 응답이 소멸되는 정도를 나타내는 감쇠비(decay ratio)는?
① $\frac{최대\ 오버\ 슈트}{제2오버\ 슈트}$
② $\frac{제3오버\ 슈트}{제2오버\ 슈트}$
③ $\frac{제2오버\ 슈트}{최대\ 오버\ 슈트}$
④ $\frac{제2오버\ 슈트}{제3오버\ 슈트}$

해설 감쇠비는 과도 응답이 소멸되는 속도를 나타내는 양으로 최대 오버 슈트와 다음 주기에 오는 오버 슈트의 비이다.

62 $R(z) = \dfrac{(1-e^{-aT})z}{(z-1)(z-e^{-aT})}$ 의 역변환은?
① te^{at}
② te^{-at}
③ $1-e^{-at}$
④ $1+e^{-at}$

해설 $\dfrac{R(z)}{z}$ 형태로 부분 분수 전개하면

$$\frac{R(z)}{z} = \frac{(1-e^{-aT})}{(z-1)(z-e^{-aT})} = \frac{k_1}{z-1} + \frac{k_2}{z-e^{-aT}}$$

$$k_1 = \lim_{z \to 1}\frac{1-e^{-aT}}{z-e^{-aT}} = 1$$

$$k_2 = \lim_{z \to e^{-aT}}\frac{1-e^{-aT}}{z-1} = -1$$

$$\frac{R(z)}{z} = \frac{1}{z-1} - \frac{1}{z-e^{-aT}}$$

$$R(z) = \frac{z}{z-1} - \frac{z}{z-e^{-aT}}$$

$$\therefore r(t) = 1 - e^{-at}$$

63 그림의 신호 흐름 선도에서 $\dfrac{y_2}{y_1}$ 의 값은?

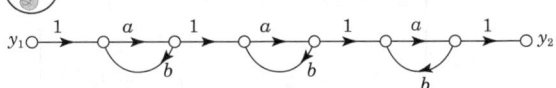

① $\dfrac{a^3}{(1-ab)^3}$
② $\dfrac{a^3}{(1-3ab+a^2b^2)}$
③ $\dfrac{a^3}{1-3ab}$
④ $\dfrac{a^3}{1-3ab+2a^2b^2}$

해설 $G_1 = a \cdot a \cdot a = a^3$
$\Delta_1 = 1$
$\Sigma L_{n1} = ab + ab + ab = 3ab$
$\Sigma L_{n2} = ab \times ab + ab \times ab + ab \times ab = 3a^2b^2$
$\Sigma L_{n3} = ab \times ab \times ab = a^3b^3$
$\Delta = 1 - 3ab + 3a^2b^2 - a^3b^3 = (1-ab)^3$
$\therefore$ 전달 함수 $G(s) = \dfrac{y_2}{y_1} = \dfrac{G_1 \Delta_1}{\Delta} = \dfrac{a^3}{(1-ab)^3}$

정답 59.② 60.① 61.③ 62.③ 63.①

64 개루프 전달 함수 $G(s)H(s)$가 다음과 같이 주어지는 부궤환계에서 근궤적 점근선의 실수축과의 교차점은?

$$G(s)H(s) = \frac{K}{s(s+4)(s+5)}$$

① 0 ② -1
③ -2 ④ -3

해설 실수축상에서의 점근선의 교차점

$$\sigma = \frac{\sum G(s)H(s)\text{의 극점} - \sum G(s)H(s)\text{의 영점}}{p-z}$$
$$= \frac{0-4-5}{3-0}$$
$$= -3$$

65 다음 계통의 상태 천이 행렬 $\Phi(t)$를 구하면?

$$\begin{bmatrix} \dot{x_1} \\ \dot{x_2} \end{bmatrix} = \begin{bmatrix} 0 & 1 \\ -2 & -3 \end{bmatrix} \begin{bmatrix} x_1 \\ x_2 \end{bmatrix}$$

① $\begin{bmatrix} 2e^{-t} - e^{2t} & -e^{-t} - e^{-2t} \\ -2e^{-t} + 2e^{2t} & -e^{t} + 2e^{2t} \end{bmatrix}$

② $\begin{bmatrix} 2e^{-t} - e^{2t} & -e^{-t} + e^{-2t} \\ 2e^{t} - 2e^{2t} & e^{-t} + 2e^{-2t} \end{bmatrix}$

③ $\begin{bmatrix} 2e^{-t} - e^{-2t} & e^{-t} - e^{-2t} \\ -2e^{-t} + 2e^{-2t} & -e^{-t} + 2e^{-2t} \end{bmatrix}$

④ $\begin{bmatrix} 2e^{-t} - e^{2t} & -e^{-t} - e^{-2t} \\ -2e^{-t} + 2e^{-2t} & -e^{-t} + 2e^{-2t} \end{bmatrix}$

해설 $\Phi(t) = \mathcal{L}^{-1}[sI-A]^{-1}$

$[sI-A] = \begin{bmatrix} s & 0 \\ 0 & s \end{bmatrix} - \begin{bmatrix} 0 & 1 \\ -2 & -3 \end{bmatrix} = \begin{bmatrix} s & -1 \\ 2 & (s+3) \end{bmatrix}$

$[sI-A]^{-1} = \frac{1}{\begin{vmatrix} s & -1 \\ 2 & s+3 \end{vmatrix}} \begin{bmatrix} s+3 & 1 \\ -2 & s \end{bmatrix}$

$= \frac{1}{s^2+3s+2}\begin{bmatrix} s+3 & 1 \\ -2 & s \end{bmatrix}$

$= \begin{bmatrix} \frac{s+3}{(s+1)(s+2)} & \frac{1}{(s+1)(s+2)} \\ \frac{-2}{(s+1)(s+2)} & \frac{s}{(s+1)(s+2)} \end{bmatrix}$

$\therefore \Phi(t) = \mathcal{L}^{-1}\{[sI-A]^{-1}\}$
$= \begin{bmatrix} 2e^{-t} - e^{-2t} & e^{-t} - e^{-2t} \\ -2e^{-t} + 2e^{-2t} & -e^{-t} + 2e^{-2t} \end{bmatrix}$

66 $G(s) = \dfrac{1}{1+5s}$ 일 때, 절점에서 절점 주파수 ω_c[rad/s]를 구하면?

① 0.1 ② 0.5
③ 0.2 ④ 5

해설 $G(j\omega) = \dfrac{1}{1+j5\omega}$, $5\omega_c = 1$

$\therefore \omega_c = \dfrac{1}{5} = 0.2$[rad/s]

67 논리식 $L = \overline{X} \cdot \overline{Y} + \overline{X} \cdot Y + X \cdot Y$를 간단히 한 것은?

① $X + Y$ ② $\overline{X} + Y$
③ $X + \overline{Y}$ ④ $\overline{X} + \overline{Y}$

해설 $A + 0 = A$, $A \cdot 1 = A$, $A + \overline{A} = 1$, $A \cdot 0 = 0$, $A \cdot \overline{A} = 0$

$L = \overline{X} \cdot \overline{Y} + \overline{X} \cdot Y + X \cdot Y$
$= \overline{X}(\overline{Y} + Y) + X \cdot Y = \overline{X} + X \cdot Y$
$= (\overline{X} + X) \cdot (\overline{X} + Y) = \overline{X} + Y$

68 서보 기구에서 직접 제어되는 제어량은 주로 어느 것인가?

① 압력, 유량, 액위, 온도
② 수분, 화학 성분
③ 위치, 각도
④ 전압, 전류, 회전 속도, 회전력

해설 서보 기구는 물체의 위치, 방위, 자세 등의 기계적 변위를 제어량으로 해서 목표값의 임의 변화에 추종하도록 구성된 제어계를 말하며, 비행기 및 선박의 방향 제어계, 미사일 발사대의 자동 위치 제어계, 추적용 레이더, 자동 평형 기록계 등이 이에 속한다.

정답 64.④ 65.③ 66.③ 67.② 68.③

69 특성 방정식이 $s^3 - 2s^2 + 2s - 40 = 0$인 경우 불안정한 근의 수는?

① 0개　　② 1개
③ 2개　　④ 3개

해설 라우스(Routh)의 표

s^3	1	2
s^2	-2	-40
s^1	-18	0
s^0	-40	

∴ 제1열의 부호 변화가 1번 있으므로 불안정한 근의 수가 1개가 있다.

70 그림의 전체 전달 함수는?

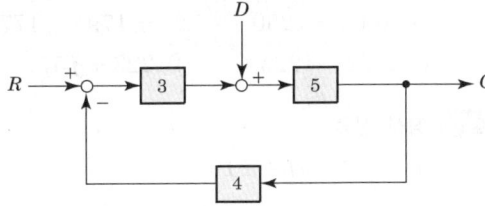

① 0.22　　② 0.33
③ 1.22　　④ 3.1

해설 그림에서 $3 = G_1$, $5 = G_2$, $4 = H_1$이라 하면
$\{(R - CH_1)G_1 + D\}G_2 = C$
$RG_1G_2 - CH_1G_2G_1 + DG_2 = C$
$RG_1G_2 + DG_2 = C(1 + H_1G_1G_2)$
∴ 출력 $C = \dfrac{G_1G_2 + G_2}{1 + H_1G_1G_2} R$
$G_1 = 3$, $G_2 = 5$, $H_1 = 4$를 대입하면
∴ 출력 $C = \dfrac{3 \cdot 5 + 5}{1 + 4 \cdot 3 \cdot 5} = \dfrac{20}{61} = 0.33$

71 $R - C$ 직렬 회로에 $t = 0$일 때 직류 전압 10[V]를 인가하면, $t = 0.1$초 때 전류[mA]의 크기는? (단, $R = 1,000[\Omega]$, $C = 50[\mu F]$이고, 처음부터 정전 용량의 전하는 없었다고 한다.)

① 약 2.25　　② 약 1.8
③ 약 1.35　　④ 약 2.4

해설 $i = \dfrac{E}{R} e^{-\frac{1}{RC}t}$에서 $t = 0.1$이므로
$i = \dfrac{10}{1,000} e^{-\frac{0.1}{1,000 \times 50 \times 10^{-6}}}$
$= \dfrac{1}{100} e^{-2} ≒ 1.35[\text{mA}]$

72 분포 정수 회로에서 선로 정수가 R, L, C, G이고 무왜 조건이 $RC = GL$과 같은 관계가 성립될 때 선로의 특성 임피던스 $Z_0[\Omega]$는?

① $\sqrt{CL}$　　② $\dfrac{1}{\sqrt{CL}}$
③ $\sqrt{RG}$　　④ $\sqrt{\dfrac{L}{C}}$

해설 $Z_0 = \sqrt{\dfrac{Z}{Y}} = \sqrt{\dfrac{R + j\omega L}{G + j\omega C}} = \sqrt{\dfrac{L}{C}}[\Omega]$

73 어떤 회로에 전압 $v = 100 + 50\sin 377t$[V]를 가했을 때 전류 $i = 10 + 3.54\sin(377t - 45°)$[A]가 흘렀다고 한다. 이 회로에서 소비되는 전력[W]은?

① 562.5　　② 1,062.5
③ 1,250.5　　④ 1,385.5

해설 $P = V_0 I_0 + V_1 I_1 \cos \theta_1$
$= 100 \times 10 + \dfrac{50 \times 3.54}{2} \cos 45°$
$= 1,062.5[\text{W}]$

74 $F(s) = \dfrac{2(s+1)}{s^2 + 2s + 5}$의 시간 함수 $f(t)$는?

① $2e^{-t}\cos 2t$　　② $2e^t \cos 2t$
③ $2e^{-t}\sin 2t$　　④ $2e^t \sin 2t$

해설 $F(s) = \dfrac{2(s+1)}{s^2 + 2s + 5} = 2 \dfrac{s + 1}{(s+1)^2 + 2^2}$
∴ $f(t) = 2e^{-t}\cos 2t$

정답 69.② 70.② 71.③ 72.④ 73.② 74.①

75 △결선된 대칭 3상 부하가 있다. 역률이 0.8(지상)이고, 소비 전력이 1,800[W]이다. 선로의 저항 0.5[Ω]에서 발생하는 선로 손실이 50[W]이면 부하 단자 전압[V]은?

① 627 ② 876
③ 302 ④ 225

해설 선로 손실 $P_l = 3I^2 R$

$I^2 = \dfrac{P_l}{3R} = \dfrac{50}{3 \times 0.5} = \dfrac{100}{3}$

$\therefore I = \dfrac{10}{\sqrt{3}}$

$V = \dfrac{P}{\sqrt{3}\, I \cos\theta} = \dfrac{1,800}{\sqrt{3} \times \dfrac{10}{\sqrt{3}} \times 0.8} = 225[V]$

76 대칭 3상 전압 V_a, V_b, V_c를 a상을 기준으로 한 대칭분은?

① $V_0 = 0$, $V_1 = V_a$, $V_2 = aV_a$
② $V_0 = V_a$, $V_1 = V_a$, $V_2 = V_a$
③ $V_0 = 0$, $V_1 = 0$, $V_2 = a^2 V_a$
④ $V_0 = 0$, $V_1 = V_a$, $V_2 = 0$

해설 a상 기준으로 한 대칭분은
$V_0 = 0$, $V_1 = V_a$, $V_2 = 0$

77 그림과 같은 3상 평형 회로에서 전원 전압이 $V_{ab} = 200[V]$이고 부하 한 상의 임피던스가 $Z = 5.0 - j2.4[\Omega]$인 경우 전원과 부하 사이 선전류 I_a는 약 몇 [A]인가? (단, 3상 전압의 상순은 $a-b-c$이다.)

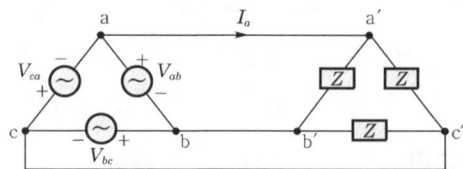

① $62.42\underline{/-55.64°}$ ② $62.42\underline{/4.36°}$
③ $62.42\underline{/55.64°}$ ④ $62.42\underline{/-4.36°}$

해설 상전류 $I_p = \dfrac{V_p}{Z} = \dfrac{200}{5.0 - j2.4}$

$= \dfrac{200}{\sqrt{5^2 + 2.4^2}\,\underline{/-\tan^{-1}\dfrac{2.4}{5}}}$

$= \dfrac{200}{5.55\underline{/-25.64°}} = 36.04\underline{/25.64°}[A]$

∴ △결선이므로
선전류(I_l) = $\sqrt{3}$ 상전류(I_p)$\underline{/-30°}$ [A]

∴ 선전류 $I_l = \sqrt{3} \times 36.04\underline{/25.64 - 30°}$
$= 62.42\underline{/-4.36°}$ [A]

78 불평형 전류 $I_a = 400 - j650[A]$, $I_b = -230 - j700[A]$, $I_c = -150 + j600[A]$일 때 정상분 I_1[A]은?

① $6.66 - j250$ ② $-179 - j177$
③ $572 - j223$ ④ $223 - j572$

해설 정상 전류
$I_1 = \dfrac{1}{3}(I_a + aI_b + a^2 I_c)$

$= \dfrac{1}{3}\left\{(400 - j650) + \left(-\dfrac{1}{2} + j\dfrac{\sqrt{3}}{2}\right)(-230 - j700) + \left(-\dfrac{1}{2} - j\dfrac{\sqrt{3}}{2}\right)(-150 + j600)\right\}$

$= 572 - j223[A]$

79 회로에서 6[Ω]에 흐르는 전류[A]는?

① 2.5
② 5
③ 7.5
④ 10

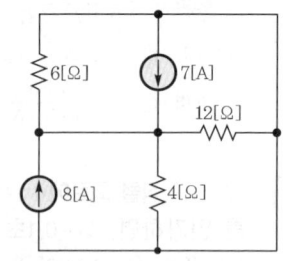

해설 • 8[A]에 의한 전류

$I_1 = \dfrac{\dfrac{4 \times 12}{4 + 12}}{6 + \dfrac{4 \times 12}{4 + 12}} \times 8 = \dfrac{8}{3}[A]$

정답 75.④ 76.④ 77.④ 78.③ 79.②

• 7[A]에 의한 전류

$$I_2 = \frac{\frac{4\times12}{4+12}}{6+\frac{4\times12}{4+12}}\times 7 = \frac{7}{3}[A]$$

$$\therefore I = I_1 + I_2 = \frac{8}{3} + \frac{7}{3} = \frac{15}{3} = 5[A]$$

80 다음 회로에서 $I_1 = 2e^{-j\pi/3}$, $I_2 = 5e^{j\pi/3}$, $I_3 = 1$이다. 이 단상 회로에서의 평균 전력[W] 및 무효 전력[Var]은?

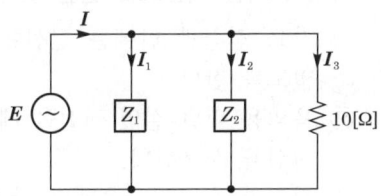

① 10, -9.75 ② 20, 19.5
③ 20, -19.5 ④ 45, 26

해설
$I = I_1 + I_2 + I_3 = 2e^{-j\frac{\pi}{3}} + 5e^{j\frac{\pi}{3}} + 1$
$= 2\left(\cos\frac{\pi}{3} - j\sin\frac{\pi}{3}\right) + 5\left(\cos\frac{\pi}{3} + j\sin\frac{\pi}{3}\right) + 1$
$= 4.5 + j2.6[A]$
$E = I_3 R = 1\times 10 = 10[V]$
$\therefore P_a = EI = 10(4.5 + j2.6) = 45 + j26[VA]$

제5과목 전기설비기술기준

81 감전에 대한 보호 등 안전을 위해 제공되는 도체를 무엇이라 하는가?

① 접지 도체 ② 보호 도체
③ 보호 접지 ④ 계통 접지

해설 용어 정의(KEC 112)
• "접지 도체"란 계통, 설비 또는 기기의 한 점과 접지극 사이의 도전성 경로 또는 그 경로의 일부가 되는 도체를 말한다.
• "보호 도체"란 감전에 대한 보호 등 안전을 위해 제공되는 도체를 말한다.

• "보호 접지"란 고장 시 감전에 대한 보호를 목적으로 기기의 한 점 또는 여러 점을 접지하는 것을 말한다.
• "계통 접지"란 전력 계통에서 돌발적으로 발생하는 이상 현상에 대비하여 대지와 계통을 연결하는 것으로, 중성점을 대지에 접속하는 것을 말한다.

82 발전기, 전동기, 무효 전력 보상 장치, 기타 회전기(회전 변류기 제외)의 절연 내력 시험 전압은 어느 곳에 가하는가?

① 권선과 대지 사이
② 외함과 권선 사이
③ 외함과 대지 사이
④ 회전자와 고정자 사이

해설 회전기 및 정류기의 절연 내력(KEC 133)

종류		시험 전압	시험 방법
발전기, 전동기, 무효 전력 보상 장치	7[kV] 이하	1.5배 (최저 500[V])	권선과 대지 사이 10분간
	7[kV] 초과	1.25배 (최저 10,500[V])	

83 공통 접지 공사 적용 시 선도체의 단면적이 16[mm²]인 경우 보호 도체(PE)에 적합한 단면적은? (단, 보호 도체의 재질이 선도체와 같은 경우)

① 4 ② 6
③ 10 ④ 16

해설 보호 도체(KEC 142.3.2)

선도체의 단면적 $S[\text{mm}^2]$	보호 도체의 최소 단면적[mm²] (보호 도체의 재질이 선도체와 같은 경우)
$S \leq 16$	S
$16 < S \leq 35$	16
$S > 35$	$\frac{S}{2}$

 정답 80.④ 81.② 82.① 83.④

84 변압기에 의하여 특고압 전로에 결합되는 고압 전로에서 사용 전압의 3배 이하의 전압이 가하여진 경우에 방전하는 피뢰기를 어느 곳에 시설할 때, 방전 장치를 생략할 수 있는가?

① 변압기의 단자
② 변압기 단자의 1극
③ 고압 전로의 모선의 각 상
④ 특고압 전로의 1극

해설 특고압과 고압의 혼촉 등에 의한 위험 방지 시설(KEC 322.3)
사용 전압의 3배 이하인 전압이 가하여진 경우에 방전하는 피뢰기를 고압 전로의 모선의 각 상에 시설하거나 특고압 권선과 고압 권선 간에 혼촉 방지판을 시설하여 접지 저항값이 10[Ω] 이하인 경우 방전 장치를 생략할 수 있다.

85 특별 저압 계통의 전압 한계는 건축 전기 설비의 전압 밴드에 의한 전압 밴드 I의 상한값으로 얼마인가?

① 교류 30[V], 직류 80[V] 이하
② 교류 40[V], 직류 100[V] 이하
③ 교류 50[V], 직류 120[V] 이하
④ 교류 75[V], 직류 150[V] 이하

해설 보호 대책 일반 요구 사항(KEC 211.5.1)
특별 저압 계통의 전압 한계는 건축 전기 설비의 전압밴드에 의한 전압 밴드 I의 상한값인 교류 50[V] 이하, 직류 120[V] 이하이어야 한다.

86 옥내 배선 공사 중 반드시 절연 전선을 사용하지 않아도 되는 공사 방법은? (단, 옥외용 비닐 절연 전선은 제외한다.)

① 금속관 공사
② 버스 덕트 공사
③ 합성 수지관 공사
④ 플로어 덕트 공사

해설 나전선의 사용 제한(KEC 231.4) – 나전선의 사용이 가능한 경우
• 애자 공사
 – 전기로용 전선
 – 전선의 피복 절연물이 부식하는 장소
 – 취급자 이외의 자가 출입할 수 없도록 설비한 장소
• 버스 덕트 공사 및 라이팅 덕트 공사
• 접촉 전선

87 금속제 가요 전선관 공사에 의한 저압 옥내 배선의 시설 기준으로 틀린 것은?

① 가요 전선관 안에는 전선에 접속점이 없도록 한다.
② 옥외용 비닐 절연 전선을 제외한 절연 전선을 사용한다.
③ 점검할 수 없는 은폐된 장소에는 1종 가요 전선관을 사용할 수 있다.
④ 2종 금속제 가요 전선관을 사용하는 경우 습기 많은 장소에 시설하는 때에는 비닐 피복 1종 가요 전선관으로 한다.

해설 금속제 가요 전선관 공사(KEC 232.13)
가요 전선관은 2종 금속제 가요 전선관일 것. 다만, 전개된 장소 또는 점검할 수 있는 은폐된 장소에는 1종 가요 전선관(습기가 많은 장소 또는 물기가 있는 장소에는 비닐 피복 1종 가요 전선관에 한한다)을 사용할 수 있다.

88 교통 신호등의 시설 기준에 관한 내용으로 틀린 것은?

① 제어 장치의 금속제 외함에는 접지 공사를 한다.
② 교통 신호등 회로의 사용 전압은 300[V] 이하로 한다.
③ 교통 신호등 회로의 인하선은 지표상 2[m] 이상으로 시설한다.
④ LED를 광원으로 사용하는 교통 신호등의 설치 KS C 7528 'LED 교통 신호등'에 적합한 것을 사용한다.

정답 84.③ 85.③ 86.② 87.③ 88.③

해설 교통 신호등(KEC 234.15)
- 배선은 케이블인 경우 이외에는 공칭 단면적 2.5[mm²] 이상 연동선
- 전선의 지표상의 높이는 2.5[m] 이상

89 의료 장소에서 인접하는 의료 장소와의 바닥면적 합계가 몇 [m²] 이하인 경우 등전위본딩 바를 공용으로 할 수 있는가?

① 30　② 50
③ 80　④ 100

해설 의료 장소 내의 접지 설비(KEC 242.10.4)
의료 장소마다 그 내부 또는 근처에 등전위본딩 바를 설치할 것. 다만, 인접하는 의료 장소와의 바닥면적 합계가 50[m²] 이하인 경우에는 등전위본딩 바를 공용할 수 있다.

90 소세력 회로의 사용 전압이 15[V] 이하일 경우 절연 변압기의 2차 단락 전류 제한값은 8[A]이다. 이때 과전류 차단기의 정격 전류는 몇 [A] 이하이어야 하는가?

① 1.5　② 3
③ 5　④ 10

해설 소세력 회로(KEC 241.14) – 절연 변압기의 2차 단락 전류 및 과전류 차단기의 정격 전류

최대 사용 전압의 구분	2차 단락 전류	과전류 차단기의 정격 전류
15[V] 이하	8[A]	5[A]
15[V] 초과 30[V] 이하	5[A]	3[A]
30[V] 초과 60[V] 이하	3[A]	1.5[A]

91 철탑의 강도 계산을 할 때 이상 시 상정 하중이 가하여지는 경우 철탑의 기초에 대한 안전율은 얼마 이상이어야 하는가?

① 1.33　② 1.83
③ 2.25　④ 2.75

해설 가공 전선로 지지물의 기초의 안전율(KEC 331.7)
지지물의 하중에 대한 기초의 안전율은 2 이상(이상 시 상정 하중에 대한 철탑의 기초에 대하여서는 1.33 이상)

92 고압 가공 전선에 케이블을 사용하는 경우 케이블을 조가선에 행거로 시설하고자 할 때 행거의 간격은 몇 [cm] 이하로 하여야 하는가?

① 30　② 50
③ 80　④ 100

해설 가공 케이블의 시설(KEC 332.2)
- 케이블은 조가선에 행거의 간격을 50[cm] 이하로 시설
- 조가선은 인장 강도 5.93[kN] 이상 또는 단면적 22[mm²] 이상인 아연도강 연선일 것
- 조가선 및 케이블의 피복에 사용하는 금속체에는 접지 공사를 할 것

93 저·고압 가공 전선과 가공 약전류 전선 등을 동일 지지물에 시설하는 경우로서 옳지 않은 방법은?

① 가공 전선을 가공 약전류 전선 등의 위로 하여 별개의 완금류에 시설할 것
② 가공 전선과 가공 약전류 전선 등 사이의 간격은 저압과 고압이 모두 75[cm] 이상일 것
③ 전선로의 지지물로 사용하는 목주의 풍압 하중에 대한 안전율은 1.5 이상일 것
④ 가공 전선이 가공 약전류 전선에 대하여 유도 작용에 의한 통신상의 장해를 줄 우려가 있는 경우에는 가공 전선을 적당한 거리에서 연가할 것

해설 고압 가공 전선과 가공 약전류 전선 등의 공용 설치(KEC 332.21)
가공 전선과 가공 약전류 전선 등의 사이의 간격은 저압에 있어서는 75[cm] 이상, 고압에 있어서는 1.5[m] 이상이어야 한다.

정답 89.② 90.③ 91.① 92.② 93.②

94. 사용 전압이 154[kV]인 가공 송전선의 시설에서 전선과 식물과의 간격은 일반적인 경우에 몇 [m] 이상으로 하여야 하는가?

① 2.8　　② 3.2
③ 3.6　　④ 4.2

해설 특고압 가공 전선과 식물의 간격(KEC 333.30)
60[kV] 넘는 10[kV] 단수는 (154 − 60)÷10=9.4이므로 10단수이다.
그러므로 2+0.12×10=3.2[m]이다.

95. 철탑의 강도 계산에 사용하는 이상 시 상정 하중의 종류가 아닌 것은?

① 좌굴 하중　　② 수직 하중
③ 수평 가로 하중　　④ 수평 종하중

해설 이상 시 상정 하중(KEC 333.14)
철탑의 강도 계산에 사용하는 이상 시 상정 하중은 수직 하중, 수평 가로 하중, 수평 종하중이다.

96. 특고압을 직접 저압으로 변성하는 변압기를 시설하여서는 아니 되는 변압기는?

① 광산에서 물을 양수하기 위한 양수기용 변압기
② 전기로 등 전류가 큰 전기를 소비하기 위한 변압기
③ 교류식 전기 철도용 신호 회로에 전기를 공급하기 위한 변압기
④ 발전소·변전소·개폐소 또는 이에 준하는 곳의 소내용 변압기

해설 특고압을 직접 저압으로 변성하는 변압기의 시설 (KEC 341.3)
- 전기로 등 전류가 큰 전기를 소비하기 위한 변압기
- 발전소·변전소·개폐소 또는 이에 준하는 곳의 소내용 변압기
- 특고압 전선로에 접속하는 변압기
- 사용 전압이 35[kV] 이하인 변압기로서 그 특고압측 권선과 저압측 권선이 혼촉한 경우에 자동적으로 변압기를 전로로부터 차단하기 위한 장치를 설치한 것
- 사용 전압이 100[kV] 이하인 변압기로서 그 특고압측 권선과 저압측 권선 사이에 접지 공사(접지 저항값 10[Ω])를 한 금속제의 혼촉 방지판이 있는 것
- 교류식 전기 철도용 신호 회로에 전기를 공급하는 변압기

97. 고압 옥내 배선의 시설 공사로 할 수 없는 것은?

① 케이블 공사
② 가요 전선관 공사
③ 케이블 트레이 공사
④ 애자 공사(건조한 장소로서 전개된 장소)

해설 고압 옥내 배선 등의 시설(KEC 342.1)
- 애자 공사(건조한 장소로서 전개된 장소에 한한다)
- 케이블 공사
- 케이블 트레이 공사

98. 발전소에서 계측하는 장치를 시설하여야 하는 사항에 해당하지 않는 것은?

① 특고압용 변압기의 온도
② 발전기의 회전수 및 주파수
③ 발전기의 전압 및 전류 또는 전력
④ 발전기의 베어링(수중 메탈을 제외한다) 및 고정자의 온도

해설 계측 장치(KEC 351.6)
- 발전기, 연료 전지 또는 태양 전지 모듈의 전압, 전류, 전력
- 발전기 베어링 및 고정자의 온도
- 정격 출력 10,000[kW]를 초과하는 증기 터빈에 접속하는 발전기의 진동 진폭
- 주요 변압기의 전압, 전류, 전력
- 특고압용 변압기의 온도
- 동기 발전기 : 동기 검정 장치

정답 94.② 95.① 96.① 97.② 98.②

99 특고압 가공 전선로의 지지물에 시설하는 통신선 또는 이것에 직접 접속하는 통신선일 경우에 설치하여야 할 보안 장치로서 모두 옳은 것은?

① 특고압용 제2종 보안 장치, 고압용 제2종 보안 장치
② 특고압용 제1종 보안 장치, 특고압용 제3종 보안 장치
③ 특고압용 제2종 보안 장치, 특고압용 제3종 보안 장치
④ 특고압용 제1종 보안 장치, 특고압용 제2종 보안 장치

해설 전력 보안 통신 설비의 보안 장치(KEC 362.10)
특고압 가공 전선로의 지지물에 시설하는 통신선 또는 이에 직접 접속하는 통신선에 접속하는 휴대 전화기를 접속하는 곳 및 옥외 전화기를 시설하는 곳에는 특고압용 제1종 보안 장치, 특고압용 제2종 보안 장치를 시설하여야 한다.

100 태양 전지 발전소에 시설하는 태양 전지 모듈, 전선 및 개폐기, 기타 기구의 시설 기준에 대한 내용으로 틀린 것은?

① 충전 부분은 노출되지 아니하도록 시설할 것
② 옥내에 시설하는 경우에는 전선을 케이블 공사로 시설할 수 있다.
③ 태양 전지 모듈의 프레임은 지지물과 전기적으로 완전하게 접속하여야 한다.
④ 태양 전지 모듈을 병렬로 접속하는 전로에는 과전류 차단기를 시설하지 않아도 된다.

해설 과전류 및 지락 보호 장치(KEC 522.3.2)
태양 전지 모듈을 병렬로 접속하는 전로에는 그 전로에 단락이 생긴 경우에 전로를 보호하는 과전류 차단기를 시설할 것

정답 99.④ 100.④

2019. 1. 14. 초 판 1쇄 발행
2026. 1. 7. 7차 개정증보 7판 1쇄 발행

저자와의
협의하에
검인생략

지은이 | 전수기, 임한규, 정종연
펴낸이 | 이종춘
펴낸곳 | BM ㈜도서출판 성안당

주소 | 04032 서울시 마포구 양화로 127 첨단빌딩 3층(출판기획 R&D 센터)
     | 10881 경기도 파주시 문발로 112 파주 출판 문화도시(제작 및 물류)
전화 | 02) 3142-0036
     | 031) 950-6300
팩스 | 031) 955-0510
등록 | 1973. 2. 1. 제406-2005-000046호
출판사 홈페이지 | www.cyber.co.kr
ISBN | 978-89-315-1442-1 (13560)
정가 | 39,000원

이 책을 만든 사람들
기획 | 최옥현
진행 | 박경희
교정·교열 | 김원갑
전산편집 | 이지연
표지 디자인 | 박현정
홍보 | 김계향, 임진성, 김주승, 최정민, 이해솔
국제부 | 이선민, 조혜란
마케팅 | 구본철, 차정욱, 오영일, 나진호, 강호묵
마케팅 지원 | 장상범
제작 | 김유석

이 책의 어느 부분도 저작권자나 BM ㈜도서출판 성안당 발행인의 승인 문서 없이 일부 또는 전부를 사진 복사나 디스크 복사 및 기타 정보 재생 시스템을 비롯하여 현재 알려지거나 향후 발명될 어떤 전기적, 기계적 또는 다른 수단을 통해 복사하거나 재생하거나 이용할 수 없음.

※ 잘못된 책은 바꾸어 드립니다.